KB039827

최신 기계설계기술자를 위한

기계설계공학기술

데이터북

기계설계기술자를 위한

기계설계공학기술 데이터북

발 행 | 2021년 1월 8일

저 자 | 테크노공학기술연구소
발 행 인 | 최영민
발 행 처 | 피앤피북
주 소 | 경기도 파주시 신촌2로 24
전 화 | 031-8071-0088
팩 스 | 031-942-8688
전자우편 | pnpbook@naver.com
출판등록 | 2015년 3월 27일
등록번호 | 제406-2015-31호

정가 : 50,000원

ISBN 979-11-91188-03-5 93550

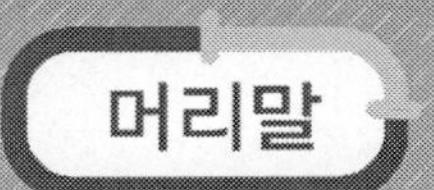

오늘날 기계설계 분야는 기계역학, 재료역학, 동역학, 정역학, 유체역학, 기계가공 등과 기계요소 설계의 기본 지식을 바탕으로 2D & 3D CAD를 통한 도면 작성능력과 더불어 기계공학적 지식과 컴퓨터에 관련된 지식을 모두 갖추어야 하는 전문 기술 직업으로서 그 중요성이 더욱 부각되고 있는 제조 산업의 뿌리와 같은 분야이다.

기계설계는 기계제조 산업이 관련 산업의 첨단화(자동화)와 스마트 팩토리 등으로 인해 창의적인 설계 능력이 그 어느 때보다 중요해진 시기로 관련 기술자에게 요구되는 사항이 더욱 다양해진 전문직이라 할 수 있을 것이다.

현대사회는 산업사회가 기술과학의 비약적인 발전으로 인해 급변하고 있으며 이에 따라 기계설계 분야도 단순하게 도면을 작성하는 일보다 더욱 전문성을 갖춘 고급 기술 인력들만이 살아남을 수 있는 무한경쟁시대가 도래했다.

특히 설계업무 담당자에게는 기계공학 전반에 걸친 기초지식과 함께 각종 제품을 설계하는데 필요한 설계기술 및 도면 작성법, 제조기술, 제어기술 등에 관한 이론과 실무 지식을 익히고 각종 설계 데이터를 실무에 올바르게 적용하는 일은 아주 중요한 사항이라고 할 수 있다.

이에 따라 교육계에서는 창의적 인재양성을 위해 종합설계능력, 문제해결능력, 신기술 개발 및 응용능력 등을 갖춘 인재양성을 목표로 더욱 힘써야 할 것이다.

본서는 현장 실무자들에게 도움이 될만한 주요 KS규격과 각종 설계 데이터들 중에 사용 빈도가 높고 필수적인 사항들을 발췌하고 정리하여 실무에서 활용할 수 있도록 구성하고 편집하였다.

또한 많은 데이터를 검증하고 편집하는 과정에서 발생할 수 있는 수치의 오류 등에 대해서 수없이 확인하였으며 보다 정확한 수치와 데이터를 수록하기 위해 오랜 시간을 할애하였다.

모쪼록 본서가 업무에 활용 시 도움이 될 수 있기를 바라며 책으로 펴내기까지 아낌없는 지원과 조언을 해 준 동료들과 출판사에 깊은 감사를 드리는 바이다.

2020년 10월

저 자 일동

Contents

CHAPTER 01

일반공차 및 보통공차

CHAPTER 02

치수공차 및 끼워맞춤

차 례

CHAPTER 03

표면거칠기의 종류 및 표시

CHAPTER 04

기하공차

CHAPTER 05

도면상의 지시법

CHAPTER 06

금속 가공 공정의 기호

CHAPTER 07

축 설계 데이터

차 례

CHAPTER 08

키홈 및 스플라인

CHAPTER 09

멈춤링 · 베어링 너트 · 와셔

CHAPTER 10

나사 및 탭

Contents

차 례

CHAPTER 12

핀

CHAPTER 13

벨트 · 풀리 · 도르래 · 훅

CHAPTER 14

체인 스프로킷

CHAPTER 17

스프링제도 및 요목표

Contents

차 례

CHAPTER
23 롤러 베어링

CHAPTER
24 스러스트 베어링

CHAPTER 25

용접 기호

CHAPTER 26

유공압 기호

CHAPTER 27

기계금속·비금속재료 기호 일람표

Contents

CHAPTER 28 철강 재료 데이터

CHAPTER 29 비철 재료 데이터

CHAPTER 30

배관용 강관 데이터

CHAPTER 31

구조용 강관 데이터

CHAPTER 32

열 전달용 강관 데이터

CHAPTER 33

특수용도 및 합금관 규격 데이터

CHAPTER 34

관 이음 및 관 이음쇠

CHAPTER 35

관 플랜지

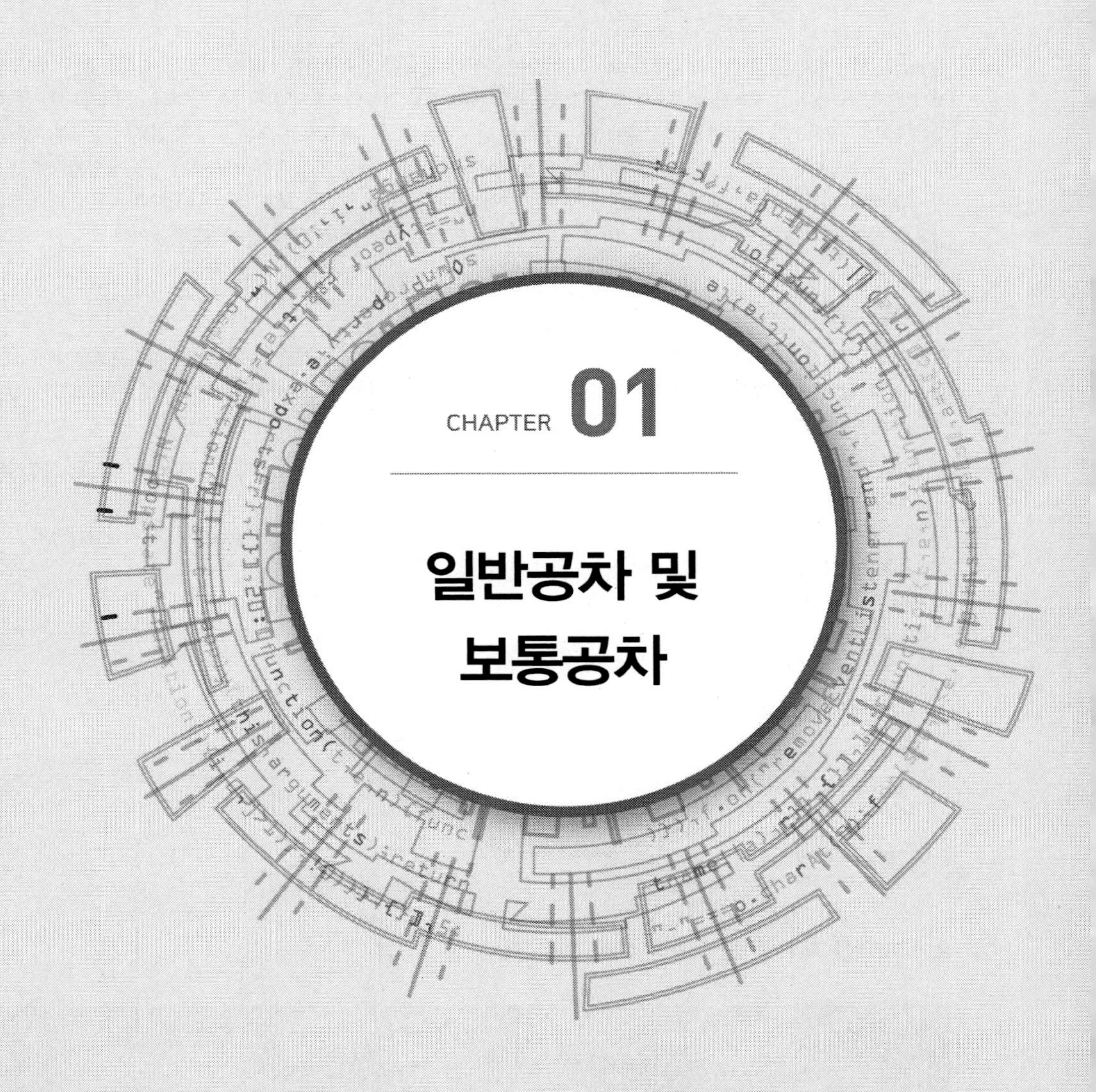

CHAPTER 01

일반공차 및 보통공차

1-1 일반공차 [KS B ISO 2768-1]

일반공차(보통공차)란 특별히 정밀도가 요구되지 않는 부분에 일일이 치수공차를 기입하지 않고 정해진 치수 범위 내에서 일괄적으로 공차를 적용할 목적으로 규정된 것이다. 일반공차를 적용함으로써 설계자는 특별한 정밀도를 필요로 하지 않는 치수의 공차까지 고민하고 결정해야 하는 수고를 덜 수 있다. 또, 제도자는 모든 치수에 일일이 공차를 기입하지 않아도 되며 도면이 훨씬 간단하고 명료해진다. 뿐만 아니라 비슷한 기능을 가진 부분들의 공차 등급이 설계자에 관계없이 동일하게 적용되므로 제작자가 효율적인 부품을 생산할 수가 있다. 도면을 보면 대부분의 치수는 특별한 정밀도를 필요로 하지 않기 때문에 치수 공차가 따로 규제되어 있지 않은 경우를 흔히 볼 수가 있을 것이다.

1. 적용범위

일반공차는 KS B ISO 2768-1:2002(2007확인)에 따르면 이 규격은 제도 표시를 단순화하기 위한 것으로 공차 표시가 없는 선형 및 치수에 대한 일반공차를 4개의 등급(f, m, c, v)으로 나누어 규정하고, 일반공차는 금속 파편이 제거된 제품 또는 박판 금속으로 형성된 제품에 대하여 적용한다고 규정되어 있다.

❶ 선형치수 : 예를 들면 외부 크기, 내부 크기, 눈금 크기, 지름, 반지름, 거리, 외부 반지름 및 파손된 가장자리의 모따기 높이

❷ 일반적으로 표시되지 않는 각도를 포함하는 각도. 예를 들면 ISO 2768-2에 따르지 않거나 또는 정다각형의 각도가 아니라면 직각(90°)

❸ 부품을 가공하여 만든 선형 및 각도 치수(이 규격은 다음의 치수에는 적용하지 않는다)

a) 일반 공차에 대하여 다른 규격으로 대신할 수 있는 선형 및 각도 치수

b) 괄호 안에 표시된 보조 치수

c) 직사각형 프레임에 표시된 이론적으로 정확한 치수

[주기 예]

1. 일반공차 가) 가공부 : KS B ISO 2768-m
   나) 주강부 : KS B 0418 보통급
   다) 주조부 : KS B 0250 CT-11
2. 일반공차의 도면 표시 및 공차등급 : KS B ISO 2768-m
   m은 아래 표에서 볼 수 있듯이 공차등급을 중간급으로 적용하라는 지시인 것을 알 수 있다.

2. 모따기를 제외한 선 치수에 대한 허용 편차

단위 : mm

공차 등급		보통 치수에 대한 허용편차							
호칭	설명	0.5에서 3 이하	3 초과 6 이하	6 초과 30 이하	30 초과 120 이하	120 초과 400 이하	4000 초과 1000 이하	1000 초과 2000 이하	2000 초과 4000 이하
f	정밀급	±0.05	±0.05	±0.1	±0.15	±0.2	±0.3	±0.5	-
m	중간급	±0.1	±0.1	±0.2	±0.3	±0.5	±0.8	±1.2	±2.0
c	거친급	±0.2	±0.3	±0.5	±0.8	±1.2	±2.0	±3.0	±4.0
v	매우 거친급	-	±0.5	±1.0	±1.5	±2.5	±4.0	±6.0	±8.0

[주] 0.5mm 미만의 공칭 크기에 대해서는 편차가 관련 공칭 크기에 근접하게 표시되어야 한다.

3. 모따기를 포함한 허용 편차(모서리 라운딩 및 모따기 치수)

단위 : mm

공차 등급		기본 크기 범위에 대한 허용 편차		
호칭	설명	0.5에서 6 이하	3 초과 6 이하	6 초과
f	정밀급	±0.2	±0.5	±1
m	중간급			
c	거친급	±0.4	±1	±2
v	매우 거친급			

위 표를 참고로 공차등급을 m(중간)급으로 선정했을 경우의 보통허용차가 적용된 상태의 치수표기를 예로 들어보겠다. 일반공차는 공차가 별도로 붙어 있지 않은 치수수치에 대해서 어느 지정된 범위 안에서 +측으로 만들어지든 −측으로 만들어지든 관계없는 공차범위를 의미한다.

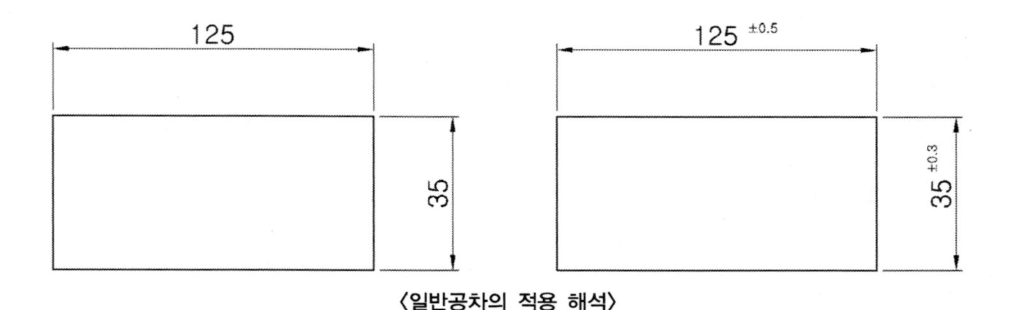

〈일반공차의 적용 해석〉

4. 각도 치수

각도 단위에 규정된 일반 공차는 편차가 아니라 표면의 선 또는 선 요소의 일반적인 방향만을 나타낸다. 실제 표면으로부터 유도된 선의 방향은 이상적인 기하학적 형태의 접선의 방향이다. 접선과 실제 선 사이의 최대 거리는 최소 허용값이어야 하며, 각도 치수의 허용 편차는 다음 표를 따른다.

공차 등급		짧은 면의 각과 관련된 길이 범위(단위 : mm)에 대한 허용 편차				
호칭	설명	10 이하	10 초과 50 이하	50 초과 120 이하	120 초과 400 이하	400 초과
f	정밀급	±1°	±0° 30′	±0° 20′	±0° 10′	±0° 5′
m	중간급					
c	거친급	±1° 30′	±1°	±0° 30′	±0° 15′	±0° 10′
v	매우 거친급	±3°	±2°	±1°	±0° 30′	±0° 20′

5. 선 치수와 각도 치수의 일반 공차 이면의 개념

❶ 공차를 크게 하는 것은 경제적인 측면에서 이득이 없다. 예를 들면 35mm의 지름을 가진 형상은 '관습상의 공장 정밀도'를 가진 공장에서 높은 수준으로 제조될 수 있다. 위와 같이 특별한 공장에서는 ±1mm의 공차를 규정하는 것이 ±0.3mm의 일반 공차 수치가 충분히 충족되기 때문에 이익이 없다. 그러나 기능적인 이유로 인해 형상이 '일반 공차'보다 작은 공차를 요구하는 경우 이러한 형상은 크기 또는 각도를 규정한 치수 가까이에 작은 공차를 표시하는 것이 바람직하다. 이런 공차의 유형은 일반 공차의 적용 범위 외에 있다. 기능이 일반 공차와 동일하거나 일반 공차보다 큰 공차를 허용하는 경우 공차는 치수에 가까이 표시하는 것이 아니라 도면에 설명되는 것이 바람직하다. 이러한 공차의 유형은 일반공차의 개념을 사용하는 것이 가능하다. 기능이 일반 공차보다 큰 공차를 허용하는 '규정의 예외'가 있으며, 제조상의 경제성 문제이다. 이와 같이 특별한 경우에 큰 공차는 특정 형상의 치수에 가까이 표시되는 것이 바람직하다(예를 들면 조립체에 뚫린 블라인드 구멍의 깊이)

❷ 일반 공차 사용 시 장점

a) 도면을 읽는 것이 쉽고, 사용자에게 보다 효과적으로 의사를 전달하게 된다.
b) 일반공차보다 크거나 동일한 공차를 허용하는 것을 알고 있기 때문에 설계자가 상세한 공차 계산을 할 필요가 없으며 시간을 절약할 수 있다.
c) 도면은 형상이 이미 정상적인 수행 능력으로 생성될 수 있다는 것을 표시하며 검사 수준을 감소시켜 품질을 향상시킨다.
d) 대부분의 경우 개별적으로 표시된 공차를 가지는 치수는 상대적으로 작은 공차를 요구하며, 이로 인해 생산 시 주의를 하게 한다. 이것은 생산 계획을 세우는 데 유용하며 검사 요구 사항의 분석을 통하여 품질을 향상시킨다.
e) 계약 전에 '관습상의 공장 정밀도'가 알려져 있기 때문에 구매 및 하청 기술자가 주문을 협의할 수 있다. 이러한 관점에서 도면이 완전하기 때문에 구매자와 공급자 사이의 논쟁을 피할 수 있다. 위의 장점들은 일반 공차가 초과되지 않을 것이라는 충분한 신뢰성이 있는 경우, 즉 특정 공장의 관습상 공장 정밀도가 도면상에 표시된 일반 공차와 동일하거나 일반 공차보다 양호한 경우에만 얻어진다.

그러므로 공장은

- 그의 관습상 공장 정밀도가 무엇인지를 계측 작업으로 알아내고
- 관습상 공장 정밀도와 동일하거나 관습상 공장 정밀도보다 큰 일반 공차를 가지는 도면만을 인정하며
- 관습상 공장 정밀도가 저하되지 않는다는 것을 샘플링 작업으로 조사한다.

모든 불확도 및 오해로 한정되지 않는 '훌륭한 장인 정신'에 의지하는 것은 일반적인 기하학적 공차의 개념에서는 더 이상 불필요하다. 일반적인 기하학적 공차는 '훌륭한 장인 정신'의 요구 정밀도를 정의한다.

❸ 기능에 따라 허용되는 공차는 일반 공차보다도 큰 경우가 자주 있다. 그 때문에 가공물 중 어느 한 형체에서 일반 공차를 (가끔) 초과하더라도 부품의 기능이 반드시 손상된다고는 할 수 없다. 따라서 일반 공차로부터 벗어나 기능이 손상될 때에만 그 가공물을 불채용(rejection)으로 한다.

1-2 주조품 치수 공차 및 절삭 여유 방식 [KS B 0250]

1. 적용 범위

이 규격은 주조품의 치수 공차 및 요구하는 절삭 여유 방식에 대하여 규정하고, 금속 및 합금을 여러 가지 방법으로 주조한 주조품의 치수에 적용한다.

2. 기준 치수

절삭 가공 전의 주조한 대로의 주조품(raw casting)의 치수이고, 필요한 최소 절삭 여유(machinging allowance)를 포함한 치수이다.

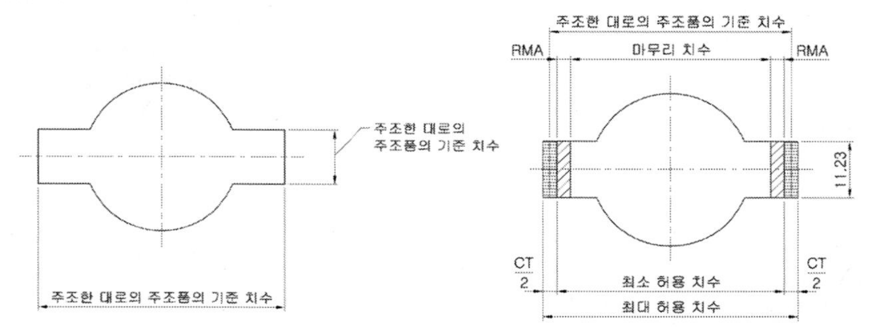

〈도면지시〉 〈치수 허용 한계〉

3. 주조품의 치수 공차

단위 : mm

주조한 대로의 주조품의 기준치수		전체 주조 공차															
		주조 공차 등급 CT															
초과	이하	1	2	3	4	5	6	7	8	9	10	11	12	13	14	15	16
–	10	0.09	0.13	0.18	0.26	0.36	0.52	0.74	1	1.5	2	2.8	4.2	–	–	–	–
10	16	0.1	0.14	0.2	0.28	0.38	0.54	0.78	1.1	1.6	2.2	3	4.4	–	–	–	–
16	25	0.11	0.15	0.22	0.3	0.42	0.58	0.82	1.2	1.7	2.4	3.2	4.6	6	8	10	12
25	40	0.12	0.17	0.24	0.32	0.46	0.64	0.9	1.3	1.8	2.6	3.6	5	7	9	11	14
40	63	0.13	0.18	0.26	0.36	0.5	0.7	1	1.4	2	2.8	4	5.6	8	10	12	16
63	100	0.14	0.2	0.28	0.4	0.56	0.78	1.1	1.6	2.2	3.2	4.4	6	9	100	14	18
100	160	0.15	0.22	0.3	0.44	0.62	0.88	1.2	1.8	2.5	3.6	5	7	10	12	16	20
160	250	–	0.24	0.34	0.5	0.7	1	1.4	2	2.8	4	5.6	8	11	14	18	22
250	400	–	–	0.4	0.56	0.78	1.1	1.6	2.2	3.2	4.4	6.2	9	12	16	20	25
400	630	–	–	–	0.64	0.9	1.2	1.8	2.6	3.6	5	7	10	14	18	22	28
630	1000	–	–	–	–	1	1.4	2	2.8	4	6	8	11	16	20	25	32
1000	1600	–	–	–	–	–	1.6	2.2	3.2	4.6	7	9	13	18	23	29	37
1600	2500	–	–	–	–	–	–	2.6	3.8	5.4	8	10	15	21	26	33	42
2500	4000	–	–	–	–	–	–	–	4.4	6.2	9	12	17	24	30	38	49
4000	6300	–	–	–	–	–	–	–	–	7	10	14	20	28	35	44	56
6300	10000	–	–	–	–	–	–	–	–	–	11	16	23	32	40	50	64

4. 도면상의 주석문 표기방법

[보기]

- 일반 공차 KS B 0250-CT11
- 일반 공차 KS B ISO 8062-CT11

5. 주철품 및 주강품의 여유 기울기 보통 허용값

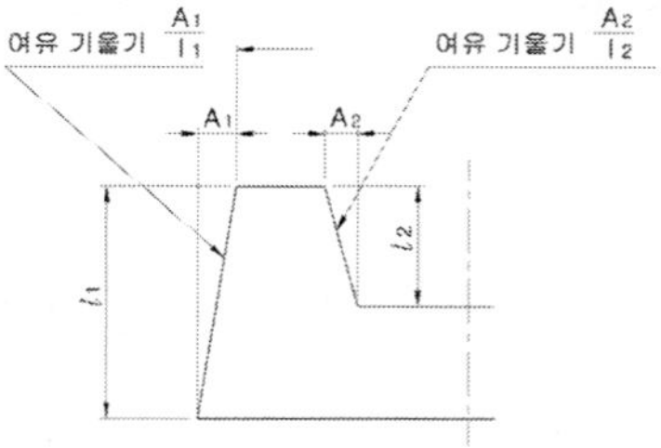

단위 : mm

치수 구분 l		치수A (최대)
초과	이하	
-	16	1
16	40	1.5
40	100	2
100	160	2.5
160	250	3.5
250	400	4.5
400	630	6
630	1000	9

비고 1. l은 위 그림에서 l_1, l_2를 의미한다.
2. A는 위 그림에서 A_1, A_2를 의미한다.

6. 알루미늄합금 주물의 여유 기울기 보통 허용값

단위 : 도

여유 기울기의 구분	밖	안
모래형·금형 주물	2	3

비고 이 표의 숫자는 기울기부의 길이 400mm 이하에 적용한다.

7. 다이캐스팅의 여유 기울기 각도의 보통 허용값

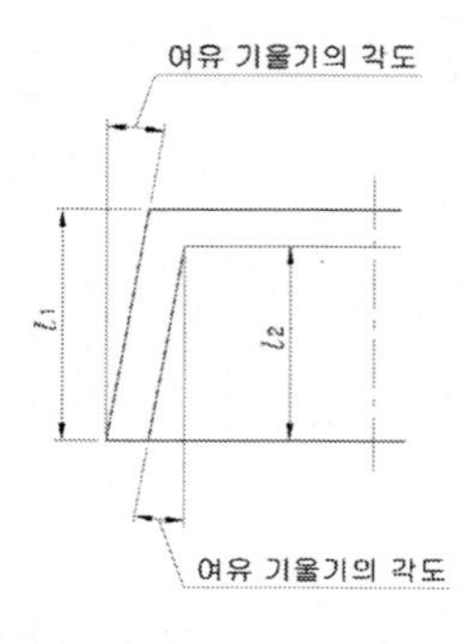

치수 구분 l(mm)		각도(°)	
초과	이하	알루미늄 합금	아연 합금
-	3	10	6
3	10	5	3
10	40	3	2
40	160	2	1.5
160	630	1.5	1

비고 여유 기울기의 각도는 앞의 그림에 따른다.

8. 요구하는 절삭 여유(RMA)

특별히 지정한 경우를 제외하고 절삭 여유는 주조한 대로의 주조품의 최대 치수에 대하여 변화한다. 즉, 최종 절삭 가공 후 완성한 주조품의 최대 치수에 따른 적절한 치수 구분에서 선택한 1개의 절삭 여유만 절삭 가공되는 모든 표면에 적용된다.

형체의 최대 치수는 완성한 치수에서 요구하는 절삭 여유와 전체 주조 공차를 더한 값을 넘지 않아야 한다.

단위 : mm

최대 치수(1)		요구하는 절삭 여유									
		절삭 여유의 등급									
초과	이하	A(2)	B(2)	C	D	E	F	G	H	J	K
–	40	0.1	0.1	0.2	0.3	0.4	0.5	0.5	0.7	1	1.4
40	63	0.1	0.2	0.3	0.3	0.4	0.5	0.7	1	1.4	2
63	100	0.2	0.3	0.4	0.5	0.7	1	1.4	2	2.8	4
100	160	0.3	0.4	0.5	0.8	1.1	1.5	2.2	3	4	6
160	250	0.3	0.5	0.7	1	1.4	2	2.8	4	5.5	8
250	400	0.4	0.7	0.9	1.3	1.8	2.5	3.5	5	7	10
400	630	0.5	0.8	1.1	1.5	2.2	3	4	6	9	12
630	1000	0.6	0.9	1.2	1.8	2.5	3.5	5	7	10	14
1000	1600	0.7	1	1.4	2	2.8	4	5.5	8	11	16
1600	2500	0.8	1.1	1.6	2.2	3.2	4.5	6	9	13	18
2500	4000	0.9	1.3	1.8	2.5	3.5	5	7	10	14	20
4000	6300	1	1.4	2	2.8	4	5.5	8	11	16	22
6300	10000	1.1	1.5	2.2	3	4.5	6	9	12	17	24

[주]

(1) 절삭 가공 후의 주조품 최대 치수

(2) 등급 A 및 B는 특별한 경우에 한하여 적용한다. 예를 들면, 고정 표면 및 데이텀 표면 또는 데이텀 타깃에 관하여 대량 생산 방식으로 모형, 주조 방법 및 절삭 가공 방법을 포함하여 인수인도 당사자 사이의 협의에 따른 경우

9. 공차 및 절삭 여유 표시 방법

[보기]

- KS B 0250–CT12–RMA 6(H)
- KS B ISO 8062–CT12–RMA 6(H)

400mm 초과 630mm까지의 최대 치수 구분 주조품에 대하여 등급 H에서의 6mm의 절삭 여유(주조품에 대한 보통 공차에서 KS B 0250–CT12)를 지시하고 있다.

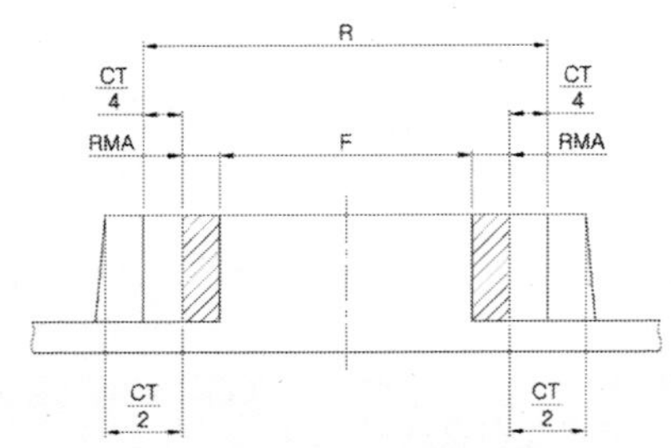

〈보스의 바깥쪽 절삭 가공〉

R : 주조한 대로의 주조품의 기준 치수
F : 완성 치수
RMA : 절삭 여유

$$R = F + 2RMA + \frac{CT}{2}$$

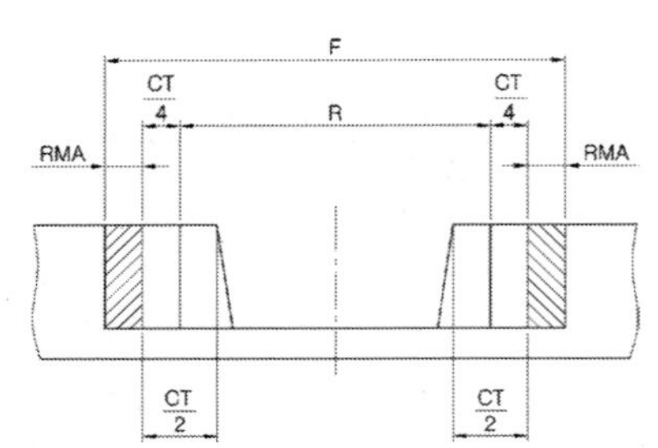

〈안쪽의 절삭 가공〉

R : 주조한 대로의 주조품의 기준 치수
F : 완성 치수
RMA : 절삭 여유

$$R = F - 2\mathrm{A} - \frac{CT}{2}$$

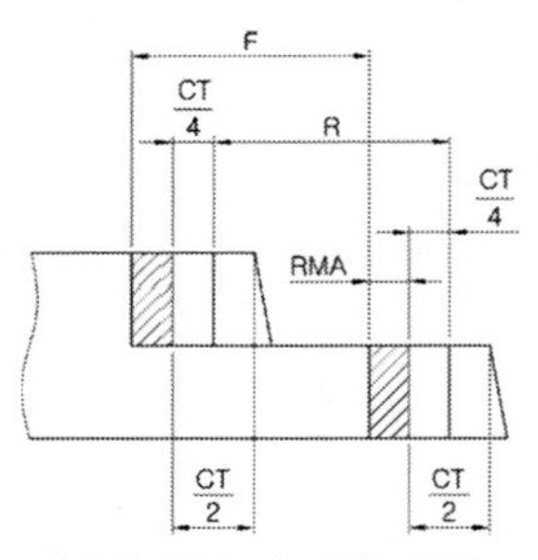

〈단차 치수의 절삭 가공〉

R : 주조한 대로의 주조품의 기준 치수
F : 완성 치수
RMA : 절삭 여유

$$R = F$$
$$= F - RMA + RMA - \frac{CT}{4} + \frac{CT}{4}$$

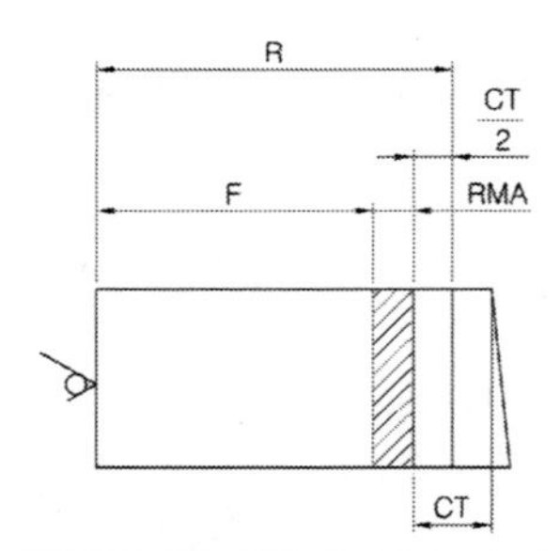

〈형체의 한 방향 쪽 절삭 가공〉

R : 주조한 대로의 주조품의 기준 치수
F : 완성 치수
RMA : 절삭 여유

$$R = F + RMA + \frac{CT}{2}$$

■ 주조품 공차(부속서 A: 참고)

1. 장기간 제조하는 주조한 대로의 주조품에 대한 공차 등급

주조 방법	공차 등급 CT								
	주강	회주철	가단 주철	구상 흑연 주철	구리 합금	아연 합금	경금속	니켈 기합금	코발트 기합금
모래형 주조 수동 주입	11~14	11~14	11~14	11~14	10~13	10~13	9~12	11~14	11~14
모래형 주조 기계 주입 및 셸 몰드	8~12	8~12	8~12	8~12	8~10	8~10	7~9	8~12	8~12
금형 주조(중력법 및 저압법)	적절한 표를 확정하는 조사 연구를 하고 있다. 당분간 인수·인도 당사자 사이에 협의하는 것이 좋다.								
압력 다이캐스팅									
인베스트먼트 주조									

비고

• 이 표에 나타내는 공차는 장기간에 제조하는 주조품으로 주조품의 치수 정밀도에 영향을 주는 생산 요인을 충분히 해결하고 있는 경우에 적용한다.

2. 단기간 또는 1회에 한하여 제조하는 주조한 대로의 주조품에 대한 공차 등급

주조 방법	주형 재료	요구하는 절삭 여유의 등급							
		주강	회주철	가단 주철	구상 흑연 주철	구리 합금	경금속	니켈 기합금	코발트 기합금
모래형 주조 수동 주입	그대로	13~15	13~15	13~15	13~15	13~15	11~13	13~15	13~15
	자경성 주형	12~14	11~13	11~13	11~13	10~12	10~12	12~14	12~14

비고

1. 이 표에 나타내는 공차는 단기간 또는 1회에 한하여 제조하는 모래형 주조품으로 주조품의 치수 정밀도를 주는 생산 요인을 충분히 해결하고 있는 경우에 보통 적용한다.
2. 이 표의 수치는 일반적으로 25mm를 넘는 기준 치수에 적용한다. 이것보다 작은 기준 치수에 대해서는 보통 다음과 같은 작은 공차로 한다.
   a) 기준 치수 10mm까지 : 3등급 작은 공차
   b) 기준 치수 10mm를 초과하고 16mm까지 : 2등급 작은 공차
   c) 기준 치수 16mm를 초과하고 25mm까지 : 1등급 작은 공차

1-3 금형 주조품 · 다이캐스팅 · 알루미늄합금(참고)

1. 금형 주조품, 다이캐스팅품 및 알루미늄 합금 주물에 대하여 권장하는 주조품 공차

▶ 장기간 제조하는 주조한 대로의 주조품에 대한 공차 등급

주조 방법	공차 등급 CT								
	강철 (주강)	회주철	구상 흑연 주철	가단 주철	구리 합금	아연 합금	경금속 합금	니켈 기합금	코발트 기합금
금형 주조(저압 주조 포함)		7~9	7~9	7~9	7~9	7~9	6~8		
다이캐스팅					6~8	4~6	5~7		
인베스트먼트 주조	4~6	4~6	4~6		4~6		4~6	4~6	4~6

비고

- 이 표에 나타내는 공차는 장기간에 제조하는 주조품으로 주조품의 치수 정밀도에 영향을 주는 생산 요인을 충분히 해결하고 있는 경우에 보통 적용한다.

2. 부속서 B(참고) 요구하는 절삭 여유의 등급(RMA), [KS B 0250, KS B ISO 8062]

▶ 주조한 대로의 주조품에 필요한 절삭 여유의 등급

주조 방법	공차 등급 CT								
	강철 (주강)	회주철	가단 주철	구상 흑연 주철	구리 합금	아연 합금	경금속 합금	니켈 기합금	코발트 기합금
모래형 주조 수동 주입	G~K	F~H	F~H	F~H	F~H	F~H	F~H	G~K	G~K
모래형 주조 기계 주입 및 셀 몰드	F~H	E~G	E~G	E~G	E~G	E~G	E~G	F~H	F~H
금형 주조 (중력법 및 저압법)	–	D~F	D~F	D~F	D~F	D~F	D~F	–	–
압력 다이캐스팅	–	–	–	–	B~D	B~D	B~D	–	–
인벤스트먼트 주조	E	E	E	–	E	–	E	E	E

비고

- 100mm 이하의 철제(주강, 회주철, 가단 주철, 구상 흑연 주철)및 경금속의 모래형 주조품 및 금형 주조품에 대하여 이 표의 절삭 여유 등급이 작은 경우에는 2~3등급 큰 절삭 여유 등급을 지정하는 것이 좋다.

1-4 주철품의 보통 치수 공차

1. 적용범위

모래형(정밀 주형 및 여기에 준한 것 제외)에 따른 회 주철품 및 구상 흑연 주철품의 길이 및 살두께의 주조한 대로의 치수의 보통 공차에 대하여 규정한다.

2. 길이의 허용차

단위 : mm

치수의 구분	회 주철품		구상 흑연 주철품	
	정밀급	보통급	정밀급	보통급
120 이하	±1	±1.5	±1.5	±2
120 초과 250 이하	±1.5	±2	±2	±2.5
250 초과 400 이하	±2	±3	±2.5	±3.5
400 초과 800 이하	±3	±4	±3	±5
800 초과 1600 이하	±4	±6	±4	±7
1600 초과 3150 이하	–	±10	–	±10

3. 살두께의 허용차

단위 : mm

치수의 구분	회 주철품		구상 흑연 주철품	
	정밀급	보통급	정밀급	보통급
10 이하	±1	±1.5	±1.2	±2
10 초과 18 이하	±1.5	±2	±1.5	±2.5
18 초과 30 이하	±2	±3	±2	±3
30 초과 50 이하	±2	±3.5	±2.5	±4

4. 도면상의 지시

4-1. 규격 번호 및 등급

[보기]

- KS B 0250 부속서 1 보통급

4-2. 각 치수 구분에 대한 수치표

4-3. 개별 공차

[보기]

- 주조품 공차 ±3

1-5 알루미늄 합금 주물의 보통 치수 공차

1. 적용 범위

이 부속서 3은 모래형(셸형 주물을 포함한다.) 및 금형(저압 주조를 포함한다.)에 따른 알루미늄합금 주물의 길이 및 살두께의 치수 보통 공차에 대하여 규정한다. 다만 로스트 왁스법 등의 정밀 주형에 따른 주물에는 적용하지 않는다.

2. 길이의 허용차

단위 : mm

종류	호칭 치수의 구분	50 이하		50 초과 120 이하		120 초과 250 이하		250 초과 400 이하		250 초과 800 이하		800 초과 1600 이하		1600 초과 3150 이하		(참고)해당 공차 등급	
		정밀급	보통급	정밀급	보통급	정밀급	보통급	정밀급	보통급	정밀급	보통급	정밀급	보통급	정밀급	보통급	정밀급	보통급
모래형 주물	틀 분할면을 포함하지 않은 부분	±0.5	±1.1	±0.7	±1.2	±0.9	±1.4	±1.1	±1.8	±1.6	±2.5	-	±4	-	±7	15	16
	틀 분할면을 포함하는 부분	±0.8	±1.5	±1.1	±1.8	±1.4	±2.2	±2.2	±2.8	±2.5	±4.0	-				16	17
금형 주물	틀 분할면을 포함하지 않은 부분	±0.3	±0.5	±0.45	±0.7	±0.55	±0.9	±0.9	±1.1	±1.0	±1.6	-	-	-	-	14	15
	틀 분할면을 포함하는 부분	±0.5	±0.6	±0.7	±0.8	±0.9	±1.0	±1.0	±1.2	±1.6	±1.8	-	-	-	-	15	15

3. 살두께의 허용차

단위 : mm

종류	호칭 치수의 구분	50 이하		50 초과 120 이하		120 초과 250 이하		250 초과 400 이하		250 초과 800 이하	
		정밀급	보통급	정밀급	보통급	정밀급	보통급	정밀급	보통급	정밀급	보통급
모래형 주물	120 이하	±0.6	±1.2	±0.7	±1.4	±0.8	±1.6	±0.9	±1.8	-	-
	120 초과 250 이하	±0.7	±1.3	±0.8	±1.5	±0.9	±1.7	±1.0	±1.9	±1.2	±2.3
	250 초과 400 이하	±0.8	±1.4	±0.9	±1.6	±1.0	±1.8	±1.1	±2.0	±1.3	±2.4
	400 초과 800 이하	±1.0	±1.6	±1.1	±1.8	±1.2	±2.0	±1.3	±2.2	±1.5	±2.6
금형 주물	120 이하	±0.3	±0.7	±0.4	±0.9	±0.5	±1.1	±0.6	±1.3	-	-
	120 초과 250 이하	±0.4	±0.8	±0.5	±1.0	±0.6	±1.2	±0.7	±1.4	±0.9	±1.8
	250 초과 400 이하	±0.5	±0.9	±0.6	±1.1	±0.7	±1.3	±0.8	±1.5	±1.0	±1.9

1-6 다이캐스팅의 보통 치수 공차

1. 적용 범위

이 부속서 4는 아연합금 다이캐스팅, 알루미늄합금 다이캐스팅 등의 주조한 대로의 치수의 보통 공차에 대하여 규정한다.

2. 등급 및 허용차

등급 및 허용차는 1등급으로 하고, 그 허용차는 다음 표에 따른다.

3. 치수의 허용차

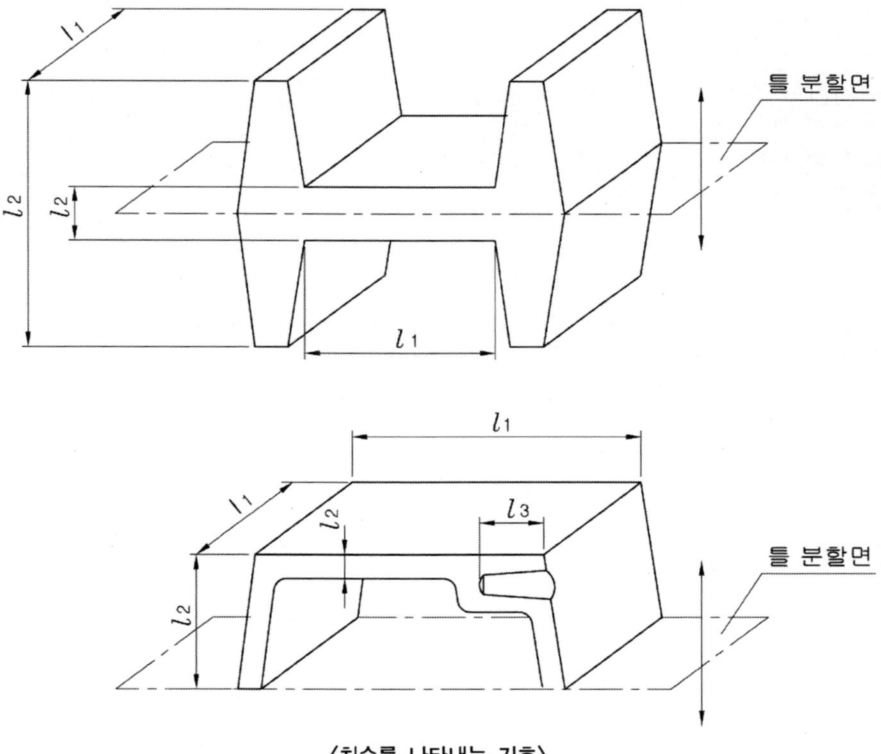

〈치수를 나타내는 기호〉

단위 : mm

치수의 구분	고정형 및 가동형으로 만드는 부분			가동 내부로 만드는 부분 l_3	
	틀 분할면과 평행 방향 l_1	틀 분할면과 직각 방향(1) l_2			
		틀 분할면과 직각 방향의 주물 투영 면적(2) cm^2		가동 내부의 이동 방향과 직각인 주물 부분의 투영 면적 cm^2	
		600 이하	600 초과 2400 이하	150 이하	150 초과 600 이하
30 이하	±0.25	±0.5	±0.6	±0.5	±0.6
30 초과50 이하	±0.3	±0.5	±0.6	±0.5	±0.6
50 초과80 이하	±0.35	±0.6	±0.6	±0.6	±0.6
80 초과 120 이하	±0.45	±0.7	±0.7	±0.7	±0.7
120 초과 180 이하	±0.5	±0.8	±0.8	±0.8	±0.8
180 초과 250 이하	±0.55	±0.9	±0.9	±0.9	±0.9
250 초과 315 이하	±0.6	±1	±1	±1	±1
315 초과 400 이하	±0.7	–	–	–	–
400 초과 500 이하	±0.8	–	–	–	–
500 초과 630 이하	±0.9	–	–	–	–
630 초과 800 이하	±1	–	–	–	–
800 초과 1000 이하	±1.1	–	–	–	–

[주]

(1) 틀 분할면이 길이에 영향을 주지 않는 치수 부분에는 l_1의 치수 공차를 적용한다. 이 경우의 l_1 등의 기호는 다음 그림에 따른다.

(2) 주물의 투영 면적이란 주조한 대로의 주조품의 바깥 둘레 내 투영 면적을 나타낸다.

1-7 금속판 셰어링 보통 공차 [KS B 0416]

1. 적용 범위

이 규격은 갭 시어, 스퀘어 시어 등 곧은 날 절단기로 절단한 두께 12mm 이하의 금속판 절단 나비의 보통 치수 공차와 진직도 및 직각도의 보통 공차에 대하여 규정한다.

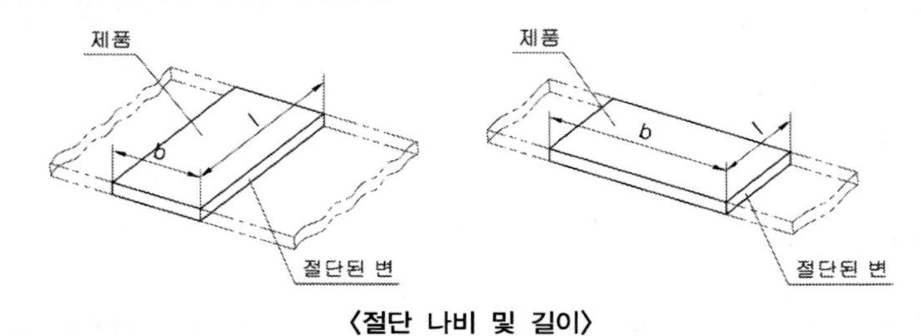

〈절단 나비 및 길이〉

비고

1. 절단 나비 : 시어의 날로 절단된 변과 맞변의 거리(위 그림의 b)
2. 절단 길이 : 시어의 날로 절단된 변의 길이(위 그림의 l)

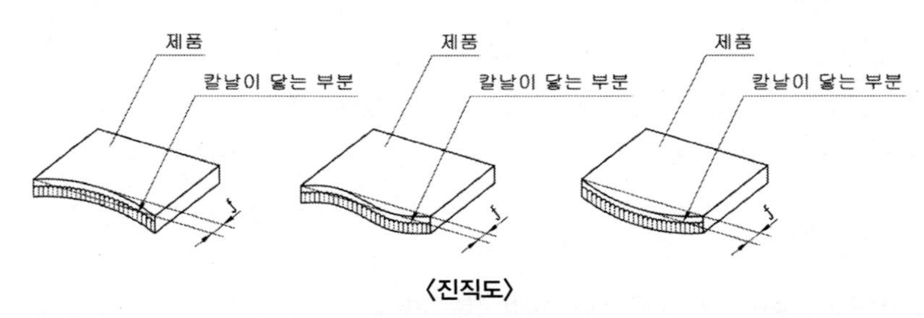

〈진직도〉

비고

• 진직도 : 절단된 변의 칼날이 닿는 부분에 기하학적으로 정확한 직선에서 어긋남의 크기(위 그림의 f)

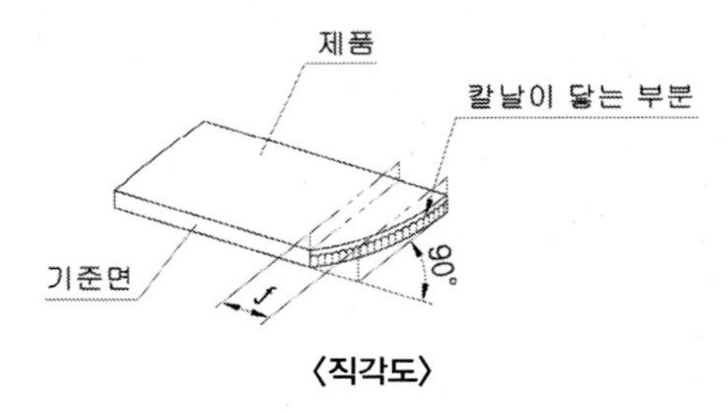

〈직각도〉

비고

• 직각도 : 긴 변을 기준면으로 하고 이 기준면에 대하여 직각인 기하학적 평면에서 짧은 변의 칼날이 닿는 부분의 어긋남의 크기(위 그림의 f)

2. 절단 나비의 보통 공차

단위 : mm

기준 치수의 구분	t≦1.6		1.6 < t≦3		3 < t≦6		6 < t≦12	
	A급	B급	A급	B급	A급	B급	A급	B급
30 이하	±0.1	±0.3	–	–	–	–	–	–
30 초과 120 이하	±0.2	±0.5	±0.3	±0.5	±0.8	±1.2	–	±1.5
120 초과 400 이하	±0.3	±0.8	±0.4	±0.8	±1	±1.5	–	±2
400 초과 1000 이하	±0.5	±1	±0.5	±1.2	±1.5	±2	–	±2.5
1000 초과 2000 이하	±0.8	±1.5	±0.8	±2	±2	±3	–	±3
2000 초과 4000 이하	±1.2	±2	±1.2	±2.5	±3	±4	–	±4

3. 진직도의 보통 공차

단위 : mm

기준 치수의 구분	t≦1.6		1.6<t≦3		3<t≦6		6<t≦12	
	A급	B급	A급	B급	A급	B급	A급	B급
30 이하	0.1	0.2	–	–	–	–	–	–
30 초과 120 이하	0.2	0.3	0.2	0.3	0.5	0.8	–	1.5
120 초과 400 이하	0.3	0.5	0.3	0.5	0.8	1.5	–	2
400 초과 1000 이하	0.5	0.8	0.5	1	1.5	2	–	3
1000 초과 2000 이하	0.8	1.2	0.8	1.5	2	3	–	4
2000 초과 4000 이하	1.2	2	1.2	2.5	3	5	–	6

4. 직각도의 보통 공차

단위 : mm

기준 치수의 구분	t≦3		3<t≦6		6<t≦12	
	A급	B급	A급	B급	A급	B급
30 이하	–	–	–	–	–	–
30 초과 120 이하	0.3	0.5	0.5	0.8	–	1.5
120 초과 400 이하	0.8	1.2	1	1.5	–	2
400 초과 1000 이하	1.5	3	2	3	–	3
1000 초과 2000 이하	3	6	4	6	–	6
2000 초과 4000 이하	6	10	6	10	–	10

• **도면상의 지시** : 도면 또는 관련 문서에는 이 규격의 규격 번호 및 등급을 지시한다.

[보기 1] 절단 나비의 보통 치수 공차 KS B 0416-A

[보기 2] 직직도 및 직각도의 보통 공차 KS B 0416-B

1-8 주강품의 보통 허용차 [KS B 0418]

1. 적용 범위

이 규격은 모래형에 의한 주강품의 길이 및 덧살에 대한 주조 치수의 보통 허용차에 대하여 규정한다.

비고

1. 보통 허용차는 시방서, 도면 등에서 기능상 특별한 정밀도가 요구되지 않는 치수에 대하여, 공차를 일일이 기입하지 않고 일괄하여 지시하는 경우에 적용한다.
2. 보통 허용차의 등급은 A급(정밀급), B급(중급), C급(보통급)의 3등급으로 한다.

2. 주강품의 길이 보통 허용차

단위 : mm

치수구분 \ 등급		정밀급	중급	보통급
	120 이하	±1.8	±2.8	±4.5
120 초과	315 이하	±2.5	±4	±6
315 초과	630 이하	±3.5	±5.5	±9
630 초과	1250 이하	±5	±8	±12
1250 초과	2500 이하	±9	±14	±22
2500 초과	5000 이하	–	±20	±35
5000 초과	10000 이하	–	–	±63

비고

- ISO 8062에서는 모래형 주조 수동 주입 방법에 대한 주강품 공차 등급을 CT11~14로, 모래형 주조 기계 주입 및 셀 모드 방식의 주강품 공차 등급을 CT8~12로 규정하고 있다.

3. 주강품의 덧살 보통 허용차

단위 : mm

치수구분 \ 등급		정밀급	중급	보통급
	18 이하	±1.4	±2.2	±3.5
18 초과	50 이하	±2	±3	±5
50 초과	120 이하	–	±4.5	±7
120 초과	250 이하	–	±5.5	±9
250 초과	400 이하	–	±7	±11
400 초과	630 이하	–	±9	±14
630 초과	1000 이하	–	–	±18

비고

- 정밀급은 작은 것으로서 특별 정밀도를 필요로 하는 것에 한하여 적용한다.

4. 빠짐 기울기를 주기 위한 치수

빠짐 기울기에 대하여 도면 등의 지정이 없을 때는 주조상의 필요에 따라 아래 표에 나타난 치수 A에 의하여 빠짐 기울기를 줄 수 있다.

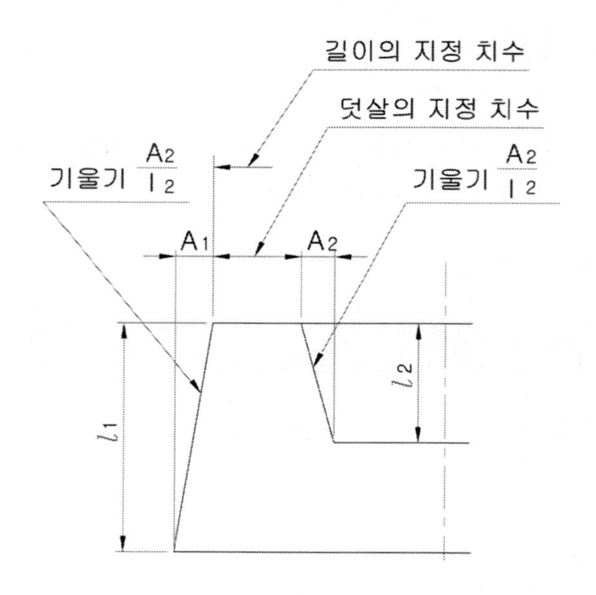

단위 : mm

치수구분(l)		치수 A(최대)
초과	이하	
	18	1.4
18	50	2
50	120	2.8
120	250	3.5
250	400	4.5
400	630	5.5
630	1000	7

비고

- l은 그림의 l_1, l_2를 뜻한다. A는 그림의 A_1, A_2를 뜻한다.

1-9 판재의 프레스 가공품 일반 치수 공차 [KS B 0413]

1. 적용범위

이 표준은 금속 프레스 가공품의 일반 치수 공차에 대하여 규정한다.

비고
1. 여기서 말하는 금속 프레스 가공품이란 블랭킹, 벤딩, 드로잉에 의해 프레스 가공한 것을 말하며, 금속판의 시어링은 포함하지 않는다.
2. 금속판 시어링 보통 공차는 KS B 0416에 규정되어 있다.

2. 블랭킹 및 밴딩 및 드로잉의 일반 치수 공차

블랭킹의 및 밴딩 및 드로잉의 일반 치수 공차의 등급은 A급, B급, C급의 3등급으로 하고 각각의 치수 허용차는 아래와 같다.

3. 블랭킹의 보통 치수 허용차

단위 : mm

기준 치수의 구분		등 급		
		A급	B급	C급
6 이하		±0.05	±0.1	±0.3
6 초과	30 이하	±0.1	±0.2	±0.5
30 초과	120 이하	±0.15	±0.3	±0.8
120 초과	400 이하	±0.2	±0.5	±1.2
400 초과	1000 이하	±0.3	±0.8	±2
1000 초과	2000 이하	±0.5	±1.2	±3

비고 A급, B급 및 C급은 각각 KS B ISO 2768-1의 공차 등급 f, m 및 c에 해당한다.

4. 밴딩 및 드로잉의 일반 치수 허용차

단위 : mm

기준 치수의 구분		등 급		
		A급	B급	C급
6 이하		±0.1	±0.3	±0.5
6 초과	30 이하	±0.2	±0.5	±1
30 초과	120 이하	±0.3	±0.8	±1.5
120 초과	400 이하	±0.5	±1.2	±2.5
400 초과	1000 이하	±0.8	±2	±4
1000 초과	2000 이하	±1.2	±3	±6

비고 A급, B급 및 C급은 각각 KS B ISO 2768-1의 공차 등급 f, m 및 c에 해당한다.

참고
- 블랭킹 : 프레스 기계를 사용하여 금속판에서 소정의 모양으로 따내는 것
- 벤딩 : 프레스 기계를 사용하여 금속판을 소정의 모양으로 굽히는 것
- 드로잉 : 프레스 기계를 사용하여 금속판을 소정의 컵 모양으로 성형하는 것

1-10 중심 거리의 허용차 [KS B 0420]

1. 적용범위

이 규격은 다음에 표시하는 중심거리의 허용차(이하 허용차라 한다)에 대하여 규정한다.

❶ 기계 부분에 뚫린 두 구멍의 중심거리
❷ 기계 부분에 있어서 두 축의 중심거리
❸ 기계 부분에 가공된 두 홈의 중심거리
❹ 기계 부분에 있어서 구멍과 축, 구멍과 홈 또는 축과 홈의 중심거리

비고 여기서 구멍, 축 및 홈은 그 중심선에 서로 평행하고, 구멍과 축은 원형 단면이며, 테이퍼(Taper)가 없고, 홈은 양 측면이 평행한 조건이다.

2. 중심거리

구멍, 축 또는 홈의 중심선에 직각인 단면 내에서 중심부터 중심까지의 거리

3. 등급

허용차의 등급은 1급~4급까지 4등급으로 한다. 또 0등급을 참고로 아래 표에 표시한다.

4. 허용차

허용차의 수치는 아래 표를 따른다.

▶ 중심거리 허용차

단위 : ㎛

중심 거리 구분(mm)		등급				
초과	이하	0급 (참고)	1급	2급	3급	4급(mm)
–	3	±2	±3	±7	±20	±0.05
3	6	±3	±4	±9	±24	±0.06
6	10	±3	±5	±11	±29	±0.08
10	18	±4	±6	±14	±35	±0.09
18	30	±5	±7	±17	±42	±0.11
30	50	±6	±8	±20	±50	±0.13
50	80	±7	±10	±23	±60	±0.15
80	120	±8	±11	±27	±70	±0.18
120	180	±9	±13	±32	±80	±0.20
180	250	±10	±15	±36	±93	±0.23
250	315	±12	±16	±41	±105	±0.26
315	400	±13	±18	±45	±115	±0.29
400	500	±14	±20	±49	±125	±0.32
500	630	–	±22	±55	±140	±0.35
630	800	–	±25	±63	±160	±0.40
800	1000	–	±28	±70	±180	±0.45
1000	1250	–	±33	±83	±210	±0.53
1250	1600	–	±39	±98	±250	±0.63
1600	2000	–	±46	±120	±300	±0.75
2000	2500	–	±55	±140	±350	±0.88
2500	3150	–	±68	±170	±430	±1.05

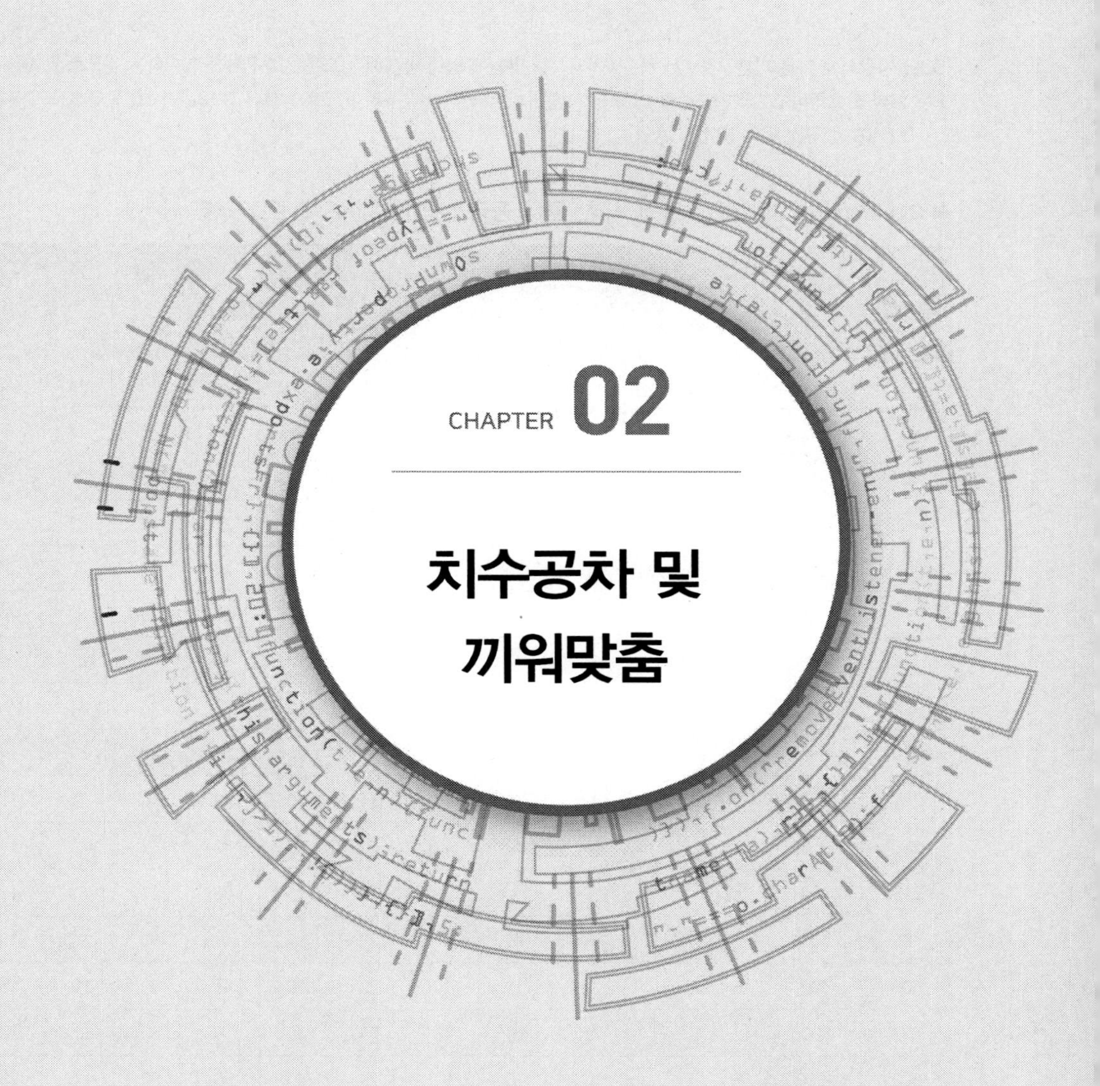

CHAPTER 02

치수공차 및 끼워맞춤

2-1 IT기본공차

ISO 공차방식에 따른 기본공차로서 치수공차와 끼워맞춤에 있어서 정해진 모든 치수공차를 의미하는 것으로 IT기본공차 또는 IT라고 호칭하고, 국제 표준화 기구(ISO)공차 방식에 따라 분류하며, IT01 부터 IT18까지 20 등급으로 구분하여 KS B 0401에 규정하고 있다.

■ 3150mm까지의 기준 치수에 대한 공차 등급 IT의 수치[KS B ISO 286-1]

호칭치수 (mm)		표준 공차 등급										
		IT01	IT0	IT1	IT2	IT3	IT4	IT5	IT6	IT7	IT8	IT9
초과	이하	표준 공차값(μm)										
–	3	0.3	0.5	0.8	1.2	2	3	4	6	10	14	25
3	6	0.4	0.6	1	1.5	2.5	4	5	8	12	18	30
6	10	0.4	0.6	1	1.5	2.5	4	6	9	15	22	36
10	18	0.5	0.8	1.2	2	3	5	8	11	18	27	43
18	30	0.6	1.0	1.5	2.5	4	6	9	13	21	33	52
30	50	0.6	1.0	1.5	2.5	4	7	11	16	25	39	62
50	80	0.8	1.2	2	3	5	8	13	19	30	46	74
80	120	1.0	1.5	2.5	4	6	10	15	22	35	54	87
120	180	1.2	2.0	3.5	5	8	12	18	25	40	63	100
180	250	2.0	3.0	4.5	7	10	14	20	29	46	72	115
250	315	2.5	4.0	6	8	12	16	23	32	52	81	130
315	400	3.0	5.0	7	9	13	18	25	36	57	89	140
400	500	4.0	6.0	8	10	15	20	27	40	63	97	155
500	630	–	–	9	11	16	22	30	44	70	110	175
630	800	–	–	10	13	18	25	35	50	80	125	200
800	1000	–	–	11	15	21	29	40	56	90	140	230
1000	1250	–	–	13	18	24	34	46	66	105	165	260
1250	1600	–	–	15	21	29	40	54	78	125	195	310
1600	2000	–	–	18	25	35	48	65	92	150	230	370
2000	2500	–	–	22	30	41	57	77	110	175	280	440
2500	3150	–	–	26	36	50	69	93	135	210	330	540

호칭치수 (mm)		표준 공차 등급								
		IT10	IT11	IT12	IT13	IT14	IT15	IT16	IT17	IT18
초과	이하	표준 공차값(μm)				표준 공차값(μm)				
–	3	40	60	0.1	0.14	0.25	0.40	0.6	1.0	1.4
3	6	48	75	0.12	0.18	0.30	0.48	0.75	1.2	1.8
6	10	58	90	0.15	0.22	0.36	0.58	0.9	1.5	2.2
10	18	70	110	0.18	0.27	0.43	0.70	1.1	1.8	2.7
18	30	84	130	0.21	0.33	0.52	0.84	1.3	2.1	3.3
30	50	100	160	0.25	0.39	0.62	1.0	1.6	2.5	3.9
50	80	120	190	0.30	0.46	0.74	1.2	1.9	3.0	4.6
80	120	140	220	0.35	0.54	0.87	1.4	2.2	3.5	5.4
180	250	185	290	0.46	0.72	1.15	1.85	2.9	4.6	7.2
250	315	210	320	0.52	0.81	1.30	2.1	3.2	5.2	8.1
315	400	230	360	0.57	0.89	1.40	2.3	3.6	5.7	8.9
400	500	250	400	0.63	0.97	1.55	2.5	4.0	6.3	9.7
500	630	280	440	0.70	1.10	1.75	2.8	4.4	7	11
630	800	320	500	0.80	1.25	2	3.2	5.0	8	12.5
800	1000	360	560	0.90	1.40	2.3	3.6	5.6	9	14
1000	1250	420	660	1.05	1.65	2.6	4.2	6.6	10.5	16.5
1250	1600	500	780	1.25	1.95	3.1	5	7.8	12.5	19.5
1600	2000	600	920	1.5	2.30	3.7	6	9.2	15	23
2000	2500	700	1100	1.75	2.80	4.4	7	11	17.5	28
2500	3150	860	1350	2.10	3.30	5.4	8.6	13.5	21	33

[주]

① 공차 등급 IT14~IT18은 기준치수 1mm 이하의 기준 치수에 대하여 사용하지 않는다.

② 500mm를 초과하는 기준 치수에 대한 공차 등급 IT1~IT5의 공차값은 실험적으로 사용하기 위한 잠정적인 것이다.

참고 공차 등급 IT(ISO tolerance)는 고정밀도를 적용하는 부분은 IT1~IT4, 일반적인 끼워맞춤 부분에는 IT5~IT10, 끼워맞춤되지 않는 부분에는 IT10~IT18 등급을 적용한다.

2-2 구멍의 기초가 되는 치수 허용차

단위 : μm = 0.001mm

기준치수의 구분(mm)		전체의 공차 등급											
초과	이하	기초가 되는 치수 허용차 = 아래 치수 허용차 EI											
		공차역의 위치											
		A[1]	B[1]	C	CD	D	E	EF	F	FG	G	H	JS[2]
– 3 6	3 6 10	+270 +270 +280	+140 +140 +150	+60 +70 +80	+34 +46 +56	+20 +30 +40	+14 +20 +25	+10 +14 +18	+6 +10 +13	+4 +6 +8	+2 +4 +5	0 0 0	치수허용차 = $\pm \frac{IT_n}{2}$
10 14	14 18	+290	+150	+95		+50	+32		+16		+6	0	
18 24	24 30	+300	+160	+110		+65	+40		+20		+7	0	
30 40	40 50	+310 +320	+170 +180	+120 +130		+80	+50		+25		+9	0	
50 65	65 80	+340 +360	+190 +200	+140 +150		+100	+60		+30		+10	0	
80 100	100 120	+380 +410	+220 +240	+170 +180		+120	+72		+36		+12	0	
120 140 160	140 160 180	+460 +520 +580	+260 +280 +310	+200 +210 +230		+145	+85		+43		+14	0	
180 200 225	200 225 250	+660 +740 +820	+340 +380 +420	+240 +260 +280		+170	+100		+50		+15	0	
250 280	280 315	+920 +1050	+480 +540	+300 +330		+190	+110		+56		+17	0	
315 355	355 400	+1200 +1350	+600 +680	+360 +400		+210	+125		+62		+18	0	
400 450	450 500	+1500 +1650	+760 +840	+440 +480		+230	+135		+68		+20	0	
500 560	560 630					+260	+145		+76		+22	0	
630 710	710 800					+290	+160		+80		+24	0	
800 900	900 1000					+320	+170		+86		+26	0	
1000 1120	1120 1250					+350	+195		+98		+28	0	
1250 1400	1400 1600					+390	+220		+110		+30	0	
1600 1800	1800 2000					+430	+240		+120		+32	0	
2000 2240	2240 2500					+480	+260		+130		+34	0	
2500 2800	2800 3150					+520	+290		+145		+38	0	

단위 : μm = 0.001mm

공차등급 8 이상												공차등급					
기초가 되는 치수 허용차 = 위치수 허용차 ES												3	4	5	6	7	8
공차역의 위치												⊿의 수치					
P	R	S	T	U	V	X	Y	Z	ZA	ZB	ZC						
−6 −12 −15	−10 −15 −19	−14 −19 −23		−18 −23 −28		−20 −28 −34		−26 −35 −42	−32 −42 −52	−40 −50 −67	−60 −80 −97	0 1 1	0 1.5 1.5	0 1 2	0 3 3	0 4 6	0 6 7
−18	−23	−28		−33	−39	−40 −45		−50 −60	−64 −77	−90 −108	−130 −150	1	2	3	3	7	9
−22	−28	−35	−41	−41 −48	−47 −55	−54 −64	−63 −75	−73 −88	−93 −118	−136 −160	−188 −218	1.5	2	3	4	8	12
−26	−34	−43	−48 −54	−60 −70	−68 −81	−80 −97	−94 −114	−112 −136	−148 −180	−200 −242	−274 −325	1.5	3	4	5	9	14
−32	−41 −43	−53 −59	−66 −75	−87 −102	−102 −120	−122 −146	−144 −174	−172 −210	−226 −274	−300 −360	−405 −480	2	3	5	6	11	16
−37	−51 −54	−71 −79	−91 −104	−124 −144	−146 −172	−178 −210	−214 −254	−258 −310	−335 −400	−445 −525	−585 −690	2	4	5	7	13	19
−43	−63 −65 −68	−92 −100 −108	−122 −134 −146	−170 −190 −210	−202 −228 −252	−248 −280 −310	−300 −340 −380	−365 −415 −465	−470 −535 −600	−620 −700 −780	−800 −900 −1000	3	4	6	7	15	23
−50	−77 −80 −84	−122 −130 −140	−166 −180 −196	−236 −258 −284	−284 −310 −340	−350 −385 −425	−425 −470 −520	−520 −575 −640	−670 −740 −820	−880 −960 −1050	−1150 −1250 −1350	3	4	6	9	17	26
−56	−94 −98	−158 −170	−218 −240	−315 −350	−385 −425	−475 −525	−580 −650	−710 −790	−920 −1000	−1200 −1300	−1550 −1700	4	4	7	9	20	29
−62	−108 −114	−190 −208	−268 −294	−390 −435	−475 −530	−590 −660	−730 −820	−900 −1000	−1150 −1300	−1500 −1650	−1900 −2100	4	5	7	11	21	32
−68	−126 −132	−232 −252	−330 −360	−490 −540	−595 −660	−740 −820	−920 −1000	−1100 −1250	−1450 −1600	−1880 −2100	−2400 −2600	5	5	7	13	23	34
−78	−150 −155	−280 −310	−400 −450	−600 −660													
−88	−175 −185	−340 −380	−500 −560	−740 −840													
−100	−210 −220	−430 −470	−620 −680	−940 −1050													
−120	−250 −260	−520 −580	−780 −840	−1150 −1300													
−140	−300 −330	−640 −720	−960 −1050	−1450 −1600													
−170	−370 −400	−820 −920	−1200 −1350	−1850 −2000													
−195	−440 −460	−1000 −1100	−1500 −1650	−2300 −2500													
−240	−550 −580	−1250 −1400	−1900 −2100	−2900 −3200													

참고 위 표에서 허용 공차값이 −100인 경우 −100mm가 아니라 −0.1mm가 된다.(−100μm = −0.1mm)

단위 : μm = 0.001mm

기준치수의 구분(mm)		공차등급									
		6	7	8	8 이하	9 이상	8 이하	9 이상	8 이하	9 이상	7 이하
초과	이하	기초가 되는 치수 허용차 = 위치수 허용차 ES 공차역의 위치									
		J			K[4]		M[4]		N[4),5)]		P~ZC
−	3	+2	+4	+6	0		−2	−2	−4	−4	오른쪽난의 값에 Δ의 값을 더한다.
3	6	+5	+6	+10	−1+Δ	0	−4+Δ	−4	−8+Δ	0	
6	10	+5	+8	+12	−1+Δ		−6+Δ	−6	−10+Δ	0	
10 14	14 18	+6	+10	+15	−1+Δ		−7+Δ	−7	−12+Δ	0	
18 24	24 30	+8	+12	+20	−2+Δ		−8+Δ	−8	−15+Δ	0	
30 40	40 50	+10	+14	+24	−2+Δ		−9+Δ	−9	−17+Δ	0	
50 65	65 80	+13	+18	+28	−2+Δ		−11+Δ	−11	−20+Δ	0	
80 100	100 120	+16	+22	+34	−3+Δ		−13+Δ	−13	−23+Δ	0	
120 140 160	140 160 180	+18	+25	+41	−3+Δ		−15+Δ	−15	−27+Δ	0	
180 200 225	200 225 250	+22	+30	+47	−4+Δ		−17+Δ	−17	−31+Δ	0	
250 280	280 315	+25	+36	+55	−4+Δ		−20+Δ[3)]	−20	−34+Δ	0	
315 355	355 400	+29	+39	+60	−4+Δ		−21+Δ	−21	−37+Δ	0	
400 450	450 500	+33	+43	+66	−5+Δ		−23+Δ	−23	−40+Δ	0	
500 560	560 630						−26		−44		
630 710	710 800						−30		−50		
800 900	900 1000						−34		−56		
1000 1120	1120 1250						−40		−66		
1250 1400	1400 1600						−48		−78		
1600 1800	1800 2000						−58		−92		
2000 2240	2240 2500						−68		−110		
2500 2800	2800 3150						−76		−135		

[주]

1) 기초가 되는 치수허용차 A 및 B는 기준 치수 1mm 이하의 기준 치수에는 사용하지 않는다.
2) 공차 등급이 JS7~JS11의 경우 IT의 번호 n이 홀수일 때는 바로 밑의 짝수로 끝맺음 하여도 좋다.
3) IT 8 이하의 공차 등급에 대응하는 K, M 및 N 그리고 IT 8 이하의 공차 등급에 대응하는 치수 허용차 P~ZC를 결정할 때는 우측난의 서 Δ의 수치를 가용한다.

[보기]

- 18~30mm 범위의 K7의 경우 : Δ=8μm 따라서 ES=−2+8=6μm
- 18~30mm 범위의 S6의 경우 : Δ=4μm 따라서 ES=−35+4=−31μm

4) 특수한 경우 : 250~315mm 범위의 공차역 등급 M6의 경우, ES는 −20+9=−11μm가 아니고 −9μm이다.
5) IT8을 초과하는 공차 등급에 대응하는 기초가 되는 치수 허용차 N을 1mm 이하의 기준 치수에 사용해서는 안 된다.

2-3 축의 기초가 되는 치수 허용차

단위 : μm = 0.001mm

기준치수의 구분(mm)		전체의 공차 등급											
		기초가 되는 치수 허용차 = 위치수 허용차 es											
		공차역의 위치											
초과	이하	a[1)]	b[1)]	c	cd	d	e	ef	f	fg	g	h	js[2)]
– 3 6	3 6 10	−270 −270 −280	−140 −140 −150	−60 −70 −80	−34 −46 −56	−20 −30 −40	−14 −20 −25	−10 −14 −18	−6 −10 −13	−4 −6 −8	−2 −4 −5	0 0 0	치수허용차 = $\pm \frac{IT_n}{2}$
10 14	14 18	−290	−150	−95		−50	−32		−16		−6	0	
18 24	24 30	−300	−160	−110		−65	−40		−20		−7	0	
30 40	40 50	−310 −320	−170 −180	−120 −130		−80	−50		−25		−9	0	
50 65	65 80	−340 −360	−190 −200	−140 −150		−100	−60		−30		−10	0	
80 100	100 120	−380 −410	−220 −240	−170 −180		−120	−72		−36		−12	0	
120 140 160	140 160 180	−460 −520 −580	−260 −280 −310	−200 −210 −230		−145	−85		−43		−14	0	
180 200 225	200 225 250	−660 −740 −820	−340 −380 −420	−240 −260 −280		−170	−100		−50		−15	0	
250 280	280 315	−920 −1050	−480 −540	−300 −330		−190	−110		−56		−17	0	
315 355	355 400	−1200 −1350	−600 −680	−360 −400		−210	−125		−62		−18	0	
400 450	450 500	−1500 −1650	−760 −840	−440 −480		−230	−135		−68		−20	0	
500 560	560 630					−260	−145		−76		−22	0	
630 710	710 800					−290	−160		−80		−24	0	
800 900	900 1000					−320	−170		−86		−26	0	
1000 1120	1120 1250					−350	−195		−98		−28	0	
1250 1400	1400 1600					−390	−220		−110		−30	0	
1600 1800	1800 2000					−430	−240		−120		−32	0	
2000 2240	2240 2500					−480	−260		−130		−34	0	
2500 2800	2800 3150					−520	−290		−145		−38	0	

단위 : μm = 0.001mm

기준치수의 구분(mm)		공차등급					전체의 공차등급				
		5, 6	7	8	4, 5 6, 7	3 이하 및 8 이상					
		기초가 되는 치수 허용차 = 아래치수는 허용차 ei									
		공차역의 위치									
초과	이하	j		k			m	n	p	r	s
–	3	−2	−4		0	0	+2	+4	+6	+10	+14
3	6	−2	−4	−6	+1	0	+4	+8	+12	+15	+19
6	10	−2	−5		+1	0	+6	+10	+15	+19	+23
10	14	−3	−6		+1	0	+7	+12	+18	+23	+28
14	18										
18	24	−4	−8		+2	0	+8	+15	+22	+28	+35
24	30										
30	40	−5	−10		+2	0	+9	+17	+26	+34	+43
40	50										
50	65	−7	−12		+2	0	+11	+20	+32	+41	+53
65	80									+43	+59
80	100	−9	−15		+3	0	+13	+23	+37	+51	+71
100	120									+54	+79
120	140	−11	−18		+3	0	+15	+27	+43	+63	+92
140	160									+65	+100
160	180									+68	+108
180	200	−13	−21		+4	0	+17	+31	+50	+77	+122
200	225									+80	+130
225	250									+84	+140
250	280	−16	−26		+4	0	+20	+34	+56	+94	+158
280	315									+98	+170
315	355	−18	−28		+4	0	+21	+37	+62	+108	+190
355	400									+114	+208
400	450	−20	−32		+5	0	+23	+40	+68	+126	+232
450	500									+132	+252
500	560				0	0	+26	+44	+78	+150	+280
560	630									+155	+310
630	710				0	0	+30	+50	+88	+175	+340
710	800									+185	+380
800	900				0	0	+34	+56	+100	+210	+430
900	1000									+220	+470
1000	1120				0	0	+40	+66	+120	+250	+520
1120	1250									+260	+580
1250	1400				0	0	+48	+78	+140	+300	+640
1400	1600									+330	+720
1600	1800				0	0	+58	+92	+170	+370	+820
1800	2000									+400	+920
2000	2240				0	0	+68	+110	+195	+440	+1000
2240	2500									+460	+1100
2500	2800				0	0	+76	+135	+240	+550	+1250
2800	3150									+580	+1400

전체의 공차등급													
기초가 되는 치수 허용차 = 아래치수는 허용차 ei													
공차역의 위치													
m	n	p	r	s	t	u	v	x	y	z	za	zb	zc
+2 +4 +6	+4 +8 +10	+6 +12 +15	+10 +15 +19	+14 +19 +23		+18 +23 +28		+20 +28 +34		+26 +35 +42	+32 +42 +52	+40 +50 +67	+60 +80 +97
+7	+12	+18	+23	+28		+33	+39	+40 +45		+50 +60	+64 +77	+90 +108	+130 +150
+8	+15	+22	+28	+35	+41	+41 +48	+47 +55	+54 +64	+63 +75	+73 +88	+98 +118	+136 +160	+188 +218
+9	+17	+26	+34	+43	+48 +54	+60 +70	+68 +81	+80 +97	+94 +114	+112 +136	+148 +180	+200 +242	+274 +325
+11	+20	+32	+41 +43	+53 +59	+66 +75	+87 +102	+102 +120	+122 +146	+144 +174	+172 +210	+226 +274	+300 +360	+405 +480
+13	+23	+37	+51 +54	+71 +79	+91 +104	+124 +144	+146 +172	+178 +210	+214 +254	+258 +310	+335 +400	+445 +525	+585 +690
+15	+27	+43	+63 +65 +68	+92 +100 +108	+122 +134 +146	+170 +190 +210	+202 +228 +252	+248 +280 +310	+300 +340 +380	+365 +415 +465	+470 +535 +600	+620 +700 +780	+800 +900 +1000
+17	+31	+50	+77 +80 +84	+122 +130 +140	+166 +180 +196	+236 +258 +284	+284 +310 +340	+350 +385 +425	+425 +470 +520	+520 +575 +640	+670 +740 +820	+880 +960 +1050	+1150 +1250 +1350
+20	+34	+56	+94 +98	+158 +170	+218 +240	+315 +350	+385 +425	+475 +525	+580 +650	+710 +790	+920 +1000	+1200 +1300	+1550 +1700
+21	+37	+62	+108 +114	+190 +208	+268 +294	+390 +435	+475 +530	+590 +660	+730 +820	+900 +1000	+1150 +1300	+1500 +1650	+1900 +2100
+23	+40	+68	+126 +132	+232 +252	+330 +360	+490 +540	+595 +660	+740 +820	+920 +1000	+1100 +1250	+1450 +1600	+1850 +2100	+2400 +2600
+26	+44	+78	+150 +155	+280 +310	+400 +450	+600 +660							
+30	+50	+88	+175 +185	+340 +380	+500 +560	+740 +840							
+34	+56	+100	+210 +220	+430 +470	+620 +680	+940 +1050							
+40	+66	+120	+250 +260	+520 +580	+780 +840	+1150 +1300							
+48	+78	+140	+300 +330	+640 +720	+960 +1050	+1450 +1600							
+58	+92	+170	+370 +400	+820 +920	+1200 +1350	+1850 +2000							
+68	+110	+195	+440 +460	+1000 +1100	+1500 +1650	+2300 +2500							
+76	+135	+240	+550 +580	+1250 +1400	+1900 +2100	+2900 +3200							

[주]

1) 기초가 되는 치수 허용차 a 및 b를 1mm 미만의 기준 치수에 사용하지 않는다.

2) 공차 등급이 js7~js11인 경우 IT 번호 n이 홀수일 때에는 바로 밑의 짝수로 끝맺음 하여도 좋다. 따라서 그 결과 얻어지는 치수 허용차, 즉 ±ITn/2는 μm 단위의 정수로 표시할 수 있다.

2-4 상용하는 구멍 및 축 기준 끼워맞춤 [KS B 0401]

■ 상용하는 구멍기준식 끼워맞춤

기준 구멍	축의 공차역 클래스 (축의 종류와 등급)																
	헐거운 끼워맞춤							중간 끼워맞춤			억지 끼워맞춤						
H6						g5	h5	js5	k5	m5							
					f6	g6	h6	js6	k6	m6	n6[1]	p6[1]					
H7					f6	g6	h6	js6	k6	m6	n6[1]	p6[1]	r6[1]	s6	t6	u6	x6
				e7	f7		h7	js7									
H8					f7		h7										
				e8	f8		h8										
			d9	e9													
H9			d8	e8			h8										
		c9	d9	e9			h9										
H10	b9	c9	d9														

구멍기준 끼워맞춤 중에서 H6와 H7에 결합되는 축의 공차역 클래스가 범위가 넓어 헐거운 끼워맞춤에서 억지끼워맞춤까지 널리 사용되는 것이다. 그 중에서도 H7의 기준구멍이 끼워맞춤되는 축의 공차역 범위가 가장 넓으므로 H7이 가장 많이 이용되고 있다.

[주]
1. [1]로 표시한 끼워맞춤은 치수의 구분에 따라 예외가 생긴다.
2. 중간 끼워맞춤 및 억지 끼워맞춤에서는 기능을 확보하기 위해 선택 조합을 하는 경우가 많다.

참고
① **공차등급** : 치수공차 방식, 끼워맞춤 방식으로 전체의 기준 치수에 대하여 동일 수준에 속하는 치수공차의 일군을 의미함(예: IT7과 같이, IT에 등급을 표시하는 숫자를 붙여 표기함)
② **공차역** : 치수공차를 도시하였을 때, 치수공차의 크기와 기준선에 대한 위치에 따라 결정하게 되는 최대허용치수와 최소허용치수를 나타내는 2개의 직선 사이의 영역을 의미함
③ **공차역 클래스** : 공차역의 위치와 공차 등급의 조합을 의미함

■ 상용하는 축기준식 끼워맞춤

기준축	구멍의 공차역 클래스(축의 종류와 등급)																
	헐거운 끼워맞춤							중간 끼워맞춤			억지 끼워맞춤						
h5							H6	JS6	K6	M6	N6[1]	P6					
h6					F6	G6	H6	JS6	K6	M6	N6	P6[1]					
					F7	G7	H7	JS7	K7	M7	N7	P7[1]	R7	S7	T7	U7	X7
h7				E7	F7		H7										
					F8		H8										
h8			D8	E8	F8		H8										
			D9	E9			H9										
h9			D8	E8			H8										
		C9	D9	E9			H9										
	B10	C10	D10														

[주] 중간 끼워맞춤 및 억지 끼워맞춤에서는 기능을 확보하기 위해 선택 조합을 하는 경우가 많다.

2-5 상용하는 끼워맞춤 구멍의 치수허용차 [KS B 0401]

단위 : μm = 0.001mm

치수구분(mm)		B	C		D			E		
초과	이하	B10	C9	C10	D8	D9	D10	E7	E8	E9
–	3	+180 +140	+85 +60	+100 +60	+34 +20	+45 +20	+60 +20	+24 +14	+28 +14	+39 +14
3	6	+188 +140	+100 +70	+118 +70	+48 +30	+60 +30	+78 +30	+32 +20	+38 +20	+50 +20
6	10	+208 +150	+116 +80	+138 +80	+62 +40	+76 +40	+98 +40	+40 +25	+47 +25	+61 +25
10 14	14 18	+220 +150	+138 +95	+165 +95	+77 +50	+93 +50	+120 +50	+50 +32	+59 +32	+75 +32
18 24	24 30	+244 +160	+162 +110	+194 +110	+98 +65	+117 +65	+149 +65	+61 +40	+73 +40	+92 +40
30	40	+270 +170	+182 +120	+220 +120	+119 +80	+142 +80	+180 +80	+75 +50	+89 +50	+112 +50
40	50	+280 +180	+192 +130	+230 +130						
50	65	+310 +190	+214 +140	+260 +140	+146 +100	+174 +100	+220 +100	+90 +60	+106 +60	+134 +60
65	80	+320 +200	+224 +150	+270 +150						
80	100	+360 +220	+257 +170	+310 +170	+174 +120	+207 +120	+260 +120	+107 +72	+126 +72	+156 +72
100	120	+380 +240	+267 +180	+320 +180						
120	140	+420 +260	+300 +200	+360 +200	+208 +145	+245 +145	+305 +145	+125 +85	+148 +85	+185 +85
140	160	+440 +280	+310 +210	+370 +210						
160	180	+470 +310	+330 +230	+390 +230						
180	200	+525 +340	+355 +240	+425 +240	+242 +170	+285 +170	+355 +170	+146 +100	+172 +100	+215 +100
200	225	+565 +380	+375 +260	+445 +260						
225	250	+605 +420	+395 +280	+465 +280						
250	280	+690 +480	+430 +300	+510 +300	+271 +190	+320 +190	+400 +190	+162 +110	+191 +110	+240 +110
280	315	+750 +540	+460 +330	+540 +330	+299 +210	+350 +210	+440 +210	+182 +125	+214 +125	+265 +125
315	355	+830 +600	+500 +360	+590 +360						
355	400	+910 +680	+540 +400	+630 +400						
400	450	+1010 +760	+595 +440	+690 +440	+327 +230	+385 +230	+480 +230	+198 +135	+232 +135	+290 +135
450	500	+1090 +840	+630 +480	+730 +480						

단위 : $\mu m = 0.001mm$

치수구분(mm)		F			G		H					
초과	이하	F6	F7	F8	G6	G7	H5	H6	H7	H8	H9	H10
–	3	+12 +6	+16 +6	+20 +6	+8 +2	+12 +2	+4 0	+6 0	+10 0	+14 0	+25 0	+40 0
3	6	+18 +10	+22 +10	+28 +10	+12 +4	+16 +4	+5 0	+8 0	+12 0	+18 0	+30 0	+48 0
6	10	+22 +13	+28 +13	+35 +13	+14 +5	+20 +5	+6 0	+9 0	+15 0	+22 0	+36 0	+58 0
10 14	14 18	+27 +16	+34 +16	+43 +16	+17 +6	+24 +6	+8 0	+11 0	+18 0	+27 0	+43 0	+70 0
18 24	24 30	+33 +20	+41 +20	+53 +20	+20 +7	+28 +7	+9 0	+13 0	+21 0	+33 0	+52 0	+84 0
30 40	40 50	+41 +25	+50 +25	+64 +25	+25 +9	+34 +9	+11 0	+16 0	+25 0	+39 0	+62 0	+100 0
50 65	65 80	+49 +30	+60 +30	+76 +30	+29 +10	+40 +10	+13 0	+19 0	+30 0	+46 0	+74 0	+120 0
80 100	100 120	+58 +36	+71 +36	+90 +36	+34 +12	+47 +12	+15 0	+22 0	+35 0	+54 0	+87 0	+140 0
120 140 160	140 160 180	+68 +43	+83 +43	+106 +43	+39 +14	+54 +14	+18 0	+25 0	+40 0	+63 0	+100 0	+160 0
180 200 225	200 225 250	+79 +50	+96 +50	+122 +50	+44 +15	+61 +15	+20 0	+29 0	+46 0	+72 0	+115 0	+185 0
250 280	280 315	+88 +56	+108 +56	+137 +56	+49 +17	+69 +17	+23 0	+32 0	+52 0	+81 0	+130 0	+210 0
315 355	355 400	+98 +62	+119 +62	+151 +62	+54 +18	+75 +18	+25 0	+36 0	+57 0	+89 0	+140 0	+230 0
400 450	450 500	+108 +68	+131 +68	+165 +68	+60 +20	+83 +20	+27 0	+40 0	+63 0	+97 0	+155 0	+250 0

단위 : μm = 0.001mm

치수구분 (mm)		Js			K			M			N		P		R	S	T	U	X
초과	이하	Js5	Js6	Js7	K5	K6	K7	M5	M6	M7	N6	N7	P6	P7	R7	S7	T7	U7	X10
–	3	±2	±3	±5	0 −4	0 −6	0 −10	−2 −6	−2 −8	−2 −12	−4 −10	−4 −14	−6 −12	−6 −16	−10 −20	−14 −24	–	−18 −28	−20 −30
3	6	±2.5	±4	±6	0 −5	+2 −6	+3 −9	−3 −8	−1 −9	0 −12	−5 −13	−4 −16	−9 −17	−8 −20	−11 −23	−15 −27	–	−19 −31	−24 −36
6	10	±3	±4.5	±7.5	+1 −5	+2 −7	+5 −10	−4 −10	−3 −12	0 −15	−7 −16	−4 −19	−12 −21	−9 −24	−13 −28	−17 −32	–	−22 −37	−28 −43
10	14	±4	±5.5	±9	+2 −6	+2 −9	+6 −12	−4 −12	−4 −15	0 −18	−9 −20	−5 −23	−15 −26	−11 −29	−16 −34	−21 −39	–	−26 −44	−33 −51
14	18																		−38 −56
18	24	±4.5	±6.5	±10.5	+1 −8	+2 −11	+6 −15	−5 −14	−4 −17	0 −21	−11 −24	−7 −28	−18 −31	−14 −35	−20 −41	−27 −48	–	−33 −54	−46 −67
24	30																−33 −54	−40 −61	−56 −77
30	40	±5.5	±8	±12.5	+2 −9	+3 −13	+7 −18	−5 −16	−4 −20	0 −25	−12 −28	−8 −33	−21 −37	−17 −42	−25 −50	−34 −59	−39 −64	−51 −76	–
40	50																−45 −70	−61 −86	
50	65	±6.5	±9.5	±15	+3 −10	+4 −15	+9 −21	−6 −19	−5 −24	0 −30	−14 −33	−9 −39	−26 −45	−21 −51	−30 −60	−42 −72	−55 −85	−76 −106	–
65	80														−32 −62	−48 −78	−64 −94	−91 −121	
80	100	±7.5	±11	±17.5	+2 −13	+4 −18	+10 −25	−8 −23	−6 −28	0 −35	−16 −38	−10 −45	−30 −52	−24 −59	−38 −73	−58 −93	−78 −113	−111 −146	–
100	120														−41 −76	−66 −101	−91 −126	−131 −166	
120	140	±9	±12.5	±20	+13 −15	+4 −21	+12 −28	−9 −27	−8 −33	0 −40	−20 −45	−12 −52	−36 −61	−28 −68	−48 −88	−77 −117	−107 −147	–	–
140	160														−50 −90	−85 −125	−119 −159		
160	180														−53 −93	−93 −133	−131 −171		
180	200	±10	±14.5	±23	+2 −18	+5 −24	+13 −33	−11 −31	−8 −37	0 −46	−22 −51	−14 −60	−41 −70	−33 −79	−60 −106	−105 −151	–	–	–
200	225														−63 −109	−113 −159			
225	250														−67 −113	−123 −169			
250	280	±11.5	±16	±26	+3 −20	+5 −27	+16 −36	−13 −36	−9 −41	0 −52	−25 −57	−14 −66	−47 −79	−36 −88	−74 −126	–	–	–	–
280	315														−78 −130				
315	355	±12.5	±18	±28.5	+3 −22	+7 −29	+17 −40	−14 −39	−10 −46	0 −57	−26 −62	−16 −73	−51 −81	−41 −98	−87 −144	–	–	–	–
355	400														−93 −150				
400	450	±13.5	±20	±31.5	+2 −25	+8 −32	+18 −45	−16 −43	−10 −50	0 −63	−27 −67	−17 −80	−55 −95	−45 −108	−103 −166	–	–	–	–
450	500														−109 −172				

[보기]

• 표의 각 단에서 상한수치는 윗치수 허용공차, 하한쪽 수치는 아래치수 허용공차이다.

2-6 상용하는 끼워맞춤 축의 치수허용차 [KS B 0401]

단위 : μm = 0.001mm

치수구분(mm)		b	c	d		e			f		
초과	이하	b9	c9	d8	d9	e7	e8	e9	f6	f7	f8
–	3	−140 −165	−60 −85	−20 −34	−20 −45	−14 −24	−14 −28	−14 −29	−6 −12	−6 −16	−6 −20
3	6	−140 −170	−70 −100	−30 −48	−30 −60	−20 −32	−20 −38	−20 −50	−10 −18	−10 −22	−10 −28
6	10	−150 −186	−80 −116	−40 −62	−40 −76	−25 −40	−25 −47	−25 −61	−13 −22	−13 −28	−13 −35
10	14	−150 −193	−95 −138	−50 −77	−50 −93	−32 −50	−32 −59	−32 −75	−16 −27	−16 −34	−16 −43
14	18										
18	24	−160 −212	−110 −162	−65 −98	−65 −117	−40 −61	−40 −73	−40 −92	−20 −33	−20 −41	−20 −53
24	30										
30	40	−170 −232	−120 −182	−80 −119	−80 −142	−50 −75	−50 −89	−50 −112	−25 −41	−25 −50	−25 −64
40	50	−180 −242	−130 −192								
50	65	−190 −264	−140 −214	−100 −146	−100 −174	−60 −90	−60 −106	−60 −134	−30 −49	−30 −60	−30 −76
65	80	−200 −274	−150 −224								
80	100	−220 −307	−170 −257	−120 −174	−120 −207	−72 −107	−72 −126	−72 −159	−36 −58	−36 −71	−36 −90
100	120	−240 −327	−180 −267								
120	140	−260 −360	−200 −300	−145 −208	−145 −245	−85 −125	−85 −148	−85 −185	−43 −68	−43 −83	−43 −106
140	160	−280 −380	−210 −310								
160	180	−310 −410	−230 −330								
180	200	−340 −455	−240 −355	−170 −242	−170 −285	−100 −146	−100 −172	−100 −215	−50 −79	−50 −96	−50 −122
200	225	−380 −495	−260 −375								
225	250	−420 −535	−280 −395								
250	280	−480 −610	−300 −430	−190 −271	−190 −320	−110 −162	−110 −191	−110 −240	−56 −88	−56 −108	−56 −137
280	315	−540 −670	−330 −460								
315	355	−600 −740	−360 −500	−210 −299	−210 −350	−125 −182	−125 −214	−125 −265	−62 −98	−62 −119	−62 −151
355	400	−680 −820	−400 −540								
400	450	−760 −915	−440 −595	−230 −327	−230 −385	−135 −198	−135 −232	−135 −290	−68 −108	−68 −131	−68 −165
450	500	−840 −995	−480 −635								

단위 : μm = 0.001mm

치수구분(mm)		g			h					
초과	이하	g4	g5	g6	h4	h5	h6	h7	h8	h9
−	3	−2 −5	−2 −6	−2 −8	0 −3	0 −4	0 −6	0 −10	0 −14	0 −25
3	6	−4 −8	−4 −9	−4 −12	0 −4	0 −5	0 −8	0 −12	0 −18	0 −30
6	10	−5 −9	−5 −11	−5 −14	0 −4	0 −6	0 −9	0 −15	0 −22	0 −36
10	14	−6 −11	−6 −14	−6 −17	0 −5	0 −8	0 −11	0 −18	0 −27	0 −43
14	18									
18	24	−7 −13	−7 −16	−7 −20	0 −6	0 −9	0 −13	0 −21	0 −33	0 −52
24	30									
30	40	−9 −16	−9 −20	−9 −25	0 −7	0 −11	0 −16	0 −25	0 −39	0 −62
40	50									
50	65	−10 −18	−10 −23	−10 −29	0 −8	0 −13	0 −19	0 −30	0 −46	0 −74
65	80									
80	100	−12 −22	−12 −27	−12 −34	0 −10	0 −15	0 −22	0 −35	0 −54	0 −87
100	120									
120	140	−14 −26	−14 −32	−14 −39	0 −12	0 −18	0 −25	0 −40	0 −63	0 −100
140	160									
160	180									
180	200	−15 −29	−15 −35	−15 −44	0 −14	0 −20	0 −29	0 −46	0 −72	0 −115
200	225									
225	250									
250	280	−17 −33	−17 −40	−17 −49	0 −16	0 −23	0 −32	0 −52	0 −81	0 −130
280	315									
315	355	−18 −36	−18 −43	−18 −54	0 −18	0 −25	0 −36	0 −57	0 −89	0 −140
355	400									
400	450	−20 −40	−20 −47	−20 −60	0 −20	0 −27	0 −40	0 −63	0 −97	0 −155
450	500									

단위 : μm = 0.001mm

치수구분(mm)		js				k			m		
초과	이하	js4	js5	js6	js7	k4	k5	k6	m4	m5	m6
−	3	±1.5	±2	±3	±5	+3 0	+4 0	+6 +0	+5 +2	+6 +2	+8 +2
3	6	±2	±2.5	±4	±6	+5 +1	+6 +1	+9 +1	+8 +4	+9 +4	+12 +4
6	10	±2	±3	±4.5	±7.5	+6 +1	+7 +1	+10 +1	+10 +6	+12 +6	+15 +6
10	14	±2.5	±4	±5.5	±9	+6 +1	+9 +1	+12 +1	+12 +7	+15 +7	+18 +7
14	18										
18	24	±3	±4.5	±6.5	±10.5	+8 +2	+11 +2	+15 +2	+14 +8	+17 +8	+21 +8
24	30										
30	40	±3.5	±5.5	±8	±12.5	+9 +2	+13 +2	+18 +2	+16 +9	+20 +9	+25 +9
40	50										
50	65	±4	±6.5	±9.5	±15	+10 +2	+15 +2	+21 +2	+19 +11	+24 +11	+30 +11
65	80										
80	100	±5	±7.5	±11	±17.5	+13 +3	+18 +3	+25 +3	+23 +13	+28 +13	+35 +13
100	120										
120	140	±6	±9	±12.5	±20	+15 +3	+21 +3	+28 +3	+27 +15	+33 +15	+40 +15
140	160										
160	180										
180	200	±7	±10	±14.5	±23	+18 +4	+24 +4	+33 +4	+31 +17	+37 +17	+46 +17
200	225										
225	250										
250	280	±8	±11.5	±16	±26	+20 +4	+27 +4	+36 +4	+36 +20	+43 +20	+52 +20
280	315										
315	355	±9	±12.5	±18	±28.5	+22 +4	+29 +4	+40 +4	+39 +21	+46 +21	+57 +21
355	400										
400	450	±10	±13.5	±20	±31.5	+25 +5	+32 +5	+45 +5	+43 +23	+50 +23	+63 +23
450	500										

단위 : μm = 0.001mm

치수구분(mm)		n	p	r	s	t	u	x
초과	이하	n6	p6	r6	s6	t6	u6	x6
–	3	+10 +4	+12 +6	+16 +10	+20 +14	–	+24 +18	+26 +20
3	6	+16 +8	+20 +12	+23 +15	+27 +19	–	+31 +23	+36 +28
6	10	+19 +10	+24 +15	—8 +19	+32 +23	–	+37 +28	+43 +34
10	14	+23 +12	+29 +18	+34 +23	+39 +28	–	+44 +33	+51 +40
14	18							+56 +45
18	24	+28 +15	+35 +22	+41 +28	+48 +35	–	+54 +41	+67 +54
24	30					+54 +41	+61 +48	+77 +64
30	40	+33 +17	+42 +26	+50 +34	+59 +43	+64 +48	+76 +60	–
40	50					+70 +54	+86 +70	
50	65	+39 +20	+51 +32	+60 +41	+72 +53	+85 +66	+106 +87	–
65	80			+62 +43	+78 +59	+94 +75	+121 +102	
80	100	+45 +23	+59 +37	+73 +51	+93 +71	+113 +91	+146 +124	–
100	120			+76 +54	+101 +79	+126 +104	+166 +144	
120	140	+52 +27	+68 +43	+88 +63	+117 +92	+147 +122	–	–
140	160			+90 +65	+125 +100	+159 +134		
160	180			+93 +68	+133 +108	+171 +146		
180	200	+60 +31	+79 +50	+106 +77	+151 +122	–	–	–
200	225			+109 +80	+159 +130			
225	250			+113 +84	+169 +140			
250	280	+66 +34	+88 +56	+126 +94	–	–	–	–
280	315			+130 +98				
315	355	+73 +37	+98 +62	+144 +108	–	–	–	–
355	400			+150 +114				
400	450	+80 +40	+108 +68	+166 +126	–	–	–	–
450	500			+172 +132				

[보기]

• 표의 각 단에서 상한수치는 윗치수 허용공차, 하한쪽 수치는 아래치수 허용공차이다.

2-7 기준치수의 구분 [KS B 0401]

500mm 이하의 기준치수				500mm 초과 3150mm 이하의 기준치수			
일반 구분		상세한 구분		일반 구분		상세한 구분	
초과	이하	초과	이하	초과	이하	초과	이하
–	3	상세히 구분하지 않는다.		500	630	500 560	560 630
3	6			630	800	630 710	710 800
6	10			800	1000	800 900	900 1000
10	18	10 14	14 18	1000	1250	1000 1120	1120 1250
18	30	18 24	24 30	1250	1600	1250 1400	1400 1600
30	50	30 40	40 50	1600	2000	1600 1800	1800 2000
50	80	50 65	65 80	2000	2500	2000 2240	2240 2500
80	120	80 100	100 120	2500	3150	2500 2800	2800 3150
120	180	120 140 160	140 160 180				
180	250	180 200 225	200 225 250				
250	315	250 280	280 315				
315	400	315 355	355 400				
400	500	400 450	450 500				

[주]

1. 500mm 이하의 기준치수에서 상세한 구분은 A~C 구멍 및 R~ZC 구멍 또는 a~c 축 및 r~zc 축의 치수 허용차에 사용한다.
2. 500mm 초과 3150mm 이하의 기준치수에서 상세한 구분은 R~U 구멍 및 r~u 축의 치수 허용차에 사용한다.

2-8 공차, 편차 및 끼워맞춤의 기본 [KS B ISO 286-1]

1. 기본 용어(Basic terminology)

용 어	영 문	정 의
몸체 형체	feature of size	어떤 크기를 선 치수(linear dimension)또는 각도 치수(angular dimension)로 정의한 기하학적 형상
공칭 통합 형체	nominal integral feature	기술 도면이나 그 외의 방법에 의해 정의된 이론적으로 정확한 통합 형체
구멍	hole	가공품의 내부 몸체 형체로, 원통형이 아닌 내부 몸체 형체를 포함한다.
기준 구멍	basic hole	구멍 기준식 끼워맞춤 시스템에 대한 기준으로 선정된 구멍 [비고] ISO 코드 시스템의 목적에 따라 기준 구멍은 아래 한계 편차가 0인 구멍이다.
축	shaft	가공품의 외부 몸체 형체로, 원통형이 아닌 외부 몸체 형체를 포함한다.
기준 축	basic shaft	축 기준식 끼워맞춤 시스템에 대한 기준으로 선정된 축 [비고] ISO 코드 시스템의 목적에 따라 축 기준은 위 한계 편차가 0인 축이다.

2. 공차 및 편차와 관련된 용어(Terminology related to tolerances and deviations)

용 어	영 문	정 의
호칭 치수	nominal size	도면 명세에 의해 정의된 완전한 형태의 형체 치수 [비고 1] 호칭 치수는 위 한계 편차와 아래 한계 편차를 적용하여 한계 치수의 지정(위치)을 위해서 사용된다. [비고 2] 이전에는 기준치수(basic size)로 불렸다.
실 치수	actual size	연관 통합 형체의 치수 [비고] 실 치수는 측정을 통해서 얻어진다.
한계 치수	limits of size	몸체 형체에 대한 극한(최대)허용 치수 [비고] 요구사항의 충족을 위하여, 실 치수는 위 한계 치수와 아래 한계 치수 사이에 있어야 한다. 한계 치수도 포함된다.
위 한계 치수(ULS)	upper limit od size	몸체 형체에 대한 최대(가장 큰) 허용 치수
아래 한계 치수(LLS)	lower limit of size	몸체 형체에 대한 최소(가장 작은) 허용 치수
편차	deviation	어떤 값에서 기준 값을 뺀 값(기준 치수 값과의 차)
한계 편차	limit deviation	호칭 치수로부터 위 한계 편차나 아래 한계 편차
위 한계 편차	upper limit deviation	ES(내부 몸체 형체에 사용) es(외부 몸체 형체에 사용) 위 한계 치수에서 호칭 치수를 뺀 값 [비고] 위 한계 편차는 부호가 있는 값이며 +, 0, −일 수도 있다.

용 어	영 문	정 의
아래 한계 편차	lower limit deviation	EI(내부 몸체 형체에 사용) eI(외부 몸체 형체에 사용) 아래 한계 치수에서 호칭 치수를 뺀 값 [비고] 아래 한계 편차는 부호가 있는 값이며 +, 0, −일 수도 있다.
아래 한계 편차	lower limit deviation	EI(내부 몸체 형체에 사용) eI(외부 몸체 형체에 사용) 아래 한계 치수에서 호칭 치수를 뺀 값 [비고] 아래 한계 편차는 부호가 있는 값이며 +, 0, −일 수도 있다.
기본 편차	fundamental deviation	호칭 치수와 관련된 공차 구간의 설정을 정의하는 한계 편차 [비고 1] 기본 편차는 호칭 치수에 가장 근접한 한계 치수를 정의하는 한계 편차이다. [비고 2] 기본 편차는 문자로 식별된다(예를 들면 B, d)
Δ값	Δvalue	내부 몸체 형체의 기본 편차를 얻기 위해 고정 값에 더하는 변수 값
공차	tolerance	위 한계 치수와 아래 한계 치수 사이의 차 [비고 1] 공차는 부호 없는 절대 값이다. [비고 2] 공차는 위 한계 편차와 아래 한계 편차 사이의 차이기도 하다.
공차 한계	tolerance limits	허용 값에 대한 상하 경계를 지어주는 특성에 대한 특정 값
표준 공차(IT)	standard tolerance	선 치수의 공차에 대한 ISO 코드 시스템에 속하는 임의의 공차 [비고] 'IT'는 국제 공차(International Tolerance)를 말한다.
표준 공차 등급	standard tolerance grade	공통의 식별자에 따라 구분되는 선 치수에 대한 공차군(group) [비고 1] 선 치수의 공차에 대한 ISO 코드 시스템에서는, 표준 공차 등급의 구분 기호는 IT와 숫자로 구성된다(예를 들면 IT7) [비고 2] 특정 공차 등급은 모든 호칭 치수에 대해 같은 수준의 정확도에 대응한다고 간주한다.
공차 구간	tolerance interval	공차 한계 사이 및 공차 한계를 포함하는 치수의 변동 값 [비고 1] 선 치수와 관련하여 사용되었던 이전의 용어 '공차 영역'(KS A ISO 286-1:1999에 따라)은 '공차 구간'으로 변경되었다. 왜냐하면 구간은 척도(치수)에서 범위를 나타내지만 GPS에서 공차 영역은 공간이나 면적을 나타내기 때문이다(예를 들면 KS A ISO 1101에 따른 공차 넣기) [비고 2] 이 표준의 목적에 따라, 구간은 위 한계 치수와 아래 한계 치수 사이가 들어있다. 구간은 공차의 크기와 호칭 치수에 관련된 배치에 의해 정의한다. [비고 3] 공차 구간은 반드시 호칭 치수를 포함하지는 않는다. 공차 한계는 양쪽(호칭 치수의 위의 값과 아래의 값)또는 한 쪽(호칭 치수의 위의 값 또는 아래의 값)이 될 수도 있다. 하나의 공차 한계가 한 쪽의 것일 경우, 다른 한계 값은 0이며, 이는 한 쪽에 대한 표시의 특별한 경우이다.
공차 등급	tolerance class	기본 편차와 표준 공차 등급의 조합 [비고] 선 치수의 공차에 대한 ISO 코드 시스템에서 공차 등급은 기본 편차의 식별자와 공차 등급의 번호로 구성된다(예를 들어 D13, h9 등).

3. 끼워맞춤 관련 용어(Terminology related to fits)

용 어	영 문	정 의
틈새	clearance	축 지름이 구멍 지름보다 작은 때, 구멍 크기와 축 크기 사이의 차 [비고] 틈새를 계산하여 얻은 값은 양(+)이다.
최소 틈새	maximum clearance	[헐거운 끼워맞춤이나 중간 끼워맞춤의 경우] 구멍의 위 한계 치수와 축의 아래 한계 치수 사이의 차
죔새	interference	축 지름이 구멍 지름보다 클 때, 구멍 크기와 축 크기 사이의 맞춤 이전의 차 [비고] 죔새를 계산하여 얻은 값은 음(−)이다.
최소 죔새	minimum interference	[억지 끼워맞춤의 경우] 구멍의 위 한계 치수와 축의 아래 한계 치수 사이의 차
최대 죔새	maximum interference	[억지 끼워맞춤이나 중간 끼워맞춤의 경우] 구멍의 아래 한계 치수와 축의 위 한계 치수 사이의 차
끼워맞춤	fit	조립되어야 할 외부 몸체 형체와 내부 몸체 형체(같은 종류의 축과 구멍)사이의 관계
헐거운 끼워맞춤	clearance fit	조립될 때 구멍과 축 사이에 항상 틈새를 제공하는 끼워맞춤, 즉 구멍의 아래 한계 치수가 축의 위 한계 치수보다 크거나 극단적인 경우 같다.
억지 끼워맞춤	interference fit	조립될 때 구멍과 축 사이에 항상 죔새를 제공하는 끼워맞춤, 즉 구멍의 위 한계 치수가 축의 아래 한계 치수보다 작거나 극단적인 경우 같다.
중간 끼워맞춤	transition fit	조립될 때 구멍과 축 사이에 틈새나 죔새를 제공하기도 하는 끼워맞춤 [비고] 중간 끼워맞춤의 경우, 구멍과 축의 공차 구간은 완전히 또는 부분적으로 겹친다. 따라서 틈새나 죔새는 구멍과 축의 실 치수에 따른다.
끼워맞춤의 범위	span of a fit	끼워맞춤을 구성하는 2개 몸체 형체의 치수 공차의 산술 합 [비고 1] 끼워맞춤의 범위는 부호가 없는 절대 값이며 끼워맞춤의 가능한 호칭 변수를 나타낸다. [비고 2] 헐거운 끼워맞춤의 범위는 최대 틈새와 최소 틈새 사이의 차이다. 억지 끼워맞춤의 범위는 최대 간섭과 최소 간섭 사이의 차이다. 중간 끼워맞춤의 범위는 최대 틈새와 최대 죔새의 합이다.

4. ISO 끼워맞춤 시스템 관련 용어(Terminology related to the ISO fit system)

용 어	영 문	정 의
ISO 끼워맞춤 시스템	ISO fit system	선 치수에 대한 공차의 ISO 코드 시스템에 의한 공차를 기입한 축과 구멍을 구성하는 끼워맞춤 시스템 [비고] 끼워맞춤을 구성하는 형체에 대해 선 치수의 공차에 대한 ISO 코드 시스템 적용의 사전 조건은 구멍과 축의 호칭 치수가 동일하다는 것이다.
구멍 기준식 끼워맞춤 시스템	hole-basis fit system	구멍의 기본 편차가 0인 끼워맞춤, 즉 아래 한계 편차가 0이다. [비고] 구멍의 아래 한계 치수가 호칭 치수와 동일한 끼워맞춤 시스템. 요구되는 틈새나 죔새는 다양한 공차 등급의 축과 기본 편차가 0인 공차 등급의 기준 구멍을 조합하여 계산한다.
축 기준식 끼워맞춤 시스템	shaft-basis fit system	축의 기본 편차가 0인 끼워맞춤, 즉 위 한계 편차가 0이다. [비고] 축의 위 한계 치수가 호칭 치수와 동일한 끼워맞춤 시스템. 요구되는 틈새나 죔새는 다양한 공차 등급의 구멍과 기본 편차가 0인 공차 등급의 기준 축을 조합하여 계산한다.

5. 표준 공차 등급

표준(기준) 공차 등급은 문자 IT와 등급 번호로 명명한다. 예를 들면 IT7과 같다.

[표 : 호칭 치수 3150mm까지의 표준 공차 등급 값]은 표준 공차 값을 나타낸다. 각각의 세로줄(열)은 표준 공차 등급 IT01에서 IT18까지의 하나의 표준 공차 등급에 대한 공차 값을 나타낸다. 표의 각 가로줄은 치수의 하나의 범위를 나타낸다. 치수 범위의 한계는 표의 첫 번째 세로줄에 나타낸다.

[비고]

1. 표준 공차 등급이 공차 등급을 구성하는 기본 편차를 나타내는 문자와 관련될 때는, 문자 IT는 생략한다. 즉, H7과 같다.
2. 등급 IT6~IT18에서, 표준 공차는 매 5단계마다 인수 10을 곱한다. 이 규칙은 모든 표준 공차에 적용되며 표에 나타나지 않은 IT 등급에 대한 값을 추정하는데 이용될 수 있다.

[보기]

- 호칭 치수의 범위 120mm에서 180mm까지에 대해, IT20 값은 다음과 같다.

IT20 = IT15×10=1.6mm×=16mm

6. 공차 등급 지정(기입 규칙)

공차 등급은 기본 편차를 인식하는 구멍에 대한 영문 대문자와 축에 대한 영문 소문자 및 표준 공차 등급을 나타내는 숫자의 조합으로 표시한다.

[보기]

H7(구멍), h7(축)

a) 치수와 공차

치수와 그 공차는 호칭 치수 다음에 요구 공차 등급 표시로 나타내야 하거나, 또는 호칭 치수 다음에 + 및 또는 −한계 편차로 나타내야 한다.(ISO 14405−1 참조)

다음 보기에서는 표시된 한계 편차와 표시된 공차 등급이 대등하다.

[보기 1]

KS B ISO 286	ISO 14405−1
32 H7	32 +0.025 0
80 js15	80±0.6
100 g6 Ⓔ	100−0.012 −0.034 Ⓔ

[보기]

- 공차 등급에서 결정된 + 또는 − 공차를 기입할 때, 공차 등급은 보조 정보 목적으로 괄호 안에 추가할 수 있고 그 반대로도 한다.

[보기 2]

$$32\ H7\begin{pmatrix}+0.025\\0\end{pmatrix}\ 32\ \begin{pmatrix}+0.025(H7)\\0\end{pmatrix}$$

7. 끼워맞춤의 계산 예

[보기 1] 끼워맞춤 36H8/f7의 계산

• 구멍 36H8에 대한 KS B ISO 286-2의 표로부터의 결과

ES= +0.039mm	위 한계 치수=36.039mm
EI=0	아래 한계 치수=36.000mm

• 축 36f7에 대한 결과

es= −0.025mm	위 한계 치수=35.975mm
ei= −0.050mm	아래 한계 치수=35.950mm

따라서,

구멍의 아래 한계 치수−축의 위 한계 치수=36.000−35.975=0.025mm

구멍의 위 한계 치수−축의 아래 한계 치수=36.039−35.950=0.089mm

계산 결과는 2개의 양의 값이다. 이것은 끼워맞춤이 0.089mm의 최대 틈새와 0.025mm의 최소 틈새를 가지고 있으며 **헐거운 끼워맞춤**이라는 것을 의미한다.

정의에 의한 헐거운 끼워맞춤의 범위 : 최대 틈새−최소 틈새(0.089mm−0.025mm=0.064mm)

[보기 2] 끼워맞춤 36H7/n6의 계산

• 구멍 36H7에 대한 KS B ISO 286-2의 표로부터의 결과

ES= +0.025mm	위 한계 치수=36.025mm
EI=0	아래 한계 치수=36.000mm

• 축 36n6에 대한 결과

es= +0.033mm	위 한계 치수=36.033mm
ei= +0.017mm	아래 한계 치수=36.017mm

따라서,

구멍의 아래 한계 치수−축의 위 한계 치수=36.000−36.033=−0.033mm

구멍의 위 한계 치수−축의 아래 한계 치수=36.025−36.017=+0.008mm

계산 결과는 양 또는 음의 값이다. 이것은 끼워맞춤이 0.008mm의 틈새와 0.033mm의 죔새를 가지고 있으며 **중간 끼워맞춤**이라는 것을 의미한다.

정의에 의한 중간 끼워맞춤의 범위 : 최대 틈새+최대 죔새(0.008mm+0.033mm=0.041mm)

[보기 3] 끼워맞춤 36H7/s6의 계산

• 구멍 36H7에 대한 KS B ISO 286-2의 표로부터의 결과

ES= +0.025mm	위 한계 치수=36.025mm
EI=0	아래 한계 치수=36.000mm

• 축 36s6에 대한 결과

es= +0.059mm	위 한계 치수=36.059mm
ei= +0.043mm	아래 한계 치수=36.043mm

따라서,
구멍의 아래 한계 치수−축의 위 한계 치수=36.000−36.059=−0.059mm
구멍의 위 한계 치수−축의 아래 한계 치수=36.025−36.043=−0.018mm
계산 결과는 2개의 음의 값이다. 이것은 끼워맞춤이 0.059mm의 최대 죔새와 0.018mm의 최소 죔새를 가지고 있으며 **억지 끼워맞춤**이라는 것을 의미한다.

정의에 의한 억지 끼워맞춤의 범위 : 최대 죔새−최대 죔새(0.059mm−0.018mm=0.041mm)

8. 계산된 끼워맞춤으로부터 특정 공차 등급의 결정

① 공차의 크기

계산된 끼워맞춤의 값을 한계 편차 및 공차 등급(가능한 경우)으로 변환하기 위해서, 먼저 다음의 식에 따라 이 표준의 [표 : 호칭 치수 3150mm까지의 표준 공차 등급 값]을 이용하여 공차의 크기를 설정해야 한다.

계산된 끼워맞춤의 범위 ≥ 구멍의 IT 값 + 축의 IT 값

[보기] 계산된 끼워맞춤의 값
호칭치수 40mm
최소 틈새 24μm
최대 틈새 92μm
헐거운 끼워맞춤의 범위 68μm

선정된 2개의 표준 공차 값의 합은 계산된 끼워맞춤의 범위와 같거나 작아야 한다.
끼워맞춤 범위의 절반은 34μm(68μm/2)이다. [표 : 호칭 치수 3150mm까지의 표준 공차 등급 값]의 30mm에서 50mm까지의 호칭 치수의 범위에서, 34μm은 25μm과 39μm 사이에 위치한다. 표에 있는 값의 68μm보다 작은 64μm이다.

따라서,
첫 번째 표준 공차는 25μm이고 표준 공차 등급은 IT7이다.
두 번째 표준 공차는 39μm이고 표준 공차 등급은 IT8이다.

② 편차와 공차 등급의 결정

먼저 구멍 기준식 끼워맞춤 시스템(구멍 H)이나 축 기준식 끼웜자춤 시스템(축 h)또는 기본 편차의 다른 조합의 채택 여부를 결정한다.

아래 예에 대해 구멍 기준식 끼워맞춤 시스템이 선택되었다. 따라서, 공차 등급의 식별자는 H이고 [표 : 구멍의 기초가 되는 치수 허용차]를 공차 등급의 결정에 적용한다.

[보기] 호칭 치수 40mm
선택된 끼워맞춤 시스템 구멍 H

③ 구멍에 대한 공차 등급의 결정

구멍에 대해 선택된 표준 공차 등급 : IT8
[표 : 구멍의 기초가 되는 치수 허용차]에서 기본 편차는 세로 줄 H에서 선택할 수 있다.
아래 한계 편차 EI=0

위 한계 편차 ES=EI+IT=0+39(IT8)=+39μm
따라서, 구멍의 아래 한계 치수는 40mm
구멍의 위 한계 치수는 40.039mm
구멍에 대한 공차 등급은 H8이고 형체의 치수는 40H8이다.

④ 축에 대한 공차 등급의 구분 결정

최소 틈새의 정의로부터
최소 틈새=구멍의 아래 한계 치수−축의 위 한계 치수
계산된 최소 틈새 24μm=0.024mm
구멍의 아래 한계 치수는 40mm

따라서 0.024mm=40mm−축의 위 한계 치수
그리고 축의 위 한계 치수=40mm−0.024mm=39.976mm
위 한계 편차의 정의로부터
es=위 한계 치수−호칭 치수
es=39.976−40=−0.024mm=−24μm
표4의 30mm에서 50mm까지 범위의 호칭 치수에서 −25μm가 es값이 된다.

따라서, es=−25μ m, 공차 등급 식별자 'f', 그리고
최소 편차 ei=es−IT7=−25−25=−50μm이고,
축의 공차 등급은 f7, 형체의 치수는 40f7이다.

⑤ 끼워맞춤의 관리

지정된 끼워맞춤은 40H8/f7이다.
최소 틈새 25μm, 최대 틈새 89μm
기능적 요구사항으로부터, 다음과 같이 계산된다.
실제 계산된 최소 틈새 24μm
실제 계산된 최대 틈새 92μm

짝이 되는 부품의 기능에 대한 책임자는 원래 계산된 끼워맞춤의 편차에 공차를 적용할 것인지 또는 정확한 최소 및 최대 틈새를 준수할 것인지를 결정해야 한다.

어떤 경우에, 구멍이 있는 부품에 대해, 공차기입 치수는 '40H8'이 선택될 것이다. 축이 있는 부품에 대해, 치수 40, 공차 등급 'f7(−0.025/−0.050)' 또는 개별 편차 '−0.024/−0.053'이 선택될 것이다.

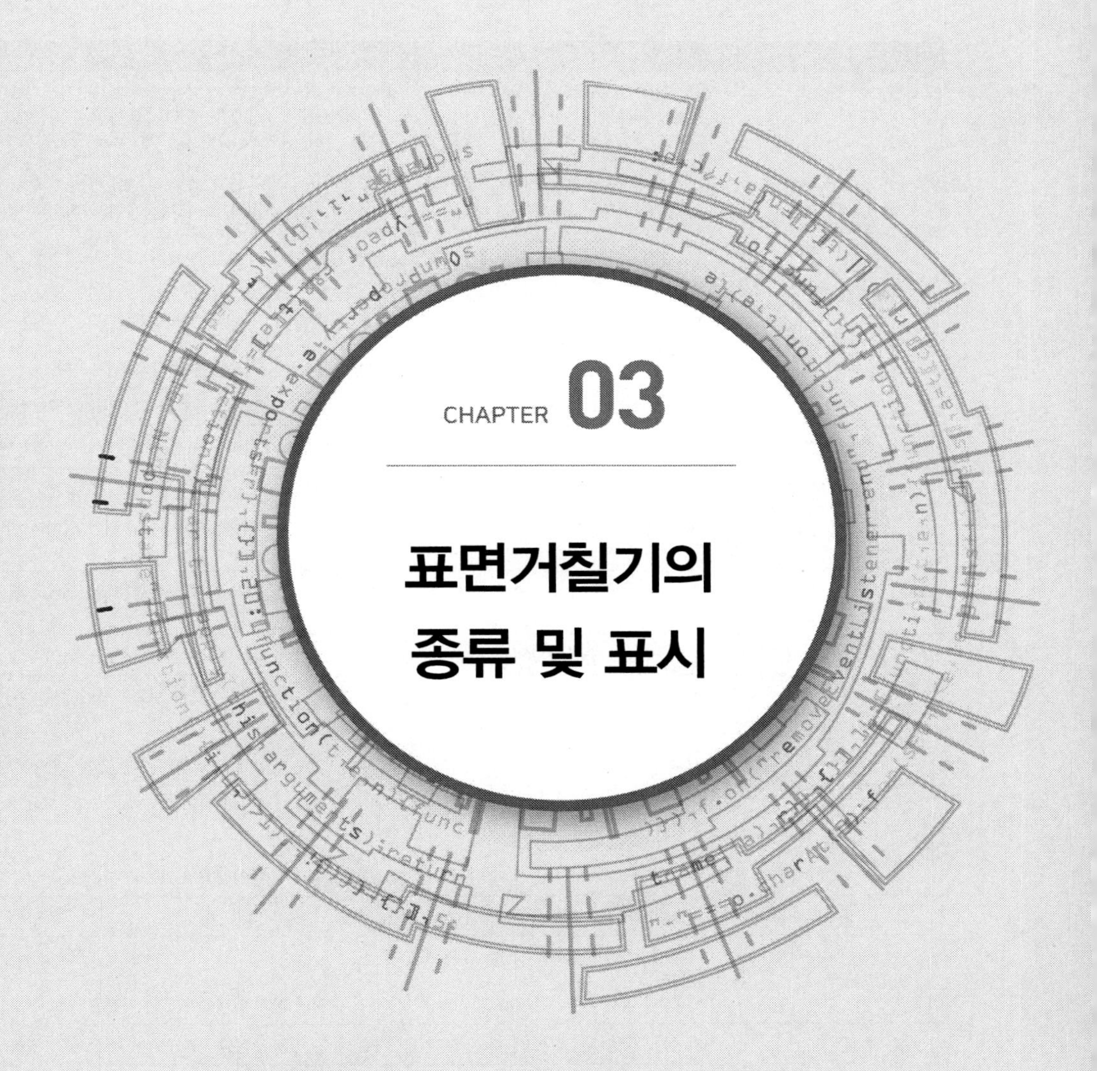

CHAPTER 03

표면거칠기의 종류 및 표시

3-1 표면거칠기 용어와 정의

용 어	정 의
표면 거칠기	대상물의 표면(이하 대상면이라 한다.)으로부터 임의로 채취한 각 부분에서의 표면거칠기를 나타내는 파라미터인 산술 평균 거칠기(R_a), 최대 높이(R_y), 10점 평균 거칠기(R_z), 요철의 평균 간격(S_m), 국부 산봉우리의 평균 간격(S) 및 부하 길이율(t_p)의 각각의 산술 평균값 [비고] ① 일반적으로 대상면에서는 각 위치에서의 표면거칠기는 같지 않고 상당히 많이 흩어져 있는 것이 보통이다. 따라서 대상면의 표면거칠기를 구하려면 그 모평균을 효과적으로 추정할 수 있도록 측정 위치 및 그 개수를 정하여야 한다. ② 측정 목적에 따라서는 대상면의 1곳에서 구한 값으로 표면 전체의 표면 거칠기를 대표할 수 있다.
단면 곡선	대상면에 직각인 평면으로 대상면을 절단하였을 때 그 단면에 나타나는 윤곽 [비고] • 이 절단은 일반적으로 방향성이 있는 대상면에서는 그 방향에 직각으로 자른다.
거칠기 곡선	단면 곡선에서 소정의 파장보다 긴 표면 굴곡 성분을 위상 보상형 고역 필터로 제거한 곡선
거칠기 곡선의 컷오프값(λ_c)	위상 보상형 고역 필터의 이득이 50%가 되는 주파수에 대응하는 파장(이하 컷오프값이라 한다.)
거칠기 곡선의 기준길이(l)	거칠기 곡선으로부터 컷오프 값의 길이를 뺀 부분의 길이(이하 기준 길이라 한다.)
거칠기 곡선의 평가길이(l_n)	표면 거칠기의 평가에 사용하는 기준 길이를 하나 이상 포함하는 길이(이하 평가 길이라 한다.). 평가 길이의 표준값은 기준 길이의 5배로 한다.
여파 굴곡 곡선	단면 곡선에서 소정의 파장보다 짧은 표면 거칠기의 성분을 위상 보상형 저역 필터로 제거한 곡선
거칠기 곡선의 평균 선(m)	단면 곡선의 표본 부분에서의 여파 굴곡 곡선을 직선으로 바꾼 선(이하 평균 선이라 한다.)
산	거칠기 곡선을 평균 선으로 절단하였을 때 그것들의 교차점의 이웃하는 2점 사이에서의 거칠기 곡선과 평균 선으로 구성되는 공간 부분 [비고] • 거칠기 곡선에서 기준 길이의 시작 및 끝 부분이 평균 선의 위쪽에 있는 부분은 산으로 간주한다.
골	거칠기 곡선을 평균 선으로 절단하였을 때에 그것들의 교차점의 이웃하는 2점 사이에서의 거칠기 곡선과 평균 선으로 구성되는 공간 부분 [비고] • 거칠기 곡선에서 기준 길이의 시작 및 끝 부분이 평균 선의 아래쪽에 있는 부분은 골로 간주한다.
봉우리	거칠기 곡선의 산에서 가장 높은 표고점
골바닥	거칠기 곡선의 골에서 가장 낮은 표고점 [비고] • 거칠기 곡선에서 기준 길이의 시작 및 끝 부분이 평균 선의 아래쪽에 있는 부분은 골로 간주한다.
산봉우리 선	거칠기 곡선에서 뽑아낸 기준 길이 중 가장 높은 산봉우리를 지나는 평균 선에 평행한 선
골바닥 선	거칠기 곡선에서 뽑아낸 기준 길이 중의 가장 낮은 골 바닥을 지나는 평균 선에 평행한 선
절단 레벨	산봉우리 선과 거칠기 곡선에 교차하는 산봉우리선에 평행한 선 사이의 수직 거리
국부산	거칠기 곡선의 두 개의 이웃한 극소점 사이에 있는 실체 부분
국부골	거칠기 곡선의 두 개의 이웃한 극대점 사이에 있는 공간 부분
국부 산봉우리	국부 산에서의 가장 높은 표고점
국부 골바닥	국부 골에서의 가장 낮은 표고점

3-2 표면거칠기의 종류 및 설명

1. 산술 평균 거칠기 Ra

구 분	기 호	설 명
산술 평균거칠기	Ra	Ra는 거칠기 곡선으로부터 그 평균 선의 방향에 기준 길이만큼 뽑아내어, 그 표본 부분의 평균 선 방향에 X축을, 세로 배율 방향에 Y축을 잡고, 거칠기 곡선을 y=f(x)로 나타내었을 때, 다음 식에 따라 구해지는 값을 마이크로미터(μm)로 나타낸 것을 말한다.

여기서 l : 기준 길이

$$R_A = \frac{1}{l}\int_0^l |f(x)|dx$$

〈Ra를 구하는 방법〉

① 컷오프값

컷오프값의 종류	0.08mm	0.25mm	0.8mm	2.5mm	8mm	25mm

② Ra를 구할 때의 컷오프값 및 평가 길이의 표준값

R 범위(μm)		컷오프값 λ_c (mm)	평가 길이 l_n (mm)
초 과	이 하		
(0.006)	0.02	0.08	0.4
0.02	0.1	0.25	1.25
0.1	2.0	0.8	4
2.0	10.0	2.5	12.5
10.0	80.0	8	40

비고

- Ra는 먼저 컷오프값을 설정한 후에 구한다. 표면 거칠기의 표시 및 지시를 하는 경우에 그 때마다 이것을 지정하는 것이 불편하므로 일반적으로 위 표에 나타내는 컷오프값 및 평가 길이의 표준값을 사용한다.

③ Ra의 표준 수열

단위 : μm

0.008				
0.010				
0.012	0.125	1.25	12.5	125
0.016	0.160	1.60	16.0	160
0.020	0.20	2.0	20	200
0.025	0.25	2.5	25	250
0.032	0.32	3.2	32	320
0.040	0.40	4.0	40	400
0.050	0.50	5.0	50	
0.063	0.63	6.3	63	
0.080	0.80	8.0	80	
0.100	1.00	10.0	100	

비고

- R굵은 글씨로 나타낸 공비 2의 수열을 사용하는 것이 바람직하다.

2. 최대 높이 Ry

구 분	기 호	설 명
최대 높이	Ry	Ry는 거칠기 곡선에서 그 평균 선의 방향에 기준 길이만큼 뽑아내어 이 표본 부분의 평균선에서 산봉우리 선과 골바닥선의 세로배율의 방향으로 측정하여 이 값을 마이크로미터(μ m)로 나타낸 것을 말한다.

$Ry = Rp + Rv$

〈Ry를 구하는 방법〉

비고

- Ry를 구하는 경우에는 흠이라고 간주되는 보통 이상의 높은 산 및 낮은 골이 없는 부분에서 기준 길이만큼 뽑아낸다.

① 기준 길이

Ry를 구하는 경우의 기준 길이	0.08mm	0.25mm	0.8mm	2.5mm	8mm	25mm

② Ry를 구할 때의 기준 길이 및 평가 길이의 표준값

Ry의 범위(μm)		컷오프값 l (mm)	평가 길이 l_n (mm)
초 과	이 하		
(0.025)	0.10	0.08	0.4
0.10	0.50	0.25	1.25
0.50	10.0	0.8	4
10.0	50.0	2.5	12.5
50.0	200.0	8	40

비고

- Ry는 먼저 기준 길이를 지정한 후에 구한다. 표면 거칠기의 표시나 지시를 하는 경우에 그 때마다 이것을 지정하는 것이 불편하므로, 일반적으로 위 표에 나타내는 기준 길이 및 평가 길이의 표준값을 사용한다. ( ) 안은 참고값이다.

③ Ry의 표준 수열

단위 : μm

	0.125	1.25	**12.5**	125	1250
	0.160	**1.60**	16.0	160	**1600**
	0.20	2.0	20	**200**	
0.025	0.25	2.5	**25**	250	
0.032	0.32	**3.2**	32	320	
0.040	**0.40**	4.0	40	**400**	
0.050	0.50	5.0	**50**	500	
0.063	0.63	**6.3**	63	630	
0.080	**0.80**	8.0	80	**800**	
0.100	1.00	10.0	**100**	1000	

비고

- 굵은 글씨로 나타낸 공비 2의 수열을 사용하는 것이 바람직하다.

3. 10점 평균 거칠기 Rz

구분	기호	설명
10점 평균 거칠기	Rz	Rz는 거칠기 곡선에서 그 평균 선의 방향에 기준 길이만큼 뽑아내어 이 표본 부분의 평균선에서 세로 배율의 방향으로 측정한 가장 높은 산봉우리부터 5번째 산봉우리까지의 표고(Yp)의 절대값의 평균값과 가장 낮은 골바닥에서 5번째까지의 골바닥의 표고(Yv)의 절대값의 평균값과의 합을 구하여, 이 값을 마이크로미터(μ m)로 나타낸 것을 말한다.

여기에서 $Y_{P1}, Y_{P2}, Y_{P3}, Y_{P4}, Y_{P5}$: 기준 길이 l에 대응하는 샘플링 부분의 가장 높은 산봉우리에서 5번째까지의 표고 $Y_{V1}, Y_{V2}, Y_{V3}, Y_{V4}, Y_{V5}$: 기준 길이 l에 대응하는 샘플링 부분의 가장 낮은 골바닥에서 5번째까지의 표고

$$R_z = \frac{|Y_{P1} + Y_{P2} + Y_{P3} + Y_{P4} + Y_{P5}| + |Y_{V1} + Y_{V2} + Y_{V3} + Y_{V4} + Y_{V5}|}{5}$$

〈Rz를 구하는 방법〉

① 기준 길이

Rz를 구하는 경우의 기준 길이	0.08mm	0.25mm	0.8mm	2.5mm	8mm	25mm

② Rz를 구할 때의 기준 길이 및 평가 길이의 표준값

Rz의 범위(μm)		컷오프값 l (mm)	평가 길이 l_n (mm)
초 과	이 하		
(0.025)	0.10	0.08	0.4
0.10	0.50	0.25	1.25
0.50	10.0	0.8	4
10.0	50.0	2.5	12.5
50.0	200.0	8	40

비고

- Rz는 먼저 기준 길이를 지정한 후에 구한다. 표면 거칠기의 표시나 지시를 하는 경우에 그 때마다 이것을 지정하는 것이 불편하므로 일반적으로 위 표에 나타내는 기준 길이 및 평가 길이의 표준값을 사용한다.

③ Rz의 표준 수열

	0.125	1.25	**12.5**	125	
	0.160	**1.60**	16.0	160	
	0.20	2.0	20	**200**	
0.025	0.25	2.5	**25**	250	1250
0.032	0.32	**3.2**	32	320	**1600**
0.040	**0.40**	4.0	40	**400**	
0.050	0.50	5.0	**50**	500	
0.063	0.63	**6.3**	63	630	
0.080	**0.80**	8.0	80	**800**	
0.100	1.00	10.0	**100**	1000	

비고

- 굵은 글씨로 나타낸 공비 2의 수열을 사용하는 것이 바람직하다.

4. 요철의 평균 간격(S_m)의 정의 및 표시

구 분	기 호	설 명
요철의 평균 간격	Sm	Sm은 거칠기 곡선에서 그 평균 선의 방향에 기준 길이만큼 뽑아내어 이 부분에서 하나의 산 및 그것에 이웃한 하나의 골에 대응한 평균 선의 길이의 합(이하 요철의 간격이라 한다.)을 구하여 이 다수의 요철 간격의 산술 평균값을 밀리미터(mm)로 나타낸 것을 말한다.

여기에서 S_{mi} : 요철의 간격

n : 기준 길이 내에서의 요철 간격의 개수

$$S_m = \frac{1}{n}\sum_{i=1}^{n} S_n$$

⟨Sm을 구하는 방법⟩

① 기준 길이

Sm을 구하는 경우의 기준 길이	0.08mm	0.25mm	0.8mm	2.5mm	8mm	25mm

② Sm을 구할 때의 기준 길이 및 평가 길이의 표준값

Sm의 범위(mm)		컷오프값 l (mm)	평가 길이 l_n (mm)
초 과	이 하		
0.013	0.04	0.08	0.4
0.04	0.13	0.25	1.25
0.13	0.4	0.8	4
0.4	1.3	2.5	12.5
1.3	4.0	8	40

비고

- Sm은 먼저 기준 길이를 지정한 후에 구한다. 표면 거칠기의 표시나 지시를 하는 경우에 그 때마다 이것을 지정하는 것이 불편하므로 일반적으로 위 표에 나타내는 기준 길이 및 평가 길이의 표준값을 사용한다.

③ Sm의 표준 수열

	0.0125	0.125	1.25	125	12.5
	0.0160	0.160	1.60	160	
	0.020	0.20	2.0	200	
0.002	0.025	0.25	2.5	250	
0.003	0.032	0.32	3.2	320	
0.004	0.040	0.40	4.0	400	
0.005	0.050	0.50	5.0	500	
0.006	0.063	0.63	6.3	630	
0.008	0.080	0.80	8.0	800	
0.010	0.100	1.00	10.0	1000	

비고

- 굵은 글씨로 나타낸 공비 2의 수열을 사용하는 것이 바람직하다.

5. 국부 산봉우리의 평균 간격(S)의 정의 및 표시

구 분	기 호	설 명
국부 산봉우리의 평균 간격	S	아래 참조

S는 거칠기 곡선에서 그 평균 선의 방향에 기준 길이만큼 뽑아내어 이 표본 부분에서 이웃한 국부 산봉우리 사이에 대응하는 평균 선의 길이(이하 국부 산봉우리의 간격이라 한다.)를 구하여 이 다수의 국부 산봉우리의 간격의 산술 평균값을 밀리미터(mm)로 나타낸 것을 말한다.

여기에서
S_i : 국부 산봉우리의 간격
n : 기준 길이 내에서의 국부 산봉우리 간격의 개수

$$S = \frac{1}{n}\sum_{i=1}^{n} S$$

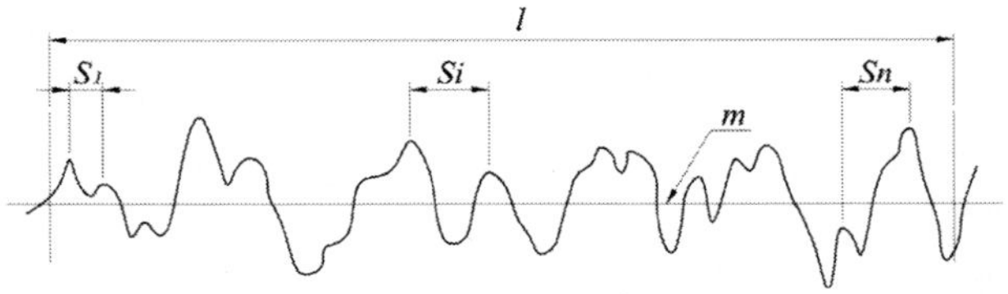

〈Sm을 구하는 방법〉

① 기준 길이

S를 구하는 경우의 기준 길이	0.08mm	0.25mm	0.8mm	2.5mm	8mm	25mm

② S를 구할 때의 기준 길이 및 평가 길이의 표준값

S의 범위(mm)		컷오프값l	평가 길이l_n
초 과	이 하	(mm)	(mm)
0.013	0.04	0.08	0.4
0.04	0.13	0.25	1.25
0.13	0.4	0.8	4
0.4	1.3	2.5	12.5
1.3	4.0	8	40

비고
- S는 먼저 기준 길이를 지정한 후에 구한다. 표면 거칠기의 표시나 지시를 하는 경우에 그 때마다 이것을 지정하는 것이 불편하므로 일반적으로 위 표에 나타내는 기준 길이 및 평가 길이의 표준값을 사용한다.

③ S의 표준 수열

단위 : mm

	0.0125	0.125	1.25	**12.5**
	0.0160	0.160	**1.60**	
	0.020	**0.20**	2.0	
0.002	**0.025**	0.25	2.5	
0.003	0.032	0.32	**3.2**	
0.004	0.040	**0.40**	4.0	
0.005	**0.050**	0.50	5.0	
0.006	0.063	0.63	**6.3**	
0.008	0.080	**0.80**	8.0	
0.010	**0.100**	1.00	10.0	

비고
- 굵은 글씨로 나타낸 공비 2의 수열을 사용하는 것이 바람직하다.

6. 부하 길이율(t_p)의 정의 및 표시

<table>
<tr><th>구 분</th><th>기 호</th><th>설 명</th></tr>
<tr><td>부하 길이율</td><td>t_p</td><td>

t_p는 거칠기 곡선에서 그 평균값의 방향으로 기준 길이만큼 뽑아내어 이 표본 부분의 거칠기 곡선을 산봉우리 선에 평행한 절단 레벨로 절단하였을 때에 얻어지는 절단 길이의 합(부하 길이 n_p)의 기준 길이에 대한 비를 백분율로 나타낸 것을 말한다.

여기에서 $n_p : b_1 + b_2 + \cdots + b_n$
l : 기준 길이

$$S = \frac{1}{n}\sum_{i=1}^{n} S$$

〈t_p를 구하는 방법〉

① 기준 길이

<table>
<tr><td>t_p를 구하는 경우의 기준 길이</td><td>0.08mm</td><td>0.25mm</td><td>0.8mm</td><td>2.5mm</td><td>8mm</td><td>25mm</td></tr>
</table>

② t_p를 구하는 경우의 절단 레벨
ⓐ 마이크로미터(μm) 단위의 수치로 나타낸다.
ⓑ Ry에 대한 비를 백분율(%)로 나타낸다. 이 경우에 적용하는 표준 수열을 다음에 나타낸다.

<table>
<tr><td>5</td><td>10</td><td>15</td><td>20</td><td>25</td><td>30</td><td>40</td><td>50</td><td>60</td><td>70</td><td>75</td><td>80</td><td>90</td></tr>
</table>

비고
ⓑ에 따라 백분율(%)로 c를 나타내는 경우에는 먼저 기준 길이에서의 거칠기 곡선에서 Ry를 구하여야 한다.

③ t_p의 표준 수열

단위 : mm

<table>
<tr><td>t_p(%)</td><td>10</td><td>15</td><td>20</td><td>25</td><td>30</td><td>40</td><td>50</td><td>60</td><td>70</td><td>80</td><td>90</td></tr>
</table>

</td></tr>
</table>

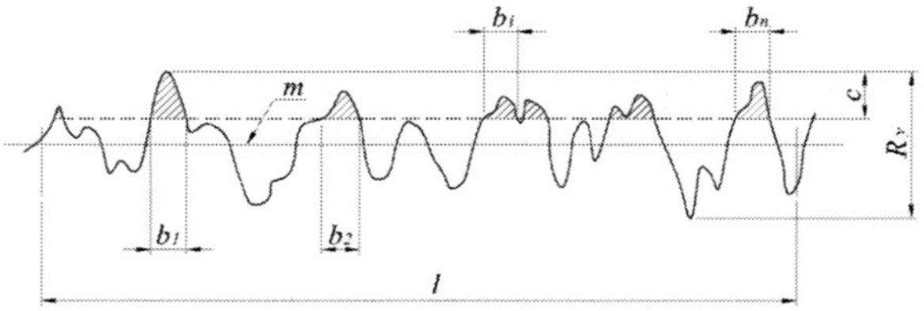

3-3 표면거칠기 파라미터

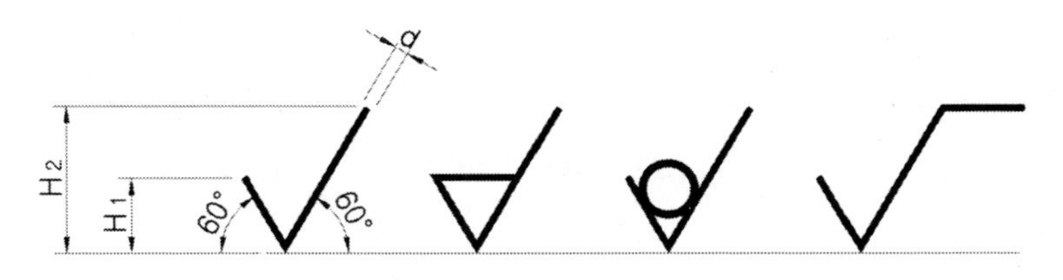

〈면의 지시 기호의 치수 비율〉

1. 면의 지시 기호의 치수 비율

숫자 및 문자의 높이(h)	3.5	5	7	10	14	20
문자를 그리는 선의 굵기(d)	ISO 3098/I에 따른다.(A형 문자는 h/14, B형 문자는 h/10)					
기호의 짧은 다리의 높이(H_1)	5	7	10	14	20	28
기호의 긴 다리의 높이(H_2)	10	14	20	28	40	56

2. 표면거칠기 기호 표시법

현장 실무 도면을 직접 접해보면 실제로 다듬질기호(삼각기호)를 적용한 도면들을 많이 볼 수가 있을 것이다. 다듬질기호 표기법과 표면거칠기 기호의 표기에 혼동이 있을수도 있는데 아래와 같이 표면거칠기 기호를 사용하고 가공면의 거칠기에 따라서 반복하여 기입하는 경우에는 알파벳의 소문자(w, x, y, z) 부호와 함께 사용한다.

= , W = 12.5 , X = 3.2 , y = 0.8 , Z = 0.2

〈표면거칠기 기호 표시법〉

3. 표면거칠기 기호의 의미

다음[그림:(a)]은 제거가공을 허락하지 않는 부분에 표시하는 기호로 주물, 단조등의 공정을 거쳐 제작된 제품에 별도의 2차 기계가공을 하면 안되는 표면에 해당되는 기호이다. [그림 : (c)]는 별도로 기계절삭 가공을 필요로 하는 표면에 표시하는 기호이다. 즉, 선반, 밀링, 드릴, 리밍, 보링, 연삭 가공 등 공작기계에 의한 일반적인 가공부에 적용한다. 또한(그림 : w, x, y, z)과 같이 알파벳 소문자와 함께 사용하는 기호들은 표면의 거칠기 상태(정밀도)에 따라 문자기호로 표시한 것이다.

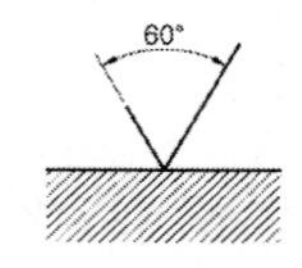

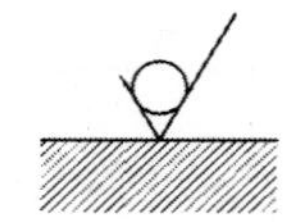

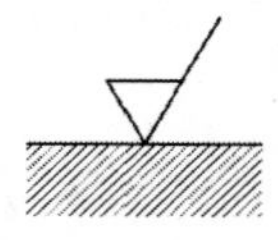

(a) 기본 지시기호 (b) 제거가공을 허락하지 않는 면의 지시기호 (c) 제거가공을 요하는 면의 지시기호

〈표면거칠기 기호의 의미〉

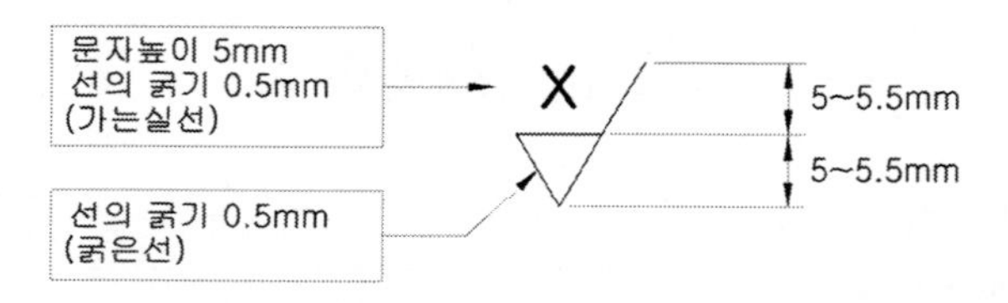

〈품번 우측에 기입하는 경우〉

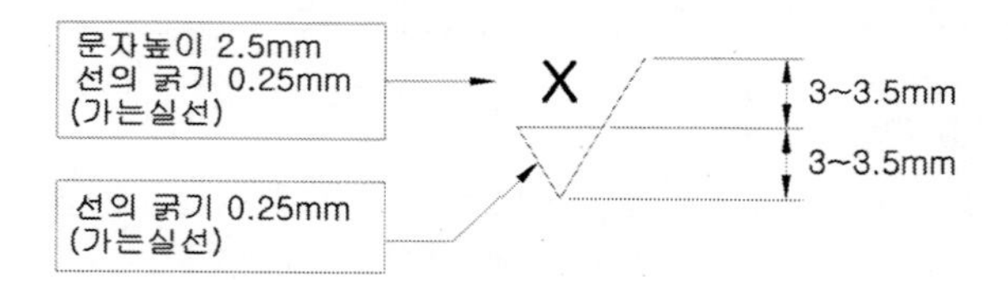

〈부품도에 기입하는 경우〉

3-4 표면거칠기와 다듬질기호(삼각기호)의 관계

■ **표면거칠기와 다듬질기호(삼각기호)의 관계**

	산술평균거칠기 Ra	최대높이 Rz	10점평균거칠기 Rz	다듬질기호 (참고)
구분값	0.025	0.1	0.1	▽▽▽▽
	0.05	0.2	0.2	
	0.1	0.3	0.4	
	0.2	0.8	0.8	
	0.4	1.6	1.6	▽▽▽
	0.8	3.2	3.2	
	1.6	6.3	6.3	
	3.2	12.5	12.5	▽▽
	6.3	25	25	
	12.5	50	50	▽
	25	100	100	
	특별히 규정하지 않는다.			∼

3-5 산술평균거칠기(Ra)의 거칠기 값과 적용 예

일반적으로 사용이 되고 있는 산술평균거칠기(Ra)의 적용 예를 아래에 나타내었다. 거칠기의 값에 따라서 최종 완성 다듬질 면의 정밀도가 달라지며 거칠기(Ra)값이 적을수록 정밀한 다듬질 면을 얻을 수 있다.

■ 산술평균거칠기(Ra)의 적용 예

거칠기의 값	적용 예
Ra 0.025 Ra 0.05	초정밀 다듬질 면 제조원가의 상승 특수정밀기기, 고정밀면, 게이지류 이외에는 사용하지 않는다.
Ra 0.1	극히 정밀한 다듬질 면 제조원가의 상승 연료펌프의 플런저나 실린더 등에 사용한다.
Ra 0.2	정밀 다듬질 면 수압실린더 내면이나 정밀게이지 고속회전 축이나 고속회전용 베어링 메카니컬 실 부위 등에 사용한다.
Ra 0.4	부품의 기능상 매끄러움(미려함)을 중요시하는 면 저속회전 축 또는 저속회전용 베어링, 중하중이 걸리는 면, 정밀기어 등
Ra 0.8	집중하중을 받는 면, 가벼운 하중에서 연속적으로 운동하지 않는 베어링면, 클램핑 핀이나 정밀나사 등
Ra 1.6	기계가공에 의한 양호한 다듬질 면 베어링 끼워맞춤 구멍, 접촉면, 수압실린더 등
Ra 3.2	중급 다듬질 정도의 기계 다듬질 면 고속에서 적당한 이송량을 준 공구에 의한 선삭, 연삭등 정밀한 기준면, 조립면, 베어링 끼워맞춤 구멍 등
Ra 6.3	가장 경제적인 기계다듬질 면 급속이송 선삭, 밀링, 쉐이퍼, 드릴가공 등 일반적인 기준면이나 조립면의 다듬질에 사용
Ra 12.5	별로 중요하지 않은 다듬질 면 기타 부품과 접촉하거나 닿지 않는 면
Ra 25	별도 기계가공이나 제거가공을 하지 않는 거친면 주물 등의 흑피, 표면

3-6 표면거칠기 표기 및 가공방법

■ 표면거칠기 기호의 표기 및 가공방법

명 칭 (다듬질정도)		다듬질 기호 (구 기호)	표면거칠기 기호 (신 기호)	가공방법 및 적용부위
매끄러운 생지		~	(가공하지 않음 기호)	① 기계 가공 및 버 제거 가공을 하지 않은 부분 ② 주조(주물), 압연, 단조품 등의 표면부 ③ 철판 절곡물 등
거친 다듬질		▽	w	① 밀링, 선반, 드릴 등의 공작기계 가공으로 가공 흔적이 남을 정도의 거친 면 ② 끼워맞춤을 하지 않는 일반적인 가공면 ③ 볼트머리, 너트, 와셔 등의 좌면
보통 다듬질 (중 다듬질)		▽▽	x	① 상대 부품과 끼워맞춤만 하고, 상대적 마찰운동을 하지 않고 고정되는 부분 ② 보통공차(일반공차)로 가공한 면 ③ 커버와 몸체의 끼워맞춤 고정부, 평행키홈, 반달키홈 등 ④ 줄가공, 선반, 밀링, 연마등의 가공으로 가공 흔적이 남지 않을 정도의 가공면
상다듬질	절삭 다듬질 면	▽▽▽	y	① 끼워맞춤되어 회전운동이나 직선왕복 운동을 하는 부분 ② 베어링과 축의 끼워맞춤 부분 ③ 오링, 오일실, 패킹이 접촉하는 부분 ④ 끼워맞춤 공차를 지정한 부분 ⑤ 위치결정용 핀 홀, 기준면 등
상다듬질	담금질, 경질크롬도금, 연마 다듬질 면	▽▽▽	y	① 끼워맞춤되어 고속 회전운동이나 직선왕복 운동을 하는 부분 ② 선반, 밀링, 연마, 래핑 등의 가공으로 가공 흔적이 전혀 남지 않는 미려하고 아주 정밀한 가공면 ③ 신뢰성이 필요한 슬라이딩하는 부분, 정밀지그의 위치결정면 ④ 열처리 및 연마되어 내마모성을 필요로 하는 미끄럼 마찰면
정밀 다듬질		▽▽▽▽	z	① 그라인딩(연삭), 래핑, 호닝, 버핑 등에 의한 가공으로 광택이 나는 극히 초정밀 가공면 ② 고급 다듬질로서 일반적인 기계 부품 등에는 사용안함 ③ 자동차 실린더 내면, 게이지류, 정밀스핀들 등

3-7 표면거칠기 기호 비교 분석

$\overset{\circ}{\nabla}$ = $\overset{\circ}{\nabla}$, Ry200 , Rz200 , N12

w ∇ = 12.5 ∇ , Ry50 , Rz50 , N10

x ∇ = 3.2 ∇ , Ry12.5 , Rz12.5 , N8

y ∇ = 0.8 ∇ , Ry3.2 , Rz3.2 , N6

z ∇ = 0.2 ∇ , Ry0.8 , Rz0.8 , N4

〈표면거칠기 기호 비교표〉

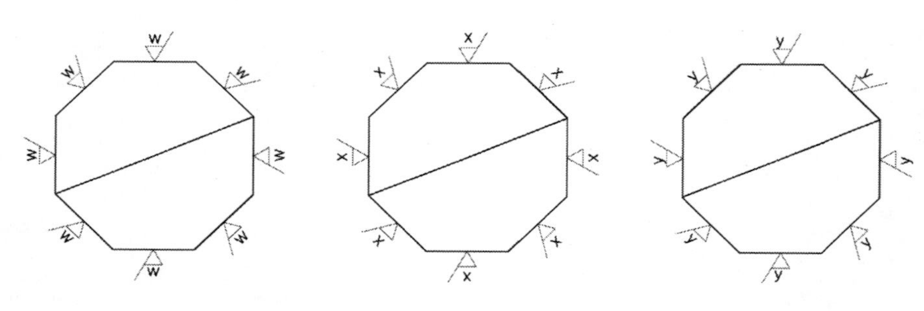

〈표면거칠기 및 문자 표시 방향〉

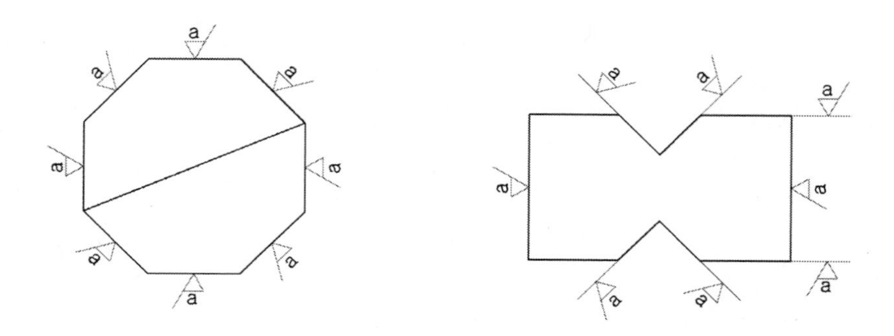

〈Ra만을 지시하는 경우의 기호와 방향〉

3-8 비교 표면 거칠기 표준편 [KS B 0507 (폐지)]

1 최대 높이의 구분치에 따른 비교 표준의 범위

거칠기 구분치		0.1S	0.2S	0.4S	0.8S	1.6S	3.2S	6.3S	12.5S	25S	50S	100S	200S
표면 거칠기의 범위 ($\mu m\ Rmax$)	최소치	0.08	0.17	0.33	0.66	1.3	2.7	5.2	10	21	42	83	166
	최대치	0.11	0.22	0.45	0.90	1.8	3.6	7.1	14	28	56	112	224
거칠기 번호 (표준편 번호)		SN1	SN2	SN3	SN4	SN5	SN6	SN7	SN8	SN9	SN10	SN11	SN12

2 중심선 평균거칠기의 구분치에 따른 비교 표준의 범위

거칠기 구분치		0.025a	0.05a	0.1a	0.2a	0.4a	0.8a	1.6a	3.2a	6.3a	12.5a	25a	50a
표면 거칠기의 범위 ($\mu m\ Ra$)	최소치	0.02	0.04	0.08	0.17	0.33	0.66	1.3	2.7	5.2	10	21	42
	최대치	0.03	0.06	0.11	0.22	0.45	0.90	1.8	3.6	7.1	14	28	56
거칠기 번호 (표준편 번호)		N1	N2	N3	N4	N5	N6	N7	N8	N9	N10	N11	N12

3-9 제도-표면의 결 도시 방법 [KS B 0617 (폐지)]

1. 용어의 정의

용 어	정 의
표면의 결	주로 기계 부품, 구조 부재 등의 표면에서의 표면 거칠기, 제거 가공의 필요 여부, 줄무늬 방향, 표면 파상도 등
제거 가공	기계 가공 또는 이것에 준하는 방법에 따라 부품, 부재 등의 표층부를 제거하는 것
줄무늬 방향	제거 가공에 의해 생기는 현저한 줄무늬의 모양

2. 제거 가공의 지시 방법

제거 가공의 지시 방법	지시 기호
제거 가공을 요하는 것의 지시	제거 가공을 요하는 면의 지시
제거 가공을 허락하지 않는 것의 지시	제거 가공을 허락하지 않는 면의 지시
가공 방법 등을 기입하기 위한 가로선	가로선을 부가한 면의 지시 기호

3. 표면 거칠기의 지시 방법

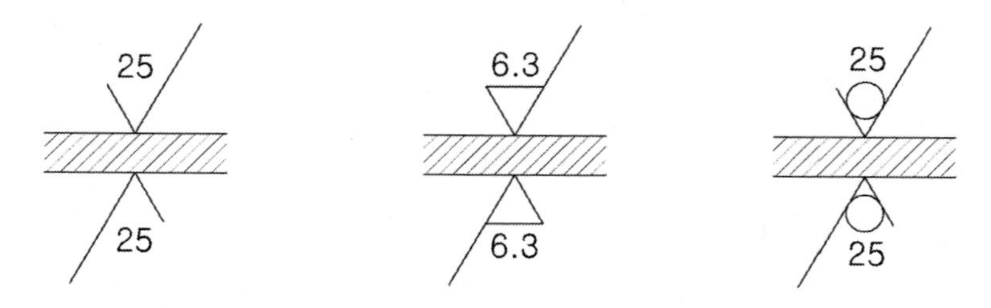

〈Ra의 상한을 지시한 보기〉

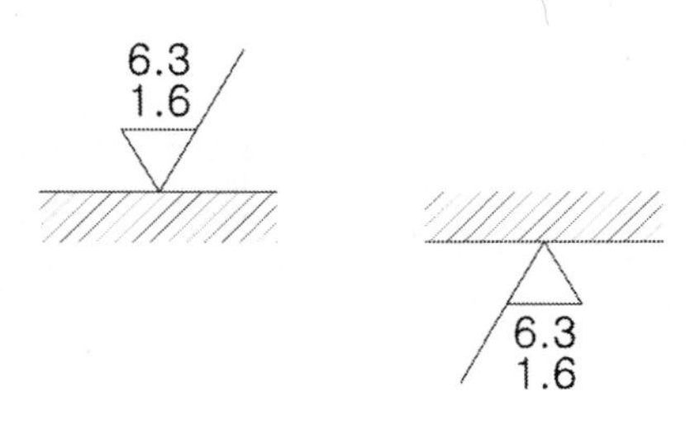

〈Ra의 상한, 하한을 지시한 보기〉

4. 컷오프값 및 평가 길이의 지시

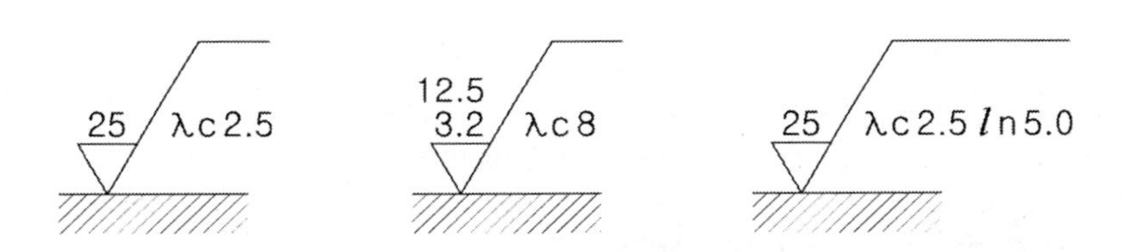

〈컷오프값 및 평가 길이를 지시한 보기〉

5. 표면 거칠기의 지시값 및 기입 위치

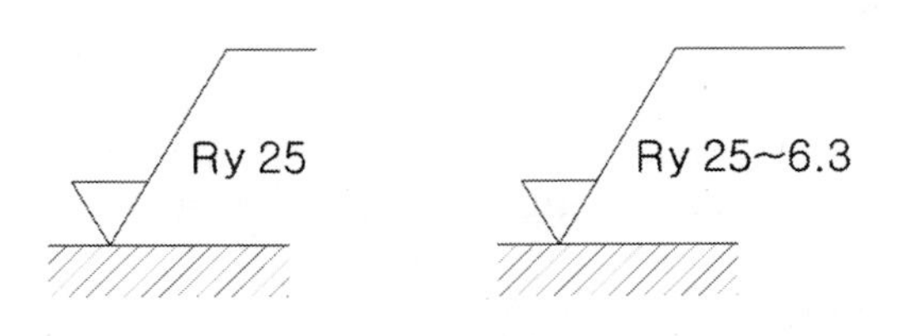

〈Ry를 지시한 보기〉

6. 기준 길이 및 평가 길이의 지시

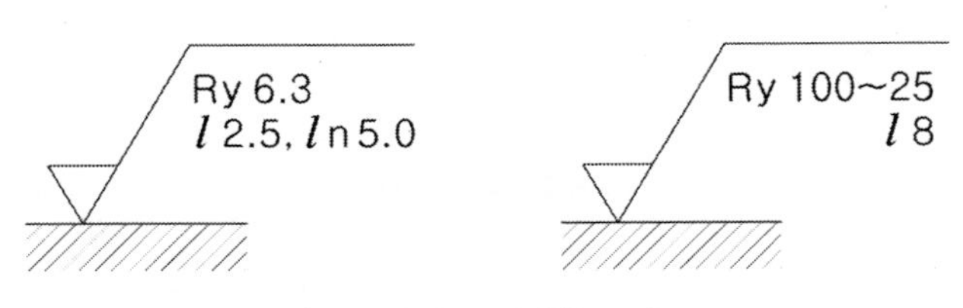

〈기준 길이를 지시한 보기〉

7. 절단 레벨의 지시

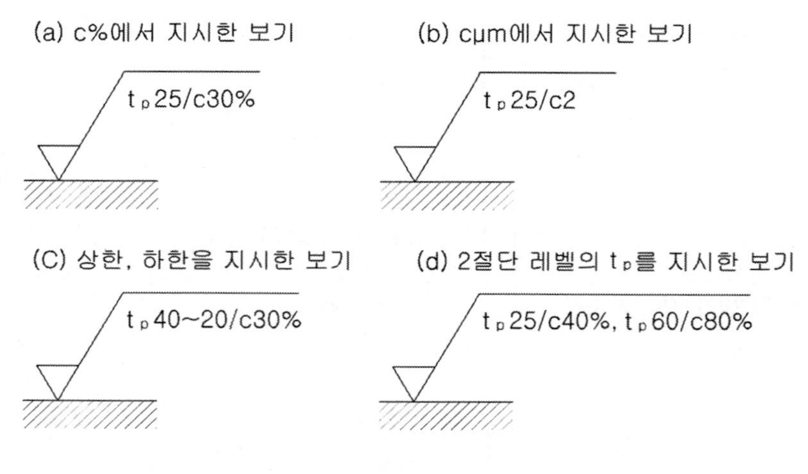

〈tp를 지시한 보기〉

8. 2종류 이상의 파라미터를 지시하는 경우

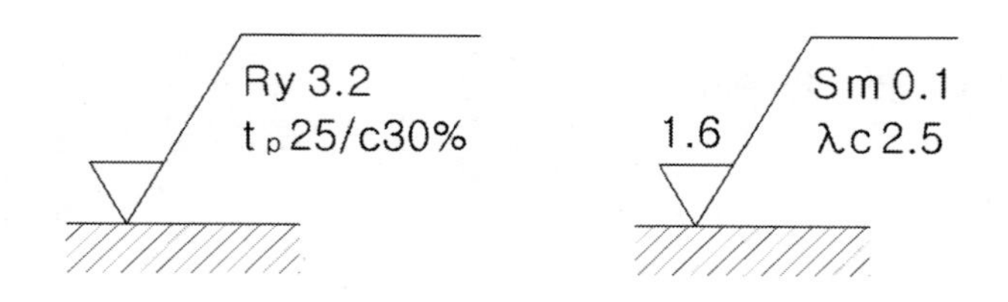

〈2종류 이상의 파라미터를 지시한 보기〉

9. 특수한 지시를 하는 경우

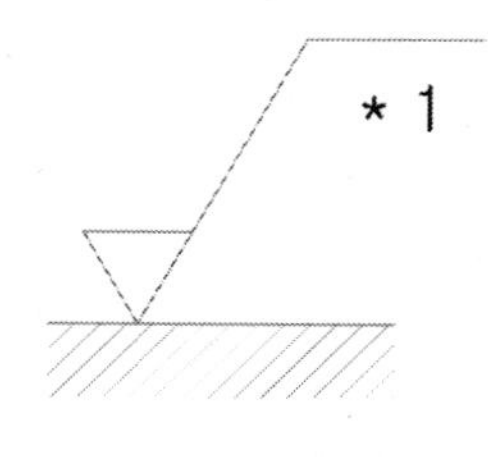

〈특수한 지시의 보기〉

3-10 특수한 요구 사항의 지시 방법

1. 가공 방법

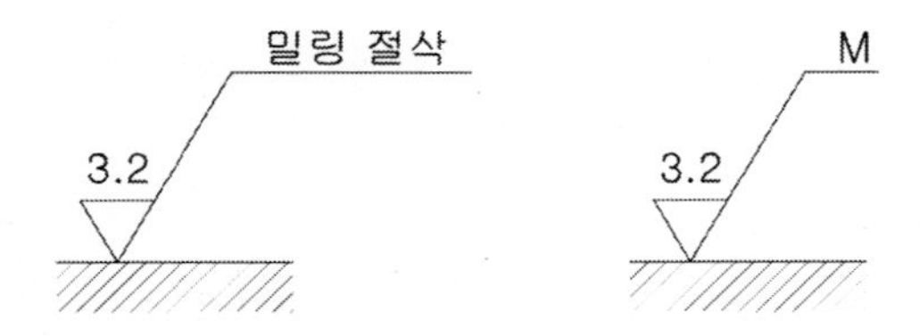

〈가공 방법을 지시한 보기〉

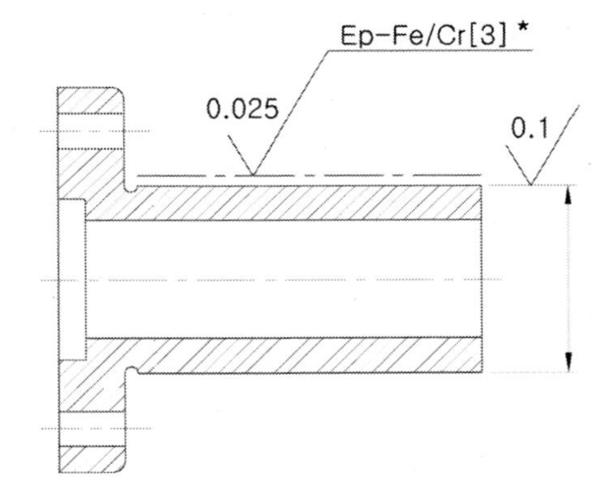

〈표면 처리의 앞 및 뒤의 표면 거칠기를 지시한 보기〉

2. 줄무늬 방향

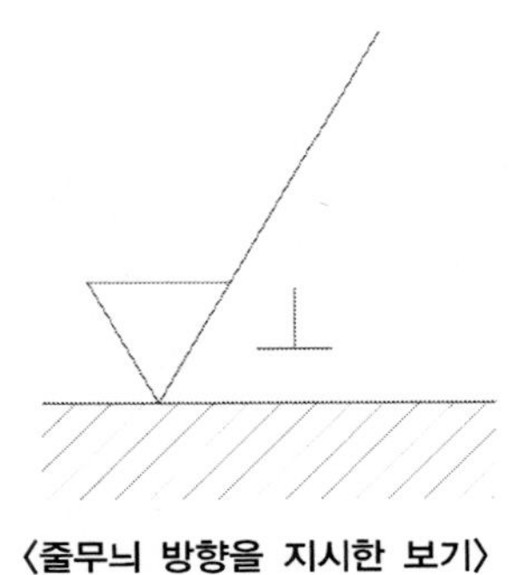

〈줄무늬 방향을 지시한 보기〉

■ 줄무늬 방향의 기호

기 호	의 미	설명 그림
=	가공에 의한 컷의 줄무늬 방향이 기호를 기입한 그림의 투영면에 평행 [보기] 세이핑 면	
⊥	가공에 의한 컷의 줄무늬 방향이 기호를 기입한 그림의 투영면에 직각 [보기] 세이핑 면(수평으로 본 상태) 선삭, 원통 연삭면	
X	가공에 의한 컷의 줄무늬 방향이 기호를 기입한 그림의 투영면에 비스듬하게 2방향으로 교차 [보기] 호닝 다듬질면	
M	가공에 의한 컷의 줄무늬가 여러 방향으로 교차 또는 무방향 [보기] 래핑 다듬질면, 슈퍼 피니싱면, 가로 이송을 건 정면 밀링 또는 앤드밀 절삭면	
C	가공에 의한 컷의 줄무늬가 기호를 기입한 면의 중심에 대하여 거의 동심원 모양 [보기] 끝면 절삭면	
R	가공에 의한 컷의 줄무늬가 기호를 기입한 면의 중심에 대하여 거의 방사 모양	

3. 면의 지시 기호에 대한 각 지시 기호의 위치

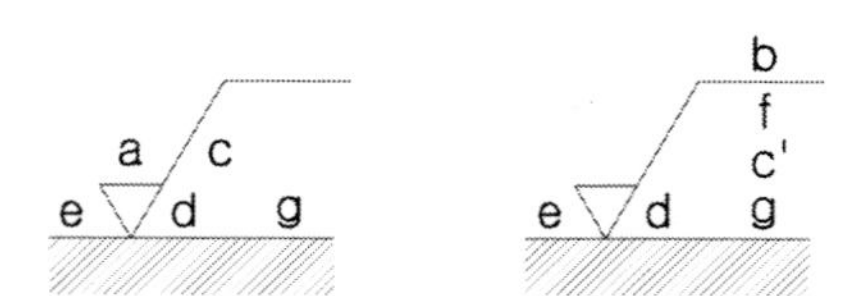

〈각 지시 기호의 기입 위치〉

기호 설명

a : Ra의 값
c : 컷오프값 및 평가 길이
d : 줄무늬 방향의 기호
g : 표면 파상도(KS B 0610에 따른다.)
b : 가공 방법
c' : 기준 길이 및 평가 길이
f : Ra 이외의 파라미터(tp일 때에는 파라미터/절단 레벨)

비고

a 또는 f 이외에는 필요에 따라 기입한다.
기호 e의 개소에 ISO 1302에서는 다듬질 여유를 기입하게 되어 있다.

3-11 도면 기입법

1. 도면 기입 방법의 기본

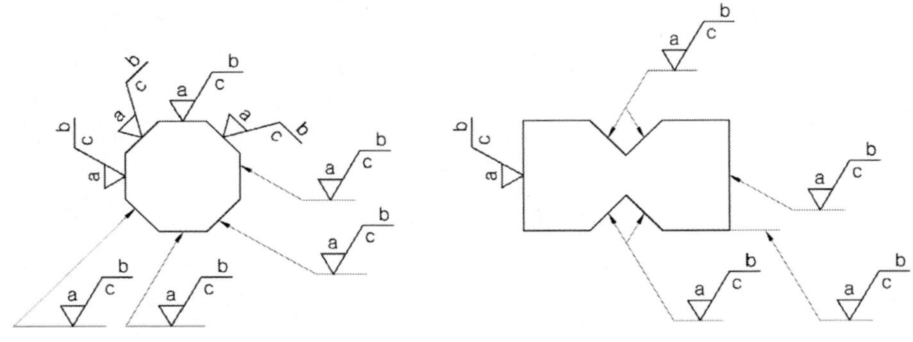

〈기호의 방향〉

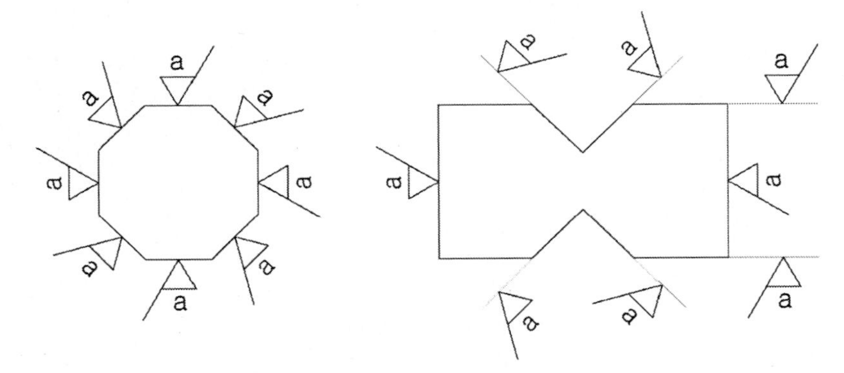

〈Ra만을 지시하는 경우의 기호의 방향〉

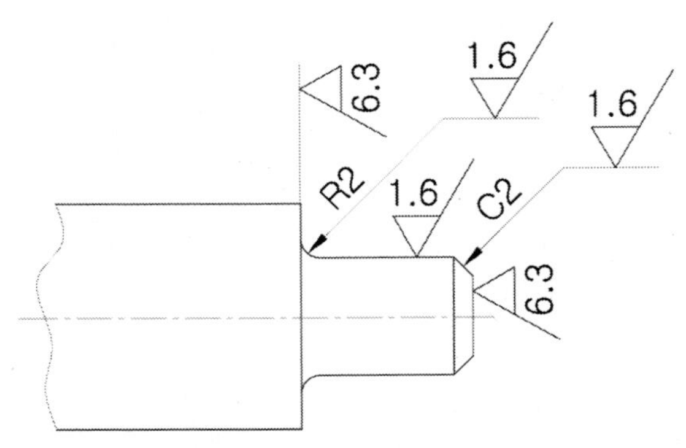

〈둥글기 및 모떼기에 대한 지시의 보기〉

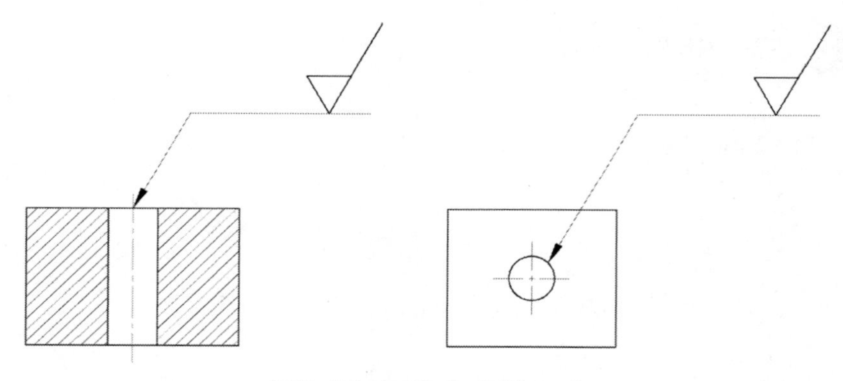

〈지름 치수의 다음에 기입한 보기〉

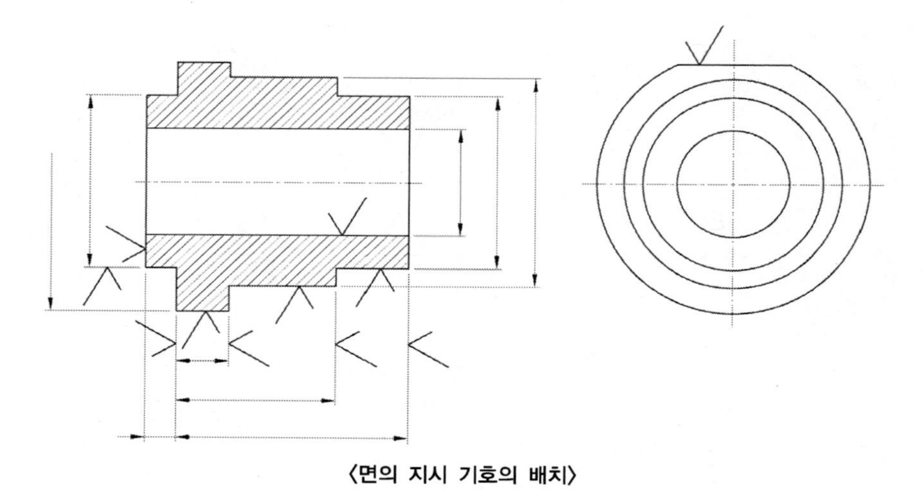

〈면의 지시 기호의 배치〉

2. 도면 기입의 간략한 방법

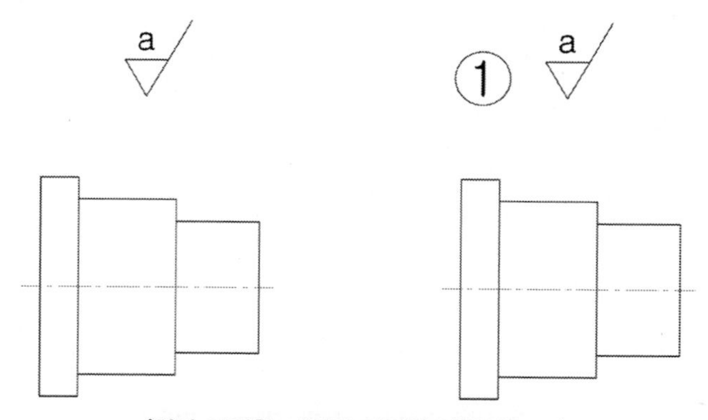

〈전면 동일한 지시의 간략한 방법의 보기〉

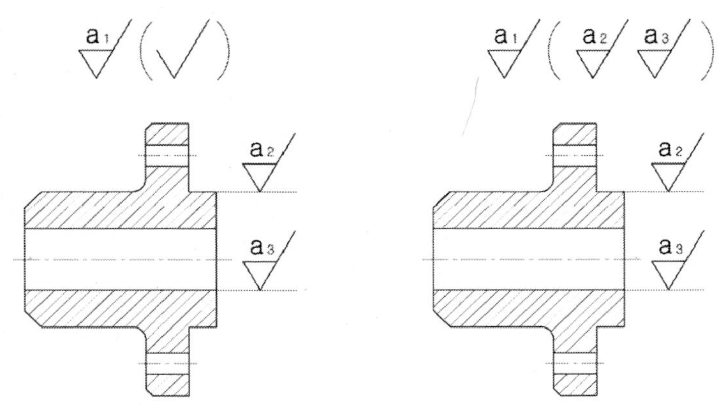

〈대부분 동일한 지시의 간략한 방법의 보기〉

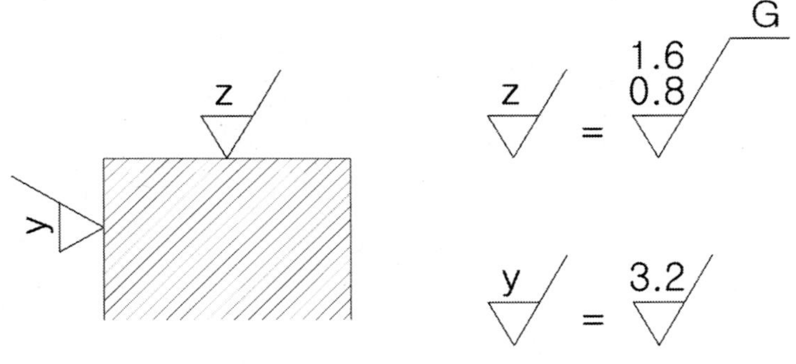

〈반복 지시의 간략한 방법의 보기〉

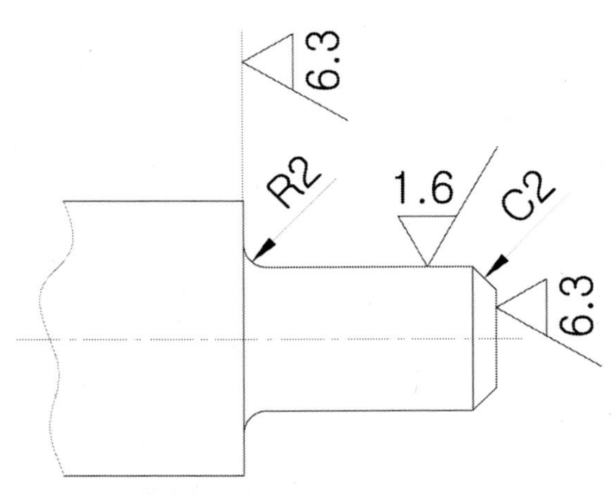

〈둥글기 및 모떼기에 대한 지시 생략의 보기〉

CHAPTER 04

기하공차

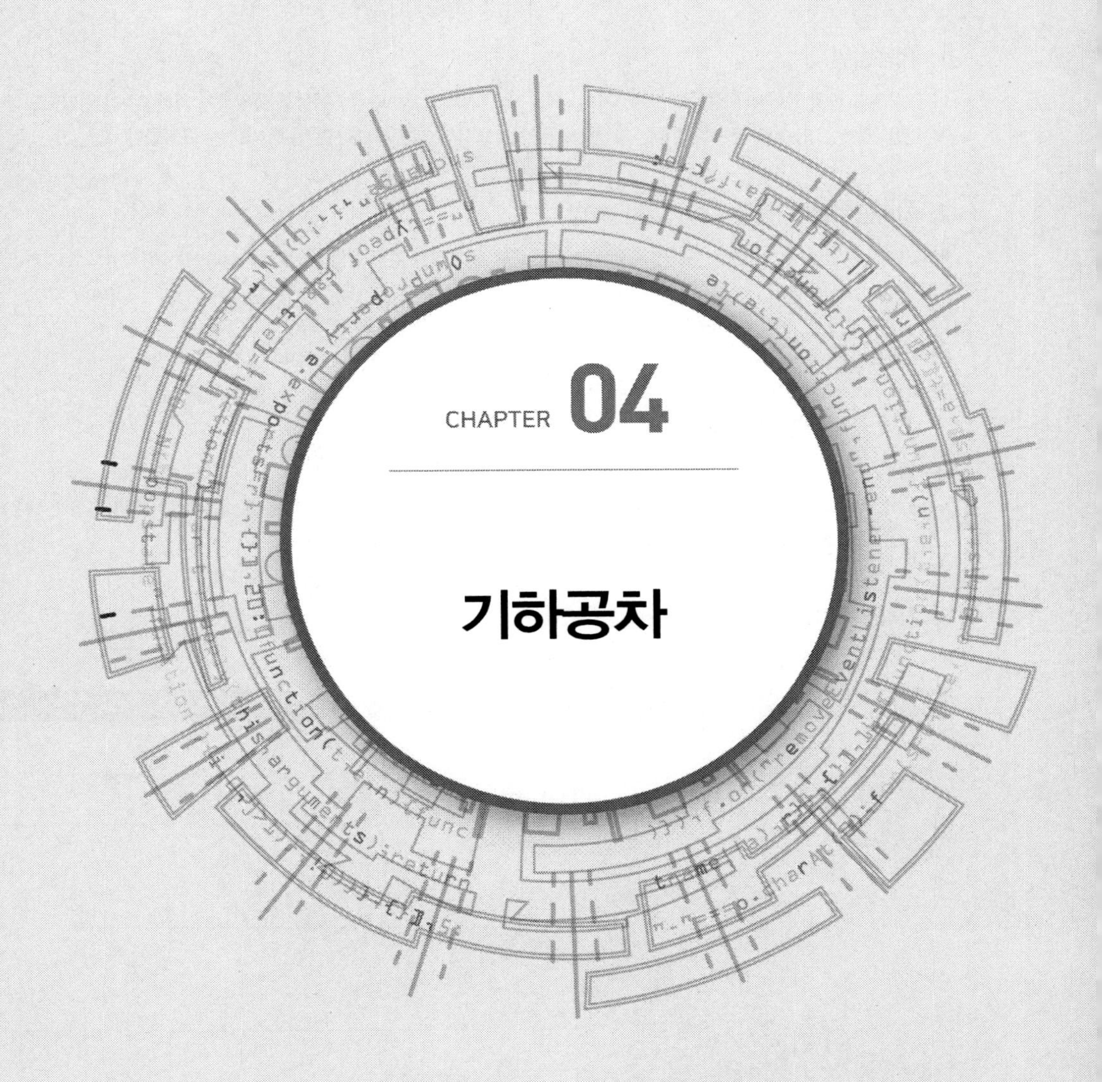

4-1 기하공차의 종류와 적용 범위

1. 적용범위

이 규격은 도면에 있어서 대상물의 모양, 자세, 위치 및 흔들림의 공차(이하 이들을 총칭하여 기하공차라 한다. 또 혼동되지 않을 때에는 단순히 공차라 한다.)의 기호에 의한 표시와 그들의 도시방법에 대하여 규정한다.

2. 기하공차를 지정할 때의 일반 사항

❶ 도면에 지정하는 대상물의 모양, 자세 및 위치의 편차 그리고 흔들림의 허용값에 대하여는 원칙적으로 기하공차에 의하여 도시한다.
❷ 형체에 지정한 치수의 허용한계는 특별히 지시가 없는 한, 기하공차를 규제하지 않는다.
❸ 기하공차는 기능상의 요구, 호환성 등에 의거하여 불가결한 곳에만 지정한다.
❹ 기하공차의 지시는 생산 방식, 측정 방법 또는 검사 방법을 특정한 것에 한정하지 않는다.
다만, 특정한 경우에는 별도로 지시한다.

[보기]

• 특정한 측정 방법 또는 검사 방법이 별도로 지시되어 있지 않는 경우에는, 대상으로 하는 공차역의 정의에 대응하는 한, 임의의 측정 방법 또는 검사 방법을 선택할 수 있다.

3. 기하공차의 종류와 그 기호

① 기하공차의 종류와 기호

<table>
<tr><th>적용하는 형체</th><th colspan="2">공차의 종류</th><th>기 호</th></tr>
<tr><td rowspan="4">단독 형체</td><td rowspan="6">모양 공차</td><td>진직도 공차</td><td>—</td></tr>
<tr><td>평면도 공차</td><td>▱</td></tr>
<tr><td>진원도 공차</td><td>○</td></tr>
<tr><td>원통도 공차</td><td>⌭</td></tr>
<tr><td rowspan="2">단독 형체
또는 관련 형체</td><td>선의 윤곽도 공차</td><td>⌒</td></tr>
<tr><td>면의 윤곽도 공차</td><td>⌓</td></tr>
</table>

적용하는 형체	공차의 종류		기 호
관련 형체	자세 공차	평행도 공차	//
		직각도 공차	⊥
		경사도 공차	∠
	위치 공차	위치도 공차	⌖
		동축도 공차 또는 동심도 공차	◎
		대칭도 공차	⌯
	흔들림 공차	원주 흔들림 공차	↗
		온 흔들림 공차	⌰

② 부가 기호

표시하는 내용		기 호
공차붙이 형체	직접 표시하는 경우	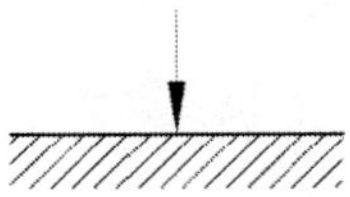
	문자 기호에 의하여 표시하는 경우	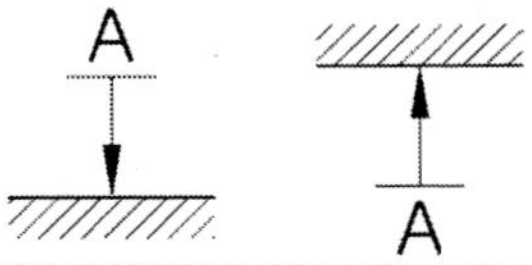 A A
데이텀	직접 표시하는 경우	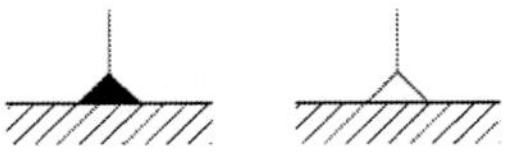
	문자 기호에 의하여 표시하는 경우	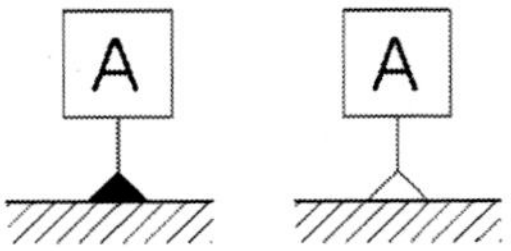 A A

표시하는 내용	기 호
데이텀 타깃 기입틀	⌀2 / A1
이론적으로 정확한 치수	50
돌출 공차역	Ⓟ
최대 실체 공차 방식	Ⓜ

[주] 기호란의 문자 기호 및 수치는 P,M을 제외하고 한 보기를 나타낸다.

4. 공차역에 관한 일반사항

공차붙이 형체가 포함되어 있어야 할 공차역은 다음에 따른다.

❶ 형체(점, 선, 축선, 면 또는 중심면)에 적용하는 기하공차는 그 형체가 포함되어야 할 공차역을 정한다.
❷ 공차의 종류와 그 공차값의 지시방법에 의하여 공차역은 아래 표에 나타내는 공차역 중의 어느 한 가지로 된다.

5. 공차역과 공차값

공차역		공차값
(a)	원 안의 영역	원의 지름
(b)	두 개의 동심원 사이의 영역	동심원의 반지름의 차
(c)	두 개의 등간격의 선 또는 두 개의 평행한 직선 사이에 끼인 영역	무선 또는 두 직선의 간격
(d)	구 안의 영역	구의 지름
(e)	원통 안의 영역	원통의 지름
(f)	두 개의 동축의 원통 사이에 끼인 영역	동축 원통의 반지름 차
(g)	두 개의 등거리의 면 또는 두 개의 평평한 평면 사이에 끼인 영역	두 면 또는 두 평면의 간격
(h)	직육면체 안의 영역	직육면체의 각 변의 길이

❸ 공차역이 원 또는 원통인 경우에는 공차값 앞에 기호 ø를 붙이고, 공차역이 구인 경우에는 기호 Sø를 붙여서 나타낸다.

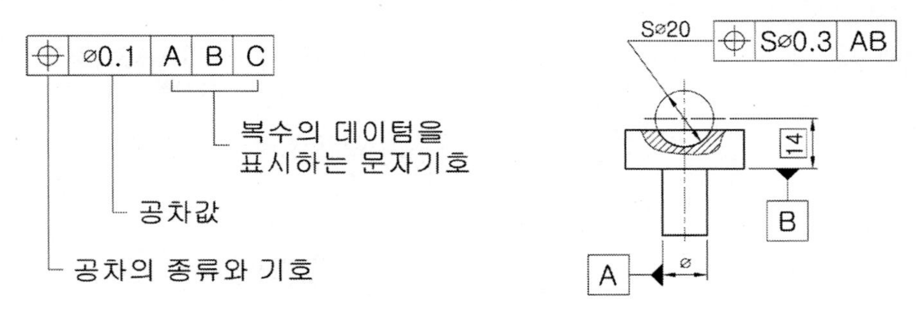

❹ 공차붙이 형체에는 기능상의 이유로 두 개 이상의 기하공차를 지정하는 수가 있다. 또 기하공차 중에는 다른 종류의 기하 편차를 동시에 규제하는 것도 있다(보기를 들면, 평행도를 규제하면, 그 공차역 내에서는 선의 경우에는 진직도, 면의 경우에는 평면도로 규제한다.) 반대로 기하공차 중에는 다른 종류의 기하 편차를 규제하지 않는 것도 있다(보기를 들면, 진직도 공차는 평면도를 규제하지 않는다.)

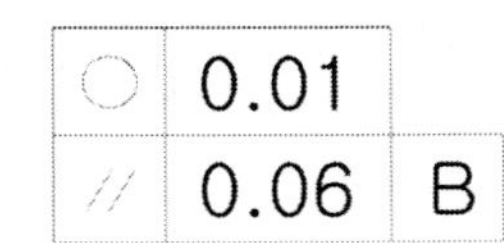

❺ 공차붙이 형체는 공차역 내에 있어서 어떠한 모양 또는 자세라도 좋다. 다만 보충의 주기나, 더욱 엄격한 공차역의 지정에 의하여 제한이 가해질 때에는 그 제한에 따른다.

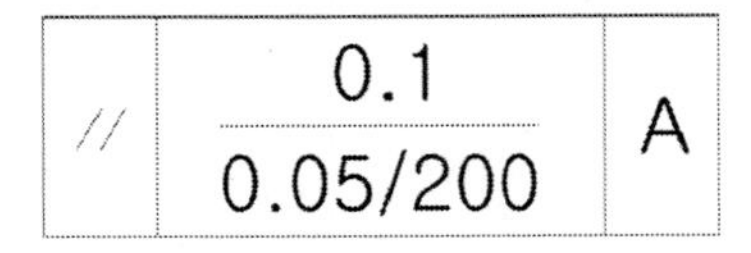

대상으로 한 형체의 전체에 대한 공차값과 그 형체의 어느 길이마다에 대한 공차값을 동시에 지정할 때에는 전자를 위쪽에 후자를 아래쪽에 겹쳐서 기입하고, 상하를 가로선으로 구획짓는다.

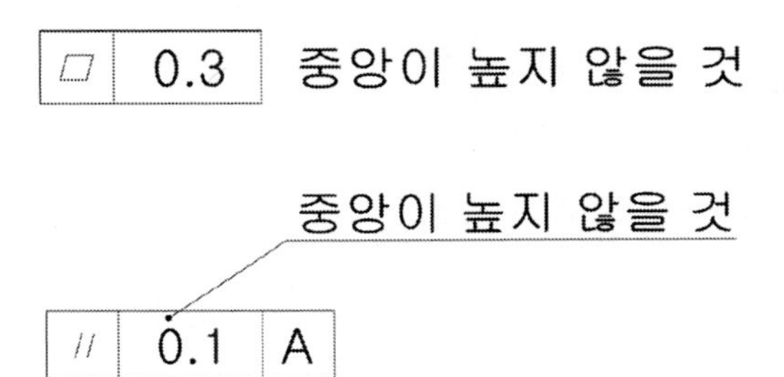

공차역 내에서의 형체의 성질을 특별히 지시하고 싶을 때에는 공차 기입을 근처에 요구사항을 기입하거나 또는 이것을 인출선으로 연결한다.

❻ 지정한 공차는 대상으로 하고 있는 형체의 온길이 또는 온면에 대하여 적용된다. 다만 그 공차를 적용하는 범위가 지정되어 있는 경우에는 그것에 따른다.

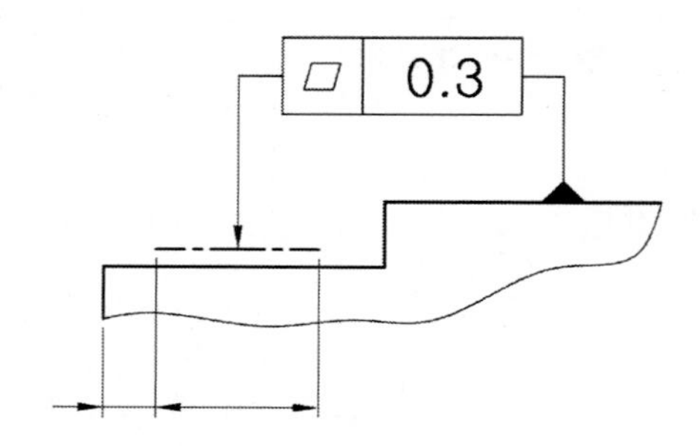

선 또는 면의 어느 한정된 범위에만 공차값을 적용하고 싶을 경우에는 선 또는 면에 따라 그린 굵은 1점 쇄선으로 한정하는 범위를 나타내고 도시한다.

❼ 관련 형체에 대하여 지정한 기하공차는 데이텀 형체 자신의 모양 편차를 규정하지 않는다. 따라서 필요에 따라 데이텀 형체에 대하여 모양 공차를 지시한다.

[보기]

• 데이텀 형체의 모양은 데이텀으로써의 목적에 어울리는 정도로 충분히 기하 편차가 작은 것이 좋다.

4-2 공차의 도시방법

1. 도시방법 일반

도시방법에 관한 일반적인 사항은 다음에 따른다.

❶ 단독 형체에 기하공차를 지시하기 위하여는 공차의 종류와 공차값을 기입한 직사각형의 틀(이하 공차 기입틀이라 한다.)과 그 형체를 지시선으로 연결해서 도시한다.

❷ 관련 형체에 기하공차를 지시하기 위하여는 데이텀에 데이텀 삼각 기호(직각이등변삼각형으로 한다.)를 붙이고, 공차 기입틀과 관련시켜서 ❶에 준하여 도시한다.

2. 공차 기입틀에의 표시 사항

공차에 대한 표시사항은 공차 기입틀을 두 구획 또는 그 이상으로 구분하여 그 안에 기입한다. 이들 구획에는 각각 다음의 내용을 ❶, ❷, ❸의 순서로 왼쪽에서 오른쪽으로 기입한다.

❶ 공차의 종류를 나타내는 기호
❷ 공차값
❸ 데이텀을 지시하는 문자 기호
또한 규제하는 형체가 단독 형체인 경우에는 문자 기호를 붙이지 않는다.

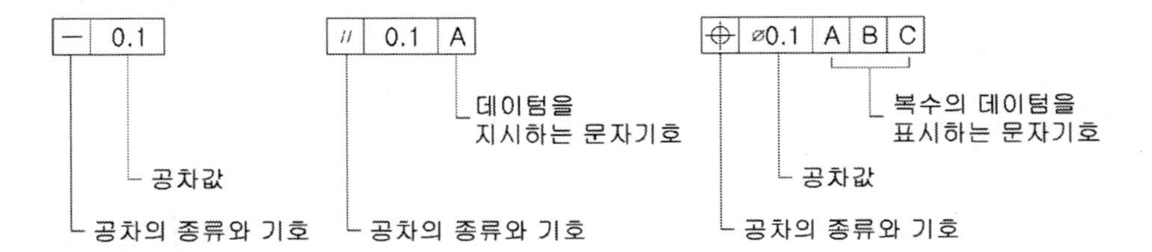

비고

데이텀이 복수인 경우의 데이텀을 지시하는 문자 기호의 기입순서에 대하여는 아래 그림을 참조 할 것.

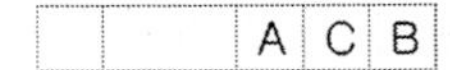

두 개 이상의 데이텀이 있고, 그들 데이텀에 우선순위를 지정할 때에는 우선순위가 높은 순서로 왼쪽에서 오른쪽으로 데이텀을 지시하는 문자 기호를 각각 다른 구획에 기입한다.

두 개 이상의 데이텀이 있고, 그들 데이텀에 우선순위를 문제삼지 않을 때에는 데이텀을 지시하는 문자 기호를 같은 구획 내에 나란히 기입한다.
"6구멍", "4면"과 같은 공차붙이 형체에 연관시켜서 지시하는 주기는 공차 기입틀의 위쪽에 쓴다.

6구멍

⌖	⌀0.1

한 개의 형체에 두 개 이상의 종류의 공차를 지시할 필요가 있을 때에는 이들의 공차 기입틀을 상하로 겹쳐서 기입한다.

○	0.01	
//	0.06	B

3. 공차에 의하여 규제되는 형체의 표시방법

공차에 의하여 규제되는 형체는 공차 기입틀로부터 끌어내어, 끝에 화살표를 붙인 지시선에 의하여 다음의 규정에 따라 대상으로 하는 형체에 연결해서 나타낸다. 또한 지시선에는 가는 실선을 사용한다.

❶ 선 또는 면 자체에 공차를 지정하는 경우에는 형체의 외형선 위 또는 외형선의 연장선 위에(치수선의 위치를 명확하게 피해서) 지시선의 화살표를 수직으로 한다.

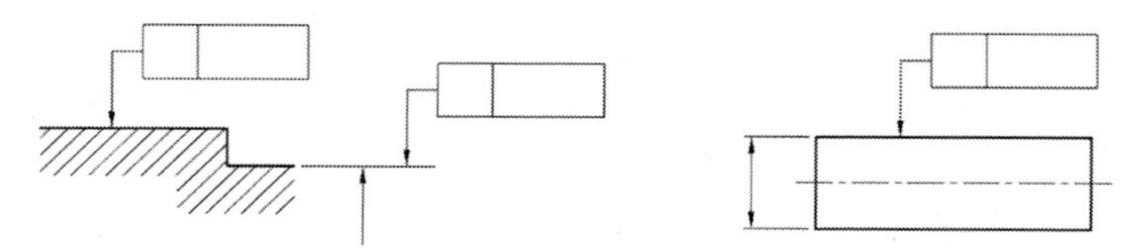

❷ 치수가 지정되어 있는 형체의 축선 또는 중심면에 공차를 지정하는 경우에는 치수선의 연장선이 공차 기입틀로부터의 지시선이 되도록 한다.

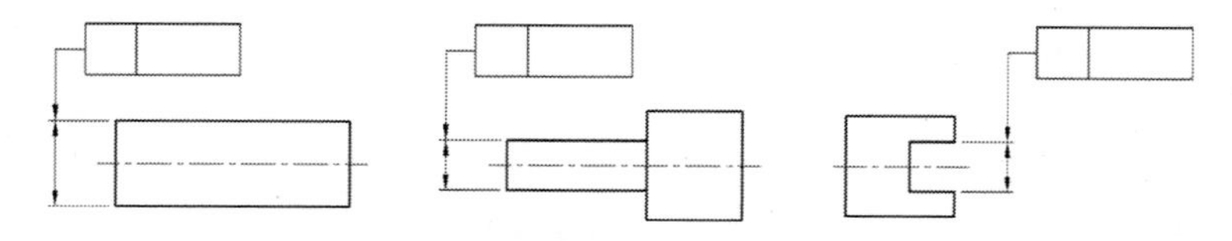

❸ 축선 또는 중심면이 공통인 모든 형체의 축선 또는 중심면에 공차를 지정하는 경우에는 축선 또는 중심면을 나타내는 중심선에 수직으로, 공차 기입틀로부터의 지시선의 화살표를 댄다.

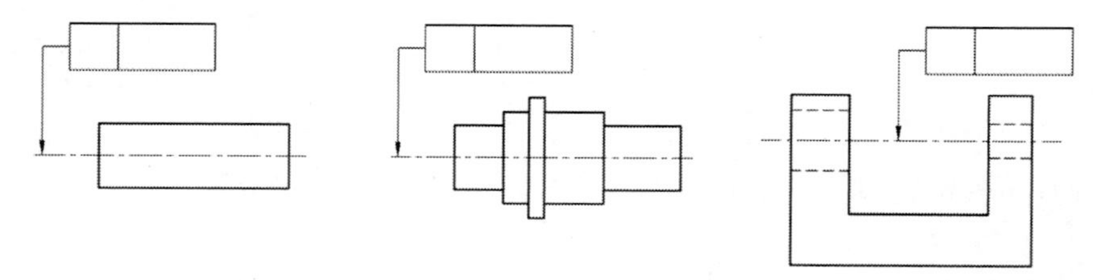

❹ 여러 개의 떨어져 있는 형체에 같은 공차를 지정하는 경우에는 개개의 형체에 각각 공차 기입틀로 지정하는 대신에 공통의 공차 기입틀로 부터 끌어낸 지시선을 각각의 형체에 분기해서 대거나, 각각의 형체를 문자 기호로 나타낼 수 있다.

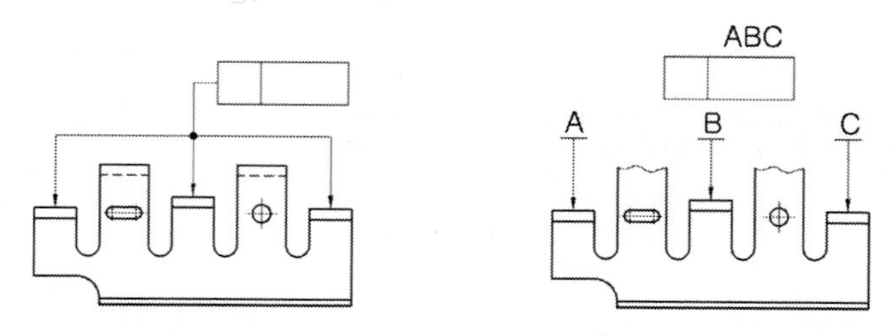

4-3 데이텀의 도시방법

1. 형체에 지정하는 공차가 데이텀과 관련되는 경우에는 데이텀은 원칙적으로 데이텀을 지시하는 문자 기호에 의하여 나타낸다. 데이텀은 영어의 대문자를 정사각형으로 둘러싸고, 이것과 데이텀이라는 것을 나타내는 데이텀 삼각 기호를 지시선을 사용하여 연결해서 나타낸다. 데이텀 삼각 기호는 빈틈없이 칠해도 좋고, 칠하지 않아도 좋다

2. 데이텀을 지시하는 문자에 의한 데이텀의 표시방법은 다음에 따른다.

❶ 선 또는 자체가 데이텀 형체인 경우에는 형체의 외형선 위 또는 외형선을 연장하는 가는 선 위에(치수선의 위치를 명확히 피해서) 데이텀 삼각 기호를 붙인다.

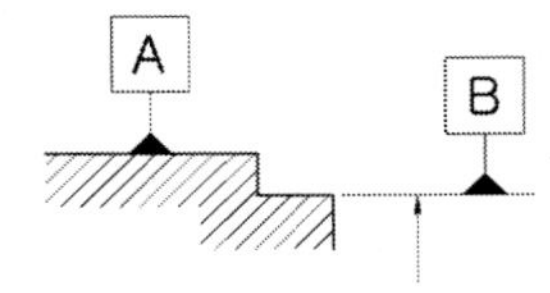

❷ 치수가 지정되어 있는 형체의 축직선 또는 중심 평면이 데이텀인 경우에는 치수선의 연장선을 데이텀의 지시선으로서 사용하여 나타낸다.

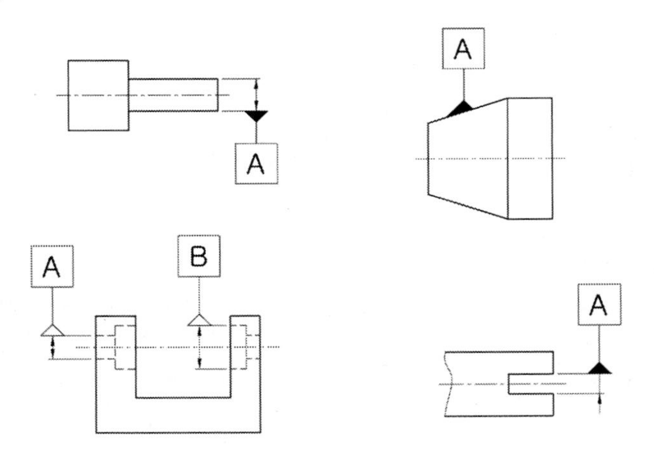

비고

• 치수선의 화살표를 치수 보조선 또는 외형선의 바깥쪽으로부터 기입한 경우에는 그 한쪽을 데이텀 삼각 기호로 대응한다.

❸ 축직선 또는 중심 평면이 공통인 모든 형체의 축직선 또는 중심 평면이 데이텀인 경우에는 축직선 또는 중심 평면을 나타내는 중심선에 데이텀 삼각 기호를 붙인다.

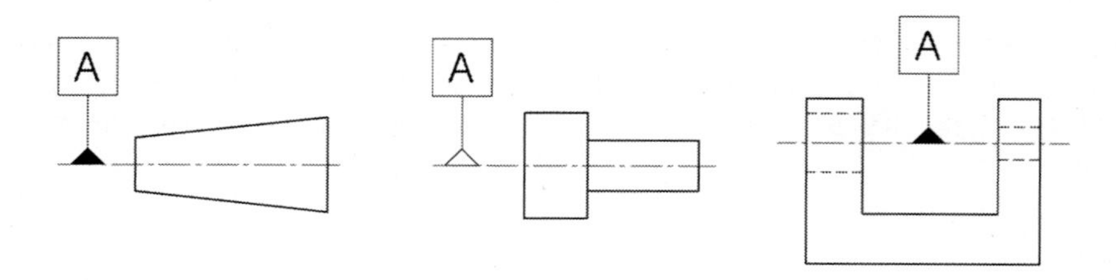

비고

• 다른 형체가 세 개 이상 연속하는 경우, 그 공통 축직선을 데이텀에 지정하는 것은 피하는 것이 좋다.

❹ 잘못 볼 염려가 없는 경우에는 공차 기입틀과 데이텀 삼각 기호를 직접 지시선에 의하여 연결함으로써 데이텀을 지시하는 문자 기호를 생략할 수 있다.

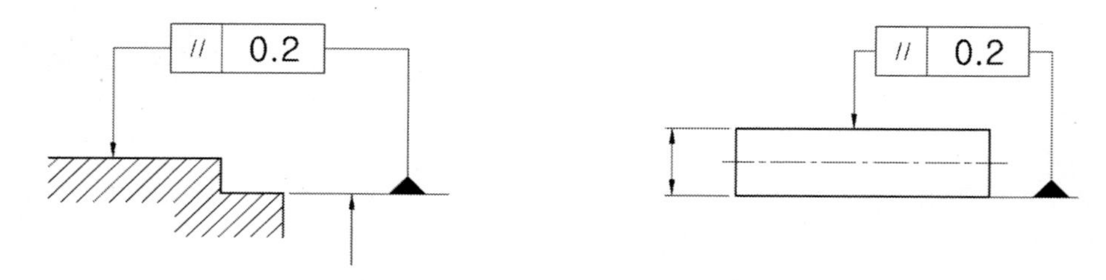

3. 데이텀을 지시하는 문자 기호를 공차 기입틀에 기입할 때에는 다음에 따른다.

❶ 한 개의 형체에 의하여 설정하는 데이텀은 그 데이텀을 지시하는 한 개의 문자 기호로 나타낸다.

❷ 두 개의 데이텀 형체에 의하여 설정하는 공통 데이텀은 데이텀을 지시하는 두 개의 문자 기호를 하이픈으로 연결한 기호로 나타낸다.

❸ 두 개 이상의 데이텀이 있고, 그들 데이텀에 우선순위를 지정할 때에는 우선순위가 높은 순서로 왼쪽에서 오른쪽으로 데이텀을 지시하는 문자 기호를 각각 다른 구획에 기입한다.

❹ 두 개 이상의 데이텀이 있고, 그들 데이텀에 우선순위를 문제삼지 않을 때에는 데이텀을 지시하는 문자 기호를 같은 구획 내에 나란히 기입한다.

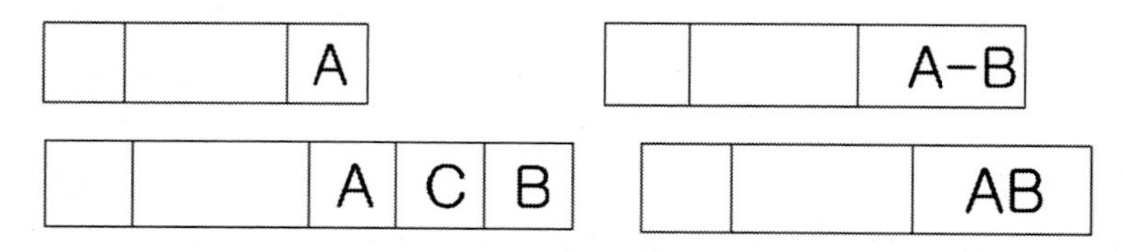

4-4 이론적으로 정확한 치수의 도시방법

위치도, 윤곽도 또는 경사도의 공차를 형체에 지정하는 경우에는 이론적으로 정확한 위치, 윤곽 또는 각도를 정하는 치수를 30과 같이 사각형 틀로 둘러싸서 나타낸다.

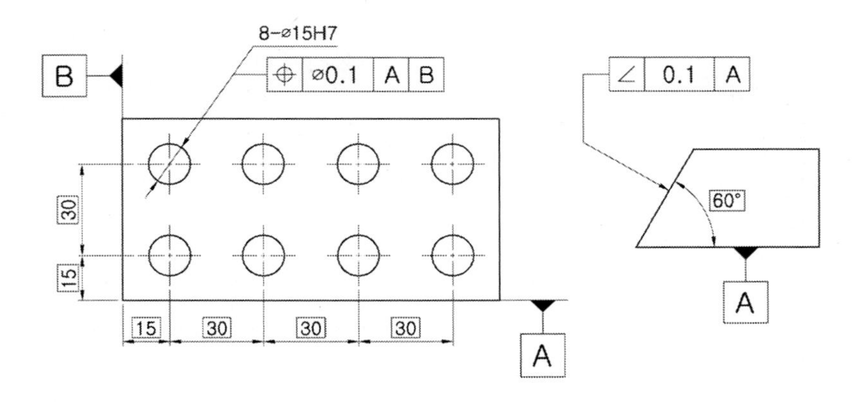

비고

- 이와 같은 사각형 틀 내에 나타내는 치수를 이론적으로 정확한 치수라 하고, 그 자체는 치수 허용차를 갖지 않는다.

4-5 돌출 공차역의 지시방법

공차역을 그 형체 자체의 내부가 아니고, 그 외부에 지정하고 싶을 경우에는 그 돌출부를 가는 2점 쇄선으로 표시하고, 그 치수 숫자 앞 및 공차값 뒤에 기호 Ⓟ를 기입한다.

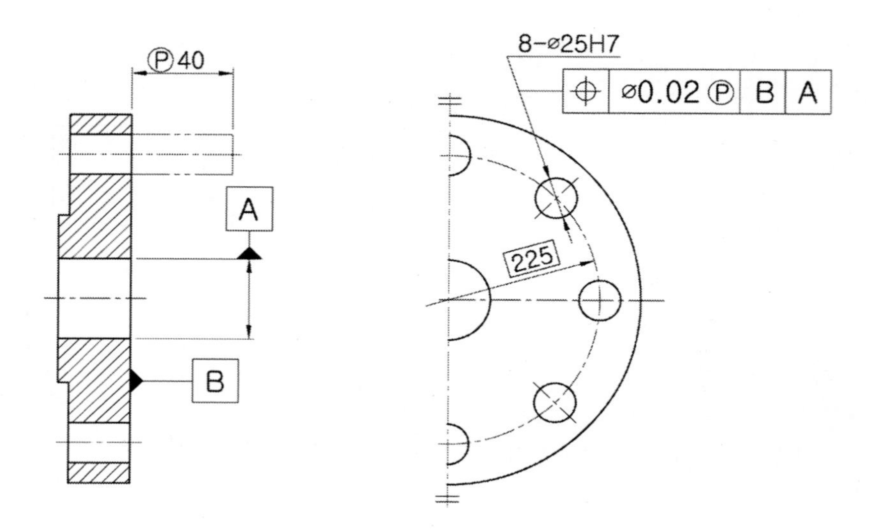

비고

- 이와 같은 지시에 의하여 정해지는 공차역을 돌출 공차역이라 하며, 이것은 자세 공차 및 위치공차에 적용할 수 있다.

4-6 기하 편차의 정의 및 표시 [KS B 0425 (폐지)]

No	용 어	정 의
1	형 체	기하 편차의 대상이 되는 점, 선, 축선, 면 또는 중심면
2	단독 형체	데이텀에 관련 없이 기하 편차가 정하여지는 형체
3	관련 형체	데이텀에 관련하여 기하 편차가 정하여지는 형체
4	데이텀	형체의 자세 편차, 위치 편차, 흔들림 등을 정하기 위해 설정된 이론적으로 정확한 기하학적 기준, 예를 들어 기하학적 기준이 점, 직선, 축직선[(1)], 평면 및 중심 평면인 경우에는 각각 데이텀 점, 데이텀 직선, 데이텀 축직선, 데이텀 평면 및 데이텀 중심 평면이라 한다.
5	직선 형체	기능상 직선이 되도록 지정된 형체, 예를 들어 평면 형체를 그것에 수직인 평면으로 절단하였을 때, 절단면에 나타나는 단면 윤곽선, 축선, 원통의 모선, 나이프에지의 앞끝 등
6	축선	직선 형체 중 원통 또는 직방체가 되도록 지정된 대상물의 각 횡단면에 있어서의 단면 윤곽선의 중심[(2)]을 연결하는 선
7	평면 형체	기능상 평면이 되도록 지정된 형체
8	중심면	평면 형체 중 서로 면대칭이어야 할 2개의 면 위에서, 대응하는 2개의 점을 연결하는 직선의 중점을 포함하는 면
9	원형 형체	기능상 원이 되도록 지정된 형체, 예를 들어 평면 도형으로서의 원이나 회전면의 원형 단면
10	원통 형체	기능상 원통면이 되도록 지정된 형체
11	선의 윤곽	기능상 정하여진 모양을 갖도록 지정된 표면의 요소로서의 외형선
12	면의 윤곽	기능상 정하여진 모양을 갖도록 지정된 표면
13	진직도	직선 형체의 기하학적으로 정확한 직선(이하 기하학적 직선이라 한다.)으로부터의 어긋남의 크기
14	평면도	평면 형체의 기하학적으로 정확한 평면(이하 기하학적 평면이라 한다.)으로부터의 어긋남의 크기
15	진원도	원형 형체의 기하학적으로 정확한 원(이하 기하학적 원이라 한다.)으로부터의 어긋남의 크기
16	원통도	원통 형체의 기하학적으로 정확한 원통(이하 기하학적 원통이라 한다.)으로부터의 어긋남의 크기
17	선의 윤곽도	이론적으로 정확한 치수에 의하여 정해진 기하학적으로, 정확한 윤곽(이하 기하학적 윤곽이라 한다.)으로부터의 선의 윤곽의 어긋남의 크기 또한 데이텀에 관련하는 경우와 관련하지 않는 경우가 있다.
18	면의 윤곽도	이론적으로 정확한 치수에 의하여 정해진 기하학적으로 윤곽으로부터의 면의 윤곽의 어긋남의 크기 또한 데이텀에 관련하는 경우와 관련하지 않는 경우가 있다.
19	평행도	데이텀 직선 또는 데이텀 평면에 대하여 평행인 기하학적 직선 또는 기하학적 평면으로부터의 평행이어야 할 직선 형체 또는 평면 형체의 어긋남의 크기
20	직각도	데이텀 직선 또는 데이텀 평면에 대하여 직각인 기하학적 직선 또는 기하학적 평면으로부터의 직각이어야 할 직선 형체 또는 평면 형체의 어긋남의 크기
21	경사도	데이텀 직선 또는 데이텀 평면에 대하여 이론적으로 정확한 각도를 갖는 기하학적 직선 또는 기하학적 평면으로부터의 이론적으로 정확한 각도를 가져야 할 직선 형체 또는 평면 형체의 어긋남의 크기
22	위치도	데이텀 또는 기타의 형체에 관련하여 정해진 이론적으로 정확한 위치로부터의 점, 직선 형체 또는 평면 형체의 어긋남의 크기
23	동축도	데이텀 축직선과 동일 직선 위에 있어야 할 축선의 데이텀 축직선으로 부터의 어긋남의 크기 비고 평면 도형의 경우에는 데이텀 원의 중심에 대한 기타의 원형 형체의 중심위치의 어긋남의 크기
24	대칭도	데이텀 축직선 또는 데이텀 중심 평면에 관하여 서로 대칭이어야 할 형체의 대칭 위치로부터의 어긋남의 크기
25	원주 흔들림	데이텀 축직선을 축으로 하는 회전면을 가져야 할 대상물 또는 데이텀 축직선에 대하여 수직인 원형 평면이어야 할 대상물을 데이텀 축직선의 둘레에 회전했을 때 , 그 표면이 지정된 위치 또는 임의의 위치로 지정된 방향[(3)]으로 변위하는 크기
26	온 흔들림	데이텀 축직선을 축으로 하는 원통면을 가져야 할 대상물 또는 데이텀 축직선에 대하여 수직인 원형 평면이어야 할 대상물을 축직선의 둘레에 회전했을 때, 그 표면이 지정된 방향[(4)]으로 변위하는 크기

비고

(1) 축직선이란 모양 편차가 없는 축선, 즉 기하학적으로 바른 직선인 축선을 말한다.

(2) 단면 윤곽선의 중심이란, 원통이 되도록 지정된 대상물에서는, 그 단면 윤곽선에 외접하는 최소의 기하학적으로 정확한 원(축의 경우) 또는 내접하는 최대의 기하학적으로 정확한 원(구멍의 경우)의 중심을 말한다. 또한 직육면체로 지정된 대상물에서는, 그 단면 윤곽선에 외접하는 최소의 기하학적으로 정확한 직사각형(축의 경우), 또는 내접하는 최대의 기하학적으로 정확한 직사각형(구멍의 경우)의 중심을 말한다.

(3) 지정된 방향이란, 데이텀 축직선과 교차하고 데이텀 축직선에 대하여 수직인 방향(반지름 방향), 데이텀 축직선에 평행인 방향(축방향) 또는 데이텀 축직선과 교차하고 데이텀 축직선에 대하여 경사 방향(경사 법선 방향 및 경사 지정 방향)을 말한다.

(4) 지정된 방향이란, 데이텀 축직선과 교차하고 데이텀 축직선에 대하여 수직인 방향(반지름 방향) 또는 데이텀 축직선에 평행인 방향(축방향)을 말한다.

4-7 일반 기하학적 공차 [KS B ISO 2768-2]

1. 직진도 및 평면도의 일반 공차

단위 : mm

공차 등급	공칭 길이에 대한 직진도 및 평면도 공차					
	10 이하	10 초과 30 이하	30 초과 100 이하	100 초과 300 이하	300 초과 1000 이하	1000 초과 3000 이하
H	0.02	0.05	0.1	0.2	0.3	0.4
K	0.05	0.1	0.2	0.4	0.6	0.8
L	0.1	0.2	0.4	0.8	1.2	1.6

2. 수직도의 일반 공차

단위 : mm

공차 등급	짧은 측면의 공칭 길이의 범위에 대한 수직도 공차			
	100 이하	100 초과 300 이하	300 초과 1000 이하	1000 초과 3000 이하
H	0.2	0.3	0.4	0.5
K	0.4	0.6	0.8	1
L	0.6	1	1.5	2

3. 대칭도의 일반 공차

단위 : mm

공차 등급	공칭 길이 범위에 대한 대칭도 공차			
	100 이하	100 초과 300 이하	300 초과 1000 이하	1000 초과 3000 이하
H	0.5			
K	0.6		0.8	1
L	0.6	1	1.5	2

4. 원주 흔들림의 일반 공차

단위 : mm

공차 등급	원주 흔들림 공차
H	0.1
K	0.2
L	0.5

4-8 일반적으로 적용하는 기하공차 및 공차역

종류	적용하는 기하공차	공차기호	정밀급	보통급	거친급	데이텀
모양	진직도 공차	⏤	0.02/1000	0.05/1000	0.1/1000	불필요
			0.01	0.05	0.1	
			Ø0.02	Ø0.05	Ø0.1	
	평면도 공차	⏥	0.02/100	0.05/100	0.1/100	
			0.02	0.05	0.1	
	진원도 공차	○	0.005	0.02	0.05	
	원통도 공차	⌭	0.01	0.05	0.1	
	선의 윤곽도 공차	⌒	0.05	0.1	0.2	
	면의 윤곽도 공차	⌓	0.05	0.1	0.2	
자세	평행도 공차	//	0.01	0.05	0.1	필요
	직각도 공차	⊥	0.02/100	0.05/100	0.1/100	
			0.02	0.05	0.1	
			Ø0.02	Ø0.05	Ø0.05	
	경사도 공차	∠	0.025	0.05	0.1	
위치	위치도 공차	⌖	0.02	0.05	0.1	
			Ø0.02	Ø0.05	Ø0.1	
	동심도 공차	◎	0.01	0.02	0.05	
	대칭도 공차	⌯	0.02	0.05	0.1	
흔들림	원주 흔들림 공차	↗	0.01	0.02	0.05	
	온 흔들림 공차	⌰				

기하공차

CHAPTER 05

도면상의 지시법

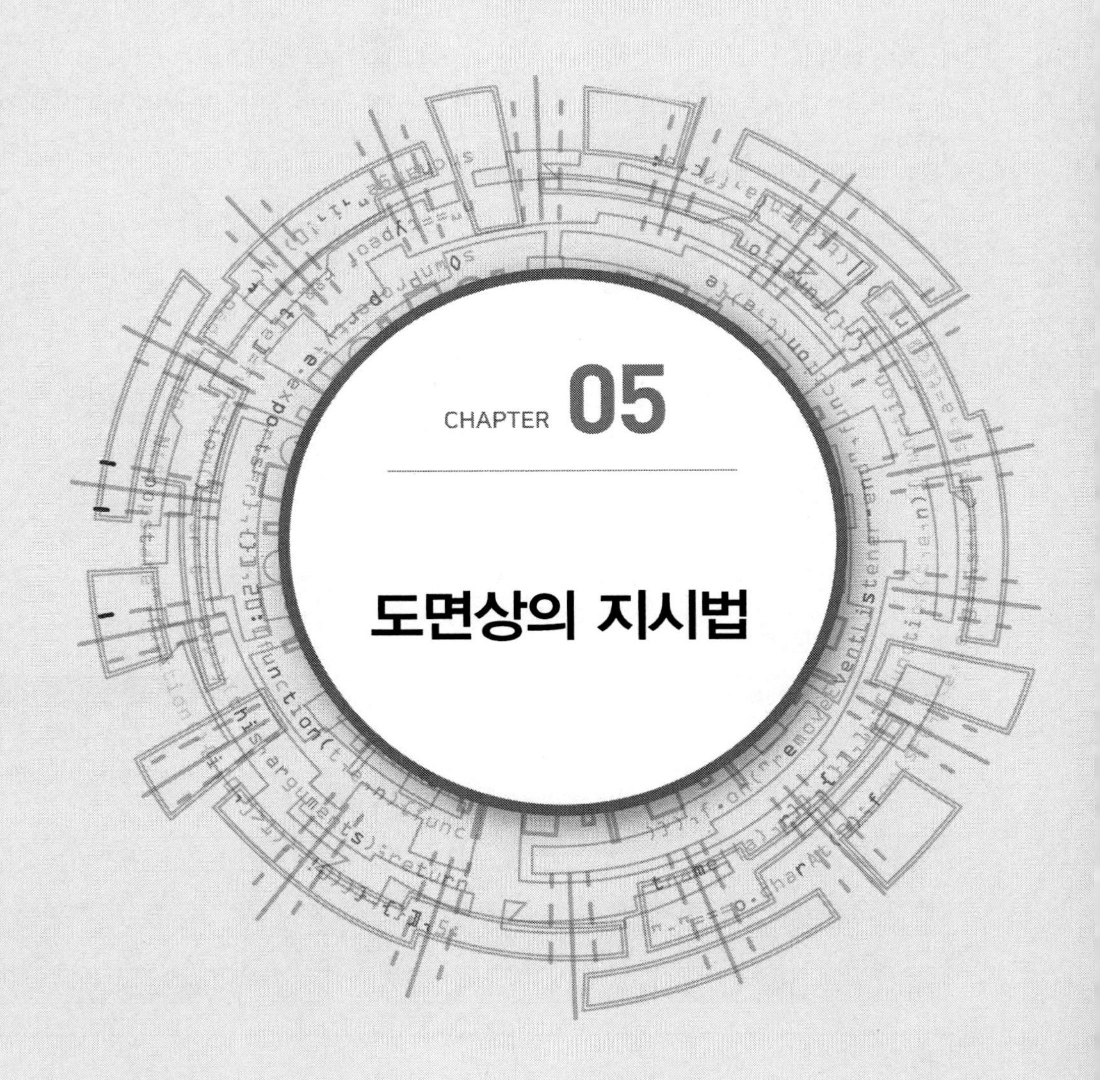

5-1 절삭 가공품의 둥글기 및 모떼기 [KS B 0403]

1. 적용 범위

이 규격은 절삭 가공에 의하여 제작되는 기계 부품의 모서리 및 구석의 모떼기와 모서리 및 구석의 둥글기 값에 대하여 규정한다.

다만, 기능상의 고려가 필요한 곳에는 적용하지 않는다.

2. 모떼기 및 둥글기의 값

모떼기 및 둥글기의 값은 다음 표에 따른다.

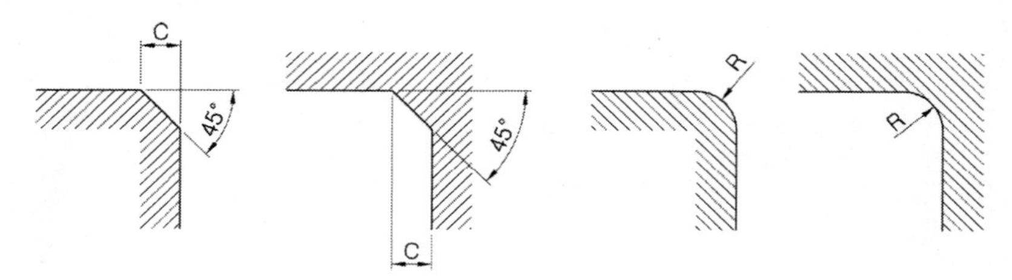

〈모서리의 모떼기〉 〈구석의 모떼기〉 〈모서리의 둥글기〉 〈구석의 둥글기〉

■ 모떼기 및 둥글기의 값

모떼기 C 및 둥글기 R의 값		
0.1	1.0	10
–	1.2	12
–	1.6	16
0.2	2.0	20
–	2.5 (2.4)	25
0.3	3 (3.2)	32
0.4	4	40
0.5	5	50
0.6	6	–
0.8	8	–

[보기]

- ( )의 수치는 절삭공구 팁(tip)을 사용하여 구석의 둥글기를 가공하는 경우에만 사용하여도 좋다.

5-2 제도-도면상의 지시법

■ **제도용어-KS A 3007** (폐지) → KS A ISO 10209 (참조)

1. 제도 일반에 관한 용어

번호	용어	뜻	대응 영어(참고)
1001	제도	도면을 작성하는 것	(technical)drawing, drawing practice
1002	도면	그림 또는 선도(2239 참조)를 필요 사항(표, 주기 사항 등)과 함께 소정의 양식에 따라서 나타낸 것 [비고] • 이 용어를 복합어로 사용할 경우에는 생략형에서 단순히 "그림"이라고 하는 일이 많다.	(technical)drawing
1003	그림	도형에 치수 등의 정보를 써 넣은 것 단면도, 투시 투상도 등 각종 투상도의 총칭	view
1004	도형	투상법에 따라서 평면 위에 선과 점에 의해서 그림 대상물의 형태	view
1005	주기(사항)	도면의 내용을 보충하는 사항을 그림 속에 문장으로 나타낸 것	note
1006	요목표	도면의 내용을 보충하는 사항을 도면 속에 표의 형태로 나타낸 것 보기를 들어 가공, 측정, 검사 등에 필요한 사항을 나타낸다.	tabular
1007	기구제도	자, 컴퍼스, 형판 등의 제도 기구를 사용해서 제도하는 것	instrument drawing
1008	자동제도	자동화한 장치에 의해서 제도하는 것	(computer)automated drawing
1009	프리핸드 제도	제도기를 사용하지 않고, 손으로 그려서 제도하는 것	freehand drawing
1010	연필쓰기 제도	연필을 사용해서 제도하는 것	pencil(work) drawing
1011	먹물 제도	제도용 잉크 등을 사용해서 제도하는 것	inked drawing
1012	합성제도	이미 있는 도면의 일부를 잘라 붙이거나 짜맞춰서 새로운 도면을 작성하는 것	composite drawing
1013	시방서	재료, 제품, 공구, 설비 등에 대한 기술적 요구 사항을 기재한 문서	(technical)specification

2. 도면에 관한 용어

① 도면의 양식에 관한 용어

번호	용어	뜻	대응 영어(참고)
2101	도면의 양식	도면의 공통적인 일정한 형식. 보기를 들면 도면의 윤곽, 표제란, 마크 등의 형태, 크기, 배치	layout of drawing sheet, drawing format
2102	(도면의) 윤곽	도면의 테두리로부터의 손상으로 도면의 내용이 손상되지 않도록 설정하는 여백의 부분 그림을 그리는 영역 윤곽선 표제란 윤곽 용지의 테두리	border, margin (of technical drawing)
2103	윤곽선	도면의 그림을 그리는 영역과 윤곽과의 경계선(2102의 그림 참조)	frame, borderline

도면상의 지시법

번호	용어	뜻	대응 영어(참고)
2104	중심 마크	도면을 마이크로 필름에 촬영하거나 복사할 때의 편의를 위하여 도면의 각 변 중앙에 설정하는 표시(2107의 그림 참조)	centering mark
2105	표제란	도면의 관리상 필요한 사항, 도면 내용에 관한 정형적인 사항 등을 정리해서 기입하기 위하여 도면의 일부에 설정하는 난 도면 번호, 도명, 기업 이름 등을 기입한다(2102의 그림 참조)	title block title panel
2106	비교 눈금	도면을 축소·확대했을 경우 그 정도를 알기 위해서 설정하는 눈금 (그림: 윤곽선, 중심마크, 최대 5, 100, 용지의 테두리)	metric reference graduation, comparative graduation
2107	(도면의) 구역	도면속의 특정 부분을 나타내는 범위 보기를 들면 B-2와 같이 표시한다.	division, zone
2108	구분 기호	도면의 구역을 표시하는 기호(2107의 그림 참조)	grid reference symbol, zoning symbol
2109	재단 마크	복사도를 재단할 때의 편의를 위해서 원도(原圖)에 설정하는 표시	trimming mark, cutting mark
2110	부품란	도면에 나타낸 대상물 또는 그 구성하는 부품(부재)의 세목(부품의 명칭, 재료, 수량 등)을 기입하기 위해서 도면의 일부에 설정하는 란	item block, block for item list
2111	대조 번호	도면에 나타낸 부품과 부품란 또는 부품표에 기입한 부품과를 대조하기 위한 번호	reference number
2112	(도면의) 내력란	도면 변경 등의 내력을 기록하기 위해서 설정하는 란	block for revision description revision block

② 용도를 주로 한 용어

번호	용어	뜻	대응 영어(참고)
2201	계획도	설계의 의도, 계획을 나타낸 도면	scheme drawing
2202	기본 설계도	제작도 또는 실시 설계도를 작성하기 전에 필요한 기본적인 설계를 나타낸 계획도	preliminary drawing
2203	실시 설계도	건조물을 실제로 건설하기 위한 설계를 나타낸 계획도(토목, 건축 부문)	working drawing
2204	제작도	건설 또는 제조에 필요한 모든 정보를 전달하기 위한 도면	manufacture drawing, production drawing
2205	공정도	제조 공정의 도중 상태, 또는 일련의 공정 전체를 나타낸 제작도	process drawing

번호	용어	뜻	대응 영어(참고)
2206	(공작)공정도	특정한 제작 공정에서 가공해야 할 부분, 가공 방법, 가공 치수, 사용 공구 등을 나타낸 공정도	–
2207	검사도	검사에 필요한 사항을 기입한 공정도	drawing for inspection
2208	설치도	보일러·기계 등을 지지대, 관련 장치 등과 관계 지어서 설치 또는 조립 위치를 나타낸 공정도	setting drawing
2209	시공도	현장 시공을 대상으로 해서 그린 제작도	working diagram
2210	상세도	건조물, 구성재의 일부에 대해서 그 형태·구조 또는 조립·결합의 상세함을 나타낸 제작도. 일반적으로 큰 척도로 그린다(건축 부문)	detail drawing
2211	단면 상세도	건물의 수직 단면도에 의해서 나타낸 제작도(건축 부문)	sectional detail drawing
2212	주문도	주문서에 첨부하여 물건의 크기, 형태, 정밀도, 정보 등의 주문 내용을 나타낸 도면	drawing for order
2213	견적도	견적서에 첨부하여 의뢰자에게 견적 내용을 나타낸 도면	drawing for estimate, estimate drawing
2214	승인용 도	주문자 등의 승인을 얻기 위한 도면	drawing for approval
2215	승인도	주문자 등이 승인한 도면	approved drawing
2216	설명도	구조·기능·성능 등을 설명하기 위한 도면	explanatory drawing, explanation drawing
2217	기록도	부지, 구조, 구성 조립품, 부재의 형태·재료·상태 등을 기록하기 위한 도면	record drawing

③ 표현 형식을 주로 한 용어

번호	용어	뜻	대응 영어(참고)
2230	외관도	대상물의 외형 및 최소한으로 필요한 치수를 나타낸 도면	outside drawing
2231	일반도	구조물의 평면도·입면도·단면도 등에 의해서 그 형식·일반 구조를 나타낸 도면(토목, 건축 부문) [비고] • 숨은선을 사용하지 않고 그리는 것이 보통이다.	general drawing
2232	철거도	건물 등에서 기존의 상태에서 무너뜨려서 제거한 부분을 알 수 잇도록 나타낸 도면(건축 부문)	moderation drawing
2233	전개도	대상물을 구성하는 면을 평면으로 전개한 그림	development
2234	다듬질표	건물 등의 외부 및 내부의 다듬질을 일괄해서 나타낸 표(건축 부문)	finish schedule
2235	건구표	건구의 위치, 모습도, 기호, 수량, 다듬질, 철물 등을 일괄해서 나타낸 표(건축 부문)	door and window schedule
2236	단면표	기둥, 보의 단면, 형태 및 치수를 일괄해서 나탄낸 표(건축 부문)	–
2237	곡면 선도	선체, 자동차 차체 등의 복잡한 곡면을 선군(線群)으로 나타낸 도면	lines
2238	그리드도	그리드(격자)를 기입하여 관계 위치·모듈 치수 등을 읽어낼 수 있도록 한 도면	grid planning
2239	선도	기호와 선을 사용하여 장치 및 플랜트의 기능, 그 구성 부분 사이의 상호 관계, 물건·에너지·정보의 계통 등을 나타낸 도면	diagram, diagrammatic drawing

번호	용어	뜻	대응 영어(참고)
2240	계통(선)도	급수·배수·전력 등의 계통을 나타낸 선도	system drawing
2241	(플랜트)공정도	화학 공장 등에서 제품 제조 과정의 기계설비와 흐름의 상태(공정)를 나타낸 계통도	–
2242	(전기)접속도	그림 기호 등을 사용하여 전기 회로의 접속과 기능을 나타낸 계통도 [비고] • 각 구성 부품의 형태, 크기, 위치 등을 고려해서 도시한다.	electrical schematic diagram
2243	배선도	장치 또는 그 구성 부품에 있어서 배선의 실태를 나타낸 계통도 [비고] 각 구성 부품의 형태, 크기, 위치 등을 고려하지 않는 도시이다.	connection diagram wiring diagram
2244	배관도	구조물, 장치에 있어서 관의 접속·배치의 실태를 나타낸 계통도	piping diagram plumbing drawing
2245	계장도	측정 장치, 제어 장치 등을 공업 장치, 기계 장치 등에 장비 · 접속한 상태를 나타낸 계통 선도	instrumentation diagram
2246	구조 선도	기계나 교량 등의 골조를 나타내고, 구조 계산에 사용하는 선도 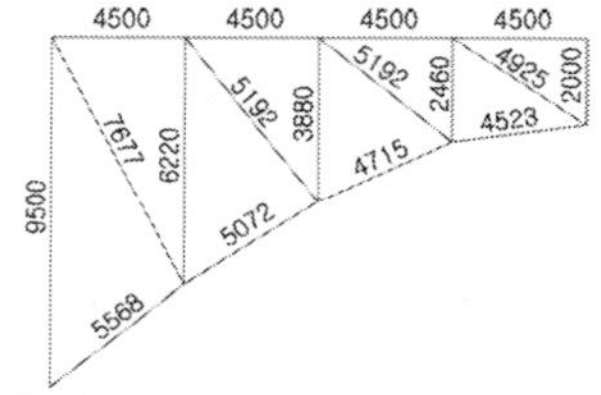	skeleton diagram
2247	운동 선도	기계의 구성 및 기능을 나타낸 선도	–
2248	운동 기구도	기계를 구성하는 요소를 나타낸 그림 기호를 사용해서 기계의 구조를 도시하는 운동 선도	–
2249	운동 기능도	운동 기능을 나타내는 그림 기호를 사용하여 기계의 기능을 도시하는 운동 선도	–
2250	입체도	축측 투상법, 사 투상법 또는 투시 투상법에 의해서 그림 그림의 총칭	single view drawing
2251	분해 입체도	조립품을 구성한 부품의 상호 관계를 나타내기 위하여 일반적으로 등각 투상법 또는 투시 투상법에 의해서 그 구성 부품을 공통된 축의 선 위에 서로 올바른 방향 및 순서로 분리해서 배열한 상태로 그린 조립도	exploded view

④ 내용을 주로 한 용어

번호	용어	뜻	대응 영어(참고)
2260	부품도	부품에 대하여 최종 다듬질 상태에서 구비해야 할 사항을 완전히 나타내기 위하여 필요한 모든 정보를 나타낸 도면	detail drawing part drawing
2261	소재도	기계 부품 등에서 주조, 단조된 그대로의 기계 가공 전의 상태를 나타낸 도면	drawing for blank
2262	조립도	2개 이상의 부품, 부분 조립품을 조립한(또는 조립하는)상태에서 그 상호관계, 조립에 필요한 치수 등을 나타낸 도면 [비고] 도면 속에 부품란을 포함하는 것과 같과 별도로 부품표를 갖는 것이 있다.	assembly drawing
2263	총 조립도	대상물 전체의 조립 상태를 나타낸 조립도	general assembly drawing
2264	부분 조립도	대상물 일부분의 조립 상태를 나타낸 조립도	partial general assembly drawing
2265	구조도	구조물의 구조를 나타낸 도면	structural drawing

번호	용어	뜻	대응 영어(참고)
2266	축조도	철골부재 등의 부착 위치, 부재의 형태, 치수 등을 나타낸 구조도	framing elevation
2267	기초도	기초를 나타낸 그림 또는 도면	foundation drawing
2268	배치도	지역내의 건물 위치나 기계 등의 설치 위치의 상세한 정보를 나타낸 도면	layout drawing plot plan drawing
2269	총 배치도	건축물, 구조물 등의 기능상 주요한 장치, 건물의 구성, 관계 위치, 크기 등을 전체적으로 나타낸 배치도	(general)arrangement drawing
2270	구획도	도시 계획, 기타의 환경에 관련시켜서 부지를 한정하고, 건축물의 윤곽 위치를 나타낸 평면도	block plan
2271	부지도	주위에 관련시켜서 건축물의 위치, 진입로, 부지의 전체 배치를 나타낸 평면도	site plan
2272	배근도	철근의 치수와 배치를 나타낸 그림 또는 도면(토목, 건축 부문)	bar arrangement drawing, bar scheduling
2273	장치도	장치 공업에서 각 장치의 배치, 제조 공정의 관계 등을 나타낸 도면	plant layout drawing
2274	실측도	지형, 구조물 등을 실측하여 그린 도면(토목, 건축 부문)	measured drawing, surveyed drawing
2275	스케치도	실체를 보고 그린 그림	sketch drawing

3. 제도에 관한 용어

① 척도에 관한 용어

번호	용어	뜻	대응 영어(참고)
3101	척도	도형의 크기(길이)와 대상물의 크기(길이)와의 비율	scale
3102	현척	대상물의 크기(길이)와 동일한 크기(길이)에 도형을 그릴 경우의 척도	full scale, full size
3103	배척	대상물의 크기(길이) 보다도 큰 크기(길이)로 도형을 그릴 경우의 척도	enlargement scale, enlarged scale
3104	축척	대상물의 크기(길이) 보다도 작은 크기(길이)로 도형을 그릴 경우의 척도	reduction scale, contraction scale

② 선에 관한 용어

번호	용어	뜻	대응 영어(참고)
3201	실선	연속된 선	continuous line
3202	파선	일정한 간격으로 짧은 선의 요소가 규칙적으로 되풀이 되는 선	dashed line
3203	점선	점(극히 짧은 선의 요소)을 근소한 간격으로 나열한 선	dotted line
3204	1점 쇄선	장·단 2종류 길이의 선의 요소가 번갈아가며 되풀이 되는 선	chain line
3205	2점 쇄선	장·단 2종류 길이의 선의 요소가 장·단·단·장·단·단의 순으로 되풀이 되는 선	chain double-dashed line
3206	지그재그선	직선과 번개형을 짜맞춘 선	continuous thin line with zigzags

번호	용어	뜻	대응 영어(참고)
3207	가는선	도형·그림·도면을 구성하고 있는 선 중에서 상대적으로 가는 선	thin line
3208	굵은선	도형·그림·도면을 구성하고 있는 선 중에서 상대적으로 굵은 선 [비고] 가는선의 2배 굵기로 한다.	thick line
3209	아주 굵은선	도형·그림·도면을 구성하고 있는 선 중에서 상대적으로 특히 굵은 선 [비고] 아주 굵은선은 굵은선의 2배 굵기로 한다.	thicker line extra thick line
3210	외형선	대상물이 보이는 부분의 형태를 나타낸 선	visible outline
3211	숨은선	대상물이 보이지 않는 부분의 형태를 나타낸 선	hidden outline
3212	중심선	중심을 나타낸 선	center line
3213	대칭 중심(中心)선	대칭 도형의 대칭 축을 나타낸 선	line of symmetry
3214	피치선	반복하여 도형의 피치를 잡는 기준이 되는 선 [비고] 피치선이 원이 될 경우에는 피치원(pitch circle)이라고 한다.	pitch line
3215	무게 중심(重心)선	축에 수직인 단면의 중심을 연결한 선	centroidal line
3216	파단선	대상물의 일부분을 가상으로 제외했을 경우의 경계를 나타내는 선	line of limit of partal or interrupted view and section
3217	절단선	단면도를 그릴 경우, 그 절단 위치를 대응하는 그림에 나타내는 선	line of cutting plane
3218	회전단면선	도형 내에 그 부분의 절단 부위를 90° 회전시켜서 나타내는 선	outline of revolved section in place
3219	가상선	(1) 인접 부분 또는 공구나 지그 등의 위치를 참고로 나타내는 선 (2) 가동 부분을 이동 중의 특정 위치 또는 이동의 한계 위치로 나타낸 선	fictitious outline, imaginary line
3220	원형선	그림에 나타낸 대상물의 가공 전 형태를 그 그림에 나타낸 선	intial outline
3221	등고선	표면상의 등고점을 연결한 선	contour line
3222	치수선	대상물의 치수를 기입하기 위하여, 그 길이 또는 각도를 측정하는 방향에 병행으로 그은 선	dimension line
3223	치수보조선	치수선을 기입하기 위해 도형에서 그어낸 선	projection line
3224	지시선	기술·기호 등을 나타내기 위하여 그어낸 선	leader line
3225	기준선	특히, 위치 결정의 근거가 되는 것을 나타낸 선	referance line, datum line
3226	수준면 선	수면, 액면 등의 위치를 나타내는 선	line of water level
3227	특수 지정선	특수한 가공을 하는 부분 등 특별한 요구사항을 지정하는 범위를 나타내는 선	line for special requirement

③ 투상법에 관한 용어

번호	용어	뜻	대응 영어(참고)
3301	투상	일정한 법칙에 의해서 대상물의 형태를 평면상에 그리는 것 [비고] 그린 그림을 투상도라고 한다.	projection
3302	투상면	투상에 의해서 대상물의 형태를 찍어내는 평면	plane of projection picture plane
3303	시점	대상물을 투상할 때 눈의 위치(3325의 그림 참조)	observer's eye station point
3304	시선	시점과 공간에 있는 점을 연결하는 선 및 그 연장선(3325의 그림 참조)	line of sight
3305	투상선	시점과 대상물의 각 점을 연결하고 대상물의 형태를 투상면에 찍어내기 위해서 사용하는 선(3325의 그림 참조)	projector
3306	소점	공간에 있는 점을 시점과 반대 방향으로 무한정 멀리했을 경우의 시선과 투상면과의 교점(3325의 그림 참조) [비고] 이 교점은 1점에 고정된다.	vanishing point
3307	좌표축	원점 0에서 서로 직교하는 기준이 되는 3축(X축, Y축, Z축)(3309의 그림 참조)	coordinate axis
3308	수평축	수평을 나타내기 위한 기준이 되는 좌표축	horizon axis
3309	좌표면	2개의 좌표축을 포함한 기준이 되는 평면	coordinate plane
3310	평행 투상	투상선이 서로 평행인 투상 [비고] 직각투상과 사투상이 있다.	parallel projection
3311	직각 투상	투상선이 투상면을 직각으로 지나는 평행 투상 [비고] 정투상과 축측 투상이 있다.	right projection
3312	정투상	대상물의 좌표면이 투상면에 평행인 직각 투상 [비고] 1. 일반적으로 3개의 투상면을 필요로 한다. 2. 이에 의해서 그린 그림을 정투상도라고 한다.	orthographic projection
3313	제3각법	대상물을 제3 상한에 두고 투상면에 정투상해서 그리는 도형의 표시 방법	third angle projection method
3314	제1각법	대상물을 제1 상한에 두고 투상면에 정투상하여 그린 도형의 표시 방법	first angle projection method
3315	표고 투상	대상물을 좌표면에 평행으로 절단하고 그 절단선군의 정투상에 의해서 대상물의 형태를 그리는 도형의 표시 방법 [비고] 이에 의해서 그린 그림을 표고 투상도라고 한다. 곡면 선도, 지형도 등에 사용한다.	index projection
3316	경상 투상	대상물의 좌표면에 평행으로 둔 거울에 비치는 대상물의 상을 그리는 도형의 표시 방법 [비고] • 이에 의해서 그린 그림을 경상 투상도라고 한다. 건물의 천정 평면도 등에 사용한다.	mirror projection
3317	축측 투상	대상물의 좌표면이 투상면에 대하여 경사를 이룬 직각 투상 [비고] 1. 일반적으로 1개의 투상면만으로 나타낸다. 2. 이에 의해서 그린 그림을 축측 투상도라고 한다.	axonometric projection
3318	등각 투상	3좌표축의 투상이 서로 120°가 되는 축측 투상 [비고] 이에 의해서 그린 그림을 등각 투상도라고 한다.	isometric projection

번호	용어	뜻	대응 영어(참고)
3319	등각도	등각 투상에 의해서 대상물을 그릴 때 좌표축 위의 길이가 실제 길이가 되는 방법으로 그린 그림	isometric drawing
3320	2등각 투상	3좌표 축 투상의 교각 중 2개의 교각이 같아지는 축측 투상 [비고] • 이에 의해서 그린 그림을 2등각 투상도라고 한다.	dimetric projection
3321	부등각 투상	3좌표 축 투상의 교각이 모두 같지 않은 축측 투상 [비고] • 이에 의해서 그린 그림을 부등각 투상도라고 한다.	trimetric projection
3322	사투상	투상선이 투상면을 사선으로 지나는 평행 투상 일반적으로 하나의 투상면으로 나타낸다. [비고] • 이에 의해서 그린 그림을 사투상도라고 한다.	oblique projection
3323	캐비닛도	투상선이 투상면에 대하여 63° 26 '인 경사를 갖는 사투상도 3축 중 Y축 및 Z축에서는 실제 길이를 나타내고 X축에서는 보통 실제 길이의 1/2을 나타낸다. [비고] • X축을 수평축으로 45° 기울여서 그리는 것이 보통이다.	cabinet projection drawing
3324	카발리에도	투상선이 투상면에 대하여 45°의 경사를 가진 사투상도 3축 모두 실제 길이를 나타낸다. [비고] X축을 수평축에 45° 기울여 그리는 것이 보통이다.	cavalier projection drawing
3325	투시 투상	투상면에서 어떤 거리에 있는 시점과 대상물의 각 점을 연결한 투상선이 투상면을 지나는 투상 [비고] 1. 일반적으로 하나의 투상면으로 나타낸다. 2. 이에 의해서 그린 그림을 투시 투상도라고 한다.	perspective projection, central projection
3326	1점 투시 투상	대상물의 2좌표 축이 투상면에 평행이고, 다른 1축이 직각인 투시 투상 [비고] • 이에 의해서 그린 그림을 1점 투시 투상도라고 한다.	one-point perspective projection
3327	조감도	시점의 위치를 높게 잡은 1점 투시 투상도	bird's eye view
3328	2점 투시 투상	대상물의 1좌표 축, 보통은 Z축(수직축)이 투상면에 평행이고, 다른 2축이 경사되어 있는 투시 투상	two-point perspective projection
3329	3점 투시 투상	대상물의 2좌표 축이 모두 투상면에 대하여 경사되어 있는 투시 투상	three-point perspective projection

④ 도형에 관한 용어

번호	용어	뜻	대응 영어(참고)
3401	외형도	대상물을 그대로인 상태에서 전체의 형태를 나타낸 투상도	full view
3402	정면도	대상물의 정면으로 한 방향에서의 투상도 입체도라고도 한다(건축 부문)	front view, front elevation
3403	측면도	대상물의 측면으로 한 방향에서의 투상도	side view, side elevation
3404	평면도	대상물의 윗면으로 한 방향에서의 투상도	plan, top view
3405	저면도	대상물의 아랫면으로 한 방향에서의 투상도	bottom view
3406	배면도	대상물의 배면으로 한 방향에서의 투상도	rear view back elevation

번호	용어	뜻	대응 영어(참고)
3407	입면도	건조물의 연직면에의 투상도(토목, 간축 부문)	elevation
3408	주투상도	대상물의 형태나 기능의 특징을 가장 명료하게 나타내도록 선택한 투상도	principal view
3409	보조 투상도	대상물의 사면에 대향하는 위치에 그린 투상도	relevant view auxiliary view
3410	회전 투상도	투상면에 대하여 대상물의 일부분이 경사 방향으로 있는 경우, 그것을 투상면에 평행인 위치까지 회전했다고 치고 그린 투상도	revolved projection
3411	부분 투상도	투상도의 일부를 나타낸 그림	partial view
3412	국부 투상도	구멍이나 홈 등 대상물의 1국부를 나타낸 투상도	local view
3413	부분 확대도	그림의 특정 부분만을 확대해서, 그 그림에 그려 넣은 그림	elements on larger scale
3414	단면도	대상물을 가상으로 절단하고, 그 앞 쪽을 제외하고서 그린 투상도	sectional view
3415	전 단면도	대상물을 1평면의 절단면으로 절단해서 얻어지는 단면도를 빼놓지 않고 그린 그림	full sectional view full section
3416	종 단면도	(1) 길이 방향의 단면도 (2) 하천, 도로, 철도 등을 따라 그것을 전개하여 높이 등을 나타낸 단면도(토목 부문)	drawing of longitudinal section, longitudinal section profile
3417	횡 단면도	길이 방향으로 수직인 단면을 나타내는 단면도	drawing of cross section, cross-sectional view, lateral profile
3418	한쪽 단면도	대칭 중심선을 경계로 하며 외형도의 절반과 전단면도의 절반을 짜맞춰서 그린 그림	half sectional view(half section)
3419	부분 단면도	도형의 대부분을 외형도로 하고, 필요로 하는 요소의 일부분만을 단면도로 해서 나타낸 그림	local sectional view (local section)
3420	회전 도시 단면도	그린 그림의 투상면에 수직인 절단면으로 그린 절단 부위를 90° 회전시켜서 그 투상도에 그린 그림	revolved section
3421	절단면	절단도를 그릴 때에 대상물을 가상으로 절단한 면	cutting plane
3422	절단 부위	절단도에서 절단면 위에 나타낸 도형	section
3423	스머징	절단 부위 등을 명시할 목적으로 그 면위에 색칠을 하는 것	smudging
3424	해칭	절단 부위 등을 명시할 목적으로 그 면위에 그은 평행선의 무리	hatching
3425	대칭 도형	중심선에 대하여 대칭이 되고 있는 도형	view of symmetrical parts
3426	대칭 도시 기호	대칭 도형의 한쪽 만을 그렸을 경우, 그 대칭 중심선의 양 끝에 기입하는 2개의 평행선	–
3427	반복 도형	하나의 대상물을 그린 그림 속에 볼트 구멍, 관 구멍, 사다리의 발판 막대 등 동종 동형인 것이 규칙적으로 다수 나열된 경우, 이들의 도형	view of repetitive features
3428	단선 도시	박판의 단면, 측면, 선재 등을 1개의 선으로 도시하는 것	single line delineation, thin section
3429	음	불투명한 입체에 빛을 대었을 때, 그 입체에 생기는 어두운 부분 [비고] 음의 테두리를 명시하는 선을 음선이라고 한다.	shade
3430	상	입체의 음을 투상면에 투상한 것(3429의 그림 참조) [비고] 상의 윤곽을 상선이라고 한다.	shadow

⑤ 치수에 관한 용어

번호	용어	뜻	대응 영어(참고)
3501	기준	대상물의 형태 및 조립 부품의 위치 등을 결정하는 기본이 되는 점, 선 또는 면 [비고] 기하공차에 사용하는 기준은 데이텀(datum)이라고 한다.(3553 참조)	reference, implied datum
3502	조립기준	조립 및 건립 방식 등을 위해서 기준이 되는 점이나 선 또는 면	election of reference point, election of reference line, election of reference plane,
3503	치수	정해진 방향에서의 대상 부분의 크기를 나타낸 양	dimension
3504	사이즈	정해진 단위나 방법으로 표시한 치수의 크기	size
3505	길이 치수	길이를 표시하는 치수	linear dimension
3506	각도 치수	각도를 표시하는 치수	angular dimension
3507	테이퍼	투상도 또는 단면도에 있어서 서로 교차되는 2직선 간의 상대적인 벌어짐의 정도 [비고] • 대상물이 원뿔면일 경우에 그 정도를 각도로 나타낸 것을 테이퍼 각도라고 하며, 비율로 나타낸 것을 테이퍼 비(比)라고 한다.	taper
3508	기울기	투상도 또는 단면도에 있어서 직선의 어떤 기준선에 대한 기울기의 정도	slope
3509	호칭 치수	대상물의 크기, 기능을 대표하는 치수	nominal size
3510	기능 치수	기능상 필수적인 형체의 부분, 틈새 등의 치수	functional dimension
3511	참고 치수	도면의 요구사항이 아닌 참고로 나타낸 치수	auxiliary dimension reference dimension
3512	다듬질 치수	제작도에서 의도한 가공을 끝낸 상태의 대상물이 가져야 하는 치수	finished dimension
3513	실 치수	다듬질된 대상물의 실제 치수	actual size
3514	치수의 허용한계	형체의 실치수가 그 사이에 들어가도록 정해진 치수의 한계 [비고] • 허용한계치수에 의해서 또는 기준 치수와 치수허용차에 의해서 나타낸다.	permissible limits of dimension
3515	허용한계치수	치수의 허용한계를 나타내는 대소(大小) 2개의 치수(즉, 최대허용치수 및 최소허용치수)	limits of size
3516	기준 치수	치수 허용 한계의 기본이 되는 치수	basic dimension
3517	치수허용차	허용한계치수에서 그 기준 치수를 뺀 값	permissible dimensional deviation
3518	보통 치수 허용차	그림 속의 개개의 치수에 허용차를 직접 기입하지 않고, 일괄해서 지시하는 치수 허용차, 주로 기능상 특별한 정밀도가 요구되지 않는 치수에 적용한다.	permissible deviation in dimension without tolerance indication tolerance
3519	치수 공차	최대 허용 치수와 최소 허용 치수와의 차	dimensional tolerance
3520	제작(치수)공차	구성재 또는 부품을 제작할 때에 부여하는 치수 공차(건축 부문)	manufacturing tolerance
3521	조립(치수)공차	조립 기준에서의 치수에 대한 공차(건축 부문)	election tolerance
3522	위치결정(치수)공차	조립 기준에서의 구성재 위치를 결정하는 치수에 대한 공차(건축 부문)	positional tolerance

번호	용어	뜻	대응 영어(참고)
3523	직렬 치수 기입법	개개의 부분 치수를 각각 다음에서 다음으로 기입하는 방법	chain dimensioning
3524	병렬 치수 기입법	기준이 되는 부분에서의 각 부분의 치수를 치수선을 나열해서 기입하는 방법	parallel dimensioning
3525	누진 치수 기입법	기준이 되는 부분에서 개개의 부분 치수를 공통된 치수선을 사용하여 기입하는 방법	superimposed running dimensioning
3526	좌표 치수 기입법	개개의 점 위치를 나타내는 치수를 좌표에 의해서 기입하는 방법	dimensioning by coordinates, coordinate dimensioning
3527	치수 보조기호	치수 수치에 부가해서 그 치수의 뜻을 명확하게 하기 위해서 사용하는 기호. [보기] ∅(파이, 지름)	symbol for dimensioning
3528	가점 기호	누진 치수 기입법 및 좌표 치수 기입법에 있어서의 치수 0점을 표시하는 기호	symbol for origin

⑥ 기하공차에 관한 용어

번호	용어	뜻	대응 영어(참고)
3540	기하공차	기하편차(형상, 자세 및 위치의 편차 또는 진동)의 허용치 [비고] • 기하편차의 정의에 대해서는 KS B 0425(기하편차의 정의 및 표시)참조	geometrical tolerance
3541	(기하)공차붙이 형체	기하공차를 직접 지시한 형체	(geometrical) tolerance feature
3542	(기하공차의)공차역	공차붙이 형체가 그 속에 들어가도록 지시한 기하공차에 의해서 정해지는 영역	(geometrical) tolerance zone
3543	단독 형체	데이텀에 관련없이 기하공차를 정할 수가 있는 형체, 보기를 들어 진직도를 문제로 하는 축선	single feature
3544	형상 공차	기하학적으로 올바른 형상(보기를 들면 평면)을 가져야 할 형체의 형상 편차에 대한 기하공차	from tolerance
3545	관련 형체	데이텀에 관련해서 기하공차를 정하는 형체 보기를 들면 평행도를 문제로 하는 축선	related feature
3546	자세 공차	데이텀에 관련하여 기하학적으로 올바른 자세 관계(보기를 들면 평행)를 가져야 하는 형체의 자세 편차에 대한 기하공차	orientation tolerance
3547	위치 공차	데이텀에 관련하여 기하학적으로 올바른 위치 관계(보기를 들면 동축)를 가져야 하는 형체의 위치 편차에 대한 기하공차	location tolerance
3548	흔들림 공차	데이텀 직선을 중심으로 하는 기하학적으로 올바른 회전면(데이텀 직선에 수직인 원형 평면을 포함)을 가져야 하는 형체의 흔들림에 대한 기하공차	run−out tolerance
3549	보통 기하공차	그림 속의 개개의 형체에 기하공차를 직접 기입하지 않고 일괄해서 지시하는 기하공차	permissible deviation in geometrical tolerance without its indication general geometrical tolerance
3550	(기하)형체	기하 편차의 대상이 되는 점, 선, 축선, 면 및 중심면	geometrical feature
3551	데이텀	형체의 자세공차, 위치공차, 진동공차 등을 규제하기 위하여 설정한 이론적으로 정확한 기하학적 기준	datum

번호	용어	뜻	대응 영어(참고)
3552	데이텀계	1개의 관련 형체의 기준으로 하기 위하여 개별적으로 2개 이상의 데이텀을 짜맞춰서 사용할 경우의 데이텀 그룹 [비고] • 서로 직교하는 3개의 데이텀 평면에 의해서 구성되는 데이텀계를 특히 3평면 데이텀계(three-plane datum system)라고 한다.	datum system
3553	데이텀 타깃	데이텀을 설정하기 위하여 가공, 측정 및 검사용의 장치나 기구 등을 접촉시키는 대상물 위의 점, 선 또는 한정된 영역	datum target
3554	진위치	위치도 공차를 지시한 형체가 마땅히 있어야 할 기준으로 하는 정확한 위치	true position
3555	이론적으로 바른 치수	형체의 위치 또는 방향을 기하공차(위치도, 윤곽도 및 경사도의 공차)를 사용해서 지시할 때에 그의 위치 및 방향을 정하기 위한 기준으로 하는 정확한 치수	theoretically exact dimension, datum dimension
3556	외측 형체	대상물의 바깥쪽을 형성하는 형체 [보기] • 축의 바깥지름면(외경면)	external feature
3557	내측 형체	대상물의 안쪽을 형성하는 형체 [보기] •구멍의 안지름면(내경면)	internal feature

⑦ 치수공차 및 기하공차에 관한 용어

번호	용어	뜻	대응 영어(참고)
3570	포락의 조건	원통면이나 평행 2평면으로 이루어지는 단독 형체의 실체가 최대 실체 치수를 가진 완전 형상의 포락면을 초과해서는 안된다는 조건	envelope requirement
3571	최대 실체 공차방식	치수공차와 기하공차와의 상호 의존 관계를 최대 실체 상태를 기준으로 해서 부여하는 공차 방식	maximum material principle
3572	실효상태	대상으로 하고 있는 형체의 최대 실체 치수와 그 형체의 자세공차 또는 위치 공차와의 종합 효과에 의해서 생기는 완전한 형상을 가진 한계	virtual condition
3573	실효 치수	형체의 실효 상태를 정한 치수 즉, 외측 형체에 대해서는 최대 허용 치수에 자세 공차 또는 위치 공차를 더한 치수 내측 형체에 대해서는 최소 허용 치수에서 자세 공차 또는 위치 공차를 뺀 치수	virtual size(VS)
3574	최대 실체 상태	형체의 실체가 최대가 되는 허용 한계 치수를 가진 형체의 상태	maximum material condition(MMC)
3575	최대 실체 치수	형체의 최대 실체 상태를 정하는 치수 즉, 외측 형체에 대해서는 최대 허용 치수, 내측 형체에 대해서는 최소 하용 치수	maximum material size(MMS)
3576	최소 실체 상태	형체의 실체가 최소가 되는 허용 한계 치수를 가진 형체의 상태	least material condition(MMC)
3577	최소 실체 치수	형체의 최소 실체 상태를 정하는 치수 즉, 외측 형체에 대해서는 최소 허용 치수, 내측 형체에 대해서는 최대 하용 치수	least material size(MMS)

⑧ 면의 윤곽

번호	용어	뜻	대응 영어(참고)
3590	면의 윤곽	주로 기계 부품이나 구조 부재 등의 표면에 있어서의 표면거칠기, 줄선 방향, 표면 파문 등	surface texture

⑨ 도면관리에 관한 용어

번호	용어	뜻	대응 영어(참고)
4001	도면 관리	도면에 관한 업무의 관리 [비고] 도면(시방서 등 포함)에 관한 업무의 내용을 하면 다음과 같다. ① 원도의 등록, 보관, 출납, 폐기 ② 복사도의 작성, 편집, 배포, 회수, 폐기 ③ 도면 변경의 수속 ④ 제2원도, 마이크로 필름의 제작, 등록, 보관, 출납, 폐기 ⑤ 도면(시방서 등을 포함)에 관한 정보의 관리	administration of drawings
4002	1품 1엽 도면	1개의 부품 또는 조립품을 1매의 제도 용지에 그림 도면	individual system drawing, one-part one sheet drawing
4003	1품 다엽 도면	1개의 부품 또는 조립품을 2매 이상의 제도 용지에 그림 도면	multi-sheet drawing
4004	다품 1엽 도면	몇 개의 부품, 조립품 등을 1매의 제도 용지에 그린 도면	group system drawing, multi- part drawing
4005	원도(元圖)	원도(原圖)의 바탕이 되는 도면 또는 그림	original drawing
4006	원도(原圖)	보통 연필 또는 잉크로 그려지고 복사도의 원지가 되는 등록된 도면	registered drawing
4007	제2 원도	복사에 의해 만든 부원도(副原圖)	–
4008	사도	그림 또는 도면 위에 트레이싱지 등을 겹치고 복사해서 그리는 것	tracing
4009	검도	도면 또는 그림을 검사하는 것	check of drawing
4010	(도면의)등록	작성한 도면을 도면 관리 부서에서 받아들일 때에 관리하기 위한 한 수단으로서 하는 수속	registered of drawing
4011	도면 대장	도면을 등록한 것을 기록하는 대장 새로이 등록하는 도면에 부여하는 이 번호는 이 대장에서 정해진다.	drawing register
4012	도면 카드	도면을 관리하는 데에 사용하는 카드	drawing card
4013	도면 번호	도면 1매 마다에 붙인 번호	drawing number
4014	엽번	1품 다엽도의 경우 그 1엽 마다를 구별하기 위한 번호	sheet number
4015	출도	등록된 도면을 발행하는 것	release of drawing
4016	도면 목록	발행하는 도면의 일람표이며 도면 번호, 그림 이름 등을 표로 한 것	drawing list
4017	부품표	부품의 명세(명칭, 번호, 재료, 수량)를 표로 한 것	parts list
4018	복사도	원도에서 복사에 의하여 작성한 도면 [비고] • 일반적으로 "도면"이라고 할 경우, 대부분은 복사도를 가리킨다.	duplicated drawing
4019	(도면의)검색	보관되어 있는 도면에서 필요로 하는 도면을 정해진 수곡에 의해서 꺼내는 것	retrieval (of technical drawing)

⑩ 제도용 기기 및 용지에 관한 용어

번호	용어	뜻	대응 영어(참고)
5001	제도 기계	T자, 삼각자, 분도기, 스케일 등의 기능을 가진 기계의 총칭	drafting machine
5002	폴리식 제도 기계	풀리와 벨트에 의한 평행 운동 기구를 가진 제도 기계	pulley type drafting machine
5003	링크식 제도 기계	펜터 그래프식 링크에 의한 평행 운동 기구를 가진 제도 기계	link type drafting machine
5004	트랙식 제도 기계	X축과 Y측이 추종하는 평행 운동 기구를 가진 제도 기계	track drafting machine
5005	자동 제도 기계	전산기의 도움에 의해서 자동적으로 제도를 하는 기계	computer aided drafting machine
5006	제도판	제도할 때 용지를 펴는 평편한 판	drawing board
5007	제도대	제도판을 받치는 대	drawing table
5008	제도기	도형을 그리기 위한 기구	drawing instrument
5009	컴퍼스	원 또는 호를 그리기 위해서 사용하는 기구	compass
5010	중차식 컴퍼스	양 다리가 가운데 바퀴로 돌려지는 나사로 개폐하는 캠퍼스	bow instrument
5011	빔 컴퍼스	중심축과 호를 그리는 쪽을 박판 등으로 연결할 수 있도록 해서 큰원 또는 원호를 그릴 때에 사용하는 기구	beam compass
5012	타원 컴퍼스	타원을 그리는 데에 사용하는 컴퍼스	ellipsograph
5013	디바이더	길이 치수를 옮기거나 선분을 나누거나 하는 기구	dividers
5014	비례 컴퍼스	축척 또는 배척의 그림을 그리는 데에 편리하게 되어 있는 디바이더의 일종	proportional dividers
5015	직선용 자	직선을 그리는 데에 사용하는 자	straight ruler
5016	평행자	평행선을 그리기 위한 자	parallel ruler
5017	T자	평행선을 긋거나 삼각자의 안내 등에 사용하는 T형을 한 관 모양의 자	T square
5018	3각자	3각형을 한 판 모양의 직선용 자 [비고] 90°· 45°· 45°, 90°· 60°· 30°의 2매가 1세트로 되어 있는 것	triangle, 45° triangle, 30°~60° triangle
5019	곧은자	가늘고 긴 판 모양의 직선용 자	straightedge
5020	기울기 자	여러 가지 기울기를 그리기 위한 자	pitch scale
5021	곡선용 자	곡선을 그리는 데에 사용하는 자	curved rulers
5022	운형자	여러 가지 곡선으로 되어 있는 판 모양의 곡선용 자	french curve
5023	자유 곡선자	형태를 자유로이 바꾼 채 임의의 곡선을 그리는 데에 사용하는 막대 모양의 곡선용 자	adjustable curve ruler
5024	곡선자	두께를 변화시킨 가느다란 각봉 모양의 곡선용 자	spline batten
5025	R자	원호를 윤곽으로 하는 판 모양의 자	curve rulers
5026	형판	그림이나 문자를 모방 쓰기할 때 사용하는 얇은 판	template
5027	스케일	길이를 계측하기 위한 길이 눈금을 가진 자	scale
5028	평 스케일	한쪽면에 1종류 또는 2종류의 척도 눈금을 가진 스케일	flat bevel scale
5029	양면 스케일	양면에 4종류의 척도 눈금을 가진 스케일	double bevel scale
5030	3각 스케일	단면이 3각형으로 6종류의 척도 눈금을 가진 스케일	triangular scale
5031	등각 스케일	등각(等角) 투상도를 그릴 경우에 사용하는 스케일	isometrical scale
5032	분도기	각도를 계측하기 위한 각도 눈금을 가진 얇은 판	protractor
5033	제도용 펜	먹을 직어서 쓰는 펜	drawing pen

번호	용어	뜻	대응 영어(참고)
5034	먹줄 펜	먹을 넣어서 사용하는 기구	ruling pen
5035	제도용 잉크	먹을 넣어서 사용하는 잉크	drawing ink
5036	심 홀더	심을 척으로 유지할 수 있도록 되어 있는 연필	semiautomatic pencil
5037	지우개 판	그림의 일부만을 지우개로 지울 때에 사용하는 얇은 판	erasing shields
5038	제도 용지	제도에 사용하는 용지의 총칭	drawing paper
5039	트레이싱지	투명 또는 반투명의 제도 용지	tracing paper
5040	제도용 테이프	제도 용지를 제도판에 고정시키는 테이프	drafting tape

5-3 제도 – 미정의 모서리의 모양 용어 및 지시 [KS A ISO 13715]

■ 적용범위

이 규격은 모서리 상태를 정의하는 용어를 정의하고, 제도에서 상세히 도시가 되지 않은 미정의 모서리 모양 상태를 표시하는 규칙을 규정한다. 도식적 기호의 비례와 치수가 또한 규정된다.

■ 용어의 정의

❶ 모서리(edge) : 두면이 교차하는 곳, 구석(corner)은 3개 또는 그 이상의 면이 교차되어 만들어진 것

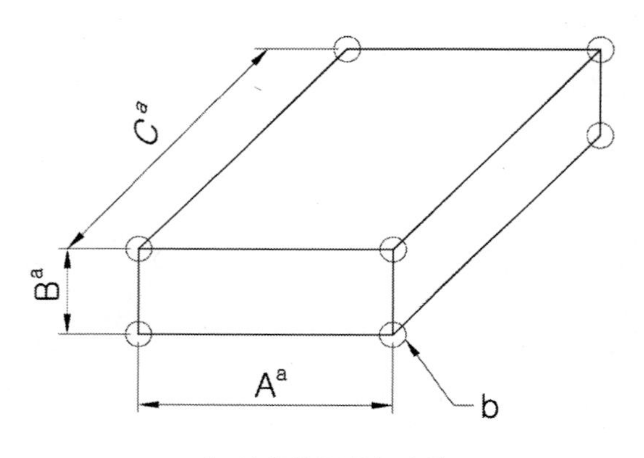

〈모서리와 구석의 관계〉

❷ 모서리 상태(rate of an angle) : 모서리의 기하학적인 모양과 크기

❸ 미정의 모서리(edge of undefined shape) : 그림으로 상세하게 도시가 되지 않는 모서리의 모양

❹ 예리한 모서리(shartp edge) : 이상적인 기하학적 모양에서 오차가 거의 없는 부품의 외부 모서리나 내부 구석 모서리

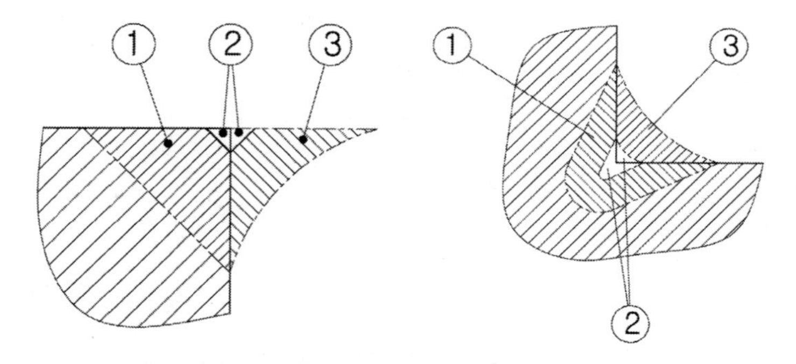

〈외부모서리의 상태〉 〈내부 구석 모서리 상태〉

❺ 버(burr) : 외부 모서리의 이상적인 기하학적 모양 밖에서 거친 버가 남아 있는 것, 기계 가공이나 소성 가공에서 남겨진 것

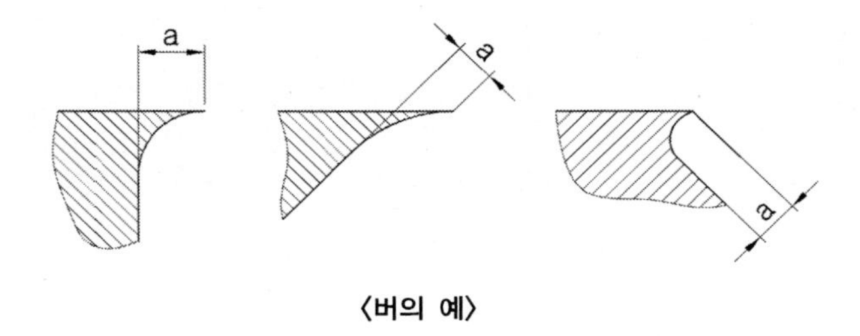

〈버의 예〉

❻ 언더컷(undercut) : 내부 구석 모서리의 이상적인 기하학적 모양 안에서의 오차

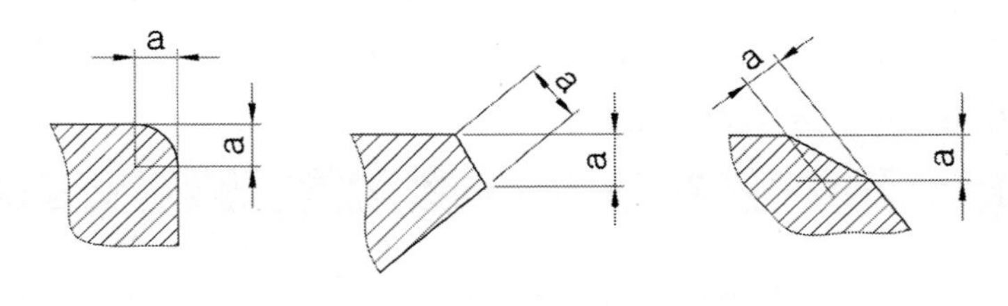

〈외부 모서리에서 언더컷의 예〉

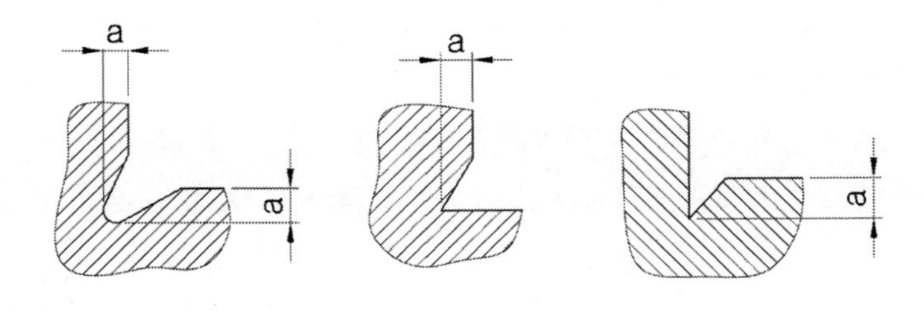

〈내부 모서리에서 언더컷의 예〉

❼ 패싱(passing) : 내부 구석 모서리의 이상적인 기하학적 모양 안에서의 오차

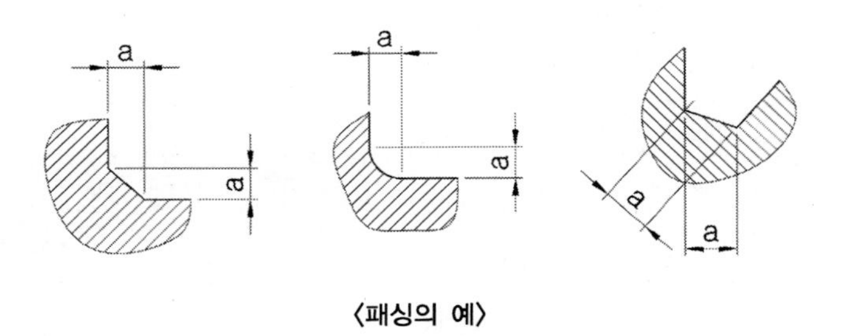

〈패싱의 예〉

도면상의 지시법

■ 모서리 크기의 추천값

a	적 용
+2.5 +1 +0.5 +0.3 +0.1	버 또는 패싱이 허용된 모서리 : 언더컷은 허용되지 않는다.
+0.05 +0.02 −0.02 −0.05	예리한 모서리
−0.1 −0.3 −0.5 −1 −2.5	언더컷이 허용된 모서리 : 버 또는 패싱은 허용되지 않는다.

■ 도면에서의 지시 및 기본 기호의 위치

기본 기호	기본 기호의 위치
	한 개 모서리에 대하여 하나의 지시 부품의 표시된 윤곽을 따른 모든 모서리에 대하여 각 개별 지시 부품의 모서리의 전체 또는 대부분에 공동적인 집합 지시

■ 모서리 모양에 대한 기호 요소

기호 요소		의 미	
		외부 모서리	내부 구석 모서리
+	±0.3	버는 허용되나 언더컷은 허용되지 않는다.	패싱은 허용되나 언더컷은 허용되지 않는다.
−	+	언더컷은 요구되나 버는 허용되지 않는다.	언더컷은 요구되나 패싱은 허용되지 않는다.
±(1)	−	버 또는 언더컷 허용	언더컷 또는 패싱 허용

■ 버 또는 언더컷의 방향

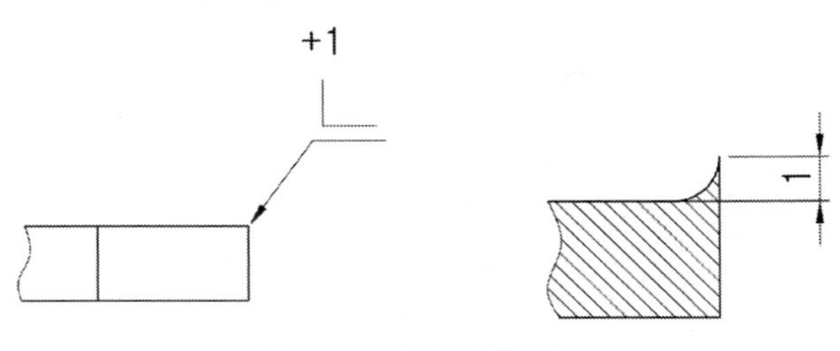

〈외부 모서리의 버 방향〉

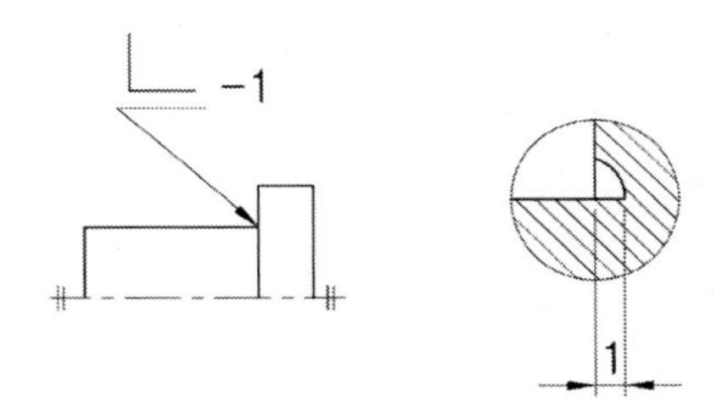

〈내부 구석 모서리상의 언더컷 방향〉

■ 그림 기호의 크기 및 치수

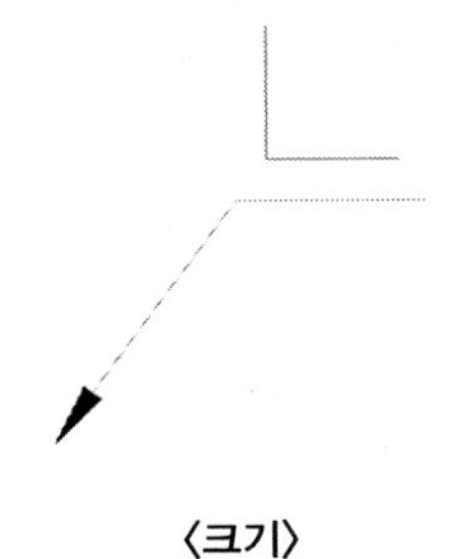

〈크기〉

■ 기호의 치수

단위 : mm

서체 높이, h	3.5	5	7	10	14
기호와 서체 B의 선 굵기 KS A ISO 3098-1, d	0.35	0.5	0.7	1	1.4
기호 높이 H	5	7	10	14	20

비고

1. 기호 요소 "원"의 사용은 선택적이다. 즉 지시선의 각은 적용 경우에 따른다.
2. 지시선의 길이는 1.5×h와 같거나 커야만 한다. 적절하다면 기입선은 연장될 수도 있다.

■ 도면상 지시의 의미

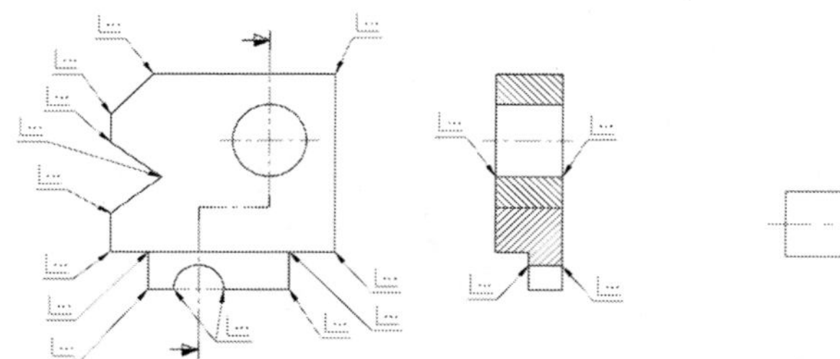

〈투상면에 수직인 모서리와 특징의 상태〉 〈부품의 형상을 따른 모든 모서리의 상태〉

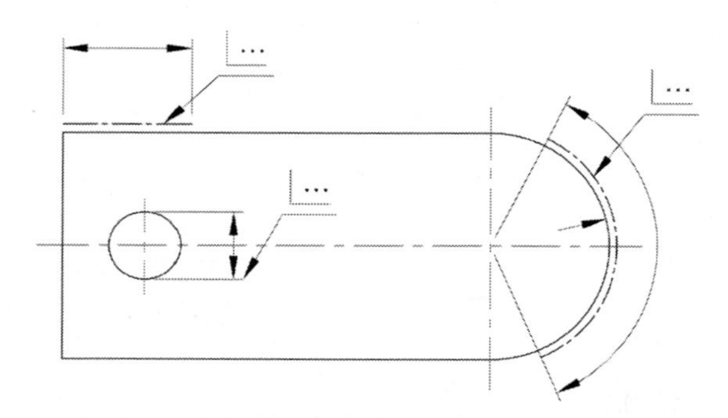

〈규정된 모서리 길이에만 유효한 모서리의 상태〉

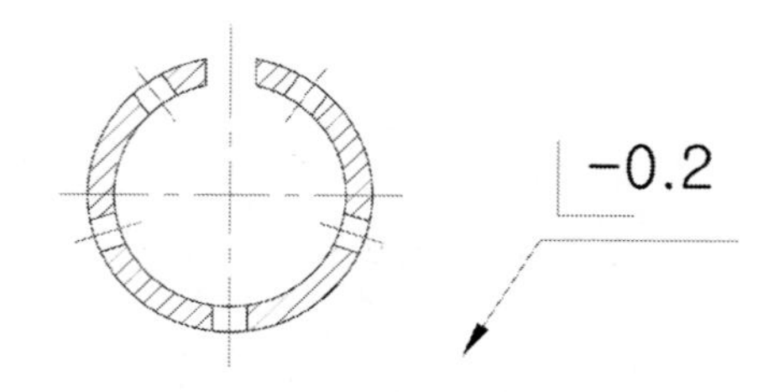

〈부품의 모든 모서리에 공통적인 모서리의 상태〉

〈외부 모서리에만 공통적인 모서리의 상태〉 〈내부 모서리에만 공통적인 모서리의 상태〉

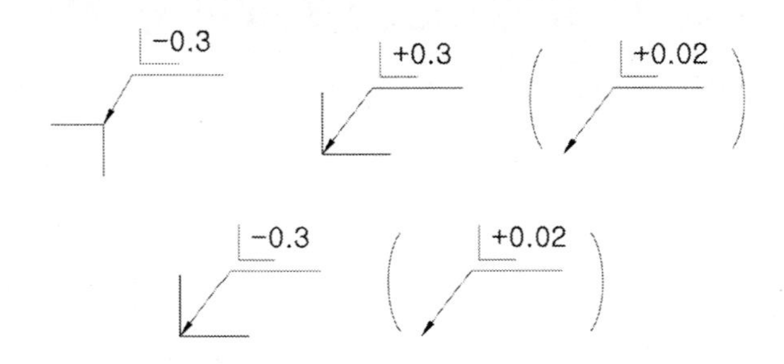

〈집합지시의 경우에 덧붙이는 내용의 모서리의 상태〉

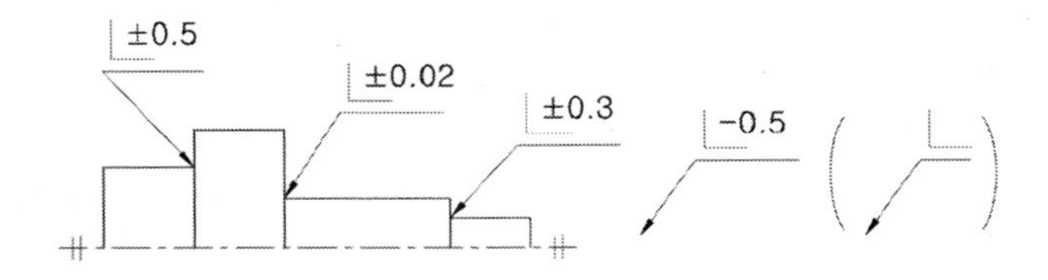

〈집합지시의 경우에 덧붙이는 내용의 모서리상태의 간략지시〉

■ 모서리 상태의 예

번호	지시	의미	설명
1	±0.3		0.3mm까지 용인되는 버가 있는 외부 모서리 : 버 방향 미정
2	+		용인된 버가 있는 외부 모서리 : 버의 크기와 방향 미정
3	+0.3		0.3mm까지 용인되는 버가 있는 외부 모서리 : 버 방향 정의

번호	지시	의미	설명
4	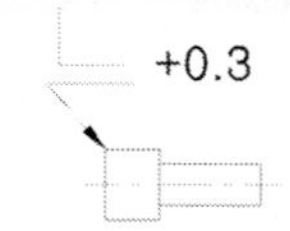 +0.3		
5	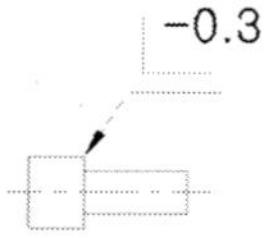 -0.3	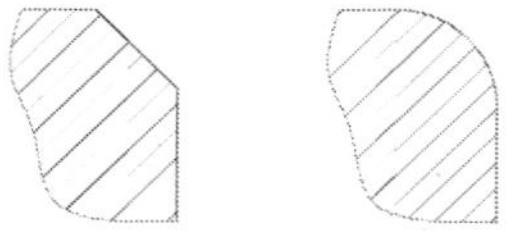	버는 없고 0.3mm까지 언더컷이 있는 외부 모서리
6	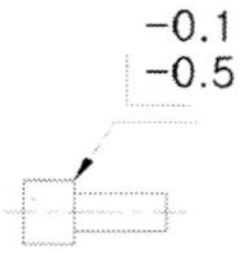 -0.1 -0.5		버는 없고 0.1~0.5mm의 영역에서 언더컷이 있는 외부 모서리
7	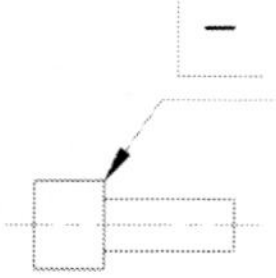 -		버는 없고 언더컷은 용인되며 크기는 미정인 외부 모서리
8	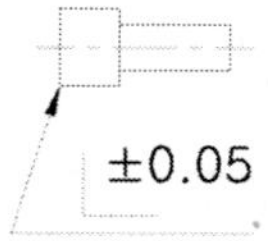 ±0.05	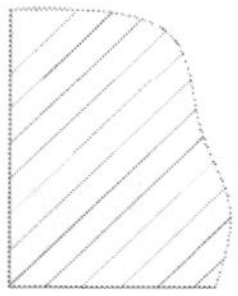	0.05mm까지의 버가 용인되거나 0.05mm까지의 언더컷(예리한 모서리)이 있는 외부 모서리 : 버 방향 미정
9	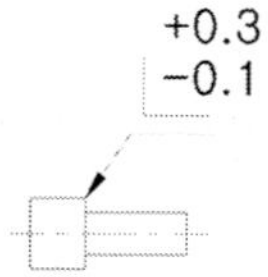 +0.3 -0.1	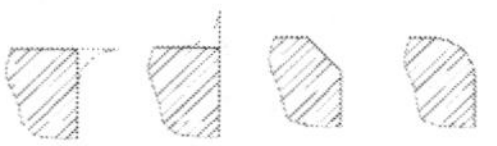	0.3mm까지의 버가 용인되거나 0.1mm까지의 언더컷(예리한 모서리)이 있는 외부 모서리 : 버 방향 미정
10	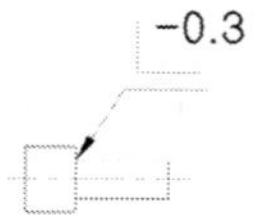 -0.3	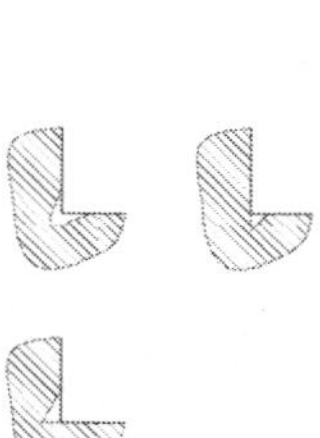	0.3mm까지의 언더컷이 용인된 내부 모서리 : 언더컷 방향 미정
11	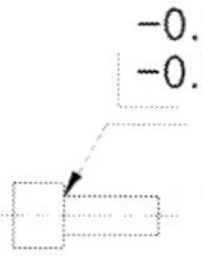 -0.1 -0.5		0.1~0.5mm의 영역에서 용인된 언더컷이 있는 내부 모서리 : 언더컷 방향 정의

번호	지시	의미	설명
12	 -0.3	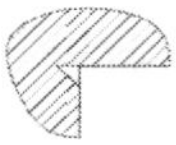	0.3mm까지 용인된 언더컷이 있는 내부 모서리 : 언더컷 방향 정의
13	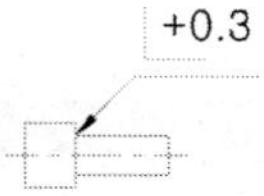 +0.3		0.3mm까지 용인된 패싱이 있는 내부 모서리
14	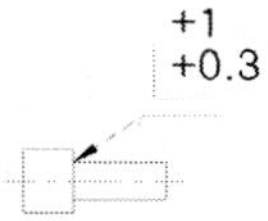 +1 +0.3		0.05mm까지 용인된 언더컷이나 0.005mm 까지 용인된 패싱이 잇는 내부 모서리(예리한 모서리) : 언더컷 방향은 미정
15	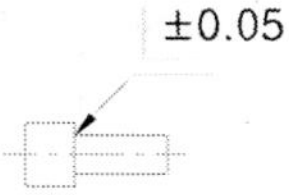 ±0.05		0.05mm까지의 버가 용인되거나 0.05mm 까지의 언더컷(예리한 모서리)이 있는 외부 모서리 : 버 방향 미정
16	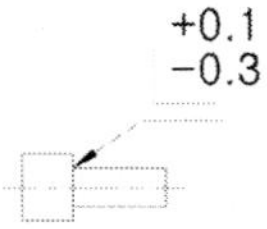 +0.1 -0.3		0.1mm까지 용인된 패싱이나 0.3mm까지 용인된 언더컷이 있는 내부 모서리 : 언더컷 방향 미정

5-4 열처리를 한 철 계통의 부품 지시 방법

■ 적용범위

이 표준은 기술 도면에서 열처리된 철계 부품의 최종 상태를 표시하고 지시하는 방법을 규정한다.

■ 용어와 정의 (ISO 4885에 따름)

기 호	약 어	영 문
CHD	표면(침탄)경화 깊이	Case Hardening Depth
CD	침탄 깊이	Carburization Depth
CLT	복합 층 두께	Compound Layer Thickness
FHD	융해 경도 깊이	Fusion Hardness Depth
NHD	질화 경도 깊이	Nitriding Hardness Depth
SHD	표면 경화 깊이	Surface Hardness Depth
FTS	융해 처리 명세	Fusion Treatment Specification
HTO	열처리 순서	Heat Treatment Order
HTS	열처리 명세	Heat Treatment Specification

■ 도면에서의 지시

① 일반사항

열처리 조건에 관한 도면에서의 지시는 조립체나 열처리 후의 직접적인 상태뿐 아니라 최종 상태에 관련될 수 있다. 이 차이는 열처리 부품이 종종 후에 기계 가공(예를 들면 연삭)되는 것처럼 함축적으로 관찰되어야 한다.

따라서 특히 침탄 경화, 표면 경화, 표면 융해 경화 및 질화 부품에서 경화 깊이가 감소되고 질화 침탄 경화 부품의 복합 층 두께가 감소하는 것과 같다. 그러므로 기계 가공 여유는 열처리 동안 적절하게 고려되어야 한다.

후 가공 전의 상태에 관한 관련 정보를 주어 열처리 후의 상태에 대한 별도의 도면이 준비되지 않으면 관련 도면에 각각의 정보 조건을 알려주는 그림 설명으로 적당한 지시를 사용하여야 한다.

② 재료 데이터(Material data)

열처리 방법에 관계없이 일반적으로 열처리 가공품에 대해 사용되는 재료의 확인을 도면에 넣어야 한다.(재료 명칭, 재료 명세서에 대한 기준 등)

③ 열처리 조건(Heat-treatment condition)

열처리 후의 상태는 예를 들면 "담금질(Quench hardened)", "담금질 및 뜨임" 또는 "질화"와 같은 요구 조건을 지시하는 단어로 규정한다.

한 가지 이상의 열처리가 요구되는 경우 예를 들면 "담금질 및 뜨임"과 같이 그 실행 순서를 단어로서 확인하여야 한다.

④ 표면 경도(Surface hardness)

표면 경도는 ISO 6507-1에 따른 비커스경도, ISO 6506-1에 따른 브리넬(Brinell) 경도 또는 KS M ISO 6508-1에 따른 로크웰(Rockwell) 경도로 나타내어야 한다.

⑤ 심부 경도(core hardness)

심부 경도는 도면의 필요한 곳과 시험될 부분에 주어진 명세에 지시되어야 한다. 심부 경도는 ISO 6507-1에 따른 비커스 경도, ISO 6506-1에 따른 브리넬 경도, KS M ISO 6508-1에 따른 로크웰 경도(방법 B,C)로 주어져야 한다.

⑥ 경도(hardness value)

모든 경도는 공차를 가지고 있어야 한다. 공차는 기능이 허용하는 한 클수록 바람직하다.

■ 열처리 지시의 실제 적용 예

전 부품의 열처리-전면적으로 일정한 요구사항		
표현	도면 지시	도시법 및 설명
담금질의 표현	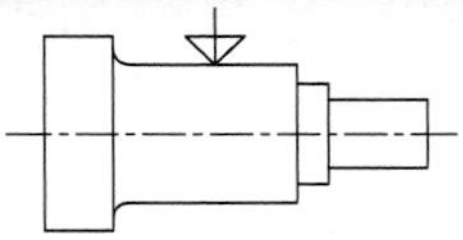 담금질 (60^{+4}_{0})HRC	부품의 담금질 조건은 "담금질(quench hardened)"이라는 단어로 지시되어야 하고 측정점의 표시는 물론 허용오차를 나타낸 경도가 시작되어야 한다.
담금질 후 뜨임의 표현	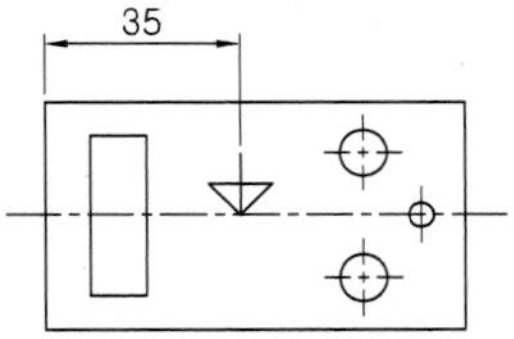 35 담금질 후 뜨임 (59^{+4}_{0})HRC 담금질 후 뜨임 (350^{+50}_{0}), HBW 2.5/187.5	경화 후에 뜨임(tempering)을 해야 하는 경우는 "담금질"만으로는 담금질 후 뜨임 조건이 명백하게 지시되기에는 불충분하며 이러한 경우에는 "담금질 후 뜨임(quench hardened and tempered)"이라는 완전한 단어로 기입하여야 한다.
시험하기 위해 절단된 부품 표시	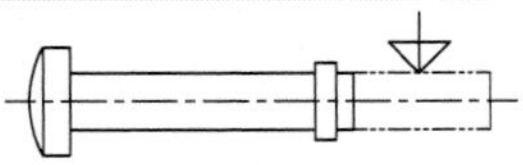 담금질 후 뜨임 Rm=1100^{+100}_{0}1100 N/mm^2 Rp0.2≥900 N/mm^2 A_5≥9%	열처리 부품의 일부분을 담금질 후 뜨임 상태로 시험하기 위해 절단하면 옆의 그림과 같이 표시하여야 한다.

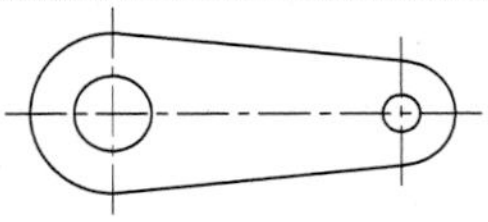

전 부품의 열처리-경도값이 변화하는 구역		
표현	도면 지시	도시법 및 설명
오스템퍼링의 표현	HTO에 따른 오스템퍼링 (59^{+2}_{0})HRC	옆의 그림과 같은 부품이 오스템퍼링될 것이다. 지시는 "오스템퍼링(austempered)"으로 읽어야 한다.
경도값이 변화하는 열처리 표현	100 $^{+20}_{0}$ ① HTO에 따른 담금질 후 뜨임 (58^{+4}_{0})HRC ① (40^{+5}_{0})HRC	어떤 부품이 각각의 구역에서 경도값이 서로 다르게 되고 열처리가 열처리 순서(HTO : heat-treatment order)에 따라 이루어져야 한다면 서로 다른 경도의 구역은 표시를 하여야 하고, 또 필요하면 치수기입도 하여야 한다. 덧붙여서 기준을 HTO에 따라 만들어야 한다.
국부 열처리의 표시	5 100 $^{+25}_{0}$ —·—. 부 담금질 후 전 부품 뜨임 (63^{+3}_{0})HRC	열처리 구역은 KS A ISO 128-24에 따라서 굵은 일점쇄선으로 하고 치수 데이터를 나타내어야 한다.
요구된 구역보다 더 크게 경화할 때의 표현	180 $^{+30}_{0}$ —·—. 부 담금질 후 전 부품 뜨임 (61^{+3}_{0})HRC	가공물을 열처리할 때 공정상 이유로 요구된 구역보다 더 큰 구역을 경화하는 것이 보다 간편할 수도 있다. 이런 경우 부가적으로 담금질 구역을 KS A ISO 128-24에 따라서 굵은 일점쇄선으로 하고 열처리 구역 위치를 나타내는 치수 데이터를 함께 표시해야 한다.

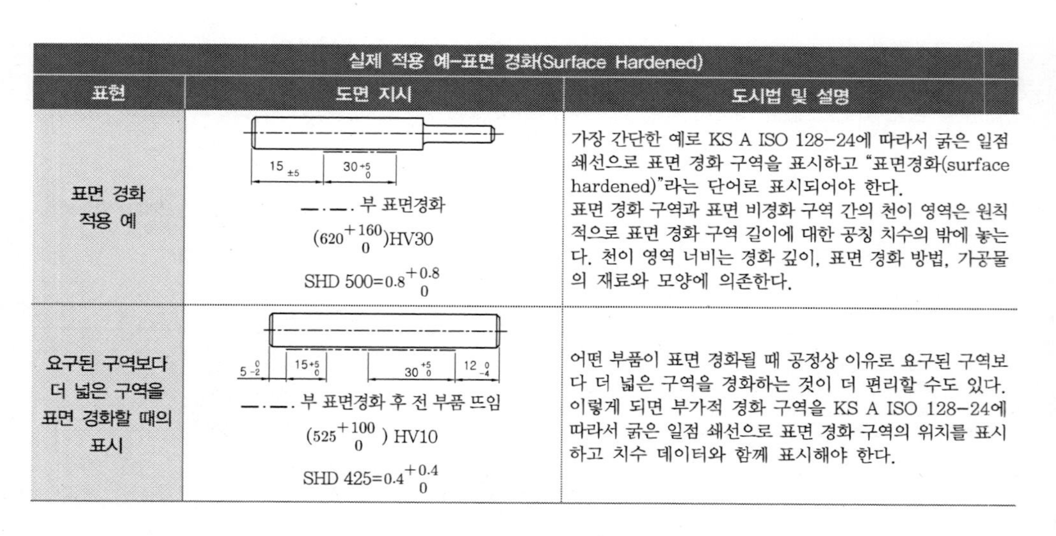

실제 적용 예-표면 경화(Surface Hardened)		
표현	도면 지시	도시법 및 설명
표면 경화 적용 예	15 $_{\pm 5}$ 30 $^{+5}_{0}$ —·—. 부 표면경화 (620^{+160}_{0})HV30 SHD 500=$0.8^{+0.8}_{0}$	가장 간단한 예로 KS A ISO 128-24에 따라서 굵은 일점쇄선으로 표면 경화 구역을 표시하고 "표면경화(surface hardened)"라는 단어로 표시되어야 한다. 표면 경화 구역과 표면 비경화 구역 간의 천이 영역은 원칙적으로 표면 경화 구역 길이에 대한 공칭 치수의 밖에 놓는다. 천이 영역 너비는 경화 깊이, 표면 경화 방법, 가공물의 재료와 모양에 의존한다.
요구된 구역보다 더 넓은 구역을 표면 경화할 때의 표시	5 $^{0}_{-2}$ 15 $^{+5}_{0}$ 30 $^{+5}_{0}$ 12 $^{0}_{-4}$ —·—. 부 표면경화 후 전 부품 뜨임 (525^{+100}_{0}) HV10 SHD 425=$0.4^{+0.4}_{0}$	어떤 부품이 표면 경화될 때 공정상 이유로 요구된 구역보다 더 넓은 구역을 경화하는 것이 더 편리할 수도 있다. 이렇게 되면 부가적 경화 구역을 KS A ISO 128-24에 따라서 굵은 일점 쇄선으로 표면 경화 구역의 위치를 표시하고 치수 데이터와 함께 표시해야 한다.

실제 적용 예-표면 경화(Surface Hardened) (계속)		
표현	도면 지시	도시법 및 설명
가장자리는 표면 경화하지 않을 때 표시	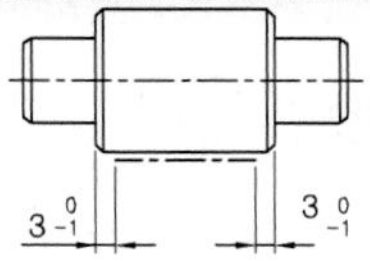 $3^{\ 0}_{-1}$ $3^{\ 0}_{-1}$ —·—. 부 표면경화 $(620^{+160}_{\ \ 0})$ HV50 SHD 500=$0.8^{+0.8}_{\ \ 0}$	부품의 표면 경화에 대해 경화 표면층을 가장자리까지 넓힐 필요가 없다면(가장자리에서 스폴링(spalling)의 위험을 감소하는 데 상당한 값을 가지고 있는 가장자리) 적절히 치수 기입을 하는 등의 방법으로 기술하여야 한다.
가장자리까지 표면 경화할 때의 표시	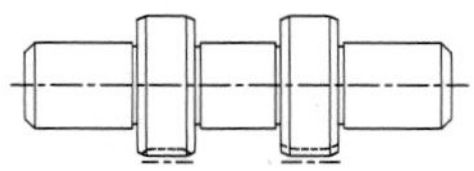 —·—. 부 표면경화 후 부품 뜨임 $(61^{+4}_{\ 0})$ HRC SHD 600=$0.8^{+0.8}_{\ \ 0}$	표면 경화층을 가장자리까지 넓히는 곳에서 구역의 형상은 KS A ISO 128- 24에 따라서 가는 일점쇄선으로 가공물 외곽선 안에 지시하여야 한다. 경화 표면층이 가장자리까지 넓혀지는 곳은 가장자리(경화 구역의 끝단)에 직접적으로 인접한 낮은 SHD값이 허용되며 이것은 또한 가는 일점쇄선으로 나타내야 한다.(좌측 캠 참조) [비고] 두 경우에 가장자리는 균열의 위험을 감소시키기 위해 모따기를 한다.
기어 이 전체 경화	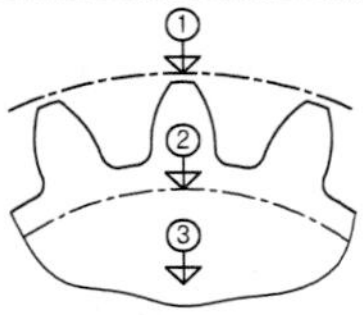 ① ② ③ —·—. 부 표면경화 후 전 부품 뜨임 ① $(54^{+6}_{\ 0})$ HRC ② $(50^{+4}_{\ 0})$ HRC ③ ≤30 HRC	기어의 주위에서 KS A ISO 128-24에 따라서 굵은 일점쇄선과 가는 일점쇄선으로 기어 이가 경화되는 구역에서 표시되어야 한다. [비고] 공정의 특성에 따라 서로 다른 경도값이 이 높이에 대해 발생할 것이다. 경화깊이를 나타내기 위한 측정점의 지시는 불필요하다.
이의 면 경화	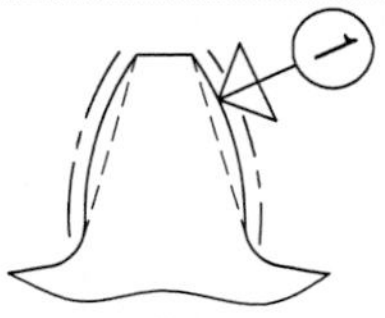 1 —·—. 부 표면경화 후 부품 뜨임 $(55^{+6}_{\ 0})$ HRC SHD 475=$1^{+1}_{\ 0}$	KS A ISO 128-24에 따라서 굵은 일점쇄선이 치면 외곽선 밖에 표면 경화 구역을 표시하는 데 사용되어야 한다. KS A ISO 128-24에 따라서 가는 일점쇄선은 경화 위치와 윤곽을 돋보이게 하기 위하여 사용되어야 한다. 경화층의 요구 윤곽 때문에 표면 경화 깊이에 대한 측정점이 정의되어야 한다.
이뿌리면 경화	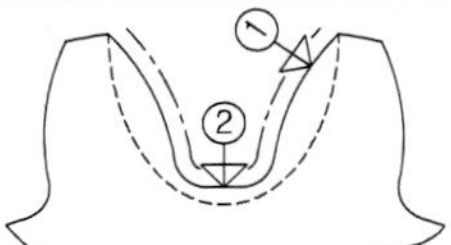 1 ② —·—. 부 표면경화 후 전 부품 뜨임 $(52^{+6}_{\ 0})$ HRC ① SHD 425 = $1.3^{+1.3}_{\ \ 0}$ ② SHD 425 = $1^{+1}_{\ 0}$	KS A ISO 128-24에 따라서 굵은 일점쇄선을 표면경화 구역을 표시하기 위해 이면의 가장자리 밖에 사용하여야 하며 가는 일점쇄선을 경화 위치와 윤곽을 표시하기 위해 사용하여야 한다. 경화 표면층의 형상 때문에 경화 깊이에 대한 측정점이 정의되어야 한다.

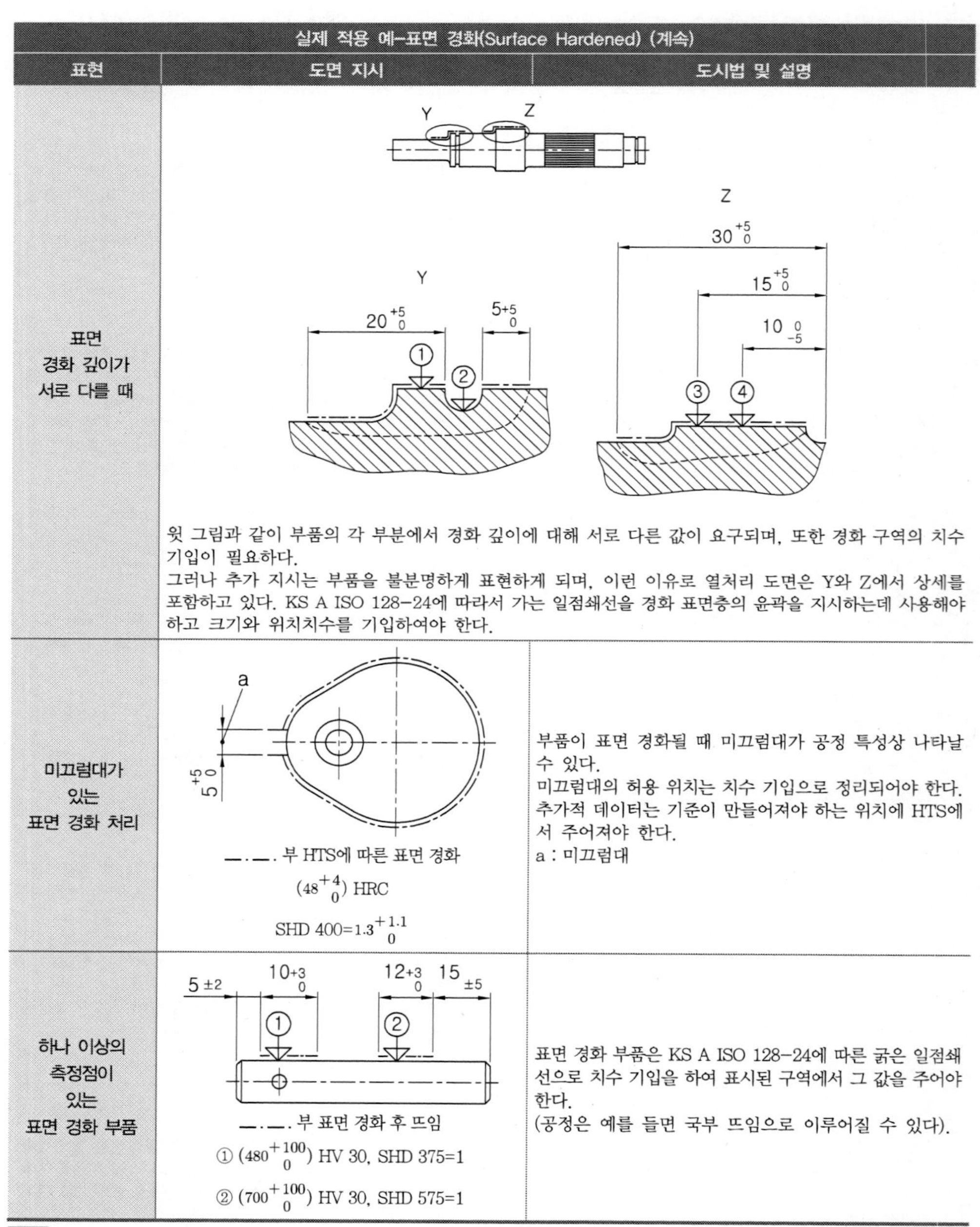

실제 적용 예-표면 경화(Surface Hardened) (계속)		
표현	도면 지시	도시법 및 설명
표면 경화 깊이가 서로 다를 때	Y Z Y: 20^{+5}_{0}, 5^{+5}_{0}, ①, ② Z: 30^{+5}_{0}, 15^{+5}_{0}, 10^{0}_{-5}, ③, ④ 윗 그림과 같이 부품의 각 부분에서 경화 깊이에 대해 서로 다른 값이 요구되며, 또한 경화 구역의 치수 기입이 필요하다. 그러나 추가 지시는 부품을 불분명하게 표현하게 되며, 이런 이유로 열처리 도면은 Y와 Z에서 상세를 포함하고 있다. KS A ISO 128-24에 따라서 가는 일점쇄선을 경화 표면층의 윤곽을 지시하는데 사용해야 하고 크기와 위치치수를 기입하여야 한다.	
미끄럼대가 있는 표면 경화 처리	a 5^{+5}_{0} —·—. 부 HTS에 따른 표면 경화 (48^{+4}_{0}) HRC SHD 400=$1.3^{+1.1}_{0}$	부품이 표면 경화될 때 미끄럼대가 공정 특성상 나타날 수 있다. 미끄럼대의 허용 위치는 치수 기입으로 정리되어야 한다. 추가적 데이터는 기준이 만들어져야 하는 위치에 HTS에서 주어져야 한다. a : 미끄럼대
하나 이상의 측정점이 있는 표면 경화 부품	5 ± 2, 10^{+3}_{0}, 12^{+3}_{0}, 15 ± 5, ①, ② —·—. 부 표면 경화 후 뜨임 ① (480^{+100}_{0}) HV 30, SHD 375=1 ② (700^{+100}_{0}) HV 30, SHD 575=1	표면 경화 부품은 KS A ISO 128-24에 따른 굵은 일점쇄선으로 치수 기입을 하여 표시된 구역에서 그 값을 주어야 한다. (공정은 예를 들면 국부 뜨임으로 이루어질 수 있다).

비고

- KS A ISO 128-24 : 기계제도에 사용하는 선

실제 적용 ①예-표면 융해 경화(Surface Fusion Hardened)		
표현	도면 지시	도시법 및 설명
표면 융해경화 표식	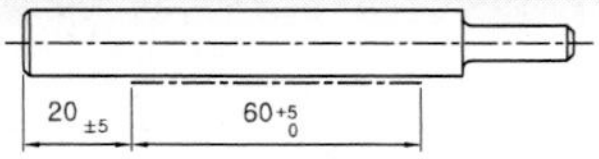 20 ±5, 60^{+5}_{0} —·—. 부 표면 융해 경화 (620^{+160}_{0}), HV 30 FHD 500=$0.6^{+0.6}_{0}$	가장 간단한 예로 KS A ISO 128-24에 따른 굵은 일점쇄선으로 표면 경화 부분을 표시하고 표면 경화 및 융해 경화 깊이와 함께 "표면 융해 경화"라는 단어를 표시해야 한다.
표면 융해 깊이가 변화할 때	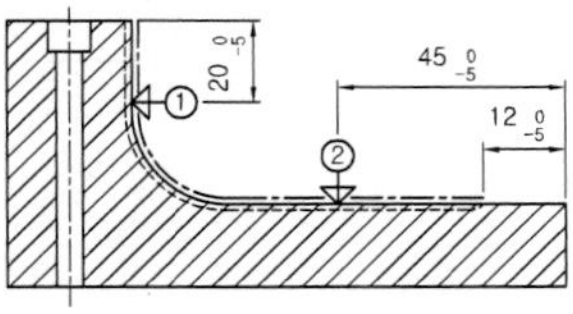 20^{0}_{-5}, 45^{0}_{-5}, 12^{0}_{-5}, ①, ② —·—. 부 표면 융해 경화 (650^{+100}_{0}), HV 10, FHD=$1^{+0.5}_{0}$ (650^{+100}_{0}), HV 10, FHD=$0.8^{+0.4}_{0}$	표면 융해 경화 부분 내에서 융해 깊이 변화와 정의된 측정점의 치수 기입에 대한 예를 보여준다.
미끄럼대가 있는 표면 융해 경화 처리	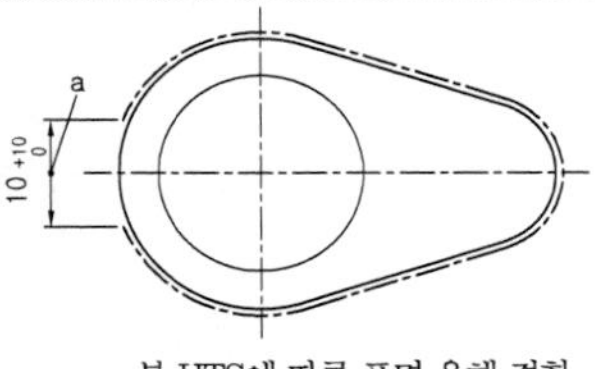 a, 10^{+10}_{0} —·—. 부 HTS에 따른 표면 융해 경화 (58^{+3}_{0}) HRC FHD 525=$0.8^{+0.8}_{0}$	공정의 특성 때문에 미끄럼대가 가공물의 표면 융해 처리 시 일어날 수 있다. 미끄럼대의 허용 위치는 치수 기입으로 정의되어야 한다. 추가적 정보는 기준이 정해지는 융해 처리 명세(Fusion Treatment Specification : FTS)에 주어져야 한다.

실제 적용 예-침탄 경화(Cace Hardenening)		
표현	도면 지시	도시법 및 설명
전체적인 침탄 경화	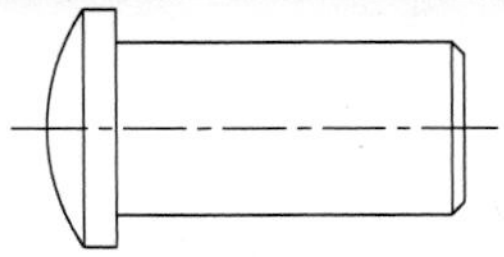 침탄 경화 후 뜨임 (60^{+4}_{0}) HRC CHD=$0.8^{+0.4}_{0}$	전체적인 침탄 경화는 "침탄 경화(Cace Hardened)"라는 단어로 나타내어야 한다. 가장 간단한 예로서 열처리 조건, 표면 경도, 침탄 경화 깊이(CHD)를 각 경우마다 허용공차 범위와 함께 나타내어야 한다.
한계 경도의 적용	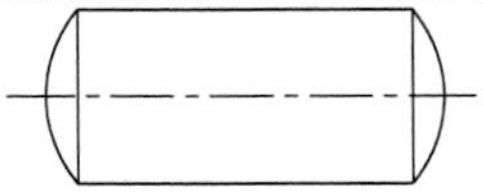 침탄 경화 후 뜨임 (700^{+100}_{0}) HV30 CHD 600 HV3=$0.5^{+0.3}_{0}$	한계 경도나 시험 하중 또는 둘 다가 ISO 2639에 규정된 것이거나 침탄 경화 깊이를 시험할 때 다른 것이 적용된다면 CHD를 명세서에 넣을 때 지시되어야 한다.

실제 적용 예-침탄 경화(Cace Hardenening) (계속)		
표현	도면 지시	도시법 및 설명
열처리 순서(HTO)에 따른 침탄 경화	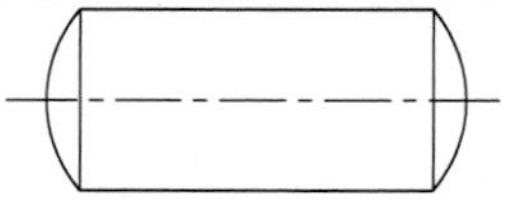 HTO에 따른 침탄 경화 후 뜨임 (700^{+100}_{0}) HV30 CHD 600 HV3=$0.5^{+0.3}_{0}$	특정 규정을 열처리 동안 지킨다면(예를 들면 시간/온도 곡선의 데이터에 관해서) 이 조항은 열처리 순서(HTO)나 열처리 명세로부터 얻을 수 있어야 한다. 기준은 도면에서 그 문서에 만들어야 한다.
표면 경도값이 서로 다를 때	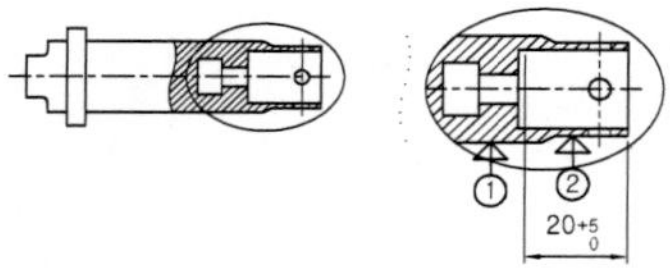 ① ② 20^{+5}_{0} 표면 경화 후 뜨임 ① CHD=$0.3^{+0.2}_{0}$ ② (700^{+100}_{0}) HV10 ≤550 HV10	표면 경도값이나 침탄 경화 깊이 또는 둘 다에 대한 값이 부분별로 서로 다른 부분을 가진 전체 침탄 경화 부품은 옆 그림과 같이 표시하여야 한다. 좌측 그림과 같은 부품은 측정점으로 인식된 부분에서 경도값을 주어야 한다. 경도값이 550HV10 이하로 주어진 곳에 대한 구역은 가능하면 뜨임도 하여야 한다.
표면 경화 깊이가 서로 다를 때	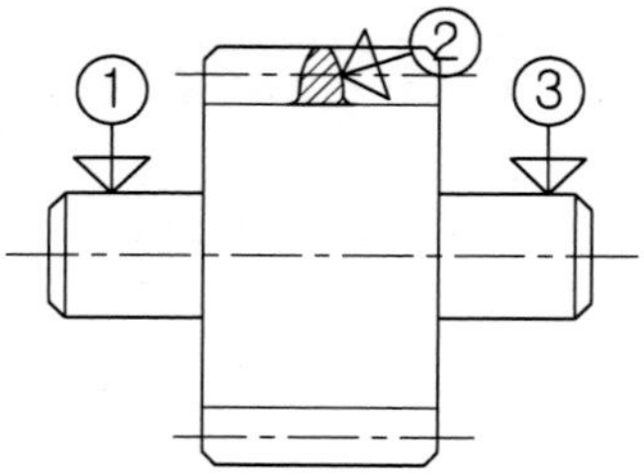 ① ② ③ 표면 경화 후 뜨임 ①+③ (60^{+4}_{0}) HRC CHD=$0.8^{+0.4}_{0}$ ② (700^{+100}_{0}) HV10 CHD=$0.5^{+0.3}_{0}$	그림과 같은 기어는 전체적으로 침탄이 된다. 측정점 부분에서는 표면 경도와 유효 침탄 깊이에 대해 규정된 각각의 값이 존재하여야 한다.
침탄도 경화도 되지 않는 부분	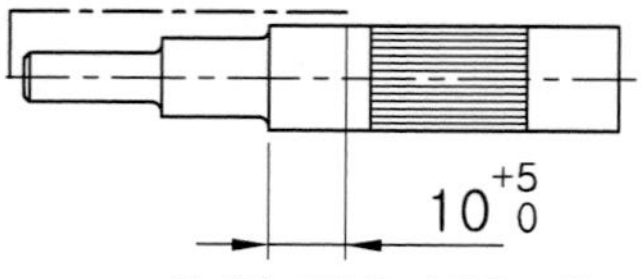 10^{+5}_{0} —·—. 부 침탄 경화 후 전 부품 뜨임 (680^{+140}_{0}) HV10 CHD=$0.3^{+0.2}_{0}$	침탄 경화 부분은 KS A ISO 128-24에 따른 굵은 일점쇄선으로 표시되어야 한다. 표시한 밖의 부품의 부분은 침탄이나 경화되지 않아야 한다.

실제 적용 예-국부 침탄 경화(Cace Hardenening) (계속)		
표현	도면 지시	도시법 및 설명
국부 침탄 경화(완전히 경화되는 부품)	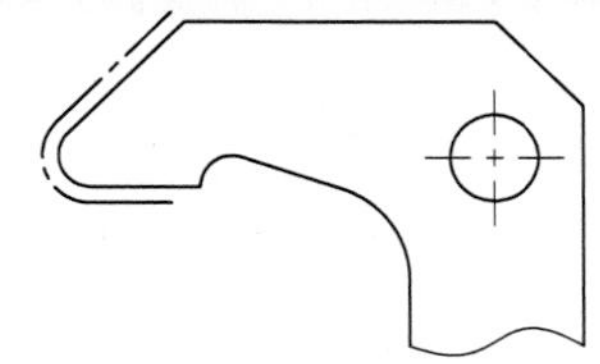 —·—. 부 침탄 경화 후 뜨임, 전체 부분 침탄 허용 (60^{+4}_{0}) HRC CHD=$0.8^{+0.4}_{0}$	침탄 경화 부분은 KS A ISO 128-24에 따른 굵은 일점쇄선으로 표시되어야 한다. 이 부분의 밖에서는 침탄은 허용되고 "전 부품의 침탄 허용(carburization of entire part permissible)"이라는 단어로 나타내야 한다. [비고] 이런 형태의 국부 침탄 경화는 일점쇄선으로 표시한 부분에서 침탄 후 표면 경화로 이루어진다.
일부분은 경화되지만 침탄은 하지 않는 국부 침탄 경화	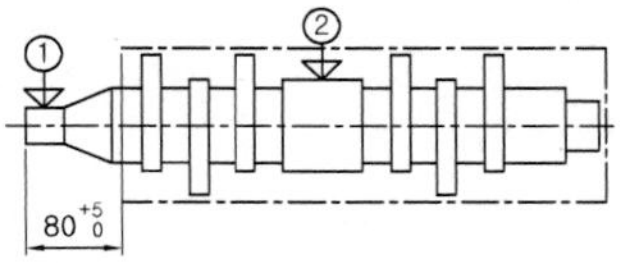 ① ② 80^{+5}_{0} 부분 침탄 경화 및 전 부품 경화 후 뜨임 ① (25^{+15}_{0}) HRC ② (58^{+4}_{0}) HRC CHD=$1.2^{+0.5}_{0}$	표현이 분명하지 않은 곳에서는 열처리 도면에 침탄경화 조건을 특정짓는 값을 지시하는 것이 적절하다. 침탄 경화 부분은 KS A ISO 128-24에 따라서 굵은 일점쇄선으로 표시되어야 한다. 침탄이 되지 않으나 경화되는 부분은 선 밖에 놓인다. 따라서 요구사항은 "전부품 경화" 라는 단어가 추가된다. [비고] 이런 형태의 국부 침탄 경화는 침탄에 대한 일점쇄선으로 표시되지 않는 부분을 적절한 방법으로 보호함으로써 이루어진다.
침탄이 되어도 괜찮은 부분을 가진 국부 침탄 경화	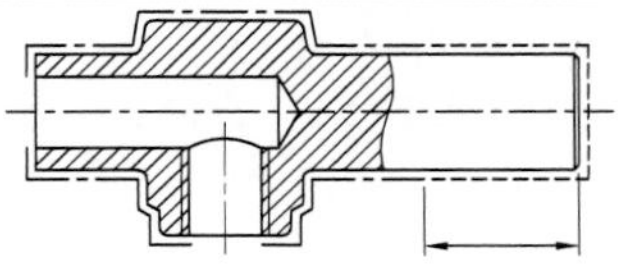 —·—. 부 침탄 경화 후 전 부품 뜨임 57^{+6}_{0} HRC CHD=$1.2^{+0.5}_{0}$	침탄 경화가 되는 부분은 KS A ISO 128-24에 따른 굵은 일점쇄선으로 표시되어야 한다. 침탄 경화가 허용되는 부분은 파선으로 표시하며 그것은 공정상 이유로 더 편리하다. 부품의 비표시 부분(그림의 구멍)은 침탄되거나 경화되지 않아야 한다.
전체 침탄	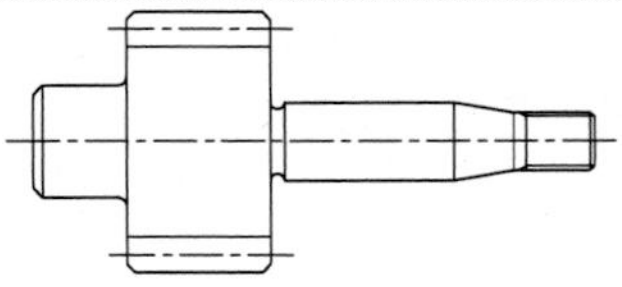 침탄 경화 CD0.35=$1.2^{+0.5}_{0}$	전체적인 침탄은 "침탄"이라는 단어로 나타내야 한다. 가장 간단한 경우에 "침탄"이라는 단어로서 허용오차 범위의 침탄을 지시함으로써 침탄 조건의 표시가 이루어져야 한다.
국부 침탄	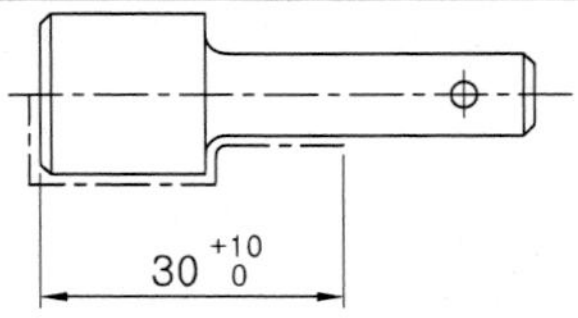 30^{+10}_{0} —·—. 부 침탄 경화 CD0.35=$0.8^{+0.4}_{0}$	침탄 부분과 비침탄 부분 사이의 천이 영역은 원칙적으로 침탄 부분의 길이에 대한 공칭 치수 밖에 놓인다. 천이 너비는 가공물의 침탄 깊이, 침탄법, 재료와 모양 및 국부 침탄이 이루어지는 방법에 의존한다.

실제 적용 예-질화와 질화 침탄(Nitriding and nitrocarburizing)		
표현	**도면 지시**	**도시법 및 설명**
전체적인 질화	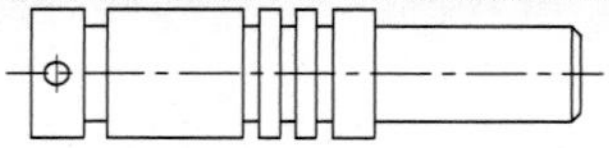 플라스마 질화 ≥950 HV10 $NHD=0.3^{+0.1}_{0}$	가장 간단한 예로서 질화 조건은 "질화(nitrided)"라는 단어로 표시되고 허용 오차 범위를 나타낸 질화 경도를 지시함으로써 나타내야 한다. 질화가 가스나 플라스마로 이루어진다면 그림과 같이 ISO 4885에 따른 보족을 붙인다.
질화 경도 깊이 시험	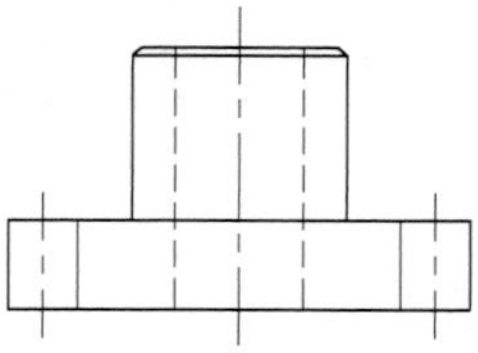 질화 ≥800 HV3 $NHD\ HV\ 0.3=0.1^{+0.05}_{0}$	질화 경도 깊이를 시험할 때에는 규정된 규칙과 다른 방법으로 한다. 예를 들면 HV0.5보다 다른 시험 하중이 사용되고 이것은 그림의 예와 같이 NHD를 명세서에 넣을 때 지시되어야 한다.
전체적인 질화침탄	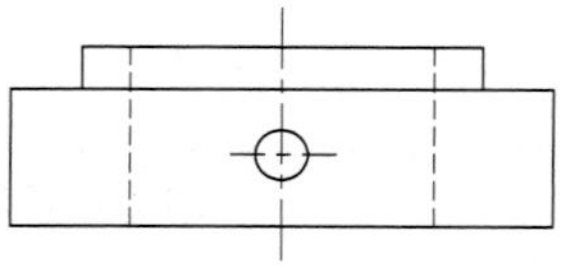 질화 침탄 $CLT=(12^{+6}_{0})$㎛	간단한 예로서 질화 침탄 조건은 "질화 침탄(nitrocarburized)"이라는 단어와 ㎛로 나타낸 한계 오차 범위를 가진 복합층 두께(CLT)를 지시함으로써 나타낸다.
질화 침탄에 대한 부가적인 정보	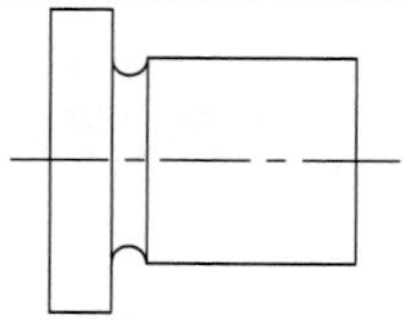 HTO에 따른 염욕 질화 침탄 $CLT=(10^{+5}_{0})$㎛	질화 침탄이 특정 매체에서 이루어진다면 공정의 지시를 표시하는 단어는 적절히 보족되어야 한다.(ISOP 4885 참조) 필요하면 기준을 부가적 정보로 만든다.
국부 질화	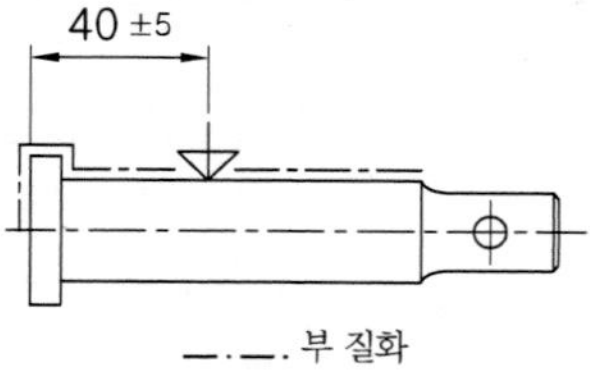 40 ±5 —·—. 부 질화 ≥900 HV10 $NHD=0.4^{+0.2}_{0}$	질화 부분과 비질화 부분의 사이의 천이 영역은 원칙적으로 질화 부분의 길이에 대한 공칭 치수 밖에 놓는다. 천이 너비는 질화 깊이와 질화법, 가공물의 재료와 형상 및 국부 질화가 이루어지는 방식에 의존한다.
국부 질화 침탄	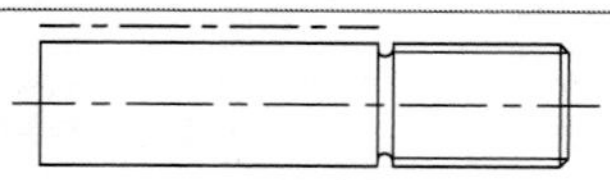 —·—. 부 질화 침탄 $CLT=(15^{+8}_{0})$㎛	질화 침탄 부분과 비질화 침탄 부분의 사이의 천이 영역은 원칙적으로 질화 침탄 부분의 길이에 대한 공칭 치수 밖에 놓는다. 천이 너비는 복합층의 두께, 질화 침탄법, 가공물의 재료와 형상 및 국부 질화 침탄이 이루어진 방식에 의존한다.

■ 풀림 (annealing)

풀림 조건은 "풀림(annealing)"이라는 단어로 지시하고 풀림 방법을 다음과 같이 좀 더 상세히 규정하는 추가적 지시를 한다.

❶ 응력 제거(stress relieved)
❷ 부드러운 풀림(soft annealed)
❸ 구형화(spheroidized)
❹ 재결정화(recristallized)
❺ 불림(normalized)

덧붙여 경도 데이터나 구조 조건에 대한 더 상세한 데이터는 필요한 대로 주어진다.

■ 최소 경화 깊이 및 최소 표면 경도(HV)에 따른 경도 데이터를 규정하기 위한 시험방법의 선택

최소경화깊이 SHD, CHD, NHD, FHD mm	최소 표면 경도 HV						
	200 이상 300 이하	300 초과 400 이하	400 초과 500 이하	500 초과 600 이하	600 초과 700 이하	700 초과 800 이하	800 초과
0.05	–	–	–	HV0.5	HV0.5	HV0.5	HV0.5
0.07	–	HV0.5	HV0.5	HV0.5	HV0.5	HV1	HV1
0.08	HV0.5	HV0.5	HV0.5	HV0.5	HV1	HV1	HV1
0.09	HV0.5	HV0.5	HV0.5	HV1	HV1	HV1	HV1
0.1	HV0.5	HV1	HV1	HV1	HV1	HV1	HV3
0.15	HV1	HV1	HV3	HV3	HV3	HV3	HV5
0.2	HV1	HV3	HV5	HV5	HV5	HV5	HV5
0.25	HV3	HV5	HV5	HV5	HV10	HV10	HV10
0.3	HV3	HV5	HV10	HV10	HV10	HV10	HV10
0.4	HV5	HV10	HV10	HV10	HV10	HV30	HV30
0.45	HV5	HV10	HV10	HV10	HV30	HV30	HV30
0.5	HV10	HV10	HV10	HV30	HV30	HV30	HV30
0.55	HV10	HV10	HV30	HV30	HV30	HV50	HV50
0.6	HV10	HV10	HV30	HV30	HV50	HV50	HV50
0.65	HV10	HV30	HV30	HV50	HV50	HV50	HV50
0.7	HV10	HV30	HV50	HV50	HV50	HV50	HV50
0.75	HV30	HV30	HV50	HV50	HV50	HV100	HV100
0.8	HV30	HV30	HV50	HV50	HV100	HV100	HV100
0.9	HV30	HV30	HV50	HV100	HV100	HV100	HV100
1	HV30	HV50	HV100	HV100	HV100	HV100	HV100
1.5[a]	HV30	HV50	HV100	HV100	HV100	HV100	HV100
2a	HV30	HV50	HV100	HV100	HV100	HV100	HV100
2.5a	HV30	HV50	HV100	HV100	HV100	HV100	HV100

[a] : 융해 경화 처리에 적용

참고

- 이 표는 다만 각각의 가장 높은 허용 시험 하중을 포함한다. 물론 이 지시 대신에 보다 낮은 시험 하중도 사용될 수 있다. (예를 들면 HV 30 대신 HV 10)고합금강(예를 들면 질화강)으로 만든 가공물의 질화나 질화 침탄에 대하여는 표면층에서 경도 기울기가 높기 때문에 이 표의 값보다 더 낮은 시험 하중을 사용하는 것이 적절하다.
- 표면 경화 시험편의 요구 표면 경도는 (650^{+100}_{0})HV이고 경화 깊이는 SHD = $0.6^{+0.6}_{0}$이다.
  따라서 최소 경화 깊이는 0.6mm이고 최소 표면경도는 650HV이다.
  이 값에 대하여 표는 표면경도가 최대 HV50으로 시험되어야 한다는 것을 나타낸다.
  도면 지시 예 : $(650^{+100}_{0}$, HV50, SHD525 = $0.6^{+0.6}_{0})$

■ 최소 경화 깊이와 최소 표면 경도(HR 15N, HR 30N 또는 HR 45N)에 따른 경도 데이터를 규정하기 위한 시험방법의 선택

최소경화 깊이 SHD, CHD mm	최소 표면 경도 HRN										
	82~85 HR15N	85 초과 88 이하 HR15N	88CHR HK HR15N	60~68 HR30N	68 초과 73 이하 HR30N	73 초과 78 이하 HR30N	78 초과 HR30N	44~54 HR30N	54 초과 61 이하 HR45N	61 초과 67 이하 HR45N	67 초과 HR45N
0.1	–	–	HR15N	–	–	–	–	–	–	–	–
0.15	–	HR15N	HR15N	–	–	–	–	–	–	–	–
0.2	HR15N	HR15N	HR15N	–	–	–	HR30N	–	–	–	–
0.25	HR15N	HR15N	HR15N	–	–	HR30N	HR30N	–	–	–	–
0.35	HR15N	HR15N	HR15N	–	HR30N	HR30N	HR30N	–	–	–	HR45N
0.4	HR15N	HR15N	HR15N	HR30N	HR30N	HR30N	HR30N	–	–	HR45N	HR45N
0.5	HR15N	HR15N	HR15N	HR30N	HR30N	HR30N	HR30N	–	HR45N	HR45N	HR45N
≥0.55	HR15N	HR15N	HR15N	HR30N	HR30N	HR30N	HR30N	HR45N	HR45N	HR45N	HR45N

참고

• SHD : 표면 경화 가공물의 표면경도는 HR...N(로크웰 경도)으로 재야한다. 요구 경화 깊이는 SHD=$0.4^{+0.4}_{0}$이다. 최소 경화 깊이는 따라서 0.4mm이다. 이 표는 표면 경도를 HR 15N, HR 30N 또는 HR45N으로 시험해도 된다는 것을 나타낸다. HR45N으로 시험된다면 61 HR 45N을 넘는 최소 표면 경도는 명세서에 기입되어도 된다.
도면 지시 : 표면경화 (62^{+6}_{0}) HR45N, SHD500 = $0.4^{+0.4}_{0}$)

■ 최소 경화 깊이와 HRA 또는 HRC의 최소 표면 경도에 따른 경도 데이터를 규정하기 위한 시험방법의 선택

최소경화 깊이 SHD, CHD mm	최소 표면경도 HRA 또는 HRC							
	70~75 HRA	75 초과 78 이하 HRA	78 초과 81 이하 HRA	81 초과 HRA	40 초과 49 이하 HRC	49 초과 55 이하 HRC	55 초과 60 이하 HRC	60 초과 HRC
0.4	–	–	–	HRA	–	–	–	–
0.45	–	–	HRA	HRA	–	–	–	–
0.5	–	HRA	HRA	HRA	–	–	–	–
0.6	HRA	HRA	HRA	HRA	–	–	–	–
0.8	HRA	HRA	HRA	HRA	–	–	–	HRC
0.9	HRA	HRA	HRA	HRA	–	–	HRC	HRC
1	HRA	HRA	HRA	HRA	–	HRC	HRC	HRC
1.2	HRA	HRA	HRA	HRA	HRC	HRC	HRC	HRC

[보기]

• SHD : 표면 경화 가공물의 요구 표면 경도는 (55^{+5}_{0})HRC이고 경화 깊이는 SHD500=$0.8^{+0.8}_{0}$이다. 따라서 최소 경화 깊이는 0.8mm이고 최소 표면경도는 55HRC이다. 이 표는 HRC를 가진 표면 경도의 시험은 허용되지 않음을 보여준다. 이러한 경우에 따른 시험방법, 예를 들면 HRA나 HV가 대체 방법으로 사용된다.
도면 지시 : 표면경화, (79^{+2}_{0}) HRA, SHD500 = $0.8^{+0.8}_{0}$)

■ 최소 표면 경도 HV, HRC, HRA, HRN과 한계 경도(최소 표면경도의 80%에 해당)와의 관계

한계 경도 HV	최소 표면 경도 HV, HRC, HRA, HRN					
	HV	HRC	HRA	HR15N	HR30N	HR45N
200a	240~265	20~25	–	–	–	–
225a	270~295	26~29	–	–	–	–
250	300~330	30~33	65~67	76, 76	51~53	32~35
275	335~355	34~36	68	77, 78	54, 55	36~38
300	360~385	37~39	69, 70	79	56~58	39~41
325	390~420	40~42	71	80, 81	59~62	42~46
350	425~455	43~45	72, 73	82, 83	63, 64	47~49
375	460~480	46, 47	74	84	65, 66	50~52
400	485~515	48~50	75	85	67~68	53, 54
425	520~545	51, 52	76	86	69, 70	55~57
450	550~575	53	77	87	71	58, 59
475	580~605	54, 55	78	88	72, 73	60, 61
500	610~635	56, 57	79	89	74	62, 63
525	640~665	58	80	–	75, 76	64, 65
550	670~705	59, 60	81	90	77	66, 67
575	710~730	61	82	–	78	68
600	735~765	62	–	91	79	69
625	770~795	63	83	–	80	70
650	800~835	64, 65	–	92	81	71, 72
675	840~865	66	84	–	82	73
700a	870~895	66.5	–	–	–	–
725a	900~955	67	–	–	–	–
750a	930~955	68	–	–	–	–
775a	960~985	–	–	–	–	–
800a	990~1,020	–	–	–	–	–
825a	1,025~1,060	–	–	–	–	–

비고

- 이 표는 경도값의 비교표로서 사용하지 않아야 한다.
  a : 표면 융해 경화 처리에만 적용한다.

도면상의 지시법

SHD값과 한계오차범위			
표면 경화 깊이 SHD mm	상한 한계 오차 mm		
	고주파 경화	화염 경화	레이저 및 전자 빔 경화
0.1	0.1	–	0.1
0.2	0.2	–	0.1
0.4	0.4	–	0.2
0.6	0.6	–	0.3
0.8	0.8	–	0.4
1	1	–	0.5
1.3	1.1	–	0.6
1.6	1.3	2	0.8
2	1.6	2	1
2.5	1.8	2	1
3	2	2	1
4	2.5	2.5	–
5	3	3	–

CHD값과 한계오차범위	
침탄 경화 깊이 CHD mm	상한 한계 오차값 mm
0.05	0.03
0.07	0.05
0.1	0.1
0.3	0.2
0.5	0.3
0.8	0.4
1.2	0.5
1.6	0.6
2	0.8
2.5	1
3	1.2
–	–
–	–

FHD값과 한계오차범위		
용해 경도 깊이 FHD mm	상한 한계 오차 mm	
	레이저 및 전자 빔 표면 용해 경화처리	표면 아크 용해 경화 처리
0.1	0.1	–
0.2	0.1	–
0.4	0.2	0.4
0.6	0.3	0.6
0.8	0.4	0.8
1	0.5	1
1.3	0.6	1.1
1.6	0.8	1.3
2	1	1.6
2.5	1	–
–	–	–

NHD값과 한계오차범위	
질화 경도 깊이 NHD mm	상한 한계 오차값 mm
0.05	0.02
0.1	0.05
0.15	0.05
0.2	0.1
0.25	0.1
0.3	0.1
0.35	0.15
0.4	0.2
0.5	0.25
0.6	0.3
0.75	0.3

CD0.35값과 한계오차범위	
침탄 깊이 CD0.35 mm	상한 한계 오차값 mm
0.1	0.1
0.3	0.2
0.5	0.3
0.8	0.4
1.2	0.5
1.6	0.6
2	0.8
2.5	1
3	1.2

복합층 두께 CLT값과 한계오차범위	
복합층 두께 CLT μm	상한 한계 오차값 μm
5	3
8	4
10	5
12	6
15	8
20	10
24	12
–	–
–	–

CHAPTER 06

금속 가공 공정의 기호

6-1 주조 C (Casting)

■ 적용 범위

이 규격은 주로 금속에 대하여 일반적으로 사용되는 2차 가공 이후 방법을 도면, 공정표 등에 표시할 때 쓰이는 기호에 대하여 규정한다.

가공 방법	기 호	참 고
사형 주조	CS	Sand Mold Casting
생형 주조	CSG	Green Sand
표면 건조형 주조	CSS	Surface Dry Sand
건조형 주조	CSD	Dry Sand
자경성 주형 주조	CSH	Self-Hardening Mold Process
유동성 주형 주조	CSFS	Fluid Sand Mixture Process
CO2 프로세스	CSC	Carbon Dioxide Process
V 프로세스	CSV	V Process
풀 몰드 프로세스	CSFM	Full Mold Process
셀 몰드 프로세스	CSM	Shell Mold Process
금속형 주조	CM	Metal Mold Casting
정밀 주조	CP	Precision Casting
로스트 왁스 프로세스	CPL	Lost Wax Process
셔어 프로세스	CPS	Shaw Process
다이캐스팅	CD	Die Casting
원심 주조	CCR	Centrifugal Casting
저압 주조	CL	Low Pressure Casting
감압 주조	CV	Vacuum Casting
고압 주조	CH	High Pressure Casting
연속 주조	CCN	Continuous Casting

6-2 소성 가공 P[(1)](Plastic Working)

① 단조 F(Forging)

가공 방법	기 호	참 고
자유 단조	FF	Free Forging
스트레칭	FFST	Stretching
스웨이징	FFSW	Swaging
스프레딩	FFSP	Spreading
업세팅	FFU	Upsetting
피어싱	FFP	Piercing
맨드릴 단조	FFM	Mandrel Forging
링 단조	FFR	Ring Forging
굽히기	FFB	Bending
트위스팅	FFT	Twisting
절단(전단)	FFC	Cutting
형 단조	FD	Die Forging
업세팅	FDU	Upsetting
헤딩	FDH	Heading
스웨이징	FDSW	Swaging
압출	FDE	Extruding
피어싱	FDP	Piercing
트리밍	FDT	trimming
사이징	FDSZ	Sizing
코이닝	FDC	Coining

[주]
(1) 이 기호는 원칙으로 단독 사용하는 경우 이외에는 생략한다.

② 프레스 가공 P (Press Working(of Sheet Metal))

가공 방법	기 호	참 고
절단(전단)	PS	Shearing
곡선 절단	PSR	Rotary Shearing
슬리팅	PSS	Slitting
펀칭	PP	Punching
절단	PPC	Cutting
블랭킹	PPB	Blanking
피어싱	PPPC	Piercing
노칭	PPN	Notching
슬리팅	PPSL	Slitting
파팅	PPPR	Parting
트리밍	PPT	trimming
딩킹	PPD	Dinking
랜싱	PPL	Lancing
하프 블랭킹	PPH	Half Blanking
파인 블랭킹	PPF	Fine Blanking
셰이빙	PPSH	Shaving
굽히기	PB	Bending
다이스 밴딩	PBD	Dies Bending
포울딩	PBF	Folding
롤러 벤딩	PBR	Roller Bending
드로잉	PD	Drawing
리드로잉	PDRD	Redrawing
리버스 드로잉	PDRV	Reverse Drawing
아이어닝 드로잉	PDI	Drawing witd Ironing
포밍	PF	Forming
벌징	PFBL	Bulging
플랜징	PFF	Flanging
네킹	PFN	Necking
코루게이팅	PFCR	Corugating
버링	PFBR	Burring
스테이킹	PFST	Stacking
비딩	PFBD	Beading
컬링	PFCL	Curling
헤밍	PFHM	Hemming
시밍	PFSM	Seaming
와이어링	PFW	Wiring

가공 방법	기 호	참 고
엠보싱	PFEM	Embossing
익스팬딩	PFEP	Expanding
하이드로 포밍	PFHD	Hydraulic Forming
러버 포밍	PFRB	Rubber Forming
스트레치 포밍	PFSR	Stretch Forming
롤 포밍	PFRL	Roll Forming
스탬핑(압축 성형)	PC	Stamping(Forming by Compression)
코이닝	PCC	Coining
업세팅	PCU	Upsetting
인덴팅	PCI	Indenting
사이징	PCS	Sizing
마킹	PCM	Marking

[주]
(2) 다른 가공방법 기호와 혼돈되지 않을 때는, 첫째 기호를 생략해도 무방하다.
(3) 밴딩 가공에서 가공 모양을 표시할 때는 다음과 같이 "–" 로써 이어 적는다.

[보기]
• 프레스형에 의한 V 벤딩 가공 PBD–V

■ 밴딩 가공의 모양을 표시할 때의 기호

가공 방법	기 호	참 고
V 밴딩	V	V–Bending
U 밴딩	U	U–Bending
L 밴딩	L	L–Bending
Z 밴딩	Z	Z–Bending
O 밴딩	O	O–Bending
W 밴딩	W	W–Bending
박스 밴딩	B	Box–Bending
컬 밴딩	C	Curl–Bending
헤밍	H	Hemming

③ 스피닝 S(Spinning)

가공 방법	기 호	참 고
심플 스피닝	SSM	Simple Spinning
시어 스피닝	SSH	Shear Spinning
튜브 스피닝	ST	Tube Spinning
익스팬딩	SEP	Expanding

④ 전조 RL(Rolling)

가공 방법	기 호	참 고
나사 전조	RLtd	tdread Rolling
원통형 다이스	RLtd-C	Cylindrical Dies
평 다이스	RLtd-F	Flat Dies
유성 다이스	RLtd-P	Planetary Dies
기어 전조	RLT	Gear Rolling(Tootded Wheel Rolling)
냉간 전조	RLTC	Cold Gear Rolling
열간 전조	RLtdT	Hot Gear Rolling
스플라인 전조	RLSP	Spline Rolling
세레이션 전조	RLSR	Serration Rolling
널링 전조	RLK	Knurling
버니싱	RLB	Burnishing

[주]
(4) 사용 다이스 기호를 표시할 때는 다음과 같이 "–" 로써 이어 적는다.

[보기]
• 원통형 다이스에 의한 나사 전조 RLTH–C

■ 사용하는 다이스 기호

가공 방법	기 호	참 고
원통형다이스	C	Cylindrical Dies
평 다이스	F	Flat Dies
유성 다이스	P	Palanetary Dies

⑤ 압연 R(Rolling)

⑥ 압출 E(Extruding)

⑦ 인발 D(Drawing on Drawbench)

6-3 기계 가공 M(Machining)

① 절삭 C[1](Cutting)

가공 방법	기 호	참 고
선삭	L	Turning(Latde Turning)
선삭	L	Latde Turning
테이퍼 선삭	LTP	Taper Turning
페이싱	LFC	Facing
나사 깍기	Ltd	tdread Cutting
절단	LCT	Cutting off
센터링	LCN	Centering
리세싱	LRC	Recessing
라운딩	LRN	Rounding
스카이빙	LSK	Skiving
스케일링	LSC	Scaling
드릴링	D	Drilling
리밍	DR	Reaming
태핑	DT	Tapping
보링	B	Boring
밀링	M	Milling
평밀링	MP	Plain Milling
페이스 밀링	MFC	Face Milling
사이드 밀링	MSD	Side Milling
엔드 밀링	ME	End Milling
조합 밀링	MG	Gang Cutter Milling
총형 밀링	MFR	From Milling
홈파기	MFL	Fluting
모방 밀링	MCO	Copy Milling
다이싱킹	MDS	Diesinking
슬리팅	MSL	Slitting
평삭	P	Plaining
형삭	SH	Shaping
슬로팅	SL	Slotting
브로칭	BR	Broaching
소잉	SW	Sawing
기어 절삭	TC	Gear Cutting(Tootded Wheel Cutting)
창성 기어 절삭	TCG	Generate Gear Cutting

가공 방법	기 호	참 고
호빙	TCH	Hobbing
기어 형삭	TCSH	Gear Shaping
기어 스토킹	TCST	Gear Stocking
기어 셰이빙	TCSV	Gear Shaving
이 모따기	TCC	Gear Chamfering

② 연삭 G(Grinding)

가공 방법	기 호	참 고
원통 연삭	GE	External Cylindrical Grinding
내면 연삭	GI	Internal Grinding
평면 연삭	GS	Surface Grinding
센트리스 연삭	GCL	Centreless Grinding
모방 연삭	GCO	Copy Grinding
벨트 연삭	GBL	Belt Grinding
나사 연삭	Gtd	tdread Grinding
기어 연삭	GT	Gear Grinding(Tootded Wheel Grinding)
센터 연삭	GCN	Centre Grinding
연삭 절단	GCT	Cut Off Grinding
래핑	GL	Lapping
호닝	GH	Honing
슈퍼 피니싱	GSP	Super finishing

③ 특수 가공 SP(Special Processing)

가공 방법	기 호	의 미
방전 가공	SPED	Electric Discharge Machining
전해 가공	SPEC	Electro–Chemical Machining
전해 연삭	SPEG	Electrolytic Grinding
초음파 가공	SPU	Ultrasonic Machining
전자 빔 가공	SPEB	Electron Beam Machining
레이저 가공	SPLB	Laser Beam Machining

비고

- 기계 가공의 가공 방법 기호 뒤에, 그 가공에 쓰이는 공작 기계의 종류별을 표시하고자 할 때는 참고와 같은 공작 기계의 종류를 표시하는 기호를 "–" 을 써서 잇는다. 다만, 다른 기호와 중복되기 쉬울 때는 그 일부의 기호를 생략하여도 상관없다.

[보기]

- 보링 보통선반 B–L
  (B) 정밀 보링 머신 B–BF

6-4 다듬질 F(Finishing(Hand))

가공 방법	기 호	참 고
치핑	FCH	Chipping
페이퍼 다듬질	FCA	Coated Abrasive Finishing
줄 다듬질	FF	Filing
래핑	FL	Lapping
폴리싱	FP	Polishing
리밍	FR	Reaming
스크레이핑	FS	Scraping
브러싱	FB	Brushing

6-5 용접 W(Welding)

가공 방법	기 호	참 고
아크 용접	WA	Arc Welding
저항 용접	WR	Resistance Welding
가스 용접	WG	Gas Welding
브레이징	WB	Brazing
납 땜	WS	Soldering

6-6 열처리 H(Heat Treatment)

가공 방법	기 호	참 고
노말라이징	HNR	Normalizing
어닐링	HA	Annealing
완전 어닐링	HAF	Full Annealing
연화 어닐링	HASF	Softening
응력제거 어닐링	HAR	Stress Relieving
확산 어닐링	HAH	Homogenizing
구상화 어닐링	HAS	Spheroidizing
등온 어닐링	HAI	Isotdermal Anneling
케이스 어닐링	HAC	Box Annealing(Case Annealing)
광택 어닐링	HAB	Bright Annealing
가단화 어닐링	HAM	Malleablizing
담금질	HQ	Quenching
프레스 담금질	HQP	Press Quenching
마르템퍼링(마르퀜칭)	HQM	Martempering
오스템퍼	HQA	Austemper
광택 담금질	HQB	Bright Quenching
고주파 담금질	HQI	Induction Hardening
화염 경화	HQF	Flame Hardening
전해 담금질	HQE	Electrolytic Quenching
고용화 열처리	HQST	Solution treatment
워터 터프닝	HQW	Water tdoughening
템퍼링	HT	Tempering
프레스 템퍼링	HTP	Press Tempering
광택 템퍼링	HTB	Bright Tempering
시효	HG	Ageing
서브제로 처리	HSZ	Subzero treatment
침탄	HC	Carburizing
침탄질화	HCN	Carbo-Nitriding
질화	HNT	Nitriding
연질화	HNTS	Soft Nitriding
침황	HSL	Sulphurizing
침황질화	HSLN	Nitrosulphurizing

6-7 표면 처리 S(Surface Treatment)

가공 방법	기 호[2]	참 고
클리닝	SC	Cleaning
알칼리 클리닝	SCA	Alkali Cleaning
디스케일링	SCD	Descaling
전해 클리닝	SCEL	Electrolytic Cleaning
에멀션 클리닝	SCEM	Emulsion Cleaning
전해 피클링	SCEP	Electrolytic Pickling
피클링	SCP	Pickling
용제 클리닝	SCS	Solvent Cleaning
초음파 클리닝	SCU	Ultrasonic Cleaning
워싱	SCW	Washing
폴리싱(연마)	SP	Polishing
버핑	SPBF	Buffing
벨트 연마	SPBL	Belt Polishing
배럴 연마	SPBR	Barrel Finishing
화학 연마	SPC	Chemical Polishing
전해 연마	SPE	Electrolytic Polishing
액체 호닝	SPLH	Liquid Honing
텀블링	SPT	Tumbling
블라스팅	SB	Blasting
그릿 블라스팅	SBG	Grit Blasting
숏 블라스팅	SBSH	Shot Blasting
샌드 블라스팅	SBSN	Sand Blasting
워터 블라스팅	SBW	Water Blasting
기계적 경화	SH	Mechanical Hardening
숏 피닝	SHS	Shot Peening
하드 롤링	SHR	Hard Rolling
양극 산화	SA	Anodizing
경질 양극 산화	SAH	Hard Anordizing
화성 처리	SCH	Chemical Conversion Coating
베마이트 처리	SCHB	Boehmite treatment
크로메트 처리	SCHC	Chromating
인산염 처리	SCHP	Phosphating

금속 가공 공정의 기호

가공 방법	기 호[2]	참 고
피막 코팅	SCT	Coating
세라믹 코팅	SCTC	Ceramic Coating
글래스 라이닝	SCTG	Glass Lining
플라스틱 라이닝	SCTP	Plastic Lining
용융 도금[5]	SD	Hot Dipping
일렉트로 포밍	SEL	Electroforming
법랑	SEN	Enamelling
에칭	SET	Etching
금속 용사법[5]	SM	Metal Spraying
착색	SO	Colouring
블랙크닝	SOB	Blackening
증기 처리	SOS	Steaming
도장	SPA	Painting
브러싱 도장	SPAB	Brushing
디핑	SPAD	Dipping
전착 도장	SPAED	Electrode Position
정전 도장	SPAES	Eletrostatic Coating
분체 도장	SPAP	Powder Coating
롤러 도장	SPAR	Roller Coating
스프레이 도장	SPAS	Spraying
도금[5]	SPL	Plating
전기 도금[6]	SPLE	Electroplating
무전해 도금	SPLEL	Electroless Plating
이온 도금	SPLI	Ion Plating
스퍼터링	SSP	Sputtering
증착	SVD	Vapour Deposition
금속 침투법[5]	SZ	Diffusion Coating(Zementation-독어)

6-8 조립 A(Assembly)

가공 방법	기 호	참 고
체결	AFS	Fastening
나사 체결	AFST	thread Fastening
리베팅	AFSR	Riveting
끼워넣기	AFT	Fitting
압입	AFTP	Press Fitting
때려 박기	AFtd	Driving Fitting
가열 끼워 박기	AFTS	Shrinkage Fitting
삽입	AFTI	Insertion
코킹	ACL	Caulking
스웨이징	ASW	Swaging
접착	ACM	Cementing
밸런싱	AB	Balancing
게이징	AG	Gauging
선택	AGS	Selection
수리	AGR	Repair
마킹	AM	Marking
배선	AW	Wiring
배관	APP	Piping
조정	AA	Adjusting
운전	ARN	Running

6-9 기타 Z

가공 방법	기 호(2)	참 고
스트레이닝	ZS	Straightening
에이징(시효)	ZA	Ageing
금긋기	ZM	Marking Off
챔퍼링	ZC	Chamfering
디버링	ZD	Deburring
검사(7)	ZI	Inspection
시험(7)	ZT	Testing

6-10 참고

■ 가공 방법에 사용하는 경우의 공작 기계의 종류를 표시하는 기호

공작 기계의 종류	기 호	참 고
선반	L	Lathe
보통 선반	LE 또는 L	Engine Lathe
탁상 선반	LBN	Bench Lathe
터어릿 선반	LT	Turret Lathe
모방 선반	LCO	Copying Lathe
자동 선반	LA	Automatic Lathe
직립 선반	LV	Vertical Lathe
드릴링 머시인	D	Drilling Machine
직립 드릴링 머시인	DU	Upright Drilling Machine
레이디얼 드릴링 머시인	DR	Radial Drilling Machine
탁상 드릴링 머시인	DBN	Bench Drilling Machine
다축 드릴링 머시인	DMS	Multi Spindle Drilling Machine
보오링 머시인	B	Boring Machine
수평 보오링 머시인	BH	Horizontal Boring Machine
수직 보오링 머시인	BV	Vertical Boring Machine
지그 보오링 머시인	BJ	Jig Boring Machine
정밀 보오링 머시인	BF	Fine Boring Machine
밀링 머시인	M	Milling Machine
니이형 밀링 머시인	MK	Knee Type Milling Machine
만능 밀링 머시인	MU	Universal Milling Machine
탁상 밀링 머시인	MBN	Bench Milling Machine
베드형 밀링 머시인	MB	Bed Type Milling Machine
모방 밀링 머시인	MCO	Copy Milling Machine
플라노 밀러	MP	Planomiller
플레이너	P	Planning Machine
세이퍼	SH	Shaping Machine
슬로터	SL	Slotting Machine
브로우칭 머시인	BR	Broaching Machine
소오잉 머시인	SW	Metal Sawing Machine
연삭기	G	Grinding Machine
원통 연삭기	GE	External Cylindrical Grinding

공작 기계의 종류	기 호	참 고
만능 연삭기	GU	Universal Grinding Machine
내면 연삭기	GI	Internal Cylindrical Grinding Machine
평면 연삭기	GSR	Surface Grinding Machine
센터리스 연삭기	GCL	Centreless Grinding Machine
벨트 연삭기	GBL	Belt Grinding Machine
표면 피니싱 연삭기	SF	Surface Finishing Machine
호닝 연삭기	SFH	Honing Machine
슈퍼 피니싱 연삭기	SFS	Superfinishing Machine
래핑 연삭기	SFL	Lapping Machine
버핑 연삭기	SFB	Buffing Machine
기어 절삭기	TC	Gear Cutting Machine(Toothed Wheel Cutting Machine)
호빙 머시인	TCH	Gear Hobbing Machine
기어 셰이퍼	TCSH	Gear Shaping Machine
기어 연삭기	TG	Gear Grinding Machine(Toothed Wheel Grinder)
기어 다듬질 가공기	TF	Gear Finishing Machine(Tooted Wheel Finishing Machine)
특수 가공기	SP	Special Processing Machine
방전 가공기	SPED	Electric Discharge Machine
전해 가공기	SPED	Electrochemical Machine
전해 연삭기	SPEG	Electrolytic Grinding Machine
초음파 가공기	SPU	Ultrasonic Machine
수치 제어 공작 기계	NC	Numerically Controlled Machine Tool
수치 제어 선반	NCL	Numerically Controlled Lathe
수치 제어 수직 드릴링 머시인	NCD	Numerically Controlled Drilling Machine with Vertical Spindle
수치 제어 보오링 머시인	NCB	Numerically Controlled Boring Machine
수치 제어 밀링 머시인	NCM	Numerically Controlled Milling Machine
수치 제어 플레이너	NCP	Numerically Controlled Planing Machine
수치 제어 연삭기	NCG	Numerically Controlled Grinding Machine
수치 제어 기어 절삭기	NCT	Numerically Controlled Gear Cutting Machine (Toothed Wheel Cutting Machine)
머시이닝 센터	NCMC	Machining Centre
기타	Z	
드레딩 머시인	ZTH	Thread Chasing Machine
태핑 머인	ZTP	Tapping Machine

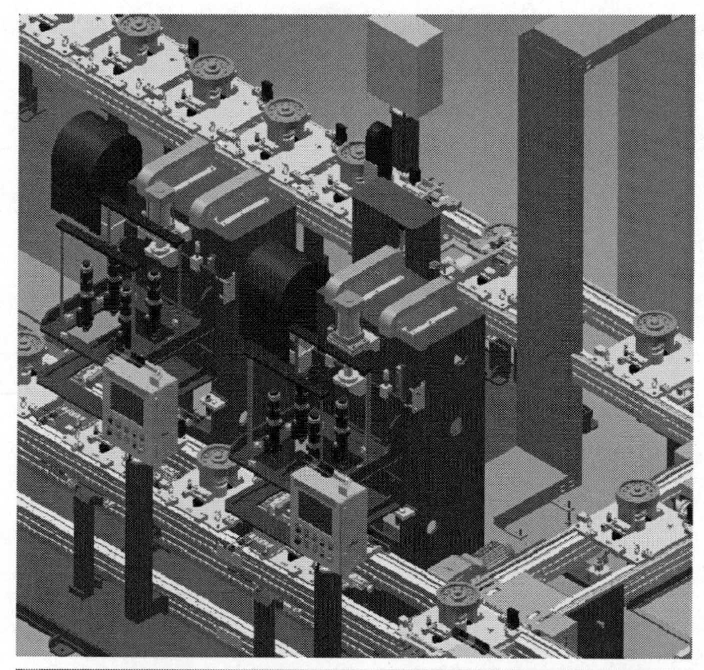

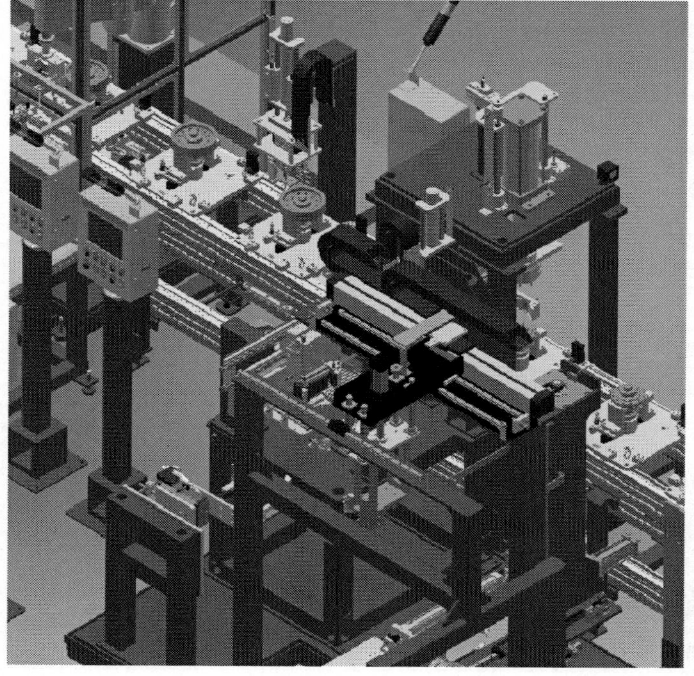

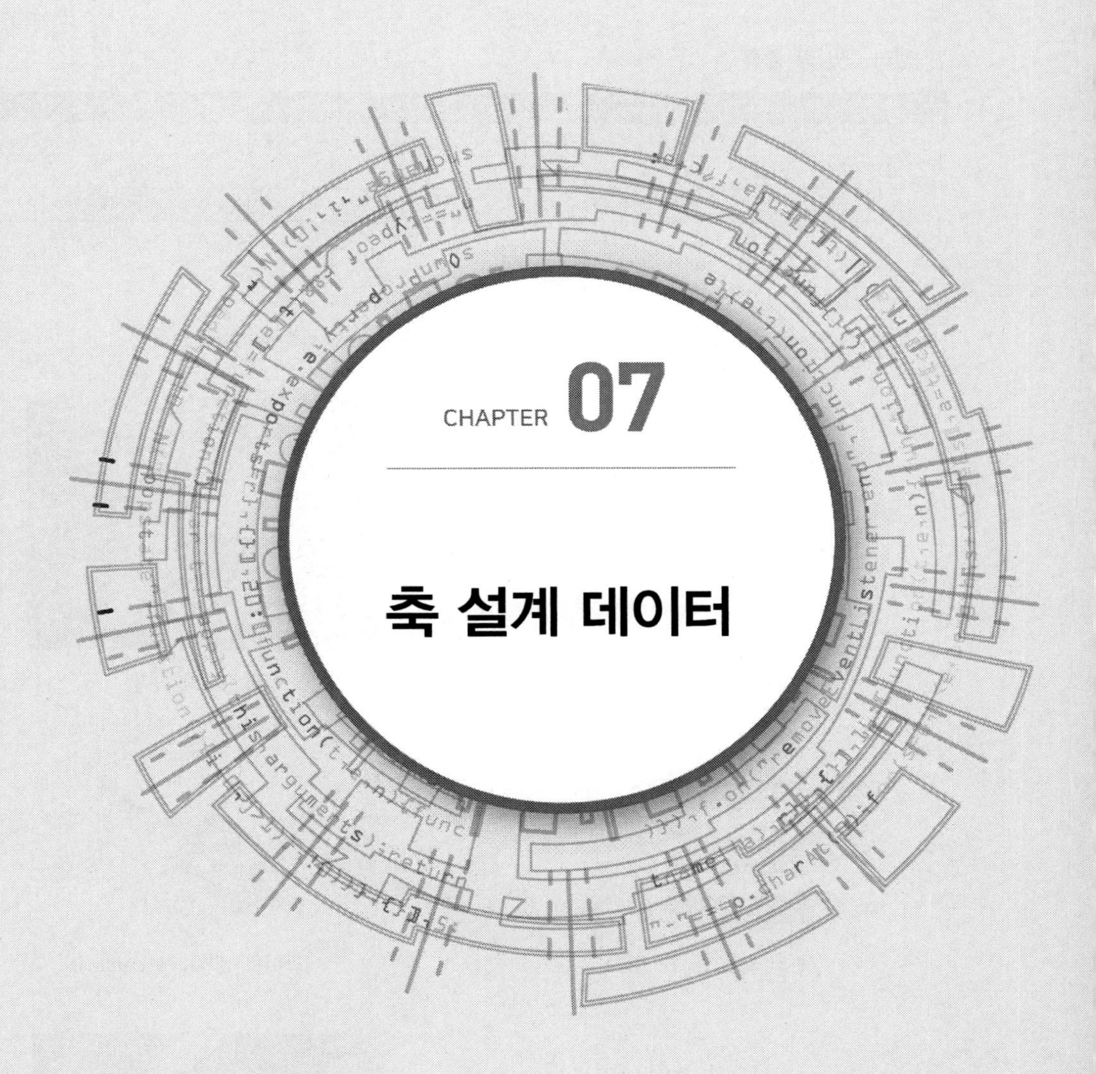

CHAPTER 07

축 설계 데이터

7-1 센터 구멍 [KS B 0410]

1. 센터 구멍의 종류

종 류	센터 각도	형 식	비고
제1종	60°	A형, B형, C형, R형	A형 : 모떼기부가 없다.
제2종	75°	A형, B형, C형	B, C형 : 모떼기부가 있다.
제3종	90°	A형, B형, C형	R형 : 곡선 부분에 곡률 반지름 r이 표시된다.

[주]
제2종 75° 센터 구멍은 되도록 사용하지 않는다.

비고

• KS B ISO 866은 제1종 A형, KS B ISO 2540은 제1종 B형, KS B ISO 2541은 제1종 R형에 대해 규정하고 있다.

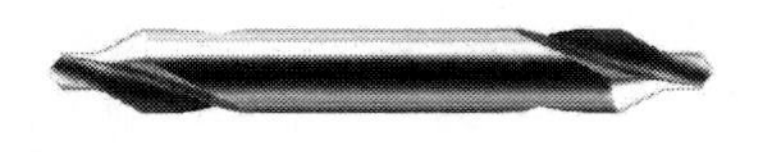

〈60° 센터 드릴〉

〈센터 드릴 가공〉

〈센터 드릴 A, B, R형〉

〈라이브 센터(live center)〉

〈데드 센터(dead center)〉

〈선반 가공〉

2. 제1종(60° 센터 구멍)

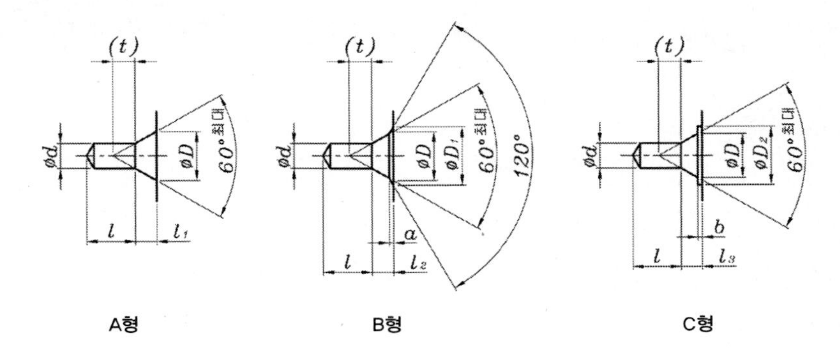

A형　　　B형　　　C형

단위 : mm

호칭지름 d	D	D_1	D_2 (최소)	l (최대)	b (약)	참고 l_1	참고 l_2	참고 l_3	참고 t	참고 a
(0.5)	1.06	1.6	1.6	1	0.2	0.48	0.64	0.68	0.5	0.16
(0.63)	1.32	2	2	1.2	0.3	0.6	0.8	0.9	0.6	0.2
(0.8)	1.7	2.5	2.5	1.5	0.3	0.78	1.01	1.08	0.7	0.23
1	2.12	3.15	3.15	1.9	0.4	0.97	1.27	1.37	0.9	0.3
(1.25)	2.65	4	4	2.2	0.6	1.21	1.6	1.81	1.1	0.39
1.6	3.35	5	5	2.8	0.6	1.52	1.99	2.12	1.4	0.47
2	4.25	6.3	6.3	3.3	0.8	1.95	2.54	2.75	1.8	0.59
2.5	5.3	8	8	4.1	0.9	2.42	3.2	3.32	2.2	0.78
3.15	6.7	10	10	4.9	1	3.07	4.03	4.07	2.8	0.96
4	8.5	12.5	12.5	6.2	1.3	3.9	5.05	5.2	3.5	1.15
(5)	10.6	16	16	7.5	1.6	4.85	6.41	6.45	4.4	1.56
6.3	13.2	18	18	9.2	1.8	5.98	7.36	7.78	5.5	1.38
(8)	17	22.4	22.4	11.5	2	7.79	9.35	9.79	7	1.56
10	21.2	28	28	14.2	2.2	9.7	11.66	11.9	8.7	1.96

[주]

l은 t보다 작은 값이 되면 안 된다.

비고

- ( )를 붙인 호칭의 것은 되도록 사용하지 않는다.
- KS B ISO 866에서는 A형, ISO 2540에서는 B형에 대하여 규정하고 있다.

■ R형(60° 센터 구멍)

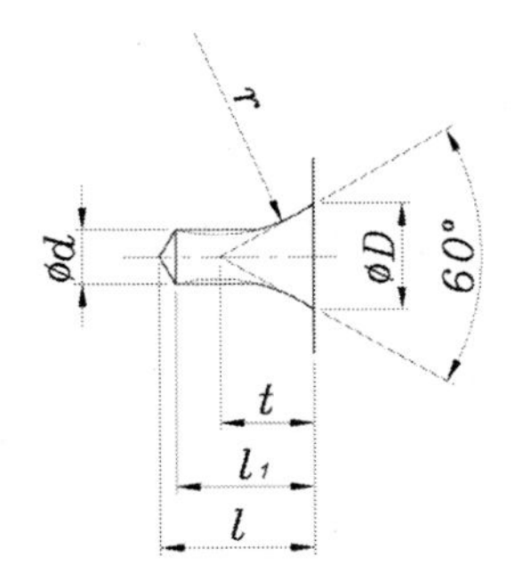

단위 : mm

호칭지름 d	D	r		l (최대)	참고			
					l_1		t	
		최대	최소		r이 최대일 때	r이 최소일 때	r이 최대일 때	r이 최소일 때
1	2.12	3.15	2.5	2.6	2.14	2.27	1.9	1.8
(1.25)	2.65	4	3.15	3.1	2.67	2.73	2.3	2.2
1.6	3.35	5	4	4	3.37	3.45	2.9	2.8
2	4.25	6.3	5	5	4.24	4.34	3.7	3.5
2.5	5.3	8	6.3	6.2	5.33	5.46	4.6	4.4
3.15	6.7	10	8	7.9	6.77	6.92	5.8	5.6
4	8.5	12.5	10	9.9	8.49	8.68	7.3	7
(5)	10.6	16	12.5	12.3	10.52	10.78	9.1	8.8
6.3	13.2	20	16	15.6	13.39	13.73	11.3	11
(8)	17	25	20	19.7	16.98	17.35	14.5	14
10	21.2	31.5	25	24.6	21.18	21.66	18.2	17.5

[주]
l은 t보다 작은 값이 되면 안 된다.

비고
• ( )를 붙인 호칭의 것은 되도록 사용하지 않는다.

3. 제2종(75° 센터 구멍 A형, B형, C형)

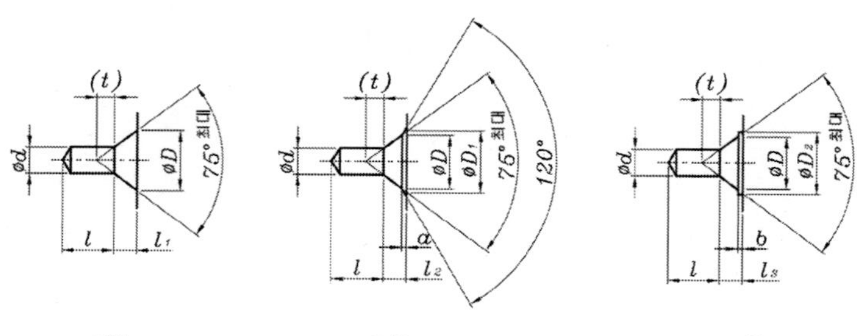

단위 : mm

호칭지름 d	D	D_1	D_2 (최소)	l (최대)	b (약)	참고				
						l_1	l_2	l_3	t	a
1	2.5	4	4	1.2	0.4	0.98	1.41	1.38	0.7	0.43
1.6	4	6.3	6.3	2	0.6	1.56	2.23	2.16	1.1	0.67
2	5	8	8	2.5	0.8	1.95	2.82	2.75	1.4	0.87
2.5	6.3	10	10	3.2	0.9	2.48	3.54	3.38	1.7	1.06
3.15	8	12.5	12.5	4	1	3.16	4.46	4.16	2.1	1.3
4	10	14	14	5	1.2	3.91	5.06	5.11	2.7	1.15
6.3	16	22.4	22.4	8	1.8	6.32	8.17	8.12	4.2	1.85
10	25	33.5	35.5	12.5	2.2	9.77	12.23	11.97	6.6	2.46
12.5	31.5	40	45	16	2.5	12.38	14.83	14.88	8.2	2.45

[주]
l은 t보다 작은 값이 되면 안 된다.

비고
• ISO에서는 제2종에 대하여 규정하지 않고 있다.

4. 제3종(90° 센터 구멍 A형, B형, C형)

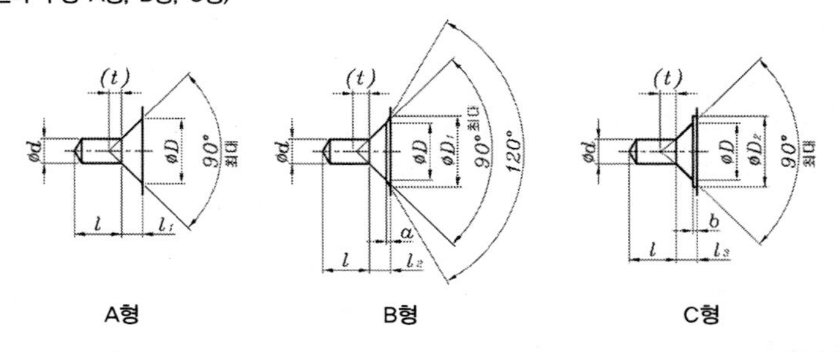

A형　　　　B형　　　　C형

단위 : mm

호칭지름 d	D	D_1	D_2 (최소)	$l^{(2)}$ (최대)	b (약)	참고				
						l_1	l_2	l_3	t	a
1	2.8	4	5	1.1	0.4	0.9	1.25	1.3	0.5	0.35
(1.25)	3.55	5	6.3	1.4	0.5	1.15	1.57	1.65	0.7	0.42
1.6	4.5	6.3	8	1.8	0.6	1.45	1.97	2.05	0.8	0.52
2	5.6	8	10	2.2	0.8	1.8	2.49	2.6	1	0.69
2.5	7.1	10	12.5	2.8	1	2.3	3.14	3.3	1.3	0.84
3.15	9	12.5	16	3.6	1.2	2.92	3.94	4.12	1.6	1.02
4	11.2	16	18	4.5	1.4	3.6	4.99	5	2	1.39
(5)	14	20	22.4	5.6	1.6	4.5	6.23	6.1	2.5	1.73
6.3	18	22.4	25	7.1	1.8	5.85	7.12	7.65	3.2	1.27
8	22.4	28	31.5	9	2	7.2	8.82	9.2	4	1.62
10	28	35.5	40	11..2	2.2	9	11.17	11.2	5	2.17
12.5	31.5	42.5	45	14	2.5	9.5	12.68	12	6.3	3.18

[주]

(2) *l*은 t보다 작은 값이 되면 안 된다.

비고

- ( )를 붙인 호칭의 것은 되도록 사용하지 않는다.

5. 센터 구멍의 간략 도시 방법–KS A ISO 6411

① 적용 범위

이 규격은 센터 구멍의 간략 도시 방법 및 그 호칭 방법에 대해서 규정한다. 센터 구멍의 간략 표시 방법은 정확한 형태 및 치수를 특히 나타낼 필요가 없는 경우, 표준화된 센터 구멍의 호칭 방법만으로써 도면 정보로서 충분히 전달하는 경우에 사용한다.

② 센터 구멍의 기호 및 호칭 방법의 간략 도시 방법

센터 구멍의 필요 여부	그림 기호	도시 방법
필요한 경우		KS A ISO 6411-B2.5/B
필요하나 기본적 요구가 아닌 경우		KS A ISO 6411-B2.5/B
필요하지 않는 경우		KS A ISO 6411-B2.5/B

축 설계 데이터

③ 센터 구멍의 호칭 방법

센터 구멍의 호칭 방법은 센터 구멍을 가공하는 드릴을 기준으로 하고, 센터 구멍 드릴에 대해서 한국산업표준에 의해 지시하는 것도 좋다.

a) 이 표준의 표준 번호

b) 센터 구멍의 종류 기호(R 또는 B)

c) 기준 구멍의 지름(d)

d) 카운터싱크 구멍 지름(D)

두 개의 치수를 사선으로 구분한다.

[주]
센터 구멍의 기계 가공은 드릴 지름 d=2.5와 d_1=10으로서 KS B ISO 2540을 사용한다.

비고

• 센터 구멍 B형은 d=2.5mm, D_3=8mm인 경우의 호칭 표시 방법은 KS A ISO 6411-B2.5/8

④ 호칭 방법 설명

센터 구멍을 지시하기 위해서 이용하는 각각의 호칭 방법, 그 호칭 방법에 의해서 지시는 치수 및 사용되는 센터 구멍의 드릴 지름에 근거하여 치수 관계를 다음 표에 나타낸다.

센터 구멍의 필요 여부	도시 방법(예)	표시의 보기
R 반지름 (KS B ISO 2541)	 KSA 6411-R3.15/6.7	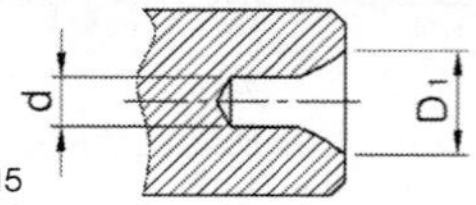 d=3.15 D_1=6.7
A 모떼기가 없는 경우 (KS B ISO 866)	 KSA 6411-A4/8.5	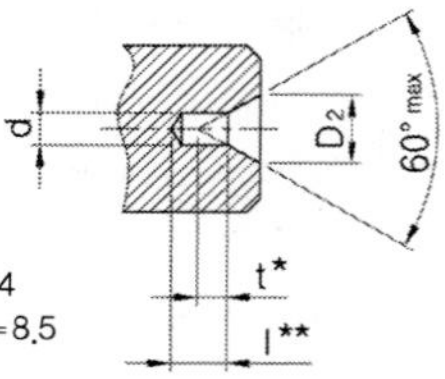 d=4 D_2=8.5 60° max, t*, l**
B 모떼기가 있는 경우 (KS B ISO 2540)	 KSA 6411-B2.5/8	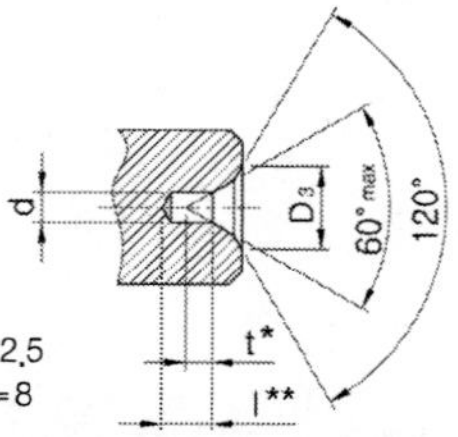 d=2.5 D_3=8 60° max, 120°, t*, l**

[주]
(★)치수 t에 대해서는 부속서 A를 참조한다.
(★★) 치수 l은 센터 구멍 드릴의 길이에 근거하지만 t보다 짧으면 안 된다.
부속서 A의 R형, A형 및 B형의 센터 구멍 치수

⑤ 센터 구멍의 R형, A형 및 B형의 치수(부속서 A)

▶ 추천되는 센터 구멍의 치수

d 호칭	종류				
	R형 ISO 2541에 따름	A형 ISO 866에 따름		B형 ISO 2540에 따름	
	D_1	D_2	t	D_3	t
(0.5)	–	1.06	0.5	–	–
(0.63)	–	1.32	0.6	–	–
(0.8)	–	1.70	0.7	–	–
1.0	2.12	2.12	0.9	3.15	0.9
(1.25)	2.65	2.65	1.1	4	1.1
1.6	3.35	3.35	1.4	5	1.4
2.0	4.25	4.25	1.8	6.3	1.8
2.5	5.3	5.30	2.2	8	2.2
3.15	6.7	6.70	2.8	10	2.8
4.0	8.5	8.50	3.5	12.5	3.5
(5.0)	10.6	10.60	4.4	16	4.4
6.3	13.2	13.20	5.5	18	5.5
(8.0)	17.0	17.00	7.0	22.4	7.0
10.0	21.2	21.20	8.7	28	8.7

비고

- 괄호를 붙여서 나타낸 치수의 것은 가능한 한 사용하지 않는다.

⑥ 기호의 형태 및 치수

▶ 크기

단위 : mm

투상도의 외형선의 굵기 (b)	0.5	0.7	1	1.4	2	2.8
숫자 및 로마자의 대문자 높이 (h)	3.5	5	7	10	14	20
기호의 선 두께 (d')	0.35	0.5	0.7	1	1.4	2
문자선의 두께 (d)	아래 그림 참조					
높이 (H1)	5	7	10	14	20	28

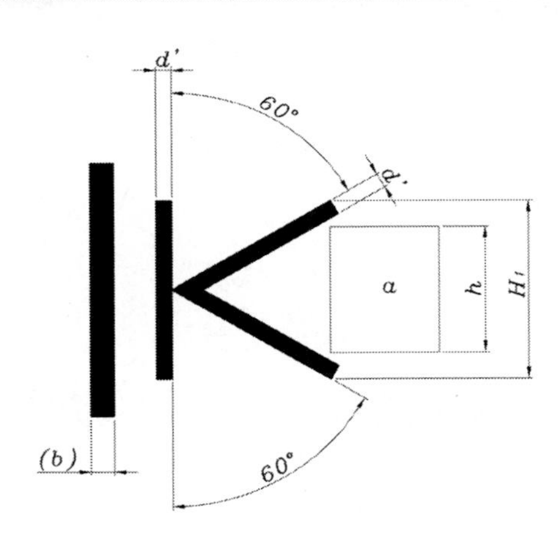

축 설계 데이터

7-2 널링 [KS B 0901]

1. 적용 범위

이 규격은 일반적으로 사용하는 널링에 대하여 규정한다.

2. 종류

종류는 바른 줄 및 빗줄의 2종류로 한다.

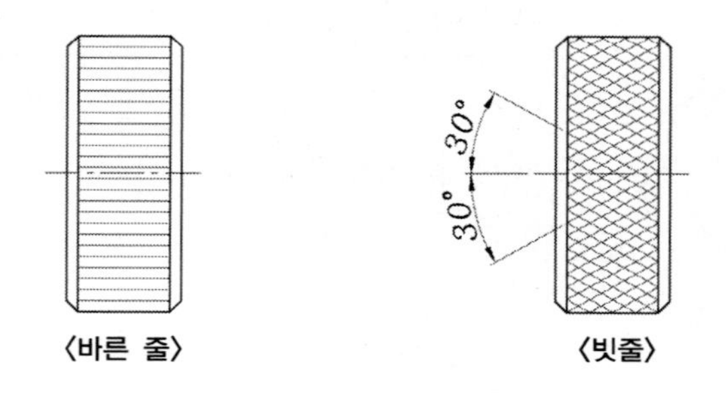

〈바른 줄〉 〈빗줄〉

3. 모양 및 치수

❶ 모양 : 널링의 홈 모양은 가공물의 지름이 무한대로 되어 있다고 가정한 경우의 홈 직각 단면에 대하여 아래 그림과 같이 규정한다.

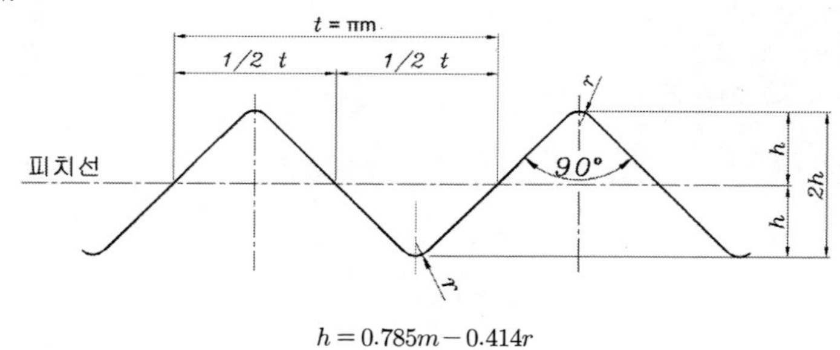

$$h = 0.785m - 0.414r$$

❷ 치수 : 널링의 치수는 다음 표에 따른다.

■ 널링의 치수표

단위 : mm

모듈 m	피치 t	r	h
0.2	0.628	0.06	0.15
0.3	0.942	0.09	0.22
0.5	1.571	0.16	0.37

4. 호칭 방법

널링의 호칭 방법은 종류 및 모듈에 따른다.

보기 : 바른 줄 m 0.5
빗줄 m 0.3

참고 : 소재의 지름을 구하는 데는 다음 식을 따르는 것이 좋다.

① 바른 줄인 경우

$D = nm$

여기에서 D : 지름, n : 정수, m : 모듈

② 빗줄인 경우

$$D = \frac{nm}{\cos 30°}$$

$\frac{m}{\cos 30°}$ 의 값을 다음 표에 표시한다.

모듈 m	0.5	0.3	0.2
m/cos30°	0.577	0.346	0.230

〈빗줄형 널링 부품〉

〈바른줄형 널링 부품〉

〈빗줄형 널링 툴〉

〈바른줄형 널링 툴〉

7-3 축의 지름 [KS B 0406]

1. 적용 범위

이 규격은 일반적으로 사용되는 원통 축의 끼워맞춤 부분의 지름에 있어서 4mm 이상 630mm 이하의 것(이하 축지름이라 한다)에 대하여 규정한다.

2. 축지름

단위 : mm

축지름	(참고) 축지름 수치의 근거					축지름	(참고) 축지름 수치의 근거					축지름	(참고) 축지름 수치의 근거					축지름	(참고) 축지름 수치의 근거					축지름	(참고) 축지름 수치의 근거				
	표준수(1)			(2) 원통축끝	(3) 구름베어링		표준수(1)			(2) 원통축끝	(3) 구름베어링		표준수(1)			(2) 원통축끝	(3) 구름베어링		표준수(1)			(2) 원통축끝	(3) 구름베어링		표준수(1)			(2) 원통축끝	(3) 구름베어링
	R 5	R 10	R 20				R 5	R 10	R 20				R 5	R 10	R 20				R 5	R 10	R 20				R 5	R 10	R 20		
4	○	○	○		○	10	○	○	○	○	○	40	○	○	○	○	○	100	○	○	○	○	○	400	○	○	○	○	○
																		105					○						
						11				○		42				○		110				○	○	420				○	○
						11.2			○									112			○			440				○	○
4.5			○									45			○	○	○							450			○	○	
						12				○	○							120				○	○	460				○	○
						12.5		○	○			48				○		125		○	○	○		480				○	○
5		○	○		○							50		○	○	○	○							500		○	○	○	○
																		130				○	○	530				○	○
												55				○	○												
5.6			○			14			○	○		56			○	○		140			○	○	○	560			○	○	○
						15					○							150				○	○						
6				○	○	16	○	○	○	○		60				○	○	160	○	○	○	○	○	600				○	○
						17					○							170				○	○						
6.3	○	○	○			18			○	○		63	○	○	○	○		180			○	○	○	630	○	○	○	○	○
						19				○								190				○	○						
						20		○	○	○	○							200		○	○	○	○						
7				○	○	22				○	○	65				○	○	220				○	○						
7.1			○			22.4			○			70				○	○	224			○								
												71			○	○													
8		○	○	○	○	24				○		75				○	○	240				○	○						
						25	○	○	○	○	○	80		○	○	○	○	250	○	○	○	○							
9			○	○	○							85				○	○	260				○	○						
						28			○	○	○	90			○	○	○	280			○	○	○						
						30				○	○	95				○	○	300				○	○						
						31.5		○	○									315		○	○								
						32				○	○							320				○	○						
																		340				○	○						
						35				○	○																		
						35.5			○									355			○								
																		360				○	○						
						38				○								380				○	○						

[주]

(1) KS A 0401(표준수)에 따른다.

(2) KS B 0701(원통축 끝)의 축 끝의 지름에 따른다.

(3) KS B 2013(구름 베어링의 주요 치수)이 베어링 안지름에 따른다.

비고

표에서 ○표는 축지름 수치의 근거를 뜻하며, 보기를 들어 축의 지름 4.5는 표준수 R20에 따른 것임을 나타낸다.

7-4 원통 축끝 [KS B 0701 (폐지)]

1. 적용 범위

이 규격은 일반적으로 사용되는 회전축의 전동용 축끝(이하 축끝이라 한다)중 끼워맞춤부가 원통형이고, 그 지름이 6mm 에서 630mm까지인 것의 주요 치수에 대하여 규정한다.

2. 종류

축 끝은 단축끝 및 장축끝의 2종류로 한다.

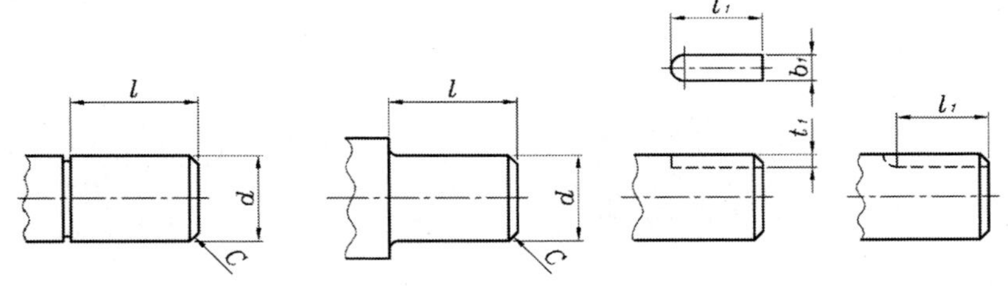

단이 없는 경우 단이 있는 경우 묻힘 키를 사용하는 경우의 보기
(엔드밀 가공) (홈밀링커터가공)
키의 호칭 치수 b× h

3. 치수

축끝의 치수는 아래 표에 따른다.

■ **축끝의 치수표**

단위 : mm

축끝의 지름 d	축끝의 길이 l 단축끝	축끝의 길이 l 장축끝	지름 d의 허용차		(참고) 끝부분의 모떼기 c	묻힘 키를 사용하는 경우 키 홈 b_1	키 홈 t_1	키 홈 l_1 단축끝용	키 홈 l_1 장축끝용	키의 호칭치수 b x h
6	–	16	+0.006 −0.002	(j6)	0.5	–	–	–	–	–
7	–	16	+0.007 −0.002	(j6)	0.5	–	–	–	–	–
8	–	20	+0.007 −0.002	(j6)	0.5	–	–	–	–	–
9	–	20	+0.007 −0.002	(j6)	0.5	–	–	–	–	–
10	20	23	+0.007 −0.002	(j6)	0.5	3	1.8	–	20	3x3
11	20	23	+0.008 −0.003	(j6)	0.5	4	2.5	–	20	4x4
12	25	30	+0.008 −0.003	(j6)	0.5	4	2.5	–	20	4x4
14	25	30	+0.008 −0.003	(j6)	0.5	5	3.0	–	25	5x5
16	28	40	+0.008 −0.003	(j6)	0.5	5	3.0	25	36	5x5

■ 축끝의 치수표 (계속)

단위 : mm

축끝의 지름 d	축끝의 길이 l		지름 d의 허용차		(참고) 끝부분의 모떼기 c	묻힘 키를 사용하는 경우				
						키 홈				키의 호칭치수
								l_1		
	단축끝	장축끝				b_1	t_1	단축끝용	장축끝용	b x h
18	28	40	+0.008 −0.003	(j6)	0.5	6	3.5	25	36	6x6
19	28	40	+0.009 −0.004	(j6)	0.5	6	3.5	25	36	6x6
20	36	50	+0.009 −0.004	(j6)	0.5	6	3.5	32	45	6x6
22	36	50	+0.009 −0.004	(j6)	0.5	6	3.5	32	45	6x6
24	36	50	+0.009 −0.004	(j6)	0.5	8	4.0	32	45	8x7
25	42	60	+0.009 −0.004	(j6)	0.5	8	4.0	36	50	8x7
28	42	60	+0.009 −0.004	(j6)	1	8	4.0	36	50	8x7
30	58	80	+0.009 −0.004	(j6)	1	8	4.0	50	70	8x7
32	58	80	+0.018 +0.002	(k6)	1	10	5.0	50	70	10x8
35	58	80	+0.018 +0.002	(k6)	1	10	5.0	50	70	10x8
38	58	80	+0.018 +0.002	(k6)	1	10	5.0	50	70	10x8
40	82	110	+0.018 +0.002	(k6)	1	12	5.0	70	90	12x8
42	82	110	+0.018 +0.002	(k6)	1	12	5.0	70	90	12x8
45	82	110	+0.018 +0.002	(k6)	1	14	5.5	70	90	14x9
48	82	110	+0.018 +0.002	(k6)	1	14	5.5	70	90	14x9
50	82	110	+0.018 +0.002	(k6)	1	14	5.5	70	90	14x9
55	82	110	+0.030 +0.011	(m6)	1	16	6.0	70	90	16x10
56	82	110	+0.030 +0.011	(m6)	1	16	6.0	70	90	16x10
60	105	140	+0.030 +0.011	(m6)	1	18	7.0	90	110	18x11
63	105	140	+0.030 +0.011	(m6)	1	18	7.0	90	110	18x11
65	105	140	+0.030 +0.011	(m6)	1	18	7.0	90	110	18x11
70	105	140	+0.030 +0.011	(m6)	1	20	7.5	90	110	20x12
71	105	140	+0.030 +0.011	(m6)	1	20	7.5	90	110	20x12
75	105	140	+0.030 +0.011	(m6)	1	20	7.5	90	110	20x12
80	130	170	+0.030 +0.011	(m6)	1	22	9.0	110	140	22x14
85	130	170	+0.035 +0.013	(m6)	1	22	9.0	110	140	22x14
90	130	170	+0.035 +0.013	(m6)	1	25	9.0	110	140	25x14
95	130	170	+0.035 +0.013	(m6)	1	25	9.0	110	140	25x14
100	165	210	+0.035 +0.013	(m6)	1	28	10.0	140	180	28x16
110	165	210	+0.035 +0.013	(m6)	2	28	10.0	140	180	28x16

■ 축끝의 치수표 (계속)

단위 : mm

축끝의 지름 d	축끝의 길이 l		지름 d의 허용차		(참고) 끝부분의 모떼기 c	묻힘 키를 사용하는 경우				
						키 홈				키의 호칭치수
						b_1	t_1	l_1		
	단축끝	장축끝						단축끝용	장축끝용	b x h
120	165	210	+0.035 +0.013	(m6)	2	32	11.0	140	180	32x18
125	165	210	+0.040 +0.015	(m6)	2	32	11.0	140	180	32x18
130	200	250	+0.040 +0.015	(m6)	2	32	11.0	180	220	32x18
140	200	250	+0.040 +0.015	(m6)	2	36	12.0	180	220	36x20
150	200	250	+0.040 +0.015	(m6)	2	36	12.0	180	220	36x20
160	240	300	+0.040 +0.015	(m6)	2	40	13.0	220	250	40x22
170	240	300	+0.040 +0.015	(m6)	2	40	13.0	220	250	40x22
180	240	300	+0.040 +0.015	(m6)	2	45	15.0	220	250	45x25
190	280	350	+0.046 +0.017	(m6)	2	45	15.0	250	280	45x25
200	280	350	+0.046 +0.017	(m6)	2	45	15.0	250	280	45x25
220	280	350	+0.046 +0.017	(m6)	2	50	17.0	250	280	50x28
240	330	410	+0.046 +0.017	(m6)	2	56	20.0	280	360	56x32
250	330	410	+0.046 +0.017	(m6)	2	56	20.0	280	360	56x32
260	330	410	+0.052 +0.020	(m6)	3	56	20.0	280	360	56x32
280	380	470	+0.052 +0.020	(m6)	3	63	20.0	320	400	63x32
300	380	470	+0.052 +0.020	(m6)	3	70	22.0	320	400	70x36
320	380	470	+0.057 +0.021	(m6)	3	70	22.0	320	400	70x36
340	450	550	+0.057 +0.021	(m6)	3	80	25.0	400	–	80x40
360	450	550	+0.057 +0.021	(m6)	3	80	25.0	400	–	80x40
380	450	550	+0.057 +0.021	(m6)	3	80	25.0	400	–	80x40
400	540	650	+0.057 +0.021	(m6)	3	90	28.0	–	–	90x45
420	540	650	+0.063 +0.023	(m6)	3	90	28.0	–	–	90x45
440	540	650	+0.063 +0.023	(m6)	3	90	28.0	–	–	90x45
450	540	650	+0.063 +0.023	(m6)	3	100	31.0	–	–	100x50
460	540	650	+0.063 +0.023	(m6)	3	100	31.0	–	–	100x50
480	540	650	+0.063 +0.023	(m6)	3	100	31.0	–	–	100x50
500	540	650	+0.063 +0.023	(m6)	3	100	31.0	–	–	100x50
530	680	800	+0.070 +0.026	(m6)	3	–	–	–	–	–
560	680	800	+0.070 +0.026	(m6)	3	–	–	–	–	–
600	680	800	+0.070 +0.026	(m6)	3	–	–	–	–	–
630	680	800	+0.070 +0.026	(m6)	3	–	–	–	–	–

축 설계 데이터

비고

1. 단이 있는 경우에는 필릿의 둥글기 값은 r = (0.3~0.5)h 사이의 것이 좋으며 그 값은 KS B 0403(절삭 가공품 둥글기 및 모떼기)에 따라 정한다.

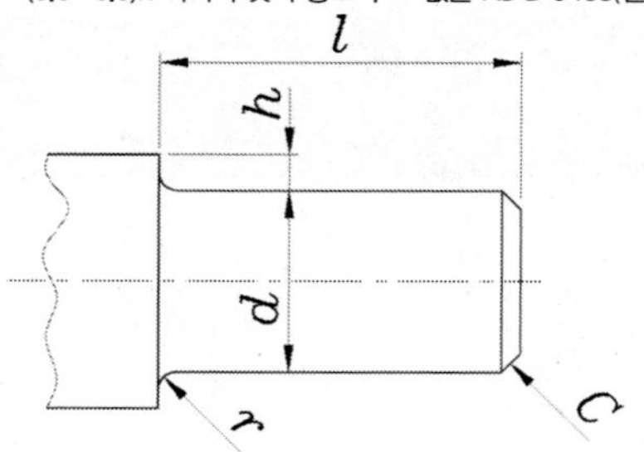

2. 단이 있는 경우에 퀜칭하는 축에 대해서도 r의 값은 [비고] 1의 값을 적용하는 것이 좋다. 다만, 연삭을 하기 위하여 파진 부분을 두는 경우에는 다음에 따른다.

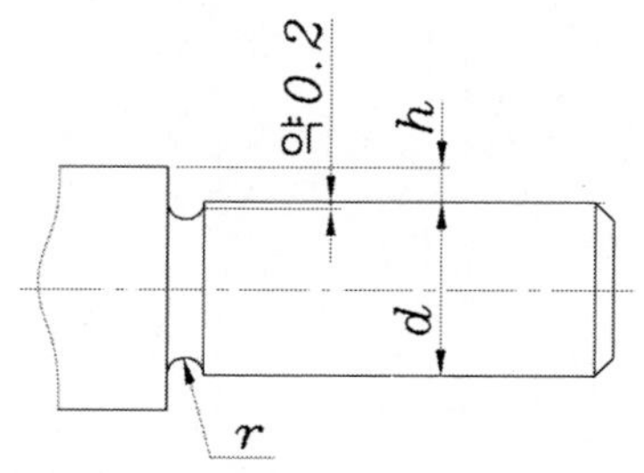

3. 축끝의 길이 l의 치수 허용차는 KS B ISO 2768-1의 보통급으로 한다.
4. b_1, t_1, b, h의 치수 허용차는 KS B 1311(키 및 키 홈)에 따른다. 또, 참고에 표시한 l_1의 치수 허용차는 KS B ISO 2768－1의 보통급으로 한다.
   (KS B ISO 2768－1 : 개별공차 표시가 없는 선형 치수 및 각도 치수에 대한 공차 참조)

7-5 공구의 생크 4각부 [KS B 3245 (폐지)]

■ 적용 범위

이 표준은 주로 손으로 돌리는 절삭 공구의 생크 4각부에 대하여 규정한다.

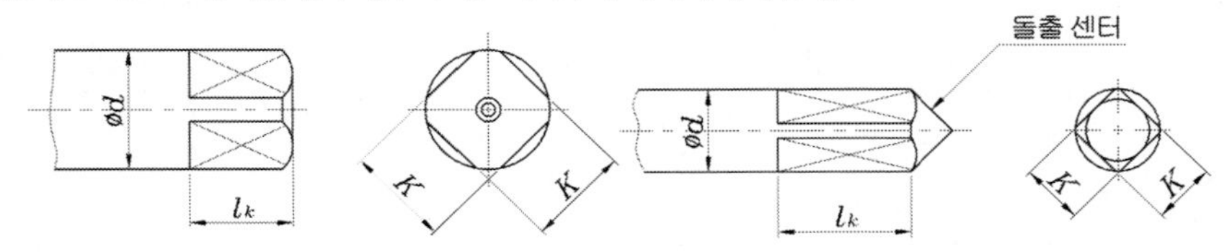

생크 지름이 작은 경우
돌출 센터 부착도 상관없다.

■ 생크 4각부의 모양 및 치수

단위 : mm

생크지름 d(h9)			4각부의 나비 K		4각부의 길이 Lk	생크지름 d(h9)			4각부의 나비 K		4각부의 길이 Lk
장려치수	초과	이하	기준치수	허용차 h12	기준치수	장려치수	초과	이하	기준치수	허용차 h12	기준치수
1.12	1.06	1.18	0.9	0 -0.10	4	11.2	10.6	11.8	9	0 -0.15	12
1.25	1.18	1.32	1			12.5	11.8	13.2	10		13
1.4	1.32	1.5	1.2			14	13.2	15	11.2	0 -0.18	14
1.6	1.5	1.7	1.25			16	15	17	12.5		16
1.8	1.7	1.9	1.4			18	17	19	14		18
2.	1.9	2.12	1.6			20	19	21.2	16		20
2.24	2.12	2.36	1.8			22.4	21.2	23.6	18		22
2.5	2.36	2.65	2			25	23.6	26.5	20	0 -0.21	24
2.8	2.65	3	2.24		5	28	26.5	30	22.4		26
3.15	3	3.35	2.5			31.5	30	33.5	25		28
3.55	3.35	3.75	2.8			35.5	33.5	37.5	28		31
4	3.75	4.25	3.15	0 -0.12	6	40	37.5	42.5	31.5	0 -0.25	34
4.5	4.25	4.75	3.55			45	42.5	47.5	35.5		38
5	4.75	5.3	4		7	50	47.5	53	40		42
5.6	5.3	6	4.5			56	53	60	45		46
6.3	6	6.7	5		8	63	60	67	50		51
7.1	6.7	7.5	5.6			71	67	75	56	0 -0.30	56
8	7.5	8.5	6.3	0 -0.15	9	80	75	85	63		62
9	8.5	9.5	7.1		10	90	85	95	71		68
10	9.5	10.6	8		11	100	95	106	80		75

비고

1. K의 허용차는 KS B 0401에 따른다. 다만 K의 허용차에는 모양 및 위치(중심이동)의 편차를 포함한다.
2. 장려 생크 지름의 경우에는 K와 d의 비는 0.80mm이고, 모두 지름 구분에서도 K/d=0.75~0.85mm이다.
3. d의 허용차는 고정밀도의 공구에서는 KS B 0401의 h9, 그 밖의 공구에서는 h11에 따른다.
4. 원형의 축을 가공하여 평면으로 나타나는 부분은 가는 실선을 사용하여 대각선으로 교차 표시한다.

■ 부속서(규정) 공구의 종래형 생크 4각부 – KS B 3245

■ 적용 범위

이 부속서(규정)는 주로 손으로 돌리는 절삭 공구의 종래형 생크 4각부에 대하여 규정한다.

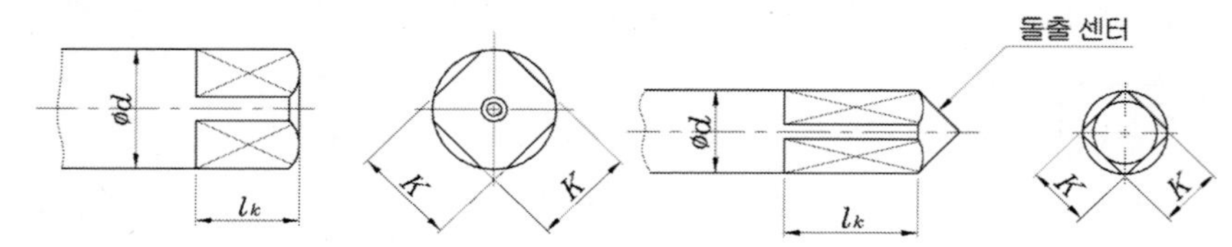

생크 지름이 작은 경우
돌출 센터 부착도 상관없다.

■ 종래형 생크 4각부의 모양 및 치수

단위 : mm

생크 지름 d		4각부의 나비 K		4각부의 길이 L_k	생크 지름 d		4각부의 나비 K		4각부의 길이 L_k
초과	이하	기준치수	허용차	기준치수	초과	이하	기준치수	허용차	기준치수
2	2.15	1.6	0 −0.10	5	17.2	18.7	14	0 −0.15	17
2.15	2.4	1.8			18.7	20.2	15		18
2.4	2.7	2			20.2	23	17		20
2.7	2.95	2.2			23	25.5	19		22
2.95	3.35	2.5			25.5	28	21	0 −0.20	24
3.35	3.78	2.8		6	28	31	23		26
3.78	4.3	3.2			31	35	26		30
4.3	4.7	3.5			35	39	29		32
4.7	5.4	4		7	39	43	32		35
5.4	6	4.5			43	47	35		38
6	6.7	5		8	47	51	38		42
6.7	7.3	5.5			51	55	41		44
7.3	8	6		9	55	61	46		50
8	8.6	6.5			61	67	50		52
8.6	9.5	7		10	67	72	54		58
9.5	10.7	8		11	72	77	58		62
10.7	12	9		12	77	84	63		66
12	13.5	10	0 −0.15	13	84	89	67		70
13.5	14.7	11		14	89	95	71		75
14.7	16	12		15	95	100	77		80
16	17.2	13		16	–	–	–	–	–

적용 예

1. K축의 지름(D)이 ∅15인 경우 4각부의 나비 K값은 12이며, 4각부의 길이 Lk값은 15이다(이동하는 경우).
2. 원형의 축을 가공하여 평면으로 나타나는 부분은 가는 실선을 사용하여 대각선으로 교차 표시한다.

CHAPTER 08

키홈 및 스플라인

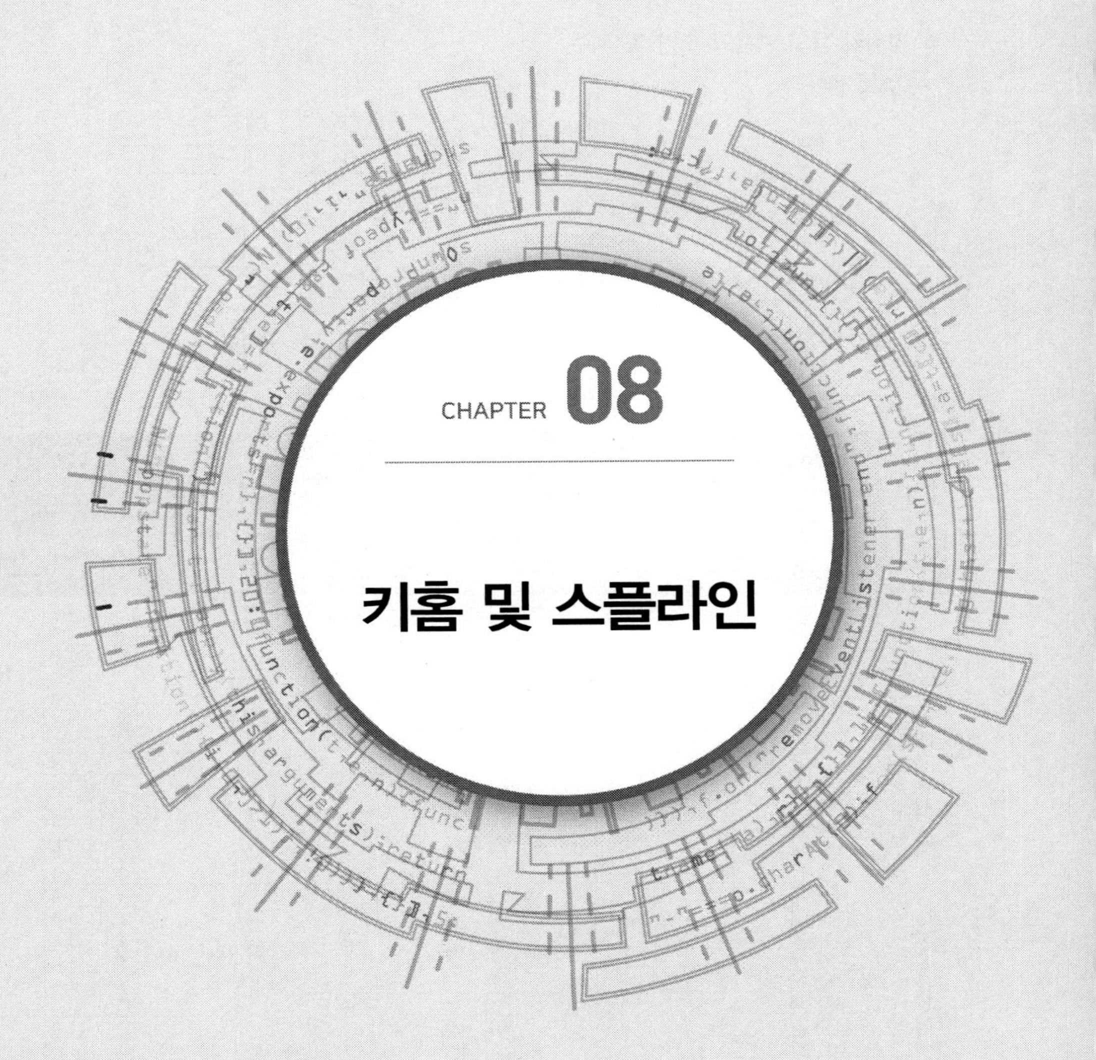

8-1 평행키 [KS B 1311]

■ 평행키 용의 키홈의 모양 및 치수

• 키홈의 단면

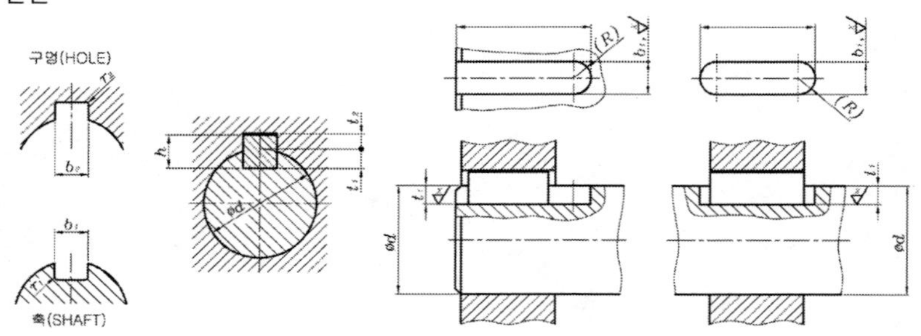

단위 : mm

참고 적용하는 축지름 d (초과~이하)	키의 호칭 치수 b×h	b_1, b_2 기준치수	키홈의 치수와 허용차								
			활동형		보통형		조립형		축	구멍	
			b_1 축 허용차 (H9)	b_2 구멍 허용차 (D10)	b_1 축 허용차 (N9)	b_2 구멍 허용차 (Js9)	b_1, b_2 허용차 (P9)	r_1, r_2	t_1 기준치수	t_2 기준치수	t_1, t_2 허용차
6~8	2×2	2	+0.025 0	+0.060 +0.020	−0.004 −0.029	± 0.0125	−0.006 −0.031	0.08~0.16	1.2	1.0	+0.1 0
8~10	3×3	3							1.8	1.4	
10~12	4×4	4	+0.030 0	+0.078 +0.030	0 −0.030	± 0.0150	−0.012 −0.042		2.5	1.8	
12~17	5×5	5						0.16~0.25	3.0	2.3	
17~22	6×6	6							3.5	2.8	
20~25	(7×7)	7	+0.036 0	+0.098 +0.040	0 −0.036	± 0.0180	−0.015 −0.051		4.0	3.3	+0.2 0
22~30	8×7	8							4.0	3.3	
30~38	10×8	10						0.25~0.40	5.0	3.3	
38~44	12×8	12	+0.043 0	+0.120 +0.050	0 −0.043	± 0.0215	−0.018 −0.061		5.0	3.3	
44~50	14×9	14							5.5	3.8	
50~55	(15×10)	15							5.0	5.3	
50~58	16×10	16							6.0	4.3	
58~65	18×11	18							7.0	4.4	
65~75	20×12	20	+0.052 0	+0.149 +0.065	0 −0.052	± 0.0260	−0.022 −0.074	0.40~0.60	7.5	4.9	
75~85	22×14	22							9.0	5.4	
80~90	(24×16)	24							8.0	8.4	
85~95	25×14	25							9.0	5.4	
95~110	28×16	28							10.0	6.4	
110~130	32×18	32	+0.062 0	+0.180 +0.080	0 −0.062	± 0.0310	−0.026 −0.088		11.0	7.4	
125~140	(35×22)	35						0.70~1.00	11.0	11.4	+0.3 0
130~150	36×20	36							12.0	8.4	
140~160	(38×24)	38							12.0	12.4	
150~170	40×22	40							13.0	9.4	
160~180	(42×26)	42							13.0	13.4	
170~200	45×25	45							15.0	10.4	
200~230	50×28	50							17.0	11.4	
230~260	56×32	56	+0.074 0	+0.220 +0.100	0 −0.074	± 0.0370	−0.032 −0.106	1.20~1.60	20.0	12.4	
260~290	63×32	63							20.0	12.4	
290~330	70×36	70							22.0	14.4	
330~380	80×40	80						2.00~2.50	25.0	15.4	
380~440	90×45	90	+0.087 0	+0.260 +0.120	0 −0.087	± 0.0435	−0.037 −0.124		28.0	17.4	
440~500	100×50	100							31.0	19.5	

비고

- 괄호를 붙인 호칭 치수의 것은 대응국제표준에는 규정되어 있지 않으므로 새로운 설계에는 사용하지 않는다.

[주] 적용하는 축지름은 키의 강도에 대응하는 토크에서 구할 수 있는 것으로 일반적인 용도의 기준으로 나타낸다. 키의 크기가 전달하는 토크에 대하여 적절한 경우에는 적용하는 축지름보다 굵은 축을 사용하여도 좋다. 그 경우에는 키의 옆면이 축 및 허브에 균등하게 닿도록 t_1 및 t_2 를 수정하는 것이 좋다. 적용하는 축지름보다 가는 축에는 사용하지 않는 편이 좋다.

[평행키의 호칭 방법 예]

비고

- KS B 1311 나사용 구멍없는 평행키 양쪽 둥근형 25×14×90 또는 KS B 1311 P–A 25×14×90

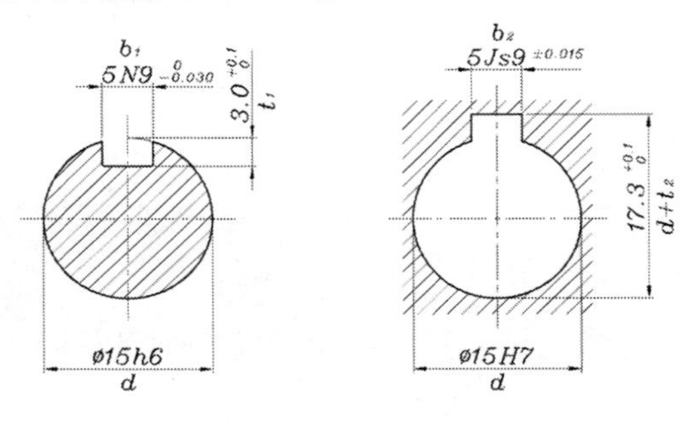

■ 평행키의 공차 적용 예

적용하는 축과 구멍의 지름		축과 구멍의 키홈 깊이 치수		축과 구멍의 키홈 폭 치수		비고
축 d	구멍 d	t_1 축	d+t_2 구멍	b_1 축	b_2 구멍	
20h6	20H7	$3.5^{+0.1}_{0}$	$20+2.8=22.8^{+0.1}_{0}$	6N9	6Js9	축과 구멍의 끼워맞춤 공차 적용 시 기능과 용도에 따라 다르게 적용될 수 있다.

■ 평행키가 적용된 축과 구멍의 치수기입 예

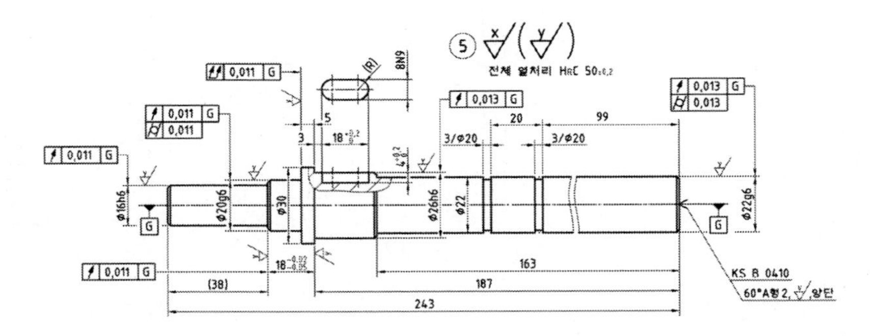

8-2 반달키

■ 반달키용의 키홈의 모양 및 치수

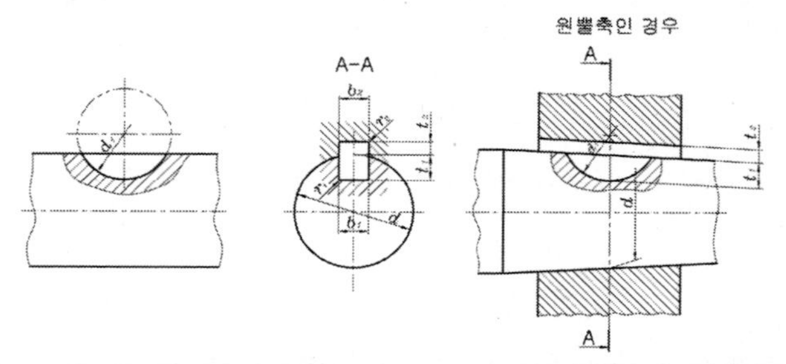

단위 : mm

키의 호칭 치수 b×d0	키 홈의 치수											참고 (계열 3)
	b1, b2의 기준 치수	보통형		조임형	t1 (축)		t2 (구멍)		r1 및 r2	d1		적용하는 축 지름 d (초과~이하)
		축 b1 허용차 (N9)	구멍 b2 허용차 (Js9)	b1, b2의 허용차 (P9)	기준 치수	허용차	기준 치수	허용차	키 홈 모서리	기준 치수	허용차 (h9)	
1×4	1	-0.004 -0.029	±0.012	-0.006 -0.031	1.0	+0.1 0	0.6	+0.1 0	0.08~0.16	4	+0.1 0	-
2.5×10	1.5				2.0		0.8			7		-
2.5×10	2				1.8		1.0			7		-
2.5×10	2				2.9		1.0			10	+0.2 0	-
2.5×10	2.5				2.7		1.2			10		7~12
(3×10)	3				2.5		1.4			10		8~14
3×13	3				3.8	+0.2 0				13		9~16
3×16	3				5.3					16		11~18
(4×13)	4	0 -0.030	±0.015	-0.012 -0.042	3.5	+0.1 0	1.7			13		11~18
4×16	4				5.0	+0.2 0	1.8		0.16~0.25	16		12~20
4×19	4				6.0					19	+0.3 0	14~22
5×16	5				4.5		2.3			16	+0.2 0	14~22
5×19	5				5.5					19	+0.3 0	15~24
5×22	5				7.0	+0.3 0				22		17~26
6×22	6				6.5		2.8			22		19~28
6×25	6				7.5			+0.2 0		25		20~30
(6×28)	6				8.6	+0.1 0	2.6	+0.1 0		28		22~32
(6×32)	6				10.6					32		24~34
(7×22)	7	0 -0.036	±0.018	-0.015 -0.051	6.4		2.8			22		20~29
(7×25)	7				7.4					25		22~32
(7×28)	7				8.4					28		24~34
(7×32)	7				10.4					32		26~37
(7×38)	7				12.4					38		29~41
(7×45)	7				13.4					45		31~45
(8×25)	8				7.2		3.0			25		24~34
8×28	8				8.0	+0.3 0	3.3	+0.2 0	0.25~0.40	28		26~37
(8×32)	8				10.2	+0.1 0	3.0	+0.1 0	0.16~0.25	32		28~40
(8×38)	8				12.2					38		30~44
10×32	10				10.0	+0.3 0	3.3	+0.2 0	0.25~0.40	32		31~46
(10×45)	10				12.8	+0.1 0	3.4	+0.1 0		45		38~54
(10×55)	10				13.8					55		42~60
(10×65)	10				15.8					65	+0.5 0	46~65
(12×65)	12	0 -0.043	±0.022	-0.018 -0.061	15.2		4.0			65		50~73
(12×80)	12				20.2					80		58~82

비고

• 키의 호칭치수에서 괄호를 붙인 것은 대응 국제규격에는 규정되어 있지 않은 것으로 새로운 설계에는 적용하지 않는다.

적용하는 축지름은 아래 표 중에서 계열 3을 적용한 것이다.

■ 반달키의 치수 적용

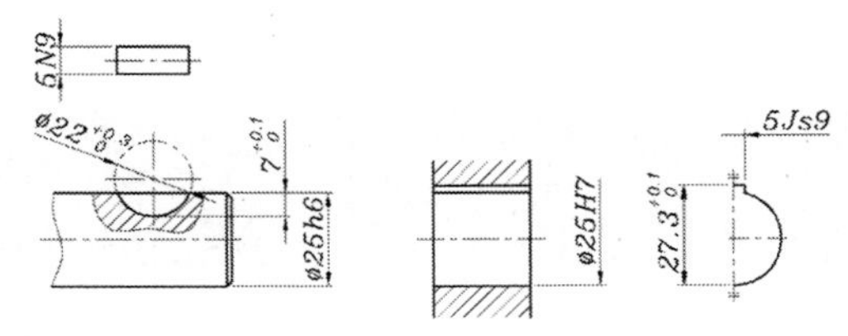

■ 반달키에 적용하는 축지름

단위 : mm

키의 호칭 치수	계열 1	계열 2	계열 3	전단 단면적(mm²)
1×4	3~4	3~4	-	-
1.5×7	4~5	4~6	-	-
2×7	5~6	6~8	-	-
2×10	6~7	8~10	-	-
2.5×10	7~8	10~12	7~12	21
(3×10)	-	-	8~14	26
3×13	8~10	12~15	9~16	35
3×16	10~12	15~18	11~18	45
(4×13)	-	-	11~18	46
4×16	12~14	18~20	12~20	57
4×19	14~16	20~22	14~22	70
5×16	16~18	22~25	14~22	72
5×19	18~20	25~28	15~24	86
5×22	20~22	28~32	17~26	102
6×22	22~25	32~36	19~28	121
6×25	25~28	36~40	20~30	141
(6×28)	-	-	22~32	155
(6×32)	-	-	24~34	180
(7×22)	-	-	20~29	139
(7×25)	-	-	22~32	159
(7×28)	-	-	24~34	179
(7×32)	-	-	26~37	209
(7×38)	-	-	29~41	249
(7×45)	-	-	31~45	288
(8×25)	-	-	24~34	181
8×28	28~32	40~	26~37	203
(8×32)	-	-	28~40	239
(8×38)	-	-	30~44	283
10×32	32~38	-	31~46	295
(10×45)	-	-	38~54	406
(10×55)	-	-	42~60	477
(10×65)	-	-	46~65	558
(12×65)	-	-	50~73	660
(12×80)	-	-	58~82	834

비고

1. 괄호를 붙인 호칭 치수의 것은 대응국제표준에는 규정되어 있지 않으므로 새로운 설계에는 사용하지 않는다.
2. 계열 1 및 계열 2는 대응하는 국제표준에 포함된 축지름으로 다음에 따른다.
   계열 1 : 키에 의해 토크를 전달하는 결합에 적용한다.
   계열 2 : 키에 의해 위치결정을 하는 경우, 예를 들면 축과 허브가 '억지끼워맞춤'으로 끼워 맞추고, 키에 의해 토크를 전달하지 않는 경우에 적용한다.
3. 계열 3은 표에 나타내는 전단 단면적에서의 키의 전단 강도에 대응한다. 이 전단 단면적은 키가 키홈에 완전히 묻혀 있을 때 전단을 받는 부분의 계산 값이다.

8-3 경사키

■ 경사키의 모양 및 치수

단위 : mm

키의 호칭치수 b×h	키 몸체							
	b		h			h1	c	l
	기준치수	허용차(h9)	기준치수	허용차				
56×32	56	0 −0.074	32	0 −0.160	h11	50	1.60~2.00	−
63×32	63		32			50		−
70×36	70		36			56		−
80×40	80		40			63	2.50~3.00	−
90×45	90	0 −0.087	45			70		−
100×50	100		50			80		−

비고

• 괄호를 붙인 호칭 치수의 것은 대응국제표준에는 규정되어 있지 않으므로 새로운 설계에는 사용하지 않는다.

[주]

1. l은 표의 범위 내에서 다음 중에 고르는 것이 좋다. 그리고 l의 치수 허용차는 h12로 한다.
   6, 8, 10, 12, 14, 16, 18, 20, 22, 25, 28, 32, 36, 40, 45, 50, 56, 63, 70, 80, 90, 100, 110, 125, 140, 160, 180, 200, 220, 250, 280, 320, 360, 400
2. 45° 모떼기(c) 대신에 라운딩(r)을 주어도 좋다.

■ 경사키의 키홈의 모양 및 치수

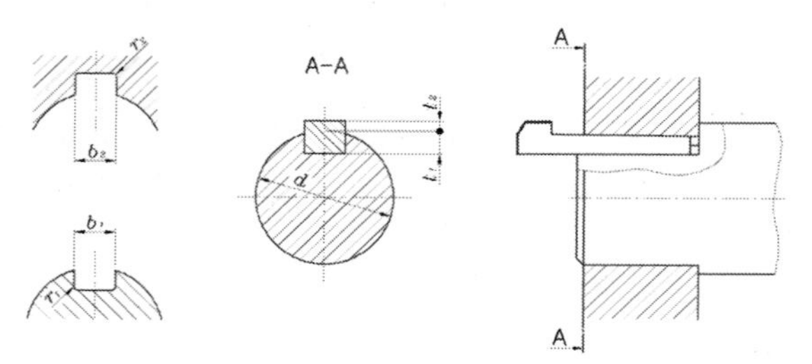

〈키홈의 단면〉

단위 : mm

참 고 적용하는 축 지름 d (초과~이하)	키의 호칭치수 b×h	키홈의 치수					
		b1 (축) 및 b2 (구멍)		r1 및 r2	t1의 기준치수	t2의 기준치수	t1, t2 허용오차
		기준치수	허용차(D10)		축	구멍	
6~8	2×2	2	+0.060 +0.020	0.08~0.16	1.2	0.5	+0.05 0
8~10	3×3	3			1.8	0.9	
10~12	4×4	4	+0.078 +0.030		2.5	1.2	+0.1 0
12~17	5×5	5		+0.16~0.25	3.0	1.7	
17~22	6×6	6			3.5	2.2	
20~25	(7×7)	7	+0.098 +0.040		4.0	3.0	
22~30	8×7	8			4.0	2.4	+0.2 0
30~38	10×8	10		0.25~0.40	5.0	2.4	

■ 경사키의 키홈의 모양 및 치수 (계속)

참 고 적용하는 축 지름 d (초과~이하)	키의 호칭치수 b×h	키홈의 치수					
		b_1 (축) 및 b_2 (구멍)		r_1 및 r_2	t_1의 기준치수	t_2의 기준치수	t_1, t_2 허용오차
		기준치수	허용차(D10)		축	구멍	
38~44	12×8	12	+0.120 +0.050	0.25~0.40	5.0	2.4	+0.2 0
44~50	14×9	14			5.5	2.9	
50~55	(15×10)	15			5.0	5.0	+0.1 0
50~58	16×10	16			6.0	3.4	+0.2 0
58~65	18×11	18			7.0	3.4	
65~75	20×12	20	+0.149 +0.065	0.40~0.60	7.5	3.9	
75~85	22×14	22			9.0	4.4	
80~90	(24×16)	24			8.0	8.0	+0.1 0
85~95	25×14	25			9.0	4.4	+0.2 0
95~110	28×16	28			10.0	5.4	
110~130	32×18	32	+0.180 +0.080		11.0	6.4	
125~140	(35×22)	35		0.70~1.00	11.0	11.0	+0.15 0
130~150	36×20	36			12.0	7.1	+0.3 0
140~160	(38×24)	38			12.0	12.0	+0.15 0
150~170	40×22	40			13.0	8.1	+0.3 0
160~180	(42×26)	42			13.0	13.0	+0.15 0
170~200	45×25	45			15.0	9.1	+0.3 0
200~230	50×28	50			17.0	10.1	
230~260	56×32	56	+0.220 +0.100	1.20~1.60	20.0	11.1	
260~290	63×32	63			20.0	11.1	
290~330	70×36	70			22.0	13.1	
330~380	80×40	80		2.00~2.50	25.0	14.1	
380~440	90×45	90	+0.260 +0.120		28.0	16.1	
440~500	100×50	100			31.0	18.1	

비고

• 괄호를 붙인 호칭 치수의 것은 대응국제표준에는 규정되어 있지 않으므로 새로운 설계에는 사용하지 않는다.

[주] 1. 적용하는 축지름은 키의 강도에 대응하는 토크에서 구할 수 있는 것으로 일반 용도의 기준으로 나타낸다. 키의 크기가 전달하는 토크에 대하여 적절한 경우에는 적용하는 축지름보다 굵은 축을 사용하여도 좋다. 그 경우에는 키의 옆면이 축 및 허브에 균등하게 닿도록 t_1 및 t_2를 수정하는 것이 좋다. 적용하는 축지름보다 가는 축에는 사용하지 않는 편이 좋다.

[경사키의 호칭 방법 예]

비고

• KS B 1311 머리붙이 경사키 20×12×70 또는 KS B 1311 TG 20×12×70

8-4 스플라인 제도 및 표시방법

1. 원통형 축의 각형 스플라인 호칭치수 [KS B 2006 : 2003 (IDT ISO 14 : 1982)]

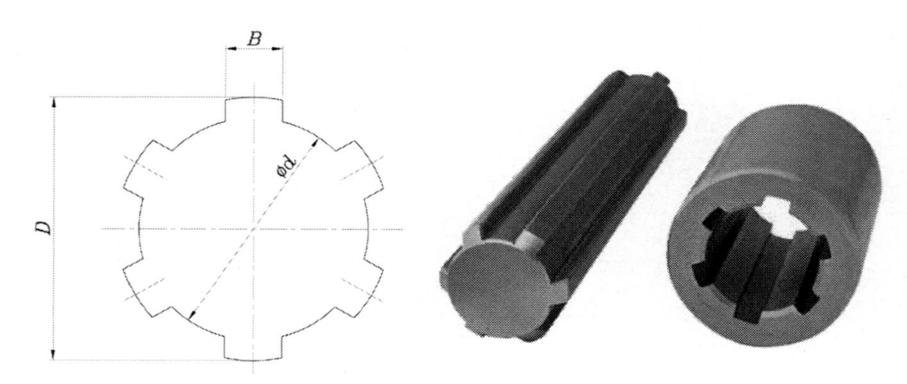

〈스플라인 축 및 구멍〉

단위 : mm

호칭지름 d	경 하중용				호칭지름 d	중간 하중용			
	호칭 N × d × D	홈의 수 N	큰지름 D	홈의 폭 B		호칭 N × d × D	홈의 수 N	큰지름 D	홈의 폭 B
11	–	–	–	–	11	6×11×14	6	14	3
13	–	–	–	–	13	6×13×16	6	16	3.5
16	–	–	–	–	16	6×16×20	6	20	4
18	–	–	–	–	18	6×18×22	6	22	5
21	–	–	–	–	21	6×21×25	6	25	5
23	6×23×26	6	26	6	23	6×23×28	6	28	6
26	6×26×30	6	30	6	26	6×26×32	6	32	6
28	6×28×32	6	32	7	28	6×28×34	6	34	7
32	8×32×36	8	36	6	32	8×32×38	8	38	6
36	8×36×40	8	40	7	36	8×36×42	8	42	7
42	8×42×46	8	46	8	42	8×42×48	8	48	8
46	8×46×50	8	50	9	46	8×46×54	8	54	9
52	8×52×58	8	58	10	52	8×52×60	8	60	10
56	8×56×62	8	62	10	56	8×56×65	8	65	10
62	8×62×68	8	68	12	62	8×62×72	8	72	12
72	10×72×78	10	78	12	72	10×72×82	10	82	12
82	10×82×88	10	88	12	82	10×82×92	10	92	12
92	10×92×98	10	98	14	92	10×92×102	10	102	14
102	10×102×108	10	108	16	102	10×102×112	10	112	16
112	10×112×120	10	120	18	112	10×112×125	10	125	18

■ 구멍 및 축의 공차

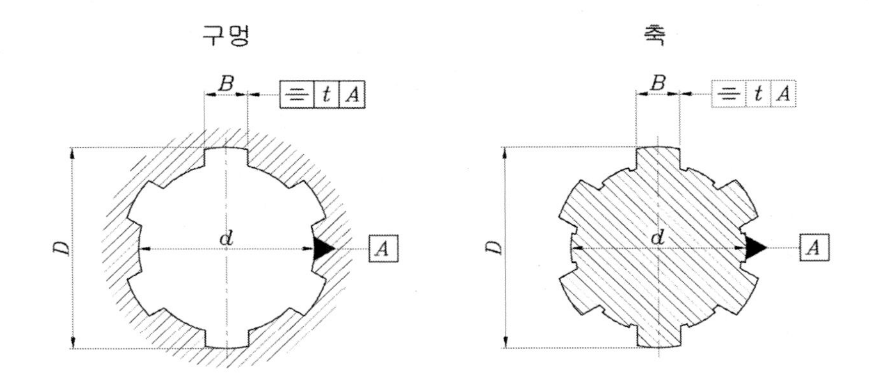

구멍 공차						축공차			고정형태
브로칭 후 열처리하지 않은 것			브로칭 후 열처리한 것						
B	D	d	B	D	d	B	D	d	
H9	H10	H7	H11	H10	H7	d10	a11	f7	미끄럼형
						f9	a11	g7	근접 미끄럼형
						h10	a11	h7	고정형

■ 대칭에서의 공차

단위 : mm

스플라인 나비 B	3	3, 5, 4, 5, 6	7, 8, 9, 10	12, 14, 16, 18
대칭에서 공차 t	0.010 (IT7)	0.012 (IT7)	0.015 (IT7)	0.018 (IT7)

■ 스플라인의 재질 및 열처리 [참고]

요구 재질과 열처리	소재의 열처리	소재 경도, HB	비 고
SM43C 담금질, 뜨임	담금질, 뜨임 (뜨임 온도 630~680℃)	170~200	강도가 그다지 필요없는 축
SM43C 고주파 열처리, 뜨임	담금질, 뜨임 (뜨임 온도 603~680℃)	170~200	고강도가 필요한 축
표면 경화재 침탄 열처리, 뜨임	불림	170~200	
일반 구조용 압연강재		180 이하	

[주] 위 표 이외의 재질을 사용하는 경우의 열처리에 관해서는 별도로 제조사와 협의할 것

■ 스플라인 및 세레이션의 표시방법 [KS B ISO 6413]

① 스플라인 이음(spline joint)

원통 모양 축의 바깥 둘레에 설치한 등간격의 이(齒)와 이것과 관련하는 원통 모양 구멍의 안둘레에 설치한 축과 같은 간격의 끼워 맞추는 홈이 동시에 물림으로써 토크를 전달하는 결합된 동축의 기계요소[KS B ISO 4156]

② 인벌류트 스플라인(involute spline)

잇면의 윤곽이 인벌류트 곡선의 이 또는 홈을 가진 스플라인 이음의 축 또는 구멍[KS B ISO 4156]

③ 각형 스플라인(straight-sided spline)

잇면의 윤곽이 평행 평면의 이 또는 홈을 가진 스플라인 이음의 축 또는 구멍

④ 세레이션(serration)

잇면의 윤곽이 일반적으로 60°인 압력각의 이 또는 홈을 가진 스플라인 이음의 축 또는 구멍

3. 그림 기호

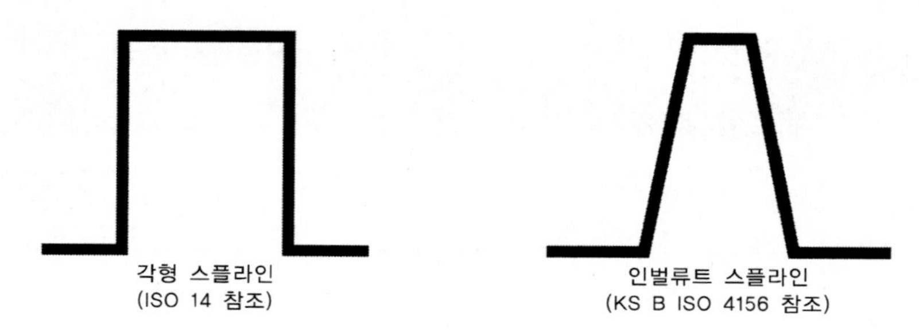

4. 호칭 방법의 지시 방법

호칭 방법은 그 형체 부근에 반드시 스플라인 이음의 윤곽에서 인출선을 끌어내어서 지시하는 것이 좋다.

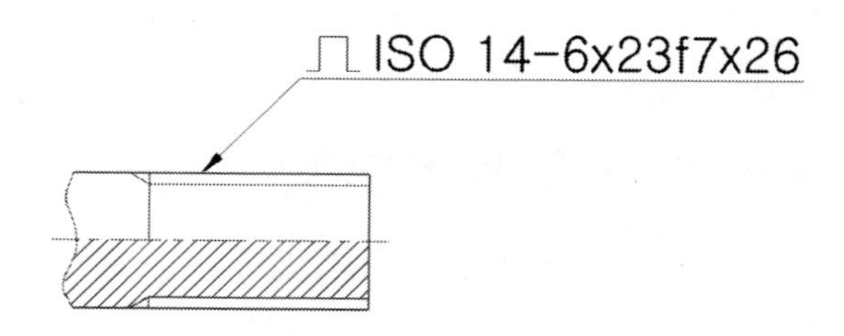

스플라인 이음이 위의 규정에 따르지 않는 경우 또는 그 요구사항을 수정한 경우에는 필요사항을 그 도면 안이나 다른 관련 문서에 표의 형식으로 표시함과 동시에 적용하는 윤곽에 인출선 및 도면기호를 사용하여 조합시켜야 한다.

5. 스플라인 이음의 완전한 도시

정확한 치수에서 모든 상세부를 나타내는 스플라인 이음의 완전한 도시는 보통은 기술 도면에는 필요하지 않으므로 피하는 것이 좋다. 만일 그와 같은 도시를 하여야 할 경우에는 ISO 128에 규정하는 도형의 표시방법을 적용한다.

6. 각형 스플라인 및 인벌류트 스플라인의 간단한 도시

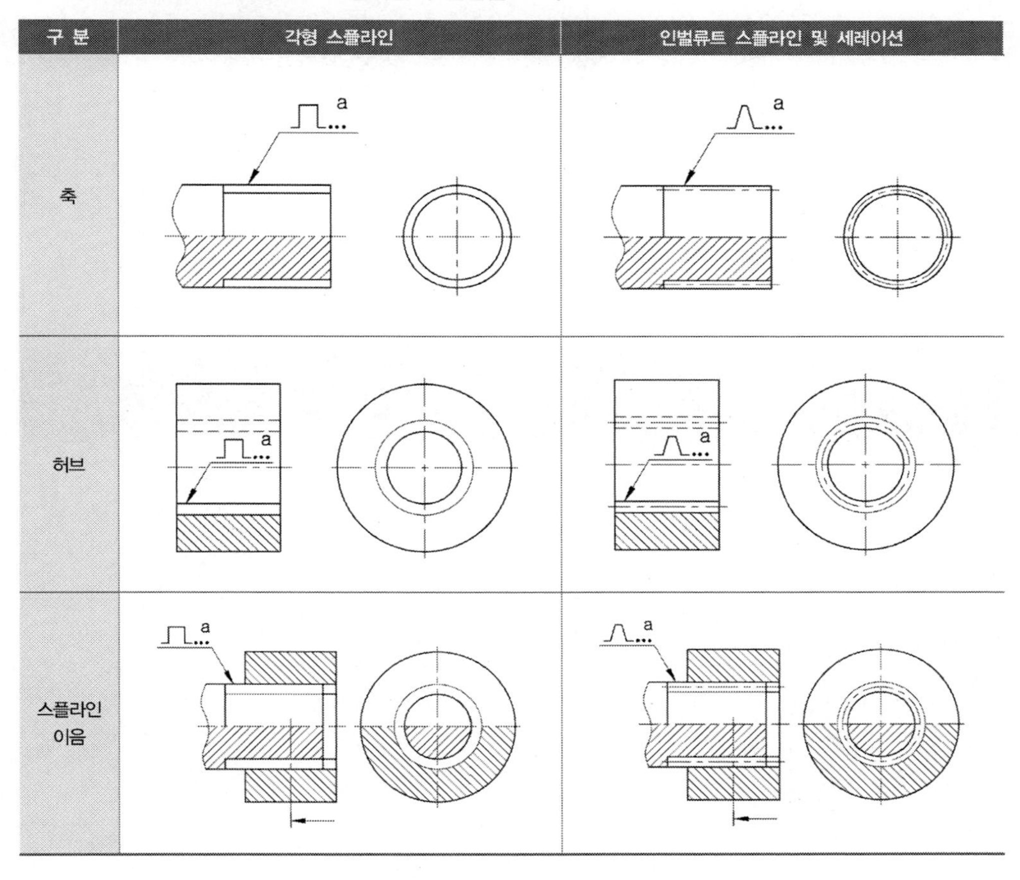

구 분
각형 스플라인
인벌류트 스플라인 및 세레이션
축
허브
스플라인 이음
a

• 세부의 도시(축 및 허브)

기본 원칙에 따라 스플라인 이음의 부분은 이를 가공하지 않은 중실 부분으로 도시하고, 여기에 가는 실선(ISO 128의 선의 종류 B 참조)으로 이 뿌리면 또는 가는 일점쇄선(ISO 128의 선의 종류 G 참조)으로 피치면을 도시한다.

8-5 각형 스플라인 [참고자료]

1. 각형 스플라인 I형의 모양과 기본 치수

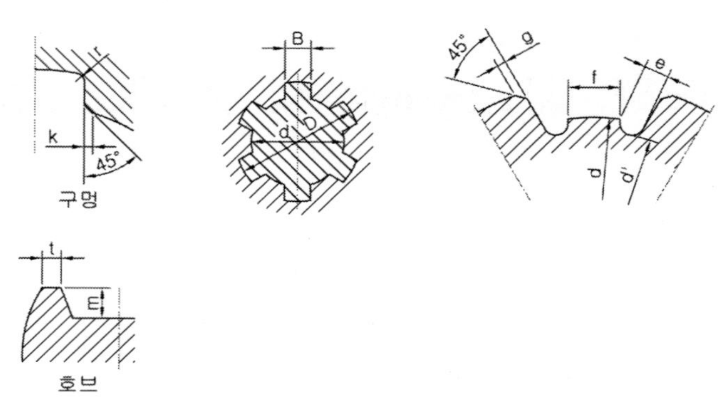

단위 : mm

호칭 지름 d	홈 수 N	작은 지름 d	큰 지름 D	나비 B	g (최소)	k (최대)	r (최대)	참고: 넓이 S_0 (㎟)	참고: 호브를 절단할 경우 d' (최소)	e (최대)	f (최소)	호브 t	호브 m
23	6	23	26	6	0.3	0.3	0.2	6.6	22.0	1.3	3.4	0.5	0.5
26		26	30	6				9.5	24.4	1.9	3.8	0.7	0.8
28		28	32	7				9.6	26.6	1.8	4.0		0.7
32		32	36	8			0.3	9.6	30.6	1.8	5.1		
36		36	40	8				9.5	34.6	1.8	7.2		
42		42	46	10				9.6	40.8	1.6	8.7		0.6
46		46	50	12				9.7	44.8	1.5	9.0		
52		52	58	14	0.4	0.4	0.4	15.1	50.2	2.4	8.2	1.0	0.9
56		56	62	14				14.9	54.2	2.5	10.2		
62		62	68	16				15.0	60.2	2.4	11.5		
72		72	78	18				14.9	70.2	2.4	14.9		
82		82	88	20				14.9	80.4	2.2	18.3		0.8
92		92	98	22				14.8	90.4	2.1	21.8		
32	8	32	36	6	0.4	0.4	0.3	11.0	30.2	1.2	2.5	0.7	0.9
36		36	40	7				11.1	34.4	1.9	3.3		0.8
42		42	46	8				11.1	40.4	1.8	4.9		
46		46	50	9	0.5	0.5	0.5	11.1	44.4	1.7	5.6		
52		52	58	10				17.9	49.6	2.8	4.8		1.2
56		56	62	10				17.7	53.4	2.8	6.3	1.0	1.3
62		62	68	12				17.9	59.6	2.6	7.1		1.2
72	10	72	78	12	0.5	0.5	0.5	22.0	69.4	2.6	6.4	1.0	1.3
82		82	88	12				21.7	79.4	2.6	8.5		
92		92	98	14				21.8	89.4	2.5	9.9		
102		102	108	16				21.9	99.6	2.2	11.6		1.2
112		112	120	18				32.1	108.8	3.3	10.5	1.3	1.6

[주]
1. r은 모떼기로써 대신할 수 있다.
2. S_0는 스플라인의 길이 1mm마다의 치면이 압력을 받는 넓이를 표시한다.

비고
1. 축의 치면은 작은 지름 d를 그린 원호와 교차하는 부분까지 평행하여야 한다.
2. 축을 호브 가공하는 경우 이외에는 d', e, f의 값은 제한하지 않는다.

2. 각형 스플라인 II형의 모양과 기본 치수

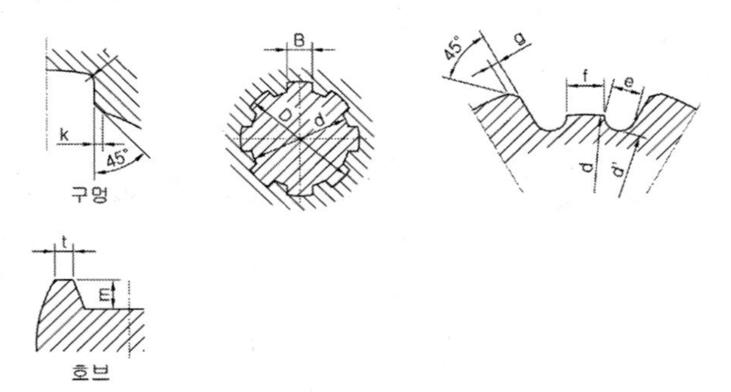

단위 : mm

호칭 지름 d	홈 수 N	작은 지름 d	큰 지름 D	나비 B	g (최소)	k (최대)	r (최대)	참고					
								넓이	호브를 절단할 경우				
								S_0	d'	e	f	호브	
								(㎟)	(최소)	(최대)	(최소)	t	m
11	6	11	14	3	0.3	0.3	0.2	6.6	9.8	1.7	-	0.5	0.6
13		13	16	3.5				6.6	11.8	1.6	-		
16		16	20	4				9.6	14.4	2.2	-	0.7	0.8
18		18	22	5				9.7	16.6	2.0	0.4		0.7
21		21	25	5				9.5	19.4	2.1	1.9		0.8
23		23	28	6				12.7	21.2	2.4	1.2		0.9
26		26	32	6	0.4	0.4	0.3	14.6	23.6	3.2	1.2	1.0	1.2
28		28	34	7				14.8	25.8	3.1	1.4		1.1
32		32	38	8				14.8	29.8	2.9	2.8		
36		36	42	8				14.6	33.6	3.0	4.8		1.2
42		42	48	10				14.8	39.8	2.8	6.3		1.1
46		46	54	12	0.5	0.5	0.5	20.2	43.2	3.7	4.5	1.3	1.4
52		52	60	14				20.4	49.2	3.5	6.0		
56		56	65	14				23.2	53.4	4.3	6.6	1.6	1.3
62		62	72	16				26.4	58.8	4.6	7.1		1.6
72		72	82	18				26.3	68.6	4.7	10.1	2.0	1.7
82		82	92	20				26.3	78.8	4.6	13.5		1.6
92		92	102	22				26.2	88.8	4.5	17.0		
32	8	32	38	6	0.4	0.4	0.3	19.1	29.2	3.3	-	1.0	1.4
36		36	42	7				19.2	33.4	3.1	0.9		1.3
42		42	48	8				19.2	39.4	3.0	2.4		
46		46	54	9	0.5	0.5	0.5	26.0	42.6	4.1	0.8	1.3	1.7
52		52	60	10				26.0	48.6	3.9	2.6		
56		56	65	10				29.9	52.0	4.8	2.3	1.6	2.0
62		62	72	12				34.1	57.8	5.1	2.1		2.1
72	10	72	82	12	0.5	0.5	0.5	42.2	67.4	5.3	-	2.0	2.3
82		82	92	12				41.9	77.0	5.4	2.9		2.5
92		92	102	14				42.0	87.4	5.2	4.5		2.3
102		102	112	16				42.1	97.6	4.9	6.2		2.2
112		112	125	18				57.3	106.0	6.5	4.1	2.4	3.0

[주]

1. r은 모떼기로써 대신할 수 있다.
2. S_0는 스플라인의 길이 1mm마다의 치면이 압력을 받는 넓이를 표시한다.

비고

1. 축의 치면은 작은 지름 d를 그린 원호와 교차하는 부분까지 평행하여야 한다.
2. 축을 호브 가공하는 경우 이외에는 d', e, f의 값은 제한하지 않는다.

8-6 머리붙이가 있거나 없는 가는 경사키와 관련 키홈 [KS B ISO 2492]

■ 모양, 키의 치수 및 키의 공차

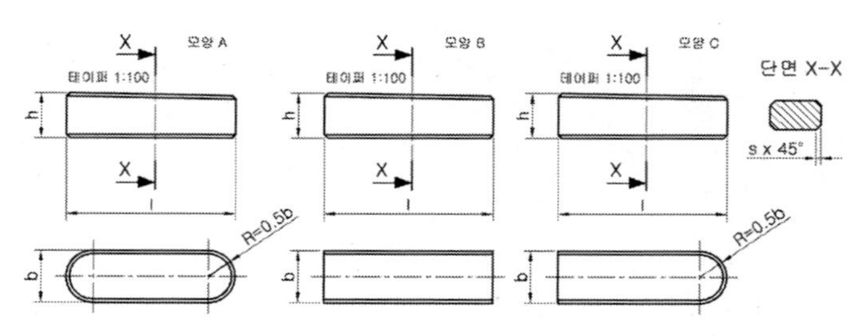

〈머리붙이가 없는 키〉

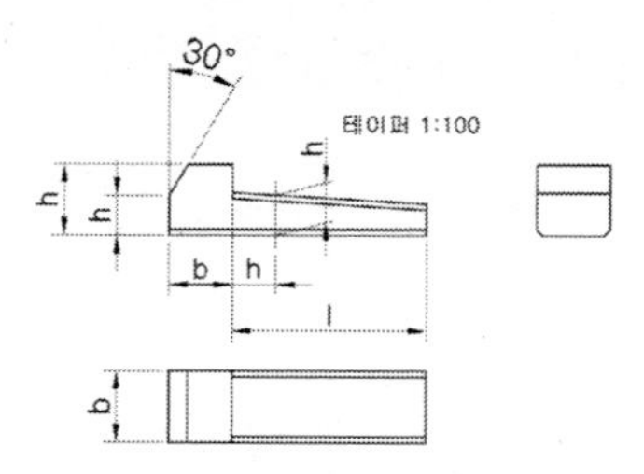

〈머리붙이가 있는 키〉

■ 키의 치수 및 공차

단위 : mm

너비 b		두께 h		모떼기 s		길이 l		머리붙이
호칭	공차 h9	호칭	공차 h11	최소	최대	범위 부터	범위 까지	호칭
8	0	5		0.25	0.40	20	70	8
10	-0.036	6	0	0.40	0.60	25	90	10
12		6	-0.075	0.40	0.60	32	125	10
14	0	6		0.40	0.60	36	140	10
16	-0.043	7		0.40	0.60	45	180	11
18		7		0.40	0.60	50	200	11
20		8	0	0.60	0.80	56	220	12
22	0	9	-0.090	0.60	0.80	63	250	14
25	-0.052	9		0.60	0.80	70	280	14
28		10		0.60	0.80	80	320	16
32		11		0.60	0.80	90	360	18
36		12		1.00	1.20	100	400	20
40	0	14	0	1.00	1.20	125	400	22
45	-0.062	16	-0.110	1.00	1.20	140	400	25
50		18		1.00	1.20	160	400	28

[주]

1. 모떼기 s는 길이 방향과 둥근 끝의 모서리만을 모떼기한다. 그 밖의 모서리는 단순 절단한다.
2. 키의 길이 : 10, 12, 14, 16, 18, 20, 22, 25, 28, 32, 36, 40, 45, 50, 56, 63, 70, 80, 90, 100, 110, 125, 140, 160, 200, 220, 250, 280, 320, 360, 400
3. 공차 h9와 h11은 키의 단면 치수에만 적용한다.

■ 플랫 및 키홈의 치수와 공차

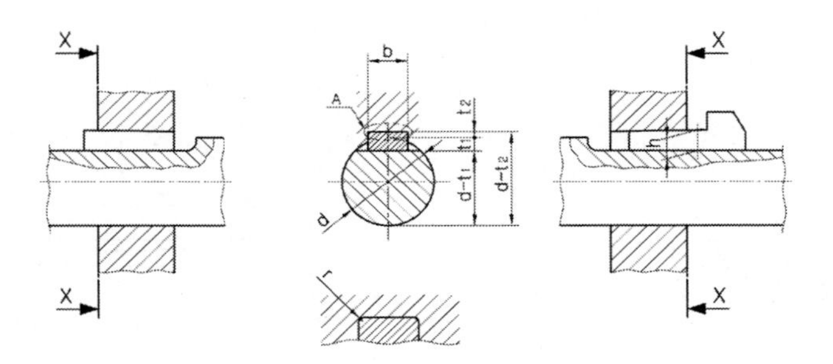

단위 : mm

축		키	키 홈(허브)						플랫(축)	
지름 d		단면	너비 b		깊이 t_2		반지름 r		높이 t_1	
초과	이하	$b \times h$	호칭	공차 D10	호칭	공차	최대	최소	호칭	공차
22	30	8×5	8	+0.098 +0.040	1.7	+0.1 0	0.25	0.16	3	+0.1 0
30	38	10×6	10		2.2		0.40	0.25	3.5	
38	44	12×6	12	+0.120 +0.050	2.2		0.40	0.25	3.5	
44	50	14×6	14		2.2		0.40	0.25	3.5	
50	58	16×7	16		2.4	+0.2 0	0.40	0.25	4	+0.2 0
58	65	18×7	18		2.4		0.40	0.25	4	
65	75	20×8	20	+0.149 +0.065	2.4		0.60	0.40	5	
75	85	22×9	22		2.9		0.60	0.40	5.5	
85	95	25×9	25		2.9		0.60	0.40	5.5	
95	110	28×10	28		3.4		0.60	0.40	6	
110	130	32×11	32	+0.180 +0.080	3.4		0.60	0.40	7	
130	150	36×12	36		3.9		1.00	0.70	7.5	
150	170	40×14	40		4.4		1.00	0.70	9	
170	200	45×16	45		5.4		1.00	0.70	10	
200	230	50×18	50		6.4		1.00	0.70	11	

[주]

1. 축지름과 키의 단면 사이의 관계는 엄격히 고려되어야 한다.
2. 축과 허브에서의 키홈의 깊이는 직접 측정하거나 $(d-t_1)$과 $(d+t_2)$치수 측정으로 얻는다. 복합 치수 $(d-t_1)$과 $(d+t_2)$는 t_1, t_2에 대한 허용차를 적용하지만, t_1에 대해서는 위 표에 주어진 허용차 부호와 반대이다. 키홈의 깊이는 측면 모서리에서는 측정하지 않는다. t_1, t_2에 대한 허용차는 호칭 치수로서 키의 두께에서 채택되어 얻어지는 허용차 $k12$와 거의 일치한다.
3. 수요자와 제조자 사이에 동의가 있다면, 축상의 플랫은 허브에서 키홈의 너비와 같은 너비(공차 포함)를 가지고 플랫의 높이와 같은 깊이(공차 포함)를 가지는 키홈으로 대신해도 좋다.

참고

• 경사키의 부속품은 꼭맞는 키의 테이퍼가 필요하다. 위에 주어진 치수와 공차는 모든 경우에서 이를 가능하게 하는 방법으로 정해져 있다.

8-7 접선키와 키홈 [KS B ISO 3117]

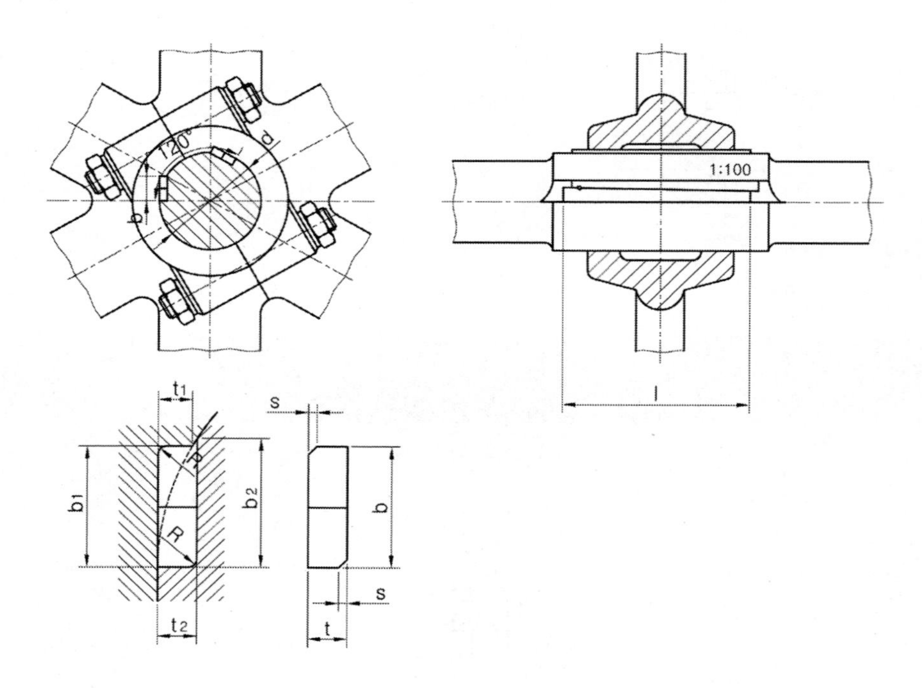

[주]
길이 l은 설계 함수이다. 이 값은 항상 지정되어야 한다. 이 길이는 허브의 길이보다 10~15% 정도 크게 설정하도록 권장된다.

참고

1. 조립품 후단의 키의 상대적 위치는 맞춤못 또는 다른 적절한 방법으로 고정한다.
2. 축 및 허브에 키홈 절삭을 용이하게 하기 위해 관련 당사자 사이의 합의에 의하여 180° 떨어져 있기도 한다.

■ 키와 키홈의 치수 및 허용차

단위 : mm

축 지름 d	키					키 홈							
	두께 (t)		계산 너비 b	모떼기 (s)		깊이				계산 너비		반지름 R	
	호칭	허용차 h11		최소	최대	허브에서 t_1 호칭	허브에서 t_1 허용차	축에서 t_2 호칭	축에서 t_2 허용차	허브에서 b_1	축에서 b_2	최대	최소
60	7	0 −0.090	19.3	0.6	0.8	7	0 −0.2	7.3	+0.2 0	19.3	19.6	0.6	0.4
63	7		19.8	0.6	0.8	7		7.3		19.8	20.2	0.6	0.4
65	7		20.1	0.6	0.8	7		7.3		20.1	20.5	0.6	0.4
70	7		21.0	0.6	0.8	7		7.3		21.0	21.4	0.6	0.4
71	8		22.5	0.6	0.8	8		8.3		22.5	22.8	0.6	0.4
75	8		23.2	0.6	0.8	8		8.3		23.2	23.5	0.6	0.4
80	8		24.0	0.6	0.8	8		8.3		24.0	24.4	0.6	0.4
85	8		24.8	0.6	0.8	8		8.3		24.8	25.2	0.6	0.4
90	8		25.6	0.6	0.8	8		8.3		25.6	26.0	0.6	0.4
95	9		27.8	0.6	0.8	9		9.3		27.8	28.2	0.6	0.4
100	9		28.6	0.6	0.8	9		9.3		28.6	29.0	0.6	0.4
110	9		30.1	0.6	0.8	9		9.3		30.1	30.6	0.6	0.4
120	10		33.2	1.0	1.2	10		10.3		33.2	33.6	1.0	0.7
125	10		33.9	1.0	1.2	10		10.3		33.9	34.4	1.0	0.7
130	10		34.6	1.0	1.2	10		10.3		34.6	35.1	1.0	0.7
140	11	0 −0.110	37.7	1.0	1.2	11		11.4		37.7	38.3	1.0	0.7
150	11		39.1	1.0	1.2	11		11.4		39.1	39.7	1.0	0.7
160	12		42.1	1.0	1.2	12	0 −0.3	12.4	+0.3 0	42.1	42.8	1.0	0.7
170	12		43.5	1.0	1.2	12		12.4		43.5	44.2	1.0	0.7
180	12		44.9	1.0	1.2	12		12.4		44.9	45.6	1.0	0.7
190	14		49.6	1.0	1.2	14		14.4		49.6	50.3	1.0	0.7
200	14		51.0	1.0	1.2	14		14.4		51.0	51.7	1.0	0.7
220	16		57.1	1.6	2.0	16		16.4		57.1	57.8	1.6	1.2
240	16		59.9	1.6	2.0	16		16.4		59.9	60.6	1.6	1.2
250	18		64.6	1.6	2.0	18		18.4		64.6	65.3	1.6	1.2
260	18		66.0	1.6	2.0	18		18.4		66.0	66.7	1.6	1.2
280	20	0 −0.130	72.1	2.5	3.0	20		20.4		72.1	72.8	2.5	2.0
300	20		74.8	2.5	3.0	20		20.4		74.8	75.5	2.5	2.0
320	22		81.0	2.5	3.0	22		22.4		81.0	81.6	2.5	2.0
340	22		83.6	2.5	3.0	22		22.4		83.6	84.3	2.5	2.0
360	26		93.2	2.5	3.0	26		26.4		93.2	93.8	2.5	2.0
380	26		95.9	2.5	3.0	26		26.4		95.9	96.6	2.5	2.0
400	26		98.6	2.5	3.0	26		26.4		98.6	99.3	2.5	2.0
420	30		108.2	3.0	4.0	30		30.4		108.2	108.8	3.0	2.5
440	30		110.9	3.0	4.0	30		30.4		110.9	111.6	3.0	2.5
450	30		112.3	3.0	4.0	30		30.4		112.3	112.9	3.0	2.5
460	30		113.6	3.0	4.0	30		30.4		113.6	114.3	3.0	2.5
480	34	0 −0.160	123.1	3.0	4.0	34		34.4		123.1	123.8	3.0	2.5
500	34		125.9	3.0	4.0	34		34.4		125.9	126.6	3.0	2.5
530	38		136.7	3.0	4.0	38		38.4		136.7	137.4	3.0	2.5
560	38		140.8	3.0	4.0	38		38.4		140.8	141.5	3.0	2.5
600	42		153.1	3.0	4.0	42		42.4		153.1	153.8	3.0	2.5
630	42		157.1	3.0	4.0	42		42.4		157.1	157.8	3.0	2.5

[주]

1. 축지름이 사이에 있는 경우 인접한 지름에 대해 주어진 키와 키홈의 치수를 적용한다. 축지름이 630mm 이상일 경우 키와 키홈의 치수는 다음 식을 이용하여 계산한다.

$t = 0.068d$ (mm 미만의 값은 버린다.)
$b = \sqrt{t \times (d-t)}$
$t_1 = t$
$t_2 = t + 0.4$mm (t≤45mm인 경우)
$= t + 0.5$mm (t>45mm인 경우
$b_1 = b = \sqrt{t \times (d-t)}$
$b = \sqrt{t_2 \times (d-t_2)}$

2. 너비 b는 허브와 축에서 각각 밀링된 키홈의 너비 b_1과 b_2의 함수이다. 이론적인 값은 $\sqrt{t \times (d-t)}$와 같다.
3. 너비 b_1은 밀링 깊이 t_1의 함수이다. 이 값은 공식 $b_1 = b = \sqrt{t \times (d-t)}$를 기초로 계산되었다. 이 계산된 값은 호칭이며 허브에서 키홈 너비의 최대값이다.
4. 너비 b_2는 밀링 깊이 t_2의 함수이다. 이 값은 공식 $b_2 = b = \sqrt{t_2 \times (d-t_2)}$를 기초로 계산되었다. 이 계산된 값은 호칭이며 허브에서 키홈 너비의 최대값이다.

비고

- 구동 장치가 특별히 심하게 충격을 받기 쉽거나 빈번하게 회전 방향이 바뀌는 경우 아래의 데이터로부터 계산된 치수의 단면보다 더 큰 키를 사용하는 것이 권장된다.

$t = 0.1d$
$t_1 = t$
$b = \sqrt{t \times (d-t)} = 0.3d$
$t_2 = t + 0.3$ mm ($t \leq$45mm인 경우)
$= t + 0.4$ mm (10mm<$t \leq$45mm인 경우)
$= t + 0.5$ mm (t>45mm인 경우)
$b_1 = b = \sqrt{t \times (d-t)} = 0.3d$
$b_2 = b = \sqrt{t_2 \times (d-t_2)}$

■ *s*와 *R*의 치수

단위 : mm

t의 범위	s		R	
	최소	최대	최대	최소
$t \leq 9$	0.6	0.8	0.6	0.4
$9 < t \leq 14$	1.0	1.2	1.0	0.7
$14 < t \leq 18$	1.6	2.0	1.6	1.2
$18 < t \leq 26$	2.5	3.0	2.5	2.0
$26 < t \leq 42$	3.0	4.0	3.0	2.5
$42 < t \leq 56$	4.0	5.0	4.0	3.0
$56 < t \leq 63$	5.0	6.0	5.0	4.0

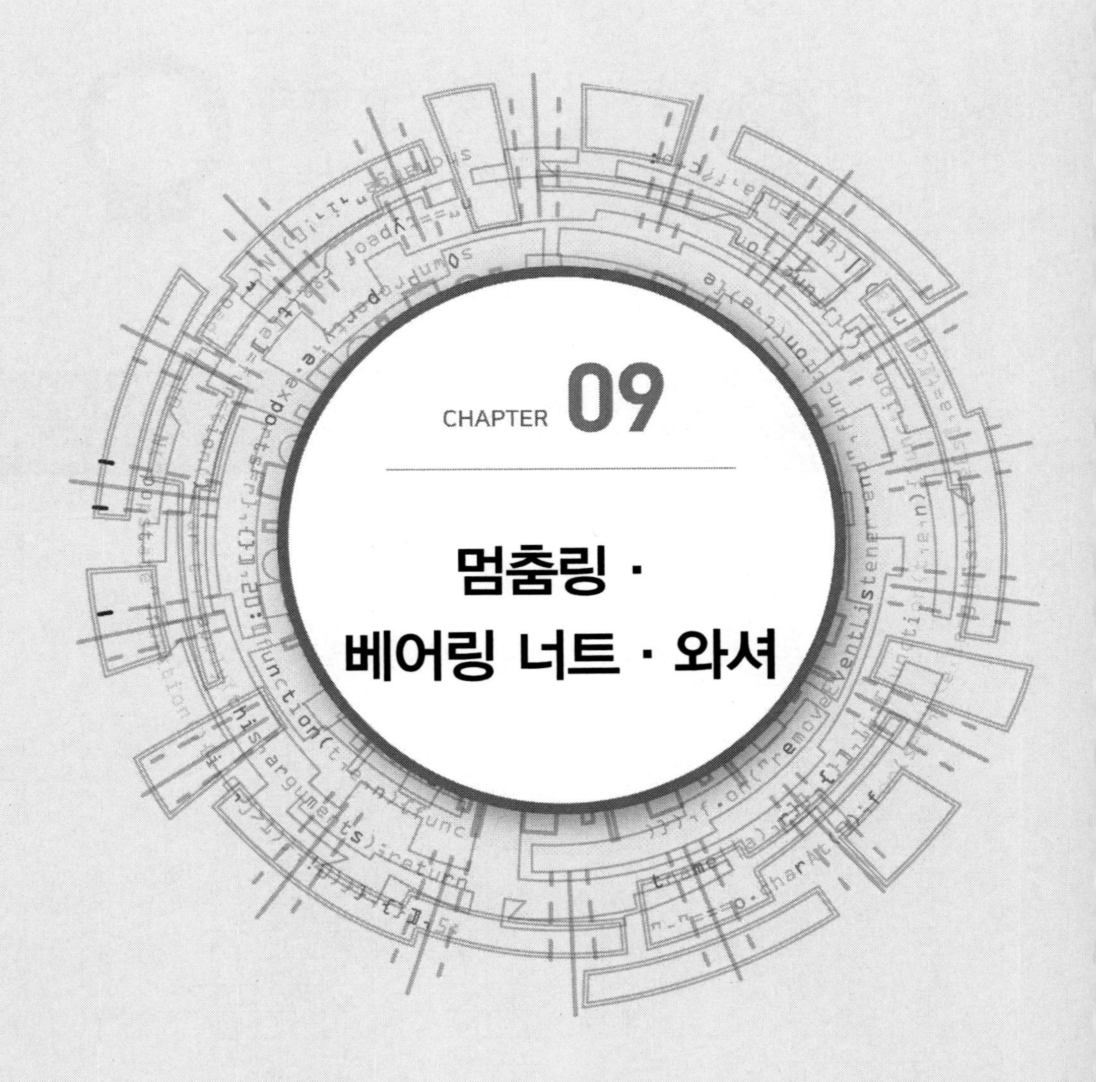

CHAPTER 09

멈춤링 · 베어링 너트 · 와셔

9-1 축용 C형 멈춤링 [KS B 1336]

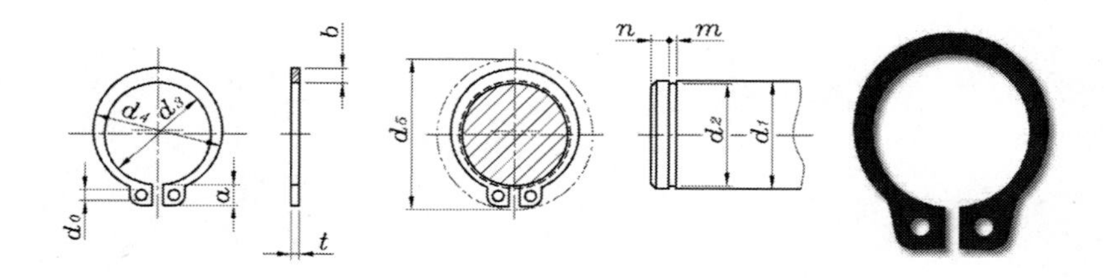

지름 d_0의 구멍위치는 멈춤링을 적용하는 축에 끼워졌을 때 홈에 가려지지 않도록 한다.
d_5는 축에 끼울 때의 바깥 둘레의 최대 지름

호칭			멈춤링							적용하는 축(참고)						
			d_3		t		b	a	d_0			d_2		m		n
1	2	3	기준치수	허용차	기준치수	허용차	약	약	최소	d_5	d_1	기준치수	허용차	기준치수	허용차	최소
10			9.3	±0.15	1	±0.05	1.6	3	1.2	17	10	9.6	0 −0.09	1.15	+0.14 0	1.5
	11		10.2				1.8	3.1		18	11	10.5	0 −0.11			
12			11.1	±0.18			1.8	3.2	1.5	19	12	11.5				
		13	12				1.8	3.3		20	13	12.4				
14			12.9				2	3.4	1.7	22	14	13.4				
15			13.8				2.1	3.5		23	15	14.3				
16			14.7				2.2	3.6		24	16	15.2				
17			15.7				2.2	3.7		25	17	16.2				
18			16.5		1.2	±0.06	2.6	3.8	2	26	18	17		1.35		
	19		17.5				2.7	3.8		27	19	18				
20			18.5	±0.2			2.7	3.9		28	20	19	0 −0.21			
		21	19.5				2.7	4		30	21	20				
22			20.5				2.7	4.1		31	22	21				
	24		22.2				3.1	4.2		33	24	22.9				
25			23.2				3.1	4.3		34	25	23.9				
	26		24.2				3.1	4.4		35	26	24.9				
28			25.9		1.6		3.1	4.6		38	28	26.6		1.75		
		29	26.9				3.5	4.7		39	29	27.6				
30			27.9				3.5	4.8		40	30	28.6				
32			29.6				3.5	5	2.5	43	32	30.3	0 −0.25			
		34	31.5	±0.25			4	5.3		45	34	32.3				
35			32.2				4	5.4		46	35	33				
	36		33.2		1.8	±0.07	4	5.4		47	36	34		1.95		2
	38		35.2				4.5	5.6		50	38	36				
40			37	±0.4			4.5	5.8		53	40	38				
	42		38.5				4.5	6.2		55	42	39.5				
45			41.5				4.8	6.3		58	45	42.5				
	48		44.5		2		4.8	6.5		62	48	45.5		2.2		
50			45.8				5	6.7		64	50	47				
		52	47.8				5	6.8		66	52	49				

■ 축용 C형 멈춤링

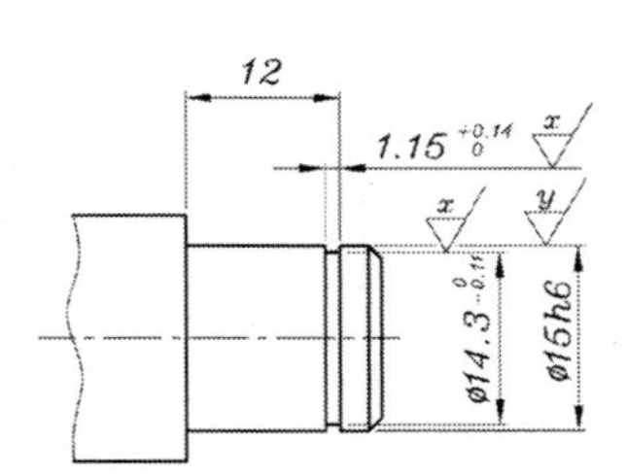

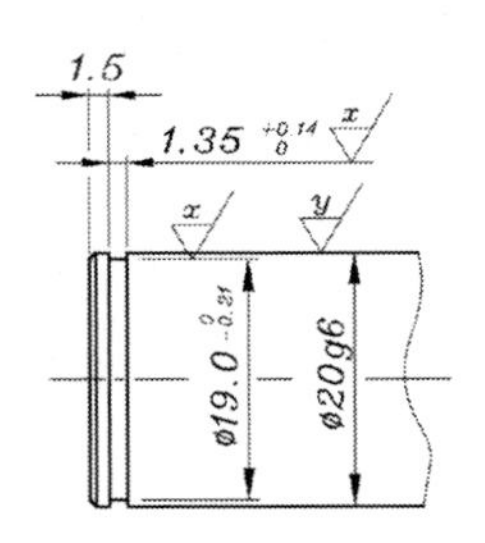

호칭			멈춤링							적용하는 축(참고)						
			d_3		t		b	a	d_0	d_5	d_1	d_2		m		n
1	2	3	기준 치수	허용차	기준 치수	허용차	약	약	최소			기준 치수	허용차	기준 치수	허용차	최소
55			50.8	±0.45	2	±0.07	5	7	2.5	70	55	52	0 −0.3	2.2	+0.14 0	2
	56		51.8				5	7		71	56	53				
		58	53.8				5.5	7.1		73	58	55				
60			55.8				5.5	7.2		75	60	57				
		62	57.8				5.5	7.2		77	62	59				
		63	58.8				5.5	7.3		78	63	60				
65			60.8		2.5	±0.08	6.4	7.4		81	65	62		2.7		2.5
		68	63.5				6.4	7.8		84	68	65				
70			65.5				6.4	7.8		86	70	67				
		72	67.5				7	7.9		88	72	69				
75			70.5				7	7.9		92	75	72				
		78	73.5				7.4	8.1		95	78	75				
80			74.5				7.4	8.2		97	80	76.5				
		82	76.5				7.4	8.3	3	99	82	78.5				
85			79.5		3	±0.09	8	8.4		103	85	81.5	0 −0.35	3.2	+0.18 0	3
		88	82.5	±0.55			8	8.6		106	88	84.5				
90			84.5				8	8.7		108	90	86.5				
95			89.5				8.6	9.1		114	95	91.5				
100			94.5				9	9.5		119	100	96.5				
	105		98		4		9.5	9.8		125	105	101	0 −0.54	4.2		4
110			103				9.5	10		131	110	106				
		115	108				9.5	10.5		137	115	111				
120			113				10.3	10.9		143	120	116				
		125	118				10.3	11.3	3.5	148	125	121	0 −0.63			

[주]

(1) 호칭은 1란의 것을 우선하며, 필요에 따라서 2란, 3란의 순으로 한다. 또한, 3란은 앞으로 폐지할 예정이다.

(2) 두께 t=1.6mm는 당분간 1.5mm로 할 수 있다. 이때 m=1.65mm로 한다.

참고

(1) 멈춤링 원환 부의 최소 나비는 판 두께 t보다 작지 않아야 한다.

(2) 적용하는 축의 치수는 권장하는 치수를 참고로 표시한 것이다.

(3) d_4치수(mm)는 $d_4=d_3+(1.4\sim1.5)b$로 하는 것이 바람직하다.

9-2 구멍용 C형 멈춤링 [KS B 1336]

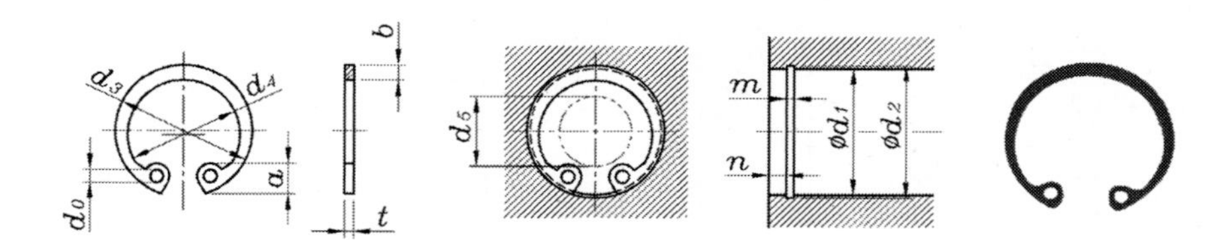

지름 d_0의 구멍위치는 멈춤링을 적용하는 축에 끼워졌을 때 홈에 가려지지 않도록 한다.
d_5는 구멍에 끼울 때의 안둘레의 최대 지름

호칭			멈춤링							적용하는 구멍 (참고)						
			d_3		t		b	a	d_0	d_5	d_1	d_2		m		n
1	2	3	기준치수	허용차	기준치수	허용차	약	약	최소			기준치수	허용차	기준치수	허용차	최소
10			10.7	±0.18	1	±0.05	1.8	3.1	1.2	3	10	10.4	+0.11 0	1.15	+0.14 0	1.5
11			11.8				1.8	3.2		4	11	11.4				
12			13				1.8	3.3	1.5	5	12	12.5				
	13		14.1				1.8	3.5		6	13	13.6				
14			15.1				2	3.6	1.7	7	14	14.6				
	15		16.2				2	3.6		8	15	15.7				
16			17.3				2	3.7		8	16	16.8				
	17		18.3	±0.2			2	3.8		9	17	17.8				
18			19.5				2.5	4		10	18	19	+0.21 0			
19			20.5				2.5	4	2	11	19	20				
20			21.5				2.5	4		12	20	21				
		21	22.5				2.5	4.1		12	21	22				
22			23.5				2.5	4.1		13	22	23				
	24		25.9		1.2	±0.06	2.5	4.3		15	24	25.2		1.35		
25			26.9				3	4.4		16	25	26.2				
	26		27.9				3	4.6		16	26	27.2				
28			30.1	±0.25			3	4.6		18	28	29.4				
30			32.1				3	4.7		20	30	31.4	+0.25 0			
32			34.4				3.5	5.2	2.5	21	32	33.7				
		34	36.5		1.6		3.5	5.2		23	34	35.7		1.75		2
35			37.8				3.5	5.2		24	35	37				
	36		38.8				3.5	5.2		25	36	38				
37			39.8				3.5	5.2		26	37	39				
	38		40.8				4	5.3		27	38	40				
40			43.5	±0.4	1.8	±0.07	4	5.7		28	40	42.5		1.95		
42			45.5				4	5.8		30	42	44.5				
45			48.5				4.5	5.9		33	45	47.5				
47			50.5	±0.45			4.5	6.1		34	47	49.5		1.9		

■ 구멍용 C형 멈춤링

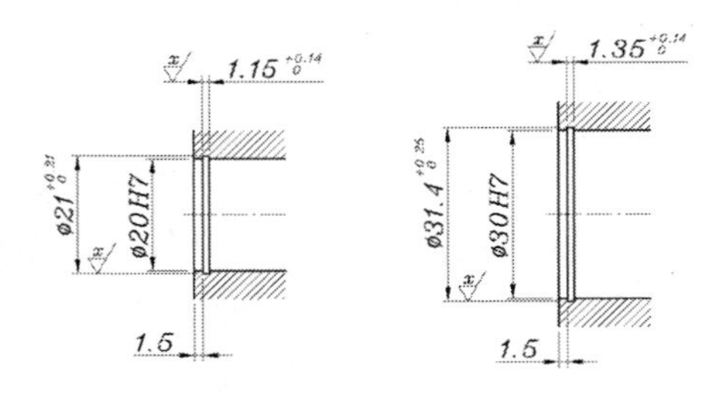

호칭			멈춤링							적용하는 구멍(참고)						
			d_3		t		b	a	d_0			d_2		m		n
1	2	3	기준 치수	허용차	기준 치수	허용차	약	약	최소	d_5	d_1	기준 치수	허용차	기준 치수	허용차	최소
	48		51.5		1.8		4.5	6.2		35	48	50.5		1.9		
50			54.2				4.5	6.5		37	50	53				
52			56.2				5.1	6.5		39	52	55				
55			59.2				5.1	6.5		41	55	58				
	56		60.2		2	±0.07	5.1	6.6		42	56	59		2.2		2
		58	62.2				5.1	6.8		44	58	61				
60			64.2	±0.45			5.5	6.8		46	60	63	+0.3 0			
62			66.2				5.5	6.9	2.5	48	62	65			+0.14 0	
	63		67.2				5.5	6.9		49	63	66				
	65		69.2				5.5	7		50	65	68				
68			72.5				6	7.4		53	68	71				
	70		74.5				6	7.4		55	70	73				
72			76.5		2.5	±0.08	6.6	7.4		57	72	75		2.7		2.5
75			79.5				6.6	7.8		60	75	78				
		78	82.5				6.6	8		62	78	81				
80			85.5				7	8		64	80	83.5				
		82	87.5				7	8		66	82	85.5				
85			90.5				7	8		69	85	88.5				
		88	93.5				7.6	8.2		71	88	91.5	+0.35 0			
90			95.5				7.6	8.3		73	90	93.5				
		92	97.5		3		8	8.3		74	92	95.5		3.2		3
95			100.5	±0.55			8	8.5		77	95	98.5				
		98	103.5				8.3	8.7		80	98	101.5				
100			105.5				8.3	8.8	3	82	100	103.5				
		102	108			±0.09	8.9	9		83	102	106			+0.18 0	
	105		112				8.9	9.1		86	105	109				
		108	115				8.9	9.5		87	108	112	+0.54 0			
110			117		4		8.9	10.2		89	110	114		4.2		4
	112		119				8.9	10.2		90	112	116				
	115		122				9.5	10.2		94	115	119				
120			127	±0.65			9.5	10.7		98	120	124	+0.63 0			
125			132				10	10.7	3.5	103	125	129				

9-3 E형 멈춤링 [KS B 1337]

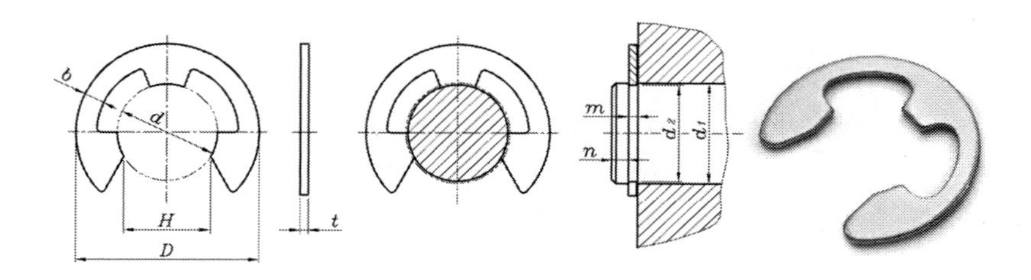

호칭 지름	멈춤링									적용하는 축 (참고)						
	d		D		H		t		b	d1의 구분		d_2		m		n
	기본 치수	허용차	기본 치수	허용차	기본 치수	허용차	기본 치수	허용차	약	초과	이하	기본 치수	허용차	기본 치수	허용차	최소
0.8	0.8	0 −0.08	2	±0.1	0.7	0 −0.25	0.2	±0.02	0.3	1	1.4	0.8	+0.05 0	0.3	+0.05 0	0.4
1.2	1.2	0 −0.09	3		1		0.3	±0.025	0.4	1.4	2	1.2	+0.06 0	0.4		0.6
1.5	1.5		4	±0.2	1.3		0.4	±0.03	0.6	2	2.5	1.5		0.5		0.8
2	2		5		1.7		0.4		0.7	2.5	3.2	2				1
2.5	2.5		6		2.1		0.4		0.8	3.2	4	2.5				
3	3		7		2.6		0.6	±0.04	0.9	4	5	3		0.7	+0.1 0	
4	4	0 −0.12	9		3.5	0 −0.30	0.6		1.1	5	7	4	+0.075 0			1.2
5	5		11		4.3		0.6		1.2	6	8	5				
6	6		12		5.2		0.8		1.4	7	9	6		0.9		
7	7	0 −0.15	14		6.1	0 −0.35	0.8		1.6	8	11	7	+0.09 0			1.5
8	8		16		6.9		0.8		1.8	9	12	8				1.8
9	9		18		7.8		0.8		2.0	10	14	9				2
10	10		20	±0.3	8.7	0 −0.45	1.0	±0.05	2.2	11	15	10		1.15	+0.14 0	
12	12	0 −0.18	23		10.4		1.0		2.4	13	18	12	+0.11 0			2.5
15	15		29		13.0		1.6	±0.06	2.8	16	24	15		1.75		3
19	19	0 −0.21	37		16.5		1.6		4.0	20	31	19	+0.13 0			3.5
24	24		44		20.8	0 −0.50	2.0	±0.07	5.0	25	38	24		2.2		4

[주]

(1) d의 측정에는 한계 플러그 게이지를 사용한다.
(2) D의 측정에는 KS B 5203의 버어니어 캘리퍼스를 사용한다.
(3) H의 측정에는 한계 플러그 게이지, 한계 납작 플러그 게이지 또는 KS B 5203의 버어니어 캘리퍼스를 사용한다.
(4) t의 측정에는 KS B 5203의 마이크로미터 또는 한계 스냅 게이지를 사용한다.
(5) 두께 t=1.6mm는 당분간 1.5mm로 할 수 있다. 이때 m=1.65mm로 한다.

비고

• 적용하는 축의 치수는 권장하는 치수를 참고로 표시한 것이다.

9-4 축용 C형 동심 멈춤링 [KS B 1338]

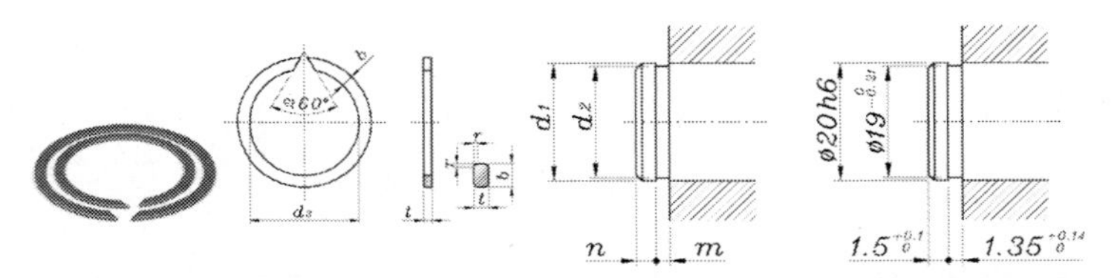

호 칭			멈춤링							적용하는 축(참고)					
			d_3		t		b		r	d_1	d_2		m		n
1	2	3	기준 치수	허용차	기준 치수	허용차	기준 치수	허용차	최대		기준 치수	허용차	기준 치수	허용차	최소
20			18.7	0 −0.5	1.2	±0.07	2	±0.1	0.3	20	19	0 −0.21	1.35	+0.14 0	1.5
22			20.7							22	21				
		22.4	21.1							22.4	21.5				
25			23.4							25	23.9				
28			26.1		1.6		2.8		0.5	28	26.6		1.75		
30			28.1							30	28.6				
		31.5	29.3							31.5	29.8	0 −0.25			
32			29.8							32	30.3				
35			32.5	0 −1.0						35	33				
		35.5	33							35.5	33.5				
40			37.4		1.75	±0.08	3.5	±0.12	0.7	40	38		1.9		2
	42		38.9							42	39.5				
45			41.9							45	42.5				
50			46.3		2		4			50	47		2.2		
55			51.3	0 −1.2						55	52	0 −0.3			
	56		52.3							56	53				
60			56.3							60	57				
		63	59.3							63	60				
65			61.3		2.5		5			65	62		2.7		2.5
70			66							70	67				
		71	67							71	68				
75			71							75	72				
80			75.1							80	76.5				
85			80.1	0 −1.4	3	±0.09	6	±0.15		85	81.5	0 −0.35	3.2		3
90			85.1							90	86.5				
95			90.1							95	91.5				
100			95.1							100	96.5				
105			98.8		4		8		1.2	105	101	0 −0.54	4.2	+0.18 0	4
110			103.8							110	106				
		112	105.8							112	108				
120			113.8							120	116				
	125		118.7							125	121	0 −0.63			
130			123.7	0 −2.5			10			130	126				
140			133.7							140	136				
150			142.7							150	145				
160			151.7							160	155				
170			161.2							170	165				
180			171.2							180	175				
190			181.1	0 −3.0						190	185	0 −0.72			
200			191.1							200	195				

[주] (1) 호칭은 1란의 것을 우선으로 하고, 필요에 따라서 2란, 3란(앞으로 폐지 예정)의 순으로 한다.
(2) 두께 t=1.6mm는 당분간 1.5mm로 할 수 있다. 이 경우 m=1.65

비고 (1) 적용하는 축의 치수는 권장하는 치수를 참고로 표시한 것이다.

9-5 구멍용 C형 동심 멈춤링 [KS B 1338]

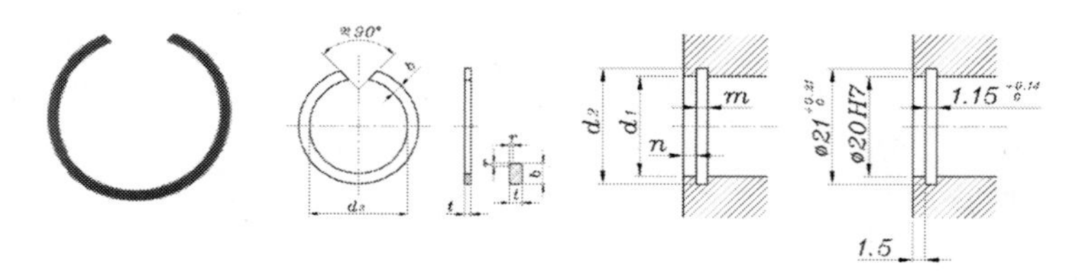

호 칭			멈춤링							적용하는 축(참고)					
			d_3		t		b		r	d_1	d_2		m		n
1	2	3	기준 치수	허용차	기준 치수	허용차	기준 치수	허용차	최대		기준 치수	허용차	기준 치수	허용차	최소
20			21.3	+0.5 0	1	±0.07	2	±0.1	0.3	20	21	+0.21 0	1.15	+0.14 0	1.5
22			23.3							22	23				
		22.4	25.7		1.2					24	25.2		1.35		
25			26.7							25	26.2				
		26	27.7							26	27.2				
28			29.9							28	29.4				
30			31.9	+1.0 0						30	31.4				
	32		34.2							32	33.7	+0.25 0			
35			37.5		1.6		2.8		0.5	35	37		1.75		2
		35.5	39.5							37	39				
40			43.1		1.75	±0.08	3.5	±0.12	0.7	40	42.5		1.9		
	42		45.1							42	44.5				
45			48.1							45	47.5				
	47		50.1	+1.2 0						47	49.5				
50			53.8		2		4			50	53		2.2		
52			55.8							52	55				
55			58.8							55	58	+0.3 0			
	56		59.8							56	59				
62			65.8							62	65				
	63		66.8							63	66				
68			72.1		2.5		5			68	71		2.7		2.5
72			76.1							72	75				
75			79.1							75	78				
80			85	+1.4 0						80	83.5				
85			90		3	±0.09	6	±0.15		85	88.5	+0.35 0	3.2	+0.18 0	3
90			95							90	93.5				
95			100							95	98.5				
100			105							100	103.5				
105			111.2		4		8		1.2	105	109	+0.54 0	4.2		4
110			116.2							110	114				
		112	118.2							112	116				
115			121.2	+2.5 0						115	119				
120			126.3							120	124	+0.63 0			
125			131.5							125	129				
130			136.5				10			130	134				
140			146.5							140	144				
		145	151.5							145	149				
150			157.5							150	155				
160			167.7							160	165				
		165	173.2							165	170				
170			178.2							170	175				
180			188.2	+3.0 0						180	185	+0.72 0			
190			198.2							190	195				
200			208.2							200	205				

[주] (1) 호칭은 1란의 것을 우선으로 하고, 필요에 따라서 2란, 3란(앞으로 폐지 예정)의 순으로 한다.
(2) 두께 t=1.6mm는 당분간 1.5mm로 할 수 있다. 이 경우 m=1.65mm로 한다.

9-6 구름 베어링용 로크너트, 와셔 [KS B 2004]

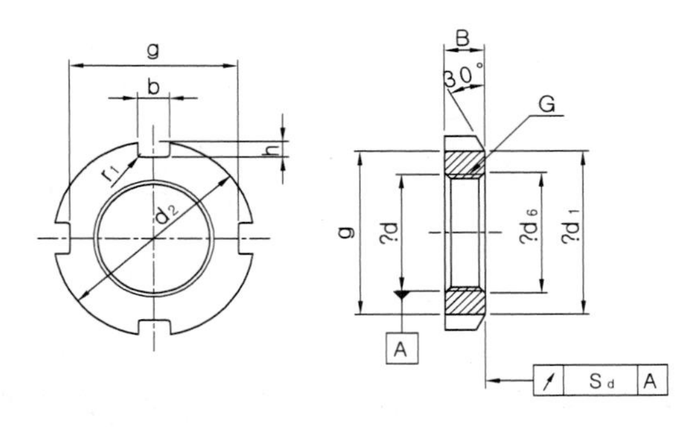

▶ 로크 너트 계열 AN의 로크 너트의 호칭 번호 및 치수

호칭 번호	나사의 호칭 G	기준치수						참 고						조합하는 부품의 호칭 번호	
		d	d_1	d_2	B	b	h	d_6	g	r_1 (최대)	l	s	dp	와셔	멈춤쇠
AN 00	M10×0.75	10	13.5	18	4	3	2	10.5	14	0.4	–	–	–	AW00	–
AN 01	M12×1	12	17	22	4	3	2	12.5	18	0.4	–	–	–	AW01	–
AN 02	M15×1	15	21	25	5	4	2	15.5	21	0.4	-	-	-	AW02	-
AN 03	M17×1	17	24	28	5	4	2	17.5	24	0.4	-	-	-	AW03	-
AN 04	M20×1	20	26	32	6	4	2	20.5	28	0.4	-	-	-	AW04	-
AN/22	M22×1	22	28	34	6	4	2	22.5	30	0.4	-	-	-	AW/22	-
AN 05	M25×1.5	25	32	38	7	5	2	25.8	34	0.4	-	-	-	AW05	-
AN/28	M28×1.5	28	36	42	7	5	2	28.8	38	0.4	-	-	-	AW/28	-
AN 06	M30×1.5	30	40	45	7	5	2	30.8	41	0.4	-	-	-	AW06	-
AN/32	M32×1.5	32	44	48	8	5	2	32.8	44	0.4	-	-	-	AW/32	-
AN 07	M35×1.5	35	50	52	8	5	2	35.8	48	0.4	-	-	-	AW07	-
AN 08	M40×1.5	40	50	58	9	6	2.5	40.8	44	0.5	-	-	-	AW08	-
AN 09	M45×1.5	45	56	65	10	6	2.5	45.8	48	0.5	-	-	-	AW09	-
AN 10	M50×1.5	50	61	70	11	6	2.5	50.8	53	0.5	-	-	-	AW10	-
AN 11	M55×2	55	67	75	11	7	3	56	69	0.5	-	-	-	AW11	-
AN 12	M60×2	60	73	80	11	7	3	61	74	0.5	-	-	-	AW12	-
AN 13	M65×2	65	79	85	12	7	3	66	79	0.5	-	-	-	AW13	-
AN 14	M70×2	70	85	92	12	8	3.5	71	85	0.5	-	-	-	AW14	-
AN 15	M75×2	75	90	98	13	8	3.5	76	91	0.5	-	-	-	AW15	-
AN 16	M80×2	80	95	105	15	8	3.5	81	98	0.6	-	-	-	AW16	-
AN 17	M85×2	85	102	110	16	8	3.5	86	103	0.6	-	-	-	AW17	-
AN 18	M90×2	90	108	120	16	10	4	91	112	0.6	-	-	-	AW18	-
AN 19	M95×2	95	113	125	17	10	4	96	117	0.6	-	-	-	AW19	-
AN 20	M100×2	100	120	130	18	10	4	101	122	0.6	-	-	-	AW20	-
AN 21	M105×2	105	126	140	18	12	5	106	130	0.7	-	-	-	AW21	-
AN 22	M110×2	110	133	145	19	12	5	111	135	0.7	-	-	-	AW22	-
AN 23	M115×2	115	137	150	19	12	5	116	140	0.7	-	-	-	AW23	-
AN 24	M120×2	120	138	155	20	12	5	121	145	0.7	-	-	-	AW24	-
AN 25	M125×2	125	148	160	21	12	5	126	150	0.7	-	-	-	AW25	-
AN 26	M130×2	130	149	165	21	12	5	131	155	0.7	-	-	-	AW26	-
AN 27	M135×2	135	160	175	22	14	6	136	163	0.7	-	-	-	AW27	-
AN 28	M140×2	140	160	180	22	14	6	141	168	0.7	-	-	-	AW28	-

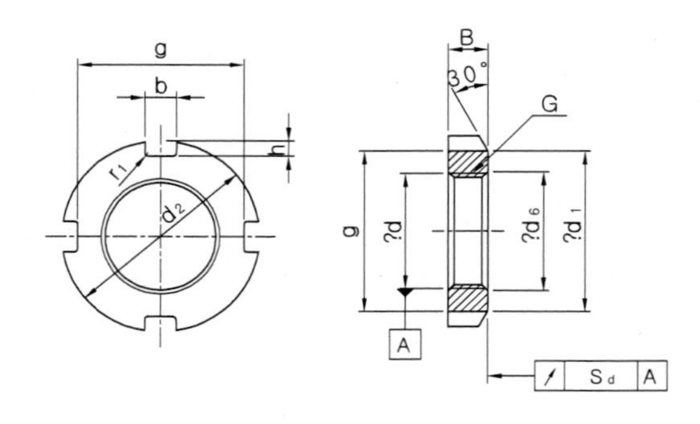

▶ 로크 너트 계열 AN의 로크 너트의 호칭 번호 및 치수

호칭 번호	나사의 호칭 G	기준치수						참고							
		d	d_1	d_2	B	b	h	d_6	g	r_1 (최대)	l	s	dp	조합하는 부품의 호칭 번호	
														와셔	멈춤쇠
AN 29	M145×2	145	172	190	24	14	6	146	178	0.7	–	–	–	AW29	–
AN 30	M150×2	150	171	195	24	14	6	151	183	0.7	–	–	–	AW30	–
AN 31	M155×3	155	182	200	25	16	7	156.5	186	0.7	–	–	–	AW31	–
AN 32	M160×3	160	182	210	25	16	7	161.5	196	0.7	–	–	–	AW32	–
AN 33	M165×3	165	193	210	26	16	7	166.5	196	0.7	–	–	–	AW33	–
AN 34	M170×3	170	193	220	26	16	7	171.5	206	0.7	–	–	–	AW34	–
AN 36	M180×3	180	203	230	27	18	8	181.5	214	0.7	–	–	–	AW36	–
AN 38	M190×3	190	214	240	28	18	8	191.5	224	0.7	–	–	–	AW38	–
AN 40	M200×3	200	226	250	29	18	8	201.5	234	0.7	–	–	–	AW40	–
AN 44	Tr220×4	220	250	280	32	20	10	222	260	0.8	15	M8	238	AW44	AL44
AN 48	Tr240×4	240	270	300	34	20	10	242	280	0.8	15	M8	258	AW48	AL44
AN 52	Tr260×4	260	300	330	36	24	12	262	306	0.8	18	M10	281	AW52	AL52
AN 56	Tr280×4	280	320	350	38	24	12	282	326	0.8	18	M10	301	–	AL52
AN 60	Tr300×4	300	340	380	40	24	12	302	356	0.8	18	M10	326	–	AL60
AN 64	Tr320×5	320	360	400	42	24	12	322.5	376	0.8	18	M10	345	–	AL64
AN 68	Tr340×5	340	400	440	55	28	15	342.5	410	1	21	M12	372	–	AL68
AN 72	Tr360×5	360	420	460	58	28	15	362.5	430	1	21	M12	392	–	AL68
AN 76	Tr380×5	380	450	490	60	32	18	382.5	454	1	21	M12	414	–	AL76
AN 80	Tr400×5	400	470	520	62	32	18	402.5	484	1	27	M16	439	–	AL80
AN 84	Tr420×5	420	490	540	70	32	18	422.5	504	1	27	M16	459	–	AL80
AN 88	Tr440×5	440	510	560	70	36	20	442.5	520	1	27	M16	477	–	AL88
AN 92	Tr460×5	460	540	580	75	36	20	462.5	540	1	27	M16	497	–	AL88
AN 96	Tr480×5	480	560	620	75	36	20	482.5	580	1	27	M16	527	–	AL96
AN100	Tr500×5	500	580	630	80	40	23	502.5	584	1	27	M16	539	–	AL100

9-7 구름 베어링용 와셔 계열 AW의 와셔 [KS B 2004]

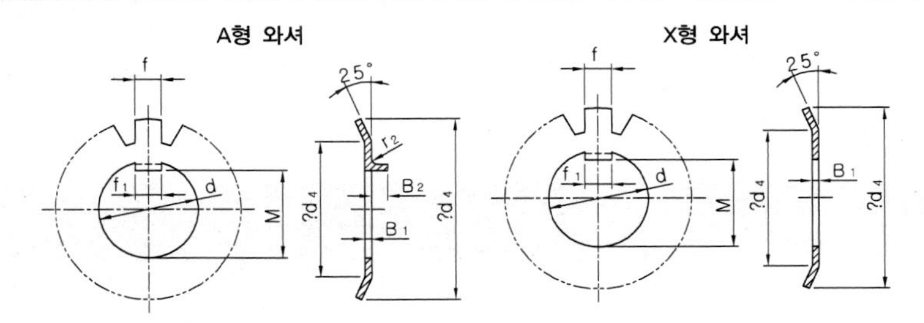

▶ 와셔 계열 AW의 와셔의 호칭 번호 및 치수

호칭 번호	기준치수								잇수	참고치수
	d_3	d_4	d_5	f_1	M	f	B_1	B_2	N(최소)	r_2
AW 00X	10	13,5	21	3	8,5	3	1	-	9	-
AW 01X	12	17	25	3	10,5	3	1	-	11	-
AW 02A	15	21	28	4	13,5	4	1	2,5	11	1
AW 02X	15	21	28	4	13,5	4	1	-	11	-
AN 03A	17	24	32	4	15,5	4	1	2,5	11	1
AW 03X	17	24	32	4	15,5	4	1	-	11	-
AW 04A	20	26	36	4	18,5	4	1	2,5	11	1
AW 04X	20	26	36	4	18,5	4	1	-	11	-
AW/22X	22	28	38	4	20,5	4	1	-	11	-
AW 05A	25	32	42	5	23	5	1,25	2,5	13	1
AW 05X	25	32	42	5	23	5	1,25	-	13	-
AW/28X	28	36	46	5	26	5	1,25	-	13	-
AW 06A	30	38	49	5	27,5	5	1,25	2,5	13	1
AW 06X	30	38	49	5	27,5	5	1,25	-	13	-
AW/32X	32	40	52	5	29,5	5	1,25	-	13	-
AW 07A	35	44	57	6	32,5	5	1,25	2,5	13	1
AW 07X	35	44	57	6	32,5	5	1,25	-	13	-
AW 08A	40	50	62	6	37,5	6	1,25	2,5	13	1
AW 08X	40	50	62	6	37,5	6	1,25	-	13	-
AW 09A	45	56	69	6	42,5	6	1,25	2,5	13	1
AW 09X	45	56	69	6	42,5	6	1,25	-	13	-
AW 10A	50	61	74	6	47,5	6	1,25	2,5	13	1
AW 10X	50	61	74	6	47,5	6	1,25	-	13	-
AW 11A	55	67	81	8	52,5	7	1,5	4	17	1
AW 11X	55	67	81	8	52,5	7	1,5	-	17	-
AW 12A	60	73	86	8	57,5	7	1,5	4	17	1,2
AW 12X	60	73	86	8	57,5	7	1,5	-	17	-
AW 13A	65	79	92	8	62,5	7	1,5	4	17	1,2
AX 13X	65	79	92	8	62,5	7	1,5	-	17	-
AW 14A	70	85	98	8	66,5	8	1,5	4	17	1,2
AW 14X	70	85	98	8	66,5	8	1,5	-	17	-
AW 15A	75	90	104	8	71,5	8	1,5	4	17	1,2
AW 15X	75	90	104	8	71,5	8	1,5	-	17	-
AW 16A	80	95	112	10	76,5	8	1,8	4	17	1,2
AW 16X	80	95	112	10	76,5	8	1,8	-	17	-
AW 17A	85	102	119	10	81,5	8	1,8	4	17	1,2
AW 17X	85	102	119	10	81,5	8	1,8	-	17	-
AW 18A	90	108	126	10	86,5	10	1,8	4	17	1,2
AW 18X	90	108	126	10	86,5	10	1,8	-	17	-
AW 19A	95	113	133	10	91,5	10	1,8	4	17	1,2
AW 19X	95	113	133	10	91,5	10	1,8	-	17	-
AW 20A	100	120	142	12	96,5	10	1,8	6	17	1,2
AW 20X	100	120	142	12	96,5	10	1,8	-	17	-
AW 21A	105	126	145	12	100,5	12	1,8	6	17	1,2
AW 21X	105	126	145	12	100,5	12	1,8	-	17	-

9-8 멈춤링의 재료

멈춤링의 재료는 원칙적으로 KS D 3551의 S 60 CM~S 70 CM, SK 5 M 및 KS D 3559의 표1(HSWR 62A, 62B~HSWR 82A, 82B)로 한다.

종류의 기호	화학성분 (%)				
	C	Si	Mn	P	S
HSWR 62A	0.59~0.66	0.15~0.35	0.30~0.60	0.030 이하	0.030 이하
HSWR 62B	0.59~0.66	0.15~0.35	0.60~0.90	0.030 이하	0.030 이하
HSWR 67A	0.64~0.71	0.15~0.35	0.30~0.60	0.030 이하	0.030 이하
HSWR 67B	0.64~0.71	0.15~0.35	0.60~0.90	0.030 이하	0.030 이하
HSWR 72A	0.69~0.76	0.15~0.35	0.30~0.60	0.030 이하	0.030 이하
HSWR 72B	0.69~0.76	0.15~0.35	0.60~0.90	0.030 이하	0.030 이하
HSWR 77A	0.74~0.81	0.15~0.35	0.30~0.60	0.030 이하	0.030 이하
HSWR 77B	0.74~0.81	0.15~0.35	0.60~0.90	0.030 이하	0.030 이하
HSWR 82A	0.79~0.86	0.15~0.35	0.30~0.60	0.030 이하	0.030 이하
HSWR 82B	0.79~0.86	0.15~0.35	0.60~0.90	0.030 이하	0.030 이하

CHAPTER 10

나사 및 탭

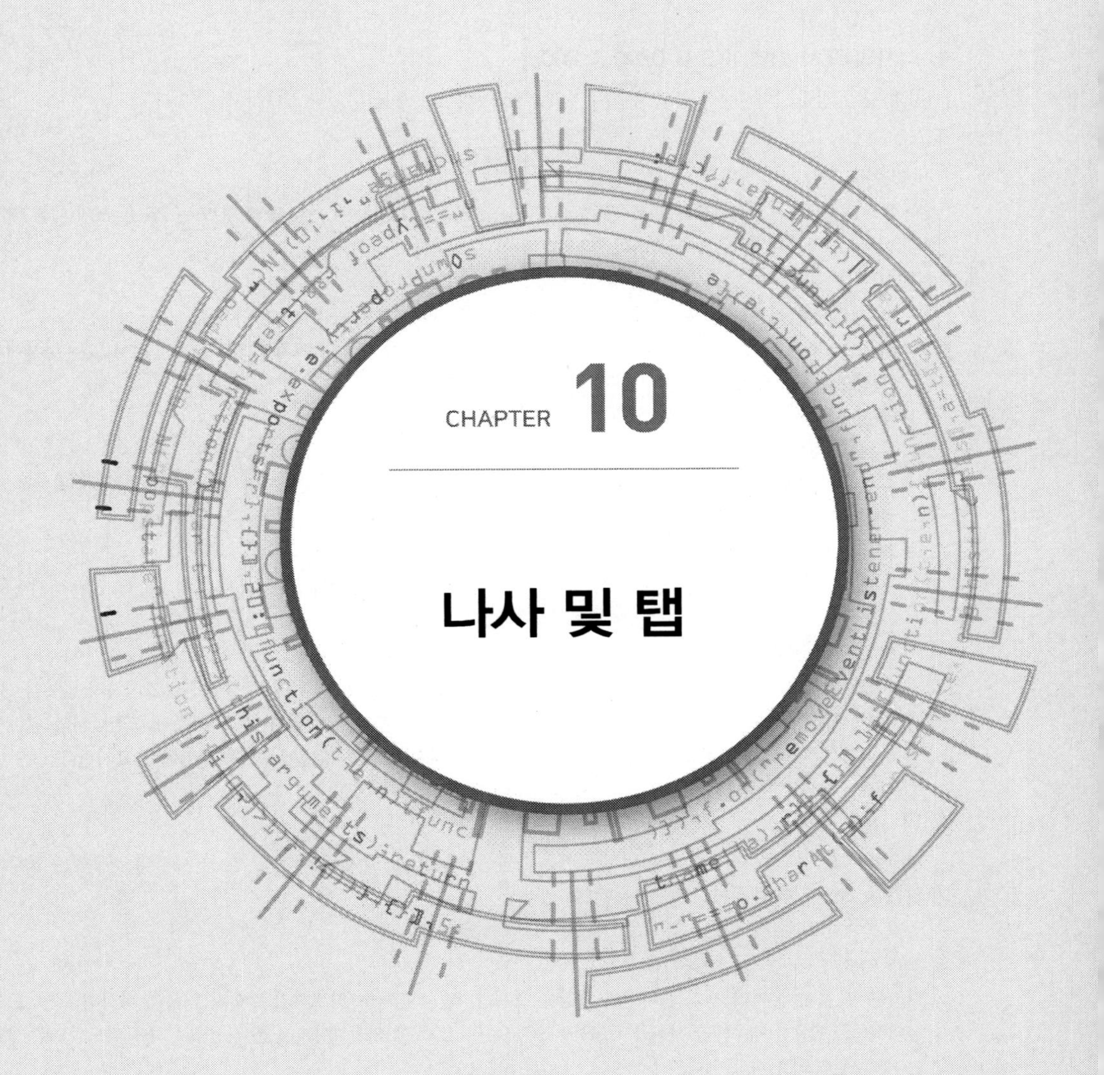

10-1 나사의 종류 및 용도와 제도법

1. 나사의 표시 방법 [KS B 0200 : 2009]

[나사의 감김 방향] [나사산의 줄의 수] [나사의 호칭]-[나사의 등급]

① 나사의 호칭

나사의 호칭은 나사의 종류를 표시하는 기호, 나사의 지름을 표시하는 숫자 및 피치 또는 25.4mm에 대한 나사의 수(이하 산의 수라 한다)를 사용하여, 다음과 같이 구성한다.

ⓐ 피치를 밀리미터로 표시하는 나사의 경우

[나사의 종류를 표시하는 기호] [나사의 호칭 지름을 표시하는 숫자]×[피치]

다만 미터 보통 나사 및 미니추어 나사와 같이 동일한 지름에 대하여 피치가 하나만 규정되어 있는 나사에서는 원칙으로 피치를 생략한다.

ⓑ 피치를 산의 수로 표시하는 나사(유니파이 나사를 제외)의 경우

[나사의 종류를 표시하는 기호] [나사의 지름을 표시하는 숫자] 산 [산의 수]

다만 관용 나사와 같이 동일한 지름에 대하여, 산의 수가 단 하나만 규정되어 있는 나사에서는 원칙으로 산의 수를 생략한다. 또한 혼동될 우려가 없을 때는 '산' 대신에 하이픈 '-'을 사용할 수 있다.

ⓒ 유니파이 나사의 경우

[나사의 지름을 표시하는 숫자 또는 번호]-[산의 수] [나사의 종류를 표시하는 기호]

② 나사산의 감김 방향

나사산의 감김 방향은 왼나사의 경우에는 '왼'의 글자로 표시하고, 오른 나사의 경우에는 표시하지 않는다. 또한 '왼' 대신에 'L'을 사용할 수 있다. 오른나사는 일반적으로 특기할 필요가 없다. 동일 부품에 오른나사와 왼나사가 있을 때는 각각 쌍방에 표시된다. 오른나사는 필요하면 나사의 호칭 방법에 RH를 추가하여 표시한다.

③ 나사산의 줄의 수

나사산의 줄의 수는 여러 줄 나사의 경우에는 '2줄', '3줄' 등과 같이 표시하고, 한 줄 나사의 경우에는 표시하지 않는다. 또한 '줄' 대신에 'N'을 사용할 수 있다.

④ 나사의 제도법

나사는 그 종류에 따라 생기는 나선의 형상을 도시하려면 복잡하고 작도하기도 쉽지 않은데 나사의 실형 표시는 절대적으로 필요한 경우에만 사용하고 KS B ISO 6410 : 2009에 의거하여 나선은 직선으로 하여 약도법으로 제도하는 것을 원칙으로 하고 있다.

2. 나사 제도시 용도에 따른 선의 분류 및 제도법 [KS B ISO 6410-1 : 2009]

❶ 굵은 선(외형선) : 수나사 바깥지름, 암나사 안지름, 완전 나사부와 불완전 나사부 경계선

❷ 가는 실선 : 수나사 골지름, 암나사 골지름, 불완전 나사부

❸ 나사의 끝면에서 본 그림에서는 나사의 골지름은 가는 실선으로 그려 원주의 3/4에 가까운 원의 일부로 표시하고 가능하면 오른쪽 상단 4분원을 열어두는 것이 좋다. 모떼기 원을 표시하는 굵은 선은 일반적으로 끝면에서 본 그림에서는 생략한다.

비고

(1) 적용하는 축의 치수는 권장하는 치수를 참고로 표시한 것이다.

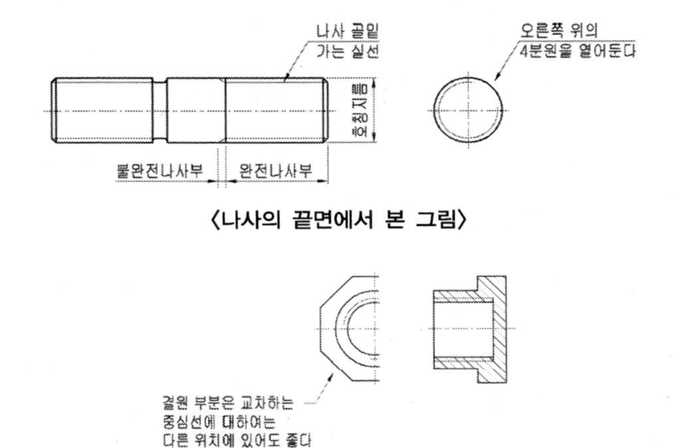

〈나사의 끝면에서 본 그림〉

〈직교하는 중심선의 결원 부분〉

참고

• 나사를 가공할 때에 필요한 불완전 나사부 또는 언더컷을 도시하는 것이 좋다.

❹ 나사부품의 단면도에서 해칭은 암나사 안지름, 수나사 바깥지름까지 작도한다.

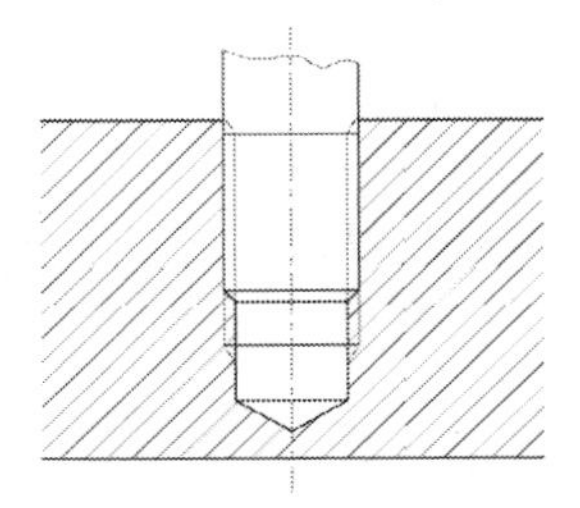

❺ 암나사의 드릴구멍(멈춤구멍) 깊이는 나사 길이에 1.25배 정도로 작도한다. 일반적으로 나사 길이치수는 표시하나 멈춤구멍 깊이는 보통 생략한다. 특별히 멈춤구멍 깊이를 표시할 필요가 있는 경우 간단한 표시를 사용해도 좋다.

3. 나사 제도와 치수 기입

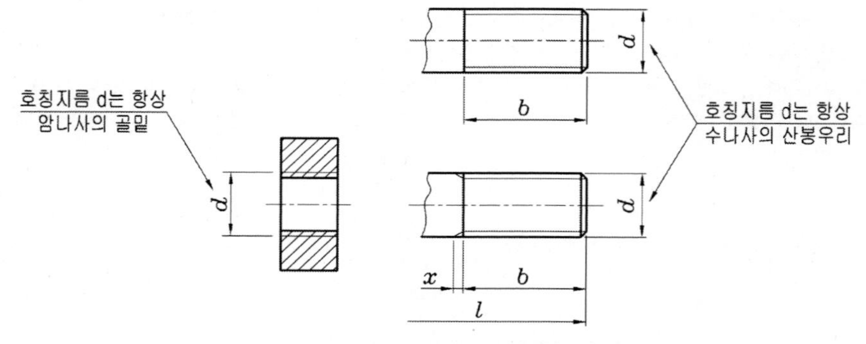

〈수나사 및 암나사의 호칭지름 d〉

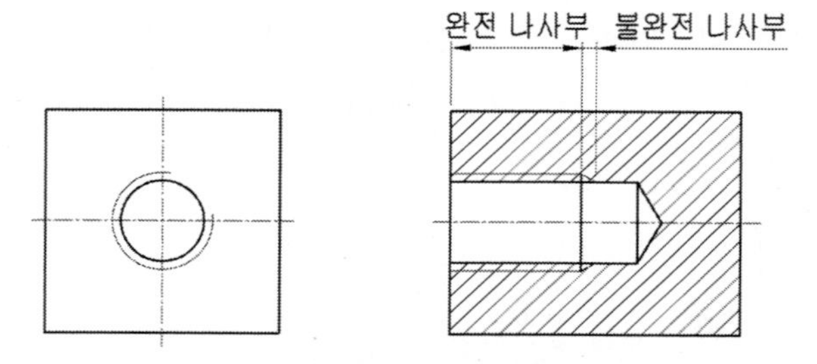

〈완전 나사부와 불완전 나사부〉

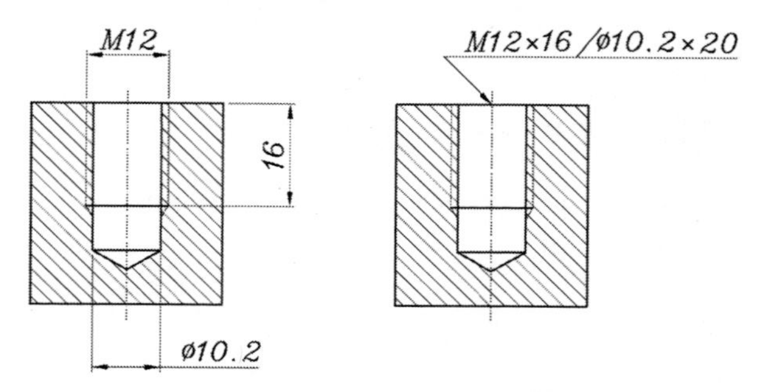

〈나사 길이 및 멈춤 구멍 깊이 치수 기입〉

4. 나사의 등급 표시 방법

구분	나사의 종류	암나사 및 수나사의 구별		나사의 등급을 표시하는 보기	관련 표준
ISO표준에 있는 등급	미터 나사	암나사	유효 지름과 안지름의 등급이 같은 경우	6H	KS B 0235 KS B 0211의 본문 KS B 0214의 본문
		수나사	유효 지름과 바깥지름의 등급이 같은 경우	6g	
			유효 지름과 바깥지름의 등급이 다른 경우	5g, 6g	
		암나사와 수나사를 조합한 것		6H/6g, 5H/5g 6g	
	미니추어 나사	암나사 수나사 암나사와 수나사를 조합한 것		3G6 5h3 3G6/5h3	KS B 0228
	미터 사다리꼴 나사	암나사 수나사 암나사와 수나사를 조합한 것		7H 7e 7H/7e	KS B 0237 KS B 0219
	관용 평행 나사	수나사		A	KS B 0221의 본문
ISO표준에 없는 등급	미터 나사	암나사 수나사	암나사와 수나사의 등급 표시가 같은 것	2급, 혼동될 우려가 없을 경우에는 '급'의 문자를 생략해도 좋다.	KS B 0211의 부속서 KS B 0214의 부속서
		암나사와 수나사를 조합한 것		3급/2급, 혼동될 우려가 없을 경우에는 3/2로 해도 좋다.	
	유니파이 나사	암나사 수나사		2B 2A	KS B 0213 KS B 0216
	관용 평행 나사	암나사 수나사		B A	KS B 0221의 부속서

5. 나사 제도와 치수 기입

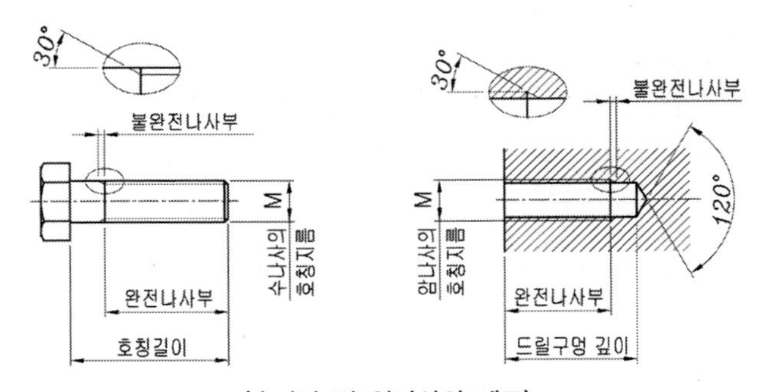

〈수나사 및 암나사의 제도〉

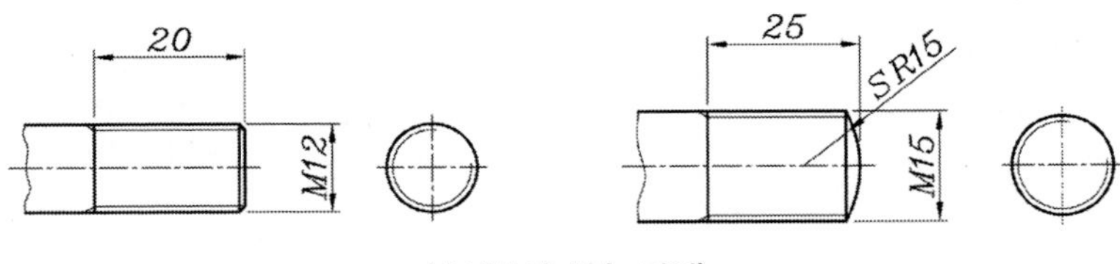

〈수나사의 치수 기입〉

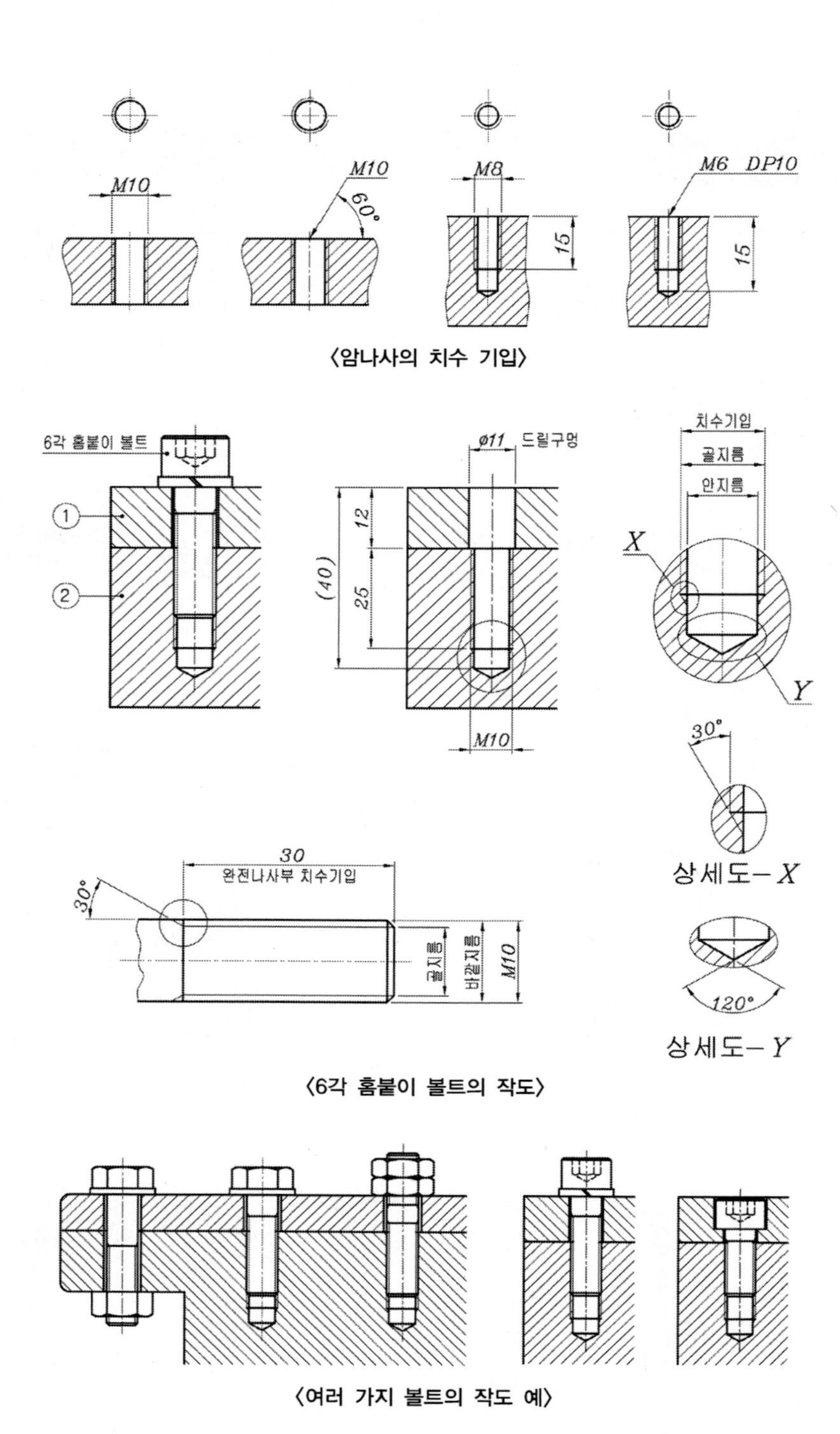

〈암나사의 치수 기입〉

〈6각 홈붙이 볼트의 작도〉

〈여러 가지 볼트의 작도 예〉

10-2 나사 표시 방법

■ 나사의 종류를 표시하는 기호 및 나사의 호칭에 대한 표시 방법의 보기

<table>
<tr><th colspan="2">구 분</th><th colspan="2">나사의 종류</th><th>나사의 종류를 표시하는 기호</th><th>나사의 호칭에 대한 표시 방법의 보기</th><th>관련 표준</th></tr>
<tr><td rowspan="15">일반용</td><td rowspan="9">ISO 표준에 있는 것</td><td colspan="2">미터보통나사</td><td rowspan="2">M</td><td>M8</td><td>KS B 0201</td></tr>
<tr><td colspan="2">미터가는나사</td><td>M8x1</td><td>KS B 0204</td></tr>
<tr><td colspan="2">미니츄어나사</td><td>S</td><td>S0.5</td><td>KS B 0228</td></tr>
<tr><td colspan="2">유니파이 보통 나사</td><td>UNC</td><td>3/8-16UNC</td><td>KS B 0203</td></tr>
<tr><td colspan="2">유니파이 가는 나사</td><td>UNF</td><td>No.8-36UNF</td><td>KS B 0206</td></tr>
<tr><td colspan="2">미터사다리꼴나사</td><td>Tr</td><td>Tr10x2</td><td>KS B 0229의 본문</td></tr>
<tr><td rowspan="3">관용테이퍼 나사</td><td>테이퍼 수나사</td><td>R</td><td>R3/4</td><td rowspan="3">KS B 0222의 본문</td></tr>
<tr><td>테이퍼 암나사</td><td>Rc</td><td>Rc3/4</td></tr>
<tr><td>평행 암나사</td><td>Rp</td><td>Rp3/4</td></tr>
<tr><td rowspan="6">ISO 표준에 없는 것</td><td colspan="2">관용평행나사</td><td>G</td><td>G1/2</td><td>KS B 0221의 본문</td></tr>
<tr><td colspan="2">30도 사다리꼴나사</td><td>TM</td><td>TM18</td><td></td></tr>
<tr><td colspan="2">29도 사다리꼴나사</td><td>TW</td><td>TW20</td><td>KS B 0206</td></tr>
<tr><td rowspan="2">관용 테이퍼나사</td><td>테이퍼 나사</td><td>PT</td><td>PT7</td><td rowspan="2">KS B 0222의 본문</td></tr>
<tr><td>평행 암나사</td><td>PS</td><td>PS7</td></tr>
<tr><td colspan="2">관용 평행나사</td><td>PF</td><td>PF7</td><td>KS B 0221</td></tr>
<tr><td colspan="2" rowspan="8">특수용</td><td colspan="2">후강 전선관나사</td><td>CTG</td><td>CTG16</td><td rowspan="2">KS B 0223</td></tr>
<tr><td colspan="2">박강 전선관나사</td><td>CTC</td><td>CTC19</td></tr>
<tr><td rowspan="2">자전거나사</td><td>일반용</td><td rowspan="2">BC</td><td>BC3/4</td><td rowspan="2">KS B 0224</td></tr>
<tr><td>스포크용</td><td>BC2.6</td></tr>
<tr><td colspan="2">미싱나사</td><td>SM</td><td>SM1/4 산40</td><td>KS B 0225</td></tr>
<tr><td colspan="2">전구나사</td><td>E</td><td>E10</td><td>KS C 7702</td></tr>
<tr><td colspan="2">자동차용 타이어 밸브나사</td><td>TV</td><td>TV8</td><td>KS R 4006의 부속서</td></tr>
<tr><td colspan="2">자전거용 타이어 밸브나사</td><td>CTV</td><td>CTV8 산30</td><td>KS R 8004의 부속서</td></tr>
</table>

1. 관용나사

■ 관용나사의 종류

ⓐ 관용 테이퍼 나사 : 관, 관용 부품, 유체 기계 등의 접속에 있어 나사부의 내밀성을 주목적으로 한 나사

ⓑ 관용 평행 나사 : 관, 관용 부품, 유체 기계 등의 접속에 있어 기계적 결합을 주목적으로 한 나사

<table>
<tr><th colspan="2">나사의 종류</th><th>ISO 규격</th><th colspan="2">구 JIS 규격</th><th colspan="2">KS 규격</th></tr>
<tr><td rowspan="3">관용 테이퍼 나사</td><td>테이퍼 수나사</td><td>R</td><td>PT</td><td rowspan="3">JIS B 0203</td><td>R</td><td rowspan="3">KS B 0222</td></tr>
<tr><td>테이퍼 암나사</td><td>Rc</td><td>PT</td><td>Rc</td></tr>
<tr><td>평행 암나사</td><td>Rp</td><td>PS</td><td>Rp</td></tr>
<tr><td rowspan="2">관용 평행 나사</td><td>관용 평행 수나사</td><td>G
(A 또는 B를 붙인다.)</td><td>PF</td><td rowspan="2">JIS B 0202</td><td>G
(A 또는 B를 붙인다.)</td><td rowspan="2">KS B 0221</td></tr>
<tr><td>관용 평행 암나사</td><td>G</td><td>PF</td><td>G</td></tr>
</table>

10-3 미터 보통 나사 [KS B 0201]

기준 치수의 산출에 사용하는 공식은 다음에 따른다.

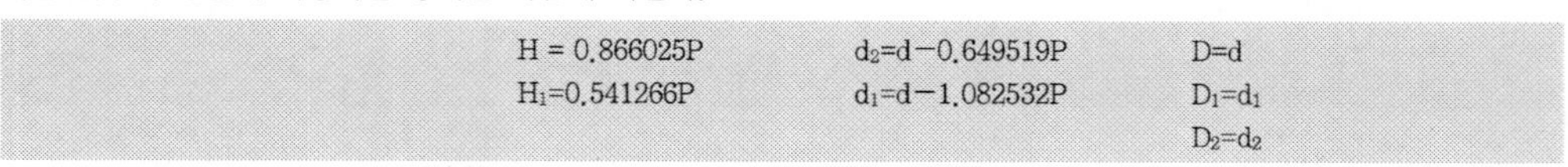

$H = 0.866025P$ $\quad d_2 = d - 0.649519P$ $\quad D = d$

$H_1 = 0.541266P$ $\quad d_1 = d - 1.082532P$ $\quad D_1 = d_1$

$D_2 = d_2$

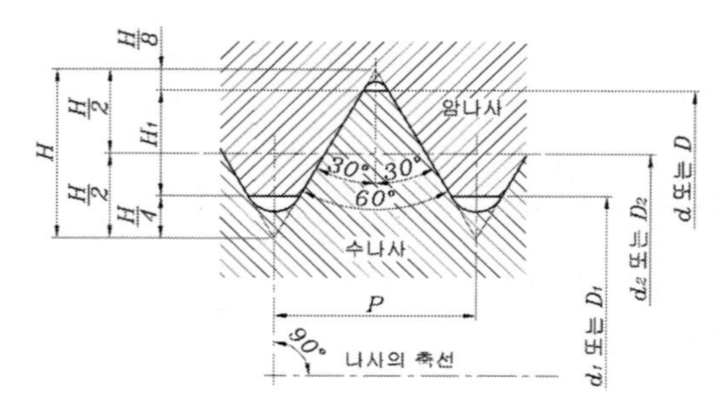

〈미터 보통 나사의 기준 산 모양〉

■ 미터 보통 나사의 기준 치수

단위 : mm

나사의 호칭			피 치 P	접 촉 높 이 H_1	암나사 골 지름 D	암나사 유효 지름 D_2	암나사 안 지름 D_1
1란	2란	3란			수나사 바깥지름 d	수나사 유효 지름 d_2	수나사 골 지름 d_1
M 1			0.25	0.135	1.000	0.838	0.729
	M 1.1		0.25	0.135	1.100	0.938	0.829
M 1.2			0.25	0.135	1.200	1.038	0.929
	M 1.4		0.3	0.162	1.400	1.205	1.075
M 1.6			0.35	0.189	1.600	1.373	1.221
	M 1.8		0.35	0.189	1.800	1.573	1.421
M 2			0.4	0.217	2.000	1.740	1.567
	M 2.2		0.45	0.244	2.200	1.908	1.713
M 2.5			0.45	0.244	2.500	2.208	2.013
M 3			0.5	0.271	3.000	2.675	2.459
	M 3.5		0.6	0.325	3.500	3.110	2.850
M 4			0.7	0.379	4.000	3.545	3.242
	M 4.5		0.75	0.406	4.500	4.013	3.688
M 5			0.8	0.433	5.000	4.480	4.134
M 6			1	0.541	6.000	5.350	4.917
		M 7	1	0.541	7.000	6.350	5.917
M 8			1.25	0.677	8.000	7.188	6.647
		M 9	1.25	0.677	9.000	8.188	7.647
M 10			1.5	0.812	10.000	9.026	8.376
		M 11	1.5	0.812	11.000	10.026	9.376
M 12			1.75	0.947	12.000	10.863	10.106
	M 14		2	1.083	14.000	12.701	11.835
M 16			2	1.083	16.000	14.701	13.835
	M 18		2.5	1.353	18.000	16.376	15.294

나사의 호칭			피 치 P	접 촉 높 이 H_1	암나사		
					골 지름 D	유효 지름 D_2	안 지름 D_1
					수나사		
1란	2란	3란			바깥지름 d	유효 지름 d_2	골 지름 d_1
M 20			2.5	1.353	20.000	18.376	17.294
	M 22		2.5	1.353	22.000	20.376	19.294
M 24			3	1.624	24.000	22.051	20.752
	M 27		3	1.624	27.000	25.051	23.752
M 30			3.5	1.894	30.000	27.727	26.211
	M 33		3.5	1.894	33.000	30.727	29.211
M 36			4	2.165	36.000	33.402	31.670
	M 39		4	2.165	39.000	36.402	34.670
M 42			4.5	2.436	42.000	39.077	37.129
	M 45		4.5	2.436	45.000	42.077	40.129
M 48			5	2.706	48.000	44.752	42.587
	M 52		5	2.706	52.000	48.752	46.587
M 56			5.5	2.977	56.000	52.428	50.046
	M 60		5.5	2.977	60.000	56.428	54.046
M 64			6	3.248	64.000	60.103	57.505
	M 68		6	3.248	68.000	64.103	61.505

[주]

• 1란을 우선적으로, 필요에 따라 2란, 3란의 순으로 선정한다.

[호칭 표시 방법]

• 미터 보통 나사는 KS B 0200의 표시 방법에 따른다. (표시보기) : M6

• 부속서 M1.7, M2.3 및 M2.6의 나사

 – M1.7, M2.3 및 M2.6의 나사는 장래에 폐지되므로 새로운 설계의 기계 등에는 사용하지 않는 것이 좋다.

 – M1.7, M2.3 및 M2.6의 나사는 ISO 261에는 규정되어 있지 않다.

$H=0.866025P$	$d_2=d-0.649519P$
$H_1=0.541266P$	$d_1=d-1.082532P$
$D=d \quad D_1=d_1 \quad D_2=d_2$	

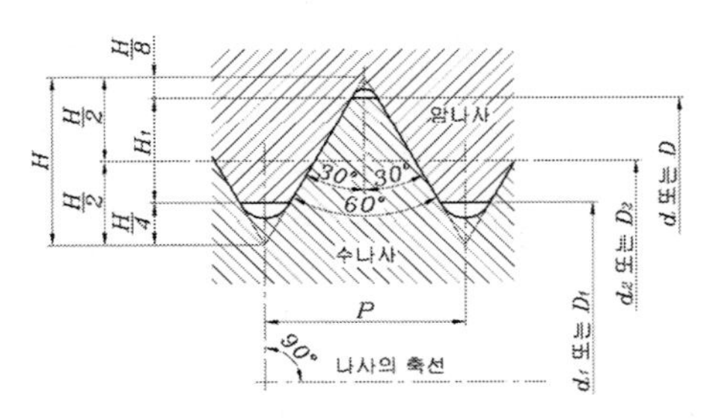

〈M1.7, M2.3 및 M2.6 나사의 기준 산 모양〉

단위 : mm

나사의 호칭	피치 P	접촉 높이 H_1	암나사		
			골 지름 D	유효 지름 D_2	안 지름 D_1
			수나사		
			바깥지름 d	유효 지름 d_2	골 지름 d_1
M1.7	0.35	0.189	1.700	1.473	1.321
M2.3	0.4	0.217	2.300	2.040	1.867
M2.6	0.45	0.244	2.600	2.308	2.113

10-4 미터 가는 나사 [KS B 0204]

■ 적용 범위

이 규격은 일반적으로 사용되는 미터 가는 나사의 지름과 피치의 조합, 작은 나사류, 볼 및 너트용 가는 나사의 선택 기준, 기본 산 모양, 공식 및 기본 치수에 대하여 규정한다.

■ 정의

이 규격에서 사용하는 작은 나사는 비교적 나사의 호칭 지름이 작은 나사를 말한다. 나사는 머리가 달린 수나사로서 너트 대신 주로 몸체 나사에 나사의 머리를 구동 위치로 하여 결합된다. 머리 모양에는 6각, 4각, 냄비, 접시, 둥근 접시, 트러스, 바인드, 평, 둥근 평 등이 있으며 일반적으로 홈붙이, +자 구멍붙이 등이 있다.

■ 가는 피치의 나사에 사용하는 최대인 호칭 지름

단위 : mm

피 치	0.5	0.75	1	1.5	2	3
최대인 호칭지름	22	33	80	150	200	300

비고 호칭지름의 범위(150~300)mm에서 6mm 보다 큰 피치가 필요한 경우에는 8mm를 선택한다.

■ 작은 나사류, 볼트 및 너트용 가는 나사의 선택 기준

호칭지름의 범위 (8~39)mm에서 작은 나사류, 볼트 및 너트용 가는 나사의 선택은 원칙적으로 아래 표에 따른다.

단위 : mm

호칭 지름		피 치	호칭 지름		피 치
1란	2란		1란	2란	
8		1			
10		1.25		27	2
12		1.25	30		2
	14	1.5		33	2
16		1.5			
	18	1.5			
20		1.5	36		3
	22	1.5		39	3
24		2			

[주]
- 1란을 우선적으로 사용하고 필요에 따라 2란을 선택한다. 또한 1란 및 2란은 ISO 622의 선택 기준에 일치한다.
- 기본 치수의 산출에 사용하는 공식은 다음에 따른다.

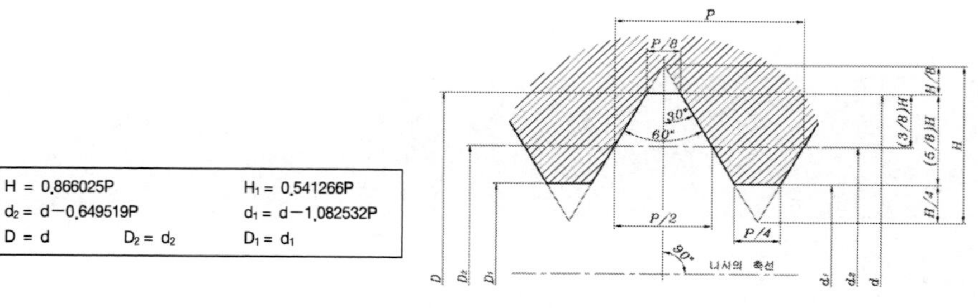

〈기본 산 모양〉

■ 미터 가는 나사의 기본 치수

단위 : mm

나사의 호칭	피 치 P	접촉 높이 H_1	암나사 골 지름 D	암나사 유효 지름 D_2	암나사 안 지름 D_1
			수나사 바깥지름 d	수나사 유효 지름 d_2	수나사 골 지름 d_1
M 1×0.2	0.2	0.108	1.000	0.870	0.783
M 1.1×0.2	0.2	0.108	1.100	0.970	0.883
M 1.2×0.2	0.2	0.108	1.200	1.070	0.983
M 1.4×0.2	0.2	0.108	1.400	1.270	1.183
M 1.6×0.2	0.2	0.108	1.600	1.470	1.383
M 1.8×0.2	0.2	0.108	1.800	1.670	1.583
M 2×0.25	0.25	0.135	2.000	1.838	1.729
M 2.2×0.25	0.25	0.135	2.200	2.038	1.929
M 2.5×0.35	0.35	0.189	2.500	2.273	2.121
M 3×0.35	0.35	0.189	3.000	2.773	2.621
M 3.5×0.35	0.35	0.189	3.500	3.273	3.121
M 4 ×0.5	0.5	0.271	4.000	3.675	3.459
M 4.5×0.5	0.5	0.271	4.500	4.175	3.959
M 5×0.5	0.5	0.271	5.000	4.675	4.459
M 5.5×0.5	0.5	0.271	5.500	5.175	4.959
M 6×0.75	0.75	0.406	6.000	5.513	5.188
M 7×0.75	0.75	0.406	7.000	6.513	6.188
M 8×1	1	0.541	8.000	7.350	6.917
M 8×0.75	0.75	0.406	8.000	7.513	7.188
M 9×1	1	0.541	9.000	8.350	7.917
M 9×0.75	0.75	0.406	9.000	8.513	8.188
M 10×1.25	1.25	0.677	10.000	9.188	8.647
M 10×1	1	0.541	10.000	9.350	8.917
M 10×0.75	0.75	0.406	10.000	9.513	9.188
M 11×1	1	0.541	11.000	10.350	9.917
M 11×0.75	0.75	0.406	11.000	10.513	10.188
M 12×1.5	1.5	0.812	12.000	11.026	10.376
M 12×1.25	1.25	0.677	12.000	11.188	10.647
M 12×1	1	0.541	12.000	11.350	10.917
M 14×1.5	1.5	0.812	14.000	13.026	12.376
M 14×1.25	1.25	0.677	14.000	13.188	12.647
M 14×1	1	0.541	14.000	13.350	12.917
M 15×1.5	1.5	0.812	15.000	14.026	13.376
M 15×1	1	0.541	15.000	14.350	13.917
M 16×1.5	1.5	0.812	16.000	15.026	14.376
M 16×1	1	0.541	16.000	15.350	14.917
M 17×1.5	1.5	0.812	17.000	16.026	15.376
M 17×1	1	0.541	17.000	16.350	15.917
M 18×2	2	1.083	18.000	16.701	15.835
M 18×1.5	1.5	0.812	18.000	17.026	16.376
M 18×1	1	0.541	18.000	17.350	16.917
M 20×2	2	1.083	20.000	18.701	17.835
M 20×1.5	1.5	0.812	20.000	19.026	18.376
M 20×1	1	0.541	20.000	19.350	18.917
M 22×2	2	1.083	22.000	20.701	19.835
M 22×1.5	1.5	0.812	22.000	21.026	20.376
M 22×1	1	0.541	22.000	21.350	20.917
M 24×2	2	1.083	24.000	22.701	21.835
M 24×1.5	1.5	0.812	24.000	23.026	22.376
M 24×1	1	0.541	24.000	23.350	22.917

단위 : mm

나사의 호칭	피 치 P	접촉 높이 H_1	암나사		
			골 지름 D	유효 지름 D_2	안 지름 D_1
			수나사		
			바깥지름 d	유효 지름 d_2	골 지름 d_1
M 25×2	2	1.083	25.000	23.701	22.835
M 25×1.5	1.5	0.812	25.000	24.026	23.376
M 25×1	1	0.541	25.000	24.350	23.917
M 26×1.5	1.5	0.812	26.000	25.026	24.376
M 27×2	2	1.083	27.000	25.701	24.835
M 27×1.5	1.5	0.812	27.000	26.026	25.376
M 27×1	1	0.541	27.000	26.350	25.917
M 28×2	2	1.083	28.000	26.701	25.835
M 28×1.5	1.5	0.812	28.000	27.026	26.376
M 28×1	1	0.541	28.000	27.350	26.917
M 30×3	3	1.624	30.000	28.051	26.752
M 30×2	2	1.083	30.000	28.701	27.835
M 30×1.5	1.5	0.812	30.000	29.026	28.376
M 30×1	1	0.541	30.000	29.350	28.917
M 32×2	2	1.083	32.000	30.701	29.835
M 32×1.5	1.5	0.812	32.000	31.026	30.376
M 33×3	3	1.624	33.000	31.051	29.752
M 33×2	2	1.083	33.000	31.701	30.835
M 33×1.5	1.5	0.812	33.000	32.026	31.376
M 35×1.5	1.5	0.812	35.000	34.026	33.376
M 36×3	3	1.624	36.000	34.051	32.752
M 36×2	2	1.083	36.000	34.701	33.835
M 36×1.5	1.5	0.812	36.000	35.026	34.376
M 38×1.5	1.5	0.812	38.000	37.026	36.376
M 39×3	3	1.624	39.000	37.051	35.752
M 39×2	2	1.083	39.000	37.701	36.835
M 39×1.5	1.5	0.812	39.000	38.026	37.376
M 40×3	3	1.624	40.000	38.051	36.752
M 40×2	2	1.083	40.000	38.701	37.835
M 40×1.5	1.5	0.812	40.000	39.026	38.376
M 42×4	4	2.165	42.000	39.402	37.670
M 42×3	3	1.624	42.000	40.051	38.752
M 42×2	2	1.083	42.000	40.701	39.835
M 42×1.5	1.5	0.812	42.000	41.026	40.376
M 45×4	4	2.165	45.000	42.402	40.670
M 45×3	3	1.624	45.000	43.051	41.752
M 45×2	2	1.083	45.000	43.701	42.835
M 45×1.5	1.5	0.812	45.000	44.026	43.367
M 48×4	4	2.165	48.000	45.402	43.670
M 48×3	3	1.624	48.000	46.051	44.752
M 48×2	2	1.083	48.000	46.701	45.835
M 48×1.5	1.5	0.812	48.000	47.026	46.376
M 50×3	3	1.624	50.000	48.051	46.752
M 50×2	2	1.083	50.000	48.701	47.835
M 50×1.5	1.5	0.812	50.000	49.026	48.376
M 52×4	4	2.165	52.000	49.402	47.670
M 52×3	3	1.624	52.000	50.051	48.752
M 52×2	2	1.083	52.000	50.701	49.835
M 52×1.5	1.5	0.812	52.000	51.026	50.376
M 55×4	4	2.165	55.000	52.402	50.670
M 55×3	3	1.624	55.000	53.051	51.752
M 55×2	2	1.083	55.000	53.701	52.835
M 55×1.5	1.5	0.812	55.000	54.026	53.376

단위 : mm

나사의 호칭	피 치 P	접촉 높이 H_1	암나사		
			골 지름 D	유효 지름 D_2	안 지름 D_1
			수나사		
			바깥지름 d	유효 지름 d_2	골 지름 d_1
M 56×4	4	2.165	56.000	53.402	51.670
M 56×3	3	1.624	56.000	54.051	52.752
M 56×2	2	1.083	56.000	54.701	53.835
M 56×1.5	1.5	0.812	56.000	55.026	54.376
M 58×4	4	2.165	58.000	55.402	53.670
M 58×3	3	1.624	58.000	56.051	54.752
M 58×2	2	1.083	58.000	56.701	55.835
M 58×1.5	1.5	0.812	58.000	57.026	56.376
M 60×4	4	2.165	60.000	57.402	55.670
M 60×3	3	1.624	60.000	58.051	56.752
M 60×2	2	1.083	60.000	58.701	57.835
M 60×1.5	1.5	0.812	60.000	59.026	58.376
M 62×4	4	2.165	62.000	59.402	57.670
M 62×3	3	1.624	62.000	60.051	58.752
M 62×2	2	1.083	62.000	60.701	59.835
M 62×1.5	1.5	0.812	62.000	61.026	60.376
M 64×4	4	2.165	64.000	61.402	59.670
M 64×3	3	1.624	64.000	62.051	60.752
M 64×2	2	1.083	64.000	62.701	61.835
M 64×1.5	1.5	0.812	64.000	63.026	62.376
M 65×4	4	2.165	65.000	62.402	60.670
M 65×3	3	1.624	65.000	63.051	61.752
M 65×2	2	1.083	65.000	63.701	62.835
M 65×1.5	1.5	0.812	65.000	64.026	63.376
M 68×4	4	2.165	68.000	65.402	63.670
M 68×3	3	1.624	68.000	66.051	64.752
M 68×2	2	1.083	68.000	66.701	65.835
M 68×1.5	1.5	0.812	68.000	67.026	66.376
M 70×6	6	3.248	70.000	66.103	63.505
M 70×4	4	2.165	70.000	67.402	65.670
M 70×3	3	1.624	70.000	68.051	66.752
M 70×2	2	1.083	70.000	68.701	67.835
M 70×1.5	1.5	0.812	70.000	69.026	68.376
M 72×6	6	3.248	72.000	68.103	65.505
M 72×4	4	2.165	72.000	69.402	67.670
M 72×3	3	1.624	72.000	70.051	68.752
M 72×2	2	1.083	72.000	70.701	69.835
M 72×1.5	1.5	0.812	72.000	71.026	70.376
M 75×4	4	2.165	75.000	72.402	70.670
M 75×3	3	1.624	75.000	73.051	71.752
M 75×2	2	1.083	75.000	73.701	72.835
M 75×1.5	1.5	0.812	75.000	74.026	73.376
M 76×6	6	3.248	76.000	72.103	69.505
M 76×4	4	2.165	76.000	73.402	71.670
M 76×3	3	1.624	76.000	74.051	72.752
M 76×2	2	1.083	76.000	74.701	73.835
M 76×1.5	1.5	0.812	76.000	75.026	74.376
M 78×2	2	1.083	78.000	76.701	75.835
M 80×6	6	3.248	80.000	76.103	73.505
M 80×4	4	2.165	80.000	77.402	75.670
M 80×3	3	1.624	80.000	78.051	76.752
M 80×2	2	1.083	80.000	78.701	77.835
M 80×1.5	1.5	0.812	80.000	79.026	78.376

단위 : mm

나사의 호칭	피 치 P	접촉 높이 H_1	암나사		
			골 지름 D	유효 지름 D_2	안 지름 D_1
			수나사		
			바깥지름 d	유효 지름 d_2	골 지름 d_1
M 82×2	2	1.083	82.000	80.701	79.835
M 85×6	6	3.248	85.000	81.103	78.505
M 85×4	4	2.165	85.000	82.402	80.670
M 85×3	3	1.624	85.000	83.051	81.752
M 85×2	2	1.083	85.000	83.701	82.835
M 90×6	6	3.248	90.000	86.103	83.505
M 90×4	4	2.165	90.000	87.402	85.670
M 90×3	3	1.624	90.000	88.051	86.752
M 90×2	2	1.083	90.000	88.701	87.835
M 95×6	6	3.248	95.000	91.103	88.505
M 95×4	4	2.165	95.000	92.402	90.670
M 95×3	3	1.624	95.000	93.051	91.752
M 95×2	2	1.083	95.000	93.701	92.835
M 100×6	6	3.248	100.000	96.103	93.505
M 100×4	4	2.165	100.000	97.402	95.670
M 100×3	3	1.624	100.000	98.051	96.752
M 100×2	2	1.083	100.000	98.701	97.835
M 105×6	6	3.248	105.000	101.103	98.505
M 105×4	4	2.165	105.000	102.402	100.670
M 105×3	3	1.624	105.000	103.051	101.752
M 105×2	2	1.083	105.000	103.701	102.835
M 110×6	6	3.248	110.000	106.103	103.505
M 110×4	4	2.165	110.000	107.402	105.670
M 110×3	3	1.624	110.000	108.051	106.752
M 110×2	2	1.083	110.000	108.701	107.835
M 115×6	6	3.248	115.000	111.103	108.505
M 115×4	4	2.165	115.000	112.402	110.670
M 115×3	3	1.624	115.000	113.051	111.752
M 115×2	2	1.083	115.000	113.701	112.835
M 120×6	6	3.248	120.000	116.103	113.505
M 120×4	4	2.165	120.000	117.402	115.670
M 120×3	3	1.624	120.000	118.051	116.752
M 120×2	2	1.083	120.000	118.701	117.835
M 125×6	6	3.248	125.000	121.103	118.505
M 125×4	4	2.165	125.000	122.402	120.670
M 125×3	3	1.624	125.000	123.051	121.752
M 125×2	2	1.083	125.000	123.701	122.835
M 130×6	6	3.248	130.000	126.103	123.505
M 130×4	4	2.165	130.000	127.402	125.670
M 130×3	3	1.624	130.000	128.051	126.752
M 130×2	2	1.083	130.000	128.701	127.835
M 135×6	6	3.248	135.000	131.103	128.505
M 135×4	4	2.165	135.000	132.402	130.670
M 135×3	3	1.624	135.000	133.051	131.752
M 135×2	2	1.083	135.000	133.701	132.835
M 140×6	6	3.248	140.000	136.103	133.505
M 140×4	4	2.165	140.000	137.402	135.670
M 140×3	3	1.624	140.000	138.051	136.752
M 140×2	2	1.083	140.000	138.701	137.835
M 145×6	6	3.248	145.000	141.103	138.505
M 145×4	4	2.165	145.000	142.402	140.670
M 145×3	3	1.624	145.000	143.051	141.752
M 145×2	2	1.083	145.000	143.701	142.835

단위 : mm

나사의 호칭	피 치 P	접촉 높이 H_1	암나사		
			골 지름 D	유효 지름 D_2	안 지름 D_1
			수나사		
			바깥지름 d	유효 지름 d_2	골 지름 d_1
M 150×6	6	3.248	150.000	146.103	143.505
M 150×4	4	2.165	150.000	147.402	145.670
M 150×3	3	1.624	150.000	148.051	146.752
M 150×2	2	1.083	150.000	148.701	147.835
M 155×6	6	3.248	155.000	151.103	148.505
M 155×4	4	2.165	155.000	152.402	150.670
M 155×3	3	1.624	155.000	153.051	151.752
M 160×6	6	3.248	160.000	156.103	153.505
M 160×4	4	2.165	160.000	157.402	155.670
M 160×3	3	1.624	160.000	158.051	156.752
M 165×6	6	3.248	165.000	161.103	158.505
M 165×4	4	2.165	165.000	162.402	160.670
M 165×3	3	1.624	165.000	163.051	161.752
M 170×6	6	3.248	170.000	166.103	163.505
M 170×4	4	2.165	170.000	167.402	165.670
M 170×3	3	1.624	170.000	168.051	166.752
M 175×6	6	3.248	175.000	171.103	168.505
M 175×4	4	2.165	175.000	172.402	170.670
M 175×3	3	1.624	175.000	173.051	171.752
M 180×6	6	3.248	180.000	176.103	173.505
M 180×4	4	2.165	180.000	177.402	175.670
M 180×3	3	1.624	180.000	178.051	176.752
M 185×6	6	3.248	185.000	181.103	178.505
M 185×4	4	2.165	185.000	182.402	180.670
M 185×3	3	1.624	185.000	183.051	181.752
M 190×6	6	3.248	190.000	186.103	183.505
M 190×4	4	2.165	190.000	187.402	185.670
M 190×3	3	1.624	190.000	188.051	186.752
M 195×6	6	3.248	195.000	191.103	188.505
M 195×4	4	2.165	195.000	192.402	190.670
M 195×3	3	1.624	195.000	193.051	191.752
M 200×6	6	3.248	200.000	196.103	193.505
M 200×4	4	2.165	200.000	197.402	195.670
M 200×3	3	1.624	200.000	198.051	196.752
M 205×6	6	3.248	205.000	201.103	198.505
M 205×4	4	2.165	205.000	202.402	200.670
M 205×3	3	1.624	205.000	203.051	201.752
M 210×6	6	3.248	210.000	206.103	203.505
M 210×4	4	2.165	210.000	207.402	205.670
M 210×3	3	1.624	210.000	208.051	206.752
M 215×6	6	3.248	215.000	211.103	208.505
M 215×4	4	2.165	215.000	212.402	210.670
M 215×3	3	1.624	215.000	213.051	211.752
M 220×6	6	3.248	220.000	216.103	213.505
M 220×4	4	2.165	220.000	217.402	215.670
M 220×3	3	1.624	220.000	218.051	216.752
M 225×6	6	3.248	225.000	221.103	218.505
M 225×4	4	2.165	225.000	222.402	220.670
M 225×3	3	1.624	225.000	223.051	221.752
M 230×6	6	3.248	230.000	226.103	223.505
M 230×4	4	2.165	230.000	227.402	225.670
M 230×3	3	1.624	230.000	228.051	226.752

단위 : mm

나사의 호칭	피 치 P	접촉 높이 H_1	암나사		
			골 지름 D	유효 지름 D_2	안 지름 D_1
			수나사		
			바깥지름 d	유효 지름 d_2	골 지름 d_1
M 235×6	6	3.248	235.000	231.103	228.505
M 235×4	4	2.165	235.000	232.402	230.670
M 235×3	3	1.624	235.000	233.051	231.752
M 240×6	6	3.248	240.000	236.103	233.505
M 240×4	4	2.165	240.000	237.402	235.670
M 240×3	3	1.624	240.000	238.051	236.752
M 245×6	6	3.248	245.000	241.103	238.505
M 245×4	4	2.165	245.000	242.402	240.670
M 245×3	3	1.624	245.000	243.051	241.752
M 250×6	6	3.248	250.000	246.103	243.505
M 250×4	4	2.165	250.000	247.402	245.670
M 250×3	3	1.624	250.000	248.051	246.752
M 255×6	6	3.248	255.000	251.103	248.505
M 255×4	4	2.165	255.000	252.402	250.670
M 260×6	6	3.248	260.000	256.103	253.505
M 260×4	4	2.165	260.000	257.402	255.670
M 265×6	6	3.248	265.000	261.103	258.505
M 265×4	4	2.165	265.000	262.402	260.670
M 270×6	6	3.248	270.000	266.103	263.505
M 270×4	4	2.165	270.000	267.402	265.670
M 275×6	6	3.248	275.000	271.103	268.505
M 275×4	4	2.165	275.000	272.402	270.670
M 280×6	6	3.248	280.000	276.103	273.505
M 280×4	4	2.165	280.000	277.402	275.670
M 285×6	6	3.248	285.000	281.103	278.505
M 285×4	4	2.165	285.000	282.402	280.670
M 290×6	6	3.248	290.000	286.103	283.505
M 290×4	4	2.165	290.000	287.402	285.670
M 295×6	6	3.248	295.000	291.103	288.505
M 295×4	4	2.165	295.000	292.402	290.670
M 300×6	6	3.248	300.000	296.103	293.505
M 300×4	4	2.165	300.000	297.402	295.670

[주]
1. 나사의 표시 방법은 KS B 0200에 따른다. (예 : M6x0.75, M10x1.25)

〈SCREW PITCH GAUGE〉

〈MICROMETER〉

10-5 유니파이 보통 나사 [KS B 0203]

■ 적용 범위

이 규격은 항공기, 그 밖의 특히 필요한 경우에 한하여 사용하는 유니파이 보통나사의 기본 산 모양, 공식 및 기준 치수에 대하여 규정한다.

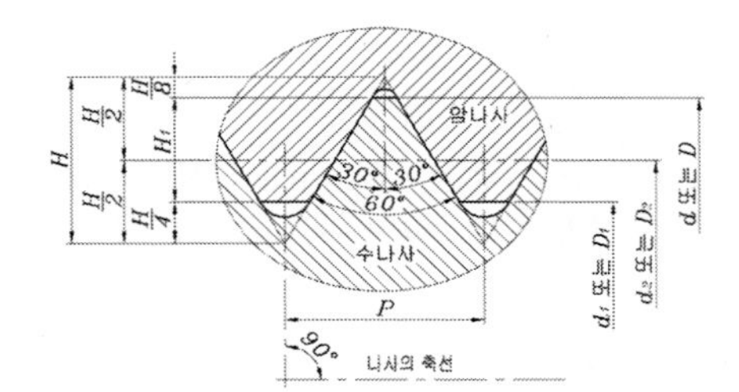

$P = \frac{25.4}{n}$ $H = \frac{0.866025}{n} \times 25.4$ $H_1 = \frac{0.541266}{n} \times 25.4$

$d = (d) \times 25.4$

$d_2 = (d - \frac{0.649519}{n}) \times 25.4$

$d_1 = (d - \frac{1.082532}{n}) \times 25.4$

$D = d$ $D_2 = d_2$ $D_1 = d_1$

여기서 n : 25.4mm에 대한 나사산의 수

〈유니파이 보통 나사의 기준 산 모양〉

■ 유니파이 보통 나사의 기본 치수

단위 : mm

나사의 호칭			나사산 수 (25.4mm)에 대한 n	피치 P (참고)	접촉 높이 H_1	암나사 골 지름 D	암나사 유효 지름 D_2	암나사 안 지름 D_1
1란	2란	(참고)				수나사 바깥지름 d	수나사 유효 지름 d_2	수나사 골 지름 d_1
	No.1−64 UNC	0.0730−64UNC	64	0.3969	0.215	1.854	1.598	1.425
No.2−56 UNC		0.0860−56UNC	56	0.4536	0.246	2.184	1.890	1.694
	No.3−48 UNC	0.0990−48UNC	48	0.5292	0.286	2.515	2.172	1.941
No.4−40 UNC		0.1120−40UNC	40	0.6350	0.344	2.845	2.433	2.156
No.5−40 UNC		0.1250−40UNC	40	0.6350	0.344	3.175	2.764	2.487
No.6−32 UNC		0.1380−32UNC	32	0.7938	0.430	3.505	2.990	2.647
No.8−32 UNC		0.1640−32UNC	32	0.7938	0.430	4.166	3.650	3.307
10−24 UNC		0.1900−24UNC	24	1.0583	0.573	4.826	4.138	3.680
	No.12−24 UNC	0.2160−24UNC	24	1.0583	0.573	5.486	4.798	4.341
1/4−20 UNC		0.2500−20UNC	20	1.2700	0.687	6.350	5.524	4.976
5/16−18 UNC		0.3125−18UNC	18	1.4111	0.764	7.938	7.021	6.411
3/8−16 UNC		0.3750−16UNC	16	1.5875	0.859	9.525	8.494	7.805
7/16−14 UNC		0.4375−14UNC	14	1.8143	0.982	11.112	9.934	9.149
1/2−13 UNC		0.5000−13UNC	13	1.9538	1.058	12.700	11.430	10.584
9/16−12 UNC		0.5625−12UNC	12	2.1167	1.146	14.288	12.913	11.996
5/8−11 UNC		0.6250−11UNC	11	2.3091	1.250	15.875	14.376	13.376
3/4−10 UNC		0.7500−10UNC	10	2.5400	1.375	19.050	17.399	16.299
7/8−9 UNC		0.8750−9 UNC	9	2.8222	1.528	22.225	20.391	19.169
1−8 UNC		1.0000−8 UNC	8	3.1750	1.718	25.400	23.338	21.963
1 1/8−7 UNC		1.1250−7 UNC	7	3.6286	1.964	28.575	26.218	24.648
1 1/4−7 UNC		1.2500−7 UNC	7	3.6286	1.964	31.750	29.393	27.823
1 3/8−6 UNC		1.3750−6 UNC	6	4.2333	2.291	34.925	32.174	30.343
1 1/2−6 UNC		1.5000−6 UNC	6	4.2333	2.291	38.100	35.349	33.518
1 3/4−5 UNC		1.7500−5 UNC	5	5.0800	2.750	44.450	41.151	38.951
2−4 UNC		2.0000−4.5UNC	$4\frac{1}{2}$	5.6444	3.055	50.800	47.135	44.689
2 1/4−4 UNC		2.2500−4.5UNC	$4\frac{1}{2}$	5.6444	3.055	57.150	53.485	51.039
2 1/2−4 UNC		2.5000−4 UNC	4	6.3500	3.437	63.500	59.375	56.627
2 3/4−4 UNC		2.7500−4 UNC	4	6.3500	3.437	69.850	65.725	62.977
3−4 UNC		3.0000−4 UNC	4	6.3500	3.437	76.200	72.275	69.327
3 1/4−4 UNC		3.2500−4 UNC	4	6.3500	3.437	82.550	78.425	75.677
3 1/2−4 UNC		3.5000−4 UNC	4	6.3500	3.437	88.900	84.775	82.027
3 3/4−4 UNC		3.7500−4 UNC	4	6.3500	3.437	95.250	91.125	88.377
4−4 UNC		4.0000−4 UNC	4	6.3500	3.437	101.600	97.475	94.727

[주]

• 1란을 우선적으로 택하고 필요에 따라 2란을 택한다. 참고란은 나사의 호칭을 10진법으로 표시한 것이다.

10-6 유니파이 가는 나사

■ 적용 범위

이 규격은 항공기, 그 밖의 특별히 필요한 경우에 한하여 사용하는 유니파이 가는 나사의 기준 산 모양, 공식 및 기준 치수에 대하여 규정한다.

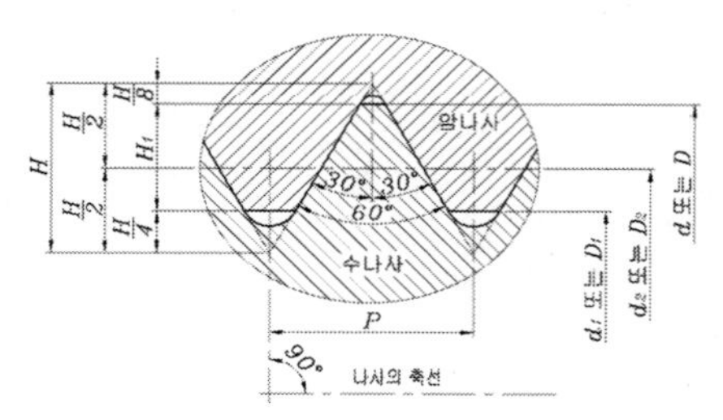

〈유니파이 가는 나사의 기준 산 모양〉

$P = \frac{25.4}{n}$　$H = \frac{0.866025}{n} \times 25.4$　$H_1 = \frac{0.541266}{n} \times 25.4$

$d = (d) \times 25.4$

$d_2 = (d - \frac{0.649519}{n}) \times 25.4$

$d_1 = (d - \frac{1.082532}{n}) \times 25.4$

$D = d$　$D_2 = d_2$　$D_1 = d_1$

여기서 n : 25.4mm에 대한 나사산의 수

■ 유니파이 가는 나사의 기본 치수

단위 : mm

나사의 호칭			나사산 수 (25.4mm)에 대한 n	피 치 P (참고)	접촉 높이 H_1	암나사 골 지름 D	암나사 유효 지름 D_2	암나사 안 지름 D_1
1란	2란	(참고)				수나사 바깥지름 d	수나사 유효 지름 d_2	수나사 골 지름 d_1
No.0-80 UNF		0.0600-80 UNF	80	0.3175	0.172	1.524	1.318	1.181
	No.1-72 UNF	0.0730-72 UNF	72	0.3528	0.191	1.854	1.626	1.473
No.2-64 UNF		0.0860-64 UNF	64	0.3969	0.215	2.184	1.928	1.755
	No.3-56 UNF	0.0990-56 UNF	56	0.4536	0.246	2.515	2.220	2.024
No.4-48 UNF		0.1120-48 UNF	48	0.5292	0.286	2.845	2.502	2.271
No.5-44 UNF		0.1250-44 UNF	44	0.5773	0.312	3.175	2.799	2.550
No.6-40 UNF		0.1380-40 UNF	40	0.6350	0.344	3.505	3.094	2.817
No.8-36 UNF		0.1640-36 UNF	36	0.7056	0.382	4.166	3.708	3.401
No.10-32 UNF		0.1900-32 UNF	32	0.7938	0.430	4.826	4.310	3.967
	No.12-28 UNF	0.2160-28 UNF	28	0.9071	0.491	5.486	4.897	4.503
1/4-28 UNF		0.2500-28 UNF	28	0.9071	0.491	6.350	5.761	5.367
5/16-24 UNF		0.3125-24 UNF	24	1.0583	0.573	7.938	7.249	6.792
3/8-24 UNF		0.3750-24 UNF	24	1.0583	0.573	9.525	8.837	8.379
7/16-20 UNF		0.4375-20 UNF	20	1.2700	0.687	11.112	10.287	9.738
1/2-20 UNF		0.5000-20 UNF	20	1.2700	0.687	12.700	11.874	11.326
9/16-18 UNF		0.5625-18 UNF	18	1.4111	0.764	14.288	13.371	12.761
5/8-18 UNF		0.6250-18 UNF	18	1.4111	0.764	15.875	14.958	14.348
3/4-16 UNF		0.7500-16 UNF	16	1.5875	0.859	19.050	18.019	17.330
7/8-14 UNF		0.8750-12 UNF	14	1.8143	0.982	22.225	21.046	20.262
1-12 UNF		1.0000-12 UNF	12	2.1167	1.146	25.400	24.026	23.109
1 1/8-12 UNF		1.1250-12 UNF	12	2.1167	1.146	28.575	27.201	26.284
1 1/4-12 UNF		1.2500-12 UNF	12	2.1167	1.146	31.750	30.376	29.459
1 3/8-12 UNF		1.3750-12 UNF	12	2.1167	1.146	34.925	33.551	32.634
1 1/2-12 UNF		1.5000-12 UNF	12	2.1167	1.146	38.100	36.726	35.809

[주]

• 1란을 우선적으로 택하고 필요에 따라 2란을 택한다. 참고란은 나사의 호칭을 10진법으로 표시한 것이다.

10-7 관용 평행 나사 (G) [KS B 0221]

■ 적용 범위

이 표준은 관용 평행 나사에 대하여 규정하는 것으로 관, 관용 부품, 유체기기 등의 접속에 있어서 기계적 결합을 주목적으로 하는 나사에 적용한다.

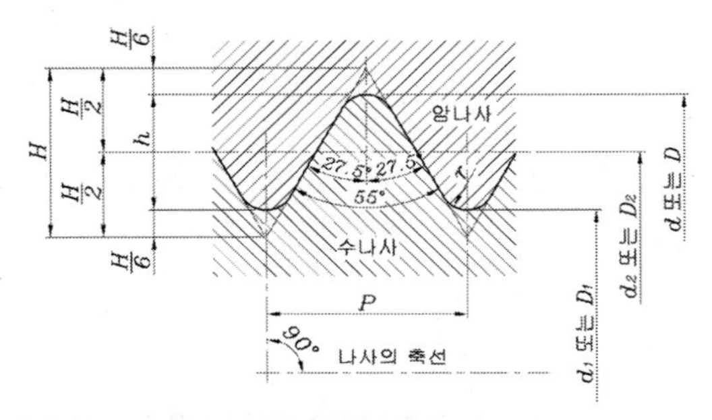

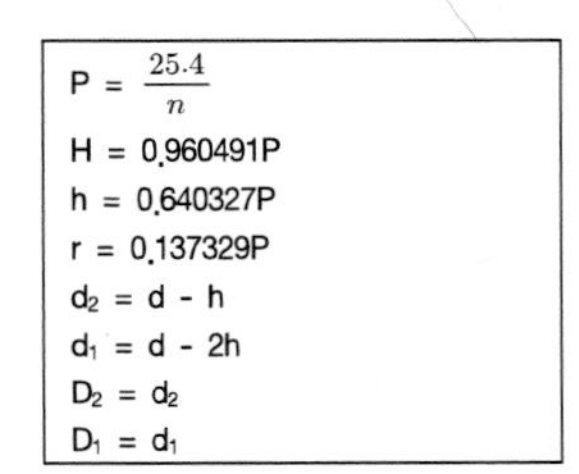

〈관용 평행 나사의 기준산 모양〉

굵은 실선은 기준 산 모양을 표시한다.

■ 관용 평행 나사 기준치수

단위 : mm

나사의 호칭	나사 산수 (25.4mm)에 대한 n	피치 P (참고)	나사산의 높이 h	산의 봉우리 및 골의 둥글기 r	수나사 바깥지름 d / 암나사 골 지름 D	수나사 유효 지름 d_2 / 암나사 유효 지름 D_2	수나사 골 지름 d_1 / 암나사 안 지름 D_1
G 1/16	28	0.9071	0.581	0.12	7.723	7.142	6.561
G $\frac{1}{8}$	28	0.9071	0.581	0.12	9.728	9.147	8.566
G $\frac{1}{4}$	19	1.3368	0.856	0.18	13.157	12.301	11.445
G $\frac{3}{8}$	19	1.3368	0.856	0.18	16.662	15.806	14.950
G $\frac{1}{2}$	14	1.8143	1.162	0.25	20.955	19.793	18.631
G $\frac{5}{8}$	14	1.8143	1.162	0.25	22.911	21.749	20.587
G $\frac{3}{4}$	14	1.8143	1.162	0.25	26.441	25.279	24.117
G $\frac{7}{8}$	14	1.8143	1.162	0.25	30.201	29.039	27.877
G 1	11	2.3091	1.479	0.32	33.249	31.770	30.291
G 1$\frac{1}{8}$	11	2.3091	1.479	0.32	37.897	36.418	34.939
G 1$\frac{1}{4}$	11	2.3091	1.479	0.32	41.910	40.431	38.952
G 1$\frac{1}{2}$	11	2.3091	1.479	0.32	47.803	46.324	44.845
G 1$\frac{3}{4}$	11	2.3091	1.479	0.32	53.746	52.267	50.788
G 2	11	2.3091	1.479	0.32	59.614	58.135	56.656
G 2$\frac{1}{4}$	11	2.3091	1.479	0.32	65.710	64.231	62.752
G 2$\frac{1}{2}$	11	2.3091	1.479	0.32	75.184	73.705	72.226
G 2$\frac{3}{4}$	11	2.3091	1.479	0.32	81.534	80.055	78.576
G 3	11	2.3091	1.479	0.32	87.884	86.405	84.926
G 3$\frac{1}{2}$	11	2.3091	1.479	0.32	100.330	98.851	97.372
G 4	11	2.3091	1.479	0.32	113.030	111.551	110.072
G 4$\frac{1}{2}$	11	2.3091	1.479	0.32	125.730	124.251	122.772
G 5	11	2.3091	1.479	0.32	138.430	136.951	135.472
G 5$\frac{1}{2}$	11	2.3091	1.479	0.32	151.130	149.651	148.172
G 6	11	2.3091	1.479	0.32	163.830	162.351	160.872

비고

• 표 중의 관용 평행나사를 표시하는 기호 G는 필요에 따라 생략하여도 좋다.

종류와 등급

• 관용 평행 나사의 종류는 관용 평행 수나사 및 관용 평행 암나사로 하고, 관용 평행 수나사의 등급은 유효 지름의 치수 허용차에 따라 A급과 B급으로 구분한다.

표시 방법

• 수나사의 경우 : G $1\frac{1}{2}$A, G $1\frac{1}{2}$B 암나사의 경우 : G $1\frac{1}{2}$

1. 치수허용차

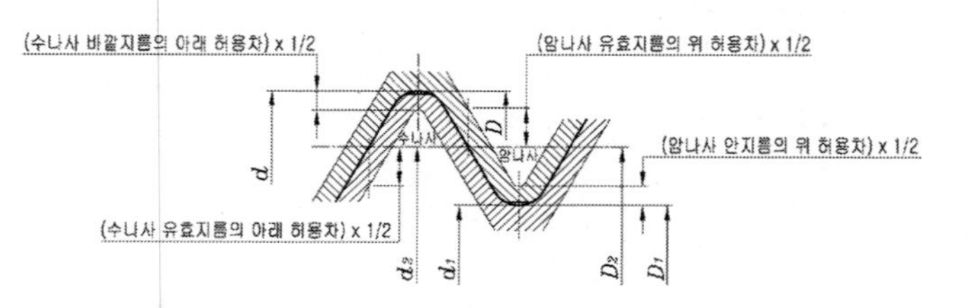

단위 : μm

나사의 호칭	나사산수 (25.4mm에 대한) n	수나사							암나사					
		바깥지름 d		유효 지름 d_2			골지름 d_1		골지름 D		유효 지름 D_2		안지름 D_1	
		위 허용차	아래 허용차 (−)	위 허용차	아래 허용차 (−) A급	아래 허용차 (−) B급	위 허용차	아래 허용차	아래 허용차	위 허용차	아래 허용차	위 허용차 (+)	아래 허용차	위 허용차 (+)
G 1/16	28		214	0	107	214	0	규정하지 않는다	0	규정하지 않는다	0	107	0	282
G 1/8	28	0	214	0	107	214	0		0		0	107	0	282
G 1/4	19	0	250	0	125	250	0		0		0	125	0	445
G 3/8	19	0	250	0	125	250	0		0		0	125	0	445
G 1/2	14	0	284	0	142	284	0		0		0	142	0	541
G 5/8	14	0	284	0	142	284	0		0		0	142	0	541
G 3/4	14	0	284	0	142	284	0		0		0	142	0	541
G 7/8	14	0	284	0	142	284	0		0		0	142	0	541
G 1	11	0	360	0	180	360	0		0		0	180	0	640
G1 1/8	11	0	360	0	180	360	0		0		0	180	0	640
G1 1/4	11	0	360	0	180	360	0		0		0	180	0	640
G1 1/2	11	0	360	0	180	360	0		0		0	180	0	640
G1 3/4	11	0	360	0	180	360	0		0		0	180	0	640
G2	11	0	360	0	180	360	0		0		0	180	0	640
G2 1/4	11	0	434	0	217	434	0		0		0	217	0	640
G2 1/2	11	0	434	0	217	434	0		0		0	217	0	640
G2 3/4	11	0	434	0	217	434	0		0		0	217	0	640
G3	11	0	434	0	217	434	0		0		0	217	0	640
G3 1/2	11	0	434	0	217	434	0		0		0	217	0	640
G4	11	0	434	0	217	434	0		0		0	217	0	640
G4 1/2	11	0	434	0	217	434	0		0		0	217	0	640
G5	11	0	434	0	217	434	0		0		0	217	0	640
G5 1/2	11	0	434	0	217	434	0		0		0	217	0	640
G6	11	0	434	0	217	434	0		0		0	217	0	640

비고

• 이 표에는 산의 반각의 허용차 및 피치의 허용차는 특히 장하지 않지만, 이것은 유효지름으로 환산하여 유효지름의 공차 중에 포함되어 있다.

2. ISO 228-1에 규정되어 있지 않은 관용 평행 나사

■ 적용 범위

이 부속서는 ISO 228-1에 규정되어 있지 않은 관용 평행 나사에 대하여 규정한 것으로 관, 관용 부품, 유체기기 등의 접속에 있어서 기계적 결합을 주목적으로 하는 나사에 적용한다.

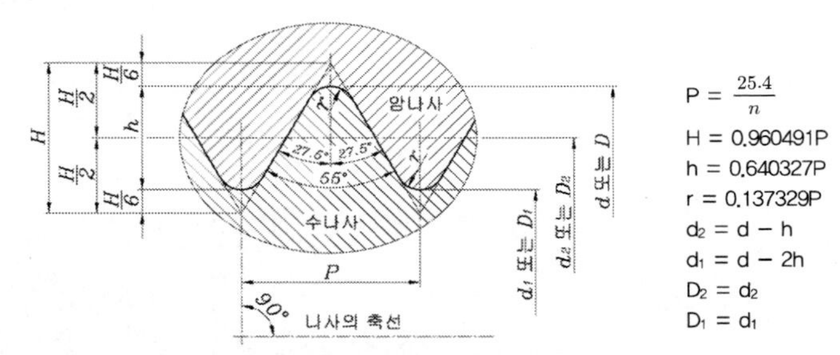

〈관용 평행 나사의 기준산 모양〉

굵은 실선은 기준 산 모양을 표시한다.

나사의 호칭	나사 산수 (25.4mm)에 대한 n	피 치 P (참고)	나사산의 높이 h	산의 봉우리 및 골의 둥글기 r	수나사 바깥지름 d	수나사 유효 지름 d_2	수나사 골 지름 d_1
					암나사 골 지름 D	암나사 유효 지름 D_2	암나사 안 지름 D_1
PF $\frac{1}{8}$	28	0.9071	0.581	0.12	9.728	9.147	8.566
PF $\frac{1}{4}$	19	1.3368	0.856	0.18	13.157	12.301	11.445
PF $\frac{3}{8}$	19	1.3368	0.856	0.18	16.662	15.806	14.950
PF $\frac{1}{2}$	14	1.8143	1.162	0.25	20.955	19.793	18.631
PF $\frac{5}{8}$	14	1.8143	1.162	0.25	22.911	21.749	20.587
PF $\frac{3}{4}$	14	1.8143	1.162	0.25	26.441	25.279	24.117
PF $\frac{7}{8}$	14	1.8143	1.162	0.25	30.201	29.039	27.877
PF 1	11	2.3091	1.479	0.32	33.249	31.770	30.291
PF 1$\frac{1}{8}$	11	2.3091	1.479	0.32	37.897	36.418	34.939
PF 1$\frac{1}{4}$	11	2.3091	1.479	0.32	41.910	40.431	38.952
PF 1$\frac{1}{2}$	11	2.3091	1.479	0.32	47.803	46.324	44.845
PF 1$\frac{3}{4}$	11	2.3091	1.479	0.32	53.746	52.267	50.788
PF 2	11	2.3091	1.479	0.32	59.614	58.135	56.656
PF 2$\frac{1}{4}$	11	2.3091	1.479	0.32	65.710	64.231	62.752
PF 2$\frac{1}{2}$	11	2.3091	1.479	0.32	75.184	73.705	72.226
PF 2$\frac{3}{4}$	11	2.3091	1.479	0.32	81.534	80.055	78.576
PF 3	11	2.3091	1.479	0.32	87.884	86.405	84.926
PF 3$\frac{1}{2}$	11	2.3091	1.479	0.32	100.330	98.851	97.372
PF 4	11	2.3091	1.479	0.32	113.030	111.551	110.072
PF 4$\frac{1}{2}$	11	2.3091	1.479	0.32	125.730	124.251	122.772
PF 5	11	2.3091	1.479	0.32	138.430	136.951	135.472
PF 5$\frac{1}{2}$	11	2.3091	1.479	0.32	151.130	149.651	148.172
PF 6	11	2.3091	1.479	0.32	163.830	162.351	160.872
PF 7	11	2.3091	1.479	0.32	189.230	187.751	186.272
PF 8	11	2.3091	1.479	0.32	214.630	213.151	211.672
PF 9	11	2.3091	1.479	0.32	240.030	238.551	237.072
PF 10	11	2.3091	1.479	0.32	265.430	263.951	262.472
PF 12	11	2.3091	1.479	0.32	316.230	314.751	313.272

3. 치수허용차

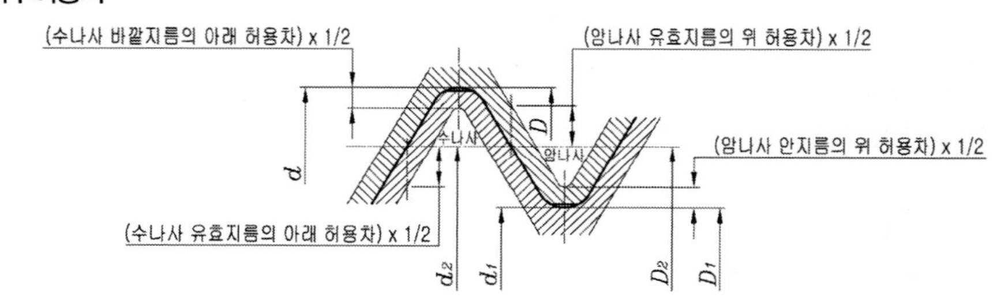

단위 : μm

나사의 호칭	나사산수 (25.4mm에 대한) n	수나사							암나사					
		바깥지름 d		유효 지름 d_2			골지름 d_1		골지름 D		유효 지름 D_2		안지름 D_1	
		위 허용차	아래 허용차 (−)	위 허용차	아래 허용차 (−) A급	아래 허용차 (−) B급	위 허용차	아래 허용차	아래 허용차	위 허용차	아래 허용차	위 허용차 (+)	아래 허용차	위 허용차 (+)
PF 1/8	28	0	214	0	107	214	0	규정하지 않는다	0	규정하지 않는다	0	107	0	282
PF 1/4	19	0	250	0	125	250	0		0		0	125	0	445
PF 3/8	19	0	250	0	125	250	0		0		0	125	0	445
PF 1/2	14	0	284	0	142	284	0		0		0	142	0	541
PF 5/8	14	0	284	0	142	284	0		0		0	142	0	541
PF 3/4	14	0	284	0	142	284	0		0		0	142	0	541
PF 7/8	14	0	284	0	142	284	0		0		0	142	0	541
PF 1	11	0	360	0	180	360	0		0		0	180	0	640
PF 1/8	11	0	360	0	180	360	0		0		0	180	0	640
PF 1/4	11	0	360	0	180	360	0		0		0	180	0	640
PF 1/2	11	0	360	0	180	360	0		0		0	180	0	640
PF 3/4	11	0	360	0	180	360	0		0		0	180	0	640
PF 2	11	0	360	0	180	360	0		0		0	180	0	640
PF 2 1/4	11	0	434	0	217	434	0		0		0	217	0	640
PF2 1/2	11	0	434	0	217	434	0		0		0	217	0	640
PF2 3/4	11	0	434	0	217	434	0		0		0	217	0	640
PF 3	11	0	434	0	217	434	0		0		0	217	0	640
PF 3 1/2	11	0	434	0	217	434	0		0		0	217	0	640
PF 4	11	0	434	0	217	434	0		0		0	217	0	640
PF 4 1/2	11	0	434	0	217	434	0		0		0	217	0	640
PF 5	11	0	434	0	217	434	0		0		0	217	0	640
PF 5 1/2	11	0	434	0	217	434	0		0		0	217	0	640
PF 6	11	0	434	0	217	434	0		0		0	217	0	640
PF 7	11	0	636	0	318	636	0		0		0	318	0	640
PF 8	11	0	636	0	318	636	0		0		0	318	0	640
PF 9	11	0	636	0	318	636	0		0		0	318	0	640
PF 10	11	0	636	0	318	636	0		0		0	318	0	640
PF 12	11	0	794	0	397	794	0		0		0	397	0	800

비고

1. 이 표에는 산의 반각의 허용차 및 피치의 허용차는 특히 정하지 않지만, 이것은 유효지름으로 환산하여 유효지름의 공차 중에 포함되어 있다.
2. 규격의 몸통에 규정하는 나사를 포함하여 서로 다른 등급의 수나사와 암나사를 조합하여 사용할 수 있다.
3. 이 표의 바깥지름 d와 유효지름 d_2의 굵은 수치는 이 부속서의 규정 외 사항이지만 그 허용차는 몸통의 위 표에 규정하는 나사의 호칭 G 1/8~G 6의 수나사 및 암나사의 허용차와 같다. 그리고 나사의 호칭이 다르므로 ISO 표준과의 정합상 사용하지 않는 것이 좋다.

10-8 관용 테이퍼 나사 (R) [KS B 0222]

■ 적용 범위

이 규격은 관용 테이퍼 나사에 대하여 규정한 것으로서 관, 관용 부품, 유체 기계 등의 접속에 있어 나사부의 내밀성을 주목적으로 한 나사에 대하여 적용한다. 다만, 나사의 호칭 PT3 1/2 및 PT7~PT12의 관용 테이퍼 나사 및 PS3 1/2 및 PS7~PS12의 관용 평행 암나사는 부속서 A에 따른다.

테이퍼 수나사 및 테이퍼 암나사에 대하여 적용하는 기본 산 모양 굵은 실선은 기본 산 모양을 나타낸다.

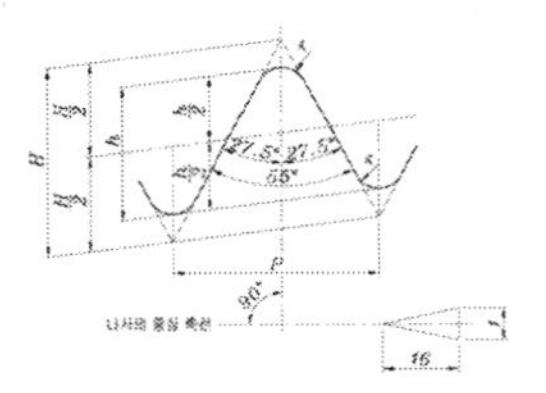

$P = \frac{25.4}{n}$

$H = 0.960237P$

$h = 0.640327P$

$r = 0.137278P$

평행 암나사에 대하여 적용하는 기본 산 모양 굵은 실선은 기본 산 모양을 나타낸다.

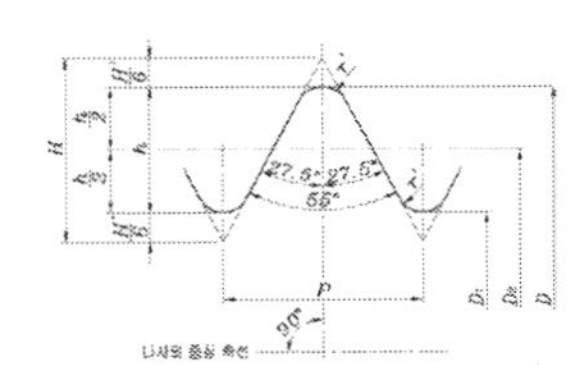

$P = \frac{25.4}{n}$

$H' = 0.960491P$

$h = 0.640327P$

$r' = 0.137329P$

• 관용 테이퍼 나사 기본 치수

단위 : mm

나사의 호칭	나사산: 나사산수 (25.4mm에 대한) n	나사산: 피치 P (참고)	나사산: 산의 높이 h	나사산: 둥글기 r 또는 r'	기본 지름 (수나사): 바깥지름 d / (암나사): 골 지름 D	기본 지름: 유효 지름 d_2 / 유효 지름 D_2	기본 지름: 골 지름 d_1 / 안지름 D_1	기본 지름의 위치 (수나사 관 끝으로부터): 기본 길이 a	기본 지름의 위치 (수나사): 축선 방향의 허용차 ±b	기본 지름의 위치 (암나사 관 끝 부분): 축선 방향의 허용차 ±c	평행 암나사의 D, D_2 및 D_1의 허용차 ±	유효 나사의 길이(최소) 수나사: 기본 지름의 위치부터 큰 지름 쪽으로 f	암나사 (불완전 나사부가 있는 경우) 테이퍼 암나사: 기본 지름의 위치부터 작은 지름 쪽으로 f	암나사 (불완전 나사부가 있는 경우) 평행암나사: 관, 관이음 끝으로부터 f 참고	암나사 (불완전 나사부가 없는 경우) 테이퍼 암나사, 평행 암나사: 기본 지름 관, 관 이음의 끝으로부터 t	배관용 탄소 강관의 치수(참고): 바깥 지름	배관용 탄소 강관의 치수(참고): 두께
R 1/16	28	0.9071	0.581	0.12	7.723	7.142	6.561	3.97	0.91	1.13	0.071	2.5	6.2	7.4	4.4	–	–
R 1/8	28	0.9071	0.581	0.12	9.728	9.147	8.566	3.97	0.91	1.13	0.071	2.5	6.2	7.4	4.4	10.5	2.0
R 1/4	19	1.3368	0.856	0.18	13.157	12.301	11.445	6.01	1.34	1.67	0.104	3.7	9.4	11.0	6.7	13.8	2.3
R 3/8	19	1.3368	0.856	0.18	16.662	15.806	14.950	6.35	1.34	1.67	0.104	3.7	9.7	11.4	7.0	17.3	2.3
R 1/2	14	1.8143	1.162	0.25	20.955	19.793	18.631	8.16	1.81	2.27	0.142	5.0	12.7	15.0	9.1	21.7	2.8
R 3/4	14	1.8143	1.162	0.25	26.441	25.279	24.117	9.53	1.81	2.27	0.142	5.0	14.1	16.3	10.2	27.2	2.8
R 1	11	2.3091	1.479	0.32	33.249	31.770	30.291	10.39	2.31	2.89	0.181	6.4	16.2	19.1	11.6	34.0	3.2
R 1 1/4	11	2.3091	1.479	0.32	41.910	40.431	38.952	12.70	2.31	2.89	0.181	6.4	18.5	21.4	13.4	42.7	3.5
R 1 1/2	11	2.3091	1.479	0.32	47.803	46.324	44.845	12.70	2.31	2.89	0.181	6.4	18.5	21.4	13.4	48.6	3.5
R 2	11	2.3091	1.479	0.32	59.614	58.135	56.656	15.88	2.31	2.89	0.181	7.5	22.8	25.7	16.9	60.5	3.8
R 2 1/2	11	2.3091	1.479	0.32	75.184	73.705	72.226	17.46	3.46	3.46	0.216	9.2	26.7	30.1	18.6	76.3	4.2
R 3	11	2.3091	1.479	0.32	87.884	86.405	84.926	20.64	3.46	3.46	0.216	9.2	29.8	33.3	21.1	89.1	4.2
R 4	11	2.3091	1.479	0.32	113.030	111.551	110.072	25.40	3.46	3.46	0.216	10.4	35.8	39.3	25.9	114.3	4.5
R 5	11	2.3091	1.479	0.32	138.430	136.951	135.472	28.58	3.46	3.46	0.216	11.5	40.1	43.5	29.3	139.8	4.5
R 6	11	2.3091	1.479	0.32	163.830	162.351	160.872	28.58	3.46	3.46	0.216	11.5	40.1	43.5	29.3	165.2	5.0

[주]

• 호칭은 테이퍼 수나사에 대한 것으로서, 테이퍼 암나사 및 평행 암나사의 경우는 R의 기호를 Rc 또는 Rp로 한다.

비고

(1) 관용 나사를 나타내는 기호(R, Rc 및 Rp)는 필요에 따라 생략하여도 좋다.
(2) 나사산은 중심 축선에 직각으로, 피치는 중심 축선에 따라 측정한다.
(3) 유효 나사부의 길이는 완전하게 나사산이 깍인 나사부의 길이이며, 최후의 몇 개의 산만은 그 봉우리에 관 또는 관 이음쇠의 면이 그대로 남아 있어도 좋다. 또, 관 또는 관 이음쇠의 끝이 모떼기가 되어 있어도 이 부분을 유효 나사부의 길이에 포함시킨다.
(4) a, f 또는 t가 이 표의 수치에 따르기 어려울 때는 별도로 정하는 부품의 규격에 따른다.
(5) 표시 방법 : ① 테이퍼 수나사의 경우 R 1 1/2, ② 테이퍼 암나사의 경우 Rc 1 1/2, ③ 평행 암나사의 경우 Rp 1 1/2, ④ 좌나사의 경우 R 1 1/2 LH

1. [부속서-A] KS B ISO 7-1에 규정되어 있지 않은 관용 테이퍼 나사

■ 적용 범위

이 부속서는 KS B ISO 7-1에 규정되어 있지 않은 관용 테이퍼 나사에 대하여 규정한 것으로서 관, 관용 부품, 유체 기계 등의 접속에 있어 나사부의 내밀성을 주목적으로 한 나사에 대하여 적용한다. 다만, 이 부속서의 나사는 규격을 재검토할 때마다 폐지 여부를 검토한다.

테이퍼 수나사 및 테이퍼 암나사에 대하여 적용하는 기본 산 모양 굵은 실선은 기본 산 모양을 나타낸다.

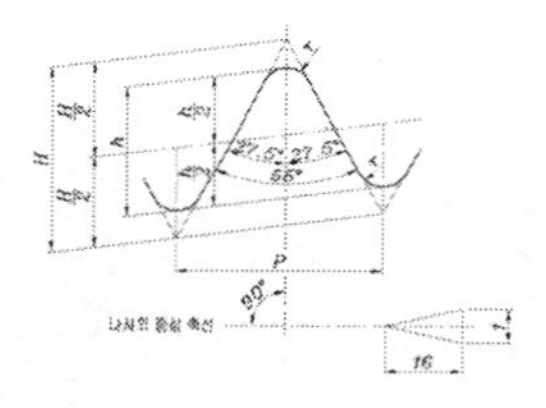

$P = \frac{25.4}{n}$
$H = 0.960237P$
$h = 0.640327P$
$r = 0.137278P$

평행 암나사에 대하여 적용하는 기본 산 모양 굵은 실선은 기본 산 모양을 나타낸다.

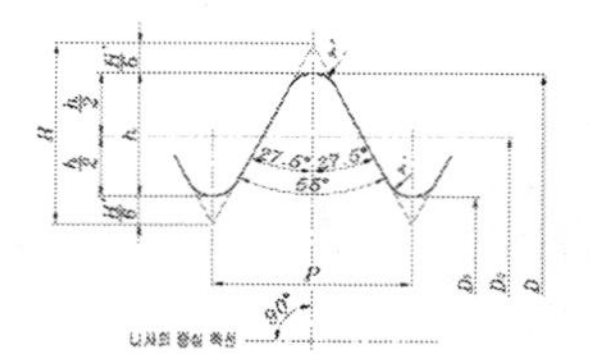

$P = \frac{25.4}{n}$
$H' = 0.960491P$
$h = 0.640327P$
$r' = 0.137329P$

• 관용 테이퍼 나사 기본 치수

단위 : mm

나사의 호칭	나사산: 나사 산수 (25.4 mm에 대한) n	나사산: 피치 P (참고)	나사산: 산의 높이 h	나사산: 둥글기 r 또는 r'	기본 지름 수나사: 바깥지름 d / 암나사: 골 지름 D	기본 지름 수나사: 유효 지름 d_2 / 암나사: 유효 지름 D_2	기본 지름 수나사: 골 지름 d_1 / 암나사: 안지름 D_1	기본 지름의 위치 수나사 관 끝으로부터: 기본 길이 a	기본 지름의 위치 수나사 관 끝으로부터: 축선 방향의 허용차 ±b	기본 지름의 위치 암나사 관 끝 부분: 축선 방향의 허용차 ±c	평행 암나사의 D, D_2 및 D1의 허용차 ±	유효 나사의 길이(최소) 수나사: 기본 지름의 위치부터 큰 지름 쪽으로 f	유효 나사의 길이(최소) 암나사 불완전 나사부가 있는 경우 테이퍼 암나사: 기본 지름의 위치부터 작은 지름 쪽으로 f	유효 나사의 길이(최소) 암나사 불완전 나사부가 있는 경우 평행암나사: 관, 관이음 끝으로부터 f 참고	유효 나사의 길이(최소) 암나사 불완전 나사부가 없는 경우 테이퍼 암나사, 평행 암나사: 기본 지름 관, 관 이음의 끝으로부터 t	배관용 탄소 강관의 치수 (참고): 바깥 지름	배관용 탄소 강관의 치수 (참고): 두께
PT 1/8	28	0.9071	0.581	0.12	9.728	9.147	8.566	3.97	0.91	1.13	0.071	2.5	6.2	7.4	4.4	10.5	2.0
PT 1/4	19	1.3368	0.856	0.18	13.157	12.301	11.445	6.01	1.34	1.67	0.104	3.7	9.4	11.0	6.7	13.8	2.3
PT 3/8	19	1.3368	0.856	0.18	16.662	15.806	14.950	6.35	1.34	1.67	0.104	3.7	9.7	11.4	7.0	17.3	2.3
PT 1/2	14	1.8143	1.162	0.25	20.955	19.793	18.631	8.16	1.81	2.27	0.142	5.0	12.7	15.0	9.1	21.7	2.8
PT 3/4	14	1.8143	1.162	0.25	26.441	25.279	24.117	9.53	1.81	2.27	0.142	5.0	14.1	16.3	10.2	27.2	2.8
PT 1	11	2.3091	1.479	0.32	33.249	31.770	30.291	10.39	2.31	2.89	0.181	6.4	16.2	19.1	11.6	34.0	3.2

나사의 호칭	나사산				기본 지름			기본 지름의 위치			평행 암나사의 D, D_2 및 D1의 허용차 ±	유효 나사의 길이(최소)				배관용 탄소 강관의 치수(참고)	
	나사산수(25.4mm에 대한) n	피 치 P (참고)	산의 높이 h	둥글기 r 또는 r'	수나사: 바깥지름 d	수나사: 유효지름 d_2	수나사: 골 지름 d_1	수나사: 관 끝으로부터		암나사: 관 끝 부분		수나사	암나사: 불완전 나사부가 있는 경우		암나사: 불완전 나사부가 없는 경우		
					암나사: 골 지름 D	암나사: 유효 지름 D_2	암나사: 안지름 D_1	기본 길이 a	축선 방향의 허용차 ±b	축선 방향의 허용차 ±c		기본 지름의 위치부터 큰 지름 쪽으로 f	테이퍼 암나사: 기본 지름의 위치부터 작은 지름 쪽으로 f	평행암나사: 관, 관이음 끝으로부터 f 참고	테이퍼 암나사, 평행 암나사: 기본 지름 관, 관 이음의 끝으로부터 t	바깥 지름	두께
PT $1\frac{1}{4}$	11	2.3091	1.479	0.32	41.910	40.431	38.952	12.70	2.31	2.89	0.181	6.4	18.5	21.4	13.4	42.7	3.5
PT $1\frac{1}{2}$	11	2.3091	1.479	0.32	47.803	46.324	44.845	12.70	2.31	2.89	0.181	6.4	18.5	21.4	13.4	48.6	3.5
PT 2	11	2.3091	1.479	0.32	59.614	58.135	56.656	15.88	2.31	2.89	0.181	7.5	22.8	25.7	16.9	60.5	3.8
PT $2\frac{1}{2}$	11	2.3091	1.479	0.32	75.184	73.705	72.226	17.46	3.46	3.46	0.216	9.2	26.7	30.1	18.6	76.3	4.2
PT 3	11	2.3091	1.479	0.32	87.884	86.405	84.926	20.64	3.46	3.46	0.216	9.2	29.8	33.3	21.1	89.1	4.2
PT $3\frac{1}{2}$	11	2.3091	1.479	0.32	100.330	98.851	97.372	22.23	3.46	3.46	0.216	9.2	31.4	34.9	22.4	101.6	4.2
PT 4	11	2.3091	1.479	0.32	113.030	111.551	110.072	25.40	3.46	3.46	0.216	10.4	35.8	39.3	25.9	114.3	4.5
PT 5	11	2.3091	1.479	0.32	138.430	136.951	135.472	28.58	3.46	3.46	0.216	11.5	40.1	43.5	29.3	139.8	4.5
PT 6	11	2.3091	1.479	0.32	163.830	162.351	160.872	28.58	3.46	3.46	0.216	11.5	40.1	43.5	29.3	165.2	5.0
PT 7	11	2.3091	1.479	0.32	189.230	187.751	186.272	34.93	5.08	5.08	0.318	14.0	48.9	54.0	35.1	190.7	5.3
PT 8	11	2.3091	1.479	0.32	214.630	213.151	211.672	38.10	5.08	5.08	0.318	14.0	52.1	57.2	37.6	216.3	5.8
PT 9	11	2.3091	1.479	0.32	240.030	238.551	237.072	38.10	5.08	5.08	0.318	14.0	52.1	57.2	37.6	241.8	6.2
PT 10	11	2.3091	1.479	0.32	265.430	263.951	262.472	41.28	5.08	5.08	0.318	14.0	55.3	60.4	40.2	267.4	6.6
PT 12	11	2.3091	1.479	0.32	316.230	314.751	314.751	41.28	6.35	6.35	0.397	17.5	58.8	65.1	41.9	318.5	6.9

[주]

• 나사의 호칭은 테이퍼 수나사 및 테이퍼 암나사에 대한 것으로, 테이퍼 수나사와 끼워 맞추는 평행 암나사의 경우는 PT의 기호를 PS로 한다.

비고

1. 관용 테이퍼 나사를 나타내는 기호(PT 및 PS)는 필요에 따라 생략하여도 좋다.
2. 나사산은 중심 축선에 직각으로 하고 피치는 중심 축선을 따라 측정한다.
3. 유효 나사부의 길이란 완전하게 나사산이 깎인 나사부의 길이이며, 마지막 몇 개의 산만은 그 봉우리에 관 또는 관 이음쇠의 면이 그대로 남아 있어도 좋다.
4. a, f 또는 t가 이 표의 수치에 따르기 어려울 때는 따로 정하는 부품의 규격에 따른다.
5. 이 표의 음영의 부분은 이 부속서의 규정의 사항이지만, 그 내용은 본체 부표 1에 규정한 나사의 호칭 R 1/8~R 3 및 R 4~R 6에 대한 것과 동일하다. 그러나 호칭이 다르기 때문에 ISO 규격과의 일치성 때문에 사용하지 않는 것이 좋다.

10-9 29도 사다리꼴 나사 [KS B 0226]

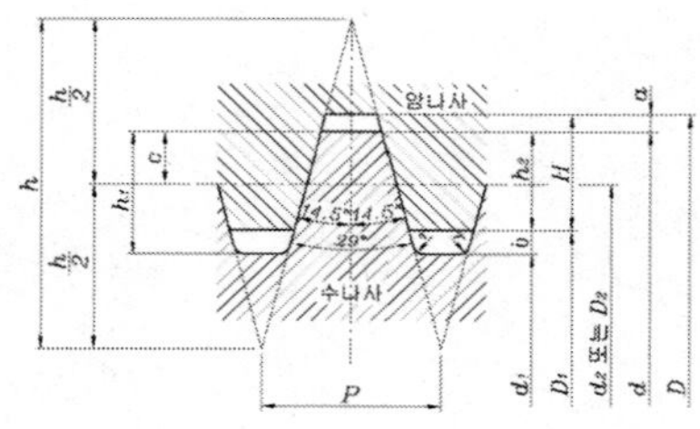

굵은 실선은 기본 산 모양을 표시한다.

$P = \frac{25.4}{n}$

다만, n은 산 수 (25.4mm당)

$h = 1.9335P$ $d_2 = d - 2c$

$c ≒ 0.25P$ $d_1 = d - 2h_1$

$h_1 = 2c + a$ $D = d + 2a$

$h_2 = 2c + a - b$ $D_2 = d_2$

$H = 2c + 2a - b$ $D_1 = d_1 + 2b$

■ 29도 사다리꼴 나사의 산수 계열

단위 : mm

호 칭	산 수 (25.4mm 당)	호 칭	산 수 (25.4mm 당)	호 칭	산 수 (25.4mm 당)	호 칭	산 수 (25.4mm 당)
TW 10	12	TW 34	4	TW 60	3	TW 90	2
TW 12	10	TW 36	4	TW 62	3	TW 92	2
TW 14	8	TW 38	$3\frac{1}{2}$	TW 65	$2\frac{1}{2}$	TW 95	2
TW 16	8	TW 40	$3\frac{1}{2}$	TW 68	$2\frac{1}{2}$	TW 98	2
TW 18	6	TW 42	$3\frac{1}{2}$	TW 70	$2\frac{1}{2}$	TW100	2
TW 20	6	TW 44	$3\frac{1}{2}$	TW 72	$2\frac{1}{2}$		
TW 22	5	TW 46	3	TW 75	$2\frac{1}{2}$		
TW 24	5	TW 48	3	TW 78	$2\frac{1}{2}$		
TW 26	5	TW 50	3	TW 80	$2\frac{1}{2}$		
TW 28	5	TW 52	3	TW 82	$2\frac{1}{2}$		
TW 30	4	TW 55	3	TW 85	2		
TW 32	4	TW 58	3	TW 88	2		

[용어의 뜻]
기준산형이란 나사산의 실제 모양을 정하기 위한 기초가 되는 나사산 1 피치분의 모양을 말하며, 도 기준치수란 기준산형을 가진 나사의 각 주요 치수를 각 호칭에 대하여 구한 수치를 말한다.

비고

- 특별히 필요해서 이 표의 호칭과 산수의 관계 또는 이 표의 호칭 나사 지름을 사용할 수 없는 경우에는 이것을 변경하여도 지장이 없다. 다만, 산수는 이 표 중의 것에서 선택한다.

■ 29도 사다리꼴 나사의 나사산의 기준 치수

단위 : mm

산 수 (25.4mm 당) n	피 치 P	틈새		c	걸리는 높이 h_2	수나사의 나사산 높이 h_1	암나사의 나사산 높이 H	수나사 골 구석의 둥글기 r
		a	b					
12	2.1167	0.25	0.50	0.50	0.75	1.25	1.00	0.25
10	2.5400	0.25	0.50	0.60	0.95	1.45	1.20	0.25
8	3.1750	0.25	0.50	0.75	1.25	1.75	1.50	0.25
6	4.2333	0.25	0.50	1.00	1.75	2.25	2.00	0.25
5	5.0800	0.25	0.75	1.25	2.00	2.75	2.25	0.25
4	6.3500	0.25	0.75	1.50	2.50	3.25	2.75	0.25
$3\frac{1}{2}$	7.2571	0.25	0.75	1.75	3.00	3.75	3.25	0.25
3	8.4667	0.25	0.75	2.00	3.50	4.25	3.75	0.25
$2\frac{1}{2}$	10.1600	0.25	0.75	2.50	4.50	5.25	4.75	0.25
2	12.7000	0.25	0.75	3.00	5.50	6.25	5.75	0.25

■ 29도 사다리꼴 나사 기준 치수

단위 : mm

호 칭	산 수 (25.4mm 당) n	피 치 P	수나사			암나사		
			바깥지름 d	유효 지름 d_2	골 지름 d_1	골 지름 D	유효 지름 D_2	안 지름 D_1
TW 10	12	2.1167	10	9.0	7.5	10.5	9.0	8.5
TW 12	10	2.5400	12	10.8	9.1	12.5	10.8	10.1
TW 14	8	3.1750	14	12.5	10.5	14.5	12.5	11.5
TW 16	8	3.1750	16	14.5	12.5	16.5	14.5	13.5
TW 18	6	4.2333	18	16.0	13.5	18.5	16.0	14.5
TW 20	6	4.2333	20	18.0	15.5	20.5	18.0	16.5
TW 22	5	5.0800	22	19.5	16.5	22.5	19.5	18.0
TW 24	5	5.0800	24	21.5	18.5	24.5	21.5	20.0
TW 26	5	5.0800	26	23.5	20.5	26.5	23.5	22.0
TW 28	5	5.0800	28	25.5	22.5	28.5	25.5	24.0
TW 30	4	6.3500	30	27.0	23.5	30.5	27.0	25.0
TW 32	4	6.3500	32	29.0	25.5	32.5	29.0	27.0
TW 34	4	6.3500	34	31.0	27.5	34.5	31.0	29.0
TW 36	4	6.3500	36	33.0	29.5	36.5	33.0	31.0
TW 38	3 1/2	7.2571	38	34.5	30.5	38.5	34.5	32.0
TW 40	3 1/2	7.2571	40	36.5	32.5	40.5	36.5	34.0
TW 42	3 1/2	7.2571	42	38.5	34.5	42.5	38.5	36.0
TW 44	3 1/2	7.2571	44	40.5	36.5	44.5	40.5	38.0
TW 46	3	8.4667	46	42.0	37.5	46.5	42.0	39.0
TW 48	3	8.4667	48	44.0	39.5	48.5	44.0	41.0
TW 50	3	8.4667	50	46.0	41.5	50.5	46.0	43.0
TW 52	3	8.4667	52	48.0	43.5	52.5	48.0	45.0
TW 55	3	8.4667	55	51.0	46.5	55.5	51.0	48.0
TW 58	3	8.4667	58	54.0	49.5	58.5	54.0	51.0
TW 60	3	8.4667	60	56.0	51.5	60.5	56.0	53.0
TW 62	3	8.4667	62	58.0	53.5	62.5	58.0	55.0
TW 65	2 1/2	10.1600	65	60.0	54.5	65.5	60.0	56.0
TW 68	2 1/2	10.1600	68	63.0	57.5	68.5	63.0	59.0
TW 70	2 1/2	10.1600	70	65.0	59.5	70.5	65.0	61.0
TW 72	2 1/2	10.1600	72	67.0	61.5	72.5	67.0	63.0
TW 75	2 1/2	10.1600	75	70.0	64.5	75.5	70.0	66.0
TW 78	2 1/2	10.1600	78	73.0	67.5	78.5	73.0	69.0
TW 80	2 1/2	10.1600	80	75.0	69.5	80.5	75.0	71.0
TW 82	2 1/2	10.1600	82	77.0	71.5	82.5	77.0	73.0
TW 85	2	12.7000	85	79.0	72.5	85.5	79.0	74.0
TW 88	2	12.7000	88	82.0	75.5	88.5	82.0	77.0
TW 90	2	12.7000	90	84.0	77.5	90.5	84.0	79.0
TW 92	2	12.7000	92	86.0	79.5	92.5	86.0	81.0
TW 95	2	12.7000	95	89.0	82.5	95.5	89.0	84.0
TW 98	2	12.7000	98	92.0	85.5	98.5	92.0	87.0
TW 100	2	12.7000	100	94.0	87.5	100.5	94.0	89.0

10-10 미터 사다리꼴 나사 [KS B 0229]

■ 미터 사다리꼴 나사 기준 치수

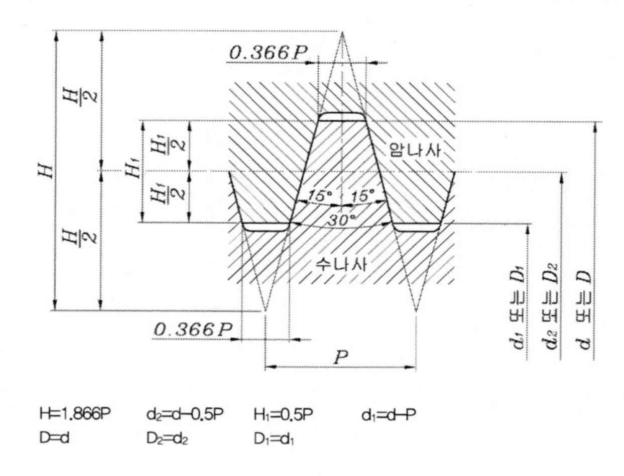

$H=1.866P$ $d_2=d-0.5P$ $H_1=0.5P$ $d_1=d-P$
$D=d$ $D_2=d_2$ $D_1=d_1$

단위 : mm

나사의 호칭	피 치 P	접촉 높이 H_1	암나사 골지름 D / 수나사 바깥지름 d	암나사 유효 지름 D_2 / 수나사 유효 지름 d_2	암나사 안지름 D_1 / 수나사 골지름 d_1
Tr 8×1.5	1.5	0.75	8.000	7.250	6.500
Tr 9×2	2	1	9.000	8.000	7.000
Tr 9×1.5	1.5	0.75	9.000	8.250	7.500
Tr 10×2	2	1	10.000	9.000	8.000
Tr 10×1.5	1.5	0.75	10.000	9.250	8.500
Tr 11×3	3	1.5	11.000	9.500	8.000
Tr 11×2	2	1	11.000	10.000	9.000

■ 미터 사다리꼴 나사 기준 치수

단위 : mm

나사의 호칭	피 치 P	접촉 높이 H_1	암나사		
			골지름 D	유효 지름 D_2	안지름 D_1
			수나사		
			바깥지름 d	유효 지름 d_2	골이지 름 d_1
Tr 12× 3	3	1.5	12.000	10.500	9.000
Tr 12× 2	2	1	12.000	11.000	10.000
Tr 14× 3	3	1.5	14.000	12.500	11.000
Tr 14× 2	2	1	14.000	13.000	12.000
Tr 16× 4	4	2	16.000	14.000	12.000
Tr 16× 2	2	1	16.000	15.000	14.000
Tr 18× 4	4	2	18.000	16.000	14.000
Tr 18× 2	2	1	18.000	17.000	16.000
Tr 20× 4	4	2	20.000	18.000	16.000
Tr 20× 2	2	1	20.000	19.000	18.000
Tr 22× 8	8	4	22.000	18.000	14.000
Tr 22× 5	5	2.5	22.000	19.500	17.000
Tr 22× 3	3	1.5	22.000	20.500	19.000
Tr 24× 8	8	4	24.000	20.000	16.000
Tr 24× 5	5	2.5	24.000	21.500	19.000
Tr 24× 3	3	1.5	24.000	22.500	21.000
Tr 26× 8	8	4	26.000	22.000	18.000
Tr 26× 5	5	2.5	26.000	23.500	21.000
Tr 26× 3	3	1.5	26.000	24.500	23.000
Tr 28× 8	8	4	28.000	24.000	20.000
Tr 28× 5	5	2.5	28.000	25.500	23.000
Tr 28× 3	3	1.5	28.000	26.500	25.000
Tr 30×10	10	5	30.000	25.000	20.000
Tr 30× 6	6	3	30.000	27.000	24.000
Tr 30× 3	3	1.5	30.000	28.500	27.000
Tr 32×10	10	5	32.000	27.000	22.000
Tr 32× 6	6	3	32.000	29.000	26.000
Tr 32× 3	3	1.5	32.000	30.500	29.000
Tr 34×10	10	5	34.000	29.000	24.000
Tr 34× 6	6	3	34.000	31.000	28.000
Tr 34× 3	3	1.5	34.000	32.500	31.000
Tr 36×10	10	5	36.000	31.000	26.000
Tr 36× 6	6	3	36.000	33.000	30.000
Tr 36× 3	3	1.5	36.000	34.500	33.000
Tr 38×10	10	5	38.000	33.000	28.000
Tr 38× 7	7	3.5	38.000	34.500	31.000
Tr 38× 3	3	1.5	38.000	36.500	35.000
Tr 40×10	10	3	40.000	35.000	30.000
Tr 40× 7	7	3.5	40.000	36.500	33.000
Tr 40× 3	3	1.5	40.000	38.500	37.000
Tr 42×10	10	5	42.000	37.000	32.000
Tr 42× 7	7	3.5	42.000	38.500	35.000
Tr 42× 3	3	1.5	42.000	40.500	39.000
Tr 44×12	12	6	44.000	38.000	32.000
Tr 44× 7	7	3.5	44.000	40.500	37.000
Tr 44× 3	3	1.5	44.000	42.500	41.000
Tr 46×12	12	6	46.000	40.000	34.000
Tr 46× 8	8	4	46.000	42.000	38.000
Tr 46× 3	3	1.5	46.000	44.500	43.000
Tr 48×12	12	6	48.000	42.000	36.000
Tr 48× 8	8	4	48.000	44.000	40.000
Tr 48× 3	3	1.5	48.000	46.500	45.000

■ 미터 사다리꼴 나사 기준 치수

단위 : mm

나사의 호칭	피 치 P	접촉 높이 H_1	암나사		
			골지름 D	유효 지름 D_2	안지름 D_1
			수나사 i		
			바깥지름 d	유효 지름 d_2	골지름 d_1
Tr 50×12	12	6	50.000	44.000	38.000
Tr 50× 8	8	4	50.000	46.000	42.000
Tr 50× 3	3	1.5	50.000	48.500	47.000
Tr 52×12	12	6	52.000	46.000	40.000
Tr 52× 8	8	4	52.000	48.000	44.000
Tr 52× 3	3	1.5	52.000	50.500	49.000
Tr 55×14	14	7	55.000	48.000	41.000
Tr 55× 9	9	4.5	55.000	50.500	46.000
Tr 55× 3	3	1.5	55.000	53.500	52.000
Tr 60×14	14	7	60.000	53.000	46.000
Tr 60× 9	9	4.5	60.000	55.500	51.000
Tr 60× 3	3	1.5	60.000	58.500	57.000
Tr 65×16	16	8	65.000	57.000	49.000
Tr 65×10	10	5	65.000	60.000	55.000
Tr 65× 4	4	2	65.000	63.000	61.000
Tr 70×16	16	8	70.000	62.000	54.000
Tr 70×10	10	5	70.000	65.000	60.000
Tr 70× 4	4	2	70.000	68.000	66.000
Tr 75×16	16	8	75.000	67.000	59.000
Tr 75×10	10	5	75.000	70.000	65.000
Tr 75× 4	4	2	75.000	73.000	71.000
Tr 80×16	16	8	80.000	72.000	64.000
Tr 80×10	10	5	80.000	75.000	70.000
Tr 80× 4	4	2	80.000	78.000	76.000
Tr 85×18	18	9	85.000	76.000	67.000
Tr 85×12	12	6	85.000	79.000	73.000
Tr 85× 4	4	2	85.000	83.000	81.000
Tr 90×18	18	9	90.000	81.000	72.000
Tr 90×12	12	6	90.000	84.000	78.000
Tr 90× 4	4	2	90.000	88.000	86.000
Tr 95×18	18	9	95.000	86.000	77.000
Tr 95×12	12	6	95.000	89.000	83.000
Tr 95× 4	4	2	95.000	93.000	91.000
Tr 100×20	20	10	100.000	90.000	80.000
Tr 100×12	12	6	100.000	94.000	88.000
Tr 100× 4	4	2	100.000	98.000	96.000
Tr 105×20	20	10	105.000	95.000	85.000
Tr 105×12	12	6	105.000	99.000	93.000
Tr 105× 4	4	2	105.000	103.000	101.000
Tr 110×20	20	10	110.000	100.000	90.000
Tr 110×12	12	6	110.000	104.000	98.000
Tr 110× 4	4	2	110.000	108.000	106.000
Tr 115×22	22	11	115.000	104.000	93.000
Tr 115×14	14	7	115.000	108.000	101.000
Tr 115× 6	6	3	115.000	112.000	109.000
Tr 120×22	22	11	120.000	109.000	98.000
Tr 120×14	14	7	120.000	113.000	106.000
Tr 120× 6	6	3	120.000	117.000	114.000
Tr 125×22	22	11	125.000	114.000	103.000
Tr 125×14	14	7	125.000	118.000	111.000
Tr 125× 6	6	3	125.000	122.000	119.000
Tr 130×22	22	11	130.000	119.000	108.000
Tr 130×14	14	7	130.000	123.000	116.000
Tr 130× 6	6	3	130.000	127.000	124.000

■ 미터 사다리꼴 나사 기준 치수

단위 : mm

나사의 호칭	피 치 P	접촉 높이 H_1	암나사		
			골지름 D	유효 지름 D_2	안지름 D_1
			수나사		
			바깥지름 d	유효 지름 d_2	골지름 d_1
Tr 135×24	24	12	135.000	123.000	111.000
Tr 135×14	14	7	135.000	128.000	121.000
Tr 135× 6	6	3	135.000	132.000	129.000
Tr 140×24	24	12	140.000	128.000	116.000
Tr 140×14	14	7	140.000	133.000	126.000
Tr 140× 6	6	3	140.000	137.000	134.000
Tr 145×24	24	12	145.000	133.000	121.000
Tr 145×14	14	7	145.000	138.000	131.000
Tr 145× 6	6	3	145.000	142.000	139.000
Tr 150×24	24	12	150.000	138.000	126.000
Tr 150×16	16	8	150.000	142.000	134.000
Tr 150× 6	6	3	150.000	147.000	144.000
Tr 155×24	24	12	155.000	143.000	131.000
Tr 155×16	16	8	155.000	147.000	139.000
Tr 155× 6	6	3	155.000	152.000	149.000
Tr 160×28	28	14	160.000	146.000	132.000
Tr 160×16	16	8	160.000	152.000	144.000
Tr 160× 6	6	3	160.000	157.000	154.000
Tr 165×28	28	14	165.000	151.000	137.000
Tr 165×16	16	8	165.000	157.000	149.000
Tr 165× 6	6	3	165.000	162.000	159.000
Tr 170×28	28	14	170.000	156.000	142.000
Tr 170×16	16	8	170.000	162.000	154.000
Tr 170× 6	6	3	170.000	167.000	164.000
Tr 175×28	28	14	175.000	161.000	147.000
Tr 175×16	16	8	175.000	167.000	159.000
Tr 175× 8	8	4	175.000	171.000	167.000
Tr 180×28	28	14	180.000	166.000	152.000
Tr 180×18	18	9	180.000	171.000	162.000
Tr 180× 8	8	4	180.000	176.000	172.000
Tr 185×32	32	16	185.000	169.000	153.000
Tr 185×18	18	9	185.000	176.000	167.000
Tr 185× 8	8	4	185.000	181.000	177.000
Tr 190×32	32	16	190.000	174.000	158.000
Tr 190×18	18	9	190.000	181.000	172.000
Tr 190× 8	8	4	190.000	186.000	182.000
Tr 195×32	32	16	195.000	179.000	163.000
Tr 195×18	18	9	195.000	186.000	177.000
Tr 195× 8	8	4	195.000	191.000	187.000
Tr 200×32	32	16	200.000	184.000	168.000
Tr 200×18	18	9	200.000	191.000	182.000
Tr 200× 8	8	4	200.000	196.000	192.000
Tr 210×36	36	18	210.000	192.000	174.000
Tr 210×20	20	10	210.000	200.000	190.000
Tr 210× 8	8	4	210.000	206.000	202.000
Tr 220×36	36	18	220.000	202.000	184.000
Tr 220×20	20	10	220.000	210.000	200.000
Tr 220× 8	8	4	220.000	216.000	212.000
Tr 230×36	36	18	230.000	212.000	194.000
Tr 230×20	20	10	230.000	220.000	210.000
Tr 230× 8	8	4	230.000	226.000	222.000
Tr 240×36	36	18	240.000	222.000	204.000
Tr 240×22	22	11	240.000	229.000	218.000
Tr 240× 8	8	4	240.000	236.000	232.000

■ 미터 사다리꼴 나사 기준 치수

단위 : mm

나사의 호칭	피 치 P	접촉 높이 H_1	암나사 골지름 D	암나사 유효 지름 D_2	암나사 안지름 D_1
			수나사 바깥지름 d	수나사 유효 지름 d_2	수나사 골지름 d_1
Tr 250×40	40	20	250.000	230.000	210.000
Tr 250×22	22	11	250.000	239.000	228.000
Tr 250×12	12	6	250.000	244.000	238.000
Tr 260×40	40	20	260.000	240.000	220.000
Tr 260×22	22	11	260.000	249.000	238.000
Tr 260×12	12	6	260.000	254.000	248.000
Tr 270×44	40	20	270.000	250.000	230.000
Tr 270×24	24	12	270.000	258.000	246.000
Tr 270×12	12	6	270.000	264.000	258.000
Tr 280×44	40	20	280.000	260.000	240.000
Tr 280×24	24	12	280.000	268.000	256.000
Tr 280×12	12	6	280.000	274.000	268.000
Tr 290×44	44	22	290.000	268.000	246.000
Tr 290×24	24	12	290.000	278.000	266.000
Tr 290×12	12	6	290.000	284.000	278.000
Tr 300×44	44	22	300.000	278.000	256.000
Tr 300×24	24	12	300.000	288.000	276.000
Tr 300×12	12	6	300.000	294.000	288.000

[주]
- 나사의 호칭 앞의 기호 Tr은 미터 사다리꼴 나사를 나타내는 기호이다.

참고

LEAD SCREW(이송 나사)로서 대표적인 TM나사는 주로 회전운동을 직선운동으로 바꾸어 부품의 위치를 이동시키는 용도로 사용된다. 표준품으로 오른나사 축과 너트뿐만 아니라 왼나사 축 및 너트, 좌우나사 축 및 너트로 쉽게 구입할 수 있으며 설계도 용이하다. TM SCREW는 보통 30도 사다리꼴 나사의 규격에 준하여 제작되고 있다.

〈TM SCREW〉 〈TM NUT〉

10-11 탭핑(Tapping)을 위한 드릴 가공 지름 [참고 자료]

■ 미터 보통 나사(Metric coarse screw thread)

나사 호칭 Nominal	드릴 지름 Drill diameter	나사 호칭 Nominal	드릴 지름 Drill diameter	나사 호칭 Nominal	드릴 지름 Drill diameter	나사 호칭 Nominal	드릴 지름 Drill diameter
M1×0.25	0.75	M2.5×0.45	2.10	M9×1.25	7.80	M27×3	24.0
M1.1×0.25	0.85	M2.6×0.45	2.20	M10×1.5	8.50	M30×3.5	26.5
M1.2×0.25	0.95	M3×0.5	2.50	M11×1.5	9.50	M33×3.5	29.5
M1.4×0.3	1.10	M3.5×0.6	2.90	M12×1.75	10.3	M36×4	32.0
M1.6×0.35	1.25	M4×0.7	3.30	M14×2	12.0	M39×4	35.0
M1.7×0.35	1.35	M4.5×0.75	3.80	M16×2	14.0	M42×4.5	37.5
M1.8×0.35	1.45	M5×0.8	4.20	M18×2.5	15.5	M45×4.5	40.5
M2×0.4	1.60	M6×1.0	5.00	M20×2.5	17.5	M48×5	43.0
M2.2×0.4.5	1.75	M7×1.0	6.00	M22×2.5	19.5	–	–
M2.3×0.4	1.90	M8×1.25	6.80	M24×3	21.0	–	–

■ 미터 가는 나사(Metric fine screw thread)

나사 호칭 Nominal	드릴 지름 Drill diameter	나사 호칭 Nominal	드릴 지름 Drill diameter	나사 호칭 Nominal	드릴 지름 Drill diameter	나사 호칭 Nominal	드릴 지름 Drill diameter
M1×0.2	0.80	M11×0.75	10.3	M25×1.5	23.5	M39×1.5	37.5
M1.1×0.2	0.90	M12×1.5	10.5	M25×1.0	24.0	M40×3.0	37.0
M1.2×0.2	1.00	M12×1.25	10.8	M26×1.5	24.5	M40×2.0	38.0
M1.4×0.2	1.20	M12×1.0	11.0	M27×2.0	25.0	M40×1.5	38.5
M1.6×0.2	1.40	M14×1.5	12.5	M27×1.5	25.5	M42×4.0	38.0
M1.8×0.2	1.60	M14×1.0	13.0	M27×1.0	26.0	M42×3.0	39.0
M2×0.25	1.75	M15×1.5	13.5	M28×2.0	26.0	M42×2.0	40.0
M2.2×0.25	1.95	M15×1.0	14.0	M28×1.5	26.5	M42×1.5	40.5
M2.5×0.35	2.20	M16×1.5	14.5	M28×1.0	27.0	M45×4.0	41.0
M3×0.35	2.70	M16×1.0	15.0	M30×3.0	27.0	M45×3.0	42.0
M3.5×0.35	3.20	M17×1.5	15.5	M30×2.0	28.0	M45×2.0	43.0
M4×0.5	3.50	M17×1.0	16.0	M30×1.5	28.5	M45×1.5	43.5
M4.5×0.5	4.00	M18×2.0	16.0	M30×1.0	29.0	M48×4.0	44.0
M5×0.5	4.50	M18×1.5	16.5	M32×2.0	30.0	M48×3.0	45.0
M5.5×0.5	5.00	M18×1.0	17.0	M32×1.5	30.5	M48×2.0	46.0
M6×0.75	5.30	M20×2.0	18.0	M33×3.0	30.0	M48×1.5	46.5
M7×0.75	6.30	M20×1.5	18.5	M33×2.0	31.0	M50×3.0	47.0
M8×1.0	7.00	M20×1.0	19.0	M33×1.5	31.5	M50×2.0	48.0
M8×0.75	7.30	M22×2.0	20.0	M35×1.5	33.5	M50×1.5	48.5
M9×1.0	8.00	M22×1.5	20.5	M36×3.0	33.0	–	–
M9×0.75	8.30	M22×1.0	21.0	M36×2.0	34.0	–	–
M10×1.25	8.80	M24×2.0	22.0	M36×1.5	34.5	–	–
M10×1.0	9.00	M24×1.5	22.5	M38×1.5	36.5	–	–
M10×0.75	9.30	M24×1.0	23.0	M39×3.0	36.0	–	–
M11×1.0	10.0	M25×2.0	23.0	M39×2.0	37.0	–	–

[주]

- 이 표의 드릴 지름을 사용하여 가공할 때는 가공조건에 따라 그릴 구멍의 치수정밀도가 변화하므로 가공구멍을 측정해서 탭핑을 내기 위한 구멍으로 적당하지 않은 경우는 드릴 구멍을 변경할 필요가 있다.

10-12 수나사 부품의 불완전 나사부 길이 및 나사의 틈새 [KS B 0245]

■ 불완전 나사부의 길이

• 나사의 절단 끝부에 있어서 불완전 나사부 길이(x)

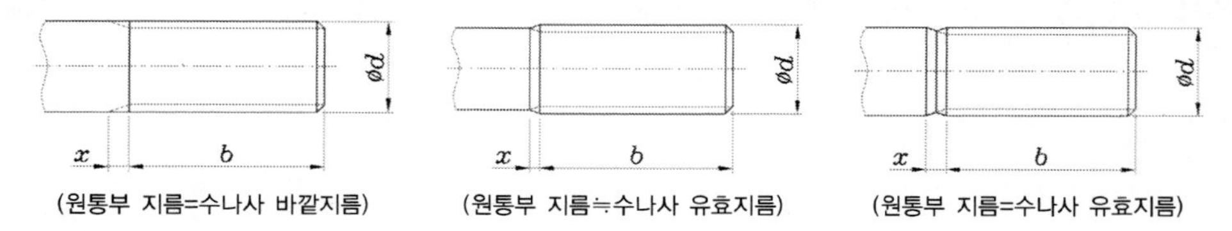

(원통부 지름=수나사 바깥지름)　(원통부 지름≒수나사 유효지름)　(원통부 지름=수나사 유효지름)

비고

• 그림 중의 b는 나사부 길이를 표시한다.

• 온나사에 있어서 불완전 나사부 길이(a)

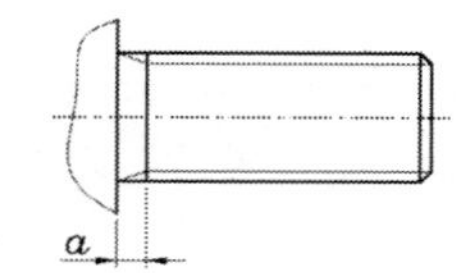

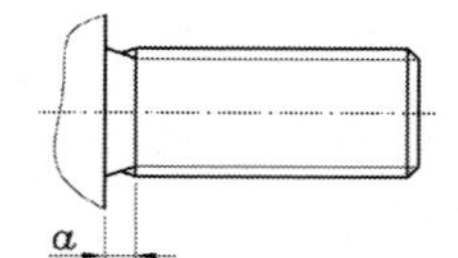

단위 : mm

나사의 피치 P	x (최대)		a (최대)			(참 고) 피치에 대응하는 미터나사의 호칭지름(d)	
	보통 것	짧은 것	보통 것	짧은 것	긴 것	보통나사의 경우	가는 나사의 경우
0.2	0.5	0.25	0.6	0.4	0.8	–	–
0.25	0.6	0.3	0.75	0.5	1	1, 1.2	–
0.3	0.75	0.4	0.9	0.6	1.2	1.4	–
0.35	0.9	0.45	1.05	0.7	1.4	1.6 , 1.8	–
0.4	1	0.5	1.2	0.8	1.6	2	–
0.45	1.1	0.6	1.35	0.9	1.8	2.2, 2.5	–
0.5	1.25	0.7	1.5	1	2	3	–
0.6	1.5	0.75	1.8	1.2	2.4	3.5	–
0.7	1.75	0.9	2.1	1.4	2.8	4	–
0.75	1.9	1	2.25	1.5	3	4.5	–
0.8	2	1	2.4	1.6	3.2	5	–
1	2.5	1.25	3	2	4	6, 7	8
1.25	3.2	1.6	4	2.5	5	8	10, 12
1.5	3.8	1.9	4.5	3	6	10	14, 16, 18, 20, 22
1.75	4.3	2.2	5.3	3.5	7	12	–
2	5	2.5	6	4	8	14, 16	24, 27, 30, 33
2.5	6.3	3.2	7.5	5	10	18, 20, 22	–
3	7.5	3.8	9	6	12	24, 27	36, 39
3.5	9	4.5	10.5	7	14	30, 33	–
4	10	5	12	8	16	36, 39	–
4.5	11	5.5	12.5	9	18	42, 45	–
5	12.5	6.3	15	10	20	48, 52	–
5.5	14	7	16.5	11	22	56, 60	–
6	15	7.5	18	12	24	64, 68	–

[주]
1. x(최대) 중 '보통 것'의 값은 2.5P, '짧은 것'의 값은 1.25P 로서 구한 값을 맺음한 것으로, 그 적용은 다음에 따른다.
  • 보통 것 : 원칙적으로 KS B 0238 (나사 부품의 공차 방식)의 부품 등급 A, B급 및 C에 속한 수나사 부품에 적용한다.
  • 짧은 것 : 사용상의 기술적 이유에 따르고, 특히 짧은 x를 필요로 하는 수나사 부품에 적용한다.
2. a(최대) 중 '보통 것'의 값은 3P 로서 구한 값을 맺음한 것, '짧은 것'의 값은 2P, '긴 것'의 값은 4P로 구한 것으로 그 적용은 다음에 따른다.
  • 보통 것 : 원칙적으로 KS B 0238의 부품 등급 A에 속하는 수나사 부품에 적용한다.
  • 짧은 것 : 사용상의 기술적 이유에 따라 특히 짧은 a를 필요로 하는 수나사 부품에 적용한다.
  • 긴 것 : 원칙적으로 KS B 0238의 부품 등급 B 및 C에 속하는 수나사 부품에 적용한다.
3. 가는 나사의 호칭 지름은 KS B 0204(미터 가는 나사)의 표3에 규정하는 '작은 나사류, 볼트 및 너트용의 가는 나사의 선택 기준'에 따른 것이다.

■ 나사의 틈새

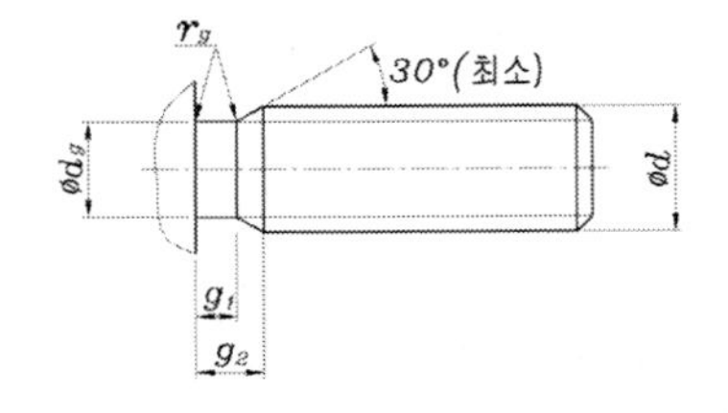

단위 : mm

나사의 피치	d_g		g_1	g_2	r_g
P	기준 치수	허용차	최소	최대	약
0.25	d−0.4	주5 참조	0.4	0.75	0.12
0.3	d−0.5		0.5	0.9	0.16
0.35	d−0.6		0.6	1.05	0.16
0.4	d−0.7		0.6	1.2	0.2
0.45	d−0.7		0.7	1.35	0.2
0.5	d−0.8		0.8	1.5	0.2
0.6	d−1		0.9	1.8	0.4
0.7	d−1.1		1.1	2.1	0.4
0.75	d−1.2		1.2	2.25	0.4
0.8	d−1.3		1.3	2.4	0.4
1	d−1.6		1.6	3	0.6
1.25	d−2		2	3.75	0.6
1.5	d−2.3		2.5	4.5	0.8
1.75	d−2.6		3	5.25	1
2	d−3		3.4	6	1
2.5	d−3.6		4.4	7.5	1.2
3	d−4.4		5.2	9	1.6
3.5	d−5		6.2	10.5	1.6
4	d−5.7		7	12	2
4.5	d−6.4		8	13.5	2.5
5	d−7		9	15	2.5
5.5	d−7.7		11	16.5	3.2
6	d−8.3		11	18	3.2

[주]
4. d_g의 기준 치수는 나사 피치에 대응하는 나사의 호칭 지름(d)에서 이 난에 규정하는 수치를 뺀 것으로 한다.
  (보기 : P=0.25, d=1.2에 대한 d_g의 기준 치수는 d−0.4=1.2−0.4=0.8mm)
5. 나사의 호칭지름(d)이 3mm 이하인 것에는 KS B 0401(치수 공차 및 끼워맞춤)의 h12, d가 3mm를 초과하는 것에는 h13을 적용한다.
6. g_1(최소)의 값은 d_g부에서 d부에 이행하는 각도를 30° (최소)로 한 것이다.
7. g_2(최대)의 값은 3P로 한 것이다.

10-13 탭 깊이 및 볼트의 조립 깊이 모양과 치수 [참고자료]

단위 : mm

수나사 외경 호칭	나사내기 구멍의 지름	강, 주강, 청동, 청동 주물		주 철		알루미늄과 기타 경합금류	
d	d_1	a	b	a	b	a	b
3	2.4	3	6	4.5	7.5	5.5	8.5
3.5	2.9	3.5	6.5	5.5	8.5	6.5	9.5
4	3.25	4	7	6	9	7	10
4.5	3.75	4.5	7.5	7	10	8	11
5	4.1	5	8.5	8	11.5	9	12.5
5.5	4.6	5.5	9	8	11.5	10	13.5
6	5	6	10	9	13	11	15
7	6	7	11	11	15	13	17
8	6.8	8	12	12	16	14	18
9	7.8	9	13	13	17	16	20
10	8.5	10	14	15	19	18	22
12	10.2	12	17	17	22	22	27
14	12	14	19	20	25	25	30
16	14	16	21	22	27	28	33
18	15.5	18	24	25	31	33	39
20	17.5	20	26	27	33	36	42
22	19.5	22	29	30	37	40	47
24	21	24	32	32	40	44	52
27	24	27	36	36	45	48	57
30	26.5	30	39	40	49	54	63
33	29.5	33	43	43	53	60	70
36	32	36	47	47	58	65	76
39	35	39	51	52	64	70	82
42	37.5	42	54	55	67	75	87
45	40.5	45	58	58	71	80	93
48	43	48	62	62	76	86	100

수나사 외경 호칭 d		나사내기 구멍의 지름	강, 주강, 청동, 청동주물		주철		알루미늄과 기타 경합금류	
호칭 d(in)	호칭 d(mm)	d_1	a	b	a	b	a	b
3/8	9.525	8	10	14	14	18	17	21
7/16	11.112	9.4	11	15	16	20	20	24
1/2	12.700	10.7	13	18	18	23	23	28
9/16	14.288	12.3	14	19	20	25	26	31
5/8	15.875	13.7	16	21	22	27	28	33
3/4	19.050	16.7	19	25	26	32	34	40
7/8	22.225	19.5	22	29	30	37	40	47
1	25.400	22.4	25	33	34	42	46	54
1 1/3	28.575	25	28	37	38	47	52	61
1 1/4	31.750	28.3	32	42	42	52	57	67
1 3/8	34.925	30.5	35	46	46	57	63	74
1 1/2	38.100	33.8	38	50	50	62	68	80
1 5/8	41.275	36	42	54	54	66	75	87
1 3/4	44.450	39.2	45	58	58	71	80	93
1 7/8	47.625	41.8	48	62	62	76	86	100
2	50.800	45	52	67	67	82	92	107

10-14 나사 용어 [KS B 0101]

용 어	정 의
나사의 호칭	나사의 형식, 지름 및 피치를 나타내는 호칭 기호
보통 나사	지름과 피치의 조합이 일반적이고 가장 보편적으로 사용되고 있는 3각 나사
가는 나사	보통 나사에 비하여 지름에 대한 피치의 비율이 작은 나사
3각 나사	나사산의 모양이 정3각형에 가까운 나사의 총칭. 미터 나사, 유니파이 나사, 미니어처 나사 등이 이에 속한다.
미터 나사	지름 및 피치를 밀리미터로 표시한 나사산의 각도 60° 의 3각 나사. 프랑스, 독일 등에서 일반용 나사로 발달하여 온 나사이며, 현재는 ISO가 국제표준으로 채용한 3각 나사
인치 나사	나사의 피치를 25.4mm에 대하여 산 수로 표시한 3각 나사
유니파이 보통 나사	미국, 영국, 캐나다의 3국이 협정하여 생긴 나사로서, 나사산의 각도가 60° 인 보통 인치 나사
유니파이 가는 나사	기준 산 모양은 유니파이 보통 나사와 같으나 지름에 대한 피치가 가는 나사
미니어처 나사	시계, 광학 기기, 전기 기기, 계측기 등에 사용하는 호칭 지름이 작고 나사산의 각도가 60° 인 나사
자전거 나사	영국의 자전거기술협회에서 정한 BSC 나사 및 이것에 유사한 자전거, 기타 산의 각도가 60° 인 나사. 일반용 지름은 인치 계열, 스포크용 지름은 미터 계열, 피치는 25.4mm에 대한 산 수로 정해져 있다.
미싱 나사	미싱 전용인 나사
미터 사다리꼴 나사	산봉우리와 골밑의 잘라낸 부분이 큰 대칭 단면형 나사산을 가지고, 지름은 밀리미터, 피치는 25.4mm에 대한 산 수로 나타낸 산의 각도가 29° 인 사다리꼴 나사
관용 나사	관, 관용 부품, 유체 기기 등의 접속에 사용하는 나사. 평행 나사와 테이퍼 나사가 있으며, 테이퍼 나사는 테이퍼를 1/6로 잡는 것이 보통이다.
관용 평행 나사	기계적 결합을 주목적으로 하는 관용 나사
관용 테이퍼 나사	나사부의 내밀성을 주목적으로 하는 관용 나사
미국 관용 나사	미국의 관용 나사. 1/16의 테이퍼를 붙이는 것과 평행 나사가 있다. 나사산의 각도는 60° 이며, 피치는 ISO 및 BS와 다르다. 일반용 관용 나사 외에 나사산의 기밀성을 좋게 하는 것을 목적으로 한 기밀 관용 나사가 있다.
유정 관용 나사	유정관을 연결하는 테이퍼 1/16의 나사산의 각도가 60° 인 나사로서, 산봉우리와 골밑에 둥글기가 붙은 나사
박강 전선관 나사	박강 전선관을 연결하는 나사산의 각도가 80° 인 나사
각나사	나사산의 단면형이 정사각형에 가까운 나사
톱니 나사	축 방향의 힘이 한쪽 방향으로만 작용하는 경우에 사용하는 비대칭 단면형의 나사
둥근 나사	사다리꼴 나사의 산봉우리 및 골밑에 큰 둥글기를 붙인 나사
전구 나사	전구의 베이스 및 소켓에 사용하는 나사. 나사산의 모양이 거의 같은 크기의 산 둥글기와 골 둥글기로 연속되어 있는 나사

CHAPTER 11

볼트 · 너트 · 자리파기

11-1 6각 구멍붙이 볼트 [KS B 1003]

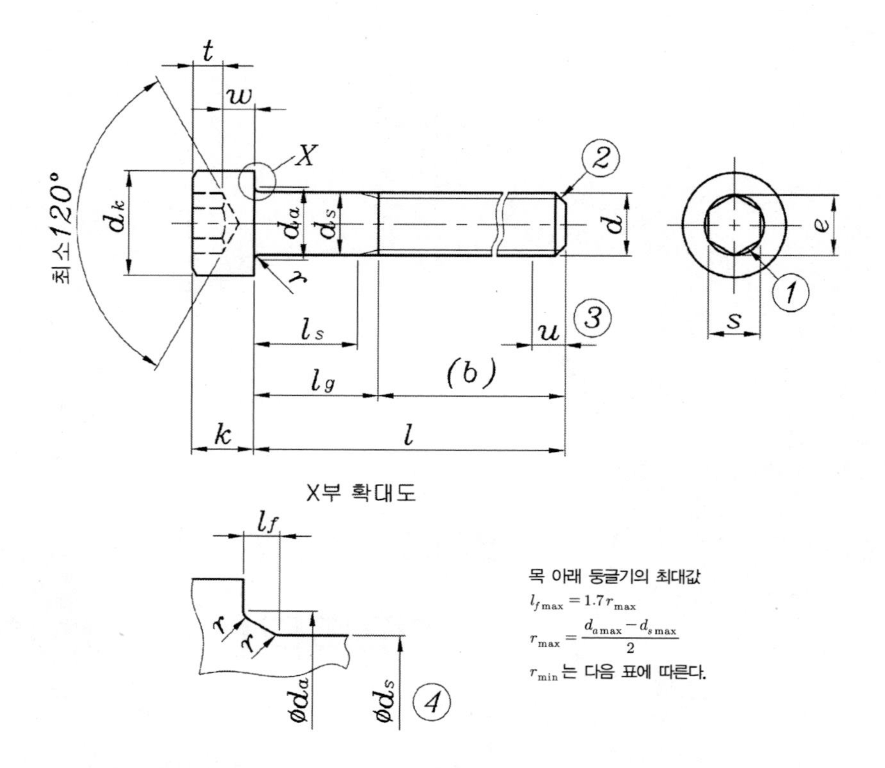

목 아래 둥글기의 최대값

$l_{f\max} = 1.7 r_{\max}$

$r_{\max} = \dfrac{d_{a\max} - d_{s\max}}{2}$

$r_{\min}$ 는 다음 표에 따른다.

6각 구멍의 바닥은 다음의 모양으로 해도 좋다.

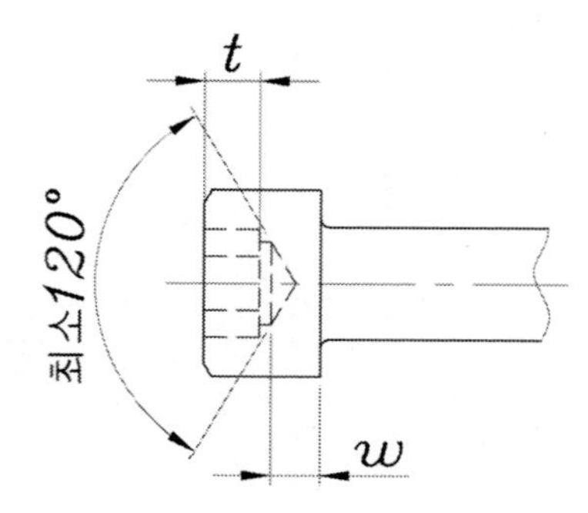

비고

• 구멍파기의 경우, 드릴 가공 구멍의 최대 깊이는 6각 구멍의 깊이(t 최소)보다 20% 이상 깊지 않아야 한다.

■ 머리부의 봉우리와 자리면의 모서리 부

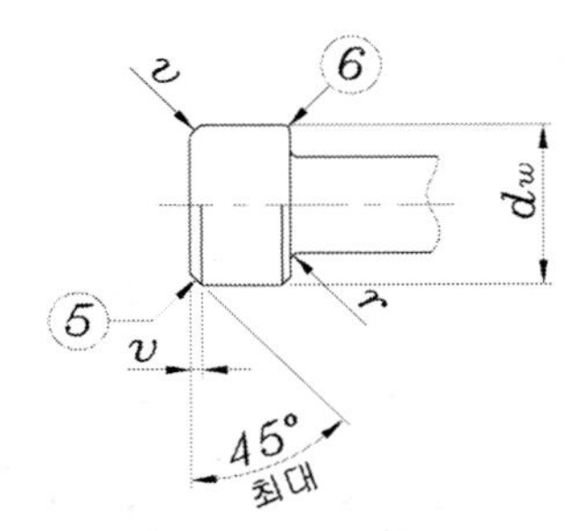

[주]
① 6각 구멍의 입구에는 약간 라운딩하거나 접시형으로 해도 좋다.
② 모떼기를 한다. 다만 M4 이하에 대해서는 적당히 한다.(KS B 0231 참조)
③ 불완전 나사부 u≦2P
④ d_s는 $l_{s\,\min}$가 규정되어진 것에 적용한다.
⑤ 머리부의 봉우리 모서리는 제조자의 판단에 따라 라운딩하거나 모떼기하여야 한다.
⑥ 머리부의 자리면의 모서리는 라운딩하거나 d_w로 모떼기한다. 모든 경우에 거스러미가 없어야 한다.

단위 : mm

나사의 호칭 (d)		M1.6	M2	M2.5	M3	M4	M5	M6	M8
나사의 피치 (P)		0.35	0.4	0.45	0.5	0.7	0.8	1	1.25
b	참고	15	16	17	18	20	22	24	28
dk	최대	3.00	3.80	4.50	5.50	7.00	8.50	10.00	13.00
	최대	3.14	3.98	4.68	5.68	7.22	8.72	10.22	13.27
	최소	2.86	3.62	4.32	5.32	6.78	8.28	9.78	12.73
da	최대	2.0	2.6	3.1	3.6	4.7	5.7	6.8	9.2
ds	최대(기준치수)	1.6	2.0	2.5	3.0	4.0	5.0	6.0	8.0
	최소	1.46	1.86	2.36	2.86	3.82	4.82	5.82	7.78
e	최소	1.73	1.73	2.30	2.87	3.44	4.58	5.72	6.86
lf	최대	0.34	0.51	0.51	0.51	0.60	0.60	0.68	1.02
k	최대(기준치수)	1.6	2	2.5	3	4	5	6	8
	최소	1.46	1.86	2.36	2.86	3.82	4.82	5.70	7.64
r	최소	0.1	0.1	0.1	0.1	0.2	0.2	0.25	0.4
s	호칭	1.5	1.5	2	2.5	3	4	5	6
	최소	1.52	1.52	2.02	2.52	3.02	4.02	5.02	6.02
	최대 강도 구분 12.9	1.560	1.560	2.060	2.580	3.080	4.095	5.140	6.140
	최대 기타 강도 구분	1.545	1.545	2.045	2.560	3.080	4.095	5.095	6.095
t	최소	0.7	1	1.1	1.3	2	2.5	3	4
v	최대	0.16	0.2	0.25	0.3	0.4	0.5	0.6	0.8
dw	최소	2.72	3.40	4.18	5.07	6.53	8.03	9.38	12.33
w	최소	0.55	0.55	0.85	1.15	1.4	1.9	2.3	3.3
l (상용적인 호칭 길이의 범위)		2.5~16	3~20	4~25	5~30	6~40	8~50	10~60	12~80

11-2 볼트 구멍 및 카운터 보어 지름 [KS B ISO 273]

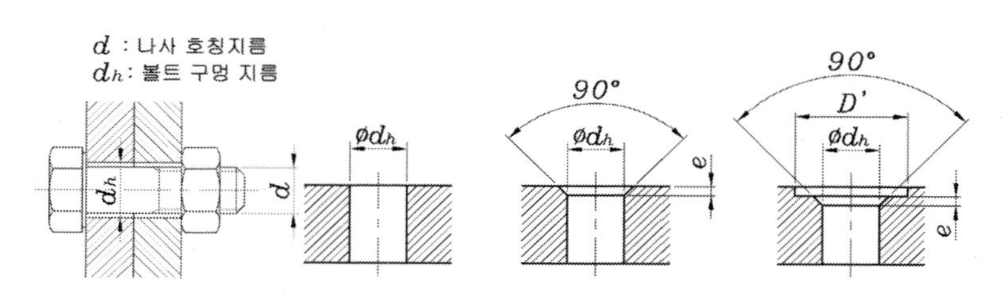

단위 : mm

나사의 호칭 지름	볼트 구멍 지름(dh) 1급	2급	3급	4급	모떼기 (e)	카운터 보어 지름 (D')
1	1.1	1.2	1.3	–	0.2	3
1.2	1.3	1.4	1.5	–	0.2	4
1.4	1.5	1.6	1.8	–	0.2	4
1.6	1.7	1.8	2	–	0.2	5
※ 1.7	1.8	2	2.1	–	0.2	5
1.8	2.0	2.1	2.2	–	0.2	5
2	2.2	2.4	2.6	–	0.2	7
2.2	2.4	2.5	2.8	–	0.2	8
※ 2.3	2.5	2.6	2.9	–	0.2	8
2.5	2.7	2.9	3.1	–	0.2	8
※ 2.6	2.8	3	3.2	–	0.2	8
3	3.2	3.4	3.6	–	0.2	9
3.5	3.7	3.9	4.2	–	0.2	10
4	4.3	4.5	4.8	5.5	0.3	11
4.5	4.8	5	5.3	6	0.3	13
5	5.3	5.5	5.8	6.5	0.3	13
6	6.4	6.6	7	7.8	0.5	15
7	7.4	7.6	8	–	0.5	18
8	8.4	9	10	10	0.5	20
10	10.5	11	12	13	0.8	24
12	13	14	14.5	15	0.8	28
14	15	16	16.5	17	0.8	32
16	17	18	18.5	20	1.2	35
18	19	20	21	22	1.2	39
20	21	22	24	25	1.2	43
22	23	24	26	27	1.2	46
24	25	26	28	29	1.6	50
27	28	30	32	33	1.6	55

나사의 호칭 지름	볼트 구멍 지름(dh) 1급	2급	3급	4급	모떼기 (e)	카운트 보어 (D')
30	31	33	35	36	1.7	62
33	34	36	38	40	1.7	66
36	37	39	42	43	1.7	72
39	40	42	45	46	1.7	76
42	43	45	48	–	1.8	82
45	46	48	52	–	1.8	87
48	50	52	56	–	2.3	93
52	54	56	62	–	2.3	100
56	58	62	66	–	3.5	110
60	62	66	70	–	3.5	115
64	66	70	74	–	3.5	122
68	70	74	78	–	3.5	127
72	74	78	82	–	3.5	133
76	78	82	86	–	3.5	143
80	82	86	91	–	3.5	148
85	87	91	96	–	–	–
90	93	96	101	–	–	–
95	98	101	107	–	–	–
100	104	107	112	–	–	–
105	109	112	117	–	–	–
110	114	117	122	–	–	–
115	119	122	127	–	–	–
120	124	127	132	–	–	–
125	129	132	137	–	–	–
130	134	137	144	–	–	–
140	144	147	155	–	–	–
150	155	158	165	–	–	–

[주]

1. 볼트 구멍 지름 중 4급은 주로 주조 구멍에 적용한다.
2. 볼트 구멍 지름의 허용차는 1급 : H12, 2급 : H13, 3급 : H14이다.

비고

1. ISO 273에서는 fine(1급 해당), medium(2급 해당) 및 coarse(3급 해당)의 3등급으로만 분류하고 있다. 따라서 이 표에서 규정하는 나사의 호칭 지름 및 볼트 구멍 지름 중 네모(□)를 한 부분은 ISO 273에서 규정되지 않은 것이다.
2. 나사의 구멍 지름에 ※표를 붙인 것은 ISO 261에 규정되지 않은 것이다.
3. 구멍의 모떼기는 필요에 따라 실시하고, 그 각도는 원칙적으로 90° 로 한다.
4. 어느 나사의 호칭 지름에 대하여 이 표의 카운터 보어 지름보다 작은 것, 또는 큰 것을 필요로 하는 경우에는, 될 수 있는 한 이 표의 카운터 보어 지름 계열에서 수치를 선택하는 것이 좋다.
5. 카운터 보어면은 구멍의 중심선에 대하여 직각이 되도록 하고, 카운터 보어 깊이는 일반적으로 흑피가 없어질 정도로 한다.

11-3 볼트 구멍 및 자리파기 규격 [참고자료]

■ 볼트 드릴 구멍 및 자리파기 치수

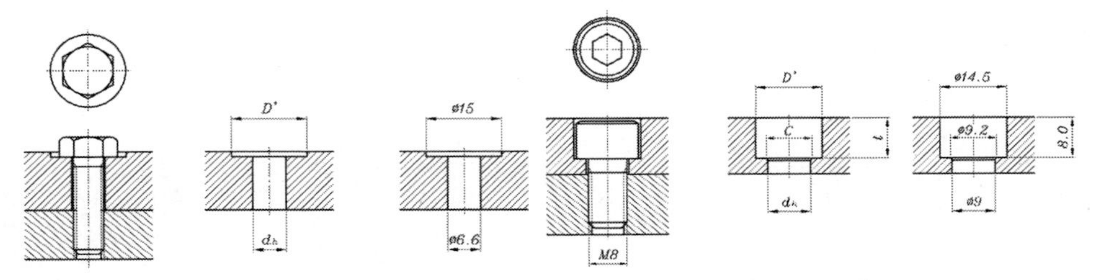

〈스폿페이싱〉 〈카운터보어〉

단위 : mm

나사의 호칭 d	볼트 구멍 지름 d_h	스폿페이싱 카운터보어 지름 D'	카운터보어 지름 D	카운터보어 깊이 t	카운터싱크 지름 C 60°	[참고] CLEARANCE 드릴 지름	
						NORMAL FIT	CLOSE FIT
M1.6	1.8	5	3.50	1.6	2.0	1.95	1.80
M2	2.4	7	4.40	2.0	2.6	2.40	2.20
M2.5	2.9	8	5.40	2.5	3.1	3.00	2.70
M3	3.4	9	6.50	3.0	3.6	3.70	3.40
M4	4.5	11	8.25	4.0	4.7	4.80	4.40
M5	5.5	13	9.75	5.0	5.7	5.80	5.40
M6	6.6	15	11.20	6.0	6.8	6.80	6.40
M8	9	20	14.50	8.0	9.2	8.80	8.40
M10	11	24	17.50	10.0	11.2	10.80	10.50
M12	14	28	19.50	12.0	14.2	13.00	12.50
M14	16	32	22.50	14.0	16.2	15.00	14.50
M16	18	35	25.50	16.0	18.2	17.00	16.50
M20	22	43	31.50	20.0	22.4	21.00	20.50
M24	26	50	37.50	24.0	26.4	25.00	24.50
M30	33	62	47.50	30.0	33.4	31.50	31.00
M36	39	72	56.50	36.0	39.4	37.50	37.00
M42	45	82	66.00	42.0	45.6	44.00	43.00
M48	52	93	75.00	48.0	52.6	50.00	49.00

[주]

1. 카운터보어(Counterbore) : 주로 6각 홈붙이 볼트(6각 렌치 볼트)의 머리 부분이 부품 위로 돌출되지 않도록 하기 위해 사용한다.
2. 스폿페이싱(Spot facing) : 단조나 주조품의 거친 표면에 볼트나 너트를 체결하기 위하여 평평하게 원형다듬자리를 만들어 주는 가공이다.
3. 카운터싱크(Counter sink) : 접시머리 나사의 머리가 묻히도록 접시형으로 가공한다.

비고

1. 볼트 구멍 지름 d_h 및 카운터 보어 지름 D'는 KS B 1007의 2급의 규격에 따른 것이다.
2. 6각 구멍붙이 볼트(KS B 1003)의 치수 규격에 따른 것이다.
3. 스폿페이싱의 깊이 치수는 따로 규정하지 않고 주물면의 거친 흑피가 없어질 정도로 매끈하게 가공한다.

11-4 6각 구멍붙이 볼트의 카운터 보어 치수표

■ 6각 구멍붙이 볼트의 카운터 보어 및 볼트 구멍의 치수표

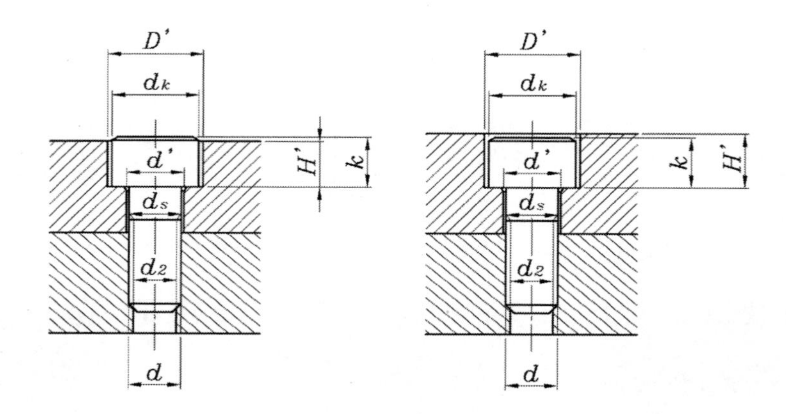

나사의 호칭 d	M3	M4	M5	M6	M8	M10	M12	M14	M16	M18	M20	M22	M24	M27	M30
d_s	3	4	5	6	8	10	12	14	16	18	20	22	24	27	30
d'	3.4	4.5	5.5	6.6	9	11	14	16	18	20	22	24	26	30	33
vd_k	5.5	7	8.5	10	13	16	18	21	24	27	30	33	36	40	45
D'	6.5	8	9.5	11	14	17.5	20	23	26	29	32	35	39	43	48
k	3	4	5	6	8	10	12	14	16	18	20	22	24	27	30
H'	2.7	3.6	4.6	5.5	7.4	9.2	11	12.8	14.5	16.5	18.5	20.5	22.5	25	28
H''	3.3	4.4	5.4	6.5	8.6	10.8	13	15.2	17.5	19.5	21.5	23.5	25.5	29	32
d_2	2.6	3.4	4.3	5.1	6.9	8.6	10.4	12.2	14.2	15.7	17.7	19.7	21.2	24.2	26.7

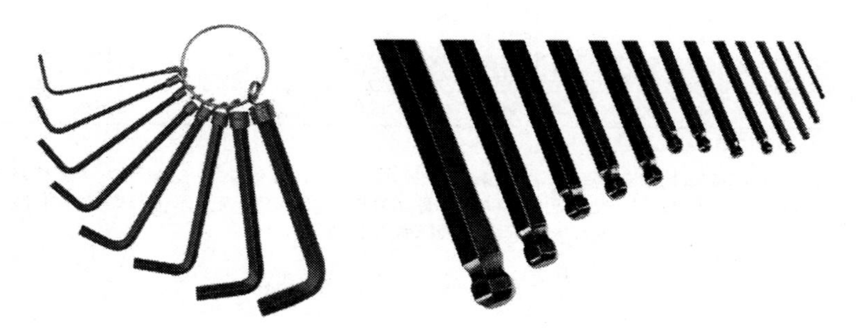

〈육각렌치〉

11-5 6각 볼트(상) [KS B 1002] 부속서 ISO 4014~4018에 따르지 않는 6각 볼트

■ 6각 볼트(상)의 모양 및 치수

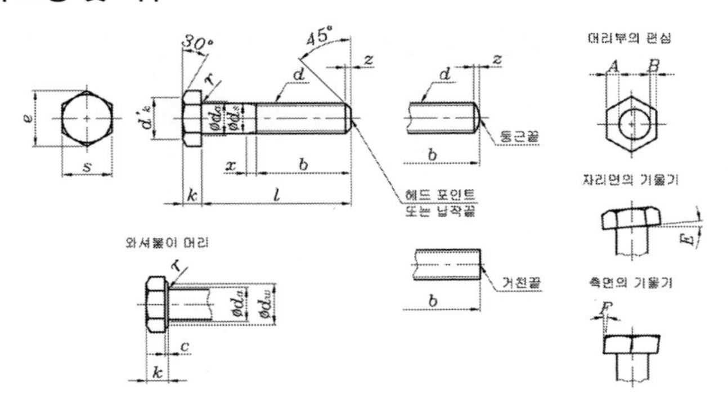

단위 : mm

나사의 호칭 d		ds		k		s		e	dk	r	da	z	A−B	ℓ
보통 나사	가는 나사	기준 치수	허용차	기준 치수	허용차	기준 치수	허용차	약	약	최소	최대	약	최대	길이
M3x0.5	−	3		2		5.5		6.4	5.3	0.1	3.6	0.6	0.2	5~32
(M3.5)	−	3.5		2.4	±0.1	6		6.9	3.8	0.1	4.1	0.6	0.2	5~32
M4X0.7	−	4	0	2.8		7	0	8.1	6.8	0.2	4.7	0.8	0.2	6~40
(M4.5)	−	4.5	−0.1	3.2		8	−0.2	9.2	7.8	0.2	5.2	0.8	0.3	6~40
M5X0.8	−	5		3.5		8		9.2	7.8	0.2	5.7	0.9	0.3	7~50
M6	−	6		4	±0.15	10		11.5	9.8	0.25	6.8	1	0.3	7~70
(M7)	−	7		5		11		12.7	10.7	0.25	7.8	1	0.3	11~100
M8	M8 X 1	8	0	5.5		13	0	15	12.6	0.4	9.2	1.2	0.4	11~100
M10	M10X1.25	10	−0.15	7		17	−0.25	19.6	16.5	0.4	11.2	1.5	0.5	14~100
M12	M12X1.25	12		8		19		21.9	18	0.6	14.2	2	0.7	18~140
(M14)	(M14X1.5)	14		9		22		25.4	21	0.6	16.2	2	0.7	20~140
M16	M16X1.5	16		10		24	0	27.7	23	0.6	18.2	2	0.8	22~140
(M18)	(M18X1.5)	18		12	±0.2	27	−0.35	31.2	26	0.6	20.2	2.5	0.9	25~200
M20	M20X1.5	20	0	13		30		34.6	29	0.8	22.4	2.5	0.9	28~200
(M22)	(M22X1.5)	22	−0.2	14		32		37	31	0.8	24.4	2.5	1.1	28~200
M24	M24X2	24		15		36		41.6	34	0.8	26.4	3	1.2	30~220
(M27)	(M27X2)	27		17		41	0	47.3	39	1	30.4	3	1.3	35~240
M30	M30X2	30		19		46	−0.4	53.1	44	1	33.4	3.5	1.5	40~240
(M33)	(M33X2)	33		21		50		57.7	48	1	36.4	3.5	1.6	45~240
M36	M36X3	36		23		55		63.5	53	1	39.4	4	1.8	50~240
(M39)	(M39X3)	39	0	25	±0.25	60		69.3	57	1	42.4	4	2.0	50~240
M42	−	42	−0.25	26		65	0	75	62	1.2	45.6	4.5	2.1	55~325
(M45)	−	45		28		70	−0.45	80.8	67	1.2	48.6	4.5	2.3	55~325
M48	−	48		30		75		86.5	72	1.6	52.6	5	2.4	60~325
(M52)	−	52		33		80		92.4	77	1.6	56.6	5	2.6	130~400
M56	−	56		35		85		98.1	82	2	63	5.5	2.8	130~400
(M60)	−	60		38		90		104	87	2	67	5.5	3.0	130~400
M64	−	64	0	40	±0.3	95	0	110	92	2	71	6	3.0	130~400
(M68)	−	68	−0.3	43		100		115	97	2	75	6	3.3	130~400
−	M72X6	72		45		105	−0.55	121	102	2	79	6	3.3	130~400
−	(M76X6)	76		48		110		127	107	2	83	6	3.5	130~400
−	M80X6	80		50		115		133	112	2	87	6	3.5	130~400

참고

1. 나사의 호칭에 ( )를 붙인 것은 될 수 있는 한 사용하지 않는다.
2. 이 규격은 ISO 4014~4018에 따르지 않는 일반적으로 사용하는 강제의 6각 볼트, 스테인리스 강제의 6각 볼트 및 비철 금속의 5각 볼트에 대하여 규정한다.
3. 전조 나사의 경우에는 M6 이하인 것은 특별히 지정이 없는 한 ds를 대략 나사의 유효 지름으로 한다. 또한, M6을 초과하는 것은 지정에 따라 ds를 대략 나사의 유효 지름으로 할 수 있다.
4. 특별히 큰 자리면을 필요로 하는 경우에는 한 계단 큰 s 및 e 치수를 사용하여도 좋다.

11-6 6각 볼트(중) [KS B 1002] 부속서 ISO 4014~4018에 따르지 않는 6각 볼트

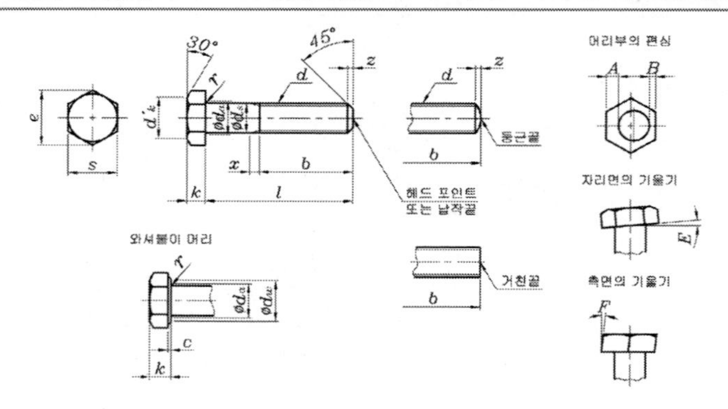

■ 6각 볼트(중)의 모양 및 치수

단위 : mm

나사의 호칭 d		ds		k		s		e 약	dk 약	r 최소	da 최대	z 약	A-B	l 길이
보통 나사	가는 나사	기준 치수	허용차	기준 치수	허용차	기준 치수	허용차	약	약	최소	최대	약	최대	
M6	–	6	0 −0.2	4	±0.25	10	0 −0.6	11.5	9.8	0.25	6.8	1	0.3	7~70
(M7)	–	7		5		11	0 −0.7	12.7	10.7	0.25	7.8	1	0.3	11~100
M8	M8X1	8		5.5		13		15	12.6	0.4	9.2	1.2	0.4	11~100
M10	M10X1.25	10		7	±0.3	17		19.6	16.5	0.4	11.2	1.5	0.5	14~100
M12	M12X1.25	12	0 −0.25	8		19	0 −0.8	21.9	18	0.6	14.2	2	0.7	18~140
(M14)	(M14X1.5)	14		9		22		25.4	21	0.6	16.2	2	0.7	20~140
M16	M16X1.5	15		10		24		27.7	23	0.6	18.2	2	0.8	22~140
(M18)	(M18X1.5)	18		12	±0.35	27		31.2	26	0.6	20.2	2.5	0.9	25~200
M20	M20X1.5	20	0 −0.35	13		30		34.6	29	0.8	22.4	2.5	0.9	28~200
(M22)	(M22X1.5)	22		14		32	0 −1.0	37	31	0.8	24.4	2.5	1.1	28~200
M24	M24X2	24		15		36		41.6	34	0.8	26.4	3	1.2	30~220
(M27)	(M27X2)	27		17		41		47.3	39	1	30.4	3	1.3	35~240
M30	M30X2	30		19	±0.4	46		53.1	44	1	33.4	3.5	1.5	40~240
(M33)	(M33X2)	33	0 −0.4	21		50		57.7	48	1	36.4	3.5	1.6	45~240
M36	M36X3	36		23		55	0 −1.2	63.5	53	1	39.4	4	1.8	50~240
(M39)	(M39X3)	39		25		60		69.3	57	1	42.4	4	2.0	50~240
M42	–	42		26		65		75	62	1.2	45.6	4.5	2.1	55~325
(M45)	–	45		28		70		80.8	67	1.2	48.6	4.5	2.3	55~325
M48	–	48		30		75		86.5	72	1.6	52.6	5	2.4	60~325
(M52)	–	52	0 −0.45	33	±0.5	80		92.4	77	1.6	56.6	5	2.6	130~400
M56	–	56		35		85	0 −1.4	98.1	82	2	63	5.5	2.8	130~400
(M60)	–	60		38		90		104	87	2	67	5.5	3.0	130~400
M64	–	64		40		95		110	92	2	71	6	3.0	130~400
(M68)	–	68		43		100		115	97	2	75	6	3.3	130~400
–	M72X6	72		45		105		121	102	2	79	6	3.3	130~400
–	(M76X6)	76		48		110		127	107	2	83	6	3.5	130~400
–	M80X6	80		50		115		133	112	2	87	6	3.5	130~400

비고

1. 나사의 호칭에 ( )를 붙인 것은 될 수 있는 한 사용하지 않는다.
2. 이 규격은 ISO 4014~4018에 따르지 않는 일반적으로 사용하는 강제의 6각 볼트, 스테인리스 강제의 6각 볼트 및 비철 금속의 5각 볼트에 대하여 규정한다.
3. 전조 나사의 경우에는 M6 이하인 것은 특별히 지정이 없는 한 ds를 대략 나사의 유효 지름으로 한다. 또한, M6을 초과하는 것은 지정에 따라 ds를 대략 나사의 유효 지름으로 할 수 있다.
4. 특별히 큰 자리면을 필요로 하는 경우에는 한 계단 큰 s 및 e 치수를 사용하여도 좋다.

11-7 6각 볼트(흑) [KS B 1002] 부속서 ISO 4014~4018에 따르지 않는 6각 볼트

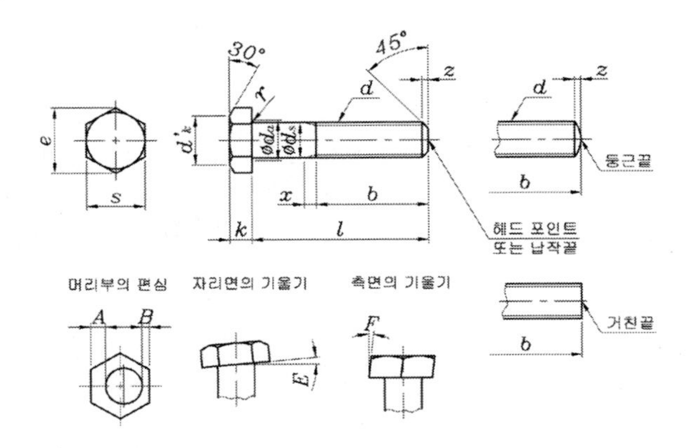

■ 6각 볼트(흑)의 모양 및 치수

단위 : mm

나사의 호칭 d		ds		k		s		e	dk	r	da	z	A–B	l
보통 나사	가는 나사	기준 치수	허용차	기준 치수	허용차	기준 치수	허용차	약	약	최소	최대	약		길이
M6	–	6	+0.6 −0.15	4	±0.6	10	0 −0.6	11.5	9.8	0.25	7.2	1	0.5	7~70
(M7)	–	7	+0.7 −0.2	5		11	0 −0.7	12.7	10.7	0.25	8.2	1	0.5	11~100
M8	M8 X 1	8		5.5		13		15	12.6	0.4	10.2	1.2	0.6	11~100
M10	M10X1.25	10		7	±0.8	17		19.6	16.5	0.4	12.2	1.5	0.7	14~100
M12	M12X1.25	12	+0.9 −0.2	8		19	0 −0.8	21.9	18	0.6	15.2	2	1.0	18~140
(M14)	(M14X1.5)	14		9		22		25.4	21	0.6	17.2	2	1.1	20~140
M16	M16X1.5	16		10		24		27.7	23	0.6	19.2	2	1.2	22~140
(M18)	(M18X1.5)	18		12	±0.9	27		31.2	26	0.6	21.2	2.5	1.4	25~200
M20	M20X1.5	20	+0.95 −0.35	13		30		34.6	29	0.8	24.4	2.5	1.5	28~200
(M22)	(M22X1.5)	22		14		32	0 −1.0	37	31	0.8	26.4	2.5	1.6	28~200
M24	M24X2	24		15		36		41.6	34	0.8	28.4	3	1.8	30~220
(M27)	(M27X2)	27		17		41		47.3	39	1	32.4	3	2.0	35~240
M30	M30X2	30		19	±1.0	46		53.1	44	1	35.4	3.5	2.2	40~240
(M33)	(M33X2)	33	+1.2 −0.4	21		50		57.7	48	1	38.4	3.5	2.4	45~240
M36	M36X3	36		23		55	0 −1.2	63.5	53	1	42.4	4	2.6	50~240
(M39)	(M39X3)	39		25		60		69.3	57	1	45.4	4	2.8	50~240
M42	–	42		26		65		75	62	1.2	48.6	4.5	3.1	55~325
(M45)	–	45		28		70		80.8	67	1.2	52.6	4.5	3.3	55~325
M48	–	48		30		75		86.5	72	1.6	56.6	5	3.6	60~325
M(52)	–	52	+1.2 −0.7	33	±1.5	80		92.4	77	1.6	62.6	5	3.8	130~400

비고

1. 나사의 호칭에 ( )를 붙인 것은 될 수 있는 한 사용하지 않는다.
2. 이 규격은 ISO 4014~4018에 따르지 않는 일반적으로 사용하는 강제의 6각 볼트, 스테인리스 강제의 6각 볼트 및 비철 금속의 5각 볼트에 대하여 규정한다.
3. 전조 나사의 경우에는 M6 이하인 것은 특별히 지정이 없는 한 ds를 대략 나사의 유효 지름으로 한다. 또한, M6을 초과하는 것은 지정에 따라 ds를 대략 나사의 유효 지름으로 할 수 있다.
4. 특별히 큰 자리면을 필요로 하는 경우에는 한 계단 큰 s 및 e 치수를 사용하여도 좋다.

11-8 6각 너트(상) [KS B 1012]

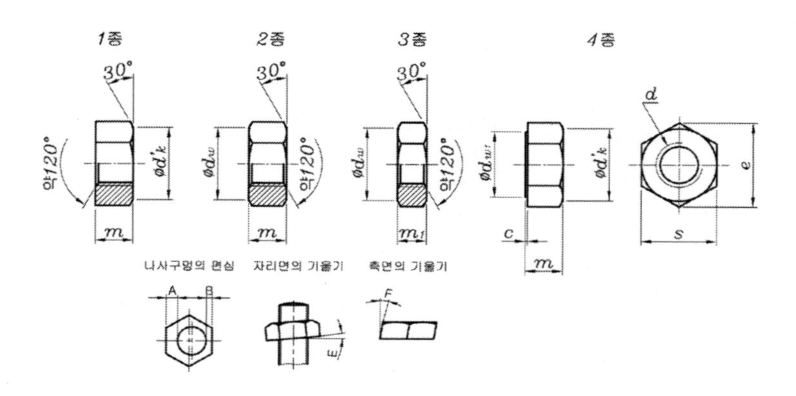

■ 6각 너트(상)의 모양 및 치수

나사의 호칭 d		m		m1		s		e	dk 및 dw	dw1	c	A-B	E 및 F
보통 나사	가는 나사	기준 치수	허용차	기준 치수	허용차	기준 치수	허용차	약	약	최소	약	최대	최대
M2	–	1.6	0 −0.25	1.2	0 −0.25	4	0 −0.2	4.6	3.8	–	–	0.2	1°
(M2.2)	–	1.8		1.4		4.5		5.2	4.3	–	–	0.2	
M2.3	–	1.8		1.4		4.5		5.2	4.3	–	–	0.2	
M2.5	–	2		1.6		5		5.8	4.7	–	–	0.2	
M2.6	–	2		1.6		5		5.8	4.7	–	–	0.2	
M3	–	2.4		1.8		5.5		6.4	5.3	–	–	0.2	
(M3.5)	–	2.8		2		6		6.9	5.8	–	–	0.2	
M4	–	3.2	0 −0.30	2.4		7		8.1	6.8	–	–	0.2	
(M4.5)	–	3.6		2.8		8		9.2	7.8	–	–	0.3	
M5	–	4		3.2	0 −0.30	8		9.2	7.8	7.2	0.4	0.3	
M6	–	5		3.6		10		11.5	9.8	9.0	0.4	0.3	
(M7)	–	5.5		4.2		11	0 −0.25	12.7	10.8	10.0	0.4	0.4	
M8	M8x1	6.5	0 −0.36	5		13		15.0	12.5	11.7	0.4	0.4	
M10	M10X1.25	8		6		17		19.6	16.5	15.8	0.4	0.5	
M12	M12X1.25	10		7	0 −0.36	19	0 −0.35	21.9	18	17.6	0.6	0.5	
(M14)	(M14X1.5)	11	0 −0.43	8		22		25.4	21	20.4	0.6	0.7	
M16	M16X1.5	13		10		24		27.7	23	22.3	0.6	0.8	
(M18)	(M18X1.5)	15		11	0 −0.43	27		31.2	26	25.6	0.6	0.8	
M20	M20X1.5	16		12		30		34.6	29	28.5	0.6	0.9	
(M22)	(M22X1.5)	18		13		32	0 −0.4	37.0	31	30.4	0.6	0.9	
M24	M24X2	19	0 −0.52	14		36		41.6	34	34.2	0.6	1.1	
(M27)	(M27X2)	22		16		41		47.3	39	–	–	1.3	
M30	M30X2	24		18		46		53.1	44	–	–	1.5	
(M33)	(M33X2)	26		20	0 −0.52	50		57.7	48	–	–	1.6	
M36	M36X3	29		21		55	0 −0.45	63.5	53	–	–	1.8	
(M39)	(M39X3)	31	0 −0.62	23		60		69.3	57	–	–	2	
M42	–	32		25		65		75	62	–	–	2.1	
(M45)	–	36		27		70		80.8	67	–	–	2.3	
M48	–	38		29		75		86.5	72	–	–	2.4	
(M52)	–	42		31	0 −0.62	80		92.4	77	–	–	2.6	
M56	–	45		34		85	0 −0.55	98.1	82	–	–	2.8	
(M60)	–	48		36		90		104	87	–	–	2.9	

나사의 호칭 d		m		m_1		s		e	dk 및 dw	dw_1	c	A–B	E 및 F
보통 나사	가는 나사	기준 치수	허용차	기준 치수	허용차	기준 치수	허용차	약	약	최소	약	최대	최대
M64	–	51	0 −0.74	38	0 −0.62	95	0 −0.55	110	92	–	–	3	1°
(M68)	–	54		40		100		115	97	–	–	3.2	
–	M72X6	58		42		105		121	102	–	–	3.3	
–	(M76X6)	61		46		110		127	107	–	–	3.5	
–	M80X6	64		48		115		133	112	–	–	3.5	
–	(M85X6)	68		50		120		139	116	–	–	3.5	
–	M90X6	72		54	0 −0.74	130	0 −0.65	150	126	–	–	4	
–	M95X6	76		57		135		156	131	–	–	4	
–	M100X6	80		60		145		167	141	–	–	4.5	
–	(M105X6)	84	0 −0.87	63		150		173	146	–	–	4.5	
–	M110X6	88		65		155		179	151	–	–	4.5	
–	(M115X6)	92		69		165		191	161	–	–	5	
–	(M120X6)	96		72		170		196	166	–	–	5.5	
–	M125X6	100		76		180		208	176	–	–	5.5	
–	(M130X6)	104		78		185	0 −0.7	214	181	–	–	5.5	

비고

1. 나사의 호칭에 ( )를 붙인 것은 될 수 있는 한 사용하지 않고, 또 *를 붙인 나사는 KS B 0201의 부속서에 따른 것으로서, 장래 폐지하도록 되어 있기 때문에 새로운 설계의 기기 등에는 사용하지 않는 것이 좋다.
2. M5 이하의 3종은 6각부 및 나사부의 모떼기는 하지 않는다. 다만, 6각부의 필요에 따라 15° 모떼기로 하여도 좋다.
3. 특별히 필요가 있는 경우에는, 지정에 의해 높이(m)를 수나사 바깥지름의 치수로 하는 것이 가능하다. 또한 이 경우에 m의 허용차는 다음에 따른다.

단위 : mm

m의 구분	3 이하	3 초과 6 이하	6 초과 10 이하	10 초과 18 이하	18 초과 30 이하	30 초과 50 이하	50 초과 80 이하	80 초과 120 이하	120 초과한 것
허용차	0 −0.25	0 −0.30	0 −0.36	0 −0.43	0 −0.52	0 −0.62	0 −0.74	0 −0.87	0 −1.05

4. 나사부의 모떼기는 그 지름이 나사골의 지름보다도 약간 큰 정도로 한다. 다만, 지정에 따라 이 모떼기를 생략할 수 있다. 또한, 1종 및 4종에 대하여는 윗면의 나사부에 약간의 모떼기를 실시하여도 좋다.
5. 멈춤 너트에는 통상 3종의 것을 사용한다.
6. 특별히 큰 자리면을 필요로 하는 경우에는 한 계단 큰 s 및 e 치수를 사용하여도 좋다.

참고

- m 및 s의 치수는 ISO/R 272의 nominal series에 따르고 있다. 다만, M2.3, M2.6, M3.5 및 M4.5를 제외한다.

6각 너트(중) [KS B 1012]

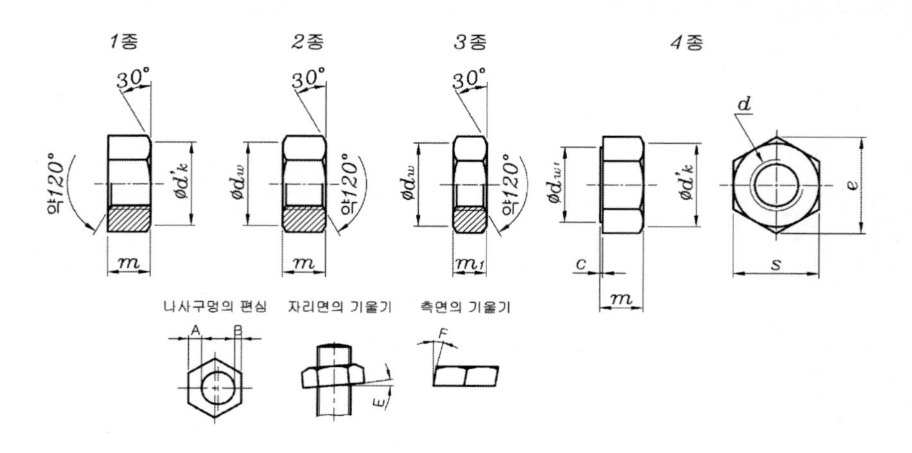

■ 6각 너트(중)의 모양 및 치수

나사의 호칭 d		m		m_1		s		e	dk 및 dw	dw_1	c	A–B	E	F
보통 나사	가는 나사	기준 치수	허용차	기준 치수	허용차	기준 치수	허용차	약	약	최소	약	최대	최대	최대
M6	–	5	0 −0.48	3.6	0 −0.48	10	0 −0.6	11.5	9.8	9.0	0.4	0.3	1°	2°
(M7)	–	5.5		4.2		11	0 −0.7	12.7	10.8	10.0	0.4	0.4		
M8	M8x1	6.5	0 −0.58	5		13		15.0	12.5	11.7	0.4	0.4		
M10	M10X1.25	8		6		17		19.6	16.5	15.8	0.4	0.5		
M12	M12X1.25	10		7	0 −0.58	19	0 −0.8	21.9	18	17.6	0.6	0.5		
(M14)	(M14X1.5)	11	0 −0.70	8		22		25.4	21	20.4	0.6	0.7		
M16	M16X1.5	13		10		24		27.7	23	22.3	0.6	0.8		
(M18)	(M18X1.5)	15		11	0 −0.70	27		31.2	26	25.6	0.6	0.8		
M20	M20X1.5	16		12		30		34.6	29	28.5	0.6	0.9		
(M22)	(M22X1.5)	18		13		32	0 −1.0	37.0	31	30.4	0.6	0.9		
M24	M24X2	19	0 −0.84	14		36		41.6	34	34.2	0.6	1.1		
(M27)	(M27X2)	22		16		41		47.3	39	–	–	1.3		
M30	M30X2	24		18		46		53.1	44	–	–	1.5		
(M33)	(M33X2)	26		20	0 −0.84	50		57.7	48	–	–	1.6		
M36	M36X3	29		21		55	0 −1.2	63.5	53	–	–	1.8		
(M39)	(M39X3)	31	0 −1.0	23		60		69.3	57	–	–	2		
M42	–	32		25		65		75	62	–	–	2.1		
(M45)	–	36		27		70		80.8	67	–	–	2.3		
M48	–	38		29		75		86.5	72	–	–	2.4		
(M52)	–	42		31	0 −1.0	80		92.4	77	–	–	2.6		
M56	–	45		34		85	0 −1.4	98.1	82	–	–	2.8		
(M60)	–	48		36		90		104	87	–	–	2.9		

나사의 호칭 d		m		m_1		s		e	dk 및 dw	dw_1	c	A-B	E	F
보통 나사	가는 나사	기준 치수	허용차	기준 치수	허용차	기준 치수	허용차	약	약	최소	약	최대	최대	최대
M64	–	51	0 −1.2	38	0 −0.1. 0	95	0 −1.4	110	92	–	–	3	1°	2°
(M68)	–	54		40		100		115	97	–	–	3.2		
–	M72X6	58		42		105		121	102	–	–	3.3		
–	(M76X6)	61		46		110		127	107	–	–	3.5		
–	M80X6	64		48		115		133	112	–	–	3.5		
–	(M85X6)	68		50		120		139	116	–	–	3.5		
–	M90X6	72		54	0 −1.2	130	0 −1.6	150	126	–	–	4		
–	M95X6	76		57		135		156	131	–	–	4		
–	M100X6	80		60		145		167	141	–	–	4.5		
–	(M105X6)	84	0 −1.4	63		150		173	146	–	–	4.5		
–	M110X6	88		65		155		179	151	–	–	4.5		
–	(M115X6)	92		69		165		191	161	–	–	5		
–	(M120X6)	96		72		170		196	166	–	–	5.5		
–	M125X6	100		76		180		208	176	–	–	5.5		
–	(M130X6)	104		78		185	0 −1.8	214	181	–	–	5.5		

비고

1. 나사의 호칭에 ( )를 붙인 것은 될 수 있는 한 사용하지 않는다.
2. 특히 필요가 있을 경우에는, 지정에 따라 높이(m)를 수나사 바깥지름의 치수에 맞출 수 있다. 또한 이 경우에 m의 허용차는 다음에 따른다.

단위 : mm

m의 구분	3 이하	6 초과 10 이하	10 초과 18 이하	18 초과 30 이하	30 초과 50 이하	50 초과 80 이하	80 초과 120 이하	120 초과한 것
허용차	0 −0.48	0 −0.58	0 −0.70	0 −0.84	0 −1.0	0 −1.2	0 −1.4	0 −1.6

3. 나사부의 모떼기는 그 지름이 나사골의 지름보다도 약간 큰 정도로 한다. 다만, 지정에 따라 이 모떼기를 생략할 수 있다. 또한, 1종 및 4종에 대하여는 윗면의 나사부에 약간의 모떼기를 실시하여도 좋다.
4. 멈춤 너트에는 통상 3종의 것을 사용한다.
5. 특별히 큰 자리면을 필요로 하는 경우에는 한 계단 큰 s 및 e 치수를 사용하여도 좋다.

참고

- m 및 s의 치수는 ISO/R 272의 nominal series에 따르고 있다.

11-10 홈붙이 멈춤나사 [KS B 1025]

■ 적용범위

이 규격은 일반적으로 사용하는 강제의 홈붙이 멈춤나사 및 스테인리스 강제의 홈붙이 멈춤나사에 대하여 규정한다.

1. 홈붙이 멈춤나사-납작끝의 모양 및 치수

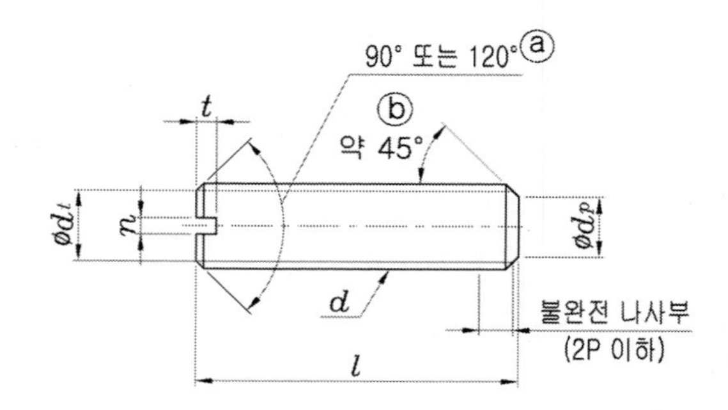

[주]

(a) l이 아래 표에 표시하는 계단 모양의 점선보다 짧은 것은 120°의 모떼기로 한다.

(b) 45°의 각도는 수나사의 골지름보다 아래의 경사부에 적용한다.

■ 홈붙이 멈춤나사·납작끝의 모양·치수

단위 : mm

나사의 호칭(d)		M1	M1.2	(M1.4)	M1.6	M1.7	M2	M2.3	M2.5	M2.6	M3	(M3.5)	M4	M5	M6	M8	M10	M12
피치 P		0.25	0.25	0.3	0.35	0.35	0.4	0.4	0.45	0.45	0.5	0.6	0.7	0.8	1	1.25	1.5	1.75
d_f	약	수나사의 골지름																
d_p	최소	0.25	0.35	0.45	0.55	0.55	0.75	0.95	1.25	1.25	1.75	1.95	2.25	3.2	3.7	5.2	6.64	8.14
	최대 (기준치수)	0.5	0.6	0.7	0.8	0.8	1	1.2	1.5	1.5	2	2.2	2.5	3.5	4	5.5	7	8.5
n	호칭(a)	0.2	0.2	0.25	0.25	0.25	0.25	0.4	0.4	0.4	0.5	0.5	0.6	0.8	1	1.2	1.6	2
	최소	0.26	0.26	0.31	0.31	0.31	0.31	0.46	0.46	0.46	0.56	0.56	0.66	0.86	1.06	1.26	1.66	2.06
	최대	0.4	0.4	0.45	0.45	0.45	0.45	0.6	0.6	0.6	0.7	0.7	0.8	1	1.2	1.51	1.91	2.31
t	최소	0.3	0.4	0.4	0.56	0.56	0.56	0.64	0.72	0.72	0.96	0.96	1.12	1.28	1.6	2	2.4	2.8
	최대	0.42	0.52	0.52	0.74	0.74	0.74	0.84	0.95	0.95	1.21	1.21	0.42	1.63	2	2.5	3	3.6

$l^{(b)}$		
호칭길이 (기준치수)	최소	최대
2	1.8	2.2
2.5	2.3	2.7
3	2.8	3.2
4	3.7	4.3
5	4.7	5.3
6	5.7	6.3
8	7.7	8.3
10	9.7	10.3
12	11.6	12.4
(14)	13.6	14.4
16	15.6	16.4
20	19.6	20.4
25	24.6	25.4
30	29.6	30.4
35	34.5	35.5
40	39.5	40.5
45	44.5	45.5
50	49.5	50.5
55	54.4	55.6
60	59.4	60.6

비고

1. 나사의 호칭에 ( )를 붙인 것은 되도록 사용하지 않는다.
2. 나사의 호칭에 대하여 권장하는 호칭길이(l)는 굵은 선의 틀 내로 한다. 다만 l에 ( )를 붙인 것은 되도록 사용하지 않는다. 또한 이 표 이외의 l을 특별히 필요로 하는 경우는 주문자가 지정한다.
3. 나사끝의 모양·치수는 KS B 0231에 따르고 있다.

참고

이 표에서 망점( )을 깔아놓은 것 이외의 모양 및 치수는 ISO 4766에 따르고 있다.

2. 홈붙이 멈춤나사 · 뾰족끝의 모양 및 치수

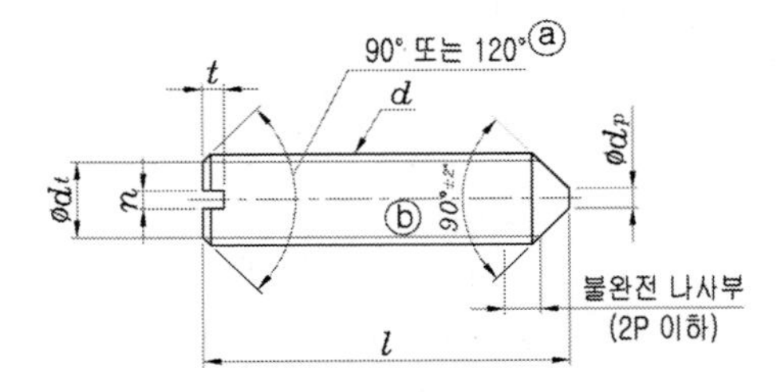

[주]

(a) l이 아래 표에 표시하는 계단 모양의 점선보다 짧은 것은 120°의 모떼기로 한다.

(b) 90°의 각도는 l이 아래 표에 표시하는 계단 모양의 점선보다 긴 멈춤 나사의 골지름보다 아래의 경사부에 적용하고, l이 그 점선보다 짧은 것에 대하여는 120°±2°의 각도를 적용한다.

단위 : mm

l[b]		
호칭길이 (기준치수)	최소	최대
2	1.8	2.2
2.5	2.3	2.7
3	2.8	3.2
4	3.7	4.3
5	4.7	5.3
6	5.7	6.3
8	7.7	8.3
10	9.7	10.3
12	11.6	12.4
(14)	13.6	14.4
16	15.6	16.4
20	19.6	20.4
25	24.6	25.4
30	29.6	30.4
35	34.5	35.5
40	39.5	40.5
45	44.5	45.5
50	49.5	50.5
55	54.4	55.6
60	59.4	60.6

비고

1. 나사의 호칭에 ( )를 붙인 것은 되도록 사용하지 않는다.
2. 나사의 호칭에 대하여 권장하는 호칭길이(l)는 굵은 선의 틀 내로 한다. 다만 l에 ( )를 붙인 것은 되도록 사용하지 않는다. 또한 이 표 이외의 l을 특별히 필요로 하는 경우는 주문자가 지정한다.
3. 나사끝의 모양·치수는 KS B 0231에 따르고 있다.

참고

- 이 표에서 망점( )을 깔아놓은 것 이외의 모양 및 치수는 ISO 4766에 따르고 있다.

[a] n의 호칭은 그 최대 · 최소를 정할 때 기준치수로서 사용한다.

[b] l의 최대·최소는 KS B 0238에 따르고 있는데, 소수점 이하 1자리까지 끝맺음하고 있다.

3. 홈붙이 멈춤 나사·막대끝의 모양 및 치수

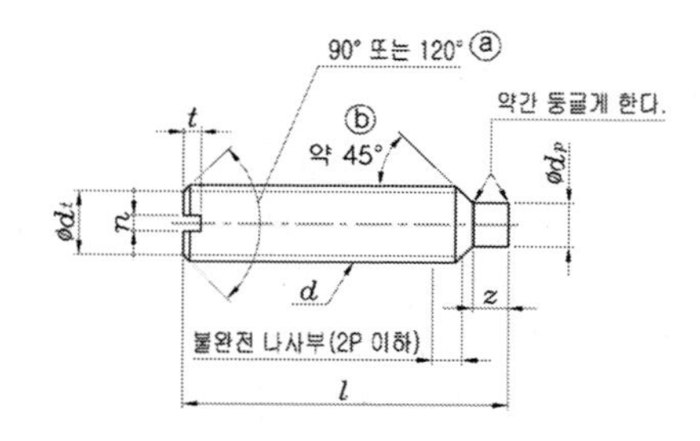

[주]

(a) l이 아래 표에 표시하는 계단 모양의 점선보다 짧은 것은 120°의 모떼기로 한다.

(b) 45°의 각도는 수나사의 골지름보다 아래의 경사부에 적용한다.

단위 : mm

나사의 호칭(d)			M1.6	M2	M2.5	M3	(M3.5)	M4	M5	M6	M8	M10	M12
피치 P			0.35	0.4	0.45	0.5	0.6	0.7	0.8	1	1.25	1.5	1.75
d_f	약		수나사의 골지름										
d_p	최소		0.55	0.75	1.25	1.75	1.95	2.25	3.2	3.7	5.2	6.64	8.14
	최대 (기준치수)		0.8	1	1.5	2	2.2	2.5	3.5	4	5.5	7	8.5
n	호칭[a]		0.25	0.25	0.4	0.5	0.5	0.6	0.8	1	1.2	1.6	2
	최소		0.31	0.31	0.46	0.56	0.56	0.66	0.86	1.06	1.26	1.66	2.06
	최대		0.45	0.45	0.6	0.7	0.7	0.8	1	1.2	1.51	1.91	2.31
t	최소		0.56	0.56	0.72	0.96	0.96	1.12	1.28	1.6	2	2.4	2.8
	최대		0.74	0.74	0.95	1.21	1.21	0.42	1.63	2	2.5	3	3.6
z	최소 (기준치수)		0.8	1	1.25	1.5	1.75	2	2.5	3	4	5	6
	최대		1.05	1.25	1.5	1.75	2	2.25	2.75	3.25	4.3	5.3	6.3
l[b]													
호칭길이 (기준치수)	최소	최대											
2	1.8	2.2											
2.5	2.3	2.7											
3	2.8	3.2											
4	3.7	4.3											
5	4.7	5.3											
6	5.7	6.3											
8	7.7	8.3											
10	9.7	10.3											
12	11.6	12.4											
(14)	13.6	14.4											
16	15.6	16.4											
20	19.6	20.4											
25	24.6	25.4											
30	29.6	30.4											
35	34.5	35.5											
40	39.5	40.5											
45	44.5	45.5											
50	49.5	50.5											
55	54.4	55.6											
60	59.4	60.6											

[주]

(a) n의 호칭은 그 최대·최소를 정할 때 기준치수로서 사용한다.

(b) l의 최대·최소는 KS B 0238에 따르고 있는데, 소수점 이하 1자리까지 끝맺음을 한다.

비고

1. 나사의 호칭에 ( )를 붙인 것은 되도록 사용하지 않는다.
2. 나사의 호칭에 대하여 권장하는 호칭길이(l)는 굵은 선의 틀 내로 한다. 다만 l에 ( )를 붙인 것은 되도록 사용하지 않는다. 또한 이 표 이외의 l을 특별히 필요로 하는 경우는 주문자가 지정한다.
3. 나사끝의 모양·치수는 KS B 0231에 따르고 있다.

4. 홈붙이 멈춤나사·오목끝

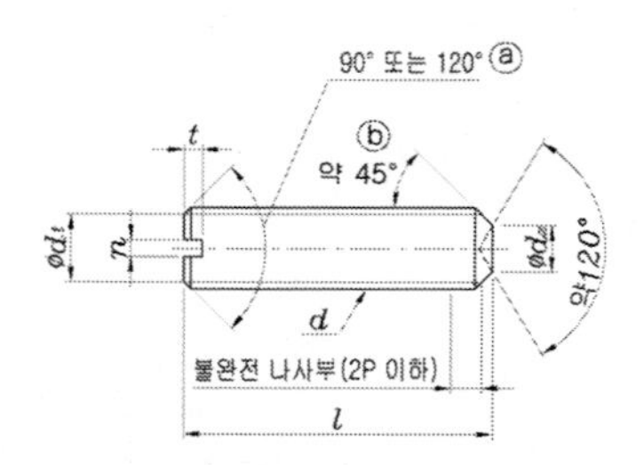

[주] (a) l이 아래 표에 표시하는 계단 모양의 점선보다 짧은 것은 120°의 모떼기로 한다.
(b) 45°의 각도는 수나사의 골지름보다 아래의 경사부에 적용한다.

단위 : mm

나사의 호칭(d)		M1.6	M2	M2.5	M3	(M3.5)	M4	M5	M6	M8	M10	M12
피치 P		0.35	0.4	0.45	0.5	0.6	0.7	0.8	1	1.25	1.5	1.75
d_1	약	수나사의 골지름										
d_z	최소	0.55	0.75	0.95	1.15	1.45	1.75	2.25	2.75	4.7	5.7	6.64
	최대	0.8	1	1.2	1.4	1.7	2	2.5	3	5	6	7
n	호칭(a)	0.25	0.25	0.4	0.5	0.5	0.6	0.8	1	1.2	1.6	2
	최소	0.31	0.31	0.46	0.56	0.56	0.66	0.86	1.06	1.26	1.66	2.06
	최대	0.45	0.45	0.6	0.7	0.7	0.8	1	1.2	1.51	1.91	2.31
t	최소	0.56	0.56	0.72	0.96	0.96	1.12	1.28	1.6	2	2.4	2.8
	최대	0.74	0.74	0.95	1.21	1.21	0.42	1.63	2	2.5	3	3.6

l(b) 호칭길이 (기준치수)	최소	최대	M1.6	M2	M2.5	M3	(M3.5)	M4	M5	M6	M8	M10	M12
2	1.8	2.2											
2.5	2.3	2.7											
3	2.8	3.2											
4	3.7	4.3											
5	4.7	5.3											
6	5.7	6.3											
8	7.7	8.3											
10	9.7	10.3											
12	11.6	12.4											
(14)	13.6	14.4											
16	15.6	16.4											
20	19.6	20.4											
25	24.6	25.4											
30	29.6	30.4											
35	34.5	35.5											
40	39.5	40.5											
45	44.5	45.5											
50	49.5	50.5											
55	54.4	55.6											
60	59.4	60.6											

[주] (a) n의 호칭은 그 최대·최소를 정할 때 기준치수로서 사용한다.
(b) l의 최대·최소는 KS B 0238에 따르고 있는데, 소수점 이하 1자리까지 끝맺음 한다.

비고 1. 나사의 호칭에 ( )를 붙인 것은 될 수 있는 한 사용하지 않는다.
2. 나사의 호칭에 대하여 권장하는 호칭길이(l)는 굵은 선의 틀 내로 한다. 다만 l에 ( )를 붙인 것은 되도록 사용하지 않는다. 또한 이 표 이외의 l을 특별히 필요로 하는 경우는 주문자가 지정한다.
3. 나사끝의 모양·치수는 KS B 0231에 따르고 있다.

5. 홈붙이 멈춤나사·둥근끝의 모양 및 치수

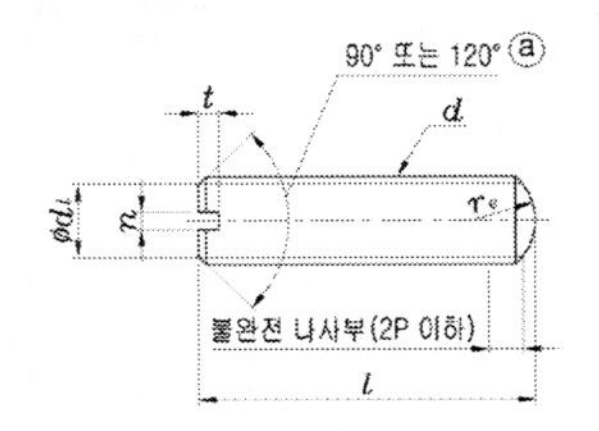

단위 : mm

나사의 호칭(d)			M1	M1.2	(M1.4)	M1.6	M1.7	M2	M2.3	M2.5	M2.6	M3	(M3.5)	M4	M5	M6	M8	M10	M12
피치 P			0.25	0.25	0.3	0.35	0.35	0.4	0.4	0.45	0.45	0.5	0.6	0.7	0.8	1	1.25	1.5	1.75
d_f	약		수나사의 골지름																
r_e	약		1.4	1.7	2	2.2	2.2	2.8	3.1	3.5	3.5	4.2	4.9	5.6	7	8.4	11	14	17
n	호칭(a)		0.2	0.2	0.25	0.25	0.25	0.25	0.4	0.4	0.4	0.5	0.5	0.6	0.8	1	1.2	1.6	2
	최소		0.26	0.26	0.31	0.31	0.31	0.31	0.46	0.46	0.46	0.56	0.56	0.66	0.86	1.06	1.26	1.66	2.06
	최대		0.4	0.4	0.45	0.45	0.45	0.45	0.6	0.6	0.6	0.7	0.7	0.8	1	1.2	1.51	1.91	2.31
t	최소		0.3	0.4	0.4	0.56	0.56	0.56	0.64	0.72	0.72	0.96	0.96	1.12	1.28	1.6	2	2.4	2.8
	최대		0.42	0.52	0.52	0.74	0.74	0.74	0.84	0.95	0.95	1.21	1.21	0.42	1.63	2	2.5	3	3.6
l(b)																			
호칭길이 (기준치수)	최소	최대																	
2	1.8	2.2																	
2.5	2.3	2.7																	
3	2.8	3.2																	
4	3.7	4.3																	
5	4.7	5.3																	
6	5.7	6.3																	
8	7.7	8.3																	
10	9.7	10.3																	
12	11.6	12.4																	
(14)	13.6	14.4																	
16	15.6	16.4																	
20	19.6	20.4																	
25	24.6	25.4																	
30	29.6	30.4																	
35	34.5	35.5																	
40	39.5	40.5																	
45	44.5	45.5																	
50	49.5	50.5																	
55	54.4	55.6																	
60	59.4	60.6																	

[주] (a) n의 호칭은 그 최대·최소를 정할 때 기준치수로서 사용한다.
(b) l의 최대·최소는 KS B 0238에 따르고 있는데, 소수점 이하 1자리까지 끝맺음 한다.

비고 1. 나사의 호칭에 (   )를 붙인 것은 될 수 있는 한 사용하지 않는다.
2. 나사의 호칭에 대하여 권장하는 호칭길이(l)는 굵은 선의 틀 내로 한다. 다만 l에 ( )를 붙인 것은 되도록 사용하지 않는다. 또한 이 표 이외의 l을 특별히 필요로 하는 경우는 주문자가 지정한다.
3. 나사끝의 모양·치수는 KS B 0231에 따르고 있다.

참고 • ISO 규격에는 홈붙이 멈춤나사의 앞 끝에 상당하는 것은 없다.
(a) n의 호칭은 그 최대·최소를 정할 때 기준치수로서 사용한다.
(b) l의 최대·최소는 KS B 0238에 따르고 있는데, 소수점 이하 1자리까지 끝맺음 한다.

11-11 6각 구멍붙이 멈춤나사 [KS B 1028]

1. 6각 구멍붙이 멈춤나사·납작끝의 모양 및 치수

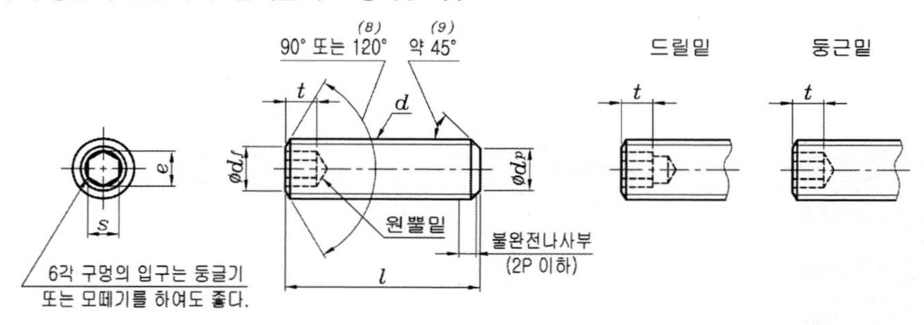

[주] (8) l이 아래에 표시한 계단 모양의 점선보다 짧은 것은 120°의 모떼기를 한다.
(9) 45° 각도는 수나사의 골지름보다 아래의 경사부에 적용한다.

단위 : mm

나사의 호칭(d)			M1.6	M2	M2.5	M3	M4	M5	M6	M8	M10	M12	M16	M20	M24
피 치(P)			0.35	0.4	0.45	0.5	0.7	0.8	1.0	1.25	1.5	1.75	2.0	2.5	3.0
d_p	최대(기준치수)		0.8	1.0	1.5	2.0	2.5	3.5	4.0	5.5	7.0	8.5	12.0	15.0	18.0
	최소		0.55	0.75	1.25	1.75	2.25	3.2	3.7	5.2	6.64	8.14	11.57	14.57	17.57
d_f	약		수나사의 골지름												
e	최소(10)		0.803	1.003	1.427	1.73	2.30	2.87	3.44	4.58	5.72	6.86	9.15	11.43	13.72
s	호칭(기준치수)		0.7	0.9	1.3	1.5	2.0	2.5	3.0	4.0	5.0	6.0	8.0	10.0	12.0
	최소		0.711	0.889	1.270	1.520	2.020	2.520	3.020	4.020	5.020	6.020	8.025	10.025	12.032
	최대		0.724	0.902	1.295	1.545	2.045	2.560	3.080	4.098	5.098	6.098	8.115	10.115	12.142
t	최소(11)	1란	0.7	0.8	1.2	1.2	1.5	2.0	2.0	3.0	4.0	4.8	6.4	8.0	10.0
		2란	1.5	1.7	2.0	2.0	2.5	3.0	3.5	5.0	6.0	8.0	10.0	12.0	15.0
l(12)															
호칭길이 (기준치수)	최소	최대													
2	1.8	2.2													
2.5	2.3	2.7													
3	2.8	3.2													
4	3.7	4.3													
5	4.7	5.3													
6	5.7	6.3													
8	7.7	8.3													
10	9.7	10.3													
12	11.6	12.4													
16	15.6	16.4													
20	19.6	20.4													
25	24.6	25.4													
30	29.6	30.4													
35	34.5	35.5													
40	39.5	40.5													
45	44.5	45.5													
50	49.5	50.5													
55	54.4	55.6													
60	59.4	60.6													

[주]
(10) e(최소)=1.14×s(최소)이다. 다만, 나사의 호칭 M25 이하는 제외한다.
(11) t(최소) 1란의 값은 호칭길이(l)가 계단모양의 점선보다 짧은 것으로 하고, 2란의 값은 그 점선보다 긴 것에 적용한다.
(12) l의 최소, 최대는 KS B 0238에 따르나, 소수점 이하 1자리로 끝맺음한다.

비고

1. 나사의 호칭에 대하여 추천하는 호칭길이(l)는 굵은선 둘레 안으로 한다. 또한 이 표 이외의 (l)을 특별히 필요로 하는 경우는 주문자가 지정한다.
2. 나사끝의 모양 치수는 KS B 0231(나사끝의 모양 및 치수)에 따른다.
3. 6각 구멍 밑의 모양은 원뿔밑, 드릴밑, 둥근밑의 어느 것도 좋다.

참고

- 이 표의 모양 및 치수는 ISO 4026-1977에 따른다.

2. 6각 구멍붙이 멈춤나사·뾰족끝의 모양 및 치수

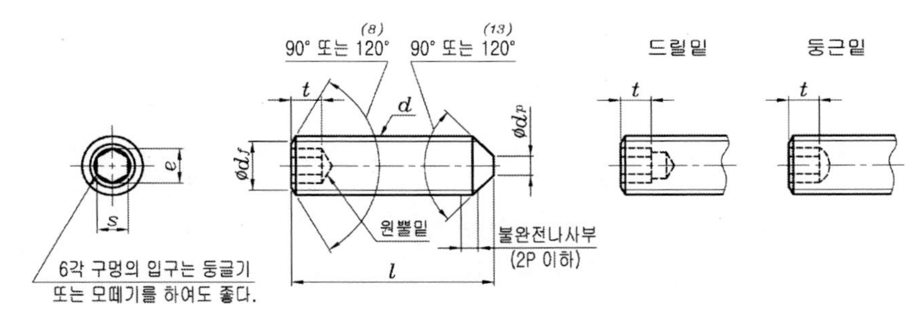

[주] (13) 이 원뿔 각도는 수나사의 골지름보다 작은 지름의 끝부분에 적용하고 l이 계단 모양의 점선보다 짧은 것은 120°, 점선보다 긴 것은 90°로 한다.

단위 : mm

나사의 호칭(d)			M1.6	M2	M2.5	M3	M4	M5	M6	M8	M10	M12	M16	M20	M24
피치(P)			0.35	0.4	0.45	0.5	0.7	0.8	1.0	1.25	1.5	1.75	2.0	2.5	3.0
d_p	최대(기준치수)		0.16	0.2	0.25	0.3	0.4	0.5	1.5	2.0	2.5	3.0	4.0	5.0	6.0
d_f	약		수나사의 골지름												
e	최소(10)		0.803	1.003	1.427	1.73	2.30	2.87	3.44	4.58	5.72	6.86	9.15	11.43	13.72
s	호칭(기준치수)		0.7	0.9	1.3	1.5	2.0	2.5	3.0	4.0	5.0	6.0	8.0	10.0	12.0
	최소		0.711	0.889	1.270	1.520	2.020	2.520	3.020	4.020	5.020	6.020	8.025	10.025	12.032
	최대		0.724	0.902	1.295	1.545	2.045	2.560	3.080	4.098	5.098	6.098	8.115	10.115	12.142
t	최소(11)	1란	0.7	0.8	1.2	1.2	1.5	2.0	2.0	3.0	4.0	4.8	6.4	8.0	10.0
		2란	1.5	1.7	2.0	2.0	2.5	3.0	3.5	5.0	6.0	8.0	10.0	12.0	15.0
l(12)															
호칭길이(기준치수)	최소	최대													
2	1.8	2.2													
2.5	2.3	2.7													
3	2.8	3.2													
4	3.7	4.3													
5	4.7	5.3													
6	5.7	6.3													
8	7.7	8.3													
10	9.7	10.3													
12	11.6	12.4													
16	15.6	16.4													
20	19.6	20.4													

25	24.6	25.4													
30	29.6	30.4													
35	34.5	35.5													
40	39.5	40.5													
45	44.5	45.5													
50	49.5	50.5													
55	54.4	55.6													
60	59.4	60.6													

비고

1. 나사의 호칭에 대하여 추천하는 호칭길이(l)는 굵은선 둘레 안으로 한다. 또한, 이 표 이외의 l을 특별히 필요로 하는 경우는 주문자가 지정한다.
2. 나사끝의 모양 치수는 KS B 0231에 따른다. 또 dt의 최소는 규정하지 않으나 끝단에는 평면부를 둔다. 나사의 호칭 M5 이하의 끝단은 약간 둥글게 하여도 좋다.
3. 6각 구멍 밑의 모양은 원뿔밑, 드릴밑, 둥근밑의 어느 것도 좋다.

참고

- 이 표의 모양 및 치수는 M5 이하의 dt(최대)를 제외한 ISO 4026-1977에 따른다.

3. 6각 구멍붙이 멈춤나사·원통끝의 모양 및 치수

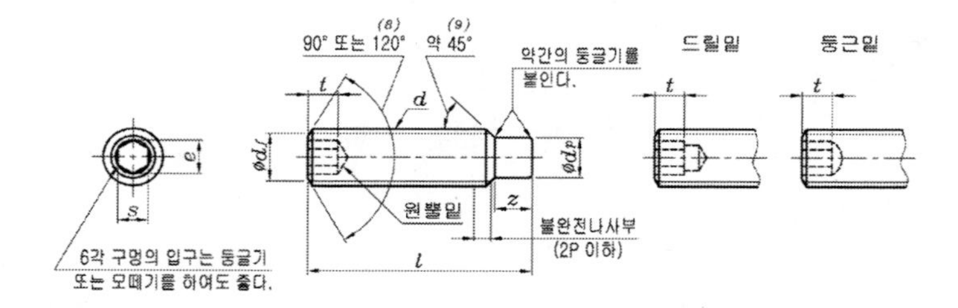

단위 : mm

나사의 호칭(d)			M1.6	M2	M2.5	M3	M4	M5	M6	M8	M10	M12	M16	M20	M24
피 치(P)			0.35	0.4	0.45	0.5	0.7	0.8	1.0	1.25	1.5	1.75	2.0	2.5	3.0
d_p	최대(기준치수)		0.8	1.0	1.5	2.0	2.5	3.5	4.0	5.5	7.0	8.5	12.0	15.0	18.0
	최 소		0.55	0.75	1.25	1.75	2.25	3.2	3.7	5.2	6.64	8.14	11.57	14.57	17.57
d_f	약		수나사의 골지름												
e	최소[1]		0.803	1.003	1.427	1.73	2.30	2.87	3.44	4.58	5.72	6.86	9.15	11.43	13.72
s	호칭(기준치수)		0.7	0.9	1.3	1.5	2.0	2.5	3.0	4.0	5.0	6.0	8.0	10.0	12.0
	최 소		0.711	0.889	1.270	1.520	2.020	2.520	3.020	4.020	5.020	6.020	8.025	10.025	12.032
	최 대		0.724	0.902	1.295	1.545	2.045	2.560	3.080	4.098	5.098	6.098	8.115	10.115	12.142
t	최소[2]	1란	0.7	0.8	1.2	1.2	1.5	2.0	2.0	3.0	4.0	4.8	6.4	8.0	10.0
		2란	1.5	1.7	2.0	2.0	2.5	3.0	3.5	5.0	6.0	8.0	10.0	12.0	15.0
Z	짧은[2] 원통끝	최 소	0.4	0.5	0.63	0.75	1.0	1.25	1.5	2.0	2.5	3.0	4.0	5.0	6.0
		최 대	0.65	0.45	0.88	1.0	1.25	1.5	1.75	2.25	2.75	3.25	4.3	5.3	6.3
	긴[2] 원통끝	최 소	0.8	1.0	1.25	1.5	2.0	2.5	3.0	4.0	5.0	6.0	8.0	10.0	12.0
		최 대	1.05	1.25	1.5	1.75	2.25	2.75	3.25	4.3	5.3	6.3	8.36	10.36	12.43

l[3]		
호칭길이 (기준치수)	최소	최대
2	1.8	2.2
2.5	2.3	2.7
3	2.8	3.2
4	3.7	4.3
5	4.7	5.3
6	5.7	6.3
8	7.7	8.3
10	9.7	10.3
12	11.6	12.4
16	15.6	16.4
20	19.6	20.4
25	24.6	25.4
30	29.6	30.4
35	34.5	35.5
40	39.5	40.5
45	44.5	45.5
50	49.5	50.5
55	54.4	55.6
60	59.4	60.6

[주]

(11) t(최소) 1란의 값과 z의 '짧은 막대끝'의 값은 호칭 길이(l)가 계단 모양의 점선보다 짧은 것에 t(최소) 2란의 값과 z의 '긴 막대끝'의 값은 그 점선보다 긴 것에 적용한다.

비고

1. 나사의 호칭에 대하여 추천하는 호칭길이(l)는 굵은선 둘레 안으로 한다. 또한, 이 표 이외의 l을 특별히 필요로 하는 경우는 주문자가 지정한다.
2. 나사끝의 모양 치수는 KS B 0231에 따른다.
3. 6각 구멍 밑의 모양은 원뿔밑, 드릴밑, 둥근밑의 어느 것도 좋다.

참고

- 이 표의 모양 및 치수는 ISO 4028-1977에 따른다.

4. 6각 구멍붙이 멈춤나사 · 오목끝의 모양 및 치수

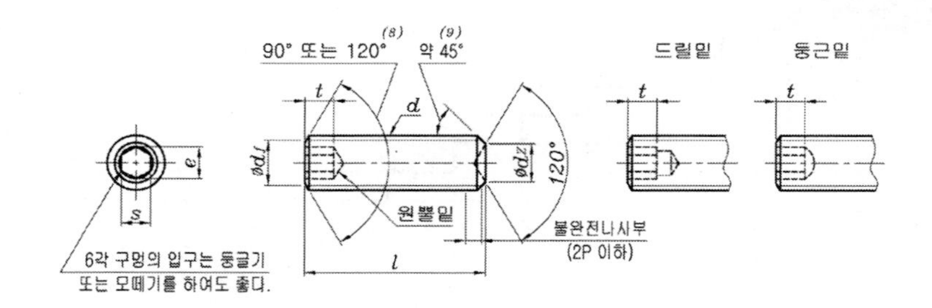

단위 : mm

나사의 호칭(d)			M1.6	M2	M2.5	M3	M4	M5	M6	M8	M10	M12	M16	M20	M24
피 치(P)			0.35	0.4	0.45	0.5	0.7	0.8	1.0	1.25	1.5	1.75	2.0	2.5	3.0
d_p	최대(기준치수)		0.8	1.0	1.2	1.4	2.0	2.5	3.0	5.0	6.0	8.0	10.0	14.0	16.0
	최소		0.55	0.75	0.95	1.15	1.75	2.25	2.75	4.7	5.7	7.64	9.64	13.57	15.57
d_f	약		수나사의 골지름												
e	최소(10)		0.803	1.003	1.427	1.73	2.30	2.87	3.44	4.58	5.72	6.86	9.15	11.43	13.72
s	호칭(기준치수)		0.7	0.9	1.3	1.5	2.0	2.5	3.0	4.0	5.0	6.0	8.0	10.0	12.0
	최소		0.711	0.889	1.270	1.520	2.020	2.520	3.020	4.020	5.020	6.020	8.025	10.025	12.032
	최대		0.724	0.902	1.295	1.545	2.045	2.560	3.080	4.098	5.098	6.098	8.115	10.115	12.142
t	최소(11)	1란	0.7	0.8	1.2	1.2	1.5	2.0	2.0	3.0	4.0	4.8	6.4	8.0	10.0
		2란	1.5	1.7	2.0	2.0	2.5	3.0	3.5	5.0	6.0	8.0	10.0	12.0	15.0
l(12)															
호칭길이(기준치수)	최소	최대													
2	1.8	2.2													
2.5	2.3	2.7													
3	2.8	3.2													
4	3.7	4.3													
5	4.7	5.3													
6	5.7	6.3													
8	7.7	8.3													
10	9.7	10.3													
12	11.6	12.4													
16	15.6	16.4													
20	19.6	20.4													
25	24.6	25.4													
30	29.6	30.4													
35	34.5	35.5													
40	39.5	40.5													
45	44.5	45.5													
50	49.5	50.5													
55	54.4	55.6													
60	59.4	60.6													

비고

1. 나사의 호칭에 대하여 추천하는 호칭길이(l)는 굵은선 둘레 안으로 한다. 또한, 이 표 이외의 l을 특별히 필요로 하는 경우는 주문자가 지정한다.
2. 나사끝의 모양 및 치수는 KS B 0231에 따른다.
3. 6각 구멍 밑의 모양은 원뿔밑, 드릴밑, 둥근밑의 어느 것도 좋다.

참고

- 이 표의 모양 및 치수는 ISO 4029-1977에 따른다.

5. 6각 구멍붙이 멈춤나사 · 둥근 끝의 모양 및 치수

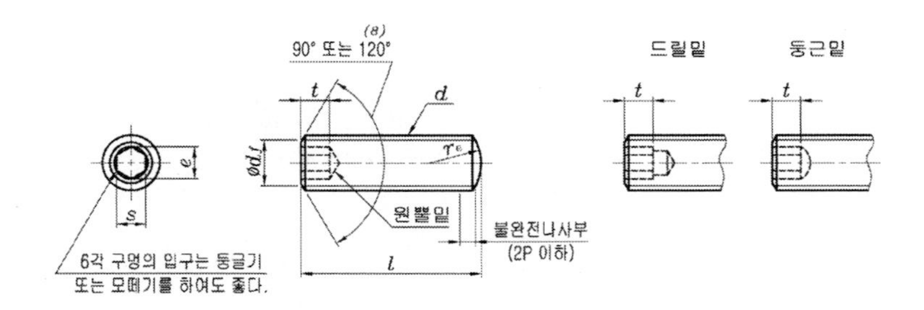

단위 : mm

나사의 호칭(d)			M3	M4	M5	M6	M8	M10	M12	M16	M20	M24
피 치(P)			0.5	0.7	0.8	1.0	1.25	1.5	1.75	2.0	2.5	3.0
r_e	약		4.2	5.6	7.0	8.4	11	14	17	22	28	34
d_f	약		수나사의 골지름									
e	최소(10)		1.73	2.30	2.87	3.44	4.58	5.72	6.86	9.15	11.43	13.72
s	호칭(기준치수)		1.5	2.0	2.5	3.0	4.0	5.0	6.0	8.0	10.0	12.0
	최소		1.520	2.020	2.520	3.020	4.020	5.020	6.020	8.025	10.025	12.032
	최대		1.545	2.045	2.560	3.080	4.098	5.098	6.098	8.115	10.115	12.142
t(11)	최소	1란	1.2	1.5	2.0	2.0	3.0	4.0	4.8	6.4	8.0	10.0
		2란	2.0	2.5	3.0	3.5	5.0	6.0	8.0	10.0	12.0	15.0
l												
호칭길이 (기준치수)	최소	최대										
2	1.8	2.2										
2.5	2.3	2.7										
3	2.8	3.2										
4	3.7	4.3										
5	4.7	5.3										
6	5.7	6.3										
8	7.7	8.3										
10	9.7	10.3										
12	11.6	12.4										
16	15.6	16.4										
20	19.6	20.4										
25	24.6	25.4										
30	29.6	30.4										
35	34.5	35.5										
40	39.5	40.5										
45	44.5	45.5										
50	49.5	50.5										
55	54.4	55.6										
60	59.4	60.6										

비고

1. 나사의 호칭에 대하여 추천하는 호칭길이(l)는 굵은선 둘레 안으로 한다. 또한, 이 표 이외의 l을 특별히 필요로 하는 경우는 주문자가 지정한다.
2. 나사끝의 모양 치수는 KS B 0231에 따른다.
3. 6각 구멍 밑의 모양은 원뿔밑, 드릴밑, 둥근밑의 어느 것도 좋다.

참고

- ISO 규격에는 6각 구멍붙이 멈춤나사의 둥근 끝에 상당하는 것이 없다.

11-12 아이 볼트 [KS B 1033]

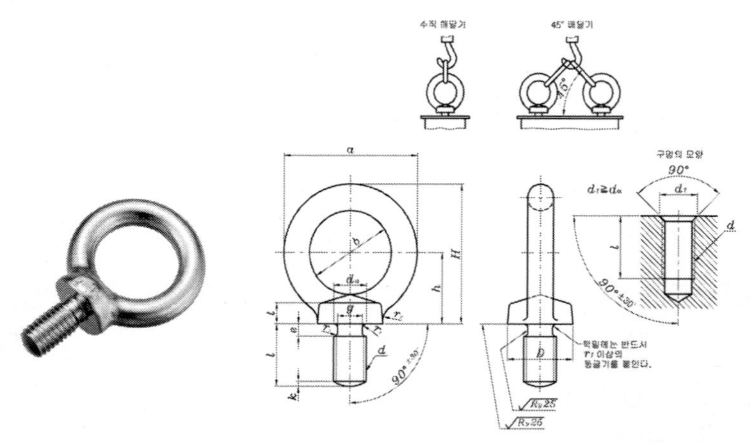

■ 아이 볼트의 모양 및 치수와 사용 하중

단위 : mm

나사의 호칭 (d)	a	b	c	D	t	h	H (참고)	ℓ (길이)	e	g (최소)	r_1 (최소)	d_a (최대)	r_2 (약)	k (약)	사용 하중	
															수직 매달기 kgf(kN)	45도 매달기 (2개 당) kgf(kN)
M8	32.6	20	6.3	16	5	17	33.3	15	3	6	1	9.2	4	1.2	80 (0.785)	80 (0.785)
M10	41	25	8	20	7	21	41.5	18	4	7.7	1.2	11.2	4	1.5	150 (1.47)	150 (1.47)
M12	50	30	10	25	9	26	51	22	5	9.4	1.4	14.2	6	2	220 (2.16)	220 (2.16)
M16	60	35	12.5	30	11	30	60	27	5	13	1.6	18.2	6	3	450 (4.41)	450 (4.14)
M20	72	40	16	35	13	35	71	30	6	16.4	2	22.4	8	2.5	630 (6.18)	630 (6.18)
M24	90	50	20	45	18	45	90	38	8	19.6	2.5	26.4	12	3	950 (9.332)	950 (9.32)
M30	110	60	25	60	22	55	110	45	8	25	3	33.4	15	3.5	1500 (14.7)	1500 (14.7)
M36	133	70	31.5	70	26	65	131.5	55	10	30.3	3	39.4	18	4	2300 (22.6)	2300 (22.6)
M42	151	80	35.5	80	30	75	150.5	65	12	35.6	3.5	45.6	20	4.5	3400 (33.3)	3400 (33.3)
M48	170	90	40	90	35	90	170	75	12	41	4	52.6	22	5	4500 (44.1)	4500 (44.1)
M64	210	110	50	110	42	105	210	85	14	55.7	5	71	25	6	9000 (88.3)	9000 (88.3)
M80X6	266	140	63	130	50	130	263	105	14	71	5	87	35	6	15000 (147)	15000 (147)
(M90X6)	302	160	71	150	55	150	301	120	14	81	5	97	35	6	18000 (177)	18000 (177)
M100X6	340	180	80	170	60	165	355	130	14	91	5	108	40	6	20000 (196)	20000 (196)

[주] 45° 매달기의 사용 하중은 볼트의 자리면이 상대와 밀착해서 2개의 볼트의 링 방향이 위 그림과 같이 동일한 평면 내에 있을 경우에 적용된다.

비고 1. 나사의 호칭에 ( )를 붙인 것은 되도록 사용하지 않는다.

2. 이 표의 l은 아이 볼트를 붙이는 암나사의 부분이 주철 또는 강으로 할 경우 적용하는 치수로 한다.

3. a, b, c, D, t 및 h의 허용차는 KS B 0426의 보통급, l 및 c의 허용차는 KS B ISO 2768-1의 거친급으로 한다.

11-13 아이 너트 [KS B 1034]

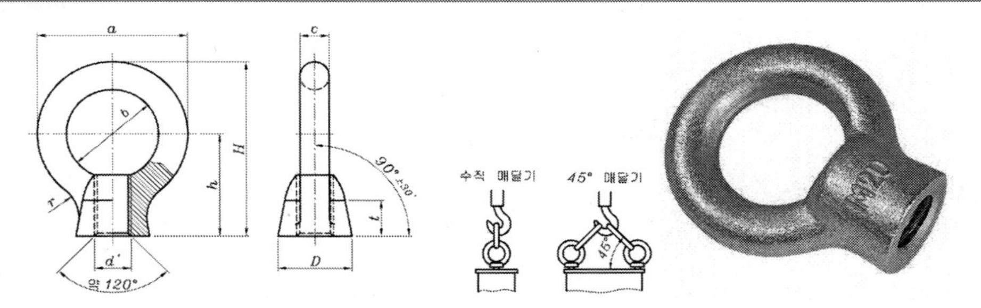

■ 아이 너트의 모양 및 치수와 사용 하중

단위 : mm

나사의 호칭 (d)	a	b	c	D	t	h	H (참고)	r (약)	d'	사용 하중	
										수직 매달기 kgf(kN)	45도 매달기 (2개에 대한) kgf(kN)
M8	32.6	20	6.3	16	12	23	39.3	8	8.5	80 (0.785)	80 (0.785)
M10	41	25	8	20	15	28	48.5	10	10.6	150 (1.47)	150 (1.47)
M12	50	30	10	25	19	36	61	12	12.5	220 (2.16)	220 (2.16)
M16	60	35	12.5	30	23	42	72	14	17	450 (4.41)	450 (4.14)
M20	72	40	16	35	28	50	86	16	21.2	630 (6.18)	630 (6.18)
M24	90	50	20	45	38	66	111	25	25	950 (9.332)	950 (9.32)
M30	110	60	25	60	46	80	135	30	31.5	1500 (14.7)	1500 (14.7)
M36	133	70	31.5	70	55	95	161.5	35	37.5	2300 (22.6)	2300 (22.6)
M42	151	80	35.5	80	64	109	184.5	40	45	3400 (33.3)	3400 (33.3)
M48	170	90	40	90	73	123	208	45	50	4500 (44.1)	4500 (44.1)
M64	210	110	50	110	90	151	256	50	67	9000 (88.3)	9000 (88.3)
M80X6	266	140	63	130	108	184	317	65	85	15000 (147)	15000 (147)

[주]
45° 매달기의 사용 하중은 너트의 자리면이 상대와 밀착하고 2개의 너트 링의 방향이 위의 그림과 같이 동일 평면 내에 있을 경우에 적용한다.

비고

1. a, b, c, D, t 및 h의 허용차는 KS B 0426의 보통급, d'의 허용차는 KS B ISO 2768-1의 거친급으로 한다.

11-14 T홈용 4각 볼트 [KS B 1038 (폐지)]

■ T홈 및 볼트의 모양 · 치수

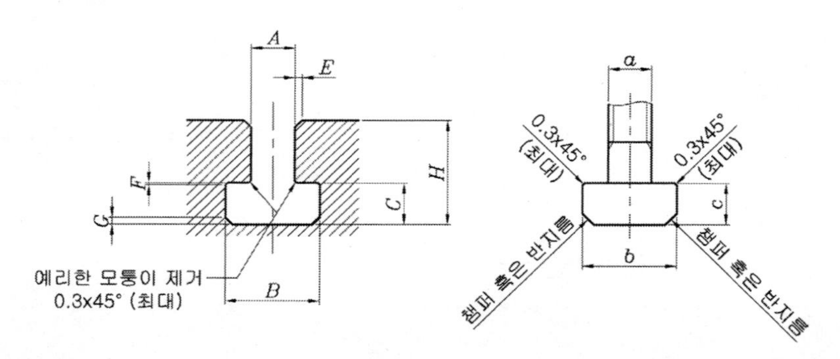

■ E, F 및 G : 45°–챔퍼 높이 혹은 반지름

단위 : mm

T홈 호칭치수 A	T 홈									볼트		
	B		C		H		E	F	G	나사 호칭 a	b	c
	최소	최대	최소	최대	최소	최대	최대	최대	최대			
5	10	11	3.5	4.5	8	10	1	0.6	1	M4	9	3
6	11	12.5	5	6	11	13	1	0.6	1	M5	10	4
8	14.5	16	7	8	15	18	1	0.6	1	M6	13	6
10	16	18	7	8	17	21	1	0.6	1	M8	15	6
12	19	21	8	9	20	25	1	0.6	1	M10	18	7
14	23	25	9	11	23	28	1.6	0.6	1.6	M12	22	8
18	30	32	12	14	30	36	1.6	1	1.6	M16	28	10
22	37	40	16	18	38	45	1.6	1	2.5	M20	34	14
28	46	50	20	22	48	56	1.6	1	2.5	M24	43	18
36	56	60	25	28	61	71	2.5	1	2.5	M30	53	23
42	68	72	32	35	74	85	2.5	1.6	4	M36	64	28
48	80	85	36	40	84	95	2.5	2	6	M42	75	32
54	90	95	40	44	94	106	2.5	2	6	M48	85	36

비고

- 홈 : A에 대한 공차 : 고정 홈에 대해서는 H12, 기준 홈에 대해서는 H8
- 볼트 : a, b, c에 대한 공차 : 볼트와 너트에 대한 통상적인 공차

■ T홈용 4각 볼트와 l

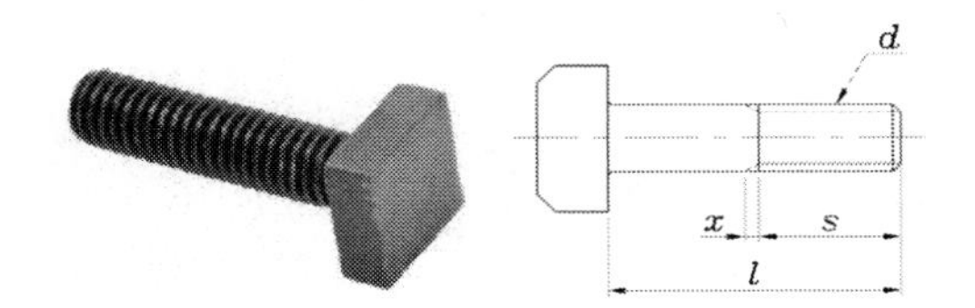

단위 : mm

T홈의 호칭치수		5	6	8	10	12	14	(16)	18	(20)	22	(24)	28	(32)	36	42	48	54
나사의 호칭		M4	M5	M6	M8	M10	M12	(M14)	(M16)	(M18)	M20	(M22)	M24	(M27)	M30	M36	M42	M48
d		나사부 길이																
길이 l	20	10	10															
	25	15	15	15	15	15												
	32	15	15	15	20	20	20	20										
	40	18	18	18	25	25	25	25										
	50	18	18	18	25	25	25	25	25	25	25							
	65			20	25	30	30	30	30	30	30	30	30	30				
	80				30	30	30	30	30	30	30	40	40	40				
	100					40	40	40	40	40	40	50	50	60	60			
	125						45	45	50	50	50	50	50	60	60	70	80	
	160						60	60	60	60	60	70	70	70	70	70	80	90
	200							80	80	80	80	80	80	80	80	80	80	100
	250								100	100	100	100	100	100	100	100	100	100
	320										125	125	125	125	125	125	125	125
	400										160	160	160	160	160	160	160	160
	500											200	200	200	200	200	200	200

단위 : mm

l의 구분	l의 허용차	
	M3~M24	M27~M48
50 이하	±0.5	±0.8
50 초과 120 이하	±0.7	±1.1
120 초과 250 이하	±0.9	±1.4
250 초과	±1.2	±1.8

단위 : mm

s의 구분	s의 허용차
30 이하	+3 0
30 초과 50 이하	+4 0
50 초과 80 이하	+5 0
80 초과 120 이하	+7 0
120 초과	+10 0

T홈 너트 [KS B 1039]

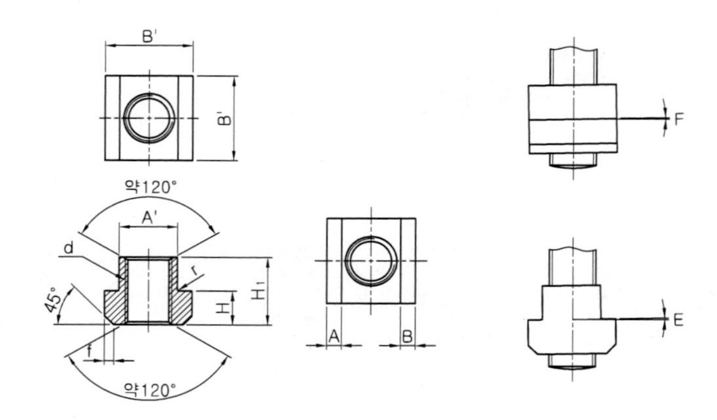

■ T홈 너트의 모양 및 치수

T홈의 호칭치수		d	A'		B'		H		H_1		f	r	A–B	E 및 F
		나사의 호칭	기준치수	허용차	기준치수	허용차	기준치수	허용차	기준치수	허용차	최대값	최대값	허용값	최대
5		M4	5	−0.3 −0.5	9	±0.29	2.5	±0.2	6.5	±0.29	1	0.3	0.2	1°
6		M5	6		10		4	±0.24	8		1.6		0.3	
8		M6	8		13	±0.35	6	±0.29	10				0.3	
10		M8	10		15		6		12	±0.35			0.4	
12		M10	12	−0.3 −0.6	18		7		14		2.5	0.4	0.5	
14		M12	14		22	±0.42	8		16				0.7	
18		M16	18		28		10		20	±0.42			0.8	
22		M20	22		34	±0.5	14	±0.35	28			0.5	0.9	
28		M24	28		43		18		36	±0.5	4		1.2	
36		M30	36	−0.4 −0.7	53	±0.6	23	±0.42	44		6		1.5	
42		M36	42		64		28		52	±0.6		0.8	1.8	
48		M42	48		75		32	±0.5	60				2.1	
54		M48	54		85	±0.7	36		70				2.4	
참고	16	M14	16	−0.3 −0.6	25	±0.42	9	±0.29	18	±0.35	2.5	0.4	0.7	1°
	20	M18	20		32	±0.5	12	±0.35	24	±0.42			0.9	
	24	M22	24		40		16		32	±0.5	4	0.5	1.1	
	32	M27	32	−0.4 −0.7	50		20	±0.42	40				1.3	

[주] T홈의 호칭 치수 16, 20, 24mm 및 32mm는 KS B 0902−1991에서 삭제되었으나, KS B 0902−1982에서는 ( )를 붙여 규정하고 있어 거기에 대한 T홈 너트의 모양 및 치수를 참고로 나타내었다.

비고

너트의 각 부는 약 0.1mm의 모떼기를 한다.

11-16 섀클 [KS B 1333]

1. 종류 및 형식

종 류	섀클 몸체의 기호	볼트 또는 핀		형식 기호	볼트 또는 핀의 고정 방법
		모 양	기 호		
굽은 섀클	B	납작 머리핀	A	BA	둥근 플러그(분할핀 사용)
		6각 볼트	B	BB	너트(분할핀 사용)
		아이 볼트	C	BC	나사 박음식
		아이 볼트	D	BD	나사 박음식
곧은 섀클	S	납작 머리핀	A	SA	둥근 플러그(분할핀 사용)
		6각 볼트	B	SB	너트(분할핀 사용)
		아이 볼트	C	SC	나사 박음식
		아이 볼트	D	SD	나사 박음식

2. 사용 하중

단위 : t

호칭	M등급								S등급		T등급		V등급	
	굽은 섀클				곧은 섀클				굽은 섀클	곧은 섀클	굽은 섀클	곧은 섀클	굽은 섀클	곧은 섀클
	BA	BB	BC	BD	SA	SB	SC	SD	BB	SB	BB	SB	BB	SB
6	–	–		0.15	–	–	0.2	–	–	–	–	–	–	–
8	–	–	0.2	0.315	–	–	0.315	–	–	–	–	–	–	–
10	–	–	0.315(0.6)	0.5	–	–	(0.6)	0.4	0.8	0.8	1	1	1.25	1.25
12	–	–	1	(0.7)	–	–	1	0.63	1.6	1.6	2	2	2.5	2.5
14	–	–		(0.9)	–	–	1.25	0.8	2	2	2.5	2.5	3.15	3.15
16	–	–	1.6	(1.2)	–	–	1.6	1	2.5	2.5	3.15	3.15	4	4
18	–	–	2	(1.3)	–	–	2	–	3.15	3.15	4	4	5	5
20	–	2.5	2.5	1.8	–	2.5	2.5	1.6	4	4	5	5	6.3	6.3
22	–	3.15	3.15	–	–	3.15	3.15	2	5	5	6.3	6.3	–	–
24	–	(3.6)	(3.6)	–	–	(3.6)	(3.6)	2.5	6.3	6.3	–	–	8	8
26	–	4	4	–	–	4	4	3.15	–	–	8	8	10	10
28	–	(4.8)	(4.8)	–	–	(4.8)	(4.8)	(3.5)	8	8	10	10	12.5	12.5
30	–	5	5	–	–	5	5	4	10	10	–	–	–	–
32	–	6.3	6.3	–	–	6.3	6.3	–	–	–	12.5	12.5	16	16
34	(7)	(7)	(7)	–	–	(7)	(7)	5	12.5	12.5	–	–	–	–
36	8	8	8	–	8	8	8	–	12.5	12.5	16	16	20	20
38	(9)	(9)	(9)	–	(9)	(9)	(9)	6.3	–	–	–	–	–	–
40	10	10	10	–	10	10	10	(7)	16	16	20	20	25	25
42	(11)	(11)	–	–	(11)	(11)	–	8	–	–	–	–	–	–
44	12.5	12.5	–	–	12.5	12.5	–	–	20	20	–	–	31.5	31.5

호칭	M등급								S등급		T등급		V등급	
	굽은 새클				곧은 새클				굽은 새클	곧은 새클	굽은 새클	곧은 새클	굽은 새클	곧은 새클
	BA	BB	BC	BD	SA	SB	SC	SD	BB	SB	BB	SB	BB	SB
46	(13)	(13)	–	–	(13)	(13)	–	–	–	–	–	–	–	–
48	14	14	–	–	14	14	–	10	–	–	–	–	–	–
50	16	16	–	–	16	16	–	–	25	25	31.5	31.5	40	40
52	–	–	–	–	–	–	–	12.5	–	–	–	–	–	–
55	18	18	–	–	18	18	–	–	–	–	–	–	–	–
58	–	–	–	–	–	–	–	16	–	–	–	–	–	–
60	20	20	–	–	20	20	–	–	31.5	31.5	40	40	50	50
65	25	25	–	–	25	25	–	–	40	40	50	50	63	63
70	31.5	31.5	–	–	31.5	31.5	–	–	50	50	63	63	80	80
75	(35)	(35)	–	–	(35)	(35)	–	–	–	–	–	–	–	–
80	40	40	–	–	40	40	–	–	63	63	80	80	100	100
85	45	45	–	–	45	45	–	–	–	–	–	–	–	–
90	50	50	–	–	50	50	–	–	80	80	100	100	125	125

3. 치수 허용차

단위 : mm

치수	치수 구분	치수 허용차	
d	6~10	+1 −0.5	
	12~18	+1 −1	
	20~50	+2 −1	
	51 이상	+3 −2	
d_1, t	25 이하	+1 −0.5	
	26 이상 38 이하	+2 −0.5	
	40 이상	+2.5 −1	
d_3	15 이하	±0.2	
	17 이상 62 이하	±0.3	
L, L_1	65 이상	±0.5	
	(호칭) 16 이하	±4.5%	
B	(호칭) 18 이상	±4%	
	11~135	$^{+5}_{0}$ %	(최대 5)

4. 굽은 섀클 몸체의 모양·치수

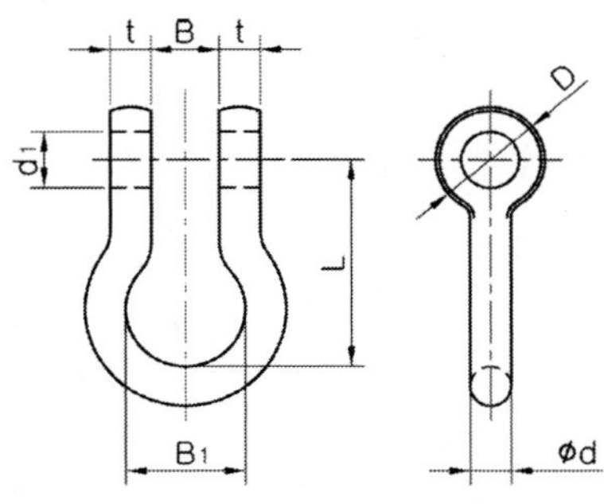

〈형식 BA·BB 섀클의 몸체〉

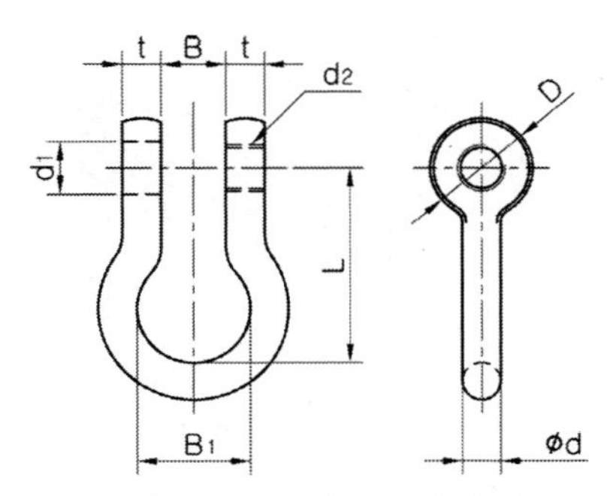

〈형식 BA·BB 섀클의 몸체〉

단위 : mm

호칭	*t*	*d*	*B*	B_1	*D*	d_1	나사의 호칭 (d_2)	*L*	(참고) 계산 무게 (kg)		
									BA	BB	BC
6	6	8	11	20	17	9	M8	36	–	–	0.07
8	8	10	14	25	21	11	M10	45	–	–	0.15
10	10	12	17	30	25	13	M12	54	–	0.31	0.31
12	12	14	20	35	32	16	M14	63	–	0.48	0.48
14	14	16	24	40	36	18	M16	72	–	0.67	0.67
16	16	18	26	45	40	20	M18	80	–	0.93	0.93
18	18	21	29	53	45	22	M20	95	–	1.35	1.35
20	20	23	31	58	50	25	M24	104	–	1.93	2.15
22	22	26	34	65	55	27	M24	117	–	2.81	2.98
24	24	28	39	70	62	31	M30	126	–	3.64	3.77
26	26	30	41	75	66	33	M30	135	–	4.38	4.45
28	28	32	43	80	70	35	M33	144	–	5.33	5.36
30	30	34	45	85	75	37	M36	153	–	6.44	6.10
32	32	37	48	93	80	39	M36	167	–	8.17	7.56
34	34	39	50	98	85	41	M39	176	8.88	10.0	9.05
36	36	42	54	105	90	43	M42	190	10.49	11.85	10.32
38	38	44	57	110	95	47	M45	198	11.74	13.50	11.70
40	40	47	60	118	100	49	M48	212	13.16	15.23	13.13
42	42	49	63	123	105	53	M48	220	15.25	17.65	–
44	44	51	66	128	110	56	M48	230	18.24	20.45	–
46	46	53	68	133	115	58	M48	240	20.74	23.08	–
48	48	55	72	138	120	60	M56	248	23.21	25.60	–
50	50	57	75	143	125	62	M56	257	24.85	27.38	–
55	55	62	83	155	138	67	M64	280	38.60	43.50	–
60	60	69	90	178	150	72	M64	310	54.47	59.25	–
65	65	75	98	188	164	79	M72×6	338	64.68	70.63	
70	70	81	105	202	178	85	M80×6	360	77.95	85.04	–
75	75	87	112	218	192	92	M80×6	387	98.49	107.74	–
80	80	93	120	232	206	98	M90×6	414	119.37	130.87	–
85	85	99	128	248	220	104	M90×6	440	144.44	159.5	–
90	90	104	135	260	232	110	M100×6	473	171.50	190.13	–

■ 곧은 섀클 몸체의 모양·치수

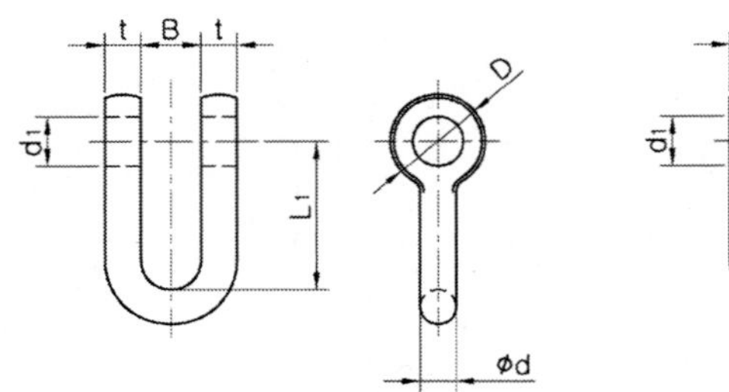

〈형식 SA·SB 섀클의 몸체〉

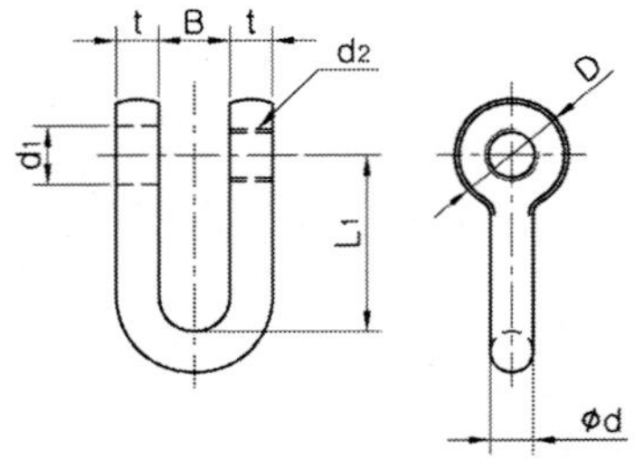

〈형식 SC 섀클의 몸체〉

단위 : mm

호칭	t	d	B	D	d_1	나사의 호칭 (d_2)	L_1	(참고) 계산 무게 (kg)		
								SA	SB	SC
6	6	6	11	17	9	M8	36	–	–	0.04
8	8	8	14	21	11	M10	45	–	–	0.09
10	10	10	17	25	13	M12	54	–	0.15	0.15
12	12	12	20	32	16	M14	63	–	0.31	0.31
14	14	14	24	36	18	M16	72	–	0.49	0.49
16	16	16	26	40	20	M18	80	–	0.74	0.74
18	18	18	29	45	22	M20	95	–	1.23	1.13
20	20	20	31	50	25	M24	104	–	1.33	1.55
22	22	22	34	55	27	M24	117	–	1.53	1.70
24	24	24	39	62	31	M30	126	–	1.74	1.87
26	26	26	41	66	33	M30	135	–	2.48	2.55
28	28	28	43	70	35	M33	144	–	3.49	3.52
30	30	30	45	75	37	M36	153	–	4.60	4.26
32	32	32	48	80	39	M36	167	–	6.18	5.57
34	34	34	50	85	41	M39	176	6.49	7.61	6.66
36	36	36	54	90	43	M42	190	7.99	9.35	7.82
38	38	38	57	95	47	M45	198	9.22	10.98	9.98
40	40	40	60	100	49	M48	212	10.08	12.15	10.05
42	42	42	63	105	53	M48	220	12.17	14.27	–
44	44	44	66	110	56	M48	230	13.90	16.11	–
46	46	46	68	115	58	M48	240	15.85	18.19	–
48	48	48	72	120	60	M56	248	17.75	20.14	–
50	50	50	75	125	62	M56	257	19.35	21.88	–
55	55	55	83	138	67	M64	280	24.60	29.50	–
60	60	60	90	150	72	M64	310	36.46	41.24	–
65	65	65	98	164	79	M72×6	338	44.80	50.75	
70	70	70	105	178	85	M80×6	360	53.32	60.41	–
75	75	75	112	192	92	M80×6	387	57.51	76.76	–
80	80	80	120	206	98	M90×6	414	81.69	93.19	–
85	85	85	128	220	104	M90×6	440	97.42	112.48	–
90	90	90	135	232	110	M100×6	473	113.10	131.73	–

비고

• 계산 무게는 핀 또는 볼트, 너트를 포함한 것으로 나타낸다.

■ 형식 BD 섀클의 몸체의 모양·치수

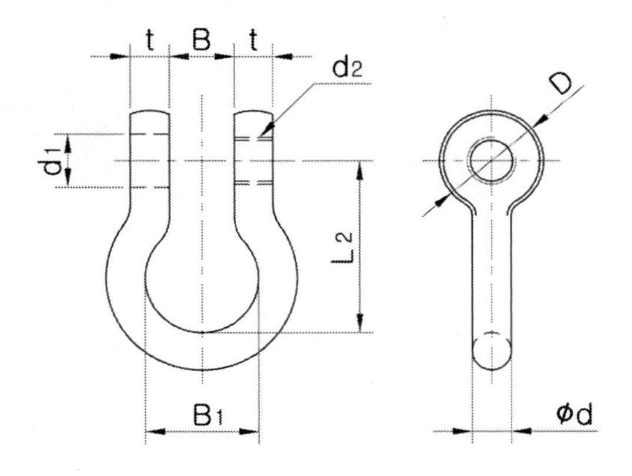

단위 : mm

호칭	t	d	B	B_1	D	d_1	나사의 호칭 (d_2)	L_2	(참고) 계산 무게 (kg)
6	6	8	12	24	17	9	M8	36	0.06
8	8	10	16	30	24	11	M10	45	0.15
10	10	12	20	36	28	13	M12	54	0.28
12	12	14	24	42	32	16	M14	63	0.43
14	14	16	28	48	35	18	M16	72	0.62
16	16	18	32	54	40	21	M20	80	1.03
18	18	20	36	60	45	22	M20	100	1.60
20	204	22	40	66	50	25	M24	112	2.17

비고

• 계산 무게는 핀 또는 볼트, 너트를 포함한 것으로 나타낸다.

■ 형식 SD 섀클의 몸체의 모양 · 치수

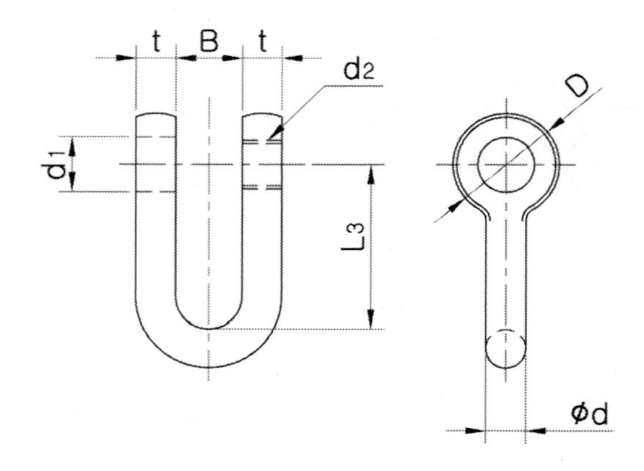

단위 : mm

호칭	t	d	B	D	d_1	나사의 호칭 (d_2)	L_3	(참고) 계산 무게 (kg)
10	10	10	20	23	13	M12	40	0.57
12	12	12	24	28	16	M14	48	0.66
14	14	14	28	32	18	M16	56	0.75
16	16	16	32	36	21	M20	64	1.0
20	20	20	40	44	25	M24	80	1.58
22	22	22	44	50	28	M27	88	1.74
24	24	24	48	56	30	M27	96	1.89
26	26	26	52	62	33	M30	104	2.37
28	28	28	56	65	35	M33	112	3.13
30	30	30	60	70	37	M36	120	4.19
34	34	34	68	80	43	M42	136	6.30
38	38	38	76	85	46	M45	152	8.44
40	40	40	80	92	49	M48	160	9.65
42	42	42	84	100	53	M48	168	11.26
48	48	48	96	110	60	M56	192	16.69
52	52	52	104	120	64	M56	208	20.15
58	58	58	116	132	70	M64	232	25.27

비고

• 계산 무게는 핀 또는 볼트, 너트를 포함한 것으로 나타낸다.

■ 형식 BA · SA 섀클의 몸체의 모양 · 치수

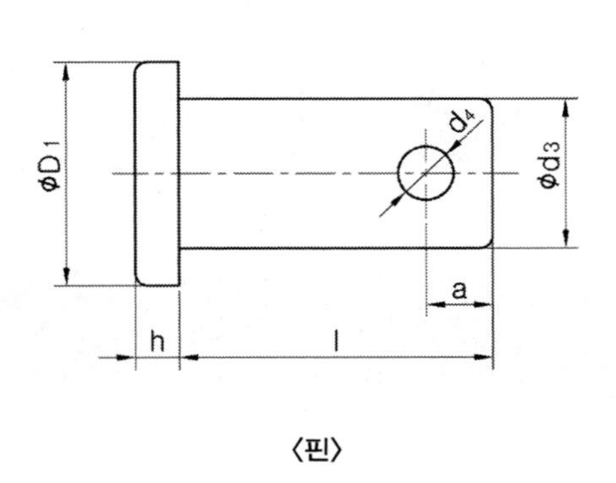

〈핀〉

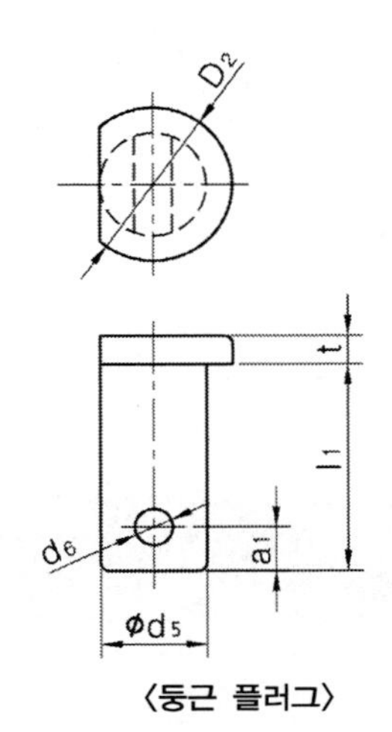

〈둥근 플러그〉

단위 : mm

호칭	d_3	D_1	l	a	h	d_4	d_5	분할핀 구멍 지름 d_6	D_2	t	a_1	l_1
34	40	55	147	17	8	17	16	4	24	5	5.5	52
36	42	58	155	17	9	17	16	4	24	5	5.5	54
38	46	62	165	19	10	19	18	4	26	5	5.5	58
40	48	64	172	19	10	19	18	4	26	5	5.5	60
42	51	68	181	20	10	20	19	4	28	5	5.5	63
44	54	72	188	20	11	20	19	4	28	5	5.5	66
46	56	74	195	21	11	21	20	4	30	6	5.5	68
48	58	77	204	21	11	21	20	4	30	6	5.5	70
50	60	79	211	21	12	21	20	4	30	6	5.5	72
55	65	87	235	25	12	25	24	5	38	8	7	79
60	70	95	252	25	13	25	24	5	38	8	7	84
65	77	104	275	28	14	28	27	5	40	8	7	91
70	83	112	296	31	15	31	30	6	44	9	8	99
75	90	120	317	33	16	33	32	6	48	9	8	106
80	96	128	335	33	18	33	32	6	48	9	8	112
85	102	136	359	37	20	37	36	6	52	10	8	118
90	108	144	379	39	22	39	38	6	56	12	8	124

■ 형식 BB · SB 섀클의 6각 볼트 및 6각 너트의 모양 · 치수

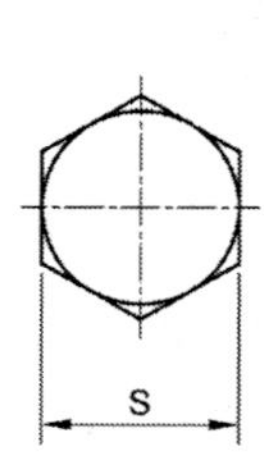

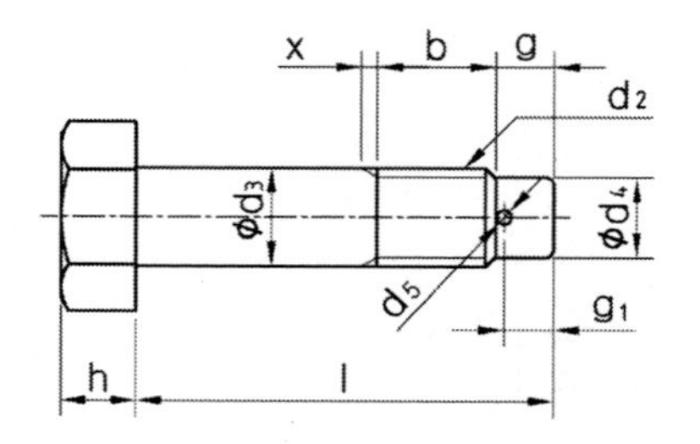

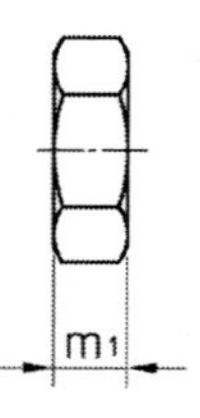

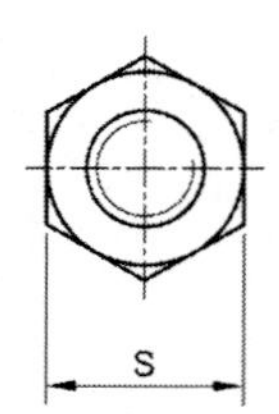

단위 : mm

호칭	d_3	나사의 호칭 (d_2)	d_4	l	b	g	g_1	h	m_1	S	분할핀 구멍 지름 d_5
10	12	M12	9	52	10	6	4	8	7	19	3
12	15	M14	10	60	11	7	5	9	8	22	3
14	17	M16	12	71	14	7	5	10	10	24	3
16	19	M18	14	80	15	9	6	12	11	27	4
18	21	M20	15	88	16	9	6	13	12	30	4
20	24	M24	17	97	18	10	7	13	14	36	5
22	26	M24	17	105	18	10	7	13	14	36	5
24	30	M30	22	120	23	12	8	16	18	46	6
26	32	M30	22	126	23	12	8	16	18	46	6
28	34	M33	22	134	25	12	8	16	20	50	6
30	36	M36	27	141	27	12	8	19	21	55	6
32	38	M36	27	151	27	12	8	19	21	55	6
34	40	M39	27	160	29	12	8	19	23	60	6
36	42	M42	32	170	32	15	10	23	25	65	8
38	46	M45	32	179	34	15	10	23	27	70	8
40	48	M48	38	188	37	15	10	26	29	75	8
42	51	M48	38	195	37	15	10	26	29	75	8
44	54	M48	38	202	37	15	10	26	29	75	8
46	56	M48	38	208	37	15	10	26	29	75	8
48	58	M56	46	225	44	18	12	31	34	85	10
50	60	M56	46	232	44	18	12	31	34	85	10
55	65	M64	52	255	48	19	12	34	38	95	10
60	70	M64	52	272	48	19	12	34	38	95	10
65	77	M72×6	64	294	52	19	12	38	42	105	10
70	83	M80×6	68	317	58	19	12	43	48	115	10
75	90	M80×6	68	335	58	19	12	43	48	115	10
80	96	M90×6	80	361	65	21	14	48	54	130	10
85	102	M90×6	80	379	65	21	14	48	54	130	10
90	108	M100×6	90	402	72	21	14	54	60	145	10

[주]

m_1 및 S의 치수는 KS B 1012의 부속서 (ISO 4032~4036에 따르지 않는 6각 너트)에 따른다.

비고

- b는 유효 나사부의 길이로 하고 x는 불완전 나사부의 길이로서 약 2피치로 한다.

■ 형식 BC · SC 섀클의 아이 볼트의 모양 · 치수

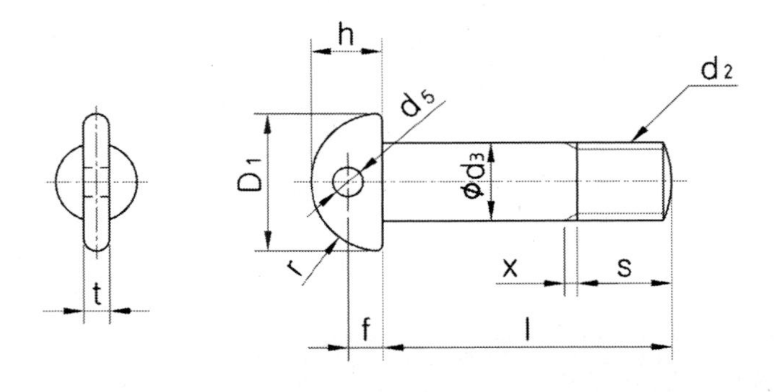

단위 : mm

호칭	d_3	나사의 호칭 (d_2)	l	s	D_1	f	h	d_5	r	t
6	8	M8	26	11	14	4	8	4	7	4
8	10	M10	33	13	15	5	10	5	7.5	4
10	12	M12	40	15	19	6	12	6	9.5	5
12	15	M14	48	18	22	6.5	14	7	10	5
14	17	M16	56	20	24	7.5	16	8	12	6
16	19	M18	63	23	28	9	19	10	14	7
18	21	M20	70	25	30	9	20	11	15	8
20	24	M24	76	27	32	10	22	12	16	8
22	26	M24	84	30	38	11	25	14	19	9
24	30	M30	93	32	42	13	28	15	21	10
26	32	M30	99	34	44	14	30	16	22	10
28	34	M33	106	38	48	15	32	17	24	12
30	36	M36	112	40	54	17	36	18	27	12
32	38	M36	119	42	58	18	39	19	29	14
34	40	M39	126	45	60	19	40	20	30	14
36	42	M42	135	48	62	20	41	20	31	16
38	46	M45	142	51	66	21	44	22	33	16
40	48	M48	149	53	70	22	47	22	35	18

비고

- s는 유효 나사부의 길이로 하고 x는 불완전 나사부의 길이로서 약 2피치로 한다.

■ 형식 BD·SD 섀클의 아이 볼트의 모양·치수

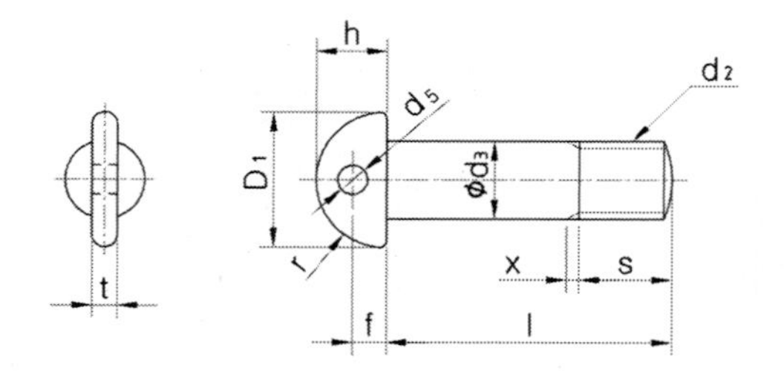

단위 : mm

호칭	d_3	나사의 호칭 (d_2)	l	s	D_1	f	h	d_5	r	t
6	8	M8	27	11	14	4	8	4	7	4
8	10	M10	35	13	15	5	10	5	7.5	4
10	12	M12	43	15	19	6	12	6	9.5	5
12	15	M14	52	18	22	6.5	14	7	10	5
14	17	M16	60	20	24	7.5	16	8	12	6
16	19	M18	70	23	28	9	19	10	14	7
18	21	M20	77	25	30	9	20	11	15	8
20	24	M24	85	27	32	10	22	12	16	8
22	26	M24	94	30	40	12	25	14	19	9
24	30	M30	102	32	42	13	28	15	21	10
26	32	M30	110	34	44	14	30	16	22	10
28	34	M33	120	38	48	15	32	17	24	12
30	36	M36	127	40	54	17	36	18	27	12
34	38	M36	144	44	62	20	41	20	31	16
38	40	M39	159	47	65	21	44	22	33	16
40	48	M48	169	49	70	22	47	22	35	18
42	51	M48	178	56	74	24	49	24	37	18
48	58	M56	203	64	80	26	53	24	40	20
52	62	M56	220	69	84	27	56	25	42	20
58	68	M64	245	76	90	29	60	25	45	20

비고

- s는 유효 나사부의 길이로 하고 x는 불완전 나사부의 길이로서 약 2피치로 한다.

■ 부속서 A (규정) 설계 기록

1. 섀클 몸체의 계산식

$$d = 36\left(\frac{WLL \times r}{f}\right)^{\frac{1}{3}} - \frac{r \times w}{9S}$$

여기에서 d : 섀클 몸체의 지름 (mm)

WLL : 사용 하중 (t)

r : 굽은 안쪽 반지름 (mm)

f : 인장 응력 (MPa)

w : 섀클의 안나비 (mm)

S : 섀클의 안길이 (mm)

섀클은 $2r = w$

■ 인장응력 f

단위 : MPa

종 류	인장응력 f		
	M(4) 등급	S(6) 등급	T(8) 등급
곧은 섀클	315	500	630
굽은 섀클	400	630	800

섀클 치수의 계산

$$2.5 \le \frac{S+\frac{D}{2}}{r} \le 6.5$$

여기에서 D : 섀클 핀의 지름 (mm)

$$0.5 \le \frac{r}{w} \le 1$$

$$0.4 \le \frac{d}{w} \le 0.75$$

섀클 핀의 계산

$$D = 29.4\left[\frac{WLL(w-d)}{f}\right]^{\frac{1}{3}}$$

여기에서 f : M(4) 등급 : 400 MPa
S(6) 등급 : 630 MPa
T(8) 등급 : 800 MPa

■ 부속서 B

사용 하중·보증 하중·정적 강도

사용 하중(WLL) t	보증 하중 kN	정적 강도 kN	사용 하중(WLL) t	보증 하중 kN	정적 강도 kN
0.63 이하	12.5	25 이상	10 이하	200	400 이상
0.8 이하	16	32 이상	12.5 이하	250	500 이상
1 이하	20	40 이상	16 이하	320	630 이상
1.25 이하	25	50 이상	20 이하	400	800 이상
1.6 이하	32	63 이상	25 이하	500	1000 이상
2 이하	40	80 이상	32 이하	630	1250 이상
2.5 이하	50	100 이상	40 이하	800	1600 이상
3.2 이하	63	125 이상	50 이하	1000	2000 이상
4 이하	80	160 이상	63 이하	1250	2500 이상
5 이하	100	200 이상	80 이하	1600	3200 이상
6.3 이하	125	250 이상	100 이하	2000	4000 이상
8 이하	160	320 이상			

■ 굽은 섀클(B)의 모양 · 치수

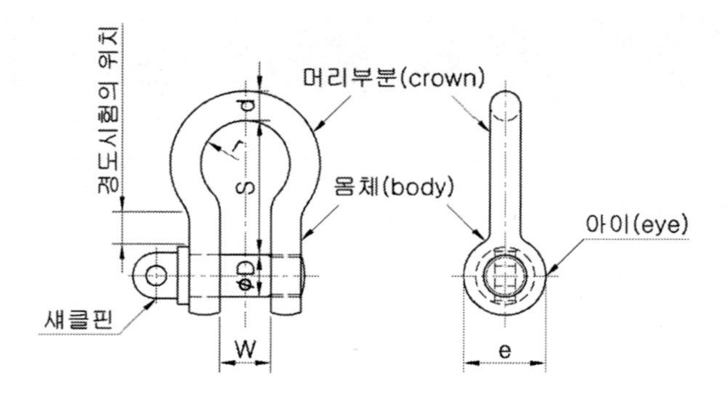

사용 하중 t			d 최대 mm	D 최대 mm	e 최대	2r 최소 mm	S 최소 mm	W 최소 mm
M(4)	S(6)	T(8)						
–	–	0.63 이하	9	10	2.2D	16	22.4	10
–	0.63 이하	0.8 이하	10	11.2		18	25	11.2
–	0.8 이하	1 이하	11.2	12.5		20	28	12.5
0.63 이하	1 이하	1.25 이하	12.5	14		22.4	31.5	14
0.8 이하	1.25 이하	1.6 이하	14	16		25	35.5	16
1 이하	1.6 이하	2 이하	16	18		28	40	18
1.25 이하	1 이하	2.5 이하	18	20		31.5	45	20
1.6 이하	2.5 이하	3.15 이하	20	22.4		35.5	50	22.4
2 이하	3.15 이하	4 이하	22.4	25		40	56	25
2.5 이하	4 이하	5 이하	25	28		45	63	28
3.15 이하	5 이하	6.3 이하	28	31.5		50	71	31.5
4 이하	6.3 이하	8 이하	31.5	35.5		56	80	35.5
5 이하	8 이하	10 이하	35.5	40		63	90	40
6.3 이하	10 이하	12.5 이하	40	45		71	100	45
8 이하	12.5 이하	16 이하	45	50		80	112	50
10 이하	16 이하	20 이하	50	56		90	125	56
12.5 이하	20 이하	25 이하	56	63		100	140	63
16 이하	25 이하	31.5 이하	63	71		112	160	71
20 이하	31.5 이하	40 이하	71	80		125	180	80
25 이하	40 이하	50 이하	80	90		140	200	90
31.5 이하	50 이하	63 이하	90	100		160	224	100
40 이하	63 이하	–	100	112		180	250	112
50 이하	80 이하	–	112	125		200	280	125
63 이하	100 이하	–	125	140		224	315	140
80 이하	–	–	140	160		250	355	160
100 이하	–	–	160	180		280	400	180

■ 굽은 섀클(D)의 모양 · 치수

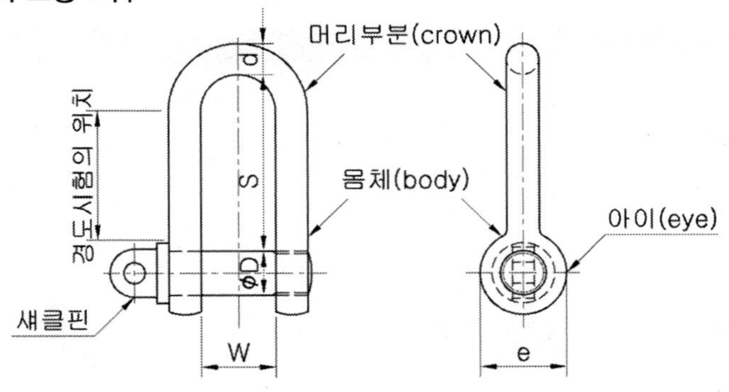

사용 하중 t			d 최대 mm	D 최대 mm	e 최대	S 최소 mm	W 최소 mm
M	S	T					
–	–	0.63 이하	8	9		18	9
–	0.63 이하	0.8 이하	9	10		20	10
–	0.8 이하	1 이하	10	11.2		22.4	11.2
0.63 이하	1 이하	1.25 이하	11.2	12.5		25	12.5
0.8 이하	1.25 이하	1.6 이하	12.5	14		28	14
1 이하	1.6 이하	2 이하	14	16		31.5	16
1.25 이하	1 이하	2.5 이하	16	18		35.5	18
1.6 이하	2.5 이하	3.15 이하	18	20		40	20
2 이하	3.15 이하	4 이하	20	22.4		45	22.4
2.5 이하	4 이하	5 이하	22.4	25		50	25
3.15 이하	5 이하	6.3 이하	25	28		56	28
4 이하	6.3 이하	8 이하	28	31.5		63	31.5
5 이하	8 이하	10 이하	31.5	35.5	2.2D	71	35.5
6.3 이하	10 이하	12.5 이하	35.5	40		80	40
8 이하	12.5 이하	16 이하	40	45		90	45
10 이하	16 이하	20 이하	45	50		100	50
12.5 이하	20 이하	25 이하	50	56		112	56
16 이하	25 이하	31.5 이하	56	63		125	63
20 이하	31.5 이하	40 이하	63	71		140	71
25 이하	40 이하	50 이하	71	80		160	80
31.5 이하	50 이하	63 이하	80	90		180	90
40 이하	63 이하	–	90	100		200	100
50 이하	80 이하	–	100	112		224	112
63 이하	100 이하	–	112	125		250	125
80 이하	–	–	125	140		280	140
100 이하	–	–	140	160		315	160

■ 나사 구멍 지름 또는 구멍 지름의 허용차

단위 : mm

나사 아래 구멍 지름 또는 구멍 지름의 구분	허용차
20 이하	D^{+1}_{0}
20 초과 45 이하	$D^{+1.5}_{0}$
45 초과	D^{+2}_{0}

■ 섀클 핀의 종류

형 식	모 양	고정 방법
W 형	아이 볼트	나사 박음
X 형	6각 볼트	너트(분할핀 사용)
Y 형	홈붙이 볼트	나사 박음
Z 형	기 타	

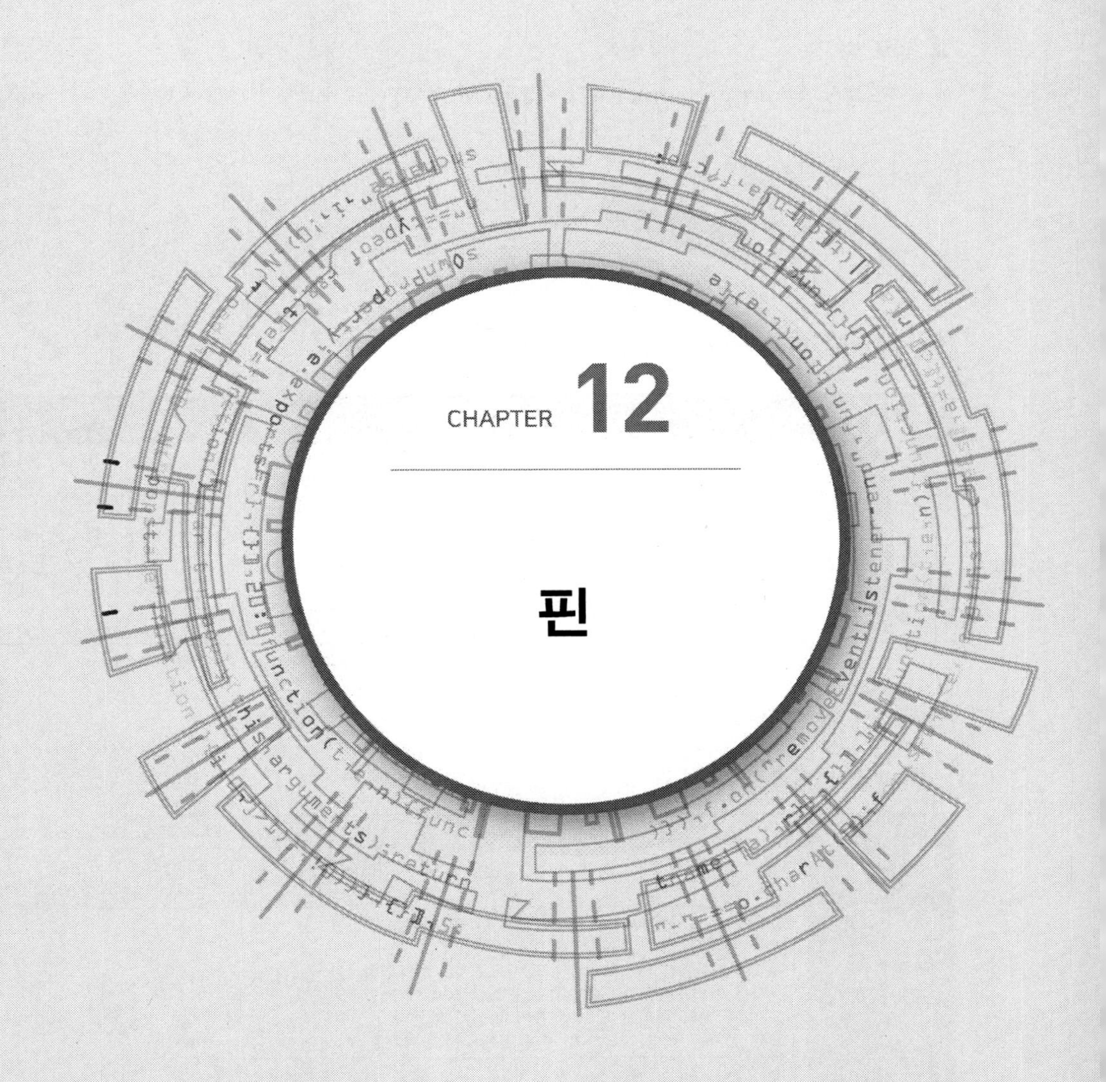

CHAPTER 12

핀

12-1 평행 핀 [KS B ISO 2338]

■ 적용 범위

이 규격은 호칭 지름 d가 0.6~50mm 이하인 비경화강 및 오스테나이트계 스테인리스강 평행핀에 대하여 규정한다.

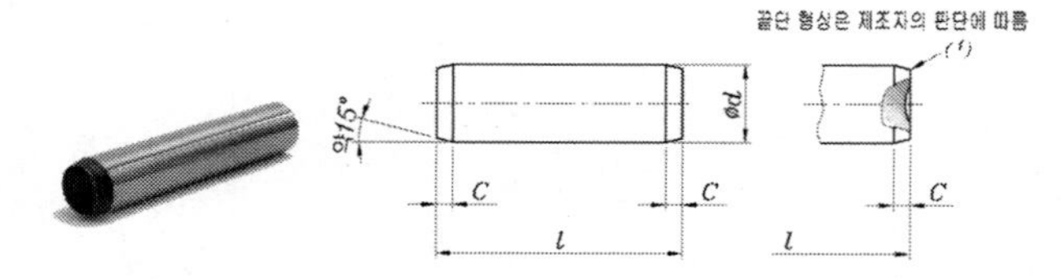

[주] (1) 반지름 또는 딤플된 핀 끝단 허용

단위 : mm

호칭 지름 d m6/h8(1)		0.6	0.8	1	1.2	1.5	2	2.5	3	4	5	6	8	10	12	16	20	25	30	40	50
허용차	A종 (m6)	+0.008 +0.002								+0.012 +0.004			+0.015 +0.006		+0.018 +0.007		+0.021 +0.008			+0.025 +0.009	
	B종 (h8)	0 −0.014								0 −0.018			0 −0.022		0 −0.027		0 −0.033			0 −0.039	
c	약	0.12	0.16	0.2	0.25	0.3	0.35	0.4	0.5	0.63	0.8	1.2	1.6	2	2.5	3	3.5	4	5	6.3	8
상용 길이의 범위 l(2)		2~6	2~8	4~10	4~12	4~16	6~20	6~24	8~30	8~40	10~50	12~60	14~80	18~95	22~140	26~180	35~200	50~200	60~200	80~200	95~200

[주]
(1) 그 밖의 공차는 당사자 간의 협의에 따른다.
(2) 호칭 길이가 200mm를 초과하는 것은 20mm 간격으로 한다.

• 핀의 요구 사항과 관련 국제 규격

재료	강[Steel(St)]	오스테나이트계 스테인리스강
	경도 : HV 125~245	ISO 3506-1에 따르는 A1 경도 : HV 210~280
표면 처리	• 당사자 간 협의에 따라 규정하지 않는 한 공급 시 보호 윤활제를 바른다. • 흑색 산화물, 인산염 표면처리 또는 크로메이트 표면처리를 가지는 아연도금이다(ISO 9717 및 ISO 4042에 따름) • 그 밖의 피막 처리는 당사자 간의 협의에 따른다. • 모든 공차는 표면처리 하기 전의 것에 적용한다.	• 자연적으로 다듬질되어진다.
표면 거칠기	• 공차 분류 m6의 핀 : Ra ≤ 0.8μm • 공차 분류 h8의 핀 : Ra ≤ 1.6μm	
겉모양	• 핀은 불규칙성 또는 유해한 결함이 없어야 한다. • 핀의 어떤 부분에도 거스러미가 나타나지 않아야 한다.	
허용차	• 허용 방법은 ISO 3269에 따른다.	

제품의 호칭 방법

1. 비경화강 평행 핀, 호칭 지름 6mm, 공차 m6, 호칭 길이 30mm일 경우의 표시
   • 평행 핀 또는 KS B 1320-6 m6x30-St
2. 오스테나이트계 스테인리스강 A1 등급인 경우의 표시
   • 평행 핀 또는 KS B 1320-6 m6x30-A1

12-2 분할 핀 [KS B ISO 1234

단위 : mm

호칭 지름			0.6	0.8	1	1.2	1.6	2	2.5	3.2	4	5	6.3	8	10	13	16	20
d		최대	0.5	0.7	0.9	1	1.4	1.8	2.3	2.9	3.7	4.6	5.9	7.5	9.5	12.4	15.4	19.3
		최소	0.4	0.6	0.8	0.9	1.3	1.7	2.1	2.7	3.5	4.4	5.7	7.3	9.3	12.1	15.1	19.0
a		최대	1.6	1.6	1.6	2.50	2.50	2.50	2.50	3.2	4	4	4	4	6.30	6.30	6.30	6.30
		최소	0.8	0.8	0.8	1.25	1.25	1.25	1.25	1.6	2	2	2	2	3.15	3.15	3.15	3.15
b		약	2	2.4	3	3	3.2	4	5	6.4	8	10	12.6	16	20	26	32	40
c		최대	1.0	1.4	1.8	2.0	2.8	3.6	4.6	5.8	7.4	9.2	11.8	15.0	19.0	24.8	30.8	38.5
		최소	0.9	1.2	1.6	1.7	2.4	3.2	4.0	5.1	6.5	8.0	10.3	13.1	16.6	21.7	27.0	33.8
상용 지름	볼트	초과	–	2.5	3.5	4.5	5.5	7	9	11	14	20	27	39	56	80	120	170
		이하	2.5	3.5	4.5	5.5	7	9	11	14	20	27	39	56	80	120	170	–
	클레비스핀	초과	–	2	3	4	5	6	8	9	12	17	23	29	44	69	110	160
		이하	2	3	4	5	6	8	9	12	17	23	29	44	69	110	160	–
상용 길이의 범위 l			4 ~ 12	5 ~ 16	6 ~ 20	8 ~ 25	8 ~ 32	10 ~ 40	12 ~ 50	14 ~ 56	18 ~ 80	22 ~ 100	32 ~ 125	40 ~ 160	45 ~ 200	71 ~ 250	112 ~ 280	160 ~ 280

비고

1. 호칭 크기 = 분할 핀 구멍의 지름에 대하여 다음과 같은 공차를 분류한다.
   H13 ≦ 1.2 H14 > 1.2
2. 철도 용품 또는 클레비스 핀 안의 분할 핀은 서로 가는 방향 힘을 받는다면 표에서 규정된 것보다 큰 다음 단계의 핀을 사용하는 것이 바람직하다.

요구 사항과 관련 국제 규격

재료	강 [steel(st)] 구리-아연합금 [Copper-zinc alloy(CuZn)] 구리 [Copper(Cu)] 알루미늄합금 [Aluminium alloy(Al)] 오스테나이트 스테인리스강 [Austenitic stainless(A)] 그 밖의 다른 재료는 당사자 간의 협의에 따른다.
굽힘	핀의 각각의 다리는 굽힘에서 파단이 없어야 하며, 한번은 뒤로 굽혀져 유지될 수 있어야 한다.
표면 처리	핀은 자연적으로 다듬질되어 보호 윤활제를 바르고 공급하거나 당사자 간의 협의에 따라 다른 표면 처리를 할 수 있다. 전기 도금의 경우 ISO 4042에 따르고, 인산염 표면 처리는 ISO 9717에 따른다.
겉모양	핀은 거스러미, 불규칙성, 유해한 결함이 없어야 한다. 핀 구멍은 가능한 한 원이어야 하며, 곧은 다리의 단면 또한 원이어야 한다.
검사	검사 방법은 ISO 3269에 따른다.

제품의 호칭 방법

- 강으로 제조한 분할 핀 호칭 지름 5mm, 호칭 길이 50mm의 경우 다음과 같이 호칭한다.
  분할 핀 KS B 1321–5x20–St

12-3 분할 테이퍼핀 [KS B 1323]

■ 적용 범위

이 규격은 일반적으로 사용하는 테이퍼 1/50의 강제 스플릿 테이퍼핀 및 스테인리스 강제 스플릿 테이퍼핀에 대하여 규정한다.

■ 핀의 경도

구 분	경 도	
	비커스 경도	로크웰 경도
강 재 핀	HV 125~245	HRB 70~HRC 21
스테인리스 핀	HV 208~280	HRB 93~HRC 27

■ 핀의 재료

구 분	재 료
강 재 핀	KS D 3567의 SUM 22~SUM 24L KS D 3561의 SGD 400-D 또는 KS D 3752의 SM 43C~SM 45C
스테인리스 핀	KS D 3706의 STS 303

■ 분할 테이퍼 핀의 모양 및 치수

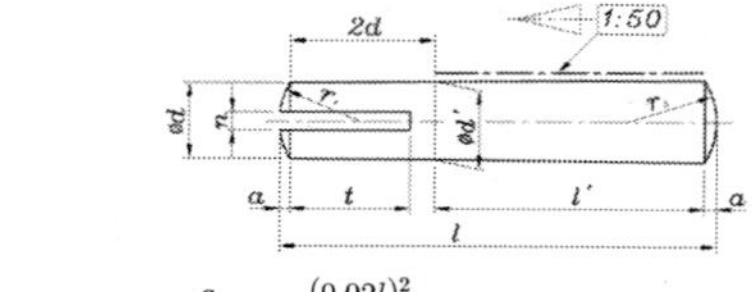

$\cdot\ r_1 \fallingdotseq, r_2 \fallingdotseq \frac{a}{2}+d+\frac{(0.02l)^2}{8a}$

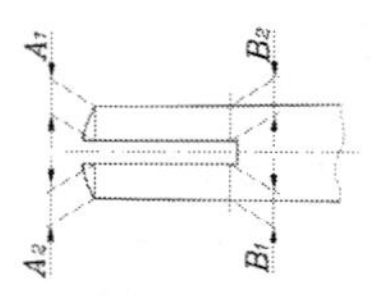

• 갈라진 부분 맨 끝의 두께 치우침 = A_1-A_2
• 갈라진 부분 바닥의 두께 치우침 = B_1-B_2

〈갈라짐 부분의 두께 치우침〉

[주] 1:50은 기준 원뿔의 테이퍼 비가 1/50임을 나타내고, 굵은 1점 쇄선은 원뿔공차의 적용 범위를, l'는 그 길이를 나타낸다.

단위 : mm

호칭 지름		2	2.5	3	4	5	6	8	10	12	16	20
d	호칭 원뿔지름	2	2.5	3	4	5	6	8	10	13	16	20
d'	기준치수[1]	2.08	2.6	3.12	4.16	5.2	6.24	8.32	10.40	13.52	16.64	20.80
	허용차[2] (h10)	0 -0.040		0 -0.048			0 -0.058		0 -0.070			0 -0.084
n	최소	0.4		0.6			0.8		1.0			1.6
t	최소	3	3.5	4.5	6	7.5	9	12	15	20	24	30
	최대	4	5	6	8	10	12	16	20	26	32	40
A_1-A_2 B_1-B_2	최대	0.2		0.3			0.4		0.5			0.8
상용 길이의 범위 l		10~35	10~35	12~45	14~55	18~60	22~90	22~120	26~160	32~180	40~200	45~200

[주]

[1] d 기준 치수는 $d+\frac{d}{25}$로 구한 것이다.

[2] d의 허용차는 호칭 원뿔 지름(d)에 KS B 0401의 h10을 준 것에 따르고 있다.

12-4 스프링식 곧은 핀-코일형, 중하중용 [KS B ISO 8748]

■ 적용 범위

이 표준은 호칭지름(d_1)이 1.5mm~20mm의 강 또는 오스테나이트계 또는 마텐자이트계 스테인리스 강으로 제조된 코일형 중하중용 스프링 핀에 대하여 규정한다.

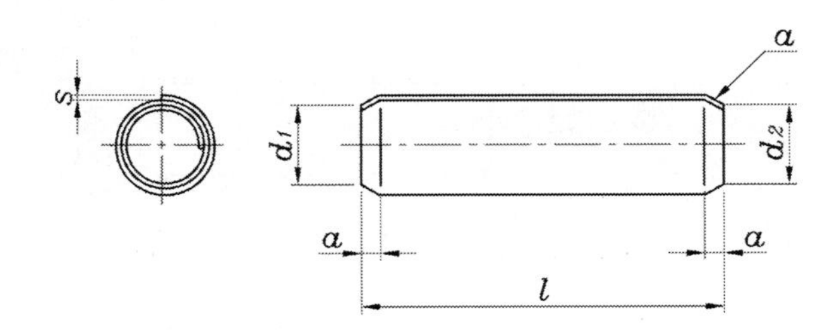

단위 : mm

호칭		1.5	2	2.5	3	3.5	4	5	6	8	10	12	14	16	20
d_1 조립 전	최대	1.71	2.21	2.73	3.25	3.79	4.30	5.35	6.40	8.55	10.65	12.75	14.85	16.9	21.0
	최소	1.61	2.11	2.62	3.12	3.64	4.15	5.15	6.18	8.25	10.30	12.35	14.40	16.4	20.4
d_2 조립 전	최대	1.4	1.9	2.4	2.9	3.4	3.9	4.85	5.85	7.8	9.75	11.7	13.6	15.6	19.6
a		0.5	0.7	0.7	0.9	1	1.1	1.3	1.5	2	2.5	3	3.5	4	4.5
s		0.17	0.22	0.28	0.33	0.39	0.45	0.56	0.67	0.9	1.1	1.3	1.6	1.8	2.2
최소 전단력, 양면, kN	(1)	1.9	3.5	5.5	7.6	10	13.5	20	30	53	84	120	165	210	340
	(2)	1.45	2.5	3.8	5.7	7.6	10	15.5	23	41	64	91	–	–	–
상용 길이의 범위 l(3)		4 ~ 26	4 ~ 40	5 ~ 45	6 ~ 50	6 ~ 50	8 ~ 60	10 ~ 60	12 ~ 75	16 ~ 120	20 ~ 120	24 ~ 160	28 ~ 200	35 ~ 200	45 ~ 200

[주]
(1) 강과 마텐사이트계 내식강 제품에 적용한다.
(2) 오스테나이트계 스테인리스강 제품에 적용한다.

제품의 호칭 방법

보기 1 호칭지름 d_1 =6mm, 호칭길이 l=30mm, 강제(St) 코일형 경하중용 스프링식 핀
스프링핀 KS B ISO 8748−6×30−St

보기 2 호칭지름 d_1 =6mm, 호칭길이 l=30mm, 오스테나이트계 스테인리스강제(A) 코일형 경하중용 스프링식 핀
스프링핀 KS B ISO 8748−6×30−A

12-5 스프링식 곧은 핀-코일형, 표준하중용 [KS B ISO 8750]

■ 적용 범위

이 표준은 호칭지름(d_1)이 0.8mm~20mm의 강 또는 오스테나이트계 또는 마텐자이트계 스테인리스 강으로 제조된 코일형 표준하중용 스프링 핀에 대하여 규정한다.

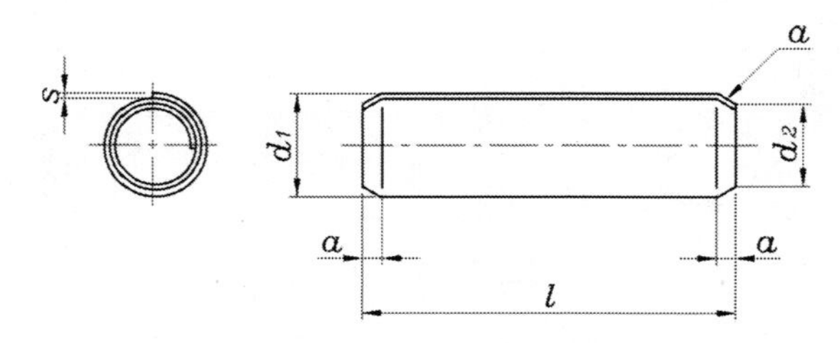

호칭			0.8	1	1.2	1.5	2	2.5	3	3.5	4	5	6	8	10	12	14	16	20
d_1	조립 전	최대	0.91	1.15	1.35	1.73	2.25	2.78	3.30	3.84	4.4	5.50	6.50	8.63	10.80	12.85	14.95	17.00	21.1
		최소	0.85	1.05	1.25	1.62	2.13	2.65	3.15	3.67	4.2	5.25	6.25	8.30	10.35	12.40	14.45	16.45	20.4
d_2	조립 전	최대	0.75	0.95	1.15	1.4	1.9	2.4	2.9	3.4	3.9	4.85	5.85	7.8	9.75	11.7	13.6	15.6	19.6
a			0.3	0.3	0.4	0.5	0.7	0.7	0.9	1	1.1	1.3	1.5	2	2.5	3	3.5	4	4.5
s			0.07	0.08	0.1	0.13	0.17	0.21	0.25	0.29	0.33	0.42	0.5	0.67	0.84	1	1.2	1.3	1.7
최소 전단력, 양면, kN		(1)	0.4	0.6	0.9	1.45	2.5	3.9	5.5	7.5	9.6	15	22	39	62	89	120	155	250
		(2)	0.3	0.45	0.65	1.05	1.9	2.9	4.2	5.7	7.6	11.5	16.8	30	48	67	–	–	–
상용 길이의 범위 l(3)			4 ~ 16	4 ~ 16	4 ~ 16	4 ~ 24	4 ~ 40	5 ~ 45	6 ~ 50	6 ~ 50	8 ~ 60	10 ~ 60	12 ~ 75	16 ~ 120	20 ~ 120	24 ~ 160	28 ~ 200	32 ~ 200	45 ~ 200

[주]

(1) 강과 마텐사이트계 내식강 제품에 적용한다.

(2) 오스테나이트계 스테인리스강 제품에 적용한다.

(3) 호칭길이가 200mm를 초과하면 20mm씩 증가한다.

12-6 스프링식 곧은 핀-홈, 저하중 [KS B ISO 13337]

■ 적용 범위

이 표준은 호칭지름(d_1)이 2mm~50mm의 저하중의 강, 오스테나이트계 또는 마텐자이트계 스테인리스 강으로 제조된 홈이 있는 스프링식 곧은 핀의 특성에 대하여 규정한다.

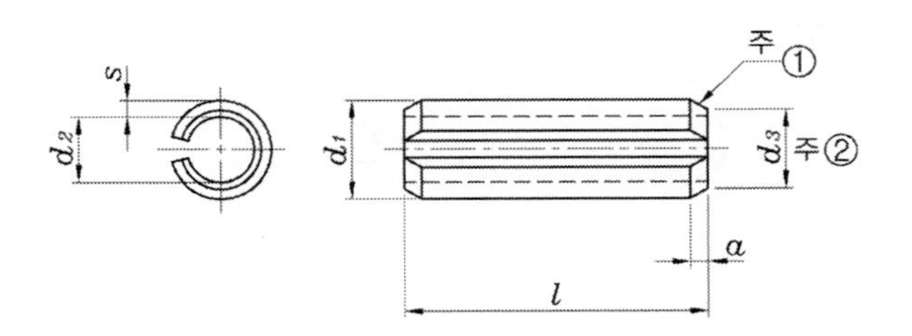

[주]

① 호칭 지름 $d_1 \geq$ 10mm인 호칭지름을 가진 스프링 핀의 경우 단일 모떼기 모양은 공급자 임의로 한다.

② $d_3 < d_{1,\ nom}$

호칭			2	2.5	3	3.5	4	4.5	5	6	8	10	12	13
d_1	가공 전	최대	2.4	2.9	3.5	4.0	4.6	5.1	5.6	6.7	8.8	10.8	12.8	13.8
		최소	2.3	2.8	3.3	3.8	4.4	4.9	5.4	6.4	8.5	10.5	12.5	13.5
d_2 가공 전(1)			1.9	2.3	2.7	3.1	3.4	3.9	4.4	4.9	7	8.5	10.5	11
a		최대	0.4	0.45	0.45	0.5	0.7	0.7	0.7	0.9	1.8	2.4	2.4	2.4
		최소	0.2	0.25	0.25	0.3	0.5	0.5	0.5	0.7	1.5	2.0	2.0	2.0
s			0.2	0.25	0.3	0.35	0.5	0.5	0.5	0.75	0.75	1	1	1.2
이중전단강도(2) kN			1.5	2.4	3.5	4.6	8	8.8	10.4	18	24	40	48	66
상용 길이의 범위 l			4~30	4~30	4~40	4~40	4~50	6~50	6~80	10~100	10~120	10~160	10~180	10~180

호칭			14	16	18	20	21	25	28	30	35	40	45	50
d_1	가공 전	최대	14.8	16.8	18.9	20.9	21.9	25.9	28.9	30.9	35.9	40.9	45.9	50.9
		최소	14.5	16.5	18.5	20.5	21.5	25.5	28.5	30.5	35.5	40.5	45.5	50.5
d_2 가공 전(1)			11.5	13.5	15	16.5	17.5	21.5	23.5	25.5	28.5	32.5	37.5	40.5
a		최대	2.4	2.4	2.4	2.4	2.4	3.4	3.4	3.4	3.6	4.6	4.6	4.6
		최소	2.0	2.0	2.0	2.0	2.0	3.0	3.0	3.0	3.0	4.0	4.0	4.0
s			1.5	1.5	1.7	2	2	2	2.5	2.5	3.5	4	4	5
이중전단강도(2) kN			84	98	126	158	168	202	280	302	490	634	720	1000
상용 길이의 범위 l			9~200	9~200	9~200	9~200	14~200	14~200	14~200	14~200	20~200	20~200	20~200	20~200

[주]

(1) 참고용

(2) 강 및 마르텐사이트계 내식강에만 적용됨. 오스테나이트계 스테인리스 핀에는 이중 전단응력값이 지정되지 않는다.

12-7 맞춤핀 [KS B ISO 8734]

■ 적용 범위

이 표준은 호칭지름(d_1)이 1mm~20mm의 경화 또는 표면 경화강과 마텐자이트계 스테인리스 강으로 제조된 평행핀(맞춤)에 대하여 규정한다.

■ 맞춤핀의 모양 및 치수

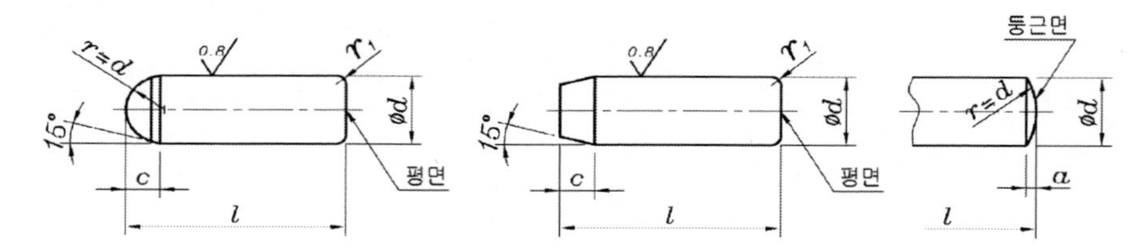

단위 : mm

호칭 지름		1	1.5	2	2.5	3	4	5	6	8	10	12	16	20
d	기준 치수	1	1.5	2	2.5	3	4	5	6	8	10	12	16	20
	허용차 (m6)	+0.008 +0.002					+0.012 +0.004			+0.015 +0.006		+0.018 +0.007		+0.021 +0.008
a	약	0.12	0.2	0.25	0.3	0.4	0.5	0.63	0.8	1	1.2	1.6	2	2.5
c	약	0.5	0.6	0.8	1	1.2	1.4	1.7	2.1	2.6	3	3.8	4.6	6
r_1	최소	–	0.2	0.2	0.3	0.3	0.4	0.4	0.4	0.5	0.6	0.6	0.8	0.8
	최대	–	0.6	0.6	0.7	0.8	0.9	1	1.1	1.3	1.4	1.6	1.8	2
상용하는 호칭길이 *l*		3~10	4~16	5~20	6~24	8~30	10~40	12~50	14~60	18~80	22~100	26~100	40~100	50~100

[주]
- m6에 대한 수치는 KS B 0401에 따른다.

비고

■ **핀의 종류**

1. A종 : 퀜칭 템퍼링을 한 것.(ISO 8734의 type A에 따른 것)
2. B종 : 탄소 처리 퀜칭 템퍼링을 한 것.(ISO 8734의 type B에 따른 것)
3. 경도 A종 : HV 550~650
   B종 : 표면에 대하여 HV 600~700, 경화층 깊이 0.25~0.40mm에서 HV 550 이상
   스테인리스강 : ISO 3506-1에 의한 C1, HV 460~560으로 경화 후 뜨임 처리한다.

제품의 호칭 방법

1. 호칭 지름 6mm, 호칭 길이 30mm, A종 경화강 맞춤핀
   - 보기 : 맞춤핀 KS B 1310-6×30-A-St
2. 호칭 지름 6mm, 호칭 길이 30mm, 등급 C1의 마텐자이트 스테인리스강 맞춤핀
   - 보기 : 맞춤핀 KS B 1310-6×30-C1

12-8 나사붙이 테이퍼 핀 [KS B 1308]

■ 적용 범위

이 규격은 호칭지름 6~50mm의 암나사붙이 비경화 테이퍼 핀의 특징 및 호칭지름 5~50mm의 수나사붙이 비경화 테이퍼 핀에 대하여 규정한다.

■ 암나사붙이 테이퍼 핀(A종 및 B종)의 모양 및 치수

A종 : $R_a = 0.8\mu m$

B종 : $R_a = 3.2\mu m$

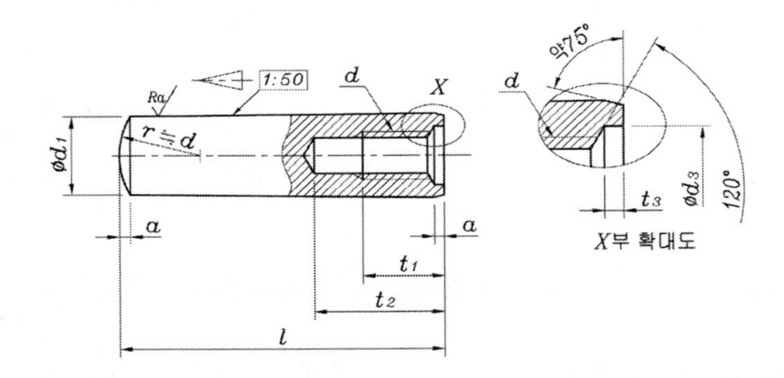

단위 : mm

호칭 지름		6	8	10	12	16	20	25	30	40	50
나사의 호칭(d)		M4	M5	M6	M8	M10	M12	M16	M20	M20	M24
나사의 피치(P)		0.7	0.8	1	1.25	1.5	1.75	2	2.5	2.5	3
d_1	기준 치수	6	8	10	12	16	20	25	30	40	50
	허용차 (h10)	0 −0.048	0 −0.058		0 −0.070		0 −0.084			0 −0.100	
a	약	0.8	1	1.2	1.6	2	2.5	3	4	5	6.3
d_3	약	4.3	5.3	6.4	8.4	10.5	13	17	21	21	25
t_1	최소	6	8	10	12	16	18	24	30	30	36
t_2	최소	10	12	16	20	25	28	35	40	40	50
t_3	최대	1	1.2	1.2	1.2	1.5	1.5	2	2	2.5	2.5
상용하는 호칭길이 l		16~60	18~80	22~100	26~120	32~160	40~200	50~200	60~200	80~200	100~200

[주]

1. 그림 상의 1:50은 기준 원뿔의 테이퍼 비가 1/50인 것을 표시한다.
2. 기준 치수(d_1)의 h10에 대한 수치는 KS B 0401에 따른다.

제품의 호칭 방법

- 호칭 지름 d_1 =6mm, 호칭 길이 l =30mm, A형, 암나사붙이 비경화강 테이퍼 핀의 호칭
- 테이퍼 핀 KS B 1308－A－6×30－St

■ 수나사붙이 테이퍼 핀(A종 및 B종)의 모양 및 치수

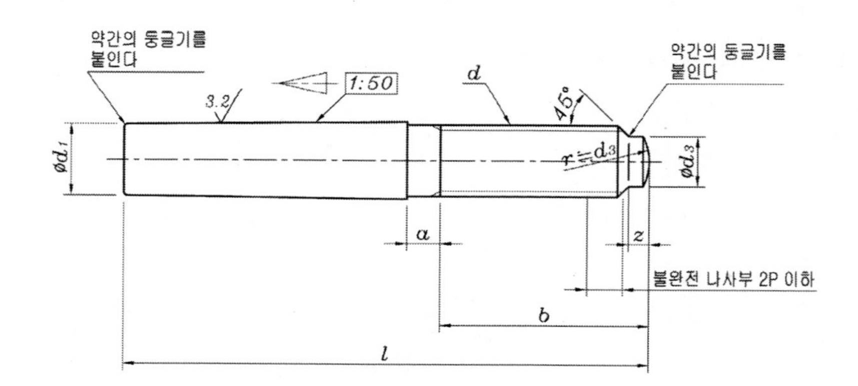

단위 : mm

호칭 지름		5	6	8	10	12	16	20	25	30	40	50
나사의 호칭 (d)		M5	M4	M5	M6	M8	M10	M12	M16	M20	M20	M24
나사의 피치 (P)		0.8	0.7	0.8	1	1.25	1.5	1.75	2	2.5	2.5	3
d_1	기준치수	5	6	8	10	12	16	20	25	30	40	50
	허용차 (h10)	0 −0.048		0 −0.058		0 −0.070		0 −0.084			0 −0.100	
a	최대	2.4	3	4	4.5	5.3	6	6	7.5	9	10.5	12
b	최대	15.6	20	24.5	27	30.5	39	39	45	52	65	78
	최소	14	18	22	24	27	35	35	40	46	58	70
d_3	최대	3.5	4	5.5	7	8.5	12	12	15	18	23	28
	최소	3.25	3.7	5.2	6.6	8.1	11.5	11.5	14.5	17.5	22.5	27.5
z	최대	1.5	1.75	2.25	2.75	3.25	4.3	4.3	5.3	6.3	7.5	9.4
	최소	1.25	1.5	2	2.5	3	4	4	5	6	7	9
상용하는 호칭길이 l		40~50	45~60	55~75	65~100	85~120	100~160	120~190	140~250	160~280	190~360	220~400

[주]

1. 그림 상의 1:50은 기준 원뿔의 테이퍼 비가 1/50인 것을 표시한다.
2. 기준 치수(d_1)의 h10에 대한 수치는 KS B 0401에 따른다.

제품의 호칭 방법

- 호칭 지름 d_1 =6mm, 호칭 길이 l =50mm, 수나사붙이 비경화강 테이퍼 핀의 호칭
- 테이퍼 핀 KS B 1308−6×50−St

12-9 암나사붙이 평행핀 [KS B 1309]

■ 적용 범위

이 규격은 호칭지름 6~50mm의 비경화강 및 오스테나이트계 스테인리스강 암나사붙이 평행핀 및 호칭지름 6~50mm의 경화강 또는 표면 경화강돠 마텐자이트계 스테인리스강 암나사붙이 평행핀에 대하여 규정한다.

■ 핀의 종류

종 류		열처리	경도 HV	비고
1종		열처리를 하지 않은 것	125~245	ISO 8733에 따른 것
2종	A형	퀜칭 템퍼링	550~650	ISO 8735의 A type
	B형	탄소처리 퀜칭 템퍼링	600~700	ISO 8735의 B type
3종		–	–	ISO 3506-1의 C1

■ 암나사붙이 평행핀의 모양 및 치수

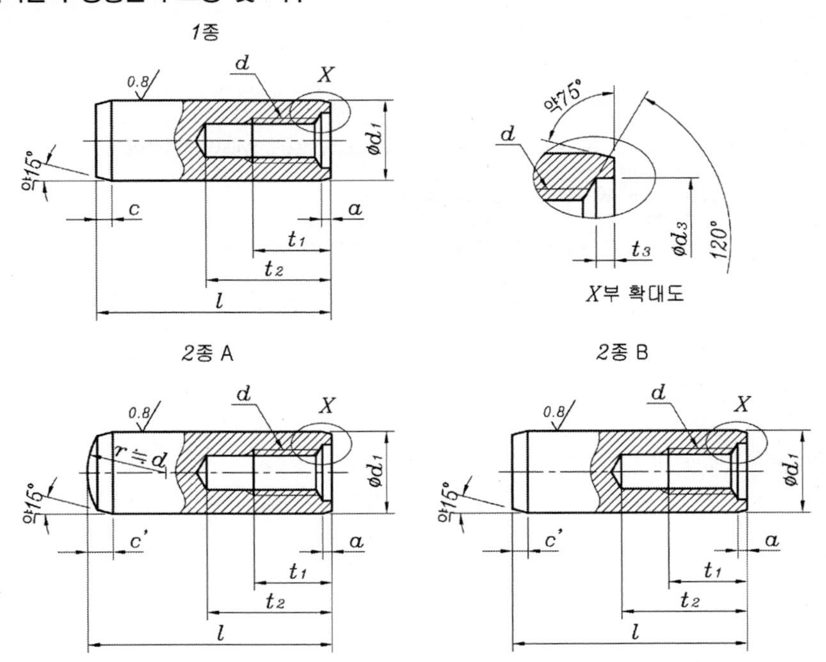

호칭 지름		6	8	10	12	16	20	25	30	40	50
나사의 호칭 (d)		M4	M5	M6	M8	M10	M12	M16	M20	M20	M24
나사의 피치 (P)		0.7	0.8	1	1.25	1.5	1.75	2	2.5	2.5	3
d_1	기준치수	6	8	10	12	16	20	25	30	40	50
	허용차 (m6)	+0.012 +0.004	+0.015 +0.006		+0.018 +0.007		+0.021 +0.008			+0.025 +0.009	
a	약	0.8	1	1.2	1.6	2	2.5	3	4	5	6.3
c	약	1.2	1.6	2	2.5	3	3.5	4	5	6.3	8
c'	약	2.1	2.6	3	3.8	6	6	6	7	8	10
d_3	약	4.3	5.3	6.4	6.4	10.5	10.5	17	21	21	25
t_1	최소	6	8	10	12	18	18	24	30	30	36
t_2	약	10	12	16	20	28	28	35	40	40	50
t_3	최대	1	1.2	1.2	1.2	1.5	1.5	2	2	2.5	2.5
상용하는 호칭길이 l		16~60	18~80	22~100	26~120	32~180	40~200	50~200	65~200	80~200	100~200

[주]

• 호칭 지름 d_1의 m6에 대한 수치는 KS B 0401에 따른다.

제품의 호칭 방법

a) 호칭 지름 6mm, 호칭 길이 30mm인 비경화강 암나사붙이 평행핀
[보기] 평행핀 KS B 1309—6×30–St
b) 호칭 지름 6mm, 호칭 길이 30mm인 A1 등급의 비경화 오스테나이트 스테인리스강 암나사붙이 평행핀
[보기] 평행핀 KS B 1309—6×30–A1
c) 호칭 지름 6mm, 호칭 길이 30mm, A형 경화강 암나사붙이 평행핀
[보기] 평행핀 KS B 1309—6×30–A–St
d) 호칭 지름 6mm, 호칭 길이 30mm, C1 등급의 마텐자이트계 스테인리스강 암나사붙이 평행핀
[보기] 평행핀 KS B 1309—6×30–C1

CHAPTER 13

벨트 · 풀리 · 도르래 · 훅

13-1 주철제 V 벨트 풀리(홈) [KS B 1400]

■ 적용범위

이 규격은 KS M 6535에 규정하는 V벨트를 사용하는 주철제 V벨트 풀리에 대하여 규정한다. 다만 KS M 6535(일반용 V 고무 벨트)에 규정하는 M형, D형 및 E형의 V벨트를 사용하는 것에 대하여는 홈 부분의 모양 및 치수만을 규정한다.

■ V 벨트 풀리의 종류 및 홈의 수

V 벨트의 종류 \ 홈의 수	1	2	3	4	5	6
A	A1	A2	A3	–	–	–
B	B1	B2	B3	B4	B5	–
C	–	–	C3	C4	C5	C6

■ V 벨트 풀리 홈 부분의 모양 및 치수

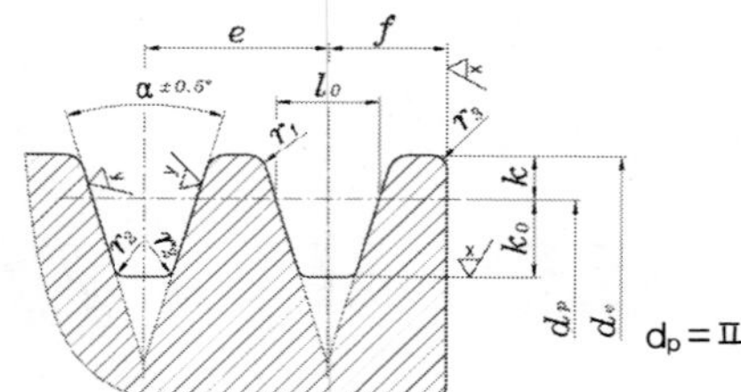

d_p = 피치원 지름 (홈의 나비가 ℓ 0인 곳의 지름)

■ V 벨트 풀리 홈 부분의 모양 및 치수

단위 : mm

V벨트 형 별	호칭지름 (d_p)	$\alpha°$ (±0.5°)	l_0	k	k_0	e	f	r_1	r_2	r_3	홈수	종류	(참고) V 벨트의 두께
M	50 이상 71 이하 71 초과 90 이하 90 초과하는 것	34 36 38	8.0	2.7	6.3	–	9.5 ±1	0.2~0.5	0.5~1.0	1~2	1	–	5.5
A	71 이상 100 이하 100 초과 125 이하 125 초과하는 것	34 36 38	9.2	4.5	8.0	15.0 ±0.4	10.0 ±1	0.2~0.5	0.5~1.0	1~2	1~3	A_1~A_3	9
B	125 이상 160 이하 160 초과 200 이하 200 초과하는 것	34 36 38	12.5	5.5	9.5	19.0 ±0.4	12.5 ±1	0.2~0.5	0.5~1.0	1~2	1~5	B_1~B_5	11
C	200 이상 250 이하 250 초과 315 이하 315 초과하는 것	34 36 38	16.9	7.0	12.0	25.5 ±0.5	17.0 ±1	0.2~0.5	1.0~1.6	2~3	3~6	C_3~C_6	14
D	355 이상 450 이하 450 초과하는 것	36 38	24.6	9.5	15.5	37.0 ±0.5	24.0	0.2~0.5	1.6~2.0	3~4	–	–	19
E	500 이상 630 이하 630 초과하는 것	36 38	28.7	12.7	19.3	44.5 ±0.5	29.0	0.2~0.5	1.6~2.0	4~5	–	–	25.5

[주]
- 각 표 중의 호칭 지름이란 피치원 d_p의 기준 치수이며, 회전비 등의 계산에도 이를 사용한다.
- d_p는 홈의 나비가 l_0인 곳의 지름이다.

비고

1. M형은 원칙적으로 한 줄만 걸친다.
2. V벨트 풀리에 사용하는 재료는 KS D 4301의 3종(GC 200) 또는 이와 동등 이상의 품질인 것으로 한다.
3. k의 허용차는 바깥지름 d_e를 기준으로 하여, 홈의 나비가 l_0가 되는 d_p의 위치의 허용차를 나타낸다.

■ V-벨트 풀리 바깥지름 de의 허용차

단위 : mm

호칭지름	바깥지름 de의 허용차
75 이상 118 이하	±0.6
125 이상 300 이하	±0.8
315 이상 630 이하	±1.2
710 이상 900 이하	±1.6

■ 홈부 각 부분의 치수 허용차

단위 : mm

<table>
<tr><th>V벨트의 형별</th><th>α 의 허용차(°)</th><th>k의 허용차</th><th>e의 허용차</th><th>f의 허용차</th></tr>
<tr><td>M</td><td rowspan="6">± 0.5</td><td rowspan="3">+0.2
0</td><td>–</td><td rowspan="4">±1</td></tr>
<tr><td>A</td><td rowspan="2">± 0.4</td></tr>
<tr><td>B</td></tr>
<tr><td>C</td><td>+0.3
0</td><td rowspan="3">± 0.5</td></tr>
<tr><td>D</td><td>+0.4
0</td><td>+2
−1</td></tr>
<tr><td>E</td><td>+0.5
0</td><td>+3
−1</td></tr>
</table>

[주]
- k의 허용차는 바깥지름 de를 기준으로 하여 홈의 나비가 l_0가 되는 d_p의 위치의 허용차를 나타낸다.

■ V-벨트 풀리의 바깥 둘레 흔들림 및 림 측면 흔들림의 허용값

단위 : mm

호칭 지름	바깥 둘레 흔들림의 허용값	림 측면 흔들림의 허용값
75 이상 118 이하	0.3	0.3
125 이상 300 이하	0.4	0.4
315 이상 630 이하	0.6	0.6
710 이상 900 이하	0.8	0.8

13-2 가는 나비 V 풀리(홈) [KS B ISO 4183 (폐지)]

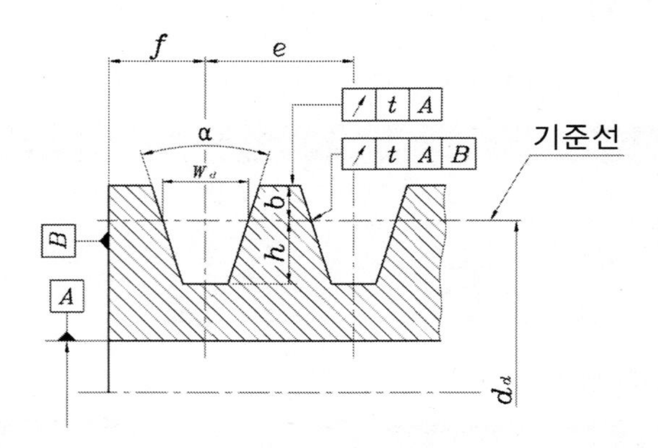

■ 풀리 홈의 모양 및 치수

단위 : mm

풀리 홈의 표준 V-벨트	단면 형상 가는 나비 V-벨트	기준 나비 W_d	b 최소	h 최소	e_a	공차 e_b	편차의 합 e_c	f_d 최소
Y		5.3	1.6	4.7	8	±0.3	±0.6	6
Z	SPZ	8.5	2	7 9	12	±0.3	±0.6	7
A	SPA	11	2.75	8.7 11	15	±0.3	±0.6	9
B	SPB	14	3.5	10.8 14	19	±0.4	±0.8	11.5
C	SPC	19	4.8	14.3 19	25.5	±0.5	±1	16
D		27	8.1	19.9	37	±0.6	±1.2	23
E		32	9.6	23.4	44.5	±0.7	±1.4	28

[주]
- a 치수 e에 대하여 특별한 경우 더 높은 값을 사용하여도 좋다.(보기 : pressed-sheet pullleys). e의 치수가 이 표준에 확실하게 포함되지 않을 때에는 표준화된 풀리 사용을 권한다.
- b 공차는 연속적인 홈의 두 축 사이의 거리에 적용된다.
- c 하나의 풀리에서 모든 홈에 대하여 호칭값 e로부터 발생되는 모든 편차의 합은 표의 값 이내이어야 한다.
- d t값의 변화는 풀리가 정렬된 상태에서 고려되어야 한다.

13-3 평 벨트 풀리 [KS B 1402 (폐지)]

1. 평 벨트 풀리의 종류

아래 그림과 같이 구조에 따라 일체형과 분할형으로 하고, 바깥 둘레면의 모양에 따라 C와 F로 구분한다.

2. 호칭 방법

명칭·종류·호칭 지름×호칭나비 및 재료로 표시한다.

[보기] 1. 평 벨트 풀리 일체형 : C·125×25·주철
2. 평 벨트 풀리 분할형 : F·125×25·주강

일체형 분할형

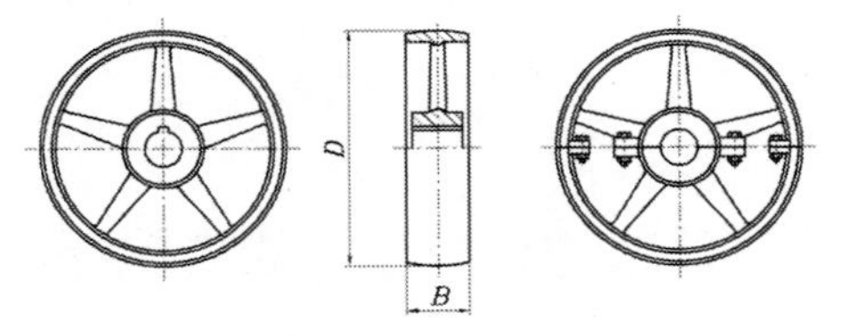

〈바깥 둘레면의 모양〉

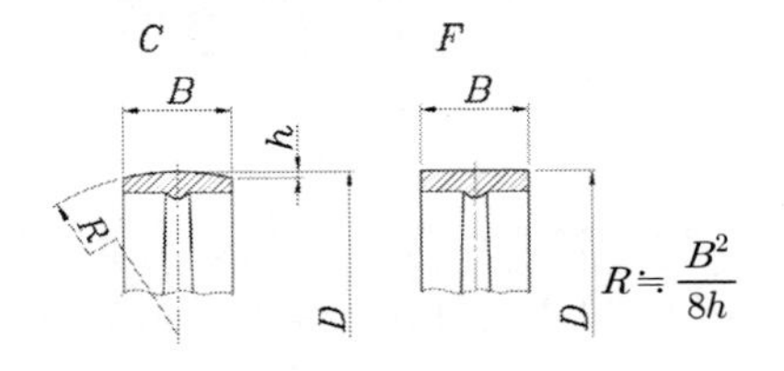

3. 평 벨트 풀리의 호칭 나비 및 허용차

단위 : mm

호칭 나비 (B)	허용차	호칭 나비 (B)	허용차
20 25 32 40 50 63 71	± 1	160 180 200 224 250 280	± 2
80 90 100 112 125 140	± 1.5	315 355 400 450 500 560 630	± 3

4. 평 벨트 풀리의 호칭 지름 및 허용차

단위 : mm

호칭 지름 (D)	허용차	호칭 지름 (D)	허용차	호칭 지름 (D)	허용차
40	± 0.5	160 180 200	± 2.0	560 630 710	± 5.0
45 50	± 0.6	224 250	± 2.5	800 900 1000	± 6.3
56 63	± 0.8	280 315 355	± 3.2	1120 1250 1400	± 8.0
71 80	± 1.0	400 450 500	± 4.0	1600 1800 2000	± 10.0
90 100 112	± 1.2				
125 140	± 1.6				

5. 크라운

평 벨트 풀리의 호칭 지름(40~355mm까지)

호칭지름 (D)	크라운 (h)	호칭지름 (D)	크라운 (h)
40~112	0.3	200, 224	0.6
125, 140	0.4	250, 280	0.8
160, 180	0.5	315, 355	1.0

6. 평 벨트 풀리의 호칭 지름(400mm 이상)

호칭나비 (B)	125 이하	140 160	180 200	224 250	280 315	355	400 이상
호칭지름 (D)	크라운 (h)						
400	1	1.2	1.2	1.2	1.2	1.2	1.2
450	1	1.2	1.2	1.2	1.2	1.2	1.2
500	1	1.5	1.5	1.5	1.5	1.5	1.5
560	1	1.5	1.5	1.5	1.5	1.5	1.5
630	1	1.5	2	2	2	2	2
710	1	1.5	2	2	2	2	2
800	1	1.5	2	2.5	2.5	2.5	2.5
900	1	1.5	2	2.5	2.5	2.5	2.5
1000	1	1.5	2	2.5	3	3	3
1120	1.2	1.5	2	2.5	3	3	3.5
1250	1.2	1.5	2	2.5	3	3.5	4
1400	1.5	2	2.5	3	3.5	4	4
1600	1.5	2	2.5	3	3.5	4	5
1800	2	2.5	3	3.5	40	5	5
2000	2	2.5	3	3.5	4	5	6

[주]

• 크라운 h는 수직축에 쓰이는 평 벨트 풀리의 경우 위 표보다 크게 하는 것이 좋다.

13-4 천장 크레인용 로프 도르래 [KS B 6407 (폐지)]

■ 도르래의 종류

20형	로프 도르래의 피치원 지름이 로프 지름의 20배인 것
25형	로프 도르래의 피치원 지름이 로프 지름의 25배인 것

비고

피치원 지름은 도르래에 로프가 감겼을 때, 로트 단면의 중심이 만드는 원의 지름을 말한다.

■ 재료

부 품		재 료
로프 도르래 몸체	주조품	KS D 4301의 GC 200
	용접 구조품	KS D 3503의 SS 400 KS D 4101의 SC 360
부시		KS D 6024의 PbBrC

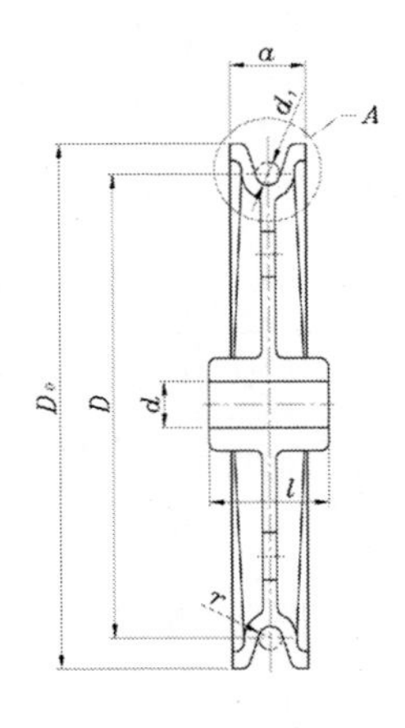

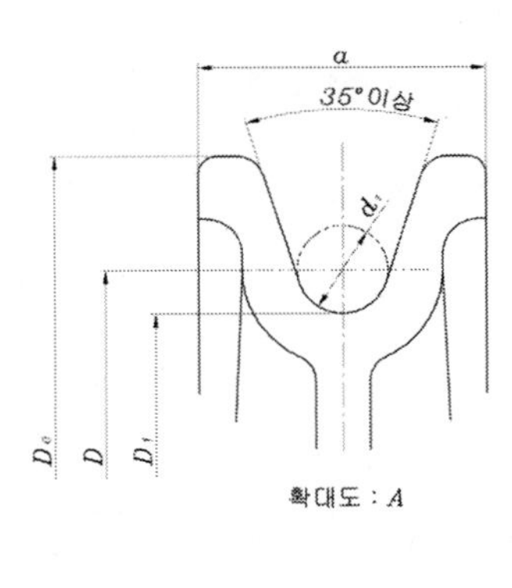

확대도 : A

■ 20형

단위 : mm

호칭	적용하는 로프 지름		도르래 피치원 지름 D(1)	바깥지름 D_0	홈밑 지름 d_1	나비 (최대) a	홈밑 반지름 r	축 구멍 지름 d		보스의 길이 l		(참고)
	d_1	KS D 3514 와이어 로프의 지름						기준 치수	허용차(2) H10	기준 치수	허용차	적용하는 도르래 열수
200	9 초과 10 이하	10	200	226	190	31.5	6.3	45	+0.1 0	50	0 −0.3	2
								50	+0.1 0	50	0 −0.3	3
								56	+0.1 0	40	0 −0.3	4
224	10 초과 11.2 이하	11.2	224.2	253	213	35.5	7.1	50	+0.12 0	63	0 −0.3	2
								56	+0.12 0	50	0 −0.3	3
								63	+0.12 0	50	0 −0.3	4
250	11.2 초과 12.5 이하	12.5	250.5	278	238	35.5	7.1	56	+0.12 0	63	0 −0.3	2
								63	+0.12 0	63	0 −0.3	3
								71	+0.12 0	50	0 −0.3	4
280	12.5 초과 14 이하	14	280	311	266	40	8	63	+0.12 0	80	0 −0.5	2
								71	+0.12 0	63	0 −0.3	3
								80	+0.12 0	63	0 −0.3	4
								90	+0.14 0	50	0 −0.3	5
320	14 초과 16 이하	16	320	354	304	45	9	71	+0.12 0	80	0 −0.5	2
								80	+0.12 0	80	0 −0.5	3
								90	+0.14 0	63	0 −0.3	4
								100	+0.14 0	63	0 −0.3	5
360	16 초과 18 이하	18	360	398	342	50	10	80	+0.14 0	100	0 −0.5	2
								90	+0.14 0	80	0 −0.5	3
								100	+0.14 0	80	0 −0.5	4
								112	+0.14 0	63	0 −0.3	5

■ 20형(계속)

단위 : mm

호칭	적용하는 로프 지름		도르래 피치원 지름 D[1]	바깥지름 D_0	홈밑 지름 d_1	나비 (최대) a	홈밑 반지름 r	축 구멍 지름 d		보스의 길이 l		(참고)
	d_1	KS D 3514 와이어 로프의 지름						기준 치수	허용차[2] H10	기준 치수	허용차	적용하는 도르래 열수
400	18 초과 20 이하	20	4600	443	380	56	11.2	90	+0.14 0	100	0 −0.5	2
								100	+0.14 0	100	0 −0.5	3
								112	+0.14 0	80	0 −0.5	4
								125	+0.16 0	80	0 −0.5	5
450	20 초과 22.4 이하	22.4	450.4	499	428	63	12.5	100	+0.14 0	125	0 −0.5	2
								112	+0.14 0	100	0 −0.5	3
								125	+0.16 0	100	0 −0.5	4
								140	+0.16 0	80	0 −0.5	5
500	22.4 초과 25 이하	25	500	555	475	71	14	112	+0.14 0	125	0 −0.5	2
								125	+0.16 0	125	0 −0.5	3
								140	+0.16 0	100	0 −0.5	4
								160	+0.16 0	100	0 −0.5	5
560	25 초과 28 이하	28	560	622	532	80	16	125	+0.16 0	160	0 −0.5	2
								140	+0.16 0	125	0 −0.5	3
								160	+0.16 0	125	0 −0.5	4
								180	+0.16 0	100	0 −0.5	5
630	28 초과 31.5 이하	30 31.5	630.5	699	599	90	18	140	+0.16 0	160	0 −0.5	2
								160	+0.16 0	160	0 −0.5	3
								180	+0.16 0	125	0 −0.5	4
								200	+0.185 0	125	0 −0.5	5

■ 20형(계속)

단위 : mm

호칭	적용하는 로프 지름		도르래 피치원 지름 $D^{(1)}$	바깥지름 D_0	홈밑 지름 d_1	나비 (최대) a	홈밑 반지름 r	축 구멍 지름 d		보스의 길이 l		(참고)
	d_1	KS D 3514 와이어 로프의 지름						기준 치수	허용차[(2)] H10	기준 치수	허용차	적용하는 도르래 열수
710	31.5 초과 35.5 이하	33.5 35.5	710.5	787	675	100	20	160	+0.16 0	200	0 −0.5	2
								180	+0.16 0	160	0 −0.5	3
								200	+0.185 0	160	0 −0.5	4
								224	+0.185 0	125	0 −0.5	5
800	35.5 초과 40 이하	37.5 40	800	886	760	112	22.4	180	+0.16 0	200	0 −0.5	2
								200	+0.185 0	200	0 −0.5	3
								224	+0.185 0	160	0 −0.5	4
								225	+0.185 0	160	0 −0.5	5

[주]

(1) 적용하는 로프 지름 d_1의 상한 값을 취했을 때 로프 도르래의 피치원 지름

(2) KS B 0401의 규정에 따른다.

비고

용차의 규정이 없는 부분의 가공 정밀도는 KS B ISO 2768-1의 거친급으로 한다.

■ 25형

단위 : mm

호칭	적용하는 로프 지름		도르래의 피치원 지름 $D^{(1)}$	바깥 지름 D_0	홈밑 지름 d^1	나비 (최대) a	홈 밑 반지름 r	축 구멍 지름 d		보스의 길이 l		(참고)
	d_1	KS D 3514 와이어 로프의 지름						기준 치수	허용차[(2)] H10	기준 치수	허용차	적용 하는 도르래 열수
250	9 초과 10 이하	10	250	276	240	31.5	6.3	45	+0.1 0	50	0 −0.3	2
								50	+0.1 0	50	0 −0.3	3
								56	+0.12 0	10	0 −0.3	4
280	10 초과 11.2 이하	11.2	280.2	309	269	35.5	7.1	50	+0.1 0	63	0 −0.3	2
								56	+0.12 0	50	0 −0.3	3
								63	+0.12 0	50	0 −0.3	4

■ 25형(계속)

단위 : mm

호칭	적용하는 로프 지름 d₁	적용하는 로프 지름 KS D 3514 와이어로프의 지름	도르래의 피치원 지름 D(1)	바깥 지름 D_0	홈밑 지름 d^1	나비 (최대) a	홈 밑 반지름 r	축 구멍 지름 d 기준 치수	축 구멍 지름 d 허용차(2) H10	보스의 길이 l 기준 치수	보스의 길이 l 허용차	(참고) 적용하는 도르래 열수
315	11.2 초과 12.5 이하	12.5	345.5	343	303	35.5	7.31	56	+0.12 0	63	0 −0.3	2
								63	+0.12 0	63	0 −0.3	3
								71	+0.12 0	50	0 −0.3	4
335	12.5 초과 14 이하	14	355	386	341	40	8	63	+0.12 0	80	0 −0.5	2
								71	+0.12 0	63	0 −0.3	3
								80	+0.12 0	63	0 −0.3	4
								90	+0.14 0	50	0 −0.3	5
400	14 초과 16 이하	16	400	434	384	45	9	71	+0.12 0	80	0 −0.5	2
								80	+0.12 0	80	0 −0.5	3
								90	+0.14 0	63	0 −0.3	4
								100	+0.14 0	63	0 −0.3	5
450	16 초과 18 이하	18	450	488	432	50	10	80	+0.12 0	100	0 −0.5	2
								90	+0.14 0	80	0 −0.5	3
								100	+0.14 0	80	0 −0.5	4
								112	+0.14 0	63	0 −0.3	5
500	18 초과 20 이하	20	500	534	480	56	11.2	90	+0.14 0	100	0 −0.5	2
								100	+0.14 0	100	0 −0.5	3
								112	+0.14 0	80	0 −0.5	4
								125	+0.16 0	80	0 −0.5	5
560	20 초과 22.4 이하	22.4	560.4	609	538	63	12.5	100	+0.14 0	125	0 −0.5	2
								112	+0.14 0	100	0 −0.5	3
								125	+0.16 0	100	0 −0.5	4
								140	+0.16 0	80	0 −0.5	5

■ 25형(계속)

단위 : mm

호칭	적용하는 로프 지름		도르래의 피치원 지름 D(1)	바깥 지름 D_0	홈밑 지름 d^1	나비 (최대) a	홈 밑 반지름 r	축 구멍 지름 d		보스의 길이 l		(참고)
	d_1	KS D 3514 와이어로프의 지름						기준치수	허용차(2) H10	기준치수	허용차	적용하는 도르래 열수
630	22.4 초과 25 이하	25	630	685	605	71	14	112	+0.14 0	125	0 −0.5	2
								125	+0.16 0	125	0 −0.5	3
								140	+0.16 0	100	0 −0.5	4
								160	+0.16 0	100	0 −0.5	5
710	25 초과 28 이하	28	710	772	682	80	16	125	+0.16 0	160	0 −0.5	2
								140	+0.16 0	125	0 −0.5	3
								160	+0.16 0	125	0 −0.5	4
								180	+0.16 0	100	0 −0.5	5
800	28 초과 31.5 이하	30 31.5	799.5	868	768	90	18	140	+0.16 0	160	0 −0.5	2
								160	+0.16 0	160	0 −0.5	3
								180	+0.16 0	125	0 −0.5	4
								200	+0.185 0	125	0 −0.5	5
900	31.5 초가 35.5 이하	33.5 35.5	899.5	976	864	100	20	160	+0.16 0	200	0 −0.5	2
								180	+0.16 0	160	0 −0.5	3
								200	+0.185 0	160	0 −0.5	4
								224	+0.185 0	125	0 −0.5	5
1000	35.5 초과 40 이하	37.5 40	1000	1086	960	112	22.4	180	+0.16 0	200	0 −0.5	2
								200	+0.185 0	200	0 −0.5	3
								224	+0.185 0	160	0 −0.5	4
								250	+0.185 0	160	0 −0.5	5

[주]

(1) 적용하는 로프 지름 d_1의 상한 값을 취했을 때의 로프 도르래의 피치원 지름

(2) KS B 0401의 규정에 따른다.

비고

허용차의 규정이 없는 부분의 가공 정밀도는 KS B ISO 2768-1의 거친급으로 한다.

13-5 훅 [KS B 1335]

■ 훅의 종류

훅 번호	등급		
	M	P	T
1	○	○	○
2	○	○	○
3	○	○	○
4	○	○	○
5	○	○	○
6	○	○	○
7	○	○	○
8	○	○	○
9	○	○	○
10	○	○	○
11	○	○	○
12	○	○	○
13	○	○	○
14	○	○	○
15	○	○	○
16	○	○	○
17	○	○	○
18	○	○	○
19	○	○	○
20	○	○	○
21	○	○	○
22	○	○	○
23	○	○	○
24	○	○	–
25	○	○	–
26	○	–	–

비고

• 섕크 훅은 위 표의 굵은 선 범위 내이며, 아이 훅은 점선과 아래의 굵은 선 범위 내이다.

■ 훅의 사용 하중 및 보증 하중

단위 : kN

훅 번호	사용 하중			보증 하중		
	등급 M	등급 P	등급 T	등급 M	등급 P	등급 T
1	1.0 이하	1.3 이하	2.0 이하	2.0	2.6	4.0
2	1.3 이하	1.6 이하	2.5 이하	2.6	3.2	5.0
3	1.6 이하	2.0 이하	3.2 이하	3.2	4.0	6.3
4	2.0 이하	2.5 이하	4.0 이하	4.0	5.0	8.0
5	2.5 이하	3.2 이하	5.0 이하	5.0	6.3	10
6	3.2 이하	4.0 이하	6.3 이하	6.3	8.0	12.5
7	4.0 이하	5.0 이하	8.0 이하	8.0	10	16
8	5.0 이하	6.3 이하	10 이하	10	12.5	20
9	6.3 이하	8.0 이하	12.5 이하	12.5	16	25
10	8.0 이하	10 이하	16 이하	16	20	31.5
11	10 이하	12.5 이하	20 이하	20	25	40
12	12.5 이하	16 이하	25 이하	25	31.5	50
13	16 이하	20 이하	31.5 이하	31.5	40	63
14	20 이하	25 이하	40 이하	40	50	80
15	25 이하	31.5 이하	50 이하	50	63	100
16	31.5 이하	40 이하	63 이하	63	80	125
17	40 이하	50 이하	80 이하	80	100	160
18	50 이하	63 이하	100 이하	100	125	200
19	63 이하	80 이하	125 이하	125	160	250
20	80 이하	100 이하	160 이하	160	200	315
21	100 이하	125 이하	200 이하	200	250	400
22	125 이하	160 이하	250 이하	250	315	500
23	160 이하	200 이하	315 이하	315	400	630
24	200 이하	250 이하	–	400	500	–
25	250 이하	315 이하	–	500	630	–
26	315 이하	–	–	630	–	–

■ 섕크 훅의 모양 및 치수

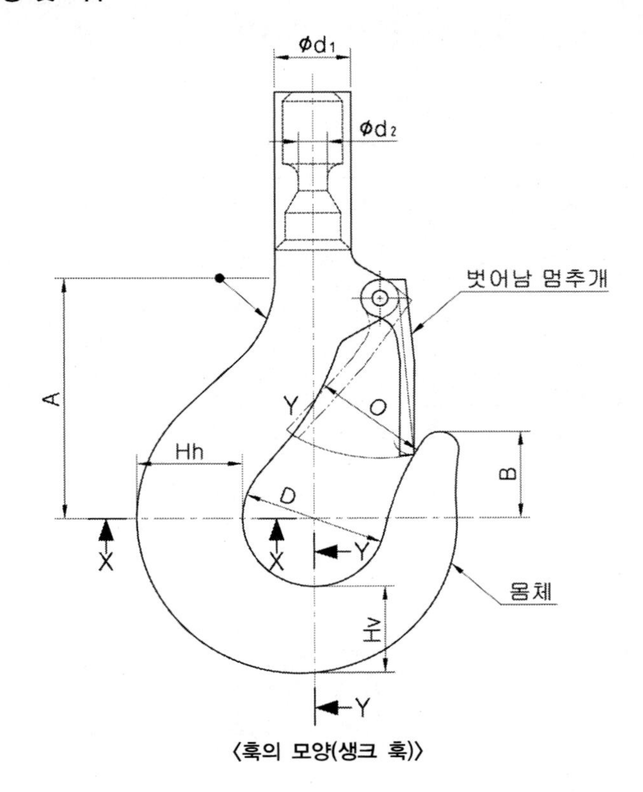

〈훅의 모양(섕크 훅)〉

단위 : mm

훅 번호	최소 치수							
	D	O	B	A	H_h	H_v	d_1	d_2
1	22	18	14	34	16	13	14	6
2	24	19	15	36	17	14	15	6.5
3	25	20	16	38	19	16	16	7
4	27	21	17	40	20	17	17	8
5	28	22	18	43	22	19	18	8.5
6	30	24	19	45	24	20	19	9
7	32	25	20	48	26	22	20	10
8	34	27	21	50	28	24	21	11
9	36	28	22	53	31	26	22	12
10	38	30	24	56	34	28	24	13
11	40	32	25	60	37	31	25	14
12	43	34	27	63	40	34	27	16
13	45	36	28	67	44	37	28	17
14	48	38	30	71	48	40	30	19

훅 번호	최소 치수							
	D	O	B	A	H_h	H_v	d_1	d_2
15	50	40	32	75	52	44	32	20
16	53	43	34	80	56	48	34	22
17	60	48	38	90	60	50	38	24
18	67	53	43	100	67	56	43	26
19	75	60	48	112	75	63	48	28
20	85	67	53	125	85	71	53	31
21	95	75	60	140	95	80	60	34
22	106	85	67	160	106	90	67	38
23	118	95	75	180	118	100	75	43
24	132	106	85	200	132	112	85	48
25	150	118	95	224	150	125	95	53
26	170	132	106	250	170	140	106	60

참고

• 훅에는 원칙적으로 벗어남 멈추개를 부착한다.

■ 아이 훅의 모양 및 치수

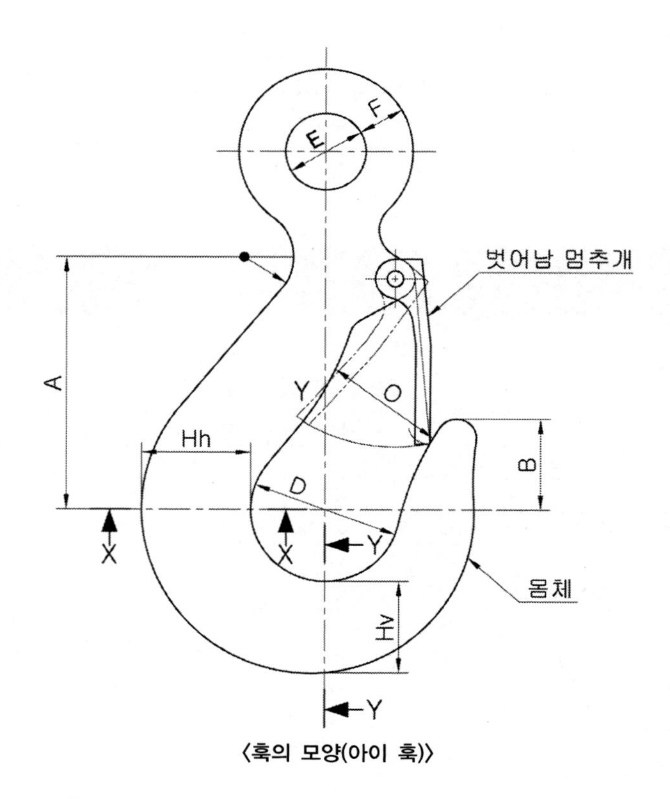

〈훅의 모양(아이 훅)〉

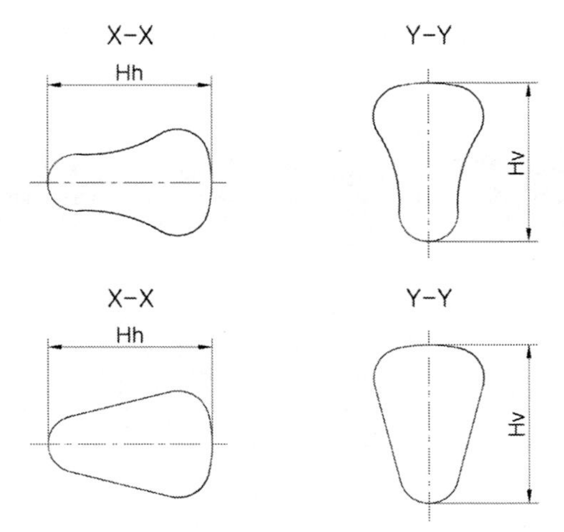

〈훅의 주요 단면 모양〉

단위 : mm

훅 번호	최소 치수							
	D	O	B	A	H_h	H_v	E	F(최대)
5	28	22	18	43	22	19	7	8
6	30	24	19	45	24	20	8	9
7	32	25	20	48	26	22	9	10
8	34	27	21	50	28	24	10	11
9	36	28	22	53	31	26	11	12
10	38	30	24	56	34	28	12	13
11	40	32	25	60	37	31	14	15
12	43	34	27	63	40	34	15	16
13	45	36	28	67	44	37	17	18
14	48	38	30	71	48	40	19	20
15	50	40	32	75	52	44	22	23
16	53	43	34	80	56	48	24	25
17	60	48	38	90	60	50	28	29
18	67	53	43	100	67	56	31	32
19	75	60	48	112	75	63	35	36
20	85	67	53	125	85	71	39	40
21	95	75	60	140	95	80	44	45
22	106	85	67	160	106	90	49	50
23	118	95	75	180	118	100	56	58
24	132	106	85	200	132	112	63	65
25	150	118	95	224	150	125	70	72
26	170	132	106	250	170	140	79	81

참고

- 훅에는 원칙적으로 벗어남 멈추개를 부착한다.

■ 부속서 1(규정) 사용 하중 100kN 이상의 훅 사용 하중 및 보증 하중

▶ 훅의 사용 하중 및 보증 하중

단위 : kN

훅 번호	사용 하중			보증 하중		
	등급 M	등급 P	등급 T	등급 M	등급 P	등급 T
19	100 이하	125 이하	200 이하	200 이하	250 이하	400 이하
20	125 이하	160 이하	250 이하	250 이하	315 이하	500 이하
21	160 이하	200 이하	315 이하	315 이하	400 이하	630 이하
22	200 이하	250 이하	–	400 이하	500 이하	–
23	250 이하	315 이하	–	500 이하	630 이하	–
24	315 이하	–	–	630 이하	–	–

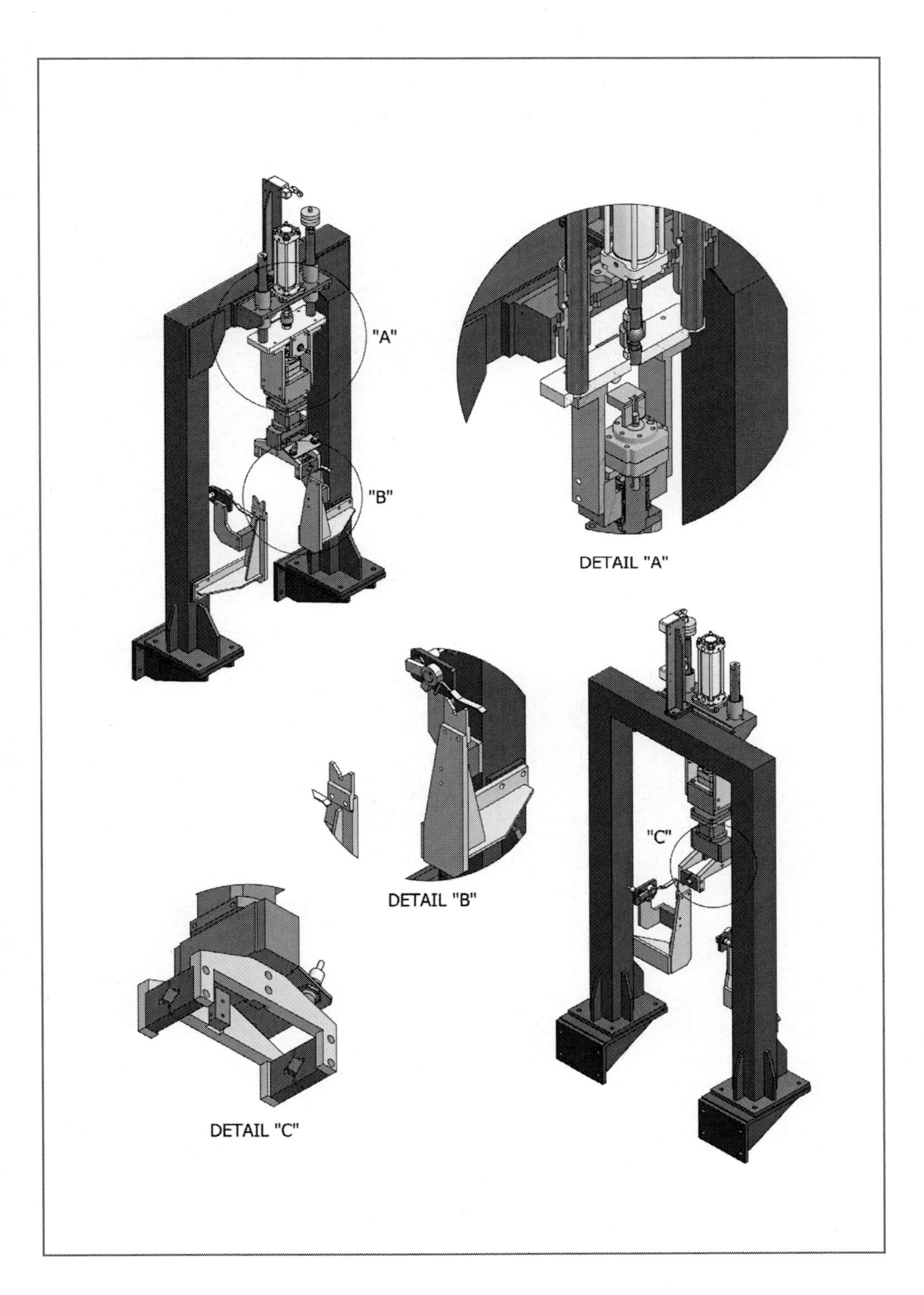

벨트 · 풀리 · 도르래 · 훅

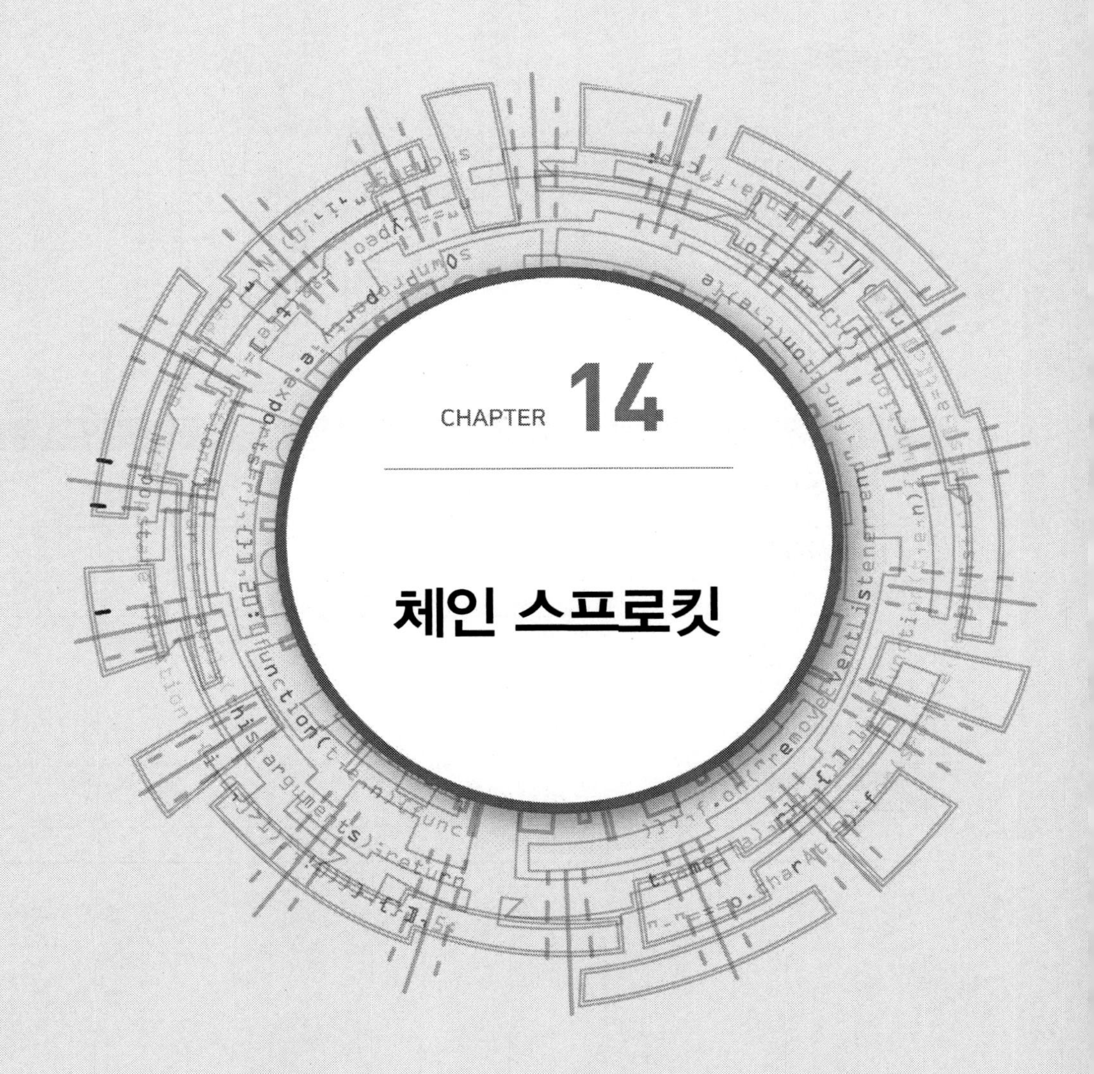

CHAPTER 14

체인 스프로킷

14-1 롤러 체인용 스프로킷 치형 및 치수

1. 스프로킷의 기준 치수

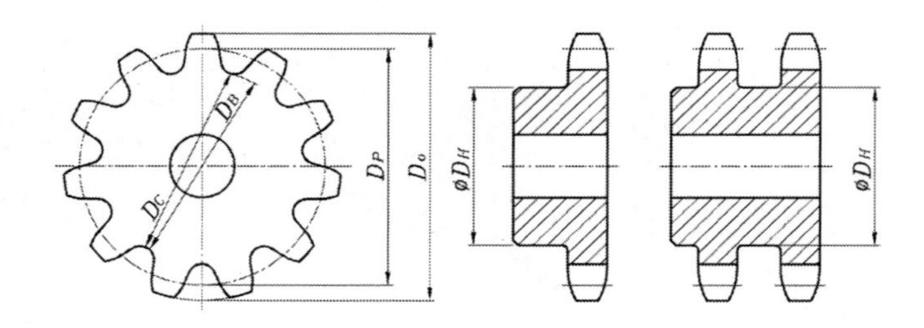

단위 : mm

항 목	계산식
피치원 지름(D_p)	$D_P = \dfrac{p}{\sin\dfrac{180°}{N}}$
바깥지름(D_0)	$D_0 = p\left(0.6 + \cot\dfrac{180°}{N}\right)$
이뿌리원 지름(D_B)	$D_B = D_p - d_1$
이뿌리 거리(D_C)	짝수 이 $D_c = D_B$ 홀수 이 $D_C = D_p\cos\dfrac{90°}{N} - d_1$ $= p\dfrac{1}{2\sin\dfrac{180°}{2N}} - d_1$
최대 보스 지름 및 최대 홈 지름(D_H)	$D_H = p\cot\left(\dfrac{180°}{N} - 1\right) - 0.76$
	여기에서 p : 롤러 체인의 피치, N : 잇수 d_1 : 롤러 체인의 롤러 바깥지름

2. 가로 치형

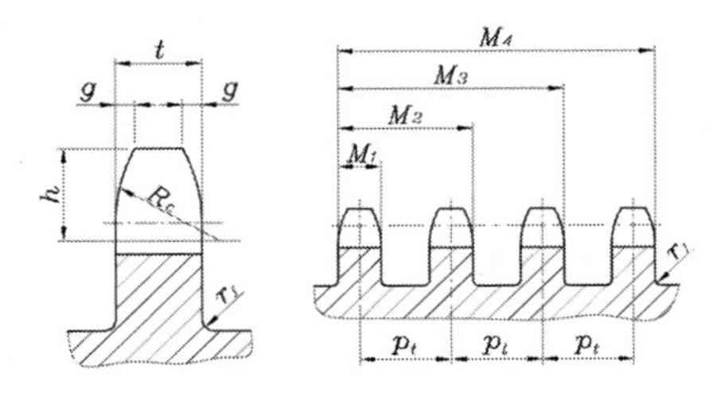

단위 : mm

호칭 번호	가로치형 (횡치형)								가로 피치 p_t	적용 롤러 체인(참고)		
	모떼기 폭 g (약)	모떼기 깊이 h (약)	모떼기 반지름 R_c (최소)	둥글기 r_f (최대)	이나비 t(최대)		이폭 전체 이폭 t·M			원주 피치 P	롤러 바깥 지름 d_1 (최대)	안쪽 링크 안쪽 나비 b_1 (최소)
					홑줄	2줄, 3줄	4줄 이상	허용차				
25	0.8	3.2	6.8	0.3	2.8	2.7	2.4	0 −0.20	6.4	6.35	3.30	3.10
35	1.2	4.8	10.1	0.4	4.3	4.1	3.8		10.1	9.525	5.08	4.68
41	1.6	6.4	13.5	0.5	5.8	−	−		−	12.70	7.77	6.25
40	1.6	6.4	13.5	0.5	7.2	7.0	6.5	0 −0.25	14.4	12.70	7.95	7.85
50	2.0	7.9	16.9	0.6	8.7	8.4	7.9		18.1	15.875	10.16	9.40
60	2.4	9.5	20.3	0.8	11.7	11.3	10.6	0 −0.30	22.8	19.05	11.91	12.57
80	3.2	12.7	27.0	1.0	14.6	14.1	13.3		29.3	25.40	15.88	15.75
100	4.0	15.9	33.8	1.3	17.6	17.0	16.1	0 −0.35	35.8	31.75	19.05	18.90
120	4.8	19.0	40.5	1.5	23.5	22.7	21.5	0 −0.40	45.4	38.10	22.23	25.22
140	5.6	22.2	47.3	1.8	23.5	22.7	21.5	0 −0.40	48.9	44.45	25.40	25.22
160	6.4	25.4	54.0	2.0	29.4	28.4	27.0	0 −0.45	58.5	50.80	28.58	31.55
200	7.9	31.8	67.5	2.5	35.3	34.1	32.5	0 −0.55	71.6	63.50	39.68	37.85
240	9.5	38.1	81.0	3.0	44.1	42.7	40.7	0 −0.65	87.8	76.20	47.63	47.35

비고

- 가로 치형이란, 톱니를 스프로킷의 축을 포함하는 평면으로 절단했을 때의 단면 모양을 말한다.

[주] 1. R_c는 일반적으로는 표에 표시한 최소값을 사용하지만, 이 값 이상 무한대(이때 원호는 직선이 된다)가 되어도 좋다.
2. r_f(최대)는 보스 지름 및 홈지름의 최대값 DH를 사용했을 때의 값이다.
3. 롤러 바깥지름 d1에서 3.30, 5.08의 경우 d1은 부시 바깥지름을 표시한다.
4. 41은 홑줄만으로 한다.

총 이나비

M2, M3, M4, ……, Mn = p_t(n−1)+t

n = 줄수

3. 스프로킷의 모양 및 치수

① 스프로킷의 종류

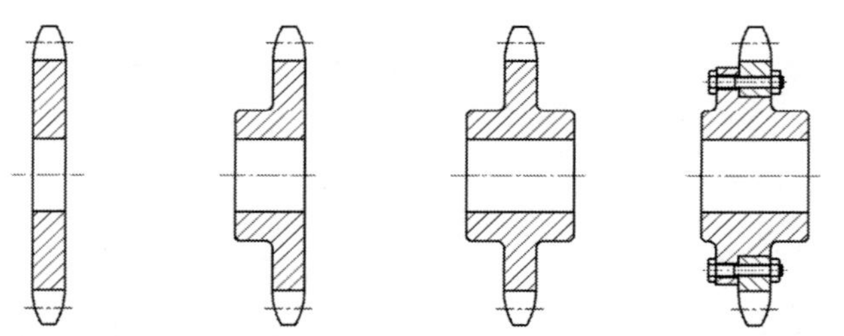

〈평판형(A형)〉〈한쪽 허브형(B형)〉〈한쪽 허브형(C형)〉〈허브 분리형(D형)〉

② 치형의 모양 및 치수

스프로킷의 기본 치형은 S치형, U치형 및 ISO 치형으로 하여 피치원 지름, 이끝원 지름, 이뿌리원 지름, 이뿌리 거리, 최대 허브 지름 및 최대 이골 지름(2줄 이상의 경우)의 기준 치수는 다음 계산식에 따른다.

③ 스프로킷의 기본 치수 계산식

1줄의 경우 2줄의 경우

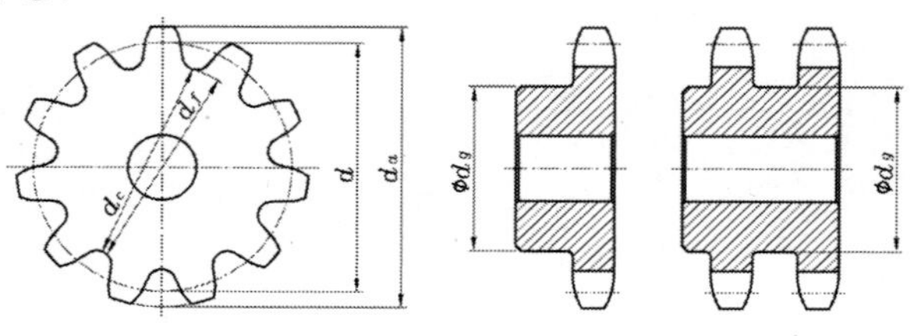

단위 : mm

항 목	S치형, U치형 기본 치수 계산식	ISO 치형 기본 치수 계산식
피치원 지름(d)	$d=\dfrac{p}{\sin\dfrac{180°}{z}}$	
이끝원 지름(d_a)	$d_a=p\left(0.6+\cot\dfrac{180°}{z}\right)$	최대 $d_a=d+1.25p-d_1$ 최소 $d_a=d+p\left(1-\dfrac{1.6}{z}\right)-d_1$
이뿌리원 지름(d_f)	$d_f=d-d_1$	
이뿌리 거리(d_c)	짝수 이 $d_c=d_f$ 홀수 이 $d_c=d\cos\dfrac{90°}{z}-d_1$ $=p\dfrac{1}{2\sin\dfrac{180°}{2z}}-d_1$	
최대 허브 지름 및 최대 이골 지름(d_g)	$d_g=p\cot\left(\dfrac{180°}{z}-1\right)-0.76$	$d_g=p\cot\dfrac{180°}{z}-1.04h_2-0.76$

p : 롤러 체인의 피치, z : 잇수, d_1: 롤러 체인의 롤러 바깥지름, h_2 : 롤러 체인의 링크판 높이

④ 단위 피치($p=1$mm)의 피치원 지름

잇수 z	단위 피치의 피치원 지름 d(mm)	잇수 z	단위 피치의 피치원 지름 d(mm)	잇수 z	단위 피치의 피치원 지름 d(mm)	잇수 z	단위 피치의 피치원 지름 d(mm)
9	2.9238	45	14.3356	81	25.7896	117	37.2467
10	3.2361	46	14.6536	82	26.1078	118	37.5650
11	3.5495	47	14.9717	83	26.4261	119	37.8833
12	3.8637	48	15.2898	84	26.7443	120	38.2016
13	4.1786	49	15.6079	85	27.0625	121	38.5198
14	4.4940	50	15.9260	86	27.3807	122	38.8381
15	4.8097	51	16.2441	87	27.6990	123	39.1564
16	5.1258	52	16.5622	88	28.0172	124	39.4746
17	5.4422	53	16.8803	89	28.3335	125	39.7929
18	5.7588	54	17.1984	90	28.6537	126	40.1112
19	6.0755	55	17.5166	91	28.9720	127	40.4295
20	6.3925	56	17.8347	92	29.2902	128	40.4748
21	6.7095	57	18.1529	93	29.6085	129	41.0660
22	7.0267	58	18.4710	94	29.9267	130	41.3843
23	7.3439	59	18.7892	95	30.2449	131	41.7026
24	7.6613	60	19.1073	96	30.5632	132	42.0209
25	7.7987	61	19.4255	97	30.8815	133	42.3391
26	8.2962	62	19.7437	98	31.1997	134	42.6574
27	8.6138	63	20.0618	99	31.5180	135	42.9757
28	8.9314	64	20.3800	100	31.8362	136	43.2940
29	9.2491	65	20.6982	101	32.1545	137	43.6123
30	9.5668	66	21.0164	102	32.4727	138	43.9306
31	9.8845	67	21.3346	103	32.7910	139	44.2488
32	10.2023	68	21.6528	104	33.1093	140	44.5671
33	10.5201	69	21.9710	105	33.4275	141	44.8854
34	10.8380	70	22.2892	106	33.7458	142	45.2037
35	11.1558	71	22.6074	107	34.0641	143	45.5220
36	11.4737	72	22.9256	108	34.3823	144	45.8403
37	11.7916	73	23.2438	109	34.7006	145	46.1585
38	12.1096	74	23.5620	110	35.0188	146	46.4768
39	12.4275	75	23.8802	111	35.3371	147	46.7951
40	12.7455	76	24.1984	112	35.6554	148	47.1134
41	13.0635	77	24.5167	113	35.9737	149	47.4317
42	13.3815	78	24.8349	114	36.2919	150	47.7500
43	13.6995	79	25.1531	115	36.6102		
44	14.0175	80	25.4713	116	36.9285		

⑤ ISO 치형의 치형도

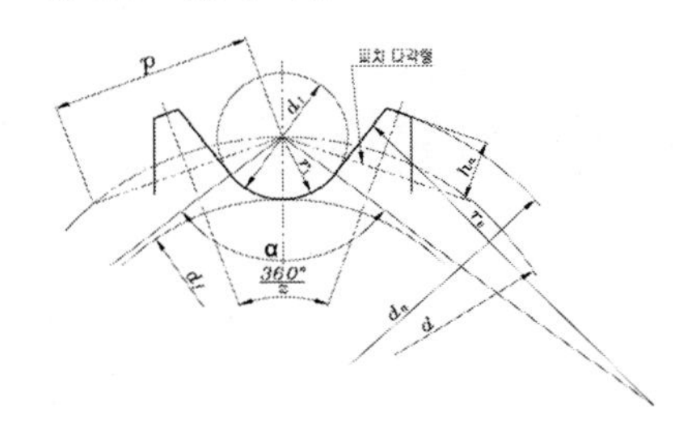

d : 피치원 지름

d_a : 이끝원 지름

d_f : 이뿌리원 지름

z : 잇수

p : 체인 피치(활줄 피치)

d_1 : 체인의 롤러 바깥지름 최대값

단위 : mm

항 목	계산식
이골의 모양	최소 모양 이높이 원호의 반지름 최대값 $r_e = 0.12d_1(z+2)$ 이뿌리 원호의 반지름 최소값 $r_i = 0.505d_1$ 이뿌리 원호의 협각 최대값(도) $\alpha = 140° - \dfrac{90°}{z}$
	최소 모양 이높이 원호의 반지름 최소값 $r_e = 0.008d_1(z^2+180)$ 이뿌리 원호의 반지름 최대값 $r_i = 0.505d_1 + 0.069\sqrt[3]{d_1}$ 이뿌리 원호의 협각 최소값(도) $\alpha = 120° - \dfrac{90°}{z}$
피치 다각형 모양에서의 이의 높이	최대값 $h_a = 0.625p - 0.5d_1 + \dfrac{0.8}{z}p$ 최소값 $h_a = 0.5(p-d_1)$

⑥ 횡치형의 계산식

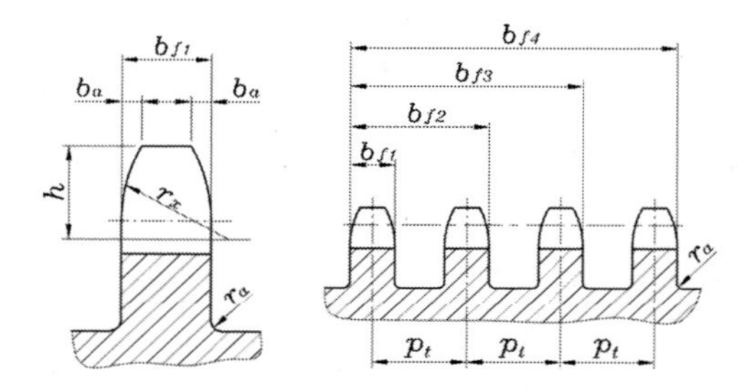

단위 : mm

항 목	계산식		
이 나비 b_{f1} (최대)	피치 12.7mm 이하의 경우	1줄 2줄, 3줄 4줄 이상	$b_{f1} = 0.93\,b_1$ $b_{f1} = 0.91\,b_1$ $b_{f1} = 0.89\,b_1$ (참고)
	피치 12.7mm 초과의 경우	1줄 2줄, 3줄 4줄 이상	$b_{f1} = 0.95\,b_1$ $b_{f1} = 0.93\,b_1$ $b_{f1} = 0.91\,b_1$ (참고)
전 이나비 b_{fn}	$b_{f1},\ b_{f2},\ b_{f3} \cdots p_t(n-1)+b_{f1}$		
모떼기 나비 b_a (약)	롤러 체인의 호칭 번호 081, 083, 084, 085 및 41의 경우 $b_a = 0.06p$ 기타 체인의 경우 $b_a = 0.13p$		
모떼기 깊이 h (참고)	$h = 0.5p$		
모떼기 반지름 r_x (최소)	$r_x = p$		
둥글기 r_a (최대)	$r_a = 0.04p$		
여기에서 p : 롤러 체인의 피치, n : 롤러 체인의 줄의 수, p_t : 다줄 롤러 체인의 횡단 피치, b_1 : 롤러 체인의 롤러 링크 안나비의 최소값			

[주]

1. 일반적으로 모떼기 반지름은 위의 식에서 나타낸 최소값을 사용하지만 그 값 이상 무한대(원호는 직선이 된다)로 해도 좋다.
2. 둥글기(최대)는 허브 지름 및 골지름의 최대값을 사용한 때의 값이다.

⑦ 각 부의 치수 허용차 및 허용값

■ 이나비, 전 이나비의 치수 허용차

단위 : mm

이나비 및 전 이나비	3 이하	3 초과 6 이하	6 초과 10 이하	10 초과 18 이하	18 초과 30 이하	30 초과 50 이하	50 초과 80 이하	80 초과 120 이하	120 초과 180 이하
치수 허용차 (h14)	0 −0.25	0 −0.3	0 −0.36	0 −0.43	0 −0.52	0 −0.62	0 −0.74	0 −0.87	0 −1

■ 이뿌리원 지름 및 이뿌리 거리의 치수 허용차

단위 : mm

이뿌리원 지름 또는 이뿌리 거리	127 이하	127 초과 250 이하	250 초과 315 이하	315 초과 400 이하	400 초과 500 이하	500 초과 630 이하	630 초과 800 이하
치수 허용차	0 −0.25	0 −0.3	0 −0.32	0 −0.36	0 −0.4	0 −0.44	0 −0.5

이뿌리원 지름 또는 이뿌리 거리	800 초과 1000 이하	1000 초과 1250 이하	1250 초과 1600 이하	1600 초과 2000 이하	2000 초과 2500 이하	2500 초과 3150 이하
치수 허용차	0 −0.56	0 −0.66	0 −0.78	0 −0.92	0 −1.1	0 −1.35

비고

- 이뿌리원 지름 또는 이뿌리 거리의 치수가 250을 초과하는 것의 허용차는 h11이다. 축 구멍 지름의 허용차는 H8로 한다.

⑧ 이뿌리 흔들림, 가로 흔들림의 허용값

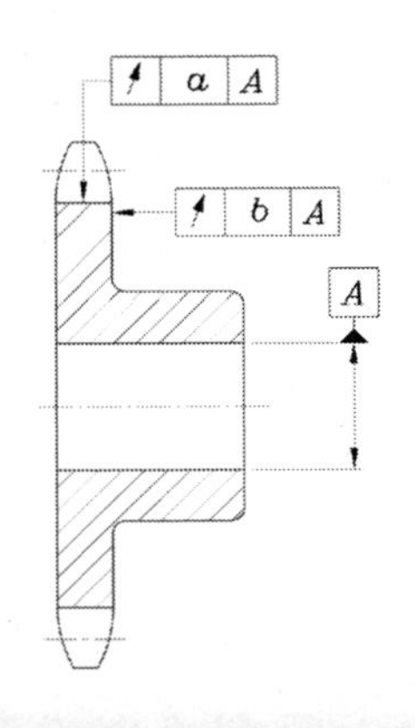

단위 : mm

이뿌리원 지름 df	90 이하	90 초과 190 이하	190 초과 850 이하	850 초과 1180 이하	1180 초과하는 것
이뿌리 흔들림 a	0.15	$0.0008d_f+0.08$	0.76		
가로 흔들림 b	0.25		$0.0009d_f+0.08$		1.14

1. 롤러 체인용 스프로킷의 제도(호칭번호 25)

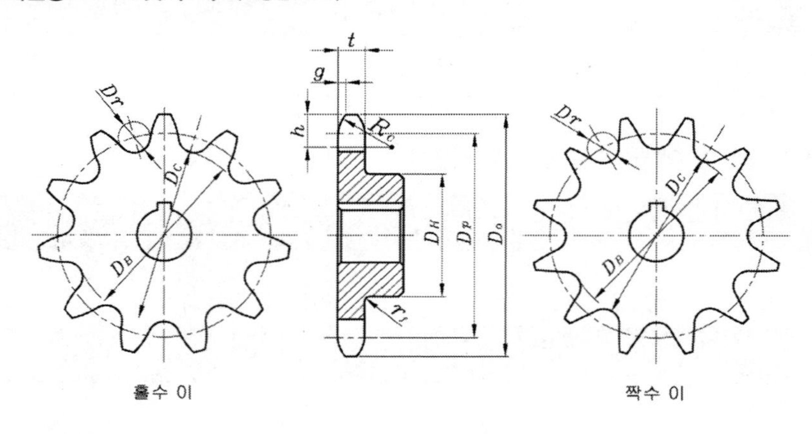

홀수 이　　　　짝수 이

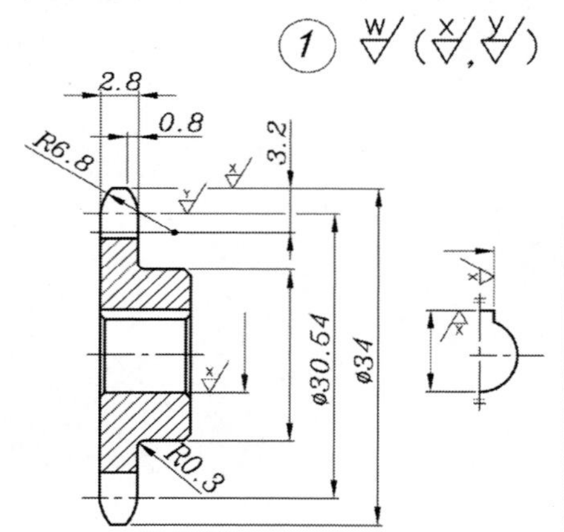

종류	구분 \ 품번	①
롤러 체인	호칭	25
	원주 피치	6.35
	롤러 외경	φ3.30
스프로킷	잇수	15
	피치원 지름	φ30.54
	이뿌리원 지름	φ27.24
	이뿌리 거리	φ27.07

단위 : mm

호칭번호	가로치형(횡치형)								가로 피치 p_t	적용 롤러 체인(참고)		
	모떼기 나비 g (약)	모떼기 깊이 h (약)	모떼기 반지름 R_c (최소)	둥글기 r_f (최대)	이 나비 t (최대) 홑줄	2줄, 3줄	4줄 이상	허용차		원주 피치 P	롤러 바깥 지름 d_1 (최대)	안쪽 링크 안쪽 나비 b_1 (최소)
25	0.8	3.2	6.8	0.3	2.8	2.7	2.4	0 −0.20	6.4	6.35	3.30	3.10
35	1.2	4.8	10.1	0.4	4.3	4.1	3.8		10.1	9.525	5.08	4.68
41	1.6	6.4	13.5	0.5	5.8	−	−		−	12.70	7.77	6.25

14-3 스프로킷의 기준치수(호칭번호 25)

1. 롤러 체인용 스프로킷의 제도(호칭번호 25)

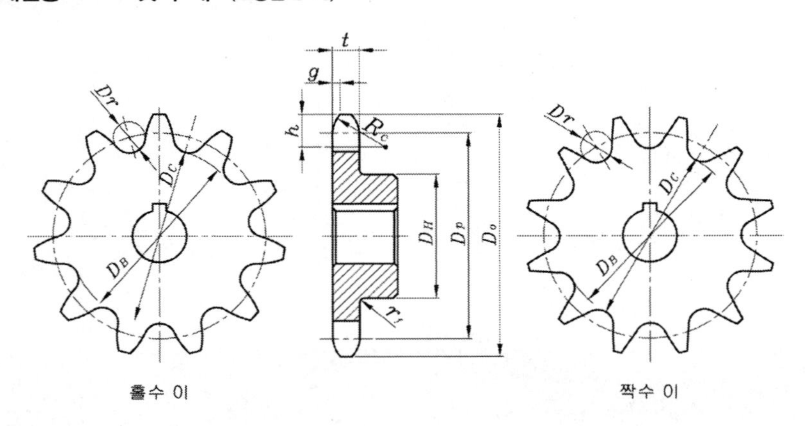

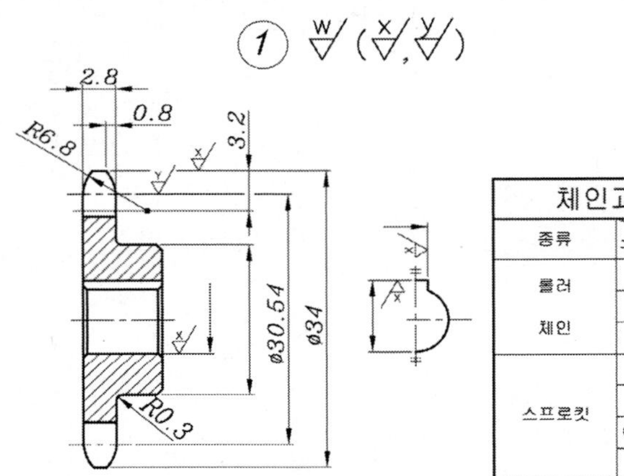

체인과 스프로킷 요목표		
종류	구분 \ 품번	①
롤러 체인	호칭	25
	원주 피치	6.35
	롤러 외경	ϕ3.30
스프로킷	잇수	15
	피치원 지름	ϕ30.54
	이뿌리원 지름	ϕ27.24
	이뿌리 거리	ϕ27.07

단위 : mm

호칭번호	가로치형(횡치형)								가로 피치 p_t	적용 롤러 체인(참고)		
	모떼기 나비 g (약)	모떼기 깊이 h (약)	모떼기 반지름 R_c (최소)	둥글기 r_f (최대)	이 나비 t (최대)					원주 피치 P	롤러 바깥 지름 d_1 (최대)	안쪽 링크 안쪽 나비 b_1 (최소)
					홑줄	2줄, 3줄	4줄 이상	허용차				
25	0.8	3.2	6.8	0.3	2.8	2.7	2.4	0 −0.20	6.4	6.35	3.30	3.10
35	1.2	4.8	10.1	0.4	4.3	4.1	3.8		10.1	9.525	5.08	4.68
41	1.6	6.4	13.5	0.5	5.8	–	–		–	12.70	7.77	6.25

■ 롤러 체인용 스프로킷의 기준 치수(호칭번호 25)

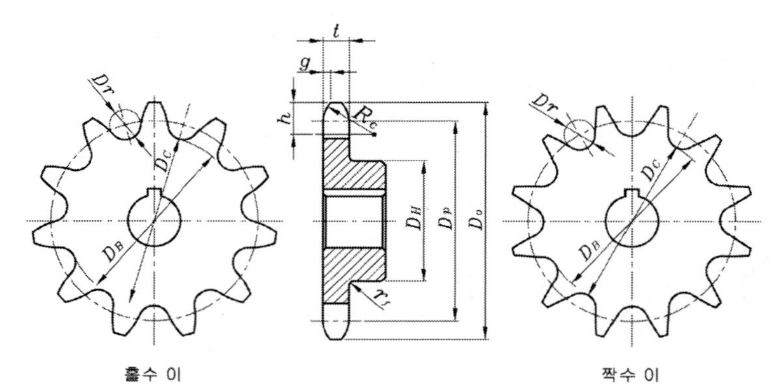

홀수 이　　　　짝수 이

단위 : mm

잇수	피치원 지름	바깥 지름	이뿌리원 지름	이뿌리 거리	최대보스 지름
N	D_P	D_O	D_B	D_C	D_H
11	22.54	25	19.24	19.01	15
12	24.53	28	21.23	21.23	7
13	26.53	30	23.23	23.04	19
14	28.54	32	25.24	25.24	21
15	30.54	34	27.24	27.07	23
16	32.55	36	29.25	29.25	25
17	34.56	38	31.26	31.11	27
18	36.57	40	33.27	33.27	29
19	38.58	42	35.28	35.15	31
20	40.59	44	37.29	37.29	33
21	42.61	46	39.31	39.19	35
22	44.62	48	41.32	41.32	37
23	46.63	50	43.33	43.23	39
24	48.65	52	45.35	45.35	41
25	50.66	54	47.36	47.27	43
26	52.68	56	49.38	49.38	45
27	54.70	58	51.40	51.30	47
28	56.71	60	53.41	53.41	49
29	58.73	62	55.43	55.35	51
30	60.75	64	57.45	57.45	53
31	62.77	66	59.47	59.39	55
32	64.78	68	61.48	61.48	57
33	66.80	70	63.50	63.43	59
34	68.82	72	65.52	65.52	61
35	70.84	74	67.54	67.47	63
36	72.86	76	69.56	69.56	65
37	74.88	78	71.58	71.51	67
38	76.90	80	73.60	73.60	70
39	78.91	82	75.61	75.55	72
40	80.93	84	77.63	77.63	74

단위 : mm

잇수	피치원 지름	바깥 지름	이뿌리원 지름	이뿌리 거리	최대보스 지름
N	D_P	D_O	D_B	D_C	D_H
41	82.95	87	79.65	79.59	76
42	84.97	89	81.67	81.67	78
43	86.99	91	83.69	83.63	80
44	89.01	93	85.71	85.71	82
45	91.03	95	87.73	87.68	84
46	93.05	97	89.75	89.75	86
47	95.07	99	91.77	91.72	88
48	97.09	101	93.79	93.79	90
49	99.11	103	95.81	95.76	92
50	101.13	105	97.83	97.83	94
51	103.15	107	99.85	99.80	96
52	105.17	109	101.87	101.87	98
53	107.19	111	103.89	103.84	100
54	109.21	113	105.91	105.91	102
55	111.23	115	107.93	107.88	104
56	113.25	117	109.95	109.95	106
57	115.27	119	111.97	111.93	108
58	117.29	121	113.99	113.99	110
59	119.31	123	116.01	115.97	112
60	121.33	125	118.03	118.03	114
61	123.35	127	120.05	120.01	116
62	125.37	129	122.07	122.07	118
63	127.39	131	124.09	124.05	120
64	129.41	133	126.11	126.11	122
65	131.43	135	128.10	128.10	124
66	133.45	137	130.15	130.15	126
67	135.47	139	132.17	132.14	128
68	137.50	141	134.20	134.20	130
69	139.52	143	136.22	136.18	132
70	141.54	145	138.24	138.24	134

14-4 스프로킷의 기준치수(호칭번호 35)

1. 롤러 체인용 스프로킷의 제도(호칭번호 35)

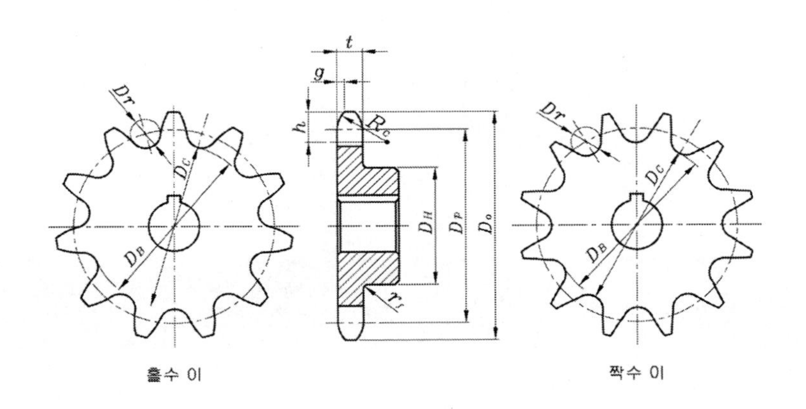

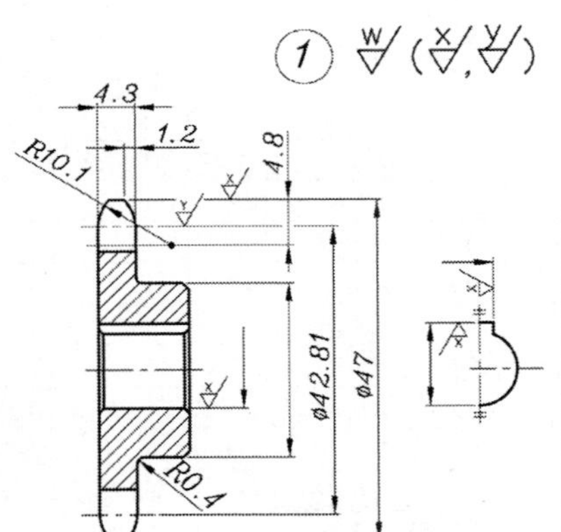

체인과 스프로킷 요목표

종류	구분 \ 품번	①
롤러 체인	호칭	35
	원주 피치	9.525
	롤러 외경	ϕ5.08
스프로킷	잇수	14
	피치원 지름	ϕ42.81
	이뿌리원 지름	ϕ37.73
	이뿌리 거리	ϕ37.73

단위 : mm

호칭 번호	가로치형(횡치형)								가로 피치 p_t	적용 롤러 체인(참고)		
	모떼기 나비 g (약)	모떼기 깊이 h (약)	모떼기 반지름 R_c (최소)	둥글기 r_f (최대)	이 나비 t (최대) 홑줄	2줄, 3줄	4줄 이상	허용차		원주 피치 P	롤러 바깥 지름 d_1 (최대)	안쪽 링크 안쪽 나비 b_1 (최소)
25	0.8	3.2	6.8	0.3	2.8	2.7	2.4	0 −0.20	6.4	6.35	3.30	3.10
35	1.2	4.8	10.1	0.4	4.3	4.1	3.8		10.1	9.525	5.08	4.68
41	1.6	6.4	13.5	0.5	5.8	−	−		−	12.70	7.77	6.25

■ 롤러 체인용 스프로킷의 기준 치수(호칭번호 35)

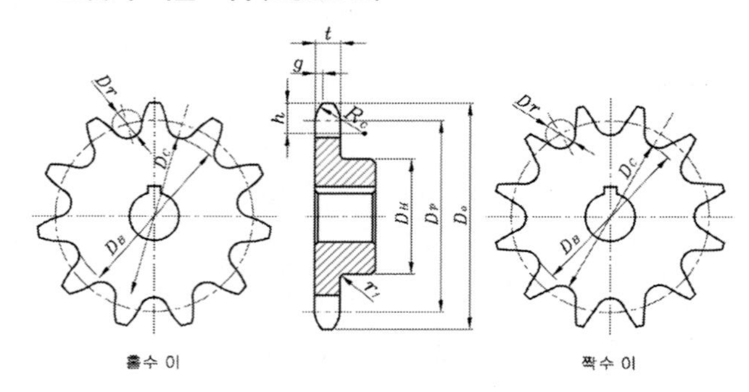

홀수 이   짝수 이

단위 : mm

잇수	피치원 지름	바깥 지름	이뿌리원 지름	이뿌리 거리	최대보스 지름
N	D_P	D_O	D_B	D_C	D_H
11	33.81	38	28.73	28.38	22
12	36.80	41	31.72	31.72	25
13	39.80	44	34.72	34.43	28
14	42.81	47	37.73	37.73	31
15	45.81	51	40.73	40.48	35
16	48.82	54	43.74	43.74	38
17	51.84	57	46.76	46.54	41
18	54.85	60	49.77	49.77	44
19	57.87	63	52.79	52.59	47
20	60.89	66	55.81	55.81	50
21	63.91	69	58.83	58.65	53
22	66.93	72	61.85	61.85	56
23	69.95	75	64.87	64.71	59
24	72.97	78	67.89	67.89	62
25	76.00	81	70.92	70.77	65
26	79.02	84	73.94	73.94	68
27	82.05	87	76.97	76.83	71
28	85.07	90	79.99	79.99	74
29	88.10	93	83.02	82.89	77
30	91.12	96	86.04	86.04	80
31	94.15	99	89.07	88.95	83
32	97.18	102	92.10	92.10	86
33	100.20	105	95.12	95.01	89
34	103.23	109	98.15	98.15	93
35	106.26	112	101.18	101.07	96
36	109.29	115	104.21	104.21	99
37	112.31	118	107.23	107.13	102
38	115.34	121	110.26	110.26	105
39	118.37	124	113.29	113.20	108
40	121.40	127	116.32	116.32	111

단위 : mm

잇수	피치원 지름	바깥 지름	이뿌리원 지름	이뿌리 거리	최대보스 지름
N	D_P	D_O	D_B	D_C	D_H
41	124.43	130	119.35	119.26	114
42	127.46	133	122.38	122.38	117
43	130.49	136	125.41	125.32	120
44	133.52	139	128.44	128.44	123
45	136.55	142	131.47	131.38	126
46	139.58	145	134.50	134.50	129
47	142.61	148	137.53	137.45	132
48	145.64	151	140.56	140.56	135
49	148.67	154	143.59	143.51	138
50	151.70	157	146.62	146.62	141
51	154.73	160	149.65	149.57	144
52	157.75	163	152.67	152.67	147
53	160.78	166	155.70	155.63	150
54	163.81	169	158.73	158.73	153
55	166.85	172	161.77	161.70	156
56	169.88	175	164.80	164.80	159
57	172.91	178	167.83	167.76	162
58	175.94	181	170.86	170.86	165
59	178.97	184	173.89	173.82	168
60	182.00	187	176.92	176.92	171
61	185.03	190	179.95	179.89	174
62	188.06	194	182.98	182.98	178
63	191.09	197	186.01	185.95	181
64	194.12	200	189.04	189.04	184
65	197.15	203	192.07	192.01	187
66	200.18	206	195.10	195.10	190
67	203.21	209	198.13	198.08	193
68	206.24	212	201.16	201.16	196
69	209.27	215	204.19	204.14	199
70	212.30	218	207.22	207.22	202

14-5 스프로킷의 기준치수(호칭번호 41)

1. 롤러 체인용 스프로킷의 제도(호칭번호 41)

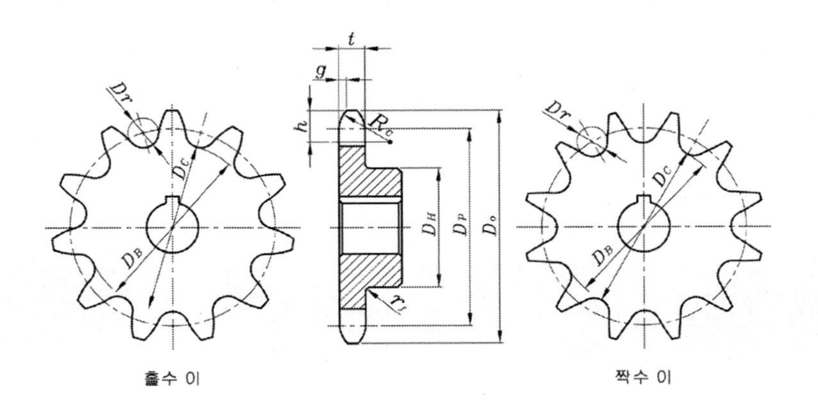

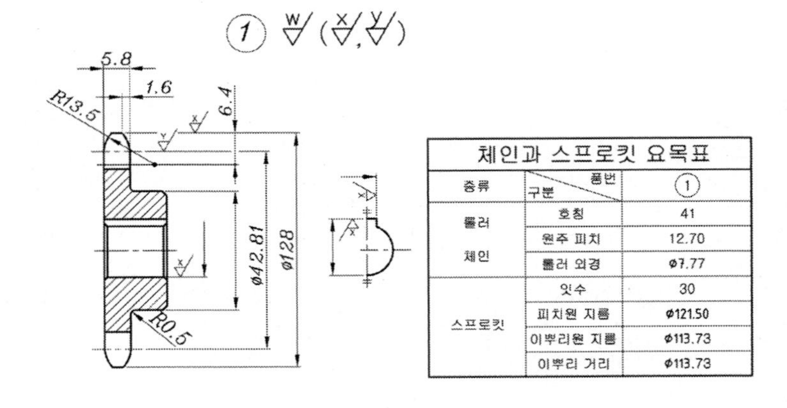

체인과 스프로킷 요목표

종류	구분 \ 품번	①
롤러 체인	호칭	41
	원주 피치	12.70
	롤러 외경	ø7.77
스프로킷	잇수	30
	피치원 지름	ø121.50
	이뿌리원 지름	ø113.73
	이뿌리 거리	ø113.73

단위 : mm

호칭 번호	가로치형(횡치형)								가로 피치 p_t	적용 롤러 체인(참고)		
	모떼기 나비 g (약)	모떼기 깊이 h (약)	모떼기 반지름 R_c (최소)	둥글기 r_f (최대)	이 나비 t (최대)					원주 피치 P	롤러 바깥 지름 d_1 (최대)	안쪽 링크 안쪽 나비 b_1 (최소)
					홑줄	2줄, 3줄	4줄 이상	허용차				
25	0.8	3.2	6.8	0.3	2.8	2.7	2.4	0 −0.20	6.4	6.35	3.30	3.10
35	1.2	4.8	10.1	0.4	4.3	4.1	3.8		10.1	9.525	5.08	4.68
41	1.6	6.4	13.5	0.5	5.8	–	–		–	12.70	7.77	6.25

■ 롤러 체인용 스프로킷의 기준 치수(호칭번호 41)

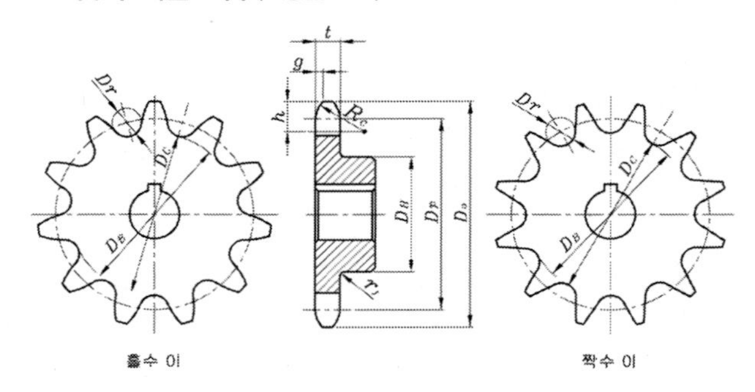

홀수 이　　　　짝수 이

단위 : mm

잇수	피치원 지름	바깥 지름	이뿌리원 지름	이뿌리 거리	최대보스 지름
N	D_P	D_O	D_B	D_C	D_H
11	45.08	51	37.31	36.85	30
12	49.07	55	41.30	41.30	34
13	53.07	59	45.30	44.91	38
14	57.07	63	49.30	49.30	42
15	61.08	67	53.31	52.98	46
16	65.10	71	57.33	57.33	50
17	69.12	76	61.35	61.05	54
18	73.14	80	65.37	65.37	59
19	77.16	84	69.39	69.13	63
20	81.18	88	73.41	73.41	67
21	85.21	92	77.44	77.20	71
22	89.24	96	81.47	81.47	75
23	93.27	100	85.50	85.28	79
24	97.30	104	89.53	89.53	83
25	101.33	108	93.56	93.36	87
26	105.36	112	97.59	97.59	91
27	109.40	116	101.63	101.44	95
28	113.43	120	105.66	105.66	99
29	117.46	124	109.69	109.52	103
30	121.50	128	113.73	113.73	107
31	125.53	133	117.76	117.60	111
32	129.57	137	121.80	121.80	115
33	133.61	141	125.84	125.68	120
34	137.64	145	129.87	129.87	124
35	141.68	149	133.91	133.77	128
36	145.72	153	137.95	137.95	132
37	149.75	157	141.98	141.85	136
38	153.79	161	146.02	146.02	140
39	157.83	165	150.06	149.93	144
40	161.87	169	154.10	154.10	148

단위 : mm

잇수	피치원 지름	바깥 지름	이뿌리원 지름	이뿌리 거리	최대보스 지름
N	D_P	D_O	D_B	D_C	D_H
41	165.91	173	158.14	158.01	152
42	169.95	177	162.18	162.18	156
43	173.98	181	166.21	166.10	160
44	178.02	185	170.25	170.25	164
45	182.06	189	174.29	174.18	168
46	186.10	193	178.33	178.33	172
47	190.14	197	182.37	182.27	176
48	194.18	201	186.41	186.41	180
49	198.22	205	190.45	190.35	184
50	202.26	209	194.49	194.49	188
51	206.30	214	198.53	198.43	192
52	210.34	218	202.57	202.57	196
53	214.38	222	206.61	206.52	201
54	218.42	226	210.65	210.65	205
55	222.46	230	214.69	214.60	209
56	226.50	234	218.73	218.73	213
57	230.54	238	222.77	222.68	217
58	234.58	242	226.81	226.81	221
59	238.62	246	230.85	230.77	225
60	242.66	250	234.89	234.89	229
61	246.70	254	238.93	238.85	233
62	250.74	258	242.97	242.97	237
63	254.78	262	247.01	246.94	241
64	258.83	266	251.06	251.06	245
65	262.87	270	255.10	255.02	249
66	266.91	274	259.14	259.14	253
67	270.95	278	263.18	263.10	257
68	274.99	282	267.22	267.22	261
69	279.03	286	271.26	271.19	265
70	283.07	290	275.30	275.30	269

14-6 스프로킷의 기준치수(호칭번호 40)

1. 롤러 체인용 스프로킷의 제도(호칭번호 40)

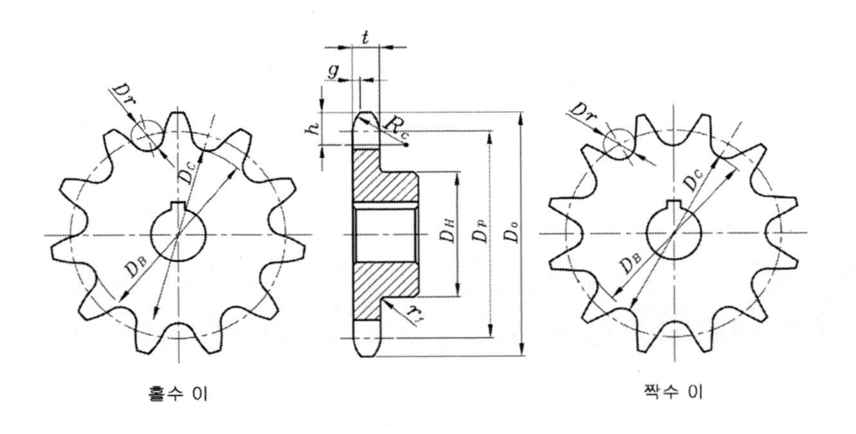

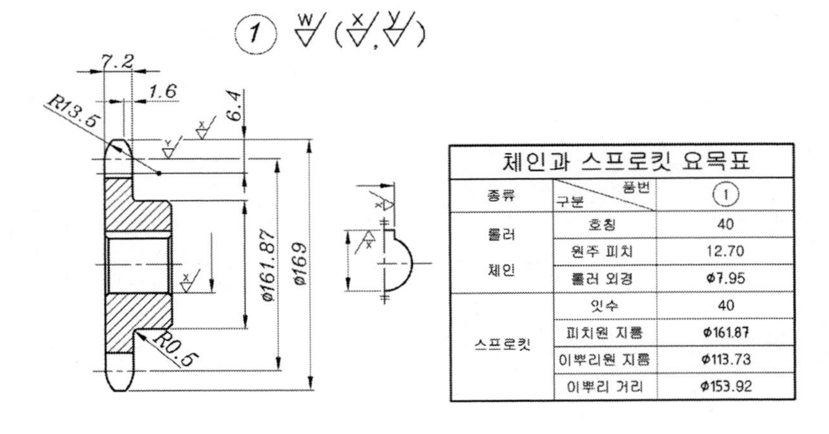

체인과 스프로킷 요목표

종류	구분 \ 품번	①
롤러 체인	호칭	40
	원주 피치	12.70
	롤러 외경	ø7.95
스프로킷	잇수	40
	피치원 지름	ø161.87
	이뿌리원 지름	ø113.73
	이뿌리 거리	ø153.92

단위 : mm

호칭 번호	가로치형(횡치형)								가로 피치 p_t	적용 롤러 체인(참고)		
	모떼기 나비 g (약)	모떼기 깊이 h (약)	모떼기 반지름 R_c (최소)	둥글기 r_f (최대)	이 나비 t (최대) 홑줄	2줄, 3줄	4줄 이상	허용차		원주 피치 P	롤러 바깥 지름 d_1 (최대)	안쪽 링크 안쪽 나비 b_1 (최소)
40	1.6	6.4	13.5	0.5	7.2	7.0	6.5	0	14.4	12.70	7.95	7.85
50	2.0	7.9	16.9	0.6	8.7	8.4	7.9	−0.25	18.1	15.875	10.16	9.40

■ 롤러 체인용 스프로킷의 기준 치수(호칭번호 40)

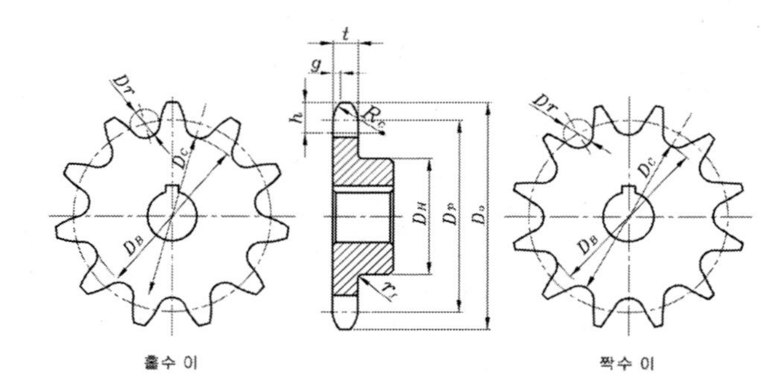

홀수 이　　　짝수 이

단위 : mm

잇수	피치원 지름	바깥 지름	이뿌리원 지름	이뿌리 거리	최대보스 지름
N	D_P	D_O	D_B	D_C	D_H
11	45.08	51	37.14	36.68	30
12	49.07	55	41.13	41.13	34
13	53.07	59	45.13	44.74	38
14	57.07	63	49.13	49.13	42
15	61.08	67	53.14	52.81	46
16	65.10	71	57.16	57.16	50
17	69.12	76	61.18	60.88	54
18	73.14	80	65.20	65.20	59
19	77.16	84	69.22	68.96	63
20	81.18	88	73.24	73.24	67
21	85.21	92	77.27	77.03	71
22	89.24	96	81.30	81.30	75
23	93.27	100	85.11	85.11	79
24	97.30	104	89.36	89.36	83
25	101.33	108	93.19	93.19	87
26	105.36	112	97.42	97.42	91
27	109.40	116	101.27	101.27	95
28	113.43	120	105.49	105.49	99
29	117.46	124	109.35	109.35	103
30	121.50	128	113.56	113.56	107
31	125.53	133	117.58	117.42	111
32	129.57	137	121.62	121.62	115
33	133.61	141	125.66	125.50	120
34	137.64	145	129.69	129.69	124
35	141.68	149	133.73	133.59	128
36	145.72	153	137.77	137.77	132
37	149.75	157	141.80	141.67	136
38	153.79	161	145.84	145.84	140
39	157.83	165	149.88	149.75	144
40	161.87	169	153.92	153.92	148

단위 : mm

잇수	피치원 지름	바깥 지름	이뿌리원 지름	이뿌리 거리	최대보스 지름
N	D_P	D_O	D_B	D_C	D_H
41	165.91	173	157.96	157.83	152
42	169.95	177	162.00	162.00	156
43	173.98	181	166.03	165.92	160
44	178.02	185	170.07	170.07	164
45	182.06	189	174.11	174.00	168
46	186.10	193	178.15	178.15	172
47	190.14	197	182.19	182.09	176
48	194.18	201	186.23	186.23	180
49	198.22	205	190.27	190.17	184
50	202.26	209	194.31	194.31	188
51	206.30	214	198.35	198.25	192
52	210.34	218	202.39	202.39	196
53	214.38	222	206.43	206.34	201
54	218.42	226	210.47	210.47	205
55	222.46	230	214.51	214.42	209
56	226.50	234	218.55	218.55	213
57	230.54	238	222.59	222.50	217
58	234.58	242	226.63	226.63	221
59	238.62	246	230.67	230.59	225
60	242.66	250	234.71	234.71	229
61	246.70	254	238.75	238.67	233
62	250.74	258	242.79	242.79	237
63	254.78	262	246.83	246.76	241
64	258.83	266	250.88	250.88	245
65	262.87	270	254.92	254.84	249
66	266.91	274	258.96	258.96	253
67	270.95	278	263.00	262.92	257
68	274.99	282	267.04	267.04	261
69	279.03	286	271.08	271.01	265
70	283.07	290	275.12	275.12	269

14-7 스프로킷의 기준치수(호칭번호 50)

1. 롤러 체인용 스프로킷의 제도(호칭번호 50)

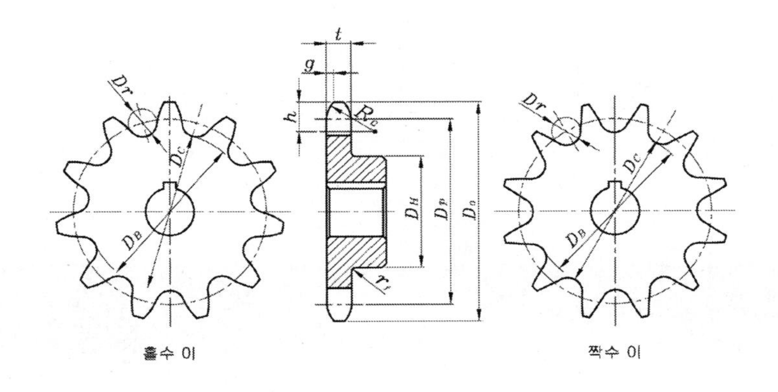

홀수 이　　　　짝수 이

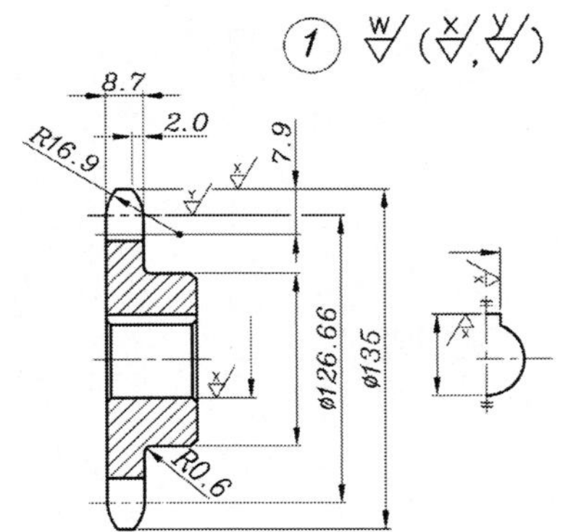

체인과 스프로킷 요목표		
종류	구분 \ 품번	1
롤러 체인	호칭	50
	원주 피치	15.875
	롤러 외경	ϕ10.16
스프로킷	잇수	25
	피치원 지름	ϕ126.66
	이뿌리원 지름	ϕ116.50
	이뿌리 거리	ϕ116.25

단위 : mm

호칭번호	가로치형(횡치형)								가로피치 p_t	적용 롤러 체인(참고)		
	모떼기 나비 g (약)	모떼기 깊이 h (약)	모떼기 반지름 R_c (최소)	둥글기 r_f (최대)	이 나비 t (최대)					원주 피치 P	롤러 바깥 지름 d_1 (최대)	안쪽 링크 안쪽 나비 b_1 (최소)
					홑줄	2줄, 3줄	4줄 이상	허용차				
40	1.6	6.4	13.5	0.5	7.2	7.0	6.5	0	14.4	12.70	7.95	7.85
50	2.0	7.9	16.9	0.6	8.7	8.4	7.9	−0.25	18.1	15.875	10.16	9.40

■ 롤러 체인용 스프로킷의 기준 치수(호칭번호 50)

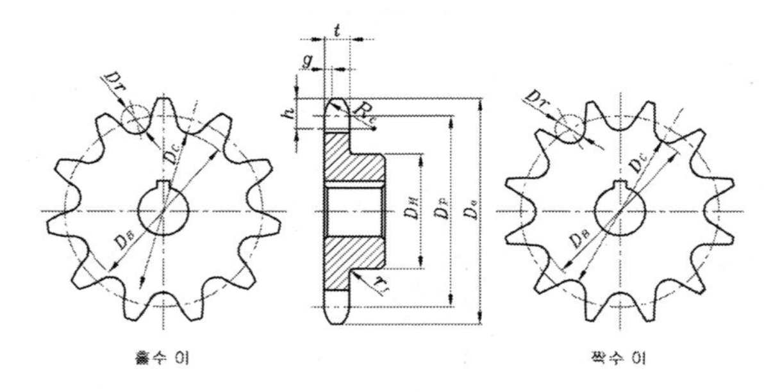

단위 : mm

잇수	피치원 지름	바깥 지름	이뿌리원 지름	이뿌리 거리	최대보스 지름
N	D_P	D_O	D_B	D_C	D_H
11	56.35	64	46.19	45.61	37
12	61.34	69	51.18	51.18	43
13	66.34	74	56.18	55.69	48
14	71.34	79	61.18	61.18	53
15	76.35	84	66.19	65.78	58
16	81.37	89	71.21	71.21	63
17	86.39	94	76.23	75.87	68
18	91.42	100	81.26	81.26	73
19	96.45	105	86.29	85.96	79
20	101.48	110	91.32	91.32	84
21	106.51	115	96.35	96.05	89
22	111.55	120	101.39	101.39	94
23	116.58	125	106.42	106.15	99
24	121.62	130	111.46	111.46	104
25	126.66	135	116.50	116.25	109
26	131.70	140	121.54	121.54	114
27	136.74	145	126.58	126.35	119
28	141.79	150	131.63	131.63	124
29	146.83	155	136.67	136.45	129
30	151.87	161	141.71	141.71	134
31	156.92	166	146.76	146.55	139
32	161.96	171	151.80	151.80	145
33	167.01	176	156.85	156.66	150
34	172.05	181	161.89	161.89	155
35	177.10	186	166.94	166.76	160
36	182.14	191	171.98	171.98	165
37	187.19	196	177.03	176.86	170
38	192.24	201	182.08	182.08	175
39	197.29	206	187.13	186.97	180
40	202.33	211	192.17	192.17	185

단위 : mm

잇수	피치원 지름	바깥 지름	이뿌리원 지름	이뿌리 거리	최대보스 지름
N	D_P	D_O	D_B	D_C	D_H
41	207.38	216	197.22	197.07	190
42	212.43	221	202.27	202.27	195
43	217.48	226	207.32	207.18	200
44	222.53	231	212.37	212.37	205
45	227.58	237	217.42	217.28	210
46	232.63	242	222.47	222.47	215
47	237.68	247	227.52	227.38	221
48	242.73	252	232.57	232.57	226
49	247.78	257	237.62	237.49	231
50	252.83	262	242.67	242.67	236
51	257.88	267	247.72	247.59	241
52	262.92	272	252.76	252.76	246
53	267.97	277	257.81	257.70	251
54	273.02	282	262.86	262.86	256
55	278.08	287	267.92	267.80	261
56	283.13	292	272.97	272.97	266
57	288.18	297	278.02	277.91	271
58	293.23	302	283.07	283.07	276
59	298.28	307	288.12	288.01	281
60	303.33	312	293.17	293.17	286
61	308.38	318	298.22	298.12	291
62	313.43	323	303.27	303.27	296
63	318.48	328	308.22	308.22	301
64	323.53	333	313.37	313.37	307
65	328.58	338	318.42	318.33	312
66	333.64	343	323.48	323.48	317
67	338.69	348	328.53	328.43	322
68	343.74	353	333.58	333.58	327
69	348.79	358	338.63	338.54	332
70	353.84	363	343.68	343.68	337

14-8 스프로킷의 기준치수(호칭번호 60)

1. 롤러 체인용 스프로킷의 제도(호칭번호 60)

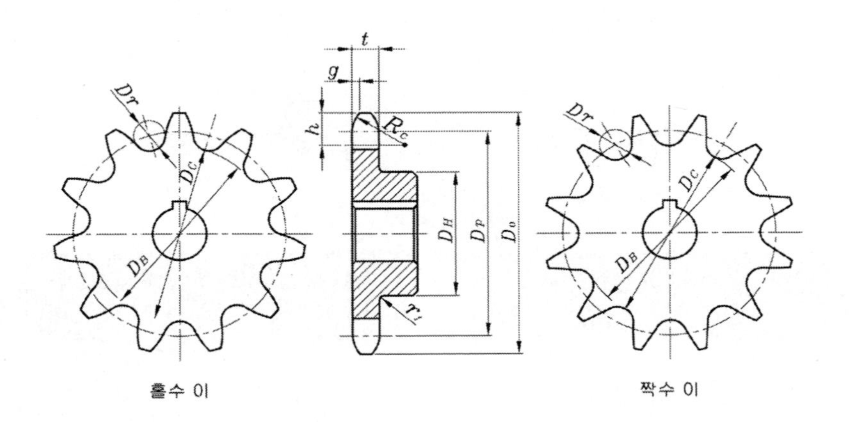

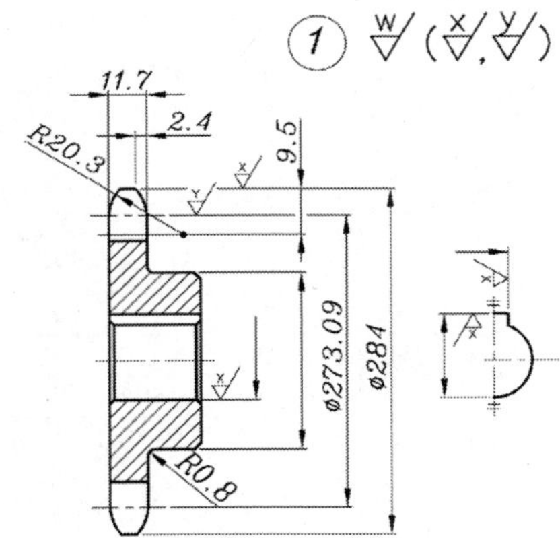

체인과 스프로킷 요목표		
종류	구분 \ 품번	①
롤러 체인	호칭	60
	원주 피치	19.05
	롤러 외경	φ11.91
스프로킷	잇수	45
	피치원 지름	φ273.09
	이뿌리원 지름	φ261.18
	이뿌리 거리	φ261.02

단위 : mm

호칭번호	가로치형(횡치형) 모떼기 나비 g (약)	모떼기 깊이 h (약)	모떼기 반지름 R_c (최소)	둥글기 r_1 (최대)	이 나비 t (최대) 홑줄	이 나비 t (최대) 2줄, 3줄	이 나비 t (최대) 4줄 이상	이 나비 t (최대) 허용차	가로 피치 p_t	적용 롤러 체인(참고) 원주 피치 P	롤러 바깥 지름 d_1 (최대)	안쪽 링크 안쪽 나비 b_1 (최소)
60	2.4	9.5	20.3	0.8	11.7	11.3	10.6	0	22.8	19.05	11.91	12.57
80	3.2	12.7	27.0	1.0	14.6	14.1	13.3	−0.30	29.3	25.40	15.88	15.75

■ 롤러 체인용 스프로킷의 기준 치수(호칭번호 60)

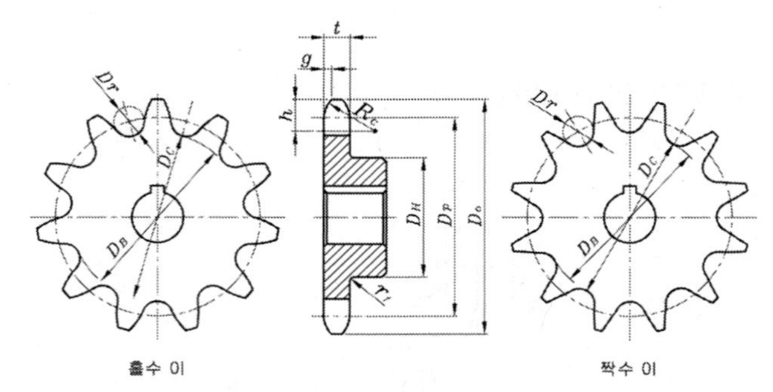

단위 : mm

잇수	피치원 지름	바깥 지름	이뿌리원 지름	이뿌리 거리	최대보스 지름
N	D_P	D_O	D_B	D_C	D_H
11	67.62	76	55.71	55.02	45
12	73.60	83	61.69	61.69	51
13	79.60	89	67.69	67.11	57
14	85.61	95	73.70	73.70	56
15	91.62	101	79.21	79.21	70
16	97.65	107	85.74	85.74	76
17	103.67	113	91.76	91.32	82
18	109.71	119	97.80	97.80	88
19	115.74	126	103.83	103.43	94
20	121.78	132	109.87	109.87	100
21	127.82	138	115.91	115.55	107
22	133.86	144	121.95	121.95	113
23	139.90	150	127.99	127.67	119
24	145.95	156	134.04	134.04	125
25	151.99	162	140.08	139.79	131
26	158.04	168	146.13	146.13	137
27	164.09	174	152.18	151.90	143
28	170.14	180	158.23	158.23	149
29	176.20	187	164.29	164.29	155
30	182.25	193	170.34	170.37	161
31	188.30	199	176.39	176.15	168
32	194.35	205	182.44	182.44	174
33	200.41	211	188.50	188.27	180
34	206.46	217	194.55	194.55	186
35	212.52	223	200.61	200.39	192
36	218.57	229	206.66	206.66	198
37	224.63	235	212.72	212.52	204
38	230.69	241	218.78	218.78	210
39	236.74	247	224.83	224.64	216
40	242.80	253	230.89	230.89	222

단위 : mm

잇수	피치원 지름	바깥 지름	이뿌리원 지름	이뿌리 거리	최대보스 지름
N	D_P	D_O	D_B	D_C	D_H
41	248.86	260	236.95	236.77	228
42	254.92	266	243.01	243.01	234
43	260.98	272	249.07	248.89	240
44	267.03	278	255.12	255.12	247
45	273.09	284	261.18	261.02	253
46	279.15	290	267.24	267.24	259
47	285.21	296	273.30	273.14	265
48	291.27	302	279.36	279.36	271
49	297.33	308	285.42	285.27	277
50	303.39	314	291.48	291.48	283
51	309.45	320	297.54	297.39	289
52	315.51	326	303.60	303.60	295
53	321.57	332	309.66	309.52	301
54	327.63	338	315.72	315.72	307
55	333.69	345	321.78	321.64	313
56	339.75	351	327.84	327.84	319
57	345.81	357	333.90	333.77	325
58	351.87	363	339.96	339.96	332
59	357.93	369	346.02	345.90	338
60	363.99	375	352.08	352.08	344
61	370.06	381	358.15	358.02	350
62	376.12	387	364.21	364.21	356
63	382.18	393	370.27	370.15	362
64	388.24	399	376.33	376.33	368
65	394.30	405	382.39	382.28	374
66	400.36	411	388.45	388.45	380
67	406.42	417	394.51	394.40	386
68	412.49	423	400.58	400.58	392
69	418.55	430	406.64	406.53	398
70	424.61	436	412.70	412.70	404

14-9 스프로킷의 기준치수(호칭번호 80)

1. 롤러 체인용 스프로킷의 제도(호칭번호 80)

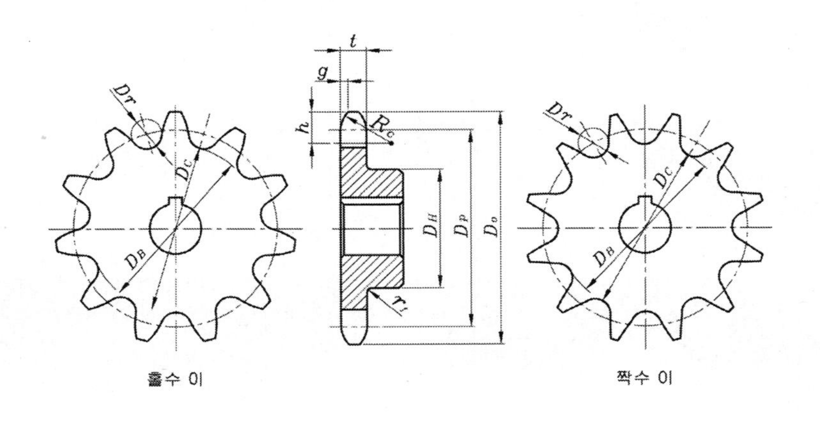

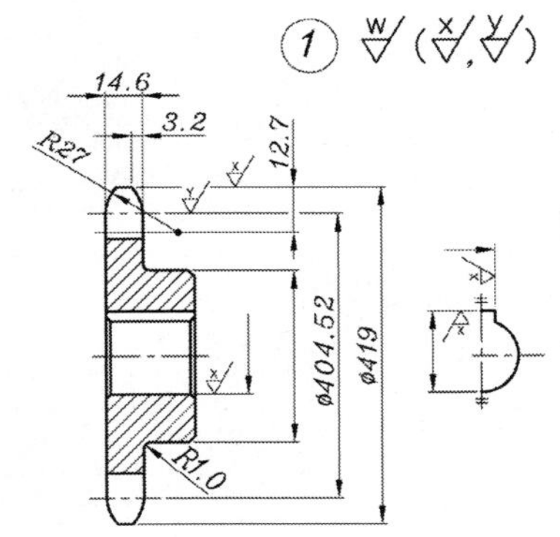

체인과 스프로킷 요목표		
종류	구분 \ 품번	①
롤러 체인	호칭	80
	원주 피치	25.40
	롤러 외경	ø15.88
스프로킷	잇수	50
	피치원 지름	ø404.52
	이뿌리원 지름	ø388.64
	이뿌리 거리	ø388.64

단위 : mm

호칭 번호	가로치형(횡치형)								가로 피치 p_t	적용 롤러 체인(참고)		
	모떼기 나비 g (약)	모떼기 깊이 h (약)	모떼기 반지름 R_c (최소)	둥글기 r_f (최대)	이 나비 t (최대) 홑줄	이 나비 t (최대) 2줄, 3줄	이 나비 t (최대) 4줄 이상	허용차		원주 피치 P	롤러 바깥 지름 d_1 (최대)	안쪽 링크 안쪽 나비 b_1 (최소)
60	2.4	9.5	20.3	0.8	11.7	11.3	10.6	0	22.8	19.05	11.91	12.57
80	3.2	12.7	27.0	1.0	14.6	14.1	13.3	−0.30	29.3	25.40	15.88	15.75

■ 롤러 체인용 스프로킷의 기준 치수(호칭번호 80)

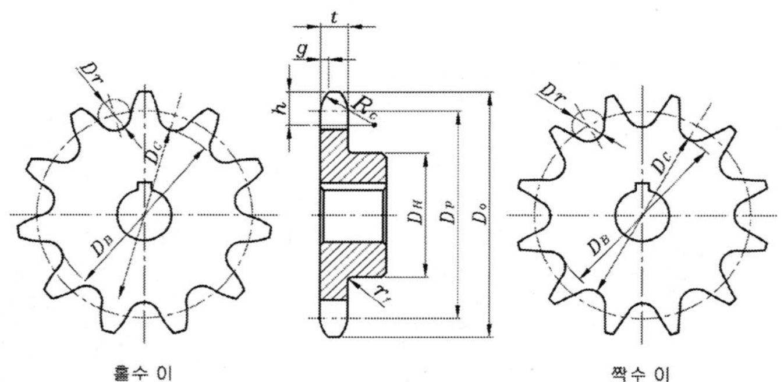

홀수 이　　　　짝수 이

단위 : mm

잇수	피치원 지름	바깥 지름	이뿌리원 지름	이뿌리 거리	최대보스 지름
N	D_P	D_O	D_B	D_C	D_H
11	90.16	102	74.28	73.36	60
12	98.14	110	82.26	82.26	69
13	106.14	118	90.26	89.48	77
14	114.15	127	98.27	98.27	85
15	122.17	135	106.29	105.62	93
16	130.20	143	114.32	114.32	102
17	138.23	151	122.35	121.76	110
18	146.27	159	130.39	130.39	118
19	154.32	167	138.44	137.91	126
20	162.37	176	146.49	146.49	134
21	170.42	184	154.54	154.06	142
22	178.48	192	162.60	162.60	150
23	186.54	200	170.66	170.22	159
24	194.60	208	178.72	178.72	167
25	202.66	216	186.78	186.38	175
26	210.72	224	194.84	194.84	183
27	218.79	233	202.91	202.54	191
28	226.86	241	210.98	210.98	199
29	234.93	249	219.05	218.70	207
30	243.00	257	227.12	227.12	215
31	251.07	265	235.19	234.86	224
32	259.14	273	243.26	243.26	232
33	267.21	281	251.33	251.03	240
34	275.29	289	259.41	259.41	248
35	283.36	297	267.48	267.19	256
36	291.43	306	275.55	275.55	264
37	299.51	314	283.63	283.36	272
38	307.58	322	291.70	291.70	280
39	315.66	330	299.78	299.52	288
40	323.74	338	307.86	307.86	297

단위 : mm

잇수	피치원 지름	바깥 지름	이뿌리원 지름	이뿌리 거리	최대보스 지름
N	D_P	D_O	D_B	D_C	D_H
41	331.81	346	315.43	315.69	305
42	339.89	354	324.01	324.01	313
43	347.97	362	332.09	331.86	321
44	356.04	370	340.16	340.16	329
45	364.12	378	348.24	348.02	337
46	372.20	387	356.32	356.32	345
47	380.28	395	364.40	364.19	353
48	388.36	403	372.48	372.48	361
49	396.44	411	380.56	380.36	369
50	404.52	419	388.64	388.64	378
51	412.60	427	396.72	396.52	386
52	420.68	435	404.80	404.80	394
53	428.76	443	412.88	412.69	402
54	436.84	451	420.96	420.96	410
55	444.92	459	429.04	428.86	418
56	453.00	468	437.12	437.12	426
57	461.08	476	445.20	445.03	434
58	469.16	484	453.28	453.28	442
59	477.25	492	461.37	461.20	450
60	485.33	500	469.45	469.45	458
61	493.41	508	477.53	477.36	467
62	501.49	516	485.61	485.61	475
63	509.57	524	493.69	493.53	483
64	517.65	532	501.77	501.77	491
65	525.73	540	509.85	509.70	499
66	533.82	548	517.94	517.94	507
67	541.90	557	526.02	525.87	515
68	549.98	565	534.10	534.10	523
69	558.06	573	542.18	542.04	531
70	566.15	581	550.27	550.27	539

14-10 스프로킷의 기준치수(호칭번호 100)

1. 롤러 체인용 스프로킷의 제도(호칭번호 100)

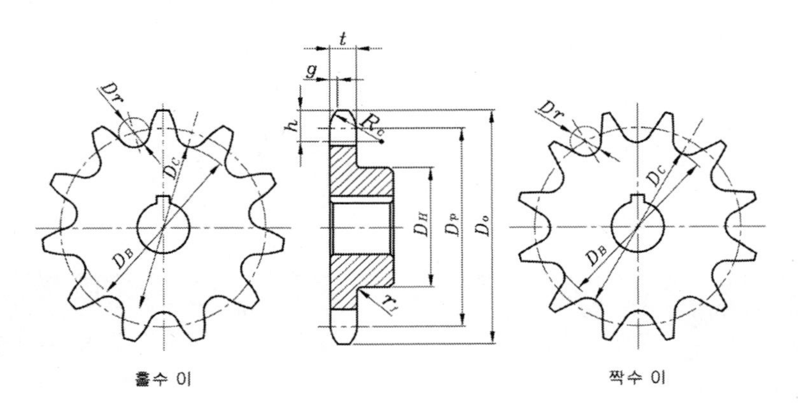

홀수 이 짝수 이

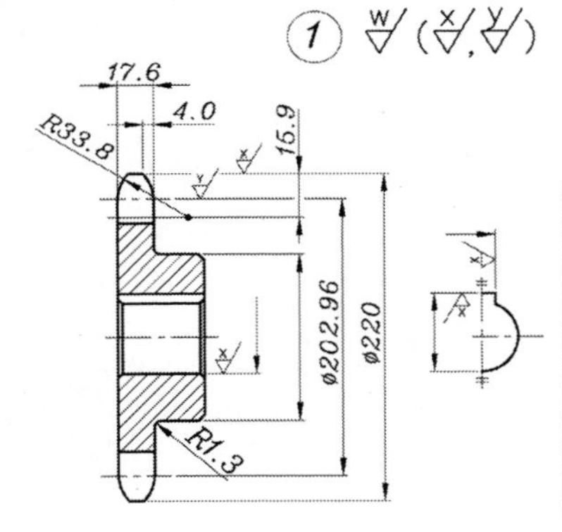

체인과 스프로킷 요목표		
종류	구분 \ 품번	①
롤러 체인	호칭	100
	원주 피치	31.75
	롤러 외경	φ19.05
스프로킷	잇수	20
	피치원 지름	φ202.96
	이뿌리원 지름	φ183.91
	이뿌리 거리	φ183.91

단위 : mm

호칭 번호	가로치형(횡치형)								가로 피치 p_t	적용 롤러 체인(참고)		
	모떼기 나비 g (약)	모떼기 깊이 h (약)	모떼기 반지름 R_c (최소)	둥글기 r_f (최대)	이 나비 t (최대) 홑줄	2줄, 3줄	4줄 이상	허용차		원주 피치 P	롤러 바깥 지름 d_1 (최대)	안쪽 링크 안쪽 나비 b_1 (최소)
100	4.0	15.9	33.8	1.3	17.6	17.0	16.1	0 −0.35	35.8	31.75	19.05	18.90
120	4.8	19.0	40.5	1.5	23.5	22.7	21.5	0 −0.40	45.4	38.10	22.23	25.22

■ 롤러 체인용 스프로킷의 기준 치수(호칭번호 100)

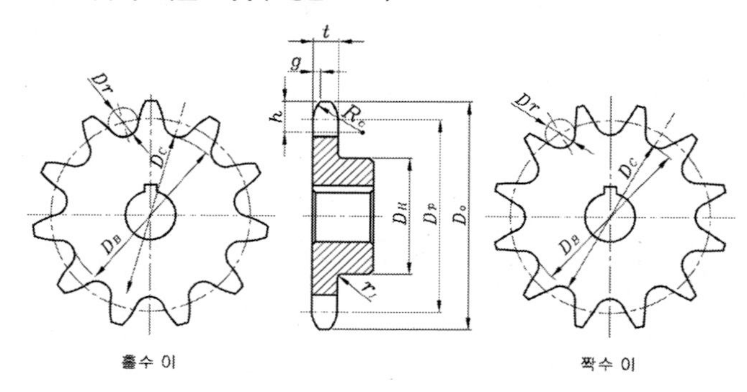

홀수 이　　　　짝수 이

단위 : mm

잇수	피치원 지름	바깥 지름	이뿌리원 지름	이뿌리 거리	최대보스 지름
N	D_P	D_O	D_B	D_C	D_H
11	112.70	127	93.65	92.50	76
12	122.67	138	103.62	103.62	86
13	132.67	148	113.62	112.65	96
14	142.68	158	123.63	123.63	107
15	152.71	168	133.66	13282	117
16	162.74	179	143.69	143.69	127
17	172.79	189	153.74	153.00	137
18	192.84	199	163.79	163.79	148
19	192.90	209	173.85	173.19	158
20	202.96	220	183.91	183.91	168
21	213.03	230	193.98	193.38	178
22	223.10	240	204.05	204.05	188
23	233.17	250	214.12	213.58	19
24	243.25	260	224.20	224.20	209
25	253.32	270	234.27	233.78	219
26	263.40	281	244.35	244.35	229
27	273.49	291	254.44	253.97	239
28	283.57	301	264.52	264.52	249
29	293.66	311	274.61	274.18	259
30	303.75	321	284.70	184.70	270
31	313.83	331	294.78	294.38	280
32	323.92	341	304.87	304.87	290
33	334.01	352	314.96	314.59	300
34	344.11	362	325.06	325.06	310
35	354.20	372	335.15	334.79	320
36	364.29	382	345.24	345.24	330
37	374.38	392	355.33	355.00	341
38	384.48	402	365.43	365.43	351
39	394.57	412	375.52	375.20	361
40	404.67	422	385.62	385.62	371

단위 : mm

잇수	피치원 지름	바깥 지름	이뿌리원 지름	이뿌리 거리	최대보스 지름
N	D_P	D_O	D_B	D_C	D_H
41	414.77	433	395.72	395.41	381
42	424.86	443	405.81	405.81	391
43	434.96	453	415.91	415.62	401
44	445.06	463	426.01	426.01	411
45	455.16	473	436.11	435.83	422
46	465.25	483	446.20	446.20	432
47	475.35	493	456.30	456.04	442
48	485.45	503	466.40	466.40	452
49	495.55	514	476.50	476.25	462
50	505.65	524	486.60	486.60	472
51	515.75	534	496.70	496.46	482
52	525.85	544	506.80	506.80	492
53	535.95	554	516.90	516.66	503
54	546.05	564	527.00	527.00	513
55	556.15	574	537.10	536.87	523
56	566.25	584	547.20	547.20	533
57	576.35	595	557.30	557.09	543
58	586.45	605	567.40	567.40	553
59	596.56	615	577.51	577.29	563
60	606.66	625	587.61	587.61	573
61	616.76	635	597.71	597.50	583
62	626.86	645	607.81	607.81	594
63	636.96	655	617.91	617.72	604
64	647.06	665	628.01	628.01	614
65	657.17	675	638.12	637.93	624
66	667.27	686	648.22	648.22	634
67	677.37	696	658.32	658.14	644
68	687.48	706	668.43	668.43	654
69	697.58	716	678.53	678.35	664
70	707.68	726	688.63	688.63	674

14-11 스프로킷의 기준치수(호칭번호 120)

1. 롤러 체인용 스프로킷의 제도(호칭번호 120)

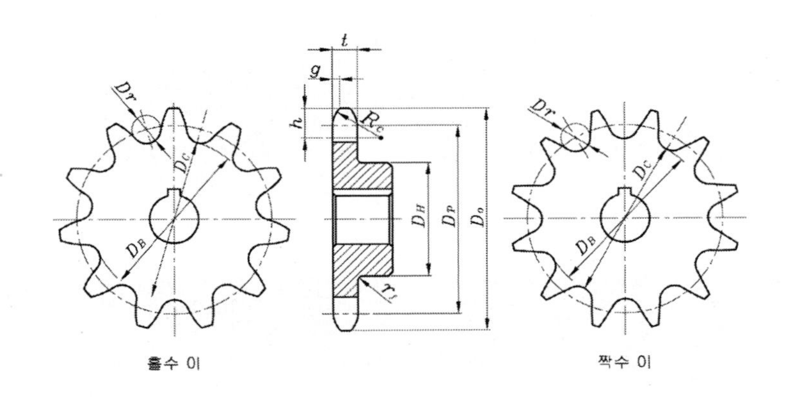

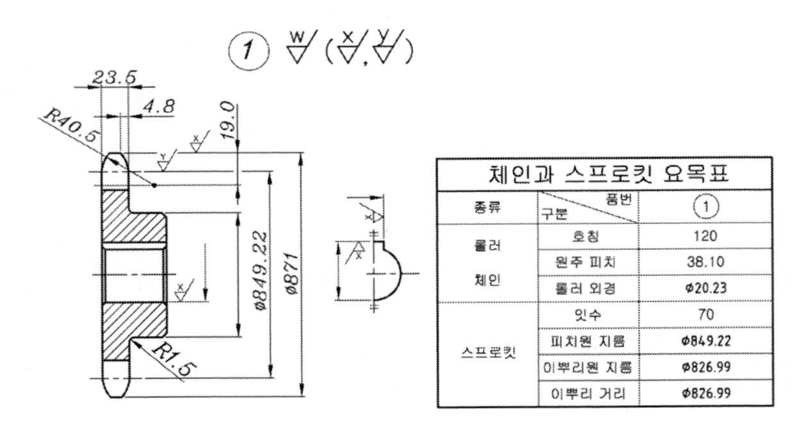

종류	구분 \ 품번	1
롤러 체인	호칭	120
	원주 피치	38.10
	롤러 외경	φ20.23
스프로킷	잇수	70
	피치원 지름	φ849.22
	이뿌리원 지름	φ826.99
	이뿌리 거리	φ826.99

단위 : mm

호칭 번호	가로치형(횡치형)								가로 피치 p_t	적용 롤러 체인(참고)		
	모떼기 나비 g (약)	모떼기 깊이 h (약)	모떼기 반지름 R_c (최소)	둥글기 r_1 (최대)	이 나비 t (최대) 홑줄	이 나비 t (최대) 2줄, 3줄	이 나비 t (최대) 4줄 이상	허용차		원주 피치 P	롤러 바깥 지름 d_1 (최대)	안쪽 링크 안쪽 나비 b_1 (최소)
100	4.0	15.9	33.8	1.3	17.6	17.0	16.1	0 −0.35	35.8	31.75	19.05	18.90
120	4.8	19.0	40.5	1.5	23.5	22.7	21.5	0 −0.40	45.4	38.10	22.23	25.22

■ 롤러 체인용 스프로킷의 기준 치수(호칭번호 120)

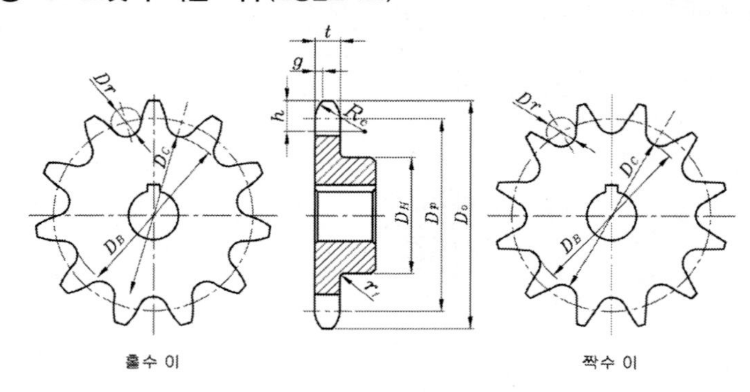

단위 : mm

잇수	피치원 지름	바깥 지름	이뿌리원 지름	이뿌리 거리	최대보스 지름
N	D_P	D_O	D_B	D_C	D_H
11	135.24	153	113.01	111.63	91
12	147.21	165	124.98	124.98	103
13	159.20	177	136.97	135.81	116
14	171.22	190	148.99	148.99	128
15	183.25	202	161.02	160.02	140
16	195.29	214	173.06	173.06	153
17	207.35	227	185.12	184.23	165
18	219.41	239	197.18	197.18	177
19	231.48	251	209.25	208.46	189
20	243.55	263	221.32	221.32	202
21	255.63	276	233.40	232.69	214
22	267.72	288	245.49	245.49	226
23	279.80	300	257.57	256.92	238
24	291.90	312	269.67	269.67	251
25	303.99	324	281.76	281.16	263
26	316.09	337	293.86	293.86	275
27	328.19	349	305.96	305.40	287
28	340.29	361	318.06	318.06	299
29	352.39	373	330.16	329.64	311
30	364.50	385	342.27	342.27	324
31	376.60	398	354.37	353.89	336
32	388.71	410	366.48	366.48	348
33	400.82	422	378.59	378.13	360
34	412.93	434	390.70	390.70	372
35	425.04	446	402.81	402.38	384
36	437.15	458	414.92	414.92	397
37	449.26	470	427.03	426.63	409
38	461.38	483	439.15	439.15	421
39	473.49	495	451.26	450.87	433
40	485.60	507	463.37	463.37	445

단위 : mm

잇수	피치원 지름	바깥 지름	이뿌리원 지름	이뿌리 거리	최대보스 지름
N	D_P	D_O	D_B	D_C	D_H
41	497.72	519	475.49	475.12	457
42	509.84	531	487.61	487.61	470
43	521.95	543	499.72	499.37	482
44	534.07	556	511.84	511.84	494
45	546.19	568	523.96	523.62	506
46	558.30	580	536.07	536.07	518
47	570.42	592	548.19	547.88	530
48	582.54	604	560.31	560.31	542
49	594.66	616	572.43	572.13	555
50	606.78	628	584.55	584.55	567
51	618.90	641	596.67	596.38	579
52	631.02	653	608.79	608.79	591
53	643.14	665	620.91	620.63	603
54	655.26	677	633.03	633.03	615
55	667.38	689	645.15	644.88	627
56	679.50	701	657.27	657.27	640
57	691.63	713	669.40	669.13	652
58	703.75	726	681.52	681.52	664
59	715.87	738	693.64	693.38	676
60	727.99	750	705.76	705.76	688
61	740.11	762	717.88	717.63	700
62	752.23	774	730.00	730.00	712
63	764.35	786	742.12	741.89	725
64	776.48	798	754.25	754.25	737
65	788.60	811	766.37	766.14	749
66	800.72	823	778.49	778.49	761
67	812.85	835	790.62	790.39	773
68	824.97	847	802.74	802.74	785
69	837.10	859	814.87	814.65	797
70	849.22	871	826.99	826.99	810

14-12 스프로킷의 기준치수(호칭번호 140)

1. 롤러 체인용 스프로킷의 제도(호칭번호 140)

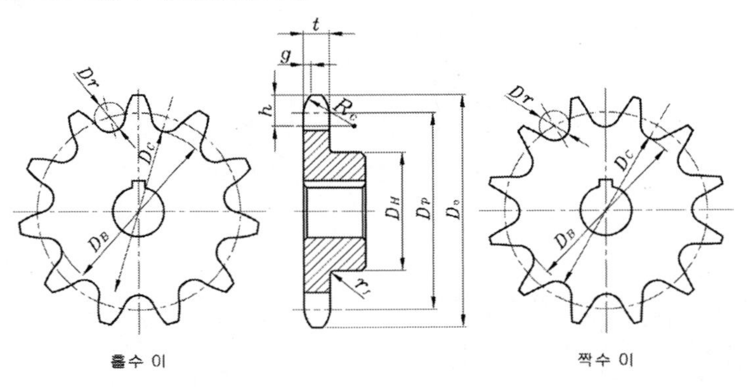

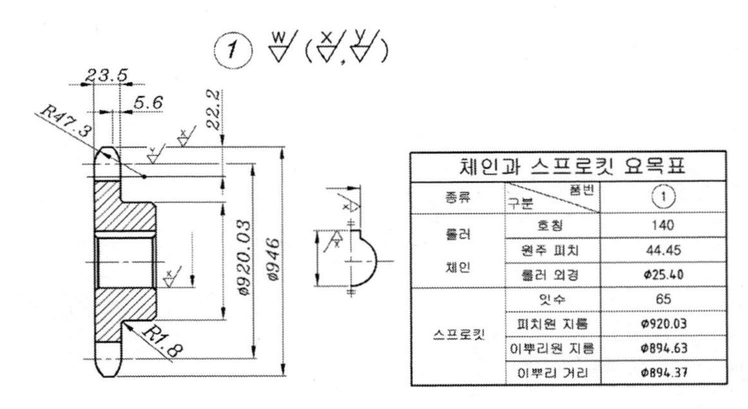

체인과 스프로킷 요목표		
종류	구분 \ 품번	①
롤러 체인	호칭	140
	원주 피치	44.45
	롤러 외경	ø25.40
스프로킷	잇수	65
	피치원 지름	ø920.03
	이뿌리원 지름	ø894.63
	이뿌리 거리	ø894.37

단위 : mm

호칭 번호	가로치형(횡치형)								가로 피치 p_t	적용 롤러 체인(참고)		
	모떼기 나비 g (약)	모떼기 깊이 h (약)	모떼기 반지름 R_c (최소)	둥글기 r_1 (최대)	이 나비 t (최대) 홀줄	이 나비 t (최대) 2줄, 3줄	이 나비 t (최대) 4줄 이상	허용차		원주 피치 P	롤러 바깥 지름 d_1 (최대)	안쪽 링크 안쪽 나비 b_1 (최소)
120	4.8	19.0	40.5	1.5	23.5	22.7	21.5	0 −0.40	45.4	38.10	22.23	25.22
140	5.6	22.2	47.3	1.8	23.5	22.7	21.5	0 −0.40	48.9	44.45	25.40	25.22

■ 롤러 체인용 스프로킷의 기준 치수(호칭번호 140)

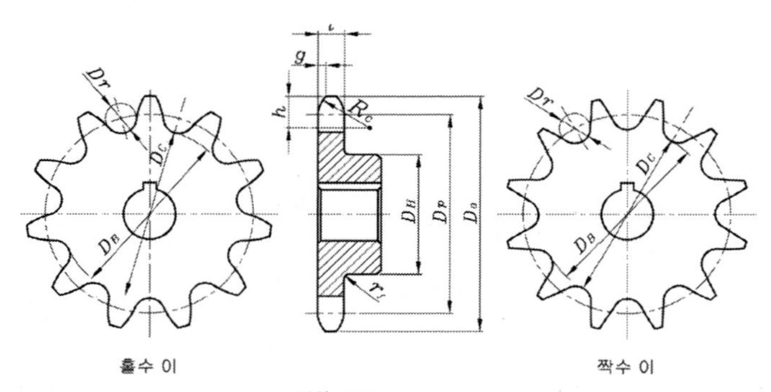

홀수 이　　　짝수 이

단위 : mm

잇수	피치원 지름	바깥 지름	이뿌리원 지름	이뿌리 거리	최대보스 지름
N	D_P	D_O	D_B	D_C	D_H
11	157.78	178	132.38	130.77	106
12	171.14	193	146.34	146.34	121
13	185.74	207	460.34	158.98	135
14	199.76	221	174.36	174.36	150
15	213.79	236	188.39	187.22	164
16	227.84	250	202.44	202.44	178
17	241.91	264	216.51	215.47	193
18	255.98	279	230.58	230.58	207
19	270.06	293	244.66	243.74	221
20	284.15	307	258.75	258.75	235
21	298.24	322	272.84	272.00	250
22	312.34	336	286.94	286.94	264
23	326.44	350	301.04	300.28	278
24	340.54	364	315.14	315.14	292
25	354.65	379	329.25	328.56	307
26	368.77	393	343.37	343.37	321
27	382.88	407	357.48	356.83	335
28	397.00	421	371.60	371.60	349
29	411.12	435	385.72	385.12	364
30	425.24	450	399.84	399.84	378
31	439.37	464	413.97	413.40	392
32	453.49	478	428.09	428.09	406
33	467.62	492	442.22	441.69	420
34	481.75	506	456.35	456.35	434
35	495.88	521	470.48	469.98	449
36	510.01	535	484.61	484.61	463
37	524.14	549	498.74	498.27	477
38	538.27	563	512.87	512.87	491
39	552.40	577	527.00	526.55	505
40	566.54	591	541.14	541.14	520

단위 : mm

잇수	피치원 지름	바깥 지름	이뿌리원 지름	이뿌리 거리	최대보스 지름
N	D_P	D_O	D_B	D_C	D_H
41	580.67	606	555.27	554.85	534
42	594.81	620	569.41	569.41	548
43	608.94	634	583.54	583.14	562
44	623.08	648	597.68	597.68	576
45	637.22	662	611.82	611.43	590
46	651.35	676	625.95	625.95	605
47	665.49	691	640.09	639.72	619
48	679.63	705	654.23	654.23	633
49	693.77	719	668.37	668.02	647
50	707.91	733	682.51	682.51	661
51	722.05	747	696.65	696.31	675
52	736.19	762	710.79	710.79	690
53	750.33	776	724.93	724.60	704
54	764.47	790	739.07	739.07	718
55	778.61	804	753.21	752.89	732
56	792.75	818	767.35	767.35	746
57	806.90	832	781.50	781.19	760
58	821.04	847	795.64	795.64	775
59	835.18	861	809.78	809.48	789
60	849.32	875	823.92	823.92	803
61	863.46	889	838.06	837.77	817
62	877.61	903	852.21	852.21	831
63	891.75	917	866.35	866.07	845
64	905.89	931	880.49	880.49	860
65	920.03	946	894.63	894.37	874
66	934.18	960	908.78	908.78	888
67	948.32	974	922.92	922.66	902
68	962.47	988	937.07	937.07	916
69	976.61	1002	951.21	950.96	930
70	990.75	1016	965.35	965.35	945

스프로킷의 기준치수(호칭번호 160)

1. 롤러 체인용 스프로킷의 제도(호칭번호 160)

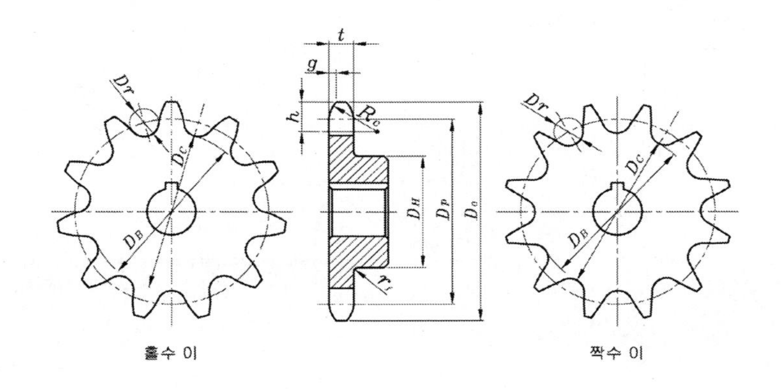

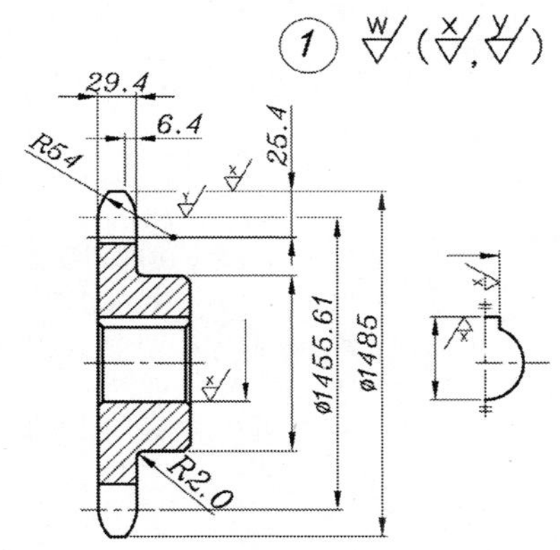

체인과 스프로킷 요목표		
종류	구분 \ 품번	①
롤러 체인	호칭	160
	원주 피치	50.80
	롤러 외경	ø28.58
스프로킷	잇수	90
	피치원 지름	ø1455.61
	이뿌리원 지름	ø1427.03
	이뿌리 거리	ø1427.03

단위 : mm

호칭 번호	가로치형(횡치형)								가로 피치 p_t	적용 롤러 체인(참고)		
	모떼기 나비 g (약)	모떼기 깊이 h (약)	모떼기 반지름 R_c (최소)	둥글기 r_f (최대)	이 나비 t (최대)					원주 피치 P	롤러 바깥 지름 d_1 (최대)	안쪽 링크 안쪽 나비 b_1 (최소)
					홑줄	2줄, 3줄	4줄 이상	허용차				
160	6.4	25.4	54.0	2.0	29.4	28.4	27.0	0 −0.45	58.5	50.80	28.58	31.55

■ 롤러 체인용 스프로킷의 기준 치수(호칭번호 160)

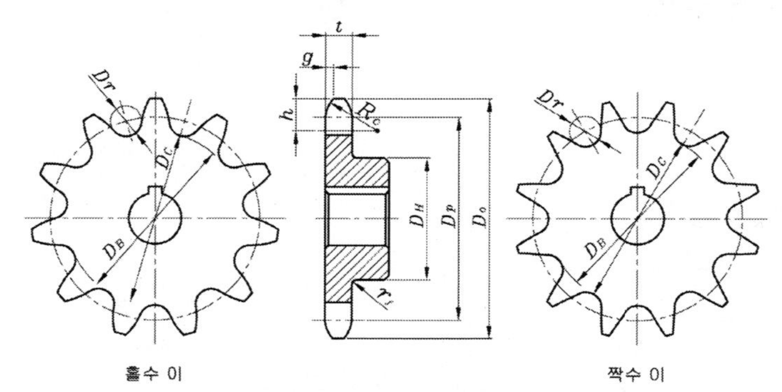

홀수 이 짝수 이

단위 : mm

잇수	피치원 지름	바깥 지름	이뿌리원 지름	이뿌리 거리	최대보스 지름
N	D_P	D_O	D_B	D_C	D_H
11	180.31	204	151.73	149.90	121
12	196.28	220	167.70	167.70	138
13	212.27	237	183.69	182.14	155
14	228.30	253	199.72	199.72	171
15	244.33	269	215.75	214.42	187
16	260.39	286	231.81	231.81	204
17	276.46	302	247.88	246.71	220
18	292.55	319	263.97	263.97	237
19	308.64	335	280.06	279.00	253
20	324.74	351	296.16	296.16	269
21	340.84	368	312.26	311.31	285
22	356.76	384	328.38	328.38	302
23	373.07	400	344.49	343.62	318
24	389.19	416	360.61	360.61	334
25	405.32	433	376.74	375.94	351
26	421.45	449	392.87	392.87	367
27	437.58	465	409.00	408.26	383
28	453.72	481	425.14	425.14	399
29	469.85	498	441.27	440.58	416
30	485.99	514	457.41	457.41	432
31	502.13	530	473.55	472.91	448
32	518.28	546	489.70	489.70	464
33	534.42	562	505.84	505.24	480
34	550.57	579	521.99	521.99	497
35	566.71	595	538.13	537.57	513
36	582.86	611	554.28	554.28	529
37	599.01	627	570.43	569.89	545
38	615.17	644	586.59	586.59	561
39	631.32	660	602.74	602.22	578
40	647.47	676	618.89	618.89	594

단위 : mm

잇수	피치원 지름	바깥 지름	이뿌리원 지름	이뿌리 거리	최대보스 지름
N	D_P	D_O	D_B	D_C	D_H
41	663.63	692	635.05	634.56	610
42	679.78	708	651.20	651.20	626
43	695.93	725	667.35	666.89	643
44	712.09	741	683.51	683.51	659
45	728.25	757	699.67	699.23	675
46	744.40	773	715.82	715.82	691
47	760.56	789	731.93	731.56	707
48	776.72	806	748.14	748.14	723
49	792.88	822	764.30	763.89	740
50	809.04	838	780.46	780.46	756
51	825.20	854	796.62	796.23	772
52	841.36	870	812.78	812.78	788
53	857.52	887	828.94	828.56	804
54	873.68	903	845.10	845.10	821
55	889.84	919	861.26	860.90	837
56	906.00	935	877.42	877.42	853
57	922.17	951	893.59	893.24	869
58	938.33	967	909.75	909.75	885
59	954.49	984	925.91	925.57	902
60	970.65	1000	942.07	942.07	918
61	986.82	1016	958.241	957.91	934
62	1002.98	1032	974.40	974.40	950
63	1019.14	1048	990.56	990.24	966
64	1035.30	1065	1006.72	1006.72	982
65	1051.47	1081	1022.89	1022.58	999
66	1067.63	1097	1039.05	1039.05	1015
67	1083.80	1113	1055.22	1054.92	1031
68	1099.96	1129	1071.38	1071.38	1047
69	1116.13	1145	1087.55	1087.26	1063
70	1132.29	1162	1103.71	1103.71	1080

14-14 스프로킷의 기준치수(호칭번호 200)

1. 롤러 체인용 스프로킷의 제도(호칭번호 200)

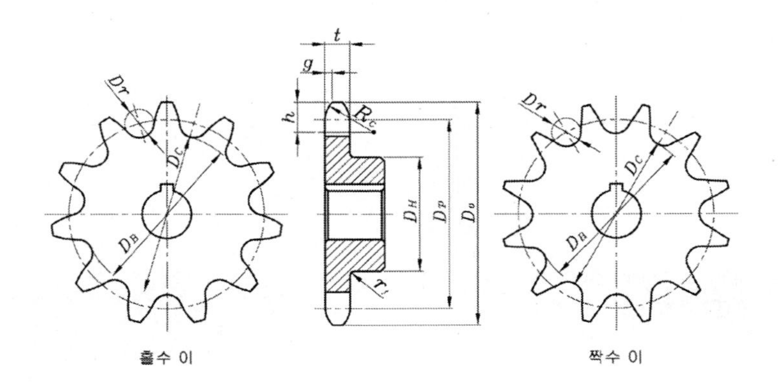

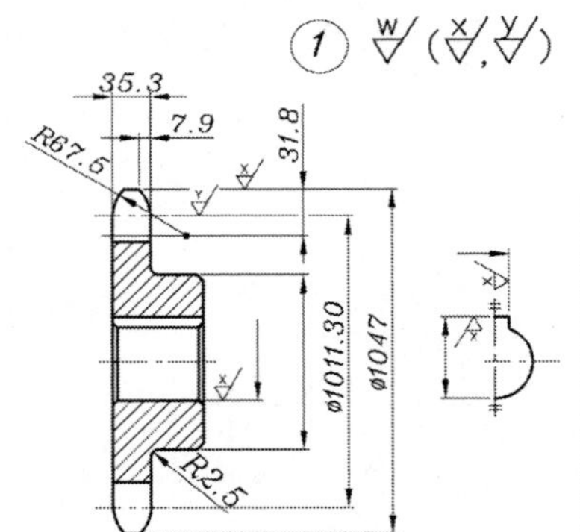

체인과 스프로킷 요목표

종류	구분 \ 품번	1
롤러 체인	호칭	200
	원주 피치	63.50
	롤러 외경	ø39.68
스프로킷	잇수	50
	피치원 지름	ø1011.30
	이뿌리원 지름	ø971.62
	이뿌리 거리	ø971.62

단위 : mm

호칭 번호	가로치형(횡치형)								가로 피치 p_t	적용 롤러 체인(참고)		
	모떼기 나비 g (약)	모떼기 깊이 h (약)	모떼기 반지름 R_c (최소)	둥글기 r_f (최대)	이 나비 t (최대) 홑줄	이 나비 t (최대) 2줄, 3줄	이 나비 t (최대) 4줄 이상	허용차		원주 피치 P	롤러 바깥 지름 d_1 (최대)	안쪽 링크 안쪽 나비 b_1 (최소)
200	7.9	31.8	67.5	2.5	35.3	34.1	32.5	0 −0.55	71.6	63.50	39.68	37.85
240	9.5	38.1	81.0	3.0	44.1	42.7	40.7	0 −0.65	87.8	76.20	47.63	47.35

■ 롤러 체인용 스프로킷의 기준 치수(호칭번호 200)

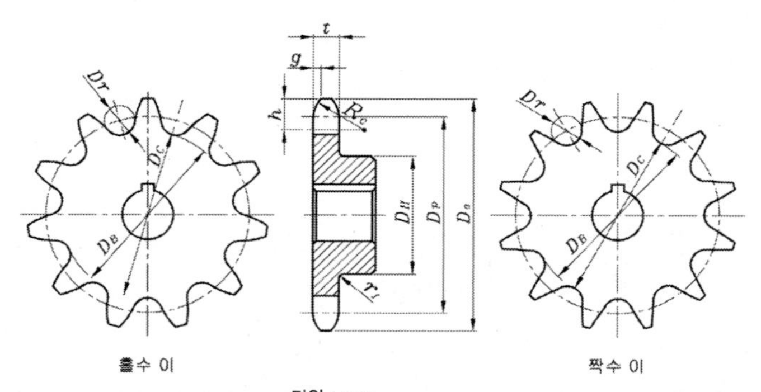

홀수 이 / 짝수 이

단위 : mm

잇수	피치원 지름	바깥 지름	이뿌리원 지름	이뿌리 거리	최대보스 지름
N	D_P	D_O	D_B	D_C	D_H
11	225.39	24	185.70	183.40	152
12	245.34	275	205.65	205.65	173
13	265.34	296	225.65	223.71	193
14	285.37	316	245.68	245.68	214
15	305.42	337	265.73	264.06	235
16	325.49	357	285.80	285.80	255
17	345.58	378	305.89	304.42	275
18	365.68	398	325.99	325.99	296
19	385.79	419	346.10	244.79	316
20	405.92	439	366.23	366.23	337
21	426.05	459	386.36	385.17	355
22	446.20	480	406.51	406.51	377
23	466.34	500	426.65	425.56	398
24	486.49	520	446.80	446.80	418
25	506.65	541	466.96	465.96	438
26	526.81	561	487.12	487.12	459
27	546.98	581	507.29	506.36	479
28	567.14	602	527.45	527.45	499
29	587.32	622	547.63	546.76	520
30	607.49	642	567.80	567.80	540
31	627.67	663	587.98	587.17	560
32	647.85	683	608.16	608.16	580
33	668.03	703	628.34	627.58	601
34	688.21	723	648.52	648.52	621
35	708.39	744	668.70	667.99	641
36	728.58	764	688.89	688.89	662
37	748.77	784	709.08	708.40	682
38	768.96	804	729.27	729.27	702
39	789.15	825	749.46	748.81	722
40	809.34	845	769.65	769.65	743

단위 : mm

잇수	피치원 지름	바깥 지름	이뿌리원 지름	이뿌리 거리	최대보스 지름
N	D_P	D_O	D_B	D_C	D_H
41	829.53	865	789.85	789.24	763
42	849.73	885	810.05	810.05	783
43	869.92	906	830.24	829.66	803
44	890.11	926	850.43	850.43	824
45	910.31	946	870.63	870.08	844
46	930.50	1966	890.82	890.82	864
47	950.70	1987	911.02	910.50	884
48	970.90	1007	931.22	931.22	905
49	991.10	1027	951.42	950.91	925
50	1011.30	1047	971.62	971.62	945
51	1031.50	1068	991.82	991.33	965
52	1051.70	1088	1012.02	1012.02	986
53	1071.90	1108	1032.22	1031.75	1006
54	1092.10	1128	1052.42	1052.42	1026
55	1112.30	1149	1072.62	1072.17	1046
56	1132.50	1169	1092.82	1092.82	1066
57	1152.71	1189	1113.03	1112.59	1087
58	1172.91	1209	1133.23	1133.23	1107
59	1193.11	1230	1153.43	1153.01	1127
60	1213.31	1250	1173.63	1173.63	1147
61	1233.52	1270	1193.88	1193.43	1168
62	1253.72	1290	1214.04	1214.04	1188
63	1273.92	1310	1234.24	1233.85	1208
64	1294.13	1331	1254.45	1254.45	1228
65	1314.34	1351	1274.66	1274.27	1249
66	1334.54	1371	1294.86	1294.86	1269
67	1354.75	1391	1315.07	1314.69	1289
68	1374.95	1412	1335.27	1335.27	1309
69	1395.16	1432	1355.48	1355.12	1329
70	1415.36	1452	1375.68	1375.68	1350

14-15 스프로킷의 기준치수(호칭번호 240)

1. 롤러 체인용 스프로킷의 제도(호칭번호 240)

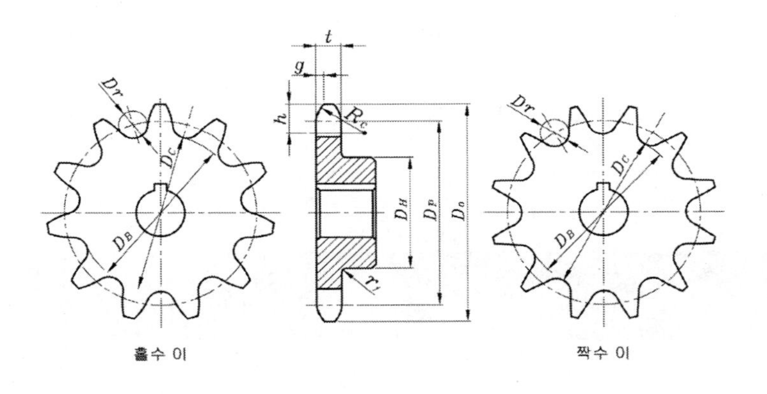

홀수 이　　　　짝수 이

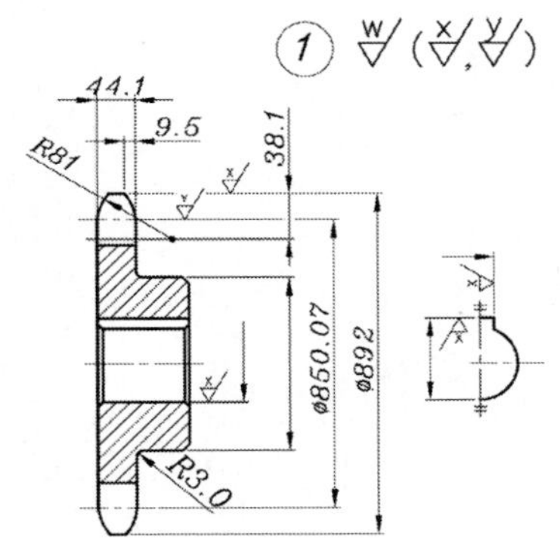

체인과 스프로킷 요목표		
종류	구분 \ 품번	①
롤러 체인	호칭	240
	원주 피치	76.20
	롤러 외경	ø47.63
스프로킷	잇수	35
	피치원 지름	ø850.07
	이뿌리원 지름	ø802.44
	이뿌리 거리	ø801.59

단위 : mm

호칭 번호	가로치형(횡치형)								가로 피치 p_t	적용 롤러 체인(참고)		
	모떼기 나비 g (약)	모떼기 깊이 h (약)	모떼기 반지름 R_c (최소)	둥글기 r_f (최대)	이 나비 t (최대) 홑줄	2줄, 3줄	4줄 이상	허용차		원주 피치 P	롤러 바깥 지름 d_1 (최대)	안쪽 링크 안쪽 나비 b_1 (최소)
200	7.9	31.8	67.5	2.5	35.3	34.1	32.5	0 −0.55	71.6	63.50	39.68	37.85
240	9.5	38.1	81.0	3.0	44.1	42.7	40.7	0 −0.65	87.8	76.20	47.63	47.35

■ 롤러 체인용 스프로킷의 기준 치수(호칭번호 240)

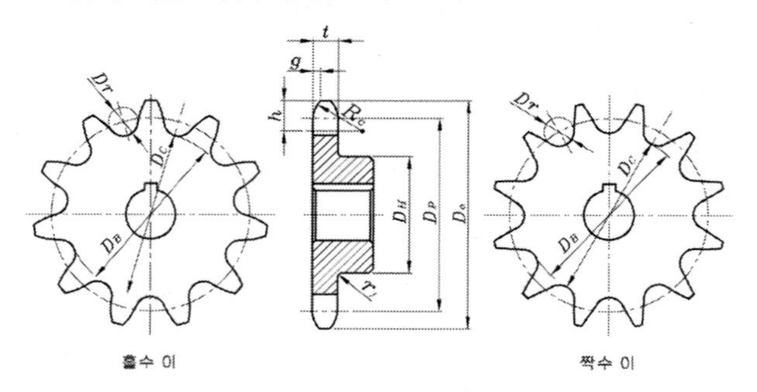

홀수 이　　　　짝수 이

단위 : mm

잇수	피치원 지름	바깥 지름	이뿌리원 지름	이뿌리 거리	최대보스 지름
N	D_P	D_O	D_B	D_C	D_H
11	270.47	305	222.84	220.08	183
12	294.41	330	246.78	246.78	207
13	318.41	355	270.78	268.46	232
14	342.44	380	294.81	294.81	257
15	366.50	404	318.87	316.87	282
16	390.59	429	342.96	342.96	306
17	414.70	453	367.07	365.30	331
18	438.82	478	391.19	391.19	355
19	462.95	502	415.32	413.75	380
20	487.11	527	439.48	439.48	404
21	511.26	551	463.63	462.20	429
22	535.43	576	487.80	487.80	453
23	559.61	600	511.98	510.67	477
24	583.79	625	536.16	536.16	502
25	607.98	649	560.35	559.15	526
26	632.17	673	584.54	584.54	551
27	656.37	698	608.74	607.63	575
28	680.57	722	632.94	632.94	599
29	704.78	746	657.15	656.12	624
30	728.99	771	681.36	681.36	648
31	753.20	795	705.57	704.60	672
32	777.42	819	729.79	729.79	697
33	801.63	844	754.00	753.09	721
34	825.86	868	778.23	778.23	745
35	850.07	892	802.44	801.59	770
36	874.30	917	826.67	826.67	794
37	898.52	941	850.89	850.08	818
38	922.75	965	875.12	875.12	843
39	946.98	990	899.35	898.58	867
40	971.21	1014	923.58	923.58	891

단위 : mm

잇수	피치원 지름	바깥 지름	이뿌리원 지름	이뿌리 거리	최대보스 지름
N	D_P	D_O	D_B	D_C	D_H
41	995.44	1038	947.81	947.08	916
42	1019.67	1063	972.04	972.04	940
43	1043.90	1087	996.27	995.58	964
44	1068.13	1111	1020.50	1020.50	988
45	1092.37	1135	1044.74	1044.08	1013
46	1116.60	1160	1068.97	1068.97	1037
47	1140.84	1184	1093.21	1092.58	1061
48	1165.08	1208	1117.45	1117.45	1086
49	1189.32	1233	1141.69	1141.08	1110
50	1213.56	1257	1165.93	1165.93	1134
51	1237.80	1281	1190.17	1189.58	1158
52	1262.04	1305	1214.41	1214.41	1183
53	1286.28	1330	1238.65	1238.08	1207
54	1310.52	1354	1262.89	1262.89	1231
55	1334.76	1378	1287.13	1286.59	1256
56	1359.00	1403	1311.37	1311.37	1280
57	1383.25	1427	1335.10	1335.10	1304
58	1407.49	1451	1359.86	1359.86	1328
59	1431.74	1475	1384.11	1383.60	1353
60	1455.98	1500	1403.35	1408.35	1377
61	1480.22	1524	1432.59	1432.10	1401
62	1504.47	1548	1456.84	1456.84	1426
63	1528.71	1573	1481.08	1480.61	1450
64	1552.96	1597	1505.33	1505.33	1474
65	1577.20	1621	1529.57	1529.12	1498
66	1601.45	1645	1553.82	1553.82	1523
67	1625.70	1670	1578.07	1577.62	1542
68	1649.94	1694	1602.31	1602.31	1571
69	1674.19	1718	1626.56	1626.13	1595
70	1698.44	1742	1650.81	1650.81	1620

CHAPTER 15

기어 설계 계산 공식

15-1 기어 기호와 용어

■ 직선상 치수 및 원주상 치수 용어 및 기호

용 어	영 문	기 호
중심거리(조립거리)	Center distance	a
기준피치	Reference pitch	P
정면피치	Transverse pitch	P_t
치직각피치	Normal pitch	P_n
축방향피치	Axial pitch	P_x
법선피치	Base pitch	P_b
정면법선피치	Transverse base pitch	P_{bt}
치직각법선피치	Normal base pitch	P_{bn}
이높이	Tooth depth	h
이끝 높이	Addendum	h_a
이뿌리 높이	Dedendum	h_f
활줄 이높이	Chordal height	$\overline{h}_a$
일정 활줄 이높이	Constant chord height	$\overline{h}_c$
물림 이높이	Working depth	h_w
이두께	Tooth thickness	s
치직각 이두께	Normal tooth thickness	s_n
정면 이두께	Transverse tooth thickness	s_t
봉우리 너비	Crest width	s_a
정면 기초원 이두께	Base thickness	s_b
활줄 이두께	Chordal tooth thickness	$\overline{s}$
일정 활줄 이두께	Constant chord	$\overline{s}_c$
걸치기 이두께	Span measurement over k teeth	W
이의 홈	Tooth space	e
이뿌리 틈새	Tip and root clearance	C
원주 방향 백래쉬	Circumferential backlash	j_t
치직각 원주 방향 백래쉬	Normal backlash	j_{tn}
축직각 원주 방향 백래쉬	Radial backlash	j_{tt}
법선 방향 백래쉬	Axial backlash	j_n
치직각 법선 방향 백래쉬	Normal base backlash	j_{nn}
축직각 법선 방향 백래쉬	Radial base backlash	j_{nt}
중심거리 방향 백래쉬	Center distance backlash	j_r
반지름 방향 백래쉬	Radial backlash	$j_{r'}$
회전 각도 백래쉬	Angular backlash	$j\theta$

■ 직선상 치수 및 원주상 치수 용어 및 기호(계속)

용 어	영 문	기 호
치폭	Facewidth	b
유효 치폭	Effective facewidth	b'
리드	Lead	P_z
맞물림 길이	Length of path of contact	g_α
접근 물림 길이	Length of approach path	g_f
퇴거 물림 길이	Length of recess path	g_a
중첩 물림 길이	Overlap length	g_β
기준원 지름	Reference diameter	d
피치원 지름	Pitch diameter	d'
이끝원(치선원) 지름	Tip diameter	d_a
기초원 지름	Base diameter	d_b
이뿌리원 지름	Root diameter	d_f
중앙 기준원 지름	Center reference diameter	d_m
내단 이끝원 지름	Inner tip diameter	d_i
기준원 반지름	Reference radius	r
피치원 반지름	Pitch radius	r'
이끝원 반지름	Tip radius	r_a
기초원 반지름	Base radius	r_b
이뿌리원 반지름	Root radius	r_f
공구 반지름	Tool radius	r_o
치형의 곡률 반지름	Radius of curvature of tooth profile	ρ
원추 거리	Cone distance	R
배원추 거리	Back cone distance	R_v
원추정점에서 외단치끝까지 거리		X
이끝원(치선원)의 축방향 거리		X_b

■ 각도치수 용어 및 기호

용 어	영 문	기 호
기준 압력각	Reference pressure angle	α
물림 압력각	Working pressure angle	α'
공구 압력각	Cutter pressure angle	α_o
정면 압력각	Transverse pressure angle	α_t
치직각 압력각	Normal pressure angle	α_n
축평면 압력각	Axial pressure angle	α_x
정면물림 압력각	Transverse working pressure angle	α_t'

■ 각도치수 용어 및 기호(계속)

용 어	영 문	기 호
이끝원 압력각	Tip pressure angle	α_a
치직각 물림 압력각	Normal working pressure angle	α_n
기준 원통 비틀림각	Reference cylinder helix angle	β
피치 원통 비틀림각	Pitch cylinder helix angle	β'
중앙 비틀림각	Mean spiral angle	β_m
이끝 원통 비틀림각	Tip cylinder helix angle	β_a
기초 원통 비틀림각	Base cylinder helix angle	β_b
축각	Shaft angle	Σ
기준 원추각	Reference cone angle	δ
피치 원추각	Pitch angle	δ'
이끝 원추각	Tip angle	δ_a
이뿌리 원추각	Root angle	δ_f
이끝각	Addendum angle	θ_a
이뿌리각	Dddendum angle	θ_f
정면 접촉각	Transverse angle of transmission	ζ_a
중첩각	Overlap angle	ζ_b
전체 접촉각	Total angle of transmission	ζ_r
이두께의 반각	Tooth thickness half angle	ψ
이끝원 이두께의 반각	Tip tooth thickness half angle	ψ_a
이홈 너비의 반각	Spacewidth half angle	η
크라운 기어의 각 피치	Angular pitch of crown gear	τ
인벌류트 α	Involute function(Involute α)	$inv\alpha$

■ 수 및 비율의 용어 및 기호

용 어	영 문	기 호
잇수	Number of teeth	z
상당 평기어 잇수	Equivalent number of teeth	z_v
줄수 또는 피니언(소기어) 잇수	Number of threads, or number of teeth in pinion	z_1
걸치기 잇수		z_m
잇수비	Gear ratio	u
속도비	Transmission ratio	i
모듈	Module	m
정면 모듈	Transverse module	m_t
치직각 모듈	Normal module	m_n
축방향 모듈	Axial module	m_x

■ 수 및 비율의 용어 및 기호(계속)

용 어	영 문	기 호
다이아메트럴 피치	Diametral pitch	P
정면 물림률	Transverse contact ratio	ε_α
중첩 물림률	Overlap ratio	ε_β
전체 물림률	Total contact ratio	ε_γ
각속도	Angular speed	ω
선속도	Tangential speed	ν
회전수	Rotational speed	n
전위계수	Profile shift coefficient	x
치직각 전위계수	Normal profile shift coefficient	x_n
축직각 전위계수	Transverse profile shift coefficient	x_t
중심거리 수정계수	Center distance modification coefficient	y

■ 기타 용어

용 어	영 문	기 호
접선 방향력(원주)	Tangential force(Circumference)	F_u
축방향력(스러스트)	Axial force(Thrust)	F_a
반지름 방향력	Radial force	F_r
이에 걸리는 힘		F_n
핀의 지름	Pin diameter	d_p
이상적인 핀의 지름	Ideal Pin diameter	d'_p
오버핀 치수	over pin	d_m
핀의 중심을 통과하는 압력각	Pressure angle at pin center	ϕ
마찰계수	Coefficient of friction	μ
원호 이두께 계수	Circular thickness factor	K
계수		k

■ 정밀도

용 어	영 문	기 호
단일피치오차	Single pitch deviation	f_{pt}
인접피치오차	Pitch deviation	f_v 또는 f_{pu}
전체 누적피치오차	Total cumulative pitch deviation	F_p
전체 치형오차	Total profile deviation	F_a
이 홈의 흔들림	Runout	F_r
전체 잇줄 오차	Total helix deviation	F_β

기어 설계 계산 공식

■ 그리스 문자 읽는 법

대문자	소문자	쓰는 법	읽는 법
A	α	Alpha	알파
B	β	Beta	베타
Γ	γ	Gamma	감마
Δ	δ	Delta	델타
E	ε	Epsilon	엡실론
Z	ζ	Zeta	제타
H	η	Eta	에타
Θ	θ	Theta	세타
I	ι	lota	로타
K	κ	Kappa	카파
Λ	λ	Lambda	람다
M	μ	Mu	뮤
N	ν	Nu	뉴
Ξ	ξ	Xi	사이
O	o	Omicron	오미크론
Π	π	Pi	파이
P	ρ	Rho	로
Σ	σ	Sigma	시그마
T	τ	Tau	타우
Υ	υ	Upsilon	업실론
Φ	ϕ	Phi	화이
X	χ	Chi	카이
Ψ	ψ	Psi	프사이
Ω	ω	Omega	오메가

15-2 평기어의 설계 계산

1. 표준 평기어(Standard Spur Gear)

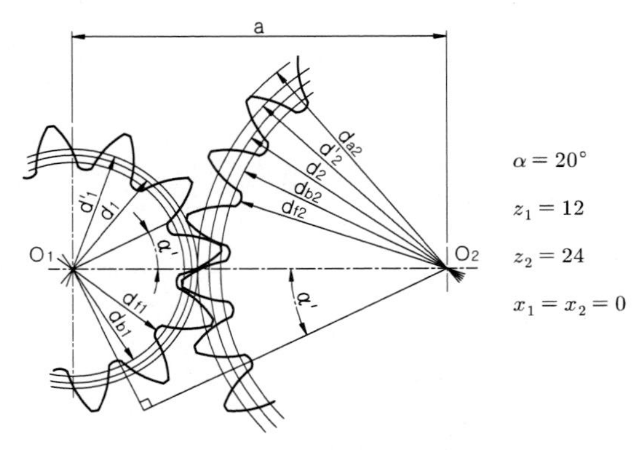

$\alpha = 20°$

$z_1 = 12$

$z_2 = 24$

$x_1 = x_2 = 0$

〈표준 평기어의 맞물림〉

■ 표준 평기어의 계산

계산 항목	기 호	계산 공식	계산 예제	
			피니언(1)	기어(2)
모듈 Module	m	Set Value	3	
기준 압력각 Reference Pressure Angle	α		20°	
잇수 Number of teeth	z		12	24
중심거리 Center Distance	a	$\dfrac{(z_1+z_2)m}{2} = \dfrac{d_1+d_2}{2}$	54.000	
기준원 직경 Rerference Diameter	d	zm	36.000	72.000
기초원 직경 Base Diameter	d_b	$d\cos\alpha$	33.829	67.658
이끝 높이(어덴덤) Addendum	h_a	$1.00m$	3.000	3.000
전체 이 높이 Tooth Depth	h	$2.25m$	6.750	6.750
치선원 직경 Tip Diameter	d_a	$d+2m$	42.000	78.000
치저원 직경 Root Diameter	d_f	$d-2.5m$	28.500	64.500

■ 잇수 구하는 방법

계산 항목	기 호	계산 공식		계산 예제	
				Pinion(1)	Gear(2)
모듈 Module	m	Set Value		3	
중심거리 Center Distance	a			54.000	
속도비 Speed Ratio	i			1.25	
잇수의 합 Sum of No. of Teeth	z_1+z_2	$\frac{2a}{m}$		36	
잇수 Number of teeth	z	$\frac{z_1+z_2}{i+1}$	$\frac{i(z_1+z_2)}{i+1}$	16	20

2. 전위 평기어(Profile Shifted Spur Gear)

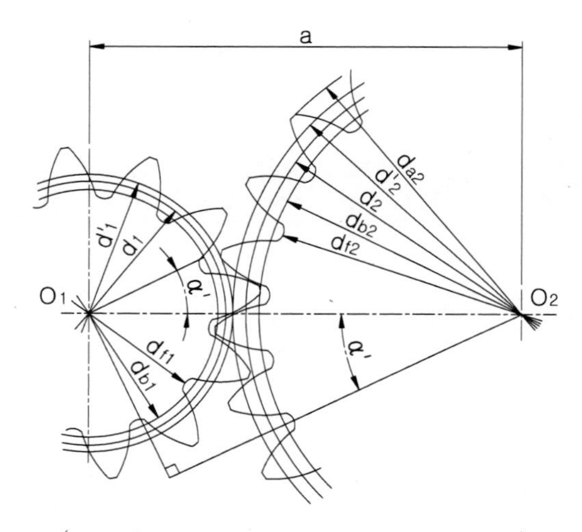

($\alpha=20°$, $z_1=12$, $z_2=24$, $x_1=+0.6$, $x_2=+0.36$)

〈전위 평기어의 맞물림〉

■ 전위 평기어의 계산(1)

계산 항목	기 호	계산 공식	계산 예제	
			피니언(1)	기어(2)
모듈 Module	m	Set Value	3	
기준 압력각 Reference Pressure Angle	α		20°	
잇수 Number of teeth	z		12	24

■ 전위 평기어의 계산(1)(계속)

계산 항목	기 호	계산 공식	계산 예제	
			피니언(1)	기어(2)
전위 계수 Profile shift coefficient	x	Set Value	0.6	0.36
인벌류트 α Involute α	$inv\alpha'$	$2\tan\alpha\left(\dfrac{x_1+x_2}{z_1+z_2}\right)+inv\alpha$	0.034316	
물림 압력각 Working pressure angle	α'	인벌류트 함수표에서 구한다.	26.0886°	
중심거리 수정계수 Center distance modification coefficient	y	$\dfrac{z_1+z_2}{2}\left(\dfrac{\cos\alpha}{\cos\alpha'}-1\right)$	0.83329	
중심거리 Center Distance	a	$\left(\dfrac{z_1+z_2}{2}+y\right)m$	56.4999	
기준원 직경 Rerference Diameter	d	zm	36.000	72.000
기초원 직경 Base Diameter	d_b	$d\cos\alpha$	33.8289	67.6579
물림부의 피치원 직경 Working pitch diameter	d'	$\dfrac{d_b}{\cos\alpha'}$	37.667	75.333
이끝 높이(어덴덤) Addendum	h_{a1} h_{a2}	$(1+y-x_2)m$ $(1+y-x_1)m$	4.420	3.700
전체 이높이 Tooth Depth	h	$\{2.25+y-(x_1+x_2)\}m$	6.370	
치선원 직경 Tip Diameter	d_a	$d+2h_a$	44.840	79.400
치저원 직경 Root Diameter	d_f	d_a-2h	32.100	66.660

[주] 상기 전위 평기어의 계산에 있어서, $x_1=x_2=0$으로 하면 표준 평기어의 계산이 된다.
위 전위 평기어의 계산(1)의 항목 중 전위계수부터 중심거리까지의 계산 항목을 역으로 계산한 것이 다음의 방법이다.

■ 전위 평기어의 계산(2)

계산 항목	기 호	계6산 공식	계산 예제	
중심거리 Center Distance	a	Set value	56.4999	
중심거리 수정계수 Center distance modification coefficient	y	$\dfrac{a_x}{m}-\dfrac{z_1+z_2}{2}$	0.8333	
물림 압력각 Working pressure angle	α'	$\cos^{-1}\left(\dfrac{\cos\alpha}{\dfrac{2y}{z_1+z_2}+1}\right)$	26.0886°	
전위계수의 합 Sum of profile shift cofficient	x_1+x_2	$\dfrac{(z_1+z_2)(inv\alpha'-inv\alpha)}{2\tan\alpha}$	0.9600	
전위 계수 Profile shift coefficient	x	–	0.6000	0.3600

기어 설계 계산 공식

3. 래크와 평기어(Rack and Spur Gear)

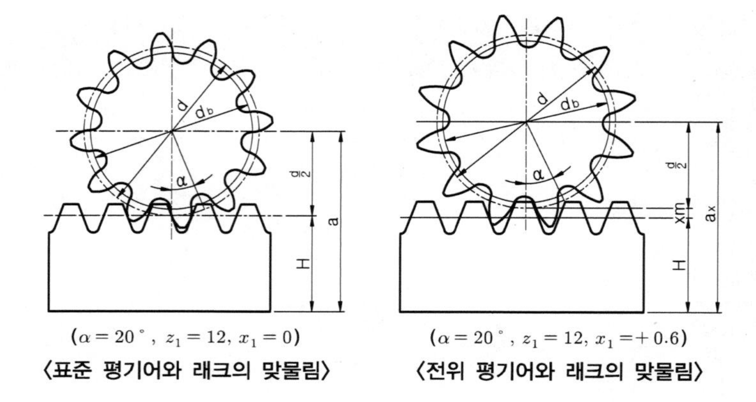

($\alpha = 20^\circ$, $z_1 = 12$, $x_1 = 0$)
〈표준 평기어와 래크의 맞물림〉

($\alpha = 20^\circ$, $z_1 = 12$, $x_1 = +0.6$)
〈전위 평기어와 래크의 맞물림〉

■ 래크와 물림 전위 평기어의 계산

계산 항목	기 호	계산 공식	계산 예제	
			Spur gear	Rack
모듈 Module	m	Set Value	3	
기준압력각 Reference Pressure Angle	α		20°	
잇수 Number of teeth	z		12	–
전위 계수 Profile shift coefficient	x		0.6	–
피치선 높이 Height of pitch line	H		–	32.000
물림 압력각 Working pressure angle	α'		20°	
조립 거리 Center distance modification coefficient	a	$\frac{zm}{2} + H + \pi m$	51.800	
기준원 직경 Rerference Diameter	d	zm	36.000	–
기초원 직경 Base Diameter	d_b	$d\cos\alpha$	33.829	–
물림부의 피치원 직경 Working pitch diameter	d'	$\frac{d_b}{\cos\alpha'}$	36.000	–
이끝 높이(어덴덤) Addendum	h_a	$m(1+x)$	4.800	3.000
전체 이높이 Tooth Depth	h	$2.25m$	6.750	
치선원 직경 Tip Diameter	d_a	$d + 2h_a$	45.600	–
치저원 직경 Root Diameter	d_f	$d_a - 2h$	32.100	–

4. 내기어(Internal Gear)

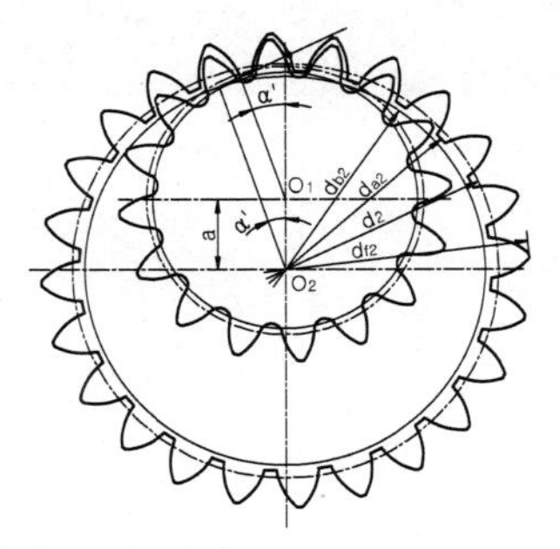

$(\alpha = 20°, z_1 = 16, z_2 = 24, x_1 = x_2 = +0.5)$

〈내접기어와 평기어의 맞물림〉

■ 전위 내접기어와 평기어의 계산(1)

계산 항목	기 호	계산 공식	계산 예제	
			평기어(1)	내접기어(2)
모듈 Module	m	Set Value	3	
기준압력각 Reference Pressure Angle	α		20°	
잇수 Number of teeth	z		16	24
전위 계수 Profile shift coefficient	x		0	+0.516
인벌류트 α Involute α	$inv\alpha'$	$2\tan\alpha\left(\frac{x_2 - x_1}{z_2 - z_1}\right) + inv\alpha$	0.061857	
물림 압력각 Working pressure angle	α'	인벌류트 함수표에서 구한다.	31.321258°	
중심거리 수정계수 Center distance modification coefficient	y	$\frac{z_2 - z_1}{2}\left(\frac{\cos\alpha}{\cos\alpha'} - 1\right)$	0.4000	
중심거리 Center Distance	a	$\left(\frac{z_2 - z_1}{2} + y\right)m$	13.2	
기준원 직경 Rerference Diameter	d	zm	48.000	72.000
기초원 직경 Base Diameter	d_b	$d\cos\alpha$	45.105	67.658
물림부의 피치원 직경 Working pitch diameter	d'	$\frac{d_b}{\cos\alpha'}$	52.7998	79.1997
이끝 높이(어덴덤) Addendum	h_{a1} h_{a2}	$(1 + x_1)m$ $(1 - x_2)m$	3.000	1.452
전체 이높이 Tooth Depth	h	$2.25m$	6.75	
치선원 직경 Tip Diameter	d_{a1} d_{a2}	$d_1 + 2h_{a1}$ $d_2 - 2h_{a2}$	54.000	69.096
치저원 직경 Root Diameter	d_{f1} d_{f2}	$d_{a1} - 2h$ $d_{a2} + 2h$	40.500	82.596

[주] 기어 제원으로 처음에 중심거리 a를 고려하여 전위계수를 구하는 경우에는 위 표의 계산 항목 중 전위계수부터 중심거리까지의 계산 항목을 역으로 계산한 것이 다음의 방법이다.

기어 설계 계산 공식

■ 전위 내접기어와 평기어의 계산(2)

계산 항목	기 호	계산 공식	계산 예제	
			외접기어(2)	내접기어(2)
중심거리 Center Distance	a	Set Value	13.1683	
중심거리 수정계수 Center distance modification coefficient	y	$\frac{a}{m} - \frac{z_2 - z_1}{2}$	0.38943	
물림 압력각 Working pressure angle	α'	$\cos^{-1}\left(\frac{\cos\alpha}{\frac{2y}{z_2 - z_1} + 1}\right)$	31.0937°	
전위계수의 차 Difference of profile shift coefficients	$x_2 - x_1$	$\frac{(z_2 - z_1)(inv\alpha' - inv\alpha)}{2\tan\alpha}$	0.5	
전위 계수 Profile shift coefficient	x		0	0.5

15-3 헬리컬 기어의 설계 계산

1. 치직각방식 전위 헬리컬 기어(Normal System Helical Gear)

■ 치직각방식 전위 헬리컬 기어의 계산(1)

계산 항목	기 호	계산 공식	계산 예제 Pinion(1)	계산 예제 Gear(2)
치직각 모듈 Normal module	m_n	Set Value	3	
치직각 압력각 Normal pressure angle	α_n		20°	
기준 원통 비틀림각 Reference cylinder helix angle	β		30°	
잇수(비틀림 방향) Number of teeth(helical hand)	z		12 (L)	60 (R)
치직각 전위 계수 Profile shift coefficient	x_n		+0.09809	0
정면 압력각 Transverse pressure angle	α_t	$\tan^{-1}\left(\dfrac{\tan\alpha_n}{\cos\beta}\right)$	22.79588°	
인벌류트 α_{bs} Involute function α_{bs}	$inv\alpha_t'$	$2\tan\alpha_n\left(\dfrac{x_{n1}+x_{n2}}{z_1+z_2}\right)+inv\,\alpha_t$	0.023405	
정면 물림 압력각 Working pressure angle	α_t'	인벌류트 함수표에서 구한다.	23.1126°	
중심거리 수정계수 Center distance modification coefficient	y	$\dfrac{z_1+z_2}{2\cos\beta}\left(\dfrac{\cos\alpha_t}{\cos\alpha_t'}-1\right)$	0.09744	
중심거리 Center Distance	a	$\left(\dfrac{z_1+z_2}{2\cos\beta}+y\right)m_n$	125.000	
기준원 직경 Rerference Diameter	d	$\dfrac{zm_n}{\cos\beta}$	41.569	207.846
기초원 직경 Base Diameter	d_b	$d\cos\alpha_t$	38.322	191.611
물림부의 피치원 직경 Working pitch diameter	d'	$\dfrac{d_b}{\cos\alpha'}$	41.667	208.333
이끝 높이(어덴덤) Addendum	h_{a1} h_{a2}	$(1+y-x_{n2})m_n$ $(1+y-x_{n1})m_n$	3.292	2.998
전체 이높이 Tooth Depth	h	$\{2.25+y-(x_{n1}+x_{n2})\}m_n$	6.748	
치선원 직경 Tip Diameter	d_a	$d+2h_a$	48.153	213.842
치저원 직경 Root Diameter	d_f	d_a-2h	34.657	200.346

[주] 기어 제원으로 처음에 중심거리 a를 고려하여 전위계수 x_{n1}, x_{n2}를 구하는 경우에는 위 표의 계산 항목 중 전위계수부터 중심거리까지의 계산 항목을 역으로 계산하며 그 계산이 다음의 방법이다.

■ 치직각방식 전위 헬리컬 기어의 계산(2)

계산 항목	기 호	계산 공식	계산 예제	
			Pinion(1)	Gear(2)
중심거리 Center Distance	a	Set Value	125	
중심거리 수정계수 Center distance modification coefficient	y	$\frac{a}{m_n}-\frac{z_1+z_2}{2\cos\beta}$	0.097447	
정면 물림 압력각 Transverse working pressure angle	α_t'	$\cos^{-1}\left(\frac{\cos\alpha_t}{\frac{2y\cos\beta}{z_1+z_2}+1}\right)$	23.1126°	
전위계수의 합 Sum of profile shift coefficient	$x_{n1}+x_{n2}$	$\frac{(z_1+z_2)(inv\alpha_t'-inv\alpha_t)}{2\tan\alpha_n}$	0.09809	
치직각 전위 계수 Normal profile shift coefficient	x_n	–	0.09809	0

2. 축직각방식 전위 헬리컬 기어(Transverse System Helical Gear)

■ 축직각방식 전위 헬리컬 기어의 계산(1)

계산 항목	기 호	계산 공식	계산 예제	
			Pinion (1)	Gear (2)
정면 모듈 Transverse module	m_t	Set Value	3	
정면 압력각 Transverse pressure angle	α_t		20°	
기준 원통 비틀림각 Reference cylinder helix angle	β		30°	
잇수(비틀림 방향) Number of teeth(helical hand)	z		12 (L)	60 (R)
축직각 전위 계수 Transverse profile shift coefficient	x_t		0.34462	0
인벌류트 α_t Involute function α_t	$inv\alpha_t'$	$2\tan\alpha_t\left(\frac{x_{t1}+x_{t2}}{z_1+z_2}\right)+inv\alpha_t$	0.0183886	
정면 물림 압력각 Transverse working pressure angle	α_t'	인벌류트 함수표에서 구한다.	21.3975°	
중심거리 수정계수 Center distance modification coefficient	y	$\frac{z_1+z_2}{2}\left(\frac{\cos\alpha_t}{\cos\alpha_t'}-1\right)$	0.33333	
중심거리 Center Distance	a	$\left(\frac{z_1+z_2}{2}+y\right)m_t$	109.0000	
기준원 직경 Rerference Diameter	d	zm_t	36.000	180.000
기초원 직경 Base Diameter	d_b	$d\cos\alpha_t$	33.8289	169.1447

■ 축직각방식 전위 헬리컬 기어의 계산(1)(계속)

계산 항목	기 호	계산 공식	계산 예제	
			Pinion (1)	Gear (2)
물림부의 피치원 직경 Working pitch diameter	d'	$\dfrac{d_b}{\cos\alpha_t{}'}$	36.3333	181.6667
이끝 높이(어덴덤) Addendum	h_{a1} h_{a2}	$(1+y-x_{t2})m_t$ $(1+y-x_{t1})m_t$	4.000	2.966
전체 이높이 Tooth Depth	h	$\{2.25+y-(x_{t1}+x_{t2})\}m_t$	6.716	
치선원 직경 Tip Diameter	d_a	$d+2h_a$	44.000	185.932
치저원 직경 Root Diameter	d_f	d_a-2h	30.568	172.500

■ 축직각방식 전위 헬리컬 기어의 계산(2)

계산 항목	기 호	계산 공식	계산 예제	
			Pinion (1)	Gear (2)
중심거리 Center Distance	a	Set Value	109	
중심거리 수정계수 Center distance modification coefficient	y	$\dfrac{a_x}{m_t}-\dfrac{z_1+z_2}{2}$	0.33333	
정면 물림 압력각 Transverse working pressure angle	$\alpha_t{}'$	$\cos^{-1}\left(\dfrac{\cos\alpha_t}{\dfrac{2y}{z_1+z_2}+1}\right)$	21.39752°	
전위계수의 합 Sum of profile shift coefficient	$x_{t1}+x_{t2}$	$\dfrac{(z_1+z_2)(inv\alpha_t{}'-inv\alpha_t)}{2\tan\alpha_t}$	0.34462	
축직각 전위 계수 Transverse profile shift coefficient	x_t		0.34462	0

[주] $x_n=\dfrac{x_t}{cos\beta}$, $m_n=m_t cos\beta$, $\alpha_n=\tan^{-1}(\tan\alpha_t cos\beta)$

15-4 헬리컬 래크의 설계 계산

1. 치직각방식 헬리컬 래크(Normal System Helical Rack)

■ 치직각방식 헬리컬 래크의 계산

계산 항목	기 호	계산 공식	계산 예제	
			Pinion	Rack
치직각 모듈 Normal module	m_n	Set Value	2.5	
치직각 압력각 Normal Pressure Angle	α_n		20°	
기준 원통 비틀림각 Reference cylinder helix angle	β		10° 57' 49"	
잇수(비틀림 방향) Number of teeth(helical hand)	z		20 (R)	– (L)
치직각 전위 계수 Normal profile shift coefficient	x_n		0	–
피치선 높이 Height of pitch line	H		–	27.5
정면 압력각 Transverse pressure angle	α_t	$\tan^{-1}\left(\frac{\tan\alpha_n}{\cos\beta}\right)$	20.34160°	
조립 거리 Mounting distance	a	$\frac{zm_n}{2\cos\beta}+H+\chi_n m_n$	52.965	
기준원 직경 Rerference diameter	d	$\frac{zm_n}{\cos\beta}$	50.92956	–
기초원 직경 Base diameter	d_b	$d\cos\alpha_t$	47.75343	–
이끝 높이(어덴덤) Addendum	h_a	$m_n(1+x_n)$	2.500	2.500
전체 이높이 Tooth depth	h	$2.25m_n$	5.625	
치선원 직경 Tip diameter	d_a	$d+2h_a$	55.929	–
치저원 직경 Root Diameter	d_f	d_a-2h	44.679	–

2. 축직각 방식 헬리컬 래크(Transverse System Helical Rack)

■ 축직각 방식 헬리컬 래크의 계산

계산 항목	기 호	계산 공식	계산 예제	
			Pinion	Rack
정면 모듈 Transverse module	m_t	Set Value	2.5	
정면 압력각 Transverse pressure angle	α_t		20°	
기준 원통 비틀림각 Reference cylinder helix angle	β		10° 57' 49"	
잇수(비틀림 방향) Number of teeth(helical hand)	z	Set Value	20 (R)	– (L)
축직각 전위 계수 Transverse profile shift coefficient	x_t		0	–
피치 선 높이 Pitch line height	H		–	27.5
조립 거리 Mounting distance	a	$\frac{zm_t}{2}+H+x_t m_t$	52.500	
기준원 직경 Rerference Diameter	d	zm_t	50.000	–
기초원 직경 Base Diameter	d_b	$d\cos\alpha_t$	46.98463	–
이끝 높이(어덴덤) Addendum	h_a	$m_t(1+x_t)$	2.500	2.500
전체 이높이 Tooth Depth	h	$2.25m_t$	5.625	
치선원 직경 Tip Diameter	d_a	$d+2h_a$	55.000	–
치저원 직경 Root Diameter	d_f	d_a-2h	43.750	–

15-5 베벨 기어의 설계 계산

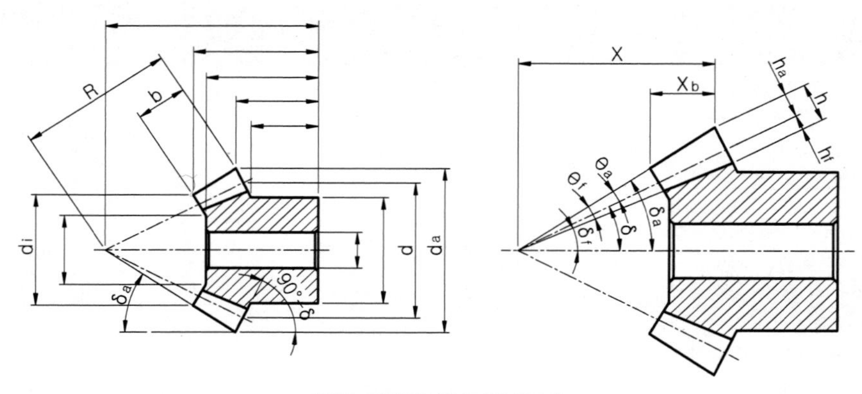

〈베벨 기어의 치수 및 각도〉

1. 그리슨 스트레이트 베벨 기어(Gleason Straight Bevel Gears)

■ 그리슨 스트레이트 베벨 기어의 계산

계산 항목	기 호	계산 공식	계산 예제	
			Helical gear	Helical rack
축각 Shaft angle	Σ	Set Value	90°	
모듈 Module	m		3	
기준 압력각 Reference pressure angle	α		20°	
잇수 Number of teeth	z		20	40
기준원 직경 Reference diameter	d	zm	60	120
기준 원추각 Reference cone angle	δ_1	$\tan^{-1}\left(\dfrac{\sin\Sigma}{\dfrac{z_2}{z_1}+\cos\Sigma}\right)$	26.56505°	63.43495°
	δ_2	$\Sigma-\delta_1$		
원추 거리 Cone distance	R	$\dfrac{d_2}{2\sin\delta_2}$	67.08204	
치폭 Facewidth	b	$R/3$ 또는 $10m$ 이하	22	
이끝 높이(어덴덤) Addendum	h_{a1} h_{a2}	$2.000m-h_{a2}$ $0.540m+\dfrac{0.460m}{\left(\dfrac{z_2\cos\delta_1}{z_1\cos\delta_2}\right)}$	4.035	1.965

■ 그리슨 스트레이트 베벨 기어의 계산(계속)

계산 항목	기 호	계산 공식	계산 예제	
			Helical gear	Helical rack
이뿌리(디덴덤) Dedendum	h_f	$2.188m - h_a$	2.529	4.599
이뿌리각 Dedendum angle	θ_f	$\tan^{-1}(h_f/R)$	2.15903°	3.92194°
이끝각 Addendum angle	θ_{a1} θ_{a2}	θ_{f2} θ_{f1}	3.92194°	2.15903°
치선 원추각 Tip angle	δ_a	$\delta + \theta_a$	30.48699°	65.59398°
치저 원추각 Root angle	δ_f	$\delta - \theta_f$	24.40602°	59.51301°
외단 치선원 직경 Tip Diameter	d_a	$d + 2h_a \cos\delta$	67.2180	121.7575
원추 정점에서 외단치선까지 Pitch apex to crown	X	$R\cos\delta - h_a \sin\delta$	58.1955	28.2425
치선간의 축방향거리 Axial facewidth	X_b	$\dfrac{b\cos\delta_a}{\cos\theta_a}$	19.0029	9.0969
내단 치선원 직경 Inner tip diameter	d_i	$d_a - \dfrac{2b\sin\delta_a}{\cos\theta_a}$	44.8425	81.6609

2. 표준 스트레이트 베벨 기어(Standard Straight Bevel Gears)

■ 표준 스트레이트 베벨 기어의 계산

계산 항목	기 호	계산 공식	계산 예제	
			Helical gear	Helical rack
축각 Shaft angle	Σ	Set Value	90°	
모듈 Module	m		3	
기준 압력각 Reference pressure angle	α		20°	
잇수 Number of teeth	z		20	40
기준원 직경 Reference diameter	d	zm	60	120
기준 원추각 Reference cone angle	δ_1	$\tan^{-1}\left(\dfrac{\sin\Sigma}{\dfrac{z_2}{z_1} + \cos\Sigma}\right)$	26.56505°	63.43495°
	δ_2	$\Sigma - \delta_1$		
원추 거리 Cone distance	R	$\dfrac{d_2}{2\sin\delta_2}$	67.08204	

■ 표준 스트레이트 베벨 기어의 계산(계속)

계산 항목	기 호	계산 공식	계산 예제	
			Helical gear	Helical rack
치폭 Facewidth	b	$R/3$ 또는 $10m$ 이하	22	
이끝 높이(어덴덤) Addendum	h_a	$1.00m$	3.00	
이뿌리(디덴덤) Dedendum	h_f	$1.25m$	3.75	
이뿌리각 Dedendum angle	θ_f	$\tan^{-1}(h_f/R)$	3.19960°	
이끝각 Addendum angle	θ_a	$\tan^{-1}(h_a/R)$	2.56064°	
이끝 원추각 Tip angle	δ_a	$\delta+\theta_a$	29.12569°	65.99559°
이뿌리 원추각 Root angle	δ_f	$\delta-\theta_f$	23.36545°	60.23535°
외단 치선원 직경 Tip Diameter	d_a	$d+2h_a\cos\delta$	65.3666	122.6833
원추 정점에서 외단치선까지 Pitch apex to crown	X	$R\cos\delta-h_a\sin\delta$	58.6584	27.3167
치선간의 축방향거리 Axial facewidth	X_b	$\dfrac{b\cos\delta_a}{\cos\theta_a}$	19.2374	8.9587
내단 치선원 직경 Inner tip diameter	d_i	$d_a-\dfrac{2b\sin\delta_a}{\cos\theta_a}$	43.9292	82.4485

3. 그리슨식 스파이럴 베벨 기어(Gleason Spiral Bevel Gears)

■ 그리슨식 스파이럴 베벨 기어의 계산

계산 항목	기 호	계산 공식	계산 예제	
			Pinion (1)	Rack (2)
축각 Shaft angle	Σ	Set Value	90°	
외단 정면 모듈 Module	m		3	
치직각 압력각 Normal pressure angle	α_n		20°	
중앙 비틀림각 Mean spiral angle	β_m		35°	
잇수(비틀림 방향) Number of teeth(spiral hand)	z		20(L)	40(R)
정면 압력각 Transverse pressure angle	α_t	$\tan^{-1}\left(\dfrac{\tan\alpha_n}{\cos\beta_m}\right)$	23.95680	

■ 그리슨식 스파이럴 베벨 기어의 계산(계속)

계산 항목	기 호	계산 공식	계산 예제	
			Pinion (1)	Rack (2)
기준원 직경 Reference diameter	d	zm	60	120
기준 원추각 Reference cone angle	δ_1 δ_2	$\tan^{-1}\left(\dfrac{\sin\Sigma}{\dfrac{z_2}{z_1}+\cos\Sigma}\right)$ $\Sigma-\delta_1$	26.56505°	63.43495°
원추 거리 Cone distance	R	$\dfrac{d_2}{2\sin\delta_2}$	67.08204	
치폭 Facewidth	b	$0.3R$ 또는 $10m$ 이하	20	
이끝(어덴덤) 높이 Addendum	h_{a1} h_{a2}	$1.700m-h_{a2}$ $0.460m+\dfrac{0.390m}{\left(\dfrac{z_2\cos\delta_1}{z_1\cos\delta_2}\right)}$	3.4275	1.6725
이뿌리(디덴덤) 높이 Dedendum	h_f	$1.888m-h_a$	2.2365	3.9915
이뿌리각 Dedendum angle	θ_f	$\tan^{-1}\left(\dfrac{h_f}{R}\right)$	1.90952°	3.40519°
이끝각 Addendum angle	θ_{a1} θ_{a2}	θ_{f2} θ_{f1}	3.40519°	1.90952°
이끝 원추각 Tip angle	δ_a	$\delta+\theta_a$	29.97024°	65.34447°
이뿌리 원추각 Root angle	δ_f	$\delta-\theta_f$	24.6553°	60.02976°
외단 치선원 직경 Tip Diameter	d_a	$d+2h_a\cos\delta$	66.1313	121.4959
원추 정점에서 외단치선까지 Pitch apex to crown	X	$R\cos\delta-h_a\sin\delta$	58.4672	28.5041
치선간의 축방향거리 Axial facewidth	X_b	$\dfrac{b\cos\delta_a}{\cos\theta_a}$	17.3563	8.3479
내단 치선원 직경 Inner tip diameter	d_i	$d_a-\dfrac{2b\sin\delta_a}{\cos\theta_a}$	46.1140	85.1224

15-6 나사 기어의 설계 계산

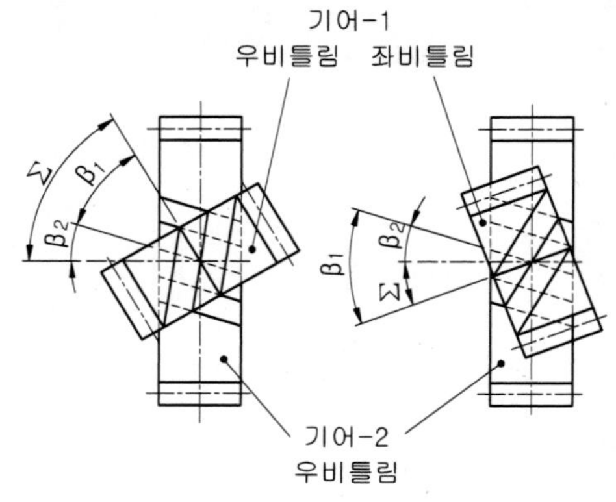

〈나사 기어의 맞물림〉

1. 치직각방식 전위 나사 기어

■ 치직각방식 전위 나사 기어의 계산

계산 항목	기 호	계산 공식	계산 예제	
			Pinion(1)	Gear(2)
치직각 모듈 Normal module	m_n	Set Value	3	
치직각 압력각 Normal pressure angle	α_n		20°	
기준 원통 비틀림각 Reference cylinder helix angle	β		20°	30°
잇수(비틀림 방향) Number of teeth(helical hand)	z		15 (R)	24 (R)
치직각 전위 계수 Normal profile shift coefficient	x_n		0.4	0.2
상당 평기어 잇수 Number of teeth of an Equivalent spur gear	z_v	$\dfrac{z}{\cos^3\beta}$	18.0773	36.9504
정면 압력각 Transverse pressure angle	α_t	$\tan^{-1}\left(\dfrac{\tan\alpha_n}{\cos\beta}\right)$	21.1728°	22.7959°
인벌류트 α_n Involute function α_n	$inv\alpha_n$	$2\tan\alpha_n\left(\dfrac{x_{n1}+x_{n2}}{zv_1+zv_2}\right)+inv\ \alpha_n$	0.0228415	
치직각 물림 압력각 Normal working pressure angle	α_n'	인벌류트 함수표에서 구한다.	22.9338°	
정면 물림 압력각 Transverse working pressure angle	α_t'	$\tan^{-1}\left(\dfrac{\tan\alpha_n'}{\cos\beta}\right)$	24.2404°	26.0386°
중심거리 수정계수 Center distance modification coefficient	y	$\dfrac{1}{2}(z_{v1}+z_{v2})\left(\dfrac{\cos\alpha_n}{\cos\alpha_n'}-1\right)$	0.55977	

■ 치직각방식 전위 나사 기어의 계산(계속)

계산 항목	기 호	계산 공식	계산 예제	
			Pinion(1)	Gear(2)
중심거리 Center Distance	a	$\left(\dfrac{z_1}{2\cos\beta_1}+\dfrac{z_2}{2\cos\beta_2}+y\right)m_n$	67.1925	
기준원 직경 Rerference Diameter	d	$\dfrac{zm_n}{\cos\beta}$	47.8880	83.1384
기초원 직경 Base Diameter	d_b	$d\cos\alpha_t$	44.6553	76.6445
물림부의 피치원 직경 Working pitch diameter	d'_1	$2a\dfrac{d_1}{d_1+d_2}$	49.1155	85.2695
	d'_2	$2a\dfrac{d_2}{d_1+d_2}$		
물림부의 피치 원통 비틀림각 Working helix angle	β'	$\tan^{-1}\left(\dfrac{d'}{d}\tan\beta\right)$	20.4706°	30.6319°
축각 Shaft angle	Σ	$\beta'_1+\beta'_2$ 또는 $\beta'_1-\beta'_2$	51.1025°	
이끝 높이(어덴덤) Addendum	h_{a1} h_{a2}	$(1+y-x_{n2})m_n$ $(1+y-x_{n1})m_n$	4.0793	3.4793
전체 이높이 Tooth Depth	h	$\{2.25+y-(x_{n1}+x_{n2})\}m_n$	6.6293	
치선원 직경 Tip Diameter	d_a	$d+2h_a$	56.0466	90.0970
치저원 직경 Root Diameter	d_f	d_a-2h	42.7880	76.8384

비고 전위없는 표준 나사 기어의 물림에 있어서는 아래의 관계가 성립된다.

$d'_1=d_2\quad d'_2=d_2$

$\beta'_1=\beta_1\ \beta'_2=\beta_2$

15-7 원통 웜기어의 설계 계산

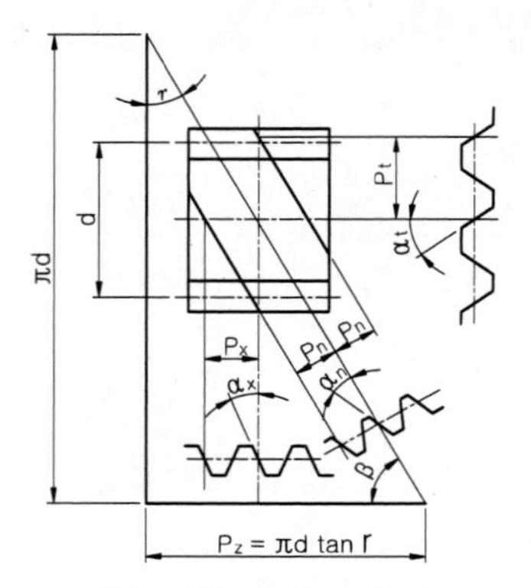

〈원통 웜(오른쪽 비틀림〉

■ 웜기어의 비교표

웜 Worm		
축 평면 Axial plane	치직각 평면 Normal plane	축직각 평면(정면) Transverse plane
$m_x = \dfrac{m_n}{\cos\gamma}$	m_n	$m_t = \dfrac{m_n}{\sin\gamma}$
$\alpha_x = \tan^{-1}\left(\dfrac{\tan\alpha_n}{\cos\gamma}\right)$	α_n	$\alpha_t = \tan^{-1}\left(\dfrac{\tan\alpha_n}{\sin\gamma}\right)$
$P_x = \pi m_x$	$P_n = \pi m_n$	$P_t = \pi m_t$
$P_z = \pi m_x z$	$P_z = \dfrac{\pi m_n z}{\cos\gamma}$	$P_z = \pi m_t z tan\gamma$
축직각 평면(정면) Transverse plane	치직각 평면 Normal plane	축 평면 Axial plane
웜 휠 Worm wheel		

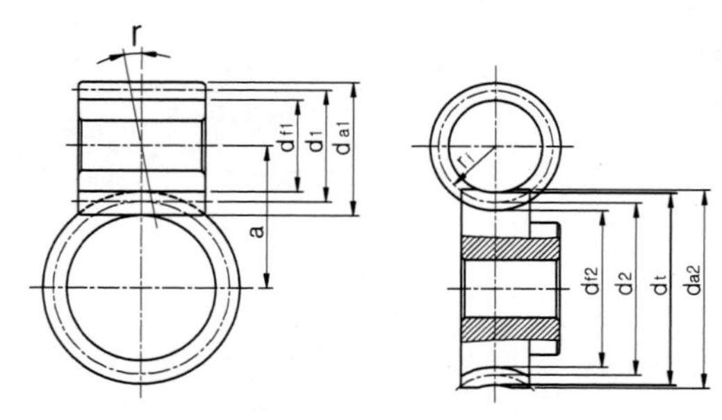

〈원통 웜기어의 치수〉

1. 축방향 모듈 방식 웜기어(Axial Module System Worm Gear)

■ 축방향 모듈 방식 웜기어의 계산

계산 항목	기 호	계산 공식	계산 예제	
			웜(1)	웜휠(2)
축방향 모듈 Axial module	m_x	Set Value	3	
치직각 압력각 Normal pressure angle	α_n		(20°)	
잇수 No. of threads, No. of teeth	z		Double thread (R)	30(R)
축직각 전위 계수 Coefficient of profile shift	x_{t2}		–	0
기준원 직경 Rerference diameter	d_1 d_2	(Qm_x) [주]1 $z_2 m_x$	44.000	90.000
기준 원통 진행각 Reference cylinder lead angle	γ	$\tan^{-1}(\frac{m_x z_1}{d_1})$	7.76517°	
중심거리 Center distance	a	$\frac{d_1+d_2}{2}+x_{t2}\cdot m_x$	67.000	
이끝 높이(어덴덤) Addendum	h_{a1} h_{a2}	$1.00m_x$ $(1.00+x_{t2})m_x$	3.000	3.000
전체 이높이 Tooth depth	h	$2.25m_x$	6.750	
치선원 직경 Tip diameter	d_{a1} d_{a2}	d_1+2h_{a1} $d_2+2h_{a2}+m_x$ [주]②	50.000	99.000
목의 직경 Throat diameter	d_t	d_2+2h_{a2}	–	96.000
목의 반지름 Throat surface radius	r_i	$\frac{d_1}{2}-h_{a1}$	–	19.000
치저원 직경 Root diameter	d_{f1} d_{f2}	$d_{a1}-2h$ d_t-2h	36.500	82.500

[주]

① 직경계수 Q는 웜의 피치원직경 d_1과 축방향 모듈 m_x의 비로 표시한다.

$$Q=\frac{d_1}{m_x}$$

② 웜휠의 치선원 직경(이끝원 직경) d_{a2}의 계산식은 이외에도 여러 가지가 있다.

③ 웜의 치폭 $b_1=\pi m_x(4.5+0.02z_2)$ 정도면 충분하다.

④ 웜휠의 유효치폭 $b'=2m_x\sqrt{Q+1}$ 로 웜휠의 치폭 $b_2 \geq b'+1.5m_x$ 이상이면 충분하다.

2. 치직각 방식 웜기어(Normal Module System Worm Gear)

■ 치직각 방식 웜기어의 계산

계산 항목	기 호	계산 공식	계산 예제	
			웜(1)	웜휠 (2)
치직각 모듈 Normal module	m_n	Set Value	3	
치직각 압력각 Normal pressure angle	α_n		(20°)	
잇수 No. of threads, No. of teeth	z		Double thread (R)	30 (R)
웜의 피치원 직경 Reference diameter of worm	d_1		44.000	–
치직각 전위 계수 Coefficient of profile shift	x_{n2}		–	−0.1414
기준 원통 진행각 Reference cylinder lead angle	γ	$\sin^{-1}\left(\frac{m_n z_1}{d_1}\right)$	7.83748°	
웜휠 피치원 직경 Reference diameter of worm wheel	d_2	$\frac{z_2 m_n}{\cos\gamma}$	–	90.8486
중심거리 Center distance	a	$\frac{d_1+d_2}{2}+x_{n2}m_n$	67.000	
이끝 높이(어덴덤) Addendum	h_{a1} h_{a2}	$1.00m_n$ $(1.00+x_{n2})m_n$	3.000	2.5758
전체 이높이 Tooth depth	h	$2.25m_n$	6.750	
치선원 직경 Tip diameter	d_{a1} d_{a2}	d_1+2h_{a1} $d_2+2h_{a2}+m_n$	50.000	99.000
목의 직경 Throat diameter	d_t	d_2+2h_{a2}	–	96.000
목의 반지름 Throat surface radius	r_i	$\frac{d_1}{2}-h_{a1}$	–	19.000
치저원 직경 Root diameter	d_{f1} d_{f2}	$d_{a1}-2h$ d_t-2h	36.500	82.500

■ 웜의 크라우닝(crowning)의 계산

계산 항목	기 호	계산 공식	계산 예제
축방향 모듈 Axial module	m_x'	[주] 수정하기 전 데이터이다.	3
치직각 압력각 Normal pressure angle	α_n		20°
웜의 수 No. of threads of worm	z_1		2
웜의 기준원 직경 Rerference diameter of worm	d_1		44.000
기준 원통 진행각 Reference cylinder lead angle	γ'	$\tan^{-1}\left(\frac{m_x' z_1}{d_1}\right)$	7.765166°
축 평면 압력각 Axial pressure angle	α_x'	$\tan^{-1}\left(\frac{\tan\alpha_n'}{\cos\gamma'}\right)$	20.170236°
축 방향 피치 Axial pressure angle	P_x'	$\pi m_x'$	9.424778
리드 Lead	P_z'	$\pi m_x z_1$	18.849556
크라우닝 량 Amount of crowning	C_R	이 크기를 고려해서 결정한다.	0.04
계수 Factor	k	치직각 방식 웜기어 계산식에서 구한다.	0.41
수정 후 데이터(After Crowning)			
축 방향 피치 Axial pitch	P_x	$P_x'\left(\frac{2C_R}{kd_1}+1\right)$	9.466573
축 평면 압력각 Axial pressure angle	α_x	$\cos^{-1}\left(\frac{P_x'}{P_x}\cos x'\right)$	20.847973°
축 방향 모듈 Axial module	m_x	$\frac{P_x}{\pi}$	3.013304
기준 원통 진행각 Reference cylinder lead angle	γ	$\tan^{-1}\left(\frac{m_x z_1}{d_1}\right)$	7.799179°
치직각 압력각 Normal pressure angle	α_n	$\tan^{-1}(\tan\alpha_x \cos\gamma)$	20.671494°
리드 Lead	P_z	$\pi m_x z_1$	18.933146

15-8 기어의 이두께의 계산

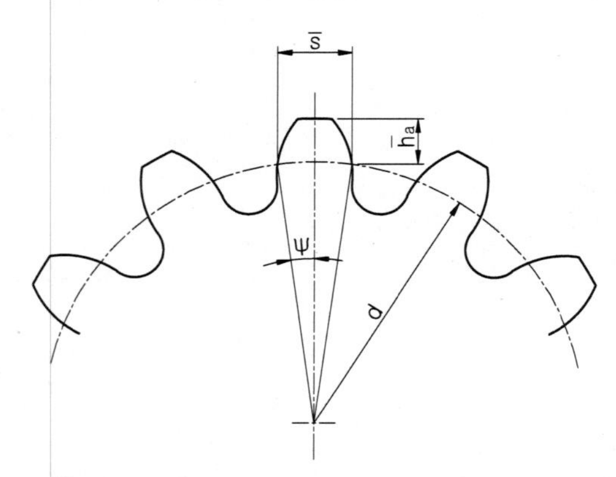

〈현치두께법(Chordal tooth thickness method)〉

1. 평기어(Spur Gears)

■ 평기어의 현치두께(Chordal tooth thickness)

계산 항목	기 호	계산식	계산예
원호 이두께 Tooth thickness	s	$\left(\frac{\pi}{2}+2x\tan\alpha\right)m$	$m=10$ $\alpha=20°$ $z=12$ $x=+0.3$ $h_a=13.000$ $s=17.8918$ $\psi=8.54270°$ $\bar{s}=17.8256$ $\bar{h}_a=13.6657$
이두께의 반각 Tooth thickness half angle	ψ	$\frac{90}{z}+\frac{360x\tan\alpha}{\pi z}$	
현치두께 Chordal tooth thickness	$\bar{s}$	$zm\sin\psi$	
현치높이 Chordal height	$\bar{h}_a$	$\frac{zm}{2}(1-\cos\psi)+h_a$	

2. 스퍼 래크와 헬리컬 래크(Spur Racks and Helical Rack)

■ 래크의 현치두께(Chordal tooth thickness of racks)

계산 항목	기 호	계산식	계산예
현치두께 Chordal tooth thickness	$\bar{s}$	$\frac{\pi m}{2}$ 또는 $\frac{\pi m_n}{2}$	$m=3$ $\alpha=20°$ $\bar{s}=4.7124$ $\bar{h}_a=3.0000$
현치높이 Chordal height	$\bar{h}_a$	h_a	

3. 헬리컬 기어(Helical Gears)

■ 치직각방식 헬리컬 기어의 현치두께

계산 항목	기 호	계산식	계산예
치직각 원호 이두께 Normal tooth thickness	s_n	$\left(\frac{\pi}{2}+2x_t\tan\alpha_t\right)m_t$	$m_n=5$ $\alpha_t=20°$ $\beta=25°\ 00'\ 00''$ $z=16$ $x_t=+0.2$ $h_a=6.000$ $s=8.5819$ $z_v=21.4928$ $\psi=4.57556°$ $\overline{s}=8.5728$ $\overline{h}_a=6.1712$
상당 평기어 잇수 Number of teeth of an equivalent spur gear	z_v	$\frac{z}{\cos^3\beta}$	
치두께의 반각 Tooth thickness half angle	ψ	$\frac{90}{z_v}+\frac{360x_t\tan\alpha_t}{\pi z_v}$	
현치두께 Chordal tooth thickness	$\overline{s}$	$z_v m_t \sin\psi$	
현치높이 Chordal height	$\overline{h}_a$	$\frac{z_v m_t}{2}(1-\cos\psi)+h_a$	

■ 축직각방식 헬리컬 기어의 현치두께

계산 항목	기 호	계산식	계산예
치직각 원호 이두께 Normal tooth thickness	s_n	$\left(\frac{\pi}{2}+2x_t\tan\alpha_t\right)m_t\cos\beta$	$m=2.5$ $\alpha_t=20°$ $\beta=21°30'\ 00''$ $z=20$ $x_t=0$ $h_a=2.5$ $s=3.6537$ $z_v=24.8311$ $\psi=3.62448°$ $\overline{s}=3.6513$ $\overline{h}_a=2.5578$
상당 평기어 잇수 Number of teeth of an equivalent spur gear	z_v	$\frac{z}{\cos^3\beta}$	
치두께의 반각 Tooth thickness half angle	ψ	$\frac{90}{z_v}+\frac{360x_t\tan\alpha_t}{\pi z_v}$	
현치두께 Chordal tooth thickness	$\overline{s}$	$z_v m_t\cos\beta\sin\psi$	
현치높이 Chordal height	$\overline{h}_a$	$\frac{z_v m_t\cos\beta}{2}(1-\cos\psi)+h_a$	

4. 베벨 기어(Bevel gears)

■ 글리슨식 스트레이트 베벨 기어의 현치두께

계산 항목	기 호	계산식	계산예
원호 이두께 계수(횡전위계수) Tooth thickness factor (Coefficient of horizontal profile shift)	K	다음 장의 그림에서 구한다.	$m=4$ $\alpha=20°$ $\Sigma=90°$ $z_1=16$ $z_2=40$ $z_1/z_2=0.4$ $K=0.0259$ $h_{a1}=5.5456$ $h_{a2}=2.4544$ $\delta_1=21.8014°$ $\delta_2=68.1986°$ $s_1=7.5119$ $s_2=5.0545$ $\overline{s}_1=7.4946$ $\overline{s}_2=5.0536$ $\overline{h}_{a1}=5.7502$ $\overline{h}_{a2}=2.4692$
원호 이두께 Tooth thickness	s_1 s_2	$\pi m - s_2$ $\frac{\pi m}{2}-(h_{a1}-h_{a2})\tan\alpha - Km$	
현치 두께 Chordal tooth thickness	$\overline{s}$	$s-\frac{s^3}{6d^2}$	
현치 높이 Chordal height	$\overline{h}_a$	$h_a+\frac{s^2\cos\delta}{4d}$	

기어 설계 계산 공식

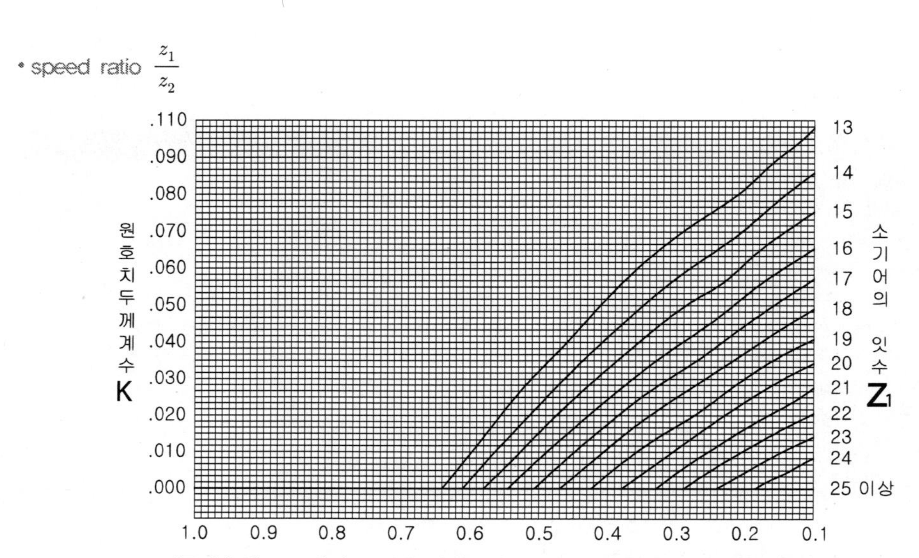

〈글리슨식 스트레이트 베벨 기어의 원호 치 두께 계수 K를 구하는 선도〉

■ 표준 스트레이트 베벨 기어의 현치두께

계산 항목	기 호	계산식	계산예
원호 이두께 Tooth thickness	s	$\frac{\pi m}{2}$	$m=4$ $\alpha=20°$ $\Sigma=90°$ $z_1=16$ $z_2=40$ $d_1=64$ $d_2=160$ $h_a=4.0000$ $\delta_1=21.8014°$ $\delta_2=68.1986°$ $s=6.2832$ $z_{v1}=17.2325$ $z_{v2}=107.7033$ $R_1=34.4650$ $R_2=215.4066$ $\psi_1=5.2227°$ $\psi_2=0.83563°$ $\bar{s}_1=6.2745$ $\bar{s}_2=6.2830$ $\bar{h}_{a1}=4.1431$ $\bar{h}_{a2}=4.022929$
상당 평기어 잇수 Number of teeth of an equivalent spur gear	z_v	$\frac{z}{\cos\delta}$	
배 원추 거리 Back cone distance	R_v	$\frac{d}{2\cos\delta}$	
치두께의 반각 Tooth thickness half angle	ψ	$\frac{90}{z_v}$	
현치 두께 Chordal tooth thickness	$\bar{s}$	$z_v m \sin\psi$	
현치 높이 Chordal height	$\bar{h}_a$	$h_a+R(1-\cos\psi)$	

■ 글리슨식 스파이럴 베벨 기어

계산 항목	기 호	계산식	계산예
원호 이두께 계수(횡전위계수) Tooth thickness factor (Coefficient of horizontal profile shift)	K	KHK 카다로그 참조	$\Sigma=90°$ $m=3$ $\alpha_n=20°$ $z_1=20$ $z_2=40$ $\beta_m=35°$ $h_{a1}=3.4275$ $h_{a2}=1.6725$ $K=0.060$ $p=9.4248$ $s_1=5.6722$ $s_2=3.7526$
원호 이두께 Tooth thickness	s_1 s_2	$p-s_2$ $\frac{p}{2}-(h_{a1}-h_{a2})\frac{\tan\alpha_n}{\cos\beta_m}-Km$	

5. 웜기어

■ 축방향 모듈(axial module) 방식 웜기어

계산 항목	기 호	계산식	계산예
정면 원호 이두께 Tooth thickness	s_{x1}	$\frac{\pi m_x}{2}$	$m_x = 3$ $m_t = 3$ $\alpha_n = 20°$ $z_1 = 2$ $z_2 = 30$ $d_1 = 38$ $d_2 = 90$ $a = 65$ $x_{t_2} = +0.33333$ $h_{a1} = 3.0000$ $h_{a2} = 4.0000$ $\gamma = 8.97263°$ $\alpha_t = 20.22780°$ $s_{x1} = 4.71239$ $s_{t2} = 5.44934$ $z_{v2} = 31.12885$ $\psi_2 = 3.34335°$ $\bar{s}_1 = 4.6547$ $\bar{s}_2 = 5.3796$ $\bar{h}_{a1} = 3.0035$ $\bar{h}_{a2} = 4.0785$
	s_{t2}	$\left(\frac{\pi}{2} + 2x_{t2}\tan\alpha_t\right)m_t$	
상당 평기어 잇수(웜휠) No. of teeth in an equivalent spur gear (worm wheel)	z_{v2}	$\frac{z_2}{\cos^3\gamma}$	
치두께의 반각(웜휠) Tooth thickness half angle (worm wheel)	ψ_2	$\frac{90}{z_{v2}} + \frac{360x_{t2}\tan\alpha_t}{\pi z_{v2}}$	
현치두께 Chordal tooth thickness	$\bar{s}_1$ $\bar{s}_2$	$s_{t1}\cos\gamma$ $z_{v_2}m_t\cos\gamma\sin\psi_2$	
현치높이 Chordal height	$\bar{h}_{a1}$	$h_{a1} + \frac{(s_{t1}\sin\gamma\cos\gamma)^2}{4d_1}$	
	$\bar{h}_{a2}$	$h_{a2} + \frac{z_{v2}m_t\cos\gamma}{2}(1-\cos\psi_2)$	

■ 치직각(normal module) 방식 웜기어

계산 항목	기호	계산식	계산예
치직각 원호 이두께 Normal tooth thickness of worm	s_{n1}	$\frac{\pi m_n}{2}$	$m_n = 3$ $\alpha_n = 20°$ $z_1 = 2$ $z_2 = 30$ $d_1 = 38$ $d_2 = 91.1433$ $a = 65$ $x_{n_2} = 0.14278$ $h_{a1} = 3.0000$ $h_{a2} = 3.42835$ $\gamma = 9.08472°$ $s_{n1} = 4.71239$ $s_{n2} = 5.02419$ $z_{v2} = 31.15879$ $\psi_2 = 3.07964°$ $\bar{s}_1 = 4.7124$ $\bar{s}_2 = 5.0218$ $\bar{h}_{a1} = 3.0036$ $\bar{h}_{a2} = 3.4958$
	s_{n2}	$\left(\frac{\pi}{2} + 2x_{n2}\tan\alpha_n\right)m_n$	
상당 평기어 잇수(웜휠) No. of teeth in an equivalent spur gear (worm wheel)	z_{v2}	$\frac{z_2}{\cos^3\gamma}$	
치두께의 반각(웜휠) Tooth thickness half angle (worm wheel)	ψ_2	$\frac{90}{z_{v2}} + \frac{360x_{n2}\tan\alpha_n}{\pi z_{v2}}$	
현치두께 Chordal tooth thickness	$\bar{s}_1$ $\bar{s}_2$	s_{n1} $z_{v2}m_n\sin\psi$	
현치높이 Chordal height	$\bar{h}_{a1}$	$h_{a1} + \frac{(s_{n1}\sin\gamma)^2}{4d_1}$	
	$\bar{h}_{a2}$	$h_{a2} + \frac{z_v m_n}{2}(1-\cos\psi)$	

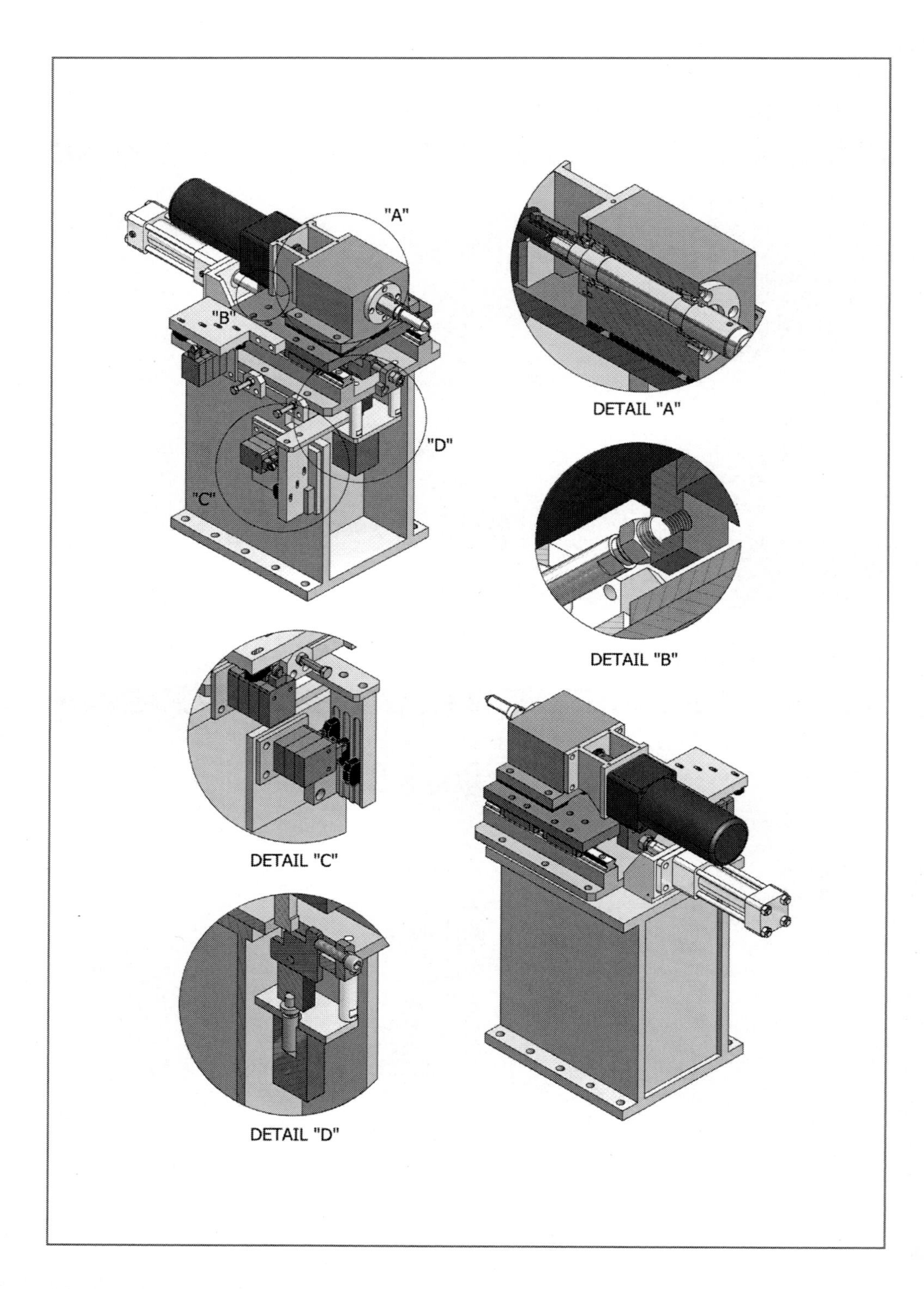
"A"
"B"
"C"
"D"
DETAIL "A"
DETAIL "B"
DETAIL "C"
DETAIL "D"

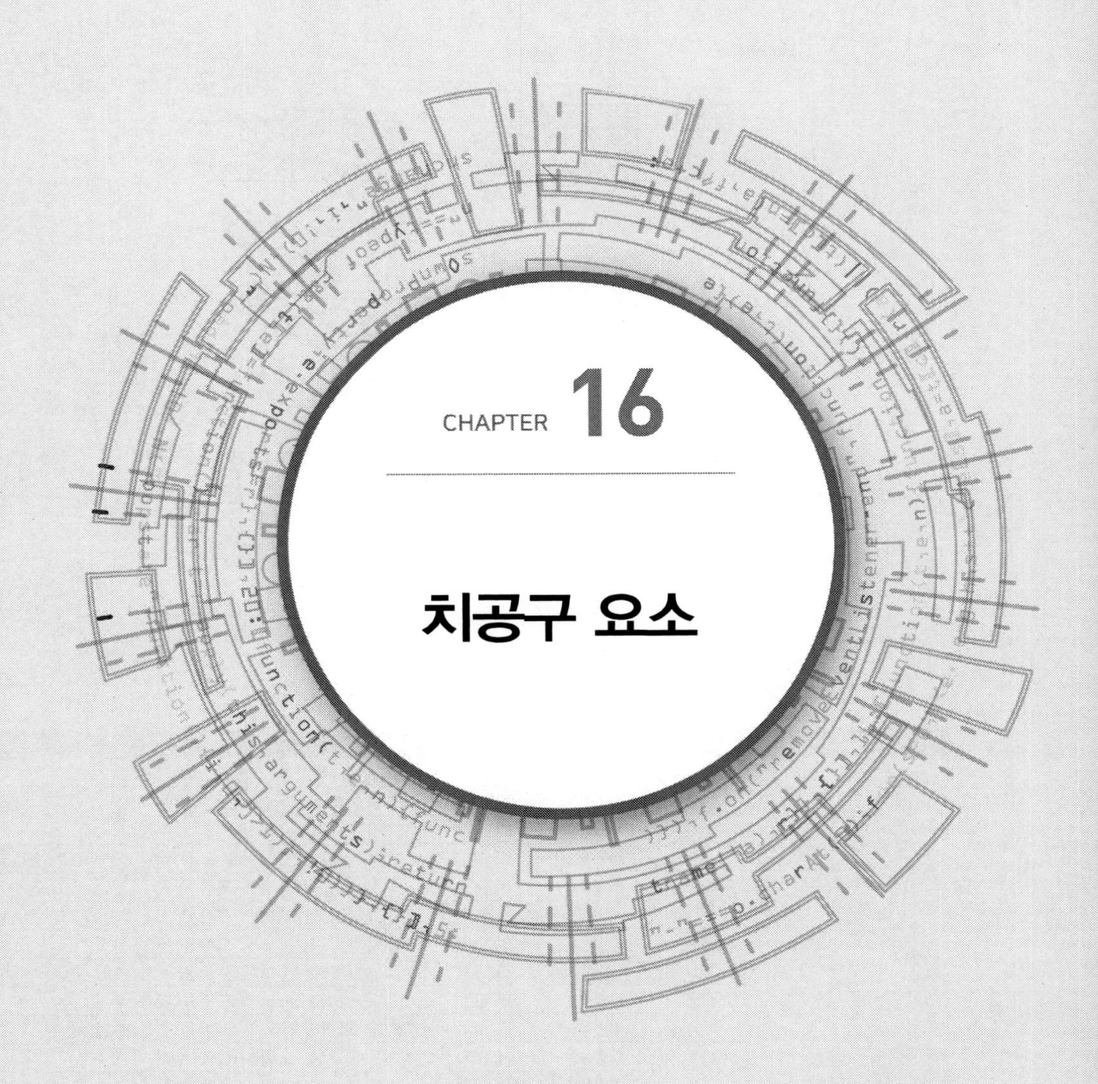

CHAPTER 16

치공구 요소

16-1 지그용 부시 및 부속품 [KS B 1030]

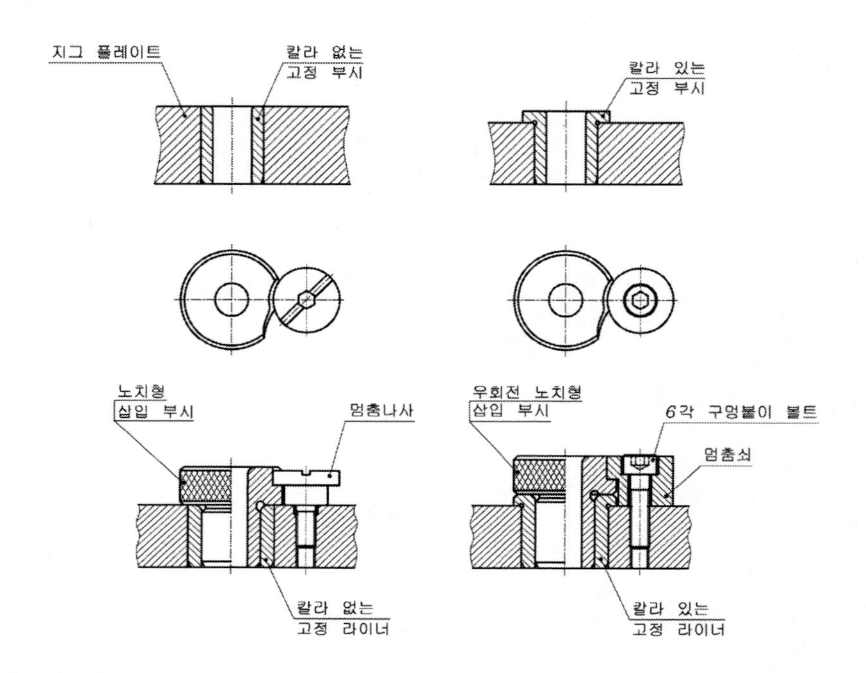

■ 부시 및 부속품의 종류 및 기호

부시의 종류			용 도	기 호	제품 명칭
부시	고정 부시	칼라 없음	드릴용	BUFAD	지그용(칼라 없음) 드릴용 고정 부시
			리머용	BUFAR	지그용(칼라 없음) 리머용 고정 부시
		칼라 있음	드릴용	BUFBD	지그용 칼라있는 드릴용 고정 부시
			리머용	BUFBR	지그용 칼라있는 리머용 고정 부시
	삽입 부시	둥근형	드릴용	BUSCD	지그용 둥근형 드릴용 꽂음 부시
			리머용	BUSCR	지그용 둥근형 리머용 꽂음 부시
		우회전용 노치형	드릴용	BUSDD	지그용 우회전용 노치 드릴용 꽂음 부시
			리머용	BUSDR	지그용 우회전용 노치 리머용 꽂음 부시
		좌회전용 노치형	드릴용	BUSED	지그용 좌회전용 노치 드릴용 꽂음 부시
			리머용	BUSER	지그용 좌회전용 노치 리머용 꽂음 부시
		노치형	드릴용	BUSFD	지그용 노치형 드릴용 꽂음 부시
			리머용	BUSFR	지그용 노치형 리머용 꽂음 부시
	고정 라이너	칼라 없음	부시용	LIFA	지그용(칼라없음) 고정 라이너
		칼라 있음		LIFB	지그용(칼라있음) 고정 라이너
부속품	멈춤쇠		부시용	BUST	지그 부시용 멈춤 쇠
	멈춤 나사			BULS	지그 부시용 멈춤 나사

비고

1. 표 중에 제품에 ( )를 붙인 글자는 생략하여도 좋다.
2. 약호로서 드릴용은 D, 리머용은 R, 라이너용은 L로 한다.

16-2 고정 라이너

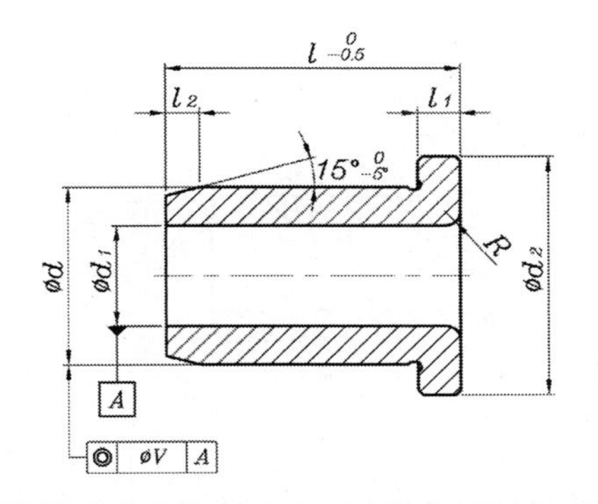

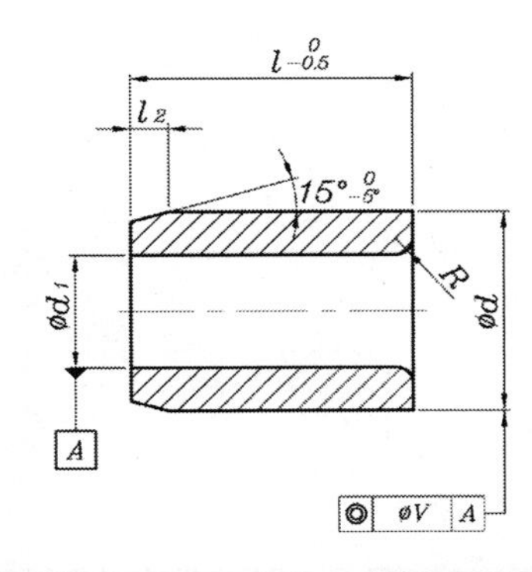

d_1		d			d_2		$l^{\ 0}_{-0.5}$	l_1	l_2	R
기준 치수	허용차 (F7)	기준 치수	동심도 (◎V)	허용차 (p6)	기준 치수	허용차 (h13)				
8	+0.028 +0.013	12	0.012	+0.029 +0.018	16	0 − 0.270	10 12 16	3	1.5	2
10		15			19	0 − 0.330	12 16 20 25			
12	+0.034 +0.016	18			22			4		
15		22		+0.035 +0.022	26		16 20 (25) 28 36			
18		26			30					
22	+0.041 +0.020	30	0.020		35	0 − 0.390	20 25 (30) 36 45	5		3
26		35		+0.042 +0.026	40					
30		42			47		25 (30) 36 45 56			
35	+0.050 +0.025	48			53	0 − 0.460		6		4
42		55		+0.051 +0.032	60		30 3545 56			
48		62			67					
55	+0.060 +0.030	70	0.025		75					
62		78			83	0 − 0.540	33 4556 67			
70		85		+0.059 +0.032	90					
78		95			100		40 5667 78			
85	+0.071 +0.036	105			110					
95		115			120		45 5067 89			
105		125		+0.068 +0.043	130	0 − 0.630				

비고

1. d, d_1 및 d_2의 허용차는 KS B 0401의 규정에 따른다.
2. l_1, l_2 및 R의 허용차는 KS B 0412에서 규정하는 보통급으로 한다.
3. 표 중의 ℓ 치수에서 ( )를 붙인 것은 되도록 사용하지 않는다.

치공구 요소

16-3 고정 부시

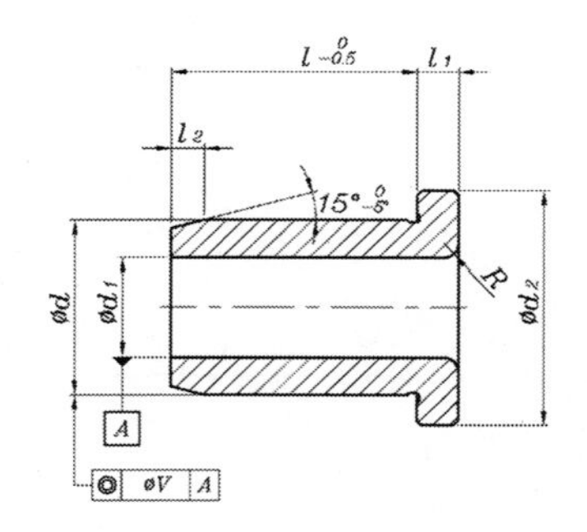

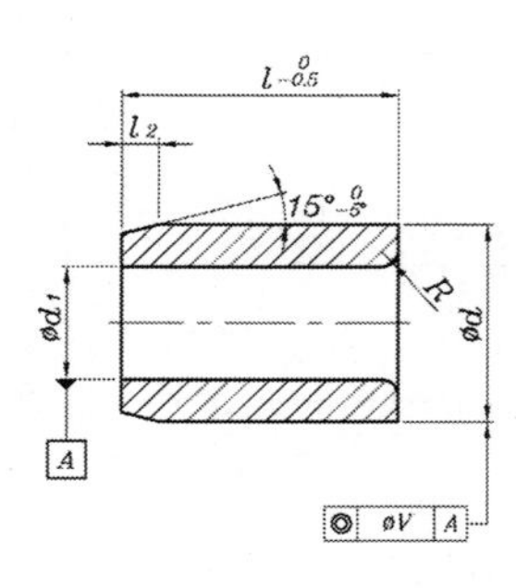

d_1	d			d_2					
드릴용(G6) 리머용(F7)	기준 치수	동심도 (⌀V)	허용차 (p6)	기준 치수	허용차 (h13)	공차 ($l_{-0.5}^{0}$)	l_1	l_2	R
1 이하	3	0.012	+ 0.012 + 0.006	7	0 − 0.220	6, 8	2	1.5	0.5
1 초과 1.5 이하	4		+ 0.020 + 0.012	8					
1.5 초과2 이하	5			9		6, 8, 10, 12			0.8
2 초과3 이하	7		+ 0.024 + 0.015	11	0 − 0.270	8, 10, 12, 16	2.5		
3 초과4 이하	8			12					1.0
4 초과6 이하	10			14		10, 12, 16, 20	3		
6 초과8 이하	12		+ 0.029 + 0.018	16					2.0
8 초과 10 이하	15			19	0 − 0.330	12, 16, 20, 25			
10 초과 12 이하	18			22					
12 초과 15 이하	22		+ 0.035 + 0.022	26		16, 20, (25), 28, 36	4		
15 초과 18 이하	26			30		20, 25, (30,) 36, 45			
18 초과 22 이하	30	0.020		35	0 − 0.390		5		3.0
22 초과 26 이하	35		+ 0.042 + 0.026	40					
26 초과 30 이하	42			47		25, (30), 36, 45, 56			
30 초과 35 이하	48			53	0 − 0.460		6		4.0
35 초과 42 이하	55		+ 0.051 + 0.032	60		30, 35, 45, 56			
42 초과 48 이하	62			67					
48 초과 55 이하	70			75					
55 초과 63 이하	78	0.025		83	0 − 0.540	35, 45, 56, 67			
63 초과 70 이하	85		+ 0.059 + 0.037	90					
70 초과 78 이하	95			100		40, 56, 67, 78			
78 초과 85 이하	105			110					
85 초과 95 이하	115			120		45, 56, 67, 89			
95 초과 105 이하	125			130	0 − 0.630				

비고

1. d, d_1 및 d_2의 허용차는 KS B 0401의 규정에 따른다.
2. l_1, l_2 및 R의 허용차는 KS B 0412에서 규정하는 보통급으로 한다.
3. 표 중의 l 치수에서 ( )를 붙인 것은 되도록 사용하지 않는다.
4. 드릴용 구멍지름 d1의 허용차는 KS B 0401에 규정하는 G6으로 하고, 리머용 구멍지름 d1의 허용차는 KS B 0401에 규정하는 F7로 한다.

16-4 둥근형 삽입(꽂음) 부시

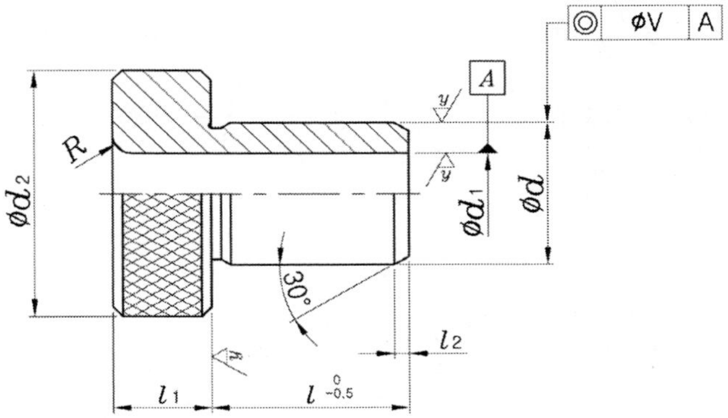

단위 : mm

<table>
<tr><th>d1</th><th colspan="3">d</th><th colspan="2">d2</th><th rowspan="2">$l\ _{-0.5}^{\ 0}$</th><th rowspan="2">l_1</th><th rowspan="2">l_2</th><th rowspan="2">R</th></tr>
<tr><th>드릴용(G6)
리머용(F7)</th><th>기준
치수</th><th>동심도
(◎V)</th><th>허용차
(p6)</th><th>기준
치수</th><th>허용차
(h13)</th></tr>
<tr><td>4 이하</td><td>12</td><td rowspan="7">0.012</td><td rowspan="2">+ 0.012
+ 0.006</td><td>16</td><td rowspan="2">0
− 0.270</td><td>10 12 16</td><td rowspan="2">8</td><td rowspan="18">1.5</td><td rowspan="5">2</td></tr>
<tr><td>4 초과6 이하</td><td>15</td><td>19</td><td rowspan="2">12 16 20 25</td></tr>
<tr><td>6 초과8 이하</td><td>18</td><td rowspan="3">+ 0.015
+ 0.007</td><td>22</td><td rowspan="3">0
− 0.330</td><td rowspan="3">10</td></tr>
<tr><td>8 초과 10 이하</td><td>22</td><td>26</td><td rowspan="2">16 20 (25) 28 36</td></tr>
<tr><td>10 초과 12 이하</td><td>26</td><td>30</td></tr>
<tr><td>12 초과 15 이하</td><td>30</td><td rowspan="3">+ 0.017
+ 0.008</td><td>35</td><td rowspan="3">0
− 0.390</td><td rowspan="2">20 25 (30) 36 45</td><td rowspan="5">12</td><td rowspan="3">3</td></tr>
<tr><td>15 초과 18 이하</td><td>35</td><td>40</td></tr>
<tr><td>18 초과 22 이하</td><td>42</td><td rowspan="7">0.020</td><td>47</td><td rowspan="2">25 (30) 36 45 56</td></tr>
<tr><td>22 초과 26 이하</td><td>48</td><td rowspan="3">+ 0.020
+ 0.009</td><td>53</td><td rowspan="4">0
− 0.460</td><td rowspan="10">4</td></tr>
<tr><td>26 초과 30 이하</td><td>55</td><td>60</td><td rowspan="3">30 35 45 56</td></tr>
<tr><td>30 초과 35 이하</td><td>62</td><td>67</td><td rowspan="8">16</td></tr>
<tr><td>35 초과 42 이하</td><td>70</td><td rowspan="4">+ 0.024
+ 0.011</td><td>75</td></tr>
<tr><td>42 초과 48 이하</td><td>78</td><td>83</td><td rowspan="5">0
− 0.540</td><td rowspan="2">35 45 56 67</td></tr>
<tr><td>48 초과 55 이하</td><td>85</td><td>90</td></tr>
<tr><td>55 초과 63 이하</td><td>95</td><td rowspan="4">0.025</td><td>100</td><td rowspan="2">40 56 67 78</td></tr>
<tr><td>63 초과 70 이하</td><td>105</td><td rowspan="3">+ 0.028
+ 0.013</td><td>110</td></tr>
<tr><td>70 초과 78 이하</td><td>115</td><td>120</td><td rowspan="2">45 56 67 89</td></tr>
<tr><td>78 초과 85 이하</td><td>125</td><td>130</td><td>0
− 0.630</td></tr>
</table>

비고

1. d, d_1 및 d_2의 허용차는 KS B 0401의 규정에 따른다.
2. l_1, l_2 및 R의 허용차는 KS B 0412에서 규정하는 보통급으로 한다.
3. 표 중의 l 치수에서 ( )를 붙인 것은 되도록 사용하지 않는다.
4. 드릴용 구멍지름 d1의 허용차는 KS B 0401에 규정하는 G6으로 하고, 리머용 구멍지름 d1의 허용차는 KS B 0401에 규정하는 F7로 한다.

16-5 노치형 삽입 부시

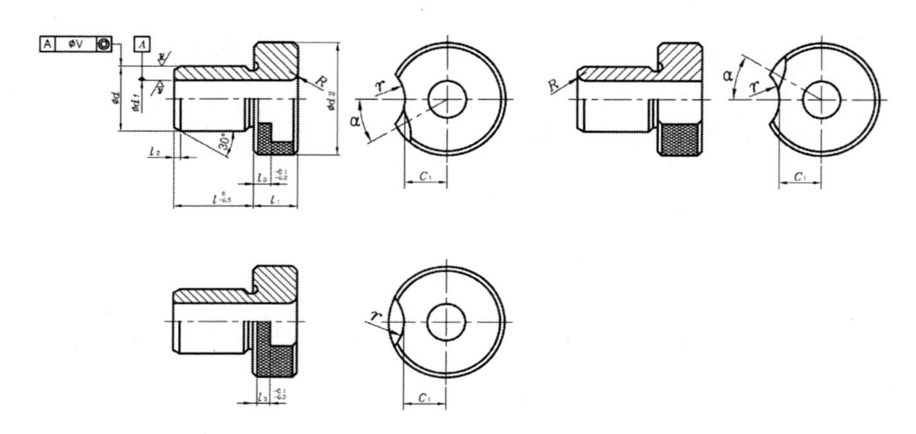

단위 : mm

d_1	d			d_2		$l_{-0.5}^{0}$	l_1	l_2	R	l_3		l_1	r	α
드릴용(G6) 리머용(F7)	기준 치수	동심도 (∅V)	허용차 (m6)	기준 치수	허용차 (h13)					기준 치수	허용차			(도)
4 이하	8	0.012	+0.012 +0.006	15	0 −0.270	10, 12, 16	8	1.5	1	3	− 0.1 − 0.2	4.5	7	65
4 초과6 이하	10			18		12, 16, 20, 25						6		
6 초과8 이하	12		+0.015 +0.007	22	0 −0.330		10		2	4		7.5	8.5	60
8 초과 10 이하	15			26		16, 20, (25), 28, 36						9.5		50
10 초과 12 이하	18			30								11.5		
12 초과 15 이하	22		+0.017 +0.008	34	0 −0.390	20, 25, (30), 36, 45	12			5.5		13	10.5	35
15 초과 18 이하	26			39								15.5		
18 초과 22 이하	30	0.020		46		25, (30), 36, 45, 56			3			19		30
22 초과 26 이하	35		+0.020 +0.009	52	0 −0.460							22		
26 초과 30 이하	42			59		30, 35, 45, 56						25.5		
30 초과 35 이하	48			66			16		4	7		28.5	12.5	
35 초과 42 이하	55		+0.024 +0.011	74								32.5		25
42 초과 48 이하	62			82	0 −0.540	35, 45, 56, 67						36.5		
48 초과 55 이하	70			90								40.5		
55 초과 63 이하	78	0.025		100		40, 56, 67, 78						45.5		
63 초과 70 이하	85		+0.028 +0.013	110								50.5		20
70 초과 78 이하	95			120		45, 50, 67, 89						55.5		
78 초과 85 이하	105			130	0 −0.630							60.5		

비고

1. d, d_1 및 d_2의 허용차는 KS B 0401의 규정에 따른다.
2. l_1, l_2 및 R의 허용차는 KS B 0412에서 규정하는 보통급으로 한다.
3. 표 중의 l 치수에서 ( )를 붙인 것은 되도록 사용하지 않는다.
4. 드릴용 구멍지름 d1의 허용차는 KS B 0401에 규정하는 G6으로 하고, 리머용 구멍지름 d1의 허용차는 KS B 0401에 규정하는 F7로 한다.

16-6 멈춤쇠

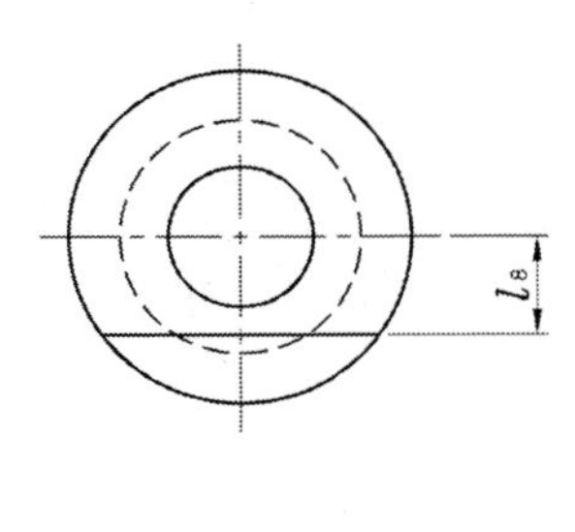

단위 : mm

삽입부시의 구멍 지름 d_1	l_5		l_6			l_7	d_4	d_5	d_6	l_8	6각 구멍붙이 볼트의 호칭
	칼라 없는 고정 라이너 사용시	칼라 있는 고정 라이너 사용시	칼라 없는 고정 라이너 사용시	칼라 있는 고정 라이너 사용시	허용차						
6 이하	8	11	3.5	6.5		2.5	12	8.5	5.2	3.3	M5
6 초과 12 이하	9	13	4	8		5.5	13	8.5	5.2	3.3	〃
12 초과 22 이하	12	17	5.5	10.5	+0.25 +0.15	3.5	16	10.5	6.3	4	M6
22 초과 30 이하	12	18	6	12		3.5	19	13.5	8.3	4.7	M8
30 초과 42 이하	15	21	7	13		5	20	13.5	8.3	5	〃
42 초과 85 이하	15	21	7	13		5	24	16.5	10.3	7.5	M10

비고

1. d_4, d_5, d_6, l_5, l_6 및 l_8의 허용차는 KS B 0412에서 규정하는 보통급으로 적용한다.
2. 멈춤쇠의 경도는 HRC 40(HV 392) 이상으로 한다.

16-7 멈춤 나사

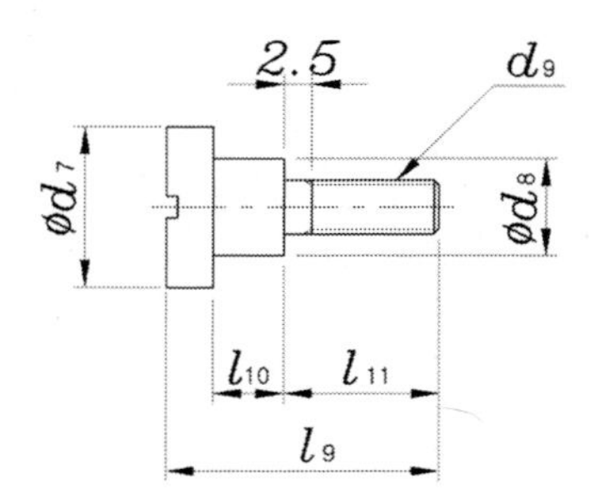

삽입부시의 구멍 지름 d_1	l_9 칼라 없는 고정 라이너 사용시	l_9 칼라 있는 고정 라이너 사용시	l_{10} 칼라 없는 고정 라이너 사용시	l_{10} 칼라 있는 고정 라이너 사용시	l_{10} 허용차	l_{11}	d_7	d_8	d_9
6 이하	15.5	18.5	3.5	6.5	+0.25 +0.15	9	12	6	M5
6 초과 12 이하	16	20	4	8			13	6.5	
12 초과 22 이하	21.5	26.5	5.5	10.5		12	16	8	M6
22 초과 30 이하	25	31	6	12		14	19	9	M8
30 초과 42 이하	26	32	7	13			20	10	
42 초과 85 이하	31.5	37.5				18	24	15	M10

비고

1. d_7, d_8, d_9, l_9, l_{10} 및 l_{11}의 허용차는 KS B 0412에 규정하는 보통급으로 하고, 그 외의 치수 허용차는 거친급으로 한다.
2. 나사 d_9의 치수는 KS B 0201의 규정에 따르고, 그 정밀도는 KS B 0211에서 규정하는 6g로 한다.
3. 멈춤 나사의 경도는 HRC 30~38(HV 302~373) 이상으로 한다.

16-8 고정핀

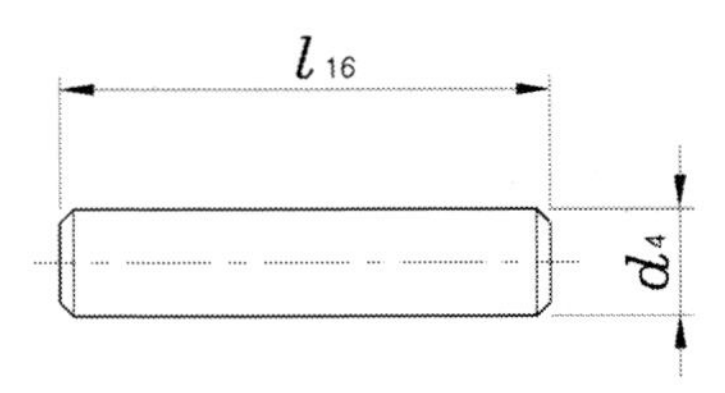

단위 : mm

핀이 사용된 부시 내부 지름	d_4 (m6)	l_{16}
0 초과6 이하	2.5	16
6 초과 12 이하	3	20
12 초과 22 이하	5	25
22 초과 30 이하	6	30
30 초과 42 이하	6	35
42 초과 78 이하	8	35
78 초과 85 이하	8	40

참고

삽입 부시를 고정할 경우의 부시와 멈춤쇠 또는 멈춤 나사의 중심 거리 및 부착 나사의 가공치수를 참고표에 나타낸다.

치공구 요소

16-9 부시와 멈춤쇠 또는 멈춤나사 치수

【참고표】

삽입 부시를 고정할 경우의 부시와 멈춤쇠 또는 멈춤나사의 중심거리 및 부착 나사의 가공 치수

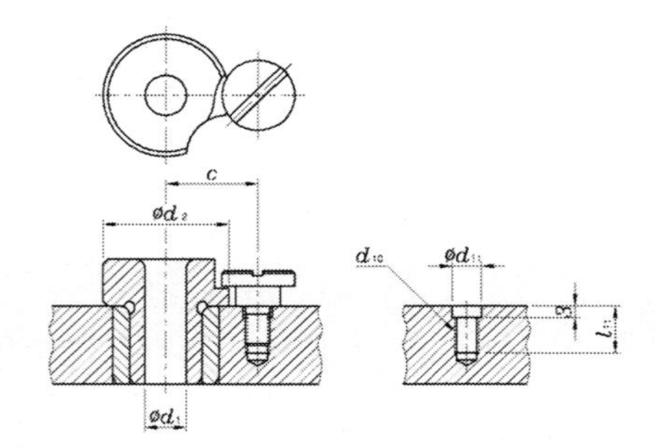

단위 : mm

삽입부시의 구멍 지름 d_1	d_2	d_{10}	c 기준 치수	c 허용차	d_{11}	l_{11}
4 이하	15	M5	11.5	± 0.2	5.2	11
4 초과6 이하	18		13			
6 초과8 이하	22		16			
8 초과 10 이하	26		18			
10 초과 12 이하	30		20			
12 초과 15 이하	34	M6	23.5		6.2	14
15 초과 18 이하	39		26			
18 초과 22 이하	46		29.5			
22 초과 26 이하	52	M8	32.5		8.2	16
26 초과 30 이하	59		36			
30 초과 35 이하	66		41			
35 초과 42 이하	74		45			
42 초과 48 이하	82	M10	49		10.2	20
48 초과 55 이하	90		53			
55 초과 63 이하	100		58			
63 초과 70 이하	110		63			
70 초과 78 이하	120		68			
78 초과 85 이하	130		73			

■ 부시 및 부속품의 재료

종 류		재 료
부시		KS D 3711의 SCM 415 KS D 3751의 SK 3 KS D 3753의 SKS 3, SKS 21 KS D 3525의 SUJ2
부속품	멈춤쇠 멈춤나사	KS D 3752의 SM 45C KS D 3711의 SCM 435

16-10 분할 와셔 [KS B 1327]

■ 분할 와셔의 모양 및 치수

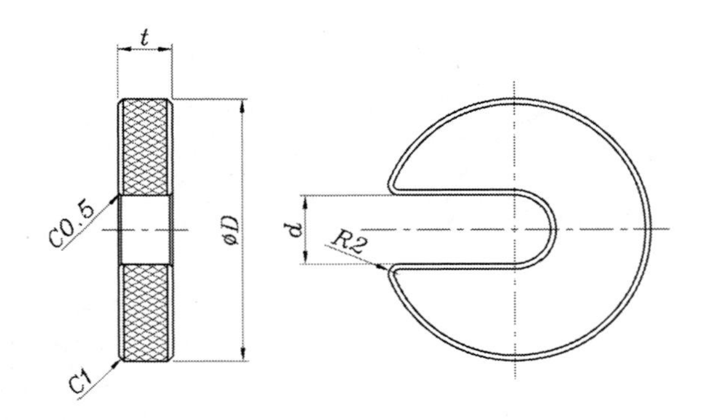

단위 : mm

호칭	d	두께 t	바깥지름 D											
6	6.4	6	20	25	–	–	–	–	–	–	–	–	–	–
8	8.4	6	–	25	–	–	–	–	–	–	–	–	–	–
		8	–	–	30	35	40	45	–	–	–	–	–	–
10	10.5	8	–	–	30	35	40	45	–	–	–	–	–	–
		10	–	–	–	–	–	–	50	60	70	–	–	–
12	13	8	–	–	–	35	40	45	–	–	–	–	–	–
		10	–	–	–	–	–	–	50	60	70	80	–	–
16	17	10	–	–	–	–	–	–	50	60	70	80	–	–
		12	–	–	–	–	–	–	–	–	–	–	90	100
20	21	10	–	–	–	–	–	–	–	–	70	80	–	–
		12	–	–	–	–	–	–	–	–	–	–	90	100
24	25	10	–	–	–	–	–	–	–	–	70	80	–	–
		12	–	–	–	–	–	–	–	–	–	–	90	100
27	28	10	–	–	–	–	–	–	–	–	70	80	–	–
		12	–	–	–	–	–	–	–	–	–	–	90	100

[주] 바깥지름 D의 치수는 널링 가공 전의 것으로 한다.

비고

1. 널링은 생략할 수 있다.
2. d의 허용차는 KS B 0412(절삭 가공 치수의 보통 허용차)에 규정하는 보통급으로 하고, 그 밖의 치수 허용차는 KS B 0412의 거친급으로 한다.
3. 표 중의 호칭에 ( )를 붙인 것은 되도록 사용하지 않는다.

16-11 열쇠형 와셔 [KS B 1327]

■ 열쇠형 와셔의 모양 및 치수

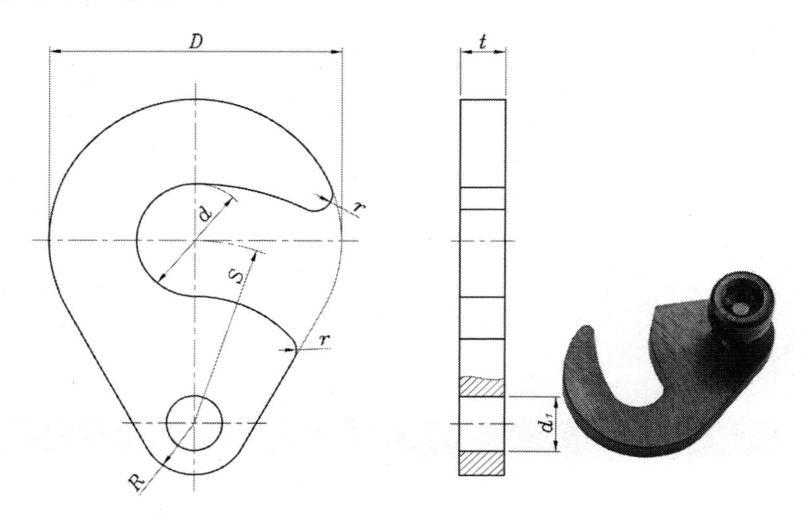

단위 : mm

호 칭	d	d_1	D	r	R	S	t
6	6.6	8.5	20	2	8	18	6
8	9		26			21	
10	11		32	3		24	
12	13.5	10.5	40		10	27	8
16	18		50			33	
20	22		60			38	
24	26	12.5	65	4	12	42	10
(27)	29		70			45	

비고

1. 양면 바깥 가장자리는 약 0.5mm의 모떼기를 한다.
2. d, d_1 및 S의 허용차는 KS B 0412에 규정하는 보통급으로 하고, 그 밖의 치수 허용차는 KS B 0412의 거친급으로 한다.
3. 표 중의 호칭에 ( )를 붙인 것은 되도록 사용하지 않는다.

16-12 열쇠형 와셔용 볼트 [KS B 1327]

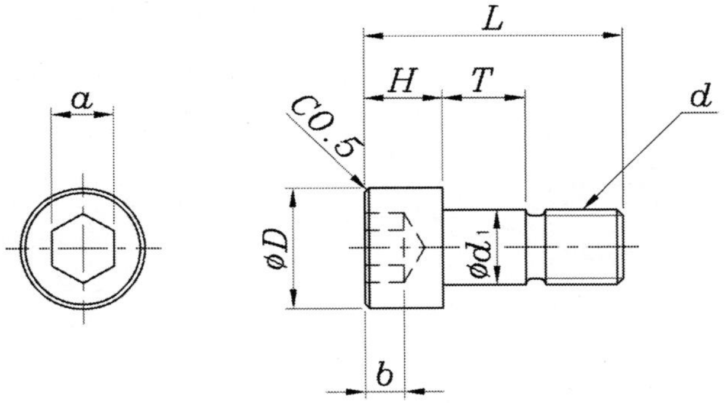

▶ 열쇠형 와셔에 사용하는 볼트 참고표

호 칭	d	d_1	D	H	a		b	T	L
					기준치수	허용차			
6	M 6	8	11	6	5	+0.105 +0.030	3	6.5	21
8	M 8	10	14	6	6		4	8.5	26
10	M 10	12	16	5	8		5	10.5	33

비고

1. d_1, D, T 및 L의 허용차는 KS B 0412에 규정하는 보통급으로 하고, 그 밖의 치수 허용차는 KS B 0412의 거친급으로 한다.
2. 나사는 KS B 0201(미터 보통 나사)에 따르고, 그 정밀도는 KS B 0211(미터 보통 나사의 허용 한계 치수 및 공차)의 2급으로 한다.
3. 이 볼트에 사용하는 스패너는 KS B 3013(6각봉 스패너)에 따른다.

■ 구면와셔의 모양 및 치수

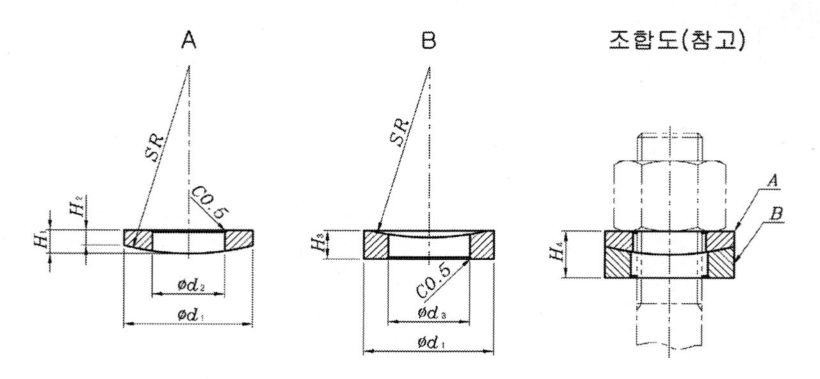

단위 : mm

조임볼트의 호칭	와셔의 호칭	d_1	d_2	d_3	H_1	H_2	H_3	SR	참고 H_4
M6	6	13	6.6	7.2	2.3	1.4	2.8	15	4.2
M8	8	17	9	9.6	3.1	1.9	3.7	20	5.6
M10	10	23	11	12	4.1	2.1	4.9	25	7
M12	12	25	14	15	4.5	2.8	5.6	30	8.4
M14	(14)	29	16	17	5.3	3.3	6.5	35	9.8
M16	16	32	18	20	6	3.9	7.3	40	11.2
M18	(18)	36	20	22	6.8	4.4	8.2	45	12.6
M20	20	40	22	24	7.6	4.9	9.1	50	14
M22	(22)	43	24	27	8.4	5.5	9.9	55	15.4
M24	24	48	26	29	9.3	5.9	10.9	60	16.8
M27	(27)	54	30	33	10.4	6.7	12.2	68	18.9

[주] A의 SR치수 쪽을 B의 SR치수보다 작게 다듬질한다.

비고

1. d_2, d_3의 허용차는 KS B 0412의 보통급으로 하고, 그 밖의 치수 허용차는 거친급으로 한다.
2. 이 와셔를 사용하면 최대 2° 이내의 기울기에 대응할 수 있다.
3. 와셔의 호칭에 ( )를 붙인 것은 되도록 사용하지 않는다.
4. 와셔의 경도는 HRC 25~30(HV 267~302)으로 한다.
5. 와셔의 재료는 KS D 3752(기계 구조용 탄소 강재)의 SM 45C 또는 이와 동등 이상의 성능을 가진 것으로 한다.

16-13 둥근형 및 마름모형 위치결정 핀

■ 둥근형 및 마름모형 핀의 모양 및 치수

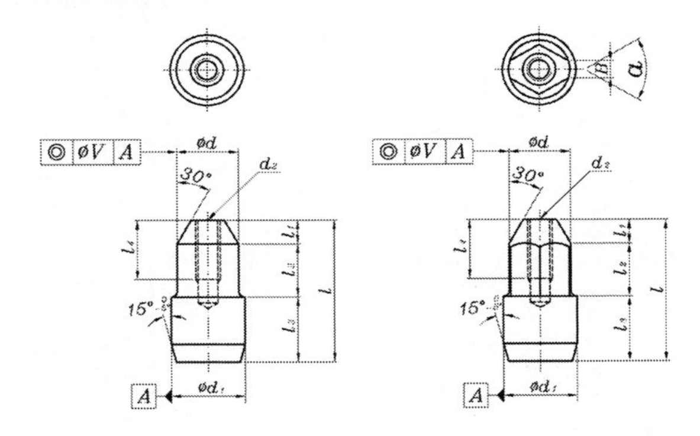

단위 : mm

d			d₁		l	l_1	l_2	l_3	d_2	l_4	B	a
치수구분	동심도 ⌀V	허용차 g6	기준치수	허용차 p6							(약)	(약°)
3 이상 4 이하	0.005	−0.004 −0.012	4	+0.020 +0.012	11	2	4	5	−	−	1.2	50
					13			7				
4 초과 5 이하			5		13		5	6			1.5	
					16			9				
5 초과 6 이하			6		16	3	6	7			1.8	
					20			11				
6 초과 8 이하	0.008	−0.005 −0.014	8	+0.024 +0.015	20		8	9			2.2	60
					25			14				
8 초과 10 이하			10		24		10	11	M4	10	3	
					30			17				
10 초과 12 이하		−0.006 −0.017	12	+0.029 +0.018	27	4		13			3.5	
					34			20				
12 초과 14 이하			14		30		11	15	M6	12	4	
					38			23				
14 초과 16 이하			16		33		12	17			5	
					42			26				
16 초과 18 이하	0.010		18		36	5		19			5.5	
					46			29				
18 초과 20 이하		−0.007 −0.020	20	+0.035 +0.022	39			22			6	
					47			30				
20 초과 22 이하			22		41		14	22	M8	16	7	
					49			30				
22 초과 25 이하			25		41			22			8	
					49			30				
25 초과 28 이하			28		41			22			9	
					49			30				
28 초과 30 이하			30		41			22				
					49			30				

비고

1. d의 허용차는 KS B 0401에 규정하는 g6 또는 상대 부품에 맞추어서 그 때마다 정하기로 하고, d1의 허용차는 KS B 0401에 규정하는 p6으로 한다.
2. 나사는 KS B 0201에 따르고, 그 정밀도는 KS B 0211의 2급으로 한다.
3. 핀의 재료는 KS D 3708의 SNC 415, KS D 3707의 SCr 420, KS D 3751의 STC 5 또는 사용상 이것과 동등 이상인 것으로 한다.
4. 핀의 경도는 HRC 55(HV 595) 이상으로 한다.

16-14 칼라붙은 둥근형 및 칼라붙은 마름모형 위치결정 핀

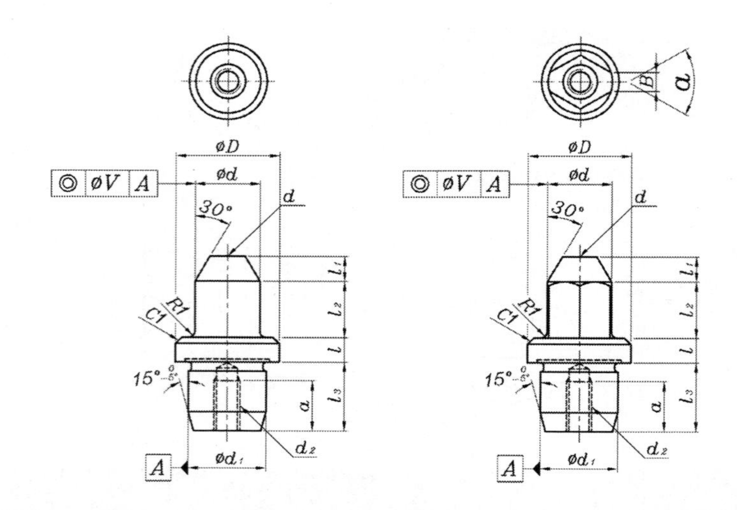

단위 : mm

d			d_1		D	l_1	l_2	l_3	l_4	d_2	a	B	α	l							
치수 구분	동심도 ∅V	허용차 g6	기준 치수	허용차 h6								(약)	(약°)								
4 이상 6 이하	0.005	−0.004 −0.012	12	0 −0.011	16	3	8	12	10	M6	8	2	50	3	4	8	10	14	18	−	−
6 초과 10 이하	0.008	−0.005 −0.014			18	4	12.5		14			3									
10 초과 12 이하		−0.006 −0.017			20			14	15			4	60	−	4	8	10	14	18	22.4	−
12 초과 16 이하			16		25		14	16	17	M8	10	4.5		−	−	8	10	14	18	22.4	28
16 초과 18 이하	0.010											6									
18 초과 20 이하		−0.007 −0.020																			
20 초과 25 이하			20	0 −0.013	30	5			18			7.5									
25 초과 30 이하					35.5		16	20	20	M10	12	9									

비고

1. d의 허용차는 KS B 0401에 규정하는 g6 또는 상대 부품에 맞추어서 그 때마다 정하기로 하고, d1의 허용차는 KS B 0401에 규정하는 h6으로 한다.
2. 나사는 KS B 0201에 따르고, 그 정밀도는 KS B 0211의 2급으로 한다.
3. 핀의 재료는 KS D 3708의 SNC 415, KS D 3707의 SCr 420, KS D 3751의 STC 5 또는 사용상 이것과 동등 이상인 것으로 한다.
4. 핀의 경도는 HRC 55(HV 595) 이상으로 한다.

16-15 V-블록의 설계

V-블록은 V형의 홈을 가지고 있는 주철제 또는 강 재질의 다이(die)로 주로 환봉을 올려놓고 클램핑(clamping)하여 구멍 가공을 하거나 금긋기 및 중심내기(centering)에 사용하는 부품이다.

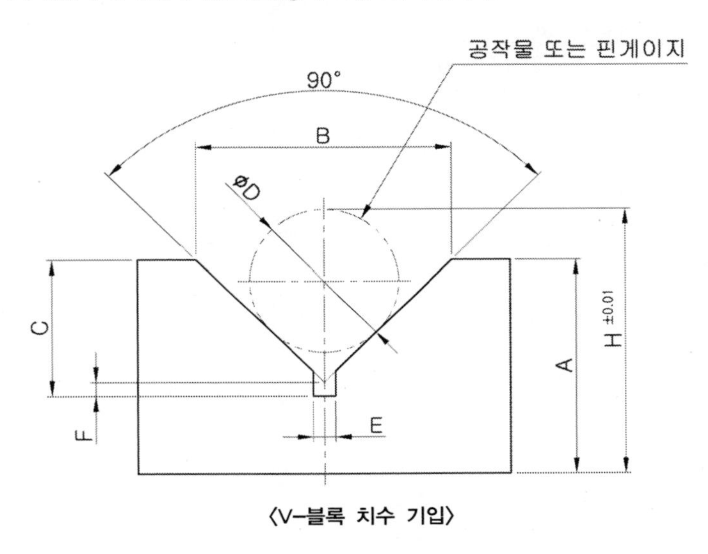

〈V-블록 치수 기입〉

【Key point】

1. ØD는 도면상에 주어진 공작물의 외경치수나 핀게이지의 치수를 재서 기입하거나 임의로 정한다.
2. A, B, C, D, E, F 의 값은 주어진 도면의 치수를 재서 기입한다.

〈V-블록〉

■ H치수 구하는 계산식

① V-블록 각도($\theta°$)가 90°인 경우 H의 값

$$Y = \sqrt{2} \times \frac{D}{2} - \frac{B}{2} + A + \frac{D}{2}$$

② V-블록 각도($\theta°$)가 120°인 경우 H의 값

$$Y = \frac{D}{2} \div \cos 30° - \tan 30° \times \frac{B}{2} + A + \frac{D}{2}$$

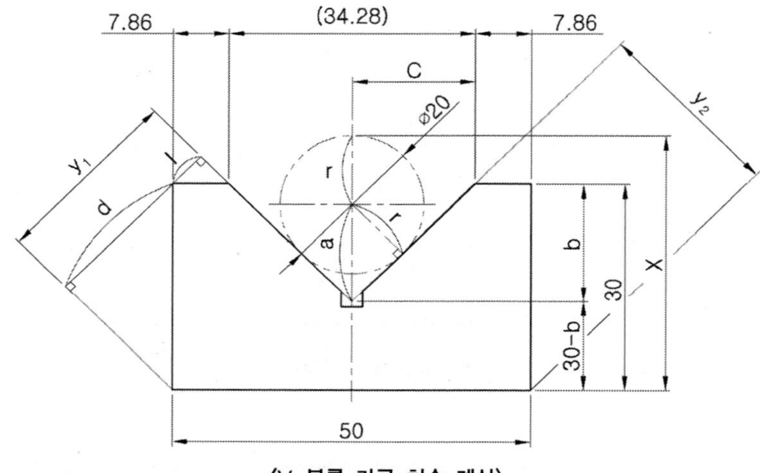

〈V-블록 가공 치수 계산〉

■ V홈을 가공하기 위한 치수 구하는 계산식

X를 구하는 방법

$X = r + a + (30 - b) \quad r = 10$

$a = \frac{10}{\cos 45°} = 10 \times \sec 45°$

$10 \times 1.4142 = 14.142$

$b = c = 17.14$

따라서 $X = 10 + 14.142 + (30 - 17.14) = 37.002 \fallingdotseq 37.0$

■ Y_1과 Y_2를 구하는 방법

$Y_1 = Y_2, \ Y_1 = d + l$

$= 30 \times \cos 45° + 7.86 \times \cos 45°$

$= 30 \times 0.7071 + 7.86 \times 0.7071 \fallingdotseq 26.77$

16-16 더브테일 [참고자료]

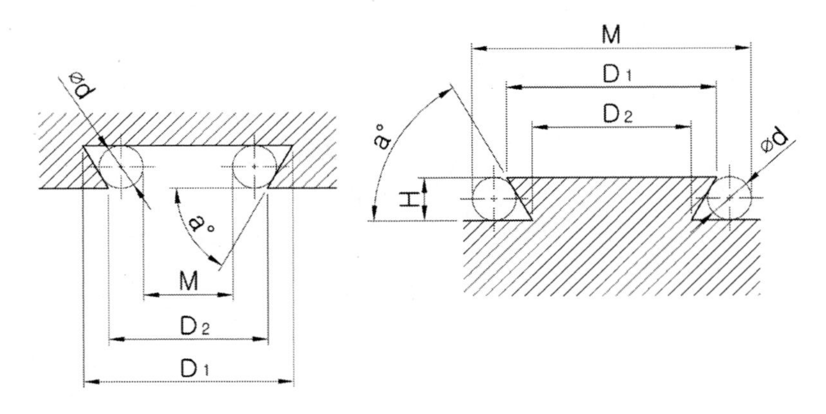

오목 더브테일 볼록 더브테일

오목 더브테일 계산식	볼록 더브테일 계산식
① D_2를 정한다. ② $D_1 = D_2 + 2H\cot\alpha°$ ③ $M = D_1 - d\left(1+\cot\frac{\alpha°}{2}\right)$ ④ $M° = D_2 + d\left(1+\cot\frac{\alpha°}{2}\right)$	① D_2를 정한다. ② $D_2 = D_1 - 2H\cot\alpha°$ ③ $M = D_1 - d\left(1+\cot\frac{\alpha°}{2}\right)$ ④ $M° = D_2 + d\left(1+\cot\frac{\alpha°}{2}\right)$ ⑤ $D_1 = M + d\left(1+\cot\frac{\alpha°}{2}\right)$
$\sec\ \alpha = \frac{1}{\cos\ \alpha}$ $\mathrm{cosec}\ \alpha = \frac{1}{\sin\ \alpha}$ $\cot\ \alpha = \frac{1}{\tan\ \alpha}$	

치공구 요소

16-17 더브테일 오버 핀 측정값 (x값) [참고자료]

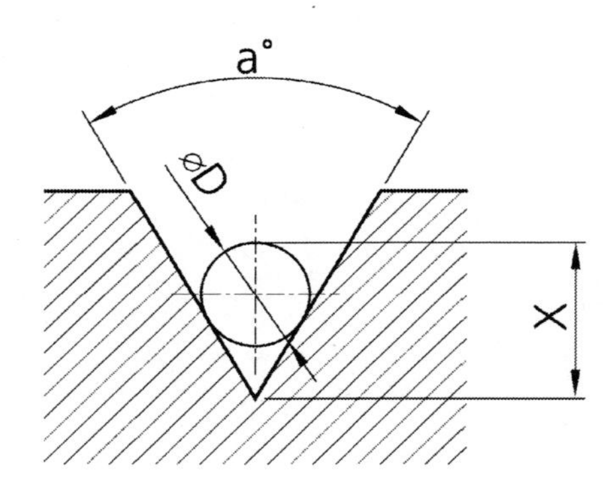

α \ D	4	5	6	8	10
60°	6.00	7.50	9.0	12.5	15.0
70°	5.487	6.859	8.230	10.974	13.717
80°	5.111	6.389	7.667	10.223	12.774
90°	4.88	6.036	7.243	9.657	12.071
100°	4.611	5.764	6.916	9.222	11.527
110°	4.442	5.552	6.662	8.883	11.104
120°	4.039	5.387	6.464	8.619	10.773
130°	4.207	5.258	6.310	8.414	10.517
140°	4.128	5.160	6.193	8.257	10.321
150°	4.071	5.088	6.106	8.141	10.176
160°	4.031	5.039	6.046	8.062	10.071

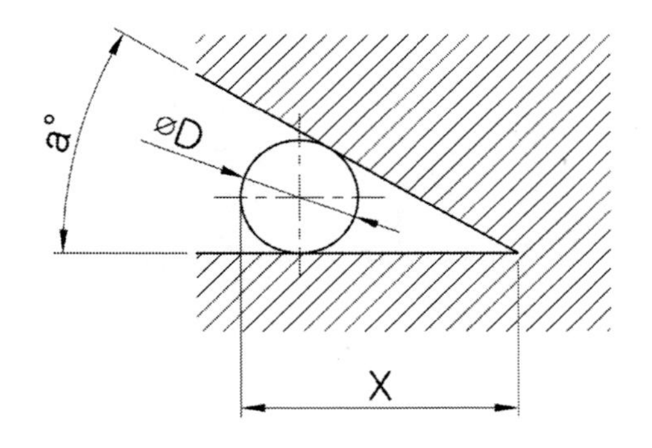

α \ D	4	5	6	8	10
25°	11.021	13.776	16.532	–	–
30°	9.464	11.830	14.196	18.928	23.660
35°	8.343	10.428	12.515	16.689	20.857
40°	7.495	9.368	11.242	14.990	18.737
45°	5.826	8.536	10.248	13.657	17.071
50°	6.289	7.861	9.494	12.578	15.722
55°	5.842	7.302	8.763	11.685	14.605
60°	5.464	6.830	8.196	10.928	13.660
65°	5.140	6.425	7.710	10.279	12.849
70°	4.856	6.070	7.285	9.713	12.140
75°	4.607	5.758	6.910	9.213	11.516
80°	4.384	5.479	6.579	9.213	11.516

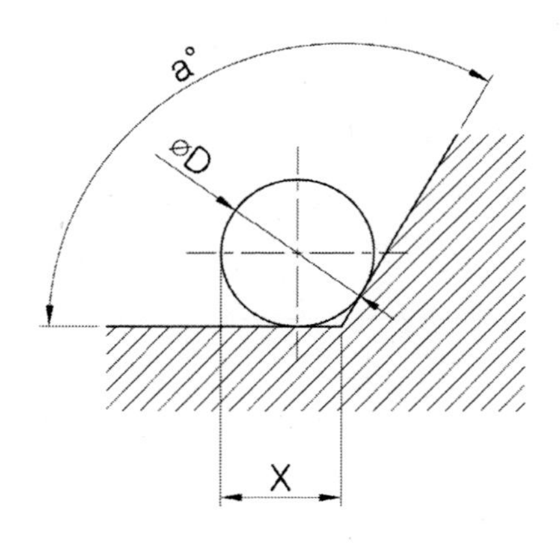

α \ D	4	5	6	8	10
110°	3.4	4.251	5.1	6.8	8.501
115°	3.274	4.094	4.911	6.549	8.185
120°	3.155	3.943	4.737	6.309	7.887
125°	3.041	3.801	4.562	6.182	7.603
130°	2.99	3.666	4.399	5.863	7.332
135°	2.828	6.536	4.243	5.457	7.071
140°	2.728	3.410	4.090	5.450	6.870
145°	2.631	3.288	3.946	5.261	6.576
150°	2.636	3.170	3.804	5.072	6.340
155°	2.443	3.054	3.665	4.887	6.108
160°	2.353	2.940	3.529	4.705	5.882
165°	2.263	2.829	3.395	4.522	5.658
170°	2.175	2.719	3.262	4.350	5.437

16-18 지그용 T형 너트(핸들 고정형)

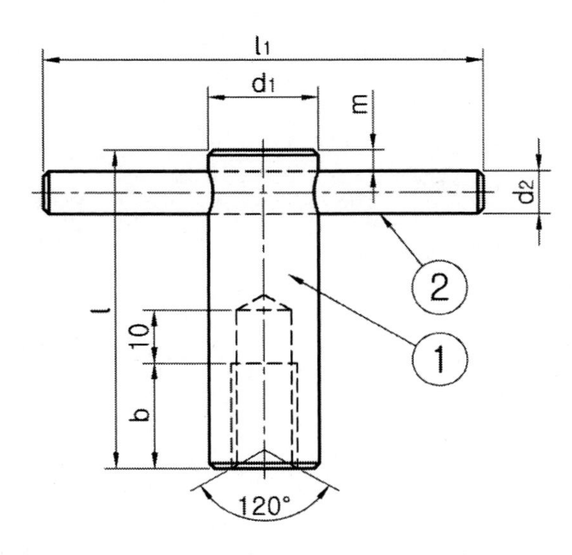

단위 : mm

암나사의 외경	b	d_1	l	m	d_2	l_1
10	20	18	60	7	8	80
12	25	20	70	9	10	100
16	35	24	85	11	13	120
20	40	30	95	14	16	140

16-19 지그용 T형 너트(핸들 가동형)

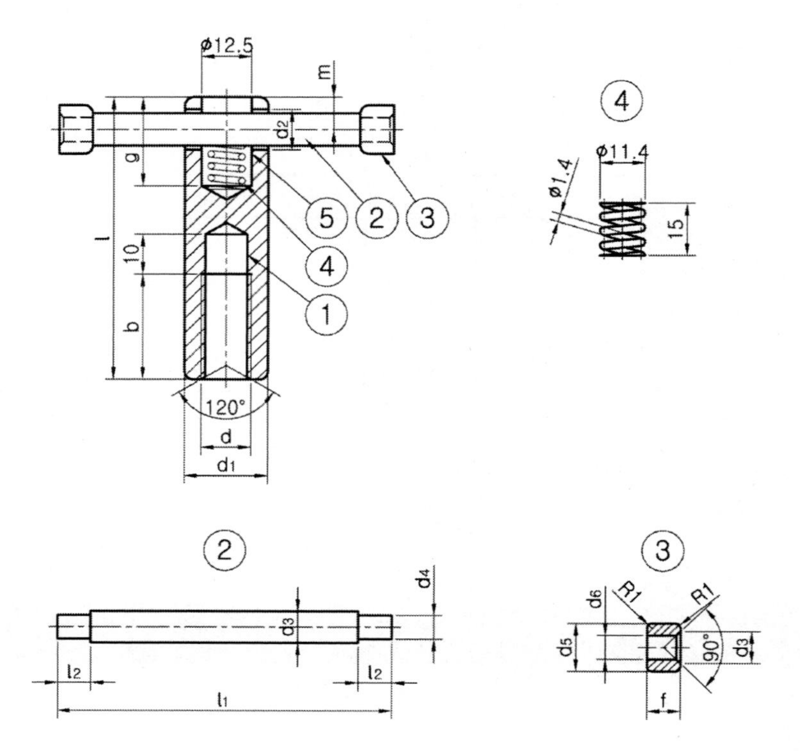

단위 : mm

암나사의 외경	b	d_1	vd_2	g	l	m	d_3	d_4	l_1	l_2	l_3	d_5	d_6	f
10	20	18	8.2	22	60	7	8	4.9	82	8	80	10	5	7
12	25	20	10.2	24	70	9	10	5.9	102	9	100	13	6	8
16	35	24	13.2	28	85	11	13	7.9	122	11	120	16	8	10
20	40	30	16.2	32	95	14	16	8.9	142	13	140	20	9	12

16-20 지그용 구형 핸들

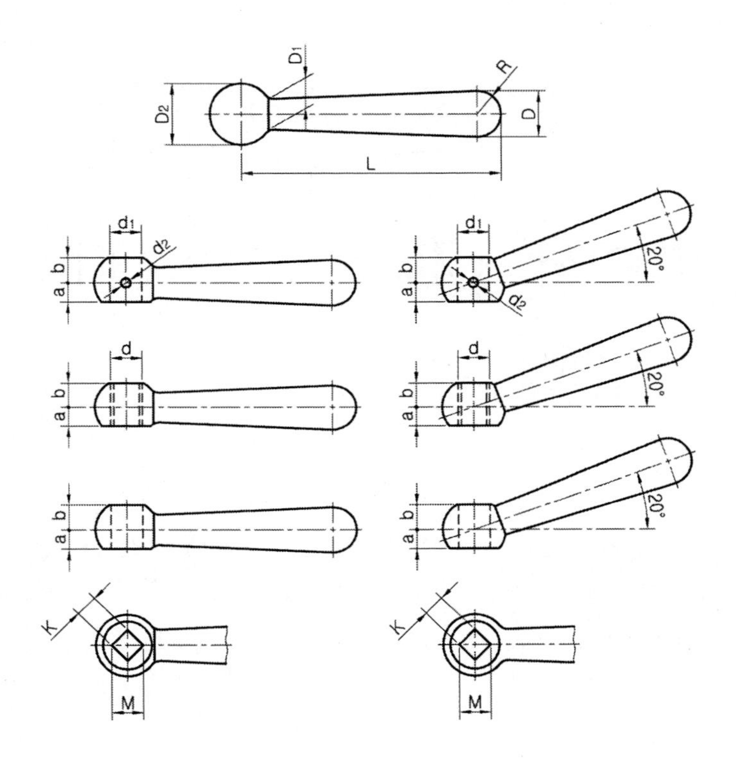

단위 : mm

D	L	D_1	D_2	R	a	b	d_1	d_2	d	K	M (최소)
10	64	7	16	5	5	6.5	8 6	2.6	8	6	8.2
13	80	9	20	6.5	6	8	10 8	3	10	7 8	9.2 10.8
16	100	11	25	8	7.5	10	12 10	4	12	9 10	12.2 13.6
20	125	14	32	10	10	13	16 14	5	16	12	16.5
25	160	18	40	12.5	12.5	16	20 18	6	20	14	19.2
32	200	22	50	16	18	20	24 22	8	24	17 19	23 26

16-21 지그용 핸들

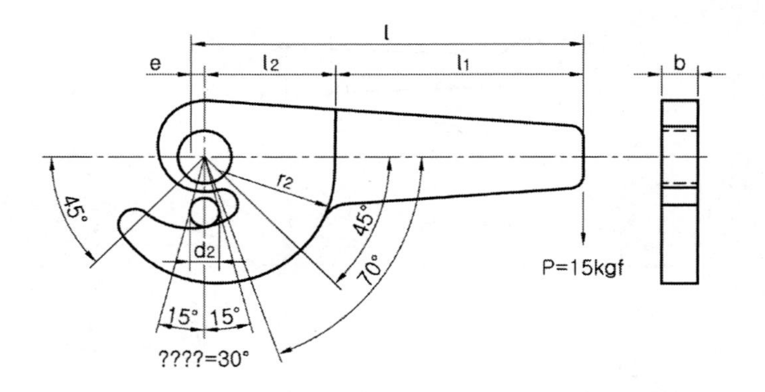

단위 : mm

$d(2r)$	r_1	e	회전각 에 의한	N (kgf)	b	l	r_2	r_3	c	f	g	d_2
5.2	7.5	0.8	0.2	12	4	50	12	5	1	0.5	5	2.75
10	14	1.5	0.4	90	6	80	23	9	2.5	1.3	9	6
16	23.5	2.5	0.65	195	8	205	37	14.5	4.5	1.5	15	9
20	29	3	0.75	305	10	250	45	18.5	5.5	2	19	11
24	35	3.75	1	440	12	450	55	22	6	2	22.5	13

16-22 지그용 체결 볼트

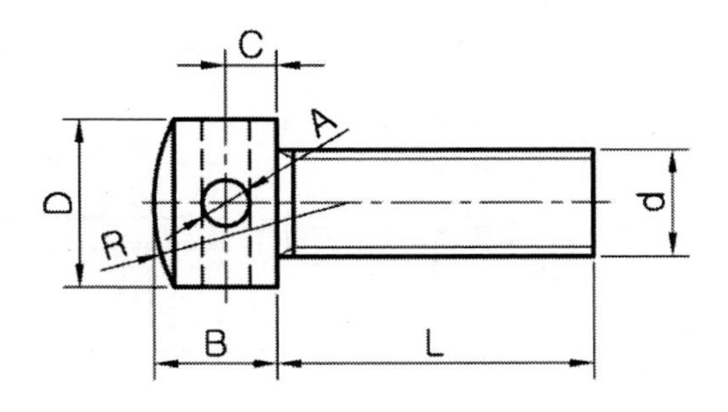

단위 : mm

볼트의 외경 d	D	A	B	C	R
16	25	8	20	9	50
18	28	10	22	10	56
20	30	10	25	11	60
22	32	10	28	12	64
24	36	12	30	13	72
30	36	12	30	13	72

16-23 지그 체결 좌부 치수

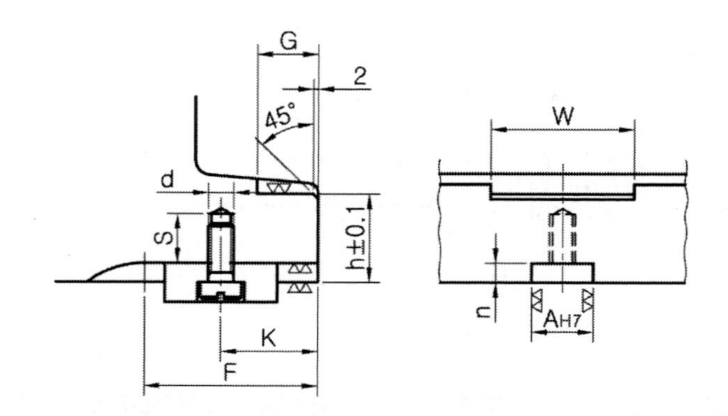

단위 : mm

조립용 볼트 지름	A_{H7}	n	F	K	d	S	W	G	h
12	14	4.5	40	20	5	15	50	15	25 30
14	16	5	45	25	6	18	50	15	30 35
16	20	6	55	30	8	22	60	15	35 40
20	24	7	65	35	8	22	60	20	40 45
22	28	8.5	75	40	10	25	70	20	45 50
27	32	10	85	45	10	25	70	20	50 –

16-24 지그 취부 좌부 치수

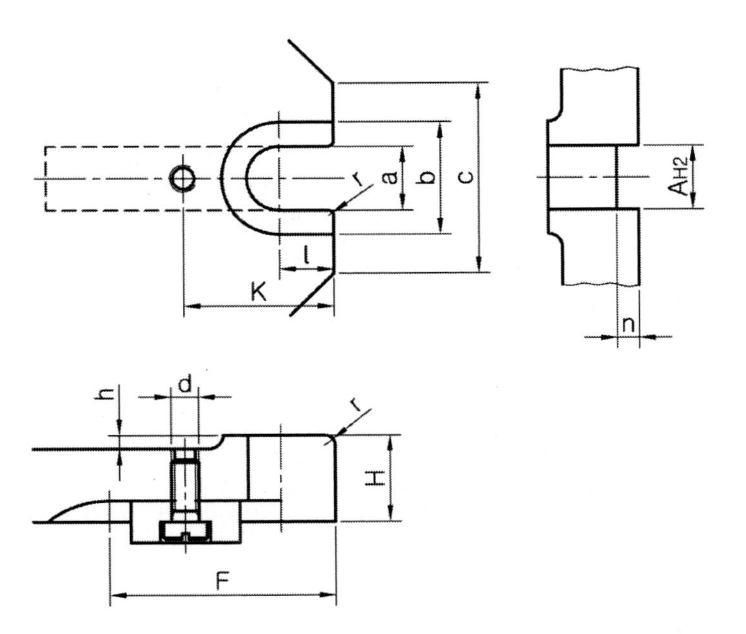

단위 : mm

조립용 볼트 지름	A_{H2}	a	b	c	H	h	l	F	K	n	d	r
6	8	8	16	32	12	2	10	30	20	3.5	3	1
8	10	10	20	40	15	2.5	12	45	30	4	3	1
10	12	12	24	48	18	3	15	50	35	4	4	1.5
12	14	14	28	56	21	3.5	18	60	40	4.5	5	1.5
14	16	16	32	64	24	4	20	70	50	5	6	2
16	20	20	40	80	30	5	25	85	60	6	8	2
20	24	24	48	96	36	6	30	100	70	7	8	2.5
22	28	28	56	112	42	7	35	115	85	8	10	2.5
27	32	32	64	128	48	8	40	130	95	10	10	3
30	36	36	72	144	54	9	45	150	110	11.5	10	3

16-25 지그 설계의 기준치수

1. 센터 구멍

선반, 밀링 머신용 지그의 구멍은 다음의 5종으로 한다.

D=12mm 이하 ±0.01mm

D=16mm 이하 ±0.01mm

D=20mm 이하 ±0.01mm

D=25mm 이하 ±0.01mm (선반에는 가급적 이 구멍을 적용한다)

D=35mm 이하 ±0.01mm (밀링에는 가급적 이 구멍을 적용한다)

2. 중심맞춤 구멍

중심맞춤 구멍(중심맞춤 센터 및 리머볼트용 구멍)의 중심거리에 대해서는 다음의 치수공차를 적용한다.

±0.01 ±0.01 ±0.01

3. 볼트 구멍의 거리

볼트 구멍, 구멍 등과 같이 축과 구멍에 0.5mm 이상의 틈새를 가지게 하는 구멍의 중심거리에 대해서는 다음의 치수공차를 적용한다.

±0.05 ±0.05 ±0.05

4. 각도

특히 정밀을 요구하지 않는 다음의 치수공차를 기입한다.

±30′

16-26 지그 보링 가공의 경우 등분 원구멍의 좌표값

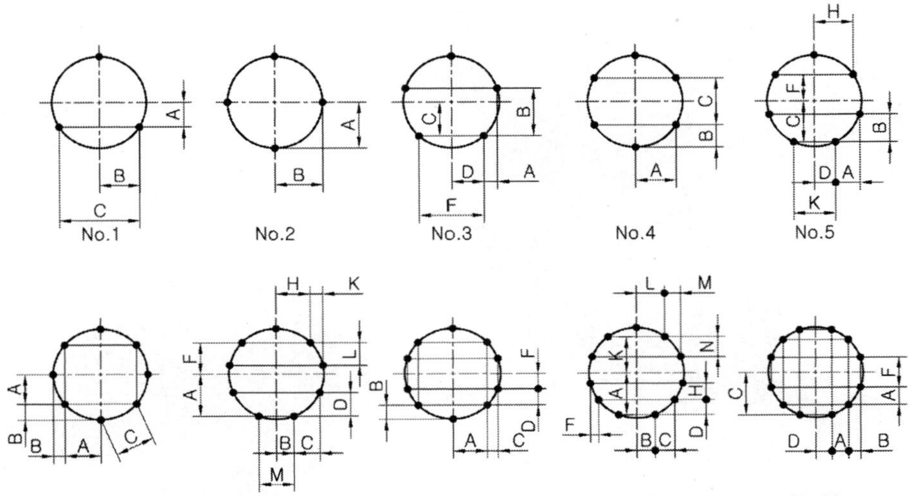

번호	구멍 수	A	B	C	D	F	H	K	L	M	N
1	3	0.25000	0.43302	0.86603							
2	4	0.50000	0.50000								
3	5	0.18164	0.55902	0.40451	0.29389	0.58779					
4	6	0.43302	0.25000	0.50000							
5	7	0.27052	0.33922	0.45049	0.21694	0.31175	0.39090	0.43388			
6	8	0.35355	0.14650	0.38268							
7	9	0.46985	0.17101	0.26200	0.21985	0.38302	0.32139	0.17101	0.29620	0.34202	
8	10	0.29389	0.09549	0.18164	0.25000	0.15451					
9	11	0.47975	0.14087	0.23701	0.15232	0.11704	0.25627	0.42063	0.27032	0.18449	0.21292
10	12	0.22415	0.12941	0.48297	0.12941	0.25882					

[주] 위 표의 수치는 원의 직경을 1로 한 경우의 값으로 실제값은 이 수치에 원의 직경을 더해 구한다.

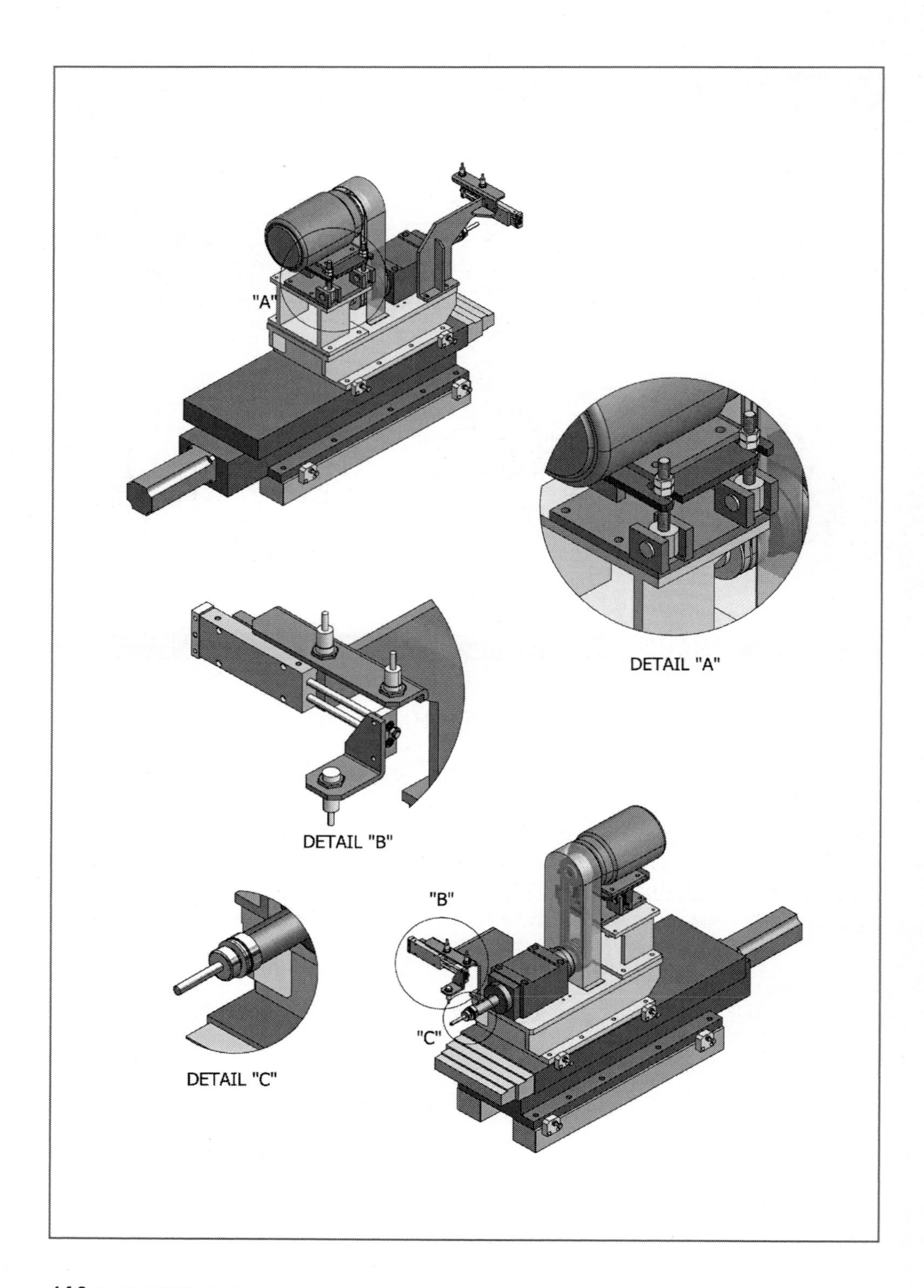
"A"
DETAIL "A"
DETAIL "B"
"B"
DETAIL "C"
"C"

CHAPTER 17

스프링제도 및 요목표

17-1 냉간 성형 압축 코일 스프링

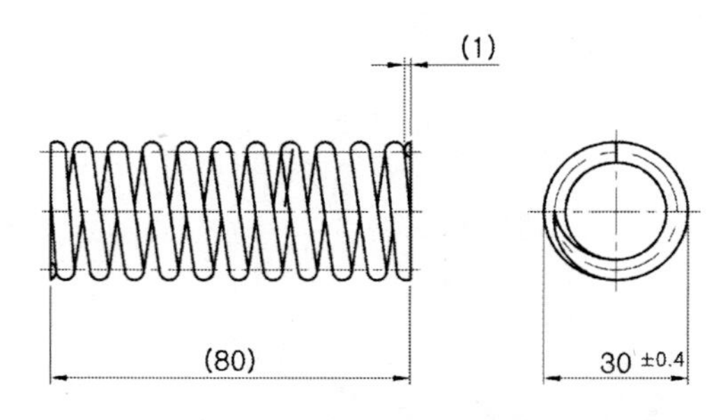

냉간 성형 압축 코일 스프링 요목표			
재 료			SWOSC-V
재료의 지름		mm	4
코일 평균 지름		mm	26
코일 바깥지름		mm	30±0.4
총		감김수	11.5
자리		감김수	각 1
유효		감김수	9.5
감김 방향			오른쪽
자유 길이		mm	(80)
스프링 상수		N/mm	15.3
지정	하중	N	–
	하중시의 길이	mm	–
	길이[(1)]	mm	70
	길이시의 하중	N	153±10%
	응력	N/mm^2	190
최대 압축	하중	N	–
	하중시의 길이	mm	–
	길이[(1)]	mm	55
	길이시의 하중	N	382
	응력	N/mm^2	476
밀착 길이		mm	(44)
코일 바깥쪽 면의 경사		mm	4 이하
코일 끝부분의 모양			맞댐끝(연삭)
표면 처리	성형 후의 표면 가공		쇼트 피닝
	방청 처리		방청유 도포

[주] [(1)] 수치 보기는 길이를 기준으로 하였다.

비고 1. 기타 항목 : 세팅한다.
2. 용도 또는 사용 조건 : 상온, 반복하중
3. 1N/mm^2 = 1MPa

17-2 열간 성형 압축 코일 스프링

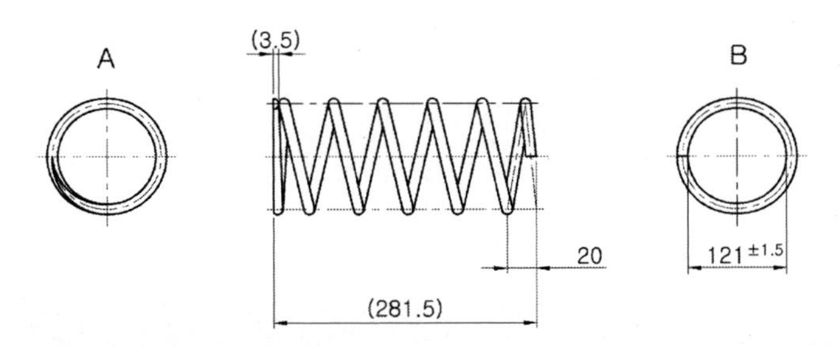

열간 성형 압축 코일 스프링 요목표			
재 료			SPS6
재료의 지름		mm	14
코일 평균 지름		mm	135
코일 바깥지름		mm	121±1.5
총 감김수			6.25
자리 감김수			A측 : 1, B측 : 0.75
유효 감김수			4.5
감김 방향			오른쪽
자유 길이		mm	(281.5)
스프링 상수		N/mm	34.0±10%
지정	하중	N	–
	하중시의 길이	mm	–
	길이[(1)]	mm	166
	길이시의 하중	N	3925±10%
	응력	N/mm^2	566
최대 압축	하중	N	–
	하중시의 길이	mm	–
	길이[(1)]	mm	105
	길이시의 하중	N	6000
	응력	N/mm^2	865
밀착 길이		mm	(95.5)
코일 바깥쪽 면의 경사		mm	15.6 이하
경도		HBW	388~461
코일 끝부분의 모양			A측 : 맞댐끝(테이퍼), B측 : 벌림끝(무연삭)
표면 처리	재료의 표면 가공		연삭
	성형 후의 표면 가공		쇼트 피닝
	방청 처리		흑색 에나멜 도장

[주] (1) 수치 보기는 길이를 기준으로 하였다.

비고 1. 기타 항목 : 세팅한다.

2. 용도 또는 사용 조건 : 상온, 반복하중

3. $1N/mm^2 = 1MPa$

17-3 테이퍼 코일 스프링

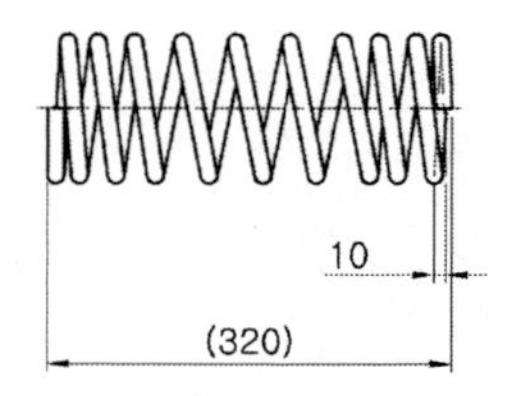

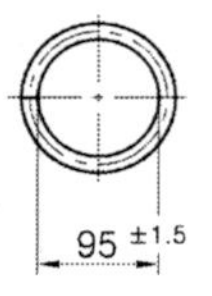

열간 성형 압축 코일 스프링 요목표			
재 료			SPS6
재료의 지름		mm	14
코일 평균 지름		mm	135
코일 바깥지름		mm	121±1.5
총 감김수			6.25
자리 감김수			A측 : 1, B측 : 0.75
유효 감김수			4.5
감김 방향			오른쪽
자유 길이		mm	(281.5)
스프링 상수		N/mm	34.0±10%
지정	하중	N	–
	하중시의 길이	mm	–
	길이(1)	mm	166
	길이시의 하중	N	3925±10%
	응력	N/mm^2	566
최대 압축	하중	N	–
	하중시의 길이	mm	–
	길이(1)	mm	105
	길이시의 하중	N	6000
	응력	N/mm^2	865
밀착 길이		mm	(95.5)
코일 바깥쪽 면의 경사		mm	15.6 이하
경도		HBW	388~461
코일 끝부분의 모양			A측 :맞댐끝(테이퍼) B측 : 벌림끝(무연삭)
표면 처리	재료의 표면 가공		연삭
	성형 후의 표면 가공		쇼트 피닝
	방청 처리		흑색 에나멜 도장

[주] (1) 수치 보기는 길이를 기준으로 하였다.

비고 1. 기타 항목 : 세팅한다.
2. 용도 또는 사용 조건 : 상온, 반복하중
3. $1N/mm^2 = 1MPa$

17-4 각 스프링

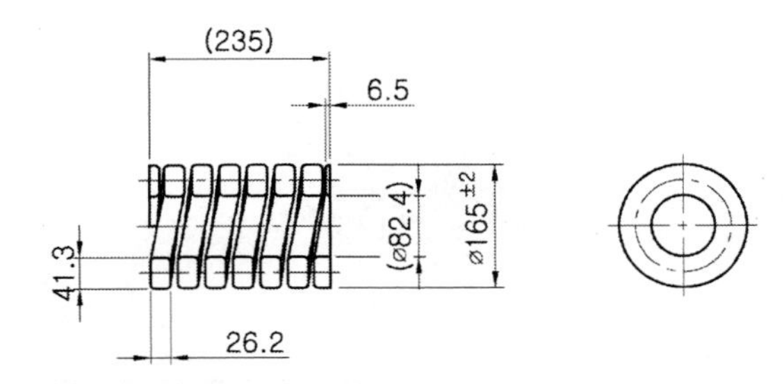

각 스프링 요목표			
재 료			SPS9
재료의 지름		mm	41.3×26.2
코일 평균 지름		mm	123.8
코일 바깥지름		mm	165±2
총 감김수			7.25±0.25
자리 감김수			각 0.75
유효 감김수			5.75
감김 방향			오른쪽
자유 길이		mm	(235)
스프링 상수		N/mm	1570
지정	하중(3)	N	49000
	하중시의 길이	mm	203±3
	길이(1)	mm	–
	길이시의 하중	N	–
	응력	N/mm^2	596
최대 압축	하중	N	73500
	하중시의 길이	mm	188
	길이(1)	mm	–
	길이시의 하중	N	–
	응력	N/mm^2	894
밀착 길이		mm	(177)
경도		HBW	388~461
코일 끝부분의 모양			맞댐끝(테이퍼 후 연삭)
표면 처리	재료의 표면 가공		연삭
	성형 후의 표면 가공		쇼트 피닝
	방청 처리		흑색 에나멜 도장

[주] (1) 수치 보기는 길이를 기준으로 하였다.
(3) 수치 보기는 하중을 기준으로 하였다.

비고 1. 기타 항목 : 세팅한다.
2. 용도 또는 사용 조건 : 상온, 반복하중
3. $1N/mm^2 = 1MPa$

17-5 이중 코일 스프링

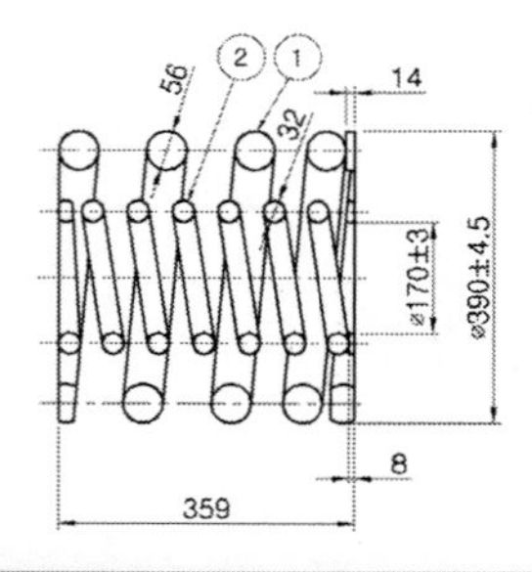

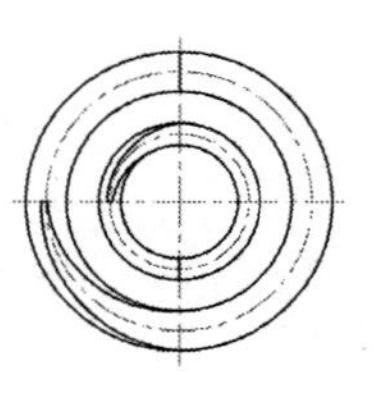

이중 코일 스프링 요목표				
조합 No.			①	②
재료		mm	SPS11A	SPS9A
재료의 지름		mm	56	32
코일 평균 지름		mm	334	202
코일 안지름		mm	278	170±3
코일 바깥지름		mm	390±4.5	234
총 감김수			4.75	7.75
자리 감김수			각 1	각 1
유효 감김수			2.75	5.75
감김 방향			오른쪽	왼쪽
자유 길이		mm	(359)	(359)
스프링 상수		N/mm	1086	
			883	203
지정	하중(3)	N	88260	
			71760	16500
	하중시의 길이	mm	277.5±4.5	
			277.5	277.5
	길이(1)	mm	–	
	길이시의 하중	N	–	
	응력	N/mm²	435	321
최대 압축	하중	N	131360	
			106800	24560
	하중시의 길이	mm	238	
			238	238
	길이(1)	mm	–	
	길이시의 하중	N	–	
	응력	N/mm²	648	478
밀착 길이		mm	(238)	(232)
코일 바깥쪽 면의 경사		mm	6.3	6.3
경도		HBW	388~461	
코일 끝부분의 모양			맞댐끝(테이퍼 후 연삭)	
표면 처리	재료의 표면 가공		연삭	
	성형 후의 표면 가공		쇼트 피닝	
	방청 처리		흑색 에나멜 도장	

[주] (1) 수치 보기는 길이를 기준으로 하였다.
(3) 수치 보기는 하중을 기준으로 하였다.

비고 1. 기타 항목 : 세팅한다.
2. 용도 또는 사용 조건 : 상온, 반복하중
3. 1N/mm^2 = 1MPa

17-6 인장 코일 스프링

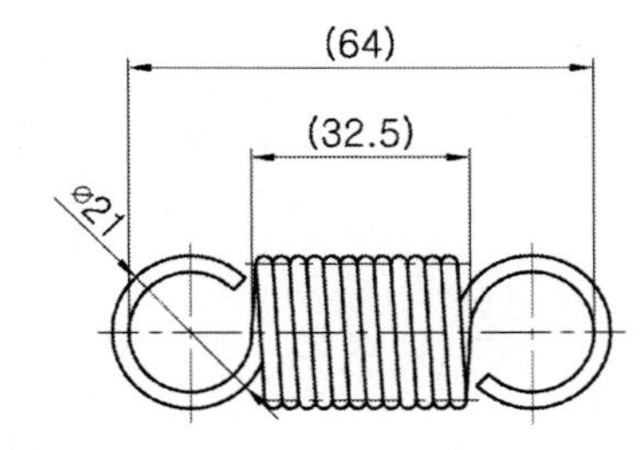

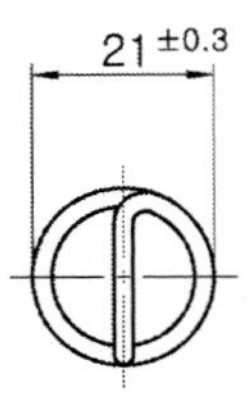

인장 코일 스프링 요목표			
재 료			HSW-3
재료의 지름		mm	2.6
코일 평균 지름		mm	18.4
코일 바깥지름		mm	21±0.3
총 감김수			11.5
감김 방향			오른쪽
자유 길이		mm	(64)
스프링 상수		N/mm	6.28
초장력		N	(26.8)
지정	하중	N	–
	하중시의 길이	mm	–
	길이[(1)]	mm	86
	길이시의 하중	N	165±10%
	응력	N/mm^2	532
최대허용인장길이		mm	92
고리의 모양		mm	둥근 고리
표면 처리	성형 후의 표면 가공		–
	방청 처리		방청유 도포

[주] (1) 수치 보기는 길이를 기준으로 하였다.

비고 1. 기타 항목 : 세팅한다.
2. 용도 또는 사용 조건 : 상온, 반복하중
3. $1N/mm^2 = 1MPa$

17-7 비틀림 코일 스프링

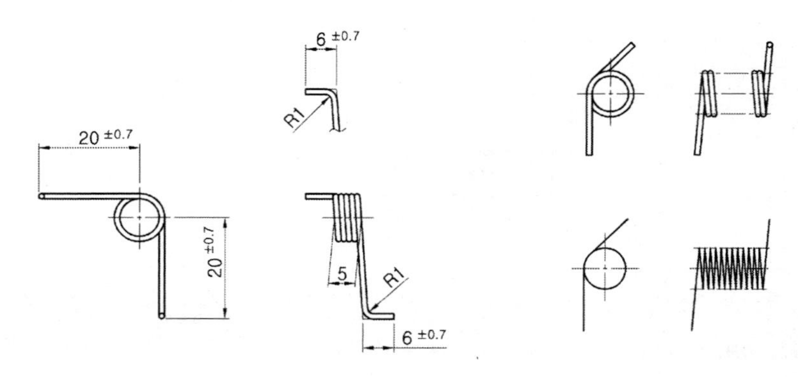

비틀림 코일 스프링 요목표			
재 료			STS 304-WPB
재료의 지름		mm	1
코일 평균 지름		mm	9
코일 바깥지름		mm	8±0.3
총 감김수			4.25
감김 방향			오른쪽
자유 각도[4]		도	90±15
지정	나선각	도	–
	나선각시의 토크	N · mm	–
	(참고)계화 나선각	도	–
안내봉의 지름		mm	6.8
사용 최대 토크시의 응력		N/mm^2	–
표면 처리			–

[주] [4] 수치 보기는 길이를 기준으로 하였다.

비고 1. 기타 항목 : 세팅한다.
2. 용도 또는 사용 조건 : 상온, 반복하중
3. $1N/mm^2 = 1MPa$

17-8 지지, 받침 스프링

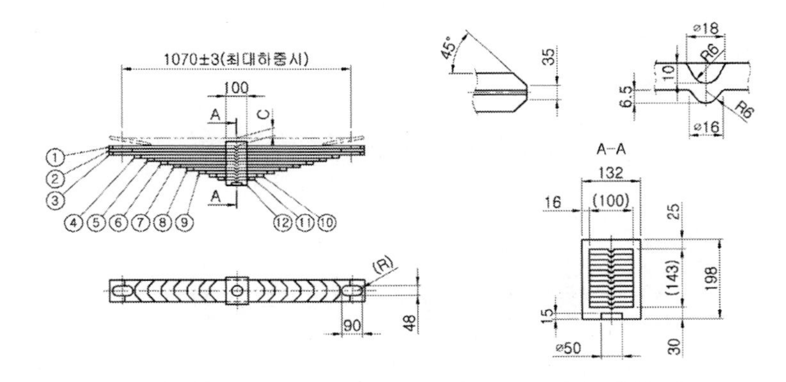

스프링 판					
재 료		SPS3			
치수 · 모양	번 호	길이 mm	판두께 mm	판나비 mm	단면 모양
	1	1190	13	100	KS D 3701의 A종
	2	1190			
	3	1190			
	4	1050			
	5	950			
	6	830			
	7	710			
	8	590			
	9	470			
	10	350			
	11	250			

부속 부품			
번 호	명 칭	재 료	개 수
12	허리죔 띠	SM 10C	1

하중 특성				
	하중 N	뒤말림 mm	스팬 mm	응력 N/mm²
무하중시	0	38	–	0
표준 하중시	45990	5	–	343
최대 하중시	52560	0±3	1070±3	392
시험 하중시	91990	–	–	686

비고 1. 기타 항목 a) 스프링 판의 경도 : 331~401HBW

b) 첫 번째 스프링 판의 텐션면 및 허리죔 띠에 방청 도장한다.

c) 완성 도장 : 흑색 도장

d) 스프링 판 사이에 도포한다.

2. $1N/mm^2 = 1MPa$

17-9 테이퍼 판 스프링

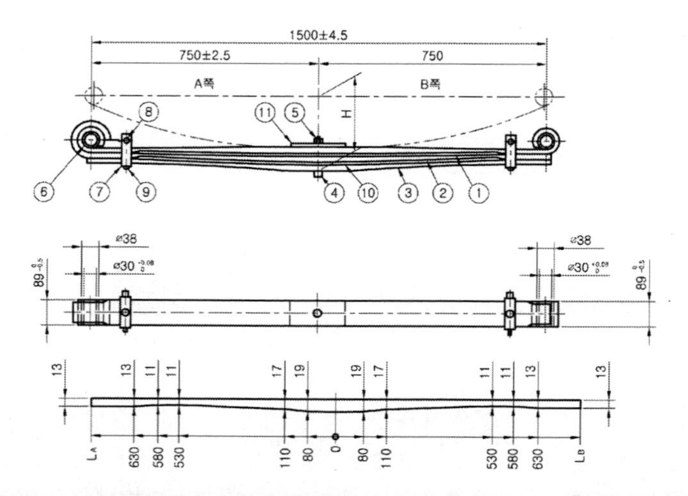

스프링 판					
번 호	전개 길이 mm			판나비 mm	재 료
	LA(A쪽)	LB(B쪽)	계		
1	916	916	1832	90	SPS11A
2	950	765	1715		
3	765	765	1530		

번 호	부품 번호	명 칭	개 수
4		센터 볼트	1
5		너트, 센터 볼트	1
6		부 시	2
7		클 립	2
8		클립 볼트	2
9		리 벳	2
10		인터리프	3
11		스페이서	1

스프링 상수 N/mm		250		
	하 중 N	높 이 mm	스 팬 mm	응 력 N/mm^2
무하중시	0	180	–	0
지정 하중시	22000	92±6	1498	535
시험 하중시	37010	35	–	900

비고
1. 경도 : 388~461HBW
2. 쇼트 피닝 : No1~3리프
3. 완성 도장 : 흑색 도장
4. $1N/mm^2 = 1MPa$

17-10 겹판 스프링

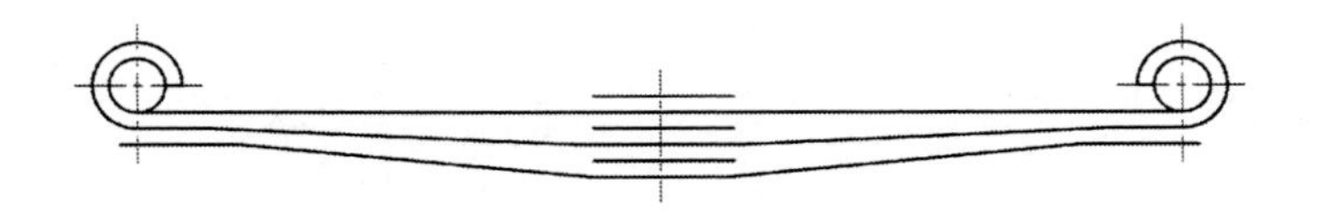

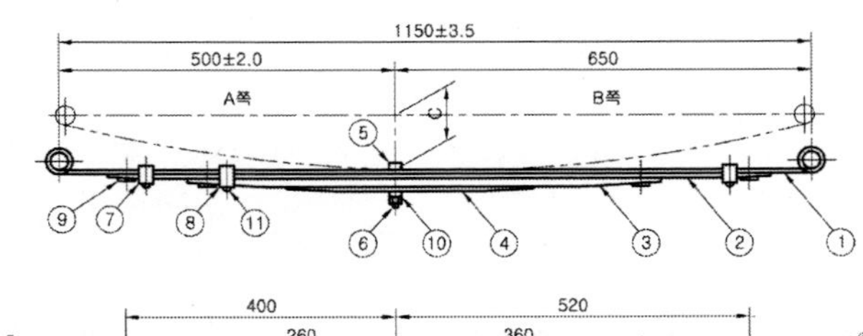

스프링 판(KS D 3701의 B종)						
번 호	전개 길이 mm			판두께 mm	판나비 mm	재 료
	A쪽	B쪽	계			
1	676	748	1424	6	60	SPS6
2	430	550	980			
3	310	390	700			
4	160	205	365			

번 호	부품 번호	명 칭	개 수
5		센터 볼트	1
6		너트, 센터 볼트	1
7		클 립	2
8		클 립	1
9		라이너	4
10		디스턴스 피스	1
11		리 벳	3

스프링 상수 N/mm			21.7	
	하 중 N	뒤말림 mm	스 팬 mm	응 력 N/mm^2
무하중시	0	112	–	0
지정 하중시	2300	6±5	1152	451
시험 하중시	5100	–	–	1000

비고 1. 경도 : 388~461HBW
2. 쇼트 피닝 : No1~3리프
3. 완성 도장 : 흑색 도장
4. $1N/mm^2 = 1MPa$

17-11 토션바

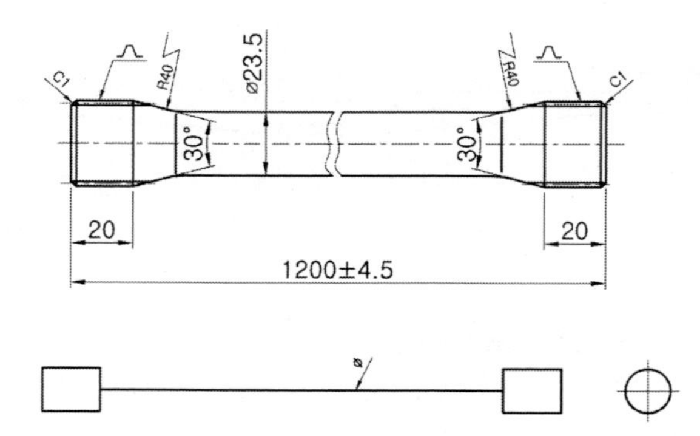

비틀림 코일 스프링 요목표			
재 료			STS 304-WPB
바의 지름		mm	23.5
바의 길이		mm	1200±4.5
손잡이 부분의 길이		mm	20
손잡이 부분의 모양 · 치수	모양		인벌류트 세레이션
	모듈		0.75
	압력각	도	45
	잇 수		40
	큰 지름	mm	30.75
스프링 상수		N/m/도	35.8±1.1
표준	토크	N · m	1270
	응력	N/mm^2	500
최대	토크	N · m	2190
	응력	N/mm^2	855
경도		HBW	415~495
표면 처리	재료의 표면 가공		연 삭
	성형 후의 표면 가공		쇼트 피닝
	방청 처리		흑색 애나멜 도장

비고 1. 기타 항목 : 세팅한다(세팅 방향을 지정하는 경우에는 방향을 명기한다).
2. $1N/mm^2 = 1MPa$

17-12 벌류트 스프링

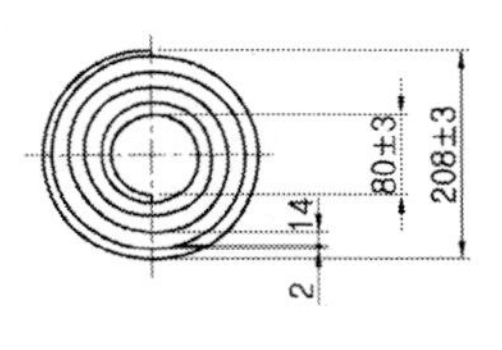

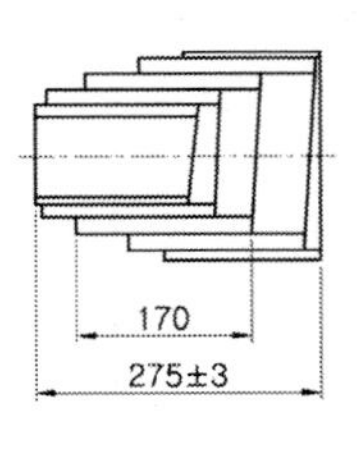

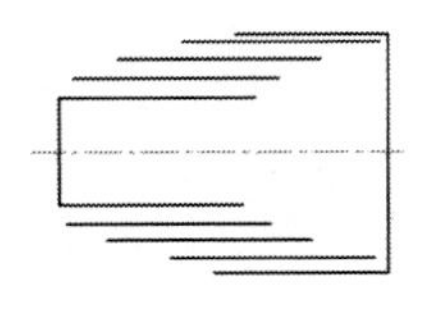

벌류트 스프링 요목표			
재 료			SPS9 또는 SPS 9A
재료 사이즈(판나비×판두께)		mm	170×14
안 지름		mm	80±3
바깥지름		mm	208±3
총 감김수			4.5
자리 감김수			각 0.75
유효 감김수			3
감김 방향			오른쪽
자유 길이		mm	275±3
스프링 상수(처음 접착까지)		N/mm	1290
지정	하중	N	–
	하중시의 길이	mm	–
	길이(1)	mm	245
	길이시의 하중	N	39230±15%
	응력	N/mm²	390
최대 압축	하중	N	–
	하중시의 길이	mm	–
	길이(1)	mm	194
	길이시의 하중	N	111800
	응력	N/mm²	980
처음 접합 하중		N	85710
경도		HBW	341~444
표면 처리	성형 후의 표면 가공		쇼트 피닝
	방청 처리		흑색 에나멜 도장

비고 1. 기타 항목 : 세팅한다.
2. 용도 또는 사용 조건 : 상온, 반복하중
3. $1N/mm^2 = 1MPa$

17-13 스파이럴 스프링

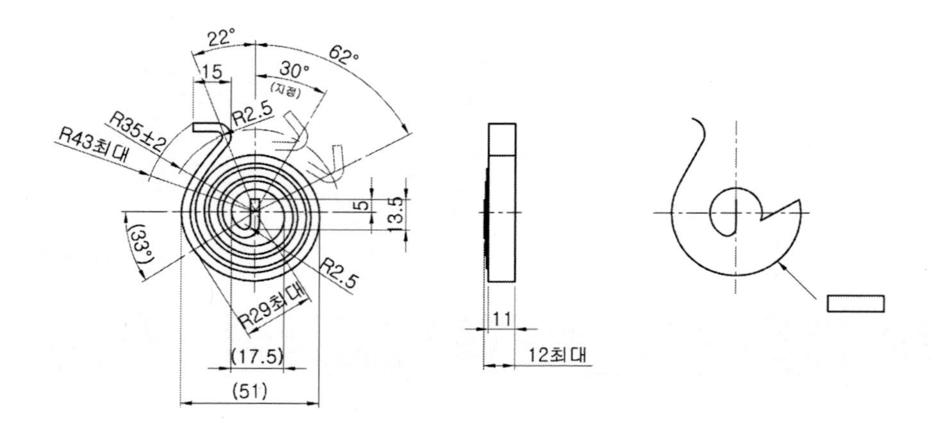

스파이럴 스프링 요목표			
재 료			HSWR 62 A
판두께		mm	3.4
판나비		mm	11
감김수			약 3.3
전체 길이		mm	410
축지름		mm	ø 14
사용 범위		도	30~62
지정	토크	N · m	7.9±4.0
	응력	N/mm^2	764
경도		HRC	35~43
표면처리			인산염 피막

비고 1N/mm^2 = 1MPa

17-14 S자형 스파이럴 스프링

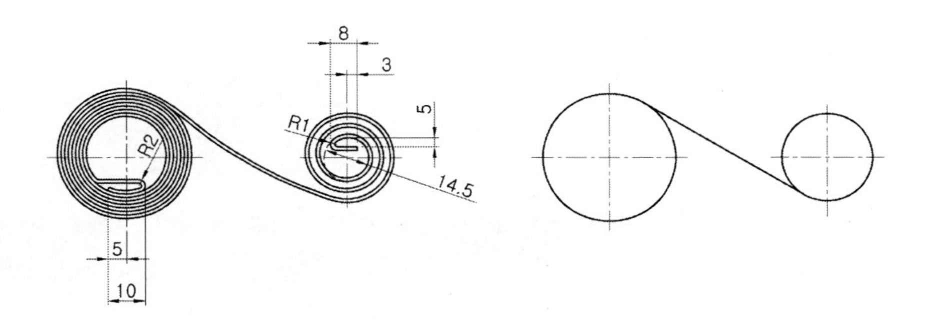

S자형 스파이럴 스프링 요목표		
재료		STS301-CSP
판두께	mm	0.2
판나비	mm	7.0
전체 길이	mm	4000
경도	HV	490 이상
10회전시 되감기 토크	N · m	69.6
10회전시의 응력	N/mm^2	1486
감김 축지름	mm	14
스프링 상자의 안지름	mm	50
표면처리		–

비고 $1N/mm^2 = 1MPa$

17-15 접시 스프링

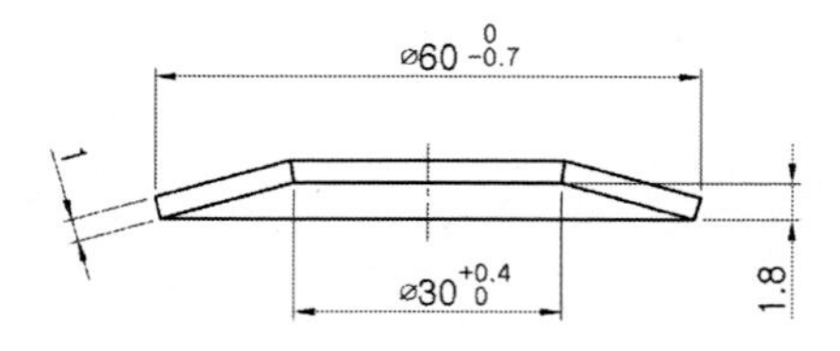

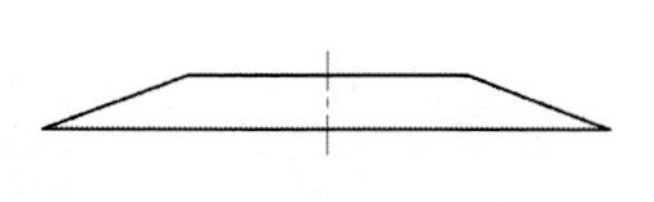

접시 스프링 요목표			
재료			STC5-CSP
안지름		mm	$30^{+0.4}_{0}$
바깥지름		mm	$60^{0}_{-0.7}$
판두께		mm	1
길이		mm	1.8
지정	휨	mm	1.0
	하중	N	766
	응력	N/mm^2	1100
최대압축	휨	mm	1.4
	하중	N	752
	응력	N/mm^2	1410
경도		HV	400~480
표면처리	성형 후의 표면 가공		쇼트 피닝
	방청 처리		방청유 도포

비고 1N/mm^2 = 1MPa

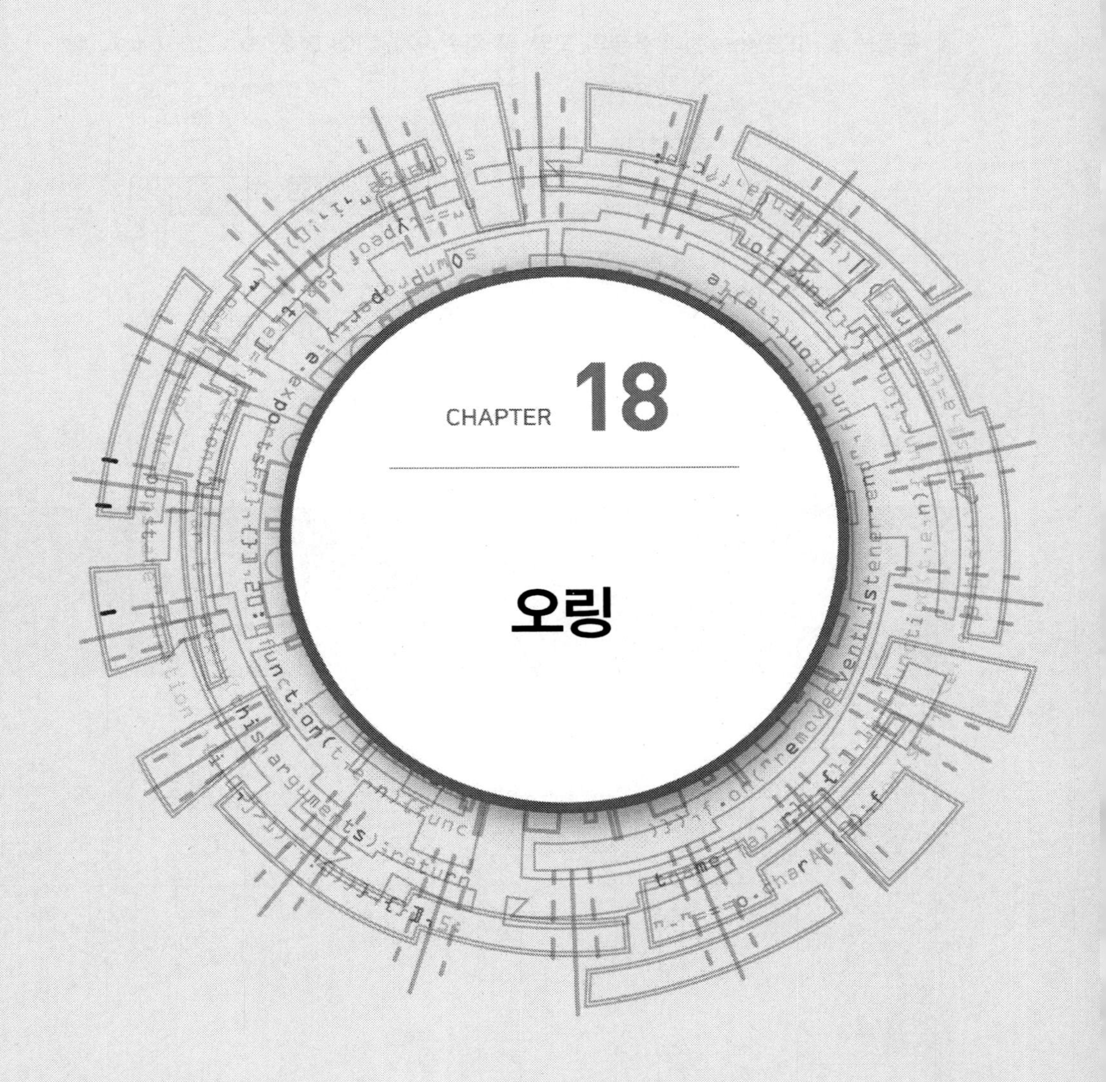

CHAPTER 18

오링

18-1 운동용 및 고정용(원통면) O링 홈 치수 – P계열

1. 운동용 및 고정용(원통면)의 홈부의 모양 및 치수 P계열 KS B 2799 : 1997 (2002 확인)

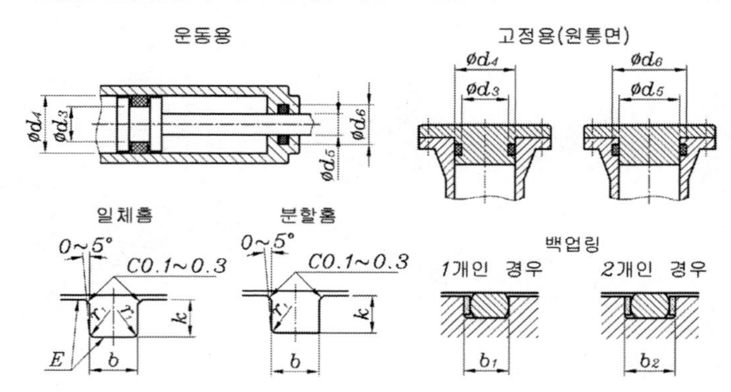

[주] E는 K의 최대값과 최소값의 차를 의미하며, 동축도의 2배가 된다.

단위 : mm

O링의 호칭번호	홈 부의 치수												
	d_3, d_5		참고: d_3, d_5의 허용차에 상당하는 끼워맞춤 기호			d_4, d_6		d_4, d_6의 허용차에 상당하는 끼워맞춤 6기호	b (+0.25/0) 백업링 없음	b_1 (+0.25/0) 백업링 1개	b_2 (+0.25/0) 백업링 2개	R 최대	E 최대
P3	3	0/−0.05	h9	f8	e9	6	+0.05/0	H10	2.5	3.9	5.4	0.4	0.05
P4	4					7		H9					
P5	5					8							
P6	6					9							
P7	7				e8	10							
P8	8					11							
P9	9					12							
P10	10	0/−0.06	h9	f8	e8	13	+0.06/0	H9	3.2	4.4	6.0	0.4	0.05
P10A	10					14							
P11	11					15							
P11.2	11.2					15.2							
P12	12					16							
P12.5	12.5					16.5							
P14	14					18							
P15	15					19							
P16	16					20							
P18	18					22							
P20	20				e7	24							
P21	21					25							
P22	22					26							

단위 : mm

O링의 호칭번호	참 고									
	백업링의 두께			O링의 실치수			압착 압축량			
	폴리테트라플루오로 에틸렌 수지			굵기	안지름		mm		%	
	스파이럴	바이어스컷	엔드리스				최대	최소	최대	최소
P3	0.7 ±0.05	1.25 ±0.1	1.25 ±0.1	1.9 ±0.07	2.8	±0.14	0.47	0.28	23.8	15.3
P4					3.8					
P5					4.8	±0.15				
P6					5.8					
P7					6.8	±0.16				
P8					7.8					
P9					8.8	±0.17				
P10					9.8					
P10A	0.7 ±0.05	1.25 ±0.1	1.25 ±0.1	2.4 ±0.07	9.8		0.47	0.27	19.0	11.6
P11					10.8	±0.18				
P11.2					11.0					
P12					11.8	±0.19				
P12.5					12.3					
P14					13.8					
P15					14.8	±0.20				
P16					15.8					
P18					17.8	±0.21				
P20					19.8	±0.22				
P21					20.8	±0.23				
P22					21.8	±0.24				

비고

1. KS B 2805의 P3~P400은 운동용, 고정용에 사용하지만 G25~G300은 고정용에만 사용하고 운동용에는 사용하지 않는다. 다만 P3~P400 이라도 4종 C와 같은 기계적 강도가 작은 재료는 운동용에 사용하지 않는 것이 바람직하다.
2. 참고에 나타내는 치수 공차는 KS B 0401에 따른다.
3. P20~P22의 e7 $\begin{pmatrix}-0.040\\-0.061\end{pmatrix}$은 d 및 d_5의 허용차 $\begin{pmatrix}0\\-0.06\end{pmatrix}$를 초과하지만 e7을 사용하여도 좋다.

오 링

2. 운동용 및 고정용(원통면)의 홈부의 모양 및 치수 P계열(계속)

단위 : mm

O링의 호칭번호	홈 부의 치수												
	d₃, d₅		[참 고] d₃, d₅의 허용차에 상당하는 끼워맞춤 기호			d₄, d₆		d₄, d₆의 허용차에 상당하는 끼워 맞춤 기호	$^{+0.25}_{0}$ b 백업링 없음	$^{+0.25}_{0}$ b₁ 백업링 1개	$^{+0.25}_{0}$ b₂ 백업링 2개	R 최대	E 최대
P22A	22	$^{0}_{-0.08}$	h9	f8	e8	28	$^{+0.08}_{0}$	H9	4.7	6.0	7.8	0.7	0.08
P22.4	22.4					28.4							
P24	24					30							
P25	25					31							
P25.5	25.5					31.5							
P26	26					32							
P28	28					34							
P29	29					35							
P29.5	29.5					35.5							
P30	30					36							
P31	31				e7	37							
P31.5	31.5					37.5							
P32	32					38							
P34	34					40							
P35	35					41							
P35.5	35.5					41.5							
P36	36					42							
P38	38					44							
P39	39					45							
P40	40					46							
P41	41					47							
P42	42					48							
P44	44					50							
P45	45					51							
P46	46					52							
P48	48					54							
P49	49					55							
P50	50					56							
P48A	48	$^{0}_{-0.10}$	h9	f8	e8	58	$^{+0.10}_{0}$	H9	7.5	9.0	11.5	0.8	0.10
P50A	50					60							
P52	52				e7	62							
P53	53					63							
P55	55					65							
P56	56					66							
P58	58					68							
P60	60					70							
P62	62					72							
P63	63					73							
P65	65					75							
P67	67					77							
P70	70					80							
P71	71					81							
P75	75					85							
P80	80					90							

P85	85					95							
P90	90					100							
P95	95					105							
P100	100					110							
P102	102					112							
P105	105			f8	e6	115							
P110	110					120							
P112	112					122							
P115	115	0 −0.10				125	+0.10 0	H9	7.5	9.0	11.5	0.8	0.10
P120	120		h9			130							
P125	125					135							
P130	130					140							
P132	132					142							
P135	135			f7	–	145							
P140	140					150							
P145	145					155							
P150	150					160							
P150A	150					165							
P155	155					170							
P160	160					175		H9					
P165	165		h9			180							
P170	170					185							
P175	175					190							
P180	180					195							
P185	185					200							
P190	190					205							
P195	195					210							
P200	200					215							
P205	205			f7		220							
P209	209					224							
P210	210	0 −0.10			–	225	+0.10 0		11	13	17.0	0.8	0.12
P215	215					230							
P220	220					235		H8					
P225	225					240							
P230	230		h8			245							
P235	235					250							
P240	240					255							
P245	245					260							
P250	250					265							
P255	255					270							
P260	260					275							
P265	265			f6		280							
P270	270					285							
P275	275					290							
P280	280					295							
P285	285					300							
P290	290					305							
P295	295					310							
P300	300					315							
P315	315					330							
P320	320	0 −0.10	h8	f6	–	335	+0.10 0	H8	11	13	17.0	0.8	0.12
P335	335					350							
P340	340					355							
P355	355					370							
P360	360					375							
P375	375					390							
P385	385					400							
P400	400					415							

오링

O링의 호칭번호	참 고									
	백업링의 두께			O링의 실치수			압착 압축량			
	폴리테트라플루오로 에틸렌 수지			굵기	안지름		mm		%	
	스파이럴	바이어스 컷	엔드리스		안지름		최대	최소	최대	최소
P22A	0.7 ±0.05	1.25 ±0.1	1.25 ±0.1	3.5 ±0.10	21.7	±0.24	0.60	0.32	16.7	9.4
P22.4					22.1					
P24					23.7					
P25					24.7	±0.25				
P25.5					25.2					
P26					25.7	±0.26				
P28					27.7	±0.28				
P29					28.7	±0.29				
P29.5					29.2					
P30					29.7					
P31					30.7	±0.30				
P31.5					31.2	±0.31				
P32					31.7					
P34					33.7	±0.33				
P35					34.7	±0.34				
P35.5					35.2					
P36					35.7					
P38					37.7	±0.37				
P39					38.7					
P40					39.7					
P41					40.7	±0.38				
P42					41.7	±0.39				
P44					43.7	±0.41				
P45					44.7					
P46					45.7	±0.42				
P48					47.7	±0.44				
P49					48.7	±0.45				
P50					49.7					
P48A	0.9 ±0.06	1.9 ±0.13	1.9 ±0.13	5.7 ±0.15	47.6	±0.44	0.85	0.45	14.5	8.1
P50A					49.6	±0.45				
P52					51.6	±0.47				
P53					52.6	±0.48				
P55					54.6	±0.49				
P56					55.6	±0.50				
P58					57.6	±0.52				
P60					59.6	±0.53				
P62					61.6	±0.55				
P63					62.6	±0.56				
P65					64.6	±0.57				
P67					66.6	±0.59				
P70					69.6	±0.61				
P71					70.6	±0.62				
P75					74.6	±0.65				
P80					79.6	±0.69				
P85					84.6	±0.73				
P90					89.6	±0.77				
P95					94.6	±0.81				

P100	0.9 ±0.06	1.9 ±0.13	1.9 ±0.13	5.7 ±0.15	99.6	±0.84	0.85	0.45	14.5	8.1
P102					101.6	±0.85				
P105					104.6	±0.87				
P110					109.6	±0.91				
P112					111.6	±0.92				
P115					114.6	±0.94				
P120					119.6	±0.98				
P125					124.6	±1.01				
P130					129.6	±1.05				
P132					131.6	±1.06				
P135					134.6	±1.09				
P140					139.6	±1.12				
P145					144.6	±1.16				
P150					149.6	±1.19				
P150A	1.4 ±0.08	2.75 ±0.15	2.75 ±0.15	8.4 ±0.15	149.5	±1.19	1.05	0.65	12.3	7.9
P155					154.5	±1.23				
P160					159.5	±1.26				
P165					164.5	±1.30				
P170					169.5	±1.33				
P175					174.5	±1.37				
P180					179.5	±1.40				
P185					184.5	±1.44				
P190					189.5	±1.48				
P195					194.5	±1.51				
P200					199.5	±1.55				
P205					204.5	±1.58				
P209					208.5	±1.61				
P210					209.5	±1.62				
P215					214.5	±1.65				
P220					219.5	±1.68				
P225					224.5	±1.71				
P230					229.5	±1.75				
P235					234.5	±1.78				
P240					239.5	±1.81				
P245					244.5	±1.84				
P250					249.5	±1.88				
P255					254.5	±1.91				
P260					259.5	±1.94				
P265					264.5	±1.97				
P270					269.5	±2.01				
P275					274.5	±2.04				
P280	1.4 ±0.08	2.75 ±0.15	2.75 ±0.15	8.4 ±0.15	279.5	±2.07	1.05	0.65	12.3	7.9
P285					284.5	±2.10				
P290					289.5	±2.14				
P295					294.5	±2.17				
P300					299.5	±2.20				
P315					314.5	±2.30				
P320					319.5	±2.33				
P335					334.5	±2.42				
P340					339.5	±2.45				
P355					354.5	±2.54				
P360					359.5	±2.57				
P375					374.5	±2.67				
P385					384.5	±2.73				
P400					399.5	±2.82				

18-2 운동용 및 고정용(원통면) O링 홈 치수 – G계열

1. 운동용 및 고정용(원통면)의 홈부의 모양 및 치수 G계열

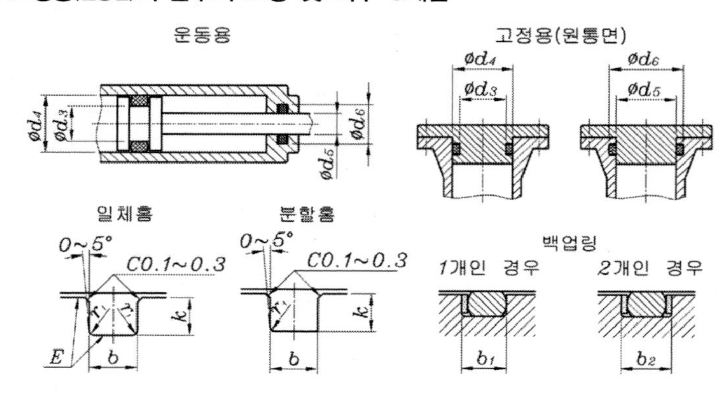

단위 : mm

O링의 호칭번호	홈 부의 치수												
	d3, d5		[참 고] d3, d5의 허용차에 상당하는 끼워맞춤 기호			d4, d6		d4, d6의 허용차에 상당하는 끼워 맞춤 기호	G+0.25 0 b 백업링 없음	b1 백업링 1개	b2 백업링 2개	R 최대	E 최대
G25	25	0 −0.10	h9	f8	e9	30	+0.10 0	H10	4.1	5.6	7.3	0.7	0.08
G30	30					35							
G35	35				e8	40							
G40	40					45							
G45	45					50							
G50	50					55		H9					
G55	55				e7	60							
G60	60					65							
G65	65					70							
G70	70					75							
G75	75					80							
G80	80					85							
G85	85				e6	90							
G90	90					95							
G95	95					100							
G100	100					105							
G105	105					110							
G110	110					115							
G115	115					120							
G120	120					125							
G125	125			f7	–	130							
G130	130					135							
G135	135					140							
G140	140					145							
G145	145					150							

G150	150	0 −0.10	h9	f7	−	160	+0.10 0	H9	7.5	9.0	11.5	0.8	0.10
G155	155					165							
G160	160					170							
G165	165					175							
G170	170					180							
G175	175	0 −0.10	h9	f7	−	185	+0.10 0	H8	7.5	9.0	11.5	0.8	0.10
G180	180					190							
G185	185		h8			195							
G190	190					200							
G195	195					205							
G200	200					210							
G210	210					220							
G220	220					230							
G230	230					240							
G240	240					250							
G250	250					260							
G260	260			f6		270							
G270	270					280							
G280	280					290							
G290	290					300							
G300	300					310							

O링의 호칭번호	참 고									
	백업링의 두께			O링의 실치수			압착 압축량			
	폴리테트라플루오로 에틸렌 수지			굵기	안지름		mm		%	
	스파이럴	바이어스컷	엔드리스				최대	최소	최대	최소
G25	0.7 ±0.05	1.25 ±0.1	1.25 ±0.1	3.1 ±0.10	24.4	±0.25	0.70	0.40	21.85	13.3
G30					29.4	±0.29				
G35					34.4	±0.33				
G40					39.4	±0.37				
G45					44.4	±0.41				
G50					49.4	±0.45				
G55					54.4	±0.49				
G60					59.4	±0.53				
G65					64.4	±0.57				
G70					69.4	±0.61				
G75					74.4	±0.65				
G80					79.4	±0.69				
G85					84.4	±0.73				
G90					89.4	±0.77				
G95					94.4	±0.81				
G100					99.4	±0.85				
G105					104.4	±0.87				
G110					109.4	±0.91				
G115					114.4	±0.94				
G120					119.4	±0.98				
G125					124.4	±1.01				
G130					129.4	±1.05				
G135					134.4	±1.08				
G140					139.4	±1.12				
G145					144.4	±1.16				

O링의 호칭번호	참 고									
	백업링의 두께			O링의 실치수			압착 압축량			
	폴리테트라플루오로 에틸렌 수지			굵기	안지름		mm		%	
	스파이럴	바이어스컷	엔드리스				최대	최소	최대	최소
G150	0.9 ±0.06	1.9 ±0.13	1.9 ±0.13	5.7 ±0.15	149.3	±1.19	0.85	0.45	14.5	8.1
G155					154.3	±1.23				
G160					159.3	±1.26				
G165					164.3	±1.30				
G170					169.3	±1.33				
G175	0.9 ±0.06	1.9 ±0.13	1.9 ±0.13	5.7 ±0.15	174.3	±1.37	0.85	0.45	14.5	8.1
G180					179.3	±1.40				
G185					184.3	±1.44				
G190					189.3	±1.47				
G195					194.3	±1.51				
G200					199.3	±1.55				
G210					209.3	±1.61				
G220					219.3	±1.68				
G230					229.3	±1.73				
G240					239.3	±1.81				
G250					249.3	±1.88				
G260					259.3	±1.94				
G270					269.3	±2.01				
G280					279.3	±2.07				
G290					289.3	±2.14				
G300					299.3	±2.20				

[주] 허용차는 KS B 2805에서 1~3종의 허용차로서, 4종 C의 경우는 위의 허용차의 1.5배, 4종 D의 경우에는 의의 허용차의 1.2배이다.

비고

- KS B 2805의 P3~P400은 운동용, 고정용에 사용하지만 G25~G300은 고정용에만 사용하고, 운동용에는 사용하지 않는다. 단, P3~P400이라도 4종 C와 같은 기계적 강도가 작은 재료는 운동용에는 사용하지 않는 것이 바람직하다.

18-3 고정(평면)의 O링 홈 치수

1. 고정용(평면)의 홈 부의 모양 및 치수

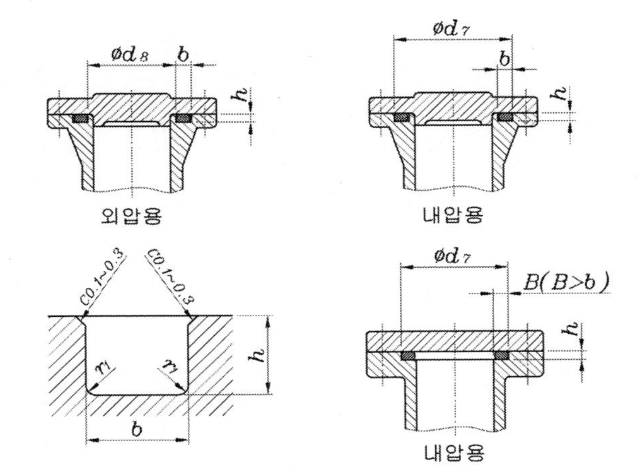

[주] 고정용(평면)에서 내압이 걸리는 경우에는 O링의 바깥 둘레가 홈의 외벽에 밀착하도록 설계하고, 외압이 걸리는 경우에는 반대로 O링의 안 둘레가 홈의 내벽에 밀착하도록 설계한다.

▶ P계열 고정용(평면)의 홈 부의 모양 및 치수

단위 : mm

O링의 호칭 번호	홈 부의 치수					참 고						
	외압용	내압용	b +0.25 0	h ±0.05	r_1 (최대)	O링의 실치수			압축 압축량			
									mm		%	
	d_8	d_7				d_8	d_7		최대	최소	최대	최소
P3	3	6.2	2.5	1.4	0.4	1.9 ± 0.08	2.8	± 0.14	0.63	0.37	31.8	20.3
P4	4	7.2					3.8	± 0.14				
P5	5	8.2					4.8	± 0.15				
P6	6	9.2					5.8	± 0.15				
P7	7	10.2					6.8	± 0.16				
P8	8	11.2					7.8	± 0.16				
P9	9	12.2					8.8	± 0.17				
P10	10	13.2					9.8	± 0.17				
P10A	10	14	3.2	1.8	0.4	2.4 ± 0.09	9.8	± 0.17	0.74	0.46	29.7	19.9
P11	11	15					10.8	± 0.18				
P11.2	11.2	15.2					11.0	± 0.18				
P12	12	16					11.8	± 0.19				
P12.5	12.5	16.5					12.3	± 0.19				
P14	14	18					13.8	± 0.19				
P15	15	19					14.8	± 0.20				
P16	16	20					15.8	± 0.20				
P18	18	22					17.8	± 0.21				
P20	20	24					19.8	± 0.22				
P21	21	25					20.8	± 0.23				
P22	22	26					21.8	± 0.24				

P22A	22	28	4.7	2.7	0.8	3.5 ± 0.10	21.7	± 0.24	0.95	0.65	26.4	19.1
P22.4	22.4	28.4					22.1	± 0.24				
P24	24	30					23.7	± 0.24				
P25	25	31					24.7	± 0.25				
P25.5	25.5	31.5					25.2	± 0.25				
P26	26	32					25.7	± 0.26				
P28	28	34					27.7	± 0.28				
P29	29	35					28.7	± 0.29				
P29.5	29.5	35.5					29.2	± 0.29				
P30	30	36					29.7	± 0.29				
P31	31	37					30.7	± 0.30				
P31.5	31.5	37.5					31.2	± 0.31				
P32	32	38					31.7	± 0.31				
P34	34	40					33.7	± 0.33				
P35	35	41					34.7	± 0.34				
P35.5	35.5	41.5					35.2	± 0.34				
P36	36	42					35.7	± 0.34				
P38	38	44					37.7	± 0.37				
P39	39	45					38.7	± 0.37				
P40	40	46					39.7	± 0.37				
P41	41	47					40.7	± 0.38				
P42	42	48					41.7	± 0.39				
P44	44	50					43.7	± 0.41				
P45	45	51					44.7	± 0.41				
P46	46	52					45.7	± 0.42				
P48	48	54					47.7	± 0.44				
P49	49	55					48.7	± 0.45				
P50	50	56					49.7	± 0.45				
P48A	48	58	7.5	4.6	0.8	5.7± 0.13	47.6	± 0.44	1.28	0.92	22.0	16.5
P50A	50	60					49.6	± 0.45				
P52	52	62					51.6	± 0.47				
P53	53	63					52.6	± 0.48				
P55	55	65					54.6	± 0.49				
P56	56	66					55.6	± 0.50				
P58	58	68					57.6	± 0.52				
P60	60	70					59.6	± 0.53				
P62	62	72					61.6	± 0.55				
P63	63	73					62.6	± 0.56				
P65	65	75					64.6	± 0.57				
P67	67	77					66.6	± 0.59				
P70	70	80					69.6	± 0.61				
P71	71	81					70.6	± 0.62				
P75	75	85					74.6	± 0.65				
P80	80	90					79.6	± 0.69				
P85	85	95					84.6	± 0.73				
P90	90	100					89.6	± 0.77				
P95	95	105					94.6	± 0.81				
P100	100	110					99.6	± 0.84				
P102	102	112					101.6	± 0.85				
P105	105	115					104.6	± 0.87				
P110	110	120					109.6	± 0.91				
P112	112	122					111.6	± 0.92				
P115	115	125					114.6	± 0.94				
P120	120	130					119.6	± 0.98				
P125	125	135					124.6	± 1.01				
P130	130	140					129.6	± 1.05				
P132	132	142					131.6	± 1.06				
P135	135	145					134.6	± 1.09				
P140	140	150					139.6	± 1.12				
P145	145	155					144.6	± 1.16				
P150	150	160					149.6	± 1.19				

P150A	150	165	11.0	6.9	1.2	8.4± 0.15	149.5	± 1.19	1.7	1.3	19.9	15.8
P155	155	170					154.5	± 1.23				
P160	160	175					159.5	± 1.26				
P165	165	180					164.5	± 1.30				
P170	170	185					169.5	± 1.33				
P175	175	190					174.5	± 1.37				
P180	180	195					179.5	± 1.40				
P185	185	200					184.5	± 1.44				
P190	190	205					189.5	± 1.48				
P195	195	210					194.5	± 1.51				
P200	200	215					199.5	± 1.55				
P205	205	220					204.5	± 1.58				
P209	209	224					208.5	± 1.61				
P210	210	225					209.5	± 1.62				
P215	215	230					214.5	± 1.65				
P220	220	235					219.5	± 1.68				
P225	225	240					224.5	± 1.71				
P230	230	245					229.5	± 1.75				
P235	235	250					234.5	± 1.78				
P240	240	255					239.5	± 1.81				
P245	245	260					244.5	± 1.84				
P250	250	265					249.5	± 1.88				
P255	255	270					254.5	± 1.91				
P260	260	275					259.5	± 1.94				
P265	265	280					264.5	± 1.97				
P270	270	285					269.5	± 2.01				
P275	275	290					274.5	± 2.04				
P280	280	295					279.5	± 2.07				
P285	285	300	11.0	6.9	1.2	8.4 ± 0.15	284.5	± 2.10	1.7	1.3	19.9	15.8
P290	290	305					289.5	± 2.14				
P295	295	310					294.5	± 2.17				
P300	300	315					299.5	± 2.20				
P315	315	330					314.5	± 2.30				
P320	320	335					319.5	± 2.33				
P335	335	350					334.5	± 2.42				
P340	340	355					339.5	± 2.45				
P355	355	370					354.5	± 2.54				
P360	360	375					359.5	± 2.57				
P375	375	390					374.5	± 2.67				
P385	385	400					384.5	± 2.73				
P400	400	415					399.5	± 2.82				

G계열 고정용(평면)의 홈 부의 모양 및 치수(계속)

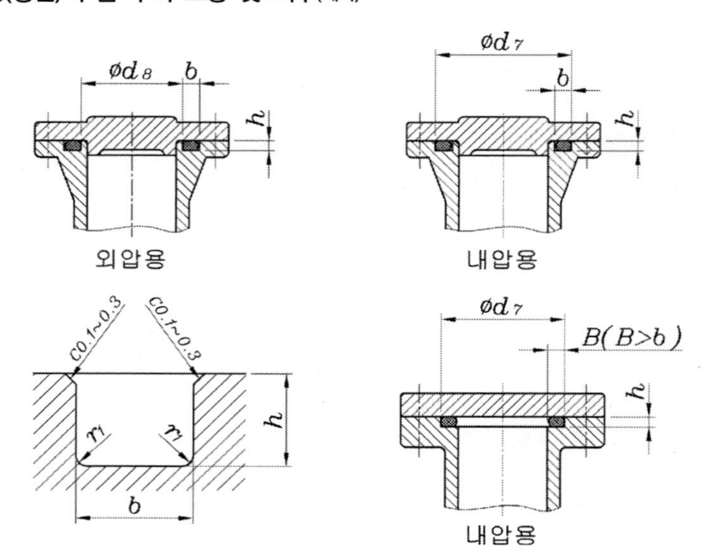

단위 : mm

O링의 호칭번호	홈 부의 치수					참 고						
	외압용	내압용	b +0.25 0	h ±0.05	r_1 (최대)	O링의 치수			압축 압축량			
						굵기	안지름		mm		%	
	d_8	d_7							최대	최소	최대	최소
G25	25	30					24.4	± 0.25				
G30	30	35					29.4	± 0.29				
G35	35	40					34.4	± 0.33				
G40	40	45					39.4	± 0.37				
G45	45	50					44.4	± 0.41				
G50	50	55					49.4	± 0.45				
G55	55	60					54.4	± 0.49				
G60	0	65					59.4	± 0.53				
G65	65	70					64.4	± 0.57				
G70	70	75					69.4	± 0.61				
G75	75	80					74.4	± 0.65				
G80	80	85					79.4	± 0.69				
G85	85	90	4.1	2.4	0.7	3.1 ± 0.10	84.4	± 0.73	0.85	0.55	26.6	18.3
G90	90	95					89.4	± 0.77				
G95	95	100					94.4	± 0.81				
G100	100	105					99.4	± 0.85				
G105	105	110					104.4	± 0.87				
G110	110	115					109.4	± 0.91				
G115	115	120					114.4	± 0.94				
G120	120	125					119.4	± 0.98				
G125	125	130					124.4	± 1.01				
G130	130	135					129.4	± 1.05				
G135	135	140					134.4	± 1.08				
G140	140	145					139.4	± 1.12				
G145	145	150					144.4	± 1.16				

O링의 호칭 번호	홈 부의 치수					참 고						
	외압용	내압용	b +0.25 0	h ±0.05	r₁ (최대)	O링의 치수			압축 압축량			
						굵기	안지름		mm		%	
	d₈	d₇							최대	최소	최대	최소
G150	150	160					149.3	± 1.19				
G155	155	165					154.3	± 1.23				
G160	160	170					159.3	± 1.26				
G165	165	175					164.3	± 1.30				
G170	170	180					169.3	± 1.33				
G175	175	185					174.3	± 1.37				
G180	180	190					179.3	± 1.40				
G185	185	195					184.3	± 1.44				
G190	190	200					189.3	± 1.47				
G195	195	205					194.3	± 1.51				
G200	200	210	7.5	4.6	0.8	5.7 ± 0.15	199.3	± 1.55	1.28	0.92	22.0	16.5
G210	210	220					209.3	± 1.61				
G220	220	230					219.3	± 1.68				
G230	230	240					229.3	± 1.73				
G240	240	250					239.3	± 1.81				
G250	250	260					249.3	± 1.88				
G260	260	270					259.3	± 1.94				
G270	270	280					269.3	± 2.01				
G280	280	290					279.3	± 2.07				
G290	290	300					289.3	± 2.14				
G300	300	310					299.3	± 2.20				

[주] 허용차는 KS B 2805에서의 1~3종의 허용차로서, 4종 C의 경우는 위 허용차의 1.5배, 4종 D의 경우에는 위 허용차의 1.2배이다.

비고

- d_8 및 d_7은 기준 치수를 나타내며, 허용차에 대해서는 특별히 규정하지 않는다.

18-4 O링의 부착에 관한 주의사항

참고 1 오링의 부착에 관한 주의 사항

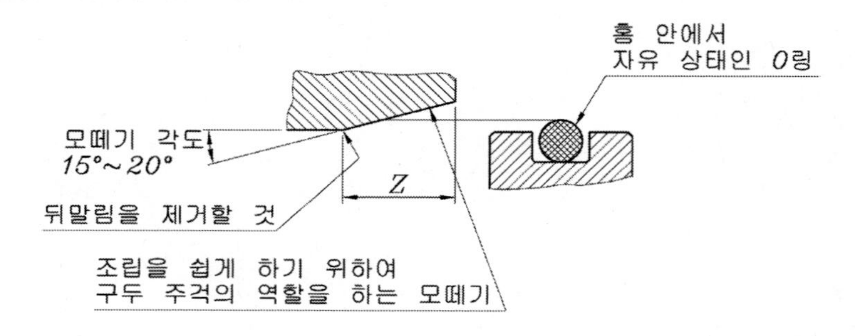

단위 : mm

O링의 호칭번호	O링의 굵기	Z(최소)
P 3~P 10	1.9±0.08	1.2
P 10A~P 22	2.4±0.09	1.4
P 22A~P 50	3.5±0.10	1.8
P 48A~P 150	5.7±0.13	3.0
P 150A~P 400	8.4±0.15	4.3
G 25~G 145	3.1±0.10	1.7
G 150~G 300	5.7±0.13	3.0
A 0018 G~A 0170 G	1.80±0.08	1.1
B 0140 G~B 0387 G	2.65±0.09	1.5
C 0180 G~C 2000 G	3.55±0.10	1.8
D 0400 G~D 4000 G	5.30±0.13	2.7
E 1090 G~E 6700 G	7.00±0.15	3.6

[주]
기기를 조립할 때, O링이 홈이 생기지 않도록 위 표에 따라 끝부나 구멍에 모떼기를 한다.

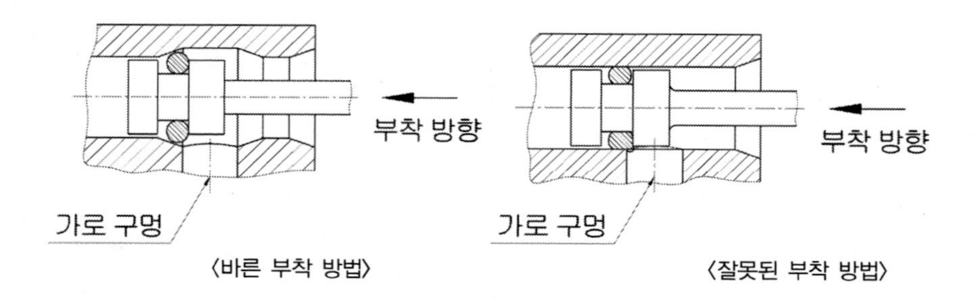

〈바른 부착 방법〉 〈잘못된 부착 방법〉

18-5 유공압용 O링 홈의 설계 기준 및 기본 계산

■ 유공압용 O링 홈의 설계 기준 및 기본 계산

참고 2 유공압용 오링 홈의 설계 기준 및 기본 계산

1. 기호의 정의

기호	정의	기호	정의
d_1	O링 안지름	b	O링 홈 나비
d_2	O링 굵기	b_1	백업링 1개인 경우의 O링 홈 나비
d_3	O링 홈-피스톤용 홈 바닥 지름	b_2	백업링 2개인 경우의 O링 홈 나비
d_4	실린더 안지름	h	평면(플랜지)용 홈 깊이
d_5	로드 지름	t	운동용 및 고정(원통면)용 홈 깊이
d_6	O링 홈-로드용 홈 바닥 지름	z	O링 장착용 모떼기부의 길이
d_7	평면(플랜지-내압)용 홈 지름	r_1	홈 바닥의 R
d_8	평면(플랜지-외압)용 홈 지름	r_2	홈 모서리부의 모떼기
d_9	피스톤 바깥지름	$2g$	지름 틈새
d_{10}	로드부 구멍 지름		

단위 : mm

O링의 호칭번호	O링의 굵기	Z(최소)
P 3~P 10	1.9±0.08	1.2
P 10A~P 22	2.4±0.09	1.4
P 22A~P 50	3.5±0.10	1.8
P 48A~P 150	5.7±0.13	3.0
P 150A~P 400	8.4±0.15	4.3
G 25~G 145	3.1±0.10	1.7
G 150~G 300	5.7±0.13	3.0
A 0018 G~A 0170 G	1.80±0.08	1.1
B 0140 G~B 0387 G	2.65±0.09	1.5
C 0180 G~C 2000 G	3.55±0.10	1.8
D 0400 G~D 4000 G	5.30±0.13	2.7
E 1090 G~E 6700 G	7.00±0.15	3.6

[주]
기기를 조립할 때, O링이 홈이 생기지 않도록 위 표에 따라 끝부나 구멍에 모떼기를 한다.

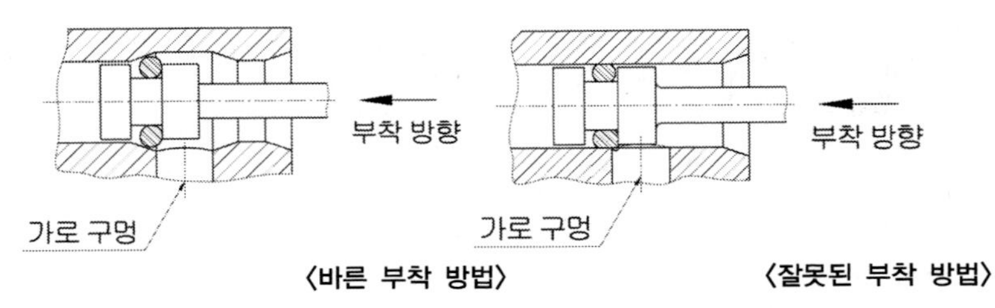

〈바른 부착 방법〉 〈잘못된 부착 방법〉

참고 2 유공압용 오링 홈의 설계 기준 및 기본 계산

1. 기호의 정의

기 호	정 의	기 호	정 의
d_1	O링 안지름	b	O링 홈 나비
d_2	O링 굵기	b_1	백업링 1개인 경우의 O링 홈 나비
d_3	O링 홈-피스톤용 홈 바닥 지름	b_2	백업링 2개인 경우의 O링 홈 나비
d_4	실린더 안지름	h	평면(플랜지)용 홈 깊이
d_5	로드 지름	t	운동용 및 고정(원통면)용 홈 깊이
d_6	O링 홈-로드용 홈 바닥 지름	z	O링 장착용 모떼기부의 길이
d_7	평면(플랜지-내압)용 홈 지름	r_1	홈 바닥의 R
d_8	평면(플랜지-외압)용 홈 지름	r_2	홈 모서리부의 모떼기
d_9	피스톤 바깥지름	$2g$	지름 틈새
d_{10}	로드부 구멍 지름		

2. 오링 및 백업링의 사용법

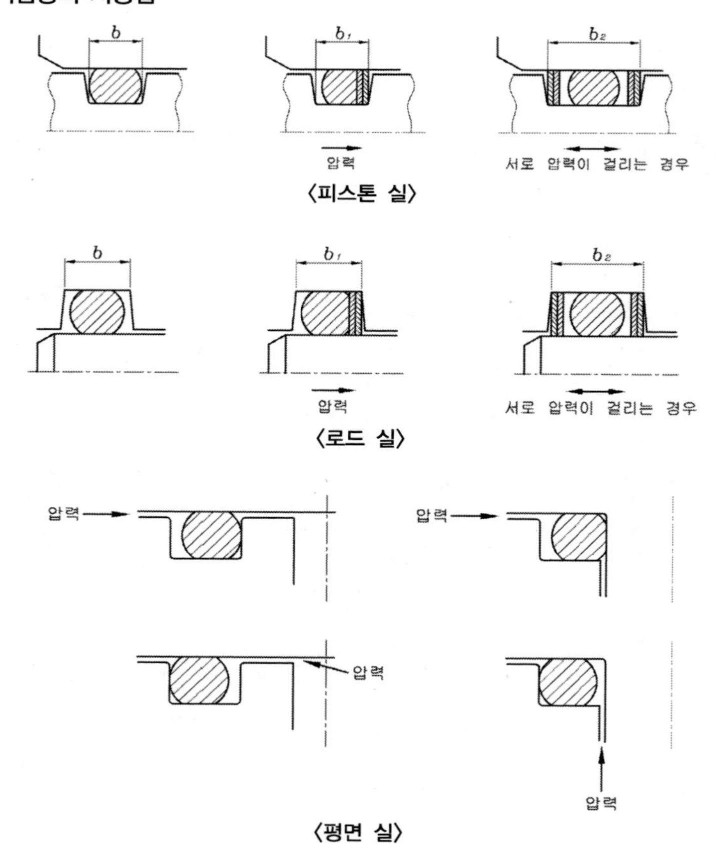

〈평면 실〉

3. 피스톤용 홈

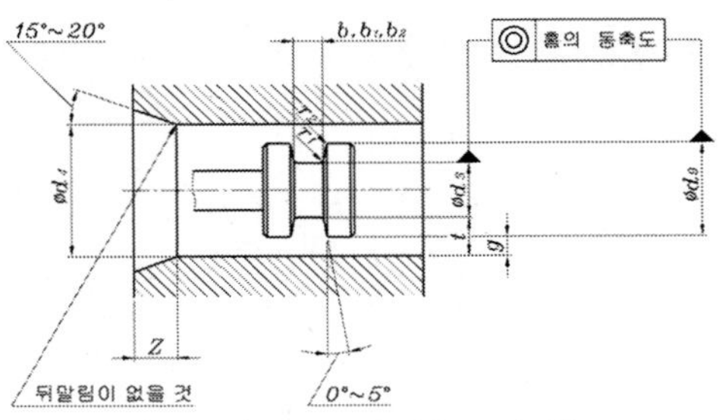

〈피스톤(실린더 내면)용 O링 홈〉

4. 로드용 홈

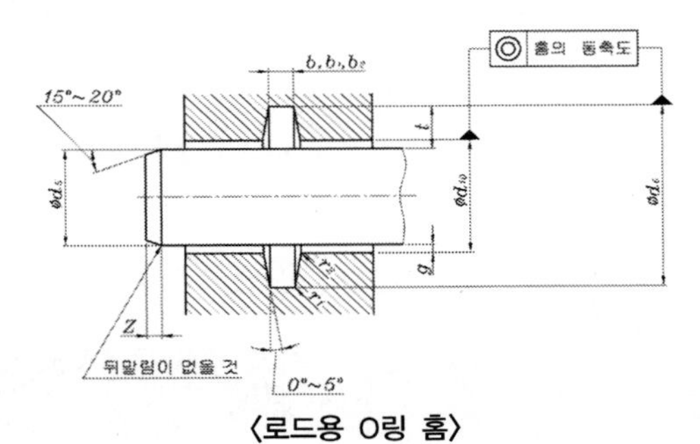

〈로드용 O링 홈〉

5. 평면(플랜지)용 홈

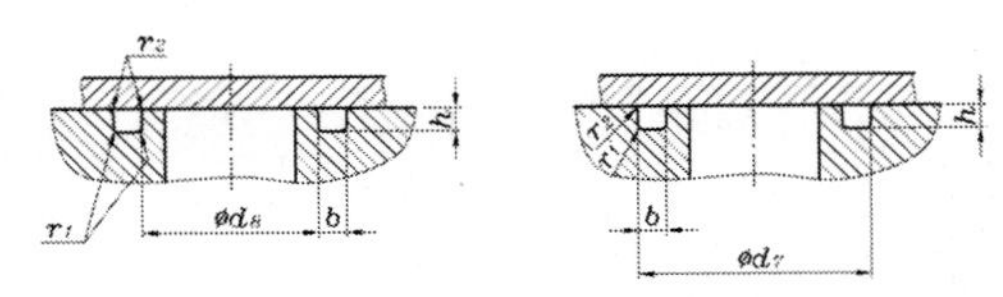

〈평면(플랜지)용 O링 홈〉

6. 표면거칠기 Ra 및 Rmax(홈과 O링 실부의 접촉면)

기기 부분	용 도	압력이 걸리는 방법	표면 거칠기	
			Ra	Rmax
홈의 측면 및 바닥면	고정용	맥동 없음	3.2	12.5
			(1.5)※	(6.3)※
		맥동 있음	1.6	6.3
	운동용	–	1.6	6.3
			(0.8)※	(3.2)※
O링의 실부의 접촉면	고정용	맥동 없음	1.6	6.3
			(0.8)※	(3.2)※
	운동용	맥동 있음	0.8	3.2
		–	0.4	1.6
O링의 장착용 모떼기부			3.2	12.5

7. 표면거칠기 Ra 및 Rmax(홈과 O링 실부의 접촉면)

단위 : mm

d_2	r_1 (홈 바닥)	r_2 (홈 모서리부)
1.80	0.2~0.4	0.1~0.3
2.65	0.2~0.4	0.1~0.3
3.55	0.4~0.8	0.1~0.3
5.30	0.4~0.8	0.1~0.3
7.00	0.8~1.2	0.1~0.3

8. O링 장착용 모떼기부의 길이

단위 : mm

d_2	1.80	2.65	3.55	5.30	7.00
Z 최소	1.1	1.5	1.8	2.7	3.5

9. 홈의 동축도의 치수 허용차

기계 가공된 홈의 지름 d_{10}, d_6, d_9와 d_3 사이의 동축도는 50mm, 지름까지는 0.025 이하, 50mm를 초과한 경우는 0.050 이하로 한다.

10. 홈의 각 지름의 치수 허용차

단위 : mm

홈의 각부의 치수		d_2				
		1.80	2.65	3.55	5.30	7.00
실린더 안지름	d_4	+0.06 0	+0.07 0	+0.08 0	+0.09 0	+0.11 0
피스톤용 홈바닥 지름	d_3	0 −0.04	0 −0.05	0 −0.06	0 −0.07	0 −0.09
합계 허용차	d_4+d_3	0.10	0.12	0.14	0.16	0.20
피스톤 바깥지름	d_9	f7				
로드 지름	d_5	−0.01 −0.05	−0.02 −0.07	−0.03 −0.09	−0.03 −0.10	−0.04 −0.13
로드용 홈 바닥 지름	d_6	+0.06 0	+0.07 0	+0.08 0	+0.09 0	+0.11 0
합계 허용차	d_5+d_6	0.10	0.12	0.14	0.16	0.20
로드부 구멍 지름	d_{10}	H8				
평면(플랜지 내업)용 홈 지름	d_7	H11				
	d_8※	h11				

d_3, d_4, d_5, d_6의 허용차는 특수한 용도인 경우는 바꿔도 되지만 d_3+d_4 또는 d_5+d_6의 합계의 허용차를 초과하여서는 안 된다.

[주] ※ 평면(플랜지 외압)용 홈지름

11. 고정용(원통면) 및 운동용의 홈 치수

■ 홈 나비

단위 : mm

용 도		d2														
		1.80			2.65			3.55			5.30			7.00		
		b	b_1	b_2	b	b_1	b_2	b	b_1	b_2	b	b_1	b_2	b	b_1	b_2
고정용(원통면)		2.4	3.8	5.2	3.6	5.0	6.4	4.8	6.2	7.6	7.1	9.0	10.9	9.5	12.3	15.1
운동용	유압용															
	공기압용	2.2			3.4			4.6			6.9			9.3		

[주] ※ 홈 나비의 허용차 $^{+0.25}_{0}$

12. 홈깊이 t

■ 피스톤 홈(실린더 안지름)

단위 : mm

용 도		d2				
		1.80	2.65	3.55	5.30	7.00
고정용(원통면)		1.38	2.07	2.74	4.19	5.67
운동용	유압용	1.42	2.16	2.96	4.48	5.95
	공기압용	1.46	2.23	3.03	4.65	6.20

■ 로드용 홈

단위 : mm

용 도		d2				
		1.80	2.65	3.55	5.30	7.00
고정용(원통면)		1.42	2.15	2.85	4.36	5.89
운동용	유압용	1.47	2.24	3.07	4.66	6.16
	공기압용	1.57	2.37	3.24	4.86	6.43

[주] ※ 평면(플랜지)용 홈 치수 $^{+0.25}_{0}$

단위 : mm

d_2	1.80	2.65	3.55	5.30	7.00
b	2.6	3.8	5.0	7.3	9.7

■ 홈 깊이 t

단위 : mm

d_2	1.80	2.65	3.55	5.30	7.00
h	1.28	1.97	2.75	4.24	5.72

13. O링의 치수 범위

호칭 번호			용도					
			피스톤용			로드용		
d_2	시리즈 G의 d_1	시리즈 A의 d_1	고정용 (원통면)	운동용 공기압	운동용 유압	고정용 (원통면)	운동용 공기압	운동용 유압
A	0037~0045					G	G	G
	0048			G		G	G	G
	0050~0132	0018~0100	GA	G	GA	GA	G	G
	0140~0170	0106~1250	GA			GA	G	
B	0140~0224	0045~0200	GA	G	GA	GA	G	G
	0236~0387	0212~2500	GA			GA		
C	0180~0412	0140~0387	GA	G	GA	GA	G	G
	0425~2000	0400~3550	GA			GA		
D	0400~1150	0375~1150	GA	G	GA	GA	G	G
	1180~4000	1180~2000	GA			GA		
E	1090~2500	1090~4000	GA	G	GA	GA	G	G
	2580~6700		G			G		

비고

- G는 G 시리즈, A는 A 시리즈에 적용

■ 운동용 및 고정용(원통면) 홈 부의 표면거칠기

기기의 부분	운동용	고정용 (원통면)	기기의 부분		운동용	고정용 (원통면)
실린더 내면, 또는 피스톤 로드 외면 등	1.6S	6.3S	홈의 측면	백업링을 사용 않는 경우	3.2S	6.3S
홈의 밑면	3.2S	6.3S		백업링을 사용할 경우	6.3S	6.3S

■ 고정면(평면)의 표면거칠기

기기의 부분	압력 변화 큰 경우	압력 변화 작은 경우	기기의 부분	압력 변화 큰 경우	압력 변화 작은 경우
플랜지 면 등의 접촉면	6.3S	12.5S	홈의 밑면	6.3S	12.5S
홈의 측면	6.3S	12.5S	(주) 압력변화가 큰 경우는 압력변동이 크고 빈도가 심할 때를 말한다.		

18-6 O링 홈의 치수

1. 플랜지 개스킷으로서의 사용 방법

일반적으로는 아래 그림에 도사한 것과 같은 사용 방법을 적용한다. 이 경우 유체의 압력이 O링의 안쪽에 가해지는 경우는 홈의 외경을 O링의 호칭 외경과 같게 하고, 외압이 가해지는 경우는 홈의 내경을 O링의 호칭 내경과 같게 한다. 홈의 깊이 및 너비는 KS B 2799에 규정되어 있지만 참고로 아래 표에 인치 사이즈 O링을 개스킷에 사용하는 경우의 홈의 치수를 나타냈다.

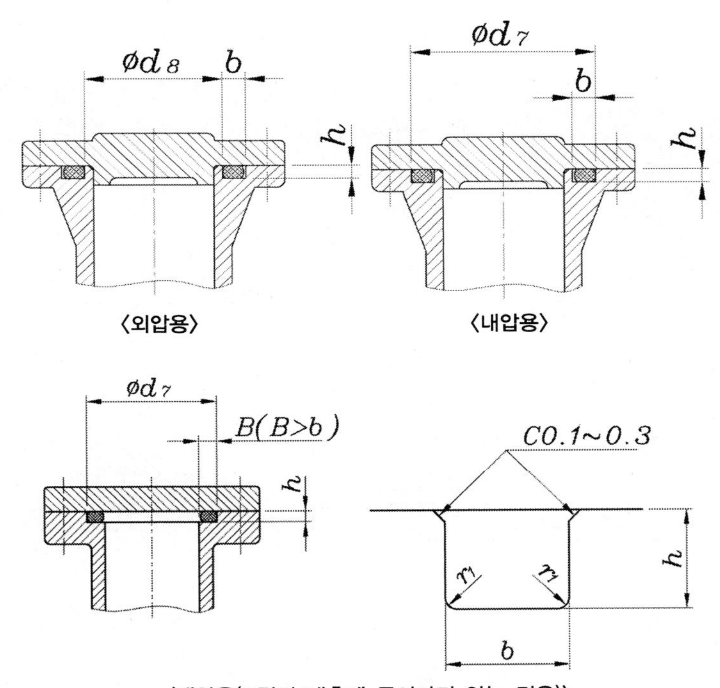

〈내압용(O링이 내측에 들어가지 않는 경우)〉

① mm 사이즈 O링을 개스킷에 사용하는 경우의 홈의 치수 (KS B 2799/JIS B 2406)

단위 : mm

O링의 크기	홈의 깊이		홈의 너비		반지름
	h	허용차	b	허용차	r_1
1.9 ±0.08	1.4	±0.05	2.5	+0.25 0	0.4
2.4 ±0.09	1.8		3.2		0.4
3.1 ±0.10	2.4		4.1		0.7
3.5 ±0.10	2.7		4.7		0.8
5.7 ±0.13	4.6		7.5		0.8
8.4 ±0.15	6.9		11.0		1.2

② in 사이즈 O링을 개스킷에 사용하는 경우의 홈의 치수

단위 : mm

O링의 크기	홈의 깊이		홈의 너비		반지름
	h	허용차	b	허용차	r_1
1.78 ±0.07	1.27	±0.05	2.39	+0.25 0	0.4
2.62 ±0.07	2.06		3.58		0.6
3.53 ±0.10	2.82		4.78		0.7
5.33 ±0.12	4.32		7.14		0.7
6.98 ±0.15	5.74		9.53		0.7

③ 일반 공업용(ISO) O링을 개스킷에 사용하는 경우의 홈의 치수 (참고)

단위 : mm

O링의 크기	홈의 깊이		홈의 너비		반지름
	h	허용차	b	허용차	r_1
1.80 ±0.08	1.28	±0.05	2.6	+0.25 0	0.2~0.4
2.65 ±0.09	1.97		3.8		0.2~0.4
3.55 ±0.10	2.75		5.0		0.4~0.8
5.30 ±0.13	4.24		7.3		0.4~0.8
7.00 ±0.15	5.72		9.7		0.8~1.2

④ O링의 설치 홈부의 형상

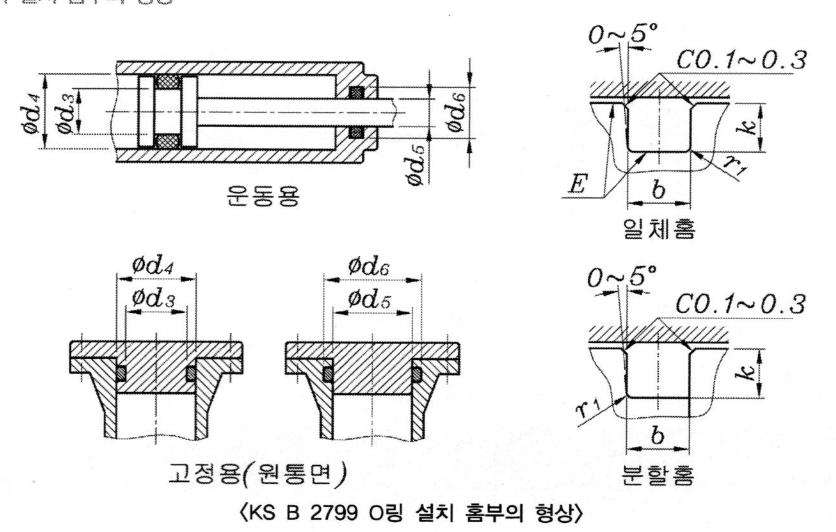

〈KS B 2799 O링 설치 홈부의 형상〉

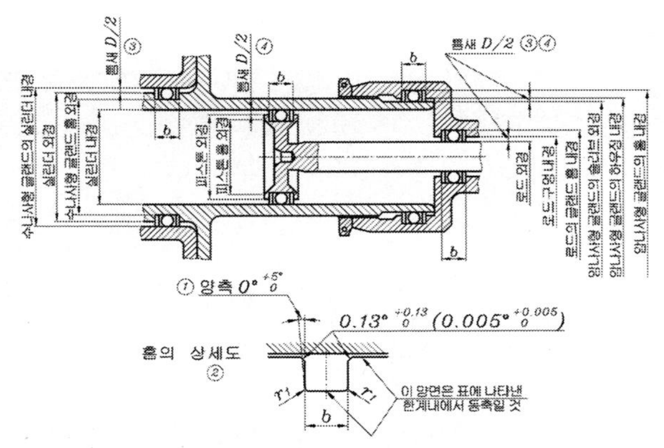

〈IL-G-5514F 항공기용 O링의 설치 홈부의 형상〉

[주]

(1) 홈의 각도는 0°일 때가 비교적 양호한 효과를 얻을 수 있다.

(2) 홈과 근접하는 지지면과의 사이의 최대 흔들림. 홈의 상세도를 참조할 것.

(3) 고정용 O링 SEAL을 사용하는 경우는 JIS W 2006 3.5.4를 참조할 것.

(4) 직경의 틈새는 실린더 내경에 꼭 맞는 부품 재료와의 전체 치수 차이이다.

■ mm 사이즈 O링을 운동용 및 고정용 원통면에 사용하는 경우의 홈의 치수

작동압력 25MPa {255kgf/cm^2}

단위 : mm

O링의 크기	홈의 깊이		홈의 너비		반지름
	h	허용차	b	허용차	r_1
1.9 ±0.08	1.5	0 −0.05	2.5	+0.25 0	0.4
2.4 ±0.09	2.0		3.2		0.4
3.1 ±0.10	2.5		4.1		0.7
3.5 ±0.10	3.0		4.7		0.8
5.7 ±0.13	5.0		7.5		0.8
8.4 ±0.15	7.5		11.0		1.2

■ in 사이즈(AS568) O링을 운동용 및 고정용 원통면에 사용하는 경우의 홈의 치수

(MIL-G5514-F) 작동압력 10.3MPa {105kgf/cm^2} 이하

단위 : mm

O링의 크기	홈의 깊이		홈의 너비		반지름
	h	허용차	b	허용차	r_1
1.78 ±0.07	1.425	+0.03 0	2.39	+0.25 0	0.4
2.62 ±0.07	2.265	+0.05 0	3.58		0.4
3.53 ±0.10	3.085	+0.05 0	4.78		0.6
5.33 ±0.12	4.725	+0.05 0	7.14		0.7
6.98 ±0.15	6.060	+0.08 0	9.52		0.7

■ mm 사이즈 O링을 고정용 및 원통면에 사용하는 경우의 홈의 치수(MAKER 추천)

단위 : mm

O링의 크기	홈의 깊이		홈의 너비		반지름
	h	허용차	b	허용차	r_1
1.9 ±0.08	1.43	0 −0.05	2.65	+0.13 0	0.4
2.4 ±0.09	1.88		3.11		0.4
3.1 ±0.10	2.54		3.76		0.8
3.5 ±0.10	2.91		4.16		0.8
5.7 ±0.13	4.88		6.51		0.8
8.4 ±0.15	7.11		9.70		1.0

■ in 사이즈 O링을 고정용 및 원통면에 사용하는 경우의 홈의 치수(MAKER 추천)

단위 : mm

O링의 크기	홈의 깊이		홈의 너비		반지름
	h	허용차	b	허용차	r_1
1.78 ±0.07	1.32	0 −0.05	2.54	+0.13 0	0.4
2.62 ±0.07	2.11		3.18		0.4
3.53 ±0.10	2.92		4.32		0.8
5.33 ±0.12	4.57		6.10		0.8
6.98 ±0.15	5.94		8.00		1.0

■ 일반 공업용(ISO) O링을 운동용으로 사용하는 경우의 홈의 치수(참고)

단위 : mm

O링의 크기	홈의 깊이		홈의 너비		반지름
	h	허용차	b	허용차	r_1
1.80 ±0.08	1.42/1.47 (1.46/1.57)	0 −0.05	2.4 (2.2)	+0.25 0	0.2~0.4
2.65 ±0.09	2.16/2.24 (2.23/2.37)		3.6 (3.4)		0.2~0.4
3.55 ±0.10	2.96/3.07 (3.03/3.24)		4.8 (4.6)		0.4~0.8
5.30 ±0.13	4.48/4.66 (4.65/4.86)		7.1 (6.9)		0.4~0.8
7.00 ±0.15	5.95/6.16 (6.20/6.43)		9.5 (9.3)		0.8~1.2

[주] 홈의 깊이 및 홈의 너비 중의 수치는 상단은 유압용, 하단 ( ) 안의 수치는 공기압용을 나타낸다.
홈 깊이 h의 수치는 좌측은 피스톤용, 우측은 로드용을 나타낸다.

■ 일반 공업용(ISO) O링을 고정용 원통면에 사용하는 경우의 홈의 치수(참고)

단위 : mm

O링의 크기	홈의 깊이		홈의 너비		반지름
	h	허용차	b	허용차	r_1
1.80 ±0.08	1.38 (1.42)	0 −0.05	2.4	+0.25 0	0.2~0.4
2.65 ±0.09	2.07 (2.15)		3.6		0.2~0.4
3.55 ±0.10	2.74 (2.85)		4.8		0.4~0.8
5.30 ±0.13	4.19 (4.36)		7.1		0.4~0.8
7.00 ±0.15	5.67 (5.89)		9.5		0.8~1.2

[주] 홈 깊이 h 상단은 피스톤용 홈, 하단 ( ) 안은 로드용 홈 치수를 나타낸다.

■ O링이 회전운동하지 않는 운동용 홈의 치수(mm 사이즈용)

단위 : mm

O링의 크기	홈의 깊이		홈의 너비		반지름
	h	허용차	b	허용차	r_1
1.9 ±0.08	1.57	0 −0.05	2.33	+0.13 0	0.4
2.4 ±0.09	2.07		2.69		0.4
3.5 ±0.10	3.11		3.79		0.8
5.7 ±0.13	5.09		6.14		0.8
8.4 ±0.15	7.31		9.28		1.0

■ O링이 회전운동하지 않는 운동용 홈의 치수(in 사이즈용)

단위 : mm

O링의 크기	홈의 깊이		홈의 너비		반지름
	h	허용차	b	허용차	r_1
1.78 ±0.07	1.45	0 −0.05	2.29	+0.13 0	0.4
2.62 ±0.07	2.29		2.92		0.4
3.53 ±0.10	3.12		3.94		0.8
5.33 ±0.12	4.78		5.84		0.8
6.98 ±0.15	6.10		7.75		1.0

18-7 특수 홈의 치수

1. 진공 플랜지용 홈의 치수

진공 장치용 플랜지에 대해서 O링의 홈 치수는 KS B 2805/JIS B 2290에 규정되어 있다.

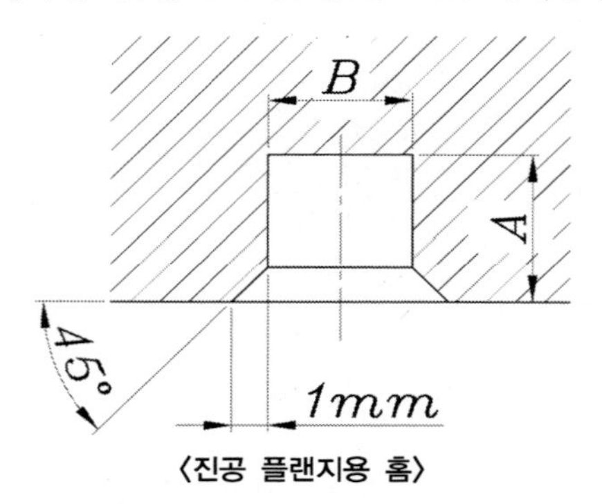

〈진공 플랜지용 홈〉

■ 진공 플랜지용 홈의 치수

단위 : mm

O링의 크기	홈의 깊이 A	허용차	홈의 너비 B	허용차
4 ±0.1	3	±0.1	5	+0.1 0
6 ±0.15	4.5		8	
10 ±0.3	7		12	

■ 더브테일(dovetail) 홈의 치수

주된 용도로서 밸브 및 압력솥 등의 고정 실에 사용되며 O링을 장착한 경우 O링이 탈착하는 것을 방지할 목적으로 사용된다. 고기능 고무 제품인 VALQUA ARMOR, ARCURY 및 FLUORITZ를 사용하는 경우에는 추천 홈 치수(고정실용)로 한다. ※1 동적 실(SEAL) 용도에는 적용하지 말 것

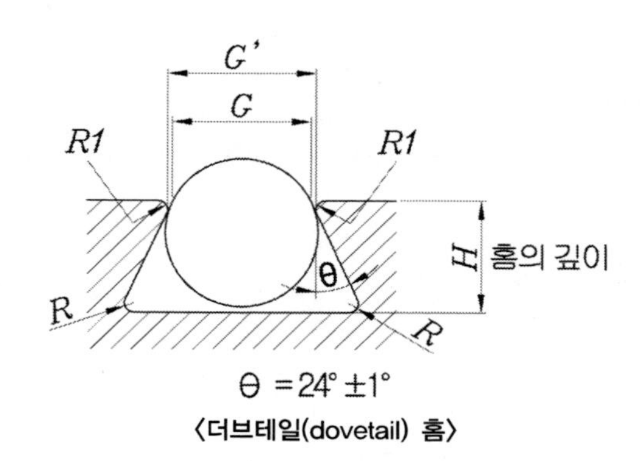

〈더브테일(dovetail) 홈〉

■ 가압용

단위 : mm

O링			G ±0.05	G'	H	허용차	R_1	R Max
규 격	호칭 번호	크기	모떼기 전	모떼기 후				
JIS B 2401	P3~P10	1.9 ±0.08	1.55	1.71	1.4	0 −0.05	0.15	0.40
	P10A~P22	2.4 ±0.09	2.00	2.22	1.8		0.20	0.40
	P22A~P50	3.5 ±0.10	2.95	3.17	2.8		0.20	0.80
	P48A~P150	5.7 ±0.13	4.75	5.18	4.7		0.40	0.80
	P150A~P400	8.4 ±0.15	7.10	7.64	7.0		0.50	1.60
	G25~G145	3.1 ±0.10	2.60	2.82	2.4		0.20	0.80
	G150~G300	5.7 ±0.13	4.75	5.18	4.7		0.40	0.80
AS568	004~050	1.78 ±0.07	1.47	1.61	1.30		0.13	0.40
	102~178	2.62 ±0.07	2.16	2.43	2.01		0.25	0.40
	201~284	3.53 ±0.10	2.95	3.22	2.79		0.25	0.79
	309~395	5.33 ±0.12	4.45	4.86	4.34		0.38	0.79
	425~475	6.98 ±0.15	5.94	6.35	5.77		0.38	1.59

■ 진공용

단위 : mm

O링			G ±0.05	G'	H	허용차	R_1	R Max
규 격	호칭 번호	크기	모떼기 전	모떼기 후				
JIS B 2401	P22A~P50	3.5 ±0.10	3.05	3.27	2.5	0 −0.05	0.20	0.80
	P48A~P150	5.7 ±0.13	4.95	5.38	4.2		0.40	0.80
	P150A~P400	8.4 ±0.15	7.35	7.89	6.3		0.50	1.60
	V15~V175	4 ±0.10	3.45	3.77	2.9		0.30	0.80
	V225~V430	6 ±0.15	5.25	5.68	4.4		0.40	0.80
	V480~V1055	10 ±0.30	8.70	9.24	7.6		0.50	1.60
AS568A	201~284	3.53 ±0.10	3.07	3.34	2.51		0.25	0.79
	309~395	5.33 ±0.12	4.62	5.03	3.91		0.38	0.79
	425~475	6.98 ±0.15	6.12	6.53	5.21		0.38	1.59

■ 진공 고정 실(SEAL)용 추천 홈(VALQUA ARMOR, ARCURY 및 FLUORITZ 등의 고기능 고무 제품) 사용 용도영역 : 0~200℃

단위 : mm

O링			G ±0.05	G'	H	허용차	R_1	R Max
규 격	호칭 번호	크기	모떼기 전	모떼기 후				
JIS B 2401	P22A~P50	3.5 ±0.10	2.98	3.30	2.8	0 −0.05	0.30	0.80
	P48A~P150	5.7 ±0.13	4.95	5.38	4.6		0.40	0.80
	P150A~P400	8.4 ±0.15	7.35	7.89	6.7		0.50	1.60
	V15~V175	4 ±0.10	3.45	3.77	3.2		0.30	0.80
	V225~V430	6 ±0.15	5.25	5.68	4.8		0.40	0.80
	V480~V1055	10 ±0.30	8.76	9.24	8		0.50	1.60
AS568A	102~178	2.62 ±0.07	2.28	2.50	2.05		0.20	0.50
	201~284	3.53 ±0.10	3.03	3.35	2.8		0.30	0.50
	309~395	5.33 ±0.12	4.59	5.00	4.3		0.38	0.79
	425~475	6.98 ±0.15	6.17	6.58	5.64		0.38	1.59

[주] 단, FLUORITZ-HR에 대해서는 사용온도가 0~300℃이기 때문에 FLUORITZ-HR를 200℃ 이상의 온도영역에서 사용하는 경우에는 제조사에 별도로 상담을 할 것

2. 삼각 홈 치수

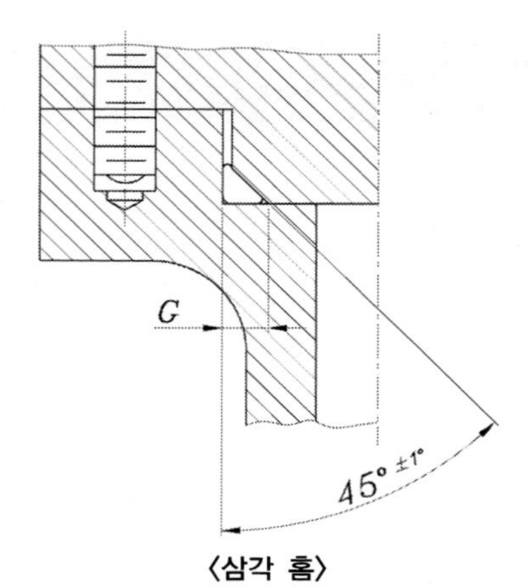

〈삼각 홈〉

단위 : mm

O링의 규격 및 호칭 번호		O링의 크기 d_2 실제 치수	G	허용차
JIS B 2401	P3~P10	1.90 ±0.08	2.45	+0.10 0
	P10A~P22	2.40 ±0.09	3.15	+0.15 0
	P22A~P50	3.50 ±0.10	4.55	+0.20 0
	P48A~P150	5.70 ±0.13	7.40	+0.30 0
	P150A~P400	8.40 ±0.15	10.95	+0.40 0
	G25~G145	3.10 ±0.10	4.05	+0.15 0
AS568	G150~G300	5.70 ±0.13	7.40	+0.30 0
	004~050	1.78 ±0.07	2.31	+0.07 0
	102~178	2.62 ±0.07	3.40	+0.12 0
	201~284	3.53 ±0.10	4.60	+0.17 0
	309~395	5.33 ±0.12	6.96	+0.25 0
	425~475	6.98 ±0.15	9.09	+0.38 0

3. X링

X링은 대부분 각형에 가까운 X자 형상으로 비틀림을 일으키지 않고, 게다가 축에 대해서 실(SEAL)면이 균등하게 실링할 수 있도록 제작되어 회전용으로서 유효한 링 패킹이다.

■ 종류와 용도

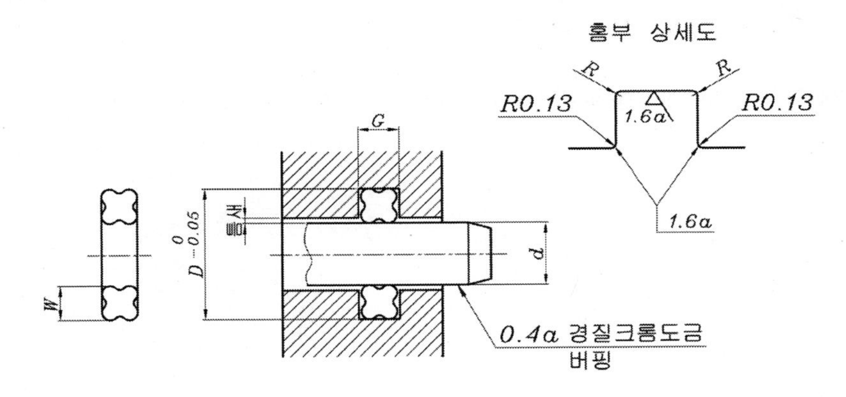

VALQUA No.	재 료	사용 한계
641	니트릴 고무 고무 경도 쇼어 A=80	압력 3.9MPa {40kgf/cm^2} 이하 속도 3m/s 이하 온도 80℃ 이하
4641	불소 고무 고무 경도 쇼어 A=80	압력 3.9MPa {40kgf/cm^2} 이하 속도 3m/s 이하 온도 150℃ 이하

[주] 위 표의 수치는 일반적인 조건하에서의 압력, 속도의 각각의 한계 참고값이다.

■ X링의 홈 치수

축 지름	패 킹		홈의 치수					직경의 틈새
d	호칭번호	W	D	허용차	G	허용차	R	
7~10	R7~R10	2.1	d+3.7	0 −0.05	2.6	+0.13 0	0.4	0.18 이하
11~22	R11~R22	2.7	d+4.9		3.2			
24~50	R24~R50	4.3	d+7.9		5.1		0.8	0.22 이하
55~100	R55~R100	5.7	d+10.6		6.5			0.25 이하

18-8 플러머블록(펠트링) [KS B 2052 (폐지)]

플러머블록은 펠트링이라고도 하며 KS B 2502에 규정되어 있었으나, 국제표준 부합화로 발생한 중복 규격의 사유로 폐지하였다. 기존 출제도면에 간혹 등장하는 경우가 있어 참고로 수록하였으며 지금은 펠트링 대신에 오일실을 많이 적용하고 있다. KS규격을 적용하는 방법은 아래에서 d_2에 끼워지는 축이나 부시 등의 외경 d_1이 기준치수가 되고, d_1을 기준으로 d_2, d_3, f_1, f_2, 각도(°) 및 공차를 기입해주면 된다.

■ 플러머블록 계열 SN5의 호칭번호 및 치수 [구규격 : KS B 2502, 신규격 : KS B ISO 113]

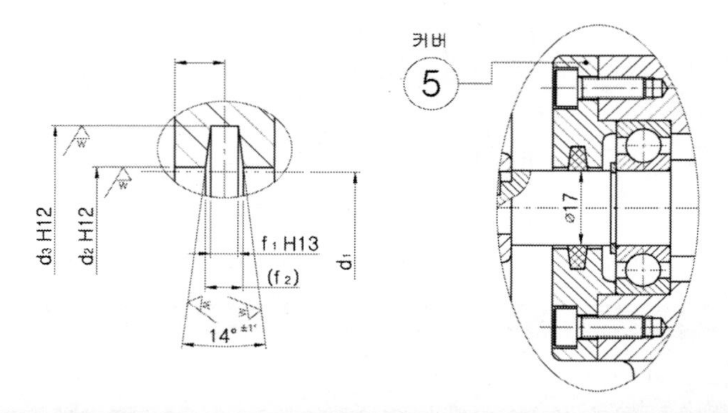

호칭번호	치수													
	축 지름 (참고) d_1	D (H8)	a	b	c	g (H13)	h (h13)	i	w	m	u	v	d_2 (H12)	d_3 (H12)
SN 504	17	47	150	45	19	24	35	66	70	115	12	20	18.5	28
SN 505	20	52	165	46	22	25	40	67	75	130	15	20	21.5	31
SN 506	25	62	185	52	22	30	50	77	90	150	15	20	26.5	38
SN 507	30	72	185	52	22	33	50	82	95	150	15	20	31.5	43
SN 508	35	80	205	60	25	33	60	85	110	170	15	20	36.5	48
SN 509	40	85	205	60	25	31	60	85	112	170	15	20	41.5	53
SN 510	45	90	205	60	25	33	60	90	115	170	15	20	46.5	58

[참 고]									
f1 (H13)	f2 (약)	고정 볼트의 호칭 S	중 량 kg	적용 베어링		적용 어댑터	위치 결정링		호칭 번호
				자동 조심 볼 베어링	자동 조심 롤러 베어링		호칭	개수	
3	4.2	M10	0.88	1204K	–	H 204	SR 47×5	2	SN504
3	4.2	M12	1.1	1205K 2205K	– 22205K	H 205 H 305	SR 52×5 SR 52×7	2 1	SN505
4	5.4	M12	1.6	1206K 2206K	– 22206K	H 206 H 306	SR 62×7 SR 62×10	2 1	SN506
4	5.4	M12	1.9	1207K 2207K	– 22207K	H 207 H 307	SR 72×8 SR 70×10	2 1	SN507
4	5.4	M12	2.6	1208K 2208K	– 22208K	H 208 H 308	SR 80×7.5 SR 80×10	2 1	SN508
4	5.4	M12	2.8	1209K 2209K	– 22209K	H 209 H 309	SR 85×6 SR 85×8	2 1	SN509
4	5.4	M12	3.0	1210K 2210K	– 22210K	H 210 H 310	SR 90×6.5 SR 90×10	2 1	SN510

■ 플러머블록 규격 및 상세도 치수기입 예

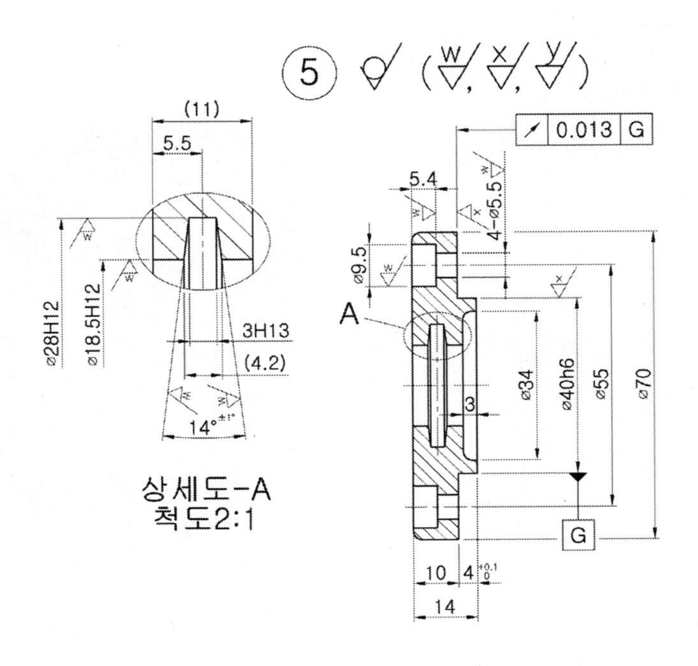

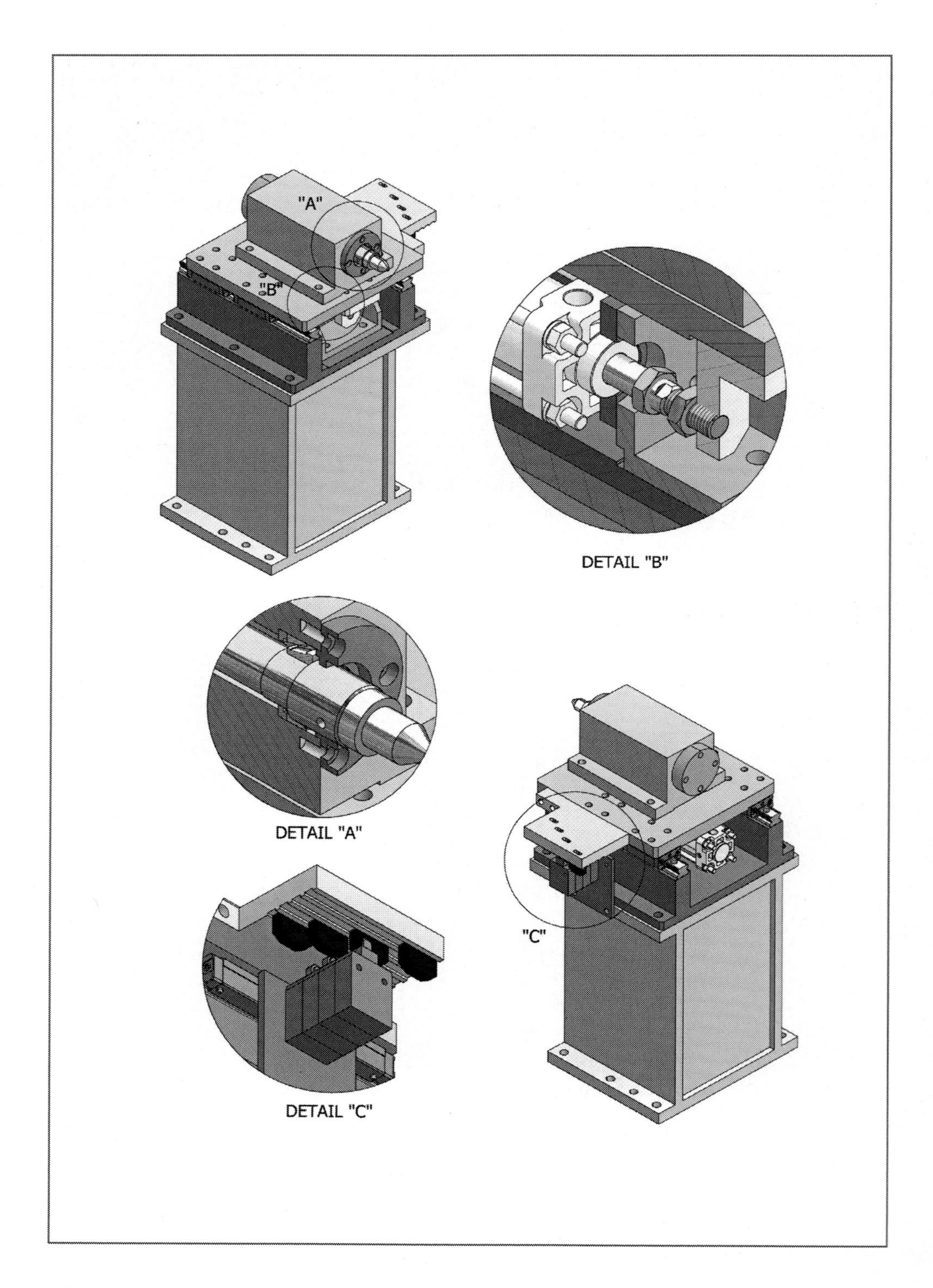
"A"
"B"
DETAIL "B"
DETAIL "A"
"C"
DETAIL "C"

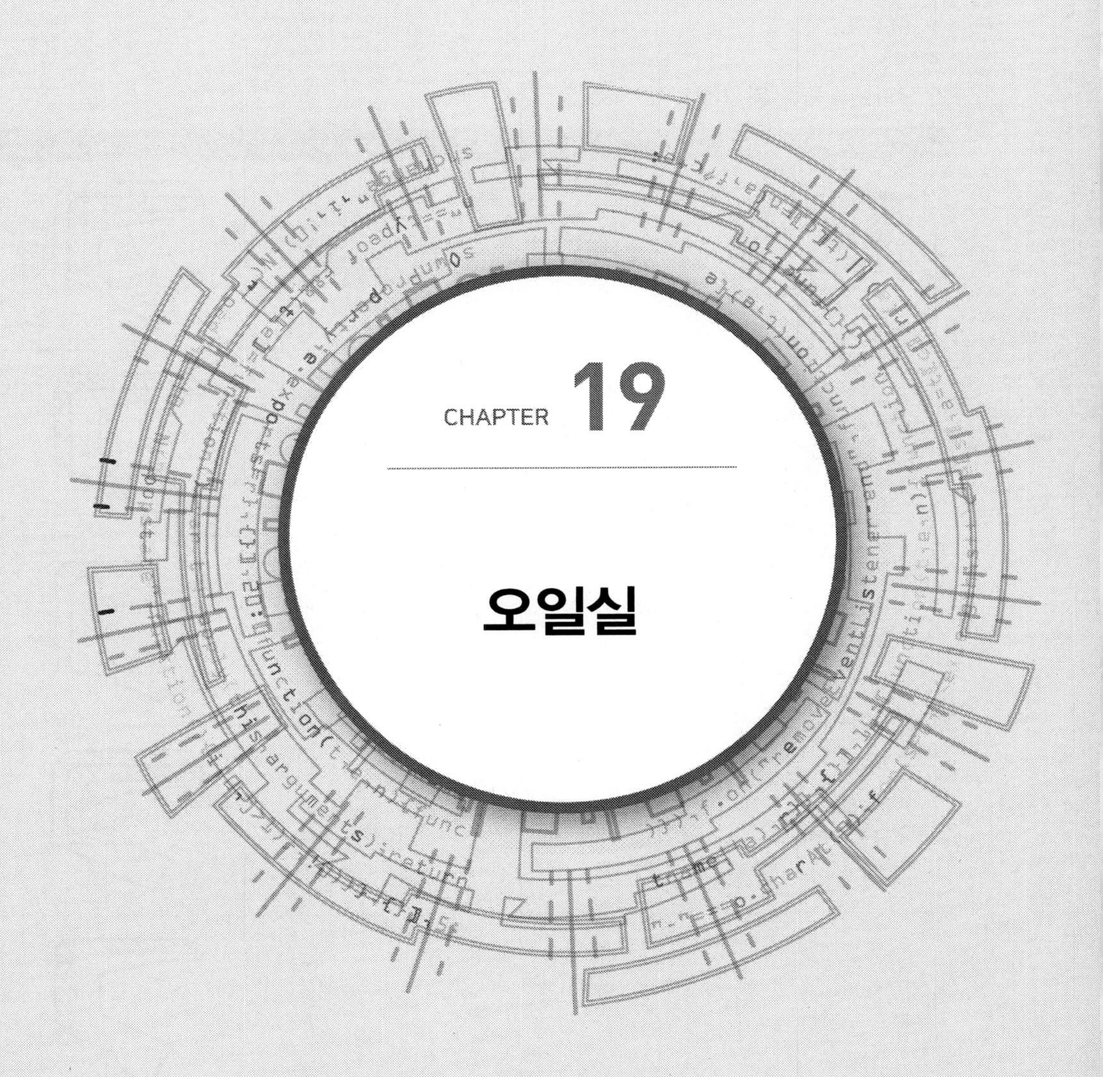

CHAPTER 19

오일실

1. 적용 범위

이 규격은 지름 7mm에서 500mm까지의 회전축 주위에서 기름 또는 그리스 등의 누설을 방지하기 위한 오일실에 대하여 규정한다.

2. 오일실의 종류 및 기호

오일실의 종류	기 호	비 고	참고 그림
스프링 들이 바깥 둘레 고무	S	스프링을 사용한 단일 립과 금속 링으로 구성되어 있고, 바깥 둘레 면이 고무로 씌워진 형식의 것	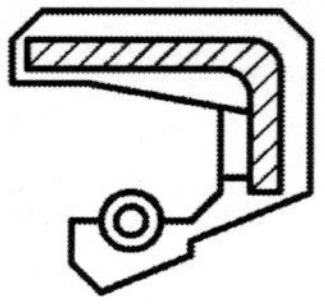
스프링 들이 바깥 둘레 금속	SM	스프링을 사용한 단일 립과 금속 링으로 구성되어 있고, 바깥 둘레 면이 금속 링으로 구성되어 있는 형식의 것	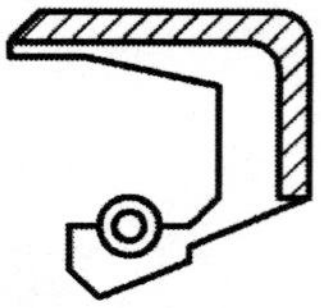
스프링 들이 조립	SA	스프링을 사용한 단일 립과 금속 링으로 구성되어 있고, 바깥 둘레 면이 금속 링으로 구성되어 있는 조립 형식의 것	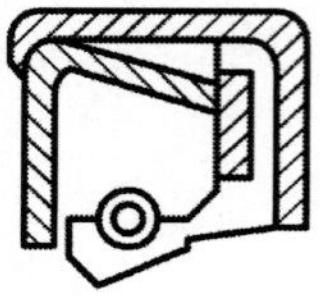
스프링 없는 바깥 둘레 고무	G	스프링을 사용하지 않은 단일 립과 금속 링으로 구성되어 있고, 바깥 둘레 면이 고무로 씌워진 형식의 것	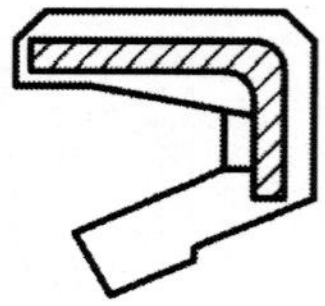
스프링 없는 바깥 둘레 금속	GM	스프링을 사용하지 않은 단일 립과 금속 링으로 구성되어 있고, 바깥 둘레 면이 금속 링으로 구성되어 있는 형식의 것	
스프링 없는 조립	GA	스프링을 사용하지 않은 단일 립과 금속 링으로 구성되어 있고, 바깥 둘레 면이 금속 링으로 구성되어 있는 조립 형식의 것	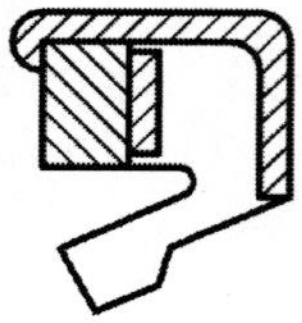

오일실의 종류	기 호	비 고	참고 그림
스프링 들이 바깥 둘레 고무 먼지 막이 붙이	D	스프링을 사용한 단일 립과 금속 링 및 스프링을 사용하지 않은 먼지막이로 되어있고, 바깥 둘레 면이 고무로 씌워진 형식의 것	
스프링 들이 바깥 둘레 금속 먼지 막이 붙이	DM	스프링을 사용한 단일 립과 금속 링 및 스프링을 사용하지 않은 먼지막이로 되어있고, 바깥 둘레 면이 금속 링으로 구성되어 있는 형식의 것	
스프링 들이 조립 먼지 막이 붙이	DA	스프링을 사용한 단일 립과 금속 링 및 스프링을 사용하지 않은 먼지막이로 되어 있고, 바깥 둘레 면이 금속 링으로 구성되어 있는 조립 형식의 것	

비고 1. 참고 그림 보기는 각 종류의 한 보기를 표시한 것이다.
2. 종류 이외는 각 단체 도면을 참조한다.

참고 오일실은 실용 신안의 특허와 관련이 있다.

3. 치수 진원도

단위 : mm

바깥지름	진원도	바깥지름	진원도
50 이하	0.25	120 초과 180 이하	0.65
50 초과 80 이하	0.35	180 초과 300 이하	0.8
80 초과 120 이하	0.5	300 초과 500 이하	1.0

4. 호칭 번호 보기

SM	종류 기호 스프링들이 바깥 둘레 금속	SM	종류 기호 스프링들이 바깥 둘레 금속
40	호칭 안지름 40mm	11	나비 11mm
62	바깥지름 62mm	A	고무 재료

5. 바깥지름 및 나비의 허용차

바깥지름 및 나비의 허용차는 아래 표에 따른다. 다만, 바깥지름에 대응하는 하우징 구멍 지름의 허용차는 원칙적으로 KS B 0401의 H8로 한다.

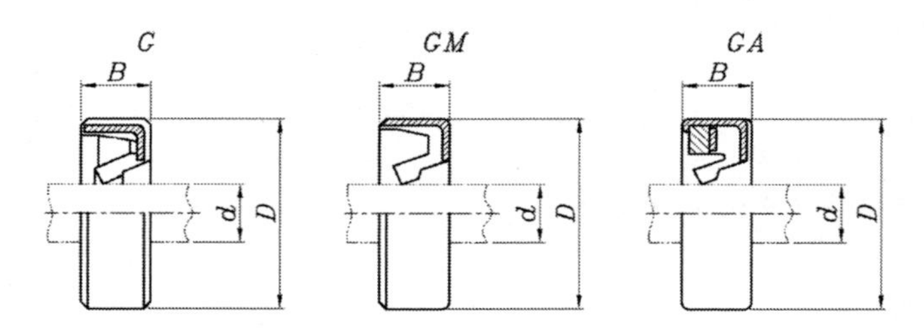

단위 : mm

호칭 안지름 d	바깥지름 D 하우징 구멍 허용차 (H8)	나비 B	호칭 안지름 d	바깥지름 D 하우징 구멍 허용차 (H8)	나비 B
7	18	7	20	32	8
	20			35	
8	18	7	22	35	8
	22			38	
9	20	7	24	38	8
	22			40	
10	20	7	25	38	8
	25			40	
11	22	7	※26	38	8
	25			42	
12	22	7	28	40	8
	25			45	
※13	25	7	30	42	8
	28			45	
14	25	7	32	52	11
	28		35	55	11
15	25	7	38	58	11
	30		40	62	11
16	28	7	42	65	12
	30		45	68	12
17	30	8	48	70	12
	32		50	72	12
18	30	8	※52	75	12
	35		55	78	12

호칭 안지름 d	바깥지름 D 하우징 구멍 허용차 (H8)	나비 B	호칭 안지름 d	바깥지름 D 하우징 구멍 허용차 (H8)	나비 B
56	78	12	180	210	15
※ 58	80	12	190	220	15
60	82	12	200	230	15
※ 62	85	12	※210	240	15
63	85	12	220	250	15
65	90	13	(224)	(250)	(15)
※ 68	95	13	※230	260	15
70	95	13	240	270	15
(71)	(95)	(13)	250	280	15
75	100	13	260	300	20
80	105	13	※270	310	20
85	110	13	280	320	20
90	115	13	※290	330	20
95	120	13	300	340	20
100	125	13	(315)	(360)	(20)
105	135	14	320	360	20
110	140	14	340	380	20
(112)	(140)	(14)	(355)	(400)	(20)
※115	145	14	360	400	20
120	150	14	380	420	20
125	155	14	400	440	20
130	160	14	420	470	25
※135	165	14	440	490	25
140	170	14	(450)	(510)	(25)
※145	175	14	460	510	25
150	180	14	480	530	25
160	190	14	500	550	25
170	200	15			

비고

1. GA는 되도록 사용하지 않는다.
2. ( ) 안의 것은 되도록 사용하지 않는다.
3. ※을 붙인 것은 KS B 0406에 없는 것을 표시한다.

6. 깥지름 및 나비의 허용차

① 바깥 둘레 고무(기호 S, D, G)의 바깥지름의 허용차

단위 : mm

바깥지름 D	허용차	바깥지름 D	허용차
30 이하	+0.30 +0.10	180 초과 300 이하	+0.45 +0.15
30 초과 120 이하	+0.35 +0.10	300 초과 550 이하	+0.55 +0.20
120 초과 180 이하	+0.40 +0.15		

② 바깥 둘레 금속(기호 SM, DM, GM, SA, DA, GA)의 바깥지름의 허용차

단위 : mm

바깥지름 D	허용차	바깥지름 D	허용차
30 이하	+0.09 +0.04	120 초과 180 이하	+0.21 +0.10
30 초과 50 이하	+0.11 +0.05	180 초과 300 이하	+0.25 +0.12
50 초과 80 이하	+0.14 +0.06	300 초과 550 이하	+0.30 +0.14
80 초과 120 이하	+0.17 +0.08		

③ 나비(기호 S, D, G, SM, DM, GM, SA, DA, GA)의 허용차

단위 : mm

나비 B	허용차
6 이하	± 0.2
6 초과 10 이하	± 0.3
10 초과 14 이하	± 0.4
14 초과 18 이하	± 0.5
18 초과 25 이하	± 0.6

7. 오일실 설치부 관계 참고 치수

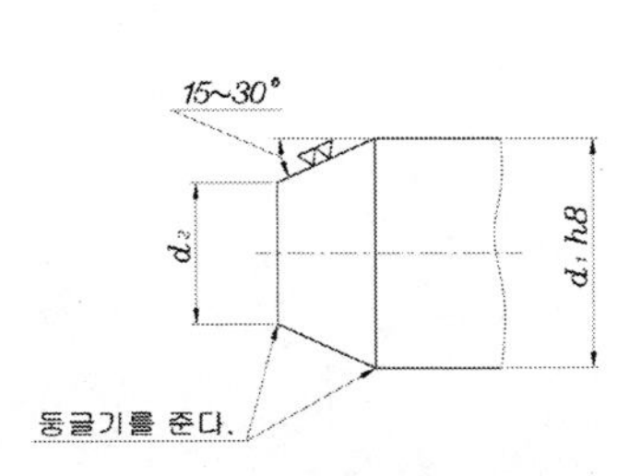

〈축 끝의 모떼기〉

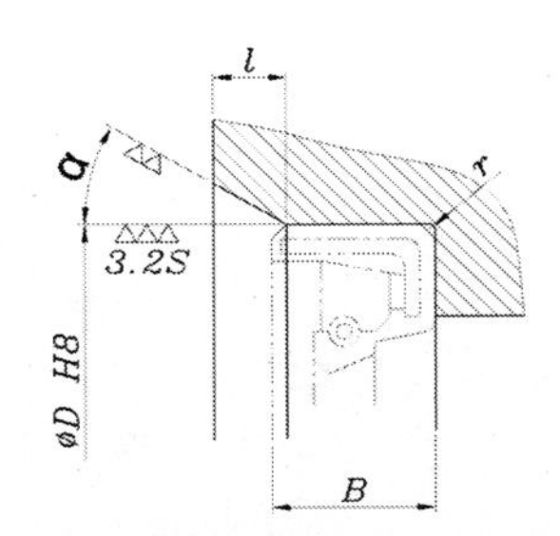

〈하우징 구멍의 모떼기 및 구석의 둥글기〉

모떼기	$\alpha = 15° \sim 30°$ $l = 0.1B \sim 0.15B$
구석의 둥글기	$r \geq 0.5mm$

단위 : mm

d_1	d_2 (최대)	d_1	d_2 (최대)	d_1	d_2 (최대)
7	5.7	55	51.3	170	163
8	6.6	56	52.3	180	173
9	7.5	※ 58	54.2	190	183
10	8.4	60	56.1	200	193
11	9.3	※ 62	58.1	※210	203
12	10.2	63	59.1	220	213
※ 13	11.2	65	61	(224)	(21.7)
14	12.1	※ 68	63.9	*230	223
15	13.1	70	65.8	240	233
16	14	(71)	(66.8)	250	243
17	14.9	75	70.7	260	249
18	15.8	80	75.5	270	259
20	17.7	85	80.4	※280	268
22	19.6	90	85.3	290	279
24	21.5	95	90.1	300	289
25	22.5	100	95	(315)	(304)
※ 26	23.4	105	99.9	320	309
28	25.3	110	104.7	340	329
30	27.3	(112)	(106.7)	(355)	(344)
32	29.2	※115	109.6	360	349
35	32	120	114.5	380	369
38	34.9	125	119.4	400	389
40	36.8	130	124.3	420	409
42	38.7	※135	129.2	440	429
45	41.6	140	133	(450)	(439)
48	44.5	※145	138	460	449
50	46.4	150	143	480	469
※ 52	48.3	160	153	500	489

비고 ※을 붙인 것은 KS B 0406에 없는 것이고, ( ) 안의 것은 되도록 사용하지 않는다.

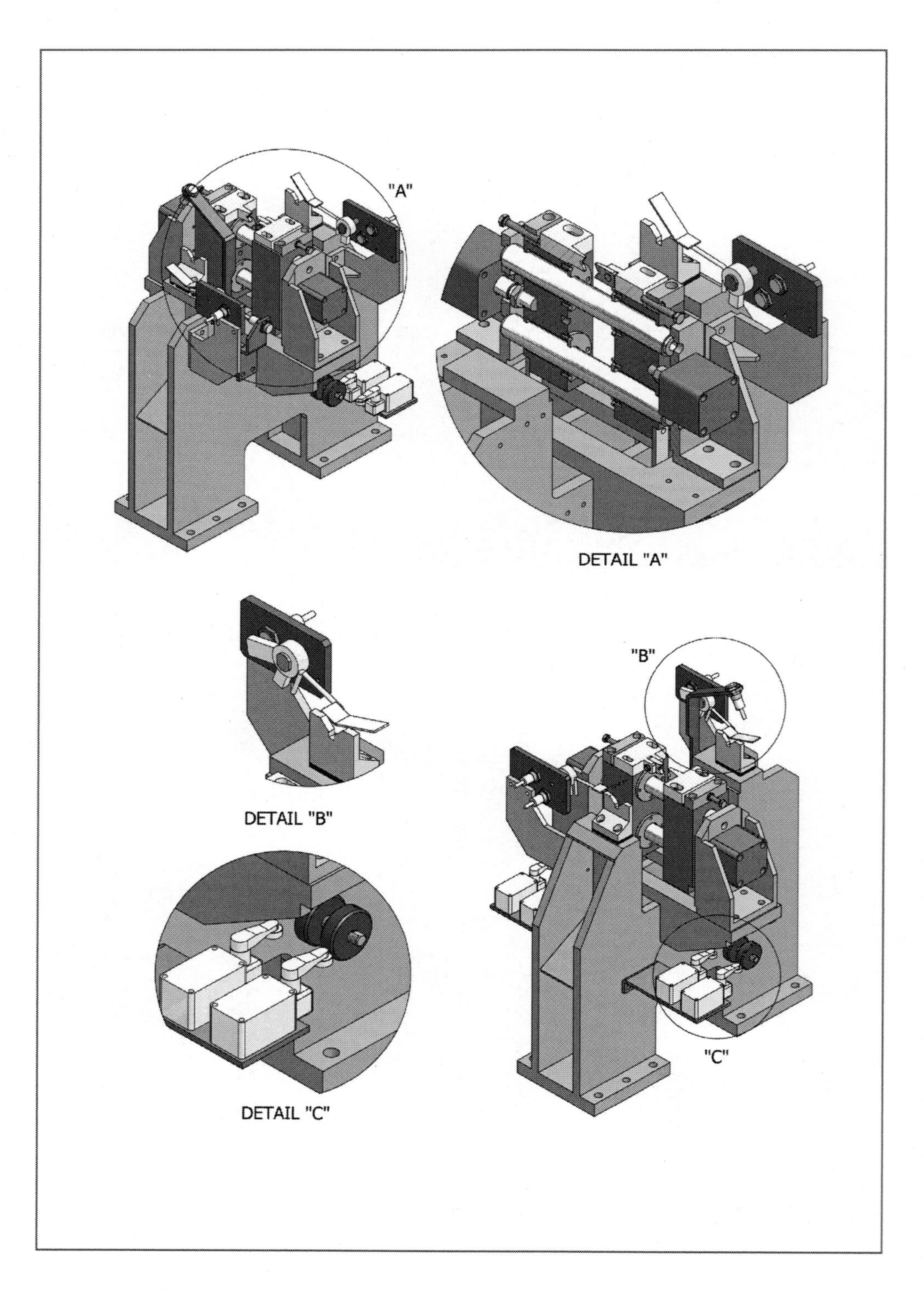
"A"
DETAIL "A"
DETAIL "B"
"B"
DETAIL "C"
"C"

CHAPTER 20

베어링 기호 및 끼워맞춤

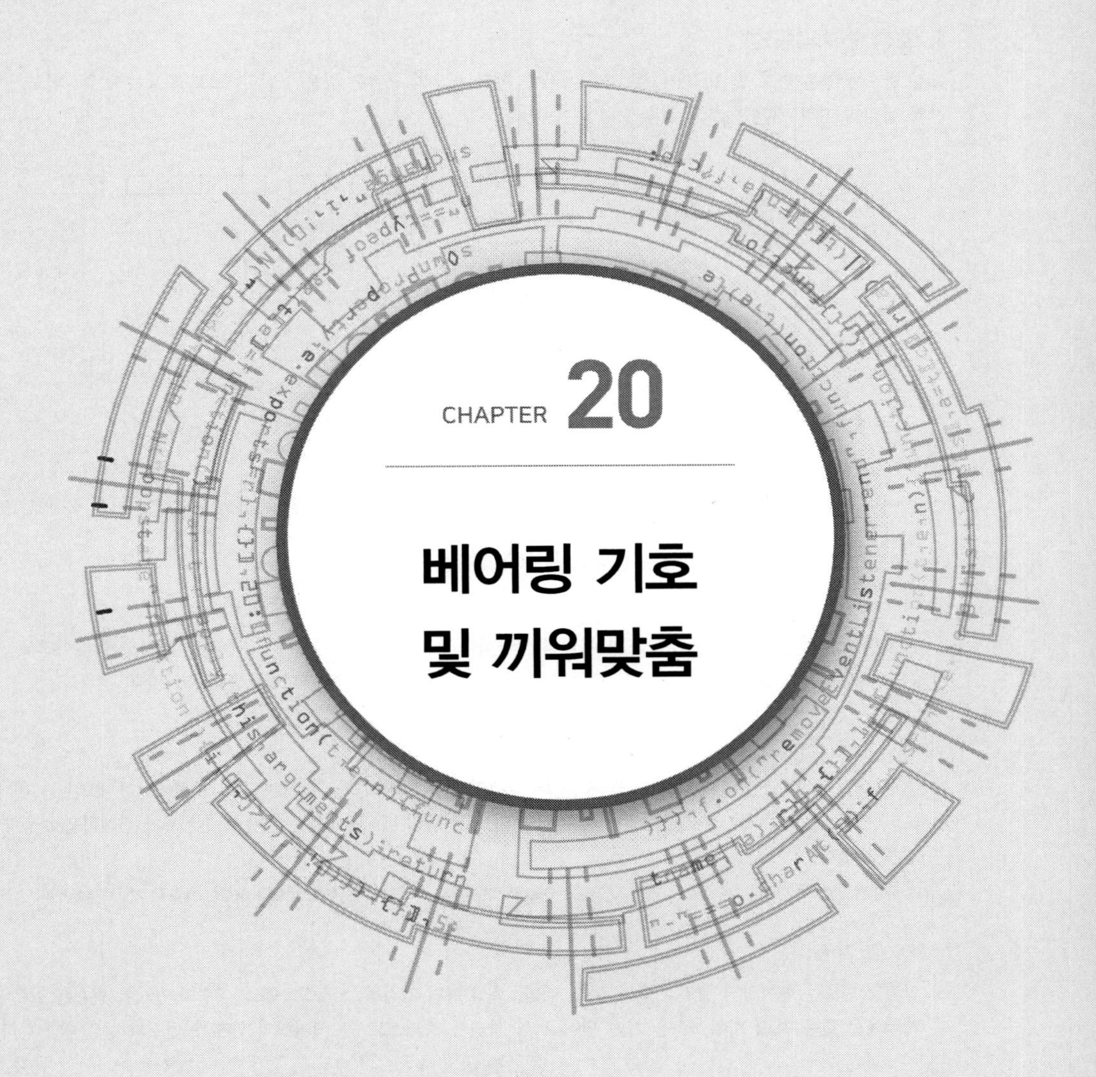

20-1 구름 베어링의 호칭 번호

1. 호칭 번호의 구성

호칭 번호는 기본 번호 및 보조 기호로 이루어지며, 기본 번호의 구성은 다음과 같다. 보조 기호는 인수 · 인도 당사자 간의 협의에 따라 기본 번호의 전후에 붙일 수 있다.

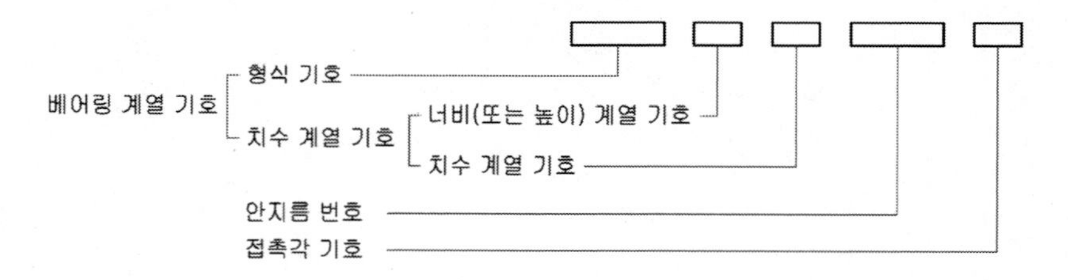

2. 기본 번호

① 베어링의 계열 기호

베어링 계열 기호는 형식 기호 및 치수 계열 기호로 이루어지며, 일반적으로 사용하는 베어링 기호는 아래 표들과 같다.

② 형식 기호

베어링의 형식을 나타내는 기호로 한 자리의 아라비아 숫자 또는 한 글자 이상의 라틴 문자로 이루어진다. 또한 치수 계열이 22 및 23의 자동 조심 볼 베어링에서는 형식 기호가 관례적으로 생략되고 있다.

③ 치수 계열 기호

치수 계열 기호는 너비 계열 기호 및 지름 계열 기호의 두 자리의 아라비아 숫자로 이루어진다. 또한, 너비 계열 0 또는 1의 깊은 홈 볼 베어링, 앵귤러 볼 베어링 및 원통 롤러 베어링에서는 너비 계열 기호가 관례적으로 생략되는 경우가 있다.

비고 테이퍼 롤러 베어링의 치수 계열 22C, 23C 또는 03D의 라틴 문자 C 또는 D는 호칭 번호의 구성상 접촉각 기호로 취급한다.

④ 안지름 번호

안지름 번호는 베어링의 계열 기호와 같다. 다만, 복식 평면 자리형 스러스트 볼 베어링의 안지름 번호는 같은 지름 계열에서 같은 호칭 바깥지름을 가진 단식 평면 자리형 스러스트 볼 베어링의 안지름 번호와 동일하게 한다.

■ 안지름 번호

호칭 베어링 안지름 mm	안지름 번호	호칭 베어링 안지름 mm	안지름 번호	호칭 베어링 안지름 mm	안지름 번호	호칭 베어링 안지름 mm	안지름 번호	호칭 베어링 안지름 mm	안지름 번호
0.6	/0.6	25	05	105	21	360	72	950	/950
1	1	28	/28	110	22	380	76	1000	/1000
1.5	/1.5	30	06	120	24	400	80	1060	/1060
2	2	32	/32	130	26	420	84	1120	/1120
2.5	/2.5	35	07	140	28	440	88	1180	/1180
3	3	40	08	150	30	460	92	1250	/1250
4	4	45	09	160	32	480	96	1320	/1320
5	5	50	10	170	34	500	/500	1400	/1400
6	6	55	11	180	36	530	/530	1500	/1500
7	7	60	12	190	38	560	/560	1600	/1600
8	8	65	13	200	40	600	/600	1700	/1700
9	9	70	14	220	44	630	/630	1800	/1800
10	00	75	15	240	48	670	/670	1900	/1900
12	01	80	16	260	52	710	/710	2000	/2000
15	02	85	17	280	56	750	/750	2120	/2120
17	03	90	18	300	60	800	/800	2240	/2240
20	04	95	19	320	64	850	/850	2360	/2360
22	/22	100	20	340	68	900	/900	2500	/2500

[주] 안지름 번호 중 /0.6, /1.5, /2.5는 다른 기호를 사용할 수 있다.

⑤ 접촉각 기호

베어링의 형식	호칭 접촉각	접촉각 기호
단열 앵귤러 볼 베어링	10° 초과 22° 이하	C
	22° 초과 32° 이하	A(생략 가능)
	32° 초과 45° 이하	B
테이퍼 롤러 베어링	17° 초과 24° 이하	C
	24° 초과 32° 이하	D

⑥ 보조 기호

시 방											
내부 치수		실 · 실드		궤도륜 모양		베어링의 조합		레이디얼 내부 틈새		정밀도 등급	
내용	보조 기호	내용 또는 구분	보조 기호	내용 또는 구분	보조 기호	내용 또는 구분	보조기호	내용 또는 구분	보조 기호	내용 또는 구분	보조 기호
주요치수 및 서브유닛의 치수가 ISO 355와 일치하는 것	J3	양쪽 실 붙이	UU	내륜 원통 구멍	없음	뒷면 조합	DB	C2 틈새	C2	0 급	없음
				플랜지붙이	F			CN 틈새	CN	6X급	P6X
		한쪽 실 붙이	U	내륜 테이퍼 구멍 (기준 테이퍼비 1/12)	K	정면 조합	DF	C3 틈새	C3	6 급	P6
		양쪽 실드 붙이	ZZ	내륜 테이퍼 구멍 (기준 테이퍼비 1/30)	K30			C4 틈새	C4	5 급	P5
		한쪽 실드 붙이	Z	링 홈 붙이	N	병렬 조합	DT	C5	C5	4 급	P4
				멈춤 링 붙이	NR					2 급	P2

[주] 1. 레이디얼 내부 틈새는 KS B 2102 참조
2. 정밀도 등급은 KS B 2014 참조

20-2 베어링의 계열 기호(볼 베어링)

〈깊은 홈 볼 베어링〉
(Deep groove Ball Bearing)

〈깊은 홈 볼 베어링〉
(Deep groove Ball Bearing)

〈앵귤러 콘택트 볼 베어링〉
(Angular contact Ball Bearing)

〈더블 앵귤러 콘택트 볼 베어링〉
(Doubble Angular Contact Ball Bearing)

〈자동조심 볼 베어링〉
(Self-aligning Ball Bearing)

〈자동조심 볼 베어링〉
(Self-aligning Ball Bearing)

■ 베어링의 계열 기호(볼 베어링)

베어링의 형식		단면도	형식 기호	치수 계열 기호	베어링 계열 기호
깊은 홈 볼 베어링	단열 홈 없음 비분리형		6	17	67
				18	68
				19	69
				10	60
				02	62
				03	63
				04	64
앵귤러 볼 베어링	단열 비분리형		7	19	79
				10	70
				02	72
				03	73
				04	74
자동 조심 볼 베어링	복렬 비분리형 외륜 궤도 구면		1	02	12
				03	13
				22	22
				23	23

20-3 베어링의 계열 기호(롤러 베어링)

〈테이퍼 롤러 베어링(Taper Roller Bearing)-단열〉 〈테이퍼 롤러 베어링(Taper Roller Bearing)-단열〉

베어링의 형식		단면도	형식 기호	치수 계열 기호	베어링 계열 기호
원통 롤러 베어링	단열 외륜 양쪽 턱붙이 내륜 턱 없음		NU	10 02 22 03 23 04	NU 10 NU 2 NU 22 NU 3 NU 23 NU 4
	단열 외륜 양쪽 턱붙이 내륜 한쪽 턱붙이		NJ	02 22 03 23 04	NJ 2 NJ 22 NJ 3 NJ 23 NJ 4
원통 롤러 베어링	단열 외륜 양쪽 턱붙이 내륜 한쪽 턱붙이 내륜 이완 리브붙이		NUP	02 22 03 23 04	NUP 2 NUP 22 NUP 3 NUP 23 NUP 4
	단열 외륜 양쪽 턱붙이 내륜 한쪽 턱붙이 L형 이완 리브붙이		NH	02 22 03 23 04	NH 2 NH 22 NH 3 NH 23 NH 4
	단열 외륜 턱없음 내륜 양쪽 턱붙이		N	10 02 22 03 23 04	N10 N2 N22 N3 N23 N4

20-4 베어링의 계열 기호(롤러 베어링)

〈더블 로우 테이퍼 롤러 베어링〉
(Double Row Taper Roller Bearings)

〈니들 롤러 베어링〉
(Niddle Roller Bearings)

〈니들 롤러 베어링〉
(Niddle Roller Bearings)

〈자동조심 롤러 베어링〉
(Self-aligning Roller Bearings)

베어링의 형식		단면도	형식 기호	치수 계열 기호	베어링 계열 기호
원통 롤러 베어링	단열 외륜 한쪽 턱붙이 내륜 양쪽 턱붙이		NF		NF 10 NF 2 NF 22 NF 3 NF 23 NF 4
	복열 외륜 양쪽 턱붙이 내륜 턱 없음		NNU	49	NNU49
	복렬 외륜 턱 없음 내륜 양쪽 턱붙이		NN	30	NN 30
솔리드형 니들 롤러 베어링	내륜 붙이 외륜 양쪽 턱붙이		NA	48 49 59 69	NA 48 NA 49 NA 59 NA 69
	내륜 없음 외륜 양쪽 턱붙이		RNA	-	RNA 48[2] RNA 49[2] RNA 59[2] RNA 69[2]
테이퍼 롤러 베어링	단열 분리형		3	29 20 30 31 02 22 22C 32 03 03D 13 23 23C	329 320 330 331 302 322 322C 332 303 303D 313 323 323C
자동 조심 롤러 베어링	복렬 비분리형 외륜 궤도 구면		2	39 30 40 41 31 22 32 03 23	239 230 240 241 231 222 232 213[3] 223

[주] [2] 베어링 계열 NA48, NA49, NA59 및 NA69의 베어링에서 내륜을 뺀 서브 유닛의 계열기호이다.
[3] 치수 계열에서는 203이 되나 관례적으로 213으로 되어 있다.

20-5 베어링의 계열 기호(스러스트 베어링)

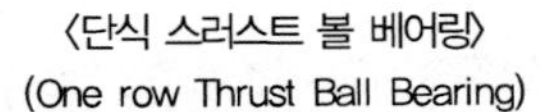

〈단식 스러스트 볼 베어링〉
(One row Thrust Ball Bearing)

〈복식 스러스트 볼 베어링〉
(Two row Thrust Ball Bearing)

〈스러스트 자동조심 롤러 베어링〉
(Thrust Self-aligning Roller Bearing)

베어링의 형식		단면도	형식 기호	치수 계열 기호	베어링 계열 기호
단식 스러스트 볼 베어링	평면 자리형 분리형		5	11 12 13 14	511 512 513 514
복식 스러스트 볼 베어링	평면 자리형 분리형		5	22 23 24	522 523 524
스러스트 자동조심 롤러 베어링	평면 자리형 단식 분리형 하우징 궤도 반궤도 구면		2	92 93 94	292 293 294

20-6 베어링의 호칭번호와 기호 설명

보기	호칭 번호	기호 설명	
①	6204	62	04
		베어링 계열 기호 (너비 계열 0 지름 계열 2의 깊은 홈 볼 베어링)	안지름 번호 (호칭 베어링 안지름 20mm)

보기	호칭 번호	기호 설명				
②	F684C2P6	F	68	4	C2	P6
		궤도륜 모양 기호 (플랜지붙이)	베어링 계열 기호 (너비 계열 1 지름 계열 8의 깊은 홈 볼 베어링)	안지름 번호 (호칭 베어링 안지름 4mm)	레이디얼 내부 틈새 기호 (C2 틈새)	정밀도 등급 기호 (6급)

보기	호칭 번호	기호 설명		
③	6203ZZ	62	03	ZZ
		베어링 계열 기호 (너비 계열 0 지름 계열 2의 깊은 홈 볼 베어링)	안지름 번호 (호칭 베어링 안지름 17mm)	실드 기호 (양쪽 실드붙이)

보기	호칭 번호	기호 설명		
④	6306NR	63	06	NR
		베어링 계열 기호 (너비 계열 0 지름 계열 3의 깊은 홈 볼 베어링)	안지름 번호 (호칭 베어링 안지름 30mm)	궤도륜 모양 기호 (멈춤 링붙이)

보기	호칭 번호	기호 설명				
⑤	7210CDTP5	72	10	C	DT	P5
		베어링 계열 기호 (너비 계열 기호 0 지름 계열 2의 앵귤러 볼 베어링)	안지름 번호 (호칭 베어링 안지름 50mm)	접촉각 기호 (호칭 접촉 10° 초과 22° 이하)	조합 기호 (병렬 조합)	정밀도 등급 기호 (5급)

보기	호칭 번호	기호 설명			
⑥	NU318C3P6	NU3	18	C3	P6
		베어링 계열 기호 (너비 계열 기호 0 지름 계열 3의 원통 롤러 베어링)	안지름 번호 (호칭 베어링 안지름 90mm)	레이디얼 내부 틈새 기호 (C3 틈새)	정밀도 등급 기호 (6급)

보기	호칭 번호	기호 설명			
⑦	32007J3P6X	320	07	J3	P6X
		베어링 계열 기호 (너비 계열 기호 2 지름 계열 0의 테이퍼 롤러 베어링)	안지름 번호 (호칭 베어링 안지름 35mm)	주요 치수 및 서브유닛의 치수가 ISO 355의 표준과 일치함을 나타내는 기호	정밀도 등급 기호 (6X급)

보기	호칭 번호	기호 설명			
⑧	232/500KC4	232	/500	K	C4
		베어링 계열 기호 (너비 계열 3 지름 계열 2의 자동 조심 롤러 베어링)	안지름 번호 (호칭 베어링 안지름 500mm)	궤도륜 모양 기호 (기준 테이퍼 1/12의 테이퍼 구멍)	레이디얼 내부 틈새 기호 (C4 틈새)

보기	호칭 번호	기호 설명	
⑨	51215	512	15
		베어링 계열 기호 (높이 계열 1 지름 계열 2의 단식 평면 자리 스러스트 볼 베어링)	안지름 번호 (호칭 베어링 안지름 75mm)

20-7 레이디얼 베어링의 축 공차

운전상태 및 끼워맞춤 조건		볼 베어링		원통롤러베어링 테이퍼 롤러베어링		자동조심 롤러베어링		축의 공차등급	비 고
		축 지름(mm)							
		초과	이하	초과	이하	초과	이하		
원통구멍 베어링(0급, 6X급, 6급)									
내륜회전하중 또는 방향부정하중	경하중[1] 또는 변동하중	–	18	–	–	–	–	h5	정밀도를 필요로 하는 경우 js6, k6, m6 대신에 js5, k5, m5를 사용한다.
		18	100	–	40	–	–	js6	
		100	200	40	140	–	–	k6	
		–	–	140	200	–	–	m6	
	보통하중[1]	–	18	–	–	–	–	js5	단열 앵귤러 볼 베어링 및 원뿔 롤러베어링인 경우 끼워맞춤으로 인한 내부 틈새의 변화를 고려할 필요가 없으므로 k5, m5 대신에 k6, m6를 사용할 수 있다.
		18	100	–	40	–	40	k5	
		100	140	40	100	40	65	m5	
		140	200	100	140	65	100	m6	
		200	280	140	200	100	140	n6	
		–	–	200	400	140	280	p6	
		–	–	–	–	280	500	r6	
	중하중[1] 또는 충격하중	–	–	50	140	50	100	n6	보통 틈새의 베어링보다 큰 내부 틈새의 베어링이 필요하다.
		–	–	140	200	100	140	p6	
		–	–	200	–	140	200	r6	
내륜정지하중	내륜이 축 위를 쉽게 움직일 필요가 있다.	전체 축 지름						g6	정밀도를 필요로 하는 경우 g5를 사용한다. 큰 베어링에서는 쉽게 움직일 수 있도록 f6을 사용해도 된다.
	내륜이 축 위를 쉽게 움직일 필요가 없다.	전체 축 지름						h6	정밀도를 필요로 하는 경우 h5를 사용한다.
중심축하중		전체 축 지름						js6	–
테이퍼 구멍 베어링(0급) (어댑터 부착 또는 분리 슬리브 부착)									
전체하중		전체 축 지름						h9/IT5	전도축(伝導軸) 등에서는 h10/IT7[2]로 해도 좋다.

[주]

[1] 경하중, 보통하중 및 중하중은 동등가 레이디얼 하중을 사용하는 베어링의 기본 동 레이디얼 정격 하중의 각각 6% 이하, 6%를 초과, 12% 이하 및 12%를 초과하는 하중을 말한다.

[2] IT5급 및 IT7급은 축의 진원도 공차, 원통도 공차 등의 값을 나타낸다.

비고 이 표는 강제 중실축에 적용한다.

20-8 레이디얼 베어링의 하우징 구멍 공차

조 건				하우징 구멍의 공차범위 등급	비 고
하우징 (Housing)	하중의 종류		외륜의 축 방향의 이동[3]		
일체 하우징 또는 2분할 하우징	외륜정지 하중	모든 종류의 하중	쉽게 이동할 수 있다.	H7	대형베어링 또는 외륜과 하우징의 온도차가 큰 경우 G7을 사용해도 된다.
		경하중[1] 또는 보통하중[1]		H8	–
		축과 내륜이 고온으로 된다.		G7	대형베어링 또는 외륜과 하우징의 온도차가 큰 경우 F7을 사용해도 된다.
일체 하우징		경하중 또는 보통하중에서 정밀 회전을 요한다.	원칙적으로 이동할 수 없다.	K6	주로 롤러베어링에 적용된다.
			이동할 수 있다.	JS6	주로 볼베어링에 적용된다.
		조용한 운전을 요한다.	쉽게 이동할 수 있다.	H6	–
	방향부정 하중	경하중 또는 보통하중	통상 이동할 수 있다.	JS7	정밀을 요하는 경우 JS7, K7 대신에 JS6, K6을 사용한다.
		보통하중 또는 중하중[1]	이동할 수 없다.	K7	
		큰 충격하중	이동할 수 없다.	M7	–
	외륜회전 하중	경하중 또는 변동하중	이동할 수 없다.	M7	–
		보통하중 또는 중하중	이동할 수 없다.	N7	주로 볼베어링에 적용된다.
		얇은 하우징에서 중하중 또는 큰 충격하중	이동할 수 없다.	P7	주로 롤러베어링에 적용된다.

[주]

[1] 경하중, 보통하중 및 중하중은 동등가 레이디얼 하중을 사용하는 베어링의 기본 동 레이디얼 정격 하중의 각각 6% 이하, 6%를 초과, 12% 이하 및 12%를 초과하는 하중을 말한다.

[2] 분리되지 않는 베어링에 대하여 외륜이 축 방향으로 이동할 수 있는지 없는지의 구별을 나타낸다.

비고

1. 위 표는 주철제 하우징 또는 강제 하우징에 적용한다.
2. 베어링에 중심 축 하중만 걸리는 경우 외륜에 레이디얼 방향의 틈새를 주는 공차범위 등급을 선정한다.

20-9 스러스트 베어링의 축 및 하우징 구멍 공차

1. 스러스트 베어링(0급, 6급)에 대하여 일반적으로 사용하는 축의 공차 범위 등급

조 건		축 지름(mm)		축의 공차 범위 등급	비 고
		초과	이하		
중심 축 하중 (스러스트 베어링 전반)		전체 축 지름		js6	h6도 사용할 수 있다.
합성하중 (스러스트 자동조심 롤러베어링)	내륜정지하중	전체 축 지름		js6	−
	내륜회전하중 또는 방향부정하중	−	200	k6	k6, m6, n6 대신에 각각 js6, k6, m6도 사용할 수 있다.
		200	400	m6	
		400	−	n6	

2. 스러스트 베어링(0급, 6급)에 대하여 일반적으로 사용하는 하우징 구멍의 공차 범위 등급

조 건		하우징 구멍의 공차범위 등급	비 고
중심 축 하중 (스러스트 베어링 전반)		−	외륜에 레이디얼 방향의 틈새를 주도록 적절한 공차범위 등급을 선정한다.
		H8	스러스트 볼 베어링에서 정밀을 요하는 경우
합성하중 (스러스트 자동조심 롤러베어링)	외륜정지하중	H7	−
	방향부정하중 또는 외륜회전하중	K7	보통 사용 조건인 경우
		M7	비교적 레이디얼 하중이 큰 경우

[주]

• 레이디얼하중과 액시얼하중

레이디얼 하중이라는 것은 베어링의 중심축에 대해서 직각(수직)으로 작용하는 하중을 말하고 액시얼하중이라는 것은 베어링의 중심축에 대해서 평행하게 작용하는 하중을 말한다.

덧붙여 말하면 스러스트하중과 액시얼하중은 동일한 것이다.

비고

1. 위 표는 주철제 하우징 또는 강제 하우징에 적용한다.

20-10 레이디얼 베어링에 대한 축 및 하우징 R과 어깨높이

1. 부착 관계의 치수

① 축 및 하우징 모서리 둥근 부분의 반지름

레이디얼 베어링 또는 스러스트 베어링을 부착하는 축 및 하우징 모서리 둥근 부분의 최대 허용 반지름($\gamma_{as\max}$)은 베어링의 최소 허용 모떼기 치수(γ_{smin})에 대응하여 아래 표와 같다. 레이디얼 베어링을 부착하는 축 어깨의 지름(d_a)은 그 베어링의 호칭 베어링 안지름(d)에 어깨의 높이(h)의 2배를 더한 값을 최소값으로 한다. 어깨의 높이는 베어링 내륜의 최소 허용 모떼가 치수($\gamma_{s\min}$)에 대응한 아래 표와 같다. 또한 하우징 어깨의 지름(D_a)은 그 베어링의 호칭 베어링 바깥지름(D)에서 어깨 높이의 2배를 뺀 값을 최대값으로 한다. 어깨의 높이는 베어링 외륜의 최소 허용 모떼기 치수($\gamma_{s\min}$)에 대응한 아래 표와 같다.

비고

축 및 하우징 어깨의 지름은 각각 어깨의 모떼기 부분을 제외한 지름을 말한다.

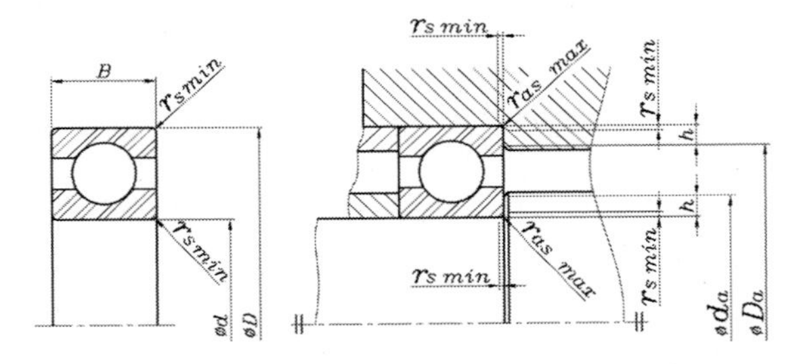

■ 축 및 하우징 모서리 둥근 부분의 반지름 및 레이디얼 베어링에 대한 축 및 하우징 어깨의 높이

호칭 치수	축과 하우징의 부착 관계의 치수		
$\gamma_{s\min}$	$\gamma_{as\max}$	일반적인 경우[3]	특별한 경우[4]
		어깨 높이 h(최소)	
0.1	0.1	0.4	
0.15	0.15	0.6	
0.2	0.2	0.8	
0.3	0.3	1.25	1
0.6	0.6	2.25	2
1	1	2.75	2.5
1.1	1	3.5	3.25
1.5	1.5	4.25	4
2	2	5	4.5
2.1	2	6	5.5
2.5	2	6	5.5
3	2.5	7	6.5
4	3	9	8
5	4	11	10
6	5	14	12
7.5	6	18	16
9.5	8	22	20

비고

[3] 큰 축 하중이 걸릴 때에는 이 값보다 큰 어깨높이가 필요하다.

[4] 축 하중이 작을 경우에 사용한다. 이러한 값은 원뿔 롤러 베어링, 앵귤러 볼 베어링 및 자동 조심 롤러베어링에는 적당하지 않다.

CHAPTER 21

베어링용 부시 및 소결 함유 베어링

21-1 소결 함유 베어링

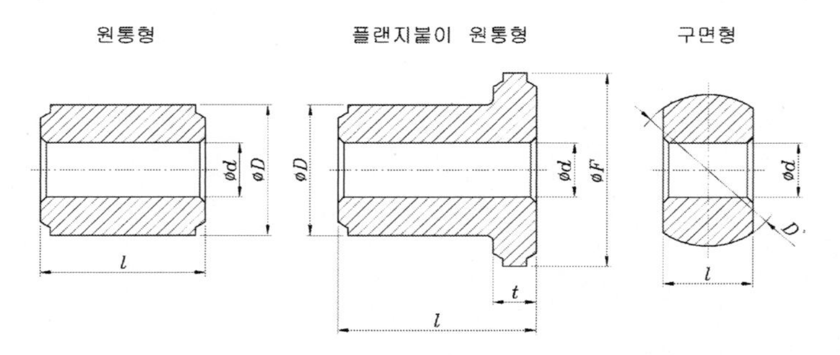

단위 : mm

바깥지름(D)의 허용차

바깥지름 (D)	바깥지름 허용차	
6 이하	s7	+0.031 +0.019
6 초과 10 이하	s7	+0.038 +0.023
10 초과 18 이하	s7	+0.046 +0.028
18 초과 24 이하	s7	+0.056 +0.035
24 초과 30 이하	t7	+0.062 +0.041
30 초과 40 이하	t7	+0.073 +0.048
40 초과 50 이하	t7	+0.079 +0.054
50 초과 60 이하	t7	+0.096 +0.066

안지름(d)의 허용차

안지름 (d)	안지름 허용차	
3 이하	H7	+0.010 0
3 초과 6 이하	H7	+0.012 0
6 초과 10 이하	H7	+0.015 0
10 초과 18 이하	H7	+0.018 0
18 초과 24 이하	H7	+0.021 0
24 초과 30 이하	H8	+0.033 0
30 초과 50 이하	H8	+0.039 0

구면 지름(D')의 허용차

구면 지름	구면 지름의 허용차
10 이하	±0.06
10 초과 18 이하	±0.08
18 초과 30 이하	±0.10

구면의 흔들림 허용값

안지름	구면의 흔들림 허용값(최대)
10 이하	0.050
10 초과 18 이하	0.070

바깥지름면의 흔들림 허용치

안지름	바깥지름의 흔들림 허용값(최대)
6 이하	0.040
6 초과 10 이하	0.050
10 초과 24 이하	0.070
24 초과 50 이하	0.100

길이(l)의 허용차

길 이	길이의 허용차
6 이하	±0.10
6 초과 24 이하	±0.15
24 초과 65 이하	±0.20

플랜지 두께(t)의 허용차

플랜지 두께	플랜지 두께의 허용차
10 이하	±0.20

플랜지 바깥지름 (F)의 허용차

플랜지 바깥지름	플랜지 바깥지름의 허용차
100 이하	±0.10

[호칭 방법]
원통형 : 규격 번호, 종류 기호 및 안지름×바깥지름×길이
플랜지붙이 원통형 : 규격 번호, 종류 기호 및 안지름×바깥지름(플랜지 바깥지름×플랜지 두께)×길이
구면형 : 규격 번호, 종류 기호 및 안지름×구면 지름×길이(구면 지름 K 부기)

소결 함유 베어링의 종류 및 기호							
종류		종류 기호	합금계(참고)	종류		종류 기호	합금계(참고)
SBF 1종	1호	SBF 1118	순철계	SBF 5종	1호	SBF 5110	철-동-연계
SBF 2종	1호	SBF 2118	철-동계	SBK 1종	1호	SBK 1112	청동계
	2호	SBF 2218			2호	SBK 1218	
SBF 3종	1호	SBF 3118	철-탄소계	SBK 2종	1호	SBK 2118	연청동계
SBF 4종	1호	SBF 4118	철-탄소-동계	[비고] SBF계의 탄소는 화합 탄소, SBK계의 탄소는 흑연			

21-2 미끄럼 베어링용 부시-C형 [KS B ISO 4379]

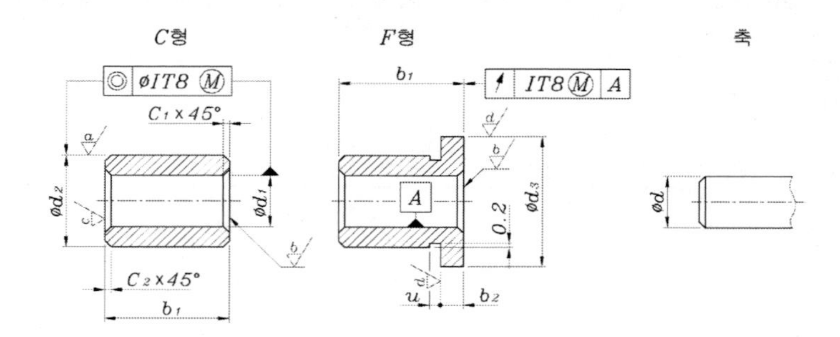

단위 : mm

d_1	d_2			b_1			모떼기 45° C_1, C_2 최대	모떼기 15° C_2 최대
6	8	10	12	6	10	–	0.3	1
8	10	12	14	6	10	–	0.3	1
10	12	14	16	6	10	–	0.3	1
12	14	16	18	10	15	20	0.5	2
14	16	18	20	10	15	20	0.5	2
15	17	19	21	10	15	20	0.5	2
16	18	20	22	12	15	20	0.5	2
18	20	22	24	12	20	30	0.5	2
20	23	24	26	15	20	30	0.5	2
22	25	26	28	15	20	30	0.5	2
(24)	27	28	30	15	20	30	0.5	2
25	28	30	32	20	30	40	0.5	2
(27)	30	32	34	20	30	40	0.5	2
28	32	34	36	20	30	40	0.5	2
30	34	36	38	20	30	40	0.5	2
32	36	38	40	20	30	40	0.8	3
(33)	37	40	42	20	30	40	0.8	3
35	39	41	45	30	40	50	0.8	3
(36)	40	42	46	30	40	50	0.8	3
38	42	45	48	30	40	50	0.8	3
40	44	48	50	30	40	60	0.8	3
42	46	50	52	30	40	60	0.8	3
45	50	53	55	30	40	60	0.8	3
48	53	56	58	40	50	60	0.8	3

비고

괄호 안의 값은 특별한 응용 프로그램을 위한 것이다.
이 값은 가능한 한 피하는 것이 좋다.

21-3 미끄럼 베어링용 부시-F형 [KS B ISO 4379]

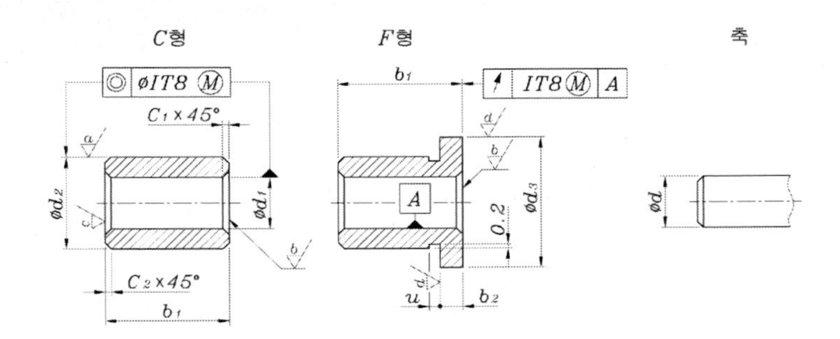

단위 : mm

d1	시리즈 1			시리즈 2			b1			모떼기		U
	d2	d3	b2	d2	d3	b2				45° C1, C2 최대	15° C2 최대	
6	8	10	1	12	14	3	–	10	–	0.3	1	1
8	10	12	1	14	18	3	–	10	–	0.3	1	1
10	12	14	1	16	20	3	–	10	–	0.3	1	1
12	14	16	1	18	22	3	10	15	20	0.5	2	1
14	16	18	1	20	25	3	10	15	20	0.5	2	1
15	17	19	1	21	27	3	10	15	20	0.5	2	1
16	18	20	1	22	28	3	12	15	20	0.5	2	1.5
18	20	22	1	24	30	3	12	20	30	0.5	2	1.5
20	23	26	1.5	26	32	3	15	20	30	0.5	2	1.5
22	25	28	1.5	28	34	3	15	20	30	0.5	2	1.5
(24)	27	30	1.5	30	36	3	15	20	30	0.5	2	1.5
25	28	31	1.5	32	38	4	20	30	40	0.5	2	1.5
(27)	30	33	1.5	34	40	4	20	30	40	0.5	2	1.5
28	32	36	2	36	42	4	20	30	40	0.5	2	1.5
30	34	38	2	38	44	4	20	30	40	0.5	2	2
32	36	40	2	40	46	4	20	30	40	0.8	3	2
(33)	37	41	2	42	48	5	20	30	40	0.8	3	2
35	39	43	2	45	50	5	30	40	50	0.8	3	2
(36)	40	44	2	46	52	5	30	40	50	0.8	3	2
38	42	46	2	48	54	5	30	40	50	0.8	3	2
40	44	48	2	50	58	5	30	40	60	0.8	3	2
42	46	50	2	52	60	5	30	40	60	0.8	3	2
45	50	55	2.5	55	63	5	30	40	60	0.8	3	2
48	53	58	2.5	58	66	5	40	50	60	0.8	3	2
50	55	60	2.5	60	68	5	40	50	60	0.8	3	2
55	60	65	2.5	65	73	5	40	50	70	0.8	3	2

d_1	시리즈 1			시리즈 2			b_1			모떼기		U
	d_2	d_3	b_2	d_2	d_3	b_2				45° C_1, C_2 최대	15° C_2 최대	
60	65	70	2.5	75	83	7.5	40	60	80	1	4	2
65	70	75	2.5	80	88	7.5	50	60	80	1	4	2
70	75	80	2.5	85	95	7.5	50	70	90	1	4	3
75	80	85	2.5	90	100	7.5	50	70	90	1	4	3
80	85	90	2.5	95	105	7.5	60	80	100	1	4	3
85	90	95	2.5	100	110	7.5	60	80	100	1	4	3
90	100	110	5	110	120	10	60	80	120	1	4	3
95	105	115	5	115	125	10	60	100	120	1	4	3
100	110	120	5	120	130	10	80	100	120	1	4	3
105	115	125	5	125	135	10	80	100	120	1	4	3
110	120	130	5	130	140	10	80	100	120	1	4	3
120	130	140	5	140	150	10	100	120	150	1	4	3
130	140	150	5	150	160	10	100	120	150	2	5	4
140	150	160	5	160	170	10	100	150	180	2	5	4
150	160	170	5	170	180	10	120	150	180	2	5	4
160	170	180	5	185	200	12.5	120	150	180	2	5	4
170	180	190	5	195	210	12.5	120	180	200	2	5	4
180	190	200	5	210	220	15	150	180	250	2	5	4
190	200	210	5	220	230	15	150	180	250	2	5	4
200	210	220	5	230	240	15	180	200	250	2	5	4

비고

괄호 안의 값은 특별한 응용 프로그램을 위한 것이다.
이 값은 가능한 한 피하는 것이 좋다.

■ 공차

d_1	d_2		d_3	b_1	하우징 구멍	축지름 d
E6[1]	≤120	s6	d11	h13	H7	e7 또는 g7[2]
	>120	r6				

비고

부시가 공차 위치 H의 정밀 연마축과 연결되어 사용할 때, 안지름 d_1의 공차는 D6으로 하고 피팅 후 예상 공차는 F8이다.

(1) 프레스 작업 후 공차 위치 H와 공차 등급 약 IT8을 준다.

(2) 권장 공차

21-4 플레인 베어링 – 윤활 구멍, 홈 및 포켓 [KS B ISO 12128]

■ 치수, 유형, 호칭방법 및 부시에 대한 적용

1. 적용 범위

이 표준은 베어링 부시의 윤활 구멍, 홈 및 포켓에 대한 치수에 대하여 규정한다. 이러한 치수는 예를 들면 호칭 방법의 보기를 사용하여 그림 위에 기재할 수 있다. 이러한 치수의 사용은 특히 특정한 운전 조건에 달려 있다.
덧붙여서 이 표준은 사용자가 각각 다른 유형의 윤활유 공급 및 분배를 구리 합금, 열경화성 플라스틱, 열가소성 플라스틱 또는 인조 탄소로 만들어진 플레인 베어링 부시에 쓸 수 있게 해 준다.

비고

소결 금속으로 만든 플레인 베어링 부시를 위한 다른 유형의 윤활유 공급과 분배는 이러한 부시는 윤활유가 스며있기 때문에 여기에서는 규정되지 않는다. 인조 탄소로 만들어진 플레인 베어링 부시는 기름이나 그리스로 윤활되지 않는다.

2. 치수 및 유형

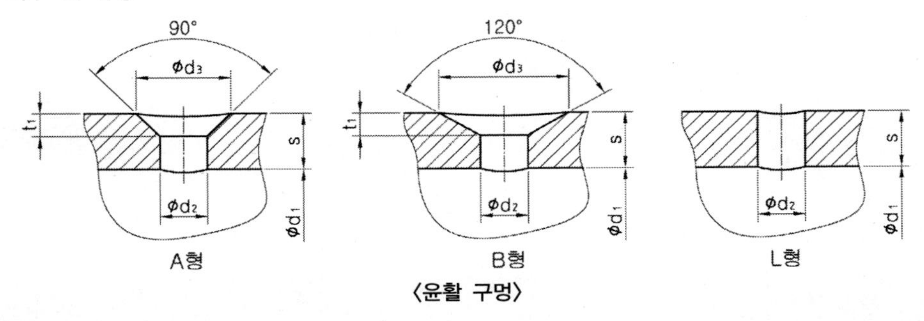

〈윤활 구멍〉

■ 윤활 구멍의 치수

d_2		2.5	3	4	5	6	8	10	12
t_1		1	1.5	2	2.5	3	4	5	6
d_3	A형	4.5	6	8	10	12	16	20	24
	B형	6	8.2	10.8	13.6	16.2	21.8	27.2	32.6
s	초과	–	2	2.5	3	4	5	7.5	10
	이하	2	2.5	3	4	5	7.5	10	–
d_1	공칭	$d_1 \leq 30$		$30 < d_1 \leq 100$			$d_1 > 100$		

■ 윤활 홈 치수 및 유형

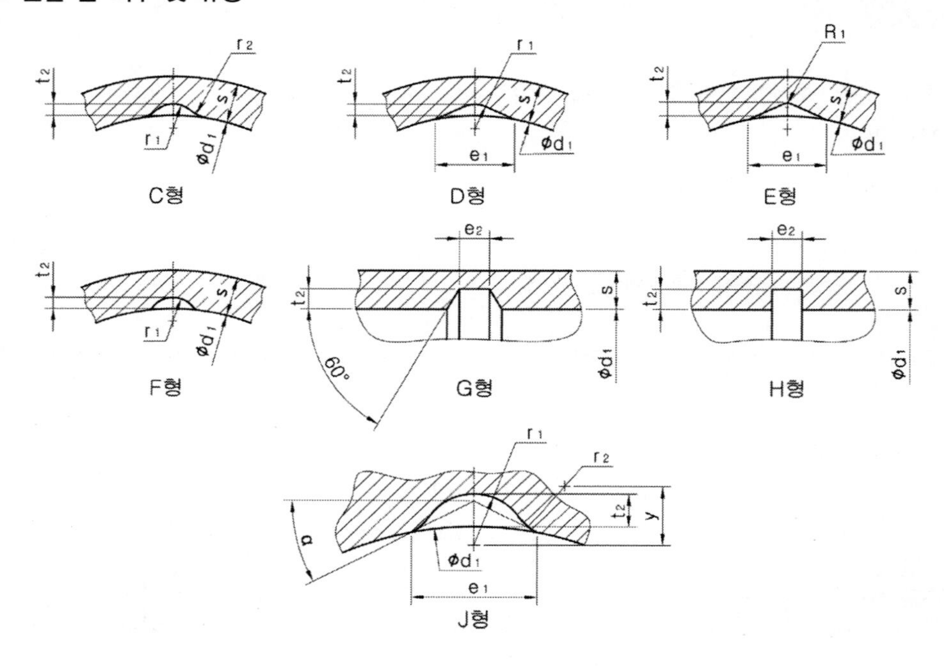

■ 윤활 홈의 치수

t_1	e_1		e_2		r_1				r_2		y	α°	s		d_1	
C~J형	D,E형	J형	G형	H형	C형	D형	F형	J형	C형	J형	J형	J형	초과	이하	C~H형	J형
0.4	3	3	1.2	3	1.5	1.5	1	1	1.5	1	1.5	28	–	1	$d_1 \le 30$	16
0.6	4	4	1.6	3	1.5	1.5	1	1.5	2	1.5	2.1	25	1	1.5		20
0.8	5	5	1.8	3	1.5	2.5	1	1.5	3	1.5	2.2	25	1.5	2		30
1	8	6	2	4	2	4	1.5	2	4.5	2	2.8	22	2	2.5		40
1.2	10.5	6	2.5	5	2.5	6	2	2	6	2	2.6	22	2.5	3	$d_1 \le 100$	40
1.6	14	7	3.5	6	3	8	3	2.5	9	2.5	3	20	3	4		50
2	19	8	4.5	8	4	12	4	2.5	12	2.5	2.6	20	4	5		60
2.5	28	8	7.5	10	5	20	5	3	15	3	2.8	20	5	7.5	$d_1 > 100$	70
3.2	38	–	11	12	7	28	7	–	21	–	–	–	7.5	10		–
4	49	–	14	15	9	35	9	–	27	–	–	–	10	–		–

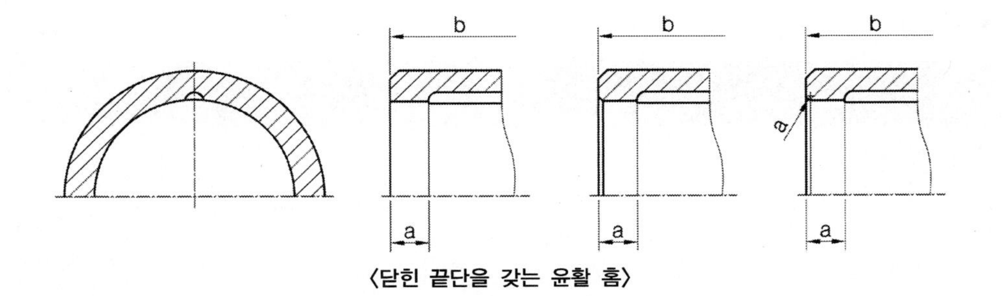

〈닫힌 끝단을 갖는 윤활 홈〉

a : 둥근 모양

■ 거리 a에 대한 치수

b 공칭	15 ≤ b ≤ 30	30 < b ≤ 60	60 < b ≤ 100	b > 100
a	3	4	6	10

■ 윤활 포켓

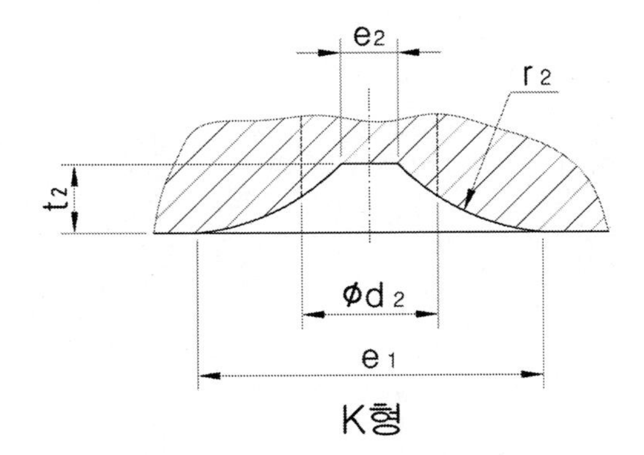

■ 윤활 포켓의 치수

t_2	d_2	e_1	e_2	r_2
1.6	6	8	1.8	6.5
2.5	8	15	2.8	14
4	10	24	4.5	20
6	12	35	6.3	30

■ 베어링 부시의 유형

부시 유형	윤활 구멍, 홈			베어링 부시 재료
	3절에 따른 유형	유형과 적용		
A	A B L	중심에 있거나 중심에서 벗어난 윤활 구멍	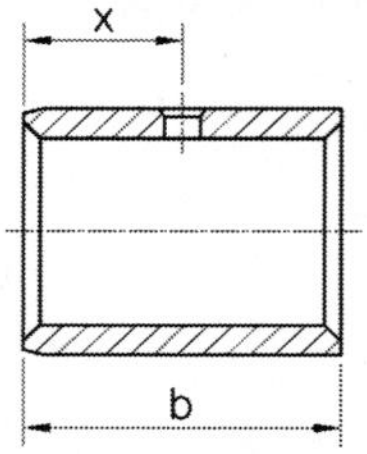 x b	구리 합금 열경화성 수지 열가소성 수지
C	C D E J	양쪽 끝이 닫힌 길이 방향 홈	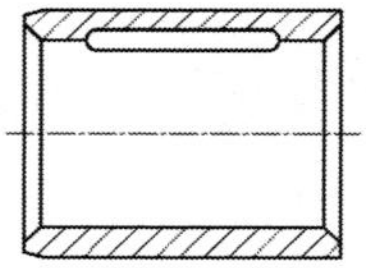	구리 합금 열경화성 수지 열가소성 수지
E	G H	중심에 있거나 중심에서 벗어난 원둘레 방향 홈	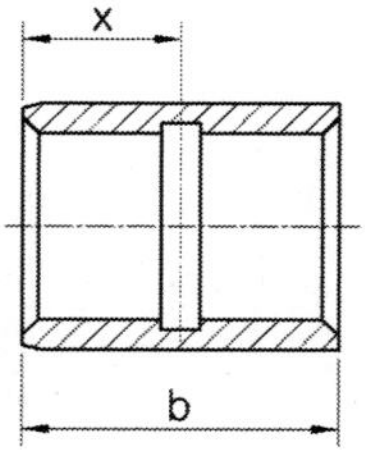 x b	구리 합금 열경화성 수지 열가소성 수지 인조 탄소
G	C D E J	삽입면 반대쪽 끝이 열린 길이 방향 홈	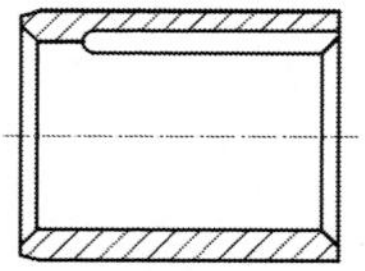	구리 합금 열경화성 수지 열가소성 수지
H	C D E J	삽입면 쪽 끝이 열린 길이 방향 홈	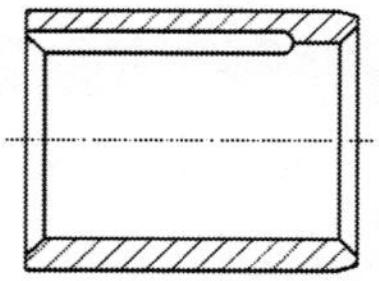	구리 합금 열경화성 수지 열가소성 수지
J	C D E F J	양 끝이 열린 길이 방향 홈	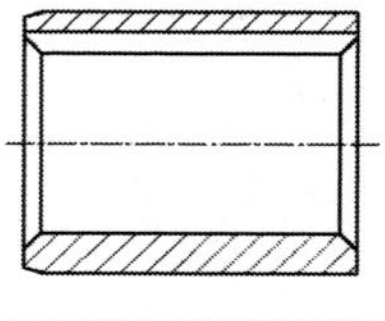	구리 합금 인조탄소

부시 유형	윤활 구멍, 홈			베어링 부시 재료
	3절에 따른 유형	유형과 적용		
K	C F J	오른 나사식 나선형 홈	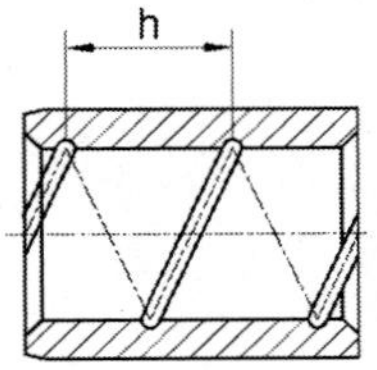	구리 합금 인조탄소
L	C F J	왼 나사식 나선형 홈	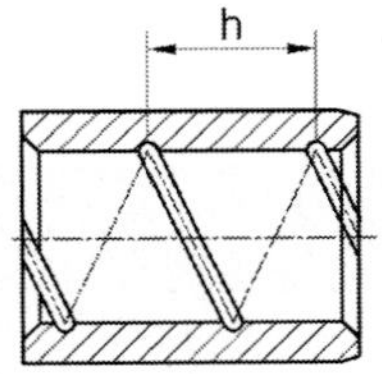	구리 합금 인조탄소
M	C J	8각형 홈	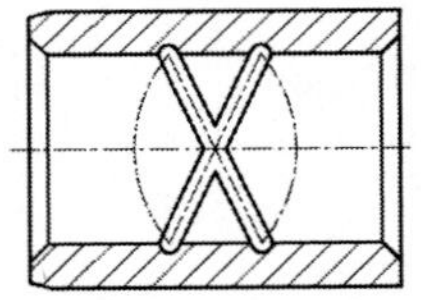	구리 합금 열경화성 수지 열가소성 수지
N	C J	타원형 홈	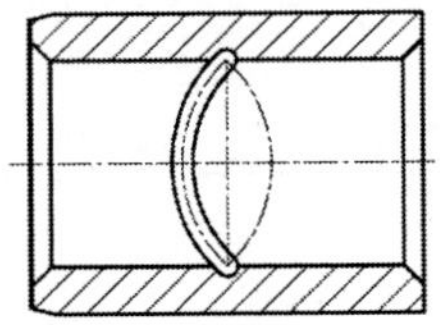	구리 합금 열경화성 수지 열가소성 수지

21-5 베어링 라이닝과 오일홈

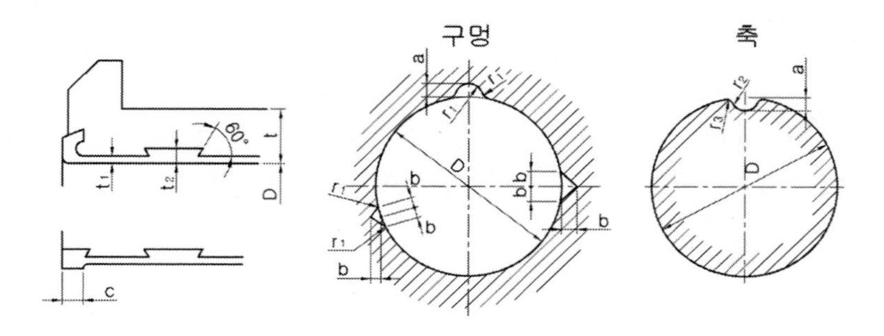

축의 호칭지름 (초과~이하)	t			t_1	t_2	메탈 측 오일홈 단면					축측 오일홈 단면		
	FC	SC	BC			C	a	b	r	r_1	a_1	r_2	r_3
20						3	1.5	2	1.5	1.5	0.5	0.5	1.5
20~40						4	1.5	3	1.5	1.5	0.6	0.6	2.5
40~75	20	15	13	3	5	5	2	4	5	1.5	0.8	0.8	3.5
75~100	22	18	15	3	5	6	2.5	5	2.5	2	1	1	4
100~120	25	21	18	4	6.5	7	2.5	6	2.5	2	1.2	1.2	4.5
130~170	30	23	20	4	6.5	8	3	8	3	2.5	1.4	1.4	5
170~210	35	28	24	4	6.5	8	3	8	3	2.5	1.6	1.6	6
210~260	40	30	28	5	7.5	10	4	10	4	3	1.6	1.6	6
260~320	45	35	32	5	7.5	10	4	10	4	3	1.8	1.8	8
320~400	55	45	40	5	7.5	12	4	12	4	3.5	2	2	9

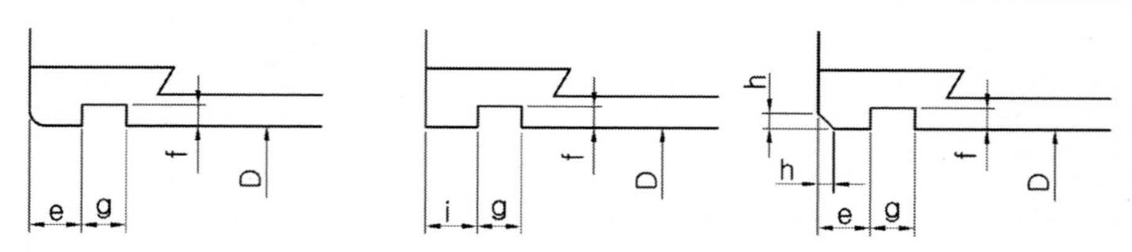

축의 호칭지름 (초과~이하)	e	f	g	h	i	r_4
20	2.5	1.5	3	1	2	0.6
20~40	4	1.5	5	1.5	3	1
40~75	7	2	6	2	4	2
75~100	9	2	8	2	5	3
100~130	10	3	9	3	6	3
130~170	12	3	10	3	7	4
170~210	14	3	12	4	8	5
210~260	18	4	14	5	10	6

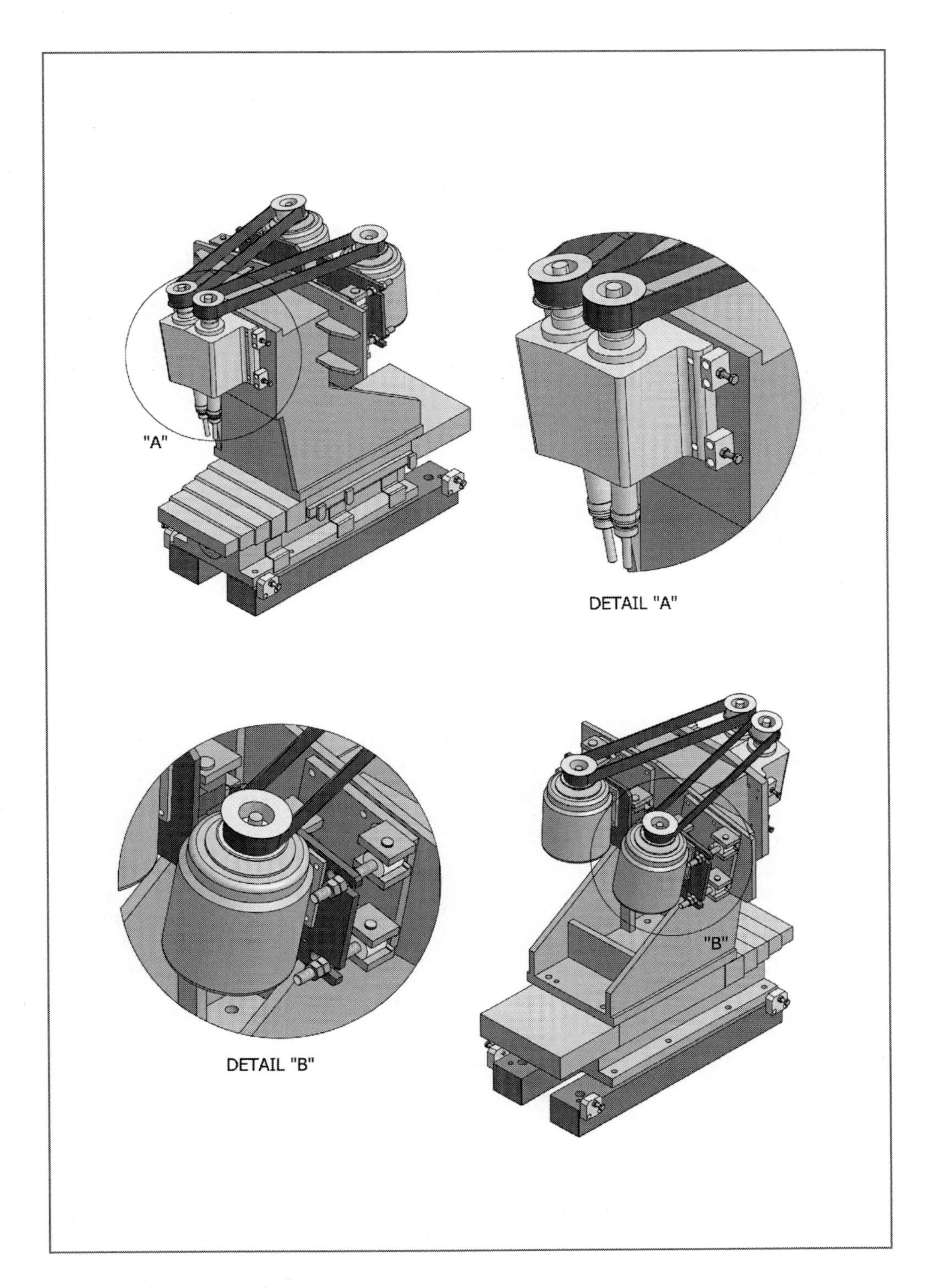
"A"
DETAIL "A"
DETAIL "B"
"B"

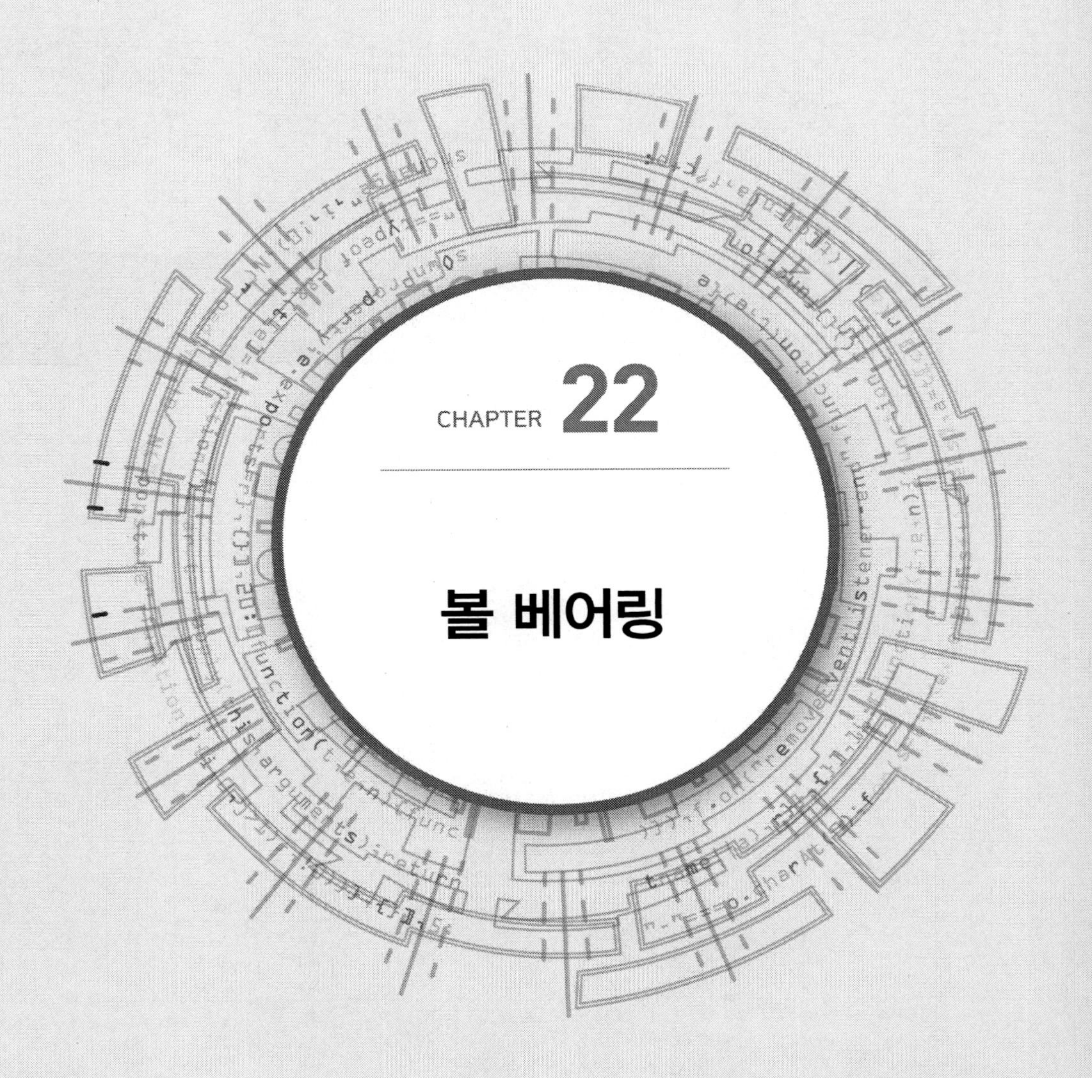

CHAPTER 22

볼 베어링

22-1 깊은 홈 볼 베어링–60 계열

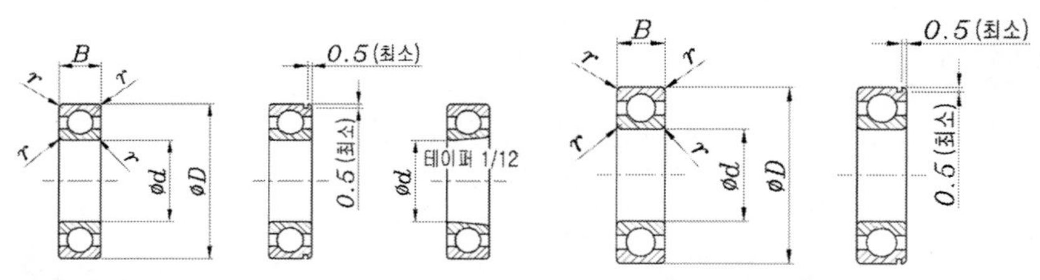

단위 : mm

호칭 번호						치 수			
개방형	한쪽 실붙이 (U)	양쪽 실붙이 (UU)	한쪽 실드붙이 (Z)	양쪽 실드붙이 (ZZ)	개방형 스냅링 홈붙이(N)	안지름 d	바깥 지름 D	베어링 너비 B	최소 허용 모떼기 치수 $r_s$min
601.5	–	–	–	–	–	1.5	6	2.5	0.15
602	–	–	–	–	–	2	7	2.8	0.15
60/2.5	–	–	–	–	–	2.5	8	2.8	0.15
603	–	–	–	–	–	3	9	3	0.15
604	–	–	604 Z	604 ZZ	–	4	12	4	0.2
605	–	–	605 Z	605 ZZ	–	5	14	5	0.2
606	–	–	606 Z	606 ZZ	–	6	17	6	0.3
607	607 U	607 UU	607 Z	607 ZZ	–	7	19	6	0.3
608	608 U	608 UU	608 Z	608 ZZ	–	8	22	7	0.3
609	609 U	609 UU	609 Z	609 ZZ	–	9	24	7	0.3
6000	6000 U	6000 UU	6000 Z	6000 ZZ	–	10	26	8	0.3
6001	6001 U	6001 UU	6001 Z	6001 ZZ	–	12	28	8	0.3
6002	6002 U	6002 UU	6002 Z	6002 ZZ	6002 N	15	32	9	0.3
6003	6003 U	6003 UU	6003 Z	6003 ZZ	6003 N	17	35	10	0.3
6004	6004 U	6004 UU	6004 Z	6004 ZZ	6004 N	20	42	12	0.6
6005	6005 U	6005 UU	6005 Z	6005 ZZ	6005 N	25	47	12	0.6
6006	6006 U	6006 UU	6006 Z	6006 ZZ	6006 N	30	55	13	1
6007	6007 U	6007 UU	6007 Z	6007 ZZ	6007 N	35	62	14	1
6008	6008 U	6008 UU	6008 Z	6008 ZZ	6008 N	40	68	15	1
6009	6009 U	6009 UU	6009 Z	6009 ZZ	6009 N	45	75	16	1
6010	6010 U	6010 UU	6010 Z	6010 ZZ	6010 N	50	80	16	1
6011	6011 U	6011 UU	6011 Z	6011 ZZ	6011 N	55	90	18	1.1
6012	6012 U	6012 UU	6012 Z	6012 ZZ	6012 N	60	95	18	1.1
6013	6013 U	6013 UU	6013 Z	6013 ZZ	6013 N	65	100	18	1.1
6014	6014 U	6014 UU	6014 Z	6014 ZZ	6014 N	70	110	20	1.1
6015	6015 U	6015 UU	6015 Z	6015 ZZ	6015 N	75	115	20	1.1
6016	6016 U	6016 UU	6016 Z	6016 ZZ	6016 N	80	125	22	1.1
6017	6017 U	6017 UU	6017 Z	6017 ZZ	6017 N	85	130	22	1.1
6018	6018 U	6018 UU	6018 Z	6018 ZZ	6018 N	90	140	24	1.5
6019	6019 U	6019 UU	6019 Z	6019 ZZ	6019 N	95	145	24	1.5
6020	6020 U	6020 UU	6020 Z	6020 ZZ	6020 N	100	150	24	1.5
6021	6021 U	6021 UU	6021 Z	6021 ZZ	6021 N	105	160	26	2
6022	6022 U	6022 UU	6022 Z	6022 ZZ	6022 N	110	170	28	2
6024	6024 U	6024 UU	6024 Z	6024 ZZ	6024 N	120	180	28	2

비고 베어링의 치수 계열 : 10, 지름 계열 : 0

■ 깊은 홈 볼 베어링 [60 계열]

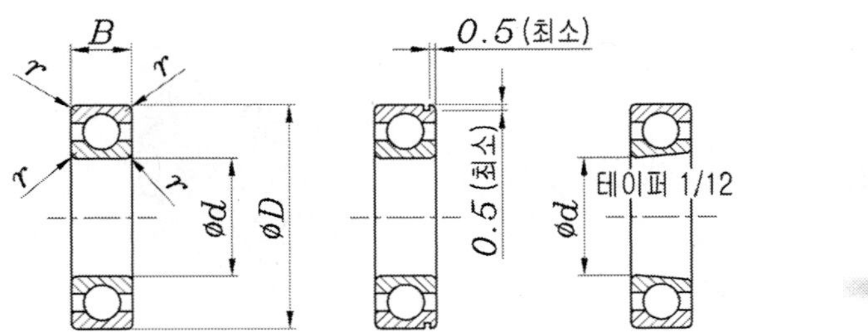

단위 : mm

호칭 번호						치 수			
개방형	한쪽 실붙이 (U)	양쪽 실붙이 (UU)	한쪽 실드붙이 (Z)	양쪽 실드붙이 (ZZ)	개방형 스냅링 홈 붙이(N)	안지름 d	바깥 지름 D	베어링 너비 B	최소 허용 모떼기 치수 $r_s$min
6026	–	–	–	–	6026 N	130	200	33	2
6028	–	–	–	–	–	140	210	33	2
6030	–	–	–	–	–	150	225	35	2.1
6032	–	–	–	–	–	160	240	38	2.1
6034	–	–	–	–	–	170	260	42	2.1
6036	–	–	–	–	–	180	280	46	2.1
6038	–	–	–	–	–	190	290	46	2.1
6040	–	–	–	–	–	200	310	51	2.1
6044	–	–	–	–	–	220	340	56	3
6048	–	–	–	–	–	240	360	56	3
6052	–	–	–	–	–	260	400	65	4
6056	–	–	–	–	–	280	420	65	4
6060	–	–	–	–	–	300	460	74	4
6064	–	–	–	–	–	320	480	74	4
6068	–	–	–	–	–	340	520	82	5
6072	–	–	–	–	–	360	540	82	5
6076	–	–	–	–	–	380	560	82	5
6080	–	–	–	–	–	400	600	90	5
6084	–	–	–	–	–	420	620	90	5
6088	–	–	–	–	–	440	650	94	6
6092	–	–	–	–	–	460	680	100	6
6096	–	–	–	–	–	480	700	100	6
60/500	–	–	–	–	–	500	720	100	6

[주]

(1) $r_s$min은 내륜 및 외륜의 최소 허용 모떼기 치수이다.

(2) 외륜의 스냅링 홈 축의 최소 허용 모떼기 치수는 D=35mm 이하에 대하여는 0.3mm로 한다.

비고

(1) 스냅링 붙이 베어링의 호칭 번호는 스냅링 홈 붙이 베어링의 호칭 번호 N 뒤에 R을 붙인다.

(2) 베어링의 치수 계열 : 10, 지름 계열 : 0

볼 베어링

22-2 깊은 홈 볼 베어링-62 계열

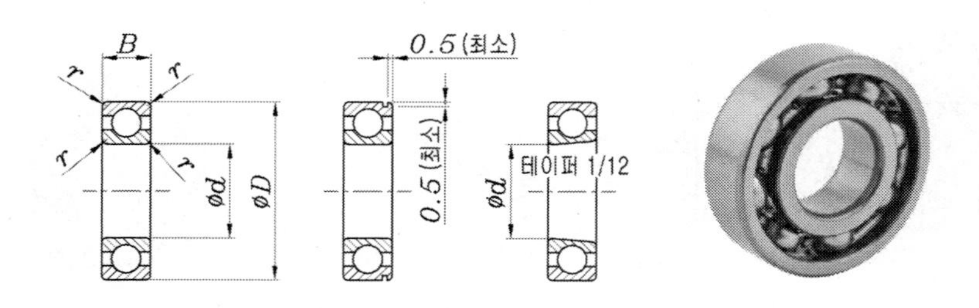

단위 : mm

호칭 번호							치수			
원통 구멍					테이퍼 구멍	원통 구멍	안지름 d	바깥 지름 D	베어링 너비 B	최소 허용 모떼기 치수 $r_s$min
개방형	한쪽 실 (U)	양쪽 실 (UU)	한쪽 실드 (Z)	양쪽실드 (ZZ)	개방형	개방형 스냅링 홈 붙이(N)				
623	–	–	623 Z	623 ZZ	–	–	3	10	4	0.15
624	–	–	624 Z	624 ZZ	–	–	4	13	5	0.2
625	–	–	625 Z	625 ZZ	–	–	5	16	5	0.3
626	–	–	626 Z	626 ZZ	–	–	6	19	6	0.3
627	627 U	627 UU	627 Z	627 ZZ	–	–	7	22	7	0.3
628	628 U	628 UU	628 Z	628 ZZ	–	–	8	24	8	0.3
629	629 U	629 UU	629 Z	629 ZZ	–	–	9	26	8	0.3
6200	6200 U	6200 UU	6200 Z	6200 ZZ	–	6200 N	10	30	9	0.6
6201	6201 U	6201 UU	6201 Z	620 1 ZZ	–	6201 N	12	32	10	0.6
6202	6202 U	6202 UU	6202 Z	6202 ZZ	–	6202 N	15	35	11	0.6
6203	6203 U	6203 UU	6203 Z	6203 ZZ	–	6203 N	17	40	12	0.6
6204	6204 U	6204 UU	6204 Z	6204 ZZ	–	6204 N	20	47	14	1

■ 깊은 홈 볼 베어링 [62 계열]

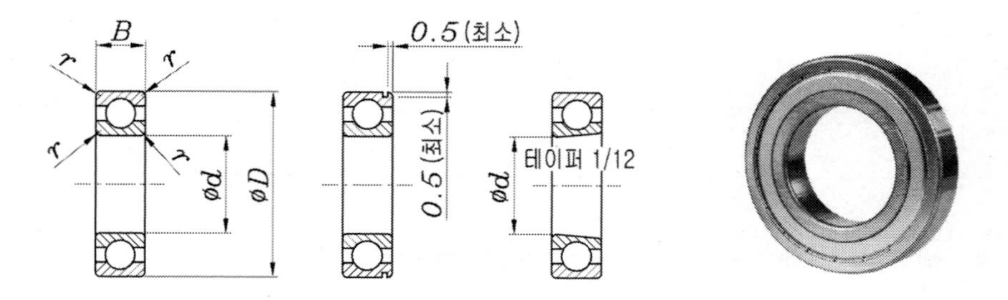

단위 : mm

호칭 번호							치수			
원통 구멍					테이퍼 구멍	원통 구멍				
개방형	한쪽 실붙이 (U)	양쪽 실붙이 (UU)	한쪽 실드붙이 (Z)	양쪽 실드붙이 (ZZ)	개방형	개방형 스냅링 홈 붙이(N)	안지름 d	바깥 지름 D	베어링 너비 B	최소 허용 모떼기 치수 rsmin
62/22	62/22 U	62/22 UU	62/22 Z	62/22 ZZ	–	62/22 N	22	50	14	1
6205	6205 U	6205 UU	6205 Z	6205 ZZ	–	6205 N	25	52	15	1
62/28	62/28 U	62/28 UU	62/28 Z	62/28 ZZ	–	62/28 N	28	58	16	1
6206	6206 U	6206 UU	6206 Z	6206 ZZ	–	6206 N	30	62	16	1
62/32	62/32 U	62/32 UU	62/32 Z	62/32 ZZ	–	62/32 N	32	65	17	1
6207	6207 U	6207 UU	6207 Z	6207 ZZ	–	6207 N	35	72	17	1.1
6208	6208 U	6208 UU	6208 Z	6208 ZZ	–	6208 N	40	80	18	1.1
6209	6209 U	6209 UU	6209 Z	6209 ZZ	–	6209 N	45	85	19	1.1
6210	6210 U	6210 UU	6210 Z	6210 ZZ	–	6210 N	50	90	20	1.1
6211	6211 U	6211 UU	6211 Z	6211 ZZ	6211 K	6211 N	55	100	21	1.5
6212	6212 U	6212 UU	6212 Z	6212 ZZ	6212 K	6212 N	60	110	22	1.5
6213	6213 U	6213 UU	6213 Z	6213 ZZ	6213 K	6213 N	65	120	23	1.5
6214	6214 U	6214 UU	6214 Z	6214 ZZ	6214 K	6214 N	70	125	24	1.5
6215	6215 U	6215 UU	6215 Z	6215 ZZ	6215 K	6215 N	75	130	25	1.5
6216	6216 U	6216 UU	6216 Z	6216 ZZ	6216 K	6216 N	80	140	26	2
6217	6217 U	6217 UU	6217 Z	6217 ZZ	6217 K	6217 N	85	150	28	2
6218	6218 U	6218 UU	6218 Z	6218 ZZ	6218 K	6218 N	90	160	30	2
6219	6219 U	6219 UU	6219 Z	6219 ZZ	6219 K	6219 N	95	170	32	2.1
6220	6220 U	6220 UU	6220 Z	6220 ZZ	6220 K	6220 N	100	180	34	2.1
6221	–	–	–	–	6221 K	6221 N	105	190	36	2.1
6222	–	–	–	–	6222 K	6222 N	110	200	38	2.1
6224	–	–	–	–	6224 K	–	120	215	40	2.1
6226	–	–	–	–	6226 K	–	130	230	40	3
6228	–	–	–	–	6228 K	–	140	250	42	3
6230	–	–	–	–	6230 K	–	150	270	45	3
6232	–	–	–	–	6232 K	–	160	290	48	3
6234	–	–	–	–	6234 K	–	170	310	52	4
6236	–	–	–	–	6236 K	–	180	320	52	4
6238	–	–	–	–	6238 K	–	190	340	55	4
6240	–	–	–	–	6240 K	–	200	360	58	4
6244	–	–	–	–	–	–	220	400	65	4
6248	–	–	–	–	–	–	240	440	72	4
6252	–	–	–	–	–	–	260	480	80	5
6256	–	–	–	–	–	–	280	500	80	5
6260	–	–	–	–	–	–	300	540	85	5
6264	–	–	–	–	–	–	320	580	92	5

[주] $r_s$min은 내륜 및 외륜의 최소 허용 모떼기 치수이다

비고

(1) 스냅링 붙이 베어링의 호칭 번호는 스냅링 홈 붙이 베어링의 호칭 번호 N뒤에 R을 붙인다.

(2) 베어링의 치수 계열 : 02

22-3 깊은 홈 볼 베어링-63 계열

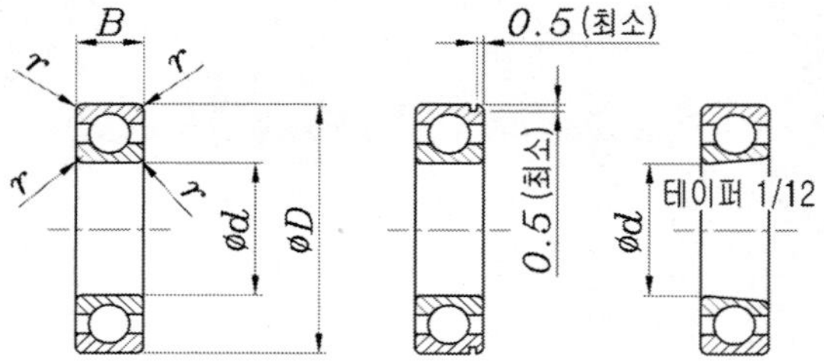

단위 : mm

호칭 번호							치수			
원통 구멍					테이퍼 구멍	원통 구멍	안지름 d	바깥 지름 D	베어링 너비 B	최소 허용 모떼기 치수 rsmin
개방형	한쪽 실붙이 (U)	양쪽 실붙이 (UU)	한쪽 실드붙이 (Z)	양쪽 실드붙이 (ZZ)	개방형	개방형 스냅링 홈 붙이(N)				
633	–	–	–	–	–	–	3	13	5	0.2
634	–	–	634 Z	634 ZZ	–	–	4	16	5	0.3
635	–	–	635 Z	635 ZZ	–	–	5	19	6	0.3
636	–	–	636 Z	636 ZZ	–	–	6	22	7	0.3
637	–	–	637 Z	637 ZZ	–	–	7	26	9	0.3
638	–	–	638 Z	638 ZZ	–	–	8	28	9	0.3
639	–	–	639 Z	639 ZZ	–	–	9	30	10	0.6
6300	6300 U	6300 UU	6300 Z	6300 ZZ	–	6300 N	10	35	11	0.6
6301	6301 U	6301 UU	6301 Z	6301 ZZ	–	6301 N	12	37	12	1
6302	6302 U	6302 UU	6302 Z	6302 ZZ	–	6302 N	15	42	13	1
6303	6303 U	6303 UU	6303 Z	6303 ZZ	–	6303 N	17	47	14	1
6304	6304 U	6304 UU	6304 Z	6304 ZZ	–	6304 N	20	52	15	1.1
63/22	63/22 U	63/22 UU	63/22 Z	63/22 ZZ	–	63/22 N	22	56	16	1.1
6305	6305 U	6305 UU	6305 Z	6305 ZZ	–	6305 N	25	62	17	1.1
63/28	63/28 U	63/28 UU	63/28 Z	63/28 ZZ	–	63/28 N	28	68	18	1.1
6306	6306 U	6306 UU	6306 Z	6306 ZZ	–	6306 N	30	72	19	1.1
63/32	63/32 U	63/32 UU	63/32 Z	63/32 ZZ	–	63/32 N	32	75	20	1.1
6307	6307 U	6307 UU	6307 Z	6307 ZZ	–	6307 N	35	80	21	1.5
6308	6308 U	6308 UU	6308 Z	6308 ZZ	–	6308 N	40	90	23	1.5
6309	6309 U	6309 UU	6309 Z	6309 ZZ	–	6309 N	45	100	25	1.5
6310	6310 U	6310 UU	6310 Z	6310 ZZ	–	6310 N	50	110	27	2
6311	6311 U	6311 UU	6311 Z	6311 ZZ	6311 K	6311 N	55	120	29	2
6312	6312 U	6312 UU	6312 Z	6312 ZZ	6312 K	6312 N	60	130	31	2.1
6313	6313 U	6313 UU	6313 Z	6313 ZZ	6313 K	6313 N	65	140	33	2.1
6314	6314 U	6314 UU	6314 Z	6314 ZZ	6314 K	6314 N	70	150	35	2.1
6315	6315 U	6315 UU	6315 Z	6315 ZZ	6315 K	6315 N	75	160	37	2.1
6316	6316 U	6316 UU	6316 Z	6316 ZZ	6316 K	6316 N	80	170	39	2.1

비고

베어링의 치수 계열 : 03, 지름 계열 : 3

22-4 깊은 홈 볼 베어링–64 계열

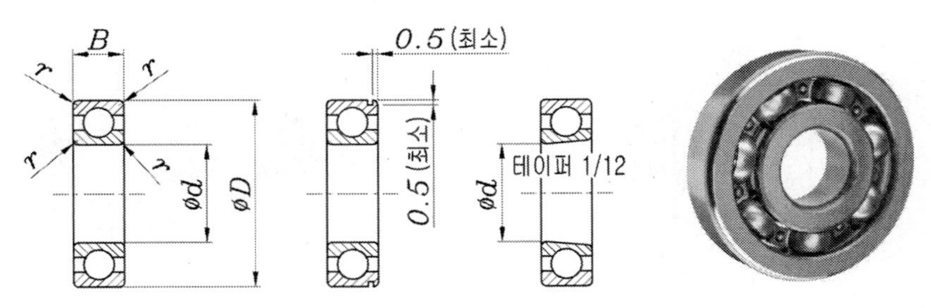

단위 : mm

호칭 번호	치수 안지름 d	치수 바깥지름 D	치수 폭 B	치수 $r_s$min	호칭 번호	치수 안지름 d	치수 바깥지름 D	치수 베어링 너비 B	치수 최소 허용 모떼기 치수 $r_s$min
648	8	30	10	0.6	6412	60	150	35	2.1
649	9	32	11	0.6	6413	65	160	37	2.1
6400	10	37	12	0.6	6414	70	180	42	3
6401	12	42	13	1					
6402	15	52	15	1.1	6415	75	190	45	3
6403	17	62	17	1.1	6416	80	200	48	3
6404	20	72	19	1.1	6417	85	210	52	4
6405	25	80	21	1.5					
6406	30	90	23	1.5	6418	90	225	54	4
6407	35	100	25	1.5	6419	95	240	55	4
6408	40	110	27	2	6420	100	250	58	4
6409	45	120	29	2	6422	110	280	65	4
6410	50	130	31	2.1	6424	120	310	72	5
6411	55	140	33	2.1	6426	130	340	78	5

비고

베어링의 치수 계열 : 04, 지름 계열 : 4

22-5 깊은 홈 볼 베어링-67 계열

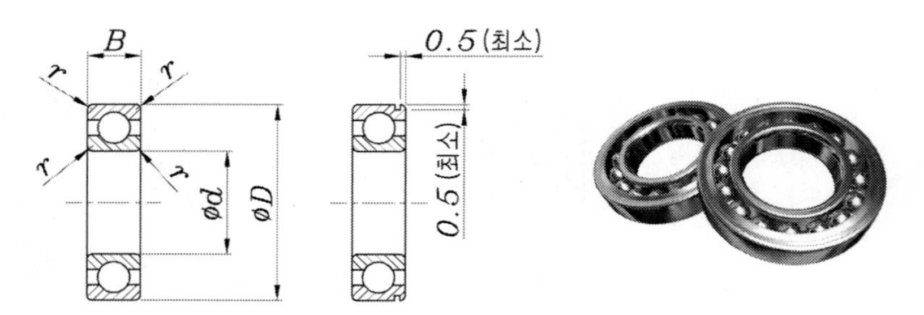

단위 : mm

호칭 번호	치수 안지름 d	치수 바깥지름 D	치수 폭 B	치수 $r_s$min
67/0.6	0.6	2	0.8	0.05
671	1	2.5	1	0.05
67/1.5	1.5	3	1	0.05
672	2	4	1.2	0.05
67/2.5	2.5	5	1.5	0.08
673	3	6	2	0.08
674	4	7	2	0.08
675	5	8	2	0.08
676	6	10	2.5	0.1
677	7	11	2.5	0.1
678	8	12	2.5	0.1
679	9	14	3	0.1
6700	10	15	3	0.1
6701	12	18	4	0.2
6702	15	21	4	0.2
6703	17	23	4	0.2
6704	20	27	4	0.2
67/22	22	30	4	0.2
6705	25	32	4	0.2
67/28	28	35	4	0.2
6706	30	37	4	0.2
67/32	32	40	4	0.2
6707	35	44	5	0.3
6708	40	50	6	0.3
6709	45	55	6	0.3
6710	50	62	6	0.3
6711	55	68	7	0.3
6712	60	75	7	0.3
6713	65	80	7	0.3
6714	70	85	7	0.3

호칭 번호	치수 안지름 d	치수 바깥지름 D	치수 베어링 너비 B	치수 최소 허용 모떼기 치수 $r_s$min
6715	75	90	7	0.3
6716	80	95	7	0.3
6717	85	105	10	0.6
6718	90	110	10	0.6
6719	95	115	10	0.6
6720	100	120	10	0.6
6721	105	125	10	0.6
6722	110	135	13	1
6724	120	145	13	1
6726	130	160	16	1
6728	140	170	16	1
6730	150	180	16	1
6732	160	190	16	1
6734	170	200	16	1
6736	180	215	16	1.1
6738	190	230	20	1.1
6740	200	240	20	1.1

[주]
$r_s$min은 내륜 및 외륜의 최소 허용 모떼기 치수

비고
베어링 치수 계열 : 17
지름 계열 : 7

[보조기호]
양쪽 실붙이 : UU, 한쪽 실붙이 : U, 양쪽 실드붙이 : ZZ

22-6 깊은 홈 볼 베어링-68 계열

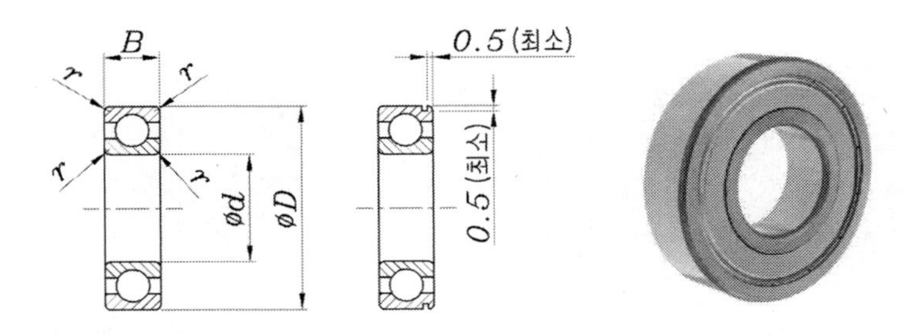

단위 : mm

호칭 번호	치 수				호칭 번호	치 수			
	안지름 d	바깥지름 D	폭 B	$r_s$min		안지름 d	바깥지름 D	베어링 너비 B	최소 허용 모떼기 치수 $r_s$min
68/0.6	0.6	2.5	1	0.05					
681	1	3	1	0.05	6817	85	110	13	1
68/1.5	1.5	4	1.2	0.05	6818	90	115	13	1
682	2	5	1.5	0.08	6819	95	120	13	1
68/2.5	2.5	6	1.8	0.08					
683	3	7	2	0.1	6820	100	125	13	1
684	4	9	2.5	0.1	6821	105	130	13	1
685	5	11	3	0.15	6822	110	140	16	1
686	6	13	3.5	0.15	6824	120	150	16	1
687	7	14	3.5	0.15	6826	130	165	18	1.1
688	8	16	4	0.2	6828	140	175	18	1.1
689	9	17	4	0.2	6830	150	190	20	1.1
6800	10	19	5	0.3	6832	160	200	20	1.1
6801	12	21	5	0.3	6834	170	215	22	1.1
6802	15	24	5	0.3	6836	180	225	22	1.1
6803	17	26	5	0.3	6838	190	240	24	1.5
6804	20	32	7	0.3	6840	200	250	24	1.5
6805	25	37	7	0.3	6844	220	270	24	1.5
6806	30	42	7	0.3	6848	240	300	28	2
6807	35	47	7	0.3	6852	260	320	28	2
6808	40	52	7	0.3	6856	280	350	33	2
6809	45	58	7	0.3	6860	300	380	38	2.1
6810	50	65	7	0.3	6864	320	400	38	2.1
6811	55	72	9	0.3					
6812	60	78	10	0.3					
6813	65	85	10	0.6					
6814	70	90	10	0.6					
6815	75	95	10	0.6					
6816	80	100	10	0.6					

[주] $r_s$min은 내륜 및 외륜의 최소 허용 모떼기 치수

비고 베어링 치수 계열 : 18
지름 계열 : 8

[보조기호] 양쪽 실붙이 : UU, 한쪽 실붙이 : U, 양쪽 실드붙이 : ZZ

볼 베어링

22-7 깊은 홈 볼 베어링–69 계열

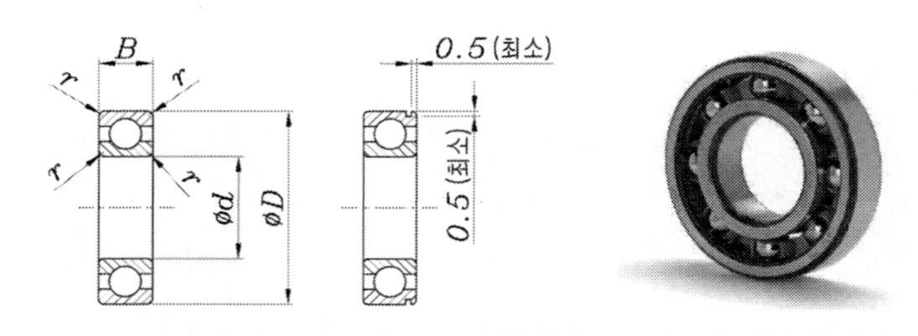

단위 : mm

호칭 번호						치 수			
개방형	한쪽 실 (U)	양쪽 실 (UU)	한쪽 실드 (Z)	양쪽 실드 (ZZ)	개방형 스냅링 홈붙이 (N)	안지름 d	바깥지름 D	베어링 너비 B	최소 허용 모떼기 치수 $r_s$min
693	–	–	–	–	–	3	8	3	0.15
694	–	–	694 Z	694 ZZ	–	4	11	4	0.15
695	–	–	695 Z	695 ZZ	–	5	13	4	0.2
696	–	–	696 Z	696 ZZ	–	6	15	5	0.2
697	697 U	697 UU	697 Z	697 ZZ	–	7	17	5	0.3
698	698 U	698 UU	698 Z	698 ZZ	–	8	19	6	0.3
699	699 U	699 UU	699 Z	699 ZZ	–	9	20	6	0.3
6900	6900 U	6900 UU	6900 Z	6900 ZZ	6900 N	10	22	6	0.3
6901	6901 U	6901 UU	6901 Z	6901 ZZ	6901 N	12	24	6	0.3
6902	6902 U	6902 UU	6902 Z	6902 ZZ	6902 N	15	28	7	0.3
6903	6903 U	6903 UU	6903 Z	6903 ZZ	6903 N	17	30	7	0.3
6904	6904 U	6904 UU	6904 Z	6904 ZZ	6904 N	20	37	9	0.3
6905	6905 U	6905 UU	6905 Z	6905 ZZ	6905 N	25	42	9	0.3
6906	6906 U	6906 UU	6906 Z	6906 ZZ	6906 N	30	47	9	0.3
6907	6907 U	6907 UU	6907 Z	6907 ZZ	6907 N	35	55	10	0.6
6908	6908 U	6908 UU	6908 Z	6908 ZZ	6908 N	40	62	12	0.6
6909	6909 U	6909 UU	6909 Z	6909 ZZ	6909 N	45	68	12	0.6
6910	6910 U	6910 UU	6910 Z	6910 ZZ	6910 N	50	72	12	0.6
6911	6911 U	6911 UU	6911 Z	6911 ZZ	6911 N	55	80	13	1
6912	6912 U	6912 UU	6912 Z	6912 ZZ	6912 N	60	85	13	1
6913	6913 U	6913 UU	6913 Z	6913 ZZ	6913 N	65	90	13	1
6914	6914 U	6914 UU	6914 Z	6914 ZZ	6914 N	70	100	16	1
6915	6915 U	6915 UU	6915 Z	6915 ZZ	6915 N	75	105	16	1
6916	6916 U	6916 UU	6916 Z	6916 ZZ	6916 N	80	110	16	1
6917	6917 U	6917 UU	6917 Z	6917 ZZ	6917 N	85	120	18	1.1
6918	6918 U	6918 UU	6918 Z	6918 ZZ	6918 N	90	125	18	1.1
6919	6919 U	6919 UU	6919 Z	6919 ZZ	6919 N	95	130	18	1.1
6920	6920 U	6920 UU	6920 Z	6920 ZZ	6920 N	100	140	20	1.1
6921	6921 U	6921 UU	6921 Z	6921 ZZ	6921 N	105	145	20	1.1
6922	6922 U	6922 UU	6922 Z	6922 ZZ	6922 N	110	150	20	1.1

호칭 번호						치수			
개방형	한쪽 실 (U)	양쪽 실 (UU)	한쪽 실드 (Z)	양쪽 실드 (ZZ)	개방형 스냅링 홈붙이 (N)	안지름 d	바깥지름 D	베어링 너비 B	최소 허용 모떼기 치수 $r_s$min
6924	6924 U	6924 UU	6924 Z	6924 ZZ	6924 N	120	165	22	1.1
6926	6926 U	6926 UU	6926 Z	6926 ZZ	6926 N	130	180	24	1.5
6928	–	–	–	–	6928 N	140	190	24	1.5
6930	–	–	–	–	–	150	210	28	2
6932	–	–	–	–	–	160	220	28	2
6934	–	–	–	–	–	170	230	28	2
6936	–	–	–	–	–	180	250	33	2
6938	–	–	–	–	–	190	260	33	2
6940	–	–	–	–	–	200	280	38	2.1
6944	–	–	–	–	–	220	300	38	2.1
6948	–	–	–	–	–	240	320	38	2.1
6952	–	–	–	–	–	260	360	46	2.1
6956	–	–	–	–	–	280	380	46	2.1
6960	–	–	–	–	–	300	420	56	3
6964	–	–	–	–	–	320	440	56	3

비고

베어링의 치수 계열 : 19, 지름 계열 : 9

22-8 앵귤러 볼 베어링–70 계열

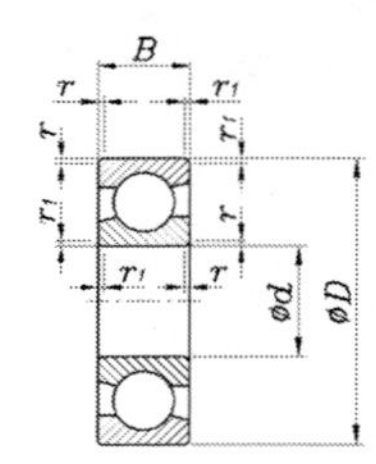

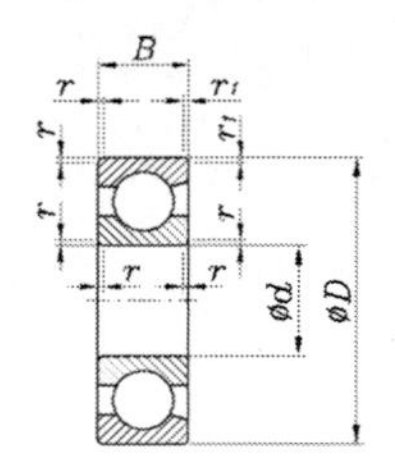

단위 : mm

호칭 번호[1]			치 수				
			안지름 d	바깥지름 D	베어링 너비 B	$r_s$min[2]	참 고 r_{1s}min[2]
7000A	7000B	7000C	10	26	8	0.3	0.15
7001A	7001B	7001C	12	28	8	0.3	0.15
7002A	7002B	7002C	15	32	9	0.3	0.15
7003A	7003B	7003C	17	35	10	0.3	0.15
7004A	7004B	7004C	20	42	12	0.6	0.3
7005A	7005B	7005C	25	47	12	0.6	0.3
7006A	7006B	7006C	30	55	13	1	0.6
7007A	7007B	7007C	35	62	14	1	0.6
7008A	7008B	7008C	40	68	15	1	0.6
7009A	7009B	7009C	45	75	16	1	0.6
7010A	7010B	7010C	50	80	16	1	0.6
7011A	7011B	7011C	55	90	18	1.1	0.6
7012A	7012B	7012C	60	95	18	1.1	0.6
7013A	7013B	7013C	65	100	18	1.1	0.6
7014A	7014B	7014C	70	110	20	1.1	0.6
7015A	7015B	7015C	75	115	20	1.1	0.6
7016A	7016B	7016C	80	125	22	1.1	0.6
7017A	7017B	7017C	80	130	22	1.1	0.6
7018A	7018B	7018C	90	140	24	1.5	1
7019A	7019B	7019C	95	145	24	1.5	1
7020A	7020B	7020C	100	150	24	1.5	1
7021A	7021B	7021C	105	160	26	2	1
7022A	7022B	7022C	110	170	28	2	1
7024A	7024B	7024C	120	180	28	2	1
7026A	7026B	7026C	130	200	33	2	1
7028A	7028B	7028C	140	210	33	2	1
7030A	7030B	7030C	150	225	35	2.1	1.1
7032A	7032B	7032C	160	240	38	2.1	1.1
7034A	7034B	7034C	170	260	42	2.1	1.1
7036A	7036B	7036C	180	280	46	2.1	1.1
7038A	7038B	7038C	190	290	46	2.1	1.1
7040A	7040B	7040C	200	310	51	2.1	1.1

[형식]

단일, 비분리형	호칭 접촉각	10°를 초과하고 20° 이하 [기호 C]
		20°를 초과하고 32° 이하 [기호 A]
		32°를 초과하고 45° 이하 [기호 B]

[주] [1] 접촉각 기호 A는 생략할 수 있다.
[2] $r_s$min과 r_{1s}min은 내륜 및 외륜의 최소 허용 모떼기 치수이다.
[3] 베어링 치수 계열 : 01

22-9 앵귤러 볼 베어링-72 계열

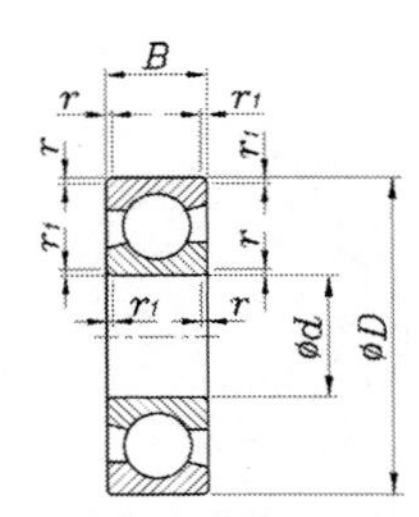

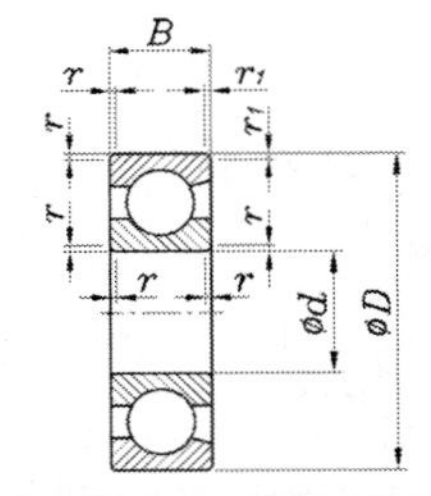

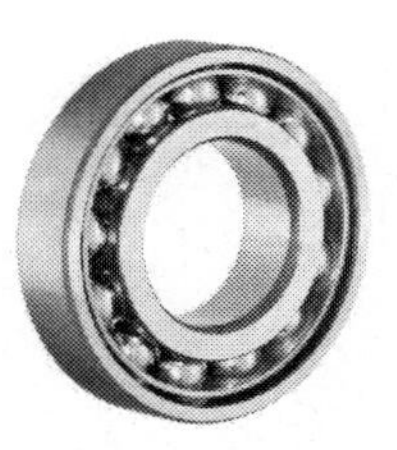

단위 : mm

호칭 번호			치 수				
			안지름 d	바깥지름 D	베어링 너비 B	$r_s$min[(2)]	참 고 r_{1s}min[(2)]
7200A	7200B	7200C	10	30	9	0.6	0.3
7201A	7201B	7201C	12	32	10	0.6	0.3
7202A	7202B	7202C	15	35	11	0.6	0.3
7203A	7203B	7203C	17	40	12	0.6	0.3
7204A	7204B	7204C	20	47	14	1	0.6
7205A	7205B	7205C	25	52	15	1	0.6
7206A	7206B	7206C	30	62	16	1	0.6
7207A	7207B	7207C	35	72	17	1.1	0.6
7208A	7208B	7208C	40	80	18	1.1	0.6
7209A	7209B	7209C	45	85	19	1.1	0.6
7210A	7210B	7210C	50	90	20	1.1	0.6
7211A	7211B	7211C	55	100	21	1.5	1
7212A	7212B	7212C	60	110	22	1.5	1
7213A	7213B	7213C	65	120	23	1.5	1
7214A	7214B	7214C	70	125	24	1.5	1
7215A	7215B	7215C	75	130	25	1.5	1
7216A	7216B	7216C	80	140	26	2	1
7217A	7217B	7217C	85	150	28	2	1
7218A	7218B	7218C	90	160	30	2	1
7219A	7219B	7219C	95	170	32	2.1	1.1
7220A	7220B	7220C	100	180	34	2.1	1.1
7221A	7221B	7221C	105	190	36	2.1	1.1
7222A	7222B	7222C	110	200	38	2.1	1.1
7224A	7224B	7224C	120	215	40	2.1	1.1
7226A	7226B	7226C	130	230	40	3	1.1
7228A	7228B	7228C	140	250	42	3	1.1
7230A	7230B	7230C	150	270	45	3	1.1
7232A	7232B	7232C	160	290	48	3	1.1
7234A	7234B	7234C	170	310	52	4	1.5
7236A	7236B	7236C	180	320	52	4	1.5
7238A	7238B	7238C	190	340	55	4	1.5
7240A	7240B	7240C	200	360	58	4	1.5

[주] (1) 접촉 각 기호 A는 생략할 수 있다.
(2) $r_s$min과 r_{1s}min은 내륜 및 외륜의 허용 모떼기 치수이다.

비고 베어링 치수 계열 : 02

볼 베어링

22-10 앵귤러 볼 베어링-73 계열

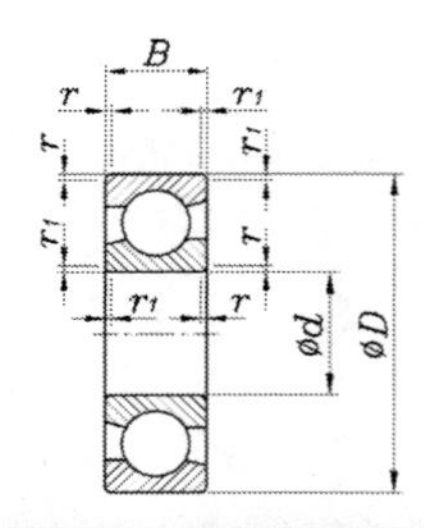

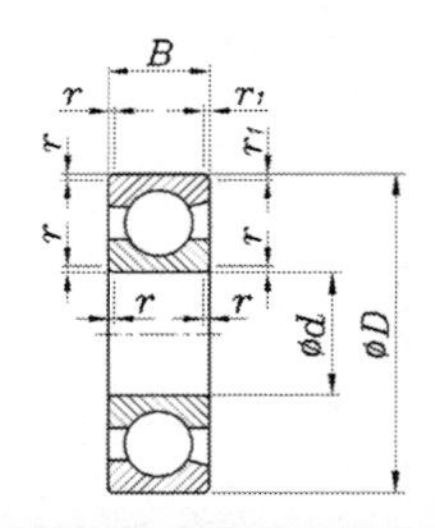

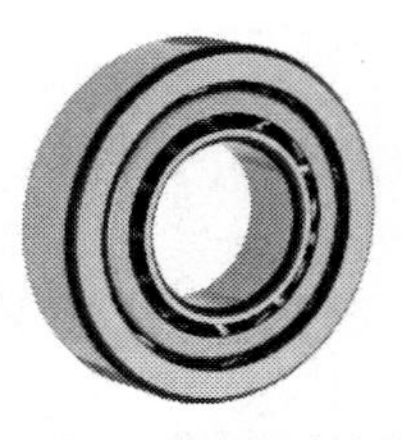

단위 : mm

호칭 번호			치 수				참 고
			안지름 d	바깥지름 D	베어링 너비 B	$r_s min$(2)	$r_{1s} min$(2)
7300A	7300B	7300C	10	35	11	0.6	0.3
7301A	7301B	7301C	12	37	12	1	0.6
7302A	7302B	7302C	15	42	13	1	0.6
7303A	7303B	7303C	17	47	14	1	0.6
7304A	7304B	7304C	20	52	15	1.1	0.6
7305A	7305B	7305C	25	65	17	1.1	0.6
7306A	7306B	7306C	30	72	19	1.1	0.6
7307A	7307B	7307C	35	80	21	1.5	1
7308A	7308B	7308C	40	90	23	1.5	1
7309A	7309B	7309C	45	100	25	1.5	1
7310A	7310B	7310C	50	110	27	2	1
7311A	7311B	7311C	55	120	29	2	1
7312A	7312B	7312C	60	130	31	2.1	1.1
7313A	7313B	7313C	65	140	33	2.1	1.1
7314A	7314B	7314C	70	150	35	2.1	1.1
7315A	7315B	7315C	75	160	37	2.1	1.1
7316A	7316B	7316C	80	170	39	2.1	1.1
7317A	7317B	7317C	85	180	41	3	1.1
7318A	7318B	7318C	90	190	43	3	1.1
7319A	7319B	7319C	95	200	45	3	1.1
7320A	7320B	7320C	100	215	47	3	1.1
7321A	7321B	7321C	105	225	49	3	1.1
7322A	7322B	7322C	110	240	50	3	1.1
7324A	7324B	7324C	120	260	55	3	1.1
7326A	7326B	7326C	130	280	58	4	1.5
7328A	7328B	7328C	140	300	62	4	1.5
7330A	7330B	7330C	150	320	65	4	1.5
7332A	7332B	7332C	160	340	68	4	1.5
7334A	7334B	7334C	170	360	72	4	1.5
7336A	7336B	7336C	180	380	75	4	1.5
7338A	7338B	7338C	190	400	78	5	2
7340A	7340B	7340C	200	420	80	5	2

[주] (1) 접촉 각 기호 A는 생략할 수 있다.
(2) $r_s min$과 $r_{1s} min$은 내륜 및 외륜의 허용 모떼기 치수이다.

비고 베어링 치수 계열 : 03

22-11 앵귤러 볼 베어링-74 계열

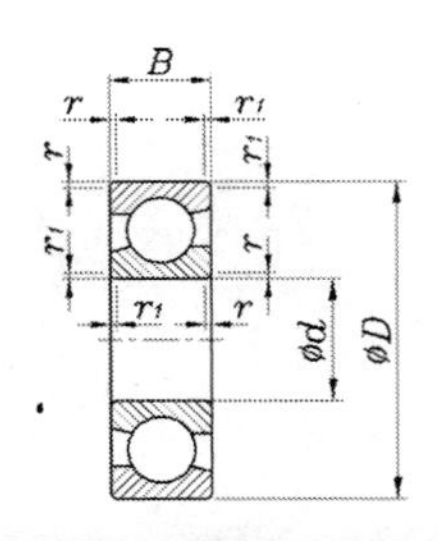

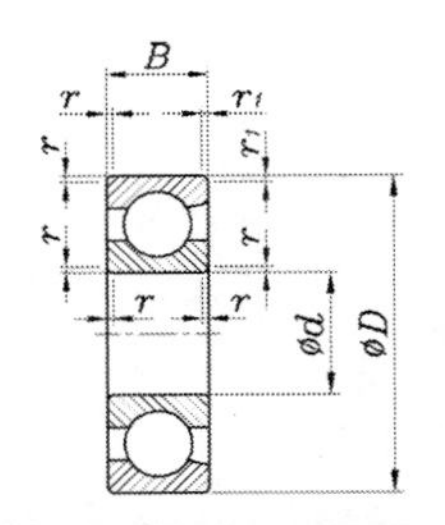

단위 : mm

호칭 번호	치 수				참 고
	안지름 d	바깥지름 D	베어링 너비 B	$r_s$min[(2)]	r_{1s}min[(2)]
7404A	20	72	19	1.1	0.6
7405A	25	80	21	1.5	1
7406A	30	90	23	1.5	1
7407A	35	100	25	1.5	1
7408A	40	110	27	2	1
7409A	45	120	29	2	1
7410A	50	130	31	2.1	1.1
7411A	55	140	33	2.1	1.1
7412A	60	150	35	2.1	1.1
7413A	65	160	37	2.1	1.1
7414A	70	180	42	3	1.1
7415A	75	190	45	3	1.1
7416A	80	200	48	3	1.1
7417A	85	210	52	4	1.5
7418A	90	225	54	4	1.5
7419A	95	240	55	4	1.5
7420A	100	250	58	4	1.5
7421A	105	260	60	4	1.5
7422A	110	280	65	4	1.5
7424A	120	310	72	5	2
7426A	130	340	78	5	2
7428A	140	360	82	5	2
7430A	150	380	85	5	2

[주] (1) 접촉각 기호 A는 생략할 수 있다.
(2) $r_s$min과 r_{1s}min은 내륜 및 외륜의 최소 허용 모떼기 치수이다.

비고 베어링 치수 계열 : 04

볼 베어링

22-12 자동조심 볼 베어링–12, 22 계열

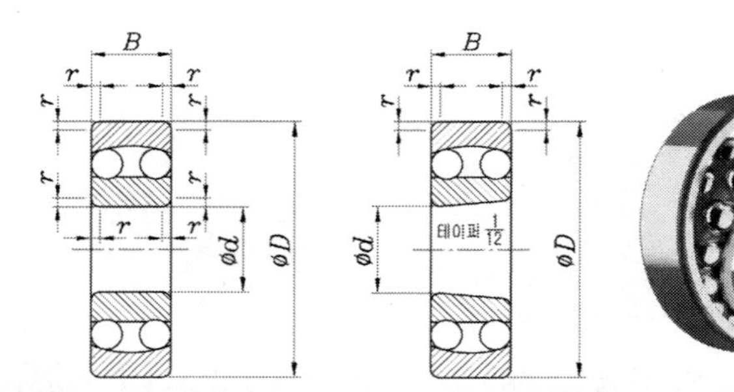

단위 : mm

베어링 계열 12						베어링 계열 22					
호칭 번호		치 수				호칭 번호		치 수			
원통구멍	테이퍼 구멍	안지름 d	바깥지름 D	폭 B	$r_s$min	원통구멍	테이퍼 구멍	안지름 d	바깥지름 D	폭 B	$r_s$min
1200	–	10	30	9	0.6	2200	–	10	30	14	0.6
1201	–	12	32	10	0.6	2201	–	12	32	14	0.6
1202	–	15	35	11	0.6	2202	–	15	35	14	0.6
1203	–	17	40	12	0.6	2203	–	17	40	16	0.6
1204	1204K	20	47	14	1	2204	2204K	20	47	18	1
1205	1205K	25	52	15	1	2205	2205K	25	52	18	1
1206	1206K	30	62	16	1	2206	2206K	30	62	20	1
1207	1207K	35	72	17	1.1	2207	2207K	35	72	23	1.1
1208	1208K	40	80	18	1.1	2208	2208K	40	80	23	1.1
1209	1209K	45	85	19	1.1	2209	2209K	45	85	23	1.1
1210	1210K	50	90	20	1.1	2210	2210K	50	90	23	1.1
1211	1211K	55	100	21	1.5	2211	2211K	55	100	25	1.5
1212	1212K	60	110	22	1.5	2212	2212K	60	110	28	1.5
1213	1213K	65	120	23	1.5	2213	2213K	65	120	31	1.5
1214	–	70	125	24	1.5	2214	–	70	125	31	1.5
1215	1215K	75	130	25	1.5	2215	2215K	75	130	31	1.5
1216	1216K	80	140	26	2	2216	2216K	80	140	33	2
1217	1217K	85	150	28	2	2217	2217K	85	150	36	2
1218	1218K	90	160	30	2	2218	2218K	90	160	40	2
1219	1219K	95	170	32	2.1	2219	2219K	95	170	43	2.1
1220	1220K	100	180	34	2.1	2220	2220K	100	180	46	2.1
1221	–	105	190	36	2.1	2221	–	105	190	50	2.1
1222	1222K	110	200	38	2.1	2222	2222K	110	200	53	2.1

[주] $r_s$min은 내륜 및 외륜의 최소 허용 모떼기 치수이다.

비고 베어링 계열 12 및 22인 베어링의 치수 계열은 각각 02 및 22이다.

22-13 자동조심 볼 베어링–13, 23 계열

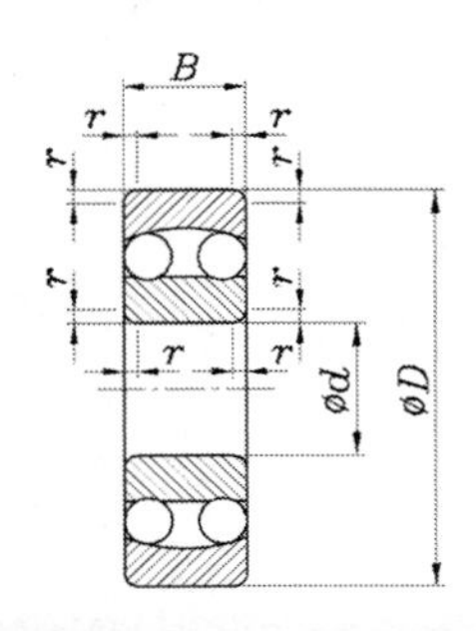

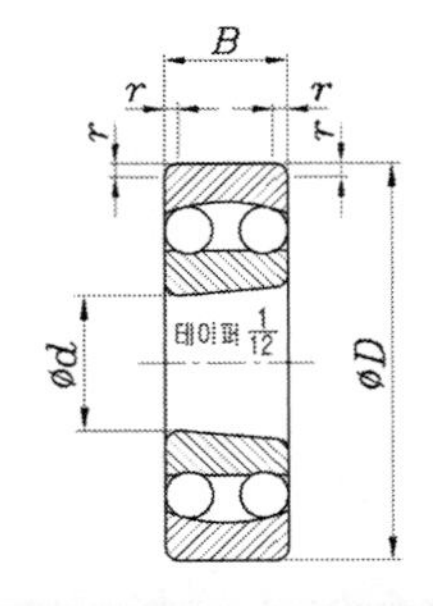

단위 : mm

베어링 계열 13						베어링 계열 23					
호칭 번호		치 수				호칭 번호		치 수			
원통구멍	테이퍼 구멍	안지름 d	바깥지름 D	폭 B	rsmin	원통구멍	테이퍼 구멍	안지름 d	바깥지름 D	폭 B	rsmin
1300	–	10	35	11	0.6	2300	–	10	35	17	0.6
1301	–	12	37	12	1	2301	–	12	37	17	1
1302	–	15	42	13	1	2302	–	15	42	17	1
1303	–	17	47	14	1	2303	–	17	47	19	1
1304	1304K	20	52	15	1.1	2304	2304K	20	52	21	1.1
1305	1305K	25	62	17	1.1	2305	2305K	25	62	24	1.1
1306	1306K	30	72	19	1.1	2306	2306K	30	72	27	1.1
1307	1307K	35	80	21	1.5	2307	2307K	35	80	31	1.5
1308	1308K	40	90	23	1.5	2308	2308K	40	90	33	1.5
1309	1309K	45	100	25	1.5	2309	2309K	45	100	36	1.5
1310	1310K	50	110	27	2	2310	2310K	50	110	40	2
1311	1311K	55	120	29	2	2311	2311K	55	120	43	2
1312	1312K	60	130	31	2.1	2312	2312K	60	130	46	2.1
1313	1313K	65	140	33	2.1	2313	2313K	65	140	48	2.1
1314	–	70	150	35	2.1	2314	–	70	150	51	2.1
1315	1315K	75	160	37	2.1	2315	2315K	75	160	55	2.1
1316	1316K	80	170	39	2.1	2316	2316K	80	170	58	2.1
1317	1317K	85	180	41	3	2317	2317K	85	180	60	3
1318	1318K	90	190	43	3	2318	2318K	90	190	64	3
1319	1319K	95	200	45	3	2319	2319K	95	200	67	3
1320	1320K	100	215	47	3	2320	2320K	100	215	73	3
1321	–	105	225	49	3	2321	–	105	225	77	3
1322	1322K	110	240	50	3	2322	2322K	110	240	80	3

[주] $r_s$min은 내륜 및 외륜의 최소 허용 모떼기 치수이다.

비고

1. 호칭번호 1318, 1319, 1320, 1321, 1322, 1318K, 1319K, 1320K 및 1322 K의 베어링에서는 강구가 베어링의 측면보다 돌출된 것이 있다.
2. 베어링 계열 13 및 23 인 베어링의 치수 계열은 각각 03 및 230이다.

볼 베어링

CHAPTER 23

롤러 베어링

23-1 원통 롤러 베어링-NU10 계열

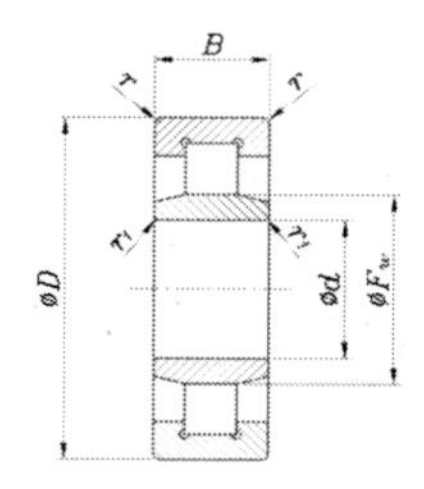

단위 : mm

호칭 번호	치 수					
	안지름 d	바깥지름 D	베어링 너비 B	$r_s min^{(1)}$	Fw	(참 고) $r_{1s} min^{(2)}$
NU 1005	25	47	12	0.6	30.5	0.3
NU 1006	30	55	13	1	36.5	0.6
NU 1007	35	62	14	1	42	0.6
NU 1008	40	68	15	1	47	0.6
NU 1009	45	75	16	1	52.5	0.6
NU 1010	50	80	16	1	57.5	0.6
NU 1011	55	90	18	1.1	64.5	1
NU 1012	60	95	18	1.1	69.5	1
NU 1013	65	100	18	1.1	74.5	1
NU 1014	70	110	20	1.1	80	1
NU 1015	75	115	20	1.1	85	1
NU 1016	80	125	22	1.1	91.5	1
NU 1017	85	130	22	1.1	96.5	1
NU 1018	90	140	24	1.5	103	1.1
NU 1019	95	145	24	1.5	108	1.1
NU 1020	100	150	24	1.5	113	1.1
NU 1021	105	160	26	2	119.5	1.1
NU 1022	110	170	28	2	125	1.1
NU 1024	120	180	28	2	135	1.1
NU 1026	130	200	33	2	148	1.1
NU 1028	140	210	33	2	158	1.1
NU 1030	150	225	35	2.1	169.5	1.5
NU 1032	160	240	38	2.1	180	1.5
NU 1034	170	260	42	2.1	193	2.1
NU 1036	180	280	46	2.1	205	2.1
NU 1038	190	290	46	2.1	215	2.1
NU 1040	200	310	51	2.1	229	2.1
NU 1044	220	340	56	3	250	3
NU 1048	240	360	56	3	270	3
NU 1052	260	400	65	4	296	4
NU 1056	280	420	65	4	316	4
NU 1060	300	460	74	4	340	4
NU 1064	320	480	74	4	360	4

호칭 번호	치 수					
	안지름 d	바깥지름 D	베어링 너비 B	$r_s min$[1]	Fw	(참 고) $r_{1s} min$[2]
NU 1068	340	520	82	5	385	5
NU 1072	360	540	82	5	405	5
NU 1076	380	560	82	5	425	5
NU 1080	400	600	90	5	450	5
NU 1084	420	620	90	5	470	5
NU 1088	440	650	94	6	493	6
NU 1092	460	680	100	6	516	6
NU 1096	480	700	100	6	536	6
NU 10/500	500	720	100	6	556	6

[주] (1) $r_s min$은 외륜의 최소 허용 모떼기 치수이다.
(2) $r_{1s} min$은 내륜의 최소 허용 모떼기 치수이다.

비고 베어링의 치수 계열 : 10

롤러 베어링

23-2 원통 롤러 베어링–NU2, NJ2, NUP2, N2, NF2 계열

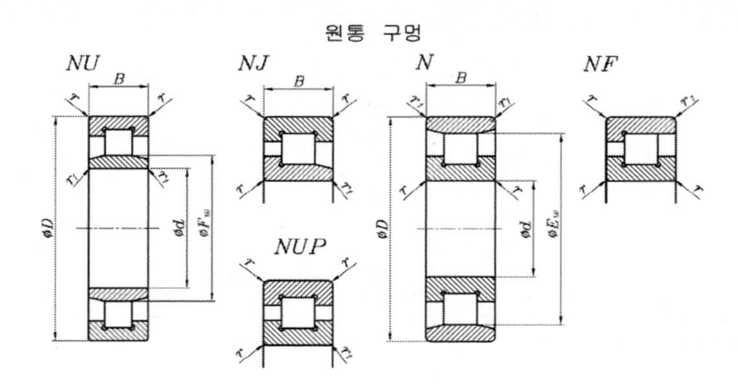

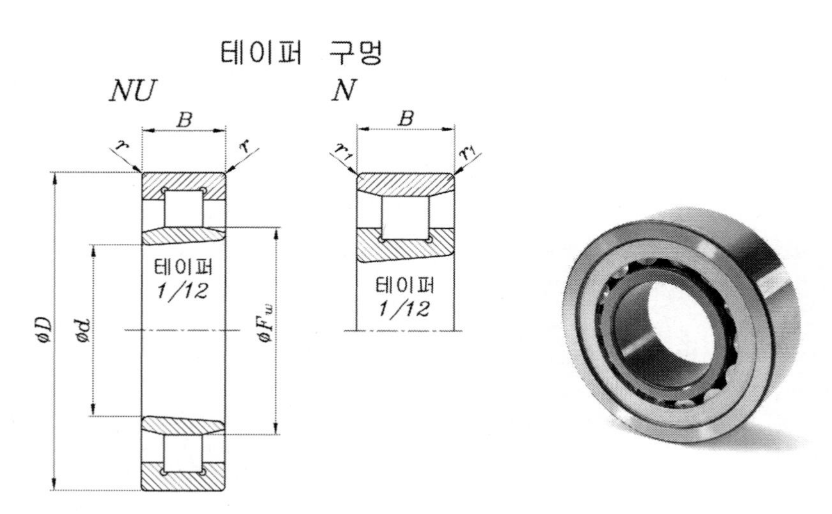

단위 : mm

호칭 번호							치 수						
원통 구멍					테이퍼 구멍		안지름 d	바깥 지름 D	베어링 너비 B	$r_s$min	Fw	Ew	(참 고) r_{1s}min
−	−	−	N203	−	−	−	17	40	12	0.6	−	33.9	0.3
NU204	NJ204	NUP204	N204	NF204	NU204K	−	20	47	14	1	27	40	0.6
NU205	NJ205	NUP205	N205	NF205	NU205K	−	25	52	15	1	32	45	0.6
NU206	NJ206	NUP206	N206	NF206	NU206K	N206K	30	62	16	1	38.5	53.5	0.6
NU207	NJ207	NUP207	N207	NF207	NU207K	N207K	35	72	17	1.1	43.8	61.8	0.6
NU208	NJ208	NUP208	N208	NF208	NU208K	N208K	40	80	18	1.1	50	70	1.1
NU209	NJ209	NUP209	N209	NF209	NU209K	N209K	45	85	19	1.1	55	75	1.1
NU210	NJ210	NUP210	N210	NF210	NU210K	N210K	50	90	20	1.1	60.4	80.4	1.1
NU211	NJ211	NUP211	N211	NF211	NU211K	N211K	55	100	21	1.5	66.5	88.5	1.1
NU212	NJ212	NUP212	N212	NF212	NU212K	N212K	60	110	22	1.5	73.5	97.5	1.5
NU213	NJ213	NUP213	N213	NF213	NU213K	N213K	65	120	23	1.5	79.6	105.6	1.5
NU214	NJ214	NUP214	N214	NF214	NU214K	N214K	70	125	24	1.5	84.5	110.5	1.5
NU215	NJ215	NUP215	N215	NF215	NU215K	N215K	75	130	25	1.5	88.5	116.5	1.5
NU216	NJ216	NUP216	N216	NF216	NU216K	N216K	80	140	26	2	95.3	125.3	2
NU217	NJ217	NUP217	N217	NF217	NU217K	N217K	85	150	28	2	101.8	133.8	2
NU218	NJ218	NUP218	N218	NF218	NU218K	N218K	90	160	30	2	107	143	2
NU219	NJ219	NUP219	N219	NF219	NU219K	N219K	95	170	32	2.1	113.5	151.5	2.1
NU220	NJ220	NUP220	N220	NF220	NU220K	N220K	100	180	34	2.1	120	160	2.1
NU221	NJ221	NUP221	N221	NF221	NU221K	N221K	105	190	36	2.1	126.8	168.8	2.1
NU222	NJ222	NUP222	N222	NF222	NU222K	N222K	110	200	38	2.1	132.5	178.5	2.1
NU224	NJ224	NUP224	N224	NF224	NU224K	N224K	120	215	40	2.1	143.5	191.5	2.1
NU226	NJ226	NUP226	N226	NF226	NU226K	N226K	130	230	40	3	156	204	3
NU228	NJ228	NUP228	N228	NF228	NU228K	N228K	140	250	42	3	169	221	3
NU230	NJ230	NUP230	N230	NF230	NU230K	N230K	150	270	45	3	182	238	3
NU232	NJ232	NUP232	N232	NF232	NU232K	N232K	160	290	48	3	195	255	3
NU234	NJ234	NUP234	N234	NF234	NU234K	N234K	170	310	52	4	208	272	4
NU236	NJ236	NUP236	N236	NF236	NU236K	N236K	180	320	52	4	218	282	4
NU238	NJ238	NUP238	N238	NF238	NU238K	N238K	190	340	55	4	231	299	4
NU240	NJ240	NUP240	N240	NF240	NU240K	N240K	200	360	58	4	244	316	4
NU244	NJ244	NUP244	N244	NF244	NU244K	N244K	220	400	65	4	270	350	4
NU248	NJ248	NUP248	N248	NF248	NU248K	N248K	240	440	72	4	295	385	4
NU252	NJ252	NUP252	N252	NF252	NU252K	N252K	260	480	80	5	320	420	5
NU256	NJ256	NUP256	N256	NF256	NU256K	N256K	280	500	80	5	340	440	5
NU260	NJ260	NUP260	N260	NF260	NU260K	N260K	300	540	85	5	364	476	5
NU264	NJ264	NUP264	N264	NF264	NU264K	N264K	320	580	92	5	390	510	5

[주] $r_s$min과 r_{1s}min은 내륜 및 외륜의 최소 허용 모떼기 치수이다.

비고 베어링 치수계열 : 02

롤러 베어링

23-3 원통 롤러 베어링-NU22, NJ22, NUP22 계열

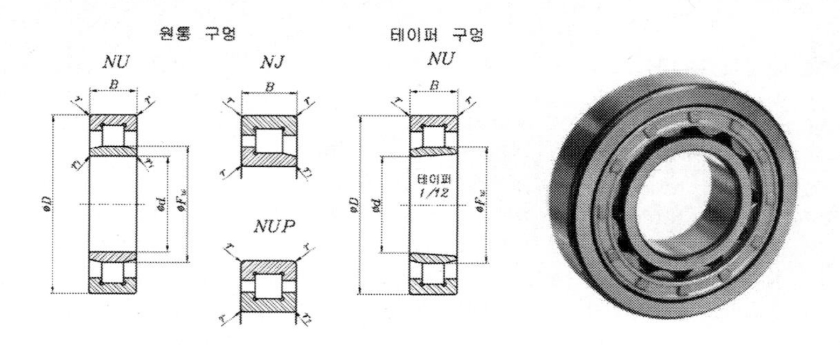

단위 : mm

호칭 번호				치 수					
원통 구멍			테이퍼 구멍	안지름 d	바깥지름 D	베어링 너비 B	$r_s$min	Fw	(참 고) r_{1s}min
NU 2204	NJ 2204	NUP 2204	–	20	47	18	1	27	0.6
NU 2205	NJ 2205	NUP 2205	NU 2205K	25	52	18	1	32	0.6
NU 2206	NJ 2206	NUP 2206	NU 2206K	30	62	20	1	38.5	0.6
NU 2207	NJ 2207	NUP 2207	NU 2207K	35	72	23	1.1	43.8	0.6
NU 2208	NJ 2208	NUP 2208	NU 2208K	40	80	23	1.1	50	1.1
NU 2209	NJ 2209	NUP 2209	NU 2209K	45	85	23	1.1	55	1.1
NU 2210	NJ 2210	NUP 2210	NU 2210K	50	90	23	1.1	60.4	1.1
NU 2211	NJ 2211	NUP 2211	NU 2211K	55	100	25	1.5	66.5	1.1
NU 2212	NJ 2212	NUP 2212	NU 2212K	60	110	28	1.5	73.5	1.5
NU 2213	NJ 2213	NUP 2213	NU 2213K	65	120	31	1.5	79.6	1.5
NU 2214	NJ 2214	NUP 2214	NU 2214K	70	125	31	1.5	84.5	1.5
NU 2215	NJ 2215	NUP 2215	NU 2215K	75	130	31	1.5	88.5	1.5
NU 2216	NJ 2216	NUP 2216	NU 2216K	80	140	33	2	95.3	2
NU 2217	NJ 2217	NUP 2217	NU 2217K	85	150	36	2	101.8	2
NU 2218	NJ 2218	NUP 2218	NU 2218K	90	160	40	2	107	2
NU 2219	NJ 2219	NUP 2219	NU 2219K	95	170	43	2.1	113.5	2.1
NU 2220	NJ 2220	NUP 2220	NU 2220K	100	180	46	2.1	120	2.1
NU 2222	NJ 2222	NUP 2222	NU 2222K	110	200	53	2.1	132.5	2.1
NU 2224	NJ 2224	NUP 2224	NU 2224K	120	215	58	2.1	143.5	2.1
NU 2226	NJ 2226	NUP 2226	NU 2226K	130	230	64	3	156	3
NU 2228	NJ 2228	NUP 2228	NU 2228K	140	250	68	3	169	3
NU 2230	NJ 2230	NUP 2230	NU 2230K	150	270	73	3	182	3
NU 2232	NJ 2232	NUP 2232	NU 2232K	160	290	80	3	195	3
NU 2234	NJ 2234	NUP 2234	NU 2234K	170	310	86	4	208	4
NU 2236	NJ 2236	NUP 2236	NU 2236K	180	320	86	4	218	4
NU 2238	NJ 2238	NUP 2238	NU 2238K	190	340	92	4	231	4
NU 2240	NJ 2240	NUP 2240	NU 2240K	200	360	98	4	244	4
NU 2244	NJ 2244	NUP 2244	NU 2244K	220	400	108	4	270	4
NU 2248	NJ 2248	NUP 2248	NU 2248K	240	440	120	4	295	4
NU 2252	NJ 2252	NUP 2252	NU 2252K	260	480	130	5	320	5
NU 2256	NJ 2256	NUP 2256	NU 2256K	280	500	130	5	340	5
NU 2260	NJ 2260	NUP 2260	NU 2260K	300	540	140	5	364	5
NU 2264	NJ 2264	NUP 2264	NU 2264K	320	580	150	5	390	5

[주] $r_s$min과 r_{1s}min은 내륜 및 외륜의 최소 허용 모떼기 치수이다.

비고 베어링 치수계열 : 22

23-4 원통 롤러 베어링-NU3, NJ3, NUP3, N3, NF3 계열

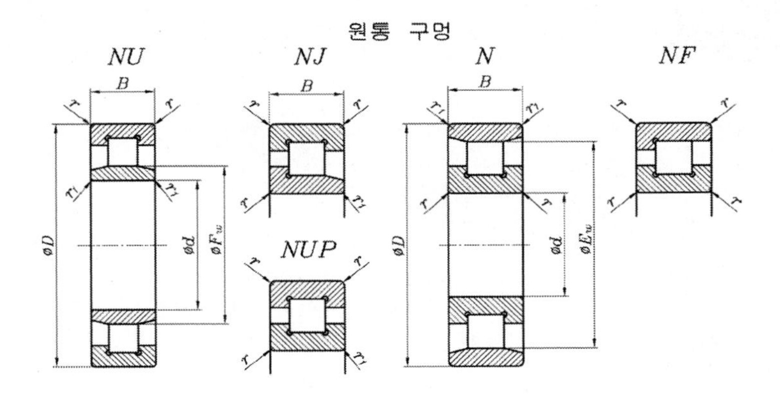

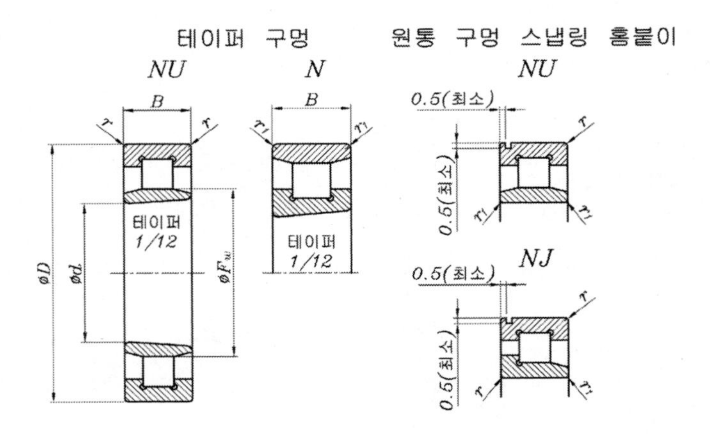

단위 : mm

호칭 번호									치수						
원통 구멍					테이퍼 구멍		스냅링 홈 붙이		안지름 d	바깥지름 D	베어링 너비 B	$r_s$min	Fw	Ew	(참고) r_{1s}min
NU304	NJ304	NUP304	N304	NF304	NU304K	−	NU304N	NJ304N	20	52	15	1.1	28.5	44.5	0.6
NU305	NJ305	NUP305	N305	NF305	NU305K	−	NU305N	NJ305N	25	62	17	1.1	35	53	1.1
NU306	NJ306	NUP306	N306	NF306	NU306K	N306K	NU306N	NJ306N	30	72	19	1.1	42	62	1.1
NU307	NJ307	NUP307	N307	NF307	NU307K	N307K	NU307N	NJ307N	35	80	21	1.5	46.2	68.2	1.1
NU308	NJ308	NUP308	N308	NF308	NU308K	N308K	NU308N	NJ308N	40	90	23	1.5	53.5	77.5	1.5
NU309	NJ309	NUP309	N309	NF309	NU309K	N309K	NU309N	NJ309N	45	100	25	1.5	58.5	86.5	1.5
NU310	NJ310	NUP310	N310	NF310	NU310K	N310K	NU310N	NJ310N	50	110	27	2	65	95	2
NU311	NJ311	NUP311	N311	NF311	NU311K	N311K	NU311N	NJ311N	55	120	29	2	70.5	104.5	2
NU312	NJ312	NUP312	N312	NF312	NU312K	N312K	NU312N	NJ312N	60	130	31	2.1	77	113	2.1
NU313	NJ313	NUP313	N313	NF313	NU313K	N313K	NU313N	NJ313N	65	140	33	2.1	83.5	121.5	2.1
NU314	NJ314	NUP314	N314	NF314	NU314K	N314K	NU314N	NJ314N	70	150	35	2.1	90	130	2.1
NU315	NJ315	NUP315	N315	NF315	NU315K	N315K	NU315N	NJ315N	75	160	37	2.1	95.5	139.5	2.1
NU316	NJ316	NUP316	N316	NF316	NU316K	N316K	NU316N	NJ316N	80	170	39	2.1	103	147	2.1
NU317	NJ317	NUP317	N317	NF317	NU317K	N317K	NU317N	NJ317N	85	180	41	3	108	156	3
NU318	NJ318	NUP318	N318	NF318	NU318K	N318K	NU318N	NJ318N	90	190	43	3	115	165	3
NU319	NJ319	NUP319	N319	NF319	NU319K	N319K	NU319N	NJ319N	95	200	45	3	121.5	173.5	3
NU320	NJ320	NUP320	N320	NF320	NU320K	N320K	−	−	100	215	47	3	129.5	185.5	3
NU321	NJ321	NUP321	N321	NF321	NU321K	N321K	−	−	105	225	49	3	135	195	3
NU322	NJ322	NUP322	N322	NF322	NU322K	N322K	−	−	110	240	50	3	143	207	3
NU324	NJ324	NUP324	N324	NF324	NU324K	N324K	−	−	120	260	55	3	154	226	3
NU326	NJ326	NUP326	N326	NF326	NU326K	N326K	−	−	130	280	58	4	167	243	4
NU328	NJ328	NUP328	N328	NF328	NU328K	N328K	−	−	140	300	62	4	180	260	4
NU330	NJ330	NUP330	N330	NF330	NU330K	N330K	−	−	150	320	65	4	193	277	4
NU332	NJ332	NUP332	N332	NF332	NU332K	N332K	−	−	160	340	68	4	208	292	4
NU334	NJ334	NUP334	N334	NF334	NU334K	N334K	−	−	170	360	72	4	220	310	4
NU336	NJ336	NUP336	N336	NF336	NU336K	N336K	−	−	180	380	75	4	232	328	4
NU338	NJ338	NUP338	N338	NF338	NU338K	N338K	−	−	190	400	78	5	245	345	5
NU340	NJ340	NUP340	N340	NF340	NU340K	N340K	−	−	200	420	80	5	260	260	5
NU344	NJ344	NUP344	N344	NF344	NU344K	N344K	−	−	220	460	88	5	284	396	5
NU348	NJ348	NUP348	N348	NF348	NU348K	N348K	−	−	240	500	95	5	310	430	5
NU352	NJ352	NUP352	N352	NF352	NU352K	N352K	−	−	260	540	102	6	336	464	6
NU356	NJ356	NUP356	N356	NF356	NU356K	N356K	−	−	280	580	108	6	362	498	6

[주] $r_s$min과 r_{1s}min은 내륜 및 외륜의 최소 허용 모떼기 치수이다.

비고

1. 스냅링붙이 베어링의 호칭 번호는 스냅링붙이 베어링 호칭 번호의 N 뒤에 R을 붙인다.
2. 스냅링 홈의 치수는 KS B 2013에 따른다.
3. 치수 계열 : 03

23-5 원통 롤러 베어링-NU23, NJ23, NUP23 계열

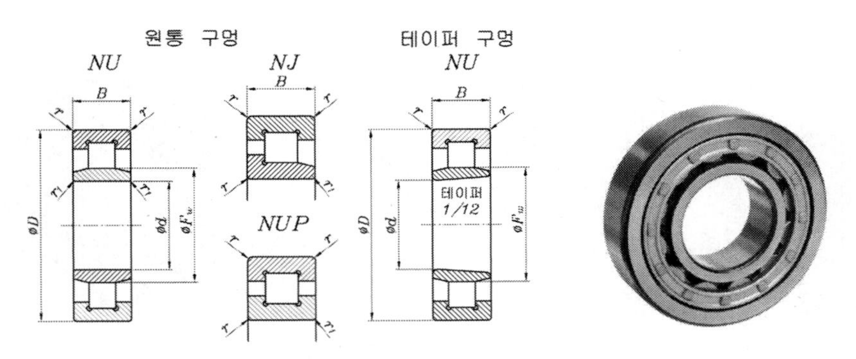

단위 : mm

호칭 번호				치 수					
원통 구멍			테이퍼 구멍	안지름 d	바깥지름 D	베어링 너비 B	$r_s$min	Fw	(참 고) r_{1s}min
NU 2305	NJ 2305	NUP 2305	NU 2305 K	25	62	24	1.1	35	1.1
NU 2306	NJ 2306	NUP 2306	NU 2306 K	30	72	27	1.1	42	1.1
NU 2307	NJ 2307	NUP 2307	NU 2307 K	35	80	31	1.5	46.2	1.1
NU 2308	NJ 2308	NUP 2308	NU 2308 K	40	90	33	1.5	53.5	1.5
NU 2309	NJ 2309	NUP 2309	NU 2309 K	45	100	36	1.5	58.5	1.5
NU 2310	NJ 2310	NUP 2310	NU 2310 K	50	110	40	2	65	2
NU 2311	NJ 2311	NUP 2311	NU 2311 K	55	120	43	2	70.5	2
NU 2312	NJ 2312	NUP 2312	NU 2312 K	60	130	46	2.1	77	2.1
NU 2313	NJ 2313	NUP 2313	NU 2313 K	65	140	48	2.1	83.5	2.1
NU 2314	NJ 2314	NUP 2314	NU 2314 K	70	150	51	2.1	90	2.1
NU 2315	NJ 2315	NUP 2315	NU 2315 K	75	160	55	2.1	95.5	2.1
NU 2316	NJ 2316	NUP 2316	NU 2316 K	80	170	58	2.1	103	2.1
NU 2317	NJ 2317	NUP 2317	NU 2317 K	85	180	60	3	108	3
NU 2318	NJ 2318	NUP 2318	NU 2318 K	90	190	64	3	115	3
NU 2319	NJ 2319	NUP 2319	NU 2319 K	95	200	67	3	121.5	3
NU 2320	NJ 2320	NUP 2320	NU 2320 K	100	215	73	3	129.5	3
NU 2322	NJ 2322	NUP 2322	NU 2322 K	110	240	80	3	143	3
NU 2324	NJ 2324	NUP 2324	NU 2324 K	120	260	86	3	154	3
NU 2326	NJ 2326	NUP 2326	NU 2326 K	130	280	93	4	167	4
NU 2328	NJ 2328	NUP 2328	NU 2328 K	140	300	102	4	180	4
NU 2330	NJ 2330	NUP 2330	NU 2330 K	150	320	108	4	193	4
NU 2332	NJ 2332	NUP 2332	NU 2332 K	160	340	114	4	208	4
NU 2334	NJ 2334	NUP 2334	NU 2334 K	170	360	120	4	220	4
NU 2336	NJ 2336	NUP 2336	NU 2336 K	180	380	126	4	232	4
NU 2338	NJ 2338	NUP 2338	NU 2338 K	190	400	132	5	245	5
NU 2340	NJ 2340	NUP 2340	NU 2340 K	200	420	138	5	260	5
NU 2344	NJ 2344	NUP 2344	NU 2344 K	220	460	145	5	284	5
NU 2348	NJ 2348	NUP 2348	NU 2348 K	240	500	155	5	310	5
NU 2352	NJ 2352	NUP 2352	NU 2352 K	260	540	165	6	336	6
NU 2356	NJ 2356	NUP 2356	NU 2356 K	280	580	175	6	362	6

[주] (1) r_{1s}min은 내륜의 최소 허용 모떼기 치수이다.
(2) $r_s$min은 내륜 및 외륜의 최소 허용 모떼기 치수이다.

비고 베어링 치수 계열 : 23

23-6 원통 롤러 베어링-NU4, NJ4, NUP4, N4, NF4 계열

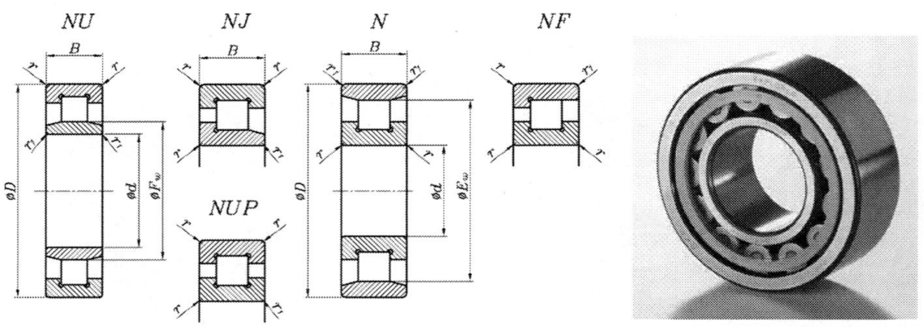

단위 : mm

호칭 번호					치 수						(참고)
					안지름 d	바깥 지름 D	베어링 너비 B	$r_s$min	Fw	Ew	r_{1s}min
NU 406	NJ 406	NUP 406	N 406	NF 406	30	90	23	1.5	45	73	1.5
NU 407	NJ 407	NUP 407	N 407	NF 407	35	100	25	1.5	53	83	1.5
NU 408	NJ 408	NUP 408	N 408	NF 408	40	110	27	2	58	92	2
NU 409	NJ 409	NUP 409	N 409	NF 409	45	120	29	2	64.5	100.5	2
NU 410	NJ 410	NUP 410	N 410	NF 410	50	130	31	2.1	70.8	110.8	2.1
NU 411	NJ 411	NUP 411	N 411	NF 411	55	140	33	2.1	77.2	117.2	2.1
NU 412	NJ 412	NUP 412	N 412	NF 412	60	150	35	2.1	83	127	2.1
NU 413	NJ 413	NUP 413	N 413	NF 413	65	160	37	2.1	89.3	135.3	2.1
NU 414	NJ 414	NUP 414	N 414	NF 414	70	180	42	3	100	152	3
NU 415	NJ 415	NUP 415	N 415	NF 415	75	190	45	3	104.5	160.5	3
NU 416	NJ 416	NUP 416	N 416	NF 416	80	200	48	3	110	170	3
NU 417	NJ 417	NUP 417	N 417	NF 417	85	210	52	4	113	177	4
NU 418	NJ 418	NUP 418	N 418	NF 418	90	225	54	4	123.5	191.5	4
NU 419	NJ 419	NUP 419	N 419	NF 419	95	240	55	4	133.5	201.5	4
NU 420	NJ 420	NUP 420	N 420	NF 420	100	250	58	4	139	211	4
NU 421	NJ 421	NUP 421	N 421	NF 421	105	260	60	4	144.5	220.5	4
NU 422	NJ 422	NUP 422	N 422	NF 422	110	280	65	4	155	235	4
NU 424	NJ 424	NUP 424	N 424	NF 424	120	310	72	5	170	260	5
NU 426	NJ 426	NUP 426	N 426	NF 426	130	340	78	5	185	285	5
NU 428	NJ 428	NUP 428	N 428	NF 428	140	360	82	5	198	302	5
NU 430	NJ 430	NUP 430	N 430	NF 430	150	380	85	5	213	317	5
NU 432	NJ 432	NUP 432	N 432	NF 432	160	400	88	5	226	334	5
NU 434	NJ 434	NUP 434	N 434	NF 434	170	420	92	5	239	351	5
NU 436	NJ 436	NUP 436	N 436	NF 436	180	440	95	6	250	370	6
NU 438	NJ 438	NUP 438	N 438	NF 438	190	460	98	6	265	385	6
NU 440	NJ 440	NUP 440	N 440	NF 440	200	480	102	6	276	404	6
NU 444	NJ 444	NUP 444	N 444	NF 444	220	540	115	6	305	455	6
NU 448	NJ 448	NUP 448	N 448	NF 448	240	580	122	6	330	490	6

[주] $r_s$min과 r_{1s}min은 내륜 및 외륜의 최소 허용 모떼기 치수이다.

비고 베어링의 치수 계열은 04이다.

23-7 원통 롤러 베어링–NN30 계열

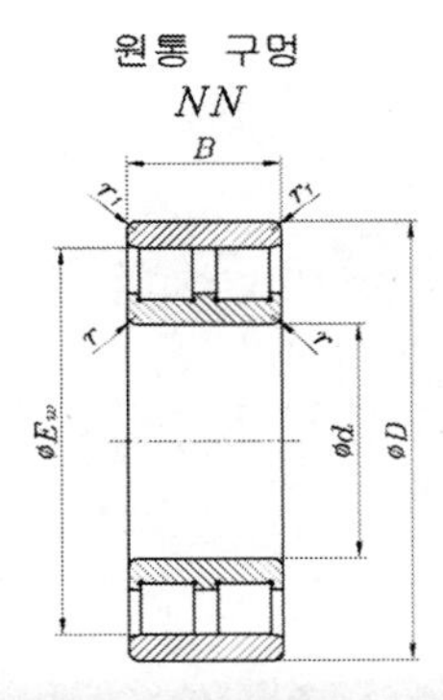

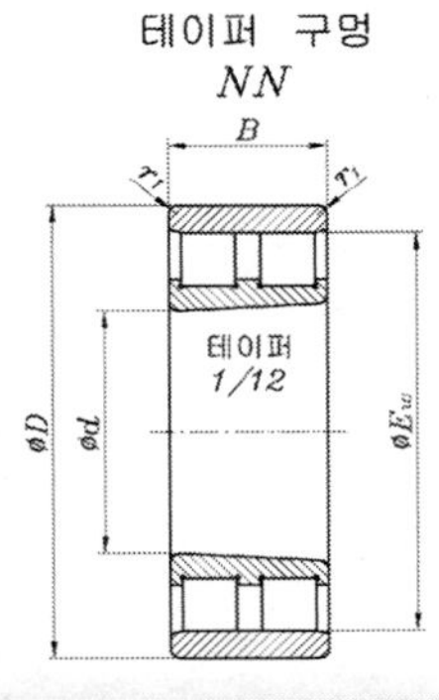

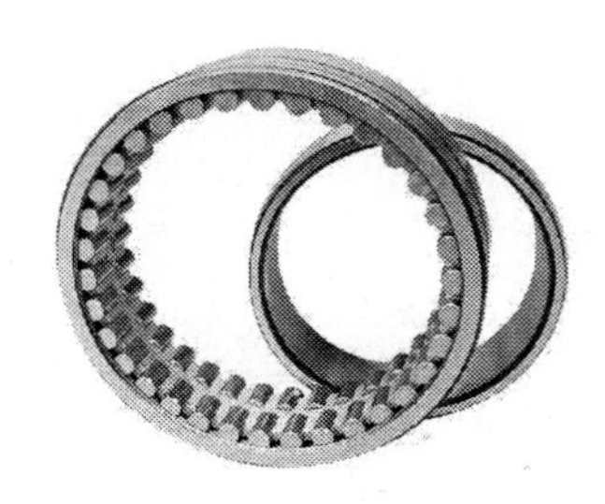

단위 : mm

호칭 번호		치 수					(참 고)
원통 구멍	테이퍼 구멍	안지름 d	바깥지름 D	폭 B	$r_s$min	Ew	r_{1s}min
NN 3005	NN 3005 K	25	47	16	0.6	41.3	0.6
NN 3006	NN 3006 K	30	55	19	1	48.5	1
NN 3007	NN 3007 K	35	62	20	1	55	1
NN 3008	NN 3008 K	40	68	21	1	61	1
NN 3009	NN 3009 K	45	75	23	1	67.5	1
NN 3010	NN 3010 K	50	80	23	1	72.5	1
NN 3011	NN 3011 K	55	90	26	1.1	81	1.1
NN 3012	NN 3012 K	60	95	26	1.1	86.1	1.1
NN 3013	NN 3013 K	65	100	26	1.1	91	1.1
NN 3014	NN 3014 K	70	110	30	1.1	100	1.1
NN 3015	NN 3015 K	75	115	30	1.1	105	1.1
NN 3016	NN 3016 K	80	125	34	1.1	113	1.1
NN 3017	NN 3017 K	85	130	34	1.1	118	1.1
NN 3018	NN 3018 K	90	140	37	1.5	127	1.5
NN 3019	NN 3019 K	95	145	37	1.5	132	1.5
NN 3020	NN 3020 K	100	150	37	1.5	137	1.5
NN 3021	NN 3021 K	105	160	41	2	146	2
NN 3022	NN 3022 K	110	170	45	2	155	2
NN 3024	NN 3024 K	120	180	46	2	165	2
NN 3026	NN 3026 K	130	200	52	2	182	2
NN 3028	NN 3028 K	140	210	53	2	192	2
NN 3030	NN 3030 K	150	225	56	2.1	206	2.1
NN 3032	NN 3032 K	160	240	60	2.1	219	2.1
NN 3034	NN 3034 K	170	260	67	2.1	236	2.1
NN 3036	NN 3036 K	180	280	74	2.1	255	2.1
NN 3038	NN 3038 K	190	290	75	2.1	265	2.1
NN 3040	NN 3040 K	200	310	82	2.1	282	2.1
NN 3044	NN 3044 K	220	340	90	3	310	3
NN 3048	NN 3048 K	240	360	92	3	330	3
NN 3052	NN 3052 K	260	400	104	4	364	4
NN 3056	NN 3056 K	280	420	106	4	384	4
NN 3060	NN 3060 K	300	460	118	4	418	4
NN 3064	NN 3064 K	320	480	121	4	438	4

[주] (1) r_{1s}min은 외륜의 최소 허용 모떼기 치수이다.
(2) $r_s$min은 내륜 및 외륜의 최소 허용 모떼기 치수이다.

비고 베어링 치수 계열 : 30

23-8 테이퍼 롤러 베어링–320 계열

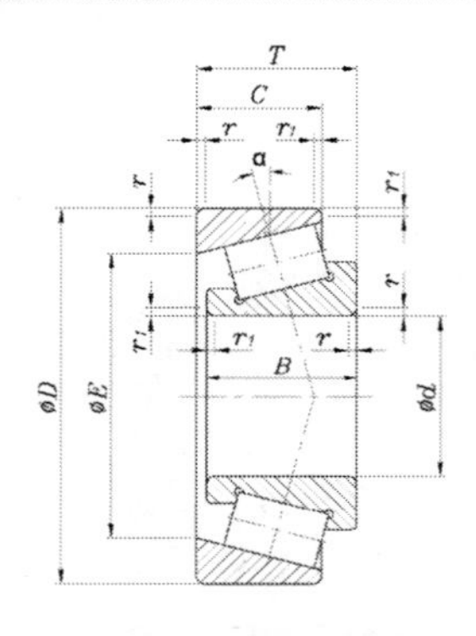

단위 : mm

호칭 번호	치 수									(참 고)	
	d	D	T	B	C	내륜 $r_s$min	외륜 $r_s$min	E	α	r_{1s}min	치수계열
32004 K	20	42	15	15	12	0.6	0.6	32.781	14°	0.15	3 CC
320/22 K	22	44	15	15	11.5	0.6	0.6	34.708	14° 50′	0.15	3 CC
32005 K	25	47	15	15	11.5	0.6	0.6	37.393	16°	0.15	4 CC
320/28 K	28	52	16	16	12	1	1	41.991	16°	0.3	4 CC
32006 K	30	55	17	17	13	1	1	44.438	16°	0.3	4 CC
320/32 K	32	58	17	17	13	1	1	46.708	16° 50′	0.3	4 CC
32007 K	35	62	18	18	14	1	1	50.510	16° 50′	0.3	4 CC
32008 K	40	68	19	19	14.5	1	1	56.897	14° 10′	0.3	3 CD
32009 K	45	75	20	20	15.5	1	1	63.248	14° 40′	0.3	3 CC
32010 K	50	80	20	20	15.5	1	1	67.841	15° 45′	0.3	3 CC
32011 K	55	90	23	23	17.5	1.5	1.5	76.505	15° 10′	0.6	3 CC
32012 K	60	95	23	23	17.5	1.5	1.5	80.634	16°	0.6	4 CC
32013 K	65	100	23	23	17.5	1.5	1.5	85.567	17°	0.6	4 CC
32014 K	70	110	25	25	19	1.5	1.5	93.633	16° 10′	0.6	4 CC
32015 K	75	115	25	25	19	1.5	1.5	98.358	17°	0.6	4 CC
32016 K	80	125	29	29	22	1.5	1.5	107.334	15° 45′	0.6	3 CC
32017 K	85	130	29	29	22	1.5	1.5	111.788	16° 25′	0.6	4 CC
32018 K	90	140	32	32	24	2	1.5	119.948	15° 45′	0.6	3 CC
32019 K	95	145	32	32	24	2	1.5	124.927	16° 25′	0.6	4 CC
32020 K	100	150	32	32	24	2	1.5	129.269	17°	0.6	4 CC
32021 K	105	160	35	35	26	2.5	2	137.685	16° 30′	0.6	4 DC
32022 K	110	170	38	38	29	2.5	2	146.290	16°	0.6	4 DC
32024 K	120	180	38	38	29	2.5	2	155.239	17°	0.6	4 DC
32026 K	130	200	45	45	34	2.5	2	172.043	16° 10′	0.6	4 EC
32028 K	140	210	45	45	34	2.5	2	180.720	17°	0.6	4 DC
32030 K	150	225	48	48	36	3	2.5	193.674	17°	1	4 EC
32032 K	160	240	51	51	38	3	2.5	207.209	17°	1	4 EC

호칭 번호	치 수									(참 고)	
	d	D	T	B	C	내륜	외륜	E	α	r_{1s}min	치수계열
						$r_s$min					
32034 K	170	260	57	57	43	3	2.5	223.031	16° 30′	1	4 EC
32036 K	180	280	64	64	48	3	2.5	239.898	15° 45′	1	3 FD
32038 K	190	290	64	64	48	3	2.5	249.853	16° 25′	1	4 FD
32040 K	200	310	70	70	53	3	2.5	266.039	16°	1	4 FD
32044 K	220	340	76	76	57	4	3	292.464	16°	1	4 FD
32048 K	240	360	76	76	57	4	3	310.356	17°	1	4 FD
32052 K	260	400	87	87	65	5	4	344.432	16° 10′	1.5	4 FC
32056 K	280	420	87	87	65	5	4	361.811	17°	1.5	4 FC
32060 K	300	460	100	100	74	5	4	395.676	16° 10′	1.5	4 GD
32064 K	320	480	100	100	74	5	4	415.640	17°	1.5	4 GD

[주] (1) $r_s$min은 내륜 및 외륜의 최소 허용 모떼기 치수이다.
(2) 치수 계열은 KS B 2013의 부표 2-1~2-5의 치수 계열 1란의 것(ISO 355의 치수계열)이다.

비고 베어링의 치수 계열은 KS B 2013의 부표 2-1~2-5의 치수 계열 2란에 표시하는 20이다.

롤러 베어링

23-9 테이퍼 롤러 베어링–302 계열

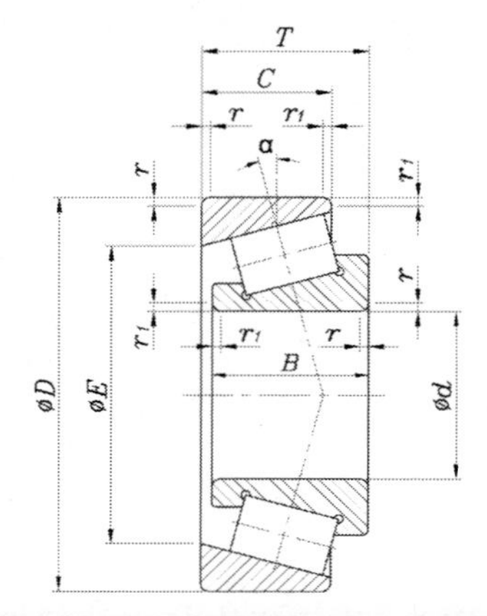

단위 : mm

호칭번호	치 수									(참 고)	
	d	D	T	B	C	내륜 $r_s$min	외륜 $r_s$min	E	α	r_{1s}min	치수계열
30203 K	17	40	13.25	12	11	1	1	31.408	12° 57′ 10″	0.3	2 DB
30204 K	20	47	15.25	14	12	1	1	37.304	12° 57′ 10″	0.3	2 DB
30205 K	25	52	16.25	15	13	1	1	41.135	14° 02′ 10″	0.3	3 CC
30206 K	30	62	17.25	16	14	1	1	49.990	14° 02′ 10″	0.3	3 DB
302/32 K	32	65	18.25	17	15	1	1	52.500	14°	0.3	3 DB
30207 K	35	72	18.25	17	15	1.5	1.5	58.844	14° 02′ 10″	0.6	3 DB
30208 K	40	80	19.75	18	16	1.5	1.5	65.730	14° 02′ 10″	0.6	3 DB
30209 K	45	85	20.75	19	16	1.5	1.5	70.440	15° 06′ 34″	0.6	3 DB
30210 K	50	90	21.75	20	17	1.5	1.5	75.078	15° 38′ 32″	0.6	3 DB
30211 K	55	100	22.75	21	18	2	1.5	84.197	15° 06′ 34″	0.6	3 DB
30212 K	60	110	23.75	22	19	2	1.5	91.876	15° 06′ 34″	0.6	3 EB
30213 K	65	120	24.75	23	20	2	1.5	101.934	15° 06′ 34″	0.6	3 EB
30214 K	70	125	26.25	24	21	2	1.5	105.748	15° 38′ 32″	0.6	3 EB
30215 K	75	130	27.25	25	22	2	1.5	110.408	16° 10′ 20″	0.6	4 DB
30216 K	80	140	28.25	26	22	2.5	2	119.169	15° 38′ 32″	0.6	3 EB
30217 K	85	150	30.5	28	24	2.5	2	126.685	15° 38′ 32″	0.6	3 EB
30218 K	90	160	32.5	30	26	2.5	2	134.901	15° 38′ 32″	0.6	3 FB
30219 K	95	170	34.5	32	27	3	2.5	143.385	15° 38′ 32″	1	3 FB
30220 K	100	180	37	34	29	3	2.5	151.310	15° 38′ 32″	1	3 FB
30221 K	105	190	39	36	30	3	2.5	159.795	15° 38′ 32″	1	3 FB
30222 K	110	200	41	38	32	3	2.5	168.548	15° 38′ 32″	1	3 FB
30224 K	120	215	43.5	40	34	3	2.5	181.257	16° 10′ 20″	1	4 FB
30226 K	130	230	43.75	40	34	4	3	196.420	16° 10′ 20″	1	4 FB
30228 K	140	250	45.75	42	36	4	3	212.270	16° 10′ 20″	1	4 FB
30230 K	150	270	49	45	38	4	3	227.408	16° 10′ 20″	1	4 GB
30232 K	160	290	52	48	40	4	3	244.958	16° 10′ 20″	1	4 GB
30234 K	170	310	57	52	43	5	4	262.483	16° 10′ 20″	1.5	4 GB
30236 K	180	320	57	52	43	5	4	270.928	16° 41′ 57″	1.5	4 GB
30238 K	190	340	60	55	46	5	4	291.083	16° 10′ 20″	1.5	4 GB
30240 K	200	360	64	58	48	5	4	307.196	16° 10′ 20″	1.5	4 GB

[주] (1) $r_s$min, r_{1s}min은 내륜 및 외륜의 최소 허용 모떼기 치수이다.
(2) 참고란의 치수 계열은 KS B 2013의 부표 2-1~2-5의 치수계열 1란의 것(ISO 355의 치수계열)이다.

비고 베어링의 치수 계열은 KS B 2013의 부표 2-1~2-5의 치수 계열 2란에 표시하는 02이다.

23-10 테이퍼 롤러 베어링–322 계열

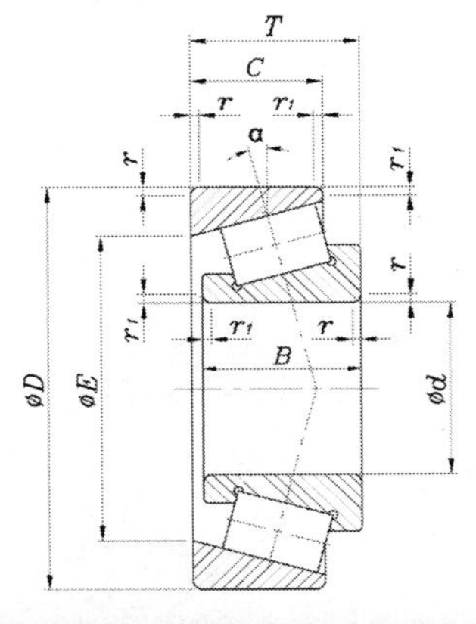

단위 : mm

호칭 번호	치수									(참 고)	
	d	D	T	B	C	내륜 $r_s$min	외륜 $r_s$min	E	α	r_{1s}min	치수계열
32203 K	17	40	17.25	16	14	1	1	31.170	11° 45′	0.3	2 DD
32204 K	20	47	19.25	18	15	1	1	35.810	12° 28′	0.3	2 DD
32205 K	25	52	19.25	18	16	1	1	41.331	13° 30′	0.3	2 CD
32206 K	30	62	21.25	20	17	1	1	48.982	14° 02′ 10″	0.3	3 DC
32207 K	35	72	24.25	23	19	1.5	1.5	57.087	14° 02′ 10″	0.6	3 DC
32208 K	40	80	25.75	23	19	1.5	1.5	64.715	14° 02′ 10″	0.6	3 DC
32209 K	45	85	24.75	23	19	1.5	1.5	69.610	15° 06′ 34″	0.6	3 DC
32210 K	50	90	24.75	23	19	1.5	1.5	74.226	15° 38′ 32″	0.6	3 DC
32211 K	55	100	26.75	25	21	2	1.5	82.837	15° 06′ 34″	0.6	3 DC
32212 K	60	110	29.75	28	24	2	1.5	90.236	15° 06′ 34″	0.6	3 EC
32213 K	65	120	32.75	31	27	2	1.5	99.484	15° 06′ 34″	0.6	3 EC
32214 K	70	125	33.25	31	27	2	1.5	103.763	15° 38′ 32″	0.6	3 EC
32215 K	75	130	33.25	31	27	2	1.5	108.932	16° 10′ 20″	0.6	4 DC
32216 K	80	140	35.25	33	28	2.5	2	117.466	15° 38′ 32″	0.6	3 EC
32217 K	85	150	38.5	36	30	2.5	2	124.970	15° 38′ 32″	0.6	3 EC
32218 K	90	160	42.5	40	34	2.5	2	132.615	15° 38′ 32″	0.6	3 FC
32219 K	95	170	45.5	43	37	3	2.5	140.259	15° 38′ 32″	1	3 FC
32220 K	100	180	49	46	39	3	2.5	148.184	15° 38′ 32″	1	3 FC
32221 K	105	190	53	50	43	3	2.5	155.269	15° 38′ 32″	1	3 FC
32222 K	110	200	56	53	46	3	2.5	164.022	15° 38′ 32″	1	3 FC
32224 K	120	215	61.5	58	50	3	2.5	174.825	16° 10′ 20″	1	4 FD
32226 K	130	230	67.75	64	54	4	3	187.088	16° 10′ 20″	1	4 FD
32228 K	140	250	71.75	68	58	4	3	204.046	16° 10′ 20″	1	4 FD
32230 K	150	270	77	73	60	4	3	219.157	16° 10′ 20″	1	4 GD
32232 K	160	290	84	80	67	4	3	234.942	16° 10′ 20″	1	4 GD
32234 K	170	310	91	86	71	5	4	251.873	16° 10′ 20″	1.5	4 GD
32236 K	180	320	91	86	71	5	4	259.938	16° 41′ 57″	1.5	4 GD
32238 K	190	340	97	92	75	5	4	279.024	16° 10′ 20″	1.5	4 GD
32240 K	200	360	104	98	82	5	4	294.880	15° 10′	1.5	3 GD

[주] (1) $r_s$min, r_{1s}min은 내륜 및 외륜의 최소 허용 모떼기 치수이다.
(2) KS B 2013의 부표 2–1~2–5의 치수계열 1란의 것(ISO 355의 치수계열)이다.

비고 베어링의 치수 계열은 KS B 2013의 부표 2–1~2–5의 치수 계열 2란에 표시하는 22이다.

롤러 베어링

23-11 테이퍼 롤러 베어링–303 계열

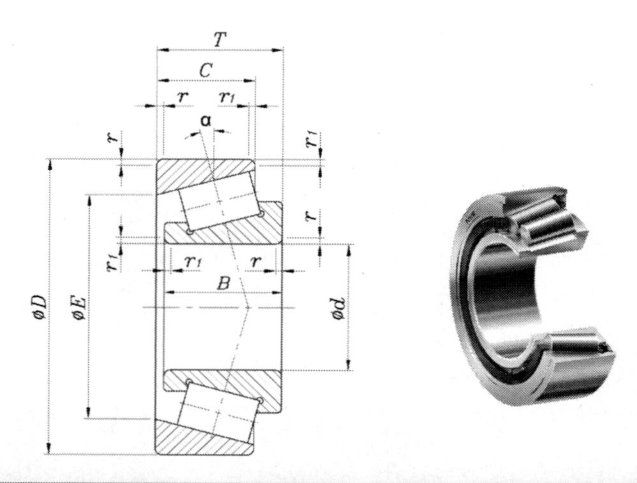

단위 : mm

호칭 번호	치수									(참 고)	
	d	D	T	B	C	내륜 $r_s$min	외륜 $r_s$min	E	α	r_{1s}min	치수계열
30302 K	15	42	14.25	13	11	1	1	33.272	10° 45′ 29″	0.3	2 FB
30303 K	17	47	15.25	14	12	1	1	37.420	10° 45′ 29″	0.3	2 FB
30304 K	20	52	16.25	15	13	1.5	1.5	41.318	11° 18′ 36″	0.6	2 FB
30305 K	25	62	18.25	17	15	1.5	1.5	50.637	11° 18′ 36″	0.6	2 FB
30306 K	30	72	20.75	19	16	1.5	1.5	58.287	11° 51′ 35″	0.6	2 FB
30307 K	35	80	22.75	21	18	2	1.5	65.769	11° 51′ 36″	0.6	2 FB
30308 K	40	90	25.25	23	20	2	1.5	72.703	12° 57′ 10″	0.6	2 FB
30309 K	45	100	27.25	25	22	2	1.5	81.780	12° 57′ 10″	0.6	2 FB
30310 K	50	110	29.25	27	23	2.5	2	90.633	12° 57′ 10″	0.6	2 FB
30311 K	55	120	31.5	29	25	2.5	2	99.146	12° 57′ 10″	0.6	2 FB
30312 K	60	130	33.5	31	26	3	2.5	107.769	12° 57′ 10″	1	2 FB
30313 K	65	140	36	33	28	3	2.5	116.846	12° 57′ 10″	1	2 GB
30314 K	70	150	38	35	30	3	2.5	125.244	12° 57′ 10″	1	2 GB
30315 K	75	160	40	37	31	3	2.5	134.097	12° 57′ 10″	1	2 GB
30316 K	80	170	42.5	39	33	3	2.5	143.174	12° 57′ 10″	1	2 GB
30317 K	85	180	44.5	41	34	4	3	150.433	12° 57′ 10″	1	2 GB
30318 K	90	190	46.5	43	36	4	3	159.061	12° 57′ 10″	1	2 GB
30319 K	95	200	49.5	45	38	4	3	165.861	12° 57′ 10″	1	2 GB
30320 K	100	215	51.5	47	39	4	3	178.578	12° 57′ 10″	1	2 GB
30321 K	105	225	53.5	49	41	4	3	186.752	12° 57′ 10″	1	2 GB
30322 K	110	240	54.5	50	42	4	3	199.925	12° 57′ 10″	1	2 GB
30324 K	120	260	59.5	55	46	4	3	214.892	12° 57′ 10″	1	2GB
30326 K	130	280	63.75	58	49	5	4	232.028	12° 57′ 10″	1.5	2GB
30328 K	140	300	67.75	62	53	5	4	247.910	12° 57′ 10″	1.5	2GB
30330 K	150	320	72	65	55	5	4	265.955	12° 57′ 10″	1.5	2GB
30332 K	160	340	75	68	58	5	4	282.751	12° 57′ 10″	1.5	2GB
30334 K	170	360	80	72	62	5	4	299.991	12° 57′ 10″	1.5	2GB

23-12 테이퍼 롤러 베어링-303D 계열

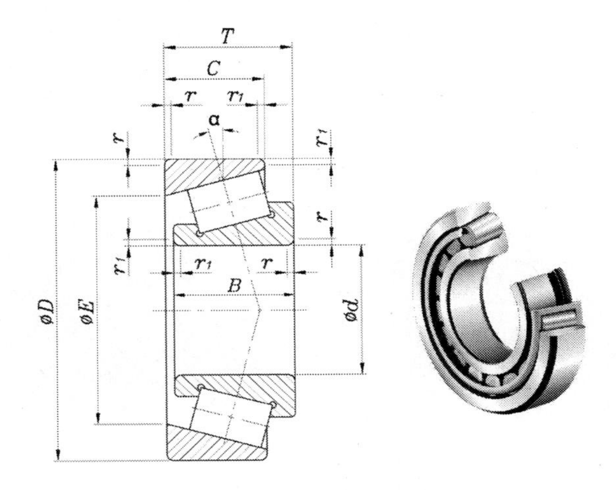

단위 : mm

호칭번호	치수									(참 고)	
	d	D	T	B	C	내륜 rsmin	외륜 rsmin	E	α	r1smin	치수계열
30305D K	25	62	18.25	17	13	1.5	1.5	44.130	28° 48′ 39″	0.6	7 FB
30306D K	30	72	20.75	19	14	1.5	1.5	51.771	28° 48′ 39″	0.6	7 FB
30307D K	35	80	22.75	21	15	2	1.5	58.861	28° 48′ 39″	0.6	7 FB
30308D K	40	90	25.25	23	17	2	1.5	66.984	28° 48′ 39″	0.6	7 FB
30309D K	45	100	27.25	25	18	2	1.5	75.107	28° 48′ 39″	0.6	7 FB
30310D K	50	110	29.25	27	19	2.5	2	82.747	28° 48′ 39″	0.6	7 FB
30311D K	55	120	31.5	29	21	2.5	2.5	89.563	28° 48′ 39″	0.6	7 FB
30312D K	60	130	33.5	31	22	3	2.5	98.236	28° 48′ 39″	1	7 FB
30313D K	65	140	36	33	23	3	2.5	106.359	28° 48′ 39″	1	7 GB
30314D K	70	150	38	35	25	3	2.5	113.449	28° 48′ 39″	1	7 GB
30315D K	75	160	40	37	26	3	2.5	122.122	28° 48′ 39″	1	7 GB
30316D K	80	170	42.5	39	27	3	2.5	129.213	28° 48′ 39″	1	7 GB
30317D K	85	180	44.5	41	28	4	3	137.403	28° 48′ 39″	1	7 GB
30318D K	90	190	46.5	43	30	4	3	145.527	28° 48′ 39″	1	7 GB
30319D K	95	200	49.5	45	32	4	3	151.584	28° 48′ 39″	1	7 GB

[주] (1) $r_s$min, r_{1s}min은 내륜 및 외륜의 최소 허용 모떼기 치수이다.
(2) KS B 2013의 부표 2-1~2-5의 치수계열 1란의 것(ISO 355의 치수계열)이다.

비고 베어링의 치수 계열은 KS B 2013의 부표 2-1~2-5의 치수 계열 2란에 표시하는 03이다.

롤러 베어링

22-13 테이퍼 롤러 베어링-323D 계열

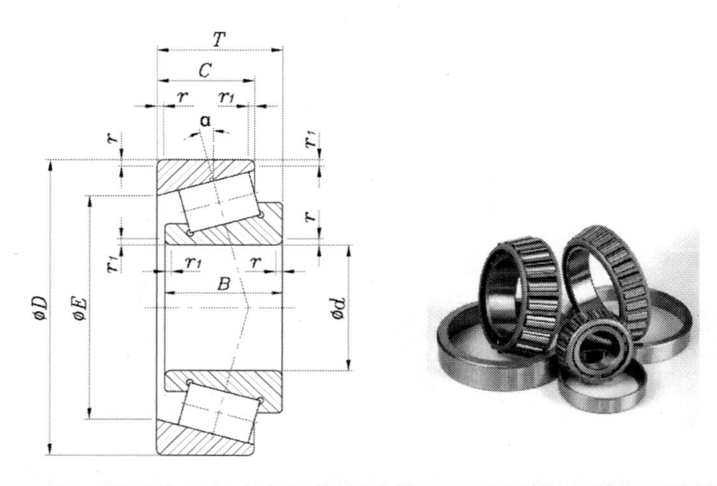

단위 : mm

호칭 번호	치수									(참 고)	
	d	D	T	B	C	내륜 $r_s$min	외륜 $r_s$min	E	α	r_{1s}min	치수계열
32303 K	17	47	20.25	19	16	1	1	36.090	10° 45′ 29″	0.3	2
32304 K	20	52	22.25	21	18	1.5	1.5	39.518	11° 18′ 36″	0.6	2
32305 K	25	62	25.25	24	20	1.5	1.5	48.637	11° 18′ 36″	0.6	2
32306 K	30	72	28.75	27	23	1.5	1.5	55.767	11° 51′ 35″	0.6	2 FD
32307 K	35	80	32.75	31	25	2	1.5	62.829	11° 51′ 35″	0.6	2 FE
32308 K	40	90	35.25	33	27	2	1.5	69.253	12° 57′ 10″	0.6	2 FD
32309 K	45	100	38.25	36	30	2	1.5	78.330	12° 57′ 10″	0.6	2 FD
32310 K	50	110	42.25	40	33	2.5	2	86.263	12° 57′ 10″	0.6	2 FD
32311 K	55	120	45.5	43	35	2.5	2	94.316	12° 57′ 10″	0.6	2 FD
32312 K	60	130	48.5	46	37	3	2.5	102.939	12° 57′ 10″	1	2 FD
32313 K	65	140	51	48	39	3	2.5	111.789	12° 57′ 10″	1	2 GD
32314 K	70	150	54	51	42	3	2.5	119.724	12° 57′ 10″	1	2 GD
32315 K	75	160	58	55	45	3	2.5	127.887	12° 57′ 10″	1	2 GD
32316 K	80	170	61.5	58	48	3	2.5	136.504	12° 57′ 10″	1	2 GD
32317 K	85	180	63.5	60	49	4	3	144.223	12° 57′ 10″	1	2 GD
32318 K	90	190	67.5	64	53	4	3	151.701	12° 57′ 10″	1	2 GD
32319 K	95	200	71.5	67	55	4	3	160.318	12° 57′ 10″	1	2 GD
32320 K	100	215	77.5	73	60	4	3	171.650	12° 57′ 10″	1	2 GD
32321 K	105	225	81.5	77	63	4	3	179.359	12° 57′ 10″	1	2 GD
32322 K	110	240	74.5	80	65	4	3	192.071	12° 57′ 10″	1	2 GD
32324 K	120	260	90.5	86	69	4	3	207.039	12° 57′ 10″	1	2 GD

[주] (1) $r_s$min, r_{1s}min은 내륜 및 외륜의 최소 허용 모떼기 치수이다.
(2) KS B 2013의 부표 2-1~2-5의 치수계열 1란의 것(ISO 355의 치수계열)이다.

비고 베어링의 치수 계열은 KS B 2013의 부표 2-1~2-5의 치수 계열 2란에 표시하는 23이다.

23-14 자동조심 롤러 베어링-230, 231 계열

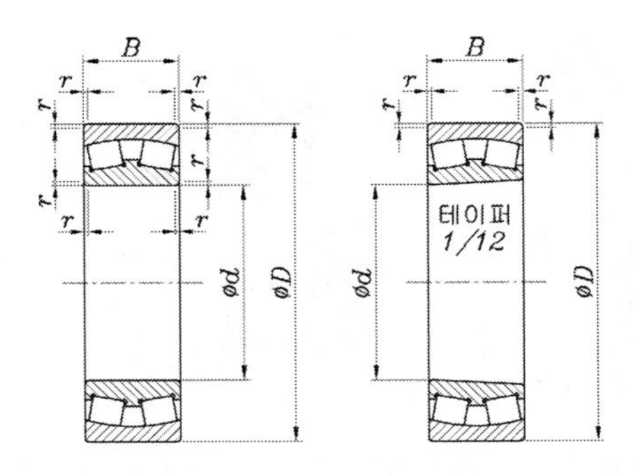

단위 : mm

베어링 계열 230						베어링 계열 231					
호칭 번호		치 수				호칭 번호		치 수			
원통 구멍	테이퍼 구멍	*d*	*D*	*B*	$r_s$min	원통 구멍	테이퍼 구멍	*d*	*D*	*B*	$r_s$min
23022	–	110	170	45	2	23122	23122 K	110	180	56	2
23024	23024 K	120	180	46	2	23124	23124 K	120	200	62	2
23026	23026 K	130	200	52	2	23126	23126 K	130	210	64	2
23028	23028 K	140	210	53	2	23128	23128 K	140	225	68	2.1
23030	23030 K	150	225	56	2.1	23130	23130 K	150	250	80	2.1
23032	23032 K	160	240	60	2.1	23132	23132 K	160	270	86	2.1
23034	23034 K	170	260	67	2.1	23134	23134 K	170	280	83	2.1
23036	23036 K	180	280	74	2.1	23136	23136 K	180	300	96	3
23038	23038 K	190	290	75	2.1	23138	23138 K	190	320	104	3
23040	23040 K	200	310	82	2.1	23140	23140 K	200	340	112	3
23044	23044 K	220	340	90	3	23144	23144 K	220	370	120	4
23048	23048 K	240	360	92	3	23148	23148 K	240	400	128	4
23052	23052 K	260	400	104	4	23152	23152 K	260	440	144	4
23056	23056 K	280	420	106	4	23156	23156 K	280	460	146	5
23060	23060 K	300	460	118	4	23160	23160 K	300	500	160	5
23064	23064 K	320	480	121	4	23164	23164 K	320	540	176	5
23068	23068 K	340	520	133	5	23168	23168 K	340	580	190	5
23072	23072 K	360	540	134	5	23172	23172 K	360	600	192	5
23076	23076 K	380	560	135	5	23176	23176 K	380	620	194	5
23080	23080 K	400	600	148	5	23180	23180 K	400	650	200	6
23084	23084 K	420	620	150	5	23184	23184 K	420	700	224	6
23088	23088 K	440	650	157	6	23188	23188 K	440	720	226	6
23092	23092 K	460	680	163	6	23192	23192 K	460	760	240	7.5
23096	23096 K	480	700	165	6	23196	23196 K	480	790	248	7.5
230/500	230/500 K	500	720	167	6	231/500	231/500 K	500	830	264	7.5

[주] $r_s$min, r_{1s}min은 내륜 및 외륜의 최소 허용 모떼기 치수이다.

비고 1. 베어링 계열 230 및 231 베어링의 치수 계열은 각각 30 및 31이다.
2. 내륜에 턱이 없는 구조 등이 있다.

23-15 자동조심 롤러 베어링-222, 232 계열

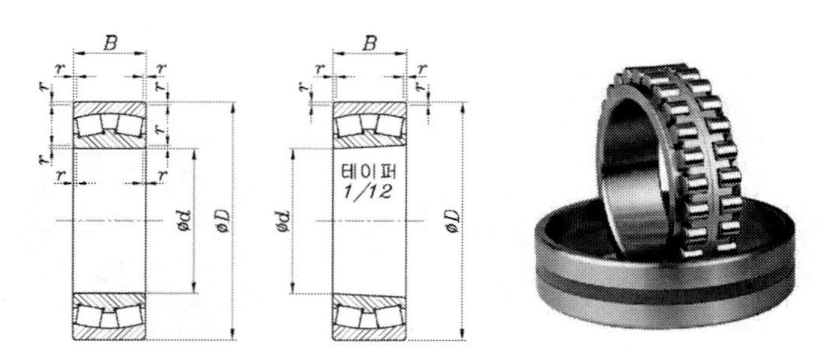

단위 : mm

베어링 계열 230						베어링 계열 231					
호칭 번호		치 수				호칭 번호		치 수			
원통구멍	테이퍼구멍	*d*	*D*	*B*	$r_s$min	원통구멍	테이퍼구멍	*d*	*D*	*B*	$r_s$min
22205	22205 K	25	52	18	1	–	–	–	–	–	–
22206	22206 K	30	62	20	1	–	–	–	–	–	–
22207	22207 K	35	72	23	1.1	–	–	–	–	–	–
22208	22208 K	40	80	23	1.1	–	–	–	–	–	–
22209	22209 K	45	85	23	1.1	–	–	–	–	–	–
22210	22210 K	50	90	23	1.1	–	–	–	–	–	–
22211	22211 K	55	100	25	1.5	–	–	–	–	–	–
22212	22212 K	60	110	28	1.5	–	–	–	–	–	–
22213	22213 K	65	120	31	1.5	–	–	–	–	–	–
22214	22214 K	70	125	31	1.5	–	–	–	–	–	–
22215	22215 K	75	130	31	1.5	–	–	–	–	–	–
22216	22216 K	80	140	33	2	–	–	–	–	–	–
22217	22217 K	85	150	36	2	–	–	–	–	–	–
22218	22218 K	90	160	40	2	23218	23218 K	90	160	52.4	2
22219	22219 K	95	170	43	2.1	–	–	–	–	–	–
22220	22220 K	100	180	46	2.1	23220	23220 K	100	180	60.3	2.1
22222	22222 K	110	200	53	2.1	23222	23222 K	110	200	69.8	2.1
22224	22224 K	120	215	58	2.1	23224	23224 K	120	215	76	2.1
22226	22226 K	130	230	64	3	23226	23226 K	130	230	80	3
22228	22228 K	140	250	68	3	23228	23228 K	140	250	88	3
22230	22230 K	150	270	73	3	23230	23230 K	150	270	96	3
22232	22232 K	160	290	80	3	23232	23232 K	160	290	104	3
22234	22234 K	170	310	86	4	23234	23234 K	170	310	110	4
22236	22236 K	180	320	86	4	23236	23236 K	180	320	112	4
22238	22238 K	190	340	92	4	23238	23238 K	190	340	120	4
22240	22240 K	200	360	98	4	23240	23240 K	200	360	128	4
22244	22244 K	220	400	108	4	23244	23244 K	220	400	144	4
22248	22248 K	240	440	120	4	23248	23248 K	240	440	160	4
22252	22252 K	260	480	130	5	23252	23252 K	260	480	174	5
22256	22256 K	280	500	130	5	23256	23256 K	280	500	176	5
22260	22260 K	300	540	140	5	23260	23260 K	300	540	192	5
22264	22264 K	320	580	150	5	23264	23264 K	320	580	208	5
–	–	–	–	–	–	23268	23268 K	340	620	224	6
–	–	–	–	–	–	23272	23272 K	360	650	232	6
–	–	–	–	–	–	23276	23276 K	380	680	240	6
–	–	–	–	–	–	23280	23280 K	400	720	256	6

[주] $r_s$min, r_{1s}min은 내륜 및 외륜의 최소 허용 모떼기 치수이다.

비고 베어링 계열 222 및 232 베어링의 치수계열은 각각 22, 32이며, 내륜에 턱이 없는 구조 등이 있다.

23-16 자동조심 롤러 베어링-213, 223 계열

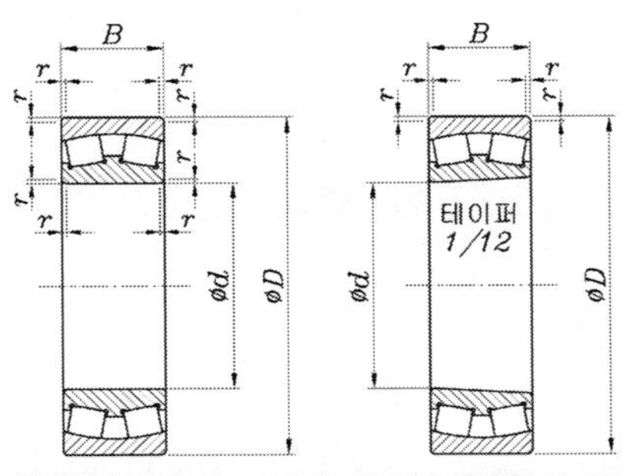

단위 : mm

베어링 계열 230						베어링 계열 231					
호칭 번호		치 수				호칭 번호		치 수			
원통구멍	테이퍼구멍	d	D	B	$r_s$min	원통구멍	테이퍼구멍	d	D	B	$r_s$min
21304	21304 K	20	52	15	1.1	–	–	–	–	–	–
21305	21305 K	25	62	17	1.1	–	–	–	–	–	–
21306	21306 K	30	72	19	1.1	–	–	–	–	–	–
21307	21307 K	35	80	21	1.5	–	–	–	–	–	–
21308	21308 K	40	90	23	1.5	22308	22308 K	40	90	33	1.5
21309	21309 K	45	100	25	1.5	22309	22309 K	45	100	36	1.5
21310	21310 K	50	110	27	2	22310	22310 K	50	110	40	2
21311	21311 K	55	120	29	2	22311	22311 K	55	120	43	2
21312	21312 K	60	130	31	2.1	22312	22312 K	60	130	46	2.1
21313	21313 K	65	140	33	2.1	22313	22313 K	65	140	48	2.1
21314	21314 K	70	150	35	2.1	22314	22314 K	70	150	51	2.1
21315	21315 K	75	160	37	2.1	22315	22315 K	75	160	55	2.1
21316	21316 K	80	170	39	2.1	22316	22316 K	80	170	58	2.1
21317	21317 K	85	180	41	3	22317	22317 K	85	180	60	3
21318	21318 K	90	190	43	3	22318	22318 K	90	190	64	3
21319	21319 K	95	200	45	3	22319	22319 K	95	200	67	3
21320	21320 K	100	215	47	3	22320	22320 K	100	215	73	3
21322	21322 K	110	240	50	3	22322	22322 K	110	240	80	3
–	–	–	–	–	–	22324	22324 K	120	260	86	3
–	–	–	–	–	–	22326	22326 K	130	280	93	4
–	–	–	–	–	–	22328	22328 K	140	300	102	4
–	–	–	–	–	–	22330	22330 K	150	320	108	4
–	–	–	–	–	–	22332	22332 K	160	340	114	4
–	–	–	–	–	–	22334	22334 K	170	360	120	4
–	–	–	–	–	–	22336	22336 K	180	380	126	4
–	–	–	–	–	–	22338	22338 K	190	400	132	5
–	–	–	–	–	–	22340	22340 K	200	420	138	5
–	–	–	–	–	–	22344	22344 K	220	460	145	5
–	–	–	–	–	–	22348	22348 K	240	500	155	5
–	–	–	–	–	–	22352	22352 K	260	540	165	6
–	–	–	–	–	–	22356	22356 K	280	580	175	6

[주] $r_s$min, r_{1s}min은 내륜 및 외륜의 최소 허용 모떼기 치수이다.

비고 1. 베어링 계열 213 및 223 베어링의 치수 계열은 각각 03 및 23이다.
2. 내륜에 턱이 없는 구조 등이 있다.

23-17 니들 롤러 베어링–NA48, RNA48 계열

1. 양 기호

① 솔리드형 니들 롤러 베어링

기 호	의 미
d	호칭 안지름
D	호칭 바깥지름
B	호칭 내륜 폭
C	호칭 외륜 폭
r	내륜 및 외륜의 모떼기 치수
$r_{s\min}$	내륜 및 외륜의 최소 허용 모떼기 치수
F_W	니들 롤러의 호칭 내접원 지름
$F_{WS\min}$	니들 롤러의 내접원 지름의 최소값
$\Delta F_{WS\min}$	니들 롤러의 내접원 지름의 최소값의 허용차

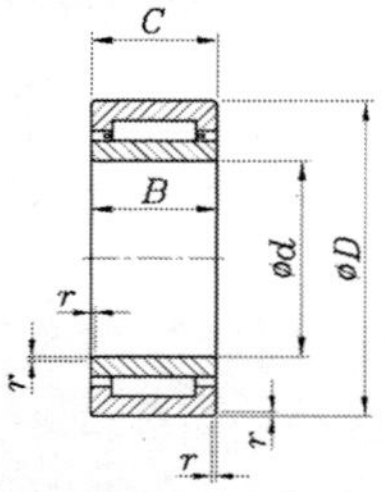

〈내륜붙이 베어링(NA)〉 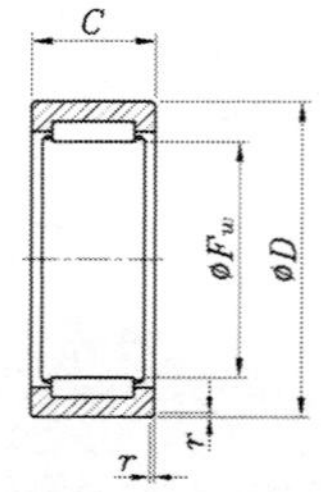 〈내륜 없는 베어링(RNA)〉

② 내륜이 없는 쉘형 니들 롤러 베어링

기 호	의 미
D	호칭 바깥지름
C	호칭 외륜 폭
F_W	니들 롤러의 호칭 내접원 지름
F_{WS}	니들 롤러의 실제 내접원 지름
ΔF_{WS}	니들 롤러의 내접원 지름의 최소값의 허용차
r	외륜의 모떼기 치수
$r_{s\min}$	외륜의 최소 허용 모떼기 치수
C_1	프로파일 앤드 드론 컵(drawn cup)의 벽 두께
C_2	플랫 앤드 드론 컵의 벽 두께

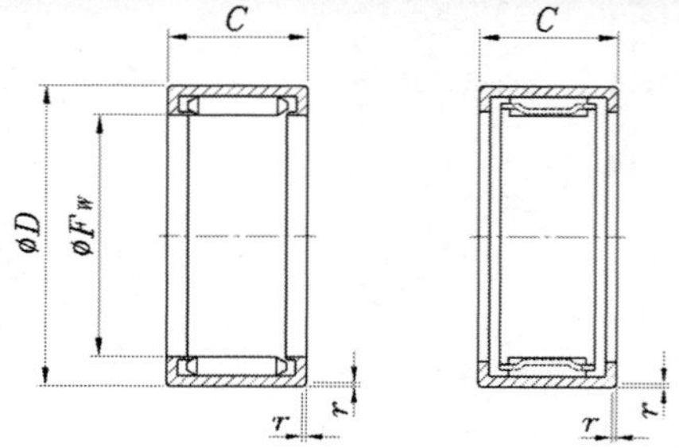

〈양끝이 열린 베어링〉

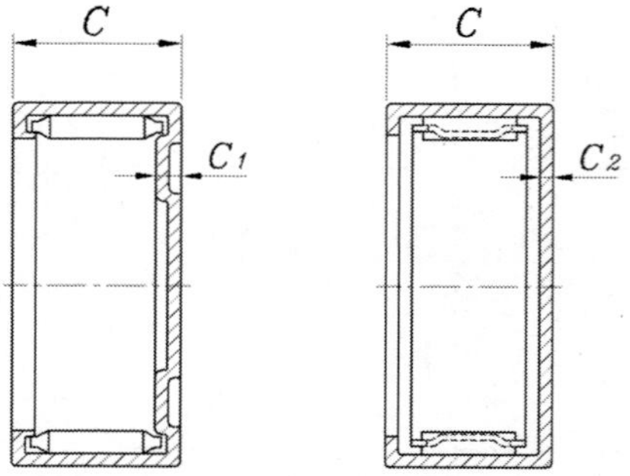

〈양끝이 닫힌 베어링〉

2. 베어링 계열 NA48, RNA48의 베어링의 호칭 번호 및 치수

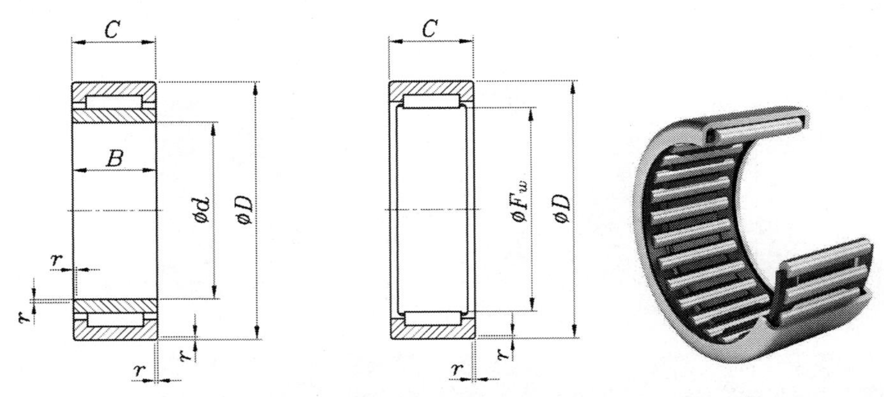

단위 : mm

내륜붙이 베어링 NA 48XX						내륜 없는 베어링 RNA 48XX				
호칭 번호	치 수					호칭 번호	치 수			
	d	D	B 및 C	$r_s$min	F_W		F_W	D	C	$r_s$min
NA 4822	110	140	30	1	120	RNA 4822	120	140	30	1
NA 4824	120	150	30	1	130	RNA 4824	130	150	30	1
NA 4826	130	165	35	1.1	145	RNA 4826	145	165	35	1.1
NA 4828	140	175	35	1.1	155	RNA 4828	155	175	35	1.1
NA 4830	150	190	40	1.1	165	RNA 4830	165	190	40	1.1
NA 4832	160	200	40	1.1	175	RNA 4832	175	200	40	1.1
NA 4834	170	215	45	1.1	185	RNA 4834	185	215	45	1.1
NA 4836	180	225	45	1.1	195	RNA 4836	195	225	45	1.1
NA 4838	190	240	50	1.5	210	RNA 4838	210	240	50	1.5
NA 4840	200	250	50	1.5	220	RNA 4840	220	250	50	1.5
NA 4844	220	270	50	1.5	240	RNA 4844	240	270	50	1.5
NA 4848	240	300	60	2	265	RNA 4848	265	300	60	2
NA 4852	260	320	60	2	285	RNA 4852	285	320	60	2
NA 4856	280	350	69	2	305	RNA 4856	305	350	69	2
NA 4860	300	380	80	2.1	330	RNA 4860	330	380	80	2.1
NA 4864	320	400	80	2.1	350	RNA 4864	350	400	80	2.1
NA 4868	340	420	80	2.1	370	RNA 4868	370	420	80	2.1
NA 4872	360	440	80	2.1	390	RNA 4872	390	440	80	2.1

[주] $r_s$min은 모서리 치수 r의 최소 허용 치수이다.

비고 케이지가 없는 베어링의 경우에는 호칭 번호 앞에 기호 V를 붙인다.

23-18 니들 롤러 베어링–NA49, RNA49 계열

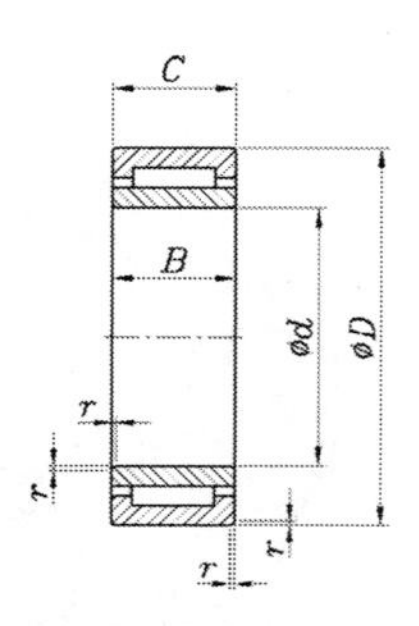

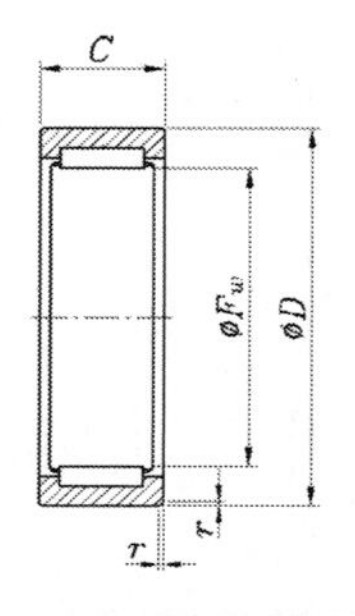

단위 : mm

내륜붙이 베어링 NA 49						내륜이 없는 베어링 RNA 49				
호칭 번호	치 수					호칭 번호	치 수			
	d	*D*	*B* 및 *C*	$r_s$min	F_W		F_W	*D*	*C*	$r_s$min
–	–	–	–	–	–	RNA 493	5	11	10	0.15
–	–	–	–	–	–	RNA 494	6	12	10	0.15
NA 495	5	13	10	0.15	7	RNA 495	7	13	10	0.15
NA 496	6	15	10	0.15	8	RNA 496	8	15	10	0.15
NA 497	7	17	10	0.15	9	RNA 497	9	17	10	0.15
NA 498	8	19	11	0.2	10	RNA 498	10	19	11	0.2
NA 499	9	20	11	0.3	12	RNA 499	12	20	11	0.2
NA 4900	10	22	13	0.3	14	RNA 4900	14	22	13	0.3
NA 4901	12	24	13	0.3	16	RNA 4901	16	24	13	0.3
–	–	–	–	–	–	RNA 49/14	18	26	13	0.3
NA 4902	15	28	13	0.3	20	RNA 4902	20	28	13	0.3
NA 4903	17	30	13	0.3	22	RNA 4903	22	30	13	0.3
NA 4904	20	37	17	0.3	25	RNA 4904	25	37	17	0.3
NA 49/22	22	39	17	0.3	28	RNA 49/22	28	39	17	0.3
NA 4905	25	42	17	0.3	30	RNA 4905	30	42	17	0.3
NA 49/28	28	45	17	0.3	32	RNA 49/28	32	45	17	0.3
NA 4906	30	47	17	0.3	35	RNA 4906	35	47	17	0.3
NA 49/32	32	52	20	0.6	40	RNA 49/32	40	52	20	0.6
NA 4907	35	55	20	0.6	42	RNA 4907	42	55	20	0.6
–	–	–	–	–	–	RNA 49/38	45	58	20	0.6
NA 4908	40	62	22	0.6	48	RNA 4908	48	62	22	0.6
–	–	–	–	–	–	RNA 49/42	50	65	22	0.6
NA 4909	45	68	22	0.6	52	RNA 4909	52	68	22	0.6
–	–	–	–	–	–	RNA 49/48	55	70	22	0.6
NA 4910	50	72	22	0.6	58	RNA 4910	58	72	22	0.6
–	–	–	–	–	–	RNA 49/52	60	75	22	0.6
NA 4911	55	80	25	1	63	RNA 4911	63	80	25	1
–	–	–	–	–	–	RNA 49/58	65	82	25	1
NA 4912	60	85	25	1	68	RNA 4912	68	85	25	1
–	–	–	–	–	–	RNA 49/62	70	88	25	1

내륜붙이 베어링 NA 49						내륜이 없는 베어링 RNA 49				
호칭 번호	치 수					호칭 번호	치 수			
	d	D	B 및 C	$r_s$min	F_W		F_W	D	C	$r_s$min
NA 4913	65	90	25	1	72	RNA 4913	72	90	25	1
–	–	–	–	–	–	RNA 49/68	75	95	30	1
NA 4914	70	100	30	1	80	RNA 4914	80	100	30	1
NA 4915	75	105	30	1	85	RNA 4915	85	105	30	1
NA 4916	80	110	30	1	90	RNA 4916	90	110	30	1
–	–	–	–	–	–	RNA 49/82	95	115	30	1
NA 4917	85	120	35	1.1	100	RNA 4917	100	120	35	1.1
NA 4918	90	125	35	1.1	105	RNA 4918	105	125	35	1.1
NA 4919	95	130	35	1.1	110	RNA 4919	110	130	35	1.1
NA 4920	100	140	40	1.1	115	RNA 4920	115	140	40	1.1
NA 4922	110	150	40	1.1	125	RNA 4922	125	150	40	1.1
NA 4924	120	165	45	1.1	135	RNA 4924	135	165	45	1.1
NA 4926	130	180	50	1.5	150	RNA 4926	150	180	50	1.5
NA 4928	140	190	50	1.5	160	RNA 4928	160	190	50	1.5

비고 케이지가 없는 베어링의 경우에는 호칭 번호 앞에 기호 V를 붙인다.

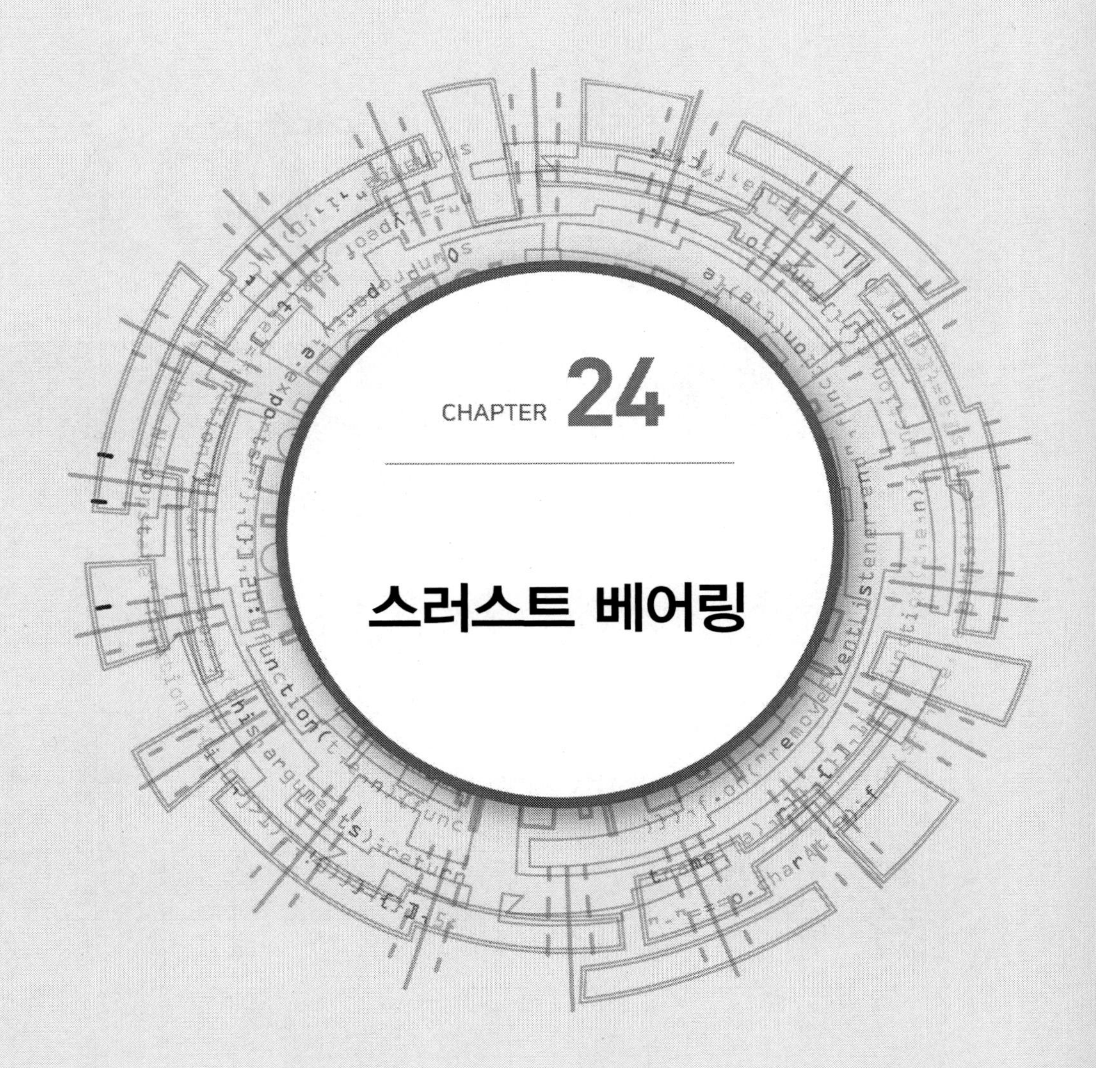

CHAPTER 24

스러스트 베어링

24-1 평면자리 스러스트 베어링 – 단식 계열 511, 512

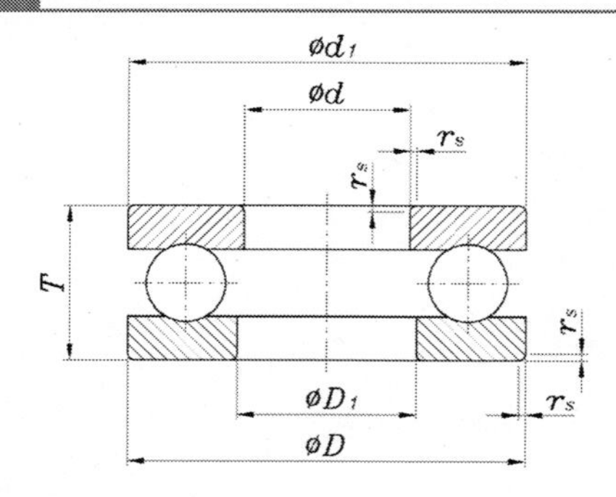

단위 : mm

베어링 계열 511 치수 계열 11						베어링 계열 512 치수 계열 12					
호칭 번호	치 수					호칭 번호	치 수				
	d	$D_{1s\,min}$	$d_{1s\,max}$	T	$r_s$min		d	$D_{1s\,min}$	$d_{1s\,max}$	T	$r_s$min
511 00	10	11	24	9	0.3	512 00	10	12	26	11	0.6
511 01	12	13	26	9	0.3	512 01	12	14	28	11	0.6
511 02	15	16	28	9	0.3	512 02	15	17	32	12	0.6
511 03	17	18	30	9	0.3	512 03	17	19	35	12	0.6
511 04	20	21	35	10	0.3	512 04	20	22	40	14	0.6
511 05	25	26	42	11	0.6	512 05	25	27	47	15	0.6
511 06	30	32	47	11	0.6	512 06	30	32	52	16	0.6
511 07	35	37	52	12	0.6	512 07	35	37	62	18	1
511 08	40	42	60	13	0.6	512 08	40	42	68	19	1
511 09	45	47	65	14	0.6	512 09	45	47	73	20	1
511 10	50	52	70	14	0.6	512 10	50	52	78	22	1
511 11	55	57	78	16	0.6	512 11	55	57	90	25	1
511 12	60	62	85	17	1	512 12	60	62	95	26	1
511 13	65	67	90	18	1	512 13	65	67	100	27	1
511 14	70	72	95	18	1	512 14	70	72	105	27	1
511 15	75	77	100	19	1	512 15	75	77	110	27	1
511 16	80	82	105	19	1	512 16	80	82	115	28	1
511 17	85	87	110	19	1	512 17	85	88	125	31	1
511 18	90	92	120	22	1	512 18	90	93	135	35	1.1
511 20	100	102	135	25	1	512 20	100	103	150	38	1.1
511 22	110	112	145	25	1	512 22	110	113	160	38	1.1
511 24	120	122	155	25	1	512 24	120	123	170	39	1.1
511 26	130	132	170	30	1	512 26	130	133	190	45	1.5
511 28	140	142	180	31	1	512 28	140	143	200	46	1.5
511 30	150	152	190	31	1	512 30	150	153	215	50	1.5
511 32	160	162	200	31	1	512 32	160	163	225	51	1.5
511 34	170	172	215	34	1.1	512 34	170	173	240	55	1.5
511 36	180	183	225	34	1.1	512 36	180	183	250	56	1.5
511 38	190	193	240	37	1.1	512 38	190	194	270	62	2
511 40	200	203	250	37	1.1	512 40	200	204	280	62	2
511 44	220	223	270	37	1.1	512 44	220	224	300	63	2
511 48	240	243	300	45	1.5	512 48	240	244	340	78	2.1
511 52	260	263	320	45	1.5	512 52	260	264	360	79	2.1
511 56	280	283	350	53	1.5	512 56	280	284	380	80	2.1
511 60	300	304	380	62	2	512 60	300	304	420	95	3
511 64	320	324	400	63	2	512 64	320	325	440	95	3
511 68	340	344	420	64	2	512 68	340	345	460	96	3
511 72	360	364	440	65	2	512 72	360	365	500	110	4

24-2 평면자리 스러스트 베어링 – 단식 계열 513, 514

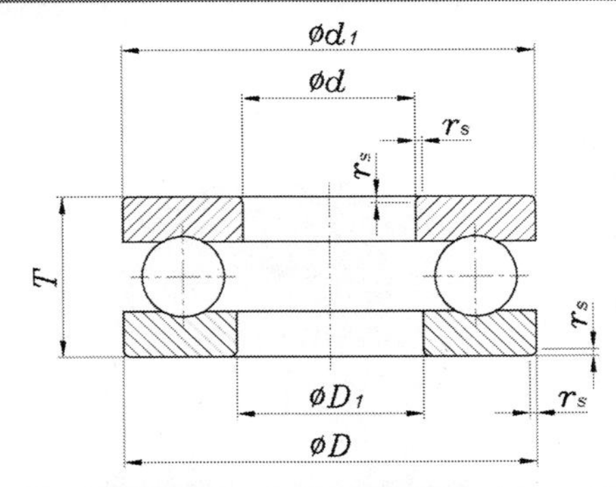

단위 : mm

베어링 계열 513 치수 계열 13						베어링 계열 514 치수 계열 14					
호칭 번호	치 수					호칭 번호	치 수				
	d	$D_{1s\,min}$	$d_{1s\,max}$	T	$r_s$min		d	$D_{1s\,min}$	$d_{1s\,max}$	T	$r_s$min
513 05	25	27	52	18	1	514 05	25	27	60	24	1
513 06	30	32	60	21	1	514 06	30	32	70	28	1
513 07	35	37	68	24	1	514 07	35	37	80	32	1.1
513 08	40	42	78	26	1	514 08	40	42	90	36	1.1
513 09	45	47	85	28	1	514 09	45	47	100	39	1.1
513 10	50	52	95	31	1.1	514 10	50	52	110	43	1.5
513 11	55	57	105	35	1.1	514 11	55	57	120	48	1.5
513 12	60	62	110	35	1.1	514 12	60	62	130	51	1.5
513 13	65	67	115	36	1.1	514 13	65	68	140	56	2
513 14	70	72	125	40	1.1	514 14	70	73	150	60	2
513 15	75	77	135	44	1.5	514 15	75	78	160	65	2
513 16	80	82	140	44	1.5	514 16	80	83	170	68	2.1
513 17	85	88	150	49	1.5	514 17	85	88	180	72	2.1
513 18	90	93	155	50	1.5	514 18	90	93	190	77	2.1
513 20	100	103	170	55	1.5	514 20	100	103	210	85	3
513 22	110	113	190	63	2	514 22	110	113	230	95	3
513 24	120	123	210	70	2.1	514 24	120	123	250	102	4
513 26	130	134	225	75	2.1	514 26	130	134	270	110	4
513 28	140	144	240	80	2.1	514 28	140	144	280	112	4
513 30	150	154	250	80	2.1	514 30	150	154	300	120	4
513 32	160	164	270	87	3	514 32	160	164	320	130	5
513 34	170	174	280	87	3	514 34	170	174	340	135	5
513 36	180	184	300	95	3	514 36	180	184	360	140	5
513 38	190	195	320	105	4	514 38	190	195	380	150	5
513 40	200	205	340	110	4	514 40	200	205	400	155	5
–	–	–	–	–	–	514 44	220	225	420	160	6
–	–	–	–	–	–	514 48	240	245	440	160	6
–	–	–	–	–	–	514 52	260	265	480	175	6
–	–	–	–	–	–	514 56	280	285	520	190	6
–	–	–	–	–	–	514 60	300	305	540	190	6
–	–	–	–	–	–	514 64	320	325	580	205	7.5
–	–	–	–	–	–	514 68	340	345	620	220	7.5
–	–	–	–	–	–	514 72	360	365	640	220	7.5

평면자리 스러스트 베어링 – 복식 계열 522

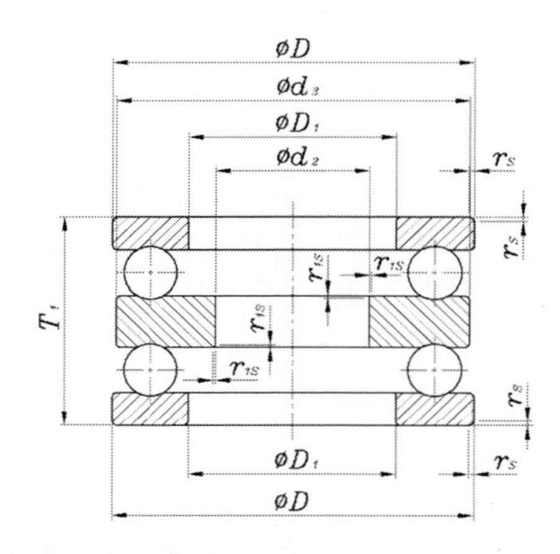

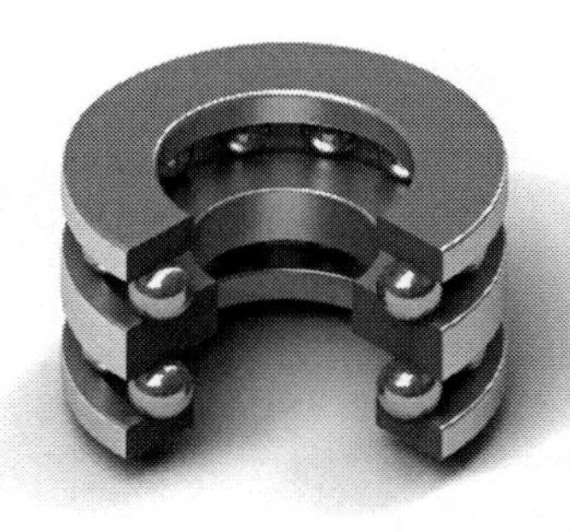

단위 : mm

호칭 번호	베어링 계열 522				치수 계열 22				
	치 수								
	d	d_2	D	$D_{1s\,min}$	$d_{3s\,max}$	T_1	B	외륜 $r_{s\,min}$	내륜 $r_{1s\,min}$
522 02	15	10	32	17	32	22	5	0.6	0.3
522 04	20	15	40	22	40	26	6	0.6	0.3
522 05	25	20	47	27	47	28	7	0.6	0.3
522 06	30	25	52	32	52	29	7	0.6	0.3
522 07	35	30	62	37	62	34	8	1	0.3
522 08	40	30	68	42	68	36	9	1	0.6
522 09	45	35	73	47	73	37	9	1	0.6
522 10	50	40	78	52	78	39	9	1	0.6
522 11	55	45	90	57	90	45	10	1	0.6
522 12	60	50	95	62	95	46	10	1	0.6
522 13	65	55	100	67	100	47	10	1	0.6
522 14	70	55	105	72	105	47	10	1	1
522 15	75	60	110	77	110	47	10	1	1
522 16	80	65	115	82	115	48	10	1	1
522 17	85	70	125	88	125	55	12	1	1
522 18	90	75	135	93	135	62	14	1.1	1
522 20	100	85	150	103	150	67	15	1.1	1
522 22	110	95	160	113	160	67	15	1.1	1
522 24	120	100	170	123	170	68	15	1.1	1.1
522 26	130	110	190	133	189.5	80	18	1.5	1.1
522 28	140	120	200	143	199.5	81	18	1.5	1.1
522 30	150	130	215	153	214.5	89	20	1.5	1.1
522 32	160	140	225	163	224.5	90	20	1.5	1.1
522 34	170	150	240	173	239.5	97	21	1.5	1.1
522 36	180	150	250	183	249	98	21	1.5	2
522 38	190	160	270	194	269	109	24	2	2
522 40	200	170	280	204	279	109	24	2	2
522 44	220	190	300	224	299	110	24	2	2

[주] d는 단식 베어링 지름 계열 2에 관계되는 내륜의 안지름이다.

24-4 평면자리 스러스트 베어링 – 복식 계열 523

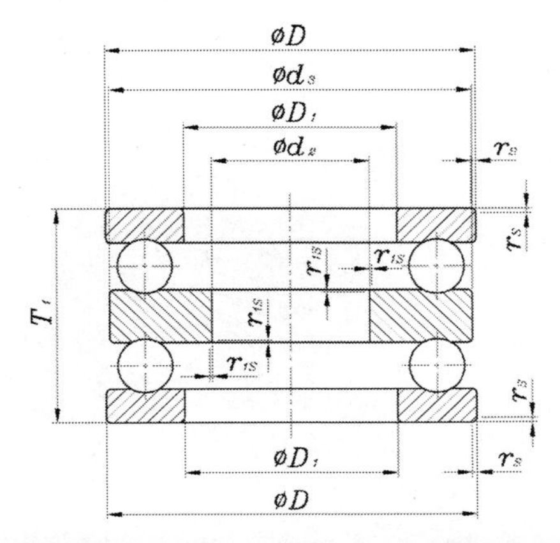

단위 : mm

호칭 번호	치 수								
	d	d_2	D	$D_{1s\,min}$	$d_{3s\,max}$	T_1	B	외륜 $r_{s\,min}$	내륜 $r_{1s\,min}$
523 05	25	20	52	27	52	34	8	1	0.3
523 06	30	25	60	32	60	38	9	1	0.3
523 07	35	30	68	37	68	44	10	1	0.3
523 08	40	30	78	42	78	49	12	1	0.6
523 09	45	35	85	47	85	52	12	1	0.6
523 10	50	40	95	52	95	58	14	1.1	0.6
523 11	55	45	105	57	105	64	15	1.1	0.6
523 12	60	50	110	62	110	64	15	1.1	0.6
523 13	65	55	115	67	115	65	15	1.1	0.6
523 14	70	55	125	72	125	72	16	1.1	1
523 15	75	60	135	77	135	79	18	1.5	1
523 16	80	65	140	82	140	79	18	1.5	1
523 17	85	70	150	88	150	87	19	1.5	1
523 18	90	75	155	93	155	88	19	1.5	1
523 20	100	85	170	103	170	97	21	1.5	1
523 22	110	95	190	113	189.5	110	24	2	1
523 24	120	100	210	123	209.5	123	27	2.1	1.1
523 26	130	110	225	134	224	130	30	2.1	1.1
523 28	140	120	240	144	239	140	31	2.1	1.1
523 30	150	130	250	154	249	140	31	2.1	1.1
523 32	160	140	270	164	269	153	33	3	1.1
523 34	170	150	280	174	279	153	33	3	1.1
523 36	180	150	300	184	299	165	37	3	2
523 38	190	160	320	195	319	183	40	4	2
523 40	200	170	340	205	339	192	42	4	2

(표 상단: 베어링 계열 522 치수 계열 22)

[주] d는 단식 베어링 지름 계열 3에 관계되는 내륜의 안지름이다.

24-5 평면자리 스러스트 베어링 – 복식 계열 524

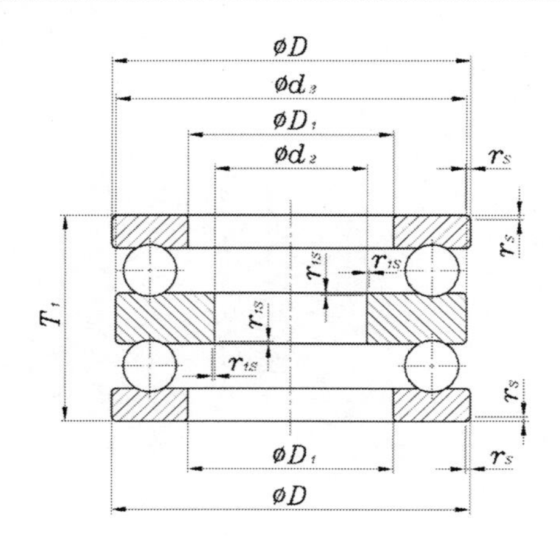

단위 : mm

호칭 번호	베어링 계열 522					치수 계열 22			
	치 수								
	d	d_2	D	$D_{1s\,min}$	$d_{3s\,max}$	T_1	B	외륜 $r_{s\,min}$	내륜 $r_{1s\,min}$
524 05	25	15	60	27	60	45	11	1	0.6
524 06	30	20	70	32	70	52	12	1	0.6
524 07	35	25	80	37	80	59	14	1.1	0.6
524 08	40	30	90	42	90	65	15	1.1	0.6
524 09	45	35	100	47	100	72	17	1.1	0.6
524 10	50	40	110	52	110	78	18	1.5	0.6
524 11	55	45	120	57	120	87	20	1.5	0.6
524 12	60	50	130	62	130	93	21	1.5	0.6
524 13	65	50	140	68	140	101	23	2	1
524 14	70	55	150	73	150	107	24	2	1
524 15	75	60	160	78	160	115	26	2	1
524 16	80	65	170	83	170	120	27	2.1	1
524 17	85	65	180	88	179.5	128	29	2.1	1.1
524 18	90	70	190	93	189.5	135	30	2.1	1.1
524 20	100	80	210	103	209.5	150	33	3	1.1
524 22	110	90	230	113	229	166	37	3	1.1
524 24	120	95	250	123	249	177	40	4	1.5
524 26	130	100	270	134	269	192	42	4	2
524 28	140	110	280	144	279	196	44	4	2
524 30	150	120	300	154	299	209	46	4	2
524 32	160	130	320	164	319	226	50	5	2
524 34	170	135	340	174	339	236	50	5	2.1
524 36	180	140	360	184	359	245	52	5	3

[주] d는 단식 베어링 지름 계열 4에 관계되는 내륜의 안지름이다.

24-6 자동조심 스러스트 롤러 베어링 – 292 계열

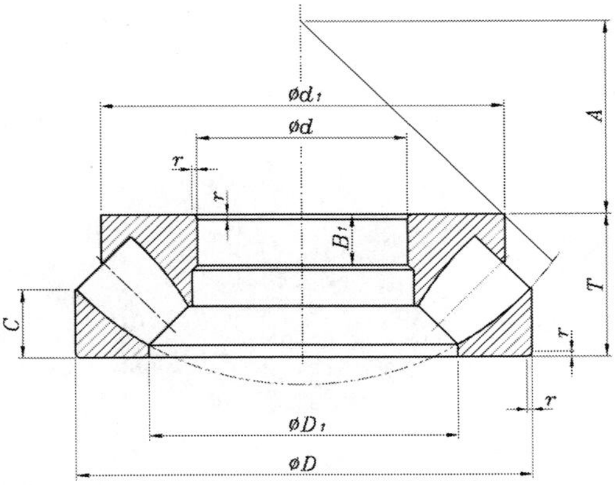

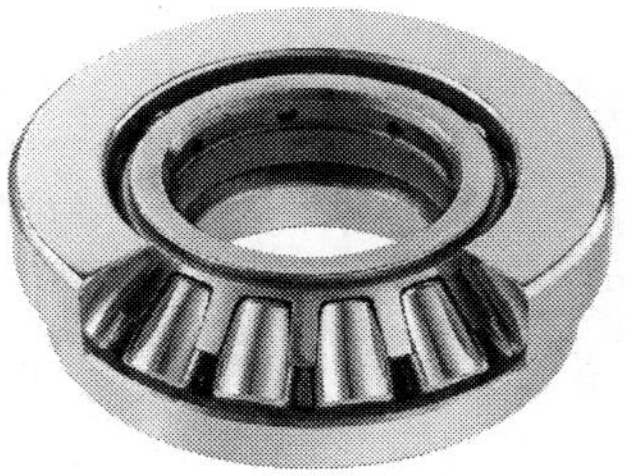

단위 : mm

호칭 번호	베어링 계열 292				치수 계열 92				
	치 수								
	d	D	T	r_{min}	(참 고)				
					d_1	D_1	B_1	C	A
292 40	200	280	48	2	271	236	15	24	108
292 44	220	300	48	2	292	254	15	24	117
292 48	240	340	60	2.1	330	283	19	30	130
292 52	260	360	60	2.1	350	302	19	30	139
292 56	280	380	60	2.1	370	323	19	30	150
292 60	300	420	73	3	405	353	21	38	162
292 64	320	440	73	3	430	372	21	38	172
292 68	340	460	73	3	445	395	21	37	183
292 72	360	500	85	4	485	423	25	44	194
292 76	380	520	85	4	505	441	27	42	202
292 80	400	540	85	4	526	460	27	42	212
292 84	420	580	95	5	564	489	30	46	225
292 88	440	600	95	5	585	508	30	49	235
292 92	460	620	95	5	605	530	30	46	245
292 96	480	650	103	5	635	556	33	55	259
292/500	500	670	103	5	654	574	33	55	268

24-7 자동조심 스러스트 롤러 베어링 – 293 계열

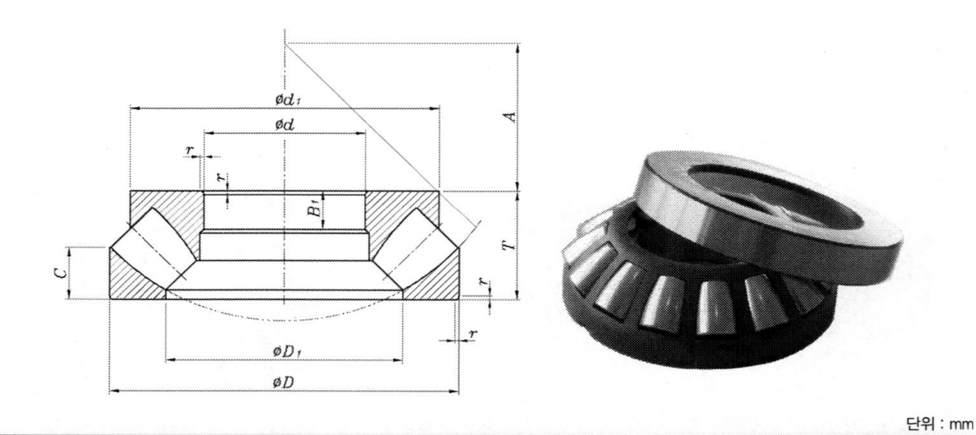

단위 : mm

호칭 번호	베어링 계열 293				치수 계열 93				
	치 수								
	d	D	T	r_{min}	(참 고)				
					d_1	D_1	B_1	C	A
293 17	85	150	39	2.5	143.5	114	13	19	50
293 18	90	155	39	2.5	148.5	117	13	19	52
293 20	100	170	42	2.5	163	129	14	20.8	58
293 22	110	190	48	3	182	143	16	23	64
293 24	120	210	54	3.5	200	159	18	26	70
293 26	130	225	58	3.5	215	171	19	28	76
293 28	140	240	60	3.5	230	183	20	29	82
293 30	150	250	60	3.5	240	194	20	29	87
293 32	160	270	67	4	260	208	23	32	92
293 34	170	280	67	4	270	216	23	32	96
293 36	180	300	73	4	290	232	25	35	103
293 38	190	320	78	5	308	246	27	38	110
293 40	200	340	85	5	325	261	29	41	116
293 44	220	360	85	5	345	280	29	41	125
293 48	240	380	85	5	365	300	29	41	135
293 52	260	420	95	5	405	329	32	45	148
293 56	280	440	95	5	423	348	32	46	158
293 60	300	480	109	5	460	379	37	50	168
293 64	320	500	109	5	482	399	37	53	180
293 68	340	540	122	5	520	428	41	59	192
293 72	360	560	122	5	540	448	41	59	202
293 76	380	600	132	6	580	477	44	63	216
293 80	400	620	132	6	596	494	44	64	225
293 84	420	650	140	6	626	520	48	68	235
293 88	440	680	145	6	655	548	49	70	245
293 92	460	710	150	6	685	567	51	72	257
293 96	480	730	150	6	705	590	51	72	270
293/500	500	750	150	6	725	611	51	74	280

24-8 자동조심 스러스트 롤러 베어링 – 294 계열

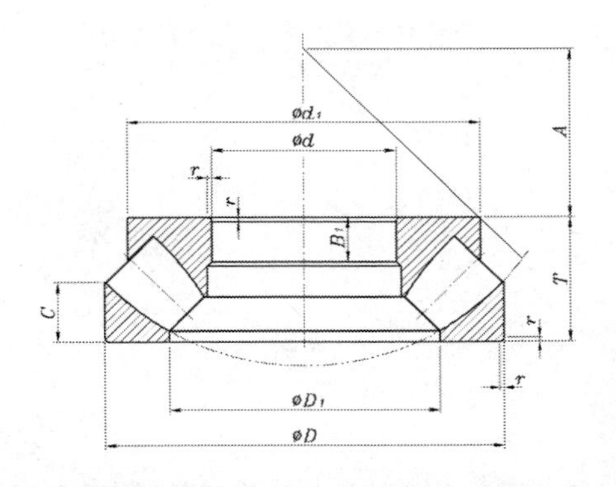

단위 : mm

베어링 계열 294					치수 계열 94				
호칭 번호	치 수								
					(참 고)				
	d	D	H	r_{min}	D_1	d_1	H_1	H_2	A
294 12	60	130	42	1.5	123	89	15	20	38
294 13	65	140	45	2	133	96	16	21	42
294 14	70	150	48	2	142	103	17	23	44
294 15	75	160	51	2	152	109	18	24	47
294 16	80	170	54	2.1	162	117	19	26	50
294 17	85	180	58	2.1	170	125	21	28	54
294 18	90	190	60	2.1	180	132	22	29	56
294 20	100	210	67	3	200	146	24	32	62
294 22	110	230	73	3	220	162	26	35	69
294 24	120	250	78	4	236	174	29	37	74
294 26	130	270	85	4	255	189	31	41	81
294 28	140	280	85	4	268	199	31	41	86
294 30	150	300	90	4	285	214	32	44	92
294 32	160	320	95	5	306	229	34	45	99
294 34	170	340	103	5	324	243	37	50	104
294 36	180	360	109	5	342	255	39	52	110
294 38	190	380	115	5	360	271	41	55	117
294 40	200	400	122	5	380	286	43	59	122
294 44	220	420	122	6	400	308	43	58	132
294 48	240	440	122	6	420	326	43	59	142
294 52	260	480	132	6	460	357	48	64	154
294 56	280	520	145	6	495	387	52	68	166
294 60	300	540	145	6	515	402	52	70	175
294 64	320	580	155	7.5	555	435	55	75	191
294 68	340	620	170	7.5	590	462	61	82	201
294 72	360	640	170	7.5	610	480	61	82	210
294 76	380	670	175	7.5	640	504	63	85	230
294 80	400	710	185	7.5	680	534	67	89	236
294 84	420	730	185	7.5	700	556	67	89	244
294 88	440	780	206	9.5	745	588	74	100	260
294 92	460	800	206	9.5	765	608	74	100	272
294 96	480	850	224	9.5	810	638	81	108	280
294/500	500	870	224	9.5	830	661	81	107	290

CHAPTER 25

용접 기호

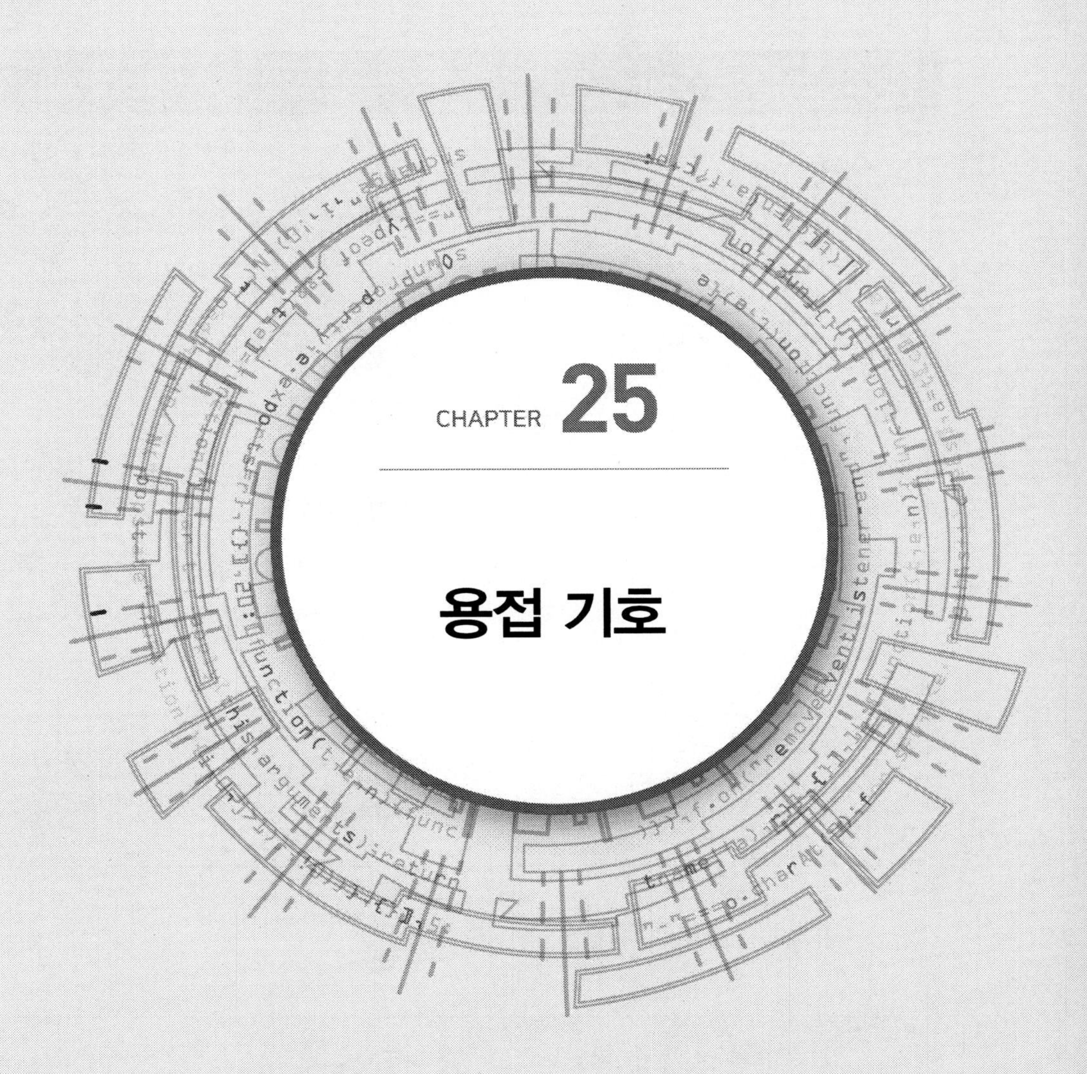

25-1 기본 기호 및 보조 기호 [KS B 0052]

기본 기호			
번 호	명 칭	그 림	기 호
1	돌출된 모서리를 가진 평판 사이의 맞대기 용접. 에지 플랜지형 용접(미국)/돌출된 모서리는 완전 용해	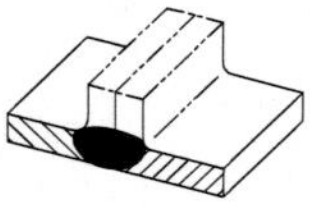	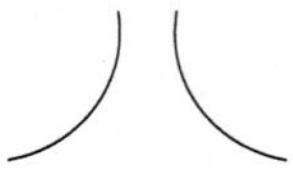
2	평행(I형) 맞대기 용접		
3	V형 맞대기 용접	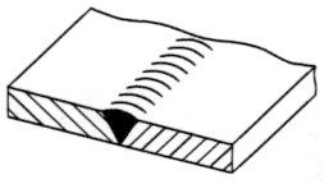	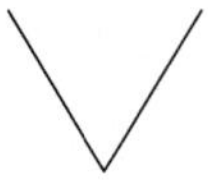
4	일면 개선형 맞대기 용접	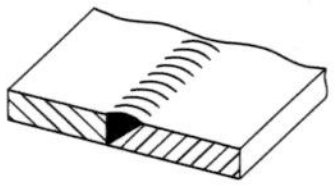	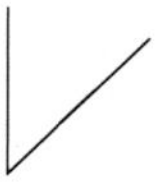
5	넓은 루트면이 있는 V형 맞대기 용접	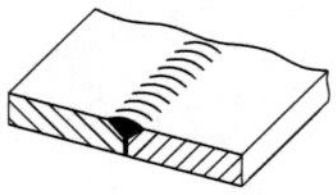	
6	넓은 루트면이 있는 한 면 개선형 맞대기 용접	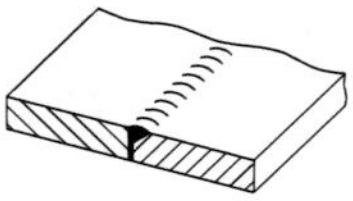	
7	U형 맞대기 용접(평행 또는 경사면)	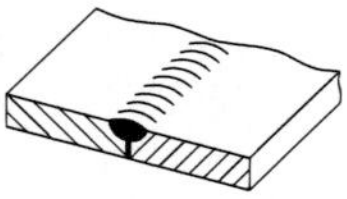	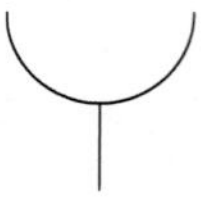
8	J형 맞대기 용접	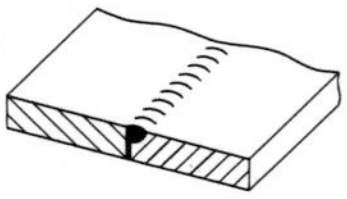	

■ 기본 기호 및 보조 기호(계속)

기본 기호			
번 호	명 칭	그 림	기 호
9	이면 용접	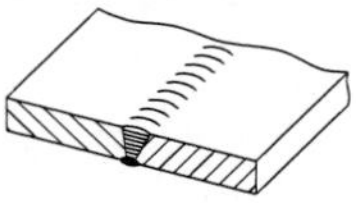	
10	필릿 용접	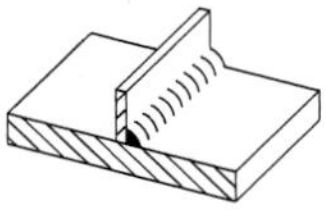	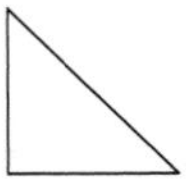
11	플러그 용접 : 플로그 또는 슬롯 용접(미국)	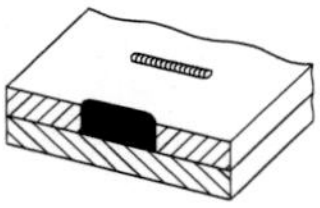	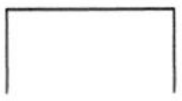
12	점 용접	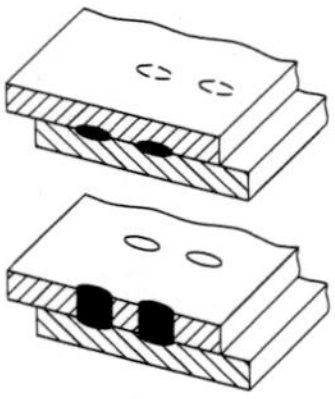	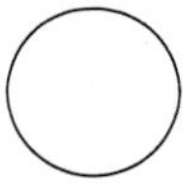
13	심(seam) 용접	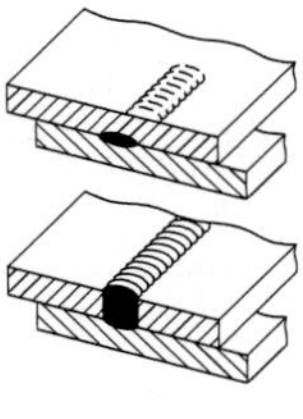	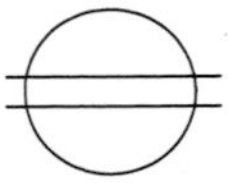
14	개선 각이 급격한 V형 맞대기 용접	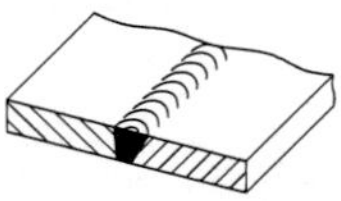	
15	개선 각이 급격한 일면 개선형 맞대기 용접	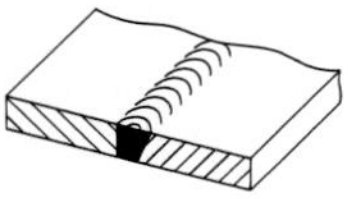	

■ 기본 기호 및 보조 기호 (계속)

기본 기호			
번 호	명 칭	그 림	기 호
16	가장자리(edge) 용접	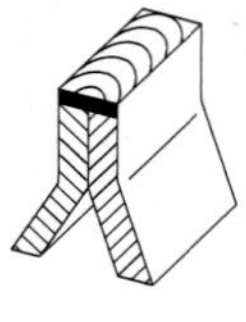	
17	표면 육성	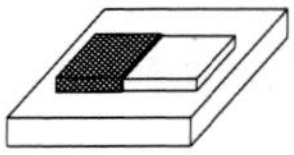	
18	표면(surface) 접합부	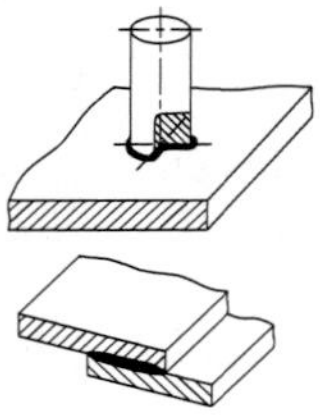	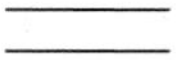
19	경사 접합부	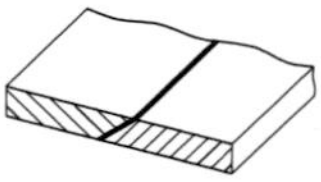	
20	겹침 접합부	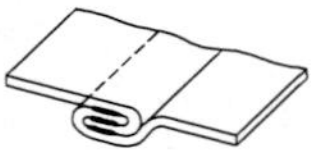	

양면 용접부 조합 기호(보기)			
번 호	명 칭	그 림	기 호
1	양면 V형 맞대기 용접(X용접)		
2	K형 맞대기 용접	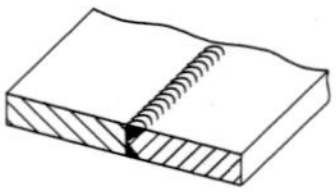	

■ 기본 기호 및 보조 기호 (계속)

양면 용접부 조합 기호(보기)			
번 호	명 칭	그 림	기 호
3	넓은 루트면이 있는 양면 V형 용접		
4	넓은 루트면이 있는 양면 K형 용접	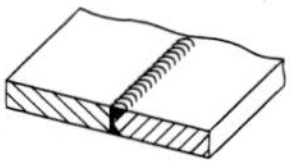	
5	양면 U형 맞대기 용접		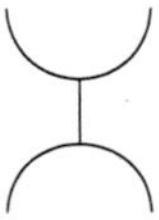

보조 기호		
번 호	용접부 표면 또는 용접부 형상	기 호
1	평면(동일한 면으로 마감 처리)	
2	볼록형	
3	오목형	
4	토우를 매끄럽게 함	
5	영구적인 이면 판재(backing strip) 사용	M
6	제거 가능한 이면 판재 사용	MR

■ 기본 기호 및 보조 기호(계속)

보조 기호의 적용 보기			
번호	명칭	그림	기호
1	평면 마감 처리한 V형 맞대기 용접		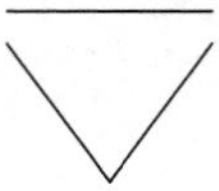
2	볼록 양면 V형 용접	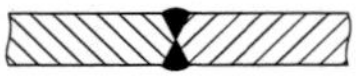	
3	오목 필릿 용접	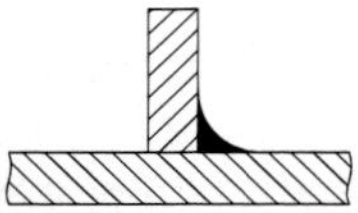	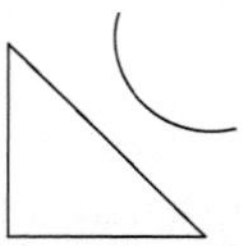
4	이면 용접이 있으며 표면 모두 평면 마감 처리한 V형 맞대기 용접		
5	넓은 루트면이 있고 이면 용접된 V형 맞대기 용접		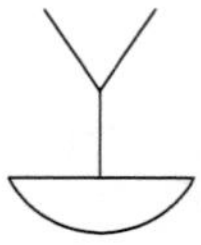
6	평면 마감 처리한 V형 맞대기 용접		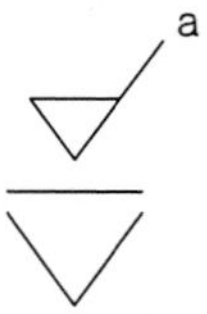 a
7	매끄럽게 처리한 필릿 용접	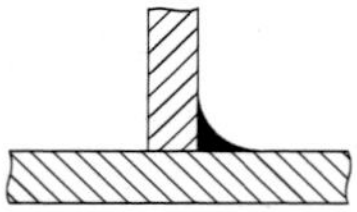	

25-2 도면에서 기호의 위치

화살표와 접합부와의 관계

3
2a
1
이음
2b

〈표시 방법〉

1 = 화살표
2a = 기준선(실선)
2b = 식별선(점선)
3 = 용접기호

한쪽 면 필릿 용접의 T 접합부

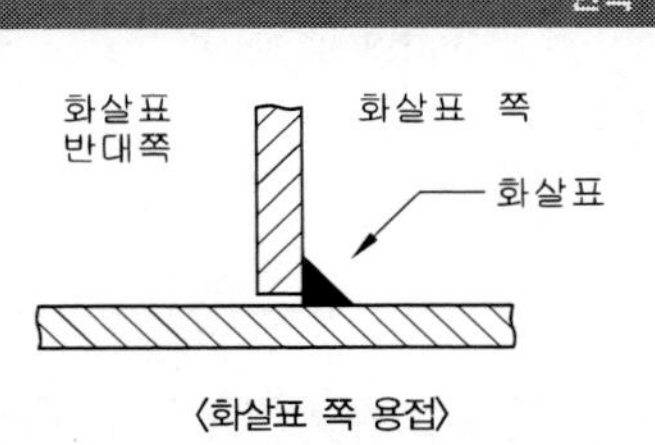

〈화살표 쪽 용접〉

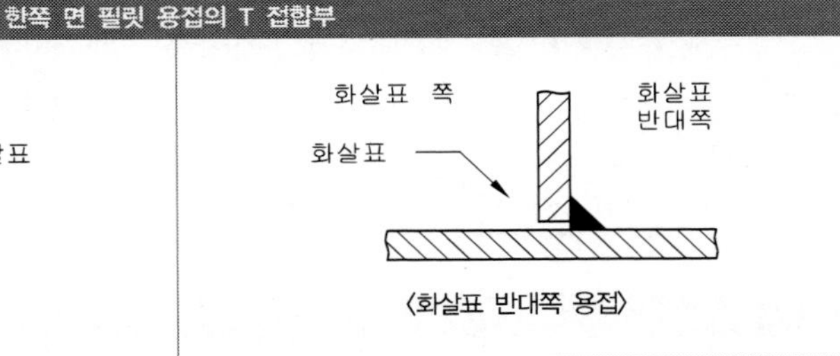

〈화살표 반대쪽 용접〉

양면 필릿 용접의 십자(+)형 접합부

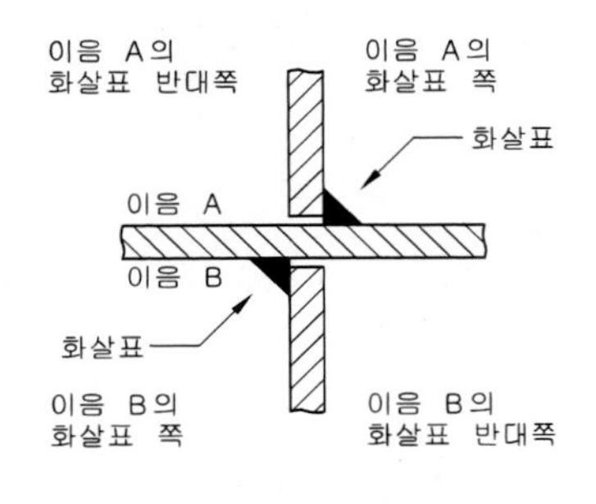

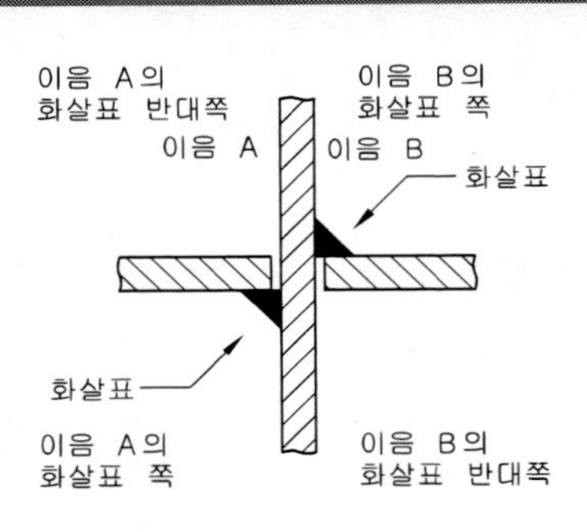

■ 도면에서 기호의 위치 (계속)

화살표의 위치

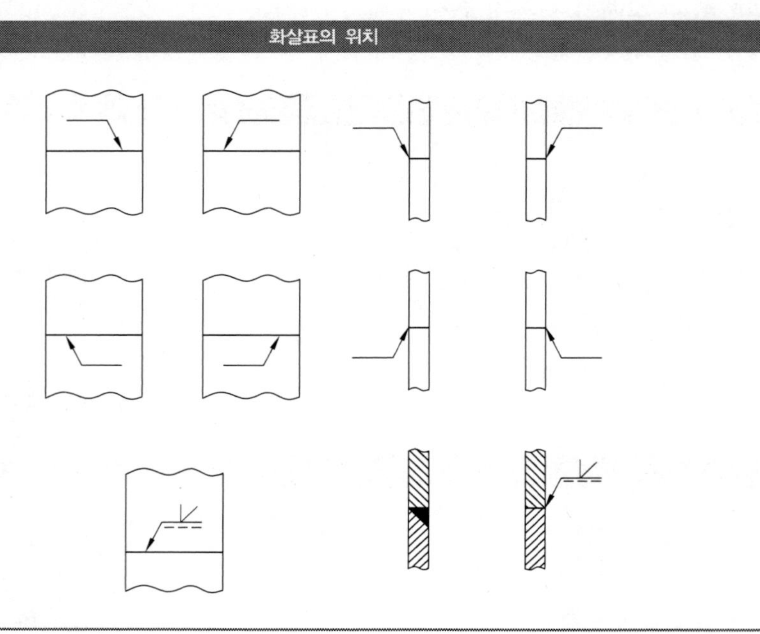

기준선에 따른 기호의 위치

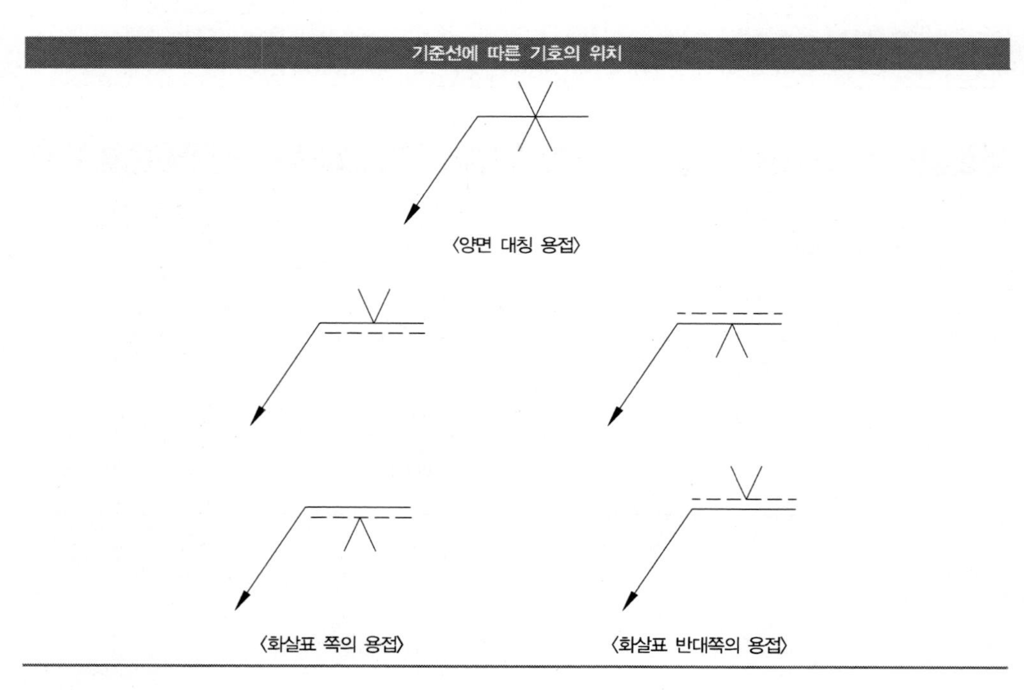

25-3 용접부 치수 표시

표시 원칙의 예

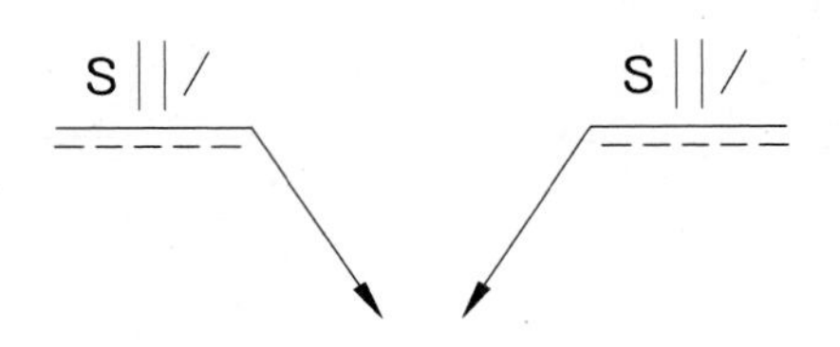

필릿 용접부의 치수 표시 방법

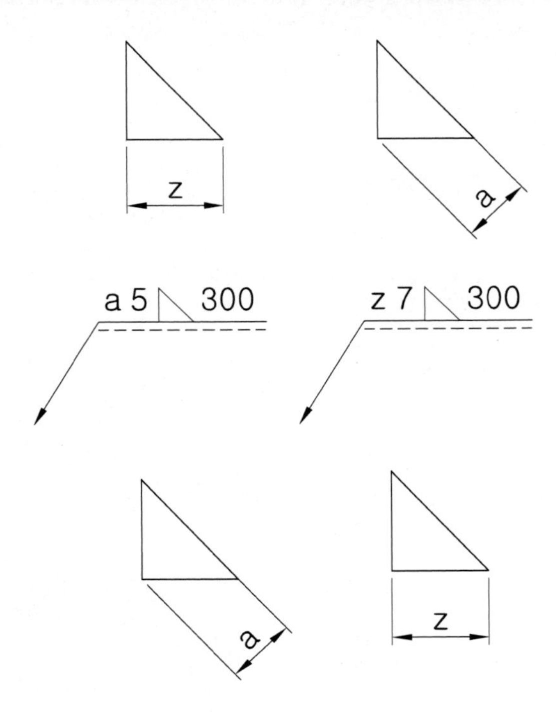

■ 용접부 치수 표시 (계속)

필릿 용접의 용입 깊이의 치수 표시 방법

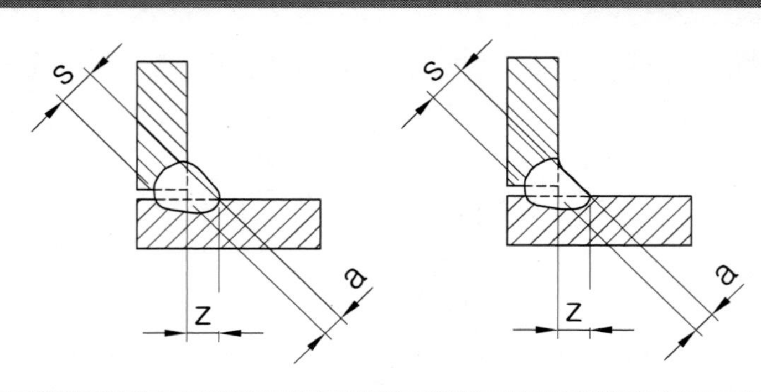

주요 치수				
번 호	명 칭	그 림	용어의 정의	표 시
1	맞대기 용접	s	s : 얇은 부재의 두께보다 커질 수 없는 거리로서 부재의 표면부터 용입의 바닥까지의 최소 거리	
		s		s
		s		s
2	플랜지형 맞대기 용접	s	s : 용접부 외부 표면부터 용입의 바닥까지의 최소 거리	s
3	연속 필릿 용접	z a z a z a	a : 단면에서 표시될 수 있는 최대 이등변삼각형의 높이 z : 단면에서 표시될 수 있는 최대 이등변삼각형의 변	a z

■ 용접부 치수 표시(계속)

주요 치수				
번 호	명 칭	그 림	용어의 정의	표 시
4	단속 필릿 용접	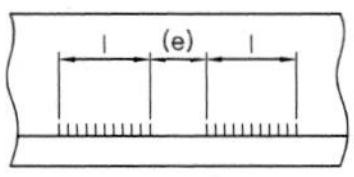	I : 용접길이(크레이터 제외) (e) : 인접한 용접부 간격 n : 용접부 수 a : 3번 참조 z : 3번 참조	a ◺ n × l (e) z ◺ n × l (e)
5	지그재그 단속 필릿 용접	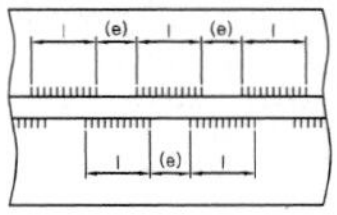	I : 4번 참조 (e) : 4번 참조 n : 4번 참조 a : 3번 참조 z : 3번 참조	a/a n × l (e) / n × l (e) z/z n × l (e) / n × l (e)
6	플러그 또는 슬롯 용접	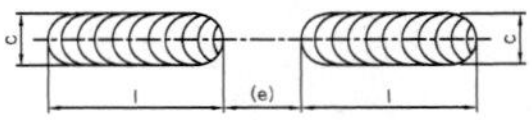	I : 4번 참조 (e) : 4번 참조 n : 4번 참조 c : 슬롯의 너비	c ⊓ n × l (e)
7	심 용접	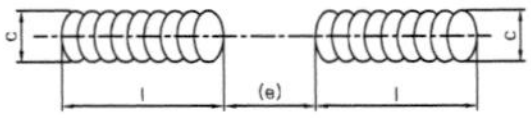	I : 4번 참조 (e) : 4번 참조 n : 4번 참조 c : 용접부 너비	c ⊖ n × l (e)
8	플러그 용접	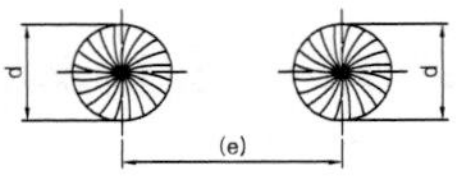	n : 4번 참조 (e) : 간격 d : 구멍의 지름	c ⊓ n (e)
9	점 용접	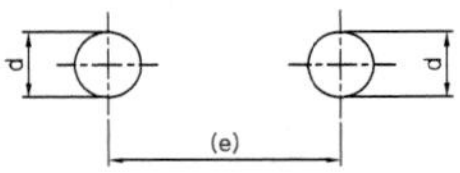	n : 4번 참조 (e) : 간격 d : 점(용접부)의 지름	c ○ n (e)

25-4 보조 표시 예

번 호	명 칭	표시 예
1	일주 용접 (용접이 부재의 전체를 둘러서 이루어질 때 기호)	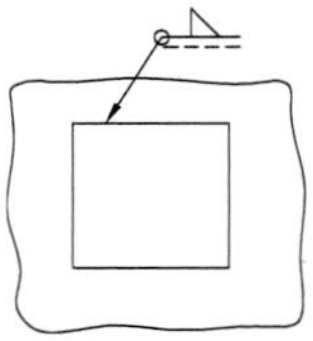 〈일주 용접의 표시〉
2	현장 용접 (깃발기호)	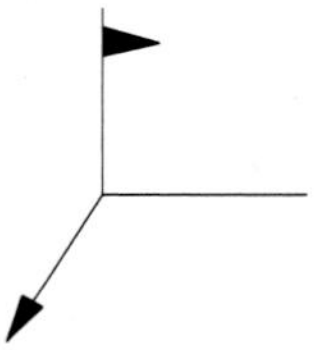 〈현장 용접의 표시〉
3	용접 방법의 표시 (기준선의 끝에 2개 선 사이에 숫자로 표시)	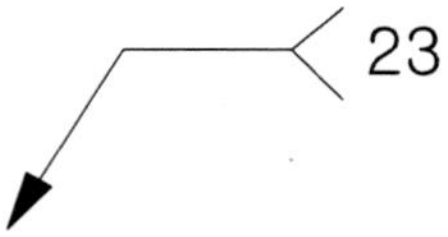 23 〈용접 방법의 표시〉
4	참고 표시의 끝에 있는 정보의 순서	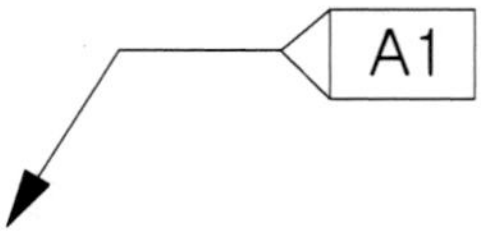 A1 〈참고 정보〉 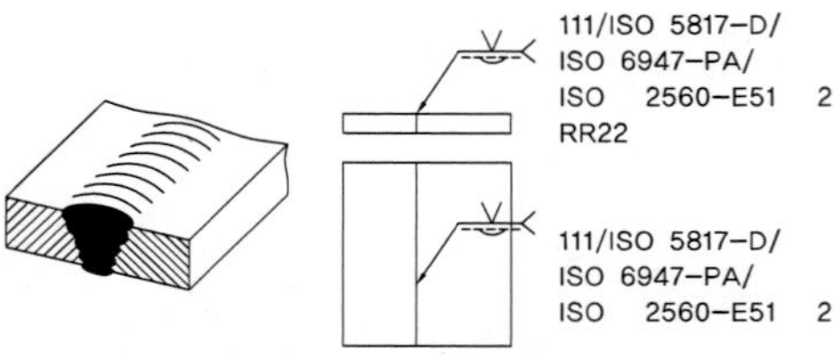 111/ISO 5817-D/ ISO 6947-PA/ ISO 2560-E51 2 RR22 111/ISO 5817-D/ ISO 6947-PA/ ISO 2560-E51 2 〈이면 용접이 있는 V형 맞대기 용접부〉

25-5 점 및 심 용접부에 대한 적용의 예

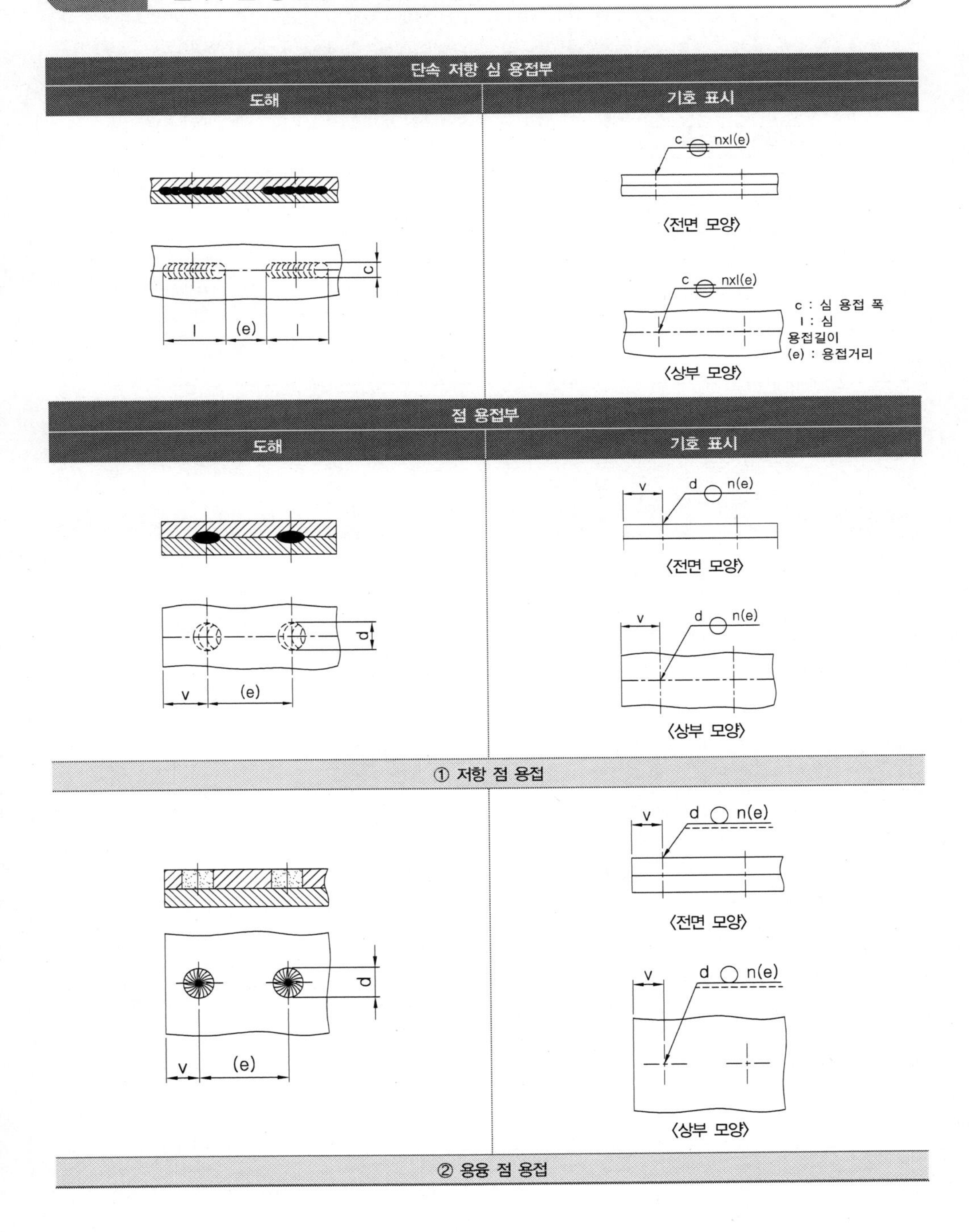

■ 점 및 심 용접부에 대한 적용의 예 (계속)

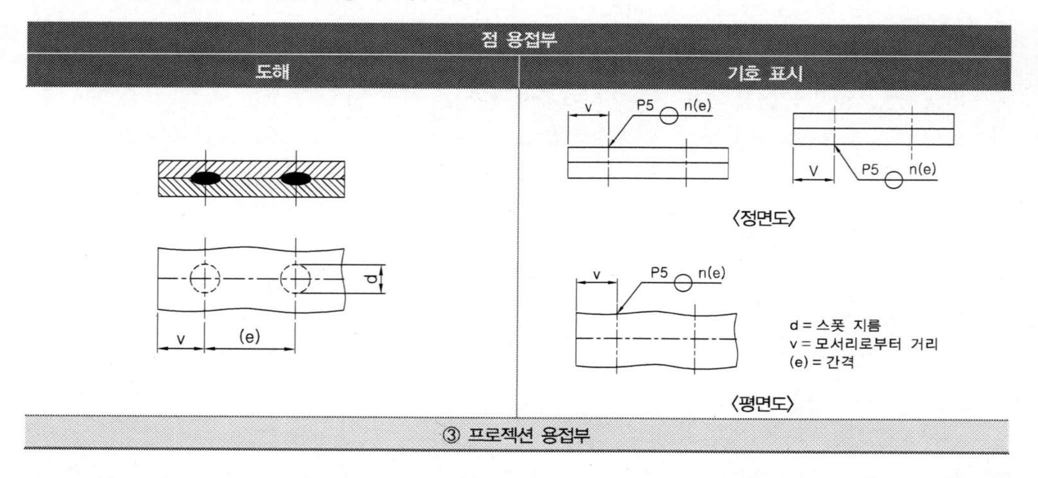

③ 프로젝션 용접부

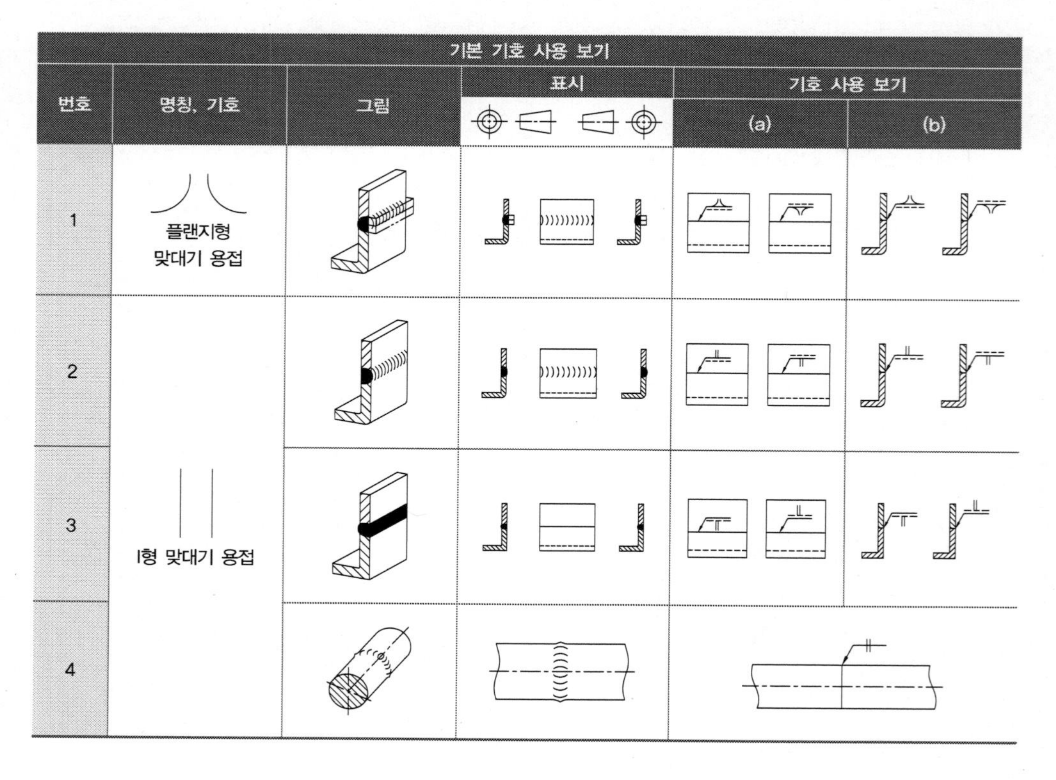

■ 점 및 심 용접부에 대한 적용의 예(계속)

기본 기호 사용 보기					
번호	명칭, 기호	그림	표시	기호 사용 보기	
				(a)	(b)
5	 V형 맞대기 용접	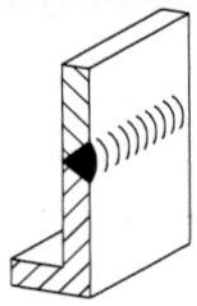	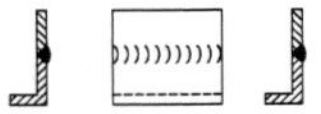	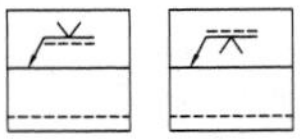	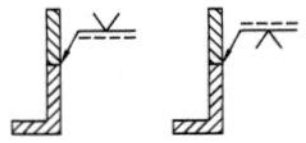
6		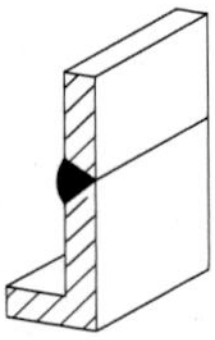		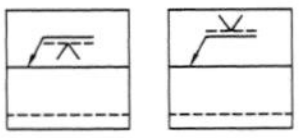	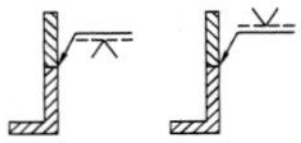
7	 일면(한면) 개선형 맞대기 용접	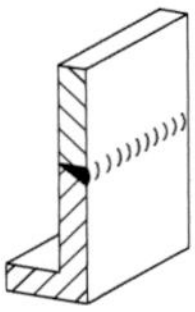	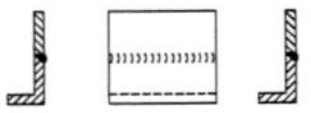	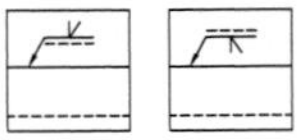	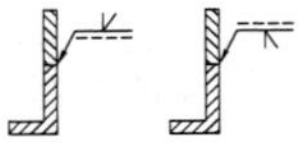
8		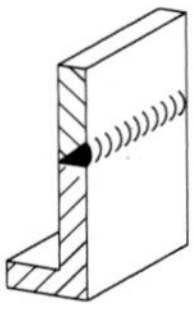	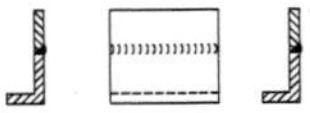		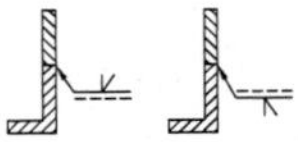
9		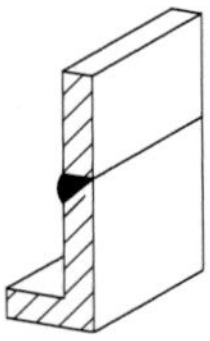	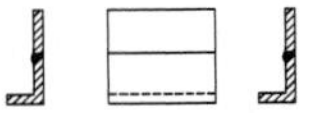	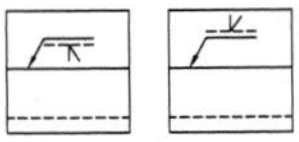	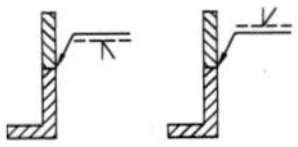
10		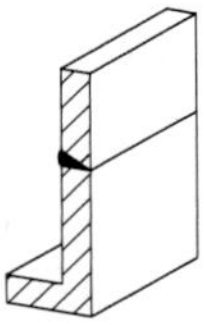	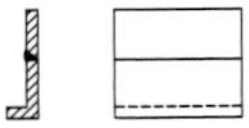	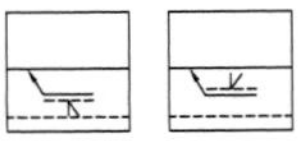	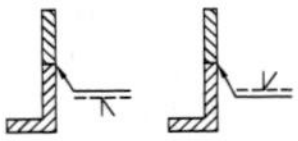

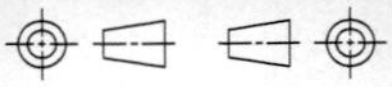

■ 점 및 심 용접부에 대한 적용의 예(계속)

기본 기호 사용 보기					
번호	명칭, 기호	그림	표시 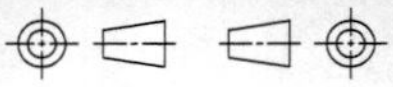	기호 사용 보기 (a)	기호 사용 보기 (b)
11	 넓은 루트면이 있는 V형 맞대기 용접	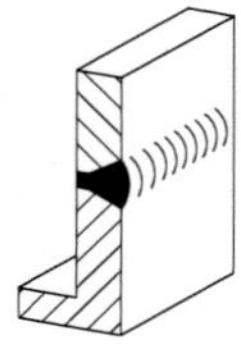	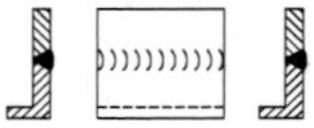	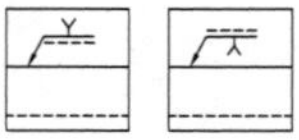	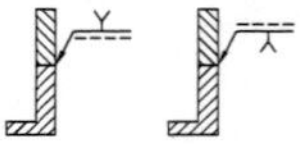
12	 넓은 루트면이 있는 일면 개선형 맞대기 용접	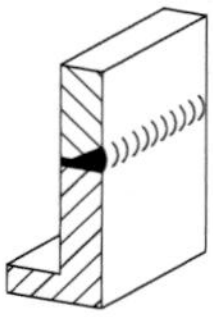	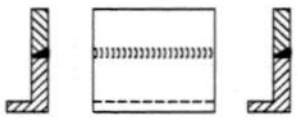	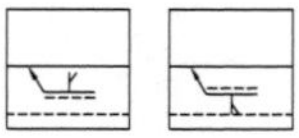	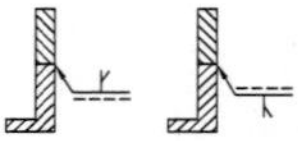
13		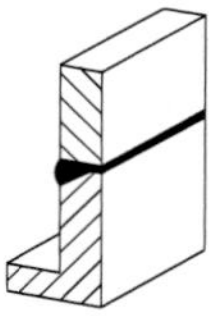	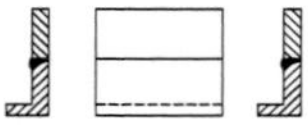	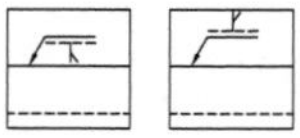	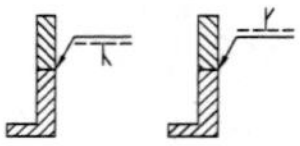
14	 U형 맞대기 용접	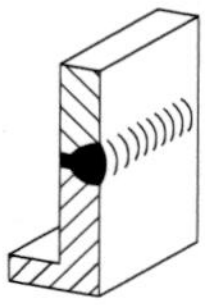	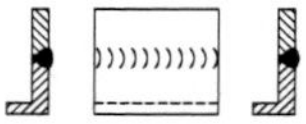	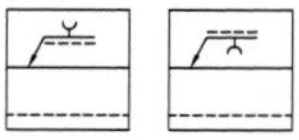	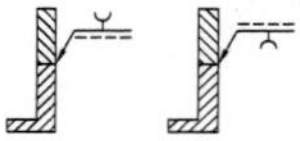
15	 J형 맞대기 용접	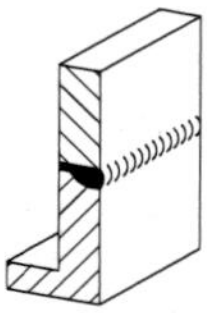	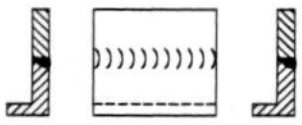	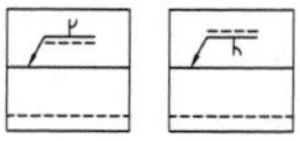	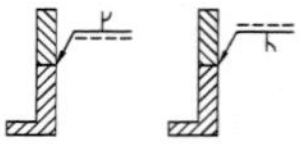
16		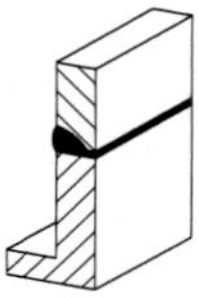	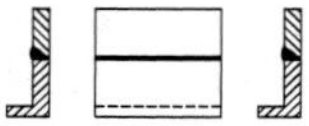	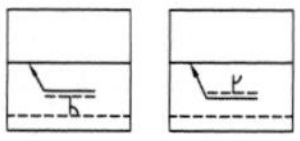	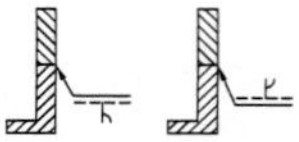

■ 점 및 심 용접부에 대한 적용의 예 (계속)

기본 기호 사용 보기					
번호	명칭, 기호	그림	표시	기호 사용 보기	
				(a)	(b)
17	필릿 용접 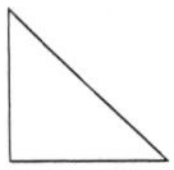	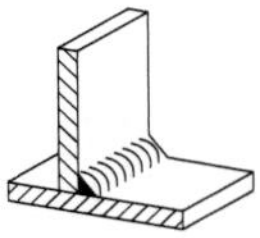		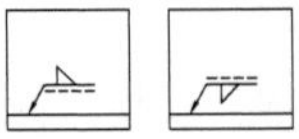	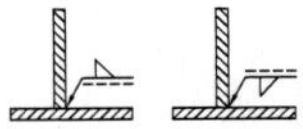
18		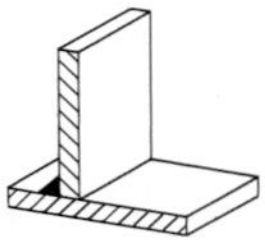		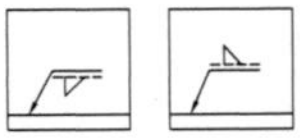	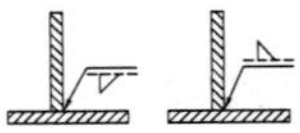
19		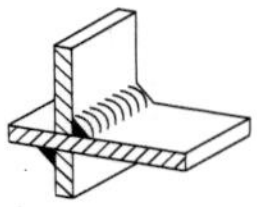	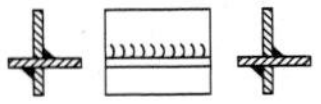	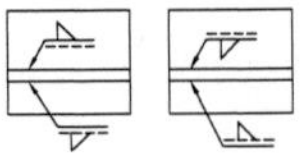	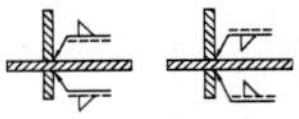
20		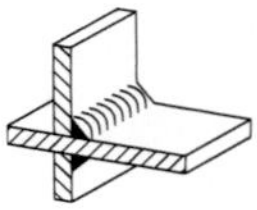	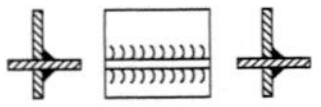	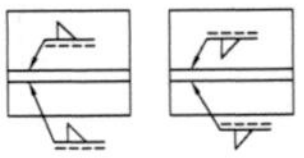	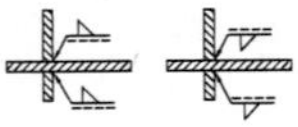
21		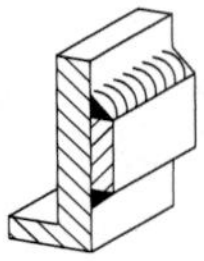	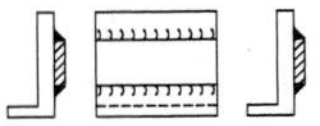	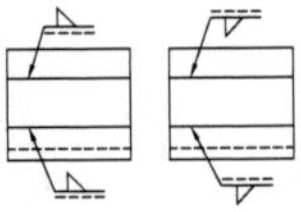	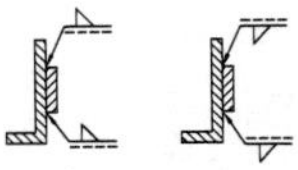
22	플러그 용접 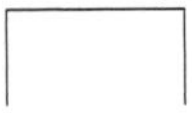	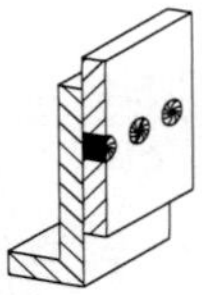	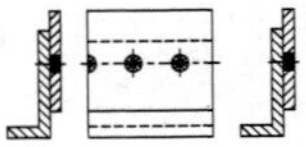	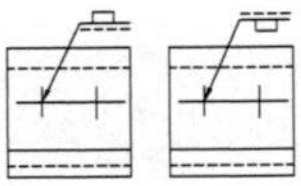	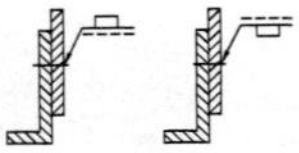
23		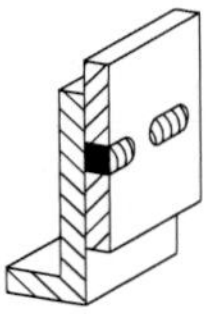	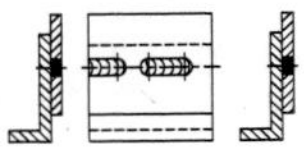	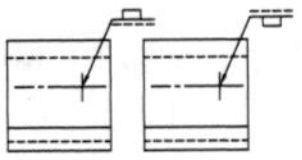	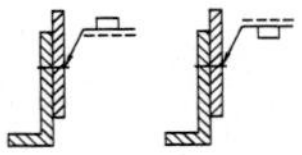

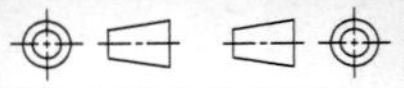

■ 점 및 심 용접부에 대한 적용의 예(계속)

기본 기호 사용 보기					
번호	명칭, 기호	그림	표시	기호 사용 보기 (a)	기호 사용 보기 (b)
24	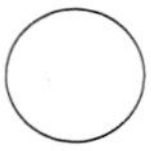 점 용접	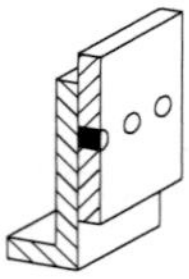	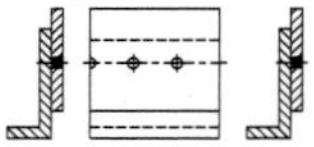	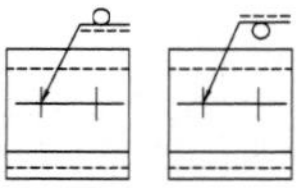	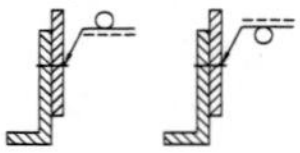
25	점 용접	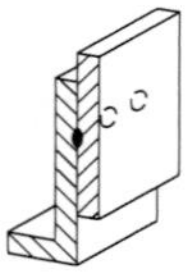	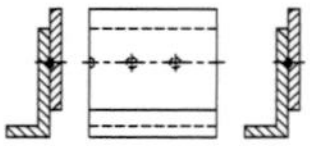	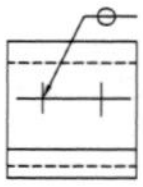	
26	 심 용접	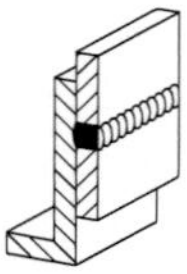	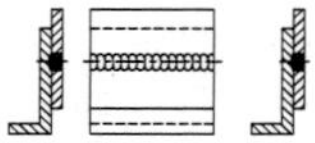	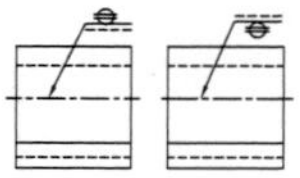	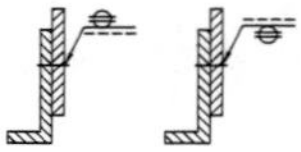
27	심 용접	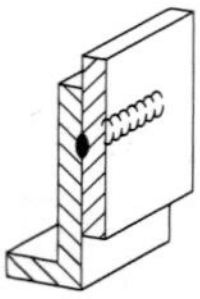	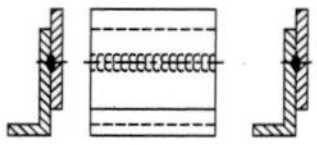	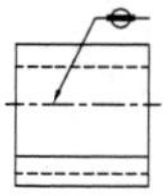	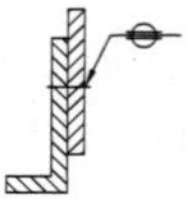

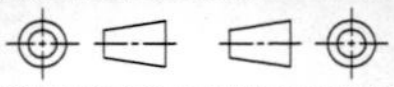

기본 기호 조합 보기					
번호	명칭, 기호	그림	표시	기호 사용 보기 (a)	기호 사용 보기 (b)
1	 플랜지형 맞대기 용접  이면 용접	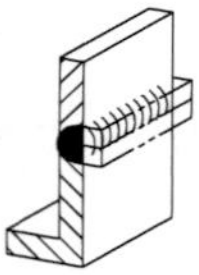	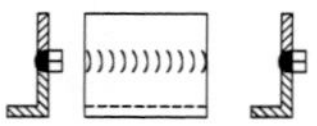	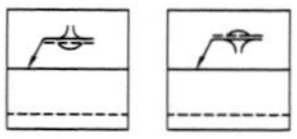	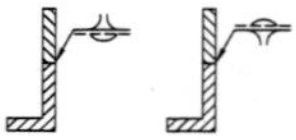

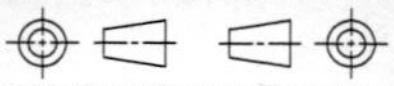

■ 점 및 심 용접부에 대한 적용의 예 (계속)

기본 기호 조합 보기					
번호	명칭, 기호	그림	표시 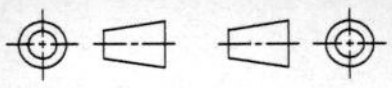	기호 사용 보기 (a)	기호 사용 보기 (b)
2	 I형 맞대기 용접 양면 용접	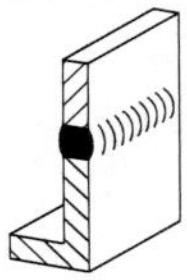	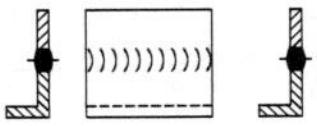	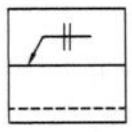	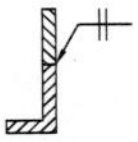
3	 V형 용접 이면 용접	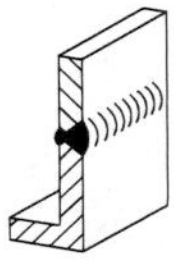	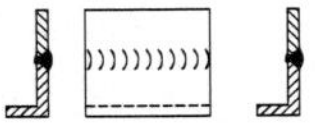	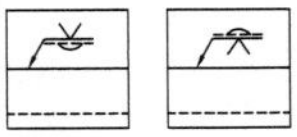	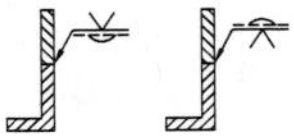
4		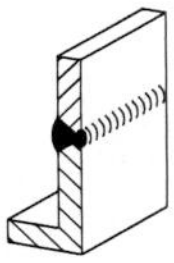	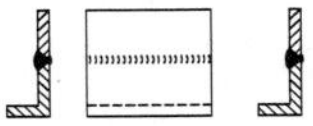	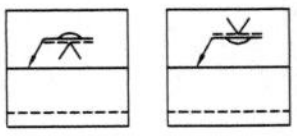	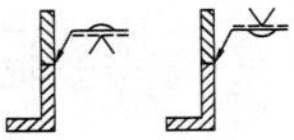
5	 양면 V형 맞대기 용접	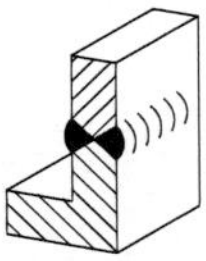	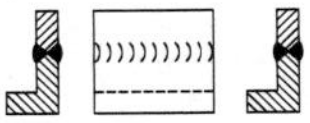	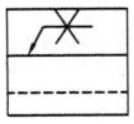	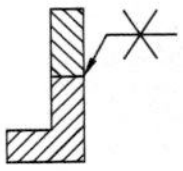
6	 K형 맞대기 용접	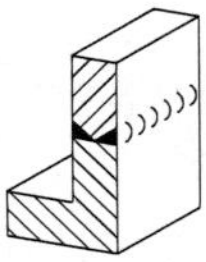	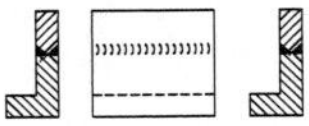	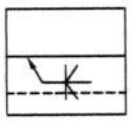	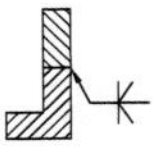
7		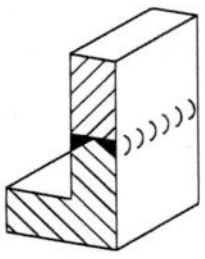	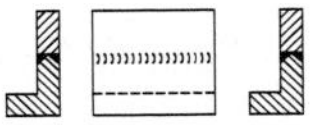	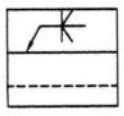	

■ 점 및 심 용접부에 대한 적용의 예(계속)

기본 기호 조합 보기					
번호	명칭, 기호	그림	표시	기호 사용 보기	
				(a)	(b)
8	 넓은 루트면이 있는 양면 V형 맞대기 용접	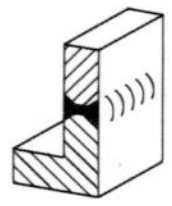	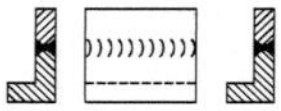	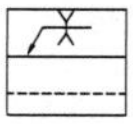	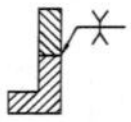
9	 넓은 루트면이 있는 K형 맞대기 용접	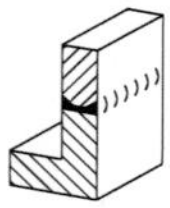	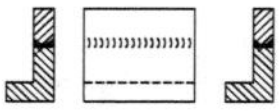	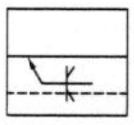	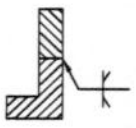
10	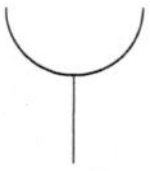 양면 U형 맞대기 용접	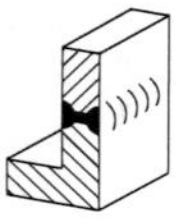	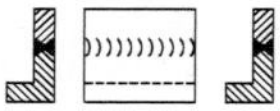	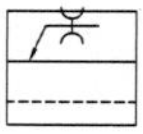	
11	 양면 J형 맞대기 용접	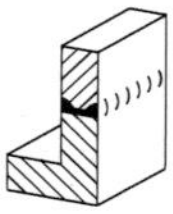	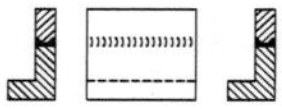	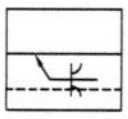	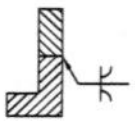
12	 일면 V형 맞대기 용접  일면 U형 맞대기 용접	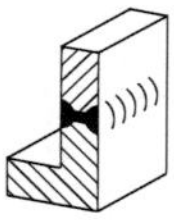	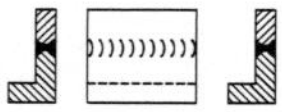		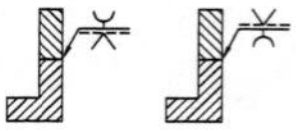
13	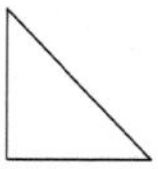 필릿 용접	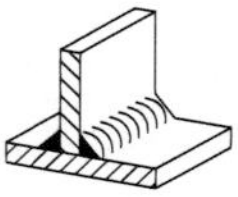	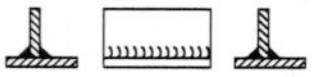	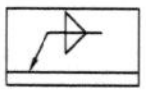	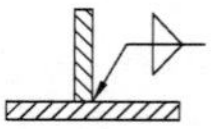
14	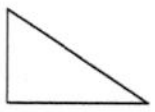 필릿 용접	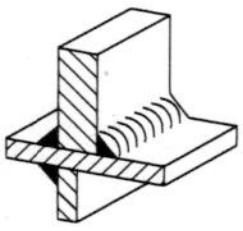	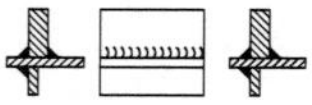	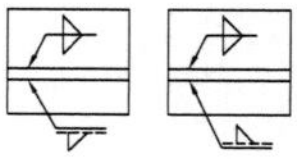	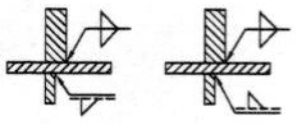

■ 점 및 심 용접부에 대한 적용의 예(계속)

기본 기호와 보조 기호 조합 보기					
번호	기호	그림	표시	기호 사용 보기	
				(a)	(b)
1					
2					
3					
4					
5					
6					
7	MR				

■ 점 및 심 용접부에 대한 적용의 예 (계속)

예외 사례			기호		
번호	그림	표시 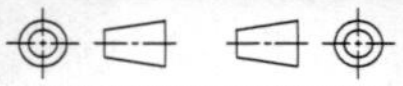	(a)	(b)	잘못된 표시
1	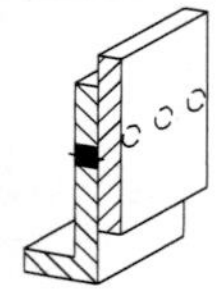	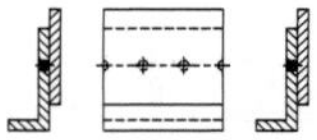	–	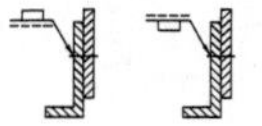	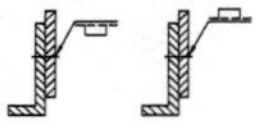
2	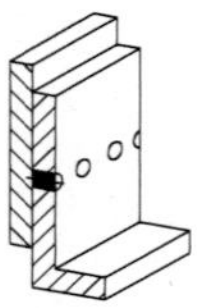	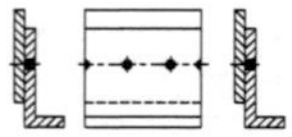	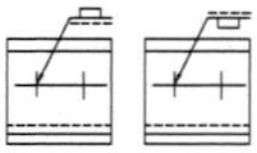	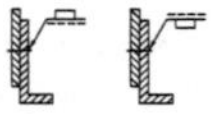	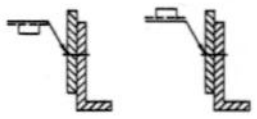
3	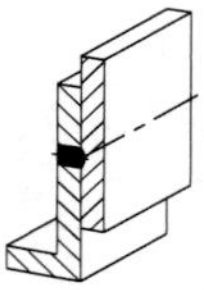	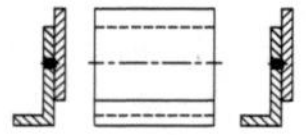	–	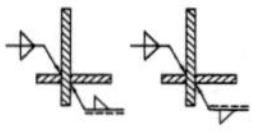	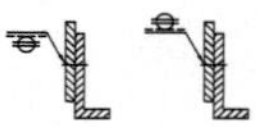
4	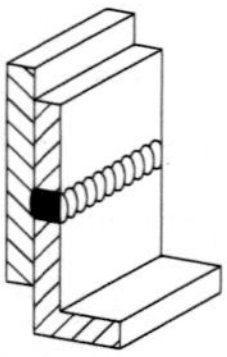	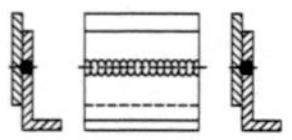	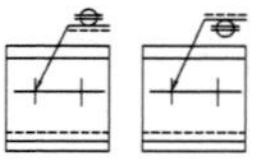	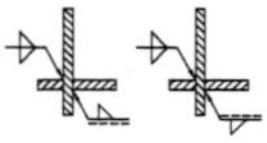	
5	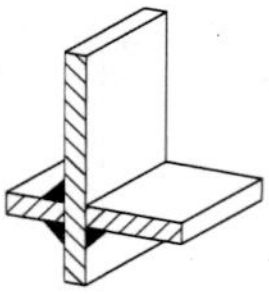		–	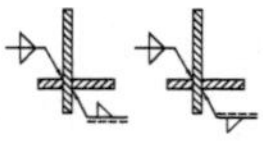	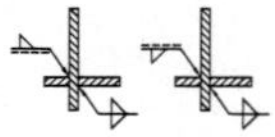
6	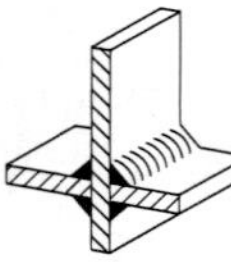	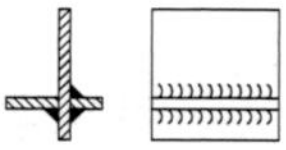	–	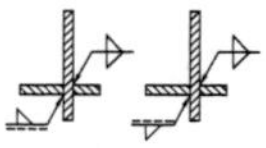	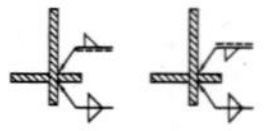
7	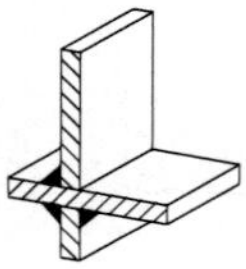	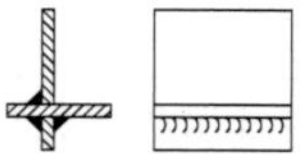	권장하지 않음	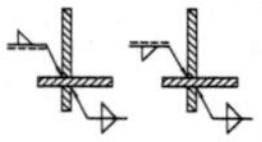	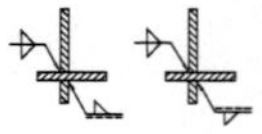

■ 점 및 심 용접부에 대한 적용의 예(계속)

예외 사례			기호		
번호	그림	표시	(a)	(b)	잘못된 표시
8					

부속서 B (참고)

- **ISO 2553 : 1974에 따라 작성된 도면을 ISO 2553 : 1992에 따른 새로운 체계로 변환하기 위한 지침**
- ISO 2553 : 1974(용접부-도면에 기호 표시)에 의거 작성된 구도면을 변환하기 위한 임시방편으로서, 다음과 같은 허용 가능한 방법이 있다. 그러나 이것은 규격 개정 기간 동안 잠정적인 조치가 된다. 새로운 도면에는 언제나 2중 기준선 ______________ 을 사용하게 된다.

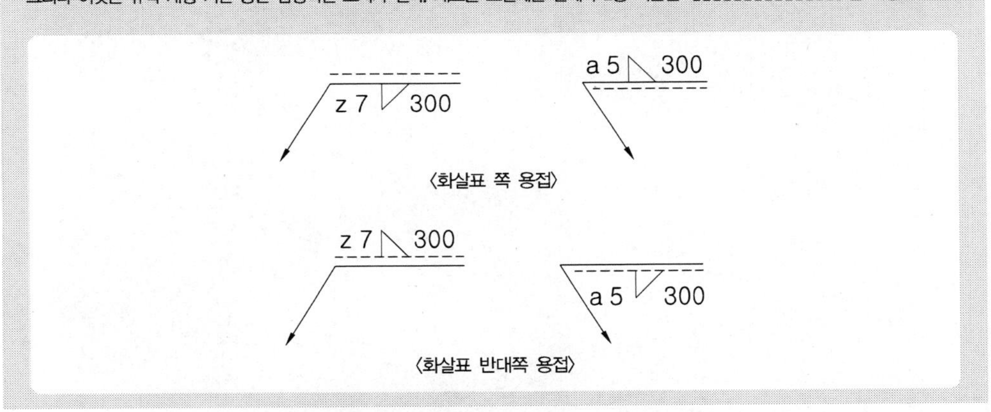

〈화살표 쪽 용접〉

〈화살표 반대쪽 용접〉

비고

- ISO 2553 : 1974의 E 또는 A 방법 중 하나로 작성된 도면을 새로운 체계로 변환할 때는 필릿 용접부에 있어서 각장(z) 또는 목 두께(a) 치수는 기준선의 용접 기호에 연결되어 사용되는데, 그 치수 앞에 문자 a 또는 z를 첨가하는 것이 특별히 중요하다.

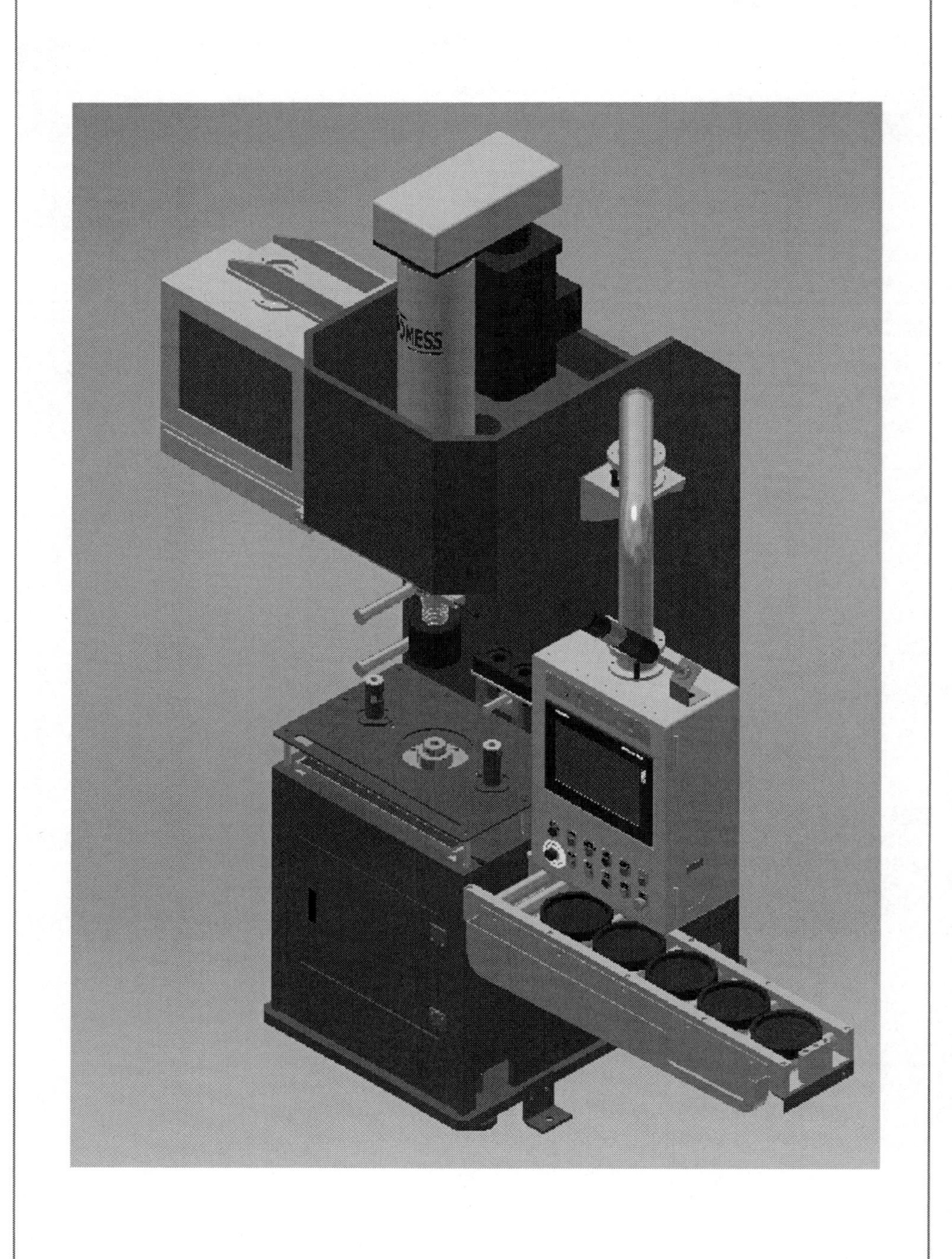
MESS

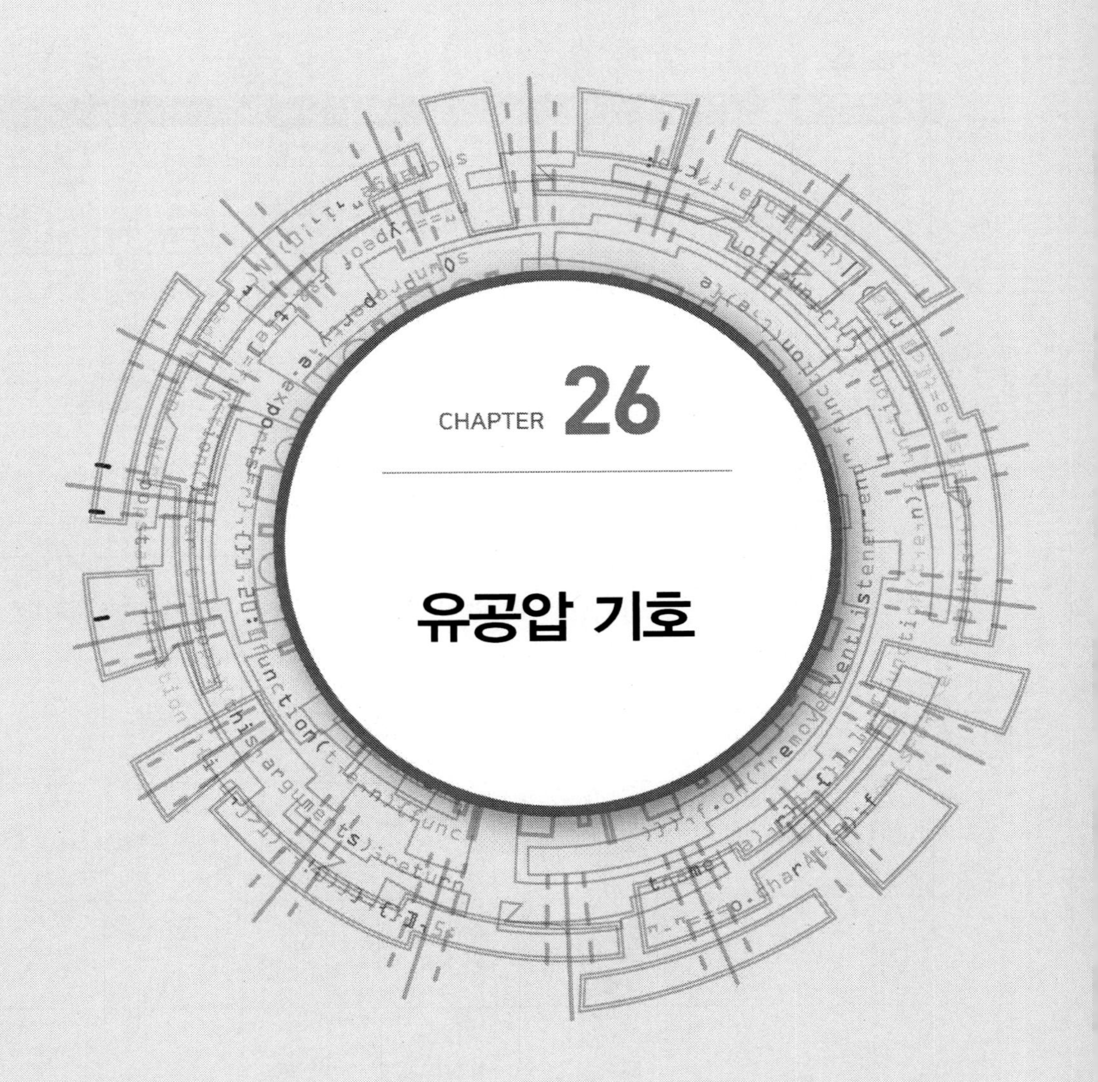

CHAPTER 26

유공압 기호

26-1 유압 및 공기압 도면 기호 [KS B 0054]

1. 기호 요소

번호	명칭	기호	용도	비고
1-1	선			
1-1.1	실선	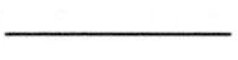 ————————	(1) 주관로 (2) 파일럿 밸브에의 공급관로 (3) 전기 신호선	• 귀환 관로를 포함 • 2-3.1을 부기하여 관로와의 구별을 명확히 한다.
1-1.2	파선	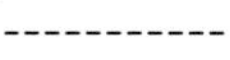 -----------	(1) 파일럿 조작관로 (2) 드레인 관로 (3) 필터 (4) 밸브의 과도위치	• 내부 파일럿 • 외부 파일럿
1-1.3	1점 쇄선	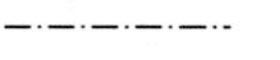 —·—·—·—·—	포위선	• 2개 이상의 기능을 갖는 유닛을 나타내는 포위선
1-1.4	복선	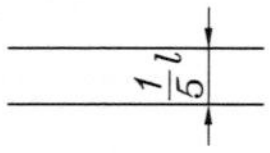 $\frac{1}{5}l$	기계적 결합	• 회전축, 레버, 피스톤 로드 등
1-2	원			
1-2.1	대원	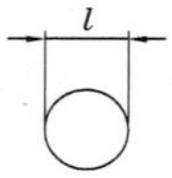 l	에너지 변환기기	• 펌프, 압축기, 전동기 등
1-2.2	중간원	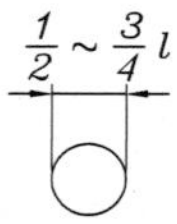 $\frac{1}{2} \sim \frac{3}{4} l$	(1) 계측기 (2) 회전 이음	
1-2.3	소원	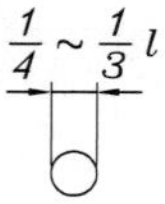 $\frac{1}{4} \sim \frac{1}{3} l$	(1) 체크 밸브 (2) 링크 (3) 롤러	• 롤러 : 중앙에 ⊙점을 찍는다.
1-2.4	점	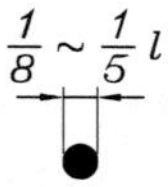 $\frac{1}{8} \sim \frac{1}{5} l$	(1) 관로의 접속 (2) 롤러의 축	
1-3	반원	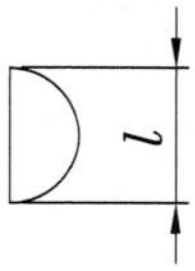 l	회전각도가 제한을 받는 펌프 또는 액추에이터	
1-4	정사각형			
1-4.1		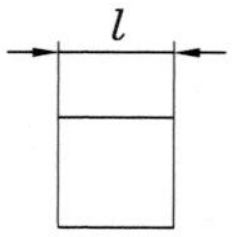 l	(1) 제어기기 (2) 전동기 이외의 원동기	• 접속구가 변과 수직으로 교차한다.

■ 기호 요소(계속)

번호	명칭	기호	용도	비고
1-4.2		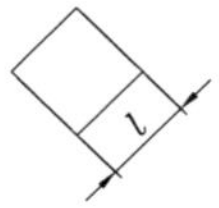	유체 조정기기	• 접속구가 각을 두고 변과 교차한다. • 필터, 드레인 분리기, 주유기, 열 교환기 등
1-4.3		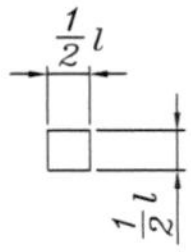	(1) 실린더내의 쿠션 (2) 어큐뮬레이터(축압기) 내의 추	
1-5	직사각형			
1-5.1		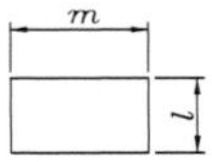	(1) 실린더 (2) 밸브	• m > l
1-5.2		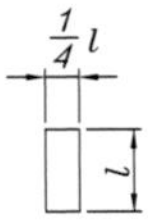	피스톤	
1-5.3		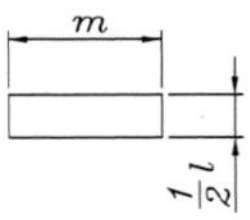	특정의 조작방법	• l≦m≦2l • 표6 참조
1-6	기타			
1-6.1	요형 (대)	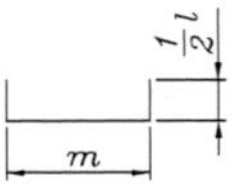	• 유압유 탱크 (통기식)	• m > l
1-6.2	요형 (소)	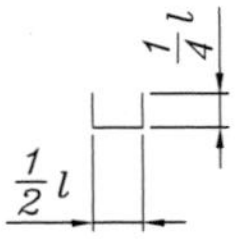	• 유압유 탱크(통기식)의 국소 표시	
1-6.3	캡슐형	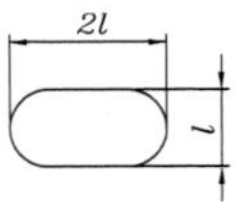	(1) 유압유 탱크(밀폐식) (2) 공기압 탱크 (3) 어큐뮬레이터 (4) 보조가스용기	

비고

• 치수 l은 공통의 기준치수로 그 크기는 임의로 정하여도 좋다. 또 필요상 부득이할 경우에는 기준치수를 대상에 따라 변경하여도 좋다.

2. 기능요소

번호	명칭	기호	용도	비고
2-1	정삼각형			• 유체 에너지의 방향 • 유체의 종류 • 에너지원의 표시
2-1.1	흑		유압	
2-1.2	백		• 공기압 또는 기타의 기체압	• 대기 중에의 배출을 포함
2-2	화살표 표시			
2-2.1	직선 또는 사선		(1) 직선 운동 (2) 밸브내의 유체의 경로와 방향 (3) 열류의 방향	
2-2.2	곡 선	90° l	회전운동	• 화살표는 축의 자유단에서 본 회전방향을 표시
2-2.3	사 선		가변조작 또는 조정수단	• 적당한 길이로 비스듬히 그린다. • 펌프, 스프링, 가변식전자 액추에이터
2-3	기 타			
2-3.1			전기	
2-3.2			폐로 또는 폐쇄 접속구	폐로 접속구

■ 기능요소 (계속)

번호	명칭	기호	용도	비고
2-3.3			전자 액추에이터	
2-3.4			온도지시 또는 온도 조정	
2-3.5			원동기	
2-3.6			스프링	• 11-3, 11-4 참조 • 산의 수는 자유
2-3.7			교축	
2-3.8		90°	체크밸브의 간략기호의 밸브시트	

3. 관로

번호	명칭	기호	비고
3-1.1	접속		
3-1.2	교차		• 접속하고 있지 않음
3-1.3	처짐 관로		• 호스(통상 가동부분에 접속된다)

4. 접속구

번 호	명 칭	기 호	비 고
4-1	공기 구멍		
4-1.1		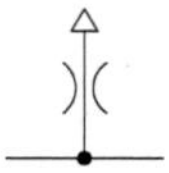	• 연속적으로 공기를 빼는 경우
4-1.2		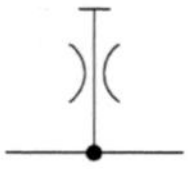	• 어느 시기에 공기를 빼고 나머지 시간은 닫아놓는 경우
4-1.3		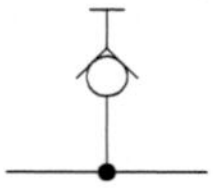	• 필요에 따라 체크 기구를 조작하여 공기를 빼는 경우
4-2	배기구		
4-2.1			• 공기압 전용 • 접속구가 없는 것 • 접속구가 있는 것
4-2.2		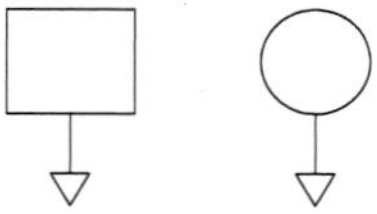	
4-3	급속이음		
4-3.1		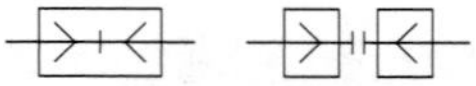	• 체크밸브 없음
4-3.2		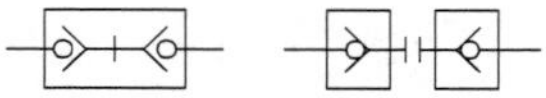 〈접속상태〉 〈떨어진 상태〉	• 체크밸브 붙이(셀프실 이음)
4-4	회전이음		• 스위블 조인트 및 로터리 조인트
4-4.1	1관로	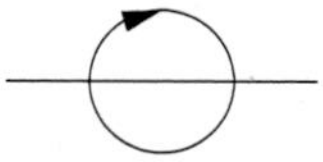	• 1방향 회전
4-4.2	3관로	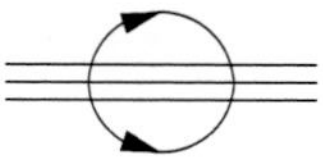	• 2방향 회전

5. 기계식 구성 부품

번호	명칭	기호	비고
5-1	로드	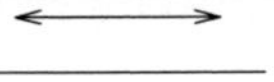	• 2방향 조작 • 화살표의 기입은 임의
5-2	회전축	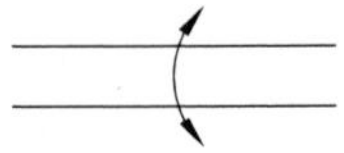	• 2방향 조작 • 화살표의 기입은 임의
5-3	멈춤쇠	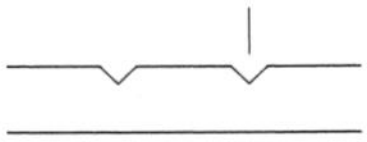	• 2방향 조작 • 고정용 그루브 위에 그린 세로선은 고정구를 나타낸다.
5-4	래치	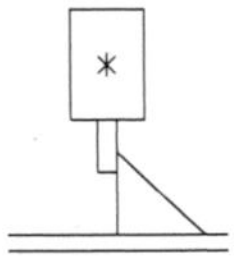 *	• 1방향 조작 • *해제의 방법을 표시하는 기호
5-5	오버센터 기구	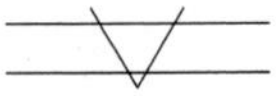	• 2방향 조작

6. 조작 방식

번호	명칭	기호	비고
6-1	인력 조작	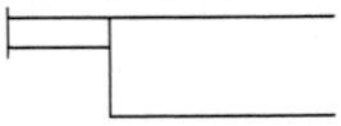	• 조작방법을 지시하지 않은 경우, 또는 조작 방향의 수를 특별히 지정하지 않은 경우의 일반기호
6-1.1	누름 버튼	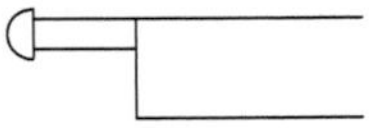	• 1방향 조작
6-1.2	당김 버튼	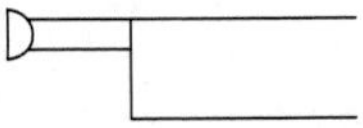	• 1방향 조작
6-1.3	누름-당김버튼	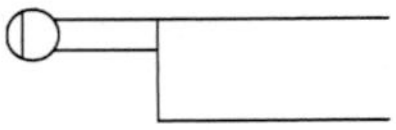	• 2방향 조작
6-1.4	레버	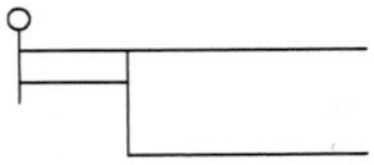	• 2방향 조작(회전운동을 포함)
6-1.5	페달	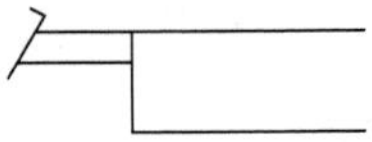	• 1방향 조작(회전운동을 포함)
6-1.6	2방향 페달	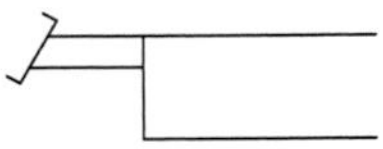	• 2방향 조작(회전운동을 포함)
6-2	기계 조작		

■ 조작 방식(계속)

번호	명칭	기호	비고
6-2.1	플런저	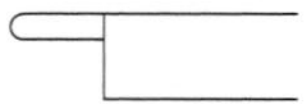	• 1방향 조작
6-2.2	가변행정제한 기구	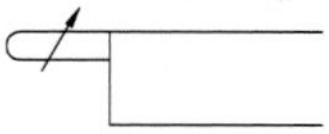	• 2방향 조작
6-2.3	스프링	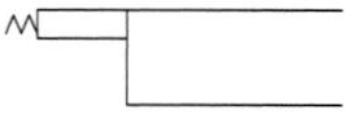	• 1방향 조작
6-2.4	롤러	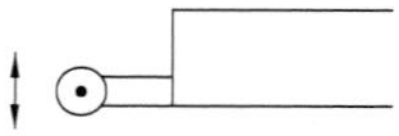	• 2방향 조작
6-2.5	편측작동롤러	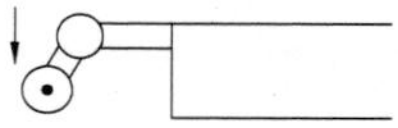	• 화살표는 유효조작 방향을 나타낸다. • 기입을 생략하여도 좋다. • 1방향 조작
6-3	전기 조작		
6-3.1	직선형 전기 액추에이터		• 솔레노이드, 토크모터 등
6-3.1.1	단동 솔레노이드	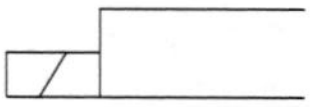	• 1방향 조작 • 사선은 우측으로 비스듬히 그려도 좋다.
6-3.1.2	복동 솔레노이드	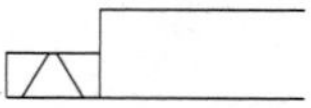	• 2방향 조작 • 사선은 위로 넓어져도 좋다.
6-3.1.3	단동 가변식 전자 액추에이터	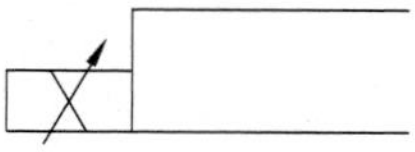	• 1방향 조작 • 비례식 솔레노이드, 포스모터 등
6-3.1.4	북동 가변식 전자 액추에이터		• 2방향 조작 • 토크모터
6-3.2	회전형 전기 액추에이터	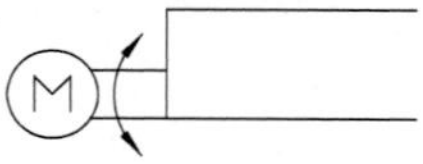	• 2방향 조작 • 전동기

■ 조작 방식(계속)

번 호	명 칭	기 호	비 고
6-4	파일럿 조작		
6-4.1	직접 파일럿 조작	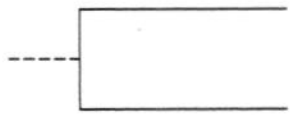	
6-4.1.1		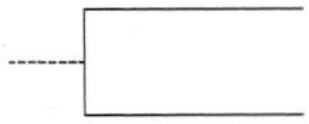	
6-4.1.2		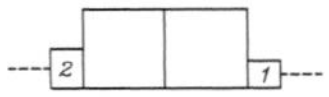 2 1	• 수압면적이 상이한 경우, 필요에 따라, 면적비를 나타내는 숫자를 직사각형 속에 기입한다.
6-4.1.3	내부 파일럿	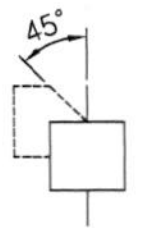 45°	• 조작유로는 기기의 내부에 있음
6-4.1.4	외부 파일럿	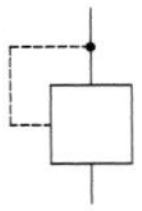	• 조작유로는 기기의 외부에 있음
6-4.2	간접 파일럿 조작		
6-4.2.1	압력을 가하여 조작하는 방식		
(1)	공기압 파일럿	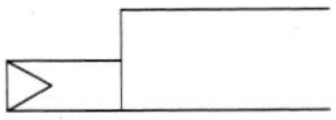	• 내부 파일럿 • 1차 조작 없음
(2)	유압 파일럿	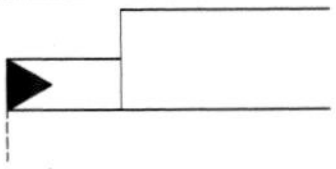	• 외부 파일럿 • 1차 조작 없음
(3)	유압 2단 파일럿	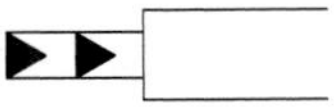	• 내부 파일럿, 내부 드레인 • 1차 조작 없음
(4)	공기압 · 유압 파일럿	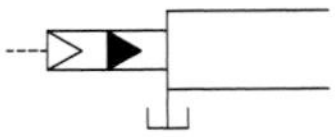	• 외부 공기압 파일럿, 내부 유압 파일럿, 외부 드레인 • 1차 조작 없음
(5)	전자 · 공기압 파일럿	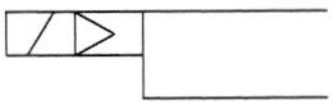	• 단동 솔레노이드에 의한 1차 조작 붙이 • 내부 파일럿
(6)	전자 · 유압 파일럿	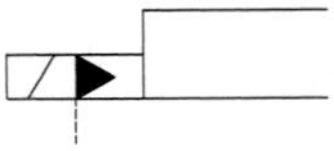	• 단동 솔레노이드에 의한 1차 조작 붙이 • 외부 파일럿, 내부 드레인

■ 조작 방식(계속)

번 호	명 칭	기 호	비 고
6-4.2.2	압력을 빼내어 조작하는 방식		
(1)	유압 파일럿	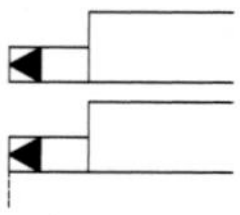	• 내부 파일럿 · 내부 드레인 • 1차 조작 없음 • 내부 파일럿 • 원격조작용 벤트포트 붙이
(2)	전자 · 유압 파일럿	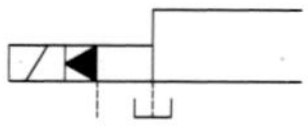	• 단동 솔레노이드에 의한 1차 조작 붙이 • 외부 파일럿, 외부 드레인
(3)	파일럿 작동형 압력제어 밸브	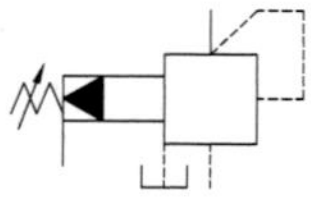	• 압력조정용 스프링 붙이 • 외부 드레인 • 원격조작용 벤트포트 붙이
(4)	파일럿 작동형 비례전자식 압력제어 밸브	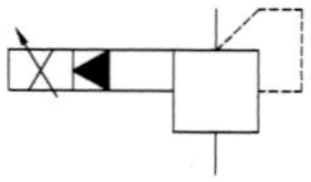	• 단동 비례식 액추에이터 • 내부 드레인
6-5	피드백		
6-5.1	전기식 피드백	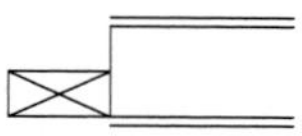	• 일반 기호 • 전위차계, 차동변압기 등의 위치검출기
6-5.2	기계식 피드백	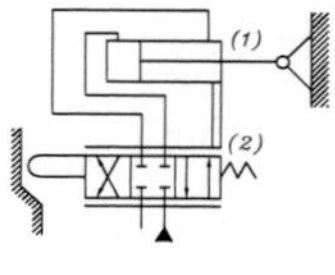 (1) (2)	• 제어대상과 제어요소의 가동부분간의 기계적 접속은 1-1.4 및 8.1.(8)에 표시 (1) 제어 대상 (2) 제어 요소

7. 펌프 및 모터

번호	명칭	기호	비고
7-1	펌프 및 모터	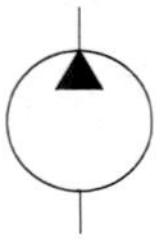 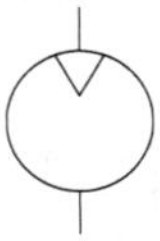 〈유압 펌프〉 〈공기압모터〉	• 일반기호
7-2	유압 펌프	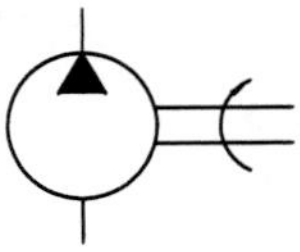	• 1방향 유동 • 정용량형 • 1방향 회전형
7-3	유압 모터	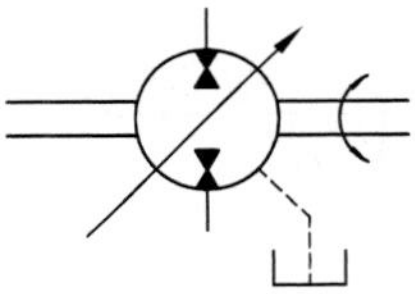	• 1방향 유동 • 가변용량형 • 조작 기구를 특별히 지정하지 않는 경우 • 외부 드레인 • 1방향 회전형 • 양축형
7-4	공기압 모터	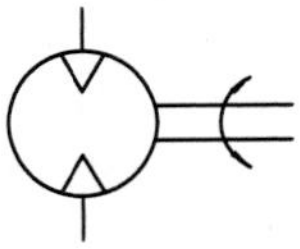	• 2방향 유동 • 정용량형 • 2방향 회전형
7-5	정용량형 펌프 모터	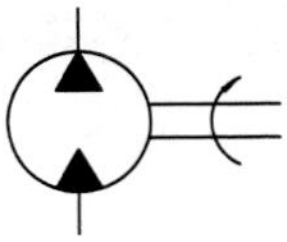	• 1방향 유동 • 정용량형 • 1방향 회전형
7-6	가변용량형 펌프 모터 (인력조작)	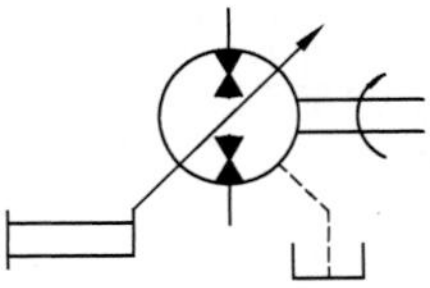	• 2방향 유동 • 가변용량형 • 외부드레인 • 2방향 회전형
7-7	요동형 액추에이터	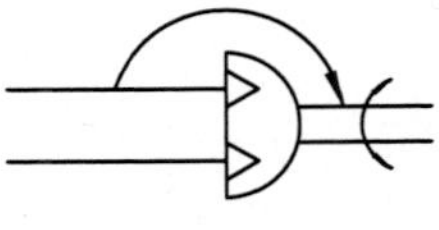	• 공기압 • 정각도 • 2방향 요동형 • 축의 회전방향과 유동방향과의 관계를 나타내는 화살표의 기입은 임의 (부속서 참조)

■ 펌프 및 모터(계속)

번 호	명 칭	기 호	비 고
7-8	유압 전도장치		• 1방향 회전형 • 가변용량형 펌프 • 일체형
7-9	가변용량형 펌프 (압력보상제어)	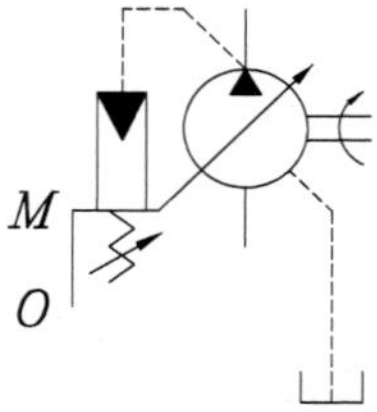 M O	• 1방향 유동 • 압력조정 가능 • 외부 드레인 (부속서 참조)
7-10	가변용량형 펌프 · 모터 (파일럿조작)	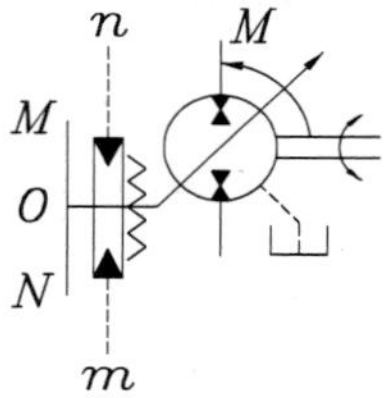 n M M O N m	• 2방향 유동 • 2방향 회전형 • 스프링 힘에 의하여 중앙위치 (배제용적 0)로 되돌아오는 방식 • 파일럿 조작 • 외부 드레인 • 신호 m은 M방향으로 변위를 발생시킴 (부속서 참조)

8. 실린더

번 호	명 칭	기 호	비 고
8-1	단동 실린더	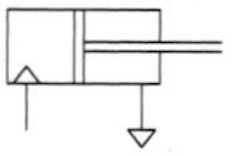 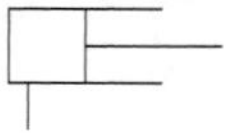 〈상세 기호〉 〈간략 기호〉	• 공기압 • 압출형 • 편로드형 • 대기중의 배기(유압의 경우는 드레인)
8-2	단동 실린더 (스프링붙이)	① 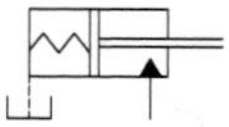 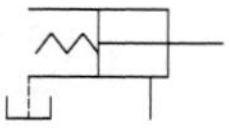 ② 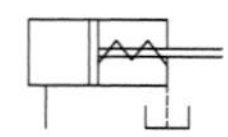 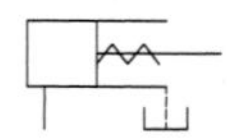	• 유압 • 편로드형 • 드레인측은 유압유 탱크에 개방 ① 스프링 힘으로 로드 압출 ② 스프링 힘으로 로드 흡인
8-3	복동 실린더	① 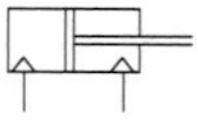 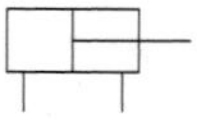 ② 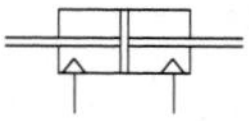 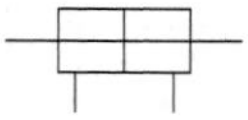	① • 편로드 • 공기압 ② • 양로드 • 공기압

■ 실린더 (계속)

번 호	명 칭	기 호	비 고
8-4	복동 실린더 (쿠션붙이)	2:1 2:1	• 유압 • 편로드형 • 양 쿠션, 조정형 • 피스톤 면적비 2:1
8-5	단동 텔레스코프형 실린더		• 공기압
8-6	복동 텔레스코프형 실린더		• 유압

9. 특수 에너지 (변환기기)

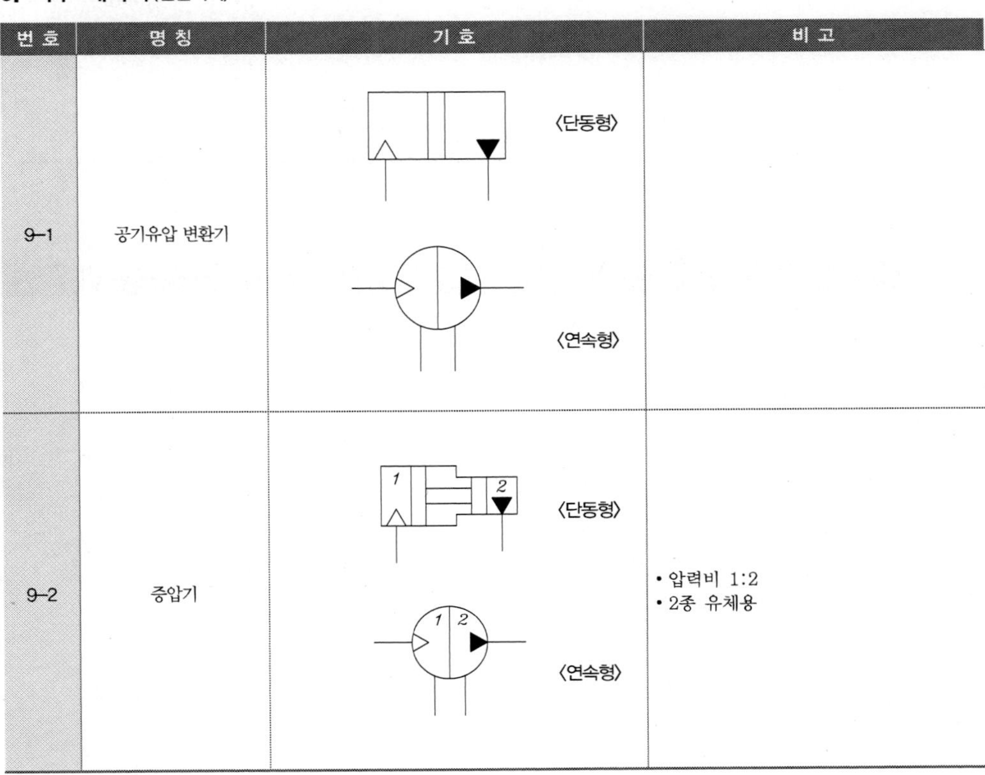

번 호	명 칭	기 호	비 고
9-1	공기유압 변환기	〈단동형〉 〈연속형〉	
9-2	증압기	1 2 〈단동형〉 1 2 〈연속형〉	• 압력비 1:2 • 2종 유체용

10. 에너지(용기)

번 호	명 칭	기 호	비 고
10-1	어큐뮬레이터	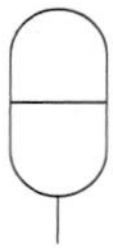	• 일반기호 • 항상 세로형으로 표시 • 부하의 종류를 지시하지 않는 경우
10-2	어큐뮬레이터	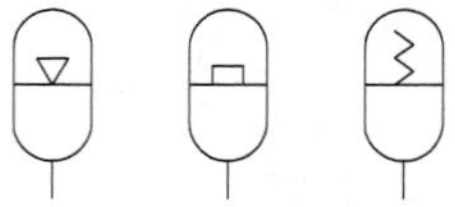 〈기체식〉 〈중량식〉 〈스프링식〉	• 부하의 종류를 지시하는 경우
10-3	보조 가스용기	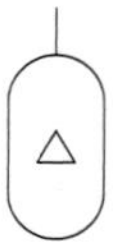	• 항상 세로형으로 표시 • 어큐뮬레이터와 조합하여 사용하는 보급용 가스용기
10-4	공기 탱크		

11. 동력원

번 호	명 칭	기 호	비 고
11-1	유압(동력)원		• 일반기호
11-2	공기압(동력)원		• 일반기호
11-3	전동기	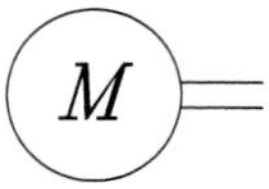 M	
11-4	원동기	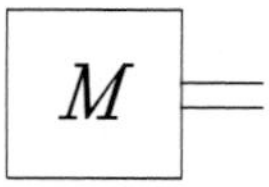 M	(전동기를 제외)

12. 전환 밸브

번호	명칭	기호	비고
12-1	2포트 수동 전환밸브	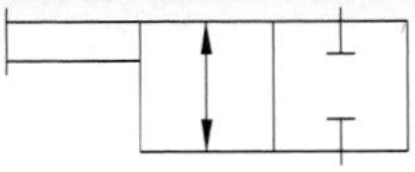	• 2위치 • 폐지밸브
12-2	3포트 전자 전환밸브		• 2위치 • 1과도 위치 • 전자조작 스프링 리턴
12-3	5포트 파일럿 전환밸브	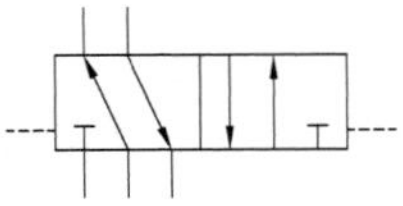	• 2위치 • 2방향 파일럿 조작
12-4	4포트 전자파일럿 전환밸브	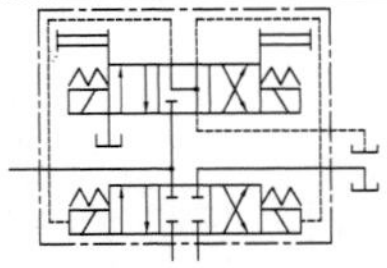 〈상세 기호〉 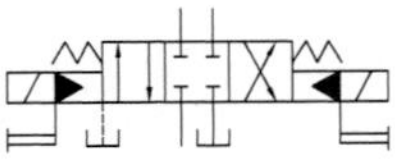 〈간략 기호〉	• 주밸브 – 3위치 – 스프링센터 – 내부 파일럿 • 파일럿 밸브 – 4포트 – 3위치 – 스프링센터 – 전자조작 (단동 솔레노이드) – 수동 오버라이드 조작 붙이 – 외부 드레인
12-5	4포트 전자파일럿 전환밸브	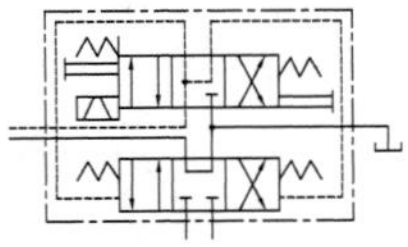 〈상세 기호〉 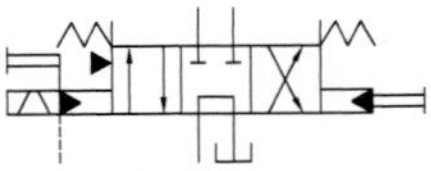 〈간략 기호〉	• 주밸브 – 3위치 – 프레셔센터 (스프링센터 겸용) – 파일럿압을 제거할 때 작동위치로 전환된다. • 파일럿 밸브 – 4포트 – 3위치 – 스프링센터 – 전자조작 (복동 솔레노이드) – 수동 오버라이드 조작 붙이 – 외부 파일럿 – 내부 드레인
12-6	4포트 교축 전환밸브	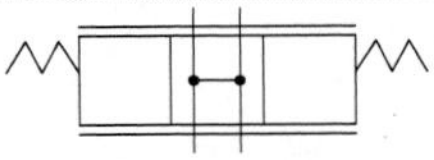 〈중앙위치 언더랩〉 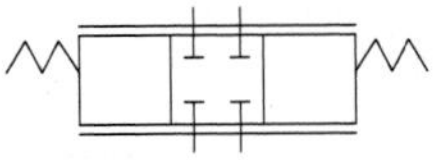 〈중앙위치 오버랩〉	• 3위치 • 스프링센터 • 무단계 중간위치
12-7	서보 밸브	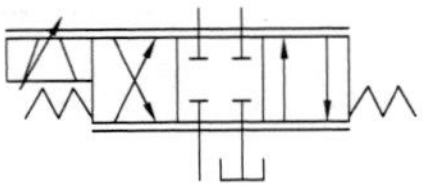	• 대표 보기

유공압 기호

13. 체크밸브, 셔틀밸브, 배기밸브

번호	명칭	기호	비고
13-1	체크 밸브	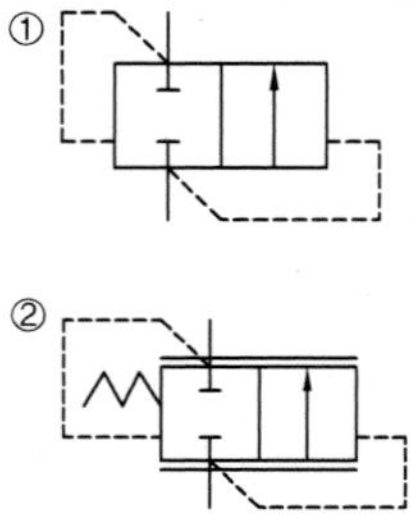  ① ② 〈상세기호〉 〈간략기호〉	① 스프링 없음 ② 스프링 붙이
13-2	파일럿 조작 체크밸브	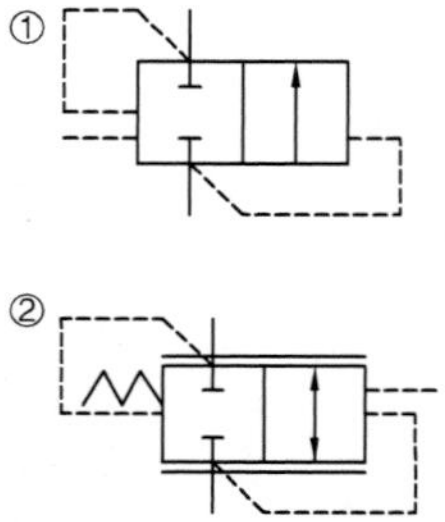 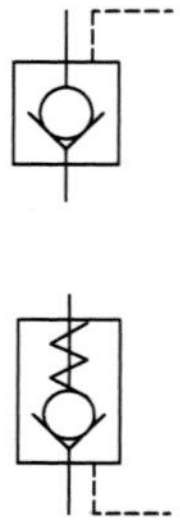 ① ② 〈상세기호〉 〈간략기호〉	① • 파일럿 조작에 의하여 밸브 폐쇄 • 스프링 없음 ② • 파일럿 조작에 의하여 밸브 열림 • 스프링 붙이
13-3	고압우선형 셔틀밸브	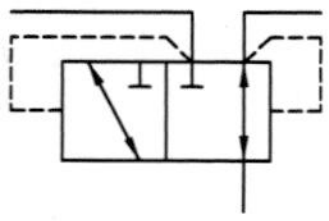 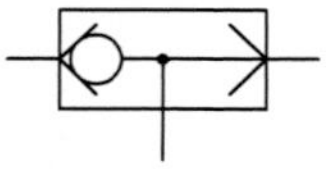 〈상세기호〉 〈간략기호〉	• 고압쪽측의 입구가 출구에 접속되고, 저압쪽측의 입구가 폐쇄된다.
13-4	저압우선형 셔틀밸브	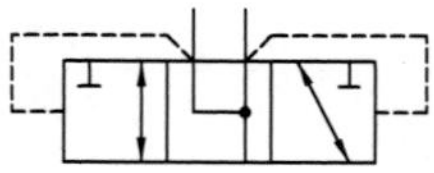 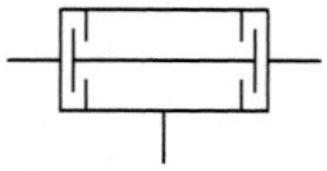 〈상세기호〉 〈간략기호〉	• 저압쪽측의 입구가 저압우선 출구에 접속되고, 고압쪽측의 입구가 폐쇄된다.
13-5	급속 배기밸브	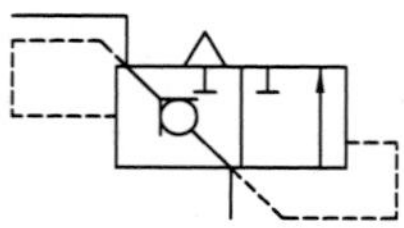 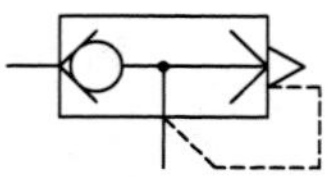 〈상세기호〉 〈간략기호〉	

14. 압력제어 밸브

번 호	명 칭	기 호	비 고
14-1	릴리프 밸브	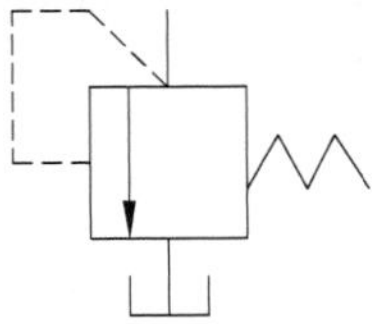	• 직동형 또는 일반기호
14-2	파일럿 작동형 릴리프 밸브	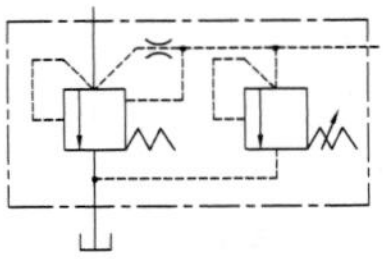 〈상세기호〉 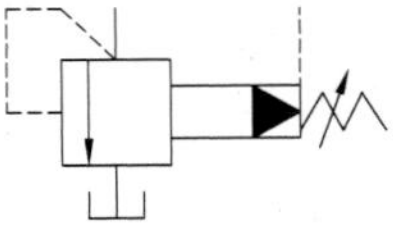 〈간략기호〉	• 원격조작용 벤트포트 붙이
14-3	전자밸브 장착 (파일럿 작동형) 릴리프 밸브	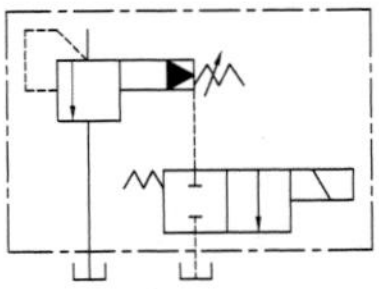	• 전자밸브의 조작에 의하여 벤트포트가 열려 무부하로 된다.
14-4	비례전자식 릴리프 밸브 (파일럿 작동형)	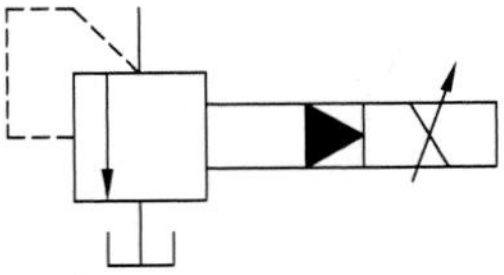	• 대표 보기
14-5	감압 밸브	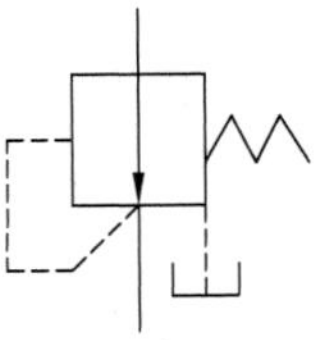	• 직동형 또는 일반기호
14-6	파일럿 작동형 감압밸브	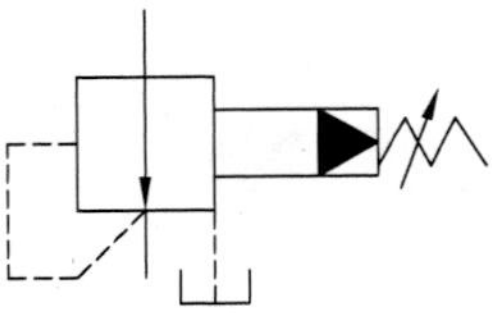	• 외부 드레인

■ 압력제어 밸브(계속)

번 호	명 칭	기 호	비 고
14-7	릴리프 붙이 감압밸브	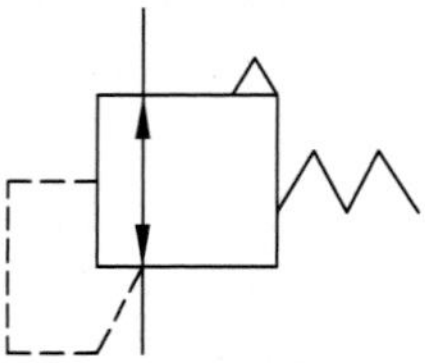	• 공기압용
14-8	비례전자식 릴리프 감압밸브 (파일럿 작동형)	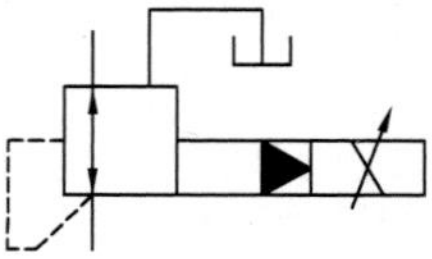	• 유압용 • 대표 보기
14-9	일정비율 감압밸브	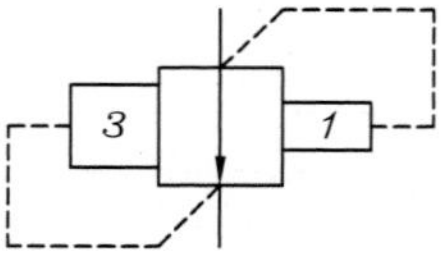	• 감압비 : $\frac{1}{3}$
14-10	시퀀스 밸브	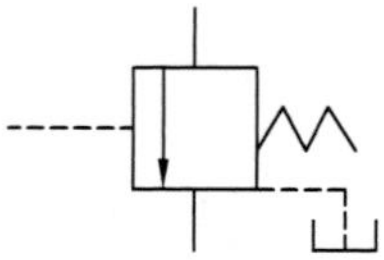	• 직동형 또는 일반 기호 • 외부 파일럿 • 외부 드레인
14-11	시퀀스 밸브 (보조조작 장착)	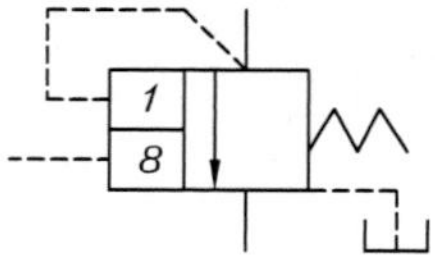	• 직동형 • 내부 파일럿 또는 외부 파일럿 조작에 의하여 밸브가 작동됨. • 파일럿압의 수압 면적비가 1:8인 경우 • 외부 드레인
14-12	파일럿 작동형 시퀀스 밸브	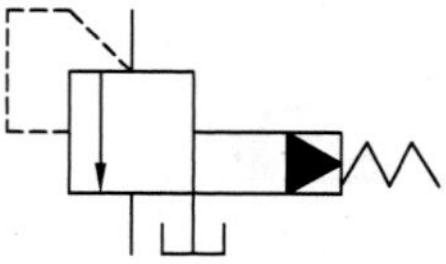	• 내부 파일럿 • 외부 드레인

■ 압력제어 밸브 (계속)

번 호	명 칭	기 호	비 고
14-13	무부하 밸브	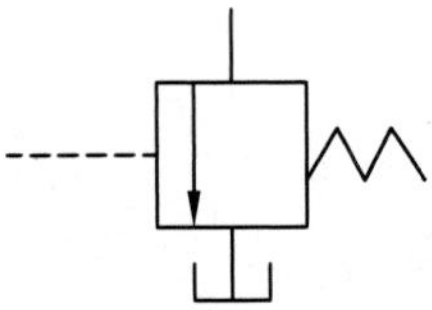	• 직동형 또는 일반기호 • 내부 드레인
14-14	카운터 밸런스 밸브	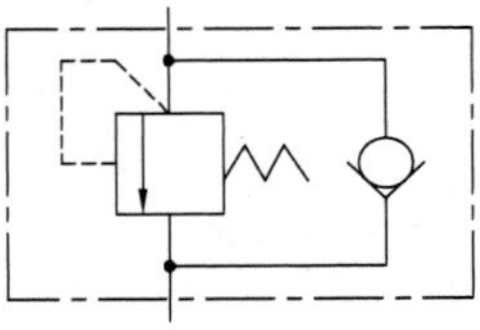	
14-15	무부하 릴리프 밸브	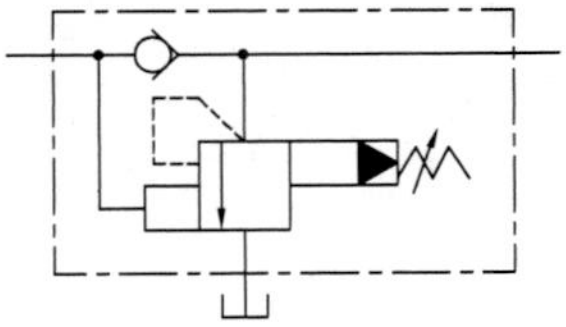	
14-16	양방향 릴리프 밸브	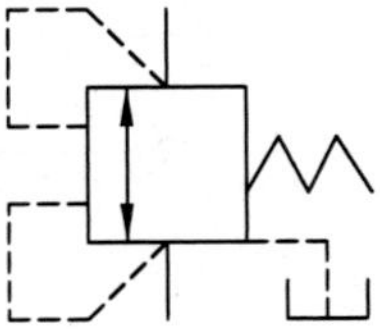	• 직동형 • 외부 드레인
14-17	브레이크 밸브	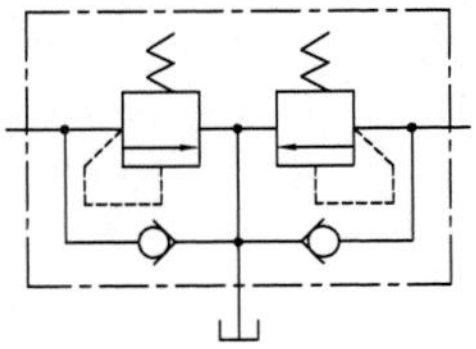	• 대표 보기

유공압 기호

15. 유량 제어밸브

번호	명칭	기호	비고
15-1	교축 밸브		
15-1.1	가변 교축밸브	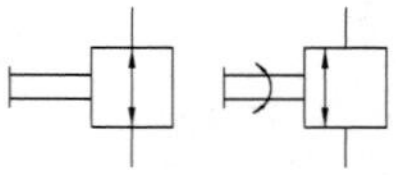 〈상세 기호〉  〈간략기호〉	• 간략기호에서는 조작방법 및 밸브의 상태가 표시되어 있지 않음 • 통상, 완전히 닫쳐진 상태는 없음
15-1.2	스톱 밸브		
15-1.3	감압밸브 (기계조작 가변 교축밸브)	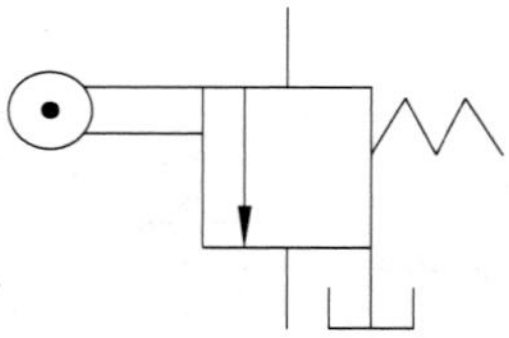	• 롤러에 의한 기계조작 • 스프링 부하
15-1.4	1방향 교축밸브 속도제어 밸브(공기압)	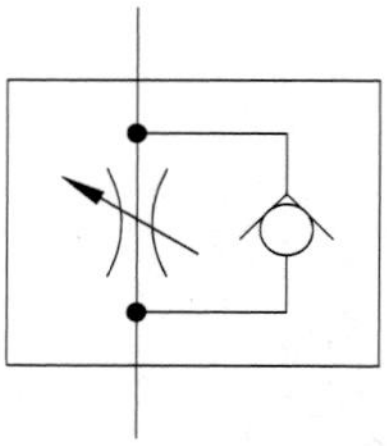	• 가변교축 장착 • 1방향으로 자유유동, 반대방향으로는 제어 유동
15-2	유량조정 밸브		
15-2.1	직렬형 유량조정 밸브	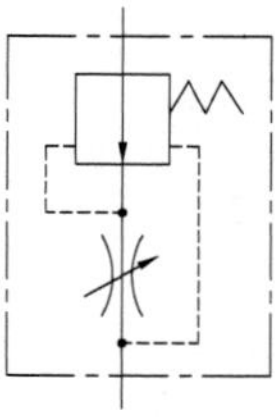 〈상세 기호〉  〈간략기호〉	• 간략기호에서 유로의 화살표는 압력의 보상을 나타낸다.

■ **유량 제어밸브** (계속)

번호	명칭	기호	비고
15-2.2	직렬형 유량조정 밸브 (온도보상 붙이)	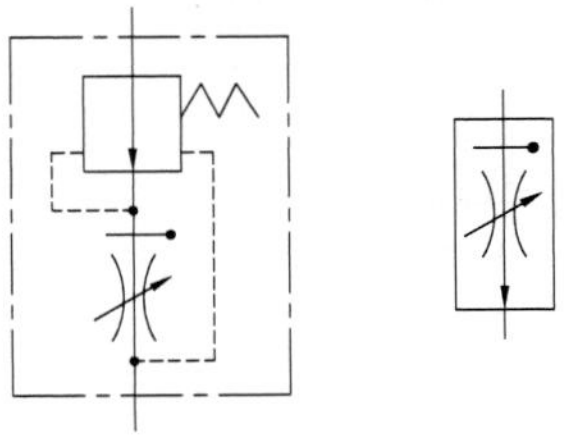 〈상세 기호〉 〈간략기호〉	• 온도보상은 2-3.4에 표시한다. • 간략기호에서 유로의 화살표는 압력의 보상을 나타낸다.
15-2.3	바이패스형 유량조정 밸브	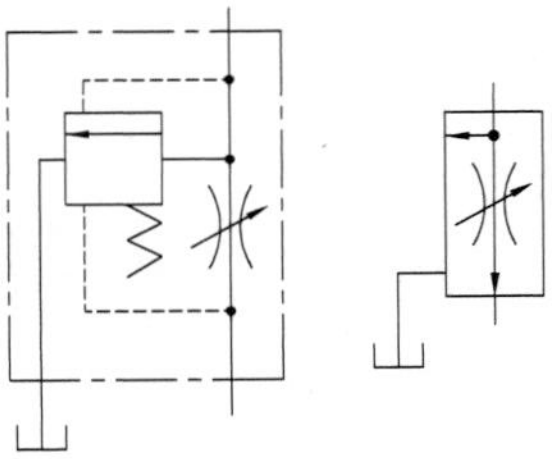 〈상세 기호〉 〈간략기호〉	• 간략기호에서 유로의 화살표는 압력의 보상을 나타낸다.
15-2.4	체크밸브 붙이 유량조정 밸브(직렬형)	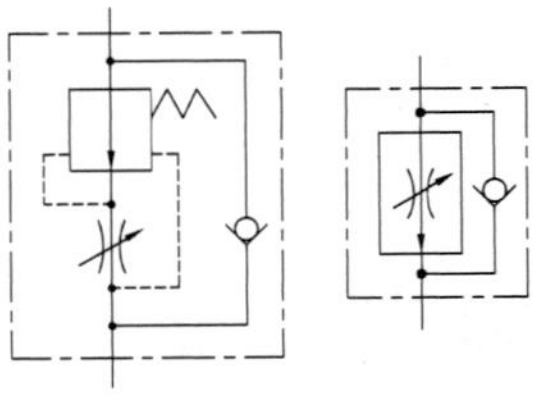 〈상세 기호〉 〈간략기호〉	• 간략기호에서 유로의 화살표는 압력의 보상을 나타낸다.
15-2.5	분류 밸브	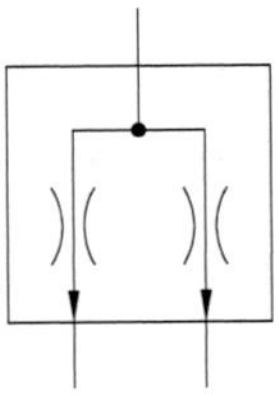	• 화살표는 압력보상을 나타낸다.
15-2.6	집류 밸브	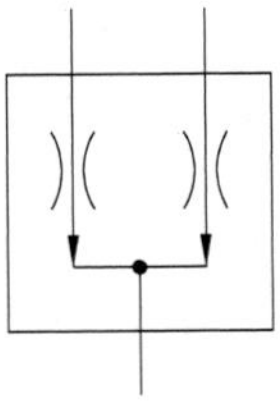	• 화살표는 압력보상을 나타낸다.

16. 기름 탱크

번호	명칭	기호	비고
16-1	기름 탱크(통기식)	① 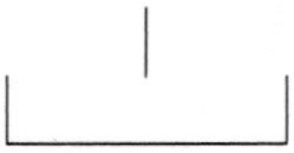	① 관 끝을 액체 속에 넣지 않는 경우
		② 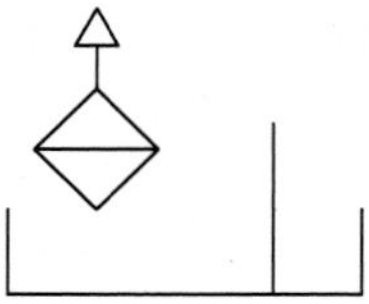	② • 관 끝을 액체 속에 넣는 경우 • 통기용 필터(17-1)가 있는 경우
		③ 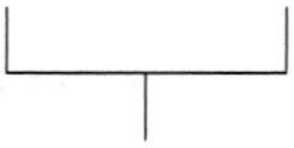	③ 관 끝을 밑바닥에 접속하는 경우
		④ 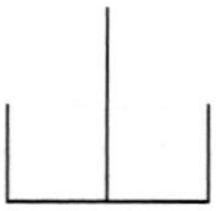	④ 국소 표시기호
16-2	기름 탱크(밀폐식)	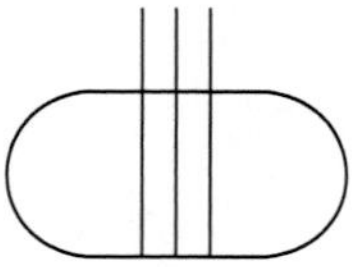	• 3관로의 경우 • 가압 또는 밀폐된 것 • 각관 끝을 액체 속에 집어넣는다. • 관로는 탱크의 긴 벽에 수직

17. 유체조정 기기

번 호	명 칭	기 호	비 고
17–1	필터	① 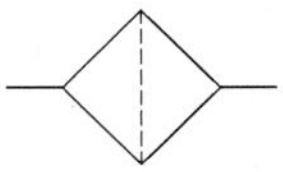	① 일반기호
		② 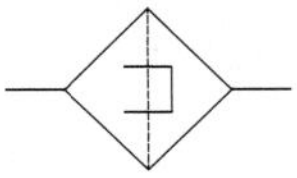	② 자석붙이
		③ 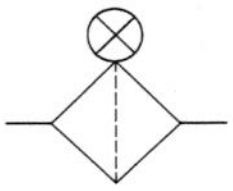	③ 눈막힘 표시기 붙이
17–2	드레인 배출기	① 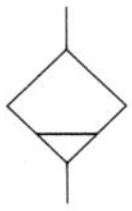	① 수동배출
		② 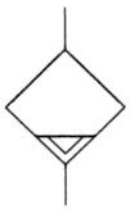	② 자동배출
17–3	드레인 배출기 붙이 필터	① 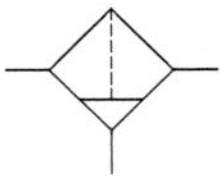	① 수동배출
		② 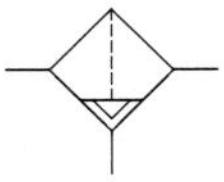	② 자동배출
17–4	기름분무 분리기	① 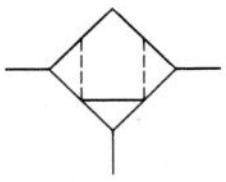	① 수동배출
		② 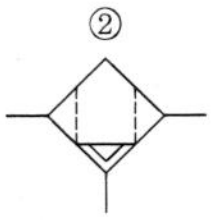	② 자동배출

■ 유체조정 기기 (계속)

번 호	명 칭	기 호	비 고
17-5	에어드라이어	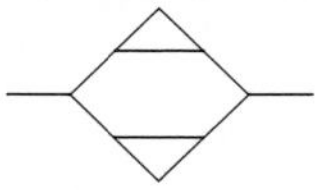	
17-6	루브리케이터	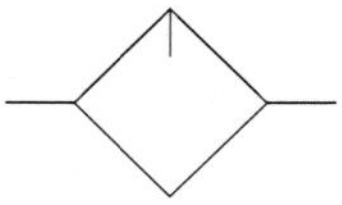	
17-7	공기압 조정유닛	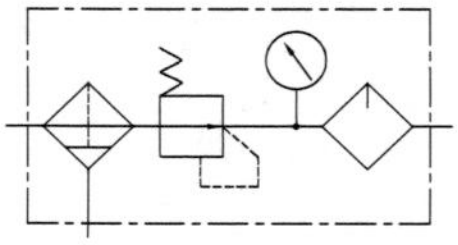 〈상세 기호〉	
		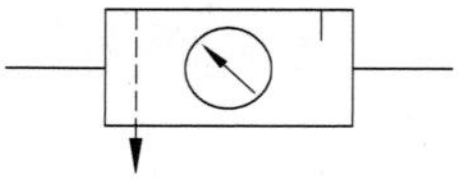 〈간략기호〉	• 수직 화살표는 배출기를 나타낸다.
17-8	열교환기		
17-8.1	냉각기	① 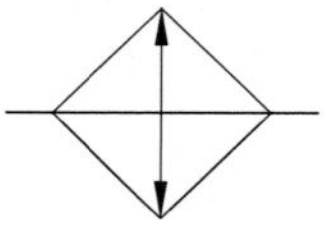 ② 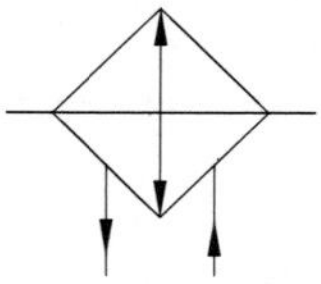	① 냉각액용 관로를 표시하지 않는 경우 ② 냉각액용 관로를 표시하는 경우
17-8.2	가열기	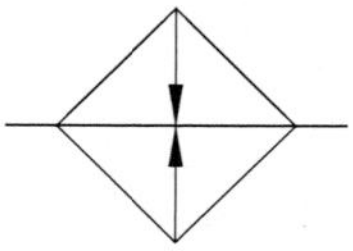	
17-8.3	온도 조절기	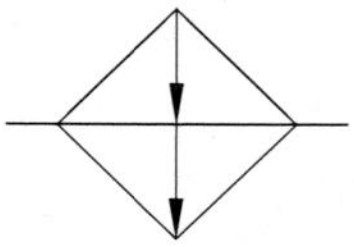	• 가열 및 냉각

18. 보조 기기

번 호	명 칭	기 호	비 고
18-1	압력 계측기		
18-1.1	압력 표시기		• 계측은 되지 않고 단지 지시만 하는 표시기
18-1.2	압력계		
18-1.3	차압계		
18-2	유면계	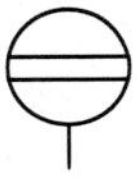	• 평행선은 수평으로 표시
18-3	온도계		
18-4	유량 계측기		
18-4.1	검류기		
18-4.2	유량계	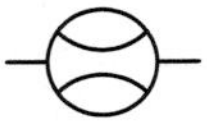	
18-4.3	적산 유량계	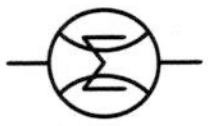	
18-5	회전 속도계	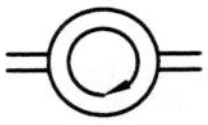	
18-6	토크계	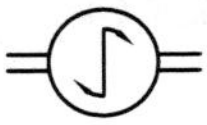	

19. 기타의 기기

번호	명칭	기호	비고
19-1	압력 스위치	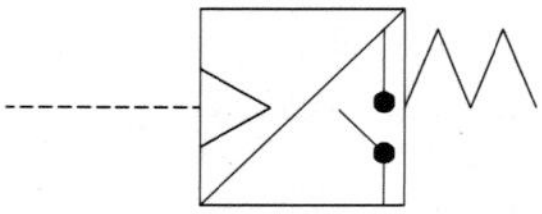	• 오해의 염려가 없는 경우에는, 다음과 같이 표시하여도 좋다. 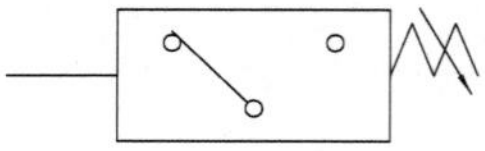
19-2	리밋 스위치	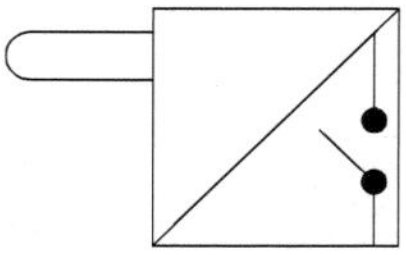	• 오해의 염려가 없는 경우에는, 다음과 같이 표시하여도 좋다. 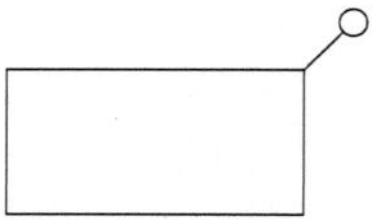
19-3	아날로그 변환기	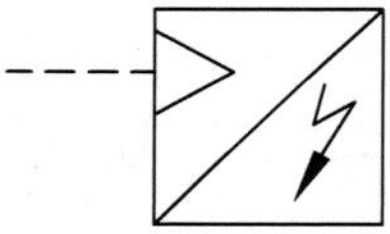	• 공기압
19-4	소음기	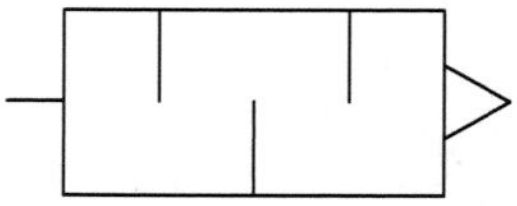	• 공기압
19-5	경음기	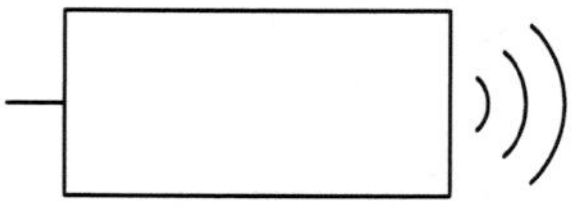	• 공기압용
19-6	마그넷 세퍼레이터		

20. 부속서 (회전용 에너지 변환기기의 회전방향, 유동방향 및 조립내장된 조작요소의 상호관계 그림기호)

번호	명칭	기호	비고
A-1	정용량형 유압모터	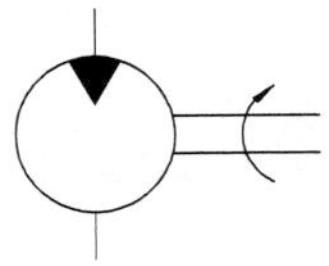	① 1방향 회전형 ② 입구 포트가 고정되어 있으므로 유동 방향과의 관계를 나타내는 회전방향 화살표는 필요없음
A-2	정용량형 유압펌프 또는 유압모터 ① 가역회전형 펌프 ② 가역회전형 모터	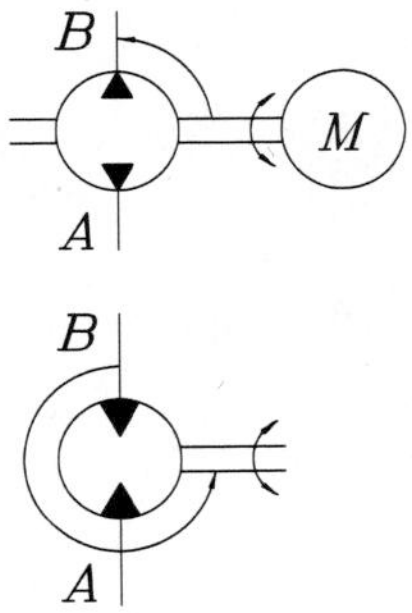 B M A B A	• 2방향 회전, 양축형 • 입력축이 좌회전할 때 B포트가 송출구로 된다. • B포트가 유입구일 때 출력축은 좌회전이 된다.
A-3	가변용량형 유압 펌프	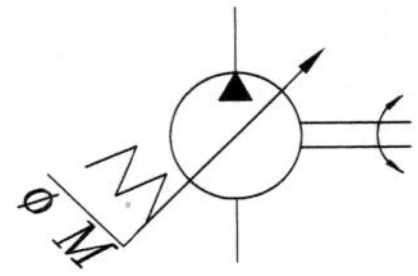 φ M	① 1방향 회전형 ② 유동방향과의 관계를 나타내는 회전방향 화살표는 필요없음 ③ 조작요소의 위치표시는 기능을 명시하기 위한 것으로서, 생략하여도 좋다.
A-4	가변용량형 유압 모터	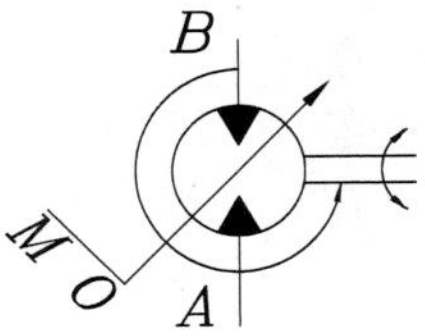 B M O A	• 2방향 회전형 • B포트가 유입구일 때 출력축은 좌회전이 된다.
A-5	가변용량형 유압 오버센터 펌프	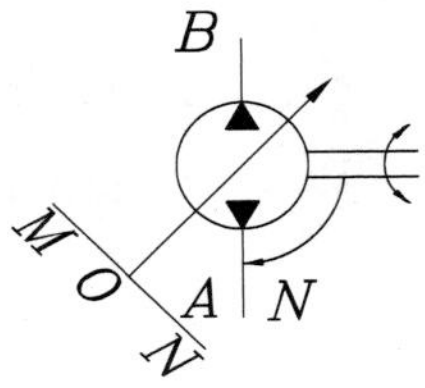 B M O N A N	• 1방향 회전형 • 조작 요소의 위치를 N의 방향으로 조작하였을 때 A포트가 송출구가 된다.

■ 부속서(회전용 에너지 변환기기의 회전방향, 유동방향 및 조립내장된 조작요소의 상호관계 그림기호)(계속)

번호	명칭	기호	비고
A-6	가변용량형 유압 펌프 또는 유압모터 ① 가역회전형 펌프	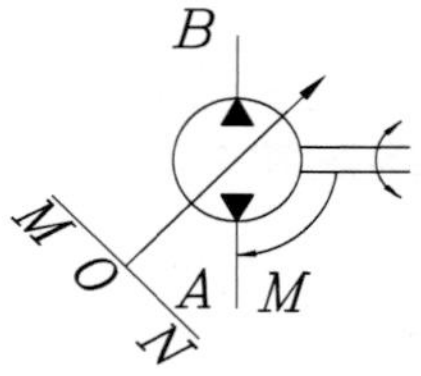	• 2방향 회전형 • 입력축이 우회전할 때 A포트가 송출구로 되고 이때의 가변 조작은 조작 요소의 위치 M의 방향으로 됩니다.
	② 가역회전형 모터	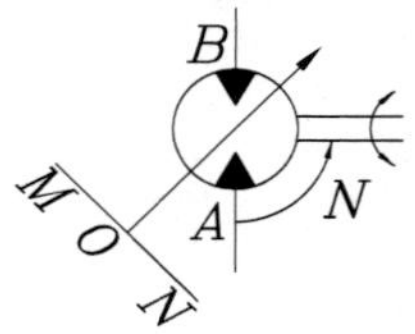	• A포트가 유입구일 때 출력축은 좌회전이 되고 이때의 가변조작은 조작요소의 위치 N의 방향으로 된다.
A-7	정용량형 유압 펌프 또는 유압모터	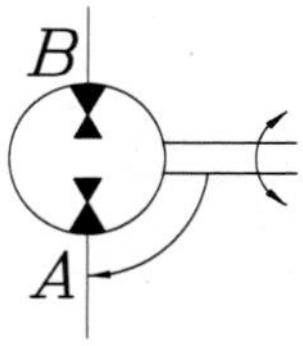	• 2방향 회전형 • 펌프로서의 기능을 하는 경우 입력축이 우회전할 때 A포트가 송출구로 된다.
A-8	가변용량형 유압 펌프 또는 유압모터	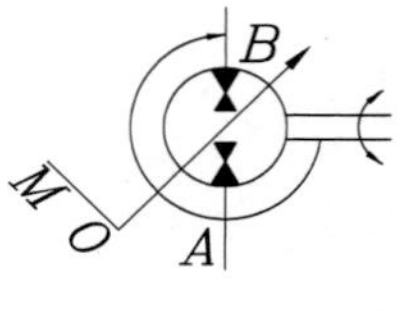	• 2방향 회전형 • 펌프로서의 기능을 하는 경우 입력축이 우회전할 때 B포트가 송출구로 된다.
A-9	가변용량형 유압 펌프 또는 유압모터	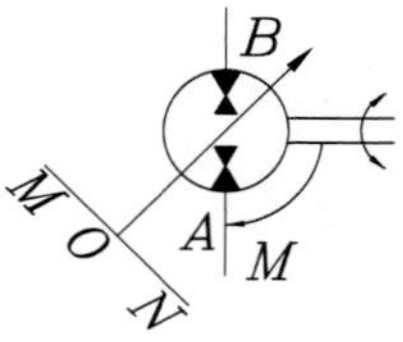	• 1방향 회전형 • 펌프 기능을 하고 있는 경우 입력축이 우회전할 때 A포트가 송출구로 되고 이때의 가변조작은 조작요소의 위치 M의 방향이 된다.

■ 부속서 (회전용 에너지 변환기기의 회전방향, 유동방향 및 조립내장된 조작요소의 상호관계 그림기호) (계속)

번 호	명 칭	기 호	비 고
A-10	가변용량형 가역회전형 펌프 또는 유압모터	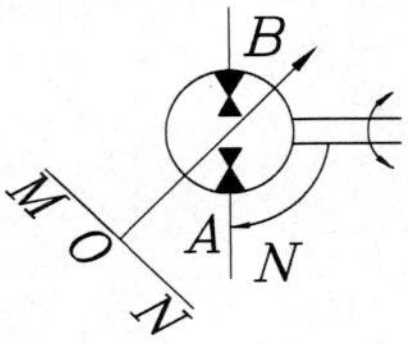 B, A, M, O, N	• 2방향 회전형 • 펌프 기능을 하고 있는 경우 입력축이 우회전할 때 A포트가 송출구로 되고 이때의 가변조작은 조작요소의 위치 N의 방향이 된다.
A-11	정용량형 가변용량 변환식 가역회전형 펌프	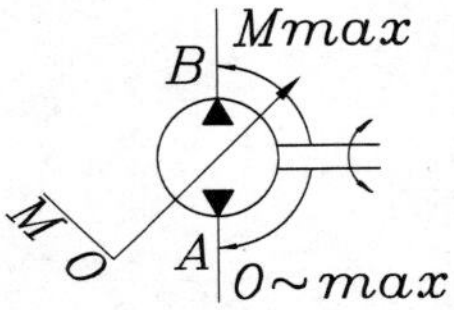 B, A, Mmax, M, O, 0~max	• 2방향 회전형 • 입력축이 우회전일 때는 A포트를 송출구로 하는 가변용량펌프가 되고, 좌회전인 경우에는 최대 배제용적의 적용량 펌프가 된다.

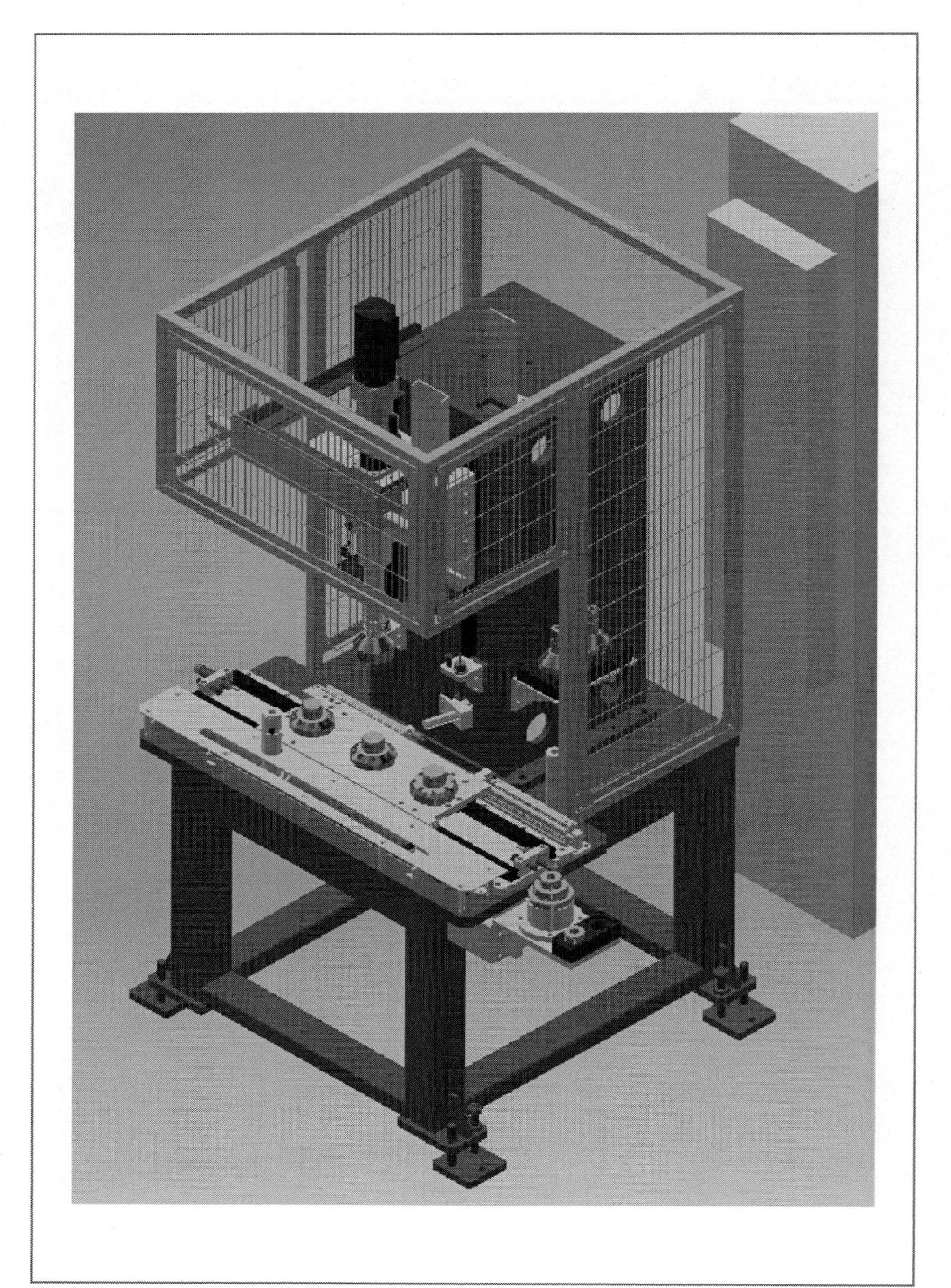

CHAPTER 27

기계금속 · 비금속 재료기호 일람표

27-1 기계 구조용 탄소강 및 합금강

KS 규격	명 칭	분류 및 종별		기 호	인장강도 N/mm^2		주요 용도 및 특징
D 3723	특수용도 합금강 볼트용 봉강	1종	1호	SNB 21−1	세부 규격 참조		원자로, 그 밖의 특수 용도에 사용하는 볼트, 스터드 볼트, 와셔, 너트 등을 만드는 압연 또는 단조한 합금강 봉강
			2호	SNB 21−2			
			3호	SNB 21−3			
			4호	SNB 21−4			
			5호	SNB 21−5			
		2종	1호	SNB 22−1			
			2호	SNB 22−2			
			3호	SNB 22−3			
			4호	SNB 22−4			
			5호	SNB 22−5			
		3종	1호	SNB 23−1			
			2호	SNB 23−2			
			3호	SNB 23−3			
			4호	SNB 23−4			
			5호	SNB 23−5			
		4종	1호	SNB 24−1			
			2호	SNB 24−2			
			3호	SNB 24−3			
			4호	SNB 24−4			
			5호	SNB 24−5			
D 3752	기계 구조용 탄소 강재	1종		SM 10C	314 이상	N	열간 압연, 열간 단조 등 열간가공에 의해 제조한 것으로, 보통 다시 단조, 절삭 등의 가공 및 열처리를 하여 사용되는 기계 구조용 탄소 강재 ● 열처리 구분 N : 노멀라이징 H : 퀜칭, 템퍼링 A : 어닐링
		2종		SM 12C	373 이상	N	
		3종		SM 15C			
		4종		SM 17C	402 이상	N	
		5종		SM 20C			
		6종		SM 22C	441 이상	N	
		7종		SM 25C			
		8종		SM 28C	471 이상	N	
		9종		SM 30C	539 이상	H	
		10종		SM 33C	510 이상	N	
		11종		SM 35C	569 이상	H	
		12종		SM 38C	539 이상	N	
		13종		SM 40C	608 이상	H	
		14종		SM 43C	569 이상	N	
		15종		SM 45C	686 이상	H	
		16종		SM 48C	608 이상	N	
		17종		SM 50C	735 이상	H	
		18종		SM 53C	647 이상	N	
		19종		SM 55C			
		20종		SM 58C	785 이상	H	

기계 구조용 탄소강 및 합금강 (계속)

KS 규격	명 칭	분류 및 종별	기 호	인장강도 N/mm²		주요 용도 및 특징	
D 3752	기계 구조용 탄소 강재	21종	SM 9CK	392 이상	H	침탄용	
		22종	SM 15CK	490 이상	H		
		23종	SM 20CK	539 이상	H		
D 3754	경화능 보증 구조용 강재 (H강)	망간 강재	SMn 420 H	–		구 기호	SMn 21 H
			SMn 433 H	–			SMn 1 H
			SMn 438 H	–			SMn 2 H
			SMn 443 H	–			SMn 3 H
		망간 크롬 강재	SMnC 420 H	–			SMnC 21 H
			SMnC 433 H	–			SMnC 3 H
		크롬 강재	SCr 415 H	–			SCr 21 H
			SCr 420 H	–			SCr 22 H
			SCr 430 H	–			SCr 2 H
			SCr 435 H	–			SCr 3H
			SCr 440 H	–			SCr 4H
		크롬 몰리브덴 강재	SCM 415 H	–			SCM 21 H
			SCM 418 H	–			–
			SCM 420 H	–			SCM 22 H
			SCM 435 H	–			SCM 3 H
			SCM 440 H	–			SCM 4 H
			SCM 445 H	–			SCM 5 H
			SCM 822 H	–			SCM 24 H
		니켈 크롬 강재	SNC 415 H	–			SNC 21 H
			SNC 631 H	–			SNC 2 H
			SNC 815 H	–			SNC 22 H
		니켈 크롬 몰리브덴 강재	SNCM 220 H	–			SNCM 21 H
			SNCM 420 H	–			SNCM 23 H
D 3755	고온용 합금강 볼트재	1종	SNB 5	690 이상		압력용기, 밸브, 플랜지 및 이음쇠에 사용	
		2종	SNB 7	690 ~ 860 이상			
		3종	SNB 16	690 ~ 860 이상			
D 3756	알루미늄 크롬 몰리브덴 강재	1종	S Al Cr Mo 1	–		표면 질화용, 기계 구조용	
D 3867	기계 구조용 합금강 강재	망가니즈강 D 3724	SMn 420	–		표면 담금질용	
			SMn 433	–		–	
			SMn 438	–		–	
			SMn 443	–		–	
		망가니즈크롬강 D 3724	SMnC 420	–		표면 담금질용	
			SMnC 443	–		–	
		크롬강	SCr 415	–		표면 담금질용	
			SCr 420	–			
			SCr 430	–		–	

기계 구조용 탄소강 및 합금강 (계속)

KS 규격	명 칭	분류 및 종별	기 호	인장강도 N/mm^2	주요 용도 및 특징
D 3867	기계 구조용 함금강 강재	D 3707	SCr 435	–	–
			SCr 440	–	–
			SCr 445	–	–
		크롬몰리브데넘강 D 3711	SCM 415	–	표면 담금질용
			SCM 418	–	
			SCM 420	–	
			SCM 421	–	
			SCM 425	–	–
			SCM 430	–	–
			SCM 432	–	–
			SCM 435	–	–
			SCM 440	–	–
			SCM 445	–	
			SCM 822	–	표면 담금질용
		니켈크롬강 D 3708	SNC 236	–	–
			SNC 415	–	표면 담금질용
			SNC 631	–	–
			SNC 815	–	표면 담금질용
			SNC 836	–	–
		니켈크롬몰리브데넘강 D 3709	SNCM 220	–	표면 담금질용
			SNCM 240	–	–
			SNCM 415	–	표면 담금질용
			SNCM 420	–	
			SNCM 431	–	–
			SNCM 439	–	–
			SNCM 447	–	–
			SNCM 616	–	표면 담금질용
			SNCM 625	–	–
			SNCM 630	–	–
			SNCM 815	–	표면 담금질용

27-2 특수용도강

27-2-1. 공구강, 중공강, 베어링강

KS 규격	명 칭	분류 및 종별	기 호	인장강도 N/mm²	주요 용도 및 특징
D 3522	고속도 공구강 강재	텅스텐계	SKH 2	HRC 63 이상	일반 절삭용 기타 각종 공구
			SKH 3	HRC 64 이상	고속 중절삭용 기타 각종 공구
			SKH 4		난삭재 절삭용 기타 각종 공구
			SKH 10		고난삭재 절삭용 기타 각종 공구
		분말야금 제조 몰리브덴계	SKH 40	HRC 65 이상	경도, 인성, 내마모성을 필요로 하는 일반절삭용, 기타 각종 공구
		몰리브덴계	SKH 50	HRC 63 이상	연성을 필요로 하는 일반 절삭용, 기타 각종 공구
			SKH 51	HRC 64 이상	
			SKH 52		비교적 인성을 필요로 하는 고경도재 절삭용, 기타 각종 공구
			SKH 53		
			SKH 54		고난삭재 절삭용 기타 각종 공구
			SKH 55		비교적 인성을 필요로 하는 고속 중절삭용 기타 각종 공구
			SKH 56		
			SKH 57		고난삭재 절삭용 기타 각종 공구
			SKH 58		인성을 필요로 하는 일반 절삭용, 기타 각종 공구
			SKH 59	HRC 66 이상	비교적 인성을 필요로 하는 고속 중절삭용 기타 각종 공구
D 3523	중공강 강재	3종	SKC 3	HB 229~302	로드용
		11종	SKC 11	HB 285~375	로드 또는 인서트 비트 등
		24종	SKC 24	HB 269~352	
		31종	SKC 31	–	
D 3751	탄소 공구강 강재	1종	STC 140 (STC 1)	HRC 63 이상	칼줄, 벌줄
		2종	STC 120 (STC 2)	HRC 62 이상	드릴, 철공용 줄, 소형 펀치, 면도날, 태엽, 쇠톱
		3종	STC 105 (STC 3)	HRC 61 이상	나사 가공 다이스, 쇠톱, 프레스 형틀, 게이지, 태엽, 끌, 치공구
		4종	STC 95 (STC 4)	HRC 61 이상	태엽, 목공용 드릴, 도끼, 끌, ,셔츠 바늘, 면도칼, 목공용 띠톱, 펜촉, 프레스 형틀, 게이지
		5종	STC 90	HRC 60 이상	프레스 형틀, 태엽, 게이지, 침
		6종	STC 85 (STC 5)	HRC 59 이상	각인, 프레스 형틀, 태엽, 띠톱, 치공구, 원형톱, 펜촉, 등사판 줄, 게이지 등
		7종	STC 80	HRC 58 이상	각인, 프레스 형틀, 태엽
		8종	STC 75 (STC 6)	HRC 57 이상	각인, 스냅, 원형톱, 태엽, 프레스 형틀, 등사판 줄 등
		9종	STC 70	HRC 57 이상	각인, 스냅, 프레스 형틀, 태엽
		10종	STC 65 (STC 7)	HRC 56 이상	각인, 스냅, 프레스 형틀, 나이프 등
		11종	STC 60	HRC 55 이상	각인, 스냅, 프레스 형틀

27-2-1. 공구강, 중공강, 베어링강(계속)

KS 규격	명 칭	분류 및 종별	기 호	인장강도 N/mm²	주요 용도 및 특징
D 3753	합금 공구강 강재	1종	STS 11	HRC 62 이상	주로 절삭 공구강용 HRC 경도는 시험편의 퀜칭, 템퍼링 경도
		2종	STS 2	HRC 61 이상	
		3종	STS 21	HRC 61 이상	
		4종	STS 5	HRC 45 이상	
		5종	STS 51	HRC 45 이상	
		6종	STS 7	HRC 62 이상	
		7종	STS 81	HRC 63 이상	
		8종	STS 8	HRC 63 이상	
		1종	STS 4	HRC 56 이상	주로 내충격 공구강용 HRC 경도는 시험편의 퀜칭, 템퍼링 경도
		2종	STS 41	HRC 53 이상	
		3종	STS 43	HRC 63 이상	
		4종	STS 44	HRC 60 이상	
		1종	STS 3	HRC 60 이상	주로 냉간 금형용 HRC 경도는 시험편의 퀜칭, 템퍼링 경도
		2종	STS 31	HRC 61 이상	
		3종	STS 93	HRC 63 이상	
		4종	STS 94	HRC 61 이상	
		5종	STS 95	HRC 59 이상	
		6종	STD 1	HRC 62 이상	
		7종	STD 2	HRC 62 이상	
		8종	STD 10	HRC 61 이상	
		9종	STD 11	HRC 58 이상	
		10종	STD 12	HRC 60 이상	
		1종	STD 4	HRC 42 이상	주로 열간 금형용 HRC 경도는 시험편의 퀜칭, 템퍼링 경도
		2종	STD 5	HRC 48 이상	
		3종	STD 6	HRC 48 이상	
		4종	STD 61	HRC 50 이상	
		5종	STD 62	HRC 48 이상	
		6종	STD 7	HRC 46 이상	
		7종	STD 8	HRC 48 이상	
		8종	STF 3	HRC 42 이상	
		9종	STF 4	HRC 42 이상	
		10종	STF 6	HRC 52 이상	
D 3525	고탄소 크롬 베어링 강재	1종	STB 1	–	주로 구름베어링에 사용 (열간 압연 원형강 표준지름은 15~130mm)
		2종	STB 2	–	
		3종	STB 3	–	
		4종	STB 4	–	
		5종	STB 5	–	

27-2-2. 스프링강, 쾌삭강, 클래드강

KS 규격	명 칭	분류 및 종별	기 호	인장강도 N/mm²	주요 용도 및 특징
D 3597	스프링용 냉간 압연 강대	1종	S50C-CSP	경도 HV 180 이하	[조질 구분 및 기호] A : 어닐링을 한 것 R : 냉간압연한 그대로의 것 H : 퀜칭, 템퍼링을 한 것 B : 오스템퍼링을 한 것
		2종	S55C-CSP	경도 HV 180 이하	
		3종	S60C-CSP	경도 HV 190 이하	
		4종	S65C-CSP	경도 HV 190 이하	
		5종	S70C-CSP	경도 HV 190 이하	
		6종	SK85-CSP (SK5-CSP)	경도 HV 190 이하	
		7종	SK95-CSP (SK4-CSP)	경도 HV 200 이하	
		8종	SUP10-CSP	경도 HV 190 이하	
D 3701	스프링 강재	1종	SPS 6	실리콘 망가니즈 강재	주로 겹판 스프링, 코일 스프링 및 비틀림 막대 스프링용에 사용한다
		2종	SPS 7		
		3종	SPS 9	망가니즈 크롬 강재	
		4종	SPS 9A		
		5종	SPS 10	크롬 바나듐 강재	주로 코일 스프링 및 비틀림 막대 스프링용에 사용한다.
		6종	SPS 11A	망가니즈 크롬 보론 강재	주로 대형 겹판 스프링, 코일 스프링 및 비틀림 막대 스프링에 사용한다.
		7종	SPS 12	실리콘 크롬 강재	주로 코일 스프링에 사용한다.
		8종	SPS 13	크롬 몰리브데넘 강재	주로 대형 겹판 스프링, 코일 스프링에 사용한다.
D 3567	황 및 황 복합 쾌삭 강재	1종	SUM 11		특히 피절삭성을 향상시키기 위하여 탄소강에 황을 첨가하여 제조한 쾌삭강 강재 및 인 또는 납을 황에 복합하여 첨가한 강재도 포함
		2종	SUM 12		
		3종	SUM 21		
		4종	SUM 22		
		5종	SUM 22 L		
		6종	SUM 23		
		7종	SUM 23 L		
		8종	SUM 24 L		
		9종	SUM 25		
		10종	SUM 31		
		11종	SUM 31 L		
		12종	SUM 32		
		13종	SUM 41		
		14종	SUM 42		
		15종	SUM 43		
	쾌삭용 스테인리스	1종	STS XM1	오스테나이트계	
		2종	STS 303		
		3종	STS XM5		
		4종	STS 303Se		
		5종	STS XM2		
		6종	STS 416	마르텐사이트계	
		7종	STS XM6		
		8종	STS 416Se		

27-2-2. 스프링강, 쾌삭강, 클래드강 (계속)

KS 규격	명 칭	분류 및 종별	기 호	인장강도 N/mm^2	주요 용도 및 특징
D 7202	강선 및 선재	9종	STS XM34	페라이트계	
		10종	STS 18235		
		11종	STS 41603		
		12종	STS 430F		
		13종	STS 430F Se		
D 3603	구리 및 구리 합금 클래드강	1종	R1	압연 클래드강	압력용기, 저장조 및 수처리 장치 등에 사용하는 구리 및 구리합금을 접합재로 한 클래드강 1종 : 접합재를 포함하여 강도 부재로 설계한 것. 구조물을 제작할 때 가혹한 가공을 하는 경우 등을 대상으로 한 것 2종 : 1종 이외의 클래드강에 대하여 적용하는 것. 보기를 들면 접합재를 부식 여유(corrosion allowance)를 두어 사용한 것. 라이닝 대신으로 사용한 것
		2종	R2		
		1종	BR1	폭착 압연 클래드강	
		2종	BR2		
		1종	DR1	확산 압연 클래드강	
		2종	DR2		
		1종	WR1	덧살붙임 압연 클래드강	
		2종	WR2		
		1종	ER1	주입 압연 클래드강	
		2종	ER2		
		1종	B1	폭착 클래드강	
		2종	B2		
		1종	D1	확산 클래드강	
		2종	D2		
		1종	W1	덧살붙임 클래드강	
		2종	W2		
D 3604	티타늄 클래드강	1종	R1	압연 클래드강	압력용기, 보일러, 원자로, 저장조 등에 사용하는 접합재를 티타늄으로 한 클래드강 1종 : 접합재를 포함하여 강도 부재로 설계한 것 및 특별한 용도의 것, 특별한 용도란 구조물을 제작할 때 가혹한 가공을 하는 경우 등을 대상으로 한 것 2종 : 1종 이외의 클래드강에 대하여 적용하는 것. 예를 들면 접합재를 부식 여유(corrosion allowance)로 설계한 것 또는 라이닝 대신에 사용하는 것 등
		2종	R2		
		1종	BR1	폭착 압연 클래드강	
		2종	BR2		
		1종	B1	폭착 클래드강	
		2종	B2		
D 3605	니켈 및 니켈 합금 클래드강	1종	R1	압연 클래드강	압력용기, 원자로, 저장조 등에 사용하는 니켈 및 니켈합금을 접합재로 한 클래드강 1종 : 접합재를 포함하여 강도 부재로 설계한 것 및 특별한 용도의 것, 특별한 용도의 보기로는 고온 등에서 사용하는 경우, 구조물을 제작할 때 가혹한 가공을 하는 경우 등을 대상으로 한 것 2종 : 1종 이외의 클래드강에 대하여 적용하는 것. 보기를 들면 접합재를 부식 여유(corrosion allowance)로 하여 사용한 것 또는 라이닝 대신에 사용하는 것 등
		2종	R2		
		1종	BR1	폭착 압연 클래드강	
		2종	BR2		
		1종	DR1	확산 압연 클래드강	
		2종	DR2		
		1종	WR1	덧살붙임 압연 클래드강	
		2종	WR2		
		1종	ER1	주입 압연 클래드강	
		2종	ER2		
		1종	B1	폭착 클래드강	
		2종	B2		

27-2-2. 스프링강, 쾌삭강, 클래드강 (계속)

KS 규격	명 칭	분류 및 종별	기 호	인장강도 N/mm²	주요 용도 및 특징
D 3605	니켈 및 니켈 합금 클래드강	1종	D1	확산 클래드강	
		2종	D2		
		1종	W1	덧살붙임 클래드강	
		2종	W2		
D 3605	스테인리스 클래드강	1종	R1	압연 클래드강	압력용기, 보일러, 원자로 및 저장탱크 등에 사용하는 접합재를 스테인리스로 만든 전체 두께 8mm 이상의 클래드강 1종 : 접합재를 보강재로서 설계한 것 및 특별한 용도의 것, 특별한 용도로서는 고온 등에서 사용할 경우 또는 구조물을 제작할 때에 엄밀한 가공을 실시하는 경우 등을 대상으로 한 것 2종 : 1종 이외의 클래드강에 대하여 적용하는 것으로 예를 들면 접합재를 부식 여유(corrosion allowance)로서 설계한 것 또는 라이닝 대신에 사용하는 것 등
		2종	R2		
		1종	BR1	폭착 압연 클래드강	
		2종	BR2		
		1종	DR1	확산 압연 클래드강	
		2종	DR2		
		1종	WR1	덧살붙임 압연 클래드강	
		2종	WR2		
		1종	ER1	주입 압연 클래드강	
		2종	ER2		
		1종	B1	폭착 클래드강	
		2종	B2		
		1종	D1	확산 클래드강	
		2종	D2		
		1종	W1	덧살붙임 클래드강	
		2종	W2		

27-3 주단조품

27-3-1. 단강품

KS 규격	명 칭	분류 및 종별	기 호	인장강도 N/mm²	주요 용도 및 특징
D 3710	탄소강 단강품	1종	SF 340 A (SF 34)	340~440	일반용으로 사용하는 탄소강 단강품 [열처리 기호 의미] A : 어닐링, 노멀라이징 또는 노멀라이징 템퍼링 B : 퀜칭 템퍼링
		2종	SF 390 A (SF 40)	390~490	
		3종	SF 440 A (SF 45)	440~540	
		4종	SF 490 A (SF 50)	490~590	
		5종	SF 540 A (SF 55)	540~640	
		6종	SF 590 A (SF 60)	590~690	
		7종	SF 540 B (SF 55)	540~690	
		8종	SF 590 B (SF 60)	590~740	
		9종	SF 640 B (SF 65)	640~780	

27-3-1. 단강품 (계속)

KS 규격	명 칭	분류 및 종별		기 호	인장강도 N/mm^2	주요 용도 및 특징
D 4114	크롬 몰리브덴 단강품	축상단강품	1종	SFCM 590 S	590~740	봉, 축, 크랭크, 피니언, 기어, 플랜지, 링, 휠, 디스크 등 일반용으로 사용하는 축상, 원통상, 링상 및 디스크상으로 성형한 크롬몰리브덴 단강품 [링상 단강품의 기호 보기] SFCM 590 R [디스크상 단강품의 기호 보기] SFCM 590 D
			2종	SFCM 640 S	640~780	
			3종	SFCM 690 S	690~830	
			4종	SFCM 740 S	740~880	
			5종	SFCM 780 S	780~930	
			6종	SFCM 830 S	830~980	
			7종	SFCM 880 S	880~1030	
			8종	SFCM 930 S	930~1080	
			9종	SFCM 980 S	980~1130	
D 4115	압력 용기용 스테인리스 단강품	오스테나이트계		STS F 304	세부 규격 참조	주로 부식용 및 고온용 압력 용기 및 그 부품에 사용되는 스테인리스 단강품. 다만 오스테나이트계 스테인리스 단강품에 대해서는 저온용 압력 용기 및 그 부품에도 적용 가능
				STS F 304 H		
				STS F 304 L		
				STS F 304 N		
				STS F 304 LN		
				STS F 310		
				STS F 316		
				STS F 316 H		
				STS F 316 L		
				STS F 316 N		
				STS F 316 LN		
				STS F 317		
				STS F 317 L		
				STS F 321		
				STS F 321 H		
				STS F 347		
				STS F 347 H		
				STS F 350		
		마르텐사이트계		STS F 410-A	480 이상	
				STS F 410-B	590 이상	
				STS F 410-C	760 이상	
				STS F 410-D	900 이상	
				STS F 6B	760~930	
				STS F 6NM	790 이상	
		석출 경화계		STS F 630	세부 규격 참조	
D 4116	탄소강 단강품용 강편	1종		SFB 1	–	탄소강 단강품의 제조에 사용
		2종		SFB 2	–	
		3종		SFB 3	–	
		4종		SFB 4	–	
		5종		SFB 5	–	
		6종		SFB 6	–	
		7종		SFB 7	–	

27-3-1. 단강품 (계속)

KS 규격	명 칭	분류 및 종별		기 호	인장강도 N/mm²	주요 용도 및 특징
D 4117	니켈-크롬 몰리브덴강 단강품	축상단강품	1종	SFNCM 690 S	690~830	봉, 축, 크랭크, 피니언, 기어, 플랜지, 링, 휠, 디스크 등 일반용으로 사용하는 축상, 환상 및 원판상으로 성형한 니켈 크롬 몰리브덴 단강품 [환상 단강품의 기호 보기] SFNCM 690 R [원판상 단강품의 기호 보기] SFNCM 690 D
			2종	SFNCM 740 S	740~880	
			3종	SFNCM 780 S	780~930	
			4종	SFNCM 830 S	830~980	
			5종	SFNCM 880 S	880~1030	
			6종	SFNCM 930 S	930~1080	
			7종	SFNCM 980 S	980~1130	
			8종	SFNCM 1030 S	1030~1180	
			9종	SFNCM 1080 S	1080~1230	
D 4122	압력 용기용 탄소강 단강품	1종		SFVC 1	410~560	주로 중온 내지 상온에서 사용하는 압력 용기 및 그 부품에 사용하는 용접성을 고려한 탄소강 단강품
		2종		SFVC 2A	490~640	
		3종		SFVC 2B		
D 4123	압력 용기용 합금강 단강품	고온용		SFVA F1	480~660	주로 고온에서 사용하는 압력 용기 및 그 부품에 사용하는 용접성을 고려한 조질형(퀜칭, 템퍼링)합금강 단강품
				SFVA F2		
				SFVA F12		
				SFVA F11A		
				SFVA F11B	520~690	
				SFVA F22A	410~590	
				SFVA F22B	520~690	
				SFVA F21A	410~590	
				SFVA F21B	520~590	
				SFVA F5A	410~590	
				SFVA F5B	480~660	
				SFVA F5C	550~730	
				SFVA F5D	620~780	
				SFVA F9	590~760	
		조질형		SFVQ 1A	550~730	
				SFVQ 1B	620~790	
				SFVQ 2A	550~730	
				SFVQ 2B	620~790	
				SFVQ 3		
D 4125	저온 압력 용기용 단강품	1종		SFL 1	440~590	주로 저온에서 사용하는 압력 용기 및 그 부품에 사용하는 용접성을 고려한 탄소강 및 합금강 단강품
		2종		SFL 2	490~640	
		3종		SFL 3		
D 4129	고온 압력 용기용 고강도 크롬몰리브덴강 단강품	1종		SFVCM F22B	580~760	주로 고온에서 사용하는 압력 용기용 고강도 크롬몰리브덴강 단강품
		2종		SFVCM F22V	580~760	
		3종		SFVCM F3V	580~760	
D 4320	철탑 플랜지용 고장력강 단강품	1종		SFT 590	440 이상	주로 송전 철탑용 플랜지에 쓰이는 고장력강 단강품

27-3-2. 주강품

KS 규격	명 칭	분류 및 종별	기 호	인장강도 N/mm^2	주요 용도 및 특징	
D 4101	탄소강 주강품	1종	SC 360	360 이상	일반 구조용, 전동기 부품용	
		2종	SC 410	410 이상	일반 구조용 [원심력 주강관의 경우 표시 예] SC 410-CF	
		3종	SC 450	450 이상		
		4종	SC 480	480 이상		
D 4102	구조용 고장력 탄소강 및 저합금강 주강품	구조용	SCC 3	세부 규격 참조	구조용 고장력 탄소강 및 저합금강 주강품 [원심력 주강관의 경우 표시 예] SCC 3-CF	
		구조용, 내마모용	SCC5			
		구조용	SCMn 1			
			SCMn 2			
			SCMn 3			
		구조용, 내마모용	SCMn 5			
		구조용 (주로 앵커 체인용)	SCSiMn 2			
		구조용	SCMnCr 2			
			SCMnCr 3			
		구조용, 내마모용	SCMnCr 4			
		구조용, 강인재용	SCMnM 3			
			SCCrM 1			
			SCCrM 3			
			SCMnCrM 2			
			SCMnCrM 3			
			SCNCrM 2			
	스테인리스강 주강품	CA 15	SSC 1	세부 규격 참조	대응 ISO	–
		CA 15	SSC 1X			GX 12 Cr 12
		CA 40	SSC 2			–
		CA 40	SSC 2A			–
		CA 15M	SSC 3			–
		CA 15M	SSC 3X			GX 8 CrNiMo 12 1
		–	SSC 4			–
		–	SSC 5			–
		CA 6NM	SSC 6			–
		CA 6NM	SSC 6X			GX 4 CrNi 12 4 (QT1) (QT2)
		–	SSC 10			–
		–	SSC 11			–
		CF 20	SSC 12			–
		–	SSC 13			–
		CF 8	SSC 13A			–
		–	SSC 13X			GX 5 CrNi 19 9
		–	SSC 14			–
		CF 8M	SSC 14A			–
		–	SSC 14X			GX 5 CrNiMo 19 11 2
		–	SSC 14Nb			GX 6 CrNiMoNb 19 11 2
		–	SSC 15			–

27-3-2. 주강품 (계속)

KS 규격	명 칭	분류 및 종별	기 호	인장강도 N/mm^2	주요 용도 및 특징	
	스테인리스강 주강품	–	SSC 16			–
		CF 3M	SSC 16A			–
		CF 3M	SSC 16AX			GX 2 CrNiMo 19 11 2
		CF 3MN	SSC 16AXN			GX 2 CrNiMoN 19 11 2
		CH 10, CH 20	SSC 17			–
		CK 20	SSC 18			–
		–	SSC 19			–
		CF 3	SSC 19A			–
		–	SSC 20			–
		CF 8C	SSC 21			–
		CF 8C	SSC 21X			GX 6 CrNiNb 19 10
		–	SSC 22			–
		CN 7M	SSC 23			–
		CB 7 Cu-1	SSC 24			–
		–	SSC 31			GX 4 CrNiMo 16 5 1
		A890M 1B	SSC 32			GX 2 CrNiCuMoN 26 5 3 3
		–	SSC 33			GX 2 CrNiMoN 26 5 3
		CG 8M	SSC 34			GX 5 CrNiMo 19 11 3
		CK-35MN	SSC 35			–
		–	SSC 40			–
D 4104	고망간강 주강품	1종	SCMnH 1	–	일반용(보통품)	
		2종	SCMnH 2	740 이상	일반용(고급품, 비자성품)	
		3종	SCMnH 3		주로 레일 크로싱용	
		4종	SCMnH 11		고내력, 고마모용(해머, 조 플레이트 등)	
		5종	SCMnH 21		주로 무한궤도용	
D 4105	내열강 주강품	1종	HRSC 1	490 이상	유사 강종 [참고]	–
		2종	HRSC 2	340 이상		ASTM HC, ACI HC
		3종	HRSC 3	490 이상		–
		4종	HRSC 11	590 이상		ASTM HD, ACI HD
		5종	HRSC 12	490 이상		ASTM HF, ACI HF
		6종	HRSC 13	490 이상		ASTM HH, ACI HH
		7종	HRSC 13 A	490 이상		ASTM HH Type II
		8종	HRSC 15	440 이상		ASTM HT, ACI HT
		9종	HRSC 16	440 이상		ASTM HT30
		10종	HRSC 17	540 이상		ASTM HE, ACI HE
		11종	HRSC 18	490 이상		ASTM HI, ACI HI
		12종	HRSC 19	390 이상		ASTM HN, ACI HN
		13종	HRSC 20	390 이상		ASTM HU, ACI HU
		14종	HRSC 21	440 이상		ASTM HK30, ACI HK30
		15종	HRSC 22	440 이상		ASTM HK40, ACI HK40
		16종	HRSC 23	450 이상		ASTM HL, ACI HL
		17종	HRSC 24	440 이상		ASTM HP, ACI HP

27-3-2. 주강품 (계속)

KS 규격	명 칭	분류 및 종별	기 호	인장강도 N/mm^2	주요 용도 및 특징
D 4106	용접 구조용 주강품	1종	SCW 410 (SCW 42)	410 이상	압연강재, 주강품 또는 다른 주강품의 용접 구조에 사용하는 것으로 특히 용접성이 우수한 주강품
		2종	SCW 450	450 이상	
		3종	SCW 480 (SCW 49)	480 이상	
		4종	SCW 550 (SCW 56)	550 이상	
		5종	SCW 620 (SCW 63)	620 이상	
D 4107	고온 고압용 주강품	탄소강	SCPH 1	410 이상	고온에서 사용하는 밸브, 플랜지, 케이싱 및 기타 고압 부품용 주강품
			SCPH 2	480 이상	
		0.5% 몰리브덴강	SCPH 11	450 이상	
		1% 크롬-0.5% 몰리브덴강	SCPH 21	480 이상	
		1% 크롬-1% 몰리브덴강	SCPH 22	550 이상	
		1% 크롬-1% 몰리브덴강-0.2% 바나듐강	SCPH 23		
		2.5% 크롬-1% 몰리브덴강	SCPH 32	480 이상	
		5% 크롬-0.5% 몰리브덴강	SCPH 61	620 이상	
D 4108	용접 구조용 원심력 주강관	1종	SCW 410-CF	410 이상	압연강재, 단강품 또는 다른 주강품과의 용접 구조에 사용하는 특히 용접성이 우수한 관 두께 8mm 이상 150mm 이하의 용접 구조용 원심력 주강관
		2종	SCW 480-CF	480 이상	
		3종	SCW 490-CF	490 이상	
		4종	SCW 520-CF	520 이상	
		5종	SCW 570-CF	570 이상	
D 4111	저온 고압용 주강품	탄소강(보통품)	SCPL 1	450 이상	저온에서 사용되는 밸브, 플랜지, 실린더, 그 밖의 고압 부품용
		0.5% 몰리브덴강	SCPL 11		
		2.5% 니켈강	SCPL 21	480 이상	
		3.5% 니켈강	SCPL 31		
D 4112	고온 고압용 원심력 주강관	탄소강	SCPH 1-CF	410 이상	주로 고온에서 사용하는 원심력 주강관
			SCPH 2-CF	480 이상	
		0.5% 몰리브덴강	SCPH 11-CF	380 이상	
		1% 크롬-0.5% 몰리브덴강	SCPH 21-CF	410 이상	
		2.5% 크롬-1% 몰리브덴강	SCPH 32-CF		
D 4118	도로 교량용 주강품	1종	SCHB 1	491 이상	도로 교량용 부품으로 사용하는 주강품
		2종	SCHB 2	628 이상	
		3종	SCHB 3	834 이상	

27-3-2. 주강품 (계속)

KS 규격	명 칭	분류 및 종별	기 호	인장강도 N/mm²	주요 용도 및 특징
D ISO 13521	오스테나이트계 망가니즈 주강품	강 등급	GX120MnMo7-1	-	
			GX110MnMo7-13-1	-	
			GX100Mn13	-	때때로 비자성체에 이용된다.
			GX120Mn13	-	때때로 비자성체에 이용된다.
			GX129MnCr13-2	-	
			GX129MnNi13-3	-	
			GX120Mn17	-	때때로 비자성체에 이용된다.
			GX90MnMo14	-	
			GX120MnCr17-2	-	

27-3-3. 주철품

KS 규격	명 칭	분류 및 종별		기 호	인장강도 N/mm²	주요 용도 및 특징
D 4301	회 주철품	1종		GC 100	100 이상	편상 흑연을 함유한 주철품 (주철품의 두께에 따라 인장강도 다름)
		2종		GC 150	150 이상	
		3종		GC 200	200 이상	
		4종		GC 250	250 이상	
		5종		GC 300	300 이상	
		6종		GC 350	350 이상	
D 4302	구상 흑연 주철품	별도 주입 공시재	1종	GCD 350-22	350 이상	구상(球狀) 흑연 주철품 기호 L : 저온 충격값이 규정된 것
			2종	GCD 350-22L		
			3종	GCD 400-18	400 이상	
			4종	GCD 400-18L		
			5종	GCD 400-15		
			6종	GCD 450-10	450 이상	
			7종	GCD 500-7	500 이상	
			8종	GCD 600-3	600 이상	
			9종	GCD 700-2	700 이상	
			10종	GCD 800-2	800 이상	
		본체 부착 공시재	1종	GCD 400-18A	세부 규격 참조	
			2종	GCD 400-18AL		
			3종	GCD 400-15A		
			4종	GCD 500-7A		
			5종	GCD 600-3A		
D 4318	오스템퍼 구상 흑연 주철품	1종		GCAD 900-4	900 이상	오스템퍼 처리한 구상 흑연 주철품
		2종		GCAD 900-8		
		3종		GCAD 1000-5	1000 이상	
		4종		GCAD 1200-2	1200 이상	
		5종		GCAD 1400-1	1400 이상	

27-3-3. 주철품 (계속)

KS 규격	명 칭	분류 및 종별	기 호	인장강도 N/mm^2	주요 용도 및 특징
D 4319	오스테나이트 주철품	구상 흑연계	GCDA-NiMn 13 17	390 이상	비자성 주물 보기 : 터빈 발동기용 압력 커버, 차단기 상자, 절연 플랜지, 터미널, 덕트
			GCDA-NiCr 20 2	370 이상	펌프, 밸브, 컴프레서, 부싱, 터보차저 하우징, 이그조스트 매니폴드, 캐빙 머신용 로터리 테이블, 엔진용 터빈 하우징, 밸브용 요크슬리브, 비자성 주물
			GCDA-NiCrNb 20 2		GCDA-NiCr 20 2와 동등
			GCDA-NiCr 20 3	390 이상	펌프, 펌프용 케이싱, 밸브, 컴프레서, 부싱, 터보 차저 하우징, 이그조스트 매니폴드
			GCDA-NiSiCr 20 5 2	370 이상	펌프 부품, 밸브, 높은 기계적 응력을 받는 공업로용 주물
			GCDA-Ni 22		펌프, 밸브, 컴프레서, 부싱, 터보 차저 하우징, 이그조스트 매니폴드, 비자성 주물
			GCDA-NiMn 23 4	440 이상	-196℃까지 사용되는 경우의 냉동기 기류 주물
			GCDA-NiCr 30 1	370 이상	펌프, 보일러 필터 부품, 이그조스트 매니폴드, 밸브, 터보 차저 하우징
			GCDA-NiCr 30 3		펌프, 보일러, 밸브, 필터 부품, 이그조스트 매니폴드, 터보 차저 하우징
			GCDA-NiSiCr 30 5 2	380 이상	펌프 부품, 이그조스트 매니폴드, 터보 차저 하우징, 공업로용 주물
			GCDA-NiSiCr 30 5 5	390 이상	펌프 부품, 밸브, 공업로용 주물 중 높은 기계적 응력을 받는 부품
			GCDA-Ni 35	370 이상	온도에 따른 치수변화를 기피하는 부품 적용 (예 : 공작기계, 이과학기기, 유리용 금형)
			GCDA-NiCr 35 3		가스 터빈 하우징 부품, 유리용 금형, 엔진용 터보 차저 하우징
			GCDA-NiSiCr 35 5 2		가스 터빈 하우징 부품, 이그조스트 매니폴드, 터보 차저 하우징
D 4321	철(합금)계 저열팽창 주조품	주강계	SCLE 1	370 이상	50~100℃ 사이의 평균 선팽창계수 7.0×10^{-6}/℃ 이하인 철합금 저열팽창 주조품
			SCLE 2		
			SCLE 3		
			SCLE 4		
		회 주철계	GCLE 1	120 이상	
			GCLE 2		
			GCLE 3		
			GCLE 4		
		구상 흑연 주철계	GCDLE 1	370 이상	
			GCDLE 2		
			GCDLE 3		
			GCDLE 4		
D 4321	저온용 두꺼운 페라이트 구상 흑연 주철품	1종	GCD 300LT	300 이상	-40℃ 이상의 온도에서 사용되는 주물 두께 550mm 이하의 페라이트 기지의 두꺼운 구상 흑연 주철품
D 4323	하수도용 덕타일 주철관	직관 두께에 따른 구분	1종관	-	가정의 생활폐수 및 산업폐수, 지표수, 우수 등을 운송하는 배수 및 하수 배관용으로 압력 또는 무압력 상태에서 사용하는 덕타일 주철관
			2종관	-	
			3종관	-	

27-3-3. 주철품 (계속)

KS 규격	명 칭	분류 및 종별	기 호	인장강도 N/mm²	주요 용도 및 특징
D ISO 5922	가단 주철품	백심가단 주철	GCMW 35-04	세부 규격 참조	가단 주철품 열처리한 철-탄소합금으로서 주조 상태에서 흑연을 함유하지 않은 백선 조직을 가지는 주철품. 즉, 탄소 성분은 전부 시멘타이트(Fe3C)로 결합된 형태로 존재한다. [종류의 기호] GCMW : 백심 가단 주철 GCMB : 흑심 가단 주철 GCMP : 펄라이트 가단 주철
			GCMW 38-12		
			GCMW 40-05		
			GCMW 45-07		
		A	GCMB 30-06	300 이상	
			GCMB 35-10	350 이상	
			GCMB 45-06	450 이상	
			GCMB 55-04	550 이상	
			GCMB 65-02	650 이상	
			GCMB 70-02	700 이상	
		B	GCMB 32-12	320 이상	
			GCMP 50-05	500 이상	
			GCMB 60-03	600 이상	
			GCMB 80-01	800 이상	

27-3-4. 신동품

KS 규격	명 칭	분류 및 종별	기 호	인장강도 N/mm²	주요 용도 및 특징
D 5101	구리 및 구리합금 봉	무산소동 C1020	C 1020 BE	-	전기 및 열 전도성 우수 용접성, 내식성, 내후성 양호
			C 1020 BD	-	
			C 1020 BF	-	
		타프피치동 C1100	C 1100 BE	-	전기 및 열 전도성 우수 전연성, 내식성, 내후성 양호
			C 1100 BD	-	
			C 1100 BF	-	
		인탈산동 C1201	C 1201 BE	-	전연성, 용접성, 내식성, 내후성 및 열 전도성 양호
			C 1201 BD	-	
		인탈산동 C1220	C 1220 BE	-	
			C 1220 BD	-	
		황동 C2620	C 2600 BE	-	냉간 단조성, 전조성 양호 기계 및 전기 부품
			C 2600 BD	-	
		황동 C2700	C 2700 BE	-	
			C 2700 BD	-	
		황동 C2745	C 2745 BE	-	열간 가공성 양호 기계 및 전기 부품
			C 2745 BD	-	
		황동 C2800	C 2800 BE	-	
			C 2800 BD	-	
		내식 황동 C3533	C 3533 BE	-	수도꼭지, 밸브 등
			C 3533 BD	-	

27-3-4. 신동품 (계속)

KS 규격	명 칭	분류 및 종별	기 호	인장강도 N/mm²	주요 용도 및 특징
D 5101	구리 및 구리 합금 봉	쾌삭 황동 C3601	C 3601 BD	–	절삭성 우수, 전연성 양호 볼트, 너트, 작은 나사, 스핀들, 기어, 밸브, 라이터, 시계, 카메라 부품 등
		쾌삭 황동 C3602	C 3602 BE	–	
			C 3602 BD	–	
			C 3602 BF	–	
		쾌삭황동 C3604	C 3604 BE	–	
			C 3604 BD	–	
			C 3604 BF	–	
		쾌삭 황동 C3605	C 3605 BE	–	
			C 3605 BD	–	
		단조 황동 C3712	C 3712 BE	–	열간 단조성 양호, 정밀 단조 적합 기계 부품 등
			C 3712 BD	–	
			C 3712 BF	–	
		단조 황동 C3771	C 3771 BE	–	열간 단조성 및 피절삭성 양호 밸브 및 기계 부품 등
			C 3771 BD	–	
			C 3771 BF	–	
		네이벌 황동 C4622	C 4622 BE	–	내식성 및 내해수성 양호 선박용 부품, 샤프트 등
			C 4622 BD	–	
			C 4622 BF	–	
		네이벌 황동 C4641	C 4641 BE	–	
			C 4641 BD	–	
			C 4641 BF	–	
		내식 황동 C4860	C 4860 BE	–	수도꼭지, 밸브, 선박용 부품 등
			C 4860 BD	–	
		무연 황동 C4926	C 4926 BE	–	내식성 우수, 환경 소재(납 없음) 전기전자, 자동차 부품 및 정밀 가공용
			C 4926 BD	–	
		무연 내식 황동 C4934	C 4934 BE	–	내식성 우수, 환경 소재(납 없음) 수도꼭지, 밸브 등
			C 4934 BD	–	
		알루미늄 청동 C6161	C 6161 BE	–	강도 높고, 내마모성, 내식성 양호 차량 기계용, 화학 공업용, 선박용 피니언 기어, 샤프트, 부시 등
			C 6161 BD	–	
		알루미늄 청동 C6191	C 6191 BE	–	
			C 6191 BD	–	
		알루미늄 청동 C6241	C 6241 BE	–	
			C 6241 BD	–	
		고강도 황동 C6782	C 6782 BE	–	강도 높고 열간 단조성, 내식성 양호 선박용 프로펠러 축, 펌프 축 등
			C 6782 BD	–	
			C 6782 BF	–	
		고강도 황동 C6783	C 6783 BE	–	
			C 6783 BD	–	

27-3-4. 신동품 (계속)

KS 규격	명 칭	분류 및 종별		기 호	인장강도 N/mm²	주요 용도 및 특징
D 5102	베릴륨 동, 인청동 및 양백의 봉 및 선	베릴륨 동	봉	C 1720 B	–	항공기 엔진 부품, 프로펠러, 볼트, 캠, 기어, 베어링, 점용접용 전극 등
			선	C 1720 W	–	코일 스프링, 스파이럴 스프링, 브러쉬 등
		인청동	봉	C 5111 B	–	내피로성, 내식성, 내마모성 양호 봉 : 기어, 캠, 이음쇠, 축, 베어링, 작은 나사, 볼트, 너트, 섭동 부품, 커넥터, 트롤리선용 행어 등 선: 코일 스프링, 스파이럴 스프링, 스냅 버튼, 전기 바인드용 선, 철망, 헤더재, 와셔 등
			선	C 5111 W	–	
			봉	C 5102 B	–	
			선	C 5102 W	–	
			봉	C 5191 B	–	
			선	C 5191 W	–	
			봉	C 5212 B	–	
			선	C 5212 W	–	
		쾌삭 인청동	봉	C 5341 B	–	절삭성 양호 작은 나사, 부싱, 베어링, 볼트, 너트, 볼펜 부품 등
			선	C 5441 B	–	
		양백	선	C 7451 W	–	광택 미려, 내피로성, 내식성 양호 봉 : 작은 나사, 볼트, 너트, 전기기기 부품, 악기, 의료기기, 시계부품 등 선 : 특수 스프링 재료 적합
			봉	C 7521 B	–	
			선	C 7521 W	–	
			봉	C 7541 B	–	
			선	C 7541 W	–	
			봉	C 7701 B	–	
			선	C 7701 W	–	
		쾌삭 양백	봉	C 7941 B	–	절삭성 양호 작은 나사, 베어링, 볼펜 부품, 안경 부품 등
D 5103	구리 및 구리 합금 선	무산소동	선	C 1020 W	세부 규격 참조	전기. 열전도성. 전연성 우수 용접성. 내식성. 내환경성 양호
		타프피치동		C 1100 W		전기. 열전도성 우수 전연성. 내식성. 내환경성 양호 (전기용, 화학공업용, 작은 나사, 못, 철망 등)
		인탈산동		C 1201 W		전연성. 용접성. 내식성. 내환경성 양호
				C 1220 W		
		단동		C 2100 W		색과 광택이 아름답고, 전연성. 내식성 양호(장식품, 장신구, 패스너, 철망 등)
				C 2200 W		
				C 2300 W		
				C 2400 W		
		황동		C 2600 W		전연성. 냉간 단조성. 전조성 양호 리벳, 작은 나사, 핀, 코바늘, 스프링, 철망 등
				C 2700 W		
				C 2720 W		
				C 2800 W		용접봉, 리벳 등
		니플용 황동		C 3501 W		피삭성, 냉간 단조성 양호 자동차의 니플 등
		쾌삭황동		C 3601 W		피삭성 우수 볼트, 너트, 작은 나사, 전자 부품, 카메라 부품 등
				C 3602 W		
				C 3603 W		
				C 3604 W		

27-3-4. 신동품 (계속)

KS 규격	명 칭	분류 및 종별		기 호	인장강도 N/mm²	주요 용도 및 특징
D 5401	전자 부품용 무산소 동의 판, 띠, 이음매 없는 관, 봉 및 선	판	-	C 1011 P	세부 규격 참조	전신가공한 전자 부품용 무산소 동의 판, 띠, 이음매 없는 관, 봉, 선
		띠	-	C 1011 R		
		관	보통급	C 1011 T		
			특수급	C 1011 TS		
		봉	압출	C 1011 BE		
			인발	C 1011 BD		
		선	-	C 1011 W		
D 5506	인청동 및 양백의 판 및 띠	판	인청동	C 5111 P	세부 규격 참조	전연성, 내피로성, 내식성 양호 전자, 전기 기기용 스프링, 스위치, 리드 프레임, 커넥터, 다이어프램, 베로, 퓨즈 클립, 섭동편, 볼베어링, 부시, 타악기 등
		띠		C 5111 R		
		판		C 5102 P		
		띠		C 5102 R		
		판		C 5191 P		
		띠		C 5191 R		
		판		C 5212 P		
		띠		C 5212 R		광택이 아름답고, 전연성, 내피로성, 내식성 양호 수정 발진자 케이스, 트랜지스터캡, 볼륨용 섭동편, 시계 문자판, 장식품, 양식기, 의료기기, 건축용, 관악기 등
		판	양백	C 7351 P		
		띠		C 7351 R		
		판		C 7451 P		
		띠		C 7451 R		
		판		C 7521 P		
		띠		C 7521 R		
		판		C 7541 P		
		띠		C 7541 R		
D 5530	구리 버스 바	C 1020		C 1020 BB	Cu 99.96% 이상	전기 전도성 우수 각종 도체, 스위치, 바 등
		C 1100		C 1100 BB	Cu 99.90% 이상	
D 5545	구리 및 구리 합금 용접관	용접관	보통급	C 1220 TW	인탈산동	압광성, 굽힘성, 수축성, 용접성, 내식성, 열전도성 양호 열교환기용, 화학 공업용, 급수.급탕용, 가스관용 등
			특수급	C 1220 TWS		
			보통급	C 2600 TW	황동	압광성, 굽힘성, 수축성, 도금성 양호 열교환기, 커튼레일, 위생관, 모든 기기 부품용, 안테나용 등
			특수급	C 2600 TWS		
			보통급	C 2680 TW		
			특수급	C 2680 TWS		
			보통급	C 4430 TW	어드미럴티 황동	내식성 양호 가스관용, 열교환기용 등
			특수급	C 4430 TWS		
			보통급	C 4450 TW	인 첨가 어드미럴티 황동	내식성 양호 가스관용 등
			특수급	C 4450 TWS		
			보통급	C 7060 TW	백동	내식성, 특히 내해수성 양호 비교적 고온 사용 적합 악기용, 건재용, 장식용, 열교환기용 등
			특수급	C 7060 TWS		
			보통급	C 7150 TW		
			특수급	C 7150 TWS		

27-3-5. 알루미늄 및 알루미늄 합금의 전신재

KS 규격	명 칭	분류 및 종별		기 호	인장강도 N/mm^2	주요 용도 및 특징
D 6706	고순도 알루미늄 박	1N99	O	A1N99H-O	-	전해 커패시터용 리드선용
			H18	A1N99H-H18	-	
		1N90	O	A1N90H-O	-	
			H18	A1N90H-H18	-	
D 7028	알루미늄 및 알루미늄 합금 용접봉과 와이어	BY : 봉 WY : 와이어		A1070-BY	54	알루미늄 및 알루미늄 합금의 수동 티그 용접 또는 산소 아세틸렌 가스에 사용하는 용접봉 인장강도는 용접 이음의 인장강도임
				A1070-WY		
				A1100-BY	74	
				A1100-WY		
				A1200-BY		
				A1200-WY		
				A2319-BY	245	
				A2319-WY		
				A4043-BY	167	
				A4043-WY		
				A4047-BY		
				A4047-WY		
				A5554-BY	216	
				A5554-WY		
				A5564-BY	206	
				A5564-WY		
				A5356-BY	265	
				A5356-WY		
				A5556-BY	275	
				A5556-WY		
				A5183-BY		
				A5183-WY		

27-3-6. 마그네슘 합금 및 납 및 납 합금의 전신재

KS 규격	명 칭	분류 및 종별	기 호	인장강도 N/mm^2	주요 용도 및 특징
D 5573	이음매 없는 마그네슘 합금 관	1종B	MT1B	세부 규격 참조	ISO-MgA13Zn1(A)
		1종C	MT1C		ISO-MgA13Zn1(B)
		2종	MT2		ISO-MgA16Zn1
		5종	MT5		ISO-MgZn3Zr
		6종	MT6		ISO-MgZn6Zr
		8종	MT8		ISO-MgMn2
		9종	MT9		ISO-MgZnMn1
D 6710	마그네슘 합금 판, 대 및 코일판	1종B	MP1B	세부 규격 참조	ISO-MgA13Zn1(A)
		1종C	MP1C		ISO-MgA13Zn1(B)
		7종	MP7		-
		9종	MP9		ISO-MgMn2Mn1
D 6723	마그네슘 합금 압출 형재	1종B	MS1B	세부 규격 참조	ISO-MgA13Zn1(A)
		1종C	MS1C		ISO-MgA13Zn1(B)
		2종	MS2		ISO-MgA16Zn1
		3종	MS3		ISO-MgA18Zn
		5종	MS5		ISO-MgZn3Zr
		6종	MS6		ISO-MgZn6Zr
		8종	MS8		ISO-MgMn2
		9종	MS9		ISO-MgMn2Mn1
		10종	MS10		ISO-MgMn7Cul
		11종	MS11		ISO-MgY5RE4Zr
		12종	MS12		ISO-MgY4RE3Zr
D 6724	마그네슘 합금 봉	1B종	MB1B	세부 규격 참조	ISO-MgA13Zn1(A)
		1C종	MB1C		ISO-MgA13Zn1(B)
		2종	MB2		ISO-MgA16Zn1
		3종	MB3		ISO-MgA18Zn
		5종	MB5		ISO-MgZn3Zr
		6종	MB6		ISO-MgZn6Zr
		8종	MB8		ISO-MgMn2
		9종	MB9		ISO-MgZn2Mn1
		10종	MB10		ISO-MgZn7Cul
		11종	MB11		ISO-MgY5RE4Zr
		12종	MB12		ISO-MgY4RE3Zr
D 6702	납 및 납 합금 판	납판	PbP-1	-	두께 1.0mm 이상 6.0mm 이하의 순납판으로 가공성이 풍부하고 내식성이 우수하며 건축, 화학, 원자력 공업용 등 광범위의 사용에 적합하고, 인장강도 10.5N/mm², 연신율 60% 정도이다.
		얇은 납판	PbP-2	-	두께 0.3mm 이상 1.0mm 미만의 순납판으로 유연성이 우수하고 주로 건축용(지붕, 벽)에 적합하며, 인장강도 10.5 N/mm², 연신율 60% 정도이다.
		텔루르 납판	PPbP	-	텔루르를 미량 첨가한 입자분산강화 합금 납판으로 내크리프성이 우수하고 고온(100~150℃)에서의 사용이 가능하고, 화학공업용에 적합하며, 인장강도 20.5N/mm², 연신율 50% 정도이다.

27-3-6. 마그네슘 합금 및 납 및 납 합금의 전신재(계속)

KS 규격	명 칭	분류 및 종별	기 호	인장강도 N/mm^2	주요 용도 및 특징
D 6702	납 및 납 합금 판	경납판 4종	HPbP4	–	안티몬을 4% 첨가한 합금 납판으로 상온에서 120℃의 사용영역에서는 납합금으로서 고강도 · 고경도를 나타내며, 화학공업용 장치류 및 일반용의 경도를 필요로 하는 분야에 대한 적용이 가능하며, 인장강도 25.5N/mm^2, 연신율 50% 정도이다.
		경납판 6종	HPbP6	–	안티몬을 6% 첨가한 합금 납판으로 상온에서 120℃의 사용영역에서는 납합금으로서 고강도 · 고경도를 나타내며, 화학공업용 장치류 및 일반용의 경도를 필요로 하는 분야에 대한 적용이 가능하며, 인장강도 28.5N/mm^2, 연신율 50% 정도이다.
	일반 공업용 납 및 납 합금 관	공업용 납관 1종	PbT-1	–	납이 99.9%이상인 납관으로 살두께가 두껍고, 화학 공업용에 적합하고 인장 강도 10.5N/mm^2, 연신율 60% 정도이다.
		공업용 납관 2종	PbT-2	–	납이 99.60%이상인 납관으로 내식성이 좋고, 가공성이 우수하고 살두께가 얇고 일반 배수용에 적합하며 인장 강도 11.7N/mm^2, 연신율 55% 정도이다.
		텔루르 납관	TPbT	–	텔루르를 미량 첨가한 입자 분산 강화 합금 납관으로 살두께는 공업용 납관 1종과 같은 납관. 내크리프성이 우수하고 고온(100~150℃)에서의 사용이 가능하고, 화학공업용에 적합하며, 인장강도 20.5N/mm^2, 연신율 50% 정도이다.
		경연관 4종	HPbT4	–	안티몬을 4% 첨가한 합금 납관으로 상온에서 120℃의 사용영역에서는 납합금으로서 고강도 · 고경도를 나타내며, 화학공업용 장치류 및 일반용의 경도를 필요로 하는 분야로의 적용이 가능하고, 인장강도 25.5N/mm^2, 연신율 50% 정도이다.
		경연관 6종	HPbT6	–	안티몬을 6% 첨가한 합금 납관으로 상온에서 120℃의 사용영역에서는 납합금으로서 고강도 · 고경도를 나타내며, 화학공업용 장치류 및 일반용의 경도를 필요로 하는 분야로의 적용이 가능하고, 인장강도 28.5N/mm^2, 연신율 50% 정도이다.

27-3-7. 니켈 및 니켈 합금의 전신재

KS 규격	명 칭	분류 및 종별	기 호	인장강도 N/mm^2	주요 용도 및 특징
D 5539	이음매 없는 니켈 동합금 관	NW4400	NiCu30	세부 규격 참조	내식성, 내산성 양호 강도 높고 고온 사용 적합 급수 가열기, 화학 공업용 등
		NW4402	NiCu30.LC		
D 5546	니켈 및 니켈 합금 판 및 조	탄소 니켈 관	NNCP	세부 규격 참조	수산화나트륨 제조 장치, 전기 전자 부품 등
		저탄소 니켈 관	NLCP		
		니켈-동합금 판	NCuP		해수 담수화 장치, 제염 장치, 원유 증류탑 등
		니켈-동합금 조	NCuR		
		니켈-동-알루미늄-티탄합금 판	NCuATP		해수 담수화 장치, 제염 장치, 원유 증류탑 등에서 고강도를 필요로 하는 기기재 등
		니켈-몰리브덴합금 1종 관	NM1P		염산 제조 장치, 요소 제조 장치, 에틸렌글리콜 이나 크로로프렌 단량체 제조 장치 등
		니켈-몰리브덴합금 2종 관	NM2P		
		니켈-몰리브덴-크롬합금 판	NMCrP		산 세척 장치, 공해 방지 장치, 석유화학 산업 장치, 합성 섬유 산업 장치 등
		니켈-크롬-철-몰리브덴-동합금 1종 판	NCrFMCu1P		인산 제조 장치, 플루오르산 제조 장치, 공해 방지 장치 등
		니켈-크롬-철-몰리브덴-동합금 2종 판	NCrFMCu2P		
		니켈-크롬-몰리브덴-철합금 판	NCrMFP		공업용로, 가스터빈 등
D 5603	듀멧선	선1종 1	DW1-1	640 이상	전자관, 전구, 방전 램프 등의 관구류
		선1종 2	DW1-2		
		선2종	DW2		다이오드, 서미스터 등의 반도체 장비류
D 6023	니켈 및 니켈 합금 주물	니켈 주물	NC	345 이상	수산화나트륨, 탄산나트륨 및 염화암모늄을 취급하는 제조장치의 밸브 · 펌프 등
		니켈-구리합금 주물	NCuC	450 이상	해수 및 염수, 중성염, 알칼리염 및 플루오르산을 취급하는 화학 제조 장치의 밸브 · 펌프 등
		니켈-몰리브덴합금 주물	NMC	525 이상	염소, 황산 인산, 아세트산 및 염화수소가스를 취급하는 제조 장치의 밸브 · 펌프 등
		니켈-몰리브덴-크롬합금 주물	NMCrC	495 이상	산화성산, 플루오르산, 포름산 무수아세트산, 해수 및 염수를 취급하는 제조 장치의 밸브 등
		니켈-크롬-철합금 주물	NCrFC	485 이상	질산, 지방산, 암모늄수 및 염화성 약품을 취급하는 화학 및 식품 제조 장치의 밸브 등
D 6719	이음매 없는 니켈 및 니켈 합금 관	상탄소 니켈관	NNCT	세부 규격 참조	수산화나트륨 제조 장치, 식품, 약품 제조 장치, 전기, 전자 부품 등
		저탄소 니켈관	NLCT		
		니켈-동합금 관	NCuT		급수 가열기, 해수 담수화 장치, 제염 장치, 원유 증류탑 등
		니켈-몰리브덴-크롬합금 관	NMCrT		산세척 장치, 공해방지 장치, 석유화학, 합성 섬유산업 장치 등
		니켈-크롬-몰리브덴-철합금 관	NCrMFT		공업용 노, 가스 터빈 등

27-3-8. 티탄 및 티탄 합금 기타의 전신재

KS 규격	명 칭	분류 및 종별	기 호	인장강도 N/mm^2	주요 용도 및 특징
D 3579	스프링용 오일 템퍼선	스프링용 탄소강 오일 템퍼선 A종	SWO-A	세부 규격 참조	주로 정하중을 받는 스프링용
		스프링용 탄소강 오일 템퍼선 B종	SWO-B		주로 동하중을 받는 스프링용
		스프링용 실리콘 크롬강 오일 템퍼선	SWOSC-B		
		스프링용 실리콘 망간강 오일 템퍼선 A종	SWOSM-A		
		스프링용 실리콘 망간강 오일 템퍼선 B종	SWOSM-B		
		스프링용 실리콘 망간강 오일 템퍼선 C종	SWOSM-C		
D 3580	밸브 스프링용 오일 템퍼선	밸브 스프링용 탄소강 오일 템퍼선	SWO-V	세부 규격 참조	내연 기관의 밸브 스프링 또는 이에 준하는 스프링
		밸브 스프링용 크롬바나듐강 오일 템퍼선	SWOCV-V		
		밸브 스프링용 실리콘크롬강 오일 템퍼선	SWOSC-V		
D 3585	스테인리스강 위생관	1종	STS304TBS	520 이상	낙농, 식품 공업 등에 사용
		2종	STS304LTBS	480 이상	
		3종	STS316TBS	520 이상	
		4종	STS316LTBS	480 이상	
D 3591	스프링용 실리콘 망간강 오일 템퍼선	스프링용 실리콘 망간강 오일 템퍼선 A종	SWOSM-A	세부 규격 참조	일반 스프링용
		스프링용 실리콘 망간강 오일 템퍼선 B종	SWOSM-B		일반 스프링용 및 자동차 현가 코일 스프링
		스프링용 실리콘 망간강 오일 템퍼선 C종	SWOSM-C		주로 자동차 현가 코일 스프링
D 3624	냉간 압조용 붕소강-선재	1종	SWRCHB 223	-	냉간 압조용 붕소강선의 제조에 사용
		2종	SWRCHB 237	-	
		3종	SWRCHB 320	-	
		4종	SWRCHB 323	-	
		5종	SWRCHB 331	-	
		6종	SWRCHB 334	-	
		7종	SWRCHB 420	-	
		8종	SWRCHB 526	-	
		9종	SWRCHB 620	-	
		10종	SWRCHB 623	-	
		11종	SWRCHB 726	-	
		12종	SWRCHB 734	-	
D 3624	티탄 팔라듐 합금 선	11종	TW 270 Pd	270~410	내식성, 특히 틈새 내식성 양호 화학장치, 석유정제 장치, 펄프제지 공업장치 등
		12종	TW 340 Pd	340~510	
		13종	TW 480 Pd	480~620	
D 5577	탄탈럼 전신재	판	TaP	세부 규격 참조	탄탈럼으로 된 판, 띠, 박, 봉 및 선
		띠	TaR		

27-3-8. 티탄 및 티탄 합금 기타의 전신재(계속)

KS 규격	명 칭	분류 및 종별		기 호	인장강도 N/mm^2	주요 용도 및 특징
D 5577	탄탈럼 전신재	박		TaH	세부 규격 참조	탄탈럼으로 된 판, 띠, 박, 봉 및 선
		봉		TaB		
		선		TaW		
D 6026	티타늄 및 티타늄 합금 주물	2종		TC340	340 이상	내식성, 특히 내해수성 양호 화학 장치, 석유 정제 장치, 펄프 제지 공업 장치 등
		3종		TC480	480 이상	
		12종		TC340Pd	340 이상	내식성, 특히 내틈새 부식성 양호 화학 장치, 석유 정제 장치, 펄프 제지 공업 장치 등
		13종		TC480Pd	480 이상	
		60종		TAC6400	895 이상	고강도로 내식성 양호 화학 공업, 기계 공업, 수송 기기 등의 구조재. 예를 들면 고압 반응조 장치, 고압 수송 장치, 레저용품 등
D 6726	배관용 티탄 팔라듐 합금 관	1종	이음매 없는 관	TTP 28 Pd E	275~412	내식성, 특히 틈새 내식성 양호 화학장치, 석유정제장치, 펄프제지 공업장치 등
				TTP 28 Pd D		
			용접관	TTP 28 Pd W		
				TTP 28 Pd WD		
		2종	이음매 없는 관	TTP 35 Pd E	343~510	
				TTP 35 Pd D		
			용접관	TTP 35 Pd W		
				TTP 35 Pd WD		
		3종	이음매 없는 관	TTP 49 Pd E	481~618	
				TTP 49 Pd D		
			용접관	TTP 49 Pd W		
				TTP 49 Pd WD		
D 7203	냉간 압조용 붕소강-선	1종		SWCHB 223	610 이하	볼트, 너트, 리벳, 작은 나사, 태핑 나사 등의 나사류 및 각종 부품(인장도는 DA 공정에 의한 선의 기계적 성질)
		2종		SWCHB 237	670 이하	
		3종		SWCHB 320	600 이하	
		4종		SWCHB 323	610 이하	
		5종		SWCHB 331	630 이하	
		6종		SWCHB 334	650 이하	
		7종		SWCHB 420	600 이하	
		8종		SWCHB 526	650 이하	
		9종		SWCHB 620	630 이하	
		10종		SWCHB 623	640 이하	
		11종		SWCHB 726	650 이하	
		12종		SWCHB 734	680 이하	

27-3-9. 주물

KS 규격	명 칭	분류 및 종별	기 호	인장강도 N/mm^2	주요 용도 및 특징
D 6003	화이트 메탈	1종	WM1	세부 규격 참조	각종 베어링 활동부 또는 패킹 등에 사용(주괴)
		2종	WM2		
		2종B	WM2B		
		3종	WM3		
		4종	WM4		
		5종	WM5		
		6종	WM6		
		7종	WM7		
		8종	WM8		
		9종	WM9		
		10종	WM10		
		11종	WM11(L13910)		
		12종	WM2(SnSb8Cu4)		
		13종	WM13(SnSb12CuPb)		
		14종	WM14(PbSb15Sn10)		
D 6005	아연 합금 다이캐스팅	1종	ZDC1	325	자동차 브레이크 피스톤, 시트 밸브 감김쇠, 캔버스 플라이어
		2종	ZDC2	285	자동차 라디에이터 그릴, 몰, 카뷰레터, VTR 드럼 베이스, 테이프 헤드, CP 커넥터
D 6006	다이캐스팅용 알루미늄 합금	1종	ALDC 1	–	내식성, 주조성은 좋다. 항복 강도는 어느 정도 낮다.
		3종	ALDC 3	–	충격값과 항복 강도가 좋고 내식성도 1종과 거의 동등하지만, 주조성은 좋지 않다.
		5종	ALDC 5	–	내식성이 가장 양호하고 연신율, 충격값이 높지만 주조성은 좋지 않다
		6종	ALDC 6	–	내식성은 5종 다음으로 좋고, 주조성은 5종보다 약간 좋다.
		10종	ALDC 10	–	기계적 성질, 피삭성 및 주조성이 좋다.
		10종 Z	ALDC 10 Z	–	10종보다 주조 갈라짐성과 내식성은 약간 좋지 않다.
		12종	ALDC 12	–	기계적 성질, 피삭성, 주조성이 좋다.
		12종 Z	ALDC 12 Z	–	12종보다 주조 갈라짐성 및 내식성이 떨어진다.
		14종	ALDC 14	–	내마모성, 유동성은 우수하고 항복 강도는 높으나, 연신율이 떨어진다.
		Si9종	Al Si9	–	내식성이 좋고, 연신율, 충격치도 어느 정도 좋지만, 항복 강도가 어느 정도 낮고 유동성이 좋지 않다.
		Si12Fe종	Al Si12(Fe)	–	내식성, 주조성이 좋고, 항복 강도가 어느 정도 낮다.
		Si10MgFe종	Al Si10Mg(Fe)	–	충격치와 항복 강도가 높고, 내식성도 1종과 거의 동등하며, 주조성은 1종보다 약간 좋지 않다.
		Si8Cu3종	Al Si8Cu3	–	10종보다 주조 갈라짐 및 내식성이 나쁘다.
		Si9Cu3Fe종	Al Si9Cu3(Fe)	–	
		Si9Cu3FeZn종	Al Si9Cu3(Fe)(Zn)	–	
		Si11Cu2Fe종	Al Si11Cu2(Fe)	–	기계적 성질, 피삭성, 주조성이 좋다.
		Si11Cu3Fe종	Al Si11Cu3(Fe)	–	
		Si11Cu1Fe종	Al Si12Cu1(Fe)	–	12종보다 연신율이 어느 정도 높지만, 항복 강도는 다소 낮다.
		Si117Cu4Mg종	Al Si17Cu4Mg	–	내마모성, 유동성이 좋고, 항복 강도가 높지만, 연신율은 낮다.
		Mg9종	Al Mg9	–	5종과 같이 내식성이 좋지만, 주조성이 나쁘고, 응력부식 균열 및 경시변화에 주의가 필요하다.

27-3-9. 주물 (계속)

KS 규격	명 칭	분류 및 종별	기 호	인장강도 N/mm^2	주요 용도 및 특징
D 6008	알루미늄 합금 주물	주물 1종A	AC1A	세부 규격 참조	가선용 부품, 자전거 부품, 항공기용 유압 부품, 전송품 등
		주물 1종B	AC1B		가선용 부품, 중전기 부품, 자전거 부품, 항공기 부품 등
		주물 2종A	AC2A		매니폴드, 디프캐리어, 펌프 보디, 실린더 헤드, 자동차용 하체 부품 등
		주물 2종B	AC2B		실린더 헤드, 밸브 보디, 크랭크 케이스, 클러치 하우징 등
		주물 3종A	AC3A		케이스류, 커버류, 하우징류의 얇은 것, 복잡한 모양의 것, 장막벽 등
		주물 4종A	AC4A		매니폴드, 브레이크 드럼, 미션 케이스, 크랭크 케이스, 기어 박스, 선박용 · 차량용 엔진 부품 등
		주물 4종B	AC4B		크랭크 케이스, 실린더 매니폴드, 항공기용 전장품 등
		주물 4종C	AC4C		유압 부품, 미션 케이스, 플라이 휠 하우징, 항공기 부품, 소형용 엔진 부품, 전장품 등
		주물 4종CH	AC4CH		자동차용 바퀴, 가선용 쇠붙이, 항공기용 엔진 부품, 전장품 등
		주물 4종D	AC4D		수냉 실린더 헤드, 크랭크 케이스, 실린더 블록, 연료 펌프보디, 블로어 하우징, 항공기용 유압 부품 및 전장품 등
		주물 5종A	AC5A		공냉 실린더 헤드 디젤 기관용 피스톤, 항공기용 엔진 부품 등
		주물 7종A	AC7A		가선용 쇠붙이, 선박용 부품, 조각 소재 건축용 쇠붙이, 사무기기, 의자, 항공기용 전장품 등
		주물 8종A	AC8A		자동차 · 디젤 기관용 피스톤, 선방용 피스톤, 도르래, 베어링 등
		주물 8종B	AC8B		자동차용 피스톤, 도르래, 베어링 등
		주물 8종C	AC8C		자동차용 피스톤, 도르래, 베어링 등
		주물 9종A	AC9A		피스톤(공냉 2 사이클용)등
		주물 9종B	AC9B		피스톤(디젤 기관용, 수냉 2사이클용), 공냉 실린더 등
D 6016	마그네슘 합금 주물	1종	MgC1	세부 규격 참조	일반용 주물, 3륜차용 하부 휠, 텔레비전 카메라용 부품 등
		2종	MgC2		일반용 주물, 크랭크 케이스, 트랜스미션, 기어박스, 텔레비전 카메라용 부품, 레이더용 부품, 공구용 지그 등
		3종	MgC3		일반용 주물, 엔진용 부품, 인쇄용 새들 등
		5종	MgC5		일반용 주물, 엔진용 부품 등
		6종	MgC6		고력 주물, 경기용 차륜 산소통 브래킷 등
		7종	MgC7		고력 주물, 인렛 하우징 등
		8종	MgC8		내열용 주물, 엔진용 부품 기어 케이스, 컴프레서 케이스 등
D 6018	경연 주물	8종	HPbC 8	49 이상	주로 화학 공업에 사용
		10종	HPbC 10	50 이상	
D 6024	구리 주물	1종	CAC101 (CuC1)	175 이상	송풍구, 대송풍구, 냉각판, 열풍 밸브, 전극 홀더, 일반 기계 부품 등
		2종	CAC102 (CuC2)	155 이상	송풍구, 전기용 터미널,분기 슬리브, 콘택트, 도체, 일반 전기 부품 등
		3종	CAC103 (CuC3)	135 이상	전로용 랜스 노즐, 전기용 터미널, 분기 슬리브, 통전 서포트, 도체, 일반전기 부품 등
	황동 주물	1종	CAC201 (YBsC1)	145 이상	플랜지류, 전기 부품, 장식용품 등
		2종	CAC202 (YBsC2)	195 이상	전기 부품, 제기 부품,일반 기계 부품 등
		3종	CAC203 (YBsC3)	245 이상	급배수 쇠붙이, 전기 부품, 건축용 쇠붙이, 일반기계 부품, 일용품, 잡화품 등
		4종	CAC204 (C85200)	241 이상	일반 기계 부품, 일용품, 잡화품 등

27-3-9. 주물 (계속)

KS 규격	명 칭	분류 및 종별	기 호	인장강도 N/mm^2	주요 용도 및 특징
D 6024	고력 황동 주물	1종	CAC301 (HBsC1)	430 이상	선박용 프로펠러, 프로펠러 보닛, 베어링, 밸브 시트, 밸브봉, 베어링 유지기, 레버 암, 기어, 선박용 의장품 등
		2종	CAC302 (HBsC2)	490 이상	선박용 프로펠러, 베어링, 베어링 유지기, 슬리퍼, 엔드 플레이트, 밸브시트, 밸브봉, 특수 실린더, 일반 기계 부품 등
		3종	CAC303 (HBsC3)	635 이상	저속 고하중의 미끄럼 부품, 대형 밸브. 스템, 부시, 웜 기어, 슬리퍼, 캠, 수압 실린더 부품 등
		4종	CAC304 (HBsC4)	735 이상	저속 고하중의 미끄럼 부품, 교량용 지지판, 베어링, 부시, 너트, 웜 기어, 내마모판 등
	청동 주물	1종	CAC401 (BC1)	165 이상	베어링, 명판, 일반 기계 부품 등
		2종	CAC402 (BC2)	245 이상	베어링, 슬리브, 부시, 펌프 몸체, 임펠러, 밸브, 기어, 선박용 둥근 창, 전동 기기 부품 등
		3종	CAC403 (BC3)	245 이상	베어링, 슬리브, 부싱, 펌프, 몸체 임펠러, 밸브, 기어, 성박용 둥근 창, 전동 기기 부품, 일반 기계 부품 등
		6종	CAC406 (BC6)	195 이상	밸브, 펌프 몸체, 임펠러, 급수 밸브, 베어링, 슬리브, 부싱, 일반 기계 부품, 경관 주물, 미술 주물 등
		7종	CAC407 (BC7)	215 이상	베어링, 소형 펌프 부품,밸브, 연료 펌프, 일반 기계 부품 등
		8종 (함연 단동)	CAC408 (C83800)	207 이상	저압 밸브, 파이프 연결구, 일반 기계 부품 등
		9종	CAC409 (C92300)	248 이상	포금용, 베어링 등
	인청동 주물	2종A	CAC502A (PBC2)	195 이상	기어, 웜 기어, 베어링, 부싱, 슬리브, 임펠러, 일반 기계 부품 등
		2종B	CAC502B (PBC2B)	295 이상	
		3종A	CAC503A	195 이상	미끄럼 부품, 유압 실린더, 슬리브, 기어, 제지용 각종 롤러 등
		3종B	CAC503B (PBC3B)	265 이상	미끄럼 부품, 유압 실린더, 슬리브, 기어, 제지용 각종 롤러 등
	납청동 주물	2종	CAC602 (LBC2)	195 이상	중고속 · 고하중용 베어링, 실린더, 밸브 등
		3종	CAC603 (LBC3)	175 이상	중고속 · 고하중용 베어링, 대형 엔진용 베어링
		4종	CAC604 (LBC4)	165 이상	중고속 · 중하중용 베어링, 차량용 베어링, 화이트 메탈의 뒤판 등
		5종	CAC605 (LBC5)	145 이상	중고속 · 저하중용 베어링, 엔진용 베어링 등
		6종	CAC606 (LBC6)	165 이상	경하중 고속용 부싱, 베어링, 철도용 차량, 파쇄기, 콘베어링 등
		7종	CAC607 (C94300)	207 이상	일반 베어링, 병기용 부싱 및 연결구, 중하중용 정밀 베어링, 조립식 베어링 등
		8종	CAC608 (C93200)	193 이상	경하중 고속용 베어링, 일반 기계 부품 등
	알루미늄 청동	1종	CAC701 (AlBC1)	440 이상	내산 펌프, 베어링, 부싱, 기어, 밸브 시트, 플런저, 제지용 롤러 등
		2종	CAC702 (AlBC2)	490 이상	선박용 소형 프로펠러, 베어링, 기어, 부싱, 밸브시트, 임펠러, 볼트 너트, 안전 공구, 스테인리스강용 베어링 등
		3종	CAC703 (AlBC3)	590 이상	선박용 프로펠러, 임펠러, 밸브, 기어, 펌프 부품, 화학 공업용 기기 부품, 스테인리스강용 베어링, 식품 가공용 기계 부품 등

27-3-9. 주물 (계속)

KS 규격	명 칭	분류 및 종별	기 호	인장강도 N/mm²	주요 용도 및 특징
D 6024	알루미늄 청동	4종	CAC704 (AlBC4)	590 이상	선박용 프로펠러, 슬리브, 기어, 화학용 기기 부품 등
		5종	CAC705 (C95500)	620 이상	중하중을 받는 총포 슬라이드 및 지지부, 기어, 부싱, 베어링, 프로펠러 날개 및 허브, 라이너 베어링 플레이트용 등
		–	CAC705HT (C95500)	760 이상	
		6종	CAC706 (C95300)	450 이상	중하중을 받는 총포 슬라이드 및 지지부, 기어, 부싱, 베어링, 프로펠러 날개 및 허브, 라이너 베어링 플레이트용 등
		–	CAC706HT (C95300)	550 이상	
	실리콘 청동	1종	CAC801 (SzBC1)	345 이상	선박용 의장품, 베어링, 기어 등
		2종	CAC802 (SzBC2)	440 이상	선박용 의장품, 베어링, 기어, 보트용 프로펠러 등
		3종	CAC803 (SzBS3)	390 이상	선박용 의장품, 베어링, 기어 등
		4종	CAC804 (C87610)	310 이상	선박용 의장품, 베어링, 기어 등
		5종	CAC805	300 이상	급수장치 기구류(수도미터, 밸브류, 이음류, 수전 밸브 등)
	니켈 주석 청동 주물	1종	CAC901 (C94700)	310 이상	팽창부 연결품, 관 이음쇠, 기어볼트, 너트, 펌프 피스톤, 부싱, 베어링 등
		–	CAC901HT (C94700)	517 이상	
		2종	CAC902 (C94800)	276 이상	팽창부 연결품, 관 이음쇠, 기어볼트, 너트, 펌프 피스톤, 부싱, 베어링 등
	베릴륨 동 주물	3종	CAC903 (C82000)	311 이상	스위치 및 스위치 기어, 단로기, 전도 장치 등
		–	CAC903HT (C82000)	621 이상	
		4종	CAC904 (C82500)	518 이상	부싱, 캠, 베어링, 기어, 안전 공구 등
		–	CAC904HT (C82500)	1035 이상	
		5종	CAC905 (C82600)	552 이상	높은 경도와 최대의 강도가 요구되는 부품 등
		–	CAC905HT (C82600)	1139 이상	
		6종	CAC906	1139 이상	높은 인장 강도 및 내력과 함께 최대의 경도가 요구되는 부품 등
		–	CAC906HT (C82800)		

27-4 구조용 철강

27-4-1. 구조용 봉강, 형강, 강판, 강대

KS 규격	명 칭	분류 및 종별		기 호	인장강도 N/mm²	주요 용도 및 특징
D 3503	일반 구조용 압연 강재	1종		SS 330	330~430	강판, 강대, 평강 및 봉강
		2종		SS 400	400~510	강판, 강대, 평강, 형강 및 봉강
		3종		SS 490	490~610	
		4종		SS 540	540 이상	두께 40mm 이하의 강판, 강대, 형강, 평강 및 지름, 변 또는 맞변거리 40mm 이하의 봉강
		5종		SS 590	590 이상	
D 3504	철근 콘크리트용 봉강 (이형봉강)	1종		SD 300	440 이상	일반용
		2종		SD 350	490 이상	
		3종		SD 400	560 이상	
		4종		SD 500	620 이상	
		5종		SD 600	710 이상	
		6종		SD 700	800 이상	
		7종		SD 400W	560 이상	용접용
		8종		SD 500W	620 이상	
D 3505	PC 강봉	A종	2호	SBPR 785/1 030	1030 이상	원형 봉강
		B종	1호	SBPR 930/1 080	1080 이상	
			2호	SBPR 930/1 180	1180 이상	
		C종	1호	SBPR 1 080/1 230	1230 이상	
		B종	1호	SBPD 930/1 080	1080 이상	이형 봉강
		C종	1호	SBPD 1 080/1 230	1230 이상	
		D종	1호	SBPD 1 275/1 420	1420 이상	
D 3511	재생 강재	평강:F	1종	SRB 330	330~400	재생 강재의 봉강, 평강 및 등변 ㄱ형강
		형강:A	2종	SRB 380	380~520	
		봉강:B	3종	SRB 480	480~620	
D 3515	용접 구조용 압연 강재	1종	A	SM 400A	400~510	강판, 강대, 형강 및 평강 200mm 이하
		2종	B	SM 400B		
		3종	C	SM 400C		강판, 강대, 형강 및 평강 100mm 이하
		4종	A	SM 490A	490~610	강판, 강대, 형강 및 평강 200mm 이하
		5종	B	SM 490B		
		6종	C	SM 490C		강판, 강대, 형강 및 평강 100mm 이하
		7종	YA	SM 490YA		
		8종	YB	SM 490YB		
		9종	B	SM 520B	520~640	
		10종	C	SM 520C		
		11종	–	SM 570	570~720	
D 3518	법랑용 탈탄 강판 및 강대	–		SPE	–	법랑칠을 하는 탈탄 강판 및 강대
D 3526	마봉강용 일반 강재	A종		SGD A	290~390	기계적 성질 보증
		B종		SGD B	400~510	

27-4-1. 구조용 봉강, 형강, 강판, 강대 (계속)

KS 규격	명 칭	분류 및 종별			기 호	인장강도 N/mm²	주요 용도 및 특징
D 3526	마봉강용 일반 강재	1종			SGD 1	–	화학성분 보증 킬드강 지정시 각 기호의 뒤에 K를 붙임
		2종			SGD 2	–	
		3종			SGD 3	–	
		4종			SGD 4	–	
D 3527	철근 콘크리트용 재생 봉강	1종			SBCR 240	380~590	재생 원형 봉강
		2종			SBCR 300	440~620	
		3종			SDCR 240	380~590	재생 이형 봉강
		4종			SDCR 300	440~620	
		5종			SDCR 350	490~690	
D 3529	용접 구조용 내후성 열간 압연 강재	1종	A	W	SMA 400AW	400~540	내후성을 갖는 강판, 강대, 형강 및 평강 200 이하
				P	SMA 400AP		
			B	W	SMA 400BW		
				P	SMA 400BP		
			C	W	SMA 400CW		내후성을 갖는 강판, 강대, 형강 100 이하
				P	SMA 400CP		
		2종	A	W	SMA 490AW	490~610	내후성이 우수한 강판, 강대, 형강 및 평강 200 이하
				B	SMA 490AP		
			B	W	SMA 490BW		
				P	SMA 490BP		
			C	W	SMA 490CW		내후성이 우수한 강판, 강대, 형강 100 이하
				P	SMA 490CP		
		3종		W	SMA 570W	570~720	
				P	SMA 570P		
D 3530	일반 구조용 경량 형강	경 ㄷ 형강 경 Z 형강 경 ㄱ 형강 리프 ㄷ 형강 리프 Z 형강 모자 형강			SSC 400	400~540	건축 및 기타 구조물에 사용하는 냉간 성형 경량 형강
D 3542	고 내후성 압연 강재	1종			SPA−H	355 이상	내후성이 우수한 강재
		2종			SPA−C	315 이상	(내후성 : 대기 중에서 부식에 견디는 성질)
D 3546	체인용 원형강	1, 2종 삭제 기호 규정			SBC 300	300 이상	체인에 사용하는 열간압연 원형강
					SBC 490	490 이상	
					SBC 690	690 이상	
D 3557	리벳용 원형강	1종			SV 330	330~400	리벳의 제조에 사용하는 열간 압연 원형강
		2종			SV 400	400~490	
D 3558	일반 구조용 용접 경량 H형강	1종			SWH 400	400~540	종래 단위 SWH 41
		2종			SWH 400 L		종래 단위 SWH 41 L
D 3561	마봉강 (탄소강, 합금강)	SGDA			SGD 290−D	340~740	원형(연삭, 인발, 절삭), 6각강, 각강, 평형강
		SGDB			SGD 400−D	450~850	
D 3593	조립용 형강	1종(강)			SSA	370 이상	Steel slotted angle
		2종(알)			ASA		Aluminium slotted angle
D 3611	용접 구조용 고항복점 강판	1종			SHY 685	780~930 760~910	적용 두께 6이상 100이하 압력용기, 고압설비, 기타 구조물에 사용하는 강판
		2종			SHY 685 N		
		3종			SHY 685 NS		

27-4-1. 구조용 봉강, 형강, 강판, 강대 (계속)

KS 규격	명 칭	분류 및 종별	기 호	인장강도 N/mm²	주요 용도 및 특징
D 3688	고성능 철근 콘크리트용 봉강	1종	SD 400S	항복강도의 1.25배 이상	항복강도 : 400~520
		2종	SD 500S		항복강도 : 500~650
D 3781	철탑용 고장력강 강재	1종 강판	SH 590 P	590~740	적용 두께 : 6mm 이상 25mm 이하
		2종 ㄱ 형강	SH 590 S	590 이상	적용 두께 : 35mm 이하
D 3854	건축 구조용 표면처리 경량 형강	립 ㄷ 형강	ZSS 400	400 이상	건축 및 기타 구조물의 부재
		경 E 형강			
D 3857	건축 구조용 압연 봉강	1종	SNR 400A	400 이상 510 이하	봉강에는 원형강, 각강, 코일 봉강을 포함
		2종	SNR 400B		
		3종	SNR 490B	490 이상 610 이하	
D 3861	건축 구조용 압연 강재	1종	SN 400A	400 이상 510 이하	강판, 강대, 형강, 평강 6mm이상 100mm 이하
		2종	SN 400B		
		3종	SN 400C		강판, 강대, 형강, 평강 16mm이상 100mm 이하
		4종	SN 490B	490 이상 610 이하	강판, 강대, 형강, 평강 6mm이상 100mm 이하
		5종	SN 490C		강판, 강대, 형강, 평강 16mm이상 100mm 이하
D 3864	내진 건축 구조용 냉간 성형 각형 강관	1종	SPAR 295	–	주로 내진 건축 구조물의 기둥재
		2종	SPAR 360	–	
		3종	SPAP 235	–	
		4종	SPAP 325	–	
D 3865	건축 구조용 내화 강재	1종	FR 400B	400~510	6mm 이상 100mm 이하 강판
		2종	FR 400C		
		3종	FR 490B	490~610	
		4종	FR 490C		
D 5994	건축 구조용 고성능 압연 강재	1종	HSA 800	800~950	100 mm 이하
D ISO 4995	구조용 열간 압연 강판	– B	HR 235	330 이상	볼트, 리벳, 용접 구조물 등
		D			
		– B	HR 275	370 이상	
		D			
		– B	HR 335	450 이상	
		D			
D ISO 4996	구조용 고항복 응력 열간 압연 강판	등급 : HS355	C	최소 430	열간 압연 강판 가열된 철강을 지속형 또는 역전형 광폭 압연기 사이로 압연하여 필요한 강판 두께를 얻은 제품, 열간 압연 작용으로 인해 표면이 산화물이나 스케일로 덮힌 제품
			D		
		등급 : HS390	C	최소 460	
			D		
		등급 : HS420	C	최소 490	
			D		
		등급 : HS460	C	최소 530	
			D		
		등급 : HS490	C	최소 570	
			D		

27-4-1. 구조용 봉강, 형강, 강판, 강대 (계속)

KS 규격	명 칭	분류 및 종별	기 호	인장강도 N/mm^2	주요 용도 및 특징
D ISO 4997	구조용 냉간 압연 강판	등급 : B	CR 220	300 이상	냉간 압연 강판 강종(CR220, CR250, CR320) 스케일을 제거한 열간 압연 강판을 요구 두께까지 냉간가공하고 입자 구조를 재결정시키기 위한 어닐링 처리를 하여 얻은 제품
		등급 : D			
		등급 : B	CR 250	330 이상	
		등급 : D			
		등급 : B	CR 320	400 이상	
		등급 : D			
		미적용	미적용	–	
D ISO 4999	일반용, 드로잉용 및 구조용 연속 용융 턴(납합금) 도금 냉간 압연 탄소 강판	등급 : B	TCR 220	300 이상	연속 용융 턴(납합금)도금 공정으로 도금한 일반용 및 드로잉용 냉간압연 탄소 강판에 적용
		등급 : D			
		등급 : B	TCR 250	330 이상	
		등급 : D			
		등급 : B	TCR 320	400 이상	
		등급 : D			
		–	TCH 550	–	
		–			

27-4-2. 압력 용기용 강판 및 강대

KS 규격	명 칭	분류 및 종별	기 호	인장강도 N/mm^2	주요 용도 및 특징
D 3521	압력 용기용 강판	1종	SPPV 235	400~510	압력용기 및 고압설비 등 (고온 및 저온 사용 제외) 용접성이 좋은 열간 압연 강판
		2종	SPPV 315	490~610	
		3종	SPPV 355	520~640	
		4종	SPPV 410	550~670	
		5종	SPPV 450	570~700	
		6종	SPPV 490	610~740	
D 3533	고압 가스 용기용 강판 및 강대	1종	SG 255	400 이상	LP 가스, 아세틸렌, 프레온 가스 등 고압 가스 충전용 500L 이하의 용접 용기
		2종	SG 295	440 이상	
		3종	SG 325	490 이상	
		4종	SG 365	540 이상	
D 3538	보일러 및 압력용기용 망가니즈 몰리브데넘강 및 망가니즈 몰리브데넘 니켈강 강판	1종	SBV1A	520~660	보일러 및 압력용기 (저온 사용 제외)
		2종	SBV1B	550~690	
		3종	SBV2		
		4종	SBV3		
D 3539	압력용기용 조질형 망가니즈 몰리브데넘강 및 망가니즈 몰리브데넘 니켈강 강판	1종	SQV1A	550~690	원자로 및 기타 압력용기
		2종	SQV1B	620~790	
		3종	SQV2A	550~690	
		4종	SQV2B	620~790	
		5종	SQV3A	550~690	
		6종	SQV3B	620~790	
D 3540	중.상온 압력 용기용 탄소 강판	1종	SGV 410	410~490	종래 기호 : SGV 42
		2종	SGV 450	450~540	종래 기호 : SGV 46
		3종	SGV 480	480~590	종래 기호 : SGV 49

27-4-2. 압력 용기용 강판 및 강대(계속)

KS 규격	명 칭	분류 및 종별	기 호	인장강도 N/mm^2	주요 용도 및 특징
D 3541	저온 압력 용기용 탄소강 강판	AI 처리 세립 킬드강	SLAI 235 A	400~510	종래 기호 : SLAI 24 A
			SLAI 235 B		종래 기호 : SLAI 24 B
			SLAI 325 A	440~560	종래 기호 : SLAI 33 A
			SLAI 325 B		종래 기호 : SLAI 33 B
			SLAI 360	490~610	종래 기호 : SLAI 37
D 3543	보일러 및 압력 용기용 크롬 몰리브데넘강 강판	1종	SCMV 1	380~550	보일러 및 압력용기 강도구분 1 : 인장강도가 낮은 것 강도구분 2 : 인장강도가 높은 것
		2종	SCMV 2		
		3종	SCMV 3	410~590	
		4종	SCMV 4		
		5종	SCMV 5		
		6종	SCMV 6		
D 3560	보일러 및 압력 용기용 탄소강 및 몰리브데넘강 강판	1종	SB 410	410~550	보일러 및 압력용기 (상온 및 저온 사용 제외)
		2종	SB 450	450~590	
		3종	SB 480	480~620	
		4종	SB 450 M	450~590	
		5종	SB 480 M	480~620	
D 3586	저온 압력용 니켈 강판	1종	SL2N255	450~590	저온 사용 압력 용기 및 설비에 사용하는 열간 압연 니켈 강판
		2종	SL3N255		
		3종	SL3N275	480~620	
		4종	SL3N440	540~690	
		5종	SL5N590	690~830	
		6종	SL9N520		
		7종	SL9N590		
D 3610	중. 상온 압력 용기용 고강도 강판	종래기호 SEV 25	SEV 245	370 이상	보일러 및 압력 용기에 사용하는 강판 (인장강도는 강판 두께 50mm 이하)
		종래기호 SEV 30	SEV 295	420 이상	
		종래기호 SEV 35	SEV 345	430 이상	
D 3630	고온 압력 용기용 고강도 크롬-몰리브덴 강판	1종	SCMQ42	580~760	고온 사용 압력 용기용
		2종	SCMQ4V		
		3종	SCMQ5V		
D 3853	압력 용기용 강판	1종	SPV 315	490~610	압력 용기 및 고압 설비 (고온 및 저온 사용 제외)
		2종	SPV 355	520~640	
		3종	SPV 410	550~670	
		4종	SPV 450	570~700	
		5종	SPV 490	610~740	
D ISO 4978	용접 가스 실린더용 압연 강판	-	-	-	여러 국가에서 용접 가스 실린더로 사용되고 있는 비시효강
D ISO 4991	압력 용기용 주조강	강 형태 및 호칭	C23-45A		합금화 처리되지 않은 강
			C23-45AH		
			C23-45B		
			C23-45BH		

27-4-2. 압력 용기용 강판 및 강대(계속)

KS 규격	명 칭	분류 및 종별	기 호	인장강도 N/mm^2	주요 용도 및 특징
D ISO 4991	압력 용기용 주조강	강 형태 및 호칭	C23-45BL		합금화 처리되지 않은 강
			C26-52		
			C26-52H		
			C26-52L		
		강 형태 및 호칭	C28H		페라이트 및 마르텐사이트 합금강
			C31L		
			C32H		
			C33H		
			C34AH		
			C34BH		
			C34BL		
			C35BH		
			C37H		
			C38H		
			C39CH		
			C39CNiH		
			C39NiH		
			C39NiL		
			C40H		
			C43L		
			C43C1L		
			C43E2aL		
			C43E2bL		
		강 형태 및 호칭	C46		오스테나이트 강
			C47		
			C47H		
			C47L		
			C50		
			C60		
			C60H		
			C60Nb		
			C61		
			C61LC		

27-4-3. 일반 가공용 강판 및 강대

KS 6규격	명 칭	분류 및 종별	기 호	인장강도 N/mm^2	주요 용도 및 특징
D 3501	열간 압연 연강판 및 강대	1종	SPHC	270 이상	일반용 및 드로잉용
		2종	SPHD		
		3종	SPHE		
D 3506	용융 아연 도금 강판 및 강대	열연 원판	SGHC	−	일반용
			SGH 340	340 이상	구조용
			SGH 400	400 이상	
			SGH 440	440 이상	
			SGH 490	490 이상	
			SGH 540	540 이상	
		냉연 원판	SGCC	−	일반용
			SGCH	−	일반 경질용
			SGCD1	270 이상	가공용 1종
			SGCD2		가공용 2종
			SGCD3		가공용 3종
			SGC 340	340 이상	구조용
			SGC 400	400 이상	
			SGC 440	440 이상	
			SGC 490	490 이상	
			SGC 570	540 이상	
D 3512	냉간 압연 강판 및 강대	1종	SPCC	−	일반용
		2종	SPCD	270 이상	드로잉용
		3종	SPCE		딥드로잉용
		4종	SPCF		비시효성 딥드로잉
		5종	SPCG		비시효성 초(超) 딥드로잉
D 3516	냉간 압연 전기 주석 도금 강판 및 원판	원판	SPB	−	주석 도금 원판 주석 도금 강판 제조를 위한 냉간 압연 저탄소 연강 코일
		강판	ET	−	전기 주석 도금 강판 연속적인 전기 조업으로 주석을 양면에 도금한 저탄소 연강판 또는 코일
D 3519	자동차 구조용 열간 압연 강판 및 강대	1종	SAPH 310	310 이상	자동차 프레임, 바퀴 등에 사용하는 프레스 가공성을 갖는 구조용 열간 압연 강판 및 강대
		2종	SAPH 370	370 이상	
		3종	SAPH 400	400 이상	
		4종	SAPH 440	440 이상	
D 3520	도장 용융 아연 도금 강판 및 강대	판 및 코일의 종류 8종	CGCC	−	일반용
			CGCH	−	일반 경질용
			CGCD	−	조임용
			CGC 340	−	구조용
			CGC 400	−	
			CGC 440	−	
			CGC 490	−	
			CGC 570	−	

27-4-3. 일반 가공용 강판 및 강대(계속)

KS 6규격	명 칭	분류 및 종별	기 호	인장강도 N/mm^2	주요 용도 및 특징	
D 3528	전기 아연 도금 강판 및 강대 (열연 원판을 사용한 경우)	1종	SEHC	270 이상	일반용	SPHC
		2종	SEHD	270 이상	드로잉용	SPHD
		3종	SEHE	270 이상	디프드로잉용	SPHE
		4종	SEFH 490	490 이상	가공용	SPFH 490
		5종	SEFH 540	540 이상		SPFH 540
		6종	SEFH 590	590 이상		SPFH 590
		7종	SEFH 540Y	540 이상	고가공용	SPFH 540Y
		8종	SEFH 590Y	590 이상		SPFH 590Y
		9종	SE330	330~430	일반 구조용	SS 330
		10종	SE400	400~510		SS 400
		11종	SE490	490~610		SS 490
		12종	SE540	540 이상		SS 540
		13종	SEPH 310	310 이상	구조용	SAPH 310
		14종	SEPH 370	370 이상		SAPH 370
		15종	SEPH 400	400 이상		SAPH 400
		16종	SEPH 440	400 이상		SAPH 440
D 3528	전기 아연 도금 강판 및 강대 (냉연 원판을 사용한 경우)	1종	SECC	(270) 이상	일반용	SPCC
		2종	SECD	270 이상	드로잉용	SPCD
		3종	SECE	270 이상	디프드로잉용	SPCE
		4종	SEFC 340	340 이상	드로잉 가공용	SPFC 340
		5종	SEFC 370	370 이상		SPFC 370
		6종	SEFC 390	390 이상	가공용	SPFC 390
		7종	SEFC 440	440 이상		SPFC 440
		8종	SEFC 490	490 이상		SPFC 490
		9종	SEFC 540	540 이상		SPFC 540
		10종	SEFC 590	590 이상		SPFC 590
		11종	SEFC 490Y	490 이상	저항복비형	SPFC 490Y
		12종	SEFC 540Y	540 이상		SPFC 540Y
		13종	SEFC 590Y	590 이상		SPFC 590Y
		14종	SEFC 780Y	780 이상		SPFC 780Y
		15종	SEFC 980	980 이상		SPFC 980Y
		16종	SEFC 340H	340 이상	열처리 경화형	SPFC 340H
D 3544	용융 알루미늄 도금 강판 및 강대	1종	SA1C	–	내열용(일반용)	
		2종	SA1D	–	내열용(드로잉용)	
		3종	SA1E	–	내열용(딥드로잉용)	
		4종	SA2C	–	내후용(일반용)	
D 3551	특수 마대강 (냉연특수강대)	탄소강	S 30 CM	–	리테이너	
			S 35 CM	–	사무기 부품, 프리 쿠션 플레이트	
			S 45 CM	–	클러치, 체인 부품, 리테이너, 와셔	
			S 50 CM	–	카메라 등 구조 부품, 체인 부품, 스프링, 클러치 부품, 와셔, 안전 버클	
			S 55 CM	–	스프링, 안전화, 깡통따개, 톱손 날, 카메라 등 구조 부품	

27-4-3. 일반 가공용 강판 및 강대(계속)

KS 6규격	명 칭	분류 및 종별	기 호	인장강도 N/mm²	주요 용도 및 특징
D 3551	특수 마대강 (냉연특수강대)	탄소강	S 60 CM	–	체인 부품, 목공용 안내톱, 안전화, 스프링, 사무기 부품, 와셔
			S 65 CM	–	안전화, 클러치 부품, 스프링, 와셔
			S 70 CM	–	와셔, 목공용 안내톱, 사무기 부품, 스프링
			S 75 CM	–	클러치 부품, 와셔, 스프링
		탄소공구강	SK 2 M	–	면도칼, 칼날, 쇠톱, 셔터, 태엽
			SK 3 M	–	쇠톱, 칼날, 스프링
			SK 4 M	–	펜촉, 태엽, 게이지, 스프링, 칼날, 메리야스용 바늘
			SK 5 M	–	태엽, 스프링, 칼날, 메리야스용 바늘, 게이지, 클러치 부품, 목공용 및 제재용 띠톱, 둥근 톱, 사무기 부품
			SK 6 M	–	스프링, 칼날, 클러치 부품, 와셔, 구두밑창, 혼
			SK 7 M	–	스프링, 칼날, 혼, 목공용 안내톱, 와셔, 구두밑창, 클러치 부품
		합금공구강	SKS 2 M	–	메탈 밴드 톱, 쇠톱, 칼날
			SKS 5 M	–	칼날, 둥근톱, 목공용 및 제재용 띠톱
			SKS 51 M	–	칼날, 목공용 둥근톱, 목공용 및 제재용 띠톱
			SKS 7 M	–	메탈 밴드 톱, 쇠톱, 칼날
			SKS 95 M	–	클러치 부품, 스프링, 칼날
		크롬강	SCr 420 M	–	체인 부품
			SCr 435 M	–	체인 부품, 사무기 부품
			SCr 440 M	–	체인 부품, 사무기 부품
		니켈크롬강	SNC 415 M	–	사무기 부품
			SNC 631 M	–	사무기 부품
			SNC 836 M	–	사무기 부품
		니켈 크롬 몰리브덴강	SNCM 220 M	–	체인 부품
			SNCM 415 M	–	안전 버클, 체인 부품
		크롬 몰리브덴 강	SCM 415 M	–	체인 부품, 톱슨 날
			SCM 430 M	–	체인 부품, 사무기 부품
			SCM 435 M	–	체인 부품, 사무기 부품
			SCM 440 M	–	체인 부품, 사무기 부품
		스프링강	SUP 6 M	–	스프링
			SUP 9 M	–	스프링
			SUP 10 M	–	스프링
		망간강	SMn 438 M	–	체인 부품
			SMn 443 M	–	체인 부품
D 3555	강관용 열간 압연 탄소 강대	1종	HRS 1	270 이상	용접 강관
		2종	HRS 2	340 이상	
		3종	HRS 3	410 이상	
		4종	HRS 4	490 이상	
D 3616	자동차 가공성 열간 압연 고장력 강판 및 강대	1종	SPFH 490	490 이상	종래단위 : SPFH 50
		2종	SPFH 540	540 이상	종래단위 : SPFH 55
		3종	SPFH 590	590 이상	종래단위 : SPFH 60
		4종	SPFH 540 Y	540 이상	종래단위 : SPFH 55 Y
		5종	SPFH 590 Y	590 이상	종래단위 : SPFH 60 Y

27-4-3. 일반 가공용 강판 및 강대 (계속)

KS 6규격	명 칭	분류 및 종별	기 호	인장강도 N/mm²	주요 용도 및 특징
D 3617	자동차용 냉간 압연 고장력 강판 및 강대	1종	SPFC 340	343 이상	드로잉용
		2종	SPFC 370	373 이상	
		3종	SPFC 390	392 이상	가공용
		4종	SPFC 440	441 이상	
		5종	SPFC 490	490 이상	
		6종	SPFC 540	539 이상	
		7종	SPFC 590	588 이상	
		8종	SPFC 490 Y	490 이상	저항복 비형
		9종	SPFC 540 Y	539 이상	
		10종	SPFC 590 Y	588 이상	
		11종	SPFC 780 Y	785 이상	
		12종	SPFC 980 Y	981 이상	
		13종	SPFC 340 H	343 이상	베이커 경화형
D 3770	용융 55% 알루미늄 아연 합금 도금 강판 및 강대	열연 원판	SGLHC	270 이상	일반용
			SGLH400	400 이상	구조용
			SGLH440	440 이상	
			SGLH490	490 이상	
			SGLH540	540 이상	
		냉연 원판	SGLCC	270 이상	일반용
			SGLCD		조임용
			SGLCDD		심조임용 1종
			SGLC400	400 이상	구조용
			SGLC440	440 이상	
			SGLC490	490 이상	
			SGLC570	570 이상	
D 3771	용융 아연-5% 알루미늄 합금 도금 강판 및 강대	열연 원판	SZAHC	270 이상	일반용
			SZAH340	340 이상	구조용
			SZAH400	400 이상	
			SZAH440	440 이상	
			SZAH490	490 이상	
			SZAH540	540 이상	
		냉연 원판	SZACC	270 이상	일반용
			SZACH	−	일반 경질용
			SZACD1	270 이상	조임용 1종
			SZACD2		조임용 2종
			SZACD3		조임용 3종
			SZAC340	340 이상	구조용
			SZAC400	400 이상	
			SZAC440	440 이상	
			SZAC490	490 이상	
			SZAC570	540 이상	

27-4-3. 일반 가공용 강판 및 강대(계속)

KS 6규격	명 칭	분류 및 종별	기 호	인장강도 N/mm²	주요 용도 및 특징
D 3772	도장 용융 아연-5% 알루미늄 합금 도금 강판 및 강대	1종	CZACC	−	일반용
		2종	CZACH	−	일반 경질용
		3종	CZACD	−	조임용
		4종	CZAC340	−	구조용
		5종	CZAC400	−	
		6종	CZAC440	−	
		7종	CZAC490	−	
		8종	CZAC570	−	
D 3862	도장 용융 알루미늄-55% 아연 합금 도금 강판 및 강대	1종	CGLCC	−	일반용
		2종	CGLCD	−	가공용
		3종	CGLC400	−	구조용
		4종	CGLC440	−	
		5종	CGLC490	−	
		6종	CGLC570	−	
D ISO 5954	경도에 따른 냉간 가공 탄소 강판	강종	CRH-50	−	로크웰 B 50~70
			CRH-60	−	로크웰 B 60~75
			CRH-70	−	로크웰 B 70~85
			CRH-	−	HRB 90 이하 로크웰 B 범위
D ISO 9364	연속 용융 알루미늄/아연 도금 강판	도금 강종	AZ 090	−	코일 형태나 일정 길이로 절단된 형태로 생산하기 위한 연속 알루미늄/아연 라인에서 용융 도금한 강판 코일에 의해 얻어지는 제품
			AZ 100	−	
			AZ 150	−	
			AZ 165	−	
			AZ 185	−	
			AZ 200	−	

27-4-4. 철도용 및 차축

<table>
<tr><th>KS 규격</th><th>명 칭</th><th>분류 및 종별</th><th>기 호</th><th>인장강도
N/mm²</th><th colspan="2">주요 용도 및 특징</th></tr>
<tr><td rowspan="7">R 9101</td><td rowspan="7">경량 레일</td><td>6kg 레일</td><td>6</td><td rowspan="6">569 이상</td><td colspan="2" rowspan="7">탄소강의 경량 레일</td></tr>
<tr><td>9kg 레일</td><td>9</td></tr>
<tr><td>10kg 레일</td><td>10</td></tr>
<tr><td>12kg 레일</td><td>12</td></tr>
<tr><td>15kg 레일</td><td>15</td></tr>
<tr><td>20kg 레일</td><td>20</td></tr>
<tr><td>22kg 레일</td><td>22</td><td>637 이상</td></tr>
<tr><td rowspan="7">R 9106</td><td rowspan="7">보통 레일</td><td>30kg 레일</td><td>30A</td><td rowspan="2">690 이상</td><td colspan="2" rowspan="7">선로에 사용하는 보통 레일</td></tr>
<tr><td>37kg 레일</td><td>37A</td></tr>
<tr><td>40kgN 레일</td><td>40N</td><td>710 이상</td></tr>
<tr><td>50kg 레일</td><td>50PS</td><td rowspan="4">800 이상</td></tr>
<tr><td>50kgN 레일</td><td>50N</td></tr>
<tr><td>60kg 레일</td><td>60</td></tr>
<tr><td>60kgN 레일</td><td>KR60</td></tr>
<tr><td rowspan="5">R 9110</td><td rowspan="5">열처리 레일</td><td>40kgN
열처리 레일</td><td>40N-HH340</td><td>1080 이상</td><td rowspan="5">대응 보통 레일</td><td>40kgN 레일</td></tr>
<tr><td rowspan="2">50kgN
열처리 레일</td><td>50-HH340</td><td>1080 이상</td><td rowspan="2">50kg 레일</td></tr>
<tr><td>50-HH370</td><td>1130 이상</td></tr>
<tr><td rowspan="2">60kgN
열처리 레일</td><td>60-HH340</td><td>1080 이상</td><td rowspan="2">60kg 레일</td></tr>
<tr><td>60-HH370</td><td>1130 이상</td></tr>
<tr><td rowspan="2">R 9220</td><td rowspan="2">철도 차량용
차축</td><td>-</td><td>RSA1</td><td>590 이상</td><td colspan="2" rowspan="2">동축 및 종축(객화차 롤러 베어링축, 디젤 동차축, 디젤 기관차축 및 전기 동차축)</td></tr>
<tr><td>-</td><td>RSA2</td><td>640 이상</td></tr>
</table>

27-4-5. 구조용 강관

KS 규격	명 칭	분류 및 종별		기 호	인장강도 N/mm²	주요 용도 및 특징
D 3517	기계 구조용 탄소 강관	11종	A	STKM 11A	290 이상	기계, 자동차, 자전거, 가구, 기구, 기타 기계 부품에 사용하는 탄소 강관
		12종	A	STKM 12A	340 이상	
			B	STKM 12B	390 이상	
			C	STKM 12C	470 이상	
		13종	A	STKM 13A	370 이상	
			B	STKM 13B	440 이상	
			C	STKM 13C	510 이상	
		14종	A	STKM 14A	410 이상	
			B	STKM 14B	500 이상	
			C	STKM 14C	550 이상	
		15종	A	STKM 15A	470 이상	
			C	STKM 15C	580 이상	
		16종	A	STKM 16A	510 이상	
			C	STKM 16C	620 이상	
		17종	A	STKM 17A	550 이상	
			C	STKM 17C	650 이상	
		18종	A	STKM 18A	440 이상	
			B	STKM 18B	490 이상	
			C	STKM 18C	510 이상	
		19종	A	STKM 19A	490 이상	
			C	STKM 19C	550 이상	
		20종	A	STKM 20A	540 이상	
D 3536	기계 구조용 스테인리스 강관	오스테나이트계		STS 304 TKA	520 이상	기계, 자동차, 자전거, 가구, 기구, 기타 기계 부품 및 구조물에 사용하는 스테인리스 강관
				STS 316 TKA		
				STS 321 TKA		
				STS 347 TKA		
				STS 350 TKA	330 이상	
				STS 304 TKC	520 이상	
				STS 316 TKC		
		페라이트계		STS 430 TKA	410 이상	
				STS 430 TKC		
				STS 439 TKC		
		마르텐사이트계		STS 410 TKA		
				STS 420 J1 TKA	470 이상	
				STS 420 J2 TKA	540 이상	
				STS 410 TKC	410 이상	
D 3566	일반 구조용 탄소 강관	1종		STK 290	290 이상	토목, 건축, 철탑, 발판, 지주, 지면 미끄럼 방지 말뚝 및 기타 구조물
		2종		STK 400	400 이상	
		3종		STK 490	490 이상	
		4종		STK 500	500 이상	
		5종		STK 540	540 이상	
		6종		STK 590	590 이상	

27-4-5. 구조용 강관(계속)

KS 규격	명 칭	분류 및 종별		기 호	인장강도 N/mm^2	주요 용도 및 특징
D 3568	일반 구조용 각형 강관	1종		SPSR 400	400 이상	토목, 건축 및 기타 구조물
		2종		SPSR 490	490 이상	
		3종		SPSR 540	540 이상	
		4종		SPSR 590	590 이상	
D 3574	기계 구조용 합금강 강관	크롬강		SCr 420 TK	–	기계, 자동차, 기타 기계 부품
		크롬 몰리브덴강		SCM 415 TK	–	
				SCM 418 TK	–	
				SCM 420 TK	–	
				SCM 430 TK	–	
				SCM 435 TK	–	
				SCM 440 TK	–	
D 3590	파형 강관 및 파형 섹션	원형	1형	SCP 1R	–	섹션의 연결 방식은 축 방향 플랜지 방식, 원둘레 방향 랩 방식
			1S형	SCP 1RS	–	스파이럴형 강관을 커플링 밴드 방식으로 연결
			2형	SCP 2R	–	섹션의 연결 방식은 축 방향, 원둘레 방향 모두 랩 방식
			3S형	SCP 3RS	–	스파이럴형 강관을 커플링 밴드 방식으로 연결
		에롱게이션형	2형	SCP 2E	–	섹션의 연결 방식은 축 방향, 원둘레 방향 모두 랩 방식
		강관 아치형	2형	SCP 2P	–	
		아치형	2형	SCP 2A	–	
D 3598	자동차 구조용 전기 저항 용접 탄소강 강관	G종		STAM 30 GA	294 이상	자동차 구조용 일반 부품에 적용하는 관
				STAM 30 GB	294 이상	
				STAM 35 G	343 이상	
				STAM 40 G	392 이상	
				STAM 45 G	441 이상	
				STAM 48 G	471 이상	
				STAM 51 G	500 이상	
		H종		STAM 45 H	441 이상	자동차 구조용 가운데 특히 항복 강도를 중시한 부품에 사용하는 관
				STAM 48 H	471 이상	
				STAM 51 H	500 이상	
				STAM 55 H	539 이상	
D 3618	실린더 튜브용 탄소 강관	1종		STC 370	370 이상	내면 절삭 또는 호닝 가공을 하여 피스톤형 유압 실린더 및 공기압 실린더의 실린더 튜브 제조
		2종		STC 440	440 이상	
		3종		STC 510 A	510 이상	
		4종		STC 510 B		
		5종		STC 540	540 이상	
		6종		STC 590 A	590 이상	
		7종		STC 590 B		

27-4-5. 구조용 강관(계속)

KS 규격	명 칭	분류 및 종별	기 호	인장강도 N/mm²	주요 용도 및 특징
D 3632	건축 구조용 탄소 강관	1종	STKN400W	400 이상 540 이하	주로 건축 구조물에 사용
		2종	STKN400B		
		3종	STKN490B	490 이상 640 이하	
D 3780	철탑용 고장력강 강관	1종	STKT 540	540 이상	종래 기호 : STKT 55
		2종	STKT 590	590~740	종래 기호 : STKT 60
D 3867	기계 구조용 합금강 강재	망간강	SMn 420	–	주로 표면 담금질용
			SMn 433	–	
			SMn 438	–	
			SMn 443	–	
		망간 크롬강	SMnC 420	–	주로 표면 담금질용
			SMnC 443	–	
		크롬강	SCr 415	–	주로 표면 담금질용
			SCr 420	–	
			SCr 430	–	
			SCr 435	–	
			SCr 440	–	
			SCr 445	–	
		크롬 몰리브덴강	SCM 415	–	주로 표면 담금질용
			SCM 418	–	
			SCM 420	–	
			SCM 421	–	
			SCM 425	–	
			SCM 430	–	
			SCM 432	–	
			SCM 435	–	
			SCM 440	–	
			SCM 445	–	
			SCM 822	–	주로 표면 담금질용
		니켈 크롬강	SNC 236	–	
			SNC 415	–	주로 표면 담금질용
			SNC 631	–	
			SNC 815	–	주로 표면 담금질용
			SNC 836	–	
		니켈 크롬 몰리브덴강	SNCM 220	–	주로 표면 담금질용
			SNCM 240	–	
			SNCM 415	–	주로 표면 담금질용
			SNCM 420	–	
			SNCM 431	–	
			SNCM 439	–	
			SNCM 447	–	
			SNCM 616	–	주로 표면 담금질용
			SNCM 625	–	
			SNCM 630	–	
			SNCM 815	–	주로 표면 담금질용

27-4-6. 배관용 강관

KS 규격	명 칭	분류 및 종별	기 호	인장강도 N/mm²	주요 용도 및 특징
D 3507	배관용 탄소 강관	흑관	SPP	−	흑관 : 아연 도금을 하지 않은 관
		백관			백관 : 흑관에 아연 도금을 한 관
D 3562	압력 배관용 탄소 강관	1종	SPPS 380	380 이상	350℃ 이하에서 사용하는 압력 배관용
		2종	SPPS 420	420 이상	
D 3564	고압 배관용 탄소 강관	1종	SPPH 380	380 이상	350℃ 정도 이하에서 사용 압력이 높은 배관용
		2종	SPPH 420	420 이상	
		3종	SPPH 490	490 이상	
D 3565	상수도용 도복장 강관	1종	STWW 290	294 이상	상수도용
		2종	STWW 370	373 이상	
		3종	STWW 400	402 이상	
D 3659	저온 배관용 탄소 강관	1종	SPLT 390	390 이상	빙점 이하의 특히 낮은 온도에서 사용하는 배관용
		2종	SPLT 460	460 이상	
		3종	SPLT 700	700 이상	
D 3570	고온 배관용 탄소 강관	1종	SPHT 380	380 이상	주로 350℃를 초과하는 온도에서 사용하는 배관용
		2종	SPHT 420	420 이상	
		3종	SPHT 490	490 이상	
D 3573	배관용 합금강 강관	몰리브덴강 강관	SPA 12	390 이상	주로 고온도에서 사용하는 배관용
		크롬 몰리브덴강 강관	SPA 20	420 이상	
			SPA 22		
			SPA 23		
			SPA 24		
			SPA 25		
			SPA 26		
D 3576	배관용 스테인리스 강관	오스테나이트계	STS 304 TP	520 이상	
			STS 304 HTP		
			STS 304 LTP	480 이상	
			STS 309 TP	520 이상	
			STS 309 STP		
			STS 310 TP		
			STS 310 STP		
			STS 316 TP		
			STS 316 HTP		
			STS 316 LTP	480 이상	
			STS 316 TiTP	520 이상	
			STS 317 TP		
			STS 317 LTP	480 이상	
			STS 836 LTP	520 이상	
			STS 890 LTP	490 이상	
			STS 321 TP	520 이상	
			STS 321 HTP		
			STS 347 TP		
			STS 347 HTP		
			STS 350 TP	674 이상	

KS 규격	명 칭	분류 및 종별	기 호	인장강도 N/mm^2	주요 용도 및 특징
D 3576	배관용 스테인리스 강관	오스테나이트. 페라이트계	STS 329 J1 TP	590 이상	
			STS 329 J3 LTP	620 이상	
			STS 329 J4 LTP		
			STS 329 LDTP		
		페라이트계	STS 405 TP	410 이상	
			STS 409 LTP	360 이상	
			STS 430 TP	390 이상	
			STS 430 LXTP	410 이상	
			STS 430 J1 LTP		
			STS 436 LTP		
			STS 444 TP		
D 3583	배관용 아크 용접 탄소강 강관	–	SPW 400	400 이상	사용 압력이 비교적 낮은 증기, 물, 가스, 공기 등의 배관용
D 3588	배관용 용접 대구경 스테인리스 강관	1종	STS 304 TPY	520 이상	내식용, 저온용, 고온용 등의 배관 오스테나이트계
		2종	STS 304 LTPY	480 이상	
		3종	STS 309 STPY	520 이상	
		4종	STS 310 STPY	520 이상	
		5종	STS 316 TPY	520 이상	
		6종	STS 316 LTPY	480 이상	
		7종	STS 317 TPY	520 이상	
		8종	STS 317 LTPY	480 이상	
		9종	STS 321 TPY	520 이상	
		10종	STS 347 TPY	520 이상	
		11종	STS 350 TPY	674 이상	
		12종	STS 329 J1TPY	590 이상	내식용, 저온용, 고온용 등의 배관 오스테나이트 · 페라이트계
D 3589	압출식 폴리에틸렌 피복 강관	1종	P1H	–	곧은 관
		2종	P1F	–	이형관
		3종	P2S	–	곧은 관
		4종	3LC	–	
D 3595	일반 배관용 스테인리스 강관	1종	STS 304 TPD	520 이상	통상의 급수, 급탕, 배수, 냉온수 등의 배관용
		2종	STS 316 TPD		수질, 환경 등에서 STS 304보다 높은 내식성이 요구되는 경우
D 3607	분말 용착식 폴리에틸렌 피복 강관	1호	PF_1	–	폴리에틸렌 피복 강관
		2호	PF_2	–	
		1호	PF_3	–	폴리에틸렌 피복관 이음쇠
		2호	PF_4	–	
D 3760	비닐하우스용 도금 강관	일반 농업용	SPVH	270 이상	아연도강관
			SPVH–AZ	400 이상	55% 알루미늄–아연합금 도금 강관
		구조용	SPVHS	275 이상	아연도강관
			SPVHS–AZ	400 이상	55% 알루미늄–아연합금 도금 강관
R 2028	자동차 배관용 금속관	2중권 강관	TDW	30 이상	자동차용 브레이크, 연료 및 윤활 계통에 사용하는 배관용 금속관
		1중권 강관	TSW		
		기계 구조용 탄소강관	STKM11A		
		이음매 없는 구리 및 구리 합금	C1201T	21 이상	

27-4-7. 열 전달용 강관

KS 규격	명 칭	분류 및 종별	기 호	인장강도 N/mm^2	주요 용도 및 특징
D 3563	보일러 및 열 교환기용 탄소 강관	1종	STBH 340	340 이상	보일러 수관, 연관, 과열기관, 공기 예열관 등
		2종	STBH 410	410 이상	
		3종	STBH 510	510 이상	
D 3571	저온 열교환기용 강관	탄소강 강관	STLT 390	390 이상	열 교환기관, 콘덴서관 등
		니켈 강관	STLT 460	460 이상	
			STLT 700	700 이상	
D 3572	보일러, 열 교환기용 합금강 강관	몰리브덴강 강관	STHA 12	390 이상	보일러 수관, 연관, 과열관, 공기 예열관, 열 교환기관, 콘덴서관, 촉매관 등
			STHA 13	420 이상	
		크롬 몰리브덴강 강관	STHA 20		
			STHA 22		
			STHA 23		
			STHA 24		
			STHA 25		
			STHA 26		
D 3577	보일러, 열 교환기용 스테인리스 강관	오스테나이트계 강관	STS 304 TB	520 이상	열의 교환용으로 사용되는 스테인리스 강관 보일러의 과열기관, 화학, 공업, 석유 공업의 열 교환기관, 콘덴서관, 촉매관 등
			STS 304 HTB		
			STS 304 LTB	481 이상	
			STS 309 TB	520 이상	
			STS 309 STB		
			STS 310 TB		
			STS 310 STB		
			STS 316 TB		
			STS 316 HTB		
			STS 316 LTB	481 이상	
			STS 317 TB	520 이상	
			STS 317 LTB	481 이상	
			STS 321 TB	520 이상	
			STS 321 HTB		
			STS 347 TB		
			STS 347 HTB		
			STS XM 15 J1 TB		
			STS 350 TB	674 이상	
		오스테나이트.페라이트계 강관	STS 329 J1 TB	588 이상	
			STS 329 J2 LTB	618 이상	
			STS 329 LD TB	620 이상	
		페라이트계 강관	STS 405 TB	412 이상	
			STS 409 TB		
			STS 410 TB		
			STS 410 TiTB		
			STS 430 TB		
			STS 444 TB		
			STS XM 8 TB		
			STS XM 27 TB		

27-4-7. 열 전달용 강관(계속)

KS 규격	명 칭	분류 및 종별		기 호	인장강도 N/mm²	주요 용도 및 특징
D 3587	가열로용 강관	탄소강 강관		STF 410	410 이상	주로 석유정제 공업, 석유화학 공업 등의 가열로에서 프로세스 유체 가열을 위해 사용
		몰리브덴강 강관		STFA 12	380 이상	
		크롬-몰리브덴강 강관		STFA 22	410 이상	
				STFA 23		
				STFA 24		
				STFA 25		
				STFA 26		
		오스테나이트계 스테인리스강 강관		STS 304 TF	520 이상	
				STS 304 HTF		
				STS 309 TF		
				STS 310 TF		
				STS 316 TF		
				STS 316 HTF		
				STS 321 TF		
				STS 321 HTF		
				STS 347 TF		
				STS 347 HTF		
		니켈-크롬-철 합금관		NCF 800 TF	520 이상	
					450 이상	
				NCF 800 HTF	450 이상	
D 3759	배관용 및 열 교환기용 티타늄, 팔라듐 합금관	1종	열간 압출	TTP 28 Pd E	280~420	TTP : 배관용 TTH : 열 교환기용 일반 배관 및 열 교환기에 사용
			냉간 인발	TTP 28 Pd D (TTH 28 Pd D)		
			용접한 대로	TTP 28 Pd W (TTH 28 Pd W)		
			냉간 인발	TTP 28 Pd WD (TTH 28 Pd WD)		
		2종	열간 압출	TTP 35 Pd E	350~520	
			냉간 인발	TTP 35 Pd D (TTH 35 Pd D)		
			용접한 대로	TTP 35 Pd W (TTH 35 Pd W)		
			냉간 인발	TTP 35 Pd WD (TTH 35 Pd WD)		
		3종	열간 압출	TTP 49 Pd E	490~620	
			냉간 인발	TTP 49 Pd D (TTH 49 Pd D)		
			용접한 대로	TTP 49 Pd W (TTH 49 Pd W)		
			냉간 인발	TTP 49 Pd WD (TTH 49 Pd WD)		

27-4-8. 특수 용도 강관 및 합금관

KS 규격	명 칭	분류 및 종별	기 호	인장강도 N/mm^2	주요 용도 및 특징	
C 8401	강제 전선관	후강 전선관	G16	–	안쪽 반지름	관 바깥지름의 4배
			G22	–		
			G28	–		관 바깥지름의 5배
		박강 전선관	C19, C25	–		관 바깥지름의 4배
		나사없는 전선관	E19, E25	–		
D 3575	고압 가스 용기용 이음매 없는 강관	망간강 강관	STHG 11	–		
			STHG 12	–		
		크롬몰리브덴강 강관	STHG 21	–		
			STHG 22	–		
		니켈크롬몰리브덴강 강관	STHG 31	–		
D 3757	열 교환기용 이음매 없는 니켈-크롬-철 합금 관	1종	NCF 600 TB	550 이상	화학 공업, 석유 공업의 열 교환기 관, 콘덴서 관, 원자력용의 증기 발생기 관 등	
		2종	NCF 625 TB	820 이상 690 이상		
		3종	NCF 690 TB	590 이상		
		4종	NCF 800 TB	520 이상		
		5종	NCF 800 HTB	450 이상		
		6종	NCF 825 TB	580 이상		
D 3758	배관용 이음매 없는 니켈-크롬-철 합금 관	1종	NCF 600 TP	549 이상		
		2종	NCF 625 TP	820 이상 690 이상		
		3종	NCF 690 TP	590 이상		
		4종	NCF 800 TP	451 이상 520 이상		
		5종	NCF 800 HTP	451 이상		
		6종	NCF 825 TP	520 이상 579 이상		
E 3114	시추용 이음매 없는 강관	1종	STM-C 540	540 이상		
		2종	STM-C 640	640 이상		
		3종	STM-R 590	590 이상		
		4종	STM-R 690	690 이상		
		5종	STM-R 780	780 이상		
		6종	STM-R 830	830 이상		

27-4-9. 선재. 선재 2차 제품

KS 규격	명 칭	분류 및 종별	기 호	인장강도 N/mm²	주요 용도 및 특징	
D 3509	피아노 선재	1종	SWRS 62A	–	피아노 선, 오일템퍼선, PC강선, PC강연선, 와이어 로프 등	
		2종	SWRS 62B	–		
		3종	SWRS 67A	–		
		4종	SWRS 67B	–		
		5종	SWRS 72A	–		
		6종	SWRS 72B	–		
		7종	SWRS 75A	–		
		8종	SWRS 75B	–		
		9종	SWRS 77A	–		
		10종	SWRS 77B	–		
		11종	SWRS 80A	–		
		12종	SWRS 80B	–		
		13종	SWRS 82A	–		
		14종	SWRS 82B	–		
		15종	SWRS 87A	–		
		16종	SWRS 87B	–		
		17종	SWRS 92A	–		
		18종	SWRS 92B	–		
D 3510	경강선	경강선 A종	SW-A	–	적용 선 지름 : 0.08mm 이상 10.0mm 이하	
		경강선 B종	SW-B	–	주로 정하중을 받는 스프링용	
		경강선 C종	SW-C	–	적용 선 지름 : 0.08mm 이상 13.0mm 이하	
D 3550	피복 아크 용접봉 심선	피복 아크 용접봉 심선 1종	SWW 11	–	주로 연강의 아크 용접에 사용	
		피복 아크 용접봉 심선 2종	SWW 21	–		
D 3552	철선	보통 철선 (원형)	SWM-B	–	일반용, 철망용	
		(원형)	SWM-F	–	후 도금용, 용접용	
		못용 철선 (원형)	SWM-N	–	못용	
		어닐링 철선 (원형)	SWM-A	–	일반용, 철망용	
		용접 철망용 철선 (원형)	SWM-P	–	용접 철망용, 콘크리트 보강용	
		용접 철망용 철선 (이형)	SWM-R	–		
		용접 철망용 철선 (이형)	SWM-I	–		
D 3553	일반용 철못	호칭 방법	N 19	–	머리부 지름 D (참고값)	3.6
			N 22	–		3.6
			N 25	–		4.0
			N 32	–		4.5
			N 38	–		5.1
			N 45	–		5.8
			N 50	–		6.6
			N 60	–		6.7
			N 65	–		7.3

27-4-9. 선재. 선재 2차 제품 (계속)

KS 규격	명 칭	분류 및 종별	기 호	인장강도 N/mm²	주요 용도 및 특징	
D 3553	일반용 철못	호칭 방법	N 75	–	머리부 지름 D (참고값)	7.9
			N 80	–		7.9
			N 90	–		8.8
			N 100	–		9.8
			N 115	–		9.8
			N 125	–		10.3
			N 140	–		11.4
			N 150	–		11.5
			N 45S	–		7.3
D 3554	연강 선재	1종	SWRM 6	–	철선, 아연 도금 철선 등	
		2종	SWRM 8	–		
		3종	SWRM 10	–		
		4종	SWRM 12	–		
		5종	SWRM 15	–		
		6종	SWRM 17	–		
		7종	SWRM 20	–		
		8종	SWRM 22	–		
D 3556	피아노 선	1종	PW-1	–	주로 동하중을 받는 스프링용	
		2종	PW-2	–		
		3종	PW-3	–	밸브 스프링 또는 이에 준하는 스프링용	
D 3559	경강 선재	1종	HSWR 27	–	경강선, 오일 템퍼선, PC 경강선, 아연도 강연선, 와이어 로프 등	
		2종	HSWR 32	–		
		3종	HSWR 37	–		
		4종	HSWR 42A	–		
		5종	HSWR 42B	–		
		6종	HSWR 47A	–		
		7종	HSWR 47B	–		
		8종	HSWR 52A	–		
		9종	HSWR 52B	–		
		10종	HSWR 57A	–		
		11종	HSWR 57B	–		
		12종	HSWR 62A	–		
		13종	HSWR 62B	–		
		14종	HSWR 67A	–		
		15종	HSWR 67B	–		
		16종	HSWR 72A	–		
		17종	HSWR 72B	–		
		18종	HSWR 77A	–		
		19종	HSWR 77B	–		
		20종	HSWR 82A	–		
		21종	HSWR 82B	–		
D 3579	스프링용 오일 템퍼선	1종	SWO-A	–	스프링용 탄소강 오일 템퍼선 A종	
		2종	SWO-B	–	스프링용 탄소강 오일 템퍼선 B종	
		3종	SWOSC-B	–	스프링용 실리콘 크롬강 오닐 템퍼선	

27-4-9. 선재. 선재 2차 제품 (계속)

KS 규격	명 칭	분류 및 종별	기 호	인장강도 N/mm^2	주요 용도 및 특징
D 3579	스프링용 오일 템퍼선	4종	SWOSM-A	-	스프링용 실리콘 망간강 오일 템퍼선 A종
		5종	SWOSM-B	-	스프링용 실리콘 망간강 오일 템퍼선 B종
		6종	SWOSM-C	-	스프링용 실리콘 망간강 오일 템퍼선 C종
D 3580	밸브 스프링용 오일 템퍼선	1종	SWO-V	-	밸브 스프링용 탄소강 오일 템퍼선
		2종	SWOCV-V	-	밸브 스프링용 크롬바나듐강 오일 템퍼선
		3종	SWOSC-V	-	밸브 스프링용 실리콘크롬강 오일 템퍼선
D 3592	냉간 압조용 탄소강 : 선재	림드강	SWRCH6R	-	냉간 압조용 탄소 강선
			SWRCH8R	-	
			SWRCH10R	-	
			SWRCH12R	-	
			SWRCH15R	-	
			SWRCH17R	-	
		알루미늄킬드강	SWRCH6A	-	
			SWRCH8A	-	
			SWRCH10A	-	
			SWRCH12A	-	
			SWRCH15A	-	
			SWRCH16A	-	
			SWRCH18A	-	
			SWRCH19A	-	
			SWRCH20A	-	
			SWRCH22A	-	
			SWRCH25A	-	
		킬드강	SWRCH10K	-	
			SWRCH12K	-	
			SWRCH15K	-	
			SWRCH16K	-	
			SWRCH17K	-	
			SWRCH18K	-	
			SWRCH20K	-	
			SWRCH22K	-	
			SWRCH24K	-	
			SWRCH25K	-	
			SWRCH27K	-	
			SWRCH30K	-	
			SWRCH33K	-	
			SWRCH35K	-	
			SWRCH38K	-	
			SWRCH40K	-	
			SWRCH41K	-	
			SWRCH43K	-	
			SWRCH45K	-	
			SWRCH48K	-	
			SWRCH50K	-	

27-4-9. 선재. 선재 2차 제품 (계속)

KS 규격	명 칭	분류 및 종별		기 호	인장강도 N/mm²	주요 용도 및 특징	
D 3596	착색 도장 아연 도금 철선(S)	2종		SWMCGS-2	250~590	적용 선지름	1.80 이상 6.00 이하
		3종		SWMCGS-3			
		4종		SWMCGS-4			
		5종		SWMCGS-5			
		6종		SWMCGS-6	290~590		2.60 이상 6.00 이하
		7종		SWMCGS-7			
	착색 도장 아연 도금 철선(H)	2종		SWMCGH-2	선경별 규격 참조		1.80 이상 6.00 이하
		3종		SWMCGH-3			
		4종		SWMCGH-4			
D 3624	냉간 압조용 붕소강	1종		SWRCHB 223	-	주로 냉간 압조용 붕소강선의 제조에 사용되는 붕소강 선재	
		2종		SWRCHB 237	-		
		3종		SWRCHB 320	-		
		4종		SWRCHB 323	-		
		5종		SWRCHB 331	-		
		6종		SWRCHB 334	-		
		7종		SWRCHB 420	-		
		8종		SWRCHB 526	-		
		9종		SWRCHB 620	-		
		10종		SWRCHB 623	-		
		11종		SWRCHB 726	-		
		12종		SWRCHB 734	-		
D 7001	가시 철선	1종		BWGS-1	290~590	적용 선지름	1.60 이상 2.90 이하
		2종		BWGS-2	290~590		
		3종		BWGS-3	290~590		
		4종		BWGS-4	290~590		
		5종		BWGS-5	290~590		
		6종		BWGS-6	290~590		2.60 이상 2.90 이하
		7종		BWGS-7	290~590		
D 7002	PC 강선	원형선	A종	SWPC1AN SWPC1AL	-	PC 강선 : KS D 3509 및 그와 동등 이상의 선재로부터 패턴팅한 후 냉간 가공하고 마지막 공정에서 잔류 변형을 제거하기 위하여 블루잉한 선	
			B종	SWPC1BN SWPC1BL	-		
		이형선		SWPD1N SWPD1L	-		
	PC 강연선	2연선		SWPC2N SWPC2L	-	PC 강연선 : KS D 3509 및 그와 동등 이상의 선재로부터 패턴팅한 후 냉간 가공한 강선을 꼬아 합친 후 마지막 공정에서 잔류 변형을 제거하기 위하여 블루잉한 강연선	
		이형 3연선		SWPD3N SWPD3L	-		
		7연선	A종	SWPC7AN SWPC7AL	-		
			B종	SWPC7BN SWPC7BL	-		
			C종	SWPC7CL	-		
			D종	SWPC7DL	-		
		19연선		SWPC19N SWPC19L			

27-4-9. 선재. 선재 2차 제품 (계속)

KS 규격	명 칭	분류 및 종별	기 호	인장강도 N/mm²	주요 용도 및 특징
D 7009	PC 경강선	1종	SWCR	–	원형선
		2종	SWCD	–	이형선
D 7011	아연 도금 철선 (S)	1종	SWMGS-1	–	0.10mm 이상 8.00mm 이하
		2종	SWMGS-2	–	
		3종	SWMGS-3	–	0.90mm 이상 8.00mm 이하
		4종	SWMGS-4	–	
		5종	SWMGS-5	–	1.60mm 이상 8.00mm 이하
		6종	SWMGS-6	–	2.60mm 이상 6.00mm 이하
		7종	SWMGS-7	–	
	아연 도금 철선 (H)	1종	SWMGH-1	–	0.10mm 이상 6.00mm 이하
		2종	SWMGH-2	–	
		3종	SWMGH-3	–	0.90mm 이상 8.00mm 이하
		4종	SWMGH-4	–	
D 7015	크림프 철망	1종	CR-GS2	–	아연 도금 철선재 크림프 철망 및 스테인리스 크림프 철망 [보기] CR-S304W1 CR-S316W2
		2종	CR-GS3	–	
		3종	CR-GS4	–	
		4종	CR-GS6	–	
		5종	CR-GS7	–	
		6종	CR-GH2	–	
		7종	CR-GH3	–	
		8종	CR-GH4	–	
		9종	CR-S(종류의 기호)W1	–	
		10종	CR-S(종류의 기호)W2	–	
D 7016	직조 철망	평직 철망	PW-A	–	KS D 3552에 규정하는 어닐링 철선을 사용한 것
			PW-G	–	KS D 3552에 규정하는 아연도금 철선 1종을 사용한 것
			PW-S	–	KS D 3703에 규정하는 스테인리스 강선을 사용한 것
		능직 철망	TW-A	–	KS D 3552에 규정하는 어닐링 철선을 사용한 것
			TW-G	–	KS D 3552에 규정하는 아연도금 철선 1종을 사용한 것
			TW-S	–	KS D 3703에 규정하는 스테인리스 강선을 사용한 것
		첩직 철망	DW-A	–	KS D 3552에 규정하는 어닐링 철선을 사용한 것
			DW-S	–	KS D 3703에 규정하는 스테인리스 강선을 사용한 것
KS D 7063	아연 도금 강선 (F)	1종	SWGF-1	–	적용 선지름 0.80mm 이상 6.00mm 이하
		2종	SWGF-2	–	
		3종	SWGF-3	–	
		4종	SWGF-4	–	
		5종	SWGF-5	–	
		6종	SWGF-6	–	
	아연 도금 강선 (D)	1종	SWGD-1	–	적용 선지름 0.29mm 이상 6.00mm 이하
		2종	SWGD-2	–	
		3종	SWGD-3	–	

27-5 비철금속재료

27-5-1. 신동품

KS 규격	명 칭	분류 및 종별	기 호	인장강도 N/mm^2	주요 용도 및 특징
D 5101	구리 및 구리합금 봉	무산소동 C1020	C 1020 BE	–	전기 및 열 전도성 우수 용접성, 내식성, 내후성 양호
			C 1020 BD	–	
			C 1020 BF	–	
		타프피치동 C1100	C 1100 BE	–	전기 및 열 전도성 우수 전연성, 내식성, 내후성 양호
			C 1100 BD	–	
			C 1100 BF	–	
		인탈산동 C1201	C 1201 BE	–	전연성, 용접성, 내식성, 내후성 및 열 전도성 양호
			C 1201 BD	–	
		인탈산동 C1220	C 1220 BE	–	
			C 1220 BD	–	
		황동 C2620	C 2600 BE	–	냉간 단조성, 전조성 양호 기계 및 전기 부품
			C 2600 BD	–	
		황동 C2700	C 2700 BE	–	
			C 2700 BD	–	
		황동 C2745	C 2745 BE	–	열간 가공성 양호 기계 및 전기 부품
			C 2745 BD	–	
		황동 C2800	C 2800 BE	–	
			C 2800 BD	–	
		내식 황동 C3533	C 3533 BE	–	수도꼭지, 밸브 등
			C 3533 BD	–	
		쾌삭 황동 C3601	C 3601 BD	–	절삭성 우수, 전연성 양호 볼트, 너트, 작은 나사, 스핀들, 기어, 밸브, 라이터, 시계, 카메라 부품 등
		쾌삭 황동 C3602	C 3602 BE	–	
			C 3602 BD	–	
			C 3602 BF	–	
		쾌삭황동 C3604	C 3604 BE	–	
			C 3604 BD	–	
			C 3604 BF	–	
		쾌삭 황동 C3605	C 3605 BE	–	
			C 3605 BD	–	
		단조 황동 C3712	C 3712 BE	–	열간 단조성 양호, 정밀 단조 적합 기계 부품 등
			C 3712 BD	–	
			C 3712 BF	–	
		단조 황동 C3771	C 3771 BE	–	열간 단조성 및 피절삭성 양호 밸브 및 기계 부품 등
			C 3771 BD	–	
			C 3771 BF	–	
		네이벌 황동 C4622	C 4622 BE	–	내식성 및 내해수성 양호 선박용 부품, 샤프트 등
			C 4622 BD	–	
			C 4622 BF	–	
		네이벌 황동 C4641	C 4641 BE	–	
			C 4641 BD	–	
			C 4641 BF	–	

27-5-1. 신동품 (계속)

KS 규격	명 칭	분류 및 종별		기 호	인장강도 N/mm²	주요 용도 및 특징
		내식 황동 C4860		C 4860 BE	–	수도꼭지, 밸브, 선박용 부품 등
				C 4860 BD	–	
		무연 황동 C4926		C 4926 BE	–	내식성 우수, 환경 소재(납 없음) 전기전자, 자동차 부품 및 정밀 가공용
				C 4926 BD	–	
		무연 내식 황동 C4934		C 4934 BE	–	내식성 우수, 환경 소재(납 없음) 수도꼭지, 밸브 등
				C 4934 BD	–	
		알루미늄 청동 C6161		C 6161 BE	–	강도 높고, 내마모성, 내식성 양호 차량 기계용, 화학 공업용, 선박용 피니언 기어, 샤프트, 부시 등
				C 6161 BD	–	
		알루미늄 청동 C6191		C 6191 BE	–	
				C 6191 BD	–	
		알루미늄 청동 C6241		C 6241 BE	–	
				C 6241 BD	–	
		고강도 황동 C6782		C 6782 BE	–	강도 높고 열간 단조성, 내식성 양호 선박용 프로펠러 축, 펌프 축 등
				C 6782 BD	–	
				C 6782 BF	–	
		고강도 황동 C6783		C 6783 BE	–	
				C 6783 BD	–	
D 5102	베릴륨 동, 인청동 및 양백의 봉 및 선	베릴륨 동	봉	C 1720 B	–	항공기 엔진 부품, 프로펠러, 볼트, 캠, 기어, 베어링, 점용접용 전극 등
			선	C 1720 W	–	코일 스프링, 스파이럴 스프링, 브러쉬 등
		인청동	봉	C 5111 B	–	내피로성, 내식성, 내마모성 양호 봉 : 기어, 캠, 이음쇠, 축, 베어링, 작은 나사, 볼트, 너트, 섭동 부품, 커넥터, 트롤리선용 행어 등 선: 코일 스프링, 스파이럴 스프링, 스냅 버튼, 전기 바인드용 선, 철망, 헤더재, 와셔 등
			선	C 5111 W	–	
			봉	C 5102 B	–	
			선	C 5102 W	–	
			봉	C 5191 B	–	
			선	C 5191 W	–	
			봉	C 5212 B	–	
			선	C 5212 W	–	
		쾌삭 인청동	봉	C 5341 B	–	절삭성 양호 작은 나사, 부싱, 베어링, 볼트, 너트, 볼펜 부품 등
			선	C 5441 B	–	
		양백	선	C 7451 W	–	광택 미려, 내피로성, 내식성 양호 봉 : 작은 나사, 볼트, 너트, 전기기기 부품, 악기, 의료기기, 시계부품 등 선 : 특수 스프링 재료 적합
			봉	C 7521 B	–	
			선	C 7521 W	–	
			봉	C 7541 B	–	
			선	C 7541 W	–	
			봉	C 7701 B	–	
			선	C 7701 W	–	
		쾌삭 양백	봉	C 7941 B	–	절삭성 양호 작은 나사, 베어링, 볼펜 부품, 안경 부품 등
D 5103	구리 및 구리합금 선	무산소동	선	C 1020 W	세부 규격 참조	전기. 열전도성. 전연성 우수 용접성. 내식성. 내환경성 양호
		타프피치동		C 1100 W		전기. 열전도성 우수 전연성. 내식성. 내환경성 양호 (전기용, 화학공업용, 작은 나사, 못, 철망 등)

27-5-1. 신동품 (계속)

KS 규격	명 칭	분류 및 종별		기 호	인장강도 N/mm^2	주요 용도 및 특징
D 5103	구리 및 구리합금 선	인탈산동	선	C 1201 W	세부 규격 참조	전연성, 용접성, 내식성, 내환경성 양호
				C 1220 W		
		단동		C 2100 W		색과 광택이 아름답고, 전연성, 내식성 양호(장식품, 장신구, 패스너, 철망 등)
				C 2200 W		
				C 2300 W		
				C 2400 W		
		황동		C 2600 W		전연성, 냉간 단조성, 전조성 양호 리벳, 작은 나사, 핀, 코바늘, 스프링, 철망 등
				C 2700 W		
				C 2720 W		
				C 2800 W		용접봉, 리벳 등
		니플용 황동		C 3501 W		피삭성, 냉간 단조성 양호 자동차의 니플 등
		쾌삭황동		C 3601 W		피삭성 우수 볼트, 너트, 작은 나사, 전자 부품, 카메라 부품 등
				C 3602 W		
				C 3603 W		
				C 3604 W		
D 5401	전자 부품용 무산소 동의 판, 띠, 이음매 없는 관, 봉 및 선	판	−	C 1011 P	세부 규격 참조	전신가공한 전자 부품용 무산소 동의 판, 띠, 이음매 없는 관, 봉, 선
		띠	−	C 1011 R		
		관	보통급	C 1011 T		
			특수급	C 1011 TS		
		봉	압출	C 1011 BE		
			인발	C 1011 BD		
		선	−	C 1011 W		
D 5506	인청동 및 양백의 판 및 띠	판	인청동	C 5111 P	세부 규격 참조	전연성, 내피로성, 내식성 양호 전자, 전기 기기용 스프링, 스위치, 리드 프레임, 커넥터, 다이어프램, 베로, 퓨즈 클립, 섭동편, 볼베어링, 부시, 타악기 등
		띠		C 5111 R		
		판		C 5102 P		
		띠		C 5102 R		
		판		C 5191 P		
		띠		C 5191 R		
		판		C 5212 P		
		띠	양백	C 5212 R		광택이 아름답고, 전연성, 내피로성, 내식성 양호 수정 발진자 케이스, 트랜지스터캡, 볼륨용 섭동편, 시계 문자판, 장식품, 양식기, 의료기기, 건축용, 관악기 등
		판		C 7351 P		
		띠		C 7351 R		
		판		C 7451 P		
		띠		C 7451 R		
		판		C 7521 P		
		띠		C 7521 R		
		판		C 7541 P		
		띠		C 7541 R		
D 5530	구리 버스 바	C 1020		C 1020 BB	Cu 99.96% 이상	전기 전도성 우수 각종 도체, 스위치, 바 등
		C 1100		C 1100 BB	Cu 99.90% 이상	

27-5-1. 신동품 (계속)

KS 규격	명 칭	분류 및 종별		기 호	인장강도 N/mm²	주요 용도 및 특징
D 5545	구리 및 구리 합금 용접관	용접관	보통급	C 1220 TW	인탈산동	압광성, 굽힘성, 수축성, 용접성, 내식성, 열전도성 양호 열교환기용, 화학 공업용, 급수.급탕용, 가스관용 등
			특수급	C 1220 TWS		
			보통급	C 2600 TW	황동	압광성, 굽힘성, 수축성, 도금성 양호 열교환기, 커튼레일, 위생관, 모든 기기 부품용, 안테나용 등
			특수급	C 2600 TWS		
			보통급	C 2680 TW		
			특수급	C 2680 TWS		
			보통급	C 4430 TW	어드미럴티 황동	내식성 양호 가스관용, 열교환기용 등
			특수급	C 4430 TWS		
			보통급	C 4450 TW	인 첨가 어드미럴티 황동	내식성 양호 가스관용 등
			특수급	C 4450 TWS		
			보통급	C 7060 TW	백동	내식성, 특히 내해수성 양호 비교적 고온 사용 적합 악기용, 건재용, 장식용, 열교환기용 등
			특수급	C 7060 TWS		
			보통급	C 7150 TW		
			특수급	C 7150 TWS		

27-5-2. 알루미늄 및 알루미늄 합금의 전신재

KS 규격	명 칭	분류 및 종별		기 호	인장강도 N/mm²	주요 용도 및 특징
D 6705	알루미늄 및 알루미늄 합금 박	1085	O	A1085H-O	95 이하	전기 통신용, 전해 커패시터용, 냉난방용
			H18	A1085H-H18	120 이상	
		1070	O	A1070H-O	95 이하	
			H18	A1070H-H18	120 이상	
		1050	O	A1050H-O	100 이하	
			H18	A1050H-H18	125 이상	
		1N30	O	A130H-O	100 이하	장식용, 전기 통신용, 건재용, 포장용, 냉난방용
			H18	A130H-H18	135 이상	
		1100	O	A1100H-O	110 이하	
			H18	A1100H-H18	155 이상	
		3003	O	A3003H-O	130 이하	용기용, 냉난방용
			H18	A3003H-H18	185 이상	
		3004	O	A3004H-O	200 이하	
			H18	A3004H-H18	265 이상	
		8021	O	A8021H-O	120 이하	장식용, 전기 통신용, 건재용, 포장용, 냉난방용
			H18	A8021H-H18	150 이상	
		8079	O	A8079H-O	110 이하	
			H18	A8079H-H18	150 이상	
D 6706	고순도 알루미늄 박	1N99	O	A1N99H-O	-	전해 커패시터용 리드선용
			H18	A1N99H-H18	-	
		1N90	O	A1N90H-O	-	
			H18	A1N90H-H18	-	

27-5-2. 알루미늄 및 알루미늄 합금의 전신재(계속)

KS 규격	명 칭	분류 및 종별	기 호	인장강도 N/mm²	주요 용도 및 특징
D 7028	알루미늄 및 알루미늄 합금 용접봉과 와이어	BY : 봉 WY : 와이어	A1070-BY	54	알루미늄 및 알루미늄 합금의 수동 티그 용접 또는 산소 아세틸렌 가스에 사용하는 용접봉 인장강도는 용접 이음의 인장강도임
			A1070-WY		
			A1100-BY	74	
			A1100-WY		
			A1200-BY		
			A1200-WY		
			A2319-BY	245	
			A2319-WY		
			A4043-BY	167	
			A4043-WY		
			A4047-BY		
			A4047-WY		
			A5554-BY	216	
			A5554-WY		
			A5564-BY	206	
			A5564-WY		
			A5356-BY	265	
			A5356-WY		
			A5556-BY	275	
			A5556-WY		
			A5183-BY		
			A5183-WY		

27-5-3. 마그네슘 합금 전신재

KS 규격	명 칭	분류 및 종별	기 호	인장강도 N/mm²	주요 용도 및 특징
D 5573	이음매 없는 마그네슘 합금 관	1종B	MT1B	세부 규격 참조	ISO-MgA13Zn1(A)
		1종C	MT1C		ISO-MgA13Zn1(B)
		2종	MT2		ISO-MgA16Zn1
		5종	MT5		ISO-MgZn3Zr
		6종	MT6		ISO-MgZn6Zr
		8종	MT8		ISO-MgMn2
		9종	MT9		ISO-MgZnMn1
D 6710	마그네슘 합금 판, 대 및 코일판	1종B	MP1B	세부 규격 참조	ISO-MgA13Zn1(A)
		1종C	MP1C		ISO-MgA13Zn1(B)
		7종	MP7		-
		9종	MP9		ISO-MgMn2Mn1
D 6723	마그네슘 합금 압출 형재	1종B	MS1B	세부 규격 참조	ISO-MgA13Zn1(A)
		1종C	MS1C		ISO-MgA13Zn1(B)
		2종	MS2		ISO-MgA16Zn1
		3종	MS3		ISO-MgA18Zn
		5종	MS5		ISO-MgZn3Zr
		6종	MS6		ISO-MgZn6Zr
		8종	MS8		ISO-MgMn2
		9종	MS9		ISO-MgMn2Mn1
		10종	MS10		ISO-MgMn7Cul
		11종	MS11		ISO-MgY5RE4Zr
		12종	MS12		ISO-MgY4RE3Zr
D 6724	마그네슘 합금 봉	1B종	MB1B	세부 규격 참조	ISO-MgA13Zn1(A)
		1C종	MB1C		ISO-MgA13Zn1(B)
		2종	MB2		ISO-MgA16Zn1
		3종	MB3		ISO-MgA18Zn
		5종	MB5		ISO-MgZn3Zr
		6종	MB6		ISO-MgZn6Zr
		8종	MB8		ISO-MgMn2
		9종	MB9		ISO-MgZn2Mn1
		10종	MB10		ISO-MgZn7Cul
		11종	MB11		ISO-MgY5RE4Zr
		12종	MB12		ISO-MgY4RE3Zr

27-5-4. 납 및 납 합금 전신재

KS 규격	명 칭	분류 및 종별	기 호	인장강도 N/mm²	주요 용도 및 특징
D 5512	납 및 납 합금 판	납판	PbP-1	-	두께 1.0mm 이상 6.0mm 이하의 순납판으로 가공성이 풍부하고 내식성이 우수하며 건축, 화학, 원자력 공업용 등 광범위의 사용에 적합하고, 인장강도 10.5N/mm², 연신율 60% 정도이다.
		얇은 납판	PbP-2	-	두께 0.3mm 이상 1.0mm 미만의 순납판으로 유연성이 우수하고 주로 건축용(지붕, 벽)에 적합하며, 인장강도 10.5N/mm², 연신율 60% 정도이다.
		텔루르 납판	PPbP	-	텔루르를 미량 첨가한 입자분산강화 합금 납판으로 내크리프성이 우수하고 고온(100~150℃)에서의 사용이 가능하고, 화학공업용에 적합하며, 인장강도 20.5N/mm², 연신율 50% 정도이다.
		경납판 4종	HPbP4	-	안티몬을 4% 첨가한 합금 납판으로 상온에서 120℃의 사용영역에서는 납합금으로서 고강도 · 고경도를 나타내며, 화학공업용 장치류 및 일반용의 경도를 필요로 하는 분야에 대한 적용이 가능하며, 인장강도 25.5N/mm², 연신율 50% 정도이다.
		경납판 6종	HPbP6	-	안티몬을 6% 첨가한 합금 납판으로 상온에서 120℃의 사용영역에서는 납합금으로서 고강도 · 고경도를 나타내며, 화학공업용 장치류 및 일반용의 경도를 필요로 하는 분야에 대한 적용이 가능하며, 인장강도 28.5N/mm², 연신율 50% 정도이다.
D 6702	일반 공업용 납 및 납 합금 관	공업용 납관 1종	PbT-1	-	납이 99.9%이상인 납관으로 살두께가 두껍고, 화학 공업용에 적합하고 인장 강도 10.5N/mm², 연신율 60% 정도이다.
		공업용 납관 2종	PbT-2	-	납이 99.60%이상인 납관으로 내식성이 좋고, 가공성이 우수하고 살두께가 얇고 일반 배수용에 적합하며 인장 강도 11.7 N/mm², 연신율 55% 정도이다.
		텔루르 납관	TPbT	-	텔루르를 미량 첨가한 입자 분산 강화 합금 납관으로 살두께는 공업용 납관 1종과 같은 납관. 내크리프성이 우수하고 고온(100~150℃)에서의 사용이 가능하고, 화학공업용에 적합하며, 인장강도 20.5N/mm², 연신율 50% 정도이다.
		경연관 4종	HPbT4	-	안티몬을 4% 첨가한 합금 납관으로 상온에서 120℃의 사용영역에서는 납합금으로서 고강도 · 고경도를 나타내며, 화학공업용 장치류 및 일반용의 경도를 필요로 하는 분야로의 적용이 가능하고, 인장강도 25.5N/mm², 연신율 50% 정도이다.
		경연관 6종	HPbT6	-	안티몬을 6% 첨가한 합금 납관으로 상온에서 120℃의 사용영역에서는 납합금으로서 고강도 · 고경도를 나타내며, 화학공업용 장치류 및 일반용의 경도를 필요로 하는 분야로의 적용이 가능하고, 인장강도 28.5N/mm², 연신율 50% 정도이다.

27-5-5. 니켈 및 니켈 합금의 전신재

KS 규격	명 칭	분류 및 종별	기 호	인장강도 N/mm²	주요 용도 및 특징
D 5539	이음매 없는 니켈 동합금 관	NW4400	NiCu30	세부 규격 참조	내식성, 내산성 양호 강도 높고 고온 사용 적합 급수 가열기, 화학 공업용 등
		NW4402	NiCu30.LC		
D 5546	니켈 및 니켈 합금 판 및 조	탄소 니켈 관	NNCP	세부 규격 참조	수산화나트륨 제조 장치, 전기 전자 부품 등
		저탄소 니켈 관	NLCP		
		니켈-동합금 판	NCuP		해수 담수화 장치, 제염 장치, 원유 증류탑 등
		니켈-동합금 조	NCuR		
		니켈-동-알루미늄-티탄합금 판	NCuATP		해수 담수화 장치, 제염 장치, 원유 증류탑 등에서 고강도를 필요로 하는 기기재 등
		니켈-몰리브덴합금 1종 관	NM1P		염산 제조 장치, 요소 제조 장치, 에틸렌글리콜 이나 크로로프렌 단량체 제조 장치 등
		니켈-몰리브덴합금 2종 관	NM2P		
		니켈-몰리브덴-크롬합금 판	NMCrP		산 세척 장치, 공해 방지 장치, 석유화학 산업 장치, 합성 섬유 산업 장치 등
		니켈-크롬-철-몰리브덴-동합금 1종 판	NCrFMCu1P		인산 제조 장치, 플루오르산 제조 장치, 공해 방지 장치 등
		니켈-크롬-철-몰리브덴-동합금 2종 판	NCrFMCu2P		
		니켈-크롬-몰리브덴-철합금 판	NCrMFP		공업용로, 가스터빈 등
D 5603	듀멧선	선1종 1	DW1-1	640 이상	전자관, 전구, 방전 램프 등의 관구류
		선1종 2	DW1-2		
		선2종	DW2		다이오드, 서미스터 등의 반도체 장비류
D 6023	니켈 및 니켈 합금 주물	니켈 주물	NC	345 이상	수산화나트륨, 탄산나트륨 및 염화암모늄을 취급하는 제조장치의 밸브 · 펌프 등
		니켈-구리합금 주물	NCuC	450 이상	해수 및 염수, 중성염, 알칼리염 및 플루오르산을 취급하는 화학 제조 장치의 밸브 · 펌프 등
		니켈-몰리브덴합금 주물	NMC	525 이상	염소, 황산 인산, 아세트산 및 염화수소가스를 취급하는 제조 장치의 밸브 · 펌프 등
		니켈-몰리브덴-크롬합금 주물	NMCrC	495 이상	산화성산, 플루오르산, 포름산 무수아세트산, 해수 및 염수를 취급하는 제조 장치의 밸브 등
		니켈-크롬-철합금 주물	NCrFC	485 이상	질산, 지방산, 암모늄수 및 염화성 약품을 취급하는 화학 및 식품 제조 장치의 밸브 등
D 6719	이음매 없는 니켈 및 니켈 합금 관	상탄소 니켈관	NNCT	세부 규격 참조	수산화나트륨 제조 장치, 식품, 약품 제조 장치, 전기, 전자 부품 등
		저탄소 니켈관	NLCT		
		니켈-동합금 관	NCuT		급수 가열기, 해수 담수화 장치, 제염 장치, 원유 증류탑 등
		니켈-몰리브덴-크롬합금 관	NMCrT		산세척 장치, 공해방지 장치, 석유화학, 합성 섬유산업 장치 등
		니켈-크롬-몰리브덴-철합금 관	NCrMFT		공업용 노, 가스 터빈 등

27-5-6. 티타늄 및 티타늄 합금 전신재

<table>
<tr><th>KS 규격</th><th>명 칭</th><th colspan="2">분류 및 종별</th><th>기 호</th><th>인장강도 N/mm²</th><th>주요 용도 및 특징</th></tr>
<tr><td rowspan="3">D 3851</td><td rowspan="3">티탄 팔라듐 합금 선</td><td colspan="2">11종</td><td>TW 270 Pd</td><td>270~410</td><td rowspan="3">내식성, 특히 틈새 내식성 양호
화학장치, 석유정제 장치, 펄프제지 공업장치 등</td></tr>
<tr><td colspan="2">12종</td><td>TW 340 Pd</td><td>340~510</td></tr>
<tr><td colspan="2">13종</td><td>TW 480 Pd</td><td>480~620</td></tr>
<tr><td rowspan="5">D 6026</td><td rowspan="5">티타늄 및 티타늄 합금 주물</td><td colspan="2">2종</td><td>TC340</td><td>340 이상</td><td rowspan="2">내식성, 특히 내해수성 양호
화학 장치, 석유 정제 장치, 펄프 제지 공업 장치 등</td></tr>
<tr><td colspan="2">3종</td><td>TC480</td><td>480 이상</td></tr>
<tr><td colspan="2">12종</td><td>TC340Pd</td><td>340 이상</td><td rowspan="2">내식성, 특히 내틈새 부식성 양호
화학 장치, 석유 정제 장치, 펄프 제지 공업 장치 등</td></tr>
<tr><td colspan="2">13종</td><td>TC480Pd</td><td>480 이상</td></tr>
<tr><td colspan="2">60종</td><td>TAC6400</td><td>895 이상</td><td>고강도로 내식성 양호
화학 공업, 기계 공업, 수송 기기 등의 구조재. 예를 들면 고압 반응조 장치, 고압 수송 장치, 레저용품 등</td></tr>
<tr><td rowspan="12">D 6726</td><td rowspan="12">배관용 티탄 팔라듐 합금 관</td><td rowspan="4">1종</td><td rowspan="2">이음매 없는 관</td><td>TTP 28 Pd E</td><td rowspan="4">275~412</td><td rowspan="12">내식성, 특히 틈새 내식성 양호
화학장치, 석유정제장치, 펄프제지 공업장치 등</td></tr>
<tr><td>TTP 28 Pd D</td></tr>
<tr><td rowspan="2">용접관</td><td>TTP 28 Pd W</td></tr>
<tr><td>TTP 28 Pd WD</td></tr>
<tr><td rowspan="4">2종</td><td rowspan="2">이음매 없는 관</td><td>TTP 35 Pd E</td><td rowspan="4">343~510</td></tr>
<tr><td>TTP 35 Pd D</td></tr>
<tr><td rowspan="2">용접관</td><td>TTP 35 Pd W</td></tr>
<tr><td>TTP 35 Pd WD</td></tr>
<tr><td rowspan="4">3종</td><td rowspan="2">이음매 없는 관</td><td>TTP 49 Pd E</td><td rowspan="4">481~618</td></tr>
<tr><td>TTP 49 Pd D</td></tr>
<tr><td rowspan="2">용접관</td><td>TTP 49 Pd W</td></tr>
<tr><td>TTP 49 Pd WD</td></tr>
<tr><td rowspan="12">D 7203</td><td rowspan="12">냉간 압조용 붕소강-선</td><td colspan="2">1종</td><td>SWCHB 223</td><td>610 이하</td><td rowspan="12">볼트, 너트, 리벳, 작은 나사, 태핑 나사 등의 나사류 및 각종 부품(인장도는 DA 공정에 의한 선의 기계적 성질)</td></tr>
<tr><td colspan="2">2종</td><td>SWCHB 237</td><td>670 이하</td></tr>
<tr><td colspan="2">3종</td><td>SWCHB 320</td><td>600 이하</td></tr>
<tr><td colspan="2">4종</td><td>SWCHB 323</td><td>610 이하</td></tr>
<tr><td colspan="2">5종</td><td>SWCHB 331</td><td>630 이하</td></tr>
<tr><td colspan="2">6종</td><td>SWCHB 334</td><td>650 이하</td></tr>
<tr><td colspan="2">7종</td><td>SWCHB 420</td><td>600 이하</td></tr>
<tr><td colspan="2">8종</td><td>SWCHB 526</td><td>650 이하</td></tr>
<tr><td colspan="2">9종</td><td>SWCHB 620</td><td>630 이하</td></tr>
<tr><td colspan="2">10종</td><td>SWCHB 623</td><td>640 이하</td></tr>
<tr><td colspan="2">11종</td><td>SWCHB 726</td><td>650 이하</td></tr>
<tr><td colspan="2">12종</td><td>SWCHB 734</td><td>680 이하</td></tr>
</table>

27-5-7. 기타 전신재

KS 규격	명 칭	분류 및 종별	기 호	인장강도 N/mm^2	주요 용도 및 특징
D 3579	스프링용 오일 템퍼선	스프링용 탄소강 오일 템퍼선 A종	SWO-A	세부 규격 참조	주로 정하중을 받는 스프링용
		스프링용 탄소강 오일 템퍼선 B종	SWO-B		주로 동하중을 받는 스프링용
		스프링용 실리콘 크롬강 오일 템퍼선	SWOSC-B		
		스프링용 실리콘 망간강 오일 템퍼선 A종	SWOSM-A		
		스프링용 실리콘 망간강 오일 템퍼선 B종	SWOSM-B		
		스프링용 실리콘 망간강 오일 템퍼선 C종	SWOSM-C		
D 3580	밸브 스프링용 오일 템퍼선	밸브 스프링용 탄소강 오일 템퍼선	SWO-V	세부 규격 참조	내연 기관의 밸브 스프링 또는 이에 준하는 스프링
		밸브 스프링용 크롬바나듐강 오일 템퍼선	SWOCV-V		
		밸브 스프링용 실리콘크롬강 오일 템퍼선	SWOSC-V		
D 3585	스테인리스강 위생관	1종	STS304TBS	520 이상	낙농, 식품 공업 등에 사용
		2종	STS304LTBS	480 이상	
		3종	STS316TBS	520 이상	
		4종	STS316LTBS	480 이상	
D 3591	스프링용 실리콘 망간강 오일 템퍼선	스프링용 실리콘 망간강 오일 템퍼선 A종	SWOSM-A	세부 규격 참조	일반 스프링용
		스프링용 실리콘 망간강 오일 템퍼선 B종	SWOSM-B		일반 스프링용 및 자동차 현가 코일 스프링
		스프링용 실리콘 망간강 오일 템퍼선 C종	SWOSM-C		주로 자동차 현가 코일 스프링
D 3624	냉간 압조용 붕소강-선재	1종	SWRCHB 223	-	냉간 압조용 붕소강선의 제조에 사용
		2종	SWRCHB 237	-	
		3종	SWRCHB 320	-	
		4종	SWRCHB 323	-	
		5종	SWRCHB 331	-	
		6종	SWRCHB 334	-	
		7종	SWRCHB 420	-	
		8종	SWRCHB 526	-	
		9종	SWRCHB 620	-	
		10종	SWRCHB 623	-	
		11종	SWRCHB 726	-	
		12종	SWRCHB 734	-	
D 3624	티탄 팔라듐 합금 선	11종	TW 270 Pd	270~410	내식성, 특히 틈새 내식성 양호 화학장치, 석유정제 장치, 펄프제지 공업장치 등
		12종	TW 340 Pd	340~510	
		13종	TW 480 Pd	480~620	
D 5577	탄탈럼 전신재	판	TaP	세부 규격 참조	탄탈럼으로 된 판, 띠, 박, 봉 및 선
		띠	TaR		
		박	TaH		
		봉	TaB		
		선	TaW		

27-5-7. 기타 전신재 (계속)

KS 규격	명 칭	분류 및 종별		기 호	인장강도 N/mm²	주요 용도 및 특징
D 6026	티타늄 및 티타늄 합금 주물	2종		TC340	340 이상	내식성, 특히 내해수성 양호 화학 장치, 석유 정제 장치, 펄프 제지 공업 장치 등
		3종		TC480	480 이상	
		12종		TC340Pd	340 이상	내식성, 특히 내틈새 부식성 양호 화학 장치, 석유 정제 장치, 펄프 제지 공업 장치 등
		13종		TC480Pd	480 이상	
		60종		TAC6400	895 이상	고강도로 내식성 양호 화학 공업, 기계 공업, 수송 기기 등의 구조재. 예를 들면 고압 반응조 장치, 고압 수송 장치, 레저용품 등
D 6726	배관용 티탄 팔라듐 합금 관	1종	이음매 없는 관	TTP 28 Pd E	275~412	내식성, 특히 틈새 내식성 양호 화학장치, 석유정제장치, 펄프제지 공업 장치 등
				TTP 28 Pd D		
			용접관	TTP 28 Pd W		
				TTP 28 Pd WD		
		2종	이음매 없는 관	TTP 35 Pd E	343~510	
				TTP 35 Pd D		
			용접관	TTP 35 Pd W		
				TTP 35 Pd WD		
		3종	이음매 없는 관	TTP 49 Pd E	481~618	
				TTP 49 Pd D		
			용접관	TTP 49 Pd W		
				TTP 49 Pd WD		
D 6728	지르코늄 합금 관	Sn-Fe-Cr-Ni계 지르코늄 합금 관		ZrTN 802 D	413 이상	핵연료 피복관으로 사용하는 이음매 없는 지르코늄 합금 관
		Sn-Fe-Cr계 지르코늄 합금 관		ZrTN 804 D	413 이상	
D 7203	냉간 압조용 붕소강-선	1종		SWCHB 223	610 이하	볼트, 너트, 리벳, 작은 나사, 태핑 나사 등의 나사류 및 각종 부품(인장도는 DA 공정에 의한 선의 기계적 성질)
		2종		SWCHB 237	670 이하	
		3종		SWCHB 320	600 이하	
		4종		SWCHB 323	610 이하	
		5종		SWCHB 331	630 이하	
		6종		SWCHB 334	650 이하	
		7종		SWCHB 420	600 이하	
		8종		SWCHB 526	650 이하	
		9종		SWCHB 620	630 이하	
		10종		SWCHB 623	640 이하	
		11종		SWCHB 726	650 이하	
		12종		SWCHB 734	680 이하	

27-5-8. 주물

KS 규격	명 칭	분류 및 종별	기 호	인장강도 N/mm²	주요 용도 및 특징
D 6003	화이트 메탈	1종	WM 1	세부 규격 참조	각종 베어링 활동부 또는 패킹 등에 사용(주괴)
		2종	WM 2		
		2종B	WM 2B		
		3종	WM 3		
		4종	WM 4		
		5종	WM 5		
		6종	WM 6		
		7종	WM 7		
		8종	WM 8		
		9종	WM 9		
		10종	WM 10		
		11종	WM 11(L13910)		
		12종	WM 2(SnSb8Cu4)		
		13종	WM 13(SnSb12CuPb)		
		14종	WM 14(PbSb15Sn10)		
D 6005	아연 합금 다이캐스팅	1종	ZDC 1	325	자동차 브레이크 피스톤, 시트 벨브 감김쇠, 캔버스 플라이어
		2종	ZDC2	285	자동차 라디에이터 그릴, 몰, 카뷰레터, VTR 드럼 베이스, 테이프 헤드, CP 커넥터
D 6006	다이캐스팅용 알루미늄 합금	1종	ALDC 1	–	내식성, 주조성은 좋다. 항복 강도는 어느 정도 낮다.
		3종	ALDC 3	–	충격값과 항복 강도가 좋고 내식성도 1종과 거의 동등하지만, 주조성은 좋지않다.
		5종	ALDC 5	–	내식성이 가장 양호하고 연신율, 충격값이 높지만 주조성은 좋지 않다
		6종	ALDC 6	–	내식성은 5종 다음으로 좋고, 주조성은 5종보다 약간 좋다.
		10종	ALDC 10	–	기계적 성질, 피삭성 및 주조성이 좋다.
		10종 Z	ALDC 10 Z	–	10종보다 주조 갈라짐성과 내식성은 약간 좋지 않다.
		12종	ALDC 12	–	기계적 성질, 피삭성, 주조성이 좋다.
		12종 Z	ALDC 12 Z	–	12종보다 주조 갈라짐성 및 내식성이 떨어진다.
		14종	ALDC 14	–	내마모성, 유동성은 우수하고 항복 강도는 높으나, 연신율이 떨어진다.
		Si9종	Al Si9	–	내식성이 좋고, 연신율, 충격치도 어느 정도 좋지만, 항복 강도가 어느 정도 낮고 유동성이 좋지 않다.
		Si12Fe종	Al Si12(Fe)	–	내식성, 주조성이 좋고, 항복 강도가 어느 정도 낮다.
		Si10MgFe종	Al Si10Mg(Fe)	–	충격치와 항복 강도가 높고, 내식성도 1종과 거의 동등하며, 주조성은 1종보다 약간 좋지 않다.
		Si8Cu3종	Al Si8Cu3	–	10종보다 주조 갈라짐 및 내식성이 나쁘다.
		Si9Cu3Fe종	Al Si9Cu3(Fe)	–	
		Si9Cu3FeZn종	Al Si9Cu3(Fe)(Zn)	–	
		Si11Cu2Fe종	Al Si11Cu2(Fe)	–	기계적 성질, 피삭성, 주조성이 좋다.
		Si11Cu3Fe종	Al Si11Cu3(Fe)	–	
		Si11Cu1Fe종	Al Si12Cu1(Fe)	–	12종보다 연신율이 어느 정도 높지만, 항복 강도는 다소 낮다.

27-5-8. 주물 (계속)

KS 규격	명 칭	분류 및 종별	기 호	인장강도 N/mm^2	주요 용도 및 특징
D 6006	다이캐스팅용 알루미늄 합금	Si117Cu4Mg종	Al Si17Cu4Mg	–	내마모성, 유동성이 좋고, 항복 강도가 높지만, 연신율은 낮다.
		Mg9종	Al Mg9	–	5종과 같이 내식성이 좋지만, 주조성이 나쁘고, 응력부식 균열 및 경시변화에 주의가 필요하다.
D 6008	알루미늄 합금 주물	주물 1종A	AC1A	세부 규격 참조	가선용 부품, 자전거 부품, 항공기용 유압 부품, 전송품 등
		주물 1종B	AC1B		가선용 부품, 중전기 부품, 자전거 부품, 항공기 부품 등
		주물 2종A	AC2A		매니폴드, 디프캐리어, 펌프 보디, 실린더 헤드, 자동차용 하체 부품 등
		주물 2종B	AC2B		실린더 헤드, 밸브 보디, 크랭크 케이스, 클러치 하우징 등
		주물 3종A	AC3A		케이스류, 커버류, 하우징류의 얇은 것, 복잡한 모양의 것, 장막벽 등
		주물 4종A	AC4A		매니폴드, 브레이크 드럼, 미션 케이스, 크랭크 케이스, 기어 박스, 선박용 · 차량용 엔진 부품 등
		주물 4종B	AC4B		크랭크 케이스, 실린더 매니폴드, 항공기용 전장품 등
		주물 4종C	AC4C		유압 부품, 미션 케이스, 플라이 휠 하우징, 항공기 부품, 소형용 엔진 부품, 전장품 등
		주물 4종CH	AC4CH		자동차용 바퀴, 가선용 쇠붙이, 항공기용 엔진 부품, 전장품 등
		주물 4종D	AC4D		수냉 실린더 헤드, 크랭크 케이스, 실린더 블록, 연료 펌프 보디, 블로어 하우징, 항공기용 유압 부품 및 전장품 등
		주물 5종A	AC5A		공냉 실린더 헤드 디젤 기관용 피스톤, 항공기용 엔진 부품 등
		주물 7종A	AC7A		가선용 쇠붙이, 선박용 부품, 조각 소재 건축용 쇠붙이, 사무기기, 의자, 항공기용 전장품 등
		주물 8종A	AC8A		자동차 · 디젤 기관용 피스톤, 선방용 피스톤, 도르래, 베어링 등
		주물 8종B	AC8B		자동차용 피스톤, 도르래, 베어링 등
		주물 8종C	AC8C		자동차용 피스톤, 도르래, 베어링 등
		주물 9종A	AC9A		피스톤(공냉 2 사이클용)등
		주물 9종B	AC9B		피스톤(디젤 기관용, 수냉 2사이클용), 공냉 실린더 등
D 6016	마그네슘 합금 주물	1종	MgC1	세부 규격 참조	일반용 주물, 3륜차용 하부 휩, 텔레비전 카메라용 부품 등
		2종	MgC2		일반용 주물, 크랭크 케이스, 트랜스미션, 기어박스, 텔레비전 카메라용 부품, 레이더용 부품, 공구용 지그 등
		3종	MgC3		일반용 주물, 엔진용 부품, 인쇄용 새들 등
		5종	MgC5		일반용 주물, 엔진용 부품 등
		6종	MgC6		고력 주물, 경기용 차륜 산소통 브래킷 등
		7종	MgC7		고력 주물, 인렛 하우징 등
		8종	MgC8		내열용 주물, 엔진용 부품 기어 케이스, 컴프레서 케이스 등
D 6018	경연 주물	8종	HPbC 8	49 이상	주로 화학 공업에 사용
		10종	HPbC 10	50 이상	

27-5-8. 주물 (계속)

KS 규격	명 칭	분류 및 종별	기 호	인장강도 N/mm^2	주요 용도 및 특징
D 6023	니켈 및 니켈 합금 주물	니켈 주물	NC-F	345 이상	수산화나트륨, 탄산나트륨 및 염화암모늄을 취급하는 제조 장치의 밸브, 펌프 등
		니켈-구리합금 주물	NCuC-F	450 이상	해수 및 염수, 중성염, 알칼리염 및 플루오르산을 취급하는 제조 장치의 밸브, 펌프 등
		니켈-몰리브덴 합금 주물	NMC-S	525 이상	염소, 황산 인산, 아세트산 및 염화수소 가스를 취급하는 제조 장치의 밸브, 펌프 등
		니켈-몰리브덴-크롬합금 주물	NMCrC-S	495 이상	산화성산, 플루오르산, 포름산 및 무수아세트산, 해수 및 염수를 취급하는 제조 장치의 밸브 등
		니켈-크롬-철 합금 주물	NCrFC-F	485 이상	질산, 지방산, 암모늄수 및 염화성 약품을 취급하는 제조 장치의 밸브 등
D 6024	구리 주물	1종	CAC101 (CuC1)	175 이상	송풍구, 대송풍구, 냉각판, 열풍 밸브, 전극 홀더, 일반 기계 부품 등
		2종	CAC102 (CuC2)	155 이상	송풍구, 전기용 터미널,분기 슬리브, 콘택트, 도체, 일반 전기 부품 등
		3종	CAC103 (CuC3)	135 이상	전로용 랜스 노즐, 전기용 터미널, 분기 슬리브,통전 서포트, 도체, 일반전기 부품 등
	황동 주물	1종	CAC201 (YBsC1)	145 이상	플랜지류, 전기 부품, 장식용품 등
		2종	CAC202 (YBsC2)	195 이상	전기 부품, 제기 부품, 일반 기계 부품 등
		3종	CAC203 (YBsC3)	245 이상	급배수 쇠붙이, 전기 부품, 건축용 쇠붙이, 일반기계 부품, 일용품, 잡화품 등
		4종	CAC204 (C85200)	241 이상	일반 기계 부품, 일용품, 잡화품 등
	고력 황동 주물	1종	CAC301 (HBsC1)	430 이상	선박용 프로펠러, 프로펠러 보닛, 배어링, 밸브 시트, 밸브봉, 베어링 유지기, 레버 암, 기어, 선박용 의장품 등
		2종	CAC302 (HBsC2)	490 이상	선박용 프로펠러, 베어링, 베어링 유지기, 슬리퍼, 엔드 플레이트, 밸브 시트, 밸브봉, 특수 실린더, 일반 기계 부품 등
		3종	CAC303 (HBsC3)	635 이상	저속 고하중의 미끄럼 부품, 대형 밸브, 스템, 부시, 웜 기어, 슬리퍼,캠, 수압 실린더 부품 등
		4종	CAC304 (HBsC4)	735 이상	저속 고하중의 미끄럼 부품, 교량용 지지판, 베어링, 부시, 너트, 웜 기어, 내마모판 등
	청동 주물	1종	CAC401 (BC1)	165 이상	베어링, 명판, 일반 기계 부품 등
		2종	CAC402 (BC2)	245 이상	베어링, 슬리브, 부시, 펌프 몸체, 임펠러, 밸브, 기어, 선박용 둥근 창, 전동 기기 부품 등
		3종	CAC403 (BC3)	245 이상	베어링, 슬리브, 부싱, 펌프, 몸체 임펠러, 밸브, 기어, 성박용 둥근 창, 전동 기기 부품, 일반 기계 부품 등
		6종	CAC406 (BC6)	195 이상	밸브, 펌프 몸체, 임펠러, 급수 밸브, 베어링, 슬리브, 부싱, 일반 기계 부품, 경관 주물, 미술 주물 등
		7종	CAC407 (BC7)	215 이상	베어링, 소형 펌프 부품,밸브, 연료 펌프, 일반 기계 부품 등
		8종 (함연 단동)	CAC408 (C83800)	207 이상	저압 밸브, 파이프 연결구, 일반 기계 부품 등
		9종	CAC409 (C92300)	248 이상	포금용, 베어링 등

27-5-8. 주물 (계속)

<table>
<tr><th>KS 규격</th><th>명 칭</th><th>분류 및 종별</th><th>기 호</th><th>인장강도 N/mm²</th><th>주요 용도 및 특징</th></tr>
<tr><td rowspan="28">D 6024</td><td rowspan="4">인청동 주물</td><td>2종A</td><td>CAC502A
(PBC2)</td><td>195 이상</td><td rowspan="2">기어, 웜 기어, 베어링, 부싱, 슬리브, 임펠러, 일반 기계 부품 등</td></tr>
<tr><td>2종B</td><td>CAC502B
(PBC2B)</td><td>295 이상</td></tr>
<tr><td>3종A</td><td>CAC503A</td><td>195 이상</td><td>미끄럼 부품, 유압 실린더, 슬리브, 기어, 제지용 각종 롤러 등</td></tr>
<tr><td>3종B</td><td>CAC503B
(PBC3B)</td><td>265 이상</td><td>미끄럼 부품, 유압 실린더, 슬리브, 기어, 제지용 각종 롤러 등</td></tr>
<tr><td rowspan="7">납청동 주물</td><td>2종</td><td>CAC602
(LBC2)</td><td>195 이상</td><td>중고속 · 고하중용 베어링, 실린더, 밸브 등</td></tr>
<tr><td>3종</td><td>CAC603
(LBC3)</td><td>175 이상</td><td>중고속 · 고하중용 베어링, 대형 엔진용 베어링</td></tr>
<tr><td>4종</td><td>CAC604
(LBC4)</td><td>165 이상</td><td>중고속 · 중하중용 베어링, 차량용 베어링, 화이트 메탈의 뒤판 등</td></tr>
<tr><td>5종</td><td>CAC605
(LBC5)</td><td>145 이상</td><td>중고속 · 저하중용 베어링, 엔진용 베어링 등</td></tr>
<tr><td>6종</td><td>CAC606
(LBC6)</td><td>165 이상</td><td>경하중 고속용 부싱, 베어링, 철도용 차량, 파쇄기, 콘베어링 등</td></tr>
<tr><td>7종</td><td>CAC607
(C94300)</td><td>207 이상</td><td>일반 베어링, 병기용 부싱 및 연결구, 중하중용 정밀 베어링, 조립식 베어링 등</td></tr>
<tr><td>8종</td><td>CAC608
(C93200)</td><td>193 이상</td><td>경하중 고속용 베어링, 일반 기계 부품 등</td></tr>
<tr><td rowspan="8">알루미늄 청동</td><td>1종</td><td>CAC701
(AlBC1)</td><td>440 이상</td><td>내산 펌프, 베어링, 부싱, 기어, 밸브 시트, 플런저, 제지용 롤러 등</td></tr>
<tr><td>2종</td><td>CAC702
(AlBC2)</td><td>490 이상</td><td>선박용 소형 프로펠러, 베어링, 기어, 부싱, 밸브시트, 임펠러, 볼트 너트,
안전 공구, 스테인리스강용 베어링 등</td></tr>
<tr><td>3종</td><td>CAC703
(AlBC3)</td><td>590 이상</td><td>선박용 프로펠러, 임펠러, 밸브, 기어, 펌프 부품, 화학 공업용 기기 부품, 스테인리스강용 베어링, 식품 가공용 기계 부품 등</td></tr>
<tr><td>4종</td><td>CAC704
(AlBC4)</td><td>590 이상</td><td>선박용 프로펠러, 슬리브, 기어, 화학용 기기 부품 등</td></tr>
<tr><td>5종</td><td>CAC705
(C95500)</td><td>620 이상</td><td rowspan="2">중하중을 받는 총포 슬라이드 및 지지부, 기어,부싱, 베어링, 프로펠러 날개 및 허브, 라이너 베어링 플레이트용 등</td></tr>
<tr><td>–</td><td>CAC705HT
(C95500)</td><td>760 이상</td></tr>
<tr><td>6종</td><td>CAC706
(C95300)</td><td>450 이상</td><td rowspan="2">중하중을 받는 총포 슬라이드 및 지지부. 기어, 부싱, 베어링, 프로펠러 날개 및 허브, 라이너 베어링 플레이트용 등</td></tr>
<tr><td>–</td><td>CAC706HT
(C95300)</td><td>550 이상</td></tr>
<tr><td rowspan="5">실리콘 청동</td><td>1종</td><td>CAC801
(SzBC1)</td><td>345 이상</td><td>선박용 의장품, 베어링, 기어 등</td></tr>
<tr><td>2종</td><td>CAC802
(SzBC2)</td><td>440 이상</td><td>선박용 의장품, 베어링, 기어, 보트용 프로펠러 등</td></tr>
<tr><td>3종</td><td>CAC803
(SzBS3)</td><td>390 이상</td><td>선박용 의장품, 베어링, 기어 등</td></tr>
<tr><td>4종</td><td>CAC804
(C87610)</td><td>310 이상</td><td>선박용 의장품, 베어링, 기어 등</td></tr>
<tr><td>5종</td><td>CAC805</td><td>300 이상</td><td>급수장치 기구류(수도미터, 밸브류, 이음류, 수전 밸브 등)</td></tr>
</table>

27-5-8. 주물 (계속)

KS 규격	명 칭	분류 및 종별	기 호	인장강도 N/mm^2	주요 용도 및 특징
D 6024	니켈 주석 청동 주물	1종	CAC901 (C94700)	310 이상	팽창부 연결품, 관 이음쇠, 기어볼트, 너트, 펌프 피스톤, 부싱, 베어링 등
		–	CAC901HT (C94700)	517 이상	
		2종	CAC902 (C94800)	276 이상	팽창부 연결품, 관 이음쇠, 기어볼트, 너트, 펌프 피스톤, 부싱, 베어링 등
	베릴륨 동 주물	3종	CAC903 (C82000)	311 이상	스위치 및 스위치 기어, 단로기, 전도 장치 등
		–	CAC903HT (C82000)	621 이상	
	베릴륨 청동 주물	4종	CAC904 (C82500)	518 이상	부싱, 캠, 베어링, 기어, 안전 공구 등
		–	CAC904HT (C82500)	1035 이상	
		5종	CAC905 (C82600)	552 이상	높은 경도와 최대의 강도가 요구되는 부품 등
		–	CAC905HT (C82600)	1139 이상	
		6종	CAC906	1139 이상	높은 인장 강도 및 내력과 함께 최대의 경도가 요구되는 부품 등
		–	CAC906HT (C82800)		
D 6025	구리 합금 연속주조 주물	고력황동 연주 주물 1종	CAC301C	470 이상	베어링, 밸브 시트, 밸브 가이드, 베어링 유지기, 레버, 암, 기어, 선박,용 의장품 등
		고력황동 연주 주물 2종	CAC302C	530 이상	베어링, 베어링 유지기, 슬리퍼, 엔드플레이트, 밸브 시트, 밸브 가이드, 특수 실린더, 일반 기계 부품 등
		고력황동 연주 주물 3종	CAC303C	655 이상	저속, 고하중의 미끄럼 부품, 밸브, 스템, 부싱, 웜, 기어, 슬리퍼, 캠, 수압 실린더 부품 등
		고력황동 연주 주물 4종	CAC304C	755 이상	저속, 고하중의 미끄럼 부품, 교량용 베어링, 베어링, 부싱, 너트, 웜, 기어, 내마모판 등
		청동 연주 주물 1종	CAC401C	195 이상	수도꼭지 부품, 베어링, 명판, 일반기계 부품 등
		청동 연주 주물 2종	CAC402C	275 이상	베어링, 슬리브, 부싱, 기어, 선박용 원형창, 전동기기 부품 등
		청동 연주 주물 3종	CAC403C	275 이상	베어링, 슬리브, 부싱, 밸브, 기어, 전동기기 부품, 일반기계 부품 등
		청동 연주 주물 6종	CAC406C	245 이상	베어링, 슬리브, 부싱, 밸브, 시트링, 너트, 캣 너트, 헤더, 수도꼭지 부품, 일반기계 부품 등
		청동 연주 주물 7종	CAC407C	255 이상	베어링, 소형 펌프 부품, 일반기계 부품 등
		청동 연주 주물 8종 (함연단동)	CAC408C	207 이상	저압밸브, 파이프 연결구, 일반기계 부품 등
		청동 연주 주물 9종	CAC409C	276 이상	포금용, 베어링 등

27-5-8. 주물 (계속)

KS 규격	명 칭	분류 및 종별	기 호	인장강도 N/mm²	주요 용도 및 특징
D 6025	구리 합금 연속주조 주물	인청동 연주 주물 2종	CAC502C	295 이상	기어, 웜 기어, 베어링, 부싱, 슬리브, 일반기계 부품 등
		인청동 연주 주물 3종	CAC503C	295 이상	미끄럼 부품, 유압 실린더, 슬리브, 기어, 라이너, 제지용 각종 롤 등
		연청동 연주 주물 3종	CAC603C	225 이상	중고속, 고하중용 베어링, 엔진용 베어링 등
		연청동 연주 주물 4종	CAC604C	220 이상	중고속, 중하중용 베어링, 차량용 베어링, 화이트메탈의 뒤판 등
		연청동 연주 주물 5종	CAC605C	175 이상	중고속, 저하중용 베어링, 엔진용 베어링 등
		연청동 연주 주물 6종	CAC606C	145 이상	경하중 고속용 부싱, 베어링, 철도용 차량, 파쇄기, 콘베어링 등
		연청동 연주 주물 7종	CAC607C	241 이상	일반 베어링, 병기용 부싱 및 연결구, 중하중용 정밀 베어링, 조립식 베어링 등
		연청동 연주 주물 8종	CAC608C	207 이상	경하중 고속용 베어링, 일반기계 부품 등
		알루미늄청동 연주 주물 1종	CAC701C	490 이상	베어링, 부싱, 기어, 밸브 시트, 플런저, 제지용 롤 등
		알루미늄청동 연주 주물 2종	CAC702C	540 이상	베어링, 기어, 부싱, 밸브 시트, 날개 바퀴, 볼트, 너트, 안전 공구 등
		알루미늄청동 연주 주물 3종	CAC703C	610 이상	베어링, 부싱, 펌프 부품, 선박용 볼트, 너트, 화학 공업용 기기 부품 등
		니켈주석 청동 연주 주물 1종	CAC901C	310 이상	팽창부 연결품, 관 이음쇠, 기어 볼트, 너트, 펌프 피스톤, 부싱, 베어링 등
		니켈주석 청동 연주 주물 2종	CAC902C	276 이상	팽창부 연결품, 관 이음쇠, 기어 볼트, 너트, 펌프 피스톤, 부싱, 베어링 등
D 6026	티타늄 및 티타늄 합금 주물	2종	TC 340	340 이상	내식성, 특히 내해수성이 좋다. 화학 장치, 석유 정제 장치, 펄프 제지 공업 장치 등
		3종	TC 480	480 이상	
		12종	TC 340 Pd	340 이상	내식성, 특히 내틈새 부식성이 좋다. 화학 장치, 석유 정제 장치, 펄프 제지 공업 장치 등
		13종	TC 480 Pd	480 이상	
		60종	TAC 6400	895 이상	화학 공업, 기계 공업, 수송 기기 등의 구조제. 예를 들면 고압 반응조 장치, 고압 수송 장치, 레저용품 등

CHAPTER 28

철강 재료 데이터

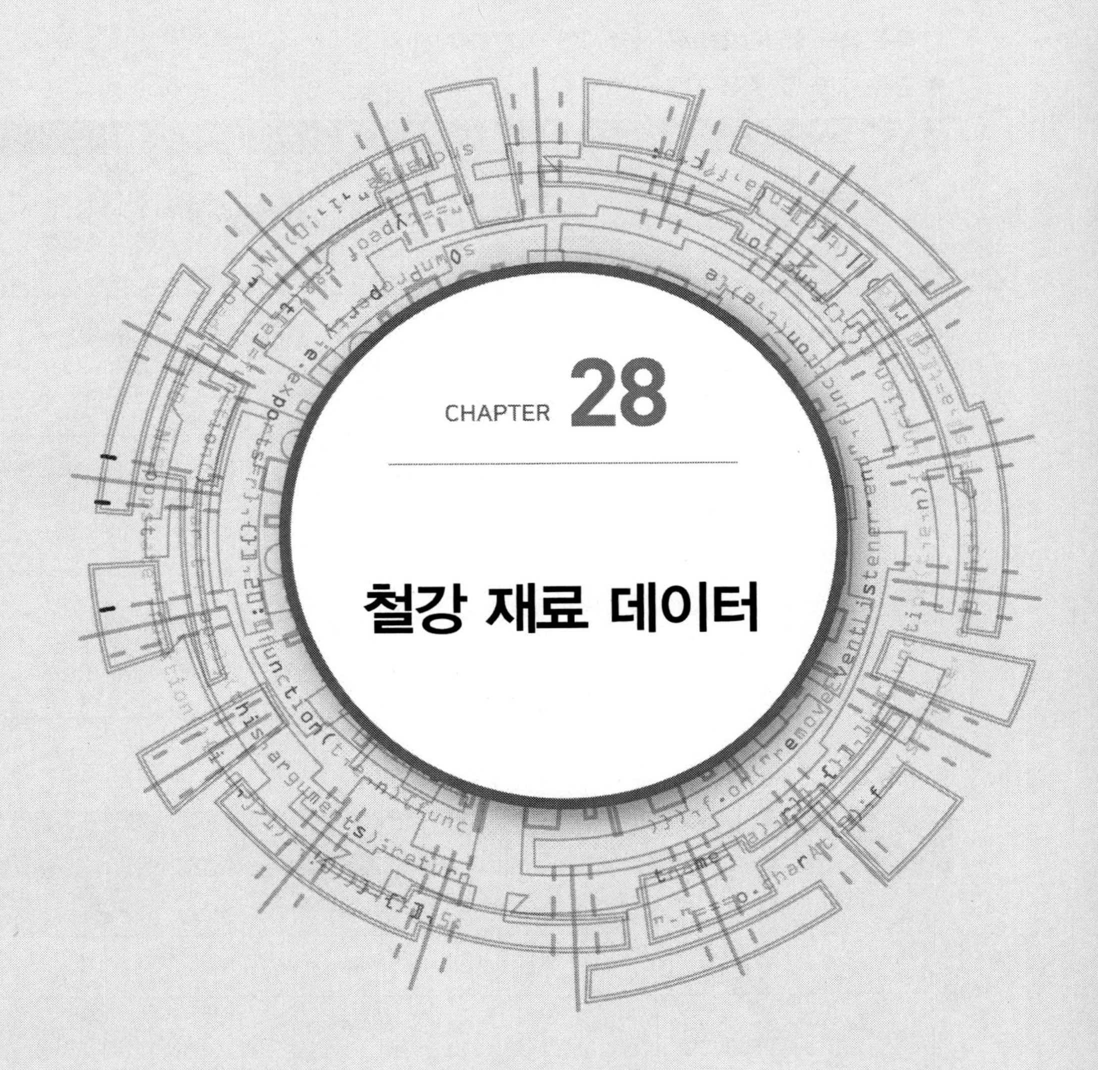

28-1 기계 구조용 탄소강 및 합금강

1. 특수 용도 합금강 볼트용 봉강 KS D 3723(폐지)

■ 종류, 기호 및 적용 지름

종류		기호	적용 지름	참고
1종	1호	SNB 21-1	지름 100 mm 이하	ASTM A 540-B 21 크롬 몰리브덴 바나듐강
	2호	SNB 21-2	지름 100 mm 이하	
	3호	SNB 21-3	지름 150 mm 이하	
	4호	SNB 21-4	지름 150 mm 이하	
	5호	SNB 21-5	지름 200 mm 이하	
2종	1호	SNB 22-1	지름 38 mm 이하	AISI 4142 H ASTM A 540-B 22 크롬 몰리브덴강
	2호	SNB 22-2	지름 75 mm 이하	
	3호	SNB 22-3	지름 100 mm 이하	
	4호	SNB 22-4	지름 100 mm 이하	
	5호	SNB 22-5	지름 100 mm 이하	
3종	1호	SNB 23-1	지름 200 mm 이하	AISI E-4340 H ASTM A 540-B 23 니켈 크롬 몰리브덴강
	2호	SNB 23-2	지름 240 mm 이하	
	3호	SNB 23-3	지름 240 mm 이하	
	4호	SNB 23-4	지름 240 mm 이하	
	5호	SNB 23-5	지름 240 mm 이하	
4종	1호	SNB 24-1	지름 200 mm 이하	AISI 4340 ASTM A 540-B 24 니켈 크롬 몰리브덴강
	2호	SNB 24-2	지름 240 mm 이하	
	3호	SNB 24-3	지름 240 mm 이하	
	4호	SNB 24-4	지름 240 mm 이하	
	5호	SNB 24-5	지름 240 mm 이하	

■ 화학성분

종류	기호	화학 성분 %								
		C	Si	Mn	P	S	Ni	Cr	Mo	V
1종 1~5호	SNB21-1~5	0.36 ~0.44	0.20 ~0.35	0.45 ~0.70	0.025 이하	0.025 이하	-	0.80 ~1.15	0.50 ~0.65	0.25 ~0.35
2종 1~5호	SNB22-1~5	0.39 ~0.46	0.20 ~0.35	0.65 ~1.10	0.025 이하	0.025 이하	-	0.75 ~1.20	0.15 ~0.25	-
3종 1~5호	SNB23-1~5	0.37 ~0.44	0.20 ~0.35	0.60 ~0.95	0.025 이하	0.025 이하	1.55 ~2.00	0.65 ~0.95	0.20 ~0.30	-
4종 1~5호	SNB24-1~5	0.37 ~0.44	0.20 ~0.35	0.70 ~0.90	0.025 이하	0.025 이하	1.65 ~2.00	0.70 ~0.95	0.30 ~0.40	-

■ 기계적 성질

기호	지름 mm	항복 강도 N/mm²	인장 강도 N/mm²	연신율 %	단면 수축율 %	경도 HB
SNB21-1	100 이하	1030 이상	1140 이상	10 이상	35 이상	321~429
SNB21-2	100 이하	960 이상	1070 이상	11 이상	40 이상	311~401
SNB21-3	75 이하 75 초과 150 이하	890 이상	1000 이상	12 이상	40 이상	293~352 302~375
SNB21-4	75 이하 75 초과 150 이하	825 이상	930 이상	13 이상	45 이상	269~331 277~352
SNB21-5	50 이하 50 초과 150 이하 150 초과 200 이하	715 이상 685 이상 685 이상	820 이상 790 이상 790 이상	15이상	50 이상	241~285 248~302 255~311
SNB22-1	38 이하	1030 이상	1140 이상	10 이상	35 이상	321~401
SNB22-2	75 이하	960 이상	1070 이상	11 이상	40 이상	311~401
SNB22-3	50 이하 50 초과 100 이하	890 이상	1000 이상	12 이상	40 이상	293~363 302~375
SNB22-4	25 이하 25 초과 100 이하	825 이상	930 이상	13 이상	45 이상	269~341 277~363
SNB22-5	50 이하 50 초과 100 이하	715 이상 685 이상	820 이상 790 이상	15 이상	50 이상	248~293 255~302
SNB23-1	75 이하 75 초과 150 이하 150 초과 200 이하	1030 이상	1140 이상	10 이상	35 이상	321~415 331~429 341~444
SNB23-2	75 이하 75 초과 150 이하 150 초과 240 이하	960 이상	1070 이상	11 이상	40 이상	311~388 311~401 321~415
SNB23-3	75 이하 75 초과 150 이하 150 초과 240 이하	890 이상	1000 이상	12 이상	40 이상	293~363 302~375 311~388
SNB23-4	75 이하 75 초과 150 이하 150 초과 240 이하	825 이상	930 이상	13 이상	45 이상	269~341 277~352 285~363
SNB23-5	150 이하 150 초과 200 이하 200 초과 240 이하	715 이상 685 이상 685 이상	820 이상 790 이상 790 이상	15 이상	50 이상	248~311 255~321 262~321
SNB24-1	150 이하 150 초과 200 이하	1030 이상	1140 이상	10 이상	35 이상	321~415 331~429
SNB24-2	175 이하 175 초과 240 이하	960 이상	1070 이상	11 이상	40 이상	311~401 321~415
SNB24-3	75 이하 75 초과 200 이하 200 초과 240 이하	890 이상	1000 이상	12 이상	40 이상	293~363 302~388 311~388
SNB24-4	75 이하 75 초과 150 이하 150 초과 200 이하 200 초과 240 이하	825 이상	930 이상	13 이상	45 이상	269~341 277~352 285~363 293~363
SNB24-5	150 이하 150 초과 200 이하 200 초과 240 이하	715 이상 685 이상 685 이상	820 이상 790 이상 790 이상	15 이상	50 이상	248~311 255~321 262~321

2. 기계 구조용 탄소 강재 KS D 3752 : 2007

■ 화학성분

단위 : %

기호	화학 성분 (%)				
	C	Si	Mn	P	S
SM 10C	0.08~0.13	0.15~0.35	0.30~0.60	0.030 이하	0.035 이하
SM 12C	0.10~0.15	0.15~0.35	0.30~0.60	0.030 이하	0.035 이하
SM 15C	0.13~0.18	0.15~0.35	0.30~0.60	0.030 이하	0.035 이하
SM 17C	0.15~0.20	0.15~0.35	0.30~0.60	0.030 이하	0.035 이하
SM 20C	0.18~0.23	0.15~0.35	0.30~0.60	0.030 이하	0.035 이하
SM 22C	0.20~0.25	0.15~0.35	0.30~0.60	0.030 이하	0.035 이하
SM 25C	0.22~0.28	0.15~0.35	0.30~0.60	0.030 이하	0.035 이하
SM 28C	0.25~0.31	0.15~0.35	0.60~0.90	0.030 이하	0.035 이하
SM 30C	0.27~0.33	0.15~0.35	0.60~0.90	0.030 이하	0.035 이하
SM 33C	0.30~0.36	0.15~0.35	0.60~0.90	0.030 이하	0.035 이하
SM 35C	0.32~0.38	0.15~0.35	0.60~0.90	0.030 이하	0.035 이하
SM 38C	0.35~0.41	0.15~0.35	0.60~0.90	0.030 이하	0.035 이하
SM 40C	0.37~0.43	0.15~0.35	0.60~0.90	0.030 이하	0.035 이하
SM 43C	0.40~0.46	0.15~0.35	0.60~0.90	0.030 이하	0.035 이하
SM 45C	0.42~0.48	0.15~0.35	0.60~0.90	0.030 이하	0.035 이하
SM 48C	0.45~0.51	0.15~0.35	0.60~0.90	0.030 이하	0.035 이하
SM 50C	0.47~0.53	0.15~0.35	0.60~0.90	0.030 이하	0.035 이하
SM 53C	0.50~0.56	0.15~0.35	0.60~0.90	0.030 이하	0.035 이하
SM 55C	0.52~0.58	0.15~0.35	0.60~0.90	0.030 이하	0.035 이하
SM 58C	0.55~0.61	0.15~0.35	0.60~0.90	0.030 이하	0.035 이하
SM 9CK	0.07~0.12	0.10~0.35	0.30~0.60	0.025 이하	0.025 이하
SM 15CK	0.13~0.18	0.15~0.35	0.30~0.60	0.025 이하	0.025 이하
SM 20CK	0.18~0.23	0.15~0.35	0.30~0.60	0.025 이하	0.025 이하

비고 SM9CK, SM15CK 및 SM20CK의 3종류는 침탄용으로 사용한다.

3. 경화능 보증 구조용 강재(H강) KS D 3754(폐지)

■ 종류 및 기호

종류의 기호	참 고	적 요
	구 기 호	
SMn 420 H	SMn 21 H	망간 강재
SMn 433 H	SMn 1 H	
SMn 438 H	SMn 2 H	
SMn 433 H	SMn 3 H	
SMnC 420 H	SMnC 21 H	망간 크롬 강재
SMnC 433 H	SMnC 3 H	
SCr 415 H	SCr 21 H	크롬 강재
SCr 420 H	SCr 22 H	
SCr 430 H	SCr 2 H	
SCr 435 H	SCr 3 H	
SCr 440 H	SCr 4 H	

종류의 기호	참 고	적 요
	구 기 호	
SCM 415 H	SCM 21 H	크롬 몰리브덴 강재
SCM 418 H	–	
SCM 420 H	SCM 22 H	
SCM 435 H	SCM 3 H	
SCM 440 H	SCM 4 H	
SCM 445 H	SCM 5 H	
SCM 822 H	SCM 24 H	
SNC 415 H	SNC 21 H	니켈 크롬 강재
SNC 631 H	SNC 2 H	
SNC 815 H	SNC 22 H	
SNCM 220 H	SNCM 21 H	니켈 크롬 몰리브덴 강재
SNCM 420 H	SNCM 23 H	

■ 화학 성분

종류의 기호	참 고	화학 성분 %							
	구 기 호	C	Si	Mn	P	S	Ni	Cr	Mo
SMn 420 H	SMn 21 H	0.16~0.23	0.15~0.35	1.15~1.55	0.030 이하	0.030 이하	–	–	–
SMn 433 H	SMn 1 H	0.29~0.36	0.15~0.35	1.15~1.55	0.030 이하	0.030 이하	–	–	–
SMn 438 H	SMn 2 H	0.34~0.41	0.15~0.35	1.30~1.70	0.030 이하	0.030 이하	–	–	–
SMn 443 H	SMn 3 H	0.39~0.46	0.15~0.35	1.30~1.70	0.030 이하	0.030 이하	–	–	–
SMnC 420 H	SMnC 21 H	0.16~0.23	0.15~0.35	1.15~1.55	0.030 이하	0.030 이하	–	0.35~0.70	–
SMnC 443 H	SMnC 3 H	0.39~0.46	0.15~0.35	1.30~1.70	0.030 이하	0.030 이하	–	0.35~0.70	–
SCr 415 H	SCr 21 H	0.12~0.18	0.15~0.35	0.55~0.90	0.030 이하	0.030 이하	–	0.85~1.25	–
SCr 420 H	SCr 22 H	0.17~0.23	0.15~0.35	0.55~0.90	0.030 이하	0.030 이하	–	0.85~1.25	–
SCr 430 H	SCr 2 H	0.27~0.34	0.15~0.35	0.55~0.90	0.030 이하	0.030 이하	–	0.85~1.25	–
SCr 435 H	SCr 3 H	0.32~0.39	0.15~0.35	0.55~0.90	0.030 이하	0.030 이하	–	0.85~1.25	–
SCr 440 H	SCr 4 H	0.37~0.44	0.15~0.35	0.55~0.90	0.030 이하	0.030 이하	–	0.85~1.25	–
SCM 415 H	SCM 21 H	0.12~0.18	0.15~0.35	0.55~0.90	0.030 이하	0.030 이하	–	0.85~1.25	0.15~0.35
SCM 418 H	–	0.15~0.21	0.15~0.35	0.55~0.90	0.030 이하	0.030 이하	–	0.85~1.25	0.15~0.35
SCM 420 H	SCM 22 H	0.17~0.23	0.15~0.35	0.55~0.90	0.030 이하	0.030 이하	–	0.85~1.25	0.15~0.35
SCM 435 H	SCM 3 H	0.32~0.39	0.15~0.35	0.55~0.90	0.030 이하	0.030 이하	–	0.85~1.25	0.15~0.35
SCM 440 H	SCM 4 H	0.37~0.44	0.15~0.35	0.55~0.90	0.030 이하	0.030 이하	–	0.85~1.25	0.15~0.35
SCM 445 H	SCM 5 H	0.42~0.49	0.15~0.35	0.55~0.90	0.030 이하	0.030 이하	–	0.85~1.25	0.15~0.35
SCM 822 H	SCM 24 H	0.19~0.25	0.15~0.35	0.55~0.90	0.030 이하	0.030 이하	–	0.85~1.25	0.35~0.45
SNC 415 H	SNC 21 H	0.11~018	0.15~0.35	0.30~0.70	0.030 이하	0.030 이하	1.95~2.50	0.20~0.55	–
SNC 631 H	SNC 2 H	0.26~0.35	0.15~0.35	0.30~0.70	0.030 이하	0.030 이하	2.45~3.00	0.55~1.05	–
SNC 815 H	SNC 22 H	0.11~0.18	0.15~0.35	0.30~0.70	0.030 이하	0.030 이하	2.95~3.50	0.65~1.05	–
SNCM 220 H	SNCM 21 H	0.17~0.23	0.15~0.35	0.60~0.95	0.030 이하	0.030 이하	0.35~0.75	0.35~0.65	0.15~0.30
SNCM 420 H	SNCM 23 H	0.17~0.23	0.15~0.35	0.40~0.70	0.030 이하	0.030 이하	1.55~2.00	0.35~0.65	0.15~0.30

4. 고온용 합금강 볼트재 KS D 3755(폐지)

■ 종류와 기호 및 적용 지름

종류	기호	적용 지름	참고
1종	SNB 5	지름 100 mm 이하	AISI 501 ASTM A 193-B5 5% 크롬 강
2종	SNB 7	지름 120 mm 이하	AISI 4140, 4142, 4145 ASTM A 193-B7 크롬 몰리브데넘 강
3종	SNB 16	지름 180 mm 이하	ASTM A 193-B16 크롬몰리브데넘바나듐 강

■ 템퍼링 온도

종류	기호	템퍼링 온도 (℃)
1종	SNB 5	595 이상
2종	SNB 7	595 이상
3종	SNB 16	650 이상

■ 화학성분

단위 : %

종류	기호	C	Si	Mn	P	S	Cr	Mo	V
1종	SNB 5	0.10 이상	1.00 이하	1.00 이하	0.040 이하	0.030 이하	4.00~6.00	0.40~0.65	-
2종	SNB 7	0.38~0.48	0.20~0.35	0.75~1.00	0.040 이하	0.040 이하	0.80~1.10	0.15~0.25	-
3종	SNB 16	0.36~0.44	0.20~0.35	0.45~0.70	0.040 이하	0.040 이하	0.80~1.15	0.50~0.65	0.25~0.35

■ 기계적 성질

종류	기호	지름 mm	항복 강도 N/mm^2	인장 강도 N/mm^2	연신율 %	단면 수축율 %
1종	SNB 5	100 이하	550 이상	690 이상	16 이상	50 이상
2종	SNB 7	63 이하	725 이상	860 이상	16 이상	50 이상
		63 초과 100 이하	655 이상	800 이상	16 이상	50 이상
		100 초과 120 이하	520 이상	690 이상	18 이상	50 이상
3종	SNB 16	63 이하	725 이상	860 이상	18 이상	50 이상
		63 초과 100 이하	655 이상	760 이상	17 이상	50 이상
		100 초과 120 이하	590 이상	690 이상	16 이상	50 이상

5. 알루미늄 크롬 몰리브덴 강재 KS D 3756 : 2005

■ 종류 및 기호

종류의 기호	적 요
S Al Cr Mo 1	표면 질화용에 사용한다.

■ 화학 성분

종류의 기호	화학 성분 %							
	C	Si	Mn	P	S	Cr	Mo	Al
S Al Cr Mo 1	0.40~0.50	0.15~0.50	0.60 이하	0.030 이하	0.030 이하	1.30~1.70	0.15~0.30	0.70~1.20

6. 기계구조용 합금강 강재 KS D 3867 : 2015

■ 종류와 기호

종류의 기호	분류	종류의 기호	분류	종류의 기호	분류	종류의 기호	분류
SMn 420	망가니즈강	SCr 445	크롬강	SCM 440	크롬 몰리브데넘강	SNCM 420	니켈크롬 몰리브데넘강
SMn 433				SCM 445		SNCM 431	
SMn 438		SCM 415	크롬 몰리브데넘강	SCM 822		SNCM 439	
SMn 443		SCM 418		SNC 236	니켈 크롬강	SNCM 447	
SMnC 420	망가니즈 크롬강	SCM 420		SNC 415		SNCM 616	
SMnC 443		SCM 421		SNC 631		SNCM 625	
SCr 415	크롬강	SCM 425		SNC 815		SNCM 630	
SCr 420		SCM 430		SNC 836		SNCM 815	
SCr 430		SCM 432		SNCM 220	니켈 몰리브데넘강		
SCr 435		SCM 435		SNCM 240			
SCr 440				SNCM 415			

비고

SMn 420, SMnC 420, SCr 415, SCr 420 SCM 415, SCM 418, SCM 420, SCM 421, SCM 822, SNC 415, SNC 815, SNCM 220, SNCM 415, SNCM 420, SNCM 616 및 SNCM 815는 주로 표면 담금질용으로 사용한다.

■ 화학성분

단위 : %

종류의 기호	C	Si	Mn	P	S	Ni	Cr	Mo
SMn 420	0.17~0.23	0.15~0.35	1.20~0.50	0.030 이하	0.030 이하	0.25 이하	0.35 이하	–
SMn 433	0.30~0.36	0.15~0.35	1.20~0.50	0.030 이하	0.030 이하	0.25 이하	0.35 이하	–
SMn 438	0.35~0.41	0.15~0.35	1.35~1.65	0.030 이하	0.030 이하	0.25 이하	0.35 이하	–
SMn 433	0.40~0.46	0.15~0.35	1.35~1.65	0.030 이하	0.030 이하	0.25 이하	0.35 이하	–
SMnC 420	0.17~0.23	0.15~0.35	1.20~1.50	0.030 이하	0.030 이하	0.25 이하	0.35~0.70	–
SMnC 443	0.40~0.46	0.15~0.35	1.35~1.65	0.030 이하	0.030 이하	0.25 이하	0.35~0.70	–
SCr 415	0.13~0.18	0.15~0.35	0.60~0.90	0.030 이하	0.030 이하	0.25 이하	0.90~1.20	–
SCr 420	0.18~0.23	0.15~0.35	0.60~0.90	0.030 이하	0.030 이하	0.25 이하	0.90~1.20	–
SCr 430	0.28~0.33	0.15~0.35	0.60~0.90	0.030 이하	0.030 이하	0.25 이하	0.90~1.20	–
SCr 435	0.33~0.38	0.15~0.35	0.60~0.90	0.030 이하	0.030 이하	0.25 이하	0.90~1.20	–
SCr 440	0.38~0.43	0.15~0.35	0.60~0.90	0.030 이하	0.030 이하	0.25 이하	0.90~1.20	–
SCr 445	0.43~0.48	0.15~0.35	0.60~0.90	0.030 이하	0.030 이하	0.25 이하	0.90~1.20	–
SCM 415	0.13~0.18	0.15~0.35	0.60~0.90	0.030 이하	0.030 이하	0.25 이하	0.90~1.20	0.15~0.25
SCM 418	0.16~0.21	0.15~0.35	0.60~0.90	0.030 이하	0.030 이하	0.25 이하	0.90~1.20	0.15~0.25
SCM 420	0.18~0.23	0.15~0.35	0.60~0.90	0.030 이하	0.030 이하	0.25 이하	0.90~1.20	0.15~0.25
SCM 421	0.17~0.23	0.15~0.35	0.70~1.00	0.030 이하	0.030 이하	0.25 이하	0.90~1.20	0.15~0.25
SCM 425	0.23~0.28	0.15~0.35	0.60~0.90	0.030 이하	0.030 이하	0.25 이하	0.90~1.20	0.15~0.30
SCM 430	0.28~0.33	0.15~0.35	0.60~0.90	0.030 이하	0.030 이하	0.25 이하	0.90~1.20	0.15~0.30
SCM 432	0.27~0.37	0.15~0.35	0.30~0.60	0.030 이하	0.030 이하	0.25 이하	1.00~1.50	0.15~0.30
SCM 435	0.33~0.38	0.15~0.35	0.60~0.90	0.030 이하	0.030 이하	0.25 이하	0.90~1.20	0.15~0.30
SCM 440	0.38~0.43	0.15~0.35	0.60~0.90	0.030 이하	0.030 이하	0.25 이하	0.90~1.20	0.15~0.30
SCM 445	0.43~0.48	0.15~0.35	0.60~0.90	0.030 이하	0.030 이하	0.25 이하	0.90~1.20	0.15~0.30
SCM 822	0.20~0.25	0.15~0.35	0.60~0.90	0.030 이하	0.030 이하	0.25 이하	0.90~1.20	0.35~0.45
SNC 236	0.32~0.40	0.15~0.35	0.50~0.80	0.030 이하	0.030 이하	1.00~1.50	0.50~0.90	–
SNC 415	0.12~0.18	0.15~0.35	0.35~0.65	0.030 이하	0.030 이하	2.00~2.50	0.20~0.50	–
SNC 631	0.27~0.35	0.15~0.35	0.35~0.65	0.030 이하	0.030 이하	2.50~3.00	0.60~1.00	–
SNC 815	0.12~0.18	0.15~0.35	0.35~0.65	0.030 이하	0.030 이하	3.00~3.50	0.60~1.00	–
SNC 836	0.32~0.40	0.15~0.35	0.35~0.65	0.030 이하	0.030 이하	3.00~3.50	0.60~1.00	–
SNCM 220	0.17~0.23	0.15~0.35	0.60~0.90	0.030 이하	0.030 이하	0.40~0.70	0.40~0.60	0.15~0.25
SNCM 240	0.38~0.43	0.15~0.35	0.70~1.00	0.030 이하	0.030 이하	0.40~0.70	0.40~0.60	0.15~0.30
SNCM 415	0.12~0.18	0.15~0.35	0.40~0.70	0.030 이하	0.030 이하	1.60~2.00	0.40~0.60	0.15~0.30
SNCM 420	0.17~0.23	0.15~0.35	0.40~0.70	0.030 이하	0.030 이하	1.60~2.00	0.40~0.60	0.15~0.30
SNCM 431	0.27~0.35	0.15~0.35	0.60~0.90	0.030 이하	0.030 이하	1.60~2.00	0.60~1.00	0.15~0.30
SNCM 439	0.36~0.43	0.15~0.35	0.60~0.90	0.030 이하	0.030 이하	1.60~2.00	0.60~1.00	0.15~0.30
SNCM 447	0.44~0.50	0.15~0.35	0.60~0.90	0.030 이하	0.030 이하	1.60~2.00	0.60~1.00	0.15~0.30
SNCM 616	0.13~0.20	0.15~0.35	0.80~1.20	0.030 이하	0.030 이하	2.80~3.20	1.40~1.80	0.40~0.60
SNCM 625	0.20~0.30	0.15~0.35	0.35~0.60	0.030 이하	0.030 이하	3.00~3.50	1.00~1.50	0.15~0.30
SNCM 630	0.25~0.35	0.15~0.35	0.35~0.60	0.030 이하	0.030 이하	2.50~3.50	2.50~3.50	0.30~0.70
SNCM 815	0.12~0.18	0.15~0.35	0.30~0.60	0.030 이하	0.030 이하	4.00~4.50	0.70~1.00	0.15~0.30

1. 내식 내열 초합금 봉 KS D 3531 : 2007

■ 종류의 기호

종류의 기호
NCF 600
NCF 601
NCF 625
NCF 690
NCF 718
NCF 750
NCF 751
NCF 800
NCF 800H
NCF 825
NCF 80A

비고 봉임을 기호로 표시할 필요가 있는 경우에는 종류의 기호 뒤에 –B를 부기한다.
[보기] NCF 600–B

■ 화학성분

단위 : %

종류의 기호	C	Si	Mn	P	S	Ni	Cr	Fe	Mo	Cu	Al	Ti	Nb+Ta	B
NCF 600	0.15 이하	0.50 이하	1.00 이하	0.030 이하	0.015 이하	72.00 이상	14.00~17.00	6.00~10.00	–	0.50 이하	–	–	–	–
NCF 601	0.10 이하	0.50 이하	1.00 이하	0.030 이하	0.015 이하	58.00~63.00	21.00~25.00	나머지	–	1.00 이하	1.00~1.70	–	–	–
NCF 625	0.10 이하	0.50 이하	0.50 이하	0.015 이하	0.015 이하	58.00 이상	20.00~23.00	5.00 이하	8.00~10.00	–	0.40 이하	0.40 이하	3.15~4.15	–
NCF 690	0.05 이하	0.50 이하	0.50 이하	0.030 이하	0.015 이하	58.00 이상	27.00~31.00	7.00~11.00	–	0.50 이하	–	–	–	–
NCF 718	0.08 이하	0.35 이하	0.35 이하	0.015 이하	0.015 이하	50.00~55.00	17.00~21.00	나머지	2.80~3.30	0.30 이하	0.20~0.80	0.65~1.15	4.75~5.50	0.006 이하
NCF 750	0.08 이하	0.50 이하	1.00 이하	0.030 이하	0.015 이하	70.00 이상	14.00~17.00	5.00~9.00	–	0.50 이하	0.40~1.00	2.25~2.75	0.70~1.20	–
NCF 751	0.10 이하	0.50 이하	1.00 이하	0.030 이하	0.015 이하	70.00 이상	14.00~17.00	5.00~9.00	–	0.50 이하	0.90~1.50	2.00~2.60	0.70~1.20	–
NCF 800	0.10 이하	1.00 이하	1.50 이하	0.030 이하	0.015 이하	30.00~35.00	19.00~23.00	나머지	–	0.75 이하	0.15~0.60	0.15~0.60	–	–
NCF 800H	0.05~0.10	1.00 이하	1.50 이하	0.030 이하	0.015 이하	30.00~35.00	19.00~23.00	나머지	–	0.75 이하	0.15~0.60	0.15~0.60	–	–
NCF 825	0.05 이하	0.50 이하	1.00 이하	0.030 이하	0.015 이하	38.00~46.00	19.50~23.50	나머지	2.50~3.50	1.50~3.50	0.20 이하	0.60~1.20	–	–
NCF 80A	0.04~0.10	1.00 이하	1.00 이하	0.030 이하	0.015 이하	나머지	18.00~21.00	1.50 이하	–	0.20 이하	1.00~1.80	1.80~2.70	–	–

■ 기계적 성질

종류의 기호	열처리	기호	항복 강도 N/mm²	인장 강도 N/mm²	연신율 %	경도	적용치수 mm
						HBW	지름, 변, 맞변거리 또는 두께
NCF 600	어닐링	A	245 이상	550 이상	30 이상	179 이하	–
NCF 601	어닐링	A	195 이상	550 이상	30 이상	–	–
NCF 625	어닐링	A	415 이상	830 이상	30 이상	–	100 이하
			345 이상	760 이상	30 이상	–	100 초과 250 이하
	고용화 열처리	S	275 이상	690 이상	30 이상	–	–
NCF 690	어닐링	A	240 이상	590 이상	30 이상	–	100 이하
NCF 718	고용화 열처리 후 시효 처리	H	1035 이상	1280 이상	12 이상	331 이상	100 이하
NCF 750	고용화 열처리	S1, S2	–	–	–	320 이하	100 이하
	고용화 열처리 후 시효 처리	H1	615 이상	960 이상	8 이상	262 이상	100 이하
	고용화 열처리 후 시효 처리	H2	795 이상	1170 이상	18 이상	302~363	60 이하
			795 이상	1170 이상	15 이상	302~363	60 초과 100 이하
NCF 751	고용화 열처리	S	–	–	–	375 이하	100 이하
	고용화 열처리 후 시효 처리	H	615 이상	960 이상	8 이상	–	100 이하
NCF 800	어닐링	A	205 이상	520 이상	30 이상	179 이하	–
NCF 800H	고용화 열처리	S	175 이상	450 이상	30 이상	167 이하	–
NCF 825	어닐링	A	235 이상	580 이상	30 이상	–	–
NCF 80A	고용화 열처리	S	–	–	–	269 이하	100 이하
	고용화 열처리 후 시효 처리	H	600 이상	1000 이상	20 이상	–	100 이하

2. 내식 내열 초합금 판 KS D 3532 : 2002

■ 종류의 기호

종류의 기호
NCF 600
NCF 601
NCF 625
NCF 690
NCF 718
NCF 750
NCF 751
NCF 800
NCF 800H
NCF 825
NCF 80A

비고 판임을 기호로 표시할 필요가 있는 경우에는 종류의 기호 뒤에 –P를 부기한다.
[보기] NCF 600–P

■ 화학성분

단위 : %

종류의 기호	C	Si	Mn	P	S	Ni	Cr	Fe	Mo	Cu	Al	Ti	Nb+Ta	B
NCF 600	0.15 이하	0.50 이하	1.00 이하	0.030 이하	0.015 이하	72.00 이상	14.00~17.00	6.00~10.00	–	0.50 이하	–	–	–	–
NCF 601	0.10 이하	0.50 이하	1.00 이하	0.030 이하	0.015 이하	58.00~63.00	21.00~25.00	나머지	–	1.00 이하	1.00~1.70	–	–	–
NCF 625	0.10 이하	0.50 이하	0.50 이하	0.015 이하	0.015 이하	58.00 이상	20.00~23.00	5.00 이하	8.00~10.00	–	0.40 이하	0.40 이하	3.15~4.15	–
NCF 690	0.05 이하	0.50 이하	0.50 이하	0.030 이하	0.015 이하	58.00 이상	27.00~31.00	7.00~11.00	–	0.50 이하	–	–	–	–
NCF 718	0.08 이하	0.35 이하	0.35 이하	0.015 이하	0.015 이하	50.00~55.00	17.00~21.00	나머지	2.80~3.30	0.30 이하	0.20~0.80	0.65~1.15	4.75~5.50	0.006 이하
NCF 750	0.08 이하	0.50 이하	1.00 이하	0.030 이하	0.015 이하	70.00 이상	14.00~17.00	5.00~9.00	–	0.50 이하	0.40~1.00	2.25~2.75	0.70~1.20	–
NCF 751	0.10 이하	0.50 이하	1.00 이하	0.030 이하	0.015 이하	70.00 이상	14.00~17.00	5.00~9.00	–	0.50 이하	0.90~1.50	2.00~2.60	0.70~1.20	–
NCF 800	0.10 이하	1.00 이하	1.50 이하	0.030 이하	0.015 이하	30.00~35.00	19.00~23.00	나머지	–	0.75 이하	0.15~0.60	0.15~0.60	–	–
NCF 800H	0.05~0.10	1.00 이하	1.50 이하	0.030 이하	0.015 이하	30.00~35.00	19.00~23.00	나머지	–	0.75 이하	0.15~0.60	0.15~0.60	–	–
NCF 825	0.05 이하	0.50 이하	1.00 이하	0.030 이하	0.015 이하	38.00~46.00	19.50~23.50	나머지	2.50~3.50	1.50~3.50	0.20 이하	0.60~1.20	–	–
NCF 80A	0.04~0.10	1.00 이하	1.00 이하	0.030 이하	0.015 이하	나머지	18.00~21.00	1.50 이하	–	0.20 이하	1.00~1.80	1.80~2.70	–	–

■ 표면 다듬질

표면 다듬질의 기호	적 용
No.1	열간 압연 후 열처리, 산 세척 또는 이것에 준하는 처리를 한 것
No.2D	열간 압연 후 열처리, 산 세척 또는 이것에 준하는 처리를 한 것. 또 무광택 롤러에 의해 마지막으로 가볍게 냉간 압연한 것도 이것에 포함시킨다.

■ 열처리 기호

항 목	기 호
고용화 열처리	S, S1, S2
어닐링	A
고용화 열처리 후 시효처리	H, H1, H2

■ 기계적 성질

종류의 기호	열처리	기호	0.2 % 항복 강도 N/mm²	인장 강도 N/mm²	연신율 %	경도			적용 두께 mm
						HBS 또는 HBW	HRB 또는 HRC	HV	
NCF 600	어닐링	A	245 이상	550 이상	30 이상	179 이하	HRB 89 이하	182 이하	–
NCF 601	어닐링	A	195 이상	550 이상	30 이상	–	–	–	–
NCF 625	어닐링	A	415 이상	830 이상	30 이상	–	–	–	0.5 초과 3.0 이하
			380 이상	760 이상	30 이상	–	–	–	3.0 초과 70 이하
	고용화 열처리	S	275 이상	690 이상	30 이상	–	–	–	0.5 초과 70 이하
NCF 690	어닐링	A	240 이상	590 이상	30 이상	–	–	–	0.5 초과
NCF 718	고용화 열처리 후 시효 처리	H	1035 이상	1240 이상	12 이상	–	–	–	25 이하
			1035 이상	1240 이상	10 이상	–	–	–	25 초과 60 이하
NCF 750	고용화 열처리	S1	–	890 이하	40 이상	321 이하	HRC 35 이하	335 이하	0.6 초과 6 이하
		S2		930 이하	35 이상	321 이하	HRC 35 이하	335 이하	
	고용화 열처리 후 시효 처리	H1	615 이상	960 이상	8 이상	262 이상	HRC 26 이상	270 이상	
	고용화 열처리 후 시효 처리	H2	795 이상	1170 이상	18 이상	302~363	HRC 32~40	313~382	
NCF 751	고용화 열처리	S	–	–	–	375 이하	HRC 41 이하	395 이하	100 이하
	고용화 열처리 후 시효 처리	H	615 이상	960 이상	8 이상	–	–	–	100 이하
NCF 800	어닐링	A	205 이상	520 이상	30 이상	179 이하	HRB 89 이하	182 이하	–
NCF 800H	고용화 열처리	S	175 이상	450 이상	30 이상	167 이하	HRB 86 이하	171 이하	–
NCF 825	어닐링	A	235 이상	580 이상	30 이상	207 이하	HRB 96 이하	214 이하	0.5 초과
NCF 80A	고용화 열처리	S	–	–	–	241 이하	HRB 100 이하	250 이하	–
	고용화 열처리 후 시효 처리	H	–	1030 이상	15 이상	269 이상	HRC 27 이상	285 이상	0.3 이상 0.5 미만
			635 이상	1030 이상	25 이상				0.5 이상 3.0 미만
			615 이상	1000 이상	20 이상				3.0 이상 9.5 이하

3. 스프링용 스테인리스 강대 KS D 3534 : 2015(2017 확인)

■ 종류의 기호 및 분류

종류의 기호	분 류
STS 301－CSP	오스테나이트계
STS 304－CSP	오스테나이트계
STS 420 J2－CSP	마르텐사이트계
STS 631－CSP	석출 경화계

4. 스프링용 스테인리스 강선 KS D 3535 : 2002(2017 확인)

■ 종류의 기호, 조질 및 분류

종류의 기호	조 질		분 류
	구 분	기 호	
STS 302	A종	－WPA	오스테나이트계
	B종	－WPB	
STS 304	A종	－WPA	
	B종	－WPB, －WPBS(1)	
	D종	－WPDS(1)	
STS 304 N1	A종	－WPA	
	B종	－WPB	
STS 631 J1	A종	－WPA	석출 경화계
	C종	－WPC	

주 [1] 기호 끝의 S는 진직성이 필요한 선을 표시한다.

비고 진직성이 필요한 선의 종류 및 조질은 STS 304의 B종 및 D종으로 한다.

■ 인장 강도

<table>
<tr><th rowspan="3">선지름
(mm)</th><th colspan="4">인장 강도 N/mm²</th></tr>
<tr><th>A종</th><th>B종</th><th>C종</th><th>D종</th></tr>
<tr><th>STS 302－WPA
STS 304－WPA
STS 304 N1－WPA
STS 316－WPA</th><th>STS 302－WPB
STS 304－WPB
STS 304 N1－WPBS
STS 316－WPB</th><th>STS 631 J1－</th><th>STS 304－WPDS</th></tr>
<tr><td>0.080</td><td rowspan="8">1650~1900</td><td rowspan="8">2150~2400</td><td rowspan="2">–</td><td rowspan="8">–</td></tr>
<tr><td>0.090</td></tr>
<tr><td>0.10</td><td rowspan="6">1950~2200</td></tr>
<tr><td>0.12</td></tr>
<tr><td>0.14</td></tr>
<tr><td>0.16</td></tr>
<tr><td>0.18</td></tr>
<tr><td>0.20</td></tr>
<tr><td>0.23</td><td rowspan="10">1600~1850</td><td rowspan="6">2050~2300</td><td rowspan="6">1930~2180</td><td rowspan="6">1700~2000</td></tr>
<tr><td>0.26</td></tr>
<tr><td>0.29</td></tr>
<tr><td>0.32</td></tr>
<tr><td>0.35</td></tr>
<tr><td>0.40</td></tr>
<tr><td>0.45</td><td rowspan="4">1950~2200</td><td rowspan="4">1850~2100</td><td rowspan="4">1650~1950</td></tr>
<tr><td>0.50</td></tr>
<tr><td>0.55</td></tr>
<tr><td>0.60</td></tr>
<tr><td>0.65</td><td rowspan="5">1530~1780</td><td rowspan="5">1850~2100</td><td rowspan="5">1800~2050</td><td rowspan="2">1550~1850</td></tr>
<tr><td>0.70</td></tr>
<tr><td>0.80</td><td rowspan="2">1500~1800</td></tr>
<tr><td>0.90</td></tr>
<tr><td>1.00</td><td>1500~1750</td></tr>
<tr><td>1.20</td><td rowspan="2">1450~1700</td><td rowspan="2">1750~2000</td><td rowspan="2">1700~1950</td><td>1470~1720</td></tr>
<tr><td>1.40</td><td>1420~1670</td></tr>
<tr><td>1.60</td><td rowspan="3">1400~1650</td><td rowspan="3">1650~1900</td><td rowspan="3">1600~1850</td><td>1370~1620</td></tr>
<tr><td>1.80</td><td rowspan="18">–</td></tr>
<tr><td>2.00</td></tr>
<tr><td>2.30</td><td rowspan="2">1320~1570</td><td rowspan="2">1550~1800</td><td rowspan="2">1500~1750</td></tr>
<tr><td>2.60</td></tr>
<tr><td>2.90</td><td rowspan="4">1230~1480</td><td rowspan="4">1450~1700</td><td rowspan="4">1400~1650</td></tr>
<tr><td>3.20</td></tr>
<tr><td>3.50</td></tr>
<tr><td>4.00</td></tr>
<tr><td>4.50</td><td rowspan="4">1100~1350</td><td rowspan="4">1350~1600</td><td rowspan="4">1300~1550</td></tr>
<tr><td>5.00</td></tr>
<tr><td>5.50</td></tr>
<tr><td>6.00</td></tr>
<tr><td>6.50</td><td rowspan="3">1000~1250</td><td rowspan="3">1270~1520</td><td rowspan="6">–</td></tr>
<tr><td>7.00</td></tr>
<tr><td>8.00</td></tr>
<tr><td>9.00</td><td rowspan="3">–</td><td>1130~1380</td></tr>
<tr><td>10.0</td><td>980~1230</td></tr>
<tr><td>12.0</td><td>880~1130</td></tr>
</table>

5. 도장 스테인리스 강판 KS D 3615 : 1987(2012 확인)

■ 종류의 기호, 도장구분 및 원판

종류의 기호	도장 구분	원 판
STS C 304	한쪽면	STS 304
STS CD 304	양쪽면	
STS C 430	한쪽면	STS 430
STS CD 430	양쪽면	

주) 도장구분의 한쪽면이란, 도장면을 한쪽으로 하고 반대쪽에 보호막을 한 것을 말한다.

■ 무게의 계산 방법

계산 순서		계산 방법	결과의 자리수
기본 무게 kg/mm · m^2	STS C304, STS CD304	7.93 (두께 1mm · 면적 $1m^2$)	−
	STS C430, STS CD430	7.70 (두께 1mm · 면적 $1m^2$)	−
단위 무게 kg/m^2		기본무게(kg/mm · m^2)×두께 (mm)	유효숫자 4자리로 끝맺음
판	판 면적 m^2	나비(mm)×길이 (mm)×10^{-6}	유효숫자 4자리로 끝맺음
	1장의 무게 kg	단위무게 (kg/m^2)×판의 면적 (m^2)	유효숫자 3자리로 끝맺음
	1묶음의 무게 kg	1장의 무게(kg)×동일 치수의 1묶음내의 장수	kg의 정수치로 끝맺음
	총 무게 kg	각 묶음 무게(kg)의 총칭	kg의 정수치
코일	코일의 단위 무게 kg/m	단위무게 (kg/m^2)×나비(mm)×10^{-3}	유효숫자 3자리로 끝맺음
	1코일의 무게 kg	코일의 단위무게 (kg/m)×길이(m)	kg의 정수치로 끝맺음
	총 무게 kg	각 코일의 무게(kg)의 총합	kg의 정수치

6. 냉간 가공 스테인리스 강봉 KS D 3692 : 2018

■ 종류의 기호 및 분류

종류의 기호	분 류	종류의 기호	분 류
STS 302 STS 303 STS 303 Se STS 303 Cu STS 304 STS 304 L STS 304 J3 STS 305 STS 305 J1 STS 309 S STS 310 S STS 316 STS 316 L STS 316 F STS 321	오스테나이트계	STS 347 STS 350	오스테나이트계
		STS 329 J1	오스테나이트 · 페라이트계
		STS 430 STS 430 F	페라이트계
		STS 403 STS 410 STS 410 F2 STS 416 STS 420 J1 STS 420 J2 STS 420 F STS 420 F2 STS 440 C	마르텐사이트계

비고 봉이라는 것을 기호로 나타낼 필요가 있는 경우에는 종류의 기호 끝에 −CB를 부가한다.

[보기] STS 304−CB

■ 허용차의 등급의 기호

허용차의 등급	기 호
8급	h8
9급	h9
10급	h10
11급	h11
12급	h12
13급	h13
14급	h14
15급	h15
16급	h16
17급	h17
18급	h18

■ 허용차의 등급 적용

모양 및 가공 방법	원 형			각	육각	평
	드로잉	연삭	절삭			
허용차의 등급	9급	8급	11급	12급	12급	12급
	10급	9급	12급	13급	13급	13급
	11급	10급	13급			14급
						15급
						16급
						17급
						18급

■ 제조 방법을 나타내는 기호

제조 방법	기 호
냉간 압연	R
냉간 드로잉	D
연삭	G
절삭	T
어닐링	A
고용화 열처리	S
산세척	P
쇼트 가공	B

7. 열간 압연 스테인리스강 등변 ㄱ 형강 KS D 3694 : 2009

■ 종류의 기호 및 분류

종류의 기호	분 류
STS 302A	오스테나이트계
STS 304	
STS 304 L	
STS 316	
STS 316 L	
STS 321	
STS 347	
STS 430	페라이트계

비고 ㄱ 형강이라는 것을 기호로 표시할 필요가 있을 때에는 종류의 기호 끝에 −HA를 붙인다.
[보기] STS 575 304−HA

■ 스테인리스강의 열처리 (ㄱ형강의 열처리 온도)

단위 : ℃

오스테나이트계의 열처리			
종류의 기호	고용화 열처리	종류의 기호	고용화 열처리
STS 302	1010~1150 급냉	STS 316 L	1010~1150 급냉
STS 304	1010~1150 급냉	STS 321	920~1150 급냉
STS 304 L	1010~1150 급냉	STS 347	980~1150 급냉
STS 316	1010~1150 급냉	–	–

단위 : ℃

페라이트계의 열처리	
종류의 기호	고용화 열처리
STS 430	780~850 공냉 또는 서냉

8. 용접용 스테인리스강 선재 KS D 3696 : 1996(2016 확인)

■ 종류의 기호 및 분류

종류의 기호	분류	종류의 기호	분류
STSY 308 STSY 308 L STSY 309 STSY 309 L STSY 309 Mo STSY 310 STSY 310 S STSY 312 STSY 16-8-2 STSY 316 STSY 316 L	오스테나이트계	STSY 316 J1 L STSY 317 STSY 317 L STSY 321 STSY 347 STSY 347 L	오스테나이트계
		STSY 430	페라이트계
		STSY 410	마르텐사이트계

■ 오스테나이트계의 화학 성분

단위 : %

종류의 기호	C	Si	Mn	P	S	Ni	Cr	Mo	기타
STSY 308	0.08 이하	0.65 이하	1.00~2.50	0.030 이하	0.030 이하	9.00~11.00	19.50~22.00	–	–
STSY 308 L	0.030 이하	0.65 이하	1.00~2.50	0.030 이하	0.030 이하	9.00~11.00	19.50~22.00	–	–
STSY 309	0.12 이하	0.65 이하	1.00~2.50	0.030 이하	0.030 이하	12.00~14.00	23.00~25.00	–	–
STSY 309 L	0.030 이하	0.65 이하	1.00~2.50	0.030 이하	0.030 이하	12.00~14.00	23.00~25.00	–	–
STSY 309 Mo	0.12 이하	0.65 이하	1.00~2.50	0.030 이하	0.030 이하	12.00~14.00	23.00~25.00	2.00~3.00	–
STSY 310	0.15 이하	0.65 이하	1.00~2.50	0.030 이하	0.030 이하	20.00~22.50	25.00~28.00	–	–
STSY 310 S	0.08 이하	0.65 이하	1.00~2.50	0.030 이하	0.030 이하	20.00~22.50	25.00~28.00	–	–
STSY 312	0.15 이하	0.65 이하	1.00~2.50	0.030 이하	0.030 이하	8.00~10.50	28.00~32.00	–	–
STSY 16-8-2	0.10 이하	0.65 이하	1.00~2.50	0.030 이하	0.030 이하	7.50~9.50	14.50~16.50	1.00~2.00	–
STSY 316	0.08 이하	0.65 이하	1.00~2.50	0.030 이하	0.030 이하	11.00~14.00	18.00~20.00	2.00~3.00	–
STSY 316 L	0.030 이하	0.65 이하	1.00~2.50	0.030 이하	0.030 이하	11.00~14.00	18.00~20.00	2.00~3.00	–
STSY 316 J1 L	0.030 이하	0.65 이하	1.00~2.50	0.030 이하	0.030 이하	11.00~14.00	18.00~20.00	2.00~3.00	Cu 1.00~2.50
STSY 317	0.08 이하	0.65 이하	1.00~2.50	0.030 이하	0.030 이하	13.00~15.00	18.50~20.50	3.00~4.00	–
STSY 317 L	0.030 이하	0.65 이하	1.00~2.50	0.030 이하	0.030 이하	13.00~15.00	18.50~20.50	3.00~4.00	–
STSY 321	0.08 이하	0.65 이하	1.00~2.50	0.030 이하	0.030 이하	9.00~10.50	18.50~20.50	–	Ti 9×C%~1.00
STSY 347	0.08 이하	0.65 이하	1.00~2.50	0.030 이하	0.030 이하	9.00~11.00	19.00~21.50	–	Nb 10×C%~1.00
STSY 347 L	0.030 이하	0.65 이하	1.00~2.50	0.030 이하	0.030 이하	9.00~11.00	19.00~21.50	–	Nb 10×C%~1.00

■ 페라이트계의 화학 성분

단위 : %

종류의 기호	C	Si	Mn	P	S	Ni	Cr
STSY 430	0.10 이하	0.50 이하	0.60 이하	0.030 이하	0.030 이하	0.60 이하	15.50~17.00

■ 마르텐사이트계의 화학 성분

단위 : %

종류의 기호	C	Si	Mn	P	S	Ni	Cr	Mo
STSY 410	0.12 이하	0.50 이하	0.60 이하	0.030 이하	0.030 이하	0.60 이하	11.50~13.50	0.75 이하

■ 지름의 허용차 및 편지름차

단위 : mm

허용차	편지름차
±0.4	0.6 이하

[주] 편지름차는 동일 단면의 지름 최대값과 최소값의 차로 나타낸다.

9. 냉간 압연 스테인리스 강판 및 강대 KS D 3698 : 2015

■ 종류의 기호 및 분류

종류의 기호	분류	종류의 기호	분류	종류의 기호	분류
STS 201		STS 316 J1 L		STS 430 LX	
STS 202		STS 317		STS 430 J1 L	
STS 301		STS 317 L		STS 434	
STS 301L		STS 317 LN		STS 436 L	
STS 301 J1		STS 317 J1		STS 436 J1 L	
STS 302		STS 317 J2		STS 439	페라이트계
STS 302 B		STS 317 J3 L	오스테나이트계	STS 444	
STS 304		STS 836 L		STS 445 NF	
STS 304L		STS 890 L		STS 446 M	
STS 304 N1		STS 321		STS 447 J1	
STS 304 N2		STS 347		STS XM 27	
STS 304 LN	오스테나이트계	STS XM 7		STS 403	
STS 304 J1		STS XM 15 J1		STS 410	
STS 304 J2		STS 350		STS 410 S	
STS 305		STS 329 J1		STS 420 J1	마르텐사이트계
STS 309 S		STS 329 J3 L	오스테나이트계 · 페라이트계	STS 420 J2	
STS 310 S		STS 329 J4 L		STS 429 J1	
STS 316		STS 329 LD		STS 440 A	
STS 316 L		STS 405		STS 630	
STS 316 N		STS 410 L		STS 631	
STS 316 LN		STS 429	페라이트계	-	석출 경화계
STS 316 Ti		STS 430		-	
STS 316 J1		-		-	

비고

1. 강판이라는 것을 기호로 표시할 필요가 있을 경우에는 종류의 기호 끝에 -CP를 부기한다.
   보기 : STS 304-CP
2. 강대라는 것을 기호로 표시할 필요가 있을 경우에는 종류의 기호 끝에 -CS를 부기한다.
   보기 : STS 430-CS

■ 오스테나이트계의 화학 성분

단위 : %

종류의 기호	C	Si	Mn	P	S	Ni	Cr	Mo	Cu	N	기타
STS201	0.15 이하	1.00 이하	5.50~7.50	0.045 이하	0.030 이하	3.50~5.50	16.00~18.00	–	–	0.25 이하	–
STS202	0.15 이하	1.00 이하	7.50~10.00	0.045 이하	0.030 이하	4.00~6.00	17.00~19.00	–	–	0.25 이하	–
STS301	0.15 이하	1.00 이하	2.00 이하	0.045 이하	0.030 이하	6.00~8.00	16.00~18.00	–	–	–	–
STS301L	0.030 이하	1.00 이하	2.00 이하	0.045 이하	0.030 이하	6.00~8.00	16.00~18.00	–	–	0.25 이하	–
STS301J1	0.08~0.12	1.00 이하	2.00 이하	0.045 이하	0.030 이하	7.00~9.00	16.00~18.00	–	–	–	–
STS302	0.15 이하	1.00 이하	2.00 이하	0.045 이하	0.030 이하	8.00~10.00	17.00~19.00	–	–	–	–
STS302B	0.15 이하	2.00~3.00	2.00 이하	0.045 이하	0.030 이하	8.00~10.00	17.00~19.00	–	–	–	–
STS304	0.08 이하	1.00 이하	2.00 이하	0.045 이하	0.030 이하	8.00~10.50	18.00~20.00	–	–	–	–
STS304L	0.030 이하	1.00 이하	2.00 이하	0.045 이하	0.030 이하	9.00~13.00	18.00~20.00	–	–	–	–
STS304N1	0.08 이하	1.00 이하	2.50 이하	0.045 이하	0.030 이하	7.00~10.50	18.00~20.00	–	–	0.10~0.25	–
STS304N2	0.08 이하	1.00 이하	2.50 이하	0.045 이하	0.030 이하	7.50~10.50	18.00~20.00	–	–	0.15~0.30	Nb 0.15 이하
STS304LN	0.030 이하	1.00 이하	2.00 이하	0.045 이하	0.030 이하	8.50~11.50	17.00~19.00	–	–	0.12~0.22	–
STS304J1	0.08 이하	1.70 이하	3.00 이하	0.045 이하	0.030 이하	6.00~9.00	15.00~18.00	–	1.00~3.00	–	–
STS304J2	0.08 이하	1.70 이하	3.00~5.00	0.045 이하	0.030 이하	6.00~9.00	15.00~18.00	–	1.00~3.00	–	–
STS305	0.12 이하	1.00 이하	2.00 이하	0.045 이하	0.030 이하	10.50~13.00	17.00~19.00	–	–	–	–
STS309S	0.08 이하	1.00 이하	2.00 이하	0.045 이하	0.030 이하	12.00~15.00	22.00~24.00	–	–	–	–
STS310S	0.08 이하	1.50 이하	2.00 이하	0.045 이하	0.030 이하	19.50~22.00	24.00~26.00	–	–	–	–
STS316	0.08 이하	1.00 이하	2.00 이하	0.045 이하	0.030 이하	10.00~14.00	16.00~18.00	2.00~3.00	–	–	–
STS316L	0.030 이하	1.00 이하	2.00 이하	0.045 이하	0.030 이하	12.00~15.00	16.00~18.00	2.00~3.00	–	–	–
STS316N	0.08 이하	1.00 이하	2.00 이하	0.045 이하	0.030 이하	10.50~14.00	16.00~18.00	2.00~3.00	–	0.10~0.22	–
STS316LN	0.030 이하	1.00 이하	2.00 이하	0.045 이하	0.030 이하	10.00~14.50	16.50~18.50	2.00~3.00	–	0.12~0.22	–
STS316Ti	0.08 이하	1.00 이하	2.00 이하	0.045 이하	0.030 이하	10.00~14.00	16.00~18.00	2.00~3.00	–	–	Ti5×C% 이상
STS316J1	0.08 이하	1.00 이하	2.00 이하	0.045 이하	0.030 이하	10.00~14.00	17.00~19.00	1.20~2.75	1.00~2.50	–	–
STS316J1L	0.030 이하	1.00 이하	2.00 이하	0.045 이하	0.030 이하	12.00~16.00	17.00~19.00	1.20~2.75	1.00~2.50	–	–
STS317	0.08 이하	1.00 이하	2.00 이하	0.045 이하	0.030 이하	11.00~15.00	18.00~20.00	3.00~4.00	–	–	–
STS317L	0.030 이하	1.00 이하	2.00 이하	0.045 이하	0.030 이하	11.00~15.00	18.00~20.00	3.00~4.00	–	–	–
STS317LN	0.030 이하	1.00 이하	2.00 이하	0.045 이하	0.030 이하	11.00~15.00	18.00~20.00	3.00~4.00	–	0.10~0.22	–
STS317J1	0.040 이하	1.00 이하	2.50 이하	0.045 이하	0.030 이하	15.00~17.00	16.00~19.00	4.00~6.00	–	–	–
STS317J2	0.06 이하	1.50 이하	2.00 이하	0.045 이하	0.030 이하	12.00~16.00	23.00~26.00	0.50~1.20	–	0.25~0.40	–
STS317J3L	0.030 이하	1.00 이하	2.00 이하	0.045 이하	0.030 이하	11.00~13.00	20.50~22.50	2.00~3.00		0.18~0.30	–
STS836L	0.030 이하	1.00 이하	2.00 이하	0.045 이하	0.030 이하	24.00~26.00	19.00~24.00	5.00~7.00	–	0.25 이하	–
STS890L	0.020 이하	1.00 이하	2.00 이하	0.045 이하	0.030 이하	23.00~28.00	19.00~23.00	4.00~5.00	1.00~2.00	–	–
STS321	0.08 이하	1.00 이하	2.00 이하	0.045 이하	0.030 이하	9.00~13.00	17.00~19.00	–	–	–	Ti5×C% 이상
STS347	0.08 이하	1.00 이하	2.00 이하	0.045 이하	0.030 이하	9.00~13.00	17.00~19.00	–	–	–	Nb10×C% 이상
STSXM7	0.08 이하	1.00 이하	2.00 이하	0.045 이하	0.030 이하	8.50~10.50	17.00~19.00	–	3.00~4.00	–	–
STSXM15J1	0.08 이하	3.00~5.00	2.00 이하	0.045 이하	0.030 이하	11.50~15.00	15.00~20.00	–	–	–	–
STS350	0.03 이하	1.00 이하	1.50 이하	0.035 이하	0.020 이하	20.00~23.00	22.00~24.00	6.00~6.80	0.40 이하	0.21~0.32	–

■ 오스테나이트 · 페라이트계의 화학 성분

단위 : %

종류의 기호	C	Si	Mn	P	S	Ni	Cr	Mo	N
STS329J1	0.08 이하	1.00 이하	1.50 이하	0.040 이하	0.030 이하	3.00~6.00	23.00~28.00	1.00~3.00	–
STS329J3L	0.030 이하	1.00 이하	2.00 이하	0.040 이하	0.030 이하	4.50~6.50	21.00~24.00	2.50~3.50	0.08~0.02
STS329J4L	0.030 이하	1.00 이하	1.50 이하	0.040 이하	0.030 이하	5.50~7.50	24.00~26.00	2.50~3.50	0.08~0.30
STS329LD	0.030 이하	1.00 이하	2.00~4.00	0.040 이하	0.030 이하	2.00~4.00	19.00~22.00	1.00~2.00	0.14~0.20

■ 페라이트계의 화학 성분

단위 : %

종류의 기호	C	Si	Mn	P	S	Cr	Mo	N	기타
STS405	0.08 이하	1.00 이하	1.00 이하	0.040 이하	0.030 이하	11.50~14.50	–	–	Al 0.10~0.30
STS410L	0.030 이하	1.00 이하	1.00 이하	0.040 이하	0.030 이하	11.00~13.50	–	–	–
STS429	0.12 이하	1.00 이하	1.00 이하	0.040 이하	0.030 이하	14.00~16.00	–	–	–
STS430	0.12 이하	0.75 이하	1.00 이하	0.040 이하	0.030 이하	16.00~18.00	–	–	–
STS430LX	0.030 이하	0.75 이하	1.00 이하	0.040 이하	0.030 이하	16.00~19.00	–	–	Ti 또는 Nb 0.10~1.00
STS430J1L	0.025 이하	1.00 이하	1.00 이하	0.040 이하	0.030 이하	16.00~20.00	–	0.025 이하	Ti, Nb, Zr 또는 그들의 조합 8×(C%+N%)~0.80 Cu 0.030~0.80
STS434	0.12 이하	1.00 이하	1.00 이하	0.040 이하	0.030 이하	16.00~18.00	0.75~1.25	–	–
STS436L	0.025 이하	1.00 이하	1.00 이하	0.040 이하	0.030 이하	16.00~19.00	0.75~1.50	0.025 이하	Ti, Nb, Zr 또는 그들의 조합 8×(C%+N%)~0.80
STS436J1L	0.025 이하	1.00 이하	1.00 이하	0.040 이하	0.030 이하	17.00~20.00	0.40~0.80	0.025 이하	Ti, Nb, Zr 또는 그들의 조합 8×(C%+N%)~0.80
STS439	0.025 이하	1.00 이하	1.00 이하	0.040 이하	0.030 이하	17.00~20.00	–	0.025 이하	Ti, Nb 또는 그들의 조합 8×(C%+N%)~0.80
STS444	0.025 이하	1.00 이하	1.00 이하	0.040 이하	0.030 이하	17.00~20.00	1.75~2.50	0.025 이하	Ti, Nb, Zr 또는 그들의 조합 8×(C%+N%)~0.80
STS445NF	0.015 이하	1.00 이하	1.00 이하	0.040 이하	0.030 이하	20.00~23.00	–	0.015 이하	Ti, Nb 또는 그들의 조합 8×(C%+N%)~0.80
STS446M	0.015 이하	0.40 이하	0.40 이하	0.040 이하	0.020 이하	25.0~28.5	1.5~2.5	0.018 이하	(C+N) 0.03% 이하 8×(C%+N%)~0.80 8 이상
STS447J1	0.010 이하	0.40 이하	0.40 이하	0.030 이하	0.020 이하	28.50~32.00	1.50~2.50	0.015 이하	–
STSXM27	0.010 이하	0.40 이하	0.40 이하	0.030 이하	0.020 이하	25.00~27.50	0.75~1.50	0.015 이하	–

■ STS301 및 STS301L의 조질 압연 상태의 기계적 성질

종류의 기호	조질의 기호	항복 강도 N/mm²	인장 강도 N/mm²	연신율 (%)		
				두께 0.4mm 미만	두께 0.4mm 이상 0.8mm 미만	두께 0.8mm 이상
STS301	$\frac{1}{4}$H	510 이상	860 이상	25 이상	25 이상	25 이상
	$\frac{1}{2}$H	755 이상	1030 이상	9 이상	10 이상	10 이상
	$\frac{3}{4}$H	930 이상	1210 이상	3 이상	5 이상	7 이상
	H	960 이상	1270 이상	3 이상	4 이상	5 이상
STS301L	$\frac{1}{4}$H	345 이상	690 이상	40 이상		
	$\frac{1}{2}$H	410 이상	760 이상	35 이상		
	$\frac{3}{4}$H	480 이상	820 이상	25 이상		
	H	685 이상	930 이상	20 이상		

■ 고용화 열처리 상태의 기계적 성질(오스테나이트 · 페라이트계)

종류의 기호	항복 강도 N/mm^2	인장 강도 N/mm^2	연신율 %	경도		
				HB	HRC	HV
STS329J1	390 이상	590 이상	18 이상	277 이하	29 이하	292 이하
STS329J3L	450 이상	620 이상	18 이상	302 이하	32 이하	320 이하
STS329J4L	450 이상	620 이상	18 이상	302 이하	32 이하	320 이하
STS329LD	450 이상	620 이상	25 이상	293 이하	31 이하	310 이하

■ 어닐링 상태의 기계적 성질(페라이트계)

종류의 기호	항복 강도 N/mm^2	인장 강도 N/mm^2	연신율 %	경도			굽힘성	
				HB	HRB	HV	굽힘 각도	안쪽 반지름
STS405	175 이상	410 이상	20 이상	183 이하	88 이하	200 이하	180°	두께 8mm 미만 두께의 0.5배 두께 8mm 미만 두께의 1.0배
STS410L	195 이상	360 이상	22 이상	183 이하	88 이하	200 이하	180°	두께의 1.0배
STS429	205 이상	450 이상	22 이상	183 이하	88 이하	200 이하	180°	두께의 1.0배
STS430	205 이상	450 이상	22 이상	183 이하	88 이하	200 이하	180°	두께의 1.0배
STS430LX	175 이상	360 이상	22 이상	183 이하	88 이하	200 이하	180°	두께의 1.0배
STS430J1L	205 이상	390 이상	22 이상	192 이하	90 이하	200 이하	180°	두께의 1.0배
STS434	205 이상	450 이상	22 이상	183 이하	88 이하	200 이하	180°	두께의 1.0배
STS436L	245 이상	410 이상	20 이상	217 이하	96 이하	230 이하	180°	두께의 1.0배
STS436J1L	245 이상	410 이상	20 이상	192 이하	90 이하	200 이하	180°	두께의 1.0배
STS439	175 이상	360 이상	22 이상	183 이하	88 이하	200 이하	180°	두께의 1.0배
STS444	245 이상	410 이상	20 이상	217 이하	96 이하	230 이하	180°	두께의 1.0배
STS445NF	245 이상	410 이상	20 이상	192 이하	90 이하	200 이하	180°	두께의 1.0배
STS447J1	295 이상	450 이상	22 이상	207 이하	95 이하	220 이하	180°	두께의 1.0배
STSXM27	245 이상	410 이상	22 이상	192 이하	90 이하	200 이하	180°	두께의 1.0배
STS446M	270 이상	430 이상	20 이상	–	–	210 이하	180°	두께의 1.0배

■ 어닐링 상태의 기계적 성질(마르텐사이트계)

종류의 기호	항복 강도 N/mm^2	인장 강도 N/mm^2	연신율 %	경도			굽힘성	
				HB	HRB	HV	굽힘 각도	안쪽 반지름
STS403	205 이상	440 이상	20 이상	201 이하	93 이하	210 이하	180°	두께의 1.0배
STS410	205 이상	440 이상	20 이상	201 이하	93 이하	210 이하	180°	두께의 1.0배
STS410S	205 이상	410 이상	20 이상	183 이하	88 이하	200 이하	180°	두께의 1.0배
STS420J1	225 이상	520 이상	18 이상	223 이하	97 이하	234 이하	–	–
STS420J2	225 이상	540 이상	18 이상	235 이하	99 이하	247 이하	–	–
STS429J1	225 이상	520 이상	18 이상	241 이하	100 이하	253 이하	–	–
STS440A	245 이상	590 이상	15 이상	255 이하	HRC 25 이하	269 이하	–	–

■ 퀜칭 템퍼링 상태의 경도(마르텐사이트계)

종류의 기호	HRC
STS 420J2	40 이상
STS 440A	

■ 석출 경화계의 기계적 성질

종류의 기호	열처리 기호	항복 강도 N/mm^2	인장 강도 N/mm^2	연신율 (%)		경도			
						HB	HRC	HRB	HV
STS630	S	–	–	–		363 이하	38 이하	–	–
	H900	1175 이상	1310 이상	두께 5.0mm 이하	5 이상	375 이상	40 이상	–	–
				두께 5.0mm 초과 15.0mm 이하	8 이상				
	H1025	1000 이상	1070 이상	두께 5.0mm 이하	5 이상	331 이상	35 이상	–	–
				두께 5.0mm 초과 15.0mm 이하	8 이상				
	H1075	860 이상	1000 이상	두께 5.0mm 이하	5 이상	302 이상	31 이상	–	–
				두께 5.0mm 초과 15.0mm 이하	9 이상				
	H1150	725 이상	930 이상	두께 5.0mm 이하	8 이상	277 이상	28 이상	–	–
				두께 5.0mm 초과 15.0mm 이하	10 이상				
STS631	S	380 이하	1030 이하	20 이상		192 이하	–	192 이하	200 이하
	TH1050	960 이상	1140 이상	두께 3.0mm 이하	3 이상	–	35 이상	–	45 이상
				두께 3.0mm 초과	5 이상				
	RH950	1030 이상	1230 이상	두께 3.0mm 이하	–	–	40 이상	–	392 이상
				두께 3.0mm 초과	4 이상				

■ 표면 다듬질

표면 다듬질의 기호	적용
No.2D	냉간 압연 후 열처리, 산 세척 또는 여기에 준한 처리를 하여 다듬질한 것. 또한 무광택 롤에 의하여 마지막으로 가볍게 냉간 압연한 것도 포함한다.
No.2B	냉간 압연 후 열처리, 산 세척 또는 여기에 준한 처리를 한 후, 적당한 광택을 얻을 정도로 냉간 압연하여 다듬질한 것
No. 3	KS L 6001에 따라 100~120번까지 연마하여 다듬질한 것
No. 4	KS L 6001에 따라 150~180번까지 연마하여 다듬질한 것
# 240	KS L 6001에 따라 240번까지 연마하여 다듬질한 것
# 320	KS L 6001에 따라 320번까지 연마하여 다듬질한 것
# 400	KS L 6001에 따라 400번까지 연마하여 다듬질한 것
BA	냉간 압연 후 광택 열처리를 한 것
HL	적당한 입도의 연마재로 연속된 연마 무늬가 생기도록 연마하여 다듬질한 것

10. 스테인리스 강선재 KS D 3702 : 2018

■ 종류의 기호 및 분류

종류의 기호	분류	종류의 기호	분류
STS 201	오스테나이트계	STS 430	페라이트계
STS 302		STS 430F	
STS 303		STS 434	
STS 303Se		STS 403	마르텐사이트계
STS 303Cu		STS 410	
STS 304		STS 410F2	
STS 304L		STS 416	
STS 304N1		STS 420J1	
STS 304J3		STS 420J2	
STS 305		STS 420F	
STS 305J1		STS 420F2	
STS 309S		STS 431	
STS 310S		STS 440C	
STS 316		STS 631J1	석출경화계
STS 316L			
STS 316F			
STS 317			
STS 317L			
STS 321			
STS 347			
STS 384			
STS XM7			

비고

선재인 것을 기호로 나타낼 필요가 있을 경우에는 종류의 기호 끝에 -WR을 붙인다.

보기 : STS 304-WR

■ 오스테나이트계의 화학성분

단위 : %

종류의 기호	C	Si	Mn	P	S	Ni	Cr	Mo	기타
STS 201	0.15 이하	1.00 이하	5.50~7.50	0.060 이하	0.030 이하	3.50~5.50	16.00~18.00	–	N 0.25 이하
STS 302	0.15 이하	1.00 이하	2.00 이하	0.045 이하	0.030 이하	8.00~10.00	17.00~19.00	–	–
STS 303	0.15 이하	1.00 이하	2.00 이하	0.20 이하	0.15 이하	8.00~10.00	17.00~19.00	a)	–
STS 303Se	0.15 이하	1.00 이하	2.00 이하	0.20 이하	0.060 이하	8.00~10.00	17.00~19.00	–	Se 0.15 이상
STS 303Cu	0.15 이하	1.00 이하	3.00 이하	0.20 이하	0.15 이상	8.00~10.00	17.00~19.00	–	Cu 4.50~3.50
STS 304	0.08 이하	1.00 이하	2.00 이하	0.045 이하	0.030 이하	8.00~10.50	18.00~20.00	–	–
STS 304L	0.030 이하	1.00 이하	2.00 이하	0.045 이하	0.030 이하	9.00~13.00	18.00~20.00	–	–
STS 304N1	0.08 이하	1.00 이하	2.50 이하	0.045 이하	0.030 이하	7.00~10.50	18.00~20.00	–	N 0.10~0.25
STS 304J3	0.08 이하	1.00 이하	2.00 이하	0.045 이하	0.030 이하	8.00~10.50	17.00~19.00	–	Cu 1.00~3.00
STS 305	0.12 이하	1.00 이하	2.00 이하	0.045 이하	0.030 이하	10.50~13.00	17.00~19.00	–	–
STS 305J1	0.08 이하	1.00 이하	2.00 이하	0.045 이하	0.030 이하	11.00~13.50	16.50~19.00	–	–
STS 309S	0.08 이하	1.00 이하	2.00 이하	0.045 이하	0.030 이하	12.00~15.00	22.00~24.00	–	–
STS 310S	0.08 이하	1.50 이하	2.00 이하	0.045 이하	0.030 이하	19.00~22.00	24.00~26.00	–	–
STS 316	0.08 이하	1.00 이하	2.00 이하	0.045 이하	0.030 이하	10.00~14.00	16.00~18.00	2.00~3.00	–
STS 316L	0.030 이하	1.00 이하	2.00 이하	0.045 이하	0.030 이하	12.00~15.00	16.00~18.00	2.00~3.00	–
STS 316F	0.08 이하	1.00 이하	2.00 이하	0.045 이하	0.10 이상	10.00~14.00	16.00~18.00	2.00~3.00	–
STS 317	0.08 이하	1.00 이하	2.00 이하	0.045 이하	0.030 이하	11.00~15.00	18.00~20.00	3.00~4.00	–
STS 317L	0.030 이하	1.00 이하	2.00 이하	0.045 이하	0.030 이하	11.00~15.00	18.00~20.00	3.00~4.00	–
STS 321	0.08 이하	1.00 이하	2.00 이하	0.045 이하	0.030 이하	9.00~13.00	17.00~19.00	–	Ti5×C% 이상
STS 347	0.08 이하	1.00 이하	2.00 이하	0.045 이하	0.030 이하	9.00~13.00	17.00~19.00	–	Nb10×C% 이상
STS 384	0.08 이하	1.00 이하	2.00 이하	0.045 이하	0.030 이하	17.00~19.00	15.00~17.00	–	–
STS XM7	0.08 이하	1.00 이하	2.00 이하	0.045 이하	0.030 이하	8.50~10.50	17.00~19.00	–	Cu 3.00~4.00

a) Mo은 0.60% 이하를 첨가할 수 있다.

■ 페라이트계의 화학성분

단위 : %

종류의 기호	C	Si	Mn	P	S	Cr	Mo
STS 430	0.12 이하	0.75 이하	1.00 이하	0.040 이하	0.030 이하	16.00~18.00	–
STS 430F	0.12 이하	1.00 이하	1.25 이하	0.060 이하	0.15 이상	16.00~18.00	a)
STS 434	0.12 이하	1.00 이하	1.00 이하	0.040 이하	0.030 이하	16.00~18.00	0.75~1.25

a) Mo은 0.60% 이하를 첨가할 수 있다.

■ 마르텐자이트계의 화학성분

단위 : %

종류의 기호	C	Si	Mn	P	S	Ni	Cr	Mo	Pb
STS 403	0.15 이하	0.50 이하	1.00 이하	0.040 이하	0.030 이하	a)	1.50~13.00	–	–
STS 410	0.15 이하	1.00 이하	1.00 이하	0.040 이하	0.030 이하	a)	11.50~13.50	–	–
STS 410F2	0.15 이하	1.00 이하	1.00 이하	0.040 이하	0.030 이하	a)	11.50~13.50	–	0.05~0.30
STS 416	0.15 이하	1.00 이하	1.25 이하	0.060 이하	0.15 이상	a)	12.00~14.00	b)	–
STS 420J1	0.16~0.25	1.00 이하	1.00 이하	0.040 이하	0.030 이하	a)	12.00~14.00	–	–
STS 420J2	0.26~0.40	1.00 이하	1.00 이하	0.040 이하	0.030 이하	a)	12.00~14.00	–	–
STS 420F	0.26~0.40	1.00 이하	1.25 이하	0.060 이하	0.15 이상	a)	12.00~14.00	–	–
STS 420F2	0.26~0.40	1.00 이하	1.00 이하	0.040 이하	0.030 이하	a)	12.00~14.00	–	0.05~0.30
STS 431	0.20 이하	1.00 이하	1.00 이하	0.040 이하	0.030 이하	1.25~2.50	15.00~17.00	–	–
STS 440C	0.95~1.20	1.00 이하	1.00 이하	0.040 이하	0.030 이하	a)	16.00~18.00	c)	–

a) Ni은 0.60% 이하를 함유하여도 지장이 없다.

■ 석출경화계의 화학성분

단위 : %

종류의 기호	C	Si	Mn	P	S	Ni	Cr	Al
STS 631J1	0.09 이하	1.00 이하	1.00 이하	0.040 이하	0.030 이하	7.00~8.50	16.00~18.00	0.75~1.50

■ 선재의 표준지름

단위 : mm

5.5, 6.0 7.0, 8.0, 9.0, 9.5, 10, 11, 12, 13, 14, 15, 16, 17, 18, 19, 20

11. 스테인리스 강선 KS D 3703 : 2007(2017 확인)

■ 종류의 기호, 조질 및 분류

종류의 기호	조질		분류
	구분	기호	
STS 201	연질 1호	−W1	오스테나이트계
	연질 2호	−W2	
	$\frac{1}{2}$ 경질	$-W\frac{1}{2}H$	
STS303	연질 1호	−W1	
	연질 2호	−W2	
STS303Se	연질 1호	−W1	
	연질 2호	−W2	
STS 303Cu	연질 1호	−W1	
	연질 2호	−W2	
STS 304	연질 1호	−W1	
	연질 2호	−W2	
	$\frac{1}{2}$ 경질	$-W\frac{1}{2}H$	
STS 304L	연질 1호	−W1	
	연질 2호	−W2	
STS 304N1	연질 1호	−W1	
	연질 2호	−W2	
	$\frac{1}{2}$ 경질	$-W\frac{1}{2}H$	
STS 304J3	연질 1호	−W1	
	연질 2호	−W2	
STS 305	연질 1호	−W1	
	연질 2호	−W2	
STS 305J1	연질 1호	−W1	
	연질 2호	−W2	
STS 309S	연질 1호	−W1	
	연질 2호	−W2	
STS 310S	연질 1호	−W1	
	연질 2호	−W2	
STS 316	연질 1호	−W1	
	연질 2호	−W2	
	$\frac{1}{2}$ 경질	$-W\frac{1}{2}H$	

종류의 기호	조질		분류
	구분	기호	
STS 316L	연질 1호	−W1	오스테나이트계
	연질 2호	−W2	
STS 316F	연질 1호	−W1	
	연질 2호	−W2	
STS 317	연질 1호	−W1	
	연질 2호	−W2	
STS 317L	연질 1호	−W1	
	연질 2호	−W2	
STS 321	연질 1호	−W1	
	연질 2호	−W2	
STS 347	연질 1호	−W1	
	연질 2호	−W2	
STS XM7	연질 1호	−W1	
	연질 2호	−W2	
STS XM15J1	연질 1호	−W1	
	연질 2호	−W2	
STH330	연질 1호	−W1	
	연질 2호	−W2	
STS 405	연질 2호	−W2	페라이트계
STS 430	연질 2호	−W2	
STS 430F	연질 2호	−W2	
STH 446	연질 2호	−W2	
STS 403	연질 2호	−W2	마르텐자이트계
STS 410	연질 2호	−W2	
STS 410F2	연질 2호	−W2	
STS 416	연질 2호	−W2	
STS 420J1	연질 2호	−W2	
STS 420J2	연질 2호	−W2	
STS 420F	연질 2호	−W2	
STS 420F2	연질 2호	−W2	
STS 440C	연질 2호	−W2	

12. 열간 압연 스테인리스 강판 및 강대 KS D 3705 : 2017

■ 종류의 기호 및 분류

종류의 기호	분류	종류의 기호	분류	종류의 기호	분류
STS301	오스테나이트계	STS316Ti	오스테나이트계	STS410L	페라이트계
STS301L		STS316J1		STS429	
STS301J1		STS316J1L		STS430	
STS302		STS317		STS430LX	
STS302B		STS317L		STS430J1L	
STS303		STS317LN		STS434	
STS304		STS317J1		STS436L	
STS304L		STS317J2		STS436J1L	
STS304N1		STS317J3L		STS444	
STS304N2		STS836L		STS445NF	
STS304LN		STS890L		STS447J1	
STS304J1		STS321		STSXM27	
STS304J2		STS347		STS403	마르텐사이트계
STS305		STSXM7		STS410	
STS309S		STSXM15J1		STS410S	
STS310S		STS350		STS420J1	
STS316		STS329J1	오스테나이트계 · 페라이트계	STS420J2	
STS316L		STS329J3L		STS429J1	
STS316N		STS329J4L		STS440A	
STS316LN		STS405	페라이트계	STS630	석출 경화계
				STS631	

비고

1. 강판이라는 것을 기호로 표시할 필요가 있을 경우에는 종류의 기호 끝부분에 −HP를 부기한다.
   보기 : STS 304−HP
2. 강대라는 것을 기호로 표시할 필요가 있을 경우에는 종류의 기호 끝부분에 −HS를 부기한다.
   보기 : STS 304−HS

■ 오스테나이트계의 화학 성분

종류의 기호	C	Si	Mn	P	S	Ni	Cr	Mo	Cu	N	기타
STS301	0.15 이하	1.00 이하	2.00 이하	0.045 이하	0.030 이하	6.00~8.00	16.00~18.00	–	–	–	–
STS301L	0.030 이하	1.00 이하	2.00 이하	0.045 이하	0.030 이하	6.00~8.00	16.00~18.00	–	–	0.20 이하	–
STS301J1	0.08~0.12	1.00 이하	2.00 이하	0.045 이하	0.030 이하	7.00~9.00	16.00~18.00	–	–	–	–
STS302	0.15 이하	1.00 이하	2.00 이하	0.045 이하	0.030 이하	8.00~10.00	17.00~19.00	–	–	–	–
STS302B	0.15 이하	2.00~3.00	2.00 이하	0.045 이하	0.030 이하	8.00~10.00	17.00~19.00	–	–	–	–
STS303	0.15 이하	1.00 이하	2.00 이하	0.20 이하	0.15 이하	8.00~10.00	17.00~19.00	a)	–	–	–
STS304	0.08 이하	1.00 이하	2.00 이하	0.045 이하	0.030 이하	8.00~10.00	18.00~20.00	–	–	–	–
STS304L	0.030 이하	1.00 이하	2.00 이하	0.045 이하	0.030 이하	9.00~13.00	18.00~20.00	–	–	–	–
STS304N1	0.08 이하	1.00 이하	2.50 이하	0.045 이하	0.030 이하	7.00~10.50	18.00~20.00	–	–	0.10~0.25	–
STS304N2	0.08 이하	1.00 이하	2.50 이하	0.045 이하	0.030 이하	7.50~10.50	18.00~20.00	–	–	0.15~0.30	Nb 0.15 이하
STS304LN	0.030 이하	1.00 이하	2.00 이하	0.045 이하	0.030 이하	8.50~11.50	17.00~19.00	–	–	0.12~0.22	–
STS304J1	0.08 이하	1.70 이하	3.00 이하	0.045 이하	0.030 이하	6.00~9.00	15.00~18.00	–	1.00~3.00	–	–
STS304J2	0.08 이하	1.70 이하	3.00~5.00	0.045 이하	0.030 이하	6.00~9.00	15.00~18.00	–	1.00~3.00	–	–
STS305	0.12 이하	1.00 이하	2.00 이하	0.045 이하	0.030 이하	10.50~13.00	17.00~19.00	–	–	–	–
STS309S	0.08 이하	1.00 이하	2.00 이하	0.045 이하	0.030 이하	19.00~22.00	22.00~24.00	–	–	–	–
STS310S	0.08 이하	1.50 이하	2.00 이하	0.045 이하	0.030 이하	10.0014.00	24.00~26.00	–	–	–	–
STS316	0.08 이하	1.00 이하	2.00 이하	0.045 이하	0.030 이하	12.0015.00	16.00~18.00	2.00~3.00	–	–	–
STS316L	0.030 이하	1.00 이하	2.00 이하	0.045 이하	0.030 이하	10.0014.00	16.00~18.00	2.00~3.00	–	–	–
STS316N	0.08 이하	1.00 이하	2.00 이하	0.045 이하	0.030 이하	10.5014.50	16.00~18.00	2.00~3.00	–	0.10~0.22	–
STS316LN	0.030 이하	1.00 이하	2.00 이하	0.045 이하	0.030 이하	10.00~14.00	16.50~18.50	2.00~3.00	–	0.12~0.22	–
STS316Ti	0.08 이하	1.00 이하	2.00 이하	0.045 이하	0.030 이하	10.00~14.00	16.00~18.00	2.00~3.00	–	–	Ti5×C% 이상
STS316J1	0.08 이하	1.00 이하	2.00 이하	0.045 이하	0.030 이하	12.00~16.00	17.00~19.00	1.20~2.75	1.00~2.50	–	–
STS316J1L	0.030 이하	1.00 이하	2.00 이하	0.045 이하	0.030 이하	11.00~15.00	17.00~19.00	1.20~2.75	1.00~2.50	–	–
STS317	0.08 이하	1.00 이하	2.00 이하	0.045 이하	0.030 이하	11.00~15.00	18.00~20.00	3.00~4.00	–	–	–
STS317L	0.030 이하	1.00 이하	2.00 이하	0.045 이하	0.030 이하	11.00~15.00	18.00~20.00	3.00~4.00	–	–	–
STS317LN	0.030 이하	1.00 이하	2.00 이하	0.045 이하	0.030 이하	15.00~17.00	18.00~20.00	3.00~4.00	–	0.10~0.22	–
STS317J1	0.040 이하	1.00 이하	2.50 이하	0.045 이하	0.030 이하	12.00~16.00	16.00~19.00	4.00~6.00	–	–	–
STS317J2	0.06 이하	1.50 이하	2.00 이하	0.045 이하	0.030 이하	11.00~13.00	23.00~26.00	0.50~1.20	–	0.25~0.40	–
STS317J3L	0.030 이하	1.00 이하	2.00 이하	0.045 이하	0.030 이하	24.00~26.00	20.50~22.50	2.00~3.00	–	0.18~0.30	–
STS836L	0.030 이하	1.00 이하	2.00 이하	0.045 이하	0.030 이하	23.00~28.00	19.00~24.00	5.00~7.00	–	0.25 이하	–
STS890L	0.020 이하	1.00 이하	2.00 이하	0.045 이하	0.030 이하	9.00~13.00	19.00~23.00	4.00~5.00	1.00~2.00	–	–
STS321	0.08 이하	1.00 이하	2.00 이하	0.045 이하	0.030 이하	9.00~13.00	17.00~19.00	–	–	–	Ti5×C% 이상
STS347	0.08 이하	1.00 이하	2.00 이하	0.045 이하	0.030 이하	8.50~10.50	17.00~19.00	–	–	–	Nb10×C% 이상
STSXM7	0.08 이하	1.00 이하	2.00 이하	0.045 이하	0.030 이하	11.50~15.00	17.00~19.00	–	3.00~4.00	–	–
STSXM15J1	0.08 이하	3.00~5.00	2.00 이하	0.045 이하	0.030 이하	20.00~23.00	15.00~20.00	–	–	–	–
STS350	0.03 이하	1.00 이하	1.50 이하	0.035 이하	0.020 이하	20.00~23.00	22.00~24.00	6.00~6.80	0.40 이하	0.21~0.32	–

■ 오스테나이트 · 페라이트계의 화학 성분

단위 : %

종류의 기호	C	Si	Mn	P	S	Ni	Cr	Mo	N
STS329J1	0.08 이하	1.00 이하	1.50 이하	0.040 이하	0.030 이하	3.00~6.00	23.00~28.00	1.00~3.00	–
STS329J3L	0.030 이하	1.00 이하	2.00 이하	0.040 이하	0.030 이하	4.50~6.50	21.00~24.00	2.50~3.50	0.08~0.20
STS329J4L	0.030 이하	1.00 이하	1.50 이하	0.040 이하	0.030 이하	5.50~7.50	24.00~26.00	2.50~3.50	0.08~0.30

■ 페라이트계의 화학 성분

단위 : %

종류의 기호	C	Si	Mn	P	S	Cr	Mo	N	기타
STS405	0.08 이하	1.00 이하	1.00 이하	0.040 이하	0.030 이하	11.50~14.50	–	–	Al 0.10~0.30
STS410L	0.030 이하	1.00 이하	1.00 이하	0.040 이하	0.030 이하	11.00~13.50	–	–	–
STS429	0.12 이하	1.00 이하	1.00 이하	0.040 이하	0.030 이하	14.00~16.00	–	–	–
STS430	0.12 이하	0.75 이하	1.00 이하	0.040 이하	0.030 이하	16.00~18.00	–	–	–
STS430LX	0.030 이하	0.75 이하	1.00 이하	0.040 이하	0.030 이하	16.00~19.00	–	–	Ti 또는 Nb 0.10~1.00
STS430J1L	0.025 이하	1.00 이하	1.00 이하	0.040 이하	0.030 이하	16.00~20.00	–	0.025 이하	Ti, Nb, Zr 또는 그들의 조합 8×(C%+N%)~0.80 Cu 0.30~0.80
STS434	0.12 이하	1.00 이하	1.00 이하	0.040 이하	0.030 이하	16.00~18.00	0.75~1.25	–	–
STS436L	0.025 이하	1.00 이하	1.00 이하	0.040 이하	0.030 이하	16.00~19.00	0.75~1.50	0.025 이하	Ti, Nb, Zr 또는 그들의 조합 8×(C%+N%)~0.80
STS436J1L	0.025 이하	1.00 이하	1.00 이하	0.040 이하	0.030 이하	17.00~20.00	0.40~0.80	0.025 이하	Ti, Nb, Zr 또는 그들의 조합 8×(C%+N%)~0.80
STS444	0.025 이하	1.00 이하	1.00 이하	0.040 이하	0.030 이하	17.00~20.00	1.75~2.50	0.025 이하	Ti, Nb, Zr 또는 그들의 조합 8×(C%+N%)~0.80
STS445NF	0.015 이하	1.00 이하	1.00 이하	0.040 이하	0.030 이하	20.00~23.00	–	0.015 이하	Ti, Nb 또는 그들의 조합 8×(C%+N%)~0.80
STS447J1	0.010 이하	0.40 이하	0.40 이하	0.030 이하	0.020 이하	28.50~32.00	1.50~2.50	0.015 이하	–
STSXM27	0.010 이하	0.40 이하	0.40 이하	0.030 이하	0.020 이하	25.00~27.50	0.75~1.50	0.015 이하	–

■ 마르텐사이트계의 화학 성분

단위 : %

종류의 기호	C	Si	Mn	P	S	Cr
STS403	0.15 이하	0.50 이하	1.00 이하	0.040 이하	0.030 이하	11.50~13.50
STS410	0.15 이하	1.00 이하	1.00 이하	0.040 이하	0.030 이하	11.50~13.50
STS410S	0.08 이하	1.00 이하	1.00 이하	0.040 이하	0.030 이하	11.50~13.50
STS420J1	0.16~0.25	1.00 이하	1.00 이하	0.040 이하	0.030 이하	12.00~14.00
STS420J2	0.26~0.40	1.00 이하	1.00 이하	0.040 이하	0.030 이하	12.00~14.00
STS429J1	0.25~0.40	1.00 이하	1.00 이하	0.040 이하	0.030 이하	15.00~17.00
STS440A	0.60~0.75	1.00 이하	1.00 이하	0.040 이하	0.030 이하	16.00~18.00

■ 석출 경화계의 화학 성분

단위 : %

종류의 기호	C	Si	Mn	P	S	Ni	Cr	Cu	기타
STS630	0.07 이하	1.00 이하	1.00 이하	0.040 이하	0.030 이하	3.00~5.00	15.00~17.50	3.00~5.00	Nb 0.15~0.45
STS631	0.09 이하	1.00 이하	1.00 이하	0.040 이하	0.030 이하	6.50~7.75	16.00~18.00	–	Al 0.75~1.50

■ 고용화 열처리 상태의 기계적 성질(오스테나이트계)

종류의 기호	항복 강도 N/mm²	인장 강도 N/mm²	연신율 %	경도		
				HB	HRB	HV
STS301	205 이상	520 이상	40 이상	207 이하	95 이하	218 이하
STS301L	215 이상	550 이상	45 이상	207 이하	95 이하	218 이하
STS301J1	205 이상	570 이상	45 이상	187 이하	90 이하	200 이하
STS302	205 이상	520 이상	40 이상	187 이하	90 이하	200 이하
STS302B	205 이상	520 이상	40 이상	207 이하	95 이하	218 이하
STS303	205 이상	520 이상	40 이상	187 이하	90 이하	200 이하
STS304	205 이상	520 이상	40 이상	187 이하	90 이하	200 이하
STS304L	175 이상	480 이상	40 이상	187 이하	90 이하	200 이하
STS304N1	275 이상	550 이상	35 이상	217 이하	95 이하	220 이하
STS304N2	345 이상	690 이상	35 이상	248 이하	100 이하	260 이하
STS304LN	245 이상	550 이상	40 이상	217 이하	95 이하	220 이하
STS304J1	155 이상	450 이상	40 이상	187 이하	90 이하	200 이하
STS304J2	155 이상	450 이상	40 이상	187 이하	90 이하	200 이하
STS305	175 이상	480 이상	40 이상	187 이하	90 이하	200 이하
STS309S	205 이상	520 이상	40 이상	187 이하	90 이하	200 이하
STS310S	205 이상	520 이상	40 이상	187 이하	90 이하	200 이하
STS316	205 이상	520 이상	40 이상	187 이하	90 이하	200 이하
STS316L	175 이상	480 이상	40 이상	187 이하	90 이하	200 이하
STS316N	275 이상	550 이상	35 이상	217 이하	95 이하	220 이하
STS316LN	245 이상	550 이상	40 이상	217 이하	95 이하	220 이하
STS316Ti	205 이상	520 이상	40 이상	187 이하	90 이하	200 이하
STS316J1	205 이상	520 이상	40 이상	187 이하	90 이하	200 이하
STS316J1L	175 이상	480 이상	40 이상	187 이하	90 이하	200 이하
STS317	205 이상	520 이상	40 이상	187 이하	90 이하	200 이하
STS317L	175 이상	480 이상	40 이상	187 이하	90 이하	200 이하
STS317LN	245 이상	550 이상	40 이상	217 이하	95 이하	220 이하
STS317J1	175 이상	480 이상	40 이상	187 이하	90 이하	200 이하
STS317J2	345 이상	690 이상	40 이상	250 이하	100 이하	260 이하
STS317J3L	275 이상	640 이상	40 이상	217 이하	96 이하	230 이하
STS836L	205 이상	520 이상	35 이상	217 이하	96 이하	230 이하
STS890L	215 이상	490 이상	35 이상	187 이하	90 이하	200 이하
STS321	205 이상	520 이상	40 이상	187 이하	90 이하	200 이하
STS347	205 이상	520 이상	40 이상	187 이하	90 이하	200 이하
STSXM7	155 이상	450 이상	40 이상	187 이하	90 이하	200 이하
STSXM15J1	205 이상	520 이상	40 이상	207 이하	95 이하	218 이하
STS350	330 이상	674 이상	40 이상	250 이하	100 이하	260 이하

13. 스테인리스 강봉 KS D 3706 : 2008

■ 종류의 기호 및 분류

종류의 기호	분류	종류의 기호	분류
STS 201	오스테나이트계	STS 347	오스테나이트계
STS 202		STS XM7	
STS 301		STS XM15J1	
STS 302		STS 350	
STS 303		STS 329J1	오스테나이트 · 페라이트계
STS 303Se		STS 329J3L	
STS 303Cu		STS 329J4L	
STS 304		STS 405	페라이트계
STS 304L		STS 410L	
STS 304N1		STS 430	
STS 304N2		STS 430F	
STS 304LN		STS 434	
STS 304J3		STS 447J1	
STS 305		STS XM27	
STS 309S		STS 403	마르텐사이트계
STS 310S		STS 410	
STS 316		STS 410J1	
STS 316L		STS 410F2	
STS 316N		STS 416	
STS 316LN		STS 420J1	
STS 316Ti		STS 420J2	
STS 316J1		STS 420F	
STS 316J1L		STS 530F2	
STS 316F		STS 431	
STS 317		STS 440A	
STS 317L		STS 440B	
STS 317LN		STS 440C	
STS 317J1		STS 440F	
STS 836L		STS 630	석출 경화계
STS 890L		STS 631	
STS 321		–	

비고

봉이라는 것을 기호로 표시할 필요가 있을 경우에는 종류의 기호 끝부분에 –B를 부기한다.

보기 : STS 304–B

■ 오스테나이트계의 화학 성분

종류의 기호	C	Si	Mn	P	S	Ni	Cr	Mo	Cu	N	기타
STS 201	0.15 이하	1.00 이하	5.50~7.50	0.060 이하	0.030 이하	3.50~5.50	16.00~18.00	–	–	0.25 이하	–
STS 202	0.15 이하	1.00 이하	7.50~10.00	0.060 이하	0.030 이하	4.00~6.00	17.00~19.00	–	–	0.25 이하	–
STS 301	0.15 이하	1.00 이하	2.00 이하	0.045 이하	0.030 이하	6.00~8.00	16.00~18.00	–	–	–	–
STS 302	0.15 이하	1.00 이하	2.00 이하	0.045 이하	0.030 이하	8.00~10.00	17.00~19.00	–	–	–	–
STS 303	0.15 이하	1.00 이하	2.00 이하	0.20 이하	0.15 이상	8.00~10.00	17.00~19.00	a)	–	–	–
STS 303Se	0.15 이하	1.00 이하	2.00 이하	0.20 이하	0.060 이하	8.00~10.00	17.00~19.00	–	–	–	Se 0.15 이상
STS 303Cu	0.15 이하	1.00 이하	3.00 이하	0.20 이하	0.15 이상	8.00~10.00	17.00~19.00	a)	1.50~3.50	–	–
STS 304	0.08 이하	1.00 이하	2.00 이하	0.045 이하	0.030 이하	8.00~10.00	18.00~20.00	–	–	–	–
STS 304L	0.030 이하	1.00 이하	2.00 이하	0.045 이하	0.030 이하	9.00~13.00	18.00~20.00	–	–	–	–
STS 304N1	0.08 이하	1.00 이하	2.50 이하	0.045 이하	0.030 이하	7.00~10.50	18.00~20.00	–	–	0.10~0.25	–
STS 304N2	0.08 이하	1.00 이하	2.50 이하	0.045 이하	0.030 이하	7.50~10.50	18.00~20.00	–	–	0.15~0.30	Nb 0.15 이하
STS 304LN	0.030 이하	1.00 이하	2.00 이하	0.045 이하	0.030 이하	8.50~11.50	17.00~19.00	–	–	0.12~0.22	–
STS 304J3	0.08 이하	1.00 이하	2.00 이하	0.045 이하	0.030 이하	8.00~10.50	17.00~19.00	–	1.00~3.00	–	–
STS 305	0.12 이하	1.00 이하	2.00 이하	0.045 이하	0.030 이하	10.50~13.00	17.00~19.00	–	–	–	–
STS 309S	0.08 이하	1.00 이하	2.00 이하	0.045 이하	0.030 이하	12.00~15.00	22.00~24.00	–	–	–	–
STS 310S	0.08 이하	1.00 이하	2.00 이하	0.045 이하	0.030 이하	19.00~22.00	24.00~26.00	–	–	–	–
STS 316	0.08 이하	1.00 이하	2.00 이하	0.045 이하	0.030 이하	10.00~14.00	16.00~18.00	2.00~3.00	–	–	–
STS 316L	0.030 이하	1.00 이하	2.00 이하	0.045 이하	0.030 이하	12.00~15.00	16.00~18.00	2.00~3.00	–	–	–
STS 316N	0.08 이하	1.00 이하	2.00 이하	0.045 이하	0.030 이하	10.00~14.00	16.00~18.00	2.00~3.00	–	0.10~0.22	–
STS 316LN	0.030 이하	1.00 이하	2.00 이하	0.045 이하	0.030 이하	10.50~14.50	16.50~18.50	2.00~3.00	–	0.12~0.22	–
STS 316Ti	0.08 이하	1.00 이하	2.00 이하	0.045 이하	0.030 이하	10.00~14.00	16.00~18.00	2.00~3.00	–	–	Ti5×C% 이상
STS 316J1	0.08 이하	1.00 이하	2.00 이하	0.045 이하	0.030 이하	10.00~14.00	17.00~19.00	1.20~2.75	1.00~2.50	–	–
STS 316J1L	0.030 이하	1.00 이하	2.00 이하	0.045 이하	0.030 이하	12.00~16.00	17.00~19.00	1.20~2.75	1.00~2.50	–	–
STS 316F	0.08 이하	1.00 이하	2.00 이하	0.045 이하	0.10 이상	10.00~14.00	16.00~18.00	2.00~3.00	–	–	–
STS 317	0.08 이하	1.00 이하	2.00 이하	0.045 이하	0.030 이하	11.00~15.00	18.00~20.00	3.00~4.00	–	–	–
STS 317L	0.030 이하	1.00 이하	2.00 이하	0.045 이하	0.030 이하	11.00~15.00	18.00~20.00	3.00~4.00	–	–	–
STS 317LN	0.030 이하	1.00 이하	2.00 이하	0.045 이하	0.030 이하	11.00~15.00	18.00~20.00	3.00~4.00	–	0.10~0.22	–
STS 317J1	0.040 이하	1.00 이하	2.50 이하	0.045 이하	0.030 이하	15.00~17.00	16.00~19.00	4.00~6.00	–	–	–
STS 836L	0.030 이하	1.00 이하	2.00 이하	0.045 이하	0.030 이하	24.00~26.00	19.00~24.00	5.00~7.00	–	0.25 이하	–
STS 890L	0.020 이하	1.00 이하	2.00 이하	0.045 이하	0.030 이하	23.00~28.00	19.00~23.00	4.00~5.00	1.00~2.00	–	–
STS 321	0.08 이하	1.00 이하	2.00 이하	0.045 이하	0.030 이하	9.00~13.00	17.00~19.00	–	–	–	Ti5×C% 이상
STS 347	0.08 이하	1.00 이하	2.00 이하	0.045 이하	0.030 이하	9.00~13.00	17.00~19.00	–	–	–	Nb10×C% 이상
STS XM7	0.08 이하	1.00 이하	2.00 이하	0.045 이하	0.030 이하	8.50~10.50	17.00~19.00	–	3.00~4.00	–	–
STS XM15J1	0.08 이하	3.00~5.00	2.00 이하	0.045 이하	0.030 이하	11.50~15.00	15.00~20.00	–	–	–	–
STS 350	0.03 이하	1.00 이하	1.50 이하	0.035 이하	0.020 이하	20.00~23.00	22.00~24.00	6.00~6.80	0.40 이하	0.21~0.32	–

a) Mo은 0.60% 이하를 첨가할 수 있다.

■ 오스테나이트 · 페라이트계의 화학 성분

단위 : %

종류의 기호	C	Si	Mn	P	S	Ni	Cr	Mo	N
STS 329J1	0.08 이하	1.00 이하	1.50 이하	0.040 이하	0.030 이하	3.00~6.00	23.00~28.00	1.00~3.00	–
STS 329J3L	0.030 이하	1.00 이하	2.00 이하	0.040 이하	0.030 이하	4.50~6.50	21.00~24.00	2.50~3.50	0.08~0.20
STS 329J4L	0.030 이하	1.00 이하	1.50 이하	0.040 이하	0.030 이하	5.50~7.50	24.00~26.00	2.50~3.50	0.08~0.30

■ 페라이트계의 화학 성분

단위 : %

종류의 기호	C	Si	Mn	P	S	Cr	Mo	N	Al
STS 405	0.08 이하	1.00 이하	1.00 이하	0.040 이하	0.030 이하	11.50~14.50	–	–	0.10~0.30
STS 410L	0.030 이하	1.00 이하	1.00 이하	0.040 이하	0.030 이하	11.00~13.50	–	–	–
STS 430	0.12 이하	0.75 이하	1.00 이하	0.040 이하	0.030 이하	16.00~18.00	–	–	–
STS 430F	0.12 이하	1.00 이하	1.25 이하	0.060 이하	0.15 이상	16.00~18.00	a)	–	–
STS 434	0.12 이하	1.00 이하	1.00 이하	0.040 이하	0.030 이하	16.00~18.00	0.75~1.25	–	–
STS 447J1	0.010 이하	0.40 이하	0.40 이하	0.030 이하	0.020 이하	28.50~32.00	1.50~2.50	0.015 이하	–
STS XM27	0.010 이하	0.40 이하	0.40 이하	0.030 이하	0.020 이하	25.00~27.50	0.75 · 1.50	0.015 이하	–

a) Mo은 0.60% 이하를 첨가할 수 있다.

■ 마르텐사이트계의 화학 성분

단위 : %

종류의 기호	C	Si	Mn	P	S	Ni	Cr	Mo	Pb
STS 403	0.15 이하	0.50 이하	1.00 이하	0.040 이하	0.030 이하	b)	11.60~13.50	–	–
STS 410	0.15 이하	1.00 이하	1.00 이하	0.040 이하	0.030 이하	b)	11.50~13.50	–	–
STS 410J1	0.08~0.18	0.60 이하	1.00 이하	0.040 이하	0.030 이하	b)	11.50~14.00	0.30~0.60	–
STS 410F2	0.15 이하	1.00 이하	1.00 이하	0.040 이하	0.030 이하	b)	11.50~13.50	–	0.05~0.30
STS 416	0.15 이하	1.00 이하	0.25 이하	0.060 이하	0.15 이상	b)	12.00~14.00	a)	–
STS 420J1	0.16~0.25	1.00 이하	1.00 이하	0.040 이하	0.030 이하	b)	12.00~14.00	–	–
STS 420J2	0.26~0.40	1.00 이하	1.00 이하	0.040 이하	0.030 이하	b)	12.00~14.00	–	–
STS 420F	0.26~0.40	1.00 이하	1.25 이하	0.060 이하	0.15 이상	b)	12.00~14.00	a)	–
STS 420F2	0.26~0.40	1.00 이하	1.00 이하	0.040 이하	0.030 이하	b)	12.00~14.00	–	0.05~0.30
STS 431	0.20 이하	1.00 이하	1.00 이하	0.040 이하	0.030 이하	1.25~2.50	15.00~17.00	–	–
STS 440A	0.60~0.75	1.00 이하	1.00 이하	0.040 이하	0.030 이하	b)	16.00~18.00	c)	–
STS 440B	0.75~0.95	1.00 이하	1.00 이하	0.040 이하	0.030 이하	b)	16.00~18.00	c)	–
STS 440C	0.95~1.20	1.00 이하	1.00 이하	0.040 이하	0.030 이하	b)	16.00~18.00	c)	–
STS 440F	0.95~1.20	1.00 이하	1.25 이하	0.060 이하	0.15 이상	b)	16.00~18.00	c)	–

a) Mo은 0.60% 이하를 함유하여도 좋다.
b) Ni은 0.60% 이하를 함유하여도 좋다.
c) Mo은 0.75% 이하를 함유하여도 좋다.

■ 석출 경화계의 화학 성분

단위 : %

종류의 기호	C	Si	Mn	P	S	Ni	Cr	Cu	기타
STS 630	0.07 이하	1.00 이하	1.00 이하	0.040 이하	0.030 이하	3.00~5.00	15.00~17.50	3.00~5.00	Nb 0.15~0.45
STS 631	0.09 이하	1.00 이하	1.00 이하	0.040 이하	0.030 이하	6.50~7.75	16.00~18.00	–	Al 0.75~1.50

■ 오스테나이트계의 기계적 성질

종류의 기호	항복 강도 N/mm^2	인장 강도 N/mm^2	연신율 %	단면 수축률 %	경도		
					HBW	HRBS 또는 HRBW	HV
STS 201	275 이상	520 이상	40 이상	45 이상	241 이하	100 이하	253 이하
STS 202	275 이상	520 이상	40 이상	45 이상	207 이하	95 이하	218 이하
STS 301	205 이상	520 이상	40 이상	60 이상	207 이하	95 이하	218 이하
STS 302	205 이상	520 이상	40 이상	60 이상	187 이하	90 이하	200 이하
STS 303	205 이상	520 이상	40 이상	50 이상	187 이하	90 이하	200 이하
STS 303Se	205 이상	520 이상	40 이상	50 이상	187 이하	90 이하	200 이하
STS 303Cu	205 이상	520 이상	40 이상	50 이상	187 이하	90 이하	200 이하
STS 304	205 이상	520 이상	40 이상	60 이상	187 이하	90 이하	200 이하
STS 304L	175 이상	480 이상	40 이상	60 이상	187 이하	90 이하	200 이하
STS 304N1	275 이상	550 이상	35 이상	50 이상	217 이하	95 이하	220 이하
STS 304N2	345 이상	690 이상	35 이상	50 이상	250 이하	100 이하	260 이하
STS 304LN	245 이상	550 이상	40 이상	50 이상	217 이하	95 이하	220 이하
STS 304J3	175 이상	480 이상	40 이상	60 이상	187 이하	90 이하	200 이하
STS 305	175 이상	480 이상	40 이상	60 이상	187 이하	90 이하	200 이하
STS 309S	205 이상	520 이상	40 이상	60 이상	187 이하	90 이하	200 이하
STS 310S	205 이상	520 이상	40 이상	50 이상	187 이하	90 이하	200 이하
STS 316	205 이상	520 이상	40 이상	60 이상	187 이하	90 이하	200 이하
STS 316L	175 이상	480 이상	40 이상	60 이상	187 이하	90 이하	200 이하
STS 316N	275 이상	550 이상	35 이상	50 이상	217 이하	95 이하	220 이하
STS 316LN	245 이상	550 이상	40 이상	50 이상	217 이하	95 이하	220 이하
STS 316Ti	205 이상	520 이상	40 이상	50 이상	187 이하	90 이하	200 이하
STS 316J1	205 이상	520 이상	40 이상	60 이상	187 이하	90 이하	200 이하
STS 316J1L	175 이상	480 이상	40 이상	60 이상	187 이하	90 이하	200 이하
STS 316F	205 이상	520 이상	40 이상	50 이상	187 이하	90 이하	200 이하
STS 317	205 이상	520 이상	40 이상	60 이상	187 이하	90 이하	200 이하
STS 317L	175 이상	480 이상	40 이상	60 이상	187 이하	90 이하	200 이하
STS 317LN	245 이상	550 이상	40 이상	50 이상	217 이하	95 이하	220 이하
STS 317J1	175 이상	480 이상	40 이상	45 이상	187 이하	90 이하	200 이하
STS 836L	205 이상	520 이상	35 이상	40 이상	217 이하	96 이하	230 이하
STS 890L	215 이상	490 이상	35 이상	40 이상	187 이하	90 이하	200 이하
STS 321	205 이상	520 이상	40 이상	50 이상	187 이하	90 이하	200 이하
STS 347	205 이상	520 이상	40 이상	50 이상	187 이하	90 이하	200 이하
STS XM7	175 이상	480 이상	40 이상	60 이상	187 이하	90 이하	200 이하
STS XM15J1	205 이상	520 이상	40 이상	60 이상	207 이하	95 이하	218 이하
STS 350	330 이상	674 이상	40 이상	–	205 이하	100 이하	260 이하

■ 오스테나이트 · 페라이트계의 기계적 성질

종류의 기호	항복 강도 N/mm^2	인장 강도 N/mm^2	연신율 %	단면 수축률 %	경 도		
					HBW	HRC	HV
STS 329J1	390 이상	590 이상	18 이상	40 이상	277 이하	29 이하	292 이하
STS 329J3L	450 이상	620 이상	18 이상	40 이상	302 이하	32 이하	320 이하
STS 329J4L	450 이상	620 이상	18 이상	40 이상	302 이하	32 이하	320 이하

■ 페라이트계의 기계적 성질

종류의 기호	항복 강도 N/mm^2	인장 강도 N/mm^2	연신율 %	단면 수축률 %	경도 HBW
STS 405	175 이상	410 이상	20 이상	60 이상	183 이하
STS 410	195 이상	360 이상	22 이상	60 이상	183 이하
STS 430	205 이상	450 이상	22 이상	50 이상	183 이하
STS 430F	205 이상	450 이상	22 이상	50 이상	183 이하
STS 434	205 이상	450 이상	22 이상	60 이상	183 이하
STS 447J1	295 이상	450 이상	20 이상	45 이상	228 이하
STS XM27	245 이상	410 이상	20 이상	45 이상	219 이하

■ 마르텐사이트계의 퀜칭 · 템퍼링 상태의 기계적 성질

종류의 기호	항복 강도 N/mm^2	인장 강도 N/mm^2	연신율 %	단면 수축률 %	샤르피 충격값 J/m2	경도	
						HBW	HRC
STS 403	390 이상	590 이상	25 이상	55 이상	147 이상	170 이상	–
STS 410	345 이상	540 이상	25 이상	55 이상	98 이상	159 이상	–
STS 410J1	490 이상	690 이상	20 이상	60 이상	98 이상	192 이상	–
STS 410F2	345 이상	540 이상	18 이상	50 이상	98 이상	159 이상	–
STS 416	345 이상	540 이상	17 이상	45 이상	69 이상	159 이상	–
STS 420J1	440 이상	640 이상	20 이상	50 이상	78 이상	192 이상	–
STS 420J2	540 이상	740 이상	12 이상	40 이상	29 이상	217 이상	–
STS 420F	540 이상	740 이상	8 이상	35 이상	29 이상	217 이상	–
STS 420F2	540 이상	740 이상	5 이상	35 이상	29 이상	217 이상	–
STS 431	590 이상	780 이상	15 이상	40 이상	39 이상	229 이상	–
STS 440A	–	–	–	–	–	–	54 이상
STS 440B	–	–	–	–	–	–	56 이상
STS 440C	–	–	–	–	–	–	58 이상
STS 440F	–	–	–	–	–	–	58 이상

■ 마르텐사이트계의 어닐링 상태의 경도

종류의 기호	경도 HB	종류의 기호	경도 HB
STS 403	200 이하	STS 420F	235 이하
STS 410	200 이하	STS 420F2	235 이하
STS 410J1	200 이하	STS 431	302 이하
STS 410F2	200 이하	STS 440A	255 이하
STS 416	200 이하	STS 440B	255 이하
STS 420J1	223 이하	STS 440C	269 이하
STS 420J2	235 이하	STS 440F	269 이하

■ 석출 경화계의 기계적 성질

종류의 기호	열처리 기호	항복 강도 N/mm^2	인장 강도 N/mm^2	연신율 %	단면 수축률 %	경도	
						HBW	HRC
STS 630	S	–	–	–	–	363 이하	38 이하
	H900	1175 이상	1310 이상	10 이상	40 이상	375 이상	40 이상
	H1025	1000 이상	1070 이상	12 이상	45 이상	331 이상	35 이상
	H1075	860 이상	1000 이상	13 이상	45 이상	302 이상	31 이상
	H1150	725 이상	930 이상	16 이상	50 이상	277 이상	28 이상
STS 631	S	380 이하	1030 이하	20 이상	–	229 이하	–
	RH950	1030 이상	1230 이상	4 이상	10 이상	388 이상	–
	TH1050	960 이상	1140 이상	5 이상	25 이상	363 이상	–

14. 내열 강봉 KS D 3731 : 2002(2017 확인)

■ 종류의 기호 및 분류

종류의 기호	분류	종류의 기호	분류
STR 31 STR 35 STR 36 STR 37 STR 38 STR 309 STR 310 STR 330 STR 660 STR 661	오스테나이트계	STS 304 STS 309 S STS 310 S STS 316 STS 316 Ti STS 317 STS 321 STS 347 STS XM 15 J1	오스테나이트계
STR 446	페라이트계	STS 405 STS 410 L STS 430	페라이트계
STR 1 STR 3 STR 4 STR 11 STR 600 STR 610	마르텐사이트계	STS 403 STS 410 STS 410 J1 STS 431	마르텐사이트계
		STS 630 STS 631	석출경화계

비고 1. STS 기호인 것은 KS D 3706 및 KS D 3702에 따른다.
2. 봉인 것을 기호로 표시하는 경우에는 종류의 기호 끝에 –B(열간 가공 봉강) 또는 –CB(냉간 가공 봉강)를 붙인다.
보기 STR 309–B

15. 내열 강판 KS D 3732 : 2002(2017 확인)

■ 종류의 기호 및 분류

종류의 기호	분류	종류의 기호	분류
STR 309 STR 310 STR 330 STR 660 STR 661	오스테나이트계	STS 316 STS 316 Ti STS 317 STS 321 STS 347 STS XM 15 J1	오스테나이트계
STR 21 STR 409 STR 409 L STR 446	페라이트계	STS 405 STS 410 L STS 430 STS 430 J1 L STS 436 J1 L	페라이트계
STS 302 B STS 304 STS 309 S STS 310 S	오스테나이트계	STS 403 STS 410	마르텐사이트계
		STS 630 STS 631	석출경화계

비고 1. STS 기호인 것은 KS D 3705 및 KS D 3698에 따른다.
2. 판이라는 것을 기호로 표시하는 경우에는 종류의 기호 끝에 -HP(열간 압연 강판) 또는 -CP(냉간 압연 강판)를 붙인다.
보기 STR 309-HP, STR 309-CP
3. 대라는 것을 기호로 표시하는 경우에는 종류의 기호 끝에 -HS(열간 압연 강대) 또는 -CS(냉간 압연 강대)를 붙인다.
보기 STR 409-HS, STR 409-CS

■ 오스테나이트계의 열처리

종류의 기호	열처리 ℃	
	고용화 열처리	시효 처리
STR 309	1030~1150 급냉	-
STR 310	1030~1180 급냉	-
STR 330	1030~1180 급냉	-
STR 660	965~995 급냉	700~760×16h 공냉 또는 서냉
STR 661	1130~1200 급냉	780~830×4h 공냉 또는 서냉

■ 페라이트계의 열처리

종류의 기호	어 닐 링 ℃
STR 21	780~950 급냉 또는 서냉
STR 409	780~950 급냉 또는 서냉
STR 409L	780~950 급냉 또는 서냉
STR 445	780~880 급냉

■ 열처리 기호

열처리 방법	기 호
고용화 열처리	S
고용화 열처리 후 시효처리	H

28-3 특수 용도강－스프링강, 쾌삭강, 클래드강

1. 스프링용 냉간 압연 강대 KS D 3597 : 2009(2014 확인)

■ 종류의 기호

종류의 기호	종래의 기호(참고)
S50C－CSP	－
S55C－CSP	－
S60C－CSP	－
S65C－CSP	－
S70C－CSP	－
SK85－CSP	SK5－CSP
SK95－CSP	SK4－CSP
SUP10－CSP	－

■ 조질 구분 및 기호

조질 구분	조질 기호
어닐링을 한 것	A
냉간 압연한 그대로의 것	R
퀜칭 · 템퍼링을 한 것	H
오스템퍼링을 한 것	B

■ 화학 성분

종류의 기호	화학 성분 (%)									
	C	Si	Mn	P	S	Cu	Ni	Cr	Ni+Cr	V
S50C－CSP	0.47~0.53	0.15~0.35	0.60~0.90	0.030 이하	0.035 이하	0.30 이하	0.20 이하	0.20 이하	0.35 이하	－
S55C－CSP	0.52~0.58	0.15~0.35	0.60~0.90	0.030 이하	0.035 이하	0.30 이하	0.20 이하	0.20 이하	0.35 이하	－
S60C－CSP	0.55~0.65	0.15~0.30	0.60~0.90	0.030 이하	0.035 이하	0.30 이하	0.20 이하	0.20 이하	－	－
S65C－CSP	0.60~0.70	0.15~0.30	0.60~0.90	0.030 이하	0.035 이하	0.30 이하	0.20 이하	0.20 이하	－	－
S70C－CSP	0.65~0.75	0.15~0.30	0.60~0.90	0.030 이하	0.035 이하	0.30 이하	0.20 이하	0.20 이하	－	－
SK85－CSP	0.80~0.90	0.35 이하	0.50 이하	0.030 이하	0.030 이하	0.30 이하	0.25 이하	0.20 이하	－	－
SK95－CSP	0.90~1.00	0.35 이하	0.50 이하	0.030 이하	0.030 이하	0.30 이하	0.25 이하	0.20 이하	－	－
SUP10－CSP	0.47~0.55	0.15~0.35	0.65~0.95	0.035 이하	0.035 이하	0.30 이하	－	0.80~1.10	－	0.15~0.25

■ 조질 기호 A의 강대의 경도

강대의 기호	경도 HV
S50C-CSP	180 이하
S55C-CSP	180 이하
S60C-CSP	190 이하
S65C-CSP	190 이하
S70C-CSP	190 이하
SK85-CSP	190 이하
SK95-CSP	200 이하
SUP10-CSP	190 이하

■ 경도(중심값)의 지정 가능한 범위

종류의 기호	R(HV)	H(HV)	B(HV)
S50C-CSP	230~270	-	360~440
S55C-CSP	230~270	350~450	360~440
S60C-CSP	230~270	350~500	360~440
S65C-CSP	230~270	-	-
S70C-CSP	230~270	350~550	-
SK85-CSP	230~270	350~600	-
SK95-CSP	230~270	400~600	-
SUP10-CSP	230~270	-	-

2. 스프링 강재 KS D 3701 : 2007(2017 확인)

■ 종류 및 기호

종류의 기호	적요	
SPS 6	실리콘 망가니즈 강재	주로 겹판 스프링, 코일 스프링 및 비틀림 막대 스프링에 사용한다.
SPS 7		
SPS 9	망가니즈 크롬 강재	
SPS 9A		
SPS 10	크롬 바나듐 강재	주로 코일 스프링 및 비틀림 막대 스프링용에 사용한다.
SPS 11A	망가니즈 크롬 보론 강재	주로 대형 겹판 스프링, 코일 스프링 및 비틀림 막대 스프링에 사용한다.
SPS 12	실리콘 크롬 강재	주로 코일 스프링에 사용한다.
SPS 13	크롬 몰리브데넘 강재	주로 대형 겹판 스프링, 코일 스프링에 사용한다.

■ 화학성분

종류의 기호	화학성분 %								
	C	Si	Mn	P	S	Cr	Mo	V	B
SPS6	0.56~0.64	1.50~1.80	0.70~1.00	0.030 이하	0.030 이하	–	–	–	–
SPS7	0.56~0.64	1.80~2.20	0.70~1.00			–	–	–	–
SPS9	0.52~0.60	0.15~0.35	0.65~0.95			0.65~0.95	–	–	–
SPS9A	0.56~0.64	0.15~0.35	0.70~1.00			0.70~1.00			
SPS10	0.47~0.55	0.15~0.35	0.65~0.95			0.80~1.10	–	0.15~0.25	–
SPS11A	0.56~0.64	0.15~0.35	0.70~1.00			0.70~1.00	–	–	0.005 이상
SPS12	0.51~0.59	1.20~1.60	0.60~0.90			0.60~0.90	–	–	–
SPS13	0.56~0.64	0.15~0.35	0.70~1.00			0.70~0.90	0.25~0.35	–	–

3. 황 및 황 복합 쾌삭 강재 KS D 3567 : 2002(2017 확인)

■ 종류의 기호 및 화학성분

종류의 기호	화학 성분 %				
	C	Mn	P	S	Pb
SUM 11	0.08~0.13	0.30~0.60	0.040 이하	0.08~0.13	–
SUM 12	0.08~0.13	0.60~0.90	0.040 이하	0.08~0.13	–
SUM 21	0.13 이하	0.70~1.00	0.07~0.12	0.16~0.23	–
SUM 22	0.13 이하	0.70~1.00	0.07~0.12	0.24~0.33	–
SUM 22 L	0.13 이하	0.70~1.00	0.07~0.12	0.24~0.33	0.10~0.35
SUM 23	0.09 이하	0.75~1.05	0.04~0.09	0.26~0.35	–
SUM 23 L	0.09 이하	0.75~1.05	0.04~0.09	0.26~0.35	0.10~0.35
SUM 24 L	0.15 이하	0.85~1.15	0.04~0.09	0.26~0.35	0.10~0.35
SUM 25	0.15 이하	0.90~1.40	0.07~0.12	0.30~0.40	–
SUM 31	0.14~0.20	1.00~1.30	0.040 이하	0.08~0.13	–
SUM 31 L	0.14~0.20	1.00~1.30	0.040 이하	0.08~0.13	0.10~0.35
SUM 32	0.12~0.20	0.60~1.10	0.040 이하	0.10~0.20	–
SUM 41	0.32~0.39	1.35~1.65	0.040 이하	0.08~0.13	–
SUM 42	0.37~0.45	1.35~1.65	0.040 이하	0.08~0.13	–
SUM 43	0.40~0.48	1.35~1.65	0.040 이하	0.24~0.33	–

4. 쾌삭용 스테인리스 강선 및 선재 KS D 7202 : 2004(2014 확인)

■ 종류의 기호, 조질 및 분류

종 류	UNS, 표시 기호 체계/구기호		조건 A (어닐링)	조건 B (냉간 가공)	조건 T (반경질)	조건 H (경질)
오스테나이트계						
STS XM1	S 20300	XM－1	A	B	－	－
STS 303	S 30300	303	A	B	－	－
STS XM5	S 30310	XM－5	A	B	－	－
STS 303 Se	S 30323	303 Se	A	B	－	－
STS XM2	S 30345	XM－2	A	B	－	－
마르텐사이트계						
STS 416	S 41600	416	A	－	T	H
STS XM6	S 41610	XM－6	A	－	T	H
STS 416 Se	S 41623	416 Se	A	－	T	H
페라이트계						
STS XM34	S 18200	XM－34	A	－	－	－
STS 18235	S 18235	…	A	B	－	－
STS 41603	S 41603	…	A	－	－	－
STS 430 F	S 43020	430 F	A	－	－	－
STS 430 F Se	S 43023	430 F Se	A	－	－	－

■ 화학성분

종 류	구기호	화학적 조성 %							
		C 이하	Mn	P	S	Si 이하	Cr	Ni	기타
오스테나이트계									
STS XM1	XM－1	0.08	5.0~6.5	0.04	0.18~0.35	1.00	16.0~18.0	5.0~6.5	Cu 1.75~2.25
STS 303	303	0.15	2.00	0.20	0.15 이상	1.00	17.0~19.0	8.0~10.0	－
STS XM5	XM－5	0.15	2.5~4.5	0.20	0.25 이상	1.00	17.0~19.0	7.0~10.0	－
STS 303 Se	303 Se	0.15	2.00	0.20	0.06	1.00	17.0~19.0	8.0~10.0	Se 0.15 이상
STS XM2	XM－2	0.15	2.00	0.05	0.11~0.16	1.00	17.0~19.0	8.0~10.0	Mo 0.40~0.60 Al 0.60~1.00
마르텐사이트계									
STS 416	416	0.15	1.25	0.06	0.15 이상	1.00	12.0~14.0	－	－
STS XM6	XM－6	0.15	1.50~2.50	0.06	0.15 이상	1.00	12.0~14.0	－	－
STS 416 Se	416 Se	0.15	1.25	0.06	0.06	1.00	12.0~14.0	－	Se 0.15 이상
페라이트계									
STS XM34	XM－34	0.08	2.50	0.04	0.15 이상	1.00	17.5~19.5	－	Mo 1.50~2.50
STS 18235	…	0.025	0.50	0.030	0.15~0.35	1.00	17.5~18.5	1.00	Mo 2.00~2.50 Ti 0.30~1.00 N 0.025 이하 C+N 0.035 이하
STS 41603	…	0.08	1.25	0.06	0.15 이상	1.00	12.0~14.0	－	－
STS 430 F	430 F	0.12	1.25	0.06	0.15 이상	1.00	16.0~18.0	－	－
STS 430 F Se	430 F Se	0.12	1.25	0.06	0.06	1.00	16.0~18.0	－	Se 0.15 이상

5. 구리 및 구리합금 클래드강 KS D 3603 : 2014

■ 종류 및 기호

<table>
<tr><th colspan="3">종 류</th><th>기 호</th><th>용도 보기</th></tr>
<tr><td rowspan="10">압연 클래드강</td><td rowspan="2">압연 클래드강</td><td>1종</td><td>R1</td><td rowspan="18">1종 : 접합재를 포함하여 강도 부재로 설계한 것. 구조물을 제작할 때 가혹한 가공을 하는 경우 등을 대상으로 한 것

2종 : 1종 이외의 클래드강에 대하여 적용하는 것. 보기를 들면, 접합재를 부식 여유(corrosion allowance)를 두어 사용한 것. 라이닝 대신으로 사용한 것</td></tr>
<tr><td>2종</td><td>R2</td></tr>
<tr><td rowspan="2">폭착 압연 클래드강</td><td>1종</td><td>BR1</td></tr>
<tr><td>2종</td><td>BR2</td></tr>
<tr><td rowspan="2">확산 압연 클래드강</td><td>1종</td><td>DR1</td></tr>
<tr><td>2종</td><td>DR2</td></tr>
<tr><td rowspan="2">덧살붙임 압연 클래드강</td><td>1종</td><td>WR1</td></tr>
<tr><td>2종</td><td>WR2</td></tr>
<tr><td rowspan="2">주입 압연 클래드강</td><td>1종</td><td>ER1</td></tr>
<tr><td>2종</td><td>ER2</td></tr>
<tr><td colspan="2" rowspan="2">폭착 클래드강</td><td>1종</td><td>B1</td></tr>
<tr><td>2종</td><td>B2</td></tr>
<tr><td colspan="2" rowspan="2">확산 클래드강</td><td>1종</td><td>D1</td></tr>
<tr><td>2종</td><td>D2</td></tr>
<tr><td colspan="2" rowspan="2">덧살붙임 클래드강</td><td>1종</td><td>W1</td></tr>
<tr><td>2종</td><td>W2</td></tr>
</table>

6. 티타늄 클래드강 KS D 3604 : 2014

■ 종류 및 기호

<table>
<tr><th colspan="3">종 류</th><th>기 호</th><th>용도 보기</th></tr>
<tr><td rowspan="4">압연 클래드강</td><td rowspan="2">압연 클래드강</td><td>1종</td><td>R1</td><td rowspan="6">1종 : 접합재를 포함하여 강도 부재로 설계한 것 및 특별한 용도의 것. 특별한 용도란 구조물을 제작할 때 가혹한 가공을 하는 경우 등을 대상으로 한 것

2종 : 1종 이외의 클래드강에 대하여 적용하는 것. 보기를 들면, 접합재를 부식 여유(corrosion allowance)로 설계한 것 또는 라이닝 대신에 사용하는 것 등</td></tr>
<tr><td>2종</td><td>R2</td></tr>
<tr><td rowspan="2">폭착 압연 클래드강</td><td>1종</td><td>BR1</td></tr>
<tr><td>2종</td><td>BR2</td></tr>
<tr><td colspan="2" rowspan="2">폭착 클래드강</td><td>1종</td><td>B1</td></tr>
<tr><td>2종</td><td>B2</td></tr>
</table>

7. 니켈 및 니켈합금 클래드강 KS D 3605 : 2014

■ 종류 및 기호

<table>
<tr><th colspan="3">종 류</th><th>기 호</th><th>용도 보기</th></tr>
<tr><td rowspan="10">압연 클래드강</td><td rowspan="2">압연 클래드강</td><td>1종</td><td>R1</td><td rowspan="16">1종 : 접합재를 포함하여 강도 부재로 설계한 것 및 특별한 용도의 것. 특별한 용도의 보기로는 고온 등에서 사용하는 경우, 구조물을 제작할 때 가혹한 가공을 하는 경우 등을 대상으로 한 것.
2종 : 1종 이외의 클래드강에 대하여 적용하는 것. 보기를 들면, 접합재를 부식 여유(corrosion allowance)를 두어 사용한 것. 라이닝 대신으로 사용한 것.</td></tr>
<tr><td>2종</td><td>R2</td></tr>
<tr><td rowspan="2">폭착 압연 클래드강</td><td>1종</td><td>BR1</td></tr>
<tr><td>2종</td><td>BR2</td></tr>
<tr><td rowspan="2">확산 압연 클래드강</td><td>1종</td><td>DR1</td></tr>
<tr><td>2종</td><td>DR2</td></tr>
<tr><td rowspan="2">덧살붙임 압연 클래드강</td><td>1종</td><td>WR1</td></tr>
<tr><td>2종</td><td>WR2</td></tr>
<tr><td rowspan="2">주입 압연 클래드강</td><td>1종</td><td>ER1</td></tr>
<tr><td>2종</td><td>ER2</td></tr>
<tr><td colspan="2" rowspan="2">폭착 클래드강</td><td>1종</td><td>B1</td></tr>
<tr><td>2종</td><td>B2</td></tr>
<tr><td colspan="2" rowspan="2">확산 클래드강</td><td>1종</td><td>D1</td></tr>
<tr><td>2종</td><td>D2</td></tr>
<tr><td colspan="2" rowspan="2">덧살붙임 클래드강</td><td>1종</td><td>W1</td></tr>
<tr><td>2종</td><td>W2</td></tr>
</table>

8. 스테인리스 클래드강 KS D 3693 : 2014

■ 종류 및 기호

<table>
<tr><th colspan="3">종 류</th><th>기 호</th><th>용도 보기</th></tr>
<tr><td rowspan="10">압연 클래드강</td><td rowspan="2">압연 클래드강</td><td>1종</td><td>R1</td><td rowspan="16">1종 : 접합재를 보강재로서 설계한 것 및 특별한 용도의 것. 특별한 용도로서는 고온 등에서 사용하는 경우 또는 구조물을 제작할 때 엄밀한 가공을 실시하는 경우 등을 대상으로 한 것
2종 : 1종 이외의 클래드강에 대하여 적용하는 것으로 예를 들면, 접합재를 부식 여유(corrosion allowance)로서 설계한 것 또는 라이닝 대신에 사용하는 것 등</td></tr>
<tr><td>2종</td><td>R2</td></tr>
<tr><td rowspan="2">폭착 압연 클래드강</td><td>1종</td><td>BR1</td></tr>
<tr><td>2종</td><td>BR2</td></tr>
<tr><td rowspan="2">확산 압연 클래드강</td><td>1종</td><td>DR1</td></tr>
<tr><td>2종</td><td>DR2</td></tr>
<tr><td rowspan="2">덧살붙임 압연 클래드강</td><td>1종</td><td>WR1</td></tr>
<tr><td>2종</td><td>WR2</td></tr>
<tr><td rowspan="2">주입 압연 클래드강</td><td>1종</td><td>ER1</td></tr>
<tr><td>2종</td><td>ER2</td></tr>
<tr><td colspan="2" rowspan="2">폭착 클래드강</td><td>1종</td><td>B1</td></tr>
<tr><td>2종</td><td>B2</td></tr>
<tr><td colspan="2" rowspan="2">확산 클래드강</td><td>1종</td><td>D1</td></tr>
<tr><td>2종</td><td>D2</td></tr>
<tr><td colspan="2" rowspan="2">덧살붙임 클래드강</td><td>1종</td><td>W1</td></tr>
<tr><td>2종</td><td>W2</td></tr>
</table>

28-4 단강품

1. 탄소강 단강품 KS D 3710 : 2001(2016 확인)

■ 종류의 기호

종류의 기호		열처리의 종류
SI 단위	종래 단위(참고)	
SF340A	SF34	어닐링, 노멀라이징 또는 노멀라이징 템퍼링
SF390A	SF40	
SF440A	SF45	
SF490A	SF50	
SF540A	SF55	
SF590A	SF60	
SF540B	SF55	퀜칭 템퍼링
SF590B	SF60	
SF640B	SF65	

■ 화학성분

단위 : %

C	Si	Mn	P	S
0.60 이하	0.15~0.50	0.30~1.20	0.030 이하	0.035 이하

2. 크롬 몰리브덴강 단강품 KS D 4114 : 1990(2010 확인)

■ 종류의 기호

종류의 기호					
축상 단강품		링상 단강품		디스크상 단강품	
SI 단위	(참고) 종래단위	SI 단위	(참고) 종래단위	SI 단위	(참고) 종래단위
SFCM 590 S	SFCM 60 S	SFCM 590 R	SFCM 60 R	SFCM 590 D	SFCM 60 D
SFCM 640 S	SFCM 65 S	SFCM 640 R	SFCM 65 R	SFCM 640 D	SFCM 65 D
SFCM 690 S	SFCM 70 S	SFCM 690 R	SFCM 70 R	SFCM 690 D	SFCM 70 D
SFCM 740 S	SFCM 75 S	SFCM 740 R	SFCM 75 R	SFCM 740 D	SFCM 75 D
SFCM 780 S	SFCM 80 S	SFCM 780 R	SFCM 80 R	SFCM 780 D	SFCM 80 D
SFCM 830 S	SFCM 85 S	SFCM 830 R	SFCM 85 R	SFCM 830 D	SFCM 85 D
SFCM 880 S	SFCM 90 S	SFCM 880 R	SFCM 90 R	SFCM 880 D	SFCM 90 D
SFCM 930 S	SFCM 95 S	SFCM 930 R	SFCM 95 R	SFCM 930 D	SFCM 95 D
SFCM 980 S	SFCM 100 S	SFCM 980 R	SFCM 100 R	SFCM 980 D	SFCM 100 D

■ 화학성분

단위 : %

C	Si	Mn	P	S	Cr	Mo
0.48 이하	0.15~0.35	0.30~0.85	0.030 이하	0.030 이하	0.90~1.50	0.15~0.30

■ 기계적 성질(축상 단강품)

종류의 기호	열처리시 시험부의 지름 또는 두께 mm	항복점 또는 내구력 N/mm²{kgf/mm²}	인장강도[1] N/mm²{kgf/mm²}	연신율 축방향 % (14A 호 시험편)	연신율 절선 방향 % (14A 호 시험편)	단면 수축률 축방향 %	단면 수축률 절선 방향 %	샤르피 충격치 축방향 J/cm²{kgf·m/cm²} (3호 시험편)	샤르피 충격치 절선방향 J/cm²{kgf·m/cm²} (3호 시험편)	경도[2] HB	경도[2] HS
SFCM 590 S	200미만	360{37}이상	590~740 {60~75}	20이상	–	54이상	–	88{9.0}이상	–	170이상	26이상
	200이상 400미만	360{37}이상		19이상	14이상	51이상	33이상	78{8.0}이상	54{5.5}이상		
	400이상 700미만	360{37}이상		18이상	13이상	48이상	31이상	69{7.0}이상	44{4.5}이상		
SFCM 640 S	200미만	410{42}이상	640~780 {65~80}	18이상	–	51이상	–	78{8.0}이상	–	187이상	28이상
	200이상 400미만	410{42}이상		17이상	13이상	48이상	31이상	69{7.0}이상	49{5.0}이상		
	400이상 700미만	410{42}이상		16이상	12이상	45이상	29이상	59{6.0}이상	39{4.0}이상		
SFCM 690 S	200미만	460{47}이상	690~830 {70~85}	17이상	–	48이상	–	69{7.0}이상	–	201이상	31이상
	200이상 400미만	450{46}이상		16이상	12이상	45이상	29이상	64{6.5}이상	44{4.5}이상		
	400이상 700미만	450{46}이상		15이상	11이상	43이상	27이상	54{5.5}이상	34{3.5}이상		
SFCM 740 S	200미만	510{52}이상	740~880 {75~90}	16이상	–	45이상	–	64{6.5}이상	–	217이상	33이상
	200이상 400미만	500{51}이상		15이상	11이상	43이상	28이상	54{5.5}이상	39{4.0}이상		
	400이상 700미만	490{50}이상		14이상	10이상	40이상	26이상	49{5.0}이상	29{3.0}이상		
SFCM 780 S	200미만	560{57}이상	780~930 {80~95}	15이상	–	43이상	–	54{5.5}이상	–	229이상	34이상
	200이상 400미만	550{56}이상		14이상	10이상	40이상	27이상	49{5.0}이상	34{3.5}이상		
	400이상 700미만	540{55}이상		13이상	9이상	38이상	25이상	44{4.5}이상	29{3.0}이상		
SFCM 830 S	200미만	610{62}이상	830~980 {85~100}	14이상	–	41이상	–	49{5.0}이상	–	241이상	36이상
	200이상 400미만	590{60}이상		13이상	9이상	38이상	25이상	44{4.5}이상	29{3.0}이상		
	400이상 700미만	580{59}이상		12이상	8이상	35이상	23이상	39{4.0}이상	25{2.5}이상		
SFCM 880 S	200미만	655{67}이상	880~1030 {90~105}	13이상	–	39이상	–	49{5.0}이상	–	255이상	38이상
	200이상 400미만	635{65}이상		12이상	9이상	36이상	24이상	44{4.5}이상	29{3.0}이상		
	400이상 700미만	625{64}이상		11이상	8이상	33이상	22이상	39{4.0}이상	25{2.5}이상		
SFCM 930 S	200미만	705{72}이상	930~1080 {95~110}	12이상	–	37이상	–	44{4.5}이상	–	269이상	40이상
	200이상 400미만	685{70}이상		11이상	8이상	34이상	22이상	39{4.0}이상	29{3.0}이상		
SFCM 980 S	200미만	755{77}이상	980~1130 {100~115}	11이상	–	36이상	–	44{4.5}이상	–	285이상	42이상

주 (1) 1개의 단강품의 인장강도 편차는 100N/mm²{10kgf/mm²} 이하로 한다.
(2) 동일 로트의 단강품의 경도 편차는 HB 50 또는 HS8 이하로 하고,
1개의 단강품의 경도 편차는 HB30 또는 HS5 이하로 한다.

■ 기계적 성질(링상 단강품)

종류의 기호	열처리시 시험부의 두께 mm	항복점 또는 내구력 N/mm² {kgf/mm²}	인장강도[1] N/mm² {kgf/mm²}	연신율 절선방향 % 14A 호 시험편	단면 수축률 절선방향 %	샤르피 충격치 절선방향 J/cm² {kgf · m/cm²} 3호 시험편	경도[2] HB	경도[2] HS
SFCM 590 R	50미만	360{37}이상	590~740 {60~75}	19이상	50이상	83{8.5}이상	170이상	26이상
	50이상 100미만	360{37}이상		18이상	47이상	74{7.5}이상		
	100이상 200미만	360{37}이상		18이상	46이상	74{7.5}이상		
	200이상 300미만	360{37}이상		17이상	45이상	64{6.5}이상		
SFCM 640 R	50미만	410{42}이상	640~780 {65~80}	18이상	48이상	74{7.5}이상	187이상	28이상
	50이상 100미만	410{42}이상		18이상	45이상	64{6.5}이상		
	100이상 200미만	410{42}이상		17이상	44이상	64{6.5}이상		
	200이상 300미만	410{42}이상		16이상	42이상	59{6.0}이상		
SFCM 690 R	50미만	460{47}이상	690~830 {70~85}	17이상	45이상	64{6.5}이상	201이상	31이상
	50이상 100미만	460{47}이상		16이상	43이상	59{6.0}이상		
	100이상 200미만	460{47}이상		16이상	42이상	59{6.0}이상		
	200이상 300미만	460{47}이상		15이상	40이상	54{5.5}이상		
SFCM 740 R	50미만	530{54}이상	740~880 {75~90}	16이상	42이상	59{6.0}이상	217이상	33이상
	50이상 100미만	520{53}이상		15이상	41이상	54{5.5}이상		
	100이상 200미만	510{52}이상		14이상	40이상	54{5.5}이상		
	200이상 300미만	500{51}이상		13이상	38이상	49{5.0}이상		
SFCM 780 R	50미만	590{60}이상	780~930 {80~95}	15이상	40이상	54{5.5}이상	229이상	34이상
	50이상 100미만	570{58}이상		14이상	38이상	44{4.5}이상		
	100이상 200미만	560{57}이상		13이상	37이상	44{4.5}이상		
	200이상 300미만	550{56}이상		12이상	36이상	39{4.0}이상		
SFCM 830 R	50미만	655{67}이상	830~980 {85~100}	14이상	37이상	49{5.0}이상	241이상	36이상
	50이상 100미만	625{64}이상		13이상	36이상	44{4.5}이상		
	100이상 200미만	610{62}이상		12이상	35이상	44{4.5}이상		
	200이상 300미만	590{60}이상		11이상	33이상	39{4.0}이상		
SFCM 880 R	50미만	705{72}이상	880~1030 {90~105}	13이상	35이상	44{4.5}이상	255이상	38이상
	50이상 100미만	675{69}이상		13이상	34이상	39{4.0}이상		
	100이상 200미만	655{67}이상		12이상	33이상	39{4.0}이상		
	200이상 300미만	635{65}이상		11이상	31이상	34{3.5}이상		
SFCM 930 R	50미만	755{77}이상	930~1080 {95~110}	13이상	33이상	44{4.5}이상	269이상	40이상
	50이상 100미만	725{74}이상		12이상	32이상	39{4.0}이상		
	100이상 200미만	705{72}이상		11이상	31이상	39{4.0}이상		
	200이상 300미만	685{70}이상		10이상	30이상	34{3.5}이상		
SFCM 980 R	50미만	805{82}이상	980~1130 {100~115}	12이상	32이상	39{4.0}이상	285이상	42이상
	50이상 100미만	775{79}이상		11이상	31이상	39{4.0}이상		
	100이상 200미만	775{77}이상		10이상	30이상	39{4.0}이상		

■ 기계적 성질(디스크상 단강품)

종류의 기호	열처리시 시험부의 두께 mm	항복점 또는 내구력 N/mm² {kgf/mm²}	인장강도(1) N/mm² {kgf/mm²}	연신율 절선방향 % 14A 호 시험편	단면 수축률 절선방향 %	샤르피 충격치 절선방향 J/cm² {kgf · m/cm²} 3호 시험편	경도 HB	경도 HS
SFCM 590 D	100미만	360{37}이상	590~740 {60~75}	18이상	46이상	69{7.0}이상	170이상	26이상
	100이상 200미만	360{37}이상		17이상	44이상	64{6.5}이상		
	200이상 300미만	360{37}이상		16이상	43이상	59{6.0}이상		
	300이상 400미만	360{37}이상		15이상	42이상	59{6.0}이상		
	400이상 600미만	360{37}이상		14이상	41이상	54{5.50}이상		
SFCM 640 D	100미만	410{42}이상	640~780 {65~80}	17이상	44이상	59{6.0}이상	187이상	28이상
	100이상 200미만	410{42}이상		16이상	42이상	59{6.0}이상		
	200이상 300미만	410{42}이상		15이상	41이상	54{5.5}이상		
	300이상 400미만	410{42}이상		14이상	40이상	49{5.0}이상		
	400이상 600미만	410{42}이상		13이상	39이상	49{5.0}이상		
SFCM 690 D	100미만	460{47}이상	690~830 {70~85}	16이상	41이상	54{5.5}이상	201이상	31이상
	100이상 200미만	460{47}이상		15이상	40이상	49{5.0}이상		
	200이상 300미만	460{47}이상		14이상	39이상	49{5.0}이상		
	300이상 400미만	450{46}이상		13이상	38이상	44{4.5}이상		
	400이상 600미만	450{46}이상		12이상	37이상	44{4.5}이상		
SFCM 740 D	100미만	520{53}이상	740~880 {75~90}	15이상	39이상	49{5.0}이상	217이상	33이상
	100이상 200미만	510{52}이상		14이상	38이상	44{4.5}이상		
	200이상 300미만	500{51}이상		13이상	37이상	44{4.5}이상		
	300이상 400미만	500{51}이상		12이상	36이상	39{4.0}이상		
	400이상 600미만	490{50}이상		11이상	35이상	39{4.0}이상		
SFCM 780 D	100미만	570{58}이상	780~930 {80~95}	14이상	37이상	44{4.5}이상	229이상	34이상
	100이상 200미만	560{57}이상		13이상	35이상	39{4.0}이상		
	200이상 300미만	550{56}이상		12이상	34이상	39{4.0}이상		
	300이상 400미만	550{56}이상		11이상	33이상	34{3.5}이상		
	400이상 600미만	540{55}이상		10이상	32이상	34{3.5}이상		
SFCM 830 D	100미만	625{64}이상	830~980 {85~100}	13이상	35이상	39{4.0}이상	241이상	36이상
	100이상 200미만	610{62}이상		12이상	33이상	39{4.0}이상		
	200이상 300미만	590{60}이상		11이상	32이상	34{3.5}이상		
	300이상 400미만	590{60}이상		10이상	31이상	34{3.5}이상		
	400이상 600미만	580{59}이상		9이상	30이상	34{3.5}이상		
SFCM 880 D	100미만	675{69}이상	880~1030 {90~105}	12이상	33이상	39{4.0}이상	255이상	38이상
	100이상 200미만	655{67}이상		11이상	31이상	34{3.5}이상		
	200이상 300미만	635{65}이상		10이상	30이상	34{3.5}이상		
SFCM 930 D	100미만	725{74}이상	930~1080 {95~110}	11이상	31이상	39{4.0}이상	269이상	40이상
	100이상 200미만	705{72}이상		10이상	30이상	34{3.5}이상		
	200이상 300미만	685{70}이상		9이상	29이상	34{3.5}이상		
SFCM 980 D	100미만	775{79}이상	980~1130 {100~115}	10이상	30이상	34{3.5}이상	285이상	42이상
	100이상 200미만	755{77}이상		9이상	29이상	34{3.5}이상		

3. 압력 용기용 스테인리스강 단강품 KS D 4115 : 2001(2010확인)

■ 종류의 기호 및 분류

종류의 기호	분류	종류의 기호	분류	종류의 기호	분류
STS F 304	오스테나이트계	STS F 316L	오스테나이트계	STS F 347H	오스테나이트계
STS F 304H		STS F 316N		STS F 350	
STS F 304L		STS F 316LN		STS F 410−A	마르텐사이트계
STS F 304N		STS F 317		STS F 410−B	
STS F 304LN		STS F 317L		STS F 410−C	
STS F 310		STS F 321		STS F 410−D	
STS F 316		STS F 321H		STS F 6B	
STS F 316H		STS F 347		STS F 6NM	
				STS F 630	석출 경화계

■ 마르텐사이트계 스테인리스강 단강품의 화학 성분

단위 : %

종류의 기호	C	Si	Mn	P	S	Ni	Cr	Mo	Cu
STS F 410−A	0.15이하	1.00이하	1.00이하	0.040이하	0.030이하	0.50이하	11.50~13.50	−	−
STS F 410−B									
STS F 410−C									
STS F 410−D									
STS F 6B	0.15이하	1.00이하	1.00이하	0.020이하	0.020이하	1.00~2.00	11.50~13.50	0.40~0.60	0.50이하
STS F 6NM	0.05이하	0.60이하	0.50~1.00	0.030이하	0.030이하	3.50~5.50	11.50~14.00	0.50~1.00	−

■ 석출 경화계 스테인리스강 단강품의 화학 성분

단위 : %

종류의 기호	C	Si	Mn	P	S	Ni	Cr	Cu	Nb
STS F 630	0.07이하	1.00이하	1.00이하	0.040이하	0.030이하	3.00~5.00	15.00~17.50	3.00~5.00	0.15~0.45

■ 오스테나이트계 스테인리스강 단강품의 화학 성분

단위 : %

종류의 기호	C	Si	Mn	P	S	Ni	Cr	Mo	N	기타
STS F 304	0.08 이하	1.00 이하	2.00 이하	0.040 이하	0.030 이하	8.00~11.00	18.00~20.00	–	–	–
STS F 304H	0.04~0.10	1.00 이하	2.00 이하	0.040 이하	0.030 이하	8.00~12.00	18.00~20.00	–	–	–
STS F 304L	0.030 이하	1.00 이하	2.00 이하	0.040 이하	0.030 이하	9.00~13.00	18.00~20.00	–	–	–
STS F 304N	0.08 이하	0.75 이하	2.00 이하	0.040 이하	0.030 이하	8.00~11.00	18.00~20.00	–	0.10~0.16	–
STS F 304LN	0.030 이하	1.00 이하	2.00 이하	0.040 이하	0.030 이하	8.00~11.00	18.00~20.00	–	0.10~0.16	–
STS F 310	0.15 이하	1.00 이하	2.00 이하	0.040 이하	0.030 이하	19.00~22.00	24.00~26.00	–	–	–
STS F 316	0.08 이하	1.00 이하	2.00 이하	0.040 이하	0.030 이하	10.00~14.00	16.00~18.00	2.00~3.00	–	–
STS F 316H	0.04~0.10	1.00 이하	2.00 이하	0.040 이하	0.030 이하	10.00~14.00	16.00~18.00	2.00~3.00	–	–
STS F 316L	0.030 이하	1.00 이하	2.00 이하	0.040 이하	0.030 이하	12.00~15.00	16.00~18.00	2.00~3.00	–	–
STS F 316N	0.08 이하	0.75 이하	2.00 이하	0.040 이하	0.030 이하	11.00~14.00	16.00~18.00	2.00~3.00	0.10~0.16	–
STS F 316LN	0.030 이하	1.00 이하	2.00 이하	0.040 이하	0.030 이하	10.00~14.00	16.00~18.00	2.00~3.00	0.10~0.16	–
STS F 317	0.08 이하	1.00 이하	2.00 이하	0.040 이하	0.030 이하	11.00~15.00	18.00~20.00	3.00~4.00	–	–
STS F 317L	0.030 이하	1.00 이하	2.00 이하	0.040 이하	0.030 이하	11.00~15.00	18.00~20.00	3.00~4.00	–	–
STS F 321	0.08 이하	1.00 이하	2.00 이하	0.040 이하	0.030 이하	9.00~12.00	17.00이상	–	–	Ti 5xC% ~0.60
STS F 321H	0.04~0.10	1.00 이하	2.00 이하	0.040 이하	0.030 이하	9.00~12.00	17.00이상	–	–	Ti 4xC% ~0.60
STS F 347	0.08 이하	1.00 이하	2.00 이하	0.040 이하	0.030 이하	9.00~13.00	17.00~20.00	–	–	Nb 10xC% ~1.00
STS F 347H	0.04~0.10	1.00 이하	2.00 이하	0.040 이하	0.030 이하	9.00~13.00	17.00~20.00	–	–	Nb 8xC% ~1.00
STS F 350	0.03 이하	1.00 이하	1.50 이하	0.035 이하	0.02 이하	20.00~23.00	22.00~24.00	6.0~6.8	0.21~0.32	Cu 0.4 이하

■ 오스테나이트계 스테인리스강 단강품의 기계적 성질

종류의 기호	열처리시의 지름 또는 두께 mm	내구력 N/mm^2	인장강도 N/mm^2	연신율 % 14A호 시험편	수축률 %	경도 HB
STS F 304	130 미만	205 이상	520 이상	43 이상	50 이상	187 이하
	130 이상 200 이하	205 이상	480 이상	29 이상	45 이상	187 이하
STS F 304H	130 미만	205 이상	520 이상	43 이상	50 이상	187 이하
	130 이상 200 이하	205 이상	480 이상	29 이상	45 이상	187 이하
STS F 304L	130 미만	175 이상	480 이상	29 이상	50 이상	187 이하
	130 이상 200 이하	175 이상	450 이상	29 이상	45 이상	187 이하
STS F 304N	130 미만	240 이상	550 이상	29 이상	50 이상	217 이하
	130 이상 200 이하	240 이상	550 이상	24 이상	45 이상	217 이하
STS F 304LN	130 미만	205 이상	520 이상	29 이상	50 이상	187 이하
	130 이상 200 이하	205 이상	480 이상	29 이상	45 이상	187 이하
STS F 310	130 미만	205 이상	520 이상	34 이상	50 이상	187 이하
	130 이상 200 이하	205 이상	480 이상	29 이상	40 이상	187 이하
STS F 316	130 미만	205 이상	520 이상	43 이상	50 이상	187 이하
	130 이상 200 이하	205 이상	480 이상	29 이상	50 이상	187 이하
STS F 316H	130 미만	205 이상	520 이상	43 이상	50 이상	187 이하
	130 이상 200 이하	205 이상	480 이상	29 이상	50 이상	187 이하
STS F 316L	130 미만	175 이상	480 이상	29 이상	50 이상	187 이하
	130 이상 200 이하	175 이상	450 이상	29 이상	45 이상	187 이하
STS F 316N	130 미만	240 이상	550 이상	29 이상	50 이상	217 이하
	130 이상 200 이하	240 이상	550 이상	24 이상	45 이상	217 이하
STS F 316LN	130 미만	205 이상	520 이상	29 이상	50 이상	187 이하
	130 이상 200 이하	205 이상	480 이상	29 이상	45 이상	187 이하
STS F 317	130 미만	205 이상	520 이상	29 이상	50 이상	187 이하
	130 이상 200 이하	205 이상	480 이상	29 이상	50 이상	187 이하
STS F 317L	130 미만	175 이상	480 이상	29 이상	50 이상	187 이하
	130 이상 200 이하	175 이상	450 이상	29 이상	50 이상	187 이하
STS F 321	130 미만	205 이상	520 이상	43 이상	50 이상	187 이하
	130 이상 200 이하	205 이상	480 이상	29 이상	45 이상	187 이하
STS F 321H	130 미만	205 이상	520 이상	43 이상	50 이상	187 이하
	130 이상 200 이하	205 이상	480 이상	29 이상	45 이상	187 이하
STS F 347	130 미만	205 이상	520 이상	43 이상	50 이상	187 이하
	130 이상 200 이하	205 이상	480 이상	29 이상	45 이상	187 이하
STS F 347H	130 미만	205 이상	520 이상	43 이상	50 이상	187 이하
	130 이상 200 이하	205 이상	480 이상	29 이상	45 이상	187 이하
STS F 350	130 미만	330 이상	675 이상	40 이상	–	–
	130 이상 200 이하	–	–	–	–	–

■ 마르텐사이트 스테인리스강 단강품의 기계적 성질

종류의 기호	내구력 N/mm^2	인장강도 N/mm^2	연산율 % 14A호 시험편	수축률 %	경도 HBS 또는 HBW
STS F 410-A	275 이상	480 이상	16 이상	35 이상	143~187
STS F 410-B	380 이상	590 이상	16 이상	35 이상	167~229
STS F 410-C	585 이상	760 이상	14 이상	35 이상	217~302
STS F 410-D	760 이상	900 이상	11 이상	35 이상	262~321
STS F 6B	620 이상	760~930	15 이상	45 이상	217~285
STS F 6NM	620 이상	790 이상	14 이상	45 이상	295 이하

■ 석출 경화계 스테인리스강 단강품의 기계적 성질

종류의 기호	열처리 기호	내구력	인장강도	연산율 % 14A호 시험편	수축률 %	경도 HBS 또는 HBW	샤르피 흡수 에너지 J
STS F 630	H1075	860 이상	1000 이상	12 이상	45 이상	311 이상	27 이상
	H1100	795 이상	970 이상	13 이상	45 이상	302 이상	34 이상
	H1150	725 이상	930 이상	15 이상	50 이상	277 이상	41 이상

4. 탄소강 단강품용 강편 KS D 4116 : 1990(2015 확인)

■ 종류 및 기호와 화학 성분

종류의 기호	화학 성분 (%)				
	C	Si	Mn	P	S
SFB 1	0.05~0.20	0.15~0.50	0.30~0.90	0.030 이하	0.035 이하
SFB 2	0.10~0.25	0.15~0.50	0.30~1.20	0.030 이하	0.035 이하
SFB 3	0.15~0.30	0.15~0.50	0.40~1.20	0.030 이하	0.035 이하
SFB 4	0.20~0.38	0.15~0.50	0.40~1.20	0.030 이하	0.035 이하
SFB 5	0.28~0.45	0.15~0.50	0.50~1.20	0.030 이하	0.035 이하
SFB 6	0.35~0.50	0.15~0.50	0.50~1.20	0.030 이하	0.035 이하
SFB 7	0.40~0.60	0.15~0.50	0.50~1.20	0.030 이하	0.035 이하

5. 니켈-크롬 몰리브덴강 단강품 KS D 4117 : 1991(2016 확인)

■ 종류 및 기호

종류의 기호					
축상 단강품		환상 단강품		원판상 단강품	
SI 단위	(참고) 종래 단위	SI 단위	(참고) 종래 단위	SI 단위	(참고) 종래 단위
SFNCM 690 S	SFNCM 70 S	SFNCM 690 R	SFNCM 70 R	SFNCM 690 D	SFNCM 70 D
SFNCM 740 S	SFNCM 75 S	SFNCM 740 R	SFNCM 75 R	SFNCM 740 D	SFNCM 75 D
SFNCM 780 S	SFNCM 80 S	SFNCM 780 R	SFNCM 80 R	SFNCM 780 D	SFNCM 80 D
SFNCM 830 S	SFNCM 85 S	SFNCM 830 R	SFNCM 85 R	SFNCM 830 D	SFNCM 85 D
SFNCM 880 S	SFNCM 90 S	SFNCM 880 R	SFNCM 90 R	SFNCM 880 D	SFNCM 90 D
SFNCM 930 S	SFNCM 95 S	SFNCM 930 R	SFNCM 95 R	SFNCM 930 D	SFNCM 95 D
SFNCM 980 S	SFNCM 100 S	SFNCM 980 R	SFNCM 100 R	SFNCM 980 D	SFNCM 100 D
SFNCM 1030 S	SFNCM 105 S	SFNCM 1030 R	SFNCM 105 R	SFNCM 1030 D	SFNCM 105 D
SFNCM 1080 S	SFNCM 110 S	SFNCM 1080 R	SFNCM 110 R	SFNCM 1080 D	SFNCM 110 D

■ 화학 성분

단위 : %

C	Si	Mn	P	S	Ni	Cr	Mo
0.50 이하	0.15~0.35	0.35~1.00	0.030 이하	0.030 이하	0.40~3.50	0.40~3.50	0.15~0.70

■ 기계적 성질(축상 단강품)

종류의 기호	열처리시 공시부의 지름 또는 두께 mm	항복점 또는 내구력 N/mm² {kgf/mm²}	인장강도 N/mm² {kgf/mm²}	신장률 축방향 % (14A호 시험편)	신장률 절선방향 % (14A호 시험편)	단면 수축률 축방향 %	단면 수축률 절선방향 %	샤르피충격치 축방향 J/cm² {kgf · m/cm²} (3 호 시험편)	샤르피충격치 절선방향 (3 호 시험편)	경도 HB	경도 HS
SFNCM 690 S	200 미만	490이상 {50}이상	690~830 {70~85}	18이상	-	51 이상	-	83이상 {8.5}	-	201 이상	31 이상
	200 이상 400 미만	490이상 {50}이상		17이상	13 이상	48 이상	31 이상	78이상 {8.0}이상	49이상 {5.0}이상		
	400 이상 700 미만	490이상 {50}이상		16이상	12 이상	46 이상	29 이상	74이상 {7.5}이상	44이상 {4.5}이상		
	700 이상 1000 미만	490이상 {50}이상		15이상	11 이상	43 이상	27 이상	64이상 {6.5}이상	44이상 {4.5}이상		
SFNCM 740 S	200 미만	540이상 {55}이상	740~880 {75~90}	17이상	-	48 이상	-	78이상 {8.0}이상	-	217 이상	33 이상
	200 이상 400 미만	530이상 {54}이상		16이상	12 이상	46 이상	30 이상	74이상 {7.5}이상	49이상 {5.0}이상		
	400 이상 700 미만	530이상 {54}이상		15이상	11 이상	43 이상	28 이상	69이상 {7.0}이상	44이상 {4.5}이상		
	700 이상 1000 미만	520이상 {53}이상		14이상	10 이상	40 이상	26 이상	59이상 {6.0}이상	39이상 {4.0}이상		
SFNCM 780 S	200 미만	590이상 {60}이상	780~930 {80~95}	16이상	-	46 이상	-	74이상 {7.5}이상	-	229 이상	34 이상

철강 재료 데이터

■ 기계적 성질(축상 단강품) (계속)

종류의 기호	열처리시 공시부의 지름 또는 두께 mm	항복점 또는 내구력 N/mm² {kgf/mm²}	인장강도 N/mm² {kgf/mm²}	신장률		단면 수축률		샤르피충격치		경도	
				축방향 %	절선방향 %	축방향 %	절선방향 %	축방향 J/cm² {kgf·m/cm²}	절선방향	HB	HS
				14A호 시험편				3호 시험편			
SFNCM 780 S	200 이상 400 미만	580이상 {59}이상	780~930 {80~95}	15이상	11 이상	43 이상	29 이상	69이상 {7.0}이상	44이상 {4.5}이상	229 이상	34 이상
	400 이상 700 미만	570이상 {58}이상		14이상 13이상	10 이상	40 이상	27 이상	64이상 {6.5}이상	39이상 {4.0}이상		
	700 이상 1000 미만	560이상 {57}이상		15이상	9 이상	36 이상	25 이상	54이상 {5.5}이상	34이상 {3.5}이상		
SFNCM 830 S	200 미만	635이상 {65}이상	830~980 {85~100}	14이상	–	44 이상	–	69이상 {7.0}이상	–	241 이상	36 이상
	200 이상 400 미만	615이상 {63}이상		13이상	10 이상	41 이상	27 이상	64이상 {6.5}이상	44이상 {4.5}이상		
	400 이상 700 미만	610이상 {62}이상		12이상	9 이상	38 이상	25 이상	59이상 {6.0}이상	39이상 {4.0}이상		
	700 이상 1000 미만	600이상 {61}이상		11이상	8 이상	34 이상	23 이상	49이상 {5.0}이상	34이상 {3.5}이상		
SFNCM 880 S	200 미만	685이상 {68}이상	880~1030 {90~105}	13이상	–	42 이상	–	69이상 {7.0}이상	–	255 이상	38 이상
	200 이상 400 미만	665이상 {68}이상		12이상	10 이상	39 이상	26 이상	{64}이상 {6.5}이상	39이상 {4.0}이상		
	400 이상 700 미만	655이상 {67}이상		11이상	9 이상	36 이상	24 이상	{59}이상 {6.0}이상	34이상 {3.5}이상		
	700 이상 1000 미만	635이상 {65}이상		10이상	7 이상	33 이상	22 이상	{49}이상 {5.0}이상	29이상 {3.0}이상		
SFNCM 930 S	200 미만	735이상 {75}이상	930~1080 {95~110}	13이상	–	40 이상	–	{64}이상 {6.5}이상	–	269 이상	40 이상
	200 이상 400 미만	715이상 {73}이상		12이상	9 이상	37 이상	25 이상	{59}이상 {6.0}이상	34이상 {3.5}이상		
	400 이상 700 미만	705이상 {72}이상		11이상	8 이상	35 이상	24 이상	{54}이상 {5.5}이상	34이상 {3.5}이상		
	700 이상 1000 미만	685이상 {70}이상		10이상	7 이상	32 이상	22 이상	{44}이상 {4.5}이상	29이상 {3.0}이상		
SFNCM 980 S	200 미만	785이상 {80}이상	980~1130 {100~115}	13이상	–	39 이상	–	64이상 {6.5}이상	–	285 이상	42 이상
	200 이상 400 미만	765이상 {78}이상		12이상	8 이상	36 이상	24 이상	59이상 {6.0}이상	34이상 {3.5}이상		
	400 이상 700 미만	755이상 {77}이상		11이상	7 이상	34 이상	23 이상	54이상 {5.5}이상	34이상 {3.5}이상		
SFNCM 1030 S	200 미만	835이상 {85}이상	1030~1180 {105~120}	11이상	–	38 이상	–	59이상 {6.0}이상	–	302 이상	45 이상
	200 이상 400 미만	815이상 {83}이상		11이상	7 이상	35 이상	23 이상	54이상 {5.5}이상	34이상 {3.5}이상		
SFNCM 1080 S	20 미만	885이상 {90}이상	1080~1230 {110~125}	11이상	–	37 이상	–	59이상 {6.0}이상	–	311 이상	46 이상
	200 이상 400 미만	860이상 {88}이상		11이상	7 이상	35 이상	23 이상	54이상 {5.5}이상	34이상 {3.5}이상		

■ 기계적 성질(환상 단강품)

종류의 기호	열처리시 공시부의 두께 mm	항복점 또는 내구력 N/mm² {kgf/mm²}	인장강도 N/mm² {kgf/mm²}	신장률 절선방향 % 14 A 호 시험편	단면 수축률 절선방향 %	샤르피충격치 절선방향 J/cm² {kgf · m/cm²} 3호 시험편	경도 HB	경도 HS
SFNCM 690 R	100 미만	490이상 {50}이상	690~830 {70~85}	18 이상	45 이상	74이상 {7.5}이상	201 이상	31 이상
	100 이상 200 미만	490이상 {50}이상		17 이상	44 이상	69이상 {7.0}이상		
	200 이상 300 미만	490이상 {50}이상		16 이상	42 이상	64이상 {6.5}이상		
	300 이상 400 미만	490이상 {50}이상		15 이상	41 이상	59이상 {6.0}이상		
SFNCM 740 R	100 미만	550이상 {56}이상	740~880 {75~90}	17 이상	43 이상	69이상 {7.0}이상	217 이상	33 이상
	100 이상 200 미만	540이상 {55}이상		16 이상	42 이상	{64}이상 {6.5}이상		
	200 이상 300 미만	530이상 {54}이상		15 이상	40 이상	59이상 {6.0}이상		
	300 이상 400 미만	530이상 {54}이상		14 이상	39 이상	49이상 {5.0}이상		
SFNCM 780 R	100 미만	600이상 {61}이상	780~930 {80~95}	16 이상	40 이상	{59}이상 {6.0}이상	229 이상	34 이상
	100 이상 200 미만	590이상 {60}이상		15 이상	39 이상	54이상 {5.5}이상		
	200 이상 300 미만	580이상 {59}이상		14 이상	38 이상	54이상 {5.5}이상		
	300 이상 400 미만	570이상 {58}이상		13 이상	37 이상	{49}이상 {5.0}이상		
SFNCM 830 R	100 미만	655이상 {67}이상	830~980 {85~100}	15 이상	38 이상	59이상 {6.0}이상	241 이상	36 이상
	100 이상 200 미만	635이상 {65}이상		14 이상	37 이상	54이상 {5.5}이상		
	200 이상 300 미만	615이상 {63}이상		13 이상	35 이상	54이상 {5.5}이상		
	300 이상 400 미만	610이상 {62}이상		12 이상	34 이상	{44}이상 {4.5}이상		
SFNCM 880 R	100 미만	705이상 {72}이상	880~1030 {90~105}	14 이상	36 이상	{54}이상 {5.5}이상	225 이상	38 이상
	100 이상 200 미만	685이상 {70}이상		13 이상	35 이상	54이상 {5.5}이상		
	200 이상 300 미만	665이상 {68}이상		12 이상	33 이상	{44}이상 {4.5}이상		
	300 이상 400 미만	665이상 {67}이상		11 이상	32 이상	{54}이상 {5.5}이상		
SFNCM 930 R	100 미만	775이상 {77}이상	930~1080 {95~110}	13 이상	34 이상	54이상 {5.5}이상	269 이상	40 이상
	100 이상 200 미만	735이상 {75}이상		12 이상	33 이상	49이상 {5.0}이상		

■ 기계적 성질(환상 단강품) (계속)

종류의 기호	열처리시 공시부의 두께 mm	항복점 또는 내구력 N/mm² {kgf/mm²}	인장강도 N/mm² {kgf/mm²}	신장률	단면 수축률	샤르피충격치	경 도	
				절선방향 % 14 A 호 시험편	절선방향 %	절선방향 J/cm² {kgf · m/cm²} 3호 시험편	HB	HS
	200 이상 300 미만	715이상 {73}이상		11 이상	32 이상	{44}이상 {4.5}이상		
	300 이상 400 미만	705이상 {72}이상		10 이상	31 이상	54이상 {5.5}이상		
SFNCM 980 R	100 미만	805이상 {82}이상	980~1130 {100~115}	12 이상	33 이상	{49}이상 {5.0}이상	285 이상	42 이상
	100 이상 200 미만	785이상 {80}이상		11 이상	32 이상	49이상 {5.0}이상		
	200 이상 300 미만	765이상 {78}이상		10 이상	32 이상	54이상 {5.5}이상		
SFNCM 1030 R	100 미만	885이상 {87}이상	1030~1180 {105~120}	11 이상	32 이상	49이상 {5.0}이상	302 이상	45 이상
	100 이상 200 미만	835이상 {85}이상		11 이상	31 이상	49이상 {5.0}이상		
SFNCM 1080 R	100 미만	900이상 {92}이상	1080~1230 {110~125}	10 이상	32 이상	49이상 {5.0}이상	311 이상	46 이상
	100 이상 200 미만	880이상 {90}이상		10 이상	31 이상	49이상 {5.0}이상		

■ 기계적 성질(원판상 단강품)

종류의 기호	열처리시 공시부 축방향의 길이 mm	항복점 또는 내구력 N/mm² {kgf/mm²}	인장강도[(1)] N/mm² {kgf/mm²}	신장률	단면 수축률	샤르피 충격치	경 도[(1)]	
				절선방향 % 14 A 호 시험편	절선방향 %	절선방향 J/cm² {kgf · m/cm²} 3호 시험편	HB	HS
SFNCM 690 D	200 미만	490이상 {50}이상	690~830 {70~85}	16 이상	42 이상	64이상 {6.5}이상	201 이상	31 이상
	200 이상 300 미만	490이상 {50}이상		15 이상	41 이상	59이상 {6.0}이상		
	300 이상 400 미만	480이상 {49}이상		14 이상	40 이상	54이상 {5.5}이상		
	400 이상 600 미만	480이상 {49}이상		13 이상	39 이상	54이상 {5.5}이상		
SFNCM 740 D	200 미만	540이상 {55}이상	740~880 {75~90}	15 이상	40 이상	64이상 {6.5}이상	217 이상	33 이상
	200 이상 300 미만	530이상 {54}이상		14 이상	39 이상	54이상 {5.5}이상		
	300 이상 400 미만	530이상 {54}이상		13 이상	38 이상	{49}이상 {5.0}이상		
	400 이상 600 미만	520이상 {53}이상		12 이상	37 이상	49이상 {5.0}이상		

■ 기계적 성질(원판상 단강품) (계속)

종류의 기호	열처리시 공시부 축방향의 길이 mm	항복점 또는 내구력 N/mm^2 {kgf/mm^2}	인장강도[1] N/mm^2 {kgf/mm^2}	신장률	단면 수축률	샤르피 충격치	경 도[1]	
				절선방향 % 14 A 호 시험편	절선방향 %	절선방향 J/cm^2 {kgf · m/cm^2} 3호 시험편	HB	HS
SFNCM 780 D	200 미만	590이상 {60}이상	780~930 {80~95}	14 이상	37 이상	59이상 {6.0}이상	229 이상	34 이상
	200 이상 300 미만	580이상 {59}이상		13 이상	36 이상	54이상 {5.5}이상		
	300 이상 400 미만	580이상 {59}이상		12 이상	35 이상	49이상 {5.0}이상		
	400 이상 600 미만	570이상 {58}이상		11 이상	34 이상	49이상 {5.5}이상		
SFNCM 830 D	200 미만	635이상 {65}이상	830~980 {85~100}	13 이상	35 이상	{54}이상 {5.5}이상	241 이상	36 이상
	200 이상 300 미만	615이상 {63}이상		12 이상	34 이상	49이상 {5.0}이상		
	300 이상 400 미만	615이상 {63}이상		11 이상	33 이상	44이상 {4.5}이상		
	400 이상 600 미만	610이상 {62}이상		10 이상	32 이상	44이상 {4.5}이상		
SFNCM 880 D	200 미만	685이상 {70}이상	880~1030 {90~105}	12 이상	33 이상	49이상 {5.0}이상	225 이상	38 이상
	200 이상 300 미만	665이상 {68}이상		11 이상	32 이상	44이상 {4.5}이상		
	300 이상 400 미만	668이상 {68}이상		10 이상	31 이상	44이상 {4.5}이상		
	400 이상 600 미만	645이상 {66}이상		9 이상	30 이상	{44}이상 {4.5}이상		
SFNCM 930 D	200 미만	735이상 {75}이상	930~1080 {95~110}	11 이상	32 이상	49이상 {5.0}이상	269 이상	40 이상
	200 이상 300 미만	715이상 {73}이상		10 이상	31 이상	44이상 {4.5}이상		
	300 이상 400 미만	705이상 {72}이상		9 이상	30 이상	44이상 {4.5}이상		
	400 이상 600 미만	685이상 {70}이상		8 이상	29 이상	39이상 {4.0}이상		
SFNCM 980 D	200 미만	785이상 {80}이상	960~1080 {100~115}	10 이상	31 이상	44이상 {4.5}이상	285 이상	42 이상
	200 이상 300 미만	765이상 {78}이상		9 이상	30 이상	44이상 {4.5}이상		
	300 이상 400 미만	745이상 {76}이상		8 이상	29 이상	39이상 {4.0}이상		
SFNCM 1030 D	200 미만	835이상 {85}이상	1030~1180 {105~120}	10 이상	30 이상	44이상 {4.5}이상	302 이상	45 이상
	200 이상 300 미만	815이상 {83}이상		9 이상	30 이상	39이상 {4.0}이상		
SFNCM 1080 D	200 미만	880이상 {90}이상	1080~1230 {110~125}	9 이상	30 이상	44이상 {4.5}이상	311 이상	46 이상
	200 이상 300 미만	880이상 {90}이상		9 이상	30 이상	39이상 {4.0}이상		

주 (1) 1개의 단강품의 인장강도의 편차는 100N/mm^2{10kgf/mm^2} 이하로 한다.
(2) 동일 로트의 단강품 경도의 편차는 HB50 또는 HS8 이하로 하며, 1개의 단강품 경도의 편차는 HB30 또는 HS5 이하로 한다.

6. 압력 용기용 탄소강 단강품 KS D 4122 : 1993(2010확인)

■ 종류의 기호 및 화학 성분

단위 : %

종류의 기호	C	Si	Mn	P	S
SFVC 1	0.30 이하	0.35 이하	0.40~1.35	0.030 이하	0.030 이하
SFVC 2A	0.35 이하	0.35 이하	0.40~1.10	0.030 이하	0.030 이하
SFVC 2B	0.30 이하	0.35 이하	0.70~1.35	0.030 이하	0.030 이하

■ 기계적 성질

종류의 기호	항복점 또는 내력 N/mm^2 $\{kgf/mm^2\}$	인장 강도 N/mm^2 $\{kgf/mm^2\}$	연신율 %	단면수축률 %	충격시험 온도℃	샤르피 흡수 에너지 J{kgf · m}	
			14A호시험관			3개의 평균	별개의 값
						4호 시험편	
SFVC 1	205 이상 {21}이상	410~560 {42~57}	21 이상	38 이상	–	–	–
SFVC 2A	245 이상 {25}이상	490~640 {50~65}	18 이상	33 이상	–	–	–
SFVC 2B	245 이상 {25}이상	490~640 {50~65}	18 이상	38 이상	0	27 이상 {2.8 이상}	21 이상 {2.1 이상}

7. 압력 용기용 합금강 단강품 KS D 4123 : 2008(2013 확인)

■ 종류의 기호

고온용	조질형
SFVA F 1	SFVQ 1A
SFVA F 2	SFVQ 1B
SFVA F 12	SFVQ 2A
SFVA F 11A	SFVQ 2B
SFVA F 11B	SFVQ 3
SFVA F 22A	–
SFVA F 22B	
SFVA F 21A	
SFVA F 21B	
SFVA F 5A	
SFVA F 5B	
SFVA F 5C	
SFVA F 5D	
SFVA F 9	

■ 화학 성분(고온용)

단위 : %

종류의 기호	C	Si	Mn	P	S	Cr	Mo
SFVA F 1	0.30 이하	0.35 이하	0.60~0.90	0.030 이하	0.030 이하	–	0.45~0.65
SFVA F 2	0.20 이하	0.60 이하	0.30~0.80	0.030 이하	0.030 이하	0.50~0.80	0.45~0.65
SFVA F 12	0.20 이하	0.60 이하	0.30~0.80	0.030 이하	0.030 이하	0.80~1.25	0.45~0.65
SFVA F 11A SFVA F 11B	0.20 이하	0.50~1.00	0.30~0.80	0.030 이하	0.030 이하	1.00~1.50	0.45~0.65
SFVA F 22A SFVA F 22B	0.15 이하	0.50 이하	0.30~0.60	0.030 이하	0.030 이하	2.00~2.50	0.90~1.10
SFVA F 21A SFVA F 21B	0.15 이하	0.50 이하	0.30~0.60	0.030 이하	0.030 이하	2.65~3.35	0.80~1.00
SFVA F 5A SFVA F 5B	0.15 이하	0.50 이하	0.30~0.60	0.030 이하	0.030 이하	4.00~6.00	0.45~0.65
SFVA F 5C SFVA F 5D	0.25 이하	0.50 이하	0.30~0.60	0.030 이하	0.030 이하	4.00~6.00	0.45~0.65
SFVA F 9	0.15 이하	0.50~1.00	0.30~0.60	0.030 이하	0.030 이하	8.00~10.0	0.90~1.10

■ 화학 성분(조질형)

단위 : %

종류의 기호	C	Si	Mn	P	S	Ni	Cr	Mo	V
SFVQ 1A SFVQ 1B	0.25 이하	0.40 이하	1.20~1.50	0.030 이하	0.030 이하	0.40~1.00	0.25 이하	0.45~0.60	0.05 이하
SFVQ 2A SFVQ 2B	0.27 이하	0.40 이하	0.50~1.00	0.030 이하	0.030 이하	0.50~1.00	0.25~0.45	0.55~0.70	0.05 이하
SFVQ 3	0.23 이하	0.40 이하	0.20~0.40	0.030 이하	0.030 이하	2.75~3.90	1.50~2.00	0.40~0.60	0.03 이하

■ 템퍼링 온도

종류의 기호	템퍼링 온도(고온용) ℃	종류의 기호	템퍼링 온도(조질형) ℃
SFVA F 1	590 이상	SFVQ 1A	650 이상
SFVA F 2	590 이상	SFVQ 1B	620 이상
SFVA F 12	590 이상	SFVQ 2A	650 이상
SFVA F 11A	620 이상	SFVQ 2B	620 이상
SFVA F 11B	620 이상	SFVQ 3	610 이상
SFVA F 22A	675 이상		
SFVA F 22B	590 이상		
SFVA F 21A	675 이상		
SFVA F 21B	590 이상		
SFVA F 5A	675 이상		
SFVA F 5B	675 이상		
SFVA F 5C	590 이상		
SFVA F 5D	675 이상		
SFVA F 9	675 이상		

비고 SFVQ 1A 및 SFVQ 2B의 용접 후 열처리(PWHT) 온도가 620℃ 이하인 경우는 템퍼링 온도를 635℃로 할 수 있다.

■ 기계적 성질

종류의 기호	항복점 또는 항복 강도 N/mm^2	인장 강도 N/mm^2	연신율 %	단면수축률 %	충격 시험온도 ℃	샤르피 흡수 에너지 J	
			14A호 시험편			3개의 평균	별개의 값
						U노치 시험편	
SFVA F 1	275 이상	480~660	18 이상	35 이상	-	-	-
SFVA F 2	275 이상	480~660	18 이상	35 이상			
SFVA F 12	275 이상	480~660	18 이상	35 이상			
SFVA F 11A	275 이상	480~660	18 이상	35 이상			
SFVA F 11B	315 이상	520~690	18 이상	35 이상			
SFVA F 22A	205 이상	410~590	18 이상	40 이상			
SFVA F 22B	315 이상	520~690	18 이상	35 이상			
SFVA F 21A	205 이상	410~590	18 이상	40 이상			
SFVA F 21B	315 이상	520~590	18 이상	35 이상			
SFVA F 5A	245 이상	410~590	18 이상	40 이상			
SFVA F 5B	275 이상	480~660	18 이상	35 이상			
SFVA F 5C	345 이상	550~730	18 이상	35 이상			
SFVA F 5D	450 이상	620~780	18 이상	35 이상			
SFVA F 9	380 이상	590~760	18 이상	40 이상			
SFVQ 1A	345 이상	550~730	16 이상	38 이상	0	40 이상	34 이상
SFVQ 1B	450 이상	620~790	14 이상	35 이상	20	47 이상	40 이상
SFVQ 2A	345 이상	550~730	16 이상	38 이상	0	40 이상	34 이상
SFVQ 2B	450 이상	620~790	14 이상	35 이상	20	47 이상	40 이상
SFVQ 3	490 이상	620~790	18 이상	48 이상	−30	47 이상	40 이상

8. 저온 압력 용기용 단강품 KS D 4125 : 2007(2017 확인)

■ 종류의 기호 및 화학 성분

단위 : %

종류의 기호	C	Si	Mn	P	S	Ni
SFL 1	0.30 이하	0.35 이하	1.35 이하	0.030 이하	0.030 이하	-
SFL 2	0.30 이하	0.35 이하	1.35 이하	0.030 이하	0.030 이하	-
SFL 3	0.20 이하	0.35 이하	0.90 이하	0.030 이하	0.030 이하	3.25~3.75

비고 SFL2는 C 0.25% 이하인 경우 Mn 1.50% 이하를 함유할 수가 있다.

■ 기계적 성질

종류의 기호	항복점 또는 항복 강도 N/mm^2	인장강도 N/mm^2	연신율 %	단면수축률 %	충격 시험온도 ℃	샤르피 흡수 에너지 J	
			14A호 시험편			3개의 평균	별개의 값
						V노치 시험편	
SFL 1	225 이상	440~590	22 이상	38 이상	−30	21 이상	14 이상
SFL 2	245 이상	490~640	19 이상	30 이상	−45	27 이상	21 이상
SFL 3	255 이상	490~640	19 이상	35 이상	−101	27 이상	21 이상

9. 고온 압력 용기용 고강도 크롬몰리브덴강 단강품 KS D 4129 : 1995(2010 확인)

■ 종류의 기호 및 화학 성분

단위 : %

종류의 기호	C	Si	Mn	P	S	Cr	Mo	V
SFVCM F22B	0.17 이하	0.50 이하	0.30~0.60	0.015 이하	0.015 이하	2.00~2.50	0.90~1.10	0.03 이하
SFVCM F22V	0.17 이하	0.10 이하	0.30~0.60	0.015 이하	0.010 이하	2.00~2.50	0.90~1.10	0.25~0.35
SFVCM F3V	0.17 이하	0.10 이하	0.30~0.60	0.015 이하	0.010 이하	2.75~3.25	0.90~1.10	0.20~0.30

■ 템퍼링 온도

종류의 기호	템퍼링 온도 ℃
SFVCM F22B	620 이상
SFVCM F22V	675 이상
SFVCM F3V	675 이상

10. 철탑 플랜지용 고장력강 단강품 KS D 4320 : 1990(2010 확인)

■ 종류의 기호 및 화학 성분

단위 : %

종류의 기호	플랜지부 두께 (제품) mm	C	Si	Mn	P	S
SFT 590	125 이하	0.18 이하	0.35 이하	1.50 이하	0.030 이하	0.030 이하
	125 초과	0.20 이하	0.35 이하	1.50 이하	0.030 이하	0.030 이하

■ 기계적 성질

종류와 기호	항복점 또는 내구력 kgf/mm^2 {N/mm^2}	인장강도 kgf/mm^2 {N/mm^2}	연신율 (%)	충격 시험 온도	샤르피 흡수 에너지 kgf · m {J}
			14A호 시험편	℃	4호 시험편
SFT 590	45 {440} 이상	60~75 {590~740} 이상	17 이상	−5	4.8 {47} 이상

■ 탄소 당량

$$\text{탄소 당량}(\%) = C + \frac{Mn}{6} + \frac{Si}{24} + \frac{Ni}{40} + \frac{Cr}{5} + \frac{Mo}{4} + \frac{V}{14}$$

종류와 기호	플랜지부 두께 (제품) mm	탄소당량 %
SFT 590	125 이하	0.50 이하
	125 초과	0.55 이하

철강 재료 데이터

28-5 주강품

1. 탄소강 주강품 KS D 4101(폐지)

■ 종류의 기호

종류의 기호	적 용	비 고
SC 360	일반 구조용 전동기 부품용	원심력 주강관에는 위 표의 기호의 끝에 이것을 표시하는 기호-CF를 붙인다. 보 기 : SC 410-CF
SC 410	일반 구조용	
SC 450	일반 구조용	
SC 480	일반 구조용	

■ 화학 성분

단위 : %

종류의 기호	C	P	S
SC 360	0.20 이하	0.040 이하	0.040 이하
SC 410	0.30 이하	0.040 이하	0.040 이하
SC 450	0.35 이하	0.040 이하	0.040 이하
SC 480	0.40 이하	0.040 이하	0.040 이하

■ 기계적 성질

종류의 기호	항복점 또는 내구력 N/mm^2	인장 강도 N/mm^2	연 신 율 %	단면 수축률 %
SC 360	175 이상	360 이상	23 이상	35 이상
SC 410	205 이상	410 이상	21 이상	35 이상
SC 450	225 이상	450 이상	19 이상	30 이상
SC 480	245 이상	480 이상	17 이상	25 이상

2. 구조용 고장력 탄소강 및 저합금강 주강품 KS D 4102(폐지)

■ 종류의 기호

종류의 기호	적 용	종류의 기호	적 용
SCC 3	구조용	SCMnCr 3	구조용
SCC 5	구조용 내마모용	SCMnCr 4	구조용, 내마모용
SCMn 1	구조용	SCMnM 3	구조용, 강인재용
SCMn 2	구조용	SCCrM 1	구조용, 강인재용
SCMn 3	구조용	SCCrM 3	구조용, 강인재용
SCMn 5	구조용, 내마모용	SCMnCrM 2	구조용, 강인재용
SCSiMn 2	구조용(주로 앵커 체인용)	SCMnCrM 3	구조용, 강인재용
SCMnCr 2	구조용	SCNCrM 2	구조용, 강인재용

비고 원심력 주강관에는 위 표의 기호 끝에 이것을 표시하는 기호-CF를 붙인다.
보 기 SCC 3-CF

■ 화학 성분

단위 : %

종류의 기호	C	Si	Mn	P	S	Ni	Cr	Mo
SCC 3	0.30~0.40	0.30~0.60	0.50~0.80	0.040 이하	0.040 이하	-	-	-
SCC 5	0.40~0.50	0.30~0.60	0.50~0.80	0.040 이하	0.040 이하	-	-	-
SCMn 1	0.20~0.30	0.30~0.60	1.00~1.60	0.040 이하	0.040 이하	-	-	-
SCMn 2	0.25~0.35	0.30~0.60	1.00~1.60	0.040 이하	0.040 이하	-	-	-
SCMn 3	0.30~0.40	0.30~0.60	1.00~1.60	0.040 이하	0.040 이하	-	-	-
SCMn 5	0.40~0.50	0.30~0.60	1.00~1.60	0.040 이하	0.040 이하	-	-	-
SCSiMn 2	0.25~0.35	0.30~0.60	0.90~1.20	0.040 이하	0.040 이하	-	-	-
SCMnCr 2	0.25~0.35	0.30~0.60	1.20~1.60	0.040 이하	0.040 이하	-	0.40~0.80	-
SCMnCr 3	0.30~0.40	0.30~0.60	1.20~1.60	0.040 이하	0.040 이하	-	0.40~0.80	-
SCMnCr 4	0.35~0.45	0.30~0.60	1.20~1.60	0.040 이하	0.040 이하	-	0.40~0.80	-
SCMnM 3	0.30~0.40	0.30~0.60	1.20~1.60	0.040 이하	0.040 이하	-	0.20 이하	0.15~0.35
SCCrM 1	0.20~0.30	0.30~0.60	0.50~0.80	0.040 이하	0.040 이하	-	0.80~1.20	0.15~0.35
SCCrM 3	0.30~0.40	0.30~0.60	0.50~0.80	0.040 이하	0.040 이하	-	0.80~1.20	0.15~0.35
SCMnCrM 2	0.25~0.35	0.30~0.60	1.20~1.60	0.040 이하	0.040 이하	-	0.30~0.70	0.15~0.35
SCMnCrM 3	0.30~0.40	0.30~0.60	1.20~1.60	0.040 이하	0.040 이하	-	0.30~0.70	0.15~0.35
SCNCrM 2	0.25~0.35	0.30~0.60	0.90~1.50	0.040 이하	0.040 이하	1.60~2.00	0.30~0.90	0.15~0.35

■ 기계적 성질

종류의 기호	열 처 리		항복점 또는 내구력 N/mm²	인장강도 N/mm²	연 신 율 %	단면 수축률 %	경 도 HB
	노멀라이징 템퍼링의 경우	퀜칭 템퍼링의 경우					
SCC 3A	○	–	265 이상	520 이상	13 이상	20 이상	143 이상
SCC 3B	–	○	370 이상	620 이상	13 이상	20 이상	183 이상
SCC 5A	○	–	295 이상	620 이상	9 이상	15 이상	163 이상
SCC 5B	–	○	440 이상	690 이상	9 이상	15 이상	201 이상
SCMn 1A	○	–	275 이상	540 이상	17 이상	35 이상	143 이상
SCMn 1B	–	○	390 이상	590 이상	17 이상	35 이상	170 이상
SCMn 2A	○	–	345 이상	590 이상	16 이상	35 이상	163 이상
SCMn 2B	–	○	440 이상	640 이상	16 이상	35 이상	183 이상
SCMn 3A	○	–	370 이상	640 이상	13 이상	30 이상	170 이상
SCMn 3B	–	○	490 이상	690 이상	13 이상	30 이상	197 이상
SCMn 5A	○	–	390 이상	690 이상	9 이상	20 이상	183 이상
SCMn 5B	–	○	540 이상	740 이상	9 이상	20 이상	212 이상
SCSiMn 2A	○	–	295 이상	590 이상	13 이상	35 이상	163 이상
SCSiMn 2B	–	○	440 이상	640 이상	17 이상	35 이상	183 이상
SCMnCr 2A	○	–	370 이상	640 이상	13 이상	30 이상	170 이상
SCMnCr 2B	–	○	440 이상	690 이상	17 이상	35 이상	183 이상
SCMnCr 3A	○	–	390 이상	690 이상	9 이상	25 이상	183 이상
SCMnCr 3B	–	○	490 이상	740 이상	13 이상	30 이상	207 이상
SCMnCr 4A	○	–	410 이상	690 이상	9 이상	20 이상	201 이상
SCMnCr 4B	–	○	540 이상	740 이상	13 이상	25 이상	223 이상
SCMnM 3A	○	–	390 이상	590 이상	13 이상	30 이상	183 이상
SCMnM 3B	–	○	490 이상	740 이상	13 이상	30 이상	212 이상
SCCrM 1A	○	–	390 이상	590 이상	13 이상	30 이상	170 이상
SCCrM 1B	–	○	490 이상	690 이상	13 이상	30 이상	201 이상
SCCrM 3A	○	–	440 이상	690 이상	9 이상	25 이상	201 이상
SCCrM 3B	–	○	540 이상	740 이상	9 이상	25 이상	217 이상
SCMnCrM 2A	○	–	440 이상	690 이상	13 이상	30 이상	201 이상
SCMnCrM 2B	–	○	540 이상	740 이상	13 이상	30 이상	212 이상
SCMnCrM 3A	○	–	540 이상	740 이상	9 이상	25 이상	212 이상
SCMnCrM 3B	–	○	635 이상	830 이상	9 이상	25 이상	223 이상
SCNCrM 2A	○	–	590 이상	780 이상	9 이상	20 이상	223 이상
SCNCrM 2B	–	○	685 이상	880 이상	9 이상	20 이상	269 이상

[주]

1. 기호 끝의 A는 노멀라이징 후 템퍼링을, B는 퀜칭 후 템퍼링을 표시한다.
2. 노멀라이징 온도 850~950℃, 템퍼링 온도 550~650℃
3. 퀜칭 온도 850~950℃, 템퍼링 온도 550~650℃

비고

○ 표시는 해당하는 열처리를 나타낸다.

3. 스테인리스강 주강품 KS D 4103(폐지)

■ 종류의 기호

종류의 기호	대응 ISO 강종	유사 강종(참고)
		ASTM
SSC 1	–	CA 15
SSC 1X	GX 12 Cr 12	CA 15
SSC 2	–	CA 40
SSC 2A	–	CA 40
SSC 3	–	CA 15M
SSC 3X	GX 8 CrNiMo 12 1	CA 15M
SSC 4	–	–
SSC 5	–	–
SSC 6	–	CA 6NM
SSC 6X	GX 4 CrNi 12 4(QT1)(QT2)	CA 6NM
SSC 10	–	–
SSC 11	–	–
SSC 12	–	CF 20
SSC 13	–	–
SSC 13A	–	CF 8
SSC 13X		–
SSC 14	–	–
SSC 14A	–	CF 8M
SSC 14X	GX 5 CrNi 19 9	–
SSC 14XNb	GX 6 CrNiMoNb 19 11 2	–
SSC 15	–	–
SSC 16	–	–
SSC 16A	–	CF 3M
SSC 16AX	GX 2 CrNiMo 19 11 2	CF 3M
SSC AXN	GX 2 CrNiMoN 19 11 2	CF 3MN
SSC 17	–	CH 10, CH20
SSC 18	–	CK 20
SSC 19	–	–
SSC 19A	–	CF3
SSC 20	–	–
SSC 21	–	CF 8C
SSC 21X	GX 6 CrNiNb 19 10	CF 8C
SSC 22	–	–
SSC 23	–	CN 7M
SSC 24	–	CB 7Cu–1
SSC 31	GX 4 CrNiMo 16 5 1	–
SSC 32	GX 2 CrNiCuMoN 26 5 3 3	A890M 1B
SSC 33	GX 2 CrNiMoN 26 5 3	–
SSC 34	GX 5 CrNiMo 19 11 3	CG8M
SSC 35	–	CK–35MN
SSC 40	–	–

비고

원심력 주강관에는 위 표의 기호의 끝에 이것을 표시하는 기호 –CF를 붙인다.

보기 SSC 1–CF

■ 화학 성분

단위 : %

종류의 기호	C	Si	Mn	P	S	Ni	Cr	Mo	Cu	기타
SSC 1	0.15 이하	1.50 이하	1.00 이하	0.040 이하	0.040 이하	a)	11.50 ~14.00	d	–	–
SSC 1X	0.15 이하	0.80 이하	0.80 이하	0.035 이하	0.025 이하	a	11.50 ~13.50	d	–	–
SSC 2	0.16 ~0.24	1.50 이하	1.00 이하	0.040 이하	0.040 이하	a	11.50 ~14.00	d	–	–
SSC 2A	0.25 ~0.40	1.50 이하	1.00 이하	0.040 이하	0.040 이하	a	11.50 ~14.00	d	–	–
SSC 3	0.15 이하	1.00 이하	1.00 이하	0.040 이하	0.040 이하	0.50 ~1.50	11.50 ~14.00	0.15 ~1.00	–	–
SSC 3X	0.10 이하	0.80 이하	0.80 이하	0.035 이하	0.025 이하	0.80 ~1.80	11.50 ~13.00	0.20 ~0.50	–	–
SSC 4	0.15 이하	1.50 이하	1.00 이하	0.040 이하	0.040 이하	1.50 ~2.50	11.50 ~14.00	–	–	–
SSC 5	0.06 이하	1.00 이하	1.00 이하	0.040 이하	0.040 이하	3.50 ~4.50	11.50 ~14.00	–	–	–
SSC 6	0.06 이하	1.00 이하	1.00 이하	0.040 이하	0.030 이하	3.50 ~4.50	11.50 ~14.00	0.40 ~1.00	–	–
SSC 6X	0.06 이하	1.00 이하	1.50 이하	0.035 이하	0.025 이하	3.50 ~5.00	11.50 ~13.00	1.00 이하	–	–
SSC 10	0.03 이하	1.50 이하	1.50 이하	0.040 이하	0.030 이하	4.50 ~8.50	21.00 ~26.00	2.50 ~4.00	–	N0.08~0.30 b
SSC 11	0.08 이하	1.50 이하	1.00 이하	0.040 이하	0.030 이하	4.00 ~7.00	23.00 ~27.00	1.50 ~2.50	–	b
SSC 12	0.20 이하	2.00 이하	2.00 이하	0.040 이하	0.040 이하	8.00 ~11.00	18.00 ~21.00	–	–	–
SSC 13	0.08 이하	2.00 이하	2.00 이하	0.040 이하	0.040 이하	8.00 ~11.00	18.00C ~21.00	–	–	–
SSC 13A	0.08 이하	2.00 이하	1.50 이하	0.040 이하	0.040 이하	8.00 ~11.00	18.00C ~21.00	–	–	–
SSC 13X	0.07 이하	1.50 이하	1.50 이하	0.040 이하	0.030 이하	8.00 ~11.00	18.00 ~21.00	–	–	–
SSC 14	0.08 이하	2.00 이하	2.00 이하	0.040 이하	0.040 이하	10.00 ~14.00	17.00C ~20.00	2.00~3 .00	–	–
SSC 14A	0.08 이하	1.50 이하	1.50 이하	0.040 이하	0.040 이하	9.00 ~12.00	18.00C ~21.00	2.00~3 .00	–	–
SSC 14X	0.07 이하	1.50 이하	1.50 이하	0.040 이하	0.030 이하	9.00 ~12.00	17.00 ~20.00	2.00~2 .50	–	–
SSC 14XNb	0.08 이하	1.50 이하	1.50 이하	0.040 이하	0.030 이하	9.00 ~12.00	17.00 ~20.00	2.00~2 .50	–	Nb 8×C 이상 1.00 이하
SSC 15	0.08 이하	20.0 이하	2.00 이하	0.040 이하	0.040 이하	10.00 ~14.00	17.00 ~20.00	1.75~2 .75	1.00~2. 50	–
SSC 16	0.03 이하	1.50 이하	2.00 이하	0.040 이하	0.040 이하	12.00 ~16.00	17.00 ~20.00	2.00 ~3.00	–	–
SSC 16A	0.03 이하	1.50 이하	1.50 이하	0.040 이하	0.040 이하	9.00 ~13.00	17.00 ~21.00	2.00 ~3.00	–	–
SSC 16AX	0.03 이하	1.50 이하	1.50 이하	0.040 이하	0.030 이하	9.00 ~12.00	17.00 ~21.00	2.00 ~2.50	–	–
SSC AXN	0.03 이하	1.50 이하	1.50 이하	0.040 이하	0.030 이하	9.00 ~12.00	17.00 ~21.00	2.00 ~2.50	–	N 0.10~0.20

■ 화학 성분(계속)

단위 : %

종류의 기호	C	Si	Mn	P	S	Ni	Cr	Mo	Cu	기타
SSC 17	0.20 이하	2.00 이하	2.00 이하	0.040 이하	0.040 이하	12.00 ~15.00	22.00 ~26.00	–	–	–
SSC 18	0.20 이하	2.00 이하	2.00 이하	0.040 이하	0.040 이하	19.00 ~22.00	23.00 ~27.00	–	–	–
SSC 19	0.03 이하	2.00 이하	2.00 이하	0.040 이하	0.040 이하	8.00 ~12.00	17.00 ~21.00	–	–	–
SSC 19A	0.03 이하	2.00 이하	1.50 이하	0.040 이하	0.040 이하	8.00 ~12.00	17.00 ~21.00	–	–	–
SSC 20	0.03 이하	2.00 이하	2.00 이하	0.040 이하	0.040 이하	12.00~ 16.00	17.00 ~20.00	1.75 ~2.75	1.00 ~2.50	–
SSC 21	0.08 이하	2.00 이하	2.00 이하	0.040 이하	0.040 이하	9.00~ 12.00	18.00 ~21.00	–	–	Nb 10×C% 이상 1.35 이하
SSC 21X	0.08 이하	1.5 이하	1.50 이하	0.040 이하	0.030 이하	8.00 ~12.00	18.00 ~21.00	–	–	Nb 8×C 이상 1.00 이하
SSC 22	0.08 이하	2.00 이하	2.00 이하	0.040 이하	0.040 이하	10.00 ~14.00	17.00 ~20.00	2.00 ~3.00	–	Nb 10×C% 이상 1.35 이하
SSC 23	0.07 이하	2.00 이하	2.00 이하	0.040 이하	0.040 이하	27.50 ~30.00	19.00 ~22.00	2.00 ~3.00	3.00~ 4.00	–
SSC 24	0.07 이하	1.00 이하	1.00 이하	0.040 이하	0.040 이하	3.00~ 5.00	15.50 ~17.50	–	2.50~ 4.00	Nb 0.15~0.45
SSC 31	0.06 이하	0.80 이하	0.80 이하	0.035 이하	0.025 이하	4.00 ~6.00	15.00 ~17.00	0.70 ~1.50	–	–
SSC 32	0.03 이하	1.00 이하	1.50 이하	0.035 이하	0.025 이하	4.50 ~6.50	25.00 ~27.00	2.50 ~3.50	2.50~ 3.50	N0.12~0.25
SSC 33	0.03 이하	1.00 이하	1.50 이하	0.035 이하	0.025 이하	4.50~ 6.50	25.00 ~27.00	2.50 ~3.50	–	N0.12~0.25
SSC 34	0.07 이하	1.50 이하	1.50 이하	0.040 이하	0.030 이하	9.00 ~12.00	17.00 ~20.00	3.00 ~3.50	–	–
SSC 35	0.035 이하	1.00 이하	2.00 이하	0.035 이하	0.020 이하	20.00~ 22.00	22.00 ~24.00	6.00 ~6.80	0.40 이하	N0.21~0.32
SSC 40	0.03 이하	1.00 이하	1.50~ 3.00	0.035 이하	0.020 이하	6.00 ~8.00	26.00 ~28.00	2.00 ~3.50	3.00 이하	N 0.30~0.40 W 3.00~1.00 REM 0.0005~0.6[e] Bd 0.0001~0.6 B0.1 이하

비고

[a] Ni은 0.01% 이하 첨가할 수 있다.

[b] 필요에 따라 표기 이외의 합금 원소를 첨가하여도 좋다.

[c] SSC13, SSC13A, SSC14 및 SSC14A에 있어서 저온으로 사용할 경우, Cr의 상한을 23.00%로 하여도 좋다.

[d] SSC1, SSC1X, SSC2 및 SSC2A는 Mo 0.50% 이하를 함유하여도 좋다.

[e] REM(Rare Earth Metals) : Ce 또는 Ld 또는 Nd 또는 Pr 중 1개 이상으로 첨가한다.

■ 기계적 성질 및 열처리

종류의 기호	열처리 조건 (℃)				항복 강도 N/mm²	인장 강도 N/mm²	연신율 %	단면 수축률 %	경도 HB	샤르피 흡수 에너지 J
	기호	퀜칭	템퍼링	고용화 열처리						
SSC 1	T1	950 이상 유랭 또는 공냉	680~740 공냉 또는 서냉	–	345 이상	540 이상	18 이상	40 이상	163~229	–
	T2	950 이상 유랭 또는 공냉	590~700 공냉 또는 서냉	–	450 이상	620 이상	16 이상	30 이상	179~241	–
SSC 1X	–	950~1050 유랭	650~750 공냉	–	450 이상	620 이상	14 이상	– 이상	–	20 이상
SSC 2	T	950 이상 유랭 또는 공냉	680~740 공냉 또는 서냉	–	390 이상	590 이상	16 이상	35 이상	170~235	–
SSC 2A	T	950 이상 유랭 또는 공냉	600 이상 공냉 또는 서냉	–	485 이상	690 이상	15 이상	25 이상	269 이하	–
SSC 3	T	900 이상 유랭 또는 공냉	650~740 공냉 또는 서냉	–	440 이상	590 이상	16 이상	40 이상	170~235	–
SSC 3X	–	1000~ 1050 공냉	620~720 공냉 또는 서냉	–	440 이상	590 이상	15 이상	–	–	27 이상
SSC 4	T	900 이상 유랭 또는 공냉	650~740 공냉 또는 서냉	–	490 이상	640 이상	13 이상	40 이상	192~255	–
SSC 5	T	900 이상 유랭 또는 공냉	600~700 공냉 또는 서냉	–	540 이상	740 이상	13 이상	40 이상	217~277	–
SSC 6	T	950 이상 공냉	570~620 공냉 또는 서냉	–	550 이상	750 이상	15 이상	35 이상	285 이하	–
SSC 6X	QT1	1000~1100 공냉	570~620 공냉 또는 서냉	–	550 이상	750 이상	15 이상	–	–	45 이상
	QT2	1000~1100 공냉	500~530 공냉 또는 서냉	–	830 이상	900 이상	12 이상	–	–	35 이상
SSC 10	S	–	–	1050~1150 급냉	390 이상	620 이상	15 이상	–	302 이하	–
SSC 11	S	–	–	1030~1150 급냉	345 이상	590 이상	13 이상	–	241 이하	–
SSC 12	S	–	–	1030~1150 급냉	205 이상	480 이상	28 이상	–	183 이하	–
SSC 13	S	–	–	1030~1150 급냉	185 이상	440 이상	30 이상	–	183 이하	–
SSC 13A	S	–	–	1030~1150 급냉	205 이상	480 이상	33 이상	–	183 이하	–
SSC 13X	–	–	–	1050이상 급냉	180 이상	440 이상	30 이상	–	–	60 이상

■ 기계적 성질 및 열처리 (계속)

종류의 기호	열처리 조건 ℃				항복 강도[2] N/mm²	인장 강도 N/mm²	연신율 %	단면 수축률 %	경도 HB	샤르피 흡수 에너지 J
	기호	퀜칭	템퍼링	고용화 열처리						
SSC 14	S	–	–	1030~1150 급냉	185 이상	440 이상	28 이상	–	183 이하	–
SSC 14A	S	–	–	1030~1150 급냉	205 이상	480 이상	33 이상	–	183 이하	–
SSC 14X	–	–	–	1080이상 급냉	180 이상	440 이상	30 이상	–	–	60 이상
SSC 14XNb	–	–	–	1080이상 급냉	180 이상	440 이상	25 이상	–	–	40 이상
SSC 15	S	–	–	1030~1150 급냉	185 이상	440 이상	28 이상	–	183 이하	–
SSC 16	S	–	–	1030~1150 급냉	175 이상	390 이상	33 이상	–	183 이하	–
SSC 16A	S	–	–	1030~1150 급냉	205 이상	480 이상	33 이상	–	183 이하	–
SSC 16AX	–	–	–	1080이상 급냉	180 이상	440 이상	30 이상	–	–	80 이상
SSC 16AX	–	–	–	1080이상 급냉	230 이상	510 이상	30 이상	–	–	80 이상(10)
SSC 17	S	–	–	1050~1160 급냉	205 이상	480 이상	28 이상	–	183 이하	–
SSC 18	S	–	–	1070~1180 급냉	195 이상	450 이상	28 이상	–	183 이하	–
SSC 19	S	–	–	1030~1150 급냉	185 이상	390 이상	33 이상	–	183 이하	–
SSC 19A	S	–	–	1030~1150 급냉	205 이상	480 이상	33 이상	–	183 이하	–
SSC 20	S	–	–	1030~1150 급냉	175 이상	390 이상	33 이상	–	183 이하	–
SSC 21	S	–	–	1030~1150 급냉	205 이상	480 이상	28 이상	–	183 이하	–
SSC 21X	–	–	–	1050이상 급냉	180 이상	440 이상	25 이상	–	–	40 이상
SSC 22	S	–	–	1030~1150 급냉	250 이상	440 이상	28 이상	–	183 이하	–
SSC 23	S	–	–	1070~1180 급냉	165 이상	390 이상	30 이상	–	183 이하	–
SSC 31	–	1020~1070 공냉	580~630 공냉 또는 서냉	–	540 이상	760 이상	15 이상	–	–	60 이상
SSC 32	–	–	–	1120이상 급냉	450 이상	650 이상	18 이상	–	–	50 이상

■ 기계적 성질 및 열처리 (계속)

종류의 기호	열처리 조건 ℃				항복 강도 N/mm²	인장 강도 N/mm²	연신율 %	단면 수축률 %	경도 HB	샤르피 흡수 에너지 J
	기호	퀜칭	템퍼링	고용화 열처리						
SSC 33	–	–	–	1120이상 급냉	450 이상	650 이상	18 이상	–	–	50 이상
SSC 34	–	–	–	1120이상 급냉	180 이상	440 이상	30 이상	–	–	60 이상
SSC 35	S	–	–	1150~1200 급냉	280 이상	570 이상	35 이상	–	250 이하	–
SSC 40	S	–	–		520 이상	700 이상	20 이상	–	330 이하	–

■ SSC24의 기계적 성질 및 열처리

종류의 기호	열처리 조건			항복 강도 N/mm²	인장 강도 N/mm²	연신율 %	경도 HB
	기호	고용화 열처리 (℃)	시효 처리 (℃)				
SSC 24	H 900	1020~1080 급냉	475~525×90분 공냉	1030 이상	1240 이상	6 이상	375 이상
	H 1025	1020~1080 급냉	535~585×4시간 공냉	885 이상	980 이상	9 이상	311 이상
	H 1075	1020~1080 급냉	565~615×4시간 공냉	785 이상	960 이상	9 이상	277 이상
	H 1150	1020~1080 급냉	605~655×4시간 공냉	665 이상	850 이상	10 이상	269 이상

4. 고망강간 주강품 KS D 4104(폐지)

■ 종류의 기호

종류의 기호	적 용
SCMnH 1	일반용(보통품)
SCMnH 2	일반용(고급품, 비자성품)
SCMnH 3	주로 레일 크로싱용
SCMnH 11	고내력 고내마모용(해머, 조 플레이트 등)
SCMnH 21	주로 무한궤도용

■ 화학 성분

단위 : %

종류의 기호	C	Si	Mn	P	S	Cr	V
SCMnH 1	0.90~1.30	–	11.00~14.00	0.100 이하	0.050 이하	–	–
SCMnH 2	0.90~1.20	0.80 이하	11.00~14.00	0.070 이하	0.040 이하	–	–
SCMnH 3	0.90~1.20	0.30~0.80	11.00~14.00	0.050 이하	0.035 이하	–	–
SCMnH 11	0.90~1.30	0.80 이하	11.00~14.00	0.070 이하	0.040 이하	1.50~2.50	–
SCMnH 21	1.00~1.35	0.80 이하	11.00~14.00	0.070 이하	0.040 이하	2.00~3.00	0.40~0.70

■ 기계적 성질

종류의 기호	물강인화 처리 온도 ℃	내구력 N/mm^2	인장강도 N/mm^2	연신율 (%)
SCMnH 1	약 1000	–	–	–
SCMnH 2	약 1000	–	740 이상	35 이상
SCMnH 3	약 1050	–	740 이상	35 이상
SCMnH 11	약 1050	390 이상	740 이상	20 이상
SCMnH 21	약 1050	440 이상	740 이상	10 이상

5. 내열강 주강품 KS D 4105(폐지)

■ 종류의 기호

종류의 기호	유사강종 (참고)	비 고
HRSC 1	–	원심력 주강관에는 위표의 기호 끝에 이것을 표시하는 기호 –CF를 붙인다. 보기 : HRSC 1–CF
HRSC 2	ASTM HC, ACI HC	
HRSC 3	–	
HRSC 11	ASTM HD, ACI HD	
HRSC 12	ASTM HF, ACI HF	
HRSC 13	ASTM HH, ACI HH	
HRSC 13 A	ASTM HH Type II	
HRSC 15	ASTM HT, ACI HT	
HRSC 16	ASTM HT 30	
HRSC 17	ASTM HE, ACI HE	
HRSC 18	ASTM HI, ACI HI	
HRSC 19	ASTM HN, ACI HN	
HRSC 20	ASTM HU, ACI HU	
HRSC 21	ASTM HK30, ACI HK 30	
HRSC 22	ASTM HK40, ACI HK 40	
HRSC 23	ASTM HL, ACI HL	
HRSC 24	ASTM HP, ACI HP	

■ 화학 성분

단위 : %

종류의 기호	C	Si	Mn	P	S	Ni	Cr
HRSC 1	0.20~0.40	1.50~3.00	1.00 이하	0.040 이하	0.040 이하	1.00 이하	12.00~15.00
HRSC 2	0.40 이하	2.00 이하	1.00 이하	0.040 이하	0.040 이하	1.00 이하	25.00~28.00
HRSC 3	0.40 이하	2.00 이하	1.00 이하	0.040 이하	0.040 이하	1.00 이하	12.00~15.00
HRSC 11	0.40 이하	2.00 이하	1.00 이하	0.040 이하	0.040 이하	4.00~6.00	24.00~28.00
HRSC 12	0.20~0.40	2.00 이하	2.00 이하	0.040 이하	0.040 이하	8.00~12.00	18.00~23.00
HRSC 13	0.20~0.50	2.00 이하	2.00 이하	0.040 이하	0.040 이하	11.00~14.00	24.00~28.00
HRSC 13 A	0.25~0.50	1.75 이하	2.50 이하	0.040 이하	0.040 이하	12.00~14.00	23.00~26.00
HRSC 15	0.35~0.70	2.50 이하	2.00 이하	0.040 이하	0.040 이하	33.00~37.00	15.00~19.00
HRSC 16	0.20~0.35	2.50 이하	2.00 이하	0.040 이하	0.040 이하	33.00~37.00	13.00~17.00
HRSC 17	0.20~0.50	2.00 이하	2.00 이하	0.040 이하	0.040 이하	8.00~11.00	26.00~30.00
HRSC 18	0.20~0.50	2.00 이하	2.00 이하	0.040 이하	0.040 이하	14.00~18.00	26.00~30.00
HRSC 19	0.20~0.50	2.00 이하	2.00 이하	0.040 이하	0.040 이하	23.00~27.00	19.00~23.00
HRSC 20	0.35~0.75	2.50 이하	2.00 이하	0.040 이하	0.040 이하	37.00~41.00	17.00~21.00
HRSC 21	0.25~0.35	1.75 이하	1.50 이하	0.040 이하	0.040 이하	19.00~22.00	23.00~27.00
HRSC 22	0.35~0.45	1.75 이하	1.50 이하	0.040 이하	0.040 이하	19.00~22.00	23.00~27.00
HRSC 23	0.20~0.60	2.00 이하	2.00 이하	0.040 이하	0.040 이하	18.00~22.00	28.00~32.00
HRSC 24	0.35~0.75	2.00 이하	2.00 이하	0.040 이하	0.040 이하	38.00~37.00	24.00~28.00

■ 기계적 성질 및 열처리

종류의 기호	열처리 조건 ℃	내 구 력	인장강도	연신율
	어 닐 링	N/mm^2	N/mm^2	%
HRSC 1	800~900 서냉	–	490 이상	–
HRSC 2	800~900 서냉	–	340 이상	–
HRSC 3	800~900 서냉	–	490 이상	–
HRSC 11	–	–	590 이상	–
HRSC 12	–	235 이상	490 이상	23 이상
HRSC 13	–	235 이상	490 이상	8 이상
HRSC 13 A	–	235 이상	490 이상	8 이상
HRSC 15	–	–	440 이상	4 이상
HRSC 16	–	195 이상	440 이상	13 이상
HRSC 17	–	275 이상	540 이상	5 이상
HRSC 18	–	235 이상	490 이상	8 이상
HRSC 19	–	–	390 이상	5 이상
HRSC 20	–	–	390 이상	4 이상
HRSC 21	–	235 이상	440 이상	8 이상
HRSC 22	–	235 이상	440 이상	8 이상
HRSC 23	–	245 이상	450 이상	8 이상
HRSC 24	–	235 이상	440 이상	5 이상

6. 용접 구조용 주강품 KS D 4106(폐지)

■ 종류 및 기호

종류 및 기호	구 기호 (참고)
SCW 410	SCW 42
SCW 450	–
SCW 480	SCW 49
SCW 550	SCW 56
SCW 620	SCW 63

$$탄소\ 당량(\%) = C + \frac{Mn}{6} + \frac{Si}{24} + \frac{Ni}{40} + \frac{Cr}{5} + \frac{Mo}{4} + \frac{V}{14}$$

■ 화학 성분 및 탄소당량

단위 : %

종류 및 기호	C	Si	Mn	P	S	Ni	Cr	Mo	V	탄소당량
SCW 410	0.22 이하	0.80 이하	1.50 이하	0.040 이하	0.040 이하	–	–	–	–	0.40 이하
SCW 450	0.22 이하	0.80 이하	1.50 이하	0.040 이하	0.040 이하	–	–	–	–	0.43 이하
SCW 480	0.22 이하	0.80 이하	1.50 이하	0.040 이하	0.040 이하	0.50 이하	0.50 이하	–	–	0.45 이하
SCW 550	0.22 이하	0.80 이하	1.50 이하	0.040 이하	0.040 이하	2.50 이하	0.50 이하	0.30 이하	0.20 이하	0.48 이하
SCW 620	0.22 이하	0.80 이하	1.50 이하	0.040 이하	0.040 이하	2.50 이하	0.50 이하	0.30 이하	0.20 이하	0.50 이하

■ 기계적 성질

종류 및 기호	항복점 또는 항복 강도 N/mm^2	인장 강도 N/mm^2	연신율 %	샤르피 흡수에너지	
				충격 시험 온도 ℃	V노치 시험편 3개의 평균치
SCW 410	235 이상	410 이상	21 이상	0	27 이상
SCW 450	255 이상	450 이상	20 이상	0	27 이상
SCW 480	275 이상	480 이상	20 이상	0	27 이상
SCW 550	355 이상	550 이상	18 이상	0	27 이상
SCW 620	430 이상	620 이상	17 이상	0	27 이상

7. 고온 고압용 주강품 KS D 4107 : 2007

■ 종류의 기호

종류의 기호	강종
SCPH 1	탄소강
SCPH 2	탄소강
SCPH 11	0.5% 몰리브데넘강
SCPH 21	1% 크롬-0.5% 몰리브데넘강
SCPH 22	1% 크롬-1% 몰리브데넘강
SCPH 23	1% 크롬-1% 몰리브데넘-0.2% 바나듐강
SCPH 32	2.5% 크롬-1% 몰리브데넘강
SCPH 61	5% 크롬-0.5% 몰리브데넘강

■ 화학 성분

단위 : %

종류의 기호	C	Si	Mn	P	S	Cr	Mo	V
SCPH 1	0.25 이하	0.60 이하	0.70 이하	0.040 이하	0.040 이하	–	–	–
SCPH 2	0.30 이하	0.60 이하	1.00 이하	0.040 이하	0.040 이하	–	–	–
SCPH 11	0.25 이하	0.60 이하	0.50~0.80	0.040 이하	0.040 이하	–	0.45~0.65	–
SCPH 21	0.20 이하	0.60 이하	0.50~0.80	0.040 이하	0.040 이하	1.00~1.50	0.45~0.65	–
SCPH 22	0.25 이하	0.60 이하	0.50~0.80	0.040 이하	0.040 이하	1.00~1.50	0.90~1.20	–
SCPH 23	0.20 이하	0.60 이하	0.50~0.80	0.040 이하	0.040 이하	1.00~1.50	0.90~1.20	0.15~0.20
SCPH 32	0.20 이하	0.60 이하	0.50~0.80	0.040 이하	0.040 이하	2.00~2.75	0.90~1.20	–
SCPH 61	0.20 이하	0.75 이하	0.50~0.80	0.040 이하	0.040 이하	4.00~6.50	0.45~0.65	–

■ 불순물의 화학 성분

단위 : %

종류의 기호	Cu	Mi	Cr	Mo	W	합계량
SCPH 1	0.50 이하	0.50 이하	0.25 이하	0.25 이하	–	1.00 이하
SCPH 2	0.50 이하	0.50 이하	0.25 이하	0.25 이하	–	1.00 이하
SCPH 11	0.50 이하	0.50 이하	0.35 이하	–	0.10 이하	1.00 이하
SCPH 21	0.50 이하	0.50 이하	–	–	0.10 이하	1.00 이하
SCPH 22	0.50 이하	0.50 이하	–	–	0.10 이하	1.00 이하
SCPH 23	0.50 이하	0.50 이하	–	–	0.10 이하	1.00 이하
SCPH 32	0.50 이하	0.50 이하	–	–	0.10 이하	1.00 이하
SCPH 61	0.50 이하	0.50 이하	–	–	0.10 이하	1.00 이하

■ 기계적 성질

종류의 기호	항복점 또는 항복 강도 N/mm^2	인장 강도 N/mm^2	연신율 (%)	단면 수축률
SCPH 1	205 이상	410 이상	21 이상	35 이상
SCPH 2	245 이상	480 이상	19 이상	35 이상
SCPH 11	245 이상	450 이상	22 이상	35 이상
SCPH 21	275 이상	480 이상	17 이상	35 이상
SCPH 22	345 이상	550 이상	16 이상	35 이상
SCPH 23	345 이상	550 이상	13 이상	35 이상
SCPH 32	275 이상	480 이상	17 이상	35 이상
SCPH 61	410 이상	620 이상	17 이상	35 이상

8. 용접 구조용 원심력 주강관 KS D 4108(폐지)

■ 탄소 당량(%) = $C+\frac{Mn}{6}+\frac{Si}{24}+\frac{Ni}{40}+\frac{Cr}{5}+\frac{Mo}{4}+\frac{V}{14}$

■ 종류의 기호 및 화학 성분

단위 : %

종류의 기호	C	Si	Mn	P	S	Ni	Cr	Mo	V	탄소당량
SCW 410-CF	0.22이하	0.80 이하	1.50이하	0.040이하	0.040이하	-	-	-	-	0.40이하
SCW 480-CF	0.22이하	0.80 이하	1.50이하	0.040이하	0.040이하	-	-	-	-	0.43이하
SCW 490-CF	0.20이하	0.80 이하	1.50이하	0.040이하	0.040이하	-	-	-	-	0.44이하
SCW 520-CF	0.20이하	0.80 이하	1.50이하	0.040이하	0.040이하	0.50이하	0.50이하	-	-	0.45이하
SCW 570-CF	0.20이하	1.00 이하	1.50이하	0.040이하	0.040이하	2.50이하	0.50이하	0.50이하	0.20이하	0.48이하

■ 기계적 성질

종류의 기호	항복점 또는 내력 N/mm² {kgf/mm²}	인장 강도 N/mm² {kgf/mm²}	연신율 %	샤르피 흡수 에너지 J			
				충격 시험온도 ℃	4호 시험편	4호 시험편 (나비 7.5mm)	4호 시험편 (나비 5.5mm)
					3개의 평균치	3개의 평균치	3개의 평균치
SCW 410-CF	235 {24} 이상	410 {42} 이상	21 이상	0	27 이상	24 이상	20 이상
SCW 480-CF	275 {28} 이상	480 {49} 이상	20 이상	0	27 이상	24 이상	20 이상
SCW 490-CF	315 {32} 이상	490 {50} 이상	20 이상	0	27 이상	24 이상	20 이상
SCW 520-CF	355 {36} 이상	520 {53} 이상	18 이상	0	27 이상	24 이상	20 이상
SCW 570-CF	430 {44} 이상	570 {58} 이상	17 이상	0	27 이상	24 이상	20 이상

9. 저온 고압용 주강품 KS D 4111(폐지)

■ 종류의 기호

종류의 기호	구 분	비 고
SCPL 1	탄소강(보통품)	원심력 주강관에는 위 표의 기호의 끝에 이것을 표시하는 기호 -CF를 표시한다. 보기 SCPL 1-CF
SCPL 11	0.5% 몰리브덴강	
SCPL 21	2.5% 니켈강	
SCPL 31	3.5% 니켈강	

■ 화학 성분

단위 : %

종류의 기호	C	Si	Mn	P	S	Ni	Mo
SCPL 1	0.30 이하	0.60 이하	1.00 이하	0.040 이하	0.040 이하	-	-
SCPL 11	0.25 이하	0.60 이하	0.50~0.80	0.040 이하	0.040 이하	-	0.45~0.65
SCPL 21	0.25 이하	0.60 이하	0.50~0.80	0.040 이하	0.040 이하	2.00~3.00	-
SCPL 31	0.15 이하	0.60 이하	0.50~0.80	0.040 이하	0.040 이하	3.00~4.00	-

■ 불순물의 화학 성분

단위 : %

종류의 기호	Cu	Ni	Cr	합 계 량
SCPL 1	0.50 이하	0.50 이하	0.25 이하	1.00 이하
SCPL 11	0.50 이하	–	0.35 이하	–
SCPL 21	0.50 이하	–	0.35 이하	–
SCPL 31	0.50 이하	–	0.35 이하	–

■ 기계적 성질

종류의 기호	항복점 또는 내구력 N/mm²	인장강도 N/mm²	연신율 %	단면 수축률 %	샤르피 흡수 에너지 J						
					충격 시험 온도 ℃	4호 시험편		4호 시험편 (나비 7.5mm)		4호 시험편 (나비 5mm)	
						3개의 평균치	개별의 값	3개의 평균치	개별이 값	3개의 평균치	개별의 값
SCPL 1	245 이상	450 이상	21 이상	35 이상	− 45	18 이상	14 이상	15 이상	12 이상	12 이상	8 이상
SCPL 11	245 이상	450 이상	21 이상	35 이상	− 60	18 이상	14 이상	15 이상	12 이상	12 이상	9 이상
SCPL 21	275 이상	480 이상	21 이상	35 이상	− 75	21 이상	17 이상	18 이상	14 이상	14 이상	11 이상
SCPL 31	275 이상	480 이상	21 이상	35 이상	−100	21 이상	17 이상	18 이상	14 이상	14 이상	11 이상

10. 고온 고압용 원심력 주강관 KS D 4112(폐지)

■ 종류의 기호

종류의 기호	비 고
SCPH 1−CF	탄소강
SCPH 2−CF	탄소강
SCPH 11−CF	0.5% 몰리브덴강
SCPH 21−CF	1% 크롬 0.5% 몰리브덴강
SCPH 32−CF	2% 크롬 1% 몰리브덴강

■ 화학 성분

단위 : %

종류의 기호	C	Si	Mn	P	S	Cr	Mo
SCPH 1−CF	0.22 이하	0.60 이하	1.10 이하	0.040 이하	0.040 이하	–	–
SCPH 2−CF	0.30 이하	0.60 이하	1.10 이하	0.040 이하	0.040 이하	–	–
SCPH 11−CF	0.20 이하	0.60 이하	0.30~0.60	0.035 이하	0.035 이하	–	0.45~0.65
SCPH 21−CF	0.15 이하	0.60 이하	0.30~0.60	0.030 이하	0.030 이하	1.00~1.50	0.45~0.65
SCPH 32−CF	0.15 이하	0.60 이하	0.30~0.60	0.030 이하	0.030 이하	1.90~2.60	0.90~1.20

■ 불순물의 화학 성분

단위 : %

종류의 기호	Cu	Ni	Cr	Mo	W	합계량
SCPH 1−CF	0.50 이하	0.50 이하	0.25 이하	0.25 이하	–	1.00 이하
SCPH 2−CF	0.50 이하	0.50 이하	0.25 이하	0.25 이하	–	1.00 이하
SCPH 11−CF	0.50 이하	0.50 이하	0.35 이하	–	0.10 이하	1.00 이하
SCPH 21−CF	0.50 이하	0.50 이하	–	–	0.10 이하	1.00 이하
SCPH 32−CF	0.50 이하	0.50 이하	–	–	0.10 이하	1.00 이하

■ 기계적 성질

종류의 기호	항복점 또는 내구력 N/mm^2	인장 강도 N/mm^2	연신율 (%)
SCPH 1-CF	245 이상	410 이상	21 이상
SCPH 2-CF	275 이상	480 이상	19 이상
SCPH 11-CF	205 이상	380 이상	19 이상
SCPH 21-CF	205 이상	410 이상	19 이상
SCPH 32-CF	205 이상	410 이상	19 이상

11. 도로 교량용 주강품 KS D 4118(폐지)

■ 종류의 기호

종 류	기 호	열처리
1종	SCHB 1	노멀라이징 또는 노멀라이징과 템퍼링 또는 퀜칭과 템퍼링
2종	SCHB 2	노멀라이징 또는 노멀라이징과 템퍼링 또는 퀜칭과 템퍼링
3종	SCHB 3	퀜칭과 템퍼링

■ 최저 예열 온도

구 분	두 께 mm	최저 예열 온도 (℃)
1종	25.4 이하	10
2종	25.4 이상	79
	전부	121
3종	전부	149

■ 화학 성분

구 분	화학 성분 %				
	C	Si	Mn	P	S
1종	0.35 이하	0.80 이하	0.90 이하	0.05 이하	0.05 이하
2종	0.35 이하	–	–	0.05 이하	0.05 이하
3종	0.35 이하	–	–	0.05 이하	0.05 이하

■ 기계적 성질

구 분	인장 강도 kgf/mm^2(MPa)	항복점 kgf/mm^2(MPa)	연신율 (%) (50.8 mm 에서의 표적 거리)	단면 수축율 (%)	샤르피 V 노치 충격 21℃ kg · m	비 고
1종	50 이상 (491 이상)	26 이상 (255 이상)	22 이상	30 이상	3.5 이상	용접이 가능한 탄소강
2종	64 이상 (628 이상)	43 이상 (422 이상)	20 이상	40 이상	3.5 이상	주의깊게 조절한 조건하에서 용접이 가능한 저합금 주강
3종	85 이상 (834 이상)	67 이상 (657 이상)	14 이상	30 이상	4.149 이상	주의깊게 조절한 조건하에서 용접이 가능한 합금 주강

■ 저온에서의 충격치

샤르피 V 노치 충격	1 종	2 종	3 종
− 17.8℃ kg · m	2.1 이상	2.1 이상	3.5 이상
− 46℃ kg · m	−	2.1 이상	2.1 이상

12. 일반용 내부식성 주강품 KS D ISO 11972(폐지)

■ 화학적 조성

강 등급	화학적 조성 %(m/m)								
	C	Si	Mn	P	S	Cr	Mo	Ni	기타
GX 12 Cr 12	0.15	0.8	0.8	0.035	0.025	11.5 13.5	0.5	1.0	−
GX 8 CrNiMo 12 1	0.10	0.8	0.8	0.035	0.025	11.5 13.5	0.2 0.5	0.8 1.8	−
GX 4 CrNi 12 4 (QT1) GX 4 CrNi 12 4 (QT2)	0.06	1.0	1.5	0.035	0.025	11.5 13.5	1.0	3.5 5.0	−
GX 4 CrNiMo 16 5 1	0.06	0.8	0.8	0.035	0.025	15.0 17.0	−	4.0 6.0	−
GX 2 CrNi 18 10	0.03	1.5	1.5	0.040	0.030	17.0 19.0	−	9.0 12.0	−
GX 2 CrNiN 18 10	0.03	1.5	1.5	0.040	0.030	17.0 19.0	−	9.0 12.0	0.10%N~0.20%N
GX 5 CrNi 19 9	0.07	1.5	1.5	0.040	0.030	18.0 21.0	−	8.0 11.0	−
GX 6 CrNiNb 19 10	0.08	1.5	1.5	0.040	0.030	18.0 21.0	−	9.0 12.0	8×%C≤Nb≤1.00
GX 2 CrNiMo 19 11 2	0.03	1.5	1.5	0.040	0.030	17.0 20.0	2.0 2.5	9.0 12.0	−
GX 2 CrNiMoN 19 11 2	0.03	1.5	1.5	0.040	0.030	17.0 20.0	2.0 2.5	9.0 12.0	0.10%N~0.20%N
GX 5 CrNiMo 19 11 2	0.07	1.5	1.5	0.040	0.030	17.0 20.0	2.0 2.5	9.0 12.0	−
GX6 CrNiMoNb 19 11 2	0.08	1.5	1.5	0.040	0.030	17.0 20.0	2.0 2.5	9.0 12.0	8×%C≤Nb≤1.00
GX 2 CrNiMo 19 11 3	0.03	1.5	1.5	0.040	0.030	17.0 20.0	3.0 3.5	9.0 12.0	−
GX 2 CrNiMoN 19 11 3	0.03	1.5	1.5	0.040	0.030	17.0 20.0	3.0 3.5	9.0 12.0	0.10%N~0.20%N
GX5 CrNiMo 19 11 3	0.07	1.5	1.5	0.040	0.030	17.0 20.0	3.0 3.5	9.0 12.0	−
GX 2 CrNiCuMoN 26 5 3 3	0.03	1.0	1.5	0.035	0.025	25.0 27.0	2.5 3.5	4.5 6.5	2.5%Cu~3.5%Cu 0.12%N~0.25%N
GX 2 CrNiMoN 26 5 3	0.03	1.0	1.5	0.035	0.025	25.0 27.0	2.5 3.5	4.5 6.5	0.12%N~0.25%N

비고 표에서 단일값은 최대 한계값을 나타낸다.

13. 오스테나이트계 망가니즈 주강품 KS D ISO 13521(폐지)

■ 화학적 조성

강 등급	화학적 조성 %(m/m)							
	C	Si	Mn	P 최 대	S 최 대	Cr	Mo	Ni
GX 120 MnMo7-1	1.05 1.35	0.3 0.9	6 8	0.060	0.045	–	0.9 1.2	–
GX 110 MnMo13-1	0.75 1.35	0.3 0.9	11 14	0.060	0.045	–	0.9 1.2	–
GX 100 Mn 13[1]	0.90 1.05	0.3 0.9	11 14	0.060	0.045	–	–	–
GX 120 Mn 13[1]	1.05 1.35	0.3 0.9	11 14	0.060	0.045	–	–	–
GX 120 MnCr13-2	1.05 1.35	0.3 0.9	11 14	0.060	0.045	1.5 2.5	–	–
GX 120 MnNi13-3	1.05 1.35	0.3 0.9	11 14	0.060	0.045	–	–	3 4
GX 120 Mn17[1]	1.05 1.35	0.3 0.9	16 19	0.060	0.045	–	–	–
GX 90 MnMo14	0.70 1.00	0.3 0.6	13 15	0.070	0.045	–	1.0 1.8	–
GX 120 MnCr17-2	1.05 1.35	0.3 0.9	16 19	0.060	0.045	1.5 2.5	–	–

주 [1] 이 등급들은 때때로 비자성체에 이용된다.

열처리

등급 GX90MnMo14 주물 두께가 45mm 미만이고, 탄소 함량이 0.8% 미만의 경우에는 열처리 없이 공급될 수 있다.
두께가 45mm 이상이고 탄소 함량이 0.8% 이상의 GX90MnMo14 및 모든 다른 등급품은 1040℃ 이상 온도에서 용체화 처리하고 수냉시켜야 한다.

철강 재료 데이터

28-6 주철품

1. 회 주철품 KS D 4301(폐지)

■ 종류의 기호

종류의 기호	JIS 기호
GC100	FC100
GC150	FC150
GC200	FC200
GC250	FC250
GC300	FC300
GC350	FC350

■ 별도 주입한 공시재의 기계적 성질

종류 및 기호	인장 강도 N/mm^2	경도 (HB)
GC100	100 이상	201 이하
GC150	150 이상	212 이하
GC200	200 이상	223 이하
GC250	250 이상	241 이하
GC300	300 이상	262 이하
GC350	350 이상	277 이하

■ 본체 붙임 공시재의 기계적 성질

종류 및 기호	주철품의 두께 (mm)	인장 강도 N/mm^2
GC100	–	–
GC150	20 이상 40 미만	120 이상
	40 이상 80 미만	110 이상
	80 이상 150 미만	100 이상
	150 이상 300 미만	90 이상
GC200	20 이상 40 미만	170 이상
	40 이상 80 미만	150 이상
	80 이상 150 미만	140 이상
	150 이상 300 미만	130 이상
GC250	20 이상 40 미만	210 이상
	40 이상 80 미만	190 이상
	80 이상 150 미만	170 이상
	150 이상 300 미만	160 이상
GC300	20 이상 40 미만	250 이상
	40 이상 80 미만	220 이상
	80 이상 150 미만	210 이상
	150 이상 300 미만	190 이상
GC350	20 이상 40 미만	290 이상
	40 이상 80 미만	260 이상
	80 이상 150 미만	230 이상
	150 이상 300 미만	210 이상

■ 실제 강도용 공시재의 기계적 성질

종류 및 기호	주철품의 두께 (mm)	인장 강도 N/mm^2
GC100	2.5 이상 10 미만	120 이상
	10 이상 20 미만	90 이상
GC150	2.5 이상 10 미만	155 이상
	10 이상 20 미만	130 이상
	20 이상 40 미만	110 이상
	40 이상 80 미만	95 이상
	80 이상 150 미만	80 이상
GC200	2.5 이상 10 미만	205 이상
	10 이상 20 미만	180 이상
	20 이상 40 미만	155 이상
	40 이상 80 미만	130 이상
	80 이상 150 미만	115 이상
GC250	4.0 이상 10 미만	250 이상
	10 이상 20 미만	225 이상
	20 이상 40 미만	195 이상
	40 이상 80 미만	170 이상
	80 이상 150 미만	155 이상
GC300	10 이상 20 미만	270 이상
	20 이상 40 미만	240 이상
	40 이상 80 미만	210 이상
	80 이상 150 미만	195 이상
GC350	10 이상 20 미만	315 이상
	20 이상 40 미만	280 이상
	40 이상 80 미만	250 이상
	80 이상 150 미만	225 이상

2. 구상 흑연 주철품 KS D 4302(폐지)

■ 종류의 기호

별도 주입 공시재에 의한 경우	본체 부착 공시재에 의한 경우	비 고
GCD 350-22	GCD 400-18A	종류의 기호에 붙인 문자 L은 저온 충격값이 규정된 것임을 나타낸다. 종류의 기호에 붙인 문자 A는 본체 부착 공시재에 의한 것임을 나타낸다.
GCD 350-22L	GCD 400-18L	
GCD 400-18	GCD 400-15A	
GCD 400-18L	GCD 500-7A	
GCD 400-15	GCD 600-3A	
GCD 450-10	-	
GCD 500-7	-	
GCD 600-3	-	
GCD 700-2	-	
GCD 800-2	-	

■ 화학 성분

단위 : %

<table>
<tr><th>종류의 기호</th><th>C</th><th>Si</th><th>Mn</th><th>P</th><th>S</th><th>Mg</th></tr>
<tr><td>GCD 350－22</td><td rowspan="15">2.5 이상</td><td rowspan="6">2.7 이하</td><td rowspan="6">0.4 이하</td><td rowspan="6">0.08 이하</td><td rowspan="15">0.02 이하</td><td rowspan="15">0.09 이하</td></tr>
<tr><td>GCD 350－22L</td></tr>
<tr><td>GCD 400－18</td></tr>
<tr><td>GCD 400－18L</td></tr>
<tr><td>GCD 400－18A</td></tr>
<tr><td>GCD 400－18AL</td></tr>
<tr><td>GCD 400－15</td><td rowspan="9">－</td><td rowspan="9">－</td><td rowspan="9">－</td></tr>
<tr><td>GCD 400－15A</td></tr>
<tr><td>GCD 450－10</td></tr>
<tr><td>GCD 500－7</td></tr>
<tr><td>GCD 500－7A</td></tr>
<tr><td>GCD 600－3</td></tr>
<tr><td>GCD 600－3A</td></tr>
<tr><td>GCD 700－2</td></tr>
<tr><td>GCD 800－2</td></tr>
</table>

■ 별도 주입 공시재의 기계적 성질

<table>
<tr><th rowspan="2">종류의 기호</th><th rowspan="2">인장 강도 N/mm²</th><th rowspan="2">항복 강도 N/mm²</th><th rowspan="2">연신율 %</th><th colspan="3">샤르피 흡수 에너지</th><th colspan="2">(참 고)</th></tr>
<tr><th>시험 온도 ℃</th><th>3개의 평균값 J</th><th>개개의 값 J</th><th>경 도 HB</th><th>기지 조직</th></tr>
<tr><td>GCD 350－22</td><td rowspan="2">350 이상</td><td rowspan="2">220 이상</td><td rowspan="2">22 이상</td><td>23±5</td><td>17 이상</td><td>14 이상</td><td rowspan="2">150 이하</td><td rowspan="6">페라이트</td></tr>
<tr><td>GCD 350－22L</td><td>－40±2</td><td>12 이상</td><td>9 이상</td></tr>
<tr><td>GCD 400－18</td><td rowspan="3">400 이상</td><td rowspan="3">250 이상</td><td rowspan="2">18 이상</td><td>23±5</td><td>14 이상</td><td>11 이상</td><td rowspan="3">130~180</td></tr>
<tr><td>GCD 400－18L</td><td>－20±2</td><td>12 이상</td><td>9 이상</td></tr>
<tr><td>GCD 400－15</td><td>15 이상</td><td rowspan="7">－</td><td rowspan="7">－</td><td rowspan="7">－</td></tr>
<tr><td>GCD 450－10</td><td>450 이상</td><td>280 이상</td><td>10 이상</td><td>140~210</td></tr>
<tr><td>GCD 500－7</td><td>500 이상</td><td>320 이상</td><td>7 이상</td><td>150~230</td><td>페라이트+펄라이트</td></tr>
<tr><td>GCD 600－3</td><td>600 이상</td><td>370 이상</td><td>3 이상</td><td>170~270</td><td>펄라이트+페라이트</td></tr>
<tr><td>GCD 700－2</td><td>700 이상</td><td>420 이상</td><td rowspan="2">2 이상</td><td>180~300</td><td>펄라이트</td></tr>
<tr><td>GCD 800－2</td><td>800 이상</td><td>480 이상</td><td>200~330</td><td>펄라이트 또는 템퍼링 조직</td></tr>
</table>

■ 기계적 성질

<table>
<tr><th rowspan="2">종류의 기호</th><th rowspan="2">주철품의 주요 살두께 mm</th><th rowspan="2">인장 강도 N/mm²</th><th rowspan="2">항복 강도 N/mm²</th><th rowspan="2">연신율 %</th><th colspan="3">샤르피 흡수 에너지</th><th colspan="2">(참 고)</th></tr>
<tr><th>시험 온도 ℃</th><th>3개의 평균값 J</th><th>개개의 값 J</th><th>경 도 HB</th><th>기지 조직</th></tr>
<tr><td rowspan="2">GCD 400-18A</td><td>30 초과 60 이하</td><td>390 이상</td><td>250 이상</td><td>15 이상</td><td rowspan="2">23±5</td><td>14 이상</td><td>11 이상</td><td rowspan="6">120~180</td><td rowspan="6">페라이트</td></tr>
<tr><td>60 초과 200 이하</td><td>370 이상</td><td>240 이상</td><td>12 이상</td><td rowspan="2">12 이상</td><td rowspan="2">9 이상</td></tr>
<tr><td rowspan="2">GCD 400-18AL</td><td>30 초과 60 이하</td><td>390 이상</td><td>250 이상</td><td>15 이상</td><td rowspan="2">-20±2</td></tr>
<tr><td>60 초과 200 이하</td><td>370 이상</td><td>240 이상</td><td>12 이상</td><td>10 이상</td><td>7 이상</td></tr>
<tr><td rowspan="2">GCD-400-15A</td><td>30 초과 60 이하</td><td>390 이상</td><td>250 이상</td><td>15 이상</td><td rowspan="6">-</td><td rowspan="6">-</td><td rowspan="6">-</td></tr>
<tr><td>60 초과 200 이하</td><td>370 이상</td><td>240 이상</td><td>12 이상</td></tr>
<tr><td rowspan="2">GCD 500-7A</td><td>30 초과 60 이하</td><td>450 이상</td><td>300 이상</td><td>7 이상</td><td rowspan="2">130~230</td><td rowspan="2"></td></tr>
<tr><td>60 초과 200 이하</td><td>420 이상</td><td>290 이상</td><td>5 이상</td></tr>
<tr><td rowspan="2">GCD 600-3A</td><td>30 초과 60 이하</td><td>600 이상</td><td>360 이상</td><td>2 이상</td><td rowspan="2">160~270</td><td rowspan="2">펄라이트+ 페라이트</td></tr>
<tr><td>60 초과 200 이하</td><td>550 이상</td><td>340 이상</td><td>1 이상</td></tr>
</table>

3. 오스템퍼 구상 흑연 주철품 KS D 4318(폐지)

■ 종류의 기호

종류의 기호
GCAD 900-4
GCAD 900-8
GCAD 1000-5
GCAD 1200-2
GCAD 1400-1

■ 별도 주입한 공시재의 기계적 성질

기 호	인장 강도 N/mm²	항복 강도 N/mm²	연신율 (%)	경도 HB
GCAD 900-4	900 이상	600 이상	4	-
GCAD 900-8	900 이상	600 이상	8 이상	-
GCAD 1000-5	1000 이상	700 이상	5 이상	-
GCAD 1200-2	1200 이상	900 이상	2 이상	341 이상
GCAD 1400-1	1400 이상	1100 이상	1 이상	401 이상

비고

오스템퍼처리 : 표준이 되는 처리 방법은 열처리 전의 주철품을 오스테나이트화 온도 구역에서 가열 유지한 후, 베이나이트 변태 온도 구역으로 유지되어 있는 염욕로, 유조 또는 유동상로 등으로 이동시켜 연속적으로 베이나이트 변태 온도 구역에 일정 시간 유지하고, 실온까지 적당한 방법으로 냉각하는 처리

4. 오스테나이트 주철품 KS D 4319(폐지)

■ 종류 및 기호의 분류

종류 및 기호	분 류
GCA-NiMn 13 7	편상 흑연계
GCA-NiCuCr 15 6 2	
GCA-NiCuCr 15 6 3	
GCA-NiCr 20 2	
GCA-NiCr 20 3	
GCA-NiSiCr 20 5 3	
GCA-NiCr 30 3	
GCA-NiSiCr 30 5 5	
GCA-Ni 35	
GCDA-NiMn 13 17	구상 흑연계
GCDA-NiCr 20 2	
GCDA-NiCrNb 20 2	
GCDA-NiCr 20 3	
GCDA-NiSiCr 20 5 2	
GCDA-Ni 22	
GCDA-NiMn 23 4	
GCDA-NiCr 30 1	
GCDA-NiCr 30 3	
GCDA-NiSiCr 30 5 2	
GCDA-NiSiCr 30 5 5	
GCDA-Ni 35	
GCDA-NiCr 35 3	
GCDA-NiSiCr 35 5 2	

- 오스테나이트 주철은 고합금 재료로서 금속 조직은 합금원소를 사용하기 때문에 상온에서 오스테나이트상을 갖고, 탄소 성분은 주로 편상 또는 구상 흑연으로 존재한다. 탄화물도 종종 보이는데 특히 고 Cr계에서 현저하다.
- ISO 2892 : 1973 Austenitic cast iron

■ 편상 흑연계의 화학 성분

종류 및 기호	화학 성분 (%)					
	C	Si	Mn	Ni	Cr	Cu
GCA-NiMn 13 7	3.0 이하	1.5~3.0	6.0~7.0	12.0~14.0	0.2 이하	0.5 이하
GCA-NiCuCr 15 6 2	3.0 이하	1.0~2.8	0.5~1.5	13.5~17.5	1.0~2.5	5.5~7.5
GCA-NiCuCr 15 6 3	3.0 이하	1.0~2.8	0.5~1.5	13.5~17.5	2.5~3.5	5.5~7.5
GCA-NiCr 20 2	3.0 이하	1.0~2.8	0.5~1.5	18.0~22.0	1.0~2.5	0.5 이하
GCA-NiCr 20 3	3.0 이하	1.0~2.8	0.5~1.5	18.0~22.0	2.5~3.5	0.5 이하
GCA-NiSiCr 20 5 3	2.5 이하	4.5~5.5	0.5~1.5	18.0~22.0	1.5~4.5	0.5 이하
GCA-NiCr 30 3	2.5 이하	1.0~2.0	0.5~1.5	28.0~32.0	2.5~3.5	0.5 이하
GCA-NiSiCr 30 5 5	2.5 이하	5.0~6.0	0.5~1.5	29.0~32.0	4.5~5.5	0.5 이하
GCA-Ni 35	2.4 이하	1.0~2.0	0.5~1.5	34.0~36.0	0.2 이하	0.5 이하

■ 구상 흑연계의 화학 성분

종류 및 기호	화학 성분 (%)					
	C	Si	Mn	Ni	Cr	Cu
GCDA−NiMn 13 17	3.0 이하	2.0~3.0	6.0~7.0	12.0~14.0	0.2 이하	0.5 이하
GCDA−NiCr 20 2	3.0 이하	1.5~3.0	0.5~1.5	18.0~22.0	1.0~2.5	0.5 이하
GCDA−NiCrNb 20 2	3.0 이하	1.5~2.4	0.5~1.5	18.0~22.0	1.0~2.5	−
GCDA−NiCr 20 3	3.0 이하	1.5~3.0	0.5~1.5	18.0~22.0	2.5~3.5	0.5 이하
GCDA−NiSiCr 20 5 2	3.0 이하	4.5~5.5	0.5~1.5	18.0~22.0	1.0~2.5	0.5 이하
GCDA−Ni 22	3.0 이하	1.0~3.0	1.5~2.5	21.0~24.0	0.5 이하	0.5 이하
GCDA−NiMn 23 4	2.6 이하	1.5~2.5	4.0~4.5	22.0~24.0	0.2 이하	0.5 이하
GCDA−NiCr 30 1	2.6 이하	1.5~3.0	0.5~1.5	28.0~32.0	1.0~1.5	0.5 이하
GCDA−NiCr 30 3	2.6 이하	1.5~3.0	0.5~1.5	28.0~32.0	2.5~3.5	0.5 이하
GCDA−NiSiCr 30 5 2	2.6 이하	4.0~6.0	0.5~1.5	29.0~32.0	1.5~2.5	−
GCDA−NiSiCr 30 5 5	2.6 이하	5.0~6.0	0.5~1.5	28.0~32.0	4.5~5.5	0.5 이하
GCDA−Ni 35	2.4 이하	1.5~3.5	0.5~1.5	34.0~36.0	0.2 이하	0.5 이하
GCDA−NiCr 35 3	2.4 이하	1.5~3.0	0.5~1.5	34.0~36.0	2.0~3.0	0.5 이하
GCDA−NiSiCr 35 5 2	2.0 이하	4.0~6.0	0.5~1.5	34.0~36.0	1.5~2.5	−

■ 편상 흑연계의 화학 성분

종류 및 기호	인장 강도 N/mm^2	종류 및 기호	인장 강도 N/mm^2
GCA−NiMn 13 7	140 이상	GCA−NiSiCr 20 5 3	190 이상
GCA−NiCuCr 15 6 2	170 이상	GCA−NiCr 30 3	190 이상
GCA−NiCuCr 15 6 3	190 이상	GCA−NiSiCr 30 5 5	170 이상
GCA−NiCr 20 2	170 이상	GCA−Ni 35	120 이상
GCA−NiCr 20 3	190 이상		

- 구상 흑연계의 오스테나이트 주철의 기계적 성질은 편상 흑연계보다 우수하다. 또한, 우수한 내열성이나 내식성도 가지며, 동일한 기본 성분을 갖는 편상 흑연계의 것과는 다른 물리적 성질을 갖고 있다.

■ 구상 흑연계의 기계적 성질

종류 및 기호	인장강도 N/mm^2	0.2% 항복 강도 N/mm^2	연 신 율 (%)	샤르피 충격 흡수 에너지 J 3개 충격 시험의 평균값	
				V 노치	U 노치
GCDA−NiMn 13 17	390 이상	210 이상	15 이상	16 이상	−
GCDA−NiCr 20 2	370 이상	210 이상	7 이상	13 이상	16 이상
GCDA−NiCrNb 20 2	370 이상	210 이상	7 이상	13 이상	−
GCDA−NiCr 20 3	390 이상	210 이상	7 이상	−	−
GCDA−NiSiCr 20 5 2	370 이상	210 이상	10 이상	−	−
GCDA−Ni 22	370 이상	170 이상	20 이상	20 이상	24 이상
GCDA−NiMn 23 4	440 이상	210 이상	25 이상	24 이상	28 이상
GCDA−NiCr 30 1	370 이상	210 이상	13 이상	−	−
GCDA−NiCr 30 3	370 이상	210 이상	7 이상	−	−
GCDA−NiSiCr 30 5 2	380 이상	210 이상	10 이상	−	−
GCDA−NiSiCr 30 5 5	390 이상	240 이상	−	−	−
GCDA−Ni 35	370 이상	210 이상	20 이상	−	−
GCDA−NiCr 35 3	370 이상	210 이상	7 이상	−	−
GCDA−NiSiCr 35 5 2	370 이상	200 이상	10 이상	−	−

5. 가단 주철품 KS D ISO 5922(폐지)

■ 백심 가단 주철품의 기계적 성질

종류의 기호	시험편의 지름 (mm)	인장 강도 N/mm² 이상	0.2% 항복 강도 N/mm² 이상	연신율 %	경도 (HBW)
GCMW 35-04	9	340	-	5	280 이하
	12	350	-	4	
	15	360	-	3	
GCMW 38-12	9	320	170	15	200 이하
	12	380	200	12	
	15	400	210	8	
GCMW 40-05	9	360	200	8	220 이하
	12	400	220	5	
	15	420	230	4	
GCMW 45-07	9	400	230	10	220 이하
	12	450	260	7	
	15	480	280	4	

- 가단 주철품

  열처리한 철-탄소합금으로서, 주조 상태에서 흑연을 함유하지 않은 백선 조직을 가지는 주철품. 즉, 탄소 성분은 전부 시멘타이트(Fe_3C)로 결합된 형태로 존재한다.

■ 흑심 가단 주철품 및 펄라이트 가단 주철품의 기계적 성질

종류의 기호		시험편의 지름 (mm)	인장 강도 N/mm² 이상	0.2% 항복 강도 N/mm² 이상	연신율 %	경도 (HBW)
A	B					
GCMB 30-06	-	12 또는 15	300	-	6	150 이하
-	GCMB 30-12	12 또는 15	320	190	12	150 이하
GCMB 35-10	-	12 또는 15	350	200	10	150 이하
GCMP 45-06	-	12 또는 15	450	270	6	150~200
-	GCMP 50-05	12 또는 15	500	300	5	160~220
GCMP 55-04	-	12 또는 15	550	340	4	180~230
-	GCMP 60-03	12 또는 15	600	390	3	200~250
GCMP 65-02	-	12 또는 15	650	430	2	210~260
GCMP 70-02	-	12 또는 15	700	530	2	240~290
-	GCMP 80-01	12 또는 15	800	600	1	270~310

- 흑심 및 펄라이트 가단 주철품

  흑심 가단 주철품의 현미경 조직은 본질적으로 페라이트 기지를 가진다. 펄라이트 가단 주철품의 현미경 조직은 정해진 종류에 따르지만, 펄라이트 또는 그 외 오스테나이트의 변태 생성물의 기지를 갖는다. 흑연은 템퍼탄소 노듈러의 형태로 존재한다.

- 가단 주철품의 종류 및 기호

  GCMW : 백심 가단 주철

  GCMB : 흑심 가단 주철

  GCMP : 펄라이트 가단 주철

28-7 구조용 봉강, 형강, 강판, 강대

1. 일반 구조용 압연 강재 KS D 3503 : 2016

■ 종류의 기호

종류의 기호	적용
SS235(SS330)	강판, 강대, 평강 및 봉강
SS275(SS400)	강판, 강대, 형강, 평강 및 봉강
SS315(SS490)	
SS410(SS540)	두께 40mm 이하의 강판, 강대, 형강, 평강 및 지름, 변 또는 맞변거리 40mm 이하의 봉강
SS450(SS590)	
SS550	두께 40mm 이하의 강판, 강대, 평강

비고 봉강에는 코일 봉강을 포함한다.

■ 화학 성분

단위 : %

종류의 기호	C	Si	Mn	P	S
SS235(SS330)	0.25 이하	0.45 이하	1.40 이하	0.050 이하	0.050 이하
SS275(SS400)					
SS315(SS490)	0.28 이하	0.50 이하	1.50 이하		
SS410(SS540)	0.30 이하	0.55 이하	1.60 이하	0.040 이하	0.040 이하
SS450(SS590)					
SS550					

■ 신 · 구기호

신 기호	구 기호	신 기호	구 기호
SS 330	SS 34	SS 490	SS 50
SS 400	SS 41	SS 540	SS 55

■ 기계적 성질

종류의 기호	항복점 또는 항복 강도 N/mm² 강재의 두께 mm				인장강도 N/mm²	강재의 두께 mm	인장 시험편	연신율 %	굽힘성	
	16 이하	16초과 40 이하	40초과 100 이하	100초과 하는 것					굽힘 각도	안쪽 반지름
SS235 (SS330)	235 이상	225 이상	205 이상	195 이상	330 ~ 450	강판, 강대, 평강의 두께 5이하	5호	26 이상	180°	두께의 0.5배
						강판, 강대, 평강의 두께 5초과 16이하	1A호	21 이상		
						강판, 평강의 두께 16초과 40이하	1A호	26 이상		
						강판, 강대, 평강의 두께 40초과하는 것	4호	28 이상		
						봉강의 지름, 변 또는 맞변거리 25 이하	2호	25 이상	180°	지름, 변 또는 맞변거리의 2.0배
						봉강의 지름, 변 또는 맞변거리 25 초과하는 것	14A호	28 이상		

■ 기계적 성질(계속)

종류의 기호	항복점 또는 항복 강도 N/mm^2 / 강재의 강재의 두께 mm				인장 강도 N/mm^2	강재의 두께 mm	인장 시험편	연신율 %	굽힘성	
	16 이하	16초과 40 이하	40초과 100 이하	100초과 하는것					굽힘 각도	안쪽 반지름
SS275 (SS400)	275 이상	265 이상	245 이상	235 이상	410 ~ 550	강판, 강대, 형강의 두께 5이하	5호	21 이상	180°	두께의 1.5배
						강판, 강대, 형강의 두께 5초과 16이하	1A호	17 이상		
						강판, 강대, 평강, 형강의 두께 16초과 40이하	1A호	21 이상		
						강판, 평강, 형강의 두께 40초과하는 것	4호	23 이상		
						봉강의 지름, 변 또는 맞변거리 25 이하	2호	20 이상	180°	지름, 변 또는 맞변거리의 1.5배
						봉강의 지름, 변 또는 맞변거리 25 초과하는 것	14A호	22 이상		
SS315 (SS490)	315 이상	305 이상	295 이상	275 이상	490 ~ 630	강판, 강대, 평강, 형강의 두께 5이하	5호	19 이상	180°	두께의 2.0배
						강판, 강대, 평강, 형강의 두께 5초과 16이하	1A호	15 이상		
						강판, 강대, 평강, 형강의 두께 16 초과 40이하	1A호	19 이상		
						강판, 평강, 형강의 두께 40초과하는 것	4호	21 이상		
						봉강의 지름, 변 또는 맞변거리 25 이하	2호	18 이상	180°	지름, 변 또는 맞변거리의 2.0배
						봉강의 지름, 변 또는 맞변거리 25 초과하는 것	14A호	20 이상		
SS410 (SS540)	410 이상	400 이상	–	–	540 이상	강판, 강대, 평강, 형강의 두께 5이하	5호	16 이상	180°	두께의 2.0배
						강판, 강대, 형강의 두께 5초과 16이하	1A호	13 이상		
						강판, 강대, 평강, 형강의 두께 16 초과 40이하	1A호	17 이상		
						봉강의 지름, 변 또는 맞변거리 25 이하	2호	13 이상	180°	지름, 변 또는 맞변거리의 2.0배
						봉강의 지름, 변 또는 맞변거리 25 초과하는 것	14A호	16 이상		
SS450 (SS590)	450 이상	440 이상	–	–	590 이상	강판, 강대, 평강, 형강의 두께 5이하	5호	14 이상	180°	두께의 2.0배
						강판, 강대, 평강, 형강의 두께 5초과 16이하	1A호	11 이상		
						강판, 강대, 평강, 형강의 두께 16 초과 40이하	1A호	15 이상		
						봉강의 지름, 변 또는 맞변거리 25 이하	2호	10 이상	180°	지름, 변 또는 맞변거리의 2.0배
						봉강의 지름, 변 또는 맞변거리 25 초과 40 이하	14A호	12 이상		

2. 철근 콘크리트용 봉강 KS D 3504 : 2016

■ 종류 및 기호

종 류	기 호	용 도
이형 봉강	SD 300	일반용
	SD 350	
	SD 400	
	SD 500	
	SD 600	
	SD 700	
	SD 400 W	용접용
	SD 500 W	
	SD 400 S	특수내진용
	SD 500 S	
	SD 600 S	

■ 화학 성분

종류의 기호	화학 성분 %						
	C	Si	Mn	P	S	N	Ceq
SD 300	–	–	–	0.050 이하	0.050 이하	–	–
SD 400	–	–	–	0.040 이하	0.045 이하	–	–
SD 500	–	–	–	0.040 이하	0.040 이하	–	–
SD 600	–	–	–	0.040 이하	0.040 이하	–	–
SD 700	–	–	–	0.040 이하	0.040 이하	–	0.63 이하
SD 400W	0.22 이하	0.60 이하	1.60 이하	0.040 이하	0.040 이하	0.012 이하	0.50 이하
SD 500W							

■ 기계적 성질

종류의 기호	항복점 또는 항복 강도 N/mm^2	인장 강도 N/mm^2	인장 시험편	연신율 %	굽힘성		
					굽힘 각도	안쪽 반지름	
SD 300	300~420	항복강도의 1.15배 이상	2호에 준한 것	16 이상	180°	D 16 이하	공칭 지름의 1.5배
			3호에 준한 것	18 이상		D 16 초과	공칭 지름의 2배
SD 400	400~520		2호에 준한 것	16 이상	180°		공칭 지름의 2.5배
			3호에 준한 것	18 이상			
SD 500	500~650	항복강도의 1.08배 이상	2호에 준한 것	12 이상	90°	D 25 이하	공칭 지름의 2.5배
			3호에 준한 것	14 이상		D 25 초과	공칭 지름의 3배
SD 600	600~780		2호에 준한 것	10 이상	90°	D 25 이하	공칭 지름의 2.5배
			3호에 준한 것	10 이상		D 25 초과	공칭 지름의 3배
SD 700	700~910		2호에 준한 것	10 이상	90°	D 25 이하	공칭 지름의 2.5배
			3호에 준한 것	10 이상		D 25 초과	공칭 지름의 3배
SD 400W	400~520	항복강도의 1.15배 이상	2호에 준한 것	16 이상	180°		공칭 지름의 2.5배
			3호에 준한 것	18 이상			
SD 500W	500~650		2호에 준한 것	12 이상	90°	D 25 이하	공칭 지름의 2.5배
			3호에 준한 것	14 이상		D 25 초과	공칭 지름의 3배

3. PC 강봉 KS D 3505 : 2002(2017 확인)

■ 종류 및 기호

종류			기호
원형 봉강	A종	2호	SBPR 785/1 030
	B종	1호	SBPR 930/1 080
		2호	SBPR 930/1 180
	C종	1호	SBPR 1 080/1 230
이형 봉강	B종	1호	SBPD 930/1 080
	C종	1호	SBPD 1 080/1 230
	D종	1호	SBPD 1 275/1 420

■ 화학 성분

단위 : %

P	S	Cu
0.030 이하	0.035 이하	0.30 이하

■ 강봉의 호칭명

종 류	호 칭 명
원형 봉강	9.2mm 11mm 13mm (15mm) 17mm (19mm) (21mm) 23mm 26mm (29mm) 32mm 36mm 40mm
이형 봉강	7.4mm 9.2mm 11mm 13mm

비고 ( )를 붙인 호칭명의 강봉은 사용하지 않는 것이 바람직하다.

■ 기계적 성질

기 호	0.2% 항복 강도 N/mm²	인장 강도 N/mm²	연신율 (%)	릴랙세이션 값 (%)
SBPR 785/1 030	785 이상	1030 이상	5 이상	4.0 이하
SBPR 930/1 080	930 이상	1080 이상	5 이상	4.0 이하
SBPR 930/1 180	930 이상	1180 이상	5 이상	4.0 이하
SBPR 1 080/1 230	1080 이상	1230 이상	5 이상	4.0 이하
SBPD 930/1 080	930 이상	1080 이상	5 이상	1.5 이하
SBPD 1 080/1 230	1080 이상	1230 이상	5 이상	1.5 이하
SBPD 1 275/1 420	1275 이상	1420 이상	5 이상	1.5 이하

4. 재생 강재 KS D 3511(폐지)

■ 종류의 기호 및 제조 방법을 나타내는 기호

종류의 기호		종류의 기호 표시
기 호	제조방법을 나타내는 기호	
SRB 330 SRB 380 SRB 480	평강 : F 형강 : A 봉강 : B	평강, 등변 ㄱ형강 및 봉강을 표시할 때의 기호는 종류의 기호 다음에 F(평강), A(등변ㄱ형강) 또는 B(봉강)의 부호를 붙인다. [보기] 재생 강재 봉강 SRB 380 : SRB 380B

■ 기계적 성질

구분	종류의 기호	인장 강도 N/mm^2	항복점 N/mm^2	인장 시험편	연신율 (%)	굽힘성	
						굽힘 각도	안쪽 반지름
평강 등변 ㄱ형강	SRB 330	330~400	–	1A호	두께 9 mm 미만 21 이상 두께 9 mm 이상 25 이상	180°	밀착
	SRB 380	380~520	235 이상	1A호	두께 9 mm 미만 17 이상 두께 9 mm 이상 20 이상	180°	두께의 1.5배
	SRB 480	480~620	295 이상	1A호	두께 9 mm 미만 15 이상 두께 9 mm 이상 18 이상	180°	두께의 2.0배
봉강	SRB 330	330~400	–	2호 14A호	15 이상 27 이상	180°	밀착
	SRB 380	380~520	235 이상	2호 14A호	20 이상 22 이상	180°	지름, 변 또는 맞변거리의 1.5배
	SRB 480	480~620	295 이상	2호 14A호	16 이상 18 이상	180°	지름, 변 또는 맞변거리의 2배

■ 무게 허용차

구 분		인장 강도 N/mm^2	연신율 (%)
평강 등변 ㄱ 형강 봉강	단면적 250mm^2 미만	200kg 미만인 경우 ± 10% 200kg 이상인 경우 ± 7%	같은 치수인 것을 1조로 계량한다.
	단면적 250mm^2 이상	1t 미만인 경우 ± 6% 1t 이상인 경우 ± 5%	

철강 재료 데이터

5. 용접 구조용 압연 강재 KS D 3515 : 2016

■ 종류의 기호

종류의 기호	적용 두께 (mm)
SM275A(SM400A)	강판, 강대, 형강 및 평강 200 이하
SM275B(SM400B)	
SM275C(SM400C)	
SM275D	
SM355A(SM490A)	강판, 강대, 형강 및 평강 200 이하
SM355B(SM490B)	
SM355C(SM490C)	
SM355D	
SM420A	강판, 강대, 형강 및 평강 200 이하
SM420B(SM520B)	
SM420C(SM520C)	
SM420D	
SM460B(SM570)	강판, 강대, 및 형강 100 이하
SM460C	

■ 화학 성분

단위 : %

종류의 기호	C		Si	Mn	P
	50mm 이하	50mm 초과			
SM275A(SM400A)	0.23 이하	0.23 이하	–	2.5×C 이상	0.035 이하
SM275B(SM400B)	0.20 이하	0.22 이하	0.35 이하	0.50~1.40	0.030 이하
SM275C(SM400C)	0.18 이하	0.20 이하		1.40 이하	0.035 이하
SM275D					0.020 이하
SM355A(SM490A)	0.20 이하	0.22 이하	0.55 이하	1.60 이하	0.035 이하
SM355B(SM490B)	0.18 이하	0.20 이하			0.030 이하
SM355C(SM490C)					0.025 이하
SM355D					0.020 이하
SM420A	0.20 이하	0.22 이하	0.55 이하	1.60 이하	0.035 이하
SM420B(SM520B)					0.030 이하
SM420C(SM520C)	0.18 이하	0.20 이하			0.025 이하
SM420D					0.020 이하
SM460B(SM570)	0.18 이하	0.20 이하	0.55 이하	1.70 이하	0.030 이하
SM460C					0.025 이하

6. 마봉강용 일반 강재 KS D 3526 : 2007(2017 확인)

■ 종류의 기호

종류의 기호	적 용	비 고
SGD A	기계적 성질 보증	SGD 1, SGD 2, SGD 3 및 SGD 4에 대하여 킬드강을 지정할 경우는 각각 기호의 뒤에 K를 붙인다.
SGD B		
SGD 1	화학성분 보증	
SGD 2		
SGD 3		
SGD 4		

■ 화학성분 및 기계적 성질

종류의 기호	화학성분 %				항복점 N/mm² 강재의 지름, 변, 맞변거리, 두께 mm			인장강도 N/mm²	연신율		
	C	Mn	P	S	16 이하	16 초과 40 이하	40 초과		강재의 지름, 변, 맞변거리, 두께 mm	시험편	%
SGD A	–	–	0.045 이하	0.045 이하	–	–	–	290~390	25 이하	2호	26 이상
									25 초과	14A호	29 이상
SGD B	–	–	0.045 이하	0.045 이하	245 이상	235 이상	215 이상	400~510	25 이하	2호	20 이상
									25 초과	14A호	22 이상
SGD 1	0.10 이하	0.30~0.60	0.045 이하	0.045 이하	1N/mm²=1MPa						
SGD 2	0.10~0.15	0.30~0.60	0.045 이하	0.045 이하							
SGD 3	0.15~0.20	0.30~0.60	0.045 이하	0.045 이하							
SGD 4	0.20~0.25	0.30~0.60	0.045 이하	0.045 이하							

7. 용접 구조용 내후성 열간 압연 강재 KS D 3529 : 2016

■ 종류 및 기호

종류			기호	적용 두께 mm
SMA275	A	W	SMA275AW(SMA400AW)	내후성을 갖는 강판, 강대, 형강 및 평강 200 이하
		P	SMA275AP(SMA400AP)	
	B	W	SMA275BW(SMA400BW)	
		P	SMA275BP(SMA400BP)	
	C	W	SMA275CW(SMA400CW)	내후성을 갖는 강판, 강대 및 형강 100 이하
		P	SMA275CP(SMA400CP)	
SMA355	A	W	SMA355AW(SMA490AW)	내후성이 우수한 강판, 강대, 형강 및 평강 200 이하
		P	SMA355AP(SMA490AP)	
	B	W	SMA355BW(SMA490BW)	
		P	SMA355BP(SMA490BP)	
	C	W	SMA355CW(SMA490CW)	내후성이 우수한 강판, 강대 및 형강 100 이하
		P	SMA355CP(SMA490CP)	
SMA460		W	SMA460W(SMA570W)	내후성이 우수한 강판, 강대 및 형강 100 이하
		P	SMA460P(SMA570P)	

비고 W는 보통 압연한 그대로 또는 녹 안정화 처리를 하여 사용하고, P는 보통 도장하여 사용한다.

■ 화학 성분

종류의 기호		화학 성분 (%)							
		C	Si	Mn	P	S	Cu	Cr	Ni
SMA275 (SMA400) A, B, C	W	0.18 이하	0.15~0.65	1.25 이하	0.035 이하	0.035 이하	0.30~0.50	0.45~0.75	0.05~0.30
	P	0.18 이하	0.55 이하	1.25 이하	0.035 이하	0.035 이하	0.20~0.35	0.30~0.55	–
SMA355 (SMA490) A, B, C	W	0.18 이하	0.15~0.65	1.40 이하	0.035 이하	0.035 이하	0.30~0.50	0.45~0.75	0.05~0.30
	P	0.18 이하	0.55 이하	1.40 이하	0.035 이하	0.035 이하	0.20~0.35	0.30~0.55	–
SMA460 (SMA570)	W	0.18 이하	0.15~0.65	1.40 이하	0.035 이하	0.035 이하	0.30~0.50	0.45~0.75	0.05~0.30
	P	0.18 이하	0.55 이하	1.40 이하	0.035 이하	0.035 이하	0.20~0.35	0.30~0.55	–

비고 1. 필요에 따라 위 표에 언급한 것 이외의 합금원소를 첨가할 수 있다.
2. 각 종류 모두 내후성에 유효한 원소인 Mo, Nb, Ti, V, Zr 등을 첨가하여도 좋다. 다만, 이들 원소의 총계는 0.15%를 넘지 않는 것으로 한다.

■ 항복점 또는 항복 강도, 인장 강도 및 연신율

종류의 기호	항복점 또는 항복 강도 N/mm²					인장강도 N/mm²	연신율		
	강재의 두께 mm						강재 및 시험편의 적용		
	16 이하	16 초과 40 이하	40 초과 75 이하	75 초과 100 이하	100 초과 160 이하		두께 mm	시험편	%
SMA275AW (SMA400AW) SMA275AP (SMA400AP) SMA275BW (SMA400BW) SMA275BP (SMA400BP)	275 이상	265 이상	255 이상	245 이상	235 이상	410~550	5 이하	5호	22 이상
							5 초과 16 이하	1A호	17 이상
SMA275CW (SMA400CW) SMA275CP (SMA400CP)	275 이상	265 이상	255 이상	245 이상	–		16 초과 40 이하	1A호	21 이상
							40 초과	4호	23 이상
SMA355AW (SMA490AW) SMA355AP (SMA490AP) SMA355BW (SMA490BW) SMA355BP (SMA490BP)	355 이상	345 이상	335 이상	325 이상	305 이상	490~630	5 이하	5호	19 이상
							16 이하	1A호	15 이상
SMA355CW (SMA490CW) SMA355CP (SMA490CP)	355 이상	345 이상	335 이상	325 이상	–		16 초과	1A호	19 이상
							40 초과	4호	21 이상
SMA460W (SMA570W) SMA460P (SMA570P)	460 이상	450 이상	430 이상	420 이상	–	570~720	16 이하	5호	19 이상
							16 초과	5호	26 이상
							20 초과	4호	20 이상

비고 열가공제어압연(TMC)의 경우 두께에 따른 항복점 또는 항복 강도의 저감이 없이 기준값(16mm 이하의 항복 강도)을 적용한다.

8. 일반 구조용 경량 형강 KS D 3530 : 2016(2017 확인)

■ 종류의 기호 및 단면 모양에 따른 명칭과 그 기호

종류의 기호	단면 모양에 따른 명칭	단면 모양 기호
SSC 275 (SSC 400)	경 ㄷ형강	
	경 Z형강	
	경 ㄱ형강	
	리프 ㄷ형강	
	리프 Z형강	
	모자 형강	

■ 화학 성분

단위 : %

종류의 기호	C	P	S
SSC 275(SSC 400)	0.25 이하	0.050 이하	0.050 이하

■ 기계적 성질

종류의 기호	항복점 N/mm^2	인장 강도 N/mm^2	연신		
			두께 (mm)	시험편	%
SSC 275 (SSC 400)	275 이상	410~550	5 이하	5호	21 이상
			5 초과	1A호	17 이상

■ 경 ㄷ형강

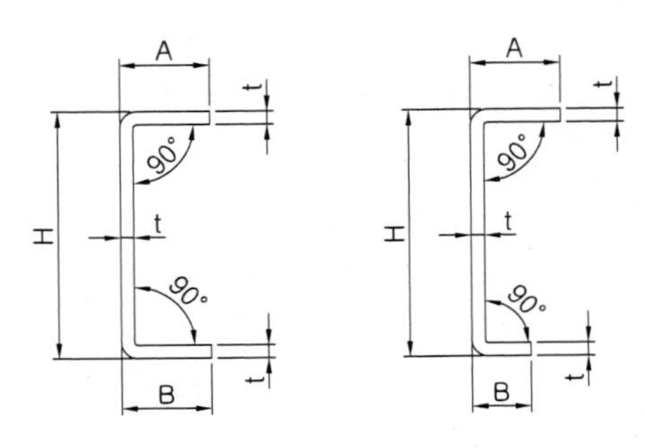

호칭명	치수 (mm)		단면적 cm^2	단위질량 kg/m
	H×A×B	t		
1618	450×75×75	6.0	34.82	27.3
1617		4.5	26.33	20.7

호칭명	치수 (mm)		단면적	단위질량
	$H \times A \times B$	t	cm^2	kg/m
1578	400×75×75	6.0	31.82	25.0
1577		4.5	24.08	18.9
1537	350×50×50	4.5	19.58	15.4
1536		4.0	17.47	13.7
1497	300×50×50	4.5	17.33	13.6
1496		4.0	15.47	12.1
1458	250×75×75	6.0	22.82	17.9
1427	250×50×50	4.5	15.08	11.8
1426		4.0	13.47	10.6
1388	250×75×75	6.0	19.82	15.6
1357	200×50×50	4.5	12.83	10.1
1356		4.0	11.47	9.00
1355		3.2	9.263	7.27
1318	150×75×75	6.0	16.82	13.2
1317		4.5	12.83	10.1
1316		4.0	11.47	9.00
1287	150×50×50	4.5	10.58	8.31
1285		3.2	7.663	6.02
1283		2.3	5.576	4.38
1245	120×40×40	3.2	6.063	4.76
1205	100×50×50	3.2	6.063	4.76
1203		2.3	4.426	3.47
1175	100×40×40	3.2	5.423	4.26
1173		2.3	3.966	3.11
1133	80×40×40	2.3	3.506	2.75
1093	60×30×30	2.3	2.586	2.03
1091		1.6	1.836	1.44
1055	40×40×40	3.2	3.503	2.75
1053		2.3	2.586	2.03
1041	38×15×15	1.6	1.004	0.788
1011	19×12×12	1.6	0.6039	0.474
1878	150×75×30	6.0	14.12	11.1
1833	100×50×15	2.3	3.621	28.4
1795	750×40×15	3.2	3.823	3.00
1793		2.3	2.816	2.21
1753	50×25×10	2.3	1.781	1.40
1715	40×40×15	3.2	2.703	2.12

■ 경 Z형강

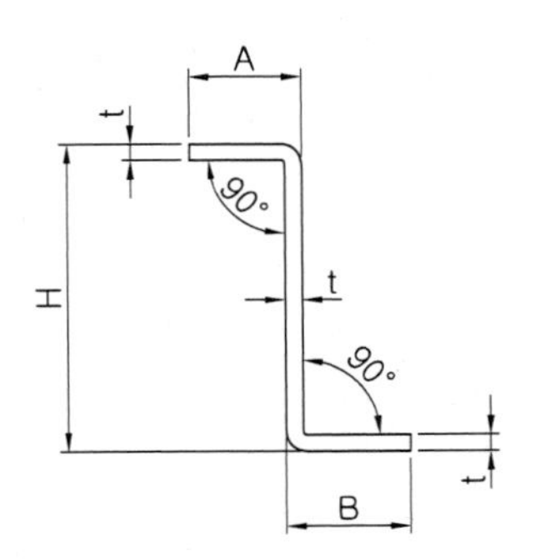

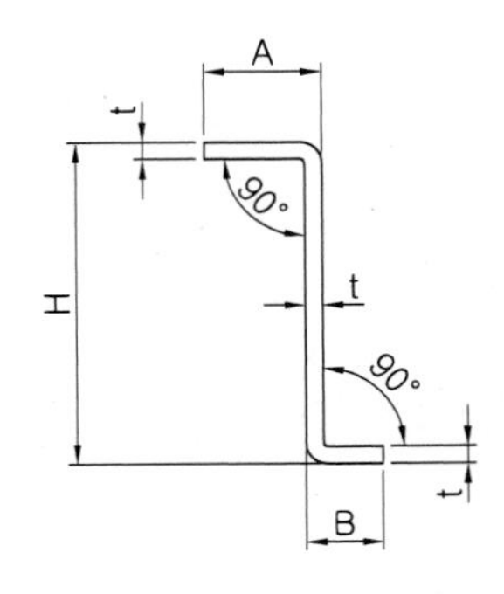

호칭명	치수 (mm)		단면적 cm^2	단위질량 kg/m
	H×*A*×*B*	t		
2155	100×50×50	3.2	6.063	4.76
2153		2.3	4.426	3.47
2115	75×30×30	3.2	3.983	3.13
2073	60×30×30	2.3	2.586	2.03
2033	40×20×20	2.3	1.666	1.31
2753	75×40×30	2.3	3.161	2.48
2723	75×30×20	2.3	2.701	2.12

■ 경 ㄱ형강

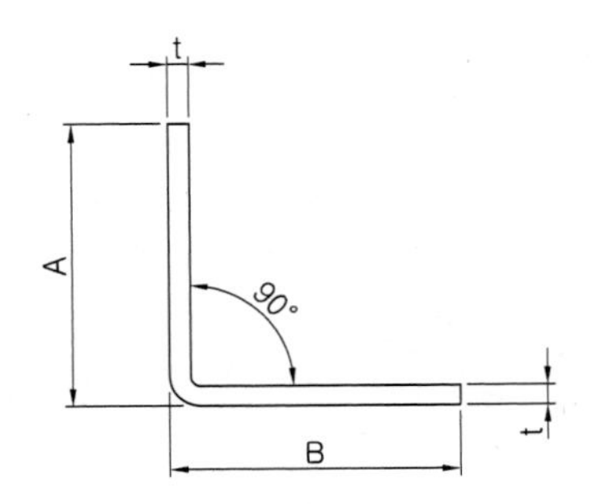

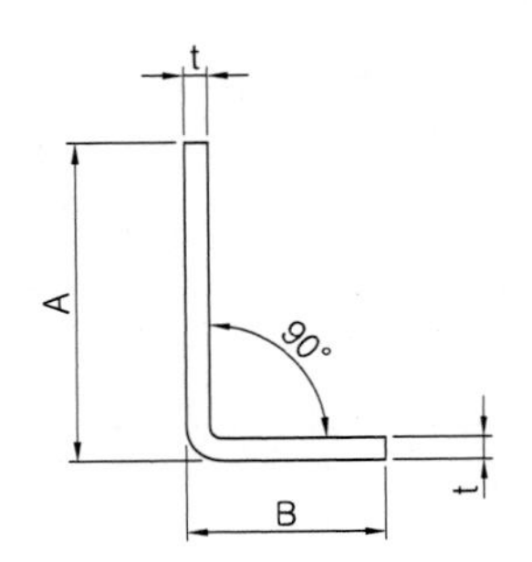

호칭명	치수 (mm)		단면적 cm^2	단위질량 kg/m
	H×*A*×*B*	t		
3155	60×60	3.2	3.672	2.88
3115	50×50	3.2	3.032	2.38
3113		2.3	2.213	1.74
3075	40×40	3.2	2.392	1.88
3035	30×30	3.2	1.752	1.38
3725	75×75	3.2	3.192	2.51

■ 리프 ㄷ형강

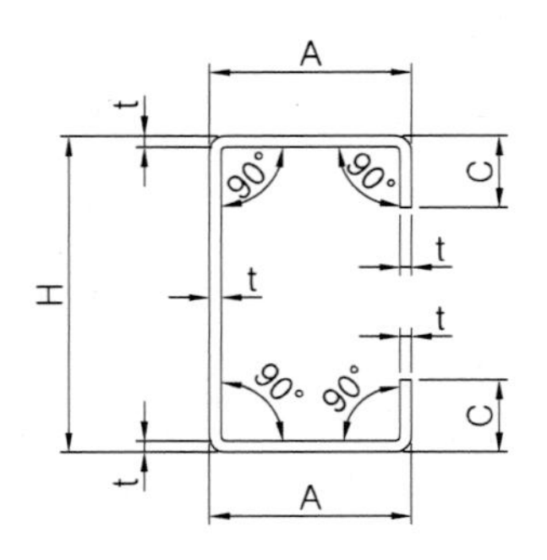

호칭명	치수 (mm)		단면적 cm^2	단위질량 kg/m
	$H \times A \times B$	t		
4607	250×75×25	4.5	18.92	14.9
4567	200×75×25	4.5	16.67	131
4566		4.0	14.95	11.7
4565		3.2	12.13	9.52
4537	200×75×20	4.5	16.22	12.7
4536		4.0	14.55	11.4
4535		3.2	11.81	9.27
4497	150×75×25	4.5	14.42	11.3
4496		4.0	12.95	10.2
4495		3.2	10.53	8.27
4467	150×75×20	4.5	13.97	11.0
4466		4.0	12.55	9.85
4465		3.2	10.21	8.01
4436	150×65×20	4.0	11.75	9.22
4435		3.2	9.567	7.51
4433		2.3	7.012	5.50
4407	150×50×20	4.5	11.72	9.20
4405		3.2	8.607	6.76
4403		2.3	6.322	4.96
4367	125×50×20	4.5	10.59	8.32
4366		4.0	9.548	7.50
4365		3.2	7.807	6.13
4363		2.3	5.747	4.51
4327	120×60×25	4.5	11.72	9.20
4295	120×60×20	3.2	8.287	6.51
4293		2.3	6.092	4.78
4255	120×40×20	3.2	7.007	5.50

■ 리프 ㄷ형강(계속)

호칭명	치수 (mm)		단면적 cm^2	단위질량 kg/m
	H×A×B	t		
4227	100×50×20	4.5	9.469	7.43
4226		4.0	8.548	6.71
4225		3.2	7.007	5.50
4224		2.8	6.205	4.87
4223		2.3	5.172	4.06
4222		2.0	4.537	3.56
4221		1.6	3.672	2.88
4185	90×45×20	3.2	6.367	5.00
4183		2.3	4.712	3.70
4181		1.6	3.352	2.63
4143	75×45×15	2.3	4.137	3.25
4142		2.0	3.637	2.86
4141		1.6	2.952	2.32
4113	75×35×15	2.3	3.677	2.89
4071	70×40×25	1.6	3.032	2.38
4033	60×30×20	2.3	2.872	2.25
4032		2.0	2.537	1.99
4031		1.6	2.072	1.63

■ 리프 Z형강

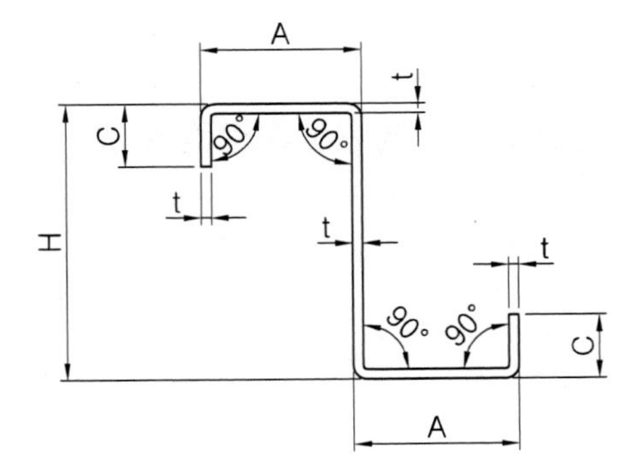

호칭명	치수 (mm)		단면적 cm^2	단위질량 kg/m
	H×A×B	t		
5035	100×50×20	3.2	7.007	5.50
5033		2.3	5.172	4.06

■ 모자 형강

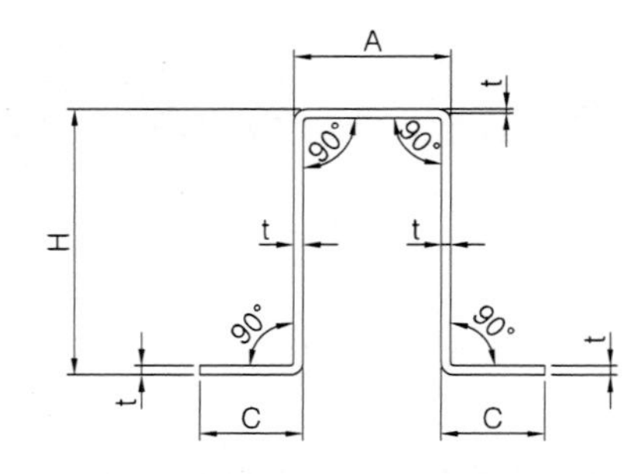

호칭명	치수 (mm)		단면적 cm^2	단위질량 kg/m
	H×A×B	t		
6163	60×30×25	2.3	4.358	3.42
6161		1.6	3.083	2.42
6133	60×30×25	2.3	4.128	3.24
6131		1.6	2.923	2.29
6105	50×40×30	3.2	5.932	4.66
6073	50×40×20	2.3	3.898	3.06
6033	40×20×20	2.3	2.978	2.34
6031		1.6	2.123	1.67

■ 표준 길이

단위 : m

6.0	7.0	8.0	9.0	10.0	11.0	12.0

■ 모양 및 치수의 허용차

구분		허용차
높이	150mm 미만	±1.5mm
	150mm 이상 300mm 미만	±2.0mm
	300mm 이상	±3.0mm
변 A 또는 B		±1.5mm
리프 C		±2.0mm
인접한 평판 부분을 구성하는 각도		±1.5°
길이	7m 이하	±40mm 0
	7m 초과	길이 1m 또는 그 끝수를 늘릴 때마다 위의 플러스 쪽 허용차에 5mm를 더한다.
굽음		전체 길이의 0.2% 이하
평판 부분의 두께 t	1.6mm	±0.22mm
	2.0mm, 2.3mm	±0.25mm
	2.8mm	±0.28mm
	3.2mm	±0.30mm
	4.0mm, 4.5mm	±0.45mm
	6.0mm	±0.60mm

■ 무게의 계산 방법

계산순서	계산방법	결과의 끝맺음
기본무게 kg/(cm^2 · m)	0.785(단면적 1cm^2, 길이 1m의 무게)	
단면적 cm^2	다음 식에 따라 구하고 계산값에 $\frac{1}{100}$을 곱한다. 경 e형강 $t(H+A+B-3.287t)$ 경 Z형강 $t(H+A+B-3.287t)$ 경 ㄱ형강 $t(A+B-1.644t)$ 리프 ㄷ형강 $t(H+2A+2C-6.574t)$ 리프 Z형강 $t(H+2A+2C-6.574t)$ 모자 형강 $t(2H+A+2C-4.575t)$	유효 숫자 4자리의 수치로 끝맺음한다.
단위무게 kg/m	기본무게(kg/(cm^2 · m)×단면적(cm^2))	유효숫자 3자리의 수치로 끝맺음한다.
1개의 무게 kg	단위무게(kg/m)×길이(m)	유효숫자 3자리의 수치로 끝맺음한다.
총무게 kg	1개의 무게(kg)×동일치수의 총개수	kg의 정수값으로 끝맺음 한다.

■ 무게의 허용차

1조의 계산무게	허용차 (%)	적요
600kg 미만	±10	동일 단면 모양, 동일 치수의 것을 1조로 한다.
600kg 이상 2t 미만	±7.5	
2t 이상	±5	

■ 경 ㄷ 형강

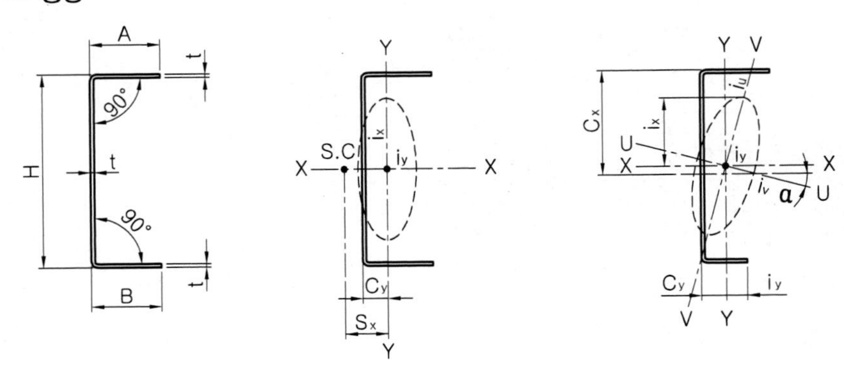

철강 재료 데이터

호칭명	치수 mm		중심위치 cm		단면 2차 모멘트 cm^4		단면 2차 반지름 cm		단면계수 cm^3		전단 중심 cm	
	$H \times A \times B$	t	C_x	C_y	I_x	I_y	i_x	i_y	Z_x	Z_y	S_x	S_y
1618	450×75×75	6.0	0	1.19	8400	122	15.5	1.87	374	19.4	2.7	0
1617		4.5	0	1.13	6430	94.3	15.6	1.89	286	14.8	2.7	0
1578	400×75×75	6.0	0	1.28	6230	120	14.0	1.94	312	19.2	2.9	0
1577		4.5	0	1.21	4780	92.2	14.1	1.96	239	14.7	2.9	0
1537	350×50×50	4.5	0	0.75	2750	27.5	11.9	1.19	157	6.48	1.6	0
1536		4.0	0	0.73	2470	24.8	11.9	1.19	141	5.81	1.6	0
1497	300×50×50	4.5	0	0.82	1850	26.8	10.3	1.24	123	6.41	1.8	0
1496		4.0	0	0.80	1660	24.1	10.4	1.25	111	5.74	1.8	0
1458	250×75×75	6.0	0	1.66	1940	107	9.23	2.17	155	18.4	3.7	0
1427	250×50×50	4.5	0	0.91	1160	25.9	8.78	1.31	93.0	6.31	2.0	0
1426		4.0	0	0.88	1050	23.3	8.81	1.32	83.7	5.66	2.0	0
1388	200×75×75	6.0	0	0.87	1130	101	7.56	2.25	113	17.9	4.1	0
1357	200×50×50	4.5	0	1.03	666	24.6	7.20	1.38	66.6	6.19	2.2	0
1356		4.0	0	1.00	600	22.2	7.23	1.39	60.0	5.55	2.2	0
1355		3.2	0	0.97	490	18.2	7.28	1.40	49.0	4.51	2.3	0
1318	150×75×75	6.0	0	2.15	573	91.9	5.84	2.34	76.4	17.2	4.6	0
1317		4.5	0	2.08	448	71.4	5.91	2.36	59.8	13.2	4.6	0
1316		4.0	0	2.06	404	64.2	5.93	2.36	53.9	11.8	4.6	0
1287	150×50×50	4.5	0	1.20	329	22.8	5.58	1.47	43.9	5.99	2.6	0
1285		3.2	0	1.14	244	16.9	5.64	1.48	32.5	4.37	2.6	0
1283		2.3	0	1.10	181	12.5	5.69	1.50	24.1	3.20	2.6	0
1245	120×40×40	3.2	0	0.94	122	8.43	4.48	1.18	20.3	2.75	2.1	0
1205	100×50×50	3.2	0	1.40	93.6	14.9	3.93	1.57	18.7	4.15	3.1	0
1203		2.3	0	1.36	69.9	11.1	3.97	1.58	14.0	3.04	3.1	0
1175	100×40×40	3.2	0	1.03	78.6	7.99	3.81	1.21	15.7	2.69	2.2	0
1173		2.3	0	0.99	58.9	5.96	3.85	1.23	11.8	1.98	2.2	0
1133	80×40×40	2.3	0	1.11	34.9	5.56	3.16	1.26	8.73	1.92	2.4	0
1093	60×30×30	2.3	0	0.86	14.2	2.27	2.34	0.94	4.72	1.06	1.8	0
1091		1.6	0	0.82	10.3	1.64	2.37	0.95	3.45	0.75	1.8	0
1055	40×40×40	3.2	0	1.51	9.21	5.72	1.62	1.28	4.60	2.30	3.0	0
1053		2.3	0	1.46	7.13	3.54	1.66	1.17	3.57	1.39	3.0	0
1041	38×15×15	1.6	0	0.40	2.04	0.20	1.42	0.45	1.07	0.18	0.8	0
1011	19×12×12	1.6	0	0.41	0.32	0.08	0.72	0.37	0.33	0.11	0.8	0
1878	150×75×30	6.0	6.33	1.56	4.06	56.4	5.36	2.00	46.9	9.49	2.2	4.5
1833	100×50×15	2.3	3.91	0.94	46.4	4.96	3.58	1.17	7.62	1.22	1.2	3.0
1795	75×40×15	3.2	3.91	0.80	21.0	3.93	2.34	1.01	4.68	1.23	1.2	2.1
1793		2.3	3.01	0.81	208	3.12	2.72	1.05	4.63	0.98	1.2	2.1
1753	50×25×10	2.3	1.97	0.54	5.59	0.79	1.77	0.67	1.84	0.40	0.7	1.5
1715	40×40×15	3.2	1.46	1.14	5.71	3.68	1.45	1.17	2.24	1.29	1.4	1.2

■ 경 Z 형강

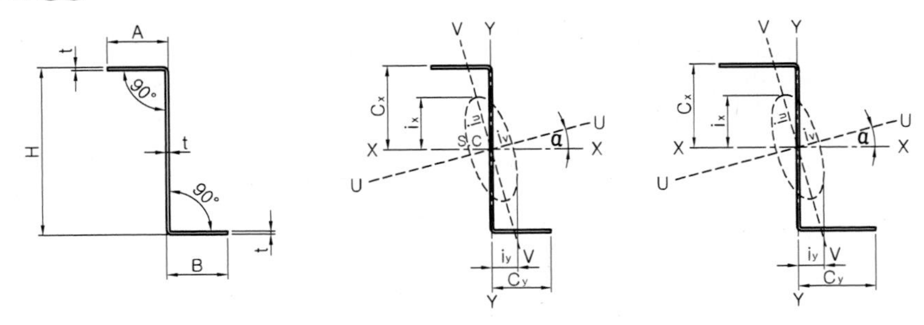

호칭명	치수 mm		중심위치 cm		단면 2차 모멘트 cm^4				단면 2차 반지름 cm				tan α	단면계수 cm^3		전단 중심 cm	
	H×A×B	t	C_x	C_y	I_x	I_y	I_u	I_v	i_x	i_y	i_u	i_v		Z_x	Z_y	S_x	S_y
2155	100×50×50	3.2	5.00	4.84	93.6	24.2	109	8.70	3.93	2.00	4.24	1.20	0.427	18.7	5.00	0	0
2153		2.3	5.00	4.88	69.9	17.9	81.2	6.53	3.97	2.01	4.28	1.21	0.423	14.0	3.66	0	0
2115	75×30×30	3.2	3.75	2.84	31.6	4.91	34.5	2.00	2.82	1.11	2.94	0.71	0.313	8.42	1.73	0	0
2073	60×30×30	2.3	3.00	2.88	14.2	3.69	16.5	1.31	2.34	1.19	2.53	0.71	0.430	4.72	1.28	0	0
2033	40×20×20	2.3	2.00	1.88	3.86	1.03	4.54	0.35	1.52	0.79	1.65	0.46	0.443	1.93	0.55	0	0
2753	75×40×30	2.3	3.49	3.13	26.8	6.15	30.6	2.39	2.91	1.40	3.11	0.865	0.394	6.68	1.69	0.05	1.38
2723	75×30×20	2.3	3.44	2.09	20.7	2.25	21.9	1.08	2.77	0.913	2.85	0.631	0.245	5.10	0.839	0.03	1.86

■ 경 ㄱ 형강

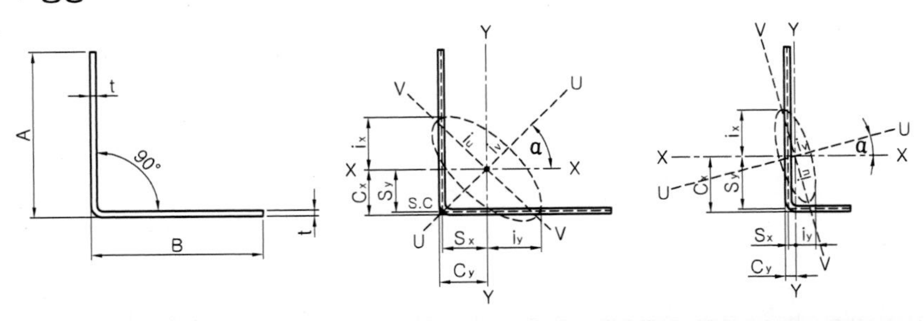

호칭명	치수 mm		중심위치 cm		단면 2차 모멘트 cm^4				단면 2차 반지름 cm				tan α	단면계수 cm^3		전단 중심 cm	
	H×A×B	t	C_x	C_y	I_x	I_y	I_u	I_v	i_x	i_y	i_u	i_v		Z_x	Z_y	S_x	S_y
3155	60×30	3.2	1.65	1.65	13.1	13.1	21.3	5.03	1.89	1.89	2.41	1.17	1.00	3.02	3.02	1.49	1.49
3115	50×50	3.2	1.40	1.40	7.47	7.47	12.1	2.83	1.57	1.57	2.00	0.97	1.00	2.07	2.07	1.24	1.24
3113		2.3	1.36	1.36	5.54	5.54	8.94	2.13	1.58	1.58	2.01	0.98	1.00	1.52	1.52	1.24	1.24
3075	40×40	3.2	1.15	1.15	3.72	3.72	6.04	1.39	1.25	1.25	1.59	0.76	1.00	1.30	1.30	0.99	0.99
3035	30×30	3.2	0.90	0.90	1.50	1.50	2.45	0.54	0.92	0.92	1.18	0.56	1.00	0.71	0.71	0.74	0.74
3725	75×30	3.2	2.86	0.57	18.9	1.94	19.6	1.47	2.43	0.78	2.48	0.62	0.198	4.07	0.80	0.41	2.70
3075	40×40	3.2	1.15	1.15	3.72	3.72	6.04	1.39	1.25	1.25	1.59	0.76	1.00	1.30	1.30	0.99	0.99
3035	30×30	3.2	0.90	0.90	1.50	1.50	2.45	0.54	0.92	0.92	1.18	0.56	1.00	0.71	0.71	0.74	0.74
3725	75×30	3.2	2.86	0.57	18.9	1.94	19.6	1.47	2.43	0.78	2.48	0.62	0.198	4.07	0.80	0.41	2.70

■ 리프 ㄷ형강

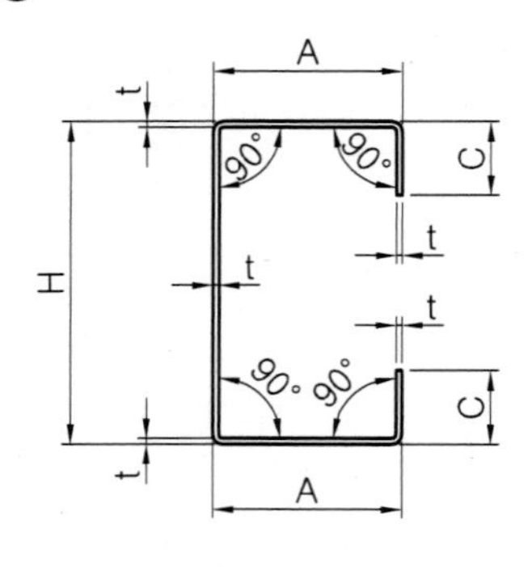

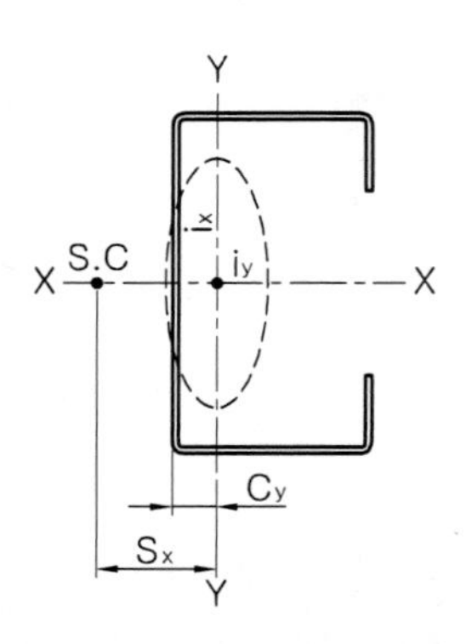

호칭명	치수 mm		중심위치 cm		단면 2차 모멘트 cm^4		단면 2차 반지름 cm		단면계수 cm^3		전단 중심 cm	
	H×A×B	t	C_x	C_y	I_x	I_y	i_x	i_y	Z_x	Z_y	S_x	S_y
4607	250×75×25	4.5	0	2.07	1690	129	9.44	2.62	135	23.8	5.1	0
4567	200×75×25	4.5	0	2.32	990	121	7.61	2.69	99.0	23.3	5.6	0
4566		4.0	0	2.32	895	110	7.74	2.72	89.5	21.3	5.7	0
4565		3.2	0	2.33	736	92.3	7.70	2.76	73.6	17.8	5.7	0
4537	200×75×20	4.5	0	2.19	963	109	7.71	2.60	96.3	20.6	5.3	0
4536		4.0	0	2.19	871	100	7.74	2.62	87.1	18.9	5.3	0
4535		3.2	0	2.19	716	84.1	7.79	2.67	71.6	15.8	5.4	0
4497	150×75×25	4.5	0	2.65	501	109	5.90	2.75	66.9	22.5	6.3	0
4496		4.0	0	2.65	455	99.8	5.93	2.78	60.6	20.6	6.3	0
4495		3.2	0	2.66	375	83.6	5.97	2.82	50.0	17.3	6.4	0
4467	150×75×20	4.5	0	2.50	489	99.2	5.92	2.66	65.2	19.8	6.0	0
4466		4.0	0	2.51	445	91.0	5.95	2.69	59.3	18.2	5.8	0
4465		3.2	0	2.51	366	76.4	5.99	2.74	48.9	15.3	5.1	0
4436	150×65×20	4.0	0	2.11	401	63.7	5.84	2.33	53.5	14.5	5.0	0
4436		3.2	0	2.11	332	53.8	5.89	2.37	44.3	12.2	5.1	0
4433		2.3	0	2.12	248	41.1	5.94	2.42	33.0	9.37	5.2	0
4407	150×50×20	4.5	0	1.54	368	35.7	5.60	1.75	49.0	10.5	3.7	0
4405		3.2	0	1.54	280	28.3	5.71	1.81	37.4	8.19	3.8	0
4403		2.3	0	1.55	210	21.9	5.77	1.86	28.0	6.33	3.8	0
4367	125×50×20	4.5	0	1.68	238	33.5	4.74	1.78	38.0	10.0	4.0	0
4366		4.0	0	1.68	217	33.1	4.77	1.81	34.7	9.38	4.0	0
4365		3.2	0	1.68	181	26.6	4.82	1.85	29.0	8.02	4.0	0
4363		2.3	0	1.69	137	20.6	4.88	1.89	21.9	6.22	4.1	0
4327	120×60×25	4.5	0	2.25	252	58.0	4.63	2.22	41.9	15.5	5.3	0
4295	120×60×20	3.2	0	2.12	186	40.9	4.74	2.22	31.0	10.5	4.9	0
4293		2.3	0	2.13	140	31.3	4.79	2.27	23.3	8.10	5.1	0
4255	120×40×20	3.2	0	1.32	144	15.3	4.53	1.48	24.0	5.71	3.4	0

호칭명	치수 mm		중심위치 cm		단면 2차 모멘트 cm^4		단면 2차 반지름 cm		단면계수 cm^3		전단 중심 cm	
	H×A×B	t	C_x	C_y	I_x	I_y	i_x	i_y	Z_x	Z_y	S_x	S_y
4227	100×50×20	4.5	0	1.86	139	30.9	3.82	1.81	27.7	9.82	4.3	0
4226		4.0	0	1.86	127	28.7	3.85	1.83	25.4	9.13	4.3	0
4225		3.2	0	1.86	107	24.5	3.90	1.87	21.3	7.81	4.4	0
4224		2.8	0	1.88	99.8	23.2	3.96	1.91	20.0	7.44	4.3	0
4223		2.3	0	1.86	80.7	19.0	3.95	1.92	16.1	6.06	4.4	0
4222		2.0	0	1.86	71.4	16.9	3.97	1.93	14.3	5.40	4.4	0
4221		1.6	0	1.87	58.4	14.0	3.99	1.95	11.7	4.47	4.5	0
4185	90×45×20	3.2	0	1.72	76.9	18.3	3.48	1.69	17.1	6.57	4.1	0
4183		2.3	0	1.73	58.6	14.2	3.53	1.74	13.0	5.14	4.1	0
4181		1.6	0	1.73	42.6	10.5	3.56	1.77	9.46	5.80	4.2	0
4143	75×45×15	2.3	0	1.72	37.1	11.8	3.00	1.69	9.90	4.24	4.0	0
4142		2.0	0	1.72	33.0	10.5	3.01	1.70	8.79	3.76	4.0	0
4141		1.6	0	1.72	27.11	8.71	3.03	1.72	7.24	3.13	4.1	0
4113	75×35×15	2.3	0	1.29	31.0	6.58	2.91	1.34	8.28	2.98	3.1	0
4071	70×40×25	1.6	0	1.80	22.0	8.00	2.69	1.62	6.29	3.64	4.4	0
4033	60×30×10	2.3	0	1.06	15.6	3.32	2.33	1.07	5.20	1.71	2.5	0
4032		2.0	0	1.06	14.0	3.01	2.35	1.09	4.65	1.55	2.5	0
4031		1.6	0	1.06	11.6	2.56	2.37	1.11	3.88	1.32	2.5	0

■ 리프 Z형강

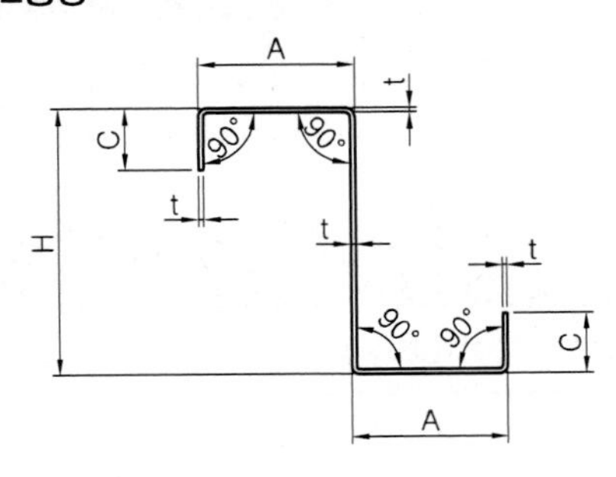

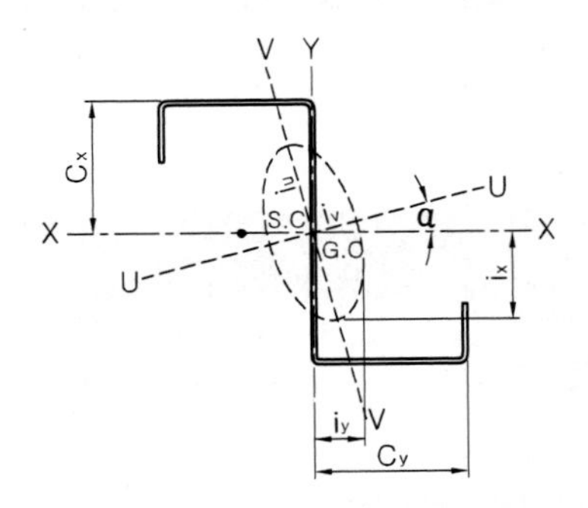

호칭명	치수 mm		중심위치 cm		단면 2차 모멘트 cm^4				단면 2차 반지름 cm				tan α	단면계수 cm^3		전단 중심 cm	
	H×A×B	t	C_x	C_y	I_x	I_y	I_u	I_v	i_x	i_y	i_u	i_v		Z_x	Z_y	S_x	S_y
5035	100×50×20	3.2	5.00	4.84	107	44.8	137	14.7	3.90	2.53	4.41	1.45	0.572	21.3	9.25	0	0
5033		2.3	5.00	4.88	80.7	34.8	104	11.4	3.95	2.59	4.49	1.48	0.581	16.1	7.13	0	0

■ 모자 형강

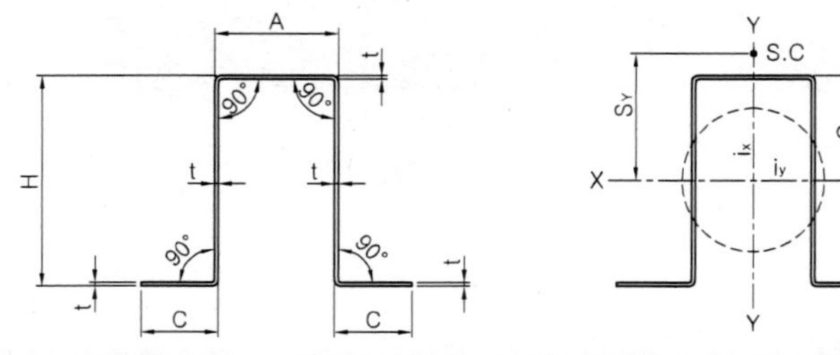

호칭명	치수 mm		중심위치 cm		단면 2차 모멘트 cm^4		단면 2차 반지름 cm		단면계수 cm^3		전단 중심 cm	
	H×A×B	t	C_x	C_y	I_x	I_y	i_x	i_y	Z_x	Z_y	S_x	S_y
6163	60×30×25	2.3	3.37	0	20.9	14.7	2.19	1.83	6.20	3.66	0	4.1
6161		1.6	3.35	0	15.3	10.5	2.23	1.84	4.56	2.62	0	4.2
6133	60×30×20	2.3	3.23	0	19.4	11.4	2.17	1.66	5.88	3.26	0	4.5
6131		1.6	3.21	0	14.2	8.21	2.20	1.68	4.41	2.35	0	4.6
6105	50×40×30	3.2	2.83	0	20.9	35.9	1.88	2.46	7.36	7.19	0	3.6
6073	50×0×20	2.3	2.56	0	13.8	17.1	1.88	2.10	5.39	4.28	0	3.5
6033	40×20×20	2.3	2.36	0	6.08	5.40	1.43	1.35	2.58	1.80	0	2.8
6031		1.6	2.34	0	4.56	3.87	1.47	1.35	1.95	1.29	0	2.9

9. 고 내후성 압연 강재 KS D 3542 : 2016

■ 종류의 기호

종류의 기호	적용 두께 mm
SPA-H	16 이하의 열간 압연 강판, 강대 및 형강
SPA-C	0.6 이상 2.3 이하의 냉간 압연 강판 및 강대

■ 화학 성분

종류의 기호	화학 성분 (%)							
	C	Si	Mn	P	S	Cu	Cr	Ni
SPA-H	0.12 이하	0.25~0.75	0.60 이하	0.070~0.150	0.035 이하	0.25~0.55	0.30~1.25	0.65 이하
SPA-C								

■ 기계적 성질

종류의 기호	강재의 치수	인장 시험				굽힘성		
		항복점 또는 항복 강도 N/mm^2	인장 강도 N/mm^2	연신율		굽힘 각도	안쪽 반지름	시험편
				인장 시험편	%			
SPA-H	두께 6.0 mm 이하의 강판 및 강대	355 이상	490 이상	5호	22	180°	두께의 0.5배	압연 방향
	형강, 두께 6.0 mm를 초과하는 강판 및 강대	355 이상	490 이상	1A호	15	180°	두께의 1.5배	
SPA-C	-	315 이상	450 이상	5호	26	180°	두께의 0.5배	

10. 체인용 원형강 KS D 3546 : 2014

■ 종류의 기호 및 화학성분

종류의 기호	화학성분 %				
	C	Si	Mn	P	S
SBC 300	0.13 이하	0.04 이하	0.50 이하	0.040 이하	0.040 이하
SBC 490	0.25 이하	0.15~0.40	1.00~1.50	0.040 이하	0.040 이하
SBC 690	0.36 이하	0.15~0.55	1.00~1.90	0.040 이하	0.040 이하

■ 기계적 성질

종류의 기호	인장강도 N/mm²	인장 시험편	연신율 %	단면 수축률 %	굽힘성			시험재의 상태
					굽힘각도	안쪽 반지름	시험편	
SBC 300	300 이상	14A호	30 이상	–	180°	지름의 0.5배	KS B 0804의 5.	압연한 그대로
		2호	25 이상	–				
SBC 490	490 이상	14A호	22 이상	–	180°	지름의 1.5배	KS B 0804 의 5.	압연한 그대로 또는 어닐링
		2호	18 이상	–				
SBC 690	690 이상	14A호	17 이상	40 이상	–	–	–	퀜칭 템퍼링 등의 열처리
		2호	12 이상					

11. 리벳용 원형강 KS D 3557 : 2007(2017 확인)

■ 종류의 기호 및 화학 성분

종류의 기호	화학 성분 (%)	
	P	S
SV330	0.040 이하	0.040 이하
SV400	0.040 이하	0.040 이하

■ 기계적 성질

종류의 기호	인장 강도 N/mm²	인장 시험편	연신율 %	굽힘성		
				굽힘각도	안쪽 반지름	시험편
SV330	330~400	2호	27 이상	180°	밀착	KS B 0804의 5.
		14A호	32 이상			
SV400	400~490	2호	25 이상	180°	밀착	KS B 0804의 5.
		14A호	28 이상			

12. 일반 구조용 용접 경량 H형강 KS D 3558 : 2016

■ 종류 및 기호

종류	단면 모양에 따른 분류		
	명칭	기호	
		SI 단위	종래 단위(참고)
경량 H형강	경량 H형강	SWH400	SWH400
		SWH355	SWH490
		SWH420	SWH520
		SWH460	SWH570
	경량 립 H형강	SWH275L	SWH400L
		SWH355L	SWH490L
		SWH420L	SWH520L
		SWH460L	SWH570L

■ 화학 성분

단위 : %

종류의 기호(종래 기호)	C	Si	Mn	P	S
SWH275(SWH 400) SWH275L(SWH 400L)	0.25 이하	–	2.5×C 이상	0.050 이하	0.050 이하
SWH355(SWH 490) SWH355L(SWH 490L)	0.20 이하	0.55 이하	1.60 이하	0.035 이하	0.035 이하
SWH420(SWH 520) SWH420L(SWH 520L)	0.20 이하	0.55 이하	1.60 이하	0.035 이하	0.035 이하
SWH460(SWH 570) SWH460L(SWH 570L)	0.18 이하	0.55 이하	1.60 이하	0.035 이하	0.035 이하

■ 기계적 성질

기호	인장 강도 N/mm^2	항복점 또는 항복강도 N/mm^2	연신율		
			강대의 두께 (mm)	시험편	%
SWH275(SWH 400) SWH275L(SWH 400L)	410~550	275 이상	5 이하	5호	21 이상
			5를 초과하는 것	1A호	17 이상
SWH355(SWH 490) SWH355L(SWH 490L)	490~630	355 이상	5 이하	5호	22 이상
			5 초과 16 이하	1A호	17 이상
SWH420(SWH 520) SWH420L(SWH 520L)	520~700	420 이상	5 이하	5호	19 이상
			5 초과 16 이하	1A호	15 이상
SWH460(SWH 570) SWH460L(SWH 570L)	570~720	460 이상	16 이하	5호	19 이상

■ 경량 H형강의 모양 및 치수의 허용차

구분		허용차	적요
높이(H)		±1.5mm	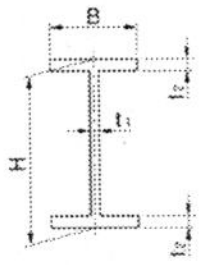
나비(B)		±1.5mm	
평판 부분의 두께(t_1, t_2)	2.3mm	±0.25mm	
	3.2mm	±0.30mm	
	4.5mm	±0.45mm	
	6.0mm, 9.0mm, 12.0mm	±0.60mm	
길이		+ 규정하지 않음 0	
굽음	높이 300mm 이하	길이의 0.20% 이하	
	높이 300mm 초과	길이의 0.10% 이하	
직각도(T)	높이 300mm 이하	나비(B)의 1.0% 이하 다만, 허용차의 최소치 1.5mm	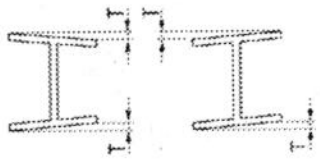
	높이 300mm 초과	나비(B)의 1.2% 이하	
중심의 치우침(S)		±2.0mm	$S=\frac{b_1-b_2}{2}$ 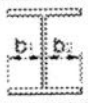
절단면의 직각도(e)		높이(H) 또는 나비(B)의 1.6% 이하 다만, 허용차의 최소치 3.0mm	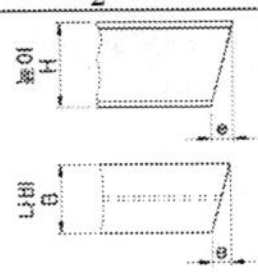
높이(H)		±1.5mm	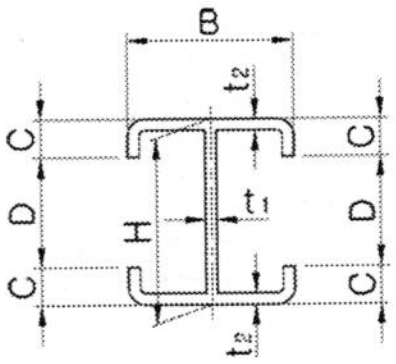
나비(B)		±1.5mm	
립 길이(C)		±1.5mm	
평판 부분의 두께(t_1, t_2)	2.3mm	±0.25mm	
	2.6mm	±0.28mm	
	3.2mm	±0.30mm	
	4.0mm	±0.45mm	
	4.5mm	±0.45mm	
	6.0mm, 9.0mm, 12.0mm	±0.60mm	
길이		+ 규정하지 않음 0	
립 굽힘 각도		±1.5°	
굽음	높이가 300mm 이하	길이의 0.20% 이하	
	높이가 300mm를 초과하는 것.	길이의 0.10% 이하	
직각도(T)	높이가 300mm 이하	나비(B)의 1.0% 이하 다만, 허용차의 최소치 1.5mm	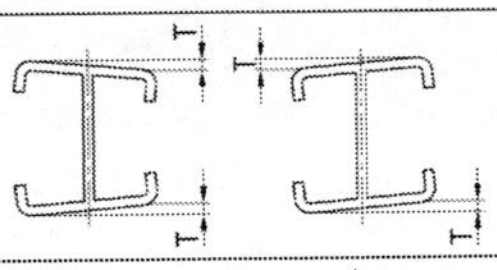
	높이가 300mm를 초과하는 것.	나비(B)의 1.2% 이하	
중심의 치우침(S)		±2.0mm	$S=\frac{b_1-b_2}{2}$ 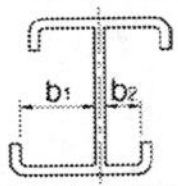

■ 경량 립 H형강의 모양 및 치수의 허용차

구분	허용차	적요
절단면의 직각도(e)	높이(H) 또는 나비(B)의 1.6% 이하 다만, 허용차의 최소치 3.0MM	높이 H 나비 B

■ 단면적, 무게의 계산 방법

계산 순서	계산 방법	결과의 자릿수
기본 무게 kg/cm^2 · m	0.785(단면적 1cm^2, 길이 1m의 무게)	–
단면적 cm^2	다음 식에 의하여 구하고 계산값에 $\frac{1}{100}$ 을 곱한다. 경량 H형강 $t_1(H-2t_2)+2Bt_2$ 경량 립 H형강 $t_1(H-2t_2)+(2B+4C-6.574\,t_2)t_2$	유효숫자 4자리 수치로 끝맺음한다.
단위 무게 kg/m	기본 무게(kg/cm^2 · m)×단면적(cm^2)	유효숫자 3자리의 수치로 끝맺음한다.
1개의 무게 kg	단위무게(kg/m)×길이(m)	유효숫자 3자리의 수치로 끝맺음한다.
총무게 kg	1개의 무게(kg)×동일 치수의 총 개수	kg의 정수치로 끝맺음한다.

■ 경량 H형강의 표준 단면치수와 그 단면적, 단위무게

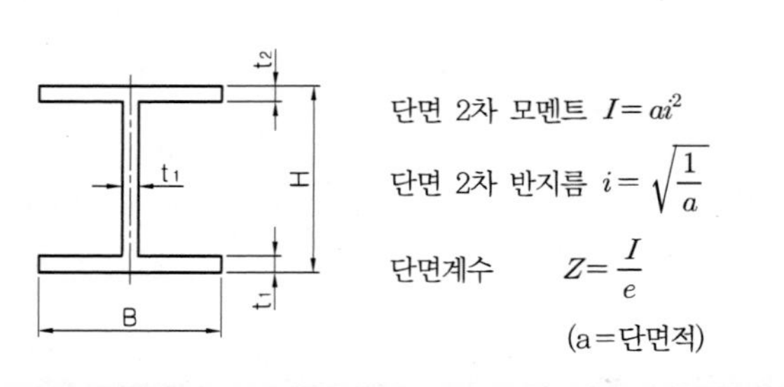

단면 2차 모멘트 $I=ai^2$

단면 2차 반지름 $i=\sqrt{\frac{1}{a}}$

단면계수 $Z=\frac{I}{e}$

(a=단면적)

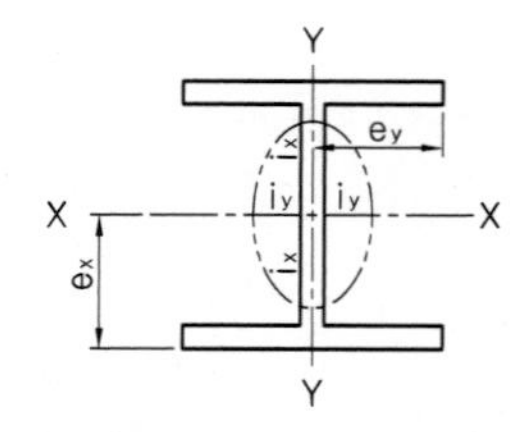

높이 mm	너비 mm	두께 mm		단면적 cm^2	단위 무게 kg/m	참고					
						단면 2차 모멘트 cm^4		단면 2차 반지름 cm		단면계수 cm^3	
		웨브	플랜지			I_x	I_y	i_x	i_y	Z_x	Z_y
100	60	2.3	4.5	7.493	5.88	138	16.2	4.29	1.47	27.5	5.40
		3.2	4.5	8.312	6.52	143	16.2	4.15	1.50	28.7	5.41
100	100	2.3	4.5	11.09	8.71	220	75.0	4.45	2.60	44.0	15.0
		3.2	4.5	11.91	9.35	225	75.0	4.35	2.51	45.1	15.0
125	60	2.3	4.5	8.068	6.33	226	16.2	5.29	1.42	36.0	5.40
		3.2	4.5	9.112	7.15	238	16.2	5.11	1.33	38.0	5.41
125	100	2.3	4.5	11.67	9.16	357	75.0	5.53	2.54	57.1	15.0
		3.2	4.5	12.71	9.98	368	75.0	5.38	2.43	59.0	15.0

높이 mm	너비 mm	두께 mm		단면적 cm^2	단위 무게 kg/m	참고					
						단면 2차 모멘트 cm^4		단면 2차 반지름 cm		단면계수 cm^3	
		웨브	플랜지			I_x	I_y	i_x	i_y	Z_x	Z_y
125	125	2.3	4.5	13.92	10.9	438	146	5.61	3.24	70.2	23.4
		3.2	4.5	14.96	11.7	450	147	5.50	3.13	72.0	23.4
150	75	2.3	4.5	9.993	7.84	411	31.6	6.41	1.78	54.8	8.44
		3.2	4.5	11.26	8.84	432	31.7	6.19	1.68	57.6	8.45
		3.2	6.0	13.42	10.5	537	42.2	6.33	1.77	71.6	11.3
150	100	2.3	4.5	12.24	9.61	530	75.0	6.58	2.48	70.7	15.0
		3.2	4.5	13.51	10.6	551	75.0	6.39	2.36	73.5	15.0
		3.2	6.0	16.42	12.9	693	100	6.50	2.47	92.3	20.0
150	150	2.3	4.5	16.74	13.1	768	253	6.77	3.89	102	33.7
		3.2	4.5	18.01	14.1	789	253	6.62	3.75	105	33.8
		3.2	6.0	22.42	17.6	1000	338	6.69	3.88	134	45.0
175	90	2.3	4.5	11.92	9.36	676	54.7	7.53	2.14	77.3	12.2
		3.2	4.5	13.41	1.5	711	54.7	7.28	2.02	81.2	12.2
200	100	2.3	4.5	13.39	10.5	994	75.0	8.61	2.37	99.4	15.0
		3.2	4.5	15.11	11.9	1050	75.1	8.32	2.23	15	15.0
		3.2	6.0	18.02	14.1	1310	100	8.52	2.36	131	20.0
		4.5	6.0	20.46	16.1	1380	100	8.21	2.21	138	20.0
200	125	3.2	6.0	21.02	16.5	1590	195	8.70	3.05	159	31.3
200	150	2.3	4.5	17.89	14.05	1420	253	8.92	3.76	142	33.7
		3.2	4.5	19.61	15.4	1480	253	8.68	3.59	148	33.8
		3.2	6.0	24.02	18.9	1870	338	8.83	3.75	187	45.0
		4.5	6.0	26.46	20.8	1940	338	8.57	3.57	194	45.0
250	125	3.2	4.5	18.96	14.9	2070	147	10.4	2.78	166	23.5
		4.5	6.0	25.71	20.2	2740	195	10.3	2.76	219	31.3
		4.5	9.0	32.94	25.9	3740	293	10.7	2.98	299	46.9
250	150	3.2	4.5	21.21	16.7	2410	253	10.7	3.45	193	33.8
		4.5	6.0	28.71	22.5	3190	338	10.5	3.43	255	45.0
		4.5	9.0	37.44	29.4	4390	506	10.8	3.68	351	67.5
300	150	3.2	4.5	22.81	17.9	3600	253	12.6	3.33	240	33.8
		4.5	6.0	30.96	24.3	4790	338	12.4	3.30	319	45.0
		4.5	9.0	39.69	31.2	6560	506	12.9	3.57	437	67.5
350	175	4.5	6.0	36.21	28.4	7660	536	14.6	3.85	438	61.3
		4.5	9.0	46.44	36.5	10500	804	15.1	4.16	602	91.9
400	200	4.5	6.0	41.46	32.5	11500	800	16.7	4.39	575	80.0
		4.5	9.0	53.19	41.8	15900	1200	17.3	4.75	793	120
		6.0	9.0	58.92	46.3	16500	1200	16.8	4.51	827	120
		6.0	12.0	70.56	55.4	20700	1600	17.1	4.76	1040	160
450	200	4.5	9.0	55.44	43.5	20500	1200	19.2	4.65	912	120
		6.0	12.0	73.56	57.7	26900	1600	19.1	4.66	1200	160
450	250	6.0	12.0	85.56	67.2	32600	3130	19.5	6.04	1450	250

■ 경량 립 H형강 표준 단면치수와 그 단면적, 단위무게

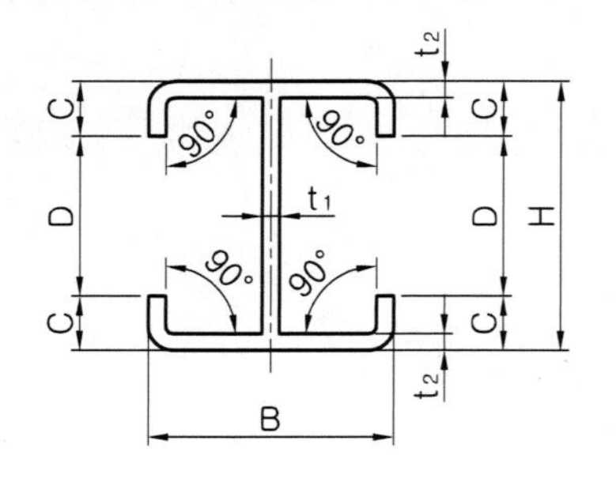

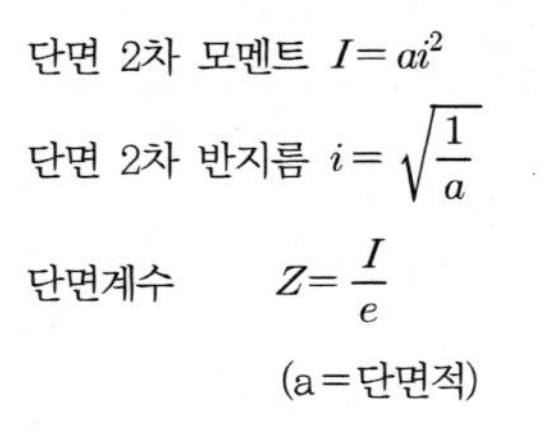

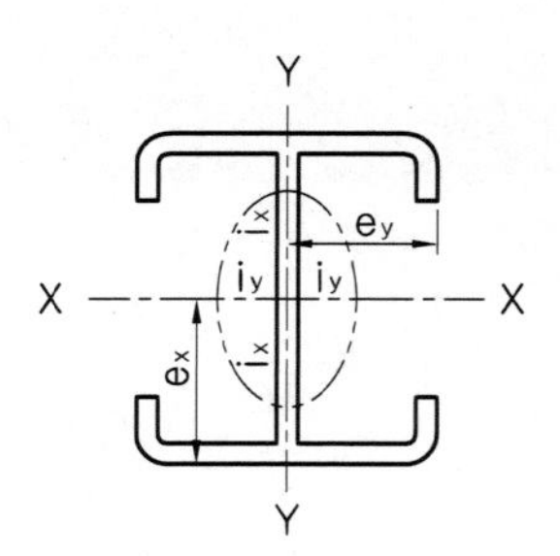

높이 mm	너비 mm	립 길이 mm	두께 mm		단면적 cm^2	단위 무게 kg/m	참고					
							단몇 2차 모멘트 cm^4		단면 2차 반지름 cm		단면계수 cm^3	
			웨브	플랜지			I_x	I_y	i_x	i_y	Z_x	Z_y
60	60	10	2.3	2.3	4.606	3.62	30.4	14.1	2.57	1.75	10.1	4.72
75	90	15	2.3	2.3	6.794	5.35	71.2	50.4	3.24	2.70	19.0	11.2
			2.3	3.2	8.585	6.74	92.8	67.4	3.29	2.80	24.7	15.0
			2.3	4.0	10.09	7.92	111	81.2	3.32	2.84	29.6	18.0
			3.2	3.2	9.202	7.22	95.3	67.4	3.22	2.76	25.4	15.0
90	90	22.5	2.3	2.3	7.825	6.14	112	63.7	3.78	2.85	24.9	14.2
			2.3	3.2	9.890	7.76	146	85.4	3.84	2.94	32.4	19.0
			2.3	4.0	11.63	9.13	174	103	3.87	2.98	38.7	22.9
			3.2	3.2	10.64	8.35	150	85.5	3.76	2.84	33.4	19.0
100	100	20	2.3	2.3	8.286	6.50	151	77.2	3.84	3.05	30.3	15.4
			2.3	3.2	10.44	8.20	198	104	3.87	3.16	39.6	20.8
			2.3	4.0	12.26	9.62	237	126	3.76	3.21	47.4	25.2
			3.2	3.2	11.28	8.90	204	103	4.27	2.99	40.8	20.7
150	100	20	2.3	3.2	11.59	9.10	489	104	4.35	3.00	65.2	20.8
			2.3	4.0	13.41	10.5	583	126	4.40	3.07	77.7	25.2
			3.2	3.2	12.88	10.1	511	104	4.24	2.84	68.1	20.8
200	200	40	4.5	6.0	39.69	31.2	2910	1480	6.50	6.10	291	148
250	250	45	4.5	6.0	49.14	38.6	5770	2810	6.59	7.57	461	225
300	300	50	4.5	6.0	58.59	46.0	10100	4780	6.30	9.03	671	318
		60	6.0	9.0	87.19	68.4	14600	7480	8.56	9.26	972	499
450	300	50	4.5	6.0	65.34	51.3	24500	4780	10.8	8.55	1090	318
		60	6.0	9.0	96.19	75.5	36000	7480	13.1	8.82	1600	499

13. 마봉강 KS D 3561 : 2014

■ 종류 및 기호

분류	재료(기호)	가공 방법 (기호)	열처리방법 (기호)	치수의 허용차 (기호)	(참고) 종류 (기호)
탄소강 마봉강	다음의 규격에 규정한 강재 및 그 기호를 사용한다. KS D 3526 마봉강용 일반 강재 KS D 3752 기계구조용탄소 강재 KS D 3567 황 및 황복합 쾌삭강 강재	냉간인발(D) 연삭(G) 절삭(T)	노멀라이징(N) 퀜칭템퍼링(Q) 어닐링(A) 구상화어닐링(AS)	모양 및 가공 방법별 공차등급 참조	SGD3－D9 SGD400－T12 SGD290－D9 SM45C－DQG7 SM35C－DAS10 SNC836－AT12 등
합금강 마봉강	다음의 규격에 규정한 강재 및 그 기호를 사용한다. KS D 3754 정화능 보증구조용 강재(H강) KS D 3867 기계구조용 합금강 강재 KS D 3756 알루미늄크롬몰리브데넘강 강재				

■ 종류의 기호 표시 보기

보기 ① SGD3－D9
마봉강용 일반 강재 SGD3을 사용하여 화학성분을 보증하며, 허용차 공차등급 IT9로 냉간 인발 가공한 것
② SGD400－T12
마봉강용 일반 강재 SGD B를 사용하여 허용차 공차등급 IT12로 절삭 가공하여 기계적 성질을 보증하는 것
③ SGD290－D9
마봉강용 일반 강재 SGDA를 사용하여 기계적 성질을 보증하며, 허용차 공차등급 IT9로 냉간 인발 가공한 것
④ SM45C－DQG7
기계구조용 탄소강재 SM45C를 사용하여 냉간 인발 가공을 하고, 퀜칭, 템퍼링을 실시한 후 허용차 공차등급 IT7로 연삭 가공한 것
⑤ SM35C－DAS10
기계구조용 탄소강재 SM35C를 사용하여 냉간 인발하며, 그 후 구상화 어닐링을 하여 허용차 공차등급 IT10으로 한 것
⑥ SNC836－AT12
니켈 코름강 강재 SNC836을 사용하여 어닐링을 실시한 후, 허용차 공차등급 IT12로 절삭 가공한 것

■ 탄소강 마봉강의 기계적 성질(원형강, 6각강)

기호	지름 또는 맞변거리 mm	인장 강도 N/mm^2	경도(참고값)	
			HRB(HRC)	HB
SGD 290-D	원형 5 이상 20 이하 6각 5.5 이상 80 이하	380~740	58~99(21)	–
	원형 20 초과 100 이하	340~640	50~97(–)	90~504
SGD 400-D	원형 5 이상 20 이하 6각 5.5 이상 80 이하	500~850	74~103(28)	–
	원형 20 초과 100 이하	450~760	69~100(22)	121~240

■ 치수 허용차

단위 : mm

지름, 맞변거리, 두께 및 나비	축 h에 대한 공차 등급							
	IT6	IT7	IT8	IT9	IT10	IT11	IT12	IT13
3 이하	0 −0.006	0 −0.010	0 −0.014	0 −0.025	0 −0.040	0 −0.060	0 −0.10	0 −0.14
3 초과 6 이하	0 −0.008	0 −0.012	0 −0.018	0 −0.030	0 −0.048	0 −0.075	0 −0.12	0 −0.18
6 초과 10 이하	−	0 −0.015	0 −0.022	0 −0.036	0 −0.058	0 −0.090	0 −0.15	0 −0.22
10 초과 18 이하	−	0 −0.018	0 −0.027	0 −0.043	0 −0.070	0 −0.11	0 −0.18	0 −0.27
18 초과 30 이하	−	0 −0.021	0 −0.033	0 −0.052	0 −0.084	0 −0.13	0 −0.21	0 −0.33
30 초과 50 이하	−	0 −0.025	0 −0.039	0 −0.062	0 −0.100	0 −0.16	0 −0.25	0 −0.39
50 초과 80 이하	−	0 −0.030	0 −0.046	0 −0.074	0 −0.12	0 −0.19	0 −0.30	0 −0.46
80 초과 120 이하	−	0 −0.035	0 −0.054	0 −0.087	0 −0.14	0 −0.22	0 −0.35	0 −0.54
120 초과 180 이하	−	−	−	−	−	−	0 −0.40	0 −0.63

■ 표준 치수(원형강, 6각강, 각강)

단위 : mm

모 양	지름 · 맞변거리
원형	5 6 7 8 9 10 11 12 13 14 15 16 17 18 19 20 22 23 24 25 26 28 30 32 35 36 38 40 42 45 58 50 55 60 65 70 75 80 85 90 95 100
6각강	5.5 6 7 8 9 10 11 13 14 17 19 21 22 24 26 27 30 32 36 41 46 50 55 60 65 70 75 80
각강	5 6 7 8 9 10 12 14 16 17 19 20 22 25 28 30 32 35 38 40 50 55 60 65 70 75 80

■ 표준 치수(원형강, 6각강, 각강)

단위 : mm

두 께	나 비
3	9 12 16 19 22 25 32 38 50
4	9 12 16 19 22 25 32 38 50
4.5	9 12 16 19 22 25 32 38 50
5	9 12 16 19 22 25 32 38 50
6	9 12 16 19 22 25 32 38 50 65 75 100
9	12 16 19 22 25 32 38 50 65 75 100 125
12	19 22 25 32 38 50 65 75 100 125
16	22 25 32 38 50 65 75 100 125
19	25 32 38 50 65 75 100 125
22	32 38 50 65 75 100 125
25	38 50 65 75 100 125

■ 모양 및 가공 방법별 공차등급

모양 및 가공 방법	원형강			각강	6각강	평형강
	연삭	인발	절삭			
적용한 공차 등급	IT6, IT7, IT8, IT9	IT8, IT9, IT10	IT11, IT12, IT13	IT10, IT11	IT11, IT12	IT12, IT13

14. 조립용 형강 KS D 3593 : 2014

■ 종류 및 기호

종 류	기 호	비고
1종(강)	SSA	S.S.A : Steel slotted angle
2종(알)	ASA	A.S.A : Aluminium slotted angle

■ 강의 화학 성분

단위 : %

C	Si	Mn	P	S
0.20 이하	–	0.80 이하	0.050 이하	0.050 이하

■ 알루미늄의 화학 성분

단위 : %

Al	Cu	Mg	Si	Fe	Mn	Zn	Cr	Mn+Cr	Ti와 기타 미세화 원소
나머지	0.10	1.7~2.4	0.5	0.5	0.5	0.2	0.25	0.5	0.2

■ 강의 기계적 성질

인장 강도 N/mm^2	항복점 N/mm^2	0.2% 항복 강도 N/mm^2	연신율 %
370 이상	230 이상	240 이상	–

■ 알루미늄의 기계적 성질

상태	두께 mm	항복 강도 N/mm^2	인장 강도 N/mm^2		연신율 %				
					50 mm 재료에서 두께의 효과가				
			최저	최고	0.5 mm	0.8 mm	1.3 mm	2.6 mm	3.0 mm
M 1/2H	3.0~25.0	–	–	–	–	–	–	–	–
O 1/2H	0.2~6.0	60	100~200		18	18	18	20	20
H_2 1/2H	0.2~0.6	130	200~240		4	5	6	8	8
H_6 1/2H	0.2~12.5	175	225~275		3	4	5	5	5

비고 M : 제조한 그대로

O : 어닐링한 것

H_2, H_6 : 가공 경화시킨 것

15. 용접 구조용 고항복점 강판 KS D 3611 : 2016

■ 종류의 기호

종류의 기호	적용 두께 mm
SHY 685	6 이상 100mm 이하의 강판
SHY 685 N	
SHY 685 NS	

■ 화학 성분 및 탄소 당량

종류의 기호	화학 성분 %											탄소 당량 %		
	C	Si	Mn	P	S	Cu	Ni	Cr	Mo	V	B	두께 50 mm 이하	두께 50 mm 초과 75 mm 이하	두께 75 mm 이하 100 mm 이하
SHY 685	0.18 이하	0.55 이하	1.50 이하	0.030 이하	0.025 이하	0.50 이하	–	1.20 이하	0.60 이하	0.10 이하	0.005 이하	0.60 이하	0.63 이하	0.63 이하
SHY 685 N	0.18 이하	0.55 이하	1.50 이하	0.030 이하	0.025 이하	0.50 이하	0.30/1.50	0.80 이하	0.60 이하	0.10 이하	0.005 이하	0.60 이하	0.63 이하	0.63 이하
SHY 685 NS	0.14 이하	0.55 이하	1.50 이하	0.015 이하	0.015 이하	0.50 이하	0.30/1.50	0.80 이하	0.60 이하	0.05 이하	0.005 이하	0.53 이하	0.57 이하	–

■ 기계적 성질

종류의 기호	항복 강도 N/mm²		인장 강도 N/mm²		연신율			굽힘 시험		
	두께 50 mm 이하	두께 50 mm 초과 100 mm 이하	두께 50 mm 이하	두께 50 mm 초과 100 mm 이하	두께 mm	시험편	%	굽힘 각도	안쪽 반지름	시험편
SHY 685	685 이상	665 이상	780~930	760~910	6 이상 16 이하	5호	16 이상	180°	두께 32mm 이하는 두께의 1.5배, 두께 32mm 초과는 두께의 2.0배	KS B 0804의 5. 압연 방향에 직각
SHY 685 N					16 초과	5호	24 이상			
SHY 685 NS					20 초과	4호	16 이상			

16. 고성능 철근 콘크리트용 봉강 KS D 3688(폐지)

■ 종류 및 기호와 용도

종 류	기 호	용 도
이형 봉강	SD 400S	내진용
	SD 500S	

■ 화학 성분

종류의 기호	화학 성분 (%)						
	C	Si	Mn	P	S	Cu	Ceq
SD 400S	0.29 이하	0.30 이하	1.50 이하	0.040 이하	0.040 이하	0.20 이하	0.55 이하
SD 500S	0.32 이하	0.30 이하	1.80 이하	0.040 이하	0.040 이하	0.20 이하	0.60 이하

■ 기계적 성질

종류의 기호	항복점 또는 항복 강도 N/mm^2	인장 강도 N/mm^2	인장 시험편	연신율 %	굽힘성	
					굽힘 각도	안쪽 반지름
SD 400S	400~520	항복 강도의 1.25배 이상	2호에 준한 것	16 이상	180°	D25 이하, 공칭 지름의 2.5배 D25 초과, 공칭 지름의 3배
			3호에 준한 것	18 이상		
SD 500S	500~650		2호에 준한 것	12 이상		
			3호에 준한 것	14 이상		

17. 철탑용 고장력강 강재 KS D 3781 : 2016

■ 종류의 기호 및 적용 두께

종류의 기호	강재의 모양	적용 두께
SH 450 P(SH 590 P)	강판	6 mm 이상 25 mm 이하
SH 450 S(SH 590 S)	ㄱ 형강	35 mm 이하

■ 화학 성분

단위 : %

종류의 기호	C	Si	Mn	P	S	B	Nb+V
SH 450 P (SH 590 P)	0.12 이하	0.40 이하	2.00 이하	0.030 이하	0.030 이하	0.0002 이하	0.15 이하
SH 450 S (SH 590 S)	0.18 이하	0.40 이하	1.80 이하	0.035 이하	0.030 이하	–	0.15 이하

■ 탄소 당량

종류의 기호	탄소 당량 %
SH 450 P (SH 590 P)	0.40 이하
SH 450 S (SH 590 S)	0.45 이하

C_{eq} : 탄소 당량(%)

$$C_{eq} = C + \frac{Mn}{6} + \frac{Si}{24} + \frac{Ni}{40} + \frac{Cr}{5} + \frac{Mo}{4} + \frac{V}{14}$$

■ 항복점 또는 항복 강도, 인장 강도 및 연신율

종류의 기호	항복점 또는 항복 강도 N/mm^2	인장 강도 N/mm^2	연신율		
			강재의 두께 (mm)	시험편	연신율 %
SH 450 P (SH 590 P)	450 이상	590~740	6 이상 16 이하	5호	19 이상
			16을 초과하는 것	5호	26 이상
SH 450 S (SH 590 S)	450 이상	590 이상	16 이하	1A호	13 이상
			16을 초과하는 것	1A호	17 이상

18. 건축 구조용 표면 처리 경량 형강 KS D 3854 : 1997(2007 확인)

■ 종류 및 기호

종 류	종류의 기호	단면 모양의 명칭	단면 모양의 기호
건축 구조용 표면 처리 경량 형강	ZSS 400	립 ㄷ 형강	
		경 ㄷ 형강	

■ 화학 성분

종류의 기호	화학 성분 %		
	C	P	S
ZSS 400	0.25 이하	0.050 이하	0.050 이하

■ 기계적 성질

종류의 기호	항복점 N/mm^2	인장 강도 N/mm^2	연신율	
			시험편	%
ZSS 400	295 이상	400 이상	5호	18 이상

19. 건축 구조용 압연 봉강 KS D 3857 : 2016

■ 종류의 기호

종류의 기호(종래기호)	적용 지름 또는 변 mm
SNR 275A(SNR 400A)	6 이상 100 이하
SNR 275B(SNR 400B)	
SNR 355B(SNR 490B)	

■ 화학 성분

단위 : %

종류의 기호 (종래기호)	지름 및 변	C	Si	Mn	P	S
SNR 275A (SNR 400A)	6 mm 이상 100 mm 이하	0.24 이상	–	2.5×C 이상	0.040 이하	0.040 이하
SNR 275B (SNR 400B)	6 mm 이상 50 mm 이하	0.20 이상	0.35 이하	0.60~1.40	0.030 이하	0.030 이하
	50 mm 초과 100 mm 이하	0.22 이상				
SNR 355B (SNR 490B)	6 mm 이상 50 mm 이하	0.18 이상	0.55 이하	1.60 이하	0.030 이하	0.030 이하
	50 mm 초과 100 mm 이하	0.20 이상				

■ 항복점 또는 항복 강도, 인장 강도, 항복비 및 연신율

종류의 기호 (종래기호)	항복점 또는 항복 강도 N/mm²			인장 강도 N/mm²	항복비 (%)		연신율 %	
	지름 또는 변 mm				지름 또는 변 mm		2호 시험편	14A호 시험편
							지름 또는 변 mm	
	6 이상 12 미만	12 이상 40 이하	40 초과 100 이하		6 이상 12 미만	12 이상 100 이하	6 이상 25 이하	25 초과 100 이하
SNR 275A (SNR 400A)	235 이상	235 이상	215 이상	400 이상 510 이하	–	–	20 이상	22 이상
SNR 275B (SNR 400B)	235 이상	235 이상 355 이하	215 이상 335 이하		–	80 이하	21 이상	22 이상
SNR 355B (SNR 490B)	325 이상	325 이상 445 이하	295 이상 415 이하	490 이상 610 이하	–	80 이하	20 이상	21 이상

20. 건축 구조용 압연 강재 KS D 3861 : 2016

■ 종류의 기호

종류의 기호(종래기호)	적용 두께 mm
SNR 275A(SNR 400A)	강판, 강대 및 평강 6 이상 100 이하
SNR 275B(SNR 400B)	
SNR 275C(SN 400C)	
SNR 355B(SN 490B)	강판, 강대 및 평강 6 이상 100 이하
SNR 355C(SN 490C)	
SN 460B	강판 및 강대 6 이상 100 이하
SN 460C	

■ 화학 성분

단위 : %

종류의 기호	두께	C	Si	Mn	P	S
SNR 275A (SNR 400A)	두께 6mm 이상 100 mm 이하	0.24 이하	–	2.5×C 이상	0.030 이하	0.030 이하
SNR 275B (SNR 400B)	두께 6mm 이상 50 mm 이하	0.20 이하	0.35 이하	0.60~1.40	0.030 이하	0.015 이하
	두께 50mm 초과 100 mm 이하	0.22 이하				
SNR 275C (SN 400C)	두께 16mm 이상 50 mm 이하	0.20 이하	0.35 이하	0.60~1.40	0.020 이하	0.008 이하
	두께 50mm 초과 100 mm 이하	0.22 이하				
SNR 355B (SN 490B)	두께 6mm 이상 50 mm 이하	0.18 이하	0.55 이하	1.60 이하	0.030 이하	0.015 이하
	두께 50mm 초과 100 mm 이하	0.20 이하				
SNR 355C (SN 490C)	두께 16mm 이상 50 mm 이하	0.18 이하	0.55 이하	1.60 이하	0.020 이하	0.008 이하
	두께 50mm 초과 100 mm 이하	0.20 이하				

■ 탄소 당량

종류의 기호 (종래기호)	탄소 당량 %	
	두께 40mm 이하	두께 40mm 초과 두께 100mm 이하
SNR 275B(SNR 400B)	0.38 이하	0.38 이하
SNR 275C(SN 400C)		
SNR 355B(SN 490B)	0.44 이하	0.46 이하
SNR 355C(SN 490C)		
SN 460B	0.46 이하	0.48 이하
SN 460C		

21. 내진 건축 구조용 냉간 성형 각형 강관 KS D 3864 : 2016

■ 종류 및 기호

종 류	종류의 기호(종래기호)	비고
냉간 롤 성형 각형 강관	SNRT 295E(SPAR 295)	전기 저항 용접(ERW)
	SNRT 360E(SPAR 360)	
냉간 프레스 성형 각형 강관	SNRT 275A(SPAP 235)	아크 용접(SAW)
	SNRT 355A(SPAP 325)	

■ 화학 성분

종류의 기호 (종래기호)	화학 성분 %					
	C	Si	Mn	P	S	N
SNRT 295E(SPAR 295)	0.20 이하	0.35 이하	1.40 이하	0.030 이하	0.015 이하	0.006 이하
SNRT 360E(SPAR 360)	0.18 이하	0.55 이하	1.60 이하	0.030 이하	0.015 이하	0.006 이하
SNRT 275A(SPAP 235)	0.20 이하	0.35 이하	0.60~1.40	0.030 이하	0.015 이하	0.006 이하
SNRT 355A(SPAP 325)	0.18 이하	0.55 이하	1.60 이하	0.030 이하	0.015 이하	0.006 이하

■ 기계적 성질

종류의 기호	두께 mm	항복점 또는 항복 강도 N/mm^2	인장 강도 N/mm^2	항복비 %	연신율 %		
					두께 mm	시험편	
SNRT 295E (SPAR 295)	6 이상 12 미만	최소 295	최소 410 최대 530	-	16 이하	5호	23 이상
	12 이상 22 이하	최소 295 최대 445	최소 410 최대 530	90 이하	16 초과 22 이하	5호	27 이상
SNRT 360E (SPAR 360)	6 이상 12 미만	최소 360	최소 490 최대 610	-	16 이하	5호	23 이상
	12 이상 22 이하	최소 360 최대 510	최소 490 최대 610	90 이하	16 초과 22 이하	5호	27 이상
SNRT 275A (SPAP 235)	6 이상 12 미만	최소 275	최소 410 최대 530	-	16 이하	1A호	18 이상
	12 이상 40 이하	최소 275 최대 395	최소 410 최대 530	80 이하	16 초과 40 이하	1A호	22 이상
SNRT 355A (SPAP 325)	6 이상 12 미만	최소 355	최소 490 최대 610	-	16 이하	1A호	17 이상
	12 이상 40 이하	최소 355 최대 475	최소 490 최대 610	80 이하	16 초과 40 이하	1A호	21 이상

22. 건축 구조용 내화 강재 KS D 3865 : 2016

■ 종류 및 기호

종류의 기호(종래기호)	적용 두께 mm
FR 275 B(FR 400 B)	6 이상 100 이하의 강판
FR 275 C(FR 400 C)	
FR 355 B(FR 490 B)	
FR 355 C(FR 490 C)	

■ 화학 성분

종류의 기호(종래기호)	두께	화학 성분 (%)						
		C	Si	Mn	P	S	Cr	Mo
FR 275 B(FR 400 B)	50mm 이하	0.20 이하	0.35 이하	0.60~1.40	0.030 이하	0.015 이하	0.70 이하	0.30~0.70
	50mm 초과 100mm 이하	0.22 이하						
FR 275 C(FR 400 C)	100mm 이하	0.18 이하	0.35 이하	0.60~1.40	0.020 이하	0.008 이하	0.70 이하	0.30~0.70
FR 355 B(FR 490 B)	50mm 이하	0.18 이하	0.55 이하	1.60 이하	0.030 이하	0.015 이하	0.70 이하	0.30~0.90
	50mm 초과 100mm 이하	0.20 이하						
FR 355 C(FR 490 C)	100mm 이하	0.18 이하	0.55 이하	1.60 이하	0.020 이하	0.008 이하	0.70 이하	0.30~0.90

■ 항복점, 항복 강도, 인장 강도 및 연신율

종류의 기호(종래기호)	항복점 또는 항복 강도 N/mm² 강재의 두께 mm			인장 강도 N/mm²	강재의 두께 mm	인장 시험편	연신율 %
	16 이하	16 초과 40 이하	40 초과				
FR 275 B(FR 400 B) FR 275 C(FR 400 C)	275 이상	265 이상	245 이상	410~520	16 이하	1A호	18
					16 초과 40 이하	1A호	22
					40 초과	4호	24
FR 355 B(FR 490 B) FR 355 C(FR 490 C)	355 이상	345 이상	325 이상	490~610	16 이하	1A호	17
					16 초과 40 이하	1A호	21
					40 초과	4호	23

23. 건축 구조용 고성능 압연 강재 KS D 5994 : 2016

■ 종류의 기호

종류의 기호(종래기호)	적용 두께	용도
HSA 650(HSA 800)	100 mm 이하	건축 구조용

■ 화학 성분

종류의 기호(종래기호)	화학 성분 (%)				
	C	Si	Mn	P	S
HSA 650(HSA 800)	0.20 이하	0.55 이하	3.00 이하	0.015 이하	0.006 이하

■ 항복점 또는 항복 강도, 항복비, 인장 강도 및 연신율

종류의 기호 (종래기호)	항복점 또는 항복 강도 N/mm²	인장 강도 N/mm²	항복비 %	연신율		
				적용 두께 (mm)	시험편	연신율 %
HSA 650 (HSA 800)	650~770	800~950	85 이하	16 이하	5호	15 이상
				16 초과 20 이하	5호	22 이상
				20 초과	4호	16 이상

24. 구조용 열간 압연 강판 KS D ISO 4995 : 2004

■ 화학 성분(용강 분석)

단위 : 무게 %

강 종	등급	탈산 방법	C	Mn	Si	P	S
HR 235	B	E 또는 NE	0.18 이하	1.20 이하	–	0.035 이하	0.035 이하
	D	CS	0.17 이하	1.20 이하	–	0.035 이하	0.035 이하
HR 275	B	E 또는 NE	0.21 이하	1.20 이하	–	0.035 이하	0.035 이하
	D	CS	0.20 이하	1.20 이하	–	0.035 이하	0.035 이하
HR 355	B	NE	0.21 이하	1.60 이하	0.55 이하	0.035 이하	0.035 이하
	D	CS	0.20 이하			0.035 이하	0.035 이하

[주]

B 등급 : 용접 구조물이나 구조물에 사용하며 일반 하중 조건임

D 등급 : 용접 구조물이나 하중 조건에 민감한 구조물이나 일반 구조물에 사용하며 취성 파괴에 대한 내성이 큰 곳에 사용

E=림드강, NE=비림드강, CS=알루미늄 킬드강

25. 구조용 고항복 응력 열간 압연 강판 KS D ISO 4996(폐지)

■ 화학 조성(열 분석)

단위 : %

등급	종류	산화 방법	C 최대	Mn 최대	Si 최대	P 최대	S 최대
HS 355	C	NE	0.20	1.60	0.50	0.040	0.040
	D	CS	0.20	1.60	0.50	0.035	0.035
HS 390	C	NE	0.20	1.60	0.50	0.040	0.040
	D	CS	0.20	1.60	0.50	0.035	0.035
HS 420	C	NE	0.20	1.70	0.50	0.040	0.040
	D	CS	0.20	1.70	0.50	0.035	0.035
HS 460	C	NE	0.20	1.70	0.50	0.040	0.040
	D	CS	0.20	1.70	0.50	0.035	0.035
HS 490	C	NE	0.20	1.70	0.50	0.040	0.040
	D	CS	0.20	1.70	0.50	0.035	0.035

[주] NE=비림드, CS=알루미늄 킬드

26. 구조용 냉간 압연 강판 KS D ISO 4997(폐지)

■ 화학 성분(용강 분석)

단위 : %

강 종	등 급	탈산 방법	C	Mn	P	S
CR 220	B	E 또는 NE	0.15 이하	–	0.035 이하	0.035 이하
	D	CS	0.15 이하	–	0.035 이하	0.035 이하
CR 250	B	E 또는 NE	0.20 이하	–	0.035 이하	0.035 이하
	D	CS	0.20 이하	–	0.035 이하	0.035 이하
CR 320	B	E 또는 NE	0.20 이하	1.50 이하	0.035 이하	0.035 이하
	D	CS	0.20 이하	1.50 이하	0.035 이하	0.035 이하
CH 550	미적용	미적용	0.20 이하	1.50 이하	0.035 이하	0.035 이하

27. 일반용, 드로잉용 및 구조용 연속 용융 턴(납합금) 도금 냉간 압연 탄소 강판 KS D ISO 4999 : 2004(2014 확인)

■ 일반용 및 드로잉용 화학 성분(용강 분석)

품 질		화학 성분 (%)				
호 칭	이 름	C	Mn	P	S	Ti
TO 01	일반용	0.15 이하	0.60 이하	0.035 이하	0.04 이하	–
TO 02	드로잉	0.10 이하	0.50 이하	0.025 이하	0.035 이하	–
TO 03	디프 드로잉	0.10 이하	0.45 이하	0.03 이하	0.03 이하	–
TO 04	드로잉 알루미늄 킬드	0.10 이하	0.50 이하	0.025 이하	0.035 이하	–
TO 05	안정화시킨 엑스트라 디프 드로잉	0.02 이하	0.25 이하	0.02 이하	0.02 이하	0.30 이하

■ 구조용 강종의 화학 성분(용강 분석)

강종	등급	탈산 방법	화학 성분 (%)			
			C	Mn	P	S
TCR 220	B	E 또는 NE	0.15 이하	n.a.	0.035 이하	0.035 이하
	D	CS	0.15 이하	n.a.	0.035 이하	0.035 이하
TCR 250	B	E 또는 NE	0.20 이하	n.a.	0.035 이하	0.035 이하
	D	CS	0.20 이하	n.a.	0.035 이하	0.035 이하
TCR 320	B	E 또는 NE	0.20 이하	1.50 이하	0.035 이하	0.035 이하
	D	CS	0.20 이하	1.50 이하	0.035 이하	0.035 이하
TCH 550	n.a.	n.a.	0.20 이하	1.50 이하	0.035 이하	0.035 이하

비고 E=림, NE=림 아님, CS=알루미늄 킬드

철강 재료 데이터

28-8 압력용기용 강판 및 강대

1. 압력 용기용 강판 KS D 3521 : 2018

■ 종류 및 기호

종류의 기호	적용 두께 mm
SPPV 235	6이상 200이하
SPPV 315	6이상 150이하
SPPV 355	
SPPV 410	
SPPV 450	
SPPV 490	

■ 강판의 열처리

종류의 기호	열처리
SPPV 235	압연한 그대로 한다. 다만 필요에 따라 노멀라이징하여도 좋다.
SPPV 315 SPPV 355	압연한 그대로 한다. 다만 필요에 따라 노멀라이징하여도 좋다. 다만 주문자 · 제조자 사이의 협정에 따라 열가공 제어 또는 퀜칭 템퍼링을 하여도 좋다.
SPPV 410	열가공 제어를 한다. 다만, 열가공 제어에 따라 제조한 최대 두께는 100mm로 한다. 또한 주문자 · 제조자 사이의 협정에 따라 노멀라이징 또는 퀜칭 템퍼링을 하여도 좋다.
SPPV 450 SPPV 490	퀜칭 템퍼링을 하는 것으로 한다. 다만 주문자와 제조자와의 협의에 따라 노멀라이징을 하여도 좋다.

■ 화학 성분

종류의 기호	화학 성분 (%)				
	C	Si	Mn	P	S
SPPV 235	두께 100mm 이하는 0.18 이하, 두께 100mm를 초과하는 것은 0.20 이하	0.35 이하	1.40 이하	0.030 이하	0.030 이하
SPPV 315	0.18 이하	0.55 이하	1.60 이하	0.030 이하	0.030 이하
SPPV 355	0.20 이하	0.55 이하	1.60 이하	0.030 이하	0.030 이하
SPPV 410	0.18 이하	0.75 이하	1.60 이하	0.030 이하	0.030 이하
SPPV 450	0.18 이하	0.75 이하	1.60 이하	0.030 이하	0.030 이하
SPPV 490	0.18 이하	0.75 이하	1.60 이하	0.030 이하	0.030 이하

■ 탄소 당량

단위 : %

기호	두께 mm				
	50 이하	50 초과 75 이하	75 초과 100 이하	100 초과 125 이하	125 초과 150 이하
SPPV 450	0.44 이하	0.46 이하	0.49 이하	0.52 이하	0.54 이하
SPPV 490	0.45 이하	0.47 이하	0.50 이하	0.53 이하	0.55 이하

■ 용접 균열 감수성

단위 : %

종류의 기호	50 이하	50 초과 150 이하
SPPV 450	0.28 이하	0.30 이하
SPPV 490	0.28 이하	0.30 이하

■ 기계적 성질

종류의 기호	인장 시험							굽힘 시험		
	항복점 또는 항복 강도 N/mm^2			인장 강도 N/mm^2	연신율			굽힘 각도	안쪽 반지름	시험편
	강판의 두께 mm				강판의 두께 mm	시험편	%			
	6 이상 50이하	50초과 100이하	100초과 200이하							
SPPV 235	235이상	215 이상	195 이상	400~510	16이하 16초과 40이하 40을 초과하는 것	1A호 1A호 4호	17이상 21이상 24이상	180°	두께의 50mm이하 두께의 1.0배, 두께 50mm 초과 두께의 1.5배	KS B 0804의 5. 참조
SPPV 315	315이상	295 이상	275 이상	490~610	16이하 16초과 40이하 40을 초과하는 것	1A호 1A호 4호	16이상 20이상 23이상		두께의 1.5배	
SPPV 355	355 이상	335 이상	315 이상	520~640	16이하 16초과 40이하 40을 초과하는 것	1A호 1A호 4호	14이상 18이상 21이상		두께의 1.5배	
SPPV 410	410 이상	390 이상	370 이상	550~670	16이하 16초과 40이하 40을 초과하는 것	1A호 1A호 4호	12이상 16이상 18이상		두께의 1.5배	
SPPV 450	450 이상	430 이상	410 이상	570~700	16이하 16초과 20이하 20을 초과하는 것	5호 5호 4호	19이상 26이상 20이상		두께의 1.5배	
SPPV 490	490 이상	470 이상	450 이상	610~740	16이하 16초과 20이하 20을 초과하는 것	5호 5호 4호	18이상 25이상 19이상		두께의 1.5배	

2. 고압가스 용기용 강판 및 강대 KS D 3533 : 2018

■ 종류 및 기호

종류의 기호	적용 두께 mm	구기호(참고)
SG 255	2.3 이상 6.0 이하	SG 26
SG 295	2.3 이상 6.0 이하	SG 30
SG 325	2.3 이상 6.0 이하	SG 33
SG 365	2.3 이상 6.0 이하	SG 37

■ 화학 성분

단위 : %

종류의 기호	C	Si	Mn	P	S
SG 255	0.20 이하	–	0.30 이상	0.030 이하	0.030 이하
SG 295	0.20 이하	0.35 이하	1.00 이하	0.030 이하	0.030 이하
SG 325	0.20 이하	0.55 이하	1.50 이하	0.025 이하	0.025 이하
SG 365	0.20 이하	0.55 이하	1.50 이하	0.025 이하	0.025 이하

■ 기계적 성질

종류의 기호	항복점 또는 항복 강도 N/mm²	인장 강도 N/mm²	연신율 %	인장 시험편	굽힘성		
					굽힘 각도	굽힘 반지름	시험편
SG 255	255 이상	410 이상	28 이상	KS B 0801의 5호 압연 방향	180°	두께의 1.0배	KS B 0804의 5. 압연 방향
SG 295	295 이상	440 이상	26 이상		180°	두께의 1.5배	
SG 325	325 이상	490 이상	22 이상		180°	두께의 1.5배	
SG 365	365 이상	540 이상	20 이상		180°	두께의 1.5배	

■ SG 255 및 SG 295의 두께 허용차

단위 : mm

두께	나비			
	600 이상 1200 미만	1200 이상 1500 미만	1500 이상 1800 미만	1800 이상 2000 미만
2.30 이상 2.50 미만	±0.18	±0.22	±0.23	±0.25
2.50 이상 3.15 미만	±0.20	±0.24	±0.26	±0.29
3.15 이상 4.00 미만	±0.23	±0.26	±0.28	±0.30
4.00 이상 5.00 미만	±0.26	±0.29	±0.31	±0.32
5.00 이상 6.00 미만	±0.29	±0.31	±0.32	±0.34
6.00 이상	±0.32	±0.33	±0.34	±0.38

■ SG 325 및 SG 365의 두께 허용차

단위 : mm

두께	나비			
	600 이상 1200 미만	1200 이상 1500 미만	1500 이상 1800 미만	1800 이상 2000 미만
2.30 이상 2.50 미만	±0.17	±0.19	±0.21	±0.25
2.50 이상 3.15 미만	±0.19	±0.21	±0.24	±0.26
3.15 이상 4.00 미만	±0.21	±0.23	±0.26	±0.27
4.00 이상 5.00 미만	±0.24	±0.26	±0.28	±0.29
5.00 이상 6.00 미만	±0.26	±0.28	±0.29	±0.31
6.00 이상	±0.29	±0.30	±0.31	±0.35

3. 보일러 및 압력용기용 망가니즈 몰리브데넘강 및 망가니즈 몰리브데넘 니켈강 강판 KS D 3538 : 2007

■ 종류의 기호

종류의 기호	적용 두께 mm
SBV1A	6 이상 150 이하
SBV1B	6 이상 150 이하
SBV2	6 이상 150 이하
SBV3	6 이상 150 이하

■ 화학성분

단위 : %

종류의 기호	두 께	C	Si	M	P	S	Ni	Mo
SBV1A	두께 25mm 이하 두께 25mm 초과 50mm 이하 두께 50mm 초과 150mm 이하	0.20 이하 0.23 이하 0.25 이하	0.15~0.40	0.95~1.30	0.030 이하	0.030 이하	–	0.45~0.60
SBV1B	두께 25mm 이하 두께 25mm 초과 50mm 이하 두께 50mm 초과 150mm 이하	0.20 이하 0.23 이하 0.25 이하	0.15~0.40	1.15~1.50	0.030 이하	0.030 이하	–	0.45~0.60
SBV2	두께 25mm 이하 두께 25mm 초과 50mm 이하 두께 50mm 초과 150mm 이하	0.20 이하 0.23 이하 0.25 이하	0.15~0.40	1.15~1.50	0.030 이하	0.030 이하	0.40~0.70	0.45~0.60
SBV3	두께 25mm 이하 두께 25mm 초과 50mm 이하 두께 50mm 초과 150mm 이하	0.20 이하 0.23 이하 0.25 이하	0.15~0.40	1.15~1.50	0.030 이하	0.030 이하	0.70~1.00	0.45~0.60

■ 기계적 성질

종류의 기호	항복점 N/mm^2	인장 강도 N/mm^2	연신율 %	인장 시험편	굽힘성		
					굽힘 각도	안쪽 반지름	
SBV1A	315 이상	520~660	15 이상	1A호	180°	두께 25mm 이하	두께의 1.0배
			19 이상	10호		두께 25mm 초과 50mm 이하 두께 50mm 초과 150mm 이하	두께의 1.25배 두께의 1.5배
SBV1B	345 이상	550~690	15 이상	1A호	180°	두께 25mm 이하	두께의 1.25배
			18 이상	10호		두께 25mm 초과 50mm 이하 두께 50mm 초과 150mm 이하	두께의 1.5배 두께의 1.75배
SBV2	345 이상	550~690	17 이상	1A호	180°	두께 25mm 이하	두께의 1.25배
			20 이상	10호		두께 25mm 초과 50mm 이하 두께 50mm 초과 150mm 이하	두께의 1.5배 두께의 1.75배
SBV3	345 이상	550~690	17 이상	1A호	180°	두께 25mm 이하	두께의 1.25배
			20 이상	10호		두께 25mm 초과 50mm 이하 두께 50mm 초과 150mm 이하	두께의 1.5배 두께의 1.75배

■ 두께의 허용차

단위 : mm

두께	나비					
	1600 미만	1600 이상 2000 미만	2000 이상 2500 미만	2500 이상 3150 미만	3150 이상 4000 미만	4000 이상 5000 미만
6.00 이상 6.30 미만	+0.75	+0.95	+0.95	+1.25	+1.25	–
6.30 이상 10.0 미만	+0.85	+1.05	+1.05	+1.35	+1.35	+1.55
10.0 이상 16.0 미만	+0.85	+1.05	+1.05	+1.35	+1.35	+1.75
16.0 이상 25.0 미만	+1.05	+1.25	+1.25	+1.65	+1.65	+1.95
25.0 이상 40.0 미만	+1.15	+1.35	+1.35	+1.75	+1.75	+2.15
40.0 이상 63.0 미만	+1.35	+1.65	+1.65	+1.95	+1.95	+2.35
63.0 이상 100 미만	+1.55	+1.95	+1.95	+2.35	+2.35	+2.75
100 이상 150 이하	+2.35	+2.75	+2.75	+3.15	+3.15	+3.55

■ 무게의 산출에 사용하는 가산값

단위 : mm

두께	나비					
	1600 미만	1600 이상 2000 미만	2000 이상 2500 미만	2500 이상 3150 미만	3150 이상 4000 미만	4000 이상 5000 미만
6.00 이상 6.30 미만	0.25	0.35	0.35	0.50	0.50	–
6.30 이상 10.0 미만	0.30	0.40	0.40	0.55	0.55	0.65
10.0 이상 16.0 미만	0.30	0.40	0.40	0.55	0.55	0.75
16.0 이상 25.0 미만	0.40	0.50	0.50	0.70	0.70	0.85
25.0 이상 40.0 미만	0.45	0.55	0.55	0.75	0.75	0.95
40.0 이상 63.0 미만	0.55	0.70	0.70	0.85	0.85	1.05
63.0 이상 100 미만	0.65	0.85	0.85	1.05	1.05	1.25
100 이상 150 이하	1.05	1.25	1.25	1.45	1.45	1.65

4. 압력용기용 조질형 망가니즈 몰리브데넘강 및 망가니즈 몰리브데넘 니켈강 강판 KS D 3539 : 2007

■ 종류의 기호 및 화학 성분

종류의 기호	화학 성분 (%)						
	C	Si	Mn	P	S	Ni	Mo
SQV1A	0.25 이하	0.15~0.40	1.15~1.50	0.030 이하	0.030 이하	–	0.45~0.60
SQV1B	0.25 이하	0.15~0.40	1.15~1.50	0.030 이하	0.030 이하	–	0.45~0.60
SQV2A	0.25 이하	0.15~0.40	1.15~1.50	0.030 이하	0.030 이하	0.40~0.70	0.45~0.60
SQV2B	0.25 이하	0.15~0.40	1.15~1.50	0.030 이하	0.030 이하	0.40~0.70	0.45~0.60
SQV3A	0.25 이하	0.15~0.40	1.15~1.50	0.030 이하	0.030 이하	0.70~1.00	0.45~0.60
SQV3B	0.25 이하	0.15~0.40	1.15~1.50	0.030 이하	0.030 이하	0.70~1.00	0.45~0.60

■ 기계적 성질

종류의 기호	항복 강도 N/mm^2	인장 강도 N/mm^2	연신율 %	인장 시험편	굽힘성	
					굽힘 강도	안쪽 반지름
SQV1A	345 이상	550~690	18 이상	1A호 또는 10호	180°	두께의 1.75배
SQV1B	480 이상	620~790	16 이상			
SQV2A	345 이상	550~690	18 이상			
SQV2B	480 이상	620~790	16 이상			
SQV3A	345 이상	550~690	18 이상			
SQV3B	480 이상	620~790	16 이상			

5. 중 · 상온 압력 용기용 탄소 강판 KS D 3540 : 2018

■ 종류 및 기호

종류의 기호		적용 두께 mm
현재 기호	종래 기호(참고)	
SGV 235	SGV 410	6 이상 200 이하
SGV 295	SGV 450	
SGV 355	SGV 480	

■ 화학성분

종류의 기호	화학 성분 (%)					
	두 께	C	Si	Mn	P	S
SGV 235	두께 12.5mm 이하 두께 12.5mm 초과 50mm 이하 두께 50mm 초과 100mm 이하 두께 100mm 초과 200mm 이하	0.21 이하 0.23 이하 0.25 이하 0.27 이하	0.15~0.40	0.85~1.20	0.030 이하	0.030 이하
SGV 295	두께 12.5mm 이하 두께 12.5mm 초과 50mm 이하 두께 50mm 초과 100mm 이하 두께 100mm 초과 200mm 이하	0.24 이하 0.26 이하 0.28 이하 0.29 이하	0.15~0.40	0.85~1.20	0.030 이하	0.030 이하
SGV 355	두께 12.5mm 이하 두께 12.5mm 초과 50mm 이하 두께 50mm 초과 100mm 이하 두께 100mm 초과 200mm 이하	0.27 이하 0.28 이하 0.30 이하 0.31 이하	0.15~0.40	0.85~1.20	0.030 이하	0.030 이하

■ 기계적 성질

종류의 기호	인장 시험				굽힘시험	
	항복점 N/mm^2	인장 강도 N/mm^2	연신율 (%)	시험편	굽힘 각도	안쪽 반지름
SGV 235	235 이상	410~490	21 이상	1A호	180°	두께 25mm 이하 두께의 0.5배 두께 25mm 초과 50mm 이하 두께의 0.75배 두께 50mm 초과 100mm 이하 두께의 1.0배 두께 100mm 초과 200mm 이하 두께의 1.25배
			25이상	10호		
SGV 295	295 이상	450~540	19이상	1A호	180°	두께 25mm 이하 두께의 0.75배 두께 25mm 초과 50mm 이하 두께의 1.0배 두께 50mm 초과 100mm 이하 두께의 1.0배 두께 100mm 초과 200mm 이하 두께의 1.25배
			23이상	10호		
SGV 355	355 이상	480~590	17 이상	1A호	180°	두께 25mm 이하 두께의 1.0배 두께 25mm 초과 50mm 이하 두께의 1.0배 두께 50mm 초과 100mm 이하 두께의 1.25배 두께 100mm 초과 200mm 이하 두께의 1.5배
			21 이상	10호		

■ 두께의 허용차

단위 : mm

두 께	나 비					
	1600 미만	1600 이상 2000 미만	2000 이상 2500 미만	2500 이상 3150 미만	3150 이상 4000 미만	4000 이상 5000 미만
6.00 이상 6.30 미만	+0.75	+0.95	+0.95	+1.25	+1.25	–
6.30 이상 10.0 미만	+0.85	+1.05	+1.05	+1.35	+1.35	+1.55
10.0 이상 16.0 미만	+0.85	+1.05	+1.05	+1.35	+1.35	+1.75
16.0 이상 25.0 미만	+1.05	+1.25	+1.25	+1.65	+1.65	+1.95
25.0 이상 40.0 미만	+1.15	+1.35	+1.35	+1.75	+1.75	+2.15
40.0 이상 63.0 미만	+1.35	+1.65	+1.65	+1.95	+1.95	+2.35
63.0 이상 100 미만	+1.55	+1.95	+1.95	+2.35	+2.35	+2.75
100 이상 160 미만	+2.35	+2.75	+2.75	+3.15	+3.15	+3.55
160 이상	+2.95	+3.35	+3.35	+3.55	+3.55	+3.95

■ 강판의 무게 산출에 사용하는 가산값

단위 : mm

두 께	나 비					
	1600 미만	1600 이상 2000 미만	2000 이상 2500 미만	2500 이상 3150 미만	3150 이상 4000 미만	4000 이상 5000 미만
6.00 이상 6.30 미만	0.25	0.35	0.35	0.50	0.50	–
6.30 이상 10.0 미만	0.30	0.40	0.40	0.55	0.55	–
10.0 이상 16.0 미만	0.30	0.40	0.40	0.55	0.55	0.75
16.0 이상 25.0 미만	0.40	0.50	0.50	0.70	0.70	0.85
25.0 이상 40.0 미만	0.45	0.55	0.55	0.75	0.75	0.95
40.0 이상 63.0 미만	0.55	0.70	0.70	0.85	0.85	1.05
63.0 이상 100 미만	0.65	0.85	0.85	1.05	1.05	1.25
100 이상 160 미만	1.05	1.25	1.25	1.45	1.45	1.65
160 이상	1.35	1.55	1.55	1.65	1.65	1.85

6. 저온 압력 용기용 탄소강 강판 KS D 3541 : 2018

■ 종류 및 기호

종류의 기호	종래 기호	적 용		
SLAI 255A	SLAI 235 A	두께 6mm 이상 50mm 이하	AI 처리 세립 킬드강	최저 사용 온도 −30℃
SLAI 255B	SLAI 235 B	두께 6mm 이상 50mm 이하		최저 사용 온도 −45℃
SLAI 325A	SLAI 325 A	두께 6mm 이상 32mm 이하		최저 사용 온도 −45℃
SLAI 325B	SLAI 325 B	두께 6mm 이상 32mm 이하		최저 사용 온도 −60℃
SLAI 360	SLAI 360	두께 6mm 이상 32mm 이하		최저 사용 온도 −60℃

■ 열처리

종류의 기호	종래 기호	열처리
SLAI 255A	SLAI 235 A	노멀라이징
SLAI 255B	SLAI 235 B	노멀라이징
SLAI 325A	SLAI 325 A	노멀라이징
SLAI 325B	SLAI 325 B	퀜칭 템퍼링
SLAI 360	SLAI 360	퀜칭 템퍼링

■ 화학성분

종류의 기호	종래 기호	화학 성분 (%)				
		C	Si	Mn	P	S
SLAI 255	SLAI 235	0.15 이하	0.15~0.30	0.70~1.50	0.035 이하	0.035 이하
SLAI 325	SLAI 325	0.16 이하	0.15~0.55	0.80~1.60	0.035 이하	0.035 이하
SLAI 360	SLAI 360	0.18 이하	0.15~0.55	0.80~1.60	0.035 이하	0.035 이하

■ 기계적 성질

종류의 기호	인장 시험					굽힘시험		
	항복점 또는 항복 강도 N/mm^2	인장 강도 N/mm^2	연신율			굽힘 각도	내측 반지름	시험편
			강판의 두께 mm	시험편	%			
SLAI 255	두께 40mm 이하는 235 이상 두께 40mm를 넘는 것 215 이상	400~510	6 이상 16 이하 16을 넘는 것 40을 넘는 것	1A호 1A호 4호	18 이상 22 이상 24 이상	180°	두께의 1.0배	압연 방향에 직각
SLAI 325	325 이상	440~560	6 이상 16 이하 16을 넘는 것 40을 넘는 것	5호 5호 4호	22 이상 30 이상 22 이상	180°	두께의 1.5배	압연 방향에 직각
SLAI 360	360 이상	490~610	6 이상 16 이하 16을 넘는 것 40을 넘는 것	5호 5호 4호	20 이상 28 이상 20 이상	180°	두께의 1.5배	압연 방향에 직각

■ 샤르피 흡수 에너지

종류의 기호	시험 온도 ℃					흡수 에너지 J	시험편
	두께 mm	6 이상 8.5 미만	8.5 이상 11 미만	11 이상 20 이하	20을 넘는 것		
	시험편의 두께×mm	10×5	10×7.5	10×10	10×10		
SLAI 255 A	–	−5	−5	−5	−10	최고 흡수 에너지 값의 1/2 이상	4호 압연 방향
SLAI 255 B		−30	−20	−15	−30		
SLAI 325 A		−40	−30	−25	−35		
SLAI 325 B		−60	−50	−45	−55		
SLAI 360		−60	−50	−45	−55		

■ 두께의 허용차

단위 : mm

두 께	나 비					
	1600 미만	1600 이상 2000 미만	2000 이상 2500 미만	2500 이상 3150 미만	3150 이상 4000 미만	4000 이상 5000 미만
6.00 이상 10.0 미만	+0.95	+1.05	+1.25	+1.45	+1.65	+1.85
10.0 이상 16.0 미만	+0.95	+1.15	+1.35	+1.55	+1.75	+1.95
16.0 이상 25.0 미만	+1.15	+1.35	+1.55	+1.75	+2.15	+2.35
25.0 이상 40.0 미만	+1.35	+1.55	+1.75	+1.95	+2.35	+2.55
40.0 이상 50.0 미만	+1.55	+1.75	+2.15	+2.35	+2.55	+2.75

■ 강판의 무게 산출에 사용하는 가산치

단위 : mm

두 께	나 비					
	1600 미만	1600 이상 2000 미만	2000 이상 2500 미만	2500 이상 3150 미만	3150 이상 4000 미만	4000 이상 5000 미만
6.00 이상 10.0 미만	0.35	0.40	0.50	0.60	0.70	0.80
10.0 이상 16.0 미만	0.35	0.45	0.55	0.65	0.75	0.85
16.0 이상 25.0 미만	0.45	0.55	0.65	0.75	0.95	1.05
25.0 이상 40.0 미만	0.55	0.65	0.75	0.85	1.05	1.15
40.0 이상 50.0 미만	0.65	0.75	0.95	1.05	1.15	1.25

7. 보일러 및 압력 용기용 크롬 몰리브데넘강 강판 KS D 3543 : 2009

■ 종류 및 강도 구분의 기호

종류의 기호	강도 구분	적용 두께 mm
SCMV 1	1 2	6 이상 200 이하
SCMV 2	1 2	
SCMV 3	1 2	
SCMV 4	1 2	6 이상 300 이하
SCMV 5	1 2	
SCMV 6	1 2	

■ 화학성분 (레이들 분석값)

종류의 기호	화학 성분 %						
	C	Si	Mn	P	S	Cr	Mo
SCMV 1	0.21 이하	0.40 이하	0.55~0.80	0.030 이하	0.030 이하	0.50~0.80	0.45~0.60
SCMV 2	0.17 이하	0.40 이하	0.40~0.65	0.030 이하	0.030 이하	0.80~1.15	0.45~0.60
SCMV 3	0.17 이하	0.50~0.80	0.40~0.65	0.030 이하	0.030 이하	1.00~1.50	0.45~0.65
SCMV 4	0.17 이하	0.50 이하	0.30~0.60	0.030 이하	0.030 이하	2.00~2.50	0.90~1.10
SCMV 5	0.17 이하	0.50 이하	0.30~0.60	0.030 이하	0.030 이하	2.75~3.25	0.90~1.10
SCMV 6	0.15 이하	0.50 이하	0.30~0.60	0.030 이하	0.030 이하	4.00~6.00	0.45~0.65

■ 화학성분 (제품 분석값)

종류의 기호	화학 성분 %						
	C	Si	Mn	P	S	Cr	Mo
SCMV 1	0.21 이하	0.45 이하	0.51~0.84	0.030 이하	0.030 이하	0.46~0.85	0.40~0.65
SCMV 2	0.17 이하	0.45 이하	0.36~0.69	0.030 이하	0.030 이하	0.74~1.21	0.40~0.65
SCMV 3	0.17 이하	0.44~0.86	0.36~0.69	0.030 이하	0.030 이하	0.94~1.56	0.40~0.70
SCMV 4	0.17 이하	0.50 이하	0.27~0.63	0.030 이하	0.030 이하	1.88~2.62	0.85~1.15
SCMV 5	0.17 이하	0.50 이하	0.27~0.63	0.030 이하	0.030 이하	2.63~3.37	0.85~1.15
SCMV 6	0.15 이하	0.55 이하	0.27~0.63	0.030 이하	0.030 이하	3.90~6.10	0.40~0.70

■ 강도 구분 1의 기계적 성질

종류의 기호	항복점 또는 항복 강도 N/mm^2	인장 강도 N/mm^2	연신율 %	단면 수축률 %	시험편	굽힘성	
						굽힘 각도	안쪽 반지름
SCMV 1	225 이상	380~550	18 이상	–	1A호	180°	두께 25mm 이하 두께의 0.75배 두께 25mm 초과 100mm 이하 두께의 1.0배 두께 100mm를 초과하는 것. 두께의 1.25배
			22 이상	–	10호		
SCMV 2	225 이상	380~550	19 이상	–	1A호		
			22 이상	–	10호		
SCMV 3	235 이상	410~590	18 이상	–	1A호		
			22 이상	–	10호		
SCMV 4	205 이상	410~590	18 이상	45 이상	10호	180°	두께 25mm 이하 두께의 1.0배 두께 25mm 초과 50mm 이하 두께의 1.25배 두께 50mm를 초과 100mm 이하 두께의 1.5배 두께 100mm를 초과하는 것. 두께의 1.75배
SCMV 5	205 이상	410~590	18 이상	45 이상	10호		
SCMV 6	205 이상	410~590	18 이상	45 이상	10호	180°	

■ 강도 구분 2의 기계적 성질

종류의 기호	항복점 또는 항복 강도 N/mm^2	인장 강도 N/mm^2	연신율 %	단면 수축률 %	시험편	굽힘성	
						굽힘 각도	안쪽 반지름
SCMV 1	315 이상	480~620	18 이상	–	1A호	180°	두께 25mm 이하 두께의 0.75배 두께 25mm 초과 100mm 이하 두께의 1.0배 두께 100mm를 초과하는 것. 두께의 1.25배
			22 이상	–	10호		
SCMV 2	275 이상	450~590	18 이상	–	1A호		
			22 이상	–	10호		
SCMV 3	315 이상	520~690	18 이상	–	1A호		
			22 이상	–	10호		
SCMV 4	315 이상	520~690	18 이상	45 이상	10호	180°	두께 25mm 이하 두께의 1.0배 두께 25mm 초과 50mm 이하 두께의 1.25배 두께 50mm를 초과 100mm 이하 두께의 1.5배 두께 100mm를 초과하는 것. 두께의 1.75배
SCMV 5	315 이상	520~690	18 이상	45 이상	10호		
SCMV 6	315 이상	520~690	18 이상	45 이상	10호	180°	

■ 두께의 허용차

단위 : mm

두께	나비					
	1600 미만	1600 이상 2000 미만	2000 이상 2500 미만	2500 이상 3150 미만	3150 이상 4000 미만	4000 이상 5000 미만
6.00 이상 6.30 미만	+0.75	+0.95	+0.95	+1.25	+1.25	–
6.30 이상 10.0 미만	+0.85	+1.05	+1.05	+1.35	+1.35	+1.55
10.0 이상 16.0 미만	+0.85	+1.05	+1.05	+1.35	+1.35	+1.75
16.0 이상 25.0 미만	+1.05	+1.25	+1.25	+1.65	+1.65	+1.95
25.0 이상 40.0 미만	+1.15	+1.35	+1.35	+1.75	+1.75	+2.15
40.0 이상 63.0 미만	+1.35	+1.65	+1.65	+1.95	+1.95	+2.35
63.0 이상 100 미만	+1.55	+1.95	+1.95	+2.35	+2.35	+2.75
100 이상 160 미만	+2.35	+2.75	+2.75	+3.15	+3.15	+3.55
160 이상 200 미만	+2.95	+3.35	+3.35	+3.55	+3.55	+3.95
200 이상 250 미만	+3.35	+3.55	+3.55	+3.75	+3.75	+4.15
250 이상 300 미만	+3.75	+3.95	+3.95	+4.15	+4.15	+4.75
300 이상	+3.95	+4.35	+4.35	+4.55	+4.55	+5.35

■ 무게의 산출에 사용하는 가산값

단위 : mm

두께	나비					
	1600 미만	1600 이상 2000 미만	2000 이상 2500 미만	2500 이상 3150 미만	3150 이상 4000 미만	4000 이상 5000 미만
6.00 이상 6.30 미만	0.25	0.35	0.35	0.50	0.50	–
6.30 이상 10.0 미만	0.30	0.40	0.40	0.55	0.55	0.65
10.0 이상 16.0 미만	0.30	0.40	0.40	0.55	0.55	0.75
16.0 이상 25.0 미만	0.40	0.50	0.50	0.70	0.70	0.85
25.0 이상 40.0 미만	0.45	0.55	0.55	0.75	0.75	0.95
40.0 이상 63.0 미만	0.55	0.70	0.70	0.85	0.85	1.05
63.0 이상 100 미만	0.65	0.85	0.85	1.05	1.05	1.25
100 이상 160 미만	1.05	1.25	1.25	1.45	1.45	1.65
160 이상 200 미만	1.35	1.55	1.55	1.65	1.65	1.85
200 이상 250 미만	1.55	1.65	1.65	1.75	1.75	1.95
250 이상 300 미만	1.75	1.85	1.85	1.95	1.95	2.25
300 이상	1.85	2.05	2.05	2.15	2.15	2.55

8. 보일러 및 압력 용기용 탄소강 및 몰리브데넘강 강판 KS D 3560 : 2007

■ 종류의 기호

종류의 기호(종래기호)	적용 두께 mm
SB 235(SB 410)	6 이상 200 이하
SB 295(SB 450)	6 이상 200 이하
SB 315(SB 480)	6 이상 200 이하
SB 295 M(SB 450 M)	6 이상 150 이하
SB 315 M(SB 480 M)	6 이상 150 이하

■ 화학 성분

기호	두께	화학 성분 %					
		C	Si	Mn	P	S	Mo
SB 235	25mm 이하	0.24 이하	0.15~0.40	0.90 이하	0.030 이하	0.030 이하	–
	25mm 초과 50mm 이하	0.27 이하					
	50mm 초과 200mm 이하	0.30 이하					
SB 295	25mm 이하	0.28 이하	0.15~0.40	0.90 이하	0.030 이하	0.030 이하	–
	25mm 초과 50mm 이하	0.31 이하					
	50mm 초과 200mm 이하	0.33 이하					
SB 315	25mm 이하	0.31 이하	0.15~0.40	1.20 이하	0.025 이하	0.025 이하	–
	25mm 초과 50mm 이하	0.33 이하					
	50mm 초과 200mm 이하	0.35 이하					
SB 295 M	25mm 이하	0.18 이하	0.15~0.40	0.90 이하	0.020 이하	0.020 이하	0.45~0.60
	25mm 초과 50mm 이하	0.21 이하					
	50mm 초과 100mm 이하	0.23 이하					
	100mm 초과 150mm 이하	0.25 이하					
SB 315 M	25mm 이하	0.20 이하	0.15~0.40	0.90 이하	0.020 이하	0.020 이하	0.45~0.60
	25mm 초과 50mm 이하	0.23 이하					
	50mm 초과 100mm 이하	0.25 이하					
	100mm 초과 150mm 이하	0.27 이하					

9. 저온 압력 용기용 니켈 강판 KS D 3586 : 2007

■ 종류의 기호 및 적용 두께와 최저 사용 가능 온도

종류의 기호	적용 두께 mm	최저 사용 가능 온도 ℃
SL2N255	6 이상 50 이하	−70
SL3N255		−101
SL3N275		−101
SL3N440		−110
SL5N590		−130
SL9N520		−196
SL9N590	6 이상 100 이하	−196

■ 열처리

종류의 기호	열처리	
SL2N255	노멀라이징. 다만, 필요에 따라 노멀라이징 후 템퍼링을 하여도 좋다. 또는 주문자와 제조자 사이의 협의에 따라 제조자는 열가공 제어 또는 적절한 열처리를 하여도 좋다.	
SL3N255		
SL3N275		
SL3N440	퀜칭 템퍼링	다만, 필요에 따라 중간 열처리를 하여도 좋다.
SL5N590	퀜칭 템퍼링	
SL9N520	2회 노멀라이징 후 템퍼링	
SL9N590	퀜칭 템퍼링	

■ 화학성분

단위 : %

종류의 기호	C	Si	Mn	P	S	Ni
SL2N255	0.17 이하	0.30 이하	0.70 이하	0.025 이하	0.025 이하	2.10~2.50
SL3N255	0.15 이하	0.30 이하	0.70 이하	0.025 이하	0.025 이하	3.25~3.75
SL3N275	0.17 이하	0.30 이하	0.70 이하	0.025 이하	0.025 이하	3.25~3.75
SL3N440	0.15 이하	0.30 이하	0.70 이하	0.025 이하	0.025 이하	3.25~3.75
SL5N590	0.13 이하	0.30 이하	1.50 이하	0.025 이하	0.025 이하	4.75~6.00
SL9N520	0.12 이하	0.30 이하	0.90 이하	0.025 이하	0.025 이하	8.50~9.50
SL9N590	0.12 이하	0.30 이하	0.90 이하	0.025 이하	0.025 이하	8.50~9.50

■ 열처리의 기호

① 강판에 노멀라이징을 하는 경우 : N

② 강판에 노멀라이징 후 템퍼링을 하는 경우 : NT

③ 강판에 열 가공 제어를 하는 경우 : TMC

④ 강판에 2회 노멀라이징 후 템퍼링을 하는 경우 : NNT

⑤ 강판에 퀜칭 템퍼링을 하는 경우 : Q

⑥ 시험편에만 노멀라이징을 하는 경우 : TQ

⑦ 시험편에만 노멀라이징 후 템퍼링을 하는 경우 : TNT

⑧ 시험편에만 2회 노멀라이징 후 템퍼링을 하는 경우 : T2NT

⑨ 시험편에만 용접 후 열처리에 상당하는 열처리를 하는 경우 : SR

■ 항복점 또는 항복강도, 인장강도, 연신율 및 굽힘성

종류의 기호	항복점 또는 항복 강도 N/mm²	인장 강도 N/mm²	연신율			굽힘성		
			두께 mm	시험편	%	굽힘 각도	안쪽 반지름	시험편
SL2N255	255 이상	450~590	6 이상 16 이하	5호	24 이상	180°	두께 25mm 이하 : 두께의 0.5배 두께 25mm 초과하는 것 : 두께의 1.0배	KS B 0804의 5. (시험편)
			16을 초과하는 것	5호	29 이상			
			20을 초과하는 것	4호	24 이상			
SL3N255	255 이상	450~590	6 이상 16 이하	5호	24 이상	180°	두께 25mm 이하 : 두께의 0.5배 두께 25mm 초과하는 것 : 두께의 1.0배	
			16을 초과하는 것	5호	29 이상			
			20을 초과하는 것	4호	24 이상			
SL3N275	275 이상	480~620	6 이상 16 이하	5호	22 이상	180°	두께 25mm 이하 : 두께의 0.5배 두께 25mm 초과하는 것 : 두께의 1.0배	
			16을 초과하는 것	5호	26 이상			
			20을 초과하는 것	4호	22 이상			
SL3N440	440 이상	540~690	6 이상 16 이하	5호	21 이상	180°	두께 25mm 이하 : 두께의 1.0배 두께 25mm 초과하는 것 : 두께의 1.5배	
			16을 초과하는 것	5호	25 이상			
			20을 초과하는 것	4호	21 이상			
SL5N590	590 이상	690~830	6 이상 16 이하	5호	21 이상	180°	두께 19mm 이하 : 두께의 1.0배 두께 19mm 초과하는 것 : 두께의 1.5배	
			16을 초과하는 것	5호	25 이상			
			20을 초과하는 것	4호	21 이상			
SL9N520	520 이상	690~830	6 이상 16 이하	5호	21 이상	180°	두께 19mm 이하 : 두께의 1.0배 두께 19mm 초과하는 것 : 두께의 1.5배	
			16을 초과하는 것	5호	25 이상			
			20을 초과하는 것	4호	21 이상			
SL9N590	590 이상	690~830	6 이상 16 이하	5호	21 이상	180°	두께 19mm 이하 : 두께의 1.0배 두께 19mm 초과하는 것 : 두께의 1.5배	
			16을 초과하는 것	5호	25 이상			
			20을 초과하는 것	4호	21 이상			

■ 샤르피 흡수 에너지

단위 : J

종류의 기호	시험온도 ℃	샤르피 흡수 에너지						시험편
		3개의 시험편의 평균값			개개의 시험편의 값			
		두께 mm			두께 mm			
		6 이상 8.5 미만	8.5 이상 11 미만	11 이상	6 이상 8.5 미만	8.5 이상 11 미만	11 이상	
		시험편의 두께 × 나비 (mm)						
		10×5	10×7.5	10×10	10×5	10×7.5	10×10	
SL2N255	−70	11 이상	17 이상	21 이상	10 이상	14 이상	17 이상	V노치 압연방향
SL3N255	−101	11 이상	17 이상	21 이상	10 이상	14 이상	17 이상	
SL3N275	−101	11 이상	17 이상	21 이상	10 이상	14 이상	17 이상	
SL3N440	−110	14 이상	22 이상	27 이상	11 이상	17 이상	21 이상	
SL5N590	−130	21 이상	29 이상	41 이상	18 이상	25 이상	34 이상	
SL9N520	−196	18 이상	25 이상	34 이상	14 이상	22 이상	27 이상	
SL9N590	−196	21 이상	29 이상	41 이상	18 이상	25 이상	34 이상	

■ 두께의 허용차

단위 : mm

두께	나비					
	1600 미만	1600 이상 2000 미만	2000 이상 2500 미만	2500 이상 3150 미만	3150 이상 4000 미만	4000 이상 5000 미만
6.00 이상 6.30 미만	+0.75	+0.95	+0.95	+1.25	+1.25	-
6.30 이상 10.0 미만	+0.85	+1.05	+1.05	+1.35	+1.35	+1.55
10.0 이상 16.0 미만	+0.85	+1.05	+1.05	+1.35	+1.35	+1.75
16.0 이상 25.0 미만	+1.05	+1.25	+1.25	+1.65	+1.65	+1.95
25.0 이상 40.0 미만	+1.15	+1.35	+1.35	+1.75	+1.75	+2.15
40.0 이상 63.0 미만	+1.35	+1.65	+1.65	+1.95	+1.95	+2.35
63.0 이상 100 미만	+1.55	+1.95	+1.95	+2.35	+2.35	+2.75

10. 고온 압력 용기용 고강도 크롬-몰리브덴 강판 KS D 3630 : 1995(2005 확인)

■ 종류의 기호

종류의 기호	적용 두께 mm
SCMQ4E	6 이상 300 이하
SCMQ4V	
SCMQ5V	

■ 화학 성분(레이들 분석치)

단위 : %

종류의 기호	C	Si	Mn	P	S	Cr	Mo	V
SCMQ4E	0.17 이하	0.50 이하	0.30~0.60	0.015 이하	0.015 이하	2.00~2.50	0.90~1.10	0.03 이하
SCMQ4V		0.10 이하			0.010 이하			0.25~0.35
SCMQ5V						2.75~3.25		0.20~0.30

■ 화학 성분(제품 분석치)

단위 : %

종류의 기호	C	Si	Mn	P	S	Cr	Mo	V
SCMQ4E	0.17 이하	0.55 이하	0.27~0.63	0.015 이하	0.015 이하	1.88~2.62	0.85~1.15	0.04 이하
SCMQ4V		0.13 이하						0.23~0.37
SCMQ5V						2.63~3.37		0.18~0.33

11. 압력 용기용 강판(제1부 : 두꺼운 판재) KS D 3853 : 1997(2017 확인)

■ 종류의 기호

종류의 기호	적용 두께 mm
SPV 315	100 초과 150 이하
SPV 355	75 초과 150 이하
SPV 410	75 초과 150 이하
SPV 450	75 초과 150 이하
SPV 490	75 초과 150 이하

■ 화학 성분

종류의 기호	화학 성분 (%)				
	C	Si	Mn	P	S
SPV 315	0.18 이하	0.15~0.55	1.50 이하	0.030 이하	0.030 이하
SPV 355	0.20 이하	0.15~0.55	1.60 이하	0.030 이하	0.030 이하
SPV 410	0.18 이하	0.15~0.75	1.60 이하	0.030 이하	0.030 이하
SPV 450	0.18 이하	0.15~0.75	1.60 이하	0.030 이하	0.030 이하
SPV 490	0.18 이하	0.15~0.75	1.60 이하	0.030 이하	0.030 이하

12. 용접 가스 실린더용 압연 강판 KS D ISO 4978(폐지)

■ 화학 성분(주조, 분석), 참고 열처리 및 기계적 특성

강	화학 성분 %(m/m)						참고 열처리			기계적 특성			A, 판재 두께	
	C 최대	Si 최대	Mn 최대	P 최대	S 최대	Almet 최소	기호	오스테나이징 온도	냉각	Re 최소	Rm 최소	Rm 최대	3 mm 최소	3~6 mm 최소
								℃		N/mm^2	N/mm^2		%	%
1	0.12	0.15	0.25	0.035	0.035	0.015	N	920~960	A	205	340	440	24	32
2	0.16	0.15	0.25	0.035	0.035	0.015	N	920~960	A	235	360	460	22	30
3	0.19	0.20	0.40	0.035	0.035	0.015	N	890~930	A	265	410	510	20	28
4	0.20	0.45	0.70	0.035	0.035	0.015	N	880~920	A	345	490	610	17	24

주 N : 노멀라이징
A : 공냉(오스테나이트에서의 시간은 판재 두께 mm 당 약 2분임)
Re : 항복 강도
Rm : 인장 강도
A : 파단후 연신율(%)

28-9 일반가공용 강판 및 강대

1. 열간 압연 연강판 및 강대 KS D 3501 : 2008

■ 종류의 기호

종류의 기호	적용 두께 mm	최저 사용 가능 온도 ℃
SPHC	1.2 이상 14 이하	일반용
SPHD	1.2 이상 14 이하	드로잉용
SPHE	1.2 이상 6 이하	디프 드로잉용

■ 화학성분

단위 : %

종류의 기호	C	Mn	P	S
SPHC	0.15 이하	0.60 이하	0.050 이하	0.050 이하
SPHD	0.10 이하	0.50 이하	0.040 이하	0.040 이하
SPHE	0.10 이하	0.50 이하	0.030 이하	0.035 이하

■ 기계적 성질

종류의 기호	인장 강도 N/mm2	연신율 %						인장 시험편	굽힘성			
		두께 1.2mm 이상 1.6mm 미만	두께 1.6mm 이상 2.0mm 미만	두께 2.0mm 이상 2.5mm 미만	두께 2.5mm 이상 3.2mm 미만	두께 3.2mm 이상 4.0mm 미만	두께 4.0mm 이상		굽힘 각도	안쪽 반지름		굽힘 시험편
										두께 3.2mm 미만	두께 3.2mm 이상	
SPHC	270 이상	27이상	29이상	29이상	29이상	31이상	31이상	5호 시험편 압연 방향	180°	밀착	두께의 0.5배	KS B 0804의 5. 에 따름. 다만 시험편은 압연 방향으로 채취
SPHD	270 이상	30이상	32이상	33이상	35이상	37이상	39이상		–	–	–	
SPHE	270 이상	31이상	33이상	35이상	37이상	39이상	41이상		–	–	–	

■ 두께의 허용차

단위 : mm

두께	나비			
	1200 미만	1200 이상~1500 미만	1500 이상~1800 미만	1800 이상~2300 이하
1.60 미만	±0.14	±0.15	±0.16	–
1.60 이상 2.00 미만	±0.16	±0.17	±0.18	±0.21
2.00 이상 2.50 미만	±0.17	±0.19	±0.21	±0.25
2.50 이상 3.15 미만	±0.19	±0.21	±0.24	±0.26
3.15 이상 4.00 미만	±0.21	±0.23	±0.26	±0.27
4.00 이상 5.00 미만	±0.24	±0.26	±0.28	±0.29
5.00 이상 6.00 미만	±0.26	±0.28	±0.29	±0.31
6.00 이상 8.00 미만	±0.29	±0.30	±0.31	±0.35
8.00 이상 10.0 미만	±0.32	±0.33	±0.34	±0.40
10.0 이상 12.5 미만	±0.35	±0.36	±0.37	±0.45
12.5 이상 14.0 이하	±0.38	±0.39	±0.40	±0.50

2. 용융 아연 도금 강판 및 강대 KS D 3506 : 2016

■ 종류 및 기호(열연 원판을 사용한 경우)

종류의 기호(종래기호)	적용 표시 두께(1)	적 용
SGHC	1.2 이상 6.0 이하	일반용
SGH 245Y(SGH 340)		구조용
SGH 295Y(SGH 400)		
SGH 335Y(SGH 440)		
SGH 365Y(SGH 490)		
SGH 400Y(SGH 540)		

■ 종류 및 기호(냉연 원판을 사용한 경우)

종류의 기호	적용 표시 두께	적 용
SGCC	0.25 이상 3.2 이하	일반용
SGCH	0.11 이상 1.0 이하	일반 경질용
SGCD1	0.40 이상 2.3 이하	가공용 1종
SGCD2		가공용 2종
SGCD3	0.60 이상 2.3 이하	가공용 3종
SGH 245Y(SGH 340)	0.25 이상 3.2 이하	구조용
SGH 295Y(SGH 400)		
SGH 335Y(SGH 440)		
SGH 365Y(SGH 490)		
SGH 400Y(SGH 540)	0.25 이상 2.0 이하	

■ 도금의 표면 다듬질의 종류 및 기호

도금의 표면 다듬질의 종류	기호	비고
레귤러 스팽글	R	아연 결정이 일반적인 응고 과정에서 생성되어 스팽글을 가진 것
미니마이즈드 스팽글	Z	스팽글을 아주 미세화한 것

3. 냉간 압연 강판 및 강대 KS D 3512 : 2007

■ 종류 및 기호(열연 원판을 사용한 경우)

종류의 기호	적요
SPCC	일반용
SPCD	드로잉용
SPCE	딥드로잉용
SPCF	비시효성 딥드로잉
SPCG	비시효성 초(超) 딥드로잉

■ 조질 구분

조질 구분	조질 기호
어닐링 상태	A
표준 조질	S
1/8 경질	8
1/4 경질	4
1/2 경질	2
경질	1

■ 표면 마무리 구분

표면 마무리 구분	표면 마무리 기호	적요
무광택 마무리 (dull finishing)	D	물리적 또는 화학적으로 표면을 거칠게 한 롤 광택을 없앤 것
광택 마무리 (bright finishing)	B	매끈하게 마무리한 롤로 매끄럽게 마무리한 것

■ 화학성분

단위 : %

종류의 기호	C	Mn	P	S
SPCC	0.15 이하	0.60 이하	0.050 이하	0.050 이하
SPCD	0.12 이하	0.50 이하	0.040 이하	0.040 이하
SPCE	0.10 이하	0.45 이하	0.030 이하	0.030 이하
SPCF	0.08 이하	0.45 이하	0.030 이하	0.030 이하
SPCG	0.02 이하	0.25 이하	0.020 이하	0.020 이하

■ 종류 및 기호(냉연 원판을 사용한 경우)

종류의 기호	적용 표시 두께	적용
SGCC	0.25 이상 3.2 이하	일반용
SGCH	0.11 이상 1.0 이하	일반 경질용
SGCD1	0.40 이상 2.3 이하	가공용 1종
SGCD2		가공용 2종
SGCD3	0.60 이상 2.3 이하	가공용 3종
SGC 340	0.25 이상 3.2 이하	구조용
SGC 400		
SGC 440		
SGC 490		
SGC 570	0.25 이상 2.0 이하	

■ 도금의 표면 다듬질의 종류 및 기호

도금의 표면 다듬질의 종류	기호	비고
레귤러 스팽글	R	아연 결정이 일반적인 응고 과정에서 생성되어 스팽글을 가진 것
미니마이즈드 스팽글	Z	스팽글을 아주 미세화한 것

4. 냉간 압연 전기 주석 도금 강판 및 원판 KS D 3516 : 2007

■ 원판 및 강판의 기호

종류	기호
원판	SPB
강판	ET

■ 주석 부착량

구분(기호)	부착량 표시 기호	호칭 부착량 (g/m^2)
동일 두께 도금(E)	1.0/1.0	1.0/1.0
	1.5/1.5	1.5/1.5
	2.0/2.0	2.0/2.0
	2.8/2.8	2.8/2.8
	5.6/5.6	5.6/5.6
	8.4/8.4	8.4/8.4
	11.2/11.2	11.2/11.2
차등 두께 도금(D)	1.5/1.0	1.5/1.0
	2.0/1.0	2.0/1.0
	2.0/1.5	2.0/1.5
	2.8/1.0	2.8/1.0
	2.8/1.5	2.8/1.5
	2.8/2.0	2.8/2.0
	5.6/1.0	5.6/1.0
	5.6/1.5	5.6/1.5
	5.6/2.0	5.6/2.0
	5.6/2.8	5.6/2.8
	8.4/1.0	8.4/1.0
	8.4/1.5	8.4/1.5
	8.4/2.0	8.4/2.0
	8.4/2.8	8.4/2.8
	8.4/5.6	8.4/5.6
	11.2/1.0	11.2/1.0
	11.2/1.5	11.2/1.5
	11.2/2.0	11.2/2.0
	11.2/2.8	11.2/2.8
	11.2/5.6	11.2/5.6
	11.2/8.4	11.2/8.4

■ 주석 부착량 허용차

단위 : g/m²

주석 부착량(M)	호칭 부착량으로부터 샘플 평균에 대한 허용차
1.0≤M<1.5	−0.25
1.5≤M<2.8	−0.30
2.8≤M<4.1	−0.35
4.1≤M<7.6	−0.50
7.6≤M<10.1	−0.65
10.1≤M	−0.90

5. 자동차 구조용 열간 압연 강판 및 강대 KS D 3519 : 2008

■ 종류의 기호

종류의 기호	적용 두께
SAPH 310	1.6mm 이상 14mm 이하
SAPH 370	
SAPH 400	
SAPH 440	

■ 화학 성분

종류의 기호	화학 성분 %	
	P	S
SAPH 310	0.040 이하	0.040 이하
SAPH 370		
SAPH 400		
SAPH 440		

■ 기계적 성질

종류의 기호	인장 시험											굴곡 시험			
	인장 강도 N/mm²	항복점 N/mm2			연신율 %(압연 방향) 5호 시험편							굽힘 각도	안쪽 반지름		시험편
		두께 6mm 미만	두께 6mm 이상 8mm 미만	두께 8mm 이상 14mm 미만	두께 1.6mm 이상 2.0mm 미만	두께 2.0mm 이상 2.5mm 미만	두께 2.5mm 이상 3.15mm 미만	두께 3.15mm 이상 4.0mm 미만	두께 4.0mm 이상 6.3mm 미만	두께 6.3mm 이상 14mm 이하		두께 2.0mm 미만	두께 2.0mm 이상	
SAPH 310	310 이상	(185) 이상	(185) 이상	(185) 이상	33 이상	34 이상	36 이상	38 이상	40 이상	41 이상	180°	밀착	두께의 1.0배	압연 방향에 직각 방향
SAPH 370	370 이상	225 이상	225 이상	215 이상	32 이상	33 이상	35 이상	36 이상	37 이상	38 이상	180°	두께의 0.5배	두께의 1.0배	
SAPH 400	400 이상	255 이상	235 이상	235 이상	31 이상	32 이상	34 이상	35 이상	36 이상	37 이상	180°	두께의 1.0배	두께의 1.0배	
SAPH 440	440 이상	305 이상	295 이상	275 이상	29 이상	30 이상	32 이상	33 이상	34 이상	35 이상	180°	두께의 1.0배	두께의 1.5배	

■ 두께의 허용차

단위 : mm

두께	나비			
	1250 미만	1250 이상 1600 미만	1600 이상 2000 미만	2000 이상 2300 미만
1.60 이상 2.00 미만	±0.16	±0.17	±0.18	–
2.00 이상 2.50 미만	±0.17	±0.19	±0.21	–
2.50 이상 3.15 미만	±0.19	±0.21	±0.24	–
3.15 이상 4.00 미만	±0.20	±0.22	±0.26	–
4.00 이상 5.00 미만	±0.25	±0.27	±0.32	±0.37
5.00 이상 6.30 미만	±0.30	±0.32	±0.37	±0.42
6.30 이상 8.00 미만	±0.40	±0.40	±0.45	±0.50
8.00 이상 10.0 미만	±0.45	±0.45	±0.50	±0.55
10.0 이상 12.0 미만	±0.50	±0.50	±0.55	±0.60
12.0 이상 14.0 이하	±0.55	±0.55	±0.60	±0.65

6. 도장 용융 아연 도금 강판 및 강대 KS D 3520 : 2016

■ 종류 및 기호

단위 : mm

종류의 기호	적용하는 표시 두께	적용	도장 원판의 종류의 기호
CGCC	0.25 이상 2.30 이하	일반용	SGCC
CGCH	0.11 이상 1.00 이하	일반경질용	SGCH
CGCD	0.40 이상 2.30 이하	조임용	SGCD1, SGCD2, SGCD3
CGC245Y(CGC340)	0.25 이상 1.60 이하	구조용	SGC245Y(CGC340)
CGC295Y(CGC400)	0.25 이상 1.60 이하		SGC295Y(CGC400)
CGC335Y(CGC440)	0.25 이상 1.60 이하		SGC335Y(CGC440)
CGC365Y(CGC490)	0.25 이상 1.60 이하		SGC365Y(CGC490)
CGC560Y(CGC570)	0.25 이상 1.60 이하		SGC560Y(CGC570)

■ 표면 보호처리의 종류 및 기호

표면 보호 처리의 종류 및 기호	기호
보호 필름	P
왁스	T

참고 종류를 나타내는 기호의 보기

- 일반용 2류 도장 용융 아연 도금 강판, 한 면 보증 CGCC－20
- 일반용을 사용한 지붕용 2류 도장 용융 아연 도금 강판, 양면 보증 CGCCR－22
- 구조용 3류 도장 아연 도금 강판(뒷면 2류), 양면 보증 CGCC400－32
- 일반용을 사용한 지붕용 2류 도장 용융 아연도금 강판제 골판, 한면 보증 CGCCR－20W2

■ 물리적 성질

항목	일반 경질용 (CGCH) 구조용 (CGC570)	일반용, 조임용 (CGCC, CGCD) 구조용(CGC340, CGC400, CGC440, CGC490)	물리적 성질	시험방법의 항목 번호
굽힘 밀착성	–	○	시험편의 나비의 양끝에서 각각 7mm 이상 떨어진 곳의 바깥쪽 표면의 도막이 원판에서 벗겨지지 않아야 한다.	13.2.2
도막 경도	○	○	도막에 긁힌 자국이 생기지 않아야 한다.	13.2.3
내충격성	–	○	도막이 원판에서 벗겨지지 않아야 한다.	13.2.4
밀착성	○	–	도막이 원판에서 벗겨지거나 도막이 찢어지거나 주름이 되는 이상한 부풀어 오름이 생겨서는 안 된다.	13.2.5

■ 표준 나비 및 표준 길이

단위 : mm

표준 나비	판의 표준 길이
762	1829 2134 2438 2743 3048 3353 3658
914	1829 2134 2438 2743 3048 3353 3658
1000	2000
1219	2438 3048 3658

■ 제품 두께의 허용차 (도막의 내구성의 종류 기호가 '10', '11', '20' 및 '21'인 경우에 적용한다)

단위 : %

표시 두께	나비		
	630 미만	630 이상 1000 미만	1000 이상 1250 이하
0.25 미만	+0.08 −0.03	+0.08 −0.03	+0.08 −0.03
0.25 이상 0.40 미만	+0.09 −0.04	+0.09 −0.04	+0.09 −0.04
0.40 이상 0.60 미만	+0.10 −0.05	+0.10 −0.05	+0.10 −0.05
0.60 이상 0.80 미만	+0.11 −0.06	+0.11 −0.06	+0.11 −0.06
0.80 이상 1.00 미만	+0.11 −0.06	+0.11 −0.06	+0.12 −0.07
1.00 이상 1.25 미만	+0.12 −0.07	+0.12 −0.07	+0.13 −0.08
1.25 이상 1.60 미만	+0.13 −0.08	+0.14 −0.09	+0.15 −0.10
1.60 이상 2.00 미만	+0.15 −0.10	+0.16 −0.11	+0.17 −0.12
2.00 이상 2.30 미만	+0.17 −0.12	+0.18 −0.13	+0.19 −0.14

■ 제품 두께의 허용차 (도막의 내구성의 종류 기호가 '10', '11', '20' 및 '21' 이외의 경우에 적용한다)

단위 : mm

표시 두께	나비		
	630 미만	630 이상~1000 미만	1000 이상~1250 이하
0.25 미만	+0.10 −0.02	+0.10 −0.02	+0.10 −0.02
0.25 이상 0.40 미만	+0.11 −0.03	+0.11 −0.03	+0.11 −0.03
0.40 이상 0.60 미만	+0.12 −0.04	+0.12 −0.04	+0.12 −0.04
0.60 이상 0.80 미만	+0.13 −0.05	+0.13 −0.05	+0.13 −0.05
0.80 이상 1.00 미만	+0.13 −0.05	+0.13 −0.05	+0.14 −0.06
1.00 이상 1.25 미만	+0.14 −0.06	+0.14 −0.06	+0.15 −0.07
1.25 이상 1.60 미만	+0.15 −0.07	+0.16 −0.08	+0.17 −0.09
1.60 이상 2.00 미만	+0.17 −0.09	+0.18 −0.10	+0.19 −0.11
2.00 이상 2.30 미만	+0.19 −0.11	+0.20 −0.12	+0.21 −0.13

■ 상당 도금 두께

두께 : mm

도금의 부착량 표시기호	Z06	Z08	Z10	Z12	Z18	Z20	Z22	Z25	Z27	Z35	Z37	Z45	Z60
상당 도금 두께	0.013	0.017	0.021	0.026	0.034	0.040	0.043	0.049	0.054	0.064	0.067	0.080	0.102

도금의 부착량 표시기호	F04	F06	F08	F10	F12	F18
상당 도금 두께	0.008	0.013	0.017	0.021	0.026	0.034

■ 나비 및 길이의 허용차

단위 : mm

구 분	허용차
나비	+7 0
길이	+15 0

■ 표준 표시 두께

단위 : mm

0.25	0.27	0.30	0.35	0.40	0.50	0.60	0.80	0.90	1.0	1.2	1.4	1.6	1.8	2.0	2.3

■ 적용 범위

이 규격은 KS D 3506에 규정된 냉간 압연 원판을 사용한 용융 아연 도금 강판 및 강대에 내구성이 있는 합성수지 도료를 양면 또는 한 면에 균일하게 도장, 열처리한 도장 용융 아연 도금 강판 및 강대에 대하여 규정한다. 이 경우, 판은 평판 외에 KS D 3053에 규정된 모양 및 치수의 골판을 포함한다.

7. 전기 아연 도금 강판 및 강대 KS D 3528 : 2014

■ 종류 및 기호(열연 원판을 사용한 경우)

종류의 기호	표시 두께 mm	적 용	
		주된 용도	대응하는 KS 원판의 종류 기호
SEHC	1.6 이상 4.5 이하	일반용	SPHC
SEHD		드로잉용	SPHD
SEHE	1.6 이상 4.5 이하	디프드로잉용	SPHE
SEFH490	1.6 이상 4.5 이하	가공용	SPFH490
SEFH540			SPFH540
SEFH590			SPFH590
SEFH540Y	2.0 이상 4.0 이하	고가공용	SPFH540Y
SEFH590Y			SPFH590Y
SE330	1.6 이상 4.5 이하	일반 구조용	SS330
SE400			SS400
SE490			SS490
SE540			SS540
SEPH310	1.6 이상 4.5 이하	구조용	SAPH310
SEPH370			SAPH370
SEPH400			SAPH400
SEPH440			SAPH440

■ 종류 및 기호(냉연 원판을 사용한 경우)

종류의 기호	표시 두께 mm	적용	
		주된 용도	대응하는 KS 원판의 종류 기호
SECC	0.4 이상 3.2 이하	일반용	SPCC
SECD	0.4 이상 3.2 이하	드로잉용	SPCD
SECE	0.4 이상 3.2 이하	디프드로잉용	SPCE
SEFC340	0.6 이상 2.3 이하	드로잉 가공용	SPFC340
SEFC370			SPFC370
SEFC390	0.6 이상 2.3 이하	가공용	SPFC390
SEFC440			SPFC440
SEFC490			SPFC490
SEFC540			SPFC540
SEFC590			SPFC590
SEFC490Y	0.6 이상 1.6 이하	저항복비형	SPFC490Y
SEFC540Y			SPFC540Y
SEFC590Y			SPFC590Y
SEFC780Y	0.8 이상 1.4 이하		SPFC780Y
SEFC980Y			SPFC980Y
SEFC340H	0.6 이상 1.6 이하	열처리 경화형	SPFC340H

■ 조질 구분

조질 구분	조질 기호
어닐링한 그대로	A
표준 조질	S
$\frac{1}{8}$ 경질	8
$\frac{1}{4}$ 경질	4
$\frac{1}{2}$ 경질	2
경질	1

■ 아연의 최소 부착량

아연의 한 면 부착량 표시 기호	아연의 최소 부착량(한 면) g/m^2		(참고) 아연 표준 부착량(한 면) g/m^2
	동일 두께 도금인 경우	차등 두께 도금인 경우	
ES	–	–	–
EB	2.5	–	3
E8	8.5	8	10
E16	17	16	20
E24	25.5	24	30
E32	34	32	40
E40	42.5	40	50

■ 화성 처리의 종류 및 기호

화성 처리의 종류	기호
무처리	M
크롬산 처리	C
인산염 처리	P

8. 용융 알루미늄 도금 강판 및 강대 KS D 3544 : 2002(2017 확인)

■ 종류 및 기호

종류의 기호	적 용	
	주요 용도	알루미늄 부착량 기호
SA1C	내열용(일반용)	40, 60, 80, 100
SA1D	내열용(드로잉용)	
SA1E	내열용(디프 드로잉용)	
SA2C	내후용(일반용)	200

■ 알루미늄 최소 부착량

알루미늄 부착량 기호	40	60	80	100	200
최소 부착량(양면 3점법) g/m²	40	60	80	100	200

■ 연신율 및 굽힘

종류의 기호	연신율 %			굽 힘	
	두께 mm				
	0.40 이상 0.60 미만	0.60 이상 1.00 미만	1.00 이상	굽힘 각도	굽힘의 안쪽 간격
SAIC	−	−	−	180°	표시 두께의 판 4매
SAID	30 이상	32 이상	34 이상	180°	표시 두께의 판 1매
SAIE	34 이상	36 이상	38 이상	180°	표시 두께의 판 1매
SA2C	−	−	−	180°	표시 두께의 판 4매

■ 표준 두께

단위 : mm

0.40	0.50	0.60	0.70	0.80	0.90	1.0	1.2	1.4	1.6	2.0	2.3

■ 표준 나비 및 표준 길이

단위 : mm

표준 나비	표준 길이
914	1829 2438 3658
1000	2000
1219	2438 3658

■ 두께의 허용차

단위 : mm

종류의 기호	알루미늄 부착량 기호	두 께	나 비	
			1000 미만	1000 이상 1250 미만
SAIC	40	0.40 이상 0.60 미만	±0.07	±0.07
SAID	60	0.60 이상 1.0 미만	±0.10	±0.11
SAIE	80	1.0 이상 1.6 미만	±0.13	±0.14
	100	1.6 이상 2.3 미만	±0.17	±0.18
		2.3 이상	±0.21	±0.22
SA2C	200	0.40 이상 0.60 미만	±0.09	±0.09
		0.60 이상 1.0 미만	±0.12	±0.13
		1.0 이상 1.6 미만	±0.15	±0.16
		1.6 이상 2.3 미만	±0.19	±0.20
		2.3 이상	±0.23	±0.24

■ 나비 및 길이의 허용차

단위 : mm

구 분	허 용 차
나 비	+10 0
길 이	+15 0

■ 무게의 계산 방법

계산 순서		계산 방법	결과의 자리수
원판의 긴본 무게 kg/mm · m^2		7.85(두께 1mm, 면적 1m^2)	
원판의 단위 무게 kg/m^2		원판의 기본 무게(kg/mm · m^2)×[표시 두께(mm)−무게의 계산에 사용하는 도금 두께(mm)]	유효 숫자 4자리로 끝맺음한다.
판	판의 단위 무게 kg/m^2	원판의 단위 무게(kg/m^2)+무게의 계산에 사용하는 알루미늄 부착량(g/m^2)×10^{-3}	유효 숫자 4자리로 끝맺음하다.
	판의 면적 m^2	나비(mm)×길이(mm)×10^{-6}	유효 숫자 4자리로 끝맺음한다.
	1매의 무게 kg	판의 단위 무게(kg/m^2)×판의 면적(m^2)	유효 숫자 3자리로 끝맺음한다.
	1묶음의 무게 kg	1매의 무게(kg)×동일 치수의 1묶음 내의 매수	kg의 정수로 끝맺음한다.
	총 무게 kg	각 묶음의 무게(kg)의 합계	kg의 정수
코 일	코일의 단위 무게 kg/m	판의 단위 무게(kg/m^2)×나비(mm)×10^{-3}	유효 숫자 3자리로 끝맺음한다.
	1코일의 무게 kg	코일의 단위 무게(kg/m)×길이(m)	kg의 정수로 끝맺음한다.
	총 무게 kg	각 코일의 무게(kg)의 합계	kg의 정수

■ 무게의 계산에 사용하는 도금 두께

단위 : mm

알루미늄 부착량 기호	40	60	80	100	200
무게의 계산에 사용하는 도금 두께	0.022	0.033	0.044	0.056	0.111

■ 무게의 계산에 사용하는 알루미늄 부착량

단위 : g/m^2

알루미늄 부착량 기호	40	60	80	100	200
무게의 계산에 사용하는 알루미늄 부착량	60	90	120	150	300

9. 강관용 열간 압연 탄소 강대 KS D 3555 : 2018

■ 종류의 기호

종류의 기호	적용 두께
HRS	1.2mm 이상 13mm 이하
HRS200	
HRS250	1.6mm 이상 13mm 이하
HRS315	
HRS355	40mm 이하

■ 화학성분

종류의 기호	화학 성분 (%)				
	C	Si	Mn	P	S
HRS	0.10 이하	0.35 이하	0.50 이하	0.040 이하	0.040 이하
HRS200	0.18 이하	0.35 이하	0.60 이하	0.035 이하	0.035 이하
HRS250	0.25 이하	0.35 이하	0.30~0.90	0.035 이하	0.035 이하
HRS315	0.30 이하	0.35 이하	0.30~1.00	0.035 이하	0.035 이하
HRS355	0.24 이하	0.40 이하	1.50 이하	0.040 이하	0.040 이하

■ 기계적 성질

종류의 기호	인장 시험						굽힘 시험			
	인장 강도 N/mm² {kgf/mm²}	연신율 %				시험편	굽힘 각도	안쪽 반지름		시험편
		두께 1.2mm 이상 1.6mm 미만	두께 1.6mm 이상 3.0mm 미만	두께 3.0mm 이상 6.0mm 미만	두께 6.0mm 이상 13mm 미만			두께 3.0mm 이하	두께 3.0mm 초과 13mm 이하	
HRS	270 이상 {28} 이상	30 이상	32 이상	35 이상	37 이상	5호 압연 방향	180°	밀착	두께의 0.5배	3호 압연 방향
HRS200	340 이상 {35} 이상	25 이상	27 이상	30 이상	32 이상		180°	두께의 1.0배	두께의 1.5배	
HRS250	410 이상 {42} 이상	20 이상	22 이상	25 이상	27 이상		180°	두께의 1.5배	두께의 2.0배	
HRS315	490 이상 {50} 이상	15 이상	18 이상	20 이상	22 이상		180°	두께의 1.5배	두께의 2.0배	

■ 두께의 허용차

단위 : mm

두께	나비						
	630 미만	630 이상 800 미만	800 이상 1000 미만	1000 이상 1250 미만	1250이상 1600미만	1600이상 2000미만	2000이상 2300이하
1.25 미만	± 0.14	± 0.14	± 0.14	± 0.15	± 0.16	–	–
1.25 이상 1.60 미만	± 0.15	± 0.15	± 0.15	± 0.16	± 0.17	–	–
1.60 이상 2.00 미만	± 0.16	± 0.17	± 0.18	± 0.19	± 0.20	± 0.21	–
2.00 이상 2.50 미만	± 0.18	± 0.20	± 0.21	± 0.22	± 0.23	± 0.25	–
2.50 이상 3.15 미만	± 0.20	± 0.23	± 0.24	± 0.25	± 0.27	± 0.30	± 0.35
3.15 이상 4.00 미만	± 0.23	± 0.26	± 0.27	± 0.28	± 0.31	± 0.35	± 0.40
4.00 이상 5.00 미만	± 0.27	± 0.29	± 0.30	± 0.32	± 0.35	± 0.40	± 0.45
5.00 이상 6.00 미만	± 0.32	± 0.32	± 0.33	± 0.36	± 0.40	± 0.45	± 0.50
6.00 이상 8.00 미만	± 0.45	± 0.45	± 0.45	± 0.45	± 0.50	± 0.55	± 0.60
8.00 이상 13.0 미만	± 0.55	± 0.55	± 0.55	± 0.55	± 0.60	± 0.65	± 0.70

10. 자동차용 가공성 열간 압연 고장력 강판 및 강대 KS D 3616(폐지)

■ 종류의 기호

종류의 기호		적용 두께 mm	비 고
SI 단위	종래 단위(참고)		
SPFH 490	SPFH 50	1.6 이상 6.0 이하	가공용
SPFH 540	SPFH 55		
SPFH 590	SPFH 60		
SPFH 540Y	SPFH 55Y	2.0 이상 4.0 이하	고가공용
SPFH 590Y	SPFH 60Y		

■ 기계적 성질

종류의 기호	인장강도 N/mm^2	항복점 또는 항복강도 N/mm^2	연 신 율 (%)				시험편	굽 힘 성			시험편
			두 께 mm					굽힘 각도	안쪽 반지름		
									두께 mm		
			1.0 이상 2.0 미만	2.0 이상 2.5 미만	2.5 이상 3.25 미만	3.25 이상 6.0 이하			1.6 이상 3.25 미만	3.25 이상 6.0 이하	
SPFH 490	490 이상	325 이상	22 이상	23 이상	24 이상	25 이상	5호 압연방향에 직각	180°	두께의 0.5배	두께의 1.0배	압연방향에 직각
SPFH 540	540 이상	355 이상	21 이상	22 이상	23 이상	24 이상			두께의 1.0배	두께의 1.5배	
SPFH 590	590 이상	420 이상	19 이상	20 이상	21 이상	22 이상			두께의 1.5배	두께의 1.5배	
SPFH 540Y	540 이상	295 이상	–	24 이상	25 이상	26 이상			두께의 1.0배	두께의 1.5배	
SPFH 590Y	590 이상	325 이상	–	22 이상	23 이상	24 이상			두께의 1.5배	두께의 1.5배	

■ 표준 두께

단위 : mm

표준 두께	1.6	1.8	2.0	2.3	2.5	2.6	2.8	2.9
	3.2	3.6	4.0	4.5	5.0	5.6	6.0	

■ 두께의 허용차

단위 : mm

두께 \ 나비	1200 미만	1200 이상 1500 미만	1500 이상 1800 미만	1800 이상 2160 미만
1.60 이상 2.00 미만	±0.16	±0.19	±0.20(1)	–
2.00 이상 2.50 미만	±0.18	±0.22	±0.23(1)	–
2.50 이상 3.15 미만	±0.20	±0.24	±0.26(1)	–
3.15 이상 4.00 미만	±0.23	±0.26	±0.28	±0.30
4.00 이상 5.00 미만	±0.26	±0.29	±0.31	±0.32
5.00 이상 6.00 미만	±0.29	±0.31	±0.32	±0.34
6.00	±0.32	±0.33	±0.34	±0.38

[주] (1) 나비 1600mm 미만에 대하여 적용한다.

■ 나비의 허용차

단위 : mm

나비	두께	허용차			
		밑 예지		컷 예지	
		압연한 그대로의 강판(귀붙이 강판)	강대 및 강대로부터의 절판	+	−
400 이상 630 미만	3.15 미만	+ 규정하지 않음. 0	+20 0	10	0
	3.15 이상 6.00 미만			10	
	6.00			10	
630 이상 1000 미만	3.15 미만	+ 규정하지 않음 0	+25 0	10	0
	3.15 이상 6.00 미만			10	
	6.00			10	
1000 이상 1250 미만	3.15 미만	+ 규정하지 않음 0	+30 0	10	0
	3.15 이상 6.00 미만			10	
	6.00			15	
1250 이상 1600 미만	3.15 미만	+ 규정하지 않음 0	+35 0	10	0
	3.15 이상 6.00 미만			10	
	6.00			15	
1600 이상	3.15 미만	+ 규정하지 않음 0	+40 0	10	0
	3.15 이상 6.00 미만			10	
	6.00			1.2%	

■ 강판 길이의 허용차

단위 : mm

길이 구분	허용차
6300 미만	+25 0
6300 이상	+0.5% 0

■ 강판 평탄도의 최대값

단위 : mm

종류의 기호		두 께	나 비 1250미만	나 비 1250 이상 1600 미만	나 비 1600 이상 2000 미만	나 비 2000 이상
가 공 용	SPFH 490	1.6 이상 4.0 미만	16	18	20	−
	SPFH 540	4.0 이상 6.0 이하	14	16	18	22
	SPFH 590	1.6 이상 4.0 미만	20	22	24	−
		4.0 이상 6.0 이하	18	20	22	26
고가공용	SPFH 540Y	2.0 이상 4.0 이하	22	−	−	−
	SPFH 590Y					

11. 자동차용 냉간 압연 고장력 강판 및 강대 KS D 3617(폐지)

■ 종류의 기호

종류의 기호	적용 두께(mm)	비 고
SPFC 340	0.6 이상 2.3 이하	드로잉용
SPFC 370		
SPFC 390	0.6 이상 2.3 이하	가 공 용
SPFC 440		
SPFC 490		
SPFC 540		
SPFC 590		
SPFC 490Y	0.6 이상 1.6 이하	저항복 비형
SPFC 540Y		
SPFC 590Y		
SPFC 780Y	0.8 이상 1.4 이하	
SPFC 980Y		
SPFC 340H	0.6 이상 1.6 이하	베이커 경화형

■ 기계적 성질

종류의 기호	인장 강도 N/mm^2	항복 강도 또는 항복점 N/mm^2	연신율 %		베이커 경화량 N/mm^2	시험편	굽힘성		
			두께 mm				굽힘각도	굽힘의 안쪽 반지름	시험편
			0.6 이상 1.0 미만	1.0 이상 2.3 이하					
SPFC 340	343 이상	177 이상	34 이상	35 이상	−	KS 5호 압연 방향으로 직각	180°	밀 착	압연 방향으로 직각
SPFC 370	373 이상	206 이상	32 이상	33 이상	−			밀 착	
SPFC 390	392 이상	235 이상	30 이상	31 이상	−			밀 착	
SPFC 440	441 이상	265 이상	26 이상	27 이상	−			밀 착	
SPFC 490	490 이상	294 이상	23 이상	24 이상	−			밀 착	
SPFC 540	539 이상	324 이상	20 이상	21 이상	−			두께의 0.5배	
SPFC 590	588 이상	353 이상	17 이상	18 이상	−			두께의 1.0배	
SPFC 490Y	490 이상	226 이상	24 이상	25 이상	−			밀 착	
SPFC 540Y	539 이상	245 이상	21 이상	22 이상	−			두께의 0.5배	
SPFC 590Y	588 이상	265 이상	18 이상	19 이상	−			두께의 1.0배	
SPFC 780Y	785 이상	363 이상	13 이상	14 이상	−			두께의 3.0배	
SPFC 980Y	981 이상	490 이상	6 이상	7 이상	−			두께의 4.0배	
SPFC 340H	343 이상	186 이상	34 이상	35 이상	29 이상			밀 착	

■ 표준 두께

단위 : mm

표준 두께	0.6	(0.65)	0.7	(0.75)	0.8	0.9	1.0
	1.2	1.4	1.6	1.8	2.0	2.3	

■ 두께의 허용차

단위 : mm

인장 강도에 따른 적용 구분	나비 / 두께	630 미만	630 이상 1000 미만	1000 이상 1250 미만	1250 이상 1600 미만	1600 이상
인장 강도의 규격하한이 785 N/mm² 미만의 것	0.60 이상 0.80 미만	±0.06	±0.06	±0.06	±0.07	±0.08
	0.80 이상 1.00 미만	±0.07	±0.07	±0.08	±0.09	±0.10
	1.00 이상 1.25 미만	±0.08	±0.08	±0.09	±0.10	±0.12
	1.25 이상 1.60 미만	±0.09	±0.10	±0.11	±0.12	±0.14
	1.60 이상 2.00 미만	±0.10	±0.11	±0.12	±0.14	±0.16
	2.00 이상 2.30 이하	±0.12	±0.13	±0.14	±0.16	±0.18
인장 강도의 규격하한이 785 N/mm² 이상의 것	0.80 이상 1.00 미만	±0.09			±0.10	–
	1.00 이상 1.25 미만	±0.10			±0.12	–
	1.25 이상 1.40 이하	±0.12			±0.15	–

■ 나비의 허용차

단위 : mm

나 비	허 용 차
1250 미만	+7 0
1250 이상	+10 0

■ 강판의 길이의 허용차

단위 : mm

길 이	허 용 차
2000 미만	+10 0
2000 이상 4000 미만	+15 0
4000 이상 6000 이하	+20 0

■ 강판 평탄도의 최대값

단위 : mm

변형의종류 / 등 급 / 나비	휨 · 물결			바깥쪽 늘어남			안쪽 늘어남		
	1	2	3	1	2	3	1	2	3
1000 미만	12	16	18	8	11	12	6	8	9
1000 이상 1250 미만	15	19	21	10	12	13	8	10	11
1250 이상 1600 미만	15	19	21	12	14	15	9	11	12
1600 이상	20	–	–	14	–	–	10	–	–

■ 가로휨의 최대값

단위 : mm

인장 강도에 따른 적용 구분	강판, 강대의 구별 / 나 비	강 판		강 대
		길이 2000 미만	길이 2000 이상	
인장 강도의 규격 하한이 785 N/mm² 미만	630 미만	4	임의의 길이 2000에 대해서 4	
	630 이상	2	임의의 길이 2000에 대해서 2	
인장 강도의 규격 하한이 785 N/mm² 이상	630 미만	4	임의의 길이 2000에 대해서 4	
	630 이상	3	임의의 길이 2000에 대해서 3	

■ 무게의 계산 방법

계산 순서	계산 방법	결과의 자리수
기본 무게 kg/mm · m²	7.85(두께 1mm 면적 1m²의 무게)	−
단위 무게 kg/m²	기본 무게(kg/mm · m²)×두께(mm)	유효 숫자 4자리로 끝맺음
판의 면적 m²	나비(m)×길이(m)	유효 숫자 4자리로 끝맺음
1매의 무게 kg	단위 무게(kg/m²)×면적(m²)	유효 숫자 3자리로 끝맺음
1묶음의 무게 kg	1매의 무게(kg)×같은 치수의 한 묶음의 매수	kg의 정수값으로 끝맺음
총무게 kg	각 묶음 무게의 합계	kg의 정수값

12. 용융 55% 알루미늄 아연합금 도금 강판 및 강대 KS D 3770 : 2007

■ 종류 및 기호(열연 원판을 사용한 경우)

단위 : mm

종류의 기호	적용하는 표시 두께	적용
SGLHC	1.6 이상 2.3 이하	일반용
SGLH400	1.6 이상 2.3 이하	구조용
SGLH440		
SGLH490		
SGLH540		

■ 종류 및 기호(냉연 원판을 사용한 경우)

단위 : mm

종류의 기호	적용하는 표시 두께	적용
SGLCC	0.25 이상 2.3 이하	일반용
SGLCD	0.40 이상 1.6 이하	조임용
SGLCDD	0.40 이상 1.6 이하	심조임용 1종
SGLC400	0.25 이상 2.3 이하	구조용
SGLC440	0.25 이상 2.3 이하	구조용
SGLC490	0.25 이상 2.3 이하	구조용
SGLC570	0.25 이상 2.0 이하	구조용

■ 화학 성분(열연 원판을 사용한 경우)

단위 : %

종류의 기호	C	Mn	P	S
SGLHC	0.15 이하	0.80 이하	0.05 이하	0.05 이하
SGLH400	0.25 이하	1.70 이하	0.20 이하	0.05 이하
SGLH440	0.25 이하	2.00 이하	0.20 이하	0.05 이하
SGLH490	0.30 이하	2.00 이하	0.20 이하	0.05 이하
SGLH540	0.30 이하	2.50 이하	0.20 이하	0.05 이하

■ 화학성분(냉연 원판을 사용한 경우)

단위 : %

종류의 기호	C	Mn	P	S
SGLCC	0.15 이하	0.80 이하	0.05 이하	0.05 이하
SGLCD	0.10 이하	0.45 이하	0.03 이하	0.03 이하
SGLCDD	0.08 이하	0.45 이하	0.03 이하	0.03 이하
SGLC400	0.25 이하	1.70 이하	0.20 이하	0.05 이하
SGLC440	0.25 이하	2.00 이하	0.20 이하	0.05 이하
SGLC490	0.30 이하	2.00 이하	0.20 이하	0.05 이하
SGLC570	0.30 이하	2.00 이하	0.20 이하	0.05 이하

■ 양면 같은 두께 도금의 양면 최소 부착량(양면의 합계)

단위 : g/m^2(양면)

도금의 부착량 표시 기호	3점 평균 최소 부착량	1점 최소 부착량
(AZ70)	(70)	(60)
AZ90	90	76
AZ120	120	102
AZ150	150	130
AZ170	170	145
(AZ185)	185	160
(AZ200)	(200)	(170)

■ 화성 처리의 종류 및 기호

화성 처리의 종류	기호
크롬산 처리	C
무처리	M

■ 도유의 종류 및 기호

도유의 종류	기호
도유	O
무도유	×

■ 적용하는 기계적 성질

종류의 기호	굽힘성	항복점 또는 항복강도, 인장강도 및 연신율
SGLHC	○	–
SGLH400	○	○
SGLH440	–	○
SGLH490	○	○
SGLH540	–	○
SGLCC	○	–
SGLCD	○	○
SGLCDD	○	○
SGLC400	○	○
SGLC440	○	○
SGLC490	○	○
SGLC570	–	○

13. 용융 아연 5% 알루미늄 합금 도금 강판 및 강대 KS D 3771(폐지)

■ 종류 및 기호(열연 원판을 사용한 경우)

종류의 기호	적용하는 표시 두께 mm	적용
SZAHC	1.6 이상 2.3 이하	일반용
SZAH 340		구조용
SZAH 400		
SZAH 440		
SZAH 490		
SZAH 540		

■ 종류 및 기호(냉연 원판을 사용한 경우)

종류의 기호	적용하는 표시 두께 mm	적용
SZACC	0.25 이상 2.3 이하	일반용
SZACH	0.25 이상 1.0 이하	일반경질용
SZACD 1	0.40 이상 2.3 이하	조임용 1종
SZACD 2		조임용 2종
SZACD 3	0.60 이상 2.3 이하	조임용 3종
SZAC 340	0.25 이상 2.3 이하	구조용
SZAC 400		
SZAC 440		
SZAC 490		
SZAC 570	0.25 이상 2.0 이하	

■ 화학 성분 (열연 원판을 사용한 경우)

종류의 기호	화학 성분 %			
	C	Mn	P	S
SZAHC	0.15 이하	0.80 이하	0.05 이하	0.05 이하
SZAH 340	0.25 이하	1.70 이하	0.20 이하	0.05 이하
SZAH 400	0.25 이하	1.70 이하	0.20 이하	0.05 이하
SZAH 440	0.25 이하	2.00 이하	0.20 이하	0.05 이하
SZAH 490	0.30 이하	2.00 이하	0.20 이하	0.05 이하
SZAH 540	0.30 이하	2.50 이하	0.20 이하	0.05 이하

■ 화학 성분 (냉연 원판을 사용한 경우)

종류의 기호	화학 성분 %			
	C	Mn	P	S
SZACC	0.15 이하	0.80 이하	0.05 이하	0.05 이하
SZACH	0.18 이하	1.20 이하	0.08 이하	0.05 이하
SZACD 1	0.12 이하	0.60 이하	0.04 이하	0.04 이하
SZACD 2	0.10 이하	0.45 이하	0.03 이하	0.03 이하
SZACD 3	0.08 이하	0.45 이하	0.03 이하	0.03 이하
SZAC 340	0.25 이하	1.70 이하	0.20 이하	0.05 이하
SZAC 400	0.25 이하	1.70 이하	0.20 이하	0.05 이하
SZAC 440	0.25 이하	2.00 이하	0.20 이하	0.05 이하
SZAC 490	0.30 이하	2.00 이하	0.20 이하	0.05 이하
SZAC 570	0.30 이하	2.00 이하	0.20 이하	0.05 이하

14. 도장 용융 55% 알루미늄 – 아연 합금 도금 강판 및 강대 KS D 3862 : 2018

■ 종류 및 기호

종류의 기호	적용하는 표시 두께 mm	적용	도장 원판의 종류 기호
CGLCC	0.25 이상 2.3 이하	일반용	SGLCC
CGLCD	0.40 이상 1.6 이하	가공용	SGLCD, SGLCDD
CGLC 400	0.25 이상 1.6 이하	구조용	SGLC 400
CGLC 440	0.25 이상 1.6 이하		SGLC 440
CGLC 490	0.25 이상 1.6 이하		SGLC 490
CGLC 570	0.25 이상 1.6 이하		SGLC 570

■ 표면 보호처리의 종류 및 기호

표면 보호처리의 종류	기호
보호 필름	P
왁스	T

15. 경도에 따른 냉간 가공 탄소 강판 KS D ISO 5954(폐지)

■ 종류 및 기호

강 종	화학 성분 %			
	C	Mn	P	S
CRH-50	0.15 이하	0.60 이하	0.15 이하	0.05 이하
CRH-60	0.25 이하	0.60 이하	0.15 이하	0.05 이하
CRH-70	0.25 이하	0.60 이하	0.15 이하	0.05 이하
CRH-	0.25 이하	0.60 이하	0.15 이하	0.05 이하

■ 경도 범위

강 종	경 도 범 위	
	HRB	HR30T
CRH-50	50/70	50/6.25
CRH-60	60/75	56.5/67
CRH-70	70/85	62.5/75
CRH-	제조자와 구매자 합의에 따른다.	

[주] HRB : 1mm 이상 두께
HR30T : 1mm 미만 두께

■ 용어의 정의

- 냉간 압연 탄소강판 : 스케일을 제거한 열간압연 강판을 요구 두께까지 냉간가공하고 입자 구조를 재결정시키기 위한 어닐링 처리를 하여 얻은 제품. 제품은 일반적으로 스킨 패스한 상태로 공급한다.
- 스킨 패스 : 제품을 약간 냉간 압연한 상태로 다음 중 하나 이상의 목적을 달성하기 위하여 한다.
  ① 외관의 코일 파손, 연신 변형 및 주름의 최소화
  ② 모양 조절
  ③ 요구된 표면 마무리

28-10 철도용 레일

1. 경량 레일 KS R 9101 : 2002(2017 확인)

■ 종류 및 기호

종 류	기 호	비 고
		단위 질량 kg/m
6kg 레일	6	5.98
9kg 레일	9	8.94
10kg 레일	10	10.1
12kg 레일	12	12.2
15kg 레일	15	15.2
20kg 레일	20	19.8
22kg 레일	22	22.3

비고 10kg 레일은 될 수 있는 한 사용하지 않는다.

■ 화학성분

종 류	화학 성분 %				
	C	Si	Mn	P	S
6kg, 9kg, 10kg, 12kg, 15kg, 및 20kg 레일	0.40~0.60	0.40 이하	0.50~0.90	0.045 이하	0.050 이하
22kg 레일	0.45~0.65				

■ 기계적 성질

종 류	인장 강도 N/mm^2	연 신 율 %
6kg, 9kg, 10kg, 12kg, 15kg, 및 20kg 레일	569 이상	12 이상
22kg 레일	637 이상	10 이상

■ 표준 길이

단위 : m

종 류	표준 길이	비 고
		짧은 길이
6kg 레일	5.5	5
9kg 레일		4.5
10kg 레일		
12kg 레일	10.0	9
15kg 레일		8
20kg 레일		7
22kg 레일		6

■ 치수 허용차

단위 : mm

항 목		6kg, 9kg, 10kg, 12kg, 15kg, 및 20kg 레일	22kg 레일
길이	5.5m 이하	±12	–
	6.0~10.0m	±18	±7.0
높 이		±1.5	+1.0 −0.5
머리부의 나비		±1.0	+1.0 −0.5
복부의 나비		–	+1.0 −0.5
밑부분의 나비		±2.0	±2.0
이음매 구멍의 지름		±1.0	±0.5
이음매 구멍의 위치		±1.0	±0.8

2. 보통 레일 KS R 9106 : 2006

■ 레일의 종류

레일의 종류	기호	적요	
		계산 무게 (kg/m)	이음매 구멍
30kg 레일	30A	30.1	있다
			없다
37kg 레일	37A	37.2	있다
			없다
40kgN 레일	40N	40.9	있다
			없다
50kg 레일	50PS	50.4	있다
			없다
50kgN 레일	50N	50.4	있다
			없다
60kg 레일	60	60.8	있다
			없다
60kg KR 레일	KR60	60.7	있다
			없다

비고 40kgN 레일 및 50kgN 레일을 총칭하여 'N레일'로 부른다.

■ 화학 성분

레일의 종류	화학 성분 (%)				
	C	Si	Mn	P	S
30kg 레일	0.50~0.70	0.10~0.35	0.60~0.95	0.045 이하	0.050 이하
37kg 레일	0.55~0.70				
50kgN 레일	0.60~0.75				
40kgN 레일	0.63~0.75				
50kgN 레일	0.63~0.75	0.15~0.30	0.70~1.10	0.030 이하	0.025 이하
60kg 레일					
60kg KR 레일					

■ 기계적 성질

레일의 종류	인장강도 N/mm^2	연신율 %	브리넬 경도
30kg 레일	690 이상	9 이상	–
37kg 레일			
50kg 레일	710 이상	8 이상	HB 235 이상
40kgN 레일	800 이상	10 이상	
50kgN 레일			
60kg 레일			
60kg KR 레일			

■ 표준 길이

레일의 종류	표준 길이
30kg 레일	10
37kg 레일	25
50kg 레일	
40kgN 레일	
50kgN 레일	25, 50
60kg 레일	
60kg KR 레일	

■ 용어 정의

- 연속 주조 : 레이들을 주입하면서 연속적으로 응고시켜서 장대한 주조 강편을 제조하는 것
- 연연속 주조 : 2 이상의 레이들을 끊어짐없이 계속해서 주입하는 연속 주조
- 스트랜드 : 연속 주조에서 주형, 주편 지지롤, 냉각대 드로잉롤 및 절단 장치의 총칭

■ 레일의 치수 허용차 및 기하 공차

단위 : mm

항목		레일의 종류			
		30kg 레일	37kg 레일 50kg 레일	40 kgN 레일 50 kgN 레일	60 kg 레일 60kgKR 레일
길이	12.5m 이하의 레일	±7.0		–	–
	12.5m 초과 25m 미만의 레일	–	±10.0	–	–
	25m의 레일	–	±10.0	+10.0 – 5.0	+10.0 – 3.0
	50m의 레일	–		+25.0 0.0	+25.0 0.0
높이		+1.0 –0.5			
머리부의 너비		+1.0 –0.5			+0.8 –0.5
복부의 너비		+1.0 –0.5			
밑바닥부의 전체 너비 및 밑바닥부의 각 다리의 너비		±1.0			±0.8
밑바닥부에 대한 수직 중심축의 머리 꼭지부의 흔들림		1.0			0.5
직각 절단차		1.0			0.5
이음매 구멍의 지름		±0.5			
이음매 구멍의 위치		±0.8		±0.5	
표준 이음 덮개판을 대었을 경우의 레일의 간격	바깥 방향[1]	2.0		1.5	
	안 방향[1]	1.0		0.5	
레일의 굽음 (10m당)	윗방향[2] 좌우	15.0	10.0		
	아랫방향[2]	–	10.0		
레일 끝부분의 굽음 (1.5m당)	좌우	1.0			0.5
	윗방향[2]	1.2		1.0	0.7
	아랫방향[2]	0.8		0.3	0.0
레일의 비틀림		–		2.0	1.0
상도 R19 곡면 내의 형판의 떨어짐		–			0.3
레일 밑바닥부의 평면도		–			0.4

[주] [1] 바깥 방향이란, 정규 위치에서 바깥쪽으로 눌려서 나오는 상태를 말하고 안 방향이란, 안쪽으로 들어가는 상태를 말한다.
[2] 윗방향이란, 레일 머리부가 오목하게 굽어 있는 상태를 말하고, 아랫방향이란, 레일 머리부가 볼록하게 굽어 있는 상태를 말한다.

■ 표면 흠의 허용 기준

종류	부위	허용기준
선형 흠	머리부	$D < 0.4$ mm
	바닥면	
	기타	$D < 0.6$ mm
떨어짐 흠 압착 흠	머리부	$D < 0.4$ mm 다만, $0.4 \leqq D < 0.6$ mm일 때는 $S < 150$ mm^{2}이면 가능
	기타	$D < 0.4$ mm 다만, $0.4 \leqq D < 0.6$ mm일 때는 $S < 200$ mm^{2}이면 가능
접힘 흠 긁힘 흠	머리부	$D < 0.4$ mm
	바닥면	
	기타	$D < 0.6$ mm
캘리버 흠	머리부	$H < 0.4$ mm
	바닥면	
	상 · 하 머리부	$H < 0.6$ mm

비고 기호 D는 깊이, S는 표면적, H는 맞물림 높이를 말한다.

3. 열처리 레일 KS R 9110 : 2002(2017 확인)

■ 종류 및 기호

종 류		기호	참 고
레일 종류에 따른 구분	경화층의 경도에 따른 구분		대응되는 보통 레일 KS R 9106
40kgN 열처리 레일	HH340	40N－HH340	40kgN 레일
50kg 열처리 레일	HH340	50－HH340	50kg 레일
	HH370	50－HH370	
50kgN 열처리 레일	HH340	50N－HH340	50kgN 레일
	HH370	50N－HH370	
60kg 열처리 레일	HH340	60－HH340	60kg 레일
	HH370	60－HH370	

■ 화학 성분

단위 : %

종류	화학 성분						
	C	Si	Mn	P	S	Cr	V
HH340	0.72~0.82	0.10~0.55	0.70~1.10	0.030 이하	0.020 이하	0.20 이하	*0.03 이하
HH370	0.72~0.82	0.10~0.65	0.80~1.20	0.030 이하	0.020 이하	0.25 이하	*0.03 이하

비고 *는 필요에 따라 첨가한다.

■ 기계적 성질

종 류	인장 강도 N/mm^2	연 신 율 %
HH340	1080 이상	8 이상
HH370	1130 이상	8 이상

■ 머리 부분 표면 경도

종 류	쇼어 경도 HSC
HH340	47~53
HH370	49~56

■ 단면 경화층의 경도

종 류	비커스 경도 HV	
	게이지 코너 A점	머리부의 중심선 B점
HH340	311 이상	311 이상
HH370	331 이상	331 이상

■ 치수 허용차 및 기하 공차

항 목			레일의 종류		
			50kg	40kgN 50kgN	60kg
길 이			+10.0mm −7.0mm		+10.0mm −5.0mm
직각 절단차			1.5mm		
전길이 굽음			전 길이당 5mm 이하		
부분 굽음	중앙부의 굽음		2.0m 당 1.0mm 이하		
	끝부분의 굽음 (1.5m당 우측값 이하)	좌 우	1.0mm		0.5mm
		윗 방 향	1.0mm		0.7mm
		아랫방향	0.3mm		0.0mm
레일의 비틀림			–	2mm 이하	1mm 이하

■ 표면 흠의 허용 기준

종 류	부 위	허용 기준
선모양 흠	머리부 밑면	$D < 0.4$ mm
	기 타	$D < 0.6$ mm
스캐브 흠 압착흠	머리부	$D < 0.4$ mm 다만, $0.4 \leq D < 0.6$ mm일 때는 $S < 150$ mm^{2}이면 가능
	기 타	$D < 0.4$ mm 다만, $0.4 \leq D < 0.6$ mm일 때는 $S < 200$ mm^{2}이면 가능
접은 자국 흠 긁힌흠	머리부 밑면	$D < 0.4$ mm
	기타	$D < 0.6$ mm
캘리버 흠	머리부 밑면	$H < 0.4$ mm
	상 · 하 목부	$H < 0.6$ mm

비고 기호 D는 깊이, S는 표면적, H는 물림 높이를 말한다.

4. 철도 차량용 차축 KS R 9220 : 2009

■ 종류의 기호

종류의 기호	용 도
RSA 1	동축 및 종축(객화차 롤러 베어링 축, 디젤 동차축, 디젤 기관차축 및 전기 동차축)
RSA 2	

■ 차축의 열처리

종류의 기호	열처리
RSA 1	노멀라이징 또는 노멀라이징－템퍼링
RSA 2	퀜칭－템퍼링

■ 차축의 화학 성분

성 분	C %	Si %	Mn %	P %	S %	H ppm	O ppm
함유량	0.35~0.48	0.15~0.40	0.40~0.85	0.035 이하	0.040 이하	2.5 이하	40 이하

■ 차축의 기계적 성질

종류의 기호	항복점 N/mm^2	인장 강도 N/mm^2	연신율 %	단면 수축률 %	굽힘 시험		충격 시험
					굽힘 각도	안쪽 반지름 mm	샤르피 흡수 에너지 J
RSA 1	300 이상	590 이상	20 이상	30 이상	180°	22	31 이상
RSA 2	350 이상	640 이상	23 이상	45 이상	180°	16	39 이상

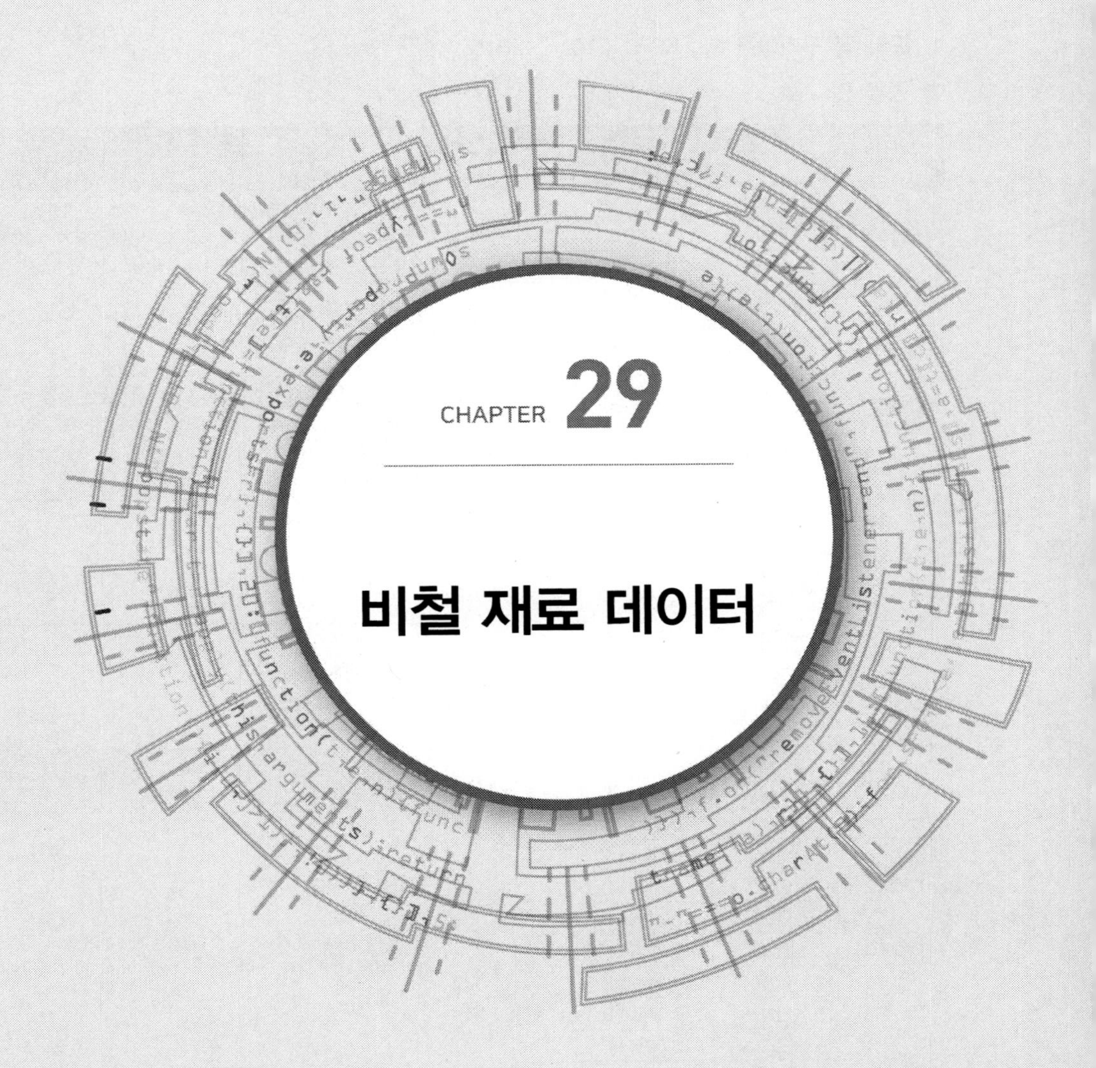

CHAPTER 29

비철 재료 데이터

29-1 신동품

1. 구리 및 구리합금 봉 KS D 5101 : 2015

■ 종류 및 기호

6종류		기호	참고	
합금 번호	제조 방법		명칭	특색 및 용도 보기
C 1020	압출	C 1020 BE	무산소동	전기 · 열의 전도성, 전연성이 우수하고, 용접성 · 내식성 · 내후성이 좋다. 환원성 분위기 속에서 고온으로 가열하여도 수소 취화를 일으킬 염려가 없다. 전기용, 화학 공업용 등
	인발	C 1020 BD		
	단조	C 1020 BF		
C 1100	압출	C 1100 BE	타프피치동	전기 · 열의 전도성이 우수하고, 전연성 · 내식성 · 내후성이 좋다. 전기 부품, 화학 공업용 등
	인발	C 1100 BD		
	단조	C 1100 BF		
C 1201	압출	C 1201 BE	인탈산동	전연성 · 용접성 · 내식성 · 내후성 및 열의 전도성이 좋다. C 1220은 환원성 분위기 속에서 고온으로 가열하여도 수소 취화를 일으킬 염려가 없다. C1201은 C 1220보다 전기의 전도성이 좋다. 용접용, 화학 공업용 등
	인발	C 1201 BD		
C 1220	압출	C 1220 BE		
	인발	C 1220 BD		
C 2600	압출	C 2600 BE	황동	냉간 단조성 · 전조성이 좋다. 기계 부품, 전기 부품 등
	인발	C 2600 BD		
C 2700	압출	C 2700 BE		
	인발	C 2700 BD		
C 2745	압출	C 2745 BE		열간 가공성이 좋다. 기계 부품, 전기 부품 등
	인발	C 2745 BD		
C 2800	압출	C 2800 BE		
	인발	C 2800 BD		
C 3533	압출	C 3533 BE	내식 황동	네이벌 황동보다 내식성이 우수하다. 수도꼭지, 밸브 등
	인발	C 3533 BD		
C 3601	인발	C 3601 BD	쾌삭 황동	절삭성이 우수하다. C 3601, C 3602는 전연성도 좋다. 볼트, 너트, 작은 나사, 스핀들, 기어, 밸브, 라이터 · 시계 · 카메라 부품 등
C 3602	압출	C 3602 BE		
	인발	C 3602 BD		
	단조	C 3602 BF		
C 3603	인발	C 3603 BD		
C 3604	압출	C 3604 BE		
	인발	C 3604 BD		
	단조	C 3604 BF		
C 3605	압출	C 3605 BE		
	인발	C 3605 BD		
C 3712	압출	C 3712 BE	단조 황동	열간 단조성이 좋고, 정밀 단조에 적합하다. 기계 부품 등
	인발	C 3712 BD		
	단조	C 3712 BF		
C 3771	압출	C 3771 BE		열간 단조성과 피절삭성이 좋다. 밸브, 기계 부품 등
	인발	C 3771 BD		
	단조	C 3771 BF		

종류		기호	참고	
합금 번호	제조 방법		명칭	특색 및 용도 보기
C 4622	압출	C 4622 BE	네이벌 황동	내식성, 특히 내해수성이 좋다. 선박용 부품, 샤프트 등
	인발	C 4622 BD		
	단조	C 4622 BF		
C 4641	압출	C 4641 BE		
	인발	C 4641 BD		
	단조	C 4641 BF		
C 4860	압출	C 4860 BE	내식 황동	네이벌 황동보다 내식성이 우수한 환경 소재이다. 수도꼭지, 밸브, 선박용 부품 등
	인발	C 4860 BD		
C 4926	압출	C 4926 BE	무연 황동	납이 없는 쾌삭 황동으로 환경 소재이다. 전기전자 부품, 자동차 부품, 정밀가공용
	인발	C 4926 BD		
C 4934	압출	C 4934 BE	무연내식 황동	납이 없고, 내식성이 우수한 쾌삭 황동으로 환경 소재이다. 수도꼭지, 밸브 등
	인발	C 4934 BD		
C 6161	압출	C 6161 BE	알루미늄 청동	강도가 높고, 내마모성, 내식성이 좋다. 차량 기계용, 화학 공업용, 선박용의 기어 피니언 · 샤프트 · 부시 등
	인발	C 6161 BD		
C 6191	압출	C 6191 BE		
	인발	C 6191 BD		
C 6241	압출	C 6241 BE		
	인발	C 6241 BD		
C 6782	압출	C 6782 BE	고강도 황동	강도가 높고, 열간 단조성, 내식성이 좋다. 선박용 프로펠러 축, 펌프 축 등
	인발	C 6782 BD		
	단조	C 6782 BF		
C 6783	압출	C 6783 BE		
	인발	C 6783 BD		

비고 1. 봉이란 전체의 길이에 걸쳐 균일한 단면을 가지며 곧은 상태로 공급되는 전신 제품을 말한다.
2. 정육각형의 봉은 R 붙임 정육각형의 봉을 포함한다.

■ 봉의 화학 성분

합금 번호	화학 성분(질량 %)														
	Cu	Pb	Fe	Sn	Zn	Al	Mn	Ni	P	Bi	As	Si	Cd	Cu+Al +Fe+ Mn+Ni	Fe+Sn
C 1020	99.96 이상	–	–	–	–	–	–	–	–	–	–	–	–	–	–
C 1100	99.90 이상	–	–	–	–	–	–	–	–	–	–	–	–	–	–
C 1201	99.90 이상	–	–	–	–	–	–	–	0.004 이상 0.015 미만	–	–	–	–	–	–
C 1220	99.90 이상	–	–	–	–	–	–	–	0.015~ 0.040	–	–	–	–	–	–
C 2600	68.5~ 71.5	0.05 이하	0.05 이하	–	나머지	–	–	–	–	–	–	–	–	–	–
C 2700	63.0~ 67.0	0.05 이하	0.05 이하	–	나머지	–	–	–	–	–	–	–	–	–	–
C 2745	60.0~ 65.0	0.25 이하	0.35 이하	–	나머지	–	–	–	–	–	–	–	–	–	–

합금 번호	화학 성분(질량 %)														
	Cu	Pb	Fe	Sn	Zn	Al	Mn	Ni	P	Bi	As	Si	Cd	Cu+Al +Fe+ Mn+Ni	Fe+ Sn
C 2800	59.0~ 63.0	0.10 이하	0.07 이하	–	나머지	–	–	–	–	–	–	–	–	–	–
C 3533	59.5~ 64.0	1.5~ 3.5	–	–	나머지	–	–	–	–	–	0.02~ 0.25	–	–	–	–
C 3601	59.0~ 63.0	1.8~ 3.7	0.30 이하	–	나머지	–	–	–	–	–	–	–	–	–	0.50 이하
C 3602	57.0~ 61.0	1.8~ 3.7	0.50 이하	–	나머지	–	–	–	–	–	–	–	–	–	1.0 이하
C 3603	57.0~ 61.0	1.8~ 3.7	0.35 이하	–	나머지	–	–	–	–	–	–	–	–	–	0.6 이하
C 3604	57.0~ 61.0	1.8~ 3.7	0.50 이하	–	나머지	–	–	–	–	–	–	–	–	–	1.0 이하
C 3605	56.0~ 60.0	3.5~ 4.5	0.50 이하	–	나머지	–	–	–	–	–	–	–	–	–	1.0 이하
C 3712	58.0~ 62.0	0.25~ 1.2	–	–	나머지	–	–	–	–	–	–	–	–	–	0.8 이하
C 3771	57.0~ 61.0	1.0~ 2.5	–	–	나머지	–	–	–	–	–	–	–	–	–	1.0 이하
C 4622	61.0~ 64.0	0.30 이하	0.20 이하	0.7~ 1.5	나머지	–	–	–	–	–	–	–	–	–	–
C 4641	59.0~ 62.0	0.50 이하	0.20 이하	0.50~ 1.0	나머지	–	–	–	–	–	–	–	–	–	–
C 4860	59.0~ 62.0	1.0~ 2.5	–	0.30~ 1.5	나머지	–	–	–	–	–	0.02~ 0.25	–	–	–	–
C 4926	58.0~ 63.0	0.09 이하	0.50 이하	0.50 이하	나머지	–	–	–	0.05~ 0.15	0.5~ 1.8	–	0.10	0.001	–	–
C 4934	60.0~ 63.0	0.09 이하	–	0.50~ 1.5	나머지	–	–	–	0.05~ 0.15	0.5~ 2.0	–	0.10	0.001	–	–
C 6161	83.0~ 90.0	0.02 이하	2.0~ 4.0	–	–	7.0~ 10.0	0.50~ 2.0	0.50~ 2.0	–	–	–	–	–	99.5 이상	–
C 6191	81.0~ 88.0	–	3.0~ 5.0	–	–	8.5~ 11.0	0.50~ 2.0	0.50~ 2.0	–	–	–	–	–	99.5 이상	–
C 6241	80.0~ 87.0	–	3.0~ 5.0	–	–	9.0~ 12.0	0.50~ 2.0	0.50~ 2.0	–	–	–	–	–	99.5 이상	–
C 6782	56.0~ 60.5	0.50 이하	0.10~ 1.0	–	나머지	0.20~ 2.0	0.50~ 2.5	–	–	–	–	–	–	–	–
C 6783	55.0~ 59.0	0.50 이하	0.20~ 1.5	–	나머지	0.20~ 2.0	1.0~ 3.0	–	–	–	–	–	–	–	–

■ 봉의 기계적 성질(플레어 너트용은 제외)

합금 번호	질별	기호	지름, 변 또는 맞변거리 mm	인장 시험		경도 시험	
				인장 강도 N/mm²	연신율 %	비커스 HV	브리넬 HBW (10/3 000)
C 1020 C 1100 C 1201 C 1220	F	C 1020 BE−F	6 이상	195 이상	25 이상	−	−
		C 1100 BE−F					
		C 1201 BE−F					
		C 1220 BE−F					
		C 1020 BF−F	100 이상				
		C 1100 BF−F					
C 1020 C 1100 C 1201 C 1220	O	C 1020 BD−0	6 이상 110 이하	195 이상	30 이상	−	−
		C 1100 BD−0					
		C 1201 BD−0					
		C 1220 BD−0					
	1/2 H	C 1020 BD−1/2 H	6 이상 25 이하	245 이상	15 이상	−	−
		C 1100 BD−1/2 H	25 초과 50 이하	225 이상	20 이상	−	−
		C 1201 BD−1/2 H	50 초과 75 이하	215 이상	25 이상	−	−
		C 1220 BD−1/2 H	75 초과 110 이하	205 이상	30 이상	−	−
	H	C 1020 BD−H	6 이상 25 이하	275 이상	−	−	−
		C 1100 BD−H	25 초과 50 이하	245 이상	−	−	−
		C 1201 BD−H	50 초과 75 이하	225 이상	−	−	−
		C 1220 BD−H	75 초과 110 이하	215 이상	−	−	−
C 2600	F	C 2600 BE−F	6 이상	275 이상	35 이상	−	−
	O	C 2600 BD−O	6 이상 75 이하	275 이상	45 이상	−	−
	1/2H	C 2600 BD−1/2H	6 이상 50 이하	355 이상	20 이상	−	−
	H	C 2600 BD−H	6 이상 20 이하	410 이상	−	−	−
C 2700	F	C 2700 BE−F	6 이상	295 이상	30 이상	−	−
	O	C 2700 BD−O	6 이상 75 이하	295 이상	40 이상	−	−
	1/2H	C 2700 BD−1/2H	6 이상 50 이하	355 이상	20 이상	−	−
	H	C 2700 BD−H	6 이상 20 이하	410 이상	−	−	−
C 2745	F	C 2745 BE−F	6 이상	295 이상	30 이상	−	−
	O	C 2745 BD−O	6 이상 75 이하	295 이상	40 이상	−	−
	1/2H	C 2745 BD−1/2H	6 이상 50 이하	355 이상	20 이상	−	−
	H	C 2745 BD−H	6 이상 20 이하	410 이상	−	−	−
C 2800	F	C 2800 BE−F	6 이상	315 이상	25 이상	−	−
	O	C 2800 BD−O	6 이상 75 이하	315 이상	35 이상	−	−
	1/2H	C 2800 BD−1/2H	6 이상 50 이하	375 이상	15 이상	−	−
	H	C 2800 BD−H	6 이상 20 이하	450 이상	−	−	−
C 3533	F	C 3533 BE−F	6 이상 50 이하	315 이상	15 이상	−	−
		C 3533 BD−F	6 이상 110 이하				
C 3601	O	C 3601 BD−O	1 이상 6 미만	295 이상	15 이상	−	−
			6 이상 75 이하	295 이상	25 이상	−	−
	1/2H	C 3601 BD−1/2H	1 이상 50 이하	345 이상	−	95 이상	−
	H	C 3601 BD−H	1 이상 20 이하	450 이상	−	130 이상	−

합금 번호	질별	기호	지름, 변 또는 맞변거리 mm	인장 시험		경도 시험	
				인장 강도 N/mm^2	연신율 %	비커스 HV	브리넬 HBW (10/3 000)
C 3602	F	C 3602 BE−F	6 이상 75 이하	315 이상	−	75 이상	−
		C 3602 BD−F	1 이상 110 이하				
		C 3602 BF−F	100 이상				
C 3603	O	C 3603 BD−O	1 이상 6 미만	315 이상	15 이상	−	−
			6 이상 75 이하	315 이상	20 이상	−	−
	1/2H	C 3603 BD−1/2H	1 이상 50 이하	365 이상	−	100 이상	−
	H	C 3603 BD−H	1 이상 20 이하	450 이상	−	130 이상	−
C 3604	F	C 3604 BE−F	6 이상 75 이하	355 이상	−	80 이상	−
		C 3604 BD−F	1 이상 110 이하				
		C 3604 BF−F	100 이상				
C 3605	F	C 3605 BE−F	6 이상 75 이하	355 이상	−	80 이상	−
		C 3605 BD−F	1 이상 110 이하				
C 3712 C 3771	F	C 3712 BE−F	6 이상	315 이상	15 이상	−	−
		C 3712 BD−F					
		C 3771 BE−F					
		C 3771 BD−F					
		C 3712 BF−F	100 이상				
		C 3771 BF−F					
C 4622	F	C 4622 BE−F	6 이상 50 이하	345 이상	20 이상	−	−
		C 4622 BD−F	6 이상 110 이하	365 이상	20 이상	−	−
		C 4622 BF−F	100 이상	345 이상	20 이상	−	−
C 4641	F	C 4641 BE−F	6 이상 50 이하	345 이상	20 이상	−	−
		C 4641 BD−F	6 이상 110 이하	375 이상	20 이상	−	−
		C 4641 BF−F	100 이상	345 이상	20 이상	−	−
C 4860	F	C 4860 BE−F	6 이상 50 이하	315 이상	15 이상	−	−
		C 4860 BD−F	6 이상 110 이하	335 이상	15 이상	−	−
C 4926	F	C 4926 BE−F	6 이상 50 이하	335 이상	−	80 이상	−
		C 4926 BD−F	1 이상 110 이하				
C 4934	F	C 4934 BE−F	6 이상 50 이하	335 이상	−	80 이상	−
		C 4934 BD−F	1 이상 110 이하				
C 6161	F	C 6161 BE−F	6 이상 50 이하	590 이상	25 이상	−	130 이상
		C 6161 BD−F					
		C 6161 BF−F					
C 6191	F	C 6191 BE−F	6 이상 50 이하	685 이상	15 이상	−	170 이상
		C 6191 BD−F					
		C 6191 BF−F					
C 6241	F	C 6241 BE−F	6 이상 50 이하	685 이상	10 이상	−	210 이상
		C 6241 BD−F					
		C 6241 BF−F					
C 6782	F	C 6782 BE−F	6 이상 50 이하	460 이상	20 이상	−	−
		C 6782 BD−F	6 이상 110 이하	490 이상	15 이상	−	−
		C 6782 BF−F	100 이상	460 이상	20 이상	−	−
C 6783	F	C 6783 BE−F	6 이상 50 이하	510 이상	15 이상	−	−
	F	C 6783 BD−F	6 이상 50 이하	540 이상	12 이상	−	−

■ 플레어 너트용 인발봉의 기계적 성질

합금 번호	질별	기호	맞변거리 mm	인장 시험		경도 시험	
				인장 강도 N/mm²	연신율 %	비커스 HV	브리넬 HBW (10/3 000)
C 3604	SR	C 3604 BDN	17, 22, 24, 26, 27, 29, 36	355 이상	15 이상	70 이상 120 이하	–
C 3771	SR	C 3771 BDN	17, 22, 24, 26, 27, 29, 36	315 이상	15 이상	70 이상 120 이하	–

2. 베릴륨동, 인청동 및 양백의 봉 및 선 KS D 5102 : 2009

■ 종류 및 기호

종류		기호	참고	
합금 번호	모양		명칭	특색 및 용도 보기
C 1720	봉	C 1720 B	베릴륨동	내식성이 좋고 시효경화 처리 전은 전연성이 풍부하며 시효경화 처리 후는 내피로성, 도전성이 증가한다. 시효경화 처리는 성형가공 후에 한다. 봉은 항공기 엔진 부품, 프로펠러, 볼트, 캠, 기어, 베어링, 점용접용 전극 등 선은 코일 스프링, 스파이럴 스프링, 브러시 등
	선	C 1720 W		
C 5111	봉	C 5111 B	인청동	내피로성 · 내식성 · 내마모성이 좋다. 봉은 기어, 캠, 이음쇠, 축, 베어링, 작은 나사, 볼트, 너트, 섭동 부품, 커넥터, 트롤리선용 행어 등 선은 코일 스프링, 스파이럴 스프링, 스냅 버튼, 전기 바인드용 선, 헤더재, 와셔 등
	선	C 5111 W		
C 5102	봉	C 5102 B		
	선	C 5102 W		
C 5191	봉	C 5191 B		
	선	C 5191 W		
C 5212	봉	C 5212 B		
	선	C 5212 W		
C 5341	봉	C 5341 B	쾌삭 인청동	절삭성이 좋다. 작은 나사, 부싱, 베어링, 볼트, 너트, 볼펜 부품 등
C 5441	봉	C 5441 B		
C 7451	선	C 7451 W	양백	광택이 아름답고, 내피로성 · 내식성이 좋다. 봉은 작은 나사, 볼트, 너트, 전기 기기 부품, 악기, 의료기기, 시계 부품 등 선은 특수 스프링 재료에 적당하다. 직선 스프링 · 코일 스프링으로서 계전기, 계측기, 의료 기기, 장식품, 안경 부품, 연질재는 헤더재 등
C 7521	봉	C 7521 B		
	선	C 7521 W		
C 7541	봉	C 7541 B		
	선	C 7541 B		
C 7701	봉	C 7701 B		
	선	C 7701 W		
C 7941	봉	C 7941 B	쾌삭 양백	절삭성이 좋다. 작은 나사, 베어링, 볼펜 부품, 안경 부품 등

■ 봉 및 선의 화학 성분

합금 번호	화학 성분(질량 %)												
	Cu	Pb	Fe	Sn	Zn	Be	Mn	Ni	Ni+Co	Ni+Co+Fe	P	Cu+Sn+P	Cu+Be+Ni+Co+Fe
C 1720	–	–	–	–	–	1.8~2.00	–	–	0.20 이상	0.6 이하	–	–	99.5 이상
C 5111	–	0.02 이하	0.10 이하	3.5~4.5	0.20 이하	–	–	–	–	–	0.03~0.35	99.5 이상	–
C 5102	–	0.02 이하	0.10 이하	4.5~5.5	0.20 이하	–	–	–	–	–	0.03~0.35	99.5 이상	–
C 5191	–	0.02 이하	0.10 이하	5.5~7.0	0.20 이하	–	–	–	–	–	0.03~0.35	99.5 이상	–
C 5212	–	0.02 이하	0.10 이하	7.0~9.0	0.20 이하	–	–	–	–	–	0.03~0.35	99.5 이상	–
C 5341	–	0.8~1.5	–	3.5~5.8	–	–	–	–	–	–	0.03~0.35	99.5(1) 이상	–
C 5441	–	3.5~4.5	–	3.0~4.5	1.5~4.5	–	–	–	–	–	0.01~0.50	99.5(2) 이상	–
C 7451	63.0~67.0	0.03 이하	0.25 이하	–	나머지	–	0.50 이하	8.5~11.0	–	–	–	–	–
C 7521	62.0~66.0	0.03 이하	0.25 이하	–	나머지	–	0.50 이하	16.5~19.5	–	–	–	–	–
C 7541	60.0~64.0	0.03 이하	0.25 이하	–	나머지	–	0.50 이하	12.5~15.5	–	–	–	–	–
C 7701	54.0~58.0	0.03 이하	0.25 이하	–	나머지	–	0.50 이하	16.5~19.5	–	–	–	–	–
C 7941	60.0~64.0	0.8~1.8	0.25 이하	–	나머지	–	0.50 이하	16.5~19.5	–	–	–	–	–

■ 봉 및 선의 기계적 성질 및 그 밖의 특성 항목

합금 번호	봉				선			
	지름 또는 맞변 거리 mm	인장 강도	연신율	경도	지름 또는 맞변 거리 mm	인장 강도	연신율	감김성
C 1720	25이하	○	–	△	0.4 이상	○	–	–
C 5111	50 이하	○	○	△	0.4 이상	○	–	△
	50 초과 100 이하	–	–	○				
C 5102	50 이하	○	○	△	0.4 이상	○	–	△
	50 초과 100 이하	–	–	○				
C 5191	50 이하	○	○	△	0.4 이상	○	–	△
C 5212	50 초과 100 이하	–	–	○				
C 5341	50 이하	○	○	△	–	–	–	–
C 5441	50 초과 100 이하	△	△	○				
C 7451	–	–	–	–	0.4 이상	○		
C 7521	50 이하	○	–	△	0.4 이상	○	–	–
C 7541								
C 7701								
C 7941	50 이하	○	–	△	–	–	–	–

■ 봉의 기계적 성질

합금 번호	질별	기호	지름 또는 맞변 거리 mm	인장 시험		경도 시험		
				인장 강도 N/mm²	연신율 %	비커스 경도 HV	로크웰경도	
							HRB	HRC
C 1720	O	C 1720 B-O	3.0 이상 6 이하	410~590	–	90~190	–	–
			6 초과 25 이하	410~590	–	90~190	45~85	–
	H	C 1720 B-H	3.0 이상 6 이하	645~900	–	180~300	–	–
			6 초과 25 이하	590~900	–	175~330	88~103	–
C 5111	H	C 511 B-H	3.0 이상 6 이하	490 이상	–	140 이상	–	–
			6 초과 13 이하	450 이상	10 이상	125 이상	–	–
			13 초과 25 이하	410 이상	13 이상	115 이상	–	–
			25 초과 50 이하	380 이상	15 이상	105 이상	–	–
			50 초과 100 이하	–		–	60~80	–
C 5102	H	C 5102 B-H	3.0 이상 6 이하	540 이상	–	150 이상	–	–
			6 초과 13 이하	500 이상	10 이상	135 이상	–	–
			13 초과 25 이하	460 이상	13 이상	125 이상	–	–
			25 초과 50 이하	430 이상	15 이상	115 이상	–	–
			50초과 100 이하	–	–	–	65~85	–
C 5191	½H	C 5191 B-½H	3.0 이상 6 이하	540 이상	–	150 이상	–	–
			6 초과 13 이하	500 이상	13 이상	135 이상	–	–
			13 초과 25 이하	460 이상	15 이상	125 이상	–	–
			25 초과 50 이하	430 이상	18 이상	120 이상	–	–
			50초과 100 이하	–	–	–	70~85	–
	H	C 5191 B-H	3.0 이상 6 이하	635 이상	–	180 이상	–	–
			6 초과 13 이하	590 이상	10 이상	165 이상	–	–
			13 초과 25 이하	540 이상	13 이상	150 이상	–	–
			25 초과 50 이하	490 이상	15 이상	140 이상	–	–
			50초과 100 이하	–	–	–	75~90	–
C 5212	½H	C 5212 B-½H	3.0 이상 6 이하	540 이상	–	155 이상	–	–
			6 초과 13 이하	490 이상	13 이상	140 이상	–	–
			13 초과 25 이하	440 이상	15 이상	130 이상	–	–
			25 초과 50 이하	420 이상	18 이상	125 이상	–	–
			50초과 100 이하	–	–	–	72~87	–
	H	C 5212 B-H	3.0 이상 6 이하	735 이상	–	–	–	–
			6 초과 13 이하	685 이상	10 이상	195 이상	–	–
			13 초과 25 이하	635 이상	13 이상	180 이상	–	–
			25 초과 50 이하	560 이상	15 이상	170 이상	–	–
			50초과 100 이하	–	–	–	80~95	–
C 5341	H	C 5341 B-H C 5441 B-H	0.5 이상 3 이하	470 이상	–	125 이상	–	–
			3.0 이상 6 이하	440 이상	–	125 이상	–	–
			6 초과 13 이하	410 이상	10 이상	115 이상	–	–
C 5441			13 초과 25 이하	375 이상	12 이상	110 이상	–	–
			25 초과 50 이하	345 이상	15 이상	100 이상	–	–
			50초과 100 이하	320 이상	15 이상	–	60~90	–

합금 번호	질별	기호	지름 또는 맞변 거리 mm	인장 시험		경도 시험		
				인장 강도 N/mm^2	연신율 %	비커스 경도 HV	로크웰경도	
							HRB	HRC
C 7521	$\frac{1}{2}$H	C 7521 B−$\frac{1}{2}$H	3.0 이상 6 이하	490~635	−	145 이상	−	−
			6 초과 13 이하	440~590	−	130 이상	−	−
	H	C 7521 B−H	3.0 이상 6 이하	550~685	−	145 이상	−	−
			6 초과 13 이하	480~620	−	125 이상	−	−
			13 초과 25 이하	440~580	−	115 이상	−	−
			25 초과 50 이하	410~550	−	110 이상	−	−
C 7541	$\frac{1}{2}$H	C 7541 B−$\frac{1}{2}$H	3.0 이상 6 이하	440~590	−	135 이상	−	−
			6 초과 13 이하	390~540	−	120 이상	−	−
	H	C 7541 B−H	3.0 이상 6 이하	570~705	−	150 이상	−	−
			6 초과 13 이하	520~645	−	135 이상	−	−
			13 초과 25 이하	450~590	−	115 이상	−	−
			25 초과 50 이하	390~540	−	100 이상	−	−
C 7701	$\frac{1}{2}$H	C 7701 B−$\frac{1}{2}$H	3.0 이상 6 이하	520~665	−	150 이상	−	−
			6 초과 13 이하	470~620	−	130 이상	−	−
	H	C 7701 B−H	3.0 이상 6 이하	620~755	−	160 이상	−	−
			6 초과 13 이하	550~685	−	140 이상	−	−
			13 초과 25 이하	510~645	−	140 이상	−	−
			25 초과 50 이하	480~620	−	130 이상	−	−
C 7941	H	C 7941 B−H	3.0 이상 6 이하	550~685	−	150 이상	−	−
			6 초과 13 이하	480~620	−	130 이상	−	−
			13 초과 20 이하	460~600	−	120 이상	−	−
			20 초과 25 이하	440~580	−	120 이상	−	−
			25 초과 50 이하	410~550	−	110 이상	−	−

■ 합금번호 C 1720 봉의 시효 경화 처리 후의 기계적 성질

합금 번호	질별	기호	지름 또는 맞변 거리 mm	인장 시험		경도 시험		
				인장 강도 N/mm^2	연신율 %	비커스 경도 HV	로크웰경도	
							HRB	HRC
C 1720	O	−	3.0 이상 6 이하	1 100~1 370	−	300~400	−	−
			6 초과 13 이하	1 100~1 370	−	300~400	−	34~40
	H	−	3.0 이상 6 이하	1 270~1 520	−	340~440	−	−
			6 초과 13 이하	1 210~1 470	−	330~430	−	37~45

■ 선의 기계적 성질

합금 번호	질별	기호	지름 또는 맞변 거리 mm	인장 시험	
				인장 강도 N/mm^2	연신율 %
C 1720	O	C 1720 W-O	0.40 이상	390~540	-
	1/4 H	C 1720 W-1/4 H	0.40 이상 5.0 이하	620~805	-
	3/4 H	C 1720 W-3/4 H	0.40 이상 5.0 이하	835~1 070	-
C 5111	O	C 5111 W-O	0.40 이상	295~410	-
	H	C 5111 W-H	0.40 이상 5.0 이하	490 이상	-
C 5102	O	C 5102 W-O	0.40 이상	305~420	-
	H	C 5102 W-H	0.40 이상 5.0 이하	635 이상	-
	SH	C 5102 W-SH	0.40 이상 5.0 이하	862 이상	-
C 5191	O	C 5191 W-O	0.40 이상	315~460	-
	1/8 H	C 5191 W-1/8 H	0.40 이상 5.0 이하	435~585	
	1/8 H	C 5191 W-1/8 H	0.40 이상 5.0 이하	535~685	-
	1/2 H	C 5191 W-1/2 H	0.40 이상 5.0 이하	635~785	-
	3/4 H	C 5191 W-3/4 H	0.40 이상 5.0 이하	735~885	-
	H	C 5191 W-H	0.40 이상 5.0 이하	835 이상	-
C 5212	O	C 5212 W-O	0.40 이상	345~490	-
	1/2 H	C 5212 W-1/2 H	0.40 이상 5.0 이하	685~835	-
	H	C 5212 W- H	0.40 이상 5.0 이하	930 이상	-
C 7451	O	C 7451 W-O	0.40 이상	345~490	-
	1/4 H	C 7451 W-1/4 H	0.40 이상 5.0 이하	400~550	-
	1/2 H	C 7451 W-1/2 H	0.40 이상 5.0 이하	490~635	-
	H	C 7451 W-H	0.40 이상 5.0 이하	635 이상	-
C 7521	O	C 7521 W-O	0.40 이상	375~520	-
	1/4 H	C 7521 W-1/4 H	0.40 이상 5.0 이하	450~600	-
	1/2 H	C 7521 W-1/2 H	0.40 이상 5.0 이하	520~685	-
	H	C 7521 W-H	0.40 이상 5.0 이하	664 이상	-
C 7541	O	C 7541 W-O	0.40 이상	365~510	-
	1/2 H	C 7541 W-1/2 H	0.40 이상 5.0 이하	510~665	-
	H	C 7541 W-H	0.40 이상 5.0 이하	635 이상	-
C 7701	O	C 7701 W-O	0.40 이상	440~635	-
	1/4 H	C 7701 W-1/4 H	0.40 이상 5.0 이하	500~650	-
	1/2 H	C 7701 W-1/2 H	0.40 이상 5.0 이하	635~785	-
	H	C 7701 W-H	0.40 이상 5.0 이하	765 이상	-

■ 합금 번호 C 1720 선의 시효 경화 처리 후의 기계적 성질

합금 번호	질별	기호	인장 시험	
			지름 또는 맞변 거리 mm	인장 강도 N/mm^2
C 1720	O	-	0.40 이상	1 100~1 320
	1/4 H	-	0.40 이상 5 이하	1 210~1 420
	3/4 H	-	0.40 이상 5 이하	1 300~1 590

비고 1N/mm^2=1 MPa

비철 재료 데이터

3. 구리 및 구리합금 선 KS D 5103 : 2009

■ 종류 및 기호

종류		기호	참고	
합금 번호	모양		명칭	특색 및 용도 보기
C 1020	선	C 1020 W	무산소동	전기 · 열전도성 · 전연성이 우수하고, 용접성 · 내식성 · 내환경성이 좋다. 환원성 분위기에서 고온으로 가열하여도 수소취화를 일으킬 염려가 없다(전기 제품, 화학 공업용 등).
C 1100	선	C 1100 W	타프피치동	전기 · 열전도성이 우수하고, 전연성 · 내식성 · 내환경성이 좋다(전기용, 화학 공업용, 작은 나사, 못, 철망 등).
C 1201	선	C 1201 W	인탈산동	전연성 · 용접성 · 내식성 · 내환경성이 좋다. C 1220은 환원성 분위기에서 고온으로 가열하여도 수소취화를 일으킬 염려가 없다. C 1201은 C 1220보다 전기 전도성은 좋다(작은 나사, 못, 철망 등).
C 1220	선	C 1220 W		
C 2100	선	C 2100 W	단동	색과 광택이 아름답고, 전연성 · 내식성이 좋다. 장식품, 장신구, 패스너, 철망 등
C 2200	선	C 2200 W		
C 2300	선	C 2300 W		
C 2400	선	C 2400 W		
C 2600	선	C 2600 W	황동	전연성 · 냉간 단조성 · 전조성이 좋다 리벳, 작은 나사, 핀, 코바늘, 스프링, 철망 등
C 2700	선	C 2700 W		
C 2720	선	C 2720 W		
C 2800	선	C 2800 W		합금번호 C 2600, C2700, C2720에 비해 강도가 높고 전연성도 있다. 용접봉, 리벳 등
C 3501	선	C 3501 W	니플용 황동	피삭성 · 냉간 단조성이 좋다. 자동차의 니플 등
C 3601	선	C 3601 W	쾌삭 황동	피삭성이 우수하다. 합금 번호 C 3601, C 3602는 전연성도 있다. 볼트, 너트, 작은 나사, 전자 부품, 카메라 부품 등
C 3602	선	C 3602 W		
C 3603	선	C 3603 W		
C 3604	선	C 3604 W		

■ 지름, 변 또는 맞변거리의 허용차

단위 : mm

지름, 변 또는 맞변거리	허용차	
	원형	정사각형 · 정육각형 · 직사각형
0.5 이하	±0.01	−
0.5 초과 1 이하	±0.01	±0.03
1 초과 3 이하	±0.02	±0.04
3 초과 6 이하	±0.03	±0.06
6 초과 10 이하	±0.05	±0.08
10 초과 20 이하	±0.07	±0.12

[주] 허용차를 (+) 또는 (−)만으로 지정하는 경우는 이 표의 수치의 2배로 한다.

■ 화학 성분

합금번호	화학 성분(질량 %)					
	Cu	Pb	Fe	Zn	P	Fe+Sn
C 1020	99.96 이상	–	–	–	–	–
C 1100	99.90 이상	–	–	–	–	–
C 1201	99.90 이상	–	–	–	0.004 이상 0.015 미만	–
C 1220	99.90 이상	–	–	–	0.015~0.040	–
C 2100	94.0~96.0	0.03 이하	0.05 이하	나머지	–	–
C 2200	89.0~91.0	0.05 이하	0.05 이하	나머지	–	–
C 2300	84.0~86.9	0.05 이하	0.05 이하	나머지	–	–
C 2400	78.5~81.5	0.05 이하	0.05 이하	나머지	–	–
C 2600	68.5~71.5	0.05 이하	0.05 이하	나머지	–	–
C 2700	63.0~67.0	0.05 이하	0.05 이하	나머지	–	–
C 2720	62.0~64.0	0.07 이하	0.07 이하	나머지	–	–
C 2800	59.0~63.0	0.10 이하	0.07 이하	나머지	–	–
C 3501	60.0~64.0	0.7~1.7	0.20 이하	나머지	–	0.40 이하
C 3601	59.0~63.0	1.8~3.7	0.30 이하	나머지	–	0.50 이하
C 3602	59.0~63.0	1.8~3.7	0.50 이하	나머지	–	1.0 이하
C 3603	57.0~61.0	1.8~3.7	0.35 이하	나머지	–	0.6 이하
C 3604	57.0~61.0	1.8~3.7	0.50 이하	나머지	–	1.0 이하

■ 기계적 성질

합금 번호	질별	기호	인장 시험		
			지름, 변 또는 맞변거리 mm	인장강도 N/mm²	연신율 %
C 1020 C 1100 C 1201 C 1220	O	C 1020 W–O	0.5 이상 2 이하	195 이상	15 이상
		C 1100 W–O	2를 넘는 것.	195 이상	25 이상
		C 1201 W–O			
		C 1220 W–O			
	½H	C 1020 W–½H	0.5 이상 12 이하	255~365	–
		C 1100 W–½H	12 초과 20 이하	245~365	
		C 1201 W–½H			
		C 1220 W–½H			
	H	C 1020 W–H	0.5 이상 10 이하	345 이상	–
		C 1100 W–H	10 초과 20 이하	275 이상	
		C 1201 W–H			
		C 1220 W–H			
C 2100	O	C 2100 W–O	0.5 이상	205 이상	20 이상
	½H	C 2100 W–½H	0.5 이상 12 이하	325~430	–
	H	C 2100 W–H	0.5 이상 10 이하	410 이상	–
C 2200	O	C 2200–O	0.5 이상	225 이상	20 이상
	½H	C 2200–½H	0.5 이상 12 이하	345~490	–
	H	C 2200–H	0.5 이상 10 이하	470 이상	–

합금 번호	질별	기호	인장 시험		
			지름, 변 또는 맞변거리 mm	인장강도 N/mm^2	연신율 %
C 2300	O	C 2300-O	0.5 이상	245 이상	20 이상
	$\frac{1}{2}$H	C 2300-$\frac{1}{2}$H	0.5 이상 12 이하	375~490	–
	H	C 2300-H	0.5 이상 10 이하	470 이상	–
C 2400	O	C 2400-O	0.5 이상	255 이상	20 이상
	$\frac{1}{2}$H	C 2400-$\frac{1}{2}$H	0.5 이상 12 이하	375~610	–
	H	C 2400-H	0.5 이상 10 이하	590 이상	–
C 2600	O	C 2600 W-O	0.5 이상	275 이상	20 이상
	$\frac{1}{8}$H	C 2600 W-$\frac{1}{8}$H	0.5 이상 12 이하	345~440	10 이상
	$\frac{1}{4}$H	C 2600 W-$\frac{1}{4}$H	0.5 이상 12 이하	390~510	5 이상
	$\frac{1}{2}$H	C 2600 W-$\frac{1}{2}$H	0.5 이상 12 이하	490~610	–
	$\frac{3}{4}$H	C 2600 W-$\frac{3}{4}$H	0.5 이상 10 이하	590~705	–
	H	C 2600 W-H	0.5 이상 10 이하	685~805	–
	EH	C 2600 W-EH	0.5 이상 10 이하	785 이상	–
C 2700	O	C 2700 W-O	0.5 이상	295 이상	20 이상
	$\frac{1}{8}$H	C 2700 W-$\frac{1}{8}$H	0.5 이상 12 이하	345~440	10 이상
	$\frac{1}{4}$H	C 2700 W-$\frac{1}{4}$H	0.5 이상 12 이하	390~510	5 이상
	$\frac{1}{2}$H	C 2700 W-$\frac{1}{2}$H	0.5 이상 12 이하	490~610	–
	$\frac{3}{4}$H	C 2700 W-$\frac{3}{4}$H	0.5 이상 10 이하	590~705	–
	H	C 2700 W-H	0.5 이상 10 이하	685~805	–
	EH	C 2700 W-EH	0.5 이상 10 이하	785 이상	–
C 2720	O	C 2720 W-O	0.5 이상	295이상	20 이상
	$\frac{1}{8}$H	C 2720 W-$\frac{1}{8}$H	0.5 이상 12 이하	345~440	10 이상
	$\frac{1}{4}$H	C 2720 W-$\frac{1}{4}$H	0.5 이상 12 이하	390~510	5 이상
	$\frac{1}{2}$H	C 2720 W-$\frac{1}{2}$H	0.5 이상 12 이하	490~610	–
	$\frac{3}{4}$H	C 2720 W-$\frac{3}{4}$H	0.5 이상 10 이하	590~705	–
	H	C 2720 W-H	0.5 이상 10 이하	685~805	–
	EH	C 2720 W-EH	0.5 이상 10 이하	785 이상	–
C 2800	O	C 2800 W-O	0.5 이상	315 이상	20 이상
	$\frac{1}{4}$H	C 2800 W-$\frac{1}{4}$H	0.5 이상 12 이하	345~460	5 이상
	$\frac{1}{2}$H	C 2800 W-$\frac{1}{2}$H	0.5 이상 12 이하	440~590	–
	$\frac{3}{4}$H	C 2800 W-$\frac{3}{4}$H	0.5 이상 10 이하	540~705	–
	H	C 2800 W-H	0.5 이상 10 이하	685 이상	–
C 3501	O	C 3501 W-O	0.5 이상	295 이상	20 이상
	$\frac{1}{2}$H	C 3501 W-$\frac{1}{2}$H	0.5 이상 15 이하	345~440	10 이상
	H	C 3501 W-H	0.5 이상 10 이하	420 이상	–
C 3601	O	C 3601 W-O	1 이상	295 이상	15 이상
	$\frac{1}{2}$H	C 3601 W-$\frac{1}{2}$H	1 이상 10 이하	345 이상	–
	H	C 3601 W-H	1 이상 10 이하	450 이상	–
C 3602	F	C 3602 W-F	1 이상	315 이상	–
C 3603	O	C 3603 W-O	1 이상	315 이상	15 이상
	$\frac{1}{2}$H	C 3603 W-$\frac{1}{2}$H	1 이상 10 이하	365 이상	–
	H	C 3603 W-H	1 이상 10 이하	450 이상	–
C 3604	F	C 3604 W-F	1 이상	335 이상	–

4. 구리 및 구리합금 판 및 띠 KS D 5201 : 2009

■ 종류, 등급 및 기호

종류		등급	기호	참고	
합금 번호	모양			명칭	특색 및 용도 보기
C 1020	판	보통급	C 1020 P	무산소동	도전성, 열전도성, 전연성 · 드로잉 가공성이 우수하고, 용접성 · 내식성 · 내후성이 좋다. 환원성 분위기 중에서 고온으로 가열하여도 수소 취화가 일어나지 않는다. 전기용, 화학공업용 등
		특수급	C 1020 PS		
	띠	보통급	C 1020 R		
		특수급	C 1020 RS		
C 1100	판	보통급	C 1100 P	타프피치동	도전성, 열전도성이 우수하고 전연성 · 드로잉 가공성 · 내식성 · 내후성이 좋다. 전기용, 증류솥, 건축용, 화학공업용, 개스킷, 기물 등
		특수급	C 1100 PS		
	띠	보통급	C 1100 R		
		특수급	C 1100 RS		
	인쇄용판	보통급	C 1100 PP	인쇄용 동	특히, 표면이 매끄럽다. 그라비어(Gravure) 판용
C 1201	판	보통급	C 1201 P	인탈산 동	전연성 · 드로잉 가공성 · 용접성 · 내식성 · 내후성 · 열의 전도성이 좋다. 합금번호 C 1220은 환원성 분위기 중에서 고온으로 가열하여도 수소 취화가 일어나지 않는다. 합금번호 C 1201은C 1220 및 C 1221보다 도전성이 좋다. 목욕솥, 탕비기, 개스킷, 건축용, 화학공업용 등
		특수급	C 1201 PS		
	띠	보통급	C 1201 R		
		특수급	C 1201 RS		
C 1220	판	보통급	C 1220 P		
		특수급	C 1220 PS		
	띠	보통급	C 1220 R		
		특수급	C 1220 RS		
C 1221	판	보통급	C 1221 P		
		특수급	C 1221 PS		
	띠	보통급	C 1221 R		
		특수급	C 1221 RS		
	인쇄용판	보통급	C 1221 PP	인쇄용 동	특히, 표면이 매끄럽다. 그라비어 판용
C 1401	인쇄용판	보통급	C 1401 PP		특히, 표면이 매끄럽고 내열성이 있다. 사진용 요철판용
C 1441	판	특수급	C 1441 PS	주석함유 동	도전성, 열전도성, 내열성, 전연성이 우수하다. 반도체용 리드프레임, 배선기기, 그 외에 전기전자 부품, 탕비기 등
	띠	특수급	C 1441 RS		
C 1510	판	특수급	C 1510 PS	지르코늄 함유 동	도전성, 열전도성, 내열성, 전연성이 우수하다. 반도체용 리드프레임 등
	띠	특수급	C 1510 RS		
C 1921	판	특수급	C 1921 PS	철함유 동	도전성, 열전도성, 강도, 내열성이 우수하고, 가공성이 좋다. 반도체용 리드프레임, 단자 커넥터 등의 전자부품 등
	띠	특수급	C 1921 RS		
C 1940	판	특수급	C 1940 PS		
	띠	특수급	C 1940 RS		
C 2051	띠	보통급	C 2051 R	뇌관용 동	특히, 표면이 매끄럽다. 뇌관용
C 2100	판	보통급	C 2100 P	단동	색과 광택이 미려하고, 전연성 · 드로잉 가공성 · 내후성이 좋다. 건축용, 장신구, 화장품 케이스 등
	띠	보통급	C 2100 R		
		특수급	C 2100 RS		
C 2200	판	보통급	C 2200 P		
	띠	보통급	C 2200 R		
		특수급	C 2200 RS		

종류		등급	기호	참고	
합금 번호	모양			명칭	특색 및 용도 보기
C 2300	판	보통급	C 2300 P	단동	색과 광택이 미려하고, 전연성 · 드로잉 가공성 · 내후성이 좋다. 건축용, 장신구, 화장품 케이스 등
	띠	보통급	C 2300 R		
		특수급	C 2300 RS		
C 2400	판	보통급	C 2400 P		
	띠	보통급	C 2400 R		
		특수급	C 2400 RS		
C 2600	판	보통급	C 2600 P	황동	전연성 · 드로잉 가공성이 우수하고, 도금성이 좋다. 단자 커넥터 등
	띠	보통급	C 2600 R		
		특수급	C 2600 RS		
C 2680	판	보통급	C 2680 P		전연성 · 드로잉 가공성 · 도금성이 좋다. 스냅버튼, 카메라, 보온병 등의 딥드로잉용, 단자 커넥터, 방열기, 배선 기구 등
	띠	보통급	C 2680 R		
		특수급	C 2680 RS		
C 2720	판	보통급	C 2720 P		전연성 · 드로잉 가공성이 좋다. 드로잉용 등
	띠	보통급	C 2720 R		
		특수급	C 2720 RS		
C 2801	판	보통급	C 2801 P		강도가 높고 전연성이 있다. 프레스한 상태 또는 구부려 사용하는 배선기구 부품, 명판,기계판 등
	띠	보통급	C 2801 R		
		특수급	C 2801 RS		
C 3560	판	보통급	C 3560 P	쾌삭 황동	특히 피삭성이 우수하고 프레스성도 좋다. 시계 부품, 기어 등
	띠	보통급	C 3560 R		
C 3561	판	보통급	C 3561 P		
	띠	보통급	C 3561 R		
C 3710	판	보통급	C 3710 P		특히 프레스성이 우수하고 피삭성도 좋다. 시계 부품, 기어 등
	띠	보통급	C 3710 R		
C 3713	판	보통급	C 3713 P		
	띠	보통급	C 3713 R		
C 4250	판	보통급	C 4250 P	주석 함유 황동	내응력 균열성, 내부식 균열성, 내마모성, 스프링성이 좋다. 스위치, 계전기, 커넥터, 각종 스프링 부품 등
	띠	보통급	C 4250 R		
		특수급	C 4250 RS		
C 4430	판	보통급	C 4430 P	애드미럴티 황동	내식성, 특히 내해수성이 좋다. 두꺼운 것은 열교환기용 관판, 얇은 것은 열교환기, 가스 배관용 용접관 등
	띠	보통급	C 4430 R		
C 4621	판	보통급	C 4621 P	네이벌 황동	내식성, 특히 내해수성이 좋다. 두꺼운 것은 열교환기용 관판, 얇은 것은 선박 해수 취입구용 등(C 4621은 로이드선급용, NK선급용, C 4640은 AB선급용)
C 4640	판	보통급	C 4640 P		
C 6140	판	보통급	C 6140 P	알루미늄 청동	강도가 높고 내식성, 특히 내해수성, 내마모성이 좋다. 기계 부품, 화학공업용, 선박용 등
C 6161	판	보통급	C 6161 P		
C 6280	판	보통급	C 6280 P		
C 6301	판	보통급	C 6301 P		
C 6711	판	보통급	C 6711 P	악기 리드용 황동	프레스성, 내피로성이 좋다. 하모니카, 오르간, 아코디언의 리드 등
C 6712	판	보통급	C 6712 P		
C 7060	판	보통급	C 7060 P	백동	내식성, 특히 내해수성이 좋고, 비교적 고온에서 사용하기에 적합하다. 열교환기용, 관판, 용접판 등
C 7150	판	보통급	C 7150 P		

■ 판의 표준 치수

단위 : mm

두께	너비×길이		두께	너비×길이	
	365×1200	1000×1200		365×1200	1000×1200
0.10	○	–	1.2	◎○	○
0.15	○	–	1.5	◎○	○
0.20	○	–	2.0	◎○	○
0.30	○	–	2.5	◎○	○
0.35	○	–	3.0	◎○	○
0.40	◎○	–	3.5	◎○	○
0.45	◎○	–	4	◎○	○
0.50	◎○	○	5	◎○	○
0.60	◎○	○	6	◎○	○
0.70	◎○	○	7	◎○	○
0.80	◎○	○	8	◎○	○
1.0	◎○	○	10	○	○

[주] ○는 합금번호 C1020 · C1100 · C1201 · C1220 · C1221 · C2100 · C2200 · C2300 · C2400 · C2600 · C2680 · C2720 · C2801의 판을 표시하고, ◎는 C3560 · C3710 · C3713의 판을 표시한다.

■ 띠 코일의 표준 안지름

단위 : mm

두께	코일의 표준 안지름						
	150	200	250	300	400	450	500
0.3 이하		○	○	○	○	○	○
0.30 초과 0.80 이하	○	○	○	○	○	○	○
0.80 초과 1.5 이하	–	–	–	○	○	○	○
1.5 초과 3 이하	–	–	–	–	○	○	○

■ 화학 성분

합금번호	화학 성분(질량 %)								
	Cu	Pb	Fe	Sn	Zn	Al	Mn	Ni	P	기타
C 1020	99.96 이상	–	–	–	–	–	–	–	–	–
C 1100	99.90 이상	–	–	–	–	–	–	–	–	–
C 1201	99.90 이상	–	–	–	–	–	–	–	0.004 이상 0.015 미만	–
C 1220	99.90 이상	–	–	–	–	–	–	–	0.015~0.040	–
C 1221	99.75 이상	–	–	–	–	–	–	–	0.004~0.040	–
C 1401	99.30 이상	–	–	–	–	–	–	0.10~0.20	–	–
C 1441	나머지	0.03 이하	0.02 이하	0.10~0.20	0.10 이하	–	–	–	0.001~0.020	–
C 1510	나머지	–	–	–	–	–	–	–	–	Zr0.05~0.15

합금 번호	화학 성분(질량 %)									
	Cu	Pb	Fe	Sn	Zn	Al	Mn	Ni	P	기타
C 1921	나머지	–	0.05~0.15	–	–	–	–	–	0.015~0.050	–
C 1940	나머지	0.03 이하	2.1~2.6	–	0.05~0.20	–	–	–	0.015~0.150	기타 불순물 0.2 이하
C 2051	98.0~99.0	0.05 이하	0.05 이하	–	나머지	–	–	–	–	–
C 2100	94.0~96.0	0.05 이하	0.03 이하	–	나머지	–	–	–	–	–
C 2200	89.0~91.0	0.05 이하	0.05 이하	–	나머지	–	–	–	–	–
C 2300	84.0~86.0	0.05 이하	0.05 이하	–	나머지	–	–	–	–	–
C 2400	78.5~81.5	0.05 이하	0.05 이하	–	나머지	–	–	–	–	–
C 2600	68.5~71.5	0.05 이하	0.05 이하	–	나머지	–	–	–	–	
C 2680	64.0~68.0	0.05 이하	0.05 이하	–	나머지	–	–	–	–	–
C 2720	62.0~64.0	0.07 이하	0.07 이하	–	나머지	–	–	–	–	–
C 2801	59.0~62.0	0.10 이하	0.07 이하	–	나머지	–	–	–	–	–
C 3560	61.0~64.0	2.0~3.0	0.10 이하	–	나머지	–	–	–	–	–
C 3561	57.0~61.0	2.0~3.0	0.10 이하	–	나머지	–	–	–	–	–
C 3710	58.0~62.0	0.6~1.2	0.10 이하	–	나머지	–	–	–	–	–
C 3713	58.0~62.0	1.0~2.0	0.10 이하	–	나머지	–	–	–	–	–
C 4250	87.0~90.0	0.05 이하	0.05 이하	1.5~3.0	나머지	–	–	–	0.35 이하	–
C 4430	70.0~73.0	0.05 이하	0.05 이하	0.9~1.2	나머지	–	–	–	–	As 0.02~0.06
C 4621	61.0~64.0	0.20 이하	0.10 이하	0.7~1.5	나머지	–	–	–	–	–
C 4640	59.0~62.0	0.20 이하	0.10 이하	0.50~1.0	나머지	–	–	–	–	–
C 6140	88.0~92.5	0.01 이하	1.5~3.5	–	0.20 이하	6.0~8.0	1.0 이하	–	0.015 이하	Cu+Pb+Fe+Zn+Mn+Al+P 99.5 이상
C 6161	83.0~90.0	0.02 이하	2.0~4.0	–	–	7.0~10.0	0.50~2.0	0.50~2.0	–	Cu+Al+Fe+Ni+Mn 99.5 이상
C 6280	78.0~85.0	0.02 이하	1.5~3.5	–	–	8.0~11.0	0.50~2.0	4.0~7.0	–	Cu+Al+Fe+Ni+mn 99.5 이상
C 6301	77.0~84.0	0.02 이하	3.5~6.0	–	–	8.5~10.5	0.50~2.0	4.0~6.0	–	Cu+Al+Fe+Ni+mn 99.5 이상
C 6711	61.0~65.0	0.10~1.0	–	0.7~1.5	나머지	–	0.05~1.0	–	–	Fe+Al+Si 1.0 이하
C 6712	58.0~62.0	0.10~1.0	–	–	나머지	–	0.05~1.0	–	–	Fe+Al+Si 1.0 이하

합금 번호	화학 성분(질량 %)									
	Cu	Pb	Fe	Sn	Zn	Al	Mn	Ni	P	기타
C 7060	–	0.02 이하	1.0~1.8	–	0.50 이하	–	0.20~1.0	9.0~11.0	–	Cu+Ni+Fe +Mn 99.5 이상
C 7150	–	0.02 이하	0.40~1.0	–	0.50 이하	–	0.20~1.0	29.0~33.0	–	Cu+Ni+Fe +Mn 99.5 이상

■ 기계적 성질 및 그 밖의 특성 항목

합금 번호	기계적 성질 및 그 밖의 특성을 표시하는 항목								
	인장 강도	항복 강도(1)	연신율	굽힘성	경도	결정 입도(2)	도전율 · 부피 저항률	수소 취하	딥드로잉
C 1020	○	–	○	△	□	△	△	○	–
C 1100(3)	○	(*)	○	△	□	–	△	–	–
C 1201	○	–	○	△	□	△	–	△	–
C 1220	○	(*)	○	△	□	△	–	–	–
C 1221(3)	○	–	○	△	□	△	–	△	–
C 1401	–	–	–	–	○	–	–	–	–
C 1441	○	–	○	△	□	–	△	–	–
C 1501	○	–	○	–	□	–	△	–	–
C 1921	○	–	○	△	□	–	△	–	–
C 1940	○	–	○	–	□	–	△	–	–
C 2051	○	–	○	–	–	–	–	–	–
C 2100	○	–	○	△	–	△	–	–	–
C 2200	○	(*)	○	△	–	△	–	–	–
C 2300	○	–	○	△	–	△	–	–	–
C 2400	○	(*)	○	△	–	△	–	–	–
C 2600	○	–	○	△	□	△	△	–	–
C 2680	C	–	–	△	□	△	△	–	–
C 2720	○	–	○	△	□	–	–	–	–
C 2801	○	–	○	△	□	–	△	–	–
C 3560	○	–	○	–	–	–	–	–	–
C 3561	○	–	○	–	–	–	–	–	–
C 3710	○	–	○	–	–	–	–	–	–
C 3713	○	–	○	–	–	–	–	–	–
C 4250	○	–	○	△	□	–	–	–	–
C 4430	○	–	○	–	–	–	–	–	–
C 4621	○	–	○	–	–	–	–	–	–
C 4640	○	(*)	○	–	–	–	–	–	–
C 6140	○	(*)	○	–	–	–	–	–	–
C 6161	○	–	○	△	–	–	–	–	–
C 6280	○	–	○	–	–	–	–	–	–
C 6301	○	–	○	–	–	–	–	–	–
C 6711	–	–	–	–	○	–	–	–	–
C 6712	–	–	–	–	○	–	–	–	–
C 7060	○	(*)	○	–	–	–	–	–	–
C 7150	○	(*)	○	–	–	–	–	–	–

■ 판 및 띠의 기계적 성질

합금 번호	질별	기호	인장 시험			굽힘 시험(1)			경도 시험	
			두께 mm	인장 강도 N/mm^2	연신율 %	두께 mm	굽힘 각도	안쪽 반지름	두께 mm	비커스 경도(2) HV
C 1020	O	C 1020 P-O C 1020 PS-O	0.10 이상 0.15 미만	195 이상	20 이상	2.0 이하	180°	밀착	–	–
			0.15 이상 0.30 미만		30 이상					
			0.3 이상 30 이하		35 이상					
		C 1020 R-O C 1020 RS-O	0.10 이상 0.15 미만		20 이상					
			0.15 이상 0.30 미만		30 이상					
			0.3 이상 3 이하		35 이상					
	$\frac{1}{4}$ H	C 1020 P-$\frac{1}{4}$ H C 1020 PS-$\frac{1}{4}$ H	0.10 이상 0.15 미만	215 이상 285 이하	15 이상	2.0 이하	180°	두께의 0.5배	0.30 이상	55~ 100(3),(4)
			0.15 이상 0.30 미만		20 이상					
			0.3 이상 30 이하	215 이상 275 이하	25 이상					
	$\frac{1}{4}$ H	C 1020 R-$\frac{1}{4}$ H C 1020 RS-$\frac{1}{4}$ H	0.10 이상 0.15 미만	215 이상 285 이하	15 이상	2.0 이하	180°	두께의 0.5배	0.30 이상	55~ 100(3),(4)
			0.15 이상 0.30 미만		20 이상					
			0.3 이상 30 이하	215 이상 275 이하	25 이상					
	$\frac{1}{2}$ H	C 1020 P-$\frac{1}{2}$ H C 1020 PS-$\frac{1}{2}$ H	0.10 이상 0.15 미만	235 이상 315 이하	–	2.0 이하	180°	두께의 1배	0.20 이상	75~ 120(3),(4)
			0.15 이상 0.30 미만		10 이상					
			0.3 이상 20 이하	245 이상 315 이하	15 이상					
		C 1020 R-$\frac{1}{2}$ H C 1020 RS-$\frac{1}{2}$ H	0.10 이상 0.15 미만	235 이상 315 이하	–					
			0.15 이상 0.30 미만		10 이상					
			0.3 이상 3 이하	245 이상 315 이하	15 이상					
	H	C 1020 P-H C 1020 PS-H	0.10 이상 0.15 미만	275 이상	–	2.0 이하	180°	두께의 1.5배	0.20 이상	80 이상(3),(4)
			0.15 이상 0.30 미만							
			0.3 이상 10 이하							
		C 1020 R-H C 1020 RS-H	0.10 이상 0.15 미만							
			0.15 이상 0.30 미만							
			0.3 이상 3 이하							

합금 번호	질별	기호	인장 시험			굽힘 시험(1)			경도 시험	
			두께 mm	인장 강도 N/mm^2	연신율 %	두께 mm	굽힘 각도	안쪽 반지름	두께 mm	비커스 경도(2) HV
C 1100	O	C 1100 P-O C 1100 PS-O	0.10 이상 0.15 미만	195 이상	20 이상	2.0 이하	180°	밀착	–	–
			0.15 이상 0.50 미만		30 이상					
			0.3 이상 3 이하		35 이상					
		C 1100 R-O C 1100 RS-O	0.10 이상 0.15 미만		20 이상					
			0.15 이상 0.50 미만		30 이상					
			0.3 이상 3 이하		35 이상					
	$\frac{1}{4}$ H	C 1100 P-$\frac{1}{4}$ H C 1100 PS-$\frac{1}{4}$ H	0.10 이상 0.15 미만	215 이상 285 이하	15 이상	2.0 이하	180°	두께의 0.5배	0.30 이상	55~ 100(3),(4)
			0.15 이상 0.50 미만		20 이상					
			0.5 이상 30 이하	215 이상 275 이하	25 이상					
	$\frac{1}{4}$ H	C 1100 R-$\frac{1}{4}$ H C 1100 RS-$\frac{1}{4}$ H	0.10 이상 0.15 미만	215 이상 285 이하	15 이상	2.0 이하	180°	두께의 0.5배	0.30 이상	55~ 100(3),(4)
			0.15 이상 0.50 미만		20 이상					
			0.5 이상 3 이하	215 이상 275 이하	25 이상					
	$\frac{1}{2}$ H	C 1100 P-$\frac{1}{2}$ H C 1100 PS-$\frac{1}{2}$ H	0.10 이상 0.15 미만	235 이상 315 이하	–	2.0 이하	180°	두께의 1배	0.20 이상	75~ 120(3),(4)
			0.15 이상 0.50 미만		10 이상					
			0.5 이상 20 이하	245 이상 315 이하	15 이상					
		C 1100 R-$\frac{1}{2}$ H C 1100 RS-$\frac{1}{2}$ H	0.10 이상 0.15 미만	235 이상 315 이하	–					
			0.15 이상 0.50 미만		10 이상					
			0.5 이상 3 이하	245 이상 315 이하	15 이상					
	H	C 1100 P-H C 1100 PS-H	0.10 이상 0.15 미만	275 이상	–	2.0 이하	180°	두께의 1.5배	0.20 이상	80 이상(3),(4)
			0.15 이상 0.50 미만							
			0.5 이상 10 이하							
		C 1100 R-H C 1100 RS-H	0.10 이상 0.15 미만							
			0.15 이상 0.50 미만							
			0.5 이상 3 이하							
		C 1100 PP -H	–	–		–	–	–	0.50 이상	90 이상(3)

비철 재료 데이터

합금 번호	질별	기호	인장 시험			굽힘 시험(1)			경도 시험	
			두께 mm	인장 강도 N/mm²	연신율 %	두께 mm	굽힘 각도	안쪽 반지름	두께 mm	비커스 경도(2) HV
C 1100	1/4 H	C 1100 R−1/4 H C 1100 RS−1/4 H	0.10 이상 0.15 미만	215 이상 285 이하	15 이상	2.0 이하	180°	두께의 0.5배	0.30 이상	55~ 100(3),(4)
			0.15 이상 0.50 미만		20 이상					
			0.5 이상 3 이하	215 이상 275 이하	25 이상					
	1/2 H	C 1100 P−1/2 H C 1100 PS−1/2 H	0.10 이상 0.15 미만	235 이상 315 이하	−	2.0 이하	180°	두께의 1배	0.20 이상	75~ 120(3),(4)
			0.15 이상 0.50 미만		10 이상					
			0.5 이상 20 이하	245 이상 315 이하	15 이상					
		C 1100 R−1/2 H C 1100 RS−1/2 H	0.10 이상 0.15 미만	235 이상 315 이하	−					
			0.15 이상 0.50 미만		10 이상					
			0.5 이상 3 이하	245 이상 315 이하	15 이상					
	H	C 1100 P−H C 1100 PS−H	0.10 이상 0.15 미만	275 이상	−	2.0 이하	180°	두께의 1.5배	0.20 이상	80 이상(3),(4)
			0.15 이상 0.50 미만							
			0.5 이상 10 이하							
		C 1100 R−H C 1100 RS−H	0.10 이상 0.15 미만							
			0.15 이상 0.50 미만							
			0.5 이상 3 이하							
		C 1100 PP −H	−	−		−	−	−	0.50 이상	90 이상(3)
C 1201 C 1220 C 1221	O	C 1201 P−O C 1201 PS−O	0.10 이상 0.15 미만	195 이상	20 이상	2.0 이하	180°	밀착	−	−
		C 1220 P−O C 1220 PS−O	0.15 이상 0.30 미만		30 이상					
		C 1221 P−O C 1221 PS−O	0.3 이상 30 이하		35 이상					
		C 1201 R−O C 1201 RS−O	0.10 이상 0.15 미만		20 이상					
		C 1220 R−O C 1220 RS−O	0.15 이상 0.30 미만		30 이상					
		C 1221 R−O C 1221 RS−O	0.3 이상 3 이하		35 이상					

합금 번호	질별	기호	인장 시험			굽힘 시험(1)			경도 시험	
			두께 mm	인장강도 N/mm^2	연신율 %	두께 mm	굽힘 각도	안쪽 반지름	두께 mm	비커스 경도(2) HV
C 1201 C 1220 C 1221	$\frac{1}{4}$ H	C 1201 P-$\frac{1}{4}$ H C 1201 PS-$\frac{1}{4}$ H	0.10 이상 0.15 미만	215 이상 285 이하	15 이상	2.0 이하	180°	두께의 0.5배	0.30 이상	55~ 100(3),(4)
		C 1220 P-$\frac{1}{4}$ H C 1220 PS-$\frac{1}{4}$ H	0.15 이상 0.30 미만		20 이상					
		C 1221 P-$\frac{1}{4}$ H C 1221 PS-$\frac{1}{4}$ H	0.3 이상 30 이하	215 이상 275 이하	25 이상					
		C 1201 R-$\frac{1}{4}$ H C 1201 RS-$\frac{1}{4}$ H	0.10 이상 0.15 미만	215 이상 285 이하	15 이상					
		C 1220 R-$\frac{1}{4}$ H C 1220 RS-$\frac{1}{4}$ H	0.15 이상 0.30 미만		20 이상					
		C 1221 R-$\frac{1}{4}$ H C 1221 RS-$\frac{1}{4}$ H	0.3 이상 30 이하	215 이상 275 이하	25 이상					
	$\frac{1}{2}$ H	C 1201 P-$\frac{1}{2}$ H C 1201 PS-$\frac{1}{2}$ H	0.10 이상 0.15 미만	235 이상 315 이하	–	2.0 이하	180°	두께의 1배	0.20 이상	75~ 120(3),(4)
		C 1220 P-$\frac{1}{2}$ H C 1220 PS-$\frac{1}{2}$ H	0.15 이상 0.30 미만		10 이상					
		C 1221 P-$\frac{1}{2}$ H C 1221 PS-$\frac{1}{2}$ H	0.3 이상 10 이하	245 이상 315 이하	15 이상					
		C 1201 R-$\frac{1}{2}$ H C 1201 RS-$\frac{1}{2}$ H	0.10 이상 0.15 미만	235 이상 315 이하	–	2.0 이하	180°	두께의 1배	0.20 이상	75~ 120(3),(4)
		C 1220 R-$\frac{1}{2}$ H C 1220 RS-$\frac{1}{2}$ H	0.15 이상 0.30 미만		10 이상					
		C 1221 P-$\frac{1}{2}$ H C 1221 PS-$\frac{1}{2}$ H	0.3 이상 3 이하	245 이상 315 이하	15 이상					
	H	C 1201 P-H C 1201 PS-H	0.10 이상 0.15 미만	275 이상	–	2.0 이하	180°	두께의 1.5배	0.20 이상	80 이상(3),(4)
		C 1220 P-H C 1220 PS-H	0.15 이상 0.30 미만							
		C 1221 P-H C 1221 PS-H	0.3 이상 10 이하							
		C 1201 R-H C 1201 RS-H	0.10 이상 0.15 미만							
		C 1220 R-H C 1220 RS-H	0.15 이상 0.30 미만							
		C 1221 R-H C 1221 RS-H	0.3 이상 3 이하							
		C 1221 PP -H	–	–	–	–	–	–	0.50 이상	90 이상
C 1401	H	C 1401 PP-H	–	–	–	–	–	–	0.50 이상	90 이상
C 1441	O	C 1441 PS-O	0.10 이상 0.15 미만	195 이상	20 이상	2.0 이하	180°	밀착	–	–
			0.15 이상 3 이하		30 이상					
		C 1441 RS-O	0.10 이상 0.15 미만	195 이상	20 이상	2.0 이하	180°	밀착	–	–
			0.15 이상 3 미만		30 이상					

합금 번호	질별	기호	인장 시험			굽힘 시험(1)			경도 시험	
			두께 mm	인장 강도 N/mm^2	연신율 %	두께 mm	굽힘 각도	안쪽 반지름	두께 mm	비커스 경도(2) HV
C 1441	1/4 H	C 1441 PS-1/4 H	0.10 이상 0.15 이하	215 이상 305 이하	15 이상	2.0 이하	180°	두께의 0.5배	0.30 이상	4.5 이상 105 이하(3),(4)
			0.15 이상 3 미만		20 이상					
		C 1441 RS-1/4 H	0.10 이상 0.15 미만		15 이상					
			0.15 이상 3 이하		20 이상					
	1/2 H	C 1441 PS-1/2 H C 1441 RS-1/2 H	0.10 이상 3 이하	245 이상 345 이하	10 이상	2.0 이하	180°	두께의 1배	0.20 이상	60 이상 120 이하(3),(4)
	H	C 1441 PS-H	0.10 이상 0.15 미만	275 이상 400 이하	–	2.0 이하	180°	두께의 1.5배	0.10 이상	90 이상 125 이하(3),(4)
			0.15 이상 3 이하		2 이상					
		C 1441 RS-H	0.10 이상 0.15 미만		–					
			0.15 이상 3 이하		2 이상					
	EH	C 1441 PS-EH C 1441 RS-EH	0.10 이상 3 이하	345 이상 440 이하	–	2.0 이하	W	두께의 1배	0.10 이상	100 이상 135 이하(3),(4)
	SH	C 1441 PS-SH C 1441 RS-SH	0.10 이상 3 이하	380 이상	–	2.0 이하	W	두께의 1.5배	0.10 이상	115 이상(3),(4)
C 1510	1/4 H	C 1510 PS-1/4 H C 1510 RS-1/4 H	0.10 이상 3 이하	275 이상 310 이하	13 이상	–	–	–	0.20 이상	70 이상 100 이하(3),(4)
	1/2 H	C 1510 PS-1/2 H C 1510 RS-1/2 H	0.10 이상 3 이하	295 이상 355 이하	6 이상	–	–	–	0.20 이상	80 이상 110 이하(3),(4)
	3/4 H	C 1510 PS-3/4 H C 1510 RS-3/4 H	0.10 이상 3 이하	325 이상 385 이하	3 이상	–	–	–	0.10 이상	100 이상 125 이하(3),(4)
	H	C 1510 PS-H C 1510 RS-H	0.10 이상 3 이하	365 이상 430 이하	2 이상	–	–	–	0.10 이상	100 이상 135 이하(3),(4)
	EH	C 1510 PS-EH C 1510 RS-EH	0.10 이상 3 이하	400 이상 450 이하	2 이상	–	–	–	0.10 이상	120 이상 140 이하(3),(4)
	SH	C 1510 PS-SH C 1510 RS-SH	0.10 이상 3이하	400 이상	2 이상	–	–	–	0.10 이상	125 이상(3),(4)

합금 번호	질별	기호	인장 시험			굽힘 시험(1)			경도 시험	
			두께 mm	인장 강도 N/mm^2	연신율 %	두께 mm	굽힘 각도	안쪽 반지름	두께 mm	비커스 경도(2) HV
C 1921	O	C 1921 PS−O C 1921 RS−O	0.10 이상 3 이하	255 이상 345 이하	30 이상	1.6 이하	180°	밀착	0.20 이상	100 이하(3), (4)
	¼ H	C 1921 PS−¼ H C 1921 RS−¼ H	0.10 이상 3 이하	275 이상 375 이하	15 이상	1.6 이하	180° 또는 W	두께의 0.5배	0.10 이상	90 이상 120 이하(3), (4)
	½ H	C 1921 PS−½ H C 1921 RS−½ H	0.10 이상 3 이하	295 이상 430 이하	4 이상	1.6 이하		두께의 1배	0.10 이상	100 이상 130 이하(3), (4)
	H	C 1921 PS−H C 1921 RS−H	0.10 이상 3 이하	335 이상 470 이하	4 이상	1.6 이하		두께의 1.5배	0.10 이상	110 이상 150 이하(3), (4)
C 1940	O3	C 1940 PS−O3 C 1940 RS−O3	0.10 이상 3이하	275 이상 345 이하	30 이상	−	−	−	0.20 이상	70 이상 95 이하(3), (4)
	O2	C 1940 PS−O2 C 1940 RS−O2	0.10 이상 3 이하	310 이상 380 이하	25 이상	−	−	−	0.20 이상	80 이상 105 이하(3), (4)
	O1	C 1940 PS−O1 C 1940 RS−O1	0.10 이상 3 이하	345 이상 415 이하	15 이상	−	−	−	0.10 이상	100 이상 125 이하(3), (4)
	½ H	C 1940 PS−½ H C 1940 RS−½ H	0.10 이상 3 이하	365 이상 435 이하	5 이상	−	−	−	0.10 이상	115 이상 137 이하(3), (4)
	H	C 1940 PS−H C 1940 RS−H	0.10 이상 3 이하	415 이상 485 이하	2 이상	−	−	−	0.10 이상	125 이상 145 이하(3), (4)
	EH	C 1940 PS−EH C 1940 RS−EH	0.10 이상 3 이하	460 이상 505 이하	−	−	−	−	0.10 이상	135 이상 150 이하(3), (4)
	SH	C 1940 PS−SH C 1940 RS−SH	0.10 이상 3 이하	480 이상 525 이하	−	−	−	−	0.10 이상	140 이상 155 이하(3), (4)
	ES H	C 1940 PS−ESH C 1940 RS−ESH	0.10 이상 3 이하	505 이상 590 이하	−	−	−	−	0.10 이상	145 이상 170 이하(3), (4)
	SS H	C 1940 PS−SSH C 1940 RS−SSH	0.10 이상 3 이하	550 이상	−	−	−	−	0.10 이상	140 이상(3), (4)
C 2051	O	C 2051 R−O	0.20 이상 0.35 이하	215 이상 255 이하	38 이상	−	−	−	−	−
			0.35 초과 0.60 이하		43 이상					

합금 번호	질별	기호	인장 시험			굽힘 시험(1)			경도 시험	
			두께 mm	인장 강도 N/mm^2	연신율 %	두께 mm	굽힘 각도	안쪽 반지름	두께 mm	비커스 경도(2) HV
C 2100	O	C 2100 P-O	0.3 이상 30 이하	205 이상	33 이상	2.0 이하	180°	밀착	–	–
		C 2100 R-O C 2100 RS-O	0.3 이상 3 이하							
	$\frac{1}{4}$ H	C 2100 P-$\frac{1}{4}$ H	0.3 이상 30 이하	225~305	23 이상	2.0 이하	180°	두께의 0.5배	–	–
		C 2100 R-$\frac{1}{4}$ H C 2100 RS-$\frac{1}{4}$ H	0.3 이상 3 이하							
	$\frac{1}{2}$ H	C 2100 P-$\frac{1}{2}$ H	0.3 이상 30 이하	265~345	18 이상	2.0 이하	180°	두께의 1배	–	–
		C 2100 R-$\frac{1}{2}$ H C 2100 RS-$\frac{1}{2}$ H	0.3 이상 3 이하							
	H	C 2100 P-H	0.3 이상 30 이하	305 이상	–	2.0 이하	180°	두께의 1.5배	–	–
		C 2100 R-H C 2100 RS-H	0.3 이상 3 이하							
C 2200	O	C 2200 P-O	0.3 이상 30 이하	225 이상	35 이상	2.0 이하	180°	밀착	–	–
		C 2200 R-O C 2200 RS-O	0.3 이상 3 이하							
	$\frac{1}{4}$ H	C 2200 P-$\frac{1}{4}$ H	0.3 이상 30 이하	225~335	25 이상	2.0 이하	180°	두께의 0.5배	–	–
		C 2200 R-$\frac{1}{4}$ H C 2200 RS-$\frac{1}{4}$ H	0.3 이상 3 이하							
	$\frac{1}{2}$ H	C 2200 P-$\frac{1}{2}$ H	0.3 이상 20 이하	285~365	20 이상	2.0 이하	180°	두께의 1배	–	–
		C 2200 R-$\frac{1}{2}$ H C 2200 RS-$\frac{1}{2}$ H	0.3 이상 3 이하							
	H	C 2200 P-H	0.3 이상 10 이하	550 이상	–	–	–	–	0.10 이상	140 이상(3),(4)
		C 2200 R-H C 2200 RS-H	0.3 이상 3 이하							
C 2300	O	C 2300 P-O	0.3 이상 30 이하	245 이상	40 이상	2.0 이하	180°	밀착	–	–
		C 2300 R-O C 2300 RS-O	0.3 이상 3 이하							
	$\frac{1}{4}$ H	C 2300 P-$\frac{1}{4}$ H	0.3 이상 30 이하	275~355	28 이상	2.0 이하	180°	두께의 0.5배	–	–
		C 2300 R-$\frac{1}{4}$ H C 2300 RS-$\frac{1}{4}$ H	0.3 이상 3 이하							
	$\frac{1}{2}$ H	C 2300 P-$\frac{1}{2}$ H	0.3 이상 20 이하	305~380	23 이상	2.0 이하	180°	두께의 1배	–	–
		C 2300 R-$\frac{1}{2}$ H C 2300 RS-$\frac{1}{2}$ H	0.3 이상 3 이하							
	H	C 2300 P-H	0.3 이상 10 이하	355 이상	–	2.0 이하	180°	두께의 1.5배	–	–
		C 2300 R-H C 2300 RS-H	0.3 이상 3 이하							

합금 번호	질별	기호	인장 시험			굽힘 시험(1)			경도 시험	
			두께 mm	인장 강도 N/mm^2	연신율 %	두께 mm	굽힘 각도	안쪽 반지름	두께 mm	비커스 경도(2) HV
C 2400	O	C 2400 P-O	0.3 이상 30 이하	255 이상	44 이상	2.0 이하	180°	밀착	–	–
		C 2400 R-O C 2400 RS-O	0.3 이상 3 이하							
	$\frac{1}{4}$ H	C 2400 P-$\frac{1}{4}$ H	0.3 이상 30 이하	295~375	30 이상	2.0 이하	180°	두께의 0.5배	–	–
		C 2400 R-$\frac{1}{4}$ H C 2400 RS-$\frac{1}{4}$ H	0.3 이상 3 이하							
	$\frac{1}{2}$ H	C 2400 P-$\frac{1}{2}$ H	0.3 이상 20 이하	325~400	25 이상	2.0 이하	180°	두께의 1배	–	–
		C 2400 R-$\frac{1}{2}$ H C 2400 RS-$\frac{1}{2}$ H	0.3 이상 3 이하							
	H	C 2400 P-H	0.3 이상 10 이하	375 이상	–	2.0 이하	180°	두께의 1.5배	–	–
		C 2400 R-H C 2400 RS-H	0.3 이상 3 이하							
C 2600	O	C 2600 P-O	0.10 이상 0.30 미만	275 이상	35 이상	2.0 이하	180°	밀착	–	–
			0.3 이상 30 이하	275 이상	40 이상					
		C 2600 R-O C 2600 RS-O	0.10 이상 0.30 미만	275 이상	35 이상					
			0.30 이상 3 이하	275 이상	40 이상					
	$\frac{1}{4}$ H	C 2600 P-$\frac{1}{4}$ H	0.10 이상 0.30 미만	325~420	30 이상	2.0 이하	180°	두께의 0.5배	0.20 이상	75~125(3),(4)
			0.3 이상 30 이하	325~410	35 이상					
		C 2600 R-$\frac{1}{4}$ H C 2600 RS-$\frac{1}{4}$ H	0.10 이상 0.30 미만	325~420	30 이상					
			0.3 이상 3 이하	325~410	35 이상					
	$\frac{1}{2}$ H	C 2600 P-$\frac{1}{2}$ H	0.10 이상 0.30 미만	355 이상 450 이하	23 이상	2.0 이하	180° 또는 W	두께의 1배	0.20 이상	85~145(3),(4)
			0.10 이상 20 이하	355 이상 440 이하	28 이상					
		C 2600 R-$\frac{1}{2}$ H C 2600 RS-$\frac{1}{2}$ H	0.3 이상 30 이하	355 이상 450 이하	23 이상					
			0.3 이상 3 이하	355 이상 440 이하	28 이상					
	$\frac{3}{4}$ H	C 2600 P-$\frac{3}{4}$ H	0.10 이상 0.30 미만	375 이상 490 이하	10 이상	2.0 이하	180° 또는 W	두께의 1.5배	0.20 이상	95~160(3),(4)
			0.3 이상 20 이하		20 이상					
		C 2600 R-$\frac{3}{4}$ H C 2600 RS-$\frac{3}{4}$ H	0.3 이상 0.30 미만		10 이상					
			0.3 이상 3 이하		20 이상					

비철 재료 데이터

합금 번호	질별	기호	인장 시험			굽힘 시험(1)			경도 시험	
			두께 mm	인장 강도 N/mm^2	연신율 %	두께 mm	굽힘 각도	안쪽 반지름	두께 mm	비커스 경도(2) HV
C 2600	H	C 2600 P−O	0.10 이상 10 이하	410~540	−	2.0 이하	180° 또는 W	두께의 1.5배	0.20 이상	105~ 175(3),(4)
		C 2600 R−O C 2600 RS−O	0.10 이상 3 이하							
	EH	C 2600 P−EH	0.10 이상 10 이하	520~620	−	−	−	−	0.10 이상	145~ 195(3),(4)
		C 2600 R−EH C 2600 RS−EH	0.10 이상 3 이하							
	SH	C 2600 P−SH	0.10 이상 10 이하	570 이상 670 이하	−	−	−	−	0.10 이상	165~ 215(3),(4)
		C 2600 R−SH C 2600 RS−SH	0.10 이상 3 이하							
	ESH	C 2600 P−ESH	0.10 이상 10 이하	620 이상	−	−	−	−	0.10 이상	180 이상(3),(4)
		C 2600 R−ESH C 2600 RS−ESH	0.10 이상 3 이하							
C 2680	O	C 2680 P−O	0.10 이상 0.30 미만	275 이상	35 이상	2.0 이하	180°	밀착	−	−
			0.3 이상 30 이하		40 이상					
		C 2680 R−O C 2680 RS−O	0.10 이상 0.3 미만		35 이상					
			0.3 이상 3 이하		40 이상					
	$\frac{1}{4}$ H	C 2680 P−$\frac{1}{4}$ H	0.10 이상 0.3 미만	325 이상 420 이하	30 이상	2.0 이하	180°	두께의 0.5배	0.20 이상	75~ 125(3),(4)
			0.3 이상 30 이하	325 이상 410 이하	35 이상					
		C 2680 R−$\frac{1}{4}$ H C 2680 RS−$\frac{1}{4}$ H	0.10 이상 0.3 미만	325 이상 420 이하	30 이상					
			0.3 이상 3 이하	325 이상 410 이하	35 이상					
C 2680	$\frac{1}{2}$ H	C 2680 P−$\frac{1}{2}$ H	0.10 이상 0.30 미만	355~450	23 이상	2.0 이하	180° 또는 W	두께의 1배	0.20 이상	85~ 145(3),(4)
			0.3 이상 20 이하	355~450	28 이상					
		C 2680 R−$\frac{1}{2}$ H C 2680 RS−$\frac{1}{2}$ H	0.10 이상 0.3 미만	355~450	23 이상					
			0.3 이상 3 이하	355~450	28 이상					
	$\frac{3}{4}$ H	C 2680 P−$\frac{3}{4}$ H	0.10 이상 0.30 미만	375 이상 490 이하	10 이상	2.0 이하	180° 또는 W	두께의 1.5배	0.20 이상	95~ 165(3),(4)
			0.3 이상 20 이하		20 이상					
		C 2680 R−$\frac{3}{4}$ H C 2680 RS−$\frac{3}{4}$ H	0.10 이상 0.3 미만		10 이상					
			0.3 이상 3 이하		20 이상					

합금 번호	질별	기호	인장 시험			굽힘 시험(1)			경도 시험	
			두께 mm	인장 강도 N/mm^2	연신율 %	두께 mm	굽힘 각도	안쪽 반지름	두께 mm	비커스 경도(2) HV
C 2680	H	C 2680 P−H	0.10 이상 10 이하	410~540	−	2.0 이하	180° 또는 W	두께의 1.5배	0.20 이상	105~ 175(3),(4)
		C 2680 R−H C 2680 RS−H	0.10이상 3 이하							
	EH	C 2680 P−EH	0.10 이상 10 이하	520 이상 620 이하	−	−	−	−	0.1 이상	145~ 195(3),(4)
		C 2680 R−EH C 2680 RS−EH	0.10 이상 3 이하							
	SH	C 2680 P−SH	0.10 이상 10 이하	570 이상 670 이하	−	−	−	−	0.10 이상	165 이상 215 이하(3),(4)
		C 2680 R−SH C 2680 RS−SH	0.10 이상 3 이하							
	ESH	C 2680 P−ESH	0.10 이상 10 이하	620 이상	−	−	−	−	0.10 이상	180 이상(3),(4)
		C 2680 R−ESH C 2680 RS−ESH	0.10 이상 3 이하							
C 2720	O	C 2720 P−O	0.3 이상 1 이하	275 이상	40 이상	2.0 이하	180°	밀착	−	−
			1 초과 30 이하		50 이상					
		C 2720 R−O C 2720 RS−O	0.3 이상 1 이하	275 이상	40 이상	2.0 이하	180°	밀착	−	−
			1 초과 3 이하	275 이상	50 이상					
	$\frac{1}{4}$ H	C 2720 P−$\frac{1}{4}$ H	0.3 이하 30 이하	325~420	35 이상	2.0 이하	180°	두께의 0.5배	0.30 이상	75~ 125(3)
		C 2720 R−$\frac{1}{4}$ H C 2720 RS−$\frac{1}{4}$ H	0.3 이상 3 이하							
	$\frac{1}{2}$ H	C 2720 R−$\frac{1}{2}$ H C 2720 RS−$\frac{1}{2}$ H	0.3 이상 20 이하	355~440	28 이상	2.0 이하	180°	두께의 1배	0.30 이상	85~ 145(3)
			0.3 이상 3 이하							
C 2720	H	C 2720 P−H	0.3 이상 10 이하	410 이상	−	2.0 이하	180°	두께의 1.5배	0.30 이상	105 이상(3)
		C 2720 R−H C 2720 RS−H	0.3 이상 3 이하							
C 2801	O	C 2801 P−O	0.3 이상 1 이하	325 이상	35 이상	2.0 이하	180°	두께의 1배	−	−
			1 초과 30 이하		40 이상					
		C 2801 R−O C 2801 RS−O	0.3 이상 1 이하		35 이상				−	−
			1 초과 3 이하		40 이상					
	$\frac{1}{4}$ H	C 2801 P−$\frac{1}{4}$ H	0.3 이상 30 이하	355~440	25 이상	2.0 이하	180°	두께의 1.5배	0.30 이상	85~ 145(3)
		C 2801 R−$\frac{1}{4}$ H C 2801 RS−$\frac{1}{4}$ H	0.3이상 3 이하							

비철 재료 데이터

합금 번호	질별	기호	인장 시험			굽힘 시험(1)			경도 시험	
			두께 mm	인장 강도 N/mm²	연신율 %	두께 mm	굽힘 각도	안쪽 반지름	두께 mm	비커스 경도(2) HV
C 2801	$\frac{1}{2}$ H	C 2801 P－$\frac{1}{2}$ H	0.3 이상 20 이하	410~490	15 이상	2.0 이하	180°	두께의 1.5배	0.30 이상	105~160(3)
		C 2801 R－$\frac{1}{2}$ H C 2801 RS－$\frac{1}{2}$ H	0.3 이상 3 이하							
	H	C 2801 P－H	0.3 이상 10 이하	470 이상	－	2.0 이하	90°	두께의 1배	0.30 이상	130 이상(3)
		C 2801 R－H C 2801 RS－H	0.3 이상 3 이하							
C 3560	$\frac{1}{4}$ H	C 3560 P－$\frac{1}{4}$ H	0.3 이상 10 이하	345~430	18 이상	－	－	－	－	－
		C 3560 R－$\frac{1}{4}$ H	0.3 이상 2 이하							
	$\frac{1}{2}$ H	C 3560 P－$\frac{1}{2}$ H	0.3 이상 10 이하	375~460	10 이상	－	－	－	－	－
		C 3560 R－$\frac{1}{2}$ H	0.3 이상 2 이하							
	H	C 3560 P－H	0.3 이상 10 이하	420 이상	－	－	－	－	－	－
		C 3560 R－H	0.3 이상 2 이하							
C 3561	$\frac{1}{4}$ H	C 3561 P－$\frac{1}{4}$ H	0.3 이하 10 이하	375~460	15 이상	－	－	－	－	－
		C 3561 R－$\frac{1}{4}$ H	0.3 이상 2 이하							
	$\frac{1}{2}$ H	C 3561 P－$\frac{1}{2}$ H	0.3 이상 10 이하	420~510	8 이상	－	－	－	－	－
		C 3561 R－$\frac{1}{2}$ H	0.3 이상 3 이하							
	H	C 3561 P－H	0.3 이상 10 이하	470 이상	－	－	－	－	－	－
		C 3561 R－H	0.3 이상 2 이하							
C 3710	$\frac{1}{4}$ H	C 3710 P－$\frac{1}{4}$ H	0.3 이상 10 이하	375~460	20 이상	－	－	－	－	－
		C 3710 R－$\frac{1}{4}$ H	0.3 이상 2 이하							
	$\frac{1}{2}$ H	C 3710 P－$\frac{1}{2}$ H	0.3 이상 10 이하	420~510	18 이상	－	－	－	－	－
		C 3710 R－$\frac{1}{2}$ H	0.3 이상 2 이하							
	H	C 3710 P－H	0.3 이상 10 이하	470 이상	－	－	－	－	－	－
		C 3710 R－H	0.3 이상 2 이하							
C 3713	$\frac{1}{4}$ H	C 3713 P－$\frac{1}{4}$ H	0.3 이상 10 이하	375~460	18 이상	－	－	－	－	－
		C 3713 R－$\frac{1}{4}$ H	0.3 이상 2 이하							

합금 번호	질별	기호	인장 시험			굽힘 시험(1)			경도 시험	
			두께 mm	인장 강도 N/mm^2	연신율 %	두께 mm	굽힘 각도	안쪽 반지름	두께 mm	비커스 경도(2) HV
C 3713	$\frac{1}{2}$ H	C 3713 P−$\frac{1}{2}$ H	0.3 이상 10 이하	420~510	10 이상	−	−	−	−	−
		C 3713 R−$\frac{1}{2}$ H	0.3 이상 2 이하							
	H	C 3713 P−H	0.3 이상 10 이하	470 이상	−	−	−	−	−	−
		C 3713 R−H	0.3 이상 2 이하							
C 4250	O	C 4250 P−O	0.3 이상 30 이하	295 이상	35 이상	1.6 이하	180°	두께의 1배	−	−
		C 4250 R−O C 4250 RS−O	0.3 이상 3 이하							
	$\frac{1}{4}$ H	C 4250 P−$\frac{1}{4}$ H	0.3 10 이하	335~420	25 이상	1.6 이하	180°	두께의 1.5배	0.30 이상	80~140(3)
		C 4250 R−$\frac{1}{4}$ H C 4250 RS−$\frac{1}{4}$ H	0.3 이상 2 이하							
	$\frac{1}{2}$ H	C 4250 P−$\frac{1}{2}$ H	0.3 이상 20 이하	390~480	15 이상	1.6 이하	180°	두께의 2배	0.30 이상	110~170(3)
		C 4250 R−$\frac{1}{2}$ H C 4250 RS−$\frac{1}{2}$ H	0.3 이상 3 이하							
	$\frac{3}{4}$ H	C 4250 P−$\frac{3}{4}$ H	0.3 이상 20 이하	420~510	5 이상	1.6 이하	180°	두께의 2.5배	0.30 이상	140~180(3)
		C 4250 R−$\frac{3}{4}$ H C 4250 RS−$\frac{3}{4}$ H	0.3 이상 3 이하							
	H	C 4250 P−H	0.3 이상 10 이하	480~570	−	1.6 이하	180°	두께의 3배	0.30 이상	140~200(3)
		C 4250 R−H C 4250 RS−H	0.3 이상 3 이하							
	EH	C 4250 P−EH	0.3 이상 10 이하	520 이상	−	−	−	−	0.30 이상	150 이상(3)
		C 4250 R−EH C 4250 RS−EH	0.3 이상 3 이하							
C 4430	F	C 4430 P−F	0.3 이상 30 이하	315 이상	35 이상	−	−	−	−	−
	O	C 4430 R−O	0.3 이상 3 이하							
C 4621	F	C 4621 P−F	0.8 이상 20 이하	375 이상	20 이상				−	−
			20 초과 40 이하	345 이상						
			40 초과 125 이하	315 이상						
C 4640	F	C 4640 P−F	0.8 이상 20 이하	375 이상	25 이상	−	−	−	−	−
			20 초과 40 이하	345 이상						
			40 초과 125 이하	315 이상						

합금 번호	질별	기호	인장 시험			굽힘 시험(1)			경도 시험	
			두께 mm	인장 강도 N/mm^2	연신율 %	두께 mm	굽힘 각도	안쪽 반지름	두께 mm	비커스 경도(2) HV
C 6140	F	C 6140 P-F	4 이상 50 이하	480 이상	35 이상	–	–	–	–	–
			50 초과 125 이하	450 이상						
	O	C 6140 P-O	4 이상 50 이하	480 이상	35 이상	–	–	–	–	–
			50 초과 125 이하	450 이상						
	H	C 6140 P-H	4 이상 12 이하	550 이상	25 이상	–	–	–	–	–
			12 초과 25 이하	480 이상	30 이상					
C 6161	F	C 6161 P-F	0.8 이상 50 이하	490 이상	30 이상	–	–	–	–	–
			50 초과 125 이하	450 이상	35 이상					
	O	C 6161 P-O	0.8 이상 50 이하	490 이상	35 이상	2.0 이하	180°	두께의 1배	–	–
			50 초과 125 이하	450 이상	35 이상	–	–	–		
	1/2 H	C 6161 P-1/2 H	0.8 이상 50 이하	635 이상	25 이상	2.0 이하	180°	두께의 2배	–	–
			50 초과 125 이하	590 이상	20 이상	–	–	–	–	–
	H	C 6161 P-H	0.8 이상 50 이하	685 이상	10 이상	2.0 이하	180°	두께의 3배	–	–
C 6280	F	C 6280 P-F	0.8 이상 50 이하	620 이상	10 이상	–	–	–	–	–
			50 초과 90 이하	590 이상						
			90 초과 125 이하	550 이상						
C 6301	F	C 6301 P-F	0.8 이상 50 이하	635 이상	15 이상	–	–	–	–	–
			50 초과 125 이하	590 이상	12 이상					
C 6711	H	C 6711 P-H	–	–	–	–	–	–	0.25 이상 1.5 이하	190 이상
C 6712	H	C 6712 P-H	–	–	–	–	–	–	0.25 이상 1.5 이하	160 이상
C 7060	F	C 7060 P-F	0.5 이상 50 이하	275 이상	30 이상	–	–	–	–	–
C 7150	F	C 7150 P-F	0.5 이상 50 이하	345 이상	35 이상	–	–	–	–	–

5. 스프링용 베릴륨동, 티타늄동, 인청동 및 양백의 판 및 띠 KS D 5202 : 2009

■ 종류 및 기호

종류			참고	
합금 번호	모양	기호	명칭	특징 및 용도 보기
C 1700	판	C 1700 P	스프링용 베릴륨동	내식성이 좋고, 시효 경화 처리 전은 전연성이 좋고, 시효 경화 처리 후는 내피로성, 전도성이 증가한다. 압연 가공재를 제외하고, 시효 경화 처리는 성형 가공 후에 한다. 고성능 스프링, 계전기용 스프링, 전기 기기용 스프링, 마이크로 스위치, 다이어프램, 시계용 기어, 퓨즈 클립, 커넥터, 소켓 등
	띠	C 1700 R		
C 1720	판	C 1720 P		
	띠	C 1720 R		
C 1751	판	C 1751 P	스프링용 베릴륨동	내식성이 좋고, 시효 경화 처리 후는 내피로성, 전도성이 증가한다. 특히 전도성은 순동의 절반 이상의 전도율을 가진다. 스위치, 릴레이, 전극 등
	띠	C 1751 R		
C 1990	판	C 1990 P	스프링용 티타늄동	시효 경화형 구리 합금의 압연 가공재로 전연성, 내식성, 내마모성, 내피로성이 좋고 특히 응력 완화 특성, 내열성이 우수한 고성능 스프링재이다. 전자, 통신, 정보, 전기, 계측기 등의 스위치, 커넥터, 릴레이 등
	띠	C 1990 R		
C 5210	판	C 5210 P	스프링용 인청동	전연성, 내피로성, 내식성이 좋다. 특히 저온 어닐링이 되어 있으므로 고성능 스프링재에 적합하다. 질별 SH는 거의 굽힘 가공을 하지 않는 판스프링에 사용된다. 전자, 통신, 정보, 전기, 계측 기기용의 스위치, 커넥터, 릴레이 등
	띠	C 5210 R		
C 7701	판	C 7701 P	스프링용 양백	광택이 아름답고 전연성, 내피로성, 내식성이 좋다. 특히 저온 어닐링이 되어 있으므로 고성능 스프링재에 적합하다. 질별 SH는 거의 굽힘 가공을 하지 않는 판스프링에 사용된다. 전자, 통신, 정보, 전기, 계측 기기용의 스위치, 커넥터, 릴레이 등
	띠	C 7701 R		

■ 화학 성분

합금번호	화학 성분(질량 %)															
	Cu	Pb	Fe	Sn	Zn	Be	Mn	Ni	Ni+Co	Ni+Co+Fe	P	Ti	Cu+Sn+Ni	Cu+Be+Ni	Cu+Be+Ni+Co+Fe	Cu+Ti
C 1700	–	–	–	–	–	1.60~1.79	–	–	0.20 이상	0.6 이하	–	–	–	–	99.5 이상	–
C 1720	–	–	–	–	–	1.80~2.00	–	–	0.20 이상	0.6 이하	–	–	–	–	99.5 이상	–
C 1751	–	–	–	–	–	0.2~0.6	–	1.4~2.2	–	–	–	–	–	99.5 이상	–	–
C 1990	–	–	–	–	–	–	–	–	–	–	–	2.9~3.5	–	–	–	99.5 이상
C 5210	–	0.02 이하	0.10 이하	7.0~9.0	0.20 이하	–	–	–	–	–	0.03~0.35	–	99.7 이상	–	–	–
C 7701	54.0~58.0	0.03 이하	0.25 이하	–	나머지	–	0~0.50	16.5~19.5	–	–	–	–	–	–	–	–

6. 이음매 없는 구리 및 구리합금 관 KS D 5301 : 2009

■ 종류, 등급 및 기호

종류		등급	기호	참고	
합금번호	모양			명칭	특색 및 용도 보기
C 1020	관	보통급	C 1020 T	무산소동	전기 · 열전도성, 전연성 · 드로잉성이 우수하고, 용접성 · 내식성 · 내후성이 좋다. 고온의 환원성 분위기에서 가열하여도 수소 취화를 일으키지 않는다. 열교환기용, 전기용, 화학 공업용, 급수 · 급탕용 등
		특수급	C 1020 TS		
C 1100	관	보통급	C 1100 T	타프피치동	전기 · 열전도성이 우수하고, 드로잉성 · 내식성 · 내후성이 좋다. 전기 부품 등
		특수급	C 1100 TS		
C 1201	관	보통급	C 1201 T	인탈산동	압광성 · 굽힘성 · 드로잉성 · 용접성 · 내식성 · 열전도성이 좋다. C 1220은 고온의 환원성 분위기에서 가열하여도 수소 취화를 일으키지 않는다. 수도용 및 급탕용에 사용 가능 C 1201은 C 1220보다 전기 전도성이 좋다. 열교환기용, 화학 공업용, 급수 · 급탕용, 가스관 등
		특수급	C 1201 TS		
C 1220	관	보통급	C 1220 T		
		특수급	C 1220 TS		
C 2200	관	보통급	C 2200 T	단동	색깔과 광택이 아름답고, 압광성 · 굽힘성 · 드로잉성 · 내식성이 좋다. 화장품 케이스, 급배수관, 이음쇠 등
		특수급	C 2200 TS		
C 2300	관	보통급	C 2300 T		
		특수급	C 2300 TS		
C 2600	관	보통급	C 2600 T	황동	압광성 · 굽힘성 · 드로잉성 · 도금성이 좋다. 열교환기, 커튼봉, 위생관, 모든 기기 부품, 안테나 로드 등 C 2800은 강도가 높다. 정당용, 선박용 모든 기기 부품 등
		특수급	C 2600 TS		
C 2700	관	보통급	C 2700 T		
		특수급	C 2700 TS		
C 2800	관	보통급	C 2800 T		
		특수급	C 2800 TS		
C 4430	관	보통급	C 4430 T	복수기용 황동	내식성이 좋고, 특히 C 6870 · C 6871 · C 6872는 내해수성이 좋다. 화력 · 원자력 발전용 복수기, 선박용 복수기, 급수 가열기, 증류기, 유냉각기, 조수장치 등의 열교환기용
		특수급	C 4430 TS		
C 6870	관	보통급	C 6870 T		
		특수급	C 6870 TS		
C 6871	관	보통급	C 6871 T		
		특수급	C 6871 TS		
C 6872	관	보통급	C 6872 T		
		특수급	C 6872 TS		
C 7060	관	보통급	C 7060 T	복수기용 백동	내식성, 특히 내해수성이 좋고, 비교적 고온의 사용에 적합하며 선박용 복수기, 급수 가열기, 화학 공업용, 조수 장치용 등
		특수급	C 7060 TS		
C 7100	관	보통급	C 7100 T		
		특수급	C 7100 TS		
C 7150	관	보통급	C 7150 T		
		특수급	C 7150 TS		
C 7164	관	보통급	C 7164 T		
		특수급	C 7164 TS		

■ 관의 화학 성분

합금 번호	화학 성분 (질량%)											
	Cu	Pb	Fe	Sn	Zn	Al	As	Mn	Ni	P	Si	Cu+Fe+Mn+Ni
C 1020	99.96 이상	–	–	–	–	–	–	–	–	–	–	–
C 1100	99.90 이상	–	–	–	–	–	–	–	–	–	–	–
C 1201	99.90 이상	–	–	–	–	–	–	–	–	0.004 이상 0.015 미만	–	–
C 1220	99.90 이상	–	–	–	–	–	–	–	–	0.015~0.040	–	–
C 2200	89.0~91.0	0.05 이하	0.05 이하	–	나머지	–	–	–	–	–	–	–
C 2300	84.0~86.0	0.05 이하	0.05 이하	–	나머지	–	–	–	–	–	–	–
C 2600	68.5~71.5	0.05 이하	0.05 이하	–	나머지	–	–	–	–	–	–	–
C 2700	63.0~67.0	0.05 이하	0.05 이하	–	나머지	–	–	–	–	–	–	–
C 2800	59.0~63.0	0.10 이하	0.07 이하	–	나머지	–	–	–	–	–	–	–
C 4430	70.0~73.0	0.05 이하	0.05 이하	0.9~1.2	나머지	–	0.02~0.06	–	–	–	–	–
C 6870	76.0~79.0	0.05 이하	0.05 이하	–	나머지	1.8~2.5	0.02~0.06	–	–	–	–	–
C 6871	76.0~79.0	0.05 이하	0.05 이하	–	나머지	1.8~2.5	0.02~0.06	–	–	–	0.20~0.50	–
C 6872	76.0~79.0	0.05 이하	0.05 이하	–	나머지	1.8~2.5	0.02~0.06	–	0.20~1.0	–	–	–
C 7060	–	0.05 이하	1.0~1.8	–	0.05 이하	–	–	0.20~1.0	9.0~11.0	–	–	99.5 이상
C 7100	–	0.05 이하	0.50~1.0	–	0.05 이하	–	–	0.20~1.0	19.0~23.0	–	–	99.5 이상
C 7150	–	0.05 이하	0.40~1.0	–	0.05 이하	–	–	0.20~1.0	29.0~33.0	–	–	99.5 이상
C 7164	–	0.05 이하	1.7~2.3	–	0.05 이하	–	–	1.5~2.5	29.0~32.0	–	–	99.5 이상

■ 관의 기계적 성질 및 물리적 성질의 시험항목 (압력 용기용은 제외)

합금번호	질별	기호	바깥지름 mm	기계적 성질 및 물리적 성질을 표시하는 시험항목										
				인장강도	연신율	경도	결정입도	압광	편평	비파괴검사(1)	도전율	수소취화(2)	경시균열	용출성능(3)
C 1020	O	C 1020 T−O	50 이하	○	○	△	△	○	−	△	△	○	−	−
		C 1020 TS−O	50 초과 100 이하	○	○	△	△	○	−	−	△	○	−	−
	OL	C 1020 T−OL	50 이하	○	○	△	△	○	−	△	△	○	−	−
		C 1020 TS−OL	50 초과 100 이하	○	○	△	△	○	−	−	△	○	−	−
	$\frac{1}{2}$ H	C 1020 T−$\frac{1}{2}$ H	50 이하	○	−	△	−	−	−	△	△	○	−	−
		C 1020 TS−$\frac{1}{2}$ H	50 초과 100 이하	○	−	△	−	−	−	−	△	○	−	−
C 1020	H	C 1020 T−H C 1020 TS−H	50 이하	○	−	△	−	−	−	△	△	○	−	−
			50 초과 100 이하	○	−	△	−	−	−	−	△	○	−	−
C 1100	O	C 1100 T−O C 1100 TS−O	50 이하	○	○	△	−	○	−	△	△	−	−	−
			50 초과 100 이하	○	○	△	−	○	−	−	△	−	−	−
			100 초과	○	○	△	−	−	○	−	△	−	−	−
	$\frac{1}{2}$ H	C 1100 T−$\frac{1}{2}$ H C 1100 TS−$\frac{1}{2}$ H	50 이하	○	−	△	−	−	−	△	△	−	−	−
			50 초과 100 이하	○	−	△	−	−	−	−	△	−	−	−
	H	C 1100 T−H C 1100 TS−H	50 이하	○	−	△	−	−	−		△	−	−	−
			50 초과 100 이하	○	−	△	−	−	−	−	△	−	−	−
C 1201 C 1220	O	C 1201 T−O	50 이하	○	○	△	△	○	−	△(1)	−	△(2)	−	△(3)
		C 1201 TS−O C 1220 T−O	50 초과 100 이하	○	○	△	△	○	−	△(1)	−	△(2)	−	△(3)
		C 1220 TS−O	100 초과	○	○	△	△	−	○	△(1)	−	△(2)	−	△(3)
	OL	C 1201 T−OL	50 이하	○	○	△	△	○	−	△(1)	−	△(2)	−	△(3)
		C 1201 TS−OL C 1220 T−O	50 초과 100 이하	○	○	△	△	○	−	△(1)	−	△(2)	−	△(3)
		C 1220 T−OL	100 초과	○	○	△	△	−	○	△(1)	−	△(2)	−	△(3)
	$\frac{1}{2}$ H	C 1201 T−$\frac{1}{2}$ H	50 이하	○	−	△	−	−	−	△(1)	−	△(2)	−	△(3)
		C 1201 TS−$\frac{1}{2}$ H C 1220 T−$\frac{1}{2}$ H	50 초과 100 이하	○	−	△	−	−	−	△(1)	−	△(2)	−	△(3)
		C 1220 TS−$\frac{1}{2}$ H	100 초과	○	−	△	−	−	−	△(1)	−	△(2)	−	△(3)
	H	C 1201 T−H	50 이하	○	−	△	−	−	−	△(1)	−	△(2)	−	△(3)
		C 1201 TS−H C 1220 T−H	50 초과 100 이하	○	−	△	−	−	−	△(1)	−	△(2)	−	△(3)
		C 1220 TS−H	100 초과	○	−	△	−	−	−	△(1)	−	△(2)	−	△(3)
C 2200 C 2300	O	C 2200 T−O	50 이하	○	○	△	△	○	−	△		−	−	−
		C 2200 TS−O C 2300 T−O	50 초과 100 이하	○	○	△	△	○	−	−	−	−	−	−
		C 2300 TS−O	100 초과	○	○	△	△	−	○	−	−	−	−	−

합금 번호	질별	기호	바깥지름 mm	기계적 성질 및 물리적 성질을 표시하는 시험항목										
				인장 강도	연신율	경도	결정 입도	압광	편평	비파괴 검사(1)	도전율	수소 취화(2)	경시 균열	용출 성능(3)
C 2200 C 2300	OL	C 2200 T−OL	50 이하	○	○	△	△	○	−	△	−	−	−	−
		C 2200 TS−OL C 2300 T−OL	50 초과 100 이하	○	○	△	△	○	−	−	−	−	−	−
		C 2300 TS−OL	100 초과	○	○	△	△	−	○	−	−	−	−	−
	$\frac{1}{2}$ H	C 2200 T−$\frac{1}{2}$ H C 2200 TS−$\frac{1}{2}$ H	50 이하	○	○	△	−	−	−	△	−	−	−	−
		C 2300 T−$\frac{1}{2}$ H C 2300 TS−$\frac{1}{2}$ H	50 초과	○	○	△	−	−	−	−	−	−	−	−
	H	C 2200 T−H C 2200 TS−H	50 이하	○	−	△	−	−	−	△	−	−	−	−
		C 2300 T−H C 2300 TS−H	50 초과	○	−	△	−	−	−	−	−	−	−	−
C 2600 C 2700	O	C 2600 T−O	50 이하	○	○	△	△	○	−	△	−	−	□	−
		C 2600 TS−O C 2700 T−O	50 초과 100 이하	○	○	△	△	○	−	−	−	−	□	−
		C 2700 TS−O	100 초과	○	○	△	△	−	○	−	−	−	□	−
	OL	C 2600 T−OL	50 이하	○	○	△	△	○	−	△	−	−	□	−
		C 2600 TS−OL C 2700 T−OL	50 초과 100 이하	○	○	△	△	○	−	−	−	−	□	−
		C 2700 TS−OL	100 초과	○	○	△	△	−	○	−	−	−	□	−
C 2600 C 2700	$\frac{1}{2}$ H	C 2600 T−$\frac{1}{2}$ H C 2600 TS−$\frac{1}{2}$ H	50 이하	○	○	△	−	−	−	△	−	−	□	−
		C 2700 T−$\frac{1}{2}$ H C 2700 TS−$\frac{1}{2}$ H	50 초과	○	○	△	−	−	−	−	−	−	□	−
	H	C 2600 T−H C 2600 TS−H	50 이하	○	−	△	−	−	−	△	−	−	□	−
		C 2700 T−H C 2700 TS−H	50 초과	○	−	△	−	−	−	−	−	−	□	−
C 2800	O	C 2800 T−O C 2800 TS−O	50 이하	○	○	−	−	○	−	△	−	−	□	−
			50 초과 100 이하	○	○	−	−	○	−	−	−	−	□	−
			100 초과	○	○	−	−	−	○	−	−	−	□	−
	OL	C 2800 T−OL C 2800 TS−OL	50 이하	○	○	△	−	○	−	△	−		□	−
			50 초과 100 이하	○	○	△	−	○	−	−	−	−	□	−
			100 초과	○	○	△	−	−	○	−	−	−	□	−
	$\frac{1}{2}$ H	C 2800 T−$\frac{1}{2}$ H	50 이하	○	○	△	−	−	−	△	−	−	□	−
		C 2800 TS−$\frac{1}{2}$ H	50 초과	○	○	△	−	−	−	−	−	−	□	−
	H	C 2800 T−H	50 이하	○	−	−	−	−	−	△	−	−	□	−
		C 2800 TS−H	50 초과	○	−	−	−	−	−	−	−	−	□	−

합금 번호	질별	기호	바깥지름 mm	기계적 성질 및 물리적 성질을 표시하는 시험항목										
				인장 강도	연신율	경도	결정 입도	압광	편평	비파괴 검사(1)	도전율	수소 취화(2)	경시 균열	용출 성능(3)
C 2600 C 2700	$\frac{1}{2}$ H	C 2600 T−$\frac{1}{2}$ H C 2600 TS−$\frac{1}{2}$ H	50 이하	○	○	△	−	−	−	△	−	−	□	−
		C 2700 T−$\frac{1}{2}$ H C 2700 TS−$\frac{1}{2}$ H	50 초과	○	○	△	−	−	−	−	−	−	□	−
	H	C 2600 T−H C 2600 TS−H	50 이하	○	−	△	−	−	−	△	−	−	□	−
		C 2700 T−H C 2700 TS−H	50 초과	○	−	△	−	−	−	−	−	−	□	−
C 2800	O	C 2800 T−O C 2800 TS−O	50 이하	○	○	−	−	○	−	△	−	−	□	−
			50 초과 100 이하	○	○	−	−	○	−	−	−	−	□	−
			100 초과	○	○	−	−	−	○	−	−	−	□	−
	OL	C 2800 T−OL C 2800 TS−OL	50 이하	○	○	△	−	○	−	△	−		□	−
			50 초과 100 이하	○	○	△	−	○	−	−	−	−	□	−
			100 초과	○	○	△	−	−	○	−	−	−	□	−
	$\frac{1}{2}$ H	C 2800 T−$\frac{1}{2}$ H	50 이하	○	○	△	−	−	−	△	−	−	□	−
		C 2800 TS−$\frac{1}{2}$ H	50 초과	○	○	△	−	−	−	−	−	−	□	−
	H	C 2800 T−H	50 이하	○	−	−	−	−	−	△	−	−	□	−
		C 2800 TS−H	50 초과	○	−	−	−	−	−	−	−	−	□	−
C 4430 C 6870 C 6871 C 6872	O	C 4430 T−O C 4430 TS−O	50 이하	○	○	−	△	○	○	○	−	−	□	−
		C 6870 T−O C 6870 TS−O C 6871 T−O	50 초과 100 이하	○	○	−	△	○	○	−	−	−	□	−
		C 6871 TS−O C 6872 T−O C 6872 TS−O	100 초과	○	○	−	△	−	○	−	−	−	□	−
C 7060 C 7100 C 7150 C 7164	O	C 7060 T−O C 7060 TS−O	50 이하	○	○	−	△	○	○	○	−	−	−	−
		C 7100 T−O C 7100 TS−O C 7150 T−O	50 초과 100 이하	○	○	−	△	○	○	−	−	−	−	−
		C 7150 TS−O C 7164 T−O C 7164 TS−O	100 초과	○	○	−	△	−	○	−	−	−	−	−

■ 압력 용기용 구리합금 관의 기계적 성질 및 물리적 성질의 시험항목

합금 번호	질별	기호	바깥지름 mm	기계적 성질 및 물리적 성질을 표시하는 시험항목							
				인장 강도	내력(1)	연신율	결정 입도	압광	편평	비파괴 검사	경시 균열
C 2800	O	C 2800 T－O C 2800 TS－O	50 이하	○	○	○	－	○	－	○	□
			50 초과 100 이하	○	○	○	－	○	－	－	□
			100 초과	○	○	○	－	－	○	－	□
C 4430	O	C 4430 T－O C 4430 TS－O	50 이하	○	○	○	△	○	○	○	□
			50 초과 100 이하	○	○	○	△	○	○	－	□
			100 초과	○	○	○	△	－	○	－	□
C 7060	O	C 7060 T－O C 7060 TS－O	50 이하	○	○	○	△	○	○	○	－
			50 초과 100 이하	○	○	○	△	○	○	－	－
			100 초과	○	○	○	△	－	○	－	－
C 7150	O	C 7150 T－O C 7150 TS－O	50 이하	○	○	○	△	○	○	○	－
			50 초과 100 이하	○	○	○	△	○	○	－	－
			100 초과	○	○	○	△	－	○	－	－

7. 전자 부품용 무산소 동의 판, 띠, 이음매 없는 관, 봉 및 선 KS D 5401 : 2009

■ 판, 띠, 관, 봉, 및 선의 종류 및 기호

종류			기 호
합금 번호	형 상	등급 또는 제법	
C 1011	판	－	C 1011 P
	띠	－	C 1011 R
	관	보통급	C 1011 T
	관	특수급	C 1011 TS
	봉	압출	C 1011 BE
	봉	인발	C 1011 BD
	선	－	C 1011 W

■ 판, 띠, 관, 봉, 및 선의 화학 성분

합금 번호	화학 성분(질량 %)										
	Cu	Pb	Zn	Bi	Cd	Hg	O	P	S	Se	Te
C 1011	99.99 이상	0.001 이하	0.0001 이하	0.001 이하	0.0001 이하	0.0001 이하	0.001 이하	0.0003 이하	0.0018 이하	0.001 이하	0.001 이하

8. 인청동 및 양백의 판 및 띠 KS D 5506 : 2009

■ 종류 및 기호

종류		기 호	참 고	
합금 번호	형 상		명 칭	특색 및 용도 보기
C 5111	판	C 5111 P	인청동	전연성, 내피로성, 내식성이 우수하다. 합금 번호 C 5191, C 5212는 스프링 재료에 적합하다. 단, 특별히 고성능의 탄력성을 요구하는 경우에는 스프링용 인청동을 사용하는 것이 좋다. 전자, 전기 기기용 스프링, 스위치, 리드 프레임, 커넥터, 다이어프램, 베로, 퓨즈 클립, 섭동편, 볼베어링, 부시, 타악기 등
	띠	C 5111 R		
C 5102	판	C 5102 P		
	띠	C 5102 R		
C 5191	판	C 5191 P		
	띠	C 5191 R		
C 5212	판	C 5212 P		
	띠	C 5212 R		
C 7351	판	C 7351 P	양백	광택이 아름답고 전연성, 내피로성, 내식성이 좋다. 합금 번호 C 7351, C 7521은 수축성이 풍부하다. 수정 발진자 케이스, 트랜지스터 캡, 볼륨용 섭동편, 시계 문자판, 장식품, 양식기, 의료 기기, 건축용, 관악기 등
	띠	C 7351 R		
C 7451	판	C 7451 P		
	띠	C 7451 R		
C 7521	판	C 7521 P		
	띠	C 7521 R		
C 7541	판	C 7541 P		
	띠	C 7541 R		

■ 화학 성분

합금 번호	화학 성분 (질량 %)								
	Cu	Pb	Fe	Sn	Zn	Mn	Ni	P	Cu+Sn+P
C 5111	–	0.02 이하	0.10 이하	3.5~4.5	0.20 이하	–	–	0.03~0.35	99.5 이상
C 5102	–	0.02 이하	0.10 이하	4.5~5.5	0.20 이하	–	–	0.03~0.35	99.5 이상
C 5191	–	0.02 이하	0.10 이하	5.5~7.0	0.20 이하	–	–	0.03~0.35	99.5 이상
C 5212	–	0.02 이하	0.10 이하	7.0~9.0	0.20 이하	–	–	0.03~0.35	99.5 이상
C 7351	70.0~75.0	0.03 이하	0.25 이하	–	나머지	0~0.50	16.5~19.5	–	–
C 7451	63.0~67.0	0.03 이하	0.25 이하	–	나머지	0~0.50	8.5~11.0	–	–
C 7521	62.0~66.0	0.03 이하	0.25 이하	–	나머지	0~0.50	16.5~19.5	–	–
C 7541	60.0~64.0	0.03 이하	0.25 이하	–	나머지	0~0.50	12.5~15.5	–	–

9. 구리 버스바 KS D 5530 : 2009

■ 종류 및 기호와 화학 성분

종류	기 호	참고	화학 성분
합금 번호		특색 및 용도 보기	Cu(질량 %)
C 1020	C 1020 BB	전기의 전도성이 우수하다. 각종 도체, 스위치 바 등	99.96 이상
C 1100	C 1100 BB		99.90 이상

■ 기계적 성질

합금 번호	질별	기호	인장 시험			굽힘 시험		
			두께 mm	인장 강도 N/mm^2	연신율 %	두께 mm	굽힘 각도	안쪽 반지름
C 1020 C 1100	O	C 1020 BB-O C 1100 BB-O	2.0 이상 30 이하	195 이상	35 이상	2.0 이상 15 이하	180°	두께의 0.5배
	1/4H	C 1020 BB-1/4H C 1100 BB-1/4H	2.0 이상 30 이하	215~275	25 이상	2.0 이상 15 이하	180°	두께의 1.0배
	1/2H	C 1020 BB-1/2H C 1100 BB-1/2H	2.0 이상 20 이하	245~315	15 이상	2.0 이상 15 이하	90°	두께의 1.5배
	H	C 1020 BB-H C 1100 BB-H	2.0 이상 10 이하	275 이상	–	–	–	–

10. 구리 및 구리 합금 용접관 KS D 5545 : 2009

■ 종류, 등급 및 기호

종류		등급	기호	참고	
합금 번호	모양			명칭	용도 보기
C 1220	용접관	보통급	C 1220 TW	인탈산동	압광성, 굽힘성, 수축성, 용접성, 내식성, 열전도성이 좋다. 환원성 분위기 속에서 고온으로 가열하여도 수소 취하를 일으킬 염려가 없다. 열교환기용, 화학 공업용, 급수, 급탕용, 가스관용 등
		특수급	C 1220 TWS		
C 2600	용접관	보통급	C 2600 TW	황동	압광성, 굽힘성, 수축성, 도금성이 좋다. 열교환기, 커튼레일, 위생관, 모든 기기 부품용, 안테나용 등
		특수급	C 2600 TWS		
C 2680	용접관	보통급	C 2680 TW		
		특수급	C 2680 TWS		
C 4430	용접관	보통급	C 4430 TW	어드미럴티 황동	내식성이 좋다. 가스관용, 열교환기용 등
		특수급	C 4430 TWS		
C 4450	용접관	보통급	C 4450 TW	인이 첨가된 어드미럴티 황동	내식성이 좋다. 가스관용 등
		특수급	C 4450 TWS		
C 7060	용접관	보통급	C 7060 TW	백동	내식성, 특히 내해수성이 좋고 비교적 고온의 사용에 적합하다. 악기용, 건재용, 장식용, 열교환기용 등
		특수급	C 7060 TWS		
C 7150	용접관	보통급	C 7150 TW		
		특수급	C 7150 TWS		

■ 화학 성분

합금 번호	화학 성분 (질량 %)								
	Cu	Pb	Fe	Sn	Zn	Mn	Ni	P	기타
C 1220	99.90 이상	–	–	–	–	–	–	0.015~0.040	–
C 2600	68.5~71.5	0.05 이하	0.05 이하	–	나머지	–	–	–	–
C 2680	64.0~68.0	0.07 이하	0.05 이하	–	나머지	–	–	–	–
C 4430	70.0~73.0	0.05 이하	0.05 이하	0.9~1.2	나머지	–	–	–	As 0.02~0.06
C 4450	70.0~73.0	0.05 이하	0.05 이하	0.8~1.2	나머지	–	–	0.002~0.10	–
C 7060	–	0.05 이하	1.0~1.8	–	0.50 이하	0.20~1.0	9.0~11.0	–	Cu+Ni+Fe+Mn 99.5 이상
C 7150	–	0.05 이하	1.0~1.40	–	0.50 이하	0.20~1.0	29.0~33.0	–	Cu+Ni+Fe+Mn 99.5 이상

■ 기계적 성질

합금 번호	질별	기호	인장 시험기계적 성질 및 물리적 성질을 표시하는 시험항목				
			바깥지름 mm	두께 mm	인장강도 N/mm^2	연신율 %	비커스 경도 HV
C 1220	O	C 1220 TW−O C 1220 TWS−O	4 이상 76.2 이하	0.3 이상 3.0 이하	205 이상	40 이상	55 이하
	OL	C 1220 TW−OL C 1220 TWS−OL			205 이상	40 이상	65 이하
	$\frac{1}{2}$H	C 1220 TW−$\frac{1}{2}$H C 1220 TWS−$\frac{1}{2}$H			245~325	–	70~110
	H	C 1220 TW−H C 1220 TWS−H			315 이상	–	100 이상
C 2260	O	C 2260 TW−O C 2260 TWS−O	4 이상 76.2 이하	0.3 이상 3.0 이하	275 이상	45 이상	80 이하
	OL	C 2260 TW−OL C 2260 TWS−OL			275 이상	45 이상	110 이하
	$\frac{1}{2}$H	C 2260 TW−$\frac{1}{2}$H C 2260 TWS−$\frac{1}{2}$H			375 이상	20 이상	110 이상
	H	C 2260 TW−H C 2260 TWS−H			450 이상	–	150 이상
C 2680	O	C 2680 TW−O C 2680 TWS−O	4 이상 76.2 이하	0.3 이상 3.0 이하	295 이상	40 이상	80 이하
	OL	C 2680 TW−OL C 2680 TWS−OL			295 이상	40 이상	110 이하
	$\frac{1}{2}$H	C 2680 TW−$\frac{1}{2}$H C 2680 TWS−$\frac{1}{2}$H			375 이상	20 이상	110 이하
	H	C 2680 TW−H C 2680 TWS−H			450 이상	–	150 이상
C 4430	O	C 4430 TW−O C 4430 TWS−O	4 이상 76.2 이하	0.3 이상 3.0 이하	315 이상	30 이상	–
C 4450	O	C 4450 TW−O C 4450 TWS−O	4 이상 76.2 이하	0.3 이상 3.0 이하	275 이상	50 이상	–
C 7060	O	C 7060 TW−O C 7060 TWS−O	4 이상 76.2 이하	0.3 이상 3.0 이하	275 이상	30 이상	–
C 7150	O	C 7150 TW−O C 7150 TWS−O	4 이상 50 이하	0.3 이상 3.0 이하	365 이상	30 이상	–

29-2 알루미늄 및 알루미늄 합금의 전신재

1. 알루미늄 및 알루미늄 합금의 판 및 조 KS D 6701 : 2018

■ 종류, 등급 및 기호

종류	등급	기호	참고
합금번호			특성 및 용도 보기
1085	–	A1085P	순알루미늄이므로 강도는 낮지만 성형성, 용접성, 내식성이 좋다. 반사판, 조명, 기구, 장식품, 화학 공업용 탱크, 도전재 등
1080	–	A1080P	
1070	–	A1070P	
1050	–	A1050P	
1100	–	A1100P	강도는 비교적 낮지만, 성형성, 용접성, 내식성이 좋다. 일반 기물, 건축 용재, 전기 기구, 각종 용기, 인쇄판 등
1200	–	A1200P	
1N00	–	A1N00P	1100보다 약간 강도가 높고, 성형성도 우수하다. 일용품 등
1N30	–	A1N30P	전연성, 내식성이 좋다. 알루미늄 박지 등
2014	–	A2014P	강도가 높은 열처리 합금이다. 접합판은 표면에 6003을 접합하여 내식성을 개선한 것이다. 항공기 용재, 각종 구조재 등
	–	A2014PC	
2017	–	A2017P	열철 합금으로 강도가 높고, 절삭 가공성도 좋다. 항공기 용재, 각종 구조재 등
2219	–	A2219P	강도가 높고, 내열성, 용접성도 좋다. 항공 우주 기기 등
2024	–	A2024P	2017보다 강도가 높고, 절삭 가공성도 좋다. 접합판은 표면에 1230을 접합하여 내식성을 개선한 것이다. 항공기 용재, 각종 구조재 등
	–	A2024PC	
3003	–	A3003P	1100보다 약간 강도가 높고, 성형성, 용접성, 내식성이 좋다. 일반용 기물, 건축 용재, 선박 용재, 핀재, 각종 용기 등
3203	–	A3203P	
3004	–	A3004P	3003보다 강도가 높고, 성형성이 우수하며 내식성도 좋다. 음료 캔, 지붕판, 도어 패널재, 컬러 알루미늄, 전구 베이스 등
3104	–	A3104P	
3005	–	A3005P	3003보다 강도가 높고, 내식성도 좋다. 건축 용재, 컬러 알루미늄 등
3105	–	A3105P	3003보다 약간 강도가 높고, 성형성, 내식성이 좋다. 건축 용재, 컬러 알루미늄, 캡 등
5005	–	A5005P	3003과 같은 정도의 강도가 있고, 내식성, 용접성, 가공성이 좋다. 건축 내외장재, 차량 내장재 등
5052	–	A5052P	중간 정도의 강도를 가진 대표적인 합금으로, 내식성, 성형성, 용접성이 좋다. 선박 · 차량 · 건축 용재, 음료 캔 등
5652	–	A5652P	5052의 불순물 원소를 규제하여 과산화수소의 분해를 억제한 합금으로서, 기타 특성은 5052와 같은 정도이다. 과산화수소 용기 등
5154	–	A5154P	5052와 5083의 중간 정도의 강도를 가진 합금으로서, 내식성, 성형성, 용접성이 좋다. 선박 · 차량 용재, 압력 용기 등
5254	–	A5254P	5154의 불순물 원소를 규제하여 과산화수소의 분해를 억제한 합금으로서, 기타 특성은 5154와 같은 정도이다. 과산화수소 용기 등
5454	–	A5454P	5052보다 강도가 높고, 내식성, 성형성, 용접성이 좋다. 자동자용 휠 등
5082	–	A5082P	5083과 거의 같은 정도의 강도가 있고, 성형성, 내식성이 좋다. 음료 캔 등
5182	–	A5182P	
5083	–	A5083P	비열처리 합금 중에 최고의 강도이고, 내식성, 용접성이 좋다. 선박 · 차량 용재, 저온용 탱크, 압력 용기 등
	–	A5083PS	
5086	–	A5086P	5154보다 강도가 높고 내식성이 우수한 용접 구조용 합금이다. 선박 용재, 압력 용기, 자기 디스크 등

종 류 합금번호	등 급	기 호	참고 특성 및 용도 보기
5N01	–	A5N01P	3003과 거의 같은 정도의 강도이고 화학 또는 전해 연마 등의 광휘 처리 후의 양극 산화 처리로 높은 광휘성이 얻어진다. 성형성, 내식성도 좋다. 장식품, 부엌 용품, 명판 등
6061	–	A6061P	내식성이 양호하고, 주로 볼트 · 리벳 접합의 구조 용재로서 사용된다. 선박 · 차량 · 육상 구조물 등
7075	–	A7075P	알루미늄 합금 중 최고의 강도를 갖는 합금의 한 가지지만, 접합판은 표면에 7072를 접합하여 내식성을 개선한 것이다. 항공기 용재, 스키 등
	–	A7075PC	
7N01	–	A7N01P	강도가 높고, 내식성도 양호한 용접 구조물 합금이다. 차량, 기타 육상 구조물 등
8021	–	A8021P	1N30보다 강도가 높고 전연성, 내식성이 좋다. 알루미늄 박지 등, 장식용, 전기 통신용, 포장용 등
8079	–	A8079P	

2. 알루미늄 및 알루미늄 합금 박 KS D 6705 : 2002(2017 확인)

■ 종류 및 기호

종 류		기 호	용도 보기 (참고)
합금 번호	질별		
1085	O	A1085H−O	전기 통신용, 전기 커패시터용, 냉난방용
	H18	A1085H−H18	
1070	O	A1070H−O	
	H18	A1070H−H18	
1050	O	A1050H−O	
	H18	A1050H−H18	
1N30	O	A1N30H−O	장식용, 전기 통신용, 건재용, 포장용, 냉난방용
	H18	A1N30H−H18	
1100	O	A1100H−O	
	H18	A1100H−H18	
3003	O	A3003H−O	용기용, 냉난방용
	H18	A3003H−H18	
3004	O	A3004H−O	
	H18	A3004H−H18	
8021	O	A8021H−O	장식용, 전기 통신용, 건재용, 포장용, 냉난방용
	H18	A8021H−H18	
8079	O	A8079H−O	
	H18	A8079H−H18	

■ 화학 성분

종류(합금번호)	화학 성분 %									
	Si	Fe	Cu	Mn	Mg	Zn	Ti	기타		Al
								각각	합계	
1085	0.10 이하	0.12 이하	0.03 이하	0.02 이하	0.02 이하	0.03 이하	0.02 이하	0.01 이하	–	99.85 이상
1070	0.20 이하	0.25 이하	0.04 이하	0.03 이하	0.03 이하	0.04 이하	0.03 이하	0.03 이하	–	99.70 이상
1050	0.25 이하	0.40 이하	0.05 이하	0.05 이하	0.05 이하	0.05 이하	0.03	0.03 이하	–	99.50 이상
1N30	Si+Fe 0.7 이하		0.10 이하	0.05 이하	0.05 이하	0.05 이하	–	0.03 이하	–	99.30 이상
1100	Si+Fe 1.0 이하		0.05~0.20	0.05 이하	–	0.10 이하	–	0.05 이하	0.15 이하	99.00 이상
3003	0.6 이하	0.7 이하	0.05~0.20	1.0~1.5	–	0.10 이하	–	0.05 이하	0.15 이하	나머지부
3004	0.30 이하	0.7 이하	0.25 이하	1.0~1.5	0.8~1.3	0.25 이하	–	0.05 이하	0.15 이하	나머지부
8021	0.15 이하	1.2~1.7	0.05 이하	–	–	–	–	0.05 이하	0.15 이하	나머지부
8079	0.05~0.30	0.7~1.3	0.05 이하	–	–	0.10 이하	–	0.05 이하	0.15 이하	나머지부

3. 고순도 알루미늄 박 KS D 6706 : 2018

■ 종류 및 기호

종류		기호	참고
합금 번호	질별		용도 보기
1N99	O	A1N99H−O	전해 커패시터용 리드선용
	H18	A1N99H−H18	
1N90	O	A1N90H−O	
	H18	A1N90H−H18	

■ 화학 성분

합금 번호	화학 성분 (%)			
	Si	Fe	Cu	Al
1N 99	0.006 이하	0.004 이하	0.008 이하	99.99 이상
1N 90	0.050 이하	0.030 이하	0.050 이하	99.90 이상

■ 박의 표준 치수

단위 : mm

두 께	0.04 0.05 0.06 0.07 0.08 0.09 0.1 0.15 0.2
나 비	125 250 500 1020

■ 권심 안지름의 표준 치수

단위 : mm

권심 안지름
40, 75

■ 두께의 허용차

단위 : mm

두 께 mm	허용차 %
0.2 이하	±8

비철 재료 데이터

■ 나비의 허용차

단위 : mm

나비	허용차
1000 미만	±0.5
1000 이상	± 1

4. 알루미늄 및 알루미늄 합금 용접관 KS D 6713 : 2010

■ 종류 및 기호

종 류		기호	
합금 번호	제조방법에 따른 구분	등 급	
		보 통 급	특 수 급
1050	용접관	A 1050 TW	A 1050 TWS
1100		A 1100 TW	A 1100 TWS
1200		A 1200 TW	A 1200 TWS
3003		A 3003 TW	A 3003 TWS
3203		A 3203 TW	A 3203 TWS
BA11		BA 11 TW	BA 11 TWS
BA12		BA 12 TW	BA 12 TWS
5052		A 5052 TW	A 5052 TWS
5154		A 5154 TW	A 5154 TWS
1070	아크 용접관	A 1070 TWA	
1050		A 1050 TWA	
1100		A 1100 TWA	
1200		A 1200 TWA	
3003		A 3003 TWA	
3203		A 3203 TWA	
5052		A 5052 TWA	
5154		A 5154 TWA	
5083		A 5083 TWA	

■ 용접관의 기계적 성질

기호	질별	인장 시험			
		두 께 mm	인장 강도 N/mm2	항 복 점 N/mm2	연 신 율 %
	0	0.3 이상 0.5 이하	60 이상 100 이하	–	15 이상
		0.5 초과 0.8 이하		–	20 이상
		0.8 초과 1.3 이하		20 이상	25 이상
		1.3 초과 3 이하		20 이상	30 이상
	H 14 H 24	0.3 이상 0.5 이하	95 이상 125 이하	–	2 이상
		0.5 초과 0.8 이하		–	3 이상
		0.8 초과 1.3 이하		70 이상	4 이상
		1.3 초과 3 이하		70 이상	5 이상
	H18	0.3 이상 0.5 이하	125 이상	–	1 이상
		0.5 초과 0.8 이하		–	2 이상

기호	질별	인장 시험			
		두 께 mm	인장 강도 N/mm²	항 복 점 N/mm²	연 신 율 %
A 1050 TW A 1050 TWS	H18	0.8 초과 1.3 이하	125 이상	–	3 이상
		1.3 초과 3 이하		–	4 이상
A 1100 TW A 1200 TW A 1100 TWS A 1200 TWS	0	0.3 이상 0.5 이하	75 이상 110 이하	–	15 이상
		0.5 초과 0.8 이하		–	20 이상
		0.8 초과 1.3 이하		25 이상	25 이상
		1.3 초과 3 이하		25 이상	30 이상
	H 14 H 24	0.3 이상 0.5 이하	120 이상 145 이하	–	2 이상
		0.5 초과 0.8 이하		–	3 이상
		0.8 초과 1.3 이하		95 이상	4 이상
		1.3 초과 3 이하		95 이상	5 이상
	H18	0.3 이상 0.5 이하	155 이상	–	1 이상
		0.5 초과 0.8 이하		–	2 이상
		0.8 초과 1.3 이하		–	3 이상
		1.3 초과 3 이하		–	4 이상
A 3003 TW A 3203 TW A 3003 TWS A 3203 TWS	0	0.3 이상 0.8 이하	95 이상 125 이하	–	20 이상
		0.8 초과 1.3 이하		35 이상	23 이상
		1.3 초과 3 이하		35 이상	25 이상
	H 14 H 24	0.3 이상 0.5 이하	135 이상 175 이하	–	2 이상
		0.5 초과 0.8 이하		–	3 이상
		0.8 초과 1.3 이하		120 이상	4 이상
		1.3 초과 3 이하		120 이상	5 이상
	H18	0.3 이상 0.5 이하	185 이상	–	1 이상
		0.5 초과 0.8 이하		–	2 이상
		0.8 초과 1.3 이하		–	3 이상
		1.3 초과 3 이하		–	4 이상
BA 11 TW BA 12 TW BA 11 TWS BA 12 TWS	0	0.3 이상 0.8 이하	135 이상	–	18 이상
		0.8 초과 1.3 이하		–	20 이상
		1.3 초과 3 이하		–	23 이상
	H14	0.3 이상 0.8 이하	135 이상 175 이하	–	2 이상
		0.8 초과 1.3 이하		–	3 이상
		1.3 초과 3 이하		–	5 이상
A 5052 TW A 5052 TWS	0	0.3 이상 0.5 이하	175 이상 215 이하	–	15 이상
		0.5 초과 0.8 이하		–	16 이상
		0.8 초과 1.3 이하		65 이상	18 이상
		1.3 초과 3 이하		65 이상	19 이상
	H 14 H 24	0.3 이상 0.5 이하	235 이상 285 이하	–	3 이상
		0.5 초과 0.8 이하		–	3 이상
		0.8 초과 1.3 이하		175 이상	4 이상
		1.3 초과 3 이하		175 이상	6 이상
	H14	0.3 이상 0.8 이하	275 이상	–	3 이상
		0.8 초과 1.3 이하		225 이상	4 이상
		1.3 초과 3 이하		225 이상	4 이상
A 5154 TW A 5154 TWS	0	0.3 이상 0.8 이하		–	12 이상

기호	질별	인장 시험			
		두 께 mm	인장 강도 N/mm²	항 복 점 N/mm²	연 신 율 %
A 5154 TW A 5154 TWS	0	0.8 초과 1.3 이하	205 이상 285 이하	75 이상	14 이상
		1.3 초과 3 이하		75 이상	16 이상
	H 14 H 24	0.3 이상 0.8 이하	275 이상 315 이하	-	4 이상
		0.8 초과 1.3 이하		205 이상	4 이상
		1.3 초과 3 이하		205 이상	6 이상
	H14	0.3 이상 0.8 이하	315 이상	245 이상	3 이상
		0.8 초과 1.3 이하		245 이상	4 이상
		1.3 초과 3 이하		245 이상	4 이상

■ 용접관의 표준치수

단위 : mm

바깥지름	두 께										
	0.5	0.6	0.7	0.8	1	1.2	1.4	1.6	1.8	2	2.5
6	○	○	○	○	—	—	—	—	—	—	—
8	○	○	○	○	○	○	—	—	—	—	—
9.52	○	○	○	○	○	○	—	—	—	—	—
10	○	○	○	○	○	○	○	○	—	—	—
12	○	○	○	○	○	○	○	○	—	—	—
12.7	○	○	○	○	○	○	○	○	—	—	—
14	—	○	○	○	○	○	○	○	—	—	—
15.88	—	○	○	○	○	○	○	○	○	○	—
16	—	○	○	○	○	○	○	○	○	○	—
19.05	—	○	○	○	○	○	○	○	○	○	—
20	—	○	○	○	○	○	○	○	○	○	—
22.22	—	—	○	○	○	○	○	○	○	○	—
25	—	—	○	○	○	○	○	○	○	○	○
25.4	—	—	○	○	○	○	○	○	○	○	○
30	—	—	○	○	○	○	○	○	○	○	○
31.75	—	—	○	○	○	○	○	○	○	○	○
35	—	—	—	—	○	○	○	○	○	○	○
38.1	—	—	—	—	○	○	○	○	○	○	○
40	—	—	—	—	○	○	○	○	○	○	○
45	—	—	—	—	○	○	○	○	○	○	○
50	—	—	—	—	○	○	○	○	○	○	○
50.8	—	—	—	—	○	○	○	○	○	○	○
60	—	—	—	—	—	—	○	○	○	○	○
70	—	—	—	—	—	—	○	○	○	○	○
76.2	—	—	—	—	—	—	○	○	○	○	○
80	—	—	—	—	—	—	○	○	○	○	○
90	—	—	—	—	—	—	○	○	○	○	○
101.6	—	—	—	—	—	—	○	○	○	○	○

5. 알루미늄 및 알루미늄 합금 압출 형재 KS D 6759 : 2017

■ 종류, 등급 및 기호

등급 종류 합금 번호	기호 보통급	기호 특수급	참고 특성 및 용도 보기
1100	A 1100 S	A 1100 SS	강도는 비교적 낮으나 압출 가공성, 용접성, 내식성이 양호하다. 전기 기기 부품, 열교환기용재 등
1200	A 1200 S	A 1200 SS	
2014	A 2014 S	A 2014 SS	열처리합금으로 강도는 높다. 항공기용재, 스포츠용품 등
2017	A 2017 S	A 2017 SS	
2024	A 2024 S	A 2024 SS	
3003	A 3003 S	A 3003 SS	1100보다 약간 강도가 높고, 압출 가공성, 내식성이 양호하다. 열교환기용재, 일반 기계 부품 등
3203	A 3203 S	A 3203 SS	
5052	A 5052 S	A 5052 SS	중정도의 강도를 가진 합금으로 내식성, 용접성이 양호하다. 차량용재, 선박용재 등
5454	A 5454 S	A 5454 SS	5052보다 강도가 높고, 내식성, 용접성이 양호하다. 용접 구조용재 등
5083	A 5083 S	A 5083 SS	비열처리형 중에서 가장 강도가 높고, 내식성, 용접성이 양호하다. 선박용재 등
5086	A 5086 S	A 5086 SS	내식성이 양호한 용접 구조용 합금이다. 선박용재 등
6061	A 6061 S	A 6061 SS	열처리형 합금으로 내식성도 양호하다. 토목용재, 스포츠용품 등
6N01	A 6N01 S	A 6N01 SS	6061보다 강도는 약간 낮으나 복잡한 단면 모양의 두께가 얇은 대형 중공 형재가 얻어지고 내식성, 용접성도 양호하다. 차량용재 등
6063	A 6063 S	A 6063 SS	대표적인 압출용 합금. 6061보다 강도는 낮으나 압출성이 우수하고, 복잡한 단면 모양의 형재가 얻어지고 내식성, 표면 처리성도 양호하다. 새시 등의 건축용재, 토목용재, 가구, 가전제품 등
6066	A 6066 S	A 6066 SS	열처리형 합금으로 내식성이 양호하다.
7003	A 7003 S	A 7003 SS	7N01보다 강도는 약간 낮으나, 압출성이 양호하고 두께가 얇은 대형 형재가 얻어진다. 기타 특성은 7N01과 거의 동일하다. 차량용재, 용접 구조용재 등
7N01	A 7N01 S	A 7N01 SS	강도가 높고 더욱이 용접부의 강도가 상온 방치에 의해 모재 강도와 가까운 곳까지 회복된다. 내식성도 양호하다. 차량, 기타 육상 구조물, 용접 구조용재 등
7075	A 7075 S	A 7075 SS	알루미늄합금 중 가장 강도가 높은 합금의 하나이다. 항공기용재 등
7178	A 7178 S	A 7178 SS	고강도 알루미늄합금으로 구조용 재료 등에 활용된다.

■ 화학 성분

합금 번호	화학 성분 %											
	Si	Fe	Cu	Mn	Mg	Cr	Zn	Zr, Zr+Ti, V	Ti	기타 각각	기타 합계	Al
1100	Si+Fe 0.95 이하		0.05~0.20	0.05 이하	–	–	0.10 이하	–	–	0.05 이하	0.15 이하	99.00 이상
1200	Si+Fe 1.0 이하		0.05 이하	0.05 이하	–	–	0.10 이하	–	0.05 이하	0.05 이하	0.15 이하	99.00 이상
2014	0.50~1.2	0.7 이하	3.9~5.0	0.40~1.2	0.20~0.8	0.10 이하	0.25 이하	Zr+Ti 0.20 이하	0.15 이하	0.05 이하	0.15 이하	나머지
2017	0.20~0.8	0.7 이하	3.5~4.5	0.40~1.0	0.40~0.8	0.10 이하	0.25 이하	Zr+Ti 0.20 이하	0.15 이하	0.05 이하	0.15 이하	나머지

합금 번호	화학 성분 %											
	Si	Fe	Cu	Mn	Mg	Cr	Zn	Zr, Zr+Ti, V	Ti	기타		Al
										각각	합계	
2024	0.50 이하	0.50 이하	3.8 ~4.9	0.30 ~0.9	1.2 ~1.8	0.10 이하	0.25 이하	Zr+Ti 0.20 이하	0.15 이하	0.05 이하	0.15 이하	나머지
3003	0.6 이하	0.7 이하	0.05~ 0.20	1.0~ 1.5	–	–	0.10 이하	–	–	0.05 이하	0.15 이하	나머지
3203	0.6 이하	0.7 이하	0.05 이하	1.0~ 1.5	–	–	0.10 이하	–	–	0.05 이하	0.15 이하	나머지
5052	0.25 이하	0.40 이하	0.10 이하	0.10 이하	2.2 ~2.8	0.15~ 0.35	0.10 이하	–	–	0.05 이하	0.15 이하	나머지
5454	0.25 이하	0.40 이하	0.10 이하	0.50~ 1.0	2.4 ~3.0	0.05~ 0.20	0.25 이하	–	0.20 이하	0.05 이하	0.15 이하	나머지
5083	0.40 이하	0.40 이하	0.10 이하	0.40~ 1.0	4.0 ~4.9	0.05~ 0.25	0.25 이하	–	0.15 이하	0.05 이하	0.15 이하	나머지
5086	0.40 이하	0.50 이하	0.10 이하	0.20~ 0.7	3.5 ~4.5	0.05~ 0.25	0.25 이하	–	0.15 이하	0.05 이하	0.15 이하	나머지
6061	0.40 ~0.8	0.7 이하	0.15~ 0.40	0.15 이하	0.8 ~1.2	0.04~ 0.35	0.25 이하	–	0.15 이하	0.05 이하	0.15 이하	나머지
6N01	0.40 ~0.9	0.35 이하	0.35 이하	0.50 이하	0.40 ~0.8	0.30 이하	0.25 이하	–	0.10 이하	0.05 이하	0.15 이하	나머지
6063	0.20 ~0.6	0.35 이하	0.10 이하	0.10 이하	0.45 ~0.9	0.10 이하	0.10 이하	–	0.10 이하	0.05 이하	0.15 이하	나머지
6066	0.9~ 1.8	0.50 이하	0.7~ 1.2	0.6~ 1.1	0.8~ 1.4	0.40	0.25 이하	–	0.20 이하	0.05 이하	0.15 이하	나머지
7003	0.30 이하	0.35 이하	0.20 이하	0.30 이하	0.50 ~1.0	0.20 이하	5.0~ 6.5	Zr 0.05~0.25	0.20 이하	0.05 이하	0.15 이하	나머지
7N01	0.30 이하	0.35 이하	0.20 이하	0.20~ 0.7	1.0~ 2.0	0.30 이하	4.0~ 5.0	V 0.10 이하, Zr0.25 이하	0.20 이하	0.05 이하	0.15 이하	나머지
7075	0.40 이하	0.50 이하	1.2~ 2.0	0.30 이하	2.1~ 2.9	0.18~ 0.28	5.1~ 6.1	Zr+Ti 0.25 이하	0.20 이하	0.05 이하	0.15 이하	나머지
7178	0.40 이하	0.50 이하	1.6~ 2.4	0.30 이하	2.4~ 3.1	0.18~ 0.28	6.3~ 7.3	–	0.20 이하	0.05 이하	0.15 이하	나머지

■ 압출 형재의 기계적 성질(인장강도, 항복강도, 연신율)

기 호	질 별	인장 시험				연신율 %
		시험 위치의 두께 mm	단면적 cm^2	인장 강도 N/mm^2	항복 강도 N/mm^2	
A 1100 S A 1200 S	H112	–	–	74 이상	20 이상	–
A 2014 S	O	–	–	245 이하	127 이하	12 이상
	T4	–	–	343 이상	245 이상	12 이상
	T42	–	–	343 이상	206 이상	12 이상
	T6	12 이하	–	412 이상	363 이상	7 이상
		12초과 19 이하	–	441 이상	402 이상	7 이상
		19를 초과하는 것	160 이하	471 이상	412 이상	7 이상
			160 초과 200 이하	471 이상	402 이상	6 이상
			200 초과 250 이하	451 이상	382 이상	6 이상
			250 초과 300 이하	431 이상	363 이상	6 이상

기 호	질 별	인장 시험				연신율 %
		시험 위치의 두께 mm	단면적 cm^2	인장 강도 N/mm^2	항복 강도 N/mm^2	
A 2014 S	T62	19 이하	–	412 이상	363 이상	7 이상
		19를 초과하는 것	160 이하	412 이상	363 이상	7 이상
			160 초과 200 이하	412 이상	363 이상	6 이상
A 2017 S	O	–	–	245 이하	127 이하	16 이상
	T4 T42	–	700 이하	343 이상	216 이상	12 이상
			700 초과 1000 이하	333 이상	196 이상	12 이상
A 2024 S	O	–	–	245 이하	127 이하	12 이상
	T4	6 이하	–	392 이상	294 이상	12 이상
		6 초과 19 이하	–	412 이상	304 이상	12 이상
		19 초과 38 이하	–	451 이상	314 이상	10 이상
		38을 초과하는 것	160 이하	481 이상	363 이상	10 이상
			160 초과 200 이하	471 이상	333 이상	8 이상
			200 초과 300 이하	461 이상	314 이상	8 이상
	T42	19 이하	–	392 이상	265 이상	12 이상
		19 초과 38 이하	–	392 이상	265 이상	10 이상
		38을 초과하는 것	160 이하	392 이상	265 이상	10 이상
			160 초과 200 이하	392 이상	265 이상	8 이상
A 3003 S A 3203 S	H112	–	–	94 이상	34 이상	–
A 5052 S	H112	–	–	177 이상	69 이상	–
	O	–	–	177 이상 245 이하	69 이상	20 이상
A 5454 S	H112	130 이하	200 이하	216 이상	84 이상	12 이상
	O	130 이하	200 이하	216 이상 284 이하	84 이상	14 이상
A 5083 S	H112	130 이하	200 이하	275 이상	108 이상	12 이상
	O	38 이하	200 이하	275 이상 353 이하	118 이상	14 이상
		38 초과 130 이하	200 이하	275 이상 353 이하	108 이상	14 이상
A 5086 S	H111	130 이하	200 이하	248 이상	114 이상	12 이상
	H112	130 이하	200 이하	240 이상	93 이상	12 이상
	O	130 이하	200 이하	240 이상 314 이하	93 이상	14 이상
A 6061 S	O	–	–	147 이하	108 이하	16 이상
	T4	–	–	177 이상	108 이상	16 이상
	T42	–	–	177 이상	83 이상	16 이상
	T6	6 이하	–	265 이상	245 이상	8 이상
	T62	6을 초과하는 것	–	265 이상	245 이상	10 이상
A 6N01 S	T5	6 이하	–	245 이상	206 이상	8 이상
		6 초과 12 이하	–	226 이상	177 이상	8 이상
	T6	6 이하	–	265 이상	235 이상	8 이상

기 호	질 별	인장 시험				연신율 %
		시험 위치의 두께 mm	단면적 cm^2	인장 강도 N/mm^2	항복 강도 N/mm^2	
A 6066 S	O	–	–	200 이하	124 이하	16 이상
	T4 T4510 T4511	–	–	276 이상	172 이상	14 이상
	T42	–	–	276 이상	165 이상	14 이상
	T6 T6510 T6511	–	–	345 이상	310 이상	8 이상
	T62	–	–	345 이상	289 이상	8 이상
A 7003 S	T5	12 이하	–	284 이상	245 이상	10 이상
		12 초과 25 이차	–	275 이상	235 이상	10 이상
A 7N01 S	O	–	200 이하	245 이상	147 이하	12 이상
	T4	–	200 이하	314 이상	196 이상	11 이상
	T5	–	200 이하	324 이상	245 이상	10 이상
	T6	–	200 이하	333 이상	275 이상	10 이상
A 7075 S	O	–	–	275 이하	167 이하	10 이상
	T6 T62	6 이하	–	539 이상	481 이상	7 이상
		6 초과 75 이하	–	559 이상	500 이상	7 이상
		75 초과 110 이하	130 이하	559 이상	490 이상	7 이상
			130 초과 200 이하	539 이상	481 이상	6 이상
		110 초과 130 이하	200 이하	539 이상	471 이상	6 이상
A 7178 S	O	–	200 이하	118 이하	59 이하	10 이상
	T6 T6510 T6511	1.6 이하	130 이하	565 이상	524 이상	5 이상
		1.6 초과 6 이하	130 이하	579 이상	524 이상	5 이상
		6 초과 38 이하	160 이하	599 이상	537 이상	5 이상
		38 초과 63 이하	160 이하	593 이상	531 이상	5 이상
			160 초과 200 이하	579 이상	517 이상	5 이상
		63 초과 75 이하	200 이하	565 이상	489 이상	5 이상
	T62	1.6 이하	130 이하	544 이상	503 이상	5 이상
		1.6 초과 6 이하	130 이하	565 이상	510 이상	5 이상
		6 초과 38 이하	160 이하	593 이상	531 이상	5 이상
		38 초과 63 이하	160 이하	593 이상	531 이상	5 이상
			160 초과 200 이하	579 이상	517 이상	5 이상
		63 초과 75 이하	200 이하	565 이상	489 이상	5 이상

■ 합금 기호 6063의 기계적 성질(인장강도, 항복강도, 연신율, 경도)

기 호	질 별	경도 시험		인장 시험			
		시험 위치의 두께 mm	HV(5)	시험 위치의 두께 mm	인장 강도 N/mm^2	항복 강도 N/mm^2	연신율 %
A6063S	T1	–	–	12 이하	118 이상	59 이상	12 이상
				12 초과 25 이하	108 이상	54 이상	12 이상
	T5	0.8 이상	58 이상	12 이하	157 이상	108 이상	8 이상
				12 초과 25 이하	147 이상	108 이상	8 이상
	T6	–	–	3 이하	206 이상	177 이상	8 이상
				3 초과 25 이하	206 이상	177 이상	10 이상
	O	–	–	–	131 이하	–	18 이상
	T4	–	–	12 이하	131 이상	69 이상	14 이상
				12 초과 25 이하	124 이상	62 이상	14 이상
	T52	–	–	25 이하	152 이상	110 이상	8 이상

6. 이음매 없는 알루미늄 및 알루미늄 합금 관 KS D 6761 : 2012

종류 및 등급		기호		참 고
합금 번호	제조 방법에 따른 구분	보통급	특수급	특성 및 용도
1070	압출관	A 1070 TE	A 1070 TES	용접성, 내식성이 좋다. 화학 장치용 재료, 사무용 기기 등
	인발관	A 1070 TD	A 1070 TDS	
1050	압출관	A 1050 TE	A 1050 TES	
	인발관	A 1050 TD	A 1050 TDS	
1100	압출관	A 1100 TE	A 1100 TES	강도는 비교적 낮지만 용접성, 내식성이 좋다. 화학 장치용 재료, 가구, 전기 기기 부품 등
	인발관	A 1100 TD	A 1100 TDS	
1200	압출관	A 1200 TE	A 1200 TES	
	인발관	A 1200 TD	A 1200 TDS	
2014	압출관	A 2014 TE	A 2014 TES	열처리 합금으로 강도가 높다. 스스톡, 이륜차 부품, 항공기 부품 등
	인발관	A 2017 TE	A 2017 TES	열처리 합금으로 강도가 높고 절삭 가공성도 좋다. 일반 기계 부품, 단조용 소재 등
2017	압출관	A 2017 TD	A 2017 TDS	
2024	인발관	A 2024 TE	A 2024 TES	2017보다 강도가 높고 절삭 가공성이 좋다. 항공기 부품, 스포츠 용품 등
	압출관	A 2024 TD	A 2024 TDS	
3003	인발관	A 3003 TE	A 3003 TES	1100보다 약간 강도가 높고 내식성이 좋다. 화학 장치용 재료, 복사기 드럼 등
	압출관	A 3003 TD	A 3003 TDS	
3203	인발관	A 3203 TE	A 3203 TES	
	압출관	A 3203 TD	A 3203 TDS	
5052	인발관	A 5052 TE	A 5052 TES	중 정도의 강도를 갖는 합금으로 내식성, 용접성이 좋다. 선박용 마스트, 광학용 기기, 그 밖의 일반 기기용 재료 등
	압출관	A 5052 TD	A 5052 TDS	
5154	인발관	A 5154 TE	A 5154 TES	5052와 5083의 중간 정도의 강도를 가진 합금으로 내식성, 용접성이 좋다. 화학 장치용 재료 등
	압출관	A 5154 TD	A 5154 TDS	
5454	인발관	A 5454 TE	A 5454 TES	5052보다 강도가 높고 내식성, 용접성이 좋다. 자동차용 휠 등
5056	압출관	A 5056 TE	A 5056 TES	내식성, 절삭 가공성, 양극 산화 처리성이 좋다. 광학용 부품 등
	인발관	A 5056 TD	A 5056 TDS	

종류 및 등급		기호		참 고
합금 번호	제조 방법에 따른 구분	보통급	특수급	특성 및 용도
5083	압출관	A 5083 TE	A 5083 TES	비열처리 합금 중에서 최고의 강도가 있고 내식성, 용접성이 좋다. 선박용 마스트, 토목용 재료 등
	인발관	A 5083 TD	A 5083 TDS	
6061	압출관	A 6061 TE	A 6061 TES	열처리형 내식성 합금이다. 보빈, 토목용 재료, 스포츠, 레저 용품 등
	인발관	A 6061 TD	A 6061 TDS	
6063	압출관	A 6063 TE	A 6063 TES	6061보다 강도는 낮으나, 내식성, 표면 처리성이 좋다. 건축용 재료, 토목용 재료, 전기기기 부품 등
	인발관	A 6063 TD	A 6063 TDS	
6066	압출관	A 6066 TE	A 6066 TES	열처리형 합금으로 내식성이 양호하다.
7003	압출관	A 7003 TE	A 7003 TES	7N01보다 강도는 약간 낮지만 압출성이 좋다. 토목용 재료, 용접 구조용 재료 등
7N01	압출관	A 7N01 TE	A 7N01 TES	강도가 높고, 내식성도 좋은 용접 구조용 합금이다. 용접 구조용 재료 등
7075	압출관	A 7075 TE	A 7075 TES	알루미늄 합금 중에서 최고의 강도를 갖는 합금의 하나이다. 항공기 부품 등
	인발관	A 7075 TD	A 7075 TDS	
7178	압출관	A 7178 TE	A 7178 TES	고강도 알루미늄합금으로 구조용 재료 등에 활용된다.

7. 알루미늄 및 알루미늄 합금의 판 및 관의 도체 KS D 6762(폐지)

■ 종류 및 기호

종 류		등 급	가장자리의 모 양	기 호
합금 번호	제조방법에 따른 구분			
1060	압연판 도체	–	모난 가장자리	A 1060 PB
	압출판 도체	보통급	모난 가장자리	A 1060 SB
			둥근 가장자리	A 1060 SBC
		특수급	모난 가장자리	A 1060 SBS
			둥근 가장자리	A 1060 SBSC
6101	압연판 도체	–	모난 가장자리	A 6101 PB
	압출판 도체	보통급	모난 가장자리	A 6101 SB
			둥근 가장자리	A 6101 SBC
		특수급	모난 가장자리	A 6101 SBS
			둥근 가장자리	A 6101 SBSC
	관 도체	보통급	–	A 6101 TB
		특수급	–	A 6101 TBS
6061	관 도체	보통급	–	A 6061 TB
		특수급	–	A 6061 TBS
6063	관 도체	보통급	–	A 6063 TB
		특수급	–	A 6063 TBS

■ 화학 성분

합금 번호	화학성분 %											
	Si	Fe	Cu	Mn	Mg	Cr	Zn	Ti	B	기타		Al
										개 별	합 계	
1060	0.25 이하	0.35 이하	0.05 이하	0.03 이하	0.03 이하	–	0.05 이하	0.03 이하	–	0.03 이하	–	99.60 이상
6101	0.30~0.7	0.50 이하	0.10 이하	0.03 이하	0.35~0.8	0.03 이하	0.10 이하	–	0.06 이하	0.03 이하	0.10 이하	나머지
6061	0.40~0.8	0.7 이하	0.15~0.40	0.15 이하	0.8~1.2	0.04~0.35	0.25 이하	0.15 이하	–	0.05 이하	0.15 이하	나머지
6063	0.20~0.6	0.35 이하	0.10 이하	0.10 이하	0.45~0.9	0.10 이하	0.10 이하	0.10 이하	–	0.05 이하	0.15 이하	나머지

■ 기계적 성질

기 호	질별	인장 시험				굽힘 시험	
		두 께 mm	인장강도 N/mm^2 {kgf/mm^2}	내 구 력 N/mm^2 {kgf/mm^2}	연신률 %	두 께 mm	안쪽반지름
A 1060 PB	H14 H12	0.8 이상 1.3 이하	85{8.5} 이상	65{6.5} 이상	4 이상	0.8 이상 12 이하	두께의 1배
		1.3 초과 2.9 이하	85{8.5} 이상	65{6.5} 이상	5 이상		
		2.9 초과 12 이하	85{8.5} 이상	65{6.5} 이상	6 이상		
A 1060 PB	H112	4 이상 6.5 이하	75{7.5} 이상	35{3.5} 이상	10 이상	6 이상 16 이하	두께의 1배
		6.5 초과 13 이하	70{7.0} 이상	35{3.5} 이상	10 이상		
		13 초과 25 이하	60{6.0} 이상	25{2.5} 이상	16 이상		
		25 초과 50 이하	55{5.5} 이상	20{2.0} 이상	22 이상		
A 1060 SB A 1060 SBC A 1060 SBS A 1060 SBSC	H112	3 이상 30 이하	60{6.0} 이상	30{3.0} 이상	25 이상	3 이상 16 이하	두께의 1배
A 6010 PB A 6101 SB A 6101 SBC A 6101 SBS A 6101 SBSC	T6	3 이상 7 이하	195{19.5} 이상	165{16.5} 이상	10 이상	3 이상 9 이하 9 초과 16 이하	두께의 2배 두께의 2.5배
		7 초과 17 이하	195{19.5} 이상	165{16.5} 이상	12 이상		
		17 초과 30 이하	175{17.5} 이상	145{14.5} 이상	14 이상		
A 6101 SB A 6101 SBC A 6101 SBS A 6101 SBSC	T7	3 이상 7 이하	135{13.5} 이상	110{11.0} 이상	10 이상	3 이상 13 이하 13 초과 17 이하	두께의 1배 두께의 2배
A 6101 TB A 6101 TBS	T6	3 이상 12 이하	195{19.5} 이상	165{16.5} 이상	10 이상	–	–
		12 초과 16 이하	175{17.5} 이상	145{14.5} 이상	14 이상		
A 6061 TB A 6061 TBS	T6	3 이상 6 이하	265{26.5} 이상	245{24.5} 이상	8 이상		
		6 초과 16 이하	265{26.5} 이상	245{24.5} 이상	10 이상		
A 6063 TB A 6063 TBS	T6	3 이상 16 이하	205{20.5} 이상	175{17.5} 이상	8 이상		

■ 도전율

기 호	질 별	도 전 율 (%)
A 1060 PB	H14 H24	61.0 이상
	H112	
A 1060 SB	H112	
A 1060 SBC		
A 1060 SBS		
A 1060 SBSC		
A 6101 PB	T6	55.0 이상
A 6101 SB		
A 6101 SBC		
A 6101 SBS		
A 6101 SBSC		
A 6101 SB	T7	57.0 이상
A 6101 SBC		
A 6101 SBS		
A 6101 SBSC		
A 6101 TB	T6	55.0 이상
A 6101 TBS		
A 6061 TB	T6	39.0 이상
A 6061 TBS		
A 6063 TB	T6	51.0 이상
A 6063 TBS		

8. 알루미늄 및 알루미늄 합금 봉 및 선 KS D 6763 : 2018

■ 종류, 등급 및 기호

종류		기호		참고
		등급		
합금번호	모양	보통급	특수급	특성 및 용도 보기
1070	압출봉	A 1070 BE	A 1070 BES	강도는 낮지만 열전도도 및 전기 전도도는 높고 용접성 및 내식성이 좋다. 장식품, 도체, 용접선 등
	인발봉	A 1070 BD	A 1070 BDS	
	인발선	A 1070 W	A 1070 WS	
1060	압출봉	A 1060 BE	A 1060 BES	강도는 낮지만 열전도도 및 전기 전도도는 높다. 도체 용재로 도전을 보증. 버스-바 등
1050	압출봉	A 1050 BE	A 1050 BES	강도는 낮지만 열전도도 및 전기 전도도는 높고 용접성 및 내식성이 좋다. 장식품, 용접선 등
	인발봉	A 1050 BD	A 1050 BDS	
	인발선	A 1050 W	A 1050 WS	
1050A	압출봉	A 1050 ABE	A 1050 ABES	
	인발봉	A 1050 ABD	A 1050 ABDS	

종류		기호		참고
		등급		
합금번호	모양	보통급	특수급	특성 및 용도 보기
1100	압출봉	A 1100 BE	A 1100 BES	강도는 비교적 낮으나 용접성, 내식성이 양호하다. 건축용재, 전기기구, 열교환기 부품 등
	인발봉	A 1100 BD	A 1100 BDS	
	인발설	A 1100 W	A 1100 WS	
1200	압출봉	A 1200 BE	A 1200 BES	
	인발봉	A 1200 BD	A 1200 BDS	
	인발설	A 1200 W	A 1200 WS	
2011	인발봉	A 2011 BD	A 2011 BDS	2017과 동일한 강도로 절삭 가공성이 뛰어나지만 내식성이 떨어진다. 볼륨축, 광학부품, 나사류 등
	인발선	A 2011 W	A 2011 WS	
2014	압출봉	A 2014 BE	A 2014 BES	강도가 높고 열간 가공성도 비교적 좋아 단조품에도 적용된다. 볼트재, 항공기 부품, 유압 부품 등
	인발봉	A 2014 BD	A 2014 BDS	
2014A	압출봉	A 2014 ABE	A 2014 ABES	2014보다 약간 강도가 낮은 합금 리벳 용재 등
	인발봉	A 2014 ABD	A 2014 ABDS	
2017	압출봉	A 2017 BE	A 2017 BES	상온 시효에 따라 높은 강도를 얻을 수 있다. 내식성, 용접성은 나쁘지만 강도가 높고 절삭 가공성도 양호하다. 기계 부품, 리벳 용재, 항공기 용재, 자동차용 부재 등
	인발봉	A 2017 BD	A 2017 BDS	
	인발선	A 2017 W	A 2017 S	
2017A	압출봉	A 2017 ABE	A 2017 ABES	2017보다 강도가 높은 합금 리벳 용재 등
	인발봉	A 2017 ABD	A 2017 ABDS	
2117	인발선	A 2117 W	A 2117 WS	용체화 처리 후 코킹하는 리벳용재로 상온 시효속도를 느리게 한 합금이다. 리벳 용재 등
2024	압출봉	A 2024 BE	A 2024 BES	2017보다 상온 시효성을 향상시킨 합금으로 강도가 높고 절삭 가공성이 양호하다. 스핀들, 항공기 용재, 볼트재, 리벳 용재 등
	인발봉	A 2024 BD	A 2024 BDS	
	인발선	A 2024 W	A 2024 WS	
2030	압출봉	A 2030 BE	A 2030 BES	절삭 가공성이 뛰어난 쾌삭 합금으로 강도도 높다. 기계부품 등
	인발봉	A 2030 BD	A 2030 BDS	
2219	인발봉	A 2219 BD	A 2219 BDS	2024보다 약간 강도가 낮지만 저온 및 고온에서의 강도가 높고 내열성 및 용접성도 양호하다. 고온용 구조재 등
3003	압출봉	A 3003 BE	A 3003 BES	1100보다 약간 강도가 높고, 용접성, 내식성이 양호하다. 열교환기 부품, 일반기계 부품 등
	인발봉	A 3003 BD	A 3003 BDS	
	인발선	A 3003 W	A 3003 WS	
3103	인발봉	A 3103 BD	A 3103 BDS	1100보다 약간 강도가 높고, 용접성, 내식성이 양호하다.
5041 (5N02)	인발봉	A5041 BD (A 5N02 BD)	A5041 BDS (A 5N02 BDS)	리벳용 합금으로 내식성이 양호하다. 리벳 용재 등
	인발선	A5041 W (A 5N02 W)	A5041 WS (A 5N02 WS)	
5050	인발봉	A 5050 BD	A 5050 BDS	5052보다 강도가 낮은 합금 건축용재, 냉동기재 등
5052	압출봉	A 5052 BE	A 5052 BES	중간 정도의 강도가 있고, 내식성, 용접성이 양호하다. 선박, 차량, 건축용재 등
	인발봉	A 5052 BD	A 5052 BDS	
	인발선	A 5052 W	A 5052 WS	
5154	인발봉	A 5154 BD	A 5154 BDS	5052와 5083의 중간 정도 강도를 갖는 합금으로 내식성 및 용접성이 양호하다. 선박용재 등

종류		기호		참고
		등급		
합금번호	모양	보통급	특수급	특성 및 용도 보기
5454	압출봉	A 5454 BE	A 5454 BES	5052보다 강도가 높은 합금. 자동차 부품 등
5754	인발봉	A 5754 BD	A 5754 BDS	
5056	압출봉	A 5056 BE	A 5056 BES	강도, 연성이 뛰어나며 내식성, 절삭 가공성 및 양극 산화 처리성이 양호하다. 광학기기, 통신기기 부품, 파스너 등
	인발봉	A 5056 BD	A 5056 BDS	
	인발선	A 5056 W	A 5056 WS	
5083	압출봉	A 5083 BE	A 5083 BES	비열처리 합금 중에서 가장 강도가 크고, 내식성 및 용접성이 양호하다. 일반 기계 부품 등
	인발봉	A 5083 BD	A 5083 BDS	
	인발설	A 5083 W	A 5083 WS	
6101	압출봉	A 6101 BE	A 6101 BES	고강도 도체용재로 도전율 보증. 버스-바 등
6005C (6N01)	압출봉	A 6005 CBE (A 6N01 BE)	A 6005 CBES (A 6N01 BES)	6061과 6063의 중간 강도를 가진 합금으로 압출 가공성, 담금질성도 뛰어나다. 내식성도 양호하며 용접도 가능. 구조용재 등
6005A	압출봉	A 6005 ABE	A 6005 ABES	
6060	압출봉	A 6060 BE	A 6060 BES	6063보다 강도는 약간 낮지만 내식성 및 표면처리성이 양호하다. 건축용재, 가구, 가전제품 등
6061	압출봉	A 6061 BE	A 6061 BES	열처리형의 내식성 합금. 시효에 따라 상당히 높은 항복강도값을 얻을 수 있지만 용접성이 떨어진다. 리벳용재, 볼트재, 자동차용 부품 등
	인발봉	A 6061 BD	A 6061 BDS	
	인발선	A 6061 W	A 6061 WS	
6063	압출봉	A 6063 BE	A 6063 BES	대표적인 압출 합금. 6061보다 강도는 낮지만 압출성이 뛰어나며 내식성 및 표면처리성이 양호하다. 건축용재, 토목용재, 가구, 가전제품, 차량용재 등
6082	압출봉	A 6082 BE	A 6082 BES	6061보다 약간 강도가 높은 합금. 내식성이 양호하다. 구조용재 등
	인발봉	A 6082 BD	A 6082 BDS	
6181	인발봉	A 6181 BD	A 6181 BDS	6061보다 약간 강도가 높은 합금. 내식성이 양호하다.
6262	인발봉	A 6062 BD	A 6062 BDS	내식성 쾌삭합금. 카메라 경동 및 기화기 부품 등
7003	압출봉	A 7003 BE	A 7003 BES	용접 구조용 합금. 7204보다 강도는 약간 낮지만 압출성이 양호하다. 용접 구조용 재료 등
7020	압출봉	A 7020 BE	A 7020 BES	7204보다 약간 강도가 높은 합금. 자전거 프레임, 일반 기계용 부품 등
	인발봉	A 7020 BD	A 7020 BDS	
7204 (7N01)	압출봉	A 7204 BE (A 7N01 BE)	A 7204 BES (A 7N01 BES)	용접구조용 합금. 강도는 높고 용접부 강도가 상온 방치에서 모재 강도에 가까운 부분까지 회복한다. 내식성도 양호. 일반기계용 부품 등
7050	압출봉	A 7050 BE	A 7050 BES	7075의 담금질성을 개선한 합금. 내응력 부식 균열성이 뛰어나다. 항공기용 부품 등
7075	압출봉	A 7075 BE	A 7075 BES	알루미늄합금 중 높은 강도를 갖는 합금의 하나이다. 항공기용 부품 등
	인발봉	A 7075 BD	A 7075 BDS	
7049A	압출봉	A 7049 ABE	A 7049 ABES	7075보다 강도가 높은 합금
	인발봉	A 7049 ABD	A 7049 ABDS	

[주] ( ) 안은 구 합금번호를 나타낸다. 합금번호는 구 합금번호 이외의 것을 우선 사용하는 것이 바람직하다. 구 합금번호는 다음 개정에서 삭제한다.

■ 화학 성분

합금 번호	화학 성분 (질량분율 %)											
	Si	Fe	Cu	Mn	Mg	Cr	Zn	Bi, Pb, Zr, Zr+Ti, V	Ti	기타		Al
										각각	합계	
1070	0.20 이하	0.25 이하	0.04 이하	0.03 이하	0.03 이하	–	0.04 이하	V : 0.05 이하	0.03 이하	0.03 이하	–	99.70 이상
1060	0.25 이하	0.35 이하	0.05 이하	0.03 이하	0.03 이하	–	0.05 이하	V : 0.05 이하	0.03 이하	0.03 이하	–	99.60 이상
1050	0.25 이하	0.40 이하	0.05 이하	0.05 이하	0.05 이하	–	0.05 이하	V : 0.05 이하	0.03 이하	0.03 이하	–	99.50 이상
1050 A	0.25 이하	0.40 이하	0.05 이하	0.05 이하	0.05 이하	–	0.07 이하	–	0.05 이하	0.03 이하		99.50 이상
1100	Si+Fe 0.95 이하		0.05~ 0.20	0.05 이하	–	–	0.10 이하	–	–	0.05 이하	0.15 이하	99.00 이상
1200	Si+Fe 1.0 이하		0.05 이하	0.05 이하	–	–	0.10 이하	–	0.05 이하	0.05 이하	0.15 이하	99.00 이상
2011	0.40 이하	0.7 이하	5.0~ 6.0	–	–	–	0.30 이하	Bi 0.20~0.6 Pb 0.20~0.6	–	0.05 이하	0.15 이하	나머지
2014	0.50~ 1.2	0.7 이하	3.9~ 5.0	0.40~ 1.2	0.20~ 0.8	0.10 이하	0.25 이하	Zr+Ti 0.20 이하	0.15 이하	0.05 이하	0.15 이하	나머지
2014 A	0.50~ 0.9	0.50 이하	3.9~ 5.0	0.40~ 1.2	0.20~ 0.8	0.10 이하	0.25 이하	Zr+Ti 0.20 이하 Ni 0.10 이하	0.15 이하	0.05 이하	0.15 이하	나머지
2017	0.20~ 0.8	0.7 이하	3.5~ 4.5	0.40~ 1.0	0.40~ 0.8	0.10 이하	0.25 이하		0.15 이하	0.05 이하	0.15 이하	나머지
2017 A	0.20~ 0.8	0.7 이하	3.5~ 4.5	0.40~ 1.0	0.40~ 0.8	0.10 이하	0.25 이하	Zr+Ti 0.25 이하	–	0.05 이하	0.15 이하	나머지
2117	0.8 이하	0.7 이하	2.2~ 3.0	0.20 이하	0.20~ 0.50	0.10 이하	0.25 이하	–	–	0.05 이하	0.15 이하	나머지
2024	0.50 이하	0.50 이하	3.8~ 4.9	0.30~ 0.9	1.2~ 1.8	0.10 이하	0.25 이하	Zr+Ti 0.20 이하	0.15 이하	0.05 이하	0.15 이하	나머지
2030	0.8 이하	0.7 이하	3.3~ 4.5	0.20~ 1.0	0.50~ 1.3	0.10 이하	0.50 이하	Pb : 0.8~1.5 Bi : 0.20 이하	0.20 이하	0.10 이하	0.30 이하	나머지
2219	0.20 이하	0.30 이하	5.8~ 6.8	0.20~ 0.40	0.02 이하	–	0.10 이하	V : 0.05~0.15 Zr : 0.10~0.25	0.02~ 0.10	0.05 이하	0.15 이하	나머지
3003	0.6 이하	0.7 이하	0.05~ 0.20	1.0~ 1.5	–	–	0.10 이하	–	–	0.05 이하	0.15 이하	나머지
3103	0.50 이하	0.7 이하	0.10 이하	0.9~ 1.5	0.30 이하	0.10 이하	0.20 이하	Zr+Ti : 0.10 이하	–	0.05 이하	0.15 이하	나머지
5041 (5N02)	0.40 이하	0.40 이하	0.10 이하	0.30~ 1.0	3.0~ 4.0	0.50 이하	0.10 이하	–	0.20 이하	0.05 이하	0.15 이하	나머지
5050	0.40 이하	0.7 이하	0.20 이하	0.10 이하	1.1~ 1.8	0.10 이하	0.25 이하	–	–	0.05 이하	0.15 이하	나머지
5052	0.25 이하	0.40 이하	0.10 이하	0.10 이하	2.2~ 2.8	0.15~ 0.35	0.10 이하	–	–	0.05 이하	0.15 이하	나머지
5454	0.25 이하	0.40 이하	0.10 이하	0.50~ 1.0	2.4~ 3.0	0.05~ 0.20	0.25 이하	–	0.20 이하	0.05 이하	0.15 이하	나머지

합금번호	화학 성분 (질량분율 %)											
	Si	Fe	Cu	Mn	Mg	Cr	Zn	Bi, Pb, Zr, Zr+Ti, V	Ti	기타 각각	기타 합계	Al
5754	0.40 이하	0.40 이하	0.10 이하	0.50 이하	2.6~3.6	0.30 ㅇ하	0.20 이하	Mn+Cr : 0.10~0.6	0.15 이하	0.05 이하	0.15 이하	나머지
5154	0.25 이하	0.40 이하	0.10 이하	0.10 이하	2.2~2.8	0.15~0.35	0.10 이하	–	0.20 이하	0.05 이하	0.15 이하	나머지
5086	0.40 이하	0.50 이하	0.10 이하	0.20~0.7	3.5~4.5	0.05~0.25	0.25 이하	–	0.15 이하	0.05 이하	0.15 이하	나머지
5056	0.30 이하	0.40 이하	0.10 이하	0.05~0.20	4.5~5.6	0.05~0.20	0.10 이하	–	–	0.05 이하	0.15 이하	나머지
5083	0.40 이하	0.40 이하	0.10 이하	0.40~1.0	4.0~4.9	0.05~0.25	0.25 이하	–	0.15 이하	0.05 이하	0.15 이하	나머지
6101	0.30~0.7	0.50 이하	0.10 이하	0.03 이하	0.35~0.8	0.03 이하	0.10 이하	B : 0.06 이하	–	0.03 이하	0.10 이하	나머지
6005 C (6N01)	0.40~0.9	0.35 이하	0.35 이하	0.50 이하	0.40~0.8	0.30 이하	0.25 이하	Mn+Cr : 0.50 이하	0.10 이하	0.05 이하	0.15 이하	나머지
6005A	0.50~0.9	0.35 이하	0.30 이하	0.50 이하	0.40~0.7	0.30 이하	0.20 이하	Mn+Cr : 0.12~0.50	0.10 이하	0.05 이하	0.15 이하	나머지
6060	0.30~0.6	0.10~0.30	0.10 이하	0.10 이하	0.35~0.6	0.05 이하	0.15 이하	–	0.10 이하	0.05 이하	0.15 이하	나머지
6061	0.40~0.8	0.7 이하	0.15~0.40	0.15 이하	0.8~1.2	0.04~0.35	0.25 이하	–	0.15 이하	0.05 이하	0.15 이하	나머지
6262	0.40~0.8	0.7 이하	0.15~0.40	0.15 이하	0.8~1.2	0.04~0.35	0.25 이하	Bi : 0.40~0.7 Pb : 0.40~0.7	0.15 이하	0.05 이하	0.15 이하	나머지
6063	0.20~0.6	0.35 이하	0.10 이하	0.10 이하	0.45~0.9	0.10 이하	0.10 이하	–	0.10 이하	0.05 이하	0.15 이하	나머지
6082	0.7~1.3	0.50 이하	0.10 이하	0.40~1.0	0.6~1.2	0.25 이하	0.20 이하	–	0.20 이하	0.05 이하	0.15 이하	나머지
6181	0.8~1.2	0.45 이하	0.10 이하	0.15 이하	0.6~1.0	0.10 이하	0.20 이하	–	0.10 이하	0.05 이하	0.15 이하	나머지
7020	0.35 이하	0.40 이하	0.20 이하	0.05~0.50	1.0~1.4	0.15~0.35	4.0~5.0	Zr : 0.08~0.20 Zr+Ti : 0.08~0.25	–	0.05 이하	0.15 이하	나머지
7204 (7N01)	0.30 이하	0.35 이하	0.20 이하	0.20~0.7	1.0~2.0	0.30 이하	4.0~5.0	V : 0.10 이하, Zr : 0.25 이하	0.20 이하	0.05 이하	0.15 이하	나머지
7003	0.30 이하	0.35 이하	0.20 이하	0.30 이하	0.50~1.0	0.20 이하	5.0~6.5	Zr : 0.05~0.25	0.20 이하	0.05 이하	0.15 이하	나머지
7050	0.12 이하	0.15 이하	2.0~2.6	0.10 이하	1.9~2.6	0.04 이하	5.7~6.7	Zr : 0.08~0.15	0.06 이하	0.05 이하	0.15 이하	나머지
7075	0.40 이하	0.50 이하	1.2~2.0	0.30 이하	2.1~2.9	0.18~0.28	5.1~6.1		0.20 이하	0.05 이하	0.15 이하	나머지
7049A	0.40 이하	0.50 이하	1.2~1.9	0.50 이하	2.1~3.1	0.05~0.25	7.2~8.4	Zr+Ti 0.25 이하	–	0.05 이하	0.15 이하	나머지

9. 알루미늄 및 알루미늄 합금 단조품 KS D 6770(폐지)

■ 종류 및 기호

종류		기호	참고
합금번호	제조방법에 따른 구분		특성 및 용도 보기
1100	형(틀) 단조품	A 1100 FD	내식성, 열간 · 냉간 가공성이 좋다. 전산기용 메모리 드럼 등.
1200	형(틀) 단조품	A 1200 FD	
2014	형(틀) 단조품	A 2014 FD	강도가 높고, 단조성, 연성이 뛰어나다. 항공기용 부품, 차량, 자동차용 부품, 일반 구조부품 등.
	자유 단조품	A 2014 FH	
2017	형(틀) 단조품	A 2017 FD	강도가 높다. 항공기용 부품, 잠수용 수중 고압용기, 자전거용 허브재 등.
2018	형(틀) 단조품	A 2018 FD	단조성이 뛰어나고, 고온온도가 높으므로 내열성이 요구되는 단조품에 사용된다. 실린더 헤드, 피스톤, VTR실린더 등.
2218	형(틀) 단조품	A 2218 FD	
2219	형(틀) 단조품	A 2219 FD	고온강도, 내 크리프성이 뛰어나고 용접성이 좋다. 로켓 등의 항공기용 부품 등.
	자유 단조품	A 2219 FH	
2025	형(틀) 단조품	A 2025 FD	단조성이 좋고 강도가 높다. 프로펠러, 자기드럼 등.
	자유 단조품	A 2025 FH	
2618	형(틀) 단조품	A 2618 FD	고온강도가 뛰어나다. 피스톤, 고무성형용 금형, 일반 내열용도 부품 등.
	자유 단조품	A 2618 FH	
2N01	형(틀) 단조품	A 2N01 FD	내열성이 있고, 강도도 높다. 유압부품 등.
	자유 단조품	A 2N01 FH	
4032	형(틀) 단조품	A 4032 FD	중온(약 200℃)에서 강도가 높고, 열팽창 계수가 작고, 내마모성이 뛰어나다. 피스톤 등.
5052	자유 단조품	A 5052 FH	중강도 합금으로 내식성, 가공성이 좋다. 항공기용 부품 등.
5056	형(틀) 단조품	A 5056 FD	내식성, 절삭 가공성, 양극산화 처리성이 좋다. 광학기기 · 통신기기 부품, 지퍼 등.
5083	형(틀) 단조품	A 5083 FD	내식성, 용접성 및 저온에서 기계적 성질이 우수하다. LNG용 플랜지 등.
	자유 단조품	A 5083 FH	
6151	형(틀) 단조품	A 6151 FD	6061보다 강도가 약간 높고, 연성, 인성, 내식성도 좋고, 복잡한 모양의 단조품에 적당하다. 과급기의 팬, 자동차 휠 등.
	자유 단조품	A 6151 FH	
6061	형(틀) 단조품	A 6061 FD	연성, 인성, 내식성이 좋다. 이화학용 로터, 자동차용 휠, 리시버 탱크 등.
	자유 단조품	A 6061 FH	
7050	형(틀) 단조품	A 7050 FD	단조합금 중 최고의 강도를 가진다. 항공기용 부품, 선박용 부품, 자동차용 부품 등.
	자유 단조품	A 7050 FH	
7N01	형(틀) 단조품	A 7N01 FD	강도가 높고, 내식성도 좋은 용접구조용 합금이다. 항공기용 부품 등.
	자유 단조품	A 7N01 FH	

10. 알루미늄 및 알루미늄 합금 용접봉과 와이어 KS D 7028(폐지)

■ 봉 및 와이어의 종류

봉	와이어
A1070-BY	A1070-WY
A1100-BY	A1100-WY
A1200-BY	A1200-WY
A2319-BY	A2319-WY
A4043-BY	A4043-WY
A4047-BY	A4047-WY
A5554-BY	A5554-WY
A5654-BY	A5654-WY
A5356-BY	A5356-WY
A5556-BY	A5556-WY
A5183-BY	A5183-WY

■ 화학 성분

종류	화학 성분 %											
	Si	Fe	Cu	Mn	Mg	Cr	Zn	V, Zr	Ti	기타		Al
										개개	합계	
A1070-BY A1070-WY	0.20 이하	0.25 이하	0.04 이하	0.03 이하	0.03 이하	–	0.04 이하	–	0.03 이하	0.03 이하	–	99.70 이상
A1100-BY A1100-WY	Si+Fe 1.0 이하		0.05~0.20	0.05 이하	–	–	0.10 이하	–	–	0.05 이하	0.15 이하	99.00 이상
A1200-BY A1200-WY	Si+Fe 1.0 이하		0.05 이하	0.05 이하	–	–	0.10 이하	–	0.05 이하	0.05 이하	0.15 이하	99.00 이상
A2319-BY A2319-WY	0.20 이하	0.30 이하	5.8~6.8	0.02~0.04	0.02 이하	–	0.10 이하	V 0.05~0.15 Zr 0.10~0.25	0.10~0.20	0.05 이하	0.15 이하	나머지
A4043-BY A4043-WY	4.5~6.0	0.80 이하	0.30 이하	0.05 이하	0.05 이하	–	0.10 이하	–	0.20 이하	0.05 이하	0.15 이하	나머지
A4047-BY A4047-WY	11.0~13.0	0.80 이하	0.30 이하	0.15 이하	0.10 이하	–	0.20 이하	–	–	0.05 이하	0.15 이하	나머지
A5554-BY A5554-WY	0.25 이하	0.40 이하	0.10 이하	0.05 이하	2.4~3.0	0.05~0.20	0.25 이하	–	0.05~0.20	0.05 이하	0.15 이하	나머지
A5654-BY A5654-WY	Si+Fe 0.45 이하		0.05 이하	0.10 이하	3.1~3.9	0.15~0.35	0.20 이하	–	0.05~0.15	0.05 이하	0.15 이하	나머지
A5356-BY A5356-WY	0.25 이하	0.40 이하	0.10 이하	0.10 이하	4.5~5.5	0.05~0.20	0.10 이하	–	0.06~0.20	0.05 이하	0.15 이하	나머지
A5556-BY A5556-WY	0.25 이하	0.40 이하	0.10 이하	0.10 이하	0.50~1.0	0.05~0.20	0.25 이하	–	0.05~0.20	0.05 이하	0.15 이하	나머지
A5183-BY A5183-WY	0.40 이하	0.40 이하	0.10 이하	0.10 이하	0.50~1.0	0.05~0.25	0.25 이하	–	0.15 이하	0.05 이하	0.15 이하	나머지

11. 주조 알루미늄 합금 명칭의 비교 KS D ISO 17615 부속서 B

■ ISO, AA, EN, JIS 명칭

ISO 합금 명칭	AA 합금 명칭	EN 합금 명칭	JIS 합금 명칭
Al Cu4Ti	–	EN AC-21100	AL-Cu4Ti
Al Cu4MgTi	204.0	EN AC-21000	AC1B
Al Cu5MgAg	A201.0	–	–
Al Si9	–	EN AC-44400	–
Al Si11	–	EN AC-44000	–
Al Si12(a)	–	EN AC-44200	–
Al Si12(b)	B413.0	EN AC-44100	AC3A, Al-Si12
Al Si12(Fe)	A413.0	EN AC-44300	ADC1
Al Si2MgTi	–	EN AC-41000	–
Al Si7Mg		EN AC-42000	AC4C
Al Si7Mg0.3	–	EN AC-42100	AC4CH
Al Si7Mg0.6	357.0	EN AC-42200	–
Al Si9Mg	–	EN AC-43300	–
Al Si10Mg	–	EN AC-43100	AC4A, Al-Si10Mg
Al Si10Mg(Fe)	–	EN AC-43400	ADC3
Al Si10Mg(Cu)	–	EN AC-43200	–
Al Si5Cu1Mg	355.0	EN AC-45300	AC4D
Al Si5Cu3	–	EN AC-45400	Al-Si5Cu3
Al Si5Cu3Mg		EN AC-45100	–
Al Si5Cu3Mn	–	EN AC-45200	AC2A, AC2B
Al Si6Cu4	–	EN AC-45000	Al-Si6Cu4
Al Si7Cu2	–	EN AC-46600	–
Al Si7Cu3Mg	320.0	EN AC-46300	–
Al Si8Cu3	–	EN AC-46200	AC4B
Al Si9Cu1Mg	–	EN AC-46400	–
Al Si9Cu3(Fe)	–	EN AC-46000	ADC10
Al Si9Cu3(Fe)(Zn)	–	EN AC-46500	ADC10Z
Al Si11Cu2(Fe)	–	EN AC-46100	ADC12Z
Al Si11Cu3(Fe)	–	–	ADC12
Al Si12(Cu)	–	EN AC-47000	Al-Si12Cu
Al Si12Cu1(Fe)	–	EN AC-47100	–
Al Si12CuMgNi	–	EN AC-48000	AC8A
Al Si17Cu4Mg	B390.0	–	ADC14
Al Mg3	–	EN AC-51000	ADC6, Al-Mg3
Al Mg5	–	EN AC-51300	ADC5, AC7A, Al-Mg6
Al Mg5(Si)	–	EN AC-51400	Al-Mg5Si1
Al Mg9	–	EN AC-51200	Al-Mg10
Al Zn5Mg	712.0	EN AC-71000	Al-Zn5Mg
Al Zn10Si8Mg	–	–	–

12. 알루미늄 마그네슘 및 그 합금 – 질별 기호 KS D 0004 : 2014

■ 기본기호, 정의 및 의미

기본 기호	정 의	의 미
F	제조한 그대로의 것	가공 경화 또는 열처리에 대하여 특별한 조정을 하지 않는 제조 공정에서 얻어진 그대로의 것
O	어닐링한 것	전신재에 대해서는 가장 부드러운 상태를 얻도록 어닐링한 것 주물에 대해서는 연신의 증가 또는 치수 안정화를 위하여 어닐링한 것
H	가공 경화한 것	적절하게 부드럽게 하기 위한 추가 열처리의 유무에 관계없이 가공 경화에 의해 강도를 증가한 것
W	용체화 처리한 것	용체화 열처리 후 상온에서 자연 시효하는 합금에만 적용하는 불안정한 질별
T	열처리에 의해 F · O · H 이외의 안정한 질별로 한 것	안정한 질별로 하기 위하여 추가 가공 경화의 유무에 관계없이 열처리한 것

■ HX의 세분 기호 및 그 의미

기 호	의 미
H1	가공 경화만 한 것 소정의 기계적 성질을 얻기 위하여 추가 열처리를 하지 않고 가공 경화만 한 것
H2	가공 경화 후 적절하게 연화 열처리한 것 소정의 값 이상으로 가공 경화한 후에 적절한 열처리에 의해 소정의 강도까지 저하한 것. 상온에서 시효 연화하는 합금에 대해서는 이 질별은 H3 질별과 거의 동등한 강도를 가진 것. 그 밖의 합금에 대해서는 이 질별은 H1 질별과 거의 동등한 강도를 갖지만 연신은 어느 정도 높은 값을 나타내는 것
H3	가공 경화 후 안정화 처리한 것 가공 경화한 제품을 저온 가열에 의해 안정화 처리한 것. 또한 그 결과, 강도는 어느 정도 저하하고 연신은 증가하는 것 이 안정화 처리는 상온에서 서서히 시효 연화하는 마그네슘을 포함하는 알루미늄 합금에만 적용한다.
H4	가공 경화 후 도장한 것 가공 경화한 제품이 도장의 가열에 의해 부분 어닐링된 것

■ HXY의 세분 기호 및 그 의미

기 호	의 미	참 고
HX1	인장 강도가 O와 HX2의 중간인 것	1/8 경질
HX2 (HXB)	인장강도가 O와 HX4의 중간인 것	1/4 경질
HX3	인장 강도가 HX2와 HX4의 중간인 것	3/8 경질
HX4 (HXD)	인장 강도가 O와 HX8의 중간인 것	1/2 경질
HX5	인장 강도가 HX4와 HX6의 중간인 것	5/8 경질
HX6 (HXF)	인장 강도가 HX4와 HX8의 중간인 것	3/4 경질
HX7	인장 강도가 HX6와 HX8의 중간인 것	7/8 경질
HX8 (HXH)	일반적인 가공에서 얻어지는 최대 인장 강도의 것. 인장 강도의 최소 규격값은 원칙적으로 그 합금의 어닐링 질별의 인장 강도의 최소 규격값을 기준으로 다음 표에 따라 결정된다.	경 질
HX9 (HXJ)	인장 강도의 최소 규격값이 HX8보다 10 N/mm^2	특경질

■ HX8의 인장 강도의 최소 규격값을 결정하는 기준

단위 : N/mm²

어닐링 질별의 인장 강도의 최소 규격값	HX8의 인장 강도의 최소 규격값 결정을 위한 추가 보정값
40 이하	55
45 이상 60 이하	65
65 이상 80 이하	75
85 이상 100 이하	85
105 이상 120 이하	90
125 이상 160 이하	95
165 이상 200 이하	100
205 이상 240 이하	105
245 이상 280 이하	110
285 이상 320 이하	115
325 이상	120

■ TX의 세분 기호 및 그 의미

기 호	의 미
T1 (TA)	고온 가공에서 냉각 후 자연 시효시킨 것 압출재와 같이 고온의 제조 공정에서 냉각 후 적극적으로 냉간 가공을 하지 않고 충분히 안정된 상태까지 자연 시효시킨 것. 따라서 교정하여도 그 냉간 가공의 효과가 작은 것
T2 (TC)	고온 가공에서 냉각 후 냉간 가공을 하고, 다시 자연 시효시킨 것 압출재와 같이 고온의 제조 공정에서 냉각 후 강도를 증가시키기 위하여 냉간 가공을 하고, 다시 충분히 안정된 상태까지 자연 시효시킨 것
T3 (TD)	용체화 처리 후 냉간 가공을 하고, 다시 자연 시효시킨 것 용체화 처리 후 강도를 증가시키기 위하여 냉간 가공을 하고, 다시 충분히 안정된 상태까지 자연 시효시킨 것
T4 (TB)	용체화 처리 후 자연 시효시킨 것 용체화 처리후 냉간 가공을 하지 않고 충분히 안정된 상태까지 자연 시효시킨 것. 따라서 교정 하여도 그 냉간 가공의 효과가 작은 것
T5 (TE)	고온 가공에서 냉각 후 인공 시효 경화 처리한 것 주물 또는 압출재와 같이 고온의 제조 공정에서 냉각 후 적극적으로 냉간 가공을 하지 않고 인공 시효 경화 처리한 것. 따라서 교정을 하여도 그 냉간 가공의 효과가 작은 것
T6 (TF)	용체화 처리 후 인공 시효 경화 처리한 것 용체화 처리 후 적극적으로 냉간 가공을 하지 않고 인공 시효 경화 처리한 것. 따라서 교정하여도 그 냉간 가공의 효과가 작은 것
T7 (TM)	용체화 처리 후 안정화 처리한 것 용체화 처리 후 특별한 성질로 조정하기 위하여 최대 강도를 얻는 인공 시효 경화 처리 조건을 넘어서 과 시효 처리한 것
T8 (TH)	용체화 처리 후 냉간 가공을 하고, 다시 인공 시효 경화 처리한 것 용체화 처리 후 강도를 증가시키기 위하여 냉간 가공을 하고, 강도를 증가시키기 위하여 다시 냉간 가공한 것
T9 (TL)	용체화 처리 후 인공 시효 경화 처리를 하고, 다시 냉간 가공한 것 용체화 처리 후 인공 시효 경화 처리를 하고, 강도를 증가시키기 위하여 다시 냉간 가공한 것
T10 (TG)	고온 가공에서 냉각 후 냉간 가공을 하고, 다시 인공 시효 경화 처리한 것 압출재와 같이 고온의 제조 공정에서 냉각 후 강도를 증가시키기 위하여 냉간 가공을 하고, 다시 인공 시효 경화 처리한 것

■ TXY의 구체적인 보기와 그 의미

기호	의미
T31 (TD1)	T3의 단면 감소율을 거의 1%로 한 것 용체화 처리 후 강도를 증가시키기 위하여 단면 감소율을 거의 1%의 냉간 가공을 하고, 다시 자연 시효시킨 것
T351 (TD51)	용체화 처리 후 냉간 가공을 하고, 잔류 응력을 제거하고 다시 자연 시효시킨 것 용체화 처리 후 강도를 증가시키기 위하여 냉간 가공을 하고, TX51의 영구 변형을 주는 인장 가공에 의해 잔류 응력을 제거한 후, 다시 자연 시효시킨 것
T3510 (TD510)	용체화 처리 후 냉간 가공을 하고, 잔류 응력을 제거하고 다시 자연 시효시킨 것 용체화 처리 후 강도를 증가시키기 위하여 냉간 가공을 하고, TX510의 영구 변형을 주는 인장 가공에 의해 잔류 응력을 제거한 후, 다시 자연 시효시킨 것
T3511 (TD511)	용체화 처리 후 냉간 가공을 하고, 잔류 응력을 제거하고 다시 자연 시효시킨 것 용체화 처리 후 강도를 증가시키기 위하여 냉간 가공을 하고, TX511의 영구 변형을 주는 인장 가공에 의해 잔류 응력을 제거한 후, 다시 자연 시효시킨 것
T352 (TD52)	용체화 처리 후 냉간 가공을 하고, 잔류 응력을 제거하고 다시 자연 시효시킨 것 용체화 처리 후 강도를 증가시키기 위하여 냉간 가공을 하고, TX52의 영구 변형을 주는 인장 가공에 의해 잔류 응력을 제거한 후, 다시 자연 시효시킨 것
T354 (YD54)	용체화 처리 후 냉간 가공을 하고, 잔류 응력을 제거하고 다시 자연 시효시킨 것 용체화 처리 후 강도를 증가시키기 위하여 냉간 가공을 하고 TX54의 영구 변형을 주는 인장 및 압축의 복합 교정에 의해 영구 변형을 주고 잔류 응력을 제거한 후, 다시 자연 시효시킨 것 최종 틀에 의한 냉간 재가공을 한 형단조품에 적용한다.
T36 (TD6)	T3의 단면 감소율을 거의 6%로 한 것 용체화 처리 후 강도를 증가시키기 위하여 단면 감소율을 거의 6%의 냉간 가공을 하고, 다시 자연 시효시킨 것
T361 (TD61)	
T37 (TD7)	T3의 단면 감소율을 거의 7%로 한 것 용체화 처리 후 강도를 증가시키기 위하여 단면 감소율을 거의 7%의 냉간 가공을 하고, 다시 자연 시효시킨 것
T39 (TD9)	T3의 냉간 가공을 규정된 기계적 성질이 얻어질 때까지 실시한 것 용체화 처리 후 자연 시효 전이나 후에 규정된 기계적 성질이 얻어질 때까지 냉간 가공을 한 것
T39 (TD9)	T4의 처리를 사용자가 실시한 것 사용자가 용체화 처리 후 충분한 안정 상태까지 자연 시효시킨 것
T42 (TB2)	용체화 처리 후 잔류 응력을 제거하고, 다시 자연 시효시킨 것 용체화 처리 후 TX51의 영구 변형을 주는 인장 가공에 의해 잔류 응력을 제거하고, 다시 자연 시효시킨 것
T451 (TB51)	용체화 처리 후 잔류 응력을 제거하고, 다시 자연 시효시킨 것 용체화 처리 후 TX510의 영구 변형을 주는 인장 가공에 의해 잔류 응력을 제거하고, 다시 자연 시효시킨 것
T4510 (TB510)	용체화 처리 후 잔류 응력을 제거하고, 다시 자연 시효시킨 것 용체화 처리 후 TX511의 영구 변형을 주는 인장 가공에 의해 잔류 응력을 제거하고, 다시 자연 시효시킨 것. 다만 이 인장 가공 후 약간이 가공은 허용된다.
T4511 (TB511)	용체화 처리 후 잔류 응력을 제거하고, 다시 자연 시효시킨 것 용체화 처리 후 TX511의 영구 변형을 주는 인장 가공에 의해 잔류 응력을 제거하고, 다시 자연 시효시킨 것. 다만 이 인장 가공 후 약간의 가공은 허용된다.
T452 (TB52)	용체화 처리 후 잔류 응력을 제거하고, 다시 자연 시효시킨 것 용체화 처리 후 TX52의 영구 변형을 주는 압축 가공에 의해 잔류 응력을 제거하고, 다시 자연 시효시킨 것
T454 (TB54)	용체화 처리 후 잔류 응력을 제거하고, 다시 자연 시효시킨 것 용체화 처리 후 TX54의 영구 변형을 주는 인장과 압축 가공에 의해 잔류 응력을 제거하고, 다시 자연 시효시킨 것
T51 (TE1)	고온 가공에서 냉각 후 인공 시효 경화 처리한 것 고온 가공에서 냉각 후 성형성을 향상시키기 위하여 인공 시효 경화 처리 조건을 조정한 것
T56 (TF1)	고온 가공에서 냉각 후 인공 시효 경화 처리한 것 고온 가공에서 냉각 후 T5 처리에 의한 것보다 높은 강도를 얻기 위하여 6000계 합금의 인공 시효 경화 처리 조건을 조정한 것
T61 (TF1)	전신재의 경우, 온수 퀜칭에 의한 용체화 처리 후 인공 시효 경화 처리한 것 퀜칭에 의한 변형의 발생을 방지하기 위하여 온수에 퀜칭하고, 음으로 인공 시효 경화 처리한 것 주물의 경우, 용체화 처리 후 인공 시효 경화 처리한 것 T6 처리에 의한 것보다 높은 강도를 얻기 위하여 인공 시효 경화 처리 조건을 조정한 것
T6151 (TF151)	용체화 처리 후 잔류 응력을 제거하고, 다시 인공 시효 경화 처리한 것 용체화 처리 후 TX51의 영구 변형을 주는 인장 가공에 의해 잔류 응력을 제거하고, 다시 성형성을 향상시키기 위하여 인공 시효 경화 처리 조건을 조정한 것

기 호	의 미
T62 (TF2)	T6의 처리를 사용자가 한 것 사용자가 용체화 처리 후 인공 시효 경화 처리한 것
T64 (TF4)	용체화 처리 후 인공 시효 경화 처리한 것 용체화 처리 후 성형성을 향상시키기 위하여 인공 시효 경화 처리 조건을 T6과 T61의 중간으로 조정한 것
T651 (TF51)	용체화 처리 후 잔류 응력을 제거하고, 다시 인공 시효 경화 처리한 것 용체화 처리 후 TX51의 영구 변형을 주는 인장 가공에 의해 잔류 응력을 제거하고, 다시 인공 시효 경화 처리한 것
T-6510 (TF510)	용체화 처리 후 잔류 응력을 제거하고, 다시 인공 시효 경화 처리한 것 용체화 처리 후 TX510의 영구 변형을 주는 인장 가공에 의해 잔류 응력을 제거하고, 다시 인공 시효 경화 처리한 것
T6511 (TF511)	용체화 처리 후 잔류 응력을 제거하고, 다시 인공 시효 경화 처리한 것 용체화 처리 후 TX511의 영구 변형을 주는 인장 가공에 의해 잔류 응력을 제거하고, 다시 인공 시효 경화 처리한 것. 다만 이 인장 가공 후 약간의 가공은 허용된다.
T652 (TF52)	용체화 처리 후 잔류 응력을 제거하고, 다시 인공 시효 경화 처리한 것 용체화 처리 후 TX52의 영구 변형을 주는 압축 가공에 의해 잔류 응력을 제거하고, 다시 인공 시효 경화 처리한 것
T654 (TF54)	용체화 처리 후 잔류 응력을 제거하고, 다시 인공 시효 경화 처리한 것 용체화 처리 후 TX54의 영구 변형을 주는 인장과 압축의 복합 교정에 의해 잔류 응력을 제거하고, 다시 인공 시효 경화 처리한 것
T66 (TF6)	용체화 처리 후 인공 시효 경화 처리한 것 T6 처리에 의한 것보다 높은 강도를 얻기 위하여 6000계 합금의 인공 시효 경화 처리 조건을 조정한 것
T73 (TM3)	용체화 처리 후 인공 시효 경화 처리한 것 용체화 처리 후 내응력 부식 균열성을 최대로 하기 위하여 과시효 처리한 것
T732 (TM32)	T73의 처리를 사용자가 한 것 사용자가 용체화 처리 후 내응력 부식 균열성을 최대로 하기 위하여 과시효 처리한 것
T7351 (TM351)	용체화 처리 후 잔류 응력을 제거하고, 다시 과시효 처리한 것 용체화 처리 후 TX51의 영구 변형을 주는 인장 가공에 의해 잔류 응력을 제거하고, 다시 T73의 조건에서 과시효 처리한 것
T73510 (TM3510)	용체화 처리 후 잔류 응력을 제거하고, 다시 과시효 처리한 것 용체화 처리 후 TX510의 영구 변형을 주는 인장 가공에 의해 잔류 응력을 제거하고, 다시 T73의 조건에서 과시효 처리한 것
T73511 (TM3511)	용체화 처리 후 잔류 응력을 제거하고, 다시 과시효 처리한 것 용체화 처리 후 TX511의 영구 변형을 주는 인장 가공에 의해 잔류 응력을 제거하고, 다시 T73의 조건에서 과시효 처리한 것. 다만 이 인장 가공 후 약간의 가공은 허용된다.
T7352 (TM352)	용체화 처리 후 잔류 응력을 제거하고, 다시 과시효 처리한 것 용체화 처리 후 TX52의 영구 변형을 주는 압축 가공에 의해 잔류 응력을 제거하고, 다시 T73의 조건에서 과시효 처리한 것
T7354 (TM354)	용체화 처리 후 잔류 응력을 제거하고, 다시 과시효 처리한 것 용체화 처리 후 TX54의 영구 변형을 주는 인장과 압축의 복합 교정에 의해 잔류 응력을 제거하고, 다시 T73의 조건에서 과시효 처리한 것
T74 (TM4)	용체화 처리 후 과시효 처리한 것 용체화 처리 후 내응력 부식 균열성을 조정하기 위하여 T73과 T76의 중간의 과시효 처리한 것
T7451 (TM451)	용체화 처리 후 잔류 응력을 제거하고, 다시 과시효 처리한 것 용체화 처리 후 TX51의 영구 변형을 주는 인장 가공에 의해 잔류 응력을 제거하고, 다시 T74의 조건에서 과시효 처리한 것
T74510 (TM4510)	용체화 처리 후 잔류 응력을 제거하고, 다시 과시효 처리한 것 용체화 처리 후 TX510의 영구 변형을 주는 인장 가공에 의해 잔류 응력을 제거하고, 다시 T74의 조건에서 과시효 처리한 것
T74511 (TM4511)	용체화 처리 후 잔류 응력을 제거하고, 다시 과시효 처리한 것 용체화 처리 후 TX511의 영구 변형을 주는 인장 가공에 의해 잔류 응력을 제거하고, 다시 T74의 조건에서 과시효 처리한 것. 다만 이 인장 가공 후 약간의 가공은 허용된다.
T7452 (TM452)	용체화 처리 후 잔류 응력을 제거하고, 다시 과시효 처리한 것 용체화 처리 후 TX52의 영구 변형을 주는 압축 가공에 의해 잔류 응력을 제거하고, 다시 T74의 조건에서 과시효 처리한 것
T7454 (TM454)	용체화 처리 후 잔류 응력을 제거하고, 다시 과시효 처리한 것 용체화 처리 후 TX54의 영구 변형을 주는 인장과 압축의 복합 교정에 의해 잔류 응력을 제거하고, 다시 T74의 조건에서 과시효 처리한 것

기 호	의 미
T76 (TM6)	용체화 처리 후 과시효 처리한 것 용체화 처리 후 내박리 부식성을 좋게 하기 위하여 과시효 처리한 것
T761 (TM61)	용체화 처리 후 과시효 처리한 것 용체화 처리 후 내박리 부식성을 좋게 하기 위하여 과시효 처리한 것. 7475 합금의 박판 및 조에 적용한다.
T762 (TM62)	T76의 처리를 사용자가 한 것 사용자가 용체화 처리 후 내박리 부식성을 좋게 하기 위하여 과시효 처리한 것
T7651 (TM6510)	용체화 처리 후 잔류 응력을 제거하고, 다시 과시효 처리한 것 용체화 처리 후 TX51의 영구 변형을 주는 인장 가공에 의해 잔류 응력을 제거하고, 다시 T76의 조건에서 과시효 처리한 것
T76510 (TM6510)	용체화 처리 후 잔류 응력을 제거하고, 다시 과시효 처리한 것 용체화 처리 후 TX510의 영구 변형을 주는 인장 가공에 의해 잔류 응력을 제거하고, 다시 T76의 조건에서 과시효 처리한 것
T76511 (TM6511)	용체화 처리 후 잔류 응력을 제거하고, 다시 과시효 처리한 것 용체화 처리 후 TX511의 영구 변형을 주는 인장 가공에 의해 잔류 응력을 제거하고, 다시 T76의 조건에서 과시효 처리한 것
T7652 (TM652)	용체화 처리 후 잔류 응력을 제거하고, 다시 과시효 처리한 것 용체화 처리 후 TX52의 영구 변형을 주는 인장 가공에 의해 잔류 응력을 제거하고, 다시 T76의 조건에서 과시효 처리한 것
T7654 (TM654)	용체화 처리 후 잔류 응력을 제거하고, 다시 과시효 처리한 것 용체화 처리 후 TX54의 영구 변형을 주는 인장과 압축의 복합 교정에 의해 잔류 응력을 제거하고, 다시 T76의 조건에서 과시효 처리한 것
T79 (TM9)	용체화 처리 후 과시효 처리한 것 용체화 처리 후 아주 약간 과시효 처리한 것
T79510 (TM9510)	용체화 처리 후 잔류 응력을 제거하고, 다시 과시효 처리한 것 용체화 처리 후 TX510의 영구 변형을 주는 인장 가공에 의해 잔류 응력을 제거하고, 다시 T79의 조건에서 과시효 처리한 것
T79511 (TM9511)	용체화 처리 후 잔류 응력을 제거하고, 다시 과시효 처리한 것 용체화 처리 후 TX511의 영구 변형을 주는 인장 가공에 의해 잔류 응력을 제거하고, 다시 T79의 조건에서 과시효 처리한 것. 다만 이 인장 가공 후 약간의 가공은 허용된다.
T81 (TH1)	T8의 단면 감소율을 거의 1%로 한 것. 용체화 처리 후 강도를 증가시키기 위하여 단면 감소율을 거의 1%의 냉간 가공을 하고, 다시 인공 시효 경화 처리한 것.
T82 (TH2)	T8의 처리를 사용자가 하고 단면 감소율을 거의 2%로 한 것 사용자가 용체화 처리 후 2%의 영구 변형을 주는 인장 가공을 하고, 다시 인공 시효 경화 처리한 것
T83 (TH3)	T8의 단면 감소율을 거의 3%로 한 것 용체화 처리 후 강도를 증가시키기 위하여 단면 감소율을 거의 3%의 냉간 가공을 하고, 다시 인공 시효 경화 처리한 것
T832 (TH32)	T8의 냉간 가공 조건을 조정한 것 용체화 처리 후 강도를 증가시키기 위하여 냉간 가공 조건을 조정하고, 다시 인공 시효 경화 처리한 것
T841 (TH41)	T8의 인공 시효 경화 처리 조건을 조정한 것 용체화 처리 후 강도를 증가시키기 위하여 냉간 가공을 하고, 다시 인공 시효 경화 처리한 것
T84151 (TH4151)	용체화 처리 후 잔류 응력을 제거하고, 다시 인공 시효 경화 처리 조건을 조정한 것 용체화 처리 후 TX51의 영구 변형을 주는 인장 가공에 의해 잔류 응력을 제거하고, 다시 인공 시효 경화 처리한 것
T851 (TH51)	용체화 처리 후 냉간 가공을 하고, 잔류 응력을 제거하고, 다시 인공 시효 경화 처리한 것 용체화 처리 후 TX51의 영구 변형을 주는 인장 가공에 의해 잔류 응력을 제거하고, 다시 인공 시효 경화 처리한 것
T8510 (TH510)	용체화 처리 후 냉간 가공을 하고, 잔류 응력을 제거하고 다시 인공 시효 경화 처리한 것 용체화 처리 후 강도를 증가시키기 위하여 냉간 가공을 하고, TX510의 영구 변형을 주는 인장 가공에 의해 잔류 응력을 제거하고, 다시 인공 시효 경화 처리한 것
T8511 (TH511)	용체화 처리후 냉간 가공을 하고, 잔류 응력을 제거하고 다시 인공 시효 경화 처리한 것 용체화 처리 후 강도를 증가시키기 위하여 냉간 가공을 하고, TX511의 영구 변형을 주는 인장 가공에 의해 잔류 응력을 제거하고, 다시 인공 시효 경화 처리한 것. 다만 이 인장 가공 후 약간의 가공은 허용된다.
T852 (TH52)	용체화 처리 후 냉간 가공을 하고, 잔류 응력을 제거하고 다시 인공 시효 경화 처리한 것 용체화 처리 후 강도를 증가시키기 위하여 냉간 가공을 하고, TX52의 영구 변형을 주는 압축 가공에 의해 잔류 응력을 제거하고, 다시 인공 시효 경화 처리한 것

기 호	의 미
T854 (TH54)	용체화 처리 후 냉간 가공을 하고 잔류 응력을 제거하고 다시 인공 시효 경화 처리한 것 용체화 처리 후 강도를 증가시키기 위하여 냉간 가공을 하고, TX54의 영구 변형을 주는 인장 및 압축의 복합 교정에 의해 잔류 응력을 제거하고, 다시 인공 시효 경화 처리한 것
T86 (TH6) T861 (TH61)	T36을 인공 시효 경화 처리한 것 용체화 처리 후 강도를 증가시키기 위하여 단면 감소율을 거의 6%의 냉간 가공을 하고, 다시 인공 시효 경화 처리한 것
T87 (TH7)	T37을 인공 시효 경화 처리한 것 용체화 처리 후 강도를 증가시키기 위하여 단면 감소율을 거의 7%의 냉간 가공을 하고, 다시 인공 시효 경화 처리한 것
T89 (TH9)	T39를 인공 시효 경화 처리한 것 용체화 처리 후 규정된 기계적 성질이 얻어질 때까지 냉간 가공을 하고, 다시 인공 시효 경화 처리한 것

29-3 마그네슘 합금 전신재

1. 이음매 없는 마그네슘 합금 관 KS D5573 : 2016

■ 종류 및 기호

종류	기호	대응 ISO 기호	상당 합금(참고)			
			ASTM	BS	DIN	NF
1종B	MT1B	ISO−MgAl3Zn1(A)	AZ31B	MAG110	3.5312	G−A3Z1
1종C	MT1C	ISO−MgAl3Zn1(B)	−	−	−	−
2종	MT2	ISO−MgAl6Zn1	AZ61A	MAG121	3.5612	G−A6Z1
5종	MT5	ISO−MgZn3Zr	−	MAG151	−	−
6종	MT6	ISO−MgZn6Zr	ZK60A	−	−	−
8종	MT8	ISO−MgMn2	−	−	−	−
9종	MT9	ISO−MgZn2Mn1	−	MAG131	−	−

■ 화학 성분

종류	기호	화학 성분 단위 : %(질량분율)											
		Mg	Al	Zn	Mn	Zr	Fe	Si	Cu	Ni	Ca	기타	기타 합계
1종B	MT1B	나머지	2.4~3.6	0.50~1.5	0.15~1.0	−	0.005 이하	0.10 이하	0.05 이하	0.005 이하	0.04 이하	0.05 이하	0.30 이하
1종C	MT1C	나머지	2.4~3.6	0.50~1.5	0.05~0.4	−	0.05 이하	0.10 이하	0.05 이하	0.005 이하	−	0.05 이하	0.30 이하
2종	MT2	나머지	5.5~6.5	0.50~1.5	0.15~0.40	−	0.005 이하	0.10 이하	0.05 이하	0.005 이하	−	0.05 이하	0.30 이하
5종	MT5	나머지	−	2.5~4.0	−	0.45~0.8	−	−	−	−	−	0.05 이하	0.30 이하
6종	MT6	나머지	−	4.8~6.2	−	0.45~0.8	−	−	−	−	−	0.05 이하	0.30 이하
8종	MT8	나머지	−	−	1.2~2.0	−	−	0.10 이하	0.05 이하	0.01 이하	−	0.05 이하	0.30 이하
9종	MT9	나머지	0.1 이하	1.75~2.3	0.6~1.3	−	0.06 이하	0.10 이하	0.1 이하	0.005 이하	−	0.05 이하	0.30 이하

■ 기계적 성질

종류	질별	대응 ISO 질별	기호 및 질별	두께 mm	인장 시험		
					인장 강도 N/mm²	항복 강도 N/mm²	연신율 %
1종B	F	F	MT1B-F	1 이상 10 이하	220 이상	140 이상	10 이상
1종C			MT1C-F				
2종	F	F	MT2-F	1이상 10 이하	260 이상	150 이상	10 이상
5종	T5	T5	MT5-T5	전 단면 치수	275 이상	255 이상	4 이상
6종	F	F	MT6-F	전 단면 치수	275 이상	195 이상	5 이상
	T5	T5	MT6-T5	전 단면 치수	315 이상	260 이상	4 이상
8종	F	F	MT8-F	2 이하	225 이상	165 이상	2 이상
				2 초과	200 이상	145 이상	15 이상
9종	F	F	MT9-F	10 이하	230 이상	150 이상	8 이상
				10 초과 75 이하	245 이상	160 이상	10 이상

■ 관의 바깥지름의 허용차

단위 : mm

지름	허용차 규정 바깥지름에 대한 차이	
	평균 바깥지름	규정 바깥지름
10 이상 30 미만	±0.25	±0.50
30 이상 50 미만	±0.35	±0.60
50 이상 80 미만	±0.45	±0.80
80 이상 120 미만	±0.65	±1.20

■ 관 두께의 허용차

지름	허용차 규정 두께에 대한 차이 %	
	평균 두께	규정 두께
1 이상 2 미만	±10	±13
2 이상 3 미만	±8	±11
3 이상	±7	±10

2. 마그네슘 합금 판, 대 및 코일판 KS D 6710 : 2016

■ 종류 및 기호

종류	기호	대응 ISO 기호	상당 합금(참고)				적용 용도 (참고)
			ASTM	BS	DIN	NF	
1종B	MP1B	ISO−MgAl3Zn1(A)	AZ31B	MAG110	3.5312	G−A3Z1	성형용, 전극판 등
1종C	MP1C	ISO−MgAl3Zn1(B)	−	−	−	−	에칭판, 인쇄판 등
7종	MP7	−	−	−	−	−	성형용, 에칭판, 인쇄판 등
9종	MP9	ISO−MgMn2Mn1	−	MAG131	−	−	성형용 등

■ 화학 성분

종류	기호	화학 성분 단위 : %(질량분율)										
		Mg	Al	Zn	Mn	Fe	Si	Cu	Ni	Ca	기타	기타 합계(1)
1종B	MP1B	나머지	2.4~3.6	0.50~1.5	0.15~1.0	0.005이하	0.10이하	0.05이하	0.005이하	0.04이하	0.05이하	0.30이하
1종C	MP1C	나머지	2.4~3.6	0.50~1.5	0.05~0.4	0.05이하	0.10이하	0.05이하	0.005이하	−	0.05이하	0.30이하
7종	MP7	나머지	1.5~2.4	0.50~1.5	0.05~0.6	0.010이하	0.10이하	0.10이하	0.005이하	−	0.05이하	0.30이하
9종	MP9	나머지	0.1이하	1.75~2.3	0.6~1.3	0.06이하	0.10이하	0.10이하	0.005이하	−	0.05이하	0.30이하

■ 기계적 성질

종류	질별기호	대응 ISO 질별	기호 및 질별기호	두께 mm	인장 시험		
					인장 강도 N/mm²	항복 강도 N/mm²	연신율 %
1종B	O	O	MP1B−O	0.5 이상 6 이하	220 이상	105 이상	11 이상
1종C			MP1C−O	6 초과 25 이하	210 이상	105 이상	9 이상
	F	−	MP1B−F	−	−	−	−
			MP1C−F				
	H12	H×2	MP1B−H12	0.5 이상 6 이하	250 이상	160 이상	5 이상
	H22		−H22	6 초과 25 이하	220 이상	120 이상	8 이상
			MP1C−H12				
			−H22				
	H14	H×4	MP1B−H14	0.5 이상 6 이하	260 이상	200 이상	4 이상
	H24		−H24	6 초과 25 이하	250 이상	160 이상	6 이상
			MP1C−H14				
			−H24				
7종	O	−	MP7−O	0.5 이상 6 이하	190 이상	90 이상	13 이상
	F	−	MP7−F	−	−	−	−
9종	O	O	MP9−O	6 이상 25 이하	220 이상	120 이상	8 이상
	H14	H×4	MP9−H14	6 이상 25 이하	250 이상	165 이상	5 이상
	H24		−M24				

■ 두께, 나비 및 길이의 허용차

두께 mm	허용차 mm		
	두께	나비	길이
0.5 이상 0.75 이하	±0.05	±3	±8
0.75 초과 1.0 이하	±0.06	±3	±8
1.0 초과 2.5 이하	±0.08	±3	±8
2.5 초과 3.5 이하	±0.11	±5	±8
3.5 초과 4.5 이하	±0.15	±5	±8
4.5 초과 5.0 이하	±0.18	±5	±8
5.0 초과 6.0 이하	±0.23	±5	±8

■ 대의 나비 허용차

단위 : mm

두께	허용차			
	나비			
	150 이하	150 초과 300 이하	300 초과 600 이하	600 초과 1200 이하
0.4 초과 3.1 이하	±0.5	±0.8	±1.0	±1.5
3.1 초과 4.5 이하	±0.8	±1.0	±1.5	±2.0

■ 대의 변형량 최대치

두께 mm	허용차(길이 2000mm당)			
	나비 mm			
	15 초과 25 이하	25 초과 50 이하	50 초과 100 이하	100 초과 300 이하
0.4 초과 1.6 이하	20	15	10	7
1.6 초과 3.1 이하	–	–	10	7

3. 마그네슘 합금 압출 형재 KS D 6723 : 2006

■ 종류 및 기호

종류	기호	대응 ISO 기호	상당 합금(참고)			
			ASTM	BS	DIN	NF
1종B	MS1B	ISO-MgAl3Zn1(A)	AZ31B	MAG110	3.5312	G-A3Z1
1종C	MS1C	ISO-MgAl3Zn1(B)	-	-	-	-
2종	MS2	ISO-MgAl6Zn1	AZ61A	MAG121	3.5612	G-A6Z1
3종	MS3	ISO-MgAl8Zn	AZ80A	-	3.5812	-
5종	MS5	ISO-MgZn3Zr	-	MAG151	-	-
6종	MS6	ISO-MgZn6Zr	AK60A	-	-	-
8종	MS8	ISO-MgMn2	-	-	-	-
9종	MS9	ISO-MgMn2Mn1	-	MAG131	-	-
10종	MS10	ISO-MgMn7Cul	ZC71A	-	-	-
11종	MS11	ISO-MgY5RE4Zr	WE54A	-	-	-
12종	MS12	ISO-MgY4RE3Zr	WE43A	-	-	-

■ 화학 성분

종류	기호	화학 성분 %(질량분율)														
		Mg	Al	Zn	Mn	RE	Zr	Y	Li	Fe	Si	Cu	Ni	Ca	기타	기타 합계
1종B	MS1B	나머지	2.4~3.6	0.50~1.5	0.15~1.0	-	-	-	-	0.005 이하	0.10 이하	0.05 이하	0.005 이하	0.04 이하	0.05 이하	0.30 이하
1종C	MS1C	나머지	2.4~3.6	0.5~1.5	0.05~0.4	-	-	-	-	0.05 이하	0.10 이하	0.05 이하	0.005 이하	-	0.05 이하	0.30 이하
2종	MS2	나머지	5.5~6.5	0.5~1.5	0.15~0.40	-	-	-	-	0.005 이하	0.10 이하	0.05 이하	0.005 이하	-	0.05 이하	0.30 이하
3종	MS3	나머지	7.8~9.2	0.20~0.8	0.12~0.40	-	-	-	-	0.005 이하	0.10 이하	0.05 이하	0.005 이하	-	0.05 이하	0.30 이하
5종	MS5	나머지	-	2.5~4.0	-	-	0.45~0.8	-	-	-	-	-	-	-	0.05 이하	0.30 이하
6종	MS6	나머지	-	4.8~6.2	-	-	0.45~0.8	-	-	-	-	-	-	-	0.05 이하	0.30 이하
8종	MS8	나머지	-	-	1.2~2.0	-	-	-	-	-	0.10 이하	0.05 이하	0.001 이하	-	0.05 이하	0.30 이하
9종	MS9	나머지	0.1 이하	1.75~2.3	0.6~1.3	-	-	-	-	0.06 이하	0.10 이하	0.1 이하	0.005 이하	-	0.05 이하	0.30 이하
10종	MS10	나머지	0.2 이하	6.0~7.0	0.5~1.0	-	-	-	-	0.05 이하	0.10 이하	1.0~1.5	0.001 이하	-	0.05 이하	0.30 이하
11종	MS11	나머지	-	0.20 이하	0.03 이하	1.5~4.0	0.4~1.0	4.75~5.5	0.2 이하	0.010 이하	0.01 이하	0.02 이하	0.005 이하	-	0.01 이하	0.30 이하
12종	MS12	나머지	-	0.20 이하	0.03 이하	2.4~4.4	0.4~1.0	3.7~4.3	0.2 이하	0.010 이하	0.01 이하	0.02 이하	0.005 이하	-	0.01 이하	0.30 이하

■ 형재의 기계적 성질

종류	질별	대응 ISO 질별	기호 및 질별기호	두께 mm	인장 시험		
					인장 강도 N/mm^2	항복 강도 N/mm^2	연신율 %
1종B	F	F	MS1B−F	1 이상 10 이하	220 이상	140 이상	10 이상
1종C			MS1C−F	10 초과 65 이하	240 이상	150 이상	10 이상
2종	F	F	MS2−F	1 이상 10 이하	260 이상	160 이상	6 이상
				10 초과 40 이하	270 이상	180 이상	10 이상
				40 초과 65 이하	260 이상	160 이상	10 이상
3종	F	F	MS3−F	40 이하	295 이상	195 이상	10 이상
				40 초과 60 이하	295 이상	195 이상	8 이상
				60 초과 130 이하	290 이상	185 이상	8 이상
	T5	T5	MS3−T5	6 이하	325 이상	205 이상	4 이상
				6 초과 60 이하	330 이상	230 이상	4 이상
				60 초과 130 이하	310 이상	205 이상	2 이상
5종	F	F	MS5−F	10 이하	280 이상	200 이상	8 이상
				10초과 100 이하	300 이상	255 이상	8 이상
	T5	T5	MS5−T5	단면의 모든 치수	275 이상	255 이상	4 이상
6종	F	F	MS6−F	50 이하	300 이상	210 이상	5 이상
	T5	T5	MS6−T5	50 이하	310 이상	230 이상	5 이상
8종	F	F	MS8−F	10 이하	230 이상	120 이상	3 이상
				10 초과 50 이하	230 이상	120 이상	3 이상
				50 초과 100 이하	200 이상	120 이상	3 이상
9종	F	F	MS9−F	10 이하	230 이상	150 이상	8 이상
				10 초과 75 이하	245 이상	160 이상	10 이상
10종	F	F	MS10−F	10 초과 130 이하	250 이상	160 이상	7 이상
	T6	T6	MS10−T6	10 초과 130 이하	325 이상	300 이상	3 이상
11종	T5	T5	MS11−T5	10 이상 50 이하	250 이상	170 이상	8 이상
				50 초과 100 이하	250 이상	160 이상	6 이상
	T6	T6	MS11−T6	10 이상 50 이하	250 이상	160 이상	8 이상
				50 초과 100 이하	250 이상	160 이상	6 이상
12종	T5	T5	MS12−T5	10 이상 50 이하	230 이상	140 이상	5 이상
				50 초과 100 이하	220 이상	130 이상	5 이상
	T6	T6	MS12−T6	10 이상 50 이하	220 이상	130 이상	8 이상
				50 초과 100 이하	220 이상	130 이상	6 이상

■ 중공 형재의 기계적 성질

종류	질별	대응 ISO 질별	기호 및 질별	두께 mm	인장 시험		
					인장강도 N/mm²	항복강도 N/mm²	연신율 %
1종B 1종C	F	F	MS1B−F MS1C−F	1 이상 10 이하	220 이상	140 이상	10 이상
2종	F	F	MS2−F	1 이상 10 이하	260 이상	150 이상	10 이상
3종	F	F	MS3−F	10 이하	295 이상	195 이상	7 이상
5종	T5	T5	MS5−T5	단면의 모든 치수	275 이상	225 이상	4 이상
6종	F	F	MS6−F	단면의 모든 치수	275 이상	195 이상	5 이상
	T5	T5	MS6−T5	단면의 모든 치수	315 이상	260 이상	4 이상
8종	F	F	MS8−F	2 이하	225 이상	165 이상	2 이상
				2 초과	200 이상	145 이상	1.5 이상
9종	F	F	MS9−F	10 이하	230 이상	150 이상	8 이상
				10 초과 75 이하	245 이상	160 이상	10 이상

■ 웨이브 높이 및 플랜지 나비의 허용차

단위 : %

치수	허용차
3미만	± 0.35
3이상 6미만	± 0.45
6이상 10미만	± 0.6
10이상 25미만	± 0.8
25이상 50미만	± 1.0
50이상 100미만	± 1.5
100이상 150미만	± 2.0
150이상	± 2.5

■ 각도의 허용차

단위 : 도

치수	허용차
5미만	± 2.5
5이상 19미만	± 2.0
19이상	± 1.5

■ 두께의 허용차

단위 : mm

두께	허용차
5미만	± 0.35
5이상 6미만	± 0.45
6이상 10미만	± 0.6
10이상	± 0.7

4. 마그네슘 합금 봉 KS D 6724 : 2006

■ 종류 및 기호

종류	기호	대응 ISO 기호	상당 합금			
			ASTM	BS	DIN	NF
1종B	MB1B	ISO－MgAl3Zn1(A)	AZ31B	MAG110	3.5312	G－A3Z1
1종C	MB1C	ISO－MgAl3Zn1(B)	–	–	–	–
2종	MB2	ISO－MgAl6Zn1	AZ61A	MAG121	3.5612	G－A6Z1
3종	MB3	ISO－MgAl8Zn	AZ80A	–	3.5812	–
5종	MB5	ISO－MgZn3Zr	–	MAG151	–	–
6종	MB6	ISO－MgZn6Zr	ZK60A	–	–	–
8종	MB8	ISO－MgMn2	–	–	–	–
9종	MB9	ISO－MgZn2Mn1	–	MAG131	–	–
10종	MB10	ISO－MgZn7Cul	ZC71A	–	–	–
11종	MB11	ISO－MgY5RE4Zr	WE54A	–	–	–
12종	MB12	ISO－MgY4RE3Zr	WE43A	–	–	–

■ 화학 성분

종류	기호	화학 성분 %(질량분율)														
		Mg	Al	Zn	Mn	RE	Zr	Y	Li	Fe	Si	Cu	Ni	Ca	기타	기타 합계
1B종	MB1B	나머지	2.4~3.6	0.50~1.5	0.15~1.0	–	–	–	–	0.005 이하	0.10 이하	0.05 이하	0.005 이하	0.04 이하	0.05 이하	0.30 이하
1C종	MB1C	나머지	2.4~3.6	0.5~1.5	0.05~0.4	–	–	–	–	0.05 이하	0.10 이하	0.05 이하	0.005 이하	–	0.05 이하	0.30 이하
2종	MB2	나머지	5.5~6.5	0.5~1.5	0.15~0.40	–	–	–	–	0.005 이하	0.10 이하	0.05 이하	0.005 이하	–	0.05 이하	0.30 이하
3종	MB3	나머지	7.8~9.2	0.20~0.8	0.12~0.40	–	–	–	–	0.005 이하	0.10 이하	0.05 이하	0.005 이하	–	0.05 이하	0.30 이하
5종	MB5	나머지	–	2.5~4.0	–	–	0.45~0.8	–	–	–	–	–	–	–	0.05 이하	0.30 이하
6종	MB6	나머지	–	4.8~6.2	–	–	0.45~0.8	–	–	–	–	–	–	–	0.05 이하	0.30 이하
8종	MB8	나머지	–	–	1.2~2.0	–	–	–	–	–	0.10 이하	0.05 이하	0.001 이하	–	0.05 이하	0.30 이하
9종	MB9	나머지	0.1 이하	1.75~2.3	0.6~1.3	–	–	–	–	0.06 이하	0.10 이하	0.1 이하	0.005 이하	–	0.05 이하	0.30 이하
10종	MB10	나머지	0.2 이하	6.0~7.0	0.5~1.0	–	–	–	–	0.05 이하	0.10 이하	1.0~1.5	0.01 이하	–	0.05 이하	0.30 이하
11종	MB11	나머지	–	0.20 이하	0.03 이하	1.5~4.0	0.4~1.0	4.75~5.5	0.2 이하	0.010 이하	0.01 이하	0.02 이하	0.005 이하	–	0.01 이하	0.30 이하
12종	MB12	나머지	–	0.20 이하	0.03 이하	2.4~4.4	0.4~1.0	3.7~4.3	0.2 이하	0.010 이하	0.01 이하	0.02 이하	0.005 이하	–	0.01 이하	0.30 이하

■ 기계적 성질

종류	질별	대응 ISO 질별	기호 및 질별	지름 mm	인장 시험		
					인장 강도 N/mm^2	항복 강도 N/mm^2	연신율 %
1B종	F	F	MB1B－F	1 이상 10 이하	220 이상	140 이상	10 이상
1C종			MB1C－F	10 초과 65 이하	240 이상	150 이상	10 이상
2종	F	F	MB2－F	1 이상 10 이하	260 이상	160 이상	6 이상
				10 초과 40 이하	270 이상	180 이상	10 이상
				40 초과 65 이하	260 이상	160 이상	10 이상
3종	F	F	MB3－F	40 이하	295 이상	195 이상	10 이상
				40 초과 60 이하	295 이상	195 이상	8 이상
				60 초과 130 이하	290 이상	185 이상	8 이상
	T5	T5	MB3－T5	6 이하	325 이상	205 이상	4 이상
				6 초과 60 이하	330 이상	230 이상	4 이상
				60 초과 130 이하	310 이상	205 이상	2 이상
5종	F	F	MB5－F	10 이하	280 이상	200 이상	8 이상
				10초과 100 이하	300 이상	225 이상	8 이상
	T5	T5	MB5－T5	전단면 치수	275 이상	255 이상	4 이상
6종	F	F	MB6－F	50 이하	300 이상	210 이상	5 이상
	T5	T5	MB6－T5	50 이하	310 이상	230 이상	5 이상
8종	F	F	MB8－F	10 이하	230 이상	120 이상	3 이상
				10 초과 50 이하	230 이상	120 이상	3 이상
				50 초과 100 이하	200 이상	120 이상	3 이상
9종	F	F	MB9－F	10 이하	230 이상	150 이상	8 이상
				10 초과 75 이하	245 이상	160 이상	10 이상
10종	F	F	MB10－F	10 이상 130 이하	250 이상	160 이상	7 이상
	T6	T6	MB10－T6	10 이상 130 이하	325 이상	300 이상	3 이상
11종	T5	T5	MB11－T5	10 이상 50 이하	250 이상	170 이상	8 이상
				50 초과 100 이하	250 이상	160 이상	6 이상
	T6	T6	MB11－T6	10 이상 50 이하	250 이상	160 이상	8 이상
				50 초과 100 이하	250 이상	160 이상	6 이상
12종	T5	T5	MB12－T5	10 이상 50 이하	230 이상	140 이상	5 이상
				50 초과 100 이하	220 이상	130 이상	5 이상
	T6	T6	MB12－T6	10 이상 50 이하	220 이상	130 이상	8 이상
				50 초과 100 이하	220 이상	130 이상	6 이상

29-4 납 및 납 합금의 전신재

1. 납 및 경납판 KS D 5512 : 2010

■ 판의 종류 및 기호

종류	기호	참고
		특색 및 용도
납판	PbP-1	두께 1.0mm 이상 6.0mm 이하의 순납판으로 가공성이 풍부하고 내식성이 우수하며 건축, 화학, 원자력 공업용 등 광범위의 사용에 적합하고, 인장강도 10.5N/mm², 연신율 60% 정도이다.
얇은 납판	PbP-2	두께 0.3mm 이상 1.0mm 미만의 순납판으로 유연성이 우수하고 주로 건축용(지붕, 벽)에 적합하며, 인장강도 10.5N/mm², 연신율 60% 정도이다.
텔루르 납판	TPbP	텔루르를 미량 첨가한 입자분산강화 합금 납판으로 내크리프성이 우수하고 고온(100~150℃)에서의 사용이 가능하고, 화학공업용에 적합하며, 인장강도 20.5N/mm², 연신율 50% 정도이다.
경납판 4종	HPbP4	안티몬을 4% 첨가한 합금 납판으로 상온에서 120℃의 사용영역에서는 납합금으로서 고강도 · 고경도를 나타내며, 화학공업용 장치류 및 일반용의 경도를 필요로 하는 분야에 대한 적용이 가능하며, 인장강도 25.5N/mm², 연신율 50% 정도이다.
경납판 6종	HPbP6	안티몬을 6% 첨가한 합금 납판으로 상온에서 120℃의 사용영역에서는 납합금으로서 고강도 · 고경도를 나타내며, 화학공업용 장치류 및 일반용의 경도를 필요로 하는 분야에 대한 적용이 가능하며, 인장강도 28.5N/mm², 연신율 50% 정도이다.

■ 납판의 화학성분

종류	기호	화학 성분 (% 질량분율)								
		Pb	Sb	Sn	Cu	Ag	As	Zn	Fe	Bi
납판	PbP	99.9 이상	합계 0.10 이하							

■ 경납판 4종 및 6종의 화학성분

종류	기호	화학 성분 %		
		Pb	Sb	Sb, Sn, Cu, Ag, A.s, Zn, Fe, Bi
경납판 4종	HPbP4	95.1 이상	3.50~4.50	합계 0.40 이하
경납판 6종	HPbP6	93.1 이상	5.50~6.50	

2. DM 납판 KS D 5592 : 1995

■ 종류 및 기호

종류	기호	특색 및 용도
DM 납판	PbP-DM	두께 0.3mm 이상, 2.0mm 이하의 순수한 납판이고 유연성이 우수하며 주로 건축 및 설비의 방음과 진동방지에 적용된다. 기계적 성질은 두께 0.3mm인 경우, 인장강도 10.5N/mm², 연신율 20% 정도로 되어 있다.

■ DM 납판의 화학 성분

단위 : %

Pb	Ag	Cu	As	Sb+Sn	Zn	Fe	Bi
99.95 이상	0.002 이하	0.005 이하	0.005 이하	0.010 이하	0.002 이하	0.005 이하	0.050 이하

3. 일반 공업용 납 및 납합금 관 KS D 6702 : 2016

■ 관의 종류 및 기호

종류	기호	참고
		특색 및 용도
공업용 납관 1종	PbT−1	납이 99.9%이상인 납관으로 살두께가 두껍고, 화학 공업용에 적합하고 인장 강도 10.5N/mm², 연신율 60% 정도이다.
공업용 납관 2종	PbT−2	납이 99.60%이상인 납관으로 내식성이 좋고, 가공성이 우수하고 살두께가 얇고 일반 배수용에 적합하며 인장 강도 11.7N/mm², 연신율 55% 정도이다.
텔루륨 납관	TPbT	텔루륨을 미량 첨가한 입자 분산 강화 합금 납관으로 살두께는 공업용 납관 1종과 같은 납관. 내크리프성이 우수하고 고온(100~150℃)에서의 사용이 가능하고, 화학공업용에 적합하며, 인장강도 20.5N/mm², 연신율 50% 정도이다.
경연관 4종	HPbT4	안티몬을 4% 첨가한 합금 납관으로 상온에서 120℃의 사용영역에서는 납합금으로서 고강도 · 고경도를 나타내며, 화학공업용 장치류 및 일반용의 경도를 필요로 하는 분야의 적용이 가능하고, 인장강도 25.5N/mm², 연신율 50% 정도이다.
경연관 6종	HPbT6	안티몬을 6% 첨가한 합금 납관으로 상온에서 120℃의 사용영역에서는 납합금으로서 고강도 · 고경도를 나타내며, 화학공업용 장치류 및 일반용의 경도를 필요로 하는 분야의 적용이 가능하고, 인장강도 28.5N/mm², 연신율 50% 정도이다.

■ 공업용 납관 1종, 2종 및 텔루륨 납관의 화학성분

종류	기호	화학 성분 (% 질량분율)									
		Pb	Te	Sb	Sn	Cu	Ag	As	Zn	Fe	Bi
공업용 납관 1종	PbT−1	나머지	0.0005 이하	합계 0.10 이하							
공업용 납관 2종	PbT−2			합계 0.40 이하							
텔루륨 납관	TPbT		0.015~0.025	합계 0.02 이하							

■ 경연관 4종 및 6종의 화학성분

종류	기호	화학 성분 (% 질량분율)		
		Pb	Sb	Sn, Cu, 그 밖의 불순물
경연관 4종	HPbT4	나머지	3.50~4.50	합계 0.40 이하
경연관 6종	HPbT6		5.50~6.50	

29-5 니켈 및 니켈 합금 전신재

1. 이음매 없는 니켈 동합금 관 KS D 5539 : 2002(2017 확인)

■ 관의 종류 및 기호

종류 및 기호		참 고		
합금 번호	합금 기호	종류 및 기호		용도 보기
		종 류	기 호	
NW4400	NiCu30	니켈 동합금 관	NCuP	내식성, 내산성이 좋다. 강도가 높고 고온의 사용에 적합하다. 급수 가열기, 화학 공업용 등
NW4402	NiCu30 · LC			

■ 화학성분

종류 및 기호		화학 성분 %							밀도 g/m³
합금 번호	합금 기호	C	Cu	Fe	Mn	Ni	S	Si	
NW4400	NiCu30	0.30	28.0 34.0	2.5	2.0	63.0	0.025	0.5	8.8
NW4402	NiCu30 · LC	0.04	28.0 34.0	2.5	2.0	63.0	0.025	0.5	8.8

■ 기계적 성질

종류 및 기호		질 별	바깥지름 mm	인장강도 N/mm²	항복강도 N/mm²	연신율 %	허용 응력 (Rf) N/mm²
합금 번호	합금 기호						
NW4400	NiCu30	냉간 가공 후 소둔	125 이하	480 이상	190 이상	35 이상	120
			125 초과	480 이상	170 이상	35 이상	113
		냉간 가공 후 응력 제거 소둔	전 부	590 이상	380 이상	15 이상	148
		열간 가공 후 소둔	전 부	450 이상	155 이상	30 이상	103
NW4402	NiCu30 · LC	냉간 가공 후 소둔	전 부	430 이상	160 이상	35 이상	107

2. 니켈 및 니켈 합금 판 및 조 KS D 5546 : 2002(2017 확인)

■ 종류 및 기호

종류 및 기호		참고		
합금 번호	합금 기호	종류 및 기호		사용예
		종류	기호	
NW2200	Ni99.0	탄소 니켈 판	NNCP	수산화나트륨 제조 장치, 전기 전자 부품 등
NW2201	Ni99.0 LC	저탄소 니켈 판	NLCP	
NW4400	NiCu30	니켈-동합금 판 니켈-동합금 조	NCuP NCuR	해수 담수화 장치, 제염 장치, 원유 증류탑 등
NW4402	NiCu30 LC	-	-	
NW5500	NiCu30A13Ti	니켈-동-알루미늄-티탄합금 판	NCuATP	해수 담수화 장치, 제염 장치, 원유 증류탑 등에서 고강도를 필요로 하는 기기재 등
NW0001	NiMo30Fe5	니켈-몰리브덴합금 1종 판	NM1P	염산 제조 장치, 요소 제조 장치, 에틸렌글리콜 이나 크로로프렌 단량체 제조 장치 등
NW0665	NiMo28	니켈-몰리브덴합금 2종 판	NM2P	
NW0276	NiMo16Cr15Fe6W4	니켈-몰리브덴- 크롬합금 판	NMCrP	산 세척 장치, 공해 방지 장치, 석유화학 산업 장치, 합성 섬유 산업 장치 등
NW6455	NiCr16Mo16Ti	-	-	
NW6022	NiCr21Mo13Fe4W3	-	-	
NW6007	NiCr22Fe20Mo6Cu2Nb	니켈-크롬-철-몰리브덴-동합금 1종 판	NCrFMCu1P	인산 제조 장치, 플루오르산 제조 장치, 공해 방지 장치 등
NW6985	NiCr22Fe20Mo7Cu2	니켈-크롬-철-몰리브덴-동합금 2종 판	NCrFMCu2P	
NW6002	NiCr21Fe18Mo9	니켈-크롬-몰리브덴-철합금 판	NCrMFP	공업용로, 가스터빈 등

3. 니켈 및 니켈 합금의 선과 인발 소재 KS D 5587(폐지)

■ 종류 및 기호

종류 및 기호		참 고		
합금 번호	합금 기호	종래의 종류 및 기호 (KS D 5587 : 992)		용도의 예
		종 류	기호	
NW 2200	Ni99.0	-	-	수산화나트륨 제조 장치, 식품 제조 장치, 약품 제조 장치, 전자, 전기 부품 등
NW 2201	Ni99.0-LC	-	-	해수 담수화 장치, 제염 장치, 원유 증류탑 등
NW 4400	NiCu30	니켈-구리 합금선	NCuW	해수 담수화 장치, 제염 장치, 원유 증류탑 등에서 강도를 필요로 하는 볼트, 스프링 등
NW 5500	NiCu30Al3Ti	니켈-구리-알루미늄-티탄 합금 선	NCuATW	
NW 0001	NiMo30Fe5	-	-	염산 제조 장치, 요소 제조 장치, 에틸렌글리콜이나 클로로프렌모노머 제조 장치 등
NW 0665	NiMo28	-	-	
NW 0276	NiMo16Cr15Fe6W4	-	-	산 세척 장치, 공해 방지 장치, 석유 화학, 합성 섬유 산업 장치 등
NW 6455	NiCr16Mo16Ti	-	-	
NW 6022	NiCr21Mo13Fe4W3	-	-	
NW 6007	NiCr22Fe20Mo6Cu2Nb	-	-	인산 제조 장치, 플루오르화수소산 제조 장치, 공해 방지 장치
NW 6985	NiCr22Fe20Mo7Cu2	-	-	
NW 6002	NiCr2Fe18Mo9	-	-	공업용 노, 가스 터빈

4. 듀멧선 KS D 5603(폐지)

■ 종류 및 기호

종류	기호	참고
		용도의 예
선1종 1	DW1－1	전자관, 전구, 방전램프 등의 관구류
선1종 2	DW1－2	
선2종	DW2	다이오드, 서미스터 등의 반도체 장비류

■ 심재의 화학 성분

종류	기호	심재의 화학 성분 %(m/m)						
		Ni	C	Mn	Si	S	P	Fe
선1종 1	DW1－1	41.0~43.0	0.10 이하	0.75~1.25	0.30 이하	0.02 이하	0.02 이하	나머지
선1종 2	DW1－2							
선2종	DW2	46.0~48.0	0.10 이하	0.20~1.25	0.30 이하	0.02 이하	0.02 이하	나머지

■ 구리 함유율

종류	기호	구리 함유율 %(m/m)	참고	
			평균 선팽창 계수($x10^{-7}$/℃)	
			축방향	반지름 방향
선1종 1	DW1－1	20~25	55~65	79~86
선1종 2	DW1－2	23~28	55~65	83~89
선2종	DW2	13~20	80~95	90~97

■ 기계적 성질

종류	질별	기호	인장강도 N/mm²	연신율 %
선1종 1	O1	DW1－1－O1	640 이상	15 이상
	O2	DW1－1－O2		20 이상
선1종 2	O1	DW1－2－O1		15 이상
	O2	DW1－2－O2		20 이상
선2종	O1	DW2－O1		15 이상
	O2	DW2－O2		20 이상

■ 선지름의 허용차

단위 : mm

선지름	허용차
0.40 이하	±0.010
0.40 초과 0.60 이하	±0.020
0.60 초과	±0.025

■ 다듬질

명칭	기호	내용
보레이트 다듬질	P	아산화구리층과 붕사층을 형성한다.
옥시다이즈 다듬질	Q	아산화구리층만을 형성한다.

29-6 티타늄 및 티타늄 합금 전신재

1. 티탄 팔라듐 합금 선 KS D 3851 : 1993(2013 확인)

■ 종류 및 기호

종류	기호	참고
		특색 및 용도보기
11종	TW 270 Pd	내식성, 특히 틈새 내식성이 좋다. 화학장치, 석유정제 장치, 펄프제지 공업장치 등.
12종	TW 340 Pd	
13종	TW 480 Pd	

■ 화학 성분

종류	화학성분 %					
	H	O	N	Fe	Pd	Ti
11종	0.015 이하	0.15 이하	0.05 이하	0.20 이하	0.12~0.25	나머지
12종	0.015 이하	0.20 이하	0.05 이하	0.25 이하	0.12~0.25	나머지
13종	0.015 이하	0.30 이하	0.07 이하	0.30 이하	0.12~0.25	나머지

■ 기계적 성질

종류	지름 mm	인장 시험	
		인장강도 N/mm^2	연신율 %
11종	1 이상 8 미만	270~410	15 이상
12종		340~510	13 이상
13종		480~620	11 이상

■ 지름의 허용차

단위 : mm

지름	허용차
1 이상 2 미만	±0.04
2 이상 3 미만	±0.06
3 이상 5 미만	±0.08
5 이상 8 미만	±0.10

2. 티타늄 및 티타늄 합금-이음매 없는 관 KS D 5574 : 2010

■ 종류, 마무리 방법, 열처리 및 기호

종류	다듬질 방법	기호	특색 및 용도 보기(참고)
1종	열간 압연	TTP 270 H	공업용 순수 티타늄 내식성이 우수하고, 특히 내해수성이 좋다. 화학 장치, 석유 정제 장치, 펄프 제지 공업 장치 등에 사용한다.
	냉간 압연	TTP 270 C	
2종	열간 압연	TTP 340 H	
	냉간 압연	TTP 340 C	
3종	열간 압연	TTP 480 H	
	냉간 압연	TTP 480 C	
4종	열간 압연	TTP 550 H	
	냉간 압연	TTP 550 C	
11종	열간 압연	TTP 270 Pd H	내식 티타늄 합금 내식성이 우수하고, 특히 내마모 부식성이 좋다. 화학 장치, 석유 정제 장치, 펄프 제지 공업 장치 등에 사용한다.
	냉간 압연	TTP 270 Pd C	
12종	열간 압연	TTP 340 Pd H	
	냉간 압연	TTP 340 Pd C	
13종	열간 압연	TTP 480 Pd H	
	냉간 압연	TTP 480 Pd C	
14종	열간 압연	TTP 345 NPRC H	
	냉간 압연	TTP 345 NPRC C	
15종	열간 압연	TTP 450 NPRC H	
	냉간 압연	TTP 450 NPRC C	
16종	열간 압연	TTP 343 Ta H	
	냉간 압연	TTP 343 Ta C	
17종	열간 압연	TTP 240 Pd H	
	냉간 압연	TTP 240 Pd C	
18종	열간 압연	TTP 345 Pd H	
	냉간 압연	TTP 345 Pd C	
19종	열간 압연	TTP 345 PCo H	
	냉간 압연	TTP 345 PCo C	
20종	열간 압연	TTP 450 PCo H	
	냉간 압연	TTP 450 PCo C	
21종	열간 압연	TTP 275 RN H	
	냉간 압연	TTP 275 RN C	
22종	열간 압연	TTP 410 RN H	
	냉간 압연	TTP 410 RN C	
23종	열간 압연	TTP 483 RN H	
	냉간 압연	TTP 483 RN C	
50종	열간 압연	TATP 1500 H	α 합금(Ti-1.5Al) 내식성이 우수하고, 특히 내해수성이 좋다. 내수소 흡수성 및 내열성이 좋다. 이륜차, 머플러 등에 사용한다.
	냉간 압연	TATP 1500 C	
61종	열간 압연	TAT 3250 L	$\alpha-\beta$ 합금(Ti-3Al-2.5V) 티타늄 합금 중에서는 가공성이 좋아 자전거 부품, 내압 배관 등에 사용한다.
		TAT 3250 F	
	냉간 압연	TAT 3250 CL	
		TAT 3250 CF	

3. 열 교환기용 티타늄 및 티타늄 합금 관 KS D 5575 : 2009

■ 종류, 제조 방법, 마무리 방법 및 기호

종류	제조 방법	마무리 방법	기호	참고
				특징 및 용도 예
1종	이음매 없는 관	냉간 가공	TTH 270 C	내식성, 특히 내해수성이 좋다. 화학 장치, 석유 정제 장치, 펄프 제지 공업 장치, 발전설비, 해수 담수화 장치 등
	용접관	용접한 그대로	TTH 270 W	
		냉간 가공	TTH 270 WC	
2종	이음매 없는 관	냉간 가공	TTH 340 C	
	용접관	용접한 그대로	TTH 340 W	
		냉간 가공	TTH 340 WC	
3종	이음매 없는 관	냉간 가공	TTH 480 C	
	용접관	용접한 그대로	TTH 480 W	
		냉간 가공	TTH 480 WC	
11종	이음매 없는 관	냉간 가공	TTH 270 Pd C	
	용접관	용접한 그대로	TTH 270 Pd W	
		냉간 가공	TTH 270 Pd WC	
12종	이음매 없는 관	냉간 가공	TTH 340 Pd C	내식성, 특히 틈새 부식성이 좋다. 화학 장치, 석유 정제 장치, 펄프 제지 공업 장치, 발전 설비 해수 담수화 장치 등.
	용접관	용접한 그대로	TTH 340 Pd W	
		냉간 가공	TTH 340 Pd WC	
13종	이음매 없는 관	냉간 가공	TTH 480 Pd C	
	용접관	용접한 그대로	TTH 480 Pd W	
		냉간 가공	TTH 480 Pd WC	
14종	이음매 없는 관	냉간 가공	TTH 345 NPRC C	
	용접관	용접한 그대로	TTH 345 NPRC W	
		냉간 가공	TTH 345 NPRC WC	
15종	이음매 없는 관	냉간 가공	TTH 450 NPRC C	
	용접관	용접한 그대로	TTH 450 NPRC W	
		냉간 가공	TTH 450 NPRC WC	
16종	이음매 없는 관	냉간 가공	TTH 343 Ta C	
	용접관	용접한 그대로	TTH 343 Ta W	
		냉간 가공	TTH 343 Ta WC	
17종	이음매 없는 관	냉간 가공	TTH 240 Pd C	
	용접관	용접한 그대로	TTH 240 Pd W	
		냉간 가공	TTH 240 Pd WC	
18종	이음매 없는 관	냉간 가공	TTH 345 Pd C	
	용접관	용접한 그대로	TTH 345 Pd W	
		냉간 가공	TTH 345 Pd WC	
19종	이음매 없는 관	냉간 가공	TTH 345 PCo C	
	용접관	용접한 그대로	TTH 345 PCo W	
		냉간 가공	TTH 345 PCo WC	
20종	이음매 없는 관	냉간 가공	TTH 450 PCo C	
	용접관	용접한 그대로	TTH 450 PCo W	
		냉간 가공	TTH 450 PCo WC	

종류	제조 방법	마무리 방법	기호	참고
				특징 및 용도 예
21종	이음매 없는 관	냉간 가공	TTH 275 RN C	내식성, 특히 틈새 부식성이 좋다. 화학 장치, 석유 정제 장치, 펄프 제지 공업 장치, 발전 설비 해수 담수화 장치 등.
	용접관	용접한 그대로	TTH 275 RN W	
		냉간 가공	TTH 275 RN WC	
22종	이음매 없는 관	냉간 가공	TTH 410 RN C	
	용접관	용접한 그대로	TTH 410 RN W	
		냉간 가공	TTH 410 RN WC	
23종	이음매 없는 관	냉간 가공	TTH 483 RN C	
	용접관	용접한 그대로	TTH 483 RN W	
		냉간 가공	TTH 483 RN WC	
50종	이음매 없는 관	냉간 가공	TATH 1500 Al C	내식성, 특히 내해수성이 좋다. 내수소흡수성, 내열성이 좋다.
	용접관	용접한 그대로	TATH 1500 Al W	
		냉간 가공	TATH 1500 Al WC	

4. 티타늄 및 티타늄 합금 – 선 KS D 5576 : 2009

■ 종류 및 기호

종류	기호	참고
		특징 및 용도 보기
1종	TW 270	공업용 순 티타늄 내식성, 특히 내해수성이 좋다. 화학 장치, 석유 정제 장치, 펄프 제지 공업 장치 등
2종	TW 340	
3종	TW 480	
11종	TW 270 Pd	내식 티타늄합금 내식성, 특히 내틈새부식성이 좋다. 화학 장치, 석유 정제 장치, 펄프 제지 공업 장치 등
12종	TW 340 Pd	
13종	TW 480 Pd	
14종	TW 345 NPRC	
15종	TW 450 NPRC	
16종	TW 343 Ta	
17종	TW 240 Pd	
18종	TW 345 Pd	
19종	TW 345 PCo	
20V	TW 450 PCo	
21종	TW 275 RN	
22종	TW 410 RN	
23종	TW 483 RN	
50종	TAW 1500	α합금(Ti−1.5Al) 내식성, 특히 내해수성이 우수하다. 내수소 흡수성 및 내열성이 좋다. 이륜차의 머플러 등
61종	TAW 3250	$\alpha-\beta$합금(Ti−3Al−2.5V) 중강도로 내식성, 열간 가공성이 우수하고, 절삭성이 좋다. 자동차 부품, 의료 재료, 레저 용품, 안경 프레임용 등
61F종	TAW 3250F	$\alpha-\beta$합금(절삭성이 좋은 Ti−3Al−2.5V) 중강도로 내식성, 열간 가공성이 우수하고, 절삭성이 좋다. 자동차 부품, 의료 재료, 레저 용품 등
80종	TAW 4220	β합금(Ti−4Al−22V) 고강도로 내식성이 우수하고 냉간 가공성이 좋다. 자동차 부품, 레저 용품 등

5. 티타늄 및 티타늄 합금 – 단조품 KS D 5591(폐지)

■ 종류 및 기호

종류	기호	참고
		특징 및 용도 보기
1종	TF 270	공업용 순수 티타늄 내식성, 특히 내해수성이 좋다. 화학 장치, 석유 정제 장치, 펄프 제지 공업 장치 등
2종	TF 340	
3종	TF 480	
4종	TF 550	
11종	TF 270 Pd	내식 티타늄 합금 내식성, 특히 내틈새부식성이 좋다. 화학 장치, 석유 정제 장치, 펄프 제지 공업 장치 등
12종	TF 340 Pd	
13종	TF 480 Pd	
14종	TF 345 NPRC	
15종	TF 450 NPRC	
16종	TF 343 Ta	
17종	TF 240 Pd	
18종	TF 345 Pd	
19종	TF 345 PCo	
20종	TF 450 PCo	
21종	TF 275 RN	
22종	TF 410 RN	
23종	TF 483 RN	
50종	TAF 1500	α합금(Ti−1.5Al) 내식성이 우수하고 특히 내해수성이 우수하다. 내수소 흡수성 및 내열성이 좋다. 예를 들면, 이륜차 머플러 등
60종	TAF 6400	$\alpha-\beta$합금(Ti−6Al−4V) 고강도로 내식성이 좋다. 화학 공업, 기계 공업, 수송 기기 등의 구조재. 예를 들면, 대형 증기 터빈 날개, 선박용 스크루, 자동차용 부품, 의료 재료 등
60E종	TAF 6400E	$\alpha-\beta$합금(Ti−6Al−4V ELI) 고강도로 내식성이 우수하고 극저온까지 인성을 유지한다. 저온, 극저온에서도 사용할 수 있는 구조재. 예를 들면, 유인 심해 조사선의 내압 용기, 의료 재료 등
61종	TAF 3250	$\alpha-\beta$합금(Ti−3Al−2.5V) 중강도로 내식성, 용접성, 성형성이 좋다. 냉간 가공이 우수하다. 예를 들면, 의료 재료, 레저용품 등
61F종	TAF 3250F	$\alpha-\beta$합금(절삭성이 좋다. Ti−3Al−2.5V) 중강도로 내식성, 절삭 가공성이 좋다. 자동차 부품, 레저 용품 등 예를 들면, 자동차 엔진, 콘로드, 너트 등
80종	TAF 8000	β합금(Ti−4Al−22V) 고강도로 내식성이 우수하고 냉간 가공성이 좋다. 자동차 부품, 레저 용품 등 예를 들면, 자동차 엔진용 리테너, 스프링, 볼트, 너트, 골프 클럽의 헤드 등

6. 티타늄 및 티타늄 합금 - 봉 KS D 5604 : 2009

■ 종류, 가공 방법 및 기호

종류	기호	참고
		특징 및 용도 보기
1종	TB 270 H	공업용 티타늄 내식성, 특히 내해수성이 좋다. 화학 장치, 석유 정제 장치, 펄프 제지 공업 장치 등
	TB 270 C	
2종	TB 340 H	
	TB 340 C	
3종	TB 480 H	
	TB 480 C	
4종	TB 550 H	
	TB 550 C	
11종	TB 270 Pd H	내식 티타늄 내식성, 특히 내틈새부식성이 좋다. 화학 장치, 석유 정제 장치, 펄프 제지 공업 장치 등
	TB 270 Pd C	
12종	TB 340 Pd H	
	TB 340 Pd C	
13종	TB 480 Pd H	
	TB 480 Pd C	
14종	TB 345 NPRC H	
	TB 345 NPRC C	
15종	TB 450 NPRC H	
	TB 450 NPRC C	
16종	TB 343 Ta H	
	TB 343 Ta C	
17종	TB 240 Pd H	
	TB 240 Pd C	
18종	TB 345 Pd H	
	TB 345 Pd C	
19종	TB 345 PCo H	
	TB 345 PCo C	
20종	TB 450 PCo H	
	TB 450 PCo C	
21종	TB 275 RN H	
	TB 275 RN C	
22종	TB 410 RN H	
	TB 410 RN C	
23종	TB 483 RN H	
	TB 483 RN C	
50종	TAB 1500 H	α합금(Ti-1.5Al) 내식성이 우수하고 특히 내해수성이 우수하다. 내수소 흡수성 및 내열성이 좋다. 이륜차 머플러 등
	TAB 1500 C	
60종	TAB 6400 H	$\alpha-\beta$합금(Ti-6Al-4V) 고강도로 내식성이 좋다. 화학 공업, 기계 공업, 수송기기 등의 구조재, 대형 증기 터빈 날개, 선박용 스크루, 자동차용 부품, 의료 재료 등

종류	기호		참고
			특징 및 용도 보기
60E종	열간	TAB 6400E H	α－β합금[Ti－6Al－4V ELI(1)] 고강도로 내식성이 우수하고 극저온까지 인성을 유지한다. 저온, 극저온에서도 사용할 수 있는 구조재, 유인 심해 조사선의 내압 용기, 의료 재료 등
	압연		
61종	열간	TAB 3250 H	α－β합금(Ti－3Al－2.5V) 중강도로 내식성, 용접성, 성형성이 좋다. 냉간 가공이 우수하다. 의료 재료, 레저용품 등
	압연		
61F종	열간	TAB 3250F H	α－β합금(절삭성이 좋은 Ti－3Al－2.5V) 중강도로 내식성, 열간가공성이 좋고 저삭성이 우수하다. 자동차 엔진용 콘로드, 시프트 노브, 너트 등
	압연		
80종	열간	TAB 8000 H	β합금(Ti－4Al－22V) 고강도로 내식성이 우수하고 상온에서 프레스 가공성이 좋다. 자동차 엔진용 리테너, 볼트, 골프 클럽의 헤드 등
	압연		

7. 티타늄 합금 관 KS D 5605(폐지)

■ 종류, 제조 방법, 다듬질 방법, 열처리 및 기호

종 류	제조 방법	다듬질 방법	열 처리	기 호	특색 및 용도 보기(참고)
61종	이음매없는 관	열간 가공	저온 어닐링(1)	TAT 3250 L	티타늄 합금 관 중에서는 가공성이 좋다. 자동차, 내압 배관 등
			완전 어닐링(2)	TAT 3250 F	
		냉간 가공	저온 어닐링(1)	TAT 3250 CL	
			완전 어닐링(2)	TAT 3250 CF	
	용접관	용접 그대로	없음	TAT 3250 W	
			저온 어닐링(1)	TAT 3250 WL	
			완전 어닐링(2)	TAT 3250 WF	
		냉간 가공	저온 어닐링(1)	TAT 3250 WCL	
			완전 어닐링(2)	TAT 3250 WCF	

[주] (1) 저온 어닐링이란 강도를 확보하기 위하여 또는 잔류 응력 제거를 위하여 완전 어닐링의 경우보다 낮은 온도에서 실시하는 열처리를 말한다.
(2) 완전 어닐링이란 결정 조직을 조절하고 연화시키기 위하여 실시하는 열처리를 말한다.

■ 화학 성분

종류	화학 성분(%)									
	Al	V	Fe	O	C	N	H	Ti	기타	
									개개	합계
61종	2.50~3.50	2.50~3.00	0.25 이하	0.15 이하	0.10 이하	0.02 이하	0.015 이하	나머지	0.10 이하	0.40 이하

■ 기계적 성질

종류	바깥지름 mm	두께 mm	다듬질 방법 및 열처리	인장 시험		
				인장 강도 N/mm^2	항복 강도 N/mm^2	연신율 %
61종	3 이상 60 이하	0.5 이상 10 이하	냉간 가공 또한 저온 어닐링	860 이상	725 이상	10 이상
			상기 이외의 가공, 열처리	620 이상	485 이상	15 이상

8. 티타늄 및 티타늄 합금의 판 및 띠 KS D 6000 : 2009

■ 종류, 가공 방법 및 기호

종류	가공 방법	기호		참고
		판	띠	특징 및 용도 예
1종	열간 가공	TP 270 H	TR 270 H	공업용 순수 티타늄 내식성, 특히 내해수성이 좋다. 화학 장치, 석유 정제 장치, 펄프제지 공업 장치 등
	냉간 가공	TP 270 C	TR 270 C	
2종	열간 가공	TP 340 H	TR 340 H	
	냉간 가공	TP 340 C	TR 340 C	
3종	열간 가공	TP 480 H	TR 480 H	
	냉간 가공	TP 480 C	TR 480 C	
4종	열간 가공	TP 550 H	TR 550 H	
	냉간 가공	TP 550 C	TR 550 C	
11종	열간 가공	TP 270 Pd H	TR 270 Pd H	내식티타늄합금 내식성, 특히 틈새 부식성이 좋다. 화학 장치, 석유 정제 장치, 펄프 제지 공업 장치 등
	냉간 가공	TP 270 Pd C	TR 270 Pd C	
12종	열간 가공	TP 340 Pd H	TR 340 Pd H	
	냉간 가공	TP 340 Pd C	TR 340 Pd C	
13종	열간 가공	TP 480 Pd H	TR 480 Pd H	
	냉간 가공	TP 480 Pd C	TR 480 Pd C	
14종	열간 가공	TP 345 NPRC H	TR 345 NPRC H	
	냉간 가공	TP 345 NPRC C	TR 345 NPRC C	
15종	열간 가공	TP 450 NPRC H	TR 450 NPRC H	
	냉간 가공	TP 450 NPRC C	TR 450 NPRC C	
16종	열간 가공	TP 343 Ta H	TR 343 Ta H	
	냉간 가공	TP 343 Ta C	TR 343 Ta C	
17종	열간 가공	TP 240 Pd H	TR 240 Pd H	
	냉간 가공	TP 240 Pd C	TR 240 Pd C	
18종	열간 가공	TP 345 Pd H	TR 345 Pd H	
	냉간 가공	TP 345 Pd C	TR 345 Pd C	
19종	열간 가공	TP 345 PCo H	TR 345 PCo H	
	냉간 가공	TP 345 PCo C	TR 345 PCo C	
20종	열간 가공	TP 450 PCo H	TR 450 PCo H	
	냉간 가공	TP 450 PCo C	TR 450 PCo C	
21종	열간 가공	TP 275 RN H	TR 275 RN H	
	냉간 가공	TP 275 RN C	TR 275 RN C	
22종	열간 가공	TP 410 RN H	TR 410 RN H	
	냉간 가공	TP 410 RN C	TR 410 RN C	
23종	열간 가공	TP 483 RN H	TR 483 RN H	
	냉간 가공	TP 483 RN C	TR 483 RN C	
50종	열간 가공	TAP 1500 H	TAR 1500 H	α합금(Ti−1.5Al) 내식성이 우수하고 특히 내해수성이 우수하다. 내수소흡수성 및 내열성이 좋다. 예를 들면, 이륜차 머플러 등에 사용한다.
	냉간 가공	TAP 1500 C	TAR 1500 C	
60종	열간 가공	TAP 6400 H	−	$\alpha-\beta$합금(Ti−6Al−4V) 고강도로 내식성이 좋다. 화학 공업, 기계 공업, 수송 기기 등의 구조재. 예를 들면, 고압 반응조재, 고압 수송 파이프재, 레저용품, 의료 재료 등

종류	가공 방법	기호		참고
		판	띠	특징 및 용도 예
60E종	열간 가공	TAP 6400E H	–	α−β합금[Ti−6Al−4V ELI(1)] 고강도로 내식성이 우수하고, 극 저온까지 인성을 유지한다. 저온, 극저온에서도 사용할 수 있는 구조재. 예를 들면, 유인 심해 조사선의 내압 용기, 의료 재료 등
61종	열간 가공	TAP 3250 H	TAR 3250 H	α−β합금(Ti−3Al−2.5V) 중강도로 내식성, 용접성, 성형성이 좋다. 냉간 가공성이 우수하다. 예를 들면, 박, 의료 재료, 레저용품 등
	냉간 가공	TAP 3250 C	TAR 3250 C	
61F종	열간 가공	TAP 3250F H	–	α−β합금(절삭성이 좋다. Ti−3Al−2.5V) 중강도로 내식성, 열간 가공성이 좋다. 절삭성이 우수하다. 예를 들면, 자동차용 엔진 콘로드, 시프트노브, 너트 등
80종	열간 가공	TAP 4220 H	TAR 4220 H	β합금(Ti−4Al−22V) 고강도로 내식성이 우수하고, 냉간 가공성이 좋다. 예를 들면, 자동차 엔진용 리테너, 골프 클럽의 헤드 등
	냉간 가공	TAP 4220 C	TAR 4220 C	

[주] (1) ELI는 Extra Low Interstitial Elements(산소, 질소, 수소 및 철의 함유량을 특별히 낮게 억제한다)의 약자이다.

29-7 기타 전신재

1. 스프링용 오일 템퍼선 KS D 3579 : 1996

■ 종류, 기호 및 적용 선 지름

종류	기호	적용 선 지름	적요
스프링용 탄소강 오일 템퍼선 A종	SWO−A	2.00mm 이상 12.0mm 이하	주로 정하중을 받는 스프링용
스프링용 탄소강 오일 템퍼선 B종	SWO−B		주로 동하중을 받는 스프링용
스프링용 실리콘 크롬강 오일 템퍼선	SWOSC−B	1.00mm 이상 15.0mm 이하	
스프링용 실리콘 망간강 오일 템퍼선 A종	SWOSM−A	4.00mm 이상 14.0mm 이하	
스프링용 실리콘 망간강 오일 템퍼선 B종	SWOSM−B		
스프링용 실리콘 망간강 오일 템퍼선 C종	SWOSM−C	4.00mm 이상 12.0mm 이하	

■ 화학 성분

단위 : %

기호	C	Si	Mn	P	S	Cr	Cu
SWO−A	0.53~0.88	0.10~0.35	0.30~1.20	0.040 이하	0.040 이하	–	–
SWO−B	0.53~0.88	0.10~0.35	0.30~1.20	0.030 이하	0.030 이하	–	–
SWOSC−B	0.51~0.59	1.20~1.60	0.50~0.90	0.035 이하	0.035 이하	0.55~0.90	–
SWOSM	0.56~0.64	1.50~1.80	0.70~1.00	0.035 이하	0.035 이하	–	0.30 이하

■ 인장 강도

단위 : N/mm²

표준 선지름 mm	SWO-A	SWO-B	SWOSC-B	SWOSM-A	SWOSM-B	SWOSM-C
1.00	-	-	1960~2110	-	-	-
1.20	-	-	1960~2110	-	-	-
1.40	-	-	1960~2110	-	-	-
1.60	-	-	1960~2110	-	-	-
1.80	-	-	1960~2110	-	-	-
2.00	1570~1720	1720~1860	1910~2060	-	-	-
2.30	1570~1720	1720~1860	1910~2060	-	-	-
2.60	1570~1720	1720~1860	1910~2060	-	-	-
2.90	1520~1670	1670~1810	1910~2060	-	-	-
3.00	1470~1620	1620~1770	1860~2010	-	-	-
3.20	1470~1620	1620~1770	1860~2010	-	-	-
3.50	1470~1620	1620~1770	1860~2010	-	-	-
4.00	1420~1570	1570~1720	1810~1960	1470~1620	1570~1720	1670~1810
4.50	1370~1520	1520~1670	1810~1960	1470~1620	1570~1720	1670~1810
5.00	1370~1520	1520~1670	1760~1910	1470~1620	1570~1720	1670~1810
5.50	1320~1470	1470~1620	1760~1910	1470~1620	1570~1720	1670~1810
5.60	1320~1470	1470~1620	1710~1860	1470~1620	1570~1720	1670~1810
6.00	1320~1470	1470~1620	1710~1860	1470~1620	1570~1720	1670~1810
6.50	1320~1470	1470~1620	1710~1860	1470~1620	1570~1720	1670~1810
7.00	1230~1370	1370~1520	1660~1810	1420~1570	1520~1670	1620~1770
7.50	1230~1370	1370~1520	1660~1810	1420~1570	1520~1670	1620~1770
8.00	1230~1370	1370~1520	1660~1810	1420~1570	1520~1670	1620~1770
8.50	1230~1370	1370~1520	1660~1810	1420~1570	1520~1670	1620~1770
9.00	1230~1370	1370~1520	1660~1810	1420~1570	1520~1670	1620~1770
9.50	1180~1320	1320~1470	1660~1810	1370~1520	1470~1620	1570~1720
10.0	1180~1320	1320~1470	1660~1810	1370~1520	1470~1620	1570~1720
10.5	1180~1320	1320~1470	1660~1810	1370~1520	1470~1620	1570~1720
11.0	1180~1320	1320~1470	1660~1810	1370~1520	1470~1620	1570~1720
11.5	1180~1320	1320~1470	1660~1810	1370~1520	1470~1620	1570~1720
12.0	1180~1320	1320~1470	1610~1760	1370~1520	1470~1620	1570~1720
13.0	-	-	1610~1760	1370~1520	1470~1620	-
14.0	-	-	1610~1760	1370~1520	1470~1620	-
15.0	-	-	1610~1760	-	-	-

2. 밸브 스프링용 오일 템퍼선 KS D 3580 : 1996(2016 확인)

■ 종류, 기호 및 적용 선 지름

종류	기호	적용 선 지름
밸브 스프링용 탄소강 오일 템퍼선	SWO-V	2.00mm 이상 6.00mm 이하
밸프 스프링용 크롬바나듐강 오일 템퍼선	SWOCV-V	2.00mm 이상 10.0mm 이하
밸브 스프링용 실리콘크롬강 오일 템퍼선	SWOSC-V	0.50mm 이상 8.00mm 이하

■ 화학 성분

단위 : %

기호	C	Si	Mn	P	S	Cr	Cu	V
SWO－V	0.60~0.75	0.12~0.32	0.60~0.90	0.025 이하	0.025 이하	－	0.20 이하	－
SWOCV－V	0.45~0.55	0.15~0.35	0.65~0.95	0.025 이하	0.025 이하	0.80~1.10	0.20 이하	0.15~0.25
SWOSC－V	0.51~0.59	1.20~1.60	0.50~0.80	0.025 이하	0.025 이하	0.50~0.80	0.20 이하	－

■ 인장 강도

단위 : N/mm^2

표준 선지름(1) mm	SWO－V	SWOCV－V	SWOSC－V
0.50	－	－	2010~2160
0.60	－	－	2010~2160
0.70	－	－	2010~2160
0.80	－	－	2010~2160
0.90	－	－	2010~2160
1.00	－	－	2010~2160
1.20	－	－	2010~2160
1.40	－	－	1960~2110
1.60	－	－	1960~2110
1.80	－	－	1960~2110
2.00	1620~1770	1570~1720	1910~2060
2.30	1620~1770	1570~1720	1910~2060
2.60	1620~1770	1570~1720	1910~2060
2.90	1620~1770	1570~1720	1910~2060
3.00	1570~1720	1570~1720	1860~2010
3.20	1570~1720	1570~1720	1860~2010
3.50	1570~1720	1570~1720	1860~2010
4.00	1570~1720	1520~1670	1810~1960
4.50	1520~1670	1520~1670	1810~1960
5.00	1520~1670	1470~1620	1760~1910
5.50	1470~1620	1470~1620	1760~1910
5.60	1470~1620	1470~1620	1710~1860
6.00	1470~1620	1470~1620	1710~1860
6.50	－	1420~1570	1710~1860
7.00	－	1420~1570	1660~1810
7.50	－	1370~1520	1660~1810
8.00	－	1370~1520	1660~1810
8.50	－	1370~1520	－
9.00	－	1370~1520	－
9.50	－	1370~1520	－
10.0	－	1370~1520	－

3. 스프링용 실리콘 망간강 오일 템퍼선 KS D 3591 : 2002(2017 확인)

■ 종류, 기호 및 적용 선 지름

종류	기호	적용 선 지름	비고
스프링용 실리콘 망간강 오일 템퍼선 A종	SWOSM-A	4.00mm 이상 14.0mm 이하	일반 스프링용
스프링용 실리콘 망간강 오일 템퍼선 B종	SWOSM-B		일반 스프링용 및 자동차 현가 코일 스프링
스프링용 실리콘 망간강 오일 템퍼선 C종	SWOSM-C	4.00mm 이상 12.0mm 이하	주로 자동차용 현가 코일 스프링

■ 인장 강도

표준 선지름 mm	인장강도 N/mm²		
	SWOSM-A	SWOSM-B	SWOSM-C
4.00	1470~1620	1570~1720	1670~1810
4.50	1470~1620	1570~1720	1670~1810
5.00	1470~1620	1570~1720	1670~1810
5.50	1470~1620	1570~1720	1670~1810
6.00	1470~1620	1570~1720	1670~1810
6.50	1470~1620	1570~1720	1670~1810
7.00	1420~1570	1520~1670	1620~1770
7.50	1420~1570	1520~1670	1620~1770
8.00	1420~1570	1520~1670	1620~1770
8.50	1420~1570	1520~1670	1620~1770
9.00	1420~1570	1520~1670	1620~1770
9.50	1370~1520	1470~1620	1570~1720
10.0	1370~1520	1470~1620	1570~1720
10.5	1370~1520	1470~1620	1570~1720
11.0	1370~1520	1470~1620	1570~1720
11.5	1370~1520	1470~1620	1570~1720
12.0	1370~1520	1470~1620	1570~1720
13.0	1370~1520	1470~1620	–
14.0	1370~1520	1470~1620	–

■ 선지름의 허용차 및 편지름차

단위 : mm

선지름	허용차	편지름차
4.00 이상 6.00 이하	±0.05	0.05 이하
6.00 초과 12.00 이하	±0.06	0.06 이하
12.00 초과 14.00 이하	±0.08	0.08 이하

29-8 분말 야금

1. 분말 야금 용어 KS D 0056 : 2002(2017 확인)

■ 분말

번호	용어	의미	대응 영어(참고)
1001	분말	1mm 이하 크기의 분리된 입자 집합체	powder
1002	입자	통상의 분리 조작으로 더 이상 세분할 수 없는 분말의 기본 단위	particle
1003	응집	복수 입자가 서로 붙어 있는 상태	agglomerate
1004	슬러리	액체 내 유동성의 점성을 갖는 분말의 분산	slurry
1005	케이크	성형하지 않은 분말들의 집합체	cake
1006	피드스톡	사출 성형 또는 분말 압출에 원료로 사용하는 가소성 분말	feedstock

■ 분말 종류

번호	용어	의미	대응 영어(참고)
1101	분무 분말	금속 및 합금 용액을 액적 형태로 분리한 후 각각을 입자로 고화하여 생산한 분말	atomized powder
1102	카보닐 분말	금속 카보닐의 열분해로 제조한 분말	carbonyl powder
1103	분쇄 분말	고상 금속의 기계적 분리에 의하여 제조한 분말	comminuted powder
1104	전해 분말	전해 석출하여 제조한 분말	electrolytic powder
1105	석출 분말	용액에서 화학적 석출하여 제조한 분말	precipitated powder
1106	환원 분말	액상 온도 이하에서 금속 화합물의 화학적 환원에 의하여 제조한 분말	reduced powder
1107	해면상 분말	자체의 높은 기공도를 갖는 금속 해면상의 분쇄로 제조한 다공성 환원 분말	sponge powder
1108	합금 분말	최소 2개의 성분들이 부분적으로 또는 완전히 상호간에 합금화된 금속 분말	alloyed powder
1109	완전 합금화 분말	각 분말 입자가 그 분말 전체와 동일한 화학 성분으로 되어 있는 합금 분말	completely alloyed powder
1110	프리 얼로이 분말	통상적으로 액체 분무법에 의하여 제조된 완전 합금 분말	pre−alloyed powder
1111	부분 합금화 분말	완전 합금 상태의 입자로 되어 있지 않은 합금 분말	partially alloyed powder
1112	확산 합금화 분말	열공정법으로 제조한 부분 합금화 분말	diffusion−alloyed powder
1113	기계적 합금화 분말	일반적으로 지지상에 대하여 용해도가 없는 제2상을 변형성이 있는 기지 금속 입자에 첨가하여 기계적 방법으로 제조한 복합 분말	mechanically alloyed powder
1114	모합금 분말	비합금 상태에서는 첨가가 어려운 1개 이상의 성분을 비교적 다량으로 함유하고 있는 합금 분말[비고] 요구되는 최종 조성을 갖는 합금 분말을 제조하기 위하여 모합금 분말을 다른 분말들과 혼합한다.	master alloy powder
1115	복합 분말	2개 이상의 다른 성분을 갖는 각 입자로 이루어진 분말	composite powder
1116	피복 분말	다른 조성의 표면층을 갖는 입자로 이루어진 분말	coated powder
1117	탈수소화 분말	금속 수소화물의 수소 제거에 의해 제조한 분말	dehydrided powder
1118	급냉 응고 분말	용융 금속을 높은 냉각 속도로 응고하여 직·간접적으로 제조한 분말. 입자들은 개질 또는 준안정상 미세 구조를 갖는다.	rapidly solidified powder
1119	찹 분말	판재, 리본, 선, 파이버 형태의 재료로부터 절단하여 제조한 분말	chopped powder
1120	초음파 기체 분무 분말	기체 제트에 초음파 진동을 적용한 상태에서 분무법으로 제조한 분말	ultrasonically gas−atomized powder
1121	혼합 분말(동종)	동일 공칭 조성을 갖는 분말들을 혼합하여 제조한 분말	blended powder
1122	혼합 분말(이종)	조성이 다른 성분 분말들을 혼합하여 제조한 분말	mixed powder
1123	프리믹스 분말	직접 성형이 가능한 혼합체를 위하여 다른 첨가제들을 미리 혼합하여 제조한 분말	press−ready mix(pre−mix)

■ 분말 첨가제

번호	용어	의미	대응 영어(참고)
1201	결합제	분말의 분리나 가루화를 억제하고, 또한 분말에 소성을 주어 성형체 강도를 증가시키기 위하여 사용하는 물질. 소결 전후에 이 물질은 제거된다.	binder
1202	도프제	소결 중 또는 소결 제품을 사용할 때 재결정이나 입자 성장을 억제하기 위하여 금속 분말에 미량 첨가하는 물질 [비고] 이 용어는 텅스텐의 분말 야금 공정에 특별히 사용	dopant
1203	윤활제	분말 입자 또는 성형 다이 표면과 성형체 사이의 마찰을 감소시키기 위하여 사용하는 물질	lubricant
1204	소성제	분말의 성형성 개선을 위하여 결합제로 사용하는 열가소성 재료	plasticizer

■ 분말 전처리

번호	용어	의미	대응 영어(참고)
1301	동종 혼합	동일 공칭 조성을 갖는 분말들의 완전 혼합	blending
1302	이종 혼합	2개 이상의 다른 재료로 이루어진 분말들의 완전 혼합	mixing
1303	밀링	분말의 기계적 처리에 대한 일반적 용어이며 다음의 결과를 수반 a) 입자 크기 및 형태 제어(분쇄, 응집 등) b) 정확한 혼합 c) 일성분 입자에 다른 성분을 피복	milling
1304	조립	성형 유동성 개선을 위하여 미세 입자들을 조대 분말로 응집화	granulation
1305	용사 건조	슬러리 액적으로부터 액체의 급속한 증발에 의한 분말화 과정	spray drying
1306	초음파 기체 분무	기체 제트에 초음파 진동을 적용한 상태에서의 분무 고정	ultrasonic gas-atomizing
1307	칠블록 냉각	고체 기면에 용융 금속을 박막 형태로 냉각하여 급냉 응고된 분말을 제조하는 공정	chill-block cooling
1308	반응 밀링	금속 분말, 첨가제 및 분위기 사이의 반응이 발생하는 기계적 합금화 공정	reaction milling
1309	기계적 합금화	고에너지 마찰기 또는 볼 밀링에 의한 고상 상태의 합금화 공정	mechanical alloying

2. 기계 구조 부품용 소결 재료 KS D 7046 : 1990

■ 종류 및 기호

종류		기호	참고		
			합금계	특징	용도 보기
SMF1종	1호 2호 3호	SMF 1010 SMF 1015 SMF 1020	순철계	작고 높은 정밀도 부품에 적당하다. 자화철심으로서 사용 가능.	스페이서, 폴 피스
SMF2종	1호 2호 3호	SMF 2015 SMF 2025 SMF 2030	철-구리계	일반구조용 부품에 적당하다. 침탄 퀜칭해서 내마모성을 향상.	래칫, 키, 캠
SMF3종	1호 2호 3호 4호	SMF 3010 SMF 3020 SMF 3030 SMF 3035	철-탄소계	일반구조용 부품에 적당하다. 퀜칭 템퍼링에 의하여 강도 향상.	스러스트 플레이트, 피니언, 충격흡수 피스톤
SMF4종	1호 2호 3호 4호	SMF 4020 SMF 4030 SMF 4040 SMF 4050	철-탄소-구리계	일반구조용 부품에 적당하다. 내마모성 있음. 퀜칭 템퍼링에 의하여 강도 향상.	기어, 오일 펌프로터, 볼 시트
SMF5종	1호 2호	SMF 5030 SMF 5040	철-탄소-구리-니켈계	고강도 구조 부품에 적당하다. 퀜칭 템퍼링처리 가능	기어, 싱크로나이저 허브, 스프로킷

종류		기호	참고		
			합금계	특징	용도 보기
SMF6종	1호	SMF 6040	철-탄소(구리용침)계	고강도, 내마모성, 열전도성이 뛰어나다. 기밀성 있음. 퀜칭 템퍼링처리 가능	밸브 플레이트, 펌프, 기어
	2호	SMF 6055			
	3호	SMF 6065			
SMF7종	1호	SMF 7020	철-니켈계	인성 있음. 침탄 퀜칭에 의하여 내마모성 향상	래칫폴, 캠, 솔레노이드 폴, 미캐니컬실
	2호	SMF 7025			
SMF8종	1호	SMF 8035	철-탄소-니켈계	퀜칭 템퍼링에 의하여 고강도 구조부품에 적당하다. 인성 있음	기어, 롤러, 스프로킷
	2호	SMF 8040			
SMS1종	1호	SMS 1025	오스테나이트계 스테인리스강	특히 내식성 및 내열성 있음. 약자성 있음	너트, 미캐니컬 실, 밸브, 콕, 노즐
	2호	SMS 1035			
SMS2종	1호	SMS 2025	마르텐사이트계 스테인리스강	내식성 및 내열성 있음	
	2호	SMS 2035			
SMK1종	1호	SMK 1010	청동계	연하고 융합이 쉽다. 내식성 있음	링암 웜휠
	2호	SMK 1015			

29-9 주물

1. 화이트 메탈 KS D 6003 : 2002(2017 확인)

종류	기호	화학 성분 %													적용
		Sn	Sb	Cu	Pb	Zn	As	불순물							
								Pb	Fe	Zn	Al	Bi	As	Cu	
1종	WM1	나머지	5.0~7.0	3.0~5.0	–	–	–	0.50 이하	0.08 이하	0.01 이하	0.01 이하	0.08 이하	0.10 이하	–	고속 고하중용
2종	WM2	나머지	8.0~10.0	5.0~6.0	–	–	–	0.50 이하	0.08 이하	0.01 이하	0.01 이하	0.08 이하	0.10 이하	–	
2종B	WM2B	나머지	7.5~9.5	7.5~8.5	–	–	–	0.50 이하	0.08 이하	0.01 이하	0.01 이하	0.08 이하	0.10 이하	–	
3종	WM3	나머지	11.0~12.0	4.0~5.0	3.0 이하	–	–	–	0.10 이하	0.01 이하	0.01 이하	0.08 이하	0.10 이하	–	고속 중하중용
4종	WM4	나머지	11.0~13.0	3.0~5.0	13.0~15.0	–	–	–	0.10 이하	0.01 이하	0.01 이하	0.08 이하	0.10 이하	–	중속 중하중용
5종	WM5	나머지	–	2.0~3.0	–	28.0~29.0	–	–	0.10 이하	–	0.05 이하	–	–	–	
6종	WM6	44.0~46.0	11.0~13.0	1.0~3.0	나머지	–	–	–	0.10 이하	0.05 이하	0.01 이하	–	0.20 이하	–	고속 중하중용
7종	WM7	11.0~13.0	13.0~15.0	1.0 이하	나머지	–	–	–	0.10 이하	0.05 이하	0.01 이하	–	0.20 이하	–	중속 중하중용
8종	WM8	6.0~8.0	16.0~18.0	1.0 이하	나머지	–	–	–	0.10 이하	0.05 이하	0.01 이하	–	0.20 이하	–	
9종	WM9	5.0~7.0	9.0~11.0	–	나머지	–	–	–	0.10 이하	0.05 이하	0.01 이하	–	0.20 이하	0.30 이하	중속 소하중용
10종	WM10	0.8~1.2	14.0~15.5	0.1~0.5	나머지	–	0.75~1.25	–	0.10 이하	0.05 이하	0.01 이하	–	–	–	
11종	WM11 (L13910)	나머지	4.0~5.0	4.0~5.0	–	–	–	0.35 이하	0.08 이하	0.005 이하	0.005 이하	0.08 이하	0.10 이하	–	항공기 엔진용

종류	기호	화학 성분 %													적용
		Sn	Sb	Cu	Pb	Zn	As	불순물							
								Pb	Fe	Zn	Al	Bi	As	Cu	
12종	WM12 (SnSb8Cu4)	나머지	7.0~8.0	3.0~4.0	–	–	–	0.35 이하	0.10 이하	0.01 이하	0.01 이하	0.08 이하	0.10 이하	–	고속 중하중용 (자동차 엔진용)
13종	WM13 (SnSb12Cu6Pb)	나머지	11.0~13.0	5.0~7.0	1.0~3.0	–	–	–	0.10 이하	0.01 이하	0.01 이하	0.08 이하	0.10 이하	–	고저속 중하중용
14종	WM14 (PbSb15Sn10)	9.0~11.0	14.0~16.0	–	나머지	–	–	–	0.10 이하	0.01 이하	0.01 이하	0.10 이하	0.60 이하	0.70 이하	중속 중하중용

2. 아연합금 다이캐스팅 KS D 6005 : 2016

■ 종류 및 기호

종류	기호	참고			
		합금계	유사 합금	합금의 특색	사용 부품 보기
아연 합금 다이캐스팅 1종	ZDC 1	Zn－Al－Cu 계	ASTM AC 41 A	기계적 성질 및 내식성이 우수하다.	자동차 브레이크 피스톤, 시트 벨트 감김쇠, 캔버스 플라이어
아연 합금 다이캐스팅 2종	ZDC 2	Zn－Al 계	ASTM AG 40 A	주조성 및 도금성이 우수하다.	자동차 라디에이터 그릴몰, 카뷰레터, VTR 드럼 베이스, 테이프 헤드, CP 카넥터

■ 화학 성분

종류	기호	화학 성분(질량분율 %)							
		Al	Cu	Mg	Fe	Zn	불순물		
							Pb	Cd	Sn
1종	ZDC 1	3.5~4.3	0.75~1.25	0.020~0.06	0.10 이하	나머지	0.005 이하	0.004 이하	0.003 이하
2종	ZDC 2	3.5~4.3	0.25 이하	0.020~0.06	0.10 이하	나머지	0.005 이하	0.004 이하	0.003 이하

3. 다이캐스팅용 알루미늄 합금 KS D 6006 : 2009

■ 종류 및 기호

종류	기호	참고	
		합금계	합금의 특색
다이캐스팅용 알루미늄 합금 1종	ALDC 1	Al-Si계	내식성, 주조성은 좋다. 항복 강도는 어느 정도 낮다.
다이캐스팅용 알루미늄 합금 3종	ALDC 3	Al-Si-Mg계	충격값과 항복 강도가 좋고 내식성도 1종과 거의 동등하지만, 주조성은 좋지 않다.
다이캐스팅용 알루미늄 합금 5종	ALDC 5	Al-Mg계	내식성이 가장 양호하고 연신율, 충격값이 높지만 주조성은 좋지 않다
다이캐스팅용 알루미늄 합금 6종	ALDC 6	Al-Mg-Mn계	내식성은 5종 다음으로 좋고, 주조성은 5종보다 약간 좋다.
다이캐스팅용 알루미늄 합금 10종	ALDC 10	Al-Si-Cu계	기계적 성질, 피삭성 및 주조성이 좋다.
다이캐스팅용 알루미늄 합금 10종 Z	ALDC 10 Z	Al-Si-Cu계	10종보다 주조 갈라짐성과 내식성은 약간 좋지 않다.
다이캐스팅용 알루미늄 합금 12종	ALDC 12	Al-Si-Cu계	기계적 성질, 피삭성, 주조성이 좋다.
다이캐스팅용 알루미늄 합금 12종 Z	ALDC 12 Z	Al-Si-Cu계	12종보다 주조 갈라짐성 및 내식성이 떨어진다.
다이캐스팅용 알루미늄 합금 14종	ALDC 14	Al-Si-Cu-Mg계	내마모성, 유동성은 우수하고 항복 강도는 높으나, 연신율이 떨어진다.
다이캐스팅용 알루미늄 합금 Si9종	Al Si9	Al-Si계	내식성이 좋고, 연신율, 충격치도 어느 정도 좋지만, 항복 강도가 어느 정도 낮고 유동성이 좋지 않다.
다이캐스팅용 알루미늄 합금 Si12Fe종	Al Si12(Fe)	Al-Si계	내식성, 주조성이 좋고, 항복 강도가 어느 정도 낮다.
다이캐스팅용 알루미늄 합금 Si10MgFe종	Al Si10Mg(Fe)	Al-Si-Mg계	충격치와 항복 강도가 높고, 내식성도 1종과 거의 동등하며, 주조성은 1종보다 약간 좋지 않다.
다이캐스팅용 알루미늄 합금 Si8Cu3종	Al Si8Cu3	Al-Si-Cu계	10종보다 주조 갈라짐 및 내식성이 나쁘다.
다이캐스팅용 알루미늄 합금 Si9Cu3Fe종	Al Si9Cu3(Fe)	Al-Si-Cu계	10종보다 주조 갈라짐 및 내식성이 나쁘다.
다이캐스팅용 알루미늄 합금 Si9Cu3FeZn종	Al Si9Cu3(Fe)(Zn)	Al-Si-Cu계	10종보다 주조 갈라짐 및 내식성이 나쁘다.
다이캐스팅용 알루미늄 합금 Si11Cu2Fe종	Al Si11Cu2(Fe)	Al-Si-Cu계	기계적 성질, 피삭성, 주조성이 좋다.
다이캐스팅용 알루미늄 합금 Si11Cu3Fe종	Al Si11Cu3(Fe)	Al-Si-Cu계	기계적 성질, 피삭성, 주조성이 좋다.
다이캐스팅용 알루미늄 합금 Si12Cu1Fe	Al Si12Cu1(Fe)	Al-Si-Cu계	12종보다 연신율이 어느 정도 높지만, 항복 강도는 다소 낮다.
다이캐스팅용 알루미늄 합금 Si17Cu4Mg종	Al Si17Cu4Mg	Al-Si-Cu-Mg계	내마모성, 유동성이 좋고, 항복 강도가 높지만, 연신율은 낮다.
다이캐스팅용 알루미늄 합금 Mg9종	Al Mg9	Al-Mg계	5종과 같이 내식성이 좋지만, 주조성이 나쁘고, 응력부식균열 및 경시변화에 주의가 필요하다.

■ 화학 성분

KS		화학 성분 (질량%)											
종류	기호	Cu	Si	Mg	Zn	Fe	Mn	Cr	Ni	Sn	Pb	Ti	Al
1종	ALDC 1	1.0 이하	11.0~13.0	0.3 이하	0.5 이하	1.3 이하	0.3 이하	–	0.5 이하	0.1 이하	0.20 이하	0.30 이하	나머지
3종	ALDC 3	0.6 이하	9.0~11.0	0.4~0.6	0.5 이하	1.3 이하	0.3 이하	–	0.5 이하	0.1 이하	0.15 이하	0.30 이하	나머지
5종	ALDC 5	0.2 이하	0.3 이하	4.0~8.5	0.1이하	1.8 이하	0.3 이하	–	0.1 이하	0.1 이하	0.10 이하	0.30 이하	나머지
6종	ALDC 6	0.1 이하	1.0 이하	2.5~4.0	0.4 이하	0.8 이하	0.4~0.6	–	0.1 이하	0.1 이하	0.10 이하	0.30 이하	나머지
10종	ALDC 10	2.0~4.0	7.5~9.5	0.3 이하	1.0 이하	1.3 이하	0.5 이하	–	0.5 이하	0.2 이하	0.2 이하	0.30 이하	나머지
10종Z	ALDC 10 Z	2.0~4.0	7.5~9.5	0.3 이하	3.0 이하	1.3 이하	0.5 이하	–	0.5 이하	0.2 이하	0.2 이하	0.30 이하	나머지
12종	ALDC 12	1.5~3.5	9.6~12.0	0.3 이하	1.0 이하	1.3 이하	0.5 이하	–	0.5 이하	0.2 이하	0.2 이하	0.30 이하	나머지
12종Z	ALDC 12 Z	1.5~3.5	9.6~12.0	0.3 이하	3.0 이하	1.3 이하	0.5 이하	–	0.5 이하	0.2 이하	0.2 이하	0.30 이하	나머지
14종	ALDC 14	4.0~5.0	16.0~18.0	0.45~0.65	1.5 이하	1.3 이하	0.5 이하	–	0.3 이하	0.3 이하	0.2 이하	0.30 이하	나머지
	Al Si9	0.10 이하	8.0~11.0	0.10 이하	0.15 이하	0.65 이하	0.50 이하	–	0.05 이하	0.05 이하	0.05 이하	0.15 이하	나머지
	AL Si12(Fe)	0.10 이하	10.5~13.5	–	0.15 이하	1.0 이하	0.55 이하	–	–	–	–	0.15 이하	나머지
	Al Si10Mg (Fe)	0.10 이하	9.0~11.0	0.20~0.50	0.15 이하	1.0 이하	0.55 이하	–	0.15 이하	0.05 이하	0.15 이하	0.20 이하	나머지
	Al Si8Cu3	2.0~3.5	7.5~9.5	0.05~0.55	1.2 이하	0.8 이하	0.15~0.65	–	0.35 이하	0.15 이하	0.25 이하	0.25 이하	나머지
	Al Si9Cu3 (Fe)	2.0~4.0	8.0~11.0	0.05~0.55	1.2 이하	1.3 이하	0.20~0.55	0.15 이하	0.5 이하	0.25 이하	0.35 이하	0.25 이하	나머지
	Al Si9Cu3 (Fe)(Zn)	2.0~4.0	8.0~11.0	0.05~0.55	3.0 이하	1.3이하	0.55 이하	0.15 이하	0.55 이하	0.25 이하	0.35 이하	0.25 이하	나머지
	Al Si11Cu2 (Fe)	1.5~2.5	10.0~12.0	0.30 이하	1.7 이하	1.1 이하	0.55 이하	0.15 이하	0.45 이하	0.25 이하	0.25 이하	0.25 이하	나머지
	Al Si11Cu3 (Fe)	1.5~3.5	9.6~12.0	0.35 이하	1.7 이하	1.3 이하	0.60 이하	–	0.45 이하	0.25 이하	0.25 이하	0.25 이하	나머지
	Al Si12Cu1 (Fe)	0.7~1.2	10.5~13.5	0.35 이하	0.55 이하	1.3 이하	0.55 이하	0.10 이하	0.30 이하	0.10 이하	0.20 이하	0.20 이하	나머지
	Al Si17Cu4Mg	4.0~5.0	16.0~18.0	0.45~0.65	1.5 이하	1.3 이하	0.50 이하	–	0.3 이하	0.3 이하	–	–	나머지
	Al Mg9	0.10 이하	2.5 이하	8.0~10.5	0.25 이하	1.0 이하	0.55 이하	–	0.10 이하	0.10 이하	0.10 이하	0.20 이하	나머지

4. 알루미늄 합금 주물 KS D 6008 : 2002

■ 종류 및 기호

종 류	기 호	합금계	주형의 구분	참고		
				상당 합금명	합금의 특색	용도 보기
주물 1종A	AC1A	A1-Cu계	금형, 사형	ASTM : 295.0	기계적 성질이 우수하고, 절삭성도 좋으나, 주조성이 좋지 않다.	가선용 부품, 자전거 부품, 항공기용 유압 부품, 전송품 등
주물 1종B	AC1B	A1-Cu-Mg계	금형, 사형	ISO : A1Cu4MgTi NF:AU5GT	기계적 성질이 우수하고, 절삭성이 좋으나, 주조성이 좋지 않으므로 주물의 모양에 따라 용해, 주조방안에 주의를 요한다.	가선용 부품, 중전기 부품, 자전거 부품, 항공기 부품 등
주물 2종A	AC2A	A1-Cu-Si계	금형, 사형		주조성이 좋고, 인장 강도는 높으나 연신율이 적다. 일반용으로 널리 사용되고 있다.	매니폴드, 디프캐리어, 펌프 보디, 실린더 헤드, 자동차용 하체 부품 등
주물 2종B	AC2B	A1-Cu-Si계	금형, 사형		주조성이 좋고, 일반용으로 널리 사용되고 있다.	실린더 헤드, 밸브 보디, 크랭크 케이스, 클러치 하우징 등
주물 3종A	AC3A	A1-Si계	금형, 사형		유동성이 우수하고 내식성도 좋으나 내력이 낮다.	케이스류, 커버류, 하우징류의 얇은 것, 복잡한 모양의 것, 장막벽 등
주물 4종A	AC4A	A1-Si-Mg계	금형, 사형		주조성이 좋고 인성이 우수하며 강도가 요구되는 대형 주물에 사용된다.	매니폴드, 브레이크 드럼, 미션 케이스, 크랭크 케이스, 기어 박스, 선박용·차량용 엔진 부품 등
주물 4종B	AC4B	A1-Si-Cu계	금형, 사형	ASTM : 333.0	주조성이 좋고, 인장 강도는 높으나 연신율은 적다. 일반용으로 널리 사용된다.	크랭크 케이스, 실린더 헤드, 매니폴드, 항공기용 전장품 등
주물 4종C	AC4C	A1-Si-Mg계	금형, 사형	ISO : A1Si7Mg(Fe)	주조성이 우수하고, 내압성, 내식성도 좋다.	유압 부품, 미션 케이스, 플라이휠 하우징, 항공기 부품, 소형용 엔진 부품, 전장품 등
주물 4종CH	AC4CH	A1-Si-Mg계	금형, 사형	ISO : AlSi7Mg ASTM : A356.0	주조성이 우수하고, 기계적 성질도 우수하다. 고급 주물에 사용된다.	자동차용 바퀴, 가선용 쇠붙이, 항공기용 엔진 부품, 전장품 등
주물 4종D	AC4D	A1-Si-Cu-Mg계	금형, 사형	ISO : AlSi5Cu1Mg ASTM : 355.0	주조성이 우수하고, 기계적 성질도 좋다. 내압성이 요구되는 것에 사용된다.	수냉 실린더 헤드, 크랭크 케이스, 실린더 블록, 연료 펌프보디, 블로어 하우징, 항공기용 유압 부품 및 전장품 등
주물 5종A	AC5A	A1-Cu-NI-Mg계	금형, 사형	ISO : AlCu4Ni2Mg2 ASTM : 242.0	고온에서 인장 강도가 높다. 주조성은 좋지 않다.	공냉 실린더 헤드 디젤 기관용 피스톤, 항공기용 엔진 부품 등
주물 7종A	AC7A	A1-Mg계	금형, 사형	ASTM : 514.0	내식성이 우수하고 인성과 양극 산화성이 좋다. 주조성은 좋지 않다	가선용 쇠붙이, 선박용 부품, 조각 소재 건축용 쇠붙이, 사무기기, 의자, 항공기용 전장품 등
주물 8종A	AC8A	A1-Si-Cu-Ni-Mg계	금형		내열성이 우수하고 내마모성도 좋으며 열팽창계수가 작다. 인장 강도도 높다.	자동차·디젤 기관용 피스톤, 선방용 피스톤, 도르래, 베어링 등
주물 8종B	AC8B	A1-Si-Cu-Ni-Mg계	금형		내열성이 우수하고 내마모성도 좋으며 열팽창 계수가 작다. 인장 강도도 높다.	자동차용 피스톤, 도르래, 베어링 등
주물 8종C	AC8C	A1-Si-Cu-Mg계	금형	ASTM : 332.0	내열성이 우수하고 내마모성도 좋으며 열팽창 계수가 작다. 인장 강도도 높다	자동차용 피스톤, 도르래, 베어링 등
주물 9종A	AC9A	A1-Si-Cu-Ni-Mg계	금형		내열성이 우수하고 열팽창 계수가 작다. 내마모성은 좋으나 주조성이나 절삭성은 좋지 않다.	피스톤(공냉 2 사이클용)등

비철 재료 데이터

종 류	기 호	합금계	주형의 구분	참고		
				상당 합금명	합금의 특색	용도 보기
주물 9종B	AC9B	Al-Si-Cu-Ni-Mg계	금형		내열성이 우수하고 열팽창 계수가 작다. 내마모성은 좋으나 주조성이나 절삭성은 좋지 않다.	피스톤(디젤 기관용, 수냉 2사이클용), 공냉 실린더 등

■ 화학 성분

기 호	화학성분										
	Cu	Si	Mg	Zn	Fe	Mn	Ni	Ti	Pb	Sn	Cr	Al
AC1A	4.0~5.0	1.2이하	0.20이하	0.30이하	0.50이하	0.30이하	0.05이하	0.25이하	0.05이하	0.05이하	0.05이하	나머지
AC1B	4.2~5.0	0.20이하	0.15~0.35	0.10이하	0.35이하	0.10이하	0.05이하	0.05~0.30	0.05이하	0.05이하	0.05이하	나머지
AC2A	3.0~4.5	4.0~6.0	0.25이하	0.55이하	0.8이하	0.55이하	0.30이하	0.20이하	0.15이하	0.05이하	0.15이하	나머지
AC2B	2.0~4.0	5.0~7.0	0.50이하	1.0이하	1.0이하	0.50이하	0.35이하	0.20이하	0.20이하	0.10이하	0.20이하	나머지
AC3A	0.25이하	10.0~13.0	0.15이하	0.30이하	0.8이하	0.35이하	0.10이하	0.20이하	0.10이하	0.10이하	0.15이하	나머지
AC4A	0.25이하	8.0~10.0	0.30~0.6	0.25이하	0.55이하	0.30~0.6	0.10이하	0.20이하	0.10이하	0.05이하	0.15이하	나머지
AC4B	2.0~4.0	7.0~10.0	0.50이하	1.0이하	0.10이하	0.50이하	0.35이하	0.20이하	0.20이하	0.10이하	0.20이하	나머지
AC4C	0.25이하	6.5~7.5	0.20~0.45	0.35이하	0.550이하	0.35이하	0.10이하	0.20이하	0.10이하	0.05이하	0.10이하	나머지
AC4CH	0.20이하	6.5~7.5	0.25~0.45	0.10이하	0.20이하	0.10이하	0.05이하	0.20이하	0.05이하	0.05이하	0.05이하	나머지
AC4D	1.0~1.5	4.5~5.5	0.40~0.6	0.30이하	0.6이하	0.50이하	0.20이하	0.20이하	0.10이하	0.05이하	0.15이하	나머지
AC5A	3.5~4.5	0.6이하	1.2~1.8	0.15이하	0.8이하	0.35이하	1.7~2.3	0.20이하	0.05이하	0.05이하	0.15이하	나머지
AC7A	0.10이하	0.20이하	3.5~5.5	0.15이하	0.30이하	0.6이하	0.05이하	0.20이하	0.05이하	0.05이하	0.15이하	나머지
AC8A	0.8~1.3	11.0~13.0	0.7~1.3	0.15이하	0.8이하	0.15이하	0.8~1.5	0.20이하	0.50이하	0.50이하	0.10이하	나머지
AC8B	2.0~4.0	8.5~10.5	0.50~1.5	0.50이하	1.0이하	0.50이하	0.10~1.0	0.20이하	0.10이하	0.10이하	0.10이하	나머지
AC8C	2.0~4.0	8.5~10.5	0.50~1.5	0.50이하	1.0이하	0.50이하	0.50이하	0.20이하	0.10이하	0.10이하	0.10이하	나머지
AC9A	0.50~1.5	22~24	0.50~1.5	0.20이하	0.8이하	0.50이하	0.50~1.5	0.20이하	0.10이하	0.10이하	0.10이하	나머지
AC9B	0.50~1.5	18~20	0.50~1.5	0.20이하	0.8이하	0.50이하	0.50~1.5	0.20이하	0.10이하	0.10이하	0.10이하	나머지

■ 금형 시험편의 기계적 성질

종 류	질 별	기 호	인장 시험			참 고					
						열처리					
			인장강도 N/mm²	연신율 %	브리넬 경도 HB (10/500)	어닐링		용체화 처리		시효경화 처리	
						온도℃	시간h	온도℃	시간h	온도℃	시간h
주물 1종 A	주조한 그대로	AC1A-F	150 이상	5 이상	약 55	–	–	–	–	–	–
	용체화 처리	AC1A-T4	230 이상	5 이상	약 70	–	–	약 515	약 10	–	–
	용체화 처리 후 시효경화 처리	AC1A-T6	250 이상	2 이상	약 85	–	–	약 515	약 10	약 160	약 6
주물 1종 B	주조한 그대로	AC1B-F	170 이상	2 이상	약 60	–	–	–	–	–	–
	용체화 처리	AC1B-T4	290 이상	5 이상	약 80	–	–	약 515	약 10	–	–
	용체화 처리 후 시효경화 처리	AC1B-T6	300 이상	3 이상	약 90	–	–	약 515	약 10	약 160	약 4
주물 2종 A	주조한 그대로	AC2A-F	180 이상	2 이상	약 75	–	–	–	–	–	–
	용체화 처리 후 시효경화 처리	AC2A-T6	270 이상	1 이상	약 90	–	–	약 510	약 8	약 160	약 9
주물 2종 B	주조한 그대로	AC2B-F	150 이상	1 이상	약 70	–	–	–	–	–	–
	용체화 처리 후 시효경화 처리	AC2B-T6	240 이상	1 이상	약 90	–	–	약 500	약 10	약 160	약 5

종 류	질 별	기 호	인장 시험			참 고					
						열처리					
			인장강도 N/mm²	연신율 %	브리넬 경도 HB(10/500)	어닐링		용체화 처리		시효경화 처리	
						온도℃	시간h	온도℃	시간h	온도℃	시간h
주물 3종 A	주조한 그대로	AC3A－F	170 이상	5 이상	약 50	－	－	－	－	－	－
주물 4종 A	주조한 그대로	AC4A－F	170 이상	3 이상	약 60	－	－	－	－	－	－
	용체화 처리 후 시효경화 처리	AC4A－T6	240 이상	2 이상	약 90	－	－	약 525	약 10	약 160	약 9
주물 4종 B	주조한 그대로	AC4B－F	170 이상	－	약 80	－	－	－	－	－	－
	용체화 처리 후 시효경화 처리	AC4B－T6	240 이상	－	약 100	－	－	약 500	약 10	약 160	약 7
주물 4종 C	주조한 그대로	AC4C－F	150 이상	3 이상	약 55	－	－	－	－	－	－
	시효경화 처리	AC4C－T5	170 이상	3 이상	약 65	－	－	－	－	약 225	약 5
	용체화 처리 후 시효경화 처리	AC4C－T6	220 이상	3 이상	약 85	－	－	약 525	약 8	약 160	약 6
	용체화 처리 후 시효경화 처리	AC4C－T61	240 이상	1 이상	약 90	－	－	약 525	약 8	약 170	약 7
주물 4종 CH	주조한 그대로	AC4CH－F	160 이상	3 이상	약 55	－	－	－	－	－	－
	시효경화 처리	AC4CH－T5	180 이상	3 이상	약 65	－	－	－	－	약 225	약 5
	용체화 처리 후 시효경화 처리	AC4CH－T6	240 이상	5 이상	약 85	－	－	약 535	약 8	약155	약 6
	용체화 처리 후 시효경화 처리	AC4CH－T61	260 이상	3 이상	약 90	－	－	약 535	약 8	약 170	약 7
주물 4종 D	주조한 그대로	AC4D－F	170 이상	2 이상	약 70	－	－	－	－	－	－
	시효경화 처리	AC4D－T5	190 이상	이상	약 75	－	－	－	－	약 225	약 5
	용체화 처리 후 시효경화 처리	AC4D－T6	270 이상	1 이상	약 90	－	－	약 525	약 10	약 160	약 10
주물 5종 A	어닐링	AC5A－O	180 이상	－	약 65	약 350	약 2	－	－	－	－
	용체화 처리 후 시효경화 처리	AC5A－T6	290 이상	－	약 110	－	－	약 520	약 7	약 200	약 5
주물 7종 A	주조한 그대로	AC7A－F	210 이상	12 이상	약 60	－	－	－	－	－	－
주물 8종 A	주조한 그대로	AC8A－F	170 이상	－	약 85	－	－	－	－	－	－
	시효경화 처리	AC8A－T5	190 이상	－	약 90	－	－	－	－	약 200	약 4
	용체화 처리 후 시효경화 처리	AC8A－T6	270 이상	－	약 110	－	－	약 510	약 4	약 170	약 10
주물 8종 B	주조한 그대로	AC8B－F	170 이상	－	약 85	－	－	－	－	－	－
	시효경화 처리	AC8B－T5	180 이상	－	약 90	－	－	－	－	약 200	약 4
	용체화 처리 후 시효경화 처리	AC8B－T6	270 이상	－	약 110	－	－	약 510	약 4	약 170	약 10
주물 8종 C	주조한 그대로	AC8C－F	170 이상	－	약 85	－	－	－	－	－	－
	시효경화 처리	AC8－T5	180 이상	－	약 90	－	－	－	－	약 200	약 4
	용체화 처리 후 시효경화 처리	AC8C－T6	270 이상	－	약 110	－	－	약 510	약 4	약 170	약 10
주물 9종 A	주조한 그대로	AC9A－T5	150 이상	－	약 90	－	－	－	－	약 250	약 4
	시효경화 처리	AC9A－T6	190 이상	－	약 125	－	－	약 500	약 4	약 200	약 4
	용체화 처리 후 시효경화 처리	AC9A－T7	170 이상	－	약 95	－	－	약 500	약 4	약 250	약 4
주물 9종 B	주조한 그대로	AC9B－T5	170 이상	－	약 85	－	－	－	－	약 250	약 4
	시효경화 처리	AC9B－T6	270 이상	－	약 120	－	－	약 500	약 4	약 200	약 4
	용체화 처리 후 시효경화 처리	AC9B－T7	200 이상	－	약 90	－	－	약 500	약 4	약 250	약 4

비철 재료 데이터

■ 사형 시험편의 기계적 성질

종류	질별	기호	인장 시험			참고					
						열처리					
			인장강도	연신율	브리넬 경도	어닐링		용체화 처리		시효경화 처리	
			N/mm^2	%	HB(10/500)	온도 ℃	시간 h	온도 ℃	시간 h	온도 ℃	시간 h
주물 1종 A	주조한 그대로	AC1A−F	130 이상	−	약 50	−	−	−	−	−	−
	시효 경화 처리	AC1A−T4	180 이상	3 이상	약 70	−	−	약 515	약 10	−	−
	용체화 처리 후 시효 경화 처리	AC1A−T6	210 이상	2 이상	약 80	−	−	약 515	약 10	약 160	약 6
주물 1종 B	주조한 그대로	AC1B−F	150 이상	1 이상	약 75	−	−	−	−	−	−
	시효 경화 처리	AC1B−T4	250 이상	4 이상	약 85	−	−	약 515	약 10	−	−
	용체화 처리 후 시효 경화 처리	AC1B−T6	270	3 이상	약 90	−	−	약 515	약 10	약 160	약 4
주물 2종 A	주조한 그대로	AC2A−F	이상150 이상	−	약 70	−	−	−	−	−	−
	용체화 처리 후 시효 경화 처리	AC2A−T6	230 이상	−	약 90	−	−	약 510	약 8	약 160	약 10
주물 2종 B	주조한 그대로	AC2B−F	130 이상	−	약 60	−	−	−	−	−	−
	용체화 처리 후 시효 경화 처리	AC2B−T6	190 이상	−	약 80	−	−	약 500	약 10	약 160	약 5
주물 3종 A	주조한 그대로	AC3A−F	140 이상	2 이상	약 45	−	−	−	−	−	−
주물 4종 A	주조한 그대로	AC4A−F	130 이상	−	약 45	−	−	−	−	−	−
	용체화 처리 후 시효 경화 처리	AC4A−T6	220 이상	−	약 80	−	−	약 525	약 10	약 160	약 9
주물 4종 B	주조한 그대로	AC4B−F	140 이상	−	약 80	−	−	−	−	−	−
	용체화 처리 후 시효 경화 처리	AC4B−T6	210 이상	−	약 100	−	−	약 500	약 10	약 160	약 7
주물 4종 C	주조한 그대로	AC4C−F	130 이상	−	약 50	−	−	−	−	−	−
	시효 경화 처리	AC4C−T5	140 이상	−	약 60	−	−	−	−	약 225	약 5
	용체화 처리 후 시효 경화 처리	AC4C−T6	200 이상	2 이상	약 75	−	−	약 525	약 8	약 160	약 6
	용체화 처리 후 시효 경화 처리	AC4C−T61	220 이상	1 이상	약 80	−	−	약 525	약 8	약 170	약 7
주물 4종 CH	주조한 그대로	AC4CH−F	140 이상	2 이상	약 50	−	−	−	−	−	−
	시효 경화 처리	AC4CH−T5	150 이상	2 이상	약 60	−	−	−	−	약 225	약 5
	용체화 처리 후 시효 경화 처리	AC4CH−T6	220 이상	3 이상	약 75	−	−	약 535	약 8	약 155	약 6
	용체화 처리 후 시효 경화 처리	AC4CH−T61	240 이상	1 이상	약 80	−	−	약 535	약 8	약 170	약 7
주물 4종 D	주조한 그대로	AC4D−F	130 이상	−	약 60	−	−	−	−	−	−
	시효 경화 처리	AC4D−T5	170 이상	−	약 65	−	−	−	−	약 225	약 5
	용체화 처리 후 시효 경화 처리	AC4D−T6	230 이상	1 이상	약 80	−	−	약 525	약 10	약 160	약 10
주물 5종 A	어닐링	AC5A−O	130 이상	−	약 65	약 350	약 2	−	−	−	−
	용체화 처리 후 시효 경화 처리	AC5A−T6	210 이상	−	약 90	−	−	약 520	약 7	약 200	약 5
주물 7종 A	주조한 그대로	AC7A−F	140 이상	6 이상	약 50	−	−	−	−	−	−

5. 마그네슘 합금 주물 KS D 6016 : 2015

■ 종류 및 기호

종류	기호	주형 구분	참고		
			합금의 특색	용도 보기	유사 합금명
마그네슘 합금 주물 1종	MgC1	사형 금형	강도와 인성이 있으나, 주조성은 약간 떨어진다. 비교적 단순한 모양의 주물에 적합하다.	일반용 주물, 3륜차용 하부 휨, 텔레비전 카메라용 부품, 쌍안경몸체, 직기용 부품 등	AZ63A
마그네슘 합금 주물 2종	MgC2	사형 금형	인성이 있고 주조성이 좋으며, 내압 주물에 적합하다.	일반용 주물, 크랭크 케이스, 트랜스미션, 기어박스, 텔레비전 카메라용 부품, 레이더용 부품, 공구용 지그 등	AZ91C
마그네슘 합금 주물 3종	MgC3	사형 금형	강도는 있으나 인성이 약간 떨어진다. 주조성은 좋다.	일반용 주물, 엔진용 부품, 인쇄용 새들 등	AZ92A
마그네슘 합금 주물 5종	MgC5	금형	강도 및 인성이 있으며, 내압 주물에 적합하다.	일반용 주물, 엔진용 부품 등	AM100A
마그네슘 합금 주물 6종	MgC6	사형	강도와 인성이 요구되는 경우에 사용한다. T5 처리시 인성이 좋아진다.	고력 주물, 경기용 차륜 산소통 브래킷 등	ZK51A
마그네슘 합금 주물 7종	MgC7	사형	강도와 인성이 요구되는 경우에 사용한다. T5 및 T6 처리시 인성이 증가한다.	고력 주물, 인렛 하우징 등	ZK61A
마그네슘 합금 주물 8종	MgC8	사형	주조성, 용접성 및 내압성이 있다. 상온 강도는 낮지만 고온에서의 강도의 저하는 적다.	내열용 주물, 엔진용 부품 기어 케이스, 컴프레서 케이스 등	EZ33A

■ 화학 성분

종류	기호	화학 성분 (%)								
		Al	ZN	Mn	RE[1]	Zr	Si	Cu	Ni	Mg
마그네슘 합금 주물 1종	MgC1	5.3~6.7	2.5~3.5	0.15~0.6	–	–	0.30 이하	0.10 이하	0.01 이하	나머지
마그네슘 합금 주물 2종	MgC2	8.1~9.3	0.40~1.0	0.13~0.5	–	–	0.30 이하	0.10 이하	0.01 이하	나머지
마그네슘 합금 주물 3종	MgC3	8.3~9.7	1.6~2.4	0.10~0.5	–	–	0.30 이하	0.10 이하	0.01 이하	나머지
마그네슘 합금 주물 5종	MgC5	9.3~10.7	0.30 이하	0.10~0.5	–	–	0.30	0.10 이하	0.01 이하	나머지
마그네슘 합금 주물 6종	MgC6	–	3.6~5.5	–	–	–	–	0.10 이하	0.01 이하	나머지
마그네슘 합금 주물 7종	MgC7	–	5.5~6.5	–	–	–	–	0.10 이하	0.01 이하	나머지
마그네슘 합금 주물 8종	MgC8	–	2.0~3.1	–	2.5~4.0	–	–	0.10 이하	0.01 이하	나머지

[주] (1) 희토류 원소를 뜻한다.

■ 기계적 성질

종 류	질 별	기 호	인장 시험			참 고			
			인장강도 N/mm^2	항복강도 N/mm^2	연신율 %	용체화 처리		인공시효	
						온도 ℃	시간 h	온도 ℃	인공 시효
마그네슘 합금 주물 1종	주조한 그대로	MgC1－F	177 이상	69 이상	4 이상	–	–	–	–
	용체화 처리	MgC1－T4	235 이상	69 이상	7 이상	380~390	10~14	–	–
	인공 시효	MgC1－T5	177 이상	78 이상	2 이상		–	260 230	4 5
	용체화 처리 후 인공 시효	MgC1－T6	235 이상	108 이상	3 이상	380~390	10~14	220 230	5 5
마그네슘 합금 주물 2종	주조한 그대로	MgC2－F	157 이상	69 이상	–	–	–	–	–
	용체화 처리	MgC2－T4	235 이상	69 이상	7 이상	410~420	16~24	–	–
	인공 시효	MgC－T5	157 이상	78 이상	2 이상	–	–	170 215	16 4
	용체화 처리 후 인공 시효	MgC2－T6	235 이상	108 이상	3 이상	410~420	16~24	170 215	16 4
마그네슘 합금 주물 3종	주조한 그대로	MgC3－F	157 이상	69 이상	–	–	–	–	–
	용체화 처리	MgC3－T4	235 이상	69 이상	6 이상	405~410	16~24	–	–
	인공 시효	MgC3－T5	157 이상	78 이상	–	–	–	230	5
	용체화 처리 후 인공 시효	MgC3－T6	235 이상	127 이상	–	405~410	16~24	260	4
마그네슘 합금 주물 5종	주조한 그대로	MgC5－F	137 이상	69 이상	–	–	–	220	5
	용체화 처리	MgC5－T4	235 이상	69 이상	6 이상	420~425	16~24	–	–
	용체화 처리 후 인공 시효	MgC5－T6	235 이상	108 이상	2 이상	420~4258	16~24	– 230	– 5
마그네슘 합금 주물 6종	인공 시효	MgC6－T5	235 이상	137 이상	5 이상	–	–	205 220	24 8
마그네슘 합금 주물 7종	인공 시효	MgC7－T5	265 이상	177 이상	5 이상	–	–	175	12
	용체화 처리 후 인공시효	MgC7－T6	265 이상	177 이상	5 이상	495~500 480~485	2 10	130	48
마그네슘 합금 주물 8종	인공 시효	MgC8－T5	137 이상	98 이상	2 이상	–	–	215	5

6. 마그네슘 합금 다이캐스팅 KS D 6017 : 2009

■ 종류 및 기호

종류	기호	참고			
		ISO 상당 합금	ASTM 상당 합금	합금의 특색	사용 부품 보기
마그네슘 합금 다이캐스팅 1종B	MDC1B	MaAl9Zn1(B)	AZ91B	내식성은 1종 D보다 약간 떨어진다. 강도 및 주조성은 우수하나 연신율은 다소 떨어진다.	전동공구 케이스, 비디오, 카메라, 노트북 케이스, 휴대폰의 EMI실드 및 케이스류, 자동차 부품류
마그네슘 합금 다이캐스팅 1종D	MDC1D	MaAl9Zn1(A)	AZ91D	내식성이 우수하다. 그 외는 1종B와 동등	
마그네슘 합금 다이캐스팅 2종B	MDC2B	MaAl6Mn	AM60B	강도와 주조성은 1종에 비해 다소 떨어지나 연신율과 인성이 우수하다.	자동차 부품(에어백 하우징 등), 레저 및 스포츠 용품
마그네슘 합금 다이캐스팅 3종B	MDC3B	MaAl4Si	AS41B	고온 강도가 좋다. 주조성이 약간 떨어진다.	자동차 내열용 부품
마그네슘 합금 다이캐스팅 4종	MDC4	MaAl5Mn	AM50A	강도와 주조성은 1종에 비해 다소 떨어지나 연신율과 인성이 우수하다.	자동차 부품(시트 프레임, 스티어링 컬럼부품, 스티어링 휠코어 등), 레저 및 스포츠 용품
마그네슘 합금 다이캐스팅 5종	MDC5	MaAl2Mn	AM20A	강도와 주조성은 떨어지나 연신율과 인성이 우수하다.	자동차 부품
마그네슘 합금 다이캐스팅 6종	MDC6	MaAl2Si	AS21A	고온 강도가 좋다. 주조성이 떨어진다.	자동차 내열용 부품

■ 화학 성분

종류	기호	화학 성분 (질량%)								
		Al	Zn	Mn	Si	Cu	Ni	Fe	기타 각 불순물	Mg
1종B	MDC1B	8.3~9.7	0.35~1.0	0.13~0.50	0.50 이하	0.35 이하	0.03 이하	0.03 이하	0.05 이하	나머지
1종D	MDC1D	8.3~9.7	0.35~1.0	0.15~0.50	0.10 이하	0.030 이하	0.002 이하	0.005 이하	0.01 이하	나머지
2종B	MDC2B	5.5~6.5	0.30 이하	0.24~0.6	0.10 이하	0.010 이하	0.002 이하	0.005 이하	0.01 이하	나머지
3종B	MDC3B	3.5~5.0	0.20 이하	0.35~0.7	0.50~1.5	0.02 이하	0.002 이하	0.003 5 이하	0.01 이하	나머지
4종	MDC4	4.4~5.3	0.30 이하	0.26~0.6	0.10 이하	0.010 이하	0.002 이하	0.004 이하	0.01 이하	나머지
5종	MDC5	1.6~2.5	0.20 이하	0.33~0.70	0.08 이하	0.008 이하	0.001 이하	0.004 이하	0.01 이하	나머지
6종	MDC6	1.8~2.5	0.20 이하	0.18~0.70	0.7~1.2	0.008 이하	0.001 이하	0.004 이하	0.01 이하	나머지

■ 마그네슘 합금 다이캐스팅의 기계적 성질

기호	기호 및 질별 기호	인장 시험			브리넬 경도
		인장 강도 MPa	항복 강도 MPa	연신율 %	HBW
MDC1D	MDC1D−F	200~260	140~170	1~9	65~85
MDC2B	MDC2B−F	190~250	120~150	4~18	55~70
MDC3B	MDC3B−F	200~250	120~150	3~12	55~80
MDC4	MDC4−F	180~230	110~130	5~20	50~65
MDC5	MDC5−F	150~220	80~100	8~25	40~55
MDC6	MDC6−F	179~230	110~130	4~14	50~70

7. 경연 주물 KS D 6018 : 1992(2017 확인)

■ 종류 및 기호

종 류	기 호
8 종	HPbC 8
10 종	HPbC 10

■ 화학 성분 및 기계적 성질

종류	화학 성분 %					인장 시험		경도 시험 HB (10/100)
	Pb	Sb	Cu	Sn	Bi 및 기타 불순물	인장강도 N/mm² (kgf/mm²)	연신율 %	
8 종	나머지	7.5~8.5	0.20 이하	0.50 이하	0.10 이하	49{5} 이상	20 이상	14.0 이상
10 종	나머지	9.5~10.5	0.20 이하	0.50 이하	0.10 이하	50{5.1} 이상	19 이상	14.5 이상

8. 니켈 및 니켈 합금 주물 KS D 6023 : 2002(2007 확인)

■ 종류 및 기호

종류	기호	참고
		용도 보기
니켈 주물	NC	수산화나트륨, 탄산나트륨 및 염화암모늄을 취급하는 제조장치의 밸브 · 펌프 등
니켈-구리 합금 주물	NCuC	해수 및 염수, 중성염, 알칼리염 및 플루오르산을 취급하는 화학 제조 장치의 밸브 · 펌프 등
니켈-몰리브덴 합금 주물	NMC	염소, 황산 인산, 아세트산 및 염화수소가스를 취급하는 제조 장치의 밸브 · 펌프 등
니켈-몰리브덴-크롬 합금 주물	NMCrC	산화성산, 플루오르산, 포름산 무수아세트산, 해수 및 염수를 취급하는 제조 장치의 밸브 등
니켈-크롬-철 합금 주물	NCrFC	질산, 지방산, 암모늄수 및 염화성 약품을 취급하는 화학 및 식품 제조 장치의 밸브 등

■ 화학 성분

단위 : %

종류	Ni	Cu	Fe	Mn	C	Si	S	Cr	P	Mo	V	W
니켈 주물	95.0 이상	1.25 이하	3.00 이하	1.50 이하	1.00 이하	2.00 이하	0.030 이하	–	0.030 이하	–	–	–
니켈-구리 합금 주물	나머지	26.0~33.0	3.50 이하	1.50 이하	0.35 이하	1.25 이하	0.030 이하	–	0.030 이하	–	–	–
니켈-몰리브덴 합금 주물	나머지	–	4.0~6.0	1.00 이하	0.12 이하	1.00 이하	0.030 이하	1.00 이하	0.040 이하	26.0~30.0	0.20~0.60	–
니켈-몰리브덴-크롬 합금 주물	나머지	–	4.5~7.5	1.00 이하	0.12 이하	1.00 이하	0.030 이하	15.5~17.5	0.040 이하	16.0~18.0	0.20~0.40	3.75~5.25
니켈-크롬-철 합금 주물	나머지	–	11.0 이하	1.50 이하	0.40 이하	3.00 이하	0.030 이하	14.0~17.0	0.030 이하	–	–	–

■ 기계적 성질

종류	질별	종류 및 질별의 기호	인장강도 N/mm²	0.2% 항복강도 N/mm²	연신율 %
니켈 주물	주조한 그대로	NC-F	345 이상	125 이상	10 이상
니켈-구리 합금 주물	주조한 그대로	NCuC-F	450 이상	170 이상	25 이상
니켈-몰리브덴 합금 주물	용체화 처리 (1095℃ 이상에서 급냉)	NMC-S	525 이상	275 이상	6 이상
니켈-몰리브덴-크롬 합금 주물	용체화 처리 (1175℃ 이상에서 급냉)	NMCrC-S	495 이상	275 이상	4 이상
니켈-크롬-철 합금 주물	주조한 그대로	NCrFC-F	485 이상	195 이상	10 이상

9. 구리 및 구리 합금 주물 KS D 6024 : 2009

■ 종류 및 기호

종류	기호 (구기호/ UNS No.)	합금계	주조법의 구분	참고	
				합금의 특징	용도 보기
구리 주물 1종	CAC101 (CuC1)	Cu계	사형 주조 금형 주조 원심 주조 정밀 주조	주조성이 좋다. 도전성, 열전도성 및 기계적 성질이 좋다.	송풍구, 대송풍구, 냉각판, 열풍 밸브, 전극 홀더, 일반 기계 부품 등
구리 주물 2종	CAC102 (CuC2)	Cu계		CAC101보다 도전성 및 열전도성이 좋다.	송풍구, 전기용 터미널, 분기 슬리브, 콘택트, 도체, 일반 전기 부품 등
구리 주물 3종	CAC103 (CuC3)	Cu계		구리 주물 중에서는 도전성 및 열전도성이 가장 좋다.	전로용 랜스 노즐, 전기용 터미널, 분기 슬리브, 통전 서포트, 도체, 일반 전기 부품 등
황동 주물 1종	CAC201 (YBsC1)	Cu-Zn계		납땜하기 쉽다.	플랜지류, 전기 부품, 장식용품 등
황동 주물 2종	CAC202 (YBsC2)	Cu-Zn계		황동 주물 중에서 비교적 주조가 용이하다.	전기 부품, 제기 부품, 일반 기계 부품 등
황동 주물 3종	CAC203 (YBsC3)	Cu-Zn계		CAC202보다도 기계적 성질이 좋다.	급배수 쇠붙이, 전기 부품, 건축용 쇠붙이, 일반기계 부품, 일용품, 잡화품 등
황동 주물 4종	CAC204 (C85200)	Cu-Zn계	사형 주조 금형 주조	기계적 성질이 좋다.	일반 기계 부품, 일용품, 잡화품 등
고력 황동 주물 1종	CAC301 (HBsC1)	Cu-Zn-Mn-Fe-Al계	사형 주조 금형 주조 원심 주조 정밀 주조	강도, 경도가 높고 내식성, 인성이 좋다.	선박용 프로펠러, 프로펠러 보닛, 배어링, 밸브 시트, 밸브봉, 베어링 유지기, 레버 암, 기어, 선박용 의장품 등
고력 황동 주물 2종	CAC302 (HBsC2)	Cu-Zn-Mn-Fe-Al계		강도가 높고 내마모성이 좋다. 경도는 CAC301보다 높고 강성이 있다.	선박용 프로펠러, 베어링, 베어링 유지기, 슬리퍼, 엔드 플레이트, 밸브 시트, 밸브봉, 특수 실린더, 일반 기계 부품 등
고력 황동 주물 3종	CAC303 (HBsC3)	Cu-Zn-Al-Mn-Fe계		특히 강도, 경도가 높고 고하중의 경우에도 내마모성이 좋다.	저속 고하중의 미끄럼 부품, 대형 밸브, 스템, 부시, 웜 기어, 슬리퍼, 캠, 수압 실린더 부품 등
고력 황동 주물 4종	CAC304 (HBsC4)	Cu-Zn-Al-Mn-Fe계	사형 주조 금형 주조 원심 주조 정밀 주조	고력 황동 주물 중에서 특히 강도, 경도가 높고 고하중의 경우에도 내마모성이 좋다.	저속 고하중의 미끄럼 부품, 교량용 지지판, 베어링, 부시, 너트, 웜 기어, 내마모판 등

종류	기호 (구기호/ UNS No.)	합금계	주조법의 구분	참고	
				합금의 특징	용도 보기
청동 주물 1종	CAC401 (BC1)	Cu−Zn− Pb−Sn계	사형 주조 금형 주조 원심 주조 정밀 주조	용탕 흐름, 피삭성이 좋다.	베어링, 명판, 일반 기계 부품 등
청동 주물 2종	CAC402 (BC2)	Cu−Zn− Sn계		내압성, 내마모성, 내식성이 좋고 기계적 성질도 좋다.	베어링, 슬리브, 부시, 펌프 몸체, 임펠러, 밸브, 기어, 선박용 둥근 창, 전동기기 부품 등
청동 주물 3종	CAC403 (BC3)	Cu−Zn− Sn계	사형 주조 금형 주조 원심 주조 정밀 주조	내압성, 내마모성, 기계적 성질이 좋고 내식성이 CAC402보다도 좋다.	베어링, 슬리브, 부싱, 펌프, 몸체 임펠러, 밸브, 기어, 선박용 둥근 창, 전동기기 부품, 일반 기계 부품 등
청동 주물 6종	CAC406 (BC6)	Cu−Sn− Zn−Pb계		내압성, 내마모성, 피삭성, 주조성이 좋다.	밸브, 펌프 몸체, 임펠러, 급수 밸브, 베어링, 슬리브, 부싱, 일반 기계 부품, 경관 주물, 미술 주물 등
청동 주물 7종	CAC407 (BC7)	Cu−Sn− Zn−Pb계		기계적 성질이 CAC406보다 좋다.	베어링, 소형 펌프 부품, 밸브, 연료 펌프, 일반 기계 부품 등
청동 주물 8종(함연 단동)	CAC408 (C83800)	Cu−Sn− Pb−Zn계	사형 주조 금형 주조 원심 주조	내마모성, 피삭성이 좋다(일반용 쾌삭 청동).	저압 밸브, 파이프 연결구, 일반 기계 부품 등
청동 주물 9종	CAC409 (C92300)	Cu−Sn− Zn계	사형 주조 금형 주조 원심 주조	기계적 성질이 좋고, 가공성 및 완전성이 좋다.	포금용, 베어링 등
인청동 주물 2종 A	CAC502A (PBC2)	Cu−Sn− P계	사형 주조 원심 주조 정밀 주조	내식성, 내마모성이 좋다.	기어, 웜 기어, 베어링, 부싱, 슬리브, 임펠러, 일반 기계 부품 등
인청동 주물 2종 B	CAC502B (PBC2B)	Cu−Sn− P계	금형 주조 원심 주조(1)		
인청동 주물 3종 A	CAC503A	Cu−Sn− P계	사형 주조 원심 주조 정밀 주조	경도가 높고 내마모성이 좋다.	미끄럼 부품, 유압 실린더, 슬리브, 기어, 제지용 각종 롤러 등
인청동 주물 3종 B	CAC503B (PBC3B)	Cu−Sn− P계	금형 주조 원심 주조(1)	경도가 높고 내마모성이 좋다.	미끄럼 부품, 유압 실린더, 슬리브, 기어, 제지용 각종 롤러 등
납청동 주물 2종	CAC602 (LBC2)	Cu−Sn− Pb계	사형 주조 금형 주조 원심 주조 정밀 주조	내압성, 내마모성이 좋다.	중고속 · 고하중용 베어링, 실린더, 밸브 등
납청동 주물 3종	CAC603 (LBC3)	Cu−Sn− Pb계	사형 주조 금형 주조 원심 주조 정밀 주조	면압이 높은 베어링에 적합하고 친밀성이 좋다.	중고속 · 고하중용 베어링, 대형 엔진용 베어링
납청동 주물 4종	CAC604 (LBC4)	Cu−Sn− Pb계		CAC603보다 친밀성이 좋다.	중고속 · 중하중용 베어링, 차량용 베어링, 화이트 메탈의 뒤판 등
납청동 주물 5종	CAC605 (LBC5)	Cu−Sn− Pb계		납청동 주물 중에서 친밀성, 내소부성이 특히 좋다.	중고속 · 저하중용 베어링, 엔진용 베어링 등
납청동 주물 6종	CAC606 (C94300)	Cu−Sn− Pb계	사형 주조 금형 주조 원심 주조	불규칙한 운동 또는 불완전한 끼움으로 인하여 베어링 메탈이 다소 변형되지 않으면 안 될 곳에 사용되는 베어링 라이너용.	경하중 고속용 부싱, 베어링, 철도용 차량, 파쇄기, 콘베어링 등
납청동 주물 7종	CAC607 (C93200)	Cu−Sn− Pb−Zn계		강도, 경도 및 내충격성이 좋다.	일반 베어링, 병기용 부싱 및 연결구, 중하중용 정밀 베어링, 조립식 베어링 등
납청동 주물 8종	CAC608 (C93500)	Cu−Sn− Pb계		경하중 고속용	경하중 고속용 베어링, 일반 기계 부품 등

종류	기호 (구기호/ UNS No.)	합금계	주조법의 구분	참고	
				합금의 특징	용도 보기
알루미늄 청동 주물 1종	CAC701 (AlBC1)	Cu−Al−Fe−Ni−Mn계	사형 주조 금형 주조 원심 주조 정밀 주조	강도, 인성이 높고 굽힘에도 강하다. 내식성, 내열성, 내마모성, 저온 특성이 좋다.	내산 펌프, 베어링, 부싱, 기어, 밸브 시트, 플런저, 제지용 롤러 등
알루미늄 청동 주물 2종	CAC702 (AlBC2)	Cu−Al−Fe−Ni−Mn계		강도가 높고 내식성, 내마모성이 좋다.	선박용 소형 프로펠러, 베어링, 기어, 부싱, 밸브 시트, 임펠러, 볼트 너트, 안전 공구, 스테인리스강용 베어링 등
알루미늄 청동 주물 3종	CAC703 (AlBC3)	Cu−Al−Fe−Ni−Mn계		대형 주물에 적합하고 강도가 특히 높고 내식성, 내마모성이 좋다.	선박용 프로펠러, 임펠러, 밸브, 기어, 펌프 부품, 화학 공업용 기기 부품, 스테인리스강용 베어링, 식품 가공용 기계 부품 등
알루미늄 청동 주물 4종	CAC704 (AlBC4)	Cu−Al−Fe−Ni−Mn계		단순 모양의 대형 주물에 적합하고 강도가 특히 높고 내식성, 내마모성이 좋다.	선박용 프로펠러, 슬리브, 기어, 화학용 기기 부품 등
알루미늄 청동 주물 5종	CAC705 (C95500)	Cu−Al−Fe−Ni계	사형 주조 금형 주조 원심 주조	신뢰도가 높고 강도가 크며 경도는 망간 청동과 같으며, 내식성 및 내피로도가 우수하다. 고온에서도 내마모성이 좋다. 용접성이 좋지 않다.	중하중을 받는 총포 슬라이드 및 지지부, 기어, 부싱, 베어링, 프로펠러 날개 및 허브, 라이너 베어링 플레이트용 등
알루미늄 청동 주물 6종	CAC706 (C95300)	Cu−Al−Fe계		신뢰도가 높고 강도가 크며 경도는 망간 청동과 같으며, 내식성 및 내피로도가 우수하다. 고온에서도 내마모성이 좋다. 용접성이 좋지 않다.	중하중을 받는 총포 슬라이드 및 지지부, 기어, 부싱, 베어링, 프로펠러 날개 및 허브, 라이너 베어링 플레이트용 등
실리콘 청동 주물 1종	CAC801 (SzBC1)	Cu−Si−Zn계	사형 주조 금형 주조 원심 주조 정밀 주조	용탕 흐름이 좋다. 어닐링 취성이 적다. 강도가 높고 내식성이 좋다.	선박용 의장품, 베어링, 기어 등
실리콘 청동 주물 2종	CAC802 (SzBC2)	Cu−Si−Zn계		CAC801보다 강도가 높다.	선박용 의장품, 베어링, 기어, 보트용 프로펠러 등
실리콘 청동 주물 3종	CAC803 (SzBC3)	Cu−Si−Zn계		용탕 흐름이 좋다. 어닐링 취성이 적다. 강도가 높고 내식성이 좋다.	선박용 의장품, 베어링, 기어 등
실리콘 청동 주물 4종	CAC804 (C87610)	Cu−Si−Zn계	사형 주조 금형 주조	강도와 인성이 크고 내식성이 좋으며, 완전하고 균질한 주물이 필요한 곳에 사용	선박용 의장품, 베어링, 기어 등
실리콘 청동 주물 5종	CAC805	Cu−Si−Zn계	사형 주조 금형 주조 원심 주조 정밀 주조	납 용출량은 거의 없다. 유동성이 좋다. 강도, 연신율이 높고 내식성도 양호하다. 피삭성은 CAC406보다 낮다.	급수장치 기구류(수도미터, 밸브류, 이음류, 수전 밸브 등)
니켈 주석 청동 주물 1종	CAC901 (C94700)	Cu−Sn−Ni계 (88−5−0−2−5)	사형 주조 금형 주조	강도가 크고 내염수성이 좋다.	팽창부 연결품, 관 이음쇠, 기어 볼트, 너트, 펌프 피스톤, 부싱, 베어링 등
니켈 주석 청동 주물 2종	CAC902 (C94800)	Cu−Sn−Ni계		CAC901보다 강도는 낮고 절삭성은 더 좋다.	팽창부 연결품, 관 이음쇠, 기어 볼트, 너트, 펌프 피스톤, 부싱, 베어링 등

종류	기호 (구기호/ UNS No.)	합금계	주조법의 구분	참고	
				합금의 특징	용도 보기
베릴륨 동 주물 3종	CAC903 (82000)	Cu－Be계	사형 주조 금형 주조	전기 전도도가 좋고 적당한 강도 및 경도가 좋다.	스위치 및 스위치 기어, 단로기, 전도 장치 등
베릴륨 청동 주물 4종	CAC904 (C82500)	Cu－Be계		높은 강도와 함께 우수한 내식성 및 내마모성이 좋다.	부싱, 캠, 베어링, 기어, 안전 공구 등
베릴륨 청동 주물 5종	CAC905 (C82600)	Cu－Be계		높은 경도와 최대의 강도	높은 경도와 최대의 강도가 요구되는 부품 등
베릴륨 청동 주물 6종	CAC906 (C82800)	Cu－Be계		높은 인장 강도 및 내력과 함께 최대의 경도	높은 인장 강도 및 내력과 함께 최대의 경도가 요구되는 부품 등

■ 화학 성분

단위 : %

구분	주요 성분										잔여 성분									
기호 (구기호)	Cu	Sn	Pb	Zn	Fe	Ni	P	Al	Mn	Si	Sn	Pb	Zn	Fe	Sb	Ni	P	Al	Mn	Si
CAC101 (CuC1)	99.5 이상	－	－	－	－	－	－	－	－	－	0.4	－	－	－	－	－	0.07	－	－	－
CAC102 (CuC2)	99.7 이상	－	－	－	－	－	－	－	－	－	0.2	－	－	－	－	－	0.07	－	－	－
CAC103 (CuC3)	99.9 이상	－	－	－	－	－	－	－	－	－	－	－	－	－	－	－	0.04	－	－	－

구분	주요 성분										잔여 성분											
기호 (구기호)	Cu	Sn	Pb	Zn	Fe	Ni	P	Al	Mn	Si	Sn	Pb	Zn	Fe	Sb	Ni	P	Al	Se	Mn	Si	Bi
CAC201 (YBsC1)	83.0~88.0	－	－	11.0~17.0	－	－	－	－	－	－	0.1	0.5 (2)	－	0.2	－	0.2	－	0.2	－	－	－	－
CAC202 (YBsC2)	65.0~70.0	－	0.5~3.0	24.0~34.0	－	－	－	－	－	－	1.0	－	－	0.8	－	1.0	－	0.5	－	－	－	－
CAC203 (YBsC3)	58.0~64.0	－	0.5~3.0	30.0~41.0	－	－	－	－	－	－	1.0	－	－	0.8	－	1.0	－	0.5	－	－	－	－
CAC204 (C85200)	70.0~74.0	0.7~2.0	1.5~3.8	20.0~27.0	－	－	－	－	－	－	－	－	－	0.6	0.20	1.0	0.02	0.005	－	－	0.05	－
CAC301 (HBsC1)	55.0~60.0	－	－	33.0~42.0	0.5~1.5	－	－	0.5~1.5	0.1~1.5	－	1.0	0.4	－	－	－	1.0	－	－	－	－	0.1	－
CAC302 (HBsC2)	55.0~60.0	－	－	30.0~42.0	0.5~2.0	－	－	0.5~2.0	0.1~3.5	－	1.0	0.4	－	－	－	1.0	－	－	－	－	0.1	－
CAC303 (HBsC3)	60.0~65.0	－	－	22.0~28.0	2.0~4.0	－	－	3.0~5.0	2.5~5.0	－	0.5	0.2	－	－	－	0.5	－	－	－	－	0.1	－
CAC304 (HBsC4)	60.0~65.0	－	－	22.0~28.0	2.0~4.0	－	－	5.0~7.5	2.5~5.0	－	0.2	0.2	－	－	－	0.5	－	－	－	－	0.1	－
CAC401 (BC1)	79.0~83.0	2.0~4.0	3.0~7.0	8.0~12.0	－	－	－	－	－	－	－	－	－	0.35	0.2	1.0	0.05 (3)	0.01	－	－	0.01	－
CAC402 (BC2)	86.0~90.0	7.0~9.0	－	3.0~5.0	－	－	－	－	－	－	－	1.0	－	0.2	0.2	1.0	0.05 (3)	0.01	－	－	0.01	－
CAC403 (BC3)	86.5~89.5	9.0~11.0	－	1.0~3.0	－	－	－	－	－	－	－	1.0	－	0.2	0.2	1.0	0.05 (3)	0.01	－	－	0.01	－

구분	주요 성분										잔여 성분											
기호 (구기호)	Cu	Sn	Pb	Zn	Fe	Ni	P	Al	Mn	Si	Sn	Pb	Zn	Fe	Sb	Ni	P	Al	Se	Mn	Si	Bi
CAC406 (BC6)	83.0~87.0	4.0~6.0	4.0~6.0	4.0~6.0	–	–	–	–	–	–	–	–	–	0.3	0.2	1.0	0.05 (3)	0.01	–	–	0.01	–
CAC407 (BC7)	86.0~96.0	5.0~7.0	1.0~3.0	3.0~5.0	–	–	–	–	–	–	–	–	–	0.2	0.2	1.0	0.05 (3)	0.01	–	–	0.01	–
CAC201 (YBsC1)	83.0~88.0	–	–	11.0~17.0	–	–	–	–	–	–	0.1	0.5(2)	–	0.2	–	0.2	–	0.2	–	–	–	–
CAC202 (YBsC2)	65.0~70.0	–	0.5~3.0	24.0~34.0	–	–	–	–	–	–	1.0	–	–	0.8	–	1.0	–	0.5	–	–	–	–
CAC203 (YBsC3)	58.0~64.0	–	0.5~3.0	30.0~41.0	–	–	–	–	–	–	1.0	–	–	0.8	–	1.0	–	0.5	–	–	–	–
CAC204 (C85200)	70.0~74.0	0.7~2.0	1.5~3.8	20.0~27.0	–	–	–	–	–	–	–	–	–	0.6	0.20	1.0	0.02	0.005	–	–	0.05	–
CAC301 (HBsC1)	55.0~60.0	–	–	33.0~42.0	0.5~1.5	–	–	0.5~1.5	0.1~1.5	–	1.0	0.4	–	–	–	1.0	–	–	–	–	0.1	–
CAC302 (HBsC2)	55.0~60.0	–	–	30.0~42.0	0.5~2.0	–	–	0.5~2.0	0.1~3.5	–	1.0	0.4	–	–	–	1.0	–	–	–	–	0.1	–
CAC303 (HBsC3)	60.0~65.0	–	–	22.0~28.0	2.0~4.0	–	–	3.0~5.0	2.5~5.0	–	0.5	0.2	–	–	–	0.5	–	–	–	–	0.1	–
CAC304 (HBsC4)	60.0~65.0	–	–	22.0~28.0	2.0~4.0	–	–	5.0~7.5	2.5~5.0	–	0.2	0.2	–	–	–	0.5	–	–	–	–	0.1	–
CAC401 (BC1)	79.0~83.0	2.0~4.0	3.0~7.0	8.0~12.0	–	–	–	–	–	–	–	–	–	0.35	0.2	1.0	0.05 (3)	0.01	–	–	0.01	–
CAC402 (BC2)	86.0~90.0	7.0~9.0	–	3.0~5.0	–	–	–	–	–	–	–	1.0	–	0.2	0.2	1.0	0.05 (3)	0.01	–	–	0.01	–
CAC403 (BC3)	86.5~89.5	9.0~11.0	–	1.0~3.0	–	–	–	–	–	–	–	1.0	–	0.2	0.2	1.0	0.05 (3)	0.01	–	–	0.01	–
CAC406 (BC6)	83.0~87.0	4.0~6.0	4.0~6.0	4.0~6.0	–	–	–	–	–	–	–	–	–	0.3	0.2	1.0	0.05 (3)	0.01	–	–	0.01	–
CAC407 (BC7)	86.0~96.0	5.0~7.0	1.0~3.0	3.0~5.0	–	–	–	–	–	–	–	–	–	0.2	0.2	1.0	0.05 (3)	0.01	–	–	0.01	–
CAC608 (C93500)	83.0~86.0	4.3~6.0	8.0~10.0	2.0	–	1.0	–	–	–	–	–	–	–	0.2	0.3	–	–	–	–	–	–	–
CAC701 (AlBC1)	85.0~90.0	–	–	–	1.0~3.0	0.1~1.0	–	8.0~10.0	0.1~1.0	–	0.1	0.1	0.5	–	–	–	–	–	–	–	–	–
CAC702 AlBC2)	80.0~88.0	–	–	–	2.5~5.0	1.0~3.0	–	8.0~10.5	0.1~1.5	–	0.1	0.1	0.5	–	–	–	–	–	–	–	–	–
CAC703 (AlBC3)	78.0~85.0	–	–	–	3.0~6.0	3.0~6.0	–	8.5~10.5	0.1~1.5	–	0.1	0.1	0.5	–	–	–	–	–	–	–	–	–
CAC704 (AlBC4)	71.0~84.0	–	–	–	2.0~5.0	1.0~4.0	–	6.0~9.0	7.0~15.0	–	0.1	0.1	0.5	–	–	–	–	–	–	–	–	–
CAC705 (C95500)	78.0 이상	–	–	–	3.0~5.0	3.0~5.5	–	10.0~11.5	–	–	–	–	–	–	–	–	–	–	–	3.5 이하	–	–
CAC706 (C95300)	86.0 이상	–	–	–	0.8~1.5	–	–	9.0~11.0	–	–	–	–	–	–	–	–	–	–	–	–	–	–
CAC801 (SzBC1)	84.0~88.0	–	–	9.0~11.0	–	–	–	–	–	3.5~4.5	–	0.1	–	–	–	–	–	0.5	–	–	–	–
CAC802 (SzBC2)	78.5~82.5	–	–	14.0~16.0	–	–	–	–	–	4.0~5.0	–	0.3	–	–	–	–	–	0.3	–	–	–	–
CAC803 (SzBC3)	80.0~84.0	–	–	13.0~15.0	–	–	–	–	–	3.2~4.2	–	0.2	–	0.3	–	–	–	0.3	–	0.2	–	–

구분 기호 (구기호)	주요 성분 Cu	Sn	Pb	Zn	Fe	Ni	P	Al	Mn	Si	잔여 성분 Sn	Pb	Zn	Fe	Sb	Ni	P	Al	Se	Mn	Si	Bi
CAC804 (C87610)	90.0 이상	–	0.20	3.0~ 5.0	–	–	–	–	–	3.0~ 5.0	–	–	–	0.2	–	–	–	–	–	0.25	–	–
CAC805	74.0~ 78.0	–	–	18.0~ 22.5	–	–	–	0.05~ 0.2	–	2.7~ 3.4	0.6	0.25 (2)	–	0.2	0.1	0.2	–	–	0.1	0.1	–	0.2
CAC901 (C94700)	85.0~ 90.0	4.5~ 6.0	0.1	1.0~ 2.5	–	4.5~ 6.0	–	–	–	–	–	–	–	0.25	0.15	–	0.05	0.005	–	0.2	0.005	–
CAC902 (C94800)	84.0~ 89.0	4.5~ 6.0	0.3~ 1.0	1.0~ 2.5	–	4.5~ 6.0	–	–	–	–	–	–	–	0.25	0.15	–	0.05	0.005	–	0.2	0.005	–

구분 기호 (구기호)	주요 성분 Cu	Sn	Zn	Be	Co	Si	Ni	Bi	Se	잔여 성분 Pb	Fe	Si	Zn	Cr	Pb	Al	Sn	Se	Sb	Ni	P
CAC903 (C82000)	나머지	–	–	0.45~ 0.80	2.40~ 2.70	–	0.20	–	–	–	0.10	0.15	0.10	0.10	0.02	0.10	0.10	–	–	–	–
CAC904 (C82500)	나머지	–	–	1.90~ 2.25	0.35~ 0.70	0.20~ 0.35	0.20	–	–	–	0.25	–	0.10	0.10	0.02	0.10	0.10	–	–	–	–
CAC905 (C82600)	나머지	–	–	2.25~ 2.55	0.35~ 0.65	0.20~ 0.35	0.20	–	–	–	0.25	–	0.10	0.10	0.02	0.10	0.10	–	–	–	–
CAC906 (C82800)	나머지	–	–	2.50~ 2.85	0.35~ 0.70	0.20~ 0.35	0.20	–	–	–	0.25	–	0.10	0.10	0.02	0.10	0.10	–	–	–	–

■ 기계적 성질 · 전기적 성질

기호(구기호)	도전율 시험	인장 시험		경도 시험	참고 인장 시험	참고 경도 시험
	도전율 % IACS	인장 강도 N/mm^2	연신율 %	브리넬 경도 HBW	0.2% 항복 강도 N/mm^2	브리넬 경도 HBW
CAC101(CuC1)	50이상	175 이상	35 이상	35 이상(10/500)	–	–
CAC102(CuC2)	60이상	155 이상	35 이상	33 이상(10/500)	–	–
CAC103(CuC3)	80이상	135 이상	40 이상	30 이상(10/500)	–	–
CAC201(YBsC1)	–	145 이상	25 이상	–	–	–
CAC202(YBsC2)	–	195 이상	20 이상	–	–	–
CAC203(YBsC3)	–	245 이상	20 이상	–	–	–
CAC204(C85200)	–	241 이상	25 이상	–	83 이상	–
CAC301(HBsC1)	–	430 이상	20 이상	–	140 이상	90 이상 (10/1 000)
CAC302(HBsC2)	–	490 이상	18 이상	–	175 이상	100 이상 (10/1 000)
CAC303(HBsC3)	–	635 이상	15 이상	165 이상(10/3 000)	305 이상	–
CAC304(HBsC4)	–	755 이상	12 이상	200 이상(10/3 000)	410 이상	–
CAC401(BC1)	–	165 이상	15 이상	–	–	–
CAC402(BC2)	–	245 이상	20 이상	–	–	–

기호(구기호)	도전율 시험	인장 시험		경도 시험	참고	
					인장 시험	경도 시험
	도전율 % IACS	인장 강도 N/mm²	연신율 %	브리넬 경도 HBW	0.2% 항복 강도 N/mm²	브리넬 경도 HBW
CAC403(BC3)	–	245 이상	15 이상	–	–	–
CAC406(BC6)	–	195 이상	15 이상	–	–	–
CAC407(BC7)	–	215 이상	18 이상	–	–	–
CAC408(C83800)	–	207 이상	20 이상	–	90 이상	–
CAC409(C92300)	–	248 이상	18 이상	–	110 이상	–
CAC502A(PBC2)	–	195 이상	5 이상	60 이상(10/1 000)	120 이상	–
CAC502B(PBC2B)	–	295 이상	5 이상	80 이상(10/1 000)	145 이상	–
CAC503A	–	195 이상	1 이상	80 이상(10/1 000)	135 이상	–
CAC503B(PBC3B)	–	265 이상	3 이상	90 이상(10/1 000)	145 이상	–
CAC602(LBC2)	–	195 이상	10 이상	65 이상(10/500)	100 이상	–
CAC603(LBC3)	–	175 이상	7 이상	60 이상(10/500)	80 이상	–
CAC604(LBC4)	–	165 이상	5 이상	55 이상(10/500)	80 이상	–
CAC605(LBC5)	–	145 이상	5 이상	45 이상(10/500)	60 이상	–
CAC606(C94300)	–	165 이상	10 이상	–	–	38 이상(10/500)
CAC607(C93200)	–	207 이상	15 이상	–	97 이상	–
CAC608(C93500)	–	193 이상	15 이상	–	83 이상	–
CAC701(AlBC1)	–	440 이상	25 이상	80 이상(10/1 000)	–	–
CAC702(AlBC2)	–	490 이상	20 이상	120 이상(10/1 000)	–	–
CAC703(AlBC3)	–	590 이상	15 이상	150 이상(10/3 000)	245 이상	–
CAC704(AlBC4)	–	590 이상	15 이상	160 이상(10/3 000)	270 이상	–
CAC705(C95500)	–	620 이상	6 이상	–	275 이상	190 이상(10/3 000)
CAC705HT(C95500)	–	760 이상	5 이상	–	415 이상	200 이상(10/3 000)
CAC706(C95300)	–	450 이상	20 이상	–	170 이상	110 이상(10/3 000)
CAC706HT(C95300)	–	550 이상	12 이상	–	275 이상	160 이상(10/3 000)
CAC801(SzBC1)	–	345 이상	25 이상	–	–	–
CAC802(SzBC2)	–	440 이상	12 이상	–	–	–
CAC803(SzBC3)	–	390 이상	20 이상	–	–	–
CAC804(C87610)	–	310 이상	20 이상	–	124 이상	–
CAC805	–	300 이상	15 이상	–	–	–
CAC901(C94700)	–	310 이상	25 이상	–	138 이상	–
CAC901HT(C94700)	–	517 이상	5 이상	–	345 이상	–
CAC902(C94800)	–	276 이상	20 이상	–	138 이상	–
CAC903(C82000)	–	311 이상	15 이상	–	104 이상	–
CAC903HT(C82000)	–	621 이상	3 이상	–	483 이상	–
CAC904(C82500)	–	518 이상	15 이상	–	276 이상	–
CAC904HT(C82500)	–	1 035 이상	1 이상	–	828 이상	–
CAC905(C82600)	–	552 이상	10 이상	–	311 이상	–
CAC905HT(C82600)	–	1 139 이상	1 이상	–	1 070 이상	–
CAC906HT(C82800)	–	1 139 이상	1/2 이상	–	1 070 이상	–

10. 티타늄 및 티타늄 합금 주물 KS D 6026(폐지)

■ 종류 및 기호

<table>
<tr><th>종류</th><th>기호</th><th>특색 및 용도 예(참고)</th></tr>
<tr><td>2종</td><td>TC340</td><td rowspan="2">내식성, 특히 내해수성이 좋다.
화학 장치, 석유 정제 장치, 펄프 제지 공업 장치 등</td></tr>
<tr><td>3종</td><td>TC480</td></tr>
<tr><td>12종</td><td>TC340Pd</td><td rowspan="2">내식성, 특히 내틈새 부식성이 좋다.
화학 장치, 석유 정제 장치, 펄프 제지 공업 장치 등</td></tr>
<tr><td>13종</td><td>TC480Pd</td></tr>
<tr><td>60종</td><td>TAC6400</td><td>고강도로 내식성이 좋다.
화학 공업, 기계 공업, 수송기기 등의 구조재. 예를 들면 고압 반응조 장치, 고압 수송 장치, 레저용품 등</td></tr>
</table>

■ 화학 성분

<table>
<tr><th rowspan="3">종류</th><th colspan="11">화학 성분 %</th></tr>
<tr><th rowspan="2">H</th><th rowspan="2">O</th><th rowspan="2">N</th><th rowspan="2">Fe</th><th rowspan="2">C</th><th rowspan="2">Pd</th><th rowspan="2">Al</th><th rowspan="2">V</th><th rowspan="2">Ti</th><th colspan="2">기타</th></tr>
<tr><th>개개</th><th>합계</th></tr>
<tr><td>2종</td><td rowspan="5">0.015 이하</td><td>0.30 이하</td><td>0.05 이하</td><td>0.25 이하</td><td rowspan="5">0.10 이하</td><td>–</td><td>–</td><td>–</td><td rowspan="5">나머지</td><td rowspan="5">0.1 이하</td><td rowspan="5">0.4 이하</td></tr>
<tr><td>3종</td><td>0.40 이하</td><td>0.07 이하</td><td>0.30 이하</td><td>–</td><td>–</td><td>–</td></tr>
<tr><td>12종</td><td>0.30 이하</td><td>0.05 이하</td><td>0.25 이하</td><td>0.12~0.25</td><td>–</td><td>–</td></tr>
<tr><td>13종</td><td>0.40 이하</td><td>0.07 이하</td><td>0.30 이하</td><td>0.12~0.25</td><td>–</td><td>–</td></tr>
<tr><td>60종</td><td>0.25 이하</td><td>0.05 이하</td><td>0.40 이하</td><td>–</td><td>5.50~6.75</td><td>3.50~4.50</td></tr>
</table>

■ 기계적 성질

종류	인장 시험			경도 시험
	인장 강도 N/mm^2	항복 강도 N/mm^2	연신율 %	HBW10/3000 또는 HV30
2종	340 이상	215 이상	15 이상	110~210
3종	480 이상	345 이상	12 이상	150~235
12종	340 이상	215 이상	15 이상	110~210
13종	480 이상	345 이상	12 이상	150~235
60종	895 이상	825 이상	6 이상	365 이하

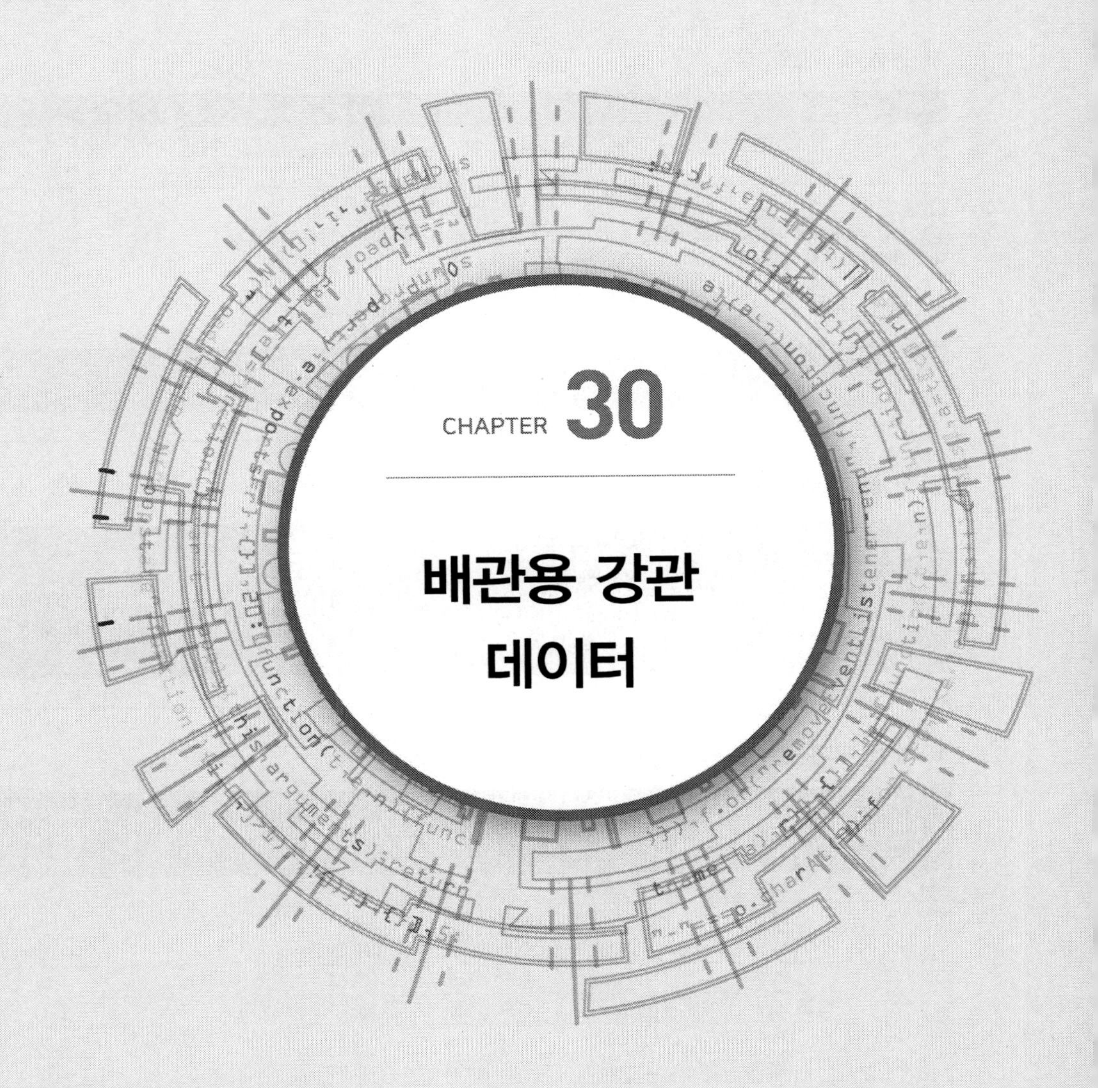

CHAPTER 30

배관용 강관 데이터

30-1 배관용 탄소 강관

■ 종류 및 기호

종류의 기호	구분	비고
SPP	흑관	아연 도금을 하지 않은 관
	백관	흑관에 아연 도금을 한 관

비고

도면, 대장 · 전표 등에 기호로 백관을 구분할 필요가 있을 경우에는 종류의 기호 끝에 -ZN을 부기한다.
다만, 제품의 표시에는 적용하지 않는다.

■ 화학성분

종류의 기호	화학 성분 (%)	
	P	S
SPP	0.040 이하	0.040 이하

■ 기계적 성질

종류의 기호	인장 시험		
	인장 강도 N/mm^2	연신율 (%)	
		11호 시험편 12호 시험편	5호 시험편
		세로방향	가로방향
SPP	294 이상	30 이상	25이상

■ 치수, 무게 및 치수의 허용차

호칭지름	바깥지름 mm	바깥지름의 허용차		두께 mm	두께의 허용차	소켓을 포함하지 않은 무게 kg/m
		테이퍼 나사관	기타 관			
6	10.5	±0.5 mm	±0.5 mm	2.0	+ 규정하지 않음 − 12.5%	0.419
8	13.8	±0.5 mm	±0.5 mm	2.35		0.664
10	17.3	±0.5 mm	±0.5 mm	2.35		0.866
15	21.7	±0.5 mm	±0.5 mm	2.65		1.25
20	27.2	±0.5 mm	±0.5 mm	2.65		1.60
25	34.0	±0.5 mm	±0.5 mm	3.25		2.45
32	42.7	±0.5 mm	±0.5 mm	3.25		3.16
40	48.6	±0.5 mm	±0.5 mm	3.25		3.63
50	60.5	±0.5 mm	±1 %	3.65		5.12
65	76.3	±0.7 mm	±1 %	3.65		6.34
80	89.1	±0.8 mm	±1 %	4.05		8.49
90	101.6	±0.8 mm	±1 %	4.05		9.74
100	114.3	±0.8 mm	±1 %	4.5		12.2
125	139.8	±0.8 mm	±1 %	4.85		16.1
150	165.2	±0.8 mm	±1 %	4.85		19.2

호칭지름	바깥지름 mm	바깥지름의 허용차		두께 mm	두께의 허용차	소켓을 포함하지 않은 무게 kg/m
		테이퍼 나사관	기타 관			
175	190.7	±0.9 mm	±1 %	5.3	+ 규정하지 않음 − 12.5%	24.2
200	216.3	±1.0 mm	±1 %	5.85		30.4
225	241.8	±1.2 mm	±1 %	6.2		36.0
250	267.4	±1.3 mm	±1 %	6.40		41.2
300	318.5	±1.5 mm	±1 %	7.00		53.8
350	355.6	−	±1 %	7.60		65.2
400	406.4	−	±1 %	7.9		77.6
450	457.2	−	±1 %	7.9		87.5
500	508.0	−	±1 %	7.9		97.4
550	558.8	−	±1 %	7.9		107.0
600	609.6	−				117.0

참고 배관용 탄소 강관 JIS G 3452 : 2010

■ 종류의 기호, 제조방법을 나타내는 기호 및 아연도금의 구분

종류의 기호	제조 방법을 나타내는 기호		제조 방법을 나타내는 기호의 표시	아연 도금 구분
	제조 방법	다듬질 방법		
SGP	전기저항용접 : E 단접 : B	열간가공 : H 냉간가공 : C 전기저항용접한 대로 : G	전기저항용접한 강–E–G 열간가공 전기저항용접강관–E–H 열간가공 전기저항용접강관–E–C 단접강관 : B	흑관 : 아연 도금을 하지 않은 관 백관 : 흑관에 아연 도금을 한 관

■ 치수, 치수의 허용차 및 단위 질량

호칭지름		바깥지름 mm	바깥지름의 허용차		두께 mm	두께의 허용차	소켓을 포함하지 않은 단위 질량 kg/m
A	B		테이퍼 나사관	기타 관			
6	1/8	10.5	±0.5 mm	±0.5 mm	2.0		0.419
8	1/4	13.8	±0.5 mm	±0.5 mm	2.3		0.652
10	3/8	17.3	±0.5 mm	±0.5 mm	2.3		0.851
15	1/2	21.7	±0.5 mm	±0.5 mm	2.8		1.31
20	3/4	27.2	±0.5 mm	±0.5 mm	2.8		1.68
25	1	34.0	±0.5 mm	±0.5 mm	3.2		2.43
32	1 1/4	42.7	±0.5 mm	±0.5 mm	3.5		3.38
40	1 1/2	48.6	±0.5 mm	±0.5 mm	3.5		3.89
50	2	60.5	±0.5 mm	±1 %	3.8		5.31
65	2 1/2	76.3	±0.7 mm	±1 %	4.2		7.47
80	3	89.1	±0.8 mm	±1 %	4.2		8.79
90	3 1/2	101.6	±0.8 mm	±1 %	4.2		10.1
100	4	114.3	±0.8 mm	±1 %	4.5		12.2
125	5	139.8	±0.8 mm	±1 %	4.5		15.0
150	6	165.2	±0.8 mm	±1.6 mm	5.0		19.8

호칭지름		바깥지름 mm	바깥지름의 허용차		두께 mm	두께의 허용차	소켓을 포함하지 않은 단위 질량 kg/m
A	B		테이퍼 나사관	기타 관			
175	7	190.7	±0.9 mm	±1.6 mm	5.3	+ 규정하지 않음 − 12.5%	24.2
200	8	216.3	±1.0 mm	±0.8 %	5.8		30.1
225	9	241.8	±1.2 mm	±0.8 %	6.2		36.0
250	10	267.4	±1.3 mm	±0.8 %	6.6		42.4
300	12	318.5	±1.5 mm	±0.8 %	6.9		53.0
350	14	355.6	−	±0.8 %	7.9		67.7
400	16	406.4	−	±0.8 %	7.9		77.6
450	18	457.2	−	±0.8 %	7.9		87.5
500	20	508.0	−	±0.8 %	7.9		97.4

30-2 압력 배관용 탄소 강관

■ 종류의 기호 및 화학 성분

종류의 기호	화학 성분 (%)				
	C	Si	Mn	P	S
SPPS 380	0.25 이하	0.35 이하	0.30~0.90	0.040 이하	0.040 이하
SPPS 420	0.30 이하	0.35 이하	0.30~1.00	0.040 이하	0.040 이하

■ 기계적 성질

종류의 기호	인장강도 N/mm^2	항복점 또는 항복강도 N/mm^2	연신율 (%)			
			11호 시험편 12호 시험편	5호 시험편	4호 시험편	4호 시험편
			세로 방향	가로 방향	가로 방향	세로 방향
SPPS 380	380 이상	220 이상	30 이상	25 이상	23 이상	28 이상
SPPS 420	420 이상	250 이상	25 이상	20 이상	19 이상	24 이상

■ 관의 바깥지름 및 두께의 허용차

구 분	바깥지름	허용차	두께의 허용차
열간가공 이음매 없는 강관	호칭지름 40 이하	±0.5 mm	4mm 미만 +0.6 mm −0.5 mm 4mm 이상 +15 % −12.5 %
	호칭지름 50 이상 호칭지름 125 이하	±1 %	
	호칭지름 150	±1.6 mm	
	호칭지름 200 이상	±0.8 %	
	단, 호칭지름 350 이상은 둘레 길이에 따를 수 있다. 이 경우의 허용차는 ±0.5 %로 한다.		
냉간가공 이음매 없는 강관 및 전기저항 용접 강관	호칭지름 25 이하	±0.3 mm	3mm 미만 ±0.3 mm 3mm 이상 ±10 %
	호칭지름 32 이상	±0.8 %	
	단, 호칭지름 350 이상은 둘레 길이에 따를 수 있다. 이 경우의 허용차는 ±0.5 %로 한다.		

■ 수압 시험 압력

단위 : MPa

스케줄 번호	10	20	30	40	60	80
시험 압력	2.0	3.5	5.0	6.0	9.0	12.0

■ 압력 배관용 탄소강 강관의 치수, 무게

호칭 지름 A	바깥 지름 mm	호칭 두께											
		스케줄 10		스케줄 20		스케줄 30		스케줄 40		스케줄 60		스케줄 80	
		두께 mm	무게 kg/m	두께 mm	무게 kg/m	두께 mm	무게 kg/m	두께 mm	무게 kg/m	두께 mm	무게 kg/m	두께 mm	무게 kg/m
6	10.5	−	−	−	−	−	−	1.7	0.369	2.2	0.450	2.4	0.479
8	13.8	−	−	−	−	−	−	2.2	0.629	2.4	0.675	3.0	0.799
10	17.3	−	−	−	−	−	−	2.3	0.851	2.8	1.00	3.2	1.11
15	21.7	−	−	−	−	−	−	2.8	1.31	3.2	1.46	3.7	1.64
20	27.2	−	−	−	−	−	−	2.9	1.74	3.4	2.00	3.9	2.24
25	34.0	−	−	−	−	−	−	3.4	2.57	3.9	2.89	4.5	3.27
32	42.7	−	−	−	−	−	−	3.6	3.47	4.5	4.24	4.9	4.57
40	48.6	−	−	−	−	−	−	3.7	4.10	4.5	4.89	5.1	5.47
50	60.5	−	−	3.2	4.52	−	−	3.9	5.44	4.9	6.72	5.5	7.46
65	76.3	−	−	4.5	7.97	−	−	5.2	9.12	6.0	10.4	7.0	12.0
80	89.1	−	−	4.5	9.39	−	−	5.5	11.3	6.6	13.4	7.6	15.3
90	101.6	−	−	4.5	10.8	−	−	5.7	13.5	7.0	16.3	8.1	18.7
100	114.3	−	−	4.9	13.2	−	−	6.0	16.0	7.1	18.8	8.6	22.4
125	139.8	−	−	5.1	16.9	−	−	6.6	21.7	8.1	26.3	9.5	30.5
150	165.2	−	−	5.5	21.7	−	−	7.1	27.7	9.3	35.8	11.0	41.8
200	216.3	−	−	6.4	33.1	7.0	36.1	8.2	42.1	10.3	52.3	12.7	63.8
250	267.4	−	−	6.4	41.2	7.8	49.9	9.3	59.2	12.7	79.8	15.1	93.9
300	318.5	−	−	6.4	49.3	8.4	64.2	10.3	78.3	14.3	107	17.4	129
350	355.6	6.4	55.1	7.9	67.7	9.5	81.1	11.1	94.3	15.1	127	19.0	158
400	406.4	6.4	63.1	7.9	77.6	9.5	93.0	12.7	123	16.7	160	21.4	203
450	457.2	6.4	71.1	7.9	87.5	11.1	122	14.3	156	19.0	205	23.8	254
500	508.0	6.4	79.2	9.5	117	12.7	155	15.1	184	20.6	248	26.2	311
550	558.8	6.4	87.2	9.5	129	12.7	171	15.9	213	−	−	−	−
600	609.6	6.4	95.2	9.5	141	14.3	228	−	−	−	−	−	−
650	660.4	7.9	103	12.7	203	−	−	−	−	−	−	−	−

비고

1. 관의 호칭방법은 호칭지름 및 호칭두께(스케줄 번호)에 따른다.
2. 무게의 수치는 $1cm^3$의 강을 7.85g으로 하여, 다음 식에 따라 계산하고 KS Q 5002에 따라 유효숫자 셋째 자리에서 끝맺음한다.

   $W=0.024\ 66t(D-t)$

   여기에서 W : 관의 무게 (kg/m)

   t : 관의 두께 (mm)

   D : 관의 바깥지름 (mm)
3. **굵은 선** 내의 치수는 자주 사용되는 품목을 표시한다.

참고 압력 배관용 탄소강 강관 JIS G 3454 : 2007

■ 종류의 기호, 제조방법을 나타내는 기호 및 아연도금의 구분

종류의 기호	제조 방법을 나타내는 기호			아연 도금 구분
	제조 방법	다듬질 방법	표시	
STPG 370 STPG 410	이음매 없음 : S 전기저항용접 : E	열간가공 : H 냉간가공 : C 전기저항용접한 대로 : G	열간가공 이음매 없는 강관 -S-H 냉간가공 이음매 없는 강관 -S-C 전기 저항 용접한 강관 -E-G 열간가공 전기 저항 용접 강관 -E-H 냉간가공 전기 저항 용접 강관 -E-H	흑관 : 아연도금을 하지 않은 관 백관 : 아연도금을 한 관

■ 압력 배관용 탄소강 강관의 치수 및 단위 질량

호칭지름		바깥 지름 mm	호칭 두께											
			스케줄 10		스케줄 20		스케줄 30		스케줄 40		스케줄 60		스케줄 80	
A	B		두께 mm	단위 질량 kg/m	두께 mm	단위 질량 kg/m	두께 mm	단위 질량 kg/m	두께 mm	단위 질량 kg/m	두께 mm	단위 질량 kg/m	두께 mm	단위 질량 kg/m
6	1/8	10.5	–	–	–	–	–	–	1.7	0.369	2.2	0.450	2.4	0.479
8	1/4	13.8	–	–	–	–	–	–	2.2	0.629	2.4	0.675	3.0	0.799
10	3/8	17.3	–	–	–	–	–	–	2.3	0.851	2.8	1.00	3.2	1.11
15	1/2	21.7	–	–	–	–	–	–	2.8	1.31	3.2	1.46	3.7	1.64
20	3/4	27.2	–	–	–	–	–	–	2.9	1.74	3.4	2.00	3.9	2.24
25	1	34.0	–	–	–	–	–	–	3.4	2.57	3.9	2.89	4.5	3.27
32	1 1/4	42.7	–	–	–	–	–	–	3.6	3.47	4.5	4.24	4.9	4.57
40	1 1/2	48.6	–	–	–	–	–	–	3.7	4.10	4.5	4.89	5.1	5.47
50	2	60.5	–	–	3.2	4.52	–	–	3.9	5.44	4.9	6.72	5.5	7.46
65	2 1/2	76.3	–	–	4.5	7.97	–	–	5.2	9.12	6.0	10.4	7.0	12.0
80	3	89.1	–	–	4.5	9.39	–	–	5.5	11.3	6.6	13.4	7.6	15.3
90	3 1/2	101.6	–	–	4.5	10.8	–	–	5.7	13.5	7.0	16.3	8.1	18.7
100	4	114.3	–	–	4.9	13.2	–	–	6.0	16.0	7.1	18.8	8.6	22.4
125	5	139.8	–	–	5.1	16.9	–	–	6.6	21.7	8.1	26.3	9.5	30.5
150	6	165.2	–	–	5.5	21.7	–	–	7.1	27.7	9.3	35.8	11.0	41.8
200	8	216.3	–	–	6.4	33.1	7.0	36.1	8.2	42.1	10.3	52.3	12.7	63.8
250	10	267.4	–	–	6.4	41.2	7.8	49.9	9.3	59.2	12.7	79.8	15.1	93.9
300	12	318.5	–	–	6.4	49.3	8.4	64.2	10.3	78.3	14.3	107	17.4	129
350	14	355.6	6.4	55.1	7.9	67.7	9.5	81.1	11.1	94.3	15.1	127	19.0	158
400	16	406.4	6.4	63.1	7.9	77.6	9.5	93.0	12.7	123	16.7	160	21.4	203
450	18	457.2	6.4	71.1	7.9	87.5	11.1	122	14.3	156	19.0	205	23.8	254
500	20	508.0	6.4	79.2	9.5	117	12.7	155	15.1	184	20.6	248	26.2	311
550	22	558.8	6.4	87.2	9.5	129	12.7	171	15.9	213	–	–	–	–
600	24	609.6	6.4	95.2	9.5	141	14.3	210	–	–	–	–	–	–
650	26	660.4	7.9	127	12.7	203	–	–	–	–	–	–	–	–

30-3 고압 배관용 탄소 강관

■ 종류의 기호 및 화학 성분

종류의 기호	화학 성분 (%)				
	C	Si	Mn	P	S
SPPH 380	0.25 이하	0.10~0.35	0.30~1.10	0.035 이하	0.035 이하
SPPH 420	0.30 이하	0.10~0.35	0.30~1.40	0.035 이하	0.035 이하
SPPH 490	0.33 이하	0.10~0.35	0.30~1.50	0.035 이하	0.035 이하

■ 기계적 성질

종류의 기호	인장강도 N/mm^2	항복점 또는 항복강도 N/mm^2	연신율 (%)			
			11호 시험편 12호 시험편	5호 시험편	4호 시험편	
			세로 방향	가로 방향	세로 방향	가로 방향
SPPH 380	380 이상	220 이상	30 이상	25 이상	28 이상	23 이상
SPPH 420	420 이상	250 이상	25 이상	20 이상	24 이상	19 이상
SPPH 490	490 이상	280 이상	25 이상	20 이상	22 이상	17 이상

■ 바깥지름, 두께 및 두께 편차의 허용차

<table>
<tr><th>구 분</th><th>바깥지름</th><th>허용차</th><th>두께</th><th>허용차</th><th>두께 편차의 허용차</th></tr>
<tr><td rowspan="5">열간가공 이음매 없는 강관</td><td>50 mm 미만</td><td>±0.5 mm</td><td>4 mm 미만</td><td>±0.5 mm</td><td rowspan="5">두께의 20% 이하</td></tr>
<tr><td>50 mm 이상
160 mm 미만</td><td>±1 %</td><td rowspan="4">4 mm 이상</td><td rowspan="4">±12.5 %</td></tr>
<tr><td>160 mm 이상
200 mm 미만</td><td>±1.6 mm</td></tr>
<tr><td>200 mm 이상</td><td>±0.8 %</td></tr>
<tr><td colspan="2">단, 호칭지름 350mm 이상은 둘레 길이에 따를 수 있다.
이 경우의 허용차는 ±0.5 %로 한다.</td></tr>
<tr><td rowspan="3">냉간가공 이음매없는 강관</td><td>40 mm 미만</td><td>±0.3 mm</td><td>2 mm 미만</td><td>±0.2 mm</td><td rowspan="3">–</td></tr>
<tr><td>40 mm 이상</td><td>±0.8 %</td><td rowspan="2">2 mm 이상</td><td rowspan="2">±10 %</td></tr>
<tr><td colspan="2">단, 호칭지름 350 mm 이상은 둘레 길이에 따를 수 있다.
이 경우의 허용차는 ±0.5 %로 한다.</td></tr>
</table>

■ 수압 시험 압력

단위 : MPa

스케줄 번호	40	60	80	100	120	140	160
시험 압력	6.0	9.0	12.0	15.0	18.0	20.0	20.0

■ 고압 배관용 탄소강 강관의 치수, 무게

호칭지름 A	바깥지름 mm	호칭 두께													
		스케줄 40		스케줄 60		스케줄 80		스케줄 100		스케줄 120		스케줄 140		스케줄 160	
		두께 mm	무게 kg/m	두께 mm	무게 kg/m	두께 mm	무게 kg/m	두께 mm	무게 kg/m	두께 mm	무게 kg/m	두께 mm	무게 kg/m	두께 mm	무게 kg/m
6	10.5	1.7	0.369	–	–	2.4	0.479	–	–	–	–	–	–	–	–
8	13.8	2.2	0.629	–	–	3.0	0.799	–	–	–	–	–	–	–	–
10	17.3	2.3	0.851	–	–	3.2	1.11	–	–	–	–	–	–	–	–
15	21.7	2.8	1.31	–	–	3.7	1.64	–	–	–	–	–	–	4.7	1.97
20	27.2	2.9	1.74	–	–	3.9	2.24	–	–	–	–	–	–	5.5	2.94
25	34.0	3.4	2.57	–	–	4.5	3.27	–	–	–	–	–	–	6.4	4.36
32	42.7	3.6	3.47	–	–	4.9	4.57	–	–	–	–	–	–	6.4	5.73
40	48.6	3.7	4.10	–	–	5.1	5.47	–	–	–	–	–	–	7.1	7.27
50	60.5	3.9	5.44	–	–	5.5	7.46	–	–	–	–	–	–	8.7	11.1
65	76.3	5.2	9.12	–	–	7.0	12.0	–	–	–	–	–	–	9.5	15.6
80	89.1	5.5	11.3	–	–	7.6	15.3	–	–	–	–	–	–	11.1	21.4
90	101.6	5.7	13.5	–	–	8.1	18.7	–	–	–	–	–	–	12.7	27.8
100	114.3	6.0	16.0	–	–	8.6	22.4	–	–	11.1	28.2	–	–	13.5	33.6
125	139.8	6.6	21.7	–	–	9.5	30.5	–	–	12.7	39.8	–	–	15.9	48.6
150	165.2	7.1	27.7	–	–	11.0	41.8	–	–	14.3	53.2	–	–	18.2	66.0
200	216.3	8.2	42.1	10.3	52.3	12.7	63.8	15.1	74.9	18.2	88.9	20.6	99.4	23.0	110
250	267.4	9.3	59.2	12.7	79.8	15.1	93.9	18.2	112	21.4	130	25.4	152	28.6	168
300	318.5	10.3	78.3	14.3	107	17.4	129	21.4	157	25.4	184	28.6	204	33.3	234
350	355.6	11.1	94.3	15.1	127	19.0	158	23.8	195	27.8	225	31.8	254	35.7	282
400	406.4	12.7	123	16.7	160	21.4	203	26.2	246	30.9	286	36.5	333	40.5	365
450	457.2	14.3	156	19.0	205	23.8	254	29.4	310	34.9	363	39.7	409	45.2	459
500	508.0	15.1	184	20.6	248	26.2	311	32.5	381	38.1	441	44.4	508	50.0	565
550	558.8	15.9	213	22.2	294	28.6	374	34.9	451	41.3	527	47.6	600	54.0	672
600	609.6	17.5	256	24.6	355	31.0	442	38.9	547	46.0	639	52.4	720	59.5	807
650	660.4	18.9	299	26.4	413	34.0	525	41.6	635	49.1	740	56.6	843	64.2	944

비고

1. 관의 호칭방법은 호칭지름 및 호칭두께(스케줄 번호 : Sch)에 따른다.
2. 무게의 수치는 1cm^3의 강을 7.85g으로 하여, 다음 식에 따라 계산하고 KS Q 5002에 따라 유효숫자 셋째 자리에서 끝맺음한다.

$W = 0.024\ 66t(D-t)$

여기에서 W : 관의 무게 (kg/m)

t : 관의 두께 (mm)

D : 관의 바깥지름 (mm)

30-4 상수도용 도복장 강관

■ 종류의 기호 및 화학 성분과 제조방법

종류의 기호	화학 성분 (%)			제조방법
	C	P	S	
STWW 290	–	0.040 이하	0.040 이하	단접 또는 전기 저항 용접
STWW 370	0.25 이하	0.040 이하	0.040 이하	전기 저항 용접
STWW 400	0.25 이하	0.040 이하	0.040 이하	전기 저항 용접 또는 아크 용접

■ 기계적 성질

종류의 기호	인장강도 N/mm^2	항복점 또는 항복강도 N/mm^2	연신율 (%)	
			11호 시험편 12호 시험편	1A호 시험편 5호 시험편
			세로 방향	가로 방향
STWW 290	294 이상	–	30 이상	25 이상
STWW 370	373 이상	216 이상	30 이상	25 이상
STWW 400	402 이상	226 이상	–	18 이상

■ 바깥지름, 두께 및 길이의 허용차

구 분	범 위	허용차
바깥지름	호칭지름 80 이상 200 미만	±0.1%
	호칭지름 200 이상 600 미만	±0.8 %
	호칭지름 600 이상 측정은 원둘레 길이에 따른다.	±0.5 %
두께	호칭지름 350 미만, 두께 4.2mm 이상	+15 % −8 %
	두께 7.5mm 미만 호칭지름 350 이상 두께 7.5mm 이상 12.5mm 미만	
	두께 12.5mm 이상	+15 % −1.0 mm
길이	+ 제한하지 않는다. 0	
벨 엔드 안지름	호칭지름 1600mm 이상 허용차를 포함한 원관의 바깥지름 +6.0 mm 이내	측정은 원둘레의 길이에 따른다.

■ 수압 시험 압력

단위 : MPa

시험 압력	종류의 기호			
	STWW 290	STWW 370	STWW 400	
			호칭 두께	
			A	B
	2.5	3.4	2.5	2.0

■ 바깥지름, 두께 및 무게

호칭 지름 A	바깥 지름 mm	종류의 기호							
		STWW 290		STWW 370		STWW 400			
		호칭 두께		호칭 두께		호칭 두께			
						A		B	
		두께 mm	무게 kg/m	두께 mm	무게 kg/m	두께 mm	무게 kg/m	두께 mm	무게 kg/m
80	89.1	4.2	8.79	4.5	9.39	–	–	–	–
100	114.3	4.5	12.2	4.9	13.2	–	–	–	–
125	139.8	4.5	15.0	5.1	16.9	–	–	–	–
150	165.2	5.0	19.8	5.5	21.7	–	–	–	–
200	216.3	5.8	30.1	6.4	33.1	–	–	–	–
250	267.4	6.6	42.4	6.4	41.2	–	–	–	–
300	318.5	6.9	53.0	6.4	49.3	–	–	–	–
350	355.6	–	–	–	–	6.0	51.7	–	–
400	406.4	–	–	–	–	6.0	59.2	–	–
450	457.2	–	–	–	–	6.0	66.8	–	–
500	508.0	–	–	–	–	6.0	74.3	–	–
600	609.6	–	–	–	–	6.0	89.3	–	–
700	711.2	–	–	–	–	7.0	122	6.0	104
800	812.8	–	–	–	–	8.0	159	7.0	139
900	914.4	–	–	–	–	8.0	179	7.0	157
1000	1016.0	–	–	–	–	9.0	223	8.0	199
1100	1117.6	–	–	–	–	10.0	273	8.0	219
1200	1219.2	–	–	–	–	11.0	328	9.0	269
1350	1371.6	–	–	–	–	12.0	402	10.0	336
1500	1524.0	–	–	–	–	14.0	521	11.0	410
1600	1625.6	–	–	–	–	15.0	596	12.0	477
1650	1676.4	–	–	–	–	15.0	615	12.0	493
1800	1828.8	–	–	–	–	16.0	715	13.0	582
1900	1930.4	–	–	–	–	17.0	802	14.0	662
2000	2032.0	–	–	–	–	18.0	894	15.0	746
2100	2133.6	–	–	–	–	19.0	991	16.0	836
2200	2235.2	–	–	–	–	20.0	1093	16.0	876
2300	2336.8	–	–	–	–	21.0	1199	17.0	973
2400	2438.4	–	–	–	–	22.0	1311	18.0	1074
2500	2540.0	–	–	–	–	23.0	1428	18.0	1119
2600	2641.6	–	–	–	–	24.0	1549	19.0	1229
2700	2743.2	–	–	–	–	25.0	1676	20.0	1343
2800	2844.8	–	–	–	–	26.0	1807	21.0	1462
2900	2946.4	–	–	–	–	27.0	1944	21.0	1515
3000	3048.0	–	–	–	–	29.0	2159	22.0	1642

비고

1. 무게의 수치는 1cm^{3}의 강을 7.85g으로 하고, 다음 식에 따라 계산하여 KS Q 5002에 따라 유효숫자 3자리로 끝맺음한다.

$W=0.024\ 66t(D-t)$

여기에서 W : 관의 무게 (kg/m)

t : 관의 두께 (mm)

D : 관의 바깥지름 (mm)

30-5 저온 배관용 탄소 강관

■ 종류의 기호 및 화학 성분

종류의 기호	화학 성분 (%)					
	C	Si	Mn	P	S	Ni
SPLT 390	0.25 이하	0.35 이하	1.35 이하	0.035 이하	0.035 이하	–
SPLT 460	0.18 이하	0.10~0.35	0.30~0.60	0.030 이하	0.030 이하	3.20~3.80
SPLT 700	0.13 이하	0.10~0.35	0.90 이하	0.030 이하	0.030 이하	8.50~9.50

■ 기계적 성질

종류의 기호	인장 시험					
	인장 강도 N/mm²	항복점 N/mm²	연신율			
			11호 시험편 12호 시험편	5호 시험편	4호 시험편	
			세로 방향	가로 방향	세로 방향	가로 방향
SPLT 390	390 이상	210 이상	35 이상	25 이상	30 이상	22 이상
SPLT 460	460 이상	250 이상	30 이상	20 이상	24 이상	16 이상
SPLT 700	700 이상	530 이상	21 이상	15 이상	16 이상	10 이상

■ 바깥지름 및 두께 허용차

구 분	바깥지름	허용차	두께	허용차	두께 편차의 허용차
열간가공 이음매없는 강관	50 mm 미만	±0.5 mm	4 mm 미만	±0.5 mm	두께의 20% 이하
	50 mm 이상 160 mm 미만	±1 %	4 mm 이상	±12.5 %	
	160 mm 이상 200 mm 미만	±1.6 mm			
	200 mm 이상	±0.8 %			
	단, 호칭지름 350 mm 이상은 둘레 길이에 따를 수 있다. 이 경우의 허용차는 ±0.5 %로 한다.				
냉간가공 이음매없는 강관 및 전기 저항 용접 강관	40 mm 미만	±0.3 mm	2 mm 미만	±0.2 mm	–
	40 mm 이상	±0.8 %	2 mm 이상	±10 %	
	단, 호칭지름 350 mm 이상은 둘레 길이에 따를 수 있다. 이 경우의 허용차는 ±0.5 %로 한다.				

■ 수압 시험 압력

단위 : MPa

스케줄 번호	10	20	30	40	60	80	100	120	140	160
시험 압력	2.0	3.5	5.0	6.0	9.0	12.0	15.0	18.0	20.0	20.0

■ 저온 배관용 탄소강 강관의 치수, 무게

호칭지름 A	바깥지름 mm	호칭 두께									
		스케줄 10		스케줄 20		스케줄 30		스케줄 40		스케줄 60	
		두께 mm	무게 kg/m	두께 mm	무게 kg/m	두께 mm	무게 kg/m	두께 mm	무게 kg/m	두께 mm	무게 kg/m
6	10.5	–	–	–	–	–	–	1.7	0.369	–	–
8	13.8	–	–	–	–	–	–	2.2	0.629	–	–
10	17.3	–	–	–	–	–	–	2.3	0.851	–	–
15	21.7	–	–	–	–	–	–	2.8	1.31	–	–
20	27.2	–	–	–	–	–	–	2.9	1.74	–	–
25	34.0	–	–	–	–	–	–	3.4	2.57	–	–
32	42.7	–	–	–	–	–	–	3.6	3.47	–	–
40	48.6	–	–	–	–	–	–	3.7	4.10	–	–
50	60.5	–	–	–	–	–	–	3.9	5.44	–	–
65	76.3	–	–	–	–	–	–	5.2	9.12	–	–
80	89.1	–	–	–	–	–	–	5.5	11.3	–	–
90	101.6	–	–	–	–	–	–	5.7	13.5	–	–
100	114.3	–	–	–	–	–	–	6.0	16.0	–	–
125	139.8	–	–	–	–	–	–	6.6	21.7	–	–
150	165.2	–	–	–	–	–	–	7.1	27.7	–	–
200	216.3	–	–	6.4	33.1	7.0	36.1	8.2	42.1	10.3	52.3
250	267.4	–	–	6.4	41.2	7.8	49.9	9.3	59.2	12.7	79.8
300	318.5	–	–	6.4	49.3	8.4	64.2	10.3	78.3	14.3	107
350	355.6	6.4	55.1	7.9	67.7	9.5	81.1	11.1	94.3	15.1	127
400	406.4	6.4	63.1	7.9	77.6	9.5	93.0	12.7	123	16.7	160
450	457.2	6.4	71.1	7.9	87.5	11.1	122	14.3	156	19.0	205
500	508.0	6.4	79.2	9.5	117	12.7	155	15.1	184	20.6	248
550	558.8	–	–	–	–	–	–	15.9	213	22.2	294
600	609.6	–	–	–	–	–	–	17.5	256	24.6	355
650	660.4	–	–	–	–	–	–	18.9	299	26.4	413

비고

1. 관의 호칭 방법은 호칭지름 및 호칭 두께(스케줄 번호 : Sch)에 따른다.
2. 무게 수치는 1cm^{3}의 강을 7.85g으로 하고, 다음 식에 따라 계산하여 KS Q 5002에 따라 유효숫자 3자리로 끝맺음한다.

W=0.024 66t(D−t)

여기에서 W : 관의 무게 (kg/m)

t : 관의 두께 (mm)

D : 관의 바깥지름 (mm)

■ 저온 배관용 탄소강 강관의 치수, 무게(계속)

호칭지름 A	바깥지름 mm	호칭 두께									
		스케줄 80		스케줄 100		스케줄 120		스케줄 140		스케줄 160	
		두께 mm	무게 kg/m	두께 mm	무게 kg/m	두께 mm	무게 kg/m	두께 mm	무게 kg/m	두께 mm	무게 kg/m
6	10.5	2.4	0.479	–	–	–	–	–	–	–	–
8	13.8	3.0	0.799	–	–	–	–	–	–	–	–
10	17.3	3.2	1.11	–	–	–	–	–	–	–	–
15	21.7	3.7	1.64	–	–	–	–	–	–	4.7	1.97
20	27.2	3.9	2.24	–	–	–	–	–	–	5.5	2.94
25	34.0	4.5	3.27	–	–	–	–	–	–	6.4	4.36
32	42.7	4.9	4.57	–	–	–	–	–	–	6.4	5.73
40	48.6	5.1	5.47	–	–	–	–	–	–	7.1	7.27
50	60.5	5.5	7.46	–	–	–	–	–	–	8.7	11.1
65	76.3	7.0	12.0	–	–	–	–	–	–	9.5	15.6
80	89.1	7.6	15.3	–	–	–	–	–	–	11.1	21.4
90	101.6	8.1	18.7	–	–	–	–	–	–	12.7	27.8
100	114.3	8.6	22.4	–	–	11.1	28.2	–	–	13.5	33.6
125	139.8	9.5	30.5	–	–	12.7	39.8	–	–	15.9	48.6
150	165.2	11.0	41.8	–	–	14.3	53.2	–	–	18.2	66.0
200	216.3	12.7	63.8	15.1	74.9	18.2	88.9	20.6	99.4	23.0	110
250	267.4	15.1	93.9	18.2	112	21.4	130	25.4	152	28.6	168
300	318.5	17.4	129	21.4	157	25.4	184	28.6	204	33.3	234
350	355.6	19.0	158	23.8	195	27.8	225	31.8	254	35.7	282
400	406.4	21.4	203	26.2	246	30.9	286	36.5	333	40.5	365
450	457.2	23.8	254	29.4	310	34.9	363	39.7	409	45.2	459
500	508.0	26.2	311	32.5	381	38.1	441	44.4	508	50.0	565
550	558.8	28.6	374	34.9	451	41.3	527	47.6	600	54.0	672
600	609.6	31.0	442	38.9	547	46.0	639	52.4	720	59.5	807
650	660.4	34.0	525	41.6	635	49.1	740	56.6	843	64.2	944

비고

1. 관의 호칭 방법은 호칭지름 및 호칭 두께(스케줄 번호 : Sch)에 따른다.
2. 무게 수치는 $1cm^3$의 강을 7.85g으로 하고, 다음 식에 따라 계산하여 KS Q 5002에 따라 유효숫자 3자리로 끝맺음한다.

$W = 0.024\ 66t(D-t)$

여기에서 W : 관의 무게 (kg/m)

t : 관의 두께 (mm)

D : 관의 바깥지름 (mm)

30-6 고온 배관용 탄소 강관

■ 종류의 기호 및 화학 성분

종류의 기호	화학 성분 (%)				
	C	Si	Mn	P	S
SPHT 380	0.25 이하	0.10~0.35	0.30~0.90	0.035 이하	0.035 이하
SPHT 420	0.30 이하	0.10~0.35	0.30~1.00	0.035 이하	0.035 이하
SPHT 490	0.33 이하	0.10~0.35	0.30~1.00	0.035 이하	0.035 이하

■ 기계적 성질

종류의 기호	인장강도 N/mm2	항복점 또는 항복강도 N/mm2	연신율 (%)			
			11호 시험편 12호 시험편	5호 시험편	4호 시험편	
			세로 방향	가로 방향	세로 방향	가로 방향
SPHT 380	380 이상	220 이상	30 이상	25 이상	28 이상	23 이상
SPHT 420	420 이상	250 이상	25 이상	20 이상	24 이상	19 이상
SPHT 490	490 이상	280 이상	25 이상	20 이상	22 이상	17 이상

■ 바깥지름, 두께 및 두께 편차의 허용차

<table>
<tr><th>구 분</th><th>바깥지름</th><th>허용차</th><th>두께</th><th>허용차</th><th>두께 편차의 허용차</th></tr>
<tr><td rowspan="5">열간가공 이음매없는 강관</td><td>50 mm 미만</td><td>±0.5 mm</td><td>4 mm 미만</td><td>±0.5 mm</td><td rowspan="5">두께의 20% 이하</td></tr>
<tr><td>50 mm 이상
160 mm 미만</td><td>±1 %</td><td rowspan="4">4 mm 이상</td><td rowspan="4">±12.5 %</td></tr>
<tr><td>160 mm 이상
200 mm 미만</td><td>±1.6 mm</td></tr>
<tr><td>200 mm 이상</td><td>±0.8 %</td></tr>
<tr><td colspan="2">단, 호칭지름 350 mm 이상은 둘레 길이에 따를 수 있다.
이 경우의 허용차는 ±0.5 %로 한다.</td></tr>
<tr><td rowspan="3">냉간가공 이음매없는 강관 및 전기 저항 용접 강관</td><td>40 mm 미만</td><td>±0.3 mm</td><td>2 mm 미만</td><td>±0.2 mm</td><td rowspan="3">–</td></tr>
<tr><td>40 mm 이상</td><td>±0.8 %</td><td rowspan="2">2 mm 이상</td><td rowspan="2">±10 %</td></tr>
<tr><td colspan="2">단, 호칭지름 350 mm 이상은 둘레 길이에 따를 수 있다.
이 경우의 허용차는 ±0.5 %로 한다.</td></tr>
</table>

■ 수압 시험 압력

단위 : MPa

스케줄 번호	10	20	30	40	60	80	100	120	140	160
시험 압력	2.0	3.5	5.0	6.0	9.0	12.0	15.0	18.0	20.0	20.0

■ 고온 배관용 탄소강 강관의 치수, 무게

호칭지름 A	바깥지름 mm	호칭 두께									
		스케줄 10		스케줄 20		스케줄 30		스케줄 40		스케줄 60	
		두께 mm	무게 kg/m	두께 mm	무게 kg/m	두께 mm	무게 kg/m	두께 mm	무게 kg/m	두께 mm	무게 kg/m
6	10.5	–	–	–	–	–	–	1.7	0.369	–	–
8	13.8	–	–	–	–	–	–	2.2	0.629	–	–
10	17.3	–	–	–	–	–	–	2.3	0.851	–	–
15	21.7	–	–	–	–	–	–	2.8	1.31	–	–
20	27.2	–	–	–	–	–	–	2.9	1.74	–	–
25	34.0	–	–	–	–	–	–	3.4	2.57	–	–
32	42.7	–	–	–	–	–	–	3.6	3.47	–	–
40	48.6	–	–	–	–	–	–	3.7	4.10	–	–
50	60.5	–	–	–	–	–	–	3.9	5.44	–	–
65	76.3	–	–	–	–	–	–	5.2	9.12	–	–
80	89.1	–	–	–	–	–	–	5.5	11.3	–	–
90	101.6	–	–	–	–	–	–	5.7	13.5	–	–
100	114.3	–	–	–	–	–	–	6.0	16.0	–	–
125	139.8	–	–	–	–	–	–	6.6	21.7	–	–
150	165.2	–	–	–	–	–	–	7.1	27.7	–	–
200	216.3	–	–	6.4	33.1	7.0	36.1	8.2	42.1	10.3	52.3
250	267.4	–	–	6.4	41.2	7.8	49.9	9.3	59.2	12.7	79.8
300	318.5	–	–	6.4	49.3	8.4	64.2	10.3	78.3	14.3	107
350	355.6	6.4	55.1	7.9	67.7	9.5	81.1	11.1	94.3	15.1	127
400	406.4	6.4	63.1	7.9	77.6	9.5	93.0	12.7	123	16.7	160
450	457.2	6.4	71.1	7.9	87.5	11.1	122	14.3	156	19.0	205
500	508.0	6.4	79.2	9.5	117	12.7	155	15.1	184	20.6	248
550	558.8	–	–	–	–	–	–	15.9	213	22.2	294
600	609.6	–	–	–	–	–	–	17.5	256	24.6	355
650	660.4	–	–	–	–	–	–	18.9	299	26.4	413

비고

1. 관의 호칭 방법은 호칭지름 및 호칭 두께(스케줄 번호 : Sch)에 따른다.
2. 무게 수치는 1cm^{3}의 강을 7.85g으로 하고, 다음 식에 따라 계산하여 KS Q 5002에 따라 유효숫자 3자리로 끝맺음한다.

W=0.024 66t(D−t)

여기에서 W : 관의 무게 (kg/m)

t : 관의 두께 (mm)

D : 관의 바깥지름 (mm)

■ 고온 배관용 탄소강 강관의 치수, 무게 (계속)

호칭지름 A	바깥지름 mm	호칭 두께									
		스케줄 80		스케줄 100		스케줄 120		스케줄 140		스케줄 160	
		두께 mm	무게 kg/m	두께 mm	무게 kg/m	두께 mm	무게 kg/m	두께 mm	무게 kg/m	두께 mm	무게 kg/m
6	10.5	2.4	0.479	−	−	−	−	−	−	−	−
8	13.8	3.0	0.799	−	−	−	−	−	−	−	−
10	17.3	3.2	1.11	−	−	−	−	−	−	−	−
15	21.7	3.7	1.64	−	−	−	−	−	−	4.7	1.97
20	27.2	3.9	2.24	−	−	−	−	−	−	5.5	2.94
25	34.0	4.5	3.27	−	−	−	−	−	−	6.4	4.36
32	42.7	4.9	4.57	−	−	−	−	−	−	6.4	5.73
40	48.6	5.1	5.47	−	−	−	−	−	−	7.1	7.27
50	60.5	5.5	7.46	−	−	−	−	−	−	8.7	11.1
65	76.3	7.0	12.0	−	−	−	−	−	−	9.5	15.6
80	89.1	7.6	15.3	−	−	−	−	−	−	11.1	21.4
90	101.6	8.1	18.7	−	−	−	−	−	−	12.7	27.8
100	114.3	8.6	22.4	−	−	11.1	28.2	−	−	13.5	33.6
125	139.8	9.5	30.5	−	−	12.7	39.8	−	−	15.9	48.6
150	165.2	11.0	41.8	−	−	14.3	53.2	−	−	18.2	66.0
200	216.3	12.7	63.8	15.1	74.9	18.2	88.9	20.6	99.4	23.0	110
250	267.4	15.1	93.9	18.2	112	21.4	130	25.4	152	28.6	168
300	318.5	17.4	129	21.4	157	25.4	184	28.6	204	33.3	234
350	355.6	19.0	158	23.8	195	27.8	225	31.8	254	35.7	282
400	406.4	21.4	203	26.2	246	30.9	286	36.5	333	40.5	365
450	457.2	23.8	254	29.4	310	34.9	363	39.7	409	45.2	459
500	508.0	26.2	311	32.5	381	38.1	441	44.4	508	50.0	565
550	558.8	28.6	374	34.9	451	41.3	527	47.6	600	54.0	672
600	609.6	31.0	442	38.9	547	46.0	639	52.4	720	59.5	807
650	660.4	34.0	525	41.6	635	49.1	740	56.6	843	64.2	944

비고

1. 관의 호칭 방법은 호칭지름 및 호칭 두께(스케줄 번호 : Sch)에 따른다.
2. 무게 수치는 1cm^{3}의 강을 7.85g으로 하고, 다음 식에 따라 계산하여 KS Q 5002에 따라 유효숫자 3자리로 끝맺음한다.

$W = 0.024\ 66t(D-t)$

여기에서 W : 관의 무게 (kg/m)

t : 관의 두께 (mm)

D : 관의 바깥지름 (mm)

30-7 배관용 합금강 강관

■ 종류의 기호

종류의 기호	
몰리브데넘강 강관	SPA 12
	SPA 20
	SPA 22
크롬 · 몰리브데넘강 강관	SPA 23
	SPA 24
	SPA 25
	SPA 26

■ 화학 성분

종류의 기호	화학 성분 (%)						
	C	Si	Mn	P	S	Cr	Mo
SPA 12	0.10~0.20	0.10~0.50	0.30~0.80	0.035 이하	0.035 이하	–	0.45~0.65
SPA 20	0.10~0.20	0.10~0.50	0.30~0.60	0.035 이하	0.035 이하	0.50~0.80	0.40~0.65
SPA 22	0.15 이하	0.50 이하	0.30~0.60	0.035 이하	0.035 이하	0.80~1.25	0.45~0.65
SPA 23	0.15 이하	0.50~1.00	0.30~0.60	0.030 이하	0.030 이하	1.00~1.50	0.45~0.65
SPA 24	0.15 이하	0.50 이하	0.30~0.60	0.030 이하	0.030 이하	1.90~2.60	0.87~1.13
SPA 25	0.15 이하	0.50 이하	0.30~0.60	0.030 이하	0.030 이하	4.00~6.00	0.45~0.65
SPA 26	0.15 이하	0.25~1.00	0.30~0.60	0.030 이하	0.030 이하	8.00~10.00	0.90~1.10

■ 기계적 성질

종류의 기호	인장 강도 N/mm^2	항복점 또는 항복강도 N/mm^2	연신율 (%)			
			11호 시험편 12호 시험편	5호 시험편	4호 시험편	
			세로 방향	가로 방향	세로 방향	가로 방향
SPA 12	390 이상	210 이상	30 이상	25 이상	24 이상	19 이상
SPA 20	420 이상	210 이상	30 이상	25 이상	24 이상	19 이상
SPA 22	420 이상	210 이상	30 이상	25 이상	24 이상	19 이상
SPA 23	420 이상	210 이상	30 이상	25 이상	24 이상	19 이상
SPA 24	420 이상	210 이상	30 이상	25 이상	24 이상	19 이상
SPA 25	420 이상	210 이상	30 이상	25 이상	24 이상	19 이상
SPA 26	420 이상	210 이상	30 이상	25 이상	24 이상	19 이상

■ 바깥지름, 두께 및 두께 편차의 허용차

구 분	바깥지름	허용차	두께	허용차	두께 편차의 허용차
열간가공 이음매없는 강관	50 mm 미만	±0.5 mm	4 mm 미만	±0.5 mm	두께의 20% 이하
	50 mm 이상 160 mm 미만	±1 %	4 mm 이상	±12.5 %	
	160 mm 이상 200 mm 미만	±1.6 mm			
	200 mm 이상	±0.8 %			
	단, 호칭지름 350 mm 이상은 둘레 길이에 따를 수 있다. 이 경우의 허용차는 ±0.5 %로 한다.				
냉간가공 이음매없는 강관 및 전기 저항 용접 강관	40 mm 미만	±0.3 mm	2 mm 미만	±0.2 mm	–
	40 mm 이상	±0.8 %	2 mm 이상	±10 %	
	단, 호칭지름 350 mm 이상은 둘레 길이에 따를 수 있다. 이 경우의 허용차는 ±0.5 %로 한다.				

■ 수압 시험 압력

단위 : MPa

스케줄 번호	10	20	30	40	60	80	100	120	140	160
시험 압력	2.0	3.5	5.0	6.0	9.0	12.0	15.0	18.0	20.0	20.0

■ 배관용 합금강 강관의 치수, 무게

호칭지름 A	바깥지름 mm	호칭 두께									
		스케줄 10		스케줄 20		스케줄 30		스케줄 40		스케줄 60	
		두께 mm	무게 kg/m	두께 mm	무게 kg/m	두께 mm	무게 kg/m	두께 mm	무게 kg/m	두께 mm	무게 kg/m
6	10.5	–	–	–	–	–	–	1.7	0.369	–	–
8	13.8	–	–	–	–	–	–	2.2	0.629	–	–
10	17.3	–	–	–	–	–	–	2.3	0.851	–	–
15	21.7	–	–	–	–	–	–	2.8	1.31	–	–
20	27.2	–	–	–	–	–	–	2.9	1.74	–	–
25	34.0	–	–	–	–	–	–	3.4	2.57	–	–
32	42.7	–	–	–	–	–	–	3.6	3.47	–	–
40	48.6	–	–	–	–	–	–	3.7	4.10	–	–
50	60.5	–	–	–	–	–	–	3.9	5.44	–	–
65	76.3	–	–	–	–	–	–	5.2	9.12	–	–
80	89.1	–	–	–	–	–	–	5.5	11.3	–	–
90	101.6	–	–	–	–	–	–	5.7	13.5	–	–
100	114.3	–	–	–	–	–	–	6.0	16.0	–	–
125	139.8	–	–	–	–	–	–	6.6	21.7	–	–
150	165.2	–	–	–	–	–	–	7.1	27.7	–	–
200	216.3	–	–	6.4	33.1	7.0	36.1	8.2	42.1	10.3	52.3
250	267.4	–	–	6.4	41.2	7.8	49.9	9.3	59.2	12.7	79.8
300	318.5	–	–	6.4	49.3	8.4	64.2	10.3	78.3	14.3	107
350	355.6	6.4	55.1	7.9	67.7	9.5	81.1	11.1	94.3	15.1	127

호칭지름 A	바깥지름 mm	호칭 두께									
		스케줄 10		스케줄 20		스케줄 30		스케줄 40		스케줄 60	
		두께 mm	무게 kg/m	두께 mm	무게 kg/m	두께 mm	무게 kg/m	두께 mm	무게 kg/m	두께 mm	무게 kg/m
400	406.4	6.4	63.1	7.9	77.6	9.5	93.0	12.7	123	16.7	160
450	457.2	6.4	71.1	7.9	87.5	11.1	122	14.3	156	19.0	205
500	508.0	6.4	79.2	9.5	117	12.7	155	15.1	184	20.6	248
550	558.8	–	–	–	–	–	–	15.9	213	22.2	294
600	609.6	–	–	–	–	–	–	17.5	256	24.6	355
650	660.4	–	–	–	–	–	–	18.9	299	26.4	413

호칭지름 A	바깥지름 mm	호칭 두께									
		스케줄 80		스케줄 100		스케줄 120		스케줄 140		스케줄 160	
		두께 mm	무게 kg/m	두께 mm	무게 kg/m	두께 mm	무게 kg/m	두께 mm	무게 kg/m	두께 mm	무게 kg/m
6	10.5	2.4	0.479	–	–	–	–	–	–	–	–
8	13.8	3.0	0.799	–	–	–	–	–	–	–	–
10	17.3	3.2	1.11	–	–	–	–	–	–	–	–
15	21.7	3.7	1.64	–	–	–	–	–	–	4.7	1.97
20	27.2	3.9	2.24	–	–	–	–	–	–	5.5	2.94
25	34.0	4.5	3.27	–	–	–	–	–	–	6.4	4.36
32	42.7	4.9	4.57	–	–	–	–	–	–	6.4	5.73
40	48.6	5.1	5.47	–	–	–	–	–	–	7.1	7.27
50	60.5	5.5	7.46	–	–	–	–	–	–	8.7	11.1
65	76.3	7.0	12.0	–	–	–	–	–	–	9.5	15.6
80	89.1	7.6	15.3	–	–	–	–	–	–	11.1	21.4
90	101.6	8.1	18.7	–	–	–	–	–	–	12.7	27.8
100	114.3	8.6	22.4	–	–	11.1	28.2	–	–	13.5	33.6
125	139.8	9.5	30.5	–	–	12.7	39.8	–	–	15.9	48.6
150	165.2	11.0	41.8	–	–	14.3	53.2	–	–	18.2	66.0
200	216.3	12.7	63.8	15.1	74.9	18.2	88.9	20.6	99.4	23.0	110
250	267.4	15.1	93.9	18.2	112	21.4	130	25.4	152	28.6	168
300	318.5	17.4	129	21.4	157	25.4	184	28.6	204	33.3	234
350	355.6	19.0	158	23.8	195	27.8	225	31.8	254	35.7	282
400	406.4	21.4	203	26.2	246	30.9	286	36.5	333	40.5	365
450	457.2	23.8	254	29.4	310	34.9	363	39.7	409	45.2	459
500	508.0	26.2	311	32.5	381	38.1	441	44.4	508	50.0	565
550	558.8	28.6	374	34.9	451	41.3	527	47.6	600	54.0	672
600	609.6	31.0	442	38.9	547	46.0	639	52.4	720	59.5	807
650	660.4	34.0	525	41.6	635	49.1	740	56.6	843	64.2	944

비고

1. 관의 호칭 방법은 호칭지름 및 호칭 두께(스케줄 번호 : Sch)에 따른다.
2. 무게 수치는 $1cm^3$의 강을 7.85g으로 하고, 다음 식에 따라 계산하여 KS Q 5002에 따라 유효숫자 3자리로 끝맺음한다.

$$W = 0.024\ 66t(D-t)$$

여기에서 W : 관의 무게 (kg/m)

t : 관의 두께 (mm)

D : 관의 바깥지름 (mm)

30-8 배관용 스테인리스 강관

■ 종류의 기호 및 열처리

분류	종류의 기호	고용화 열처리 ℃	분류	종류의 기호	고용화 열처리 ℃
오스테나이트계	STS304TP	1010 이상, 급냉	오스테나이트계	STS321HTP	냉간 가공 1095 이상, 급냉
	STS304HTP	1040 이상, 급냉			열간 가공 1050 이상, 급냉
	STS304LTP	1010 이상, 급냉		STS347TP	980 이상, 급냉
	STS309TP	1030 이상, 급냉		STS347HTP	냉간 가공 1095 이상, 급냉
	STS309STP	1030 이상, 급냉			열간 가공 1050 이상, 급냉
	STS310TP	1030 이상, 급냉		STS350TP	1150 이상, 급냉
	STS310STP	1030 이상, 급냉	오스테나이트·페라이트계	STS329J1TP	950 이상, 급냉
	STS316TP	1010 이상, 급냉		STS329J3LTP	950 이상, 급냉
	STS316HTP	1040 이상, 급냉		STS329J4LTP	950 이상, 급냉
				STS329LDTP	950 이상, 급냉
	STS316LTP	1010 이상, 급냉	페라이트계	STS405TP	어닐링 700 이상, 공냉 또는 서냉
	STS316TiTP	920 이상, 급냉		STS409LTP	어닐링 700 이상, 공냉 또는 서냉
	STS317TP	1010 이상, 급냉		STS430TP	어닐링 700 이상, 공냉 또는 서냉
	STS317LTP	1010 이상, 급냉		STS430LXTP	어닐링 700 이상, 공냉 또는 서냉
	STS836LTP	1030 이상, 급냉		STS430J1LTP	어닐링 720 이상, 공냉 또는 서냉
	STS890LTP	1030 이상, 급냉		STS436LTP	어닐링 720 이상, 공냉 또는 서냉
	STS321TP	920 이상, 급냉		STS444TP	어닐링 700 이상, 공냉 또는 서냉

비고

STS321TP, STS316TiTP 및 STS347TP에 대해서는 안정화 열처리를 지정할 수 있다. 이 경우의 열처리 온도는 850~930℃로 한다.

참고 : STS836LTP 및 STS890LTP는 각각 KS D 3706, KS D 3705 및 KS D 3698의 STS317J4L, STS317J5L에 상당한다.

■ 화학 성분

단위 : %

종류의 기호	C	Si	Mn	P	S	Ni	Cr	Mo	기타
ST304TP	0.08 이하	1.00 이하	2.00 이하	0.040 이하	0.030 이하	8.00~11.00	18.00~20.00	-	-
STS304HTP	0.04~0.10	0.75 이하	2.00 이하	0.040 이하	0.030 이하	8.00~11.00	18.00~20.00	-	-
STS304LTP	0.030 이하	1.00 이하	2.00 이하	0.040 이하	0.030 이하	9.00~13.00	18.00~20.00	-	-
STS309TP	0.15 이하	1.00 이하	2.00 이하	0.040 이하	0.030 이하	12.00~15.00	22.00~24.00	-	-
STS309STP	0.08 이하	1.00 이하	2.00 이하	0.040 이하	0.030 이하	12.00~15.00	22.00~24.00	-	-
STS310TP	0.15 이하	1.50 이하	2.00 이하	0.040 이하	0.030 이하	19.00~22.00	24.00~26.00	-	-
STS310STP	0.08 이하	1.50 이하	2.00 이하	0.040 이하	0.030 이하	19.00~22.00	24.00~26.00	-	-
STS316TP	0.08 이하	1.00 이하	2.00 이하	0.040 이하	0.030 이하	10.00~14.00	16.00~18.00	2.00~3.00	-
STS316HTP	0.04~0.10	0.75 이하	2.00 이하	0.030 이하	0.030 이하	11.00~14.00	16.00~18.00	2.00~3.00	-
STS316LTP	0.030 이하	1.00 이하	2.00 이하	0.040 이하	0.030 이하	12.00~16.00	16.00~18.00	2.00~3.00	-
STS316TiTP	0.08 이하	1.00 이하	2.00 이하	0.040 이하	0.030 이하	10.00~14.00	16.00~18.00	2.00~3.00	Ti5 × C% 이상
STS317TP	0.08 이하	1.00 이하	2.00 이하	0.040 이하	0.030 이하	11.00~15.00	18.00~20.00	3.00~4.00	-
STS317LTP	0.030 이하	1.00 이하	2.00 이하	0.040 이하	0.030 이하	11.00~15.00	18.00~20.00	3.00~4.00	-
STS836LTP	0.030 이하	1.00 이하	2.00 이하	0.040 이하	0.030 이하	24.00~26.00	19.00~24.00	5.00~7.00	N 0.25 이하
STS890LTP	0.020 이하	1.00 이하	2.00 이하	0.040 이하	0.030 이하	23.00~28.00	19.00~23.00	4.00~5.00	Cu 1.00~2.00

종류의 기호	C	Si	Mn	P	S	Ni	Cr	Mo	기타
STS321TP	0.08 이하	1.00 이하	2.00 이하	0.040 이하	0.030 이하	9.00~13.00	17.00~19.00	–	Ti5×C% 이상
STS321HTP	0.04~0.10	0.75 이하	2.00 이하	0.030 이하	0.030 이하	9.00~13.00	17.00~20.00	–	Ti4×C% 이상~0.60 이하
STS347TP	0.08 이하	1.00 이하	2.00 이하	0.040 이하	0.030 이하	9.00~13.00	17.00~19.00	–	Nb 10×C% 이상
STS347HTP	0.04~0.10	1.00 이하	2.00 이하	0.030 이하	0.030 이하	9.00~13.00	17.00~20.00	–	Nb 8×C~1.00
STS350TP	0.03 이하	1.00 이하	1.50 이하	0.035 이하	0.020 이하	20.0~23.0	22.00~24.00	6.0~6.8	N 0.21~0.32
STS329J1TP	0.08 이하	1.00 이하	1.50 이하	0.040 이하	0.030 이하	3.00~6.00	23.00~28.00	1.00~3.00	–
STS329J3LTP	0.030 이하	1.00 이하	1.50 이하	0.040 이하	0.030 이하	4.50~6.50	21.00~24.00	2.50~3.50	N 0.08~0.20
STS329J4LTP	0.030 이하	1.00 이하	1.50 이하	0.040 이하	0.030 이하	5.50~7.50	24.00~26.00	2.50~3.50	N 0.08~0.20
STS329LDTP	0.030 이하	1.00 이하	1.50 이하	0.040 이하	0.030 이하	2.00~4.00	19.00~22.00	1.00~2.00	N 0.14~0.20
STS405TP	0.08 이하	1.00 이하	1.00 이하	0.040 이하	0.030 이하	–	11.50~14.50	–	Al 0.10~0.30
STS409LTP	0.030 이하	1.00 이하	1.00 이하	0.040 이하	0.030 이하	–	10.50~11.75	–	Ti 6×C%~0.75
STS430TP	0.12 이하	0.75 이하	1.00 이하	0.040 이하	0.030 이하	–	16.00~18.00	–	–
STS430LXTP	0.030 이하	0.75 이하	1.00 이하	0.040 이하	0.030 이하	–	16.00~19.00	–	Ti또는 Nb0.10~1.00
STS430J1LTP	0.025 이하	1.00 이하	1.00 이하	0.040 이하	0.030 이하	–	16.00~20.00	–	N 0.025 이하 Nb 8 × (C% + N%) ~ 0.80 Cu 0.30~0.80
STS436LTP	0.025 이하	1.00 이하	1.00 이하	0.040 이하	0.030 이하	–	16.00~19.00	0.75~1.25	N 0.025 이하 Ti, Nb, Zr 또는 그것들의 조합 8 × (C% + N%) ~ 0.80
STS444TP	0.025 이하	1.00 이하	1.00 이하	0.040 이하	0.030 이하	–	17.00~20.00	1.75~2.50	N 0.025 이하 Ti, Nb, Zr 또는 그것들의 조합 8 × (C% + N%) ~ 0.80

■ 기계적 성질

종류의 기호	인장 강도 N/mm²	항복 강도 N/mm²	연신율 (%)			
			11호 시험편 12호 시험편	5호 시험편	4호 시험편	
			세로 방향	가로 방향	세로 방향	가로 방향
STS304TP	520 이상	205 이상	35 이상	25 이상	30 이상	22 이상
STS304HTP	520 이상	205 이상	35 이상	25 이상	30 이상	22 이상
STS304LTP	480 이상	175 이상	35 이상	25 이상	30 이상	22 이상
STS309TP	520 이상	205 이상	35 이상	25 이상	30 이상	22 이상
STS309STP	520 이상	205 이상	35 이상	25 이상	30 이상	22 이상
STS310TP	520 이상	205 이상	35 이상	25 이상	30 이상	22 이상
STS310STP	520 이상	205 이상	35 이상	25 이상	30 이상	22 이상
STS316TP	520 이상	205 이상	35 이상	25 이상	30 이상	22 이상
STS316HTP	520 이상	205 이상	35 이상	25 이상	30 이상	22 이상
STS316LTP	480 이상	175 이상	35 이상	25 이상	30 이상	22 이상
STS316TiTB	520 이상	205 이상	35 이상	25 이상	30 이상	22 이상
STS317TP	520 이상	205 이상	35 이상	25 이상	30 이상	22 이상
STS317LTP	480 이상	175 이상	35 이상	25 이상	30 이상	22 이상
STS836LTP	520 이상	205 이상	35 이상	25 이상	30 이상	22 이상
STS890LTP	490 이상	215 이상	35 이상	25 이상	30 이상	22 이상
STS321TP	520 이상	205 이상	35 이상	25 이상	30 이상	22 이상
STS321HTP	520 이상	205 이상	35 이상	25 이상	30 이상	22 이상
STS347TP	520 이상	205 이상	35 이상	25 이상	30 이상	22 이상
STS347HTP	520 이상	205 이상	35 이상	25 이상	30 이상	22 이상
STS350TP	674 이상	330 이상	40 이상	35 이상	35 이상	30 이상
STS329J1TP	590 이상	390 이상	18 이상	13 이상	14 이상	10 이상
STS329J3LTP	620 이상	450 이상	18 이상	13 이상	14 이상	10 이상
STS329J4LTP	620 이상	450 이상	18 이상	13 이상	14 이상	10 이상
STS329LDTP	620 이상	450 이상	25 이상	–	–	–
STS405TP	410 이상	205 이상	20 이상	14 이상	16 이상	11 이상
STS409LTP	360 이상	175 이상	20 이상	14 이상	16 이상	11 이상
STS430TP	410 이상	245 이상	20 이상	14 이상	16 이상	11 이상
STS430LXTP	360 이상	175 이상	20 이상	14 이상	16 이상	11 이상
STS430J1LTP	390 이상	205 이상	20 이상	14 이상	16 이상	11 이상
STS436LTP	410 이상	245 이상	20 이상	14 이상	16 이상	11 이상
STS444TP	410 이상	245 이상	20 이상	14 이상	16 이상	11 이상

■ 배관용 스테인리스 강관의 치수 및 두께

호칭지름	바깥지름 mm	호칭 두께															
		스케줄 5S								스케줄 10S							
		두께 mm	단위 무게 kg/m							두께 mm	단위 무게 kg/m						
			종 류								종 류						
			304 304H 304L 321 321H	309 309S 310 310S 316 316H 316L 316Ti 317 317L 347 347H	329J1 329J3L 329J4L	329LD 405 409L 444	430 430LX 430J1L 436L	836L	890L		304 304H 304L 321 321H	309 309S 310 310S 316 316H 316L 316Ti 317 317L 347 347H	329J1 329J3L 329J4L	329LD 405 409L 444	430 430LX 430J1L 436L	836L	890L
6	10.5	1.0	0.237	0.238	0.233	0.231	0.230	0.241	0.240	1.2	0.278	0.280	0.273	0.272	0.270	0.283	0.282
8	13.8	1.2	0.377	0.379	0.370	0.368	0.366	0.383	0.382	1.65	0.499	0.503	0.491	0.488	0.485	0.508	0.507
10	17.3	1.2	0.481	0.484	0.473	0.470	0.467	0.489	0.489	1.65	0.643	0.647	0.633	0.629	0.625	0.654	0.653
15	21.7	1.65	0.824	0.829	0.811	0.806	0.800	0.838	0.837	2.1	1.03	1.03	1.01	1.00	0.996	1.04	1.04
20	27.2	1.65	1.05	1.06	1.03	1.03	1.02	1.07	1.07	2.1	1.31	1.32	1.29	1.28	1.28	1.33	1.33
25	34.0	1.65	1.33	1.34	1.31	1.30	1.29	1.35	1.35	2.8	2.18	2.19	2.14	2.13	2.11	2.21	2.21
32	42.7	1.65	1.69	1.70	1.66	1.65	1.64	1.71	1.71	2.8	2.78	2.80	2.74	2.72	2.70	2.83	2.83
40	48.6	1.65	1.93	1.94	1.90	1.89	1.87	1.96	1.96	2.8	3.19	3.21	3.14	3.12	3.10	3.25	3.24
50	60.5	1.65	2.42	2.43	2.38	2.36	2.35	2.46	2.46	2.8	4.02	4.05	3.96	3.93	3.91	4.09	4.09
65	76.3	2.1	3.88	3.91	3.82	3.79	3.77	3.95	3.94	3.0	5.48	5.51	5.39	5.35	5.32	5.57	5.56
80	89.1	2.1	4.55	4.58	4.48	4.45	4.42	4.63	4.62	3.0	6.43	6.48	6.33	6.29	6.25	6.54	6.53
90	101.6	2.1	5.20	5.24	5.12	5.09	5.05	5.29	5.28	3.0	7.37	7.42	7.25	7.20	7.16	7.49	7.48
100	114.3	2.1	5.87	5.91	5.77	5.74	5.70	5.97	5.96	3.0	8.32	8.37	8.18	8.13	8.08	8.45	8.44
125	139.8	2.8	9.56	9.62	9.40	9.34	9.28	9.71	9.70	3.4	11.6	11.6	11.4	11.3	11.2	11.7	11.7
150	165.2	2.8	11.3	11.4	11.1	11.1	11.0	11.5	11.5	3.4	13.7	13.8	13.5	13.4	13.3	13.9	13.9
200	216.3	2.8	14.9	15.0	14.6	14.6	14.5	15.1	15.1	4.0	21.2	21.3	20.8	20.7	20.5	21.5	21.5
250	267.4	3.4	22.4	22.5	22.0	21.9	21.7	22.7	22.7	4.0	26.2	26.4	25.8	25.7	25.5	26.7	26.6
300	318.5	4.0	31.3	31.5	30.8	30.6	30.4	31.9	31.8	4.5	35.2	35.4	34.6	34.4	34.2	35.8	35.7
350	355.6	–	–	–	–	–	–	–	–	–	–	–	–	–	–	–	–
400	406.4	–	–	–	–	–	–	–	–	–	–	–	–	–	–	–	–
450	457.2	–	–	–	–	–	–	–	–	–	–	–	–	–	–	–	–
500	508.0	–	–	–	–	–	–	–	–	–	–	–	–	–	–	–	–
550	558.8	–	–	–	–	–	–	–	–	–	–	–	–	–	–	–	–
600	609.6	–	–	–	–	–	–	–	–	–	–	–	–	–	–	–	–
650	660.4	–	–	–	–	–	–	–	–	–	–	–	–	–	–	–	–

■ 배관용 스테인리스 강관의 치수 및 두께 (계속)

호칭지름	바깥지름 mm	호칭 두께															
		스케줄 20S								스케줄 40							
		두께 mm	단위 무게 kg/m							두께 mm	단위 무게 kg/m						
			종 류								종 류						
			304 304H 304L 321 321H	309 309S 310 310S 316 316H 316L 316Ti 317 317L 347 347H	329J1 329J3L 329J4L	329LD 405 409L 444	430 430LX 430J1L 436L	836L	890L		304 304H 304L 321 321H	309 309S 310 310S 316 316H 316L 316Ti 317 317L 347 347H	329J1 329J3L 329J4L	329LD 405 409L 444	430 430LX 430J1L 436L	836L	890L
6	10.5	1.5	0.336	0.338	0.331	0.329	0.327	0.342	0.341	1.7	0.373	0.375	0.367	0.364	0.362	0.378	0.378
8	13.8	2.0	0.588	0.592	0.578	0.575	0.571	0.598	0.597	2.2	0.636	0.640	0.625	0.621	0.617	0.646	0.645
10	17.3	2.0	0.762	0.767	0.750	0.745	0.740	0.775	0.774	2.3	0.859	0.865	0.845	0.840	0.835	0.874	0.873
15	21.7	2.5	1.20	1.20	1.18	1.17	1.16	1.22	1.21	2.8	1.32	1.33	1.30	1.29	1.28	1.34	1.34
20	27.2	2.5	1.54	1.55	1.51	1.50	1.49	1.56	1.56	2.9	1.76	1.77	1.73	1.72	1.70	1.78	1.78
25	34.0	3.0	2.32	2.33	2.28	2.26	2.25	2.35	2.35	3.4	2.59	2.61	2.55	2.53	2.51	2.63	2.63
32	42.7	3.0	2.97	2.99	2.92	2.90	2.88	3.02	3.01	3.6	3.51	3.53	3.45	3.43	3.40	3.56	3.56
40	48.6	3.0	3.41	3.43	3.35	3.33	3.31	3.46	3.46	3.7	4.14	4.16	4.07	4.05	4.02	4.21	4.20
50	60.5	3.5	4.97	5.00	4.89	4.86	4.83	5.05	5.05	3.9	5.50	5.53	5.41	5.38	5.34	5.59	5.58
65	76.3	3.5	6.35	6.39	6.24	6.20	6.16	6.45	6.44	5.2	9.21	9.27	9.06	9.00	8.94	9.36	9.35
80	89.1	4.0	8.48	8.53	8.34	8.29	8.23	8.62	8.61	5.5	11.5	11.5	11.3	11.2	11.1	11.6	11.6
90	101.6	4.0	9.72	9.79	9.56	9.51	9.44	9.88	9.87	5.7	13.6	13.7	13.4	13.3	13.2	13.8	13.8
100	114.3	4.0	11.0	11.1	10.8	10.7	10.7	11.2	11.2	6.0	16.2	16.3	15.9	15.8	15.7	16.5	16.4
125	139.8	5.0	16.8	16.9	16.5	16.4	16.3	17.1	17.0	6.6	21.9	22.0	21.5	21.4	21.3	22.3	22.2
150	165.2	5.0	20.0	20.1	19.6	19.5	19.4	20.3	20.3	7.1	28.0	28.1	27.5	27.3	27.2	28.4	28.4
200	216.3	6.5	34.0	34.2	33.4	33.2	33.0	34.5	34.5	8.2	42.5	42.8	41.8	41.6	41.3	43.2	43.2
250	267.4	6.5	42.2	42.5	41.5	41.3	41.0	42.9	42.9	9.3	59.8	60.2	58.8	58.4	58.1	60.8	60.7
300	318.5	6.5	50.5	50.8	49.7	49.4	49.1	51.3	51.3	10.3	79.1	79.6	77.8	77.3	76.8	80.4	80.3
350	355.6	−	−	−	−	−	−	−	−	11.1	95.3	95.9	93.7	93.1	92.5	96.8	96.7
400	406.4	−	−	−	−	−	−	−	−	12.7	125	125	122	122	121	127	126
450	457.2	−	−	−	−	−	−	−	−	14.3	158	159	155	154	153	160	160
500	508.0	−	−	−	−	−	−	−	−	15.1	185	187	182	181	180	188	188
550	558.8	−	−	−	−	−	−	−	−	15.9	215	216	211	210	209	219	218
600	609.6	−	−	−	−	−	−	−	−	17.5	258	260	254	252	251	262	262
650	660.4	−	−	−	−	−	−	−	−	18.9	302	304	297	295	293	307	307

■ 배관용 스테인리스 강관의 치수 및 두께 (계속)

호칭지름	바깥지름 mm	호칭 두께															
		스케줄 80								스케줄 120							
		두께 mm	단위 무게 kg/m							두께 mm	단위 무게 kg/m						
			종류								종류						
			304 304H 304L 321 321H	309 309S 310 310S 316 316H 316L 316Ti 317 317L 347 347H	329J1 329J3L 329J4L	329LD 405 409L 444	430 430LX 430J1L 436L	836L	890L		304 304H 304L 321 321H	309 309S 310 310S 316 316H 316L 316Ti 317 317L 347 347H	329J1 329J3L 329J4L	329LD 405 409L 444	430 430LX 430J1L 436L	836L	890L
6	10.5	2.4	0.484	0.487	0.476	0.473	0.470	0.492	0.492	–	–	–	–	–	–	–	–
8	13.8	3.0	0.807	0.812	0.794	0.789	0.784	0.820	0.819	–	–	–	–	–	–	–	–
10	17.3	3.2	1.12	1.13	1.11	1.10	1.09	1.14	1.14	–	–	–	–	–	–	–	–
15	21.7	3.7	1.66	1.67	1.63	1.62	1.61	1.69	1.68	–	–	–	–	–	–	–	–
20	27.2	3.9	2.26	2.28	2.23	2.21	2.20	2.30	2.30	–	–	–	–	–	–	–	–
25	34.0	4.5	3.31	3.33	3.25	3.23	3.21	3.36	3.36	–	–	–	–	–	–	–	–
32	42.7	4.9	4.61	4.64	4.54	4.51	4.48	4.69	4.68	–	–	–	–	–	–	–	–
40	48.6	5.1	5.53	5.56	5.44	5.40	5.37	5.62	5.61	–	–	–	–	–	–	–	–
50	60.5	5.5	7.54	7.58	7.41	7.37	7.32	7.66	7.65	–	–	–	–	–	–	–	–
65	76.3	7.0	12.1	12.2	11.9	11.8	11.7	12.3	12.3	–	–	–	–	–	–	–	–
80	89.1	7.6	15.4	15.5	15.2	15.1	15.0	15.7	15.7	–	–	–	–	–	–	–	–
90	101.6	8.1	18.9	19.0	18.6	18.4	18.3	19.2	19.2	–	–	–	–	–	–	–	–
100	114.3	8.6	22.6	22.8	22.3	22.1	22.0	23.0	23.0	11.1	28.5	28.7	28.1	27.9	27.7	29.0	29.0
125	139.8	9.5	30.8	31.0	30.3	30.1	29.9	31.3	31.3	12.7	40.2	40.5	39.5	39.3	39.0	40.9	40.8
150	165.2	11.0	42.3	42.5	41.6	41.3	41.0	42.9	42.9	14.3	53.8	54.1	52.9	52.5	52.2	54.6	54.6
200	216.3	12.7	64.4	64.8	63.4	63.0	62.5	65.5	65.4	18.2	89.8	90.4	88.3	87.8	87.2	91.3	91.2
250	267.4	15.1	94.9	95.5	93.3	92.8	92.2	96.5	96.3	21.4	131	132	129	128	127	133	133
300	318.5	17.4	131	131	128	128	127	133	133	25.4	185	187	182	181	180	189	188
350	355.6	19.0	159	160	157	156	155	162	162	27.8	227	228	223	222	220	231	230
400	406.4	21.4	205	207	202	201	199	209	208	30.9	289	291	284	283	281	294	293
450	457.2	23.8	257	259	253	251	250	261	261	34.9	367	369	361	359	357	373	373
500	508.0	26.2	314	316	309	307	305	320	319	38.1	446	449	439	436	433	453	453
550	558.8	28.6	378	380	372	369	367	384	383	41.3	532	536	524	520	517	541	541
600	609.6	31.0	447	450	439	437	434	454	454	46.0	646	650	635	631	627	656	656
650	660.4	34.0	531	534	522	519	515	539	539	49.1	748	752	735	731	726	760	759

■ 배관용 스테인리스 강관의 치수 및 두께 (계속)

호칭지름	바깥지름 mm	호칭 두께							
		스케줄 160							
		두께 mm	단위 무게 kg/m						
			종 류						
			304 304H 304L 321 321H	309 309S 310 310S 316 316H 316L 316Ti 317 317L 347 347H	329J1 329J3L 329J4L	329LD 405 409L 444	430 430LX 430J1L 436L	836L	890L
6	10.5	–	–	–	–	–	–	–	–
8	13.8	–	–	–	–	–	–	–	–
10	17.3	–	–	–	–	–	–	–	–
15	21.7	4.7	1.99	2.00	1.96	1.95	1.93	2.02	2.02
20	27.2	5.5	2.97	2.99	2.92	2.91	2.89	3.02	3.02
25	34.0	6.4	4.40	4.43	4.33	4.30	4.27	4.47	4.47
32	42.7	6.4	5.79	5.82	5.69	5.66	5.62	5.88	5.88
40	48.6	7.1	7.34	7.39	7.22	7.17	7.13	7.46	7.45
50	60.5	8.7	11.2	11.3	11.0	11.0	10.9	11.4	11.4
65	76.3	9.5	15.8	15.9	15.5	15.5	15.4	16.1	16.0
80	89.1	11.1	21.6	21.7	21.2	21.1	20.9	21.9	21.9
90	101.6	12.7	28.1	28.3	27.7	27.5	27.3	28.6	28.5
100	114.3	13.5	33.9	34.1	33.3	33.1	32.9	34.5	34.4
125	139.8	15.9	49.1	49.4	48.3	48.0	47.7	49.9	49.8
150	165.2	18.2	66.6	67.1	65.5	65.1	64.7	67.7	67.7
200	216.3	23.0	111	111	109	108	108	113	112
250	267.4	28.6	170	171	167	166	165	173	173
300	318.5	33.3	237	238	233	231	230	240	240
350	355.6	35.7	284	286	280	278	276	289	289
400	406.4	40.5	369	372	363	361	358	375	375
450	457.2	45.2	464	467	456	453	450	472	471
500	508.0	50.0	570	574	561	558	554	580	579
550	558.8	54.0	679	683	668	664	659	690	689
600	609.6	59.5	815	821	802	797	792	829	828
650	660.4	64.2	953	960	938	932	926	969	968

■ 용접 강관의 치수 무게

호칭지름	바깥지름 mm	두께 mm	단위 무게 kg/m							두께 mm	단위 무게 kg/m						
			종류								종류						
			304 304H 304L 321 321H	309 309S 310 310S 316 316H 316L 316Ti 317 317L 347 347H	329J1 329J3L 329J4L	329LD 405 409L 444	430 430LX 430J1L 436L	836L	890L		304 304H 304L 321 321H	309 309S 310 310S 316 316H 316L 316Ti 317 317L 347 347H	329J1 329J3L 329J4L	329LD 405 409L 444	430 430LX 430J1L 436L	836L	890L
6	10.5	2.0	0.423	0.426	0.417	0.414	0.411	0.430	0.430	2.5	0.498	0.501	0.490	0.487	0.484	0.506	0.506
8	13.8	1.5	0.460	0.463	0.452	0.449	0.446	0.467	0.467	2.5	0.704	0.708	0.692	0.688	0.683	0.715	0.714
10	17.3	2.0	0.762	0.767	0.750	0.745	0.740	0.775	0.774	2.5	0.922	0.928	0.907	0.901	0.895	0.937	0.936
15	21.7	1.5	0.755	0.760	0.742	0.738	0.733	0.767	0.766	2.0	0.981	0.988	0.965	0.959	0.943	0.987	0.986
20	27.2	1.5	0.960	0.966	0.944	0.939	0.933	0.976	0.975	2.0	1.26	1.26	1.23	1.23	1.22	1.28	1.27
25	34.0	2.0	1.59	1.60	1.57	1.56	1.55	1.62	1.62	2.5	1.96	1.97	1.93	1.92	1.90	1.99	1.99
32	42.7	2.0	2.03	2.04	1.99	1.98	1.97	2.06	2.06	3.0	2.97	2.99	2.92	2.90	2.88	3.02	3.01
40	48.6	2.0	2.32	2.34	2.28	2.27	2.25	2.36	2.36	3.0	3.41	3.43	3.35	3.33	3.31	3.46	3.46
50	60.5	2.0	2.91	2.93	2.87	2.85	2.83	2.96	2.96	3.0	4.30	4.32	4.23	4.20	4.17	4.37	4.36
65	76.3	2.0	3.70	3.73	3.64	3.62	3.59	3.76	3.76	5.0	8.88	8.94	8.73	8.68	8.62	9.03	9.02
80	89.1	2.0	4.34	4.37	4.27	4.24	4.21	4.41	4.41	8.0	16.2	16.3	15.9	15.8	15.7	16.4	16.4
90	101.6	2.5	6.17	6.21	6.07	6.03	5.99	6.27	6.27	6.0	14.3	14.4	14.1	14.0	13.8	14.5	14.5
100	114.3	2.5	6.96	7.01	6.85	6.81	6.76	7.08	7.07	9.0	23.6	23.8	23.2	23.1	22.9	24.0	24.0
125	139.8	3.0	10.2	10.3	10.1	9.99	9.93	10.4	10.4	3.5	11.9	12.0	11.7	11.6	11.5	12.1	12.1
150	165.2	3.0	12.1	12.2	11.9	11.8	11.8	12.3	12.3	3.5	14.1	14.2	13.9	13.8	13.7	14.3	14.3
200	216.3	3.0	15.9	16.0	15.7	15.6	15.5	16.2	16.2	8.0	41.5	41.8	40.8	40.6	40.3	42.2	42.1
250	267.4	3.5	23.0	23.2	22.6	22.5	19.2	20.1	20.1	10.0	64.1	64.5	63.1	62.7	62.3	65.2	65.1
300	318.5	10.0	76.8	77.3	75.6	75.1	74.6	78.1	78.0	18.0	135	136	133	132	131	137	137

■ 용접 강관의 치수 무게 (계속)

호칭지름	바깥지름 mm	두께 mm	단위 무게 kg/m 종류							두께 mm	단위 무게 kg/m 종류						
			304 304H 304L 321 321H	309 309S 310 310S 316 316H 316L 316Ti 317 317L 347 347H	329J1 329J3L 329J4L	329LD 405 409L 444	430 430LX 430J1L 436L	836L	890L		304 304H 304L 321 321H	309 309S 310 310S 316 316H 316L 316Ti 317 317L 347 347H	329J1 329J3L 329J4L	329LD 405 409L 444	430 430LX 430J1L 436L	836L	890L
6	10.5	–	–	–	–	–	–	–	–	–	–	–	–	–	–	–	–
8	13.8	–	–	–	–	–	–	–	–	–	–	–	–	–	–	–	–
10	17.3	3.5	1.20	1.21	1.18	1.18	1.17	1.22	1.22	–	–	–	–	–	–	–	–
15	21.7	3.0	1.40	1.41	1.38	1.37	1.36	1.42	1.42	3.5	1.59	1.60	1.56	1.55	1.54	1.61	1.61
20	27.2	3.0	1.81	1.82	1.78	1.77	1.76	1.84	1.84	4.0	2.31	2.33	2.27	2.26	2.24	2.35	2.35
25	34.0	3.5	2.66	2.68	2.62	2.60	2.58	2.70	2.70	–	–	–	–	–	–	–	–
32	42.7	3.5	3.42	3.44	3.36	3.34	3.32	3.47	3.47	5.0	4.70	4.73	4.62	4.59	4.56	4.77	4.77
40	48.6	4.0	4.44	4.47	4.37	4.34	4.32	4.52	4.51	5.0	5.43	5.47	5.34	5.31	5.27	5.52	5.51
50	60.5	4.0	5.63	5.67	5.54	5.50	5.47	5.72	5.72	–	–	–	–	–	–	–	–
65	76.3	–	–	–	–	–	–	–	–	–	–	–	–	–	–	–	–
80	89.1	–	–	–	–	–	–	–	–	–	–	–	–	–	–	–	–
90	101.6	8.0	18.7	18.8	18.3	18.3	18.1	19.0	18.9	–	–	–	–	–	–	–	–
100	114.3	–	–	–	–	–	–	–	–	–	–	–	–	–	–	–	–
125	139.8	7.0	23.2	23.3	22.8	22.6	22.5	23.5	23.5	10.0	32.3	32.5	31.8	31.6	31.4	32.9	32.8
150	165.2	7.0	27.6	27.8	27.1	27.0	26.8	28.0	28.0	12.0	45.8	46.1	45.0	44.8	44.5	46.5	46.5
200	216.3	13.0	65.8	66.3	64.8	64.4	63.9	66.9	66.8	–	–	–	–	–	–	–	–
250	267.4	15.0	94.3	94.9	92.8	92.2	91.6	95.9	95.7	–	–	–	–	–	–	–	–
300	318.5	–	–	–	–	–	–	–	–	–	–	–	–	–	–	–	–

■ 스테인리스 강관의 치수, 허용차 및 단위 길이당 무게

❶ 오스테나이트 스테인리스 강관의 단위 길이당 무게

바깥지름 mm 계열			두께 mm																				
			1.0	1.2	1.6	2.0	2.3	2.6	2.9	3.2	3.6	4.0	4.5	5.0	5.6	6.3	7.1	8.0	8.8	10.0	11.0	12.5	14.2
1	2	3	단위 길이 당 무게 kg/m																				
–	6	–	0.125	0.144	–	–	–	–	–	–	–	–	–	–	–	–	–	–	–	–	–	–	–
–	8	–	0.176	0.204	–	–	–	–	–	–	–	–	–	–	–	–	–	–	–	–	–	–	–
–	10	–	0.225	0.264	–	–	–	–	–	–	–	–	–	–	–	–	–	–	–	–	–	–	–
10.2	–	–	0.230	0.270	0.344	0.410	–	–	–	–	–	–	–	–	–	–	–	–	–	–	–	–	–
–	12	–	0.275	–	0.416	0.500	–	–	–	–	–	–	–	–	–	–	–	–	–	–	–	–	–
–	12.7	–	0.293	0.345	0.445	0.536	0.599	0.658	0.711	0.761	–	–	–	–	–	–	–	–	–	–	–	–	–
13.5	–	–	0.313	0.369	0.477	0.576	0.645	–	0.769	–	–	–	–	–	–	–	–	–	–	–	–	–	–
–	–	14	0.326	–	0.496	0.601	–	–	–	–	–	–	–	–	–	–	–	–	–	–	–	–	–
–	16	–	0.376	0.445	0.577	0.701	–	–	–	–	–	–	–	–	–	–	–	–	–	–	–	–	–
17.2	–	–	0.406	–	0.625	0.761	0.858	–	–	1.12	–	–	–	–	–	–	–	–	–	–	–	–	–
–	–	18	0.425	–	0.657	0.801	–	–	–	–	–	–	–	–	–	–	–	–	–	–	–	–	–
–	19	–	0.451	0.535	0.697	0.851	–	–	–	–	–	–	–	–	–	–	–	–	–	–	–	–	–
–	20	–	0.476	0.564	0.737	0.901	–	–	–	–	–	–	–	–	–	–	–	–	–	–	–	–	–
21.3	–	–	0.509	–	0.789	0.966	–	1.22	–	1.45	–	1.74	–	–	–	–	–	–	–	–	–	–	–
–	–	22	0.526	–	–	1.00	–	–	–	–	–	–	–	–	–	–	–	–	–	–	–	–	–
–	25	–	0.601	0.715	0.937	1.15	–	1.46	–	–	–	–	–	–	–	–	–	–	–	–	–	–	–
–	–	25.4	–	0.727	0.953	1.17	–	1.48	–	–	–	–	–	–	–	–	–	–	–	–	–	–	–
26.9	–	–	0.649	–	1.01	1.25	–	1.58	1.75	1.90	–	2.29	–	–	–	–	–	–	–	–	–	–	–
–	–	30	–	–	1.14	1.40	–	–	–	–	–	–	–	–	–	–	–	–	–	–	–	–	–
–	31.8	–	–	0.920	1.21	1.49	–	1.90	–	2.29	–	2.78	–	–	–	–	–	–	–	–	–	–	–
–	32	–	–	0.925	–	1.50	–	–	–	–	–	–	–	–	–	–	–	–	–	–	–	–	–
33.7	–	–	0.818	0.976	1.29	1.58	1.81	2.02	–	2.45	–	–	3.29	–	–	–	–	–	–	–	–	–	–
–	–	35	–	1.02	–	1.65	–	–	–	–	–	–	–	–	–	–	–	–	–	–	–	–	–
–	38	–	–	1.11	1.46	1.81	–	2.30	–	2.79	–	–	–	–	–	–	–	–	–	–	–	–	–
–	40	–	–	1.17	1.54	–	–	2.44	–	–	–	–	–	–	–	–	–	–	–	–	–	–	–
42.4	–	–	–	–	1.63	2.02	–	2.59	–	3.14	3.49	–	–	4.68	–	–	–	–	–	–	–	–	–
–	–	44.5	–	–	–	2.13	–	2.73	3.02	–	–	–	–	–	–	–	–	–	–	–	–	–	–
48.3	–	–	–	–	1.87	2.31	–	2.97	–	3.61	4.03	–	–	5.42	–	–	–	–	–	–	–	–	–
–	51	–	1.25	1.49	1.98	2.46	–	3.15	–	3.83	–	–	–	–	–	–	–	–	–	–	–	–	–
–	–	54	–	–	2.10	2.60	–	3.35	–	–	–	–	–	–	–	–	–	–	–	–	–	–	–
	57		–	–	2.22	2.75	–	–	3.93	–	–	–	–	–	–	–	–	–	–	–	–	–	–
60.3	–	–	–	–	2.35	2.92	3.34	3.76	4.17	4.58	5.11	5.63	–	–	7.66	–	–	–	–	–	–	–	–
–	63.5	–	–	–	2.48	3.08	–	3.96	–	4.83	–	–	–	–	–	–	–	–	–	–	–	–	–
–	70	–	–	–	2.74	3.40	–	–	4.87	–	–	–	–	–	–	–	–	–	–	–	–	–	–
76.1	–	–	–	–	2.98	3.70	4.25	4.78	5.32	–	6.54	7.22	–	8.90	–	–	12.3	–	–	–	–	–	–
–	–	82.5	–	–		4.03	–	–	–	6.35	–	–	–	–	–	–	–	–	–	–	–	–	–
88.9	–	–	–	–	3.49	4.35	4.98	5.61	6.24	6.86	7.68	8.51	–	–	11.7	–	–	16.2	–	–	–	–	–
–	101.6	–	–	–		4.98	–	–	7.17	–	–	9.77	–	–	13.5	–	–	18.8	–	–	–	–	–
114.3	–	–	–	–	4.52	5.62	–	7.27	8.09	–	9.98	–	12.4	–	–	17.1	–	–	23.2	–	–	–	–

❶ 오스테나이트 스테인리스 강관의 단위 길이당 무게 (계속)

바깥지름 mm 계열			두께 mm																				
			1.0	1.2	1.6	2.0	2.3	2.6	2.9	3.2	3.6	4.0	4.5	5.0	5.6	6.3	7.1	8.0	8.8	10.0	11.0	12.5	14.2
1	2	3	단위 길이 당 무게 kg/m																				
168.3	–	–	–	–	6.68	8.32	–	10.8	–	13.2	–	16.4	18.5	20.4	–	–	28.6	–	–	–	43.3	–	–
219.1	–	–	–	–	–	10.9	–	14.1	–	17.3	19.4	21.5	–	–	–	33.6	–	42.2	–	–	–	64.7	–
273	–	–	–	–	–	13.6	–	17.6	–	21.6	24.3	26.9	–	–	–	42.0	–	–	–	65.9	–	81.5	92.0
323.9	–	–	–	–	–	–	–	20.9	–	25.7	–	32.1	35.9	39.9	–	–	56.3	–	–	78.6	–	97.4	–
355.6	–	–	–	–	–	–	–	22.9	–	28.2	–	35.2	–	43.8	–	–	–	–	–	86.5	94.9	108	–
406.4	–	–	–	–	–	–	–	26.3	–	32.3	–	40.3	–	50.2	–	–	–	–	–	99.3	–	123	–
457	–	–	–	–	–	–	–	–	–	36.3	–	45.4	–	56.5	–	–	–	–	–	112	–	139	157
508	–	–	–	–	–	–	–	–	–	40.4	45.5	–	–	62.9	70.4	–	–	–	–	–	137	155	176
610	–	–	–	–	–	–	–	–	–	48.6	–	60.7	–	–	84.8	95.2	–	–	–	–	–	187	212
711	–	–	–	–	–	–	–	–	–	–	–	–	–	–	–	–	125	–	–	–		–	–
813	–	–	–	–	–	–	–	–	–	–	–	–	–	–	–	–	–	161	–	–	–	–	–
914	–	–	–	–	–	–	–	–	–	–	–	–	–	–	–	–	–	–	199	–	–	–	–
1016	–	–	–	–	–	–	–	–	–	–	–	–	–	–	–	–	–	–	–	252	–	–	–

❷ 페라이트 및 마르텐사이트 스테인리스 강관의 단위 길이당 무게

바깥지름 mm 계열			두께 mm																				
			1.0	1.2	1.6	2.0	2.3	2.6	2.9	3.2	3.6	4.0	4.5	5.0	5.6	6.3	7.1	8.0	8.8	10.0	11.0	12.5	14.2
1	2	3	단위 길이 당 무게 kg/m																				
–	6	–	0.121	0.140	–	–	–	–	–	–	–	–	–	–	–	–	–	–	–	–	–	–	–
–	8	–	0.170	0.198	–	–	–	–	–	–	–	–	–	–	–	–	–	–	–	–	–	–	–
–	10	–	0.219	0.256	–	–	–	–	–	–	–	–	–	–	–	–	–	–	–	–	–	–	–
10.2	–	–	0.224	0.262	0.334	0.398	–	–	–	–	–	–	–	–	–	–	–	–	–	–	–	–	–
–	12	–	0.267	–	0.404	0.486	–	–	–	–	–	–	–	–	–	–	–	–	–	–	–	–	–
–	12.7	–	0.285	0.335	0.431	0.520	0.581	0.638	0.690	0.739	–	–	–	–	–	–	–	–	–	–	–	–	–
13.5	–	–	0.303	0.359	0.463	0.558	0.625		0.747	–	–	–	–	–	–	–	–	–	–	–	–	–	–
–	–	14	0.316	–	0.482	0.583	–	–	–	–	–	–	–	–	–	–	–	–	–	–	–	–	–
–	16	–	0.364	0.431	0.559	0.681	–	–	–	–	–	–	–	–	–	–	–	–	–	–	–	–	–
17.2	–	–	0.394	–	0.607	0.739	0.832	–	–	1.08	–	–	–	–	–	–	–	–	–	–	–	–	–
–	–	18	0.413	–	0.637	0.777	–	–	–	–	–	–	–	–	–	–	–	–	–	–	–	–	–
–	19	–	0.437	0.519	0.677	0.825	–	–	–	–	–	–	–	–	–	–	–	–	–	–	–	–	–
–	20	–	0.462	0.548	0.715	0.875	–	–	–	–	–	–	–	–	–	–	–	–	–	–	–	–	–
21.3	–	–	0.493	–	0.765	0.938	–	1.18	–	1.41	–	1.68	–	–	–	–	–	–	–	–	–	–	–
–	–	22	0.510	–	–	0.971	–	–	–	–	–	–	–	–	–	–	–	–	–	–	–	–	–
–	25	–	0.583	0.693	0.909	1.11	–	1.42	–	–	–	–	–	–	–	–	–	–	–	–	–	–	–
–	–	25.4	–	0.705	0.925	1.13	–	1.44	–	–	–	–	–	–	–	–	–	–	–	–	–	–	–
26.9	–	–	0.629	–	0.983	1.21	–	1.54	1.69	1.84	–	2.23	–	–	–	–	–	–	–	–	–	–	–
–	–	30	–	–	1.10	1.36	–	–	–	–	–	–	–	–	–	–	–	–	–	–	–	–	–
–	31.8	–	–	0.892	1.17	1.45	–	–	–	–	–	–	–	–	–	–	–	–	–	–	–	–	–
–	32	–	–	0.897	–	1.46	–	–	–	–	–	–	–	–	–	–	–	–	–	–	–	–	–
33.7	–	–	0.794	0.948	1.25	1.54	1.75	1.96	–	2.37	–	–	3.19	–	–	–	–	–	–	–	–	–	–

❷ 페라이트 및 마르텐사이트 스테인리스 강관의 단위 길이당 무게 (계속)

바깥지름 mm 계열			두께 mm																				
			1.0	1.2	1.6	2.0	2.3	2.6	2.9	3.2	3.6	4.0	4.5	5.0	5.6	6.3	7.1	8.0	8.8	10.0	11.0	12.5	14.2
1	2	3	단위 길이 당 무게 kg/m																				
–	–	35	–	0.985	–	1.61	–	–	–	–	–	–	–	–	–	–	–	–	–	–	–	–	–
–	38	–	–	1.07	1.42	1.75	–	2.24	–	2.71	–	–	–	–	–	–	–	–	–	–	–	–	–
–	40	–	–	1.13	1.50	–	–	2.36	–	–	–	–	–	–	–	–	–	–	–	–	–	–	–
42.4	–	–	–	–	1.59	1.96	–	2.51	–	3.04	3.39	–	–	4.54	–	–	–	–	–	–	–	–	–
–	–	44.5	–	–	–	2.07	–	2.65	2.94	–	–	–	–	–	–	–	–	–	–	–	–	–	–
48.3	–	–	–	–	1.81	2.25	–	2.89	–	3.51	3.91	–	–	5.26	–	–	–	–	–	–	–	–	–
–	51	–	1.21	1.45	1.92	2.38	–	3.05	–	3.71	–	–	–	–	–	–	–	–	–	–	–	–	–
–	–	54	–	–	2.04	2.52	–	3.25	–	–	–	–	–	–	–	–	–	–	–	–	–	–	–
	57		–	–	2.16	2.67	–	–	3.81	–	–	–	–	–	–	–	–	–	–	–	–	–	–
60.3	–	–	–	–	2.29	2.84	3.24	3.64	4.05	4.44	4.95	5.47	–	–	7.44	–	–	–	–	–	–	–	–
–	63.5	–	–	–	2.40	2.98	–	3.84	–	4.69	–	–	–	–	–	–	–	–	–	–	–	–	–
–	70	–	–	–	2.66	3.30	–	–	4.73	–	–	–	–	–	–	–	–	–	–	–	–	–	–
76.1	–	–	–	–	2.90	3.60	4.13	4.64	5.16	–	6.34	7.00	–	8.64	–	–	11.9	–	–	–	–	–	–
–	–	82.5	–	–	–	3.91	–	–	–	6.17	–	–	–	–	–	–	–	–	–	–	–	–	–
88.9	–	–	–	–	3.39	4.23	4.84	5.45	6.06	6.66	7.46	8.25	–	–	11.3	–	–	15.8	–	–	–	–	–
–	101.6	–	–	–	–	4.84	–	–	6.95	–	–	9.49	–	–	13.1	–	–	18.2	–	–	–	–	–
114.3	–	–	–	–	4.38	5.46	–	7.05	7.85	–	9.68	–	12.0	–	–	16.5	–	–	22.6	–	–	–	–
139.7	–	–	–	–	5.37	6.69	–	8.66	–	10.6	–	13.2	–	16.4	–	20.4	22.9	–	–	31.5	–	–	–
168.3	–	–	–	–	6.48	8.08	–	10.4	–	12.8	–	16.0	17.9	19.8	–	–	27.8	–	–	–	42.1	–	–
219.1	–	–	–	–	–	10.5	–	13.7	–	16.7	18.8	20.9	–	–	–	32.6	–	41.0	–	–	–	62.7	–
273	–	–	–	–	–	13.2	–	17.0	–	21.0	23.5	26.1	–	–	–	40.8	–	–	–	63.9	–	79.1	89.2
323.9	–	–	–	–	–	–	–	20.3	–	24.9	–	31.1	34.9	38.7	–	–	54.7	–	–	76.2	–	94.6	–
355.6	–	–	–	–	–	–	–	22.3	–	27.4	–	34.2	–	42.6	–	–	–	–	–	83.9	92.1	108	–
406.4	–	–	–	–	–	–	–	25.5	–	31.3	–	39.1	–	48.8	–	–	–	–	–	96.3	–	119	–
457	–	–	–	–	–	–	–	–	–	35.3	–	44.0	–	54.9	–	–	–	–	–	108	–	135	153
508	–	–	–	–	–	–	–	–	–	39.2	44.1	–	–	61.1	68.4	–	–	–	–	–	133	151	170
610	–	–	–	–	–	–	–	–	–	47.2	–	58.9	–	–	82.2	92.4	–	–	–	–	–	181	206
711	–	–	–	–	–	–	–	–	–	–	–	–	–	–	–	–	121	–	–	–		–	–
813	–	–	–	–	–	–	–	–	–	–	–	–	–	–	–	–	–	157	–	–	–	–	–
914	–	–	–	–	–	–	–	–	–	–	–	–	–	–	–	–	–	–	193	–	–	–	–
1016	–	–	–	–	–	–	–	–	–	–	–	–	–	–	–	–	–	–	–	244	–	–	–

30-9 배관용 아크 용접 탄소강 강관

■ 종류의 기호 및 화학 성분

종류의 기호	화학 성분 (%)		
	C	P	S
SPW 400	0.25 이하	0.040 이하	0.040 이하

■ 기계적 성질

종류의 기호	인장 강도 N/mm^2	항복점 또는 항복 강도 N/mm^2	연신율 (%) 5호 시험편 가로방향
SPW 400	400 이상	225 이상	18 이상

■ 배관용 아크 용접 탄소강 강관의 치수 및 단위 무게

단위 : kg/m

호칭지름	바깥지름 mm	두 께 mm												
		6.0	6.4	7.1	7.9	8.7	9.5	10.3	11.1	11.9	12.7	13.1	15.1	15.9
350	355.6	51.7	55.1	61.0	67.7	–	–	–	–	–	–	–	–	–
400	406.4	59.2	63.1	69.9	77.6	–	–	–	–	–	–	–	–	–
450	457.2	66.8	71.1	78.8	87.5	–	–	–	–	–	–	–	–	–
500	508.0	74.3	79.2	87.7	97.4	107	117	–	–	–	–	–	–	–
550	558.8	81.8	87.2	96.6	107	118	129	139	150	160	171	–	–	–
600	609.6	89.3	95.2	105	117	129	141	152	164	175	187	–	–	–
650	660.4	96.8	103	114	127	140	152	165	178	190	203	–	–	–
700	711.2	104	111	123	137	151	164	178	192	205	219	–	–	–
750	762.0	–	119	132	147	162	176	191	206	220	235	–	–	–
800	812.8	–	127	141	157	173	188	204	219	235	251	258	297	312
850	863.6	–	–	–	167	183	200	217	233	250	266	275	316	332
900	914.4	–	–	–	177	194	212	230	247	265	282	291	335	352
1000	1016.0	–	–	–	196	216	236	255	275	295	314	324	373	392
1100	1117.6	–	–	–	–	–	260	281	303	324	346	357	411	432
1200	1219.2	–	–	–	–	–	283	307	331	354	378	390	448	472
1350	1371.6	–	–	–	–	–	–	–	–	393	426	439	505	532
1500	1524.0	–	–	–	–	–	–	–	–	444	473	488	562	591
1600	1625.6	–	–	–	–	–	–	–	–	–	–	521	600	631
1800	1828.8	–	–	–	–	–	–	–	–	–	–	587	675	711
2000	2032.0	–	–	–	–	–	–	–	–	–	–	–	751	791

30-10 배관용 용접 대구경 스테인리스 강관

■ 고용화 열처리

분류	종류의 기호	고용화 열처리(℃)	분류	종류의 기호	고용화 열처리(℃)	분류	종류의 기호	고용화 열처리(℃)
오스테나이트계	STS304TPY STS304LTPY STS309STPY STS310STPY	1010 이상, 급냉 1010 이상, 급냉 1030 이상, 급냉 1030 이상, 급냉	오스테나이트계	STS316TPY STS316LTPY STS317TPY STS317LTPY	1010 이상, 급냉 1010 이상, 급냉 1030 이상, 급냉 1030 이상, 급냉	오스테나이트계	STS321TPY STS347TPY STS350TPY	920 이상, 급냉 980 이상, 급냉 1150 이상, 급냉
						오스테나이트 · 페라이트계	STS329J1TPY	950 이상, 급냉

■ 화학 성분

단위 : %

종류의 기호	C	Si	Mn	P	S	Ni	Cr	Mo	기타
STS 304	0.08 이하	1.00 이하	2.00 이하	0.045 이하	0.030 이하	8.00~10.50	18.00~20.00	–	–
STS 304L	0.030 이하	1.00 이하	2.00 이하	0.045 이하	0.030 이하	9.00~13.00	18.00~20.00	–	–
STS 309S	0.08 이하	1.00 이하	2.00 이하	0.045 이하	0.030 이하	12.00~15.00	22.00~24.00	–	–
STS 310S	0.08 이하	1.50 이하	2.00 이하	0.045 이하	0.030 이하	19.00~22.00	24.00~26.00	–	–
STS 316	0.08 이하	1.00 이하	2.00 이하	0.045 이하	0.030 이하	10.00~14.00	16.00~18.00	2.00~3.00	–
STS 316L	0.030 이하	1.00 이하	2.00 이하	0.045 이하	0.030 이하	12.00~15.00	16.00~18.00	2.00~3.00	–
STS 317	0.08 이하	1.00 이하	2.00 이하	0.045 이하	0.030 이하	11.00~15.00	18.00~20.00	3.00~4.00	–
STS 317L	0.030 이하	1.00 이하	2.00 이하	0.045 이하	0.030 이하	11.00~15.00	18.00~20.00	3.00~4.00	–
STS 321	0.08 이하	1.00 이하	2.00 이하	0.045 이하	0.030 이하	9.00~13.00	17.00~19.00	–	Ti5×C% 이상
STS 347	0.08 이하	1.00 이하	2.00 이하	0.045 이하	0.030 이하	9.00~13.00	17.00~19.00	–	Nb10×C% 이상
STS 329J1	0.08 이하	1.00 이하	1.50 이하	0.040 이하	0.030 이하	3.00~6.00	23.00~28.00	1.00~3.00	–
STS 350	0.030 이하	1.00 이하	1.50 이하	0.035 이하	0.020 이하	20.00~23.00	22.00~24.00	6.00~6.80	N0.21~0.32

■ 기계적 성질

종류의 기호	인장강도 N/mm2	항복강도 N/mm2	연신율 (%)	
			12호 시험편	5호 시험편
			세로 방향	가로 방향
STS304TPY	520 이상	205 이상	35 이상	25 이상
STS304LTPY	480 이상	175 이상	35 이상	25 이상
STS309STPY	520 이상	205 이상	35 이상	25 이상
STS310STPY	520 이상	205 이상	35 이상	25 이상
STS316TPY	520 이상	205 이상	35 이상	25 이상
STS316LTPY	480 이상	175 이상	35 이상	25 이상
STS317TPY	520 이상	205 이상	35 이상	25 이상
STS317LTPY	480 이상	175 이상	35 이상	25 이상
STS321TPY	520 이상	205 이상	35 이상	25 이상
STS347TPY	520 이상	205 이상	35 이상	25 이상
STS350TPY	674 이상	330 이상	40 이상	35 이상
STS329J1TPY	590 이상	390 이상	18 이상	13 이상

■ 배관용 용접 대구경 스테인리스 강관의 치수 및 무게

호칭지름	바깥지름 mm	호칭 두께									
		스케줄 5S					스케줄 10S				
		두께 mm	단위 무게 kg/m				두께	단위 무게 kg/m			
			STS304TPY STS304LTPY STS321TPY	STS309STPY STS310STPY STS316TPY STS316LTPY STS317TPY STS317LTPY STS347TPY	STS329J1TPY	STS350TPY		STS304TPY STS304LTPY STS321TPY	STS309STPY STS310STPY STS316TPY STS316LTPY STS317TPY STS317LTPY STS347TPY	STS329J1TPY	STS350TPY
150	165.2	2.8	11.3	11.4	11.1	11.6	3.4	13.7	13.8	13.5	14.0
200	216.3	2.8	14.9	15.0	14.6	15.2	4.0	21.2	21.3	20.8	21.6
250	267.4	3.4	22.4	22.5	22.0	22.8	4.0	26.2	26.4	25.8	26.8
300	318.5	4.0	31.3	31.5	30.8	32.0	4.5	35.2	35.4	34.6	35.9
350	355.6	4.0	35.0	35.3	34.5	35.8	5.0	43.7	43.9	42.9	44.6
400	406.4	4.5	45.1	45.3	44.3	46.0	5.0	50.0	50.3	49.2	51.1
450	457.2	4.5	50.7	51.1	49.9	51.8	5.0	56.3	56.7	55.4	57.5
500	508.0	5.0	62.6	63.1	61.6	64.0	5.5	68.8	69.3	67.7	70.3
550	558.8	5.0	69.0	69.4	67.8	70.4	5.5	75.8	76.3	74.6	77.4
600	609.6	5.5	82.8	83.3	81.4	84.5	6.5	97.7	98.3	96.0	99.7
650	660.4	5.5	89.7	90.3	88.2	91.6	8.0	130.0	131.0	128.0	133.0
700	711.2	5.5	96.7	97.3	95.1	98.7	8.0	140.0	141.0	138.0	143.0
750	762.0	6.5	122.0	123.0	120.0	125.0	8.0	150.0	151.0	148.0	153.0
800	812.8	–	–	–	–	–	8.0	160.0	161.0	158.0	164.0
850	863.6	–	–	–	–	–	8.0	171.0	172.0	168.0	174.0
900	914.4	–	–	–	–	–	8.0	181.0	182.0	178.0	184.0
1000	1016.0	–	–	–	–	–	9.5	238.0	240.0	234.0	243.0

■ 배관용 용접 대구경 스테인리스 강관의 치수 및 무게 (계속)

호칭지름	바깥지름 mm	호칭 두께								
		두께 mm	스케줄 20S 단위 무게 kg/m				두께	스케줄 40 단위 무게 kg/m			
			STS304TPY STS304LTPY STS321TPY	STS309STPY STS310STPY STS316TPY STS316LTPY STS317TPY STS317LTPY STS347TPY	STS329J1TPY	STS350TPY		STS304TPY STS304LTPY STS321TPY	STS309STPY STS310STPY STS316TPY STS316LTPY STS317TPY STS317LTPY STS347TPY	STS329J1TPY	STS350TPY
150	165.2	5.0	20.0	20.1	19.6	20.4	7.1	28.0	28.1	27.5	28.6
200	216.3	6.5	34.0	34.2	33.4	34.7	8.2	42.5	42.8	41.8	43.4
250	267.4	6.5	42.2	42.5	41.5	43.1	9.3	59.8	60.2	58.8	61.1
300	318.5	6.5	50.5	50.8	49.7	51.6	10.3	79.1	79.6	77.8	80.8
350	355.6	8.0	69.3	69.7	68.1	70.7	11.1	95.3	95.9	93.7	97.3
400	406.4	8.0	79.4	79.9	78.1	81.1	12.7	125.0	125.0	122.0	127.0
450	457.2	8.0	89.5	90.1	88.0	91.4	14.3	158.0	159.0	155.0	161.0
500	508.0	9.5	118.0	119.0	116.0	120.0	15.1	185.0	187.0	182.0	189.0
550	558.8	9.5	130.0	131.0	128.0	133.0	15.9	215.0	216.0	211.0	220.0
600	609.6	9.5	142.0	143.0	140.0	145.0	17.5	258.0	260.0	254.0	264.0
650	660.4	12.7	205.0	206.0	202.0	209.0	17.5	280.0	282.0	276.0	286.0
700	711.2	12.7	221.0	222.0	217.0	226.0	17.5	302.0	304.0	297.0	309.0
750	762.0	12.7	237.0	239.0	233.0	242.0	17.5	325.0	327.0	319.0	331.0
800	812.8	12.7	253.0	255.0	249.0	259.0	17.5	347.0	349.0	341.0	354.0
850	863.6	12.7	269.0	271.0	265.0	275.0	17.5	369.0	371.0	363.0	377.0
900	914.4	12.7	285.0	287.0	281.0	291.0	19.1	426.0	429.0	419.0	435.0
1000	1016.0	14.3	357.0	359.0	351.0	364.0	26.2	646.0	650.0	635.0	660.0

30-11 스테인리스 강 위생관

■ 종류의 기호 및 화학 성분

종류의 기호	화학 성분 (%)							
	C	Si	Mn	P	S	Ni	Cr	Mo
STS 304 TBS	0.08 이하	1.00 이하	2.00 이하	0.045 이하	0.030 이하	8.00~10.50	18.00~20.00	–
STS 304 LTBS	0.030 이하					9.00~13.00		
STS 316 TBS	0.08 이하					10.00~14.00	16.00~18.00	2.00~3.00
STS 316 LTBS	0.030 이하					12.00~16.00		

■ 기계적 성질

종류의 기호	인장강도 N/mm²	연신율 (%)
STS 304 TBS	520 이상	35 이상
STS 304 LTBS	480 이상	
STS 316 TBS	520 이상	
STS 316 LTBS	480 이상	

■ 관의 치수와 바깥지름 및 두께 허용차

바깥지름 (mm)	두께 (mm)	길이 (m)	바깥지름의 허용차	두께 허용차
25.4	1.2	4 또는 6	±0.15	±10%
31.8	1.2		±0.16	
38.1	1.2		±0.19	
50.8	1.5		±0.25	
63.5	2.0		±0.25	
76.3	2.0		±0.25	
89.1	2.0		+0.30 −0.40	
101.6	2.0		+0.35 −0.40	
114.3	3.0		+0.40 −0.60	
139.8	3.0		+0.40 −0.80	
165.2	3.0		+0.40 −1.20	

■ 식품공업용 스테인리스 강관

바깥지름 (mm)	두께 (mm)	바깥지름 (mm)	두께 (mm)
12	1	76.1	1.6
12.7	1	88.9	2
17.2	1	101.6	2
21.3	1	114.3	2
25	1.2 : 1.6	139.7	2
33.7	1.2 : 1.6	168.3	2.6
38	1.2 : 1.6	219.1	2.6
40	1.2 : 1.6	273	2.6
51	1.2 : 1.6	323.9	2.6
63.5	1.6	355.6	2.6
70	1.6	406.4	3.2

■ 화학 성분

단위 : %

종류	C	Si	Mn	P	S	Cr	Mo	Ni
TS 47	≦0.07	≦1.00	≦2.00	≦0.045	≦0.030	17.00~19.00	–	8.00~12.00
TS 60	≦0.07	≦1.00	≦2.00	≦0.045	≦0.030	16.00~18.50	2.00~2.50	11.00~14.00
TS 61	≦0.07	≦1.00	≦2.00	≦0.045	≦0.030	16.00~18.50	2.50~3.00	11.00~14.50
TW 47	≦0.07	≦1.00	≦2.00	≦0.045	≦0.030	17.00~19.00	–	8.00~11.00
TW 60	≦0.07	≦1.00	≦2.00	≦0.045	≦0.030	16.00~18.50	2.00~2.50	10.50~14.00
TW 61	≦0.07	≦1.00	≦2.00	≦0.045	≦0.030	16.00~18.50	2.50~3.00	11.00~14.50

■ 기계적 성질(실온)

종류	하항복점 또는 0.2% 항복강도 N/mm^2	1.0% 항복강도 N/mm^2	인장강도 N/mm^2	연신율 N/mm^2
TS 47	195 이상	235 이상	490~690	30 이상
TS 60	205 이상	245 이상	510~710	30 이상
TS 61	205 이상	245 이상	510~710	30 이상
TW 47	195 이상	235 이상	510~710	30 이상
TW 60	205 이상	245 이상	510~710	30 이상
TW 61	205 이상	245 이상	490~690	30 이상

30-12 가열로용 강관

■ 종류의 기호

분류		종류의 기호	분류	종류의 기호
탄소강 강관		STF 410	오스테나이트계 스테인리스강 강관	STS 304 TF STS 304 HTF STS 309 TF STS 310 TF STS 316 TF STS 316 HTF STS 321 TF STS 321 HTF STS 347 TF STS 347 HTF
합금강 강관	몰리브덴강 강관	STFA 12	니켈-크롬-철 합금관	NCF 800 TF NCF 800 HTF
	크롬-몰리브덴강 강관	STFA 22 STFA 23 STFA 24 STFA 25 STFA 26		

■ 화학 성분

종류의 기호	화학 성분 (%)								
	C	Si	Mn	P	S	Ni	Cr	Mo	기타
STF 410	0.30 이하	0.10~0.35	0.30~1.00	0.035 이하	0.035 이하	-	-	-	-
STFA 12	0.10~0.20	0.10~0.50	0.30~0.80	0.035 이하	0.035 이하	-	-	0.45~0.65	-
STFA 22	0.15 이하	0.50 이하	0.30~0.60	0.035 이하	0.035 이하	-	0.80~1.25	0.45~0.65	-
STFA 23	0.15 이하	0.50~1.00	0.30~0.60	0.030 이하	0.030 이하	-	1.00~1.50	0.45~0.65	-
STFA 24	0.15 이하	0.50 이하	0.30~0.60	0.030 이하	0.030 이하	-	1.90~2.60	0.87~1.13	-
STFA 25	0.15 이하	0.50 이하	0.30~0.60	0.030 이하	0.030 이하	-	4.00~6.00	0.45~0.65	-
STFA 26	0.15 이하	0.25~1.00	0.30~0.60	0.030 이하	0.030 이하	-	8.00~10.00	0.90~1.10	-
STS 304 TF	0.08 이하	1.00 이하	2.00 이하	0.040 이하	0.030 이하	8.00~11.00	18.00~20.00	-	-
STS 304 HTF	0.04~0.10	0.75 이하	2.00 이하	0.040 이하	0.030 이하	8.00~11.00	18.00~20.00	-	-
STS 309 TF	0.15 이하	1.00 이하	2.00 이하	0.040 이하	0.030 이하	12.00~15.00	22.00~24.00	-	-
STS 310 TF	0.15 이하	1.50 이하	2.00 이하	0.040 이하	0.030 이하	19.00~22.00	24.00~26.00	-	-
STS 316 TF	0.08 이하	1.00 이하	2.00 이하	0.040 이하	0.030 이하	10.00~14.00	16.00~18.00	2.00~3.00	-
STS 316 HTF	0.04~0.10	0.75 이하	2.00 이하	0.030 이하	0.030 이하	11.00~14.00	16.00~18.00	2.00~3.00	-
STS 321 TF	0.08 이하	1.00 이하	2.00 이하	0.040 이하	0.030 이하	9.00~13.00	17.00~19.00	-	Ti5×C% 이상
STS 321 HTF	0.04~0.10	0.75 이하	2.00 이하	0.030 이하	0.030 이하	9.00~13.00	17.00~20.00	-	Ti4×C% ~0.60
STS 347 TF	0.08 이하	1.00 이하	2.00 이하	0.040 이하	0.030 이하	9.00~13.00	17.00~19.00	-	Nb10×C% 이상
STS 347 HTF	0.04~0.10	0.75 이하	2.00 이하	0.030 이하	0.030 이하	9.00~13.00	17.00~20.00	-	Nb8×C% ~1.00
NCF 800 TF	0.10 이하	1.00 이하	1.50 이하	0.030 이하	0.015 이하	30.00~35.00	19.00~23.00	-	Cu0.75 이하 Al0.15~0.60 Ti0.15~0.60
NCF 800 HTF	0.05~0.10	1.00 이하	1.50 이하	0.030 이하	0.015 이하	30.00~35.00	19.00~23.00	-	Cu0.75 이하 Al0.15~0.60 Ti0.15~0.60

■ 기계적 성질

종류의 기호	가공의 구분	인장강도 N/mm^2 {kgf/mm^2}	항복점 또는 내력 N/mm^2 {kgf/mm^2}	연신율 %			
				11호 시험편 12호 시험편	5호 시험편	4호 시험편	
				세로방향	가로방향	세로방향	가로방향
STF 410	–	410 이상 {42}	245 이상 {25}	25 이상	20 이상	24 이상	19 이상
STFA 12	–	380 이상 {39}	205 이상 {21}	30 이상	25 이상	24 이상	19 이상
STFA 22	–	410 이상 {42}	205 이상 {21}	30 이상	25 이상	24 이상	19 이상
STFA 23	–	410 이상 {42}	205 이상 {21}	30 이상	25 이상	24 이상	19 이상
STFA 24	–	410 이상 {42}	205 이상 {21}	30 이상	25 이상	24 이상	19 이상
STFA 25	–	410 이상 {42}	205 이상 {21}	30 이상	25 이상	24 이상	19 이상
STFA 26	–	410 이상 {42}	205 이상 {21}	30 이상	25 이상	24 이상	19 이상
STS 304 TF	–	520 이상 {53}	205 이상 {21}	35 이상	25 이상	30 이상	22 이상
STS 304 HTF	–	520 이상 {53}	205 이상 {21}	35 이상	25 이상	30 이상	22 이상
STS 309 TF	–	520 이상 {53}	205 이상 {21}	35 이상	25 이상	30 이상	22 이상
STS 310 TF	–	520 이상 {53}	205 이상 {21}	35 이상	25 이상	30 이상	22 이상
STS 316 TF	–	520 이상 {53}	205 이상 {21}	35 이상	25 이상	30 이상	22 이상
STS 316 HTF	–	520 이상 {53}	205 이상 {21}	35 이상	25 이상	30 이상	22 이상
STS 321 TF	–	520 이상 {53}	205 이상 {21}	35 이상	25 이상	30 이상	22 이상
STS 321 HTF	–	520 이상 {53}	205 이상 {21}	35 이상	25 이상	30 이상	22 이상
STS 347 TF	–	520 이상 {53}	205 이상 {21}	35 이상	25 이상	30 이상	22 이상
STS 347 HTF	–	520 이상 {53}	205 이상 {21}	35 이상	25 이상	30 이상	22 이상
NCF 800 TF	냉간가공	520 이상 {53}	205 이상 {21}	30 이상	–	–	–
	열간가공	450 이상 {46}	175 이상 {18}	30 이상	–	–	–
NCF 800 HTF	–	450 이상 {46}	175 이상 {18}	30 이상	–	–	–

30-13 일반 배관용 스테인리스 강관

■ 종류의 기호

종류의 기호	용도(참고)
STS 304 TPD	통상의 급수, 급탕, 배수, 냉온수 등의 배관용
STS 316 TPD	수질, 환경 등에서 STS 304보다 높은 내식성이 요구되는 경우

■ 인장 강도 및 연신율

종류의 기호	인장강도 N/mm^2	연신율 (%)	
		11호 시험편, 12호 시험편	5호 시험편
		세로 방향	가로 방향
STS 304 TPD	520 이상	35 이상	25 이상
STS 316 TPD			

■ 용출 성능

시험 항목	판정 기준		시험 항목	판정 기준	
	급수 설비	일반 수도용 자재		급수 설비	일반 수도용 자재
맛	이상이 없을 것	이상이 없을 것	6가 크롬	0.05 mg/L 이하	0.005 mg/L 이하
냄새	이상이 없을 것	이상이 없을 것	구리	1.0 mg/L 이하	0.1 mg/L 이하
색도	5도 이하	0.5도 이하	납	0.01 mg/L 이하	0.001 mg/L 이하
탁도	0.5 NTU 이하	0.2 NTU 이하	셀레늄	0.01 mg/L 이하	0.001 mg/L 이하
비소	0.01 mg/L 이하	0.001 mg/L 이하	철	0.3 mg/L 이하	0.03 mg/L 이하
카드뮴	0.005 mg/L 이하	0.0005 mg/L 이하	수은	0.001 mg/L 이하	0.0001 mg/L 이하

■ 바깥지름, 두께, 치수 허용차 및 무게

단위 : mm

호칭 방법 Su	바깥지름	바깥지름 허용차		두께	두께의 허용차	단위 무게 (kg/m)	
		바깥지름	둘레 길이			STS 304 TPD	STS 316 TPD
8	9.52	0 −0.37	−	0.7	±0.12	0.154	0.155
10	12.70			0.8		0.237	0.239
13	15.88			0.8		0.301	0.303
20	22.22			1.0		0.529	0.532
25	28.58			1.0		0.687	0.691
30	34.0	±0.34	±0.20	1.2		0.980	0.986
40	42.7	±0.43		1.2		1.24	1.25
50	48.6	±0.49	±0.25	1.2		1.42	1.43
60	60.5	±0.60		1.5	±0.15	2.20	2.21
75	76.3	±1 %	±0.8 %	1.5		2.79	2.81
80	89.1			2.0	±0.30	4.34	4.37
100	114.3			2.0		5.59	5.63
125	139.8			2.0		6.87	6.91
150	165.2			3.0	±0.40	12.1	12.2
200	216.3			3.0		15.9	16.0
250	267.4			3.0		19.8	19.9
300	318.5			3.0		23.6	23.8

30-14 비닐하우스용 도금 강관

■ 종류의 기호

종 류		기 호
일반 농업용	아연도강관	SPVH
	55% 알루미늄-아연합금 도금 강관	SPVH-AZ
구조용	아연도강관	SPVHS
	55% 알루미늄-아연합금 도금 강관	SPVHS-AZ

■ 기계적 성질

종류의 기호	항복 강도 N/mm^2	인장 강도 N/mm^2	연신율 %
SPVH	205 이상	270 이상	20 이상
SPVHS	295 이상	400 이상	18 이상
SPVH-AZ	205 이상	275 이상	20 이상
SPVHS-AZ	295 이상	400 이상	18 이상

■ 치수, 무게 및 치수 허용차

단위 : kg/m

호칭명	바깥지름 mm	두께 mm					
		1.2	1.4	1.5	1.6	1.7	2.0
15	15.9	0.435	0.501	0.533	0.564	–	–
19	19.1	0.530	0.611	0.651	0.690	–	–
22	22.2	0.621	0.718	0.766	0.813	–	–
25	25.4	0.716	0.829	0.884	0.939	0.994	–
28	28.6	0.811	0.939	1.00	1.07	1.13	–
31	31.8	0.906	1.05	1.12	1.19	1.26	–
38	38.1	1.09	1.27	1.35	1.44	1.53	1.78
50	50.8	1.47	1.71	1.82	1.94	2.06	2.41

■ 관의 바깥지름 및 두께 치수 허용차

항 목		허용차 mm
바깥지름 mm		0.0~+0.5
두께	1.6 미만	0.0~+0.13
	1.6 이상	0.0~+0.17

30-15 자동차 배관용 금속관

■ 관의 종류 및 기호

기 호	종 류
2중권 강관	TDW
1중권 강관	TSW
기계 구조용 탄소 강관	STKM11A
이음매 없는 구리 및 구리합금 관	C1201T

■ 표면처리의 종류

종 류	기 호	표면처리의 종류 및 유무에 따른 구분				
		표면처리하지 않음	주석-납합금 도금	아연 도금 8㎛	아연 도금 13㎛	아연 도금 25㎛
2중권 강관	TDW	TDW-N	TDW-T	TDW-Z8	TDW-Z13	TDW-Z25
1중권 강관	TSW	TSW-N	TSW-T	TSW-Z8	TSW-Z13	TSW-Z25
기계 구조용 탄소 강관	STKM11A	STKM11A-N	STKM11A-T	STKM11A-Z8	STKM11A-Z13	STKM11A-Z25
이음매 없는 구리 및 구리합금 관	C1201T	C1201T	-	-	-	-

■ 화학 성분

종류	기호	화학 성분 (%)					
		C	Mn	P	S	Si	Cu
2중권 강관	TDW	0.12 이하	0.5 이하	0.040 이하	0.045 이하	-	-
1중권 강관	TSW						
기계 구조용 탄소 강관	STKM11A	0.12 이하	0.25~0.60	0.040 이하	0.040 이하	0.35 이하	-
이음매 없는 구리 및 구리합금 관	C1201T	-	-	0.004 이상 0.015 이하	-	-	99.9 이상

■ 기계적 성질

종류	기호	인장강도 kgf/mm^2	항복점 kgf/mm^2	신장률 (%) (11호 시험편)	경도
2중권 강관	TDW	30 이상	18 이상	25 이상	HR30T 65 이하
1중권 강관	TSW				
기계 구조용 탄소 강관	STKM11A	30 이상	-	25 이상	-
이음매 없는 구리 및 구리합금 관	C1201T	21 이상	-	40 이상	-

■ 관의 치수

단위 : mm

호칭지름	바깥지름		살두께				
	기준치수	허용차	기준 치수				허용차
			2중권 강관	1중권 강관	기계 구조용 탄소 강관	이음매 없는 구리 및 구리합금 관	
3.17	3.17		0.7	0.7	0.7	0.8	
4.0	4.0		1.0	1.0	–	–	
4.76	4.76		0.7	0.7	0.7	0.8	
5.0	5.0		1.5	1.0	–	–	
6.35	6.35		0.7	0.7	0.7	0.8	
8	8		0.7	0.7	0.7	0.8	
10	10		0.7	0.7	0.7	1.0	
10	10		0.9	0.7	0.7	1.0	
12	12		0.9	0.9	0.9	1.0	
12	12		1.0	0.9	0.9	1.0	
12.7	12.7	±0.1	–	0.9	0.9	1.0	±0.1
14	14		–	–	1.0	–	
15	15		1.0	1.0	1.0	1.0	
17.5	17.5		–	–	1.6	–	
18	18		1.0	1.0	1.0	1.0	
20	20		–	–	1.0	1.0	
21	21		–	–	1.5	–	
22	22		–	–	1.0	1.0	
25.4	25.4		–	–	1.6	–	
28	28		–	–	1.5	–	
28.6	28.6		–	–	1.2	–	

■ 관의 무게값

단위 : g/m

호칭지름	2중권 강관	1중권 강관	기계 구조용 탄소 강관	이음매 없는 구리 및 구리합금 관
3.17	43	43	43	53
4.0	74	74	–	–
4.76	71	70	70	89
5.0	130	99	–	–
6.35	99	98	98	124
8	128	126	126	196
10	163	161	161	251
10	202	–	–	–
12	–	246	246	307
12	247	–	–	–
12.7	–	262	262	327
14	–	–	313	–
15	346	345	345	391

호칭지름	2중권 강관	1중권 강관	기계 구조용 탄소 강관	이음매 없는 구리 및 구리합금 관
17.5	–	–	629	–
18	420	419	419	475
20	–	–	469	531
21	–	–	723	–
22	–	–	518	587
25.4	–	–	941	–
28	–	–	982	–
28.6	–	–	813	–

30-16 일반용수용 도복장강관

■ 종류의 기호 및 제조 방법

종류의 기호	제조방법
STWS 290	단접 또는 전기 저항 용접
STWS 370	전기 저항 용접
STWS 400	전기 저항 용접 또는 아크 용접

■ 화학 성분

종류의 기호	화학 성분 (%)		
	C	P	S
STWS 290	–	0.040 이하	0.040 이하
STWS 370	0.25 이하	0.040 이하	0.040 이하
STWS 400	0.25 이하	0.040 이하	0.040 이하

■ 기계적 성질

종류의 기호	인장강도 N/mm^2	항복점 또는 항복강도 N/mm^2	연신율 (%)	
			11호 시험편 12호 시험편	1A호 시험편 5호 시험편
			세로 방향	가로 방향
STWS 290	294 이상	–	30 이상	25 이상
STWS 370	373 이상	216 이상	30 이상	25 이상
STWS 400	402 이상	226 이상	–	18 이상

■ 바깥지름, 두께 및 무게

호칭지름 A	바깥지름 mm	종류의 기호							
		STWS 290		STWS 370		STWS 400			
						호칭 두께			
						A		B	
		두께 mm	무게 kg/m	두께 mm	무게 kg/m	두께 mm	무게 kg/m	두께 mm	무게 kg/m
80	89.1	4.2	8.79	4.5	9.39	–	–	–	–
100	114.3	4.5	12.2	4.9	13.2	–	–	–	–
125	139.8	4.5	15.0	5.1	16.9	–	–	–	–
150	165.2	5.0	19.8	5.5	21.7	–	–	–	–
200	216.3	5.8	30.1	6.4	33.1	–	–	–	–
250	267.4	6.6	42.4	6.4	41.2	–	–	–	–
300	318.5	6.9	53.0	6.4	49.3	–	–	–	–
350	355.6	–	–	–	–	6.0	51.7	–	–
400	406.4	–	–	–	–	6.0	59.2	–	–
450	457.2	–	–	–	–	6.0	66.8	–	–
500	508.0	–	–	–	–	6.0	74.3	–	–
600	609.6	–	–	–	–	6.0	89.3	–	–
700	711.2	–	–	–	–	7.0	122	6.0	104
800	812.8	–	–	–	–	8.0	159	7.0	139
900	914.4	–	–	–	–	8.0	179	7.0	157
1000	1016.0	–	–	–	–	9.0	223	8.0	199
1100	1117.6	–	–	–	–	10.0	273	8.0	219
1200	1219.2	–	–	–	–	11.0	328	9.0	269
1350	1371.6	–	–	–	–	12.0	402	10.0	336
1500	1524.0	–	–	–	–	14.0	521	11.0	410
1600	1625.6	–	–	–	–	15.0	596	12.0	477
1650	1676.4	–	–	–	–	15.0	615	12.0	493
1800	1828.8	–	–	–	–	16.0	715	13.0	582
1900	1930.4	–	–	–	–	17.0	802	14.0	662
2000	2032.0	–	–	–	–	18.0	894	15.0	746
2100	2133.6	–	–	–	–	19.0	991	16.0	836
2200	2235.2	–	–	–	–	20.0	1090	17.0	876
2300	2336.8	–	–	–	–	21.0	1200	18.0	973
2400	2438.4	–	–	–	–	22.0	1310	18.0	1070
2500	2540.0	–	–	–	–	23.0	1430	19.0	1120
2600	2641.6	–	–	–	–	24.0	1550	20.0	1230
2700	2743.2	–	–	–	–	25.0	1680	21.0	1340
2800	2844.8	–	–	–	–	26.0	1810	21.0	1460
2900	2946.9	–	–	–	–	27.0	1940	21.0	1520
3000	3048.0	–	–	–	–	29.0	2160	22.0	1640

30-17 일반용수용 도복장강관 이형관

■ 종류의 기호

종류의 기호	최고 허용 압력 MPa{kgf/cm²}
F 12	1.2 {12.5}
F 15	1.5 {15}
F 20	2.0 {20}

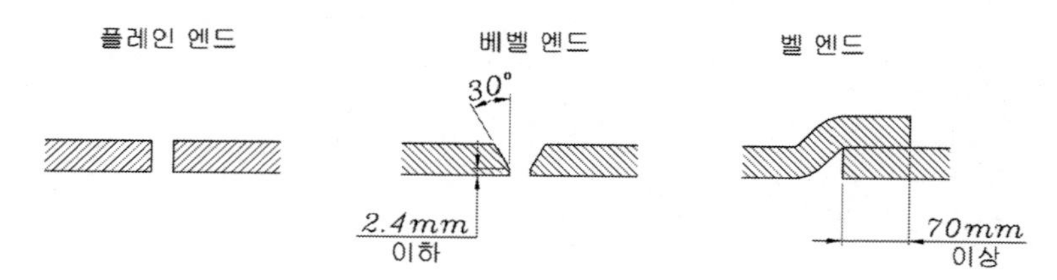

■ 바깥지름 및 두께의 허용차

구분	호칭지름	허용차	
바깥지름	80A 이상 200A 미만	±1%	
	2000A 이상 600A 미만	±0.8%	
	600A 이상	±0.5% (측정은 둘레길이에 따른다)	
두께	350A 미만	+15% −8%	
벨엔드 안지름	1600mm 미만	바깥지름 +5.0mm 이내	측정은 원둘레의 길이에 따른다.
	1600mm 이상	바깥지름 +6.0mm 이내	

■ 플랜지의 치수 허용차

단위 : mm

플랜지 부분		치수 구분	치수 허용차
바깥지름 D_5		300 이하	±1
		300 초과 600 이하	±1.5
		600 초과 1000 이하	±2
		1000 초과 1500 이하	±2.5
		1500을 초과하는 것	±3
볼트구멍	중심원 지름 D_4	250 이하	±0.5
		250 초과 550 이하	±0.6
		550 초과 950 이하	±0.8
		950 초과 1350 이하	±1
		1350을 초과하는 것	±1.5
	구멍 피치	−	±0.5
	구멍지름 d^1	−	+1.5 0

플랜지 부분		치수 구분	치수 허용차
두께 K		20 이하	+1.5 0
		20 초과 50 이하	+2 0
		50 초과 100 이하	+3 0
허브의 높이 L		200 이하	+2 0
		200 초과 300 이하	+3 0
		300을 초과하는 것	+4 0
개스킷 홈	안지름 G_1	450 이하	+1.5 0
		450 초과 1600 이하	±1.5
		1600을 초과하는 것	±2
	나비 e	10 이하	+1 0
		10을 초과하는 것	+0.5 −1.0
	깊이 S	5 이하	+0.2 −0.5
		5 초과 10 이하	+0.2 −0.8
		10을 초과하는 것	+0.5 −0.8

■ 개스킷 각 부의 치수 허용차

단위 : mm

호칭지름 A	GF형 개스킷			RF형 개스킷		
	G_1' (%)	a, a_1	b, b_1	D_1	D_3	t
80A~200A	+1.0 0	±0.3	±0.3	+2.0 0	0 −2.0	+0.5 −0.3
250A~450A				+3.0 0	0 −3.0	
500A~700A	0 −1.0			+4.0 0	0 −4.0	
800A~1000A				+6.0 0	0 −5.0	
1100A~1500A				+7.0 0	0 −6.0	
1600A~3000A				+8.0 0	0 −7.0	

■ 관의 종류별 바깥지름 및 두께

단위 : mm

호칭지름 A	바깥지름	관의 종류 및 두께		
		F12	F15	F20
80	89.1	4.2	4.2	4.5
100	114.3	4.5	4.5	4.9
125	139.8	4.5	4.5	5.1
150	165.2	5.0	5.0	5.5
200	216.3	5.8	5.8	6.4
250	267.4	6.6	6.6	6.4
300	318.5	6.9	6.9	6.4
350	355.6	6.0	6.0	6.0
400	406.4	6.0	6.0	6.0
450	457.2	6.0	6.0	6.0
500	508.0	6.0	6.0	6.0
600	609.6	6.0	6.0	6.0
700	711.2	6.0	6.0	7.0
800	812.8	7.0	7.0	8.0
900	914.4	7.0	8.0	8.0
1000	1016.0	8.0	9.0	9.0
1100	1117.6	8.0	10.0	10.0
1200	1219.2	9.0	11.0	11.0
1350	1371.6	10.0	12.0	12.0
1500	1524.0	11.0	14.0	14.0
1600	1625.6	12.0	15.0	15.0
1650	1676.4	12.0	15.0	15.0
1800	1828.8	13.0	16.0	16.0
1900	1930.4	14.0	17.0	17.0
2000	2032.0	15.0	18.0	18.0
2100	2133.6	16.0	19.0	19.0
2200	2235.2	16.0	20.0	20.0
2300	2336.8	17.0	21.0	21.0
2400	2438.4	18.0	22.0	22.0
2500	2540.0	18.0	23.0	23.0
2600	2641.6	19.0	24.0	24.0
2700	2743.2	20.0	25.0	25.0
2800	2844.8	21.0	26.0	26.0
2900	2946.4	21.0	27.0	27.0
3000	3048.0	22.0	29.0	29.0

❶ 90° 곡관

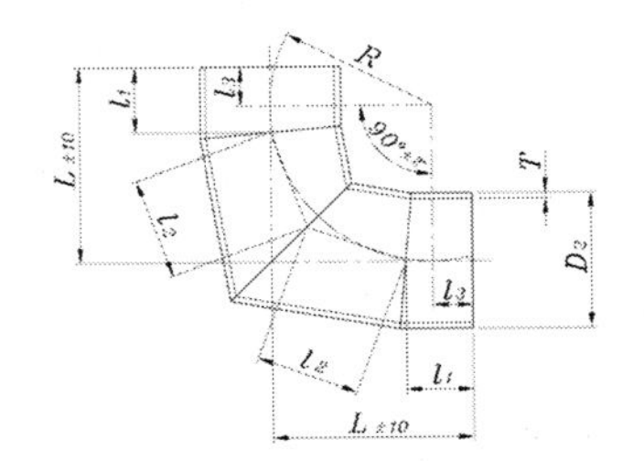

단위 : mm

호칭지름 A	바깥지름 D_2	F12	F15	F20	각부 치수					관심길이	참고 무게 (kg)		
		관두께			R	l_1	l_2	l_3	L		F12	F15	F20
		T	T	T									
80	89.1	4.2	4.2	4.5	230	231.6	123.2	170	400	709.6	6.24	6.24	6.66
100	114.3	4.5	4.5	4.9	230	231.6	123.2	170	400	709.6	8.66	8.66	9.37
125	139.8	4.5	4.5	5.1	230	231.6	123.2	170	400	709.6	10.6	10.6	12.0
150	165.2	5.0	5.0	5.5	250	267.0	134.0	200	450	802.0	15.9	15.9	17.4
200	216.3	5.8	5.8	6.4	310	273.1	166.2	190	500	878.6	26.4	26.4	29.1
250	267.4	6.6	6.6	6.4	360	286.5	193.0	190	550	959.0	40.7	40.7	39.5
300	318.5	6.9	6.9	6.4	410	299.9	219.8	190	600	1039.4	55.1	55.1	51.2
350	355.6	6.0	6.0	6.0	460	263.3	246.6	140	600	1019.8	52.7	52.7	52.7
400	406.4	6.0	6.0	6.0	510	276.7	273.4	140	650	1100.2	65.1	65.1	65.1
450	457.2	6.0	6.0	6.0	530	312.0	284.0	170	700	1192.0	79.6	79.6	79.6
500	508.0	6.0	6.0	6.0	560	290.1	300.2	140	700	1180.6	87.7	87.7	87.7
600	609.6	6.0	6.0	6.0	660	366.8	353.6	190	850	1440.8	129	129	129
700	711.2	6.0	6.0	7.0	790	371.7	423.4	160	950	1590.2	165	165	194
800	812.8	7.0	7.0	8.0	790	371.7	423.4	160	950	1590.2	221	221	253
900	914.4	7.0	7.0	8.0	860	420.4	460.8	190	1050	1762.4	277	316	316
1000	1016.0	8.0	8.0	9.0	910	433.8	487.6	190	1100	1842.8	367	411	411
1100	1117.6	8.0	8.0	10.0	910	433.8	487.6	190	1100	1842.8	404	503	503
1200	1219.2	9.0	9.0	11.0	970	439.9	519.8	180	1150	1919.4	516	630	630
1350	1371.6	10.0	10.0	12.0	1020	453.3	546.6	180	1200	1999.8	672	804	804
1500	1524.0	11.0	11.0	14.0	1070	466.7	573.4	180	1250	2080.2	853	1080	1080
1600	1625.6	12.0	12.0	15.0	1200	471.5	643.1	150	1350	2229.2	1060	1330	1330
1650	1676.4	12.0	12.0	15.0	1250	484.9	669.9	150	1400	2309.6	1140	1420	1420
1800	1828.8	13.0	13.0	16.0	1300	498.3	696.7	150	1450	2390.0	1390	1710	1710
1900	1930.4	14.0	14.0	17.0	1350	511.7	723.5	150	1500	2470.4	1640	1980	1980
2000	2032.0	15.0	15.0	18.0	1400	525.1	750.3	150	1550	2550.8	1900	2280	2280
2100	2133.6	16.0	16.0	190	1450	538.5	777.1	150	1600	2631.2	2200	2610	2610
2200	2235.2	16.0	16.0	20.0	1500	551.9	803.8	150	1650	2711.4	2380	2960	2960
2300	2336.8	17.0	17.0	21.0	1550	565.3	830.6	150	1700	2791.8	2720	3350	3350
2400	2438.4	18.0	18.0	22.0	1600	578.7	857.4	150	1750	2872.2	3080	3770	3770
2500	2540.0	18.0	18.0	23.0	1650	592.1	884.2	150	1800	2952.6	3300	4220	4220
2600	2641.6	19.0	19.0	24.0	1700	605.5	911.0	150	1850	3033.0	3730	4700	4700
2700	2743.2	20.0	20.0	25.0	1750	618.9	937.8	150	1900	3113.4	4180	5220	5220
2800	2844.8	21.0	21.0	26.0	1800	632.3	964.6	150	1950	3193.8	4670	5770	5770
2900	2946.4	21.0	21.0	27.0	1850	645.7	991.4	150	2000	3274.2	4960	6360	6360
3000	3048.0	22.0	22.0	29.0	1900	659.1	1018.2	150	2050	3354.6	5510	7240	7240

❷ 45° 곡관

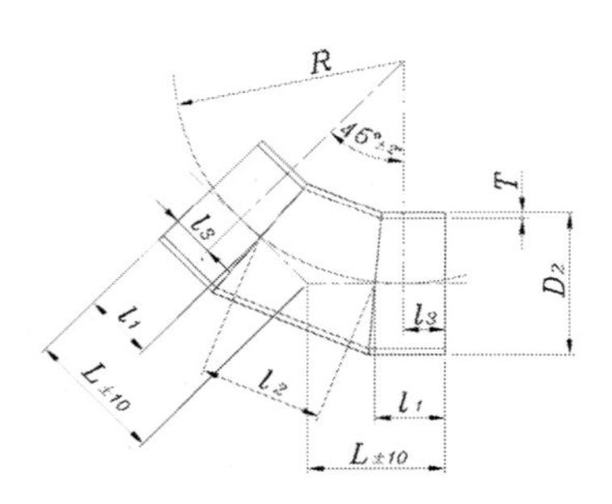

단위 : mm

호칭지름	바깥지름	F12	F15	F20	각부 치수					관심길이	참고 무게 (kg)		
		두께											
A	D_2	T	T	T	R	l_1	l_2	l_3	L		F11	F15	F20
80	89.1	4.2	4.2	4.5	370	270.3	147.2	196.7	350	687.8	6.05	6.05	6.46
100	114.3	4.5	4.5	4.9	370	270.3	147.2	196.7	350	687.8	8.39	8.39	9.08
125	139.8	4.5	4.5	5.1	370	270.3	147.2	196.7	350	687.8	10.3	10.3	11.6
150	165.2	5.0	5.0	5.5	430	357.4	171.0	271.9	450	885.8	17.5	17.5	19.2
200	216.3	5.8	5.8	6.4	490	344.5	195.0	247.0	450	884.0	26.6	26.6	29.3
250	267.4	6.6	6.6	6.4	550	331.6	218.8	222.2	450	882.0	37.4	37.4	36.3
300	318.5	6.9	6.9	6.4	610	318.6	242.6	197.3	450	879.8	46.6	46.6	43.4
350	355.6	6.0	6.0	6.0	680	353.6	270.6	218.3	500	977.8	50.6	50.6	50.6
400	406.4	6.0	6.0	6.0	740	340.7	294.4	193.5	500	975.8	57.8	57.8	57.8
450	457.2	6.0	6.0	6.0	800	327.7	318.2	168.6	500	973.6	65.0	65.0	65.0
500	508.0	6.0	6.0	6.0	860	314.9	342.2	143.8	500	972.0	72.2	72.2	72.2
600	609.6	6.0	6.0	6.0	980	539.0	389.8	344.1	750	1467.8	131	131	131
700	711.2	6.0	6.0	7.0	1170	498.1	465.4	265.4	750	1461.6	152	152	178
800	812.8	7.0	7.0	8.0	1170	748.1	465.4	515.4	1000	1961.6	273	273	312
900	914.4	7.0	7.0	8.0	1290	722.4	513.2	465.7	1000	1958.0	307	350	350
1000	1016.0	8.0	8.0	9.0	1350	709.3	537.0	440.8	1000	1955.6	389	436	436
1100	1117.6	8.0	8.0	10.0	1350	709.3	537.0	440.8	1000	1955.6	428	534	534
1200	1219.2	9.0	9.0	11.0	1410	696.4	560.8	416.0	1000	1953.6	526	641	641
1350	1371.6	10.0	10.0	12.0	1470	683.5	584.8	391.1	1000	1951.8	656	785	785
1500	1524.0	11.0	11.0	14.0	1530	670.6	608.6	366.3	1000	1949.8	799	1020	1020
1600	1625.6	12.0	12.0	15.0	1680	638.3	668.3	304.1	1000	1944.9	928	1160	1160
1650	1676.4	12.0	12.0	15.0	1680	638.3	668.3	304.1	1000	1944.9	959	1200	1200
1800	1828.8	13.0	13.0	16.0	1680	638.3	668.3	304.1	1000	1944.9	1130	1390	1390
1900	1930.4	14.0	14.0	17.0	1800	612.5	716.1	254.4	1000	1941.1	1290	1560	1560
2000	2032.0	15.0	15.0	18.0	1800	612.5	716.1	254.4	1000	1941.1	1450	1740	1740
2100	2133.6	16.0	16.0	19.0	1920	636.6	763.8	254.7	1050	2037.0	1700	2020	2020
2200	2235.2	16.0	16.0	200	1920	363.6	763.8	254.7	1050	2037.0	1780	2230	2230
2300	2336.8	17.0	17.0	21.0	2040	660.8	811.6	255.0	1100	2133.2	2080	2560	2560
2400	2438.4	18.0	18.0	22.0	2040	660.8	811.6	255.0	1100	2133.2	2290	2800	2800
2500	2540.0	18.0	18.0	23.0	2160	685.0	859.3	255.3	1150	2229.3	2500	3180	3180
2600	2641.6	19.0	19.0	24.0	2160	685.0	859.3	255.3	1150	2229.3	2740	3450	3450
2700	2743.2	20.0	20.0	25.0	2160	685.0	859.3	255.3	1150	2229.3	2990	3740	3740
2800	2844.8	21.0	21.0	26.0	2280	709.1	907.0	255.6	1200	2325.2	3400	4200	4200
2900	2946.4	21.0	21.0	27.0	2280	709.1	907.0	255.6	1200	2325.2	3520	4520	4520
3000	3048.0	22.0	22.0	29.0	2400	733.3	954.8	255.9	1250	2421.4	3980	5230	5230

❸ $22\frac{1}{2}°$ 곡관

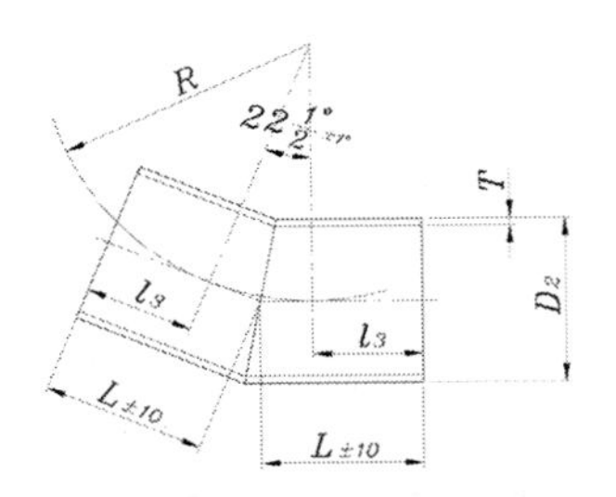

단위 : mm

호칭지름 A	바깥지름 D_2	F12	F15	F20	각부 치수			관심길이	참고 무게 (kg)		
		관 두께									
		T	T	T	R	l_3	L		F12	F15	F20
80	89.1	4.2	4.2	4.5	380	124.4	200	400	3.52	3.52	3.76
100	114.3	4.5	4.5	4.9	380	124.4	200	400	4.88	4.88	5.28
125	139.8	4.5	4.5	5.1	380	124.4	200	400	6.00	6.00	6.76
150	165.2	5.0	5.0	5.5	380	124.4	200	400	7.92	7.92	8.68
200	216.3	5.8	5.8	6.4	510	148.6	250	500	15.1	15.1	16.5
250	267.4	6.6	6.6	6.4	510	148.6	250	500	21.2	21.2	20.6
300	318.5	6.9	6.9	6.4	640	122.7	250	500	26.5	26.5	24.6
350	355.6	6.0	6.0	6.0	640	372.7	500	1000	51.7	51.7	51.7
400	406.4	6.0	6.0	6.0	770	346.8	500	1000	59.2	59.2	59.2
450	457.2	6.0	6.0	6.0	770	346.8	500	1000	66.8	66.8	66.8
500	508.0	6.0	6.0	6.0	890	323.0	500	1000	74.3	74.3	74.3
600	609.6	6.0	6.0	6.0	1020	547.1	750	1500	134	134	134
700	711.2	6.0	6.0	7.0	1150	521.3	750	1500	156	156	183
800	812.8	7.0	7.0	8.0	1150	771.3	1000	2000	278	278	318
900	914.4	7.0	8.0	8.0	1280	745.4	1000	2000	314	314	358
1000	1016.0	8.0	9.0	9.0	1410	719.5	1000	2000	398	398	446
1100	1117.6	8.0	10.0	10.0	1410	719.5	1000	2000	438	438	546
1200	1219.2	9.0	11.0	11.0	1410	719.5	1000	2000	538	538	656
1350	1371.6	10.0	12.0	12.0	1530	695.7	1000	2000	672	672	804
1500	1524.0	11.0	14.0	14.0	1530	695.7	1000	2000	820	820	1040
1600	1625.6	12.0	15.0	15.0	1750	651.9	1000	2000	954	954	1190
1650	1676.4	12.0	15.0	15.0	1750	651.9	1000	2000	986	986	1230
1800	1828.8	13.0	16.0	16.0	1750	651.9	1000	2000	1160	1160	1430
1900	1930.4	14.0	17.0	17.0	1750	651.9	1000	2000	1320	1320	1600
2000	2032.0	15.0	18.0	18.0	1750	651.9	1000	2000	1490	1490	1790
2100	2133.6	16.0	19.0	19.0	1950	612.1	1000	2000	1670	1670	1980
2200	2235.2	16.0	200	200	1950	612.1	1000	2000	1750	1750	2190
2300	2336.8	17.0	21.0	21.0	1950	612.1	1000	2000	1950	1950	2400
2400	2438.4	18.0	22.0	22.0	1950	612.1	1000	2000	2150	2150	2620
2500	2540.0	18.0	23.0	23.0	1950	612.1	1000	2000	2240	2240	2860
2600	2641.6	19.0	24.0	24.0	2150	572.3	1000	2000	2460	2460	3100
2700	2743.2	20.0	25.0	25.0	2150	572.3	1000	2000	2690	2690	3350
2800	2844.8	21.0	26.0	26.0	2150	572.3	1000	2000	2920	2920	3610
2900	2946.4	21.0	27.0	27.0	2150	572.3	1000	2000	3030	3030	3890
3000	3048.0	22.0	29.0	29.0	2150	572.3	1000	2000	3280	3280	4320

④ $11\frac{1}{4}°$ 곡관

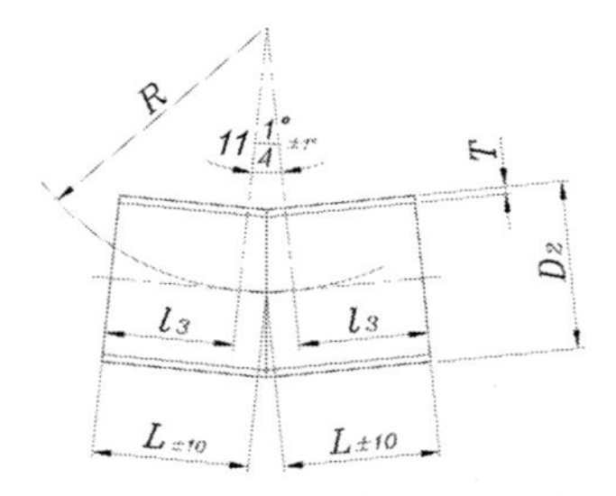

단위 : mm

호칭지름 A	바깥지름 D_2	F12	F15	F20	각부 치수			관심길이	참고 무게(kg)		
		관 두께			R	l_3	L		F12	F15	F20
		T	T	T							
80	89.1	4.2	4.2	4.5	770	124.2	200	400	3.52	3.52	3.76
100	114.3	4.5	4.5	4.9	770	124.2	200	400	4.88	4.88	5.28
125	139.8	4.5	4.5	5.1	770	124.2	200	400	6.00	6.00	6.76
150	165.2	5.0	5.0	5.5	770	124.2	200	400	7.92	7.92	8.68
200	216.3	5.8	5.8	6.4	1030	148.6	250	500	15.1	15.1	16.5
250	267.4	6.6	6.6	6.4	1030	148.6	250	500	21.2	21.2	20.6
300	318.5	6.9	6.9	6.4	1290	122.9	250	500	26.5	26.5	24.6
350	355.6	6.0	6.0	6.0	1290	372.9	500	1000	51.7	51.7	51.7
400	406.4	6.0	6.0	6.0	1550	347.3	500	1000	59.2	59.2	59.2
450	457.2	6.0	6.0	6.0	1550	347.3	500	1000	66.8	66.8	66.8
500	508.0	6.0	6.0	6.0	1810	321.7	500	1000	74.3	74.3	74.3
600	609.6	6.0	6.0	6.0	2060	547.1	750	1500	134	134	134
700	711.2	6.0	6.0	7.0	2320	521.5	750	1500	156	156	183
800	812.8	7.0	7.0	8.0	2320	771.5	1000	2000	278	278	318
900	914.4	7.0	8.0	8.0	2580	745.9	1000	2000	314	358	358
1000	1016.0	8.0	9.0	9.0	2840	720.3	1000	2000	398	446	446
1100	1117.6	8.0	10.0	10.0	2840	720.3	1000	2000	438	546	546
1200	1219.2	9.0	11.0	11.0	2840	720.3	1000	2000	538	656	656
1350	1371.6	10.0	12.0	12.0	3100	694.7	1000	2000	672	804	804
1500	1524.0	11.0	14.0	14.0	3100	694.7	1000	2000	820	1040	1040
1600	1625.6	12.0	15.0	15.0	3530	652.3	1000	2000	954	1190	1190
1650	1676.4	12.0	15.0	15.0	3530	652.3	1000	2000	986	1230	1230
1800	1828.8	13.0	16.0	16.0	3530	652.3	1000	2000	1160	1430	1430
1900	1930.4	14.0	17.0	17.0	3530	652.3	1000	2000	1320	1600	1600
2000	2032.0	15.0	18.0	18.0	3530	652.3	1000	2000	1490	1790	1790
2100	2133.6	16.0	19.0	19.0	3950	611.0	1000	2000	1670	1980	1980
2200	2235.2	16.0	200	200	3950	611.0	1000	2000	1750	2190	2190
2300	2336.8	17.0	21.0	21.0	3950	611.0	1000	2000	1950	2400	2400
2400	2438.4	18.0	22.0	22.0	3950	611.0	1000	2000	2150	2620	2620
2500	2540.0	18.0	23.0	23.0	3950	611.0	1000	2000	2240	2860	2860
2600	2641.6	19.0	24.0	24.0	4400	566.6	1000	2000	2460	3100	3100
2700	2743.2	20.0	25.0	25.0	4400	566.6	1000	2000	2690	3350	3350
2800	2844.8	21.0	26.0	26.0	4400	566.6	1000	2000	2920	3610	3610
2900	2946.4	21.0	27.0	27.0	4400	566.6	1000	2000	3030	3890	3890
3000	3048.0	22.0	29.0	29.0	4400	566.6	1000	2000	3280	4320	4320

❺ $5\frac{5}{8}°$ 곡관

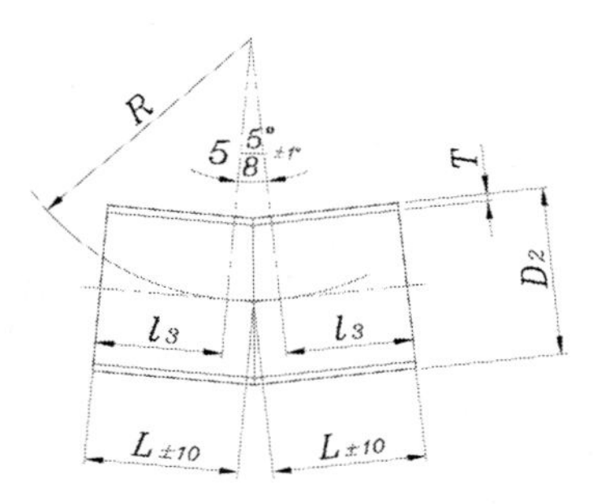

단위 : mm

호칭지름 A	바깥지름 D_2	F12	F15	F20	각부 치수			관심길이	참고 무게(kg)		
		관 두께			R	l_3	L		F12	F15	F20
		T	T	T							
1000	1016.0	8.0	9.0	9.0	5690	720.5	1000	2000	398	446	446
1100	1117.6	8.0	10.0	10.0	5690	720.5	1000	2000	438	546	546
1200	1219.2	9.0	11.0	11.0	5690	720.5	1000	2000	538	656	656
1350	1371.6	10.0	12.0	12.0	6210	694.9	1000	2000	672	804	804
1500	1524.0	11.0	14.0	14.0	6210	694.9	1000	2000	820	1040	1040
1600	1625.6	12.0	15.0	15.0	7080	652.2	1000	2000	954	1190	1190
1650	1676.4	12.0	15.0	15.0	7080	652.2	1000	2000	986	1230	1230
1800	1828.8	13.0	16.0	16.0	7080	652.2	1000	2000	1160	1430	1430
1900	1930.4	14.0	17.0	17.0	7080	652.2	1000	2000	1320	1600	1600
2000	2032.0	15.0	18.0	18.0	7080	652.2	1000	2000	1490	1790	1790
2100	2133.6	16.0	19.0	19.0	7920	610.9	1000	2000	1670	1980	1980
2200	2235.2	16.0	20.0	20.0	7920	610.9	1000	2000	1750	2190	2190
2300	2336.8	17.0	21.0	21.0	7920	610.9	1000	2000	1950	2400	2400
2400	2438.4	18.0	22.0	22.0	7920	610.9	1000	2000	2150	2610	2610
2500	2540.0	18.0	23.0	23.0	7920	610.9	1000	2000	2240	2860	2860
2600	2641.6	19.0	24.0	24.0	8820	566.7	1000	2000	2460	3100	3100
2700	2743.2	20.0	25.0	25.0	8820	566.7	1000	2000	2690	3350	3350
2800	2844.8	21.0	26.0	26.0	8820	566.7	1000	2000	2920	3610	3610
2900	2946.4	21.0	27.0	27.0	8820	566.7	1000	2000	3030	3890	3890
3000	3048.0	22.0	29.0	29.0	8820	566.7	1000	2000	3280	4320	4320

❻ T자 관 : F12

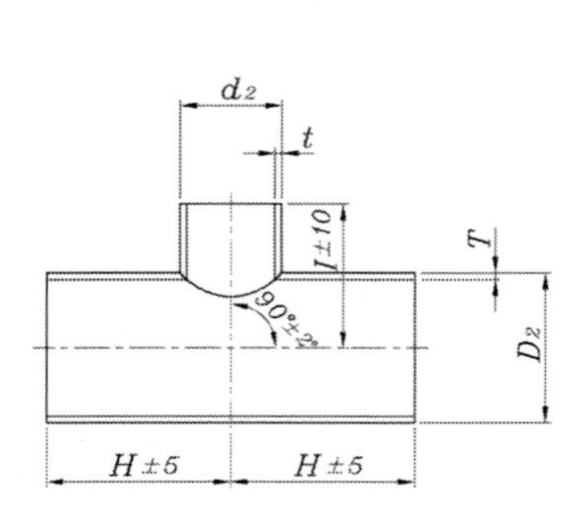

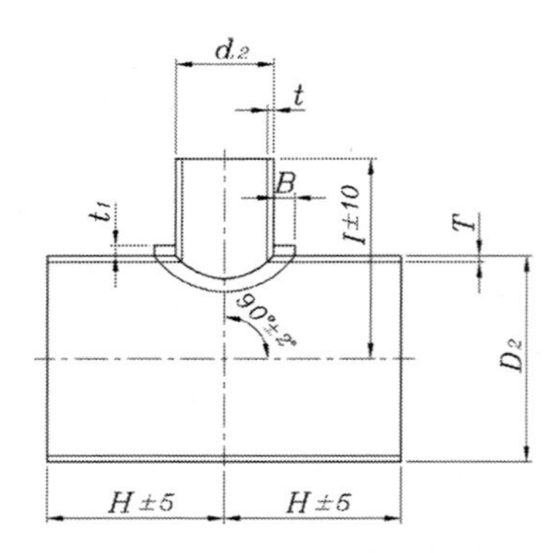

단위 : mm

호칭지름	바깥지름		관 두께		보강판		관 길이		참고 무게
A	D_2	d_2	T	t	t_1	B	H	I	(kg)
80×80	89.1	89.1	4.2	4.2	–	–	250	250	6.03
100×80	114.3	89.1	4.5	4.2	–	–	250	250	7.61
100×100	114.3	114.3	4.5	4.5	–	–	250	250	8.13
125×80	139.8	89.1	4.5	4.2	–	–	250	250	8.90
125×100	139.8	114.3	4.5	4.5	–	–	250	250	9.41
125×125	139.8	139.8	4.5	4.5	–	–	250	250	9.75
150×80	165.2	89.1	5.0	4.2	–	–	300	300	13.6
150×100	165.2	114.3	5.0	4.5	–	–	300	300	14.2
150×125	165.2	139.8	5.0	4.5	–	–	300	300	14.6
150×150	165.2	165.2	5.0	5.0	–	–	300	300	15.4
200×100	216.3	114.3	5.8	4.5	–	–	350	350	23.6
200×125	216.3	139.8	5.8	4.5	–	–	350	350	24.1
200×150	216.3	165.2	5.8	5.0	–	–	350	350	25.0
200×200	216.3	216.3	5.8	5.8	–	–	350	350	27.0
250×100	267.4	114.3	6.6	4.5	–	–	400	400	36.7
250×125	267.4	139.8	6.6	4.5	–	–	400	400	37.2
250×150	267.4	165.2	6.6	5.0	–	–	400	400	38.2
250×200	267.4	216.3	6.6	5.8	–	–	400	400	40.4
250×250	267.4	267.4	6.6	6.6	–	–	400	400	42.8
300×100	318.5	114.3	6.9	4.5	–	–	400	400	44.8
300×125	318.5	139.8	6.9	4.5	–	–	400	400	45.3
300×150	318.5	165.2	6.9	5.0	–	–	500	500	46.1
300×200	318.5	216.3	6.9	5.8	–	–	500	500	48.0
300×250	318.5	267.4	6.9	6.6	–	–	500	500	45.2
300×300	318.5	318.5	6.9	6.9	–	–	500	500	51.6
350×150	355.6	165.2	6.0	5.0	–	–	500	500	57.2
350×200	355.6	216.3	6.0	5.8	–	–	500	500	60.0
350×250	355.6	267.4	6.0	6.6	–	–	500	500	63.4
350×300	355.6	318.5	6.0	6.9	–	–	500	500	66.1
350×350	355.6	355.6	6.0	6.0	–	–	500	500	64.5

❻ T자 관 : F12 (계속)

단위 : mm

호칭지름	바깥지름		관 두께		보강판		관 길이		참고 무게
A	D_2	d_2	T	t	t_1	B	H	I	(kg)
400×150	406.4	165.2	6.0	5.0	–	–	500	500	64.2
400×200	406.4	216.3	6.0	5.8	–	–	500	500	66.7
400×250	406.4	267.4	6.0	6.6	–	–	500	500	69.7
400×300	406.4	318.5	6.0	6.9	–	–	500	500	72.2
400×350	406.4	355.6	6.0	6.0	–	–	500	500	70.9
400×400	406.4	406.4	6.0	6.0	–	–	500	500	71.7
450×150	457.2	165.2	6.0	5.0	–	–	500	500	71.2
450×200	457.2	216.3	6.0	5.8	–	–	500	500	73.5
450×250	457.2	267.4	6.0	6.6	–	–	500	500	76.2
450×300	457.2	318.5	6.0	6.9	–	–	500	500	78.3
450×350	457.2	355.6	6.0	6.0	–	–	500	500	77.1
450×400	457.2	406.4	6.0	6.0	–	–	500	500	78.1
450×450	457.2	457.2	6.0	6.0	–	–	500	500	78.5
500×200	508.0	216.3	6.0	5.8	–	–	500	500	80.2
500×250	508.0	267.4	6.0	6.6	–	–	500	500	82.5
500×300	508.0	318.5	6.0	6.9	–	–	500	500	84.4
500×350	508.0	355.6	6.0	6.0	–	–	500	500	83.2
500×400	508.0	406.4	6.0	6.0	–	–	500	500	84.0
500×450	508.0	547.2	6.0	6.0	–	–	500	500	84.7
500×500	508.0	508.0	6.0	6.0	–	–	500	500	84.6
600×200	609.6	216.3	6.0	5.8	–	–	750	500	138
600×250	609.6	267.4	6.0	6.6	–	–	750	500	140
600×300	609.6	318.5	6.0	6.9	–	–	750	500	141
600×350	609.6	355.6	6.0	6.0	–	–	750	500	140
600×400	609.6	406.4	6.0	6.0	–	–	750	500	141
600×450	609.6	457.2	6.0	6.0	–	–	750	500	141
600×500	609.6	508.0	6.0	6.0	–	–	750	500	141
600×600	609.6	609.6	6.0	6.0	–	–	750	500	140
700×250	711.2	267.4	7.0	6.6	–	–	750	600	165
700×300	711.2	318.5	7.0	6.9	–	–	750	600	165
700×350	711.2	355.6	7.0	6.0	–	–	750	600	165
700×400	711.2	406.4	7.0	6.0	–	–	750	600	166
700×450	711.2	457.2	7.0	6.0	–	–	750	600	167
700×500	711.2	508.0	7.0	6.0	–	–	750	600	167
700×600	711.2	609.6	7.0	6.0	–	–	750	600	168
700×700	711.2	711.2	7.0	7.0	–	–	750	600	167
800×300	812.8	318.5	7.0	6.9	–	–	1000	700	290
800×350	812.8	355.6	7.0	6.0	–	–	1000	700	288
800×400	812.8	406.4	7.0	6.0	–	–	1000	700	289
800×450	812.8	457.2	7.0	6.0	–	–	1000	700	290
800×500	812.8	508.0	7.0	6.0	–	–	1000	700	291

❻ T자 관 : F12 (계속)

단위 : mm

호칭지름	바깥지름		관 두께		보강판		관 길이		참고 무게
A	D_2	d_2	T	t	t_1	B	H	I	(kg)
800×600	812.8	609.6	7.0	6.0	–	–	1000	700	291
800×700	812.8	711.2	7.0	7.0	–	–	1000	700	290
800×800	812.8	812.8	7.0	8.0	–	–	1000	700	295
900×300	914.4	318.5	7.0	6.9	–	–	1000	700	322
900×350	914.4	355.6	7.0	6.0	–	–	1000	700	321
900×400	914.4	406.4	7.0	6.0	–	–	1000	700	321
900×450	914.4	457.2	7.0	6.0	–	–	1000	700	322
900×500	914.4	508.0	7.0	6.0	–	–	1000	700	322
900×600	914.4	609.6	7.0	6.0	–	–	1000	700	321
900×700	914.4	711.2	7.0	7.0	–	–	1000	700	320
900×800	914.4	812.8	7.0	8.0	–	–	1000	700	325
900×900	914.4	914.4	7.0	8.0	–	–	1000	700	321
1000×350	1016.0	355.6	8.0	6.0	–	–	1000	800	402
1000×400	1016.0	406.4	8.0	6.0	–	–	1000	800	408
1000×450	1016.0	457.2	8.0	6.0	–	–	1000	800	408
1000×500	1016.0	508.0	8.0	6.0	–	–	1000	800	408
1000×600	1016.0	609.6	8.0	6.0	–	–	1000	800	408
1000×700	1016.0	711.2	8.0	6.0	–	–	1000	800	406
1000×800	1016.0	812.8	8.0	7.0	–	–	1000	800	411
1000×900	1016.0	914.4	8.0	7.0	–	–	1000	800	409
1100×400	1117.6	406.4	8.0	6.0	–	–	1000	800	445
1100×450	1117.6	457.2	8.0	6.0	–	–	1000	800	444
1100×500	1117.6	508.0	8.0	6.0	–	–	1000	800	444
1100×600	1117.6	609.6	8.0	6.0	–	–	1000	800	443
1100×700	1117.6	711.2	8.0	6.0	–	–	1000	800	441
1100×800	1117.6	812.8	8.0	7.0	–	–	1000	800	444
1100×900	1117.6	914.4	8.0	7.0	–	–	1000	800	441
1100×1000	1117.6	1016.0	8.0	8.0	–	–	1000	800	446
1200×400	1219.2	406.4	9.0	6.0	–	–	1000	900	546
1200×450	1219.2	457.2	9.0	6.0	–	–	1000	900	546
1200×500	1219.2	508.0	9.0	6.0	–	–	1000	900	545
1200×600	1219.2	609.6	9.0	6.0	–	–	1000	900	544
1200×700	1219.2	711.2	9.0	6.0	–	–	1000	900	542
1200×800	1219.2	812.8	9.0	7.0	–	–	1000	900	545
1200×900	1219.2	914.4	9.0	7.0	–	–	1000	900	542
1200×1000	1219.2	1016.0	9.0	8.0	–	–	1000	900	548
1200×1100	1219.2	1117.6	9.0	8.0	–	–	1000	900	542
1350×450	1371.6	457.2	10.0	6.0	–	–	1250	1000	848
1350×500	1371.6	508.0	10.0	6.0	–	–	1250	1000	848
1350×600	1371.6	609.6	10.0	6.0	–	–	1250	1000	846
1350×700	1371.6	711.2	10.0	6.0	–	–	1250	1000	843

❻ T자 관 F12 (계속)

단위 : mm

호칭지름	바깥지름		관두께		보강판		관 길이		참고 무게
A	D_2	d_2	T	t	t_1	B	H	I	(kg)
1350×800	1371.6	812.8	10.0	7.0	–	–	1250	1000	847
1350×900	1371.6	914.4	10.0	7.0	–	–	1250	1000	842
1350×1000	1371.6	1016.0	10.0	8.0	–	–	1250	1000	847
1350×1100	1371.6	1117.6	10.0	8.0	–	–	1250	1000	843
1350×1200	1371.6	1219.2	10.0	9.0	–	–	1250	1000	848
1500×500	1524.0	508.0	11.0	6.0	–	–	1250	1000	1030
1500×600	1524.0	609.6	11.0	6.0	–	–	1250	1000	1020
1500×700	1524.0	711.2	11.0	6.0	–	–	1250	1000	1020
1500×800	1524.0	812.8	11.0	7.0	–	–	1250	1000	1010
1500×900	1524.0	914.4	11.0	7.0	–	–	1250	1000	995
1500×1000	1524.0	1016.0	11.0	8.0	–	–	1250	1000	1000
1500×1100	1524.0	1117.6	11.0	8.0	–	–	1250	1000	1000
1500×1200	1524.0	1219.2	11.0	9.0	–	–	1250	1000	1000
1500×1350	1524.0	1371.6	11.0	10.0	–	–	1250	1000	1000
1600×800	1625.6	812.8	12.0	7.0	6.0	70	1500	1200	1450
1600×900	1625.6	914.4	12.0	7.0	6.0	70	1500	1200	1410
1600×1000	1625.6	1016.0	12.0	8.0	6.0	70	1500	1200	1450
1600×1100	1625.6	1117.6	12.0	8.0	6.0	70	1500	1200	1450
1600×1200	1625.6	1219.2	12.0	9.0	6.0	70	1500	1200	1450
1650×800	1676.4	812.8	12.0	7.0	6.0	70	1500	1200	1490
1650×900	1676.4	914.4	12.0	8.0	6.0	70	1500	1200	1490
1650×1000	1676.4	1016.0	12.0	8.0	6.0	70	1500	1200	1490
1650×1100	1676.4	1117.6	12.0	9.0	6.0	70	1500	1200	1490
1650×1200	1676.4	1219.2	12.0	10.0	6.0	70	1500	1200	1490
1800×900	1828.8	914.4	13.0	7.0	6.0	70	1500	1400	1770
1800×1000	1828.8	1016.0	13.0	8.0	6.0	70	1500	1400	1780
1800×1100	1828.8	1117.6	13.0	8.0	6.0	70	1500	1400	1770
1800×1200	1828.8	1219.2	13.0	9.0	6.0	70	1500	1400	1780
1800×1350	1828.8	1371.6	13.0	10.0	6.0	70	1500	1400	1790
1900×1000	1930.4	1016.0	14.0	8.0	6.0	70	1500	1400	2000
1900×1100	1930.4	1117.6	14.0	8.0	6.0	70	1500	1400	1990
1900×1200	1930.4	1219.2	14.0	9.0	6.0	70	1500	1400	2000
1900×1350	1930.4	1371.6	14.0	10.0	6.0	70	1500	1400	2000
2000×1000	2032.0	1016.0	15.0	8.0	6.0	70	1500	1500	2260
2000×1100	2032.0	1117.6	15.0	8.0	6.0	70	1500	1500	2250
2000×1200	2032.0	1219.2	15.0	9.0	6.0	70	1500	1500	2260
2000×1350	2032.0	1371.6	15.0	10.0	6.0	70	1500	1500	2260
2000×1500	2032.0	1524.0	15.0	11.0	6.0	70	1500	1500	2260
2100×1100	2133.6	1117.6	16.0	8.0	6.0	100	1500	1500	2500
2100×1200	2133.6	1219.2	16.0	9.0	6.0	100	1500	1500	2510
2100×1350	2133.6	1371.6	16.0	10.0	6.0	100	1500	1500	2510

❻ T자 관 : 12 (계속)

단위 : mm

호칭지름	바깥지름		관두께		보강판		관 길이		참고 무게
A	D_2	d_2	T	t	t_1	B	H	l	(kg)
2100×1500	2133.6	1524.0	16.0	11.0	6.0	100	1500	1500	2510
2200×1100	2235.2	1117.6	16.0	8.0	6.0	100	1500	1600	2630
2200×1200	2235.2	1219.2	16.0	9.0	6.0	100	1500	1600	2640
2200×1350	2235.2	1371.6	16.0	10.0	6.0	100	1500	1600	2640
2200×1500	2235.2	1524.0	16.0	11.0	6.0	100	1500	1600	2640
2200×1600	2235.2	1625.6	16.0	12.0	6.0	100	1500	1600	2650
2200×1650	2235.2	1676.4	16.0	12.0	6.0	100	1500	1600	2650
2300×1200	2336.8	1219.2	17.0	9.0	6.0	100	1500	1600	2910
2300×1350	2336.8	1371.6	17.0	10.0	6.0	100	1500	1600	2900
2300×1500	2336.8	1524.0	17.0	11.0	6.0	100	1500	1600	2900
2300×1600	2336.8	1625.6	17.0	12.0	6.0	100	1500	1600	2900
2300×1650	2336.8	1676.4	17.0	12.0	6.0	100	1500	1600	2890
2400×1200	2438.4	1219.2	18.0	9.0	9.0	100	1750	1700	3760
2400×1350	2438.4	1371.6	18.0	10.0	9.0	100	1750	1700	3760
2400×1500	2438.4	1524.0	18.0	11.0	9.0	100	1750	1700	3760
2400×1600	2438.4	1625.6	18.0	12.0	9.0	100	1750	1700	3760
2400×1650	2438.4	1676.4	18.0	12.0	9.0	100	1750	1700	3750
2400×1800	2438.4	1828.8	18.0	13.0	9.0	100	1750	1700	3760
2500×1200	2540.0	1219.2	18.0	9.0	9.0	100	1750	1700	3910
2500×1350	2540.0	1371.6	18.0	10.0	9.0	100	1750	1700	3900
2500×1500	2540.0	1524.0	18.0	11.0	9.0	100	1750	1700	3890
2500×1600	2540.0	1625.6	18.0	12.0	9.0	100	1750	1700	3900
2500×1650	2540.0	1676.4	18.0	12.0	9.0	100	1750	1700	3890
2500×1800	2540.0	1828.8	18.0	13.0	9.0	100	1750	1700	3880
2600×1350	2641.6	1371.6	19.0	10.0	12.0	125	1750	1750	4290
2600×1500	2641.6	1524.0	19.0	11.0	12.0	125	1750	1750	4290
2600×1600	2641.6	1625.6	19.0	12.0	12.0	125	1750	1750	4290
2600×1650	2641.6	1676.4	19.0	12.0	12.0	125	1750	1750	4280
2600×1800	2641.6	1828.8	19.0	13.0	12.0	125	1750	1750	4280
2600×1900	2641.6	1930.4	19.0	14.0	16.0	125	1750	1750	4310
2700×1350	2743.2	1371.6	20.0	10.0	16.0	125	1750	1750	4680
2700×1500	2743.2	1524.0	20.0	11.0	16.0	125	1750	1750	4670
2700×1600	2743.2	1625.6	20.0	12.0	16.0	125	1750	1750	4670
2700×1650	2743.2	1676.4	20.0	12.0	16.0	125	1750	1750	4660
2700×1800	2743.2	1828.8	20.0	13.0	16.0	125	1750	1750	4640
2700×1900	2743.2	1930.4	20.0	14.0	16.0	125	1750	1750	4650
2700×2000	2743.2	2032.0	20.0	15.0	16.0	125	1750	1750	4650
2800×1350	2844.8	1371.6	21.0	10.0	16.0	125	2000	1900	5850
2800×1500	2844.8	1524.0	21.0	11.0	16.0	125	2000	1900	5840
2800×1600	2844.8	1625.6	21.0	12.0	16.0	125	2000	1900	5850
2800×1650	2844.8	1676.4	21.0	12.0	16.0	125	2000	1900	5840

❻ T자 관 : 12 (계속)

단위 : mm

호칭지름	바깥지름		관두께		보강판		관 길이		참고 무게
A	D_2	d_2	T	t	t_1	B	H	l	(kg)
2800×1800	2844.8	1828.8	21.0	13.0	16.0	125	2000	1900	5830
2800×1900	2844.8	1930.4	21.0	14.0	16.0	125	2000	1900	5830
2800×2000	2844.8	2032.0	21.0	15.0	16.0	125	2000	1900	5850
2800×2100	2844.8	2133.6	21.0	16.0	16.0	125	2000	1900	5850
2900×1500	2946.4	1524.0	21.0	11.0	16.0	150	2000	1900	6050
2900×1600	2946.4	1625.6	21.0	12.0	16.0	150	2000	1900	6050
2900×1650	2946.4	1676.4	21.0	12.0	16.0	150	2000	1900	6040
2900×1800	2946.4	1828.8	27.0	16.0	16.0	150	2000	1900	6030
2900×1900	2946.4	1930.4	27.0	17.0	16.0	150	2000	1900	6030
2900×2000	2946.4	2032.0	27.0	18.0	16.0	150	2000	1900	6040
2900×2100	2946.4	2133.6	27.0	19.0	16.0	150	2000	1900	6050
3000×1500	3048.0	1524.0	29.0	14.0	16.0	150	2000	1900	6520
3000×1600	3048.0	1625.6	29.0	15.0	16.0	150	2000	1900	6520
3000×1650	3048.0	1676.4	29.0	15.0	16.0	150	2000	1900	6510
3000×1800	3048.0	1828.8	29.0	16.0	16.0	150	2000	1900	6490
3000×1900	3048.0	1930.4	29.0	17.0	16.0	150	2000	1900	6480
3000×2000	3048.0	2032.0	29.0	18.0	16.0	150	2000	1900	6470
3000×2100	3048.0	2133.6	29.0	19.0	16.0	150	2000	1900	6140
3000×2200	3048.0	2235.2	29.0	20.0	16.0	150	2000	1900	6450

❼ T자 관 : F15

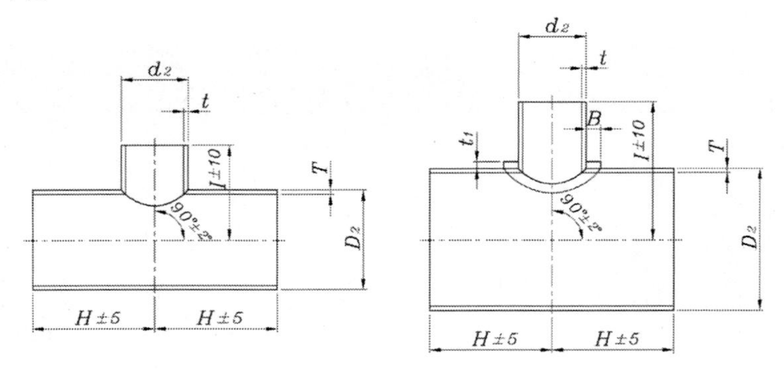

단위 : mm

호칭지름	바깥지름		관 두께		보강판		관 길이		참고
A	D_2	d_2	T	t	t_1	B	H	I	무게(kg)
80×80	89.1	89.1	4.2	4.2	–	–	250	250	6.03
100×80	114.3	89.1	4.5	4.2	–	–	250	250	7.61
100×100	114.3	114.3	4.5	4.5	–	–	250	250	8.13
125×80	139.8	89.1	4.5	4.2	–	–	250	250	8.90
125×100	139.8	114.3	4.5	4.5	–	–	250	250	9.41
125×125	139.8	139.8	4.5	4.5	–	–	250	250	9.75
150×80	165.2	89.1	5.0	4.2	–	–	300	300	13.6
150×100	165.2	114.3	5.0	4.5	–	–	300	300	14.2
150×125	165.2	139.8	5.0	4.5	–	–	300	300	14.6
150×150	165.2	165.2	5.0	5.0	–	–	300	300	15.4
200×100	216.3	114.3	5.8	4.5	–	–	350	350	23.6
200×125	216.3	139.8	5.8	4.5	–	–	350	350	24.1
200×150	216.3	165.2	5.8	5.0	–	–	350	350	25.0
200×200	216.3	216.3	5.8	5.8	–	–	350	350	27.0
250×100	267.4	114.3	6.6	4.5	–	–	400	400	36.7
250×125	267.4	139.8	6.6	4.5	–	–	400	400	37.2
250×150	267.4	165.2	6.6	5.0	–	–	400	400	38.2
250×200	267.4	216.3	6.6	5.8	–	–	400	400	40.4
250×250	267.4	267.4	6.6	6.6	–	–	400	400	42.8
300×100	318.5	114.3	6.9	4.5	–	–	400	400	44.8
300×125	318.5	139.8	6.9	4.5	–	–	400	400	45.3
300×150	318.5	165.2	6.9	5.0	–	–	400	400	46.1
300×200	318.5	216.3	6.9	5.8	–	–	400	400	48.0
300×250	318.5	267.4	6.9	6.6	–	–	400	400	45.0
300×300	318.5	318.5	6.9	6.9	–	–	400	400	51.6
350×150	355.6	165.2	6.0	5.0	–	–	500	500	57.2
350×200	355.6	216.3	6.0	5.8	–	–	500	500	60.0
350×250	355.6	267.4	6.0	6.6	–	–	500	500	63.4
350×300	355.6	318.5	6.0	6.9	–	–	500	500	66.1
350×350	355.6	355.6	6.0	6.0	–	–	500	500	64.5

❼ T자 관 : F15 (계속)

단위 : mm

호칭지름	바깥지름		관 두께		보강판		관 길이		참고
A	D_2	d_2	T	t	t_1	B	H	I	무게(kg)
400×150	406.4	165.2	6.0	5.0	–	–	500	500	64.2
400×200	406.4	216.3	6.0	5.8	–	–	500	500	66.7
400×250	406.4	267.4	6.0	6.6	–	–	500	500	69.7
400×300	406.4	318.5	6.0	6.9	–	–	500	500	72.2
400×350	406.4	355.6	6.0	6.0	–	–	500	500	70.9
400×400	406.4	406.4	6.0	6.0	–	–	500	500	71.7
450×150	457.2	165.2	6.0	5.0	–	–	500	500	71.2
450×200	457.2	216.3	6.0	5.8	–	–	500	500	73.5
450×250	457.2	267.4	6.0	6.6	–	–	500	500	76.2
450×300	457.2	318.5	6.0	6.9	–	–	500	500	78.3
450×350	457.2	355.6	6.0	6.0	–	–	500	500	77.1
450×400	457.2	406.4	6.0	6.0	–	–	500	500	78.1
450×450	457.2	457.2	6.0	6.0	–	–	500	500	78.5
500×200	508.0	216.3	6.0	5.8	–	–	500	500	80.2
500×250	508.0	267.4	6.0	6.6	–	–	500	500	82.5
500×300	508.0	318.5	6.0	6.9	–	–	500	500	84.4
500×350	508.0	355.6	6.0	6.0	–	–	500	500	83.2
500×400	508.0	406.4	6.0	6.0	–	–	500	500	84.0
500×450	508.0	457.2	6.0	6.0	–	–	500	500	84.7
500×500	508.0	508.0	6.0	6.0	–	–	500	500	84.6
600×200	609.6	216.3	6.0	5.8	–	–	750	600	138
600×250	609.6	267.4	6.0	6.6	–	–	750	600	140
600×300	609.6	318.5	6.0	6.9	–	–	750	600	141
600×350	609.6	355.6	6.0	6.0	–	–	750	600	141
600×400	609.6	406.4	6.0	6.0	–	–	750	600	140
600×450	609.6	457.2	6.0	6.0	–	–	750	600	141
600×500	609.6	508.0	6.0	6.0	–	–	750	600	141
600×600	609.6	609.6	6.0	7.0	–	–	750	600	140
700×250	711.2	267.4	6.0	6.6	6.0	70	750	600	168
700×300	711.2	318.5	6.0	6.9	6.0	70	750	600	170
700×350	711.2	355.6	6.0	6.0	6.0	70	750	600	170
700×400	711.2	406.4	6.0	6.0	6.0	70	750	600	171
700×450	711.2	457.2	6.0	6.0	6.0	70	750	600	172
700×500	711.2	508.0	6.0	6.0	6.0	70	750	600	173
700×600	711.2	609.6	6.0	6.0	6.0	70	750	600	175
700×700	711.2	711.2	6.0	7.0	6.0	70	750	600	177
800×300	812.8	318.5	7.0	6.9	6.0	70	1000	700	294
800×350	812.8	355.6	7.0	6.0	6.0	70	1000	700	293
800×400	812.8	406.4	7.0	6.0	6.0	70	1000	700	294
800×450	812.8	457.2	7.0	6.0	6.0	70	1000	700	296
800×500	812.8	508.0	7.0	6.0	6.0	70	1000	700	297

❼ T자 관 : F15 (계속)

단위 : mm

호칭지름	바깥지름		관 두께		보강판		관 길이		참고
A	D_2	d_2	T	t	t_1	B	H	I	무게(kg)
800×600	812.8	609.6	7.0	6.0	6.0	70	1000	700	298
800×700	812.8	711.2	7.0	7.0	6.0	70	1000	700	299
800×800	812.8	812.8	7.0	8.0	6.0	70	1000	700	307
900×300	914.4	318.5	8.0	6.9	6.0	70	1000	700	370
900×350	914.4	355.6	8.0	6.0	6.0	70	1000	700	369
900×400	914.4	406.4	8.0	6.0	6.0	70	1000	700	370
900×450	914.4	457.2	8.0	6.0	6.0	70	1000	700	370
900×500	914.4	508.0	8.0	6.0	6.0	70	1000	700	370
900×600	914.4	609.6	8.0	6.0	6.0	70	1000	700	370
900×700	914.4	711.2	8.0	7.0	6.0	70	1000	700	370
900×800	914.4	812.8	8.0	8.0	6.0	70	1000	700	374
900×900	914.4	914.4	8.0	8.0	6.0	70	1000	700	380
1000×350	1016.0	355.6	9.0	6.0	6.0	70	1000	800	455
1000×400	1016.0	406.4	9.0	6.0	6.0	70	1000	800	461
1000×450	1016.0	457.2	9.0	6.0	6.0	70	1000	800	461
1000×500	1016.0	508.0	9.0	6.0	6.0	70	1000	800	462
1000×600	1016.0	609.6	9.0	6.0	6.0	70	1000	800	462
1000×700	1016.0	711.2	9.0	7.0	6.0	70	1000	800	461
1000×800	1016.0	812.8	9.0	8.0	6.0	70	1000	800	466
1000×900	1016.0	914.4	9.0	8.0	6.0	70	1000	800	472
1100×400	1117.6	406.4	10.0	6.0	6.0	70	1000	800	556
1100×450	1117.6	457.2	10.0	6.0	6.0	70	1000	800	556
1100×500	1117.6	508.0	10.0	6.0	6.0	70	1000	800	556
1100×600	1117.6	609.6	10.0	6.0	6.0	70	1000	800	554
1100×700	1117.6	711.2	10.0	7.0	6.0	70	1000	800	551
1100×800	1117.6	812.8	10.0	8.0	6.0	70	1000	800	552
1100×900	1117.6	914.4	10.0	8.0	6.0	70	1000	800	556
1100×1000	1117.6	1016.0	10.0	9.0	6.0	70	1000	800	560
1200×400	1219.2	406.4	11.0	6.0	6.0	70	1000	900	667
1200×450	1219.2	457.2	11.0	6.0	6.0	70	1000	1000	667
1200×500	1219.2	508.0	11.0	6.0	6.0	70	1000	1000	666
1200×600	1219.2	609.6	11.0	6.0	6.0	70	1000	1000	665
1200×700	1219.2	711.2	11.0	7.0	6.0	70	1000	1000	662
1200×800	1219.2	812.8	11.0	8.0	6.0	70	1000	1000	664
1200×900	1219.2	914.4	11.0	8.0	6.0	70	1000	1000	668
1200×1000	1219.2	1016.0	11.0	9.0	6.0	70	1000	1000	673
1200×1100	1219.2	1117.6	11.0	10.0	6.0	70	1000	1000	678
1350×450	1371.6	457.2	12.0	6.0	6.0	70	1250	1000	1020
1350×500	1371.6	508.0	12.0	6.0	6.0	70	1250	1000	1020
1350×600	1371.6	609.6	12.0	6.0	6.0	70	1250	1000	1020
1350×700	1371.6	711.2	12.0	6.0	6.0	70	1250	1000	1010

❼ T자 관 : F15 (계속)

단위 : mm

호칭지름	바깥지름		판두께		보강판		관길이		참고무게
A	D_2	d_2	T	t	t_1	B	H	I	(kg)
1350×800	1371.6	812.8	12.0	7.0	6.0	70	1250	1000	1010
1350×900	1371.6	914.4	12.0	8.0	6.0	100	1250	1000	1020
1350×1000	1371.6	1016.0	12.0	9.0	6.0	100	1250	1000	1030
1350×1100	1371.6	1117.6	12.0	10.0	6.0	100	1250	1000	1030
1350×1200	1371.6	1219.2	12.0	11.0	6.0	100	1250	1000	1040
1500×500	1524.0	508.0	14.0	6.0	9.0	100	1250	1000	1310
1500×600	1524.0	609.6	14.0	6.0	9.0	100	1250	1000	1310
1500×700	1524.0	711.2	14.0	6.0	9.0	100	1250	1000	1300
1500×800	1524.0	812.8	14.0	7.0	9.0	100	1250	1000	1300
1500×900	1524.0	914.4	14.0	8.0	9.0	100	1250	1000	1300
1500×1000	1524.0	1016.0	14.0	9.0	9.0	100	1250	1000	1300
1500×1100	1524.0	1117.6	14.0	10.0	9.0	100	1250	1000	1300
1500×1200	1524.0	1219.2	14.0	11.0	12.0	100	1250	1000	1310
1500×1350	1524.0	1371.6	14.0	12.0	12.0	100	1250	1000	1310
1600×800	1625.6	812.8	15.0	7.0	9.0	100	1500	1200	1800
1600×900	1625.6	914.4	15.0	8.0	9.0	100	1500	1200	1810
1600×1000	1625.6	1016.0	15.0	9.0	9.0	100	1500	1200	1810
1600×1100	1625.6	1117.6	15.0	10.0	12.0	100	1500	1200	1830
1600×1200	1625.6	1219.2	15.0	11.0	12.0	100	1500	1200	1830
1650×800	1676.4	812.8	15.0	7.0	9.0	100	1500	1200	1860
1650×900	1676.4	914.4	15.0	8.0	12.0	100	1500	1200	1870
1650×1000	1676.4	1016.0	15.0	9.0	12.0	100	1500	1200	1870
1650×1100	1676.4	1117.6	15.0	10.0	12.0	100	1500	1200	1870
1650×1200	1676.4	1219.2	15.0	11.0	12.0	100	1500	1200	1880
1800×900	1828.8	914.4	16.0	8.0	12.0	100	1500	1400	2190
1800×1000	1828.8	1016.0	16.0	9.0	12.0	100	1500	1400	2190
1800×1100	1828.8	1117.6	16.0	10.0	12.0	125	1500	1400	2210
1800×1200	1828.8	1219.2	16.0	11.0	12.0	125	1500	1400	2220
1800×1350	1828.8	1371.6	16.0	12.0	12.0	150	1500	1400	2250
1900×1000	1930.4	1016.0	17.0	9.0	12.0	100	1500	1400	2430
1900×1100	1930.4	1117.6	17.0	10.0	12.0	125	1500	1400	2450
1900×1200	1930.4	1219.2	17.0	11.0	12.0	125	1500	1400	2460
1900×1350	1930.4	1371.6	17.0	12.0	12.0	150	1500	1400	2480
2000×1000	2032.0	1016.0	18.0	9.0	12.0	125	1500	1500	2720
2000×1100	2032.0	1117.6	18.0	10.0	12.0	125	1500	1500	2730
2000×1200	2032.0	1219.2	18.0	11.0	12.0	125	1500	1500	2780
2000×1350	2032.0	1371.6	18.0	12.0	12.0	150	1500	1500	2760
2000×1500	2032.0	1524.0	18.0	14.0	12.0	150	1500	1500	2790
2100×1100	2133.6	1117.6	19.0	10.0	12.0	125	1500	1500	3000
2100×1200	2133.6	1219.2	19.0	11.0	12.0	125	1500	1500	3000
2100×1350	2133.6	1371.6	19.0	12.0	12.0	150	1500	1500	3020

❼ T자 관 : F15 (계속)

단위 : mm

호칭지름 A	바깥지름		판두께		보강판		관길이		참고무게 (kg)
	D_2	d_2	T	t	t_1	B	H	I	
2100×1500	2133.6	1524.0	19.0	14.0	12.0	150	1500	1500	3040
2200×1100	2235.2	1117.6	20.0	10.0	12.0	125	1500	1600	3310
2200×1200	2235.2	1219.2	20.0	11.0	12.0	150	1500	1600	3320
2200×1350	2235.2	1371.6	20.0	12.0	12.0	150	1500	1600	3330
2200×1500	2235.2	1524.0	20.0	14.0	16.0	150	1500	1600	3380
2200×1600	2235.2	1625.6	20.0	15.0	16.0	150	1500	1600	3390
2200×1650	2235.2	1676.4	20.0	15.0	16.0	150	1500	1600	3380
2300×1200	2336.8	1219.2	21.0	11.0	12.0	150	1500	1600	3620
2300×1350	2336.8	1371.6	21.0	12.0	12.0	150	1500	1600	3610
2300×1500	2336.8	1524.0	21.0	14.0	16.0	150	1500	1600	3650
2300×1600	2336.8	1625.6	21.0	15.0	16.0	150	1500	1600	3660
2300×1650	2336.8	1676.4	21.0	15.0	16.0	150	1500	1600	3650
2400×1200	2438.4	1219.2	22.0	11.0	12.0	150	1500	1700	4620
2400×1350	2438.4	1371.6	22.0	12.0	12.0	150	1500	1700	4610
2400×1500	2438.4	1524.0	22.0	14.0	16.0	150	1500	1700	4660
2400×1600	2438.4	1625.6	22.0	15.0	16.0	150	1500	1700	4660
2400×1650	2438.4	1676.4	22.0	15.0	16.0	150	1500	1700	4650
2400×1800	2438.4	1828.8	22.0	16.0	16.0	150	1500	1700	4650
2500×1200	2540.0	1219.2	23.0	11.0	12.0	150	1750	1700	5000
2500×1350	2540.0	1371.6	23.0	12.0	16.0	150	1750	1700	5010
2500×1500	2540.0	1524.0	23.0	14.0	16.0	150	1750	1700	5020
2500×1600	2540.0	1625.6	23.0	15.0	16.0	150	1750	1700	5020
2500×1650	2540.0	1676.4	23.0	15.0	16.0	150	1750	1700	5010
2500×1800	2540.0	1828.8	23.0	16.0	16.0	150	1750	1700	5000
2600×1350	2641.6	1371.6	24.0	12.0	16.0	150	1750	1750	5420
2600×1500	2641.6	1524.0	24.0	14.0	16.0	150	1750	1750	5390
2600×1600	2641.6	1625.6	24.0	15.0	16.0	150	1750	1750	5420
2600×1650	2641.6	1676.4	24.0	15.0	16.0	150	1750	1750	5420
2600×1800	2641.6	1828.8	24.0	16.0	16.0	150	1750	1750	5410
2600×1900	2641.6	1930.4	24.0	17.0	19.0	150	1750	1750	5430

❽ 편락관

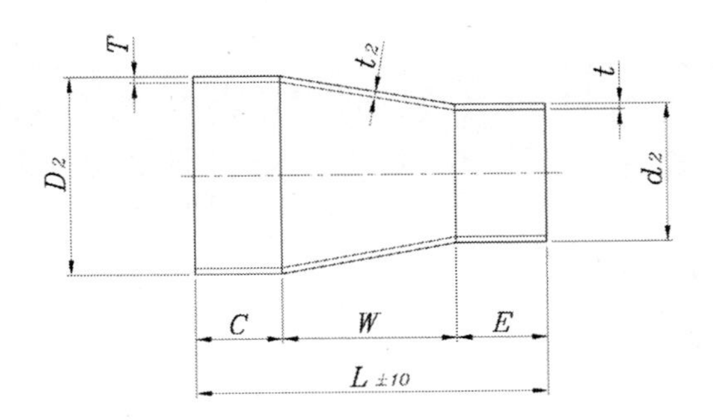

단위 : mm

호칭지름 A	바깥지름			관 두께									관 길이			참고 무게(kg)		
				F12			F15			F20								
	D_2	d_2	T	t	t_2	T	t	t_2	T	t	t_2	C	E	W	L	F12	F15	F20
100×80	114.3	89.1	4.5	4.2	4.5	4.5	4.2	4.5	4.9	4.5	6.0	200	200	300	700	7.44	7.44	8.04
125×80	139.8	89.1	4.5	4.2	4.5	4.5	4.2	4.5	5.1	4.5	6.0	200	200	300	700	8.44	8.44	9.42
125×100	139.8	114.3	4.5	4.5	4.5	4.5	4.5	4.5	5.1	4.9	6.0	200	200	300	700	9.52	9.52	10.4
150×100	165.2	114.3	5.0	4.5	6.0	5.0	4.5	6.0	5.5	4.9	6.0	200	200	300	700	11.4	11.4	12.5
150×125	165.2	139.8	5.0	4.5	6.0	5.0	4.5	6.0	5.5	5.1	6.0	200	200	300	700	12.4	12.4	13.7
200×100	216.3	114.3	5.8	4.5	6.0	5.8	4.5	6.0	6.4	4.9	6.0	200	200	300	700	15.4	15.4	16.9
200×125	216.3	139.8	5.8	4.5	6.0	5.8	4.5	6.0	6.4	5.1	6.0	200	200	300	700	16.5	16.5	16.2
200×150	216.3	165.2	5.8	5.0	6.0	5.8	5.0	6.0	6.4	5.5	6.0	200	200	300	700	18.0	18.0	20.0
250×100	267.4	114.3	6.6	4.5	6.0	6.6	4.5	6.0	6.4	4.9	6.0	200	200	400	800	23.2	23.2	22.8
250×125	267.4	139.8	6.6	4.5	6.0	6.6	4.5	6.0	6.4	5.1	6.0	200	200	400	800	24.5	24.5	24.8
250×150	267.4	165.2	6.6	5.0	6.0	6.6	5.0	6.0	6.4	5.5	6.0	200	200	400	800	26.3	26.3	26.0
250×200	267.4	216.3	6.6	5.8	6.0	6.6	5.8	6.0	6.4	6.4	6.0	200	200	400	800	29.9	29.9	29.8
300×100	318.5	114.3	6.9	4.5	6.0	6.9	4.5	6.0	6.4	4.9	6.0	200	200	400	800	27.8	27.8	26.2
300×125	318.5	139.8	6.9	4.5	6.0	6.9	4.5	6.0	6.4	5.1	6.0	200	200	400	800	29.7	29.7	27.7
300×150	318.5	165.2	6.9	5.0	6.0	6.9	5.0	6.0	6.4	5.5	6.0	200	200	400	800	30.9	30.9	29.3
300×200	318.5	216.3	6.9	5.8	6.0	6.9	5.8	6.0	6.4	6.4	6.0	200	200	400	800	34.5	34.5	33.1
300×250	318.5	267.4	6.9	6.6	6.0	6.9	6.6	6.0	6.4	6.4	6.0	200	200	400	800	38.6	38.6	36.2
350×150	355.6	165.2	6.0	5.0	6.0	6.0	5.0	6.0	6.0	5.5	6.0	200	200	400	800	29.8	29.8	30.2
350×200	355.6	216.3	6.0	5.8	6.0	6.0	5.8	6.0	6.0	6.4	6.0	200	200	400	800	33.2	33.2	33.8
350×250	355.6	267.4	6.0	6.6	6.0	6.0	6.6	6.0	6.0	6.4	6.0	200	200	400	800	37.0	37.0	36.8
350×300	355.6	318.5	6.0	6.9	6.0	6.0	6.9	6.0	6.0	6.4	6.0	200	200	400	800	40.5	40.5	39.8
400×150	406.4	165.2	6.0	5.0	6.0	6.0	5.0	6.0	6.0	5.5	6.0	200	200	500	900	37.1	37.1	37.5
400×200	406.4	216.3	6.0	5.8	6.0	6.0	5.8	6.0	6.0	6.4	6.0	200	200	500	900	40.9	40.9	41.5
400×250	406.4	267.4	6.0	6.6	6.0	6.0	6.6	6.0	6.0	6.4	6.0	200	200	500	900	45.0	45.0	44.8
400×300	406.4	318.5	6.0	6.9	6.0	6.0	6.9	6.0	6.0	6.4	6.0	200	200	500	900	48.9	48.9	49.2
400×350	406.4	355.6	6.0	6.0	6.0	6.0	6.0	6.0	6.0	6.0	6.0	200	200	500	900	50.7	50.7	50.0
450×200	457.2	216.3	6.0	5.8	6.0	6.0	5.8	6.0	6.0	6.4	6.0	200	200	500	900	44.6	44.6	45.1
450×250	457.2	267.4	6.0	6.6	6.0	6.0	6.6	6.0	6.0	6.4	6.0	200	200	500	900	48.7	48.7	48.4
450×300	457.2	318.5	6.0	6.9	6.0	6.0	6.9	6.0	6.0	6.4	6.0	200	200	500	900	52.5	52.5	51.7
450×350	457.2	355.6	6.0	6.0	6.0	6.0	6.0	6.0	6.0	6.0	6.0	200	200	500	900	53.5	53.5	53.5

❽ 편락관 (계속)

단위 : mm

호칭지름 A	바깥지름		관 두께									관 길이				참고 무게(kg)		
			F12			F15			F20									
	D_2	d_2	T	t	t_2	T	t	t_2	T	t	t_2	C	E	W	L	F12	F15	F20
450×400	457.2	406.4	6.0	6.0	6.0	6.0	6.0	6.0	6.0	6.0	6.0	200	200	500	900	56.7	56.7	56.7
500×250	508.0	267.4	6.0	6.6	6.0	6.0	6.6	6.0	6.0	6.4	6.0	200	200	500	900	52.4	52.4	52.1
500×300	508.0	318.5	6.0	6.9	6.0	6.0	6.9	6.0	6.0	6.4	6.0	200	200	500	900	56.1	56.1	55.4
500×350	508.0	355.6	6.0	6.0	6.0	6.0	6.0	6.0	6.0	6.0	6.0	200	200	500	900	57.1	57.1	57.1
500×400	508.0	406.4	6.0	6.0	6.0	6.0	6.0	6.0	6.0	6.0	6.0	200	200	500	900	60.3	60.3	60.3
500×450	508.0	457.2	6.0	6.0	6.0	6.0	6.0	6.0	6.0	6.0	6.0	200	200	500	900	63.5	63.5	63.5
600×300	609.6	318.5	6.0	6.9	6.0	6.0	6.9	6.0	6.0	6.4	6.0	200	200	500	900	63.7	63.7	63.0
600×350	609.6	355.6	6.0	6.0	6.0	6.0	6.0	6.0	6.0	6.0	6.0	200	200	500	900	64.6	64.6	64.6
600×400	609.6	406.4	6.0	6.0	6.0	6.0	6.0	6.0	6.0	6.0	6.0	200	200	500	900	67.6	67.6	67.6
600×450	609.6	457.2	6.0	6.0	6.0	6.0	6.0	6.0	6.0	6.0	6.0	200	200	500	900	70.7	70.7	70.9
600×500	609.6	508.0	6.0	6.0	6.0	6.0	6.0	6.0	6.0	6.0	6.0	200	200	500	900	73.8	73.8	73.8
700×400	711.2	406.4	6.0	6.0	6.0	6.0	6.0	6.0	7.0	6.0	7.0	250	250	700	1200	99.5	99.5	113
700×450	711.2	457.2	6.0	6.0	6.0	6.0	6.0	6.0	7.0	6.0	7.0	250	250	700	1200	104	104	118
700×500	711.2	508.0	6.0	6.0	6.0	6.0	6.0	6.0	7.0	6.0	7.0	250	250	700	1200	108	108	123
700×600	711.2	609.6	6.0	6.0	6.0	6.0	6.0	6.0	7.0	6.0	7.0	250	250	700	1200	116	116	132
800×450	812.8	457.2	7.0	6.0	7.0	7.0	6.0	7.0	8.0	6.0	8.0	250	250	700	1200	130	130	146
800×500	812.8	508.0	7.0	6.0	7.0	7.0	6.0	7.0	8.0	6.0	8.0	250	250	700	1200	134	134	151
800×600	812.8	609.6	7.0	6.0	7.0	7.0	6.0	7.0	8.0	6.0	8.0	250	250	700	1200	143	143	160
800×700	812.8	711.2	7.0	6.0	7.0	7.0	6.0	7.0	8.0	7.0	8.0	250	250	700	1200	152	152	175
900×500	914.4	508.0	7.0	6.0	7.0	8.0	6.0	8.0	8.0	6.0	8.0	250	250	700	1200	146	165	165
900×600	914.4	609.6	7.0	6.0	7.0	8.0	6.0	8.0	8.0	6.0	8.0	250	250	700	1200	155	174	174
900×700	914.4	711.2	7.0	6.0	7.0	8.0	6.0	8.0	8.0	7.0	8.0	250	250	700	1200	164	183	187
900×800	914.4	812.8	7.0	7.0	7.0	8.0	7.0	8.0	8.0	8.0	8.0	250	250	700	1200	178	198	203
1000×500	1016.0	508.1	8.0	6.0	8.0	9.0	6.0	9.0	9.0	6.0	9.0	250	250	700	1200	179	199	199
1000×600	1016.0	609.6	8.0	6.0	8.0	9.0	6.0	9.0	9.0	6.0	9.0	250	250	700	1200	188	208	208
1000×700	1016.0	711.2	8.0	6.0	8.0	9.0	6.0	9.0	9.0	7.0	9.0	250	250	700	1200	197	218	222
1000×800	1016.0	812.8	8.0	7.0	8.0	9.0	7.0	9.0	9.0	8.0	9.0	250	250	700	1200	211	233	238
1000×900	1016.0	914.4	8.0	7.0	8.0	9.0	7.0	9.0	9.0	8.0	9.0	250	250	700	1200	221	250	250
1100×600	1117.6	609.6	8.0	6.0	8.0	10.0	6.0	10.0	10.0	6.0	10.0	250	250	800	1300	219	268	268
1100×700	1117.6	711.2	8.0	6.0	8.0	10.0	6.0	10.0	10.0	7.0	10.0	250	250	800	1300	229	279	283
1100×800	1117.6	812.8	8.0	7.0	8.0	10.0	7.0	10.0	10.0	8.0	10.0	250	250	800	1300	243	295	300
1100×900	1117.6	914.4	8.0	7.0	8.0	10.0	7.0	10.0	10.0	8.0	10.0	250	250	800	1300	254	313	313
1100×1000	1117.6	1016.0	8.0	8.0	8.0	10.0	8.0	10.0	10.0	9.0	10.0	250	250	800	1300	272	333	333
1200×700	1219.2	711.2	9.0	6.0	9.0	11.0	6.0	11.0	11.0	7.0	11.0	250	250	800	1300	272	326	330
1200×800	1219.2	812.8	9.0	7.0	9.0	11.0	7.0	11.0	11.0	8.0	11.0	250	250	800	1300	287	342	347
1200×900	1219.2	914.4	9.0	7.0	9.0	11.0	7.0	11.0	11.0	8.0	11.0	250	250	800	1300	298	360	360
1200×1000	1219.2	1016.0	9.0	8.0	9.0	11.0	8.0	11.0	11.0	9.0	11.0	250	250	800	1300	315	380	380
1200×1100	1219.2	1117.6	9.0	8.0	9.0	11.0	8.0	11.0	11.0	10.0	11.0	250	250	800	1300	328	402	402
1350×800	1371.6	812.8	10.0	7.0	10.0	12.0	7.0	12.0	12.0	8.0	12.0	250	250	800	1300	345	407	411
1350×900	1371.6	914.4	10.0	7.0	10.0	12.0	8.0	12.0	12.0	8.0	12.0	250	250	800	1300	356	428	424

❽ 편락관 (계속)

단위 : mm

호칭지름 A	바깥지름		관 두께									관 길이				참고 무게(kg)		
			F12			F15			F20									
	D_2	d_2	T	t	t_2	T	t	t_2	T	t	t_2	C	E	W	L	F12	F15	F20
1350×1000	1371.6	1016.0	10.0	8.0	10.0	12.0	9.0	12.0	12.0	9.0	12.0	250	250	800	1300	373	443	443
1350×1100	1371.6	1117.6	10.0	8.0	10.0	12.0	10.0	12.0	12.0	10.0	12.0	250	250	800	1300	385	465	465
1350×1200	1371.6	1219.2	10.0	9.0	10.0	12.0	11.0	12.0	12.0	11.0	12.0	250	250	800	1300	406	488	488
1500×900	1524.0	914.4	11.0	7.0	11.0	14.0	8.0	14.0	14.0	8.0	14.0	250	250	800	1300	424	532	532
1500×1000	1524.0	1016.0	11.0	8.0	11.0	14.0	9.0	14.0	14.0	9.0	14.0	250	250	800	1300	439	551	551
1500×1100	1524.0	1117.6	11.0	8.0	11.0	14.0	10.0	14.0	14.0	10.0	14.0	250	250	800	1300	451	571	571
1500×1200	1524.0	1219.2	11.0	9.0	11.0	11.0	9.0	11.0	14.0	11.0	14.0	250	250	800	1300	471	594	594
1500×1350	1524.0	1371.6	11.0	10.0	11.0	11.0	10.0	11.0	14.0	12.0	14.0	250	250	800	1300	500	629	629
1600×1000	1625.6	1016.0	12.0	8.0	12.0	12.0	8.0	12.0	15.0	9.0	15.0	300	300	900	1500	571	705	705
1600×1100	1625.6	1117.6	12.0	8.0	12.0	12.0	8.0	12.0	15.0	10.0	15.0	300	300	900	1500	585	730	730
1600×1200	1625.6	1219.2	12.0	9.0	12.0	12.0	9.0	12.0	15.0	11.0	15.0	300	300	900	1500	610	758	758
1600×1350	1625.6	1371.6	12.0	10.0	12.0	12.0	10.0	12.0	15.0	12.0	15.0	300	300	900	1500	644	799	799
1600×1500	1625.6	1524.0	12.0	11.0	12.0	12.0	11.0	12.0	15.0	14.0	15.0	300	300	900	1500	683	855	855
1650×1000	1676.4	1016.0	12.0	8.0	12.0	15.0	9.0	15.0	15.0	9.0	15.0	300	300	900	1500	586	724	724
1650×1100	1676.4	1117.6	12.0	8.0	12.0	15.0	10.0	15.0	15.0	10.0	15.0	300	300	900	1500	600	749	749
1650×1200	1676.4	1219.2	12.0	9.0	12.0	15.0	11.0	15.0	15.0	11.0	15.0	300	300	900	1500	623	775	775
1650×1350	1676.4	1371.6	12.0	10.0	12.0	15.0	12.0	15.0	15.0	12.0	15.0	300	300	900	1500	657	815	815
1650×1500	1676.4	1524.0	12.0	11.0	12.0	15.0	14.0	15.0	15.0	14.0	15.0	300	300	900	1500	696	871	871
1650×1600	1676.4	1625.6	12.0	12.0	12.0	15.0	15.0	15.0	15.0	15.0	15.0	300	300	900	1500	728	908	908
1800×1100	1828.8	1117.6	13.0	8.0	13.0	16.0	10.0	16.0	16.0	10.0	16.0	300	300	900	1500	694	853	853
1800×1200	1828.8	1219.2	13.0	9.0	13.0	16.0	11.0	16.0	16.0	11.0	16.0	300	300	900	1500	716	879	879
1800×1350	1828.8	1371.6	13.0	10.0	13.0	16.0	12.0	16.0	16.0	12.0	16.0	300	300	900	1500	748	916	916
1800×1500	1828.8	1524.0	13.0	11.0	13.0	16.0	14.0	16.0	16.0	14.0	16.0	300	300	900	1500	785	969	969
1800×1600	1828.8	1625.6	13.0	12.0	13.0	16.0	15.0	16.0	16.0	15.0	16.0	300	300	900	1500	816	1010	1010
1800×1650	1828.8	1676.4	13.0	12.0	13.0	16.0	15.0	16.0	16.0	15.0	16.0	300	300	900	1500	826	1020	1020
1900×1100	1930.4	1117.6	14.0	8.0	14.0	17.0	8.0	17.0	17.0	10.0	17.0	300	300	900	1500	779	947	947
1900×1200	1930.4	1219.2	14.0	9.0	14.0	17.0	9.0	17.0	17.0	11.0	17.0	300	300	900	1500	801	971	971
1900×1350	1930.4	1371.6	14.0	10.0	14.0	17.0	10.0	17.0	17.0	12.0	17.0	300	300	900	1500	832	1010	1010
1900×1500	1930.4	1524.0	14.0	11.0	14.0	17.0	11.0	17.0	17.0	14.0	17.0	300	300	900	1500	868	1060	1060
1900×1600	1930.4	1625.6	14.0	12.0	14.0	17.0	12.0	17.0	17.0	15.0	17.0	300	300	900	1500	898	1090	1090
1900×1650	1930.4	1676.4	14.0	12.0	14.0	17.0	12.0	17.0	17.0	15.0	17.0	300	300	900	1500	908	1110	1100
1900×1800	1930.4	1828.8	14.0	13.0	14.0	17.0	13.0	17.0	17.0	16.0	17.0	300	300	900	1500	954	1160	1160
2000×1200	2032.0	1219.2	15.0	9.0	15.0	18.0	9.0	18.0	18.0	11.0	18.0	300	300	900	1500	893	1070	1070
2000×1350	2032.0	1371.6	15.0	10.0	15.0	18.0	10.0	18.0	18.0	12.0	18.0	300	300	900	1500	923	1110	1110
2000×1500	2032.0	1524.0	15.0	11.0	15.0	18.0	11.0	18.0	18.0	14.0	18.0	300	300	900	1500	957	1160	1160
2000×1600	2032.0	1625.6	15.0	12.0	15.0	18.0	12.0	18.0	18.0	15.0	18.0	300	300	900	1500	986	1190	1190
2000×1650	2032.0	1676.4	15.0	12.0	15.0	18.0	12.0	18.0	18.0	15.0	18.0	300	300	900	1500	996	1200	1200
2000×1800	2032.0	1828.8	15.0	13.0	15.0	18.0	13.0	18.0	18.0	16.0	18.0	300	300	900	1500	1040	1250	1250
2000×1900	2032.0	1930.4	15.0	14.0	15.0	18.0	14.0	18.0	18.0	17.0	18.0	300	300	900	1500	1080	1290	1290
2100×1500	2133.6	1524.0	16.0	11.0	16.0	19.0	11.0	19.0	19.0	14.0	19.0	300	300	1000	1600	1120	1340	1340

8 편락관 (계속)

단위 : mm

호칭지름 A	바깥지름		관 두께									관 길이				참고 무게(kg)		
			F12			F15			F20									
	D_2	d_2	T	t	t_2	T	t	t_2	T	t	t_2	C	E	W	L	F12	F15	F20
2100×1600	2133.6	1625.6	16.0	12.0	16.0	19.0	12.0	19.0	19.0	15.0	19.0	300	300	1000	1600	1150	1380	1380
2100×1650	2133.6	1676.4	16.0	12.0	16.0	19.0	12.0	19.0	19.0	15.0	19.0	300	300	1000	1600	1160	1390	1390
2100×1800	2133.6	1828.8	16.0	13.0	16.0	19.0	13.0	19.0	19.0	16.0	19.0	300	300	1000	1600	1210	1440	1440
2100×1900	2133.6	1930.4	16.0	14.0	16.0	19.0	14.0	19.0	19.0	17.0	19.0	300	300	1000	1600	1250	1490	1490
2100×2000	2133.6	2032.0	16.0	15.0	16.0	19.0	15.0	19.0	19.0	18.0	19.0	300	300	1000	1600	1290	1530	1530
2200×1500	2235.2	1524.0	16.0	11.0	16.0	20.0	11.0	20.0	20.0	140	20.0	300	300	1000	1600	1170	1460	1460
2200×1600	2235.2	1625.6	16.0	12.0	16.0	20.0	12.0	20.0	20.0	15.0	20.0	300	300	1000	1600	1200	1490	1490
2200×1650	2235.2	1676.4	16.0	12.0	16.0	20.0	12.0	20.0	20.0	15.0	20.0	300	300	1000	1600	1210	1500	1500
2200×1800	2235.2	1828.8	16.0	13.0	16.0	20.0	13.0	20.0	20.0	16.0	20.0	300	300	1000	1600	1250	1560	1560
2200×1900	2235.2	1930.4	16.0	14.0	16.0	20.0	14.0	20.0	20.0	17.0	20.0	300	300	1000	1600	1290	1600	1600
2200×2000	2235.2	2032.0	16.0	15.0	16.0	20.0	15.0	20.0	20.0	18.0	20.0	300	300	1000	1600	1330	1640	1640
2200×2100	2235.2	2133.6	16.0	16.0	16.0	20.0	16.0	20.0	20.0	19.0	20.0	300	300	1000	1600	1370	1690	1690
2300×1600	2336.8	1625.6	17.0	12.0	17.0	21.0	12.0	21.0	21.0	15.0	21.0	300	300	1000	1600	1310	1620	1620
2300×1650	2336.8	1676.4	17.0	12.0	17.0	21.0	12.0	21.0	21.0	15.0	21.0	300	300	1000	1600	1320	1630	1630
2300×1800	2336.8	1828.8	17.0	13.0	17.0	21.0	13.0	21.0	21.0	16.0	21.0	300	300	1000	1600	1360	1680	1680
2300×1900	2336.8	1930.4	17.0	14.0	17.0	21.0	14.0	21.0	21.0	17.0	21.0	300	300	1000	1600	1390	1720	1720
2300×2000	2336.8	2032.0	17.0	15.0	17.0	21.0	15.0	21.0	21.0	18.0	21.0	300	300	1000	1600	1440	1760	1760
2300×2100	2336.8	2133.6	17.0	16.0	17.0	21.0	16.0	21.0	21.0	19.0	21.0	300	300	1000	1600	1480	1810	1810
2300×2200	2336.8	2235.2	17.0	16.0	17.0	21.0	16.0	21.0	21.0	20.0	21.0	300	300	1000	1600	1510	1860	1860
2400×1650	2438.4	1676.4	18.0	12.0	18.0	22.0	12.0	22.0	22.0	15.0	22.0	300	300	1000	1600	1440	1760	1760
2400×1800	2438.4	1828.8	18.0	13.0	18.0	22.0	13.0	22.0	22.0	16.0	22.0	300	300	1000	1600	1480	1810	1810
2400×1900	2438.4	1930.4	18.0	14.0	18.0	22.0	14.0	22.0	22.0	17.0	22.0	300	300	1000	1600	1510	1840	1840
2400×2000	2438.4	2032.0	18.0	15.0	18.0	22.0	15.0	22.0	22.0	18.0	22.0	300	300	1000	1600	1550	1890	1890
2400×2100	2438.4	2133.6	18.0	16.0	18.0	22.0	16.0	22.0	22.0	19.0	22.0	300	300	1000	1600	1590	1930	1930
2400×2200	2438.4	2235.2	18.0	16.0	18.0	22.0	16.0	22.0	22.0	20.0	22.0	300	300	1000	1600	1620	1980	1980
2400×2300	2438.4	2336.8	18.0	17.0	18.0	22.0	17.0	22.0	22.0	21.0	22.0	300	300	1000	1600	1670	2040	2040

❾ 나팔관

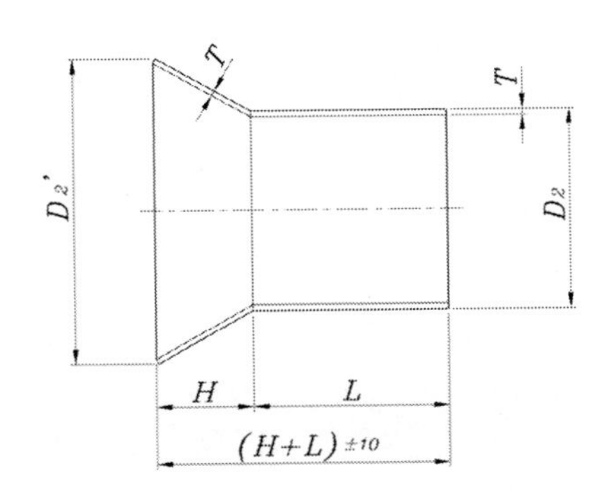

단위 : mm

호칭지름 A	바깥지름 D_2	관 두께 T			각부 치수			참고 무게(kg)		
		F12	F15	F20	D_2'	H	L	F12	F15	F20
80	89.1	4.2	4.2	4.5	180	75	425	4.92	4.92	5.26
100	114.3	4.5	4.5	4.9	210	75	425	6.73	6.73	7.31
125	139.8	4.5	4.5	5.1	230	75	425	8.13	8.13	9.18
150	165.2	5.0	5.0	5.5	280	100	400	11.0	11.0	12.1
200	216.3	5.8	5.8	6.4	330	100	400	16.4	16.4	18.1
250	267.4	6.6	6.6	6.4	380	100	400	22.9	22.9	22.2
300	318.5	6.9	6.9	6.4	490	150	600	43.5	43.5	40.4
350	355.6	6.0	6.0	6.0	530	150	600	42.3	42.3	42.3
400	406.4	6.0	6.0	6.0	580	150	600	48.0	48.0	48.0
450	457.2	6.0	6.0	6.0	690	200	550	56.2	56.2	56.2
500	508.0	6.0	6.0	6.0	740	200	550	62.0	62.0	62.0
600	609.6	6.0	6.0	6.0	840	200	550	73.7	73.7	73.7
700	711.2	6.0	6.0	7.0	1000	250	550	88.5	88.5	103
800	812.8	7.0	7.0	8.0	1100	250	500	117	117	133
900	914.4	7.0	8.0	8.0	1200	250	500	131	149	149
1000	1016.0	8.0	9.0	9.0	1300	250	500	165	185	185
1100	1117.6	8.0	10.0	10.0	1410	250	750	236	294	294
1200	1219.2	9.0	11.0	11.0	1510	250	750	288	352	352
1350	1371.6	10.0	12.0	12.0	1660	250	750	359	430	430
1500	1524.0	11.0	14.0	14.0	1810	250	750	437	555	555
1600	1625.6	12.0	15.0	15.0	1970	250	1200	756	943	943
1650	1676.4	12.0	15.0	15.0	2020	300	1200	779	972	972
1800	1828.8	13.0	16.0	16.0	2170	300	1200	918	1130	1130
1900	1930.4	14.0	17.0	17.0	2280	300	1200	1040	1270	1270
2000	2032.0	15.0	18.0	18.0	2380	300	1200	1180	1410	1410

⑩ 배수 T자관 : F12

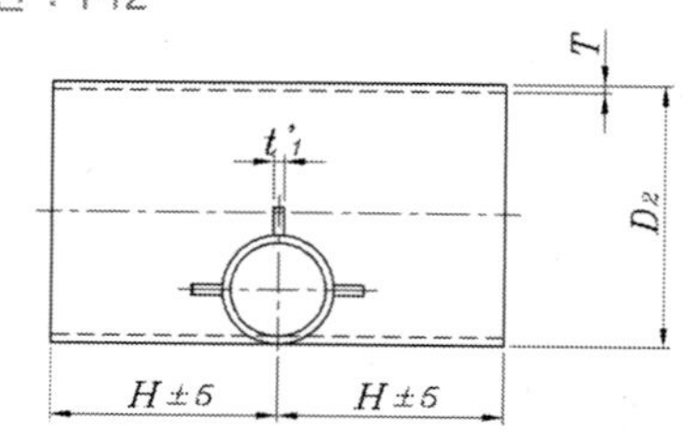

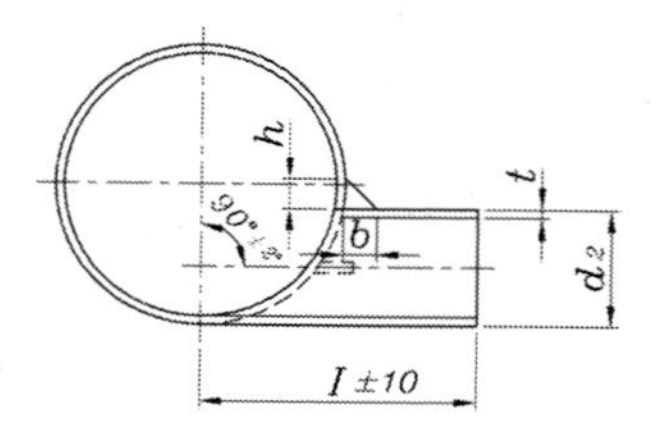

단위 : mm

호칭지름	바깥지름		관 두께		관 길이		리브			참고
A	D_2	d_2	T	t	H	I	t'_1	b	h	질량(kg)
200×80	216.3	89.1	5.8	4.2	350	250	–	–	–	22.3
250×80	267.4	89.1	6.6	4.2	400	250	–	–	–	35.0
300×80	318.5	89.1	6.9	4.2	400	300	6.0	60	50	44.0
350×80	355.6	89.1	6.0	4.2	500	350	6.0	70	50	53.8
400×150	406.4	165.2	6.0	5.0	500	350	6.0	70	50	62.7
450×200	457.2	216.3	6.0	5.8	500	400	6.0	80	60	72.8
500×200	508.0	216.3	6.0	5.8	500	450	6.0	80	60	81.3
600×200	609.6	216.3	6.0	5.8	750	500	6.0	80	60	142
700×250	711.2	267.4	6.0	6.6	750	550	6.0	100	80	168
800×200	812.8	216.3	7.0	5.8	1000	600	9.0	100	80	287
800×300	812.8	318.5	7.0	6.9	1000	600	9.0	100	80	292
900×250	914.4	267.4	7.0	6.6	1000	650	9.0	120	100	327
900×350	914.4	355.6	7.0	6.0	1000	650	9.0	120	100	327
1000×300	1016.0	318.5	8.0	6.9	1000	750	9.0	140	120	417
1000×400	1016.0	406.4	8.0	6.0	1000	750	9.0	140	120	415
1100×300	1117.6	318.5	8.0	6.9	1000	800	9.0	160	140	459
1100×400	1117.6	406.4	8.0	6.0	1000	800	9.0	160	140	457
1200×300	1219.2	318.5	9.0	6.9	1000	900	9.0	180	160	562
1200×400	1219.2	406.4	9.0	6.0	1000	900	9.0	180	160	560
1350×300	1371.6	318.5	10.0	6.9	1000	1000	9.0	200	180	700
1350×400	1371.6	406.4	10.0	6.0	1000	1000	9.0	200	180	697
1500×300	1524.0	318.5	11.0	6.9	1000	1100	9.0	220	200	852
1500×400	1524.0	406.4	11.0	6.0	1000	1100	9.0	220	200	849
1600×400	1625.6	406.4	12.0	6.0	1000	1150	9.0	220	200	983
1650×400	1676.4	406.4	12.0	6.0	1000	1150	9.0	220	200	1010
1800×400	1828.8	406.4	13.0	6.0	1000	1200	9.0	220	200	1190
1900×400	1930.4	406.4	14.0	6.0	1000	1200	9.0	220	200	1350
2000×400	2032.0	406.4	15.0	6.0	1000	1300	9.0	220	200	1520
2100×400	2133.6	406.4	16.0	6.0	1000	1350	9.0	220	200	1700
2200×400	2235.2	406.4	16.0	6.0	1000	1400	9.0	220	200	1780
2300×400	2336.8	406.4	17.0	6.0	1000	1450	9.0	220	200	1970
2400×400	2438.4	406.4	18.0	6.0	1000	1500	9.0	220	200	2180
2500×400	2540.0	406.4	18.0	6.0	1000	1550	9.0	220	200	2270
2600×400	2641.6	406.4	19.0	6.0	1000	1600	9.0	220	200	2490
2700×400	2743.2	406.4	20.0	6.0	1000	1650	9.0	220	200	2710
2800×400	2844.8	406.4	21.0	6.0	1000	1700	9.0	220	200	2950
2900×400	2946.4	406.4	21.0	6.0	1000	1800	9.0	220	200	3060
3000×400	3048.0	406.4	22.0	6.0	1000	1800	9.0	220	200	3310

⑪ 배수 T자관 : F15

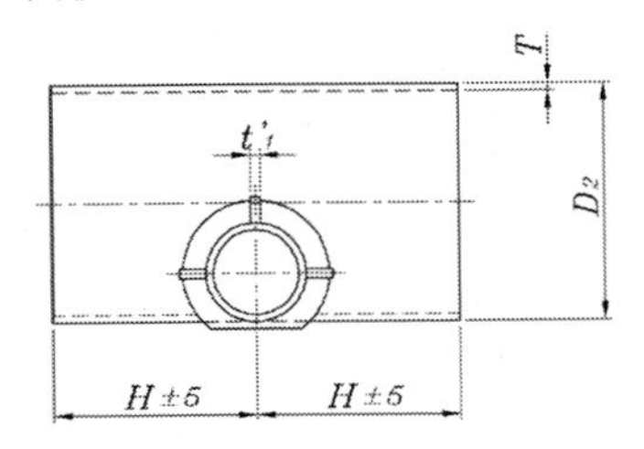

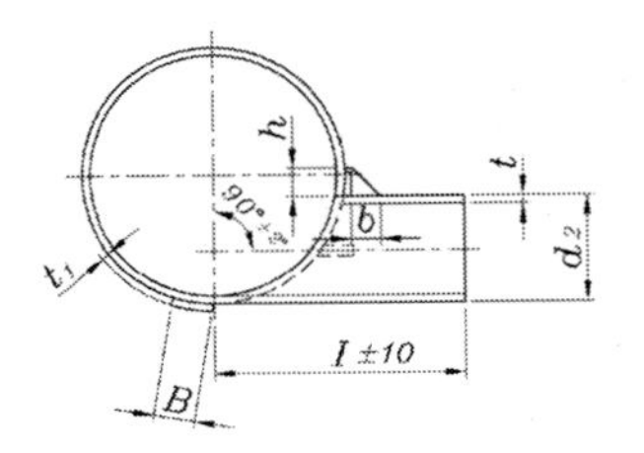

단위 : mm

호칭지름	바깥지름		관 두께		관 길이		보강판		리브			참고
A	D_2	d_2	T	t	H	I	t_1	B	t'_1	b	h	무게(kg)
200×80	216.3	89.1	5.8	4.2	350	250	–	–	–	–	–	22.3
250×80	267.4	89.1	6.6	4.2	400	250	–	–	–	–	–	33.0
300×80	318.5	89.1	6.9	4.2	400	300	–	–	6.0	60	50	44.0
350×80	355.6	89.1	6.0	4.2	500	350	–	–	6.0	70	50	53.8
400×150	406.4	165.2	6.0	5.0	500	350	–	–	6.0	70	50	62.7
450×200	457.2	216.3	6.0	5.8	500	400	–	–	6.0	80	60	72.8
500×200	508.0	216.3	6.0	5.8	500	450	–	–	6.0	80	60	81.3
600×200	609.6	216.3	6.0	5.8	750	500	–	–	6.0	80	60	142
700×250	711.2	267.4	6.0	6.6	750	550	6.0	70	6.0	100	80	178
800×200	812.8	216.3	7.0	5.8	1000	600	6.0	70	9.0	100	80	289
800×300	812.8	318.5	7.0	6.9	1000	600	6.0	70	9.0	100	80	295
900×250	914.4	267.4	8.0	6.6	1000	650	6.0	70	9.0	120	100	373
900×350	914.4	355.6	8.0	6.0	1000	650	6.0	70	9.0	120	100	373
1000×300	1016.0	318.5	9.0	6.9	1000	750	6.0	70	9.0	140	120	468
1000×400	1016.0	406.4	9.0	6.0	1000	750	6.0	70	9.0	140	120	466
1100×300	1117.6	318.5	10.0	6.9	1000	800	6.0	70	9.0	160	140	568
1100×400	1117.6	406.4	10.0	6.0	1000	800	6.0	70	9.0	160	140	566
1200×300	1219.2	318.5	11.0	6.9	1000	900	6.0	70	9.0	180	160	681
1200×400	1219.2	406.4	11.0	6.0	1000	900	6.0	70	9.0	180	160	679
1350×300	1371.6	318.5	12.0	6.9	1000	1000	6.0	70	9.0	200	180	833
1350×400	1371.6	406.4	12.0	6.0	1000	1000	6.0	70	9.0	200	180	831
1500×300	1524.0	318.5	14.0	6.9	1000	1100	6.0	70	9.0	220	200	1070
1500×400	1524.0	406.4	14.0	6.0	1000	1100	6.0	70	9.0	220	200	1070
1600×400	1625.6	406.4	15.0	6.0	1000	1150	6.0	70	9.0	220	200	1220
1650×400	1676.4	406.4	15.0	6.0	1000	1150	6.0	70	9.0	220	200	1260
1800×400	1828.8	406.4	16.0	6.0	1000	1200	6.0	70	9.0	220	200	1460
1900×400	1930.4	406.4	17.0	6.0	1000	1200	6.0	70	9.0	220	200	1630
2000×400	2032.0	406.4	18.0	6.0	1000	1300	6.0	70	9.0	220	200	1810
2100×400	2133.6	406.4	19.0	6.0	1000	1350	6.0	70	9.0	220	200	2010
2200×400	2235.2	406.4	20.0	6.0	1000	1400	6.0	70	9.0	220	200	2210
2300×400	2336.8	406.4	21.0	6.0	1000	1450	6.0	70	9.0	220	200	2420
2400×400	2438.4	406.4	22.0	6.0	1000	1500	6.0	70	9.0	220	200	2650
2500×400	2540.0	406.4	23.0	6.0	1000	1550	6.0	70	9.0	220	200	2880
2600×400	2641.6	406.4	24.0	6.0	1000	1600	6.0	70	9.0	220	200	3120

⑫ 배수 T자관 : F20

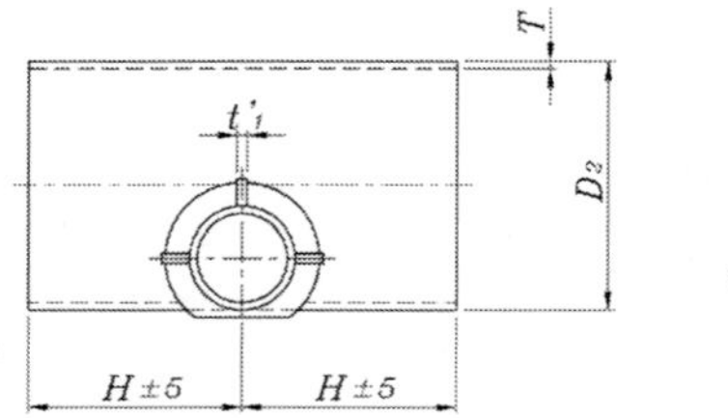

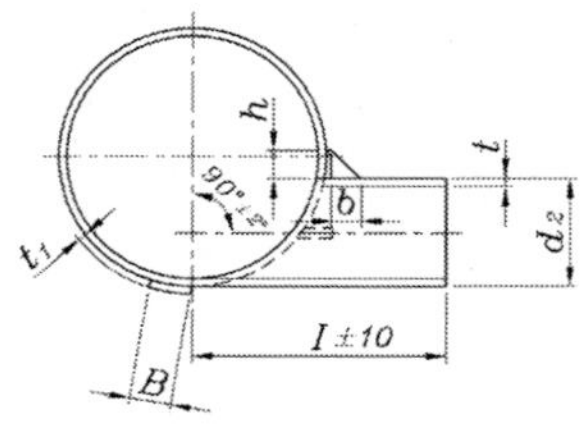

단위 : mm

호칭지름 A	바깥지름		관 두께		관 길이		보강판		리브			참고 무게(kg)
	D_2	d_2	T	t	H	I	t_1	B	t'_1	b	h	
200×80	216.3	89.1	6.4	4.5	350	250	–	–	–	–	–	24.5
250×80	267.4	89.1	6.4	4.5	400	250	–	–	–	–	–	34.3
300×80	318.5	89.1	6.4	4.5	400	300	–	–	6.0	60	50	41.1
350×80	355.6	89.1	6.0	4.5	500	350	–	–	6.0	70	50	53.9
400×150	406.4	165.2	6.0	5.5	500	350	–	–	6.0	70	50	63.1
450×200	457.2	216.3	6.0	6.4	500	400	–	–	6.0	80	60	73.5
500×200	508.0	216.3	6.0	6.4	500	450	–	–	6.0	80	60	84.1
600×200	609.6	216.3	6.0	6.4	750	500	6.0	70	6.0	80	60	144
700×250	711.2	267.4	7.0	6.4	750	550	6.0	70	6.0	100	80	195
800×200	812.8	216.3	8.0	6.4	1000	600	6.0	70	6.0	100	80	329
800×300	812.8	318.5	8.0	6.4	1000	600	6.0	70	9.0	100	80	333
900×250	914.4	267.4	8.0	6.4	1000	650	9.0	100	9.0	120	100	375
900×350	914.4	355.6	8.0	6.0	1000	650	9.0	100	9.0	120	100	376
1000×300	1016.0	318.5	9.0	6.4	1000	750	9.0	100	9.0	140	120	469
1000×400	1016.0	406.4	9.0	6.0	1000	750	12.0	100	9.0	140	120	472
1100×300	1117.6	318.5	10.0	6.4	1000	800	12.0	100	9.0	160	140	535
1100×400	1117.6	406.4	10.0	6.0	1000	800	12.0	100	9.0	160	140	571
1200×300	1219.2	318.5	11.0	6.4	1000	900	12.0	100	9.0	180	160	638
1200×400	1219.2	406.4	11.0	6.0	1000	900	12.0	100	9.0	180	160	684
1350×300	1371.6	318.5	12.0	6.4	1000	1000	12.0	100	9.0	200	180	836
1350×400	1371.6	406.4	12.0	6.0	1000	1000	12.0	125	9.0	200	180	839
1500×300	1524.0	318.5	14.0	6.4	1000	1100	12.0	125	9.0	220	200	1080
1500×400	1524.0	406.4	14.0	6.0	1000	1100	12.0	125	9.0	220	200	1080

⑬ 게이트 밸브 부관 A : F12

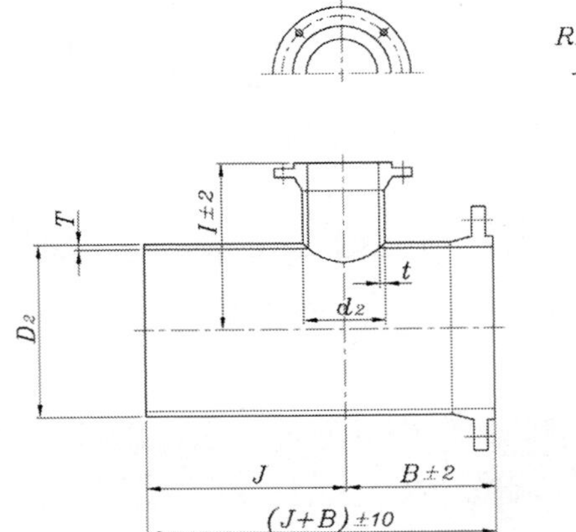

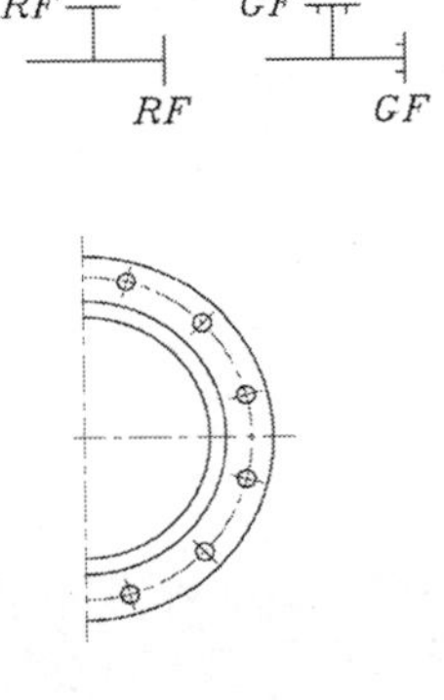

단위 : mm

호칭지름	바깥지름		관 두께		관 길이			참고 무게(kg)
A	D_2	d_2	T	t	B	I	J	
400×100	406.4	114.3	6.0	4.5	230	320	770	60.2
450×100	457.2	114.3	6.0	4.5	240	340	760	67.7
500×100	508.0	114.3	6.0	4.5	250	360	750	75.1
600×100	609.6	114.3	6.0	4.5	280	440	720	90.5
700×150	711.2	165.2	6.0	5.0	310	490	690	106
800×150	812.8	165.2	7.0	5.0	330	550	670	141
900×200	914.4	216.3	7.0	5.8	370	610	630	159
1000×200	1016.0	216.3	8.0	5.8	400	670	600	202
1100×200	1117.6	216.3	8.0	5.8	420	730	580	222
1200×250	1219.2	267.4	9.0	6.6	460	790	540	273
1350×250	1371.6	267.4	10.0	6.6	490	870	510	339
1500×300	1524.0	318.5	11.0	6.9	530	960	470	414
1600×300	1625.6	318.5	12.0	6.9	540	1010	1460	958
1650×300	1676.4	318.5	12.0	6.9	540	1030	1460	988
1800×350	1828.8	355.6	18.0	6.0	580	1120	1420	1170
2000×350	2032.0	355.6	15.0	6.0	590	1220	1410	1490
2100×400	2133.6	406.4	16.0	6.0	620	1280	1380	1670
2200×400	2235.2	406.4	16.0	6.0	630	1350	1370	1750
2300×450	2336.8	457.2	17.0	6.0	650	1380	1350	1940
2400×450	2438.4	457.2	18.0	6.0	670	1430	1330	2140
2500×450	2540.0	457.2	18.0	6.0	690	1480	1310	2230
2600×500	2641.6	508.0	19.0	6.0	710	1550	1290	2450
2700×500	2743.2	508.0	20.0	6.0	750	1600	1250	2670
2800×500	2844.8	508.0	21.0	6.0	790	1700	1210	2910
3000×500	3048.0	508.0	22.0	6.0	830	1800	1170	3270

⑭ 게이트 밸브 부관 A : F15

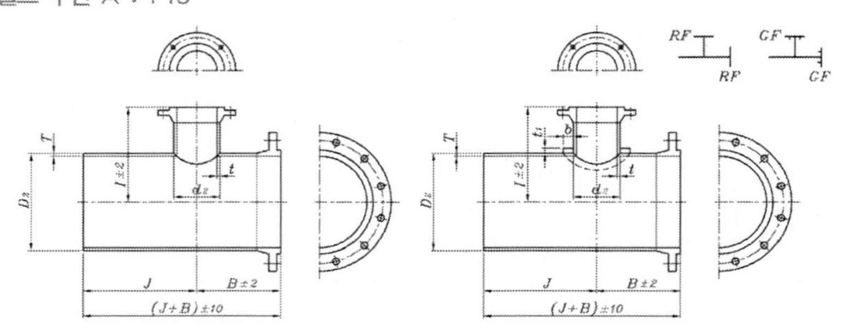

단위 : mm

호칭지름	바깥지름		관 두께		보강판		관 길이			참고
A	D_2	d_2	T	t	t_1	b	B	I	J	무게(kg)
400×100	406.4	114.3	6.0	4.5	–	–	230	320	770	60.2
450×100	457.2	114.3	6.0	4.5	–	–	240	340	760	67.7
500×100	508.0	114.3	6.0	4.5	–	–	250	360	750	75.1
600×100	609.6	114.3	6.0	4.5	–	–	280	440	720	90.5
700×150	711.2	165.2	6.0	5.0	–	–	310	490	690	106
800×150	812.8	165.2	7.0	5.0	–	–	330	550	670	141
900×200	914.4	216.3	8.0	5.8	–	–	370	610	630	181
1000×200	1016.0	216.3	9.0	5.8	–	–	400	670	600	226
1100×200	1117.6	216.3	10.0	5.8	–	–	420	730	580	276
1200×250	1219.2	267.4	11.0	6.6	–	–	460	790	540	331
1350×250	1371.6	267.4	12.0	6.6	–	–	490	870	510	405
1500×300	1524.0	318.5	14.0	6.9	–	–	530	960	470	523
1600×300	1625.6	318.5	15.0	6.9	6.0	70	540	1010	1460	1200
1650×300	1676.4	318.5	15.0	6.9	6.0	70	540	1030	1460	1230
1800×350	1828.8	355.6	16.0	6.0	6.0	70	580	1120	1420	1430
2000×350	2032.0	355.6	18.0	6.0	6.0	70	590	1220	1410	1790
2100×400	2133.6	406.4	19.0	6.0	6.0	70	620	1280	1380	1980
2200×400	2235.2	406.4	20.0	6.0	6.0	70	630	1350	1370	2180
2300×450	2336.8	457.2	21.0	6.0	6.0	70	650	1380	1350	2390
2400×450	2438.4	457.2	22.0	6.0	6.0	70	670	1430	1330	2610
2500×450	2540.0	457.2	23.0	6.0	6.0	70	690	1480	1310	2850
2600×500	2641.6	508.0	24.0	6.0	6.0	70	710	1550	1290	3080

⑮ 게이트 밸브 부관 A : F20

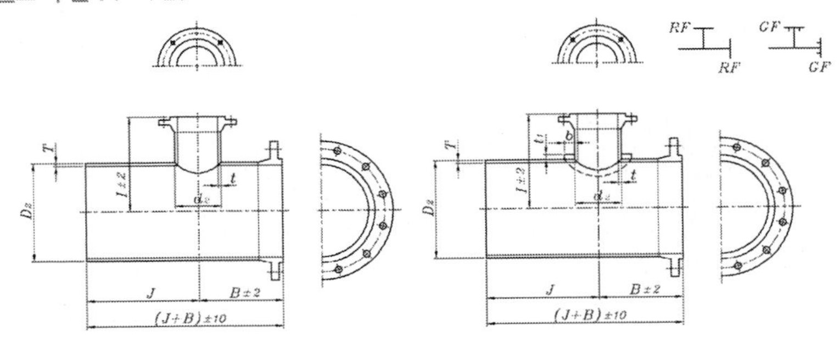

단위 : mm

호칭지름	바깥지름		관 두께		보강판		관 길이			참고
A	D_2	d_2	T	t	t_1	b	B	I	J	무게(kg)
400×100	406.4	114.3	6.0	4.9	–	–	330	320	670	60.3
450×100	457.2	114.3	6.0	4.9	–	–	340	340	660	67.8
500×100	508.0	114.3	6.0	4.9	6.0	70	350	360	650	77.1
600×100	609.6	114.3	6.0	4.9	6.0	70	380	440	620	92.6
700×150	711.2	165.2	7.0	5.5	6.0	70	410	490	590	126
800×150	812.8	165.2	8.0	5.5	6.0	70	430	550	570	163
900×200	914.4	216.3	8.0	6.4	6.0	70	470	610	530	185
1000×200	1016.0	216.3	9.0	6.4	6.0	70	500	670	500	229
1100×200	1117.6	216.3	10.0	6.4	6.0	100	520	730	480	281
1200×250	1219.2	267.4	11.0	6.4	9.0	100	560	790	440	339
1350×250	1371.6	267.4	12.0	6.4	9.0	100	590	870	410	413
1500×300	1524.0	318.5	14.0	6.4	12.0	100	630	960	370	535

⑯ 게이트 밸브 부관 B : F12

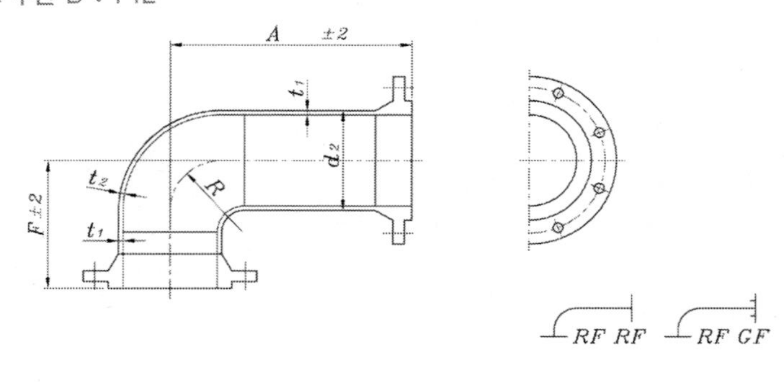

단위 : mm

호칭지름 A	바깥지름 d_2	관 두께 또는 각부 치수					참고 무게 (kg)
		t_1	t_2	A	F	R	
400×100	114.3	4.5	4.5	340	250.0	101.6	6.66
450×100	114.3	4.5	4.5	365	250.0	101.6	6.96
500×100	114.3	4.5	4.5	390	250.0	101.6	7.27
600×100	114.3	4.5	4.5	435	250.0	101.6	7.82
700×150	165.2	5.0	5.0	475	250.0	152.4	13.0
800×150	165.2	5.0	5.0	535	250.0	152.4	14.2
900×200	216.3	5.8	5.8	590	310.0	203.2	24.5
1000×200	216.3	5.8	5.8	635	310.0	203.2	25.8
1100×200	216.3	5.8	5.8	670	310.0	203.2	26.9
1200×250	267.4	6.6	6.6	680	314.0	254.0	39.5
1350×250	267.4	6.6	6.6	725	314.0	254.0	39.5
1500×300	318.5	6.9	6.9	780	374.8	304.8	54.3
1600×300	318.5	6.9	6.9	790	374.8	304.8	54.8
1650×300	318.5	6.9	6.9	790	374.8	304.8	54.8
1800×350	355.6	6.0	7.9	815	440.6	355.6	66.0
2000×350	355.6	6.0	7.9	825	440.6	355.6	66.5
2100×400	406.4	6.0	7.9	835	501.4	406.4	80.6
2200×400	406.4	6.0	7.9	845	501.4	406.4	81.2
2300×450	457.2	6.0	7.9	850	562.2	457.2	96.1
2400×450	457.2	6.0	7.9	870	562.2	457.2	97.4
2500×450	457.2	6.0	7.9	890	562.2	457.2	98.8
2600×500	508.0	6.0	7.9	895	613.0	508.0	114
2700×500	508.0	6.0	7.9	935	613.0	508.0	117
2800×500	508.0	6.0	7.9	975	613.0	508.0	120
3000×500	508.0	6.0	7.9	1015	613.0	508.0	123

⑰ 게이트 밸브 부관 B : F15

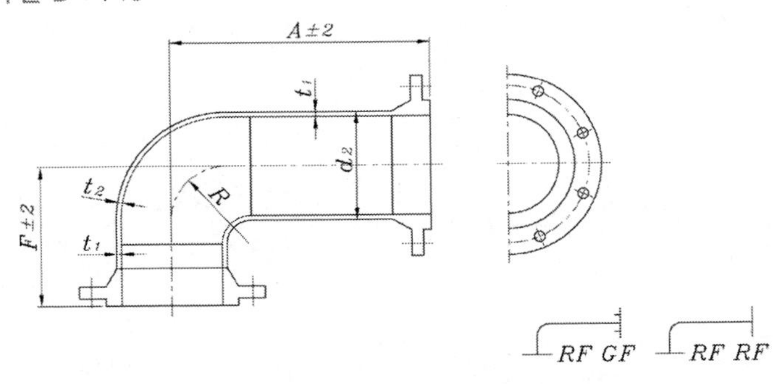

단위 : mm

호칭지름 A	바깥지름 d_2	관 두께 또는 각부 치수					참고 무게 (kg)
		t_1	t_2	A	F	R	
400×100	114.3	4.5	4.5	340	250.0	101.6	6.66
450×100	114.3	4.5	4.5	365	250.0	101.6	6.96
500×100	114.3	4.5	4.5	390	250.0	101.6	7.27
600×100	114.3	4.5	4.5	435	250.0	101.6	7.82
700×150	165.2	5.0	5.0	475	250.0	152.4	13.0
800×150	165.2	5.0	5.0	535	250.0	152.4	14.2
900×200	216.3	5.8	5.8	590	310.0	203.2	24.5
1000×200	216.3	5.8	5.8	635	310.0	203.2	25.8
1100×200	216.3	5.8	5.8	670	310.0	203.2	26.9
1200×250	267.4	6.6	6.6	680	324.0	254.0	38.0
1350×250	267.4	6.6	6.6	725	324.0	254.0	39.9
1500×300	318.5	6.9	6.9	780	379.8	304.8	54.6
1600×300	318.5	6.9	6.9	790	379.8	304.8	55.1
1650×300	318.5	6.9	6.9	790	379.8	304.8	55.1
1800×350	355.6	6.0	7.9	815	450.6	355.6	66.5
2000×350	355.6	6.0	7.9	825	450.6	355.6	67.0
2100×400	406.4	6.0	7.9	835	511.4	406.4	81.2
2200×400	406.4	6.0	7.9	845	511.4	406.4	81.8
2300×450	457.2	6.0	7.9	850	562.2	457.2	96.1
2400×450	457.2	6.0	7.9	870	562.2	457.2	97.4
2500×450	457.2	6.0	7.9	890	567.2	457.2	99.1
2600×500	508.0	6.0	7.9	895	618.0	508.0	115

⑱ 게이트 밸브 부관 B : F20

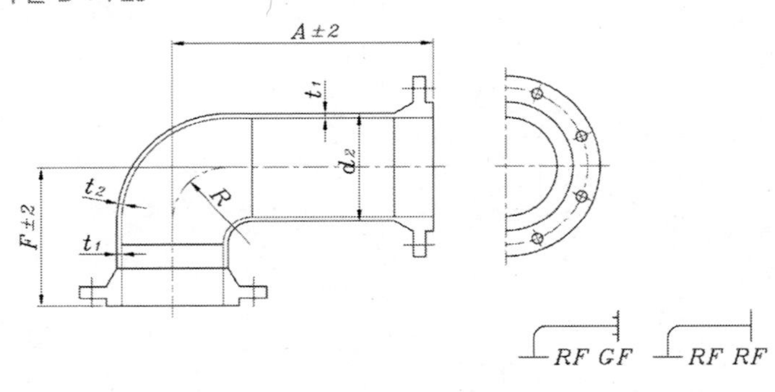

단위 : mm

호칭지름 A	바깥지름 d_2	관 두께 또는 각부 치수					참고 무게 (kg)
		t_1	t_2	A	F	R	
400×100	114.3	4.9	6.0	440	250.0	101.6	8.99
450×100	114.3	4.9	6.0	465	250.0	101.6	9.32
500×100	114.3	4.9	6.0	490	250.0	101.6	9.65
600×100	114.3	4.9	6.0	535	250.0	101.6	10.3
700×150	165.2	5.5	7.1	575	310.0	152.4	19.2
800×150	165.2	5.5	7.1	635	310.0	152.4	20.5
900×200	216.3	6.4	8.2	690	303.2	203.2	32.9
1000×200	216.3	6.4	8.2	735	303.2	203.2	34.4
1100×200	216.3	6.4	8.2	770	303.2	203.2	35.5
1200×250	267.4	6.4	9.3	780	359.0	254.0	49.6
1350×250	267.4	6.4	9.3	825	359.0	254.0	51.5
1500×300	318.5	6.4	10.3	880	414.8	304.8	71.2

⑲ 플랜지 붙이 T자 관 : F12

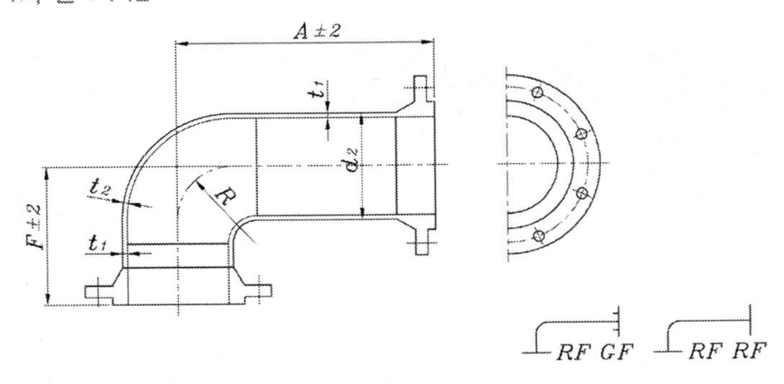

단위 : mm

호칭지름	바깥지름		관 두께		관 길이		보강판		참고
A	D_2	d_2	T	t	H	I	t_1	B	무게(kg)
80×80	89.1	89.1	4.2	4.2	250	250	–	–	6.03
100×80	114.3	89.1	4.5	4.2	250	250	–	–	7.61
100×100	114.3	114.3	4.5	4.5	250	250	–	–	8.13
125×80	139.8	89.1	4.5	4.2	250	250	–	–	8.90
125×100	139.8	114.3	4.5	4.5	250	250	–	–	9.41
150×80	165.2	89.1	5.0	4.2	300	280	–	–	13.4
150×100	165.2	114.3	5.0	4.5	300	280	–	–	13.9
200×80	216.3	89.1	5.8	4.2	350	300	–	–	22.5
200×100	216.3	114.3	5.8	4.5	350	300	–	–	23.0
250×80	267.4	89.1	6.6	4.2	400	330	–	–	35.4
250×100	267.4	114.3	6.6	4.5	400	330	–	–	35.9
300×80	318.5	89.1	6.9	4.2	400	350	–	–	43.8
300×100	318.5	114.3	6.9	4.5	400	350	–	–	44.2
350×80	355.6	89.1	6.0	4.2	500	380	–	–	53.2
350×100	355.6	114.3	6.0	4.5	500	380	–	–	53.7
400×80	406.4	89.1	6.0	4.2	500	400	–	–	60.7
400×100	406.4	114.3	6.0	4.5	500	400	–	–	61.2
450×80	457.2	89.1	6.0	4.2	500	400	–	–	68.0
450×100	457.2	114.3	6.0	4.5	500	400	–	–	68.4
500×80	508.0	89.1	6.0	4.2	500	400	–	–	75.3
500×100	508.0	114.3	6.0	4.5	500	400	–	–	75.6
600×80	609.6	89.1	6.0	4.2	750	450	–	–	135
600×100	609.6	114.3	6.0	4.5	750	450	–	–	135
700×80	711.2	89.1	7.0	4.2	750	480	–	–	157
700×100	711.2	114.3	7.0	4.5	750	480	–	–	158

비고 1. d_2의 호칭지름 80~150A인 것은 소화전용 및 공기밸브용, 호칭지름 600A인 것은 맨홀용 관으로 한다.
2. d_2의 호칭지름 600A인 것을 공기밸브에 사용할 때는 공기밸브용 플랜지 뚜껑을 사용할 것.

⑲ 플랜지 붙이 T자 관 : F12 (계속)

단위 : mm

호칭지름	바깥지름		관 두께		관 길이		보강판		참고
A	D_2	d_2	T	t	H	I	t_1	B	무게(kg)
700×600	711.2	609.6	6.0	6.0	750	600	–	–	168
800×80	812.8	89.1	7.0	4.2	1000	520	–	–	279
800×100	812.8	114.3	7.0	4.5	1000	520	–	–	279
800×600	812.8	609.6	7.0	6.0	1000	700	–	–	291
900×100	914.4	114.3	7.0	4.5	1000	590	–	–	314
900×600	914.4	609.6	7.0	6.0	1000	700	–	–	321
1000×150	1016.0	165.2	8.0	5.0	1000	640	–	–	399
1000×600	1016.0	609.6	8.0	6.0	1000	800	–	–	408
1100×150	1117.6	165.2	8.0	5.0	1000	700	–	–	439
1100×600	1117.6	609.6	8.0	6.0	1000	800	–	–	443
1200×150	1219.2	165.2	9.0	5.0	1000	750	–	–	538
1200×600	1219.2	609.6	9.0	6.0	1000	900	–	–	544
1350×150	1371.6	165.2	10.0	5.0	1000	830	–	–	673
1350×600	1371.6	609.6	10.0	6.0	1000	1000	–	–	679
1500×150	1524.0	165.2	11.0	5.0	1000	910	–	–	822
1500×600	1524.0	609.6	11.0	6.0	1000	1000	–	–	818
1600×150	1625.6	165.2	12.0	5.0	1000	1070	–	–	958
1600×600	1625.6	609.6	12.0	6.0	1000	1070	6.0	70	959
1650×150	1676.4	165.2	12.0	5.0	1000	1120	–	–	989
1650×600	1676.4	609.6	12.0	6.0	1000	1120	6.0	70	991
1800×150	1828.8	165.2	13.0	5.0	1000	1170	–	–	1160
1800×600	1828.8	609.6	13.0	6.0	1000	1170	6.0	70	1170
1900×150	1930.4	165.2	14.0	5.0	1000	1250	–	–	1330
1900×600	1930.4	609.6	14.0	6.0	1000	1250	6.0	70	1320
2000×150	2032.0	165.2	15.0	5.0	1000	1280	–	–	1490
2000×600	2032.0	609.6	15.0	6.0	1000	1280	6.0	70	1490
2100×600	2133.6	609.6	16.0	6.0	1000	1340	9.0	100	1680
2200×600	2235.2	609.6	16.0	6.0	1000	1390	9.0	100	1760
2300×600	2336.8	609.6	17.0	6.0	1000	1440	9.0	100	1950
2400×600	2438.4	609.6	18.0	6.0	1000	1490	9.0	100	2150
2500×600	2540.0	609.6	18.0	6.0	1000	1540	9.0	100	2240
2600×600	2641.6	609.6	19.0	6.0	1000	1560	9.0	100	2450
2700×600	2743.2	609.6	20.0	6.0	1000	1640	9.0	100	2680
2800×600	2844.8	609.6	21.0	6.0	1000	1690	9.0	100	2920
2900×600	2946.4	609.6	21.0	6.0	1000	1800	9.0	100	3030
3000×600	3048.0	609.6	22.0	6.0	1000	1800	9.0	100	3270

⑳ 플랜지 붙이 T자 관 : F15

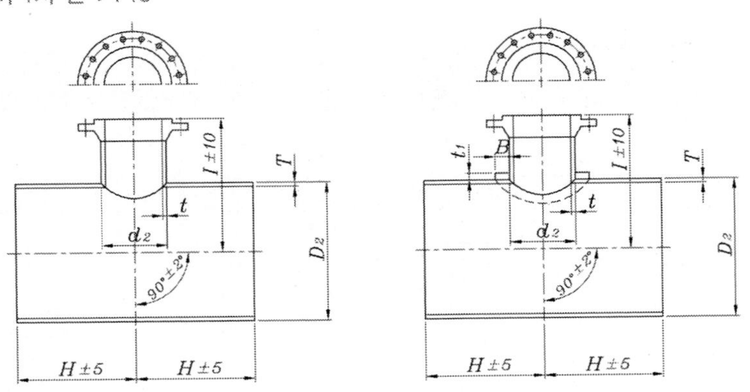

단위 : mm

호칭지름	바깥지름		관 두께		관 길이		보강판		참고
A	D_2	d_2	T	t	H	I	t_1	B	무게(kg)
80×80	89.1	89.1	4.2	4.2	250	250	–	–	6.03
100×80	114.3	89.1	4.5	4.2	250	250	–	–	7.61
100×100	114.3	114.3	4.5	4.5	250	250	–	–	8.13
125×80	139.8	89.1	4.5	4.2	250	250	–	–	8.90
125×100	139.8	114.3	4.5	4.5	250	250	–	–	9.41
150×80	165.2	89.1	5.0	4.2	300	280	–	–	13.4
150×100	165.2	114.3	5.0	4.5	300	280	–	–	13.9
200×80	216.3	89.1	5.8	4.2	350	300	–	–	22.5
200×100	216.3	114.3	6.6	4.5	350	300	–	–	23.0
250×80	267.4	89.1	6.6	4.2	400	330	–	–	35.4
250×100	267.4	114.3	6.9	4.5	400	330	–	–	35.9
300×80	318.5	89.1	6.9	4.2	400	350	–	–	43.8
300×100	318.5	114.3	6.0	4.5	400	350	–	–	44.2
350×80	355.6	89.1	6.0	4.2	500	380	–	–	53.2
350×100	355.6	114.3	6.0	4.5	500	380	–	–	53.7
400×80	406.4	89.1	6.0	4.2	500	400	–	–	60.7
400×100	406.4	114.3	6.0	4.5	500	400	–	–	61.2
450×80	457.2	89.1	6.0	4.2	500	400	–	–	68.0
450×100	457.2	114.3	6.0	4.5	500	400	–	–	68.4
500×80	508.0	89.1	6.0	4.2	500	400	–	–	75.3
500×100	508.0	114.3	6.0	4.5	500	400	–	–	75.6
600×80	609.6	89.1	6.0	4.2	750	450	–	–	135
600×100	609.6	114.3	6.0	4.5	750	450	–	–	135

비고 1. d_2의 호칭지름 80~150A인 것은 소화전용 및 공기밸브용, 호칭지름 600A인 것은 맨홀용 관으로 한다.
2. d_2의 호칭지름 600A인 것을 공기밸브에 사용할 때는 공기밸브용 플랜지 뚜껑을 사용할 것.

⑳ 플랜지 붙이 T자 관 : F15 (계속)

단위 : mm

호칭지름 A	바깥지름		관 두께		관 길이		보강판		참고 무게(kg)
	D_2	d_2	T	t	H	I	t_1	B	
700×80	711.2	89.1	6.0	4.2	750	480	−	−	157
700×100	711.2	114.3	6.0	4.5	750	480	−	−	158
700×600	711.2	609.6	6.0	6.0	750	600	6.0	70	175
800×80	812.8	89.1	7.0	4.2	1000	520	−	−	279
800×100	812.8	114.3	7.0	4.5	1000	520	−	−	279
800×600	812.8	609.6	8.0	6.0	1000	700	6.0	70	298
900×100	914.4	114.3	8.0	4.5	1000	590	−	−	359
900×600	914.4	609.6	9.0	6.0	1000	700	6.0	70	370
1000×150	1016.0	114.3	9.0	5.0	1000	640	−	−	448
1000×600	1016.0	165.2	9.0	6.0	1000	640	6.0	70	462
1100×150	1016.0	609.6	10.0	5.0	1000	800	−	−	547
1100×600	1117.6	165.2	10.0	6.0	1000	700	6.0	70	554
1200×150	1219.2	165.2	11.0	5.0	1000	750	−	−	656
1200×600	1219.2	609.6	12.0	6.0	1000	900	6.0	70	665
1350×150	1371.6	165.2	12.0	5.0	1000	830	−	−	806
1350×600	1371.6	609.6	14.0	6.0	1000	1000	6.0	70	814
1500×150	1524.0	165.2	14.0	5.0	1000	910	−	−	1040
1500×600	1524.0	609.6	15.0	6.0	1000	1000	9.0	100	1050
1600×150	1625.6	165.2	15.0	5.0	1000	1070	−	−	1190
1600×600	1625.6	609.6	15.0	6.0	1000	1070	9.0	100	1200
1650×150	1676.4	165.2	15.0	5.0	1000	1120	−	−	1230
1650×600	1676.4	609.6	15.0	6.0	1000	1120	9.0	100	1240
1800×150	1828.8	165.2	16.0	5.0	1000	1170	6.0	70	1440
1800×600	1828.8	609.6	16.0	6.0	1000	1170	9.0	100	1430
1900×150	1930.4	165.2	17.0	5.0	1000	1250	6.0	70	1610
1900×600	1930.4	609.6	17.0	6.0	1000	1250	9.0	100	1610
2000×150	2032.0	165.2	18.0	5.0	1000	1280	6.0	70	1790
2000×600	2032.0	609.6	18.0	6.0	1000	1280	9.0	100	1790
2100×600	2133.6	609.6	19.0	6.0	1000	1340	9.0	100	1980
2200×600	2235.2	609.6	20.0	6.0	1000	1390	9.0	100	2180
2300×600	2336.8	609.6	21.0	6.0	1000	1440	9.0	100	2390
2400×600	2438.4	609.6	22.0	6.0	1000	1490	9.0	100	2610
2500×600	2540.0	609.6	23.0	6.0	1000	1540	9.0	100	2840
2600×600	2641.6	609.6	24.0	6.0	1000	1560	9.0	100	3080

㉑ 플랜지 붙이 T자 관 : F20

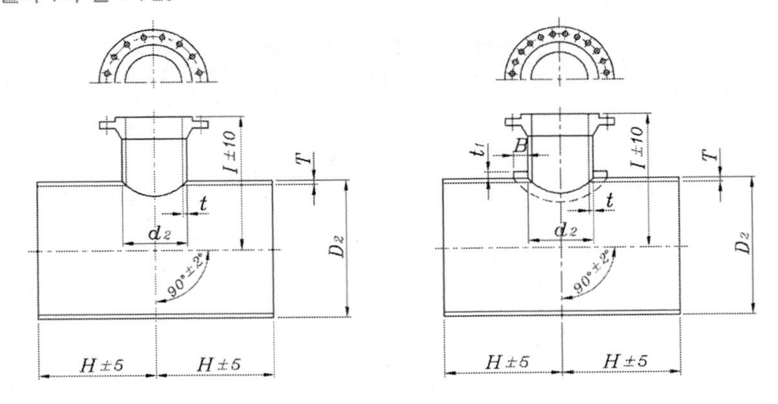

단위 : mm

호칭지름	바깥지름		관 두께		관 길이		보강판		참고 무게
A	D_2	d_2	T	t	H	I	t_1	B	(kg)
80×80	89.1	89.1	4.5	4.5	250	250	–	–	6.43
100×80	114.3	89.1	4.9	4.5	250	250	–	–	8.22
100×100	114.3	114.3	4.9	4.9	250	250	–	–	8.82
125×80	139.8	89.1	5.1	4.5	250	250	–	–	9.95
125×100	139.8	114.3	5.1	4.9	250	250	–	–	10.52
150×80	165.2	89.1	5.5	4.5	300	280	–	–	14.6
150×100	165.2	114.3	5.5	4.9	300	280	–	–	15.2
200×80	216.3	89.1	6.4	4.5	350	300	–	–	24.7
200×100	216.3	114.3	6.4	4.9	350	300	–	–	25.3
250×80	267.4	89.1	6.4	4.5	400	330	–	–	34.5
250×100	267.4	114.3	6.4	4.9	400	330	–	–	35.1
300×80	318.5	89.1	6.4	4.5	400	350	–	–	40.9
300×100	318.5	114.3	6.4	4.9	400	350	–	–	41.5
350×80	355.6	89.1	6.0	4.5	500	380	–	–	53.4
350×100	355.6	114.3	6.0	4.9	500	380	–	–	44.0
400×80	406.4	89.1	6.0	4.5	500	400	–	–	60.8
400×100	406.4	114.3	6.0	4.9	500	400	–	–	61.4

비고 1. d_2의 호칭지름 80~150A인 것은 소화전용 및 공기밸브용, 호칭지름 600A인 것은 맨홀용 관으로 한다.
2. d_2의 호칭지름 600A인 것을 공기밸브에 사용할 때는 공기밸브용 플랜지 뚜껑을 사용할 것.

㉑ 플랜지 붙이 T자 관 : F20 (계속)

단위 : mm

호칭지름	바깥지름		관 두께		관 길이		보강판		참고 무게
A	D_2	d_2	T	t	H	I	t_1	B	(kg)
450×80	457.2	89.1	6.0	4.5	500	400	–	–	68.1
450×100	457.2	114.3	6.0	4.9	500	400	–	–	68.6
500×80	508.0	89.1	6.0	4.5	500	400	6.0	70	75.4
500×100	508.0	114.3	6.0	4.9	500	400	6.0	70	75.7
600×80	609.6	89.1	6.0	4.5	750	450	6.0	70	135
600×100	609.6	114.3	6.0	4.9	750	450	6.0	70	135
700×80	711.2	89.1	7.0	4.5	750	480	6.0	70	183
700×100	711.2	114.3	7.0	4.9	750	480	6.0	70	183
800×80	812.8	89.1	8.0	4.5	1000	520	6.0	70	241
800×100	812.8	114.3	8.0	4.9	1000	520	6.0	70	318
800×600	812.8	609.6	8.0	6.0	1000	700	12.0	125	312
900×100	914.4	114.3	8.0	4.9	1000	590	6.0	70	362
900×600	914.4	609.6	8.0	6.0	1000	700	16.0	125	353
1000×150	1016.0	165.2	9.0	5.5	1000	640	6.0	70	452
1000×600	1016.0	609.6	9.0	6.0	1000	800	16.0	125	440
1100×150	1117.6	165.2	10.0	5.5	1000	700	6.0	70	552
1100×600	1117.6	609.6	10.0	6.0	1000	800	16.0	150	537
1200×150	1219.2	165.2	11.0	55	1000	750	9.0	70	660
1200×600	1219.2	609.6	11.0	6.0	1000	900	16.0	150	644
1350×150	1371.6	165.2	12.0	5.5	1000	830	9.0	70	810
1350×600	1371.6	609.6	12.0	6.0	1000	1000	16.0	175	792
1500×150	1524.0	165.2	14.0	5.5	1000	910	9.0	70	1050
1500×600	1524.0	609.6	14.0	6.0	1000	1000	16.0	175	1020

㉒ 플랜지 접합용 부품 6각 볼트, 너트

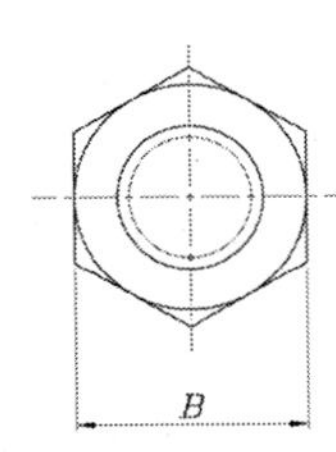

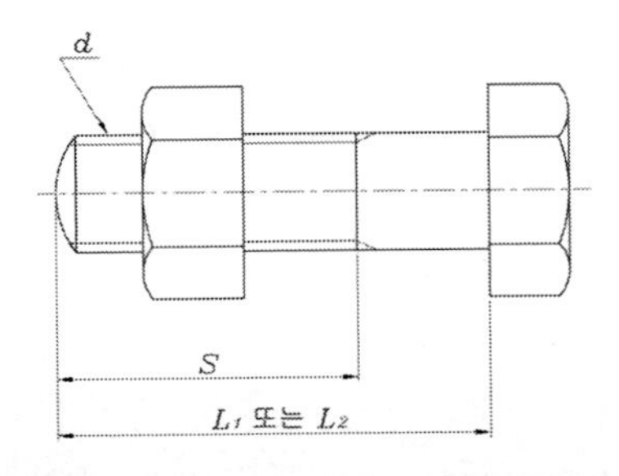

단위 : mm

호칭 지름	F12						F15					F20				
	호칭	각부치수				1	호칭	각부치수			1	호칭	각부치수			1
A	d	L_1	L_2	S	B	세트수	d	L_1	S	B	세트수	d	L_1	S	B	세트수
80	M16	75	75	38	24	4	M16	65	38	24	4	M20	75	46	30	8
100	M16	75	75	38	24	8	M16	65	38	24	8	M20	75	46	30	8
125	M16	75	75	38	24	8	M16	70	46	30	8	M22	80	50	32	8
150	M20	75	75	38	24	8	M20	75	46	30	8	M22	85	50	32	12
200	M20	80	80	38	24	8	M20	75	46	30	8	M22	85	50	32	12
250	M20	85	85	46	30	12	M20	80	50	32	12	M24	95	54	36	12
300	M20	85	90	46	30	12	M20	80	50	32	12	M24	95	54	36	16
350	M20	95	95	50	32	16	M20	85	50	32	16	M30	110	66	46	16
400	M24	95	95	50	32	16	M24	100	54	36	16	M30	130	72	46	16
450	M24	100	100	54	36	20	M24	100	54	36	20	M30	130	72	46	20
500	M24	100	110	54	36	20	M24	100	54	36	20	M30	130	72	46	20
600	M27	100	120	54	36	20	M27	110	66	46	20	M36	150	84	55	24
700	M27	110	130	66	46	24	M27	110	66	46	24	M39	160	90	60	24
800	M30	120	130	66	46	24	M30	120	66	46	24	M45	170	102	70	24
900	M30	120	140	66	46	28	M30	120	66	46	28	M45	180	102	70	28
1000	M33	130	150	72	46	28	M33	140	84	55	28	M52	200	116	80	28
1100	M33	130	150	72	46	32	M33	140	84	55	32	M52	210	116	80	32
1200	M33	140	160	72	46	32	M33	150	84	55	32	M52	210	116	80	32
1350	M36	150	170	84	55	36	M36	170	96	65	36	M56	230	137	85	32
1500	M36	150	180	84	55	36	M36	170	96	65	36	M56	240	137	85	36
1600	M36	160	–	84	55	40	M36	180	102	70	40	–	–	–	–	–
1650	M36	160	–	84	55	40	M36	180	102	70	40	–	–	–	–	–
1800	M45	170	–	84	55	44	M45	190	102	70	44	–	–	–	–	–
2000	M45	180	–	96	65	48	M45	190	102	70	48	–	–	–	–	–
2100	M45	190	–	96	65	48	M45	200	102	70	48	–	–	–	–	–
2200	M52	190	–	96	65	52	M52	220	129	80	52	–	–	–	–	–
2300	M52	190	–	96	65	52	M52	220	129	80	52	–	–	–	–	–
2400	M52	200	–	96	65	56	M52	220	129	80	56	–	–	–	–	–
2500	M52	220	–	121	75	56	M52	220	129	80	56	–	–	–	–	–
2600	M52	220	–	121	75	60	M52	220	129	80	60	–	–	–	–	–
2700	M52	220	–	121	75	60	–	–	–	–	–	–	–	–	–	–
2800	M52	220	–	121	75	64	–	–	–	–	–	–	–	–	–	–
3000	M52	240	–	121	75	64	–	–	–	–	–	–	–	–	–	–

비고 1. L_1 치수는 RF형–RF형 또는 RF형–GF형 플랜지를 접속할 경우에 사용한다.
2. L_2 치수는 RF형 또는 GF형 플랜지와 게이트 밸브를 접속할 경우에 사용한다.

㉘ 플랜지 접합용 부품 개스킷

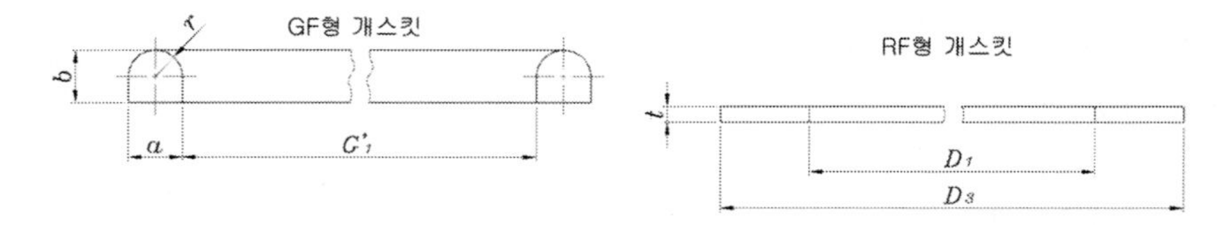

단위 : mm

호칭지름 A	각부 치수						
	GF 형 개스킷				RF 형 개스킷		
	G'_1	a	b	r	D_1	D_3	t
80	98	8	8	4	85	125	3
100	123	8	8	4	110	152	3
125	153	8	8	4	135	177	3
150	178	8	8	4	160	204	3
200	228	8	8	4	210	256	3
250	283	8	8	4	260	308	3
300	333	8	8	4	310	362	3
350	383	8	8	4	350	414	3
400	433	8	8	4	400	466	3
450	483	8	8	4	450	518	3
500	525	8	8	4	500	572	3
600	627	8	8	4	600	676	3
700	723	8	8	4	700	780	3
800	825	8	8	4	810	886	3
900	926	8	8	4	910	990	3
1000	1021	12	12	6	1010	1096	3
1100	1121	12	12	6	1110	1200	3
1200	1222	12	12	6	1210	1304	3
1350	1376	12	12	6	1360	1462	3
1500	1528	12	12	6	1510	1620	3
1600	1640	18	18	9	1610	1760	3
1650	1689	18	18	9	1660	1810	3
1800	1838	18	18	9	1810	1960	3
2000	2041	18	18	9	2015	2170	3
2100	2139	18	18	9	2115	2270	3
2200	2238	18	18	9	2215	2370	3
2300	2337	18	18	9	2315	2470	3
2400	2436	18	18	9	2415	2570	3
2500	2536	22	22	11	2515	2680	3
2600	2635	22	22	11	2615	2780	3
2700	2733	22	22	11	2715	2880	3
2800	2843	22	22	11	2820	3000	3
3000	3033	22	22	11	3020	3210	3

비고 1. 개스킷은 KS M 6613에 규정하는 SBR, CR 및 NBR을 사용한다.
RF형 개스킷은 Ⅲ류 스프링 경도 60을 사용하는데 노화 후의 신장변화율, 스프링 정도의 변화율 및 압축영구 변형은 규정하지 않는다.
GF형 개스킷은 IA류 스프링 경도 55를 사용하는데 CR 및 NBR에 대해서는 인장강도 $1570N/cm^2${$160kg1/cm^2$} 이상으로 한다.
2. RF형 개스킷은 F12 플랜지용, GF형 개스킷은 F12~F20 플랜지용에 사용한다.

㉔ 관 플랜지 F12

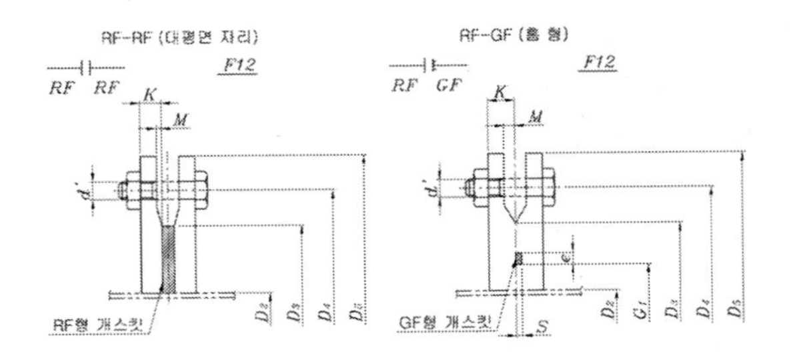

단위 : mm

호칭 지름 A	관 몸체		플랜지 치수					볼트			개스킷 홈			무게 (kg)	
	D_2	t	D_4	D_4	D_3	K	M	수	호칭	구멍 d'	G_1	e	s	RF형	GF형
80	89.1	4.2	211	160	133	18	2	4	M16	19	90	10	5	3.59	3.46
100	114.3	4.5	238	180	153	18	2	8	M16	19	115	10	5	4.14	3.99
125	139.8	4.5	263	210	183	20	2	8	M16	19	145	10	5	5.36	5.17
150	165.2	5.0	290	240	209	22	2	8	M20	23	170	10	5	6.69	6.46
200	216.3	5.8	342	295	264	22	2	8	M20	23	220	10	5	8.41	8.13
250	267.4	6.6	410	350	319	24	3	12	M20	23	275	10	5	12.2	11.9
300	318.5	6.9	464	400	367	24	3	12	M20	23	325	10	5	14.5	14.1
350	355.6	6.0	530	460	427	26	3	16	M20	23	375	10	5	21.7	21.3
400	406.4	6.0	582	515	477	26	3	16	M24	27	425	10	5	24.1	23.6
450	457.2	6.0	652	565	518	28	3	20	M24	27	475	10	5	32.2	31.6
500	508.0	6.0	706	620	582	28	3	20	M24	27	530	10	5	36.3	35.6
600	609.6	6.0	810	725	682	30	3	20	M27	30	630	10	5	46.1	45.3
700	711.2	6.0	928	840	797	32	3	24	M27	30	730	10	5	62.1	61.2
800	812.8	7.0	1034	950	904	34	3	24	M30	33	833	10	5	76.0	74.9
900	914.4	7.0	1156	1050	1004	36	3	28	M30	33	935	10	5	98.8	97.6
1000	1016.0	8.0	1262	1160	1111	38	3	28	M33	36	1032	16	8	117	114
1100	1117.6	8.0	1366	1270	1200	41	3	32	M33	36	1134	16	8	138	135
1200	1219.2	9.0	1470	1387	1304	43	3	32	M33	36	1236	16	8	160	156
1350	1371.6	10.0	1642	1552	1462	45	3	36	M36	40	1390	16	8	201	196
1500	1524.0	11.0	1800	1710	1620	48	3	36	M36	40	1544	16	8	244	239
1600	1625.6	12.0	1915	1820	1760	53	3	40	M36	40	1656	24	12	305	293
1650	1676.4	12.0	1950	1870	1770	53	3	40	M36	40	1708	24	12	292	280
1800	1828.8	13.0	2115	2020	1960	55	3	44	M45	49	1856	24	12	337	324
1900	1930.4	14.0	2220	2126	2066	58	4	44	M45	49	1958	24	12	378	364
2000	2032.0	15.0	2325	2230	2170	58	4	48	M45	49	2061	24	12	401	386
2100	2133.6	16.0	2440	2340	2240	59	4	48	M45	49	2161	24	12	448	432
2200	2235.2	16.0	2550	2440	2370	61	4	52	M52	56	2261	24	12	487	471
2300	2336.8	17.0	2655	2540	2440	62	4	52	M52	56	2361	24	12	522	505
2400	2438.4	18.0	2760	2650	2570	64	4	56	M52	56	2461	28	14	570	546
2500	2540.0	18.0	2860	2750	2670	68	5	56	M52	56	2562	28	14	624	599
2600	2641.6	19.0	2960	2850	2780	68	5	60	M52	56	2662	28	14	643	617
2700	2743.2	20.0	3080	2960	2850	71	5	60	M52	56	2762	28	14	740	713
2800	2844.8	21.0	3180	3070	3000	72	5	64	M52	56	2872	28	14	779	751
2900	2946.4	21.0	3292	3180	3104	74	5	64	M52	56	2972	28	14	861	832
3000	3048.0	22.0	3405	3290	3210	76	5	64	M52	56	3072	28	14	952	922

비고 1. 볼트 구멍의 배치는 관의 모든 축선을 수평으로 했을 경우에 그 플랜지면의 수직 중심선에 대하여 나눈다.
2. 주문자의 특별한 지정이 없는 한 RF–RF형의 조합으로 한다.
3. RF형(대평면 자리형) 플랜지의 개스킷 접촉면은 깊이 0.03~0.15mm의 톱니모양 홈을 지름방향 10mm당 10~20개가 되도록 가공한다.

㉕ 관 플랜지 F15

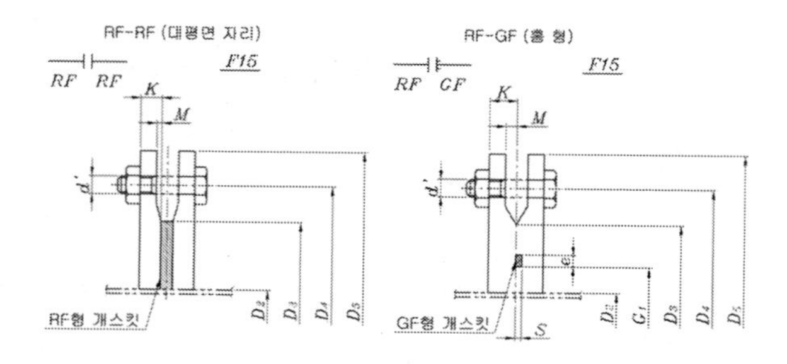

단위 : mm

호칭 지름 A	관 몸체		플랜지 치수					볼트			개스킷 홈			무게 (kg)	
	D_2	t	D■	D_4	D_3	K	M	수	호칭	구멍 d'	G_1	e	s	RF형	GF형
80	89.1	4.2	211	160	133	18	2	4	M16	19	90	10	5	3.59	3.46
100	114.3	4.5	238	180	153	18	2	8	M16	19	115	10	5	4.14	3.99
125	139.8	4.5	263	210	183	20	2	8	M16	19	145	10	5	5.36	5.17
150	165.2	5.0	290	240	209	22	2	8	M20	23	170	10	5	6.69	6.46
200	216.3	5.8	342	295	264	22	2	8	M20	23	220	10	5	8.41	8.13
250	267.4	6.6	410	350	319	24	3	12	M20	23	275	10	5	12.2	11.9
300	318.5	6.9	464	400	367	24	3	12	M20	23	325	10	5	7.81	7.46
350	355.6	6.0	530	460	427	26	3	16	M20	23	375	10	5	21.7	21.3
400	406.4	6.0	582	515	477	28	3	16	M24	27	425	10	5	26.1	25.6
450	457.2	6.0	652	565	518	30	3	20	M24	27	475	10	5	34.6	34.0
500	508.0	6.0	706	620	582	30	3	20	M24	27	530	10	5	39.1	38.4
600	609.6	6.0	810	725	682	34	3	20	M27	30	630	10	5	52.7	51.9
700	711.2	6.0	928	840	797	34	3	24	M27	30	730	10	5	66.2	65.3
800	812.8	7.0	1034	950	904	36	3	24	M30	33	833	10	5	80.7	79.7
900	914.4	8.0	1156	1050	1004	38	3	28	M30	33	935	10	5	105	103
1000	1016.0	9.0	1262	1160	1111	42	3	28	M33	36	1032	16	8	130	126
1100	1117.6	10.0	1366	1270	1200	43	3	32	M33	36	1134	16	8	145	142
1200	1219.2	11.0	1470	1387	1304	45	3	32	M33	36	1236	16	8	168	164
1350	1371.6	12.0	1642	1552	1462	51	3	36	M36	40	1390	16	8	229	224
1500	1524.0	14.0	1800	1710	1620	53	3	36	M36	40	1544	16	8	271	266
1600	1625.6	15.0	1915	1820	1760	58	3	40	M36	40	1656	24	12	334	322
1650	1676.4	15.0	1950	1870	1770	58	3	40	M36	40	1708	24	12	321	308
1800	1828.8	16.0	2115	2020	1960	59	3	44	M45	49	1856	24	12	362	349
1900	1930.4	17.0	2220	2126	2066	59	4	44	M45	49	1958	24	12	389	374
2000	2032.0	18.0	2325	2230	2170	62	4	48	M45	49	2061	24	12	430	415
2100	2133.6	19.0	2440	2340	2240	64	4	48	M45	49	2161	24	12	487	472
2200	2235.2	20.0	2550	2440	2370	68	4	52	M52	56	2261	24	12	545	529
2300	2336.8	21.0	2655	2540	2440	69	4	52	M52	56	2361	24	12	583	566
2400	2438.4	22.0	2760	2650	2570	70	4	56	M52	56	2461	28	14	625	601
2500	2540.0	23.0	2860	2750	2670	72	5	56	M52	56	2562	28	14	662	637
2600	2641.6	24.0	2960	2850	2780	72	5	60	M52	56	2662	28	14	682	656

비고 1. 볼트 구멍의 배치는 관의 모든 축선을 수평으로 했을 경우에 그 플랜지면의 수직 중심선에 대하여 나눈다.

2. 주문자의 특별한 지정이 없는 한 RF–RF형의 조합으로 한다.

3. RF형(대평면 자리형) 플랜지의 개스킷 접촉면은 깊이 0.03~0.15mm의 톱니모양 홈을 지름방향 10mm당 10~20개가 되도록 가공한다.

㉖ 플랜지 뚜껑

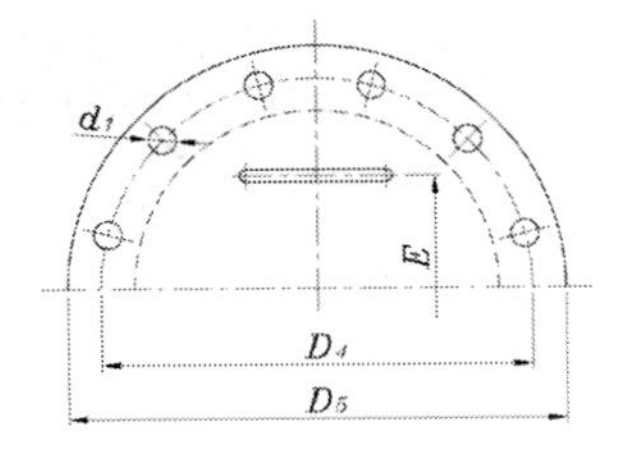

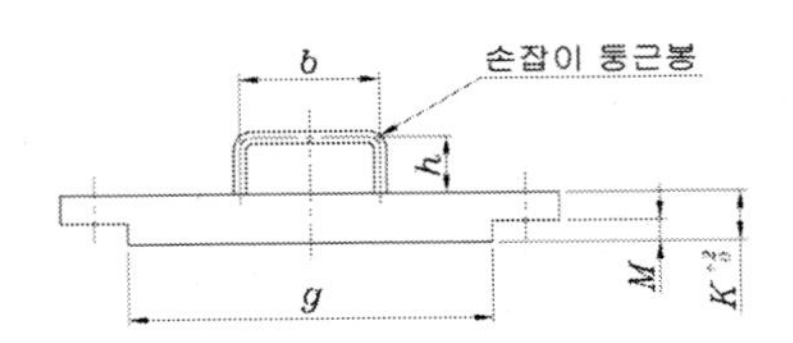

F12

단위 : mm

호칭지름	각부 치수						볼트		손잡이				참고 무게
A	D_5	D_4	g	M	K	d_1	호칭	수	둥근봉 ø	E	b	h	(kg)
80	211	160	60	2	12	19	M16	4	9	–	100	50	2.80
100	238	180	85	2	12	19	M16	8	9	–	100	50	3.50
125	263	210	110	2	12	19	M16	8	9	–	100	50	4.33
150	290	240	135	2	12	23	M20	8	9	–	100	50	5.25
200	342	295	185	2	14	23	M20	8	9	200	100	70	9.00
250	410	350	235	2	16	23	M20	12	9	200	150	70	15.0
300	464	400	285	3	19	23	M20	12	16	200	150	70	22.8
350	530	460	325	3	21	23	M20	16	16	200	150	70	32.9
400	582	515	375	3	23	27	M24	16	16	300	150	70	43.8
450	652	565	425	3	26	27	M24	20	19	300	150	70	62.8
500	706	620	475	3	28	27	M24	20	19	350	150	70	80.0
600	810	725	580	3	33	30	M27	20	19	400	150	70	126
700	928	840	680	3	37	30	M27	24	19	450	150	70	186
800	1034	950	780	3	42	33	M30	24	22	500	200	100	264
900	1156	1050	880	3	47	33	M30	28	22	500	200	100	370
1000	1262	1160	980	3	51	36	M33	28	22	600	200	100	480

F15

단위 : mm

호칭지름	각부 치수						볼트		손잡이				참고 무게
A	D5	D4	g	M	K	d1	호칭	수	둥근봉 ø	E	b	h	(kg)
80	185	160	60	2	13	19	M16	4	9	–	100	50	2.51
100	210	180	85	2	13	19	M16	8	9	–	100	50	3.12
125	250	210	110	2	14	19	M16	8	9	–	100	50	4.80
150	280	240	135	2	14	23	M20	8	9	–	100	50	5.95
200	330	295	185	2	16	23	M20	8	9	200	100	70	9.75
250	400	350	235	2	17	23	M20	12	9	200	150	70	15.2
300	445	400	285	3	19	23	M20	12	16	200	150	70	21.3
350	490	460	325	3	22	23	M20	16	16	200	150	70	30.0
400	560	515	375	3	25	27	M24	16	16	300	150	70	44.5
450	620	565	425	3	27	27	M24	20	19	300	150	70	59.4
500	675	620	475	3	30	27	M24	20	19	350	150	70	78.9
600	795	725	580	3	35	30	M27	20	19	400	150	70	129
700	905	840	680	3	40	30	M27	24	19	450	150	70	192
800	1020	950	780	3	45	33	M30	24	22	500	200	100	276
900	1120	1032	880	3	50	33	M30	28	22	500	200	100	371
1000	1235	1160	980	3	62	36	M33	28	22	600	200	100	561

비고 1. 호칭지름 80~150A의 손잡이는 플랜지 뚜껑의 중심에 부착할 것

F20

단위 : mm

호칭지름	각부 치수						볼트		손잡이				참고 무게
A	D_5	D_4	g	M	K	d_1	호칭	수	둥근봉 ø	E	b	h	(kg)
80	200	160	60	2	18	23	M20	8	9	–	100	50	3.81
100	225	185	85	2	18	23	M20	8	9	–	100	50	4.77
125	270	225	110	2	18	25	M22	8	9	–	100	50	6.95
150	305	260	135	2	22	25	M22	12	9	–	100	50	10.9
200	350	305	185	2	22	25	M22	12	9	200	100	70	14.8
250	430	380	235	2	23	27	M24	12	9	200	150	70	23.8
300	480	430	285	3	26	27	M24	16	16	200	150	70	33.4
350	540	480	325	3	28	33	M30	16	16	200	150	70	45.1
400	605	540	375	3	32	33	M30	16	16	300	150	70	65.8
450	675	605	425	3	36	33	M30	20	19	300	150	70	92.9
500	730	660	475	3	39	33	M30	20	19	350	150	70	119
600	845	770	580	3	45	39	M36	24	19	400	150	70	183

27 공기 밸브용 플랜지 뚜껑

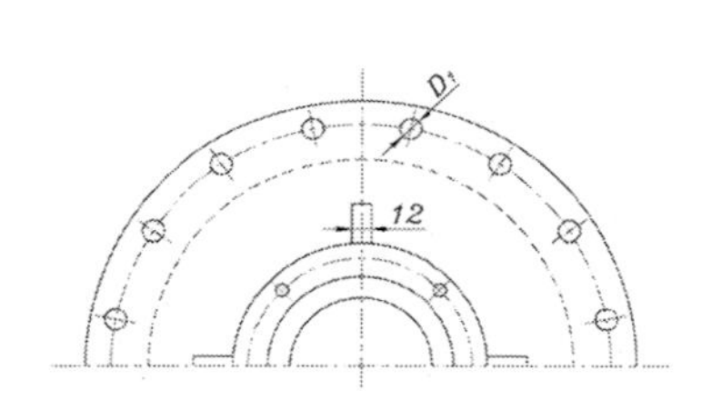

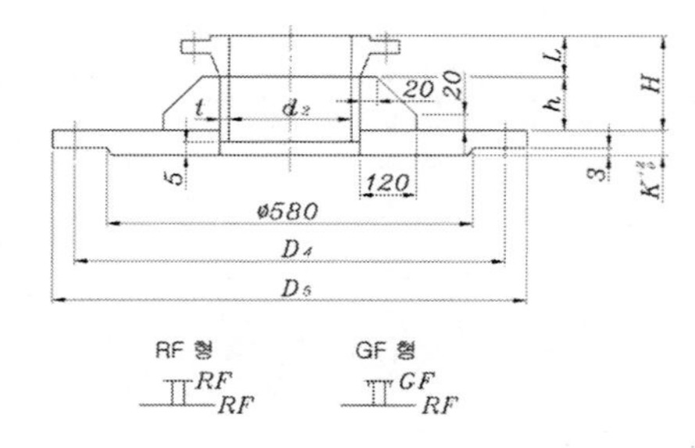

F12

단위 : mm

공기밸브	각부 치수									볼트		참고 무게(kg)	
호칭지름	D_5	D_4	K	d_2	t	H	L	h	d_1	호칭	수	RF 형	GF 형
80	810	725	30	89.1	4.2	150	40	110	30	M27	20	124	124
100				114.3	4.5	150	45	105				125	124
150				165.2	5.0	150	50	100				126	125
200				216.3	5.8	150	55	95				125	125

F15

단위 : mm

공기밸브	각부 치수									볼트		참고 무게(kg)
호칭지름	D_5	D_4	K	d_2	t	H	L	h	d_1	호칭	수	GF 형
80	810	725	34	89.1	4.2	150	50	100	30	M27	20	140
100				114.3	4.5	150	55	95				140
150				165.2	5.0	150	60	90				140
200				216.3	5.8	150	60	90				140

F20

단위 : mm

공기밸브 호칭지름	각부 치수									볼트		참고 무게(kg)
	D_5	D_4	K	d_2	t	H	L	h	d_1	호칭	수	GF 형
80	845	770	45	89.1	4.5	150	60	90	39	M36	24	193
100				114.3	4.9	150	60	90				193
150				165.2	5.5	200	100	100				196
200				216.3	6.4	200	100	100				194

㉓ 덕타일 주철관 접속용 짧은 관

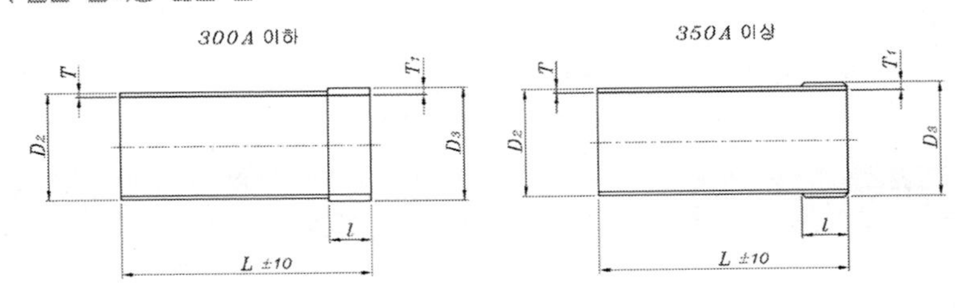

단위 : mm

호칭지름 A	접속 주철관 바깥지름	D_2	관 두께 T			각부 치수				참고 무게 (kg)		
			F12	F15	F20	D_3	T_1	L	l	F12	F15	F20
80	93.0	89.1	4.2	4.2	4.5	92.7	6	1000	150	9.40	9.40	9.90
100	118.0	114.3	4.5	4.5	4.9	117.3	6	1000	150	14.7	14.7	15.7
150	169.0	165.2	5.0	5.0	5.5	169.2	7	1000	150	24.0	24.0	25.9
200	220.0	216.3	5.8	5.8	6.4	218.7	7	1000	150	35.6	35.6	38.6
250	271.6	267.4	6.6	6.6	6.4	270.2	8	1000	150	50.2	50.2	49.0
300	322.8	318.5	6.9	6.9	6.4	322.7	9	1000	150	63.5	63.5	59.7
350	374.0	355.6	6.0	6.0	6.0	373.6	9	1000	200	67.9	67.9	67.9
400	425.6	406.4	6.0	6.0	6.0	424.4	9	1000	200	77.7	77.7	77.7
450	476.8	457.2	6.0	6.0	6.0	475.2	9	1000	200	87.5	87.5	87.5
500	528.0	508.0	6.0	6.0	6.0	528.0	10	1000	200	99.8	99.8	99.8
600	630.8	609.6	6.0	6.0	6.0	629.6	10	1500	200	165	165	165
700	733.0	711.2	6.0	6.0	7.0	733.2	11	1500	200	196	196	222
800	836.0	812.8	7.0	7.0	8.0	834.8	11	2000	200	323	323	362
900	939.0	914.4	7.0	8.0	8.0	938.4	12	2000	200	368	412	412
1000	1041.0	1016.0	8.0	9.0	9.0	1040.0	12	2000	250	474	523	523
1100	1144.0	1117.6	8.0	10.0	10.0	1143.6	13	2000	250	528	637	637
1200	1246.0	1219.2	9.0	11.0	11.0	1245.2	13	2000	250	636	754	754
1350	1400.0	1371.6	10.0	12.0	12.0	1399.6	14	2000	250	791	924	924
1500	1554.0	1524.0	11.0	14.0	14.0	1554.0	15	2000	250	963	1180	1180
1600	1650.0	1625.6	12.0	15.0	15.0	1649.6	12	2000	300	1100	1340	1340
1650	1701.0	1676.4	12.0	15.0	15.0	1700.4	12	2000	300	1130	1380	1380
1800	1848.0	1828.8	13.0	16.0	16.0	1848.8	10	2000	300	1300	1570	1570
2000	2061.0	2032.0	15.0	18.0	18.0	2062.0	15	2000	300	1720	2020	2020
2100	2164.0	2133.6	16.0	19.0	19.0	2163.6	15	2000	300	1910	2220	2220
2200	2280.0	2235.2	16.0	20.0	20.0	2279.2	20	2000	300	2120	2550	2550
2400	2458.0	2438.4	18.0	22.0	22.0	2458.4	10	2000	300	2330	2800	2800
2600	2684.0	2641.6	19.0	24.0	24.0	2683.6	21	2000	300	2870	3510	3510

30-18 배관용 이음매 없는 니켈-크롬-철 합금 관

■ 종류의 기호 및 열처리와 제조 방법 표시 기호

종류의 기호	열처리 ℃		제조 방법 표시 기호
	고용화 열처리	어닐링	
NCF 600 TP	–	900 이상 급냉	열간 가공 이음매 없는 관 : -S-H 냉간 가공 이음매 없는 관 : -S-C
NCF 625 TP	1090 이상 급냉	870 이상 급냉	
NCF 690 TP	–	900 이상 급냉	
NCF 800 TP	–	950 이상 급냉	
NCF 800 HTP	1100 이상 급냉	–	
NCF 825 TP	–	930 이상 급냉	

■ 화학 성분

종류의 기호	화학 성분 (%)												
	C	Si	Mn	P	S	Ni	Cr	Fe	Mo	Cu	Al	Ti	Nb+Ta
NCF 600 TP	0.15 이하	0.50 이하	1.00 이하	0.030 이하	0.015 이하	72.00 이상	14.00~17.00	6.00~10.00	–	0.50 이하	–	–	–
NCF 625 TP	0.10 이하	0.50 이하	0.50 이하	0.015 이하	0.015 이하	58.00 이상	20.00~23.00	5.00 이하	8.00~10.00	–	0.40 이하	0.40 이하	3.15~4.15
NCF 690 TP	0.05 이하	0.50 이하	0.50 이하	0.030 이하	0.015 이하	58.00 이상	27.00~31.00	7.00~11.00	–	0.50 이하	–	–	–
NCF 800 TP	0.10 이하	1.00 이하	1.50 이하	0.030 이하	0.015 이하	30.00~35.00	19.00~23.00	나머지	–	0.75 이하	0.15~0.60	0.15~0.60	–
NCF 800 HTP	0.05~0.10	1.00 이하	1.50 이하	0.030 이하	0.015 이하	30.00~35.00	19.00~23.00	나머지	–	0.75 이하	0.15~0.60	0.15~0.60	–
NCF 825 TP	0.05 이하	0.50 이하	1.00 이하	0.030 이하	0.015 이하	38.00~46.00	19.50~23.50	나머지	2.50~3.50	1.50~3.50	0.20 이하	0.60~1.20	–

■ 기계적 성질

종류의 기호	열처리	치수	인장 시험		
			인장강도 N/mm^2	항복강도 N/mm^2	연신율 %
NCF 600 TP	열간 가공 후 어닐링	바깥지름 127mm 이하	549 이상	206 이상	35 이상
		바깥지름 127mm 초과	520 이상	177 이상	35 이상
	냉간 가공 후 어닐링	바깥지름 127mm 이하	549 이상	245 이상	30 이상
		바깥지름 127mm 초과	549 이상	206 이상	30 이상
NCF 625 TP	열간 가공 후 어닐링	–	820 이상	410 이상	30 이상
	냉간 가공 후 어닐링	–	690 이상	275 이상	30 이상
NCF 690 TP	열간 가공 후 어닐링	바깥지름 127mm 이하	590 이상	205 이상	35 이상
		바깥지름 127mm 초과	520 이상	175 이상	35 이상
	냉간 가공 후 어닐링	바깥지름 127mm 이하	590 이상	245 이상	30 이상
		바깥지름 127mm 초과	590 이상	205 이상	30 이상
NCF 800 TP	열간 가공 후 어닐링	–	451 이상	177 이상	30 이상
	냉간 가공 후 어닐링	–	520 이상	206 이상	30 이상
NCF 800 HTP	열간 가공 후 또는 냉간 가공 후 어닐링	–	451 이상	177 이상	30 이상
NCF 825 TP	열간 가공 후 어닐링	–	520 이상	177 이상	30 이상
	냉간 가공 후 어닐링	–	579 이상	235 이상	30 이상

30-19 고온 고압용 원심력 주강관

■ 종류의 기호

종류의 기호	비 고
SCPH 1-CF	탄소강
SCPH 2-CF	탄소강
SCPH 11-CF	0.5% 몰리브덴강
SCPH 21-CF	1% 크롬 0.5% 몰리브덴강
SCPH 32-CF	2.5% 크롬 1% 몰리브덴강

■ 화학 성분

종류의 기호	화학 성분 (%)						
	C	Si	Mn	P	S	Cr	Mo
SCPH 1-CF	0.22 이하	0.60 이하	1.10 이하	0.040 이하	0.040 이하	–	–
SCPH 2-CF	0.30 이하	0.60 이하	1.10 이하	0.040 이하	0.040 이하	–	–
SCPH 11-CF	0.20 이하	0.60 이하	0.30~0.60	0.035 이하	0.035 이하	–	0.45~0.65
SCPH 21-CF	0.15 이하	0.60 이하	0.30~0.60	0.030 이하	0.030 이하	1.00~1.50	0.45~0.65
SCPH 32-CF	0.15 이하	0.60 이하	0.30~0.60	0.030 이하	0.030 이하	1.90~2.60	0.90~1.20

■ 불순물의 화학 성분

종류의 기호	화학 성분 (%)					
	Cu	Ni	Cr	Mo	W	합계량
SCPH 1-CF	0.50 이하	0.50 이하	0.25 이하	0.25 이하	–	1.00 이하
SCPH 2-CF	0.50 이하	0.50 이하	0.25 이하	0.25 이하	–	1.00 이하
SCPH 11-CF	0.50 이하	0.50 이하	0.35 이하	–	0.10 이하	1.00 이하
SCPH 21-CF	0.50 이하	0.50 이하	–	–	0.10 이하	1.00 이하
SCPH 32-CF	0.50 이하	0.50 이하	–	–	0.10 이하	1.00 이하

■ 기계적 성질

종류의 기호	항복점 또는 내구력 N/mm^2	인장강도 N/mm^2	연신율 %
SCPH 1-CF	245 이상	410 이상	21 이상
SCPH 2-CF	275 이상	480 이상	19 이상
SCPH 11-CF	205 이상	380 이상	19 이상
SCPH 21-CF	205 이상	410 이상	19 이상
SCPH 32-CF	205 이상	410 이상	19 이상

CHAPTER 31

구조용 강관 데이터

31-1 기계 구조용 탄소 강관

■ 종류 및 기호

종류		기호
11종	A	STKM 11 A
12종	A	STKM 12 A
	B	STKM 12 B
	C	STKM 12 C
13종	A	STKM 13 A
	B	STKM 13 B
	C	STKM 13 C
14종	A	STKM 14 A
	B	STKM 14 B
	C	STKM 14 C
15종	A	STKM 15 A
	C	STKM 15 C
16종	A	STKM 16 A
	C	STKM 16 C
17종	A	STKM 17 A
	C	STKM 17 C
18종	A	STKM 18 A
	B	STKM 18 B
	C	STKM 18 C
19종	A	STKM 19 A
	C	STKM 19 C
20종	A	STKM 20 A

■ 화학 성분

종류		기호	화학 성분 (%)					
			C	Si	Mn	P	S	Nb 또는 V
11종	A	STKM 11 A	0.12 이하	0.35 이하	0.60 이하	0.040 이하	0.040 이하	–
12종	A	STKM 12 A	0.20 이하	0.35 이하	0.60 이하	0.040 이하	0.040 이하	–
	B	STKM 12 B						
	C	STKM 12 C						
13종	A	STKM 13 A	0.25 이하	0.35 이하	0.30~0.90	0.040 이하	0.040 이하	–
	B	STKM 13 B						
	C	STKM 13 C						
14종	A	STKM 14 A	0.30 이하	0.35 이하	0.30~1.00	0.040 이하	0.040 이하	–
	B	STKM 14 B						
	C	STKM 14 C						
15종	A	STKM 15 A	0.25~0.35	0.35 이하	0.30~1.00	0.040 이하	0.040 이하	–
	C	STKM 15 C						

종류		기호	화학 성분 (%)					
			C	Si	Mn	P	S	Nb 또는 V
16종	A	STKM 16 A	0.35~0.45	0.40 이하	0.40~1.00	0.040 이하	0.040 이하	–
	C	STKM 16 C						
17종	A	STKM 17 A	0.45~0.55	0.40 이하	0.40~1.00	0.040 이하	0.040 이하	–
	C	STKM 17 C						
18종	A	STKM 18 A	0.18 이하	0.55 이하	1.50 이하	0.040 이하	0.040 이하	–
	B	STKM 18 B						
	C	STKM 18 C						
19종	A	STKM 19 A	0.25 이하	0.55 이하	1.50 이하	0.040 이하	0.040 이하	–
	C	STKM 19 C						
20종	A	STKM 20 A	0.25 이하	0.55 이하	1.60 이하	0.040 이하	0.040 이하	0.15 이하

■ 기계적 성질

종류		기호	인장강도 N/mm^2	항복점 또는 항복 강도 N/mm^2	연신율 (%)		편평성	굽힘성	
					4호 시험편 11호 시험편 12호 시험편 세로 방향	4호 시험편 5호 시험편 가로 방향	평판 사이의 거리(H) D는 관의 지름	굽힘 각도	안쪽 반지름 (D는 관의 지름)
11종	A	STKM 11 A	290 이상	–	35 이상	30 이상	1/2 D	180°	4 D
12종	A	STKM 12 A	340 이상	175 이상	35 이상	30 이상	2/3 D	90°	6 D
	B	STKM 12 B	390 이상	275 이상	25 이상	20 이상	2/3 D	90°	6 D
	C	STKM 12 C	470 이상	355 이상	20 이상	15 이상	–	–	–
13종	A	STKM 13 A	370 이상	215 이상	30 이상	25 이상	2/3 D	90°	6 D
	B	STKM 13 B	440 이상	305 이상	20 이상	15 이상	3/4 D	90°	6 D
	C	STKM 13 C	510 이상	380 이상	15 이상	10 이상	–	–	–
14종	A	STKM 14 A	410 이상	245 이상	25 이상	20 이상	3/4 D	90°	6 D
	B	STKM 14 B	500 이상	355 이상	15 이상	10 이상	7/8 D	90°	8 D
	C	STKM 14 C	550 이상	410 이상	15 이상	10 이상	–	–	–
15종	A	STKM 15 A	470 이상	275 이상	22 이상	17 이상	3/4 D	90°	6 D
	C	STKM 15 C	580 이상	430 이상	12 이상	7 이상	–	–	–
16종	A	STKM 16 A	510 이상	325 이상	20 이상	15 이상	7/8 D	90°	8 D
	C	STKM 16 C	620 이상	460 이상	12 이상	7 이상	–	–	–
17종	A	STKM 17 A	550 이상	345 이상	20 이상	15 이상	7/8 D	90°	8 D
	C	STKM 17 C	650 이상	480 이상	10 이상	5 이상	–	–	–
18종	A	STKM 18 A	440 이상	275 이상	25 이상	20 이상	7/8 D	90°	6 D
	B	STKM 18 B	490 이상	315 이상	23 이상	18 이상	7/8 D	90°	8 D
	C	STKM 18 C	510 이상	380 이상	15 이상	10 이상	–	–	–
19종	A	STKM 19 A	490 이상	315 이상	23 이상	18 이상	7/8 D	90°	6 D
	C	STKM 19 C	550 이상	410 이상	15 이상	10 이상	–	–	–
20종	A	STKM 20 A	540 이상	390 이상	23 이상	18 이상	7/8 D	90°	6 D

31-2 기계 구조용 스테인리스강 강관

■ 종류 및 기호와 열처리

<table>
<tr><th>분류</th><th>종류의 기호</th><th colspan="2">열처리 ℃</th></tr>
<tr><td rowspan="7">오스테나이트계</td><td>STS 304 TKA</td><td rowspan="5">고용화 열처리</td><td>1 010 이상, 급냉</td></tr>
<tr><td>STS 316 TKA</td><td>1 010 이상, 급냉</td></tr>
<tr><td>STS 321 TKA</td><td>920 이상, 급냉</td></tr>
<tr><td>STS 347 TKA</td><td>980 이상, 급냉</td></tr>
<tr><td>STS 350 TKA</td><td>1 150 이상, 급냉</td></tr>
<tr><td>STS 304 TKC</td><td colspan="2" rowspan="2">제조한 그대로</td></tr>
<tr><td>STS 316 TKC</td></tr>
<tr><td rowspan="3">페라이트계</td><td>STS 430 TKA</td><td>어닐링</td><td>700 이상, 공냉 또는 서냉</td></tr>
<tr><td>STS 430 TKC</td><td colspan="2" rowspan="2">제조한 그대로</td></tr>
<tr><td>STS 439 TKC</td></tr>
<tr><td rowspan="4">마르텐사이트계</td><td>STS 410 TKA</td><td rowspan="3">어닐링</td><td>700 이상, 공냉 또는 서냉</td></tr>
<tr><td>STS 420 J1 TKA</td><td>700 이상, 공냉 또는 서냉</td></tr>
<tr><td>STS 420 J2 TKA</td><td>700 이상, 공냉 또는 서냉</td></tr>
<tr><td>STS 410 TKC</td><td colspan="2">제조한 그대로</td></tr>
</table>

■ 화학성분

단위 : %

<table>
<tr><th>종류의 기호</th><th>C</th><th>Si</th><th>Mn</th><th>P</th><th>S</th><th>Ni</th><th>Cr</th><th>Mo</th><th>Ti</th><th>Nb</th></tr>
<tr><td>STS 304 TKA</td><td rowspan="6">0.08 이하</td><td rowspan="7">1.00 이하</td><td rowspan="6">2.00 이하</td><td rowspan="6">0.040 이하</td><td rowspan="6">0.030 이하</td><td rowspan="2">8.00~11.00</td><td rowspan="2">18.00~20.00</td><td rowspan="2">–</td><td rowspan="4">–</td><td rowspan="4">–</td></tr>
<tr><td>STS 304 TKC</td></tr>
<tr><td>STS 316 TKA</td><td rowspan="2">10.00~14.00</td><td rowspan="2">16.00~18.00</td><td rowspan="2">2.00~3.00</td></tr>
<tr><td>STS 316 TKC</td></tr>
<tr><td>STS 321 TKA</td><td rowspan="2">9.00~13.00</td><td rowspan="2">17.00~19.00</td><td rowspan="2">–</td><td>5×C% 이상</td><td></td></tr>
<tr><td>STS 347 TKA</td><td>–</td><td>10×C% 이상</td></tr>
<tr><td>STS 350 TKA</td><td>0.03 이하</td><td>1.50 이하</td><td>0.035 이하</td><td>0.02 이하</td><td>20.0~23.0</td><td>22.0~24.0</td><td>6.0~6.8</td><td rowspan="2">–</td><td rowspan="2">–</td></tr>
<tr><td>STS 430 TKA</td><td rowspan="2">0.12 이하</td><td rowspan="2">0.75 이하</td><td rowspan="7">1.00 이하</td><td rowspan="7">0.040 이하</td><td rowspan="7">0.030 이하</td><td rowspan="7">–</td><td>16.00~18.00</td><td rowspan="7">–</td></tr>
<tr><td>STS 430 TKC</td><td>17.00~20.00</td><td>–</td><td>–</td></tr>
<tr><td>STS 439 TKC</td><td>0.025 이하</td><td rowspan="5">1.00 이하</td><td>11.50~13.50</td><td rowspan="5">–</td><td rowspan="5">–</td></tr>
<tr><td>STS 410 TKA</td><td rowspan="2">0.15 이하</td><td rowspan="4">12.00~14.00</td></tr>
<tr><td>STS 410 TKC</td></tr>
<tr><td>STS 420 J1 TKA</td><td>0.16~0.25</td></tr>
<tr><td>STS 420 J2 TKA</td><td>0.26~0.40</td></tr>
</table>

■ 기계적 성질

<table>
<tr><th rowspan="3">종류의 기호</th><th rowspan="3">인장 강도
N/mm^2</th><th rowspan="3">항복 강도
N/mm^2</th><th colspan="3">연신율 (%)</th><th>편평성</th></tr>
<tr><th rowspan="2">11호 시험편
12호 시험편</th><th colspan="2">4호 시험편</th><th rowspan="2">평판 사이 거리
H
(D는 관의 바깥지름)</th></tr>
<tr><th>수직 방향</th><th>수평 방향</th></tr>
<tr><td>STS 304 TKA</td><td rowspan="4">520 이상</td><td rowspan="4">205 이상</td><td rowspan="4">35 이상</td><td rowspan="4">30 이상</td><td rowspan="4">22 이상</td><td rowspan="5">1/3D</td></tr>
<tr><td>STS 316 TKA</td></tr>
<tr><td>STS 321 TKA</td></tr>
<tr><td>STS 347 TKA</td></tr>
<tr><td>STS 350 TKA</td><td>330 이상</td><td>674 이상</td><td>40 이상</td><td>35 이상</td><td>30 이상</td></tr>
<tr><td>STS 304 TKC</td><td rowspan="2">520 이상</td><td rowspan="2">205 이상</td><td rowspan="2">35 이상</td><td rowspan="2">30 이상</td><td rowspan="2">22 이상</td><td rowspan="2">2/3D</td></tr>
<tr><td>STS 316 TKC</td></tr>
<tr><td>STS 430 TKA</td><td rowspan="2">410 이상</td><td rowspan="2">245 이상</td><td rowspan="4">20 이상</td><td rowspan="7">–</td><td rowspan="7">–</td><td>2/3D</td></tr>
<tr><td>STS 430 TKC</td><td>3/4D</td></tr>
<tr><td>STS 439 TKC</td><td>410 이상</td><td>205 이상</td><td>3/4D</td></tr>
<tr><td>STS 410 TKA</td><td>410 이상</td><td>205 이상</td><td>2/3D</td></tr>
<tr><td>STS 420 J1 TKA</td><td>470 이상</td><td>215 이상</td><td>19 이상</td><td rowspan="3">3/4D</td></tr>
<tr><td>STS 420 J2 TKA</td><td>540 이상</td><td>225 이상</td><td>18 이상</td></tr>
<tr><td>STS 410 TKC</td><td>410 이상</td><td>205 이상</td><td>20 이상</td></tr>
</table>

31-3 일반 구조용 탄소 강관

■ 화학성분

단위 : %

종류의 기호 (종래 기호)	C	Si	Mn	P	S
SGT275 (STK400)	0.25 이하	–	–	0.040 이하	0.040 이하
SGT355 (STK490, 500)	0.24 이하	0.40 이하	1.50 이하	0.040 이하	0.040 이하
SGT410 (STK540)	0.28 이하	0.40 이하	1.60~1.30	0.040 이하	0.040 이하
SGT450 (STK590)	0.30 이하	0.40 이하	2.00 이하	0.040 이하	0.040 이하
SGT550 (STK690)	0.30 이하	0.40 이하	2.00 이하	0.040 이하	0.040 이하

■ 기계적 성질

기계적 성질	인장 강도 M/mm²	항복점 또는 항복 강도 M/mm²	연신율 %		굽힘성 [a]		편평성	용접부 인장 강도 M/mm²
			11호시험편 12호시험편	5호 시험편	굽힘 각도	안쪽 반지름 (D는 관의 바깥지름)	편판 사이의 거리(H) (D는 관의 바깥지름)	
			세로 방향	가로 방향				
제조법 구분	이음매 없음, 단접, 전기저항 용접, 아크 용접				이음매 없음, 단접, 전기저항 용접		이음매 없음, 단접, 전기 저항 용접	아크 용접
바깥지름 구분	전체 바깥지름	전체 바깥지름	40mm를 초과하는 것		50mm 이하		전체 바깥지름	350mm를 초과하는 것
SGT275 (STK400)	410 이상	275 이상	23 이상	18 이상	90°	6D	2/3D	400 이상
SGT355 (STK490, 500)	500 이상	355 이상	20 이상	16 이상	90°	6D	7/8D	500 이상
SGT410 (STK540)	540 이상	410 이상	20 이상	16 이상	90°	6D	7/8D	540 이상
SGT450 (STK590)	590 이상	450 이상	20 이상	16 이상	90°	6D	7/8D	590 이상
SGT550 (STK690)	690 이상	550 이상	20 이상	16 이상	90°	6D	7/8D	690 이상

■ 일반 구조용 탄소 강관의 치수 및 무게

바깥 지름 mm	두께 mm	단위 무게 kg/m	참 고			
			단면적 cm²	단면 2차 모멘트 cm⁴	단면 계수 cm³	단면 2차 반지름 cm
21.7	2.0	0.972	1.238	0.607	0.560	0.700
27.2	2.0	1.24	1.583	1.26	0.930	0.890
	2.3	1.41	1.799	1.41	1.03	0.880
34.0	2.3	1.80	2.291	2.89	1.70	1.12
42.7	2.3	2.29	2.919	5.97	2.80	1.43
	2.5	2.48	3.157	6.40	3.00	1.42
48.6	2.3	2.63	3.345	8.99	3.70	1.64
	2.5	2.84	3.621	9.65	3.97	1.63
	2.8	3.16	4.029	10.6	4.36	1.62
	3.2	3.58	4.564	11.8	4.86	1.61
60.5	2.3	3.30	4.205	17.8	5.90	2.06
	3.2	4.52	5.760	23.7	7.84	2.03
	4.0	5.57	7.100	28.5	9.41	2.00

■ 일반 구조용 탄소 강관의 치수 및 무게 (계속)

바깥 지름 mm	두께 mm	단위 무게 kg/m	참고			
			단면적 cm^2	단면 2차 모멘트 cm^4	단면 계수 cm^3	단면 2차 반지름 cm
76.3	2.8	5.08	6.465	43.7	11.5	2.60
	3.2	5.77	7.349	49.2	12.9	2.59
	4.0	7.13	9.085	59.5	15.6	2.58
89.1	2.8	5.96	7.591	70.7	15.9	3.05
	3.2	6.78	8.636	79.8	17.9	3.04
101.6	3.2	7.76	9.892	120	23.6	3.48
	4.0	9.63	12.26	146	28.8	3.45
	5.0	11.9	15.17	177	34.9	3.42
114.3	3.2	8.77	11.17	172	30.2	3.93
	3.5	9.58	12.18	187	32.7	3.92
	4.5	12.2	15.52	234	41.0	3.89
139.8	3.6	12.1	15.40	357	51.1	4.82
	4.0	13.4	17.07	394	56.3	4.80
	4.5	15.0	19.13	438	62.7	4.79
	6.0	19.8	25.22	566	80.9	4.74
165.2	4.5	17.8	22.72	734	88.9	5.68
	5.0	19.8	25.16	808	97.8	5.67
	6.0	23.6	30.01	952	115	5.63
	7.1	27.7	35.26	110×10	134	5.60
190.7	4.5	20.7	26.32	114×10	120	6.59
	5.3	24.2	30.87	133×10	139	6.56
	6.0	27.3	34.82	149×10	156	6.53
	7.0	31.7	40.40	171×10	179	6.50
	8.2	36.9	47.01	196×10	206	6.46
216.3	4.5	23.5	29.94	168×10	155	7.49
	5.8	30.1	38.36	213×10	197	7.45
	6.0	31.1	39.64	219×10	203	7.44
	7.0	36.1	46.03	252×10	233	7.40
	8.0	41.1	52.35	284×10	263	7.37
	8.2	42.1	53.61	291×10	269	7.36
267.4	6.0	38.7	49.27	421×10	315	9.24
	6.6	42.4	54.08	460×10	344	9.22
	7.0	45.0	57.26	486×10	363	9.21
	8.0	51.2	65.19	549×10	411	9.18
	9.0	57.3	73.06	611×10	457	9.14
	9.3	59.2	75.41	629×10	470	9.13
318.5	6.0	46.2	58.91	719×10	452	11.1
	6.9	53.0	67.55	820×10	515	11.0
	8.0	61.3	78.04	941×10	591	11.0
	9.0	68.7	87.51	105×10^2	659	10.9
	10.3	78.3	99.73	119×10^2	744	10.9

■ 일반 구조용 탄소 강관의 치수 및 무게 (계속)

바깥 지름 mm	두께 mm	단위 무게 kg/m	참 고			
			단면적 cm^2	단면 2차 모멘트 cm^4	단면 계수 cm^3	단면 2차 반지름 cm
355.6	6.4	55.1	70.21	107×10^2	602	12.3
	7.9	67.7	86.29	130×10^2	734	12.3
	9.0	76.9	98.00	147×10^2	828	12.3
	9.5	81.1	103.3	155×10^2	871	12.2
	12.0	102	129.5	191×10^2	108×10	12.2
	12.7	107	136.8	201×10^2	113×10	12.1
406.4	7.9	77.6	98.90	196×10^2	967	14.1
	9.0	88.2	112.4	222×10^2	109×10	14.1
	9.5	93.0	118.5	233×10^2	115×10	14.0
	12.0	117	148.7	289×10^2	142×10	14.0
	12.7	123	157.1	305×10^2	150×10	13.9
	16.0	154	196.2	374×10^2	184×10	13.8
	19.0	182	231.2	435×10^2	214×10	13.7
457.2	9.0	99.5	126.7	318×10^2	140×10	15.8
	9.5	105	133.6	335×10^2	147×10	15.8
	12.0	132	167.8	416×10^2	182×10	15.7
	12.7	139	177.3	438×10^2	192×10	15.7
	16.0	174	221.8	540×10^2	236×10	15.6
	19.0	205	261.6	629×10^2	275×10	15.5
500	9.0	109	138.8	418×10^2	167×10	17.4
	12.0	144	184.0	548×10^2	219×10	17.3
	14.0	168	213.8	632×10^2	253×10	17.2
508.0	7.9	97.4	124.1	388×10^2	153×10	17.7
	9.0	111	141.1	439×10^2	173×10	17.6
	9.5	117	148.8	462×10^2	182×10	17.6
	12.0	147	187.0	575×10^2	227×10	17.5
	12.7	155	197.6	606×10^2	239×10	17.5
	14.0	171	217.3	663×10^2	261×10	17.5
	16.0	194	247.3	749×10^2	295×10	17.4
	19.0	229	291.9	874×10^2	344×10	17.3
	22.0	264	335.9	994×10^2	391×10	17.2
558.8	9.0	122	155.5	588×10^2	210×10	19.4
	12.0	162	206.1	771×10^2	276×10	19.3
	16.0	214	272.8	101×10^3	360×10	19.2
	19.0	253	322.2	118×10^3	421×10	19.1
	22.0	291	371.0	134×10^3	479×10	19.0
600	9.0	131	167.1	730×10^2	243×10	20.9
	12.0	174	221.7	958×10^2	320×10	20.8
	14.0	202	257.7	111×10^3	369×10	20.7
	16.0	230	293.6	125×10^3	418×10	20.7
609.6	9.0	133	169.8	766×10^2	251×10	21.2
	9.5	141	179.1	806×10^2	265×10	21.2
	12.0	177	225.3	101×10^3	330×10	21.1
	12.7	187	238.2	106×10^3	348×10	21.1
	14.0	206	262.0	116×10^3	381×10	21.1
	16.0	234	298.4	132×10^3	431×10	21.0
	19.0	277	352.5	154×10^3	505×10	20.9
	22.0	319	406.1	176×10^3	576×10	20.8

■ 일반 구조용 탄소 강관의 치수 및 무게 (계속)

바깥 지름 mm	두께 mm	단위 무게 kg/m	참고			
			단면적 cm^2	단면 2차 모멘트 cm^4	단면 계수 cm^3	단면 2차 반지름 cm
700	9.0	153	195.4	117×10^3	333×10	24.4
	12.0	204	259.4	154×10^3	439×10	24.3
	14.0	237	301.7	178×10^3	507×10	24.3
	16.0	270	343.8	201×10^3	575×10	24.2
711.2	9.0	156	198.5	122×10^3	344×10	24.8
	12.0	207	263.6	161×10^3	453×10	24.7
	14.0	241	306.6	186×10^3	524×10	24.7
	16.0	274	349.4	211×10^3	594×10	24.6
	19.0	324	413.2	248×10^3	696×10	24.5
	22.0	374	476.3	283×10^3	796×10	24.4
812.8	9.0	178	227.3	184×10^3	452×10	28.4
	12.0	237	301.9	242×10^3	596×10	28.3
	14.0	276	351.3	280×10^3	690×10	28.2
	16.0	314	400.5	318×10^3	782×10	28.2
	19.0	372	473.8	373×10^3	919×10	28.1
	22.0	429	546.6	428×10^3	105×102	28.0
914.4	12.0	267	340.2	348×10^3	758×10	31.9
	14.0	311	396.0	401×10^3	878×10	31.8
	16.0	354	451.6	456×10^3	997×10	31.8
	19.0	420	534.5	536×10^3	117×102	31.7
	22.0	484	616.5	614×10^3	134×102	31.5
1016.0	12.0	297	378.5	477×10^3	939×10	35.5
	14.0	346	440.7	553×10^3	109×102	35.4
	16.0	395	502.7	628×10^3	124×102	35.4
	19.0	467	595.1	740×10^3	146×102	35.2
	22.0	539	687.0	849×10^3	167×102	35.2

31-4 일반 구조용 각형 강관

■ 종류의 기호 및 화학 성분

종류의 기호	화학 성분 (%)				
	C	Si	Mn	P	S
SPSR 400 (SPSR41)	0.25 이하	-	-	0.040 이하	0.040 이하
SPSR 490 (SPSR50)	0.18 이하	0.55 이하	1.50 이하	0.040 이하	0.040 이하
SPSR 540	0.23 이하	0.40 이하	1.50 이하	0.040 이하	0.040 이하
SPSR 590	0.30 이하	0.40 이하	2.00 이하	0.040 이하	0.040 이하

■ 기계적 성질

종류의 기호	인장 시험		
	인장 강도 N/mm^2	항복점 또는 항복 강도 N/mm^2	연신율(5호 시험편) %
SPSR 400	400 이상	245 이상	23 이상
SPSR 490	490 이상	325 이상	23 이상
SPSR 540	540 이상	390 이상	20 이상
SPSR 590	590 이상	440 이상	20 이상

■ 치수의 허용차

항목 및 치수의 구분		치수 및 각도의 허용차
변의 길이	100mm 이하	±1.5mm
	100mm 초과	±1.5%
각 변의 평판 부분의 요철	변의 길이 100mm 이하	0.5mm 이하
	변의 길이 100mm 초과	변의 길이 0.5% 이하
인접 평판 부분 사이의 각도		±1.5°
각 부의 치수 : s		3t 이하
길이		+ 제한 없음 0
휨		전체 길이의 0.3% 이하
두께	용접에 의해 제조한 관	3mm 미만 ±0.3mm
		3mm 이상 ±10%
	이음매 없는 관	4mm 미만 ±0.6mm
		4mm 이상 ±15%

비고

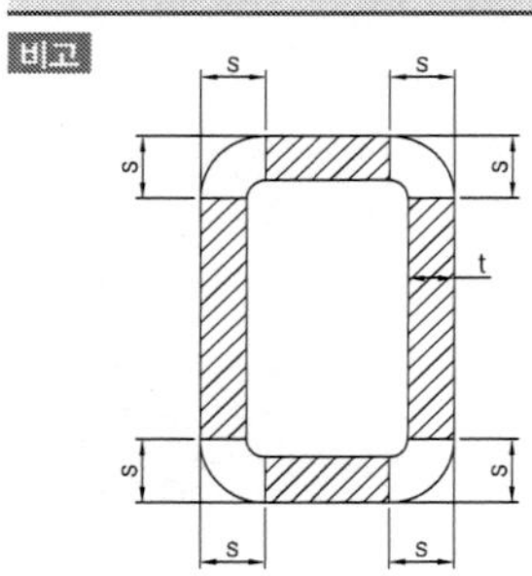

1. 평판 부분이란 그림에 표시한 빗금 부분을 말한다.
   t : 평판 부분의 두께
   s : 각 부의 치수
2. 각 부의 치수 허용차에 대해서는 주문자 · 제조자 사이의 협의에 따라 변경할 수 있다.
3. 휨의 허용차는 상하, 좌우 중의 큰 것에 적용한다.
4. 두께 허용차는 평판 부분에 대하여 적용한다.

■ 일반 구조용 각형 강관의 치수 및 무게

❶ 정사각형

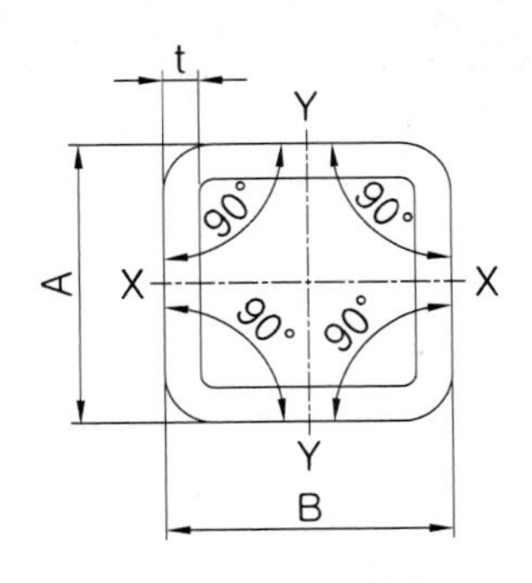

변의 길이 A×B mm	두께 t mm	무게 kg/m	참고			
			단면적 cm^2	단면의 2차 모멘트 I_x, I_y cm^4	단면 계수 Z_x, Z_y cm^3	단면의 2차 반지름 i_x, i_y cm
20×20	1.2	0.697	0.865	0.53	0.52	0.769
20×20	1.6	0.872	1.123	0.67	0.65	0.751
25×25	1.2	0.867	1.105	1.03	0.824	0.965
25×25	1.6	1.12	1.432	1.27	1.02	0.942
30×30	1.2	1.06	1.345	1.83	1.22	1.17
30×30	1.6	1.38	1.752	2.31	1.54	1.15
40×40	1.6	1.88	2.392	5.79	2.90	1.56
40×40	2.3	2.62	3.332	7.73	3.86	1.52
50×50	1.6	2.38	3.032	11.7	4.68	1.96
50×50	2.3	3.34	4.252	15.9	6.34	1.93
50×50	3.2	4.50	5.727	20.4	8.16	1.89
60×60	1.6	2.88	3.672	20.7	6.89	2.37
60×60	2.3	4.06	5.172	28.3	9.44	2.34
60×60	3.2	5.50	7.007	36.9	12.3	2.30
75×75	1.6	3.64	4.632	41.3	11.0	2.99
75×75	2.3	5.14	6.552	57.1	15.2	2.95
75×75	3.2	7.01	8.927	75.5	20.1	2.91
75×75	4.5	9.55	12.17	98.6	26.3	2.85
80×80	2.3	5.50	7.012	69.9	17.5	3.16
80×80	3.2	7.51	9.567	92.7	23.2	3.11
80×80	4.5	10.3	13.07	122	30.4	3.05
90×90	2.3	6.23	7.932	101	22.4	3.56
90×90	3.2	8.51	10.85	135	29.9	3.52
100×100	2.3	6.95	8.852	140	27.9	3.97
100×100	3.2	9.52	12.13	187	37.5	3.93
100×100	4.0	11.7	14.95	226	45.3	3.89
100×100	4.5	13.1	16.67	249	49.9	3.87
100×100	6.0	17.0	21.63	311	62.3	3.79
100×100	9.0	24.1	30.67	408	81.6	3.65
100×100	12.0	30.2	38.53	471	94.3	3.50
125×125	3.2	12.0	15.33	376	60.1	4.95
125×125	4.5	16.6	21.17	506	80.9	4.89
125×125	5.0	18.3	23.36	553	88.4	4.86
125×125	6.0	21.7	27.63	641	103	4.82
125×125	9.0	31.1	39.67	865	138	4.67
125×125	12.0	39.7	50.53	103×10	165	4.52

변의 길이 A×B mm	두께 t mm	무게 kg/m	참고			
			단면적 cm^2	단면의 2차 모멘트 I_x, I_y cm^4	단면 계수 Z_x, Z_y cm^3	단면의 2차 반지름 i_x, i_y cm
150×150	4.5	20.1	25.67	896	120	5.91
150×150	5.0	22.3	28.36	982	131	5.89
150×150	6.0	26.4	33.63	115×10	153	5.84
150×150	9.0	38.2	48.67	158×10	210	5.69
175×175	4.5	23.7	30.17	145×10	166	6.93
175×175	5.0	26.2	33.36	159×10	182	6.91
175×175	6.0	31.1	39.63	186×10	213	6.86
200×200	4.5	27.2	34.67	219×10	219	7.95
200×200	5.0	35.8	45.63	283×10	283	7.88
200×200	6.0	46.9	59.79	362×10	362	7.78
200×200	9.0	52.3	66.67	399×10	399	7.73
200×200	12.0	67.9	86.53	498×10	498	7.59
250×250	5.0	38.0	48.36	481×10	384	9.97
250×250	6.0	45.2	57.63	567×10	454	9.92
250×250	8.0	59.5	75.79	732×10	585	9.82
250×250	9.0	66.5	84.67	809×10	647	9.78
250×250	12.0	86.8	110.5	103×10^2	820	9.63
300×300	4.5	41.3	52.67	763×10	508	12.0
300×300	6.0	54.7	69.63	996×10	664	12.0
300×300	9.0	80.6	102.7	143×10^2	956	11.8
300×300	12.0	106	134.5	183×10^2	122×10	11.7
350×350	9.0	94.7	120.7	232×10^2	132×10	13.9
350×350	12.5	124	158.5	298×10^2	170×10	13.7

비고

무게의 수치는 $1cm^3$의 강을 7.85g으로 하고 다음 식에 따라 계산하여 KS Q 5002에 따라 유효 숫자 셋째 자리에서 끝맺음한 것이다.

$W = 0.0157t(A+B-3.287t)$

여기에서 W : 관의 무게(kg/m)

t : 관의 두께(mm)

A, B : 관의 변의 길이(mm)

❷ 직사각형

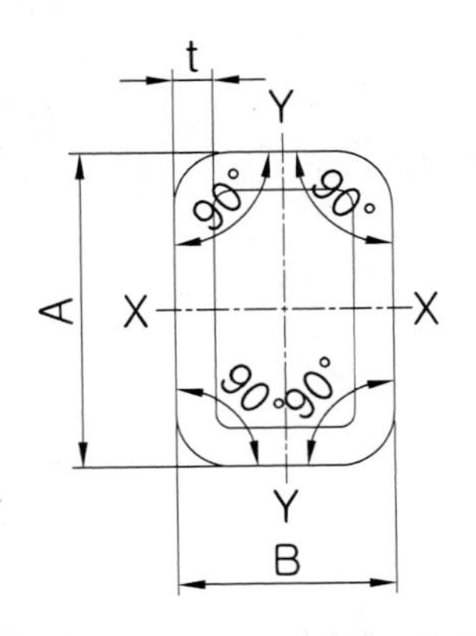

변의 길이 A×B mm	두께 t mm	무게 kg/m	참고							
			단면적 cm²	단면의 2차 모멘트		단면 계수		단면의 2차 반지름		
				I_x	I_y	Z_x	Z_y	i_x	i_y
				cm⁴		cm³		cm	
30×20	1.2	0.868	1.105	1.34	0.711	0.890	0.711	1.10	0.802
30×20	1.6	1.124	1.4317	1.66	0.879	1.11	0.879	1.80	0.784
40×20	1.2	1.053	1.3453	2.73	0.923	1.36	0.923	1.42	0.828
40×20	1.6	1.375	1.7517	3.43	1.15	1.72	1.15	1.40	0.810
50×20	1.6	1.63	2.072	6.08	1.42	2.43	1.42	1.71	0.829
50×20	2.3	2.25	2.872	8.00	1.83	3.20	1.83	1.67	0.798
50×30	1.6	1.88	2.392	7.96	3.60	3.18	2.40	1.82	1.23
50×30	2.3	2.62	3.332	10.6	4.76	4.25	3.17	1.79	1.20
60×30	1.6	2.13	2.712	2.5	4.25	4.16	2.83	2.15	1.25
60×30	2.3	2.98	3.792	16.8	5.65	5.61	3.76	2.11	1.22
60×30	3.2	3.99	5.087	21.4	7.08	7.15	4.72	2.05	1.18
75×20	1.6	2.25	2.872	17.6	2.10	4.69	2.10	2.47	0.855
75×20	2.3	3.16	4.022	23.7	2.73	6.31	2.73	2.43	0.824
75×45	1.6	2.88	3.672	28.4	12.9	7.56	5.75	2.78	1.88
75×45	2.3	4.06	5.172	38.9	17.6	10.4	7.82	2.74	1.84
75×45	3.2	5.50	7.007	50.8	22.8	13.5	10.1	2.69	1.80
80×40	1.6	2.88	3.672	30.7	10.5	7.68	5.26	2.89	1.69
80×40	2.3	4.06	5.172	42.1	14.3	10.5	7.14	2.85	1.66
80×40	3.2	5.50	7.007	54.9	18.4	13.7	9.21	2.80	1.62
90×45	2.3	4.60	5.862	61.0	20.8	13.6	9.22	3.23	1.88
90×45	3.2	6.25	7.967	80.2	27.0	17.8	12.0	3.17	1.84
100×20	1.6	2.88	3.672	38.1	2.78	7.61	2.78	3.22	0.870
100×20	2.3	4.06	5.172	51.9	3.64	10.4	3.64	3.17	0.839
100×40	1.6	3.38	4.312	53.5	12.9	10.7	6.44	3.52	1.73
100×40	2.3	4.78	6.092	73.9	17.5	14.8	8.77	3.48	1.70
100×40	4.2	8.32	10.60	120	27.6	24.0	10.6	3.36	1.61
100×50	1.6	3.64	4.632	61.3	21.1	12.3	8.43	3.64	2.13
100×50	2.3	5.14	6.552	84.8	29.0	17.0	11.6	3.60	2.10
100×50	3.2	7.01	8.927	112	38.0	22.5	15.2	3.55	2.06
100×50	4.5	9.55	12.17	147	48.9	29.3	19.5	3.47	2.00

변의 길이 A×B mm	두께 t mm	무게 kg/m	참고							
			단면적 cm^2	단면의 2차 모멘트		단면 계수		단면의 2차 반지름	
				I_x	I_y	Z_x	Z_y	i_x	i_y
				cm^4		cm^3		cm	
125×40	1.6	4.01	5.112	94.4	15.8	15.1	7.91	4.30	1.76
125×40	2.3	5.69	7.242	131	21.6	20.9	10.8	4.25	1.73
125×75	2.3	6.95	8.852	192	87.5	30.6	23.3	4.65	3.14
125×75	3.2	9.52	12.13	257	117	41.1	31.1	4.60	3.10
125×75	4.0	11.7	14.95	311	141	49.7	37.5	4.56	3.07
125×75	4.5	13.1	16.67	342	155	54.8	41.2	4.53	3.04
125×75	6.0	17.0	21.63	428	192	68.5	51.1	4.45	2.98
150×75	3.2	10.8	13.73	402	137	53.6	36.6	5.41	3.16
150×80	4.5	15.2	19.37	563	211	75.0	52.9	5.39	3.30
150×80	5.0	16.8	21.36	614	230	81.9	57.5	5.36	3.28
150×80	6.0	19.8	25.23	710	264	94.7	66.1	5.31	3.24
150×100	3.2	12.0	15.33	488	262	65.1	52.5	5.64	4.14
150×100	4.5	16.6	21.17	658	352	87.7	70.4	5.58	4.08
150×100	6.0	21.7	27.63	835	444		88.8	5.50	4.01
150×100	9.0	31.1	39.67	113×10	595		119	5.33	3.87
200×100	4.5	20.1	25.67	133×10	455	133	90.9	7.20	4.21
200×100	6.0	26.4	33.63	170×10	577	170	115	7.12	4.14
200×100	9.0	38.2	48.67	235×10	782	235	156	6.94	4.01
200×150	4.5	23.7	30.17	176×10	113×10	176	151	7.64	6.13
200×150	6.0	31.1	39.63	227×10	146×10	227	194	7.56	6.06
200×150	9.0	45.3	57.67	317×10	202×10	317	270	7.41	5.93
250×150	6.0	35.8	45.63	389×10	177×10	311	236	9.23	6.23
250×150	9.0	52.3	66.67	548×10	247×10	438	330	9.06	6.09
250×150	12.0	67.9	86.53	685×10	307×10	548	409	8.90	5.95
300×200	6.0	45.2	57.63	737×10	396×10	491	396	11.3	8.29
300×200	9.0	66.5	84.67	$105×10^2$	563×10	702	563	11.2	8.16
300×200	12.0	86.8	110.5	$134×10^2$	711×10	890	711	11.0	8.02
350×150	6.0	45.2	57.63	891×10	239×10	509	319	12.4	6.44
350×150	9.0	66.5	84.67	$127×10^2$	337×10	726	449	12.3	6.31
350×150	12.0	86.8	110.5	$161×10^2$	421×10	921	562	12.1	6.17
400×200	6.0	54.7	69.63	$148×10^2$	509×10	739	509	14.6	8.55
400×200	9.0	80.6	102.7	$213×10^2$	727×10	107×10	727	14.4	8.42
400×200	12.0	106	134.5	$273×10^2$	923×10	136×10	923	14.2	8.23

비고

무게의 수치는 $1cm^3$의 강을 7.85g으로 하고 다음 식에 따라 계산하여 KS Q 5002에 따라 유효 숫자 셋째 자리에서 끝맺음한 것이다.

W=0.0157t(A+B−3.287t)

여기에서 W : 관의 무게 (kg/m)

t : 관의 두께 (mm)

A, B : 관의 변의 길이 (mm)

•열간 마무리 처리된 구조용 중공 형강

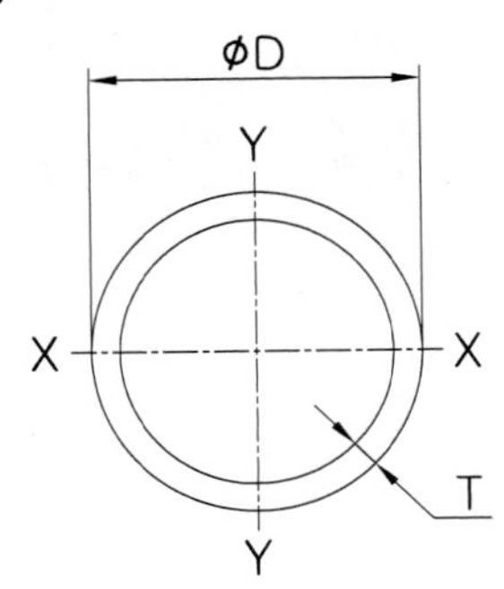

바깥지름	두께	단위 길이당 무게	단면적	단면의 2차 모멘트	회전 반지름	탄성 단면 정수	소성 단면 정수	비틀림 관성 정수	비틀림 계수 정수	단위 길이당 표면적	톤당 공칭 길이
D mm	T mm	M kg/m	A cm^2	I cm^4	i cm	W_{el} cm^3	W_{pl} cm^3	I_t cm^4	C_t cm^3	A_s m^2/m	m
21.3	2.3	1.08	1.37	0.629	0.677	0.590	0.834	1.26	1.18	0.0669	928
21.3	2.6	1.20	1.53	0.681	0.668	0.639	0.915	1.36	1.28	0.0669	834
21.3	3.2	1.43	1.82	0.768	0.650	0.722	1.06	1.54	1.44	0.0669	700
26.9	2.3	1.40	1.78	1.36	0.874	1.01	1.40	2.71	2.02	0.0845	717
26.9	2.6	1.56	1.98	1.48	0.864	1.10	1.54	2.96	2.20	0.0845	642
26.9	3.2	1.87	2.38	1.70	0.846	1.27	1.81	3.41	2.53	0.0845	535
33.7	2.6	1.99	2.54	3.09	1.10	1.84	2.52	6.19	3.67	0.106	501
33.7	3.2	2.41	3.07	3.60	1.08	2.14	2.99	7.21	4.28	0.106	415
33.7	4.0	2.93	3.73	4.19	1.06	2.49	3.55	8.38	4.97	0.106	341
42.4	2.6	2.55	3.25	6.46	1.41	3.05	4.12	12.9	6.10	0.133	392
42.4	3.2	3.09	3.94	7.62	1.39	3.59	4.93	15.2	7.19	0.133	323
42.4	4.0	3.79	4.83	8.99	1.36	4.24	5.92	18.0	8.48	0.133	264
48.3	2.6	2.93	3.73	9.78	1.62	4.05	5.44	19.6	8.10	0.152	341
48.3	3.2	3.56	4.53	11.6	1.60	4.80	6.52	23.2	9.59	0.152	281
48.3	4.0	4.37	5.57	13.8	1.57	5.70	7.87	27.5	11.4	0.152	229
48.3	5.0	5.34	6.80	16.2	1.54	6.69	9.42	32.3	13.4	0.152	187
60.3	2.6	3.70	4.71	19.7	2.04	6.52	8.66	39.3	13.0	0.189	270
60.3	3.2	4.51	5.74	23.5	2.02	7.78	10.4	46.9	15.6	0.189	222
60.3	4.0	5.55	7.07	28.2	2.00	9.34	12.7	56.3	18.7	0.189	180
60.3	5.0	6.82	8.69	33.5	1.96	11.1	15.3	67.0	22.2	0.189	147
76.1	2.6	4.71	6.00	40.6	2.60	10.7	14.1	81.2	21.3	0.239	212
76.1	3.2	5.75	7.33	48.8	2.58	12.8	17.0	97.6	25.6	0.239	174
76.1	4.0	7.11	9.06	59.1	2.55	15.5	20.8	118	31.0	0.239	141
76.1	5.0	8.77	11.2	70.9	2.52	18.6	25.3	142	37.3	0.239	114
88.9	3.2	6.76	8.62	79.2	3.03	17.8	23.5	158	35.6	0.279	148
88.9	4.0	8.38	10.7	96.3	3.00	21.7	28.9	193	43.3	0.279	119
88.9	5.0	10.3	13.2	116	2.97	26.2	35.2	233	52.4	0.279	96.7
88.9	6.0	12.3	15.6	135	2.94	30.4	41.3	270	60.7	0.279	81.5
88.9	6.3	12.8	16.3	140	2.93	31.5	43.1	280	63.1	0.279	77.9
101.6	3.2	7.77	9.89	120	3.48	23.6	31.0	240	47.2	0.319	129
101.6	4.0	9.63	12.3	146	3.45	28.8	38.1	293	57.6	0.319	104
101.6	5.0	11.9	15.2	177	3.42	34.9	46.7	355	69.9	0.319	84.0
101.6	6.0	14.1	18.0	207	3.39	40.7	54.9	413	81.4	0.319	70.7
101.6	6.3	14.8	18.9	215	3.38	42.3	57.3	430	84.7	0.319	67.5
101.6	8.0	18.5	23.5	260	3.32	51.1	70.3	519	102	0.319	54.2
101.6	10.0	22.6	28.8	305	3.26	60.1	84.2	611	120	0.319	44.3

바깥지름	두께	단위 길이당 무게	단면적	단면의 2차 모멘트	회전 반지름	탄성 단면 정수	소성 단면 정수	비틀림 관성 정수	비틀림 계수 정수	단위 길이당 표면적	톤당 공칭 길이
D mm	T mm	M kg/m	A cm^2	I cm^4	i cm	W_{el} cm^3	W_{pl} cm^3	I_t cm^4	C_t cm^3	A_s m^2/m	m
114.3	3.2	8.77	11.2	172	3.93	30.2	39.5	345	60.4	0.359	114
114.3	4.0	10.9	13.9	211	3.90	36.9	48.7	422	73.9	0.359	91.9
114.3	5.0	13.5	17.2	257	3.87	45.0	59.8	514	89.9	0.359	74.2
114.3	6.0	16.0	20.4	300	3.83	52.5	70.4	600	105	0.359	62.4
114.3	6.3	16.8	21.4	313	3.82	54.7	73.6	625	109	0.359	59.6
114.3	8.0	21.0	26.7	379	3.77	66.4	90.6	759	133	0.359	47.7
114.3	10.0	25.7	32.8	450	3.70	78.7	109	899	157	0.359	38.9
139.7	4.0	13.4	17.1	393	4.80	56.2	73.7	786	112	0.439	74.7
139.7	5.0	16.6	21.2	481	4.77	68.8	90.8	961	138	0.439	60.2
139.7	6.0	19.8	25.2	564	4.73	80.8	107	1129	162	0.439	50.5
139.7	6.3	20.7	26.4	589	4.72	84.3	112	1177	169	0.439	48.2
139.7	8.0	26.0	33.1	720	4.66	103	139	1441	206	0.439	38.5
139.7	10.0	32.0	40.7	862	4.60	123	169	1724	247	0.439	31.3
139.7	12.0	37.8	48.1	990	4.53	142	196	1980	283	0.439	26.5
139.7	12.5	39.2	50.0	1020	4.52	146	203	2040	292	0.439	25.5
168.3	4.0	16.2	20.6	697	5.81	82.8	108	1394	166	0.529	61.7
168.3	5.0	20.1	25.7	856	5.78	102	133	1712	203	0.529	49.7
168.3	6.0	24.0	30.6	1009	5.74	120	158	2017	240	0.529	41.6
168.3	6.3	25.2	32.1	1053	5.73	125	165	2107	250	0.529	39.7
168.3	8.0	31.6	40.3	1297	5.67	154	206	2595	308	0.529	31.6
168.3	10.0	39.0	49.7	1564	5.61	186	251	3128	372	0.529	25.6
168.3	12.0	46.3	58.9	1810	5.54	215	294	3620	430	0.529	21.6
168.3	12.5	48.0	61.2	1868	5.53	222	304	3737	444	0.529	20.8
177.8	5.0	21.3	27.1	1014	6.11	114	149	2028	228	0.559	46.9
177.8	6.0	25.4	32.4	1196	6.08	135	177	2392	269	0.559	39.3
177.8	6.3	26.6	33.9	1250	6.07	141	185	2499	281	0.559	37.5
177.8	8.0	33.5	42.7	1541	6.01	173	231	3083	347	0.559	29.9
177.8	10.0	41.4	52.7	1862	5.94	209	282	3724	419	0.559	24.2
177.8	12.0	49.1	62.5	2159	5.88	243	330	4318	486	0.559	20.4
177.8	12.5	51.0	64.9	2230	5.86	251	342	4460	502	0.559	19.6
193.7	5.0	23.3	29.6	1320	6.67	136	178	2640	273	0.609	43.0
193.7	6.0	27.8	35.4	1560	6.64	161	211	3119	322	0.609	36.0
193.7	6.3	29.1	37.1	1630	6.63	168	221	3260	337	0.609	34.3
193.7	8.0	36.6	46.7	2016	6.57	208	276	4031	416	0.609	27.3
193.7	10.0	45.3	57.7	2442	6.50	252	338	4883	504	0.609	22.1
193.7	12.0	53.8	68.5	2839	6.44	293	397	5678	586	0.609	18.6
193.7	12.5	55.9	71.2	2934	6.42	303	411	5869	606	0.609	17.9
193.7	16.0	70.1	89.3	3554	6.31	367	507	7109	734	0.609	14.3
219.1	5.0	26.4	33.6	1928	7.57	176	229	3856	352	0.688	37.9
219.1	6.0	31.5	40.2	2282	7.54	208	273	4564	417	0.688	31.7
219.1	6.3	33.1	42.1	2386	7.53	218	285	4772	436	0.688	30.2
219.1	8.0	41.6	53.1	2960	7.47	270	357	5919	540	0.688	24.0
219.1	10.0	51.6	65.7	3598	7.40	328	438	7197	657	0.688	19.4
219.1	12.0	61.3	78.1	4200	7.33	383	515	8400	767	0.688	16.3
219.1	12.5	63.7	81.1	4345	7.32	397	534	8689	793	0.688	15.7
219.1	16.0	80.1	102	5297	7.20	483	661	10590	967	0.688	12.5
219.1	20.0	98.2	125	6261	7.07	572	795	12520	1143	0.688	10.2
244.5	5.0	29.5	37.6	2699	8.47	221	287	5397	441	0.768	33.9
244.5	6.0	35.3	45.0	3199	8.43	262	341	6397	523	0.768	28.3
244.5	6.3	37.0	47.1	3346	8.42	274	358	6692	547	0.768	27.0
244.5	8.0	46.7	59.4	4160	8.37	340	448	8321	681	0.768	21.4
244.5	10.0	57.8	73.7	5073	8.30	415	550	10146	830	0.768	17.3
244.5	12.0	68.8	87.7	5938	8.23	486	649	11877	972	0.768	14.5
244.5	12.5	71.5	91.1	6147	8.21	503	673	12295	1006	0.768	14.0
244.5	16.0	90.2	115	7533	8.10	616	837	15066	1232	0.768	11.1
244.5	20.0	111	141	8957	7.97	733	1011	17914	1465	0.768	9.03
244.5	25.0	135	172	10517	7.81	860	1210	21034	1721	0.768	7.39

바깥지름	두께	단위 길이당 무게	단면적	단면의 2차 모멘트	회전 반지름	탄성 단면 정수	소성 단면 정수	비틀림 관성 정수	비틀림 계수 정수	단위 길이당 표면적	톤당 공칭 길이
D mm	T mm	M kg/m	A cm^2	I cm^4	i cm	W_{el} cm^3	W_{pl} cm^3	I_t cm^4	C_t cm^3	A_s m^2/m	m
273.0	5.0	33.0	42.1	3781	9.48	277	359	7562	554	0.858	30.3
273.0	6.0	39.5	50.3	4487	9.44	329	428	8974	657	0.858	25.3
273.0	6.3	41.4	52.8	4696	9.43	344	448	9392	688	0.858	24.1
273.0	8.0	52.3	66.6	5852	9.37	429	562	11703	857	0.858	19.1
273.0	10.0	64.9	82.6	7154	9.31	524	692	14308	1048	0.858	15.4
273.0	12.0	77.2	98.4	8396	9.24	615	818	16792	1230	0.858	12.9
273.0	12.5	80.3	102	8697	9.22	637	849	17395	1274	0.858	12.5
273.0	16.0	101	129	10707	9.10	784	1058	21414	1569	0.858	9.86
273.0	20.0	125	159	12798	8.97	938	1283	25597	1875	0.858	8.01
273.0	25.0	153	195	15217	8.81	1108	1543	30254	2216	0.858	6.54
323.9	5.0	39.3	50.1	6369	11.3	393	509	12739	787	1.02	25.4
323.9	6.0	47.0	59.9	7572	11.2	468	606	15145	935	1.02	21.3
323.9	6.3	49.3	62.9	7929	11.2	490	636	15858	979	1.02	20.3
323.9	8.0	62.3	79.4	9910	11.2	612	799	19820	1224	1.02	16.0
323.9	10.0	77.4	98.6	12158	11.1	751	986	24317	1501	1.02	12.9
323.9	12.0	92.3	118	14320	11.0	884	1168	28639	1768	1.02	10.8
323.9	12.5	96.0	122	14847	11.0	917	1213	29693	1833	1.02	10.4
323.9	16.0	121	155	18390	10.9	1136	1518	36780	2271	1.02	8.23
323.9	20.0	150	191	22139	10.8	1367	1850	44278	2734	1.02	6.67
323.9	25.0	184	235	26400	10.6	1630	2239	52800	3260	1.02	5.43
355.6	6.0	51.7	65.9	10071	12.4	566	733	20141	1133	1.12	19.3
355.6	6.3	54.3	69.1	10547	12.4	593	769	21094	1186	1.12	18.4
355.6	8.0	68.6	87.4	13201	12.3	742	967	26403	1485	1.12	14.6
355.6	10.0	85.2	109	16223	12.2	912	1195	32447	1825	1.12	11.7
355.6	12.0	102	130	19139	12.2	1076	1417	38279	2153	1.12	9.83
355.6	12.5	106	135	19852	12.1	1117	1472	39704	2233	1.12	9.45
355.6	16.0	134	171	24663	12.0	1387	1847	49326	2774	1.12	7.46
355.6	20.0	166	211	29792	11.9	1676	2255	59583	3351	1.12	6.04
355.6	25.0	204	260	35677	11.7	2007	2738	71353	4013	1.12	4.91
406.4	6.0	59.2	75.5	15128	14.2	745	962	30257	1489	1.28	16.9
406.4	6.3	62.2	79.2	15849	14.1	780	1009	31699	1560	1.28	16.1
406.4	8.0	78.6	100	19874	14.1	978	1270	39748	1956	1.28	12.7
406.4	10.0	97.8	125	24476	14.0	1205	1572	48952	2409	1.28	10.2
406.4	12.0	117	149	28937	14.0	1424	1867	57874	2848	1.28	8.57
406.4	12.5	121	155	30031	13.9	1478	1940	60061	2956	1.28	8.24
406.4	16.0	154	196	37449	13.8	1843	2440	74898	3686	1.28	6.49
406.4	20.0	191	243	45432	13.7	2236	2989	90864	4472	1.28	5.25
406.4	25.0	235	300	54702	13.5	2692	3642	109447	5384	1.28	4.25
406.4	30.0	278	355	63224	13.3	3111	4259	126447	6223	1.28	3.59
406.4	40.0	361	460	78186	13.0	3848	5391	156373	7696	1.28	2.77
457.0	6.0	66.7	85.0	21618	15.9	946	1220	43236	1892	1.44	15.0
457.0	6.3	70.0	89.2	22654	15.9	991	1280	45308	1983	1.44	14.3
457.0	8.0	88.6	113	28446	15.9	1245	1613	56893	2490	1.44	11.3
457.0	10.0	110	140	35091	15.8	1536	1998	70183	3071	1.44	9.07
457.0	12.0	132	168	41556	15.7	1819	2377	83113	3637	1.44	7.59
457.0	12.5	137	175	43145	15.7	1888	2470	86290	3776	1.44	7.30
457.0	16.0	174	222	53959	15.6	2361	3113	107919	4723	1.44	5.75
457.0	20.0	216	275	65681	15.5	2874	3822	131363	5749	1.44	4.64
457.0	25.0	266	339	79415	15.3	3475	4671	158830	6951	1.44	3.75
457.0	30.0	316	402	92173	15.1	4034	5479	184346	8068	1.44	3.17
457.0	40.0	411	524	114949	14.8	5031	6977	229898	10061	1.44	2.43
508.0	6.0	74.3	94.6	29812	17.7	1174	1512	59623	2347	1.60	13.5
508.0	6.3	77.9	99.3	31246	17.7	1230	1586	62493	2460	1.60	12.8
508.0	8.0	98.6	126	39280	17.7	1546	2000	78560	3093	1.60	10.1
508.0	10.0	123	156	48520	17.6	1910	2480	97040	3820	1.60	8.14
508.0	12.0	147	187	57536	17.5	2265	2953	115072	4530	1.60	6.81
508.0	12.5	153	195	59755	17.5	2353	3070	119511	4705	1.60	6.55
508.0	16.0	194	247	74909	17.4	2949	3874	149818	5898	1.60	5.15
508.0	20.0	241	307	91428	17.3	3600	4766	182856	7199	1.60	4.15
508.0	25.0	298	379	110918	17.1	4367	5837	221837	8734	1.60	3.36
508.0	30.0	354	451	129173	16.9	5086	6864	258346	10171	1.60	2.83
508.0	40.0	462	588	162188	16.6	6385	8782	324376	12771	1.60	2.17
508.0	50.0	565	719	190885	16.3	7515	10530	381770	15030	1.60	1.77

바깥지름	두께	단위 길이당 무게	단면적	단면의 2차 모멘트	회전 반지름	탄성 단면 정수	소성 단면 정수	비틀림 관성 정수	비틀림 계수 정수	단위 길이당 표면적	톤당 공칭 길이
D mm	T mm	M kg/m	A cm^2	I cm^4	i cm	W_{el} cm^3	W_{pl} cm^3	I_t cm^4	C_t cm^3	A_s m^2/m	m
610.0	6.0	89.4	114	51924	21.4	1702	2189	103847	3405	1.92	11.2
610.0	6.3	93.8	119	54439	21.3	1785	2296	108878	3570	1.92	10.7
610.0	8.0	119	151	68551	21.3	2248	2899	137103	4495	1.92	8.42
610.0	10.0	148	188	84847	21.2	2782	3600	169693	5564	1.92	6.76
610.0	12.0	177	225	100814	21.1	3305	4292	201627	6611	1.92	5.65
610.0	12.5	184	235	104755	21.1	3435	4463	209509	6869	1.92	5.43
610.0	16.0	234	299	131781	21.0	4321	5647	263563	8641	1.92	4.27
610.0	20.0	291	371	161490	20.9	5295	6965	322979	10589	1.92	3.44
610.0	25.0	361	459	196906	20.7	6456	8561	393813	12912	1.92	2.77
610.0	30.0	429	547	230476	20.5	7557	10101	460952	15113	1.92	2.33
610.0	40.0	562	716	292333	20.2	9585	13017	584666	19169	1.92	1.78
610.0	50.0	691	880	347570	19.9	11396	15722	695140	22791	1.92	1.45
711.0	6.0	104	133	82568	24.9	2323	165135	4645	4645	2.23	9.59
711.0	6.3	109	139	86586	24.9	2436	173172	4871	4871	2.23	9.13
711.0	8.0	139	177	109162	24.9	3071	218324	6141	6141	2.23	7.21
711.0	10.0	173	220	135301	24.8	3806	270603	7612	7612	2.23	5.78
711.0	12.0	207	264	160991	24.7	4529	321981	9057	9057	2.23	4.83
711.0	12.5	215	274	167343	24.7	4707	334686	9415	9415	2.23	4.64
711.0	16.0	274	349	211040	24.6	5936	422080	11873	11873	2.23	3.65
711.0	20.0	341	434	259351	24.4	7295	518702	14591	14591	2.23	2.93
711.0	25.0	423	539	317357	24.3	8927	634715	17854	17854	2.23	2.36
711.0	30.0	504	642	372790	24.1	10486	745580	20973	20973	2.23	1.98
711.0	40.0	662	843	476242	23.8	13396	952485	26793	26793	2.23	1.51
711.0	50.0	815	1038	570312	23.4	16043	1140623	32085	32085	2.23	1.23
711.0	60.0	963	1227	655583	23.1	18441	1311166	36882	36882	2.23	1.04
762.0	6.0	112	143	101813	26.7	2672	203626	5345	5345	2.39	8.94
762.0	6.3	117	150	106777	26.7	2803	213555	5605	5605	2.39	8.52
762.0	8.0	149	190	134683	26.7	3535	269366	7070	7070	2.39	6.72
762.0	10.0	185	236	167028	26.6	4384	334710	8768	8768	2.39	5.39
762.0	12.0	222	283	198855	26.5	5219	397710	10439	10439	2.39	4.51
762.0	12.5	231	294	206731	26.5	5426	413462	10852	10582	2.39	4.33
762.0	16.0	294	375	260973	26.4	6850	521947	13699	13699	2.39	3.40
762.0	20.0	366	466	321083	26.2	8427	642166	16855	16855	2.39	2.73
762.0	25.0	454	579	393461	26.1	10327	786922	20654	20654	2.39	2.20
762.0	30.0	542	690	462853	25.9	12148	925706	24297	24297	2.39	1.85
762.0	40.0	712	907	593011	25.6	15565	1186021	31129	31129	2.39	1.40
762.0	50.0	878	1118	712207	25.2	18693	142414	37386	37386	2.39	1.14
813.0	8.0	159	202	163901	28.5	4032	5184	327801	8064	2.55	6.30
813.0	10.0	198	252	203364	28.4	5003	6448	406728	10006	2.55	5.05
813.0	12.0	237	302	242235	28.3	5959	7700	484469	11918	2.55	4.22
813.0	12.5	247	314	251860	28.3	6196	8011	503721	12392	2.55	4.05
813.0	16.0	314	401	318222	28.2	7828	10165	636443	15657	2.55	3.18
813.0	20.0	391	498	391909	28.0	9641	12580	783819	19282	2.55	2.56
813.0	25.0	486	619	480856	27.9	11829	15529	961713	23658	2.55	2.06
813.0	30.0	579	738	566374	27.7	13933	18402	1132748	27866	2.55	1.73
914.0	8.0	179	228	233651	32.0	5113	6567	467303	10225	2.87	5.59
914.0	10.0	223	284	290147	32.0	6349	8172	580294	12698	2.87	4.49
914.0	12.0	267	340	345890	31.9	7569	9764	691779	15137	2.87	3.75
914.0	12.5	278	354	359708	31.9	7871	10159	719417	15742	2.87	3.60
914.0	16.0	354	451	455142	31.8	9959	12904	910284	19919	2.87	2.82
914.0	20.0	441	562	561461	31.6	12286	15987	1122922	24572	2.87	2.27
914.0	25.0	548	698	690317	31.4	15105	19763	1380634	30211	2.87	1.82
914.0	30.0	654	833	814775	31.3	17829	23453	1629550	35658	2.87	1.53
1016.0	8.0	199	253	321780	35.6	6334	8129	643560	12668	3.19	5.03
1016.0	10.0	248	316	399850	35.6	7871	10121	799699	15742	3.19	4.03
1016.0	12.0	297	378	476985	35.5	9389	12097	953969	18779	3.19	3.37
1016.0	12.5	309	394	496123	35.5	9766	12588	992246	19532	3.19	3.23
1016.0	16.0	395	503	628479	35.4	12372	16001	1256959	24743	3.19	2.53
1016.0	20.0	491	626	776324	35.2	15282	19843	1552648	30564	3.19	2.04
1016.0	25.0	611	778	956086	35.0	18821	24557	1912173	37641	3.19	1.64
1016.0	30.0	729	929	1130352	34.9	22251	29175	2260704	44502	3.19	1.37

바깥지름	두께	단위 길이당 무게	단면적	단면의 2차 모멘트	회전 반지름	탄성 단면 정수	소성 단면 정수	비틀림 관성 정수	비틀림 계수 정수	단위 길이당 표면적	톤당 공칭 길이
D mm	T mm	M kg/m	A cm^2	I cm^4	i cm	W_{el} cm^3	W_{pl} cm^3	I_t cm^4	C_t cm^3	A_s m^2/m	m
1067.0	10.0	261	332	463792	37.4	8693	11173	927585	17387	3.35	3.84
1067.0	12.0	312	398	553420	37.3	10373	13357	1106840	20747	3.35	3.20
1067.0	12.5	325	414	575666	37.3	10790	13900	1151332	21581	3.35	3.08
1067.0	16.0	415	528	729606	37.2	13676	17675	1459213	27352	3.35	2.41
1067.0	20.0	516	658	901755	37.0	16903	21927	1803509	33805	3.35	1.94
1067.0	25.0	642	818	1111355	36.9	20831	27149	2222711	41663	3.35	1.56
1067.0	30.0	767	977	1314864	36.7	24646	32270	2629727	49292	3.35	1.30
1168.0	10.0	286	364	609843	40.9	10443	13410	1219686	20885	3.67	3.50
1168.0	12.0	342	436	728050	40.9	12467	16037	1456101	24933	3.67	2.92
1168.0	12.5	356	454	757409	40.9	12969	16690	1514818	25939	3.67	2.81
1168.0	16.0	455	579	960774	40.7	16452	21235	1921547	32903	3.67	2.20
1168.0	20.0	566	721	1188632	40.6	20353	26361	2377264	40707	3.67	1.77
1168.0	25.0	705	898	1466717	40.4	25115	32666	2933434	50230	3.67	1.42
1219.0	10.0	298	380	694014	42.7	11387	14617	1388029	22773	3.83	3.35
1219.0	12.0	357	455	828716	42.7	13597	17483	1657433	27193	3.83	2.80
1219.0	12.5	372	474	862181	42.7	14146	18196	1724362	28291	3.83	2.69
1219.0	16.0	475	605	1094091	42.5	17951	23157	2188183	35901	3.83	2.11
1219.0	20.0	591	753	1354155	42.4	22217	28755	2708309	44435	3.83	1.69
1219.0	25.0	736	938	1671873	42.2	27430	35646	3343746	54860	3.83	1.36

•정사각형 중공 형강의 공칭 치수 및 단면 특성

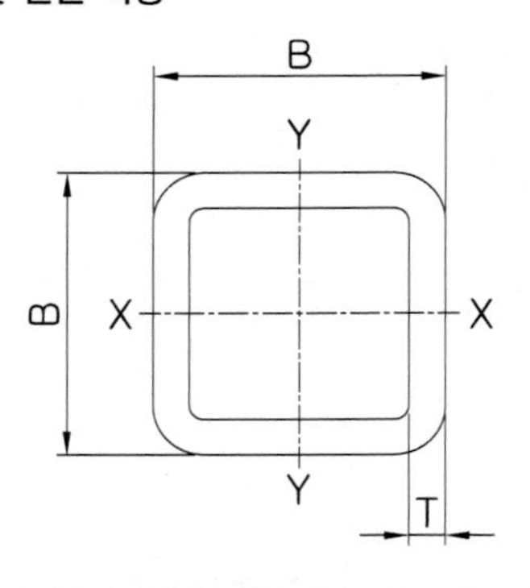

크기	두께	단위 길이당 무게	단면적	단면의 2차 모멘트	회전 반지름	탄성 단면 정수	소성 단면 정수	비틀림 관성 정수	비틀림 계수 정수	단위 길이당 표면적	톤당 공칭 길이
B mm	T mm	M kg/m	A cm^2	I cm^4	i cm	W_{el} cm^3	W_{pl} cm^3	I_t cm4	C_t cm^3	A_s m^2/m	 m
20	2.0	1.10	1.40	0.739	0.727	0.739	0.930	1.22	1.07	0.0748	912
20	2.5	1.32	1.68	0.835	0.705	0.835	1.08	1.41	1.20	0.0736	757
25	2.0	1.41	1.80	1.56	0.932	1.25	1.53	2.52	1.81	0.0948	709
25	2.5	1.71	2.18	1.81	0.909	1.44	1.82	2.97	2.08	0.0936	584
25	3.0	2.00	2.54	2.00	0.886	1.60	2.06	3.35	2.30	0.0923	501
30	2.0	1.72	2.20	2.84	1.14	1.89	2.29	4.53	2.75	0.115	580
30	2.5	2.11	2.68	3.33	1.11	2.22	2.74	5.40	3.22	0.114	475
30	3.0	2.47	3.14	3.74	1.09	2.50	3.14	6.16	3.60	0.112	405
40	2.5	2.89	3.68	8.54	1.52	4.27	5.14	13.6	6.22	0.154	346
40	3.0	3.41	4.34	9.78	1.50	4.89	5.97	15.7	7.10	0.152	293
40	4.0	4.39	5.59	11.8	1.45	5.91	7.44	19.5	8.54	0.150	228
40	5.0	5.28	6.73	13.4	1.41	6.68	8.66	22.5	9.60	0.147	189
50	2.5	3.68	4.68	17.5	1.93	6.99	8.29	27.5	10.2	0.194	272
50	3.0	4.35	5.54	20.2	1.91	8.08	9.70	32.1	11.8	0.192	230
50	4.0	5.64	7.19	25.0	1.86	9.99	12.3	40.4	14.5	0.190	177
50	5.0	6.85	8.73	28.9	1.82	11.6	14.5	47.6	16.7	0.187	146
50	6.0	7.99	10.2	32.0	1.77	12.8	16.5	53.6	18.4	0.185	125
50	6.3	8.31	10.6	32.8	1.76	13.1	17.0	55.2	18.8	0.184	120
60	2.5	4.46	5.68	31.1	2.34	10.4	12.2	48.5	15.2	0.234	224
60	3.0	5.29	6.74	36.2	2.32	12.1	14.3	56.9	17.7	0.232	189
60	4.0	6.90	8.79	45.4	2.27	15.1	18.3	72.5	22.0	0.230	145
60	5.0	8.42	10.7	53.3	2.23	17.8	21.9	86.4	25.7	0.227	119
60	6.0	9.87	12.6	59.9	2.18	20.0	25.1	98.6	28.8	0.225	101
60	6.3	10.3	13.1	61.6	2.17	20.5	26.0	102	29.6	0.224	97.2
60	8.0	12.5	16.0	69.7	2.09	23.2	30.4	118	33.4	0.219	79.9
70	3.0	6.24	7.94	59.0	2.73	16.9	19.9	92.2	24.8	0.272	160
70	4.0	8.15	10.4	74.7	2.68	21.3	25.5	118	31.2	0.270	123
70	5.0	9.99	12.7	88.5	2.64	25.3	30.8	142	36.8	0.267	100
70	6.0	11.8	15.0	101	2.59	28.7	35.5	163	41.6	0.265	85.1
70	6.3	12.3	15.6	104	2.58	29.7	36.9	169	42.9	0.264	81.5
70	8.0	15.0	19.2	120	2.50	34.2	43.8	200	49.2	0.259	66.5
80	3.0	7.18	9.14	89.8	3.13	22.5	26.3	140	33.0	0.312	139
80	4.0	9.41	12.0	114	3.09	28.6	34.0	180	41.9	0.310	106
80	5.0	11.6	14.7	137	3.05	34.2	41.1	217	49.8	0.307	86.5
80	6.0	13.6	17.4	156	3.00	39.1	47.8	252	56.8	0.305	73.3
80	6.3	14.2	18.1	162	2.99	40.5	49.7	262	58.7	0.304	70.2
80	8.0	17.5	22.4	189	2.91	47.3	59.5	312	68.3	0.299	57.0

크기	두께	단위 길이당 무게	단면적	단면의 2차 모멘트	회전 반지름	탄성 단면 정수	소성 단면 정수	비틀림 관성 정수	비틀림 계수 정수	단위 길이당 표면적	톤당 공칭 길이
B mm	T mm	M kg/m	A cm^2	I cm^4	i cm	W_{el} cm^3	W_{pl} cm^3	I_t cm4	C_t cm^3	A_s m^2/m	m
90	4.0	10.7	13.6	166	3.50	37.0	43.6	260	54.2	0.350	93.7
90	5.0	13.1	16.7	200	3.45	44.4	53.0	316	64.8	0.347	76.1
90	6.0	15.5	19.8	230	3.41	51.1	61.8	367	74.3	0.345	64.4
90	6.3	16.2	20.7	238	3.40	53.0	64.3	382	77.0	0.344	61.6
90	8.0	20.1	25.6	281	3.32	62.6	77.6	459	90.5	0.339	49.9
100	4.0	11.9	15.2	232	3.91	46.4	54.4	361	68.2	0.390	83.9
100	5.0	14.7	18.7	279	3.86	55.9	66.4	439	81.8	0.387	68.0
100	6.0	17.4	22.2	323	3.82	64.6	77.6	513	94.3	0.385	57.5
100	6.3	18.2	23.2	336	3.80	67.1	80.9	534	97.8	0.384	54.9
100	8.0	22.6	28.8	400	3.73	79.9	98.2	646	116	0.379	44.3
100	10.0	27.4	34.9	462	3.64	92.4	116	761	133	0.374	36.5
120	5.0	17.8	22.7	498	4.68	83.0	97.6	777	122	0.467	56.0
120	6.0	21.2	27.0	579	4.63	96.6	115	911	141	0.465	47.2
120	6.3	22.2	28.2	603	4.62	100	120	950	147	0.464	45.1
120	8.0	27.6	35.2	726	4.55	121	146	1160	176	0.459	36.2
120	10.0	33.7	42.9	852	4.46	142	175	1382	206	0.454	29.7
120	12.0	39.5	50.3	958	4.36	160	201	1578	230	0.449	25.3
120	12.5	40.9	52.1	982	4.34	164	207	1623	236	0.448	24.5
140	5.0	21.0	26.7	807	5.50	115	135	1253	170	0.547	47.7
140	6.0	24.9	31.8	944	5.45	135	159	1475	198	0.545	40.1
140	6.3	26.1	33.3	984	5.44	141	166	1540	206	0.544	38.3
140	8.0	32.6	41.6	1195	5.36	171	204	1892	249	0.539	30.7
140	10.0	40.0	50.9	1416	5.27	202	246	2272	294	0.534	25.0
140	12.0	47.0	59.9	1609	5.18	230	284	2616	333	0.529	21.3
140	12.5	48.7	62.1	1653	5.16	236	293	2696	342	0.528	20.5
150	5.0	22.6	28.7	1002	5.90	134	156	1550	197	0.587	44.3
150	6.0	26.8	34.2	1174	5.86	156	184	1828	230	0.585	37.3
150	6.3	28.1	35.8	1223	5.85	163	192	1909	240	0.584	35.6
150	8.0	35.1	44.8	1491	5.77	199	237	2351	291	0.579	28.5
150	10.0	43.1	54.9	1773	5.68	236	286	2832	344	0.574	23.2
150	12.0	50.8	64.7	2023	5.59	270	331	3272	391	0.569	19.7
150	12.5	52.7	67.1	2080	5.57	277	342	3375	402	0.568	19.0
150	16.0	65.2	83.0	2430	5.41	324	411	4026	467	0.559	15.3
160	5.0	24.1	30.7	1225	6.31	153	178	1892	226	0.627	41.5
160	6.0	28.7	36.6	1437	6.27	180	210	2233	264	0.625	34.8
160	6.3	30.1	38.3	1499	6.26	187	220	2333	275	0.624	33.3
160	8.0	37.6	48.0	1831	6.18	229	272	2880	335	0.619	26.6
160	10.0	46.3	58.9	2186	6.09	273	329	3478	398	0.614	21.6
160	12.0	54.6	69.5	2502	6.00	313	382	4028	454	0.609	18.3
160	12.5	56.6	72.1	2576	5.98	322	395	4158	467	0.608	17.7
160	16.0	70.2	89.4	3028	5.82	379	476	4988	546	0.599	14.2
180	5.0	27.3	34.7	1765	7.13	196	227	2718	290	0.707	36.7
180	6.0	32.5	41.4	2077	7.09	231	269	3215	340	0.705	30.8
180	6.3	34.0	43.3	2168	7.07	241	281	3361	355	0.704	29.4
180	8.0	42.7	54.4	2661	7.00	296	349	4162	434	0.699	23.4
180	10.0	52.5	66.9	3193	6.91	355	424	5048	518	0.694	19.0
180	12.0	62.1	79.1	3677	6.82	409	494	5873	595	0.689	16.1
180	12.5	64.4	82.1	3790	6.80	421	511	6070	613	0.688	15.5
180	16.0	80.2	102	4504	6.64	500	621	7343	724	0.679	12.5
200	5.0	30.4	38.7	2445	7.95	245	283	3756	362	0.787	32.9
200	6.0	36.2	46.2	2883	7.90	288	335	4449	426	0.785	27.6
200	6.3	38.0	48.4	3011	7.07	301	350	4653	444	0.784	26.3
200	8.0	47.7	60.8	3709	7.00	371	436	5778	545	0.779	21.0
200	10.0	58.8	74.9	4471	6.91	447	531	7031	655	0.744	17.0
200	12.0	69.6	88.7	5171	6.82	517	621	8208	754	0.769	14.4
200	12.5	72.3	92.1	5336	6.80	534	643	8491	778	0.768	13.8
200	16.0	90.3	115	6394	6.64	639	785	10340	927	0.759	11.1

크기	두께	단위 길이당 무게	단면적	단면의 2차 모멘트	회전 반지름	탄성 단면 정수	소성 단면 정수	비틀림 관성 정수	비틀림 계수 정수	단위 길이당 표면적	톤당 공칭 길이
B mm	T mm	M kg/m	A cm^2	I cm^4	i cm	W_{el} cm^3	W_{pl} cm^3	I_t cm4	C_t cm^3	A_s m^2/m	 m
220	6.0	40.0	51.0	3875	8.72	352	408	5963	521	0.865	25.0
220	6.3	41.9	53.4	4049	8.71	368	427	6240	544	0.864	23.8
220	8.0	52.7	67.2	5002	8.63	455	532	7765	669	0.859	19.0
220	10.0	65.1	82.9	6050	8.54	550	650	9473	807	0.854	15.4
220	12.0	77.2	98.3	7023	8.45	638	762	11091	933	0.849	13.0
220	12.5	80.1	102	7254	8.43	659	789	11481	963	0.848	12.5
220	16.0	100	128	8749	8.27	795	969	14054	1156	0.839	10.0
250	6.0	45.7	58.2	5752	9.94	460	531	8825	681	0.985	21.9
250	6.3	47.9	61.0	6014	9.93	481	556	9238	712	0.984	20.9
250	8.0	60.3	76.8	7455	9.86	596	694	11525	880	0.979	16.6
250	10.0	74.5	94.9	9055	9.77	724	851	14106	1065	0.974	13.4
250	12.0	88.5	113	10556	9.68	844	1000	16567	1237	0.969	11.3
250	12.5	91.9	117	10915	9.66	873	1037	17164	1279	0.968	10.9
250	16.0	115	147	13267	9.50	1061	1280	21138	1546	0.959	8.67
260	6.0	47.6	60.6	6491	10.4	499	576	9951	740	1.02	21.0
260	6.3	49.9	63.5	6788	10.3	522	603	10417	773	1.02	20.1
260	8.0	62.8	80.0	8423	10.3	648	753	13006	956	1.02	15.9
260	10.0	77.7	98.9	10242	10.2	788	924	15932	1159	1.01	12.9
260	12.0	92.2	117	11954	10.1	920	1087	18729	1348	1.01	10.8
260	12.5	95.8	122	12365	10.1	951	1127	19409	1394	1.01	10.4
260	16.0	120	153	15061	9.91	1159	1394	23942	1689	0.999	8.30
300	6.0	55.1	70.2	10080	12.0	672	772	15407	997	1.18	18.2
300	6.3	57.8	73.6	10547	12.0	703	809	16136	1043	1.18	17.3
300	8.0	72.8	92.8	13128	11.9	875	1013	20194	1294	1.18	13.7
300	10.0	90.2	115	16026	11.8	1068	1246	24807	1575	1.17	11.1
300	12.0	107	137	18777	11.7	1252	1470	29249	1840	1.17	9.32
300	12.5	112	142	19442	11.7	1296	1525	30333	1904	1.17	8.97
300	16.0	141	179	23850	11.5	1590	1895	37622	2325	1.16	7.12
350	8.0	85.4	109	21129	13.9	1207	1392	32384	1789	1.38	11.7
350	10.0	106	135	25884	13.9	1479	1715	39886	2185	1.37	9.44
350	12.0	126	161	30435	13.8	1739	2030	47154	2563	1.37	7.93
350	12.5	131	167	31541	13.7	1802	2107	48934	2654	1.37	7.62
350	16.0	166	211	38942	13.6	2225	2630	60990	3264	1.36	6.04
400	10.0	122	155	39128	15.9	1956	2260	60092	2895	1.57	8.22
400	12.0	145	185	46130	15.8	2306	2679	71181	3405	1.57	6.90
400	12.5	151	192	47839	15.8	2392	2782	73906	3530	1.57	6.63
400	16.0	191	243	59344	15.6	2967	3484	92442	4362	1.56	5.24
400	20.0	235	300	71535	15.4	3577	4247	112489	5237	1.55	4.25

• 직사각형 중공 형강의 공칭 치수 및 단면 특성

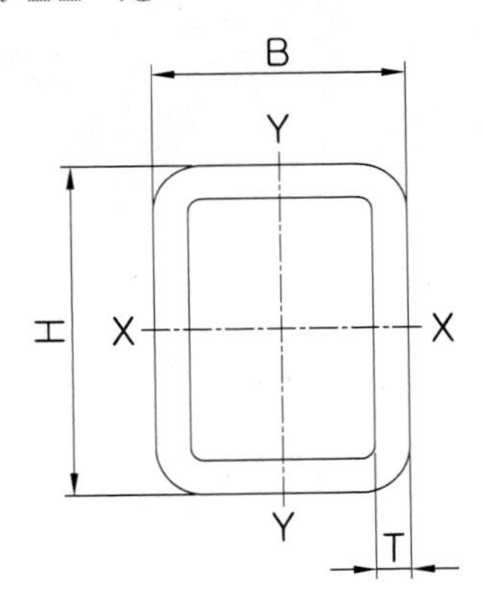

크기		두께	단위 길이당 무게	단면적	단면의 2차 모멘트		회전 반지름		탄성 단면 정수		소성 단면 정수		비틀림 관성 정수	비틀림 계수 정수	단위 길이당 표면적	톤당 공칭 길이
H×B mm		T mm	M kg/m	A cm²	I_{XX} cm⁴	I_{YY} cm⁴	i_{XX} cm	i_{YY} cm	$W_{el,XX}$ cm³	$W_{el,YY}$ cm³	$W_{pl,XX}$ cm³	$W_{pl,YY}$ cm³	I_t cm⁴	C_t cm³	A_s m²/m	m
50	25	2.5	2.69	3.43	10.4	3.39	1.74	0.994	4.16	2.71	5.33	3.22	8.42	4.61	0.144	371
50	25	3.0	3.17	4.04	11.9	3.83	1.72	0.973	4.76	3.06	6.18	3.71	9.64	5.20	0.142	315
50	30	2.5	2.89	3.68	11.8	5.22	1.79	1.19	4.73	3.48	5.92	4.11	11.7	5.73	0.154	346
50	30	3.0	3.41	4.34	13.6	5.94	1.77	1.17	5.43	3.96	6.88	4.76	13.5	6.51	0.152	293
50	30	4.0	4.39	5.59	16.5	7.08	1.72	1.13	6.60	4.72	8.59	5.88	16.6	7.77	0.150	228
50	30	5.0	5.28	6.73	18.7	7.89	1.67	1.08	7.49	5.26	10.0	6.80	19.0	8.67	0.147	189
60	40	2.5	3.68	4.68	22.8	12.1	2.21	1.60	7.61	6.03	9.32	7.02	25.1	9.73	0.194	272
60	40	3.0	4.35	5.54	26.5	13.9	2.18	1.58	8.82	6.95	10.9	8.19	29.2	11.2	0.192	230
60	40	4.0	5.64	7.19	32.8	17.0	2.14	1.54	10.9	8.52	13.8	10.3	36.7	13.7	0.190	177
60	40	5.0	6.85	8.73	38.1	19.5	2.09	1.50	12.7	9.77	16.4	12.2	43.0	15.7	0.187	146
60	40	6.0	7.99	10.2	42.3	21.4	2.04	1.45	14.1	10.7	18.6	13.7	48.2	17.3	0.185	125
60	40	6.3	8.31	10.6	43.4	21.9	2.02	1.44	14.5	11.0	19.2	14.2	49.5	17.6	0.184	120
80	40	3.0	5.29	6.74	54.2	18.0	2.84	1.63	13.6	9.00	17.1	10.4	43.8	15.3	0.232	189
80	40	4.0	6.90	8.79	68.2	22.2	2.79	1.59	17.1	11.1	21.8	13.2	55.2	18.9	0.230	145
80	40	5.0	8.42	10.7	80.3	25.7	2.74	1.55	20.1	12.9	26.1	15.7	65.1	21.9	0.227	119
80	40	6.0	9.87	12.6	90.5	28.5	2.68	1.50	22.6	14.2	30.0	17.8	73.4	24.2	0.225	101
80	40	6.3	10.3	13.1	93.3	29.2	2.67	1.49	23.3	14.6	31.1	18.4	75.6	24.8	0.224	97.2
80	40	8.0	12.5	16.0	106	32.1	2.58	1.42	26.5	16.1	36.5	21.2	85.8	27.4	0.219	79.9
90	50	3.0	6.24	7.94	84.4	33.5	3.26	2.05	18.8	13.4	23.2	15.3	76.5	22.4	0.272	160
90	50	4.0	8.15	10.4	107	41.9	3.21	2.01	23.8	16.8	29.8	19.6	97.5	28.0	0.270	123
90	50	5.0	9.99	12.7	127	49.2	3.16	1.97	28.3	19.7	36.0	23.5	116	32.9	0.267	100
90	50	6.0	11.8	15.0	145	55.4	3.11	1.92	32.2	22.1	41.6	27.0	133	37.0	0.265	85.1
90	50	6.3	12.3	15.6	150	57.0	3.10	1.91	33.3	22.8	43.2	28.0	138	38.1	0.264	81.5
90	50	8.0	15.0	19.2	174	64.6	3.01	1.84	38.6	25.8	51.4	32.9	160	43.2	0.259	66.5
100	50	3.0	6.71	8.54	110	36.8	3.58	2.08	21.9	14.7	27.3	16.8	88.4	25.0	0.292	149
100	50	4.0	8.78	11.2	140	46.2	3.53	2.03	27.9	18.5	35.2	21.5	113	31.4	0.290	114
100	50	5.0	10.8	13.7	167	54.3	3.48	1.99	33.3	21.7	42.6	25.8	135	36.9	0.287	92.8
100	50	6.0	12.7	16.2	190	61.2	3.43	1.95	38.1	24.5	49.4	29.7	154	41.6	0.285	78.8
100	50	6.3	13.3	16.9	197	63.0	3.42	1.93	39.4	25.2	51.3	30.8	160	42.9	0.284	75.4
100	50	8.0	16.3	20.8	230	71.7	3.33	1.86	46.0	28.7	61.4	36.3	186	48.9	0.279	61.4
100	60	3.0	7.18	9.14	124	55.7	3.68	2.47	24.7	18.6	30.2	21.2	121	30.7	0.312	139
100	60	4.0	9.41	12.0	158	70.5	3.63	2.43	31.6	23.5	39.1	27.3	156	38.7	0.310	106
100	60	5.0	11.6	14.7	189	83.6	3.58	2.38	37.8	27.9	47.4	32.9	188	45.9	0.307	86.5
100	60	6.0	13.6	17.4	217	95.0	3.53	2.34	43.4	31.7	55.1	38.1	216	52.1	0.305	73.3
100	60	6.3	14.2	18.1	225	98.1	3.52	2.33	45.0	32.7	57.3	39.5	224	53.8	0.304	70.2
100	60	8.0	17.5	22.4	264	113	3.44	2.25	52.8	37.8	68.7	47.1	265	62.2	0.299	57.0

크기		두께	단위 길이당 무게	단면적	단면의 2차 모멘트		회전 반지름		탄성 단면 정수		소성 단면 정수		비틀림 관성 정수	비틀림 계수 정수	단위 길이당 표면적	톤당 공칭 길이
H×B mm		T mm	M kg/m	A cm^2	I_{XX} cm^4	I_{YY} cm^4	i_{XX} cm	i_{YY} cm	$W_{el,XX}$ cm^3	$W_{el,YY}$ cm^3	$W_{pl,XX}$ cm^3	$W_{pl,YY}$ cm^3	I_t cm^4	C_t cm^3	A_s m^2/m	m
120	60	4.0	10.7	13.6	249	83.1	4.28	2.47	41.5	27.7	51.9	31.7	201	47.1	0.350	93.7
120	60	5.0	13.1	16.7	299	98.8	4.23	2.43	49.9	32.9	63.1	38.4	242	56.0	0.347	76.1
120	60	6.0	15.5	19.8	345	113	4.18	2.39	57.5	37.5	73.6	44.5	279	63.8	0.345	64.4
120	60	6.3	16.2	20.7	358	116	4.16	2.37	59.7	38.8	76.7	46.3	290	65.9	0.344	61.6
120	60	8.0	20.1	25.6	425	135	4.08	2.30	70.8	45.0	92.7	55.4	344	76.6	0.339	49.9
120	60	10.0	24.3	30.9	488	152	3.97	2.21	81.4	50.5	109	64.4	396	86.1	0.334	41.2
120	80	4.0	11.9	15.2	303	161	4.46	3.25	50.4	40.2	61.2	46.1	330	65.0	0.390	83.9
120	80	5.0	14.7	18.7	365	193	4.42	3.21	60.9	48.2	74.6	56.1	401	77.9	0.387	68.0
120	80	6.0	17.4	22.2	423	222	4.37	3.17	70.6	55.6	87.3	65.5	468	89.6	0.385	57.5
120	80	6.3	18.2	23.2	440	230	4.36	3.15	73.3	57.6	91.0	68.2	487	92.9	0.384	54.9
120	80	8.0	22.6	28.8	525	273	4.27	3.08	87.5	68.1	111	82.6	587	110	0.379	44.3
120	80	10.0	27.4	34.9	609	313	4.18	2.99	102	78.1	131	97.3	688	126	0.374	36.5
140	80	4.0	13.2	16.8	441	184	5.12	3.31	62.9	46.0	77.1	52.2	411	76.5	0.430	75.9
140	80	5.0	16.3	20.7	534	221	5.08	3.27	76.3	55.3	94.3	63.6	499	91.9	0.427	61.4
140	80	6.0	19.3	24.6	621	255	5.03	3.22	88.7	63.8	111	74.4	583	106	0.425	51.8
140	80	6.3	20.2	25.7	646	265	5.01	3.21	92.3	66.2	115	77.5	607	110	0.424	49.6
140	80	8.0	25.1	32.0	776	314	4.93	3.14	111	78.5	141	94.1	733	130	0.419	39.9
140	80	10.0	30.6	38.9	908	362	4.83	3.05	130	90.5	168	111	862	150	0.414	32.7
150	100	4.0	15.1	19.2	607	324	5.63	4.11	81.0	64.8	97.4	73.6	660	105	0.490	66.4
150	100	5.0	18.6	23.7	739	392	5.58	4.07	98.5	78.5	119	90.1	807	127	0.487	53.7
150	100	6.0	22.1	28.2	862	456	5.53	4.02	115	91.2	141	106	946	147	0.485	45.2
150	100	6.3	23.1	29.5	898	474	5.52	4.01	120	94.8	147	110	986	153	0.484	43.2
150	100	8.0	28.9	36.8	1087	569	5.44	3.94	145	114	180	135	1203	183	0.479	34.7
150	100	10.0	35.3	44.9	1282	665	5.34	3.85	171	133	216	161	1432	214	0.474	28.4
150	100	12.0	41.4	52.7	1450	745	5.25	3.76	193	149	249	185	1633	240	0.469	24.2
150	100	12.5	42.8	54.6	1488	763	5.22	3.74	198	153	256	190	1679	246	0.468	23.3
160	80	4.0	14.4	18.4	612	207	5.77	3.35	76.5	51.7	94.7	58.3	493	88.1	0.470	69.3
160	80	5.0	17.8	22.7	744	249	5.72	3.31	93.0	62.3	116	71.1	600	106	0.467	56.0
160	80	6.0	21.2	27.0	868	288	5.67	3.27	108	72.0	136	83.3	701	122	0.465	47.2
160	80	6.3	22.2	28.2	903	299	5.66	3.26	113	74.8	142	86.8	730	127	0.464	45.1
160	80	8.0	27.6	35.2	1091	356	5.57	3.18	136	89.0	175	106	883	151	0.459	36.2
160	80	10.0	33.7	42.9	1284	411	5.47	3.10	161	103	209	125	1041	175	0.454	29.7
160	80	12.0	39.5	50.3	1449	455	5.37	3.01	181	114	240	142	1175	194	0.499	25.3
160	80	12.5	40.9	52.1	1485	465	5.34	2.99	186	116	247	146	1204	198	0.448	24.5
180	100	4.0	16.9	21.6	945	379	6.61	4.19	105	75.9	128	85.2	852	127	0.550	59.0
180	100	5.0	21.0	26.7	1153	460	6.57	4.15	128	92.0	157	104	1042	154	0.547	47.7
180	100	6.0	24.9	31.8	1350	536	6.52	4.11	150	107	186	123	1224	179	0.545	40.1
180	100	6.3	26.1	33.3	1407	557	6.50	4.09	156	111	194	128	1277	186	0.544	38.3
180	100	8.0	32.6	41.6	1713	671	6.42	4.02	190	134	239	157	1560	224	0.539	30.7
180	100	10.0	40.0	50.9	2036	787	6.32	3.93	226	157	288	188	1862	263	0.534	25.0
180	100	12.0	47.0	59.9	2320	886	6.22	3.85	258	177	333	216	2130	296	0.529	21.3
180	100	12.5	48.7	62.1	2385	908	6.20	3.82	265	182	344	223	2191	303	0.528	20.5
200	100	4.0	18.2	23.2	1223	416	7.26	4.24	122	83.2	150	92.8	983	142	0.590	54.9
200	100	5.0	22.6	28.7	1495	505	7.21	4.19	149	101	185	114	1204	172	0.587	44.3
200	100	6.0	26.8	34.2	1754	589	7.16	4.15	175	118	218	134	1414	200	0.585	37.3
200	100	6.3	28.1	35.8	1829	613	7.15	4.14	183	123	228	140	1475	208	0.584	35.6
200	100	8.0	35.1	44.8	2234	739	7.06	4.06	223	148	282	172	1804	251	0.579	28.5
200	100	10.0	43.1	54.9	2664	869	6.96	3.98	266	174	341	206	2156	295	0.574	23.2
200	100	12.0	50.8	64.7	3047	979	6.86	3.89	305	196	395	237	2469	333	0.569	19.7
200	100	12.5	52.7	67.1	3136	1004	6.84	3.87	314	201	408	245	2541	341	0.568	19.0
200	100	16.0	65.2	83.0	3678	1147	6.66	3.72	368	229	491	290	2982	391	0.559	15.3
200	120	6.0	28.7	36.6	1980	892	7.36	4.94	198	149	242	169	1942	245	0.625	34.8
200	120	6.3	30.1	38.3	2065	929	7.34	4.92	207	155	253	177	2028	255	0.624	33.3
200	120	8.0	37.6	48.0	2529	1128	7.26	4.85	253	188	313	218	2495	310	0.619	26.6
200	120	10.0	46.3	58.9	3026	1337	7.17	4.76	303	223	379	263	3001	367	0.614	21.6
200	120	12.0	54.6	69.5	3472	1520	7.07	4.68	347	253	440	305	3461	417	0.609	18.3
200	120	12.5	56.6	72.1	3576	1562	7.04	4.66	358	260	455	314	3569	428	0.608	17.7

크기		두께	단위 길이당 무게	단면적	단면의 2차 모멘트		회전 반지름		탄성 단면 정수		소성 단면 정수		비틀림 관성 정수	비틀림 계수 정수	단위 길이당 표면적	톤당 공칭 길이
H×B mm		T mm	M kg/m	A cm^2	I_{XX} cm^4	I_{YY} cm^4	i_{XX} cm	i_{YY} cm	$W_{el,XX}$ cm^3	$W_{el,YY}$ cm^3	$W_{pl,XX}$ cm^3	$W_{pl,YY}$ cm^3	I_t cm^4	C_t cm^3	A_s m^2/m	m
250	150	6.0	36.2	46.2	3965	1796	9.27	6.24	317	239	385	270	3877	396	0.785	27.6
250	150	6.3	38.0	48.4	4143	1874	9.25	6.22	331	250	402	283	4054	413	0.784	26.3
250	150	8.0	47.7	60.8	5111	2298	9.17	6.15	409	306	501	350	5021	506	0.779	21.0
250	150	10.0	58.8	74.9	6174	2755	9.08	6.06	494	367	611	426	6090	605	0.774	17.0
250	150	12.0	69.6	88.7	7154	3168	8.98	5.98	572	422	715	497	7088	695	0.769	14.4
250	150	12.5	72.3	92.1	7387	3265	8.96	5.96	591	435	740	514	7326	717	0.768	13.8
250	150	16.0	90.3	115	8879	3873	8.79	5.80	710	516	906	625	8868	849	0.759	11.1
260	180	6.0	40.0	51.0	4942	2804	9.85	7.42	380	312	454	353	5554	502	0.865	25.0
260	180	6.3	41.9	53.4	5166	2929	9.83	7.40	397	325	475	369	5810	524	0.864	23.8
260	180	8.0	52.7	67.2	6390	3608	9.75	7.33	492	401	592	459	7221	644	0.859	19.0
260	180	10.0	65.1	82.9	7741	4351	9.66	7.24	595	483	724	560	8798	775	0.854	15.4
260	180	12.0	77.2	98.3	8999	5034	9.57	7.16	692	559	849	656	10285	895	0.849	13.0
260	180	12.5	80.1	102	9299	5196	9.54	7.13	715	577	879	679	10643	924	0.848	12.5
260	180	16.0	100	128	11245	6231	9.38	6.98	865	692	1081	831	12993	1106	0.839	10.0
300	200	6.0	45.7	58.2	7486	4013	11.3	8.31	499	401	596	451	8100	651	0.985	21.9
300	200	6.3	47.9	61.0	7829	4193	11.3	8.29	522	419	624	472	8476	681	0.984	20.9
300	200	8.0	60.3	76.8	9717	5184	11.3	8.22	648	518	779	589	10562	840	0.979	16.6
300	200	10.0	74.5	94.9	11819	6278	11.2	8.13	788	628	956	721	12908	1015	0.974	13.4
300	200	12.0	88.5	113	13797	7294	11.1	8.05	920	729	1124	847	15137	1178	0.969	11.3
300	200	12.5	91.9	117	14273	7537	11.0	8.02	952	754	1165	877	15677	1217	0.968	10.9
300	200	16.0	115	147	17390	9109	10.9	7.87	1159	911	1441	1080	19252	1468	0.959	8.67
350	250	6.0	55.1	70.2	12616	7538	13.4	10.4	721	603	852	677	14529	967	1.18	18.2
350	250	6.3	57.8	73.6	13203	7885	13.4	10.4	754	631	892	709	15215	1011	1.18	17.3
350	250	8.0	72.8	92.8	16449	9798	13.3	10.3	940	784	1118	888	19027	1254	1.18	13.7
350	250	10.0	90.2	115	20102	11937	13.2	10.2	1149	955	1375	1091	23354	1525	1.17	11.1
350	250	12.0	107	137	23577	13957	13.1	10.1	1347	1117	1624	1286	27513	1781	1.17	9.32
350	250	12.5	112	142	24419	14444	13.1	10.1	1395	1156	1685	1334	28526	1842	1.17	8.97
350	250	16.0	141	179	30011	17654	12.9	9.93	1715	1412	2095	1655	35325	2246	1.16	7.12
400	200	8.0	72.8	92.8	19562	6660	14.5	8.47	978	666	1203	743	15735	1135	1.18	13.7
400	200	10.0	90.2	115	23914	8084	14.4	8.39	1196	808	1480	911	19259	1376	1.17	11.1
400	200	12.0	107	137	28059	9418	14.3	8.30	1403	942	1748	1072	22622	1602	1.17	9.32
400	200	12.5	112	142	29063	9738	14.3	8.28	1453	974	1813	1111	23438	1656	1.17	8.97
400	200	16.0	141	179	35738	11824	14.1	8.13	1787	1182	2256	1374	28871	2010	1.16	7.12
450	250	8.0	85.4	109	30082	12142	16.6	10.6	1337	971	1622	1081	27083	1629	1.38	11.7
450	250	10.0	106	135	36895	14819	16.5	10.5	1640	1185	2000	1331	33284	1986	1.37	9.44
450	250	12.0	126	161	43434	17359	16.4	10.4	1930	1389	2367	1572	39260	2324	1.37	7.93
450	250	12.5	131	167	45026	17973	16.4	10.4	2001	1438	2458	1631	40719	2406	1.37	7.62
450	250	16.0	166	211	55705	22041	16.2	10.2	2476	1763	3070	2029	50545	2947	1.36	6.04
500	300	10.0	122	155	53762	24439	18.6	12.6	2150	1629	2595	1826	52450	2696	1.57	8.22
500	300	12.0	145	185	63446	28736	18.5	12.5	2538	1916	3077	2161	62039	3167	1.57	6.90
500	300	12.5	151	192	65813	29780	18.5	12.5	2633	1985	3196	2244	64389	3281	1.57	6.63
500	300	16.0	191	243	81783	36768	18.3	12.3	3271	2451	4005	2804	80329	4044	1.56	5.24
500	300	20.0	235	300	98777	44078	18.2	12.1	3951	2939	4885	3408	97447	4842	1.55	4.25

31-5 기계 구조용 합금강 강관

■ 종류의 기호

종류의 기호	참고	분류
	구 기호	
SCr 420 TK	–	크롬강
SCM 415 TK	–	크롬몰리브데넘강
SCM 418 TK	–	
SCM 420 TK	–	
SCM 430 TK	STKS 1 유사	
SCM 435 TK	STKS 3 유사	
SCM 440 TK	–	

■ 화학 성분

종류의 기호	화학 성분 (%)							
	구 기호 (참고)	C	Si	Mn	P	S	Cr	Mo
SCr 420 TK	–	0.18~0.23	0.15~0.35	0.60~0.85	0.030 이하	0.030 이하	0.90~1.20	–
SCM 415 TK	–	0.13~0.18	0.15~0.35	0.60~0.85	0.030 이하	0.030 이하	0.90~1.20	0.15~0.30
SCM 418 TK	–	0.16~0.21	0.15~0.35	0.60~0.85	0.030 이하	0.030 이하	0.90~1.20	0.15~0.30
SCM 420 TK	–	0.18~0.23	0.15~0.35	0.60~0.85	0.030 이하	0.030 이하	0.90~1.20	0.15~0.30
SCM 430 TK	STKS 1 유사	0.28~0.33	0.15~0.35	0.60~0.85	0.030 이하	0.030 이하	0.90~1.20	0.15~0.30
SCM 435 TK	STKS 3 유사	0.33~0.38	0.15~0.35	0.60~0.85	0.030 이하	0.030 이하	0.90~1.20	0.15~0.30
SCM 440 TK	–	0.38~0.43	0.15~0.35	0.60~0.85	0.030 이하	0.030 이하	0.90~1.20	0.15~0.30

■ 바깥지름의 허용차

구분	바깥지름	허용차
1호	50 mm 미만 50 mm 이상	±0.5 mm ±1 %
2호	50 mm 미만 50 mm 이상	±0.25 mm ±0.5 %
3호	25 mm 미만 25 mm 이상 40 mm 미만 40 mm 이상 50 mm 미만 50 mm 이상 60 mm 미만 60 mm 이상 70 mm 미만 70 mm 이상 80 mm 미만 80 mm 이상 90 mm 미만 90 mm 이상 100 mm 미만 100 mm 이상	±0.12 mm ±0.15 mm ±0.18 mm ±0.20 mm ±0.23 mm ±0.25 mm ±0.30 mm ±0.40 mm ±0.50 %
4호	13 mm 미만 13 mm 이상 25 mm 미만 25 mm 이상 40 mm 미만 40 mm 이상 65 mm 미만 65 mm 이상 90 mm 미만 90 mm 이상 140 mm 미만 140 mm 이상	±0.25 mm ±0.40 mm ±0.60 mm ±0.80 mm ±1.00 mm ±1.20 mm

■ 두께의 허용차

구분	바깥지름	허용차
1호	4 mm 미만	+0.6 mm −0.5 mm
	4 mm 이상	+15 % −12.5 %
2호	3 mm 미만	±0.3 mm
	3 mm 이상	±10 %
3호	2 mm 미만	±0.15 mm
	2 mm 이상	±8 %

31-6 자동차 구조용 전기 저항 용접 탄소강 강관

■ 종류의 기호

종류	기호	적요
G 종	STAM 30 GA	자동차 구조용 일반 부품에 사용하는 관
	STAM 30 GB	
	STAM 35 G	
	STAM 40 G	
	STAM 45 G	
	STAM 48 G	
	STAM 51 G	
H 종	STAM 45 H	자동차 구조용 가운데 특히 항복 강도를 중시한 부품에 사용하는 관
	STAM 48 H	
	STAM 51 H	
	STAM 55 H	

■ 화학 성분

종류의 기호	화학 성분 (%)				
	C	Si	Mn	P	S
STAM 30 GA STAM 30 GB	0.12 이하	0.35 이하	0.60 이하	0.035 이하	0.035 이하
STAM 35 G	0.20 이하	0.35 이하	0.60 이하	0.035 이하	0.035 이하
STAM 40 G	0.25 이하	0.35 이하	0.30~0.90	0.035 이하	0.035 이하
STAM 45 G STAM 45 H	0.25 이하	0.35 이하	0.30~0.90	0.035 이하	0.035 이하
STAM 48 G STAM 48 H	0.25 이하	0.35 이하	0.30~0.90	0.035 이하	0.035 이하
STAM 51 G STAM 51 H	0.30 이하	0.35 이하	0.30~1.00	0.035 이하	0.035 이하
STAM 55 H	0.30 이하	0.35 이하	0.30~1.00	0.035 이하	0.035 이하

■ 기계적 성질

종류	기호	인장 시험			압광 시험
		인장 강도 N/mm2	항복점 또는 항복 강도 N/mm2	연신율 (%) 11호 시험편 12호 시험편 세로 방향	눌러서 폈을 때 크기 (D는 관의 바깥지름)
G종	STAM 30 GA	294 이상	177 이상	40 이상	1.25 D
	STAM 30 GB	294 이상	177 이상	35 이상	1.20 D
	STAM 35 G	343 이상	196 이상	35 이상	1.20 D
	STAM 40 G	392 이상	235 이상	30 이상	1.20 D
	STAM 45 G	441 이상	304 이상	25 이상	1.15 D
	STAM 48 G	471 이상	324 이상	22 이상	1.15 D
	STAM 51 G	500 이상	353 이상	18 이상	1.15 D
H종	STAM 45 H	441 이상	353 이상	20 이상	1.15 D
	STAM 48 H	471 이상	412 이상	18 이상	1.10 D
	STAM 51 H	500 이상	431 이상	16 이상	1.10 D
	STAM 55 H	539 이상	481 이상	13 이상	1.05 D

■ 표준 치수 및 중량

중량 : kg/m

바깥지름 mm	두께 mm														
	1.0	1.2	1.6	2.0	2.3	2.6	2.8	2.9	3.2	3.4	3.5	4.0	4.5	5.0	6.0
15.9	–	0.435	0.564	0.686	–	–	–	–	–	–	–	–	–	–	–
17.3	–	–	–	0.755	0.851	–	–	–	–	–	–	–	–	–	–
19.1	0.446	0.530	0.690	0.843	0.953	–	–	–	–	–	–	–	–	–	–
22.2	0.523	0.621	0.813	0.996	1.13	–	–	–	–	–	–	–	–	–	–
25.4	–	0.716	0.939	1.15	–	1.50	–	1.61	–	–	–	–	–	–	–
28.6	–	0.811	1.07	1.31	–	1.67	–	–	–	–	–	–	–	–	–
31.8	0.760	0.906	1.19	1.47	1.67	–	–	–	2.26	–	–	–	–	–	–
34.0	–	–	1.28	–	1.80	–	–	–	2.43	–	–	2.97	–	–	–
35.0	–	1.00	1.32	1.63	–	–	2.22	2.32	–	–	–	–	–	–	–
38.1	0.915	1.09	1.44	1.78	2.03	–	–	–	–	–	–	–	–	–	–
42.7	–	1.23	1.62	2.01	2.29	2.57	–	–	3.12	–	3.38	–	–	4.65	
45.0	1.08	1.30	1.71	2.12	2.42	2.71	–	3.01	3.30	–	–	–	4.49	4.93	5.77
47.6	–	1.37	1.81	–	2.57	–	–	3.20	–	–	–	–	–	–	–
48.6	–	1.40	1.85	2.30	2.63	–	–	3.27	3.58	–	–	–	4.89	5.38	6.30
50.8	–	1.47	1.94	2.41	2.75	3.08	3.31	3.43	–	3.97	4.08	4.63	–	–	6.63
54.0	–	1.56	2.07	–	2.93	3.29	3.54	3.65	–	4.24	4.36	4.95	–	–	–
57.0	–	–	2.19	–	3.10	3.48	3.74	3.87	4.25	4.49	4.62	–	–	–	–
60.5	–	–	2.32	–	3.30	3.71	–	4.12	4.52	–	–	5.59	–	–	–
63.5	–	–	2.44	–	–	3.90	–	–	–	–	–	–	–	–	–
65.0	–	–	2.50	–	–	–	–	–	4.88	–	5.31	–	–	–	–
68.9	–	–	2.66	–	3.78	–	–	–	–	–	–	–	–	–	–
70.0	–	–	2.70	–	–	–	–	–	5.27	–	5.74	–	–	–	–
75.0	–	–	2.90	–	4.12	4.63	–	5.16	5.67	–	–	7.03	–	–	–
80.0	–	–	3.09	–	–	4.96	–	–	6.06	–	–	–	–	–	–
82.6	–	–	–	3.98	4.55	–	–	–	–	–	–	–	–	–	–
90.0	–	–	3.49	–	4.97	5.59	–	–	6.85	–	–	8.51	–	10.5	12.4
94.0	–	–	3.65	–	–	5.86	–	–	7.17	–	–	–	–	–	–
101.6	–	–	–	–	–	–	–	–	–	–	–	9.66	–	11.9	14.1

31-7 실린더 튜브용 탄소 강관

■ 종류 및 기호

종류의 기호	(참고) 종래기호
STC370	STC 38
STC 440	STC 45
STC 510 A	STC 52 A
STC 510 B	STC 52 B
STC 540	STC 55
STC 590 A	STC 60 A
STC 590 B	STC 60 B

■ 화학 성분

단위 : %

종류의 기호	C	Si	Mn	P	S	Nb 또는 V
STC 370	0.25 이하	0.35 이하	0.30~0.90	0.040 이하	0.040 이하	−
STC 440	0.25 이하	0.35 이하	0.30~0.90	0.040 이하	0.040 이하	−
STC 510 A	0.25 이하	0.35 이하	0.30~0.90	0.040 이하	0.040 이하	−
STC 510 B	0.18 이하	0.55 이하	1.50 이하	0.040 이하	0.040 이하	−
STC 540	0.25 이하	0.55 이하	1.60 이하	0.040 이하	0.040 이하	0.15 이하
STC 590 A	0.25 이하	0.35 이하	0.30~0.90	0.040 이하	0.040 이하	−
STC 590 B	0.25 이하	0.55 이하	1.50 이하	0.040 이하	0.040 이하	−

■ 기계적 성질

종류의 기호	인장강도 N/mm^2 (kgf/mm^2)	항복점 또는 내구력 N/mm^2 (kgf/mm^2)	연신율 % 11호 시험편 12호 시험편 세 로 방 향
STC 370	370{38} 이상	215{22} 이상	30 이상
STC 440	440{45} 이상	305{31} 이상	10 이상
STC 510 A	510{52} 이상	380{39} 이상	10 이상
STC 510 B	510{52} 이상	380{39} 이상	15 이상
STC 540	540{55} 이상	390{40} 이상	20 이상
STC 590 A	590{60} 이상	490{50} 이상	10 이상
STC 590 B	590{60} 이상	490{50} 이상	15 이상

■ 호닝용 냉간 마무리 강관의 권장 안지름

단위 : mm

32.0 40.0 50.0 60.0 63.0 65.0 70.0 80.0 90.0
100.0 110.0 125.0 140.0 150.0 160.0 180.0 200.0

비고

______가 없는 안지름 치수는 KS B 6370(유압 실린더) 또는 KS B 6373(공기압 실린더)에 규정되어 있는 치수이다.

■ 관의 바깥지름 허용차

구분	바깥지름	허용차
열간 마무리 이음매 없는 강관	50mm 미만 50 mm 이상 125mm 미만 125 mm 이상	±0.5 mm ±1.0 % 단 최대치 1.0 mm ±0.8 %
냉간 마무리 이음매 없는 강관	50mm 미만 50 mm 이상	±0.25 mm ±0.5 %

■ 관의 안지름 허용차

구분	호칭 안지름 mm		허용차 mm	
	초과	이하	최대 허용차	최소 허용차
냉간 마무리 이음매 없는 강관 및 냉간 마무리 전기저항 용접 강관	-	50	-0.10	-0.30
	50	80	-0.10	-0.40
	80	120	-0.10	-0.50
	120	160	-0.10	-0.60
	160	180	-0.10	-0.80
	180	200	-0.10	-0.90

■ 관의 두께 허용차

구분	허용차
열간 마무리 이음매 없는 강관	±12.5 % 단, 최소치 0.5 mm
냉간 마무리 이음매 없는 강관	±10 % 단, 최소치 0.3 mm
냉간 마무리 전기저항 용접 강관	±8 % 단, 최소치 0.15 mm

■ 제조 방법 및 열처리

종류의 기호	제조 번호	열처리	용도
STC 370	열간 마무리 이음매 없음	제조한 그대로	절삭용
STC 440	냉간 마무리 전기저항 용접	냉간 드로잉 그대로 또는 응력제거 어닐링	호닝용
STC 510 A	냉간 마무리 이음매 없음	냉간 드로잉 그대로 또는 응력제거 어닐링	절삭용 및 호닝용
	냉간 마무리 전기저항 용접	냉간 드로잉 그대로 또는 응력제거 어닐링	호닝용
STC 510 B	냉간 마무리 이음매 없음	응력제거 어닐링	절삭용 및 호닝용
	냉간 마무리 전기저항 용접	응력제거 어닐링	호닝용
STC 540	열간 마무리 이음매 없음	제조한 그대로	절삭용
STC 590 A	냉간 마무리 이음매 없음	냉간 드로잉 그대로 또는 응력제거 어닐링	절삭용 및 호닝용
STC 590 B	냉간 마무리 이음매 없음	응력제거 어닐링	절삭용 및 호닝용

31-8 건축 구조용 탄소 강관

■ 종류의 기호 및 화학 성분

단위 : %

종류의 기호	C	Si	Mn	P	S	N
SNT275E, SNT275A (STKN 400B)	0.25 이하	0.35 이하	1.40 이하	0.030 이하	0.015 이하	0.006 이하
SNT355E, SNT355A (STKN 490B)	0.22 이하	0.55 이하	1.60 이하	0.030 이하	0.015 이하	0.006 이하
SNT460E, SNT460A (STKN 570B)	0.18 이하	0.55 이하	1.60 이하	0.030 이하	0.015 이하	0.006 이하

■ 탄소 당량

$$\text{탄소 당량}(\%) = C + \frac{Mn}{6} + \frac{(Cr + Mo + V)}{5} + \frac{(Ni + Cu)}{15}$$

종류의 기호	탄소 당량 %
SNT275E, SNT275A (STKN 400B)	0.38 이하
SNT355E, SNT355A (STKN 490B)	0.44 이하
SNT460E, SNT460A (STKN 570B)	0.46 이하

■ 기계적 성질

종류의 기호	인장강도 N/mm²	두께 구분 mm	항복점 또는 내구력 N/mm²	두께 구분 mm	항복비 %	연신율 %	편평성 평판간의 거리(H) D는 바깥지름	샤르피 흡수 에너지 J	용접부 인장강도 N/mm²
							전기저항 용접, 단접, 이음매 없음		아크 용접
SNT275E SNT275A (STKN 400B)	400 이상 550 이하	12 미만	275 이상	12 미만	–	23 이상	2/3 D	27 이상 (0℃)	410 이상
		12 이상 40 이하	275 이상 395 이하	12 이상 40 이하	80 이하				
		40 초과 100 이하	255 이상 375 이하	40 초과 100 이하	80 이하				
SNT355E SNT355A (STKN 490B)	490 이상 640 이하	12 미만	355 이상	12 미만	–	23 이상	7/8D	27 이상 (0℃)	490 이상
		12 이상 40 이하	355 이상 475 이하	12 이상 40 이하	80 이하				
		40 초과 100 이하	335 이상 455 이하	40 초과 100 이하	80 이하				
SNT460E SNT460A (STKN 570B)	570 이상 740 이하	12 미만	460 이상	12 미만	85 이하	20 이상	7/8D	47 이상 (−5℃)	570 이상
		12 이상 40 이하	460 이상 630 이하	12 이상 40 이하					
		40 초과 100 이하	440 이상 610 이하	40 초과 100 이하	85 이하				

■ 건축 구조용 탄소 강관의 표준 치수 및 무게

바깥지름 mm	두께 mm	단위 질량 kg/m	참고			
			단면적 cm^2	단면 2차 모멘트 cm^4	단계 계수 cm^3	단면 2차 반지름 cm
60.5	3.2	4.52	5.760	23.7	7.84	2.03
	4.5	6.21	7.917	31.2	10.3	1.99
76.3	3.2	5.77	7.349	49.2	12.9	2.59
	4.5	7.97	10.15	65.7	17.2	2.54
89.1	3.2	6.78	8.636	79.8	17.9	3.04
	4.5	9.39	11.96	107	24.1	3.00
101.6	3.2	7.76	9.892	120	23.6	3.48
	4.5	10.8	13.73	162	31.9	3.44
114.3	3.2	8.77	11.17	172	30.2	3.93
	4.5	12.2	15.52	234	41.0	3.89
139.8	4.5	15.0	19.13	438	62.7	4.79
	6.0	19.8	25.22	566	80.9	4.74
165.2	4.5	17.8	22.72	734	88.9	5.68
	6.0	23.6	30.01	952	115	5.63
190.7	4.5	20.7	26.32	1140	120	6.59
	6.0	27.3	34.82	1490	156	6.53
	8.0	36.0	45.92	1920	201	6.47
216.3	6.0	31.1	39.64	2190	203	7.44
	8.0	41.1	52.35	2840	263	7.37
267.4	6.0	38.7	49.27	4210	315	9.24
	8.0	51.2	65.19	5490	411	9.18
	9.0	57.3	73.06	6110	457	9.14
318.5	6.0	46.2	58.90	7190	452	11.1
	8.0	61.3	78.04	9410	591	11.0
	9.0	68.7	87.51	10500	659	10.9
355.6	6.0	51.7	65.90	10100	566	12.4
	8.0	68.6	87.36	13200	742	12.3
	9.0	76.9	98.00	14700	828	12.3
	12.0	102	129.5	19100	1080	12.2
406.4	9.0	88.2	112.4	22200	1090	14.1
	12.0	117	148.7	28900	1420	14.0
	14.0	135	172.6	33300	1640	13.9
	16.0	154	196.2	37400	1840	13.8
	19.0	182	231.2	43500	2140	13.7
457.2	9.0	99.5	126.7	31800	1390	15.8
	12.0	132	167.8	41600	1820	15.7
	14.0	153	194.9	47900	2100	15.7
	16.0	174	221.8	54000	2360	15.6
	19.0	205	261.6	62900	2750	15.5

■ 건축 구조용 탄소 강관의 표준 치수 및 무게 (계속)

바깥지름 mm	두께 mm	단위 질량 kg/m	참고			
			단면적 cm^2	단면 2차 모멘트 cm^4	단계 계수 cm^3	단면 2차 반지름 cm
500.0	9.0	109	138.8	41800	1670	17.4
	12.0	144	184.0	54800	2190	17.3
	14.0	168	213.8	63200	2530	17.2
	16.0	191	243.3	71300	2850	17.1
	19.0	225	287.1	83200	3330	17.0
508.0	9.0	111	141.1	43900	1730	17.6
	12.0	147	187.0	57500	2270	17.5
	14.0	171	217.3	66300	2610	17.5
	16.0	194	247.3	74900	2950	17.4
	19.0	229	291.9	87400	3440	17.3
	22.0	264	335.9	99400	3910	17.2
558.8	9.0	122	155.5	58800	2100	19.4
	12.0	162	206.1	77100	2760	19.3
	14.0	188	239.6	89000	3180	19.3
	16.0	214	272.8	101000	3600	19.2
	19.0	253	322.2	118000	4210	19.1
	22.0	291	371.0	134000	4790	19.0
	25.0	329	419.2	150000	5360	18.9
600.0	9.0	131	167.1	73000	2430	20.9
	12.0	174	221.7	95800	3190	20.8
	14.0	202	257.7	111000	3690	20.7
	16.0	230	293.6	125000	4170	20.7
	19.0	272	346.8	146000	4880	20.6
	22.0	314	399.5	167000	5570	20.5
609.6	9.0	133	169.8	76600	2510	21.2
	12.0	177	225.3	101000	3300	21.1
	14.0	206	262.0	116000	3810	21.1
	16.0	234	298.4	132000	4310	21.0
	19.0	277	352.5	154000	5050	20.9
	22.0	319	406.1	176000	5760	20.8
660.4	12.0	192	244.4	129000	3890	22.9
	14.0	223	284.3	149000	4500	22.9
	16.0	254	323.9	168000	5090	22.8
	19.0	301	382.9	197000	5970	22.7
	22.0	346	441.2	225000	6820	22.6
700.0	12.0	204	259.4	154000	4390	24.3
	14.0	237	301.7	178000	5070	24.3
	16.0	270	343.8	201000	5750	24.2
	19.0	319	406.5	236000	6740	24.1
	22.0	368	468.6	270000	7700	24.0

■ 건축 구조용 탄소 강관의 표준 치수 및 무게 (계속)

바깥지름 mm	두께 mm	단위 질량 kg/m	참고			
			단면적 cm^2	단면 2차 모멘트 cm^4	단계 계수 cm^3	단면 2차 반지름 cm
711.2	12.0	207	263.6	161000	4530	24.7
	14.0	241	306.6	186000	5240	24.7
	16.0	274	349.4	211000	5940	24.6
	19.0	324	413.2	248000	6960	24.5
	22.0	374	476.3	283000	7960	24.4
812.8	12.0	237	301.9	242000	5960	28.3
	14.0	276	351.3	280000	6900	28.2
	16.0	314	400.5	318000	7820	28.2
	19.0	372	473.8	373000	9190	28.1
	22.0	429	546.6	428000	10500	28.0
914.4	14.0	311	396.0	401000	8780	31.8
	16.0	354	451.6	456000	9970	31.8
	19.0	420	534.5	536000	11700	31.7
	22.0	484	616.8	614000	13400	31.6
	25.0	548	698.5	691000	15100	31.5
1016.0	16.0	395	502.7	628000	12400	35.4
	19.0	467	595.1	740000	14600	35.3
	22.0	539	687.0	849000	16700	35.2
	25.0	611	778.3	956000	18800	35.0
	28.0	682	869.1	1060000	20900	34.9
1066.8	16.0	415	528.2	729000	13700	37.2
	19.0	491	625.4	859000	16100	37.1
	22.0	567	722.1	986000	18500	36.9
	25.0	642	818.2	1110000	20800	36.8
	28.0	717	913.8	1230000	23100	36.7
1117.6	16.0	435	553.7	840000	15000	39.0
	19.0	515	655.8	990000	17700	38.8
	22.0	594	757.2	1140000	20300	38.7
	25.0	674	858.1	1280000	22900	38.6
	28.0	752	958.5	1420000	25500	38.5
1168.4	19.0	539	686.1	1130000	19400	40.6
	22.0	622	792.3	1300000	22300	40.5
	25.0	705	898.0	1470000	25100	40.4
	28.0	787	1003	1630000	27900	40.3
	30.0	842	1073	1740000	29800	40.3
	32.0	897	1142	1850000	31600	40.2

■ 건축 구조용 탄소 강관의 표준 치수 및 무게 (계속)

바깥지름 mm	두께 mm	단위 질량 kg/m	참고			
			단면적 cm^2	단면 2차 모멘트 cm^4	단계 계수 cm^3	단면 2차 반지름 cm
1219.2	19.0	562	716.4	1290000	21200	42.4
	22.0	650	827.4	1480000	24300	42.3
	25.0	736	937.9	1670000	27400	42.2
	28.0	822	1048	1860000	30500	42.1
	30.0	880	1121	1980000	32500	42.1
	32.0	937	1194	2100000	34500	42.0
1270.0	19.0	586	746.7	1460000	23000	44.2
	22.0	677	862.6	1680000	26500	44.1
	25.0	768	977.8	1900000	29800	44.0
	28.0	858	1093	2110000	33200	43.9
	30.0	917	1169	2250000	35400	43.9
	32.0	977	1245	2390000	37600	43.8
1320.8	19.0	610	777.0	1650000	24900	46.0
	22.0	705	897.7	1890000	28700	45.9
	25.0	799	1018	2140000	32400	45.8
	28.0	893	1137	2380000	36000	45.7
	30.0	955	1217	2540000	38400	45.6
	32.0	1017	1296	2690000	40800	45.6
1371.6	22.0	732	932.8	2120000	31000	47.7
	25.0	830	1058	2400000	35000	47.6
	28.0	928	1182	2670000	38900	47.5
	30.0	993	1264	2850000	41500	47.4
	32.0	1057	1347	3020000	44100	47.4
	36.0	1186	1511	3370000	49100	47.2
1422.4	22.0	760	967.9	2370000	33400	49.5
	25.0	861	1098	2680000	37700	49.4
	28.0	963	1227	2980000	41900	49.3
	30.0	1030	1312	3180000	44700	49.2
	32.0	1097	1398	3380000	47500	49.2
	36.0	1231	1568	3770000	53000	49.0
	40.0	1364	1737	4150000	58400	48.9
1524.0	22.0	815	1038	2930000	38400	53.1
	25.0	924	1177	3310000	43400	53.0
	28.0	1033	1316	3680000	48300	52.9
	30.0	1105	1408	3930000	51600	52.8
	32.0	1177	1500	4180000	54800	52.8
	36.0	1321	1683	4660000	61200	52.6
1574.8	25.0	955	1217	3660000	46400	54.8
	28.0	1068	1361	4070000	51700	54.7
	30.0	1143	1456	4340000	55200	54.6
	32.0	1217	1551	4620000	58600	54.6
	36.0	1366	1740	5150000	65500	54.4
	40.0	1514	1929	5680000	72200	54.3

31-9 철탑용 고장력강 강관

■ 종류와 기호

종류와 기호	종래 기호(참고)	비고
STKT 540	STKT 55	–
STKT 590	STKT 60	세립 킬드강, 두께 25mm 이하

■ 화학 성분

단위 : %

종류와 기호	C	Si	Mn	P	S	Nb+V
STKT 540	0.23 이하	0.55 이하	1.50 이하	0.040 이하	0.040 이하	–
STKT 590	0.12 이하	0.40 이하	2.00 이하	0.030 이하	0.030 이하	0.15 이하

■ 기계적 성질

종류의 기호	인장 강도 N/mm^2 (kgf/mm^2)	항복점 또는 내구력 N/mm^2 (kgf/mm^2)	연신율 %		편평성	용접부 인장 강도 N/mm^2 (kgf/mm^2)
			11호 시험편 12호 시험편	5호 시험편	평판 간의 거리(H) D는 관의 바깥지름	
			세로 방향	가로 방향		
	전기 저항 용접, 아크 용접				전기 저항 용접	아크 용접
	전바깥지름	전바깥지름	40mm 초과		전바깥지름	350mm 초과
STKT 540	540(55) 이상	390(40) 이상	20 이상	16 이상	7/8 D	540(55) 이상
STKT 590	590~740(60–70)	440(45) 이상	20 이상	16 이상	3/4 D	590~740(60~70)

■ 바깥지름의 허용차

바깥지름 구분	허 용 차
50mm 미만	±0.5mm
50mm 이상	±1%

■ 두께의 허용차

두께 구분	허 용 차
4mm 미만	+0.6 mm –0.5mm
4mm 이상 12mm 미만	+15% –12.5%
12mm 이상	+15% –1.5mm

■ 철탑용 고장력강 강관의 치수 및 무게

바깥지름 mm	두께 mm	단위무게 kg/m	참고			
			단면적 cm^2	단면 2차 모멘트 cm^4	단면 계수 cm^3	단면 2차 반지름 cm
139.8	3.5	11.8	14.99	348	49.8	4.82
139.8	4.5	15.0	19.13	438	62.7	4.79
165.2	4.5	17.8	22.72	734	88.9	5.68
165.2	5.5	21.7	27.59	881	107	5.65
190.7	5.3	24.2	30.87	133×10	139	6.56
190.7	5.5	25.1	32.00	137×10	144	6.55
190.7	6.0	27.3	34.82	149×10	156	6.53
216.3	5.8	30.1	38.36	213×10	197	7.45
216.3	6.0	31.1	39.64	219×10	203	7.44
216.3	7.0	36.1	46.03	252×10	233	7.40
216.3	8.2	42.1	53.61	291×10	269	7.36
267.4	6.0	38.7	49.27	421×10	315	9.24
267.4	7.0	45.0	57.27	486×10	363	9.21
267.4	9.0	57.4	73.06	611×10	457	9.14
318.5	6.9	53.0	67.55	820×10	515	11.0
318.5	8.0	61.3	78.04	941×10	591	11.0
318.5	9.0	68.7	87.51	105×10^2	659	10.9
355.6	7.9	67.7	86.29	130×10^2	734	12.3
355.6	9.0	76.9	98.00	147×10^2	828	12.3
355.6	10.0	85.2	108.6	162×10^2	912	12.2
406.4	9.0	88.2	112.4	222×10^2	109×10	14.1
406.4	10.0	97.8	124.5	245×10^2	120×10	14.0
406.4	12.0	117	148.7	289×10^2	142×10	14.0
457.2	12.0	132	167.8	416×10^2	182×10	15.7
508.0	12.0	147	187.0	575×10^2	227×10	17.5
558.8	12.0	162	206.1	771×10^2	276×10	19.3
558.8	14.0	188	239.6	890×10^2	318×10	19.3
609.6	14.0	206	262.2	116×10^3	381×10	21.1
609.6	16.0	234	298.4	132×10^3	431×10	21.0
660.4	16.0	254	323.9	168×10^3	509×10	22.8
660.4	18.0	285	363.3	188×10^3	568×10	22.7
711.2	18.0	308	392.0	236×10^3	663×10	24.5
762.0	18.0	330	420.7	291×10^3	765×10	26.3
812.8	18.0	353	449.4	355×10^3	874×10	28.1
812.8	20.0	391	498.1	392×10^3	964×10	28.0
863.6	18.0	375	478.2	428×10^3	990×10	29.9
863.6	20.0	416	530.1	472×10^3	109×10^2	29.8

■ 철탑용 고장력강 강관의 치수 및 무게(계속)

바깥지름 mm	두께 mm	단위무게 kg/m	참고			
			단면적 cm^2	단면 2차 모멘트 cm^4	단면 계수 cm^3	단면 2차 반지름 cm
914.4	18.0	398	506.9	509×10^3	111×10^2	31.7
914.4	20.0	441	562.0	562×10^3	123×10^2	31.6
914.4	22.0	484	616.8	614×10^3	134×10^2	31.6
965.2	20.0	466	593.9	664×10^3	137×10^2	33.4
965.2	22.0	512	651.9	725×10^3	150×10^2	33.4
965.2	24.0	557	709.6	786×10^3	163×10^2	33.3
1016.0	20.0	491	625.8	776×10^3	153×10^2	35.2
1016.0	24.0	587	748.0	921×10^3	181×10^2	35.1
1066.8	20.0	516	657.7	901×10^3	169×10^2	37.0
1066.8	22.0	567	722.1	986×10^3	185×10^2	36.9
1066.8	24.0	617	786.3	107×10^4	200×10^2	36.9
1117.6	22.0	594	757.2	114×10^4	203×10^2	38.7
1117.6	24.0	647	824.6	123×10^4	221×10^2	38.7

비고

무게의 수치는 $1cm^3$의 강을 7.85g으로 하고, 다음 식에 따라 계산하며 KS A 3251-1에 따라 유효 숫자 3자리에서 끝맺음한다.
다만, 1000kg/m를 초과할 경우에는 kg/m의 정수값에서 끝맺음한다.

$W = 0.02466t(D-t)$

여기에서 W : 관의 단위 무게 (kg/m)
t : 관의 두께 (mm)
D : 관의 바깥지름 (mm)

31-10 기계구조용 합금강 강재

■ 종류의 기호

종류의 기호	분류	종류의 기호	분류	종류의 기호	분류	종류의 기호	분류
SMn 420	망가니즈강	SCr 445	크롬강	SCM 440	크롬몰리브데넘강	SNCM 420	니켈크롬몰리브데넘강
SMn 433				SCM 445		SNCM 431	
SMn 438		SCM 415	크롬몰리브데넘강	SCM 822		SNCM 439	
SMn 443		SCM 418		SNC 236	니켈크롬강	SNCM 447	
SMnC 420	망가니즈크롬강	SCM 420		SNC 415		SNCM 616	
SMnC 443		SCM 421		SNC 631		SNCM 625	
SCr 415	크롬강	SCM 425		SNC 815		SNCM 630	
SCr 420		SCM 430		SNC 836		SNCM 815	
SCr 430		SCM 432		SNCM 220	니켈몰리브데넘강		
SCr 435		SCM 435		SNCM 240			
SCr 440				SNCM 415			

비고

SMn 420, SMnC 420, SCr 415, SCr 420, SCM 415, SCM 418, SCM 420, SCM 421, SCM 822, SNC 415, SNC 815, SNCM 220, SNCM 415, SNCM 420, SNCM 616 및 SNCM 815는 주로 표면 담금질용으로 사용한다.

■ 열간 압연 봉강 및 선재의 표준 치수

단위 : mm

원형강(지름)				각강(맞변거리)		6각강(맞변거리)		선재(지름)	
(10)	(24)	46	100	40	100	(12)	50	5.5	(17)
11	25	48	(105)	45	(105)	13	55	6	(18)
(12)	(26)	50	110	50	110	14	60	7	19
13	28	55	(115)	55	(115)	17	63	8	(20)
(14)	30	60	120	60	120	19	67	9	22
(15)	32	65	130	65	130	22	71	9.5	(24)
16	34	70	140	70	140	24	(75)	(10)	25
(17)	36	75	150	75	150	27	(77)	11	(26)
(18)	38	80	160	80	160	30	(81)	(12)	28
19	40	85	(170)	85	180	32	–	13	30
(20)	42	90	180	90	200	36	–	(14)	32
22	44	95	(190)	95	–	41	–	(15)	–
–	–	–	200	–	–	46	–	16	–

비고 ( )안의 치수는 될 수 있으면 사용하지 않는 것이 좋다.

구조용 강관 데이터

■ 화학 성분

단위 : %

종류의 기호	C	Si	Mn	P	S	Ni	Cr	Mo
SMn 420	0.17~0.23	0.15~0.35	1.20~0.50	0.030 이하	0.030 이하	0.25 이하	0.35 이하	–
SMn 433	0.30~0.36	0.15~0.35	1.20~0.50	0.030 이하	0.030 이하	0.25 이하	0.35 이하	–
SMn 438	0.35~0.41	0.15~0.35	1.35~1.65	0.030 이하	0.030 이하	0.25 이하	0.35 이하	–
SMn 443	0.40~0.46	0.15~0.35	1.35~1.65	0.030 이하	0.030 이하	0.25 이하	0.35 이하	–
SMnC 420	0.17~0.23	0.15~0.35	1.20~1.50	0.030 이하	0.030 이하	0.25 이하	0.35~0.70	–
SMnC 443	0.40~0.46	0.15~0.35	1.35~1.65	0.030 이하	0.030 이하	0.25 이하	0.35~0.70	–
SCr 415	0.13~0.18	0.15~0.35	0.60~0.90	0.030 이하	0.030 이하	0.25 이하	0.90~1.20	–
SCr 420	0.18~0.23	0.15~0.35	0.60~0.90	0.030 이하	0.030 이하	0.25 이하	0.90~1.20	–
SCr 430	0.28~0.33	0.15~0.35	0.60~0.90	0.030 이하	0.030 이하	0.25 이하	0.90~1.20	–
SCr 435	0.33~0.38	0.15~0.35	0.60~0.90	0.030 이하	0.030 이하	0.25 이하	0.90~1.20	–
SCr 440	0.38~0.43	0.15~0.35	0.60~0.90	0.030 이하	0.030 이하	0.25 이하	0.90~1.20	–
SCr 445	0.43~0.48	0.15~0.35	0.60~0.90	0.030 이하	0.030 이하	0.25 이하	0.90~1.20	–
SCM 415	0.13~0.18	0.15~0.35	0.60~0.90	0.030 이하	0.030 이하	0.25 이하	0.90~1.20	0.15~0.25
SCM 418	0.16~0.21	0.15~0.35	0.60~0.90	0.030 이하	0.030 이하	0.25 이하	0.90~1.20	0.15~0.25
SCM 420	0.18~0.23	0.15~0.35	0.60~0.90	0.030 이하	0.030 이하	0.25 이하	0.90~1.20	0.15~0.25
SCM 421	0.17~0.23	0.15~0.35	0.70~1.00	0.030 이하	0.030 이하	0.25 이하	0.90~1.20	0.15~0.25
SCM 425	0.23~0.28	0.15~0.35	0.60~0.90	0.030 이하	0.030 이하	0.25 이하	0.90~1.20	0.15~0.30
SCM 430	0.28~0.33	0.15~0.35	0.60~0.90	0.030 이하	0.030 이하	0.25 이하	0.90~1.20	0.15~0.30
SCM 432	0.27~0.37	0.15~0.35	0.30~0.60	0.030 이하	0.030 이하	0.25 이하	1.00~1.50	0.15~0.30
SCM 435	0.33~0.38	0.15~0.35	0.60~0.90	0.030 이하	0.030 이하	0.25 이하	0.90~1.20	0.15~0.30
SCM 440	0.38~0.43	0.15~0.35	0.60~0.90	0.030 이하	0.030 이하	0.25 이하	0.90~1.20	0.15~0.30
SMC 445	0.43~0.48	0.15~0.35	0.60~0.90	0.030 이하	0.030 이하	0.25 이하	0.90~1.20	0.15~0.30
SCM 822	0.20~0.25	0.15~0.35	0.60~0.90	0.030 이하	0.030 이하	0.25 이하	0.90~1.20	0.15~0.45
SNC 236	0.32~0.40	0.15~0.35	0.50~0.80	0.030 이하	0.030 이하	1.00~1.50	0.50~0.90	–
SNC 415	0.12~0.18	0.15~0.35	0.35~0.65	0.030 이하	0.030 이하	2.00~2.50	0.20~0.50	–
SNC 631	0.27~0.35	0.15~0.35	0.35~0.65	0.030 이하	0.030 이하	2.50~3.00	0.60~1.00	–
SNC 815	0.12~0.18	0.15~0.35	0.35~0.65	0.030 이하	0.030 이하	3.00~3.50	0.60~1.00	–
SNC 836	0.32~0.40	0.15~0.35	0.35~0.65	0.030 이하	0.030 이하	3.00~3.50	0.60~1.00	–
SNCM 220	0.17~0.23	0.15~0.35	0.60~0.90	0.030 이하	0.030 이하	0.40~0.70	0.40~0.60	0.15~0.25
SNCM 240	0.38~0.43	0.15~0.35	0.70~1.00	0.030 이하	0.030 이하	0.40~0.70	0.40~0.60	0.15~0.30
SNCM 415	0.12~0.18	0.15~0.35	0.40~0.70	0.030 이하	0.030 이하	1.60~2.00	0.40~0.60	0.15~0.30
SNCM 420	0.17~0.23	0.15~0.35	0.40~0.70	0.030 이하	0.030 이하	1.60~2.00	0.40~0.60	0.15~0.30
SNCM 431	0.27~0.35	0.15~0.35	0.60~0.90	0.030 이하	0.030 이하	1.60~2.00	0.60~1.00	0.15~0.30
SNCM 439	0.36~0.43	0.15~0.35	0.60~0.90	0.030 이하	0.030 이하	1.60~2.00	0.60~1.00	0.15~0.30
SNCM 447	0.44~0.50	0.15~0.35	0.60~0.90	0.030 이하	0.030 이하	1.60~2.00	0.60~1.00	0.15~0.30
SNCM 616	0.13~0.20	0.15~0.35	0.80~1.20	0.030 이하	0.030 이하	2.80~3.20	1.40~1.80	0.40~0.60
SNCM 625	0.20~0.30	0.15~0.35	0.35~0.60	0.030 이하	0.030 이하	3.00~3.50	1.00~1.50	0.15~0.30
SNCM 630	0.25~0.35	0.15~0.35	0.35~0.60	0.030 이하	0.030 이하	2.50~3.50	2.50~3.50	0.30~0.70
SNCM 815	0.12~0.18	0.15~0.35	0.30~0.60	0.030 이하	0.030 이하	4.00~4.50	0.70~1.00	0.15~0.30

CHAPTER 32

열 전달용 강관 데이터

32-1 보일러 및 열 교환기용 탄소 강관

■ 종류의 기호

종류의 기호	종래 기호(참고)
STBH 340	STBH 35
STBH 410	STBH 42
STBH 510	STBH 52

■ 화학 성분

종류의 기호	화학 성분 (%)				
	C	Si	Mn	P	S
STBH 340	0.18 이하	0.35 이하	0.30~0.60	0.035 이하	0.035 이하
STBH 410	0.32 이하	0.35 이하	0.30~0.80	0.035 이하	0.035 이하
STBH 510	0.25 이하	0.35 이하	1.00~1.50	0.035 이하	0.035 이하

■ 기계적 성질

종류의 기호	인장강도 N/mm^2 $\{kgf/mm^2\}$	항복점 또는 내구력 N/mm^2 $\{kgf/mm^2\}$	신 장 률 (%)		
			바깥지름 20mm 이상	바깥지름 20mm 미만 10mm 이상	바깥지름 10mm 미만
			11호 시험편 12호 시험편	11호 시험편	11호 시험편
STBH 340	340{35} 이상	175{18} 이상	35 이상	30 이상	27 이상
STBH 410	410{42} 이상	255{26} 이상	25 이상	20 이상	17 이상
STBH 510	510{52} 이상	295{30} 이상	25 이상	20 이상	17 이상

■ 열처리

<table>
<tr><th rowspan="2">종류의 기호</th><th colspan="5">열처리</th></tr>
<tr><th>열간가공 이음매 없는 강관</th><th>냉간가공 이음매 없는 강관</th><th>열간가공·냉간가공 이외의 전기저항 용접 강관</th><th>열간가공 전기저항 용접 강관</th><th>냉간가공 전기저항 용접 강관</th></tr>
<tr><td>STBH 340</td><td>제조한 그대로의 상태</td><td>저온 어닐링, 노멀라이징 또는 완전 어닐링</td><td>노멀라이징</td><td>제조한 그대로의 상태</td><td rowspan="3">노멀라이징</td></tr>
<tr><td>STBH 410</td><td>제조한 그대로의 상태</td><td>저온 어닐링, 노멀라이징 또는 완전 어닐링</td><td>노멀라이징</td><td>저온 어닐링</td></tr>
<tr><td>STBH 510</td><td colspan="4">노멀라이징</td></tr>
</table>

■ 보일러 · 열 교환기용 탄소 강관의 치수 및 무게

단위 : kg/mm

바깥지름 mm	두께 mm																		
	1.2	1.6	2.0	2.3	2.6	2.9	3.2	3.5	4.0	4.5	5.0	5.5	6.0	6.5	7.0	8.0	9.5	11.0	12.5
15.9	0.435	0.564	0.686	0.771	0.853	0.930													
19.0	0.527	0.687	0.838	0.947	1.05	1.15													
21.7	0.607	0.793	0.972	1.10	1.22	1.34	1.46												
25.4	0.716	0.939	1.15	1.31	1.46	1.61	1.75	1.89											
27.2	0.769	1.01	1.24	1.41	1.58	1.74	1.89	2.05	2.29										
31.8	0.906	1.19	1.47	1.67	1.87	2.07	2.26	2.44	2.74	3.03									
34.0		1.28	1.58	1.80	2.01	2.22	2.43	2.63	2.96	3.27	3.58								
38.1		1.44	1.78	2.03	2.28	2.52	2.75	2.99	3.36	3.73	4.08	4.42							
42.7			2.01	2.29	2.57	2.85	3.12	3.38	3.82	4.24	4.65	5.05	5.43						
45.0			2.12	2.42	2.72	3.01	3.30	3.58	4.04	4.49	4.93	5.36	5.77	6.17					
48.6			2.30	2.63	2.95	3.27	3.58	3.89	4.40	4.89	5.38	5.85	6.30	6.75	7.18				
50.8			2.41	2.75	3.09	3.43	3.76	4.08	4.62	5.14	5.65	6.14	6.63	7.10	7.56	8.44	9.68	10.8	11.8
54.0			2.56	2.93	3.30	3.65	4.01	4.36	4.93	5.49	6.04	6.58	7.10	7.61	8.11	9.07	10.4	11.7	12.8
57.1			2.72	3.11	3.49	3.88	4.25	4.63	5.24	5.84	6.42	7.00	7.56	8.11	8.65	9.69	11.2	12.5	13.7
60.3			2.88	3.29	3.70	4.10	4.51	4.90	5.55	6.19	6.82	7.43	8.03	8.62	9.20	10.3	11.9	13.4	14.7
63.5				3.47	3.90	4.33	4.76	5.18	5.8	6.55	7.21	7.87	8.51	9.14	9.75	10.9	12.7	14.2	15.7
65.0				3.56	4.00	4.44	4.88	5.31	6.02	6.71	7.40	8.07	8.73	9.38	10.0	11.2	13.0	14.6	16.2
70.0				3.84	4.32	4.80	5.27	5.74	6.51	7.27	8.01	8.75	9.47	10.2	10.9	12.2	14.2	16.0	17.7
76.2				4.19	4.72	5.24	5.76	6.27	7.12	7.96	8.78	9.59	10.4	11.2	11.9	13.5	15.6	17.7	19.6
82.6							6.27	6.83	7.75	8.67	9.57	10.5	11.3	12.2	13.1	14.7	17.1	19.4	21.6
88.9							6.76	7.37	8.37	9.37	10.3	11.3	12.3	13.2	14.1	16.0	18.6	21.1	23.6
101.6								8.47	9.63	10.8	11.9	13.0	14.1	15.2	16.3	18.5	21.6	24.6	27.5
114.3									10.9	12.2	13.5	14.8	16.0	17.3	18.5	21.0	24.6	28.0	31.4
127.0									12.1	13.6	15.0	16.5	17.9	19.3	20.7	23.5	27.5	31.5	35.3
139.8												18.2	19.8	21.4	22.9	26.0	30.5	34.9	39.2

비고

무게의 수치는 1cm^{3}의 강을 7.85g으로 하고, 다음 식으로 계산하여 KS A 0021에 따라 유효숫자 3째 자리에서 끝맺음한다.

$W = 0.02466t(D-t)$

여기에서 W : 관의 단위 무게 (kg/m)

t : 관의 두께 (mm)

D : 관의 바깥지름 (mm)

32-2 저온 열 교환기용 강관

■ 종류의 기호 및 열처리

종류의 기호	분류	열처리
STLT 390	탄소강 강관	노멀라이징 또는 노멀라이징 후 템퍼링
STLT 460	니켈 강관	노멀라이징 또는 노멀라이징 후 템퍼링
STLT 700	니켈 강관	2회 노멀라이징 후 템퍼링 또는 퀜칭 템퍼링

■ 화학 성분

종류의 기호	화학 성분 (%)					
	C	Si	Mn	P	S	Ni
STLT 390	0.25 이하	0.35 이하	1.35 이하	0.035 이하	0.035 이하	−
STLT 460	0.18 이하	0.10~0.35	0.30~0.60	0.030 이하	0.030 이하	3.20~3.80
STLT 700	0.13 이하	0.10~0.35	0.90 이하	0.030 이하	0.030 이하	8.50~9.50

■ 기계적 성질

종류의 기호	인장강도 N/mm^2	항복점 또는 항복강도 N/mm^2	연신율 (%)		
			바깥지름 20mm 이상	바깥지름 20mm 미만 10mm 이상	바깥지름 10mm 미만
			11호 시험편 12호 시험편	11호 시험편	11호 시험편
STLT 390	390 이상	210 이상	35 이상	30 이상	27 이상
STLT 460	460 이상	250 이상	30 이상	25 이상	22 이상
STLT 700	700 이상	530 이상	21 이상	16 이상	13 이상

■ 저온 열 교환기용 탄소 강관의 치수 및 무게

단위 : %

바깥지름 mm	두께 mm								
	1.2	1.6	2.0	2.3	2.9	3.5	4.5	5.5	6.5
15.9	0.435	0.564	0.686						
19.0		0.687	0.838	0.947					
25.4			1.15	1.31	1.61				
31.8				1.67	2.07	2.44			
38.1					2.52	2.99	3.73		
45.0						3.58	4.49	5.36	
50.8						4.08	5.14	6.14	7.10

32-3 보일러, 열 교환기용 합금강 강관

■ 종류의 기호 및 열처리

종류의 기호	분류	열처리
STHA 12	몰리브덴강 강관	저온 어닐링, 등온 어닐링, 완전 어닐링, 노멀라이징 또는 노멀라이징 후 템퍼링
STHA 13		
STHA 20	크롬 몰리브덴강 강관	저온 어닐링, 등온 어닐링, 완전 어닐링, 노멀라이징 후 템퍼링
STHA 22		
STHA 23		등온 어닐링, 완전 어닐링 또는 노멀라이징 후 템퍼링
STHA 24		
STHA 25		
STHA 26		

■ 화학 성분

종류의 기호	화학 성분 (%)						
	C	Si	Mn	P	S	Cr	Mo
STHA 12	0.10~0.20	0.10~0.50	0.30~0.80	0.035 이하	0.035 이하	–	0.45~0.65
STHA 13	0.15~0.25	0.10~0.50	0.30~0.80	0.035 이하	0.035 이하	–	0.45~0.65
STHA 20	0.10~0.20	0.10~0.50	0.30~0.60	0.035 이하	0.035 이하	0.50~0.80	0.40~0.65
STHA 22	0.15 이하	0.50 이하	0.30~0.60	0.035 이하	0.035 이하	0.80~1.25	0.45~0.65
STHA 23	0.15 이하	0.50~1.00	0.30~0.60	0.030 이하	0.030 이하	1.00~1.50	0.45~0.65
STHA 24	0.15 이하	0.50 이하	0.30~0.60	0.030 이하	0.030 이하	1.90~2.60	0.87~1.13
STHA 25	0.15 이하	0.50 이하	0.30~0.60	0.030 이하	0.030 이하	4.00~6.00	0.45~0.65
STHA 26	0.15 이하	0.25~1.00	0.30~0.60	0.030 이하	0.030 이하	8.00~10.00	0.90~1.10

■ 기계적 성질

종류의 기호	인장강도 N/mm^2	항복점 또는 항복강도 N/mm^2	연 신 율 (%)		
			바깥지름 20mm 이상	바깥지름 20mm 미만 10mm 이상	바깥지름 10mm 미만
			11호 시험편 12호 시험편	11호 시험편	11호 시험편
STHA 12	390 이상	210 이상	30 이상	25 이상	22 이상
STHA 13	420 이상	210 이상	30 이상	25 이상	22 이상
STHA 20	420 이상	210 이상	30 이상	25 이상	22 이상
STHA 22	420 이상	210 이상	30 이상	25 이상	22 이상
STHA 23	420 이상	210 이상	30 이상	25 이상	22 이상
STHA 24	420 이상	210 이상	30 이상	25 이상	22 이상
STHA 25	420 이상	210 이상	30 이상	25 이상	22 이상
STHA 26	420 이상	210 이상	30 이상	25 이상	22 이상

■ 보일러, 열 교환기용 합금 강관의 치수 및 무게

단위 : kg/m

바깥지름 mm	두께 mm																		
	1.2	1.6	2.0	2.3	2.6	2.9	3.2	3.5	4.0	4.5	5.0	5.5	6.0	6.5	7.0	8.0	9.5	11.0	12.5
15.9	0.435	0.564	0.686	0.771	0.853	0.930													
19.0		0.687	0.838	0.947	1.05	1.15													
21.7			0.972	1.10	1.22	1.34	1.46												
25.4			1.15	1.31	1.46	1.61	1.75	1.89											
27.2			1.24	1.41	1.58	1.74	1.89	2.05	2.29										
31.8				1.67	1.87	2.07	2.26	2.44	2.74	3.03									
34.0					2.01	2.22	2.43	2.63	2.96	3.27	3.58								
38.1					2.28	2.52	2.75	2.99	3.36	3.73	4.08	4.42							
42.7					2.57	2.85	3.12	3.38	3.82	4.24	4.65	5.05	5.43						
45.0					2.72	3.01	3.30	3.58	4.04	4.49	4.93	5.36	5.77	6.17					
48.6					2.95	3.27	3.58	3.89	4.40	4.89	5.38	5.85	6.30	6.75	7.18				
50.8					3.09	3.43	3.76	4.08	4.62	5.14	5.65	6.14	6.63	7.10	7.56	8.44	9.68	10.8	11.8
54.0					3.30	3.65	4.01	4.36	4.93	5.49	6.04	6.58	7.10	7.61	8.11	9.07	10.4	11.7	12.8
57.1						3.88	4.25	4.63	5.24	5.84	6.42	7.00	7.56	8.11	8.65	9.69	11.2	12.5	13.7
60.3						4.10	4.51	4.90	5.55	6.19	6.82	7.43	8.03	8.62	9.20	10.3	11.9	13.4	14.7
63.5						4.33	4.76	5.18	5.87	6.55	7.21	7.87	8.51	9.14	9.75	10.9	12.7	14.2	15.7
65.0						4.44	4.88	5.31	6.02	6.71	7.40	8.07	8.73	9.38	10.0	11.2	13.0	14.6	16.2
70.0						4.80	5.27	5.74	6.51	7.27	8.01	8.75	9.47	10.2	10.9	12.2	14.2	16.0	17.7
76.2							5.76	6.27	7.12	7.96	8.78	9.59	10.4	11.2	11.9	13.5	15.6	17.7	19.6
82.6							6.27	6.83	7.75	8.67	9.57	10.5	11.3	12.2	13.1	14.7	17.1	19.4	21.6
88.9							6.76	7.37	8.37	9.37	10.3	11.3	12.3	13.2	14.1	16.0	18.6	21.1	23.6
101.6								8.47	9.63	10.8	11.9	13.0	14.1	15.2	16.3	18.5	21.6	24.6	27.5
114.3									10.9	12.2	13.5	14.8	16.0	17.3	18.5	21.0	24.6	28.0	31.4
127.0									12.1	13.6	15.0	16.5	17.9	19.3	20.7	23.5	27.5	31.5	35.3
139.8												18.2	19.8	21.4	22.9	26.0	30.5	34.9	39.2

비고

무게의 수치는 1cm^3의 강을 7.85g으로 하고, 다음 식에 의하여 계산하여 KS A 3251-1에 따라 유효숫자 셋째자리에서 끝맺음한다.

$W = 0.02466t(D-t)$

여기에서 W : 관의 무게 (kg/m)

t : 관의 두께 (mm)

D : 관의 바깥지름 (mm)

32-4 보일러, 열 교환기용 스테인리스 강관

■ 종류의 기호

분류	종류의 기호	분류	종류의 기호	분류	종류의 기호
오스테나이트계 강관	STS 304 TB	오스테나이트계 강관	STS 317 TB	페라이트계 강관	STS 405 TB
	STS 304 HTB		STS 317 LTB		STS 409 TB
	STS 304 LTB		STS 321 TB		STS 410 TB
	STS 309 TB		STS 321 HTB		STS 410 TiTB
	STS 309 STB		STS 347 TB		STS 430 TB
	STS 310 TB		STS 347 HTB		STS 444 TB
	STS 310 STB		STS XM 15 J 1 TB		STS XM 8 TB
			STS 350 TB		STS XM 27 TB
	STS 316 TB	오스테나이트 · 페라이트계 강관	STS 329 J 1 TB		–
	STS 316 HTB		STS 329 J 2 LTB		–
	STS 316 LTB		STS 329 LD TB		–

■ 열처리

종류의 기호	열처리 ℃	
	어닐링	고용화 열처리
STS 304 TB	–	1010 이상 급냉
STS 304 HTB	–	1040 이상 급냉
STS 304 LTB	–	1010 이상 급냉
STS 309 TB	–	1030 이상 급냉
STS 309 STB	–	1030 이상 급냉
STS 310 TB	–	1030 이상 급냉
STS 310 STB	–	1030 이상 급냉
STS 316 TB	–	1010 이상 급냉
STS 316 HTB	–	1040 이상 급냉
STS 316 LTB	–	1010 이상 급냉
STS 317 TB	–	1010 이상 급냉
STS 317 LTB	–	1010 이상 급냉
STS 321 TB	–	920 이상 급냉
STS 321 HTB	–	냉간 가공 1095 이상 급냉
STS 347 TB	–	열간 가공 1050 이상 급냉
STS 347 HTB	–	980 이상 급냉
STS XM 15 J 1 TB	–	냉간 가공 1095 이상 급냉
STS 350 TB	–	열간 가공 1050 이상 급냉
STS 329 J 1 TB	–	950 이상 급냉
STS 329 J 2 LTB	–	950 이상 급냉
STS 329 LD TB	–	950 이상 급냉
STS 405 TB	700 이상 공냉 또는 서냉	–
STS 409 TB	700 이상 공냉 또는 서냉	–
STS 410 TB	700 이상 공냉 또는 서냉	–
STS 410 TiTB	700 이상 공냉 또는 서냉	–
STS 430 TB	700 이상 공냉 또는 서냉	–
STS 444 TB	700 이상 공냉 또는 서냉	–
STS XM 8 TB	700 이상 공냉 또는 서냉	–
STS XM 27 TB	700 이상 공냉 또는 서냉	–

■ 화학 성분

종류의 기호	화학 성분 (%)								
	C	Si	Mn	P	S	Ni	Cr	Mo	기타
STS 304 TB	0.08 이하	1.00 이하	2.00 이하	0.040 이하	0.030 이하	8.00~11.00	18.00~20.00	-	-
STS 304 HTB	0.04~0.10	0.75 이하	2.00 이하	0.040 이하	0.030 이하	8.00~11.00	18.00~20.00	-	-
STS 304 LTB	0.030 이하	1.00 이하	2.00 이하	0.040 이하	0.030 이하	9.00~13.00	18.00~20.00	-	-
STS 309 TB	0.15 이하	1.00 이하	2.00 이하	0.040 이하	0.030 이하	12.00~15.00	22.00~24.00	-	-
STS 309 STB	0.08 이하	1.00 이하	2.00 이하	0.040 이하	0.030 이하	12.00~15.00	22.00~24.00	-	-
STS 310TB	0.15 이하	1.50 이하	2.00 이하	0.040 이하	0.030 이하	19.00~22.00	24.00~26.00	-	-
STS 310 STB	0.08 이하	1.50 이하	2.00 이하	0.040 이하	0.030 이하	19.00~22.00	24.00~26.00	-	-
STS 316 TB	0.08 이하	1.00 이하	2.00 이하	0.040 이하	0.030 이하	10.00~14.00	16.00~18.00	2.00~3.00	-
STS 316 HTB	0.04~0.10	0.75 이하	2.00 이하	0.030 이하	0.030 이하	11.00~14.00	16.00~18.00	2.00~3.00	-
STS 316 LTB	0.030 이하	1.00 이하	2.00 이하	0.040 이하	0.030 이하	12.00~16.00	16.00~18.00	2.00~3.00	-
STS 317 TB	0.08 이하	1.00 이하	2.00 이하	0.040 이하	0.030 이하	11.00~15.00	18.00~20.00	3.00~4.00	-
STS 317 LTB	0.030 이하	1.00 이하	2.00 이하	0.040 이하	0.030 이하	11.00~15.00	18.00~20.00	3.00~4.00	-
STS 321 TB	0.08 이하	1.00 이하	2.00 이하	0.040 이하	0.030 이하	9.00~13.00	17.00~19.00	-	-
STS 321 HTB	0.04~0.10	0.75 이하	2.00 이하	0.030 이하	0.030 이하	9.00~13.00	17.00~20.00	-	Ti5×C% 이상
STS 347 TB	0.08 이하	1.00 이하	2.00 이하	0.040 이하	0.030 이하	9.00~13.00	17.00~20.00	-	Ti4×C%~0.60
STS 347 HTB	0.04~0.10	1.00 이하	2.00 이하	0.030 이하	0.030 이하	9.00~13.00	17.00~20.00	-	Nb10×C% 이상
STS XM 15 J 1 TB	0.08 이하	3.00~5.00	2.00 이하	0.045 이하	0.030 이하	11.50~15.00	15.00~20.00	-	Nb8×C%~1.00
STS 350 TB	0.03 이하	1.00 이하	1.50 이하	0.035 이하	0.020 이하	20.0~23.00	22.00~24.00	6.0~6.8	N 0.21~0.32
STS 329 J 1 TB	0.08 이하	1.00 이하	1.50 이하	0.040 이하	0.030 이하	3.00~6.00	23.00~28.00	1.00~3.00	-
STS 329 J 2 LTB	0.030 이하	1.00 이하	1.50 이하	0.040 이하	0.030 이하	4.50~7.50	21.00~26.00	2.50~4.00	N 0.08~0.30
STS 329 LD TB	0.030 이하	1.00 이하	1.50 이하	0.040 이하	0.030 이하	2.00~4.00	19.00~22.00	1.00~2.00	N 0.14~0.20
STS 405 TB	0.08 이하	1.00 이하	1.00 이하	0.040 이하	0.030 이하	-	11.50~14.50	-	Al 0.10~0.30
STS 409 TB	0.08 이하	1.00 이하	1.00 이하	0.040 이하	0.030 이하	-	10.50~11.75	-	Ti6×C%~0.75
STS 410 TB	0.15 이하	1.00 이하	1.00 이하	0.040 이하	0.030 이하	-	11.50~13.50	-	-
STS 410 TiTB	0.08 이하	1.00 이하	1.00 이하	0.040 이하	0.030 이하	-	11.50~13.50	-	Ti6×C%~0.75
STS 430 TB	0.12 이하	0.75 이하	1.00 이하	0.040 이하	0.030 이하	-	16.00~18.00	-	-
STS 444 TB	0.025 이하	1.00 이하	1.00 이하	0.040 이하	0.030 이하	-	17.00~20.00	1.75~2.50	N 0.025이하 Ti, Nb, Zr 또는 이들의 조합 8×(C%+N%)~0.80
STS XM 8 TB	0.08 이하	1.00 이하	1.00 이하	0.040 이하	0.030 이하	-	17.00~19.00	-	Ti12×C%~1.10
STS XM 27 TB	0.010 이하	0.40 이하	0.40 이하	0.030 이하	0.020 이하	-	25.00~27.50	0.75~1.50	N 0.015이하

■ 기계적 성질

종류의 기호	인장 시험				
	인장 강도 N/mm^2	항복 강도 N/mm^2	연신율 (%)		
			바깥지름 20mm 이상	바깥지름 20mm 미만 10mm 이상	바깥지름 10mm 미만
			11호 시험편 12호 시험편	11호 시험편	11호 시험편
STS 304 TB	520 이상	206 이상	35 이상	30 이상	27 이상
STS 304 HTB	520 이상	206 이상	35 이상	30 이상	27 이상
STS 304 LTB	481 이상	177 이상	35 이상	30 이상	27 이상
STS 309 TB	520 이상	206 이상	35 이상	30 이상	27 이상
STS 309 STB	520 이상	206 이상	35 이상	30 이상	27 이상
STS 310TB	520 이상	206 이상	35 이상	30 이상	27 이상
STS 310 STB	520 이상	206 이상	35 이상	30 이상	27 이상
STS 316 TB	520 이상	206 이상	35 이상	30 이상	27 이상
STS 316 HTB	520 이상	206 이상	35 이상	30 이상	27 이상
STS 316 LTB	481 이상	177 이상	35 이상	30 이상	27 이상
STS 317 TB	520 이상	206 이상	35 이상	30 이상	27 이상
STS 317 LTB	481 이상	177 이상	35 이상	30 이상	27 이상
STS 321 TB	520 이상	206 이상	35 이상	30 이상	27 이상
STS 321 HTB	520 이상	206 이상	35 이상	30 이상	27 이상
STS 347 TB	520 이상	206 이상	35 이상	30 이상	27 이상
STS 347 HTB	520 이상	206 이상	35 이상	30 이상	27 이상
STS XM 15 J 1 TB	520 이상	206 이상	35 이상	30 이상	27 이상
STS 350 TB	674 이상	330 이상	40 이상	35 이상	30 이상
STS 329 J 1 TB	588 이상	392 이상	18 이상	13 이상	10 이상
STS 329 J 2 LTB	618 이상	441 이상	18 이상	13 이상	10 이상
STS 329 LD TB	620 이상	450 이상	25 이상	–	–
STS 405 TB	412 이상	206 이상	20 이상	15 이상	12 이상
STS 409 TB	412 이상	206 이상	20 이상	15 이상	12 이상
STS 410 TB	412 이상	206 이상	20 이상	15 이상	12 이상
STS 410 TiTB	412 이상	206 이상	20 이상	15 이상	12 이상
STS 430 TB	412 이상	245 이상	20 이상	15 이상	12 이상
STS 444 TB	412 이상	245 이상	20 이상	15 이상	12 이상
STS XM 8 TB	412 이상	206 이상	20 이상	15 이상	12 이상
STS XM 27 TB	412 이상	245 이상	20 이상	15 이상	12 이상

■ STS 304 TB, STS 304 HTB, STS 304 LTB, STS 321 TB 및 STS 321 HTB의 치수 및 무게

단위 : kg/m

바깥지름 mm	두께 mm																		
	1.2	1.6	2.0	2.3	2.6	2.9	3.2	3.5	4.0	4.5	5.0	5.5	6.0	6.5	7.0	8.0	9.5	11.0	12.5
15.9	0.439	0.570	0.692	0.779	0.861	0.939													
19.0	0.532	0.693	0.847	0.957	1.06	1.16													
21.7	0.613	0.801	0.981	1.11	1.24	1.36	1.47												
25.4	0.723	0.949	1.17	1.32	1.48	1.63	1.77	1.91											
27.2	0.777	1.02	1.26	1.43	1.59	1.76	1.91	2.07	2.31										
31.8	0.915	1.20	1.48	1.69	1.89	2.09	2.28	2.47	2.77	3.06									
34.0		1.29	1.59	1.82	2.03	2.45	2.46	2.66	2.99	3.31	3.61								
38.1		1.45	1.80	2.05	2.30	2.54	2.78	3.02	3.40	3.77	4.12	4.47							
42.7			2.03	2.31	2.60	2.88	3.15	3.42	3.86	4.28	4.70	5.10	5.49						
45.0			2.14	2.45	2.75	3.04	3.33	3.62	4.09	4.54	4.98	5.41	5.83	6.23					
48.6			2.32	2.65	2.98	3.30	3.62	3.93	4.44	4.94	5.43	5.90	6.37	6.82	7.25				
50.8			2.43	2.78	3.12	3.46	3.79	4.12	4.66	5.19	5.70	6.21	6.70	7.17	7.64	8.53	9.77	10.9	11.9
54.0			2.59	2.96	3.33	3.69	4.05	4.40	4.98	5.55	6.10	6.64	7.17	7.69	8.20	9.17	10.5	11.8	12.9
57.1			2.75	3.14	3.53	3.92	4.30	4.67	5.29	5.90	6.49	7.07	7.64	8.19	8.74	9.78	11.3	12.6	13.9
60.3			2.90	3.32	3.74	4.15	4.55	4.95	5.61	6.25	6.89	7.51	8.12	8.71	9.29	10.4	12.0	13.5	14.9
63.5				3.51	3.94	4.38	4.81	5.23	5.93	6.61	7.29	7.95	8.59	9.23	9.85	11.1	12.8	14.4	15.9
65.0				3.59	4.04	4.49	4.93	5.36	6.08	6.78	7.47	8.15	8.82	9.47	10.1	11.4	13.1	14.8	16.3
70.0				3.88	4.37	4.85	5.32	5.80	6.58	7.34	8.10	8.84	9.57	10.3	11.0	12.4	14.3	16.2	17.9
76.2				4.23	4.77	5.30	5.82	6.34	7.19	8.04	8.87	9.69	10.5	11.3	12.1	13.6	15.8	17.9	19.8
82.6							6.33	6.90	7.83	8.75	9.67	10.6	11.4	12.3	13.2	14.9	17.3	19.6	21.8
88.9							6.83	7.45	8.46	9.46	10.4	11.4	12.4	13.3	14.3	16.1	18.8	21.3	23.8
101.6								8.55	9.72	10.9	12.0	13.2	14.3	15.4	16.5	18.7	21.8	24.8	27.7
114.3									11.0	12.3	13.6	14.9	16.2	17.5	18.7	21.2	24.8	28.3	31.7
127.0									12.3	13.7	15.2	16.6	18.1	19.5	20.9	23.7	27.8	31.8	35.7
139.8												18.4	20.0	21.6	23.2	26.3	30.8	35.3	39.6

비고

무게의 수치는 1cm^{3}의 강을 7.93g으로 하고, 다음 식에 의하여 계산하여 KS A 3251-1에 따라 유효숫자 셋째자리에서 끝맺음한다.

$W = 0.02491t(D-t)$

여기에서 W : 관의 무게 (kg/m)

t : 관의 두께 (mm)

D : 관의 바깥지름 (mm)

■ STS 309 TB, STS 309 STB, STS 310 TB, STS 310 STB, STS 316 TB, STS 316 HTB, STS 316 LTB, STS 317 TB, STS 317 LTB, STS 347 TB 및 STS 347 HTB의 치수 및 무게

단위 : kg/m

바깥지름 mm	두께 mm																		
	1.2	1.6	2.0	2.3	2.6	2.9	3.2	3.5	4.0	4.5	5.0	5.5	6.0	6.5	7.0	8.0	9.5	11.0	12.5
15.9	0.442	0.574	0.697	0.784	0.867	0.945													
19.0	0.535	0.698	0.852	0.963	1.07	1.17													
21.7	0.617	0.806	0.988	1.12	1.24	1.37	1.48												
25.4	0.728	0.955	1.17	1.33	1.49	1.64	1.78	1.92											
27.2	0.782	1.03	1.26	1.44	1.60	1.77	1.93	2.08	2.33										
31.8	0.921	1.21	1.49	1.70	1.90	2.10	2.29	2.48	2.79	3.08									
34.0		1.30	1.60	1.83	2.05	2.26	2.47	2.68	3.01	3.33	3.64								
38.1		1.46	1.81	2.06	2.31	2.56	2.80	3.04	3.42	3.79	4.15	4.50							
42.7			2.04	2.33	2.61	2.89	3.17	3.44	3.88	4.31	4.73	5.13	5.52						
45.0			2.16	2.46	2.76	3.06	3.35	3.64	4.11	4.57	5.01	5.45	5.87	6.27					
48.6			2.34	2.67	3.00	3.32	3.64	3.96	4.47	4.98	5.47	5.94	6.41	6.86	7.30				
50.8			2.45	2.80	3.14	3.48	3.82	4.15	4.69	5.22	5.74	6.25	6.74	7.22	7.69	8.58	9.84	11.0	12.0
54.0			2.61	2.98	3.35	3.72	4.08	4.43	5.01	5.58	6.14	6.69	7.22	7.74	8.25	9.23	10.6	11.9	13.0
57.1			2.76	3.16	3.55	3.94	4.32	4.70	5.32	5.93	6.53	7.11	7.69	8.25	8.79	9.85	11.3	12.7	14.0
60.3			2.92	3.34	3.76	4.17	4.58	4.98	5.65	6.30	6.93	7.56	8.17	8.77	9.35	10.5	12.1	13.6	15.0
63.5				3.53	3.97	4.41	4.84	5.26	5.97	6.66	7.33	8.00	8.65	9.29	9.92	11.1	12.9	14.5	16.0
65.0				3.62	4.07	4.51	4.96	5.40	6.12	6.83	7.52	8.20	8.87	9.53	10.2	11.4	13.2	14.9	16.5
70.0				3.90	4.39	4.88	5.36	5.84	6.62	7.39	8.15	8.89	9.63	10.3	11.1	12.4	14.4	16.3	18.0
76.2				4.26	4.80	5.33	5.86	6.38	7.24	8.09	8.92	9.75	10.6	11.4	12.1	13.7	15.9	18.0	20.0
82.6							6.37	6.94	7.88	8.81	9.73	10.6	11.5	12.4	13.3	15.0	17.4	19.7	22.0
88.9							6.88	7.49	8.51	9.52	10.5	11.5	12.5	13.4	14.4	16.2	18.9	21.5	23.9
101.6								8.61	9.79	11.0	12.1	13.3	14.4	15.5	16.6	18.8	21.9	25.0	27.9
114.3									11.1	12.4	13.7	15.0	16.3	17.6	18.8	21.3	25.0	28.5	31.9
127.0									12.3	13.8	15.3	16.8	18.2	19.6	21.1	23.9	28.0	32.0	35.9
139.8												18.5	20.1	21.7	23.3	26.4	31.0	35.5	39.9

비고

무게의 수치는 1cm^{3}의 강을 7.98g으로 하고, 다음 식에 의하여 계산하여 KS A 3251-1에 따라 유효숫자 셋째자리에서 끝맺음한다.

$W = 0.02507t(D-t)$

여기에서 W : 관의 무게 (kg/m)

t : 관의 두께 (mm)

D : 관의 바깥지름 (mm)

■ STS 329 J1 TB 및 STS 329 J2 LTB의 치수 및 무게

단위 : kg/m

바깥지름 mm	두께 mm																		
	1.2	1.6	2.0	2.3	2.6	2.9	3.2	3.5	4.0	4.5	5.0	5.5	6.0	6.5	7.0	8.0	9.5	11.0	12.5
15.9	0.432	0.561	0.681	0.766	0.847	0.924													
19.0	0.523	0.682	0.833	0.941	1.04	1.14													
21.7	0.603	0.788	0.965	1.09	1.22	1.34	1.45												
25.4	0.711	0.933	1.15	1.30	1.45	1.60	1.74	1.88											
27.2	0.764	1.00	1.23	1.40	1.57	1.73	1.88	2.03	2.27										
31.8	0.900	1.18	1.46	1.66	1.86	2.05	2.24	2.43	2.72	3.01									
34.0		1.27	1.57	1.79	2.00	2.21	2.41	2.62	2.94	3.25	3.55								
38.1		1.43	1.77	2.02	2.26	2.50	2.74	2.97	3.34	3.70	4.05	4.39							
42.7			1.99	2.28	2.55	2.83	3.10	3.36	3.79	4.21	4.62	5.01	5.39						
45.0			2.11	2.41	2.70	2.99	3.28	3.56	4.02	4.47	4.90	5.32	5.73	6.13					
48.6			2.28	2.61	2.93	3.25	3.56	3.87	4.37	4.86	5.34	5.81	6.26	6.70	7.13				
50.8			2.39	2.73	3.07	3.40	3.73	4.06	4.59	5.10	5.61	6.10	6.59	7.05	7.51	8.39	9.61	10.7	11.7
54.0			2.55	2.91	3.27	3.63	3.98	4.33	4.90	5.46	6.00	6.54	7.06	7.56	8.06	9.02	10.4	11.6	12.7
57.1			2.70	3.09	3.47	3.85	4.23	4.60	5.20	5.80	6.38	6.95	7.51	8.06	8.59	9.62	11.1	12.4	13.7
60.3			2.86	3.27	3.68	4.08	4.48	4.87	5.52	6.15	6.77	7.38	7.98	8.57	9.14	10.3	11.8	13.3	14.6
63.5				3.45	3.88	4.31	4.73	5.15	5.83	6.50	7.17	7.82	8.45	9.08	9.69	10.9	12.6	14.1	15.6
65.0				3.53	3.97	4.41	4.85	5.27	5.98	6.67	7.35	8.02	8.67	9.32	9.95	11.2	12.9	14.6	16.1
70.0				3.81	4.29	4.77	5.23	5.70	6.47	7.22	7.96	8.69	9.41	10.1	10.8	12.2	14.1	15.9	17.6
76.2				4.16	4.69	5.21	5.72	6.23	7.08	7.90	8.72	9.53	10.3	11.1	11.9	13.4	15.5	17.6	19.5
82.6							6.22	6.78	7.70	8.61	9.51	10.4	11.3	12.1	13.0	14.6	17.0	19.3	21.5
88.9							6.72	7.32	8.32	9.31	10.3	11.2	12.2	13.1	14.0	15.9	18.5	21.0	23.4
101.6								8.41	9.56	10.7	11.8	12.9	14.1	15.1	16.2	18.3	21.4	24.4	27.3
114.3									10.8	12.1	13.4	14.7	15.9	17.2	18.4	20.8	24.4	27.8	31.2
127.0									12.1	13.5	14.9	16.4	17.8	19.2	20.6	23.3	27.3	31.3	35.1
139.8												18.1	19.7	21.2	22.8	25.8	30.3	34.7	39.0

비고

무게의 수치는 1cm^3의 강을 7.80g으로 하고, 다음 식에 의하여 계산하여 KS A 3251-1에 따라 유효숫자 셋째자리에서 끝맺음한다.

$W = 0.02450t(D-t)$

여기에서 W : 관의 무게 (kg/m)

t : 관의 두께 (mm)

D : 관의 바깥지름 (mm)

■ STS 430 TB 및 STS XM 8 TB의 치수 및 무게

단위 : kg/m

바깥지름 mm	두께 mm																		
	1.2	1.6	2.0	2.3	2.6	2.9	3.2	3.5	4.0	4.5	5.0	5.5	6.0	6.5	7.0	8.0	9.5	11.0	12.5
15.9	0.427	0.553	0.672	0.757	0.836	0.912													
19.0	0.517	0.673	0.822	0.929	1.03	1.13													
21.7	0.595	0.778	0.953	1.08	1.20	1.32	1.43												
25.4	0.702	0.921	1.13	1.29	1.43	1.58	1.72	1.85											
27.2	0.755	0.991	1.22	1.39	1.55	1.70	1.86	2.01	2.24										
31.8	0.888	1.17	1.44	1.64	1.84	2.03	2.21	2.40	2.69	2.97									
34.0		1.25	1.55	1.76	1.97	2.18	2.38	2.58	2.90	3.21	3.51								
38.1		1.41	1.75	1.99	2.23	2.47	2.70	2.93	3.30	3.66	4.00	4.33							
42.7			1.97	2.25	2.52	2.79	3.06	3.32	3.74	4.16	4.56	4.95	5.33						
45.0			2.08	2.38	2.67	2.95	3.24	3.51	3.97	4.41	4.84	5.26	5.66	6.05					
48.6			2.25	2.58	2.89	3.21	3.51	3.82	4.32	4.80	5.27	5.73	6.18	6.62	7.04				
50.8			2.36	2.70	3.03	3.36	3.68	4.00	4.53	5.04	5.54	6.03	6.50	6.97	7.42	8.28	9.49	10.6	11.6
54.0			2.52	2.88	3.23	3.58	3.93	4.28	4.84	5.39	5.93	6.45	6.97	7.47	7.96	8.90	10.2	11.4	12.5
57.1			2.67	3.05	3.42	3.80	4.17	4.54	5.14	5.73	6.30	6.87	7.42	7.96	8.48	9.50	10.9	12.3	13.5
60.3			2.82	3.23	3.63	4.03	4.42	4.81	5.45	6.07	6.69	7.29	7.88	8.46	9.03	10.1	11.7	13.1	14.5
63.5				3.40	3.83	4.25	4.67	5.08	5.76	6.42	7.08	7.72	8.35	8.96	9.57	10.7	12.4	14.0	15.4
65.0				3.49	3.92	4.36	4.78	5.21	5.90	6.59	7.26	7.92	8.56	9.20	9.82	11.0	12.8	14.4	15.9
70.0				3.77	4.24	4.71	5.17	5.63	6.39	7.13	7.86	8.58	9.29	9.98	10.7	12.0	13.9	15.7	17.4
76.2				4.11	4.63	5.14	5.65	6.16	6.99	7.80	8.61	9.41	10.3	11.0	11.7	13.2	15.3	17.3	19.3
82.6							6.15	6.70	7.61	8.50	9.39	10.3	11.1	12.0	12.8	14.4	16.8	19.1	21.2
88.9							6.63	7.23	8.21	9.19	10.1	11.1	12.0	13.0	13.9	15.7	18.2	20.7	23.1
101.6								8.31	9.44	10.6	11.7	12.8	13.9	15.0	16.0	18.1	21.2	24.1	26.9
114.3									10.7	12.0	13.2	14.5	15.7	16.0	18.2	20.6	24.1	27.5	30.8
127.0									11.9	13.3	14.8	16.2	17.6	18.0	20.3	23.0	27.0	30.9	34.6
139.8												17.9	19.4	21.0	22.5	25.5	29.9	34.3	38.5

비고

무게의 수치는 1cm^{3}의 강을 7.70g으로 하고, 다음 식에 의하여 계산하여 KS A 3251-1에 따라 유효숫자 셋째자리에서 끝맺음한다.

$W = 0.02419t(D-t)$

여기에서 W : 관의 무게 (kg/m)

t : 관의 두께 (mm)

D : 관의 바깥지름 (mm)

■ STS 329 LD TB, STS 405 TB, STS 409 TB, STS 410 TB, STS 410 Ti TB, STS 444 TB 및 STS XM 15 J1 TB의 치수 및 무게

단위 : kg/m

바깥지름 mm	두께 mm																		
	1.2	1.6	2.0	2.3	2.6	2.9	3.2	3.5	4.0	4.5	5.0	5.5	6.0	6.5	7.0	8.0	9.5	11.0	12.5
15.9	0.430	0.557	0.677	0.762	0.842	0.918													
19.0	0.520	0.678	0.828	0.935	1.04	1.14													
21.7	0.599	0.783	0.960	1.09	1.21	1.33	1.44												
25.4	0.707	0.927	1.14	1.29	1.44	1.59	1.73	1.87											
27.2	0.760	0.997	1.23	1.39	1.56	1.72	1.87	2.02	2.26										
31.8	0.894	1.18	1.45	1.65	1.85	2.04	2.23	2.41	2.71	2.99									
34.0		1.26	1.56	1.78	1.99	2.20	2.40	2.60	2.92	3.23	3.53								
38.1		1.42	1.76	2.00	2.25	2.49	2.72	2.95	3.32	3.68	4.03	4.37							
42.7			1.98	2.26	2.54	2.81	3.08	3.34	3.77	4.19	4.59	4.98	5.36						
45.0			2.09	2.39	2.68	2.97	3.26	3.54	3.99	4.44	4.87	5.29	5.70	6.09					
48.6			2.27	2.59	2.91	3.23	3.53	3.84	4.34	4.83	5.31	5.77	6.22	6.66	7.09				
50.8			2.38	2.72	3.05	3.38	3.71	4.03	4.56	5.07	5.58	6.07	6.55	7.01	7.47	8.33	9.55	10.7	11.7
54.0			2.53	2.90	3.25	3.61	3.96	4.30	4.87	5.42	5.97	6.50	7.01	7.52	8.01	8.96	10.3	11.5	12.6
57.1			2.68	3.07	3.45	3.83	4.20	4.57	5.17	5.76	6.34	6.91	7.47	8.01	8.54	9.56	11.0	12.3	13.6
60.3			2.84	3.25	3.65	4.05	4.45	4.84	5.48	6.11	6.73	7.34	7.93	8.52	9.08	10.2	11.8	13.2	14.5
63.5				3.43	3.86	4.28	4.70	5.11	5.80	6.46	7.12	7.77	8.40	9.02	9.63	10.8	12.5	14.1	15.5
65.0				3.51	3.95	4.39	4.82	5.24	5.94	6.63	7.31	7.97	8.62	9.26	9.89	11.1	12.8	14.5	16.0
70.0				3.79	4.27	4.74	5.21	5.67	6.43	7.18	7.91	8.64	9.35	10.1	10.7	12.1	14.0	15.8	17.5
76.2				4.14	4.66	5.18	5.69	6.20	7.03	7.86	8.67	9.47	10.3	11.0	11.8	13.3	15.4	17.5	19.4
82.6							6.19	6.74	7.66	8.56	9.45	10.3	11.2	12.0	12.9	14.5	16.9	19.2	21.3
88.9							6.68	7.28	8.27	9.29	10.2	11.2	12.1	13.0	14.0	15.8	18.4	20.9	23.3
101.6								8.36	9.51	10.6	11.8	12.9	14.0	15.1	16.1	18.2	21.3	24.3	27.1
114.3									10.7	12.0	13.3	14.6	15.8	17.1	18.3	20.7	24.2	27.7	31.0
127.0									12.0	13.4	14.9	16.3	17.7	19.1	20.5	23.2	27.2	31.1	34.9
139.8												18.0	19.5	21.1	22.6	25.7	30.1	34.5	38.7

비고

무게의 수치는 $1cm^3$의 강을 7.75g으로 하고, 다음 식에 의하여 계산하여 KS A 3251-1에 따라 유효숫자 셋째자리에서 끝맺음한다.

$W = 0.02435t(D-t)$

여기에서 W : 관의 무게 (kg/m)

t : 관의 두께 (mm)

D : 관의 바깥지름 (mm)

■ STS XM 27TB의 치수 및 무게

단위 : kg/m

바깥지름 mm	두께 mm																		
	1.2	1.6	2.0	2.3	2.6	2.9	3.2	3.5	4.0	4.5	5.0	5.5	6.0	6.5	7.0	8.0	9.5	11.0	12.5
15.9	0.425	0.551	0.670	0.754	0.833	0.909													
19.0	0.515	0.671	0.819	0.926	1.03	1.13													
21.7	0.593	0.775	0.950	1.08	1.20	1.31	1.43												
25.4	0.700	0.918	1.13	1.28	1.43	1.57	1.71	1.85											
27.2	0.752	0.987	1.21	1.38	1.54	1.70	1.85	2.00	2.24										
31.8	0.885	1.16	1.44	1.64	1.83	2.02	2.21	2.39	2.68	2.96									
34.0		1.25	1.54	1.76	1.97	2.17	2.38	2.57	2.89	3.20	3.49								
38.1		1.41	1.74	1.98	2.22	2.46	2.69	2.92	3.39	3.64	3.99	4.32							
42.7			1.96	2.24	2.51	2.78	3.05	3.31	3.73	4.14	4.54	4.93	5.31						
45.0			2.07	2.37	2.66	2.94	3.22	3.50	3.95	4.39	4.82	5.24	5.64	6.03					
48.6			2.25	2.57	2.88	3.19	3.50	3.80	4.30	4.78	5.25	5.71	6.16	6.59	7.02				
50.8			2.35	2.69	3.02	3.35	3.67	3.99	4.51	5.02	5.52	6.00	6.48	6.94	7.39	8.25	9.46	10.6	11.5
54.0			2.51	2.87	3.22	3.57	3.92	4.26	4.82	5.37	5.90	6.43	6.94	7.44	7.93	8.87	10.2	11.4	12.5
57.1			2.66	3.04	3.41	3.79	4.16	4.52	5.12	5.70	6.28	6.84	7.39	7.93	8.45	9.47	10.9	12.2	13.4
60.3			2.81	3.21	3.62	4.01	4.40	4.79	5.43	6.05	6.66	7.26	7.85	8.43	8.99	10.1	11.6	13.1	14.4
63.5				3.39	3.82	4.24	4.65	5.06	5.74	6.40	7.05	7.69	8.31	8.93	9.53	10.7	12.4	13.9	15.4
65.0				3.48	3.91	4.34	4.77	5.19	5.88	6.56	7.23	7.89	8.53	9.16	9.78	11.0	12.7	14.3	15.8
70.0				3.75	4.22	4.69	5.15	5.61	6.36	7.10	7.83	8.55	9.25	9.95	10.6	12.0	13.9	15.6	17.3
76.2				4.10	4.61	5.12	5.63	6.13	6.96	7.78	8.58	9.37	10.2	0.9	11.7	13.1	15.3	17.3	19.2
82.6							6.12	6.67	7.58	8.47	9.35	10.2	11.1	11.9	12.8	14.4	16.7	19.0	21.1
88.9							6.61	7.20	8.18	9.15	10.1	11.1	12.0	12.9	13.8	15.6	18.2	20.7	23.0
101.6								8.27	9.41	10.5	11.6	12.7	13.8	14.9	16.0	18.0	21.1	24.0	26.8
114.3									10.6	11.9	13.2	14.4	15.7	16.9	18.1	20.5	24.0	27.4	30.7
127.0									11.9	13.3	14.7	16.1	17.5	18.9	20.2	22.9	26.9	30.8	34.5
139.8												17.8	19.3	20.9	22.4	25.4	29.8	34.1	38.3

비고

무게의 수치는 $1cm^3$의 강을 7.67g으로 하고, 다음 식에 의하여 계산하여 KS A 3251-1에 따라 유효숫자 셋째자리에서 끝맺음한다.

$W = 0.02410t(D-t)$

여기에서 W : 관의 무게 (kg/m)

t : 관의 두께 (mm)

D : 관의 바깥지름 (mm)

■ STS 350 TB의 치수 및 무게

단위 : kg/m

바깥지름 mm	두께 mm																		
	1.2	1.6	2.0	2.3	2.6	2.9	3.2	3.5	4.0	4.5	5.0	5.5	6.0	6.5	7.0	8.0	9.5	11.0	12.5
15.9	0.449	0.582	0.707	0.796	0.880	0.959													
19.0	0.543	0.708	0.865	0.977	1.08	1.19													
21.7	0.626	0.818	1.00	1.14	1.26	1.39	1.51												
25.4	0.739	0.969	1.19	1.35	1.51	1.66	1.81	1.95											
27.2	0.794	1.04	1.28	1.46	1.63	1.79	1.95	2.11	2.36										
31.8	0.934	1.23	1.52	1.73	1.93	2.13	2.33	2.52	2.83	3.13									
34.0		1.32	1.63	1.85	2.08	2.29	2.51	2.72	3.05	3.38	3.69								
38.1		1.49	1.84	2.09	2.35	2.60	2.84	3.08	3.47	3.85	4.21	4.56							
42.7			2.07	2.36	2.65	2.94	3.22	3.49	3.94	4.37	4.80	5.21	5.60						
45.0			2.19	2.50	2.80	3.11	3.40	3.70	4.17	4.64	5.09	5.53	5.95	6.37					
48.6			2.37	2.71	3.04	3.37	3.70	4.02	4.54	5.05	5.55	6.03	6.50	6.96	7.41				
50.8			2.48	2.84	3.19	3.53	3.88	4.21	4.76	5.30	5.83	6.34	6.84	7.33	7.80	8.71	9.98	11.1	12.2
54.0			2.65	3.03	3.40	3.77	4.14	4.50	5.09	5.67	6.23	6.79	7.33	7.85	8.37	9.36	10.8	12.0	13.2
57.1			2.80	3.21	3.60	4.00	4.39	4.77	5.40	6.02	6.63	7.22	7.80	8.37	8.92	9.99	11.5	12.9	14.2
60.3			2.97	3.39	3.82	4.23	4.65	5.06	5.73	6.39	7.03	7.67	8.29	8.90	9.49	10.6	12.3	13.8	15.2
63.5				3.58	4.03	4.47	4.91	5.34	6.05	6.75	7.44	8.12	8.78	9.43	10.1	11.3	13.1	14.7	16.2
65.0				3.67	4.13	4.58	5.03	5.48	6.21	6.93	7.63	8.33	9.01	9.67	10.3	11.6	13.4	15.1	16.7
70.0				3.96	4.46	4.95	5.44	5.92	6.72	7.50	8.27	9.02	9.77	10.5	11.2	12.6	14.6	16.5	18.3
76.2				4.32	4.87	5.41	5.94	6.47	7.35	8.21	9.06	9.89	10.7	11.5	12.3	13.9	16.1	18.2	20.3
82.6							6.46	7.04	8.00	8.94	9.87	10.8	11.7	12.6	13.5	15.2	17.7	20.0	22.3
88.9							6.98	7.60	8.64	9.66	10.7	11.7	12.7	13.6	14.6	16.5	19.2	21.8	24.3
101.6								8.73	9.93	11.1	12.3	13.4	14.6	15.7	16.8	19.0	22.3	25.4	28.3
114.3									11.2	12.6	13.9	15.2	16.5	17.8	19.1	21.6	25.3	28.9	32.4
127.0									12.5	14.0	15.5	17.0	18.5	19.9	21.4	24.2	28.4	32.5	36.4
139.8												18.8	20.4	22.0	23.6	26.8	31.5	36.0	40.5

비고

무게의 수치는 1cm^{3}의 강을 7.67g으로 하고, 다음 식에 의하여 계산하여 KS A 3251-1에 따라 유효숫자 셋째자리에서 끝맺음한다.

$W = 0.02410t(D-t)$

여기에서 W : 관의 무게 (kg/m)

t : 관의 두께 (mm)

D : 관의 바깥지름 (mm)

32-5 가열로용 강관

■ 종류의 기호

분류		종류의 기호	분류	종류의 기호
탄소강 강관		STF 410	오스테나이트계 스테인리스 강관	STS 304 TF STS 304HTF STS 309 TF STS 310 TF STS 316 TF STS 316HTF STS 321 TF STS 321HTF STS 347 TF STS 347HTF
합금강 강관	몰리브덴강 강관	STFA 12	니켈-크롬-철 합금관	NCF 800 TF NCF 800HTF
	크롬-몰리브덴강 강관	STFA 22 STFA 23 STFA 24 STFA 25 STFA 26		

■ 화학 성분

종류의 기호	화학 성분 (%)								
	C	Si	Mn	P	S	Ni	Cr	Mo	기타
STF 410	0.03 이하	0.10~0.35	0.30~1.00	0.035 이하	0.035 이하	-	-	-	-
STFA 12	0.10~0.20	0.10~0.50	0.30~0.80	0.035 이하	0.035 이하	-	-	0.45~0.65	-
STFA 22	0.15 이하	0.50 이하	0.30~0.60	0.035 이하	0.035 이하	-	0.80~1.25	0.45~0.65	-
STFA 23	0.15 이하	0.50~1.00	0.30~0.60	0.030 이하	0.030 이하	-	1.00~1.50	0.45~0.65	-
STFA 24	0.15 이하	0.50 이하	0.30~0.60	0.030 이하	0.030 이하	-	1.90~2.60	0.87~1.13	-
STFA 25	0.15 이하	0.50 이하	0.30~0.60	0.030 이하	0.030 이하	-	4.00~6.00	0.45~0.65	-
STFA 26	0.15 이하	0.25~1.00	0.30~0.60	0.030 이하	0.030 이하	-	8.00~10.00	0.90~1.10	-
STS 304 TF	0.08 이하	1.00 이하	2.00 이하	0.040 이하	0.030 이하	8.00~11.00	18.00~20.00	-	-
STS 304HTF	0.04~0.10	0.75 이하	2.00 이하	0.040 이하	0.030 이하	8.00~11.00	18.00~20.00	-	-
STS 309 TF	0.15 이하	1.00 이하	2.00 이하	0.040 이하	0.030 이하	12.00~15.00	22.00~24.00	-	-
STS 310 TF	0.15 이하	1.50 이하	2.00 이하	0.040 이하	0.030 이하	19.00~22.00	24.00~26.00	-	-
STS 316 TF	0.08 이하	1.00 이하	2.00 이하	0.040 이하	0.030 이하	10.00~14.00	16.00~18.00	2.00~3.00	-
STS 316HTF	0.04~0.10	0.75 이하	2.00 이하	0.030 이하	0.030 이하	11.00~14.00	16.00~18.00	2.00~3.00	-
STS 321 TF	0.08 이하	1.00 이하	2.00 이하	0.040 이하	0.030 이하	9.00~13.00	17.00~19.00	-	Ti5×C% 이상
STS 321HTF	0.04~0.10	0.75 이하	2.00 이하	0.030 이하	0.030 이하	9.00~13.00	17.00~19.00	-	Ti4×C% ~0.60
STS 347 TF	0.08 이하	1.00 이하	2.00 이하	0.040 이하	0.030 이하	9.00~13.00	17.00~19.00	-	Nb10×C% 이상
STS 347HTF	0.04~0.10	0.75 이하	2.00 이하	0.030 이하	0.030 이하	9.00~13.00	17.00~20.00	-	Nb8×C% ~1.00
NCF 800 TF	0.10 이하	1.00 이하	1.50 이하	0.030 이하	0.015 이하	30.00~35.00	19.00~23.00	-	Cu 0.75 이하 Al 0.15~0.60 Ti 0.15~0.60
NCF 800HTF	0.05~0.10	1.00 이하	1.50 이하	0.030 이하	0.015 이하	30.00~35.00	19.00~23.00	-	Cu 0.75 이하 Al 0.15~0.60 Ti 0.15~0.60

■ 기계적 성질

종류의 기호	가공의 구분	인장 강도 N/mm² {kgf/mm²}	항복점 또는 내력 N/mm² {kgf/mm²}	연신율 (%)			
				11호 시험편 12호 시험편	5호 시험편	4호 시험편	
				세로 방향	가로 방향	세로 방향	가로 방향
STF 410	–	410 이상 (42)	245 이상 (25)	25 이상	20 이상	24 이상	19 이상
STFA 12	–	380 이상 (39)	205 이상 (21)	30 이상	25 이상	24 이상	19 이상
STFA 22	–	410 이상 (42)	205 이상 (21)	30 이상	25 이상	24 이상	19 이상
STFA 23	–	410 이상 (42)	205 이상 (21)	30 이상	25 이상	24 이상	19 이상
STFA 24	–	410 이상 (42)	205 이상 (21)	30 이상	25 이상	24 이상	19 이상
STFA 25	–	410 이상 (42)	205 이상 (21)	30 이상	25 이상	24 이상	19 이상
STFA 26	–	410 이상 (42)	205 이상 (21)	30 이상	25 이상	24 이상	19 이상
STS 304 TF	–	520 이상 (53)	205 이상 (21)	35 이상	25 이상	30 이상	22 이상
STS 304HTF	–	520 이상 (53)	205 이상 (21)	35 이상	25 이상	30 이상	22 이상
STS 309 TF	–	520 이상 (53)	205 이상 (21)	35 이상	25 이상	30 이상	22 이상
STS 310 TF	–	520 이상 (53)	205 이상 (21)	35 이상	25 이상	30 이상	22 이상
STS 316 TF	–	520 이상 (53)	205 이상 (21)	35 이상	25 이상	30 이상	22 이상
STS 316HTF	–	520 이상 (53)	205 이상 (21)	35 이상	25 이상	30 이상	22 이상
STS 321 TF	–	520 이상 (53)	205 이상 (21)	35 이상	25 이상	30 이상	22 이상
STS 321HTF	–	520 이상 (53)	205 이상 (21)	35 이상	25 이상	30 이상	22 이상
STS 347 TF	–	520 이상 (53)	205 이상 (21)	35 이상	25 이상	30 이상	22 이상
STS 347HTF	–	520 이상 (53)	205 이상 (21)	35 이상	25 이상	30 이상	22 이상
NCF 800 TF	냉간 가공	520 이상 (53)	205 이상 (21)	30 이상	–	–	–
	열간 가공	450 이상 (46)	175 이상 (18)	30 이상	–	–	–
NCF 800HTF	–	450 이상 (46)	175 이상 (18)	30 이상	–	–	–

■ 탄소강 강관 및 합금강 강관의 열처리

종류의 기호	열처리	
STF 410	열간 가공 이음매 없는 강관	제조한 그대로 다만, 필요에 따라 저온 어닐링 또는 노멀라이징을 할 수 있다.
	냉간 가공 이음매 없는 강관	저온 어닐링 또는 노멀라이징
STFA 12	저온 어닐링, 등온 어닐링, 완전 어닐링, 노멀라이징 또는 노멀라이징 후 템퍼링	
STFA 22	저온 어닐링, 등온 어닐링, 완전 어닐링 또는 노멀라이징 후 템퍼링	
STFA 23 STFA 24 STFA 25 STFA 26	등온 어닐링, 완전 어닐링 또는 노멀라이징 후 템퍼링	

비고 STFA 23, STFA 24, STFA 25 및 STFA 26의 템퍼링 온도는 650℃ 이상으로 한다.

■ 오스테나이트계 스테인리스강 강관 및 니켈-크롬-철 합금관의 열처리

종류의 기호	고용화 열처리 ℃	어닐링 ℃
STS 304 TF	1010 이상 급냉	–
STS 304HTF	1040 이상 급냉	–
STS 309 TF	1030 이상 급냉	–
STS 310 TF	1030 이상 급냉	–
STS 316 TF	1010 이상 급냉	–
STS 316HTF	1040 이상 급냉	–
STS 321 TF	920 이상 급냉	–
STS 321HTF	냉간 가공 1095 이상 급냉 열간 가공 1050 이상 급냉	–
STS 347 TF	980 이상 급냉	–
STS 347HTF	냉간 가공 1095 이상 급냉 열간 가공 1050 이상 급냉	–
NCF 800 TF	–	950 이상 급냉
NCF 800HTF	1100 이상 급냉	–

비고 STS 321 TF 및 STS 347 TF에 대해서는 안정화 열처리를 지정할 수 있다. 이 경우의 열처리 온도는 850~930℃로 한다.

■ 탄소강, 합금강 및 니켈-크롬-철 합금 가열로용 강관의 치수 및 무게

단위 : kg/m

호칭지름		바깥 지름 mm	두께 mm																	
A	B		4.0	4.5	5.0	5.5	6.0	6.5	7.0	8.0	9.5	11.0	12.5	14.0	16.0	18.0	20.0	22.0	25.0	28.0
50	2	60.5	5.57	6.21	6.84	7.46	8.06	8.66	9.24	10.4	11.9									
65	2 1/2	76.3		7.97	8.79	9.60	10.4	11.2	12.0	13.5	15.6									
80	3	89.1		9.39	10.4	11.3	12.3	13.2	14.2	16.0	18.6	21.2								
90	3 1/2	101.6		10.8	11.9	13.0	14.1	15.2	16.3	18.5	21.6	24.6	27.5							
100	4	114.3			13.5	14.8	16.0	17.3	18.5	21.0	24.6	28.0	31.4	34.6						
125	5	139.8			16.6	18.2	19.8	21.4	22.9	26.0	30.5	34.9	39.2	43.4	48.8					
150	6	165.2				21.7	23.6	25.4	27.3	31.0	36.5	41.8	47.1	52.2	58.9	65.3				
200	8	216.3						33.6	36.1	41.1	48.4	55.7	62.8	69.8	79.0	88.0	96.8	105		
250	10	267.4						41.8	45.0	51.2	60.4	69.6	78.0	87.5	99.2	111	122	133	149	165

■ 스테인리스강 가열로용 강관의 치수 및 무게

단위 : kg/m

호칭지름		바깥 지름 mm	종류	두께 mm																	
A	B			4.0	4.5	5.0	5.5	6.0	6.5	7.0	8.0	9.5	11.0	12.5	14.0	16.0	18.0	20.0	22.0	25.0	28.0
50	2	60.5	STS 304 TF, STS 304 HTF STS 321 TF, STS 321 HTF	5.63	6.28	6.91	7.54	8.15	8.74	9.33	10.5	12.1									
			상기 이외	5.67	6.32	7.00	7.58	8.20	8.80	9.39	10.5	12.1									
65	2 1/2	76.3	STS 304 TF, STS 304 HTF STS 321 TF, STS 321 HTF		8.05	8.88	9.70	10.5	11.3	12.1	13.6	15.8									
			상기 이외		8.10	8.94	9.76	10.5	11.3	12.1	13.7	15.9									
80	3	89.1	STS 304 TF, STS 304 HTF STS 321 TF, STS 321 HTF		9.48	10.5	11.5	12.4	13.4	14.3	16.2	18.8	21.4								
			상기 이외		9.54	10.5	11.5	12.5	13.5	14.4	16.3	19.0	21.5								
90	3 1/2	101.6	STS 304 TF, STS 304 HTF STS 321 TF, STS 321 HTF		10.9	12.0	13.2	14.3	15.4	16.5	18.7	21.8	24.8	27.7							
			상기 이외		11.0	12.1	13.3	14.4	15.5	16.6	18.8	21.9	25.0	27.9							
100	4	114.3	STS 304 TF, STS 304 HTF STS 321 TF, STS 321 HTF			13.6	14.9	16.2	17.5	18.7	21.2	24.8	28.3	31.7	35.0						
			상기 이외			13.7	15.0	16.3	17.6	18.8	21.3	25.0	28.5	31.9	35.2						
125	5	139.8	STS 304 TF, STS 304 HTF STS 321 TF, STS 321 HTF			16.8	18.4	20.0	21.6	23.2	26.3	30.8	35.3	39.6	43.9	49.3					
			상기 이외			17.0	18.5	20.1	21.7	23.3	26.4	31.0	35.5	39.9	44.2	49.5					
150	6	165.2	STS 304 TF, STS 304 HTF STS 321 TF, STS 321 HTF				21.9	23.8	25.7	27.6	31.3	36.8	42.3	47.5	52.7	59.5	66.0				
			상기 이외				22.0	23.9	25.9	27.8	31.5	37.1	42.5	47.9	53.1	59.8	66.4				
200	8	216.3	STS 304 TF, STS 304 HTF STS 321 TF, STS 321 HTF						34.0	36.5	41.5	48.9	56.3	63.5	70.6	79.8	88.9	97.8	106		
			상기 이외						34.2	36.7	41.8	49.3	56.6	63.9	71.0	80.3	89.5	98.4	107		
250	10	267.4	STS 304 TF, STS 304 HTF STS 321 TF, STS 321 HTF						42.2	45.4	51.7	61.0	70.3	79.4	88.4	100	112	123	134	151	167
			상기 이외						42.5	45.7	52.0	61.4	70.7	79.9	88.9	101	113	124	135	152	168

32-6 배관용 및 열 교환기용 티타늄, 팔라듐 합금관

■ 종류 및 기호

종류	제조 방법	마무리 방법	기호	특색 및 용도 보기
1종	이음매 없는 관	열간 압출	TTP 28 Pd E	내식성, 특히 틈새 내식성이 좋다. 화학 장치, 석유 정제 장치, 펄프 제지 공업 장치 등에 사용된다. 비고 기호 중 TTP는 배관용이고, ( )의 TTH는 열 교환기용 기호이다.
		냉간 인발	TTP 28 Pd D (TTH 28 Pd D)	
	용접관	용접한 대로	TTP 28 Pd W (TTH 28 Pd W)	
		냉간 이발	TTP 28 Pd WD (TTH 28 Pd WD)	
2종	이음매 없는 관	열간 압출	TTP 35 Pd E	
		냉간 인발	TTP 35 Pd D (TTH 35 Pd D)	
	용접관	용접한 대로	TTP 35 Pd W (TTH 35 Pd W)	
		냉간 이발	TTP 35 Pd WD (TTH 35 Pd WD)	
3종	이음매 없는 관	열간 압출	TTP 49 Pd E	
		냉간 인발	TTP 49 Pd D (TTH 49 Pd D)	
	용접관	용접한 대로	TTP 49 Pd W (TTH 49 Pd W)	
		냉간 이발	TTP 49 Pd WD (TTH 49 Pd WD)	

■ 화학 성분

종류	화학 성분 (%)					
	H	O	N	Fe	Pd	Ti
1종	0.015 이하	0.15 이하	0.05 이하	0.20 이하	0.12~0.25	나머지
2종	0.015 이하	0.20 이하	0.05 이하	0.25 이하	0.12~0.25	나머지
3종	0.015 이하	0.30 이하	0.07 이하	0.30 이하	0.12~0.25	나머지

■ 일반 배관용 이음매 없는 관의 기계적 성질

종류	바깥지름 mm	두께 mm	인장 시험	
			인장 강도 N/mm^2	연신율 %
1종	10 이상 80 이하	1 이상 10 이하	280~420	27 이상
2종	10 이상 80 이하	1 이상 10 이하	350~520	23 이상
3종	10 이상 80 이하	1 이상 10 이하	490~620	18 이상

■ 일반 배관용 용접관의 기계적 성질

종류	바깥지름 mm	두께 mm	인장 시험	
			인장 강도 N/mm^2	연신율 %
1종	10 이상 150 이하	1 이상 10 미만	280~420	27 이상
2종	10 이상 150 이하	1 이상 10 미만	350~520	23 이상
3종	10 이상 150 이하	1 이상 10 미만	490~620	18 이상

■ 열 교환기용 이음매 없는 관의 기계적 성질

종류	바깥지름 mm	두께 mm	인장 시험	
			인장 강도 N/mm^2	연신율 %
1종	10 이상 60 이하	1 이상 5 이하	280~420	27 이상
2종	10 이상 60 이하	1 이상 5 이하	350~520	23 이상
3종	10 이상 60 이하	1 이상 5 이하	490~620	18 이상

■ 열 교환기용 용접관의 기계적 성질

종류	바깥지름 mm	두께 mm	인장 시험	
			인장 강도 N/mm^2	연신율 %
1종	10 이상 60 이하	0.5 이상 3 미만	280~420	27 이상
2종	10 이상 60 이하	0.5 이상 3 미만	350~520	23 이상
3종	10 이상 60 이하	0.5 이상 3 미만	490~620	18 이상

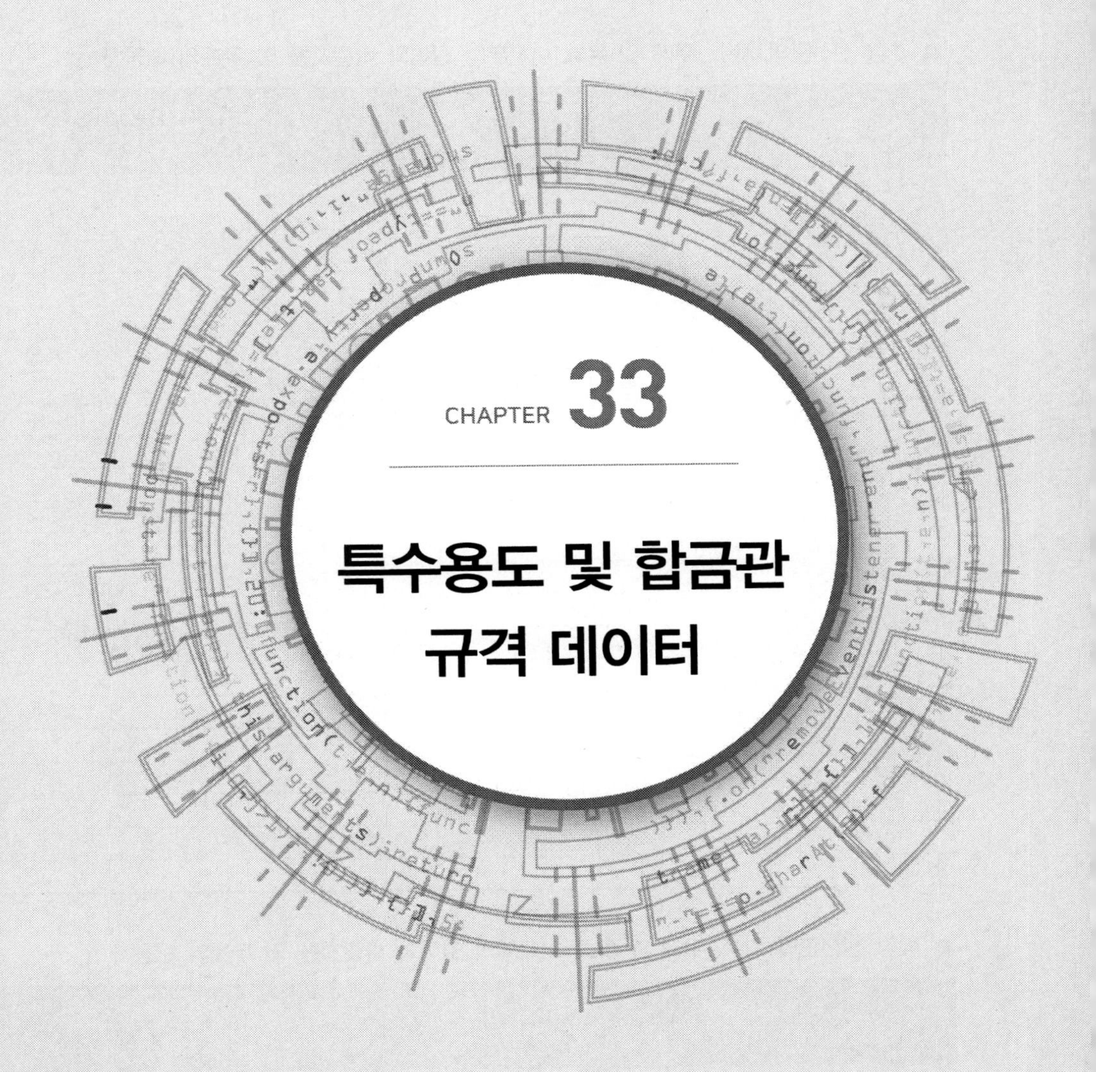

CHAPTER 33

특수용도 및 합금관 규격 데이터

33-1 강제 전선관

■ 후강 전선관의 치수, 무게 및 유효 나사부의 길이와 바깥지름 및 무게의 허용차

호칭 방법	바깥지름 mm	바깥지름의 허용차 mm	두께 mm	무게 kg/m	유효 나사부의 길이 (mm)	
					최대	최소
G 12	–	–	–	–	–	–
G 16	21.0	±0.3	2.3	1.06	19	16
G 21	–	–	–	–	–	–
G 22	26.5	±0.3	2.3	1.37	22	19
G 27	–	–	–	–	–	–
G 28	33.3	±0.3	2.5	1.90	25	22
G 35	–	–	–	–	–	–
G 36	41.9	±0.3	2.5	2.43	28	25
G 41	–	–	–	–	–	–
G 42	47.8	±0.3	2.5	2.79	28	25
G 53	–	–	–	–	–	–
G 54	59.6	±0.3	2.8	3.92	32	28
G 63	–	–	–	–	–	–
G 70	75.2	±0.3	2.8	5.00	36	32
G 78	–	–	–	–	–	–
G 82	87.9	±0.3	2.8	5.88	40	36
G 91	–	–	–	–	–	–
G 92	100.7	±0.4	3.5	8.39	42	36
G 103	–	–	–	–	–	–
G 104	113.4	±0.4	3.5	9.48	45	39
G 129	–	–	–	–	–	–
G 155	–	–	–	–	–	–

■ 박강 전선관의 치수, 무게 및 유효 나사부의 길이와 바깥지름 및 무게의 허용차

호칭 방법	바깥지름 mm	바깥지름의 허용차 mm	두께 mm	무게 kg/m	유효 나사부의 길이 (mm)	
					최대	최소
C 19	19.1	±0.2	1.6	0.690	14	12
C 25	25.4	±0.2	1.6	0.939	17	15
C 31	31.8	±0.2	1.6	1.19	19	17
C 39	38.1	±0.2	1.6	1.44	21	19
C 51	50.8	±0.2	1.6	1.94	24	22
C 63	63.5	±0.35	2.0	3.03	27	25
C 75	76.2	±0.35	2.0	3.66	30	28

■ 나사없는 전선관의 치수 및 무게와 바깥지름 및 무게의 허용차

호칭 방법	바깥지름 (mm)	바깥지름의 허용차 (mm)	두께 (mm)	무게 (kg/m)
E 19	19.1	±0.15	1.2	0.530
E 25	25.4	±0.15	1.2	0.716
E 31	31.8	±0.15	1.4	1.05
E 39	38.1	±0.15	1.4	1.27
E 51	50.8	±0.15	1.4	1.71
E 63	63.5	±0.25	1.6	2.44
E 75	76.2	±0.25	1.8	3.30

33-2 고압 가스 용기용 이음매 없는 강관

■ 종류의 기호 및 분류

종류의 기호	분류
STHG 11 STHG 12	망간강 강관
STHG 21 STHG 22	크롬몰리브덴강 강관
STHG 31	니켈크롬몰리브덴강 강관

■ 화학 성분

단위 : %

종류의 기호	C	Si	Mn	P	S	Ni	Cr	Mo
STHG 11	0.50 이하	0.15~0.35	1.80 이하	0.035 이하	0.035 이하	–	–	–
STHG 12	0.30~0.41	0.15~0.35	1.35~1.70	0.030 이하	0.030 이하	–	–	–
STHG 21	0.25~0.35	0.15~0.35	0.40~0.90	0.030 이하	0.030 이하	0.25 이하	0.80~1.20	0.15~0.30
STHG 22	0.33~0.38	0.15~0.35	0.40~0.90	0.030 이하	0.030 이하	0.25 이하	0.80~1.20	0.15~0.30
STHG 31	0.35~0.40	0.10~0.50	1.20~1.50	0.030 이하	0.030 이하	0.50~1.00	0.30~0.60	0.15~0.25

■ 관의 바깥지름, 두께, 살몰림 및 길이의 허용차

바깥지름의 허용차	두께의 허용차	살몰림의 허용차	길이의 허용차
±1%	+30%	평균 두께의 20% 이하	+30 0 mm

■ 제조 방법을 표시하는 기호

구 분	기 호
열간 다듬질 이음매 없는 강관	–S –H
냉간 다듬질 이음매 없는 강관	–S –C

33-3 열 교환기용 이음매 없는 니켈-크롬-철 합금 관

■ 종류의 기호 및 화학 성분

단위 : %

종류의 기호	C	Si	Mn	P	S	Ni	Cr	Fe	Mo	Cu	Al	Ti	Nb+Ta
NCF 600 TB	0.15 이하	0.50 이하	1.00 이하	0.030 이하	0.015 이하	72.00 이상	14.00~ 17.00	6.00~ 10.00	-	0.50 이하	-	-	-
NCF 625 TB	0.10 이하	0.50 이하	0.50 이하	0.015 이하	0.015 이하	58.00 이상	20.00~ 23.00	5.00 이하	8.00~ 10.00	-	0.40 이하	0.40 이하	0.40 이하
NCF 690 TB	0.05 이하	0.50 이하	0.50 이하	0.030 이하	0.015 이하	58.00 이상	27.00~ 31.00	7.00~ 11.00	-	0.50 이하	-	-	-
NCF 800 TB	0.10 이하	1.00 이하	1.50 이하	0.030 이하	0.015 이하	30.00~ 35.00	19.00~ 23.00	나머지	-	0.75 이하	0.15~ 0.60	0.15~ 0.60	-
NCF 800 HTB	0.05~0 .10	1.00 이하	1.50 이하	0.030 이하	0.015 이하	30.00~ 35.00	19.00~ 23.00	나머지	-	0.75 이하	0.15~ 0.60	0.15~ 0.60	-
NCF 825 TB	0.05 이하	0.50 이하	1.00 이하	0.030 이하	0.015 이하	33.00~ 45.00	19.50~ 23.50	나머지	2.50~3 .50	1.50~ 3.00	0.20 이하	0.60~ 1.20	-

■ 기계적 성질

종류의 기호	열처리	인장강도 N/mm^2	항복 강도 N/mm^2	연신율 %
NCF 600 TB	어닐링	550 이상	245 이상	30 이상
NCF 625 TB	어닐링	820 이상	410 이상	30 이상
	고용화 열처리	690 이상	275 이상	30 이상
NCF 690 TB	어닐링	590 이상	245 이상	30 이상
NCF 800 TB	어닐링	520 이상	205 이상	30 이상
NCF 800 HTB	고용화 열처리	450 이상	175 이상	30 이상
NCF 825 TB	어닐링	580 이상	235 이상	30 이상

■ 열처리

종류의 기호	열처리 ℃	
	고용화 열처리	어닐링
NCF 600 TB	-	900 이상 급냉
NCF 625 TB	1090 이상 급냉	870 이상 급냉
NCF 690 TB	-	900 이상 급냉
NCF 800 TB	-	950 이상 급냉
NCF 800 HTB	1100 이상 급냉	-
NCF 825 TB	-	930 이상 급냉

33-4 배관용 이음매 없는 니켈-크롬-철 합금 관

■ 종류의 기호 및 열처리

종류의 기호	열처리 ℃	
	고용화 열처리	어닐링
NCF 600 TP	–	900 이상 급냉
NCF 625 TP	1090 이상 급냉	870 이상 급냉
NCF 690 TP	–	900 이상 급냉
NCF 800 TP	–	950 이상 급냉
NCF 800 HTP	1100 이상 급냉	–
NCF 825 TP	–	930 이상 급냉

■ 화학 성분

단위 : %

종류의 기호	C	Si	Mn	P	S	Ni	Cr	Fe	Mo	Cu	Al	Ti	Nb+Ta
NCF 600 TP	0.15 이하	0.50 이하	1.00 이하	0.030 이하	0.015 이하	72.00 이상	14.00~17.00	6.00~10.00	–	0.50 이하	–	–	–
NCF 625 TP	0.10 이하	0.50 이하	0.50 이하	0.015 이하	0.015 이하	58.00 이상	20.00~23.00	5.00 이하	8.00~10.00	–	0.40 이하	0.40 이하	3.15~4.15
NCF 690 TP	0.05 이하	0.50 이하	0.50 이하	0.030 이하	0.015 이하	58.00 이상	27.00~31.00	7.00~11.00	–	0.50 이하	–	–	–
NCF 800 TP	0.10 이하	1.00 이하	1.50 이하	0.030 이하	0.015 이하	30.00~35.00	19.00~23.00	나머지	–	0.75 이하	0.15~0.60	0.15~0.60	–
NCF 800 HTP	0.05~0.10	1.00 이하	1.50 이하	0.030 이하	0.015 이하	30.00~35.00	19.00~23.00	나머지	–	0.75 이하	0.15~0.60	0.15~0.60	–
NCF 825 TP	0.05 이하	0.50 이하	1.00 이하	0.030 이하	0.015 이하	38.00~46.00	19.50~23.50	나머지	2.50~3.50	1.50~3.00	0.20 이하	0.60~1.20	–

■ 기계적 성질

종류의 기호	열처리	치수	인장시험		
			인장강도 N/mm²	항복 강도 N/mm²	연신율 %
NCF 600 TP	열간 가공 후 어닐링	바깥지름 127mm 이하	549 이상	206 이상	35 이상
		바깥지름 127mm 초과	520 이상	177 이상	35 이상
	냉간 가공 후 어닐링	바깥지름 127mm 이하	549 이상	245 이상	30 이상
		바깥지름 127mm 초과	549 이상	206 이상	30 이상
NCF 625 TP	열간 가공 후 어닐링	–	820 이상	410 이상	30 이상
	냉간 가공 후 어닐링	–	690 이상	275 이상	30 이상
NCF 690 TP	열간 가공 후 어닐링	바깥지름 127mm 이하	590 이상	205 이상	35 이상
		바깥지름 127mm 초과	520 이상	175 이상	35 이상
	냉간 가공 후 어닐링	바깥지름 127mm 이하	590 이상	245 이상	30 이상
		바깥지름 127mm 초과	590 이상	205 이상	30 이상
NCF 800 TP	열간 가공 후 어닐링	–	451 이상	177 이상	30 이상
	냉간 가공 후 어닐링	–	520 이상	206 이상	30 이상
NCF 800 HTP	열간 가공 후 또는 냉간 가공 후 어닐링	–	451 이상	177 이상	30 이상
NCF 825 TP	열간 가공 후 어닐링	–	520 이상	177 이상	30 이상
	냉간 가공 후 어닐링	–	579 이상	235 이상	30 이상

■ 제조 방법을 표시하는 기호

구 분	기 호
열간가공 이음매 없는 관	–S –H
냉간가공 이음매 없는 관	–S –C

33-5 시추용 이음매 없는 강관

■ 종류의 기호

종류의 기호 신 단위	종래 단위 (참고)	적용
STM-C 540	STM-C 55	케이싱 튜브용, 코어 튜브용
STM-C 640	STM-C 65	
STM-R 590	STM-R 60	보링 로드용
STM-R 690	STM-R 70	
STM-R 780	STM-R 80	
STM-R 830	STM-R 85	

■ 화학 성분

화학 성분 (%)	
P	S
0.040 이하	0.040 이하

■ 기계적 성질

종류의 기호	인장강도 N/mm^2	항복점 또는 내력 N/mm^2	신장율 (%) 11호, 12호 시험편
STM-C 540	540 이상	–	18 이상
STM-C 640	640 이상	–	16 이상
STM-R 590	590 이상	375 이상	18 이상
STM-R 690	690 이상	440 이상	16 이상
STM-R 780	780 이상	520 이상	15 이상
STM-R 830	830 이상	590 이상	10 이상

■ 바깥지름, 두께 및 무게(케이싱 튜브용)

호칭지름	바깥지름 (mm)	안지름 (mm)	두께 (mm)	단위 무게 (kg/m)
43	43	37	3.0	2.96
53	53	47	3.0	3.70
63	63	57	3.0	4.44
73	73	67	3.0	5.18
83	83	77	3.0	5.92
97	97	90	3.5	8.07
112	112	105	3.5	9.36
127	127	118	4.5	13.6
142	142	133	4.5	15.3

■ 바깥지름, 두께 및 무게(코어 튜브용)

호칭지름	바깥지름 (mm)	안지름 (mm)	두께 (mm)	단위 무게 (kg/m)
34	34	26.5	3.75	2.88
44	44	34.5	4.75	4.60
54	54	44.5	4.75	5.77
64	64	54.5	4.75	6.94
74	74	64.5	4.75	8.11
84	84	74.5	4.75	9.28
99	99	88.5	5.25	12.1
114	114	103.5	5.25	14.1
129	129	118.5	5.25	16.0
144	144	133.5	5.25	18.0
180	180	168	6.00	25.7

■ 바깥지름, 두께 및 무게(보링 로드용)

호칭지름	바깥지름 (mm)	안지름 (mm)	두께 (mm)	단위 무게 (kg/m)
33.5	33.5	23	5.25	3.66
40.5	40.5	31	4.75	4.19
42	42	32	5.0	4.56
50	50	37	6.5	6.97

■ 바깥지름의 허용차(보링 로드용)

구 분	바깥지름의 허용차 %
1호	50mm 미만 ±0.5mm 50mm 이상 ±1%
2호	40mm 미만 ±0.2mm 40mm 이상 ±0.5%

■ 두께의 허용차(보링 로드용)

구 분	바깥지름의 허용차 %
1호	±10
2호	±8

■ 길이의 허용차

구 분	길이의 허용차 mm
길이 6m 이하	+10 0
길이 6m를 초과하는 것	+15 0

■ 내통 게이지

호칭지름	내통 게이지	
	바깥지름 mm	길이 mm
43 이상 83 이하	관의 안지름 −1.0	300

CHAPTER 34

관 이음 및 관 이음쇠

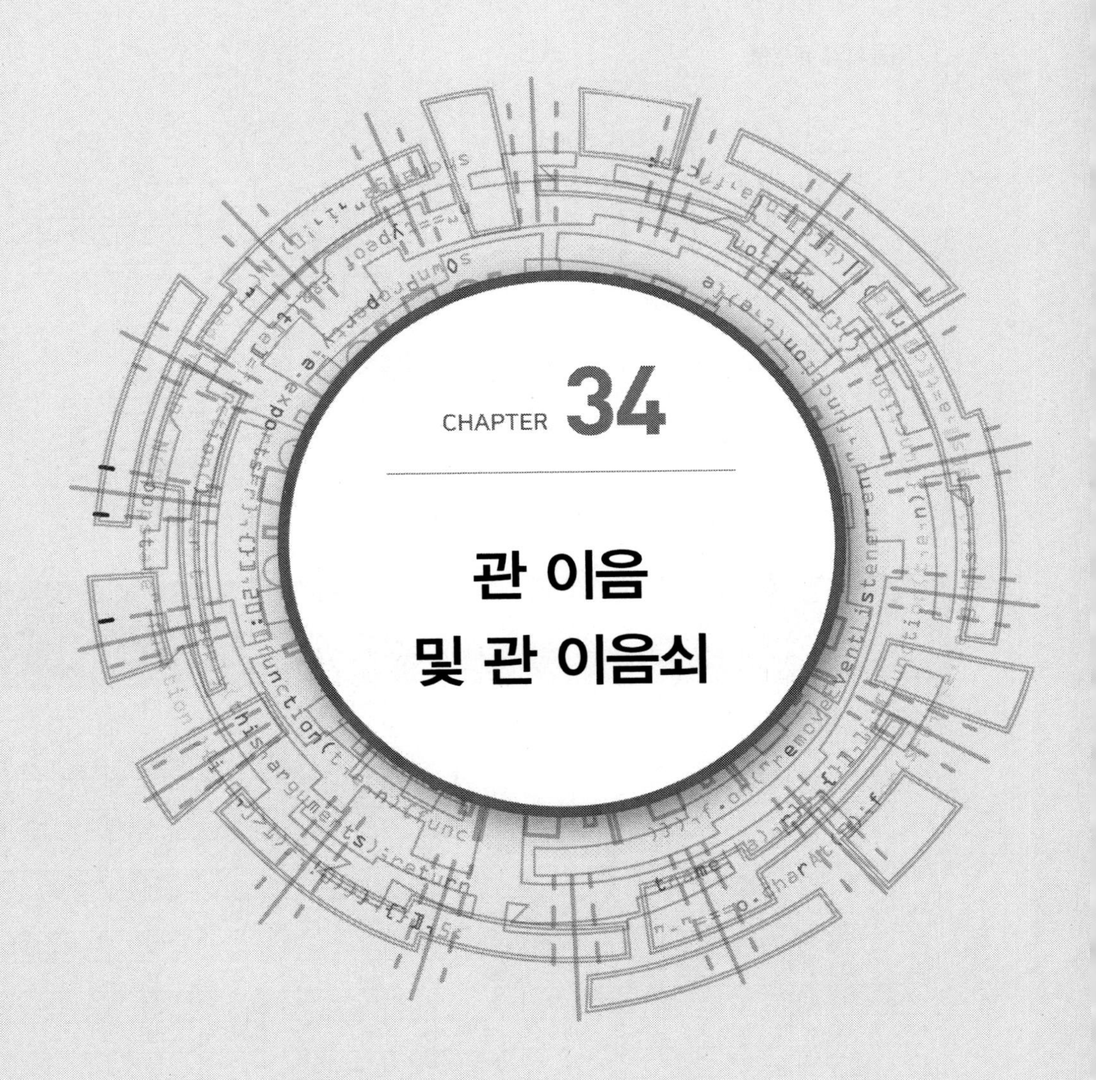

34-1 나사식 가단 주철제 관 이음쇠 [KS B 1531]

1. 이음쇠의 끝부분

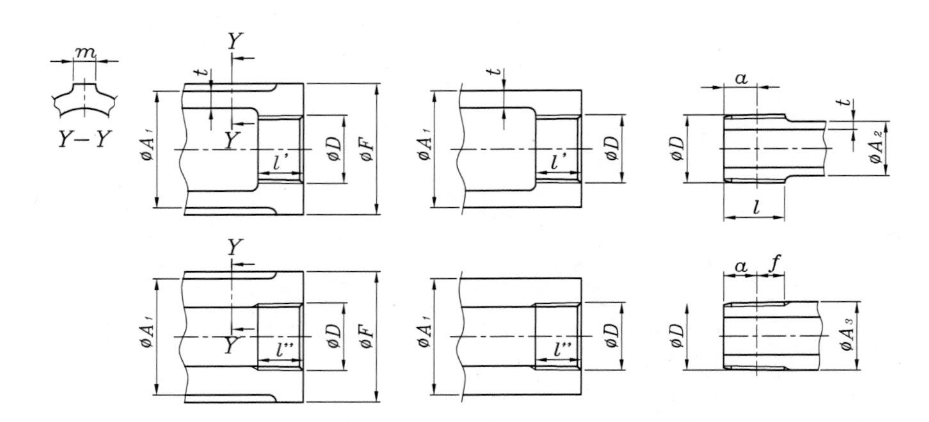

단위 : mm

호칭	나사부				바깥지름(최소)			두께		밴드바깥 지름(참고) F	리브(참고)	
	나사의 기준지름 D	나사산 수 (25.4mm 당)	암나사부의 길이 l' (최소)	수나사부의 길이 l (최소)	암나사쪽 A_1	수나사쪽		t			나비 m	수
						A_2	A_3	기준 치수	최소 치수			소켓탭
6	9.728	28	6	8	15	9	11	2	1.5	18	3	2
8	13.157	19	8	11	19	12	14	2.5	2	22	3	2
10	16.662	19	9	12	23	14	17	2.5	2	26	3	2
15	20.955	14	11	15	27	18	22	2.5	2	30	4	2
20	26.441	14	13	17	33	24	27	3	2.3	36	4	2
25	33.249	11	15	19	41	30	34	3	2.3	44	5	2
32	41.910	11	17	22	50	39	43	3.5	2.8	53	5	2
40	47.803	11	18	22	56	44	49	3.5	2.8	60	5	2
50	59.614	11	20	26	69	56	61	4	3.3	73	5	2
65	75.184	11	23	30	86	72	76	4.5	3.5	91	6	2
80	87.884	11	25	34	99	84	89	5	4	105	7	2
100	113.030	11	28	40	127	110	114	6	5	133	8	4
125	138.430	11	30	44	154	136	140	6.5	5.5	161	8	4
150	163.830	11	33	44	182	160	165	7.5	6.5	189	8	4

2. 엘보 · 암수 엘보(스트리트 엘보) · 45° 엘보 · 45° 암수 엘보(45° 스트리트 엘보)

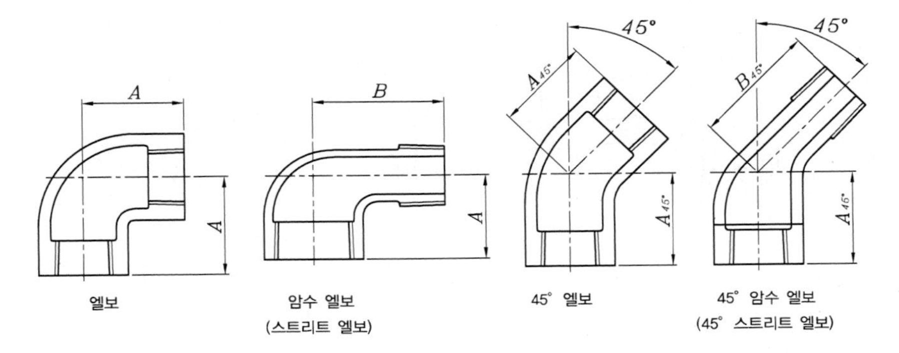

엘보　　암수 엘보 (스트리트 엘보)　　45° 엘보　　45° 암수 엘보 (45° 스트리트 엘보)

단위 : mm

호칭	중심에서 끝면까지의 거리			
	A	A45°	B	B45°
6	17	16	26	21
8	19	17	30	23
10	23	19	35	27
15	27	21	40	31
20	32	25	47	36
25	38	29	54	42
32	46	34	62	49
40	48	37	68	51
50	57	42	79	59
65	69	49	92	71
80	78	54	104	79
100	97	65	126	96
125	113	74	148	110
150	132	82	170	127

3. 지름이 다른 엘보 · 지름이 다른 암수 엘보(지름이 다른 스트리트 엘보)

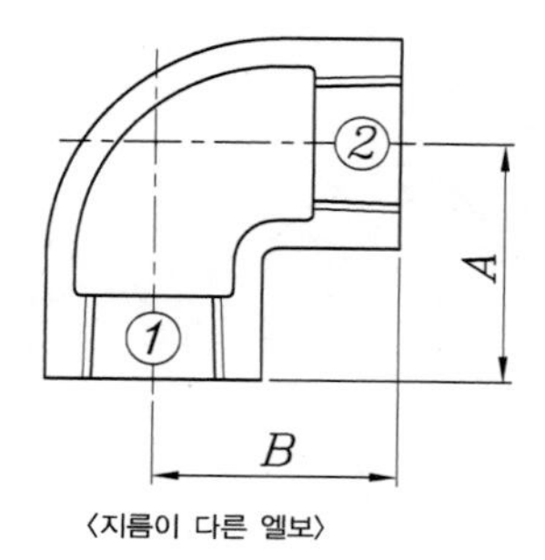

〈지름이 다른 엘보〉

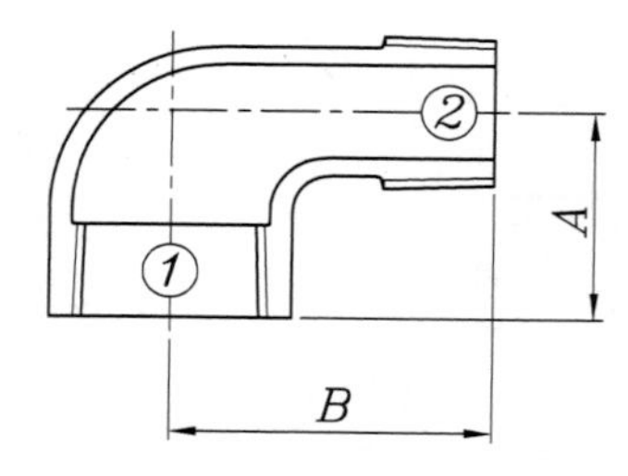

〈지름이 다른 암수 엘보(지름이 다른 스트리트 엘보)〉

단위 : mm

호칭 ①×②	지름이 다른 엘보 중심에서 끝면까지의 거리	
	A	B
10×6	19	21
10×8	20	22
15×8	24	24
15×10	26	25
20×10	28	28
20×15	29	30
25×10	30	31
25×15	32	33
25×20	34	35
32×15	34	38
32×20	38	40
32×25	40	42
40×15	35	42
40×20	38	43
40×25	41	45
40×32	45	48
50×15	38	48
50×20	41	49
50×25	44	51
50×32	48	54
50×40	52	55
65×25	48	60
65×32	52	62

3. 지름이 다른 엘보 · 지름이 다른 암수 엘보(지름이 다른 스트리트 엘보) (계속)

단위 : mm

호칭 ①×②	지름이 다른 엘보 중심에서 끝면까지의 거리	
	A	B
65×40	55	62
65×50	60	65
80×32	55	70
80×40	58	72
80×50	62	72
80×65	72	75
100×50	69	87
100×65	78	90
100×80	83	91
125×80	87	107
125×100	100	111
150×100	102	125
150×125	116	128

단위 : mm

호칭 ①×②	지름이 다른 암수 엘보(지름이 다른 스트리트 엘보) 중심에서 끝면까지의 거리	
	A	B
20×15	29	44
25×15	32	47
25×20	34	51
32×25	40	61
40×25	41	65
40×32	45	68
50×20	41	65
50×32	48	75
50×40	52	75
65×25	48	79
65×50	60	88
80×50	62	98

4. T · 암수 T(서비스 T)

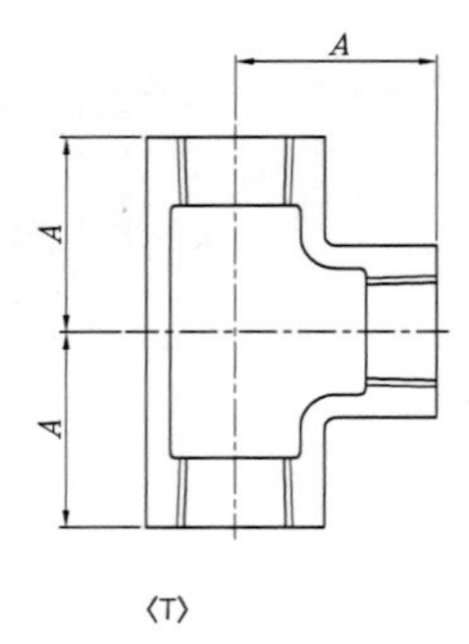

〈T〉

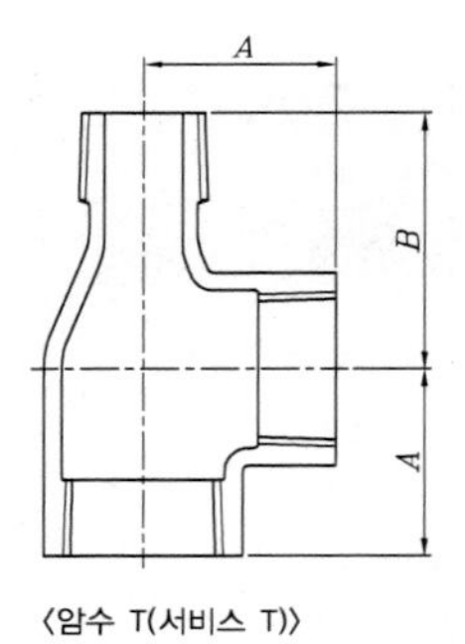

〈암수 T(서비스 T)〉

단위 : mm

호칭	중심에서 끝면까지의 거리	
	A	B
6	17	26
8	19	30
10	23	35
15	27	40
20	32	47
25	38	54
32	46	62
40	48	68
50	57	79
65	69	92
80	78	104
100	97	126
125	113	148
150	132	170

5. 지름이 다른 T(가지 지름만 다른 것)

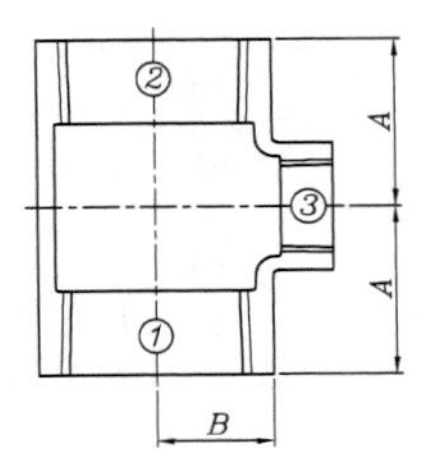

〈가지 지름이 작은 것〉

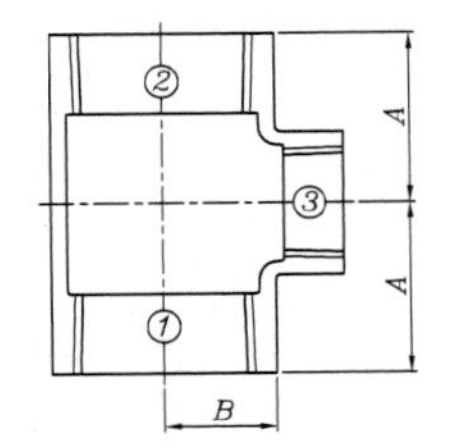

〈가지 지름이 큰 것〉

단위 : mm

호칭 ①×②×③	중심에서 끝면까지의 거리		①×②×③	중심에서 끝면까지의 거리	
	A	B		A	B
8×8×10	22	20	50×50×15	38	48
10×10×6	19	21	50×50×20	41	49
10×10×8	20	22	50×50×25	44	51
10×10×15	25	26	50×50×32	48	54
15×15×8	24	24	50×50×40	52	55
15×15×10	26	25	50×50×65	65	60
15×15×20	30	30	50×50×80	72	62
15×15×25	33	32	65×65×15	41	57
20×20×8	25	27	65×65×20	44	58
20×20×10	28	28	65×65×25	48	60
20×20×15	29	30	65×65×32	52	62
20×20×25	35	34	65×65×40	55	62
20×20×32	40	38	65×65×50	60	65
25×25×10	30	31	65×65×80	75	70
25×25×15	32	33	80×80×20	46	66
25×25×20	34	35	80×80×25	50	68
25×25×32	42	40	80×80×32	55	70
25×25×40	45	42	80×80×40	58	72
32×32×10	33	36	80×80×50	62	72
32×32×15	34	38	80×80×65	72	75
32×32×20	38	40	80×80×100	92	85
32×32×25	40	42	100×100×20	54	80
32×32×40	48	45	100×100×25	57	83
32×32×50	52	48	100×100×32	61	86
40×40×10	34	40	100×100×40	63	86
40×40×15	35	42	100×100×50	69	87
40×40×20	38	43	100×100×65	78	90
40×40×25	41	45	100×100×80	83	91
40×40×32	45	48	125×125×20	55	96
40×40×50	54	52	125×125×25	60	97

단위 : mm

호칭 ①×②×③	중심에서 끝면까지의 거리	
	A	B
125×125×32	62	100
125×125×40	66	100
125×125×50	72	103
125×125×65	81	105
125×125×80	87	107
125×125×100	100	111
150×150×20	60	108
150×150×25	64	110
150×150×32	67	113
150×150×40	70	115
150×150×50	75	116
150×150×65	85	118
150×150×80	92	120
150×150×100	102	125
150×150×125	116	128

6. 지름이 다른 T(통로가 다른 것) · 지름이 다른 암수 T(지름이 다른 서비스 T)

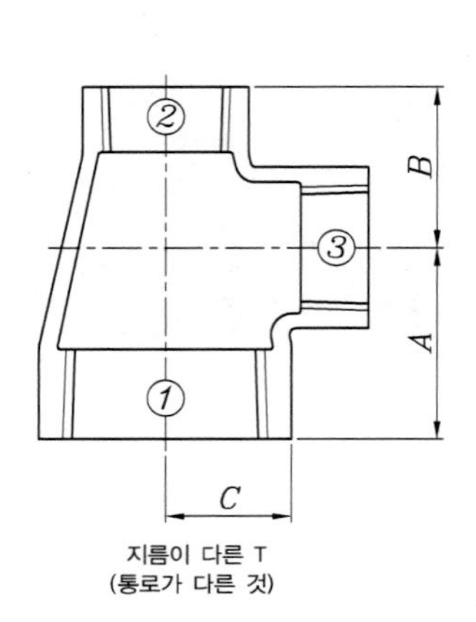

지름이 다른 T
(통로가 다른 것)

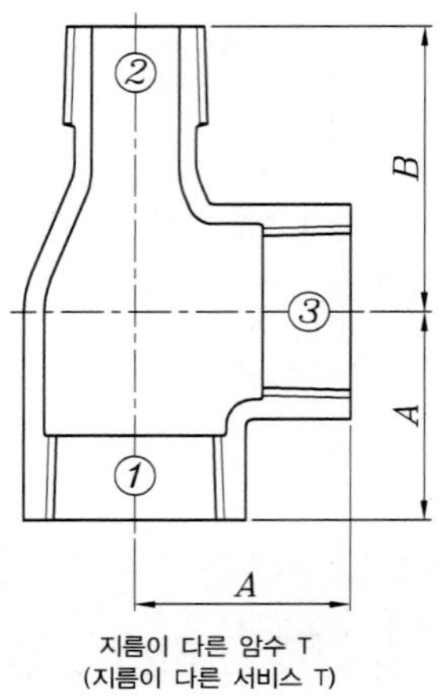

지름이 다른 암수 T
(지름이 다른 서비스 T)

단위 : mm

호칭 ①×②×③	중심에서 끝면까지의 거리		
	A	B	C
20×15×15	30	27	30
20×15×20	32	30	32
25×15×15	32	27	33
25×15×20	34	30	35
25×15×25	38	34	38
25×20×15	32	29	33
25×20×20	34	32	35
32×20×20	37	32	40
32×20×25	40	35	42
32×20×32	46	40	46
32×25×20	37	34	40
32×25×25	40	38	42
40×25×25	41	37	45
40×25×32	45	42	48
40×25×40	48	45	48
40×32×25	41	40	45
40×32×32	45	44	48

단위 : mm

호칭 ①×②×③	중심에서 끝면까지의 거리	
	A	B
20×15×20	32	44
25×15×25	38	47
25×20×25	38	51
32×20×32	46	55
32×25×32	46	61
40×25×40	48	65
40×32×40	48	68
50×20×50	57	65
50×32×50	57	75
50×40×50	57	75
65×25×65	69	79
65×50×65	69	88
80×50×80	78	98

7. 크로스 · 지름이 다른 크로스

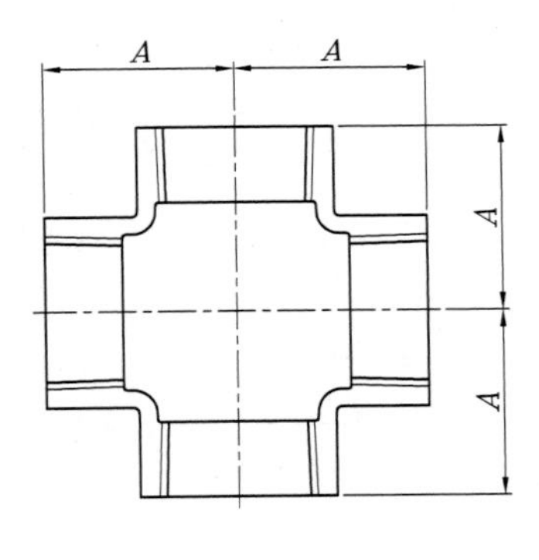

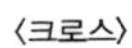
〈크로스〉

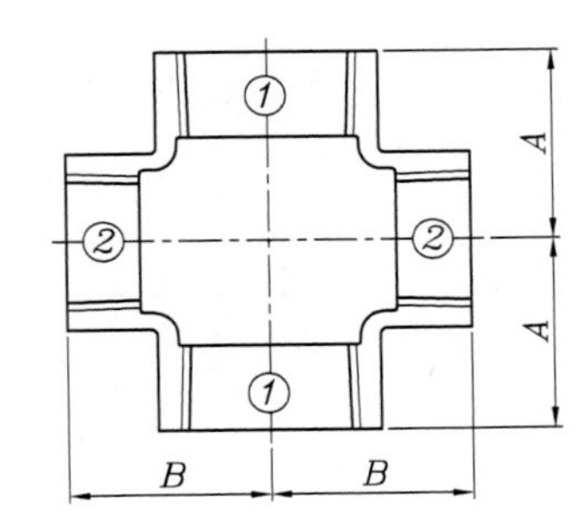

〈지름이 다른 크로스〉

단위 : mm

호칭	중심에서 끝면까지의 거리
	A
6	17
8	19
10	23
15	27
20	32
25	38
32	46
40	48
50	57
65	69
80	78
100	97
125	113
150	132

단위 : mm

호칭 ①×②	중심에서 끝면까지의 거리	
	A	B
20×15	29	30
25×15	32	33
25×20	34	35
32×20	38	40
32×25	40	42
40×20	38	43
40×25	41	45
40×32	45	48
50×20	41	49
50×25	44	51
50×32	48	54
50×40	52	55
65×25	48	60
65×50	60	65
80×25	50	68
80×50	62	72
80×65	72	75

8. 쇼트 벤드 · 암수 쇼트 벤드

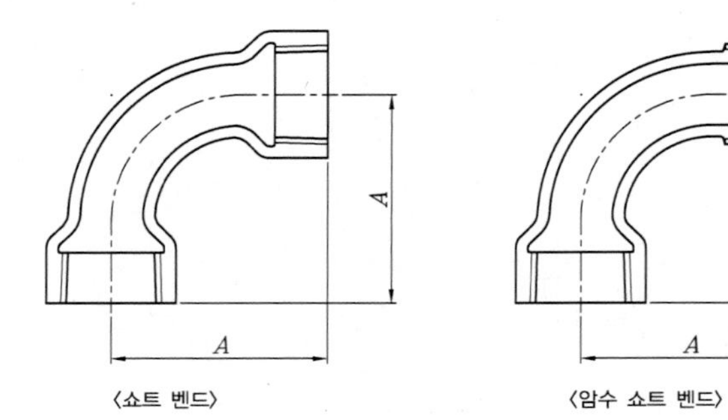

단위 : mm

호칭	중심에서 끝면까지의 거리
	A
15	45
20	50
25	63
32	76
40	85
50	102

9. 롱 벤드 · 암수 롱 벤드 · 수 롱 벤드 · 45° 롱 벤드 · 45° 암수 롱 벤드 · 45° 수 롱 벤드

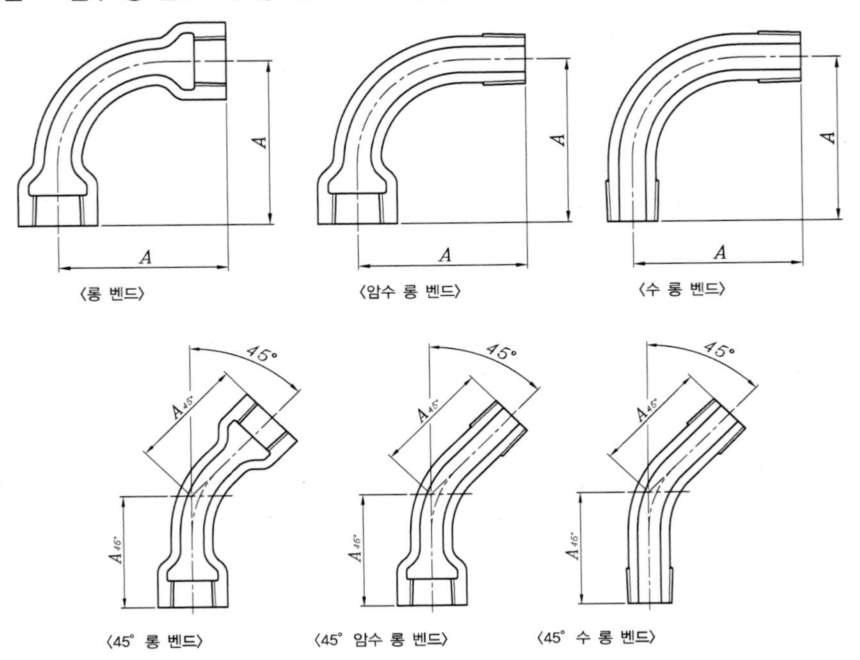

〈45° 롱 벤드〉 〈45° 암수 롱 벤드〉 〈45° 수 롱 벤드〉

단위 : mm

호칭	중심에서 끝면까지의 거리	
	A	A 45°
6	32	25
8	38	29
10	44	35
15	52	38
20	65	45
25	82	55
32	100	63
40	115	70
50	140	85
65	175	100
80	205	115
100	260	145
125	318	170
150	375	195

10. 45° Y · 90° Y · 되돌림 벤드(리턴 벤드)

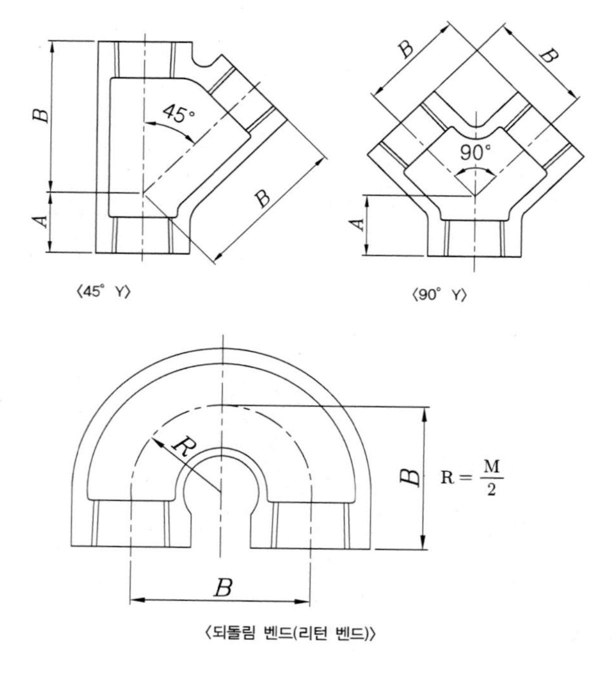

〈45° Y〉 〈90° Y〉

〈되돌림 벤드(리턴 벤드)〉

단위 : mm

호 칭	45° Y 중심에서 끝면까지의 거리		90° Y 중심에서 끝면까지의 거리	
	A	B	A	B
6	10	25	10	17
8	13	31	13	19
10	14	35	14	23
15	18	42	18	28
20	20	50	20	32
25	23	62	23	38
32	28	75	28	46
40	30	82	30	48
50	34	99	34	57
65	40	124	40	68
80	45	140	45	78
100	57	178	52	97
125	65	215	60	114
150	74	255	67	132

단위 : mm

호칭	중심 거리 M		B
	기준 치수	허용차	
6	23	±0.8	21
8	28	±0.8	23
10	32	±0.8	28
15	38	±0.8	33
20	50	±0.8	41
25	62	±0.8	50
32	75	±1	60
40	82	±1	62
50	98	±1.2	72
65	115	±1.2	82
80	130	±1.5	93
100	160	±1.8	115

11. 소켓 · 암수 소켓 · 지름이 다른 소켓 · 편심 지름이 다른 소켓

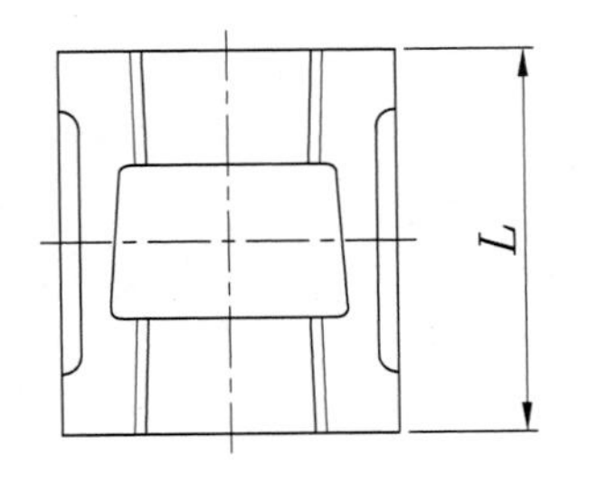

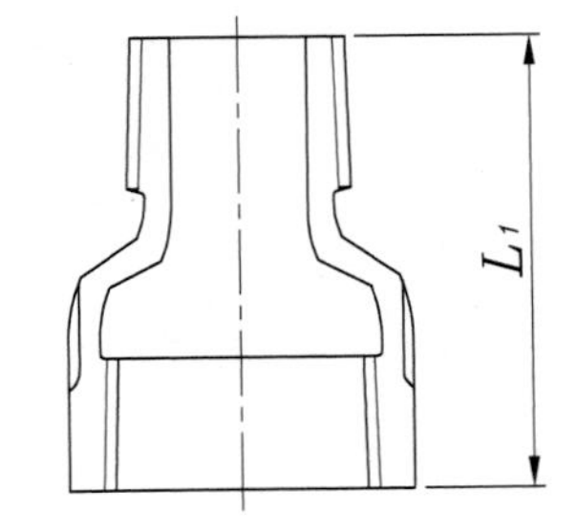

〈소켓 · 암수 소켓〉

단위 : mm

호칭	소켓	암수 소켓
	L	L_1
6	22	25
8	25	28
10	30	32
15	35	40
20	40	48
25	45	55
32	50	60
40	55	65
50	60	70
65	70	80
80	75	90
100	85	100
125	95	110
150	105	125

■ 소켓 · 암수 소켓 · 지름이 다른 소켓 · 편심 지름이 다른 소켓 (계속)

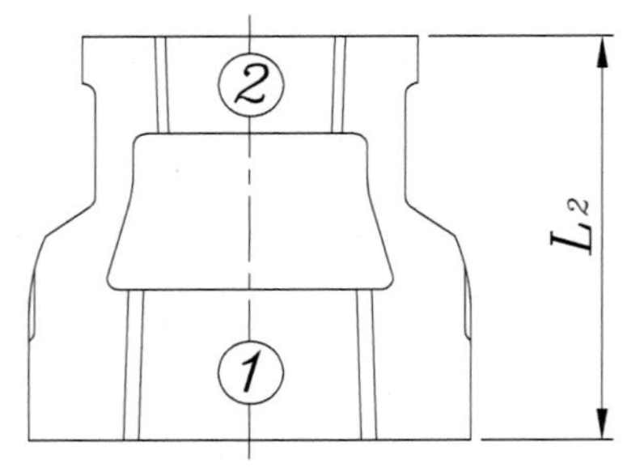

〈편심 지름이 다른 소켓〉

단위 : mm

호칭 ①×②	L_2	호칭 ①×②	L_2
8×6	25	50×25	58
10×6	28	50×32	58
10×8	28	50×15	58
15×6	34	65×15	65
15×8	34	65×20	65
15×10	34	65×25	65
20×8	38	65×32	65
20×10	38	65×40	65
20×15	38	65×50	65
25×10	42	80×20	72
25×15	42	80×25	72
25×20	42	80×32	72
32×15	48	80×40	72
32×20	48	80×50	72
32×25	48	80×65	72
40×15	52	100×50	85
40×20	52	100×65	85
40×25	52	100×80	85
40×32	52	125×80	95
50×15	58	125×100	95
50×20	58	150×100	105
		150×125	105

■ 소켓 · 암수 소켓 · 지름이 다른 소켓 · 편심 지름이 다른 소켓 (계속)

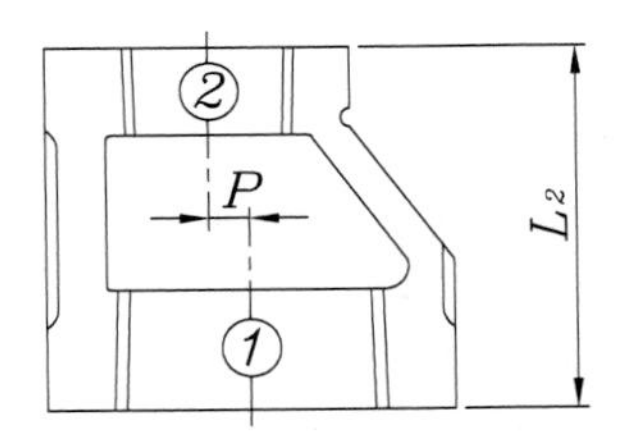

〈편심 지름이 다른 소켓〉

단위 : mm

호칭 ①×②	L_2	P
50×15	58	18.5
50×20	58	16
50×25	58	13
50×32	58	9
50×40	58	6
65×40	65	14
65×50	65	8
80×50	72	14
80×65	72	6.5
100×50	85	26.5
100×65	85	19
100×80	85	12.5
125×80	95	25.5
125×100	95	13
150×100	105	25
150×125	105	12.5

12. 부싱

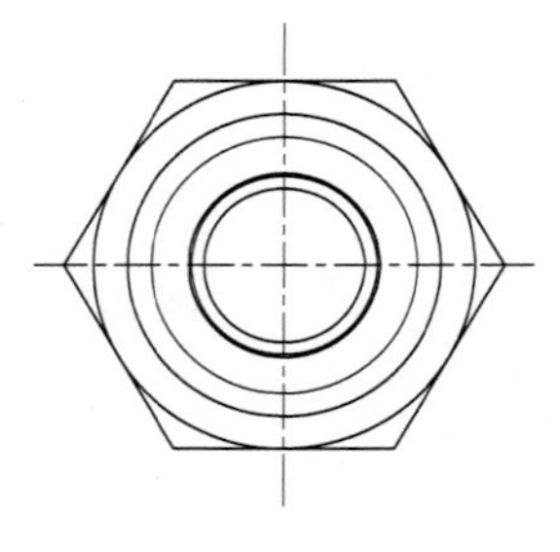

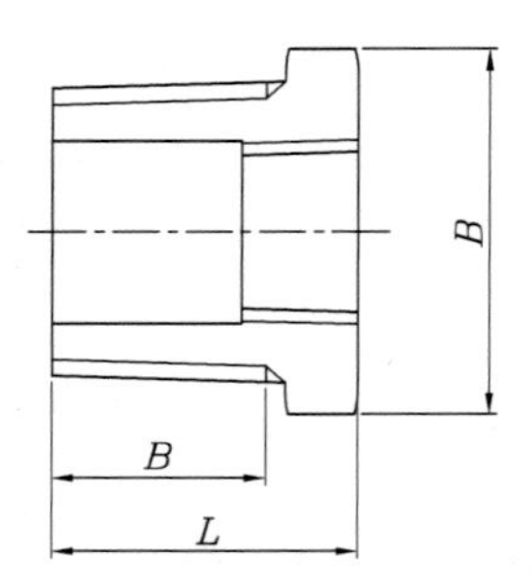

단위 : mm

호칭	L	E	맞변 거리 B	
			6각	8각
8×6	17	12	17	−
10×8	18	13	21	−
15×8	18	13	21	−
15×10	21	16	26	−
20×8	21	16	26	−
20×10	21	16	26	−
20×15	24	18	32	−
25×8	24	18	32	−
25×10	24	18	32	−
25×15	27	20	38	−
25×20	27	20	38	−
32×10	27	20	38	−
32×15	27	20	38	−
32×20	30	22	46	−
32×25	30	22	46	−
40×10	30	22	46	−
40×15	30	22	46	−
40×20	32	23	54	−
40×25	32	23	54	−
40×32	32	23	54	−
50×15	32	23	−	63
50×20	32	23	−	63
50×25	36	25	−	63
50×32	36	25	−	63

단위 : mm

호칭	L	E	맞변 거리 B	
			6각	8각
50×40	36	25	−	63
65×25	39	28	−	80
65×32	39	28	−	80
65×40	39	28	−	80
65×50	39	28	−	80
80×25	44	32	−	95
80×32	44	32	−	95
80×40	44	32	−	95
80×50	44	32	−	95
80×65	44	32	−	95
100×40	51	37	−	120
100×50	51	37	−	120
100×65	51	37	−	120
100×80	51	37	−	120
125×80	57	42	−	145
125×100	57	42	−	145
150×80	64	46	−	170
150×100	64	46	−	170
150×125	64	46	−	170

13. 니플 · 지름이 다른 니플

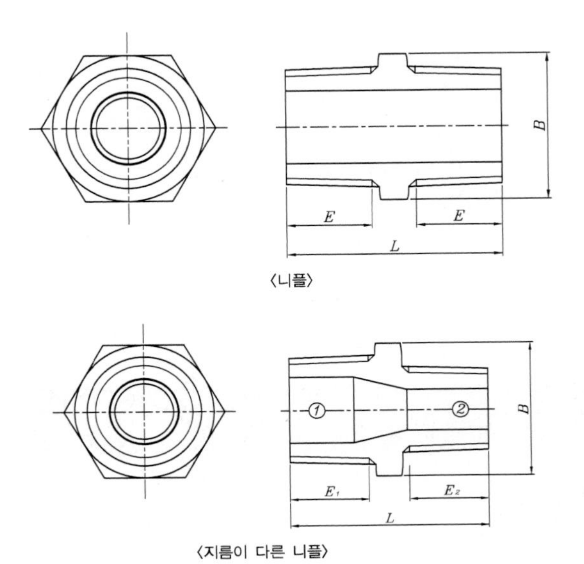

〈니플〉

〈지름이 다른 니플〉

단위 : mm

호칭	L	E	맞변 거리 B	
			6각	8각
6	32	11	14	–
8	34	12	17	–
10	36	13	21	–
15	42	16	26	–
20	47	18	32	–
25	52	20	38	–
32	56	22	46	–
40	60	23	54	–
50	66	25	–	63
65	73	28	–	80
80	81	32	–	95
100	92	37	–	120
125	104	42	–	145
150	116	46	–	170

단위 : mm

호칭 ①×②	L	E_1	E_2	맞변 거리 B	
				6각	8각
10×8	35	13	12	21	–
15×8	38	16	12	26	–
15×10	39	16	13	26	–
20×8	41	18	12	32	–
20×10	42	18	13	32	–
20×15	45	18	16	32	–
25×10	45	20	13	38	–
25×15	48	20	16	38	–
25×20	50	20	18	38	–
32×15	50	22	16	46	–
32×20	52	22	18	46	–
32×25	54	22	20	46	–
40×20	55	23	18	54	–
40×25	57	23	20	54	–
40×32	59	23	22	54	–
50×20	59	25	18	–	63
50×25	61	25	20	–	63
50×32	63	25	22	–	63
50×40	64	25	23	–	63
65×40	68	28	23	–	80
65×50	70	28	25	–	80
80×50	74	32	25	–	95
80×65	77	32	28	–	95
100×50	80	37	25	–	120
100×80	87	37	32	–	120

14. 멈춤 너트(로크 너트)

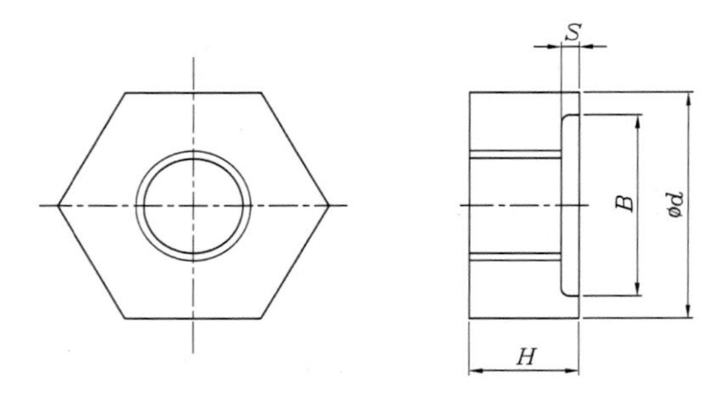

단위 : mm

호칭	높이 H	지름 d	깊이 S	맞변 거리 B	
				6각	8각
8	8	18	1.2	21	–
10	9	22	1.2	26	–
15	9	28	1.2	32	–
20	10	34	1.5	38	–
25	11	40	1.5	46	–
32	12	50	1.5	54	–
40	13	55	2.5	–	63
50	15	68	2.5	–	77
65	17	88	2.5	–	100
80	18	100	2.5	–	115
100	22	125	2.5	–	145
125	25	150	2.5	–	165
150	30	180	2.5	–	200

15. 캡

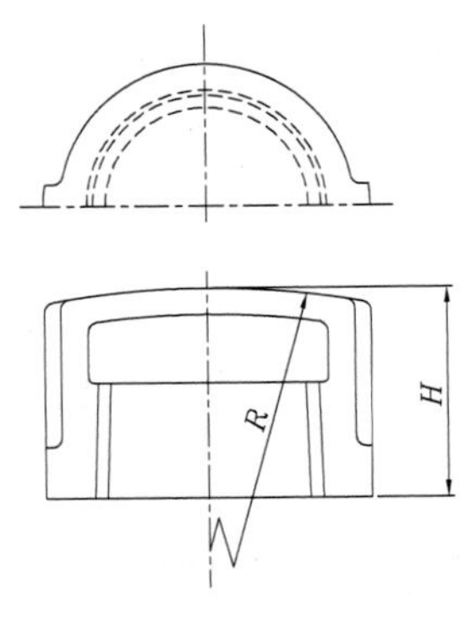

단위 : mm

호칭	높이	머리부 반지름
	H(최소)	R(참고)
6	14	40
8	15	50
10	17	62
15	20	78
20	24	95
25	28	125
32	30	150
40	32	170
50	36	215
65	42	270
80	45	310
100	55	405
125	58	495
150	65	580

16. 플러그

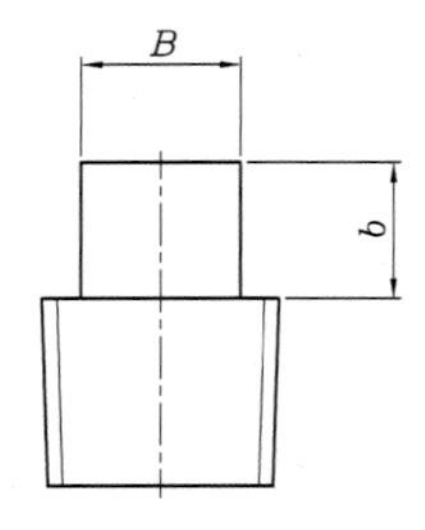

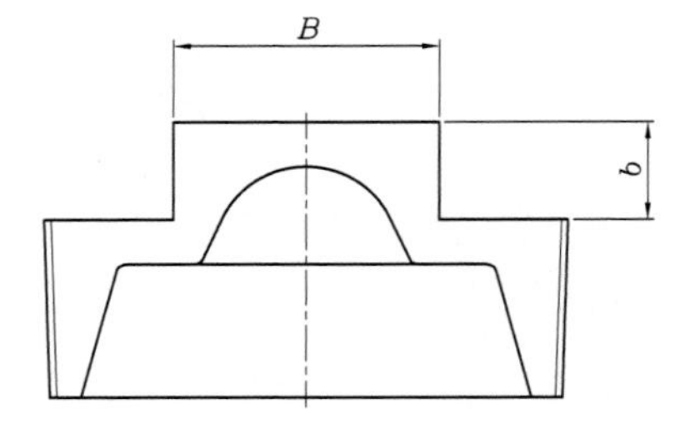

단위 : mm

호칭	머리부(4각)	
	맞변거리 B	높이 b
6	7	7
8	9	8
10	12	9
15	14	10
20	17	11
25	19	12
32	23	13
40	26	14
50	32	15
65	41	18
80	46	19
90	54	21
100	58	22
125	67	25
150	77	28

17. 유니언

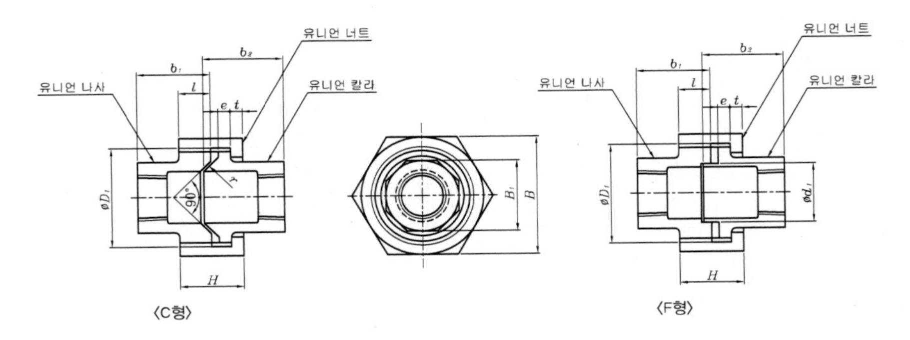

〈C형〉 〈F형〉

단위 : mm

호칭	유니언 나사 및 유니언 칼라							유니언 너트				나사부(참고) D₁
	나사의 길이 l	b_1	칼라의 두께 e	b_2	d_1	맞변거리 B1		높이 H	두께 t	맞변거리 B		나사의 호칭 D_1
						8각	10각			8각	10각	
6	6.5	15	2.5	16.5	12.5	15	–	13	2.5	25	–	M21×1.5
8	7	17	2.5	18	16.5	19	–	13.5	2.5	31	–	M26×1.5
10	8	19	3	20.5	20	23	–	16	3	37	–	M31×2
15	9	21	3	21.5	24	27	–	17	3	42	–	M35×2
20	9.5	24.5	3.5	26	30	33	–	18.5	3.5	49	–	M42×2
25	10	27	4	29	38	41	–	20	4	59	–	M51×2
32	11	30	4.5	32	46	–	50	22	4.5	–	69	M60×2
40	12	33	5	35.5	53	–	56	24.5	5	–	78	M68×2
50	13.5	37	5.5	39.5	65	–	69	27	5.5	–	93	M82×2
65	15	42	6	45.5	81	–	86	29.5	6	–	112	M100×2
80	17	47	6.5	50	95	–	99	32.5	6.5	–	127	M115×2
100	21	58	7.5	60.5	121	–	127	39	7.5	–	158	M145×2
125	24	66	8	66.5	150	–	154	43	8	–	188	M175×3
150	28	73	9	73	177	–	182	49	9	–	219	M205×3

18. 조립 플랜지

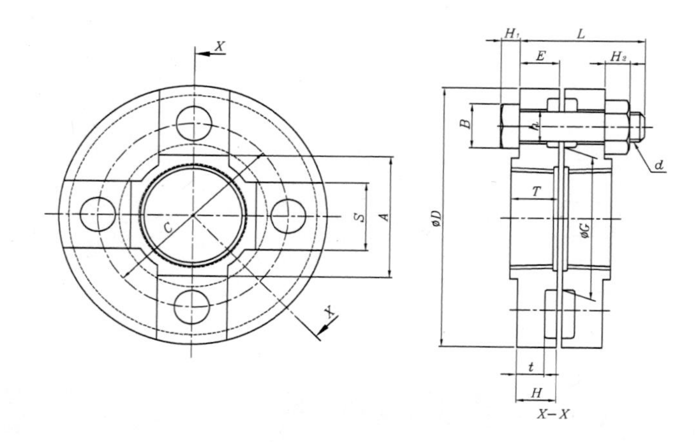

단위 : mm

호칭	플랜지											볼트 및 너트				
	D	A	G	S	E	H	T	t	C	h	볼트 구멍수	호칭 d	(참고)			
													L	B	H_1	H_2
15	73	27	34	23	10	6	13	3	48	12	3	M10	32	21	7	8
20	79	33	40	23	12	6	15	3.5	54	12	3	M10	36	21	7	8
25	87	41	48	23	14	8	17	3.5	62	12	4	M10	40	21	7	8
32	107	50	59	28	16	9	19	4	76	15	4	M12	50	26	8	10
40	112	56	65	28	17	10	20	4	82	15	4	M12	50	26	8	10
50	126	69	78	28	21	11	24	5	95	15	4	M12	56	26	8	10
65	155	86	96	35	23	12	27	5.5	118	19	4	M16	71	32	10	13
80	168	99	109	35	26	13	30	6	131	19	4	M16	71	32	10	13
100	196	127	136	35	32	16	36	7	159	19	4	M16	90	32	10	13
125	223	154	163	35	36	19	40	8	186	19	6	M16	90	32	10	13
150	265	182	194	41	36	21	40	9	220	24	6	M20	100	38	13	16

34-2 나사식 배수관 이음쇠 [KS B 1532]

1. 이음쇠의 끝부

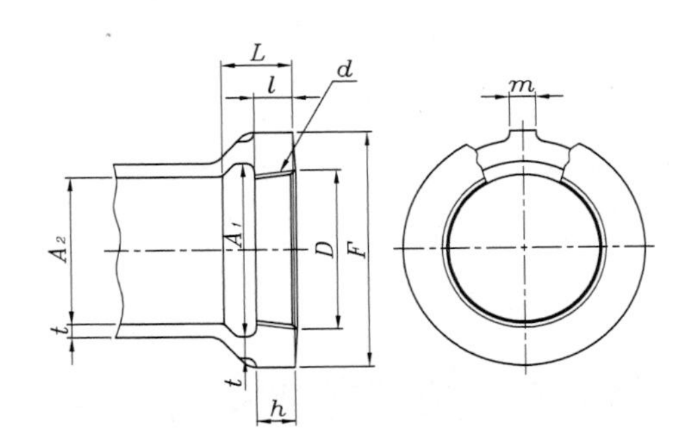

단위 : mm

호칭	나사부						리세스	안지름	
	나사의 호칭 d	나사의 기준지름 D	나사산 수 (25.4mm 당)	암나사의 길이 l (최소)	리세스를 포함한 나사부 전체 길이		안지름 A_1 (최소)	A_2	
					기준 치수	허용차		기준 치수	허용차
$1\frac{1}{4}$	PT $1\frac{1}{4}$	41.910	11	10	18	+2.5 −0.5	43	36	±1
$1\frac{1}{2}$	PT $1\frac{1}{2}$	47.803	11	11	19	+2.5 −0.5	49	42	±1
2	PT 2	59.614	11	13	22	+2.5 −0.5	61	53	±1
$2\frac{1}{2}$	PT $2\frac{1}{2}$	75.184	11	15	25	+3.5 −0.5	77	68	±1
3	PT 3	87.884	11	17	28	+3.5 −0.5	90	81	±1
4	PT 4	113.030	11	21	33	+3.5 −0.5	115	105	±1.5
5	PT 5	138.430	11	23	36	+3.5 −0.5	141	131	±1.5
6	PT 6	163.830	11	24	39	+3.5 −0.5	167	155	±1.5

호칭	두께				밴드				리브
	주철제		가단 주철제		주철제		가단 주철제		나비수 m
	t		t		바깥지름 F	나비 h	바깥지름 F	나비 h	
	기준 치수	허용차	기준 치수	허용차					
$1\frac{1}{4}$	4.5	+ 규정하지 않는다 − 0.7	3.5	+ 규정하지 않는다 − 0.7	57	10	53	8	5 2
$1\frac{1}{2}$	4.5		3.5		64	11	60	9	5 2
2	5		4		78	13	73	11	5 2
$2\frac{1}{2}$	5.5	+ 규정하지 않는다 − 1.0	4.5	+ 규정하지 않는다 − 1.0	96	15	91	12	6 2
3	6		5		111	17	105	13	7 2
4	7.5		6		139	21	133	16	8 4
5	8.5		6.5		169	23	161	18	8 4
6	9		7.5		199	24	189	20	8 4

2. 90° 엘보, 90° 큰 반지름 엘보

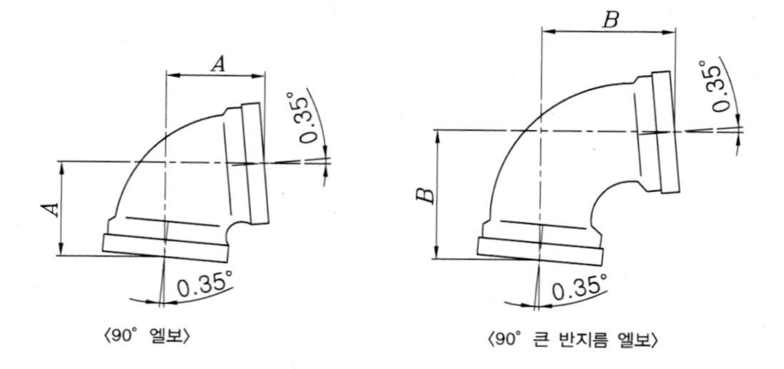

〈90° 엘보〉 〈90° 큰 반지름 엘보〉

단위 : mm

호칭	90° 엘보 중심에서 끝면까지의 거리 A	90° 큰 반지름 엘보 중심에서 끝면까지의 거리 B
$1\frac{1}{4}$	44	57
$1\frac{1}{2}$	49	63
2	58	76
$2\frac{1}{2}$	70	92
3	80	106
4	99	132
5	118	158
6	135	182

3. 45° 엘보, 22° $\frac{1}{2}$ 엘보

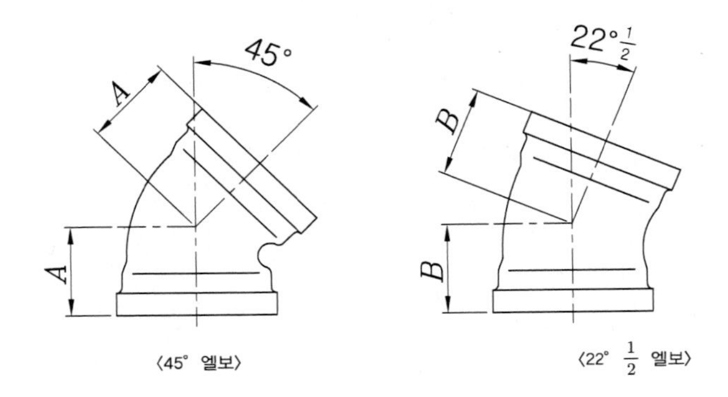

〈45° 엘보〉 〈22° $\frac{1}{2}$ 엘보〉

단위 : mm

호칭	45° 엘보	22° $\frac{1}{2}$ 엘보
	중심에서 끝면까지의 거리 A	중심에서 끝면까지의 거리 B
$1\frac{1}{4}$	33	30
$1\frac{1}{2}$	36	32
2	42	37
$2\frac{1}{2}$	50	42
3	56	48
4	68	57
5	79	65
6	89	72

관 이음 및 관 이음새

4. 통기 T, 90° Y, 90° 큰 반지름, 90° 양 Y, 90° 큰 반지름 양 Y

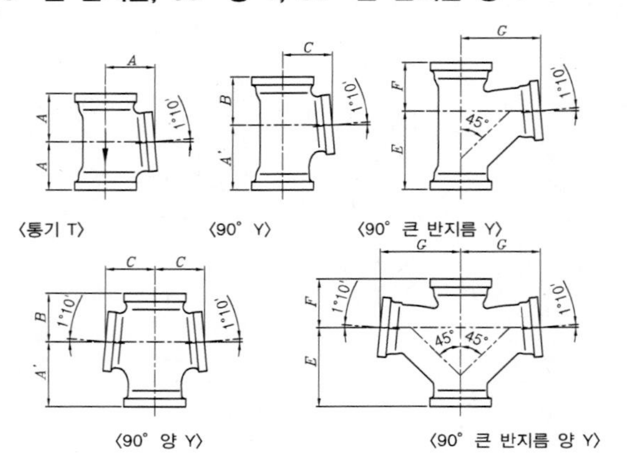

〈통기 T〉 〈90° Y〉 〈90° 큰 반지름 Y〉

〈90° 양 Y〉 〈90° 큰 반지름 양 Y〉

단위 : mm

호칭	통기 T	90° Y 및 90° 양 Y			90° 큰 반지름 Y 및 90° 큰 반지름 양 Y		
	중심에서 끝면까지의 거리 A	중심에서 끝면까지의 거리			중심에서 끝면까지의 거리		
		A'	B	C	E	F	G
$1\frac{1}{4}$	44	57	40	56	87	31	86
$1\frac{1}{2}$	49	63	44	62	96	35	95
2	58	76	53	75	115	42	114
$2\frac{1}{2}$	70	92	64	91	140	51	139
3	80	106	74	104	160	58	158
4	99	132	92	130	200	72	198
5	118	158	110	155	240	88	237
6	135	182	125	179	279	105	276

5. 지름 틀린 90° Y, 지름 틀린 90° 큰 반지름, 지름 틀린 90° 양 Y, 지름 틀린 90° 큰 반지름 양 Y

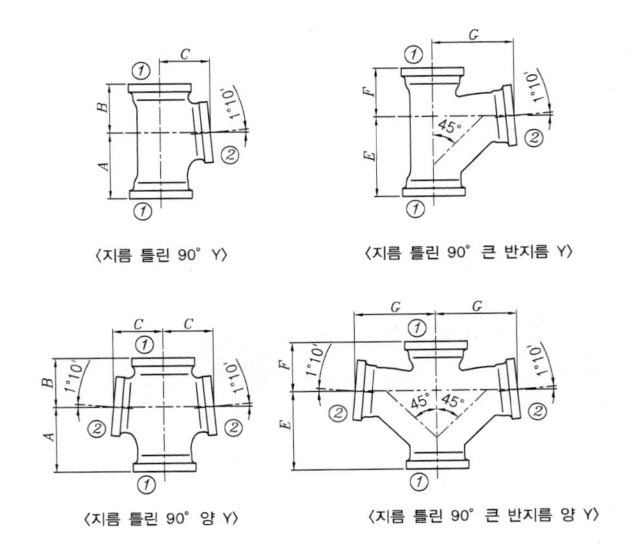

〈지름 틀린 90° Y〉 〈지름 틀린 90° 큰 반지름 Y〉

〈지름 틀린 90° 양 Y〉 〈지름 틀린 90° 큰 반지름 양 Y〉

단위 : mm

호칭 ①×②	지름 틀린 90° Y 및 지름 틀린 90° 양 Y			지름 틀린 90° 큰 반지름 Y 및 지름 틀린 90° 큰 반지름 양 Y		
	중심에서 끝면까지의 거리			중심에서 끝면까지의 거리		
	A'	B	C	E	F	G
1½ × 1¼	58	41	59	88	31	89
2 × 1¼	61	45	65	95	31	98
2 × 1½	66	48	68	102	35	103
2½ × 1½	69	51	75	108	35	114
2½ × 2	79	57	83	120	42	123
3 × 1½	72	55	82	114	35	123
3 × 2	82	60	89	126	42	133
3 × 2½	95	68	98	145	51	147
4 × 1½	77	61	94	122	35	138
4 × 2	87	66	101	135	42	149
4 × 2½	100	74	110	155	51	164
4 × 3	111	80	116	168	58	173
5 × 2	90	70	114	140	42	164
5 × 2½	103	78	123	160	51	179
5 × 3	114	84	129	174	58	189
5 × 4	135	96	143	205	72	213
6 × 2	93	74	126	143	42	176
6 × 3	117	88	141	179	58	203
6 × 4	138	101	155	212	72	229
6 × 5	161	115	167	244	88	250

6. 45° Y, 45° 양 Y

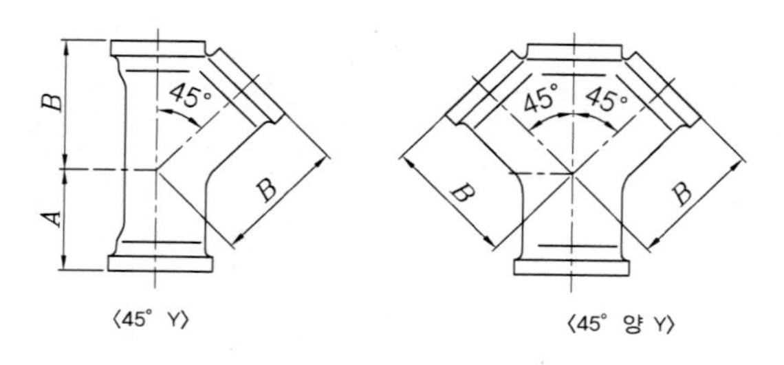

〈45° Y〉 〈45° 양 Y〉

단위 : mm

호칭	중심에서 끝면까지의 거리	
	A	B
$1\frac{1}{4}$	33	77
$1\frac{1}{2}$	36	86
2	42	104
$2\frac{1}{2}$	50	128
3	56	147
4	68	184
5	79	220
6	89	255

7. 지름 틀린 45° Y, 지름 틀린 45° 양 Y

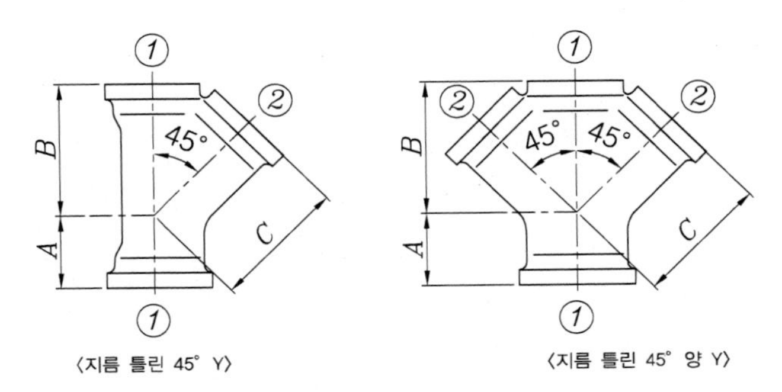

〈지름 틀린 45° Y〉 〈지름 틀린 45° 양 Y〉

단위 : mm

호칭 ①×②	중심에서 끝면까지의 거리		
	A	B	C
$1\frac{1}{2} \times 1\frac{1}{4}$	31	81	83
$2 \times 1\frac{1}{4}$	29	89	93
$2 \times 1\frac{1}{2}$	34	94	97
$2\frac{1}{2} \times 1\frac{1}{2}$	29	105	112
$2\frac{1}{2} \times 2$	38	114	118
$3 \times 1\frac{1}{2}$	26	114	123
3 × 2	34	123	130
$3 \times 2\frac{1}{2}$	47	136	139
$4 \times 1\frac{1}{2}$	19	131	146
4 × 2	27	140	153
$4 \times 2\frac{1}{2}$	40	153	162
4 × 3	49	163	169
5 × 2	17	155	173
$5 \times 2\frac{1}{2}$	30	168	182
5 × 3	39	178	190
5 × 4	58	198	204
6 × 2	8	170	194
6 × 3	30	193	210
6 × 4	49	213	224
6 × 5	70	234	240

8. 소켓, 인크리저

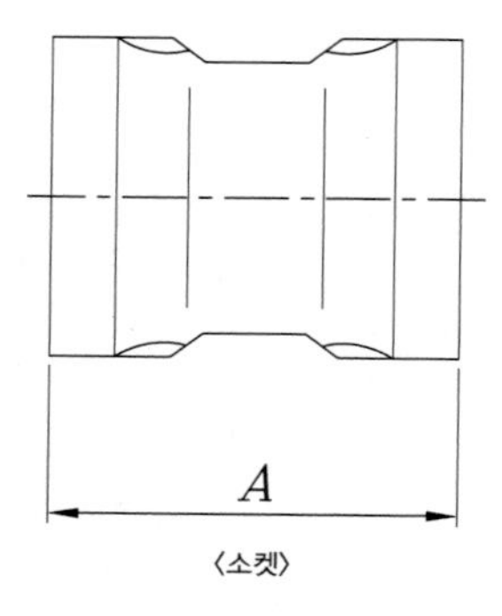

〈소켓〉

단위 : mm

호칭	소켓 A
$1\frac{1}{4}$	60
$1\frac{1}{2}$	65
2	75
$2\frac{1}{2}$	85
3	90
4	105
5	115
6	125

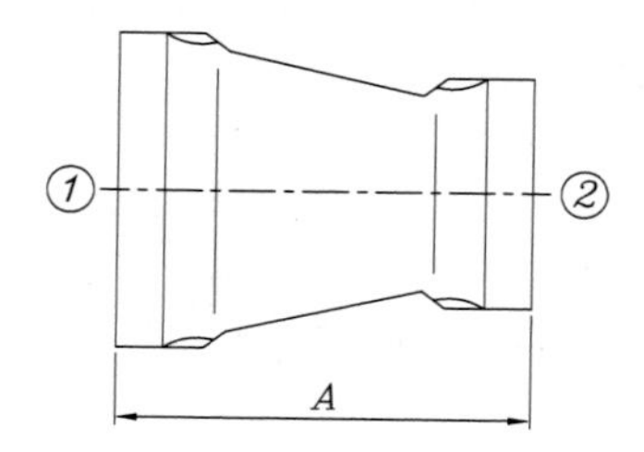

단위 : mm

호칭	소켓 A
$2 \times 1\frac{1}{2}$	150
$2\frac{1}{2} \times 2$	150
3 × 2	150
4 × 2	200
4 × 3	200
5 × 3	200
5 × 4	200
6 × 4	200
6 × 5	200

9. 태커

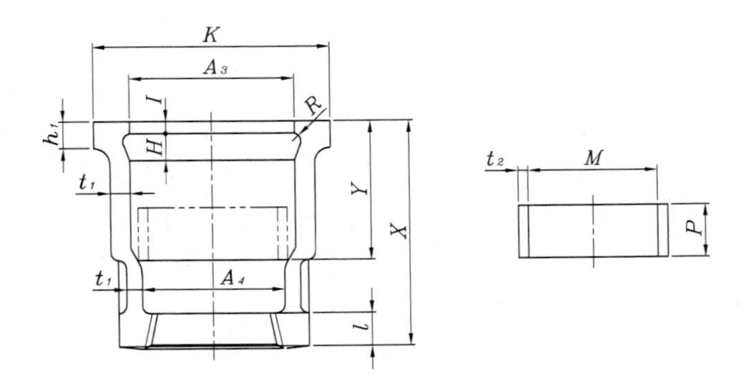

단위 : mm

<table>
<tr><th rowspan="4">호칭</th><th rowspan="4">X</th><th colspan="8">소켓 끝부</th><th colspan="2"></th><th rowspan="4">h1</th></tr>
<tr><th rowspan="3">Y</th><th colspan="2">A3</th><th colspan="4">t1</th><th colspan="2">K</th></tr>
<tr><th rowspan="2">기준
치수</th><th rowspan="2">허용차</th><th colspan="2">주철제</th><th colspan="2">가단 주철제</th><th rowspan="2">주철제</th><th rowspan="2">가단
주철제</th></tr>
<tr><th>기준
치수</th><th>허용차</th><th>기준
치수</th><th>허용차</th></tr>
<tr><td>2</td><td>107</td><td>44</td><td>78</td><td>+4
−2</td><td>6</td><td>+규정하지 않는다
−0.7</td><td>4</td><td>+규정하지 않는다
−0.7</td><td>104</td><td>93</td><td>14</td></tr>
<tr><td>2½</td><td>119</td><td>48</td><td>93</td><td>+4
−2</td><td>6</td><td rowspan="5">+규정하지 않는다
−1.0</td><td>4.5</td><td rowspan="5">+규정하지 않는다
−1.0</td><td>119</td><td>109</td><td>15</td></tr>
<tr><td>3</td><td>128</td><td>48</td><td>106</td><td>+4
−2</td><td>6</td><td>5</td><td>132</td><td>123</td><td>16</td></tr>
<tr><td>4</td><td>148</td><td>99</td><td>133</td><td>+4
−2</td><td>7.5</td><td>6</td><td>159</td><td>152</td><td>17</td></tr>
<tr><td>5</td><td>157</td><td>103</td><td>158</td><td>+4
−2</td><td>8.5</td><td>6.5</td><td>184</td><td>179</td><td>18</td></tr>
<tr><td>6</td><td>165</td><td>107</td><td>184</td><td>+4
−2</td><td>9</td><td>7.5</td><td>210</td><td>207</td><td>20</td></tr>
</table>

호칭	소켓 끝부			나사박음 끝부	링		
	H	I	R	A4 (최소)	M	t2	P
2	10	6	3	63	−	−	−
2½	11	6	3	79	−	−	−
3	11	6	3	92	−	−	−
4	13	6	3	118	118	5.0	46
5	13	6	3	144	142.5	5.5	50
6	13	6	3	169	168	6.0	54

10. U 트랩

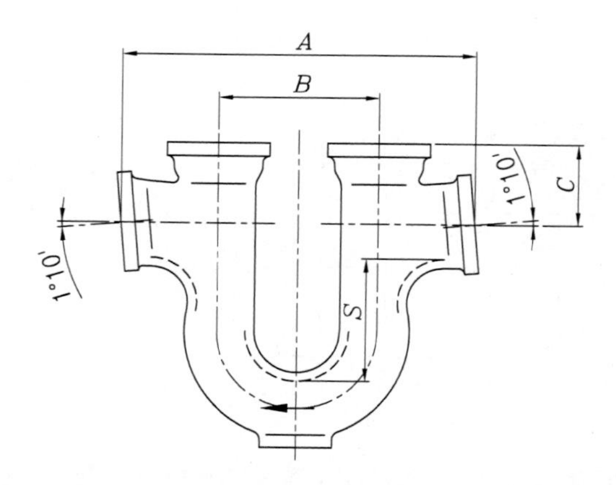

단위 : mm

호칭	A	B		C	봉수 깊이 (참고) S	상부 지름의 호칭
		기준 치수	허용차			
2	251	101	±1.2	53	50	2
3	344	136	±1.5	74	65	3
4	435	177	±1.8	92	65	4
5	516	214	±2.1	105	85	4
6	600	250	±3.0	118	100	4

34-3 나사식 강관제 관 이음쇠 [KS B 1533]

1. 배럴 니플 · 클로즈 니플

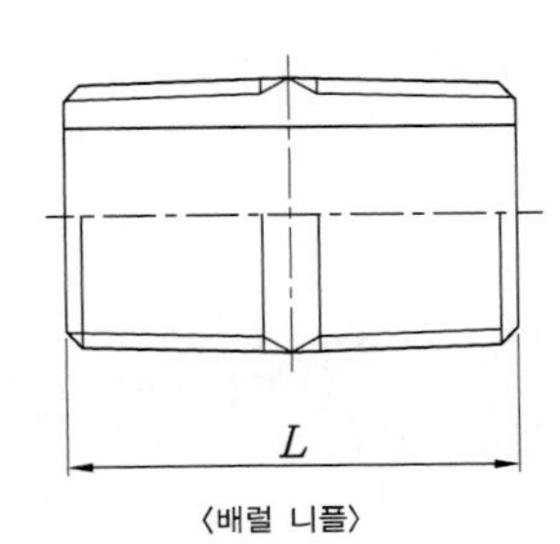

〈배럴 니플〉

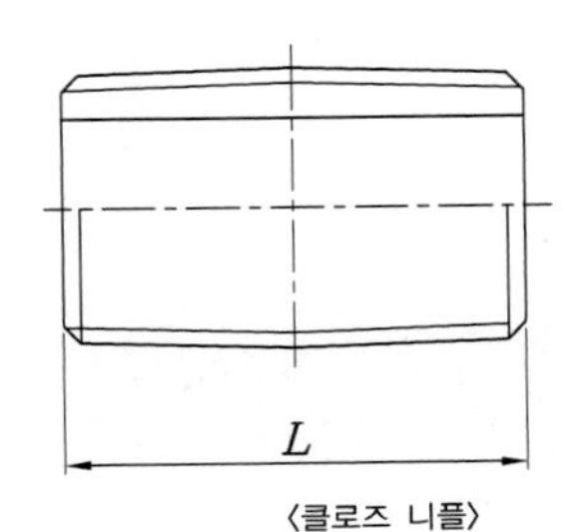

〈클로즈 니플〉

단위 : mm

호칭		배럴 니플	클로즈 니플
KS	JIS	L (최소)	L (최소)
6	1/8	24	22
8	1/4	26	24
10	3/8	28	26
15	1/2	34	29
20	3/4	38	35
25	1	42	38
32	$1\frac{1}{4}$	50	41
40	$1\frac{1}{2}$	50	44
50	2	58	51
65	$2\frac{1}{2}$	70	64
80	3	78	67
100	4	90	73
125	5	103	76
150	6	103	79

2. 롱 니플

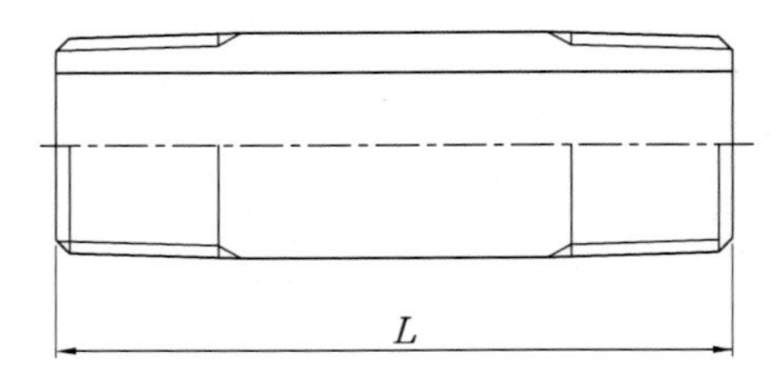

단위 : mm

호칭		길이 L (최소)								
KS	JIS	50	65	75	100	125	150	200	250	300
6	1/8	○	○	○	○	○	○	○	○	○
8	1/4	○	○	○	○	○	○	○	○	○
10	3/8	○	○	○	○	○	○	○	○	○
15	1/2	○	○	○	○	○	○	○	○	○
20	3/4	○	○	○	○	○	○	○	○	○
25	1	○	○	○	○	○	○	○	○	○
32	1$\frac{1}{4}$		○	○	○	○	○	○	○	○
40	1$\frac{1}{2}$		○	○	○	○	○	○	○	○
50	2		○	○	○	○	○	○	○	○
65	2$\frac{1}{2}$			○	○	○	○	○	○	○
80	3				○	○	○	○	○	○
100	4				○	○	○	○	○	○
125	5					○	○	○	○	○
150	6					○	○	○	○	○

3. 소켓

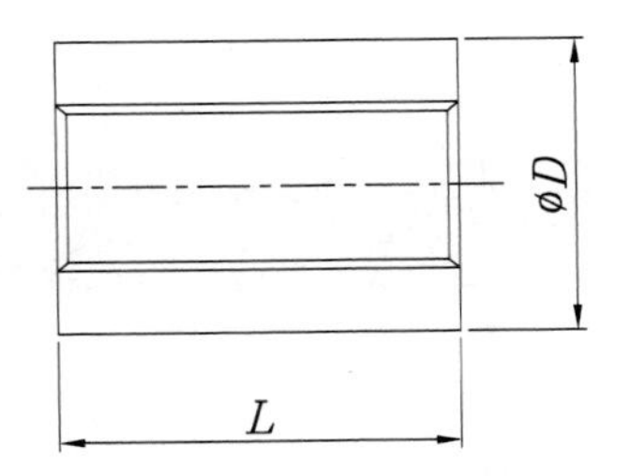

단위 : mm

호칭		바깥지름 D (최소)		길이 L(최소)
KS	JIS	스테인리스 강제	탄소 강제	
6	1/8	12.5	14	17
8	1/4	17.0	18.5	25
10	3/8	20.5	21.3	26
15	1/2	24.5	26.4	34
20	3/4	30.5	31.8	36
25	1	37.5	39.5	43
32	$1\frac{1}{4}$	46.4	48.3	48
40	$1\frac{1}{2}$	52.4	54.5	48
50	2	65	66.3	56
65	$2\frac{1}{2}$	80	82	65
80	3	92	95	71
100	4	120	122	83
125	5	145	147	92
150	6	173	174	92

34-4 배관용 강판제 맞대기 용접식 관 이음쇠

1. 모양에 따른 종류 및 그 기호

모양에 따른 종류			기호
대분류	소분류		
45° 엘보	길음		45 E (L)
90° 엘보	길음		90 E (L)
	짧음		90 E (S)
180° 엘보	길음		180 E (L)
	짧음		180 E (S)
리듀서	동심	1형	R (C) 1
		2형	R (C) 2
	편심	1형	R (E) 1
		2형	R (E) 2
T	같은 지름		T (S)
	다른 지름		T (R)

2. 재료에 따른 종류의 기호 및 대응하는 강관

구분	재료에 따른 종류의 기호	대응하는 강관	적요
탄소강	PG 38 W	KS D 3562 SPPS 380	압력 배관용
	PG 42 W	KS D 3562 SPPS 420	
	PT 38 W	KS D 3570 SPHT 380	고온 배관용
	PT 42 W	KS D 3570 SPHT 420	
	PT 49 W	KS D 3570 SPHT 490	
	PL 39 W	KS D 3570 SPLT 390	저온 배관용
합금강	PA 12 W	KS D 3573 SPA 12	고온 배관용
	PA 22 W	KS D 3573 SPA 22	
	PA 23 W	KS D 3573 SPA 23	
	PA 24 W	KS D 3573 SPA 24	
	PA 25 W	KS D 3573 SPA 25	
	PA 26 W	KS D 3573 SPA 26	
	PL 46 W	KS D 3569 SPLT 460	저온 배관용
스테인리스 강	STS 304 W	KS D 3576 STS 304 TP KS D 3588 STS 304 TPY	내식 및 고온 배관용 STS 329 J1W 및 STS 405 W를 제외하고 저온 배관용으로도 사용할 수 있다.
	STS 304 LW	KS D 3576 STS 304 LTP KS D 3588 STS 304 LTPY	
	STS 309 SW	KS D 3576 STS 309 STP KS D 3588 STS 309 STPY	
	STS 310 SW	KS D 3576 STS 310 STP KS D 3588 STS 310 STPY	
	STS 316 W	KS D 3576 STS 316 TP KS D 3588 STS 316 TPY	
	STS 316 LW	KS D 3576 STS 316 LTP KS D 3588 STS 316 LTPY	
	STS 317 W	KS D 3576 STS 317 TP KS D 3588 STS 317 TPY	
	STS 317 LW	KS D 3576 STS 317 LTP KS D 3588 STS 317 LTPY	
	STS 321 W	KS D 3576 STS 321 TP KS D 3588 STS 321 TPY	
	STS 347 W	KS D 3576 STS 347 TP KS D 3588 STS 347 TPY	
	STS 329 J1W	KS D 3576 STS 329 I1 TP KS D 3588 STS 329 J1 TPY	
	STS 405 W	KS D 3576 STS 405 TP	

3. 탄소강, 합금강 및 스테인리스 강의 관 이음쇠의 바깥지름, 안지름 및 두께

단위 : mm

지름의 호칭		바깥지름	호칭 두께									
			LG		STD		XS		스케쥴 40		스케쥴 80	
A	B		안지름	두께	안지름	두께	안지름	두께	안지름	두께	안지름	두께
15	1/2	21.7	–	–	–	–	–	–	16.1	2.8	14.3	3.7
20	3/4	27.2	–	–	–	–	–	–	21.4	2.9	19.4	3.9
25	1	34.0	–	–	–	–	–	–	27.2	3.4	25.0	4.5
32	$1\frac{1}{4}$	42.7	–	–	–	–	–	–	35.5	3.6	32.9	4.9
40	$1\frac{1}{2}$	48.6	–	–	–	–	–	–	41.2	3.7	38.4	5.1
50	2	60.5	–	–	–	–	–	–	52.7	3.9	49.5	5.5
65	$2\frac{1}{2}$	76.3	–	–	–	–	–	–	65.9	5.2	62.3	7.0
80	3	89.1	–	–	–	–	–	–	78.1	5.5	73.9	7.6
90	$3\frac{1}{2}$	101.6	–	–	–	–	–	–	90.2	5.7	85.4	8.1
100	4	114.3	–	–	–	–	–	–	102.3	6.0	97.1	8.6
125	5	139.8	–	–	–	–	–	–	126.6	6.6	120.8	9.5
150	6	165.2	–	–	–	–	–	–	151.0	7.1	143.2	11.0
200	8	216.3	–	–	–	–	–	–	199.9	8.2	190.9	12.7
250	10	267.4	–	–	–	–	–	–	248.8	9.3	237.2	15.1
300	12	318.5	–	–	–	–	–	–	297.9	10.3	283.7	17.4
350	14	355.6	339.8	7.9	336.6	9.5	330.2	12.7	333.4	11.1	317.6	19.0
400	16	406.4	390.6	7.9	387.4	9.5	381.0	12.7	381.0	12.7	363.6	21.4
450	18	457.2	441.4	7.9	438.2	9.5	431.8	12.7	428.6	14.3	409.6	23.8
500	20	508.0	492.2	7.9	489.0	9.5	482.6	12.7	477.8	15.1	455.6	26.2
550	22	558.8	543.0	7.9	539.8	9.5	533.4	12.7	–	–	501.6	28.6
600	24	609.6	593.8	7.9	590.6	9.5	584.2	12.7	547.8	17.4	547.6	31.0
650	26	660.4	644.6	7.9	641.4	9.5	635.0	12.7	–	–	–	–
700	28	711.2	695.4	7.9	692.2	9.5	685.8	12.7	–	–	–	–
750	30	762.0	746.2	7.9	743.0	9.5	736.6	12.7	–	–	–	–
800	32	812.8	797.0	7.9	793.8	9.5	787.4	12.7	778.0	17.4	–	–
850	34	863.6	847.8	7.9	844.6	9.5	838.2	12.7	828.8	17.4	–	–
900	36	914.4	898.6	7.9	895.4	9.5	889.0	12.7	876.4	19.0	–	–
950	38	965.2	949.4	7.9	946.2	9.5	939.8	12.7	–	–	–	–
1000	40	1016.0	1000.2	7.9	997.0	9.5	990.6	12.7	–	–	–	–
1050	42	1066.8	1051.0	7.9	1047.8	9.5	1041.4	12.7	–	–	–	–
1100	44	1117.6	1101.8	7.9	1098.6	9.5	1092.2	12.7	–	–	–	–
1150	46	1168.4	1152.6	7.9	1149.4	9.5	1143.0	12.7	–	–	–	–
1200	48	1219.2	1203.4	7.9	1200.2	9.5	1193.8	12.7	–	–	–	–

4. 스테인리스 강의 이음쇠의 바깥지름, 안지름 및 두께

단위 : mm

지름의 호칭		바깥지름 D	호칭 두께					
			스케줄 5 S		스케줄 10 S		스케줄 20 S	
A	B		안지름	두께	안지름	두께	안지름	두께
15	1/2	21.7	18.4	1.65	17.5	2.1	16.7	2.5
20	3/4	27.2	23.9	1.65	23.0	2.1	22.2	2.5
25	1	34.0	30.7	1.65	28.4	2.8	28.0	3.0
32	$1\frac{1}{4}$	42.7	39.4	1.65	37.1	2.8	36.7	3.0
40	$1\frac{1}{2}$	48.6	45.3	1.65	43.0	2.8	42.6	3.0
50	2	60.5	57.2	1.65	54.9	2.8	53.5	3.5
65	$2\frac{1}{2}$	76.3	72.1	2.1	70.3	3.0	69.3	3.5
80	3	89.1	84.9	2.1	83.1	3.0	81.1	4.0
90	$3\frac{1}{2}$	101.6	97.4	2.1	95.6	3.0	93.6	4.0
100	4	114.3	110.1	2.1	108.3	3.0	106.3	4.0
125	5	139.8	134.2	2.8	133.0	3.4	129.8	5.0
150	6	165.2	159.6	2.8	158.4	3.4	155.2	5.0
200	8	216.3	210.7	2.8	208.3	4.0	203.3	6.5
250	10	267.4	260.6	3.4	259.4	4.0	254.4	6.5
300	12	318.5	310.5	4.0	309.5	4.5	305.5	6.5
350	14	355.6	347.6	4.0	346.0	4.8	339.8	7.9
400	16	406.4	398.0	4.2	396.8	4.8	390.6	7.9
450	18	457.2	448.8	4.2	447.6	4.8	441.4	7.9
500	20	508.0	498.4	4.8	497.0	5.5	492.2	7.9
550	22	558.8	549.2	4.8	547.8	5.5	–	–
600	24	609.6	598.6	5.5	596.8	6.4	–	–
750	30	762.0	749.2	6.4	746.2	7.9	–	–

5. 45° 엘보, 90° 엘보 및 180° 엘보의 모양 및 치수

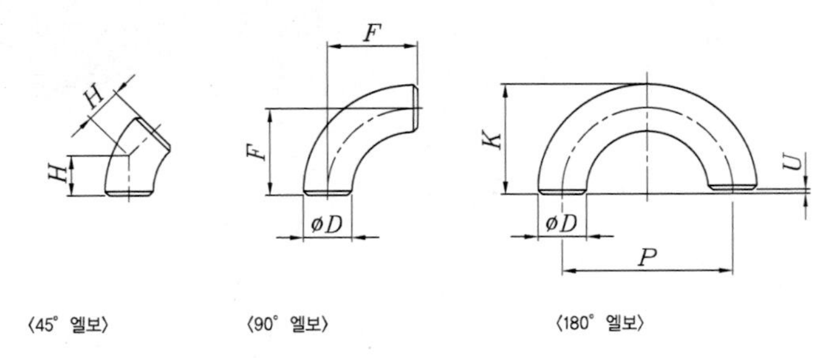

〈45° 엘보〉 〈90° 엘보〉 〈180° 엘보〉

단위 : mm

지름의 호칭		바깥지름 D	중심에서 단면까지의 거리			중심에서 중심까지의 거리		뒤에서 단면까지의 거리	
			45° 엘보 H	90° 엘보 F		180° 엘보 P		180° 엘보 K	
A	B		길음	길음	짧음	길음	짧음	길음	짧음
15	1/2	21.7	15.8	38.1	–	76.2	–	49	–
20	3/4	27.2	15.8	38.1	–	76.2	–	51.7	–
25	1	34.0	15.8	38.1	25.4	76.2	50.8	55.1	42.4
32	$1\frac{1}{4}$	42.7	19.7	47.6	31.8	95.2	63.6	69.0	53.2
40	$1\frac{1}{2}$	48.6	23.7	57.2	38.1	114.4	76.2	81.5	62.4
50	2	60.5	31.6	76.2	50.8	152.4	101.6	106.5	81.1
65	$2\frac{1}{2}$	76.3	39.5	95.3	63.5	190.6	127.0	133.5	101.7
80	3	89.1	47.3	114.3	76.2	228.6	152.4	158.9	120.8
90	$3\frac{1}{2}$	101.6	55.3	133.4	88.9	266.8	177.8	184.2	139.7
100	4	114.3	63.1	152.4	101.6	304.8	203.2	209.6	158.8
125	5	139.8	78.9	190.5	127.0	381.0	254.0	260.4	196.9
150	6	165.2	94.7	228.6	152.4	457.2	304.8	311.2	235.0
200	8	216.3	126.3	304.8	203.2	609.6	406.4	413.0	311.4
250	10	267.4	157.8	381.0	254.0	762.0	508.0	514.7	387.7
300	12	318.5	189.4	457.2	304.8	914.4	609.6	616.5	464.1
350	14	355.6	220.9	533.4	355.6	1066.8	711.2	711.2	533.4
400	16	406.4	252.5	609.6	406.4	1219.2	812.8	812.8	609.6
450	18	457.2	284.1	685.8	457.2	–	–	–	–
500	20	508.0	315.6	762.0	508.0	–	–	–	–
550	22	558.8	347.2	838.2	558.8	–	–	–	–
600	24	609.6	378.7	914.4	609.6	–	–	–	–
650	26	660.4	410.3	990.6	660.4	–	–	–	–
700	28	711.2	441.9	1066.8	711.2	–	–	–	–
750	30	762.0	473.4	1143.0	762.0	–	–	–	–
800	32	812.8	505.0	1219.2	812.8	–	–	–	–
850	34	863.6	536.6	1295.4	863.6	–	–	–	–
900	36	914.4	568.1	1371.6	914.4	–	–	–	–
950	38	965.2	599.7	1447.8	965.2	–	–	–	–
1000	40	1016.0	631.2	1524.0	1016.0	–	–	–	–
1050	42	1066.8	662.8	1600.2	1066.8	–	–	–	–
1100	44	1117.6	694.4	1676.4	1117.6	–	–	–	–
1150	46	1168.4	725.9	1752.6	1168.4	–	–	–	–
1200	48	1219.2	757.5	1828.8	1219.2	–	–	–	–

6. 리듀서의 모양 및 치수

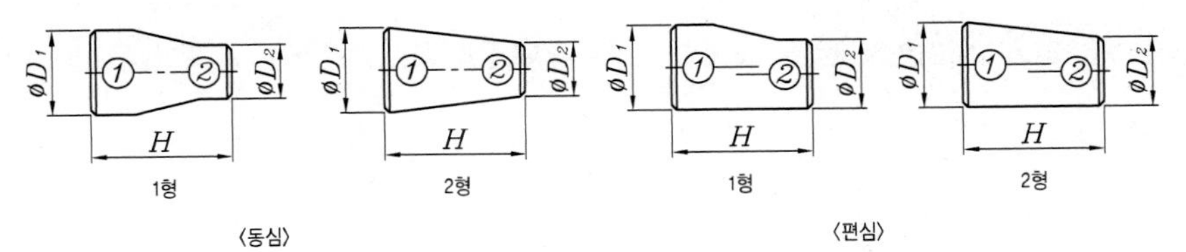

단위 : mm

지름의 호칭 ①×②		바깥지름		단면에서 단면까지의 거리
A	B	D_1	D_2	H
20 × 15	3/4 × 1/2	27.2	21.7	38.1
25 × 20	1 × 3/4	34.0	27.2	50.8
25 × 15	1 × 1/2	34.0	21.7	50.8
32 × 25	$1\frac{1}{4}$ × 1	42.7	34.0	50.8
32 × 20	$1\frac{1}{4}$ × 3/4	42.7	27.2	50.8
32 × 15	$1\frac{1}{4}$ × 1/2	42.7	21.7	50.8
40 × 32	$1\frac{1}{2}$ × $1\frac{1}{4}$	48.6	42.7	63.5
40 × 25	$1\frac{1}{2}$ × 1	48.6	34.0	63.5
40 × 20	$1\frac{1}{2}$ × 3/4	48.6	27.2	63.5
40 × 15	$1\frac{1}{2}$ × 1/2	48.6	21.7	63.5
50 × 40	2 × $1\frac{1}{2}$	60.5	48.6	76.2
50 × 32	2 × $1\frac{1}{4}$	60.5	42.7	76.2
50 × 25	2 × 1	60.5	34.0	76.2
50 × 20	2 × 3/4	60.5	27.2	76.2
65 × 50	$2\frac{1}{2}$ × 2	76.3	60.5	88.9
65 × 40	$2\frac{1}{2}$ × $1\frac{1}{2}$	76.3	48.6	88.9
65 × 32	$2\frac{1}{2}$ × $1\frac{1}{4}$	76.3	42.7	88.9
65 × 25	$2\frac{1}{2}$ × 1	76.3	34.0	88.9
80 × 65	3 × $2\frac{1}{2}$	89.1	76.3	88.9
80 × 50	3 × 2	89.1	60.5	88.9
80 × 40	3 × $1\frac{1}{2}$	89.1	48.6	88.9
80 × 32	3 × $1\frac{1}{4}$	89.1	42.7	88.9
90 × 80	$3\frac{1}{2}$ × 3	101.6	89.1	101.6
90 × 65	$3\frac{1}{2}$ × $2\frac{1}{2}$	101.6	76.3	101.6
90 × 50	$3\frac{1}{2}$ × 2	101.6	60.5	101.6
90 × 40	$3\frac{1}{2}$ × $1\frac{1}{2}$	101.6	48.6	101.6
90 × 32	$3\frac{1}{2}$ × $1\frac{1}{4}$	101.6	42.7	101.6
100 × 90	4 × $3\frac{1}{2}$	114.3	101.6	101.6
100 × 80	4 × 3	114.3	89.1	101.6
100 × 65	4 × $2\frac{1}{2}$	114.3	76.3	101.6
100 × 50	4 × 2	114.3	60.5	101.6
100 × 40	4 × $1\frac{1}{2}$	114.3	48.6	101.6
125 × 100	5 × 4	139.8	114.3	127.0
125 × 90	5 × $3\frac{1}{2}$	139.8	101.6	127.0
125 × 80	5 × 3	139.8	89.1	127.0
125 × 65	5 × $2\frac{1}{2}$	139.8	76.3	127.0
125 × 50	5 × 2	139.8	60.5	127.0
150 × 125	6 × 5	165.2	139.8	139.7
150 × 100	6 × 4	165.2	114.3	139.7
150 × 90	6 × $3\frac{1}{2}$	165.2	101.6	139.7
150 × 80	6 × 3	165.2	89.1	139.7
150 × 65	6 × $2\frac{1}{2}$	165.2	76.3	139.7

■ 리듀서의 모양 및 치수 (계속)

단위 : mm

지름의 호칭 ①×②		바깥지름		단면에서 단면까지의 거리 H
A	B	D_1	D_2	
200 × 150	8 × 6	216.3	165.2	152.4
200 × 125	8 × 5	216.3	139.8	152.4
200 × 100	8 × 4	216.3	114.3	152.4
200 × 90	8 × 3½	216.3	101.6	152.4
250 × 200	10 × 8	267.4	216.3	177.8
250 × 150	10 × 6	267.4	165.2	177.8
250 × 125	10 × 5	267.4	139.8	177.8
250 × 100	10 × 4	267.4	114.3	177.8
300 × 250	12 × 10	318.5	267.4	203.2
300 × 200	12 × 8	318.5	216.3	203.2
300 × 150	12 × 6	318.5	165.2	203.2
300 × 125	12 × 5	318.5	139.8	203.2
350 × 300	14 × 12	355.6	267.4	330.2
350 × 250	14 × 10	355.6	216.3	330.2
350 × 200	14 × 8	355.6	165.2	330.2
350 × 150	14 × 6	355.6	139.8	330.2
350 × 200	14 × 8	355.6	216.3	330.2
350 × 150	14 × 6	355.6	165.2	330.2
400 × 350	16 × 14	406.4	355.6	355.6
400 × 300	16 × 12	406.4	318.5	355.6
400 × 250	16 × 10	406.4	267.4	355.6
400 × 200	16 × 8	406.4	216.3	355.6
450 × 400	18 × 16	457.2	406.4	381.0
450 × 350	18 × 14	457.2	355.6	381.0
450 × 300	18 × 12	457.2	318.5	381.0
450 × 250	18 × 10	457.2	267.4	381.0
500 × 450	20 × 18	508.0	457.2	508.0
500 × 400	20 × 16	508.0	406.4	508.0
500 × 350	20 × 14	508.0	355.6	508.0
500 × 300	20 × 12	508.0	318.5	508.0
550 × 500	22 × 20	558.8	508.0	508.0
550 × 450	22 × 18	558.8	457.2	508.0
550 × 400	22 × 16	558.8	406.4	508.0
550 × 350	22 × 14	558.8	355.6	508.0
600 × 550	24 × 22	609.6	558.8	508.0
600 × 500	24 × 20	609.6	508.0	508.0
600 × 450	24 × 18	609.6	457.2	508.0
600 × 400	24 × 16	609.6	406.4	508.0
650 × 600	26 × 24	660.4	609.6	609.6
650 × 550	26 × 22	660.4	558.8	609.6
650 × 500	26 × 20	660.4	508.0	609.6
650 × 450	26 × 18	660.4	457.2	609.6
700 × 650	28 × 26	711.2	660.4	609.6

■ 리듀서의 모양 및 치수 (계속)

단위 : mm

지름의 호칭 ①×②		바깥지름		단면에서 단면까지의 거리
A	B	D_1	D_2	H
700 × 600	28 × 24	711.2	609.6	609.6
700 × 550	28 × 22	711.2	558.8	609.6
700 × 500	28 × 20	711.2	508.0	609.6
750 × 700	30 × 28	762.0	711.2	609.6
750 × 650	30 × 26	762.0	660.4	609.6
750 × 600	30 × 24	762.0	609.4	609.6
750 × 550	30 × 22	762.0	558.8	609.6
800 × 750	32 × 30	812.8	762.0	609.6
800 × 700	32 × 28	812.8	711.2	609.6
800 × 650	32 × 26	812.8	660.4	609.6
800 × 600	32 × 24	812.8	609.6	609.6
850 × 800	34 × 32	863.6	812.8	609.6
850 × 750	34 × 30	863.6	762.0	609.6
850 × 700	34 × 28	863.6	711.2	609.6
850 × 650	34 × 26	863.6	660.4	609.6
900 × 850	36 × 34	914.4	863.6	609.6
900 × 800	36 × 32	914.4	812.8	609.6
900 × 750	36 × 30	914.4	762.0	609.6
900 × 700	36 × 28	914.4	711.2	609.6
950 × 900	38 × 36	965.2	914.4	609.6
950 × 850	38 × 34	965.2	863.6	609.6
950 × 800	38 × 32	965.2	812.8	609.6
950 × 750	38 × 30	965.2	762.0	609.6
1000 × 950	40 × 38	1016.0	965.2	609.6
1000 × 900	40 × 36	1016.0	914.4	609.6
1000 × 850	40 × 34	1016.0	863.6	609.6
1000 × 800	40 × 32	1016.0	812.8	609.6
1050 × 1000	42 × 40	1066.8	1016.0	609.6
1050 × 950	42 × 38	1066.8	965.2	609.6
1050 × 900	42 × 36	1066.8	914.4	609.6
1050 × 850	42 × 34	1066.8	863.6	609.6
1100 × 1050	44 × 42	1117.6	1066.8	609.6
1100 × 1000	44 × 40	1117.6	1016.0	609.6
1100 × 950	44 × 38	1117.6	965.2	609.6
1100 × 900	44 × 36	1117.6	914.4	609.6
1150 × 1100	46 × 44	1168.4	1117.6	711.2
1150 × 1050	46 × 42	1168.4	1066.8	711.2
1150 × 1000	46 × 40	1168.4	1016.0	711.2
1150 × 950	46 × 38	1168.4	965.2	711.2
1200 × 1150	48 × 46	1219.2	1168.4	711.2
1200 × 1100	48 × 44	1219.2	1117.6	711.2
1200 × 1050	48 × 42	1219.2	1066.8	711.2
1200 × 1000	48 × 40	1219.2	1016.0	711.2

7. 같은 지름 T의 모양 및 치수

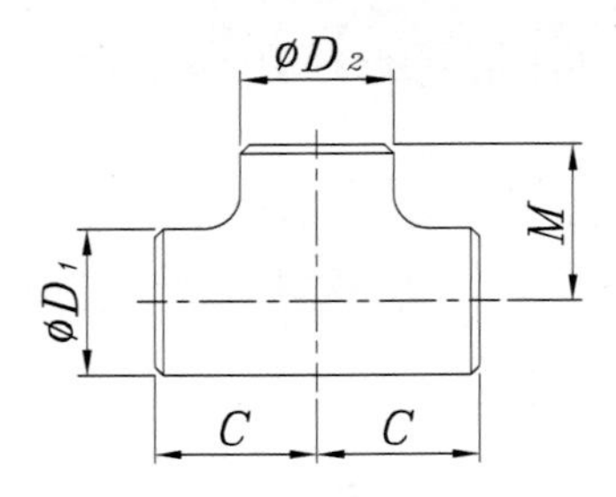

단위 : mm

지름의 호칭		바깥지름		중심에서 단면까지의 거리	
A	B	D_1	D_2	C	M
15	1/2	21.7	21.7	25.4	25.4
20	3/4	27.2	27.2	28.6	28.6
25	1	34.0	34.0	38.1	38.1
32	$1\frac{1}{4}$	42.7	42.7	47.6	47.6
40	$1\frac{1}{2}$	48.6	48.6	57.2	57.2
50	2	60.5	60.5	63.5	63.5
65	$2\frac{1}{2}$	76.3	76.3	76.2	76.2
80	3	89.1	89.1	85.7	85.7
90	$3\frac{1}{2}$	101.6	101.6	95.3	95.3
100	4	114.3	114.3	104.8	104.8
125	5	139.8	139.8	123.8	123.8
150	6	165.2	165.2	142.9	142.9
200	8	216.3	216.3	177.8	177.8
250	10	267.4	267.4	215.9	215.9
300	12	318.5	318.5	254.0	254.0
350	14	355.6	355.6	279.4	279.4
400	16	406.4	406.4	304.8	304.8
450	18	457.2	457.2	342.9	342.9
500	20	508.0	508.0	381.0	381.0
550	22	558.8	558.8	419.1	419.1
600	24	609.6	609.6	431.8	431.8
650	26	660.4	660.4	495.3	495.3
700	28	711.2	711.2	520.7	520.7
750	30	762.0	762.0	558.8	558.8
800	32	812.8	812.8	596.9	596.9
850	34	863.6	863.6	635.0	635.0
900	36	914.4	914.4	673.1	673.1
950	38	965.2	965.2	711.2	711.2
1000	40	1016.0	1016.0	749.3	749.3
1050	42	1066.8	1066.8	762.0	711.2
1100	44	1117.6	1117.6	812.8	762.0
1150	46	1168.4	1168.4	850.9	800.1
1200	48	1219.2	1219.2	889.0	838.2

8. 지름이 다른 T의 모양 및 치수

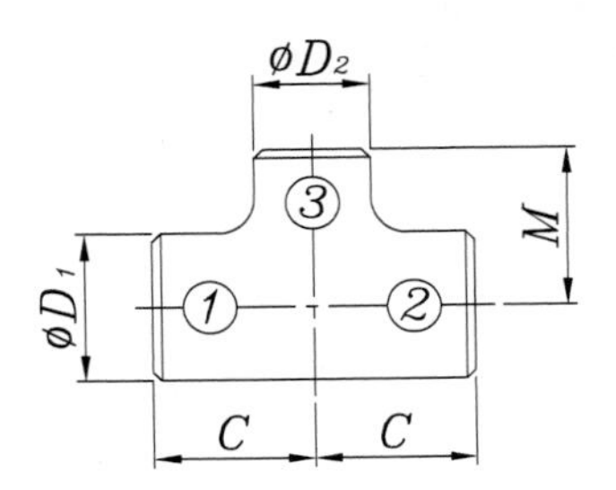

단위 : mm

지름의 호칭 ①×②×③		바깥지름		중심에서 단면까지의 거리	
A	B	D_1	D_2	C	M
20 × 20 × 15	$\frac{3}{4} \times \frac{3}{4} \times \frac{1}{2}$	27.2	21.7	28.6	28.6
25 × 25 × 20	$1 \times 1 \times \frac{3}{4}$	34.0	27.2	38.1	38.1
25 × 25 × 15	$1 \times 1 \times \frac{1}{2}$	34.0	21.7	38.1	38.1
32 × 32 ×25	$1\frac{1}{4} \times 1\frac{1}{4} \times 1$	42.7	34.0	47.6	47.6
32 × 32 × 20	$1\frac{1}{4} \times 1\frac{1}{4} \times \frac{3}{4}$	42.7	27.2	47.6	47.6
32 × 32 × 15	$1\frac{1}{4} \times 1\frac{1}{4} \times \frac{1}{2}$	42.7	21.7	47.6	47.6
40 × 40 × 32	$1\frac{1}{2} \times 1\frac{1}{2} \times 1\frac{1}{4}$	48.6	42.7	57.2	57.2
40 × 40 × 25	$1\frac{1}{2} \times 1\frac{1}{2} \times 1$	48.6	34.0	57.2	57.2
40 × 40 × 20	$1\frac{1}{2} \times 1\frac{1}{2} \times \frac{3}{4}$	48.6	27.2	57.2	57.2
40 × 40 × 15	$1\frac{1}{2} \times 1\frac{1}{2} \times \frac{1}{2}$	48.6	21.7	57.2	57.2
50 × 50 × 40	$2 \times 2 \times 1\frac{1}{2}$	60.5	48.6	63.5	60.3
50 × 50 × 32	$2 \times 2 \times 1\frac{1}{4}$	60.5	42.7	63.5	57.2
50 × 50 × 25	$2 \times 2 \times 1$	60.5	34.0	63.5	50.8
50 × 50 × 20	$2 \times 2 \times 1\frac{3}{4}$	60.5	27.2	63.5	44.5
65 × 65 × 50	$2\frac{1}{2} \times 2\frac{1}{2} \times 2$	76.3	60.5	76.2	69.9
65 × 65 × 40	$2\frac{1}{2} \times 2\frac{1}{2} \times 1\frac{1}{2}$	76.3	48.6	76.2	66.7
65 × 65 × 32	$2\frac{1}{2} \times 2\frac{1}{2} \times 1\frac{1}{4}$	76.3	42.7	76.2	63.5
65 × 65 × 25	$2\frac{1}{2} \times 2\frac{1}{2} \times 1$	76.3	34.0	76.2	57.2
80 × 80 × 65	$3 \times 3 \times 2\frac{1}{2}$	89.1	76.3	85.7	82.6
80 × 80 × 50	$3 \times 3 \times 2$	89.1	60.5	85.7	76.2
80 × 80 × 40	$3 \times 3 \times 1\frac{1}{2}$	89.1	48.6	85.7	73.0
80 × 80 × 32	$3 \times 3 \times 1\frac{1}{4}$	89.1	42.7	85.7	69.9
90 × 90 × 80	$3\frac{1}{2} \times 3\frac{1}{2} \times 3$	101.6	89.1	95.3	92.1
90 × 90 × 65	$3\frac{1}{2} \times 3\frac{1}{2} \times 2\frac{1}{2}$	101.6	76.3	95.3	88.9
90 × 90 × 50	$3\frac{1}{2} \times 3\frac{1}{2} \times 2$	101.6	60.5	95.3	82.6
90 × 90 × 40	$3\frac{1}{2} \times 3\frac{1}{2} \times 1\frac{1}{2}$	101.6	48.6	95.3	79.4
100 × 100 × 90	$4 \times 4 \times 3\frac{1}{2}$	114.3	101.6	104.8	101.6
100 × 100 × 80	$4 \times 4 \times 3$	114.3	89.1	104.8	98.4
100 × 100 × 65	$4 \times 4 \times 2\frac{1}{2}$	114.3	76.3	104.8	95.3
100 × 100 × 50	$4 \times 4 \times 2$	114.3	60.5	104.8	88.9
100 × 100 × 40	$4 \times 4 \times 1\frac{1}{2}$	114.3	48.6	104.8	85.7
125 × 125 × 100	$5 \times 5 \times 4$	139.8	114.3	123.8	117.5
125 × 125 × 90	$5 \times 5 \times 3$	139.8	101.6	123.8	114.3
125 × 125 × 80	$5 \times 5 \times 3$	139.8	89.1	123.8	111.1
125 × 125 × 65	$5 \times 5 \times 2\frac{1}{2}$	139.8	76.3	123.8	108.0

■ 지름이 다른 T의 모양 및 치수 (계속)

단위 : mm

지름의 호칭 ①×②×③		바깥지름		중심에서 단면까지의 거리	
A	B	D_1	D_2	C	M
125 × 125 × 50	5 × 5 × 2	139.8	60.5	123.8	104.8
150 × 150 × 125	6 × 6 × 5	165.2	139.8	142.9	136.5
150 × 150 × 100	6 × 6 × 4	165.2	114.3	142.9	130.2
150 × 150 × 90	6 × 6 × $3\frac{1}{2}$	165.2	101.6	142.9	127.0
150 × 150 × 80	6 × 6 × 3	165.2	89.1	142.9	123.8
150 × 150 × 65	6 × 6 × $2\frac{1}{2}$	165.2	76.3	142.9	120.7
200 × 200 × 150	8 × 8 × 6	216.3	165.2	177.8	168.3
200 × 200 × 125	8 × 8 × 5	216.3	139.8	177.8	161.9
200 × 200 × 100	8 × 8 × 4	216.3	114.3	177.8	155.6
200 × 200 × 90	8 × 8 × $3\frac{1}{2}$	216.3	101.6	177.8	152.4
250 × 250 × 200	10 × 10 × 8	267.4	216.3	215.9	203.2
250 × 250 × 150	10 × 10 × 6	267.4	165.2	215.9	193.7
250 × 250 × 125	10 × 10 × 5	267.4	139.8	215.9	190.5
250 × 250 × 100	10 × 10 × 4	267.4	114.3	215.9	184.2
300 × 300 × 250	12 × 12 × 10	318.5	267.4	254.0	241.3
300 × 300 × 200	12 × 12 × 8	318.5	216.3	254.0	228.6
300 × 300 × 150	12 × 12 × 6	318.5	165.2	254.0	219.1
300 × 300 × 125	12 × 12 × 5	318.5	139.8	254.0	215.9
350 × 350 × 300	14 × 14 × 12	355.6	318.5	279.4	269.9
350 × 350 × 250	14 × 14 × 10	355.6	267.4	279.4	257.2
350 × 350 × 200	14 × 14 × 8	355.6	216.3	279.4	247.7
350 × 350 × 150	14 × 14 × 6	355.6	165.2	279.4	238.1
400 × 400 × 350	16 × 16 × 14	406.4	355.6	304.8	304.8
400 × 400 × 300	16 × 16 × 12	406.4	318.5	304.8	295.3
400 × 400 × 250	16 × 16 × 10	406.4	267.4	304.8	282.6
400 × 400 × 200	16 × 16 × 8	406.4	216.3	304.8	273.1
400 × 400 × 150	16 × 16 × 6	406.4	165.2	304.8	263.5
450 × 450 × 400	18 × 18 × 16	457.2	406.4	342.9	330.2
450 × 450 × 350	18 × 18 × 14	457.2	355.6	342.9	330.2
450 × 450 × 300	18 × 18 × 12	457.2	318.5	342.9	320.7
450 × 450 × 250	18 × 18 × 10	457.2	267.4	342.9	308.0
500 × 500 × 450	20 × 20 × 18	508.0	457.2	381.0	368.3
500 × 500 × 400	20 × 20 × 16	508.0	406.4	381.0	355.6
500 × 500 × 350	20 × 20 × 14	508.0	355.6	381.0	355.6
500 × 500 × 300	20 × 20 × 12	508.0	318.5	381.0	346.1
500 × 500 × 250	20 × 20 × 10	508.0	267.4	381.0	333.4
500 × 500 × 200	20 × 20 × 8	508.0	216.3	381.0	323.9
550 × 550 × 500	22 × 22 × 20	558.8	508.0	419.1	406.4
550 × 550 × 450	22 × 22 × 18	558.8	457.2	419.1	393.7
550 × 550 × 400	22 × 22 × 16	558.8	406.4	419.1	381.0

■ 지름이 다른 T의 모양 및 치수 (계속)

단위 : mm

지름의 호칭 ①×②×③		바깥지름		중심에서 단면까지의 거리	
A	B	D_1	D_2	C	M
600 × 600 × 550	24 × 24 × 22	609.6	558.8	431.8	431.8
600 × 600 × 500	24 × 24 × 20	609.6	508.0	431.8	431.8
600 × 600 × 450	24 × 24 × 18	609.6	457.2	431.8	419.1
650 × 650 × 600	26 × 26 × 24	660.4	609.6	495.3	482.6
650 × 650 × 550	26 × 26 × 22	660.4	558.8	495.3	469.9
650 × 650 × 500	26 × 26 × 20	660.4	508.0	495.3	457.2
700 × 700 × 650	28 × 28 × 26	711.2	660.4	520.7	520.7
700 × 700 × 600	28 × 28 × 24	711.2	609.6	520.7	508.0
700 × 700 × 550	28 × 28 × 22	711.2	558.8	520.7	495.3
750 × 750 × 700	30 × 30 × 28	762.0	711.2	558.8	546.1
750 × 750 × 650	30 × 30 × 26	762.0	660.4	558.8	546.1
750 × 750 × 600	30 × 30 × 24	762.0	609.6	558.8	533.4
800 × 800 × 750	32 × 32 × 30	812.8	762.0	596.9	584.2
800 × 800 × 700	32 × 32 × 28	812.8	711.2	596.9	571.5
800 × 800 × 650	32 × 32 × 26	812.8	660.4	596.9	571.5
850 × 850 × 800	34 × 34 × 32	863.6	812.8	635.0	622.3
850 × 850 × 750	34 × 34 × 30	863.6	762.0	635.0	609.6
850 × 850 × 700	34 × 34 × 28	863.6	711.2	635.0	596.9
900 × 900 × 850	36 × 36 × 34	914.4	863.6	673.1	660.4
900 × 900 × 800	36 × 36 × 32	914.4	812.8	673.1	647.7
900 × 900 × 750	36 × 36 × 30	914.4	762.0	673.1	635.0
950 × 950 × 900	38 × 38 × 36	965.2	914.4	711.2	711.2
950 × 950 × 850	38 × 38 × 34	965.2	863.6	711.2	698.5
950 × 950 × 800	38 × 38 × 32	965.2	812.8	711.2	685.8
1000 × 1000 × 950	40 × 40 × 38	1016.0	965.2	749.3	749.3
1000 × 1000 × 900	40 × 40 × 36	1016.0	914.4	749.3	736.6
1000 × 1000 × 850	40 × 40 × 34	1016.0	863.6	749.3	723.9
1050 × 1050 × 1000	42 × 42 × 40	1066.8	1016.0	762.0	711.2
1050 × 1050 × 950	42 × 42 × 38	1066.8	965.2	762.0	711.2
1050 × 1050 × 900	42 × 42 × 36	1066.8	914.4	762.0	711.2
1100 × 1100 × 1050	44 × 44 × 42	1117.6	1066.8	812.8	762.0
1100 × 1100 × 1000	44 × 44 × 40	1117.6	1016.0	812.8	749.3
1100 × 1100 × 950	44 × 44 × 38	1117.6	965.2	812.8	736.6
1150 × 1150 × 1100	46 × 46 × 44	1168.4	1117.6	850.9	762.0
1150 × 1150 × 1050	46 × 46 × 42	1168.4	1066.8	850.9	787.4
1150 × 1150 × 1000	46 × 46 × 40	1168.4	1016.0	850.9	774.7
1200 × 1200 × 1150	48 × 48 × 46	1219.2	1168.4	889.0	838.2
1200 × 1200 × 1100	48 × 48 × 44	1219.2	1117.6	889.0	838.2
1200 × 1200 × 1050	48 × 48 × 42	1219.2	1066.8	889.0	812.8

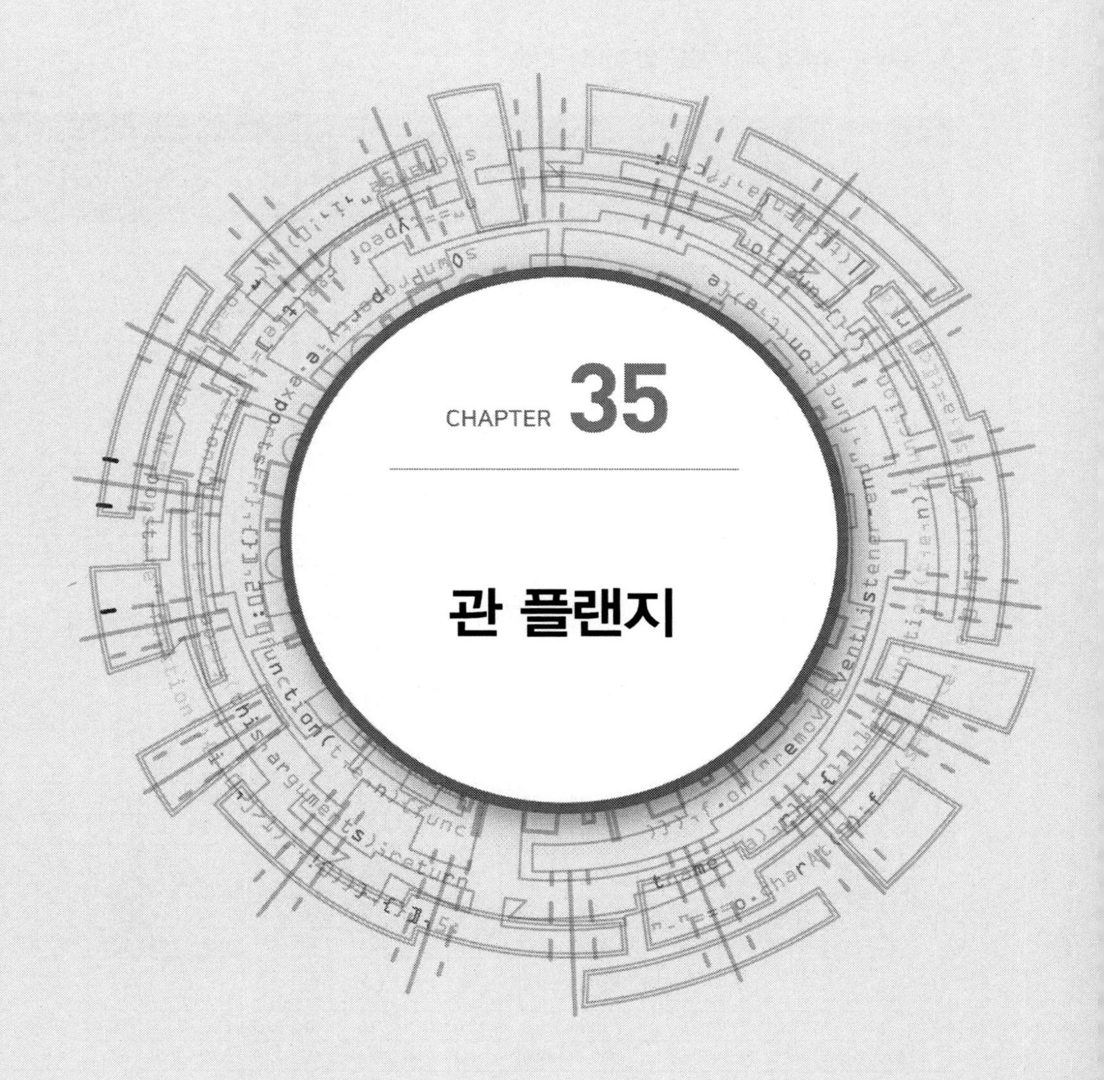

CHAPTER 35

관 플랜지

35-1 철강제 관 플랜지의 압력 단계

1. 유체의 상태와 최고 사용 압력과의 관계

단위 : MPa

호칭 압력(기호)	재료	유체 상태											수압시험 압력(참고)
		W	G_1	G_2	G_3	H_1	H_2	H_3	H_4	H_5	H_6	H_7	
		120℃ 이하	220℃ 이하	300℃	350℃	400℃	425℃	450℃	475℃	490℃	500℃	510℃	
2K	GC 200	0.29	0.20	–	–	–	–	–	–	–	–	–	0.39
	SS 400, SF 390A, SM 20C, SC 410	0.29	0.20	–	–	–	–	–	–	–	–	–	
5K	GC 200	0.69	0.49	–	–	–	–	–	–	–	–	–	0.98
	B35-10, GCD 370, GCD 400	0.69	0.59	0.49	–	–	–	–	–	–	–	–	
	SS 400, SF 390A, SFVC 1, SM 20C, SC 410, SCPH 1	0.69	0.59	0.49	–	–	–	–	–	–	–	–	
10K	GC 200	1.37	0.98	–	–	–	–	–	–	–	–	–	1.96
	B35-10, GCD 370, GCD 400	1.37	1.18	0.98	–	–	–	–	–	–	–	–	
	SS 400, SF 390A, SFVC 1, SM 20C, SC 410, SCPH 1	1.37	1.18	0.98	–	–	–	–	–	–	–	–	
16K	GC 200	2.16	1.57	–	–	–	–	–	–	–	–	–	3.14
	B35-10, GCD 370, GCD 400	2.16	1.96	1.73	1.57	–	–	–	–	–	–	–	3.43
	SF 440A, SFVC 2A, SM 25C, SC 480, SCPH 2	2.65	2.45	2.26	2.06	1.77	1.57	–	–	–	–	–	3.92
20K	GC 250	2.75	1.96	–	–	–	–	–	–	–	–	–	3.92
	B35-10, GCD 370, GCD 400	2.75	2.45	2.26	1.96			–	–	–	–	–	4.32
	SF 440A, SFVC 2A, SM 25C, SC 480, SCPH 2	3.33	3.04	2.84	2.55	2.26	1.96	–	–	–	–	–	4.90
30K	SF 440A, SM 25C, SFVC 2A, SC 480, SCPH 2	5.00	4.51	4.22	3.82	3.33	2.94	–	–	–	–	–	7.35
	SCPH 11, SFVA F1	(5.00)	(4.51)	(4.22)	(3.82)	3.73	3.53	3.33	2.94	–	–	–	
	SCPH 21, SFVA F11A	(5.00)	(4.51)	(4.22)	(3.82)	(3.73)	(3.53)	(3.33)	3.14	2.94	–	–	
40K	SF 440A, SM 25C, SFVC 2A, SC 480, SCPH 2	(6.67)	6.08	5.59	5.10	4.51	3.92						9.81
	SCPH 11, SFVA F1	(6.67)	(6.08)	(5.59)	(5.10)	5.00	4.71	4.41	3.92				
	SCPH 21, SFVA F11A	(6.67)	(6.08)	(5.59)	(5.10)	(5.00)	(4.71)	(4.41)	4.12	3.92	3.73	3.53	
63K	SF 440A, SM 25C, SFVC 2A, SC 480, SCPH 2	10.49	9.51	8.83	7.94	7.06	6.18						15.69
	SCPH 11, SFVA F1	(10.49)	(9.51)	(8.83)	(7.94)	7.85	7.45	6.96	6.18				
	SCPH 21, SFVA F11A	(10.49)	(9.51)	(8.83)	(7.94)	(7.85)	(7.45)	(6.96)	6.47	6.18	5.79	5.49	

비고

1. 유체 상태 W는 120℃ 이하의 정류수(압력 변동이 적은 것)에만 적용한다.
2. 유체 상태 G1, G2, G3은 각각 표의 온도의 증기, 공기, 가스, 기름 또는 맥동수(압력 변동이 있는 것) 등에 적용한다.
3. 유체 상태 H1은 400℃의 증기, 공기, 가스, 기름 등의 경우에 적용한다.
4. 유체 상태 H2~H_7은 425~510℃의 증기, 공기, 가스, 기름 등에서 고온이기 때문에 재료의 크리프가 고려될 때에 적용한다.
5. 온도 또는 압력이 표 값의 중간에 있는 경우에는 보간법에 의하여 최고 사용 압력 또는 온도를 다음 그림에 따라 정할 수가 있다.
6. 충격, 부식, 기타 특별한 조건을 동반하는 경우, 높은 온도에 해당하는 최고 사용 압력을 적용하든지 또는 높은 호칭 압력을 적용한다.
7. 괄호를 붙인 것은 일반적으로 사용하지 않으나 설계상 참고로 기재하였다.
8. 유체의 상태를 기호로 나타낼 필요가 있을 경우에는 W~H_7에 따른다.

[주]

1. 재료는 표의 것을 기준으로 하고, 각각의 재료 기호의 해당 규격에 있어서 기준으로 한 재료보다도 인장 강도가 큰 것을 사용할 수 있다. 다만, GCD 400에 대해서는 GCD 450까지로 한다. 또한 표 이외의 재료는 인수 · 인도자 사이의 협의에 따른다. 또한 위 표의 재료 기호는 다음 표2. 재료 기호에 따른 것이다.
2. KS D 0001의 A류에 따라 검사를 하고, SM 20C는 인장 강도가 402 MPa 이상의 것, SM 25C는 인장 강도가 441 MPa 이상의 것으로 한다.
3. B35－10 및 GCD 400에 대해서는 호칭 압력 5K 및 10K의 유체 상태 G_2 및 호칭 압력 16K 및 20K의 유체 상태 G_2 및 G_3 에는 적용하지 않는다.
4. 탄소 함유량 0.35% 이하의 것으로 한다.
5. 최고 사용 온도 350℃ 이하에 적용한다.
6. 최고 사용 온도 120℃ 이하의 맥동수 또는 기름에만 적용한다.
7. 수압 시험 압력은 플랜지를 관에 부착한 경우의 시험 압력을 참고로 나타낸 것으로서, 별도로 규정된 것은 이에 따르지 않아도 된다.

2. 재료 기호

기호	해당 규격
GC 200, GC 250	KS D 4301
B35－10	KS D ISO 5922
GCD 370, GCD 400	KS D 4302
SS 400	KS D 3503
SF 390A, SF 440A	KS D 3710
SFVC 1, SFVC 2A	KS D 4122
SFVA F1, SFVA F11A	KS D 4123
SM 20C, SM 25C	KS D 3752
SC 410, SC 480	KS D 4101
SCPH 1, SCPH 2, SCPH 11, SCPH 21	KS D 4107

▶ [참고 그림] 온도 또는 압력이 표 1 중 값의 중간에 있을 경우의 보간법

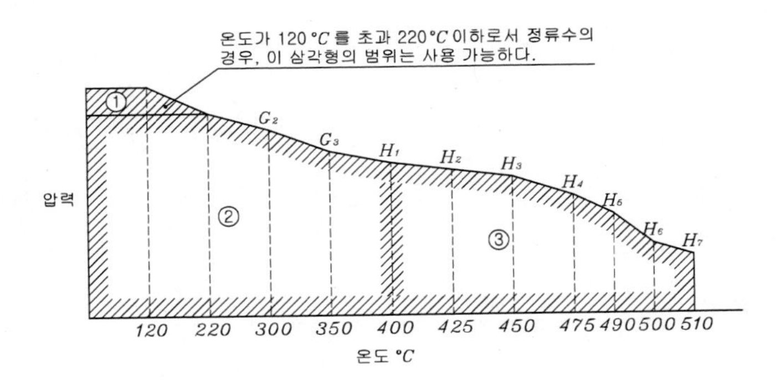

① 정류수에만 사용 가능한 범위
② 증기, 공기, 가스, 기름 또는 맥동수 등의 사용 가능한 범위
③ 증기, 공기, 가스, 기름 등의 사용 가능한 범위

3. 호칭 압력 PN과 K의 재료 및 온도에 따른 최고 사용 압력 관계

▶ 온도/압력 등급 관계표

단위 : MPa

호칭 압력		재료	온도 ℃											
PN	K		-10~40	41~65	66~119	120	150	180	200	220 이하	230	250	300	350
2.5	-	회주철	0.25	0.25	-	0.25	0.23	0.21	0.2	-	0.19	0.18	0.15	-
-	2	회주철	0.29	0.29	0.29	0.29	-	-	-	0.2	-	-	-	-
6	-	회주철	0.6	0.6	-	0.6	0.54	0.5	0.48	-	0.48	0.42	0.36	-
6	-	가단주철	0.6	0.6	0.6	0.6	0.58	-	0.55	-	-	0.52	0.48	0.42
-	5	회주철	0.69	0.69	0.69	0.69	-	-	-	0.49	-	-	-	-
-	5	연성주철 가단주철	0.69	0.69	0.69	0.69	-	-	-	0.59	-	-	0.49	-
10	-	회주철	1	1	-	1	0.9	0.84	0.8	-	0.74	0.7	0.6	-
10	-	연성주철	1	1	1	1	0.95	-	0.9	-	-	0.8	0.7	0.55
10	-	연성주철	1	-	-	1	0.97	-	0.92	-	-	0.87	0.8	0.7
10	-	가단주철	1	1	1	1	0.97	-	0.92	-	-	0.87	0.8	0.7
20(300<DN<600)	-	회주철	1.03	1.03	-	0.86	0.76	0.69	-	-	-	-	-	-
20(600<DN<900)	-	회주철	1.03	1.03	-	0.59	0.34	-	-	-	-	-	-	-
20(<DN300)	-	-	1.21	1.21	-	1.03	0.96	0.86	-	-	-	-	-	-
-	10	회주철	1.37	1.37	1.37	1.37	-	-	-	0.98	-	-	-	-
-	10	연성주철 가단주철	1.37	1.37	1.37	1.37	-	-	-	1.18	-	-	0.98	-
20(<DN300)	-	회주철	1.38	1.38	-	1.21	1.14	1.03	0.98	-	0.86		-	-
20	-	연성주철	1.55	1.55	1.55	1.55	1.48	-	1.39	-	-	1.21	1.02	0.86
16	-	회주철	1.6	1.6	-	1.6	1.44	1.34	1.28	-	1.18	1.12	0.96	-
16	-	연성주철	1.6	1.6	1.6	1.6	1.52	-	1.44	-	-	1.28	1.12	0.88
16	-	연성주철	1.6	-	-	1.6	1.55	-	1.48	-	-	1.39	1.28	1.12
16	-	가단주철	1.6	1.6	1.6	1.6	1.55	-	1.47	-	-	1.39	1.28	1.12
20	-	연성주철	1.75	-	-	1.55	1.48	-	1.39	-	-	1.21	1.02	0.86
50(300<DN<600)	-	회주철	2.07	2.07	-	1.79	1.66	1.52	1.41	-	-	-	-	-
50(600<DN<750)	-	회주철	2.07	2.07	-	1.38	1.03	0.69	-	-	-	-	-	-
-	16	회주철	2.16	2.16	2.16	2.16	-	-	-	1.57	-	-	-	-
-	16	연성주철 가단주철	2.16	2.16	2.16	2.16	-	-	-	1.96	-	-	1.73	1.57
25	-	회주철	2.5	2.5	-	2.5	2.25	2.1	2	-	1.85	1.75	1.5	-
25	-	연성주철	2.5	2.5	2.5	2.5	2.38	-	2.25	-	-	2	1.75	1.38
25	-	연성주철	2.5	-	-	2.5	2.43	-	2.3	-	-	2.18	2	1.75
25	-	가단주철	2.5	2.5	2.5	2.5	2.43	-	2.3	-	-	2.18	2	1.75
-	20	회주철	2.75	2.75	2.75	2.75	-	-	-	2.45	-	-	-	-
-	20	연성주철 가단주철	2.75	2.75	2.75	2.75	-	-	-	-	-	-	2.26	1.96
50(<DN300)	-	-	2.76	2.76	-	2.34	2.14	1.83	1.77	-	1.72	-	-	-
50(<DN300)	-	회주철	3.45	3.45	-	2.86	2.59	2.31	2.08	-	-	-	-	-
40	-	회주철	4	4	-	4	3.6	3.36	3.2	-	2.96	2.8	2.4	-
40	-	연성주철	4	4	4	4	3.8	-	3.6	-	-	3.2	2.8	2.2
40	-	연성주철	4	-	-	4	3.88	-	3.68	-	-	3.48	3.2	2.8
40	-	가단주철	4	4	4	4	3.88	-	3.68	-	-	3.48	3.2	2.8
50	-	연성주철	4.02	4.02	4.02	4.02	3.9	-	3.6	-	-	3.5	3.3	3.1
50	-	연성주철	4.4	-	-	4.02	3.9	-	3.6	-	-	3.5	3.3	3.1

35-2 강제 용접식 관 플랜지 [KS B 1503]

1. 모양에 따른 종류 및 기호

종류(기호)		삽입 용접식 플랜지(SO)					맞대기 용접식 플랜지 (WN)	블랭크 플랜지 (BL)	
		판 플랜지 SOP	허브쪽 그루브 없음	허브쪽 그루브 있음					
				A형	B형	C형			
모양	접합면	전면 자리 (FF)	전면 자리 (FF)	대평면 자리 (RF)			대평면 자리 (RF)	전면 자리 (FF)	대평면 자리 (RF)
모양	개략도 (참고)	플랜지 용접부 판							
호칭 압력(기호)		호칭 지름							
5K		10~1000	450~1000	–	–	–	–	10~750	–
10K	얇은 형	10~350	400	–	–	–	–	–	–
10K	보통형	10~800	250~1000	–	–	–	–	10~800	–
16K		–	10~600	–	–	–	–	10~600	–
20K		–	–	10~600	10~50	65~600	–	–	10~600
30K		–	–	10~400	10~50	65~400	15~400	–	10~400

2. 아연 도금의 유무에 따른 종류 및 기호

종류(기호)	비고
흑플랜지	아연 도금을 하지 않는 플랜지
백플랜지(ZN)	용융 아연 도금 또는 전기 아연 도금을 한 플랜지

▶ [참고] 위 표들에 나타내는 기호의 의미는 다음과 같다.

기호	의미	기호	의미
SO	slip–on welding	BL	blank
SOP	slip–on welding plate	FF	flat face
SOH	slip–on welding hubbed	RF	raised face
WN	welding neck	ZN	zinc coated

관 플랜지

3. 유체의 상태와 최고 사용 압력과의 관계

단위 : MPa{kgf/cm²}

기호	유체의 상태와 최고 사용 압력과의 관계				
	5K	10K 보통형	16K	20K	30K
I	KS B 1501에 따른다.				
II	0.49{5} 이하	0.98{10} 이하	1.57{16} 이하	1.96{20} 이하	3.82{39} 이하
	300 ℃ 이하				
III	0.49{5} 이하	0.98{10} 이하	1.57{16} 이하	1.96{20} 이하	–
	120℃ 이하				

[비고] 기호 II 및 III은 증기, 공기, 가스, 기름 또는 맥동수(압력 변동이 있는 것) 등에 적용한다.

4. 유체의 상태와 최고 사용 압력과의 관계에 대응한 호칭 지름

호칭 압력	플랜지의 종류 (기호)	호칭 지름		
		I	II	III
5K	SOP	10~1000	–	–
	SOH	450~1000	–	–
	BL	10~600	650	700~750
10K 보통형	SOP	10~350	400~650	700~800
	SOH	250~1000	–	–
	BL	10~450	500~550	600~800
16K	SOH	10~600	–	–
	BL	10~200	250~600	–
20K	SOH	10~600	–	–
	BL	10~200	250~450	500~600
30K	SOH	10~400	–	–
	WN	15~400	–	–
	BL	200~250	10~150 300~400	–

5. 재료

호칭 압력 (기호)	재료		
	규격 번호	규격의 명칭	재료 기호
5K 10K	KS D 3503 KS D 3710 KS D 4122 KS D 3752	일반 구조용 압연 강재 탄소강 단강품 압력 용기용 탄소강 단강품 기계 구조용 탄소 강재	SS 400 SF 390 A SFVC 1 SM 20C
16K 20K	KS D 3710 KS D 4122 KS D 3752	탄소강 단강품 압력 용기용 탄소강 단강품 기계 구조용 탄소 강재	SF 440 A SFVC 2A SM 25C
30K	KS D 3710 KS D 4122 KS D 3752 KS D 4123 KS D 4123	탄소강 단강품 압력 용기용 탄소강 단강품 기계 구조용 탄소 강재 고온 압력 용기용 합금강 단강품 고온 압력 용기용 합금강 단강품	SF 440 A SFVC 2A SM 25C SFVAF 1 SFVAF 11A

6. 호칭 압력 5K 삽입 용접식 플랜지 판 플랜지(SOP)

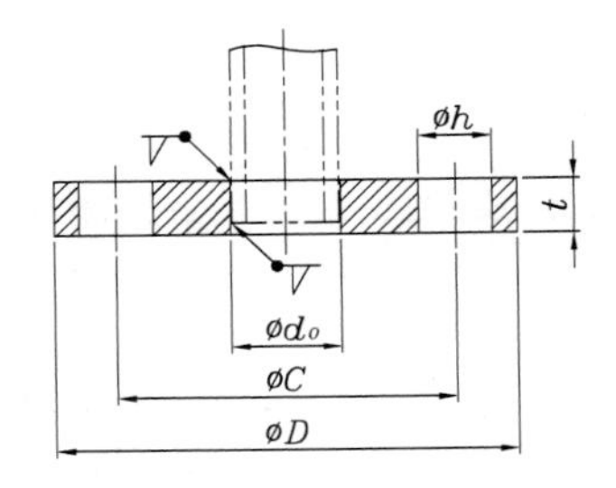

단위 : mm

호칭 지름	적용하는 관의 바깥지름	삽입 구멍의 지름 d_o	플랜지 각 부의 치수		볼트 구멍			볼트 나사의 호칭	근사 계산 질량 (참고) (kg)
			바깥지름 D	t	중심원의 지름 C	수	지름 h		
10	17.3	17.8	75	9	55	4	12	M10	0.26
15	21.7	22.2	80	9	60	4	12	M10	0.30
20	27.2	27.7	85	9	65	4	12	M10	0.36
25	34.0	34.5	95	10	75	4	12	M10	0.45
32	42.7	43.2	115	12	90	4	15	M12	0.77
40	48.6	49.1	120	12	95	4	15	M12	0.82
50	60.5	61.1	130	14	105	4	15	M12	1.06
65	76.3	77.1	155	14	130	4	15	M12	1.48
80	89.1	90.0	180	14	145	4	19	M16	1.97
(90)	101.6	102.6	190	14	155	4	19	M16	2.08
100	114.3	115.4	200	16	165	8	19	M16	2.35
125	139.8	141.2	235	16	200	8	19	M16	3.20
150	165.2	166.6	265	18	230	8	19	M16	4.39
(175)	190.7	192.1	300	18	260	8	23	M20	5.42
200	216.3	218.0	320	20	280	8	23	M20	6.24
(225)	241.8	243.7	345	20	305	12	23	M20	6.57
250	267.4	269.5	385	22	345	12	23	M20	9.39
300	318.5	321.0	430	22	390	12	23	M20	10.2
350	355.6	358.1	480	24	435	12	25	M22	14.0
400	406.4	409	540	24	495	16	25	M22	16.9
450	457.2	460	605	24	555	16	25	M22	21.4
500	508.0	511	655	24	605	20	25	M22	23.0
(550)	558.8	562	720	26	665	20	27	M24	30.1
600	609.6	613	770	26	715	20	27	M24	32.5
(650)	660.4	664	825	26	770	24	27	M24	35.6
700	711.2	715	875	26	820	24	27	M24	38.0
(750)	762.0	766	945	28	880	24	33	M30	48.4
800	812.8	817	995	28	930	24	33	M30	51.2
(850)	863.6	868	1045	28	980	24	33	M30	53.9
900	914.4	919	1095	30	1030	24	33	M30	60.7
1000	1016.0	1021	1195	32	1130	28	33	M30	70.1

비고

• ( )를 붙인 호칭 지름의 것은 되도록 사용하지 않는다.

7. 호칭 압력 5K 삽입 용접식 플랜지 허브 플랜지(SOH)

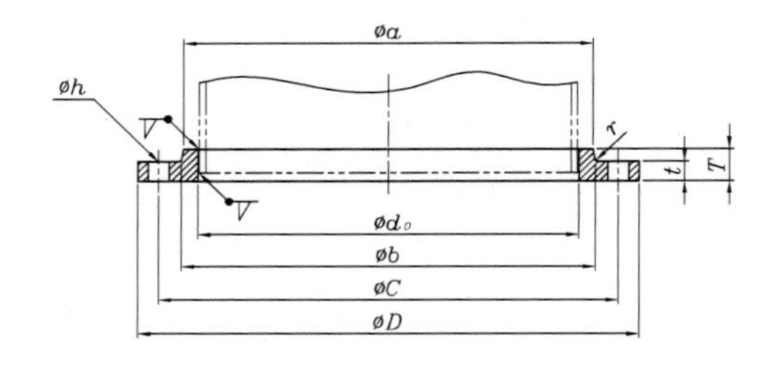

단위 : mm

호칭 지름	적용하는 강관의 바깥지름	삽입 구멍의 지름 d_0	플랜지의 각 부 치수						볼트 구멍			볼트 나사의 호칭	근사 계산 질량 (참고) (kg)
			바깥지름 D	t	T	허브의 지름		r	중심원의 지름 C	수	지름 h		
						a	b						
450	457.2	460	605	24	40	495	500	5	555	16	25	M22	24.9
500	508.0	511	655	24	40	546	552	5	605	20	25	M22	27.0
(550)	558.8	562	720	26	42	597	603	5	665	20	27	M22	34.5
600	609.6	613	770	26	44	648	654	5	715	20	27	M24	37.8
(650)	660.4	664	825	26	48	702	708	5	770	24	27	M24	43.2
700	711.2	715	875	26	48	751	758	5	820	24	27	M24	45.9
(750)	762.0	766	945	28	52	802	810	5	880	24	33	M30	57.7
800	812.8	817	995	28	52	754	862	5	930	24	33	M30	61.3
(850)	863.6	868	1045	28	54	904	912	5	980	24	33	M30	65.3
900	914.4	919	1095	30	56	956	964	5	1030	24	33	M30	73.1
1000	1016.0	1021	1195	32	60	1058	1066	5	1130	28	33	M30	84.8

비고

- ( )를 붙인 호칭 지름의 것은 되도록 사용하지 않는다.

8. 호칭 압력 5K 블랭크 플랜지(BL)

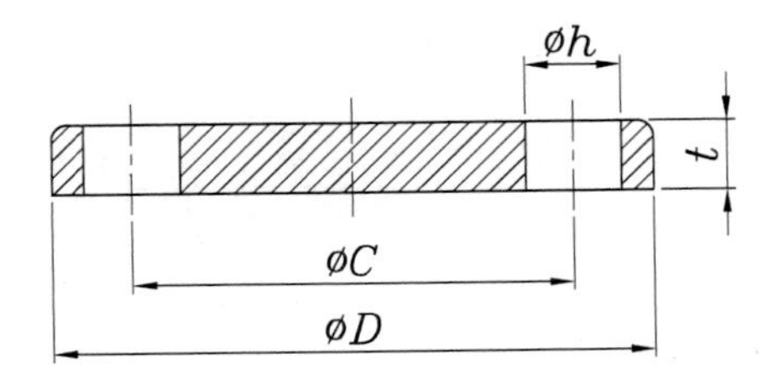

단위 : mm

호칭 지름	플랜지의 각 부 치수		볼트 구멍			볼트 나사의 호칭	근사 계산 질량 (참고) (kg)
	바깥 지름 D	t	중심원의 지름 C	수	지름 h		
10	75	9	55	4	12	M10	0.28
15	80	9	60	4	12	M10	0.32
20	85	10	65	4	12	M10	0.41
25	95	10	75	4	12	M10	0.52
32	115	12	90	4	15	M12	0.91
40	120	12	95	4	15	M12	1.00
50	130	14	105	4	15	M12	1.38
65	155	14	130	4	15	M12	2.00
80	180	14	145	4	19	M16	2.67
(90)	190	14	155	4	19	M16	2.99
100	200	16	165	8	19	M16	3.66
125	235	16	200	8	19	M16	5.16
150	265	18	230	8	19	M16	7.47
(175)	300	18	260	8	23	M20	9.52
200	320	20	280	8	23	M20	12.1
(225)	345	20	305	12	23	M20	13.9
250	385	22	345	12	23	M20	19.2
300	430	22	390	12	23	M20	24.2
350	480	24	435	12	25	M22	33.0
400	540	24	495	16	25	M22	41.7
450	605	24	555	16	25	M22	52.7
500	655	24	605	20	25	M22	61.6
(550)	720	26	665	20	27	M24	80.8
600	770	26	715	20	27	M24	92.7
(650)	825	26	770	24	27	M24	106
700	875	26	820	24	27	M24	120
(750)	945	28	880	24	33	M30	150

비고

• ( )를 붙인 호칭 지름의 것은 되도록 사용하지 않는다.

9. 호칭 압력 10K 삽입 용접식 플랜지(보통형) 판 플랜지(SOP)

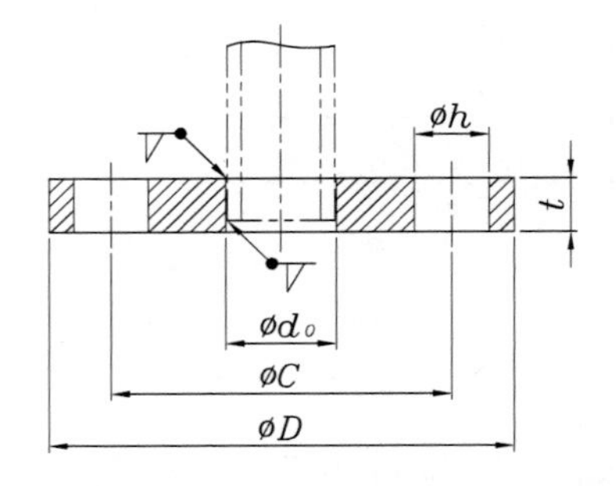

단위 : mm

호칭 지름	적용하는 관의 바깥지름	삽입 구멍의 지름 d_0	플랜지 각 부의 치수		볼트 구멍			볼트 나사의 호칭	근사 계산 질량 (참고) (kg)
			바깥지름 D	t	중심원의 지름 C	수	지름 h		
10	17.3	17.8	90	12	65	4	15	M12	0.51
15	21.7	22.2	95	12	70	4	15	M12	0.56
20	27.2	27.7	100	14	75	4	15	M12	0.72
25	34.0	34.5	125	14	90	4	19	M16	1.12
32	42.7	43.2	135	16	100	4	19	M16	1.47
40	48.6	49.1	140	16	105	4	19	M16	1.55
50	60.5	61.1	155	16	120	4	19	M16	1.86
65	76.3	77.1	175	18	140	4	19	M16	2.58
80	89.1	90.0	185	18	150	8	19	M16	2.58
(90)	101.6	102.6	195	18	160	8	19	M16	2.73
100	114.3	115.4	210	18	175	8	19	M16	3.10
125	139.8	141.2	250	20	210	8	23	M20	4.73
150	165.2	166.6	280	22	240	8	23	M20	6.30
(175)	190.7	192.1	305	22	265	12	23	M20	6.75
200	216.3	218.0	330	22	290	12	23	M20	7.46
(225)	241.8	243.7	350	22	310	12	23	M20	7.70
250	267.4	269.5	400	24	355	12	25	M22	11.8
300	318.5	321.0	445	24	400	16	25	M22	12.6
350	355.6	358.1	490	26	445	16	25	M22	16.3
400	406.4	409	560	28	510	16	27	M24	23.3
450	457.2	460	620	30	565	20	27	M24	29.3
500	508.0	511	675	30	620	20	27	M24	33.3
(550)	558.8	562	745	32	680	20	33	M30	42.9
600	609.6	613	795	32	730	24	33	M30	45.4
(650)	660.4	664	845	34	780	24	33	M30	51.8
700	711.2	715	905	36	840	24	33	M30	62.5
(750)	762.0	766	970	38	900	24	33	M30	76.9
800	812.8	817	1020	40	950	28	33	M30	84.5

비고

• ( )를 붙인 호칭 지름의 것은 되도록 사용하지 않는다.

10. 호칭 압력 10K 삽입 용접식 플랜지(보통형) 허브 플랜지(SOH)

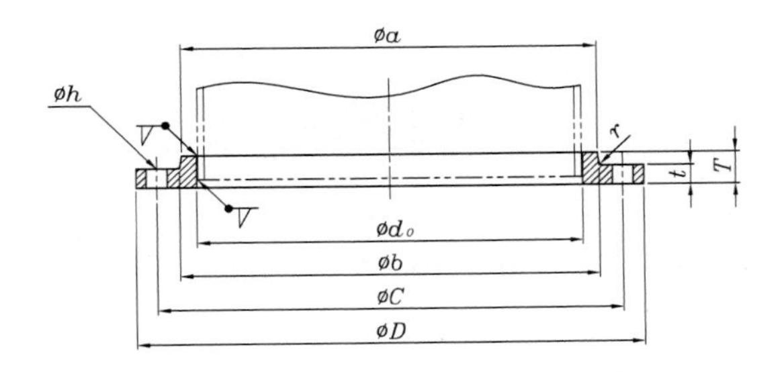

단위 : mm

호칭지름	적용하는 강관의 바깥지름	삽입 구멍의 지름 d_0	플랜지의 각 부 치수						볼트 구멍			볼트 나사의 호칭	근사 계산 질량 (참고) (kg)
			바깥지름 D	t	T	허브의 지름		r	중심원의 지름 C	수	지름 h		
						a	b						
250	267.4	269.5	400	24	36	288	292	6	355	12	25	M22	12.7
300	318.5	321.0	445	24	38	340	346	6	400	16	25	M22	13.8
350	355.6	358.1	490	26	42	380	386	6	445	16	25	M22	18.2
400	406.4	409	560	28	44	436	442	6	510	16	27	M24	25.8
450	457.2	460	620	30	48	496	502	6	565	20	27	M24	33.4
500	508.0	511	675	30	48	548	554	6	620	20	27	M24	38.0
(550)	558.8	562	745	32	52	604	610	6	680	20	33	M30	49.4
600	609.6	613	795	32	52	656	662	6	730	24	33	M30	52.6
(650)	660.4	664	845	34	56	706	712	6	780	24	33	M30	60.2
700	711.2	715	905	34	58	762	770	6	840	24	33	M30	70.2
(750)	762.0	766	970	36	62	816	824	6	900	24	33	M30	86.5
800	812.8	817	1020	36	64	868	876	6	950	28	33	M30	92.0
(850)	863.6	868	1070	36	66	920	928	6	1000	28	33	M30	98.7
900	914.4	919	1120	38	70	971	979	6	1050	28	33	M30	110
1000	1016.0	1021	1235	40	74	1073	1081	6	1160	28	33	M30	133

비고

• ( )를 붙인 호칭 지름의 것은 되도록 사용하지 않는다.

11. 호칭 압력 10K 블랭크 플랜지(BL, 보통형)

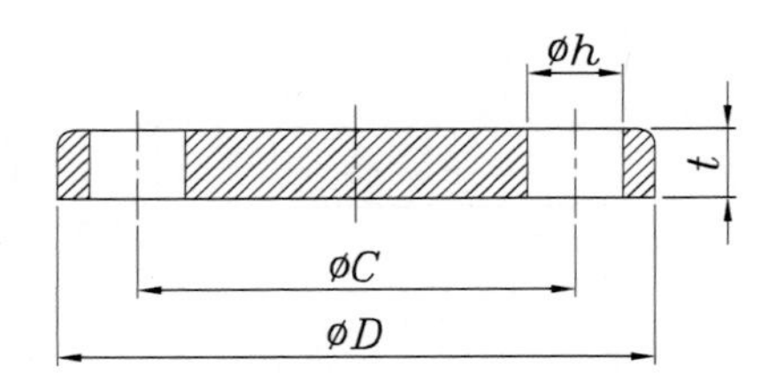

단위 : mm

호칭 지름	플랜지의 각 부 치수		볼트 구멍			볼트 나사의 호칭	근사 계산 질량 (참고) (kg)
	바깥 지름 D	t	중심원의 지름 C	수	지름 h		
10	90	12	65	4	15	M12	0.53
15	95	12	70	4	15	M12	0.60
20	100	14	75	4	15	M12	0.79
25	125	14	90	4	19	M16	1.22
32	135	16	100	4	19	M16	1.66
40	140	16	105	4	19	M16	1.79
50	155	16	120	4	19	M16	2.23
65	175	18	140	4	19	M16	3.24
80	185	18	150	4	19	M16	3.48
(90)	195	18	160	4	19	M16	3.90
100	210	18	175	8	19	M16	4.57
125	250	20	210	8	23	M20	7.18
150	280	22	240	8	23	M20	10.1
(175)	305	22	265	8	23	M20	11.8
200	330	22	290	8	23	M20	13.9
(225)	350	22	310	12	23	M20	15.8
250	400	24	355	12	25	M22	22.6
300	445	24	400	12	25	M22	27.8
350	490	26	445	12	25	M22	36.9
400	560	28	510	16	27	M24	52.1
450	620	30	565	16	27	M24	68.4
500	675	30	620	20	27	M24	81.6
(550)	745	32	680	20	33	M30	105
600	795	32	730	20	33	M30	120
(650)	845	34	780	24	33	M30	144
700	905	36	840	24	33	M30	176
(750)	970	38	900	24	33	M30	214
800	1020	40	950	28	33	M30	249

비고

• ( )를 붙인 호칭 지름의 것은 되도록 사용하지 않는다.

12. 호칭 압력 10K 삽입 용접식 플랜지(얇은 형)

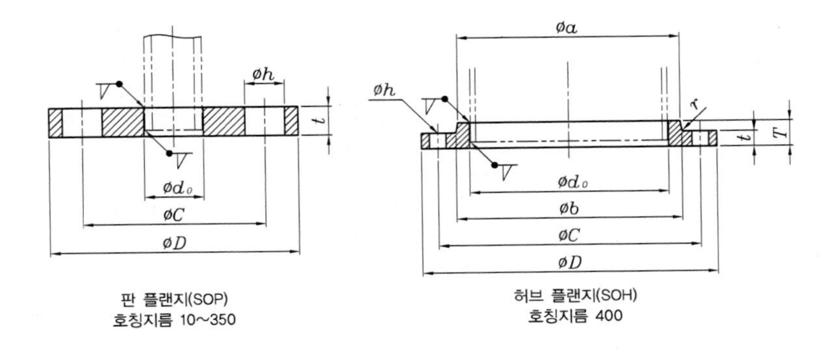

판 플랜지(SOP)
호칭지름 10~350

허브 플랜지(SOH)
호칭지름 400

단위 : mm

호칭 지름	적용하는 강관의 바깥지름	삽입 구멍의 지름 d_0	플랜지 각 부의 치수						볼트 구멍			볼트 나사의 호칭	근사 계산 질량 (참고) (kg)
			바깥 지름 D	t	T	허브의 지름		r	중심원의 지름 C	수	지름 h		
						a	b						
10	17.3	17.8	90	9	–	–	–	–	65	4	12	M10	0.42
15	21.7	22.2	95	9	–	–	–	–	70	4	12	M10	0.45
20	27.2	27.7	100	10	–	–	–	–	75	4	12	M10	0.54
25	34.0	34.5	125	12	–	–	–	–	90	4	15	M12	1.00
32	42.7	43.2	135	12	–	–	–	–	100	4	15	M12	1.14
40	48.6	49.1	140	12	–	–	–	–	105	4	15	M12	1.20
50	60.5	61.1	155	14	–	–	–	–	120	4	15	M12	1.68
65	76.3	77.1	175	14	–	–	–	–	140	4	15	M12	2.05
80	89.1	90.0	185	14	–	–	–	–	150	8	15	M12	2.10
(90)	101.6	102.6	195	14	–	–	–	–	160	8	15	M12	2.21
100	114.3	115.4	210	16	–	–	–	–	175	8	15	M12	2.86
125	139.8	141.2	250	16	–	–	–	–	210	8	19	M16	4.40
150	165.2	166.6	280	18	–	–	–	–	240	8	19	M16	5.30
(175)	190.7	192.1	305	20	–	–	–	–	265	12	19	M16	6.39
200	216.3	218.0	330	20	–	–	–	–	290	12	19	M16	7.04
(225)	241.8	243.7	350	20	–	–	–	–	310	12	19	M16	7.35
250	267.4	269.5	400	22	–	–	–	–	355	12	23	M20	11.1
300	318.5	321.0	445	22	–	–	–	–	400	16	23	M20	12.0
350	355.6	358.1	490	24	–	–	–	–	445	16	23	M20	14.2
400	406.4	409	560	24	36	436	442	5	510	16	25	M22	22.1

비고

- ( )를 붙인 호칭 지름의 것은 되도록 사용하지 않는다.

13. 호칭 압력 16K 삽입 용접식 플랜지(허브 플랜지, SOH)

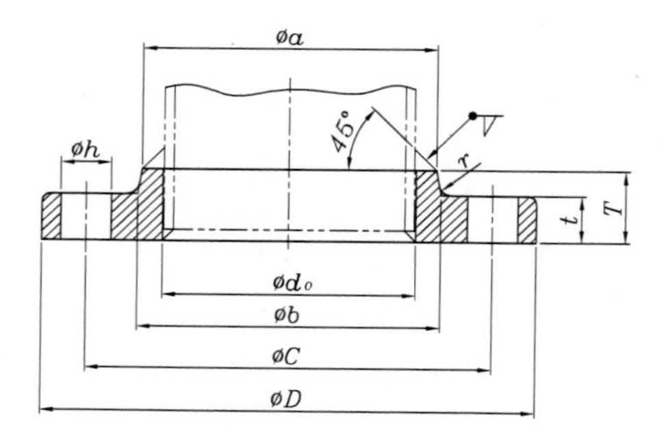

단위 : mm

호칭 지름	적용하는 강관의 바깥지름	삽입 구멍의 지름 d_0	플랜지 각 부의 치수						볼트 구멍			볼트 나사의 호칭	근사 계산 질량 (참고) (kg)
			바깥지름 D	t	T	허브의 지름 a	허브의 지름 b	r	중심원의 지름 C	수	지름 h		
10	17.3	17.8	90	12	16	26	28	4	65	4	15	M12	0.52
15	21.7	22.2	95	12	16	30	32	4	70	4	15	M12	0.58
20	27.2	27.7	100	14	20	38	42	4	75	4	15	M12	0.75
25	34.0	34.5	125	14	20	46	50	4	90	4	19	M16	1.16
32	42.7	43.2	135	16	22	56	60	5	100	4	19	M16	1.53
40	48.6	49.1	140	16	24	62	66	5	105	4	19	M16	1.64
50	60.5	61.1	155	16	24	76	80	5	120	8	19	M16	1.83
65	76.3	77.1	175	18	26	94	98	5	140	8	19	M16	2.58
80	89.1	90.0	185	20	28	108	112	6	160	8	23	M20	3.61
(90)	101.6	102.6	195	20	30	120	124	6	170	8	23	M20	3.89
100	114.3	115.4	210	22	34	134	138	6	185	8	23	M20	4.87
125	139.8	141.2	250	22	34	164	170	6	225	8	25	M22	7.09
150	165.2	166.6	280	24	38	196	202	6	260	12	25	M22	9.57
200	216.3	218.0	305	26	40	244	252	6	305	12	25	M22	12.0
250	267.4	269.5	330	28	44	304	312	6	380	12	27	M24	20.1
300	318.5	321.0	480	30	48	354	364	8	430	16	27	M24	24.3
350	355.6	358.1	540	34	52	398	408	8	480	16	33	M30×3	34.4
400	406.4	409	605	38	60	446	456	10	540	16	33	M30×3	47.4
450	457.2	460	675	40	64	504	514	10	605	20	33	M30×3	61.8
500	508.0	511	730	42	68	558	568	10	660	20	33	M30×3	73.7
(550)	558.8	562	795	44	70	612	622	10	720	20	39	M36×3	87.9
600	609.6	613	845	46	74	666	676	10	770	24	39	M36×3	98.4

비고

- ( )를 붙인 호칭 지름의 것은 되도록 사용하지 않는다.

14. 호칭 압력 16K 블랭크 플랜지(BL)

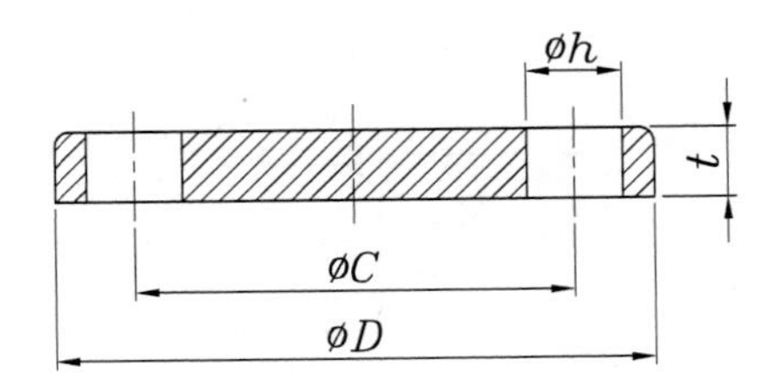

단위 : mm

호칭 지름	플랜지의 각 부 치수		볼트 구멍			볼트 나사의 호칭	근사 계산 질량 (참고) (kg)
	바깥 지름 D	t	중심원의 지름 C	수	지름 h		
10	90	12	65	4	15	M12	0.53
15	95	12	70	4	15	M12	0.60
20	100	14	75	4	15	M12	0.79
25	125	14	90	4	19	M16	1.22
32	135	16	100	4	19	M16	1.66
40	140	16	105	4	19	M16	1.79
50	155	16	120	8	19	M16	2.09
65	175	18	140	8	19	M16	3.08
80	200	20	160	8	19	M20	4.41
(90)	210	20	170	8	23	M20	4.92
100	225	22	185	8	23	M20	6.29
125	270	22	225	8	25	M22	9.21
150	305	24	260	12	25	M22	12.7
200	350	26	305	12	25	M22	18.4
250	430	28	380	12	27	M24	30.4
300	480	30	430	16	27	M24	40.5
350	540	34	480	16	33	M30×3	57.5
400	605	38	540	16	33	M30×3	81.7
450	675	40	605	20	33	M30×3	107
500	730	42	660	20	33	M30×3	132
(550)	795	44	720	20	39	M36×3	163
600	845	46	770	24	39	M36×3	192

비고

• ( )를 붙인 호칭 지름의 것은 되도록 사용하지 않는다.

15. 호칭 압력 20K 삽입 용접식 플랜지 (허브 플랜지, SOH)

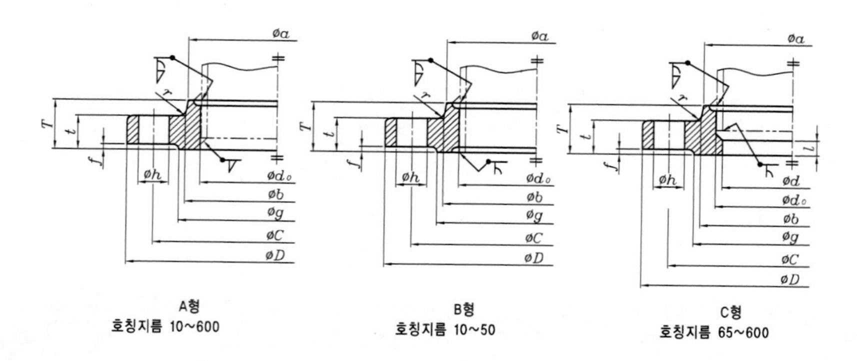

A형
호칭지름 10~600

B형
호칭지름 10~50

C형
호칭지름 65~600

단위 : mm

호칭 지름	적용하는 강관의 바깥지름	삽입 구멍의 지름 d_0	플랜지 각 부의 치수										볼트 구멍			볼트 나사의 호칭	근사 계산 질량 (참고) (kg)	
			바깥지름 D	t	T	허브의 지름 a	허브의 지름 b	r	f	g	d (참고)	l	중심원의 지름 C	수	지름 h		A형	B형 C형
10	17.3	17.8	90	14	20	30	32	4	1	46	–	–	65	4	15	M12	0.58	0.58
15	21.7	22.2	95	14	20	34	36	4	1	51	–	–	70	4	15	M12	0.65	0.64
20	27.2	27.7	100	16	22	40	42	4	1	56	–	–	75	4	15	M12	0.81	0.80
25	34.0	34.5	125	16	24	48	50	4	1	67	–	–	90	4	19	M16	1.27	1.26
32	42.7	43.2	135	18	26	56	60	5	2	76	–	–	100	4	19	M16	1.58	1.57
40	48.6	49.1	140	18	26	62	66	5	2	81	–	–	105	4	19	M16	1.68	1.66
50	60.5	61.1	155	18	26	76	80	5	2	96	–	–	120	8	19	M16	1.89	1.86
65	76.3	77.1	175	20	30	100	104	5	2	116	65.9	6	140	8	19	M16	2.73	2.81
80	89.1	90.0	185	22	34	113	117	6	2	132	78.1	6	160	8	23	M20	3.85	3.95
(90)	101.6	102.6	195	24	36	126	130	6	2	145	90.2	6	170	8	23	M20	4.47	4.59
100	114.3	115.4	210	24	36	138	142	6	2	160	102.3	6	185	8	23	M20	5.03	5.18
125	139.8	141.2	250	26	40	166	172	6	2	195	126.6	6	225	8	25	M22	7.94	8.15
150	165.2	166.6	280	28	42	196	202	6	2	230	151.0	6	260	12	25	M22	10.4	10.7
200	216.3	218.0	305	30	46	244	252	6	2	275	199.9	6	305	12	25	M22	13.1	13.6
250	267.4	269.5	330	34	52	304	312	6	2	345	248.8	6	380	12	27	M24	23.1	23.8
300	318.5	321.0	480	36	56	354	364	8	3	395	297.9	6	430	16	27	M24	27.2	28.1
350	355.6	358.1	540	40	62	398	408	8	3	440	333.4	6	480	16	33	M30×3	38.4	39.5
400	406.4	409	605	46	70	446	456	10	3	495	381.0	7	540	16	33	M30×3	53.9	55.6
450	457.2	460	675	48	78	504	514	10	3	560	431.8	7	605	20	33	M30×3	71.0	72.9
500	508.0	511	730	50	84	558	568	10	3	615	482.6	7	660	20	33	M30×3	84.6	86.7
(550)	558.8	562	795	52	90	612	622	10	3	670	533.4	7	720	20	39	M36×3	102	104
600	609.6	613	845	54	96	666	676	10	3	720	584.2	7	770	24	39	M36×3	115	117

비고

- ( )를 붙인 호칭 지름의 것은 되도록 사용하지 않는다.

16. 호칭 압력 20K 블랭크 플랜지(BL)

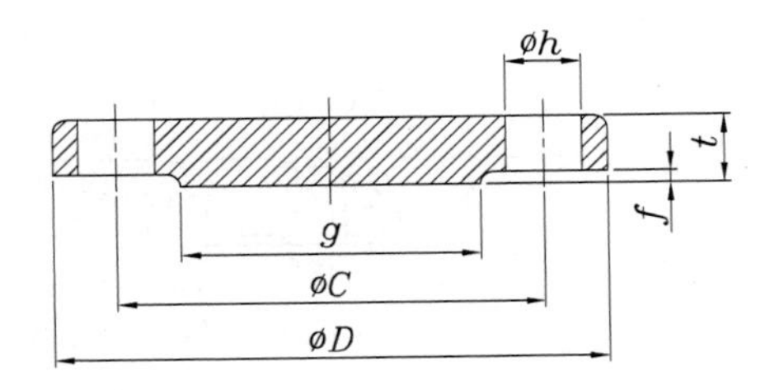

단위 : mm

호칭 지름	플랜지의 각 부 치수				볼트 구멍			볼트 나사의 호칭	근사 계산 질량 (참고) (kg)
	바깥 지름 D	t	f	g	중심원의 지름 C	수	지름 h		
10	90	14	1	46	65	4	15	M12	0.59
15	95	14	1	51	70	4	15	M12	0.67
20	100	16	1	56	75	4	15	M12	0.86
25	125	16	1	67	90	4	19	M16	1.34
32	135	18	2	76	100	4	19	M16	1.73
40	140	18	2	81	105	4	19	M16	1.87
50	155	18	2	96	120	8	19	M16	2.20
65	175	20	2	116	140	8	19	M16	3.24
80	200	22	2	132	160	8	19	M20	4.63
(90)	210	24	2	145	170	8	23	M20	5.67
100	225	24	2	160	185	8	23	M20	6.61
125	270	26	2	195	225	8	25	M22	10.5
150	305	28	2	230	260	12	25	M22	14.4
200	350	30	2	275	305	12	25	M22	20.8
250	430	34	2	345	380	12	27	M24	36.2
300	480	36	3	395	430	16	27	M24	47.4
350	540	40	3	440	480	16	33	M30×3	66.1
400	605	46	3	495	540	16	33	M30×3	97.0
450	675	48	3	560	605	20	33	M30×3	126
500	730	50	3	615	660	20	33	M30×3	155
(550)	795	52	3	670	720	20	39	M36×3	190
600	845	54	3	720	770	24	39	M36×3	223

비고

• ( )를 붙인 호칭 지름의 것은 되도록 사용하지 않는다.

17. 호칭 압력 30K 삽입 용접식 플랜지(허브 플랜지, SOH)

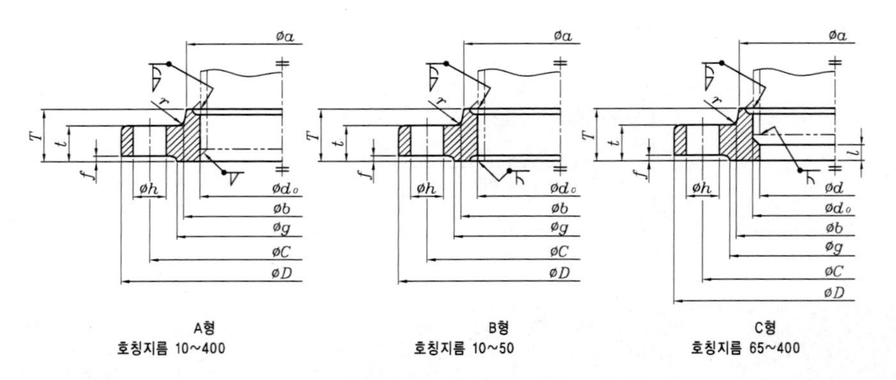

A형 호칭지름 10~400

B형 호칭지름 10~50

C형 호칭지름 65~400

단위 : mm

호칭 지름	적용하는 강관의 바깥지름	삽입 구멍의 지름 d_0	플랜지 각 부의 치수										볼트 구멍			볼트 나사의 호칭	근사 계산 질량 (참고) (kg)	
			바깥 지름 D	t	T	허브의 지름 a	허브의 지름 b	r	f	g	d (참고)	l	중심원의 지름 C	수	지름 h		A형	B형 C형
10	17.3	17.8	110	16	24	30	34	4	1	52	–	–	75	4	19	M16	1.00	1.00
15	21.7	22.2	115	18	26	36	40	5	1	55	–	–	80	4	19	M16	1.24	1.22
20	27.2	27.7	120	18	28	42	46	5	1	60	–	–	85	4	19	M16	1.36	1.34
25	34.0	34.5	130	20	30	50	54	5	1	70	–	–	95	4	19	M16	1.77	1.75
32	42.7	43.2	140	22	32	60	64	6	2	80	–	–	105	4	19	M16	2.17	2.15
40	48.6	49.1	160	22	34	66	70	6	2	90	–	–	120	4	23	M20	2.82	2.79
50	60.5	61.1	165	22	36	82	86	6	2	105	–	–	130	8	19	M16	2.89	2.86
65	76.3	77.1	200	26	40	102	106	8	2	130	65.9	6	160	8	23	M20	4.88	4.96
80	89.1	90.0	210	28	44	115	121	8	2	140	78.1	6	170	8	23	M20	5.70	5.80
(90)	101.6	102.6	230	30	46	128	134	8	2	150	90.2	6	185	8	25	M22	7.13	7.25
100	114.3	115.4	240	32	48	141	147	8	2	160	102.3	6	195	8	25	M22	8.01	8.16
125	139.8	141.2	275	36	54	166	172	8	2	195	126.6	6	230	8	25	M22	11.6	11.9
150	165.2	166.6	325	38	58	196	204	8	2	235	151.0	6	275	12	27	M24	17.0	17.3
200	216.3	218.0	370	42	64	248	256	8	2	280	199.9	6	320	12	27	M24	22.2	22.6
250	267.4	269.5	450	48	72	306	314	10	2	345	248.8	6	390	12	33	M30×3	36.8	37.5
300	318.5	321.0	515	52	78	360	370	10	3	405	297.9	6	450	16	33	M30×3	49.1	50.0
350	355.6	358.1	560	54	84	402	412	12	3	450	333.4	6	495	16	33	M30×3	60.4	61.5
400	406.4	409	630	60	92	456	468	15	3	510	381.0	7	560	16	39	M36×3	82.0	83.7

비고

- ( )를 붙인 호칭 지름의 것은 되도록 사용하지 않는다.

18. 호칭 압력 30K 맞대기 용접식 플랜지

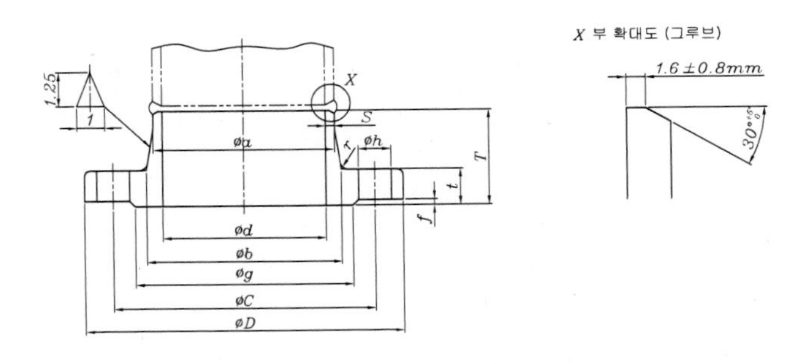

단위 : mm

호칭 지름	적용하는 강관의 바깥지름	플랜지 각 부의 치수											볼트 구멍			볼트 나사의 호칭	근사 계산 질량 (참고) (kg)
		바깥지름 D	t	T	허브의 지름 a	허브의 지름 b	r	f	g	d (참고)	S (참고)	R	중심원의 지름 C	수	지름 h		
15	21.7	115	18	45	22.0	40	6	1	55	16.1	2.95	20	80	4	19	M16	1.33
20	27.2	120	18	45	27.5	44	6	1	60	21.4	3.05	20	85	4	19	M16	1.45
25	34.0	130	20	48	34.4	52	6	1	70	27.2	3.6	20	95	4	19	M16	1.92
32	42.7	140	22	52	43.1	62	6	2	80	35.5	3.8	30	105	4	19	M16	2.39
40	48.6	160	22	54	49.1	70	6	2	90	41.2	3.95	30	120	4	23	M20	3.09
50	60.5	165	22	57	61.0	84	8	2	105	52.7	4.15	30	130	8	19	M16	3.24
65	76.3	200	26	69	76.9	104	8	2	130	65.9	5.5	30	160	8	23	M20	5.70
80	89.1	210	28	73	89.7	118	8	2	140	78.1	5.8	30	170	8	23	M20	6.72
(90)	101.6	230	30	74	102.3	130	8	2	150	90.2	6.05	30	185	8	25	M22	8.32
100	114.3	240	32	76	115.1	142	8	2	160	102.3	6.4	30	195	8	25	M22	9.41
125	139.8	275	36	86	140.7	172	10	2	195	126.6	7.05	50	230	8	25	M22	14.0
150	165.2	325	38	95	166.2	202	10	2	235	151.0	7.6	50	275	12	27	M24	20.3
200	216.3	370	42	102	217.5	254	10	2	280	199.9	8.8	50	320	12	27	M24	27.2
250	267.4	450	48	118	268.7	312	12	2	345	248.8	9.95	50	390	12	33	M30×3	45.3
300	318.5	515	52	127	320.0	366	15	3	405	297.9	11.05	50	450	16	33	M30×3	61.0
350	355.6	560	54	134	357.2	406	15	3	450	333.4	11.9	80	495	16	33	M30×3	74.6
400	406.4	630	60	149	408.3	462	20	3	510	381.0	13.65	80	560	16	39	M36×3	103

비고

• ( )를 붙인 호칭 지름의 것은 되도록 사용하지 않는다.

19. 호칭 압력 30K 블랭크 플랜지(BL)

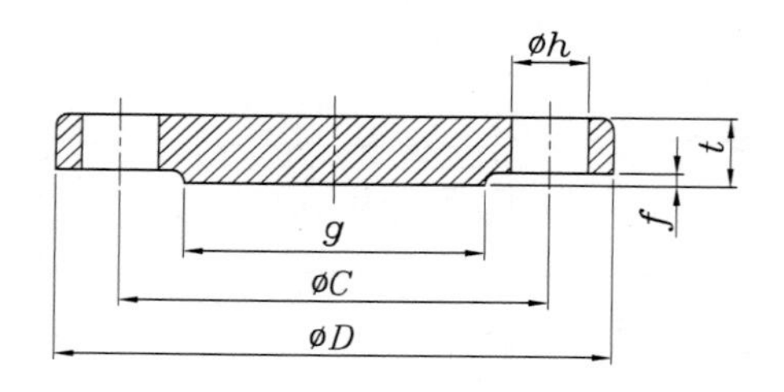

단위 : mm

호칭 지름	플랜지의 각 부 치수				볼트 구멍			볼트 나사의 호칭	근사 계산 질량 (참고) (kg)
	바깥 지름 D	t	f	g	중심원의 지름 C	수	지름 h		
10	110	16	1	52	75	4	19	M16	1.00
15	115	18	1	55	80	4	19	M16	1.25
20	120	18	1	60	85	4	19	M16	1.38
25	130	20	1	70	95	4	19	M16	1.84
32	140	22	2	80	105	4	19	M16	2.32
40	160	22	2	90	120	4	23	M20	3.00
50	165	22	2	105	130	8	19	M16	3.14
65	200	26	2	130	160	8	23	M20	5.50
80	210	28	2	140	170	8	23	M20	6.63
(90)	230	30	2	150	185	8	25	M22	8.55
100	240	32	2	160	195	8	25	M22	10.0
125	275	36	2	195	230	8	25	M22	15.3
150	325	38	2	235	275	12	27	M24	22.2
200	370	42	2	280	320	12	27	M24	32.6
250	450	48	2	345	390	12	33	M30×3	55.2
300	515	52	3	405	450	16	33	M30×3	77.9
350	560	54	3	450	495	16	33	M30×3	96.9
400	630	60	3	510	560	16	39	M36×3	136

비고

- ( )를 붙인 호칭 지름의 것은 되도록 사용하지 않는다.

20. 플랜지의 표면 다듬질 정도

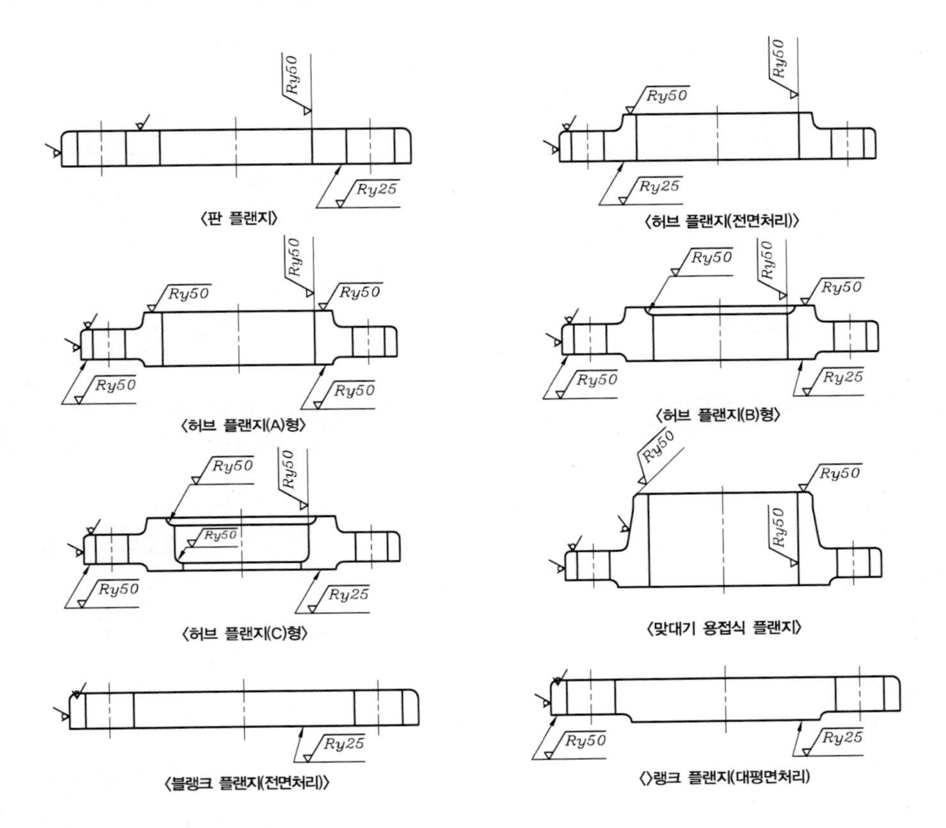

〈판 플랜지〉 〈허브 플랜지(전면처리)〉

〈허브 플랜지(A)형〉 〈허브 플랜지(B)형〉

〈허브 플랜지(C)형〉 〈맞대기 용접식 플랜지〉

〈블랭크 플랜지(전면처리)〉 〈〉랭크 플랜지(대평면처리)

비고

1. 표면의 다듬질 정도(✓)는 강판 및 단조의 흑피 상태(제거 가공을 허락하지 않는 면)를 나타내는데 필요에 따라 제거 가공을 하여도 좋다.
2. 볼트 구멍은 실용상 지장이 없는 정도의 다듬질로 한다.
3. 너트 접촉면은 판 플랜지 및 블랭크 플랜지를 제외하고, 카운터 보어 또는 배면 다듬질을 한다.
4. 카운터 보어를 하는 경우의 카운터 보어 지름은 KS B 1502의 해설에 기술하는 카운터 보어 지름의 추천값에 따르는 것이 좋다.
5. 다듬질면의 표면 거칠기는 KS B 0161에 따른다.

21. 호칭 압력 20K 삽입 용접식 플랜지의 용접부의 치수 허브 플랜지 (SOH)

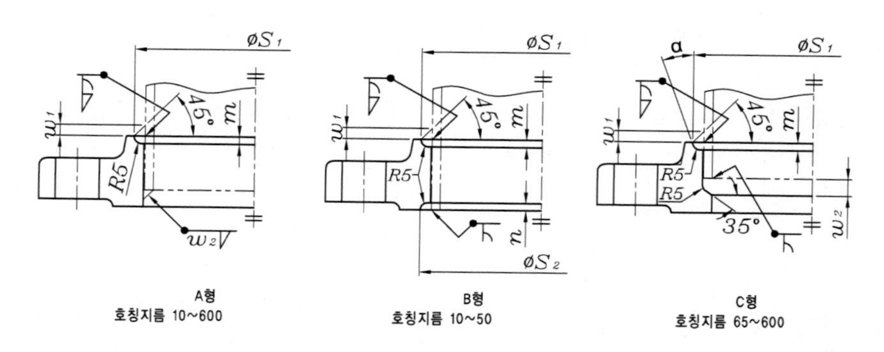

A형 호칭지름 10~600

B형 호칭지름 10~50

C형 호칭지름 65~600

단위 : mm

호칭 지름	S1	m	S2	n	α	용접 다리 길이	
						w_1	w_2
10	27	4	27	4	–	4	3
15	31	4	31	4	–	4	3
20	37	4	37	4	–	5	3.5
25	44	4	44	4.5	–	6	4
32	52	4	53	5	–	6	4
40	58	4	59	5.5	–	6	4
50	70	4	72	5.5	–	6.5	4
65	94	6	–	–	20°	8	6
80	107	6	–	–	20°	8	6
90	120	6	–	–	20°	9	6
100	132	6	–	–	20°	9	7
125	160	7	–	–	30°	10	7
150	186	8	–	–	30°	10	8
200	237	9	–	–	30°	11	9
250	290	10	–	–	30°	12	10
300	345	11	–	–	30°	13	11
350	384	12	–	–	35°	14	12
400	437	13	–	–	35°	15	12
450	490	15	–	–	35°	16	14
500	544	16	–	–	35°	16	14
550	595	16	–	–	35°	18	16
600	646	18	–	–	35°	18	16

22. 호칭 압력 30K 삽입 용접식 플랜지의 용접부의 치수 허브 플랜지 (SOH)

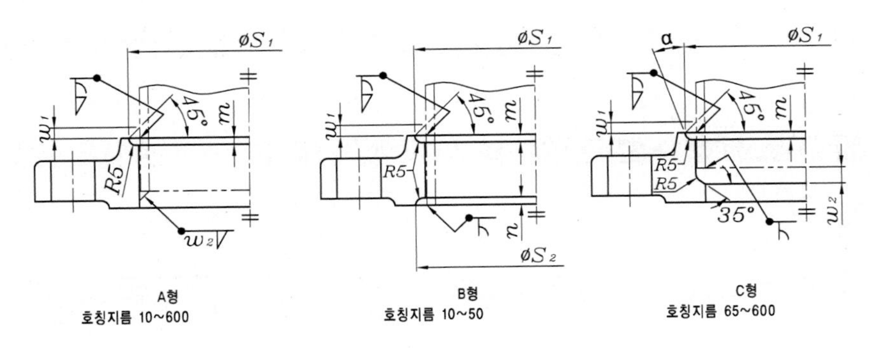

단위 : mm

호칭 지름	S1	m	S2	n	α	용접 다리 길이	
						w_1	w_2
10	27	4	27	4	–	4	–
15	31	4	40	5	–	4	–
20	37	5	44	5	–	5	–
25	44	6	52	5	–	6	–
32	52	6	60	5	–	6	–
40	58	6	66	5	–	6	–
50	70	6.5	78	5	–	6.5	–
65	96	9.5	–	–	20°	10	6
80	109	9.5	–	–	20°	10	6
90	122	9.5	–	–	20°	10.5	6
100	135	9.5	–	–	20°	10.5	7
125	160	9.5	–	–	20°	10.5	7
150	186	9.5	–	–	20°	10.5	8
200	237	9.5	–	–	20°	11	9
250	290	10	–	–	20°	12	10
300	345	12	–	–	30°	13	11
350	383	13	–	–	30°	14	12
400	435	14	–	–	30°	15	13

23. 플랜지의 강도 확인

▶ 삽입 용접식 판 플랜지 및 블랭크 플랜지의 강도

플랜지의 종류		삽입 용접식 판 플랜지		블랭크 플랜지						
호칭 압력		5K	10K 보통형	5K	10K 보통형	16K	20K	30K		
호칭지름		450~1000	250~800	10~750	10~800	10~600	10~600	10~400		
응력 계산식		KS B 0252의 부속서 A		KS B 6712의 5.2 a)						
		가스켓						300℃ 이하		300℃ 초과
종류		F				R		R		–
재료		JS				JS		JS		VT
m		2.00				2.00		2.00		3.00
y		10.98 {1.12}				10.98 {1.12}		10.98 {1.12}		68.89 {7.03}
		볼트						호칭 지름 10~150		200~400
재료		SNB 7			SNB 7	SM25C	SNB 7	SM25C	SNB 7	SNB 7
허용응력	상온	172 {17.5}			172 {17.5}	94 {9.6}	172 {17.5}	94 {9.6}	172 {17.5}	172 {17.5}
	120 ℃	172 {17.5}			172 {17.5}	94 {9.6}	–	94 {9.6}	–	172 {17.5}
	220 ℃	172 {17.5}			172 {17.5}	94 {9.6}	–	94 {9.6}	–	172 {17.5}
	300 ℃	172 {17.5}			172 {17.5}	94 {9.6}	–	94 {9.6}	–	172 {17.5}
	350 ℃	–			172 {17.5}	94 {9.6}	–	94 {9.6}	–	172 {17.5}
	400 ℃	–			162 {16.5}	–	162 {16.5}	–	162 {16.5}	162 {16.5}
	425 ℃	–			146 {14.9}	–	146 {14.9}	–	146 {14.9}	146 {14.9}
	450 ℃	–			–	–	–	–	122 {12.4}	122 {12.4}
	475 ℃	–			–	–	–	–	94 {9.6}	94 {9.6}
	490 ℃	–			–	–	–	–	79 {8.1}	79 {8.1}

플랜지의 종류		삽입 용접식 판 플랜지		블랭크 플랜지						
호칭 압력		5K	10K 보통형	5K	10K 보통형	16K	20K	30K		
호칭지름		450~1000	250~800	10~750	10~800	10~600	10~600	10~400		
응력 계산식		KS B 0252의 부속서 A		KS B 6712의 5.2 a)						
		플랜지						호칭 지름 10~400		
재료		SS 400			SF 440 A			SF 440 A	SFVAF 1	SFVAF 11A
허용응력	상온	123 {12.5}			146 {14.9}			146 {14.9}	160 {16.3}	160 {16.3}
	120 ℃	115 {11.7}			132 {13.5}			132 {13.5}	–	–
	220 ℃	101 {10.3}			124 {12.6}			124 {12.6}	–	–
	300 ℃	99 {0.1}			112 {11.4}			112 {11.4}	–	–
	350 ℃	–			107 {10.9}			107 {10.9}	–	–
	400 ℃	–			94 {9.6}			94 {9.6}	120 {12.2}	–
	425 ℃	–			79 {8.1}			79 {8.1}	120 {12.2}	–
	450 ℃	–			–			–	117 {11.9}	–
	475 ℃	–			–			–	100 {10.2}	107 {10.9}
	490 ℃	–			–			–	–	93 {9.5}

▶ 호칭 압력 16K 이하에서 링 가스켓을 사용하는 경우의 플랜지의 사용 가능 범위

호칭 압력	플랜지의 종류 (기호)	호칭 지름			비고
		Ⅰ	Ⅱ	Ⅲ	
5K	SOP	10~400	–	–	호칭 지름 450 이상은 사용할 수 없다.
	SOH	450~1000	–	–	–
	BL	10~450	500~550	600	호칭 지름 650 이상은 사용할 수 없다.
10K 보통형	SOP	10~225	–	–	호칭 지름 250 이상은 사용할 수 없다.
	SOH	250~1000	–	–	–
	BL	10~250	300~400	450	호칭 지름 500 이상은 사용할 수 없다.
16K	SOH	10~600	–	–	–
	BL	10~200	250~500	550~600	–

• 이 경우의 호칭 압력 5K에서 호칭 지름 450 이상의 삽입 용접식 판 플랜지, 호칭 압력 10K 보통형에서 호칭 지름 250 이상의 삽입 용접식 판 플랜지 및 블랭크 플랜지에 대해서는 다음 표에 나타내는 조건에서 강도의 확인을 하였다.

플랜지의 종류			삽입 용접식 판 플랜지		블랭크 플랜지			
호칭 압력			5K	10K 보통형	5K	10K 보통형	16K	
호칭지름			450~1000	250~800	10~750	10~800	10~600	
응력 계산식			KS B 0252의 부속서 A		KS B 6712의 5.2 a)			
개스킷	종류		R		R		R	
	재료		RS		JS		JS	
	m		1.25		2.00		2.00	
	y		2.75 {0.28}		10.98 {1.12}		10.98 {1.12}	
볼트	재료		SS 400		SS 400	SM25C	SM25C	SNB 7
	허용 응력	상온	91 {9.3}		91 {9.3}	94 {9.6}	94 {9.6}	172 {17.5}
		100 ℃	91 {9.3}		–	–		
		120 ℃	–		91 {9.3}	–	94 {9.6}	–
		220 ℃	–		91 {9.3}	–	94 {9.6}	–
		300 ℃	–		–	94 {9.6}	94 {9.6}	–
		350 ℃	–		–	–	94 {9.6}	–
		400 ℃	–		–	–	–	162 {16.5}
		425 ℃	–		–	–	–	146 {14.9}
플랜지	재료		SS 400		SS 400		SF 440A	
	허용 응력	상온	123 {12.5}		123 {12.5}			
		100 ℃	116 {11.8}		–			
		120 ℃	–		115 {11.7}		132 {13.5}	
		220 ℃	–		101 {10.3}		124 {12.6}	
		300 ℃	–		99 (10.1)		112 {11.4}	
		350 ℃	–		–		107 {10.9}	
		400 ℃	–		–		94 {9.6}	
		425 ℃	–		–		79 {8.1}	

비고

1. 가스켓 종류의 기호 R은 링 가스켓을 나타내고, 치수는 KS B 1519의 부속서(관 플랜지의 가스켓 치수)에 따른다.
2. 가스켓 재료의 기호 RS는 면포함 고무 시트, JS는 석면 조인트 시트를 나타낸다.
3. 가스켓의 m 및 y는 각각 KS B 0252의 부표 1의 가스켓 계수 및 최소 설계 조임 압력(N/mm² {kgf/mm²)이다.
4. 볼트 재료의 기호 SS 400, SM 25C 및 SNB 7은 각각 KS D 3503 및 KS D 3752 및 KS D 3755에 규정된 것이다.
5. 볼트 및 플랜지의 허용 응력 (N/mm² {kgf/mm²})의 값은 KS B 1007 등, 관련 규격의 기준에 따른 것이다.

35-3 구리 합금제 관 플랜지의 기본 치수 [KS B 1510]

1. 호칭 압력 5K 플랜지의 기본 치수

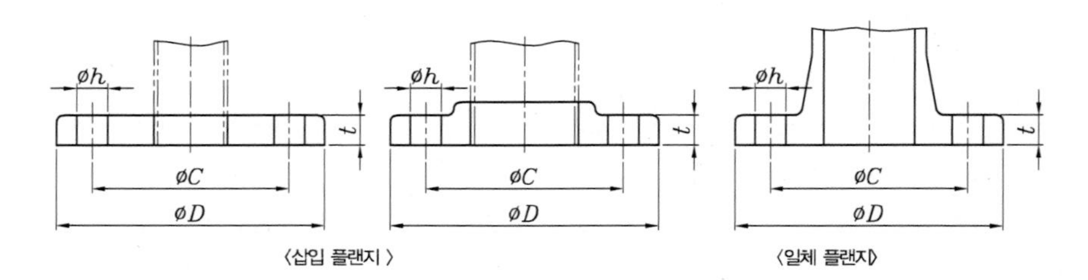

〈삽입 플랜지 〉 〈일체 플랜지〉

단위 : mm

호칭 지름	적용하는 관의 바깥지름		플랜지의 바깥지름	플랜지의 두께	볼트 구멍			볼트 나사의 호칭
	①	②			중심원의 지름 C	수	지름 h	
10	16	12.70	75	9	55	4	12	M10
15	19	15.88	80	9	60	4	12	M10
20	25.4	22.22	85	10	65	4	12	M10
25	31.8	28.58	95	10	75	4	12	M10
32	38.1	34.92	115	12	90	4	15	M12
40	45	41.28	120	12	95	4	15	M12
50	50	53.98	130	14	105	4	15	M12
65	60, 75	66.68	155	14	130	4	15	M12
80	75, 76.2	79.38	180	14	145	4	19	M16
(90)	100	–	190	14	155	4	19	M16
100	100	104.78	200	16	165	8	19	M16
125	125	130.18	235	16	200	8	19	M16
150	150	155.58	165	18	230	8	19	M16
(175)	150	–	300	18	260	8	23	M20
200	200	–	320	20	280	8	23	M20
(225)	200	–	345	20	305	12	23	M20
250	250	–	385	22	345	12	23	M20
300	–	–	430	22	390	12	23	M20
350	–	–	480	24	435	12	25	M22
400	–	–	540	24	495	16	25	M22
450	–	–	605	24	555	16	25	M22
500	–	–	655	24	605	20	25	M22
(550)	–	–	720	26	665	20	27	M24
600	–	–	770	26	715	20	27	M24

2. 호칭 압력 10K 플랜지의 기본 치수

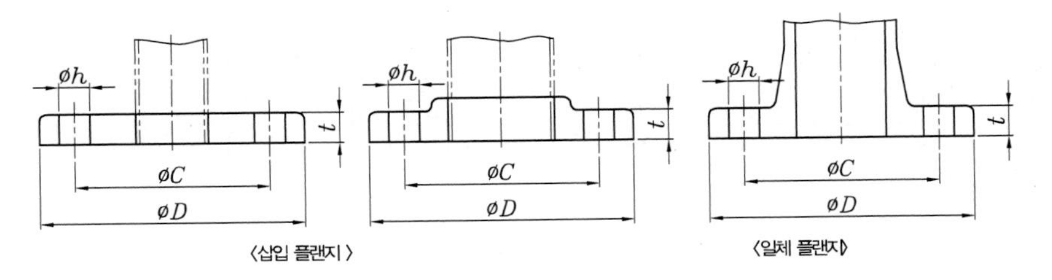

〈삽입 플랜지〉 〈일체 플랜지〉

단위 : mm

호칭 지름	적용하는 관의 바깥지름		플랜지의 바깥지름	플랜지의 두께	볼트 구멍			볼트 나사의 호칭
	①	②			중심원의 지름 C	수	지름 h	
10	16	12.70	90	12	65	4	15	M12
15	19	15.88	95	12	70	4	15	M12
20	25.4	22.22	100	14	75	4	15	M12
25	31.8	28.58	125	14	90	4	19	M16
32	38.1	34.92	135	16	100	4	19	M16
40	45	41.28	140	16	105	4	19	M16
50	50	53.98	155	16	120	4	19	M16
65	60, 75	66.68	175	18	140	4	19	M16
80	75, 76.2	79.38	185	18	150	8	19	M16
(90)	100	–	195	18	160	8	19	M16
100	100	104.78	210	18	175	8	19	M16
125	125	130.18	250	20	210	8	23	M20
150	150	155.58	280	22	240	8	23	M20
(175)	150	–	305	22	265	12	23	M20
200	200	–	330	22	290	12	23	M20
(225)	200	–	350	22	310	12	23	M20
250	250	–	400	24	355	12	25	M22
300	–	–	445	24	400	16	25	M22
350	–	–	490	26	445	16	25	M22
400	–	–	560	28	510	16	27	M24
450	–	–	620	30	565	20	27	M24
500	–	–	675	30	620	20	27	M22
(550)	–	–	745	32	680	20	33	M30
600	–	–	795	32	730	24	33	M30

3. 호칭 압력 16K 플랜지의 기본 치수

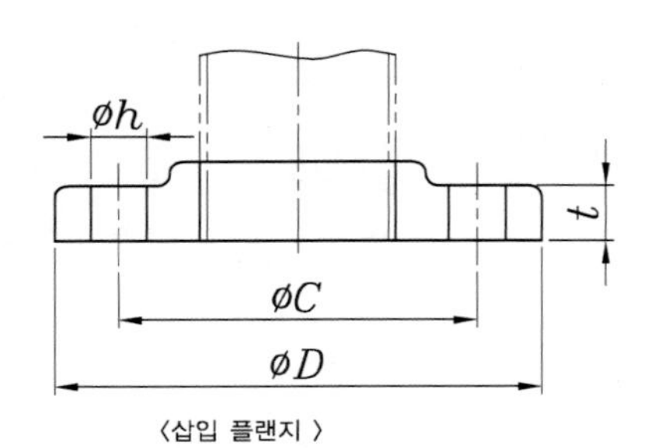

〈삽입 플랜지 〉

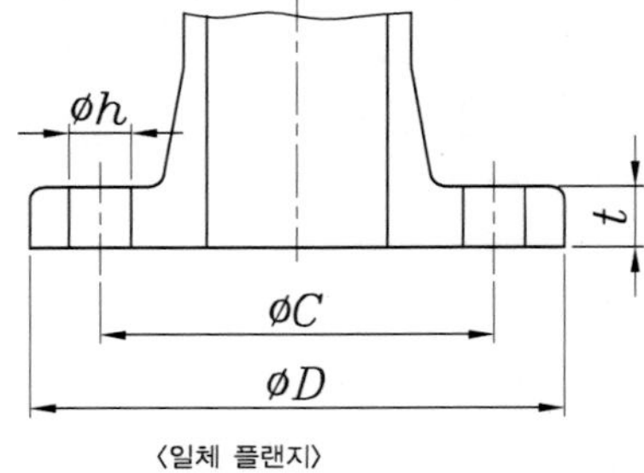

〈일체 플랜지〉

단위 : mm

호칭 지름	적용하는 관의 바깥지름		플랜지의 바깥지름	플랜지의 두께	볼트 구멍			볼트 나사의 호칭
	①	②			중심원의 지름 C	수	지름 h	
10	16	12.70	90	12	65	4	15	M12
15	19	15.88	95	12	70	4	15	M12
20	25.4	22.22	100	14	75	4	15	M12
25	31.8	28.58	125	14	90	4	19	M16
32	38.1	34.92	135	16	100	4	19	M16
40	45	41.28	140	16	105	4	19	M16
50	50	53.98	155	16	120	8	19	M16
65	60, 75	66.68	175	18	140	8	19	M16
80	75, 76.2	79.38	200	20	160	8	23	M20
(90)	100	–	210	20	170	8	23	M20
100	100	104.78	225	22	185	8	23	M20
125	125	130.18	270	22	225	8	25	M22
150	150	155.58	305	24	260	12	25	M22
200	200	–	350	26	305	12	25	M22
250	250	–	430	28	380	12	27	M24
300	–	–	480	30	430	16	27	M24

4. 일체 플랜지의 안지름 및 목 부분의 치수

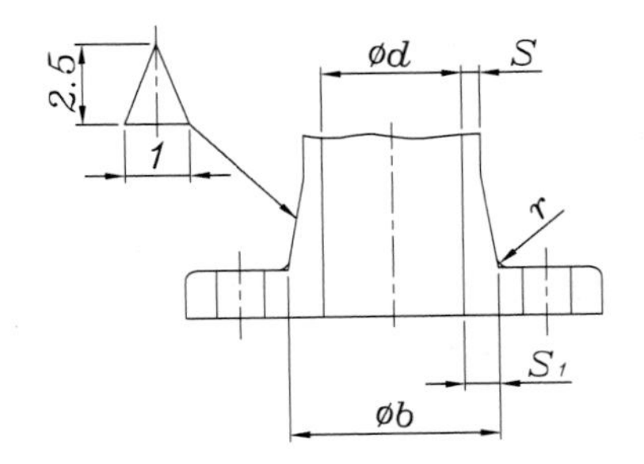

단위 : mm

호칭 지름		안지름	호칭 압력 5K				호칭 압력 10K				호칭 압력 16K			
			S	S_1	b	r	S	S_1	b	r	S	S_1	b	r
일반용 및 선박용	10	10	4	7	24	5	4	9	28	5	4	9	28	5
	15	15	4	7	29	5	5	9	33	5	5	9	33	5
	20	20	4	8	36	5	5	10	40	5	5	10	40	5
	25	25	4	8	41	6	5	10	45	6	5	10	45	6
	32	32	5	9	50	6	6	11	54	6	6	11	54	6
	40	40	5	9	58	6	6	11	62	6	6	11	62	6
	50	50	5	10	70	6	6	12	74	6	6	12	74	6
	65	65	5	10	85	6	6	12	89	6	7	13	91	6
	80	80	6	11	102	6	7	13	106	6	8	14	108	6
	(90)	90	6	11	112	6	7	13	116	6	8	15	120	6
	100	100	6	12	124	6	7	14	128	6	9	16	132	6
	125	125	7	12	149	8	8	15	155	8	10	17	159	8
	150	150	7	13	176	8	9	16	182	8	11	19	188	8
	(175)	175	8	14	203	8	10	17	209	8	–	–	–	–
	200	200	8	14	228	8	11	18	236	8	13	21	242	8
	(225)	225	9	15	255	8	12	18	261	8	–	–	–	–
	250	250	9	16	282	8	12	20	290	8	15	24	298	10
	300	300	10	17	334	8	14	21	342	8	17	26	352	10
일반용	350	340	10	18	376	10	15	23	386	10	–	–	–	–
	400	400	11	19	438	10	16	24	448	10	–	–	–	–
	450	450	11	19	488	10	16	24	498	10	–	–	–	–
	500	500	12	21	542	10	17	25	550	10	–	–	–	–
	(550)	550	12	21	592	12	18	27	604	12	–	–	–	–
	600	600	13	21	642	12	20	27	654	12	–	–	–	–
선박용	350	335	10	18	371	10	15	23	381	10	–	–	–	–
	400	380	11	19	418	10	16	24	428	10	–	–	–	–
	450	430	11	19	468	10	16	24	478	10	–	–	–	–
	500	480	12	21	522	10	17	25	530	10	–	–	–	–
	550	530	12	21	572	12	18	27	584	12	–	–	–	–
	600	580	13	21	622	12	20	27	634	12	–	–	–	–

5. 삽입 경납땜 플랜지 치수

- 호칭 압력 5K의 호칭 지름 10~125의 것 및 호칭 압력 5K의 호칭 지름 150~200의 것
- 호칭 압력 10K의 호칭 지름 10~100의 것, 호칭 압력 10K의 호칭 지름 125~200의 것 및 호칭 압력 16K의 것

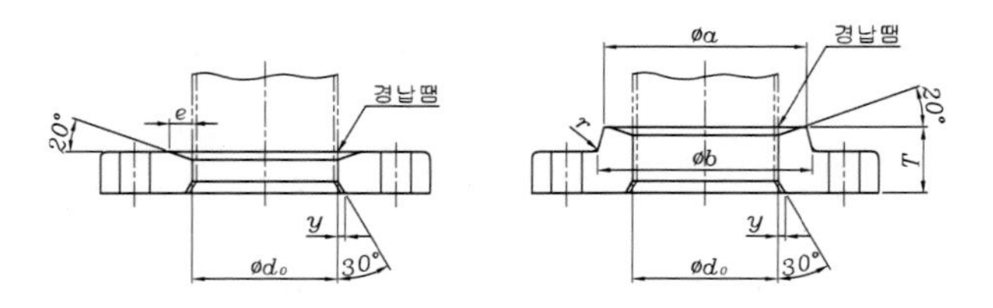

단위 : mm

호칭 지름	적용하는 관의 바깥지름	삽입 구멍의 지름	호칭 압력 5K						호칭 압력 10K						호칭 압력 16K				
				허브의 지름						허브의 지름						허브의 지름			
				a	b					a	b					a	b		
10	12.70	13.2	–	–	–	–	1.5	4	–	–	–	–	2	4	20	22	26	4	2
15	15.88	16.4	–	–	–	–	1.5	4	–	–	–	–	2	4	20	26	30	4	2
20	22.22	22.7	–	–	–	–	1.5	4	–	–	–	–	2	5	22	33	37	4	2
25	28.58	29.1	–	–	–	–	1.5	4	–	–	–	–	2	5	22	39	43	4	2
32	34.92	35.4	–	–	–	–	1.5	5	–	–	–	–	2	5	24	45	49	4	2
40	41.28	41.8	–	–	–	–	1.5	5	–	–	–	–	2	5	24	52	56	4	2
50	53.98	54.5	–	–	–	–	2	5	–	–	–	–	3	6	26	67	71	6	3
65	66.68	67.2	–	–	–	–	2	5	–	–	–	–	3	6	28	81	85	6	3
80	79.38	79.9	–	–	–	–	2	5	–	–	–	–	3	7	30	95	101	6	3
100	104.78	105.8	–	–	–	–	3	6	–	–	–	–	3	7	32	121	127	6	3
125	130.18	131.2	–	–	–	–	3	6	30	146	152	6	3	–	34	148	154	8	4
150	155.58	156.6	28	168	174	6	3	–	32	172	178	6	3	–	36	176	182	8	4

6. 구리 합금제 관 플랜지 호칭 압력 및 호칭 크기에 따른 최고 사용 압력 및 치수 관계

▶ 구리 합금제 관 플랜지 압력/온도에 따른 최고 사용 압력 관계표

호칭 압력		온도 ℃									
PN	K	65	100	120	150	180	185	200	220	250	260
		최대 허용 압력 (MPa)									
6	–	0.6	0.6	0.6	0.6	0.6	–	0.5	0.4	0.25	0.2
–	5	–	–	0.69	–	–	0.56	–	0.49	–	–
10	–	1	1	1	1	1	–	0.85	0.7	0.5	0.4
–	10	–	–	1.37	–	–	1.18	–	0.98	–	–
16	–	1.6	1.6	1.6	1.6	1.6	–	1.35	1.13	0.8	0.7
20	–	1.55	1.46	1.39	1.33	1.24	–	1.18	1.13	1.07	1.03
–	15	–	–	2.16	–	–	1.86	–	1.57	–	–
25	–	2.5	2.5	2.5	2.5	2.5	–	2.12	1.75	1.22	1.05
50	–	3.44	3.23	3.11	2.93	2.74	–	2.62	2.49	2.31	2.24
40	–	4	4	4	3.85	3.4	–	3	2.55	1.95	1.75

35-4 관 플랜지의 가스켓 자리 치수

1. 가스켓 자리의 모양 및 치수

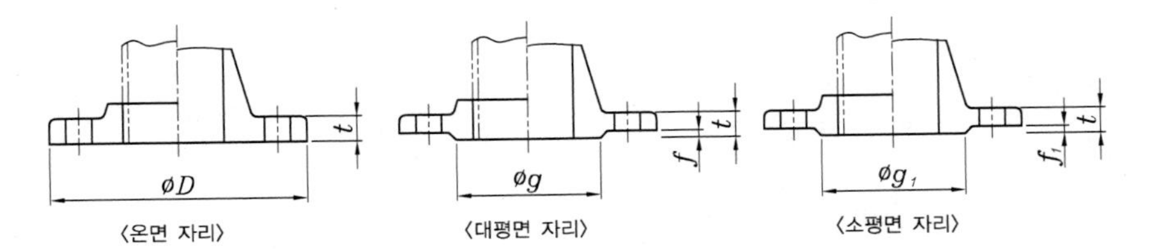

〈온면 자리〉 〈대평면 자리〉 〈소평면 자리〉

단위 : mm

호칭 지름	대평면 자리												소평면 자리	
	호칭 압력 5K		호칭 압력 10K		호칭 압력 16K		호칭 압력 20K		호칭 압력 30K		호칭 압력 40K 및 63K		g_1	f_1
	g	f	g	f	g	f	g	f	g	f	g	f		
10	39	1	46	1	46	1	46	1	52	1	52	1	35	1
15	44	1	51	1	51	1	51	1	55	1	55	1	42	1
20	49	1	56	1	56	1	56	1	60	1	60	1	50	1
25	59	1	67	1	67	1	67	1	70	1	70	1	60	1
32	70	2	76	2	76	2	76	2	80	2	80	2	68	2
40	75	2	81	2	81	2	81	2	90	2	90	2	75	2
50	85	2	96	2	96	2	96	2	105	2	105	2	90	2
65	110	2	116	2	116	2	116	2	130	2	130	2	105	2
80	121	2	126	2	132	2	132	2	140	2	140	2	120	2
90	131	2	136	2	145	2	145	2	150	2	150	2	130	2
100	141	2	151	2	160	2	160	2	160	2	165	2	145	2
125	176	2	182	2	195	2	195	2	195	2	200	2	170	2
150	206	2	212	2	230	2	230	2	235	2	240	2	205	2
175	232	2	237	2	–	–	–	–	–	–	–	–	–	–
200	252	2	262	2	275	2	275	2	280	2	290	2	260	2
225	277	2	282	2	–	–	–	–	–	–	–	–	–	–
250	317	2	324	2	345	2	345	2	345	2	355	2	315	2
300	360	3	368	3	395	3	395	3	405	3	410	3	375	3
350	403	3	413	3	440	3	440	3	450	3	455	3	415	3
400	463	3	475	3	495	3	495	3	510	3	515	3	465	3
450	523	3	530	3	560	3	560	3	–	–	–	–	–	–
500	573	3	585	3	615	3	615	3	–	–	–	–	–	–
550	630	3	640	3	670	3	670	3	–	–	–	–	–	–
600	680	3	690	3	720	3	720	3	–	–	–	–	–	–
650	735	3	740	3	770	5	790	5	–	–	–	–	–	–
700	785	3	800	3	820	5	840	5	–	–	–	–	–	–
750	840	3	855	3	880	5	900	5	–	–	–	–	–	–
800	890	3	905	3	930	5	960	5	–	–	–	–	–	–
850	940	3	955	3	980	5	1020	5	–	–	–	–	–	–
900	990	3	1005	3	1030	5	1070	5	–	–	–	–	–	–
1000	1090	3	1110	3	1140	5	–	–	–	–	–	–	–	–
1100	1200	3	1220	3	1240	5	–	–	–	–	–	–	–	–
1200	1305	3	1325	3	1350	5	–	–	–	–	–	–	–	–
1300	–	–	–	–	1450	5	–	–	–	–	–	–	–	–
1350	1460	3	1480	3	1510	5	–	–	–	–	–	–	–	–
1400	–	–	–	–	1560	5	–	–	–	–	–	–	–	–
1500	1615	3	1635	3	1670	5	–	–	–	–	–	–	–	–

2. 가스켓 자리의 모양 및 치수

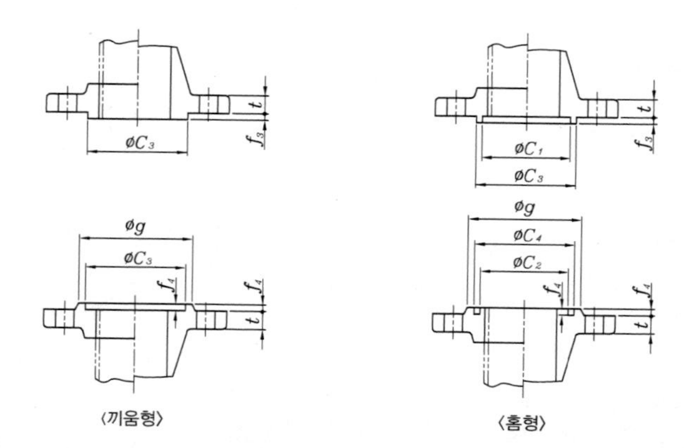

〈끼움형〉　〈홈형〉

단위 : mm

호칭 지름	끼움형				홈형					
	C_3	C_4	f_3	f_4	C_1	C_3	f_3	C_2	C_4	f_4
10	38	39	6	5	28	38	6	27	39	5
15	42	43	6	5	32	42	6	31	43	5
20	50	51	6	5	38	50	6	37	51	5
25	60	61	6	5	45	60	6	44	61	5
32	70	71	6	5	55	70	6	54	71	5
40	75	76	6	5	60	75	6	59	76	5
50	90	91	6	5	70	90	6	69	91	5
65	110	111	6	5	90	110	6	89	111	5
80	120	121	6	5	100	120	6	99	121	5
90	130	131	6	5	110	130	6	109	131	5
100	145	146	6	5	125	145	6	124	146	5
125	175	176	6	5	150	175	6	149	176	5
150	215	216	6	5	190	215	6	189	216	5
200	260	261	6	5	230	260	6	229	261	5
250	325	326	6	5	295	325	6	294	326	5
300	375	376	6	5	340	375	6	339	376	5
350	415	416	6	5	380	415	6	379	416	5
400	475	476	6	5	440	475	6	439	476	5
450	523	524	6	5	483	523	6	482	524	5
500	575	576	6	5	535	575	6	534	576	5
550	625	626	6	5	585	625	6	584	626	5
600	675	676	6	5	635	675	6	634	676	5
650	727	728	6	5	682	727	6	681	728	5
700	777	778	6	5	732	777	6	731	778	5
750	832	833	6	5	787	832	6	786	833	5
800	882	883	6	5	837	882	6	836	883	5
850	934	935	6	5	889	934	6	888	935	5
900	987	988	6	5	937	987	6	936	988	5
1000	1092	1094	6	5	1042	1092	6	1040	1094	5
1100	1192	1194	6	5	1142	1192	6	1140	1194	5
1200	1292	1294	6	5	1237	1292	6	1235	1294	5
1300	1392	1394	6	5	1337	1392	6	1335	1394	5
1350	1442	1444	6	5	1387	1442	6	1385	1444	5
1400	1492	1494	6	5	1437	1492	6	1435	1494	5
1500	1592	1594	6	5	1537	1592	6	1535	1594	5

3. 온면형 가스켓의 모양 및 치수

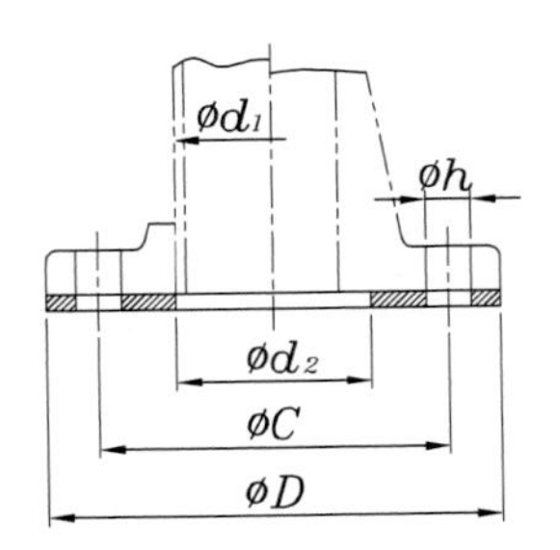

단위 : mm

가스켓의 호칭 지름	강관의 바깥지름 d_1	동 및 동합금관의 바깥지름 d_1	가스켓의 안지름 d_2	호칭 압력 2K 플랜지용				호칭 압력 5K 플랜지용			
				가스켓의 바깥지름 D	볼트 구멍의 중심원 지름 C	볼트 구멍의 지름 h	볼트 구멍의 수	가스켓의 바깥지름 D	볼트 구멍의 중심원 지름 C	볼트 구멍의 지름 h	볼트 구멍의 수
10	17.3	비고 2에 따른다.	18	–	–	–	–	75	55	12	4
15	21.7		22	–	–	–	–	80	60	12	4
20	27.2		28	–	–	–	–	85	65	12	4
25	34.0		35	–	–	–	–	95	75	12	4
32	42.7		43	–	–	–	–	115	90	15	4
40	48.6		49	–	–	–	–	120	95	15	4
50	60.5		61	–	–	–	–	130	105	15	4
65	76.3		77	–	–	–	–	155	130	15	4
80	89.1		90	–	–	–	–	180	145	19	4
90	101.6		102	–	–	–	–	190	155	19	4
100	114.3		115	–	–	–	–	200	165	19	8
125	139.8		141	–	–	–	–	235	200	19	8
150	165.2		167	–	–	–	–	265	230	19	8
175	190.7		192	–	–	–	–	300	260	23	8
200	216.3		218	–	–	–	–	320	280	23	8
225	241.8		244	–	–	–	–	345	305	23	12
250	267.4		270	–	–	–	–	385	345	23	12
300	318.5		321	–	–	–	–	430	390	23	12
350	355.6		359	–	–	–	–	480	435	25	12
400	406.4		410	–	–	–	–	540	495	25	16
450	457.2		460	605	555	23	16	605	555	25	16
500	508.0		513	655	605	23	20	655	605	25	20
550	558.8		564	720	665	25	20	720	665	27	20
600	609.6		615	770	715	25	20	770	715	27	20
650	660.4		667	825	770	25	24	825	770	27	24
700	711.2		718	875	820	25	24	875	820	27	24
750	762.0		770	945	880	27	24	945	880	33	24
800	812.8		820	995	930	27	24	995	930	33	24
850	863.6		872	1045	980	27	24	1045	980	33	24
900	914.4		923	1095	1030	27	24	1095	1030	33	24
1000	1016.0		1025	1195	1130	27	28	1195	1130	33	28
1100	1117.6		1130	1305	1240	27	28	1305	1240	33	28
1200	1219.2		1230	1420	1350	27	32	1420	1350	33	32
1350	1371.6		1385	1575	1505	27	32	1575	1505	33	32
1500	1524.0		1540	1730	1660	27	36	1730	1660	33	36

■ 온면형 가스켓의 모양 및 치수 (계속)

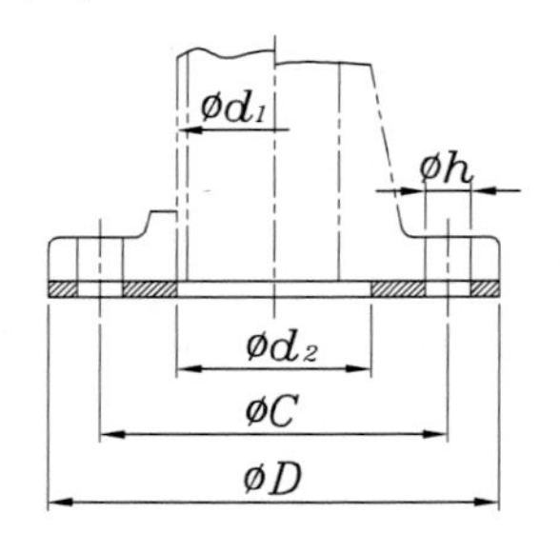

단위 : mm

가스켓의 호칭 지름	강관의 바깥지름 d_1	동 및 동합금관의 바깥지름 d_1	가스켓의 안지름 d_2	호칭 압력 10K 플랜지용				호칭 압력 16K 플랜지용			
				가스켓의 바깥지름 D	볼트 구멍의 중심원 지름 C	볼트 구멍의 지름 h	볼트 구멍의 수	가스켓의 바깥지름 D	볼트 구멍의 중심원 지름 C	볼트 구멍의 지름 h	볼트 구멍의 수
10	17.3		18	90	65	15	4	90	65	15	4
15	21.7		22	95	70	15	4	95	70	15	4
20	27.2		28	100	75	15	4	100	75	15	4
25	34.0		35	125	90	19	4	125	90	19	4
32	42.7		43	135	100	19	4	135	100	19	4
40	48.6		49	140	105	19	4	140	105	19	4
50	60.5		61	155	120	19	4	155	120	19	8
65	76.3		77	175	140	19	4	175	140	19	8
80	89.1		90	185	150	19	8	200	160	23	8
90	101.6		102	195	160	19	8	210	170	23	8
100	114.3		115	210	175	19	8	225	185	23	8
125	139.8		141	250	210	23	8	270	225	25	8
150	165.2		167	280	240	23	8	305	260	25	12
175	190.7		192	305	265	23	12	–	–	–	–
200	216.3		218	330	290	23	12	350	305	25	12
225	241.8		244	350	310	23	12	–	–	–	–
250	267.4	비고 2에 따른다.	270	400	355	25	12	430	380	27	12
300	318.5		321	445	400	25	16	480	430	27	16
350	355.6		359	490	445	25	16	540	480	33	16
400	406.4		410	560	510	27	16	605	540	33	16
450	457.2		460	620	565	27	20	675	605	33	20
500	508.0		513	675	620	27	20	730	660	33	20
550	558.8		564	745	680	33	20	795	720	39	20
600	609.6		615	795	730	33	24	845	770	39	24
650	660.4		667	845	780	33	24	–	–	–	–
700	711.2		718	905	840	33	24	–	–	–	–
750	762.0		770	970	900	33	24	–	–	–	–
800	812.8		820	1020	950	33	28	–	–	–	–
850	863.6		872	1070	1000	33	28	–	–	–	–
900	914.4		923	1120	1050	33	28	–	–	–	–
1000	1016.0		1025	1235	1160	39	28	–	–	–	–
1100	1117.6		1130	1345	1270	39	28	–	–	–	–
1200	1219.2		1230	1465	1380	39	32	–	–	–	–
1350	1371.6		1385	1630	1540	45	36	–	–	–	–
1500	1524.0		1540	1795	1700	45	40	–	–	–	–

4. 링 가스켓의 모양 및 치수

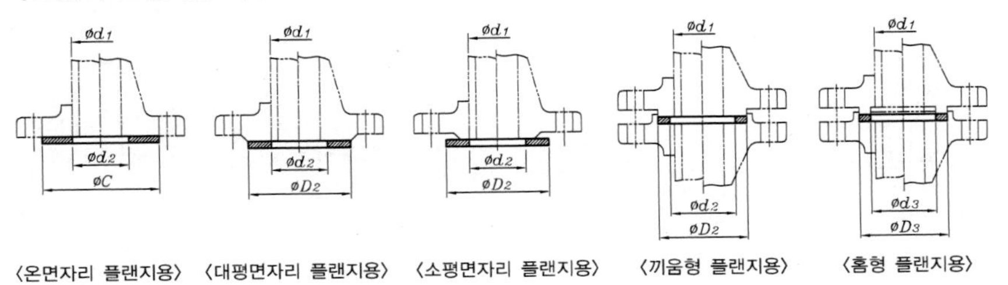

〈온면자리 플랜지용〉 〈대평면자리 플랜지용〉 〈소평면자리 플랜지용〉 〈끼움형 플랜지용〉 〈홈형 플랜지용〉

단위 : mm

가스켓의 호칭 지름	강관의 바깥지름 d_1	가스켓의 안지름 d_2	온면 자리, 대평면 자리, 소평면 자리 플랜지용								
			가스켓의 바깥지름 D_2								
			호칭 압력 2K	호칭 압력 5K	호칭 압력 10K	홈형 플랜지 호칭 압력 10K	호칭 압력 16K	호칭 압력 20K	호칭 압력 30K	호칭 압력 40K	호칭 압력 63K
10	17.3	18	–	45	53	55	53	53	59	59	64
15	21.7	22	–	50	58	60	58	58	64	64	69
20	27.2	28	–	55	63	65	63	63	69	69	75
25	34.0	35	–	65	74	78	74	74	79	79	80
32	42.7	43	–	78	84	88	84	84	89	89	90
40	48.6	49	–	83	89	93	89	89	100	100	108
50	60.5	61	–	93	104	108	104	104	114	114	125
65	76.3	77	–	118	124	128	124	124	140	140	153
80	89.1	90	–	129	134	138	140	140	150	150	163
90	101.6	102	–	139	144	148	150	150	163	163	181
100	114.3	115	–	149	159	163	165	165	173	183	196
125	139.8	141	–	184	190	194	203	203	208	226	235
150	165.2	167	–	214	220	224	238	238	251	265	275
175	190.7	192	–	240	245	249	–	–	–	–	–
200	216.3	218	–	260	270	274	283	283	296	315	330
225	241.8	244	–	285	290	294	–	–	–	–	–
250	267.4	270	–	325	333	335	356	356	360	380	394
300	318.5	321	–	370	378	380	406	406	420	434	449
350	355.6	359	–	413	423	425	450	450	465	479	488
400	406.4	410	–	473	486	488	510	510	524	534	548
450	457.2	460	535	533	541	–	575	575	–	–	–
500	508.0	513	585	583	596	–	630	630	–	–	–
550	558.8	564	643	641	650	–	684	684	–	–	–
600	609.6	615	693	691	700	–	734	734	–	–	–
650	660.4	667	748	746	750	–	784	805	–	–	–
700	711.2	718	798	796	810	–	836	855	–	–	–
750	762.0	770	856	850	870	–	896	918	–	–	–
800	812.8	820	906	900	920	–	945	978	–	–	–
850	863.6	872	956	950	970	–	995	1038	–	–	–
900	914.4	923	1006	1000	1020	–	1045	1088	–	–	–
1000	1016.0	1025	1106	1100	1124	–	1158	–	–	–	–
1100	1117.6	1130	1216	1210	1234	–	1258	–	–	–	–
1200	1219.2	1230	1326	1320	1344	–	1368	–	–	–	–
1300	1320.8	1335	–	–	–	–	1474	–	–	–	–
1350	1371.6	1385	1481	1475	1498	–	1534	–	–	–	–
1400	1422.4	1435	–	–	–	–	1584	–	–	–	–
1500	1524.0	1540	1636	1630	1658		1694				

■ 링 가스켓의 모양 및 치수 (계속)

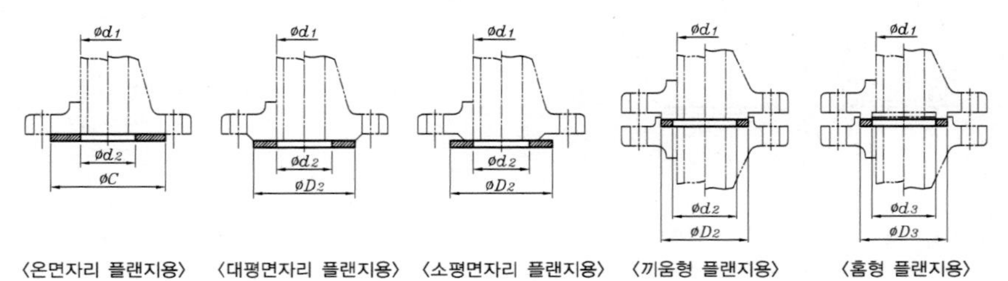

〈온면자리 플랜지용〉 〈대평면자리 플랜지용〉 〈소평면자리 플랜지용〉 〈끼움형 플랜지용〉 〈홈형 플랜지용〉

단위 : mm

가스켓의 호칭 지름	강관의 바깥지름 d_1	가스켓의 안지름 d_2	끼움형 플랜지용		홈형 플랜지용	
			가스켓의 안지름 d_2	가스켓의 바깥지름 D_3	가스켓의 안지름 d_3	가스켓의 바깥지름 D_3
10	17.3	18	18	38	28	38
15	21.7	22	22	42	32	42
20	27.2	28	28	50	38	50
25	34.0	35	35	60	45	60
32	42.7	43	43	70	55	70
40	48.6	49	49	75	60	75
50	60.5	61	61	90	70	90
65	76.3	77	77	110	90	110
80	89.1	90	90	120	100	120
90	101.6	102	102	130	110	130
100	114.3	115	115	145	125	145
125	139.8	141	141	175	150	175
150	165.2	167	167	215	190	215
175	190.7	192	–	–	–	–
200	216.3	218	218	260	230	260
225	241.8	244	–	–	–	–
250	267.4	270	270	325	295	325
300	318.5	321	321	375	340	375
350	355.6	359	359	415	380	415
400	406.4	410	410	475	440	475
450	457.2	460	460	523	483	523
500	508.0	513	513	575	535	575
550	558.8	564	564	625	585	625
600	609.6	615	615	675	635	675
650	660.4	667	667	727	682	727
700	711.2	718	718	777	732	777
750	762.0	770	770	832	787	832
800	812.8	820	820	882	837	882
850	863.6	872	872	934	889	934
900	914.4	923	923	987	937	987
1000	1016.0	1025	1025	1092	1042	1092
1100	1117.6	1130	1130	1192	1142	1192
1200	1219.2	1230	1230	1292	1237	1292
1300	1320.8	1335	1335	1392	1337	1392
1350	1371.6	1385	1385	1442	1387	1442
1400	1422.4	1435	1435	1492	1437	1492
1500	1524.0	1540	1540	1592	1537	1592

35-5 유압용 21MPa 관 삽입 용접 플랜지 [KS B 1521]

1. 플랜지의 모양 및 치수(SHA 및 SHB)

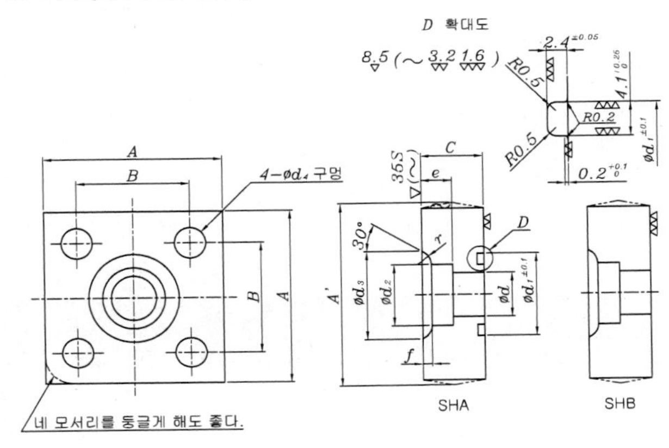

단위 : mm

크기의 호칭	A		A' (최대)	B		C		d	d₁		d₂		e	d₃	d₄	f	r	참고 볼트	참고 O링
15	63	±1	67	40	±0.2	22	0 −1	16	30	±0.1	22.2	+0.2 0	11	32	11	3.5	5	M10	G25
20	68		72	45		22		20	35		27.7		12	38	11	4.0	5	M10	G30
25	80	±1.2	85	53		28	0 −1.5	25	40		34.5	+0.3 0	14	45	13	4.0	5	M12	G35
32	90		95	63		28		31.5	45		43.2		16	56	13	6.0	5	M12	G40
40	100	±1.5	106	70	±0.4	36	0 −2	37.5	55		49.1		18	63	18	7.0	5	M16	G50
50	112		118	80		36		47.5	65		61.1		20	75	18	7.0	5	M16	G60
65	140	±2	148	100		45		60	80		77.1	+0.4 0	22	95	22	9.5	6	M20	G75
80	155		163	112		45		71	90		90.0		25	108	24	11.0	6	M20	G85

■ 플랜지의 종류 및 구분

모양에 따른 구분	볼트의 구분	O링 홈의 유무	종류를 표시하는 기호
유로가 똑바른 것	6각 볼트	있음	SHA
		없음	SHB
	6각 구멍붙이 볼트	있음	SSA
		없음	SSB
유로가 직각으로 구부러져 있는 것	6각 구멍붙이 볼트	있음	LSA

2. 플랜지의 모양 및 치수(SSA)

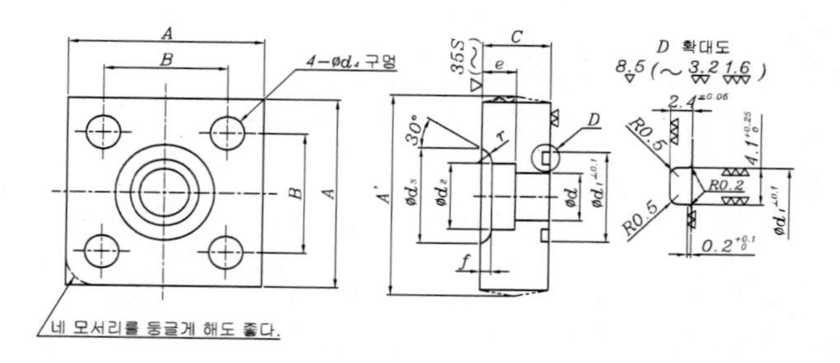

단위 : mm

<table>
<tr><th rowspan="2">크기의 호칭</th><th colspan="2" rowspan="2">A</th><th rowspan="2">A'
(최대)</th><th colspan="2" rowspan="2">B</th><th colspan="2" rowspan="2">C</th><th rowspan="2">d</th><th colspan="2" rowspan="2">d1</th><th colspan="2" rowspan="2">d2</th><th rowspan="2">e</th><th rowspan="2">d3</th><th rowspan="2">d4</th><th rowspan="2">f</th><th rowspan="2">r</th><th colspan="2">참고</th></tr>
<tr><th>볼트</th><th>O링</th></tr>
<tr><td>15</td><td>54</td><td rowspan="3">±1</td><td>58</td><td>36</td><td rowspan="4">±0.2</td><td>22</td><td rowspan="2">0
−1</td><td>16</td><td>30</td><td rowspan="8">±0.1</td><td>22.2</td><td rowspan="2">+0.2
0</td><td>11</td><td>32</td><td>11</td><td>3.5</td><td>5</td><td>M10</td><td>G25</td></tr>
<tr><td>20</td><td>58</td><td>62</td><td>40</td><td>22</td><td>20</td><td>35</td><td>27.7</td><td>12</td><td>38</td><td>11</td><td>4.0</td><td>5</td><td>M10</td><td>G30</td></tr>
<tr><td>25</td><td>68</td><td>73</td><td>48</td><td>28</td><td rowspan="2">0
−1.5</td><td>25</td><td>40</td><td>34.5</td><td rowspan="4">+0.3
0</td><td>14</td><td>45</td><td>13</td><td>4.0</td><td>5</td><td>M12</td><td>G35</td></tr>
<tr><td>32</td><td>76</td><td rowspan="2">±1.2</td><td>81</td><td>56</td><td>28</td><td>31.5</td><td>45</td><td>43.2</td><td>16</td><td>56</td><td>13</td><td>6.0</td><td>5</td><td>M12</td><td>G40</td></tr>
<tr><td>40</td><td>92</td><td>98</td><td>65</td><td rowspan="4">±0.4</td><td>36</td><td rowspan="4">0
−2</td><td>37.5</td><td>55</td><td>49.1</td><td>18</td><td>63</td><td>18</td><td>7.0</td><td>5</td><td>M16</td><td>G50</td></tr>
<tr><td>50</td><td>100</td><td rowspan="2">±1.5</td><td>106</td><td>73</td><td>36</td><td>47.5</td><td>65</td><td>61.1</td><td>20</td><td>75</td><td>18</td><td>7.0</td><td>5</td><td>M16</td><td>G60</td></tr>
<tr><td>65</td><td>128</td><td>136</td><td>92</td><td>45</td><td>60</td><td>80</td><td>77.1</td><td rowspan="2">+0.4
0</td><td>22</td><td>95</td><td>22</td><td>9.5</td><td>6</td><td>M20</td><td>G75</td></tr>
<tr><td>80</td><td>140</td><td>±2</td><td>148</td><td>103</td><td>45</td><td>71</td><td>90</td><td>90.0</td><td>25</td><td>108</td><td>24</td><td>11.0</td><td>6</td><td>M20</td><td>G85</td></tr>
</table>

3. 플랜지의 모양 및 치수(SSB)

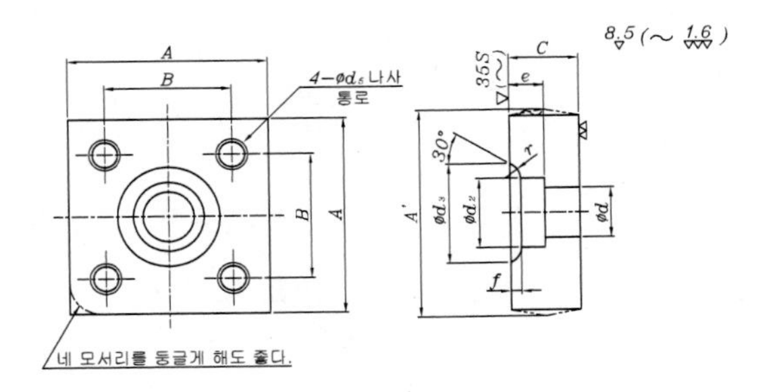

단위 : mm

크기의 호칭	A		A' (최대)	B		C		d	d2		e	d3	d5	f	r
15	54	±1	58	36	±0.2	22	0 −1	16	22.2	+0.2 0	11	32	M10	3.5	5
20	58		62	40		22		20	27.7		12	38	M10	4.0	5
25	68		73	48		28	0 −1.5	25	34.5	+0.3 0	14	45	M12	4.0	5
32	76	±1.2	81	56		28		31.5	43.2		16	56	M12	6.0	5
40	92		98	65	±0.4	36	0 −2	37.5	49.1		18	63	M16	7.0	5
50	100	±1.5	106	73		36		47.5	61.1		20	75	M16	7.0	5
65	128		136	92		45		60	77.1	+0.4 0	22	95	M20	9.5	6
80	140	±2	148	103		45		71	90.0		25	108	M22	11.0	6

4. 플랜지의 모양 및 치수(LSA)

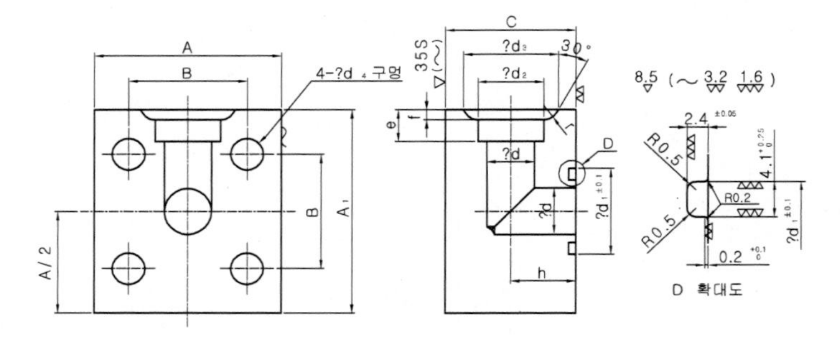

단위 : mm

크기의 호칭	A		A1		B		C		h	d	d1	d2		e	d3	d4	f	r	참고	
																			볼트	O링
15	54	±1	63	±1	36	±0.2	40	0 −2	20	16	30	22.2	+0.2 0	11	32	11	3.5	5	M10	G25
20	58		70		40		45		22.5	20	35	27.7		12	38	11	4.0	5	M10	G30
25	68		82		48		50		25	25	40	34.5	+0.3 0	14	45	13	4.0	5	M12	G35
32	76	±1.2	92	±1.2	56		63		31.5	31.5	45	43.2		16	56	13	6.0	5	M12	G40
40	92	±1.5	110		65	±0.4	71		35.5	37.5	55	49.1		18	63	18	7.0	5	M16	G50
50	100		125	±1.5	73		85		42.5	47.5	65	61.1		20	75	18	7.0	5	M16	G60
65	128		150		92		106		53	60	80	77.1	+0.4 0	22	95	22	9.5	6	M20	G75
80	140	±2	170	±2	103		118		59	71	90	90.0		25	108	24	11.0	6	M20	G85

MEMO

MEMO

MEMO

MEMO